U0258696

结构动力学
及其在航天工程中的应用

Structural Dynamics
and Its Applications
in Space Engineering

中国科学技术大学出版社

邱吉宝 张正平
向树红 李海波
编著

内 容 简 介

本书系统地介绍了结构动力学的基本原理、计算方法与试验技术，包括：复杂结构多自由度系统运动方程的建立方法，多自由度系统特别是自由度数很大系统的振动分析方法，复杂结构动力学问题的工程解决方法，确定的线性结构系统在随机激励作用下随机响应的分析方法；同时，结合作者的研究成果和实践经验，以航天飞行器为研究对象，介绍结构动力学在航天工程中的应用，包括：运载火箭结构动力学建模技术，航天飞行器动态响应（载荷）分析技术，全箭模态试验、振动试验、多维振动试验技术以及结构动态试验仿真技术，以增进解决工程问题的能力.

本书可供航空、航天、海洋、交通、机械、建筑、化工、能源等领域的工程设计人员、研究人员、本科生、研究生、大学教师参考.

图书在版编目(CIP)数据

结构动力学及其在航天工程中的应用/邱吉宝，张正平，向树红，李海波编著. —合肥：中国科学技术大学出版社，2015.1

国家出版基金项目

ISBN 978-7-312-03625-5

Ⅰ. 结… Ⅱ. ①邱… ②张… ③向… ④李… Ⅲ. 结构动力学—应用—航天工程 Ⅳ. ①O342 ②V4

中国版本图书馆 CIP 数据核字(2014)第 263597 号

出版 中国科学技术大学出版社
安徽省合肥市金寨路 96 号，230026
http://press.ustc.edu.cn

印刷 安徽联众印刷有限公司

发行 中国科学技术大学出版社

经销 全国新华书店

开本 787 mm×1092 mm 1/16

印张 52.25

字数 1137 千

版次 2015 年 1 月第 1 版

印次 2015 年 1 月第 1 次印刷

定价 180.00 元

序　1

航天器结构设计技术除静态分析和试验外，还要进行结构动力学分析计算与动态试验，进一步需要结构的静、动态优化设计．随着运载火箭性能的提高，它承受的动态载荷和动力学环境越来越复杂．而结构本身越轻巧，其柔度就越大；结构尺寸越来越大时，地面的全结构模态试验也越困难．这些需求与问题表明，对航天结构动力学作深入研究是必要的．

邱吉宝同志从事航天工程领域的结构动态分析研究40多年了，有丰富的理论知识和实践经验，不但发表了许多有创见的学术论文，充实了计算结构动力学领域的理论宝库，而且为我国的航天事业发展作出了重要贡献．本书是他与合作者将这些宝贵的知识积累和实践经验加以总结提高而形成的学术著作，相信将对学术和工程应用的发展起到积极作用．

本书比较细致地论述了结构动力学的基本原理和方法，尤其是复杂结构动力学的计算力学方法．在动态子结构理论的模态综合分析方法方面，从发展历史到近期进展，叙述得都比较细致，对相关领域的研究工作和工程应用有很大的参考价值．

针对运载火箭与神舟飞船之间存在严重的器箭耦合振动问题，必须进行全箭级复杂的器箭耦合载荷分析．本书应用动态子结构法以尽可能大的程度从运载火箭模型解耦航天器载荷分析．中国航天器组织总结出简便载荷（即内力）二次分析方法：依据全箭级器箭耦合载荷分析给出的器箭界面加速度条件，只需在航天器组织内进行航天器载荷简化分析，分析结果严格证明了载荷二次分析所得的航天器内部加速度（载荷）解析解与全箭级器箭耦合载荷分析给出的航天器内部加速度（载荷）解析解完全相同．由此从理论上证明了载荷二次分析方法可以代替全箭级的器箭耦合载荷分析方法，说明了航天器的载荷二次分析所获得的结果是可靠的，从而大大节省了费用并缩短了周期．书中还将林家浩的虚拟激励法应用于线性离散阻尼系统与线性连续阻尼系统的随机响应分析，推广了随机振动在火箭动力学中的应用，进一步提高了在随机环境下的载荷（内力）分析水平．书中指出：对于全尺寸航天器而言，如果让振动试验器台界面的加速度等于在天上全箭振动时的器箭界面的加速条件,就能使所求的在振动台振动试验中的全尺寸航天器振动解析解精确等同于在天上全箭振动中的航天器振动响应,为采用全尺寸航天器振动台振动试验方法来精确再现在天上全箭振动时的航天器动力学环境提供了完整的理论依据和实践指导.

本书在论述各种原理和方法的同时,还给出了大量的例题,便于读者消化吸收.

相信本书的出版将会得到从事工程动力分析、优化和控制等前沿性研究和设计工作的专家与工程技术人员的欢迎.

中国科学院院士

钟万勰

2014年8月

序　2

结构动力学是现代高科技发展的一个重要领域，已成为航天器结构设计，特别是复杂航天器设计中的一个重要工具.《结构动力学及其在航天工程中的应用》一书的出版，反映了我国在航天器结构动力学理论研究与工程应用方面的进步，这对我国航天事业的发展无疑是很有意义和值得称道的.

本书第一作者邱吉宝一直奋战在航天第一线，在结构动力学研究及应用实践方面有较深的理论造诣和丰富的工程实践经验，曾完成部级重大预研项目"航天飞行器结构动力学研究与试验"和国家自然科学基金重点项目"复杂结构动力学"等研究项目；完成发射"澳星"的长征二号E运载火箭全箭模态分析和发射神舟飞船的长征二号F全箭模态分析等工程项目；取得"运载火箭结构动力学"等多项重要科研成果，获得多项奖励.作者将自己长期从事上述航天飞行器结构动力学理论分析与试验研究方面的工作经验和成果进行系统的总结，使结构动力学内容更加丰富与完整，更便于理解与应用，这是很有意义和价值的.

本书比作者原出版著作《计算结构动力学》增加了如下新的内容：

(1) 在多自由度运动方程的建立方法方面，在离散系统的分析力学法与连续系统离散化的能量法的基础上，介绍作者深入研究的各种加权残值法等空间域、时域离散化方法，特别是广义伽辽金法的理论与方法.

(2) 在多自由度系统振动分析方法方面，在经典模态法、状态空间法的基础上，介绍普遍适用的一般模态法，给出实参数二阶解耦方程，把复模态与实模态响应计算统一起来，使计算过程既简便，又便于直观了解.

(3) 在传统的第一模态展开定理基础上，介绍了第二、第三模态展开定理以及实用的动力学求解方法，引入了约束界面的模态有效质量，提高了计算收敛速度.

(4) 介绍对大自由度系统的基于精确子结构方法及其各阶近似所形成的半解析模态综合法以及结合传统的假设模态综合法形成的动态子结构方法系统理论.

(5) 介绍确定的线性结构系统在随机激励作用下随机响应的分析方法、线性离散系统的随机响应分析方法，包括：一般的直接方法、黏性阻尼模态叠加法、黏性阻尼随机响应的虚拟激励法. 介绍线性连续系统的随机响应分析方法，包括：一般的直接方法、黏性阻尼模态叠加法、黏性阻尼随机响应的虚拟激励法.

(6) 在动态子结构法应用于航天工程方面，介绍针对实际工作中发现运载火箭与神舟飞船之间存在严重的耦合振动模态，用约束子结构模态综合法给出耦合系统的模态振型，用复现内力方程导出卫星与火箭的内力分布，进行全箭级器箭耦合载荷分析，给出器箭界面的加速度解析解、运载器和航天器的内部加速度(载荷)解析解.

(7) 介绍在约束界面模态综合方程中消去星与箭的模态坐标，将整个结构减缩为仅含很少界面自由度的界面动力学方程，形成简化的器箭耦合分析的新方法. 介绍采用航天器基础的激励方法与超单元法、依据全箭级器箭耦合载荷分析给出的器箭界面加速度条件、采用航天器级的二次载荷简化分析方法，严格证明了二次载荷分析所得的航天器内部加速度(载荷)解析解结果与全箭级器箭耦合载荷分析给出的航天器内部加速度(载荷)解析解结果相同. 由此，从理论上说明航天器的二次载荷简化分析获得的结果是可靠的，并且说明分析方法大大缩短了分析周期.

(8) 介绍已成为当前发展趋势的运载火箭及航天飞行器结构动态试验仿真技术，同时介绍应用动态试验仿真技术研究在地面振动试验中的航天器响应与在天上全箭振动中的航天器响应是否一致的问题，即振动试验的天地一致性问题. 指出对于全尺寸航天器而言，如果让振动试验器台界面的加速度等于在天上全箭振动中的器箭界面的加速度，就能自动消去航天器器台界面频响函数，就能使所求的在振动台振动试验中的全尺寸航天器振动解析解精确等同于在天上全箭振动中的航天器振动响应，为采用全尺寸航天器振动台振动试验方法来精确再现在天上全箭振动中的航天器动力学环境提供了完整的理论依据和实践指导.

上述新增内容大大充实了结构动力学，使本书具有鲜明的特色.

我相信，这一部著作的出版，将会推动我国航天飞行器与各种大型复杂结构的结构动力学的进一步研究、发展与工程应用，促进各种复杂结构设计达到更高水平.

中国工程院院士

黄文虎

2014 年 8 月

序　3

随着科学技术的发展,人们对各种复杂结构的产品质量要求越来越高.为了使其达到性能高、结构轻、安全可靠、效费比高,结构设计已从静态设计转为静、动态设计,因而结构动力学分析是产品设计中不可缺少的一环.火箭的结构设计不能再停留在静态设计水平上,必须采用以结构动力学分析与试验为基础的动态优化设计技术.结构动力学是现代高科技发展的一个十分重要的领域,已成为航天器结构设计,特别是复杂航天器设计中的一个重要工具.《结构动力学及其在航天工程中的应用》一书的出版,反映了我国在航天器结构动力学理论研究与工程应用方面的进步,这对我国航天事业的发展无疑是很有意义和值得称道的.

本书第一作者邱吉宝一直奋战在航天第一线,在结构动力学研究方面解决了自由度很大系统的动态子结构方法,系统介绍了基于精确子结构法及其各阶近似所形成的半解析模态综合法以及传统的假设模态综合法一起形成的动态子结构方法系统理论;在完成载人运载火箭/神舟飞船耦合系统模态分析的同时,发现运载火箭与神舟飞船之间存在严重的星箭耦合振动模态,进行了星箭耦合结构动力学研究;将星箭耦合系统分为卫星子结构和火箭子结构,用已形成的动态子结构方法进行分析,完善了采用约束子结构模态综合法与超单元法进行的全箭级星箭耦合载荷分析,完善了采用航天器基础激励方法与超单元法依据全箭级星箭耦合载荷分析给出的器箭界面加速度条件,进行航天器级的载荷二次分析;在工程实践经验方面,完成过部级重大预研项目“航天飞行器结构动力学研究与试验”和国家自然科学基金重点项目“复杂结构动力学”,完成发射“澳星”的长征二号E运载火箭全箭模态分析和发射神舟飞船的长征二号F运载火箭全箭模态分析等工程项目,获得“运载火箭结构动力学”等多项重要科研成果.

结构动力学已经比较丰富与成熟,该书在继承已有内容的基础上,将作者自己长期从事上述航天飞行器结构动力学理论分析与试验研究方面的工作经验和成果进行系统的总结,使结构动力学内容更加丰富与完整,更便于理解与应用.上述这些内容大大充实了结构动力学，使本书具有鲜明的特色.

我相信，这一部著作的出版，将会得到从事航空、航天与各种大型复杂结构设计和研究的专家与工程技术人员的欢迎，促进复杂结构动力学进一步的研究、发展，促使各种复杂结构设计达到更高水平.

中国工程院院士

[signature]

2014 年 8 月

前　言

各种大型结构，如航天飞行器、海洋平台、舰艇、桥梁、高层建筑、大型重大装备结构等等，不断向着复杂、高速与高性能方向发展．为保证其良好的性能、精度、安全性与可靠性，结构动力学问题已成为必须解决的极为重要的问题．同时，由于大型高速计算机和先进测试技术的发展，解决复杂结构动力学问题已成为可能．从事这方面工作的工程设计技术人员和相关专业的教师与学生都希望提高自己在振动理论及其工程应用方面的技术水平，为此，作者将自己长期从事航天飞行器结构动力学理论分析与试验工程实践方面的研究成果和工作经验进行系统的总结，写成本书．

全书以工程应用为目的，以应用理论为主要内容，从理论、方法、试验到工程应用，取材较为精练时新，理论与应用相结合．论述既达到足够的理论深度，又尽可能减少数学理论的高深术语，在追求振动理论完整性的同时，注重采取便于工程技术人员理解的叙述；并以实例说明所介绍的理论、方法与试验在航天工程中的应用，以增进解决工程问题的能力．同时，本书在理论深度上与一般的“振动理论”教材有所区别，是一本为解决复杂结构动力学问题的“高等振动理论”讲义．取名为“结构动力学及其在航天工程中的应用”，是因为本书中的很多实例均与航天工程相结合，但是本书不局限于航天工程，还可供航空、海洋、交通、机械、建筑、化工、能源等领域的工程设计人员参考，又可供有关专业的研究生、大学教师和研究人员参考．

本书提供解决复杂工程结构动力学问题的解决方法，这就是首先要建立复杂结构的很大自由度系统的数学模型，然后应用结构动力学大型程序在计算机上完成复杂结构的动力学分析，并且进行模态试验和各种振动试验加以验证．本书主要介绍复杂结构连续系统与多自由度系统的运动方程的建立方法与振动分析方法，特别是很大自由度系统的振动分析方法，并以航天飞行器为研究对象，介绍结构动力学分析计算、试验测试以及它们相结合的结构动态试验仿真技术．

第1章概述“复杂结构动力学”的基本概念．

第2章介绍单自由度系统的振动．

第3章介绍连续系统的振动,包括杆、梁、板与三维问题.

第4章系统地论述多自由度运动方程的建立方法与多自由度系统的运动方程组求解方法.对于离散系统,介绍直接用结构动力学基本定理的直接法和用哈密顿原理与拉格朗日方程的分析力学方法;对于连续系统,介绍能量泛函变分原理及其离散化的假设模态里茨法与有限元法,介绍加权残值法等空间域离散化方法,特别详细介绍广义伽辽金法的理论与方法.通过各种方法的介绍,不管是连续系统还是离散系统,不管是采用哪一种方法建立的离散化方程,都归结为一组多自由度运动微分方程组,将各种复杂结构动力学问题归结为一组多自由度系统的运动方程组.

第5章介绍无阻尼系统模态分析的基本概念、无阻尼系统振动响应分析方法和用于比例阻尼系统振动响应分析的经典模态法;对于非比例阻尼系统,介绍状态空间法;为了克服状态空间法的局限性,介绍物理空间法,引入模态对位移的概念之后,将复系数单自由度一阶微分解耦方程化为实参数二阶微分解耦方程,这样把复杂的复模态响应计算过程化为类似于实模态响应计算过程,把复模态响应计算与实模态响应计算统一起来,形成一般模态求解的方法.

第6章将经典的模态展开定理的振动分析方法用于解决工程结构动力学问题,给出各种解析解方法、半解析解方法(模态位移法、模态加速度法、凝聚法等)和近似解方法;介绍约束界面模态展开定理和混合模态展开定理以及基于这些定理的实用方法;介绍基础激励问题的解法,特别是约束界面模态有效质量,提高基础激励问题的计算收敛速度.

第7章论述解决很大自由度系统的动态子结构方法.动态子结构法不仅能够大幅度降低动力学方程的阶数,而且能够保证结构动力学分析的精度.首先介绍属于假设模态综合法的各种经典子结构方法,基于经典的模态展开定理、约束界面模态展开定理和混合模态展开定理,详细介绍三种精确子结构方法以及它们的近似所形成的解析、半解析模态综合法,并说明各种经典模态综合法实质上都是精确子结构方法的某种近似与变化形式.然后介绍基于精确子结构方法及其所形成的模态综合法以及传统的假设模态综合法一起所形成的动态子结构方法的系统理论.

第8章论述随机振动,阐述确定的线性结构系统在随机激励作用下随机响应的分析方法,包括响应的有关信息,如矩函数、谱密度函数等.首先简要介绍随机振动所需要的有关概率论及随机过程的知识.然后介绍单自由度线性系统在随机激励下的响应分析方法,并讨论一些响应特点.进一步介绍线性离散系统的随机响应分析方法,包括一般的直接方法、经典黏性阻尼模态叠加法、非经典黏性阻尼模态对位移叠加法.然后介绍线性连续系统的随机响应分析方法,包括一般的直接方法、经典黏性阻尼模态叠加法、非经典黏性阻尼模态对位移叠加法.最后介绍结构平稳随机响应的虚拟激励法,包括单点激励的虚拟激励法、经典与非经典黏性阻尼离散系统随机响应的虚拟激励法、经典与非经典黏性阻尼连续系统随机响应的虚拟激励法.

第9章在对国外主要运载火箭结构动力学建模、试验验证技术进行回顾的基础上，系统地综述国内运载火箭动力学建模技术研究现状，特别介绍基于梁模型的火箭纵横扭一体化建模技术和运载火箭全箭动特性三维建模技术.

第10章以载荷分析为主要内容，概述动态子结构法在航天工程中的应用.首先采用约束子结构模态综合法与超单元法进行全箭级器箭耦合载荷分析，给出器箭界面的加速度解析解、运载火箭和航天器的内部加速度(载荷)解析解；然后采用航天器基础激励方法与超单元法，依据全箭级器箭耦合载荷分析给出的器箭界面加速度条件，进行航天器级的载荷二次分析，给出航天器的内部加速度(载荷)解析解，严格证明载荷二次分析所得航天器的内部加速度(载荷)解析解结果与全箭级器箭耦合载荷分析给出的加速度(载荷)解析解结果相同.由此说明航天器级载荷二次分析获得结果的可靠性，也就是说，用航天器级载荷二次分析循环替代全箭级器箭耦合载荷分析循环的流程是合理的.同时，以航天器杆模型基础激励纵向振动仿真实例数值解进一步加以说明.

第11章论述动态试验技术.介绍全箭模态试验、振动试验、多维振动试验技术.

第12章说明航天飞行器结构动态试验仿真技术研究已成为当前航天飞行器结构动力学研究发展的趋势.介绍模态试验仿真技术以及CZ-2E运载火箭模态试验仿真技术与CZ-2F运载火箭模态试验仿真技术两个实例；介绍振动台振动试验系统仿真技术和一个卫星振动台振动试验仿真实例.还应用动态试验仿真技术研究在地面振动试验中的全尺寸航天器响应与在天上全箭振动中的航天器响应是否一致的问题，即振动试验的天地一致性问题.指出对于全尺寸航天器而言，如果让振动试验器台界面的加速度等于在天上全箭振动中的器箭界面的加速度条件，就能自动消去航天器界面安装边界条件的影响，由此就能使所求的全尺寸航天器在振动台振动试验中的解析解精确等同于在天上全箭振动中的航天器振动响应，为采用全尺寸航天器振动台多维振动试验方法来精确再现在天上全箭振动中的航天器多维振动力学环境提供了完整的理论依据和实践指导.

本书大量引用许多作者，特别是林家浩教授、张亚辉教授、朱礼文研究员、潘忠文研究员、王建民研究员、韩丽博士、张忠博士、秦朝红博士、任方高工等人有关的专著、教材和论文，作者在此特向他们表示衷心感谢.

我的老师胡海昌院士在学术上始终如一地关心、帮助和指导作者在工程中数值分析方法和计算结构动力学方面的研究；我的老师钟万勰院士帮助和指导作者在力学计算方法理论方面的研究，并为本书写了序言.黄文虎院士一直关心指导作者的研究工作，并为本书写了序言及申报国家出版基金项目写了专家推荐意见书.龙乐豪院士一直关心指导作者在航天工程方面的研究工作，并为本书写了序言及申报国家出版基金项目写了专家推荐意见书.在本书撰写过程中，北京大学王大钧教授、大连理工大学林家浩教授、中国科学技术大学朱滨教授、中国科学院力学研究所王克仁研究员都给予了大力帮助，仔细地审阅了书稿，提出许多指导性意见和具体修改建议.在此一并致以最衷心的感谢.

限于作者水平，错误与不妥之处在所难免，敬请读者批评指教.

邱吉宝

2014 年 10 月

于北京强度环境研究所

目　次

第1章
复杂结构动力学概述

1.1 结构动力学研究的基本内容

穿过雷雨的高速飞机、在风暴巨浪中急驶的舰艇、沿轨道运动的高速列车、高层建筑、大型桥梁、海洋钻井平台、运载火箭、卫星、飞船、空间站和航天飞机等等，具有庞大的复杂的工程结构，本书称之为复杂结构.它们在运动时都承受各种动态载荷，为了保持这些结构的高性能、低成本，确保这些结构的可靠性与安全性，必须进行大量的结构动力学分析与试验，以便准确地确定结构对动态载荷的响应.

一个幅值为 P_0 的静态载荷作用于某结构时，可能不至于使它产生破坏，但同样幅值的动态载荷作用于同样的结构就有可能使其产生破坏，即使不造成结构的破坏，由于动载引起的结构振动也可能会影响结构的正常工作.比如1958年发射的美国第一颗人造地球卫星探险者一号(Explorer 1)入轨后，悬在星体外面的四根天线发生了弹性振动，造成系统的内能耗散，最后导致卫星姿态失稳而翻滚.又如1982年日本发射的技术试验卫星，由于挠性，太阳帆板的微小振动干扰了姿态控制系统，使卫星无法正常工作.据有关统计表明，在飞行器所发生的许多重大事故中，有40%的事故和振动有关[15,29].在航天工程实践中，由于对力学环境重视不足，认识不全面，曾多次造成结构失效，甚至导致整个任务失败，发生灾难性的事故[15,29].美国哥达德中心曾对早期发射的57颗卫星作过统计，在卫星发射第一天，卫星上发生的事故中，有30%～60%是由发射飞行过程中的振动环境所引起的[45].为了保证复杂结构在恶劣环境下能够可靠而安全地正常工作，需要有准确的响应预测方法.参考文献[239]介绍了美国航天器结构动力学需求和发展趋势.研究结构在动态载荷作用下所表现的动态特性与动态响应就是结构动力学的基本任务.

结构动力学的三要素是输入(激励)、系统(结构)和输出(响应),如图1.1所示.已知激励和结构,问题归结为响应预测,这是正问题.也就是已经知道系统的结构动力学方程和输入的激励载荷,求解结构的动态特性(包括固有频率、振型和阻尼)和动态响应(包括时域响应与频域响应).同时,工程中经常还会遇到两类逆问题需要解决:已知结构与响应,问题归结为激励识别;已知激励与响应,问题归结为结构识别.

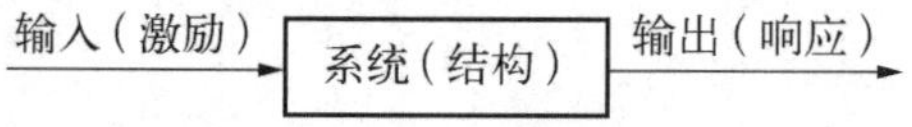

输入(激励) → 系统(结构) → 输出(响应)

图1.1　结构动力学的三要素

计算结构动力学研究的主要任务是进行复杂结构的动态特性与动态响应预测,包括如下内容:确定外激励的动态载荷,包括载荷的性质、大小与变化规律、激励位置;将复杂结构简化为物理模型;将物理模型化为很大自由度微分方程组的数学模型;采用合理的方法与程序进行动态特性分析与动态响应分析,在计算机上求解,给出复杂结构的动态特性与动态响应的计算结果;进而通过一定类型的试验来验证所得到的计算结果的正确性;将可靠的计算结果用于结构动态优化设计.

以航天器结构为例,航天器结构基本上是由杆梁板壳组合的壳体组合结构.对于这样的连续体组合结构的物理模型,动力学求解的困难首先来自解偏微分方程的困难.对于复杂结构,有了物理模型还无法求解,本书的主要内容就是介绍如何将复杂的物理模型化为非常大自由度的离散化的数学模型,如何在计算机上进行大自由度以及非常大自由度数学模型的动特性分析、动响应分析的理论与方法及其在航天工程中的应用.

图1.2是一个结构动力学研究的典型流程框图,三个主要流程是设计、分析与试验,也可

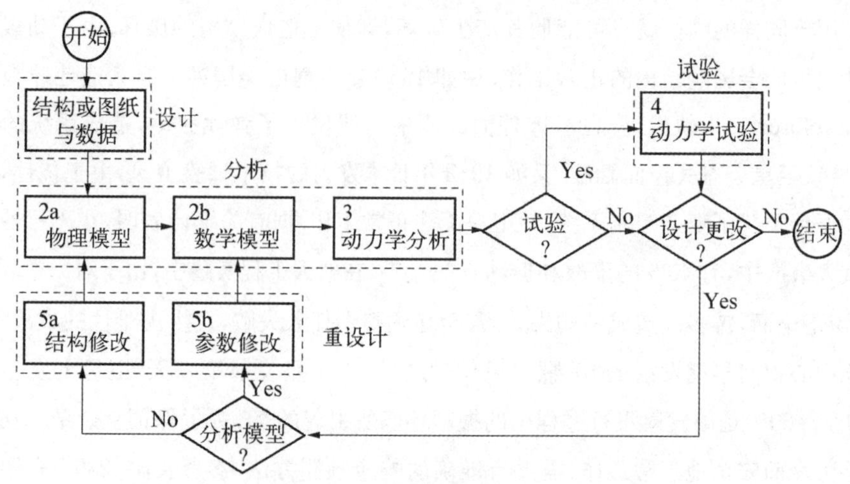

图1.2　动力学研究流程框图

能只有一个或两个主流程是需要的.例如水利工程师要完成水坝的动力学分析,并通过水坝模型动力学试验进行验证,分析与试验结果导出在该地区地震激励下不产生破坏、确保安全的最大水深度.汽车工程师完成大量的分析和试验,可以确定新设计的汽车动态特性.用分析与试验的结果可以验证结构设计的合理性.这些结果经常会指出结构某些部位或者整个结构设计的不合理性,导致结构设计的一些修改,从而不断提高结构设计的质量和经济性.

结构动力学问题有两个重要特点不同于静力问题.第一个重要特点是动态载荷是随时间变化的,结构的响应也是随时间变化的.很显然动力学问题不像静力问题那样简单,分析者要相应于响应历程在所有感兴趣的时间内求得响应解,因而动力学问题要比静力问题更加复杂,求解要更加费时间.第二个更为重要的特点是加速度所起的重要作用,这可以由图1.3所示的悬臂梁来说明.如图1.3(a)所示,悬臂梁承受静态载荷 F,梁的内力矩、剪力和挠度可以直接由给定的静态载荷 F 计算出来;如图1.3(b)所示,在动态载荷 $F(t)$ 作用下,悬臂梁产生的挠度伴随着加速度产生,加速度引起结构的分布惯性力,于是梁的内力矩和剪力不仅要与外作用力平衡,而且还要和梁的加速度引起的分布惯性力平衡.因而在某种意义下,减小结构加速的惯性力是结构动力学问题更为重要、更为明显的特征.通常惯性力表示为与结构内弹性力相平衡的总载荷的一个重要组成部分,因而在求解动力学问题时,必须考虑惯性力的作用,只有在结构运动非常缓慢、运动惯性力非常小时才可忽略不计.

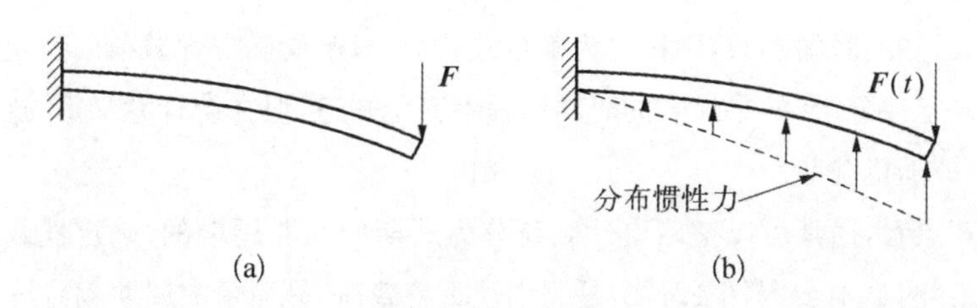

图1.3 悬臂梁

(a) 静态加载;(b) 动态加载

以 $\boldsymbol{f} = \boldsymbol{f}_0 e^{i\omega t}$ 的简谐力激励的振动作为结构动力学问题的例子,进行简谐振动问题和静力平衡问题的比较.从平衡方程的解析解、能量原理各种公式和遵守能量原理的各种近似解法看,简谐振动问题和静力平衡问题之间有一组简单的对应关系,最基本的四个对应关系见表1.1,对应的核心是刚度矩阵 $\boldsymbol{K}$ 和动刚度矩阵 $\boldsymbol{K} - \lambda\boldsymbol{M}$ 相对应,$\lambda\boldsymbol{M} = \omega^2\boldsymbol{M}$ 反映了质量矩阵 $\boldsymbol{M}$ 的惯性力影响.或者改用能量的观点,静力平衡问题里结构中所储存的势能(应变能)Π 和简谐振动问题里结构所储存的动势能 Π_d (应变能与动能)相对应.对应中也有不对应的方面.这就是在静力平衡问题里的刚度矩阵 $\boldsymbol{K}$ 是非负的,并且势能 Π 通常是正定的,因而势能原理和余能原理都是极小值原理.但是在简谐振动问题里动刚度矩阵 $\boldsymbol{K} - \lambda\boldsymbol{M}$ 经常是可正可负的,因而对应的势能原理和余能原理一般只是驻值原理.

表 1.1　静动问题的对应关系

问题类型	静平衡问题	简谐振动问题
对应的核心	刚度矩阵 $\boldsymbol{K}$	动刚度矩阵 $\boldsymbol{K}-\lambda\boldsymbol{M}$
	势能 $\Pi=\frac{1}{2}\boldsymbol{x}^{\mathrm{T}}\boldsymbol{K}\boldsymbol{x}$	动势能 $\Pi_{\mathrm{d}}=\Pi-\lambda T=\frac{1}{2}\boldsymbol{x}^{\mathrm{T}}(\boldsymbol{K}-\lambda\boldsymbol{M})\boldsymbol{x}$
方　　程	$\boldsymbol{K}\boldsymbol{x}=\boldsymbol{f}$	$(\boldsymbol{K}-\lambda\boldsymbol{M})\boldsymbol{x}=\boldsymbol{f}$
能量守恒	$\Pi=\frac{1}{2}\boldsymbol{f}^{\mathrm{T}}\boldsymbol{x}$	$\Pi_{\mathrm{d}}=\frac{1}{2}\boldsymbol{f}^{\mathrm{T}}\boldsymbol{x}$
虚位移原理	$\delta\boldsymbol{x}^{\mathrm{T}}\boldsymbol{K}\boldsymbol{x}=\delta\boldsymbol{x}^{\mathrm{T}}\boldsymbol{f}$	$\delta\boldsymbol{x}^{\mathrm{T}}(\boldsymbol{K}-\lambda\boldsymbol{M})\boldsymbol{x}=\delta\boldsymbol{x}^{\mathrm{T}}\boldsymbol{f}$
势能原理	$\delta\left(\frac{1}{2}\boldsymbol{x}^{\mathrm{T}}\boldsymbol{K}\boldsymbol{x}-\boldsymbol{f}^{\mathrm{T}}\boldsymbol{x}\right)=0$	$\delta\left[\frac{1}{2}\boldsymbol{x}^{\mathrm{T}}(\boldsymbol{K}-\lambda\boldsymbol{M})\boldsymbol{x}-\boldsymbol{f}^{\mathrm{T}}\boldsymbol{x}\right]=0$

1.2　动 态 载 荷

一个航天器从地面运行到空中飞行的过程将遇到大量的外界扰动，诸如地面运输振动、竖立风激振动、阵风响应、绕流抖振、声致振动、POGO 振动等各种干扰，从发射到入轨过程的各级发动机点火、燃烧终止、级间分离、整流罩分离、入轨等过程中航天器承受着各种动态载荷. 动态这个术语意味着随时间的变化，动态载荷是一类幅值、方向和作用点随时间变化的载荷. 如果载荷是已知的时间函数，则称之为确定性载荷，对承受确定性载荷的特定结构系统进行的分析称为确定性分析. 如果加载的时间历程不完全知道，但在统计意义下，这种载荷称为非确定性载荷，即随机载荷.

从分析的观点看，通常可以把确定性载荷分为周期的和非周期的. 确定性载荷的一些形式如图 1.4 所示. 图 1.4(a)与图 1.4(b)是周期性重复载荷，最简单的周期载荷是图 1.4(a)所示的正弦变化的简谐载荷，例如旋转机械不平衡质量的惯性力. 舰艇尾部螺旋桨产生水动压力是图 1.4(b)所示的另一种形式周期载荷. 借助于傅里叶分析，可以把任何形式的周期载荷表示为简谐分量级数和，因此原则上各种周期载荷响应分析过程都一样. 短时间持续的冲击载荷和长时间持续的一般形式载荷都是非周期载荷. 图 1.4(c)表示一次爆炸产生的典型冲击载荷，对于短时间持续的冲击载荷而言，可以进行一些简化分析. 图 1.4(d)表示地震产生的长时间持续的一般形式载荷，需要用一般的结构动力学分析过程来处理.

1.3　数 学 模 型

结构动力学分析中最重要的一环是建立结构的数学模型，这一过程在图 1.2 中由 2a 与 2b 两个流程说明. 在 2a 流程中，经过观察与研究绘出结构系统的理想化模型，也就是做了一

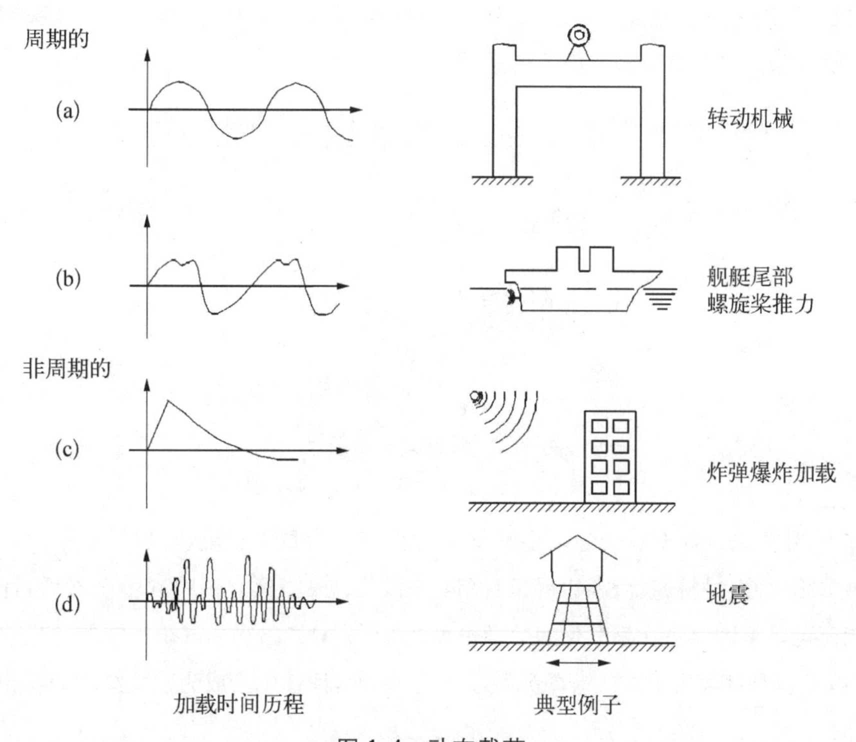

图1.4　动态载荷

(a) 简谐；(b) 周期；(c) 冲击；(d) 长时间持续

系列假设把实际结构系统简化为物理模型，并提供一套相应于物理模型的参数（尺寸、材料等等）数据.从本质上看，它应与实际结构系统（它可能是样机或者仅由计划设计的数据）很逼近.但是对它已经作了一些简化，在数学上已经可以进行分析.结构的物理模型可以分为三种类型：① 连续的物理模型，例如杆、板、壳与块体组合结构模型；② 离散的物理模型，质点系统属于离散的物理模型；③ 部分连续、部分离散的物理模型.对于离散的物理模型，可以应用达朗贝尔原理、虚功原理、拉格朗日方程等方法去获得描述离散的物理模型动力学特性的微分方程组；对于连续的物理模型，就可以应用变形体力学（例如应变与位移关系、应力与应变关系等等）原理和离散化的方法，用数学语言去获得描述连续的物理模型动力学特性的微分方程组.本书以后把数学模型狭义地定义为多自由度微分方程组的模型，把连续系统的偏微分方程（组）的模型归入物理模型，以示区别.

对于简单构件，可以直接由连续的物理模型求解偏微分方程并给出计算结果.但是，对于大型的复杂结构，连续的物理模型的求解非常困难，必须进一步将其离散化为便于在计算机上求解的多自由度微分方程组的数学模型. 这些就是图 1.2 中 2b 流程的内容.

图 1.5(a)表示一个悬臂梁连续模型，即有连续偏微分方程的物理模型.图 1.5(b)和图 1.5(c)介绍有限自由度系统的离散化的数学模型，称之为集中质量模型，因为这里假设少数质点集中质量可以用来模拟系统质量.为了表示所有惯性力的影响，必须考虑全部待求位

移量的数目，称之为系统的自由度数(DOF).连续的物理模型是具有无限多自由度的系统，而离散的数学模型是具有有限多自由度的系统.

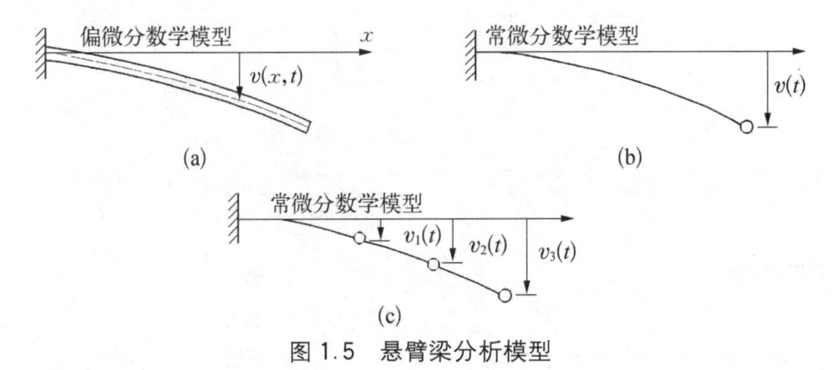

图 1.5　悬臂梁分析模型

(a) 连续模型;(b) 一自由度模型;(c) 三自由度模型

实际上，建立物理模型和数学模型的整个过程统称为数学建模，它的任务是简化结构系统与提供关于尺寸、材料、载荷和边界条件等的输入数据.当建立了物理模型之后，计算机的图形功能还可以帮助你建立离散化的数学模型.图 1.6(a)绘出实际汽车车体的理想化物理模型，图 1.6(b)就是计算机生成的有限元数学模型.因而，计算机已成为建立结构数学模型的有力工具.

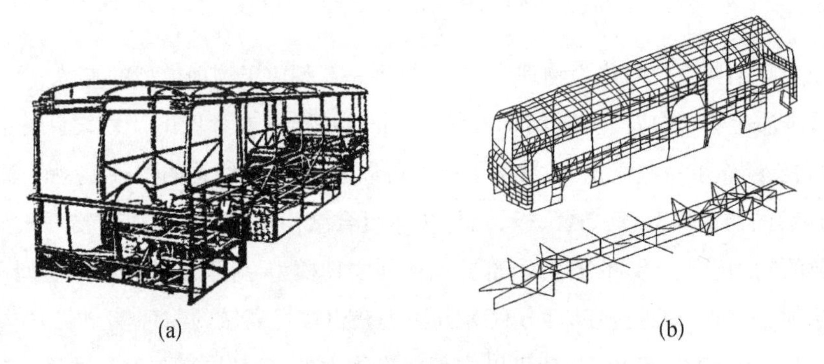

图 1.6　汽车车体

(a) 分析模型; (b) 有限元数学模型

简化的数学模型可以很简单，也可以很复杂，模型的复杂程度取决于分析者进行动力学分析的目的、要求的计算精度、各个部件在结构振动中的贡献.例如图 1.7 介绍了用来研究阿波罗土星Ⅴ运载火箭结构动力学特性的 4 个不同分析模型，30 个自由度的工程梁模型用于初步研究和确定对实尺试验的要求，300 个自由度的三维模型主要为了给出飞行敏感元件安装位置运动的描述.有了结构的数学模型，根据动力学方程就可以进行结构动力学分析.以往主要采用解析法求解，效率较低.现在随着计算机速度的发展，计算力学与计算数学也得到了很大的发展，许多动力学问题的计算策略和数值算法(例如有限元法、加权残值法与边界元法等等)被提了出来，并已编成通用的大型计算机程序.设计工程师可以方便地运用这些程序去完成结构动力学分析.

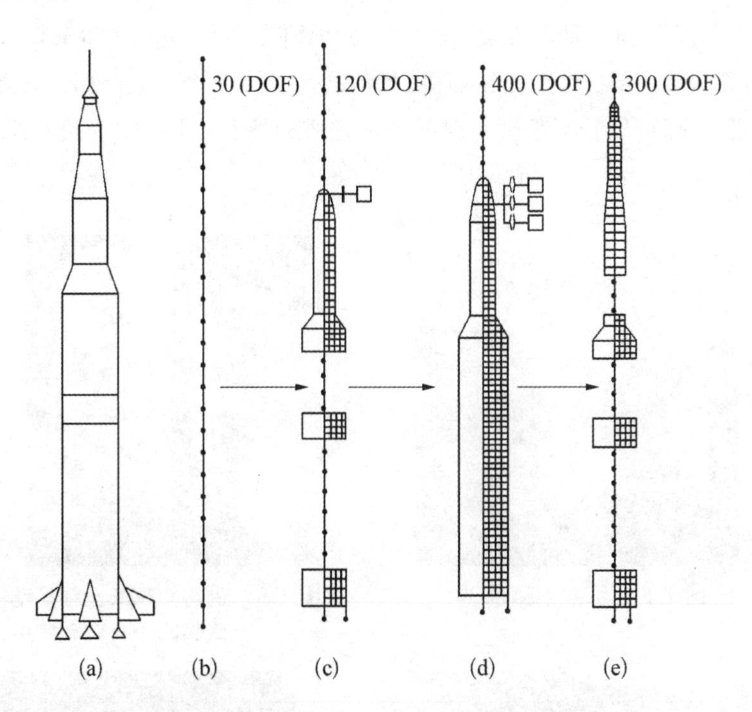

图 1.7　研究阿波罗土星Ⅴ运载火箭分析说明

(a) 阿波罗土星Ⅴ;(b) 工程梁模型;(c) 梁-1/4 壳模型;
(d) 1/4 壳模型;(e) 三维模型

1.4　结构动力学试验

结构动力学试验的主要目的之一是验证结构的数学模型.动态试验包括模态试验与振动台响应试验.模态试验提供模态参数;振动台响应试验提供时域响应曲线与频率响应曲线.通过试验和数据处理来识别实际结构的动力学模型,是近三十年来结构动态试验研究方面的重要发展.试验模态分析与计算模态分析方法以及振动台响应试验与振动台响应分析方法,已成为解决现代复杂结构动力学设计的相辅相成的重要手段.随着计算机的发展和动态试验技术的提高,用结构动态试验数据来验证数学模型的方法已经得到普遍的应用.

模态试验的主要目的是通过试验测得数据的识别,给出结构的模态参数以验证数学模型.经典的基于适调的多点正弦激振的相位共振模态试验技术以及随着计算机的广泛应用,以 FFT 为核心的动态信号分析技术、基于多点随机激振的相位分离技术、基于多点步进正弦激振的相位分离技术和直接激振力适调技术的发展与应用,大大提高了模态试验数据识别给出的模态参数的可信度,用结构模态试验来验证数学模型方法已得到普遍应用.但是,航天器结构越来越复杂,薄壳结构与轻型柔性结构的应用越来越广泛,使结构动力学特性非常复杂.

例如低频高密模态、局部模态、对结构性能微小变化敏感模态、耦合的(非直观的)三维振型，特别是复模态、非线性、非平稳等因素，对模态试验识别技术提出了非常高的要求.

图1.8介绍火箭头部在大振动台上进行振动试验，图1.9介绍进行CZ-2E全箭振动试验的振动塔，由图1.10可以看到悬吊CZ-2E产品进塔的情况，图1.11介绍CZ-2E全箭振动试验.

图1.8　振动台振动试验

图1.9　进行CZ-2E全箭振动试验的140#振动塔

图1.10　CZ-2E运载火箭分段吊进塔内

图1.11　在140#振动塔内的CZ-2E全箭振动试验

1.5　航天器动态设计方法

随着运载火箭性能的提高，它所承受的动态载荷和动力学环境愈来愈复杂，结构本身越轻巧，它的柔度越大，分析精度的提高使火箭本身的强度可靠性安全系数减小.若仅进行静态设计，当用结构动态校核时，则往往出现火箭某些部件结构设计不合格、通不过，从而造成设计返工甚至要对设计方案作大的修改，因为若飞行前不加弥补，就会造成火箭飞行失败的危险.这就是静态设计、动态校核所造成的先天不足、后天失调的严重局面.因此，火箭的结构设计不能再停留在静态设计水平上,而必须采用以结构动力学分析与试验为基础的动态设计技术和动态优化设计技术.结构设计已从静态设计转为静、动态设计.胡海昌在《加快从静态设计到动态设计的过渡》[35]中指出:从本质上来说,卫星结构设计应是一种动态设计.运载火箭和它发射的航天器(包括卫星、飞船、空间运输系统、有效载荷等)组成航天飞行器,器箭(航天器和运载火箭组合的简称)耦合载荷分析是研究航天飞行器结构动态响应的一种理论计算方法,它不是计算火箭所受的气动力、推力等外载荷,而是计算在这些外载荷作用下火箭各部段的内力,航天工程中习惯把内力计算称为载荷计算.以往计算多关注结构模态分析,现在多关注动态响应分析.

1.5.1 航天器力学环境

航天器力学环境[5-7]是指航天器从制造到任务终止全寿命周期内所经受的振动、冲击、噪声、加速度和微重力等环境.从航天器研制到任务完成的整个过程都需要考虑力学环境因素的影响.按照研制的时间顺序和诱发事件,航天器在整个寿命周期可能经历的力学环境有:航天器从总装开始首先要经历起吊、翻转、组装环节诱发的总装力学环境,在转场、运输过程中要经受运输力学环境;之后,航天器在发射过程中经受的力学环境更为苛刻、复杂,包括火箭起飞诱发的瞬态力学环境和发动机噪声环境,由火箭发动机燃烧不均匀产生的振动环境,运载火箭在大气中飞行,结构与大气相互作用产生的气动噪声环境,火箭发动机开关机所产生的振动力学环境,火箭结构纵向模态引起的结构振动与发动机的推力振荡相互耦合产生的POGO振动环境,液体贮箱晃动力学环境,火箭级间分离和整流罩抛罩分离产生的高频冲击力学环境和低频瞬态环境;航天器入轨后由轨道机动、姿态调整、太阳翼和天线展开等产生的在轨操作力学环境,航天器在轨运行期间由太阳翼或天线的驱动机构、动量轮转动等产生的微振动力学环境;此外,对于返回式航天器或深空探测需要进入行星大气并在表面着陆的探测器,需要考虑返回/进入及着陆力学环境.概括起来,航天器力学环境大致可分为:准静态加速度环境、类周期振动环境、瞬态环境(低频瞬态环境和高频瞬态环境)、随机振动环境、噪声环境等.

文献《航天器力学环境分析与条件设计研究进展》[45,219-220]指出:现代航天器研制中,必须根据航天器所经历的真实力学环境制定合理的力学环境条件,而该力学环境条件是进行航天器及部组件结构设计的约束条件,同时也是地面验证试验和可靠性评价的重要依据.对航天器力学环境把握的准确与否,或者说航天器力学环境条件是否能够反映真实的力学环境直接决定了航天器总体设计水平的高低,因此,针对航天器力学环境开展深入的分析和研究,制定合理的力学环境条件在航天器总体设计中具有重要意义.

星箭力学环境分析的基本任务是研究结构在各类动载荷作用下的响应特性.航天飞行器结构承受力学环境产生的效应和影响主要表现在结构振动响应引起的各类综合效应.比如可

能导致结构变形、失稳、开裂甚至功能丧失；导致仪器设备、管路、电缆安装的松动、脱落和断裂；导致仪器设备电子器件性能参数出现漂移、超差等.力学环境所产生的效应和影响主要包括:机械损伤和破坏；产品功能下降或失效；在载人航天工程中，大量级的宽带随机振动和噪声对宇航员身体可以造成严重影响.

1.5.2 器箭耦合载荷分析

航天器力学环境分析与设计的目的是给航天器提供合理的力学环境条件，而力学环境条件制定的主要依据是器箭耦合载荷分析的结果.

航天飞行器的振动环境是在外界动载荷作用下产生的.航天飞行器发射过程中的外载荷是非常复杂的.文献[235]介绍在起飞和上升段，运载器和航天器承受严重外力，经受复杂和严酷的力学环境，每个运载火箭和它发射的航天器结合在一起，形成独特的器箭耦合系统的航天飞行器结构，航天器的质量和振动模态将影响器箭耦合系统，以应对在发射过程中引入的时变力.当设计一个经受发射环境的航天器结构时，通常需先在运载火箭用户指南中找到指定的载荷.这些载荷是在发射过程中可能发生的，要求航天器符合用户指南中定义的有关质量和自振频率的限制.采用由航天器和运载器部件的数学模型建立的器箭耦合数学模型，如图 1.12 所示.进行动态响应分析，也就是器箭耦合载荷分析(CLA)，星箭耦合载荷分析流程如图 1.13 所示.

结构动力学的三要素是输入(激励)、系统(结构)和输出(响应)，如图 1.1 所示.对于火箭而言，输入(激励)是外载荷作用；系统(结构)是火箭结构与相应数学模型；输出(响应)是结构在外载荷作用下产生的动态响应状况，包括响应机理、分布状况和参数量值.已知外界动载荷激励和火箭结构模型，问题归结为响应预测，这是正问题.也就是已经知道外界动载荷激励输入和火箭系统的结构动力学方程，求解结构的动态特性(包括固有频率、振型和阻尼)和动态响应(包括时域响应与频域响应).器箭耦合载荷分析不是计算火箭所受的气动力、推力等外载荷，而是计算在这些已知外载荷作用下火箭各部段的内力，这里的载荷计算应该称为内力计算，这是航天工程的习惯术语.

显然内力是由外载荷引起的，因此必须首先要得到外载荷.航天器力学环境条件设计首先要掌握其在地面总装、运输、发射、工作等不同阶段可能遇到的主要外载荷，发射段的外载荷最复杂，环境最恶劣，是力学环境条件设计研究的重点.描述外载荷的外力函数应该根据飞行实测、地面试验和分析预示等方法综合获得，美国 NASA-HDBK-7005 报告[237]给出了各类飞行外力函数的预示方法.这些外载荷就是导致运载火箭和航天器承受结构变形和振动的严重外力.火箭的外载荷按空间分布特征可分为面载荷和体载荷.面载荷是指作用于箭体某一部位的载荷，包括空气动力、发动机推力、各支撑结构的支反力、贮箱内的压力等.体载荷是指作用于箭体全域的载荷，包括重力和由飞行过载引起的惯性力.外载荷按随时间的变化规律

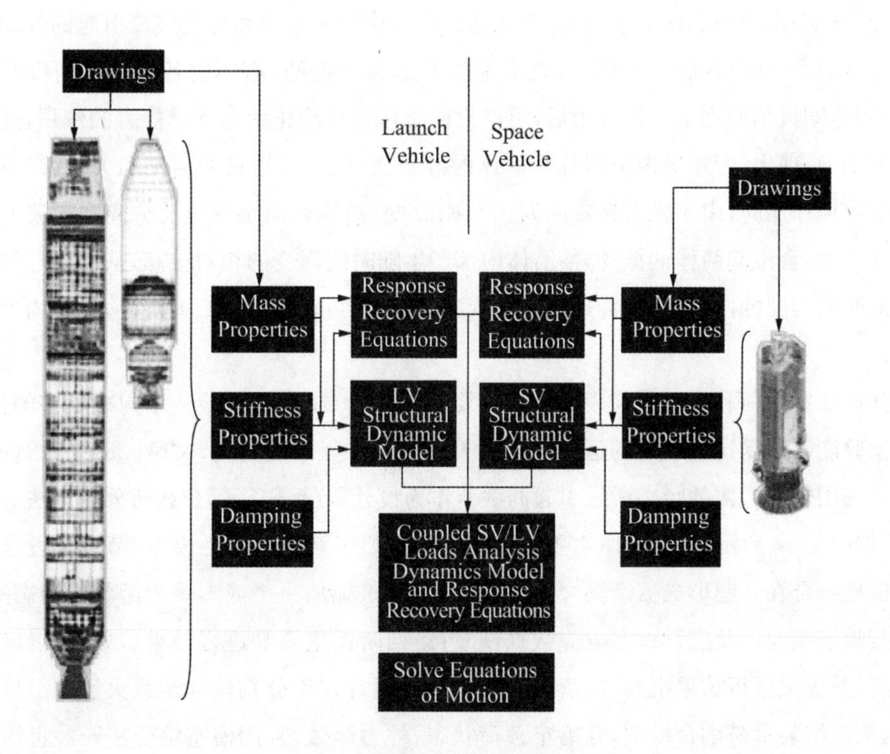

图 1.12　器箭耦合系统模型

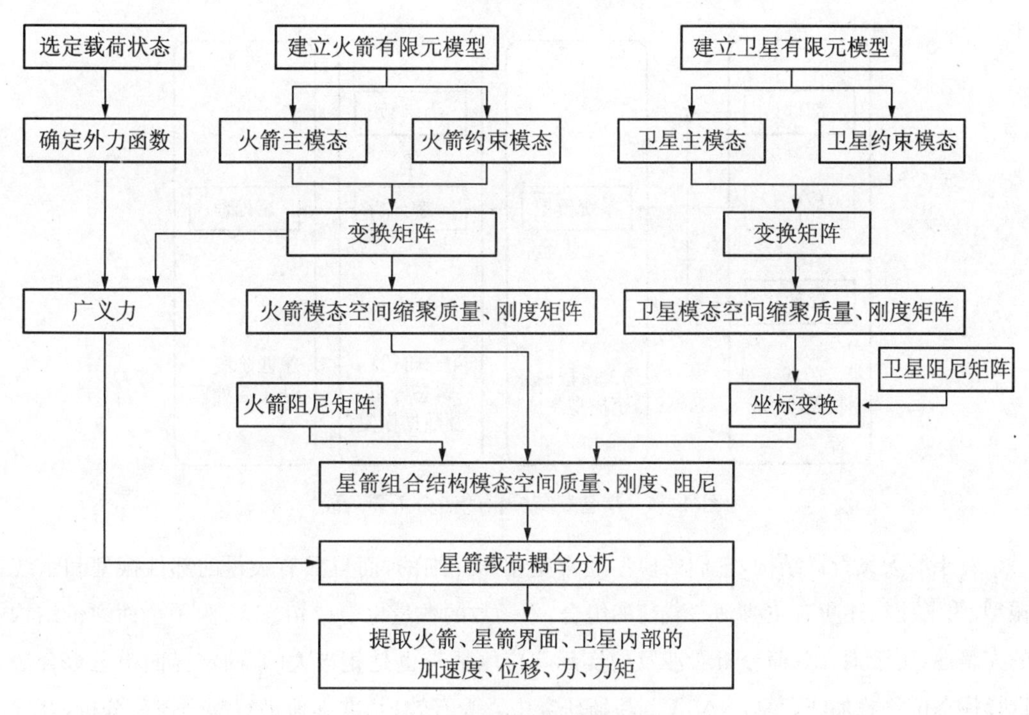

图 1.13　星箭耦合载荷分析流程

又可分为(准)定常力和速变力.发动机在稳定段工作时的推力和稳定气流引起的气动力等可看作定常载荷.在这种载荷作用下,视火箭的变形为恒定的,箭体内各部位之间没有相对运动,利用达朗贝尔原理加上惯性力后,可把火箭看作是在静止状态下受静力的作用,这时箭体内部的轴力、剪力、弯矩等内力即称为箭体的静载荷.而在发动机的启动和关机、跨声速区飞行和受阵风作用时,由于推力在短时间内急剧改变,箭体表面出现气流分离和激波振荡以及随机气动力,会激起箭体的振动,使箭体内部产生随时间而变的相对位移,从而引起结构内部产生随时间而变的内部载荷.加速度、速度、应变和应力、轴力、剪力、弯矩等,这些内力称为动载荷.

强调这些载荷和应力所代表的是对主要结构设计要求,必须验证结构有足够的强度.设计和检验能够承受这些载荷的运载器和航天器是一个复杂的过程.文献[236]介绍许多航天飞行器都用较大振幅的瞬态激励引起的载荷作为设计载荷.器箭耦合载荷分析方法分为四个阶段,如图 1.14 所示.第一阶段主要是建立每个主要子系统的部件模型;第二阶段是将这些部件模型组合在一起形成器箭耦合模型;第三阶段是施加一个或多个力函数的瞬态激励,以确定其瞬态响应以及进行瞬态响应数据恢复;第四阶段主要是进行结果后处理,以确定出最大响应,并提供分析结果报告.星箭耦合载荷分析通常首先分别建立运载火箭和卫星有限元模型,然后组装星箭耦合模型,并确定载荷状态、外力函数,采用模态综合法开展星箭耦合载荷分析,分析流程见图 1.13.

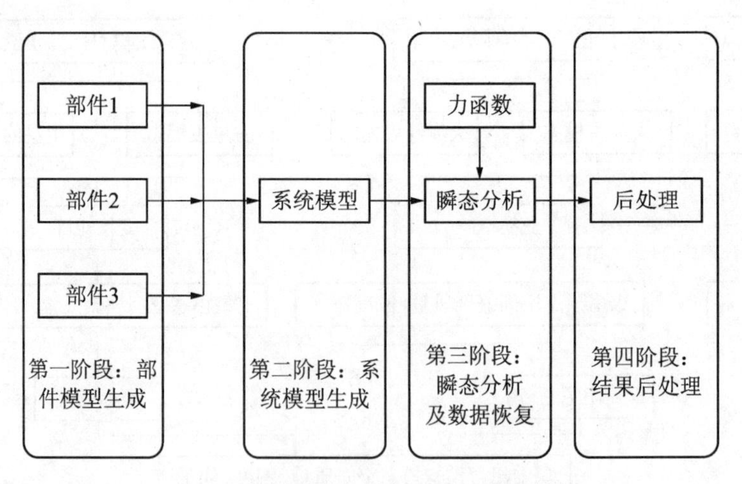

图 1.14 耦合载荷分析的四个主要阶段

对于航天飞行器结构,它们的模型通常是相当详细的,而且具有大量的部件振型和系统振型.为了能描述所有主要动态载荷的组合,力函数的数量也变得相当大.为了全面评价结构的完整性,用于耦合载荷分析所涉及的实际响应的数量也是相当大的.固定界面模态综合法选择模态位移叠加法计算,NASA 刘易斯研究中心为有效地、准确地进行耦合载荷分析,开发过一套新的功能.这些新功能已经用于许多先进系统的动态响应的确定.这些新的耦合载荷分析方法是基于采用MSC/NASTRAN超单元处理，并通过许多特定的DMAP程序及刚体格式变换形成的.这些方法可以获得航天器/运载系统合载荷分析，包括各种力函数的响应分析、瞬态响应分析和航天器结构部件的内应力数据恢复，其中，为提高数据恢复的精度，采用了模态加速度方法.

获得了准确的外力函数以后，需要将其加载在运载火箭/航天器耦合模型上，开展器箭耦合载荷分析.对器箭耦合载荷分析得到的结果、大型地面试验中获得的实测数据以及相似型号的遥测数据进行统计分析并给出最高预示环境.美国GSFC建议把预示的动力学环境平均值加上2倍的标准偏差作为预示的最高值；美军标MIL-STD-1540则将“最高预示环境”定义为概率95%、置信度50%的上限.如果数据样本不足3个，应在预示值上加适当的余量.例如对噪声和振动环境至少应加3 dB，对冲击环境至少应加4.5 dB，以充分估计环境数据的分散性.

1.5.3 器箭载荷分析循环

耦合载荷分析是“载荷循环”的一个部分，如图1.15所示.

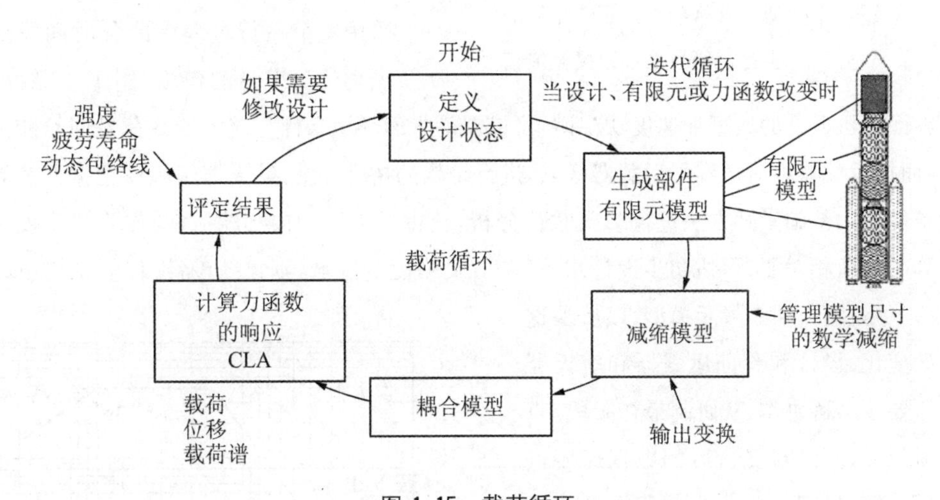

图1.15 载荷循环

航天器的设计过程始于以往类似结构的设计经验基础上的载荷初步估计[36].初步设计载荷循环是几个这样载荷循环中的第一个.对于每个全箭级的器箭载荷循环，运载器组织开发的模型对应发射升空事件的各个阶段.对于每个事件，航天器模型耦合到相应的运载器模型，形成了独特的器箭耦合模型，可进行器箭耦合载荷分析.这时候，将运载器和航天器的动力特性合并，形成系统级的性能.运载器组织将制定不同的方法来解析器箭耦合模型、进行运动方程的数值求解，计算系统的响应用于载荷恢复方程，建立运载器和航天器的内部载荷，最重要的是给出器箭界面环境条件，该力学环境条件是进行航天器及部组件结构设计的约束条件，同时也是地面验证试验和可靠性评价的重要依据.该器箭界面加速度条件与航天器载荷发回给航天器组织,进行结构的裕度评估.

正弦振动环境条件一般用加速度幅值谱表示.由于在不同的典型飞行时段所产生的正弦振动的幅值谱或瞬态振动的等效幅值谱不同,因此,对于飞行振动环境,通常采用整个飞行过程中的最大等效幅值谱.图 1.16 给出了星箭界面纵向和横向低频正弦振动的典型加速度幅值谱.随机振动环境条件一般用加速度功率谱密度(简称功率谱)表示.在不同的典型飞行时段所产生的随机振动的功率谱和均方根值是不同的,实际上,飞行过程的随机振动是非平稳的,其统计特征随时间变化.为了简化处理,对信号进行分段,将统计特征变化不大的信号段近似作为平稳随机信号.对于不同的信号段,所得到的功率谱和均方根值不同,因此,对于飞行振动环境,通常采用整个飞行过程中的各时间段随机振动的功率谱的包络.图 1.17 给出了星箭界面随机振动的典型加速度功率谱.将该器箭界面环境条件与航天器载荷发回给航天器组织,而把运载器载荷送到了运载器区域,进行结构的裕度评估.航天器组织将根据器箭界面环境条件采用基础激励方法进行二次载荷分析,获得航天器的内部响应,与作为初步设计阶段计算的载荷相对照,评估初步设计水平.若有负裕度的区域,则重新设计.任何结构更改生效之后,更新图纸和有限元模型,以反映这些设计变化.设计和验证运载器和航天器结构需要多学科协作,从研制最初阶段,直到发射阶段,而且对飞行后的数据还要进行分析.这个过程通常称为载荷循环的过程,如图 1.15 所示,它在航空航天领域的发展和目前的体制中发挥了举足轻重的作用.载荷分析整个过程要经过多次载荷循环反复进行.当最后的设计载荷循环完成后,若结构评估将确认该结构对预示载荷具有足够的裕度,则按这个设计即可进行制造.一旦制成航天器,就必须进行大量的测试试验,以证明在发射前的最后一次载荷分析的正确性,证实该系统的适飞性.验证载荷循环对运载器和航天器的结构设计是否具有足够的

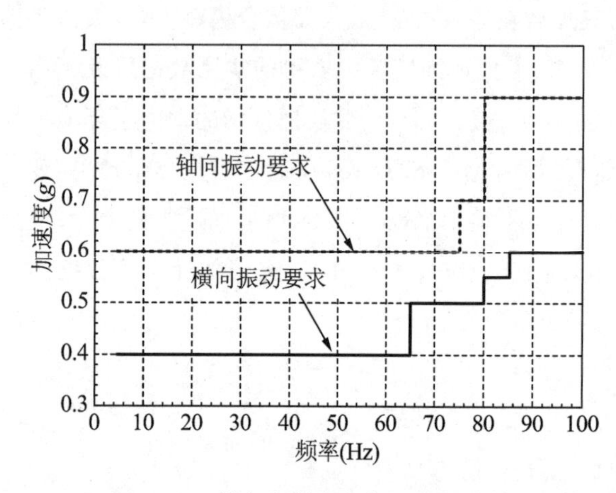

图 1.16 纵向和横向低频正弦振动的典型星箭界面加速度幅值谱

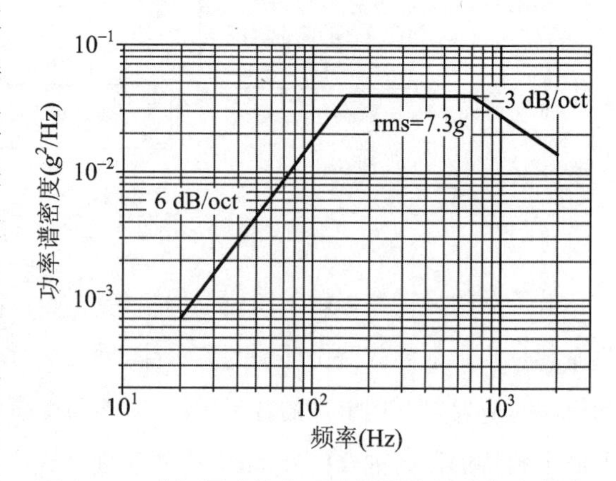

图 1.17 随机振动的典型器星界面加速度功率谱

裕度进行最后检查.文献[235]介绍,结构载荷是整个运载和航天器系统的动态特性函数,因为它的规模和复杂性,集成的系统无法在飞行前进行测试.此外,每个子结构有助于系统的整体性,因此,一个元素设计的变更将导致所有元素的载荷变化,并且在一个地方建模有误差会导致其他地方载荷预测产生误差.因而,全箭级器箭耦合载荷分析是大循环,涉及系统的各个部门,工作量大,分析结果可靠.一个典型的航天器发展计划需要几个耦合载荷分析大循环的迭代,逐步使用更精确的航天器结构设计,形成成熟的数学模型.但是,为了减小工作量、节省费用,一个耦合载荷分析大循环之后,需要进行多次航天器级二次载荷分析,以代替大循环.一个典型的航天器发展计划仅能有很少几次大循环.这里自然产生一些问题:采用航天器模型进行二次载荷分析获得的结果可信不可信?可靠不可靠?有多大误差?下面的分析可以从理论上证明:由航天器组织根据器箭界面的加速度条件对航天器模型进行二次载荷分析所获得的航天器内部加速度(载荷)解,与由运载火箭组织根据器箭耦合载荷分析获得的航天器内加速度(载荷)解完全一致,不存在“过设计”“欠设计”问题.

1.5.4 器箭载荷分析循环实例

文献[37]介绍了美国大力神ⅢE/半人马座 D1/海盗航天器运载系统载荷分析循环过程实例,代表美国20世纪70年代的水平.其结构简图如图1.18所示.

图1.19给出飞行载荷与环境,展示从发射到再入过程的飞行载荷与环境轮廓.这些分析事件有:① 零级点火;② 最大气动压力;③ 一级点火;④ 零级分离;⑤ 一级燃烧;⑥ 一级熄火;⑦ 二级点火;⑧ 整流罩分离;⑨ 二级熄火;⑩ 半人马座发动机点火;⑪ 半人马座燃烧1;⑫ 半人马座主发动机关机;⑬ 半人马座主发动机点火2;⑭ 半人马座燃烧2;⑮ 半人马座主发动机关机2.

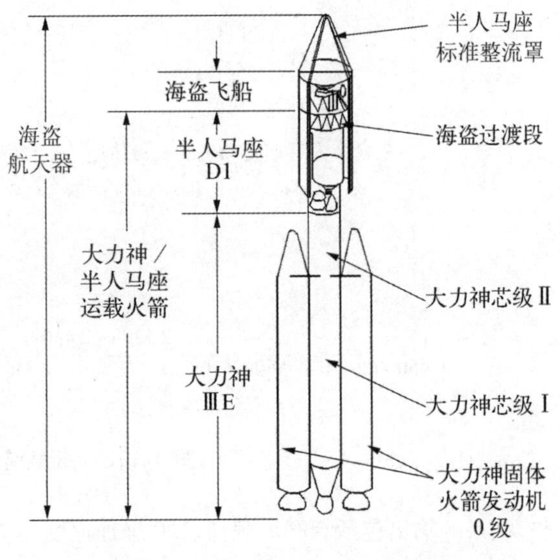

图1.18 大力神Ⅲ E/半人马座D1/海盗航天器的结构简图

海盗航天器结构设计采用瞬态载荷分析方法,这种方法应用分析过程去确定结构的设计载荷与飞行载荷.设计载荷采用没有经过试验验证过的数学模型获得;飞行载荷采用经过试验验证过的数学模型获得;最终的数学模型有32 000个自由度.

几个载荷分析循环是在海盗方案阶段进行的,分析是非常复杂的,有很多机构参与这项

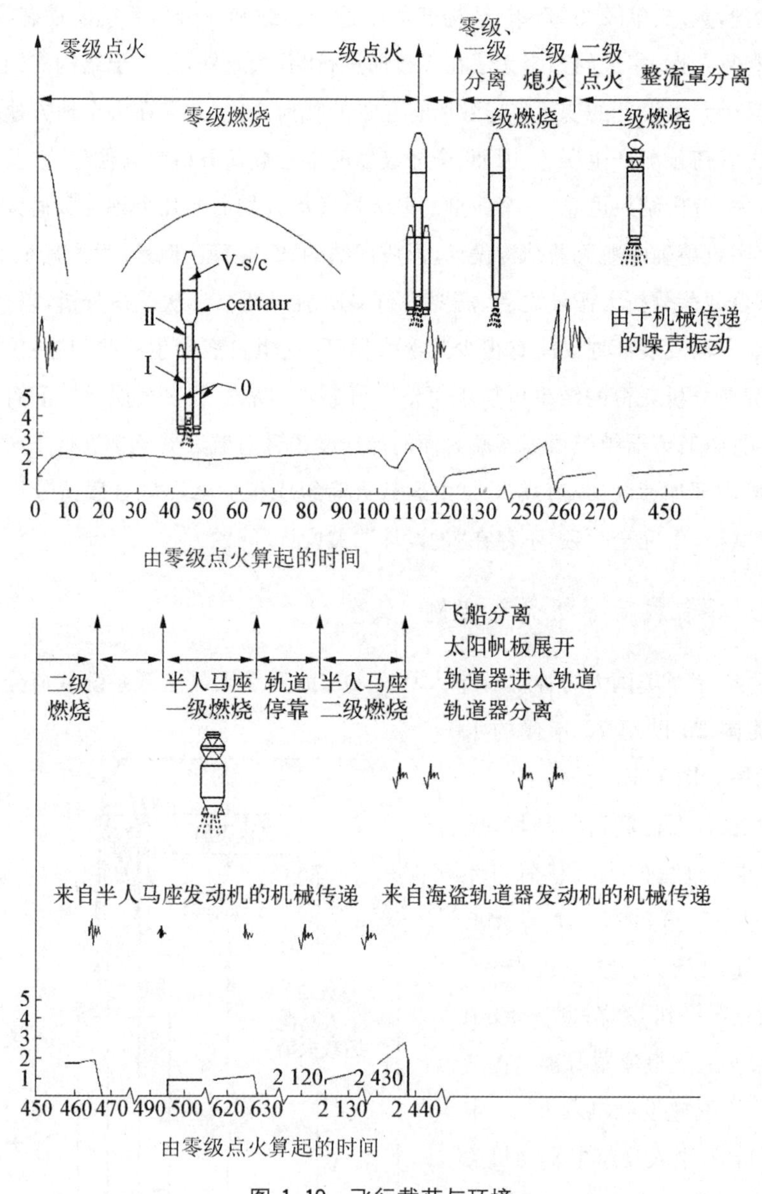

图 1.19　飞行载荷与环境

工作.结果的输出包括550个载荷、120个加速度和70个位移.载荷分析循环中一个事件可以由29个离散时间历程解组成,由这些结果组合得到载荷的统计估计.

这一整个过程包括4次主要的载荷分析大循环,在用模态试验验证最终数学模型之前进行了3次大载荷分析循环:子结构试验进行了8个月,轨道展开试验与模态试验进行了3个月,同时还作了分析与试验相关性分析,然后给出基于模态试验的最终数学模型,最后,才完成了第4次载荷分析循环,同时还包括多次载荷分析小循环.

图1.20给出运载火箭动态载荷分析流程图.在流程图中可以看到主要流程是:

（1）根据初步结构方案，建立数学模型，进行模态分析；

（2）进行发射到入轨过程的各级发动机点火、燃烧终止、级间分离、气动加载、整流罩分离、入轨等运载火箭动态载荷的响应分析，给出部件初步设计载荷和设备环境条件；

（3）进行"海盗飞船"载荷分析循环和结构修改；

（4）结构初步确定之后，加工初样并进行子结构试验、轨道展开试验和振动特性试验；

（5）进行试验与分析数据的相关性分析和数学模型修改；

（6）给出基于振动特性试验的最终数学模型，然后进行最终的载荷分析循环，给出设计载荷；

（7）进行静、动力检验性试验和飞行验证发射.

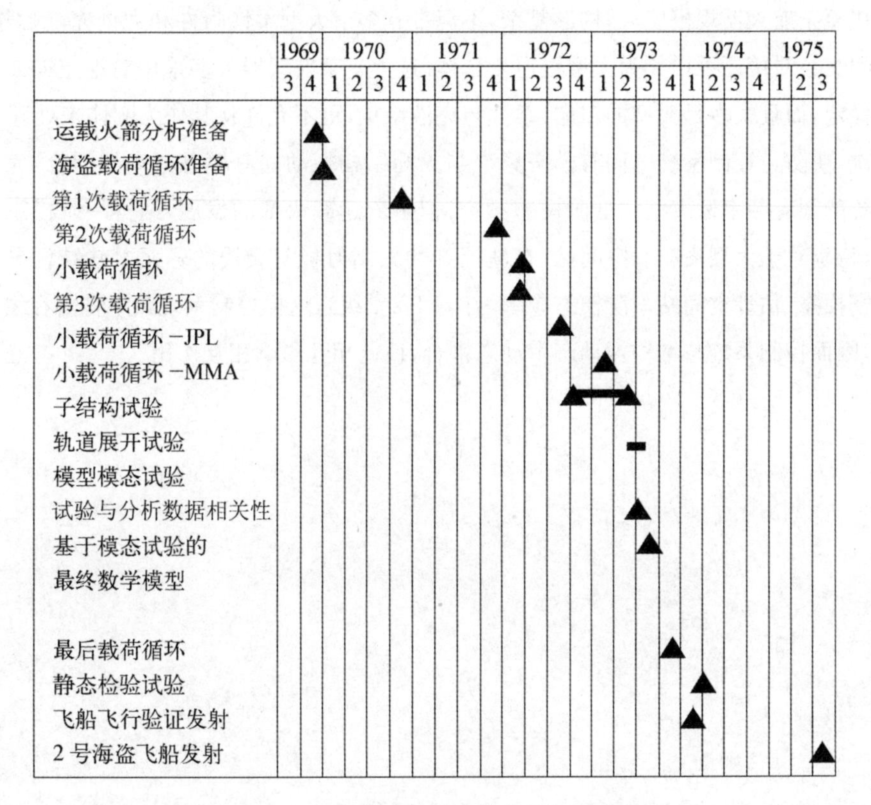

图 1.20　运载火箭动态载荷分析流程图

1.6　航天器结构振动与控制系统的耦合

为了控制火箭按预定的轨道飞行，控制系统设计时必须从两个方面考虑火箭结构振动的影响.

首先，控制系统设计时不能采用刚体动力学方程，而必须考虑火箭弹性振动的影响，将弹性振动模态参数列入控制系统方程，因而运载火箭结构模态是控制系统设计非常关键的参数. 国内外航天器动力学研究、发展与应用表明，即使对某些早期简单的航天器，也不允许将其作为刚体来处理. 1958 年发射的美国第一颗人造地球卫星探险者一号采用了自旋稳定，卫星呈细长体，由于星上四根长的鞭状天线结构柔性的影响，卫星章动运动发散而使自旋稳定失稳，最后导致卫星姿态失稳而翻滚，从而第一次揭示了柔性结构振动对航天器姿态稳定性的影响. 中国第一颗人造卫星"东方红一号"也采用了自旋稳定，星上也装有四根鞭状天线. 由于动力学设计时已考虑天线结构的柔性影响，采用最大惯性准则，从而保证了卫星的振动稳定性，所以我国第一颗人造卫星"东方红一号"运行良好[38]. 综上所述，航天器动力学分析设计，即使对于简单的航天器也是非常重要的.

现代复杂航天器规模庞大，构形复杂，不但带有多个大型柔性附件和大型充液贮箱，而且通过空间交会对接还可增长为大型轨道复合体. 这类复杂航天器大多采用对地定向或惯性定向三轴稳定，而且大多是典型的多体、柔性与充液结构，更不允许将其作为刚体来处理[38].

其次，要防止控制系统的固有模态频率与火箭结构振动固有模态频率的耦合，为此要求控制系统的固有频率远离结构低阶模态频率. 但随着运载火箭的发展，结构一阶模态频率越来越小，特别对于大型飞船和空间站，在轨展开的太阳帆板与天线的轻而柔软结构导致非常低的稠密模态(估计空间站一阶模态频率为0.1 Hz量级)，这样控制系统频率将落在结构低频范围内，因而控制系统与结构振动产生动态耦合，彼此相互影响相互作用.

第 2 章
单自由度系统振动

2.1 自由振动

最简单的单自由度振动系统就是一个弹簧连接一个质量的系统,如图 2.1 所示.一个系统只在起始时受到外界干扰,然后就依靠系统本身的弹性恢复力维持的振动称为自由振动,例如,不受外加激励的作用,仅由初始条件(初位置和初速度)引起的振动,或者去掉激励或约束之后所出现的振动.

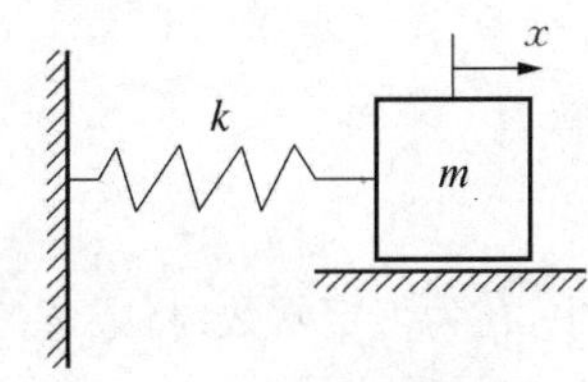

图 2.1 单自由度弹簧质量系统图

某些实际的机械或结构系统的振动问题有时简化为单自由度系统的振动,如图 2.2(a)所示的汽车,当仅考虑车身(质心)铅垂方向的振动时,简化为如图 2.2(b)所示的单自由度系统.本章讨论无阻尼和有阻尼的单自由度系统振动,它是研究多自由度系统的基础.

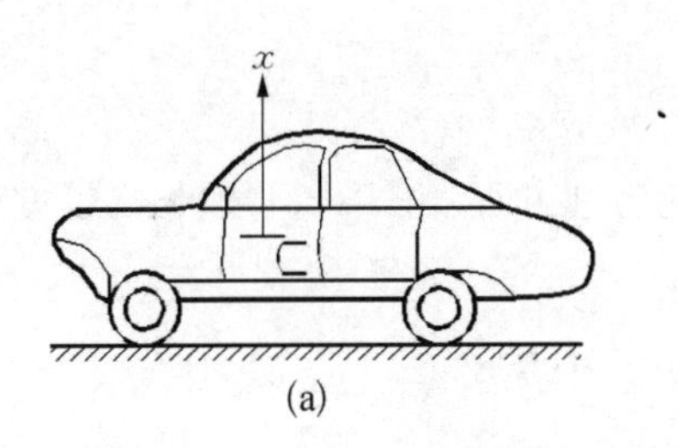

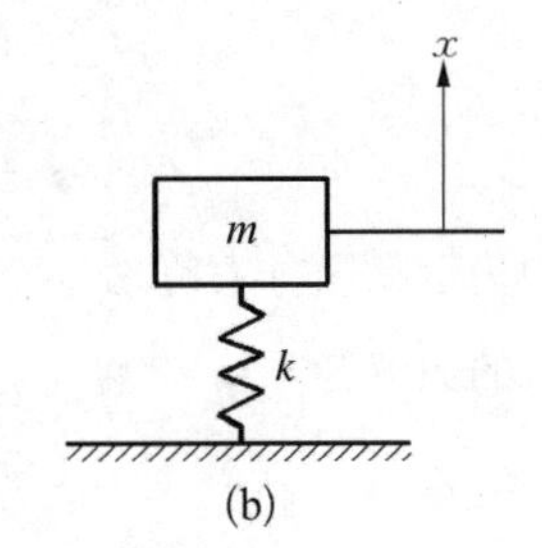

图 2.2 汽车简化系统

2.1.1 无阻尼系统的自由振动

考虑图 2.3 所示的无阻尼单自由度系统，质量 m 悬挂于弹簧下端，弹簧上端为刚性支承，弹簧刚度为 k，不计弹簧质量. m 处于静止时的位置称为静平衡位置，此时弹簧变形为 δ_{st}，则有

$$mg = k\delta_{st} \tag{2.1.1}$$

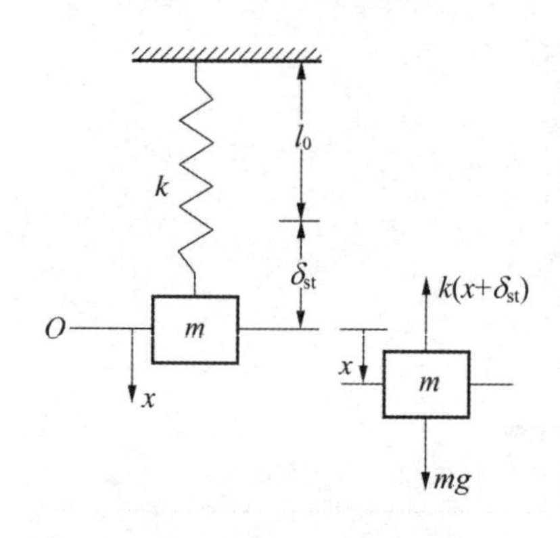

图 2.3 无阻尼系统图

取静平衡位置为坐标原点，设向下为坐标正向，则质量 m 的运动可以用坐标 x 描述. 对于任一位置 x，由牛顿第二定律得

$$m\ddot{x} = -k(x+\delta_{st}) + mg + F$$

考虑式(2.1.1)，则单自由度系统的运动微分方程为

$$m\ddot{x} + kx = F \tag{2.1.2}$$

式(2.1.2)中 $-kx$ 称为弹性恢复力，它的大小和位移 $\boldsymbol{x}$ 的大小成正比，但它的方向始终与位移的方向相反，即始终指向静平衡位置.

考虑自由振动情况，有 $F=0$，并令

$$\omega_n^2 = \frac{k}{m} \tag{2.1.3}$$

则单自由度系统的自由振动微分方程为

$$\ddot{x} + \omega_n^2 x = 0 \tag{2.1.4}$$

设解为

$$x(t) = Be^{st} \tag{2.1.5}$$

其中，B 为待定常数. 将式(2.1.5)代入方程(2.1.4)得

$$B(s^2 + \omega_n^2)e^{st} = 0$$

为寻找 $x(t)$ 的非零解，必须有

$$s^2 + \omega_n^2 = 0 \tag{2.1.6}$$

即

$$s = \pm\sqrt{-\omega_n^2} = \pm i\omega_n \tag{2.1.7}$$

称方程(2.1.6)为运动微分方程，式(2.1.4)为特征方程. 由式(2.1.7)给出了方程的两个根，则方程(2.1.4)的通解为

$$x(t) = B_1 e^{i\omega_n t} + B_2 e^{-i\omega_n t} \tag{2.1.8}$$

考虑到

$$e^{\pm i\omega_n t} = \cos\omega_n t \pm i\sin\omega_n t$$

将式(2.1.8)改写为

$$x(t) = A_1 \cos \omega_n t + A_2 \sin \omega_n t \tag{2.1.9}$$

式中，A_1，A_2 为常数，由系统的初始条件确定. 设初始条件为 $t = 0$ 时，$x = x_0$，$\dot{x} = \dot{x}_0$，则由式(2.1.9)得 $A_1 = x_0$，$A_2 = \dot{x}_0/\omega_n$，从而得到满足初始条件的解为

$$x(t) = x_0 \cos \omega_n t + \frac{\dot{x}_0}{\omega_n} \sin \omega_n t = B\cos(\omega_n t - \varphi) \tag{2.1.10}$$

式中

$$B = \sqrt{x_0^2 + \left(\frac{\dot{x}_0}{\omega_n}\right)^2}, \quad \varphi = \arctan \frac{\dot{x}_0}{x_0 \omega_n} \tag{2.1.11}$$

式(2.1.10)为单自由度系统自由振动微分方程(2.1.4)的解. 显然它是时间 t 的简谐函数. 称 ω_n 为系统的固有圆频率，它是系统的固有特性. B 为振幅，φ 为初相角，它们不是系统的固有特性，与系统过去所受的激励和初始时刻系统所处的状态有关.

2.1.2 黏性阻尼系统的自由振动

在无阻尼自由振动中，由于机械能守恒，系统保持等幅振动. 实际上，在振动时，在系统中不可避免地存在着各种各样的阻力，实际系统的机械能不可能守恒，振幅将会随时间的延长而衰减，最后趋近于零，振动中将阻力称为阻尼，例如摩擦阻尼、电磁阻尼、介质阻尼及结构阻尼等等. 为此，我们需要研究阻尼对振动的影响.

阻尼的机理是复杂的，要精确地描述它是困难的. 尽管已经提出了许多种数学上描述阻尼的方法，但是实际系统中阻尼的物理本质仍然难以确定.

不同的阻尼具有不同的性质. 两个干燥的平滑接触面之间的摩擦力 F，与两个面之间的垂直压力 N 成正比，即我们所熟知的

$$F = \mu N \tag{2.1.12}$$

式中，μ 是摩擦系数. 但是如果两个接触面是粗糙的，则摩擦系数 μ 就与速度有关，速度越快 μ 越小.

若两接触面之间有润滑剂，则摩擦力决定于润滑剂的“黏性”和运动的速度. 两个相对滑动面之间有一层连续油膜存在时，阻力与润滑剂的黏性和速度 v 成正比，与速度方向相反：

$$F_c = -cv \tag{2.1.13}$$

式中，c 为黏性阻尼系数. 它决定于运动物体的形状、尺寸及润滑剂介质的黏性.

若一个物体以低速在黏性液体内运动，或者如阻尼缓冲器那样，使液体从很狭窄的缝里通过，则阻尼也与速度成正比，属于黏性阻尼.

但是物体如以较大的速度，在空气或液体介质内运动，阻尼将与速度 v 的平方成正比，

$$F_c = -cv^2 \tag{2.1.14}$$

式中，c 为常数.

阻尼的存在将消耗振动系统中的能量.消耗的能量转变为热能和声能(噪声)传出去.在自由振动中能量的消耗导致系统振幅的逐渐减小而最后使振动停止,所以有阻尼的自由振动也称为衰减振动.

黏性阻尼由于与速度成正比,又称线性阻尼.线性阻尼在分析振动问题时使求解大为简化.振动系统中存在的阻尼大多是非黏性阻尼,它们的数学描述比较复杂,远不如黏性阻尼那样容易处理,为了便于振动分析,经常应用能量方法将非黏性阻尼简化成等效黏性阻尼.等效的原则是:等效黏性阻尼在一周期内消耗的能量等于要简化的非黏性阻尼在同一周期内消耗的能量.为便于计算消耗的能量,通常假设在简谐激振力作用下非黏性阻尼系统的稳态振动仍然是简谐振动,这个假设只有在非黏性阻尼比较小时才是合理的.记 W_c 与 ΔE 分别是一周期内等效黏性阻尼与非黏性阻尼所消耗的能量.黏性阻尼系统一周期内做的负功为

$$W_c = \int F_c \dot{x}(t)\mathrm{d}t = \int_0^T c_e \dot{x}^2 \mathrm{d}t$$

考虑如式(2.1.10)所示的简谐振动,则有 $\dot{x}(t) = -B\omega\sin(\omega t - \varphi)$,代入上式得

$$W_c = \pi c_e B^2 \omega \tag{2.1.15}$$

根据等效原则有

$$\Delta E = \pi c_e B^2 \omega \tag{2.1.16}$$

式中,c_e 为等效黏性阻尼系数.计算出 ΔE 便可从上式得到

$$c_e = \frac{\Delta E}{\pi\omega B^2} \tag{2.1.17}$$

阻尼消耗的能量常用无量纲的相对比值表示,常采用的有阻尼比容 α 和损失因子 η,分别定义为

$$\alpha = \frac{\Delta E}{U} = \frac{2\Delta E}{kB^2},\quad \eta = \frac{\Delta E}{2\pi U} = \frac{\alpha}{2\pi} \tag{2.1.18}$$

其中,U 是系统的最大势能,其值为 $U = \frac{1}{2}kB^2$.阻尼比容 α 与损失因子 η 可用试验方法测定.由上述定义及式(2.1.17)可得等效黏性阻尼系数 c_e 与 α,η 的关系为

$$c_e = \frac{\alpha k}{2\pi\omega} = \frac{\eta k}{\omega} \tag{2.1.19}$$

下面考虑如图 2.4 所示的黏性阻尼系统的自由振动.取质量 m 的静平衡位置为坐标原点,坐标 x 向下为正.黏性阻尼力

$$F_c = -c\dot{x} \tag{2.1.20}$$

式中,c 为黏性阻尼系数.

由牛顿第二定律得

$$m\ddot{x} + c\dot{x} + kx = F \tag{2.1.21a}$$

称方程(2.1.21a)为黏性阻尼单自由度系统的运动微分方程.考虑自由振动情况,有 $F=0$,则黏性阻尼单自由度系统的自由振动微分方程为

$$m\ddot{x}+c\dot{x}+kx=0 \tag{2.1.21b}$$

设其解仍为式(2.1.5).将式(2.1.5)代入方程(2.1.21b),得

$$ms^2+cs+k=0 \tag{2.1.22}$$

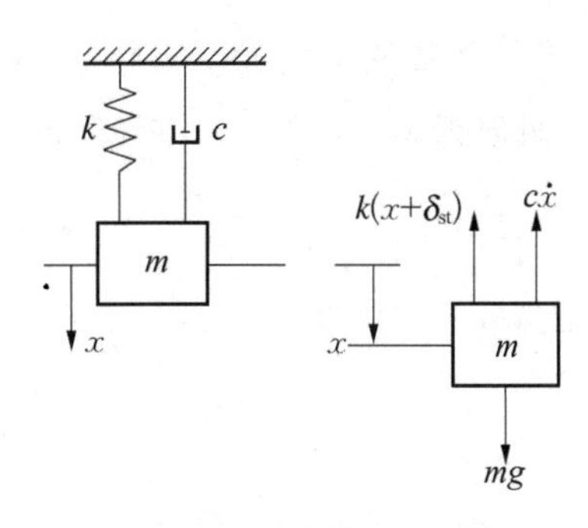

图2.4 黏性阻尼系统

称方程(2.1.22)为方程(2.1.21b)的特征方程.它的两个根为

$$s_{1,2}=-\frac{c}{2m}\pm\sqrt{\left(\frac{c}{2m}\right)^2-\frac{k}{m}} \tag{2.1.23}$$

则方程(2.1.21b)的通解为

$$x(t)=B_1\mathrm{e}^{s_1 t}+B_2\mathrm{e}^{s_2 t} \tag{2.1.24}$$

式中,B_1, B_2 是由初始条件决定的常数.由式(2.1.24)可见,方程(2.1.21b)解的性质依赖于根 s_1, s_2 的性质.在 m, k 一定时,根 s_1, s_2 的性质又依赖于阻尼系数 c 的值.随着 c 值的不同,式(2.1.23)根号下的值可正、可负,也可为零,即两个根 s_1, s_2 可以是实根或复根.因此通解(2.1.24)的性质也就不同.现在我们引入一个新的参数,令式(2.1.23)根式下的值等于零,将此时的黏性阻尼系数称为临界阻尼系数 c_c,则有

$$c_c=2m\sqrt{\frac{k}{m}}=2m\omega_n \tag{2.1.25}$$

可见临界阻尼系数 c_c 仅依赖于系统本身的物理参数而与系统所受的阻尼无关.

令

$$\xi=\frac{c}{c_c}=\frac{c}{2m\omega_n} \tag{2.1.26}$$

称 ξ 为阻尼比,它是无量纲的量,决定于系统的参数 m, k 和 c.只要三个参数中有一个变化,阻尼比 ξ 就会变化.

采用阻尼比 ξ,可以将微分方程(2.1.21b)和特征方程(2.1.22)改写为如下形式:

$$\ddot{x}+2\xi\omega_n\dot{x}+\omega_n^2x=0,\quad s^2+2\xi\omega_n s+\omega_n^2=0 \tag{2.1.27}$$

则特征方程的根(2.1.23)可写为

$$s_{1,2}=-\xi\omega_n\pm\omega_n\sqrt{\xi^2-1} \tag{2.1.28}$$

可见,引入阻尼比 ξ,使特征值方程的根 s_1, s_2 依赖于 m, c, k 的性质,简化为依赖于一个参数 ξ 的性质,当 ξ 值不同时,解的形态也不同.下面分别对 $\xi<1$, $\xi=1$, $\xi>1$ 三种情况讨论通解(2.1.24)的性质.

1. 欠阻尼情况($\xi<1$,即 $c<c_c$)

此时根 s_1,s_2 为一对共轭复数,

$$s_{1,2}=-\xi\omega_n\pm i\omega_n\sqrt{1-\xi^2} \tag{2.1.29}$$

则通解(2.1.24)的形式为

$$\begin{aligned}x(t)&=e^{-\xi\omega_n t}\left(B_1e^{i\omega_n t\sqrt{1-\xi^2}}+B_2e^{-i\omega_n t\sqrt{1-\xi^2}}\right)\\&=e^{-\xi\omega_n t}\left[A_1\cos\left(\sqrt{1-\xi^2}\,\omega_n t\right)+A_2\sin\left(\sqrt{1-\xi^2}\,\omega_n t\right)\right]\\&=Be^{-\xi\omega_n t}\cos\left(\sqrt{1-\xi^2}\,\omega_n t-\varphi\right)\\&=Be^{-\xi\omega_n t}\cos\left(\omega_d t-\varphi\right)\end{aligned} \tag{2.1.30}$$

这里

$$\begin{gathered}A_1=x_0,\quad A_2=\frac{\dot{x}_0+\xi\omega_n x_0}{\sqrt{1-\xi^2}\,\omega_n},\quad B=\sqrt{A_1^2+A_2^2}=\sqrt{x_0^2+\left(\frac{\dot{x}_0+\xi\omega_n x_0}{\sqrt{1-\xi^2}\,\omega_n}\right)^2}\\\varphi=\arctan\frac{\dot{x}_0+\xi\omega_n x_0}{\sqrt{1-\xi^2}\,\omega_n x_0},\quad\omega_d=\sqrt{1-\xi^2}\,\omega_n,\quad T_d=\frac{2\pi}{\omega_d}\end{gathered} \tag{2.1.31}$$

式(2.1.30)表示欠阻尼情况下系统的运动,它已不是等幅的简谐振动.由于该式含有因子 $e^{-\xi\omega_n t}$,振幅将随时间而衰减,当 $t\to\infty$ 时,$x\to0$,如图 2.5 所示.ω_d 为阻尼振动的固有圆频率,T_d 为阻尼振动的固有周期.可以看出,阻尼振动固有圆频率 ω_d 总是小于无阻尼的固有圆频率 ω_n,它随阻尼比 ξ 的增加而减少,如图 2.5 所示.

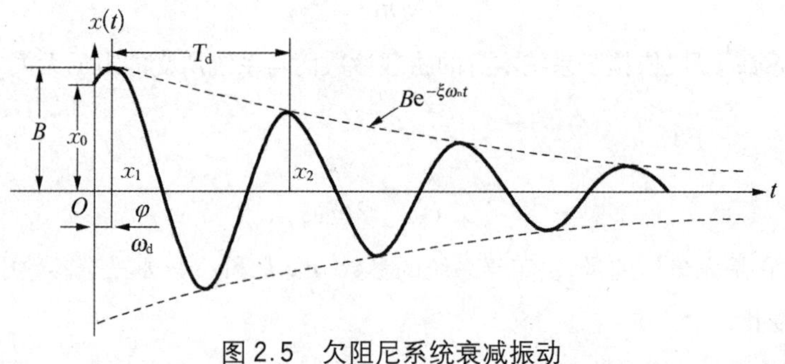

图 2.5 欠阻尼系统衰减振动

在欠阻尼情况下,阻尼使无阻尼自由振动的固有周期增加,频率降低.但由于 $\xi\ll1$,所以阻尼对频率或周期的影响可以忽略不计.但阻尼对振幅的影响非常明显,它使振幅按几何级数衰减.相邻两个振幅之比为常数,有

$$\frac{x_1}{x_2}=\frac{Be^{-\xi\omega_n t}}{Be^{-\xi\omega_n(t+T_d)}}=e^{\xi\omega_n T_d} \tag{2.1.32}$$

通常用对数减缩 δ 表示衰减程度,令

$$\delta = \ln \frac{x_1}{x_2} = \ln e^{\xi\omega_n T_d} = \xi\omega_n T_d \tag{2.1.33}$$

将任意相继的两个同向的振幅之比(大于1)的自然对数称为对数减缩.

将式(2.1.31)的后两式代入式(2.1.33),得

$$\delta = \frac{2\pi\xi}{\sqrt{1-\xi^2}} \tag{2.1.34}$$

当$\xi \ll 1$时

$$\delta \approx 2\pi\xi \tag{2.1.35}$$

一般情况下,若$\xi < 0.3$,则式(2.1.34)和式(2.1.35)的差别很小,可用式(2.1.35)近似计算对数减缩.

另外,还可以通过m个整周期的振幅比值来计算δ.设x_1为t_1瞬时的振幅,x_{m+1}为$t_{m+1} = t_1 + mT_d$瞬时的振幅,则有

$$\frac{x_1}{x_{m+1}} = \frac{x_1}{x_2}\frac{x_2}{x_3}\cdots\frac{x_m}{x_{m+1}} = e^{\xi\omega_n mT_d} \tag{2.1.36}$$

故有

$$\delta = \frac{1}{m}\ln\frac{x_1}{x_{m+1}} \tag{2.1.37}$$

由试验测定系统阻尼时,主要依据式(2.1.37).

2. 临界阻尼情况($\xi = 1$,即$c = c_c$)

此时,特征方程的根s_1,s_2为两个相等的实根.由式(2.1.29)得

$$s_1 = s_2 = -\xi\omega_n = -\omega_n \tag{2.1.38}$$

由于出现重根,故方程(2.1.21a)的解为

$$x(t) = (A_1 + A_2 t)e^{-\omega_n t} = [x_0 + (\dot{x}_0 + \omega_n x_0)t]e^{-\omega_n t} \tag{2.1.39}$$

如图2.6所示,可以看出,当$t \to \infty$时,$e^{-\omega_n t} \to 0$,但幅值不随时间而振动,所以运动不具有振动特点,而是指数衰减运动.

3. 过阻尼情况($\xi > 1$,即$c > c_c$)

此时,特征方程的根s_1,s_2为两个不等的负实根,即

$$\begin{aligned} s_1 &= (-\xi + \sqrt{\xi^2 - 1})\omega_n < 0 \\ s_2 &= (-\xi - \sqrt{\xi^2 - 1})\omega_n < 0 \end{aligned} \tag{2.1.40}$$

则解为

$$x(t) = A_1 e^{(-\xi + \sqrt{\xi^2-1})\omega_n t} + A_2 e^{(-\xi - \sqrt{\xi^2-1})\omega_n t} \tag{2.1.41}$$

式中

$$A_1 = \frac{\dot{x}(0) + (\xi + \sqrt{\xi^2 - 1})\omega_n x(0)}{2\omega_n \sqrt{\xi^2 - 1}}$$

$$A_2 = \frac{-\dot{x}(0) - (\xi - \sqrt{\xi^2 - 1})\omega_n x(0)}{2\omega_n \sqrt{\xi^2 - 1}} \tag{2.1.42}$$

式中,A_1,A_2 由初始条件决定.由于 s_1, s_2 均为负实数,所以 x 将随 t 的增加而趋近于零,质量 m 不作振动,而是作指数衰减运动,如图 2.6 所示.

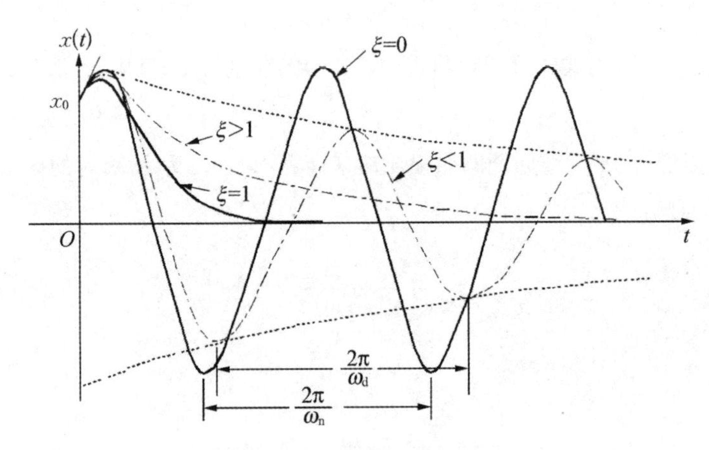

图 2.6　黏性阻尼系统运动

2.1.3　结构阻尼系统的自由振动

另一种阻尼是结构阻尼.结构阻尼又称迟滞阻尼或固体阻尼,是由非完全弹性材料在振动过程中的内摩擦造成的.如果对一种材料加载到超过弹性极限,然后卸载,再反方向加载和卸载,则得到如图 2.7 所示的反映应力 σ 与应变 ε 间关系的迟滞回线,其中箭头是加载或卸载的方向,迟滞回线所包围的面积是单位体积材料在一周期内耗散的能量.实验指出,对于大多数结构金属(如钢、铝),结构阻尼在一周期内消耗的能量近似地与应变幅度的平方成正比,并且在一个很大频率范围内与频率无关.由于振幅与应变幅度成正比,所以结构阻尼在一周期内消耗的能量可表示为

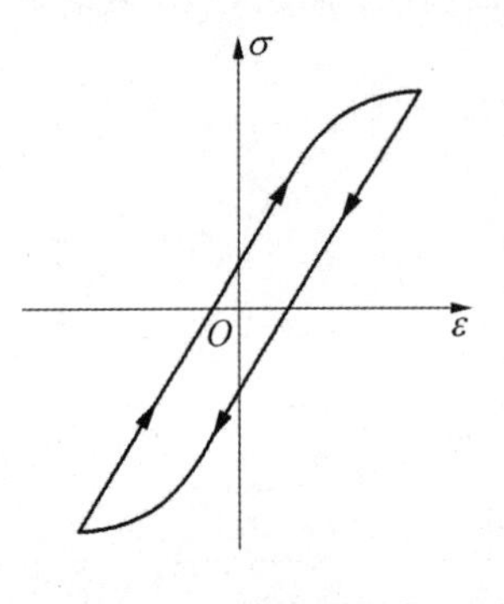

图 2.7　迟滞回线示意图

$$\Delta E = aB^2 \tag{2.1.43}$$

其中,a 是一个与频率无关的常数.实际使用的金属材料的结构阻尼性质更复杂一些,上式中振幅的指数在 2 与 3 之间,如对中碳钢其值为 2.3,而且 a 的值随着频率的增加而稍减小.

由式(2.1.17)与式(2.1.43)得等效黏性阻尼系数

$$c_e = \frac{aB^2}{\pi\omega B^2} = \frac{a}{\pi\omega} \tag{2.1.44}$$

将式(2.1.44)代入式(2.1.21a),得

$$m\ddot{x} + c_e\dot{x} + kx = F \tag{2.1.45}$$

将式(2.1.43)代入式(2.1.18),还可得到阻尼比容 α 和损失因子 g 分别为

$$\alpha = \frac{2a}{k}, \quad g = \frac{\alpha}{2\pi} = \frac{a}{\pi k} \tag{2.1.46}$$

可见结构阻尼的阻尼比容 α 和损失因子 g 都是常量,仅取决于材料和振动系统本身的物理性质.利用损失因子 g,等效黏性阻尼数 c_e 可以表示为

$$c_e = \frac{\alpha k}{2\pi\omega} = g\frac{k}{\omega} \tag{2.1.47}$$

将上式代入式(2.1.45),得到结构阻尼单自由度系统的运动微分方程为

$$m\ddot{x} + \frac{gk}{\omega}\dot{x} + kx = F \tag{2.1.48}$$

如果将式(2.1.48)用复数形式表示,则为

$$m\ddot{x} + \frac{gk}{\omega}\dot{x} + kx = f_0 e^{i\omega t} \tag{2.1.49}$$

简谐振动时有 $\dot{x} = i\omega x$,因而可以把结构阻尼力改写为复数阻尼力,结果为

$$P_d = \frac{gk}{\omega}\dot{x} = \frac{gk}{\omega}i\omega x = igkx \tag{2.1.50}$$

这就是说,结构阻尼力与振动位移成正比,它的相位比位移超前 90°.将式(2.1.50)代入式(2.1.49),即得

$$m\ddot{x} + k(1 + ig)x = f_0 e^{i\omega t} \tag{2.1.51}$$

式中,$k(1+ig)$ 定义为复数刚度,以 k_e 表示,则上式简化为

$$m\ddot{x} + k_e x = f_0 e^{i\omega t} \tag{2.1.52}$$

这相当于把有结构阻尼的弹簧质量系统简化为无阻尼的复刚度弹簧质量系统.以此模型为基础来解振动微分方程显然是比较方便的,因而结构阻尼都采用这种复数阻尼简化方法,称方程(2.1.51)为结构阻尼单自由度系统的运动微分方程.

2.2 简谐激励的响应分析

2.2.1 无阻尼系统响应

考虑如图 2.3 所示的无阻尼系统.先考虑在给定初始条件下无阻尼系统对简谐激励

$F=f_0\sin\omega t$ 的响应.由式(2.1.2),运动微分方程为

$$m\ddot{x}+kx=f_0\sin\omega t \tag{2.2.1}$$

相应的初始条件为

$$x(0)=x_0,\quad \dot{x}(0)=\dot{x}_0 \tag{2.2.2}$$

式(2.2.1)的通解 x 由相应的齐次方程通解 x_h 和非齐次方程的任一特解 x_f 两部分组成,即

$$x(t)=x_h(t)+x_f(t)$$

$$x_h(t)=A_1\cos\omega_n t+A_2\sin\omega_n t \tag{2.2.3}$$

$$x_f(t)=\frac{f_0}{k}\frac{1}{1-\bar{\omega}^2}\sin\omega t \tag{2.2.4}$$

$$\bar{\omega}=\frac{\omega}{\omega_n} \tag{2.2.5}$$

其中,常数 A_1,A_2 由初始条件(2.2.2)确定.由于系统是线性的,根据叠加原理,式(2.2.1)、式(2.2.2)的全解也可以表示为如下两组方程解的和:

$$\begin{cases} m\ddot{x}_h+kx_h=0 \\ x_h(0)=x_0,\quad \dot{x}_h(0)=\dot{x}_0 \end{cases} \tag{2.2.6}$$

$$\begin{cases} m\ddot{x}_f+kx_f=f_0\sin\omega t \\ x_f(0)=0,\quad \dot{x}_f(0)=0 \end{cases} \tag{2.2.7}$$

式(2.2.6)为初始条件引起的自由振动,它的解为式(2.1.10).式(2.2.7)为零初始条件简谐激励的响应,它的解为

$$x_f(t)=-\frac{f_0}{k}\frac{\bar{\omega}}{1-\bar{\omega}^2}\sin\omega_n t+\frac{f_0}{k}\frac{1}{1-\bar{\omega}^2}\sin\omega t \tag{2.2.8}$$

于是得到式(2.2.1)、式(2.2.2)的全解为

$$\begin{aligned} x(t) &= x_h(t)+x_f(t) \\ &= x_0\cos\omega_n t+\frac{\dot{x}_0}{\omega_n}\sin\omega_n t-\frac{f_0\bar{\omega}}{k(1-\bar{\omega}^2)}\sin\omega_n t+\frac{f_0}{k(1-\bar{\omega}^2)}\sin\omega t \end{aligned} \tag{2.2.9}$$

式中,右端前两项为无激励时的自由振动,又称系统对初始条件的响应;第三项是伴随激励而产生的自由振动,又称伴随自由振动;第四项为稳态强迫振动.

2.2.2 黏性阻尼系统对简谐激励的响应

如图 2.4 所示的黏性阻尼系统对简谐激励响应的运动微分方程为

$$m\ddot{x}+c\dot{x}+kx=f_0\sin\omega t \tag{2.2.10a}$$

采用阻尼比 ξ,可以将微分方程(2.2.10a)改写为如下形式:

$$\ddot{x}+2\xi\omega_n\dot{x}+\omega_n^2x=\frac{f_0}{m}\sin\omega t \tag{2.2.10b}$$

相应的初始条件为

$$x(0) = x_0, \quad \dot{x}(0) = \dot{x}_0 \tag{2.2.11}$$

采用前面同样的方法,得到式(2.2.10)和式(2.2.11)的全解为

$$x(t) = \mathrm{e}^{-\xi\omega_n t}\left(x_0\cos\omega_d t + \frac{\dot{x}_0 + \xi\omega_n x_0}{\omega_d}\sin\omega_d t\right)$$

$$+ B\mathrm{e}^{-\xi\omega_n t}\left[\sin\varphi\cos\omega_d t + \frac{\omega_n}{\omega_d}(\xi\sin\varphi - \bar{\omega}\cos\varphi)\sin\omega_d t\right] + B\sin(\omega t - \varphi) \tag{2.2.12}$$

式中,ω_n 见式(2.1.3),ξ 见式(2.1.26),ω_d 见式(2.1.31),$\bar{\omega}$ 见式(2.2.5).

$$B = \frac{f_0}{k\sqrt{(1-\bar{\omega}^2)^2 + (2\xi\bar{\omega})^2}} \tag{2.2.13a}$$

$$\varphi = \arctan\frac{2\xi\bar{\omega}}{1-\bar{\omega}^2} \tag{2.2.13b}$$

式(2.2.12)右端第一项为无激励时的自由振动,即系统对初始条件的响应;第二项是伴随激励而产生的自由振动,称之为自由伴随振动,其振动频率为系统的固有频率,但振幅不仅与系统本身的性质有关,而且和激励因素有关;第三项则为稳态强迫振动.由于黏性阻尼系统,自由振动与自由伴随振动的振幅都含 $\mathrm{e}^{-\xi\omega_n t}$ 因子,将随时间逐渐衰减,因而它们都是瞬态响应,当经过充分长时间后,作为瞬态响应的自由振动和自由伴随振动都将消失,只剩下强迫振动的稳态响应项 $B\sin(\omega t - \varphi)$. B 为稳态响应的振幅

$$x_I(t) = B\sin(\omega t - \varphi) = \frac{f_0}{k}\beta\sin(\omega t - \varphi) \tag{2.2.14a}$$

$$\beta = \frac{B}{B_0} = \frac{1}{\sqrt{(1-\bar{\omega}^2)^2 + (2\xi\bar{\omega})^2}} \tag{2.2.14b}$$

式中,β 为位移振幅放大因子,B_0 为系统在静力 f_0 作用下的静态位移,即

$$B_0 = \frac{f_0}{k} \tag{2.2.15}$$

由此可见在简谐激励下,稳态的强迫振动也是简谐的,且与激励力同频率.由于系统阻尼的存在,稳态响应在相位上比激励力滞后 φ 角.振幅 B 和相位 φ 角都决定于系统的固有频率和激励力,与初始条件无关.幅频特性和相频特性见图 2.8.

2.2.3 黏性阻尼系统复频响应

当黏性阻尼系统受简谐激励 $f_0\cos\omega t$ 作用时,其稳态响应用 x_R 表示,此时运动微分方程为

$$m\ddot{x}_R + c\dot{x}_R + kx_R = f_0\cos\omega t \tag{2.2.16}$$

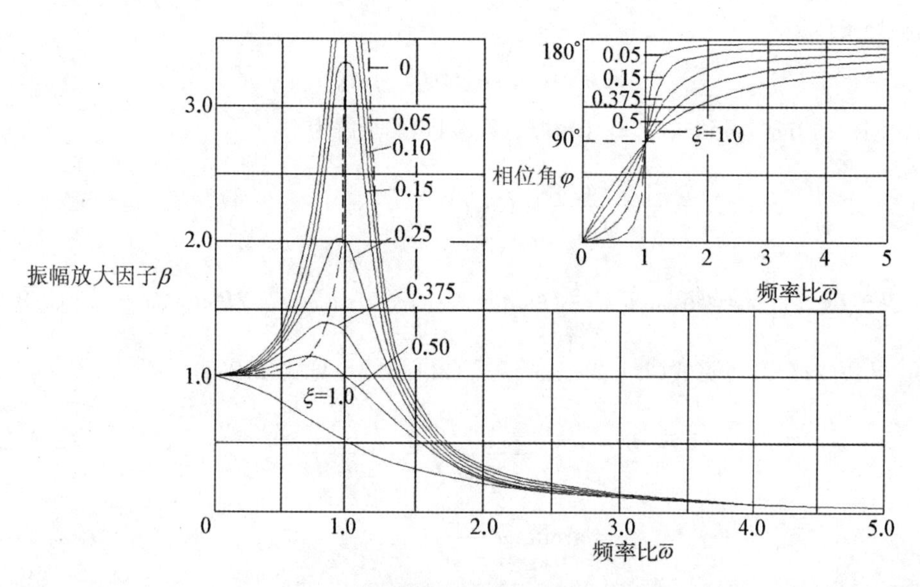

图 2.8　幅频特性和相频特性曲线

该系统受简谐激励 $f_0\sin\omega t$ 作用时，其稳态响应用 x_{I} 表示，此时运动方程为

$$m\ddot{x}_{\mathrm{I}} + c\dot{x}_{\mathrm{I}} + kx_{\mathrm{I}} = f_0\sin\omega t \tag{2.2.17}$$

将方程(2.2.17)乘以 i 与方程(2.2.16)相加，考虑到

$$\mathrm{e}^{\mathrm{i}\omega t} = \cos\omega t + \mathrm{i}\sin\omega t \tag{2.2.18}$$

$$x = x_{\mathrm{R}} + \mathrm{i}x_{\mathrm{I}} \tag{2.2.19}$$

x 为复频响应，则得 x 的运动方程为

$$m\ddot{x} + c\dot{x} + kx = F = f_0\mathrm{e}^{\mathrm{i}\omega t} \tag{2.2.20a}$$

引用阻尼比 ξ，可以将微分方程(2.2.10a)改写为如下形式：

$$\ddot{x} + 2\xi\omega_{\mathrm{n}}\dot{x} + \omega_{\mathrm{n}}^2 x = \frac{f_0}{m}\mathrm{e}^{\mathrm{i}\omega t} \tag{2.2.20b}$$

设复频响应 x 的稳态解为

$$x = B\mathrm{e}^{\mathrm{i}\omega t} \tag{2.2.21}$$

将式(2.2.21)代入式(2.2.20)，得

$$\begin{aligned} B &= \frac{f_0}{m}\frac{1}{\omega_{\mathrm{n}}^2 - \omega^2 + \mathrm{i}2\xi\omega\omega_{\mathrm{n}}} \\ &= \frac{f_0}{k}\frac{1}{1 - \overline{\omega}^2 + \mathrm{i}2\xi\overline{\omega}} \\ &= \frac{f_0}{k}\frac{1}{\sqrt{(1 - \overline{\omega}^2)^2 + (2\xi\overline{\omega})^2}}\mathrm{e}^{-\mathrm{i}\varphi} \end{aligned} \tag{2.2.22}$$

将上式代入式(2.2.21)，得复频响应

$$
\begin{aligned}
x &= \frac{f_0}{k}\frac{1}{1-\bar{\omega}^2+\mathrm{i}2\xi\bar{\omega}}\mathrm{e}^{\mathrm{i}\omega t} \\
&= \frac{f_0}{k}\frac{1}{\sqrt{(1-\bar{\omega}^2)^2+(2\xi\bar{\omega})^2}}\mathrm{e}^{\mathrm{i}(\omega t-\varphi)} \\
&= \frac{f_0}{k}\beta\mathrm{e}^{\mathrm{i}(\omega t-\varphi)}
\end{aligned} \tag{2.2.23}
$$

其中

$$
\beta = \frac{1}{\sqrt{(1-\bar{\omega}^2)^2+(2\xi\bar{\omega})^2}} \tag{2.2.24a}
$$

$$
\varphi = \arctan\frac{2\xi\bar{\omega}}{1-\bar{\omega}^2} \tag{2.2.24b}
$$

式(2.2.24a)与式(2.2.14b)相同,式(2.2.24b)与式(2.2.13b)相同.

很显然,对应于$f_0\cos\omega t$和$f_0\sin\omega t$的激励的响应x_R和x_I分别为

$$
x_\mathrm{R} = \frac{f_0}{k}\beta\cos(\omega t-\varphi) \tag{2.2.25a}
$$

$$
x_\mathrm{I} = \frac{f_0}{k}\beta\sin(\omega t-\varphi) \tag{2.2.25b}
$$

式(2.2.25b)就是式(2.2.14a).将式(2.2.23)改写为

$$
\begin{aligned}
x &= \frac{1}{k(1-\bar{\omega}^2+\mathrm{i}2\xi\bar{\omega})}f_0\mathrm{e}^{\mathrm{i}\omega t} \\
&= \frac{1}{k(1-\bar{\omega}^2+\mathrm{i}2\xi\bar{\omega})}F \\
&= H(\omega)F
\end{aligned} \tag{2.2.26}
$$

其中,$H(\omega)$为频率响应函数,简称频响函数.显然有

$$
\begin{aligned}
H(\omega) &= \frac{x}{F} = \frac{1}{k(1-\bar{\omega}^2+\mathrm{i}2\xi\bar{\omega})} \\
&= H_\mathrm{R}(\omega)+\mathrm{i}H_\mathrm{I}(\omega) \\
&= |H(\omega)|\mathrm{e}^{-\mathrm{i}\varphi}
\end{aligned} \tag{2.2.27}
$$

其中,实部$H_\mathrm{R}(\omega)$与虚部$H_\mathrm{I}(\omega)$分别为

$$
\begin{aligned}
H_\mathrm{R}(\omega) &= \frac{1-\bar{\omega}^2}{k[(1-\bar{\omega}^2)^2+(2\xi\bar{\omega})^2]} \\
H_\mathrm{I}(\omega) &= \frac{-2\xi\bar{\omega}}{k[(1-\bar{\omega}^2)^2+(2\xi\bar{\omega})^2]}
\end{aligned} \tag{2.2.28}
$$

频响函数的幅值$|H(\omega)|$与相位角φ分别为

$$|H(\omega)| = \sqrt{[H_R(\omega)]^2 + [H_I(\omega)]^2} = \frac{1}{k\sqrt{(1-\bar{\omega}^2)^2 + (2\xi\bar{\omega})^2}}$$

$$\varphi = \arctan\frac{H_I(\omega)}{H_R(\omega)} = \arctan\frac{2\xi\bar{\omega}}{1-\bar{\omega}^2} \tag{2.2.29}$$

由式(2.2.28)可得方程

$$[H_R(\omega)]^2 + \left[H_I(\omega) + \frac{1}{4k\xi\bar{\omega}}\right]^2 = \left(\frac{1}{4k\xi\bar{\omega}}\right)^2 \tag{2.2.30}$$

在复平面上以 $H_R(\omega)$ 为横轴、以 $H_I(\omega)$ 为纵轴，方程(2.2.30)给出了近似圆曲线，称之为奈奎斯特(Nyquist)图.

2.2.4 结构阻尼系统复频响应

对于结构阻尼系统，复频响应运动微分方程为

$$m\ddot{x} + k(1+\mathrm{i}g)x = f_0 e^{\mathrm{i}\omega t} \tag{2.2.31}$$

将式(2.2.21)代入式(2.2.29)，得

$$B = \frac{f_0}{m}\frac{1}{\omega_n^2 - \omega^2 + \mathrm{i}g\omega_n^2} = \frac{f_0}{k}\frac{1}{1-\bar{\omega}^2 + \mathrm{i}g}$$

$$= \frac{f_0}{k}\frac{1}{(1-\bar{\omega}^2)^2 + g^2}e^{-\mathrm{i}\varphi} \tag{2.2.32}$$

将上式代入式(2.2.21)，得复频响应

$$x = \frac{f_0}{k}\frac{1}{1-\bar{\omega}^2+\mathrm{i}g}e^{\mathrm{i}\omega t} = \frac{f_0}{k}\frac{1}{\sqrt{(1-\bar{\omega}^2)^2+g^2}}e^{\mathrm{i}(\omega t-\varphi)}$$

$$= \frac{f_0}{k}\beta e^{\mathrm{i}(\omega t-\varphi)} \tag{2.2.33}$$

其中

$$\beta = \frac{1}{\sqrt{(1-\bar{\omega}^2)^2+g^2}},\quad \varphi = \arctan\frac{g}{1-\bar{\omega}^2} \tag{2.2.34}$$

将式(2.2.33)改写为

$$x = \frac{1}{k(1-\bar{\omega}^2+\mathrm{i}g)}f_0 e^{\mathrm{i}\omega t} = \frac{1}{k(1-\bar{\omega}^2+\mathrm{i}g)}F = H(\omega)F \tag{2.2.35}$$

得结构阻尼系统的频响函数为

$$H(\omega) = \frac{1}{k(1-\bar{\omega}^2+\mathrm{i}g)} = H_R(\omega) + \mathrm{i}H_I(\omega) = |H(\omega)|e^{-\mathrm{i}\varphi} \tag{2.2.36}$$

其中，实部 $H_R(\omega)$ 与虚部 $H_I(\omega)$ 分别为

$$H_R(\omega) = \frac{1-\bar{\omega}^2}{k[(1-\bar{\omega}^2)^2+g^2]}$$

$$H_I(\omega) = \frac{-g}{k[(1-\bar{\omega}^2)^2+g^2]}$$

频响函数幅值$|H(\omega)|$与相位角 φ 分别为

$$
|H(\omega)| = \frac{1}{k\sqrt{(1-\bar{\omega}^2)^2 + g^2}}
\qquad (2.2.37)
$$

$$
\varphi = \arctan\frac{g}{1-\bar{\omega}^2}
$$

相应的奈奎斯特图方程为

$$
[H_{\mathrm{R}}(\omega)]^2 + \left[H_{\mathrm{I}}(\omega) + \frac{1}{2kg}\right]^2 = \left(\frac{1}{2kg}\right)^2 \qquad (2.2.38)
$$

图 2.9 给出了频响函数的实频与虚频图；图 2.10 给出了频响函数的幅频与相频图；图 2.11 在复平面上以$H_{\mathrm{R}}(\omega)$为横轴、以 $H_{\mathrm{I}}(\omega)$为纵轴，方程(2.2.38)给出圆曲线，即奈奎斯特图.

很显然，当 $g = 2\xi$ 时，结构阻尼系统的复频响应就与 2.1 节黏性阻尼系统的复频响应相同.

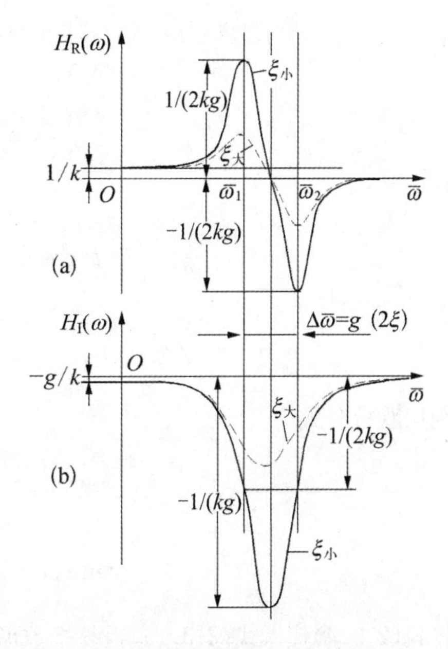

图 2.9　频响函数的实频与虚频图

(a) 实频图；(b) 虚频图

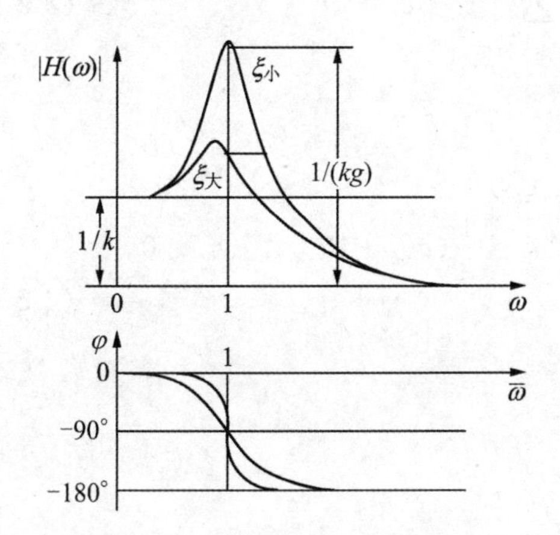

图 2.10　频响函数的幅频与相频图

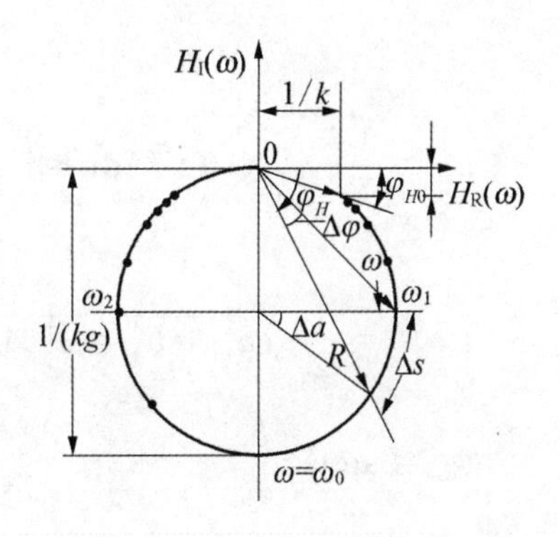

图 2.11　频响函数的奈奎斯特图

2.3　周期激励的响应

前面已经给出系统受简谐激励的响应，现在讨论系统受任意周期激励的响应. 实际上，只要将周期激励函数展为傅里叶级数，则对应级数的每一项就是简谐激励下的响应问题. 利用线性叠加原理，周期激励的响应等于各简谐分量引起响应的总和.

假设黏性阻尼系统受到的周期激励力为 $F(t) = F(t+T)$，其中，T 为周期，取基频 $\omega_1 = \dfrac{2\pi}{T}$，将 $F(t)$展为傅里叶级数：

$$F(t) = \frac{a_0}{2} + \sum_{n=1}^{\infty}(a_n \cos n\omega_1 t + b_n \sin n\omega_1 t)$$
$$= \frac{a_0}{2} + \sum_{n=1}^{\infty} A_n \cos(n\omega_1 t - \varphi_n) \tag{2.3.1}$$

其中

$$a_n = \frac{2}{T}\int_{-\frac{T}{2}}^{\frac{T}{2}} F(t)\cos n\omega_1 t\mathrm{d}t, \quad b_n = \frac{2\pi}{T}\int_{-\frac{T}{2}}^{\frac{T}{2}} F(t)\sin n\omega_1 t\mathrm{d}t \tag{2.3.2}$$

$$A_n = \sqrt{a_n^2 + b_n^2}, \quad \varphi_n = \arctan\frac{b_n}{a_n} \tag{2.3.3}$$

利用欧拉公式

$$\cos n\omega_1 t = \frac{1}{2}(\mathrm{e}^{\mathrm{i}n\omega_1 t} + \mathrm{e}^{-\mathrm{i}n\omega_1 t})$$
$$\sin n\omega_1 t = \frac{1}{2\mathrm{i}}(\mathrm{e}^{\mathrm{i}n\omega_1 t} - \mathrm{e}^{-\mathrm{i}n\omega_1 t}) \tag{2.3.4}$$

将式(2.3.4)代入式(2.3.1),得复指数形式的傅里叶级数为

$$F(t) = \sum_{n=-\infty}^{\infty} c_n \mathrm{e}^{\mathrm{i}n\omega_1 t} = \sum_{n=-\infty}^{\infty} |c_n| \mathrm{e}^{\mathrm{i}(n\omega_1 t - \varphi_n)} \tag{2.3.5}$$

其中

$$c_n = \frac{1}{T}\int_{-\frac{T}{2}}^{\frac{T}{2}} F(t)\mathrm{e}^{-\mathrm{i}n\omega t}\mathrm{d}t = |c_n| \mathrm{e}^{-\mathrm{i}\varphi_n} = \begin{cases} \frac{1}{2}(a_n - \mathrm{i}b_n), & n > 0 \\ \frac{1}{2}(a_{-n} + \mathrm{i}b_{-n}), & n < 0 \end{cases}$$
$$|c_n| = \frac{1}{2}\sqrt{a_n^2 + b_n^2} = \frac{1}{2}A_n \tag{2.3.6}$$
$$\varphi_n = \arctan\frac{b_n}{a_n}$$

则在周期激励力 $F(t)$作用下,其运动微分方程为

$$m\ddot{x} + c\dot{x} + kx = \sum_{n=-\infty}^{\infty} c_n \mathrm{e}^{\mathrm{i}n\omega_1 t} \tag{2.3.7}$$

由于系统是线性的,叠加原理成立,则系统的响应为各单独简谐力产生的响应的线性组合.由式(2.3.7)得 $F(t)$作用下的稳态响应为

$$x(t) = \sum_{n=-\infty}^{\infty} \frac{c_n}{k}\frac{1}{\sqrt{(1 - n^2\bar{\omega}_1^2)^2 + (2\xi n\bar{\omega}_1)^2}}\mathrm{e}^{\mathrm{i}(n\omega_1 t - \varphi_n)} \tag{2.3.8}$$

其中

$$\varphi_n = \arctan\frac{2\xi n\bar{\omega}_1}{1 - n^2\bar{\omega}_1^2}, \quad \bar{\omega}_1 = \frac{\omega_1}{\omega_\mathrm{n}} \tag{2.3.9}$$

由式(2.3.8)可知:系统的稳态响应是周期振动,它的周期等于激励力的周期;系统的稳态响

应中最靠近固有频率的那些谐波的位移振幅放大系数最大,因而它们在稳态响应中起主导作用;其他偏离固有频率的那些谐波分量位移振幅放大系数较小,它们对稳态响应的“贡献”也较小.

2.4 任意激励的响应时域分析

2.4.1 单位脉冲响应

现在来求处于零初始条件下系统对单位脉冲力的响应.记 0^-,0^+ 分别为单位脉冲力作用瞬间的前后时刻,系统的运动微分方程和初始条件为

$$m\ddot{x} + c\dot{x} + kx = \delta(t), \quad x(0^-) = 0, \quad \dot{x}(0^-) = 0 \tag{2.4.1}$$

由动量守恒定理有

$$\delta(t)\mathrm{d}t = m\mathrm{d}\dot{x} = m\ddot{x}\mathrm{d}t \tag{2.4.2}$$

将上式两边在时间区域 $0^- \leqslant t \leqslant 0^+$ 内积分,即

$$\int_{0^-}^{0^+} \delta(t)\mathrm{d}t = m\int_{0^-}^{0^+} \ddot{x}\mathrm{d}t$$

由 δ 函数的性质得

$$1 = m\dot{x}(0^+) - m\dot{x}(0^-) = m\dot{x}(0^+)$$

于是有

$$\dot{x}(0^+) = \frac{1}{m} \tag{2.4.3}$$

由此可见,在单位脉冲力作用下,系统的速度发生了突变,但在这一瞬间位移来不及改变,即有 $x(0^+) = x(0^-) = 0$.当 $t > 0^+$ 时,脉冲力作用结束.所以当 $t > 0^+$ 时,有

$$m\ddot{x} + c\dot{x} + kx = 0, \quad x(0^+) = 0, \quad \dot{x}(0^+) = \frac{1}{m} \tag{2.4.4}$$

因此系统的单位脉冲响应即是初始位移为零、初始速度为 $1/m$ 的自由振动,将它记为 $h(t)$.对于欠阻尼系统情况,由式(2.1.30)得

$$h(t) = \frac{1}{m\omega_\mathrm{d}}\mathrm{e}^{-\xi\omega_\mathrm{n}t}\sin\omega_\mathrm{d}t \tag{2.4.5}$$

对于无阻尼系统,$\xi = 0$,则有

$$h(t) = \frac{1}{m\omega_\mathrm{n}}\sin\omega_\mathrm{n}t \tag{2.4.6}$$

如果单位脉冲力不是作用在时刻 $t = 0$,而是作用在时刻 $t = \tau$,那么欠阻尼系统的单位脉冲响应也将滞后时间 τ,即

$$h(t-\tau)=\frac{1}{m\omega_{\mathrm{d}}}\mathrm{e}^{-\xi\omega_{\mathrm{n}}(t-\tau)}\sin\omega_{\mathrm{d}}(t-\tau),\quad t>\tau \tag{2.4.7a}$$

无阻尼系统的单位脉冲响应也将滞后时间 τ,即

$$h(t-\tau)=\frac{1}{m\omega_{\mathrm{n}}}\sin\omega_{\mathrm{n}}(t-\tau),\quad t>\tau \tag{2.4.7b}$$

2.4.2 杜阿梅尔(Duhamel)积分

在处于零初始条件的任意激励力作用下,黏性阻尼系统的运动微分方程为

$$\begin{cases}m\ddot{x}+c\dot{x}+kx=F(t)\\x(0)=0,\quad \dot{x}(0)=0\end{cases} \tag{2.4.8}$$

如图 2.12 所示,用垂直线在区间[0, t]中将 $F(t)$和 t 轴包围的面积进行分割,则从 τ_n 至 $\tau_n+\Delta\tau_n$ 的面积近似为$F(\tau_n)\Delta\tau_n$.力 $F(\tau_n)$经历时间间隔 $\Delta\tau_n$ 作用于系统,相当于在 $t=\tau_n$ 时刻有一强度为 $F(\tau_n)\Delta\tau_n$ 的脉冲作用于系统.这样,将任意激励 $F(t)$的作用近似看作一系列脉冲力 $F(\tau_n)\Delta\tau_n$ 作用的叠加.每个脉冲力 $F(\tau_n)\Delta\tau_n$的响应为

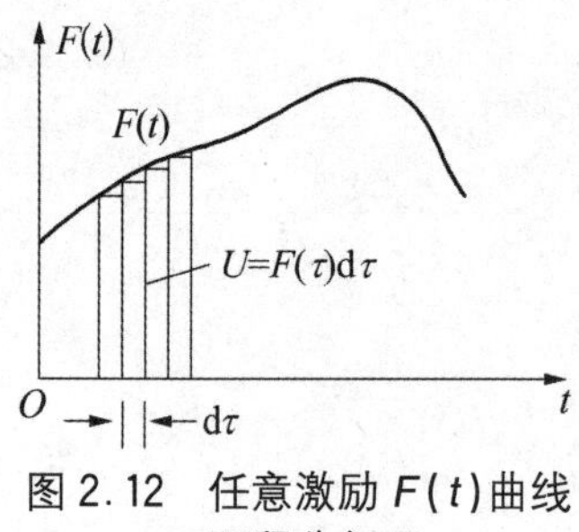

图 2.12 任意激励 $F(t)$曲线面积分割图

$$x_n(t)=F(\tau_n)\Delta\tau_n h(t-\tau_n),\quad t>\tau_n \tag{2.4.9}$$

根据叠加原理,任意激励 $F(t)$的响应近似为

$$x(t)\approx\sum_{n=1}^{N}x_n(t)=\sum_{n=1}^{N}F(\tau_n)\Delta\tau_n h(t-\tau_n) \tag{2.4.10}$$

当 $\Delta\tau_n$ 趋于零取极限时,一系列脉冲力的作用趋于任意激励力 $F(t)$的作用,从而式(2.4.10)的极限就是任意激励的响应

$$x(t)=\int_0^t F(\tau)h(t-\tau)\mathrm{d}\tau \tag{2.4.11}$$

上述积分形式称为卷积.由此得出结论:线性系统对任意激励的响应等于它的单位脉冲响应 $h(t)$与激励 $F(t)$的卷积,式(2.4.11)称为杜阿梅尔积分.由卷积的性质,式(2.4.11)又可写为

$$x(t)=\int_0^t F(t-\tau)h(\tau)\mathrm{d}\tau \tag{2.4.12}$$

如果在 $t=0$ 时系统有初始位移 x_0 及初始速度$\dot{x}_0$,则系统对任意激励的响应为

$$x(t)=\mathrm{e}^{-\xi\omega_{\mathrm{n}}t}\left(x_0\cos\omega_{\mathrm{d}}t+\frac{\dot{x}_0+\xi\omega_{\mathrm{n}}x_0}{\omega_{\mathrm{d}}}\sin\omega_{\mathrm{d}}t\right)+\int_0^t F(\tau)h(t-\tau)\mathrm{d}\tau \tag{2.4.13a}$$

将式(2.4.7a)代入式(2.4.13a)得

$$x(t)=\mathrm{e}^{-\xi\omega_{\mathrm{n}}t}\left(x_0\cos\omega_{\mathrm{d}}t+\frac{\dot{x}_0+\xi\omega_{\mathrm{n}}x_0}{\omega_{\mathrm{d}}}\sin\omega_{\mathrm{d}}t\right)$$

$$+\frac{1}{m\omega_d}\int_0^t F(\tau)e^{-\xi\omega_n(t-\tau)}\sin\omega_d(t-\tau)d\tau \tag{2.4.13b}$$

同样，无阻尼系统运动微分方程 $m\ddot{x}+kx=F(t)$ 对任意激励的响应为

$$x(t)=\left(x_0\cos\omega_n t+\frac{\dot{x}_0}{\omega_n}\sin\omega_n t\right)+\frac{1}{m\omega_n}\int_0^t F(\tau)\sin\omega_n(t-\tau)d\tau \tag{2.4.14}$$

2.4.3 传递函数

函数 $F(t)$ 的拉氏变换 $F(s)$ 定义为

$$F(s)=\mathscr{L}[F(t)]=\int_0^\infty F(t)e^{-st}dt \tag{2.4.15}$$

式中，$s=\sigma+i\omega$ 为复变量，它定义了复平面上 S 域内的一个点，则 $F(t)$ 为 $F(s)$ 的拉氏逆变换，为

$$F(t)=\mathscr{L}^{-1}[F(s)]=\frac{1}{2\pi i}\int_{\sigma-i\omega}^{\sigma+i\omega}F(s)e^{st}ds \tag{2.4.16}$$

对具有零初始条件的任意激励方程(2.4.8)两边进行拉氏变换，可得

$$(ms^2+cs+k)x(s)=F(s) \tag{2.4.17}$$

式中，s 为拉氏变换因子，$x(s)$ 为 $x(t)$ 的拉氏变换，$F(s)$ 为 $F(t)$ 的拉氏变换，即

$$x(s)=\mathscr{L}[x(t)],\quad F(s)=\mathscr{L}[F(t)] \tag{2.4.18}$$

令

$$z(s)=ms^2+cs+k \tag{2.4.19}$$

则式(2.4.17)化为

$$z(s)x(s)=F(s) \tag{2.4.20}$$

这里，$z(s)$ 具有刚度特性，故称之为动刚度，又称为机械阻抗. 由式(2.4.20)得

$$x(s)=H(s)F(s) \tag{2.4.21}$$

其中

$$H(s)=z^{-1}(s)=\frac{1}{ms^2+cs+k} \tag{2.4.22}$$

$H(s)$ 称为机械导纳，又称为传递函数. 将式(2.4.22)改写为

$$H(s)=\frac{1}{m(s^2+2\xi\omega_n s+\omega_n^2)}=\frac{1}{m[(s+\xi\omega_n)^2+\omega_n^2(1-\xi^2)]}$$
$$=\frac{1}{m\omega_d}\frac{\omega_d}{(s+\xi\omega_n)^2+\omega_d^2} \tag{2.4.23}$$

由拉氏变换表给出 $H(s)$ 的逆变换

$$H(t)=\mathscr{L}^{-1}[H(s)]=\frac{1}{m\omega_d}e^{-\xi\omega_n t}\sin\omega_d t \tag{2.4.24}$$

显然这就是单位脉冲响应 $h(t)$(式(2.4.5)),其中,ω_d 见式(2.1.31).

式(2.4.21)表明系统的输出 $x(s)$等于输入 $F(s)$与传递函数 $H(s)$的乘积.对式(2.4.21)两边作拉氏逆变换,得任意激励 $F(t)$的响应为

$$x(t) = \mathcal{L}^{-1}[x(s)] = \mathcal{L}^{-1}[H(s)F(s)] \tag{2.4.25}$$

根据拉氏变换的性质得

$$x(t) = \mathcal{L}^{-1}[H(s)] * \mathcal{L}^{-1}[F(s)] = \int_0^t F(\tau)h(t-\tau)\mathrm{d}\tau \tag{2.4.26}$$

很显然,这就是杜阿梅尔积分式(2.4.11).

当激励力为单位脉冲时,有

$$F(t) = \delta(t) \tag{2.4.27}$$

将式(2.4.27)代入式(2.4.15),得

$$F(s) = \int_{-\infty}^{\infty} \delta(t)\mathrm{e}^{-st}\mathrm{d}t = 1 \tag{2.4.28}$$

将式(2.4.28)代入式(2.4.26)可以直接给出单位脉冲响应 $h(t)$(式(2.4.24)).而 $H(s)$为

$$H(s) = \mathcal{L}[h(t)] \tag{2.4.29}$$

由式(2.4.24)、式(2.4.29)可知,系统传递函数的拉氏逆变换等于单位脉冲响应函数,而单位脉冲响应函数的拉氏变换等于系统的传递函数.单位脉冲响应函数在时域内描述了系统动态特性,传递函数在 S 域内描述了系统的动态特性.

2.5 任意激励的响应频域分析

2.5.1 任意激励力的傅里叶积分表示法

令 $n\omega_1 = \omega_{1n}$,$(n+1)\omega_1 - n\omega_1 = \omega_1 = \dfrac{2\pi}{T} = \Delta\omega_{1n}$,则式(2.3.5)变为

$$F_\tau(t) = \sum_{n=-\infty}^{\infty} \frac{1}{T}(Tc_n)\mathrm{e}^{\mathrm{i}\omega_{1n}t} = \frac{1}{2\pi}\sum_{n=-\infty}^{\infty}(Tc_n)\mathrm{e}^{\mathrm{i}\omega_{1n}t}\Delta\omega_{1n} \tag{2.5.1}$$

由式(2.3.6)的第一个式子得

$$Tc_n = \int_{-\frac{T}{2}}^{\frac{T}{2}} F_\tau(t)\mathrm{e}^{-\mathrm{i}\omega_{1n}t}\mathrm{d}t \tag{2.5.2}$$

由于任意激励力是非周期的,将它看作当 T 趋于无穷时的一个周期,这时 ω_{1n}变为连续变量 ω, $\Delta\omega_{1n} \to \mathrm{d}\omega$,于是由式(2.5.2)有

$$F(\mathrm{i}\omega) = \lim_{T\to\infty}(Tc_n) = \lim_{T\to\infty}\int_{-\frac{T}{2}}^{\frac{T}{2}} F_\tau(t)\mathrm{e}^{-\mathrm{i}\omega_{1n}t}\mathrm{d}t = \int_{-\infty}^{\infty} F(t)\mathrm{e}^{-\mathrm{i}\omega t}\mathrm{d}t \tag{2.5.3}$$

由式(2.5.1)得

$$F(t) = \lim_{T\to\infty} F_\tau(t) = \lim_{T\to\infty} \frac{1}{2\pi}\sum_{n=-\infty}^{\infty}(Tc_n)e^{i\omega_{1n}t}\Delta\omega_{1n} = \frac{1}{2\pi}\int_{-\infty}^{\infty} F(\omega)e^{i\omega t}d\omega \tag{2.5.4}$$

称 $F(i\omega)$为 $F(t)$的傅里叶变换,$F(t)$为 $F(\omega)$的傅里叶逆变换,即

$$F(i\omega) = \mathscr{F}[F(t)],\quad F(t) = \mathscr{F}^{-1}[F(i\omega)] \tag{2.5.5}$$

因而傅里叶变换是周期函数傅里叶级数展开的推广,可以把任意激励 $F(t)$用积分表示成指数函数 $e^{-i\omega t}$的连续和形式,圆频率 ω 的值从 $-\infty$ 到∞.而拉氏变换可看成傅里叶变换的推广,通过拉氏变换把 $F(t)$表示成指数函数 e^{-st}的连续和形式,$s = \sigma + i\omega$ 称为复变量.从这点来看,傅里叶变换是拉氏变换当 $s = i\omega$ 时的特殊情况.

2.5.2 频响函数

对具有零初始条件的任意激励方程(2.4.8)两边进行傅里叶变换,可得

$$(-m\omega^2 + ic\omega + k)x(i\omega) = F(i\omega) \tag{2.5.6}$$

式中,$x(i\omega)$为 $x(t)$的傅里叶变换,$F(i\omega)$为 $F(t)$的傅里叶变换,即

$$x(i\omega) = \mathscr{F}[x(t)] = \int_{-\infty}^{\infty} x(t)e^{-i\omega t}dt \tag{2.5.7}$$

由式(2.5.6)得

$$x(i\omega) = H(i\omega)F(i\omega) \tag{2.5.8}$$

其中

$$H(i\omega) = \frac{1}{k - m\omega^2 + ic\omega} \tag{2.5.9}$$

为频率响应函数,简称频响函数.式(2.4.22)表示的传递函数 $H(s)$,当 $s = i\omega$ 时,即化为式(2.5.9).将式(2.5.9)改写为

$$\begin{aligned} H(i\omega) &= \frac{1}{m[(i\omega + \xi\omega_n)^2 + \omega_n^2(1-\xi^2)]} \\ &= \frac{1}{m\omega_d}\frac{\omega_d}{[(i\omega + \xi\omega_n)^2 + \omega_d^2]} \end{aligned} \tag{2.5.10}$$

通过计算可以给出 $H(i\omega)$的逆变换

$$H(t) = \mathscr{F}^{-1}[H(i\omega)] = \frac{1}{m\omega_d}e^{-\xi\omega_n t}\sin\omega_d t \tag{2.5.11}$$

显然这就是单位脉冲响应 $h(t)$(式(2.4.5)).对式(2.5.8)两边作傅里叶逆变换,得任意激励的响应

$$x(t) = \mathscr{F}^{-1}[H(i\omega)F(i\omega)] \tag{2.5.12}$$

根据傅里叶变换的性质得

$$x(t) = \mathscr{F}^{-1}[H(i\omega)] * \mathscr{F}^{-1}[H(i\omega)] = \int_0^t F(\tau)h(t-\tau)d\tau \tag{2.5.13}$$

很显然,这就是杜阿梅尔积分式(2.4.11).

当激励力为单位脉冲时,有式(2.4.27).将式(2.4.27)代入式(2.5.3),得

$$F(\mathrm{i}\omega) = \int_{-\infty}^{\infty} \delta(t)\mathrm{e}^{-\mathrm{i}\omega t}\mathrm{d}t = 1 \tag{2.5.14}$$

将式(2.5.14)代入式(2.5.12),可以直接给出单位脉冲响应函数式(2.5.11),而

$$H(\mathrm{i}\omega) = \mathscr{F}[h(t)] \tag{2.5.15}$$

由式(2.5.11)、式(2.5.15)可知,频响函数的傅里叶逆变换等于系统的单位脉冲响应函数,而单位脉冲响应函数的傅里叶变换等于系统的频响函数.频响函数在频域内描述了系统的动态特性,单位脉冲响应函数在时域内描述了系统的动态特性.

以傅里叶变换为基础的频域响应分析由于涉及广义积分,精确计算是十分麻烦的,远不如时域分析简便,因而一度很少使用.但近年来,电子技术和计算机迅速发展,特别是20世纪60年代发展起来的快速傅里叶变换(FFT)方法,大大提高了用数字计算机计算离散傅里叶变换的效率,使频域分析方法能与传统的时域分析相竞争,在结构动力学和振动测试分析技术方面引起了很大的变革.

第3章
连续系统的振动

3.1 连续系统与离散系统的关系

一个物理系统可以用不同的数学模型来处理.例如,考察一根梁的振动.严格来说,梁的质量是连续分布的,梁是一个连续系统.为了简化计算,可以把梁的分布质量按某一方式集中到若干个截面上,也就是把一根具有分布质量的梁用一根只有若干个集中质量的梁来代替.这样就成了多自由度系统了.我们可以想象,当梁上的集中质量越来越多,集中质量之间的间隔越来越小时,它与具有分布质量的梁的差别就该越来越小.因此,连续系统可以看作是离散系统当自由度无限增加时的极限情形,即无限多自由度系统.

作为一个例子,我们来考虑直杆的纵向振动.取轴向坐标 x 如图3.1(a)所示,杆的轴向刚度记作 EA(其中,E 为弹性模量,A 为横截面积),EA 为 x 的函数;杆单位长度的质量记作 $m(x)$,作用在杆的单位长度上的轴向干扰力记作 $F(x, t)$,其中 t 为时间变量,截面的轴向位移记作 $u(x, t)$.再考虑如图3.1(b)所示的离散系统,各集中质量用无质量的等截面弹性杆相连.设相邻的集中质量之间的距离均为 Δx,集中质量 $M_i = m(x_i)\Delta x$,作用在 M_i 上的轴向力 $F_i = F(x_i, t)\Delta x$,其中 x_i 为 M_i 的轴向坐标.典型的三个集中质量 M_{i-1},M_i,M_{i+1} 的分离体图如图3.1(c)所示,M_i 的左、右两弹性杆作用在 M_i 上的轴向力分别记作 N_{i-1},N_i.对质量 M_i 应用牛顿第二定律,得到

$$N_i - N_{i-1} + F_i = M_i \frac{\mathrm{d}^2 u_i}{\mathrm{d}t^2}, \quad i = 1, 2, \cdots, n \tag{3.1.1}$$

其中,u_i 代表 M_i 的轴向位移,它是时间 t 的函数.

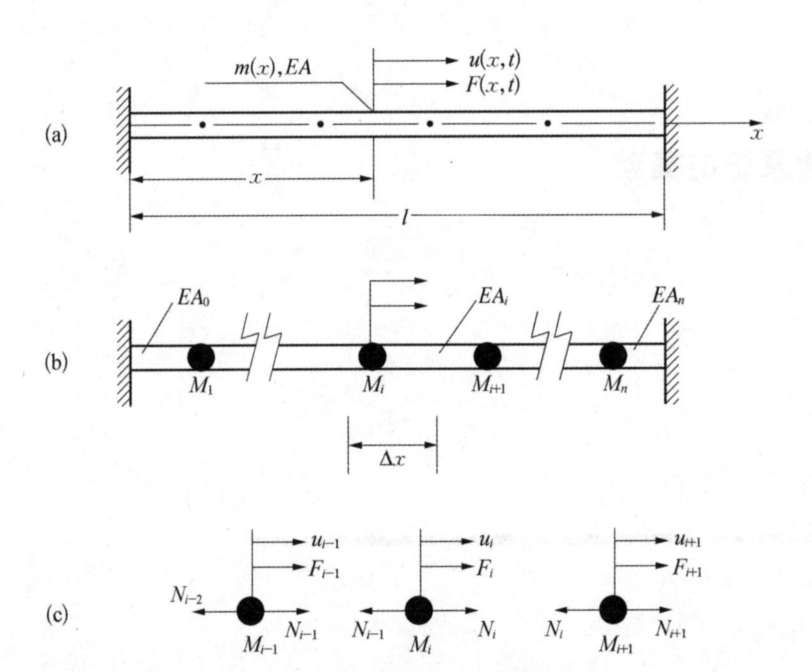

图 3.1　直杆的纵向振动

根据胡克定律,弹性杆的轴向力可表为

$$N_i = EA_i \frac{u_{i+1} - u_i}{\Delta x}, \quad N_{i-1} = EA_{i-1} \frac{u_i - u_{i-1}}{\Delta x} \tag{3.1.2}$$

其中,EA_{i-1},EA_i 分别是 M_i 的左边与右边弹性杆的轴向刚度.把式(3.1.2)代入方程(3.1.1),得到

$$EA_i \frac{u_{i+1} - u_i}{\Delta x} - EA_{i-1} \frac{u_i - u_{i-1}}{\Delta x} + F_i = M_i \frac{\mathrm{d}^2 u_i}{\mathrm{d}t^2}, \quad i = 1, 2, \cdots, n \tag{3.1.3}$$

整理后便得到如图 3.1(b)所示的离散系统的运动微分方程

$$\frac{EA_i}{\Delta x} u_{i+1} - \left(\frac{EA_i}{\Delta x} + \frac{EA_{i-1}}{\Delta x}\right) u_i + \frac{EA_{i-1}}{\Delta x} u_{i-1} + F_i = M_i \frac{\mathrm{d}^2 u_i}{\mathrm{d}t^2}, \quad i = 1, 2, \cdots, n \tag{3.1.4}$$

其中,$u_i(t)(i = 1, 2, \cdots, n)$为系统的广义坐标,$u_0(t)$与 $u_{n+1}(t)$的取值需视边界条件而定.对于如图 3.1(b)所示的两端固定的情形,必须令

$$u_0(t) = u_{n+1}(t) = 0 \tag{3.1.5}$$

如果左端固定、右端自由,则应使

$$u_0(t) = 0, \quad u_{n+1}(t) = u_n(t) \tag{3.1.6}$$

其中,第二个条件与 $N_n = 0$ 是等价的.要使常微分方程组(3.1.4)有确定的解,尚需给出问题

的初始条件，即给定当 $t=0$ 时广义坐标 $u_i(i=1,2,\cdots,n)$ 与广义速度 $\frac{\mathrm{d}u_i}{\mathrm{d}t}(i=1,2,\cdots,n)$ 的值.

引入记号

$$\Delta u_i = u_{i+1} - u_i,\quad i=0,1,\cdots,n \tag{3.1.7}$$

注意到方程(3.1.3)左边前两项之和代表从 M_i 的左边到右边轴向力的改变量，记

$$\Delta\left(EA_i\frac{\Delta u_i}{\Delta x}\right) = EA_i\frac{\Delta u_i}{\Delta x} - EA_{i-1}\frac{\Delta u_{i-1}}{\Delta x},\quad i=1,2,\cdots,n \tag{3.1.8}$$

则方程(3.1.3)可改写为

$$\Delta\left(EA_i\frac{\Delta u_i}{\Delta x}\right) + F_i = M_i\frac{\mathrm{d}^2u_i}{\mathrm{d}t^2},\quad i=1,2,\cdots,n \tag{3.1.9}$$

以 Δx 除上式的两端，得到

$$\frac{\Delta}{\Delta x}\left(EA_i\frac{\Delta u_i}{\Delta x}\right) + F(x_i,t) = m(x_i)\frac{\mathrm{d}^2u_i}{\mathrm{d}t^2},\quad i=1,2,\cdots,n \tag{3.1.10}$$

当两相邻集中质量之间的距离 Δx 趋于零时，方程(3.1.10)左端第一项的极限为

$$\lim_{\Delta x\to 0}\frac{\Delta}{\Delta x}\left(EA_i\frac{\Delta u_i}{\Delta x}\right) = \frac{\partial}{\partial x}\left[EA(x)\frac{\partial u}{\partial x}\right]\bigg|_{x=x_i} \tag{3.1.11}$$

在取极限的过程中，将 EA_i，u_i 分别视为连续函数 $EA(x)$，$u(x,t)$ 在 $x=x_i$ 处的值.

当 $\Delta x\to 0$ 时，方程(3.1.10)成为

$$\frac{\partial}{\partial x}\left[EA(x)\frac{\partial u(x,t)}{\partial x}\right] + F(x,t) = m(x)\frac{\partial^2u(x,t)}{\partial t^2},\quad 0<x<l \tag{3.1.12}$$

由于具有集中质量的离散点的数目无限增多时，x_i 可在区间$(0,l)$内取任意值（l 为杆的长度），方程(3.1.12)在 $x=x_i$ 上成立可代之以在区间$(0,l)$内任意一点成立. 如图3.1(b)所示的离散系统的偏微分方程(3.1.12)是当自由度无限增多时的数学模型.

下一节我们将看到，关于杆的纵向振动，直接将其当作连续系统而建立的运动方程与方程(3.1.12)完全相同.

另一方面，离散系统的运动方程可以用位移方程表达，其形式为

$$u_i = \sum_{j=1}^{n}\alpha_{ij}\left[F_j - M_j\frac{\mathrm{d}^2u_j(t)}{\mathrm{d}t^2}\right],\quad i=1,2,\cdots,n \tag{3.1.13}$$

式中，α_{ij} 为柔度影响系数，它的物理意义是在 M_j 处作用的一单位力在 M_i 处产生的静位移，它是多自由度系统柔度矩阵的系数，具有对称性：$\alpha_{ij}=\alpha_{ji}$.

仍采用前面用过的记号，$F_j=F(x_j,t)\Delta x$，$M_j=m(x_j)\Delta x$，方程(3.1.13)可改写为

$$u_i = \sum_{j=1}^{n}\alpha_{ij}\left[F(x_j,t) - m(x_j)\frac{\mathrm{d}^2u_j(t)}{\mathrm{d}t^2}\right]\Delta x,\quad i=1,2,\cdots,n \tag{3.1.14}$$

当自由度无限增多，Δx 趋于零时，方程(3.1.14)成为

$$u(x, t) = \int_0^l K(x, s)F(s, t)\mathrm{d}s - \int_0^l K(x, s)m(s)\frac{\partial^2 u(s, t)}{\partial t^2}\mathrm{d}s \qquad (3.1.15)$$

式中，$K(x, s)$为影响函数，它的物理意义是在 s 截面上作用的一单位力在 x 截面处引起的静位移.像影响系数一样，$K(x, s)$具有对称性，即

$$K(x, s) = K(s, x), \quad 0 < x < l, 0 < s < l$$

按照定义，$\alpha_{ij} = K(x_i, x_j)$.我们注意在取极限的过程中，把有下标 i 的坐标 x_i 用独立变量 x 代替，而把有下标 j 的坐标 x_j 用积分变量 s 代替.式(3.1.14)右端对 j 求和，它的极限就是对 s 的定积分.积分方程(3.1.15)是一维连续系统的积分方程表达式.对于杆的微振动，振动类型与边界条件的不同仅影响 $K(x, s)$的表达式，而积分方程表达式的形式不变，这是它的最大优点.可以用它来讨论杆振动(纵向振动、扭转振动与弯曲振动)的普遍性质.但是，对于杆的刚体位移没有受到约束的情形，影响函数是不存在的.这相当于多自由度系统的刚度矩阵奇异的情形，这时柔度矩阵就不复存在了.因此，对于两端自由的杆的各种形式的振动，均不能用积分方程表达式讨论其性质.

从以上讨论中我们看到，离散系统与连续系统作为同一物理系统的两种数学模型，两者之间存在着紧密的联系，离散系统数学模型是由连续系统空间离散化后得到的，而连续系统的数学模型可从相应的离散系统当自由度无限增多时的极限过程得到.

3.2 杆的纵向振动

3.2.1 振动方程

如图 3.2(a)所示，一根细长杆在纵向分布力作用下作纵向振动，假定在振动中杆的横截面保持为平面，并且不计横向变形.以杆的纵向作为 x 轴，设 $u(x, t)$是杆上距原点 x 处的截面在时刻 t 的纵向位移，$F(x, t)$是单位长度杆上分布的纵向作用力.

记 ρ 为单位体积杆的质量，即质量密度，A 是杆的横截面积，E 是材料的弹性模量，N 是截面上的内力，图 3.2(b)画出了微段 $\mathrm{d}x$ 两端截面的位移及受力关系，可见微段的应变为

$$\varepsilon = \frac{\left(u + \frac{\partial u}{\partial x}\mathrm{d}x\right) - u}{\mathrm{d}x} = \frac{\partial u}{\partial x}$$

从而横截面上的内力为

$$N = EA\varepsilon = EA\frac{\partial u}{\partial x} \qquad (3.2.1)$$

由达朗贝尔原理得到

$$\rho A \mathrm{d}x \frac{\partial^2 u}{\partial t^2} = \left(N + \frac{\partial N}{\partial x}\mathrm{d}x\right) - N + F\mathrm{d}x$$

将式(3.2.1)代入上式，得到

$$\rho A \frac{\partial^2 u}{\partial t^2} = \frac{\partial}{\partial x}\left(EA\frac{\partial u}{\partial x}\right) + F(x,\ t) \tag{3.2.2}$$

式(3.2.2)即杆的纵向强迫振动方程．对于等直杆，EA 是常数，上式化为

$$\frac{\partial^2 u}{\partial t^2} = a^2 \frac{\partial^2 u}{\partial x^2} + \frac{1}{\rho A}F(x,\ t) \tag{3.2.3}$$

其中，常数 $a = \sqrt{E/\rho}$ 是弹性纵波沿杆的纵向传播速度．

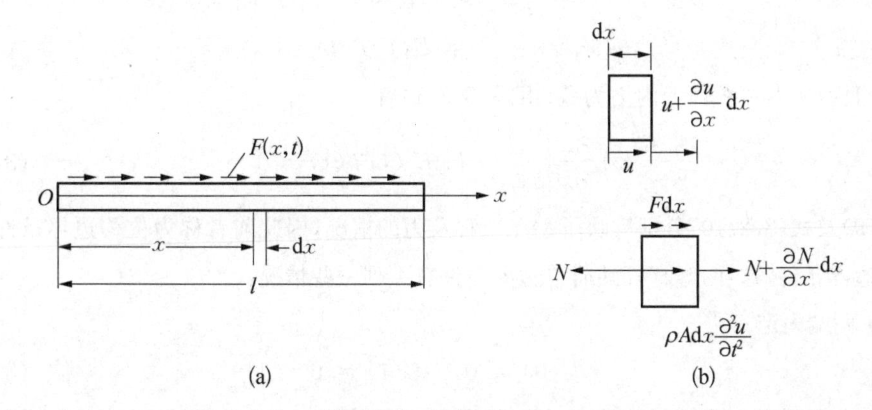

图3.2　杆的纵向振动

弦的横向振动，圆截面等直杆的扭转振动及等直杆的纵向振动虽然在运动表现形式上并不相同，但它们的运动微分方程是类同的，都属于一维波动方程．由于分析方法一样，本节将以等直杆的纵向振动为具体对象讨论固有振动、自由振动及强迫振动的求解方法．

3.2.2　固有频率和主振型

在式(3.2.3)中令 $F(x,\ t) = 0$，便得到下面杆的纵向自由振动方程：

$$\frac{\partial^2 u}{\partial t^2} = a^2 \frac{\partial^2 u}{\partial x^2} \tag{3.2.4}$$

假设杆的各点作同步运动，即设

$$u(x,\ t) = U(x)T(t) \tag{3.2.5}$$

其中，$T(t)$是表示运动规律的时间函数，$U(x)$是杆上距原点 x 处截面的纵向振动幅值．记

$$(\ \ )' = \frac{\partial(\ \ )}{\partial x},\quad (\ddot{\ \ }) = \frac{\partial^2(\ \ )}{\partial t^2}$$

则 U'' 为$\dfrac{\mathrm{d}^2 U}{\mathrm{d}x^2}$，$\ddot{T}$ 为$\dfrac{\mathrm{d}^2 T}{\mathrm{d}t^2}$．将式(3.2.5)代入式(3.2.4)，得到

$$\frac{\ddot{T}(t)}{T(t)} = a^2 \frac{U''(x)}{U(x)} = -\lambda \tag{3.2.6}$$

上式第一个等号的左边与 x 无关，右边与 t 无关，因而 λ 只可能是常数，由此得到下列两个方程：

$$U''(x) + \frac{\lambda}{a^2} U(x) = 0 \tag{3.2.7}$$

$$\ddot{T}(t) + \lambda T(t) = 0 \tag{3.2.8}$$

弹性体的边界条件是弹性体运动微分方程的一部分. 对于具有简单边界条件的杆，通常指端点自由或端点固定，假设图 3.2(a)中的等直杆全长为 l，若右端固定，则有

$$u(x,\ t)\big|_{x=l} = U(l)T(t) = 0 \tag{3.2.9}$$

若右端自由，则右端截面上内力为零. 由式(3.2.1)有

$$EA \left.\frac{\partial u}{\partial x}\right|_{x=l} = EAU'(l)T(t) = 0 \tag{3.2.10}$$

式(3.2.9)及式(3.2.10)分别反映了端点位移及力的情况，因此前者称为位移边界条件，后者称为力边界条件. 这样，等直杆的简单边界条件有下列一些情况：

(a) 两端固定：

$$U(0) = 0, \quad U(l) = 0 \tag{3.2.11}$$

(b) 一端固定，一端自由. 例如，左端固定，右端自由：

$$U(0) = 0, \quad U'(l) = 0 \tag{3.2.12}$$

(c) 两端自由：

$$U'(0) = 0, \quad U'(l) = 0 \tag{3.2.13}$$

上面三式中的任意一个边界条件与方程(3.2.7)一起构成了微分方程的特征值问题. 容易证明，对于情况(a)和(b)，只有当常数 λ 大于零时式(3.2.7)才有非零解 $U(x)$. 设 $\lambda=\omega^2$，其中，ω 为正数，式(3.2.7)及式(3.2.8)分别成为

$$U''(x) + \frac{\omega^2}{a^2} U(x) = 0 \tag{3.2.14}$$

$$\ddot{T}(t) + \omega^2 T(t) = 0 \tag{3.2.15}$$

由上面两式分别解得

$$U(x) = B_1 \sin \frac{\omega}{a} x + B_2 \cos \frac{\omega}{a} x \tag{3.2.16}$$

$$T(t) = b \sin(\omega t + \varphi) \tag{3.2.17}$$

于是由式(3.2.5)得到

$$u(x,\ t) = \left(B_1 \sin \frac{\omega}{a} x + B_2 \cos \frac{\omega}{a} x\right) b \sin(\omega t + \varphi) \tag{3.2.18}$$

其中,常数 B_1,B_2 及 ω 将由边界条件确定,常数 b,φ 则由初始条件确定.上式就是等直杆的主振动,它表示了杆的各个质点以式(3.2.16)所示的 $U(x)$ 为振动形态、以 ω 为频率作简谐振动,所以 $U(x)$ 就是主振型,或称为振型函数,而 ω 则是固有频率.对于情况(c),即两端自由的杆,除了 $\lambda > 0$ 之外,$\lambda = 0$ 即 $\omega = 0$ 时,由式(3.2.7)和式(3.2.13)构成的特值问题也有非零解:

$$U(x) = c \tag{3.2.19}$$

其中,c 为常数.当 $\lambda = 0$ 时,由式(3.2.8)解得

$$T(t) = at + b \tag{3.2.20}$$

于是相应的主振动为

$$u(x, t) = U(x)T(t) = c(at + b) \tag{3.2.21}$$

归纳起来,杆的主振动的一般形式为

$$u(x, t) = U(x)b\sin(\omega t + \varphi) \tag{3.2.22}$$

将上式代入式(3.2.4),同样得到方程(3.2.14)和解(3.2.16),而对于具有刚体自由度的杆,除了有形如式(3.2.22)所示的主振动之外,还能出现形如式(3.2.21)的刚体运动,这时相应的固有频率为零.

现在来确定各种简单边界条件下杆的固有频率和主振型.

(a) 两端固定

将边界条件式(3.2.11)代入式(3.2.16),得到

$$B_2 = 0, \quad B_1\sin\frac{\omega}{a}l = 0$$

由上面第二式得

$$\sin\frac{\omega}{a}l = 0$$

上式即两端固定的杆的频率方程,由此解得固有频率为

$$\omega_i = \frac{i\pi a}{l}, \quad i = 1, 2, \cdots \tag{3.2.23}$$

相应的主振型为

$$U_i(x) = B_i\sin\frac{i\pi}{l}x, \quad i = 1, 2, \cdots \tag{3.2.24}$$

(b) 一端固定,一端自由

将边界条件式(3.2.12)代入式(3.2.16),得到

$$B_2 = 0, \quad \frac{\omega}{a}B_1\cos\frac{\omega}{a}l = 0$$

由上面第二式得到频率方程

$$\cos \frac{\omega}{a} l = 0$$

解得固有频率为

$$\omega_i = \frac{(2i-1)\pi a}{2l}, \quad i = 1, 2, \cdots \tag{3.2.25}$$

相应的主振型为

$$U_i(x) = B_i \sin \frac{(2i-1)\pi}{2l} x, \quad i = 1, 2, \cdots \tag{3.2.26}$$

(c) 两端自由

将边界条件式(3.2.13)代入式(3.2.16),得到

$$B_1 = 0, \quad \frac{\omega}{a} B_2 \sin \frac{\omega}{a} l = 0$$

从上面第二式得到频率方程为

$$\frac{\omega}{a} \sin \frac{\omega}{a} l = 0$$

因而固有频率为

$$\omega_i = \frac{i\pi a}{l}, \quad i = 0, 1, 2, \cdots \tag{3.2.27}$$

相应的主振型为

$$U_i(x) = B_i \cos \frac{i\pi}{l} x, \quad i = 0, 1, 2, \cdots \tag{3.2.28}$$

上面两式已包括了零固有频率及形如式(3.2.19)的刚体振型.式(3.2.24)、式(3.2.26)及式(3.2.28)中的常数 B_i 将在主振型的归一化过程中确定.

图 3.3 画出了上述三种情况中等直杆的前 n 阶振型.振型图上振型曲线与位移坐标轴的交点即节点,以两端固定的杆为例,考虑第 i 阶主振型包含的节点数.令式(3.2.24)等于零,解出

$$\frac{i\pi x}{l} = k\pi$$

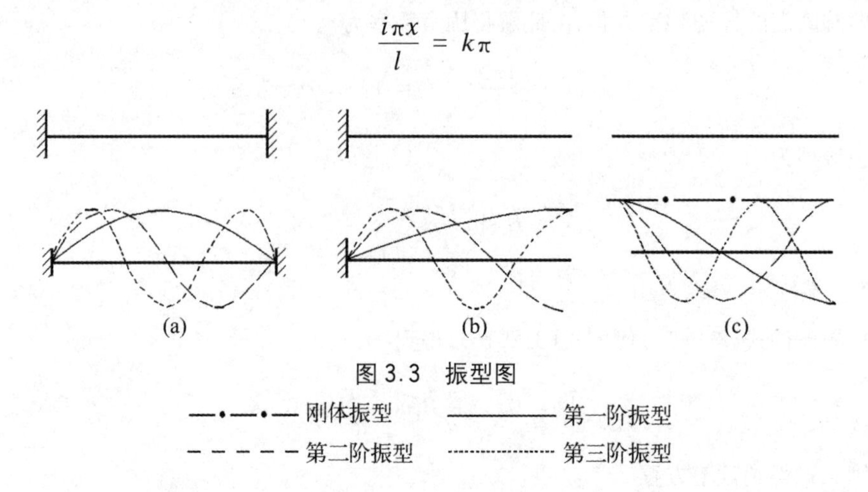

图 3.3 振型图

—•—•— 刚体振型 ———— 第一阶振型

– – – – – 第二阶振型 ·············· 第三阶振型

或写为

$$x = \frac{k}{i}l$$

其中,k 为整数,除杆的两个固定端点之外,k 值只能取 1, 2, …, $i-1$,因此第 i 阶主振型 $U_i(x)$包含 $i-1$ 个节点.

求出各阶固有频率 ω_i 和相应的主振型 $U_i(x)$后,就得到了形如式(3.2.22)的各阶主振动,它们都满足固有振动方程式(3.2.4),因而杆的振动是无穷个主振动的叠加,即

$$u(x,\ t) = \sum_{i=1}^{\infty} U_i(x) b_i \sin(\omega_i t + \varphi) \tag{3.2.29}$$

对于两端自由的杆,在上式中还应增添刚体运动 $U_0(at+b)$.当根据初始条件确定了各个常数 b_i,φ_i 后,就得到杆的自由振动.

3.2.3 主振型的正交性

这里只对具有简单边界条件的杆讨论主振型的正交性.由于不牵涉主振型的具体形式,杆可以是变截面或非匀质的,即质量密度 ρ 及截面积 A 等都可以是 x 的函数.在式(3.2.2)中令 $F(x,\ t) = 0$,得

$$\rho A \frac{\partial^2 u}{\partial t^2} = \frac{\partial}{\partial x}\left(EA \frac{\partial u}{\partial x}\right) \tag{3.2.30}$$

将式(3.2.22)所示的主振动代入上式,得

$$(EAU')' = -\omega^2 \rho AU \tag{3.2.31}$$

杆的简单边界条件可写为:

(a) 固定端

$$U(x) = 0,\quad x = 0 \text{ 或 } x = l \tag{3.2.32}$$

(b) 自由端

$$EAU'(x) = 0,\quad x = 0 \text{ 或 } x = l \tag{3.2.33}$$

设 $U_i(x)$, $U_j(x)$分别是相应于固有频率 ω_i 及 ω_j 的主振型.由式(3.2.31)有

$$(EAU_i')' = -\omega_i^2 \rho AU_i \tag{3.2.34}$$

$$(EAU_j')' = -\omega_j^2 \rho AU_j \tag{3.2.35}$$

式(3.2.34)乘以 $U_j(x)$并沿杆长对 x 积分,得

$$\int_0^l U_j (EAU_i')' \mathrm{d}x = -\omega^2 \int_0^l \rho AU_i U_j \mathrm{d}x \tag{3.2.36}$$

利用分部积分可将上式左边写为

$$\int_0^l U_j (EAU_i')' \mathrm{d}x = U_j (EAU_i') \big|_0^l - \int_0^l EAU_i' U_j' \mathrm{d}x \tag{3.2.37}$$

由式(3.2.32)及式(3.2.33)可知,杆的任一端点上总有 $U = 0$ 或者 $EAU' = 0$ 成立,因此

式(3.2.37)右端第一项等于零，故有

$$\int_0^l U_j(EAU_i')'\mathrm{d}x = -\int_0^l EAU_i'U_j'\mathrm{d}x \tag{3.2.38}$$

将上式代入式(3.2.36)，得

$$\int_0^l EAU_i'U_j'\mathrm{d}x = \omega_i^2\int_0^l \rho AU_iU_j\mathrm{d}x \tag{3.2.39}$$

式(3.2.35)乘以 $U_i(x)$ 并沿杆长对 x 积分，同理可得到

$$\int_0^l EAU_j'U_i'\mathrm{d}x = \omega_j^2\int_0^l \rho AU_jU_i\mathrm{d}x \tag{3.2.40}$$

式(3.2.39)与式(3.2.40)相减后，得

$$(\omega_i^2 - \omega_j^2)\int_0^l \rho AU_iU_j\mathrm{d}x = 0 \tag{3.2.41}$$

如果 $i \neq j$ 时有 $\omega_i \neq \omega_j$，则由上式必有

$$\int_0^l \rho AU_iU_j\mathrm{d}x = 0,\quad i \neq j \tag{3.2.42}$$

式(3.2.42)就是杆的主振型关于质量的正交性. 再由式(3.2.39)及式(3.2.38)可得

$$\int_0^l EAU_i'U_j'\mathrm{d}x = 0,\quad i \neq j \tag{3.2.43}$$

$$\int_0^l U_j(EAU_i')'\mathrm{d}x = 0,\quad i \neq j \tag{3.2.44}$$

上面两式则是杆的主振型关于刚度的正交性. 当 $i = j$ 时，式(3.2.41)总能成立，令

$$\int_0^l \rho AU_j^2\mathrm{d}x = m_{pj} \tag{3.2.45}$$

$$\int_0^l EA(U_j')^2\mathrm{d}x = -\int_0^l U_j(EAU_j')'\mathrm{d}x = k_{pj} \tag{3.2.46}$$

常数 m_{pj}，k_{pj} 分别称为第 j 阶主质量及第 j 阶主刚度，它们的大小取决于第 j 阶主振型中常数的选择. 由式(3.2.40)得到 m_{pj} 与 k_{pj} 的关系为

$$\omega_j^2 = \frac{k_{pj}}{m_{pj}} \tag{3.2.47}$$

如果主振型中的常数按下列归一化条件确定：

$$\int_0^l \rho AU_j^2\mathrm{d}x = m_{pj} = 1,\quad j = 1, 2, \cdots \tag{3.2.48}$$

则得到的主振型称为正则振型，这时相应的第 j 阶主刚度 k_{pj} 等于 ω_j^2. 式(3.2.48)可与式(3.2.42)合写为

$$\int_0^l \rho AU_iU_j\mathrm{d}x = \delta_{ij} \tag{3.2.49}$$

由式(3.2.43)、式(3.2.44)及式(3.2.46)得到

$$\int_0^l EAU_i'U_j'\mathrm{d}x = \omega_j^2\delta_{ij} \tag{3.2.50}$$

$$\int_0^l U_j (EAU_i')'\mathrm{d}x = -\omega_j^2 \delta_{ij} \tag{3.2.51}$$

其中,δ_{ij}定义为

$$\delta_{ij} = \begin{cases} 1, & i = j \\ 0, & i \neq j \end{cases} \tag{3.2.52}$$

3.2.4 强迫振动

在弹性体固有振动分析的基础上,可以用振型叠加法求解弹性体对任意激励的响应.重写式(3.2.2)所示的杆的强迫振动方程如下:

$$\rho A \frac{\partial^2 u}{\partial t^2} = \frac{\partial}{\partial x}\left(EA \frac{\partial u}{\partial x}\right) + F(x, t) \tag{3.2.53}$$

并已知初始条件为 $t = 0$ 时,有

$$u(x, 0) = u_0(x), \quad \left.\frac{\partial u}{\partial t}\right|_{t=0} = \dot{u}_0(x) \tag{3.2.54}$$

假定在给定的简单边界条件下,已经得到各阶固有频率 $\omega_i (i = 1, 2, \cdots)$及相应的正则振型 $U_i(x)(i = 1, 2, \cdots)$,则有系统的展开定理:杆的位移可以展开为正则振型的无穷级数,即

$$u(x, t) = \sum_{i=1}^{\infty} U_i(x) q_i(t) \tag{3.2.55}$$

其中,各个 $q_i(t)$称为正则坐标.将上式代入式(3.2.53)后,得

$$\rho A \sum_{i=1}^{\infty} U_i \ddot{q}_i = \sum_{i=1}^{\infty} (EAU_i')' q_i + F(x,t)$$

上式两边乘以 $U_j(x)$并沿杆长对 x 积分,得

$$\sum_{i=1}^{\infty} \ddot{q}_i \int_0^l \rho A U_i U_j \mathrm{d}x = \sum_{i=1}^{\infty} q_i \int_0^l U_j (EAU_i')'\mathrm{d}x + \int_0^l F(x, t) U_j \mathrm{d}x$$

由正交性条件式(3.2.49)与式(3.2.51),上式化为

$$\ddot{q}_j + \omega_j^2 q_j = F_j(t) \tag{3.2.56}$$

上式即第 j 个正则坐标方程,其中

$$F_j(t) = \int_0^l F(x, t) U_j(x) \mathrm{d}x \tag{3.2.57}$$

是第 j 个正则坐标的广义力.

为了得到正则坐标下的初始条件,将式(3.2.54)也按正则振型展开,即

$$\begin{aligned} u(x,0) &= u_0(x) = \sum_{i=1}^{\infty} U_i(x) q_i(0) \\ \left.\frac{\partial u}{\partial t}\right|_{t=0} &= \dot{u}_0(x) = \sum_{i=1}^{\infty} U_i(x) \dot{q}_i(0) \end{aligned} \tag{3.2.58}$$

上面两式乘以 $\rho AU_j(x)$ 并沿杆长对 x 积分，由正交性条件式(3.2.49)得

$$q_j(0)=\int_0^l \rho A u_0(x)U_j(x)\mathrm{d}x$$
$$\dot{q}_j(0)=\int_0^l \rho A \dot{u}_0(x)U_j(x)\mathrm{d}x \tag{3.2.59}$$

式(3.2.59)即第 j 个正则坐标的初始条件，于是方程(3.2.56)的解，采用杜阿梅尔积分式(2.4.14)，为

$$q_j(t)=q_j(0)\cos\omega_j t+\frac{\dot{q}_j(0)}{\omega_j}\sin\omega_j t+\frac{1}{\omega_j}\int_0^t F_j(\tau)\sin\omega_j(t-\tau)\mathrm{d}\tau \tag{3.2.60}$$

将形如上式的各个正则坐标的响应代入式(3.2.55)，便得到杆在式(3.2.54)的初始条件下对任意激励的响应.如果是零初始条件，由式(3.2.57)，杆对任意激励的响应可写为

$$\begin{aligned}u(x,\ t)&=\sum_{j=1}^{\infty}U_j(x)\cdot\frac{1}{\omega_j}\int_0^t\int_0^l F(x,\ \tau)U_j(x)\mathrm{d}x\sin\omega_j(t-\tau)\mathrm{d}\tau\\&=\sum_{j=1}^{\infty}\frac{1}{\omega_j}U_j(x)\int_0^l U_j(x)\int_0^t F(x,\ \tau)\sin\omega_j(t-\tau)\mathrm{d}\tau\mathrm{d}x\end{aligned} \tag{3.2.61}$$

如果沿杆身作用的不是分布力，而是如图3.4所示的在 $x=\xi$ 处的集中力 $P(t)$，则利用第1章介绍的函数 $\delta(x)$，$P(t)$ 可以表示为如下的分布力：

$$F(x,\ t)=P(t)\delta(x-\xi) \tag{3.2.62}$$

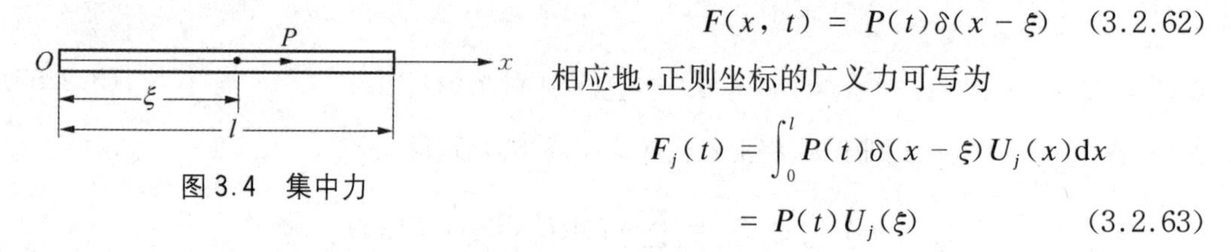

图3.4　集中力

相应地，正则坐标的广义力可写为

$$\begin{aligned}F_j(t)&=\int_0^l P(t)\delta(x-\xi)U_j(x)\mathrm{d}x\\&=P(t)U_j(\xi)\end{aligned} \tag{3.2.63}$$

于是，零初始条件下杆的纵向强迫振动为

$$u(x,\ t)=\sum_{j=1}^{\infty}\frac{1}{\omega_j}U_j(\xi)U_j(x)\int_0^t P(\tau)\sin\omega_j(t-\tau)\mathrm{d}\tau \tag{3.2.64}$$

假定沿杆身作用的是如下形式的简谐激振分布力：

$$F(x,\ t)=f(x)\sin\omega t \tag{3.2.65}$$

现在考虑等直杆对上述简谐激励的稳态响应.除了可用振型叠加法求解之外，还可以用直接解法来求.现在方程(3.2.3)为

$$\frac{\partial^2 u}{\partial t^2}=a^2\frac{\partial^2 u}{\partial x^2}+\frac{1}{\rho A}f(x)\sin\omega t \tag{3.2.66}$$

设等直杆的稳态响应为

$$u(x,\ t)=v(x)\sin\omega t \tag{3.2.67}$$

将上式代入式(3.2.66)，得

$$v''(x)+\beta^2 v(x)=-\frac{1}{EA}f(x) \tag{3.2.68}$$

其中

$$\beta = \frac{\omega}{a} \tag{3.2.69}$$

若将方程(3.2.68)中的变量 x 看作时间 t,则方程的全解就是单自由度系统在初始条件下对任意激励的响应.由杜阿梅尔积分得到

$$v(x) = C_1\cos\beta x + C_2\sin\beta x - \frac{1}{\beta}\int_0^x \frac{f(\xi)}{EA}\sin\beta(x-\xi)\mathrm{d}\xi \tag{3.2.70}$$

其中,常数 C_1 及 C_2 由边界条件确定.将式(3.2.70)代入式(3.2.67),即得到杆的稳态响应.

例 3.1 如图 3.5 所示的等直杆在自由端作用有简谐激振力

$$F(t) = f_0\sin\omega t$$

其中,f_0 为常数,求杆的纵向稳态强迫振动.

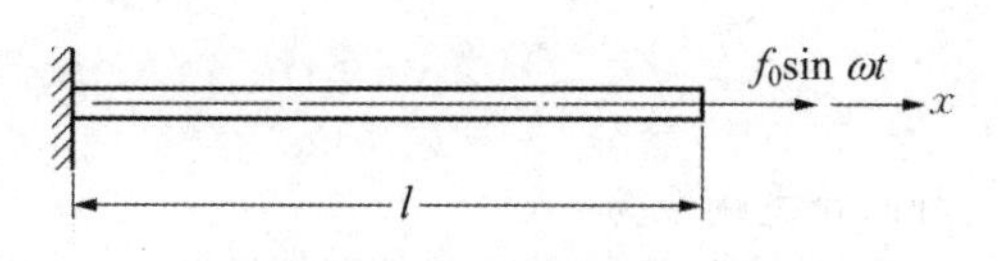

图 3.5 直杆振动

解 (a) 振型叠加法

由式(3.2.25)、式(3.2.26)知,杆的固有频率与主振型分别为

$$\omega_i = \frac{i\pi a}{2l},\quad i = 1, 3, 5, \cdots$$

$$U_i(x) = B_i\sin\frac{i\pi x}{2l},\quad i = 1, 3, 5, \cdots$$

将主振型代入式(3.2.48)的归一化条件,得

$$\int_0^l \rho A\left(B_i\sin\frac{i\pi x}{2l}\right)^2\mathrm{d}x = \frac{\rho Al}{2}B_i^2 = 1$$

从而 $B_i = \sqrt{\dfrac{2}{\rho Al}}$,正则振型为

$$U_i(x) = \sqrt{\frac{2}{\rho Al}}\sin\frac{i\pi x}{2l},\quad i = 1, 3, 5, \cdots$$

于是杆的稳态强迫振动为

$$u(x,t) = \sum_{i=1,3,\cdots}^{\infty} U_i(x)q_i(t)$$

由式(3.2.63),求出正则广义力

$$F_i(t) = B_i f_0\sin\frac{i\pi}{2}\sin\omega t,\quad i = 1, 3, 5, \cdots$$

第 i 个正则方程为

$$\ddot{q}_i + \omega_i^2 q_i = B_i f_0\sin\frac{i\pi}{2}\sin\omega t$$

由上式求出正则坐标的稳态响应

$$q_i(t) = \frac{1}{\omega_i^2 - \omega^2}B_i f_0\sin\frac{i\pi}{2}\sin\omega t$$

于是杆的稳态强迫振动为

$$u(x,\ t) = \sum_{i=1,3,\cdots}^{\infty} U_i(x)q_i(t) = \frac{2f_0\sin\omega t}{\rho Al}\sum_{i=1,3,\cdots}^{\infty}\frac{1}{\omega_i^2-\omega^2}\sin\frac{i\pi}{2}\sin\frac{i\pi x}{2l} \tag{1}$$

由上式可见,当激励频率 ω 等于杆的任一阶固有频率 ω_i 时,都会发生共振现象.

(b) 直接解法

若将作用在自由端的集中力看作特殊的分布力,杆的强迫振动方程为

$$\frac{\partial^2 u}{\partial t^2} = a^2\frac{\partial^2 u}{\partial x^2} + \frac{1}{\rho A}f_0\delta(x-l)\sin\omega t \tag{2}$$

边界条件为

$$u(0,\ t) = 0,\quad EA\left.\frac{\partial u}{\partial x}\right|_{x=l} = 0 \tag{3}$$

设杆的稳态响应为

$$u(x,\ t) = v(x)\sin\omega t \tag{4}$$

代入式(2)后,得

$$v''(x) + \frac{\omega^2}{a^2}v(x) = -\frac{1}{EA}f_0\delta(x-l)$$

根据式(3.2.70)得到

$$\begin{aligned} v(x) &= C_1\cos\frac{\omega x}{a} + C_2\sin\frac{\omega x}{a} - \frac{a}{EA\omega}\int_0^x f_0\delta(\xi-l)\sin\frac{\omega}{a}(x-\xi)\mathrm{d}\xi \\ &= \begin{cases} C_1\cos\dfrac{\omega x}{a} + C_2\sin\dfrac{\omega x}{a}, & 0\leqslant x< l \\ C_1\cos\dfrac{\omega x}{a} + C_2\sin\dfrac{\omega x}{a} - \dfrac{f_0 a}{EA\omega}\sin\dfrac{\omega}{a}(x-l), & x = l \end{cases} \end{aligned}$$

由边界条件式(3)有

$$v(0) = 0,\quad v'(l) = 0$$

从上面两式确定出 $C_1 = 0$ 和 $C_2 = \dfrac{f_0 a}{EA\omega\cos\dfrac{\omega l}{a}}$,于是得到

$$v(x) = \frac{f_0 a}{EA\omega\cos\dfrac{\omega l}{a}}\sin\frac{\omega x}{a},\quad 0\leqslant x\leqslant l$$

杆的稳态响应则为

$$u(x,\ t) = \frac{f_0 a}{EA\omega\cos\dfrac{\omega l}{a}}\sin\frac{\omega x}{a}\sin\omega t \tag{5}$$

(c) 另一种解法

自由端的集中力也可以看作边界条件,这样,杆的自由振动方程为

$$\frac{\partial^2 u}{\partial t^2} = a^2 \frac{\partial^2 u}{\partial x^2} \tag{6}$$

而边界条件则为

$$u(0,\ t) = 0,\quad EA\left.\frac{\partial u}{\partial x}\right|_{x=1} = f_0 \sin \omega t \tag{7}$$

将式(4)代入式(6),得

$$v''(x) + \frac{\omega^2}{a^2} v(x) = 0$$

上式的通解为

$$v(x) = C_1 \cos\frac{\omega x}{a} + C_2 \sin\frac{\omega x}{a}$$

由边界条件式(7)有

$$v(0) = 0,\quad v'(l) = \frac{f_0}{EA}$$

从而确定出 $C_1 = 0,\ C_2 = \dfrac{f_0 a}{EA\omega\cos\dfrac{\omega l}{a}}$,于是杆的稳态响应为

$$u(x,\ t) = \frac{f_0 a}{EA\omega\cos\dfrac{\omega l}{a}} \sin\frac{\omega x}{a} \sin \omega t \tag{8}$$

下面可以证明式(8)或式(5)与式(1)是相等的.将 $\sin\dfrac{\omega x}{a}$按振型函数 $\sin\dfrac{\omega_i x}{a}$展开为

$$\sin\frac{\omega x}{a} = \sum c_i \sin\frac{\omega_i x}{a} \tag{9}$$

其中,系数

$$\begin{aligned}
c_i &= \frac{2}{l}\int_0^l \sin\frac{\omega x}{a}\sin\frac{\omega_i x}{a}\mathrm{d}x \\
&= \frac{1}{l}\int_0^l \left(\cos\frac{\omega x - \omega_i x}{a} - \cos\frac{\omega x + \omega_i x}{a}\right)\mathrm{d}x \\
&= \frac{1}{l}\left(\frac{a}{\omega - \omega_i}\sin\frac{\omega l - \omega_i l}{a} - \frac{a}{\omega + \omega_i}\sin\frac{\omega l + \omega_i l}{a}\right) \\
&= \frac{1}{l}\left[\frac{a}{\omega - \omega_i}\left(\sin\frac{\omega l}{a}\cos\frac{\omega_i l}{a} - \cos\frac{\omega l}{a}\sin\frac{\omega_i l}{a}\right)\right. \\
&\quad \left. - \frac{a}{\omega + \omega_i}\left(\sin\frac{\omega l}{a}\cos\frac{\omega_i l}{a} + \cos\frac{\omega l}{a}\sin\frac{\omega_i l}{a}\right)\right]
\end{aligned}$$

利用条件 $\cos\dfrac{\omega_i l}{a} = 0$,得

$$c_i = \frac{1}{l}\left(\frac{-a}{\omega-\omega_i}-\frac{a}{\omega+\omega_i}\right)\cos\frac{\omega l}{a}\sin\frac{\omega_i l}{a} = \frac{2a}{l}\frac{\omega}{\omega_i^2-\omega^2}\cos\frac{\omega l}{a}\sin\frac{\omega_i l}{a}$$

将上式代入式(9)，得 $\sin\frac{\omega x}{a}$ 的振型函数展开式

$$\sin\frac{\omega x}{a} = \sum\frac{2a}{l}\frac{\omega}{\omega_i^2-\omega^2}\cos\frac{\omega l}{a}\sin\frac{\omega_i l}{a}\sin\frac{\omega_i x}{a}$$

将其代入式(8)得式(1)：

$$\begin{aligned} u(x,t) &= \frac{f_0 a}{lEA\omega\cos\frac{\omega l}{a}}\sum\frac{2a\omega}{\omega_i^2-\omega^2}\cos\frac{\omega l}{a}\sin\frac{\omega_i l}{a}\sin\frac{\omega_i x}{a}\sin\omega t \\ &= \frac{2f_0}{\rho A l}\sum\frac{1}{\omega_i^2-\omega^2}\sin\frac{i\pi}{2}\sin\frac{i\pi x}{2l}\sin\omega t \end{aligned}$$

3.3 梁的横向振动

现在来考虑细长梁的横向弯曲振动. 如图 3.6(a)所示，假设梁的各截面的中心主惯性轴在同一平面 Oxy 内，外载荷也作用在该平面内，梁在该平面内作横向振动. 这时梁的主要变形是弯曲变形，在低频振动时可以忽略剪切变形以及截面绕中性轴转动惯量的影响，这种梁称为伯努利-欧拉梁(Bernoulli-Euler Beam).

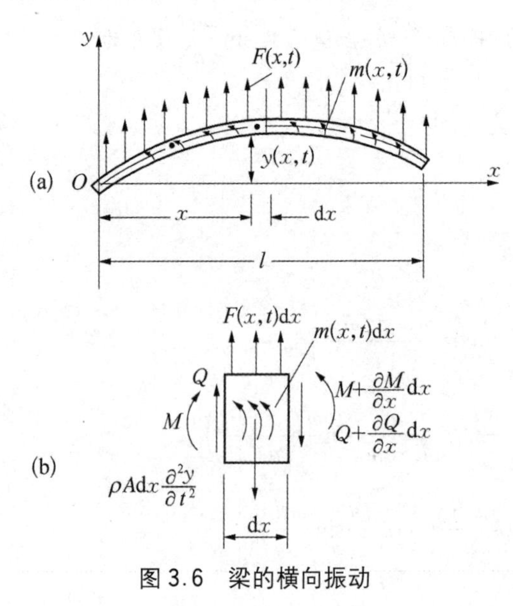

图 3.6　梁的横向振动

3.3.1　横向振动微分方程

建立如图 3.6(a)所示的坐标系，设 $y(x,t)$ 是梁上距原点 x 处的截面在时刻 t 的横向位移，$F(x,t)$ 是单位长度梁上分布的外力，$m(x,t)$ 是单位长度梁上分布的外力矩，记单位体积梁的质量为 ρ，梁的横截面积为 A，材料的弹性模量为 E，截面对中性轴的惯性矩为 J. 图 3.6(b)画出了微段 $\mathrm{d}x$ 的受力情况，其中，Q，M 分别是截面上的剪力和弯矩，$\rho A\mathrm{d}x\frac{\partial^2 y}{\partial t^2}$ 是微段的惯性力，图中所有的力及力矩都按正方向画出.

由力平衡方程有

$$\rho A\mathrm{d}x\frac{\partial^2 y}{\partial t^2} + \left(Q+\frac{\partial Q}{\partial x}\mathrm{d}x\right) - Q - F\mathrm{d}x = 0$$

或写为

$$\frac{\partial Q}{\partial x} = F - \rho A \frac{\partial^2 y}{\partial t^2} \tag{3.3.1}$$

由力矩平衡方程(略去高阶小量)有

$$M + Q\mathrm{d}x - m\mathrm{d}x - \left(M + \frac{\partial M}{\partial x}\mathrm{d}x\right) = 0$$

或写为

$$Q = \frac{\partial M}{\partial x} + m \tag{3.3.2}$$

将式(3.3.2)代入式(3.3.1),得

$$\frac{\partial^2 M}{\partial x^2} + \frac{\partial m}{\partial x} = F - \rho A \frac{\partial^2 y}{\partial t^2}$$

由材料力学的平截面假设得知,弯矩与挠度的关系为 $M = EJ\frac{\partial^2 y}{\partial x^2}$,代入上式后得

$$\frac{\partial^2}{\partial x^2}\left(EJ\frac{\partial^2 y}{\partial x^2}\right) + \rho A \frac{\partial^2 y}{\partial t^2} = F(x, t) - \frac{\partial}{\partial x}m(x, t) \tag{3.3.3}$$

式(3.3.3)就是伯努利-欧拉梁的横向振动微分方程,对于等截面梁,抗弯刚度 EJ 为常数,上式成为

$$EJ\frac{\partial^4 y}{\partial x^4} + \rho A \frac{\partial^2 y}{\partial t^2} = F(x, t) - \frac{\partial}{\partial x}m(x, t) \tag{3.3.4}$$

3.3.2 固有频率和主振型

在式(3.3.4)中令 $F(x, t) = m(x, t) = 0$,得到下列梁的横向自由振动方程

$$\frac{\partial^2}{\partial x^2}\left(EJ\frac{\partial^2 y}{\partial x^2}\right) + \rho A \frac{\partial^2 y}{\partial t^2} = 0 \tag{3.3.5}$$

梁的主振动可假设为

$$y(x, t) = Y(x)b\sin(\omega t + \varphi) \tag{3.3.6}$$

其中,$Y(x)$即主振型或振型函数.将上式代入式(3.3.5),得

$$(EJY'')'' - \omega^2 \rho A Y = 0 \tag{3.3.7}$$

对于等截面梁,式(3.3.7)成为

$$Y^{(4)} - \beta^4 Y = 0 \tag{3.3.8}$$

其中

$$\beta^4 = \frac{\omega^2}{a^2}, \quad a^2 = \frac{EJ}{\rho A} \tag{3.3.9}$$

式(3.3.8)的通解为

$$Y(x) = D_1 \mathrm{e}^{\mathrm{i}\beta x} + D_2 \mathrm{e}^{-\mathrm{i}\beta x} + D_3 \mathrm{e}^{\beta x} + D_4 \mathrm{e}^{-\beta x}$$

利用简谐函数和双曲函数,上式可写为

$$Y(x) = C_1\cos\beta x + C_2\sin\beta x + C_3\mathrm{ch}\,\beta x + C_4\mathrm{sh}\,\beta x \tag{3.3.10}$$

代入式(3.3.6)后,得到梁的主振动为

$$y(x,\ t) = (C_1\cos\beta x + C_2\sin\beta x + C_3\mathrm{ch}\,\beta x + C_4\mathrm{sh}\,\beta x)\,b\sin(\omega t + \varphi) \tag{3.3.11}$$

其中,常数 C_1, C_2, C_3, C_4 与固有频率 ω 由边界条件及主振型归一化条件确定,常数 b, φ 则由初始条件确定.

梁的两端共有四个边界条件,常见的简单边界有下列几种:

(a) 固定端

在梁的固定端上挠度 y 与转角$\dfrac{\partial y}{\partial x}$等于零,即

$$Y(x) = 0,\ Y'(x) = 0,\quad x = 0 \text{或} x = l \tag{3.3.12}$$

(b) 简支端

在梁的简支端上挠度 y 与弯矩 M 等于零,即

$$Y(x) = 0,\ EJY''(x) = 0,\quad x = 0 \text{或} x = l \tag{3.3.13}$$

(c) 自由端

在梁的自由端上弯矩 M 与剪力 Q 等于零,即

$$EJY''(x) = 0,\ [EJY''(x)]' = 0,\quad x = 0 \text{或} x = l \tag{3.3.14}$$

上述各个边界条件中,反映对端点位移或转角的约束情况的称为位移边界条件,反映对端点弯矩或剪力的约束情况的称为力边界条件.由式(3.3.12)~式(3.3.14)看到,既不存在挠度与剪力同时为零的情况,又不存在转角与弯矩同时为零的情况.当挠度为零时,挠度受到了限制,必然有剪力产生;反之,剪力为零时,挠度必然是任意的,转角与弯矩的关系也是如此.所以,对于梁的简单边界,挠度或剪力中的一个与转角或弯矩中的一个总是同时为零.

下面的例题说明了如何确定固有频率与相应的主振型.

例 3.2 确定两端简支的等截面梁(见图 3.7)的固有频率和主振型.

解 对于等截面梁,两端简支的边界条件为

$$Y(0) = 0,\quad Y''(0) = 0 \tag{1}$$

$$Y(l) = 0,\quad Y''(l) = 0 \tag{2}$$

将式(1)代入(3.3.10)及其二阶导数,得

$$C_1 + C_3 = 0$$

$$-C_1 + C_3 = 0$$

从而有

$$C_1 = C_3 = 0$$

将式(2)代入式(3.3.10)及其二阶导数,得

$$C_2\sin\beta l + C_4\operatorname{sh}\beta l = 0$$

$$-C_2\sin\beta l + C_4\operatorname{sh}\beta l = 0$$

因为 $\beta l \neq 0$ 时有 $\operatorname{sh}\beta l \neq 0$,所以得到 $C_4 = 0$ 和频率方程

$$\sin\beta l = 0 \tag{3}$$

由上式解出

$$\beta_i = \frac{i\pi}{l}, \quad i = 1, 2, \cdots$$

由式(3.3.9)得知固有频率为

$$\omega_i = \beta_i^2 a = i^2\pi^2\sqrt{\frac{EJ}{\rho A l^4}}, \quad i = 1, 2, \cdots \tag{4}$$

相应的主振型为

$$Y_i(x) = C_i\sin\beta_i x = C_i\sin\frac{i\pi x}{l}, \quad i = 1, 2, \cdots \tag{5}$$

图3.7画出了各种简单边界条件下等截面梁的前 n 阶主振型曲线,相应的频率方程及主振型表达式见表3.1,频率方程的根则列在表3.2中.

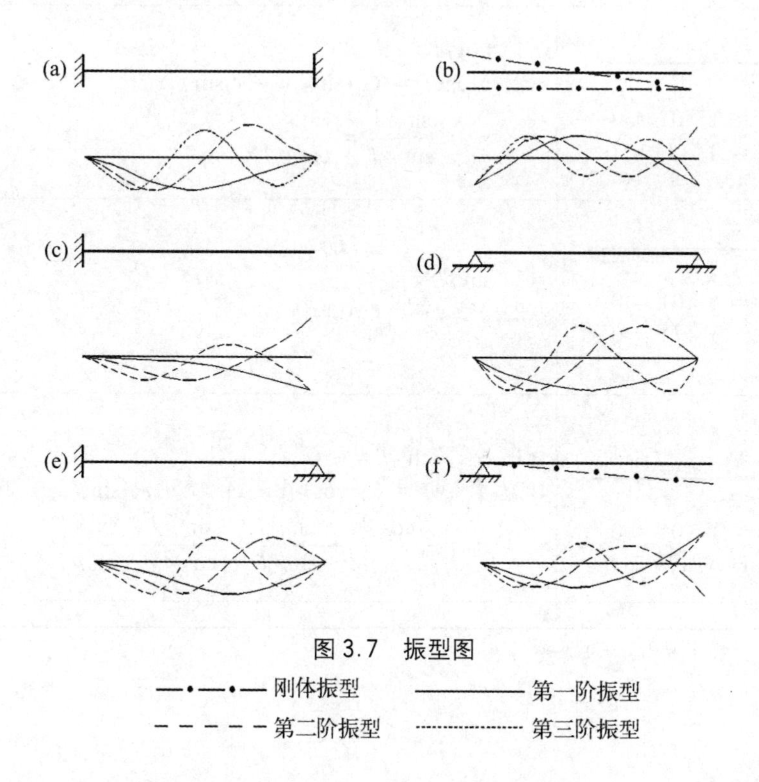

图3.7 振型图

—•—•— 刚体振型　　———— 第一阶振型

– – – – – 第二阶振型　　·········· 第三阶振型

表 3.1　等截面梁横向振动频率方程与主振型

边界条件	(1)频率方程与(2)主振型
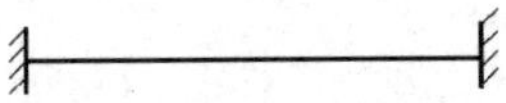 $Y(0)=Y'(0)=0$ $Y(l)=Y'(l)=0$	(1) $\cos\beta l\,\mathrm{ch}\,\beta l=1$ (2) $Y_i(x)=C_i[\cos\beta_i x-\mathrm{ch}\,\beta_i x+r_i(\sin\beta_i x-\mathrm{sh}\,\beta_i x)]$ $r_i=-\dfrac{\cos\beta_i l-\mathrm{ch}\,\beta_i l}{\sin\beta_i l-\mathrm{sh}\,\beta_i l}=\dfrac{\sin\beta_i l+\mathrm{sh}\,\beta_i l}{\cos\beta_i l-\mathrm{ch}\,\beta_i l}$
① $Y''(0)=Y'''(0)=0$ $Y''(l)=Y'''(l)=0$	(1) $\cos\beta l\,\mathrm{ch}\,\beta l=1$① (2) $Y_i(x)=C_i[\cos\beta_i x+\mathrm{ch}\,\beta_i x+r_i(\sin\beta_i x+\mathrm{sh}\,\beta_i x)]$ $r_i=-\dfrac{\cos\beta_i l-\mathrm{ch}\,\beta_i l}{\sin\beta_i l-\mathrm{sh}\,\beta_i l}=\dfrac{\sin\beta_i l+\mathrm{sh}\,\beta_i l}{\cos\beta_i l-\mathrm{ch}\,\beta_i l}$
 $Y(0)=Y'(0)=0$ $Y(l)=Y''(l)=0$	(1) $\tan\beta l=\mathrm{th}\,\beta l$ (2) $Y_i(x)=C_i[\cos\beta_i x-\mathrm{ch}\,\beta_i x+r_i(\sin\beta_i x-\mathrm{sh}\,\beta_i x)]$ $r_i=-\dfrac{\cos\beta_i l-\mathrm{ch}\,\beta_i l}{\sin\beta_i l-\mathrm{sh}\,\beta_i l}=\dfrac{\sin\beta_i l+\mathrm{sh}\,\beta_i l}{\cos\beta_i l-\mathrm{ch}\,\beta_i l}$
 $Y(0)=Y''(0)=0$ $Y''(l)=Y'''(l)=0$	(1) $\tan\beta l=\mathrm{th}\,\beta l$① (2) $Y_i(x)=C_i(\mathrm{sh}\,\beta_i x+r_i\sin\beta_i x)$ $r_i=\dfrac{\mathrm{sh}\,\beta_i l}{\sin\beta_i l}=\dfrac{\mathrm{ch}\,\beta_i l}{\cos\beta_i l}$
 $Y(0)=Y''(0)=0$ $Y(l)=Y''(l)=0$	(1) $\sin\beta l=0$ (2) $Y_i(x)=C_i\sin\beta_i x$
①  $Y(0)=Y'(0)=0$ $Y''(l)=Y'''(l)=0$	(1) $\cos\beta l\,\mathrm{ch}\,\beta l=-1$ (2) $Y_i(x)=C_i[\cos\beta_i x-\mathrm{ch}\,\beta_i x+r_i(\sin\beta_i x-\mathrm{sh}\,\beta_i x)]$ $r_i=-\dfrac{\cos\beta_i l+\mathrm{ch}\,\beta_i l}{\sin\beta_i l+\mathrm{sh}\,\beta_i l}=\dfrac{\sin\beta_i l-\mathrm{sh}\,\beta_i l}{\cos\beta_i l+\mathrm{ch}\,\beta_i l}$

① 半正定系统.其中,C_i 为常数.

表 3.2　等截面梁频率方程的根 βl①

边界条件	$\beta_1 l$	$\beta_2 l$	$\beta_3 l$	$\beta_4 l$	$\beta_i l$
	4.730 041	7.853 205	10.995 608	14.137 166	$\approx\left(i+\frac{1}{2}\right)\pi,\ i\geqslant 2$
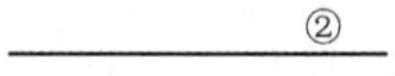 ②	4.730 041	7.853 205	10.995 608	14.137 166	$\approx\left(i+\frac{1}{2}\right)\pi,\ i\geqslant 2$
	3.926 602	7.068 583	10.210 176	13.351 768	$\approx\left(i+\frac{1}{4}\right)\pi,\ i\geqslant 2$
 ②	3.926 602	7.068 583	10.210 176	13.351 768	$\approx\left(i+\frac{1}{4}\right)\pi,\ i\geqslant 2$
	3.141 593	6.283 185	9.424 778	12.566 370	$\approx i\pi$
	1.875 104	4.694 091	7.854 757	10.995 541	$\approx\left(i-\frac{1}{2}\right)\pi,\ i\geqslant 3$

① 根 βl 由表 3.1 中的频率方程算出；② 半正定系统，不包括零固有频率.

求出梁的各阶固有频率 ω_i 和相应的主振型 $Y_i(x)$后，梁的固有振动就等于各阶主振动的叠加，即

$$y(x,\ t) = \sum_{i=1}^{\infty} Y_i(x) b_i \sin(\omega_i t + \varphi_i) \tag{3.3.15}$$

由初始条件确定了各个常数 b_i，φ_i 后，就得到了梁的自由振动，但在下一节的振型叠加法中，自由振动只作为强迫振动的特殊情况考虑.

3.3.3　主振型的正交性

这里讨论具有简单边界的梁的主振型正交性，梁可以是变截面或非匀质的. 重写式(3.3.7)如下：

$$(EJY'')'' = \omega^2 \rho A Y \tag{3.3.16}$$

设 $Y_i(x)$，$Y_j(x)$分别是对应于固有频率 ω_i 及 ω_j 的主振型，由上式有

$$(EJY_i'')'' = \omega_i^2 \rho A Y_i \tag{3.3.17}$$

$$(EJY_j'')'' = \omega_j^2 \rho A Y_j \tag{3.3.18}$$

式(3.3.17)两边乘以 $Y_j(x)$并沿梁长对 x 积分，有

$$\int_0^l Y_j (EJY_i'')'' \mathrm{d}x = \omega_i^2 \int_0^l \rho A Y_i Y_j \mathrm{d}x \tag{3.3.19}$$

利用分部积分，上式左边可写为

$$\int_0^l Y_j (EJY_i'')'' \,\mathrm{d}x = Y_j (EJY_i'')' \big|_0^l - Y_j' (EJY_i'') \big|_0^l + \int_0^l EJY_i'' Y_j'' \mathrm{d}x$$

由于在梁的简单边界上，总有挠度或剪力中的一个与转角或弯矩中的一个同时为零，所以上

式右边第一、第二项等于零，有

$$\int_0^l Y_j (EJY_i'')'' \mathrm{d}x = \int_0^l EJY_i'' Y_j'' \mathrm{d}x \tag{3.3.20}$$

将式(3.3.20)代入式(3.3.19)，得

$$\int_0^l EJY_i'' Y_j'' \mathrm{d}x = \omega_i^2 \int_0^l \rho A Y_i Y_j \mathrm{d}x \tag{3.3.21}$$

式(3.3.18)乘以 $Y_i(x)$ 并沿梁长对 x 积分，同样可得到

$$\int_0^l EJY_j'' Y_i'' \mathrm{d}x = \omega_j^2 \int_0^l \rho A Y_j Y_i \mathrm{d}x \tag{3.3.22}$$

将式(3.3.21)与式(3.3.22)相减后，得

$$(\omega_i^2 - \omega_j^2) \int_0^l \rho A Y_i Y_j \mathrm{d}x = 0 \tag{3.3.23}$$

如果 $i \neq j$ 时有 $\omega_i \neq \omega_j$，则由上式必有

$$\int_0^l \rho A Y_i Y_j \mathrm{d}x = 0, \quad i \neq j \tag{3.3.24}$$

式(3.3.24)即梁的主振型关于质量的正交性，再由式(3.3.22)及式(3.3.20)可得

$$\int_0^l EJY_i'' Y_j'' \mathrm{d}x = 0, \quad i \neq j \tag{3.3.25}$$

$$\int_0^l Y_j (EJY_i'')'' \mathrm{d}x = 0, \quad i \neq j \tag{3.3.26}$$

上面两式即梁的主振型关于刚度的正交性. 当 $i = j$ 时，式(3.3.23)总能成立. 令

$$\int_0^l \rho A Y_j^2 \mathrm{d}x = m_{pj} \tag{3.3.27}$$

$$\int_0^l Y_j (EJY_j'')'' \mathrm{d}x = \int_0^l EJ (Y_j'')^2 \mathrm{d}x = k_{pj} \tag{3.3.28}$$

常数 m_{pj}，k_{pj} 分别称为第 j 阶主质量及第 j 阶主刚度. 由式(3.3.22)得知它们有下面的关系：

$$\omega_j^2 = \frac{k_{pj}}{m_{pj}} \tag{3.3.29}$$

如果主振型 $Y_j(x)$ 中的常数 C_j 按下列归一化条件来确定：

$$\int_0^l \rho A Y_j^2 \mathrm{d}x = m_{pj} = 1, \quad j = 1, 2, \cdots \tag{3.3.30}$$

则得到的主振型称为正则振型，这时相应的第 j 阶主刚度 k_{pj} 为 ω_j^2. 式(3.3.30)与式(3.3.24)可合写为

$$\int_0^l \rho A Y_i Y_j \mathrm{d}x = \delta_{ij} \tag{3.3.31}$$

由式(3.3.25)、式(3.3.26)及式(3.3.28)得到

$$\int_0^l EJY_i'' Y_j'' \mathrm{d}x = \omega_j^2 \delta_{ij} \tag{3.3.32}$$

$$\int_0^l Y_j(EJY_i'')''\mathrm{d}x = \omega_j^2\delta_{ij} \tag{3.3.33}$$

3.3.4 梁横向振动的强迫响应

梁的横向强迫振动方程(3.3.3)重写如下：

$$\frac{\partial^2}{\partial x^2}\left(EJ\frac{\partial^2 y}{\partial x^2}\right) + \rho A\frac{\partial^2 y}{\partial t^2} = F(x,t) - \frac{\partial}{\partial x}m(x,t) \tag{3.3.34}$$

将梁的挠度按正则振型 $Y_i(x)$展开为如下的无穷级数：

$$y(x,t) = \sum_{i=1}^{\infty} Y_i(x)q_i(t) \tag{3.3.35}$$

其中，$q_i(t)$是正则坐标.式(3.3.35)代入式(3.3.34)后，得

$$\sum_{i=1}^{\infty}(EJY_i'')''q_i + \rho A\sum_{i=1}^{\infty}Y_i\ddot{q}_i = F(x,t) - \frac{\partial}{\partial x}m(x,t)$$

上式两边乘以 $Y_j(x)$并沿梁长对 x 积分，有

$$\sum_{i=1}^{\infty}q_i\int_0^l Y_j(EJY_i'')''\mathrm{d}x + \sum_{i=1}^{\infty}\ddot{q}_i\int_0^l \rho AY_iY_j\mathrm{d}x = \int_0^l\left[p(x,t) - \frac{\partial}{\partial x}m(x,t)\right]Y_j(x)\mathrm{d}x$$

由正交性条件式(3.3.31)与式(3.3.33)，上式成为

$$\ddot{q}_j + \omega_j^2 q_j = F_j(t) \tag{3.3.36}$$

式(3.3.36)即第 j 个正则坐标方程，其中

$$F_j(t) = \int_0^l\left[F(x,t) - \frac{\partial}{\partial x}m(x,t)\right]Y_i(x)\mathrm{d}x \tag{3.3.37}$$

$F_j(t)$即第 j 个正则坐标的广义力.由分部积分上式还可写为

$$F_j(t) = \int_0^l[F(x,t)Y_j + m(x,t)Y_i'(x)]\mathrm{d}x \tag{3.3.38}$$

假定梁的初始条件为

$$y(x,0) = Y_0(x),\quad \left.\frac{\partial y}{\partial t}\right|_{t=0} = \dot{Y}_0(x) \tag{3.3.39}$$

将式(3.3.35)代入式(3.3.39)，有

$$y(x,0) = y_0(x) = \sum_{i=1}^{\infty}Y_i(x)q_i(0)$$

$$\left.\frac{\partial y}{\partial t}\right|_{t=0} = \dot{y}_0(x) = \sum_{i=1}^{\infty}Y_i(x)\dot{q}_i(0)$$

上面两式乘以 $\rho AY_j(x)$并沿梁长对 x 积分，再由正交性式(3.3.31)得

$$\begin{aligned} q_j(0) &= \int_0^l \rho Ay_0(x)Y_j(x)\mathrm{d}x \\ \dot{q}_j(0) &= \int_0^l \rho A\dot{y}_0(x)Y_j(x)\mathrm{d}x \end{aligned} \tag{3.3.40}$$

式(3.3.40)即第 j 个正则坐标的初始条件，于是式(3.3.36)的解为

$$q_j(t) = q_j(0)\cos\omega_j t + \frac{q_j(0)}{\omega_j}\sin\omega_j t + \frac{1}{\omega_j}\int_0^l F_j(\tau)\sin\omega_j(t-\tau)\mathrm{d}\tau \tag{3.3.41}$$

将形如上式的各个正则坐标响应代入式(3.3.35)，即得到梁在初始条件下对任意激励的响应.若是零初始条件，则梁对任意激励的响应为

$$\begin{aligned} y(x,\ t) &= \sum_{j=1}^{\infty} Y_j(x)\cdot\frac{1}{\omega_j}\int_0^t\int_0^l\left(f-\frac{\partial m}{\partial x}\right)Y_j\,\mathrm{d}x\sin\omega_j(t-\tau)\mathrm{d}\tau \\ &= \sum_{j=1}^{\infty}\frac{1}{\omega_j}Y_j(x)\int_0^l Y_j(x)\int_0^t\left[f(x,\ \tau)-\frac{\partial}{\partial x}m(x,\ \tau)\right]\sin\omega_j(t-\tau)\mathrm{d}\tau\mathrm{d}x \end{aligned} \tag{3.3.42}$$

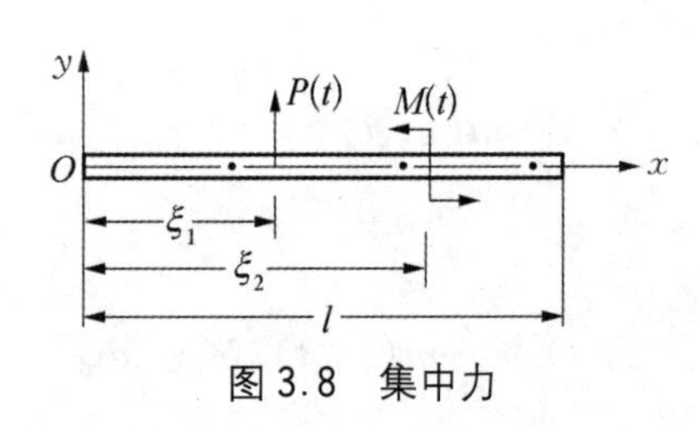

图 3.8　集中力

如果作用在梁上的载荷不是分布力及分布力矩，而是如图 3.8 所示的集中力 $P(t)$ 及集中力矩 $M(t)$，则利用第 2 章介绍的 $\delta(x)$ 函数，有

$$f(x,\ t) = P(t)\delta(x-\xi_1) \tag{3.3.43}$$

$$m(x,\ t) = M(t)\delta(x-\xi_2) \tag{3.3.44}$$

把上面两式代入式(3.3.38)后，得到下列正则坐标的广义力：

$$\begin{aligned} F_j(t) &= \int_0^l [P(t)\delta(x-\xi_1)Y_j(x) + M(t)\delta(x-\xi_2)Y_j'(x)]\mathrm{d}x \\ &= P(t)Y_j(\xi_1) + M(t)Y_j'(\xi_2) \end{aligned} \tag{3.3.45}$$

上式也可以这样得出：将式(3.3.43)、式(3.3.44)代入式(3.3.37)，并利用 $\delta(x)$ 导数的筛选性质.于是，零初始条件下梁的响应为

$$y(x,\ t) = \sum_{j=1}^{\infty}\frac{1}{\omega_j}Y_j(x)\left[Y_j(\xi_1)\int_0^t P(\tau)\sin\omega_j(t-\tau)\mathrm{d}\tau + Y_j'(\xi_2)\int_0^t M(\tau)\sin\omega_j(t-\tau)\mathrm{d}\tau\right] \tag{3.3.46}$$

现在来考虑等截面匀质梁对简谐激励的稳态响应，除了可用上述振型叠加法求解外，也可以用直接解法求.假设在梁上作用有下列简谐激振分布力：

$$f(x,\ t) = f_0(x)\sin\omega t \tag{3.3.47}$$

方程(3.3.4)可写为

$$\frac{\partial^4 y}{\partial x^4} + \frac{1}{a^2}\frac{\partial^2 y}{\partial t^2} = \frac{1}{EJ}f_0(x)\sin\omega t \tag{3.3.48}$$

其中，$a^2 = \dfrac{EJ}{\rho A}$.设梁的稳态响应为

$$y(x,\ t) = w(x)\sin\omega t \tag{3.3.49}$$

将上式代入式(3.3.48)后，得

$$w^{(4)}(x)-\beta^4 w(x)=\frac{1}{EJ}f_0(x) \tag{3.3.50}$$

其中，$\beta^4=\frac{\omega^2}{a^2}$. 相应于上式的齐次方程通解形如式(3.3.10)，非齐次方程特解可用如下方法得到：对上式两边作拉氏变换，得

$$s^4\ \bar{w}(s)-\beta^4\ \bar{w}(s)=\frac{1}{EJ}\bar{f}_0(s)$$

其中，$\bar{w}(s)$，$\bar{f}_0(s)$分别是 $w(x)$与 $f_0(x)$的拉氏变换. 由上式解出

$$\bar{w}(s)=\frac{\bar{f}_0(s)}{EJ}\cdot\frac{1}{s^4-\beta^4}$$

已知 $\frac{1}{s^4-\beta^4}$ 的拉氏逆变换是$\frac{1}{2\beta^3}(\mathrm{sh}\,\beta x-\sin\beta x)$，从而根据拉氏变换的卷积性质得到非齐次方程特解为

$$w(x)=\frac{1}{2EJ\beta^3}\int_0^x f_0(\xi)[\mathrm{sh}\,\beta(x-\xi)-\sin\beta(x-\xi)]\mathrm{d}\xi$$

这样，方程(3.3.50)的通解为

$$\begin{aligned}w(x)=&\ C_1\cos\beta x+C_2\sin\beta x+C_3\mathrm{ch}\,\beta x+C_4\mathrm{sh}\,\beta x\\&+\frac{1}{2EJ\beta^3}\int_0^x f_0(\xi)[\mathrm{sh}\,\beta(x-\xi)-\sin\beta(x-\xi)]\mathrm{d}\xi\end{aligned} \tag{3.3.51}$$

上式中的四个常数由两端的边界条件确定，将求出的 $w(x)$代入式(3.3.49)，即得到梁的稳态响应.

例 3.3 图 3.9 的简支梁在中央作用有集中力矩 $M_0\sin\omega t$，求梁的稳态响应.

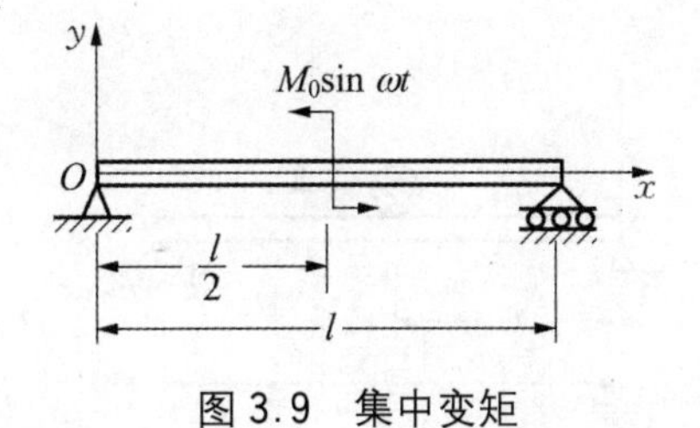

图 3.9 集中变矩

解 两端简支梁的固有频率及主振型分别为

$$\omega_i=\left(\frac{i\pi}{l}\right)^2 a=i^2\pi^2\sqrt{\frac{EJ}{\rho Al^4}},\quad i=1,2,\cdots$$

$$Y_i(x)=C_i\sin\frac{i\pi x}{l},\quad i=1,2,\cdots$$

将主振型代入式(3.3.30)的归一化条件，得

$$\int_0^l\rho A\left(C_i\sin\frac{i\pi x}{l}\right)^2\mathrm{d}x=\frac{\rho Al}{2}C_i^2=1$$

从而得知正则振型 $Y_i(x)$中的系数

$$C_i=\sqrt{\frac{2}{\rho Al}}$$

正则振型为

$$Y_i(x) = C_i \sin \frac{i\pi x}{l}, \quad i = 1, 2, \cdots$$

其中,固有频率为 $\omega_i = \left(\frac{i\pi}{l}\right)^2 a$. 由式(3.3.45)求出正则广义力为

$$F_i(t) = M_0 C_i \frac{i\pi}{l} \cos \frac{i\pi}{2} \sin \omega t$$

其中

$$\cos \frac{i\pi}{2} = (-1)^{\frac{i}{2}}, \quad i = 2, 4, \cdots$$

第 i 个正则方程为

$$\ddot{q}_i + \omega_i^2 q_i = M_0 C_i \frac{i\pi}{l} \cos \frac{i\pi}{2} \sin \omega t$$

由上式求出正则坐标的稳态响应为

$$q_i(t) = \frac{1}{\omega_i^2 - \omega^2} C_i M_0 \frac{i\pi}{l} \cos \frac{i\pi}{2} \sin \omega t$$

于是梁的稳态响应为

$$\begin{aligned} y(x, t) &= \sum_{i=1}^{\infty} C_i \sin \frac{i\pi x}{l} \cdot \frac{1}{\omega_i^2 - \omega^2} C_i M_0 \frac{i\pi}{l} \cos \frac{i\pi}{2} \sin \omega t \\ &= \frac{2\pi M_0}{\rho A l^2} \sin \omega t \sum_{i=2, 4, \cdots}^{\infty} \frac{i}{\omega_i^2 - \omega^2} (-1)^{\frac{i}{2}} \sin \frac{i\pi x}{l} \end{aligned}$$

由上式看出在梁中央作用的集中力矩只激发起反对称振型的振动.

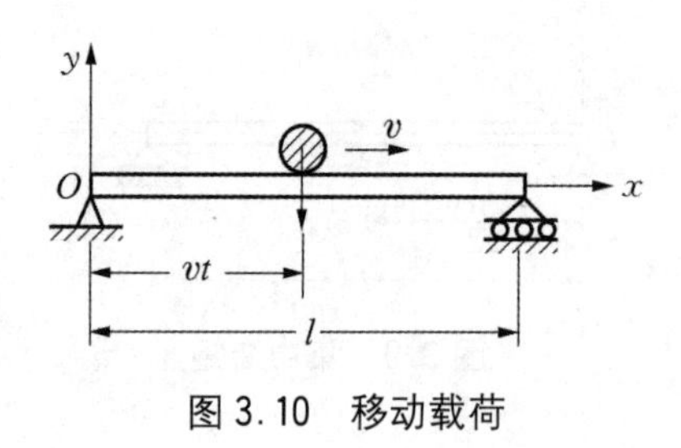

图 3.10　移动载荷

例 3.4　图 3.10 表示一个在简支桥梁上以速度 v 匀速移动的载荷 P_0. 在时刻 $t = 0$,载荷位于桥的左端,桥处于静止状态,求载荷向右移动时桥梁的响应.

解　梁的固有频率及主振型与上例相同,分布力可写为

$$f(x, t) = \begin{cases} -P_0 \delta(x - vt), & 0 \leqslant t \leqslant \dfrac{l}{v} \\ 0, & t > \dfrac{l}{v} \end{cases}$$

由式(3.3.45)算出正则广义力为

$$F_i(t)=\begin{cases}-C_iP_0\sin\dfrac{i\pi v}{l}t, & 0\leqslant t\leqslant\dfrac{l}{v}\\[2ex] 0, & t>\dfrac{l}{v}\end{cases}\tag{1}$$

其中，$C_i=\sqrt{\dfrac{2}{\rho Al}}$.令 $\mu_i=\dfrac{i\pi v}{l}$，由式(3.3.41)算出 $0\leqslant t\leqslant\dfrac{l}{v}$ 时的正则响应为

$$\begin{aligned}q_i(t)&=\frac{1}{\omega_i}\int_0^t(-C_iP_0)\sin\mu_i\tau\sin\omega_i(t-\tau)\mathrm{d}\tau\\&=-\frac{C_iP_0}{\omega_i^2-\mu_i^2}\left(\sin\mu_i t-\frac{\mu_i}{\omega_i}\sin\omega_i t\right)\end{aligned}\tag{2}$$

令 $t_1=\dfrac{l}{v}$，当 $t>t_1$ 时，正则响应是以 $q_i(t_1)$，$\dot{q}_i(t_1)$ 为初始条件的自由振动，即有

$$q_i(t)=q_i(t_1)\cos\omega_i(t-t_i)+\frac{\dot{q}_i(t_1)}{\omega_i}\sin\omega_i(t-t_1)\tag{3}$$

其中

$$\omega_i=\frac{i^2\pi^2a}{l^2},\quad a=\sqrt{\frac{EJ}{\rho A}}$$

分别将式(2)、式(3)代入式(3.3.35)，就得到 $0\leqslant t\leqslant\dfrac{l}{v}$ 及 $t>\dfrac{l}{v}$ 时桥梁的响应，其中，$0\leqslant t\leqslant\dfrac{l}{v}$ 时的响应为

$$y(x,t)=-\frac{2P_0}{\rho Al}\sum_{i=1}^{\infty}\frac{1}{\omega_i^2-\mu_i^2}\left(\sin\mu_i t-\frac{\mu_i}{\omega_i}\sin\omega_i t\right)\sin\frac{i\pi x}{l}\tag{4}$$

由于 ω_i^2 内含 i^4，μ_i^2 内含 i^2，上式的级数收敛很快，在下面的共振情况讨论中可以只取级数的第一项.令 $\lambda=\dfrac{\mu_1}{\omega_1}$，得

$$y(x,t)=-\frac{2P_0}{\rho Al\omega_1^2}\frac{\sin\lambda\omega_1 t-\lambda\sin\omega_1 t}{1-\lambda^2}\sin\frac{\pi x}{l}\tag{5}$$

显然，当频率比 $\lambda=1$ 时，桥发生共振，这时由 $\mu_1=\omega_1$ 得知引起共振的载荷移动速度 v_{r} 及通过桥梁的时间 t_{r} 分别为

$$v_{\mathrm{r}}=\frac{\pi a}{l},\quad t_{\mathrm{r}}=\frac{l}{v_{\mathrm{r}}}=\frac{l^2}{\pi a}\tag{6}$$

由于桥的基本周期为

$$T_1=\frac{2\pi}{\omega_1}=\frac{2\pi}{\dfrac{\pi^2a}{l^2}}=\frac{2l^2}{\pi a}$$

所以载荷 P_0 用 $T_1/2$ 的时间通过桥时，桥即发生共振，这时式(5)是$\frac{0}{0}$型未定式，利用洛必达法则，可以由式(5)算出共振时的响应为

$$y(x,\ t) = -\frac{P_0}{\rho Al\omega_1^2}\sin\frac{\pi x}{l}(\sin\omega_1 t - \omega_1 t\cos\omega_1 t) \tag{7}$$

可见桥梁上各点的振幅都随着时间无限增大．为求出第一个共振峰出现的时间 t_0，令 $\frac{\partial y}{\partial t} = 0$，得

$$\omega_1^2 t\sin\omega_1 t = 0$$

算出

$$t_0 = \frac{\pi}{\omega_1} = \frac{l^2}{\pi a}$$

与式(6)比较，恰有 $t_0 = t_r$，即第一个共振峰出现在载荷刚好抵达桥右端的时刻，这时桥梁上各点的动挠度为

$$y(x) = y(x,\ t_0) = -\frac{P_0\pi}{\rho Al\omega_1^2}\sin\frac{\pi x}{l}$$

最大动挠度出现在梁的中央，为

$$y_{\max}\left(\frac{1}{2}\right) = -\frac{P_0\pi}{\rho Al\omega_1^2} = -\frac{P_0 l^3}{EJ\pi^3}$$

而梁中央受载荷 P_0 作用时的静挠度为

$$y_{\mathrm{st}}\left(\frac{l}{2}\right) = -\frac{P_0 l^3}{48EJ}$$

相比之下，桥的最大动挠度约是最大静挠度的1.55倍，即大于50%.

3.3.5 固有频率的变分式

式(3.3.7)重写如下：

$$(EJY'')'' - \omega^2\rho AY = 0 \tag{3.3.52}$$

由式(3.3.12)～式(3.3.14)，得知梁的简单边界条件是下列情况的组合：

$$\begin{array}{l} Y = 0 \text{或} (EJY'')' = 0 \\ Y' = 0 \text{或} EJY'' = 0 \end{array},\quad x = 0 \text{或} x = l \tag{3.3.53}$$

式(3.3.52)与式(3.3.53)即构成了变截面梁横向振动微分方程的特征值问题，由此可求出梁的固有频率及主振型．这里，ω^2 又称为特征值，相应的主振型称为特征函数．对于梁的固有振动，除了上述提法之外，还可以按泛函的驻值问题提出．现在来证明式(3.3.52)与式(3.3.53)所确定的特征值 ω^2 及相应的特征函数 $Y(x)$等价于下列泛函所取的驻值 ω^2 及相应的自变函数 $Y(x)$：

$$\omega^2 = \mathrm{st}\frac{\int_0^l EJ(Y'')^2\mathrm{d}x}{\int_0^l \rho AY^2\mathrm{d}x} \tag{3.3.54}$$

式中的自变函数 $Y(x)$要求并且仅要求满足位移边界条件,如果有位移边界条件的话.

证明分成两步.先证明泛函(3.3.54)的各驻值 ω^2 及相应的函数 $Y(x)$分别是式(3.3.52)与式(3.3.53)的特征值及相应的特征函数.泛函(3.3.54)要取得驻值,其一阶变分必等于零.若将式(3.3.54)的分子记为 $N(Y)$,分母记为 $D(Y)$,则有

$$\begin{aligned}\delta(\omega^2) &= \frac{D(Y)\delta N(Y) - N(Y)\delta D(Y)}{[D(Y)]^2}\\ &= \frac{\delta N(Y) - \omega^2\delta D(Y)}{D(Y)} = 0\end{aligned} \tag{3.3.55}$$

由式(3.3.55)得到

$$\delta\int_0^l EJ(Y'')^2\mathrm{d}x - \omega^2\delta\int_0^l \rho AY^2\mathrm{d}x = 0 \tag{3.3.56}$$

因变分与微分运算的顺序可交换,故有

$$\begin{aligned}EJY''\delta Y'' &= -(EJY'')'\delta Y' + (EJY''\delta Y')'\\ &= (EJY'')''\delta Y - [(EJY'')'\delta Y]' + (EJY''\delta Y')'\end{aligned}$$

这样在式(3.3.56)中,对于左端的第一项有

$$\begin{aligned}\frac{1}{2}\delta\int_0^l EJ(Y'')^2\mathrm{d}x &= \int_0^l EJY''\delta Y''\mathrm{d}x\\ &= \int_0^l (EJY'')''\delta Y\mathrm{d}x - (EJY'')'\delta Y\Big|_0^l + EJY''\delta Y'\Big|_0^l\end{aligned}$$

对式(3.3.56)左端的第二项有

$$\frac{1}{2}\delta\int_0^l \rho AY^2\mathrm{d}x = \int_0^l \rho AY\delta Y\mathrm{d}x$$

将上面两式代入式(3.3.56),得到

$$\int_0^l [(EJY'')'' - \omega^2\rho AY]\delta Y\mathrm{d}x - (EJY'')'\delta Y\Big|_0^l + EJY''\delta Y'\Big|_0^l = 0 \tag{3.3.57}$$

因 Y 的变分 δY 是任意的,由式(3.3.57)的第一项得出

$$(EJY'')'' - \omega^2\rho AY = 0$$

上式即式(3.3.52).由式(3.3.57)的第二项与第三项得到边界条件式(3.3.53).例如,若梁在 $x = 0$ 处为铰支,那么自变函数 $Y(x)$本来就满足下列位移边界条件:

$$Y(0) = 0$$

但转角 $Y'(0)$是任意的,因而由式(3.3.57)的第三项得到下面的边界条件:

$$EJY''(0)'' = 0$$

上面两式即梁在简支端的边界条件式(3.3.13).对于梁端为固定端或自由端的情况,同样可

得出边界条件式(3.3.12)及式(3.3.14).这样,便证明了泛函(3.3.54)的每一个驻值 ω^2(包括极值及非极值的驻留值)都是式(3.3.52)与式(3.3.53)的特征值,相应驻值的函数 $Y(x)$即相应于特征值的特征函数.由上述证明过程看到,对泛函(3.3.54)作变分不仅得到固有振动的微分方程式(3.3.52),而且得到应当满足的力边界条件.

反过来,由式(3.3.52)与式(3.3.53)可以得到式(3.3.57),然后逐步往上推,最后可以得到式(3.3.54),因而式(3.3.52)与式(3.3.53)的每一个特征值 ω^2 都是泛函(3.3.54)的驻值,相应特征值的特征函数 $Y(x)$即相应驻值的自变函数.这样,便证明了泛函(3.3.54)的驻值问题和式(3.3.52)、式(3.3.53)表示的微分方程特征值问题是完全等价的.

式(3.3.54)在物理上表示主振动中机械能守恒.设梁横向振动的第 i 阶主振动为

$$y(x,\ t) = Y_i(x)\sin(\omega_i t + \varphi_i)$$

在第 i 阶主振动中,梁的动能为

$$T_i = \frac{1}{2}\int_0^l \rho A\left(\frac{\partial y}{\partial t}\right)^2 \mathrm{d}x = \frac{1}{2}\omega_i^2\int_0^l \rho A Y_i^2 \mathrm{d}x\cos^2(\omega_i t + \varphi_i)$$

梁的弹性势能为

$$U_i = \frac{1}{2}\int_0^l M\frac{\partial\theta}{\partial x}\mathrm{d}x = \frac{1}{2}\int_0^l EJ\left(\frac{\partial^2 y}{\partial x^2}\right)^2\mathrm{d}x$$

$$= \frac{1}{2}\int_0^l EJ(Y_i'')\mathrm{d}x\sin^2(\omega_i t + \varphi_i)$$

其中,$\theta = \dfrac{\partial y}{\partial x}$ 是梁截面的转角.由上面两式得第 i 阶主振动的最大动能与最大弹性势能分别为

$$T_{i,\max} = \frac{1}{2}\omega_i^2\int_0^l \rho A Y_i^2 \mathrm{d}x \tag{3.3.58}$$

$$U_{i,\max} = \frac{1}{2}\int_0^l EJ(Y_i'')^2\mathrm{d}x \tag{3.3.59}$$

泛函(3.3.54)取得驻值 ω_i^2 时,ω_i 即 i 阶固有频率.这时有

$$\omega_i^2 = \frac{\int_0^l EJ(Y_i'')^2\mathrm{d}x}{\int_0^l \rho A_i^2\mathrm{d}xY} \tag{3.3.60}$$

这正说明 $T_{i,\max} = U_{i,\max}$,即主振动中机械能守恒.这个性质实际上反映了主振型的正交性.下面根据泛函(3.3.54)来证明主振型的正交性.

设 $Y_i(x)$,$Y_j(x)$分别是对应于固有频率 ω_i 及 ω_j 的主振型.在式(3.3.54)中将自变函数 $Y(x)$取为

$$Y(x) = a_i Y_i(x) + a_j Y_j(x) \tag{3.3.61}$$

其二阶导数为

$$Y''(x) = a_i Y_i''(x) + a_j Y_j''(x) \tag{3.3.62}$$

其中,a_i,a_j 为参变量,于是有

$$\begin{aligned}\int_0^l EJ(Y'')^2 \mathrm{d}x &= \int_0^l EJ[a_i^2(Y_i'')^2 + 2a_i a_j Y_i'' Y_j'' + a_j^2(Y_j'')^2]\mathrm{d}x \\ &= a_i^2 k_{ii} + a_i a_j k_{ij} + a_j a_i k_{ji} + a_j^2 k_{jj}\end{aligned} \tag{3.3.63}$$

$$\begin{aligned}\int_0^l \rho A Y^2 \mathrm{d}x &= \int_0^l \rho A Y^2 (a_i^2 Y_i^2 + 2a_i a_j Y_i Y_j + a_j^2 Y_j^2)\mathrm{d}x \\ &= a_i^2 m_{ii} + a_i a_j m_{ij} + a_j a_i m_{ji} + a_j^2 m_{jj}\end{aligned} \tag{3.3.64}$$

其中,常数

$$k_{rs} = \int_0^l EJY_r'' Y_s'' \mathrm{d}x, \quad m_{rs} = \int_0^l \rho A Y_r Y_s \mathrm{d}x, \quad r, s = i, j \tag{3.3.65}$$

记矩阵 $\boldsymbol{K}$,$\boldsymbol{M}$ 及向量 $\boldsymbol{a}$ 分别为

$$\boldsymbol{K} = \begin{bmatrix} k_{ii} & k_{ij} \\ k_{ji} & k_{jj} \end{bmatrix}, \quad \boldsymbol{M} = \begin{bmatrix} m_{ii} & m_{ij} \\ m_{ji} & m_{jj} \end{bmatrix}, \quad \boldsymbol{a} = \begin{bmatrix} a_i \\ a_j \end{bmatrix} \tag{3.3.66}$$

式(3.3.63)与式(3.3.64)中的二次型可写为

$$\int_0^l EJ(Y'')^2 \mathrm{d}x = \boldsymbol{a}^{\mathrm{T}} \boldsymbol{K} \boldsymbol{a}$$

$$\int_0^l \rho A Y^2 \mathrm{d}x = \boldsymbol{a}^{\mathrm{T}} \boldsymbol{M} \boldsymbol{a}$$

其中,矩阵 $\boldsymbol{K}$,$\boldsymbol{M}$ 显然都是对称的.将上面两式代入式(3.3.54),得

$$\omega^2 = \mathrm{st} \frac{\boldsymbol{a}^{\mathrm{T}} \boldsymbol{K} \boldsymbol{a}}{\boldsymbol{a}^{\mathrm{T}} \boldsymbol{M} \boldsymbol{a}} \tag{3.3.67}$$

在式(3.3.67)中驻值是对待定列向量 $\boldsymbol{a}$ 取的.由 $\delta(\omega^2) = 0$ 得到

$$\frac{1}{(\boldsymbol{a}^{\mathrm{T}} \boldsymbol{M} \boldsymbol{a})^2}[(\boldsymbol{a}^{\mathrm{T}} \boldsymbol{M} \boldsymbol{a})\delta(\boldsymbol{a}^{\mathrm{T}} \boldsymbol{K} \boldsymbol{a}) - (\boldsymbol{a}^{\mathrm{T}} \boldsymbol{K} \boldsymbol{a})\delta(\boldsymbol{a}^{\mathrm{T}} \boldsymbol{M} \boldsymbol{a})] = 0$$

由于在驻值上有 $\omega^2 = (\boldsymbol{a}^{\mathrm{T}} \boldsymbol{K} \boldsymbol{a})/(\boldsymbol{a}^{\mathrm{T}} \boldsymbol{M} \boldsymbol{a})$,上式可写为

$$\delta(\boldsymbol{a}^{\mathrm{T}} \boldsymbol{K} \boldsymbol{a}) - \omega^2 \delta(\boldsymbol{a}^{\mathrm{T}} \boldsymbol{M} \boldsymbol{a}) = 0 \tag{3.3.68}$$

记 $\delta \boldsymbol{a}$ 为由 $\boldsymbol{a}$ 的各个元素的变分组成的列向量,上式左边的第一项可写为

$$\delta(\boldsymbol{a}^{\mathrm{T}} \boldsymbol{K} \boldsymbol{a}) = (\delta \boldsymbol{a})^{\mathrm{T}} \boldsymbol{K} \boldsymbol{a} + \boldsymbol{a}^{\mathrm{T}} \boldsymbol{K} \delta \boldsymbol{a} = 2(\delta \boldsymbol{a})^{\mathrm{T}} \boldsymbol{K} \boldsymbol{a}$$

同样有

$$\delta(\boldsymbol{a}^{\mathrm{T}} \boldsymbol{M} \boldsymbol{a}) = 2(\delta \boldsymbol{a})^{\mathrm{T}} \boldsymbol{M} \boldsymbol{a}$$

将上面两式代入式(3.3.68)后,得

$$(\delta \boldsymbol{a})^{\mathrm{T}} (\boldsymbol{K} - \omega^2 \boldsymbol{M}) \boldsymbol{a} = 0 \tag{3.3.69}$$

由于 $\boldsymbol{a}$ 的变分 $\delta \boldsymbol{a}$ 是任意的,由上式得到

$$(\boldsymbol{K}-\omega^2\boldsymbol{M})\boldsymbol{a}=\boldsymbol{0} \tag{3.3.70}$$

若令 $a_i=1$, $a_j=0$,即在式(3.3.61)中取自变函数为 $Y(x)=Y_i(x)$,则式(3.3.67)取得驻值 ω_i^2.由式(3.3.70)得到

$$k_{ii}-\omega_i^2 m_{ii}=0 \tag{3.3.71}$$

$$k_{ji}-\omega_i^2 m_{ji}=0 \tag{3.3.72}$$

若令 $a_i=0$, $a_j=1$,即取 $Y(x)=Y_j(x)$,则式(3.3.67)取得驻值 ω_j^2.由式(3.3.70)得到

$$k_{ij}-\omega_j^2 m_{ij}=0 \tag{3.3.73}$$

$$k_{jj}-\omega_j^2 m_{jj}=0 \tag{3.3.74}$$

因 $k_{ij}=k_{ji}$, $m_{ij}=m_{ji}$,故式(3.3.72)与式(3.3.73)相减后,得

$$(\omega_i^2-\omega_j^2)m_{ij}=0 \tag{3.3.75}$$

如果 $i\neq j$ 时有 $\omega_i^2\neq\omega_j^2$,则由上式必有

$$m_{ij}=\int_0^l \rho AY_iY_j\mathrm{d}x=0,\quad i\neq j \tag{3.3.76}$$

将上式代入式(3.3.73),得

$$k_{ij}=\int_0^l EJY_i''Y_j''\mathrm{d}x=0,\quad i\neq j \tag{3.3.77}$$

在式(3.3.52)中取 $\omega^2=\omega_i^2$, $Y(x)=Y_i(x)$,并乘以 $Y_j(x)$沿梁长对 x 积分,得

$$\int_0^l Y_j(EJY_i'')''\mathrm{d}x=\omega_i^2\int_0^l \rho AY_iY_j\mathrm{d}x \tag{3.3.78}$$

由上式与式(3.3.76)得到

$$\int_0^l Y_i(EJY_i'')''\mathrm{d}x=0,\quad i\neq j \tag{3.3.79}$$

式(3.3.76)、式(3.3.77)和式(3.3.79)即主振型的正交性条件.若主振型 $Y_j(x)$ 中的常数按下列归一化条件来确定:

$$\int_0^l \rho AY_j^2\mathrm{d}x=1 \tag{3.3.80}$$

则由式(3.3.74)、式(3.3.78)得

$$\int_0^l EJ(Y_j'')^2\mathrm{d}x=\omega_j^2 \tag{3.3.81}$$

$$\int_0^l Y_j(EJY_j'')''\mathrm{d}x=\omega_j^2 \tag{3.3.82}$$

上述结果与3.3.3节推导的完全一样,但根据固有频率的变分式来推导主振型的正交性能容易推广到复杂边界条件的梁.除此之外,将弹性体的固有振动按泛函的驻值问题提出,这在近似解法中有重要意义.

3.3.6 复杂边界的梁的固有振动

如图3.11所示,梁的端点带有支承弹簧或附加质量,或者两者兼有,梁的边界条件称为

复杂边界条件.现在来推导图3.11中梁右端的边界条件.

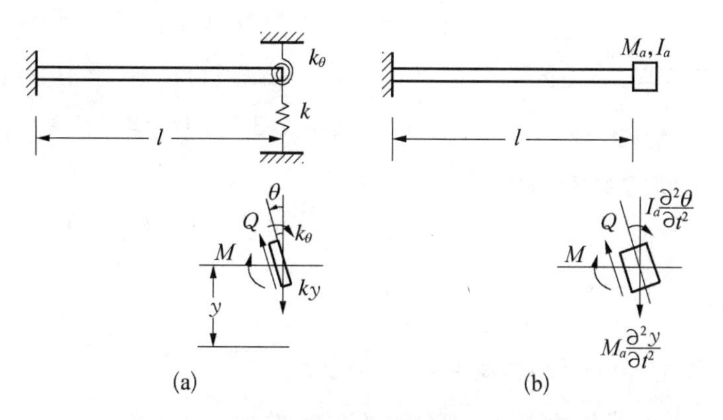

图3.11　复杂边界情况

图3.11(a)中的梁的端点带有支承弹簧,根据最右端微段的受力分析有

$$\frac{\partial}{\partial x}\left(EJ\frac{\partial^2 y}{\partial x^2}\right)\bigg|_{x=l}=ky\big|_{x=l}$$

$$EJ\frac{\partial^2 y}{\partial x^2}\bigg|_{x=l}=-k_\theta\frac{\partial Y}{\partial x}\bigg|_{x=l}$$

或写为

$$(EJY'')'\big|_{x=l}=kY(l) \tag{3.3.83}$$

$$EJY''(l)=-k_\theta Y'(l) \tag{3.3.84}$$

其中,k是拉压弹簧刚度,k_θ是扭转弹簧刚度.上面两式即梁右端的边界条件.

图3.11(b)中梁的端点带有附加质量,由最右端微段的受力分析得

$$\frac{\partial}{\partial x}\left(EJ\frac{\partial^2 y}{\partial x^2}\right)\bigg|_{x=l}=M_a\frac{\partial^2 y}{\partial t^2}\bigg|_{x=l}$$

$$EJ\frac{\partial^2 y}{\partial x^2}\bigg|_{x=l}=-I_a\left(\frac{\partial y}{\partial x}\right)\bigg|_{x=l}$$

其中,M_a是附加质量的大小,I_a是附加质量绕梁截面中性轴的转动惯量.将式(3.3.6)代入上面两式,得到右端的边界条件为

$$(EJY'')'\big|_{x=l}=-\omega^2 M_a Y(l) \tag{3.3.85}$$

$$EJY''(l)=\omega^2 I_a Y'(l) \tag{3.3.86}$$

式(3.3.83)~式(3.3.86)都是力的边界条件,它们也可以由固有频率的变分原理导出,而且可进一步方便地得到主振型的正交性条件,下面以例题说明.

例3.5　如图3.12所示,等截面悬臂梁的自由端附加一集中质量M_a,将附加质量视作质点,求频率方程和主振型的正交性条件.

解　边界条件为

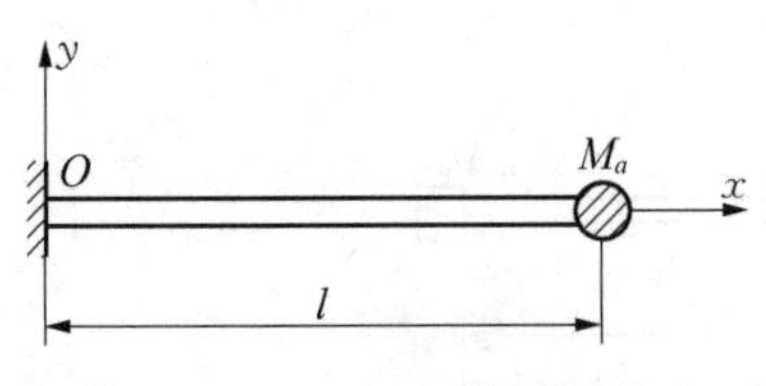

图 3.12　附加质量的悬臂梁

$$Y(0)=0,\ Y'(0)=0 \tag{1}$$

$$\begin{cases} Y''(l)=0 \\ EJY'''(l)=-\omega^2 M_a Y(l) \end{cases} \tag{2}$$

将式(1)代入式(3.3.10)及其一阶导数，得

$$C_1+C_3=0$$

$$C_2+C_4=0$$

于是有

$$C_3=-C_1,\quad C_4=-C_2 \tag{3}$$

将式(2)代入式(3.3.10)的二阶导数及三阶导数，得

$$\begin{aligned}&(\cos\beta l+\mathrm{ch}\,\beta l)C_1+(\sin\beta l+\mathrm{sh}\,\beta l)C_2=0\\&[EJ\beta^3(\sin\beta l-\mathrm{sh}\,\beta l)+\omega^2 M_a(\cos\beta l-\mathrm{ch}\,\beta l)]C_1\\&+[EJ\beta^3(-\cos\beta l-\mathrm{ch}\,\beta l)+\omega^2 M_a(\sin\beta l-\mathrm{sh}\,\beta l)]C_2\\&\quad=0\end{aligned} \tag{4}$$

上面两式是关于 C_1，C_2 的齐次方程组，要有非零解 C_1，C_2，其系数行列式必须为零. 由此可化简得到

$$EJ\beta^3(1+\cos\beta l\,\mathrm{ch}\,\beta l)=\omega^2 M_a(\sin\beta l\,\mathrm{ch}\,\beta l-\cos\beta l\,\mathrm{sh}\,\beta l) \tag{5}$$

式(5)即频率方程. 由式(4)，令

$$r_i=\left(\frac{C_2}{C_1}\right)_i=-\frac{\cos\beta_i l+\mathrm{ch}\,\beta_i l}{\sin\beta_i l+\mathrm{sh}\,\beta_i l}$$

从上式和式(3)得到主振型为

$$Y_i(x)=C_i[\cos\beta_i x-\mathrm{ch}\,\beta_i x+r_i(\sin\beta_i x-\mathrm{sh}\,\beta_i x)],\quad i=1,2,\cdots \tag{6}$$

梁作振动时的最大动能及最大弹性势能为

$$T_{\max}=\frac{1}{2}\omega^2\int_0^l \rho AY^2\mathrm{d}x+\frac{1}{2}\omega^2 M_a Y^2(l)$$

$$U_{\max}=\frac{1}{2}\int_0^l EJ(Y'')^2\mathrm{d}x$$

由 $T_{\max}=U_{\max}$得到固有频率的泛函为

$$\omega^2=\mathrm{st}\frac{\int_0^l EJ(Y'')^2\mathrm{d}x}{\int_0^l \rho AY^2\mathrm{d}x+M_a Y^2(l)} \tag{7}$$

其中，自变函数 $Y(x)$要求满足 $Y(0)=0,\ Y'(0)=0$. 现在假设

$$Y(x)=a_iY_i(x)+a_jY_j(x) \tag{8}$$

其中，Y_i，Y_j 分别是对应于固有频率 ω_i 及 ω_j 的主振型. 将式(8)代入式(7)的分子及分母，得

$$\int_0^l EJ(Y'')^2\mathrm{d}x = \int_0^l EJ(a_i^2Y_i''Y_i'' + 2a_ia_jY_i''Y_j'' + a_j^2Y_j''Y_j'')\mathrm{d}x$$

$$= a_i^2k_{ii} + a_ia_jk_{ij} + a_ja_ik_{ji} + a_j^2k_{jj}$$

$$= \boldsymbol{a}^{\mathrm{T}}\boldsymbol{K}\boldsymbol{a}$$

$$\int_0^l \rho AY^2\mathrm{d}x + M_aY^2(l)$$

$$= \int_0^l \rho A(a_i^2Y_iY_i + 2a_ia_jY_iY_j + a_j^2Y_jY_j)\mathrm{d}x$$

$$+ M_a[a_i^2Y_i(l)Y_i(l) + 2a_ia_jY_i(l)Y_j(l) + a_j^2Y_j(l)Y_j(l)]$$

$$= a_i^2m_{ii} + a_ia_jm_{ij} + a_ja_im_{ji} + a_j^2m_{jj} = \boldsymbol{a}^{\mathrm{T}}\boldsymbol{M}\boldsymbol{a}$$

其中

$$k_{rs} = \int_0^l EJY_r''Y_s''\mathrm{d}x,\quad r,\ s = i,\ j$$

$$m_{rs} = \int_0^l \rho AY_rY_s\mathrm{d}x + M_aY_r(l)Y_s(l)$$

$$\boldsymbol{K} = \begin{bmatrix} k_{ii} & k_{ij} \\ k_{ji} & k_{jj} \end{bmatrix},\quad \boldsymbol{M} = \begin{bmatrix} m_{ii} & m_{ij} \\ m_{ji} & m_{jj} \end{bmatrix},\quad \boldsymbol{a} = \begin{bmatrix} a_i \\ a_j \end{bmatrix}$$

于是式(7)写成了式(3.3.67)的形式.引用3.3.5节的结论,得出下列正交性条件:

$$m_{ij} = \int_0^l \rho AY_iY_j\mathrm{d}x + M_aY_i(l)Y_j(l) = \delta_{ij} \tag{9}$$

$$k_{ij} = \int_0^l EJY_i''Y_j''\mathrm{d}x = \omega_j^2\delta_{ij} \tag{10}$$

在式(2)的第二式中取 $\omega = \omega_i, Y = Y_i$,并且乘以 $Y_j(l)$,得

$$-Y_j(l)[EJY''(l)]' = \omega_i^2M_aY_i(l)Y_j(l)$$

将上式与式(3.3.78)相加,得

$$\int_0^l Y_j(EJY_i'')''\mathrm{d}x - Y_j(l)[EJY''(l)]' = \omega_i^2\left[\int_0^l \rho AY_iY_j\mathrm{d}x + M_aY_i(l)Y_j(l)\right]$$

由上式和式(9)得到主振型的另一个正交性条件为

$$\int_0^l Y_j(EJY_i'')''\mathrm{d}x - Y_j(l)[EJY''(l)]' = \omega_i^2\delta_{ij} \tag{11}$$

由上述过程看出,只要写出固有频率的泛函式(7),可直接得到正交性条件式(9)、式(10),而正交性条件式(11)则不难由边界条件和方程(3.3.78)得到.

3.3.7 轴向力的影响

考虑在两端轴向拉力 T_0 的作用下梁的横向振动.假设振动过程中梁截面上的张力保持 T_0 不变,现在梁的弹性势能中除了弯曲应变能之外,还有轴向拉力引起的应变能,这部分势

能在数值上等于轴向拉力 T_0 在轴向位移 Δ 上所做的负功 $T_0\Delta$，如图 3.13 所示.

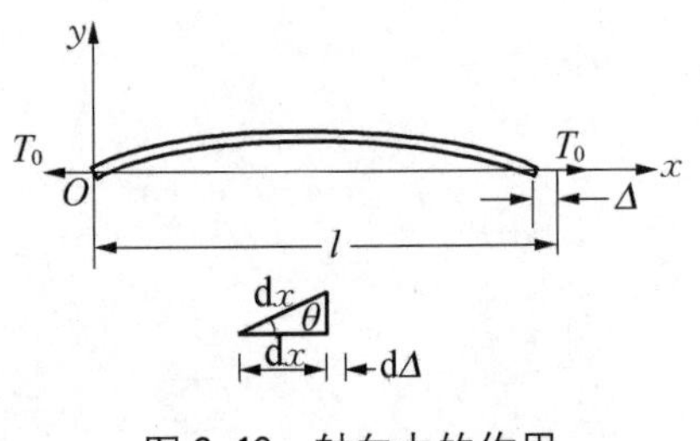

图 3.13　轴向力的作用

由图 3.13 得到

$$\mathrm{d}\Delta = (1-\cos\theta)\mathrm{d}x = 2\sin^2\frac{\theta}{2}$$

$$\approx \frac{1}{2}\theta^2\mathrm{d}x = \frac{1}{2}\left(\frac{\partial y}{\partial x}\right)^2\mathrm{d}x$$

于是有

$$T_0\Delta = \frac{1}{2}\int_0^l T_0\left(\frac{\partial y}{\partial x}\right)^2\mathrm{d}x$$

这样，梁的最大弹性势能为

$$U_{\max} = \frac{1}{2}\int_0^l EJ(Y'')^2\mathrm{d}x + \frac{1}{2}\int_0^l T_0(Y')^2\mathrm{d}x$$

梁的最大动能仍为

$$T_{\max} = \frac{1}{2}\omega^2\int_0^l \rho AY^2\mathrm{d}x$$

由能量守恒得到固有频率的泛函为

$$\omega^2 = \mathrm{st}\frac{\int_0^l EJ(Y'')^2\mathrm{d}x + \int_0^l T_0(Y')^2\mathrm{d}x}{\int_0^l \rho AY^2\mathrm{d}x} \tag{3.3.87}$$

其中，$Y(x)$要满足位移边界条件，如果这种边界存在. 上式取驻值时，一阶变分等于零，由此得到

$$\delta\int_0^l EJ(Y'')^2\mathrm{d}x + \delta\int_0^l T_0(Y')^2\mathrm{d}x - \omega^2\delta\int_0^l \rho AY^2\mathrm{d}x = 0$$

上式第一项与第三项的变分已作过计算，见式(3.3.57)左端，第二项的变分可如下计算：

$$\frac{1}{2}\delta\int_0^l T_0(Y')^2\mathrm{d}x = \int_0^l T_0Y'\delta Y'\mathrm{d}x = T_0Y'\delta Y\big|_0^l - \int_0^l T_0Y''\delta Y\mathrm{d}x \tag{3.3.88}$$

将式(3.3.88)的右端添加到式(3.3.57)的左端，得到

$$\int_0^l[(EJY'')'' - T_0Y'' - \omega^2\rho AY]\delta Y\mathrm{d}x - [(EJY'')' - T_0Y']\delta Y\big|_0^l + EJY''\delta Y'\big|_0^l = 0 \tag{3.3.89}$$

由于 $\delta Y(x)$是任意的，从上式第一项得到微分方程

$$(EJY'')'' - T_0Y'' - \omega^2\rho AY = 0 \tag{3.3.90}$$

从式(3.3.89)的第二、第三项得到力边界条件，将它们与 $Y(x)$应满足的位移边界条件放在一起，可以分类如下：

(a) 固定端

$$Y(x) = 0,\ Y'(x) = 0,\quad x = 0 \text{ 或 } x = l$$

(b) 简支端

$$Y(x)=0,\ EJY''(x)=0,\quad x=0\text{或}x=l$$

(c) 自由端

$$EJY''(x)=0,\ [EJY''(x)]'=T_0Y'(x),\quad x=0\text{或}x=l$$

对等截面匀质梁,式(3.3.90)可写为

$$Y^{(4)}-2\alpha^2Y''-\beta^4Y=0 \tag{3.3.91}$$

其中

$$\alpha^2=\frac{T_0}{2EJ},\quad \beta^4=\omega^2\frac{\rho A}{EJ} \tag{3.3.92}$$

式(3.3.91)的解为

$$Y(x)=C_1\cos\lambda_1x+C_2\sin\lambda_1x+C_3\operatorname{ch}\lambda_2x+C_4\operatorname{sh}\lambda_2x \tag{3.3.93}$$

其中

$$\begin{aligned}\lambda_1^2&=-(\alpha^2-\sqrt{\alpha^4+\beta^4})\\ \lambda_2^2&=\alpha^2+\sqrt{\alpha^4+\beta^4}\end{aligned} \tag{3.3.94}$$

以两端简支梁为例求固有频率,由边界条件可得出

$$\begin{aligned}&C_1=C_3=0\\ &C_2\sin\lambda_1l=C_4\operatorname{sh}\lambda_2l=0\\ &-\lambda_1^2C_2\sin\lambda_1l+\lambda_2^2C_4\operatorname{sh}\lambda_2l=0\end{aligned} \tag{3.3.95}$$

上述方程要有非零解 C_2,C_4,其系数行列式须等于零,由此得

$$(\lambda_1^2+\lambda_2^2)\sin\lambda_1l\operatorname{sh}\lambda_2l=0$$

由式(3.3.94)得知 $\lambda_1^2+\lambda_2^2>0$,从而得到频率方程

$$\sin\lambda_1l=0$$

从上式得出

$$\lambda_1^2=\left(\frac{i\pi}{l}\right)^2=-\alpha^2+\sqrt{\alpha^4+\beta^4},\quad i=1,2,\cdots$$

将式(3.3.92)代入上式,解出固有频率

$$\omega_i=\frac{i^2\pi^2}{l^2}\sqrt{\frac{EJ}{\rho A}}\sqrt{1+\frac{T_0l^2}{i^2\pi^2EJ}},\quad i=1,2,\cdots \tag{3.3.96}$$

由于 $\lambda_1=\dfrac{i\pi}{l}$,从式(3.3.95)有

$$C_4=-C_2\frac{\sin\lambda_1l}{\sin\lambda_2l}=0$$

所以相应于 ω_i 的主振型为

$$Y_i(x)=C_i\sin\frac{i\pi x}{l} \tag{3.3.97}$$

上式与没有轴向力时两端简支梁的主振型一样(见例 3.2).实际上,式(3.3.97)满足式(3.3.91)和两端简支的一切边界条件,所以也可以一开始将主振型假设为式(3.3.97),代入式(3.3.91),得

$$\left(\frac{i\pi}{l}\right)^4 + 2\alpha^2\left(\frac{i\pi}{l}\right)^2 - \beta_i^4 = 0$$

由上式同样可得到式(3.3.96)表示的固有频率.由式(3.3.96)看到,$T_0 = 0$ 时即为没有轴向力作用的简支梁的固有频率.而当 $EJ = 0$ 时,式(3.3.96)成为

$$\omega_i = \frac{i\pi}{l}\sqrt{\frac{T_0}{\rho A}}, \quad i = 1, 2, \cdots$$

上式即弦振动的固有频率.由于轴向拉力的存在使梁的挠度减小,所以相当于增加了梁的刚度,使固有频率提高.如果是轴向压力,可用 $-T_0$ 取代式(3.3.96)中的 T_0,可见这时固有频率降低,而且轴向压力 T_0 必须满足

$$T_0 < \frac{\pi^2 EJ}{l^2} = T_e$$

式中,T_e 正是压杆稳定的临界压力值.

3.3.8 转动惯量与剪切变形的影响

前面讨论的伯努利-欧拉梁的振动理论只适合较为细长的梁.当梁的截面尺寸与长度相比不算很小,或者分析细长梁的高阶振型时,梁的全长将被节点平面分成若干个较短的小段,这些情况中必须考虑转动惯量与剪切变形的影响,这种梁称为铁摩辛柯梁(Timoshenko Beam).

在梁上取一微段 $\mathrm{d}x$.由于剪切变形的影响,截面法线不再与梁轴线的切线重合,如图 3.14 所示,由弯矩和剪切力共同作用引起的梁轴线的实际转角$\dfrac{\partial y}{\partial x}$为

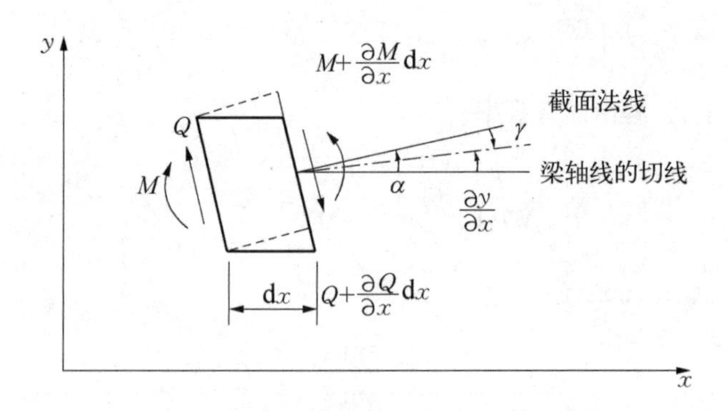

图 3.14 考虑转动惯量与剪切变形的影响

$$\frac{\partial y}{\partial x} = \alpha - \gamma \tag{3.3.98}$$

式中，α 是截面转角，γ 是纯剪切引起的中性轴处的剪切角.由材料力学，γ 角可如下计算：

$$\gamma = \frac{Q}{\kappa GA} \tag{3.3.99}$$

式中，G 为剪切弹性模量，A 为截面积，$\kappa(\kappa<1)$为截面形状系数，例如对矩形截面，$\kappa = 0.833$，对圆截面，$\kappa = 0.900$.又由材料力学知道截面转角与弯矩的关系为

$$M = EJ\frac{\partial \alpha}{\partial x} \tag{3.3.100}$$

考虑转动惯量与剪切变形的影响，式(3.3.1)与式(3.3.2)分别变为

$$\frac{\partial Q}{\partial x} = f - \rho A\frac{\partial^2 y}{\partial t^2}$$

$$\frac{\partial M}{\partial x} = Q - m + \rho A r^2\frac{\partial^2 \alpha}{\partial t^2}$$

其中，$r^2 = \dfrac{J}{A}$ 为横截面的回转半径.

将式(3.3.98)～式(3.3.100)代入上面两式，即得

$$\frac{\partial}{\partial x}\left[\kappa GA\left(\alpha - \frac{\partial y}{\partial x}\right)\right] = f - \rho A\frac{\partial^2 y}{\partial t^2} \tag{3.3.101}$$

$$\frac{\partial}{\partial x}\left(EJ\frac{\partial \alpha}{\partial x}\right) = \kappa GA\left(\alpha - \frac{\partial y}{\partial x}\right) - m + \rho A r^2\frac{\partial^2 \alpha}{\partial t^2} \tag{3.3.102}$$

对于等截面均匀梁，由式(3.3.101)得

$$\frac{\partial \alpha}{\partial x} = \frac{\partial^2 y}{\partial x^2} + \frac{1}{\kappa GA}\left(f - \rho A\frac{\partial^2 y}{\partial t^2}\right) \tag{3.3.103}$$

将式(3.3.102)两边对 x 微分，然后将上式代入消去 α 变量，就将双变量运动方程(3.3.101)和方程(3.3.102)化为单变量 y 的运动方程：

$$\underbrace{EJ\frac{\partial^4 y}{\partial t^4} - \left(f - \frac{\partial m}{\partial x} - \rho A\frac{\partial^2 y}{\partial t^2}\right)}_{\text{基本情况项}} - \underbrace{\rho A r^2\frac{\partial^4 y}{\partial x^2 \partial t^2}}_{\text{转动惯量附加项}}$$

$$+ \underbrace{\frac{EJ}{\kappa GA}\frac{\partial^2}{\partial x^2}\left(f - \rho A\frac{\partial^2 y}{\partial t^2}\right)}_{\text{剪切变形附加项}} \underbrace{-\frac{\rho A r^2}{\kappa GA}\frac{\partial^2}{\partial t^2}\left(f - \rho A\frac{\partial^2 y}{\partial t^2}\right)}_{\text{剪切变形与转动惯量耦合附加项}} = 0 \tag{3.3.104}$$

如方程(3.3.104)所示，可以把这个运动方程中的不同项看成分别对应于基本情况和剪切变形与转动惯量的附加影响项.如果删去转动惯量、剪切变形及其耦合的三个附加影响项，余下基本情况项的运动方程就是方程(3.3.3).

相应于二变量方程(3.3.101)、方程(3.3.102)的边界条件可分为：

(a) 固定端

$$y(x,\ t)=0,\alpha(x,\ t)=0,\quad x=0\text{或}x=l$$

(b) 简支端

$$y(x,\ t)=0,EJ\frac{\partial\alpha(x,\ t)}{\partial x}=0,\quad x=0\text{或}x=l$$

(c) 自由端

$$EJ\frac{\partial\alpha(x,\ t)}{\partial x}=0,\kappa Ga\left[\alpha(x,\ t)-\frac{\partial y(x,\ t)}{\partial x}\right]=0,\quad x=0\text{或}x=l \tag{3.3.105}$$

令 $f(x,\ t)=m(x,\ t)=0$,式(3.3.103)化为自由振动方程

$$EJ\frac{\partial^4 y}{\partial x^4}+\rho A\frac{\partial^2 y}{\partial t^2}-EJ\left(\frac{\rho A}{\kappa GA}+\frac{\rho Ar^2}{EJ}\right)\frac{\partial^4 y}{\partial x^2\partial t^2}+\frac{\rho^2 r^2 A^2}{\kappa GA}\frac{\partial^4 y}{\partial t^4}=0 \tag{3.3.106}$$

设梁的主振动的挠度 y 和转角 α 分别为

$$\begin{aligned}y(x,\ t)&=Y(x)\sin(\omega t+\varphi)\\ \alpha(x,\ t)&=\Theta(x)\sin(\omega t+\varphi)\end{aligned} \tag{3.3.107}$$

代入式(3.3.105),得

$$Y^{(4)}+\left(\frac{\rho A}{\kappa GA}+\frac{\rho Ar^2}{EJ}\right)\omega^2 Y''-\frac{\rho A}{EJ}\omega^2 Y+\frac{\rho^2 r^2 A^2}{\kappa GAEJ}\omega^4 Y=0$$

将式(3.3.9)代入上式,得

$$Y^{(4)}-\beta^4 Y+\beta^4 r^2\left(1+\frac{E}{\kappa G}\right)Y''+\beta^8 r^4\frac{E}{\kappa G}Y=0 \tag{3.3.108}$$

式(3.3.103)化为

$$\Theta'=Y''+\frac{\rho A\omega^2}{\kappa GA}Y \tag{3.3.109}$$

相应的边界条件式(3.3.105)化为：

(a) 固定端

$$Y(x)=0,\ \Theta(x)=0,\quad x=0\text{或}x=l$$

(b) 简支端

$$Y(x)=0,\ EJ\Theta'(x)=0,\quad x=0\text{或}x=l$$

(c) 自由端

$$EJ\Theta'(x)=0,\ \kappa GA(\Theta-Y')=0,\quad x=0\text{或}x=l \tag{3.3.110}$$

下面仍以两端简支的等截面梁为例求固有频率.

例 3.6 考虑转动惯量和剪切变形的影响,求两端简支的等截面梁的固有频率.

解 这时位移边界条件为

$$Y(0)=Y(l)=0 \tag{1}$$

力的边界条件为

$$\Theta'(0) = \Theta'(l) = 0$$

由式(3.3.109)有

$$Y''(0) = Y''(l) = 0 \tag{2}$$

假设主振型为

$$Y_i(x) = C_i \sin\frac{i\pi x}{l} \tag{3}$$

很显然,它满足边界条件式(2),将其代入方程(3.3.108),得特征方程

$$\left(\frac{i\pi}{l}\right)^4 - \beta^4 - \beta^4 r^2\left(1+\frac{E}{\kappa G}\right)\left(\frac{i\pi}{l}\right)^2 + \beta^8 r^4 \frac{E}{\kappa G} = 0 \tag{4}$$

应当指出,忽略方程(4)的后面两项,即得到不考虑转动惯量和剪切变形影响的简支梁弯曲的结果:

$$\beta_0^4 = \left(\frac{i\pi}{l}\right)^4 \tag{5}$$

从而得两端简支的伯努利-欧拉梁的固有频率 ω_{i0} 为

$$\omega_{i0} = \left(\frac{i\pi}{l}\right)^2 \sqrt{\frac{EJ}{\rho A}} \tag{6}$$

将式(5)作为近似值,则方程(4)的最后一项可以近似写为

$$\beta^8 r^4 \frac{E}{\kappa G} \approx \beta^4 r^4 \left(\frac{i\pi}{l}\right)^4 \frac{E}{\kappa G} = \beta^4 r^2 \left(\frac{i\pi}{l}\right)^2 \left(\frac{i\pi r}{l}\right)^2 \frac{E}{\kappa G} \tag{7}$$

对于典型材料的矩形截面梁,$\dfrac{E}{\kappa G}$约为3,式(7)化为

$$\beta^8 r^4 \frac{E}{\kappa G} \approx \beta^4 r^2 \left(\frac{i\pi}{l}\right)^2 \left[3\left(\frac{i\pi r}{l}\right)^2\right]$$

而方程(4)的第三项约为 $\beta^4 r^2\left(\dfrac{i\pi}{l}\right)^2$,参见文献[4].将其与上式相比,也就是方程括号内的数 $3\left(\dfrac{i\pi r}{l}\right)^2$ 与4相比.在实际情况中有$\dfrac{i\pi r}{l}\leqslant 1$,因而可以将方程(4)的最后一项略去,则由方程(4)给出

$$\beta^4 \approx \left(\frac{i\pi}{l}\right)^4 \frac{1}{1 + r^2\left(\frac{i\pi}{l}\right)^2\left(1+\frac{E}{\kappa G}\right)} \approx \left(\frac{i\pi}{l}\right)^4 \left[1 - \left(\frac{i\pi r}{l}\right)^2\left(1+\frac{E}{\kappa G}\right)\right] \tag{8}$$

由此可以得出

$$\omega_i = \omega_{i0}\left[1 - \frac{1}{2}\left(\frac{i\pi r}{l}\right)^2\left(1+\frac{E}{\kappa G}\right)\right] \tag{9}$$

由上式可见,剪切变形及转动惯量的存在都使得固有频率降低,这种影响随着固有频率阶数

的增大而增大，随着梁的细长比$\dfrac{l}{r}$的增大而减小.为了比较剪切变形与转动惯量影响的大小，以矩形截面梁为例，设$G=\dfrac{3}{8}E$，得$\dfrac{E}{\kappa G}=3.2$，即剪切变形的影响是转动惯量的3.2倍.又假设第i阶振型的波长$\dfrac{l}{i}$(相邻两节点间的距离)是梁高h的10倍，则转动惯量对固有频率的修正为

$$\frac{1}{2}\left(\frac{i\pi r}{l}\right)^2=\frac{1}{2}\left(\frac{i\pi}{l}\frac{h}{2\sqrt{3}}\right)^2=\frac{1}{2}\frac{\pi^2}{12}\frac{1}{100}\approx 0.4\%$$

而转动惯量与剪切变形的总修正约为1.7%.

3.3.9 梁的双横向耦合振动

在一般的振动分析过程中，梁的横向振动问题总是把外加激振力分解到梁横截面两个主方向与梁轴线所形成的两个主平面上.下面分别讨论这两个主平面上的振动，然后叠加起来.这样，在振动过程中梁的轴线始终在同一个平面内振动.对于自由振动情况，在这两个主平面上将有互相独立的主振动.实际上，发生这种简单形式的振动对于梁的截面几何性质是有条件的，即引入了一个非常重要的假设:沿梁轴线的所有横截面梁的主方向不变.设梁轴线方向坐标为x，倘若梁横截面的主方向随x坐标变化而变化.例如扭"麻花"形状的梁，其截面主方向沿x轴作周期变化;火箭按工程实际情况简化为梁时，其截面主方向沿x轴的变化也是没有规律的.这些情况下振动比较复杂，在振动过程中梁的轴线不再保持在同一平面内，而是形成空间振型，每一组振动都包含两个互相垂直平面内的分量，也就是说，两个横向振动互相耦合起来.对于自由振动情况，各阶主振动模态总是成对出现的，即一阶有两个比较接近的频率，二阶也有两个比较接近的频率，同一阶对于两个比较接近频率的振型都是空间振型，而且彼此互相正交.用一般振动平面梁的模型已无法分析出上述所介绍的双横向耦合振动的情况.本节介绍双横向耦合梁的振动.对于梁的总体，选取一个总体坐标$Oxyz$，Ox沿梁的轴线，对于每个截面而言，因为截面主方向与Oy，Oz轴方向不一定相同，所以截面几何参数除惯性矩J_y，J_z外还有惯性积J_{yz}存在.正因为有J_{yz}存在，双横向振动产生耦合.

如图3.15(a)所示，梁在Oxy平面与Oxz平面内都有振动分量，以变形前弹性线为x轴，建立空间固定坐标$Oxyz$，梁上任意一点a的位置由其变形前的坐标x，y，z所确定.

在弹性线上各点位移将有沿y和z两个方向的两个分量$v(x,t)$与$w(x,t)$，则对于梁上任意一点$a(x,y,z)$，可以写出其三个方向上的位移分量:

$$u_a=-yv'-zw' \tag{3.3.111}$$

$$v_a=v \tag{3.3.112}$$

$$w_a=w \tag{3.3.113}$$

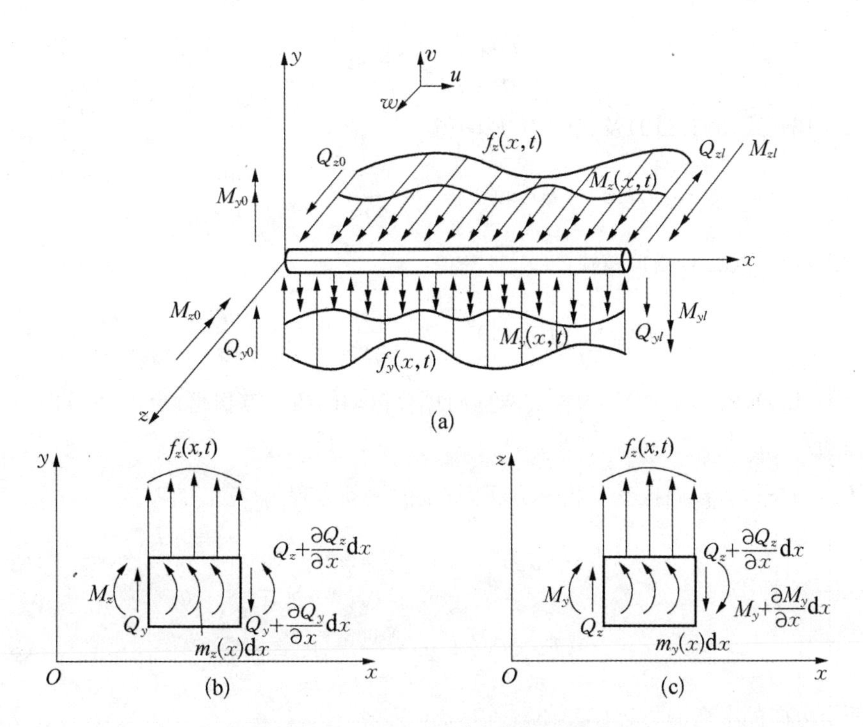

图 3.15　梁的双横向耦合弯曲

由此可得点 a 的应变和应力分别为

$$\varepsilon_x = \frac{\partial u_a}{\partial x} = - yu'' - zw'' \tag{3.3.114}$$

$$\sigma_x = E\varepsilon_x = - E(yu'' + zw'') \tag{3.3.115}$$

那么截面弯矩为

$$M_z = - \int \sigma_x y\mathrm{d}A = EJ_z u'' + EJ_{yz} w'' \tag{3.3.116}$$

$$M_y = - \int \sigma_x z\mathrm{d}A = EJ_{yz} u'' + EJ_y w'' \tag{3.3.117}$$

其中

$$J_z = \int y^2\mathrm{d}A,\quad J_y = \int z^2\mathrm{d}A,\quad J_{yz} = \int yz\mathrm{d}A \tag{3.3.118}$$

由图 3.15(b)看出，在 Oxy 平面力的平衡方程为

$$\frac{\partial Q_y}{\partial x} = f_y - \rho A\frac{\partial^2 v}{\partial t^2} \tag{3.3.119}$$

$$\frac{\partial M_z}{\partial x} = Q_y - m_z \tag{3.3.120}$$

由图 3.15(c)看出，在 Oxz 平面内平衡方程为

$$\frac{\partial Q_z}{\partial x} = f_z - \rho A\frac{\partial^2 w}{\partial t^2} \tag{3.3.121}$$

$$\frac{\partial M_y}{\partial x} = Q_z - m_y \tag{3.3.122}$$

由式(3.3.116)、式(3.3.119)及式(3.3.120)得

$$(EJ_z v'' + EJ_{yz} w'')'' + \rho A \frac{\partial^2 v}{\partial t^2} = f_y - \frac{\partial m_z}{\partial x} \tag{3.3.123}$$

由式(3.3.117)、式(3.3.121)及式(3.3.122)得

$$(EJ_{yz} v'' + EJ_y w'')'' + \rho A \frac{\partial^2 w}{\partial t^2} = f_z - \frac{\partial m_y}{\partial x} \tag{3.3.124}$$

式(3.3.123)、式(3.3.124)为考虑双横向耦合振动的微分方程组. 当 $J_{yz} \neq 0$ 时,双横向振动是耦合的.

当 $J_{yz} = 0$ 时,双横向振动不再耦合了,解耦的振动方程为

$$(EJ_z v'')'' + m \frac{\partial^2 v}{\partial t^2} = f_y \tag{3.3.125}$$

$$(EJ_y w'')'' + m \frac{\partial^2 w}{\partial t^2} = f_z \tag{3.3.126}$$

这就是两个方向的梁弯曲方程(3.3.3).

3.3.10 考虑剪切变形和转动惯性矩影响

考虑剪切变形的影响,梁的总转角 α_y 与 α_z 总是由两个部分组成的,见图 3.16,即

$$\alpha_z = \gamma_z + \frac{\partial v}{\partial x} \tag{3.3.127}$$

$$\alpha_y = \gamma_y + \frac{\partial w}{\partial x} \tag{3.3.128}$$

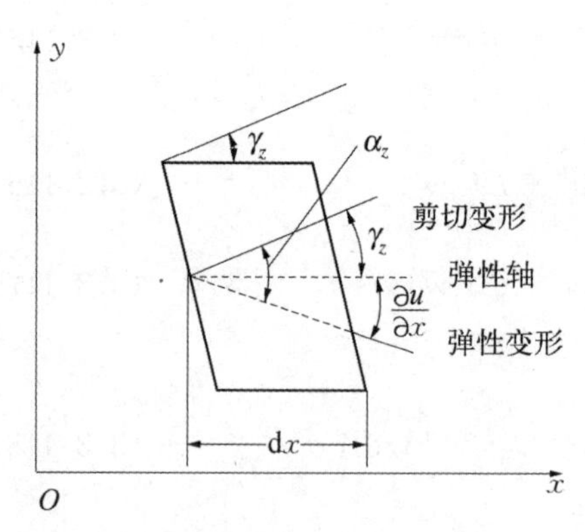

图 3.16 Oxy 平面上的剪切变形

γ_z 与 γ_y 分别为由剪切力 Q_y 与 Q_z 引起的剪切变形,即

$$Q_y = \kappa_y AG\gamma_z = \kappa_y AG\left(\alpha_z - \frac{\partial v}{\partial x}\right) \tag{3.3.129}$$

$$Q_z = \kappa_z AG\gamma_y = \kappa_z AG\left(\alpha_y - \frac{\partial w}{\partial x}\right) \tag{3.3.130}$$

式中,$\kappa_y A$ 与 $\kappa_z A$ 分别表示由剪切力 Q_y 与 Q_z 引起的有效剪切面积. 转角 α_y,α_z,γ_y 与 γ_z 的符号以逆时针方向为正.

为了考虑转动惯量的影响,在弯矩平衡方程(3.3.120)与式(3.3.122)中应分别加上转动

惯性矩 $\rho J_z \frac{\partial^2 \alpha_z}{\partial t^2}$ 与 $\rho J_y \frac{\partial^2 \alpha_y}{\partial t^2}$，则有下列平衡方程：

$$\frac{\partial Q_y}{\partial x} = f_y - \rho A \frac{\partial^2 v}{\partial t^2} \tag{3.3.131}$$

$$\frac{\partial M_z}{\partial x} = Q_y + \rho J_z \frac{\partial^2 \alpha_z}{\partial t^2} - m_z \tag{3.3.132}$$

$$\frac{\partial Q_z}{\partial x} = f_z - \rho A \frac{\partial^2 w}{\partial t^2} \tag{3.3.133}$$

$$\frac{\partial M_y}{\partial x} = Q_z + \rho J_y \frac{\partial^2 \alpha_y}{\partial t^2} - m_y \tag{3.3.134}$$

用总转角 α_y 与 α_z 表示的弯矩表达式分别为

$$M_z = EJ_z \frac{\partial \alpha_z}{\partial x} + EJ_{yz} \frac{\partial \alpha_y}{\partial x} \tag{3.3.135}$$

$$M_y = EJ_{yz} \frac{\partial \alpha_z}{\partial x} + EJ_y \frac{\partial \alpha_y}{\partial x} \tag{3.3.136}$$

将式(3.3.129)、式(3.3.130)代入式(3.3.131)～式(3.3.134)，得

$$\kappa_y AG\left(\frac{\partial \alpha_z}{\partial x} - \frac{\partial^2 v}{\partial x^2}\right) = f_y - \rho A \frac{\partial^2 v}{\partial t^2} \tag{3.3.137}$$

$$\kappa_z AG\left(\frac{\partial \alpha_y}{\partial x} - \frac{\partial^2 w}{\partial x^2}\right) = f_z - \rho A \frac{\partial^2 w}{\partial t^2} \tag{3.3.138}$$

则有

$$\frac{\partial \alpha_z}{\partial x} = \frac{1}{\kappa_y AG}\left(f_y - \rho A \frac{\partial^2 v}{\partial t}\right) + \frac{\partial^2 v}{\partial x^2} \tag{3.3.139}$$

$$\frac{\partial \alpha_y}{\partial x} = \frac{1}{\kappa_z AG}\left(f_z - \rho A \frac{\partial^2 w}{\partial t^2}\right) + \frac{\partial^2 w}{\partial x^2} \tag{3.3.140}$$

将式(3.3.132)、式(3.3.134)、式(3.3.139)及式(3.3.140)代入式(3.3.135)，得

$$\begin{aligned}
\frac{\partial^2 M_z}{\partial x^2} &= \frac{\partial^2}{\partial x^2}\left(EJ_z \frac{\partial \alpha_z}{\partial x} + EJ_{yz} \frac{\partial \alpha_y}{\partial x}\right) \\
&= \frac{\partial^2}{\partial x^2}\left[EJ_z \frac{\partial^2 v}{\partial x^2} + EJ_{yz} \frac{\partial^2 w}{\partial x^2} + \frac{EJ_z}{\kappa_y AG}\left(f_y - \rho A \frac{\partial^2 v}{\partial t^2}\right) + \frac{EJ_{yz}}{\kappa_z AG}\left(f_y - \rho A \frac{\partial^2 w}{\partial t^2}\right)\right] \\
&= \frac{\partial Q_y}{\partial x} + \frac{\partial}{\partial x}\left(\rho J_z \frac{\partial^2 \alpha_z}{\partial t^2}\right) - \frac{\partial m_z}{\partial x} \\
&= f_y - \rho A \frac{\partial^2 v}{\partial t^2} + \frac{\partial}{\partial x}\left(\rho J_z \frac{\partial^2 \alpha_z}{\partial t^2}\right) - \frac{\partial m_z}{\partial x}
\end{aligned} \tag{3.3.141}$$

对于均匀截面有

$$EJ_z \frac{\partial^4 v}{\partial x^4} + EJ_{yz} \frac{\partial^4 w}{\partial x^4} + \frac{EJ_z}{\kappa_y AG} \frac{\partial^2}{\partial x^2}\left(f_y - \rho A \frac{\partial^2 v}{\partial t^2}\right) + \frac{EJ_{yz}}{\kappa_z AG} \frac{\partial^2}{\partial x^2}\left(f_z - \rho A \frac{\partial^2 w}{\partial t^2}\right)$$

$$= f_y - \rho A \frac{\partial^2 v}{\partial t^2} + \frac{\rho J_z}{\kappa_y AG} \frac{\partial^2}{\partial t^2}\left(f_y - \rho A \frac{\partial^2 v}{\partial t^2}\right) + \rho J_z \frac{\partial^4 v}{\partial x^2 \partial t^2} - \frac{\partial m_z}{\partial x} \tag{3.3.142}$$

同样,可以导出

$$EJ_{yz} \frac{\partial^4 v}{\partial x^4} + EJ_y \frac{\partial^4 w}{\partial x^4} + \frac{EJ_{yz}}{\kappa_y AG} \frac{\partial^2}{\partial x^2}\left(f_y - \rho A \frac{\partial^2 v}{\partial t^2}\right) + \frac{EJ_y}{\kappa_z AG} \frac{\partial^2}{\partial x^2}\left(f_z - \rho A \frac{\partial^2 w}{\partial t^2}\right)$$

$$= f_z - \rho A \frac{\partial^2 w}{\partial t^2} + \frac{\rho J_y}{\kappa_z AG} \frac{\partial^2}{\partial t^2}\left(f_y - \rho A \frac{\partial^2 w}{\partial t^2}\right) + \rho J_y \frac{\partial^4 w}{\partial x^2 \partial t^2} - \frac{\partial m_y}{\partial z} \tag{3.3.143}$$

式(3.3.142)、式(3.3.143)就是考虑剪切变形和转动惯性矩的双横向耦合振动微分方程.

当 $J_{yz} \neq 0$ 时,双横向振动是耦合的,当 $J_{yz} = 0$ 时,双横向振动不再是耦合的,解耦的振动方程为

$$EJ_z \frac{\partial^4 v}{\partial x^4} + \frac{EJ_z}{\kappa_y AG} \frac{\partial^2}{\partial x^2}\left(f_y - \rho A \frac{\partial^2 v}{\partial t^2}\right)$$

$$= f_y - \frac{\partial m_z}{\partial x} - \rho A \frac{\partial^2 v}{\partial t^2} + \frac{\rho J_z}{\kappa_y AG} \frac{\partial^2}{\partial t^2}\left(f_y - \rho A \frac{\partial^2 v}{\partial t^2}\right) + \rho J_z \frac{\partial^4 v}{\partial x^2 \partial t^2} \tag{3.3.144}$$

$$EJ_y \frac{\partial^4 w}{\partial x^4} + \frac{EJ_y}{\kappa_z AG} \frac{\partial^2}{\partial x^2}\left(f_y - \rho A \frac{\partial^2 w}{\partial t^2}\right)$$

$$= f_z - \frac{\partial m_y}{\partial x} - \rho A \frac{\partial^2 w}{\partial t^2} + \frac{\rho J_y}{\kappa_z AG} \frac{\partial^2}{\partial t^2}\left(f_z - \rho A \frac{\partial^2 w}{\partial t^2}\right) + \rho J_y \frac{\partial^4 w}{\partial x^2 \partial t^2} \tag{3.3.145}$$

这就是两个方向的梁弯曲方程(3.3.104).

3.4 板的横向振动

3.4.1 板的振动方程

假定板的厚度 h 不变,而且比其他的长度和宽度都小得很多,振动中符合平面假设,设 Oxy 平面为板的中间平面,w 表示质点在 z 轴方向的位移,$f(x, y, t)$为分布板面单位面积上的激振力,则可得板的振动微分方程为

$$\frac{\partial^4 w}{\partial x^4} + 2\frac{\partial^4 w}{\partial x^2 \partial y^2} + \frac{\partial^4 w}{\partial y^4} + \frac{\rho h}{D_0} \cdot \frac{\partial^2 w}{\partial t^2} = f(x, y, t) \tag{3.4.1}$$

上式也可以写为

$$\nabla^4 w + \frac{\rho h}{\partial y^4} \cdot \frac{\rho h}{D_0} \cdot \frac{\partial^2 w}{\partial t^4} = f(x,\ y,\ t) \tag{3.4.2}$$

其中，∇^4为双调和算子，ρ 为密度，h 为板厚，$D_0 = \dfrac{Eh^3}{12(1-\mu^2)}$ 为板的弯曲刚度，μ 为泊松比.

曲线形边缘的边界条件为：

(a) 固定边界

$$w = 0,\quad \frac{\partial w}{\partial n} = 0 \tag{3.4.3a}$$

(b) 简支边界

$$w = 0,\quad M_n = 0 \tag{3.4.3b}$$

(c) 自由边界

$$M_n = 0,\quad Q_n + \frac{\partial M_{ns}}{\partial s} = 0 \tag{3.4.3c}$$

3.4.2 矩形板的自由振动

在式(3.4.1b)中，令 $f(x,\ y,\ t) = 0$，便得到如下薄板的自由振动方程：

$$\nabla^4 w + \frac{\rho h}{D_0}\frac{\partial^2 w}{\partial t^2} = 0 \tag{3.4.4}$$

假设主振动为

$$w(x,\ y,\ t) = W(x,\ y)\sin(\omega t + \varphi) \tag{3.4.5}$$

其中，$W(x,\ y)$为主振型，将上式代入式(3.4.4)，得

$$\nabla^4 W - \beta^4 W'' = 0 \tag{3.4.6}$$

其中

$$\beta^4 = \frac{\rho h}{D_0}\omega^2 \tag{3.4.7}$$

将式(3.4.5)代入边界条件时，形式不变，只要将其中的 w 改写为 W 即可.与梁的横向振动类似，在薄板的任一边上，边界条件总是挠度或总剪力中的一个与转角或弯矩中的一个同时等于零，因此矩形薄板的边界条件可以概括为下列情况的组合：

$$\left.\begin{aligned} & W = 0 \text{ 或 } \frac{\partial^3 W}{\partial x^3} + (2-\mu)\frac{\partial^3 W}{\partial x \partial y^2} = 0 \\ & \frac{\partial W}{\partial x} = 0 \text{ 或 } \frac{\partial^2 W}{\partial x^2} + \mu\frac{\partial^2 W}{\partial y^2} = 0 \end{aligned}\right\},\quad x = 0 \text{ 或 } x = a$$

$$\left.\begin{aligned}&W=0\text{ 或}\frac{\partial^3 W}{\partial y^3}+(2-\mu)\frac{\partial^3 W}{\partial x^2\partial y}=0\\&\frac{\partial W}{\partial y}=0\text{ 或}\frac{\partial^2 W}{\partial y^2}+\mu\frac{\partial^2 W}{\partial x^2}=0\end{aligned}\right\},\quad y=0\text{ 或 }y=b \tag{3.4.8}$$

上述式(3.4.6)与式(3.4.8)组成了矩形薄板振动微分方程的特征值问题,式(3.4.7)中的 ω^2 称为特征值,ω 即固有频率,主振型 $W(x, y)$又称为特征函数.

对于不同的边界条件,薄板有不同的主振型及相应的固有频率,但只有四边简支矩形薄板才能得到固有振动的精确解,如果矩形板有一对简支边,问题也能大大简化.

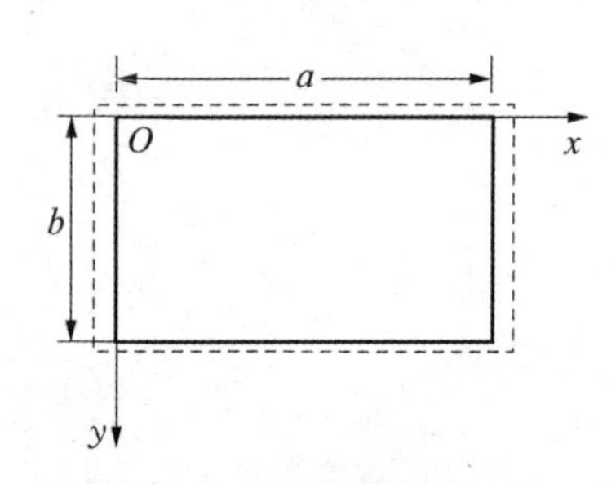

图 3.17　四边简支矩形板

下面讨论四边简支矩形板.已经知道两端简支梁的主振型为 $C_i\sin\frac{i\pi x}{l}$($i=1, 2, \cdots$),与此类似,对如图 3.17 所示的四边简支矩形板,主振型可以假设为

$$W_{ij}(x,y)=A_{ij}\sin\frac{i\pi x}{a}\sin\frac{j\pi y}{b},\quad i,\ j=1,\ 2,\ \cdots \tag{3.4.9}$$

不难验证,上式满足下列四边简支的边界条件:

$$\begin{aligned}&W\Big|_{x=0}=\frac{\partial^2 W}{\partial x^2}\Big|_{x=0}=0,\quad W\Big|_{x=a}=\frac{\partial^2 W}{\partial x^2}\Big|_{x=a}=0\\&W\Big|_{y=0}=\frac{\partial^2 W}{\partial y^2}\Big|_{y=0}=0,\quad W\Big|_{y=b}=\frac{\partial^2 W}{\partial y^2}\Big|_{y=b}=0\end{aligned} \tag{3.4.10}$$

式(3.4.9)还必须满足式(3.4.6)所示的微分方程,这时 $W_{ij}(x, y)$才是真正的主振型.将式(3.4.9)代入式(3.4.6),得

$$\left[\left(\frac{i\pi}{a}\right)^2+\left(\frac{j\pi}{b}\right)^2\right]^2-\beta^4=0 \tag{3.4.11}$$

上式即频率方程,由式(3.4.11)与式(3.4.7)解出固有频率

$$\omega_{ij}=\pi^2\left(\frac{i^2}{a^2}+\frac{j^2}{b^2}\right)\sqrt{\frac{D_0}{\rho h}},\quad i,\ j=1,\ 2,\ \cdots \tag{3.4.12}$$

如式(3.4.12)与式(3.4.9)所示,在板的振动问题中,通常采用两个下标对固有频率及相应的主振型进行编号.

由式(3.4.11)看出,对于某种长宽比$\frac{b}{a}$,由两组不同的(i, j)值可能给出相同的固有频率,对正方形板这种现象尤为明显.在式(3.4.12)中令 $b=a$,得到正方形板的固有频率为

$$\omega_{ij}=\frac{\pi^2(i^2+j^2)}{a^2}\sqrt{\frac{D_0}{\rho h}},\quad i,\ j=1,\ 2,\ \cdots \tag{3.4.13}$$

显然,当 $i\neq j$ 时,每个固有频率至少是频率方程的二重根,即有

$$\omega_{ij} = \omega_{ji}$$

在二重根的情况下，W_{ij}与W_{ji}都是对应于同一个固有频率的主振型，因此相应于固有频率ω_{ij}的主振型为W_{ij}与W_{ji}的线性组合，即

$$W = AW_{ij} + BW_{ij} \tag{3.4.14}$$

现在来讨论四边简支矩形板($a \neq b$)的前几阶固有频率及相应的主振型.当$i = j = 1$时，由式(3.4.12)与式(3.4.9)得到

$$\omega_{11} = \pi^2\left(\frac{1}{a^2} + \frac{1}{b^2}\right)\sqrt{\frac{D_0}{\rho h}}$$

$$W_{11} = A_{11}\sin\frac{\pi x}{a}\sin\frac{\pi y}{b}$$

振型图见图3.18(a)，这时薄板沿x及y方向都只有一个正弦半波，最大挠度在板的中央：$x = \frac{a}{2}$，$y = \frac{b}{2}$.当$i = 2$，$j = 1$时，固有频率及相应的主振型分别为

$$\omega_{21} = \pi^2\left(\frac{4}{a^2} + \frac{1}{b^2}\right)\sqrt{\frac{D_0}{\rho h}}$$

$$W_{21} = A_{21}\sin\frac{2\pi x}{a}\sin\frac{\pi y}{b}$$

振型图见图3.18(b)，薄板沿x方向有两个正弦半波，沿y方向只有一个正弦半波，这时沿$x = \frac{a}{2}$出现一条节线，节线两旁板的挠度方向相反，节线位置可以从节线方程$W_{21} = 0$得到.图3.18(c)及图3.18(d)分别是W_{12}及W_{22}的振型图.

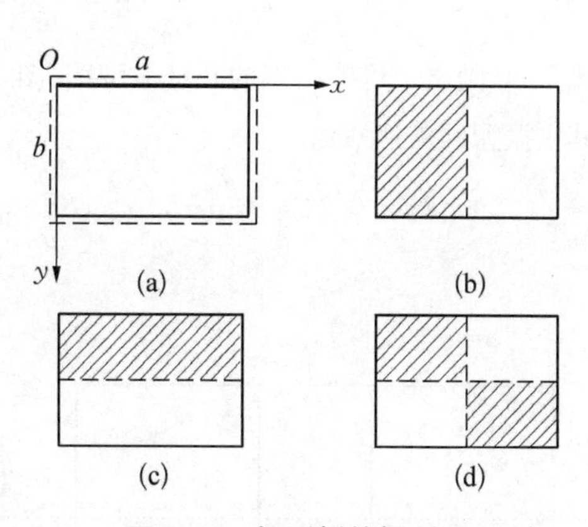

图3.18　矩形板的振型图

由图3.18看到，四边简支矩形板内出现的节线总与周边平行，而且对应于一个固有频率一般有固定的节线位置.但对于正方形板，由于每个固有频率都是重根，对应于同一个固有频率的主振型会出现不同的节线位置.例如，对应于二重固有频率ω_{21}的主振型为

$$W = A\sin\frac{2\pi x}{a}\sin\frac{\pi y}{a} + B\sin\frac{\pi x}{a}\sin\frac{2\pi y}{a}$$

当$A = B$时，上式成为

$$W = 2A\sin\frac{\pi x}{a}\sin\frac{\pi y}{a}\left(\cos\frac{\pi x}{a} + \cos\frac{\pi y}{a}\right)$$

令$W = 0$，解得出现在方板内的节线为

$$x + y = a$$

而当 $A = -B$ 时，可以得到

$$W = 2A\sin\frac{\pi x}{a}\sin\frac{\pi y}{a}\left(\cos\frac{\pi x}{a} - \cos\frac{\pi y}{a}\right)$$

由节线方程 $W = 0$ 可解得节线为

$$x - y = a$$

图 3.19 画出了对应于固有频率 ω_{21} 可能出现的几种振型图.

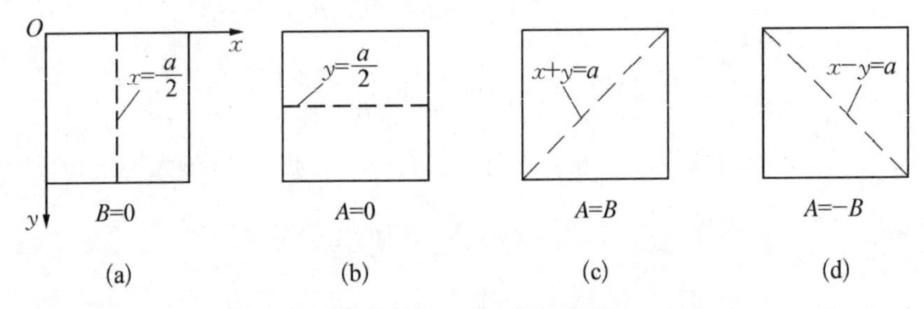

图 3.19　对应于 ω_{21} 的正方形板的振型

用同样方法可以分析对应于二重固有频率 ω_{31} 的主振型，它可以表示为

$$W = A\sin\frac{3\pi x}{a}\sin\frac{\pi y}{a} + B\sin\frac{\pi x}{a}\sin\frac{3\pi y}{a}$$

图 3.20 画出了可能出现的几种振型图，图 3.21 则是对应于二重固有频率 ω_{41} 的几种振型图，其主振型的表达式为

$$W = A\sin\frac{4\pi x}{a}\sin\frac{\pi y}{a} + B\sin\frac{\pi x}{a}\sin\frac{4\pi y}{a}$$

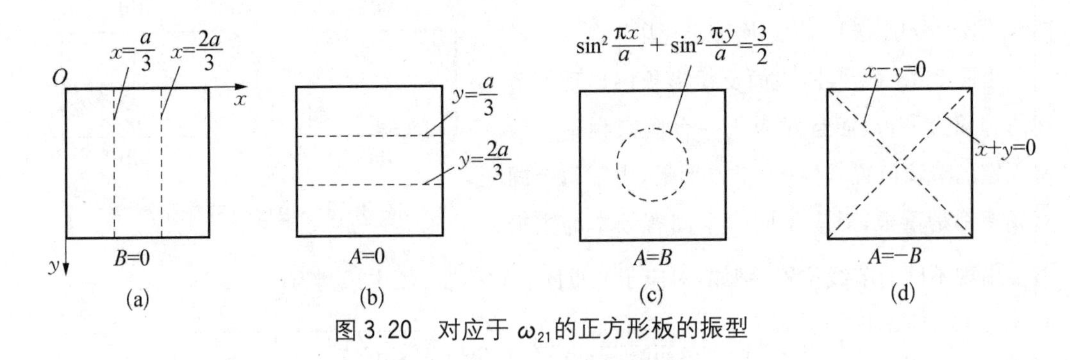

图 3.20　对应于 ω_{21} 的正方形板的振型

3.4.3　固有频率的变分式

由上一节看到，薄板的固有振动可以由偏微分方程的特征值问题提出，式(3.4.6)重写如下：

$$D_0 \nabla^4 W - \omega^2 \rho h W = 0 \tag{3.4.15}$$

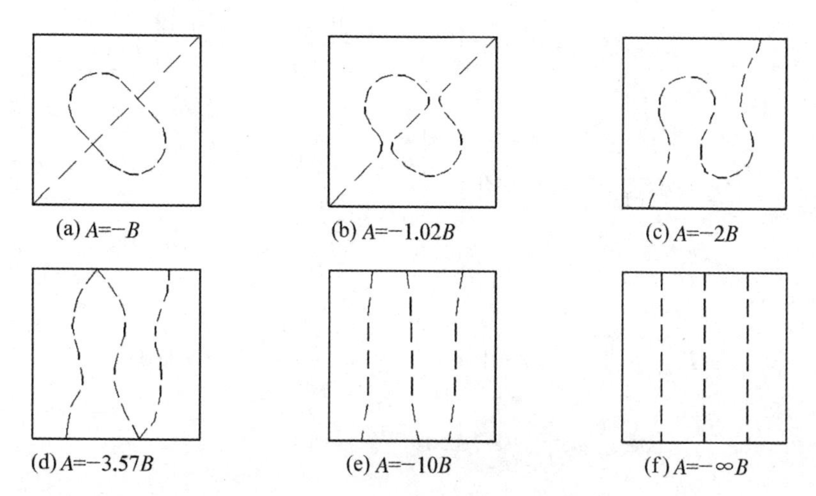

图 3.21　对应于 ω_{41}的正方形板的振型

并把式(3.4.5)代入式(3.4.2),得薄板在曲线形边缘的边界条件是下列情况的组合:

$$W = 0 \text{ 或 } Q_n + \frac{\partial M_{ns}}{\partial s} = 0 \tag{3.4.16a}$$

$$\frac{\partial W}{\partial n} = 0 \text{ 或 } M_n = 0 \tag{3.4.16b}$$

式(3.4.15)与式(3.4.16)组成了具有一般形状边界的薄板振动幅值偏微分方程特征值问题.与梁的振动一样,薄板的固有振动也可以由泛函的驻值问题提出.为了写出固有频率的泛函式,先计算薄板横向振动时的最大弹性势能 $U_{\max}$及最大动能 $T_{\max}$,记 V,Ω 分别为薄板的体积域及面积域,则最大弹性势能 $U_{\max}$为

$$\begin{aligned} U_{\max} &= \iiint_V \frac{1}{2}\boldsymbol{\varepsilon}^{\mathrm{T}}\boldsymbol{\sigma}\mathrm{d}V = \iint_\Omega \int_{-\frac{h}{2}}^{\frac{h}{2}} \frac{1}{2}z^2 \frac{E}{1-\mu^2}\boldsymbol{k}^{\mathrm{T}}\boldsymbol{D}_1\boldsymbol{k}\mathrm{d}x\mathrm{d}y\mathrm{d}z \\ &= \frac{1}{2}\iint_\Omega D_0 \boldsymbol{k}^{\mathrm{T}}\boldsymbol{D}_1\boldsymbol{k}\mathrm{d}x\mathrm{d}y \end{aligned} \tag{3.4.17}$$

其中

$$\boldsymbol{k} = \begin{bmatrix} -\dfrac{\partial^2 W}{\partial x^2} & -\dfrac{\partial^2 W}{\partial y^2} & -2\dfrac{\partial^2 W}{\partial x \partial y} \end{bmatrix}^{\mathrm{T}} \tag{3.4.18}$$

$$\begin{aligned} \boldsymbol{k}^{\mathrm{T}}\boldsymbol{D}_1\boldsymbol{k} &= \begin{bmatrix} -\dfrac{\partial^2 W}{\partial x^2} & -\dfrac{\partial^2 W}{\partial y^2} & -2\dfrac{\partial^2 W}{\partial x \partial y} \end{bmatrix} \begin{bmatrix} 1 & \mu & 0 \\ \mu & 1 & 0 \\ 0 & 0 & \dfrac{1-\mu}{2} \end{bmatrix} \begin{bmatrix} -\dfrac{\partial^2 W}{\partial x^2} \\ -\dfrac{\partial^2 W}{\partial y^2} \\ -2\dfrac{\partial^2 W}{\partial x \partial y} \end{bmatrix} \\ &= \left(\frac{\partial^2 W}{\partial x^2}\right)^2 + 2\mu\frac{\partial^2 W}{\partial x^2}\frac{\partial^2 W}{\partial y^2} + \left(\frac{\partial^2 W}{\partial y^2}\right)^2 + 2(1-\mu)\left(\frac{\partial^2 W}{\partial x \partial y}\right)^2 \end{aligned}$$

$$= (\nabla^2 W)^2 - 2(1-\mu)\left[\frac{\partial^2 W}{\partial x^2}\frac{\partial^2 W}{\partial y^2} - \left(\frac{\partial^2 W}{\partial x \partial y}\right)^2\right] \tag{3.4.19}$$

$$D_0 = \frac{Eh}{12(1-\mu^2)}, \quad \boldsymbol{D}_1 = \begin{bmatrix} 1 & \mu & 0 \\ \mu & 1 & 0 \\ 0 & 0 & \dfrac{1-\mu}{2} \end{bmatrix} \tag{3.4.20}$$

最大动能 $T_{\max}$ 为

$$T_{\max} = \iiint_V \frac{1}{2}\omega^2 \rho W^2 \mathrm{d}V = \frac{1}{2}\omega^2 \iint_\Omega \int_{-\frac{h}{2}}^{\frac{h}{2}} \rho W^2 \mathrm{d}z\mathrm{d}x\mathrm{d}y$$
$$= \frac{1}{2}\omega^2 \iint_\Omega \rho h W^2 \mathrm{d}x\mathrm{d}y \tag{3.4.21}$$

这样,便得到薄板振动的固有频率的泛函为

$$\omega^2 = \mathrm{st}\frac{\iint_\Omega D_0 \boldsymbol{k}^{\mathrm{T}} \boldsymbol{D}_1 \boldsymbol{k} \mathrm{d}x\mathrm{d}y}{\iint_\Omega \rho h W^2 \mathrm{d}x\mathrm{d}y} \tag{3.4.22}$$

其中,自变函数 $W(x, y)$要求满足并且仅要求满足位移边界条件,即在边界上满足

$$W = 0, \quad \frac{\partial W}{\partial n} = 0 \tag{3.4.23}$$

如果这些位移边界条件存在.

对固有频率泛函取驻值,则其一阶变分 $\delta(\omega^2)$必等于零.经过分部积分,完成变分运算,导出如下变分方程:

$$\iint_\Omega (D_0 \nabla^4 W - \omega^2 \rho h W)\delta W \mathrm{d}x\mathrm{d}y - \oint M_n \delta\left(\frac{\partial W}{\partial n}\right)\mathrm{d}s + \oint\left(Q_n + \frac{\partial M_{ns}}{\partial s}\right)\delta W \mathrm{d}s = 0 \tag{3.4.24}$$

因变分 δW 的任意性,由式(3.4.24)第一项导出式(3.4.15),由第二、第三项导出力的边界条件式(3.4.16).由此说明固有频率的变分式(3.4.22)与板的振动特征值问题式(3.4.15)、式(3.4.16)等价.

3.4.4 薄板主振型的正交性

与梁的横向振动一样,利用泛函(3.4.22)可以方便地得到薄板主振型之间的正交性条件.为书写方便,这里对固有频率及相应的主振型暂时用一个下标进行编号.假设 $W_i(x, y)$ 与 $W_j(x, y)$分别是对应于不相等的两个固有频率 ω_i 及 ω_j 的主振型,在式(3.4.22)中将自变函数 W 取为

$$W = a_i W_i + a_j W_j \tag{3.4.25a}$$

由于 W 与 W_i 及 W_j 是线性关系,将上式代入式(3.4.18),得到

$$\boldsymbol{k} = \boldsymbol{k}(W) = a_i\boldsymbol{k}(W_i) + a_j\boldsymbol{k}(W_j) \tag{3.4.25b}$$

由上式,式(3.4.22)的分子可写成

$$\begin{aligned}\iint_\Omega D_0\boldsymbol{k}^{\mathrm{T}}\boldsymbol{D}_1\boldsymbol{k}\mathrm{d}x\mathrm{d}y &= \iint_\Omega D_0[a_i\boldsymbol{k}^{\mathrm{T}}(W_i) + a_j\boldsymbol{k}^{\mathrm{T}}(W_j)]\boldsymbol{D}_1[a_i\boldsymbol{k}(W_i) + a_j\boldsymbol{k}(W_j)]\mathrm{d}x\mathrm{d}y \\ &= a_i^2k_{ii} + a_ia_jk_{ij} + a_ja_ik_{ij} + a_j^2k_{jj}\end{aligned} \tag{3.4.26}$$

式(3.4.22)的分母可写为

$$\begin{aligned}\iint_\Omega \rho hW^2\mathrm{d}x\mathrm{d}y &= \iint_\Omega \rho h(a_iW_i + a_jW_j)(a_iW_i + a_jW_j)\mathrm{d}x\mathrm{d}y \\ &= a_i^2m_{ii} + a_ia_jm_{ij} + a_ja_im_{ij} + a_j^2m_{jj}\end{aligned} \tag{3.4.27}$$

其中,常数

$$\left.\begin{aligned}k_{sr} &= k_{rs} = \iint_\Omega D_0\boldsymbol{k}^{\mathrm{T}}(W_r)\boldsymbol{D}_1\boldsymbol{k}(W_s)\mathrm{d}x\mathrm{d}y \\ m_{sr} &= m_{rs} = \iint_\Omega \rho hW_rW_s\mathrm{d}x\mathrm{d}y\end{aligned}\right\},\quad r,\ s = i,\ j \tag{3.4.28}$$

若记矩阵 $\boldsymbol{K}$,$\boldsymbol{M}$ 及向量 $\boldsymbol{a}$ 分别为

$$\boldsymbol{K} = \begin{bmatrix} k_{ii} & k_{ij} \\ k_{ij} & k_{jj}\end{bmatrix},\quad \boldsymbol{M} = \begin{bmatrix} m_{ii} & m_{ij} \\ m_{ij} & m_{jj}\end{bmatrix},\quad \boldsymbol{a} = \begin{bmatrix} a_i \\ a_j\end{bmatrix} \tag{3.4.29}$$

则式(3.4.26)与式(3.4.27)中的二次型可分别写为

$$\iint_\Omega D_0\boldsymbol{k}^{\mathrm{T}}\boldsymbol{D}_1\boldsymbol{k}\mathrm{d}x\mathrm{d}y = \boldsymbol{a}^{\mathrm{T}}\boldsymbol{K}\boldsymbol{a}$$

$$\iint_\Omega \rho hW^2\mathrm{d}x\mathrm{d}y = \boldsymbol{a}^{\mathrm{T}}\boldsymbol{M}\boldsymbol{a}$$

将上面两式代入式(3.4.22),得到

$$\omega^2 = \mathrm{st}\frac{\boldsymbol{a}^{\mathrm{T}}\boldsymbol{K}\boldsymbol{a}}{\boldsymbol{a}^{\mathrm{T}}\boldsymbol{M}\boldsymbol{a}} \tag{3.4.30}$$

上式的形式与式(3.3.67)完全相同.采用同样的方法,可得到下列正交性条件:

$$m_{ij} = \iint_\Omega \rho hW_iW_j\mathrm{d}x\mathrm{d}y = \delta_{ij} \tag{3.4.31}$$

$$k_{ij} = \iint_\Omega D_0\boldsymbol{k}^{\mathrm{T}}(W_i)\boldsymbol{D}_1\boldsymbol{k}(W_j)\mathrm{d}x\mathrm{d}y = \omega_j^2\delta_{ij} \tag{3.4.32}$$

其中,W_i 是按下面归一化条件确定的正则振型:

$$m_{ii} = \iint_\Omega \rho hW_i^2\mathrm{d}x\mathrm{d}y = 1 \tag{3.4.33}$$

δ_{ij}的定义为

$$\delta_{ij} = \begin{cases}1, & i = j \\ 0, & i \neq j\end{cases} \tag{3.4.34}$$

在式(3.4.15)中取 $\omega = \omega_i$,$W = W_i$,并且乘以 W_j 后在面积域Ω上对x,y积分,得到另一

个正交性条件为

$$\iint_{\Omega} D_0 (\nabla^4 W_i) W_j \mathrm{d}x\mathrm{d}y = \omega_i^2 \iint_{\Omega} \rho h W_i W_j \mathrm{d}x\mathrm{d}y = \omega_i^2 \delta_{ij} \tag{3.4.35}$$

3.4.5　薄板的强迫振动

得到薄板主振型之间的正交性条件，就可以应用振型叠加法求解薄板的强迫振动了. 式(3.4.1)重写如下：

$$D_0 \nabla^4 w + \rho h \frac{\partial^2 w}{\partial t^2} = f(x, y, t) \tag{3.4.36}$$

将薄板的响应 w 按正则振型 W_{ij} 展开为如下的双重级数：

$$w(x, y, t) = \sum_{i=1}^{\infty} \sum_{j=1}^{\infty} W_{ij}(x, y) q_{ij}(t) \tag{3.4.37}$$

其中，$q_{ij}(t)$是正则坐标. 将上式代入式(3.4.36)，得

$$D_0 \sum_{i=1}^{\infty} \sum_{j=1}^{\infty} (\nabla^4 W_{ij}) q_{ij} + \rho h \sum_{i=1}^{\infty} \sum_{j=1}^{\infty} W_{ij} \ddot{q}_{ij} = f(x, y, t)$$

上式两边乘以 $W_{rs}(x, y)$，并在薄板的面积域 Ω 上对 x, y 积分，得

$$\sum_{i=1}^{\infty} \sum_{j=1}^{\infty} q_{ij} \iint_{\Omega} D_0 (\nabla^4 W_{ij}) W_{is} \mathrm{d}x\mathrm{d}y + \sum_{i=1}^{\infty} \sum_{j=1}^{\infty} \ddot{q}_{ij} \iint_{\Omega} \rho h W_{ij} W_{rs} \mathrm{d}x\mathrm{d}y = \iint_{\Omega} f(x, y, t) W_{rs} \mathrm{d}x\mathrm{d}y$$

由正交性条件式(3.4.31)及式(3.4.35)，上式成为

$$\ddot{q}_{rs}(t) + \omega_{rs}^2 q_{rs}(t) = F_{rs}(t) \tag{3.4.38}$$

式(3.4.38)即正则方程，其中，$F_{rs}(t)$是正则广义力，

$$F_{rs}(t) = \iint_{\Omega} f(x, y, t) W_{rs}(x, y) \mathrm{d}x\mathrm{d}y \tag{3.4.39}$$

假定薄板的初始条件为

$$w(x, y, 0) = w_0(x, y), \quad \left.\frac{\partial w}{\partial t}\right|_{t=0} = w_0(x, y) \tag{3.4.40}$$

将式(3.4.37)代入式(3.4.40)，得

$$\begin{aligned} w(x, y, 0) = w_0(x, y) &= \sum_{i=1}^{\infty} \sum_{j=1}^{\infty} W_{ij}(x, y) q_{ij}(0) \\ \left.\frac{\partial w}{\partial t}\right|_{t=0} = \dot{w}_0(x, y) &= \sum_{i=1}^{\infty} \sum_{j=1}^{\infty} W_{ij}(x, y) \dot{q}_{ij}(0) \end{aligned} \tag{3.4.41}$$

上面两式乘以 $\rho h W_{rs}(x, y)$，并在面积域 Ω 上积分，利用正交性条件式(3.4.31)，得到正则坐标的初始条件为

$$\begin{aligned} q_{rs}(0) &= \iint_{\Omega} \rho h w_0(x, y) W_{rs}(x, y) \mathrm{d}x\mathrm{d}y \\ \dot{q}_{rs}(0) &= \iint_{\Omega} \rho h \dot{w}_0(x, y) W_{rs}(x, y) \mathrm{d}x\mathrm{d}y \end{aligned} \tag{3.4.42}$$

根据单自由度系统振动理论，从式(3.4.38)及式(3.4.42)得到正则响应为

$$q_{rs}(t) = q_{rs}(0)\cos\omega_{rs}t + \frac{\dot{q}_{rs}(0)}{\omega_{rs}}\sin\omega_{rs}t + \frac{1}{\omega_{rs}}\int_0^t F_{rs}(\tau)\sin\omega_{rs}(t-\tau)\mathrm{d}\tau \quad (3.4.43)$$

将各个形如上式的正则响应代入式(3.4.37)，便得到薄板的强迫振动响应为

$$w(x, y, t) = \sum_{r=1}^{\infty}\sum_{s=1}^{\infty} W_{ij}(x, y)\Big[q_{rs}(0)\cos\omega_{rs}t + \frac{\dot{q}_{rs}(0)}{\omega_{rs}}\sin\omega_{rs}t + \frac{1}{\omega_{rs}}\int_0^t F_{rs}(\tau)\sin\omega_{rs}(t-\tau)\mathrm{d}\tau\Big] \quad (3.4.44)$$

对于稳态响应有

$$w(x, y, t) = \sum_{r=1}^{\infty}\sum_{s=1}^{\infty}\frac{1}{\omega_{rs}}W_{ij}(x, y)\int_0^t F_{rs}(\tau)\sin\omega_{rs}(t-\tau)\mathrm{d}\tau \quad (3.4.45)$$

如果作用在薄板上的动载荷不是分布力 $f(x, y, t)$，而是在坐标(x_0, y_0)上的集中力 $P(t)$，则可以类似上一节的函数 $\delta(x)$，引入二维函数 $\delta(x, y)$，它定义为

$$\delta(x-x_0, y-y_0) = \begin{cases}\infty, & x = x_0,\ y = y_0 \\ 0, & 其他\end{cases} \quad (3.4.46)$$

且

$$\iint_\Omega \delta(x-x_0, y-y_0)\mathrm{d}x\mathrm{d}y = 1 \quad (3.4.47)$$

其中，Ω 为包含点(x_0, y_0)在内的面积区域. 利用二重积分中值定理可以证明 $\delta(x, y)$有下列筛选性质：

$$\iint_\Omega f(x, y)\delta(x-x_0, y-y_0)\mathrm{d}x\mathrm{d}y = f(x_0, y_0) \quad (3.4.48)$$

其中，$f(x, y)$是面积域 Ω 上的连续函数. 根据 $\delta(x, y)$的定义，当薄板在点(x_0, y_0)受到集中力 $P(t)$作用时，板上的分布力可以写为

$$f(x, y, t) = P(t)\delta(x-x_0, y-y_0)$$

将上式代入式(3.4.39)，得到正则广义力

$$\begin{aligned}F_{rs}(t) &= \iint_\Omega P(t)\delta(x-x_0, y-y_0)W_{rs}(x, y)\mathrm{d}x\mathrm{d}y \\ &= P(t)W_{rs}(x_0, y_0)\end{aligned} \quad (3.4.49)$$

当薄板上没有激振力作用时，由式(3.4.39)知正则广义力为零，这时式(3.4.43)中不出现积分项，从而得到自由振动.

有一类自由振动是这样引起的：薄板因受静载荷作用而产生静变形(或静挠度)，当静载荷突然移去时，薄板即产生横向自由振动. 为避免计算静变形 $w(x, y, 0)$，可采用下列方法. 设移去以前的静载荷是分布力 $f_{\mathrm{st}}(x, y)$，由于不产生加速度，从式(3.4.36)得到

$$D_0\nabla^4 w\big|_{t=0} = f_{\mathrm{st}}(x, y) \quad (3.4.50)$$

将式(3.4.41)的第一式代入上式,得

$$D_0 \sum_{i=1}^{\infty} \sum_{j=1}^{\infty} \nabla^4 W_{ij} q_{ij}(0) = f_{st}(x, y)$$

上式两边乘以 $W_{rs}(x, y)$,并在面积域 Ω 上积分,由正交性条件式(3.4.35)得出

$$q_{rs}(0) = \frac{1}{\omega_{rs}^2} \iint_{\Omega} f_{st}(x, y) W_{rs}(x, y) \mathrm{d}x \mathrm{d}y \tag{3.4.51}$$

至于 $\dot{q}_{rs}(0)$,自然恒等于零,于是薄板的自由振动为

$$w(x, y, t) = \sum_{r=1}^{\infty} \sum_{s=1}^{\infty} W_{rs}(x, y) q_{rs}(0) \cos \omega_{rs} t \tag{3.4.52}$$

例 3.7 假定图 3.17 中的四边简支矩形板受到分布力

$$f(x, y, t) = f_0 \sin \frac{\pi x}{a} \sin \frac{\pi y}{b} \cos \omega t$$

的作用,其中,f_0 为常数,激振频率 ω 不等于任一阶固有频率,试求薄板的稳态响应.

解 由式(3.4.12),已知四边简支矩形板的固有频率为

$$\omega_{ij} = \pi^2 \left(\frac{i^2}{a^2} + \frac{j^2}{b^2} \right) \sqrt{\frac{D_0}{\rho h}}, \quad i, j = 1, 2, \cdots$$

相应的主振型为

$$W_{ij} = A_{ij} \sin \frac{i \pi x}{a} \sin \frac{j \pi y}{b}, \quad i, j = 1, 2, \cdots$$

由式(3.4.33)所示的归一化条件有

$$\begin{aligned}
\iint_{\Omega} \rho h W_{ij}^2 \mathrm{d}x \mathrm{d}y &= \int_0^a \int_0^b \rho h \left(A_{ij} \sin \frac{i \pi x}{a} \sin \frac{j \pi y}{b} \right)^2 \mathrm{d}x \mathrm{d}y \\
&= \rho h A_{ij}^2 \int_0^a \sin^2 \frac{i \pi x}{a} \mathrm{d}x \int_0^b \sin^2 \frac{j \pi y}{b} \mathrm{d}y \\
&= \rho h A_{ij}^2 \frac{ab}{4} = 1
\end{aligned}$$

因此正则振型 W_{ij} 中的常数 $A_{ij} = \sqrt{\dfrac{4}{\rho hab}}$.

由式(3.4.39)算出正则广义力为

$$\begin{aligned}
F_{ij}(t) &= \int_0^a \int_0^b f_0 \sin \frac{\pi x}{a} \sin \frac{\pi y}{b} \cos \omega t \cdot A_{ij} \cdot \sin \frac{i \pi x}{a} \sin \frac{j \pi y}{b} \mathrm{d}x \mathrm{d}y \\
&= f_0 A_{ij} \cos \omega t \int_0^a \sin \frac{\pi x}{a} \sin \frac{i \pi x}{b} \mathrm{d}x \cdot \int_0^b \sin \frac{\pi y}{b} \sin \frac{j \pi y}{b} \mathrm{d}y \\
&= \begin{cases} \dfrac{1}{4} ab f_0 A_{11} \cos \omega t, & i = j = 1 \\ 0, & i, j \text{ 不同时为 } 1 \end{cases}
\end{aligned}$$

正则方程为

$$\ddot{q}_{11}+\omega_{11}^2 q_{11}=F_{11}(t)$$

解出正则坐标的稳态响应为

$$q_{11}(t)=\frac{1}{\omega_{11}^2-\omega^2}\cdot\frac{1}{4}abf_0A_{11}\cos\omega t=\frac{\rho habf_0A_{11}\cos\omega t}{4\left[D_0\left(\frac{\pi^2}{a^2}+\frac{\pi^2}{b^2}\right)^2-\rho h\omega^2\right]}$$

$$q_{ij}(t)=0,\quad i,j\text{ 不同时为 }1$$

于是薄板的稳态响应为

$$\begin{aligned}w(x,y,t)&=\sum_{i=1}^{\infty}\sum_{j=1}^{\infty}W_{ij}(x,y)q_{ij}(t)=W_{11}(x,y)q_{11}(t)\\&=A_{11}\sin\frac{\pi x}{a}\sin\frac{\pi y}{b}\cdot\frac{\rho habf_0A_{11}\cos\omega t}{4\left[D_0\left(\frac{\pi^2}{a^2}+\frac{\pi^2}{b^2}\right)^2-\rho h\omega^2\right]}\\&=\frac{f_0\cos\omega t}{D_0\left(\frac{\pi^2}{a^2}+\frac{\pi^2}{b^2}\right)^2-\rho h\omega^2}\sin\frac{\pi x}{a}\sin\frac{\pi y}{b}\end{aligned}$$

3.4.6 圆板的振动

对于圆板来说,采用极坐标最方便,有

$$\nabla^2 w=\frac{\partial^2 w}{\partial r^2}+\frac{1}{r}\frac{\partial w}{\partial r}+\frac{1}{r^2}\frac{\partial^2 w}{\partial\theta^2}$$

于是,式(3.4.1)所示的薄板振动方程在极坐标系中成为

$$D_0\left(\frac{\partial^2}{\partial r^2}+\frac{1}{r}\frac{\partial}{\partial r}+\frac{1}{r^2}\frac{\partial^2}{\partial\theta^2}\right)\left(\frac{\partial^2}{\partial r^2}+\frac{1}{r}\frac{\partial}{\partial r}+\frac{1}{r^2}\frac{\partial^2}{\partial\theta^2}\right)w+\rho h\frac{\partial^2 w}{\partial t^2}=f\tag{3.4.53}$$

其中,$w=w(r,\theta,t)$,$f=f(r,\theta,t)$.

对于圆形薄板,极坐标系的原点宜建立在圆心,假定圆板半径为 a,那么在 $r=a$ 处相应的边界条件分类如下:

(a) 固定边

$$w\big|_{r=a}=0,\quad \frac{\partial w}{\partial r}\bigg|_{r=a}=0\tag{3.4.54}$$

(b) 简支边

$$w\big|_{r=a}=0,\quad M_r\big|_{r=a}=0\tag{3.4.55}$$

(c) 自由边

$$M_r\big|_{r=a}=0,\quad \left(Q_r+\frac{1}{r}\frac{\partial M_{r\theta}}{\partial\theta}\right)\bigg|_{r=a}=0 \tag{3.4.56}$$

现在来讨论圆板的固有振动.设圆板的主振动为

$$w(r,\theta,t)=W(r,\theta)\sin(\omega t+\varphi) \tag{3.4.57}$$

将上式代入式(3.4.53)相应的自由振动方程,仍然得到

$$\nabla^4 W-\beta^4 W=0 \tag{3.4.58}$$

其中

$$\beta^4=\frac{\rho h\omega^2}{D_0} \tag{3.4.59}$$

式(3.4.58)可改写为

$$(\nabla^2+\beta^2)(\nabla^2-\beta^2)W=0$$

因而下列两个方程的解都是式(3.4.58)的解:

$$\left(\frac{\partial^2}{\partial r^2}+\frac{1}{r}\frac{\partial}{\partial r}+\frac{1}{r^2}\frac{\partial^2}{\partial\theta^2}+\beta^2\right)W=0 \tag{3.4.60}$$

$$\left(\frac{\partial^2}{\partial r^2}+\frac{1}{r}\frac{\partial}{\partial r}+\frac{1}{r^2}\frac{\partial^2}{\partial\theta^2}-\beta^2\right)W=0 \tag{3.4.61}$$

设主振型 $W(r,\theta)$为

$$W(r,\theta)=R(r)\cos n\theta,\quad n=0,1,2,\cdots \tag{3.4.62}$$

对应于 $n=0$,振型是轴对称的;对应于 $n=1$ 及 $n=2$,圆板的环向围线将分别具有一个及两个波,或者说,圆板将分别具有一根及两根径向节线;对应于 $n=3,4,\cdots$也以此类推.将式(3.4.62)代入式(3.4.60)及式(3.4.61),得到下列两个常微分方程:

$$\frac{\mathrm{d}^2R}{\mathrm{d}r^2}+\frac{1}{r}\frac{\mathrm{d}R}{\mathrm{d}r}+\left(\beta^2-\frac{n^2}{r^2}\right)R=0 \tag{3.4.63}$$

$$\frac{\mathrm{d}^2R}{\mathrm{d}r^2}+\frac{1}{r}\frac{\mathrm{d}R}{\mathrm{d}r}-\left(\beta^2+\frac{n^2}{r^2}\right)R=0 \tag{3.4.64}$$

式(3.4.63)为 n 阶贝塞尔方程,其通解为

$$R(r)=C_1\mathrm{J}_n(\beta r)+C_2\mathrm{N}_n(\beta r) \tag{3.4.65}$$

其中,$\mathrm{J}_n(\beta r)$,$\mathrm{N}_n(\beta r)$分别是实宗量的第一类及第二类贝塞尔函数.式(3.4.64)为 n 阶修正贝塞尔方程,其通解为

$$R(r)=C_3\mathrm{I}_n(\beta r)+C_4\mathrm{K}_n(\beta r) \tag{3.4.66}$$

其中,$\mathrm{I}_n(\beta r)$,$\mathrm{K}_n(\beta r)$分别是虚宗量的第一类及第二类贝塞尔函数,这样,式(3.4.58)的通解为

$$W(r,\theta)=[C_1\mathrm{J}_n(\beta r)+C_2\mathrm{N}_n(\beta r)+C_3\mathrm{I}_n(\beta r)+C_4\mathrm{K}_n(\beta r)]\cos n\theta \tag{3.4.67}$$

如果圆板具有圆孔，那么在外圆边界和内孔边界各有两个边界条件，利用这四个边界条件可得到关于常数 C_1, C_2, C_3, C_4 的齐次线性方程组，令方程组的系数行列式等于零，即得到频率方程.将解出的固有频率代入齐次方程组，可以确定 C_1, C_2, C_3, C_4 之间的比例关系，从而求得相应的主振型.这个过程类同于梁的固有振动分析.

如果圆板是实心的，则在圆板中心有 $\beta r = 0$，$\mathrm{N}_n(\beta r)$ 与 $\mathrm{K}_n(\beta r)$ 将趋于无穷大，而实际上，圆板中心的 w 与 $\dfrac{\partial w}{\partial r}$ 应当是有限值，所以必须有 $C_2 = C_4 = 0$，于是式(3.4.67)简化为

$$W(r, \theta) = [C_1 \mathrm{J}_n(\beta r) + C_3 \mathrm{I}_n(\beta r)]\cos n\theta \tag{3.4.68}$$

利用圆板外缘的两个边界条件可得到关于 C_1, C_3 的齐次方程组，从而导出频率方程及主振型.

用 $R(r)$ 表示的在 $r = a$ 处的边界条件可以这样得到：将式(3.4.62)代入式(3.4.57)，然后再代入式(3.4.54)～式(3.4.56)，即

(a) 固定边

$$R(a) = 0, \quad \left.\frac{\mathrm{d}R}{\mathrm{d}r}\right|_{r=a} = 0 \tag{3.4.69}$$

(b) 简支边

$$R(a) = 0, \quad \left.\left[\frac{\mathrm{d}^2 R}{\mathrm{d}r^2} + \mu\left(\frac{1}{r}\frac{\mathrm{d}R}{\mathrm{d}r} - \frac{n^2}{r^2}R\right)\right]\right|_{r=a} = 0 \tag{3.4.70}$$

(c) 自由边

$$\begin{gathered}\left.\left[\frac{\mathrm{d}^2 R}{\mathrm{d}r^2} + \mu\left(\frac{1}{r}\frac{\mathrm{d}R}{\mathrm{d}r} - \frac{n^2}{r^2}R\right)\right]\right|_{r=a} = 0 \\ \left.\left[\frac{\mathrm{d}}{\mathrm{d}r}\left(\frac{\mathrm{d}^2 R}{\mathrm{d}r^2} + \frac{1}{r}\frac{\mathrm{d}R}{\mathrm{d}r} - \frac{n^2}{r^2}R\right) + \frac{(1-\mu)n^2}{r^2}\left(\frac{1}{r}R - \frac{\mathrm{d}R}{\mathrm{d}r}\right)\right]\right|_{r=a} = 0\end{gathered} \tag{3.4.71}$$

例 3.8 试计算外边界固定的实心圆板不出现径向节线(节径)时较低的前三个固有频率.

解 设圆板半径为 a，将

$$R(r) = C_1 \mathrm{J}_n(\beta r) + C_3 \mathrm{I}_n(\beta r)$$

代入边界条件式(3.4.69)，得

$$C_1 \mathrm{J}_n(\beta a) + C_3 \mathrm{I}_n(\beta a) = 0 \tag{1}$$

$$\left.\frac{\mathrm{d}}{\mathrm{d}r}[C_1 \mathrm{J}_n(\beta r) + C_3 \mathrm{I}_n(\beta r)]\right|_{r=a} = 0 \tag{2}$$

由于

$$\frac{\mathrm{d}}{\mathrm{d}r}\mathrm{J}_n(\beta r) = \beta\left[\frac{n}{\beta r}\mathrm{J}_n(\beta r) - \mathrm{J}_{n+1}(\beta r)\right]$$

$$\frac{\mathrm{d}}{\mathrm{d}r}\mathrm{I}_n(\beta r) = \beta\left[\frac{n}{\beta r}\mathrm{I}_n(\beta r) + \mathrm{I}_{n+1}(\beta r)\right]$$

所以式(2)成为

$$C_1\left[\frac{n}{\beta a}\mathrm{J}_n(\beta a) - \mathrm{J}_{n+1}(\beta a)\right] + C_3\left[\frac{n}{\beta a}\mathrm{I}_n(\beta a) + \mathrm{I}_{n+1}(\beta a)\right] = 0 \tag{3}$$

要有非零解 C_1,C_3,式(1)、式(3)组成的方程组的系数行列式必须为零,即

$$\begin{vmatrix} \mathrm{J}_n(\beta a) & \mathrm{I}_n(\beta a) \\ \frac{n}{\beta a}\mathrm{J}_n(\beta a) - \mathrm{J}_{n+1}(\beta a) & \frac{n}{\beta a}\mathrm{I}_n(\beta a) + \mathrm{I}_{n+1}(\beta a) \end{vmatrix} = 0 \tag{4}$$

由上式得到下列频率方程:

$$\mathrm{J}_n(\beta a)\mathrm{I}_{n+1}(\beta a) + \mathrm{J}_{n+1}(\beta a)\mathrm{I}_n(\beta a) = 0, \quad n = 0, 1, 2, \cdots \tag{5}$$

当 $n = 0$ 时,圆板不出现节径,式(5)成为

$$\mathrm{J}_0(\beta a)\mathrm{I}_1(\beta a) + \mathrm{J}_1(\beta a)\mathrm{I}_0(\beta a) = 0 \tag{6}$$

方程(6)的根从小到大可排列为 β_{00}, β_{01}, β_{02}, …,其中,第一个下标表示节径个数,第二个下标实际上表示节圆个数,解出前三个根为

$$\beta_{00}a = 3.196, \quad \beta_{01}a = 6.306, \quad \beta_{02}a = 9.44$$

于是,由式(3.4.59)得到不出现节径时的前三个固有频率为

$$\omega_{00} = \frac{10.21}{a^2}\sqrt{\frac{D_0}{\rho h}}, \quad \omega_{01} = \frac{39.77}{a^2}\sqrt{\frac{D_0}{\rho h}}, \quad \omega_{02} = \frac{88.9}{a^2}\sqrt{\frac{D_0}{\rho h}}$$

相应的主振型可由下式得到:

$$W_{0s} = C_{0s}\left[\mathrm{J}_0\left(\beta_{0s}r\right) + b_{0s}\mathrm{I}_0\left(\beta_{0s}r\right)\right], \quad s = 0, 1, 2$$

其中

$$b_{0s} = -\frac{\mathrm{J}_0\left(\beta_{0s}a\right)}{\mathrm{I}_0\left(\beta_{0s}a\right)}$$

若在频率方程(5)中取 $n = 1$,则可以计算出圆板出现一条节径时的固有频率,其余类推.记 W_{ns} 为圆板上出现 n 条节径、s 个节圆的主振型,它的表达式为

$$W_{ns} = C_{ns}\left[\mathrm{J}_n\left(\beta_{ns}r\right) + b_{ns}\mathrm{I}_n\left(\beta_{ns}r\right)\right]\cos n\theta, \quad n, s = 0, 1, 2, \cdots$$

其中

$$b_{ns} = -\frac{J_n(\beta_{ns}a)}{I_n(\beta_{ns}a)}, \quad \beta_{ns}^4 = \frac{\rho h}{D_0}\omega_{ns}^2$$

图 3.22 画出了圆板的几种振型图.

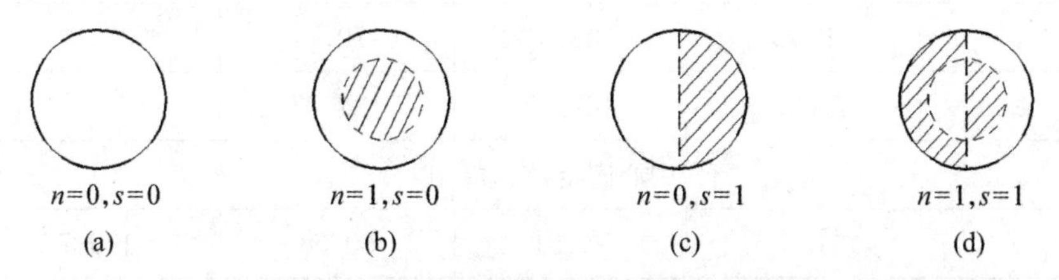

图 3.22 圆板的几种振型

(a) $\omega_{00} = \frac{10.21}{a^2}\sqrt{\frac{D_0}{\rho h}}$; (b) $\omega_{01} = \frac{39.77}{a^2}\sqrt{\frac{D_0}{\rho h}}$;

(c) $\omega_{10} = \frac{21.26}{a^2}\sqrt{\frac{D_0}{\rho h}}$; (d) $\omega_{11} = \frac{60.82}{a^2}\sqrt{\frac{D_0}{\rho h}}$

圆板的固有频率通常表示为

$$\omega = \frac{k}{a^2}\sqrt{\frac{D_0}{\rho h}} \tag{3.4.72}$$

其中,k 称为频率系数.表 3.3 给出了泊松比 μ 等于 0.3 时各种边界的实心圆板的 k 值.

表 3.3 各种边界的实心圆板的 k 值

s \ n	0	1	2	3
		周边固定		
0	10.21	21.25	34.88	51.04
1	39.78	60.82	84.58	111.00
2	89.10	120.07	153.81	190.30
3	158.13	199.07	242.73	289.17
		周边自由		
0			5.253	12.23
1	9.084	21.43	35.25	52.91
2	38.55	59.81	83.91	111.30
3	87.80	110.03	154.01	192.10

续表

s \ n	0	1	2	3
周边简支				
0	4.977	13.94	25.65	
1	29.76	48.51	70.14	
2	74.20	102.80	134.33	
中心固定,周边自由				
0	3.75	20.91	60.68	119.7

3.5 弹性动力学

3.5.1 三维弹性体动力学方程

应力平衡方程为

$$\boldsymbol{E}(\nabla)\boldsymbol{\sigma}+\boldsymbol{f}=\rho\frac{\partial^2\boldsymbol{u}}{\partial t^2},\quad \boldsymbol{x}\in V \tag{3.5.1}$$

应力应变关系为

$$\boldsymbol{\sigma}=\boldsymbol{a}\boldsymbol{\varepsilon},\quad \boldsymbol{x}\in V \tag{3.5.2}$$

应变位移关系为

$$\boldsymbol{\varepsilon}=\boldsymbol{E}^{\mathrm{T}}(\nabla)\boldsymbol{u},\quad \boldsymbol{x}\in V \tag{3.5.3}$$

位移边界条件为

$$\boldsymbol{u}=\bar{\boldsymbol{u}},\quad \boldsymbol{x}\in S_u \tag{3.5.4}$$

应力边界条件为

$$\boldsymbol{E}(\nu)\boldsymbol{\sigma}=\bar{\boldsymbol{p}},\quad \boldsymbol{x}\in S_\sigma \tag{3.5.5}$$

初始条件为

$$\begin{aligned}\boldsymbol{u}\big|_{t=0}&=\bar{\boldsymbol{u}}_0,\quad \boldsymbol{x}\in V\\ \frac{\partial\boldsymbol{u}}{\partial t}\bigg|_{t=0}&=\bar{\boldsymbol{u}}_{10},\quad \boldsymbol{x}\in V\end{aligned} \tag{3.5.6}$$

其中

$$\boldsymbol{u}=[u\quad v\quad w]^{\mathrm{T}} \tag{3.5.7}$$

$$\boldsymbol{\sigma}=[\sigma_x\quad \sigma_y\quad \sigma_z\quad \tau_{yz}\quad \tau_{xz}\quad \tau_{xy}]^{\mathrm{T}} \tag{3.5.8}$$

$$\boldsymbol{\varepsilon}=[\varepsilon_x\quad \varepsilon_y\quad \varepsilon_z\quad r_{yz}\quad r_{xz}\quad r_{xy}]^{\mathrm{T}} \tag{3.5.9}$$

$$f = [f_x \quad f_y \quad f_z]^{\mathrm{T}} \tag{3.5.10}$$

$$\boldsymbol{E}(\nabla) = \begin{bmatrix} \frac{\partial}{\partial x} & 0 & 0 & 0 & \frac{\partial}{\partial z} & \frac{\partial}{\partial y} \\ 0 & \frac{\partial}{\partial y} & 0 & \frac{\partial}{\partial z} & 0 & \frac{\partial}{\partial x} \\ 0 & 0 & \frac{\partial}{\partial z} & \frac{\partial}{\partial y} & \frac{\partial}{\partial x} & 0 \end{bmatrix} = \boldsymbol{E}_1 \frac{\partial}{\partial x} + \boldsymbol{E}_2 \frac{\partial}{\partial y} + \boldsymbol{E}_3 \frac{\partial}{\partial z} \tag{3.5.11}$$

$$\begin{aligned} \boldsymbol{E}_1 &= \begin{bmatrix} 1 & 0 & 0 & 0 & 0 & 0 \\ 0 & 0 & 0 & 0 & 0 & 1 \\ 0 & 0 & 0 & 0 & 1 & 0 \end{bmatrix} \\ \boldsymbol{E}_2 &= \begin{bmatrix} 0 & 0 & 0 & 0 & 0 & 1 \\ 0 & 1 & 0 & 0 & 0 & 0 \\ 0 & 0 & 0 & 1 & 0 & 0 \end{bmatrix} \\ \boldsymbol{E}_3 &= \begin{bmatrix} 0 & 0 & 0 & 0 & 1 & 0 \\ 0 & 0 & 0 & 1 & 0 & 0 \\ 0 & 0 & 1 & 0 & 0 & 0 \end{bmatrix} \end{aligned} \tag{3.5.12}$$

$$\boldsymbol{E}(\nu) = \begin{bmatrix} l & 0 & 0 & 0 & n & m \\ 0 & m & 0 & n & 0 & l \\ 0 & 0 & n & m & l & 0 \end{bmatrix} = \boldsymbol{E}_1 l + \boldsymbol{E}_2 m + \boldsymbol{E}_3 n \tag{3.5.13}$$

$$\boldsymbol{a} = \begin{bmatrix} \lambda + 2G & \lambda & \lambda & 0 & 0 & 0 \\ \lambda & \lambda + 2G & \lambda & 0 & 0 & 0 \\ \lambda & \lambda & \lambda + 2G & 0 & 0 & 0 \\ 0 & 0 & 0 & G & 0 & 0 \\ 0 & 0 & 0 & 0 & G & 0 \\ 0 & 0 & 0 & 0 & 0 & G \end{bmatrix} \tag{3.5.14}$$

将式(3.5.3)、式(3.5.2)代入式(3.5.1),得到以位移表示的动力学方程为

$$\boldsymbol{E}(\nabla)[\boldsymbol{a}\boldsymbol{E}^{\mathrm{T}}(\nabla)\boldsymbol{u}] + \boldsymbol{f} = \rho \frac{\partial^2 \boldsymbol{u}}{\partial t^2} \tag{3.5.15}$$

上式展开后为

$$\begin{aligned} (\lambda + G)\frac{\partial e}{\partial x} + G\nabla^2 u + f_x &= \rho \frac{\partial^2 u}{\partial t^2} \\ (\lambda + G)\frac{\partial e}{\partial y} + G\nabla^2 v + f_y &= \rho \frac{\partial^2 v}{\partial t^2} \\ (\lambda + G)\frac{\partial e}{\partial z} + G\nabla^2 w + f_z &= \rho \frac{\partial^2 w}{\partial t^2} \end{aligned} \tag{3.5.16}$$

其中

$$e = \frac{\partial u}{\partial x} + \frac{\partial v}{\partial y} + \frac{\partial w}{\partial z}, \quad \nabla^2 = \frac{\partial^2}{\partial x^2} + \frac{\partial^2}{\partial y^2} + \frac{\partial^2}{\partial z^2} \tag{3.5.17}$$

相应的位移边界条件为式(3.5.4),力的边界条件为

$$\boldsymbol{E}(\nu)\boldsymbol{a}\boldsymbol{E}^{\mathrm{T}}(\nabla)\boldsymbol{u} = \bar{\boldsymbol{p}}, \quad \boldsymbol{x} \in S_\sigma \tag{3.5.18}$$

初始条件为式(3.5.6).

3.5.2 自由振动

在式(3.5.15)中令 $\boldsymbol{f} = \boldsymbol{0}$,即得自由振动方程为

$$\boldsymbol{E}(\nabla)[\boldsymbol{a}\boldsymbol{E}^{\mathrm{T}}(\nabla)\boldsymbol{u}] = \rho\frac{\partial^2 \boldsymbol{u}}{\partial t^2} \tag{3.5.19}$$

考虑 $\bar{\boldsymbol{u}} = \boldsymbol{0}$ 与 $\bar{\boldsymbol{p}} = \boldsymbol{0}$ 的齐次边界条件,设振动位移为

$$\boldsymbol{u} = \boldsymbol{\phi}\sin(\omega t + \varphi) \tag{3.5.20}$$

将式(3.5.20)代入式(3.5.15),得

$$\boldsymbol{E}(\nabla)[\boldsymbol{a}\boldsymbol{E}^{\mathrm{T}}(\nabla)\boldsymbol{\phi}] = -\rho\omega^2\boldsymbol{\phi}, \quad \boldsymbol{x} \in \Omega \tag{3.5.21}$$

相应边界条件为:

固定边界

$$\boldsymbol{\phi} = \boldsymbol{0}, \quad \boldsymbol{x} \in S_u \tag{3.5.22}$$

自由边界

$$\boldsymbol{E}(\nu)\boldsymbol{a}\boldsymbol{E}^{\mathrm{T}}(\nabla)\boldsymbol{\phi} = \boldsymbol{0}, \quad \boldsymbol{x} \in S_\sigma \tag{3.5.23}$$

上述式(3.5.21)~式(3.5.23)组成特征值问题,ω^2 为特征值.因为系统是连续的,给出的特征值解是一个无穷序列 $\omega_i^2(i=1,\ 2,\ \cdots)$,$\omega_i$ 为固有频率.对应于每个特征值 ω_i^2,有一个相应的主振型 $\boldsymbol{\phi}_i$.将式(3.5.20)代入式(3.5.2)、式(3.5.3),得

$$\boldsymbol{\varepsilon}_{\max} = \boldsymbol{\varepsilon}_{\boldsymbol{\phi}} = [\boldsymbol{E}^{\mathrm{T}}(\nabla)\boldsymbol{\phi}\sin(\omega t + \varphi)]_{\max} = \boldsymbol{E}^{\mathrm{T}}(\nabla)\boldsymbol{\phi} \tag{3.5.24}$$

$$\boldsymbol{\sigma}_{\max} = \boldsymbol{\sigma}_{\boldsymbol{\phi}} = \boldsymbol{a}\boldsymbol{E}^{\mathrm{T}}(\nu)\boldsymbol{\phi} \tag{3.5.25}$$

3.5.3 固有频率变分式

式(3.5.21)~式(3.5.23)组成的特征值问题一般没有封闭形式的解,必须采用近似分析方法.与梁板振动一样,三维弹性体振动也可以由泛函的驻值问题提出.为了写出固有频率的泛函变分式,先计算三维弹性体振动时的最大弹性势能 $U_{\max}$ 和最大动能 $T_{\max}$.最大弹性势能为

$$U_{\max} = \int_V \frac{1}{2}\boldsymbol{\varepsilon}_{\boldsymbol{\phi}}^{\mathrm{T}}\boldsymbol{a}\boldsymbol{\sigma}_{\boldsymbol{\phi}}\mathrm{d}V$$

这里,$\mathrm{d}V = \mathrm{d}x\mathrm{d}y\mathrm{d}z$.将式(3.5.2)与式(3.5.3)代入上式,得

$$U_{\max} = \int_V \frac{1}{2}\boldsymbol{\varepsilon}_{\phi}^{\mathrm{T}}\boldsymbol{a}\boldsymbol{\varepsilon}_{\phi}\mathrm{d}V = \int_V \frac{1}{2}[\boldsymbol{E}^{\mathrm{T}}(\nabla)\boldsymbol{\phi}]^{\mathrm{T}}\boldsymbol{a}\boldsymbol{E}^{\mathrm{T}}(\nabla)\boldsymbol{\phi}\mathrm{d}V \tag{3.5.26}$$

最大动能为

$$T_{\max} = \int_V \frac{1}{2}\omega^2\rho\boldsymbol{\phi}^{\mathrm{T}}\boldsymbol{\phi}\mathrm{d}V \tag{3.5.27}$$

这样,便得到三维弹性体振动的固有频率的泛函为

$$\omega^2 = \mathrm{st}\frac{\int_V [\boldsymbol{E}^{\mathrm{T}}(\nabla)\boldsymbol{\phi}]^{\mathrm{T}}\boldsymbol{a}\boldsymbol{E}^{\mathrm{T}}(\nabla)\boldsymbol{\phi}\mathrm{d}V}{\int_V \rho\boldsymbol{\phi}^{\mathrm{T}}\boldsymbol{\phi}\mathrm{d}V} \tag{3.5.28}$$

这里,$\boldsymbol{\phi}$ 满足位移边界条件式(3.5.22).现在来证明泛函变分式(3.5.28)等价于式(3.5.21)～式(3.5.23)组成的特征值问题.对泛函(3.5.28)取驻值,必须有

$$\delta(\omega^2) = 0$$

即由 ω^2 的一阶变分为零可以给出

$$\frac{1}{2}\left(\delta\int_V [\boldsymbol{E}^{\mathrm{T}}(\nabla)\boldsymbol{\phi}]^{\mathrm{T}}\boldsymbol{a}\boldsymbol{E}^{\mathrm{T}}(\nabla)\boldsymbol{\phi}\mathrm{d}V - \omega^2\delta\int_V \rho\boldsymbol{\phi}^{\mathrm{T}}\boldsymbol{\phi}\mathrm{d}V\right) = 0 \tag{3.5.29}$$

对第一项采用分部积分并应用格林公式,可得

$$\begin{aligned}
&\frac{1}{2}\delta\int_V [\boldsymbol{E}^{\mathrm{T}}(\nabla)\boldsymbol{\phi}]^{\mathrm{T}}\boldsymbol{a}\boldsymbol{E}^{\mathrm{T}}(\nabla)\boldsymbol{\phi}\mathrm{d}V \\
&\quad = \int_V [\boldsymbol{E}^{\mathrm{T}}(\nabla)\delta\boldsymbol{\phi}]^{\mathrm{T}}\boldsymbol{a}\boldsymbol{E}^{\mathrm{T}}(\nabla)\boldsymbol{\phi}\mathrm{d}V \\
&\quad = \int_V \left[\boldsymbol{E}_1^{\mathrm{T}}\frac{\partial\delta\boldsymbol{\phi}}{\partial x} + \boldsymbol{E}_2^{\mathrm{T}}\frac{\partial\delta\boldsymbol{\phi}}{\partial y} + \boldsymbol{E}_3^{\mathrm{T}}\frac{\partial\delta\boldsymbol{\phi}}{\partial z}\right]^{\mathrm{T}}\boldsymbol{a}\boldsymbol{E}^{\mathrm{T}}(\nabla)\boldsymbol{\phi}\mathrm{d}V \\
&\quad = \int_V \left[\frac{\partial\delta\boldsymbol{\phi}^{\mathrm{T}}}{\partial x}\boldsymbol{E}_1\boldsymbol{a}\boldsymbol{E}^{\mathrm{T}}(\nabla)\boldsymbol{\phi} + \frac{\partial\delta\boldsymbol{\phi}^{\mathrm{T}}}{\partial y}\boldsymbol{E}_2\boldsymbol{a}\boldsymbol{E}^{\mathrm{T}}(\nabla)\boldsymbol{\phi} + \frac{\partial\delta\boldsymbol{\phi}^{\mathrm{T}}}{\partial z}\boldsymbol{E}_3\boldsymbol{a}\boldsymbol{E}^{\mathrm{T}}(\nabla)\boldsymbol{\phi}\right]\mathrm{d}V \\
&\quad = \int_V \left\{\frac{\partial}{\partial x}[\delta\boldsymbol{\phi}^{\mathrm{T}}\boldsymbol{E}_1\boldsymbol{a}\boldsymbol{E}^{\mathrm{T}}(\nabla)\boldsymbol{\phi}] + \frac{\partial}{\partial y}[\delta\boldsymbol{\phi}^{\mathrm{T}}\boldsymbol{E}_2\boldsymbol{a}\boldsymbol{E}^{\mathrm{T}}(\nabla)\boldsymbol{\phi}] + \frac{\partial}{\partial z}[\delta\boldsymbol{\phi}^{\mathrm{T}}\boldsymbol{E}_3\boldsymbol{a}\boldsymbol{E}^{\mathrm{T}}(\nabla)\boldsymbol{\phi}]\right\}\mathrm{d}V \\
&\qquad - \int_V \delta\boldsymbol{\phi}^{\mathrm{T}}\left(\boldsymbol{E}_1\frac{\partial}{\partial x} + \boldsymbol{E}_2\frac{\partial}{\partial y} + \boldsymbol{E}_3\frac{\partial}{\partial z}\right)[\boldsymbol{a}\boldsymbol{E}^{\mathrm{T}}(\nabla)\boldsymbol{\phi}]\mathrm{d}V \\
&\quad = \int_S \delta\boldsymbol{\phi}^{\mathrm{T}}(l\boldsymbol{E}_1 + m\boldsymbol{E}_2 + n\boldsymbol{E}_3)\boldsymbol{a}\boldsymbol{E}^{\mathrm{T}}(\nabla)\boldsymbol{\phi}\mathrm{d}S - \int_V \delta\boldsymbol{\phi}^{\mathrm{T}}\boldsymbol{E}(\nabla)[\boldsymbol{a}\boldsymbol{E}^{\mathrm{T}}(\nabla)\boldsymbol{\phi}]\mathrm{d}V
\end{aligned}$$

考虑位移边界条件式(3.5.22),有

$$\begin{aligned}
&\frac{1}{2}\delta\int_V [\boldsymbol{E}^{\mathrm{T}}(\nabla)\boldsymbol{\phi}]^{\mathrm{T}}\boldsymbol{a}\boldsymbol{E}^{\mathrm{T}}(\nabla)\boldsymbol{\phi}\mathrm{d}V \\
&\quad = \int_{S_\sigma} \delta\boldsymbol{\phi}^{\mathrm{T}}\boldsymbol{E}(\nu)\boldsymbol{a}\boldsymbol{E}^{\mathrm{T}}(\nabla)\boldsymbol{\phi}\mathrm{d}S - \int_V \delta\boldsymbol{\phi}^{\mathrm{T}}\boldsymbol{E}(\nabla)[\boldsymbol{a}\boldsymbol{E}^{\mathrm{T}}(\nabla)\boldsymbol{\phi}]\mathrm{d}V
\end{aligned} \tag{3.5.30}$$

等号右边中第二项积分为

$$\omega^2 \frac{1}{2}\delta\int_V \rho\boldsymbol{\phi}^{\mathrm{T}}\boldsymbol{\phi}\mathrm{d}V = \omega^2\int_V \rho\delta\boldsymbol{\phi}^{\mathrm{T}}\boldsymbol{\phi}\mathrm{d}V \tag{3.5.31}$$

将式(3.5.30)、式(3.5.31)代入式(3.5.29),得

$$\begin{aligned}
&\frac{1}{2}\left\{\delta\int_V [\boldsymbol{E}^{\mathrm{T}}(\nabla)\boldsymbol{\phi}]^{\mathrm{T}}\boldsymbol{a}\boldsymbol{E}^{\mathrm{T}}(\nabla)\boldsymbol{\phi}\mathrm{d}V - \omega^2\delta\int_V \rho\boldsymbol{\phi}^{\mathrm{T}}\boldsymbol{\phi}\mathrm{d}V\right\} \\
&= \int_{S_\sigma} \delta\boldsymbol{\phi}^{\mathrm{T}}\boldsymbol{E}(\nu)\boldsymbol{a}\boldsymbol{E}^{\mathrm{T}}(\nabla)\boldsymbol{\phi}\mathrm{d}S - \int_V \delta\boldsymbol{\phi}^{\mathrm{T}}\{\boldsymbol{E}(\nabla)[\boldsymbol{a}\boldsymbol{E}^{\mathrm{T}}(\nabla)\boldsymbol{\phi}] + \omega^2\rho\boldsymbol{\phi}\}\mathrm{d}V \\
&= 0
\end{aligned} \tag{3.5.32}$$

由于变分 $\delta\boldsymbol{\phi}^{\mathrm{T}}$ 的任意性,可得欧拉方程与力的边界条件分别为

$$\boldsymbol{E}(\nabla)[\boldsymbol{a}\boldsymbol{E}^{\mathrm{T}}(\nabla)\boldsymbol{\phi}] + \omega^2\rho\boldsymbol{\phi} = \boldsymbol{0}, \quad \boldsymbol{x} \in V \tag{3.5.33}$$

$$\boldsymbol{E}(\nu)\boldsymbol{a}\boldsymbol{E}^{\mathrm{T}}(\nabla)\boldsymbol{\phi} = \boldsymbol{0}, \quad \boldsymbol{x} \in S_\sigma \tag{3.5.34}$$

式(3.5.33)与式(3.5.34)分别就是式(3.5.21)与式(3.5.23),也就是说,固有频率变分式等价于动力学方程(3.5.21)与力的边界条件式(3.5.23).

3.5.4 主振型的正交性

对应固有频率 ω_i 与主振型 $\boldsymbol{\phi}_i$,由式(3.5.21)有

$$\boldsymbol{E}(\nabla)[\boldsymbol{a}\boldsymbol{E}^{\mathrm{T}}(\nabla)\boldsymbol{\phi}_i] = -\rho\omega_i^2\boldsymbol{\phi}_i \tag{3.5.35}$$

对应固有频率 ω_j 与主振型 $\boldsymbol{\phi}_j$,有

$$\boldsymbol{E}(\nabla)[\boldsymbol{a}\boldsymbol{E}^{\mathrm{T}}(\nabla)\boldsymbol{\phi}_j] = -\rho\omega_j^2\boldsymbol{\phi}_j \tag{3.5.36}$$

式(3.5.35)两边左乘 $\boldsymbol{\phi}_j^{\mathrm{T}}$ 并在 V 上积分,得

$$\int_V \boldsymbol{\phi}_j^{\mathrm{T}}\boldsymbol{E}(\nabla)[\boldsymbol{a}\boldsymbol{E}^{\mathrm{T}}(\nabla)\boldsymbol{\phi}_i]\mathrm{d}V = -\rho\omega_i^2\int_V \boldsymbol{\phi}_j^{\mathrm{T}}\boldsymbol{\phi}_i\mathrm{d}V \tag{3.5.37}$$

同样,式(3.3.36)两边左乘 $\boldsymbol{\phi}_i^{\mathrm{T}}$ 并在 V 上积分,得

$$\int_V \boldsymbol{\phi}_i^{\mathrm{T}}\boldsymbol{E}(\nabla)[\boldsymbol{a}\boldsymbol{E}^{\mathrm{T}}(\nabla)\boldsymbol{\phi}_j]\mathrm{d}V = -\rho\omega_j^2\int_V \boldsymbol{\phi}_i^{\mathrm{T}}\boldsymbol{\phi}_j\mathrm{d}V \tag{3.5.38}$$

在式(3.5.30)中把 $\boldsymbol{\phi}$ 取为 $\boldsymbol{\phi}_i$,把 $\delta\boldsymbol{\phi}$ 取为 $\boldsymbol{\phi}_j$,经过同样的分部积分并应用边界条件式(3.5.23),得

$$\begin{aligned}
&\int_V [\boldsymbol{E}(\nabla)\boldsymbol{\phi}_j]^{\mathrm{T}}\boldsymbol{a}\boldsymbol{E}^{\mathrm{T}}(\nabla)\boldsymbol{\phi}_i\mathrm{d}V \\
&= \int_{S_\sigma} \boldsymbol{\phi}_j^{\mathrm{T}}\boldsymbol{E}(\nu)\boldsymbol{a}\boldsymbol{E}^{\mathrm{T}}(\nabla)\boldsymbol{\phi}_i\mathrm{d}S - \int_V \boldsymbol{\phi}_j^{\mathrm{T}}\boldsymbol{E}(\nu)[\boldsymbol{a}\boldsymbol{E}^{\mathrm{T}}(\nabla)\boldsymbol{\phi}_i]\mathrm{d}V \\
&= -\int_V \boldsymbol{\phi}_j^{\mathrm{T}}\boldsymbol{E}(\nabla)[\boldsymbol{a}\boldsymbol{E}^{\mathrm{T}}(\nabla)\boldsymbol{\phi}_i]\mathrm{d}V
\end{aligned} \tag{3.5.39}$$

在式(3.5.30)中把 $\boldsymbol{\phi}$ 取为 $\boldsymbol{\phi}_j$,把 $\delta\boldsymbol{\phi}$ 取为 $\boldsymbol{\phi}_i$,用同样的方法可得

$$\int_V [\boldsymbol{E}^{\mathrm{T}}(\nabla)\boldsymbol{\phi}_i]\boldsymbol{a}\boldsymbol{E}^{\mathrm{T}}(\nabla)\boldsymbol{\phi}_j \mathrm{d}V = -\int_V \boldsymbol{\phi}_i^{\mathrm{T}}\boldsymbol{E}(\nabla)[\boldsymbol{a}\boldsymbol{E}^{\mathrm{T}}(\nabla)\boldsymbol{\phi}_j]\mathrm{d}V \tag{3.5.40}$$

同时，由于 $\boldsymbol{a}$ 是对称的，下面的积分为标量，即

$$\begin{aligned}\int_V [\boldsymbol{E}^{\mathrm{T}}(\nabla)\boldsymbol{\phi}_j]^{\mathrm{T}}\boldsymbol{a}\boldsymbol{E}^{\mathrm{T}}(\nabla)\boldsymbol{\phi}_i \mathrm{d}V &= \int_V \boldsymbol{\varepsilon}_{\phi_j}^{\mathrm{T}}\boldsymbol{a}\boldsymbol{\varepsilon}_{\phi_i}\mathrm{d}V = \int_V \boldsymbol{\varepsilon}_{\phi_i}^{\mathrm{T}}\boldsymbol{a}\boldsymbol{\varepsilon}_{\phi_j}\mathrm{d}V \\ &= \int_V [\boldsymbol{E}^{\mathrm{T}}(\nabla)\boldsymbol{\phi}_i]^{\mathrm{T}}\boldsymbol{a}\boldsymbol{E}^{\mathrm{T}}(\nabla)\boldsymbol{\phi}_j \mathrm{d}V\end{aligned} \tag{3.5.41}$$

由式(3.5.38)～式(3.5.40)可得

$$\int_V \boldsymbol{\phi}_j^{\mathrm{T}}\boldsymbol{E}(\nabla)[\boldsymbol{a}\boldsymbol{E}^{\mathrm{T}}(\nabla)\boldsymbol{\phi}_i]\mathrm{d}V = \int_V \boldsymbol{\phi}_i^{\mathrm{T}}\boldsymbol{E}(\nabla)[\boldsymbol{a}\boldsymbol{E}^{\mathrm{T}}(\nabla)\boldsymbol{\phi}_j]\mathrm{d}V \tag{3.5.42}$$

同时，下面的积分也是标量，转置后结果不变，即

$$\int_V \boldsymbol{\phi}_i^{\mathrm{T}}\boldsymbol{\phi}_j \mathrm{d}V = \int_V \boldsymbol{\phi}_j^{\mathrm{T}}\boldsymbol{\phi}_i \mathrm{d}V \tag{3.5.43}$$

将式(3.5.37)减去式(3.5.38)，利用式(3.5.42)得

$$\begin{aligned}&-\rho\omega_i^2\int_V \boldsymbol{\phi}_j^{\mathrm{T}}\boldsymbol{\phi}_i \mathrm{d}V - \rho\omega_j^2\int_V \boldsymbol{\phi}_i^{\mathrm{T}}\boldsymbol{\phi}_j \mathrm{d}V \\ &= -\rho(\omega_i^2 - \omega_j^2)\int_V \boldsymbol{\phi}_j^{\mathrm{T}}\boldsymbol{\phi}_i \mathrm{d}V \\ &= \int_V \boldsymbol{\phi}_j^{\mathrm{T}}\boldsymbol{E}(\nabla)[\boldsymbol{a}\boldsymbol{E}^{\mathrm{T}}(\nabla)\boldsymbol{\phi}_i]\mathrm{d}V - \int_V \boldsymbol{\phi}_i^{\mathrm{T}}\boldsymbol{E}(\nabla)[\boldsymbol{a}\boldsymbol{E}^{\mathrm{T}}(\nabla)\boldsymbol{\phi}_j]\mathrm{d}V \\ &= 0\end{aligned} \tag{3.5.44}$$

因为当 $i \neq j$ 时，有 $\omega_i^2 \neq \omega_j^2$，故由上式可得

$$\int_V \boldsymbol{\phi}_j^{\mathrm{T}}\boldsymbol{\phi}_i \mathrm{d}V = 0 \tag{3.5.45}$$

将式(3.5.45)代入式(3.5.37)，得

$$\int_V \boldsymbol{\phi}_j^{\mathrm{T}}\boldsymbol{E}(\nabla)[\boldsymbol{a}\boldsymbol{E}^{\mathrm{T}}(\nabla)\boldsymbol{\phi}_i]\mathrm{d}V = 0 \tag{3.5.46}$$

将上式代入式(3.5.39)，得

$$\int_V [\boldsymbol{E}^{\mathrm{T}}(\nabla)\boldsymbol{\phi}_j]^{\mathrm{T}}\boldsymbol{a}\boldsymbol{E}^{\mathrm{T}}(\nabla)\boldsymbol{\phi}_i \mathrm{d}V = 0 \tag{3.5.47}$$

由上述推导给出正交性关系式(3.5.45)与式(3.5.46)或式(3.5.47)，选取归一化条件

$$\int_V |\boldsymbol{\phi}_i|^2 \mathrm{d}V = \int_V \boldsymbol{\phi}_i^{\mathrm{T}}\boldsymbol{\phi}_i \mathrm{d}V = 1 \tag{3.5.48}$$

则有正交归一化关系：

$$\begin{aligned}&\int_V \boldsymbol{\phi}_j^{\mathrm{T}}\boldsymbol{\phi}_i \mathrm{d}V = \delta_{ij} \\ &-\frac{1}{\rho}\int_V \boldsymbol{\phi}_j^{\mathrm{T}}\boldsymbol{E}(\nabla)[\boldsymbol{a}\boldsymbol{E}^{\mathrm{T}}(\nabla)\boldsymbol{\phi}_i]\mathrm{d}V = \omega_i^2\delta_{ij}\end{aligned} \tag{3.5.49}$$

3.5.5 响应分析

如果主振型 $\boldsymbol{\phi}_i$ 和主频率 ω_i 已经确定，我们就可以着手解决式(3.5.15)、式(3.5.4)、式(3.5.18)、式(3.5.6)的边值与初值混合问题.因为上述所求的主振型是相对于齐次边界条件式(3.5.22)与式(3.5.23).因此作为第一步我们寻求弹性动力学方程的一个准静态解 W，它满足如下方程：

$$\boldsymbol{E}(\nabla)[\boldsymbol{aE}^{\mathrm{T}}(\nabla)\boldsymbol{W}] + \boldsymbol{f} = \boldsymbol{0}, \quad \boldsymbol{x} \in \Omega \tag{3.5.50}$$

$$\boldsymbol{W} = \bar{\boldsymbol{u}}, \quad \boldsymbol{x} \in S_u \tag{3.5.51}$$

$$\boldsymbol{E}(\nu)\boldsymbol{aE}^{\mathrm{T}}(\nabla)\boldsymbol{W} = \bar{\boldsymbol{p}}, \quad \boldsymbol{x} \in S_\sigma \tag{3.5.52}$$

式(3.5.50)～式(3.5.52)是准静态边值问题，在这里时间 t 应该只看作是一个参数，因方程(3.5.50)中不含关于时间 t 的导数.尽管得到这个边值问题的解可能仍然很困难，但总比原来动力问题的求解容易得多.

对于式(3.5.15)、式(3.5.4)、式(3.5.18)、式(3.5.6)所确定的边值初值混合问题，我们采用修正常规的振型叠加法.考虑如下形式的通解：

$$\boldsymbol{u} = \boldsymbol{W} + \sum_i \boldsymbol{\phi}_i q_i(t) \tag{3.5.53}$$

此处，$q_i(t)$是只依赖于时间 t 的待定函数.由式(3.5.22)、式(3.5.23)、式(3.5.51)、式(3.5.52)可以确定式(3.5.53)已经满足边界条件式(3.5.4)、式(3.5.18).将式(3.5.53)代入式(3.5.15)，得

$$\boldsymbol{E}(\nabla)[\boldsymbol{aE}^{\mathrm{T}}(\nabla)\boldsymbol{W}] + \sum_{i=1}\boldsymbol{E}(\nabla)[\boldsymbol{aE}^{\mathrm{T}}(\nabla)\boldsymbol{\phi}_i]q_i + \boldsymbol{f} = \rho\ddot{\boldsymbol{W}} + \rho\sum_{i=1}\boldsymbol{\phi}_i\ddot{q}_i$$

将式(3.5.50)与式(3.5.36)代入上述方程，得

$$\sum_{i=1}(\ddot{q}_i + \omega_i^2 q_i)\boldsymbol{\phi}_i = -\ddot{\boldsymbol{W}}$$

两边同时左乘 $\boldsymbol{\phi}_i^{\mathrm{T}}$ 并在 V 上积分，利用正交归一化条件式(3.5.48)，则得解耦的方程

$$\ddot{q}_i + \omega_i^2 q_i = \ddot{F}_i(t) \tag{3.5.54}$$

其中

$$F_i(t) = -\int_V \boldsymbol{\phi}_i^{\mathrm{T}}\boldsymbol{W}\mathrm{d}V \tag{3.5.55}$$

为了从式(3.5.54)解出 $q_i(t)$，尚需确定其初始条件 $q_{i0} = q_i(0)$ 与 $\dot{q}_{i0} = \dot{q}_i(0)$.由式(3.5.53)得

$$\begin{aligned} \bar{\boldsymbol{u}}_0 &= \boldsymbol{u}\big|_{t=0} = \boldsymbol{W}\big|_{t=0} + \sum_i \boldsymbol{\phi}_i q_i(0) \\ \bar{\boldsymbol{u}}_{10} &= \left.\frac{\partial \boldsymbol{u}}{\partial t}\right|_{t=0} = \left.\frac{\partial \boldsymbol{W}}{\partial t}\right|_{t=0} + \sum_i \boldsymbol{\phi}_i \dot{q}_i(0) \end{aligned} \tag{3.5.56}$$

将以上两式两端同左乘 $\boldsymbol{\phi}_i^{\mathrm{T}}$ 并在 V 上积分,利用正交归一化条件式(3.5.49)得

$$\begin{aligned} q_{i0} &= q_i(0) = \int_V \boldsymbol{\phi}_i^{\mathrm{T}} \bar{\boldsymbol{u}}_0 \mathrm{d}V + F_i(0) = \alpha_i + F_i(0) \\ \dot{q}_{i0} &= \dot{q}_i(0) = \int_V \boldsymbol{\phi}_i^{\mathrm{T}} \bar{\boldsymbol{u}}_{10} \mathrm{d}V + \dot{F}_i(0) = \beta_i + \dot{F}_i(0) \end{aligned} \tag{3.5.57}$$

其中

$$\alpha_i = \int_V \boldsymbol{\phi}_i^{\mathrm{T}} \bar{\boldsymbol{u}}_0 \mathrm{d}V, \quad \beta_i = \int_V \boldsymbol{\phi}_i^{\mathrm{T}} \bar{\boldsymbol{u}}_{10} \mathrm{d}V \tag{3.5.58}$$

在初始条件式(3.5.57)下,方程(3.5.54)的解为

$$\begin{aligned} q_i(t) &= q_{i0}\cos\omega_i t + \frac{1}{\omega_i}\dot{q}_{i0}\sin\omega_i t + \frac{1}{\omega_i}\int_0^t \ddot{F}_i(\tau)\sin\omega_i(t-\tau)\mathrm{d}\tau \\ &= [q_{i0} - F_i(0)]\cos\omega_i t + \frac{1}{\omega_i}[\dot{q}_{i0} - \dot{F}_i(0)]\sin\omega_i t \\ &\quad + F_i(t) - \omega_i\int_0^t F_i(\tau)\sin\omega_i(t-\tau)\mathrm{d}\tau \\ &= \alpha_i\cos\omega_i t + \frac{1}{\omega_i}\beta_i\sin\omega_i t + F_i(t) - \omega_i\int_0^t F_i(\tau)\sin\omega_i(t-\tau)\mathrm{d}\tau \end{aligned} \tag{3.5.59}$$

将式(3.5.59)代入式(3.5.53),得任意激励响应为

$$\boldsymbol{u} = \boldsymbol{W} + \sum_{i=1}\boldsymbol{\phi}_i F_i + \sum_{i=1}\boldsymbol{\phi}_i\left[\alpha_i\cos\omega_i t + \frac{1}{\omega_i}\beta_i\sin\omega_i t - \omega_i\int_0^t F_i(\tau)\sin\omega_i(t-\tau)\mathrm{d}\tau\right] \tag{3.5.60}$$

上式中依赖时间的模态激振力 $F_i(t)$ 可以用给定的体积力密度 f 和边界条件来表示.由式(3.5.55),考虑式(3.5.35),采用推导式(3.5.39)同样的方法,有

$$\begin{aligned} \rho\omega_i^2 F_i(t) &= -\int_V \rho\omega_i^2\boldsymbol{\phi}_i^{\mathrm{T}}\boldsymbol{W}\mathrm{d}V = -\int_V \boldsymbol{W}^{\mathrm{T}}\rho\omega_i^2\boldsymbol{\phi}_i\mathrm{d}V \\ &= \int_V \boldsymbol{W}^{\mathrm{T}}\boldsymbol{E}(\nabla)[\boldsymbol{a}\boldsymbol{E}^{\mathrm{T}}(\nabla)\boldsymbol{\phi}_i]\mathrm{d}V \\ &= \int_S \boldsymbol{W}^{\mathrm{T}}\boldsymbol{E}(\nu)\boldsymbol{a}\boldsymbol{E}^{\mathrm{T}}(\nabla)\boldsymbol{\phi}_i\mathrm{d}S - \int_V[\boldsymbol{E}^{\mathrm{T}}(\nabla)\boldsymbol{W}]^{\mathrm{T}}\boldsymbol{a}\boldsymbol{E}^{\mathrm{T}}(\nabla)\boldsymbol{\phi}_i\mathrm{d}V \\ &= \int_S \boldsymbol{W}^{\mathrm{T}}\boldsymbol{E}(\nu)\boldsymbol{a}\boldsymbol{E}^{\mathrm{T}}(\nabla)\boldsymbol{\phi}_i\mathrm{d}S - \int_V[\boldsymbol{E}^{\mathrm{T}}(\nabla)\boldsymbol{\phi}_i]^{\mathrm{T}}\boldsymbol{a}\boldsymbol{E}^{\mathrm{T}}(\nabla)\boldsymbol{W}\mathrm{d}V \\ &= \int_S \boldsymbol{W}^{\mathrm{T}}\boldsymbol{E}(\nu)\boldsymbol{a}\boldsymbol{E}^{\mathrm{T}}(\nabla)\boldsymbol{\phi}_i\mathrm{d}S - \int_S \boldsymbol{\phi}_i^{\mathrm{T}}\boldsymbol{E}(\nu)\boldsymbol{a}\boldsymbol{E}^{\mathrm{T}}(\nabla)\boldsymbol{W}\mathrm{d}S \\ &\quad + \int_V \boldsymbol{\phi}_j^{\mathrm{T}}\boldsymbol{E}(\nabla)[\boldsymbol{a}\boldsymbol{E}^{\mathrm{T}}(\nabla)\boldsymbol{W}]\mathrm{d}V \end{aligned}$$

把式(3.5.22)、式(3.5.23)、式(3.5.50)、式(3.5.51)、式(3.5.52)代入上式，得

$$\rho\omega_i^2 F_i(t) = -\int_V \boldsymbol{\phi}_j^{\mathrm{T}} \boldsymbol{f} \mathrm{d}V + \int_{S_u} \overline{\boldsymbol{u}}^{\mathrm{T}} \boldsymbol{E}(\nu) \boldsymbol{a} \boldsymbol{E}^{\mathrm{T}}(\nabla) \boldsymbol{\phi}_i \mathrm{d}S - \int_{S_\sigma} \boldsymbol{\phi}_i^{\mathrm{T}} \overline{\boldsymbol{p}} \mathrm{d}S \tag{3.5.61}$$

在以上讨论中，我们得到了弹性动力学边值初值混合问题的形式解(3.5.60).

不难想象，除了个别简单的情况外，对于一具体问题的求解是极其困难的.因此在边界条件较为复杂的情况下，采用各种数值分析方法是极其重要的.

第 4 章
多自由度系统运动方程

计算结构动力学中最重要的一环是建立结构的数学模型.根据研究的目的,可以引入一系列假设,将复杂工程结构进行合理的简化与处理,形成动力学分析的物理模型.当确定结构动力学物理模型之后,正确地建立系统的数学模型就成为首要的任务.用于动力学分析的物理模型可以是连续系统,也可以是离散系统,或者是部分连续、部分离散的系统.下面针对离散的与连续的物理模型介绍建立多自由度数学模型的方法.

对于离散系统,本章首先讨论直接用结构动力学基本定理建立多自由度运动微分方程的方法,即直接法.这种方法概念清楚,但要引入一些未知的约束力.对于复杂的离散系统,采用直接法建立方程要进行繁杂的推导,不太适用,在这里介绍了用分析力学的方法,即用哈密顿原理与拉格朗日方程导出多自由度系统运动微分方程.

许多复杂的工程结构,例如各种航天器、飞机、舰船、高层建筑与桥梁等等,它们的动力学物理模型基本上是杆梁板壳组合的壳体、板梁组合结构.这样的连续体组合结构的单个部件可以是一个块体、壳体、梁或杆等简单构件.对于这样的简单连续体系统,第 2 章虽然导出了偏微分型运动方程,但仅对很少一些简单区域、简单边界条件的问题能给出解析解;对于复杂结构,导出的是偏微分型运动方程组,求得这样问题的解析解是我们的愿望,因为由这样的解可以通过比较形象化的模态去更深入地理解系统的特性.然而,对于绝大部分问题无法给出解析解,必须采用离散化方法,化为多自由度系统进行求解.建立离散化的多自由度系统的方程也是本章的主要内容.将复杂的连续体离散化的本质是将描述动力学问题的偏微分方程组变换为一组联立的常微分方程或者代数方程进行求解.离散化的主要方法有里茨法、有限元法和加权残数法.正如米罗维奇[2]指出:“里茨法基于变分原理,该法适用于自伴问题.反之加权残数法[68]的适用范围比较广泛，它不需要变分原理，既适用于自伴问题，也适用于非自伴问题.”

对于初值边值混合问题，可以将时域与空间域同时离散，也可以先在空间域离散，然后再在时域离散.对于复杂结构而言，本书侧重介绍采用空间域半离散化方法形成多自由度系统，然后用统一方法求解多自由度方程组，也就是将连续域的偏微分方程化为离散的微分方程组求解.本章介绍了假设模态里茨法、有限元法、加权残值法及差分法等离散化方法.

假设模态里茨法仅是作为推导空间离散化微分方程的工具，不是结构动力学能量泛函变分原理的直接解法.因为这种方法只能直接导出微分方程本身，由瞬时最小势能变分原理无法导出初值条件，由哈密顿原理导出的方程只适用于时间边界条件的情况.由于这种方法无法导出广义坐标的初值条件，一般多用于求解特征值问题，因而这种方法在应用上受到一些限制.这是这种方法的不足之处.

解决假设模态里茨法不足之处的途径之一是采用加权残值法之一的伽辽金法.由结构动力学方差泛函零极小值原理，可以导出广义伽辽金变分原理.不论广义坐标是有物理意义的参数，如有限元法的节点物理量，还是无物理意义的参数，由假设模态伽辽金变分方程不仅可以导出多自由度微分方程，还可以同时导出相应于微分方程的初值、边界条件.这样，假设模态伽辽金法就是伽辽金变分原理的直接解法.

解决假设模态里茨法不足之处的另一条途径是采用有限元法，它是分块的假设模态里茨法.与静力问题一样采用统一位移模式，结构动力学问题只要在静力有限元基础上增加质量矩阵，就可以导出多自由度的运动方程.这种有限元法具有方法统一、适于计算机求解等特点，具有广泛的通用性.和假设模态里茨法一样，应用各种能量原理虽然可以导出多自由度微分方程，但不能导出微分方程的初值条件.然而有限元是以节点处的物理量，如节点位移、节点挠度、节点转角等等作为广义坐标的.虽然方法本身不能导出这些广义坐标的初值条件，但是这些物理量本身的初值条件自然成为这些有限元节点广义坐标物理量的初值条件.这样，有限元法导出的微分方程加上广义坐标的初值条件形成了多自由度系统的方程与边值、初值条件，这就是结构动力学有限元法相对于假设模态里茨法的一个突出优点.因而结构动力学有限元法虽然不是能量泛函的直接解法，从理论上讲还有很大的缺点，但这种方法仍然是一种解决工程问题空间离散化实用、有效的方法.进一步，如果采用分块的假设模态伽辽金法构造有限元法，则要求形函数在单元边界上既保证位移协调又保证应变协调，这就是伽辽金原理的直接解法.

这些离散化方法都是数学离散化方法，还有一种离散化方法是通过将质量集聚在有限质点上把连续的物理模型化为离散的物理模型，然后用直接法与拉格朗日法建立离散系统的数学模型，例如传递矩阵法等等.

通过上面介绍的方法，不管是连续系统还是离散系统，不管采用哪一种方法建立的离散化方程，都归结为一组多自由度运动微分方程组.对于任何复杂结构系统，都可以组合出很大自由度的运动微分方程组，从而可以采用本书后面介绍的方法统一处理，统一求出复杂结构系统的动力学响应.

4.1 直接法

直接用结构动力学基本定理建立动力学方程的方法称为直接法.

4.1.1 达朗贝尔原理的应用

达朗贝尔原理的实质仍是用牛顿定律(牛顿第二定律)建立微分方程的方法.达朗贝尔原理引入了惯性力的概念，将动力学问题中建立微分方程变为像静力学中列“平衡方程”，这对建立多自由度系统的运动方程是比较直观的.

例4.1 图4.1是一个双质量弹簧系统，质量 m_1 与 m_2 用刚度分别为 k_1，k_2 及 k_3 的三个弹簧连接于支承上，两个质量只作水平方向的运动，并分别受到激振力 $F_1(t)$及 $F_2(t)$的作用.不计摩擦和其他形式的阻尼，试建立系统的运动微分方程.

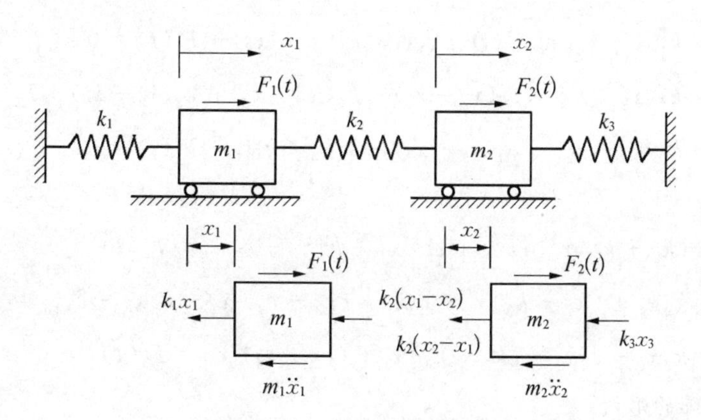

图4.1 双质量弹簧系统

解 这是一个二自由度的系统，可以用原点分别取在 m_1，m_2 的静平衡位置上的两个坐标 x_1 及 x_2 来描述系统的运动.设某一瞬时质量 m_1 与 m_2 分别有位移 x_1 及 x_2、加速度 $\ddot{x}_1$ 及 $\ddot{x}_2$.由隔离体受力分析和达朗贝尔原理得到下列两个方程：

$$m_1\ddot{x}_1 + k_1x_1 + k_2(x_1 - x_2) = F_1(t)$$

$$m_2\ddot{x}_2 + k_2(x_2 - x_1) + k_3x_2 = F_2(t)$$

经整理，得

$$m_1\ddot{x}_1 + (k_1 + k_2)x_1 - k_2x_2 = F_1(t)$$

$$m_2\ddot{x}_2 - k_2x_1 + (k_2 + k_3)x_2 = F_2(t)$$

上面的方程组即系统的运动微分方程组，方程中每一项的量纲都是力.上述方程组可以用矩阵简洁地表示为

$$\begin{bmatrix} m_1 & 0 \\ 0 & m_2 \end{bmatrix}\begin{bmatrix} \ddot{x}_1 \\ \ddot{x}_2 \end{bmatrix}+\begin{bmatrix} k_1+k_2 & -k_2 \\ -k_2 & k_2+k_3 \end{bmatrix}\begin{bmatrix} x_1 \\ x_2 \end{bmatrix}=\begin{bmatrix} F_1(t) \\ F_2(t) \end{bmatrix}$$

上式左端第二个方矩阵中的非对角项正是方程组内坐标间的耦合项.

例 4.2 建立如图 4.2 所示的三自由度系统的运动微分方程.

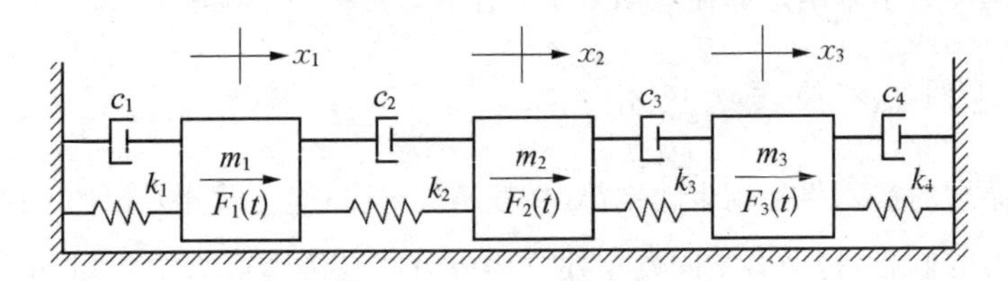

图 4.2　三自由度系数

解　如图 4.2 所示的系统为三自由度系统，在质量 m_1, m_2, m_3 上作用力分别为 $F_1(t)$，$F_2(t)$，$F_3(t)$，对每个质量加上惯性力 $-m_1\ddot{x}_1$，$-m_2\ddot{x}_2$，$-m_3\ddot{x}_3$. 根据达朗贝尔原理可建立微分方程

$$\begin{aligned} &-m_1\ddot{x}_1-k_1x_1-k_2(x_1-x_2)-c_1\dot{x}_1-c_2(\dot{x}_1-\dot{x}_2)+F_1(t)=0 \\ &-m_2\ddot{x}_2-k_2(x_2-x_1)-c_2(\dot{x}_2-\dot{x}_1)-k_3(x_2-x_3)-c_3(\dot{x}_2-\dot{x}_3)+F_2(t)=0 \\ &-m_3\ddot{x}_3-k_3(x_3-x_2)-c_3(\dot{x}_3-\dot{x}_2)-k_4x_3-c_4\dot{x}_3+F_3(t)=0 \end{aligned} \tag{1}$$

整理式(1)，得

$$\begin{aligned} &m_1\ddot{x}_1+(k_1+k_2)x_1+(c_1+c_2)\dot{x}_1-k_2x_2-c_2\dot{x}_2=F_1(t) \\ &m_2\ddot{x}_2-k_2x_1+(k_2+k_3)x_2-c_2\dot{x}_1+(c_2+c_3)\dot{x}_2-k_3x_3-c_3\dot{x}_3=F_2(t) \\ &m_3\ddot{x}_3-k_3x_2-c_3\dot{x}_2+(k_3+k_4)x_3+(c_3+c_4)\dot{x}_3=F_3(t) \end{aligned} \tag{2}$$

将式(2)写成矩阵的形式：

$$\boldsymbol{M}\ddot{\boldsymbol{x}}+\boldsymbol{C}\dot{\boldsymbol{x}}+\boldsymbol{K}\boldsymbol{x}=\boldsymbol{f}(t) \tag{3}$$

其中，质量矩阵

$$\boldsymbol{M}=\begin{bmatrix} m_1 & 0 & 0 \\ 0 & m_2 & 0 \\ 0 & 0 & m_3 \end{bmatrix} \tag{4}$$

阻尼矩阵

$$\boldsymbol{C}=\begin{bmatrix} c_1+c_2 & -c_2 & 0 \\ -c_2 & c_2+c_3 & -c_3 \\ 0 & -c_3 & c_3+c_4 \end{bmatrix} \tag{5}$$

刚度矩阵

$$\boldsymbol{K}=\begin{bmatrix} k_1+k_2 & -k_2 & 0 \\ -k_2 & k_2+k_3 & -k_3 \\ 0 & -k_3 & k_3+k_4 \end{bmatrix} \tag{6}$$

位移列阵(向量)

$$\boldsymbol{x}=[x_1 \quad x_2 \quad x_3]^{\mathrm{T}}$$

载荷列阵(向量)

$$\boldsymbol{f}(t)=[F_1(t) \quad F_2(t) \quad F_3(t)]^{\mathrm{T}}$$

矩阵 $\boldsymbol{M}$ 只有主对角线上的元素不为零,其他非对角元素全部为零,此对角矩阵表示没有惯性耦合.而矩阵 $\boldsymbol{K}$ 不是对角矩阵,表示刚度有耦合. $\boldsymbol{K}$ 是对称矩阵,即有 $k_{ij}=k_{ji}$,这一点可从功的互等定理直接推导出来.

上面两个例子的运动微分方程可以统一表示为下面的矩阵形式:

$$\boldsymbol{M}\ddot{\boldsymbol{x}}+\boldsymbol{C}\dot{\boldsymbol{x}}+\boldsymbol{K}\boldsymbol{x}=\boldsymbol{f}(t) \tag{4.1.1}$$

方程(4.1.1)称为作用力方程,其中,列向量 $\boldsymbol{x}$, $\dot{\boldsymbol{x}}$, $\ddot{\boldsymbol{x}}$ 及 $\boldsymbol{f}(t)$ 分别是位移向量、速度向量、加速度向量及激振力向量,方矩阵 $\boldsymbol{M},\boldsymbol{C},\boldsymbol{K}$ 分别称为质量矩阵、阻尼矩阵及刚度矩阵.

如果系统具有 n 个自由度,其作用力方程仍是式(4.1.1)的形式,但矩阵 $\boldsymbol{M},\boldsymbol{C},\boldsymbol{K}$ 都是 n 阶方阵, $\boldsymbol{x}$, $\dot{\boldsymbol{x}}$, $\ddot{\boldsymbol{x}}$ 及 $\boldsymbol{f}(t)$ 为 n 维向量.对于无阻尼系统将作用力方程具体写出:

$$\begin{bmatrix} m_{11} & m_{12} & \cdots & m_{1n} \\ m_{21} & m_{22} & \cdots & m_{2n} \\ \vdots & \vdots & & \vdots \\ m_{n1} & m_{n2} & \cdots & m_{nn} \end{bmatrix}\begin{bmatrix} \ddot{x}_1 \\ \ddot{x}_2 \\ \vdots \\ \ddot{x}_n \end{bmatrix}+\begin{bmatrix} k_{11} & k_{12} & \cdots & k_{1n} \\ k_{21} & k_{22} & \cdots & k_{2n} \\ \vdots & \vdots & & \vdots \\ k_{n1} & k_{n2} & \cdots & k_{nn} \end{bmatrix}\begin{bmatrix} x_1 \\ x_2 \\ \vdots \\ x_n \end{bmatrix}=\begin{bmatrix} F_1(t) \\ F_2(t) \\ \vdots \\ F_n(t) \end{bmatrix} \tag{4.1.2}$$

4.1.2 影响系数法

刚度矩阵的元素 k_{ij} 和质量矩阵的元素 m_{ij} 都有着明确的物理意义.先假设外力是以准静态方式施加于系统的,这时没有加速度,即 $\ddot{\boldsymbol{x}}=\boldsymbol{0}$, 式(4.1.2)成为

$$\boldsymbol{K}\boldsymbol{x}=\boldsymbol{f} \tag{4.1.3}$$

假定作用于系统的是这样一组外力:它们使系统只在第 j 个坐标上产生单位位移,而在其他各个坐标上都不产生位移.即产生如下的位移向量:

$$\begin{aligned}\boldsymbol{x}&=[x_1 \quad \cdots \quad x_{j-1} \quad x_j \quad x_{j+1} \quad \cdots \quad x_n]^{\mathrm{T}} \\ &=[0 \quad \cdots \quad 0 \quad 1 \quad 0 \quad \cdots \quad 0]^{\mathrm{T}}\end{aligned}$$

其中,上标“T”表示向量或矩阵的转置,将上式代入式(4.1.3),得

$$F=\begin{bmatrix}k_{11} & \cdots & k_{1j} & \cdots & k_{1n}\\ k_{21} & \cdots & k_{2j} & \cdots & k_{2n}\\ \vdots & & \vdots & & \vdots\\ k_{i1} & \cdots & k_{ij} & \cdots & k_{in}\\ \vdots & & \vdots & & \vdots\\ k_{n1} & \cdots & k_{nj} & \cdots & k_{nn}\end{bmatrix}\begin{bmatrix}0\\0\\\vdots\\1\\\vdots\\0\end{bmatrix}=\begin{bmatrix}k_{1j}\\k_{2j}\\\vdots\\k_{ij}\\\vdots\\k_{nj}\end{bmatrix}$$

可见所施加的这组外力数值上正是刚度矩阵 $\boldsymbol{K}$ 的第 j 列,其中,$k_{ij}(i=1,\cdots,n)$ 是在第 i 个坐标上施加的力.由此得到结论:刚度矩阵 $\boldsymbol{K}$ 中的元素 k_{ij} 是使系统仅在第 j 个坐标上产生单位位移而相应地在第 i 个坐标上所需施加的力.

现在假设系统受到外力作用的瞬间,只产生加速度而不产生任何位移,即 $\boldsymbol{x}=\boldsymbol{0}$,这时式(4.1.2)成为

$$\boldsymbol{M}\ddot{\boldsymbol{x}}=\boldsymbol{f} \tag{4.1.4}$$

类似于上述的讨论容易得知,使系统只在第 j 个坐标上产生单位加速度,而在其他各坐标上都不产生加速度所需施加的一组外力,正是质量矩阵 $\boldsymbol{M}$ 的第 j 列.因此,质量矩阵 $\boldsymbol{M}$ 中的元素 m_{ij} 是使系统仅在第 j 个坐标上产生单位加速度而在第 i 个坐标上所需施加的力.

m_{ij},k_{ij} 又分别称为质量影响系数及刚度影响系数,根据它们的物理意义可以直接写出矩阵 $\boldsymbol{M}$ 及 $\boldsymbol{K}$,从而建立作用力方程,这种方法称为影响系数方法.下面通过几个例子来说明.

例 4.3 写出如图 4.3(a)所示的三自由度系统的刚度矩阵与质量矩阵以及系统的运动微分方程.

解 建立如图 4.3(a)所示的坐标系,记位移向量 $\boldsymbol{x}=[x_1\quad x_2\quad x_3]^{\mathrm{T}}$.先只考虑静态,令 $\boldsymbol{x}=[1\quad 0\quad 0]^{\mathrm{T}}$.由图 4.3(b)的受力分析得知,为维持这种位移状态,在各个坐标上施加的力(图中箭杆上画有斜线的力)应当是

$$k_{11}=k_1+k_2,\quad k_{21}=-k_2,\quad k_{31}=0$$

同样,令 $\boldsymbol{x}=[0\quad 1\quad 0]^{\mathrm{T}}$,由图 4.3(c)得到

$$k_{12}=-k_2,\quad k_{22}=k_2+k_3,\quad k_{32}=-k_3$$

最后令 $\boldsymbol{x}=[0\quad 0\quad 1]^{\mathrm{T}}$,由图 4.3(d)得到

$$k_{13}=0,\quad k_{23}=-k_3,\quad k_{33}=k_3$$

因此刚度矩阵为

$$\boldsymbol{K}=\begin{bmatrix}k_1+k_2 & -k_2 & 0\\ -k_2 & k_2+k_3 & -k_3\\ 0 & -k_3 & k_3\end{bmatrix}$$

现在只考虑动态,令加速度向量为 $\ddot{\boldsymbol{x}}=[1\quad 0\quad 0]^{\mathrm{T}}$,见图 4.3(e)(为了直观,加速度的值以位移的形式画了出来).由受力分析得知,为维持这种加速度状态,在各个坐标上施加的力(图

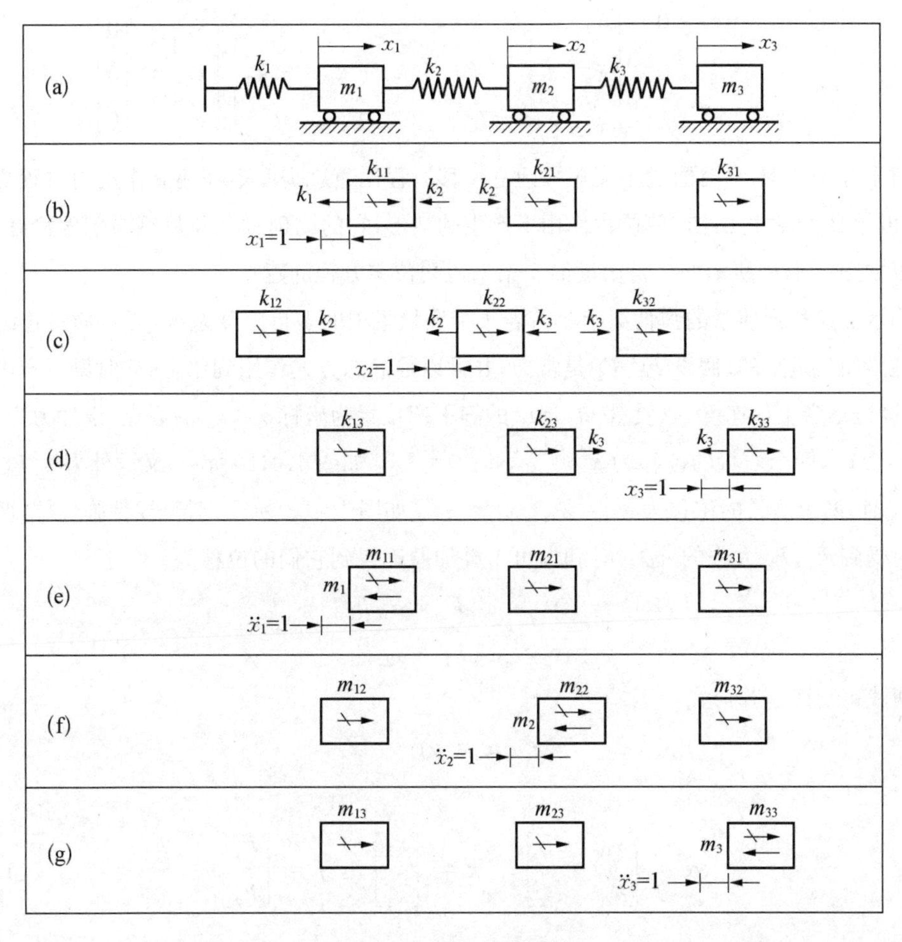

图4.3　三自由度系统

中箭杆上画有斜线的力)应当是

$$m_{11} = m_1, \quad m_{21} = 0, \quad m_{31} = 0$$

令 $\ddot{\boldsymbol{x}} = [0 \quad 1 \quad 0]^{\mathrm{T}}$,由图4.3(f)得到

$$m_{12} = 0, \quad m_{22} = m_2, \quad m_{32} = 0$$

最后,令 $\ddot{\boldsymbol{x}} = [0 \quad 0 \quad 1]^{\mathrm{T}}$,由图4.3(g)得到

$$m_{13} = 0, \quad m_{23} = 0, \quad m_{33} = m_3$$

所以质量矩阵为

$$\boldsymbol{M} = \begin{bmatrix} m_1 & 0 & 0 \\ 0 & m_2 & 0 \\ 0 & 0 & m_3 \end{bmatrix}$$

由于系统的各个质量上没有外力作用,所以得到自由振动的运动微分方程为

$$\begin{bmatrix} m_1 & 0 & 0 \\ 0 & m_2 & 0 \\ 0 & 0 & m_3 \end{bmatrix}\begin{bmatrix} \ddot{x}_1 \\ \ddot{x}_2 \\ \ddot{x}_3 \end{bmatrix} + \begin{bmatrix} k_1 + k_2 & -k_2 & 0 \\ -k_2 & k_2 + k_3 & -k_3 \\ 0 & -k_3 & k_3 \end{bmatrix}\begin{bmatrix} x_1 \\ x_2 \\ x_3 \end{bmatrix} = \begin{bmatrix} 0 \\ 0 \\ 0 \end{bmatrix}$$

对于静定结构，有时通过柔度矩阵建立位移方程比通过刚度矩阵建立作用力方程更方便些.柔度定义为弹性元件在单位力作用下产生的变形，它的物理意义及量纲与刚度恰好相反.下面以如图 4.4(a)所示的二自由度简支梁来说明位移方程的建立.

图示的这种无质量的弹性梁上具有若干个质量集中的多自由度系统，是从质量连续分布的弹性梁简化过来的.假设 F_1,F_2 是常力，并且以准静态方式作用到梁上，这时梁只产生位移(即挠度)，不产生加速度.取质量 m_1,m_2 的静平衡位置为坐标 x_1,x_2 的原点.设外力为 $F_1=1,F_2=0$ 时，两个质量的位移为 $x_1=\alpha_{11}$，$x_2=\alpha_{21}$，如图 4.4(b)所示；又设外力为 $F_1=0$，$F_2=1$ 时，两个质量的位移为 $x_1=\alpha_{12}$，$x_2=\alpha_{22}$，如图 4.4(c)所示.对于线性弹性体，两个质量同时受到 F_1,F_2 大小的外力作用时，可由叠加原理得到它们的位移为

$$x_1 = \alpha_{11}F_1 + \alpha_{12}F_2$$

$$x_2 = \alpha_{21}F_1 + \alpha_{22}F_2$$

上面两式可写成矩阵形式：

$$\boldsymbol{x} = \boldsymbol{\alpha}\boldsymbol{f} \tag{4.1.5}$$

其中

$$\boldsymbol{\alpha} = \begin{bmatrix} \alpha_{11} & \alpha_{12} \\ \alpha_{21} & \alpha_{22} \end{bmatrix},\quad \boldsymbol{x} = \begin{bmatrix} x_1 \\ x_2 \end{bmatrix},\quad \boldsymbol{f} = \begin{bmatrix} F_1 \\ F_2 \end{bmatrix} \tag{4.1.6}$$

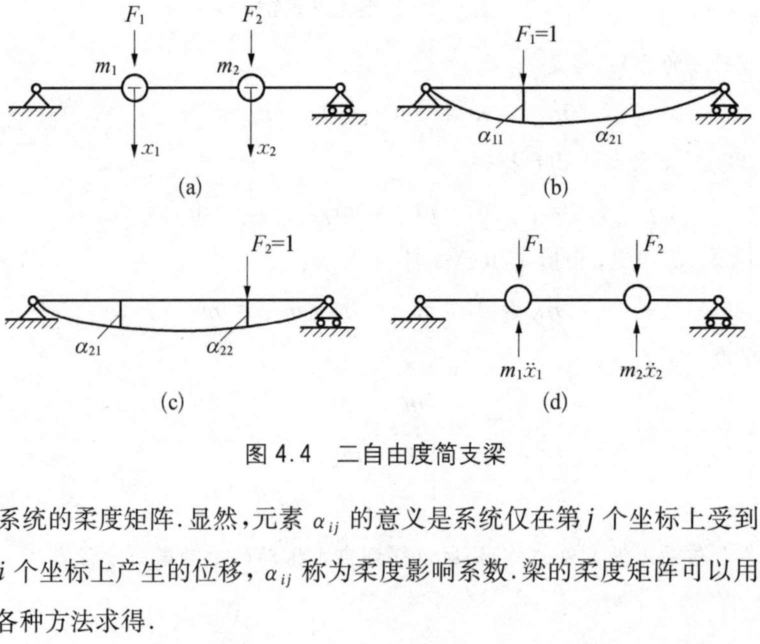

图 4.4　二自由度简支梁

矩阵 $\boldsymbol{\alpha}$ 称为系统的柔度矩阵.显然，元素 α_{ij} 的意义是系统仅在第 j 个坐标上受到单位力作用时相应于第 i 个坐标上产生的位移，α_{ij} 称为柔度影响系数.梁的柔度矩阵可以用材料力学计算梁挠度的各种方法求得.

当外力 F_1, F_2 是动载荷时，梁必然产生加速度，即集中质量上有惯性力存在，见图4.4(d)，因此式(4.1.5)成为

$$\begin{bmatrix} x_1 \\ x_2 \end{bmatrix} = \begin{bmatrix} \alpha_{11} & \alpha_{12} \\ \alpha_{21} & \alpha_{22} \end{bmatrix} \begin{bmatrix} F_1 - m_1 \ddot{x}_1 \\ F_2 - m_2 \ddot{x}_2 \end{bmatrix}$$

将质量、加速度也写成矩阵形式，则上式成为

$$\begin{bmatrix} x_1 \\ x_2 \end{bmatrix} = \begin{bmatrix} \alpha_{11} & \alpha_{12} \\ \alpha_{21} & \alpha_{22} \end{bmatrix} \left(\begin{bmatrix} F_1(t) \\ F_2(t) \end{bmatrix} - \begin{bmatrix} m_1 & 0 \\ 0 & m_2 \end{bmatrix} \begin{bmatrix} \ddot{x}_1 \\ \ddot{x}_2 \end{bmatrix} \right)$$

或简写成

$$\boldsymbol{x} = \boldsymbol{\alpha}(\boldsymbol{f} - \boldsymbol{M}\ddot{\boldsymbol{x}}) \tag{4.1.7}$$

式(4.1.7)称为位移方程. n 自由度系统的位移方程也是上面的形式，其中，柔度矩阵 $\boldsymbol{\alpha}$ 为 n 阶方矩阵. 位移方程(4.1.7)还可以写为下面的形式：

$$\boldsymbol{\alpha M}\ddot{\boldsymbol{x}} + \boldsymbol{x} = \boldsymbol{\alpha f} \tag{4.1.8}$$

为比较作用力方程与位移方程，将式(4.1.2)改写为

$$\boldsymbol{Kx} = \boldsymbol{f} - \boldsymbol{M}\ddot{\boldsymbol{x}}$$

如果 $\boldsymbol{K}$ 是非奇异的，即 $\boldsymbol{K}$ 的逆矩阵 $\boldsymbol{K}^{-1}$ 存在(上标“-1”表示求逆运算)，上式两端左乘 $\boldsymbol{K}^{-1}$，得

$$\boldsymbol{x} = \boldsymbol{K}^{-1}(\boldsymbol{f} - \boldsymbol{M}\ddot{\boldsymbol{x}}) \tag{4.1.9}$$

比较式(4.1.9)与式(4.1.7)得出

$$\boldsymbol{\alpha} = \boldsymbol{K}^{-1} \tag{4.1.10}$$

上式即柔度矩阵与刚度矩阵之间的关系. 对于允许刚体运动产生的系统(即具有刚体自由度的系统)，例如，对于如图4.5所示的系统，柔度矩阵是不存在的，这是因为在任意一个坐标上施加单位力，系统将产生刚体运动而无法计算各个坐标上的位移. 可以证明图4.5中两个系统的刚度矩阵 $\boldsymbol{K}$ 都是奇异的，所以位移方程不适用于具有刚体自由度的系统.

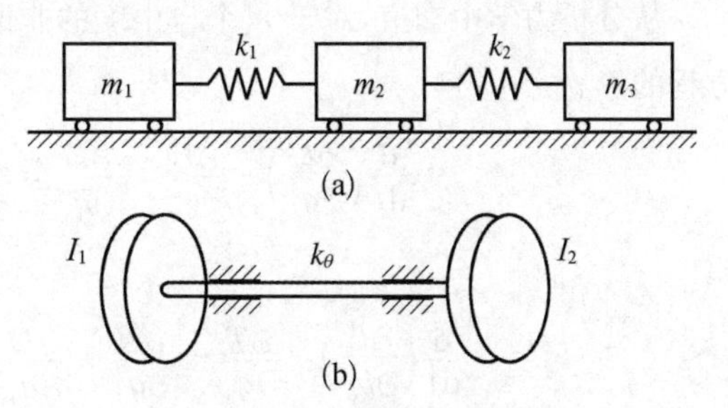

图4.5　存在刚体运动的系统

例4.4　写出图4.6(a)中二自由度简支梁作横向振动的位移方程. 已知集中质量为 m_1, m_2，它们到两端的距离都是 $l/3$，并且作用有激振力 F_1, F_2，梁的抗弯刚度为 EJ.

解　由材料力学知道，对图4.6(b)的简支梁，当点 B 作用有单位力时点 A 的挠度为

$$\alpha_{AB} = \frac{ab}{6EJl}(l^2 - a^2 - b^2)$$

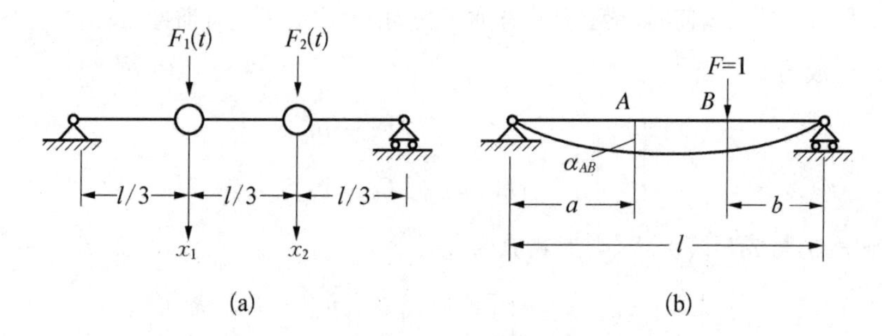

图 4.6　二自由度简支梁

由上式计算出下列柔度影响系数：

$$\alpha_{11} = \alpha_{22} = 8\alpha, \quad \alpha_{21} = \alpha_{12} = 7\alpha$$

其中，$\alpha = l_3/(486EJ)$，于是柔度矩阵为

$$\boldsymbol{\alpha} = \begin{bmatrix} 8\alpha & 7\alpha \\ 7\alpha & 8\alpha \end{bmatrix}$$

由式(4.1.7)，梁作横向振动的位移方程为

$$\begin{bmatrix} x_1 \\ x_2 \end{bmatrix} = \begin{bmatrix} 8\alpha & 7\alpha \\ 7\alpha & 8\alpha \end{bmatrix} \left(\begin{bmatrix} F_1 \\ F_2 \end{bmatrix} - \begin{bmatrix} m_1 & 0 \\ 0 & m_2 \end{bmatrix} \begin{bmatrix} \ddot{x}_1 \\ \ddot{x}_2 \end{bmatrix} \right)$$

4.2　离散系统的拉格朗日方程与哈密顿原理

4.2.1　一般情况的拉格朗日方程

从分析力学中知道，对于 n 个自由度的非保守系统的动力学方程可写成如下的拉格朗日方程的形式：

$$\frac{\mathrm{d}}{\mathrm{d}t}\left(\frac{\partial L}{\partial \dot{q}_i}\right) - \frac{\partial L}{\partial q_i} + \frac{\partial D}{\partial \dot{q}_i} = Q_i, \quad i = 1, 2, \cdots, n \tag{4.2.1a}$$

或

$$\frac{\mathrm{d}}{\mathrm{d}t}\left(\frac{\partial L}{\partial \dot{q}_i}\right) - \frac{\partial T}{\partial q_i} + \frac{\partial U}{\partial q_i} + \frac{\partial D}{\partial \dot{q}_i} = Q_i, \quad i = 1, 2, \cdots, n \tag{4.2.1b}$$

初始条件为

$$\dot{q}_i \big|_{t=0} = \dot{q}_{i0}, \quad q_i \big|_{t=0} = q_{i0} \tag{4.2.2}$$

其中，$L = T - U$ 称为拉格朗日函数，Q_i 为对应于广义坐标 q_i 的广义力，D 为散逸函数，T 与 U 分别是系统的动能和势能.

这样 N 个自由度的非保守系统动力学问题归结为求解由式(4.2.1)、式(4.2.2)所确定的微分方程组初值问题.

下面就分别讨论动能 T、势能 U、散逸函数 D 和广义力 Q_i.

对于由 N 个质点组成的N 个自由度的完整系统,其动能 T 的表达式为

$$T = \frac{1}{2}\sum_{k=1}^{N} m_k \mid \dot{r}_k \mid^2 = \frac{1}{2}\sum_{k=1}^{N} m_k \dot{r}_k \dot{r}_k \tag{4.2.3}$$

其中,质点 m_k 的矢径 r_k 可以表示为n 个广义坐标($q_1, q_2, \cdots, q_n$)和时间 t 的函数,即

$$r_k = r_k(q_1, q_2, \cdots, q_n, t), \quad k = 1, 2, \cdots, N \tag{4.2.4}$$

则

$$\dot{r}_k = \sum_{i=1}^{n} \frac{\partial r_k}{\partial q_i} \frac{\partial q_i}{\partial t} + \frac{\partial r_k}{\partial t} \tag{4.2.5}$$

将式(4.2.5)代入式(4.2.3)得

$$\begin{aligned} T &= \frac{1}{2}\sum_{k=1}^{N} m_k \left(\sum_{i=1}^{n} \frac{\partial r_k}{\partial q_i} \dot{q}_i + \frac{\partial r_k}{\partial t} \right) \left(\sum_{j=1}^{n} \frac{\partial r_k}{\partial q_j} \dot{q}_j + \frac{\partial r_k}{\partial t} \right) \\ &= T_0 + T_1 + T_2 \end{aligned} \tag{4.2.6}$$

其中

$$T_2 = \frac{1}{2}\sum_{i=1}^{n}\sum_{j=1}^{n} m_{ij} \dot{q}_i \dot{q}_j \tag{4.2.7}$$

$$T_1 = \sum_{j=1}^{n} f_j \dot{q}_j \tag{4.2.8}$$

$$T_0 = \frac{1}{2}\sum_{k=1}^{N} m_k \left(\frac{\partial r_k}{\partial t} \right)^2 \tag{4.2.9}$$

$$m_{ij} = \sum_{k=1}^{N} m_k \frac{\partial r_k}{\partial q_i} \frac{\partial r_k}{\partial q_j} \tag{4.2.10}$$

$$f_j = \sum_{k=1}^{N} m_k \frac{\partial r_k}{\partial q_j} \frac{\partial r_k}{\partial t} \tag{4.2.11}$$

T_2 是广义速度 $\dot{q}_i$ 的二次型,T_1 是广义速度 $\dot{q}_i$ 的线性函数,T_0 与广义速度无关.一般而言,系数 m_{ij},f_i 和函数T_0 是广义坐标 q_i 和时间t 的函数.能将动能写成式(4.2.6)的系统称为非自然型系统,这种系统在研究旋转运动的物体时常常会遇到. T_0 项的特征与势能一样,产生离心力. T_1 项是由科氏力产生的,T_1 项有时(但非唯一地)与旋转体的旋转现象有关,这种动能与广义速度呈线性关系的项称为陀螺项,人们注意到这种陀螺项也出现在含有流体的振动导管中.

势能:弹性恢复力、重力等可以从势能函数中导出.势能 U 只是坐标的函数,当然也就是 n 个广义坐标的函数,即

$$U = U(q_1, q_2, \cdots, q_n) \tag{4.2.12}$$

散逸函数:作用在系统上的另一类力是黏性阻尼力,它与广义速度有关,并可以从二次函数

$$D = \frac{1}{2}\sum_{i=1}^{n}\sum_{j=1}^{n} c_{ij}\dot{q}_i\dot{q}_j \tag{4.2.13}$$

中导出.式(4.2.13)中的 D 称为散逸函数;系数 c_{ij} 称为黏性阻尼系数,一般情况下是常数,而且是对称的.

对于系统中未能包含在上述各类中的力,可以用广义力 Q_i 表示,Q_i 可以从虚功表达式

$$\delta W_Q = \sum_{i=1}^{n} Q_i \delta q_i \tag{4.2.14}$$

导出.一般说来,广义力 Q_i 与时间有关,而与广义坐标及广义速度无关.

拉格朗日方程(4.2.1)的推导过程介绍如下:

虚功原理是在静力平衡的基础上建立起来的.达朗贝尔进一步推证了质量为 m_k 的质点,在合力 F_k 的作用下和惯性力 $(-m_k\ddot{r}_k)$ 构成平衡的达朗贝尔原理.对于质点 k 的动力学方程,可以按照达朗贝尔原理,写出作用于质点 k 上的合力 R_k 为零的平衡方程式,表示如下:

$$R_k = F_k - m_k\ddot{r}_k = f_k + P_k - m_k\ddot{r}_k = 0 \tag{4.2.15}$$

其中,F_k 为主动力 f_k 和约束力 P_k 之和.应用达朗贝尔原理可以把虚位移原理推广到动力学问题上.质点系统在若干个力作用下,若处于平衡状态,则作用在系统的任一质点 k 上的合力 $R_k=0$,因此它在该点虚位移 δr_k 上所做的虚功也等于零,即

$$R_k\delta r_k = 0 \tag{4.2.16}$$

然后,对全部 N 个质点求和,得系统的虚功 δW 为

$$\begin{aligned}\delta W &= \sum_{k=1}^{N} R_k\delta r_k = \sum_{k=1}^{N}(f_k + P_k - m_k\ddot{r}_k)\delta r_k \\ &= \delta W_{\mathrm{f}} + \delta W_{\mathrm{p}} + \delta W_{\mathrm{m}} = 0\end{aligned} \tag{4.2.17}$$

其中主动力虚功、约束力虚功和惯性力虚功分别为

$$\delta W_{\mathrm{f}} = \sum_{k=1}^{N} f_k\delta r_k \tag{4.2.18}$$

$$\delta W_{\mathrm{p}} = \sum_{k=1}^{N} p_k\delta r_k \tag{4.2.19}$$

$$\delta W_{\mathrm{m}} = \sum_{k=1}^{N} (-m_k\ddot{r}_k)\delta r_k \tag{4.2.20}$$

我们讨论理想约束情况,即约束反力不做功的情况,此时约束反力的虚功 δW_{p} 等于零.因此式(4.2.17)化为

$$\delta W = \delta W_{\mathrm{f}} + \delta W_{\mathrm{m}} = \sum_{k=1}^{N}(f_k - m_r\ddot{r}_k)\delta r_k = 0 \tag{4.2.21}$$

式(4.2.21)称为动力学普遍方程,它比静力学的虚功方程增加了一项惯性力虚功 δW_{m}.动力学普遍方程表明,作用在理想约束的系统上所有的主动力和惯性力在任意瞬时的虚位移上的虚功之和为零,故也称之为瞬时虚位移原理.

下面把动力学普遍方程通过 n 个广义坐标和广义力来表示.由于虚位移只是坐标的微小

改变量，与时间 t 无关. 因此各点的虚位移 δr_k 可以表示为 n 个广义坐标虚位移 δq_r 的线性组合，即

$$\delta r_k = \sum_{i=1}^{n} \frac{\partial r_k}{\partial q_i} \delta q_i \tag{4.2.22}$$

代入主动力虚功 δW_{f}（方程(4.2.18)）得

$$\delta W_{\mathrm{f}} = \sum_{k=1}^{N} \sum_{i=1}^{n} f_k \frac{\partial r_k}{\partial q_i} \delta q_i = \sum_{i=1}^{n} \left(\sum_{k=1}^{N} f_k \frac{\partial r_k}{\partial q_i} \right) \delta q_i = \sum_{i=1}^{n} \bar{Q}_i \delta q_i \tag{4.2.23}$$

其中，$\bar{Q}_i$ 称为对应于广义坐标 q_i 的广义力，

$$\bar{Q}_i = \sum_{k=1}^{N} f_k \frac{\partial r_k}{\partial q_i} \tag{4.2.24}$$

由式(4.2.4)有

$$\dot{r}_k = \sum_{j=1}^{n} \frac{\partial r_k}{\partial q_j} \dot{q}_j + \frac{\partial r_k}{\partial t} \tag{4.2.25}$$

则有

$$\frac{\partial \dot{r}_k}{\partial \dot{q}_j} = \frac{\partial r_k}{\partial q_j} \tag{4.2.26}$$

$$\frac{\partial \dot{r}_k}{\partial q_i} = \sum_{j=1}^{n} \frac{\partial^2 r_k}{\partial q_i \partial q_j} \dot{q}_j + \frac{\partial^2 r_k}{\partial q_i \partial t} \tag{4.2.27}$$

同时有

$$\frac{\mathrm{d}}{\mathrm{d}t}\left(\frac{\partial r_k}{\partial q_i}\right) = \sum_{j=1}^{n} \frac{\partial^2 r_k}{\partial q_i \partial q_j} \dot{q}_j + \frac{\partial^2 r_k}{\partial t \partial q_i} \tag{4.2.28}$$

比较式(4.2.27)与式(4.2.28)，可得

$$\frac{\partial \dot{r}_k}{\partial q_i} = \frac{\mathrm{d}}{\mathrm{d}t}\left(\frac{\partial r_k}{\partial q_i}\right) \tag{4.2.29}$$

那么惯性力虚功 δW_{m} 为

$$\begin{aligned}
\delta W_{\mathrm{m}} &= \sum_{k=1}^{N} (-m_k \ddot{r}_k) \delta r_k = -\sum_{i=1}^{n} \sum_{k=1}^{N} m_k \ddot{r}_k \frac{\partial r_k}{\partial q_i} \delta q_i \\
&= \sum_{i=1}^{n} \sum_{k=1}^{N} \left[-\frac{\mathrm{d}}{\mathrm{d}t}\left(m_k \dot{r}_k \frac{\partial r_k}{\partial q_i} \right) + m_k \dot{r}_k \frac{\mathrm{d}}{\mathrm{d}t}\left(\frac{\partial r_k}{\partial q_i} \right) \right] \delta q_i
\end{aligned} \tag{4.2.30}$$

将式(4.2.26)与式(4.2.29)代入式(4.2.30)，得

$$\begin{aligned}
\delta W_{\mathrm{m}} &= \sum_{i=1}^{n} \sum_{k=1}^{N} \left[-\frac{\mathrm{d}}{\mathrm{d}t}\left(m_k \dot{r}_k \frac{\partial \dot{r}_k}{\partial \dot{q}_i} \right) + m_k \dot{r}_k \frac{\partial \dot{r}_k}{\partial q_i} \right] \delta q_i \\
&= \sum_{i=1}^{n} \sum_{k=1}^{N} \left(-\frac{\mathrm{d}}{\mathrm{d}t} \frac{\partial}{\partial \dot{q}_i} + \frac{\partial}{\partial q_i} \right) \left(\frac{1}{2} m_k \dot{r}_k \dot{r}_k \right) \delta q_i \\
&= \sum_{i=1}^{n} \left(-\frac{\mathrm{d}}{\mathrm{d}t} \frac{\partial}{\partial \dot{q}_i} + \frac{\partial}{\partial q_i} \right) \left(\sum_{k=1}^{N} \frac{1}{2} m_k \dot{r}_k \dot{r}_k \right) \delta q_i
\end{aligned}$$

$$= \sum_{i=1}^{n}\left(-\frac{\mathrm{d}}{\mathrm{d}t}\frac{\partial T}{\partial \dot{q}_i}+\frac{\partial T}{\partial q_i}\right)\delta q_i \tag{4.2.31}$$

其中,T 如式(4.2.3)所示,称为系统的动能.

将式(4.2.23)和式(4.2.31)代入式(4.2.21),得

$$\delta W = -\sum_{i=1}^{n}\left(\frac{\mathrm{d}}{\mathrm{d}t}\frac{\partial T}{\partial \dot{q}_i}-\frac{\partial T}{\partial q_i}-\bar{Q}_i\right)\delta q_i = 0 \tag{4.2.32}$$

各虚位移 δq_i 都是彼此独立的,因而可以任意选取.于是可得拉格朗日方程为

$$\frac{\mathrm{d}}{\mathrm{d}t}\frac{\partial T}{\partial \dot{q}_i}-\frac{\partial T}{\partial q_i}-\bar{Q}_i = 0,\quad i = 1, 2, \cdots, n \tag{4.2.33}$$

令广义力 $\bar{Q}_i$ 为

$$\bar{Q}_i = -\frac{\partial U}{\partial q_i}+Q_i^* = -\frac{\partial U}{\partial q_i}-\frac{\partial D}{\partial \dot{q}_i}+Q_i \tag{4.2.34}$$

其中,U 为主动力势能,见式(4.2.12);D 为散逸函数,见式(4.2.13);Q 为未包含在上面各类中的力.

将式(4.2.34)代入式(4.2.33)即得拉格朗日方程(4.2.1).

4.2.2 微幅振动情况

我们知道,微幅振动是围绕平衡位置的微小振动,这就意味着对运动方程进行线性化处理,也就是相当于在拉格朗日算子中只保留对广义坐标与广义速度的二次偏导数项.作为线性化的结果,在 T_2 中的系数 m_{ij} 成为常数.因为一般情况下 m_{ij} 是广义坐标的函数,即

$$m_{ij} = m_{ij}(q_1, q_2, \cdots, q_n) \tag{4.2.35}$$

将 m_{ij} 作泰勒级数展开(在平衡位置),得到

$$m_{ij} = (m_{ij})_0 + \sum_{i=1}^{n}\left(\frac{\partial m_{ij}}{\partial q_i}\right)_0 q_i + \cdots \tag{4.2.36}$$

由于在式(4.2.7)中,$\dot{q}_i\dot{q}_j$ 已是二阶微量,所以 m_{ij} 的表达式(4.2.36)中只能保留常数项,即

$$m_{ij} = m_{ji} = \left(\frac{\partial^2 T_2}{\partial \dot{q}_i \partial \dot{q}_j}\right)_{q=\dot{q}=0} = \left(\frac{\partial^2 T_2}{\partial \dot{q}_j \partial \dot{q}_i}\right)_{q=\dot{q}=0} \tag{4.2.37}$$

这就是系数 m_{ij} 在平衡位置($q=0$)的值,称为质量系数或刚度系数.

在线性化处理时,T_1 中的系数 f_j 与广义坐标呈线性关系:

$$f_j = \sum_{i=1}^{n} f_{ij}q_i,\quad j = 1, 2, \cdots, n \tag{4.2.38}$$

其中

$$f_{ij} = \left.\frac{\partial f_j}{\partial q_i}\right|_{q=0},\quad i, j = 1, 2, \cdots, n \tag{4.2.39}$$

f_{ij} 是常数.将式(4.2.38)代入式(4.2.8),得到

$$T_1 = \sum_{i=1}^{n}\sum_{j=1}^{n} f_{ij} q_i \dot{q}_j \tag{4.2.40}$$

将势能 U 作泰勒级数展开(在平衡位置),并写成

$$U(q_1, q_2, \cdots, q_n) = U(0, 0, \cdots, 0) + \sum_{i=1}^{n} \frac{\partial U}{\partial q_i}\bigg|_{q=0} q_i + \frac{1}{2}\sum_{i=1}^{n}\sum_{j=1}^{n} \frac{\partial^2 U}{\partial q_i \partial q_j}\bigg|_{q=0} q_i q_j + \cdots \tag{4.2.41}$$

注意到 $U(0, 0, \cdots, 0)$是常数,因而不影响运动方程.且由于系统围绕平衡位置作微幅振动,所以有

$$\frac{\partial U}{\partial q_i}\bigg|_{q=0} = 0 \tag{4.2.42}$$

因此,我们得到动力势函数最低阶项的确是广义坐标的二次型:

$$U(q_1, q_2, \cdots, q_n) = \frac{1}{2}\sum_{i=1}^{n}\sum_{j=1}^{n} K_{ij} q_i q_j \tag{4.2.43}$$

其中

$$K_{ij} = K_{ji} = \frac{\partial^2 U}{\partial q_i \partial q_j}\bigg|_{q=0} = \frac{\partial^2 U}{\partial q_j \partial q_i}\bigg|_{q=0} \tag{4.2.44}$$

称为刚度系数.它可以由各种类型组成,最重要的是弹性刚度系数及几何刚度系数.前者来自弹性位能或应变能,后者来自离心力,它可从动能 T_0 项中导出.

现在可将式(4.2.7)~式(4.2.10)、式(4.2.14)、式(4.2.35)、式(4.2.37) 和式(4.2.40)代入拉格朗日方程(4.2.1),求出系统作微幅振动的运动方程

$$\sum_{j=1}^{n}[m_{ij}\ddot{q}_j + (g_{ij} + c_{ij})\dot{q}_j + k_{ij} q_j] = Q_i, \quad i = 1, 2, \cdots, n \tag{4.2.45}$$

其中,阻尼系数 c_{ij} 见式(4.2.13),系数 g_{ij} 是反对称的,即

$$g_{ij} = f_{ij} - f_{ji} = -g_{ji} \tag{4.2.46}$$

它是与陀螺效应有关的系数.

此外,还有一类重要的力没有包含在式(4.2.45)中,这类力也是与广义坐标有关的.但是,它们不可能从势能中导出,这些力具有 $h_{ij} q_j$ 形式,其中,系数 h_{ij} 是反对称的,即

$$h_{ij} = -h_{ji} \tag{4.2.47}$$

$h_{ij} q_j$ 项常出现在诸如曲柄、轴、滑轮等功率传递装置中,因而它们被称为循环力.同时它们也在含有内阻尼的双旋转卫星上出现过,并被称为约束阻尼力.如存在循环力,则式(4.2.45)可写成

$$\sum_{j=1}^{n}[m_{ij}\ddot{q}_j + (g_{ij} + c_{ij})\dot{q}_j + (k_{ij} + h_{ij}) q_j] = Q_i, \quad i = 1, 2, \cdots, n \tag{4.2.48}$$

方程组(4.2.48)构成一组带有常系数的线性常微分方程组,它描述系统在平衡位置附近的微幅运动.引用矩阵符号,上式改写为矩阵形式的运动方程

$$M\ddot{q}+(G+C)\dot{q}+(K+H)q=Q \tag{4.2.49}$$

这里，n 个自由度广义坐标 q_i 表示为向量 $\boldsymbol{q}$，并引入相应的广义力向量 $\boldsymbol{Q}$. 再引入二维矩阵

$$M=[m_{ij}],\quad G=[q_{ij}],\quad C=[c_{ij}],\quad K=[k_{ij}],\quad H=[h_{ij}] \tag{4.2.50}$$

$\boldsymbol{M}$ 为质量矩阵，$\boldsymbol{C}$ 为阻尼矩阵，$\boldsymbol{K}$ 为刚度矩阵，而

$$G=F^{\mathrm{T}}-F=-G^{\mathrm{T}},\quad H=-H^{\mathrm{T}},\quad F=[f_{ij}] \tag{4.2.51}$$

$\boldsymbol{G}$ 为回转矩阵，$\boldsymbol{H}$ 为循环矩阵. 如引入广义散逸函数

$$\begin{aligned} D^{*}&=\frac{1}{2}\sum_{i=1}^{n}\sum_{j=1}^{n}c_{ij}\dot{q}_i\dot{q}_j+\sum_{i=1}^{n}\sum_{j=1}^{n}h_{ij}\dot{q}_iq_j\\ &=\frac{1}{2}\dot{q}^{\mathrm{T}}C\dot{q}+\dot{q}^{\mathrm{T}}Hq \end{aligned} \tag{4.2.52}$$

则可将拉格朗日方程(4.2.1)改写为

$$\frac{\mathrm{d}}{\mathrm{d}t}\left(\frac{\partial L}{\partial\dot{q}_i}\right)-\frac{\partial L}{\partial q_i}+\frac{\partial D^{*}}{\partial\dot{q}_i}=Q_i,\quad i=1,2,\cdots,n \tag{4.2.53}$$

下面通过例题来说明拉格朗日方程的应用.

例 4.5 图 4.7 是研究汽车上下振动及俯仰振动的动力学模型. 假设车体的刚性杆 AB 的质量为 m，杆绕质心 C 的转动惯量为 I_C，悬挂弹簧和前后轮胎的弹性用刚度为 k_1 及 k_2 的两个弹簧来表示，杆的质心 C 与 A，B 端的距离分别是 l_1，l_2，杆全长为 l. 设杆上点 D 与 A，B 端的距离分别为 a_1，a_2，选点 D 的垂直位移 x_D 及杆绕点 D 的角位移 θ_D 为广义坐标，写出车体微振动的微分方程.

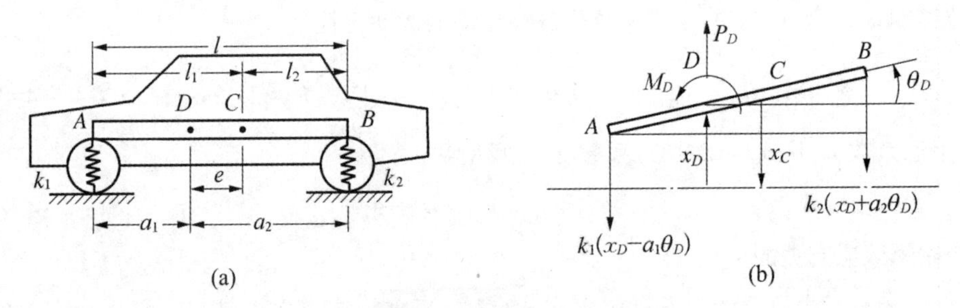

图 4.7　汽车动力学模型

解 设 $CD=e$，车体所受外力可以向点 D 简化为合力 P_D 与合力矩 M_D，由于考虑微振动，杆质心的垂直位移 x_C 及杆绕质心的角位移 θ_C 可分别表示为

$$x_C=x_D+e\theta_D,\quad \theta_C=\theta_D \tag{1}$$

从而

$$T=\frac{1}{2}m\dot{x}_C^2+\frac{1}{2}I_C\dot{\theta}_C^2=\frac{1}{2}m(\dot{x}_D+e\dot{\theta}_D)^2+\frac{1}{2}I_C\dot{\theta}_D^2 \tag{2}$$

$$U=\frac{1}{2}k_1(x_D-a_1\theta_D)^2+\frac{1}{2}k_2(x_D+a_2\theta_D)^2 \tag{3}$$

经运算得到

$$\frac{\mathrm{d}}{\mathrm{d}t}\left(\frac{\partial L}{\partial \dot{x}_D}\right) = m\ddot{x}_D + me\ddot{\theta}_D \tag{4}$$

$$-\frac{\partial L}{\partial x_D} = (k_1 + k_2)x_D + (k_2 a_2 - k_1 a_1)\theta_D \tag{5}$$

$$\frac{\mathrm{d}}{\mathrm{d}t}\left(\frac{\partial L}{\partial \dot{\theta}_D}\right) = me\ddot{x}_D + (I_C + me^2)\ddot{\theta}_D \tag{6}$$

$$-\frac{\partial L}{\partial \theta_D} = (k_2 a_2 - k_1 a_1)x_D + (k_1 a_1^2 + k_2 a_2^2)\theta_D \tag{7}$$

为计算广义力 Q_1,Q_2,设坐标 x_D 上有虚位移 δx_D,非有势力做的功为 $\delta W = P_D \cdot \delta x_D$,因此 $Q_1 = P_D$;再设坐标 θ_D 上有虚位移 $\delta\theta_D$,非有势力做的功为 $\delta W = M_D \cdot \delta\theta_D$,所以 $Q_2 = M_D$. 将上面各式代入式(4.2.1),得到

$$\begin{aligned} &m\ddot{x}_D + me\ddot{\theta}_D + (k_1 + k_2)x_D + (k_2 a_2 - k_1 a_1)\theta_D = P_D \\ &me\ddot{x}_D + (I_C + me^2)\ddot{\theta}_D + (k_2 a_2 - k_1 a_1)x_D + (k_1 a_1^2 + K_2 a_2^2)\theta_D = M_D \end{aligned} \tag{8}$$

这就是系统的运动微分方程,它的矩阵形式为

$$\begin{bmatrix} m & me \\ me & I_C + me^2 \end{bmatrix}\begin{bmatrix} \ddot{x}_D \\ \ddot{\theta}_D \end{bmatrix} + \begin{bmatrix} k_1 + k_2 & k_2 a_2 - k_1 a_1 \\ k_2 a_2 - k_1 a_1 & k_1 a_1^2 + k_2 a_2^2 \end{bmatrix}\begin{bmatrix} x_D \\ \theta_D \end{bmatrix} = \begin{bmatrix} P_D \\ M_D \end{bmatrix} \tag{9}$$

4.2.3 哈密顿原理

哈密顿原理是分析力学的一个基本变分原理.此原理可以叙述如下:

对有势力作用下的完整质点系统而言,在所有由状态 $A(t_1)$到状态 $B(t_2)$的可能运动中,唯有真实运动使哈密顿作用量具有稳定值,即

$$\delta H = \delta\int_{t_1}^{t_2} L\mathrm{d}t = 0 \tag{4.2.54}$$

其中,L 为拉格朗日函数.在计算变分 δH 时应注意,所有的可能运动都通过$A(t_1)$与 $B(t_2)$状态,所以在这两点有 $\delta q_i\big|_{t=t_1} = 0$, $\delta q_i\big|_{t=t_2} = 0(i = 1, 2, \cdots, n)$. 也就是说,这里研究的是固定边界条件下的泛函变分问题.下面对原理进行证明.因为

$$L = T - U = L(t, q_1, q_2, \cdots, q_n, \dot{q}_1, \dot{q}_2, \cdots, \dot{q}_n)$$

所以

$$\delta H = \int_{t_1}^{t_2} \delta L\mathrm{d}t = \int_{t_1}^{t_2}\sum_{i=1}^{n}\left(\frac{\partial L}{\partial q_i}\delta q_i + \frac{\partial L}{\partial \dot{q}_i}\delta\dot{q}_i\right)\mathrm{d}t \tag{4.2.55}$$

由分部积分关系并考虑到固定点 A,B 的变分 δq_i 为零,有

$$\int_{t_1}^{t_2}\frac{\partial L}{\partial \dot{q}_i}\delta\dot{q}_i\mathrm{d}t = \int_{t_1}^{t_2}\frac{\mathrm{d}}{\mathrm{d}t}\left(\frac{\partial L}{\partial \dot{q}_i}\delta q_i\right)\mathrm{d}t - \int_{t_1}^{t_2}\frac{\mathrm{d}}{\mathrm{d}t}\left(\frac{\partial L}{\partial \dot{q}_i}\right)\delta q_i\mathrm{d}t$$

$$= \left(\frac{\partial L}{\partial \dot{q}_i}\delta q_i\right)_{t_2} - \left(\frac{\partial L}{\partial \dot{q}_i}\delta q_i\right)_{t_1} - \int_{t_1}^{t_2}\frac{\mathrm{d}}{\mathrm{d}t}\left(\frac{\partial L}{\partial \dot{q}_i}\right)\delta q_i \mathrm{d}t$$

$$= -\int_{t_1}^{t_2}\frac{\mathrm{d}}{\mathrm{d}t}\left(\frac{\partial L}{\partial \dot{q}_i}\right)\delta q_i \mathrm{d}t \tag{4.2.56}$$

代入式(4.2.55),得

$$\delta H = -\int_{t_1}^{t_2}\sum_{i=1}^{n}\left[\frac{\mathrm{d}}{\mathrm{d}t}\left(\frac{\partial L}{\partial \dot{q}_i}\right) - \frac{\partial L}{\partial q_i}\right]\delta q_i \mathrm{d}t = 0$$

根据变分原理,欧拉方程为

$$\frac{\mathrm{d}}{\mathrm{d}t}\left(\frac{\partial L}{\partial \dot{q}_i}\right) - \frac{\partial L}{\partial q_i} = 0 \tag{4.2.57}$$

式(4.2.57)就是在势力作用下的拉格朗日方程,即式(4.2.1)中当 $Q_i = \partial D/\partial \dot{q}_i = 0$ 的情况. 在对积分极限加上一些限制条件,使真实运动的作用量的二阶变分 $\delta^2 H$ 为正值时,真实运动作用使 H 取极小值,此原理称为哈密顿最小作用量原理. 因而拉格朗日方程(4.2.57)是哈密顿原理的充要条件.

当完整质点系统所受主动力中包含有势力和非有势力两部分时,哈密顿原理有如下形式:

$$\delta H = \delta\int_{t_1}^{t_2} L\mathrm{d}t + \int_{t_1}^{t_2}\sum_{i=1}^{n} Q_i^* \,\delta q_i \mathrm{d}t = 0 \tag{4.2.58}$$

式中, $\sum_{i=1}^{n} Q_i^* \delta q_i$ 为非有势力 Q_i^* 的虚功之和. 式(4.2.58)与一般形式的拉格朗日方程

$$\frac{\mathrm{d}}{\mathrm{d}t}\left(\frac{\partial L}{\partial \dot{q}_i}\right) - \frac{\partial L}{\partial q_i} = Q_i^*, \quad i = 1, 2, \cdots, n \tag{4.2.59}$$

是等价的. 当

$$Q_i^* = Q_i - \frac{\partial D}{\partial \dot{q}} = Q_i - \sum_{j=1}^{n} c_{ij}\dot{q}_j \tag{4.2.60}$$

时,式(4.2.59)即是式(4.2.1).

当

$$Q_i^* = Q_i - \frac{\partial D^*}{\partial \dot{q}} = Q_i - \sum_{j=1}^{n} c_{ij}\dot{q}_j - \sum_{j=1}^{n} h_{ij} q_j \tag{4.2.61}$$

时,式(4.2.59)即是式(4.2.53).

下面通过例题来说明如何应用哈密顿原理建立多自由度系统运动方程.

例 4.6 应用哈密顿原理建立例 4.5 中的简化车体模型的微振动微分方程.

解 由例 4.5 有

$$T = \frac{1}{2}m(\dot{x}_D^2 + e\,\dot{\theta}_D)^2 + \frac{1}{2}I_C\,\dot{\theta}_D^2 \tag{1}$$

$$U = \frac{1}{2}k_1(x_D - a_1\theta_D)^2 + \frac{1}{2}k_2(x_D + a_2\theta_D)^2 \tag{2}$$

$$Q_1^* = Q_1 = P_D \tag{3}$$

$$Q_2^* = Q_2 = M_D$$

将 T, U, Q_1^*, Q_2^* 代入哈密顿变分方程(4.2.58),得

$$\begin{aligned}
\delta H &= \delta\int_{t_1}^{t_2}(T-U)\mathrm{d}t + \int_{t_1}^{t_2}(Q_1^*\delta x_D + Q_2^*\delta\theta_D)\mathrm{d}t \\
&= \int_{t_1}^{t_2}[m(\dot{x}_D + e\dot{\theta}_D)(\delta\dot{x}_D + e\delta\dot{\theta}_D) + I_C\theta_D\delta\dot{\theta}_D - k_1(x_D - a_1\theta_D)(\delta x_D - a_1\delta\theta_D) \\
&\quad - k_2(x_D + a_2\theta_D)(\delta x_D + a_2\delta\theta_D) + P_D\delta x_D + M_D\delta\theta_D]\mathrm{d}t \\
&= \int_{t_1}^{t_2}\{(m\dot{x}_D + me\dot{\theta}_D)\delta\dot{x}_D + (me\dot{x}_D + me^2\dot{\theta}_D + I_C\dot{\theta}_D)\delta\dot{\theta}_D \\
&\quad - [(k_1+k_2)x_D + (k_2a_2 - k_1a_1)\theta_D - P_D]\delta x_D \\
&\quad - [(k_2a_2 - k_1a_1)x_D + (k_1a_1^2 + k_2a_2^2)\theta_D - M_D]\delta\theta_D\}\mathrm{d}t
\end{aligned} \tag{4}$$

将上式第一项分部积分得

$$\begin{aligned}
&\int_{t_1}^{t_2}(m\dot{x}_D + me\dot{\theta}_D)\delta\dot{x}_D\mathrm{d}t \\
&\quad = \int_{t_1}^{t_2}\frac{\mathrm{d}}{\mathrm{d}t}[(m\dot{x}_D + me\dot{\theta}_D)\delta x_D]\mathrm{d}t - \int_{t_1}^{t_2}(m\ddot{x}_D + me\ddot{\theta}_D)\delta x_D\mathrm{d}t \\
&\quad = [(m\dot{x}_D + me\dot{\theta}_D)\delta x_D]\Big|_{t_1}^{t_2} - \int_{t_1}^{t_2}(m\ddot{x}_D + me\ddot{\theta}_D)\delta x_D\mathrm{d}t
\end{aligned} \tag{5}$$

由于哈密顿变分方程是考虑固定边界条件下的泛函变分问题,有

$$\delta x_D\big|_{t=t_1} = 0$$
$$\delta x_D\big|_{t=t_2} = 0$$

则上式化为

$$\int_{t_1}^{t_2}(m\dot{x}_D + me^2\dot{\theta}_D)\delta\dot{x}_D\mathrm{d}t = -\int_{t_1}^{t_2}(m\ddot{x}_D + me\ddot{\theta}_D)\delta x_D\mathrm{d}t \tag{6}$$

用同样的方法,式(4)中的第二项化为

$$\begin{aligned}
&\int_{t_1}^{t_2}(me\dot{x}_D + me^2\dot{\theta}_D + I_C\dot{\theta}_D)\delta\dot{\theta}_D\mathrm{d}t \\
&\quad = \int_{t_1}^{t_2}\frac{\mathrm{d}}{\mathrm{d}t}[(me\dot{x}_D + me^2\dot{\theta}_D + I_C\dot{\theta}_D)]\mathrm{d}t - \int_{t_1}^{t_2}(me\ddot{x}_D + me^2\ddot{\theta}_D + I_C\ddot{\theta}_D)\delta\theta_D\mathrm{d}t \\
&\quad = -\int_{t_1}^{t_2}(me\ddot{x}_D + me^2\ddot{\theta}_D + I_C\ddot{\theta}_D)\delta\theta_D\mathrm{d}t
\end{aligned} \tag{7}$$

则变分方程(4)化为

$$\begin{aligned}
\delta H = &-\int_{t_1}^{t_2}\{[m\ddot{x}_D + me\ddot{\theta}_D + (k_1+k_2)x_D + (k_2a_2 - k_1a_1)\theta_D - P_D]\delta x_D \\
&\quad + [me\ddot{x}_D + me^2\ddot{\theta}_D + I_C\ddot{\theta}_D + (k_2a_2 - k_1a_1)x_D \\
&\quad + (k_1a_1^2 + k_2a_2^2)\theta_D - M_D]\delta\theta_D\}\mathrm{d}t \\
= &\ 0
\end{aligned} \tag{8}$$

由于 δx_D 和 $\delta\theta_D$ 是独立变量的变分，由上式可得欧拉方程为

$$\begin{aligned} &m\ddot{x}_D + me\ddot{\theta}_D + (k_1 + k_2)x_D + (k_2 a_2 - k_1 a_1)\theta_D = P_D \\ &me\ddot{x}_D + me^2\ddot{\theta}_D + I_C\ddot{\theta}_D + (k_2 a_2 - k_1 a_1)x_D + (k_1 a_1^2 + k_2 a_2^2)\theta_D = M_D \end{aligned} \tag{9}$$

很显然式(9)与例 4.5 中的式(8)完全相同.由此可见，用拉格朗日方程(4.2.1)和哈密顿变分方程(4.2.58)建立的运动微分方程是一样的.

4.2.4 能量原理

对于一般的拉格朗日系统，引入广义能量 E^*，它定义为

$$E^* = \sum_{i=1}^{n}\frac{\partial L}{\partial \dot{q}_i}\dot{q}_i - L = E^*(q_1, q_2, \cdots, q_n, \dot{q}_1, \dot{q}_2, \cdots, \dot{q}_n, t) \tag{4.2.62}$$

它的时间全导数为

$$\begin{aligned} \frac{dE^*}{dt} &= \left[\sum_{i=1}^{n}\dot{q}_i\frac{d}{dt}\left(\frac{\partial L}{\partial \dot{q}_i}\right) + \sum_{i=1}^{n}\ddot{q}_i\frac{\partial L}{\partial \dot{q}_i}\right] - \left(\sum_{i=1}^{n}\ddot{q}_i\frac{\partial L}{\partial \dot{q}_i} + \sum_{i=1}^{n}\dot{q}_i\frac{\partial L}{\partial q_i} + \frac{\partial L}{\partial t}\right) \\ &= \sum_{i=1}^{n}\left[\frac{d}{dt}\left(\frac{\partial L}{\partial \dot{q}_i}\right) - \frac{\partial L}{\partial q_i}\right]\dot{q}_i - \frac{\partial L}{\partial t} \end{aligned}$$

对于有势力系统，它满足拉格朗日方程(4.2.57)，代入上式得

$$\frac{dE^*}{dt} = -\frac{\partial L}{\partial t} \tag{4.2.63}$$

由此可见，对于拉格朗日系统，如果有

$$\frac{\partial L}{\partial t} = 0$$

即函数 L 不显含时间 t，则系统有广义能量 E^* 且 E^* 守恒，即

$$E^* = \sum_{i=1}^{n}\frac{\partial L}{\partial \dot{q}_i}\dot{q}_i - L = h = \text{常数} \tag{4.2.64}$$

此时系统被称为“广义保守系统”.由式(4.2.6)和式(4.2.12)有

$$\frac{\partial T}{\partial t} = 0, \quad \frac{\partial U}{\partial t} = 0$$

即 $\dfrac{\partial L}{\partial t} = 0$，则有式(4.2.64).

将式(4.2.6)和式(4.2.12)代入式(4.2.64)，得

$$\begin{aligned} E^* &= \sum_{i=1}^{n}\frac{\partial(T_2 + T_1 + T_0 - U)}{\partial \dot{q}_i}\dot{q}_i - (T_2 + T_1 + T_0 - U) \\ &= T_2 - T_0 + U \end{aligned} \tag{4.2.65}$$

线性化之后有 $T_0 = 0$，则广义能量 E^* 为

$$E^* = T_2 + U \tag{4.2.66}$$

将式(4.2.49)左乘 $\dot{\boldsymbol{q}}^{\mathrm{T}}$，考虑 $\boldsymbol{M}$ 与 $\boldsymbol{K}$ 是对称的，$\boldsymbol{G}$ 是反对称的，可得

$$\begin{aligned}
&\dot{\boldsymbol{q}}^{\mathrm{T}}\boldsymbol{M}\ddot{\boldsymbol{q}} + \dot{\boldsymbol{q}}^{\mathrm{T}}(\boldsymbol{G}+\boldsymbol{C})\dot{\boldsymbol{q}} + \dot{\boldsymbol{q}}^{\mathrm{T}}(\boldsymbol{K}+\boldsymbol{H})\boldsymbol{q} - \dot{\boldsymbol{q}}^{\mathrm{T}}\boldsymbol{Q} \\
&= \frac{\mathrm{d}}{\mathrm{d}t}\left(\frac{1}{2}\dot{\boldsymbol{q}}^{\mathrm{T}}\boldsymbol{M}\dot{\boldsymbol{q}} + \frac{1}{2}\boldsymbol{q}^{\mathrm{T}}\boldsymbol{K}\boldsymbol{q}\right) + \dot{\boldsymbol{q}}^{\mathrm{T}}(\boldsymbol{C}\dot{\boldsymbol{q}} + \boldsymbol{H}\boldsymbol{q} - \boldsymbol{Q}) \\
&= \frac{\mathrm{d}E^*}{\mathrm{d}t} - \dot{\boldsymbol{q}}^{\mathrm{T}}\boldsymbol{Q}^* = 0
\end{aligned}$$

从而

$$\frac{\mathrm{d}E^*}{\mathrm{d}t} = \dot{\boldsymbol{q}}^{\mathrm{T}}\boldsymbol{Q}^* \tag{4.2.67}$$

式(4.2.67)表明广义能量 E^* 的变化等于 $\dot{\boldsymbol{q}}^{\mathrm{T}}\boldsymbol{Q}^*$. 当广义散逸函数 D^* 和其他力 $\boldsymbol{Q}$ 为零时，有式(4.2.64)，因而从广义能量守恒这一意义上来讲，一个无阻尼旋转系统是广义的保守系统.

如果一个力学系统是理想、定常、有势的，动能 T 只有二次项，即 $T_1 = T_0 = 0$，则广义能量等于机械能，即有

$$E^* = E = T_2 + U = T + U = h = \text{常数} \tag{4.2.68}$$

则广义能量 E^* 守恒就化为机械能守恒，这种系统为保守系统.

对保守系统的自由振动，运动方程(4.2.49)化为

$$\boldsymbol{M}\ddot{\boldsymbol{q}} + \boldsymbol{K}\dot{\boldsymbol{q}} = \boldsymbol{0} \tag{4.2.69}$$

当求系统的固有振动时，假设广义位移 $\boldsymbol{q}$ 作同相振动：

$$\boldsymbol{q} = \boldsymbol{u}\sin(\omega t + \varphi) \tag{4.2.70}$$

即各广义位移同时通过平衡位置且同时达到位移的最大值. 由于各广义位移作简谐振动，故当系统通过它的平衡位置时，势能为零而动能取最大值 $T_{\max}$；当广义位移达到最大值时，动能为零而势能取最大值 $U_{\max}$. 由机械能守恒原理式(4.2.68)得

$$T_{\max} = U_{\max} = h \tag{4.2.71}$$

保守系统的动能 T 和势能 U 的一般表达式分别为

$$T = \frac{1}{2}\dot{\boldsymbol{q}}^{\mathrm{T}}\boldsymbol{M}\dot{\boldsymbol{q}} \tag{4.2.72}$$

$$U = \frac{1}{2}\boldsymbol{q}^{\mathrm{T}}\boldsymbol{K}\boldsymbol{q} \tag{4.2.73}$$

将式(4.2.70)代入式(4.2.72)、式(4.2.73)，得

$$T_{\max} = \frac{1}{2}\omega^2\boldsymbol{u}^{\mathrm{T}}\boldsymbol{M}\boldsymbol{u} \tag{4.2.74}$$

$$U_{\max} = \frac{1}{2}\boldsymbol{u}^{\mathrm{T}}\boldsymbol{K}\boldsymbol{u} \tag{4.2.75}$$

将式(4.2.74)、式(4.2.75)代入式(4.2.71)，得

$$\omega^2 = \frac{\boldsymbol{u}^{\mathrm{T}}\boldsymbol{K}\boldsymbol{u}}{\boldsymbol{u}^{\mathrm{T}}\boldsymbol{M}\boldsymbol{u}} \tag{4.2.76}$$

当 $\boldsymbol{M}$ 为正定矩阵，$\boldsymbol{u}$ 为非零向量时，上式右端的分母不等于零. 式(4.2.76)说明，当把精确的第 i 阶固有振型 $\boldsymbol{u}$ 代入式(4.2.76)的右端后，就给出 i 阶固有频率平方的精确值.

对于给定系统，如果考虑任意可能位移振型 $\boldsymbol{u}$，代入式(4.2.76)右端，则式(4.2.76)表示 ω^2 是可能位移振型 $\boldsymbol{u}$ 的函数，这就是瑞利函数或瑞利商，并表示为

$$R(\boldsymbol{u}) = \frac{\boldsymbol{u}^{\mathrm{T}}\boldsymbol{K}\boldsymbol{u}}{\boldsymbol{u}^{\mathrm{T}}\boldsymbol{M}\boldsymbol{u}} \tag{4.2.77}$$

它的性质和应用将在第 5 章介绍.

例 4.7 应用保守系统能量守恒原理，对例 4.5 中的简化车体模型，给出固有频率的表达式.

解 由例 4.5，简化车体模型的运动方程为

$$\boldsymbol{M}\ddot{\boldsymbol{q}} + \boldsymbol{K}\boldsymbol{q} = \boldsymbol{f} \tag{1}$$

其中

$$\boldsymbol{M} = \begin{bmatrix} m & me \\ me & I_C + me^2 \end{bmatrix} \tag{2}$$

$$\boldsymbol{K} = \begin{bmatrix} k_1 + k_2 & k_2 a_2 - k_1 a_1 \\ k_2 a_2 - k_1 a_1 & k_1 a_1^2 + k_2 a_2^2 \end{bmatrix} \tag{3}$$

$$\boldsymbol{q} = \begin{bmatrix} x_D \\ \theta_D \end{bmatrix}, \quad \boldsymbol{f} = \begin{bmatrix} P_D \\ M_D \end{bmatrix} \tag{4}$$

当求系统的固有频率时，系统作同相振动，有

$$x_D = X_D \sin(\omega t + \varphi), \quad \theta_D = \Theta_D \sin(\omega t + \varphi) \tag{5}$$

则广义位移向量 $\boldsymbol{q}$ 为

$$\boldsymbol{q} = \boldsymbol{u}\sin(\omega t + \varphi) \tag{6}$$

其中，振型向量 $\boldsymbol{u}$ 为

$$\boldsymbol{u} = \begin{bmatrix} X_D \\ \Theta_D \end{bmatrix} \tag{7}$$

将式(2)、式(3)、式(7)代入式(4.2.76)，得固有频率表达式为

$$\omega^2 = \frac{X_D m x_D + 2\Theta_D m e x_D + \Theta_D (I_C + me^2)\Theta_D}{X_D(k_1 + k_2)X_D + 2\Theta_D(k_2 a_2 - k_1 a_1)X_D + \Theta_D(k_1 a_1^2 + k_2 a_2^2)\Theta_D}$$

4.3 连续系统能量泛函变分原理及其近似方法

4.3.1 以位移表示的弹性动力学方程

3.5.1节研究三维弹性动力学初值边值问题,现在以这个问题为例介绍变分原理及其近似计算方法.为了便于说明,考虑以位移表示的弹性动力学初值边值问题的动态平衡方程

$$\boldsymbol{R}_0=\boldsymbol{E}(\nabla)[\boldsymbol{a}\boldsymbol{E}^{\mathrm{T}}(\nabla)\boldsymbol{u}]+\boldsymbol{f}-\rho\frac{\partial^2\boldsymbol{u}}{\partial t^2}=\boldsymbol{0},\quad \boldsymbol{x}\in V \tag{4.3.1}$$

相应的位移边界条件为

$$\boldsymbol{R}_u=\bar{\boldsymbol{u}}-\boldsymbol{u}=\boldsymbol{0},\quad \boldsymbol{x}\in S_u \tag{4.3.2a}$$

相应的应力边界条件为

$$\boldsymbol{R}_\sigma=\bar{\boldsymbol{P}}-\boldsymbol{E}(\nu)\boldsymbol{a}\boldsymbol{E}^{\mathrm{T}}(\nabla)\boldsymbol{u}=\boldsymbol{0},\quad \boldsymbol{x}\in S_\sigma \tag{4.3.2b}$$

相应的初始条件为

$$\begin{aligned}&\boldsymbol{u}\big|_{t=0}=\bar{\boldsymbol{u}}_0,\quad \boldsymbol{x}\in V\\&\frac{\partial\boldsymbol{u}}{\partial t}\bigg|_{t=0}=\bar{\boldsymbol{u}}_{10},\quad \boldsymbol{x}\in V\end{aligned} \tag{4.3.3}$$

这里,连续位移矢量$\boldsymbol{u}=[u\quad v\quad w]^{\mathrm{T}}$存在二阶导数才能满足平衡方程(3.5.1).

$$\boldsymbol{f}=\boldsymbol{f}_A+\boldsymbol{f}^*,\quad \bar{\boldsymbol{P}}=\bar{\boldsymbol{P}}_A+\bar{\boldsymbol{P}}^* \tag{4.3.4}$$

其中,$\boldsymbol{f}_A$与$\bar{\boldsymbol{P}}_A$为有势力,$\boldsymbol{f}^*$与$\bar{\boldsymbol{P}}^*$为无势力.

对于连续系统,动态平衡方程(4.3.1)不仅要求位移连续,还要求它的二阶导数也连续.

4.3.2 瞬时虚位移原理

凡是满足位移边界条件式(4.3.2a)的位移$\boldsymbol{u}^\Delta$,我们称之为可能位移.对于三维弹性动力学初值边值问题描述的三维连续系统,不仅要求可能位移连续,还要求它的导数也连续.显然,真实位移总是可以看作是一种可能位移,但可能位移不一定是真实位移,只有满足动态平衡方程(4.3.1)和力的边界条件式(4.3.2b)的一种可能位移,才是真实位移.因此,我们可以把可能位移$\boldsymbol{u}^\Delta$表示为

$$\boldsymbol{u}^\Delta=\boldsymbol{u}+\delta\boldsymbol{u},\quad \delta\boldsymbol{u}\big|_{S_u}=\boldsymbol{0} \tag{4.3.5}$$

其中,$\delta\boldsymbol{u}$为真实位移$\boldsymbol{u}$邻近的任意可能位移,称为虚位移.因而虚位移$\delta\boldsymbol{u}$满足可能位移条件式(4.3.5),但与真实位移$\boldsymbol{u}$无关.那么我们可以把质点系统的动力学普遍方程(4.2.21)推广到无穷多质点系统,也就是连续系统.这时只要把式(4.2.21)中的无穷多质点求和计算改为弹性体区域积分即可,可以将连续系统的动力学普遍方程写为

$$\int_V \delta \boldsymbol{u}^{\mathrm{T}} \boldsymbol{R}_0 \mathrm{d}V + \int_{S_\sigma} \delta \boldsymbol{u}^{\mathrm{T}} \boldsymbol{R}_\sigma \mathrm{d}S$$

$$= \int_V \delta \boldsymbol{u}^{\mathrm{T}} \left\{ \boldsymbol{E}(\nabla)[\boldsymbol{a}\boldsymbol{E}^{\mathrm{T}}(\nabla)\boldsymbol{u}] + \boldsymbol{f} - \rho \frac{\partial^2 \boldsymbol{u}}{\partial t^2} \right\} \mathrm{d}V + \int_{S_\sigma} \delta \boldsymbol{u}^{\mathrm{T}} [\overline{\boldsymbol{P}} - \boldsymbol{E}(\nu)\boldsymbol{a}\boldsymbol{E}^{\mathrm{T}}(\nabla)\boldsymbol{u}] \mathrm{d}S$$

$$= 0 \tag{4.3.6}$$

根据高斯积分定理把上式第一项化为

$$\int_V \delta \boldsymbol{u}^{\mathrm{T}} \boldsymbol{E}(\nabla)[\boldsymbol{a}\boldsymbol{E}^{\mathrm{T}}(\nabla)\boldsymbol{u}] \mathrm{d}V = \int_S \delta \boldsymbol{u}^{\mathrm{T}} \boldsymbol{E}(\nu)\boldsymbol{a}\boldsymbol{E}^{\mathrm{T}}(\nabla)\boldsymbol{u} \mathrm{d}S - \int_V [\boldsymbol{E}^{\mathrm{T}}(\nabla)\delta \boldsymbol{u}]^{\mathrm{T}} \boldsymbol{a}\boldsymbol{E}^{\mathrm{T}}(\nabla)\boldsymbol{u} \mathrm{d}V \tag{4.3.7a}$$

将式(4.3.5)代入式(4.3.7a)，得

$$\int_V \delta \boldsymbol{u}^{\mathrm{T}} \boldsymbol{E}(\nabla)[\boldsymbol{a}\boldsymbol{E}^{\mathrm{T}}(\nabla)\boldsymbol{u}] \mathrm{d}V = \int_{S_\sigma} \delta \boldsymbol{u}^{\mathrm{T}} \boldsymbol{E}(\nu)\boldsymbol{a}\boldsymbol{E}^{\mathrm{T}}(\nabla)\boldsymbol{u} \mathrm{d}S - \int_V [\boldsymbol{E}^{\mathrm{T}}(\nabla)\delta \boldsymbol{u}]^{\mathrm{T}} \boldsymbol{a}\boldsymbol{E}^{\mathrm{T}}(\nabla)\boldsymbol{u} \mathrm{d}V \tag{4.3.7b}$$

这里，由于可能位移连续，它的应变也连续，因而可以完成分部积分运算.

将式(4.3.7b)代入式(4.3.6)，得

$$\delta W_1 + \delta W_2 = \delta U \tag{4.3.8}$$

其中，δW_1 为外力在虚位移上所做的虚功：

$$\delta W_1 = \int_V \delta \boldsymbol{u}^{\mathrm{T}} \boldsymbol{f} \mathrm{d}V + \int_{S_\sigma} \delta \boldsymbol{u}^{\mathrm{T}} \overline{\boldsymbol{P}} \mathrm{d}S \tag{4.3.9}$$

δW_2 为惯性力 $-\rho \frac{\partial^2 \boldsymbol{u}}{\partial t^2}$ 在虚位移上所做的虚功：

$$\delta W_2 = \int_V \delta \boldsymbol{u}^{\mathrm{T}} \left(-\rho \frac{\partial^2 \boldsymbol{u}}{\partial t^2} \right) \mathrm{d}V \tag{4.3.10}$$

δU 为弹性体虚应变能：

$$\delta U = \int_V [\boldsymbol{E}^{\mathrm{T}}(\nabla)\delta \boldsymbol{u}]^{\mathrm{T}} \boldsymbol{a}\boldsymbol{E}^{\mathrm{T}}(\nabla)\boldsymbol{u} \mathrm{d}V \tag{4.3.11}$$

由式(4.3.8)可知，弹性体处于运动状态的任一瞬时，外力及惯性力在虚位移中所做的虚功之和 $\delta W_1 + \delta W_2$ 等于弹性体所接受的虚应变能 δU，这个结论称为虚位移原理. 式(4.3.8)是连续系统动力学普遍方程(4.3.6)的变化形式，称为虚位移方程. 很显然，方程(4.3.8)与方程(4.3.6)相同，由此可见，瞬时虚位移原理等价于动态平衡方程(4.3.1)与力的边界条件式(4.3.2b).

4.3.3 瞬时最小势能原理

由于虚位移 $\delta \boldsymbol{u}$ 是可能位移，当然它与真实位移 $\boldsymbol{u}$ 无关，因而可以假设在任一瞬时的虚位移过程中，外力 $\boldsymbol{f}$ 与惯性力 $-\rho \frac{\partial^2 \boldsymbol{u}}{\partial t^2}$ 保持不变. 同时，虚位移 $\delta \boldsymbol{u}$ 在数学表示形式上就是位移 $\boldsymbol{u}$

的变分,因而可以按变分运算规则,交换变分与积分运算的次序.于是式(4.3.9)~式(4.3.11)可以改写为

$$\begin{aligned}\delta W_1 &= \int_V \delta \boldsymbol{u}^{\mathrm{T}} \boldsymbol{f} \mathrm{d}V + \int_{S_\sigma} \delta \boldsymbol{u}^{\mathrm{T}} \overline{\boldsymbol{P}} \mathrm{d}S \\ &= \delta\left(\int_V \boldsymbol{u}^{\mathrm{T}} \boldsymbol{f} \mathrm{d}V + \int_{S_\sigma} \boldsymbol{u}^{\mathrm{T}} \overline{\boldsymbol{P}} \mathrm{d}S\right)\end{aligned} \tag{4.3.12}$$

$$\begin{aligned}\delta W_2 &= \int_V \delta \boldsymbol{u}^{\mathrm{T}}\left(-\rho \frac{\partial^2 \boldsymbol{u}}{\partial t^2}\right) \mathrm{d}V \\ &= \delta \int_V \boldsymbol{u}^{\mathrm{T}}\left(-\rho \frac{\partial^2 \boldsymbol{u}}{\partial t^2}\right) \mathrm{d}V\end{aligned} \tag{4.3.13}$$

$$\begin{aligned}\delta U &= \int_V [\boldsymbol{E}^{\mathrm{T}}(\nabla) \delta \boldsymbol{u}]^{\mathrm{T}} \boldsymbol{a} [\boldsymbol{E}^{\mathrm{T}}(\nabla) \boldsymbol{u}] \mathrm{d}V \\ &= \delta\left\{\frac{1}{2} \int_V [\boldsymbol{E}^{\mathrm{T}}(\nabla) \boldsymbol{u}]^{\mathrm{T}} \boldsymbol{a} [\boldsymbol{E}^{\mathrm{T}}(\nabla) \boldsymbol{u}]\right\} \mathrm{d}V\end{aligned} \tag{4.3.14}$$

其中,W_1 为外力功,

$$W_1 = \int_V \boldsymbol{u}^{\mathrm{T}} \boldsymbol{f} \mathrm{d}V + \int_{S_\sigma} \boldsymbol{u}^{\mathrm{T}} \overline{\boldsymbol{P}} \mathrm{d}S \tag{4.3.15}$$

W_2 为惯性力功,

$$W_2 = \int_V \boldsymbol{u}^{\mathrm{T}}\left(-\rho \frac{\partial^2 \boldsymbol{u}}{\partial t^2}\right) \mathrm{d}V \tag{4.3.16}$$

U 为以位移表示的弹性体应变能,

$$U = \frac{1}{2} \int_V [\boldsymbol{E}^{\mathrm{T}}(\nabla) \boldsymbol{u}]^{\mathrm{T}} \boldsymbol{a} [\boldsymbol{E}^{\mathrm{T}}(\nabla) \boldsymbol{u}] \mathrm{d}V \tag{4.3.17}$$

将式(4.3.12)~式(4.3.14)代入式(4.3.8),得

$$\delta \Pi = \delta U - \delta W_1 - \delta W_2 = \delta(U - W_1 - W_2) = 0 \tag{4.3.18}$$

其中,系统总势能

$$\begin{aligned}\Pi &= U - W_1 - W_2 \\ &= U - \int_V \boldsymbol{u}^{\mathrm{T}} \boldsymbol{f} \mathrm{d}V - \int_{S_\sigma} \boldsymbol{u}^{\mathrm{T}} \overline{\boldsymbol{P}} \mathrm{d}S + \int_V \boldsymbol{u}^{\mathrm{T}} \rho \frac{\partial^2 \boldsymbol{u}}{\partial t^2} \mathrm{d}V\end{aligned} \tag{4.3.19}$$

我们将式(4.3.5)表示的可能位移 $\boldsymbol{u}^{\Delta}$ 代入式(4.3.19),得

$$\Pi^{\Delta} = U(\boldsymbol{u} + \delta \boldsymbol{u}) - W_1(\boldsymbol{u} + \delta \boldsymbol{u}) - W_2(\boldsymbol{u} + \delta \boldsymbol{u}) \tag{4.3.20}$$

由式(4.3.17)有

$$\begin{aligned}U(\boldsymbol{u} + \delta \boldsymbol{u}) &= \frac{1}{2} \int_V [\boldsymbol{E}^{\mathrm{T}}(\nabla)(\boldsymbol{u} + \delta \boldsymbol{u})]^{\mathrm{T}} \boldsymbol{a} [\boldsymbol{E}^{\mathrm{T}}(\nabla)(\boldsymbol{u} + \delta \boldsymbol{u})] \mathrm{d}V \\ &= \frac{1}{2} \int_V [\boldsymbol{E}^{\mathrm{T}}(\nabla) \boldsymbol{u} + \boldsymbol{E}^{\mathrm{T}}(\nabla) \delta \boldsymbol{u}]^{\mathrm{T}} \boldsymbol{a} [\boldsymbol{E}^{\mathrm{T}}(\nabla) \boldsymbol{u} + \boldsymbol{E}^{\mathrm{T}}(\nabla) \delta \boldsymbol{u}] \mathrm{d}V \\ &= U(\boldsymbol{u}) + \delta U(\boldsymbol{u}) + \delta^2 U(\boldsymbol{u})\end{aligned} \tag{4.3.21}$$

其中,$U(\boldsymbol{u})$ 见式(4.3.17),$\delta U(\boldsymbol{u})$ 见式(4.3.14),$\delta^2 U$ 为

$$\delta^2 U = \frac{1}{2}\int_V [\boldsymbol{E}^{\mathrm{T}}(\nabla)\delta \boldsymbol{u}]^{\mathrm{T}} \boldsymbol{a} [\boldsymbol{E}^{\mathrm{T}}(\nabla)\delta \boldsymbol{u}] \mathrm{d}V = U(\delta \boldsymbol{u}) \tag{4.3.22}$$

考虑变分过程中外力与惯性力保持不变，则由式(4.3.15)、式(4.3.16)有

$$W_1(\boldsymbol{u} + \delta \boldsymbol{u}) = W_1(\boldsymbol{u}) + \delta W_1(\boldsymbol{u}) \tag{4.3.23}$$

$$W_2(\boldsymbol{u} + \delta \boldsymbol{u}) = W_2(\boldsymbol{u}) + \delta W_2(\boldsymbol{u}) \tag{4.3.24}$$

将式(4.3.21)、式(4.3.23)、式(4.3.24)代入式(4.3.20)，得

$$\begin{aligned} \Pi^{\Delta} &= U + \delta U + \delta^2 U - W_1 - \delta W_1 - W_2 - \delta W_2 \\ &= \Pi + \delta \Pi + \delta^2 U \end{aligned} \tag{4.3.25a}$$

将式(4.3.18)代入式(4.3.25a)，得

$$\Pi^{\Delta} - \Pi = \delta^2 U = U(\delta \boldsymbol{u}) \tag{4.3.25b}$$

由于 $U(\boldsymbol{u})$ 是正定的，由式(4.3.22)可知，$U(\delta \boldsymbol{u})$ 也是恒正的数，因而由式(4.3.25b)得

$$\Pi^{\Delta} > \Pi \tag{4.3.25c}$$

这样，我们就证明了瞬时最小势能原理：弹性体在运动状态中的任意瞬时，在所有可能位移中真实位移使系统总势能取极小值．值得说明的是，上面从虚功原理出发推证最小势能原理，实际上采用了两个补充条件：① 要求外力(包括阻尼力)在变分过程保持不变；② 要求惯性力在变分过程保持不变．只有在上述两个条件下瞬时最小势能原理才能成立，因而瞬时最小势能原理是虚位移原理的特殊形式，而虚位移原理没有这些限制，可以适用于更一般情况．在应用瞬时最小势能原理进行变分运算时，要特别注意主动力 $\boldsymbol{f}$ 和惯性力在变分过程中保持不变．

用同样的方法可以导出最简单的单变量瞬时广义势能原理为：

我们考虑既不满足应力边界条件式(4.3.2b)，又不满足位移边界条件式(4.3.2a)的可能位移，弹性体在运动状态中的任一瞬时，真实位移使系统的广义势能取驻值，即有

$$\delta \Pi^* = \delta(U - \overline{W}_1 - W_2) = 0 \tag{4.3.26}$$

其中，U 与 δU 仍分别为式(4.3.17)与式(4.3.14)，W_2 与 δW_2 仍为式(4.3.16)与式(4.3.13)．$\overline{W}_1$ 与 $\delta \overline{W}_1$ 分别为

$$\overline{W}_1 = \int_V \boldsymbol{u}^{\mathrm{T}} \boldsymbol{f} \mathrm{d}V + \int_{S_\sigma} \boldsymbol{u}^{\mathrm{T}} \overline{\boldsymbol{P}} \mathrm{d}S + \int_{S_u} (\boldsymbol{u} - \overline{\boldsymbol{u}})^{\mathrm{T}} E(\nu) \boldsymbol{a} E^{\mathrm{T}}(\nabla) \boldsymbol{u} \mathrm{d}S \tag{4.3.27a}$$

$$\begin{aligned} \delta \overline{W}_1 = &\int_V \delta \boldsymbol{u}^{\mathrm{T}} \boldsymbol{f} \mathrm{d}V + \int_{S_\sigma} \delta \boldsymbol{u}^{\mathrm{T}} \overline{\boldsymbol{P}} \mathrm{d}S + \int_{S_u} [\delta \boldsymbol{u}^{\mathrm{T}} E(\nu) \boldsymbol{a} E^{\mathrm{T}}(\nabla) \boldsymbol{u} \\ &+ (\boldsymbol{u} - \overline{\boldsymbol{u}})^{\mathrm{T}} E(\nu) \boldsymbol{a} E^{\mathrm{T}}(\nabla) \delta \boldsymbol{u}] \mathrm{d}S \end{aligned} \tag{4.3.27b}$$

将式(4.3.13)、式(4.3.14)、式(4.3.27b)代入式(4.3.26)，并利用式(4.3.7a)的关系，得

$$\begin{aligned} \delta \Pi^* = &- \int_V \delta \boldsymbol{u}^{\mathrm{T}} \left[\boldsymbol{E}(\nabla) \boldsymbol{a} \boldsymbol{E}^{\mathrm{T}}(\nabla) \boldsymbol{u} + \boldsymbol{f} - \rho \frac{\partial^2 \boldsymbol{u}}{\partial \boldsymbol{t}^2} \right] \mathrm{d}V \\ &+ \int_S \delta \boldsymbol{u}^{\mathrm{T}} \boldsymbol{E}(\nu) \boldsymbol{a} \boldsymbol{E}^{\mathrm{T}}(\nabla) \boldsymbol{u} \mathrm{d}\boldsymbol{S} - \int_{S_\sigma} \delta \boldsymbol{u}^{\mathrm{T}} \overline{\boldsymbol{P}} \mathrm{d}S - \int_{S_u} [\delta \boldsymbol{u}^{\mathrm{T}} \boldsymbol{E}(\nu) \boldsymbol{a} \boldsymbol{E}^{\mathrm{T}}(\nabla) \boldsymbol{u}] \mathrm{d}S \end{aligned}$$

$$-\int_{S_u}(\boldsymbol{u}-\bar{\boldsymbol{u}})^{\mathrm{T}}\boldsymbol{E}(\nu)\boldsymbol{a}\boldsymbol{E}^{\mathrm{T}}(\nabla)\delta\boldsymbol{u}\mathrm{d}S$$

$$=-\int_V\delta\boldsymbol{u}^{\mathrm{T}}\boldsymbol{R}_0\mathrm{d}V-\int_{S_\sigma}\delta\boldsymbol{u}^{\mathrm{T}}\boldsymbol{R}_\sigma\mathrm{d}S-\int_{S_u}\boldsymbol{R}_u^{\mathrm{T}}E(\nu)\boldsymbol{a}\boldsymbol{E}^{\mathrm{T}}(\nabla)\delta\boldsymbol{u}\mathrm{d}S$$

$$=0$$

由 $\delta\boldsymbol{u}$ 的任意性，上述变分方程给出的欧拉方程及其边界条件就是方程式(4.3.1)、式(4.3.2a)、式(4.3.2b)，由此可见瞬时广义势能原理式(4.3.26)等价于初值边值混合问题式(4.3.1)、式(4.3.2a)、式(4.3.2b).

4.3.4 哈密顿原理

上述瞬时虚位移原理、瞬时势能原理和瞬时广义势能原理都没有考虑初值条件式(4.3.3)，因而这些原理都无法用于初值问题.

哈密顿原理不是考虑弹性动力学的初值问题，而是考虑时间上的边值问题，即不用初值条件式(4.3.3)，而用时间边值条件

$$\boldsymbol{u}\big|_{t=0}=\boldsymbol{u}_0,\quad \boldsymbol{u}\big|_{t=t_1}=\boldsymbol{u}_1 \tag{4.3.28}$$

以位移表示的动态平衡方程(4.3.1)、位移边界条件式(4.3.2a)和力的边界条件式(4.3.2b)仍保留不变.在这个修改后的问题中，满足式(4.3.2a)与式(4.3.28)的位移称为可能位移.哈密顿原理指出：在所有可能位移中，真实位移使哈密顿作用量 H 取驻值，即

$$\delta H=0 \tag{4.3.29}$$

其中哈密顿作用量为拉格朗日函数的积分，即

$$H=\int_0^{t_1}L\mathrm{d}t \tag{4.3.30}$$

拉格朗日函数 L 等于系统动能 T 减去弹性体应变能 U 和外力势能 A，即

$$L=T-U-G \tag{4.3.31}$$

$$G=-\int_V\boldsymbol{u}^{\mathrm{T}}\boldsymbol{f}_G\mathrm{d}V-\int_{S_\sigma}\boldsymbol{u}^{\mathrm{T}}\bar{\boldsymbol{P}}_G\mathrm{d}S \tag{4.3.32}$$

$$T=\frac{1}{2}\int_V\rho\frac{\partial\boldsymbol{u}^{\mathrm{T}}}{\partial t}\frac{\partial\boldsymbol{u}}{\partial t}\mathrm{d}V \tag{4.3.33}$$

如果系统除了受有势力 $\boldsymbol{f}_A$ 与 $\bar{\boldsymbol{P}}_A$ 的作用外，还作用有无势力 $\boldsymbol{f}^*$ 与 $\bar{\boldsymbol{P}}^*$，如阻尼力等等，则式(4.3.29)的一般形式为

$$\delta H=\int_0^{t_1}\int_V\delta\boldsymbol{u}^{\mathrm{T}}\boldsymbol{f}^*\mathrm{d}V\mathrm{d}t+\int_0^{t_1}\int_{S_\sigma}\delta\boldsymbol{u}^{\mathrm{T}}\bar{\boldsymbol{P}}^*\mathrm{d}S\mathrm{d}t=\int_0^{t_1}\delta W_1^*\mathrm{d}t \tag{4.3.34}$$

下面说明哈密顿原理与虚位移原理的关系.将虚位移方程(4.3.8)在 $[0,\ t_1]$ 区间积分得

$$\int_0^{t_1}\delta U\mathrm{d}t=\int_0^{t_1}\delta W_1\mathrm{d}t+\int_0^{t_1}\delta W_2\mathrm{d}t \tag{4.3.35}$$

交换体积积分与时间积分，经过分部积分后有

$$\int_0^{t_1}\delta W_2\mathrm{d}t=\int_0^{t_1}\delta\int_V\delta\boldsymbol{u}^{\mathrm{T}}\left(-\rho\frac{\partial^2\boldsymbol{u}}{\partial t^2}\right)\mathrm{d}V\mathrm{d}t$$

$$=\int_V\left[\int_0^{t_1}\delta\boldsymbol{u}^{\mathrm{T}}\left(-\rho\frac{\partial^2\boldsymbol{u}}{\partial t^2}\right)\mathrm{d}t\right]\mathrm{d}V$$

$$=\int_V\left[\left(\delta\boldsymbol{u}^{\mathrm{T}}\rho\frac{\partial\boldsymbol{u}}{\partial t}\right)\Big|_{t=t_1}-\delta\boldsymbol{u}^{\mathrm{T}}\rho\frac{\partial\boldsymbol{u}}{\partial t}\Big|_{t=0}\right]\mathrm{d}V+\int_V\int_0^{t_1}\rho\frac{\partial\delta\boldsymbol{u}^{\mathrm{T}}}{\partial t}\frac{\partial\boldsymbol{u}}{\partial t}\mathrm{d}t\mathrm{d}V \tag{4.3.36}$$

由式(4.3.28)有

$$\delta\boldsymbol{u}\big|_{t=0}=\boldsymbol{0},\quad \delta\boldsymbol{u}\big|_{t=t_1}=\boldsymbol{0} \tag{4.3.37}$$

并定义系统动能

$$T=\frac{1}{2}\int_V\rho\frac{\partial\boldsymbol{u}^{\mathrm{T}}}{\partial t}\frac{\partial\boldsymbol{u}}{\partial t}\mathrm{d}V \tag{4.3.38}$$

将式(4.3.37)、式(4.3.38)代入式(4.3.36),得

$$\int_0^{t_1}\delta W_2\mathrm{d}t=\int_0^{t_1}\delta T\mathrm{d}t \tag{4.3.39}$$

将式(4.3.4)代入式(4.3.12),得

$$\int_0^{t_1}\delta W_1\mathrm{d}t=\int_0^{t_1}\int_V\delta\boldsymbol{u}^{\mathrm{T}}\boldsymbol{f}\mathrm{d}V\mathrm{d}t+\int_0^{t_1}\int_{S_\sigma}\delta\boldsymbol{u}^{\mathrm{T}}\overline{\boldsymbol{P}}\mathrm{d}S\mathrm{d}t$$

$$=\int_0^{t_1}\int_V\delta\boldsymbol{u}^{\mathrm{T}}\boldsymbol{f}_G\mathrm{d}V\mathrm{d}t+\int_0^{t_1}\int_{S_\sigma}\delta\boldsymbol{u}^{\mathrm{T}}\overline{\boldsymbol{P}}_G\mathrm{d}S\mathrm{d}t+\int_0^{t}\int_V\delta\boldsymbol{u}^{\mathrm{T}}\boldsymbol{f}^*\mathrm{d}V\mathrm{d}t+\int_0^{t}\int_{S_\sigma}\delta\boldsymbol{u}^{\mathrm{T}}\overline{\boldsymbol{P}}^*\mathrm{d}S\mathrm{d}t$$

$$=-\int_0^{t_1}\delta G\mathrm{d}t-\int_0^{t_1}\delta W_1^*\mathrm{d}t \tag{4.3.40}$$

其中有势力的势能 δG 与无势力的虚功 δW_1^* 分别为

$$\delta G=-\int_V\delta\boldsymbol{u}^{\mathrm{T}}\boldsymbol{f}_G\mathrm{d}V-\int_{S_\sigma}\delta\boldsymbol{u}^{\mathrm{T}}\overline{\boldsymbol{P}}_G\mathrm{d}S \tag{4.3.41}$$

$$\delta W_1^*=-\int_V\delta\boldsymbol{u}^{\mathrm{T}}\boldsymbol{f}^*\mathrm{d}V-\int_{S_\sigma}\delta\boldsymbol{u}^{\mathrm{T}}\overline{\boldsymbol{P}}^*\mathrm{d}S \tag{4.3.42}$$

将式(4.3.39)、式(4.3.40)代入式(4.3.35),得

$$\int_0^{t_1}(\delta T-\delta U-\delta G)\mathrm{d}t=\int_0^{t_1}\delta W_1^*\mathrm{d}t$$

将式(4.3.31)、式(4.3.30)代入上式,得

$$\delta H=\int_0^{t_1}\delta W_1^*\mathrm{d}t=-\int_V\boldsymbol{u}^{\mathrm{T}}\boldsymbol{f}^*\mathrm{d}V-\int_{S_\sigma}\boldsymbol{u}^{\mathrm{T}}\overline{\boldsymbol{P}}^*\mathrm{d}S \tag{4.3.43}$$

当无势力 $\boldsymbol{f}^*$ 与 $\overline{\boldsymbol{P}}^*$ 为零时,式(4.3.43)化为式(4.3.29).

由此可见,哈密顿原理是虚位移原理的另一种表达形式.在这里,虽然对变分运算没有限制,即不像瞬时最小势能原理那样,要求外力与惯性力在变分过程保持不变,但它把初值问题简化为时间上的边值问题来处理,使其应用范围受到限制.也就是说,不能用它来求解具体工

程的初值与边值混合问题.但是利用这个原理可以比较方便地推导出具体问题的拉格朗日方程,即系统的运动方程与力的边界条件,同时也可以方便地推出连续系统离散化的多自由度系统的运动微分方程.

4.3.5 连续系统的拉格朗日方程

依据哈密顿原理,当无势力 $\boldsymbol{f}^*$ 与 $\overline{\boldsymbol{P}}^*$ 为零时,对弹性动力学问题有

$$\delta H = \int_0^{t_1} (\delta T - \delta U - \delta G)\mathrm{d}t = 0$$

其中

$$\delta T = \int_V \delta \boldsymbol{u}^{\mathrm{T}}\left(-\rho \frac{\partial^2 \boldsymbol{u}}{\partial t^2}\right)\mathrm{d}V$$

$$\delta G = -\int_V \delta \boldsymbol{u}^{\mathrm{T}} \boldsymbol{f}\mathrm{d}V - \int_{S_\sigma} \delta \boldsymbol{u}^{\mathrm{T}}\, \overline{\boldsymbol{P}}\mathrm{d}S$$

$$\begin{aligned}\delta U &= \int_V [\boldsymbol{E}^{\mathrm{T}}(\nabla)\delta \boldsymbol{u}]^{\mathrm{T}} \boldsymbol{a}\boldsymbol{E}^{\mathrm{T}}(\nabla)\boldsymbol{u}\mathrm{d}V \\ &= \int_{S_\sigma} \delta \boldsymbol{u}^{\mathrm{T}} \boldsymbol{E}(\nu)\boldsymbol{a}\boldsymbol{E}^{\mathrm{T}}(\nabla)\boldsymbol{u}\mathrm{d}S - \int_V \delta \boldsymbol{u}^{\mathrm{T}} \boldsymbol{E}(\nabla)[\boldsymbol{a}\boldsymbol{E}^{\mathrm{T}}(\nabla)\boldsymbol{u}]\mathrm{d}V\end{aligned}$$

则有

$$\begin{aligned}\delta H = &\int_0^{t_1}\int_V \delta \boldsymbol{u}^{\mathrm{T}}\left\{\boldsymbol{E}(\nabla)[\boldsymbol{a}\boldsymbol{E}^{\mathrm{T}}(\nabla)\boldsymbol{u}] + \boldsymbol{f} - \rho\frac{\partial^2 \boldsymbol{u}}{\partial t^2}\right\}\mathrm{d}V\mathrm{d}t \\ &+ \int_0^{t_1}\int_{S_\sigma} \delta \boldsymbol{u}^{\mathrm{T}}[\overline{\boldsymbol{P}} - \boldsymbol{E}(\nu)\boldsymbol{a}\boldsymbol{E}^{\mathrm{T}}(\nabla)\boldsymbol{u}]\mathrm{d}S\mathrm{d}t \\ = &\ 0\end{aligned} \tag{4.3.44}$$

由 $\delta \boldsymbol{u}^{\mathrm{T}}$ 的任意性,可以导出拉格朗日方程为

$$\boldsymbol{E}(\nabla)[\boldsymbol{a}\boldsymbol{E}^{\mathrm{T}}(\nabla)\boldsymbol{u}] + \boldsymbol{f} - \rho\frac{\partial^2 \boldsymbol{u}}{\partial t^2} = \boldsymbol{0},\quad \boldsymbol{x} \in \Omega \tag{4.3.45}$$

$$\overline{\boldsymbol{P}} - \boldsymbol{E}(\nu)\boldsymbol{a}\boldsymbol{E}^{\mathrm{T}}(\nabla)\boldsymbol{u} = \boldsymbol{0},\quad \boldsymbol{x} \in S_\sigma \tag{4.3.46}$$

由此可见,对于弹性动力学问题,应用哈密顿原理导出的拉格朗日方程(4.3.45)、方程(4.3.46)就是弹性动力学的动态平衡方程(4.3.1)和力的边界条件式(4.3.2b).

下面再以如图4.8所示的梁弯曲问题为例应用哈密顿原理推导有阻尼梁弯曲问题的振动方程.梁的应变能 U 和动能 T 分别为

$$U = \frac{1}{2}\int_0^l EI\left(\frac{\partial^2 y}{\partial x^2}\right)^2 \mathrm{d}x \tag{4.3.47}$$

$$T = \frac{1}{2}\int_0^{t_1} \rho A\left(\frac{\partial y}{\partial t}\right)^2 \mathrm{d}x \tag{4.3.48}$$

外力势能

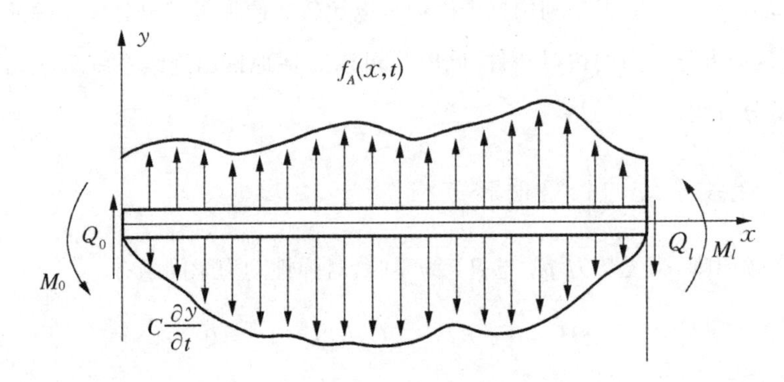

图 4.8　梁的弯曲振动

$$G = -\int_0^l f_G y \mathrm{d}x - Q_0 y_0 + Q_l y_l + M_0 \left(\frac{\partial y}{\partial x}\right)_0 - M_l \left(\frac{\partial y}{\partial x}\right)_l \tag{4.3.49}$$

哈密顿原理的一般形式为

$$\delta H = \int_0^{t_1} (\delta T - \delta U - \delta G) \mathrm{d}t = \int_0^{t_1} \delta W_1^* \mathrm{d}t \tag{4.3.50}$$

其中各项积分分别为

$$\int_0^{t_1} \delta W_1^* \mathrm{d}t = \int_0^{t_1} \int_0^l C \frac{\partial y}{\partial t} \delta y \mathrm{d}x \mathrm{d}t \tag{4.3.51}$$

$$\begin{aligned}
\int_0^{t_1} \delta U \mathrm{d}t &= \int_0^{t_1} \int_0^l EI \frac{\partial^2 y}{\partial x^2} \frac{\partial^2 \delta y}{\partial x^2} \mathrm{d}x \mathrm{d}t \\
&= \int_0^{t_1} \left(EI \frac{\partial^2 y}{\partial x^2} \delta \frac{\partial y}{\partial x} \right) \Big|_0^l \mathrm{d}t - \int_0^{t_1} \int_0^l \frac{\partial}{\partial x} \left(EI \frac{\partial^2 y}{\partial x^2} \right) \delta \left(\frac{\partial y}{\partial x} \right) \mathrm{d}x \mathrm{d}t \\
&= \int_0^{t_1} \left(EI \frac{\partial^2 y}{\partial x^2} \delta \frac{\partial y}{\partial x} \right) \Big|_0^l \mathrm{d}t - \int_0^{t_1} \left[\frac{\partial}{\partial x} \left(EI \frac{\partial^2 y}{\partial x^2} \right) \delta y \right] \Big|_0^l \mathrm{d}t \\
&\quad + \int_0^{t_1} \int_0^l \frac{\partial^2}{\partial x^2} \left(EI \frac{\partial^2 y}{\partial x^2} \right) \delta y \mathrm{d}x \mathrm{d}t
\end{aligned} \tag{4.3.52}$$

$$\int_0^{t_1} \delta G \mathrm{d}t = -\int_0^{t_1} \int_0^l f_G \delta y \mathrm{d}x \mathrm{d}t - \int_0^{t_1} \left[Q_0 \delta y_0 - Q_l \delta y_l - M_0 \delta \left(\frac{\partial y}{\partial x} \right)_0 + M_l \delta \left(\frac{\partial y}{\partial x} \right)_l \right] \mathrm{d}t \tag{4.3.53}$$

$$\begin{aligned}
\int_0^{t_1} \delta T \mathrm{d}t &= \int_0^{t_1} \int_0^l \rho A \frac{\partial y}{\partial t} \frac{\partial \delta y}{\partial t} \mathrm{d}x \mathrm{d}t \\
&= \int_0^l \left(\rho A \frac{\partial y}{\partial t} \delta y \right) \Big|_0^{t_1} \mathrm{d}x - \int_0^{t_1} \int_0^l \rho A \frac{\partial^2 y}{\partial t^2} \delta y \mathrm{d}x \mathrm{d}t \\
&= -\int_0^{t_1} \int_0^l \rho A \frac{\partial^2 y}{\partial t^2} \delta y \mathrm{d}x \mathrm{d}t
\end{aligned} \tag{4.3.54}$$

则式(4.3.50)化为

$$-\int_0^{t_1}\int_0^l\left[\left(EI\frac{\partial^2 y}{\partial x^2}\right)+C\frac{\partial y}{\partial t}+\rho s\frac{\partial^2 y}{\partial t^2}-f\right]\delta y\mathrm{d}x\mathrm{d}t$$

$$-\int_0^{t_1}\left[\left(EI\frac{\partial^2 y}{\partial x^2}-M\right)\delta\left(\frac{\partial y}{\partial x}\right)\right]\Big|_0^l\mathrm{d}t$$

$$+\int_0^{t_1}\left\{\left[\frac{\partial}{\partial x}\left(EI\frac{\partial^2 y}{\partial x^2}\right)-Q\right]\delta y\right\}\Big|_0^l\mathrm{d}t=0$$

由于 δy 是任意变分,则由上式可得拉格朗日方程为

$$\frac{\partial^2}{\partial x^2}\left(EI\frac{\partial^2 y}{\partial x^2}\right)+C\frac{\partial y}{\partial t}+\rho A\frac{\partial^2 y}{\partial t^2}-f=0,\quad x\in\Omega \tag{4.3.55}$$

$$\left(EI\frac{\partial^2 y}{\partial x^2}-M\right)\delta\left(\frac{\partial y}{\partial x}\right)=0,\quad x=0,\ l \tag{4.3.56}$$

$$\left[\frac{\partial}{\partial x}\left(EI\frac{\partial^2 y}{\partial x^2}\right)-Q\right]\delta y=0,\quad x=0,\ l \tag{4.3.57}$$

式(4.3.55)就是有阻尼梁的运动微分方程,式(4.3.56)与式(4.3.57)表示梁的力的边界条件.根据实际情况,边界条件有不同的组合.如果在边界上挠度已给定,有 $\delta y=0$,则没有弯矩边界条件;只有在挠度没有给定的边界上,由 δy 的任意性,式(4.3.56)才给出相应的弯矩边界条件:

$$EI\frac{\partial^2 y}{\partial x^2}=M \tag{4.3.58}$$

如果在边界上转角 $\frac{\partial y}{\partial x}$ 已给定,有 $\delta\left(\frac{\partial y}{\partial x}\right)=0$,则没有剪力边界条件;只在转角没有给定的边界上,由 $\delta\left(\frac{\partial y}{\partial x}\right)$ 的任意性,式(4.3.57)才给出相应的剪力边界条件:

$$\frac{\partial}{\partial x}\left(EI\frac{\partial y}{\partial x}\right)=Q \tag{4.3.59}$$

因而梁的横向振动的各种边界条件可由挠度与转角的位移边界条件和式(4.3.58)、式(4.3.59)的力的边界条件组合而成.例如,$x=0$ 端固定和 $x=l$ 端自由的边界条件为

$$y=0,\quad \frac{\partial y}{\partial x}=0,\quad 当\ x=0\ 时 \tag{4.3.60}$$

$$EI\frac{\partial^2 y}{\partial x^2}=0,\quad \frac{\partial}{\partial x}\left(EI\frac{\partial^2 y}{\partial x^2}\right)=0,\quad 当\ x=l\ 时 \tag{4.3.61}$$

4.3.6 特征值变分式的一般性质

第2章介绍了杆、梁、板与三维弹性体振动问题,这些线性振动的特征值问题可以用微分

算子 K 与 M 统一表示为

$$\boldsymbol{K}\boldsymbol{W}(\boldsymbol{x}) - \omega^2 \boldsymbol{M}\boldsymbol{W}(\boldsymbol{x}) = \boldsymbol{0}, \quad \boldsymbol{x} \in \Omega \tag{4.3.62}$$

$$B_u \boldsymbol{W}(\boldsymbol{x}) = \boldsymbol{0}, \quad \boldsymbol{x} \in S_u \tag{4.3.63}$$

$$B_\sigma \boldsymbol{W}(\boldsymbol{x}) = \boldsymbol{0}, \quad \boldsymbol{x} \in S_\sigma \tag{4.3.64}$$

这里,K 与 M 为微分算子,B_u 与 B_σ 为边界微分算子.

对于杆的纵向振动,由式(3.2.2)有

$$W(x) = u(x), \quad K = \frac{\mathrm{d}}{\mathrm{d}x}\left(EA\frac{\mathrm{d}}{\mathrm{d}x}\right), \quad M = \rho A \tag{4.3.65}$$

对于梁的横向振动,由式(3.3.3)有

$$W(x) = y(x), \quad K = \frac{\mathrm{d}^2}{\mathrm{d}x^2}\left(EJ\frac{\mathrm{d}^2}{\mathrm{d}x^2}\right), \quad M = \rho A \tag{4.3.66}$$

对于板的横向振动,$\boldsymbol{x}$ 为二维坐标,由式(3.4.1)有

$$\boldsymbol{W}(\boldsymbol{x}) = \boldsymbol{w}, \quad K = D_0 \nabla^4, \quad M = \rho h \tag{4.3.67}$$

对于三维弹性体动力学问题,$\boldsymbol{x}$ 为三维坐标,由式(3.5.19)有

$$\boldsymbol{W}(\boldsymbol{x}) = \boldsymbol{u}, \quad K = \boldsymbol{E}(\nabla)[\boldsymbol{a}\boldsymbol{E}^{\mathrm{T}}(\nabla)], \quad M = \rho \tag{4.3.68}$$

很显然对于这些问题,上述微分算子 K 与 M 有如下性质:

(1) 由微分算子 K 与 M 的对称性有

$$\int_\Omega \boldsymbol{W}(\boldsymbol{x})\boldsymbol{K}\boldsymbol{U}(\boldsymbol{x})\mathrm{d}\boldsymbol{x} = \int_\Omega \boldsymbol{U}(\boldsymbol{x})\boldsymbol{K}\boldsymbol{W}(\boldsymbol{x})\mathrm{d}\boldsymbol{x} \tag{4.3.69}$$

$$\int_\Omega \boldsymbol{W}(\boldsymbol{x})\boldsymbol{M}\boldsymbol{U}(\boldsymbol{x})\mathrm{d}\boldsymbol{x} = \int_\Omega \boldsymbol{U}(\boldsymbol{x})\boldsymbol{M}\boldsymbol{W}(\boldsymbol{x})\mathrm{d}\boldsymbol{x} \tag{4.3.70}$$

这里,$\boldsymbol{U}$ 与 $\boldsymbol{W}$ 都是满足位移边界条件的可能位移.当微分算子 K 与 M 满足式(4.3.69)、式(4.3.70)时微分方程(4.3.62)称为自伴方程,这个系统称为自伴系统.其力学意义就是服从功的互等定理.

(2) 微分算子 K 为非负算子,微分算子 M 为正算子,即

$$\int_\Omega \boldsymbol{W}(\boldsymbol{x})\boldsymbol{K}\boldsymbol{W}(\boldsymbol{x})\mathrm{d}\boldsymbol{x} \geqslant 0, \quad \int_\Omega \boldsymbol{W}(\boldsymbol{x})\boldsymbol{M}\boldsymbol{W}(\boldsymbol{x})\mathrm{d}\boldsymbol{x} > 0 \tag{4.3.71}$$

更严格的说法是,算子 K 是对称正定的,算子 K 使应变能有界的位移集在动能为模的空间中是紧致集.根据算子特征值理论,具有这样性质的算子特征值问题式(4.3.62)~式(4.3.64),其特征值 ω^2 是可数的无穷集合,并且是非负的,以无穷大为极限点,特征值的平方根就是系统的固有频率,相应的特征函数就是固有振型.

这里考虑的是保守系统,对于保守的杆、梁、板、壳、平面和三维弹性体系统,由机械能守恒原理式(4.2.68)有

$$T + U = h = 常数 \tag{4.2.72}$$

对保守系统的自由振动,运动方程为式(4.3.62).结构的振动位移 $\boldsymbol{w}(\boldsymbol{x}, t)$ 为

$$w(\boldsymbol{x},\ t) = \boldsymbol{W}(\boldsymbol{x})\sin(\omega t + \varphi) \tag{4.3.73}$$

当系统通过平衡位置时,势能为零,动能达到最大值 $T_{\max}$,有

$$\begin{aligned} T_{\max} &= \omega^2\int_\Omega \boldsymbol{W}_i(\boldsymbol{x})\boldsymbol{M}\boldsymbol{W}_i(\boldsymbol{x})\mathrm{d}\boldsymbol{x} = \omega^2 T_0 \\ T_0 &= \int_\Omega \boldsymbol{W}_i(\boldsymbol{x})\boldsymbol{M}\boldsymbol{W}_i(\boldsymbol{x})\mathrm{d}\boldsymbol{x} \end{aligned} \tag{4.3.74}$$

当位移达到最大值时,动能为零,势能达到最大值 $U_{\max}$,有

$$U_{\max} = \int_\Omega \boldsymbol{W}_i(\boldsymbol{x})\boldsymbol{K}\boldsymbol{W}_i(\boldsymbol{x})\mathrm{d}\boldsymbol{x} \tag{4.3.75}$$

由机械能守恒得到

$$T_{\max} = U_{\max}$$

则有特征值 ω_i^2 的瑞利商表达式

$$\omega_i^2 = \frac{\int \boldsymbol{W}_i(\boldsymbol{x})\boldsymbol{K}\boldsymbol{W}_i(\boldsymbol{x})\mathrm{d}\boldsymbol{x}}{\int \boldsymbol{W}_i(\boldsymbol{x})\boldsymbol{M}\boldsymbol{W}_i(\boldsymbol{x})\mathrm{d}\boldsymbol{x}} = \frac{U_{\max}}{T_0} \tag{4.3.76a}$$

对于满足位移边界条件式(4.3.73)的位移 $\boldsymbol{W}(\boldsymbol{x})$,有固有频率变分式

$$\omega^2 = \mathrm{st}\frac{\int_\Omega \boldsymbol{W}(\boldsymbol{x})\boldsymbol{K}\boldsymbol{W}(\boldsymbol{x})\mathrm{d}\boldsymbol{x}}{\int_\Omega \boldsymbol{W}(\boldsymbol{x})\boldsymbol{M}\boldsymbol{W}(\boldsymbol{x})\mathrm{d}\boldsymbol{x}} \tag{4.3.76b}$$

可以证明式(4.3.76)等价于方程(4.3.62)和力的边界条件式(4.3.64).对于梁的横向振动问题见式(3.3.54)的证明,对板的振动问题见式(3.4.22)的证明,对于三维弹性体动力学问题见式(3.5.28)的证明.

固有频率变分式(4.3.76)说明:对于保守系统,瑞利商在主模态附近取驻值.因而固有频率变分式也称为瑞利驻值原理.

由固有频率变分式(4.3.76)可以导出如下性质:

(1) 设 ω_1 是最小的一个固有频率(对于具有刚体自由度的结构,$\omega_1 = 0$). ω_1 有时也称为基本固有频率.因为 ω_1^2 是最小的驻值,所以有

$$\omega_1^2 = \min\frac{\int_\Omega \boldsymbol{W}(\boldsymbol{x})\boldsymbol{K}\boldsymbol{W}(\boldsymbol{x})\mathrm{d}\boldsymbol{x}}{\int_\Omega \boldsymbol{W}(\boldsymbol{x})\boldsymbol{M}\boldsymbol{W}(\boldsymbol{x})\mathrm{d}\boldsymbol{x}} \tag{4.3.77}$$

这个算式也可以写成另一种形式:

$$\int_\Omega \boldsymbol{W}(\boldsymbol{x})\boldsymbol{K}\boldsymbol{W}(\boldsymbol{x})\mathrm{d}\boldsymbol{x} \geqslant \omega_1^2\int_\Omega \boldsymbol{W}(\boldsymbol{x})\boldsymbol{M}\boldsymbol{W}(\boldsymbol{x})\mathrm{d}\boldsymbol{x} \tag{4.3.78}$$

等号只在 ω 等于基本固有频率 ω_1,也就是 $\boldsymbol{W}(\boldsymbol{x})$与第一阶固有振型 $\boldsymbol{W}_1$ 相同时才成立,即式(4.3.76a)中的 $i = 1$.

(2) 从式(4.3.76)很容易导出固有振型的正交性质:2.3 节导出梁的固有振型的正交性,2.4 节导出板的固有振型的正交性,2.5 节导出三维弹性体固有振型的正交性.

(3) 对于基本固有频率已得到式(4.3.77)、式(4.3.78),对于其他固有频率也有类似的不等式:

设固有频率按从小到大的次序排列为 ω_1, ω_2, ….相应的归一化固有振型排列为 $\boldsymbol{\phi}_1$, $\boldsymbol{\phi}_2$, ….如果在变分式(4.3.76b)中对自变函数 $\boldsymbol{W}(\boldsymbol{x})$附加 n 个约束条件:

$$\int_{\Omega} \boldsymbol{\phi}_i M \boldsymbol{W}(\boldsymbol{x}) \mathrm{d}\boldsymbol{x} = 0, \quad i = 1, 2, \cdots, n \tag{4.3.79}$$

那么变分式中前 n 个驻值就被消去,而 ω_{n+1}^2 变成新条件下最小的驻值,所以在式(4.3.79)约束下,有

$$\omega_{n+1}^2 = \min \frac{\int_{\Omega} \boldsymbol{W}(\boldsymbol{x}) K \boldsymbol{W}(\boldsymbol{x}) \mathrm{d}\boldsymbol{x}}{\int_{\Omega} \boldsymbol{W}(\boldsymbol{x}) M \boldsymbol{W}(\boldsymbol{x}) \mathrm{d}\boldsymbol{x}} \tag{4.3.80}$$

$$\int_{\Omega} \boldsymbol{W}(\boldsymbol{x}) K \boldsymbol{W}(\boldsymbol{x}) \mathrm{d}\boldsymbol{x} \geqslant \omega_{n+1}^2 \int \boldsymbol{W}(\boldsymbol{x}) M \boldsymbol{W}(\boldsymbol{x}) \mathrm{d}\boldsymbol{x} \tag{4.3.81}$$

(4) 任意一个满足位移边界条件的可能位移 $\boldsymbol{W}(\boldsymbol{x})$,可以展成收敛的固有振型级数,即

$$\boldsymbol{W}(\boldsymbol{x}) = \sum_{i=1}^{\infty} q_i \boldsymbol{\phi}_i \tag{4.3.82}$$

其中,$\boldsymbol{\phi}_i$ 为归一化固有振型,而常系数

$$q_i = \int_{\Omega} \boldsymbol{\phi}_i M \boldsymbol{W}(\boldsymbol{x}) \mathrm{d}\boldsymbol{x} \tag{4.3.83}$$

固有振型 $\boldsymbol{\phi}_i$ 形成一个完备的模态空间,这就是模态空间的展开定理.

下面以梁的横向振动问题为例证明级数(4.3.82)收敛于 $\boldsymbol{W}(\boldsymbol{x})$.其他振动问题的收敛性证明与此类似.

不论级数(4.3.82)是否收敛都令残差

$$R_n = W(x) - \sum_{j=1}^{n} q_j \phi_j \tag{4.3.84}$$

先证明 R_n 有如下性质:

(a) 由于 $W(x)$与 $\phi_i(x)$ 都满足位移边界条件式(4.3.63),则残差 R_n 也是一种可能位移,由式(4.3.63)、式(4.3.66)、式(4.3.80)有

$$\omega_{n+1}^2 \leqslant \frac{\int_0^l R_n \frac{\mathrm{d}^2}{\mathrm{d}x^2}\left(EJ \frac{\mathrm{d}^2 R_n}{\mathrm{d}x^2}\right) \mathrm{d}x}{\int_0^l \rho A R_n^2 \mathrm{d}x} \tag{4.3.85}$$

利用分部积分,有

$$\int_0^l R_n \frac{\mathrm{d}^2}{\mathrm{d}x^2}\left(EJ\frac{\mathrm{d}^2 R_n}{\mathrm{d}x^2}\right)\mathrm{d}x = \int_0^l EJ\left(\frac{\mathrm{d}^2 R_n}{\mathrm{d}x^2}\right)^2\mathrm{d}x \tag{4.3.86}$$

则由式(4.3.85)有

$$\int_0^l \rho A R_n^2 \mathrm{d}x \leqslant \frac{1}{\omega_{n+1}^2}\int_0^l EJ\left(\frac{\mathrm{d}^2 R_n}{\mathrm{d}x^2}\right)^2\mathrm{d}x \tag{4.3.87}$$

(b) 在式(4.3.84)两边同乘以 $\rho A\phi_i$，利用正交性得

$$\int_0^l \phi_i\rho A R_n \mathrm{d}x = \int_0^l \phi_i\rho A W(x)\mathrm{d}x - \sum_{j=1}^{\infty} q_i\int_0^l \phi_i\rho A\phi_j \mathrm{d}x \tag{4.3.88}$$

振型归一化条件为

$$\int_0^l \rho A\phi_i^2 \mathrm{d}x = 1 \tag{4.3.89}$$

梁的问题式(4.3.83)化为

$$q_i = \int_0^l \phi_i\rho A W(x)\mathrm{d}x \tag{4.3.90}$$

将式(4.3.89)、式(4.3.90)代入式(4.3.88)，则式(4.3.88)化为

$$\begin{aligned}\int_0^l \phi_i\rho A R_n \mathrm{d}x &= \int_0^l \phi_i\rho A W(x)\mathrm{d}x - q_i\int_0^l \rho A\phi_i^2 \mathrm{d}x \\ &= q_i - q_i = 0\end{aligned} \tag{4.3.91}$$

(c) 将式(4.3.84)微分两次，然后两边乘以 $EJ\dfrac{\mathrm{d}^2\phi_i}{\mathrm{d}x^2}$，并对 x 积分，得

$$\int_0^l EJ\frac{\mathrm{d}^2\phi_i}{\mathrm{d}x^2}\frac{\mathrm{d}^2 R_n}{\mathrm{d}x^2}\mathrm{d}x = \int_0^l EJ\frac{\mathrm{d}^2\phi_i}{\mathrm{d}x^2}\frac{\mathrm{d}^2 W(x)}{\mathrm{d}x^2}\mathrm{d}x - q_i\int_0^l EJ\left(\frac{\mathrm{d}^2\phi_i}{\mathrm{d}x^2}\right)^2\mathrm{d}x \tag{4.3.92}$$

将此式右端两项分部积分后，利用 $W(x)$ 与 ϕ 满足的边界条件，有

$$\int_0^l EJ\frac{\mathrm{d}^2\phi_i}{\mathrm{d}x^2}\frac{\mathrm{d}^2 R_n}{\mathrm{d}x^2}\mathrm{d}x = \int_0^l W(x)\frac{\mathrm{d}^2}{\mathrm{d}x^2}\left(EJ\frac{\mathrm{d}^2\phi_i}{\mathrm{d}x^2}\right)\mathrm{d}x - q_i\int_0^l \phi_i\frac{\mathrm{d}^2}{\mathrm{d}x^2}\left(EJ\frac{\mathrm{d}^2\phi_i}{\mathrm{d}x^2}\right)\mathrm{d}x \tag{4.3.93}$$

因固有振型满足平衡方程，故有

$$\frac{\mathrm{d}^2}{\mathrm{d}x^2}\left(EJ\frac{\mathrm{d}^2\phi_i}{\mathrm{d}x^2}\right) = \omega_i^2\rho S\phi_i$$

代入上式，得

$$\begin{aligned}\int_0^l EJ\frac{\mathrm{d}^2\phi_i}{\mathrm{d}x^2}\frac{\mathrm{d}^2 R_n}{\mathrm{d}x^2}\mathrm{d}x &= \int_0^l \omega_i^2\rho A\phi_i W(x)\mathrm{d}x - \omega_i^2 q_i\int_0^l \rho A\phi_i^2 \mathrm{d}x \\ &= \omega_i^2\left(\int_0^l \rho A\phi_i W(x)\mathrm{d}x - q_i\right) \\ &= 0\end{aligned} \tag{4.3.94}$$

式(4.3.87)、式(4.3.91)与式(4.3.94)为 R_n 的三个性质.现在把式(4.3.84)改写为

$$W(x) = \sum_{i=1}^{n} q_i \phi_i + R_n \tag{4.3.95}$$

利用正交性条件和式(4.3.94),有

$$\begin{aligned}\int_0^l EJ\left[\frac{\mathrm{d}^2 W(x)}{\mathrm{d}x^2}\right]^2 \mathrm{d}x &= \sum_{i=1}^{n}\sum_{j=1}^{n}\int_0^l q_i q_j EJ \frac{\mathrm{d}^2 \phi_i}{\mathrm{d}x^2}\frac{\mathrm{d}^2 \phi_j}{\mathrm{d}x^2}\mathrm{d}x + \int_0^l EJ\left(\frac{\mathrm{d}^2 R_n}{\mathrm{d}x^2}\right)^2 \mathrm{d}x \\ &\quad + 2\sum_{i=1}^{n}\int_0^l q_i EJ \frac{\mathrm{d}^2 \phi_i}{\mathrm{d}x^2}\frac{\mathrm{d}^2 R_n}{\mathrm{d}x^2}\mathrm{d}x \\ &= \sum_{i=1}^{n} q_i^2 \int_0^l EJ\left(\frac{\mathrm{d}^2 \phi_i}{\mathrm{d}x^2}\right)^2 \mathrm{d}x + \int_0^l EJ\left(\frac{\mathrm{d}^2 R_n}{\mathrm{d}x^2}\right)^2 \mathrm{d}x\end{aligned}$$

由此得到

$$\int_0^l EJ\left(\frac{\mathrm{d}^2 R_n}{\mathrm{d}x^2}\right)^2 \mathrm{d}x \leqslant \int_0^l EJ\left[\frac{\mathrm{d}^2 W(x)}{\mathrm{d}x^2}\right]^2 \mathrm{d}x$$

将式(4.3.87)代入上式,得

$$\int_0^l \rho A R_n^2 \mathrm{d}x \leqslant \frac{1}{\omega_{n+1}^2}\int_0^l EJ\left[\frac{\mathrm{d}^2 W(x)}{\mathrm{d}x^2}\right]^2 \mathrm{d}x \tag{4.3.96}$$

此式右端的积分是一个有限量,而当 $n \to \infty$ 时,有 $\omega_{n+1} \to \infty$,因而有

$$\lim_{n\to\infty}\int_0^l \rho A R_n^2 \mathrm{d}x = 0 \tag{4.3.97}$$

则得

$$\lim_{n\to\infty} R_n = 0 \tag{4.3.98}$$

于是固有振型级数(4.3.82)收敛于 $\boldsymbol{W}(x)$.

上面采用微分算子统一描述了杆、梁、板和三维弹性体振动的变分式普遍性质.还有很多其他的复杂弹性结构如各种壳体结构或各种组合弹性结构的振动是否也都具备上述的普遍性质?当然,我们可以一个结构一个结构地去研究.1982 年王大钧、胡海昌[59-62]对各种弹性结构理论的微分算子的性质作了统一的证明,从而也进一步证明了这些结构都具有上述普遍性质.他们在三维弹性体结构的基础上以弹性结构理论与三维弹性力学的力学联系为背景,也就是说,注意到各种结构理论的变形和应力关系是通过三维弹性力学作适当假设简化而得来的这一事实,依据弹性结构理论和三维弹性力学之间的位移的联系、应变能和动能的联系,对弹性结构理论的微分算子的正定性和能量嵌入算子的紧致性作了统一证明,从而不仅可以更好地理解三维弹性力学和各种弹性结构的振动理论,而且可以把它们的特征值问题统一用式(4.3.62)~式(4.3.64)来描述.这些问题都可以用式(4.3.76b)的变分式来等价描述,从而都具备上述介绍的振动问题的普遍性质.同时更重要的是,在证明中不涉及弹性结构理论的具体几何关系与方程,对于相当广泛边界条件的各种壳体和组合结构的复杂情况以及其他可能

提出的结构理论，都可以用算子统一地给予描述并得到普遍的性质，从而为各种复杂结构的动力学分析提供了统一的理论基础.

4.3.7 固有频率的近似解法

从上一节我们已经知道，求解连续系统的固有频率与固有振型问题在数学上可以统一归结为解式(4.3.62)～式(4.3.64)偏微分方程的特征值问题，只有对于个别特别简单的问题才能获得精确解.甚至对于最简单的连续系统，例如杆的纵向振动、梁的横向振动，当质量与刚度分布不均匀时，一般来说都难以求得封闭形式的解答.在连续系统特征值问题的封闭解不存在或求解非常复杂而不可行的情况下，寻求它的近似解就是唯一可行的方法.因此，从工程应用的角度看，掌握各种有效的近似方法是更为重要的.但是，我们不能因为精确解的实用价值不大而对它持否定态度.从精确解能清楚地看出各种参数之间定性的关系，而且在近似计算中精确解也能发挥重要作用，一方面它可以用来检验各种近似方法的计算精度，另一方面特殊系统的固有振型往往可以用作一般系统近似方法的基函数，即将一般系统的固有振型表达成特殊系统固有振型的有限项级数形式，从而使连续系统转变为有限自由度系统.由于固有振型的完备性，采用固有振型作为基函数，当固有振型的数目无限增多时，如式(4.3.98)所示，一定能收敛到精确值.

1. 瑞利法

根据瑞利驻值原理式(4.3.76b)，对于保守系统，瑞利商在主模态附近取驻值.对于一个特定的模态振型，由式(4.3.76a)给出固有频率的精确值.如果假设一个合理的可能位移满足所有的位移边界条件，然后代入式(4.3.76a)，我们将得到固有频率的较好近似值.这样求固有频率的方法称为瑞利法，通常用于求一阶固有频率(基本频率).因此，应用瑞利法求系统的基本频率，它的准确度依赖于所假设的可能位移近似于真实模态振型的程度，或者说依赖于所选取的试探函数.而且，用瑞利法所得到的基本频率的近似值总是略高于精确值.要想获得好的近似结果，必须有一定的经验选取好可能位移.假设的可能位移必须满足位移边界条件，应尽量接近实际振型，最好是既能满足位移边界条件又能满足力的边界条件，这样可以得到更好的近似值.但至少要满足几何边界条件，否则，计算所得的结果误差会过大，甚至毫无意义.瑞利法的优点是能够简便、迅速地得到系统的基本频率的近似值.一般说来，这样求得的近似值不十分准确，但已能满足许多工程上的要求.在结构设计过程中，需要快速估计各种结构方案的基本频率，在这种情况下采用瑞利法是适宜的.

例4.8 考察一锥形杆的纵向振动，试计算该系统的基本频率.

解 杆在 $x=0$ 的一端固定，$x=l$ 的一端自由，杆的刚度与质量分布分别为

$$EA(x)=EA\left[1-\frac{1}{2}\left(\frac{x}{l}\right)^2\right],\quad m(x)=m\left[1-\frac{1}{2}\left(\frac{x}{l}\right)^2\right]\tag{1}$$

取试探函数

$$v(x) = \sin \frac{\pi x}{2l} \tag{2}$$

此为均匀杆在相同边界条件下的基本振型，显然满足边界条件

$$v(0) = 0, \quad \left.\frac{\mathrm{d}v}{\mathrm{d}x}\right|_{x=1} = 0 \tag{3}$$

将式(1)、式(2)代入能量表达式，得到

$$\begin{aligned} V_{\max} &= \int_0^l \frac{1}{2} EA(x) \left(\frac{\mathrm{d}v}{\mathrm{d}x}\right)^2 \mathrm{d}x = \frac{\pi^2 EA}{8l^2} \int_0^l \left[1 - \frac{1}{2}\left(\frac{x}{l}\right)^2\right] \cos^2 \frac{\pi x}{2l} \mathrm{d}x \\ &= \frac{1}{96} \frac{EA}{l} (5\pi^2 + 6) \end{aligned} \tag{4}$$

$$\begin{aligned} T_0 &= \int_0^l \frac{1}{2} m(x) v^2 \mathrm{d}x = \frac{m}{2} \int_2^l \left[1 - \frac{1}{2}\left(\frac{x}{l}\right)^2\right] \sin^2 \frac{\pi x}{2l} \mathrm{d}x \\ &= \frac{ml}{24\pi^2} (5\pi^2 - 6) \end{aligned} \tag{5}$$

所以

$$\omega^2 = \frac{V_{\max}}{T_0} = \frac{EA\pi^2 (5\pi^2 + 6)}{4ml^2 (5\pi^2 - 6)} = 3.150\,445 \frac{EA}{ml^2} \tag{6}$$

由此给出系统的基本频率

$$\omega = 1.775 \sqrt{\frac{EA}{ml^2}} \tag{7}$$

例 4.9 单位厚度的楔形悬臂梁如图 4.9 所示，求梁在 Oxz 平面内弯曲振动的基本频率.

解 从图 4.9 知道，梁的高度 $h(x) = \frac{2bx}{l}$. 设材料密度为 ρ，质量分布为

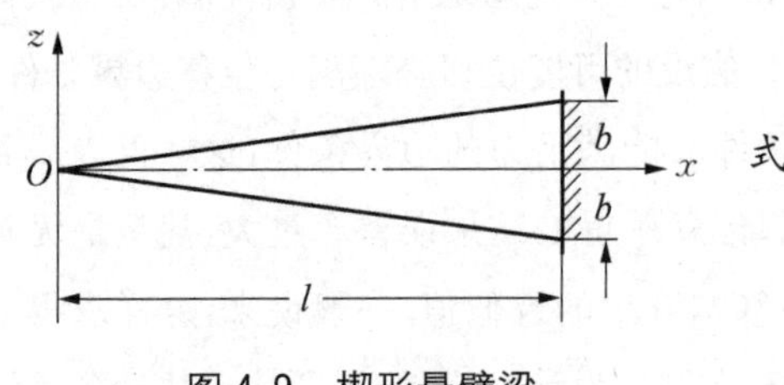

图 4.9 楔形悬臂梁

$$m(x) = m_0 \frac{x}{l} \tag{1}$$

式中，$m_0 = 2b\rho$ 为梁在固定端处单位长度的质量. 截面惯性矩为

$$J(x) = \frac{h^3}{12} = J_0 \frac{x^3}{l^3} \tag{2}$$

式中，$J_0 = \frac{2b^3}{3}$ 为梁的固定端截面的惯性矩.

梁的边界条件为

$$\left. EJ \frac{\mathrm{d}^2 v}{\mathrm{d}x^2} \right|_{x=0} = 0, \quad \left. \frac{\mathrm{d}}{\mathrm{d}x}\left(EJ \frac{\mathrm{d}^2 v}{\mathrm{d}x^2}\right) \right|_{x=0} = 0 \tag{3}$$

$$v(l) = 0, \quad \left.\frac{\mathrm{d}v}{\mathrm{d}x}\right|_{x=l} = 0 \tag{4}$$

取试探函数

$$v(x) = \left(1 - \frac{x}{l}\right)^2 \tag{5}$$

它满足位移边界条件式(4).由于在 $x = 0$ 处,J 与 $\frac{\mathrm{d}J}{\mathrm{d}x}$ 均为零,因此应力边界条件式(3)也得到满足.

$$V_{\max} = \int_0^l \frac{1}{2}EJ\left(\frac{\mathrm{d}^2 v}{\mathrm{d}x^2}\right)\mathrm{d}x = x\int_0^l \frac{1}{2}EJ_0 \frac{x^3}{l^3}\frac{4}{l^4}\mathrm{d}x = \frac{EJ_0}{2l^3} \tag{6}$$

$$T_0 = \int_0^l \frac{1}{2}\rho A v^2 \mathrm{d}x = \int_0^l \rho A_0 \frac{x}{l}\left(1 - \frac{x}{l}\right)^4 \mathrm{d}x = \frac{\rho A_0 l}{60} \tag{7}$$

$$\omega^2 = \frac{V_{\max}}{T_0} = \frac{30EJ_0}{\rho A_0 l^4} \tag{8}$$

$$\omega = \frac{5.477b}{l^2}\sqrt{\frac{EJ_0}{\rho A_0}} \tag{9}$$

此问题基本频率的精确值为

$$\omega_1 = \frac{5.315b}{l^2}\sqrt{\frac{EJ_0}{\rho A_0}} \tag{10}$$

近似值较精确值高3.1%.

例4.10 求四边固定的方形薄膜的基本频率.设薄膜张力为 T,单位面积的质量为 ρ,边长为 $2a$.

解 取直角坐标 Oxy 如图4.10所示,并取试探函数

$$W = (a^2 - x^2)(a^2 - y^2) \tag{1}$$

显然,它满足边界约束条件.考虑到 W 的对称性,薄膜的最大势能可表示为

$$V_{\max} = 2T\int_0^a\int_0^a\left[\left(\frac{\partial W}{\partial x}\right)^2 + \left(\frac{\partial W}{\partial y}\right)^2\right]\mathrm{d}x\mathrm{d}y = \frac{128}{45}Ta^8 \tag{2}$$

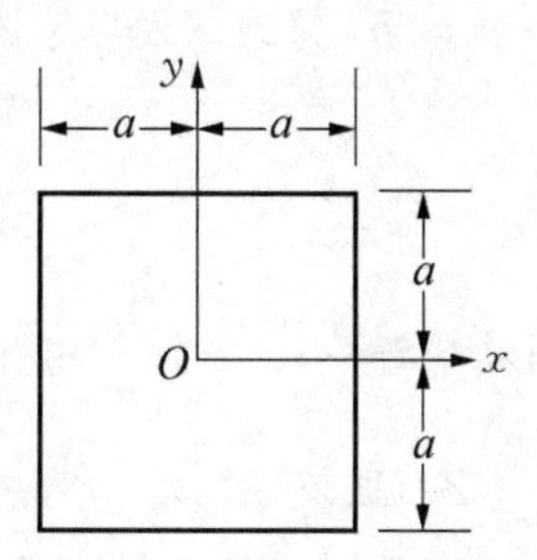

图4.10 方形薄膜

动能系数为

$$T_0 = 2\rho\int_0^a\int_0^a W^2\mathrm{d}x\mathrm{d}y = \frac{128}{225}\rho a^{10} \tag{3}$$

从而得到

$$\omega^2 = \frac{V_{\max}}{T_0} = \frac{5T}{a^2\rho}, \quad \omega = \frac{2.236}{a}\sqrt{\frac{T}{\rho}} \tag{4}$$

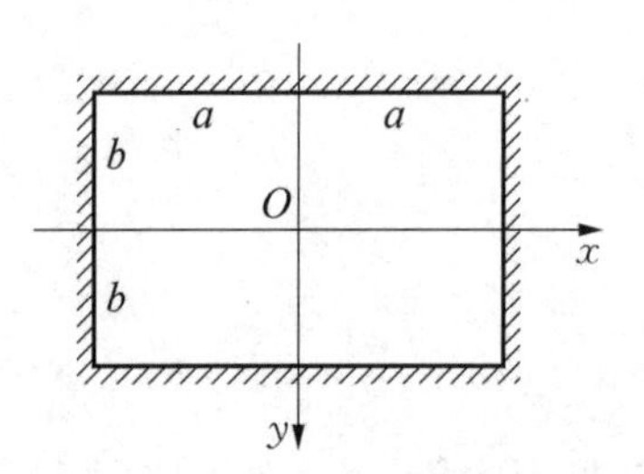

图 4.11 四边固定矩形板

精确解为 $\omega = \dfrac{2.221}{a}\sqrt{\dfrac{T}{\rho}}$，近似值约比精确值高 0.7%.

例 4.11 用瑞利法计算如图 4.11 所示的四边固定矩形薄板的基频.

解 取一项基函数为

$$\phi_1(x,\ y) = (x^2 - a^2)^2(y^2 - b^2)^2$$

可以验证 ϕ_1 满足位移边界条件，从而有

$$V_{\max} = \iint_\Omega D_0(\nabla^2\phi_1)^2\mathrm{d}x\mathrm{d}y = 2\int_0^a 2\int_0^b D_0(\nabla^2\phi_1)^2\mathrm{d}x\mathrm{d}y$$

$$= \frac{2^{15}D_0}{3^2\times 5^2\times 7}\left(a^4 + b^4 + \frac{4}{7}a^2b^2\right)a^5b^5$$

$$T_0 = \iint_\Omega \rho hW^2\mathrm{d}x\mathrm{d}y = \iint_\Omega \rho h\phi_1^2\mathrm{d}x\mathrm{d}y = 2\int_0^a 2\int_0^b \rho h\phi_1^2\mathrm{d}x\mathrm{d}y$$

$$= \frac{2^{16}\rho h}{3^4\times 5^2\times 7^2}a^9b^9$$

于是由式(4.3.76)得到

$$\omega^2 = \frac{63D_0}{2a^4b^4\rho h}\left(a^4 + b^4 + \frac{4}{7}a^2b^2\right)$$

基频为

$$\omega = \frac{\sqrt{\dfrac{63}{2}\left(1 + \dfrac{4a^2}{7b^2} + \dfrac{a^4}{b^4}\right)}}{a^2}\sqrt{\frac{D_0}{\rho h}}$$

令 $a = b$，得到正方形薄板的基频为

$$\omega = \frac{9.00}{a^2}\sqrt{\frac{D_0}{\rho h}}$$

与精确解 $\dfrac{8.997}{a^2}\sqrt{\dfrac{D_0}{\rho h}}$ 相当接近.

2. 里茨法

求系统固有频率的里茨法在瑞利法基础上作了改进，是一种关于固有频率的变分式(4.3.73)的直接解法.

弹性体的固有振动有两种提法：一种是微分方程的特征值问题式(4.3.62)～式(4.3.64)；另一种是泛函的驻值问题式(4.3.76b).从精确解的角度看，两者完全等价，但从近似解的角度看，求泛函驻值的近似解要比求微分方程的近似解容易.下面以梁的横向振动为例来介绍里茨法.

梁的固有频率变分式(3.3.54)重写如下：

$$\omega^2 = \mathrm{st}\frac{\int_0^l EJ(Y'')^2\mathrm{d}x}{\int_0^l \rho A Y^2\mathrm{d}x} \tag{4.3.99}$$

其中,要求满足位移边界条件的自变函数 $\boldsymbol{Y}(x)$称为可能位移.这样的可能位移 $\boldsymbol{Y}(x)$是无限多的,也就是说,可供选择的自变函数的范围未免太大了,得想办法将选择的范围缩小.在里茨法中,首先选择 n 个连续、二阶可导并且满足位移边界条件的已知函数 $\boldsymbol{\phi}_i(x)(i=1,2,\cdots,n)$,这里 $\boldsymbol{\phi}_i(x)$ 称为基函数,然后将自变函数 $\boldsymbol{Y}(x)$按 n 个基函数展开,即

$$\boldsymbol{Y}(x) = \sum_{i=1}^{n} a_i\boldsymbol{\phi}_i(x) = a_1\boldsymbol{\phi}_1(x) + a_2\boldsymbol{\phi}_2(x) + \cdots + a_n\boldsymbol{\phi}_n(x) \tag{4.3.100}$$

其中,$a_1,a_2,\cdots,a_n$ 是参变数.上式的意义是,自变函数 $\boldsymbol{Y}(x)$不是在所有满足位移边界条件的函数集内选择,而是在仅包括 n 个参数a_i、由 n 个基函数$\boldsymbol{\phi}_i(x)$所组成的函数集内选择.里茨法的基本思想是在函数集(4.3.100)中求瑞利商的驻值,以代替在全体可能位移中求驻值,把无穷维的问题化为有限的 n 维问题.很显然,函数集(4.3.100)的范围要比可能位移集的范围小得多,因而泛函(4.3.99)基于式(4.3.100)的自变函数所取得的驻值是近似的,记为$\bar{\omega}^2$.由式(4.3.100),泛函(4.3.99)的分子及分母可分别写为

$$\begin{aligned}\int_0^l EJ(\boldsymbol{Y}'')^2\mathrm{d}x &= \int_0^l EJ\Big(\sum_{i=1}^{n} a_i\boldsymbol{\phi}''_i\Big)\Big(\sum_{j=1}^{n} a_j\boldsymbol{\phi}''_j\Big)\mathrm{d}x \\ &= \sum_{i=1}^{n}\sum_{j=1}^{n} k_{ij}a_ia_j = \boldsymbol{a}^{\mathrm{T}}\boldsymbol{K}\boldsymbol{a}\end{aligned} \tag{4.3.101}$$

$$\begin{aligned}\int_0^l \rho A\boldsymbol{Y}^2\mathrm{d}x &= \int_0^l \rho A\Big(\sum_{i=1}^{n} a_i\boldsymbol{\phi}_i\Big)\Big(\sum_{j=1}^{n} a_j\boldsymbol{\phi}_j\Big)\mathrm{d}x \\ &= \sum_{i=1}^{n}\sum_{j=1}^{n} m_{ij}a_ia_j = \boldsymbol{a}^{\mathrm{T}}\boldsymbol{M}\boldsymbol{a}\end{aligned} \tag{4.3.102}$$

其中,刚度矩阵 $\boldsymbol{K}$ 与质量矩阵$\boldsymbol{M}$ 分别为

$$\boldsymbol{K} = \begin{bmatrix} k_{11} & k_{12} & \cdots & k_{1n} \\ k_{21} & k_{22} & \cdots & k_{2n} \\ \vdots & \vdots & & \vdots \\ k_{n1} & k_{n2} & \cdots & k_{nn}\end{bmatrix},\quad \boldsymbol{M} = \begin{bmatrix} m_{11} & m_{12} & \cdots & m_{1n} \\ m_{21} & m_{22} & \cdots & m_{2n} \\ \vdots & \vdots & & \vdots \\ m_{n1} & m_{n2} & \cdots & m_{nn}\end{bmatrix} \tag{4.3.103}$$

$$\boldsymbol{a} = [a_1 \quad \cdots \quad a_n]^{\mathrm{T}},\quad k_{ij} = \int_0^l EJ\boldsymbol{\phi}''_i\boldsymbol{\phi}''_j\mathrm{d}x$$

$$m_{ij} = \int_0^l \rho A\boldsymbol{\phi}_i\boldsymbol{\phi}_j\mathrm{d}x,\quad i,j = 1,2,\cdots,n$$

$n\times n$ 矩阵$\boldsymbol{K}$ 及$\boldsymbol{M}$ 显然是对称矩阵,将式(4.3.101)、式(4.3.102)代入式(4.3.99),得

$$\bar{\omega}^2 = \mathrm{st}\frac{\boldsymbol{a}^{\mathrm{T}}\boldsymbol{K}\boldsymbol{a}}{\boldsymbol{a}^{\mathrm{T}}\boldsymbol{M}\boldsymbol{a}} \tag{4.3.104}$$

由 $\delta(\bar{\omega}^2) = 0$ 得到

$$(\boldsymbol{K}-\bar{\omega}^2\boldsymbol{M})\boldsymbol{a}=\boldsymbol{0} \tag{4.3.105}$$

这样就将无限多自由度系统转换为 n 自由度系统.由上面的矩阵特征值问题可解出 n 个特征值 $\bar{\omega}_i^2(i=1,2,\cdots,n)$ 及相应的特征向量 $\boldsymbol{a}_i(i=1,2,\cdots,n)$,梁的 i 阶固有频率 ω_i 近似地取为 $\bar{\omega}_i$,将特征向量 $\boldsymbol{a}_i$ 的各元素代入式(4.3.100),梁的第 i 阶主振型 $\bar{Y}_i(x)$ 近似地取为

$$\bar{Y}_i(x)=\sum_{j=1}^{n}a_{ij}\boldsymbol{\phi}_j(x),\quad i=1,2,\cdots,n \tag{4.3.106}$$

由上述方法求出的近似主振型同样关于分布质量及分布刚度相互正交.实际上,由式(4.3.105)得到的特征向量有下列正交性:

$$\boldsymbol{a}_i^{\mathrm{T}}\boldsymbol{M}\boldsymbol{a}_j=0,\boldsymbol{a}_i^{\mathrm{T}}\boldsymbol{K}\boldsymbol{a}_j=0,\quad i\neq j$$

记向量 $\boldsymbol{\phi}$ 为

$$\boldsymbol{\phi}=[\boldsymbol{\phi}_1(x)\quad \boldsymbol{\phi}_2(x)\quad \cdots\quad \boldsymbol{\phi}_n(x)]$$

由式(4.3.106)、式(4.3.103),$\bar{Y}_i(x)$ 及矩阵 $\boldsymbol{M},\boldsymbol{K}$ 可写成

$$\bar{Y}_i(x)=\boldsymbol{\phi}\boldsymbol{a}_i,\quad \boldsymbol{M}=\int_0^l\rho A\boldsymbol{\phi}^{\mathrm{T}}\boldsymbol{\phi}\mathrm{d}x,\quad \boldsymbol{K}=\int_0^l EJ(\boldsymbol{\phi}'')^{\mathrm{T}}\boldsymbol{\phi}''\mathrm{d}x$$

于是有

$$\begin{aligned}\int_0^l\rho A\bar{Y}_i\bar{Y}_j\mathrm{d}x&=\int_0^l\rho A\boldsymbol{a}_i^{\mathrm{T}}\boldsymbol{\phi}^{\mathrm{T}}\boldsymbol{\phi}\boldsymbol{a}_j\mathrm{d}x=\boldsymbol{a}_i^{\mathrm{T}}\left(\int_0^l\rho A\boldsymbol{\phi}^{\mathrm{T}}\boldsymbol{\phi}\mathrm{d}x\right)\boldsymbol{a}_j\\&=\boldsymbol{a}_i^{\mathrm{T}}\boldsymbol{M}\boldsymbol{a}_j=0,\quad i\neq j\end{aligned} \tag{4.3.107}$$

同样可证明

$$\int_0^l EJ\,\bar{Y}_i''\bar{Y}_j''\mathrm{d}x=\boldsymbol{a}_i^{\mathrm{T}}\boldsymbol{K}\boldsymbol{a}_j=0,\quad i\neq j \tag{4.3.108}$$

由式(4.3.105)求出的 $\bar{\omega}_1^2$ 是泛函(4.3.104)的最小驻值,真实基频的平方 ω_1^2 则是泛函(4.3.99)的最小驻值,由于里茨法是在缩小了范围的函数集内求泛函的驻值的,小范围内求得的最小值自然不可能比在大范围内求出的最小值更小,所以有

$$\omega_1^2\leqslant\bar{\omega}_1^2 \tag{4.3.109}$$

上式也可以从物理上解释,式(4.3.100)只是对真实主振型的一种近似,相当于对梁的变形引入许多约束,从而增加了梁的弯曲刚度,使固有频率提高.

如果在式(4.3.106)的级数中只取一项,即

$$Y(x)=a_1\boldsymbol{\phi}_1(x)$$

则式(4.3.105)成为

$$(k_{11}-\bar{\omega}^2m_{11})a_1=0$$

由上式得到

$$\bar{\omega}_1^2=\frac{k_{11}}{m_{11}}=\frac{\displaystyle\int_0^l EJ(\boldsymbol{\phi}_1'')^2\mathrm{d}x}{\displaystyle\int_0^l\rho A\boldsymbol{\phi}_1^2\mathrm{d}x} \tag{4.3.110}$$

这样求固有频率的方法就是前面介绍的瑞利法,通常用于求一阶固有频率的近似值,根据经验,将 $\boldsymbol{\phi}_1(x)$ 取成静挠度曲线就可以得到精度较好的基频.

假若梁上有附加质量或弹性支承,则只要在计算梁的动能和势能时计入附加质量的动能和弹性支承的势能,然后仿照式(4.3.103)就可以写出相应的矩阵 $\boldsymbol{M}$ 和 $\boldsymbol{K}$ 了.

薄板振动固有频率变分式(3.4.22)重写如下:

$$\omega^2 = \mathrm{st}\frac{\iint_\Omega D_0 \boldsymbol{k}^{\mathrm{T}} \boldsymbol{D}_1 \boldsymbol{k} \mathrm{d}x\mathrm{d}y}{\iint_\Omega \rho h \boldsymbol{W}^2 \mathrm{d}x\mathrm{d}y} \tag{4.3.111}$$

将自变函数 $\boldsymbol{W}(x,\ y)$按基函数展开为

$$\begin{aligned} \boldsymbol{W}(x,\ y) &= \sum_{i=1}^{n} a_i \boldsymbol{\phi}_i(x,\ y) = \boldsymbol{\phi a} \\ &= a_1\boldsymbol{\phi}_1(x,y) + a_2\boldsymbol{\phi}_2(x,y) + \cdots + a_n\boldsymbol{\phi}_n(x,y) \end{aligned} \tag{4.3.112}$$

其中

$$\boldsymbol{a} = [a_1 \quad a_2 \quad \cdots \quad a_n]^{\mathrm{T}} \tag{4.3.113a}$$

$$\boldsymbol{\phi} = [\boldsymbol{\phi}_1 \quad \boldsymbol{\phi}_2 \quad \cdots \quad \boldsymbol{\phi}_n] \tag{4.3.113b}$$

其中,$\boldsymbol{\phi}_i(x,\ y)(i = 1,\ 2,\ \cdots,\ n)$ 即选取的基函数,它们只要满足位移边界条件即可,但若还能同时满足部分或全部力的边界条件更好.将式(4.3.112)代入式(4.3.110),得

$$\bar{\omega}^2 = \mathrm{st}\frac{\boldsymbol{a}^{\mathrm{T}}\boldsymbol{K}\boldsymbol{a}}{\boldsymbol{a}^{\mathrm{T}}\boldsymbol{M}\boldsymbol{a}} \tag{4.3.114}$$

其中

$$\boldsymbol{K} = \begin{bmatrix} k_{11} & k_{12} & \cdots & k_{1n} \\ k_{21} & k_{22} & \cdots & k_{2n} \\ \vdots & \vdots & & \vdots \\ k_{n1} & k_{n2} & \cdots & k_{nn} \end{bmatrix}, \quad \boldsymbol{M} = \begin{bmatrix} m_{11} & m_{12} & \cdots & m_{1n} \\ m_{21} & m_{22} & \cdots & m_{2n} \\ \vdots & \vdots & & \vdots \\ m_{n1} & m_{n2} & \cdots & m_{nn} \end{bmatrix} \tag{4.3.115}$$

$$\begin{aligned} k_{ij} &= \iint_\Omega D_0 \boldsymbol{K}^{\mathrm{T}}(\boldsymbol{\phi}_i)\boldsymbol{D}_1\boldsymbol{K}(\boldsymbol{\phi}_j)\mathrm{d}x\mathrm{d}y \\ &= \iint_\Omega D_0 \left[(\nabla^2\boldsymbol{\phi}_i)(\nabla^2\boldsymbol{\phi}_j) - (1-u)\left(\frac{\partial^2\boldsymbol{\phi}_i}{\partial x^2}\frac{\partial^2\boldsymbol{\phi}_j}{\partial y^2} + \frac{\partial^2\boldsymbol{\phi}_i}{\partial y^2}\frac{\partial^2\boldsymbol{\phi}_j}{\partial x^2} \right.\right. \\ &\quad \left.\left. - 2\frac{\partial^2\boldsymbol{\phi}_i}{\partial x\partial y}\frac{\partial^2\boldsymbol{\phi}_j}{\partial x\partial y} \right) \right] \mathrm{d}x\mathrm{d}y, \quad i,\ j = 1,\ 2,\ \cdots,\ n \end{aligned} \tag{4.3.116}$$

$$m_{ij} = \iint_\Omega \rho h \boldsymbol{\phi}_i\boldsymbol{\phi}_j \mathrm{d}x\mathrm{d}y, \quad i,\ j = 1,\ 2,\ \cdots,\ n \tag{4.3.117}$$

利用式(4.3.114),由 $\delta\,\bar{\omega}^2 = 0$ 得到矩阵特征值方程

$$|\boldsymbol{K} - \bar{\omega}^2\boldsymbol{M}| = 0 \tag{4.3.118}$$

从而求得特征值 $\bar{\omega}^2$，与梁的横向振动一样，将 $\bar{\omega}^2$ 代入式(4.3.111)可以求得相应的主振型.

对于圆板振动问题，选取的基函数为 r,θ 的函数 $\boldsymbol{\phi}_i(r,\ \theta)$，式(4.3.116)与式(4.3.117)分别化为

$$k_{ij}=\iint_{\Omega}D_0\left\{(\nabla^2\boldsymbol{\phi}_i)(\nabla^2\boldsymbol{\phi}_j)-(1-u)\left[\frac{\partial^2\boldsymbol{\phi}_i}{\partial r^2}\left(\frac{1}{r}\frac{\partial\boldsymbol{\phi}_j}{\partial r}+\frac{1}{r^2}\frac{\partial^2\boldsymbol{\phi}_j}{\partial\theta^2}\right)+\left(\frac{1}{r}\frac{\partial\boldsymbol{\phi}_i}{\partial r}+\frac{1}{r^2}\frac{\partial^2\boldsymbol{\phi}_i}{\partial\theta^2}\right)\frac{\partial\boldsymbol{\phi}_j}{\partial r^2}\right.\right.$$
$$\left.\left.-2\left(\frac{1}{r}\frac{\partial^2\boldsymbol{\phi}_i}{\partial r\partial\theta}-\frac{1}{r^2}\frac{\partial^2\boldsymbol{\phi}_i}{\partial\theta^2}\right)\left(\frac{1}{r}\frac{\partial^2\boldsymbol{\phi}_j}{\partial r\partial\theta}-\frac{1}{r^2}\frac{\partial^2\boldsymbol{\phi}_j}{\partial\theta^2}\right)\right]\right\}r\mathrm{d}r\mathrm{d}\theta \tag{4.3.119}$$

$$m_{ij}=\iint\rho h\boldsymbol{\phi}_i\boldsymbol{\phi}_j r\mathrm{d}r\mathrm{d}\theta \tag{4.3.120}$$

对于圆板轴对称振动问题，有

$$k_{ij}=2\pi\int D_0\left[r\frac{\mathrm{d}^2\boldsymbol{\phi}_i}{\mathrm{d}r^2}\frac{\mathrm{d}^2\boldsymbol{\phi}_j}{\mathrm{d}r^2}+\frac{1}{r}\frac{\mathrm{d}\boldsymbol{\phi}_i}{\mathrm{d}r}\frac{\mathrm{d}\boldsymbol{\phi}_j}{\mathrm{d}r}+\mu\left(\frac{\mathrm{d}^2\boldsymbol{\phi}_i}{\mathrm{d}r^2}\frac{\mathrm{d}\boldsymbol{\phi}_j}{\mathrm{d}r}+\frac{\mathrm{d}\boldsymbol{\phi}_i}{\mathrm{d}r}\frac{\mathrm{d}^2\boldsymbol{\phi}_j}{\mathrm{d}r^2}\right)\right]\mathrm{d}r \tag{4.3.121}$$

$$m_{ij}=2\pi\int\rho h\boldsymbol{\phi}_i\boldsymbol{\phi}_j r\mathrm{d}r \tag{4.3.122}$$

当圆板内外圆边界固定时，对式(4.3.121)的第三项积分有

$$\begin{aligned}\int_a^b\left(\frac{\mathrm{d}^2\boldsymbol{\phi}_i}{\mathrm{d}r^2}\frac{\mathrm{d}\boldsymbol{\phi}_j}{\mathrm{d}r}+\frac{\mathrm{d}\boldsymbol{\phi}_i}{\mathrm{d}r}\frac{\mathrm{d}^2\boldsymbol{\phi}_j}{\mathrm{d}r^2}\right)\mathrm{d}r&=\int_a^b\mathrm{d}\left(\frac{\mathrm{d}\boldsymbol{\phi}_i}{\mathrm{d}r}\frac{\mathrm{d}\boldsymbol{\phi}_j}{\mathrm{d}r}\right)\\&=\left(\frac{\mathrm{d}\boldsymbol{\phi}_i}{\mathrm{d}r}\frac{\mathrm{d}\boldsymbol{\phi}_j}{\mathrm{d}r}\right)\bigg|_{r=a}-\left(\frac{\mathrm{d}\boldsymbol{\phi}_i}{\mathrm{d}r}\frac{\mathrm{d}\boldsymbol{\phi}_j}{\mathrm{d}r}\right)\bigg|_{r=b}\end{aligned} \tag{4.3.123}$$

由于基函数 $\boldsymbol{\phi}_i$，$\boldsymbol{\phi}_j$ 满足内外圆边界固定条件，故有

$$\frac{\mathrm{d}\boldsymbol{\phi}_i}{\mathrm{d}r}\bigg|_{r=a}=\frac{\mathrm{d}\boldsymbol{\phi}_i}{\mathrm{d}r}\bigg|_{r=b}=\frac{\mathrm{d}\boldsymbol{\phi}_j}{\mathrm{d}r}\bigg|_{r=a}=\frac{\mathrm{d}\boldsymbol{\phi}_j}{\mathrm{d}r}\bigg|_{r=b}=\mathbf{0}$$

从而式(4.3.123)的积分等于零.对于内外圆边界固定的情况，式(4.3.121)为

$$k_{ij}=2\pi\int D_0\left(r\frac{\mathrm{d}^2\boldsymbol{\phi}_i}{\mathrm{d}r^2}\frac{\mathrm{d}^2\boldsymbol{\phi}_j}{\mathrm{d}r^2}+\frac{1}{r}\frac{\mathrm{d}\boldsymbol{\phi}_i}{\mathrm{d}r}\frac{\mathrm{d}\boldsymbol{\phi}_j}{\mathrm{d}r}\right)\mathrm{d}r \tag{4.3.124}$$

如果在式(4.3.112)的级数中只取一项，即

$$\boldsymbol{W}(x)=a_1\boldsymbol{\phi}_1(x)$$

则式(4.3.118)成为

$$(k_{11}-\bar{\omega}^2m_{11})a_1=0$$

由上式得到

$$\bar{\omega}^2=\frac{k_{11}}{m_{11}}=\frac{\int_0^l EJ(\boldsymbol{\phi}_1'')^2\mathrm{d}x}{\int_0^l\rho A\boldsymbol{\phi}_1^2\mathrm{d}x} \tag{4.3.125}$$

这样求固有频率的方法就是前面介绍的瑞利法，通常用于求一阶固有频率的近似值，根据经

验，将 $\boldsymbol{\phi}_1(x)$ 取成静挠度曲线就可以得到精度较好的基频.

例 4.12 试用里茨法求例 4.9 中单位厚度的楔形悬臂梁的基本频率.设基函数为

$$\phi_i(x)=\left(1-\frac{x}{l}\right)^2\left(\frac{x}{l}\right)^{i-1},\quad i=1,2,\cdots,n$$

容易验证它们不仅满足位移边界条件，还满足力的边界条件.取 $n=2$，由式(4.3.103)算出

$$\boldsymbol{K}=\frac{EJ_0}{l^3}\begin{bmatrix}1 & \dfrac{2}{5}\\ \dfrac{2}{5} & \dfrac{2}{5}\end{bmatrix},\quad \boldsymbol{M}=\rho A_0 l\begin{bmatrix}\dfrac{1}{30} & \dfrac{1}{105}\\ \dfrac{1}{105} & \dfrac{1}{280}\end{bmatrix}$$

频率方程为

$$\begin{vmatrix}1-\dfrac{1}{30}\alpha & \dfrac{2}{5}-\dfrac{1}{105}\alpha\\ \dfrac{2}{5}-\dfrac{1}{105}\alpha & \dfrac{2}{5}-\dfrac{1}{280}\alpha\end{vmatrix}=0$$

其中，$\alpha=[\rho A_0 l^4/(EJ_0)]\omega^2$.由上式解得

$$\alpha_1=28.289,\quad \alpha_2=299.31$$

于是基频为

$$\omega_1=\sqrt{\alpha_1}\sqrt{\frac{EJ_0}{\rho A_0 l^4}}=5.319\sqrt{\frac{EJ_0}{\rho A_0 l^4}}$$

$$\omega_2=\sqrt{\alpha_2}\sqrt{\frac{EJ_0}{\rho A_0 l^4}}=13.70\sqrt{\frac{EJ_0}{\rho A_0 l^4}}$$

取 $n=1$，即得由例 4.9 用瑞利法算出的基频：

$$\omega_1=\sqrt{\frac{k_{11}}{m_{11}}}\sqrt{\frac{30}{\rho A_0 l}\frac{EJ_0}{l^3}}=5.477\sqrt{\frac{EJ_0}{\rho A_0 l^4}}$$

与精确解 $\omega_1=5.315\sqrt{\dfrac{EJ_0}{\rho A_0 l^4}}$ 相比，取 $n=1$ 时所得基频的误差为3%，取 $n=2$ 时，误差降为0.075%.一般认为，为获得精度较好的近似解，所取的基函数的项数应当比要求的固有频率的阶数大一倍以上.

例 4.13 用里茨法求例 4.8 中锥形杆纵向振动的前两阶固有频率的近似值.

解 基函数取均匀杆的固有振型：

$$\phi_i(x)=\sin(2i-1)\frac{\pi x}{2l},\quad i=1,2,\cdots,n \tag{1}$$

$\phi_i(i=1,2,\cdots,n)$ 是一组可能位移，可以作为基函数.

设

$$v(x) = \boldsymbol{\phi a} \tag{2}$$

将此式代入最大势能的表达式,得到

$$U_{\max} = \frac{1}{2}\int_0^l EA(x)\left(\frac{\mathrm{d}v}{\mathrm{d}x}\right)^2 \mathrm{d}x = \frac{1}{2}\boldsymbol{a}^{\mathrm{T}}\boldsymbol{Ka} \tag{3}$$

矩阵 $\boldsymbol{K}$ 的元素为

$$k_{ij} = \int_0^l EA(x)\frac{\mathrm{d}\phi_i}{\mathrm{d}x}\frac{\mathrm{d}\phi_j}{\mathrm{d}x}\mathrm{d}x, \quad i, j = 1, 2, \cdots, n \tag{4}$$

将式(1)与例 4.8 中的 $EA(x)$代入上式,积分后得到

$$k_{ij} = \begin{cases} \dfrac{EA}{8l}(2i-1)(2j-1)\left[\dfrac{(-1)^{i+j}}{(i+j-1)^2} - \dfrac{(-1)^{i-j}}{(i-j)^2}\right], & i \neq j \\ \dfrac{EA}{48l}[5(2i-1)^2\pi^2 + 6], & i = j \end{cases} \tag{5}$$

将式(2)代入动能系数的表达式,得到

$$T_0 = \frac{1}{2}\int_0^l m(x)v^2 \mathrm{d}x = \frac{1}{2}\boldsymbol{a}^{\mathrm{T}}\boldsymbol{Ma} \tag{6}$$

矩阵 $\boldsymbol{M}$ 的元素为

$$m_{ij} = \int_0^l m(x)\phi_i\phi_j \mathrm{d}x, \quad i, j = 1, 2, \cdots, n \tag{7}$$

将式(1)与例 4.8 中的 $m(x)$代入上式,积分后得到

$$m_{ij} = \begin{cases} \dfrac{ml}{2\pi^2}\left[\dfrac{(-1)^{i+j-1}}{(i+j-1)^2} - \dfrac{(-1)^{i-j}}{(i-j)^2}\right], & i \neq j \\ \dfrac{ml}{12\pi^2}\left[5\pi^2 - \dfrac{6}{(2i-1)^2}\right], & i = j \end{cases} \tag{8}$$

如果取两个基函数,则从式(5)、式(8)分别得到

$$\boldsymbol{K} = \frac{EA}{48l}\begin{bmatrix} 5\pi^2 + 6 & \dfrac{27}{2} \\ \dfrac{27}{2} & 45\pi^2 + 6 \end{bmatrix} \tag{9}$$

$$\boldsymbol{M} = \frac{ml}{12\pi^2}\begin{bmatrix} 5\pi^2 - 6 & \dfrac{15}{2} \\ \dfrac{15}{2} & 5\pi^2 - \dfrac{2}{3} \end{bmatrix} \tag{10}$$

将式(9)、式(10)代入特征值方程(4.3.105),解得特征值

$$\bar{\omega}_{1(2)}^2 = 3.148\,199\frac{EA}{ml^2}, \quad \bar{\omega}_{2(2)}^2 = 23.283\,96\frac{EA}{ml^2} \tag{11}$$

以及相应的特征向量

$$\boldsymbol{a}_{(2)}^{(1)} = \begin{bmatrix} 0.999\,95 \\ -0.010\,13 \end{bmatrix}, \quad \boldsymbol{a}_{(2)}^{(2)} = \begin{bmatrix} -0.159\,84 \\ 0.987\,14 \end{bmatrix} \tag{12}$$

前两阶近似的固有振型为

$$\begin{aligned} v_{(2)}^{(1)} &= 0.999\,95\sin\frac{\pi x}{2l} - 0.010\,13\sin\frac{3\pi x}{2l} \\ v_{(2)}^{(2)} &= -0.159\,84\sin\frac{\pi x}{2l} + 0.987\,14\sin\frac{3\pi x}{2l} \end{aligned} \tag{13}$$

将式(11)与例4.8的结果比较，这里得到的基本频率的估计值 $\omega_{1(2)}$ 小于例4.8中得到的. 由此可见，取 $n=2$ 时求得的基本频率比 $n=1$ 时有所改进. 为了进一步改善结果，可取 $n=3$. 从式(5)、式(8)得到

$$\boldsymbol{K} = \frac{EA}{48l}\begin{bmatrix} 5\pi^2+6 & \frac{27}{2} & -\frac{25}{6} \\ \frac{27}{2} & 45\pi^2+6 & \frac{675}{8} \\ -\frac{25}{6} & \frac{675}{8} & 125\pi^2+6 \end{bmatrix} \tag{14}$$

$$\boldsymbol{M} = \frac{ml}{12\pi^2}\begin{bmatrix} 5\pi^2-6 & \frac{15}{2} & -\frac{13}{6} \\ \frac{15}{2} & 5\pi^2-\frac{2}{3} & \frac{51}{8} \\ -\frac{13}{6} & \frac{51}{8} & 5\pi^2-\frac{6}{25} \end{bmatrix} \tag{15}$$

从代数特征值方程

$$\boldsymbol{Ka} = \omega^2\boldsymbol{Ma}$$

解得特征值

$$\bar{\omega}_{1(3)}^2 = 3.147\,958\,\frac{EA}{ml^2}, \quad \bar{\omega}_{2(3)}^2 = 23.253\,24\,\frac{EA}{ml^2}, \quad \bar{\omega}_{3(3)}^2 = 62.911\,81\,\frac{EA}{ml^2} \tag{16}$$

以及特征向量

$$\boldsymbol{a}_{(3)}^{(1)} = \begin{bmatrix} 0.999\,94 \\ -0.010\,50 \\ 0.001\,87 \end{bmatrix}, \quad \boldsymbol{a}_{(3)}^{(2)} = \begin{bmatrix} -0.161\,00 \\ 0.986\,57 \\ -0.027\,48 \end{bmatrix}, \quad \boldsymbol{a}_{(3)}^{(2)} = \begin{bmatrix} 0.067\,37 \\ -0.113\,08 \\ 0.991\,30 \end{bmatrix} \tag{17}$$

比较式(16)、式(11)，可以得到

$$\omega_{i(3)}^2 < \omega_{i(2)}^2, \quad i = 1,\,2 \tag{18}$$

上式表明取 $n=3$ 时得到的前两阶固有频率的近似值较取 $n=2$ 时得到的更佳. 此外，取 $n=3$ 还可求得三阶固有频率的近似值.

将式(1)、式(17)代入式(2)，得到前三阶近似固有振型：

$$v_{(3)}^{(1)} = 0.999\,94\sin\frac{\pi x}{2l} - 0.010\,50\sin\frac{3\pi x}{2l} + 0.001\,87\sin\frac{5\pi x}{2l}$$

$$v_{(3)}^{(2)} = -0.161\,00\sin\frac{\pi x}{2l} + 0.986\,57\sin\frac{3\pi x}{2l} - 0.027\,48\sin\frac{5\pi x}{2l} \tag{19}$$

$$v_{(3)}^{(3)} = 0.067\,37\sin\frac{\pi x}{2l} - 0.113\,08\sin\frac{3\pi x}{2l} + 0.991\,30\sin\frac{5\pi x}{2l}$$

例 4.14 考虑如图 4.12 所示的杆的纵向振动，导出特征值问题方程，并求出$n=1, 2, 3, 4$时里茨法的解.

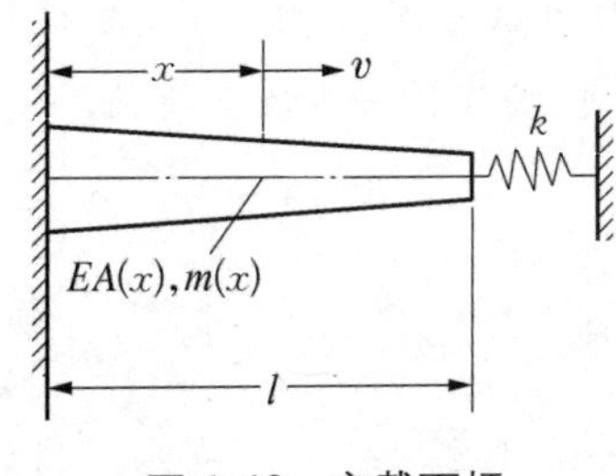

图 4.12 变截面杆

解 系统的参数如下：

$$EA(x) = \frac{6EA}{5}\left[1 - \frac{1}{2}\left(\frac{x}{l}\right)^2\right]$$

$$\rho A(x) = \frac{6m}{5}\left[1 - \frac{1}{2}\left(\frac{x}{l}\right)^2\right] \tag{1}$$

$$K = \frac{1}{5}\frac{EA}{l}$$

对于特征值问题，有$f(t) = 0$. 取

$$u = v(x)\sin\omega t \tag{2}$$

由式(3.2.2)得特征矩值问题方程与边界条件为

$$\frac{\mathrm{d}}{\mathrm{d}x}\left[EA(x)\frac{\mathrm{d}v}{\mathrm{d}x}\right] = -\omega^2\rho A(x)v,\quad 0 < x < 1 \tag{3}$$

$$v(x) = 0,\quad x = 0 \tag{4}$$

$$EA\frac{\mathrm{d}v}{\mathrm{d}x} + kv = 0,\quad x = l \tag{5}$$

系统的最大势能为

$$V_{\max} = \frac{1}{2}\int_0^l EA(x)\left(\frac{\mathrm{d}v}{\mathrm{d}x}\right)^2\mathrm{d}x + \frac{1}{2}kv^2(l) \tag{6}$$

系统的最大动能为

$$T = T_0\omega^2,\quad T_0 = \frac{1}{2}\int_0^l \rho A(x)v^2\mathrm{d}x \tag{7}$$

将式(6)、式(7)代入式(4.3.104)，得

$$\omega^2 = \mathrm{st}\frac{\int_0^l EA(x)\left(\frac{\mathrm{d}v}{\mathrm{d}x}\right)^2\mathrm{d}x + kv^2}{\int_0^l \rho A(x)v^2\mathrm{d}x} \tag{8}$$

选取一端固定一端自由的等直杆纵向振动的主振型(式(3.2.26))为基函数，将$v(x)$表示为

$$v(x) = \sum_{i=1}^{n} a_i\phi_i \tag{9}$$

试探函数ϕ_i为

$$\phi_i(x) = \sin \frac{(2i-1)\pi x}{2l}, \quad i = 1, 2, 3, 4 \tag{10}$$

将式(9)代入瑞利商式(8),可得分子与分母分别为

$$\int_0^l EA(x)\left(\frac{\mathrm{d}v}{\mathrm{d}x}\right)^2 \mathrm{d}x + kv^2(l) = \sum_{i=1}^n \sum_{j=1}^n k_{ij}a_i a_j = \boldsymbol{a}^{\mathrm{T}}\boldsymbol{K}\boldsymbol{a} \tag{11}$$

$$\int_0^l \rho A(x) v^2 \mathrm{d}x = \sum_{i=1}^n \sum_{j=1}^n m_{ij}a_i a_j = \boldsymbol{a}^{\mathrm{T}}\boldsymbol{M}\boldsymbol{a} \tag{12}$$

由瑞利商驻值原理,与推导式(4.3.104)一样,由

$$\Lambda = \bar{\omega}^2 = \mathrm{st}\,\frac{\boldsymbol{a}^{\mathrm{T}}\boldsymbol{K}\boldsymbol{a}}{\boldsymbol{a}^{\mathrm{T}}\boldsymbol{M}\boldsymbol{a}} \tag{13}$$

导出多自由度系统的特征值方程为

$$(\boldsymbol{K} - \Lambda\boldsymbol{M})\boldsymbol{a} = \boldsymbol{0} \tag{14}$$

其中

$$k_{ij} = \begin{cases} \dfrac{EA}{20l}\left[7 + \dfrac{5}{2}(2i-1)^2\pi^2\right], & j = i \\ \dfrac{EA}{5l}(-1)^{i+j}\left\{1 + \dfrac{3}{4}(2i-1)(2j-1)\left[\dfrac{1}{(i+j-1)^2} - \dfrac{1}{(i-j)^2}\right]\right\}, & j \neq i \end{cases} \tag{15}$$

$$m_{ij} = \begin{cases} \dfrac{ml}{2}\left[1 - \dfrac{6}{5}\,\dfrac{1}{(2i-1)^2\pi^2}\right], & j = i \\ \dfrac{3ml}{5\pi^2}(-1)^{i+j-1}\left[\dfrac{1}{(i-j)^2} + \dfrac{1}{(i+j-1)^2}\right], & j \neq i \end{cases} \tag{16}$$

在方程(14)中如取 $n=1$,则有

$$\frac{EA}{20l}\left(7 + \frac{5}{2}\pi^2\right)a_1^{(1)} = \Lambda_1^{(1)}\frac{ml}{2}\left(1 - \frac{6}{5}\,\frac{1}{\pi^2}\right)a_1^{(1)} \tag{17}$$

于是得到估算的一阶特征值

$$\Lambda_1^{(1)} = \frac{7 + 5\pi^2/2}{1 - 6/(5\pi^2)}\,\frac{EA}{10ml^2} = 3.605\,816\,\frac{EA}{ml^2} \tag{18}$$

在这里不存在特征向量,标量 $a_1^{(1)}$ 也没有实际意义,我们可取它为单位值.因此,估算的第一阶固有频率和固有模态分别为

$$\omega_1^{(1)} = 1.898\,899\sqrt{\frac{EA}{ml^2}}, \quad \phi_1^{(1)} = \sin\frac{\pi x}{2l} \tag{19}$$

对于 $n = 2$,由方程(14)给出特征值问题

$$\frac{EA}{20l}\begin{bmatrix} 7 + 5\pi^2/2 & 11/4 \\ 11/4 & 7 + 45\pi^2/2 \end{bmatrix}\begin{bmatrix} \boldsymbol{a}_1^2 \\ \boldsymbol{a}_2^2 \end{bmatrix} = \Lambda\frac{ml}{2\pi^2}\begin{bmatrix} \pi^2 - 6/5 & 3/2 \\ 3/2 & \pi^2 - 2/15 \end{bmatrix}\begin{bmatrix} \boldsymbol{a}_1^2 \\ \boldsymbol{a}_2^2 \end{bmatrix} \tag{20}$$

它的解为

$$\Lambda_1^{(2)} = 3.601\,450\frac{EA}{ml^2},\quad \Lambda_2^{(2)} = 23.860\,220\frac{EA}{ml^2}$$
$$\boldsymbol{a}_1^{(2)} = \begin{bmatrix} 0.999\,901 \\ 0.014\,070 \end{bmatrix},\quad \boldsymbol{a}_2^{(2)} = \begin{bmatrix} -0.185\,108 \\ 0.982\,718 \end{bmatrix} \tag{21}$$

因此,估算的前两阶固有频率和模态分别为

$$\omega_1^{(2)} = 1.897\,749\sqrt{\frac{EA}{ml^2}},\quad \omega_2^{(2)} = 4.884\,692\sqrt{\frac{EA}{ml^2}}$$
$$\phi_1^{(2)} = 0.999\,901\sin\frac{\pi x}{2l} + 0.014\,070\sin\frac{3\pi x}{2l} \tag{22}$$
$$\phi_2^{(2)} = -0.185\,108\sin\frac{\pi x}{2l} + 0.982\,718\sin\frac{3\pi x}{2l}$$

这里我们要重申,上标“(2)”仅表示级数(9)的项数.同理,对于 $n=3$ 我们得到估算的前三阶固有频率和模态:

$$\omega_1^{(3)} = 1.896\,942\sqrt{\frac{EA}{ml^2}},\quad \omega_2^{(3)} = 4.883\,993\sqrt{\frac{EA}{ml^2}},\quad \omega_3^{(3)} = 7.968\,519\sqrt{\frac{EA}{ml^2}}$$
$$\phi_1^{(3)} = 0.999\,861\sin\frac{\pi x}{2l} + 0.015\,225\sin\frac{3\pi x}{2l} - 0.006\,814\sin\frac{5\pi x}{2l}$$
$$\phi_2^{(3)} = -0.185\,985\sin\frac{\pi x}{2l} + 0.982\,475\sin\frac{5\pi x}{2l} - 0.127\,81\sin\frac{5\pi x}{2l} \tag{23}$$
$$\phi_3^{(3)} = 0.078\,747\sin\frac{\pi x}{2l} - 0.127\,673\sin\frac{5\pi x}{2l} + 0.988\,685\sin\frac{5\pi x}{2l}$$

对于 $n=4$,我们得到

$$\omega_1^{(4)} = 1.896\,424\sqrt{\frac{EA}{ml^2}},\quad \omega_2^{(4)} = 4.883\,993\sqrt{\frac{EA}{ml^2}}$$
$$\omega_3^{(4)} = 7.965\,769\sqrt{\frac{EA}{ml^2}},\quad \omega_4^{(4)} = 11.082\,449\sqrt{\frac{EA}{ml^2}}$$
$$\phi_1^{(4)} = 0.999\,845\sin\frac{\pi x}{2l} + 0.015\,475\sin\frac{3\pi x}{2l} - 0.007\,441\sin\frac{5\pi x}{2l} + 0.003\,862\sin\frac{7\pi x}{2l}$$
$$\phi_2^{(4)} = -0.185\,968\sin\frac{\pi x}{2l} + 0.982\,472\sin\frac{3\pi x}{2l} - 0.012\,815\sin\frac{5\pi x}{2l} - 0.000\,194\sin\frac{7\pi x}{2l} \tag{24}$$
$$\phi_3^{(4)} = 0.079\,737\sin\frac{\pi x}{2l} - 0.128\,712\sin\frac{3\pi x}{2l}$$

$$+0.988\,110\sin\frac{5\pi x}{2l}-0.026\,703\sin\frac{7\pi x}{2l}$$

$$\phi_4^{(4)}=-0.042\,834\sin\frac{\pi x}{2l}+0.055\,534\sin\frac{3\pi x}{2l}$$

$$-0.106\,995\sin\frac{5\pi x}{2l}+0.991\,783\sin\frac{7\pi x}{2l}$$

我们比较式(19)、式(22)、式(23)以及式(24),可以发现它们的收敛速度是极其快的,这表明容许函数 $\phi_i=\sin\frac{(2i-1)\pi x}{2l}(i=1,2,\cdots)$ 十分接近于实际的特征函数.

例4.15 用里茨法计算周边固定半径为 a 的实心圆板的基频.

解 将基函数选为

$$\phi_i(r)=\left(1-\frac{r^2}{a^2}\right)^{i+1},\quad i=1,2,\cdots,n$$

可以验证 $\phi_i(r)$ 满足位移边界条件.当取 $n=1$ 时,由式(4.3.124)得

$$k_{11}=2\pi\int_0^a D_0\left[\left(\frac{\mathrm{d}^2\phi_1}{\mathrm{d}r^2}\right)^2+\frac{1}{r}\left(\frac{\mathrm{d}\phi_1}{\mathrm{d}r}\right)^2\right]\mathrm{d}r=\frac{64}{3a^2}\pi D_0$$

由式(4.3.122)得

$$m_{11}=2\pi\int_0^a\rho h\psi_1^1 r\mathrm{d}r=\frac{\pi}{5}\rho ha^2$$

于是基频为

$$\bar{\omega}=\sqrt{\frac{k_{11}}{m_{11}}}=\frac{8\sqrt{15}}{3a^2}\sqrt{\frac{D_0}{\rho h}}=\frac{10.33}{a^2}\sqrt{\frac{D_0}{\rho h}}$$

比精确值 $\frac{10.21}{a^2}\sqrt{\frac{D_0}{\rho h}}$ 高出约1%.为改善基频的精度,取 $n=2$,由式(4.3.124)及式(4.3.122)求得矩阵 $\boldsymbol{K},\boldsymbol{M}$ 分别为

$$\boldsymbol{K}=\begin{bmatrix}\frac{64}{3a^2}\pi D_0 & \frac{16}{a^2}\pi D_0\\ \frac{16}{a^2}\pi D_0 & \frac{96}{5a^2}\pi D_0\end{bmatrix},\quad \boldsymbol{M}=\begin{bmatrix}\frac{\pi}{5}\rho ha^2 & \frac{\pi}{6}\rho ha^2\\ \frac{\pi}{6}\rho ha^2 & \frac{\pi}{7}\rho ha^2\end{bmatrix}$$

因而频率方程为

$$\begin{vmatrix}\frac{64}{3}-\frac{\lambda}{5} & 16-\frac{\lambda}{6}\\ 16-\frac{\lambda}{6} & \frac{64}{5}-\frac{\lambda}{7}\end{vmatrix}=0$$

或写成

$$5\lambda^2 - 9\,792\lambda + 96\,780 = 0$$

其中，$\lambda = \omega^2 a^4 \rho h / D_0$. 从上式解出

$$\lambda_1 = 104.3,\quad \lambda_2 = 1\,854$$

由此得到

$$\omega_1 = \frac{10.21}{a^2}\sqrt{\frac{D_0}{\rho h}},\quad \omega_2 = \frac{43.06}{a^2}\sqrt{\frac{D_0}{\rho h}}$$

4.3.8 假设模态法

前面介绍了四种能量泛函变分原理：瞬时虚位移原理、瞬时最小势能原理、瞬时广义势能原理和哈密顿原理. 对于结构静力分析的边值问题，里茨法是能量泛函变分原理的直接解法. 对于弹性结构振动分析的初值边值混合问题，根据这些能量泛函变分原理，采用里茨法将连续系统对时域与空间域同时离散化比较困难. 如果仅对空间域离散化，选取空间坐标函数的基函数为试探函数，函数基系数为时间相关的广义坐标，用能量泛函变分方程导出广义坐标的多自由度运动微分方程就是假设模态里茨法，简称为假设模态法或里茨法.

仍以如图4.8所示的有阻尼梁的横向振动问题为例介绍假设模态法的应用.

1. 试探函数的选取

一般选取如下形式的可能位移，即挠度 $\tilde{y}(x,t)$ 的表达式：为

$$\tilde{\boldsymbol{y}}(x,t) = \sum_{i=1}^{n} \boldsymbol{\phi}_i(x) q_i(t) = \boldsymbol{\phi q} \tag{4.3.126}$$

其中，$\boldsymbol{\phi}$ 为满足位移边界条件的试探函数矩阵：

$$\boldsymbol{\phi} = [\boldsymbol{\phi}_1 \quad \boldsymbol{\phi}_2 \quad \cdots \quad \boldsymbol{\phi}_n] \tag{4.3.127}$$

$\boldsymbol{q}$ 为相应的广义坐标矩阵：

$$\boldsymbol{q} = [q_1 \quad q_2 \quad \cdots \quad q_n]^{\mathrm{T}} \tag{4.3.128}$$

试探函数 $\boldsymbol{\phi}_i$ 的选择是离散化近似求解十分重要的问题.

实际上，试探函数矩阵 $\boldsymbol{\phi}$ 就是一个变换矩阵，它将无限自由度的连续变量函数 $\tilde{y}(x,t)$ 变换为 n 个自由度的广义坐标矩阵 $\boldsymbol{q}$. 在变换矩阵 $\boldsymbol{\phi}$ 中，n 个试探函数 $\boldsymbol{\phi}_i$ 的选取好坏对计算结果影响很大. 从理论上讲，在变换矩阵 $\boldsymbol{\phi}$ 中，n 个试探函数 $\boldsymbol{\phi}_i$ 的选取对近似计算结果是否收敛于精确解与计算过程的收敛速度的快慢都有很大的影响，也就是说，对离散化的数学模型是否正确与计算工作量大小都有很大的影响. 选取试探函数 $\boldsymbol{\phi}_i$ 的原则是，试探函数矩阵 $\boldsymbol{\phi}$ 中的 n 个函数 $\boldsymbol{\phi}_i$ 的线性组合应能尽可能地逼近精确解. 这就是说，要求 n 个函数 $\boldsymbol{\phi}_i$ 是线性无关的，并组成一个完备序列，当 $n \to \infty$ 时，可以在任何情况下得到收敛于精确解的计算结果. 所谓解的收敛性，不仅仅指式(4.3.126)的级数有收敛的结果，而且指式(4.3.126)的级数收敛于原问题含义下的精确解. 因为有时式(4.3.126)的级数收敛，但不收敛于原问题的精确解，这种情况叫作级数收敛但近似解不收敛，很可能是由于 n 个 $\boldsymbol{\phi}_i$ 组成的函数序列不是完备

序列造成的.

由梁的横向振动微分方程(4.3.55)与边界条件式(4.3.60)与式(4.3.61)所确定的边值问题的解 $y(x,t)$ 应对 x 四次可微.因而微分方程(4.3.55)的解(4.3.126)中的试探函数 $\boldsymbol{\phi}_i$ 应在满足全部边界条件的四次可微的函数空间中去寻找,我们把满足全部边界条件四次可微的函数空间 U_B^4 称为比较函数空间,$\boldsymbol{\phi}_i$ 应属于比较函数空间 U_B^4. 哈密顿变分方程(4.3.50)或瞬时最小势能变分方程(4.3.18)等价于微分方程(4.3.55)和力的边界条件式(4.3.61),并且只要求它的解对 x 二次可微即可.因而由变分方程(4.3.50)或(4.3.18)所确定的解(4.3.126)中的试探函数 $\boldsymbol{\phi}_i$ 应在满足位移边界条件式(4.3.60)的二次可微函数空间 U_G^2 中去寻找,我们把满足位移边界条件二次可微的函数空间 U_G^2 称为容许函数空间,$\boldsymbol{\phi}_i$ 应属于容许函数空间 U_G^2. 很显然,比较函数空间 U_B^4 是容许函数空间 U_G^2 的子空间.由此可见,我们采用能量变分原理离散化时,将试探函数 $\boldsymbol{\phi}_i$ 选取的范围由比较函数空间 U_G^4 扩大到容许函数空间 U_G^2. 用里茨法离散化时,选取的 n 个试探函数 $\boldsymbol{\phi}_i$ 形成 n 维空间 U_n,它就是容许函数空间 U_G^2 的子空间.当我们选定 n 个试探函数时,将式(4.3.126)代入能量泛函变分原理,就可以找到一个近似解 y_n^*. 随着 n 的增加,所求的近似解 y_n^* 将形成一个近似解序列.理论上可以证明,只要我们所选取的试探函数序列是完备的,近似解所形成的序列就一定收敛到精确解.

2. 应用瞬时最小势能变分原理的假设模态法

将式(4.3.126)代入式(4.3.47),得应变能 U 为

$$
\begin{aligned}
U &= \frac{1}{2}\int_0^l EI\left(\frac{\partial^2 \tilde{y}}{\partial x^2}\right)^2 \mathrm{d}x = \frac{1}{2}\int_0^l EI\left(\sum_{i=1}^n \boldsymbol{\phi}''_i q_i\right)^2 \mathrm{d}x \\
&= \frac{1}{2}\sum_{i=1}^n \sum_{j=1}^n \left(\int_0^l EI\boldsymbol{\phi}''_i \boldsymbol{\phi}''_j \mathrm{d}x\right) q_i q_j = \frac{1}{2}\sum_{i=1}^n \sum_{j=1}^n k_{ij} q_i q_j
\end{aligned}
\tag{4.3.129}
$$

其中

$$
k_{ij} = \int_0^l EI\boldsymbol{\phi}''_i \boldsymbol{\phi}''_j \mathrm{d}x \tag{4.3.130}
$$

则有

$$
\delta U = \sum_{i=1}^n \sum_{j=1}^n k_{ij} q_j \delta q_i \tag{4.3.131}
$$

惯性力虚功为

$$
\begin{aligned}
\delta W_2 &= \int_0^l \left(-\rho A \frac{\partial^2 \tilde{\boldsymbol{y}}}{\partial t^2}\right)\delta \tilde{\boldsymbol{y}} \mathrm{d}x = -\int_0^l \rho A\left(\sum_{j=1}^n \boldsymbol{\phi}_j \ddot{q}_j\right)\left(\sum_{i=1}^n \boldsymbol{\phi}_i \delta q_i\right)\mathrm{d}x \\
&= -\sum_{i=1}^n \sum_{j=1}^n \left(\int_0^l \rho A \boldsymbol{\phi}_i \boldsymbol{\phi}_j \mathrm{d}x\right)\ddot{q}_j \delta q_i = -\sum_{i=1}^n \sum_{j=1}^n m_{ij} \ddot{q}_j \delta q_i
\end{aligned}
\tag{4.3.132}
$$

其中

$$
m_{ij} = \int_0^l \rho A \boldsymbol{\phi}_i \boldsymbol{\phi}_j \mathrm{d}x \tag{4.3.133}
$$

外力虚功分为两部分,即

$$\delta W_1 = \delta W_{1G} + \delta W_1^*$$
$$\delta W_{1G} = -\int_0^l \boldsymbol{f}\boldsymbol{y}\mathrm{d}x - \boldsymbol{Q}_0\boldsymbol{y}_0 + \boldsymbol{Q}_l\boldsymbol{y}_l + \boldsymbol{M}_0\left(\frac{\partial \boldsymbol{y}}{\partial x}\right)_0 - \boldsymbol{M}_l\left(\frac{\partial \boldsymbol{y}}{\partial x}\right)_l \tag{4.3.134}$$

其中,δW_{1G} 为有势力的虚功,有势力为

$$\boldsymbol{f}_G(x,\ t) = \boldsymbol{f}_0(x)\boldsymbol{F}(t),\quad \overline{\boldsymbol{P}}_A(x,\ t) = \boldsymbol{0} \tag{4.3.135}$$

则有

$$\delta W_{1G} = \int_0^l \boldsymbol{f}_G\delta\,\tilde{\boldsymbol{y}}\mathrm{d}x = \int_0^l \boldsymbol{f}_0\boldsymbol{F}(t)\left(\sum_{i=1}^n \boldsymbol{\phi}_i\delta q_i\right)\mathrm{d}x = \sum_{i=1}^n\left(\int_0^l \boldsymbol{f}_0\boldsymbol{\phi}_i\mathrm{d}x\right)\boldsymbol{F}\delta q_i$$
$$= \sum_{i=1}^n f_i\boldsymbol{F}\delta q_i = \sum_{i=1}^n Q_i\delta q_i \tag{4.3.136}$$

其中

$$f_i = \int_0^l \boldsymbol{f}_0\boldsymbol{\phi}_i\mathrm{d}x,\quad Q_i = f_i\boldsymbol{F} \tag{4.3.137}$$

阻尼力虚功 δW_1^* 为

$$\delta W_1^* = \int_0^l\left(-\boldsymbol{C}\frac{\partial\,\tilde{\boldsymbol{y}}}{\partial t}\right)\delta\,\tilde{\boldsymbol{y}}\mathrm{d}x$$

将式(4.3.126)代入上式,得

$$\begin{aligned}\delta W_1^* &= -\int_0^l \boldsymbol{C}\left(\sum_{j=1}^n\boldsymbol{\phi}_j\dot{q}_j\right)\left(\sum_{i=1}^n\boldsymbol{\phi}_i\delta q_i\right)\mathrm{d}x\\ &= -\sum_{i=1}^n\sum_{j=1}^n\left(\int_0^l \boldsymbol{C}\boldsymbol{\phi}_i\boldsymbol{\phi}_j\mathrm{d}x\right)\dot{q}_j\delta q_i\\ &= -\sum_{i=1}^n\sum_{j=1}^n c_{ij}\dot{q}_j\delta q_i\end{aligned} \tag{4.3.138}$$

其中

$$c_{ij} = \int_0^l \boldsymbol{C}\boldsymbol{\phi}_i\boldsymbol{\phi}_j\mathrm{d}x \tag{4.3.139}$$

由式(4.3.18)得系统总势能 Π 的变分方程为

$$\delta\Pi = \delta U - \delta W_1 - \delta W_2 = 0 \tag{4.3.140}$$

将式(4.3.131)、式(4.3.132)、式(4.3.134)、式(4.3.136)、式(4.3.138)代入式(4.3.140),得

$$\delta\Pi = \sum_{i=1}^n\left[\sum_{j=1}^n(m_{ij}\ddot{q}_j + c_{ij}\dot{q}_j + k_{ij}q_i) - Q_i\right]\delta q_i = 0 \tag{4.3.141}$$

由 δq_i 的任意性得离散化的微分方程组为

$$\sum_{j=1}^n(m_{ij}\ddot{q}_j + c_{ij}\dot{q}_j + k_{ij}q_j) = Q_i,\quad i = 1,2,\cdots,n \tag{4.3.142}$$

应用瞬时最小势能原理虽然导出了离散化的方程(4.3.142),但不能给出微分方程的初值条件,严格地说,它的应用也受到限制.

3. 应用哈密顿变分原理的假设模态法

将式(4.3.126)代入式(4.3.48),得动能 T 为

$$T = \frac{1}{2}\int_0^l \rho A\left(\frac{\partial \tilde{y}}{\partial t}\right)^2 \mathrm{d}x = \frac{1}{2}\int_0^l \rho A\left(\sum_{i=1}^n \boldsymbol{\phi}_i \dot{q}_i\right)^2 \mathrm{d}x$$

$$= \frac{1}{2}\sum_{i=1}^n \sum_{j=1}^n \left(\int_0^l \rho A \boldsymbol{\phi}_i \boldsymbol{\phi}_j \mathrm{d}x\right)\dot{q}_i \dot{q}_j = \frac{1}{2}\sum_{i=1}^n \sum_{j=1}^n m_{ij}\dot{q}_i \dot{q}_j \tag{4.3.143}$$

将式(4.3.135)代入式(4.3.49),得有势力 f_G 的势能 G 为

$$G = -\int_0^l f_0 F\left(\sum_{j=1}^n \boldsymbol{\phi}_i q_i\right)\mathrm{d}x = -\sum_{i=1}^n \left(\int_0^l f_0 \boldsymbol{\phi}_i \mathrm{d}x\right) q_i F$$

$$= -\sum_{i=1}^n f_i F q_i = -\sum_{i=1}^n Q_i q_i \tag{4.3.144}$$

将式(4.3.129)、式(4.3.144)、式(4.3.143)、式(4.3.138)代入哈密顿变分方程(4.3.50),得

$$\int_0^{t_1} \sum_{i=1}^n \left\{\left[\sum_{j=1}^n (k_{ij} q_j + c_{ij}\dot{q}_j) - Q_i\right]\delta q_i - \sum_{j=1}^n m_{ij}\dot{q}_j \delta \dot{q}_i\right\}\mathrm{d}t = 0 \tag{4.3.145}$$

上式实际上就是离散系统的哈密顿变分方程.利用哈密顿原理时域边界变分为零的条件,上式的最后一项积分为

$$\int_0^{t_1} \sum_{i=1}^n \sum_{j=1}^n m_{ij}\dot{q}_j \delta \dot{q}_j \mathrm{d}t = \sum_{i=1}^n \sum_{j=1}^n \int_0^{t_1} m_{ij}\dot{q}_j \delta \dot{q}_i \mathrm{d}t$$

$$= \sum_{i=1}^n \sum_{j=1}^n (m_{ij}\dot{q}_j \delta q_i)\Big|_0^{t_1} - \sum_{i=1}^n \sum_{j=1}^n \int_0^t m_{ij}\ddot{q}_j \delta q_i \mathrm{d}t$$

$$= -\int_0^{t_1} \sum_{i=1}^n \sum_{j=1}^n m_{ij}\ddot{q}_j \delta q_i \mathrm{d}t \tag{4.3.146}$$

将式(4.3.146)代入式(4.3.145),得

$$\int_0^t \sum_{i=1}^n \left[\sum_{j=1}^n (m_{ij}\ddot{q}_j + c_{ij} q_j + k_{ij} q_j) - Q_i\right]\delta q_i \mathrm{d}t = 0$$

由变分 δq_i 的任意性,给出离散化的多自由度系统微分方程为

$$\sum_{j=1}^n (m_{ij}\ddot{q}_j + c_{ij}\dot{q}_j + k_{ij} q_j) = Q_i, \quad i = 1, 2, \cdots, n \tag{4.3.147}$$

很显然,式(4.3.147)与式(4.3.142)完全相同.由此可见,由瞬时最小势能变分原理和哈密顿原理导出的离散化方程(4.3.142)与式(4.3.147)是完全相同的.但是由瞬时最小势能变分原理无法导出初值条件,由哈密顿原理导出的方程(4.3.147)只适用于时间边界条件的情况.因而应用上受到限制.

4. 应用离散系统拉格朗日方程的假设模态法

上面已经说明利用式(4.3.126)把连续系统的哈密顿变分方程(4.3.50)化为离散系统的哈密顿变分方程(4.3.145),导出离散系统多自由度系统微分方程(4.3.147).当然也可以直

接从离散系统的拉格朗日方程导出离散化的微分方程，这是一种假设模态法，具体做法如下：

首先计算系统的势能 U 和动能 T. T 见式(4.3.143)，系统势能 U 为

$$U = \frac{1}{2}\sum_{i=1}^{n}\sum_{j=1}^{n} k_{ij} q_i q_j \tag{4.3.148}$$

然后计算系统的散逸函数 D：

$$\begin{aligned} D &= \frac{1}{2}\int_0^l \boldsymbol{C}\left(\frac{\partial \tilde{y}}{\partial t}\right)^2 \mathrm{d}x = \frac{1}{2}\int_0^l \boldsymbol{C}\left(\sum_{i=1}^{n} \boldsymbol{\phi}_i \dot{q}_i\right)^2 \mathrm{d}x \\ &= \frac{1}{2}\sum_{i=1}^{n}\sum_{j=1}^{n}\left(\int_0^l \boldsymbol{C}\boldsymbol{\phi}_i\boldsymbol{\phi}_j \mathrm{d}x\right)\dot{q}_i \dot{q}_j \\ &= \frac{1}{2}\sum_{i=1}^{n}\sum_{j=1}^{n} c_{ij}\dot{q}_i \dot{q}_j \end{aligned} \tag{4.3.149}$$

离散系统的拉格朗日方程(4.2.2)为

$$\frac{\mathrm{d}}{\mathrm{d}t}\left(\frac{\partial T}{\partial \dot{q}_i}\right) - \frac{\partial T}{\partial q_i} + \frac{\partial U}{\partial q_i} + \frac{\partial D}{\partial \dot{q}} = Q_i$$

将式(4.3.143)、式(4.3.148)、式(4.3.149)代入上式，导出离散系统的运动微分方程为

$$\begin{aligned} \frac{\mathrm{d}}{\mathrm{d}t}\left(\sum_{j=1}^{n} m_{ij}\dot{q}_j\right) + \sum_{j=1}^{n} k_{ij} q_j + \sum_{j=1}^{n} c_{ij}\dot{q}_j &= \sum_{j=1}^{n}\left(m_{ij}\ddot{q}_j + c_{ij}\dot{q}_j + k_{ij} q_j\right) \\ &= Q_i, \quad i = 1, 2, \cdots, n \end{aligned} \tag{4.3.150}$$

其中，Q_i 见式(4.3.137b). 很显然，式(4.3.150)与式(4.3.147)完全相同，式(4.3.147)是采用假设模态法由哈密顿变分方程导出的，而方程(4.3.150)是由拉格朗日方程导出的.

将式(4.3.150)写成矩阵形式：

$$\boldsymbol{M}\ddot{\boldsymbol{q}} + \boldsymbol{C}\dot{\boldsymbol{q}} + \boldsymbol{K}\boldsymbol{q} = \boldsymbol{Q} \tag{4.3.151}$$

5. *应用瞬时广义势能原理的假设模态法*

再以三维弹性动力学为例介绍应用瞬时广义势能原理的假设模态法. 选取可能位移 $\tilde{\boldsymbol{u}}_n$ 为

$$\tilde{\boldsymbol{u}}_n = \sum_{i=1}^{n} \boldsymbol{\phi}_i q_i = \boldsymbol{\phi}\boldsymbol{q} \tag{4.3.152}$$

将式(4.3.152)代入式(4.3.14)，得

$$\delta U = \delta \boldsymbol{q}^{\mathrm{T}} \int_V [\boldsymbol{E}^{\mathrm{T}}(\nabla)\boldsymbol{\phi}]^{\mathrm{T}} \boldsymbol{a}\boldsymbol{E}^{\mathrm{T}}(\nabla)\boldsymbol{\phi}\,\mathrm{d}V\boldsymbol{q} \tag{4.3.153}$$

将式(4.3.152)代入式(4.3.13)，得

$$\delta W_2 = \delta \boldsymbol{q}^{\mathrm{T}} \int_V \boldsymbol{\phi}^{\mathrm{T}}(-\rho\boldsymbol{\phi})\mathrm{d}V\,\ddot{\boldsymbol{q}} \tag{4.3.154}$$

将式(4.3.152)代入式(4.3.27b)，得

$$\delta \overline{W}_1 = \int_V \delta \boldsymbol{u}^{\mathrm{T}} \boldsymbol{f}\mathrm{d}V + \int_{S_\sigma} \delta \boldsymbol{u}^{\mathrm{T}} \overline{\boldsymbol{P}}\mathrm{d}S + \int_{S_u} [\delta \boldsymbol{u}^{\mathrm{T}} \boldsymbol{E}(\nu)\boldsymbol{a}\boldsymbol{E}^{\mathrm{T}}(\nabla)\boldsymbol{u}$$

$$
\begin{aligned}
&+ (\boldsymbol{u} - \bar{\boldsymbol{u}})^{\mathrm{T}} \boldsymbol{E}(\nu) \boldsymbol{a} \boldsymbol{E}^{\mathrm{T}}(\nabla) \delta \boldsymbol{u}] \mathrm{d}S \\
&= \delta \boldsymbol{q}^{\mathrm{T}} \Big(\int_V \boldsymbol{\phi}^{\mathrm{T}} \boldsymbol{f} \mathrm{d}V + \int_{S_\sigma} \boldsymbol{\phi}^{\mathrm{T}} \bar{\boldsymbol{P}} \mathrm{d}S - \int_{S_u} [\boldsymbol{E}(\nu) \boldsymbol{a} \boldsymbol{E}^{\mathrm{T}}(\nabla) \boldsymbol{\phi}]^{\mathrm{T}} \bar{\boldsymbol{u}} \mathrm{d}S \\
&\quad + \int_{S_u} \{ \boldsymbol{\phi}^{\mathrm{T}} \boldsymbol{E}(\nu) \boldsymbol{a} \boldsymbol{E}^{\mathrm{T}}(\nabla) \boldsymbol{\phi} + [\boldsymbol{E}(\nu) \boldsymbol{a} \boldsymbol{E}^{\mathrm{T}}(\nabla) \boldsymbol{\phi}]^{\mathrm{T}} \boldsymbol{\phi} \} \mathrm{d}S \Big)
\end{aligned} \tag{4.3.155}
$$

将式(4.3.153)～式(4.3.155)代入式(4.3.26),得

$$
\begin{aligned}
\delta \Pi^* &= -\delta \boldsymbol{q}^{\mathrm{T}} \Big\{ \int_V \boldsymbol{\phi}^{\mathrm{T}} [\boldsymbol{E}(\nabla) \boldsymbol{a} \boldsymbol{E}^{\mathrm{T}}(\nabla) \boldsymbol{\phi} + \boldsymbol{f} - \rho \boldsymbol{\phi} \ddot{\boldsymbol{q}}] \mathrm{d}V \\
&\quad + \int_S \boldsymbol{\phi}^{\mathrm{T}} \boldsymbol{E}(\nu) \boldsymbol{a} \boldsymbol{E}^{\mathrm{T}}(\nabla) \boldsymbol{\phi} \mathrm{d}S - \int_{S_\sigma} \boldsymbol{\phi}^{\mathrm{T}} \bar{\boldsymbol{P}} \mathrm{d}S \\
&\quad - \int_{S_u} [\boldsymbol{\phi}^{\mathrm{T}} \boldsymbol{E}(\nu) \boldsymbol{a} \boldsymbol{E}^{\mathrm{T}}(\nabla) \boldsymbol{\phi}] \mathrm{d}S \\
&\quad - \int_{S_u} [\boldsymbol{E}(\nu) \boldsymbol{a} \boldsymbol{E}^{\mathrm{T}}(\nabla) \boldsymbol{\phi}]^{\mathrm{T}} (\boldsymbol{\phi} - \bar{\boldsymbol{u}}) \mathrm{d}S \Big\} \\
&= -\delta \boldsymbol{q}^{\mathrm{T}} \Big\{ \int_V \boldsymbol{\phi}^{\mathrm{T}} [\boldsymbol{E}(\nabla) \boldsymbol{a} \boldsymbol{E}^{\mathrm{T}}(\nabla) \boldsymbol{\phi} + \boldsymbol{f} - \rho \boldsymbol{\phi} \ddot{\boldsymbol{q}}] \mathrm{d}V \\
&\quad + \int_{S_\sigma} \boldsymbol{\phi}^{\mathrm{T}} [\boldsymbol{E}(\nu) \boldsymbol{a} \boldsymbol{E}^{\mathrm{T}}(\nabla) \boldsymbol{\phi} - \bar{\boldsymbol{P}}] \mathrm{d}S \\
&\quad - \int_{S_u} [\boldsymbol{E}(\nu) \boldsymbol{a} \boldsymbol{E}^{\mathrm{T}}(\nabla) \boldsymbol{\phi}]^{\mathrm{T}} (\boldsymbol{\phi} - \bar{\boldsymbol{u}}) \mathrm{d}S \Big\} \\
&= -\delta \boldsymbol{q}^{\mathrm{T}} (\boldsymbol{M} \ddot{\boldsymbol{q}} + \boldsymbol{K} \dot{\boldsymbol{q}} - \boldsymbol{F} f_t) = 0
\end{aligned} \tag{4.3.156}
$$

由 $\delta \boldsymbol{q}^T$ 的任意性可得

$$
\boldsymbol{M} \ddot{\boldsymbol{q}} + \boldsymbol{K} \dot{\boldsymbol{q}} - \boldsymbol{F} f_t = \boldsymbol{0} \tag{4.3.157}
$$

其中

$$
\begin{aligned}
\boldsymbol{K} &= \int_V [\boldsymbol{E}^{\mathrm{T}}(\nabla) \boldsymbol{\phi}]^{\mathrm{T}} \boldsymbol{a} \boldsymbol{E}^{\mathrm{T}}(\nabla) \boldsymbol{\phi} \mathrm{d}V \\
&\quad + \int_{S_u} \{ \boldsymbol{\phi}^{\mathrm{T}} \boldsymbol{E}(\nu) \boldsymbol{a} \boldsymbol{E}^{\mathrm{T}}(\nabla) \boldsymbol{\phi} - [\boldsymbol{E}(\nu) \boldsymbol{a} \boldsymbol{E}^{\mathrm{T}}(\nabla) \boldsymbol{\phi}]^{\mathrm{T}} \boldsymbol{\phi} \} \mathrm{d}S
\end{aligned} \tag{4.3.158a}
$$

$$
\boldsymbol{F} = \int_V \boldsymbol{\phi}^{\mathrm{T}} \boldsymbol{f}_{0x} \mathrm{d}V + \int_{S_\sigma} \boldsymbol{\phi}^{\mathrm{T}} \bar{\boldsymbol{P}}_x \mathrm{d}S - \int_{S_u} [\boldsymbol{E}(\nu) \boldsymbol{a} \boldsymbol{E}^{\mathrm{T}}(\nabla) \boldsymbol{\phi}]^{\mathrm{T}} \bar{\boldsymbol{u}}_x \mathrm{d}S \tag{4.3.158b}
$$

$$
\boldsymbol{M} = \int_V \rho \boldsymbol{\phi}^{\mathrm{T}} \boldsymbol{\phi} \mathrm{d}V \tag{4.3.158c}
$$

$$
\boldsymbol{f}_0 = \boldsymbol{f}_{0x}(\boldsymbol{x}) f_t(t), \quad \bar{\boldsymbol{P}} = \bar{\boldsymbol{P}}_x(\boldsymbol{x}) f_t(t), \quad \boldsymbol{u} = \bar{\boldsymbol{u}}_x(\boldsymbol{x}) f_t(t) \tag{4.3.159}
$$

6. 小结

以上介绍了应用瞬时最小势能变分原理、哈密顿变分原理、离散系统的拉格朗日方程和瞬时广义势能原理的四种假设模态法建立多自由度运动方程的基本步骤.推导方程的过程基本相同,主要过程如下:

(1) 寻找满足位移边界条件的假设模态，$\boldsymbol{\phi} = [\boldsymbol{\phi}_1 \quad \boldsymbol{\phi}_2 \quad \cdots \quad \boldsymbol{\phi}_n]$；

(2) 将位移响应表示为假设模态集的线性函数，$\boldsymbol{u} = \sum_{i=1}^{n} \boldsymbol{\phi}_i q_i = \boldsymbol{\phi q}$；

(3) 依据各种不同的原理，用里茨法导出 $\boldsymbol{M}$，$\boldsymbol{C}$，$\boldsymbol{K}$ 和 $\boldsymbol{Q}$；

(4) 列出多自由度运动方程 $\boldsymbol{M}\ddot{\boldsymbol{q}} + \boldsymbol{C}\dot{\boldsymbol{q}} + \boldsymbol{Kq} = \boldsymbol{Q}$.

由导出的多自由度系统方程可以求得近似解.随着自由度数 n 的增加，所求的近似解将形成一个近似解序列.理论上可以证明，只要我们所选取的试探函数序列是完备的函数序列，那么可以证明近似解所形成的序列一定收敛到精确解.例如当选取的试探函数非常接近于精确解时，这种方法会给出很好的近似解.甚至还会遇到一种偶然的情况，就是所选的试探函数就是精确解时，当然所得到的解就是精确解.我们建立离散模型的目的不是去求得近似解收敛序列，而是根据工程可接受的精度要求，用最少的离散自由度，花费最少的计算时间给出满足工程要求精度的近似解.因而选好试探函数，不仅可以保证离散化模型的正确性，得到精度高的近似解，而且可以大大提高近似计算的效率.

假设模态法仅是作为推导空间离散化微分方程的工具，不是能量泛函变分原理的直接解法.因为这种方法只能直接导出微分方程本身，由瞬时最小势能变分原理无法导出初值条件，由哈密顿原理导出的方程只适用于时间边界条件的情况.由于这种方法无法导出广义坐标的初值条件，一般多用于求解特征值问题，所以这种方法在应用上受到一些限制.这是这种方法的不足之处.解决这个问题的途径有两条：采用有限元法；采用加权残值法之一的伽辽金法.

4.4 有限元法

假设模态法是对整个系统建立一个级数形式的假设形态，从而得到有限自由度的数学模型.它的精度在很大程度上取决于所选择的试探函数集 $\boldsymbol{\phi}_i(x)$. 对于复杂的结构，这种方法有很大缺陷，一是很难找到满足复杂边界条件的函数集 $\boldsymbol{\phi}_i(x)$，二是对各种不同的结构没有通用性.

20 世纪五六十年代发展起来的有限元法克服了这一缺点，成为结构静力分析和动力分析的强有力的工具.

4.4.1 平面杆件系统有限元法求解动力学问题的基本思想

本节将以一简单的平面杆件系统为例来说明用有限元法求解动力学问题的基本思想和简要步骤.

图 4.13 是一个简支的平面桁架，为了导出多自由度运动方程，可以按如下步骤进行.

1. 元素和节点编号

首先将整个结构离散为若干个元素，通常可以将结构中的一根杆件作为一个元素，这样图4.13的桁架就可划分为三个元素. 在某些具体问题中，如果结构和受力情况比较复杂，或者对计算精度要求比较高，那么也可以把一根杆件进一步细分为更多的元素. 通常取每个元素的两个端点为节点，每个节点可以有若干个位移分量，称为节点位移分量. 对于如图4.13所示的平面桁架，它有三个节点，若取整体坐标系 Oxy，则各个节点的位移分量为 $\boldsymbol{u}_1, \boldsymbol{u}_2; \boldsymbol{u}_3, \boldsymbol{u}_4; \boldsymbol{u}_5, \boldsymbol{u}_6$. 记为

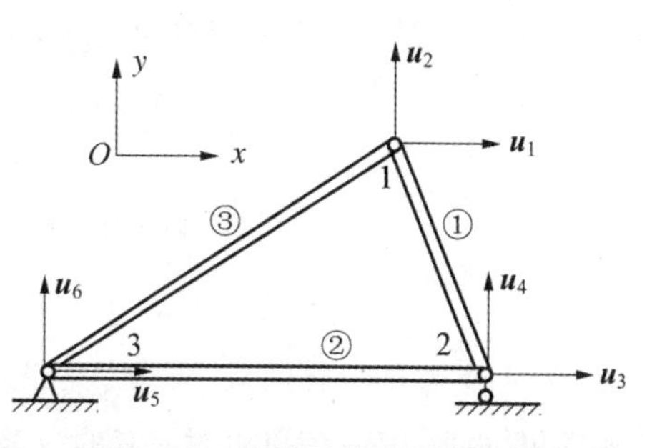

图4.13　简单的桁架(杆元素)

$$\boldsymbol{u} = [\boldsymbol{u}_1 \quad \boldsymbol{u}_2 \quad \boldsymbol{u}_3 \quad \boldsymbol{u}_4 \quad \boldsymbol{u}_5 \quad \boldsymbol{u}_6]^{\mathrm{T}}$$

对于平面桁架结构，已经假定了各杆件都只能承受轴力，而且杆件之间通过平面铰相互连接. 在这个力学模型的前提下，我们所用的元素称为杆元素. 如果是一个平面刚架结构，则应采用能承受剪力和弯矩的梁元素. 不论是哪一种元素，原来都是无限自由度的连续系统，为了能用有限个节点自由度来描述它的运动，必须建立适当的内插函数矩阵，或称形(状)函数矩阵，使得元素内部任一点的位移均能用节点的位移分量表示出来. 因此，建立形函数矩阵是系统实现离散化的关键一步.

2. 构造元素的形函数矩阵

构造形函数的过程，相当于在某单元内选取适当的里茨假设形态函数. 以一个节点编号为 i 和 j 的杆单元为例，其长度为 l. 首先建立一个局部坐标系，x 轴沿杆轴方向. 图4.14中两端节点的轴向位移作为元素的广义坐标，记作

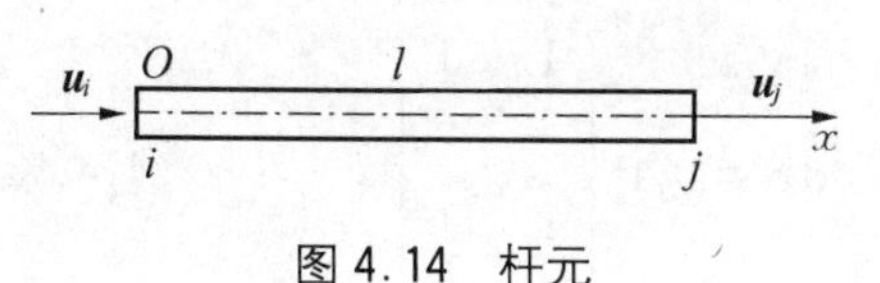

图4.14　杆元

$$\bar{\boldsymbol{u}}_e = [\bar{\boldsymbol{u}}_i \quad \bar{\boldsymbol{u}}_j]^{\mathrm{T}} \tag{4.4.1}$$

取形函数为

$$g_1(x) = 1 - \frac{x}{l}, \quad g_2(x) = \frac{x}{l} \tag{4.4.2}$$

并设形函数矩阵为

$$\boldsymbol{N} = [g_1(x) \quad g_2(x)] = \left[1 - \frac{x}{l} \quad \frac{x}{l}\right] \tag{4.4.3}$$

则杆单元内任一点的位移 $\boldsymbol{u}(x,t)$ 均可用形函数及节点位移来表示，即

$$\boldsymbol{u}(x,\ t) = g_1(x)\,\bar{\boldsymbol{u}}_i + g_2(x)\,\bar{\boldsymbol{u}}_j = \boldsymbol{N}\bar{\boldsymbol{u}}_e \tag{4.4.4}$$

上式也可称为杆元素的位移模式，利用它能构造一个在杆内部(包括边界节点)的连续的位移场，使具有无限个自由度的杆元素化成用两个节点位移描述的二自由度系统. 从力学上看，这

相当于对元素施加了一组约束. 这里,形函数 $g_1(x)$ 和 $g_2(x)$ 是通过分析杆的轴向静变形而得出的,实际上就是单位节点位移所引起的静位移场. 它们可由下列方程求得:

$$(\text{I})\begin{cases}\dfrac{d^2 g_1(x)}{dx^2} = 0\\ g_1(0) = 1\\ g_1(l) = 0\end{cases},\quad (\text{II})\begin{cases}\dfrac{d^2 g_2(x)}{dx^2} = 0\\ g_2(0) = 0\\ g_2(l) = 1\end{cases}$$

可见,式(4.4.4)的位移模式,实质上是将元素单位节点位移的静位移场作为里茨法的假设形态函数集. 由此出发,就可以对元素的力学特性进行分析计算.

3. 元素刚度阵和质量阵的形式

这一步在元素(单元)内进行分析,即根据式(4.4.4)所示的位移模式,写出一个单元的动能和势能表达式,并由此得到与广义坐标(元素节点位移)相对应的质量矩阵和刚度矩阵. 为了不失一般性,我们用矩阵形式进行推导.

单元的动能为

$$\begin{aligned}T_e &= \frac{1}{2}\int_V \rho\left(\frac{\partial \boldsymbol{u}}{\partial t}\right)^2 dV = \frac{1}{2}\int_V \rho(\boldsymbol{N}\dot{\boldsymbol{u}}_e)^{\mathrm{T}}(\boldsymbol{N}\dot{\boldsymbol{u}}_e)dV\\ &= \left(\frac{1}{2}\dot{\boldsymbol{u}}_e^{\mathrm{T}}\int_V \rho\boldsymbol{N}^{\mathrm{T}}\boldsymbol{N}dV\right)\dot{\boldsymbol{u}}_e = \frac{1}{2}\dot{\boldsymbol{u}}_e^{\mathrm{T}}\boldsymbol{m}_e\dot{\boldsymbol{u}}_e\end{aligned} \tag{4.4.5}$$

上式中的 $\boldsymbol{m}_e$ 称为单元一致质量矩阵,其计算公式为

$$\boldsymbol{m}_e = \int_V \rho\boldsymbol{N}^{\mathrm{T}}\boldsymbol{N}dV \tag{4.4.6}$$

对于杆单元,设其横截面积为 A,则体积微元 $dV = Adx$,将式(4.4.3)代入,即得

$$\boldsymbol{m}_e = \int_0^l \rho A\begin{bmatrix}1-\dfrac{x}{l}\\ \dfrac{x}{l}\end{bmatrix}\begin{bmatrix}1-\dfrac{x}{l} & \dfrac{x}{l}\end{bmatrix}dx = \rho Al\begin{bmatrix}\dfrac{1}{3} & \dfrac{1}{6}\\ \dfrac{1}{6} & \dfrac{1}{3}\end{bmatrix} \tag{4.4.7a}$$

质量矩阵表示单元的一个重要动力性质,有两种表示方式:一种称为一致质量矩阵,如式(4.4.6)所示;另一种称为集中质量矩阵. 对于杆单元,就是把全杆质量 ρAl 平分而集中作用在两端节点上,即

$$\boldsymbol{m}_e = \rho Al\begin{bmatrix}\dfrac{1}{2} & 0\\ 0 & \dfrac{1}{2}\end{bmatrix} \tag{4.4.7b}$$

集中质量矩阵是对角矩阵,使动力学问题计算简化很多,在计算低阶振动时能保持一定的精度,但在计算高阶振动时精度差一些.

单元的刚度矩阵可以由应变能公式求得. 首先利用式(4.4.4)将单元内任一点的应变分

量用单元的节点位移表示,即建立几何方程

$$\boldsymbol{\varepsilon} = \boldsymbol{B}\overline{\boldsymbol{u}}_e \tag{4.4.8}$$

式中,$\boldsymbol{B}$ 是位置坐标的函数,往往和形函数的偏导数有关.接着要利用物理方程.对于线弹性材料,其应力应变关系式为

$$\boldsymbol{\sigma} = \boldsymbol{D}\boldsymbol{\varepsilon} \tag{4.4.9}$$

其中,$\boldsymbol{D}$ 是与单元材料有关的弹性常数矩阵,且是对称矩阵.将式(4.4.8)代入,即得

$$\boldsymbol{\sigma} = \boldsymbol{D}\boldsymbol{B}\overline{\boldsymbol{u}}_e$$

单元的应变能可以表示为

$$U_e = \frac{1}{2}\int_V \boldsymbol{\varepsilon}^{\mathrm{T}}\boldsymbol{\sigma}\mathrm{d}V = \frac{1}{2}\int_V \overline{\boldsymbol{u}}_e^{\mathrm{T}}\boldsymbol{B}^{\mathrm{T}}\boldsymbol{D}\boldsymbol{B}\,\overline{\boldsymbol{u}}_e\mathrm{d}V = \frac{1}{2}\,\overline{\boldsymbol{u}}_e^{\mathrm{T}}\boldsymbol{k}_e\,\overline{\boldsymbol{u}}_e \tag{4.4.10}$$

其中,$\boldsymbol{k}_e$ 称为单元刚度矩阵,其计算公式为

$$\boldsymbol{k}_e = \int_V \boldsymbol{B}^{\mathrm{T}}\boldsymbol{D}\boldsymbol{B}\mathrm{d}V \tag{4.4.11}$$

对于杆单元,它只有一个应变分量和应力分量,即 $\boldsymbol{\varepsilon} = \dfrac{\partial \boldsymbol{u}}{\partial x}$ 和 $\boldsymbol{\sigma} = E\boldsymbol{\varepsilon}$. 将式(4.4.4)所示的位移模式代入,可得

$$\boldsymbol{\varepsilon} = \frac{\partial \boldsymbol{u}}{\partial x} = [g_1'(x) \quad g_2'(x)]\begin{bmatrix}\overline{\boldsymbol{u}}_i \\ \overline{\boldsymbol{u}}_j\end{bmatrix} = \frac{1}{l}[-1 \quad 1]\overline{\boldsymbol{u}}_e$$

由式(4.4.8)与式(4.4.9)得

$$\boldsymbol{B} = \frac{1}{l}[-1 \quad 1], \quad \boldsymbol{D} = \boldsymbol{E}$$

由式(4.4.11)可得

$$\boldsymbol{k}_e = \int_0^l \frac{EA}{l^2}\begin{bmatrix}-1 \\ 1\end{bmatrix}[-1 \quad 1]\mathrm{d}x = \frac{EA}{l}\begin{bmatrix}1 & -1 \\ -1 & 1\end{bmatrix} \tag{4.4.12}$$

有时,还要计算等效节点力,就是将作用在单元内部的各种载荷根据虚功等效的原理移置到节点上去.这个过程与上一节广义力的计算是类同的.

设单元内部作用有分布体积力 $\boldsymbol{f}$,则它在各内点的虚位移上所做的虚功为

$$\delta W_e = \int_V \delta\,\overline{\boldsymbol{u}}_e^{\mathrm{T}}\boldsymbol{N}^{\mathrm{T}}\boldsymbol{f}\mathrm{d}V = \delta\,\overline{\boldsymbol{u}}_e^{\mathrm{T}}\boldsymbol{Q}_e \tag{4.4.13}$$

其中,单元的节点载荷为

$$\boldsymbol{Q}_e = \int_V \boldsymbol{N}^{\mathrm{T}}\boldsymbol{f}\mathrm{d}V \tag{4.4.14}$$

对于作用在单元上的其他力,例如表面力或集中力,也可按虚功原理求得类似的表达式,此处不再一一写出.

对杆单元而言,体积力 $\boldsymbol{f}$ 简化为轴向分布力,将单位长度的轴向载荷记作$\boldsymbol{f}(x,t)$.因材料

单元为匀质的，故式(4.4.14)可以写成

$$Q_e = \int_0^l \boldsymbol{N}^{\mathrm{T}} \boldsymbol{f}(x,\ t)\mathrm{d}x \tag{4.4.15}$$

如果 $f(x,t)$ 是均布载荷 f_0，则其等效节点力为

$$Q_e = \begin{bmatrix} \dfrac{lf_0}{2} & \dfrac{lf_0}{2} \end{bmatrix}^{\mathrm{T}} \tag{4.4.16}$$

4. *局部坐标系到整体坐标系的转换*

上面得出的元素节点位移 $\bar{\boldsymbol{u}}_e = [\boldsymbol{u}_i \quad \boldsymbol{u}_j]^{\mathrm{T}}$ 是在单元的局部坐标系中建立的. 例如杆单元的节点位移沿该杆的轴线方向. 对于一个复杂结构，其各个杆件的方向会有所不同，为此需要建立从局部坐标系到整体坐标系的坐标转换矩阵，并将在局部坐标系内得出的单元质量矩阵、单元刚度矩阵等进行变换，使其与结构的整体位移相适应.

如图 4.15 所示的杆是图 4.13 中桁架编号为 3 的一个单元. 若取水平和铅垂方向作为整体坐标系，设节点的整体结构节点位移为 $\boldsymbol{u}_5$, $\boldsymbol{u}_6$ 和 $\boldsymbol{u}_1$, $\boldsymbol{u}_2$，则只要知道杆轴在整体坐标系中的方位角 θ，就可以写出两个坐标系中节点位移的转换公式

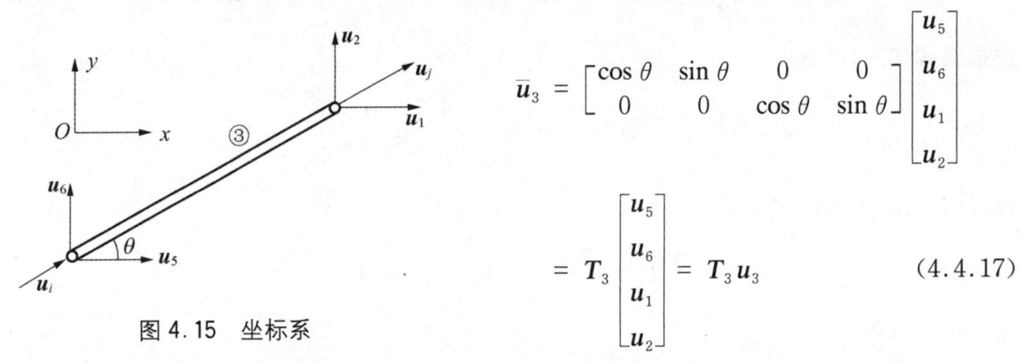

图 4.15　坐标系

$$\bar{\boldsymbol{u}}_3 = \begin{bmatrix} \cos\theta & \sin\theta & 0 & 0 \\ 0 & 0 & \cos\theta & \sin\theta \end{bmatrix} \begin{bmatrix} \boldsymbol{u}_5 \\ \boldsymbol{u}_6 \\ \boldsymbol{u}_1 \\ \boldsymbol{u}_2 \end{bmatrix} = \boldsymbol{T}_3 \begin{bmatrix} \boldsymbol{u}_5 \\ \boldsymbol{u}_6 \\ \boldsymbol{u}_1 \\ \boldsymbol{u}_2 \end{bmatrix} = \boldsymbol{T}_3 \boldsymbol{u}_3 \tag{4.4.17}$$

为了后面总体装配的需要，还应将上式右端的单元 3 的节点位移 $\bar{\boldsymbol{u}}_3$ 转换成结构整体节点位移列阵 $\bar{\boldsymbol{u}}$ 的形式. 已知结构整体节点位移列阵为

$$\bar{\boldsymbol{u}} = [\boldsymbol{u}_1 \quad \boldsymbol{u}_2 \quad \boldsymbol{u}_3 \quad \boldsymbol{u}_4 \quad \boldsymbol{u}_5 \quad \boldsymbol{u}_6]^{\mathrm{T}}$$

则有

$$\begin{bmatrix} \boldsymbol{u}_5 \\ \boldsymbol{u}_6 \\ \boldsymbol{u}_1 \\ \boldsymbol{u}_2 \end{bmatrix} = \begin{bmatrix} 0 & 0 & 0 & 0 & 1 & 0 \\ 0 & 0 & 0 & 0 & 0 & 1 \\ 1 & 0 & 0 & 0 & 0 & 0 \\ 0 & 1 & 0 & 0 & 0 & 0 \end{bmatrix} \begin{bmatrix} \boldsymbol{u}_1 \\ \boldsymbol{u}_2 \\ \boldsymbol{u}_3 \\ \boldsymbol{u}_4 \\ \boldsymbol{u}_5 \\ \boldsymbol{u}_6 \end{bmatrix} = \boldsymbol{L}_3\, \bar{\boldsymbol{u}} \tag{4.4.18}$$

其中，$\boldsymbol{L}_3$ 称为定位矩阵. 综合式(4.4.17)和式(4.4.18)，可得

$$\bar{\boldsymbol{u}}_3 = \boldsymbol{T}_3 \boldsymbol{L}_3\, \bar{\boldsymbol{u}} = (\boldsymbol{TL})_3\, \bar{\boldsymbol{u}} \tag{4.4.19}$$

对于其他单元也可以作类似的处理，得

$$\bar{\boldsymbol{u}}_e = (\boldsymbol{TL})_e \bar{\boldsymbol{u}}, \quad (\boldsymbol{TL})_e = \boldsymbol{T}_e \boldsymbol{L}_e \tag{4.4.20}$$

式(4.4.20)建立了单元在局部坐标系下的节点位移 $\bar{\boldsymbol{u}}_e$ 与结构整体位移 $\bar{\boldsymbol{u}}$ 的变换关系.根据此关系式，可将式(4.4.5)、式(4.4.10)以及式(4.4.13)分别改写为

$$T_e = \frac{1}{2}\,\dot{\bar{\boldsymbol{u}}}^{\mathrm{T}}(\boldsymbol{TL})_e^{\mathrm{T}}\boldsymbol{m}_e(\boldsymbol{TL})_e\dot{\bar{\boldsymbol{u}}} = \frac{1}{2}\,\dot{\bar{\boldsymbol{u}}}^{\mathrm{T}}\,\tilde{\boldsymbol{m}}_e\,\dot{\bar{\boldsymbol{u}}} \tag{4.4.21}$$

$$U_e = \frac{1}{2}\,\bar{\boldsymbol{u}}^{\mathrm{T}}(\boldsymbol{TL})_e^{\mathrm{T}}\boldsymbol{k}_e(\boldsymbol{TL})_e\bar{\boldsymbol{u}} = \frac{1}{2}\,\bar{\boldsymbol{u}}^{\mathrm{T}}\tilde{\boldsymbol{k}}_e\,\bar{\boldsymbol{u}} \tag{4.4.22}$$

$$\delta W_e = \delta\,\bar{\boldsymbol{u}}^{\mathrm{T}}(\boldsymbol{TL})_e\boldsymbol{Q}_e = \delta\,\bar{\boldsymbol{u}}^{\mathrm{T}}\,\tilde{\boldsymbol{Q}}_e \tag{4.4.23}$$

其中

$$\tilde{\boldsymbol{m}}_e = (\boldsymbol{TL})_e^{\mathrm{T}}\boldsymbol{m}_e(\boldsymbol{TL})_e \tag{4.4.24}$$

$$\tilde{\boldsymbol{k}}_e = (\boldsymbol{TL})_e^{\mathrm{T}}\boldsymbol{k}_e(\boldsymbol{TL})_e \tag{4.4.25}$$

$$\tilde{\boldsymbol{Q}}_e = (\boldsymbol{TL})_e^{\mathrm{T}}\boldsymbol{Q}_e \tag{4.4.26}$$

式(4.4.24)～式(4.4.26)中的 $\tilde{\boldsymbol{m}}_e$，$\tilde{\boldsymbol{k}}_e$ 和 $\tilde{\boldsymbol{Q}}_e$ 仍然是反映单元 e 的力学特性的，但它们都已经扩充成与结构的整体位移分量相应的阶数，可以进行装配了.

5. 总体装配

结构的动能和势能应分别等于各杆件的动能和势能的总和，由式(4.4.21)～式(4.4.23)可以得到

$$\begin{gathered} T = \sum_e T_e = \frac{1}{2}\,\dot{\bar{\boldsymbol{u}}}^{\mathrm{T}}\Big(\sum_e \tilde{\boldsymbol{m}}_e\Big)\dot{\bar{\boldsymbol{u}}} = \frac{1}{2}\,\dot{\bar{\boldsymbol{u}}}^{\mathrm{T}}\boldsymbol{M}\dot{\bar{\boldsymbol{u}}} \\ U = \sum_e U_e = \frac{1}{2}\,\bar{\boldsymbol{u}}^{\mathrm{T}}\Big(\sum_e \tilde{\boldsymbol{k}}_e\Big)\bar{\boldsymbol{u}} = \frac{1}{2}\,\bar{\boldsymbol{u}}^{\mathrm{T}}\boldsymbol{K}\bar{\boldsymbol{u}} \\ \delta W = \sum_e \delta W_e = \delta\,\bar{\boldsymbol{u}}^{\mathrm{T}}\Big(\sum_e \tilde{\boldsymbol{Q}}_e\Big) = \delta\,\bar{\boldsymbol{u}}^{\mathrm{T}}\boldsymbol{Q} \end{gathered} \tag{4.4.27}$$

其中，$\boldsymbol{M}$ 和 $\boldsymbol{K}$ 分别称为结构的总质量矩阵和总刚度矩阵，$\boldsymbol{Q}$ 是结构的节点载荷列阵，有

$$\boldsymbol{M} = \sum_e \tilde{\boldsymbol{m}}_e, \quad \boldsymbol{K} = \sum_e \tilde{\boldsymbol{k}}_e, \quad \boldsymbol{Q} = \sum_e \tilde{\boldsymbol{Q}}_e \tag{4.4.28}$$

将式(4.4.27)代入拉格朗日方程 $\dfrac{\mathrm{d}}{\mathrm{d}t}\Big(\dfrac{\partial T}{\partial\,\dot{\bar{u}}_i}\Big) - \dfrac{\partial U}{\partial\,\bar{u}_i} = Q_i$，就可以得到节点位移的运动微分方程

$$\boldsymbol{M}\ddot{\bar{\boldsymbol{u}}} + \boldsymbol{K}\bar{\boldsymbol{u}} = \boldsymbol{Q} \tag{4.4.29}$$

这就是有限个自由度的振动问题.

6. 节点坐标初值条件处理

方程(4.4.29)已经将原来的平面桁架(连续结构)离散成为有限个自由度的振动问题.这

里，节点位移物理量作为求解的参变量，由能量原理虽然导出了支配方程(4.4.29)，但是没有导出初始条件.然而，初值边值问题的初始条件本身自然就给出节点位移初值条件

$$\bar{\boldsymbol{u}}(t)\big|_{t=0} = \bar{\boldsymbol{u}}_0$$

这就是有限元方法的优点.

以上介绍平面桁架结构分析时采用的有限元方法.

7. 例题

例 4.16 应用杆元素有限元方法求解例 4.14 的变截面杆特征值问题.

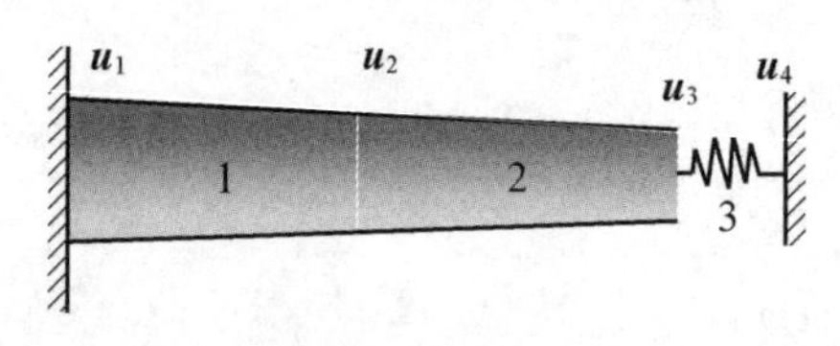

图 4.16 杆单元划分

解 如图 4.16 所示，将变截面杆按等长度划分为 1 与 2 两个单元，弹簧作为单元 3.每个单元以单元中点截面作为杆单元截面，单元 1 的杆截面积 A_1 为 $93A/80$，单元 2 的杆截面积 A_2 为 $69A/80$. 于是变截面杆被近似为截面按阶梯变化的杆，如图 4.16 所示.杆的总质量为

$$M = \int_0^l \rho A(x)\mathrm{d}x = \frac{6m}{5}\int_0^l \left[1 - \frac{1}{2}\left(\frac{x}{l}\right)^2\right]\mathrm{d}x = ml$$

单元 1 的质量 M_1 为 $0.575ml$，单元 2 的质量 M_2 为 $0.425ml$.单元 1 的质量矩阵 $\boldsymbol{m}_1$ 与刚度矩阵 $\boldsymbol{k}_1$ 分别为

$$\boldsymbol{m}_1 = 0.575ml\begin{bmatrix} 0.5 & 0 \\ 0 & 0.5 \end{bmatrix}$$

$$\boldsymbol{k}_1 = \frac{EA_1}{l_1}\begin{bmatrix} 1 & -1 \\ -1 & 1 \end{bmatrix} = \frac{93EA}{40l}\begin{bmatrix} 1 & -1 \\ -1 & 1 \end{bmatrix}$$

单元 2 的质量矩阵 $\boldsymbol{m}_2$ 与刚度矩阵 $\boldsymbol{k}_2$ 分别为

$$\boldsymbol{m}_2 = 0.425ml\begin{bmatrix} 0.5 & 0 \\ 0 & 0.5 \end{bmatrix}$$

$$\boldsymbol{k}_2 = \frac{EA_2}{l_2}\begin{bmatrix} 1 & -1 \\ -1 & 1 \end{bmatrix} = \frac{69EA}{40l}\begin{bmatrix} 1 & -1 \\ -1 & 1 \end{bmatrix}$$

单元 3 的质量矩阵 $\boldsymbol{m}_3$ 与刚度矩阵 $\boldsymbol{k}_3$ 分别为

$$\boldsymbol{m}_3 = \begin{bmatrix} 0 & 0 \\ 0 & 0 \end{bmatrix}$$

$$\boldsymbol{k}_3 = \frac{EA_3}{l_3}\begin{bmatrix} 1 & -1 \\ -1 & 1 \end{bmatrix} = \frac{0.2EA}{l}\begin{bmatrix} 1 & -1 \\ -1 & 1 \end{bmatrix}$$

组装成总体的质量矩阵 $\boldsymbol{M}$ 与刚度矩阵 $\boldsymbol{K}$ 分别为

$$\boldsymbol{M} = ml\begin{bmatrix} 0.287\,5 & & & \\ & 0.5 & & \\ & & 0.212\,5 & \\ & & & 0 \end{bmatrix}$$

$$\boldsymbol{K} = \frac{3EA}{40l}\begin{bmatrix} 31 & -31 & & \\ -31 & 54 & -23 & \\ & -23 & 23+\dfrac{8}{3} & -\dfrac{8}{3} \\ & & -\dfrac{8}{3} & \dfrac{8}{3} \end{bmatrix}$$

四个节点位移为 $\boldsymbol{u}_1$，$\boldsymbol{u}_2$，$\boldsymbol{u}_3$，$\boldsymbol{u}_4$，由边界条件有 $\boldsymbol{u}_1 = \boldsymbol{u}_4 = \boldsymbol{0}$，得自由振动方程为

$$\left(0.5\omega^2 ml\begin{bmatrix} 1 & 0 \\ 0 & 0.425 \end{bmatrix} - \frac{3\times 54EA}{40l}\begin{bmatrix} 1 & -0.425\,925\,926 \\ -0.425\,925\,926 & 0.475\,308\,642 \end{bmatrix}\right)\begin{bmatrix} \boldsymbol{u}_2 \\ \boldsymbol{u}_3 \end{bmatrix} = \boldsymbol{0}$$

即

$$\left(\Lambda\begin{bmatrix} 1 & 0 \\ 0 & 0.425 \end{bmatrix} - \begin{bmatrix} 1 & -0.425\,925\,926 \\ -0.425\,925\,926 & 0.475\,308\,642 \end{bmatrix}\right)\begin{bmatrix} \boldsymbol{u}_2 \\ \boldsymbol{u}_3 \end{bmatrix} = \boldsymbol{0}$$

$$\Lambda = \frac{20ml^2}{3\times 54EA}\omega^2$$

特征值方程为

$$\begin{aligned}(\Lambda - 1)(0.425\Lambda - 0.475\,308\,642) - 0.425\,925\,926^2 \\ = 0.425(\Lambda^2 - 2.118\,373\,275\Lambda + 0.691\,519\,406) = 0\end{aligned}$$

求得特征值为

$$\Lambda_1 = 0.403\,170\,7,\quad \Lambda_2 = 1.715\,202$$

$$\omega_1 = 1.807\,12,\quad \omega_2 = 3.727\,35$$

如图4.17所示，将变截面杆划分为五个单元，求得前四阶特征值为

$$\omega_1 = 1.877\,35,\quad \omega_2 = 4.668\,72$$

$$\omega_3 = 7.115\,71,\quad \omega_4 = 8.912$$

如图4.18所示，将变截面杆划分为十个单元，求得前四阶特征值为

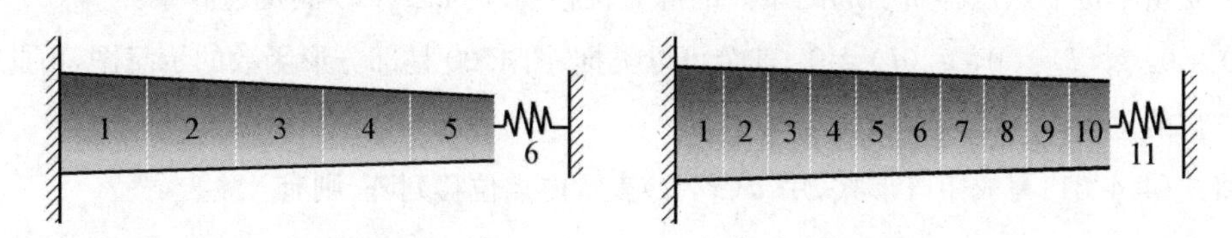

图4.17　划分为五个单元的杆　　　图4.18　划分为十个单元的杆

$$\omega_1 = 1.890\,55,\quad \omega_2 = 4.829\,32$$
$$\omega_3 = 7.746\,54,\quad \omega_4 = 10.506\,11$$

由上述分析说明,随着单元划分得越来越细,求得的特征值越来越精确.

4.4.2 平面刚架

对于一般的平面刚架,其上各杆件能承受轴力、剪力和弯矩,为此应采用梁元素的模型.图 4.19 所示的平面梁单元的节点位移分量为

$$\bar{\boldsymbol{u}}_e = [\bar{\boldsymbol{u}}_i \quad \bar{\boldsymbol{v}}_i \quad \bar{\boldsymbol{\varphi}}_i \quad \bar{\boldsymbol{u}}_j \quad \bar{\boldsymbol{v}}_j \quad \bar{\boldsymbol{\varphi}}_j]^{\mathrm{T}} \tag{4.4.30}$$

其中,$\bar{\boldsymbol{u}}_i$, $\bar{\boldsymbol{v}}_i$, $\boldsymbol{\varphi}_i$ 分别为 i 节点处的轴向位移、横向位移(挠度)和转角.单元内点的位移用轴向位移 $\boldsymbol{u}(x,\ t)$和挠度$\boldsymbol{v}(x,\ t)$来表示.对于轴向位移,其形函数 g 如同前面的杆单元;对于横向位移$\boldsymbol{v}(x,\ t)$,形函数 g 可以选为三次多项式.从而有

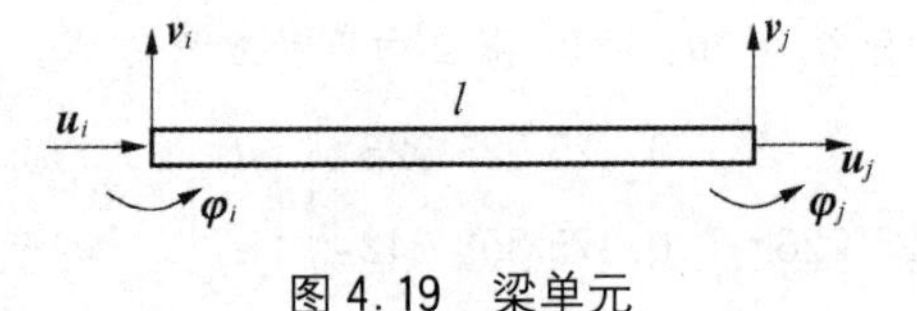

图 4.19　梁单元

$$\begin{aligned}\boldsymbol{u}(x,\ t) &= g_1(x)\,\bar{\boldsymbol{u}}_i + g_4(x)\,\bar{\boldsymbol{u}}_j \\ \boldsymbol{v}(x,t) &= g_2(x)\,\bar{\boldsymbol{v}}_i + g_3(x)\,\bar{\boldsymbol{\varphi}}_i + g_5(x)\,\bar{\boldsymbol{v}}_j + g_6(x)\,\bar{\boldsymbol{\varphi}}_j\end{aligned} \tag{4.4.31}$$

其中

$$\begin{aligned}g_1(x) &= 1 - \frac{x}{l} \\ g_2(x) &= 1-3\left(\frac{x}{l}\right)^2 + 2\left(\frac{x}{l}\right)^3 \\ g_3(x) &= l\left[\frac{x}{l} - 2\left(\frac{x}{l}\right)^2 + \left(\frac{x}{l}\right)^3\right] \\ g_4(x) &= \frac{x}{l} \\ g_5(x) &= 3\left(\frac{x}{l}\right)^2 - 2\left(\frac{x}{l}\right)^3 \\ g_6(x) &= l\left[-\left(\frac{x}{l}\right)^2 + \left(\frac{x}{l}\right)^3\right]\end{aligned} \tag{4.4.32}$$

形函数 $g_2(x)$, $g_3(x)$, $g_5(x)$, $g_6(x)$都满足梁的静力方程 $\mathrm{d}^4 g(x)/\mathrm{d}x^4 = 0$. 它们的物理意义是由单位节点位移所引起的梁段的静力位移场.例如 $g_2(x)$ 满足边界条件 $g_2(0) = 1$, $g_2'(0) = 0$, $g_2(l) = 0$, $g_2'(l) = 0$. 其余可以类推.图 4.20 是部分形函数的示意图,由此可以领会它们的意义.

将式(4.4.31)写成矩阵形式,用 $\boldsymbol{d}(x,\ t)$表示内点位移列阵,则有

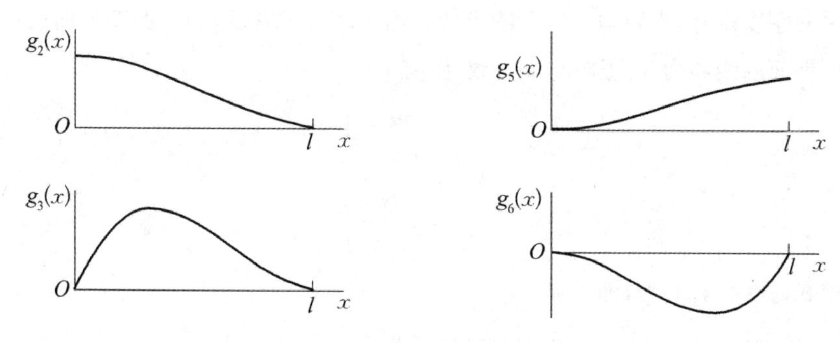

图 4.20 形函数

$$\boldsymbol{d} = \begin{bmatrix} \boldsymbol{u}(x,t) \\ \boldsymbol{v}(x,t) \end{bmatrix} = \begin{bmatrix} g_1 & 0 & 0 & g_4 & 0 & 0 \\ 0 & g_2 & g_3 & 0 & g_5 & g_6 \end{bmatrix} \begin{bmatrix} \bar{\boldsymbol{u}}_i \\ \bar{\boldsymbol{v}}_i \\ \bar{\boldsymbol{\varphi}}_i \\ \bar{\boldsymbol{u}}_j \\ \bar{\boldsymbol{v}}_j \\ \bar{\boldsymbol{\varphi}}_j \end{bmatrix} \tag{4.4.33}$$

引入形函数矩阵

$$\boldsymbol{N} = \begin{bmatrix} g_1 & 0 & 0 & g_4 & 0 & 0 \\ 0 & g_2 & g_3 & 0 & g_5 & g_6 \end{bmatrix} \tag{4.4.34}$$

则式(4.4.33)可写作

$$\boldsymbol{d} = \boldsymbol{N}\bar{\boldsymbol{u}}_e \tag{4.4.35}$$

式(4.4.35)建立了内点位移与节点位移的关系,是梁单元的位移模式.梁单元的动能为

$$\begin{aligned} T_e &= \frac{1}{2}\int_V \rho\left(\frac{\partial \boldsymbol{d}}{\partial t}\right)^2 \mathrm{d}V = \frac{1}{2}\,\dot{\bar{\boldsymbol{u}}}_e^{\mathrm{T}}\left(\int_V \rho \boldsymbol{N}^{\mathrm{T}}\boldsymbol{N}\mathrm{d}V\right)\dot{\bar{\boldsymbol{u}}}_e \\ &= \frac{1}{2}\,\dot{\bar{\boldsymbol{u}}}_e^{\mathrm{T}}\left(\int_V \rho \boldsymbol{N}^{\mathrm{T}}\boldsymbol{N}\mathrm{d}V\right)\dot{\bar{\boldsymbol{u}}}_e = \frac{1}{2}\,\dot{\bar{\boldsymbol{u}}}_e^{\mathrm{T}}\boldsymbol{m}_e\,\dot{\bar{\boldsymbol{u}}}_e \end{aligned} \tag{4.4.36}$$

由此即可求得梁单元的一致质量矩阵为

$$\boldsymbol{m}_e = \int_V \rho \boldsymbol{N}^{\mathrm{T}}\boldsymbol{N}\mathrm{d}V$$

将式(4.4.34)的形函数表达式代入,即得

$$\boldsymbol{m}_e = \frac{\rho A l}{420}\begin{bmatrix} 140 & 0 & 0 & 70 & 0 & 0 \\ & 156 & 22l & 0 & 54 & -13l \\ & & 4l^2 & 0 & 13l & -3l^2 \\ & & & 140 & 0 & 0 \\ & \text{(对称)} & & & 156 & -22l \\ & & & & & 4l^2 \end{bmatrix} \tag{4.4.37}$$

为求单元刚度矩阵,先要写出内点的应变表达式.考虑到拉压和弯曲变形所引起的应变,记内点到中性面的距离为 y,正向与 $\boldsymbol{v}$ 一致,则有

$$\boldsymbol{\varepsilon} = \begin{bmatrix} \dfrac{\partial \boldsymbol{u}}{\partial x} \\ -y\dfrac{\partial^2 \boldsymbol{v}}{\partial x^2} \end{bmatrix}$$

代入位移模式(式(4.4.31)),即得

$$\begin{aligned}\boldsymbol{\varepsilon} &= \begin{bmatrix} g_1' & 0 & 0 & g_4' & 0 & 0 \\ 0 & -yg_2'' & -yg_3'' & 0 & -yg_5'' & -yg_6'' \end{bmatrix}\bar{\boldsymbol{u}}_e \\ &= \boldsymbol{B}\bar{\boldsymbol{u}}_e \end{aligned} \tag{4.4.38}$$

其中,$\boldsymbol{B}$ 称为应变矩阵,有

$$\boldsymbol{B} = \begin{bmatrix} g_1' & 0 & 0 & g_4' & 0 & 0 \\ 0 & -yg_2'' & -yg_3'' & 0 & -yg_5'' & -yg_6'' \end{bmatrix} \tag{4.4.39}$$

将应变矩阵 $\boldsymbol{B}$ 代入式(4.4.11),积分后可得到单元刚度矩阵为

$$\boldsymbol{k}_e = \begin{bmatrix} \dfrac{EA}{l} & 0 & 0 & \dfrac{-EA}{l} & 0 & 0 \\ & \dfrac{12EA}{l^3} & \dfrac{6EA}{l^2} & 0 & -\dfrac{12EA}{l^3} & \dfrac{6EA}{l^2} \\ & & \dfrac{4EA}{l} & 0 & -\dfrac{6EA}{l^2} & \dfrac{2EA}{l} \\ & & & \dfrac{EA}{l} & 0 & 0 \\ & \text{(对称)} & & & \dfrac{12EA}{l^3} & -\dfrac{6EA}{l^2} \\ & & & & & \dfrac{4EA}{l} \end{bmatrix} \tag{4.4.40}$$

式中,A 为横截面积.

利用梁单元的位移模式(式(4.4.35)),也可将梁上作用的分布轴向力 $p(x,t)$、分布横向力 $q(x,t)$ 转换成等效的节点载荷.根据虚功原理,这些分布载荷做的虚功为

$$\delta W = \int_0^L \delta \boldsymbol{d}^{\mathrm{T}}\begin{bmatrix} p(x,t) \\ q(x,t) \end{bmatrix}\mathrm{d}x = \delta\, \bar{\boldsymbol{u}}_e^{\mathrm{T}}\int_0^L \boldsymbol{N}^{\mathrm{T}}\begin{bmatrix} p(x,t) \\ q(x,t) \end{bmatrix}\mathrm{d}x \tag{4.4.41}$$

可见,等效节点载荷为

$$Q = \int_0^l \boldsymbol{N}^{\mathrm{T}} \begin{bmatrix} p(x, t) \\ q(x, t) \end{bmatrix} \mathrm{d}x = \begin{bmatrix} \int g_1(x) p(x, t) \mathrm{d}x \\ \int g_2(x) q(x, t) \mathrm{d}x \\ \int g_3(x) q(x, t) \mathrm{d}x \\ \int g_4(x) p(x, t) \mathrm{d}x \\ \int g_5(x) q(x, t) \mathrm{d}x \\ \int g_6(x) q(x, t) \mathrm{d}x \end{bmatrix} \tag{4.4.42}$$

当梁上有均布轴向力 $p(x, t) = p$ 时，由上式右端的第一、第四项可得等效节点力为 $pl/2$，即等效节点力是总载荷的一半(图 4.21(a)). 当梁上作用有均布横向力 $q(x,t) = q$ 时，其等效节点载荷表现为节点的剪力和弯矩，分别等于 $ql/2$，$ql^2/12$，$ql/2$，$-ql^2/12$ (图 4.21(b)).

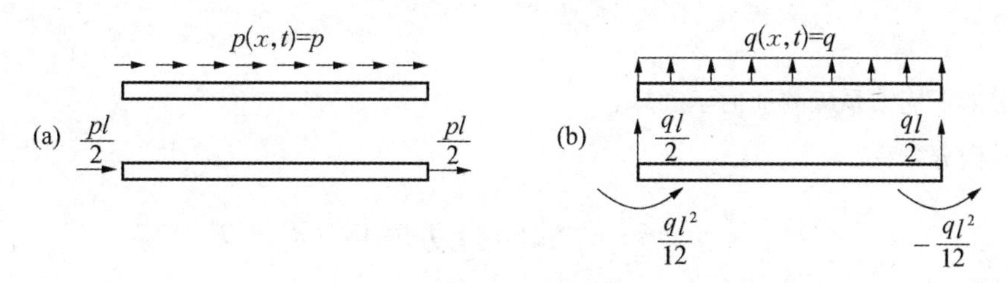

图 4.21　单元载荷

有限元法中很关键的一步是选择位移展开式，即形函数 g 的形式. 如果位移展开式满足相容和完备性条件，那么有限元解总是提供总势能的上界，并且在网格尺寸不断减小时，这种解将单调收敛到精确值.

由以上所述可见，有限元法有效地克服了假设模态里茨法的缺点. 它不是去寻找结构整体的假设形态，而是在每个离散单元内应用假设模态里茨法，建立用节点位移表示的位移模式. 由于从建立位移模式到导出运动方程都有统一的方法，因此它适用于各种结构，也适于用计算机求解，因而已得到了很广泛的应用.

4.5　方差泛函变分原理与假设模态加权残值法

有限元法实质上是一种分块里茨法，是里茨法的重大发展. 因而有限元法和里茨法一样是能量变分方程的数值解法. 正如前面指出，应用有限元法和里茨法的前提条件是所分析的问题必须存在相应的能量泛函. 然而有些问题不存在能量泛函(例如非自伴系统就是一类这样的问题)，故不能给出相应的能量变分方程，这样就不能应用能量变分方程近似数值分析方法，也就是不能应用里茨法对结构的连续系统进行离散化.因此希望对连续系统离散化的问题能导出更普遍的方法.为与能量变分方程数值分析方法相区别，在计算力学发展的历史中已经把非能量变分的数值分析方法统称为加权残值法[39].加权残值法是直接对微分方程及其边界条件进行数值分析的方法.虽然本书特别感兴趣的是结构动力学问题，但加权残值法适用于一般的微分方程离散化数值分析.

长期以来，加权残值法仅是工程师在进行数值分析过程中大量成功经验的总结，缺乏理论基础.实际上，工程师在自己数值分析的实践中基本上遵从两个观点：一是能量的观点，人们发现在保守系统中存在某种能量，以这种能量取极值或驻值，作为选取好的数值分析结果的标准；二是误差的观点，任何问题都可以采用某种误差的极小值作为选取好的数值分析结果的标准.从能量的观点出发，在理论上形成了各种能量变分原理，成为里茨法与有限元法的理论基础.而从误差分布的观点，在理论上形成方差泛函零极小值原理和广义伽辽金原理[39-41]，并导出方差泛函变分方程和广义伽辽金方程，形成各种加权残值法的理论基础.

4.5.1 方差泛函零极小值原理

考虑如下连续系统的动力学问题：

运动微分方程

$$m\frac{\partial^2 \boldsymbol{u}}{\partial t^2}+c\frac{\partial \boldsymbol{u}}{\partial t}+P_{2m}(\boldsymbol{u})-\boldsymbol{f}_0=\boldsymbol{0},\quad \boldsymbol{x}\in\Omega \tag{4.5.1}$$

位移边界条件为

$$B_k(\boldsymbol{u})=\boldsymbol{f}_k,\quad k=1,2,\cdots,m,\quad \boldsymbol{x}\in S_u \tag{4.5.2a}$$

力的边界条件为

$$B_k(\boldsymbol{u})=\boldsymbol{f}_k,\quad k=m+1,\cdots,2m,\quad \boldsymbol{x}\in S_\sigma \tag{4.5.2b}$$

初始条件为

$$\left.\frac{\partial \boldsymbol{u}}{\partial t}\right|_{t=0}=\dot{\boldsymbol{u}}_0,\quad \boldsymbol{u}|_{t=0}=\boldsymbol{u}_0 \tag{4.5.3}$$

其中，P_{2m}为$2m$阶偏微分算子，B_k为$k-1$阶边界法向微分算子，$\boldsymbol{f}_k(k=0,1,2,\cdots,2m)$为给定的坐标函数. S为空间域V的边界，分为位移边界S_u和力边界S_σ. 式(4.5.1)～式(4.5.3)构成边值初值混合问题.

选取既不满足控制方程(4.5.1)和边界条件式(4.5.2)又不满足初始条件式(4.5.3)的试探函数$\tilde{u}$. 把所有试探函数$\tilde{u}$构成试探函数空间U，简称试探空间；将试探函数$\tilde{u}$代入控制方程(4.5.1)、边界条件式(4.5.2)和初始条件式(4.5.3)，产生内部残差$\boldsymbol{R}_{\mathrm{I}}$、边界残差$\boldsymbol{R}_k$、初始残差$\boldsymbol{R}_{00}$和$\boldsymbol{R}_{01}$：

$$\boldsymbol{R}_{\mathrm{I}}=m\frac{\partial^2 \tilde{u}}{\partial t^2}+c\frac{\partial \tilde{u}}{\partial t}+\boldsymbol{P}_{2m}(\tilde{u})-\boldsymbol{f}_0,\quad \boldsymbol{x}\in\Omega \tag{4.5.4}$$

$$\boldsymbol{R}_k = \boldsymbol{B}_k(\tilde{\boldsymbol{u}}) - \boldsymbol{f}_k, \quad k = 1, 2, \cdots, m, \quad \boldsymbol{x} \in S_u \\ k = m+1, \cdots, 2m, \quad \boldsymbol{x} \in S_\sigma \tag{4.5.5}$$

$$\boldsymbol{R}_{00} = \tilde{\boldsymbol{u}}\big|_{t=0} - \boldsymbol{u}_0, \quad \boldsymbol{R}_{01} = \left.\frac{\partial \tilde{\boldsymbol{u}}}{\partial t}\right|_{t=0} - \dot{\boldsymbol{u}}_0 \tag{4.5.6}$$

将所有残差的均方在时域[0, t]和空间域 Ω 内积分,得方差泛函 $J_t(\tilde{\boldsymbol{u}})$ 为

$$J_t(\tilde{\boldsymbol{u}}) = \int_0^t\int_\Omega \beta_{\mathrm{I}}^2 \boldsymbol{R}_{\mathrm{I}}^2 \mathrm{d}\Omega \mathrm{d}\tau + \sum_{k=1}^{m}\int_0^t\int_{S_u} \beta_k^2 \boldsymbol{R}_k^2 \mathrm{d}S\mathrm{d}\tau + \sum_{k=m+1}^{2m}\int_0^t\int_{S_\sigma} \beta_k^2 \boldsymbol{R}_k^2 \mathrm{d}S\mathrm{d}\tau \\ + \int_\Omega \beta_{00}^2 \boldsymbol{R}_{00}^2 \mathrm{d}\Omega + \int_\Omega \beta_{01}^2 \boldsymbol{R}_{01}^2 \mathrm{d}\Omega \tag{4.5.7}$$

这里,t 作为时间历程终点时刻的时间参数,因而 $J_t(\tilde{\boldsymbol{u}})$ 为变边界泛函,是终点时刻时间参数 t 的方差泛函,简称为方差泛函. β_{I},β_k 和β_{00},β_{01} 分别为内部、边界和初始的权系数. 方差泛函 $J_t(\tilde{\boldsymbol{u}})$ 有如下重要性质:

(1) 方差泛函 $J_t(\tilde{\boldsymbol{u}})$ 有极小值,且极小值为零;

(2) 使方差泛函 $J_t(\tilde{\boldsymbol{u}})$ 取零极小值的解等价于原问题式(4.5.1)~式(4.5.3)的解;

(3) 方差泛函 $J_t(\tilde{\boldsymbol{u}})$ 是二次正定的.

于是,对于结构动力学问题方差泛函零极小值原理为:如果式(4.5.1)~式(4.5.3)的边值初值问题有适定解,则它的解 $\boldsymbol{u}^*$ 使方差泛函 $J_t(\tilde{\boldsymbol{u}})$ 取零极小值,即有

$$J_t(\boldsymbol{u}^*) = \min J_t(\tilde{\boldsymbol{u}}) = 0, \quad \tilde{\boldsymbol{u}} \in U \tag{4.5.8}$$

反之亦然,使方差泛函 $J_t(\tilde{\boldsymbol{u}})$ 取零极小值的方程(4.5.8)的解 $\boldsymbol{u}^*$,必是式(4.5.1)~式(4.5.3)边值初值混合问题的解. 也就是说,方差泛函 $J_t(\tilde{\boldsymbol{u}})$ 取零极小值方程(4.5.8)与边值初值混合问题式(4.5.1)~式(4.5.3)等价.

该原理证明如下:

由于方差泛函 $J_t(\tilde{\boldsymbol{u}})$ 在式(4.5.7)中被积项均为平方项,显然有

$$J_t(\tilde{\boldsymbol{u}}) \geqslant 0 \tag{4.5.9}$$

而且,当且仅当 $\boldsymbol{R}_{\mathrm{I}}(\boldsymbol{u}^*) = \boldsymbol{0}$, $\boldsymbol{R}_k(\boldsymbol{u}^*) = \boldsymbol{0}(k = 1, 2, \cdots, 2m)$, $\boldsymbol{R}_{00}(\boldsymbol{u}^*) = \boldsymbol{0}$ 和 $\boldsymbol{R}_{01}(\boldsymbol{u}^*) = \boldsymbol{0}$ 时,有

$$J_t(\boldsymbol{u}^*) = 0 \tag{4.5.10}$$

因为,若在任何有限区间(即有限测度)内,有 $\boldsymbol{R}_{\mathrm{I}} \neq \boldsymbol{0}$,或者 $\boldsymbol{R}_k \neq \boldsymbol{0}(k = 1,2,\cdots,2m)$,或者 $\boldsymbol{R}_{00} \neq \boldsymbol{0}$,或者 $\boldsymbol{R}_{01} \neq \boldsymbol{0}$, 它们引起的被积函数都是均方项,总是大于零,因而必有

$$J_t(\tilde{\boldsymbol{u}}) > 0$$

反之亦然,若 $J_t(\tilde{\boldsymbol{u}}) > 0$, 也必在某有限区间(即有限测度)内有 $\boldsymbol{R}_{\mathrm{I}} \neq \boldsymbol{0}$,或者 $\boldsymbol{R}_k \neq \boldsymbol{0}(k = 1, 2, \cdots, 2m)$,或者 $\boldsymbol{R}_{00} \neq \boldsymbol{0}$,或者 $\boldsymbol{R}_{01} \neq \boldsymbol{0}$. 因而使方差泛函取零极小值的充要条件为

$$
\begin{aligned}
&\boldsymbol{R}_{\mathrm{I}} = \boldsymbol{0}, && \boldsymbol{x} \in \Omega \\
&\boldsymbol{R}_{k} = \boldsymbol{0}, \quad k = 1, 2, \cdots, m, && \boldsymbol{x} \in S_{u} \\
&\qquad\qquad k = m+1, \cdots, 2m, && \boldsymbol{x} \in S_{\sigma} \\
&\boldsymbol{R}_{00} = \boldsymbol{0}, \quad \boldsymbol{R}_{01} = \boldsymbol{0}
\end{aligned}
\tag{4.5.11}
$$

这就是说,方程(4.5.8)与式(4.5.1)～式(4.5.3)等价.

上述证明过程对偏微分方程没有任何限制,无论是椭圆型、抛物型还是双曲型,无论是线性还是非线性,对任意终点时刻 t 都是如此.

在能量泛函变分原理中,求能量泛函极值或驻值问题,都可化为能量泛函变分方程来求解.那么对于方差泛函零极小值原理(4.5.8)能不能也用变分方程

$$
\delta J_{t}(\tilde{\boldsymbol{u}}) = 0 \tag{4.5.12}
$$

来求解?

为了便于分析,考虑类似于哈密顿原理所考虑的确定时域$[0, t_1]$与空间域 V 的边值问题.也就是说,这时 t 不是一个参数,而是一个确定的时刻.选取试探函数 $\tilde{\boldsymbol{u}}$ 满足 $t=0$ 与 $t=t_1$ 两个时刻的位移与速度条件(实际上,$t=t_1$ 时刻的位移与速度是待求的,暂时假设是已知的),也就是说,有

$$
\delta \tilde{\boldsymbol{u}}\big|_{t=0} = \boldsymbol{0}, \quad \delta\frac{\partial \tilde{\boldsymbol{u}}}{\partial t}\bigg|_{t=0} = \boldsymbol{0} \tag{4.5.13}
$$

$$
\delta \tilde{\boldsymbol{u}}\big|_{t=t_1} = \boldsymbol{0}, \quad \delta\frac{\partial \tilde{\boldsymbol{u}}}{\partial t}\bigg|_{t=t_1} = \boldsymbol{0} \tag{4.5.14}
$$

这里,式(4.5.14)是增加的假设条件.

相应这种情况的方差泛函为

$$
J_{t}(\tilde{\boldsymbol{u}}) = \int_{0}^{t}\int_{\Omega}\beta_{\mathrm{I}}^{2}\boldsymbol{R}_{\mathrm{I}}^{2}\mathrm{d}\Omega\mathrm{d}\tau + \sum_{k=1}^{m}\int_{0}^{t}\int_{S_u}\beta_{k}^{2}\boldsymbol{R}_{k}^{2}\mathrm{d}S\mathrm{d}\tau + \sum_{k=m+1}^{2m}\int_{0}^{t}\int_{S_\sigma}\beta_{k}^{2}\boldsymbol{R}_{k}^{2}\mathrm{d}S\mathrm{d}\tau \tag{4.5.15}
$$

它的变分方程为

$$
\delta J_{t}(\tilde{\boldsymbol{u}}) = 2\int_{0}^{t}\int_{\Omega}\beta_{\mathrm{I}}^{2}\boldsymbol{R}_{\mathrm{I}}\delta\boldsymbol{R}_{\mathrm{I}}\mathrm{d}\Omega\mathrm{d}\tau + 2\sum_{k=1}^{m}\int_{0}^{t}\int_{S_u}\beta_{k}^{2}\boldsymbol{R}_{k}\delta\boldsymbol{R}_{k}\mathrm{d}S\mathrm{d}\tau + 2\sum_{k=m+1}^{2m}\int_{0}^{t}\int_{S_\sigma}\beta_{k}^{2}\boldsymbol{R}_{k}\delta\boldsymbol{R}_{k}\mathrm{d}S\mathrm{d}\tau \tag{4.5.16}
$$

式中

$$
\delta\boldsymbol{R}_{k} = \delta B_{k}(\tilde{\boldsymbol{u}}) \tag{4.5.17}
$$

为 $k-1$ 阶边界法向微分算子,在边界上已无法通过分部积分降低其微分阶次.但式(4.5.16)中,$\delta\boldsymbol{R}_{\mathrm{I}}$ 为

$$
\delta\boldsymbol{R}_{\mathrm{I}} = m\delta\frac{\partial^{2}\tilde{\boldsymbol{u}}}{\partial t^{2}} + c\delta\frac{\partial\tilde{\boldsymbol{u}}}{\partial t} + \delta P_{2m}(\tilde{\boldsymbol{u}}) \tag{4.5.18}
$$

其中,$\delta\dfrac{\partial^{2}\tilde{\boldsymbol{u}}}{\partial t^{2}}$, $\delta\dfrac{\partial\tilde{\boldsymbol{u}}}{\partial t}$ 与 $\delta P_{2m}(\tilde{\boldsymbol{u}})$ 都可以通过分部积分化为 $\delta\tilde{\boldsymbol{u}}$. 因此有

$$\int_0^{t_1}\int_\Omega \beta_{\mathrm{I}}^2 \boldsymbol{R}_{\mathrm{I}}\delta\boldsymbol{R}_{\mathrm{I}}\mathrm{d}\Omega\mathrm{d}t = \int_0^{t_1}\int_\Omega \left[\beta_{\mathrm{I}}^2\boldsymbol{R}_{\mathrm{I}} m\delta\left(\frac{\partial^2\tilde{\boldsymbol{u}}}{\partial t^2}\right) + \beta_{\mathrm{I}}^2\boldsymbol{R}_{\mathrm{I}} c\delta\frac{\partial\tilde{\boldsymbol{u}}}{\partial t} + \beta_{\mathrm{I}}^2\boldsymbol{R}_{\mathrm{I}}\delta P_{2m}(\tilde{\boldsymbol{u}})\right]\mathrm{d}\Omega\mathrm{d}t \tag{4.5.19}$$

对式(4.5.18)的第一项分部积分,考虑式(4.5.13)、式(4.5.14),得

$$\begin{aligned}\int_0^{t_1}\int_\Omega \boldsymbol{R}_{\mathrm{I}} m\delta\frac{\partial^2\tilde{\boldsymbol{u}}}{\partial t^2}\mathrm{d}\Omega\mathrm{d}t &= \int_\Omega\left(\boldsymbol{R}_{\mathrm{I}} m\delta\frac{\partial\tilde{\boldsymbol{u}}}{\partial t}\right)\Big|_0^{t_1}\mathrm{d}\Omega - \int_\Omega\left(\int_0^{t_1}\frac{\partial\boldsymbol{R}_{\mathrm{I}}}{\partial t}m\delta\frac{\partial\tilde{\boldsymbol{u}}}{\partial t}\mathrm{d}t\right)\mathrm{d}\Omega\\ &= -\int_\Omega\left(\frac{\partial\boldsymbol{R}_{\mathrm{I}}}{\partial t}m\delta\tilde{\boldsymbol{u}}\right)\Big|_0^{t_1}\mathrm{d}\Omega + \int_\Omega\left(\int_0^{t_1}\frac{\partial^2\boldsymbol{R}_{\mathrm{I}}}{\partial t^2}m\delta\tilde{\boldsymbol{u}}\mathrm{d}t\right)\mathrm{d}\Omega\\ &= \int_0^{t_1}\int_\Omega m\frac{\partial^2\boldsymbol{R}_{\mathrm{I}}}{\partial t^2}\delta\tilde{\boldsymbol{u}}\mathrm{d}\Omega\mathrm{d}t\end{aligned} \tag{4.5.20}$$

同样,对第二项分部积分后,利用式(4.5.13)、式(4.5.14)得

$$\int_0^{t_1}\int_\Omega \boldsymbol{R}_{\mathrm{I}} c\delta\frac{\partial\tilde{\boldsymbol{u}}}{\partial t}\mathrm{d}\Omega\mathrm{d}t = -\int_0^{t_1}\int_\Omega c\frac{\partial\boldsymbol{R}_{\mathrm{I}}}{\partial t}\delta\tilde{\boldsymbol{u}}\mathrm{d}\Omega\mathrm{d}t \tag{4.5.21}$$

对于线性算子 P_{2m},第三项经过 $2m$ 次分部积分,得

$$\int_0^{t_1}\int_\Omega \boldsymbol{R}_{\mathrm{I}}\delta P_{2m}(\tilde{\boldsymbol{u}})\mathrm{d}\Omega\mathrm{d}t = \int_0^{t}\int_\Omega \bar{P}_{2m}(\boldsymbol{R}_{\mathrm{I}})\delta\tilde{\boldsymbol{u}}\mathrm{d}\Omega\mathrm{d}t - \sum_{k=1}^{2m}(-1)^k\int_0^{t_1}\int_S \bar{B}_k(\boldsymbol{R}_{\mathrm{I}})\delta B_{2m+1-k}(\tilde{\boldsymbol{u}})\mathrm{d}S\mathrm{d}t \tag{4.5.22}$$

其中,$\bar{\boldsymbol{P}}_{2m}$ 为 $\boldsymbol{P}_{2m}$ 的共轭算子,$\bar{\boldsymbol{B}}_k$ 为 $\boldsymbol{B}_k$ 的共轭边界算子.将式(4.5.20)~式(4.5.22)代入式(4.5.16),得

$$\begin{aligned}\delta\boldsymbol{J}_t(\tilde{\boldsymbol{u}}) = {}& 2\int_0^{t_1}\int_\Omega\beta_{\mathrm{I}}^2\left[m\frac{\partial^2\boldsymbol{R}_{\mathrm{I}}}{\partial t^2} - c\frac{\partial\boldsymbol{R}_{\mathrm{I}}}{\partial t} + \bar{P}_{2m}(\boldsymbol{R}_{\mathrm{I}})\right]\delta\boldsymbol{u}\mathrm{d}\Omega\mathrm{d}t\\ &- 2\sum_{k=1}^{m}(-1)^k\int_0^{t_1}\int_S\beta_{\mathrm{I}}^2\bar{B}_k(\boldsymbol{R}_{\mathrm{I}})\delta B_{2m+1-k}(\tilde{\boldsymbol{u}})\mathrm{d}S\mathrm{d}t\\ &- 2\sum_{k=m+1}^{2m}(-1)^k\int_0^{t_1}\int_S\beta_{\mathrm{I}}^2\bar{B}_k(\boldsymbol{R}_{\mathrm{I}})\delta B_{2m+1-k}(\tilde{\boldsymbol{u}})\mathrm{d}S\mathrm{d}t\\ &+ 2\sum_{k=1}^{m}\int_0^{t_1}\int_{S_u}\beta_k^2\boldsymbol{R}_k\delta B_k(\tilde{\boldsymbol{u}})\mathrm{d}S\mathrm{d}t + 2\sum_{k=m+1}^{2m}\int_0^{t_1}\int_{S_\sigma}\beta_k^2\boldsymbol{R}_k\delta B_k(\tilde{\boldsymbol{u}})\mathrm{d}S\mathrm{d}t\\ = {}& 2\int_0^{t_1}\int_\Omega\beta_{\mathrm{I}}^2\left[m\frac{\partial^2\boldsymbol{R}_{\mathrm{I}}}{\partial t^2} - c\frac{\partial\boldsymbol{R}_{\mathrm{I}}}{\partial t} + \bar{P}_{2m}(\boldsymbol{R}_{\mathrm{I}})\right]\delta\boldsymbol{u}\mathrm{d}\Omega\mathrm{d}t\\ &+ 2\sum_{k=1}^{m}\int_0^{t_1}\int_{S_u}\{-(-1)^k\beta_{\mathrm{I}}^2\bar{B}_k(\boldsymbol{R}_{\mathrm{I}})\delta B_{2m+1-k}(\tilde{\boldsymbol{u}})\\ &+ [\beta_k^2\boldsymbol{R}_k - (-1)^{2m+1-k}\bar{B}_{2m+1-k}(\boldsymbol{R}_{\mathrm{I}})]\delta B_k(\tilde{\boldsymbol{u}})\}\mathrm{d}S\mathrm{d}t\\ &+ 2\sum_{k=m+1}^{2m}\int_0^{t_1}\int_{S_\sigma}\{-(-1)^k\beta_{\mathrm{I}}^2\bar{B}_k(\boldsymbol{R}_{\mathrm{I}})\delta B_{2m+1-k}(\tilde{\boldsymbol{u}})\\ &+ [\beta_k^2\boldsymbol{R}_k - (-1)^{2m+1-k}\bar{B}_{2m+1-k}(\boldsymbol{R}_{\mathrm{I}})]\delta B_k(\tilde{\boldsymbol{u}})\}\mathrm{d}S\mathrm{d}t\\ = {}& 0\end{aligned} \tag{4.5.23}$$

由 $\delta \boldsymbol{u}, \delta B_k(\tilde{\boldsymbol{u}}), \delta B_{2m+1-k}(\tilde{\boldsymbol{u}})$ 的任意性,导出欧拉方程为

$$m \frac{\partial^2 \boldsymbol{R}_{\mathrm{I}}}{\partial t^2} - c \frac{\partial \boldsymbol{R}_{\mathrm{I}}}{\partial t} + \bar{P}_{2m}(\boldsymbol{R}_{\mathrm{I}}) = \boldsymbol{0}, \quad \boldsymbol{x} \in \Omega \tag{4.5.24}$$

$$\begin{aligned} \bar{B}_k(\boldsymbol{R}_{\mathrm{I}}) = \boldsymbol{0}, \quad & k = 1, 2, \cdots, m, \quad \boldsymbol{x} \in S_u \\ & k = m+1, \cdots, 2m, \quad x \in S_\sigma \end{aligned} \tag{4.5.25}$$

$$\begin{aligned} \beta_k^2 \boldsymbol{R}_k = (-1)^{2m+1-k} \bar{B}_{2m+1-k}(\boldsymbol{R}_{\mathrm{I}}), \quad & k = 1, 2, \cdots, m, \quad \boldsymbol{x} \in S_u \\ & k = m+1, \cdots, 2m, \quad \boldsymbol{x} \in S_\sigma \end{aligned} \tag{4.5.26}$$

式(4.5.24)、式(4.5.25)为 $\boldsymbol{R}_{\mathrm{I}}$ 变量的齐次边值问题,式(4.5.26)为 $\tilde{u}$ 变量的边界条件.很显然,边值问题式(4.5.24)、式(4.5.25)是边值问题式(4.5.1)、式(4.5.2)的共轭边值问题.由于式(4.5.24)中含有变量 $\boldsymbol{R}_{\mathrm{I}}$ 对时间的一次、二次导数,所以它不仅有平凡解,还有非零的自由振动解.对于平凡解 $\boldsymbol{R}_{\mathrm{I}}$,它给出原方程的解,而非零的自由振动解显然不满足原问题的控制方程 $\boldsymbol{R}_{\mathrm{I}} = \boldsymbol{0}$,因而由它导出的解就是由变分方程(4.5.16)导出的错误解.

可以证明,对于屈曲失稳问题,变分方程也可以导出关于内部残差 $\boldsymbol{R}_{\mathrm{I}}$ 的共轭边值问题.同样,它改变了系统的特征值问题的阶次和性质,对于 $\boldsymbol{R}_{\mathrm{I}}$ 不仅有平凡解 $\boldsymbol{R}_{\mathrm{I}} = \boldsymbol{0}$,还可能有非零的屈曲失稳解,这是不满足原方程的错误解.对于非线性问题虽然无法统一加以证明,但已给出的例子说明变分方程不仅导出原方程的解,还可能导出非原方程的解.因此对于振动问题、屈曲问题和非线性问题,方差泛函变分方程(4.5.16)仅是使方差泛函 $\boldsymbol{J}(\tilde{\boldsymbol{u}})$ 取零极小值的必要条件,而不一定是充分条件.因而按变分方程(4.5.16)求得的解,必须代入原方程(4.5.1)~方程(4.5.3)检查其是否满足使这些方程的残差很小的条件.若满足,就是原问题的解;若不满足,即是变分方程导出的错误解,应予舍弃.

可以证明,只有对变分方程导出关于内部残差 $\boldsymbol{R}_{\mathrm{I}}$ 的齐次边界共轭边值问题仅有零平凡解的线性静力问题,变分方程才是方差泛函零极小值原理的充要条件.

综上所述,只有静力问题才能用变分方程代替方差泛函零极小值方程进行求解.对于线性振动问题、屈曲失稳问题和非线性问题,用变分方程求解,不仅给出原方程的解,还给出非原方程的解,必须代入原方程检查.

4.5.2 最小二乘法

对于结构静力分析的边值问题,里茨法是变分问题的直接近似解法.对于结构振动分析的式(4.5.1)~式(4.5.3)边值初值问题,无法采用里茨法对时域与空间域同时离散化.如果仅对空间域半离散化,选取空间坐标的函数基级数为试探函数,函数基系数为时间相关的广义坐标,用能量变分方程导出广义坐标微分方程,就是前面介绍的假设模态里茨法.里茨法应用于静力分析的方差泛函变分问题的直接近似解法就是最小二乘法.对于式(4.5.1)~式(4.5.3)边值初值问题,仅对空间域离散化,选取空间坐标的函数基级数为试探函数,函数

基系数为时间相关的广义坐标,用方差泛函变分方程导出广义坐标微分方程,这种方法称为假设模态最小二乘法,简称为最小二乘法,这是方差泛函变分方程的直接解法.根据选择的基函数的性质,最小二乘法分为内部法、边界法和混合法.

如果所选择的基函数满足边界条件式(4.5.2)但不满足控制方程(4.5.1),称为内部法.这时有 $\boldsymbol{R}_k=\boldsymbol{0}(k=1,2,\cdots,2m)$,取 $\beta_\mathrm{I}=1$,$\beta_k=0$,由式(4.5.15)给出内部法的方差泛函 $J(\tilde{u})$ 为

$$J(\tilde{u})=\int_0^{t_1}\int_\Omega \boldsymbol{R}_\mathrm{I}^2\mathrm{d}\Omega\mathrm{d}t \tag{4.5.27}$$

如果所选择的基函数满足控制方程(4.5.1)但不满足边界条件式(4.5.2),称为边界法.这时有 $\boldsymbol{R}_\mathrm{I}=\boldsymbol{0}$,取 $\beta_\mathrm{I}=0$,由式(4.5.15)给出边界法的方差泛函 $J(\tilde{u})$ 为

$$J(\tilde{u})=\sum_{k=1}^{m}\int_0^{t_1}\int_{S_u}\beta_k^2\boldsymbol{R}_k^2\mathrm{d}S\mathrm{d}t+\sum_{k=m+1}^{2m}\int_0^{t}\int_{S_\sigma}\beta_k^2\boldsymbol{R}_k^2\mathrm{d}S\mathrm{d}t \tag{4.5.28}$$

如果所选择的基函数既不满足控制方程(4.5.1)又不满足边界条件式(4.5.2),则称为混合法.相应的方差泛函为式(4.5.15).

满足上述要求条件的 $2m$ 次可微的坐标函数全体形成的函数空间 U^{2m} 称为试探函数空间,简称为试探空间 U.

我们先考虑内部法,试探空间 U 就是满足边界条件式(4.5.2)的 $2m$ 次可微的坐标函数全体.在 U 中选取 n 个线性无关的基函数 $\boldsymbol{\varphi}_1,\boldsymbol{\varphi}_2,\cdots,\boldsymbol{\varphi}_n$,形成基函数序列

$$\boldsymbol{\varphi}=[\boldsymbol{\varphi}_1\quad\boldsymbol{\varphi}_2\quad\cdots\quad\boldsymbol{\varphi}_n] \tag{4.5.29}$$

构成试探空间 U 的子空间 U_n,取试探函数 $\boldsymbol{u}_n\in U_n$,

$$\boldsymbol{u}_n=\boldsymbol{\varphi}\boldsymbol{q}=\sum_{i=1}^{n}\boldsymbol{\varphi}_i q_i \tag{4.5.30}$$

其中,q_i 为时间 t 的待定函数,称为广义坐标,形成广义坐标矩阵

$$\boldsymbol{q}=[q_1\quad q_2\quad\cdots\quad q_n]^\mathrm{T} \tag{4.5.31}$$

把式(4.5.30)代入方程(4.5.4),得内部残差 $\boldsymbol{R}_{n\mathrm{I}}$ 为

$$\boldsymbol{R}_{n\mathrm{I}}=m\boldsymbol{\varphi}\ddot{\boldsymbol{q}}+c\boldsymbol{\varphi}\dot{\boldsymbol{q}}+P_{2m}(\boldsymbol{\varphi})\boldsymbol{q}-\boldsymbol{f}_0 \tag{4.5.32}$$

将式(4.5.32)代入式(4.5.27),得子空间 U_n 中的方差泛函 $J_n(\boldsymbol{u}_n)$ 为

$$\begin{aligned}J_n(\boldsymbol{u}_n)&=J_n(\boldsymbol{\varphi}\boldsymbol{q})=\int_0^{t_1}\int_\Omega\boldsymbol{R}_{n\mathrm{I}}^2\mathrm{d}\Omega\mathrm{d}t\\&=\int_0^{t_1}\int_\Omega[m\boldsymbol{\varphi}\ddot{\boldsymbol{q}}+c\boldsymbol{\varphi}\dot{\boldsymbol{q}}+P_{2m}(\boldsymbol{\varphi})\boldsymbol{q}-\boldsymbol{f}_0]^2\mathrm{d}\Omega\mathrm{d}t\end{aligned} \tag{4.5.33}$$

那么方差泛函 $J(\boldsymbol{u})$ 的零极小值原理,在子空间 U_n 中近似为方差泛函 $J_n(\boldsymbol{u}_n)$ 的极小值原理,即

$$J_n(\boldsymbol{u}_n^*) = \min J_n(\boldsymbol{u}_n), \quad \boldsymbol{u}_n \in U_n \tag{4.5.34}$$

上式成立的必要条件为

$$\delta J_n(\boldsymbol{u}_n) = 0 \tag{4.5.35}$$

这就是方差泛函变分方程.

将式(4.5.30)代入式(4.5.13)、式(4.5.14),有

$$\begin{aligned} \delta \boldsymbol{q}\big|_{t=0} = \boldsymbol{0}, \quad \delta \boldsymbol{q}\big|_{t=t_1} = \boldsymbol{0} \\ \delta \dot{\boldsymbol{q}}\big|_{t=0} = \boldsymbol{0}, \quad \delta \dot{\boldsymbol{q}}\big|_{t=t_1} = \boldsymbol{0} \end{aligned} \tag{4.5.36}$$

将式(4.5.35)展开并利用式(4.5.36),得

$$\begin{aligned} \delta J_n(\boldsymbol{u}_n) &= \int_0^{t_1}\int_\Omega [m\delta \ddot{\boldsymbol{q}}^{\mathrm{T}}\boldsymbol{\varphi}^{\mathrm{T}} + c\delta \dot{\boldsymbol{q}}^{\mathrm{T}}\boldsymbol{\varphi}^{\mathrm{T}} + \delta \boldsymbol{q}^{\mathrm{T}} P_{2m}(\boldsymbol{\varphi}^{\mathrm{T}})]\boldsymbol{R}_{n\mathrm{I}}\mathrm{d}\Omega\mathrm{d}t \\ &= \int_0^{t_1}\delta \boldsymbol{q}^{\mathrm{T}}\left[\int_\Omega\left(m\boldsymbol{\varphi}^{\mathrm{T}}\frac{\partial^2 \boldsymbol{R}_{n\mathrm{I}}}{\partial t^2} - c\boldsymbol{\varphi}^{\mathrm{T}}\frac{\partial \boldsymbol{R}_{n\mathrm{I}}}{\partial t} + P_{2m}(\boldsymbol{\varphi}^{\mathrm{T}})\boldsymbol{R}_{n\mathrm{I}}\right)\mathrm{d}\Omega\right]\mathrm{d}t \\ &= 0 \end{aligned} \tag{4.5.37}$$

由 $\delta \boldsymbol{q}^{\mathrm{T}}$ 的任意性,导出欧拉方程,即求解 $\boldsymbol{q}$ 的多自由度微分方程为

$$\int_\Omega\left[m\boldsymbol{\varphi}^{\mathrm{T}}\frac{\partial^2 \boldsymbol{R}_{n\mathrm{I}}}{\partial t^2} - c\boldsymbol{\varphi}^{\mathrm{T}}\frac{\partial \boldsymbol{R}_{n\mathrm{I}}}{\partial t} + P_{2m}(\boldsymbol{\varphi}^{\mathrm{T}})\boldsymbol{R}_{n\mathrm{I}}\right]\mathrm{d}\Omega = \boldsymbol{0} \tag{4.5.38}$$

将式(4.5.32)代入式(4.5.38),有

$$\begin{aligned} &\int_\Omega(m\boldsymbol{\varphi}^{\mathrm{T}}m\boldsymbol{\varphi}\ddot{\ddot{\boldsymbol{q}}})\mathrm{d}\Omega + \int_V(m\boldsymbol{\varphi}^{\mathrm{T}}c\boldsymbol{\varphi} - c\boldsymbol{\varphi}^{\mathrm{T}}m\boldsymbol{\varphi})\dddot{\boldsymbol{q}}\mathrm{d}\Omega \\ &+ \int_\Omega[m\boldsymbol{\varphi}^{\mathrm{T}}P_{2m}(\boldsymbol{\varphi}) - c\boldsymbol{\varphi}^{\mathrm{T}}c\boldsymbol{\varphi} + P_{2m}(\boldsymbol{\varphi}^{\mathrm{T}})m\boldsymbol{\varphi}]\ddot{\boldsymbol{q}}\mathrm{d}\Omega \\ &+ \int_\Omega[-c\boldsymbol{\varphi}^{\mathrm{T}}P_{2m}(\boldsymbol{\varphi}) + P_{2m}(\boldsymbol{\varphi}^{\mathrm{T}})c\boldsymbol{\varphi}]\dot{\boldsymbol{q}}\mathrm{d}\Omega \\ &+ \int_V P_{2m}(\boldsymbol{\varphi}^{\mathrm{T}})P_{2m}(\boldsymbol{\varphi})\boldsymbol{q}\mathrm{d}\Omega - \int_\Omega[m\boldsymbol{\varphi}^{\mathrm{T}}\ddot{\boldsymbol{f}}_0 - c\boldsymbol{\varphi}^{\mathrm{T}}\dot{\boldsymbol{f}}_0 + P_{2m}(\boldsymbol{\varphi}^{\mathrm{T}})\boldsymbol{f}_0]\mathrm{d}\Omega \\ &= \boldsymbol{a}_{11}\ddot{\ddot{\boldsymbol{q}}} + (\boldsymbol{a}_{31} + \boldsymbol{a}_{31}^{\mathrm{T}} - \boldsymbol{a}_{22})\ddot{\boldsymbol{q}} + (\boldsymbol{a}_{32} - \boldsymbol{a}_{32}^{\mathrm{T}})\dot{\boldsymbol{q}} + \boldsymbol{a}_{33}\boldsymbol{q} - \boldsymbol{a}_{10}\ddot{\boldsymbol{f}}_t + \boldsymbol{a}_{20}\dot{\boldsymbol{f}}_t - \boldsymbol{a}_{30}\boldsymbol{f}_t \\ &= \boldsymbol{0} \end{aligned} \tag{4.5.39}$$

其中

$$\begin{aligned} &\boldsymbol{f}_0 = \boldsymbol{f}_{0x}(x)\boldsymbol{f}_t(x) = \boldsymbol{f}_{0x}\boldsymbol{f}_t \\ &\boldsymbol{a}_{11} = \int_\Omega m^2\boldsymbol{\varphi}^{\mathrm{T}}\boldsymbol{\varphi}\mathrm{d}\Omega, \quad \boldsymbol{a}_{12} = \int_\Omega mc^2\boldsymbol{\varphi}^{\mathrm{T}}\boldsymbol{\varphi}\mathrm{d}\Omega, \quad \boldsymbol{a}_{22} = \int_\Omega c^2\boldsymbol{\varphi}^{\mathrm{T}}\boldsymbol{\varphi}\mathrm{d}\Omega \\ &\boldsymbol{a}_{31} = \int_\Omega m\boldsymbol{\varphi}P_{2m}(\boldsymbol{\varphi})\mathrm{d}\Omega, \quad \boldsymbol{a}_{32} = \int_V cP_{2m}(\boldsymbol{\varphi}^{\mathrm{T}})\boldsymbol{\varphi}\mathrm{d}\Omega \\ &\boldsymbol{a}_{33} = \int_\Omega P_{2m}(\boldsymbol{\varphi}^{\mathrm{T}})P_{2m}(\boldsymbol{\varphi})\mathrm{d}\Omega, \quad \boldsymbol{a}_{10} = \int_\Omega m\boldsymbol{\varphi}^{\mathrm{T}}\boldsymbol{f}_{0x}\mathrm{d}\Omega \\ &\boldsymbol{a}_{20} = \int_\Omega c\boldsymbol{\varphi}^{\mathrm{T}}\boldsymbol{f}_{0x}\mathrm{d}\Omega, \quad \boldsymbol{a}_{30} = \int_V P_{2m}(\boldsymbol{\varphi}^{\mathrm{T}})\boldsymbol{f}_{0x}\mathrm{d}\Omega \end{aligned} \tag{4.5.40}$$

这是广义坐标 $\boldsymbol{q}$ 的四阶微分方程组.

由能量变分原理给出的是二阶微分方程组(4.3.142)、方程组(4.3.147),而由结构动力学最小二乘法给出的求解方程是四阶微分方程组(4.5.39).因而结构动力学最小二乘法的一个缺点是使最终求解的微分方程的阶次提高了一倍.结构动力学最小二乘法的另一个缺点是:最小二乘法四阶微分方程组(4.5.39)求得近似解 $\boldsymbol{q}^*$,代入式(4.5.30)得最小二乘法的解,还必须将其代入方程(4.5.34)检查其是否满足该方程.若不满足,即是变分方程导出的错误解,应予舍弃;若满足,就是原问题的近似解,称之为最小二乘法最佳近似解 $\boldsymbol{u}_n^*$.结构动力学最小二乘法存在的这些问题在许多文献中都有介绍,这里只给出理论上的说明与分析.

由此可见,近似解 $\boldsymbol{u}_n^*$ 为子空间 U_n 中的最佳近似解,相应近似解 $\boldsymbol{u}_n^*$ 的方差泛函 $J(\boldsymbol{u}_n^*)$ 满足式(4.5.34).当有限维子空间的维数 $n\to\infty$ 时,子空间 U_n 充满试探空间 U,相应的近似解 $\boldsymbol{u}_n^*$ 趋向于精确解 $\boldsymbol{u}^*$,相应的近似解 $\boldsymbol{u}_n^*$ 的方差泛函 $J(\boldsymbol{u}_n^*)$ 趋向于 $J(\boldsymbol{u}^*)=0$,则有

$$\lim_{n\to\infty}U_n = U \tag{4.5.41}$$

$$\lim_{n\to\infty}\boldsymbol{u}_n^* = \boldsymbol{u}^* \tag{4.5.42}$$

$$\lim_{n\to\infty}J_n(\boldsymbol{u}_n^*) = J(\boldsymbol{u}^*) = 0 \tag{4.5.43}$$

相应的近似解序列

$$\boldsymbol{u}_1^*,\ \boldsymbol{u}_2^*,\ \cdots,\ \boldsymbol{u}_n^*,\ \cdots,\ \boldsymbol{u}_\infty^*(=\boldsymbol{u}^*) \tag{4.5.44}$$

称为方差泛函极小化近似解序列.

现在考虑混合法的一般情况,试探空间 U 就是坐标函数全体.在 U 中仍选取 n 个线性无关的基函数 $\boldsymbol{\varphi}_1,\boldsymbol{\varphi}_2,\cdots,\boldsymbol{\varphi}_n$ 形成完备的基函数序列 $\boldsymbol{\varphi}$,见式(4.5.29),构成试探空间 U 的子空间 U_n,取属于 U_n 的试探函数(4.5.30),代入这种情况的方差泛函(4.5.15),并取 $\beta_{\mathrm{I}}=1$,得 $\boldsymbol{u}_n$ 子空间的方差泛函 $J(\boldsymbol{u}_n)$ 为

$$J(\boldsymbol{u}_n) = \int_0^{t_1}\int_\Omega \boldsymbol{R}_{n\mathrm{I}}^2\,\mathrm{d}\Omega\mathrm{d}t + \sum_{k=1}^{m}\int_0^{t_1}\int_{S_u}\beta_k^2\boldsymbol{R}_{nk}^2\,\mathrm{d}S\mathrm{d}t + \sum_{k=m+1}^{2m}\int_0^{t_1}\int_{S_\sigma}\beta_k^2\boldsymbol{R}_{nk}^2\,\mathrm{d}S\mathrm{d}t \tag{4.5.45}$$

其中,$\boldsymbol{R}_{n\mathrm{I}}$ 见式(4.5.32),

$$\boldsymbol{R}_{nk} = B_k(\boldsymbol{\varphi q}) - \boldsymbol{f}_k \tag{4.5.46}$$

那么由式(4.5.34)和式(4.5.35)有

$$\begin{aligned}\delta J_n(\boldsymbol{u}_n) =& \int_0^{t_1}\delta\boldsymbol{q}^{\mathrm{T}}\left\{\int_\Omega\left[m\boldsymbol{\varphi}^{\mathrm{T}}\frac{\partial^2\boldsymbol{R}_{n\mathrm{I}}}{\partial t^2} - c\boldsymbol{\varphi}^{\mathrm{T}}\frac{\partial\boldsymbol{R}_{n\mathrm{I}}}{\partial t} + P_{2m}(\boldsymbol{\varphi}^{\mathrm{T}})\boldsymbol{R}_{n\mathrm{I}}\right]\mathrm{d}\Omega\right\}\mathrm{d}t\\ &+ \sum_{k=1}^{m}\int_0^{t_1}\delta\boldsymbol{q}^{\mathrm{T}}\left[\int_{S_u}\beta_k^2B_k(\boldsymbol{\varphi}^{\mathrm{T}})\boldsymbol{R}_{nk}(\boldsymbol{\varphi})\boldsymbol{q}\mathrm{d}S\right]\mathrm{d}t\\ &+ \sum_{k=m+1}^{2m}\int_0^{t_1}\delta\boldsymbol{q}^{\mathrm{T}}\left[\int_{S_\sigma}\beta_k^2B_k(\boldsymbol{\varphi}^{\mathrm{T}})\boldsymbol{R}_{nk}(\boldsymbol{\varphi})\boldsymbol{q}\mathrm{d}S\right]\mathrm{d}t\\ =&\ 0\end{aligned} \tag{4.5.47}$$

由 $\delta\boldsymbol{q}^{\mathrm{T}}$ 的任意性导出的欧拉方程,即求解 $\boldsymbol{q}$ 的多自由度微分方程为

$$\int_{\Omega}\left[m\boldsymbol{\varphi}^{\mathrm{T}}\frac{\partial^{2}\boldsymbol{R}_{n\mathrm{I}}}{\partial t^{2}}-c\boldsymbol{\varphi}^{\mathrm{T}}\frac{\partial\boldsymbol{R}_{n\mathrm{I}}}{\partial t}+P_{2m}(\boldsymbol{\varphi}^{\mathrm{T}})\boldsymbol{R}_{n\mathrm{I}}\right]\mathrm{d}\Omega$$

$$+\sum_{k=1}^{m}\int_{S_u}\beta_k^2B_k(\boldsymbol{\varphi}^{\mathrm{T}})\boldsymbol{R}_{nk}(\boldsymbol{\varphi})\boldsymbol{q}\mathrm{d}S+\sum_{k=m+1}^{2m}\int_{S_\sigma}\beta_k^2B_k(\boldsymbol{\varphi}^{\mathrm{T}})\boldsymbol{R}_{nk}(\boldsymbol{\varphi})\boldsymbol{q}\mathrm{d}S=\boldsymbol{0} \tag{4.5.48}$$

将式(4.5.32)和式(4.5.38)代入式(4.5.48),仍得式(4.5.39).除 $\boldsymbol{a}_{33}$ 和 $\boldsymbol{a}_{30}$ 外其他系数 $\boldsymbol{a}_{ij}$ 见式(4.5.40),$\boldsymbol{a}_{33}$ 与 $\boldsymbol{a}_{30}$ 分别为

$$\begin{aligned}\boldsymbol{a}_{33}&=\int_{\Omega}P_{2m}(\boldsymbol{\varphi}^{\mathrm{T}})P_{2m}\boldsymbol{\varphi}\mathrm{d}\Omega+\sum_{k=1}^{m}\int_{S_u}\beta_k^2B_k(\boldsymbol{\varphi}^{\mathrm{T}})B_k(\boldsymbol{\varphi})\mathrm{d}S+\sum_{k=m+1}^{2m}\int_{S_\sigma}\beta_k^2B_k(\boldsymbol{\varphi}^{\mathrm{T}})B_k(\boldsymbol{\varphi})\mathrm{d}S\\ \boldsymbol{a}_{30}&=\int_{\Omega}P_{2m}(\boldsymbol{\varphi}^{\mathrm{T}})\boldsymbol{f}_{0x}\mathrm{d}\Omega+\sum_{k=1}^{m}\int_{S_u}\beta_k^2B_k(\boldsymbol{\varphi}^{\mathrm{T}})\boldsymbol{f}_{kx}\mathrm{d}S+\sum_{k=m+1}^{2m}\int_{S_\sigma}\beta_k^2B_k(\boldsymbol{\varphi}^{\mathrm{T}})\boldsymbol{f}_{kx}\mathrm{d}S\end{aligned} \tag{4.5.49}$$

$$\boldsymbol{f}_k=\boldsymbol{f}_{kx}\boldsymbol{f}_t=\boldsymbol{f}_{kx}(x)\boldsymbol{f}_t(x)$$

同样,式(4.5.39)是广义坐标 $\boldsymbol{q}$ 的四阶微分方程组.求得近似解 $\boldsymbol{q}^*$ 并代入式(4.5.30),得最小二乘法的解,必须将这些解代入方程(4.5.34)检查其是否满足该方程.若不满足,即是变分方程导出的错误解,应予抛弃;若满足,就是原问题的近似解,称之为最小二乘法最佳近似解 $\boldsymbol{u}_n^*$.

同样,当 $n\to\infty$ 时,子空间 U_n 充满试探空间 U,因而相应的近似解 $\boldsymbol{u}_n^*$ 趋向于精确解 $\boldsymbol{u}^*$,相应的近似解 $\boldsymbol{u}_n^*$ 的方差泛函 $J(\boldsymbol{u}_n^*)$ 趋向于 $J(\boldsymbol{u}^*)=0$,则同样有式(4.5.41)~式(4.5.43).

例 4.17 应用最小二乘法,取 $n=1,2,3,4$,求解例 4.14 的特征值问题.

解 系统的参数为

$$\begin{aligned}EA(x)&=\frac{6EA}{5}\left[1-\frac{1}{2}\left(\frac{x}{l}\right)^2\right]\\ \rho A(x)&=\frac{6m}{5}\left[1-\frac{1}{2}\left(\frac{x}{l}\right)^2\right],\quad K=0.2\frac{EA}{l}\end{aligned} \tag{1}$$

取比较函数 φ_i 为

$$\varphi_i(x)=\sin\beta_i x,\quad i=1,2,\cdots \tag{2}$$

它已满足 $x=0$ 的固定边界条件.$x=l$ 的弹性边界条件为

$$\left[EA(x)\frac{\mathrm{d}\varphi_i(x)}{\mathrm{d}x}\right]\bigg|_{x=l}=-K\varphi_i(l)$$

即

$$\tan\beta_i l=-\frac{EA(l)}{K}\beta_i l$$

将式(1)代入上式,得

$$\tan\beta_i l=-3\beta_i l \tag{3}$$

从而求得

$$\beta_1 l=1.758\,164,\quad \beta_2 l=4.781\,983$$

$$\beta_3 l = 7.896\,171, \quad \beta_4 l = 11.025\,777 \tag{4}$$

方程(4.5.1)的系数为

$$P_{2m} = -\frac{\mathrm{d}}{\mathrm{d}x}\left[EA(x)\frac{\mathrm{d}}{\mathrm{d}x}\right] = \frac{6EA}{5}\left\{\frac{x}{l^2}\frac{\mathrm{d}}{\mathrm{d}x} - \left[1 - \frac{1}{2}\left(\frac{x}{l}\right)^2\right]\frac{\mathrm{d}^2}{\mathrm{d}x^2}\right\}$$

$$\rho A(x) = \frac{6m}{5}\left[1 - \frac{1}{2}\left(\frac{x}{l}\right)^2\right], \quad c = 0, \quad f = 0 \tag{5}$$

将式(4)、式(5)代入式(4.5.40),得系数矩阵元素为

$$\begin{aligned} a_{33ij} &= \int_0^l P_{2m}(\varphi_i)P_{2m}(\varphi_j)\mathrm{d}x \\ &= \left(\frac{6EA}{5l^2}\right)^2\int_0^l\left\{\beta_i x\cos\beta_i x + \left[1 + \frac{1}{2}\left(\frac{x}{l}\right)^2\right](\beta_i l)^2\sin\beta_i x\right\} \\ &\quad \cdot \left\{\beta_i\cos\beta_j x + \left[1 - \frac{1}{2}\left(\frac{x}{l}\right)^2\right](\beta_j l)^2\sin\beta_j x\right\}\mathrm{d}x \\ a_{31ij} &= \int_0^l P_{2m}(\varphi_i)(\rho A\varphi_j)\mathrm{d}x \\ &= \frac{6EA}{5l^2}\frac{6m}{5}\int_0^l\left\{\beta_i x\cos\beta_i x + \left[1 - \frac{1}{2}\left(\frac{x}{l}\right)^2\right](\beta_i l)^2\sin\beta_i x\right\}\left[1 - \frac{1}{2}\left(\frac{x}{l}\right)^2\right]\sin\beta_j x\mathrm{d}x \\ a_{11ij} &= \int_0^l(\rho A\varphi_i)(\rho A\varphi_j)\mathrm{d}x \\ &= \left(\frac{6m}{5}\right)^2\int_0^l\left[1 - \frac{1}{2}\left(\frac{x}{l}\right)^2\right]^2\sin\beta_i x\sin\beta_j x\mathrm{d}x \\ \boldsymbol{a}_{22} &= \boldsymbol{a}_{32} = \boldsymbol{a}_{10} = \boldsymbol{a}_{20} = \boldsymbol{a}_{30} = \boldsymbol{0} \end{aligned} \tag{6}$$

将式(4)的 β_i $(i = 1, 2, 3, 4)$ 值代入公式(6),计算出系数矩阵

$$\boldsymbol{a}_{33} = \begin{bmatrix} 6.121\,020 & 11.297\,895 & -6.208\,816 & 5.377\,565 \\ & 280.487\,600 & 180.534\,456 & -66.282\,126 \\ (\text{对称}) & & 2\,035.524\,997 & 919.705\,326 \\ & & & 7\,683.912\,402 \end{bmatrix}$$

$$\boldsymbol{a}_{31} = \begin{bmatrix} 3.305\,894 & 2.834\,824 & -1.157\,978 & 0.907\,666 \\ & 23.718\,532 & 9.656\,858 & -2.705\,852 \\ (\text{对称}) & & 64.464\,491 & 21.210\,356 \\ & & & 125.578\,282 \end{bmatrix}$$

$$\boldsymbol{a}_{11} = \begin{bmatrix} 0.451\,131 & 0.147\,588 & -0.029\,719 & 0.013\,258 \\ & 0.510\,198 & 0.124\,533 & -0.024\,149 \\ (\text{对称}) & & 0.514\,000 & 0.120\,471 \\ & & & 0.514\,993 \end{bmatrix}$$

将上述矩阵代入方程(4.5.39),求解 $n=1,2,3,4$ 时的特征值问题.我们得到复数特征值为

$$\omega_i^n=|\omega_i^n|(\cos\psi_i^n+\mathrm{i}\sin\psi_i^n)$$

$$\omega_i^{n*}=|\omega_i^n|(\cos\psi_i^n-\mathrm{i}\sin\psi_i^n)$$

其中,虚部是小量,并随着 n 的增加而递减.我们将所得固有频率的幅值 $|\omega_i^n|$ 及相角 ψ_i^n 列在表 4.1 中.为了能同例 4.14 的结果相比较,将例 4.14 的结果放在表 4.1 的括号内.由此可见,除了相角存在问题外,固有频率与里茨法所得结果相当一致.

表 4.1 假设模态最小二乘法在 $n=1,2,3,4$ 时所得结果

n	$\lvert\omega_1^n\rvert\sqrt{\dfrac{m^2}{EA}}$	ψ_1^n	$\lvert\omega_2^n\rvert\sqrt{\dfrac{m^2}{EA}}$	ψ_2^n	$\lvert\omega_3^n\rvert\sqrt{\dfrac{m^3}{EA}}$	ψ_3^n	$\lvert\omega_4^n\rvert\sqrt{\dfrac{m^4}{EA}}$	ψ_4^n
1	1.919 244 (1.898 899)	±2°56.9′ (0)						
2	1.902 000 (1.897 749)	±1°45.8′ (0)	4.913 135 (4.884 692)	±1°35.3′ (0)				
3	1.897 603 (1.896 942)	±1°9.8′ (0)	4.893 105 (4.885 993)	±1°1.8′ (0)	7.998 692 (7.968 519)	±1°9.3′ (0)		
4	1.896 054 (1.896 424)	±0°51.5′ (0)	4.887 541 (4.883 993)	±0°42.5′ (0)	7.976 459 (7.965 769)	±0°46.6′ (0)	11.112 914 (11.082 449)	±0°54.7′ (0)

括号内是假设模态里茨法在 $n=1,2,3,4$ 时所得结果.

实例计算表明:最小二乘法将实模态振动问题离散化为复模态振动问题,把简单的问题变为复杂的问题,比较两种方法,我们没有理由要优先选用最小二乘法;同时,在最小二乘法中计算系数矩阵是比较复杂的,特征值问题的阶次要比里茨法大一倍;此外,最小二乘法中的各矩阵不是正定的,因此它不能采用对于实对称正定矩阵行之有效的许多运算方法.

4.5.3 广义伽辽金原理

上一节介绍采用假设模态最小二乘法,将方差泛函极小值方程(4.5.34)化为多自由度微分方程求解的方法.对于 $t=0$ 与 $t=t_1$ 两个确定时刻的时域边值与空间域边值问题,导出了式(4.5.38)、式(4.5.39).并且指出对于动力学问题的屈曲失稳问题和非线性问题,由于变分方程(4.5.35)仅是方差泛函极小值方程(4.5.34)的必要条件,所以应用这种方法必须将所求的解代入方程(4.5.34)检查是否正确.这是假设模态最小二乘法求解存在的缺点,因而,它不是求解方差泛函极小值方程(4.5.34)的好方法.

下面将介绍求解方差泛函极小值方程(4.5.34)的有效方法——采用假设模态的广义伽辽金方法.为此,引入一个检验空间 V,将内部残差在 V 中展开为广义傅里叶级数,导出方差泛函的另一种表达形式,并由此给出方差泛函零极小值原理与广义伽辽金方程的等价原理,

进而构造采用假设模态的广义伽辽金求解方法.

考虑内部法,有 $\beta_k = 0$,并取 $\beta_{\mathrm{I}} = 1$. 取 n 维试探子空间为 U_n,在其中取试探函数

$$\boldsymbol{u}_n = \sum_{i=1}^{n} \boldsymbol{\varphi}_i q_i = \boldsymbol{\varphi q} \tag{4.5.50}$$

其中,$\boldsymbol{\varphi}_i$ 为满足边界条件式(4.5.2a)、式(4.5.2b)的基函数,q_i 为时间 t 的函数,为待求广义坐标.则有

$$\begin{aligned} \boldsymbol{u}_n \big|_{t=0} &= \sum_{i=1}^{n} \boldsymbol{\varphi}_i q_{0i} = \boldsymbol{\varphi} q_0, \quad q_{0i} = q_i \big|_{t=0} \\ \left.\frac{\partial \boldsymbol{u}_n}{\partial t}\right|_{t=0} &= \sum_{i=1}^{n} \boldsymbol{\varphi}_i q_{1i} = \boldsymbol{\varphi} q_1, \quad q_{1i} = \dot{q}_i \big|_{t=0} \end{aligned} \tag{4.5.51}$$

将式(4.5.50)代入式(4.5.1)、式(4.5.3),得内部残差和初始残差为

$$\begin{aligned} \boldsymbol{R}_{n\mathrm{I}} &= \boldsymbol{R}_{n\mathrm{I}}(\boldsymbol{q}) = \sum_{i=1}^{n} (m\boldsymbol{\varphi}_i \ddot{q}_i + c\boldsymbol{\varphi}_i \dot{q}_i) + \sum_{i=1}^{n} P_{2m}(\boldsymbol{\varphi}_i) q_i - \boldsymbol{f}_0 \\ \boldsymbol{R}_{n00} &= \boldsymbol{R}_{n0}(q_0) = \sum_{i=1}^{n} \boldsymbol{\varphi}_i q_{0i} - \boldsymbol{u}_0 \\ \boldsymbol{R}_{n01} &= \boldsymbol{R}_{n1}(q_1) = \sum_{i=1}^{n} \boldsymbol{\varphi}_i q_{1i} - \dot{\boldsymbol{u}}_0 \end{aligned} \tag{4.5.52}$$

将上面的内部残差 $\boldsymbol{R}_{n\mathrm{I}}$、初始条件残差 $\boldsymbol{R}_{n00}$ 与 $\boldsymbol{R}_{n01}$ 代入式(4.5.7),得内部方差泛函

$$J_n(\boldsymbol{u}_n) = J(\boldsymbol{q}) = \int_0^t \int_{\Omega} \boldsymbol{R}_{n\mathrm{I}}^2(\boldsymbol{q}) \mathrm{d}\Omega \mathrm{d}t + \int_{\Omega} \beta_{00}^2 \boldsymbol{R}_{n0}^2(\boldsymbol{q}_0) \mathrm{d}\Omega + \int_{\Omega} \beta_{01}^2 \boldsymbol{R}_{n1}^2(\boldsymbol{q}_1) \mathrm{d}\Omega \tag{4.5.53}$$

这是试探子空间 U_n 中的方差泛函.可见方差泛函 $J(\tilde{u})$ 的零极小值原理,在子空间 U_n 中近似为方差泛函$J(\boldsymbol{u}_n)$ 的极小值原理.即使试探空间 U 中方差泛函取零极小值的方程(4.5.8)化为使试探子空间 U_n 中的方差泛函$J_n(\boldsymbol{q})$ 取极小值的方程

$$J_n(\boldsymbol{u}_n^*) = J_n(\boldsymbol{q}^*) = \min J_n(\boldsymbol{q}) \tag{4.5.54}$$

将由上式求得的 $\boldsymbol{q}^*$ 代入式(4.5.50),得式(4.5.1)~式(4.5.3)问题的近似解

$$\boldsymbol{u}_n^* = \sum_{i=1}^{n} \boldsymbol{\varphi}_i q_i^* \tag{4.5.55}$$

满足一定条件的坐标函数称为权函数,权函数全体构成权函数空间 V,它是无穷维空间.将权函数空间 V 称为检验空间.在检验空间 V 中选取n' 个基函数序列 $\{\boldsymbol{W}_{n'j}\}$,它们是线性无关的完备正交序列,即有

$$(\boldsymbol{W}_{n'i}, \boldsymbol{W}_{n'j}) = \int_{\Omega} \boldsymbol{W}_{n'i} \boldsymbol{W}_{n'j} \mathrm{d}\Omega = \begin{cases} 1, & i = j \\ 0, & i \neq j \end{cases} \tag{4.5.56}$$

这里,(,)表示内积. n' 个基函数序列 $\{\boldsymbol{W}_{n'j}\}$ 形成n' 维检验子空间 $V_{n'}$. 则内部残差 $\boldsymbol{R}_{n\mathrm{I}}$、初始条件残差 $\boldsymbol{R}_{n00}$ 与 $\boldsymbol{R}_{n01}$ 在检验子空间 $V_{n'}$ 中最佳逼近广义傅里叶级数的表达式为

$$\boldsymbol{R}_{n\mathrm{I}} \approx \boldsymbol{R}_{nn'\mathrm{I}}(\boldsymbol{q}) = \sum_{j=1}^{n'}(\boldsymbol{R}_{n\mathrm{I}},\ \boldsymbol{W}_{n'j})\boldsymbol{W}_{n'j} \tag{4.5.57}$$

$$\boldsymbol{R}_{n00} \approx \boldsymbol{R}_{nn'0}(\boldsymbol{q}_0) = \sum_{j=1}^{n'}(\boldsymbol{R}_{n00},\ \boldsymbol{W}_{n'j})\boldsymbol{W}_{n'j} \tag{4.5.58}$$

$$\boldsymbol{R}_{n01} \approx \boldsymbol{R}_{nn'1}(\boldsymbol{q}_1) = \sum_{j=1}^{n'}(\boldsymbol{R}_{n01},\ \boldsymbol{W}_{n'j})\boldsymbol{W}_{n'j} \tag{4.5.59}$$

根据广义傅里叶级数收敛性要求，标准正交序列 $\boldsymbol{W}$ 应是完备的，内积 $(\boldsymbol{R}_{\mathrm{I}},\ \boldsymbol{W}_j)$，$(\boldsymbol{R}_{00},\ \boldsymbol{W}_j)$ 与 $(\boldsymbol{R}_{01},\ \boldsymbol{W}_j)$ 是可积分的. 将式(4.5.57)～式(4.5.59)代入式(4.5.53)，得

$$\begin{aligned} J_n(\boldsymbol{u}_n) &\approx J_{nn'}(\boldsymbol{q}) \\ &= \int_0^t\int_\Omega\Big[\sum_{j=1}^{n'}(\boldsymbol{R}_{n\mathrm{I}},\ \boldsymbol{W}_{n'j})^2\Big]\mathrm{d}t\,\mathrm{d}\Omega + \int_\Omega\sum_{j=1}^{n'}\beta_{00}^2(\boldsymbol{R}_{n00},\ \boldsymbol{W}_{n'j})^2\mathrm{d}\Omega \\ &\quad + \int_\Omega\sum_{j=1}^{n'}\beta_{01}^2(\boldsymbol{R}_{n01},\ \boldsymbol{W}_{n'j})^2\mathrm{d}\Omega \end{aligned} \tag{4.5.60}$$

由此可见，方差泛函 $J_n(\boldsymbol{u}_n)$ 近似为 $J_{nn'}(\boldsymbol{q})$.

依据广义傅里叶级数收敛性理论，当检验子空间 $V_{n'}$ 的维数趋于无穷，即 $n' \to \infty$ 时，n' 个基函数序列 $\{\boldsymbol{W}_{n'j}\}$ 趋于无穷维基函数序列 $\{\boldsymbol{W}_{\infty j}\}$，检验子空间 $V_{n'}$ 趋于检验空间 V，即有 $V_{n'} \to V_\infty = V$. 令无穷维基函数序列 $\{\boldsymbol{W}_{\infty j}\}$ 的前 n' 维基函数序列 $\{\boldsymbol{W}_{\infty j}\}_{n'}$ 等于 n' 维检验子空间 $V_{n'}$ 的 n' 个基函数序列 $\{\boldsymbol{W}_{n'j}\}$，则有

$$\boldsymbol{R}_{n\mathrm{I}} = \boldsymbol{R}_{n\infty\mathrm{I}}(\boldsymbol{q}) = \sum_{j=1}^{\infty}(\boldsymbol{R}_{n\mathrm{I}},\ \boldsymbol{W}_{\infty j})\boldsymbol{W}_{\infty j} = \boldsymbol{R}_{nn'\mathrm{I}}(\boldsymbol{q}) + \boldsymbol{e}_{R\mathrm{I}n'\infty} \tag{4.5.61}$$

$$\boldsymbol{R}_{n00} = \boldsymbol{R}_{n\infty 0}(\boldsymbol{q}_0) = \sum_{j=1}^{\infty}(\boldsymbol{R}_{n00},\ \boldsymbol{W}_{\infty j})\boldsymbol{W}_{\infty j} = \boldsymbol{R}_{nn'0}(\boldsymbol{q}_0) + \boldsymbol{e}_{R0n'\infty} \tag{4.5.62}$$

$$\boldsymbol{R}_{n01} \approx \boldsymbol{R}_{n\infty 1}(\boldsymbol{q}_1) = \sum_{j=1}^{\infty}(\boldsymbol{R}_{n01},\ \boldsymbol{W}_{\infty j})\boldsymbol{W}_{\infty j} = \boldsymbol{R}_{nn'1}(\boldsymbol{q}_1) + \boldsymbol{e}_{R1n'\infty} \tag{4.5.63}$$

其中，在 n' 维检验子空间 $V_{n'}$ 中残差近似的误差分别为

$$\begin{aligned} \boldsymbol{e}_{R\mathrm{I}n'\infty} &= \sum_{j=n'+1}^{\infty}(\boldsymbol{R}_{n\mathrm{I}},\ \boldsymbol{W}_{\infty j})\boldsymbol{W}_{\infty j} \\ \boldsymbol{e}_{R0n'\infty} &= \sum_{j=n'+1}^{\infty}(\boldsymbol{R}_{n00},\ \boldsymbol{W}_{\infty j})\boldsymbol{W}_{\infty j} \\ \boldsymbol{e}_{R1n'\infty} &= \sum_{j=n'+1}^{\infty}(\boldsymbol{R}_{n01},\ \boldsymbol{W}_{\infty j})\boldsymbol{W}_{\infty j} \end{aligned} \tag{4.5.64}$$

将式(4.5.61)～式(4.5.63)代入式(4.5.53)，得

$$J_n(\boldsymbol{u}_n) = J_{n\infty}(\boldsymbol{q}) = J_{nn'}(\boldsymbol{q}) + e_{Jn'\infty} \tag{4.5.65}$$

其中，n' 维检验子空间 $V_{n'}$ 中近似方差泛函 $J_{nn'}(\boldsymbol{q})$ 的近似误差 $e_{Jn'\infty}$ 为

$$e_{Jn'\infty} = \int_0^t\int_\Omega\Big[\sum_{j=n'+1}^{\infty}(\boldsymbol{R}_{n\mathrm{I}},\ \boldsymbol{W}_{\infty j})^2\Big]\mathrm{d}t\,\mathrm{d}\Omega + \int_\Omega\sum_{j=n'+1}^{\infty}\beta_{00}^2(\boldsymbol{R}_{n00},\ \boldsymbol{W}_{\infty j})^2\mathrm{d}\Omega$$

$$+\int_{\Omega}\sum_{j=n'+1}^{\infty}\beta_{01}^{2}(\boldsymbol{R}_{n01},\ \boldsymbol{W}_{\infty j})^{2}\mathrm{d}\Omega \tag{4.5.66}$$

那么使方差泛函 $J_n(\boldsymbol{q})$ 取极小值的方程(4.5.54)化为

$$J_n(\boldsymbol{u}_n^*) = J_{n\infty}(\boldsymbol{q}^*) = \min J_{n\infty}(\boldsymbol{q}) \tag{4.5.67}$$

在式(4.5.65)中忽略误差项 $e_{Jn'\infty}$ 后,得到近似方差泛函 $J_{nn'}(\boldsymbol{q})$(见式(4.5.60)),那么使方差泛函 $J_n(\boldsymbol{q})$ 取极小值的方程(4.5.67)近似为使近似方差泛函 $J_{nn'}(\boldsymbol{q})$ 取极小值的方程,即

$$J_n(\boldsymbol{u}_n^*) = J_{nn'}(\boldsymbol{q}^*) = \min J_{nn'}(\boldsymbol{q}) \tag{4.5.68}$$

很显然,方程(4.5.68)的求解仍然很困难,因而还要想办法将问题作如下的简化.

当试验子空间 U_n 的维数 n 等于检验子空间 $V_{n'}$ 的维数 n' 时,也就是当 $n'=n$ 时,方差泛函 $J_n(\boldsymbol{u}_n)$ 近似为 $J_{nn}(\boldsymbol{q})$,即

$$\begin{aligned}J_n(\boldsymbol{u}_n) &\approx J_{nn}(\boldsymbol{q})\\ &= \int_0^t\int_{\Omega}\sum_{j=1}^{n}(\boldsymbol{R}_{n\mathrm{I}},\ \boldsymbol{W}_{nj})^2\mathrm{d}t\mathrm{d}\Omega + \int_{\Omega}\sum_{j=1}^{n}\beta_{00}^{2}(\boldsymbol{R}_{n00},\ \boldsymbol{W}_{nj})^2\mathrm{d}\Omega\\ &\quad + \int_{\Omega}\sum_{j=1}^{n}\beta_{01}^{2}(\boldsymbol{R}_{n01},\ \boldsymbol{W}_{nj})^2\mathrm{d}\Omega\end{aligned} \tag{4.5.69}$$

可以看到方程(4.5.69)中,第一个积分号包含 n 个变量 q_i 的 n 项内积平方之和,第二个积分号内包含 n 个变量 q_{0i} 的 n 项内积平方之和,第三个积分号内包含 n 个变量 q_{1i} 的 n 项内积平方之和.那么使近似方差泛函 $J_{nn'}(\boldsymbol{q})$ 取极小值的方程(4.5.68)化为

$$J_n(\boldsymbol{u}_n^*) = J_{nn}(\boldsymbol{q}^*) = \min J_{nn}(\boldsymbol{q}) \tag{4.5.70}$$

从而,使近似方差泛函 $J_{nn}(\boldsymbol{q})$ 取极小值的充要条件就是使 $J_{nn}(\boldsymbol{q})$ 的每个平方项为零,即

$$(\boldsymbol{R}_{n\mathrm{I}},\ \boldsymbol{W}_{nj}) = \int_V \boldsymbol{R}_{n\mathrm{I}}(\boldsymbol{q}^*)\boldsymbol{W}_{nj}\mathrm{d}V = 0,\quad j=1,2,\cdots,n \tag{4.5.71}$$

$$(\boldsymbol{R}_{n00},\ \boldsymbol{W}_{nj}) = \int_V \boldsymbol{R}_{n0}(\boldsymbol{q}_0^*)\boldsymbol{W}_{nj}\mathrm{d}V = 0,\quad j=1,2,\cdots,n \tag{4.5.72}$$

$$(\boldsymbol{R}_{n01},\ \boldsymbol{W}_{nj}) = \int_V \boldsymbol{R}_{n1}(\boldsymbol{q}_1^*)\boldsymbol{W}_{nj}\mathrm{d}V = 0,\quad j=1,2,\cdots,n \tag{4.5.73}$$

这就是内部问题的广义伽辽金方程.由式(4.5.72)的 n 个代数方程正好可以求得 n 个参变量初值 q_{0i}^*,由式(4.5.73)的 n 个代数方程正好可以求得 n 个参变量初值 q_{1i}^*,求得 q_{0i}^* 与 q_{1i}^* 作为 $q_i^*(t)$ 的初始条件,由式(4.5.71)的 n 个微分方程正好可以求得 n 个参变量 $q_i^*(t)$.

将式(4.5.52)代入式(4.5.71)~式(4.5.73),得

$$\sum_{i=1}^{n}(m_{ij}\ddot{q}_i^* + c_{ij}\dot{q}_i^* + k_{ij}q_i^*) - f_i f_t = 0,\quad j=1,2,\cdots,n \tag{4.5.74}$$

$$\sum_{i=1}^{n}b_{ij}q_{0i}^* - u_{0j} = 0,\quad j=1,2,\cdots,n \tag{4.5.75}$$

$$\sum_{i=1}^{n}b_{ij}q_{1i}^* - u_{0j} = 0,\quad j=1,2,\cdots,n \tag{4.5.76}$$

其中

$$m_{ij} = \int_\Omega m\boldsymbol{\varphi}_i \boldsymbol{W}_{n'j}\mathrm{d}\Omega,\quad c_{ij} = \int_\Omega c\boldsymbol{\varphi}_i \boldsymbol{W}_{n'j}\mathrm{d}\Omega,\quad f_j = \int_\Omega \boldsymbol{f}_{0x}\boldsymbol{W}_{n'j}\mathrm{d}\Omega$$
$$k_{ij} = \int_\Omega \boldsymbol{P}_{2m}(\boldsymbol{\varphi}_i)\boldsymbol{W}_{n'j}\mathrm{d}\Omega,\quad b_{ij} = \int_\Omega \boldsymbol{\varphi}_i \boldsymbol{W}_{n'j}\mathrm{d}\Omega \tag{4.5.77}$$
$$u_{0j} = \int_\Omega \boldsymbol{u}_0 \boldsymbol{W}_{n'j}\mathrm{d}\Omega,\quad u_{1j} = \int_\Omega \dot{\boldsymbol{u}}_0 \boldsymbol{W}_{n'j}\mathrm{d}\Omega$$

由此可见,式(4.5.74)是关于 n 个自由度 $q_i^*(t)$ 的 n 个二阶微分方程组,式(4.5.75)为关于 n 个自由度 q_{0i}^* 的 n 个代数方程组,式(4.5.76)为关于 n 个自由度 q_{1i}^* 的 n 个代数方程组.由式(4.5.75)、式(4.5.76)求得 q_{0i}^* 与 q_{1i}^*,即是 $q_i^*(t)$ 的初始条件.因而,方程(4.5.74)～方程(4.5.76)是广义伽辽金法求解参变量 $q_i^*(t)$ 的支配方程,求得参变量 $q_i^*(t)$ 后,将其代入式(4.5.50)就得到方程(4.5.70)的解 u_{nn}^*,它就是方程(4.5.1)～方程(4.5.3)的近似解.

上面的分析是在检验子空间 V_n 中选取标准正交完备基序列,即在式(4.5.56)的条件下进行的.实际上,只要在检验空间 V_n 中选取完备基序列 $\{\boldsymbol{W}_{nj}\}$ 即可,可以不要求这个基序列满足标准正交性条件式(4.5.56).令

$$g_{ij} = (\boldsymbol{W}_{ni},\ \boldsymbol{W}_{nj}) = \int_\Omega \boldsymbol{W}_{ni}\boldsymbol{W}_{nj}\mathrm{d}\Omega \tag{4.5.78}$$

那么,$\boldsymbol{R}_{n\mathrm{I}}$ 在检验子空间 V_n 中的最佳逼近为

$$\boldsymbol{R}_{n\mathrm{I}} \approx \boldsymbol{R}_{nn\mathrm{I}}(\boldsymbol{q}) = \sum_{i=1}^n \lambda_i \boldsymbol{W}_{ni} \tag{4.5.79}$$

其中,λ_i 为下列方程组的唯一解:

$$(\boldsymbol{R}_{n\mathrm{I}},\ \boldsymbol{W}_{nj}) = \sum_{i=1}^n \lambda_i(\boldsymbol{W}_i,\ \boldsymbol{W}_j) = \sum_{i=1}^n \lambda_i g_{ij},\quad j = 1, 2, \cdots, n \tag{4.5.80}$$

则有

$$\begin{aligned}\int_0^t\int_\Omega \boldsymbol{R}_{n\mathrm{I}}^2(\boldsymbol{q})\mathrm{d}\Omega\mathrm{d}t &= \int_0^t (\boldsymbol{R}_{n\mathrm{I}},\ \boldsymbol{R}_{n\mathrm{I}})\mathrm{d}t\\ &= \int_0^t \sum_{i=1}^n\sum_{j=1}^n \lambda_i\lambda_j(\boldsymbol{W}_{ni},\ \boldsymbol{W}_{nj})\mathrm{d}t\\ &= \int_0^t \sum_{j=1}^\infty \lambda_j(\boldsymbol{R}_{n\mathrm{I}},\ \boldsymbol{W}_{nj})\mathrm{d}t\end{aligned} \tag{4.5.81}$$

同样,有

$$\begin{aligned}\boldsymbol{R}_{n00} &\approx \boldsymbol{R}_{nn0}(\boldsymbol{q}_0) = \sum_{i=1}^n \gamma_{0i}\boldsymbol{W}_{ni}\\ \boldsymbol{R}_{n01} &\approx \boldsymbol{R}_{nn1}(\boldsymbol{q}_1) = \sum_{i=1}^n \gamma_{1i}\boldsymbol{W}_{ni}\end{aligned} \tag{4.5.82}$$

其中,γ_{0i} 与 γ_{1i} 为下面方程组的唯一解:

$$(\boldsymbol{R}_{n00},\ \boldsymbol{W}_{nj}) = \sum_{i=1}^n \gamma_{0i}(\boldsymbol{W}_{ni},\ \boldsymbol{W}_{nj}) = \sum_{i=1}^n \gamma_{0i}g_{ij},\quad j = 1, 2, \cdots, n \tag{4.5.83}$$

$$(\boldsymbol{R}_{n01},\ \boldsymbol{W}_{nj}) = \sum_{i=1}^{n} \gamma_{1i}(\boldsymbol{W}_{ni},\ \boldsymbol{W}_{nj}) = \sum_{i=1}^{n} \gamma_{1i} g_{ij},\quad j = 1, 2, \cdots, n \tag{4.5.84}$$

则有

$$\begin{aligned} \int_{\Omega} \beta_{00}^{2} \boldsymbol{R}_{n0}^{2}(\boldsymbol{q}_0)\mathrm{d}\Omega &= \sum_{j=1}^{n} \gamma_{0j}(\boldsymbol{R}_{00},\ \boldsymbol{W}_j) \\ \int_{\Omega} \beta_{01}^{2} \boldsymbol{R}_{n1}^{2}(\boldsymbol{q}_1)\mathrm{d}\Omega &= \sum_{j=1}^{n} \gamma_{1j}(\boldsymbol{R}_{01},\ \boldsymbol{W}_j) \end{aligned} \tag{4.5.85}$$

将式(4.5.81)、式(4.5.83)、式 (4.5.84)代入式(4.5.53),得

$$\begin{aligned} J_n(\boldsymbol{u}_n) &\approx J_{nn}(\boldsymbol{q}) \\ &= \int_0^t \sum_{j=1}^{n} \lambda_j(\boldsymbol{R}_{n\mathrm{I}}, \boldsymbol{W}_{nj})\mathrm{d}t + \sum_{j=1}^{n} r_{0j}(\boldsymbol{R}_{n00},\ \boldsymbol{W}_{nj}) + \sum_{j=1}^{n} r_{1j}(\boldsymbol{R}_{n01},\ \boldsymbol{W}_{nj}) \end{aligned} \tag{4.5.86}$$

可以看到方程(4.5.86)中,第一项积分号内是关于 λ_i 的 n 项和,包含 n 个变量 q_i;第二项求和是关于 γ_{0i} 的 n 项和,包含 n 个变量 q_{0i};第三项求和是关于 γ_{1i} 的 n 项和,包含 n 个变量 q_{1i}. 使近似方差泛函 $J_{nn}(\boldsymbol{q})$ 取极小值的方程仍为式(4.5.70). 那么,使近似方差泛函 $J_{nn}(\boldsymbol{q})$ 取极小值的充要条件就是使 $J_{nn}(\boldsymbol{q})$ 在式(4.5.85)中的每项为零,这就是说,仍由伽辽金方程(4.5.71)～方程(4.5.73)确定,并仍然化为式(4.5.74)～式(4.5.76)来求解 $\boldsymbol{q}^*$, $\boldsymbol{q}_0^*$ 和 $\dot{\boldsymbol{q}}_0^*$. 同时,任何线性无关完备基序列都可以用格兰姆-施密特(Gram-Schmid)正交化过程化为相应的标准正交完备基序列. 因而在检验子空间 V_n 中选取函数基序列的要求是:① 函数基是线性无关的完备基序列;② 式(4.5.71)～式(4.5.73)的积分是可积的.

式(4.5.71)～式(4.5.73)为假设模态广义伽辽金方程,简称为广义伽辽金方程,也称为动力学问题加权残值法的统一方程.

检验子空间 V_n 的基函数 $\boldsymbol{W}_{nj}$ 就是加权残值法的加权函数,取不同的加权函数,可以构造不同的加权残值法,例如伽辽金法、配点法、子域法等等. 同时,式(4.5.71)～式(4.5.73)的数学含义是内部残差 $\boldsymbol{R}_{n\mathrm{I}}$ 、初始条件残差 $\boldsymbol{R}_{n00}$ 和 $\boldsymbol{R}_{n01}$ 都与检验子空间 V_n 的 n 维完备基函数序列 $\{\boldsymbol{W}_{nj}\}$ 正交,也就是说, $\boldsymbol{R}_{n\mathrm{I}}$, $\boldsymbol{R}_{n00}$ 与 $\boldsymbol{R}_{n01}$ 都是检验子空间 V_n 的零元素,即在检验子空间中有

$$\boldsymbol{R}_{n\mathrm{I}} = 0,\quad \boldsymbol{R}_{n00} = 0,\quad \boldsymbol{R}_{n01} = 0 \tag{4.5.87}$$

则有内部问题广义伽辽金原理为:当试验子空间 U_n 与检验子空间 V_n 的维数 n 相同时,广义伽辽金方程(4.5.71)～方程(4.5.73)的解 $\boldsymbol{q}^*$ 即是内部问题近似方差泛函 $J_{nn}(\boldsymbol{q})$ 取极小值方程(4.5.70)的解;反之亦然,使内部问题近似方差泛函 $J_{nn}(\boldsymbol{q})$ 取零极小值方程(4.5.70)的解 $\boldsymbol{q}^*$ 必是方程(4.5.71)～方程(4.5.73)的解. 也就是说,广义伽辽金方程(4.5.71)～方程(4.5.73)与内部问题近似方差泛函取极小值方程(4.5.70)是等价的,无论偏微分算子是什么类型.

当 $n \to \infty$ 时,有试探子空间 U_n 充满试探空间 U,检验子空间 V_n 充满检验空间 V. 可以

证明,当 n 趋于无穷时,近似解 u_{nn}^* 的近似方差泛函 $J(u_{nn}^*)$ 趋向于 $u_{\infty\infty}^*$ 的近似方差泛函 $J(u_{\infty\infty}^*) = J(\boldsymbol{u}^*) = 0$. 也就是说,近似解 u_{nn}^* 的近似方差泛函 $J(u_{nn}^*)$ 收敛于精确解 $\boldsymbol{u}^*$ 的方差泛函 $J(\boldsymbol{u}^*) = 0$ 的零极小值,相应的近似解序列 u_{nn}^* 也收敛于精确解 $\boldsymbol{u}^*$.

上述方法可以推广到一般情况.我们考虑混合法,在 n 维试探子空间 U_n 中取试探函数 $\boldsymbol{u}_n$ 仍为(4.5.50),其中,$\boldsymbol{\varphi}_i$ 为既不满足控制方程(4.5.1)又不满足边界条件式(4.5.2)、初始条件式(4.5.3)的基函数,内部残差 $\boldsymbol{R}_{n\mathrm{I}}$、初始条件残差 $\boldsymbol{R}_{n00}$ 与 $\boldsymbol{R}_{n01}$ 为式(4.5.52),边界条件残差 $\boldsymbol{R}_{nk}$ 为

$$\boldsymbol{R}_{nk} = \boldsymbol{R}_{nk}(\boldsymbol{q}) = B_k\Big(\sum_{i=1}^{n}\boldsymbol{\varphi}_i q_i\Big) - f_k, \quad k = 1, 2, \cdots, m, \quad \boldsymbol{x} \in S_u \\ k = m+1, \cdots, 2m, \quad \boldsymbol{x} \in S_\sigma \tag{4.5.88}$$

将上面式(4.5.52)的内部残差 $\boldsymbol{R}_{n\mathrm{I}}$、初始条件残差 $\boldsymbol{R}_{n00}$ 和 $\boldsymbol{R}_{n01}$,以及式(4.5.88)的边界条件残差 $\boldsymbol{R}_{nk}$ 代入式(4.5.7),得混合问题的方差泛函

$$\begin{aligned} J_n(\boldsymbol{u}_n) &= J_n(\boldsymbol{q}) \\ &= \int_0^t\int_\Omega \beta_{\mathrm{I}}^0 \boldsymbol{R}_{n\mathrm{I}}^2(\boldsymbol{q})\mathrm{d}\Omega\mathrm{d}t + \int_\Omega \beta_{00}^2 \boldsymbol{R}_{n0}^2(\boldsymbol{q}_0)\mathrm{d}\Omega + \int_\Omega \beta_{01}^2 \boldsymbol{R}_{n1}^2(\boldsymbol{q}_1)\mathrm{d}\Omega \\ &\quad + \sum_{k=1}^{m}\int_0^t\int_{S_u} \beta_k^0 \boldsymbol{R}_{nk}^2(\boldsymbol{q})\mathrm{d}S\mathrm{d}t + \sum_{k=m+1}^{2m}\int_0^t\int_{S_\sigma} \beta_k^0 \boldsymbol{R}_{nk}^2(\boldsymbol{q})\mathrm{d}S\mathrm{d}t \end{aligned} \tag{4.5.89}$$

这是试探子空间 U_n 中的方差泛函.那么方差泛函 $J(\boldsymbol{u})$ 的零极小值原理,在子空间 U_n 中近似为方差泛函 $J_n(\boldsymbol{u}_n)$ 的极小值原理.即使试探空间 U 中方差泛函取零极小值的方程(4.5.8)化为试探子空间 U_n 中的方差泛函 $J_n(\boldsymbol{q})$ 取极小值的方程(4.5.54).

在检验空间 V 中定义内积 $(\boldsymbol{u}, \boldsymbol{v})_V$ 为

$$\begin{aligned} (\boldsymbol{u}, \boldsymbol{v})_V &= \sum_{k=0}^{2m}(u_k, v_k)_V \\ &= \int_\Omega u_0 v_0 \mathrm{d}\Omega + \sum_{k=1}^{m}\int_{S_u} u_k v_k \mathrm{d}S + \sum_{k=m+1}^{2m}\int_{S_\sigma} u_k v_k \mathrm{d}S \end{aligned} \tag{4.5.90}$$

其中

$$\boldsymbol{u} = [u_0 \quad u_1 \quad \cdots \quad u_{2m}], \quad \boldsymbol{v} = [v_0 \quad v_1 \quad \cdots \quad v_{2m}] \tag{4.5.91}$$

定义残差向量 $\bar{\boldsymbol{R}}_n$ 为

$$\bar{\boldsymbol{R}}_n = [\beta_{\mathrm{I}}\boldsymbol{R}_{n\mathrm{I}} \quad \beta_1\boldsymbol{R}_{n1} \quad \beta_2\boldsymbol{R}_{n2} \quad \cdots \quad \beta_{2m}\boldsymbol{R}_{n,2m}] \tag{4.5.92}$$

则用内积(4.5.90)的定义,将方差泛函(4.5.89)改写为

$$\begin{aligned} J_n(\boldsymbol{u}_n) &\approx J_{nn}(\boldsymbol{q}) \\ &= \int_0^t (\bar{\boldsymbol{R}}_n, \bar{\boldsymbol{R}}_n)\mathrm{d}t + \int_\Omega \beta_{00}^2 \boldsymbol{R}_{n0}^2(\boldsymbol{q}_0)\mathrm{d}\Omega + \int_\Omega \beta_{01}^2 \boldsymbol{R}_{n1}^2(\boldsymbol{q}_1)\mathrm{d}\Omega \end{aligned} \tag{4.5.93}$$

在检验子空间 V_n 中选取 n 个基函数序列 $\{\boldsymbol{W}_{nj}\}$ 和它的基向量 $\bar{\boldsymbol{W}}$,$\{\boldsymbol{W}_{nj}\}$ 是线性无关的完备序列:

$$\{\boldsymbol{W}_{nj}\} = \{\boldsymbol{W}_{n1},\ \boldsymbol{W}_{n2},\ \cdots,\ \boldsymbol{W}_{nn}\} \tag{4.5.94}$$

它的基向量 $\overline{\boldsymbol{W}}$ 为

$$\{\overline{\boldsymbol{W}}_n\} = \{\overline{\boldsymbol{W}}_{n1},\ \overline{\boldsymbol{W}}_{n2},\ \cdots,\ \overline{\boldsymbol{W}}_{nn}\}$$

$$\overline{\boldsymbol{W}}_{ni} = [\boldsymbol{W}_{ni}\quad D_{2m}(\boldsymbol{W}_{ni})\quad D_{2m-1}(\boldsymbol{W}_{ni})\quad \cdots\quad D_2(\boldsymbol{W}_{ni})\quad D_1(\boldsymbol{W}_{ni})] \tag{4.5.95}$$

其中，$D_i(i = 1, 2, \cdots, 2m)$ 为边界算子. 则残差向量 $\overline{\boldsymbol{R}}_n$ 和初始残差 $\boldsymbol{R}_{n0}$，$\boldsymbol{R}_{n1}$ 在检验子空间 V_n 的 最佳逼近为

$$\begin{aligned}
\overline{\boldsymbol{R}}_n &\approx \overline{\boldsymbol{R}}_{nn}(\boldsymbol{q}) = \sum_{i=1}^{n}\lambda_i\overline{\boldsymbol{W}}_{ni} \\
\boldsymbol{R}_{n00} &\approx \boldsymbol{R}_{nn0}(\boldsymbol{q}_0) = \sum_{i=1}^{n}\gamma_{0i}\boldsymbol{W}_{ni} \\
\boldsymbol{R}_{n01} &\approx \boldsymbol{R}_{nn1}(\boldsymbol{q}_1) = \sum_{i=1}^{n}\gamma_{1i}\boldsymbol{W}_{ni}
\end{aligned} \tag{4.5.96}$$

其中，λ_i，γ_{0i}，γ_{1i} 分别为如下方程组的解：

$$\begin{aligned}
\sum_{i=1}^{n}\lambda_i(\overline{\boldsymbol{W}}_{ni},\ \overline{\boldsymbol{W}}_{nj})_V &= \sum_{i=1}^{n}\lambda_i h_{ij} = (\overline{\boldsymbol{R}}_n,\ \overline{\boldsymbol{W}}_{nj}) \\
\sum_{i=1}^{n}\gamma_{0i}(\boldsymbol{W}_{ni},\ \boldsymbol{W}_{nj}) &= \sum_{i=1}^{n}\gamma_{0i}g_{ij} = (\boldsymbol{R}_{n00},\ \boldsymbol{W}_{nj}) \\
\sum_{i=1}^{n}\gamma_{0i}(\boldsymbol{W}_{ni},\ \boldsymbol{W}_{nj}) &= \sum_{i=1}^{n}\gamma_{1i}g_{ij} = (\boldsymbol{R}_{n01},\ \boldsymbol{W}_{nj})
\end{aligned} \tag{4.5.97}$$

其中，g_{ij} 见式(4.5.78). 由式(4.5.90)知

$$\begin{aligned}
h_{ij} &= (\overline{\boldsymbol{W}}_{ni}, \overline{\boldsymbol{W}}_{nj})_V \\
&= \int_{\Omega}\boldsymbol{W}_{ni}\boldsymbol{W}_{nj}\mathrm{d}\Omega + \sum_{k=1}^{m}\int_{S_u}D_{2m+1-k}(\boldsymbol{W}_{ni})D_{2m+1-k}(\boldsymbol{W}_{nj})\mathrm{d}S \\
&\quad + \sum_{k=m+1}^{2m}\int_{S_\sigma}D_{2m+1-k}(\boldsymbol{W}_{ni})D_{2m+1-k}(\boldsymbol{W}_{nj})\mathrm{d}S
\end{aligned} \tag{4.5.98}$$

将式(4.5.96)代入式(4.5.93)，得

$$\begin{aligned}
J_n(\boldsymbol{u}_n) \approx J_{nn}(\boldsymbol{q}) &= \int_0^t\sum_{j=1}^{n}\lambda_j(\overline{\boldsymbol{R}}_n, \overline{\boldsymbol{W}}_{nj})\mathrm{d}t + \sum_{j=1}^{n}\beta_{00}^2\gamma_{0j}(\boldsymbol{R}_{n00}, \boldsymbol{W}_{nj}) \\
&\quad + \sum_{j=1}^{n}\beta_{01}^2\gamma_{1j}(\boldsymbol{R}_{n01}, \boldsymbol{W}_{nj})
\end{aligned} \tag{4.5.99}$$

由此可见，方差泛函 $J_n(\boldsymbol{u}_n)$ 近似为近似方差泛函 $J_{nn}(\boldsymbol{q})$.

依据广义傅里叶级数收敛性理论，当检验子空间 V_n 的维数趋于无穷，即 $n \to \infty$ 时，n 个基函数序列 $\{\boldsymbol{W}_{nj}\}$ 趋于无穷维基函数序列 $\{\boldsymbol{W}_{\infty j}\}$，检验子空间 V_n 趋于检验空间 V，即有 $V_n \to V_\infty = V$. 令无穷维基函数序列 $\{\boldsymbol{W}_{\infty j}\}$ 的前 n 维基函数序列 $\{\boldsymbol{W}_{\infty j}\}_n$ 等于 n 维检验子空间 V_n 的 n 个基函数序列 $\{W_{nj}\}$，则有

$$\overline{\boldsymbol{R}}_n = \overline{\boldsymbol{R}}_{n\infty}(\boldsymbol{q}) = \sum_{j=1}^{\infty}(\overline{\boldsymbol{R}}_n,\ \overline{\boldsymbol{W}}_{\infty j})\overline{\boldsymbol{W}}_{\infty j} = \overline{\boldsymbol{R}}_{nn}(\boldsymbol{q}) + \boldsymbol{e}_{\overline{R}n\infty} \tag{4.5.100}$$

$$R_{n00} = \boldsymbol{R}_{n\infty 0}(\boldsymbol{q}_0) = \sum_{j=1}^{\infty}(\boldsymbol{R}_{n00}, \boldsymbol{W}_{\infty j})\boldsymbol{W}_{\infty j} = \boldsymbol{R}_{nn0}(\boldsymbol{q}_0) + e_{R0n\infty} \tag{4.5.101}$$

$$R_{n01} \approx \boldsymbol{R}_{n\infty 1}(\boldsymbol{q}_1) = \sum_{j=1}^{\infty}(\boldsymbol{R}_{n01}, \boldsymbol{W}_{\infty j})\boldsymbol{W}_{\infty j} = \boldsymbol{R}_{nn1}(\boldsymbol{q}_1) + e_{R1n\infty} \tag{4.5.102}$$

其中,在 n 维检验子空间 V_n 中残差近似的误差分别为

$$\begin{aligned} \boldsymbol{e}_{\bar{R}n\infty} &= \sum_{j=n+1}^{\infty}(\bar{\boldsymbol{R}}_n, \bar{\boldsymbol{W}}_{\infty j})\bar{\boldsymbol{W}}_{\infty j} \\ \boldsymbol{e}_{R0n\infty} &= \sum_{j=n+1}^{\infty}(\boldsymbol{R}_{n00}, \boldsymbol{W}_{\infty j})\boldsymbol{W}_{\infty j} \\ \boldsymbol{e}_{R1n\infty} &= \sum_{j=n+1}^{\infty}(\boldsymbol{R}_{n01}, \boldsymbol{W}_{\infty j})\boldsymbol{W}_{\infty j} \end{aligned} \tag{4.5.103}$$

将式(4.5.100)～式(4.5.102)代入式(4.5.93),得

$$J_n(\boldsymbol{u}_n) = J_{n\infty}(\boldsymbol{q}) = J_{nn}(\boldsymbol{q}) + e_{Jn\infty} \tag{4.5.104}$$

其中, n 维检验子空间 V_n 中近似方差泛函 $J_{nn}(\boldsymbol{q})$ 的近似误差 $e_{Jn\infty}$ 为

$$\begin{aligned} e_{Jn\infty} = &\int_0^t\int_\Omega\Big[\sum_{j=n+1}^{\infty}(\bar{\boldsymbol{R}}_n, \bar{\boldsymbol{W}}_{\infty j})^2\Big]\mathrm{d}t\,\mathrm{d}\Omega + \int_\Omega\sum_{j=n+1}^{\infty}\beta_{00}^2(\boldsymbol{R}_{n00}, \boldsymbol{W}_{\infty j})^2\mathrm{d}\Omega \\ &+ \int_\Omega\sum_{j=n+1}^{\infty}\beta_{01}^2(\boldsymbol{R}_{n01}, \boldsymbol{W}_{\infty j})^2\mathrm{d}\Omega \end{aligned} \tag{4.5.105}$$

那么使方差泛函 $J_n(\boldsymbol{q})$ 取极小值的方程(4.5.55)化为

$$J_n(\boldsymbol{u}_n^*) = J_{n\infty}(\boldsymbol{q}^*) = \min J_{n\infty}(\boldsymbol{q}) \tag{4.5.106}$$

在式(4.5.104)中忽略误差项 $e_{Jn\infty}$ 后,得到近似方差泛函 $J_{nn}(\boldsymbol{q})$, 见式(4.5.99),那么使方差泛函 $J_n(\boldsymbol{q})$ 取极小值的方程(4.5.106)近似为使近似方差泛函 $J_{nn}(\boldsymbol{q})$ 取极小值的方程,即

$$J_n(\boldsymbol{u}_n^*) \approx J_{nn}(\boldsymbol{q}^*) = \min J_{nn}(\boldsymbol{q}) \tag{4.5.107}$$

可以看到方程(4.5.99)中,第一项积分号内是关于 λ_i 的 n 项和,包含 n 个变量 q_i ;第二项是关于 γ_{0i} 的 n 项和,包含 n 个变量 q_{0i} ;第三项是关于 r_{1i} 的 n 项和,包含 n 个变量 q_{1i}. 使近似方差泛函 $J_{nn}(\boldsymbol{q})$ 取极小值的方程仍为式(4.5.70).那么,使近似方差泛函 $J_{nn}(\boldsymbol{q})$ 取极小值的充要条件就是使式(4.5.99)的 $J_{nn}(\boldsymbol{q})$ 中的每项为零,即

$$\begin{aligned} (\bar{\boldsymbol{R}}_n, \bar{\boldsymbol{W}}_{nj}) = &\int_\Omega\beta_1\boldsymbol{R}_{n1}(\boldsymbol{q}^*)\boldsymbol{W}_{nj}\mathrm{d}\Omega + \sum_{k=1}^{m}\int_{S_u}\beta_k\boldsymbol{R}_{nk}(\boldsymbol{q}^*)D_{2m+1-k}(\boldsymbol{W}_{nj})\mathrm{d}S \\ &+ \sum_{k=m+1}^{2m}\int_{S_\sigma}\beta_k\boldsymbol{R}_{nk}(\boldsymbol{q}^*)D_{2m+1-k}(\boldsymbol{W}_{nj})\mathrm{d}S \\ = &\ 0, \quad j = 1, 2, \cdots, n \end{aligned} \tag{4.5.108}$$

$$(\boldsymbol{R}_{n00}, \boldsymbol{W}_{nj}) = \int_\Omega\boldsymbol{R}_{n0}(\boldsymbol{q}_0^*)\boldsymbol{W}_{nj}\mathrm{d}\Omega = 0, \quad j = 1, 2, \cdots, n \tag{4.5.109}$$

$$(\boldsymbol{R}_{n01}, \boldsymbol{W}_{nj}) = \int_\Omega\boldsymbol{R}_{n1}(\boldsymbol{q}_1^*)\boldsymbol{W}_{nj}\mathrm{d}\Omega = 0, \quad j = 1, 2, \cdots, n \tag{4.5.110}$$

这就是混合问题的广义伽辽金方程.由式(4.5.109)的 n 个代数方程正好可以求得 n 个参变量初值 q_{0i}^*,由式(4.5.110)的 n 个代数方程正好可以求得 n 个参变量初值 q_{1i}^*,求得 q_{0i}^* 与 q_{1i}^* 作为 $q_i^*(t)$ 的初始条件,由式(4.5.108)的 n 个微分方程正好可以求得 n 个参变量 $q_i^*(t)$.将式(4.5.52)与式(4.5.88)代入式(4.5.108)~式(4.5.110),得

$$\sum_{i=1}^{n}(m_{ij}\ddot{q}_i^* + c_{ij}\dot{q}_i^* + k_{ij}q_i^*) - f_j f_t = 0,\quad j = 1, 2, \cdots, n \tag{4.5.111}$$

$$\sum_{i=1}^{n} b_{ij}q_{0i}^* - u_{0j} = 0,\quad j = 1, 2, \cdots, n \tag{4.5.112}$$

$$\sum_{i=1}^{n} b_{ij}\dot{q}_{0i}^* - u_{1j} = 0,\quad j = 1, 2, \cdots, n \tag{4.5.113}$$

其中

$$m_{ij} = \int_\Omega \beta_{\mathrm{I}} m\boldsymbol{\varphi}_i \boldsymbol{W}_{nj}\mathrm{d}\Omega,\quad c_{ij} = \int_\Omega \beta_{\mathrm{I}} c\boldsymbol{\varphi}_i \boldsymbol{W}_{nj}\mathrm{d}\Omega$$

$$f_j = \int_\Omega \beta_{\mathrm{I}}\boldsymbol{f}_{0x}\boldsymbol{W}_{nj}\mathrm{d}\Omega + \sum_{k=1}^{m}\int_{S_u}\beta_k \boldsymbol{f}_{kx}D_{2m+1-k}(\boldsymbol{W}_{nj})\mathrm{d}S + \sum_{k=m+1}^{2m}\int_{S_\sigma}\beta_k \boldsymbol{f}_{kx}D_{2m+1-k}(\boldsymbol{W}_{nj})\mathrm{d}S$$

$$\begin{aligned} k_{ij} = &\int_\Omega \beta_{\mathrm{I}} P_{2m}(\boldsymbol{\varphi}_i)\boldsymbol{W}_{nj}\mathrm{d}\Omega + \sum_{k=1}^{m}\int_{S_u}\beta_k B_k(\boldsymbol{\varphi}_i)\boldsymbol{D}_{2m+1-k}(\boldsymbol{W}_{nj})\mathrm{d}S \\ &+ \sum_{k=m+1}^{2m}\int_{S_\sigma}\beta_k B_k(\boldsymbol{\varphi}_i)D_{2m+1-k}(\boldsymbol{W}_{nj})\mathrm{d}S \end{aligned} \tag{4.5.114}$$

$$b_{ij} = \int_\Omega \boldsymbol{\varphi}_i \boldsymbol{W}_{nj}\mathrm{d}\Omega,\quad u_{0j} = \int_\Omega \boldsymbol{u}_0\boldsymbol{W}_{nj}\mathrm{d}\Omega,\quad u_{1j} = \int_\Omega \dot{\boldsymbol{u}}_0\boldsymbol{W}_{nj}\mathrm{d}\Omega$$

由此可见,式(4.5.111)为 $\boldsymbol{q}^*$ 的二阶微分方程组,式(4.5.112)为 $\boldsymbol{q}_0^*$ 的代数方程组,式(4.5.113)为 $\boldsymbol{q}_1^*$ 的代数方程组.由式(4.5.112)、式(4.5.113)代数方程组求得 $\boldsymbol{q}_0^*$ 与 $\boldsymbol{q}_1^*$,即是 $\boldsymbol{q}^*$ 的初始条件,因而,方程(4.5.111)~方程(4.5.113)是广义伽辽金法求解参变量 $q_i^*(t)$ 的支配方程,求得参变量 $q_i^*(t)$ 后,将其代入式(4.5.50)就得到方程(4.5.70)的解 u_{nn}^*,它就是式(4.5.1)~式(4.5.3)的近似解.

方程(4.5.108)~方程(4.5.110)为假设模态广义伽辽金方程,简称为广义伽辽金方程,也称为动力学问题加权残值法的统一方程.

检验子空间 V_n 的基函数 $\boldsymbol{W}_{nj}$ 就是加权残值法的加权函数,取不同的加权函数,可以构造不同的加权残值法,例如伽辽金法、配点法、子域法等等.

于是混合问题广义伽辽金原理可表述为:当试探子空间 U_n 与检验子空间 V_n 的维数 n 相同时,广义伽辽金方程(4.5.108)~方程(4.5.110)的解 $\boldsymbol{q}^*$ 即是混合问题近似方差泛函 $\boldsymbol{J}_{nn}(\boldsymbol{q})$ 取极小值方程(4.5.107)的解;反之亦然,使内部问题近似方差泛函 $\boldsymbol{J}_{nn}(\boldsymbol{q})$ 取极小值方程(4.5.107)的解 $\boldsymbol{q}^*$ 必是方程(4.5.108)~方程(4.5.110)的解.也就是说,广义伽辽金方程(4.5.108)~方程(4.5.110)与一般问题近似方差泛函取极小值方程(4.5.107)是等价的,

无论偏微分算子是什么类型.

当 $n \to \infty$ 时,有试探子空间 U_n 充满试探空间 U,检验子空间 V_n 充满检验空间 V. 可以证明,当 n 趋于无穷时,近似解 $\boldsymbol{u}_{nn}^*$ 的近似方差泛函 $J(\boldsymbol{u}_{nn}^*)$ 趋向于 $\boldsymbol{u}_{\infty\infty}^*$ 的方差泛函 $J(\boldsymbol{u}_{\infty\infty}^*) = J(\boldsymbol{u}^*) = 0$. 也就是说,近似解 $\boldsymbol{u}_{nn}^*$ 的近似方差泛函 $J(\boldsymbol{u}_{nn}^*)$ 收敛于精确解 $\boldsymbol{u}^*$ 的方差泛函 $J(\boldsymbol{u}^*) = 0$ 的零极小值,相应的近似解序列 $\boldsymbol{u}_{nn}^*$ 也收敛于精确解 $\boldsymbol{u}^*$.

4.5.4 加权残值法

加权残值法是非能量变分原理的数值分析方法的统称. 根据前面的分析,加权残值法有自己完整的理论,这就是方差泛函零极小值原理和广义伽辽金原理,对于动力学空间离散化的问题,就是假设模态广义伽辽金原理,相应的加权残值法称为假设模态加权残值法,简称为加权残值法,这些方法分为内部法、边界法和混合法.

选取试探函数 $\boldsymbol{u}_n$ 为式(4.5.50), $\boldsymbol{u}_n \in U_n$, U_n 为试探空间 U 中的 n 个完备基函数序列 $\boldsymbol{\varphi}$ 构成的子空间,其中

$$\boldsymbol{\varphi} = [\boldsymbol{\varphi}_1 \quad \boldsymbol{\varphi}_2 \quad \cdots \quad \boldsymbol{\varphi}_n]$$

在 4.3.7 节介绍里茨法时,已说明试探函数选择是空间离散化近似求解十分重要的问题. 这些说明对加权残值法同样适用. 对于加权残值法,试探函数的选取可以更为灵活,虽然还没有一种通用的选取办法可以遵从,但有一些经验可以参考. 经验表明,寻求一个问题好的近似解,使用者必须对这个问题解的特性有尽可能多的了解. 例如微分方程的通解与特解,问题的对称性、渐近性和奇异性,边界条件情况,相似问题的解答,等等. 对求解的问题有了尽可能多的了解之后,使用者就可以选取尽可能反映这些特性的比较接近真实情况的试探函数. 对真解特性了解越多,选取的试探函数越接近真解,那么用加权残值法求解时收敛越快,可大大提高计算效率. 如果你所选取的试探函数已经包含真解的全部特性,加权残值法就有可能给出精确解.

可以作为试探函数的完备序列的函数有很多,对于二维区域离散化而言,有双三角级数、双 B 样条函数、多项式双幂级数、双调和函数,还有梁板的振型函数、对数函数、指数函数、傅里叶级数、贝塞尔函数等等.

加权函数 W_j 为检验空间的线性无关完备序列的元素. 选取不同的加权函数,由有限维广义伽辽金方程(4.5.108)~方程(4.5.110)可以导出不同的假设模态加权残值法. 下面对于线性问题分别进行讨论.

1. 配点法

选取狄拉克 δ 函数作为加权函数,即

$$W_j = \delta(x - x_j) \tag{4.5.115}$$

δ 函数是一类函数空间中的完备基,满足作为加权函数的第一个要求,同时,δ 函数使下面的系数 m_{ij}, c_{ij}, k_{ij}, b_{ij}, $\cdots$ 的积分是可积的,也就是说,δ 函数满足加权函数的第二个要求,因

而 δ 函数是检验空间 V 的基函数.选取式(4.5.115)的 δ 函数为加权函数,其物理意义就是在求解区域配置 n 个点,使所有的残差在每个配置点上等于零.令

$$\boldsymbol{R}_k(W_j) = 0, \quad k = 1, 2, \cdots, 2m \tag{4.5.116}$$

将式(4.5.116)代入式(4.5.114),得

$$m_{ij} = \int_\Omega \beta_{\mathrm{I}} m \boldsymbol{\varphi}_i \delta(x - x_j) \mathrm{d}\Omega = \beta_{\mathrm{I}} m \boldsymbol{\varphi}_i(x_j)$$

$$c_{ij} = \beta_{\mathrm{I}} c \boldsymbol{\varphi}_i(x_j)$$

$$k_{ij} = \begin{cases} \beta_{\mathrm{I}} P_{2m}[\boldsymbol{\varphi}_i(x_j)], & x \in \Omega \\ \sum_{k=1}^{m} \beta_k B_k[\boldsymbol{\varphi}_i(x_j)], & x \in S_u \\ \sum_{k=m+1}^{2m} \beta_k B_k[\boldsymbol{\varphi}_i(x_j)], & x \in S_\sigma \end{cases} \tag{4.5.117}$$

$$f_j = \begin{cases} \beta_{\mathrm{I}} f_{0x}(x_j), & x \in \Omega \\ \sum_{k=1}^{m} \beta_k f_{0x}(x_j), & x \in S_u \\ \sum_{k=m+1}^{2m} \beta_k f_{kx}(x_j), & x \in S_\sigma \end{cases}$$

$$b_{ij} = \boldsymbol{\varphi}_i(x_j), \quad u_{0j} = \boldsymbol{u}_0(x_j), \quad u_{1j} = \dot{\boldsymbol{u}}_0(x_j)$$

则将式(4.5.117)代入式(4.5.111)～式(4.5.113),并写成如下矩阵形式的求解方程:

$$\begin{aligned} &\boldsymbol{M}\ddot{\boldsymbol{q}}^* + \boldsymbol{C}\dot{\boldsymbol{q}}^* + \boldsymbol{K}\boldsymbol{q}^* - \boldsymbol{F}f_t = \boldsymbol{0} \\ &\boldsymbol{B}\boldsymbol{q}_0^* - \boldsymbol{u}_0 = \boldsymbol{0} \\ &\boldsymbol{B}\dot{\boldsymbol{q}}_0^* - \boldsymbol{u}_1 = \boldsymbol{0} \end{aligned} \tag{4.5.118}$$

其中

$$\begin{aligned} &\boldsymbol{q}^* = [q_1^* \quad q_2^* \quad \cdots \quad q_n^*]^{\mathrm{T}}, \quad \boldsymbol{q}_0^* = [q_{01}^* \quad q_{02}^* \quad \cdots \quad q_{0n}^*]^{\mathrm{T}} \\ &\dot{\boldsymbol{q}}_0^* = [\dot{q}_{01}^* \quad \dot{q}_{02}^* \quad \cdots \quad \dot{q}_{0n}^*]^{\mathrm{T}} \\ &\boldsymbol{M} = [m_{ij}], \quad \boldsymbol{C} = [c_{ij}], \quad \boldsymbol{K} = [k_{ij}], \quad \boldsymbol{B} = [b_{ij}] \\ &\boldsymbol{u}_0 = [u_{01} \quad u_{02} \quad \cdots \quad u_{0n}]^{\mathrm{T}}, \quad \boldsymbol{u}_1 = [u_{11} \quad u_{12} \quad \cdots \quad u_{1n}]^{\mathrm{T}} \\ &\boldsymbol{F} = [\boldsymbol{F}_j] \end{aligned} \tag{4.5.119}$$

2. 子域法

考虑内部线性问题,有 $\beta_i = 1$, $\beta_k = 0\ (k = 1, 2, \cdots, 2m)$. 若待求广义坐标数为 n,子域法就是把求解区域 Ω 划分为 n 个子区域 Ω_j,使所有的残差在每个子域 Ω_j 上的积分为零.这种情况下,相应的权函数 W_j 为

$$W_j = \begin{cases} 1, & x \in \Omega_j \\ 0, & x \notin \Omega_j \end{cases} \tag{4.5.120}$$

将式(4.5.120)代入式(4.5.114),得

$$m_{ij}=\int_{\Omega}\beta_{\mathrm{I}}m\boldsymbol{\varphi}_iW_j\mathrm{d}\Omega=\int_{\Omega_j}m\boldsymbol{\varphi}_i\mathrm{d}\Omega$$

$$c_{ij}=\int_{\Omega_j}c\boldsymbol{\varphi}_i\mathrm{d}\Omega,\quad k_{ij}=\int_{\Omega_j}P_{2m}\boldsymbol{\varphi}_i\mathrm{d}\Omega,\quad f_j=\int_{\Omega_j}\boldsymbol{f}_{0x}\mathrm{d}\Omega \tag{4.5.121}$$

$$b_{ij}=\int_{\Omega_j}\boldsymbol{\varphi}_i\mathrm{d}\Omega,\quad u_{0j}=\int_{\Omega_j}\boldsymbol{u}_0\mathrm{d}\Omega,\quad u_{1j}=\int_{\Omega_j}\dot{\boldsymbol{u}}_0\mathrm{d}\Omega$$

求解方程仍为式(4.5.118).

3. 矩法

在检验空间中选取幂级数为检验函数基,以一维的内部问题为例,矩法的加权函数为

$$W_j=x^{j-1},\quad j=1,2,\cdots,n \tag{4.5.122}$$

当 $j=1$ 时,有 $W_j=1$,表明残差在整个求解域中的平均值等于零.当 $j=2,3,\cdots,n$ 时,表明残差在整个求解域中第 $j-1$ 个力矩逐次为零.这也就是取名矩法的原因.

将式(4.5.122)代入式 (4.5.114),注意这时的积分区域为[0, 1],并有 $\beta_{\mathrm{I}}=1$, $\beta_k=0$ $(k=1,2,\cdots,2m)$,得

$$m_{ij}=\int\beta_{\mathrm{I}}m\boldsymbol{\varphi}_ix^{j-1}\mathrm{d}x=\int_0^l m\boldsymbol{\varphi}_ix^{j-1}\mathrm{d}x$$

$$c_{ij}=\int_0^l c\boldsymbol{\varphi}_ix^{j-1}\mathrm{d}x$$

$$k_{ij}=\int_0^l P_{2m}(\boldsymbol{\varphi}_i)x^{j-1}\mathrm{d}x,\quad b_{ij}=\int_0^l\boldsymbol{\varphi}_ix^{j-1}\mathrm{d}x \tag{4.5.123}$$

$$f_j=\int_0^l\boldsymbol{f}_{0x}x^{j-1}\mathrm{d}x$$

$$u_{0j}=\int_0^l\boldsymbol{u}_0x^{j-1}\mathrm{d}x,\quad u_{1j}=\int_0^l\dot{\boldsymbol{u}}_0x^{j-1}\mathrm{d}x$$

求解方程仍为式(4.5.118).

4. 伽辽金法

若将试探空间 U 作为检验空间 V,将试探函数 $\boldsymbol{\varphi}$ 作为加权函数,则有

$$\boldsymbol{W}_j=\boldsymbol{\varphi}_j,\quad \boldsymbol{D}_i=\bar{\boldsymbol{B}}_i \tag{4.5.124}$$

将式(4.5.124)代入式(4.5.114),得

$$m_{ij}=\int_{\Omega}\beta_{\mathrm{I}}m\boldsymbol{\varphi}_i\boldsymbol{\varphi}_j\mathrm{d}\Omega,\quad c_{ij}=\int_{\Omega}\beta_{\mathrm{I}}c\boldsymbol{\varphi}_i\boldsymbol{\varphi}_j\mathrm{d}\Omega$$

$$f_j=\int_{\Omega}\beta_{\mathrm{I}}\boldsymbol{f}_{0x}\boldsymbol{\varphi}_j\mathrm{d}\Omega+\sum_{k=1}^{m}\int_{S_u}\beta_kf_{kx}\bar{B}_{2m+1-k}(W_j)\mathrm{d}S+\sum_{k=m+1}^{2m}\int_{S_\sigma}\beta_kf_{kx}\bar{B}_{2m+1-k}(W_j)\mathrm{d}S \tag{4.5.125}$$

$$b_{ij}=\int_{\Omega}\boldsymbol{\varphi}_i\boldsymbol{\varphi}_j\mathrm{d}\Omega,\quad u_{0j}=\int_{\Omega}\boldsymbol{u}_0\boldsymbol{\varphi}_j\mathrm{d}\Omega$$

$$u_{1j}=\int_{\Omega}\dot{\boldsymbol{u}}_0\boldsymbol{\varphi}_j\mathrm{d}\Omega$$

$$k_{ij}=\int_{\Omega}\beta_{\mathrm{I}}P_{2m}(\boldsymbol{\varphi}_i)\boldsymbol{\varphi}_j\mathrm{d}\Omega+\sum_{k=1}^{m}\int_{S_u}\beta_kB_k(\boldsymbol{\varphi}_i)\bar{B}_{2m+1-k}(\boldsymbol{\varphi}_j)\mathrm{d}S$$

$$+\sum_{k=m+1}^{2m}\int_{S_\sigma}\beta_kB_k(\boldsymbol{\varphi}_i)\bar{B}_{2m+1-k}(\boldsymbol{\varphi}_j)\mathrm{d}S \tag{4.5.126}$$

这里，$\boldsymbol{\varphi}_1,\boldsymbol{\varphi}_2,\cdots,\boldsymbol{\varphi}_n$ 是比较函数，是 $2m$ 次可微的，属于 U^{2m} 函数空间.将式(4.5.125)、式(4.5.126)代入式(4.5.111)～式(4.5.113)，则求解方程仍为式(4.5.118).这就是假设模态伽辽金法.

我们可以对式(4.5.126)进行 m 次分部积分，使得 $2m$ 次微分算子 $\boldsymbol{P}_{2m}$ 降为 m 次微分算子 $\boldsymbol{P}_m$，因而我们只要求 $\boldsymbol{\varphi}_1,\boldsymbol{\varphi}_2,\cdots,\boldsymbol{\varphi}_n$ 是容许函数，是 m 次可微的、属于 U^m 函数空间即可.这时有

$$k_{ij}=(-1)^m\int_{\Omega}\beta_{\mathrm{I}}P_m(\boldsymbol{\varphi}_i)\bar{P}_m(\boldsymbol{\varphi}_j)\mathrm{d}V$$

$$-\sum_{k=1}^{m}\int_{S}(-1)^k\beta_{\mathrm{I}}B_{2m+1-k}(\boldsymbol{\varphi}_i)\bar{B}_{2m+1-k}(\boldsymbol{\varphi}_j)\mathrm{d}S$$

$$+\sum_{k=1}^{m}\int_{S_u}\beta_kB_k(\boldsymbol{\varphi}_i)\bar{B}_{2m+1-k}(\boldsymbol{\varphi}_j)\mathrm{d}S+\sum_{k=m+1}^{2m}\int_{S_u}\beta_kB_k(\boldsymbol{\varphi}_i)\bar{B}_{2m+1-k}(\boldsymbol{\varphi}_j)\mathrm{d}S$$

$$=(-1)^m\int_{\Omega}\beta_{\mathrm{I}}P_m(\boldsymbol{\varphi}_i)\bar{P}_m(\boldsymbol{\varphi}_j)\mathrm{d}V$$

$$+\sum_{k=1}^{m}\int_{S_u}[\beta_{\mathrm{I}}B_k(\boldsymbol{\varphi}_i)\bar{B}_{2m+1-k}(\boldsymbol{\varphi}_j)-(-1)^k\beta_{\mathrm{I}}B_{2m+1-k}(\boldsymbol{\varphi}_i)\bar{B}_k(\boldsymbol{\varphi}_j)]\mathrm{d}S$$

$$+\sum_{k=m+1}^{2m}\int_{S_\sigma}[\beta_k-\beta_I(-1)^{2m+1-k}]B_k(\boldsymbol{\varphi}_i)\bar{B}_{2m+1-k}(\boldsymbol{\varphi}_j)\mathrm{d}S \tag{4.5.127}$$

取

$$\beta_k=-\beta_{\mathrm{I}}(-1)^k \tag{4.5.128}$$

有

$$k_{ij}=(-1)^m\int_{\Omega}\beta_{\mathrm{I}}P_m(\boldsymbol{\varphi}_i)\bar{P}_m(\boldsymbol{\varphi}_j)\mathrm{d}V$$

$$-\sum_{k=1}^{m}(-1)^k\beta_{\mathrm{I}}\int_{S_u}[B_{2m+1-k}(\boldsymbol{\varphi}_i)\bar{B}_k(\boldsymbol{\varphi}_j)+B_k(\boldsymbol{\varphi}_i)\bar{B}_{2m+1-k}(\boldsymbol{\varphi}_j)]\mathrm{d}S \tag{4.5.129}$$

对于自共轭算子 P_m，有

$$\bar{P}_m=P_m,\quad \bar{B}_k=B_k,\quad \beta_{\mathrm{I}}=1 \tag{4.5.130}$$

将式(4.5.130)代入式(4.5.129)，得

$$k_{ij}=(-1)^m\int_{\Omega}P_m(\boldsymbol{\varphi}_i)P_m(\boldsymbol{\varphi}_j)\mathrm{d}V$$

$$-\sum_{k=1}^{m}(-1)^k\int_{S_u}[B_{2m+1-k}(\boldsymbol{\varphi}_i)B_k(\boldsymbol{\varphi}_j)+B_k(\boldsymbol{\varphi}_i)B_{2m+1-k}(\boldsymbol{\varphi}_j)]\mathrm{d}S \tag{4.5.131}$$

这就是瞬时广义能量泛函变分原理导出的刚度矩阵公式.因而伽辽金法就化为假设模态里

茨法.

下面以三维弹性动力学为例加以说明,将三维弹性动力学方程式(4.3.1)、式(4.3.2a)、式(4.3.2b)与式(4.5.1)~式(4.5.3)比较,有

$$\begin{aligned}&P_{2m}=-\boldsymbol{E}(\nabla)[\boldsymbol{a}\boldsymbol{E}^{\mathrm{T}}(\nabla)],\quad P_m=\boldsymbol{a}^{\frac{1}{2}}\boldsymbol{E}^{\mathrm{T}}(\nabla)\\&\boldsymbol{f}_0=-\boldsymbol{f},\quad m=\rho,\quad c=0\\&B_1=1,\quad \boldsymbol{f}_1=\tilde{\boldsymbol{u}},\quad B_2=\boldsymbol{E}(\nu)\boldsymbol{a}\boldsymbol{E}^{\mathrm{T}}(\nabla)\\&\boldsymbol{f}_2=\bar{\boldsymbol{p}}\end{aligned}\tag{4.5.132}$$

将上面的式子代入式(4.5.125)、式(4.5.131),得

$$\begin{aligned}k_{ij}&=\int_{\Omega}[\boldsymbol{E}^{\mathrm{T}}(\nabla)\boldsymbol{\varphi}_j]^{\mathrm{T}}\boldsymbol{a}[\boldsymbol{E}^{\mathrm{T}}(\nabla)\boldsymbol{\varphi}_i]\mathrm{d}\Omega\\&\quad-\int_{S_u}\{\boldsymbol{\varphi}_j^{\mathrm{T}}\boldsymbol{E}(\nu)\boldsymbol{a}\boldsymbol{E}^{\mathrm{T}}(\nabla)\boldsymbol{\varphi}_i+[\boldsymbol{E}(\nu)\boldsymbol{a}\boldsymbol{E}^{\mathrm{T}}(\nabla)\boldsymbol{\varphi}_i]^{\mathrm{T}}\boldsymbol{\varphi}_j\}\mathrm{d}S\\m_{ij}&=\int_{\Omega}\rho\boldsymbol{\varphi}_i\boldsymbol{\varphi}_j\mathrm{d}\Omega\end{aligned}$$

$$f_j=\int_{\Omega}\boldsymbol{\varphi}_j^{\mathrm{T}}f_{0x}\mathrm{d}\Omega+\int_{S_\sigma}\boldsymbol{\varphi}_j^{\mathrm{T}}\boldsymbol{P}_x\mathrm{d}S-\int_{S_u}[\boldsymbol{E}(\nu)\boldsymbol{a}\boldsymbol{E}^{\mathrm{T}}(\nabla)\boldsymbol{\varphi}_j]^{\mathrm{T}}\boldsymbol{u}_x\mathrm{d}S\tag{4.5.133}$$

$$b_{ij}=\int_{\Omega}\boldsymbol{\varphi}_j^{\mathrm{T}}\boldsymbol{\varphi}_i\mathrm{d}\Omega,\quad u_{0j}=\int_{\Omega}\boldsymbol{\varphi}_j^{\mathrm{T}}\boldsymbol{u}_0\mathrm{d}V,\quad u_{1j}=\int_{\Omega}\boldsymbol{\varphi}_j^{\mathrm{T}}\dot{\boldsymbol{u}}_0\mathrm{d}\Omega\tag{4.5.134}$$

则有 n 个自由度的动力学微分方程为

$$\boldsymbol{M}\ddot{\boldsymbol{q}}^*+\boldsymbol{K}\boldsymbol{q}^*-\boldsymbol{F}\boldsymbol{f}_t=\boldsymbol{0}\tag{4.5.135}$$

$$\begin{aligned}&\boldsymbol{B}\boldsymbol{q}_0^*-\boldsymbol{u}_0=\boldsymbol{0}\\&\boldsymbol{B}\dot{\boldsymbol{q}}_0^*-\boldsymbol{u}_1=\boldsymbol{0}\end{aligned}\tag{4.5.136}$$

很显然,式(4.5.135)、式(4.5.133)和应用瞬时广义势能原理的里茨法导出的方程式(4.3.157)、式(4.3.158)相同.但是由能量形式的伽辽金方程不仅导出了离散的动力学方程(4.5.135),还导出了确定式(4.5.135)的初值为 $\boldsymbol{q}_0^*$ 与 $\dot{\boldsymbol{q}}_0^*$ 的方程(4.5.136),而由广义势能原理不能导出方程(4.5.136),只能另行推导这个方程.

例 4.18 应用配点法求解例 4.14 的特征值问题.

解 选取与例 4.14 相同的比较函数

$$\varphi_i=\sin\beta_i x,\quad i=1,2,3,4$$

代入式(4.5.117),得

$$k_{ij}=\frac{6EA}{5}\left\{\frac{x_i}{2}\beta_j\cos\beta_j x_i+\left[1-\frac{1}{2}\left(\frac{x_i}{l}\right)^2\right]\beta_j^2\sin\beta_j x_i\right\},\quad i,j=1,2,\cdots$$

$$m_{ij}=\frac{6m}{5}\left[1-\frac{1}{2}\left(\frac{x_j}{l}\right)^2\right]\sin\beta_j x_i,\quad i,j=1,2,\cdots$$

设 $n=2$,选取 $x_1=l/3$ 和 $x_2=2l/3$,计算给出刚度矩阵与质量矩阵分别为

$$
\begin{aligned}
\boldsymbol{K} &= \frac{EA}{l^2}\begin{bmatrix} 2.523\,489 & 25.865\,930 \\ 3.204\,803 & -4.811\,26 \end{bmatrix} \\
\boldsymbol{M} &= m\begin{bmatrix} 0.626\,820 & 1.133\,027 \\ 0.860\,132 & -4.328\,438 \end{bmatrix}
\end{aligned} \tag{1}
$$

求解相应的特征值问题,我们得到前两阶固有频率:

$$
\omega_1^{(2)} = 1.940\,773\sqrt{\frac{EA}{ml^2}}, \quad \omega_2^{(2)} = 5.018\,765\sqrt{\frac{EA}{ml^2}} \tag{2}
$$

我们可看到对于 $n=2$,它们的值略高于例 4.14 所得的结果.

但是,当 n 增加时,它收敛得比较慢.当 $n=14$ 时,我们得到前两阶固有频率:

$$
\omega_1^{(14)} = 1.896\,734\sqrt{\frac{EA}{ml^2}}, \quad \omega_2^{(14)} = 4.889\,894\sqrt{\frac{EA}{ml^2}} \tag{3}
$$

这个结果类似于用假设模态里茨法在 $n=4$ 时所得的结果.

4.6 差分法

差分法是一种数学上的离散近似方法,将微分化为差分,然后直接对动力学运动偏微分方程进行处理,得到有限自由度的代数方程组或常微分方程组.差分法的离散形式可分为空间离散、时间离散和空间、时间同时离散的方法,这里着重介绍空间离散形式.空间差分离散化的步骤是,首先对求解空间区域作网格剖分,用有限个网格节点代替连续区域,网格节点处的自由度就是减缩后的广义自由度.然后将微分算子离散化,把偏微分方程化为多自由度常微分方程组.

差分法的基本步骤是:

(1) 对求解区域作网格剖分.

对于一维情况,用网格节点把区间分为一些等距或不等距小区间,称之为单元.对于二维情况,则用网格节点把区间平均分割成一些均匀或不均匀的矩形,其边与坐标轴平行,也可以分割成一些三角形或凸四边形等.

(2) 构造逼近偏微分方程定解问题的差分格式.

考虑变截面杆的纵向振动问题,其运动偏微分方程为

$$
\rho A\frac{\partial^2 u}{\partial t^2} = \frac{\partial}{\partial x}\left(EA\frac{\partial u}{\partial x}\right) + p(x,\ t), \quad a < x < b \tag{4.6.1}
$$

边界条件为

$$
u(a) = 0, \quad u(b) = 0 \tag{4.6.2}
$$

首先取 $N+1$ 个节点

$$
a = x_0 < x_1 \cdots < x_i < \cdots < x_N = b \tag{4.6.3}
$$

将区间$[a, b]$分为N个小区间I_i,

$$I_i: x_{i-1} \leqslant x \leqslant x_i, \quad i = 1, 2, \cdots, N \tag{4.6.4}$$

于是得到区间$[a, b]$的一个网格剖分.记$h_i = x_i - x_{i-1}$,称$h = \max h_i$为最大网格步长.用I_n表示网格内点$x_1, x_2, \cdots, x_{N-1}$的集合,$\bar{I}_n$表示内点和界点$x_0 = a$,$x_N = b$的集合.

取相邻节点x_{i-1},x_i的中点$x_{i-1/2} = \dfrac{1}{2}(x_{i-1} + x_i)(i = 1, 2, \cdots, N)$,称为半整数点.则由节点

$$a = x_0 < x_{1/2} < x_{3/2} < \cdots < x_{i-1/2} < \cdots < x_{N-1/2} < x_N = b \tag{4.6.5}$$

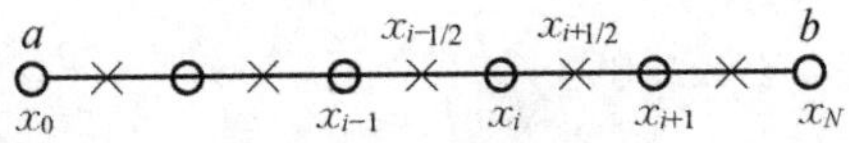

又作成$[a, b]$的一个网格剖分,称为对偶剖分.图4.22中打"○"号的为原剖分节点,打"×"号的是对偶剖分节点.则差分格式为

图4.22 网格划分

$$\left[\frac{\mathrm{d}u}{\mathrm{d}x}\right]_i \approx \frac{u_{i+1} - u_{i-1}}{h_i + h_{i+1}} \tag{4.6.6}$$

$$\begin{aligned}\left[\frac{\mathrm{d}}{\mathrm{d}x}\left(EA\frac{\mathrm{d}u}{\mathrm{d}x}\right)\right]_i &\approx \left\{(EA)_{i+1/2}\left(\frac{\mathrm{d}u}{\mathrm{d}x}\right)_{i+1/2} - (EA)_{i-1/2}\left(\frac{\mathrm{d}u}{\mathrm{d}x}\right)_{i-1/2}\right\}\Bigg/\frac{h_i + h_{i+1}}{2} \\ &= \frac{2}{h_i + h_{i+1}}\left[(EA)_{i+1/2}\frac{u_{i+1} - u_i}{h_{i+1}} - (EA)_{i-1/2}\frac{u_i - u_{i-1}}{h_i}\right]\end{aligned} \tag{4.6.7}$$

将式(4.6.6)、式(4.6.7)代入式(4.6.1),于是偏微分方程(4.6.1)化为在N个节点上离散化的线性常微分方程组,即

$$(\rho A)_i\frac{\mathrm{d}^2 u_i}{\mathrm{d}t^2} = \frac{2}{h_i + h_{i+1}}\left[(EA)_{i+1/2}\frac{u_{i+1} - u_i}{h_{i+1}} - (EA)_{i-1/2}\frac{u_i - u_{i-1}}{h_i}\right] + P_i(t)$$

$$i = 1, 2, \cdots, N - 1$$

对于均匀剖分,有$h_i = h(i = 1, 2, \cdots, N)$,上式化为

$$(\rho A)_i\frac{\mathrm{d}^2 u_i}{\mathrm{d}t^2} = \frac{1}{h^2}\{(EA)_{i+1/2}u_{i+1} - [(EA)_{i+1/2} + (EA)_{i-1/2}]u_i + (EA)_{i-1/2}u_{i-1}\} + P_i(t)$$

这就是采用一阶中心差分和二阶中心差分导出的结果.

4.7 迁移矩阵法

连续系统离散化的一类方法是假设系统的质量集中在有限个质点上,质点与质点之间用无质量的弹性元件相联系,从而使连续系统离散化为有限自由度系统.迁移矩阵法属于这一类离散化方法,它的核心是建立从一个位置的状态向量(由广义位移与内力构成)推算下一位置的状态向量的公式.下面以梁的弯曲振动为例,介绍迁移矩阵法.

图 4.23(a)表示一根具有 $n+1$ 个集中质量而无分布质量的梁,连接两个相邻集中质量的是一无质量的均匀梁段,它的抗弯刚度看作是常量,作用在典型质量 m_i 及典型梁段 l_i 上的内力和惯性力表示在分离体图中(见图 4.23(b)),图中所示各量均为振动时的幅值,上标"R"与"L"分别表示在集中质量的右边与左边取值. M_i^{R}, Q_i^{R} 表示质量 m_i 的右边截面上的弯矩与剪力, M_i^{L}, Q_i^{L} 表示质量 m_i 的左边截面上的弯矩与剪力, W_i 表示 m_i 的振幅. 当梁作频率为 ω 的谐振动时,作用在 m_i 上的惯性力的大小等于 $\omega^2 mW_i$,方向与 W_i 一致. 从质量 m_i 的分离体图可得

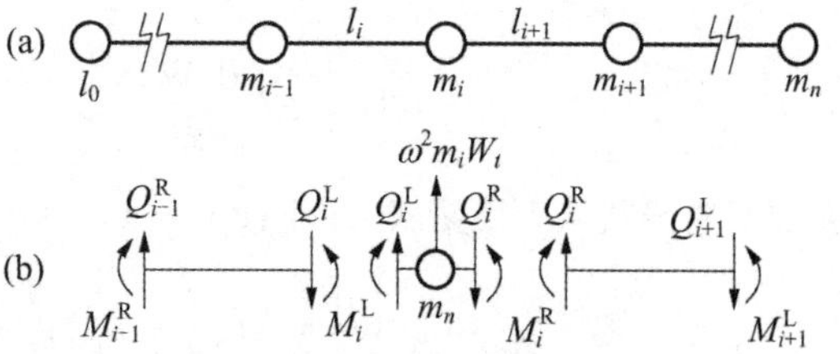

图 4.23 集中质量梁

$$M_i^{\mathrm{R}} = M_i^{\mathrm{L}}, \quad Q_i^{\mathrm{R}} = Q_i^{\mathrm{L}} + \omega^2 m_i W_i \tag{4.7.1}$$

梁在 m_i 处的连续条件为

$$W_i^{\mathrm{R}} = W_i^{\mathrm{L}}, \quad \theta_i^{\mathrm{R}} = \theta_i^{\mathrm{L}} \tag{4.7.2}$$

式中, θ_i 表示梁在 m_i 处的转角,它的正方向与 $\dfrac{\mathrm{d}W}{\mathrm{d}x}$ 的正方向一致.

式(4.7.1)与式(4.7.2)可以写成矩阵形式:

$$\begin{Bmatrix} W \\ \theta \\ M \\ Q \end{Bmatrix}_i^{\mathrm{R}} = \boldsymbol{T}_{S_i} \begin{Bmatrix} W \\ \theta \\ M \\ Q \end{Bmatrix}_i^{\mathrm{L}}, \quad i = 0, 1, 2, \cdots, n \tag{4.7.3}$$

其中

$$\boldsymbol{T}_{S_i} = \begin{bmatrix} 1 & 0 & 0 & 0 \\ 0 & 1 & 0 & 0 \\ 0 & 0 & 1 & 0 \\ \omega^2 m_i & 0 & 0 & 1 \end{bmatrix}, \quad i = 0, 1, 2, \cdots, n \tag{4.7.4}$$

$[W \quad Q \quad M \quad Q]^{\mathrm{T}}$ 称为状态向量, $\boldsymbol{T}_S$ 称为站的迁移矩阵. 式(4.7.3)表达了集中质量的左边与右边两个状态向量之间的关系.

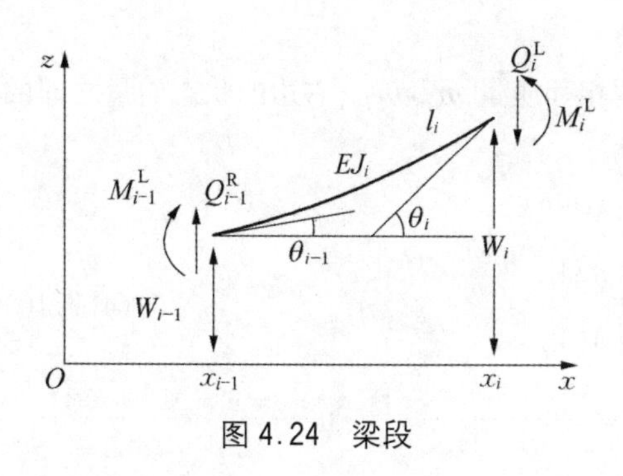

图 4.24 梁段

考察典型梁段的弹性变形(见图 4.24),应用初始参数法,任一点的挠度可表示如下:

$$W(x) = W_{i-1} + \theta_{i-1}(x - x_{i-1}) + \frac{M_{i-1}^{\mathrm{R}}}{2EJ_i}(x - x_{i-1})^2 + \frac{Q_{i-1}^{\mathrm{R}}}{6EJ_i}(x - x_{i-1})^3$$

$$x_{i-1} \leqslant x \leqslant x_i \tag{4.7.5}$$

其中，W_{i-1}，Q_{i-1}分别表示质量 m_{i-1}处梁的挠度与转角，EJ_i，l_i 分别表示第 i 段梁的抗变刚度与长度.第 i 段梁右端的挠度、转角、弯矩、剪力分别为

$$\begin{gathered} W_i = W\big|_{x=x_i}, \quad \theta_i = \left.\frac{\mathrm{d}W}{\mathrm{d}x}\right|_{x=x_i} \\ M_i^{\mathrm{L}} = EJ_i \left.\frac{\mathrm{d}^2 W}{\mathrm{d}x^2}\right|_{x=x_i}, \quad Q_i^{\mathrm{L}} = EJ_i \left.\frac{\mathrm{d}^3 W}{\mathrm{d}x^3}\right|_{x=x_i} \end{gathered} \tag{4.7.6}$$

将式(4.7.5)代入上面诸式，并注意 $x_i - x_{i-1} = l_i$，得到

$$\begin{aligned} W_i &= W_{i-1} + \theta_{i-1} l_i + \frac{M_{i-1}^{\mathrm{R}} l_i^2}{2EJ_i} + \frac{Q_{i-1}^{\mathrm{R}} l_i^3}{6EJ_i} \\ \theta_i &= \theta_{i-1} + \frac{M_{i-1}^{\mathrm{R}} l_i}{EJ_i} + \frac{Q_{i-1}^{\mathrm{R}} l_i^2}{2EJ_i} \\ M_i^{\mathrm{L}} &= M_{i-1}^{\mathrm{R}} + Q_{i-1}^{\mathrm{R}} l_i \\ Q_i^{\mathrm{L}} &= Q_{i-1}^{\mathrm{R}} \end{aligned} \tag{4.7.7}$$

上式可用矩阵表示为

$$\begin{Bmatrix} W \\ \theta \\ M \\ Q \end{Bmatrix}_i^{\mathrm{L}} = \boldsymbol{T}_{F_i} \begin{Bmatrix} W \\ \theta \\ M \\ Q \end{Bmatrix}_{i-1}^{\mathrm{R}}, \quad i = 0, 1, 2, \cdots, n \tag{4.7.8}$$

其中

$$\boldsymbol{T}_{F_i} = \begin{bmatrix} 1 & l_1 & \dfrac{l_i^2}{2EJ_i} & \dfrac{l_i^3}{6EJ_i} \\ 0 & 1 & \dfrac{l_i}{EJ_i} & \dfrac{l_i^2}{2EJ_i} \\ 0 & 0 & 1 & l_i \\ 0 & 0 & 0 & 1 \end{bmatrix} \tag{4.7.9}$$

称为场的迁移矩阵.

将式(4.7.8)代入式(4.7.3)的右端，便得到两相邻质量 m_i，m_{i-1}右边的状态向量之间的关系

$$\begin{Bmatrix} W \\ \theta \\ M \\ Q \end{Bmatrix}_i^{\mathrm{R}} = \boldsymbol{T}_i \begin{Bmatrix} W \\ \theta \\ M \\ Q \end{Bmatrix}_{i-1}^{\mathrm{R}} \tag{4.7.10}$$

式中

$$T_i = T_{S_i} T_{F_i} = \begin{bmatrix} 1 & l_i & \dfrac{l_i^2}{2EJ_i} & \dfrac{l_i^3}{6EJ_i} \\ 0 & 1 & \dfrac{l_i}{EJ_i} & \dfrac{l_i^2}{2EJ_i} \\ 0 & 0 & 1 & l_i \\ \omega^2 m_i & \omega^2 m_i l_i & \dfrac{\omega^2 m_i l_i^2}{2EJ_i} & 1 + \omega^2 m_i \dfrac{l_i^3}{6EJ_i} \end{bmatrix} \tag{4.7.11}$$

称为站 $i-1$ 右边的状态向量到站 i 右边的状态向量的迁移矩阵.

以式(4.7.10)作为递推公式,不难得到

$$\begin{Bmatrix} W \\ \theta \\ M \\ Q \end{Bmatrix}_n^{\mathrm{R}} = T_n T_{n-1} \cdots T_1 \begin{Bmatrix} W \\ \theta \\ M \\ Q \end{Bmatrix}_0^{\mathrm{R}} \tag{4.7.12}$$

再从式(4.7.3),当 $i=0$ 时得到

$$\begin{Bmatrix} W \\ \theta \\ M \\ Q \end{Bmatrix}_0^{\mathrm{R}} = T_{S_0} \begin{Bmatrix} W \\ \theta \\ M \\ Q \end{Bmatrix}_0^{\mathrm{L}} \tag{4.7.13}$$

将上式代入式(4.7.12)右边的状态向量,得到

$$\begin{Bmatrix} W \\ \theta \\ M \\ Q \end{Bmatrix}_n^{\mathrm{R}} = T \begin{Bmatrix} W \\ \theta \\ M \\ Q \end{Bmatrix}_0^{\mathrm{L}} \tag{4.7.14}$$

其中

$$T = T_n T_{n-1} \cdots T_1 T_{S_0} \tag{4.7.15}$$

称为梁的总迁移矩阵,式(4.7.14)通过总迁移矩阵建立了梁两端(m_0 的左边与 m_n 的右边)的状态向量之间的联系,对于具有各种形式的边界条件的梁,均可从式(4.7.14)导出频率方程.

(1) 简支梁,边界条件为

$$W_0^{\mathrm{L}} = 0, \quad M_0^{\mathrm{L}} = 0, \quad W_n^{\mathrm{R}} = 0, \quad M_m^{\mathrm{R}} = 0 \tag{4.7.16}$$

将边界条件式(4.7.16)代入式(4.7.14),得到

$$\begin{Bmatrix} 0 \\ \theta \\ 0 \\ Q \end{Bmatrix}_n^{\mathrm{R}} = \boldsymbol{T}\begin{Bmatrix} 0 \\ \theta \\ 0 \\ Q \end{Bmatrix}_0^{\mathrm{L}} \tag{4.7.17}$$

将上式展开后,可得四个代数方程,第一、第三个方程分别为

$$\begin{aligned} T_{12}\theta_0^{\mathrm{L}} + T_{14}Q_0^{\mathrm{L}} = 0 \\ T_{32}\theta_0^{\mathrm{L}} + T_{34}Q_0^{\mathrm{L}} = 0 \end{aligned} \tag{4.7.18}$$

式中,$T_{ij}(i, j = 1, 2, 3, 4)$ 代表总迁移矩阵 $\boldsymbol{T}$ 的第 i 行、第 j 列的元素,它们是 ω^2 的多项式.方程(4.7.18)有非零解的充要条件是

$$\begin{vmatrix} T_{12} & T_{14} \\ T_{32} & T_{34} \end{vmatrix} = 0 \tag{4.7.19}$$

此为频率方程,它是 ω_2 的高次代数方程,它的根就是固有频率.当求得固有频率后,从方程(4.7.18)便可确定 θ_0^{L} 与 Q_0^{L} 的比值:

$$\frac{\theta_0^{\mathrm{L}}}{Q_0^{\mathrm{L}}} = -\frac{T_{14}}{T_{12}} = -\frac{T_{34}}{T_{32}}$$

从而求得带有未定常数因子的状态向量

$$\begin{Bmatrix} W \\ \theta \\ M \\ Q \end{Bmatrix}_n^{\mathrm{L}} = \begin{Bmatrix} W \\ -T_{14} \\ 0 \\ T_{12} \end{Bmatrix} \tag{4.7.20}$$

应用递推公式(4.7.3)和公式(4.7.8),可以计算出任一集中质量的挠度幅值,从而确定振型,至于方程(4.7.17)的第二、第四个方程,只是在求振型或支座反力时才用到.

(2) 左端固定、右端自由的悬臂梁,边界条件为

$$W_0^{\mathrm{L}} = 0, \quad \theta_0^{\mathrm{L}} = 0, \quad M_n^{\mathrm{R}} = 0, \quad Q_n^{\mathrm{R}} = 0 \tag{4.7.21}$$

将式(4.7.21)代入方程(4.7.14),得到

$$\begin{Bmatrix} W \\ \theta \\ 0 \\ 0 \end{Bmatrix}_n^{\mathrm{R}} = \boldsymbol{T}\begin{Bmatrix} 0 \\ 0 \\ M \\ Q \end{Bmatrix}_0^{\mathrm{L}} \tag{4.7.22}$$

其中,第三、第四个方程分别为

$$\begin{aligned} T_{33}M_0^{\mathrm{L}} + T_{34}Q_0^{\mathrm{L}} = 0 \\ T_{43}M_0^{\mathrm{L}} + T_{44}Q_0^{\mathrm{L}} = 0 \end{aligned} \tag{4.7.23}$$

从以上方程存在非零解的充要条件可得到频率方程

$$\begin{vmatrix} T_{33} & T_{34} \\ T_{43} & T_{44} \end{vmatrix} = 0 \tag{4.7.24}$$

(3) 两端自由的梁,边界条件为

$$M_0^{\mathrm{L}} = 0,\quad Q_0^{\mathrm{L}} = 0,\quad M_n^{\mathrm{R}} = 0,\quad Q_n^{\mathrm{R}} = 0 \tag{4.7.25}$$

代入方程(4.7.14),得到

$$\begin{aligned} T_{31} W_0^{\mathrm{L}} + T_{32} \theta_0^{\mathrm{L}} &= 0 \\ T_{41} W_0^{\mathrm{L}} + T_{42} \theta_0^{\mathrm{L}} &= 0 \end{aligned} \tag{4.7.26}$$

由 W_0^{L} ,θ_0^{L} 不全为零的条件得到频率方程

$$\begin{vmatrix} T_{31} & T_{32} \\ T_{41} & T_{42} \end{vmatrix} = 0 \tag{4.7.27}$$

关于具有其他边界条件的梁,亦可仿照上述方法,将方程(4.7.14)与边界条件相结合,就可以导出频率方程.

为了使读者对迁移矩阵法有一具体了解,下面举一个简单的例题.

例 4.19 求均匀简支梁的固有频率.

解 将如图 4.25(a)所示的梁分成相等的两段,每段梁的质量集中到两端,成为图 4.25(b)所示的离散系统.对于现在的情形,各迁移矩阵中的诸参数为

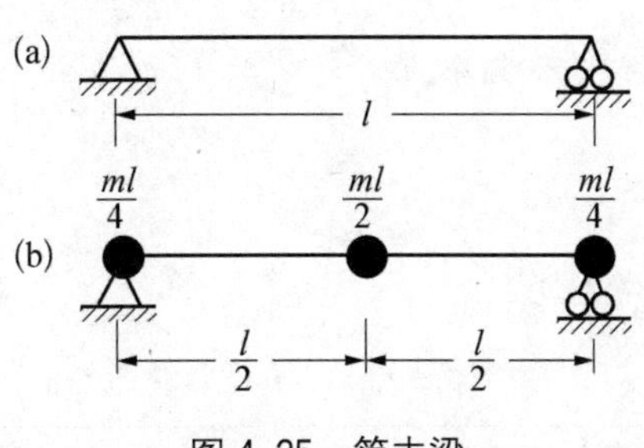

图 4.25 简支梁

$$l_1 = l_2 = \frac{1}{2},\quad EJ_1 = EJ_2 = EJ$$

$$m_0 = m_2 = \frac{m\,l}{4},\quad m_1 = \frac{m\,l}{2},\quad n = 2$$

代入总迁移矩阵

$$\boldsymbol{T} = \boldsymbol{T}_2 \boldsymbol{T}_1 \boldsymbol{T}_{S_0}$$

矩阵相乘后得到

$$\boldsymbol{T} = \begin{bmatrix} 1 + 5\lambda + \dfrac{\lambda^2}{2} & \dfrac{l}{2}(2 + \lambda) & \dfrac{l^2}{8EJ}(4 + \lambda) & \dfrac{l^3}{48EJ}(8 + \lambda) \\ \dfrac{3}{l}\lambda(6 + \lambda) & 1 + 3\lambda & \dfrac{l}{4EJ}(4 + 3\lambda) & \dfrac{l^2}{8EJ}(4 + \lambda) \\ \dfrac{12EJ}{l^2}\lambda(4 + \lambda) & \dfrac{12EJ}{l}\lambda & 1 + 3\lambda & \dfrac{l}{2}(2 + \lambda) \\ \dfrac{12EJ}{l^3}\lambda(8 + 12\lambda + \lambda^2) & \dfrac{12EJ}{l^2}\lambda(4 + \lambda) & \dfrac{3}{l}\lambda(6 + \lambda) & 1 + 5\lambda + \dfrac{1}{2}\lambda^2 \end{bmatrix}$$

式中

$$\lambda = \frac{ml^4\omega^2}{96EJ} \tag{1}$$

将迁移矩阵的有关元素代入简支梁的频率方程(4.7.19),得到

$$\begin{vmatrix} \frac{l}{2}(2+\lambda) & \frac{l^3}{48EJ}(8+\lambda) \\ \frac{12EJ}{l}\lambda & \frac{l}{2}(2+\lambda) \end{vmatrix} = 0$$

或

$$\frac{l^2}{4}[(2+\lambda)^2 - \lambda(8+\lambda)] = 0$$

化简后得到

$$4 - 4\lambda = 0$$

从而解得

$$\lambda = 1 \tag{2}$$

将式(2)代入式(1),得到

$$\omega^2 = \frac{96EJ}{ml^4}$$

近似基本频率为

$$\omega = \frac{9.798}{l^2}\sqrt{\frac{EJ}{m}} \tag{3}$$

精确值为

$$\omega_1 = \frac{\pi^2}{l^2}\sqrt{\frac{EJ}{m}}$$

近似值比精确值约小0.7%.

当梁划分的段数较多时,计算总迁移矩阵的显式表达式是一件十分繁重的工作,通常采用数值计算,不必预先人工算出总迁移矩阵各元素的分析表达式,而直接按式(4.7.15)对于给定的 ω 计算出总迁移矩阵诸元素的数值,从而可计算得到频率方程左边的特征行列式的值,这样,就可以逐点得到以特征行列式的值为纵坐标、以 ω 为横坐标的函数曲线,它与 ω 正半轴的交点的横坐标就是系统的固有频率.

第 5 章 多自由度系统的振动

在第 4 章中，我们将各种复杂结构动力学问题归结为一组多自由度系统的运动方程组，可以看到这些多自由度系统的运动方程组的变量之间一般都是耦合的，直接求解比较复杂.

本章首先以无阻尼系统为研究对象，详细介绍广义特征值问题、固有频率、主模态、模态正交性、模态坐标变换等基本概念. 采用无阻尼系统模态，进行模态坐标的变换，使原来耦合的多自由度无阻尼系统的微分方程组解耦，化为一系列单自由度模态坐标的微分方程，从而将任意激励状态振动问题的求解过程大大简化，这种方法称为模态分析方法. 根据所采用模态的性质，模态分析方法可以分为经典模态方法和一般模态方法.

经典模态方法采用无阻尼系统的模态进行坐标变换，可以将 n 个自由度无阻尼系统或经典黏性阻尼系统解耦，化为 n 个单自由度模态坐标二阶微分方程进行求解. 对于非经典黏性阻尼系统，由于无法用这种方法将阻尼矩阵化为对角矩阵，不能用这种方法进行解耦，所以只能采用近似方法将非对角阻尼矩阵近似地简化为对角阻尼矩阵，将耦合的运动方程近似地简化为解耦的单自由度方程进行近似求解. 很显然，这样近似处理自然引入了一定的误差，这是经典模态方法的局限性.

对于非经典黏性阻尼系统，法史(Foss)首先介绍状态空间模态坐标解耦方法. 这就是将位移与速度合在一起形成状态变量，将物理空间的 n 个二阶微分方程组化为状态空间的 $2n$ 个一阶微分方程组，然后采用状态空间模态坐标变换，将其化为 $2n$ 个状态空间模态坐标解耦的单自由度微分方程. 众所周知，非经典阻尼系统的模态为复模态，相应的解耦方程为复系数方程. 在求解系统的响应时，要进行 $2n\times 2n$ 个变数计算循环，与经典模态方法只进行 $n\times n$ 个实数计算循环相比不仅增加了计算循环数，而且每个循环过程都要进行复数运算，比经典模态方法的向量运算增加很多时间，给这种方法的应用带来了许多困难. 虽然状态空间法解决了运动方程解耦的问题，但让人无法理解的是，同一个非经典阻尼系统的问题，在状态空间中可以解耦，而在物理空间中却无法解耦；同时，由状态空间解法给出的解，不能直接地看到它们满足速度是位移导数的协调关系；而且状态变量与试验现象之间缺乏直接的联系，因而人们对状态空间解法缺乏直观的理解，所以一直想解决这些问题.

胡海昌提出预解式法，便于人们直观了解，但与经典模态法却有很大的不同之处.为了解决这些问题，本书作者将预解式法和经典模态法统一起来，从而形成在物理空间对一般模态求解的方法，称之为物理空间法.这种方法，首先采用胡海昌教授提出的预解式方法，导出四个重要的谱展开式，同时又用严格的矩阵分析方法证明这四个重要的谱展开式是状态空间正交关系的补充关系式.应用这些补充关系式，关于状态空间解法中速度与位移的协调关系式得到证明，使状态空间解法得以完善.同时，在物理空间中采用复模态坐标变换时，应用这些协调关系式，同样可以使原来的二阶微分方程组解耦，并化为同样的复模态坐标解耦方程求解，从而将状态空间解耦方程回归到物理空间，证明了物理空间与状态空间解耦方程的一致性，使物理空间解法与状态空间解法得以统一.同时，又引入模态对位移的概念，将 $2n$ 个复系数单自由度一阶微分解耦方程化为 n 个实参数二阶微分解耦方程，而且方程中的各种参数，包括模态对位移、激励力和所有的系数都是实数，其微分算子与经典模态方法解耦方程的微分算子一样.这样把复杂的复模态复数运算化为简单的实数运算，把复杂的复模态响应计算过程化为类似于实模态响应计算过程，把复模态响应计算与实模态响应计算统一起来，使计算过程既简便统一又便于直观理解.这样形成一般模态求解的方法.

5.1 无阻尼系统的固有频率

无阻尼多自由度系统自由振动的运动方程为

$$\boldsymbol{M}\ddot{\boldsymbol{x}} + \boldsymbol{K}\boldsymbol{x} = \boldsymbol{0} \tag{5.1.1}$$

其中，$\boldsymbol{M}$ 为实对称质量矩阵，$\boldsymbol{K}$ 为实对称刚度矩阵.

设方程的解为

$$\boldsymbol{x} = \boldsymbol{\phi}\mathrm{e}^{\mathrm{i}\omega t} \tag{5.1.2}$$

式中的 $\boldsymbol{\phi}$ 为系统自由振动时的振幅向量.将式(5.1.2)代入方程(5.1.1)，消去因子 $\mathrm{e}^{\mathrm{i}\omega t}$ 后，得

$$(\boldsymbol{K} - \omega^2\boldsymbol{M})\boldsymbol{\phi} = \boldsymbol{0} \tag{5.1.3a}$$

或

$$\boldsymbol{K}\boldsymbol{\phi} = \omega^2\boldsymbol{M}\boldsymbol{\phi} \tag{5.1.3b}$$

求解式(5.1.3)的问题称为特征值问题.要得到方程(5.1.3)的振动解(非零解)，必须使 $\boldsymbol{\phi}$ 的系数行列式等于零，即

$$\Delta(\omega^2) = \det(\boldsymbol{K} - \omega^2\boldsymbol{M}) = 0 \tag{5.1.4}$$

式(5.1.4)称为特征值方程.将特征行列式 $\Delta(\omega^2)$ 展开后,得到关于 ω^2 的 n 阶多项式,称之为特征多项式.对于正定系统,求解该式后可得 ω^2 的 n 个大于零的正实根 $\omega_1^2, \omega_2^2, \cdots, \omega_n^2$,称之为特征值.

将特征值分别开方后求得 n 个正根 $\omega_{nr}(r=1, 2, \cdots, n)$,称为系统的 n 个固有圆频率.若各个频率不相等,可将其由小到大按次序排列为 $0<\omega_{n1}<\omega_{n2}<\cdots<\omega_{nn}$,并称其为1阶固有圆频率、2阶固有圆频率……$n$ 阶固有圆频率.系统的固有圆频率只与系统本身固有的物理性质(惯性、弹性)有关,与其他条件无关.

式(5.1.3)为广义的特征值问题.广义形式可用下面两种方法化为标准特征值问题.

(1) 由于 $\boldsymbol{M}$ 是正定的,可对式(5.1.3b)两边左乘 $\boldsymbol{M}^{-1}$,得

$$(\boldsymbol{M}^{-1}\boldsymbol{K})\boldsymbol{\phi}=\omega^2\boldsymbol{\phi} \tag{5.1.5}$$

(2) 若 $\boldsymbol{K}$ 为正定,也可对式(5.1.3b)两边左乘 $\omega^{-2}\boldsymbol{K}^{-1}$ 得

$$(\boldsymbol{K}^{-1}\boldsymbol{M})\boldsymbol{\phi}=\frac{1}{\omega^2}\boldsymbol{\phi} \tag{5.1.6}$$

式(5.1.5)、式(5.1.6)都是标准特征值问题.虽然 $\boldsymbol{M}$ 阵与 $\boldsymbol{K}$ 阵都是对称的,但矩阵 $\boldsymbol{M}^{-1}\boldsymbol{K}$ 和 $\boldsymbol{K}^{-1}\boldsymbol{M}$ 一般不再对称,但是在许多求解特征值与特征向量的计算方法中要求矩阵对称.因此,可用下面的变换方法把它们化为对称矩阵.

由于质量矩阵 $\boldsymbol{M}$ 通常是正定的实对称矩阵,$\boldsymbol{M}$ 可以进行 Cholesky 分解,将其分解为 $\boldsymbol{Q}$(对角元均不为零的下三角矩阵)与 $\boldsymbol{Q}^{\mathrm{T}}$ 的乘积,即

$$\boldsymbol{M}=\boldsymbol{Q}\boldsymbol{Q}^{\mathrm{T}} \tag{5.1.7}$$

式中,$\boldsymbol{Q}$ 为实非奇异下三角矩阵,故存在 $\boldsymbol{Q}^{-1}$.

将式(5.1.7)代入式(5.1.3),可得

$$\boldsymbol{K}\boldsymbol{\phi}=\omega^2\boldsymbol{Q}\boldsymbol{Q}^{\mathrm{T}}\boldsymbol{\phi} \tag{5.1.8}$$

对 $\boldsymbol{\phi}$ 作如下线性变换:

$$\boldsymbol{\phi}=\boldsymbol{Q}^{-\mathrm{T}}\boldsymbol{\psi} \tag{5.1.9}$$

将式(5.1.9)代入式(5.1.8),并左乘 $\boldsymbol{Q}^{-1}$,得到对称矩阵的标准特征值问题为

$$\boldsymbol{A}_k\boldsymbol{\psi}=\lambda\boldsymbol{\psi} \tag{5.1.10}$$

其中

$$\boldsymbol{A}_k=\boldsymbol{Q}^{-1}\boldsymbol{K}\boldsymbol{Q}^{-\mathrm{T}}, \quad \lambda=\omega^2 \tag{5.1.11}$$

当已知系统柔度矩阵 $\boldsymbol{\alpha}$,或只需计算少数低阶固有频率和主振型时,特征值问题改变为以柔度矩阵 $\boldsymbol{\alpha}$ 表示的形式将更加方便.由 $\boldsymbol{\alpha}=\boldsymbol{K}^{-1}$,代入式(5.1.6),得

$$\left(\boldsymbol{\alpha}\boldsymbol{M}-\frac{1}{\omega^2}\boldsymbol{I}\right)\boldsymbol{\phi}=\boldsymbol{0} \tag{5.1.12a}$$

或

$$\boldsymbol{\alpha M \phi} = \frac{1}{\omega^2}\boldsymbol{\phi} \tag{5.1.12b}$$

这就是用 $\boldsymbol{M}, \boldsymbol{\alpha}$ 表示的标准特征值问题. 虽然 $\boldsymbol{\alpha}$ 和 $\boldsymbol{M}$ 都是对称的,但 $\boldsymbol{\alpha M}$ 一般不再对称. 同样,将正定的质量矩阵 $\boldsymbol{M}$ 分解为式(5.1.7),将其代入式(5.1.12b),可以得到对称矩阵的标准特征值问题为

$$\boldsymbol{A}_\alpha \boldsymbol{\psi} = \lambda_\alpha \boldsymbol{\psi} \tag{5.1.13}$$

其中

$$\boldsymbol{A}_\alpha = \boldsymbol{Q}^{\mathrm{T}} \boldsymbol{\alpha Q}, \quad \lambda_\alpha = \frac{1}{\omega^2} \tag{5.1.14}$$

很显然有

$$\boldsymbol{A}_\alpha = \boldsymbol{A}_k^{-1}, \quad \lambda_\alpha = \lambda^{-1} \tag{5.1.15}$$

综上所述,式(5.1.3)、式(5.1.5)、式(5.1.6)、式(5.1.10)、式(5.1.12)、式(5.1.13)都是特征值问题. 其中,式(5.1.3)为广义特征值问题,含两个对称矩阵 $\boldsymbol{K}$ 与 $\boldsymbol{M}$;式(5.1.5)、式(5.1.6)、式(5.1.12)都是一般的标准特征值问题,只含一个非对称矩阵;式(5.1.10)与式(5.1.13)都是带对称矩阵的标准特征值问题. 下面一节将讨论这些特征值问题的性质.

5.2 标准特征值与广义特征值问题

5.2.1 标准特征值问题

考虑实 n 阶方阵 $\boldsymbol{A}$,如果有一个数 λ,使得

$$\boldsymbol{A\psi} = \lambda \boldsymbol{\psi} \tag{5.2.1}$$

则称 λ 为方阵 $\boldsymbol{A}$ 的特征值. 求解方程(5.2.1)的问题为标准的特征值问题.

方阵 $\boldsymbol{A}$ 有一个非平凡解 $\boldsymbol{\psi} \neq \boldsymbol{0}$,向量 $\boldsymbol{\psi}$ 本身为 n 维空间里的一个向量,称为对应于特征值 λ 的特征向量(整数 n 既可表示系统的自由度数,也可表示系统的阶数).

因为方程(5.2.1)为齐次方程,所以如果 $\boldsymbol{\psi}$ 为相应于特征值 λ 的特征向量,则 $\beta\boldsymbol{\psi}$ 也是相应于 λ 的特征向量,这里,$\beta \neq 0$ 且为任意标量. 因为 $\boldsymbol{\psi}$ 和 $\beta\boldsymbol{\psi}$ 归一化后得到同一个向量,所以 $\boldsymbol{\psi}$ 和 $\beta\boldsymbol{\psi}$ 实际上表示同一个特征向量.

众所周知,n 个齐次代数方程组,只有当其系数行列式为零时才具有非平凡解,因此只有当

$$\det(\boldsymbol{A} - \lambda \boldsymbol{I}) = 0 \tag{5.2.2}$$

时,方程(5.2.1)才有非平凡解. 而方程(5.2.2)可解释为特征值 λ 是使矩阵 $\boldsymbol{A} - \lambda\boldsymbol{I}$ 变成奇异的一个数. 因为当矩阵 $\boldsymbol{A} - \lambda\boldsymbol{I}$ 为奇异时,矩阵 $(\boldsymbol{A} - \lambda\boldsymbol{I})^{\mathrm{T}} = \boldsymbol{A}^{\mathrm{T}} - \lambda\boldsymbol{I}$ 也是奇异的,因而矩阵 $\boldsymbol{A}$ 和矩阵 $\boldsymbol{A}^{\mathrm{T}}$ 具有相同的特征值.

方程(5.2.2)通称为 $\boldsymbol{A}$ 的特征方程，而 $\det(\boldsymbol{A}-\lambda\boldsymbol{I})$ 称为 $\boldsymbol{A}$ 的特征行列式. 这里 $\det(\boldsymbol{A}-\lambda\boldsymbol{I})$ 展开后成为 λ 的 n 阶多项式，称之为 $\boldsymbol{A}$ 的特征多项式. 当然，特征多项式的根就是 $\boldsymbol{A}$ 的特征值. 用 $\lambda_1, \lambda_2, \cdots, \lambda_n$ 表示其特征值，则特征行列式可表示为

$$\det(\boldsymbol{A}-\lambda\boldsymbol{I}) = (\lambda_1-\lambda)(\lambda_2-\lambda)\cdots(\lambda_n-\lambda) = \prod_{r=1}^{n}(\lambda_r-\lambda) \tag{5.2.3}$$

并且我们注意到 λ^n 的系数为 $(-1)^n$.

以上假定方程(5.2.3)的所有特征值都不相同，但并非总是这种情况. 例如，如果任意一个根 λ_i 有 m_i 次重复(这里，m_i 为正整数)，则认为是 m_i 重数的重根. 如果方程存在 k 个不相同的根，则有

$$\det(\boldsymbol{A}-\lambda\boldsymbol{I}) = (\lambda_1-\lambda)^{m_1}(\lambda_2-\lambda)^{m_2}\cdots(\lambda_k-\lambda)^{m_k} = \prod_{i=1}^{k}(\lambda_i-\lambda)^{m_i} \tag{5.2.4}$$

式中，$m_1+m_2+\cdots+m_k=n$.

一个特征向量只对应于一个特征值，但一个 m_i 重数的重特征值可以对应有 m_i 个特征向量. 因而，若 $\boldsymbol{\psi}_1, \boldsymbol{\psi}_2, \cdots, \boldsymbol{\psi}_{m_i}$ 为对应于同一个特征值 λ_i 的特征向量，则

$$\begin{aligned}\boldsymbol{A}(\alpha_1\boldsymbol{\psi}_1+\alpha_2\boldsymbol{\psi}_2+\cdots+\alpha_{m_i}\boldsymbol{\psi}_{m_i}) &= \alpha_1\boldsymbol{A}\boldsymbol{\psi}_1+\alpha_2\boldsymbol{A}\boldsymbol{\psi}_2+\cdots+\alpha_{m_i}\boldsymbol{A}\boldsymbol{\psi}_{m_i}\\ &= \alpha_1\lambda_i\boldsymbol{\psi}_1+\alpha_2\lambda_i\boldsymbol{\psi}_2+\cdots+\alpha_{m_i}\lambda_i\boldsymbol{\psi}_{m_i}\\ &= \lambda_i(\alpha_1\boldsymbol{\psi}_1+\alpha_2\boldsymbol{\psi}_2+\cdots+\alpha_{m_i}\boldsymbol{\psi}_{m_i})\end{aligned} \tag{5.2.5}$$

由此得出，任何对应于同一个特征值 λ_i 的特征向量 $\boldsymbol{\psi}_1, \boldsymbol{\psi}_2, \cdots, \boldsymbol{\psi}_{m_i}$ 的线性组合也是对应于 λ_i 的特征向量.

相互无关是向量集的一个重要性质. 因为相互无关的向量可作为线性空间的一个基底，所以相应的问题是给定矩阵的特征向量是否是线性无关的，这可由线性代数定理得到答案. 设 $n\times n$ 矩阵 $\boldsymbol{A}$ 的所有 n 个特征值 $\lambda_1, \lambda_2, \cdots, \lambda_n$ 都不相同，则它们相应的 n 个特征向量 $\boldsymbol{\psi}_1, \boldsymbol{\psi}_2, \cdots, \boldsymbol{\psi}_n$ 是线性无关的.

如果 $\boldsymbol{A}$ 为非奇异矩阵，而 λ 和 $\boldsymbol{\psi}$ 分别为 $\boldsymbol{A}$ 的特征值和特征向量，则 λ^{-1} 和 $\boldsymbol{\psi}$ 便分别是矩阵 $\boldsymbol{A}^{-1}$ 的特征值和特征向量. 这可用 $\lambda^{-1}\boldsymbol{A}^{-1}$ 左乘方程(5.2.1)两边加以验证.

从矩阵 $\boldsymbol{A}$ 的每个对角元素上减去一个常数 μ，考虑到方程(5.2.1)，可写成

$$(\boldsymbol{A}-\mu\boldsymbol{I})\boldsymbol{\psi} = \boldsymbol{A}\boldsymbol{\psi}-\mu\boldsymbol{\psi} = (\lambda-\mu)\boldsymbol{\psi} \tag{5.2.6}$$

因此，如果 λ 为矩阵 $\boldsymbol{A}$ 的特征值，则 $\lambda-\mu$ 为矩阵 $\boldsymbol{A}-\mu\boldsymbol{I}$ 的特征值，应注意 $\boldsymbol{A}-\mu\boldsymbol{I}$ 的特征向量与 $\boldsymbol{A}$ 的特征向量相同. 很明显，从矩阵 $\boldsymbol{A}$ 的每个对角元素减去常数 μ，则引起特征值移位相同的常数 μ. 该过程在计算 $\boldsymbol{A}$ 的特征值的迭代法中起加速收敛作用.

矩阵 $\boldsymbol{A}$ 可看作是向量空间 $\boldsymbol{L}^n$ 的一种线性变换，它把向量 $\boldsymbol{\psi}$ 变换成 $\boldsymbol{\psi}'$，即 $\boldsymbol{\psi}'=\boldsymbol{A}\boldsymbol{\psi}$. 向量 $\boldsymbol{\psi}$ 的元素 $\psi_1, \psi_2, \cdots, \psi_n$ 可以看作向量 $\boldsymbol{\psi}$ 相对于基底 $\boldsymbol{e}_1, \boldsymbol{e}_2, \cdots, \boldsymbol{e}_n$ 的坐标. 设 $\boldsymbol{p}_1, \boldsymbol{p}_2, \cdots, \boldsymbol{p}_n$ 为 $\boldsymbol{L}^n$ 的另一基底，并把 $\boldsymbol{\psi}$ 写成如下形式：

$$\boldsymbol{\psi} = y_1\boldsymbol{p}_1+y_2\boldsymbol{p}_2+\cdots+y_n\boldsymbol{p}_n \tag{5.2.7}$$

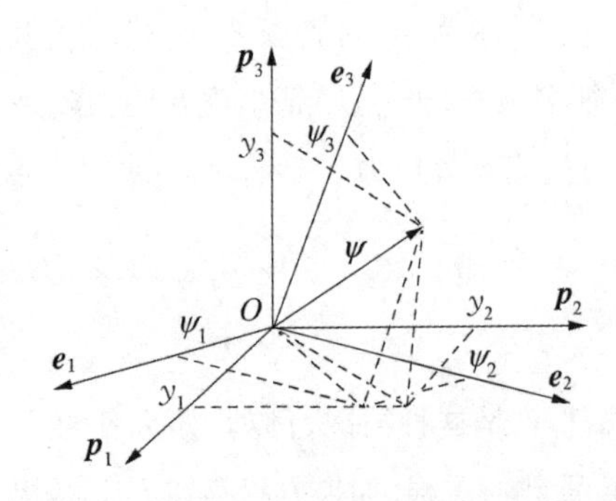

图 5.1　三维向量 ψ 依不同基底的分解

式中，$y_1, y_2, \cdots, y_n$ 可看作向量 $\boldsymbol{\psi}$ 相对于基底 $\boldsymbol{p}_1, \boldsymbol{p}_2, \cdots, \boldsymbol{p}_n$ 的坐标. 图 5.1 表示三维向量 $\boldsymbol{\psi}$ 依基底 $\boldsymbol{e}_1, \boldsymbol{e}_2, \boldsymbol{e}_3$ 和基底 $\boldsymbol{p}_1, \boldsymbol{p}_2, \boldsymbol{p}_3$ 的分解. 方程(5.2.7)可写成简单形式：

$$\boldsymbol{\psi} = \boldsymbol{P}\boldsymbol{y} \tag{5.2.8}$$

式中，$\boldsymbol{P}$ 为 $n \times n$ 矩阵，其列等于向量 $\boldsymbol{p}_1, \boldsymbol{p}_2, \cdots, \boldsymbol{p}_n$；$\boldsymbol{y}$ 为 n 维向量，其元素为 $y_1, y_2, \cdots, y_n$.

按照基底的定义，向量 $\boldsymbol{p}_1, \boldsymbol{p}_2, \cdots, \boldsymbol{p}_n$ 线性无关，因此矩阵 $\boldsymbol{P}$ 是非奇异的. 同样，用 $y_1', y_2', \cdots, y_n'$ 表示向量 $\boldsymbol{\psi}'$ 相对于基底 $\boldsymbol{p}_1, \boldsymbol{p}_2, \cdots, \boldsymbol{p}_n$ 的坐标，可写成

$$\boldsymbol{\psi}' = \boldsymbol{P}\boldsymbol{y}' \tag{5.2.9}$$

因此，将 $\boldsymbol{\psi}' = \boldsymbol{A}\boldsymbol{\psi}$ 代入上式，则有

$$\boldsymbol{P}\boldsymbol{y}' = \boldsymbol{A}(\boldsymbol{P}\boldsymbol{y}) \tag{5.2.10}$$

用 $\boldsymbol{P}^{-1}$ 左乘方程(5.2.10)两边，得到

$$\boldsymbol{y}' = \boldsymbol{B}\boldsymbol{y} \tag{5.2.11}$$

式中

$$\boldsymbol{B} = \boldsymbol{P}^{-1}\boldsymbol{A}\boldsymbol{P} \tag{5.2.12}$$

矩阵 $\boldsymbol{B}$ 代表了同 $\boldsymbol{A}$ 一样的线性变换，只是坐标系统不同而已. 由方程(5.2.12)联系起来的两个方阵 $\boldsymbol{A}$ 和 $\boldsymbol{B}$ 称为相似矩阵，而关系式(5.2.12)称为相似变换.

现在要证明相似矩阵具有相同的特征值. 为此，我们研究 $\boldsymbol{B}$ 的特征行列式，并写成

$$\begin{aligned}\det(\boldsymbol{B} - \lambda\boldsymbol{I}) &= \det(\boldsymbol{P}^{-1}\boldsymbol{A}\boldsymbol{P} - \lambda\boldsymbol{I}) \\ &= \det[\boldsymbol{P}^{-1}(\boldsymbol{A} - \lambda\boldsymbol{I})\boldsymbol{P}] \\ &= \det\boldsymbol{P}^{-1}\det(\boldsymbol{A} - \lambda\boldsymbol{I})\det\boldsymbol{P}\end{aligned} \tag{5.2.13}$$

且

$$\det\boldsymbol{P}^{-1}\det\boldsymbol{P} = \det(\boldsymbol{P}^{-1}\boldsymbol{P}) = \det\boldsymbol{I} = 1 \tag{5.2.14}$$

因此

$$\det(\boldsymbol{B} - \lambda\boldsymbol{I}) = \det(\boldsymbol{A} - \lambda\boldsymbol{I}) \tag{5.2.15}$$

因为矩阵 $\boldsymbol{B}$ 和矩阵 $\boldsymbol{A}$ 具有同样的特征行列式，它们必然具有同样的特征方程，因此具有同样的特征值.

人们特别感兴趣的一种相似变换是矩阵 $\boldsymbol{A}$ 与对角矩阵 $\boldsymbol{D}$ 之间的相似变换. 设方程(5.2.12)中 $\boldsymbol{B} = \boldsymbol{D}$，可写成

$$\boldsymbol{A}\boldsymbol{P} = \boldsymbol{P}\boldsymbol{D} \tag{5.2.16}$$

式(5.2.16)代表 n 个方程组合,即

$$\boldsymbol{A}\boldsymbol{p}_j = d_j\boldsymbol{p}_j, \quad j = 1, 2, \cdots, n \tag{5.2.17}$$

式中,d_j 为 $\boldsymbol{D}$ 的对角元素.

比较式(5.2.17)和式(5.2.1)可得出结论:如果矩阵 $\boldsymbol{A}$ 与对角矩阵 $\boldsymbol{D}$ 相似,则 $\boldsymbol{D}$ 的对角元素为 $\boldsymbol{A}$ 的特征值,而且,线性无关的向量 $\boldsymbol{p}_j(j=1, 2, \cdots, n)$ 就是 $\boldsymbol{A}$ 的特征向量.因此,一个 $n\times n$ 矩阵 $\boldsymbol{A}$ 与对角矩阵 $\boldsymbol{D}$ 相似的充要条件是:矩阵 $\boldsymbol{A}$ 具有 n 个线性无关的特征向量.特别是,若矩阵 $\boldsymbol{A}$ 的所有特征值各不相同,则 $\boldsymbol{A}$ 与对角矩阵 $\boldsymbol{D}$ 相似.

前面的讨论提供了一种可能性,即借助一系列相似变换简化矩阵 $\boldsymbol{A}$ 的形式,使其特征值为显而易见的,并以此计算方阵 $\boldsymbol{A}$ 的特征值.当然,简化成对角矩阵形式是最理想的,但不是每个矩阵都可以对角化.

虽然用相似变换不能把每个矩阵都简化成对角矩阵,但可以证明每个矩阵都可以相似于上三角矩阵.于是,如果 $\boldsymbol{A}$ 为具有特征值 $\lambda_1, \lambda_2, \cdots, \lambda_n$ 的 $n\times n$ 矩阵,则必然存在一个非奇异矩阵 $\boldsymbol{P}$,使得

$$\boldsymbol{T} = \boldsymbol{P}^{-1}\boldsymbol{A}\boldsymbol{P} = \begin{bmatrix} \lambda_1 & t_{12} & \cdots & t_{1n} \\ 0 & \lambda_2 & \cdots & t_{2n} \\ \vdots & \vdots & & \vdots \\ 0 & 0 & \cdots & \lambda_n \end{bmatrix} \tag{5.2.18}$$

这个定理可以用归纳法证明,这样的证明可参见相关教科书.可以看到,如果我们仅限于求解 $\boldsymbol{A}$ 的特征值,则对矩阵 $\boldsymbol{A}$ 进行三角化就够了.

一个任意矩阵 $\boldsymbol{A}$ 的特征值无需各不相同的限制,这里有若尔当(Jordan)定理.它可以表述如下:令 $\boldsymbol{A}$ 为具有特征值 $\lambda_1, \lambda_2, \cdots, \lambda_k$ 和重根的重数 $m_1, m_2, \cdots, m_k$ 的一个 $n\times n$ 矩阵,因此 $\det(\boldsymbol{A}-\lambda\boldsymbol{I})$ 具有式(5.2.4)的形式,则 $\boldsymbol{A}$ 相似于块对角阵

$$\boldsymbol{J} = \begin{bmatrix} \boldsymbol{\Lambda}_1 & \boldsymbol{0} & \cdots & \boldsymbol{0} \\ \boldsymbol{0} & \boldsymbol{\Lambda}_2 & \cdots & \boldsymbol{0} \\ \vdots & \vdots & & \vdots \\ \boldsymbol{0} & \boldsymbol{0} & \cdots & \boldsymbol{\Lambda}_k \end{bmatrix} \tag{5.2.19}$$

式中,$\boldsymbol{\Lambda}_i$ 是 $m_i\times m_i$ 矩阵,即

$$\boldsymbol{\Lambda}_i = \begin{bmatrix} \lambda_i & x & \cdots & 0 & 0 \\ 0 & \lambda_i & \cdots & 0 & 0 \\ \vdots & \vdots & & \vdots & \vdots \\ 0 & 0 & \cdots & \lambda_i & x \\ 0 & 0 & \cdots & 0 & \lambda_i \end{bmatrix} \tag{5.2.20}$$

这里的 x 等于 0 或 1. 矩阵 $\boldsymbol{J}$ 称为 $\boldsymbol{A}$ 的若尔当标准形式. 当矩阵 $\boldsymbol{A}$ 的所有特征值都不相同时,若尔当标准形式简化成对角矩阵形式.

在本节开始时我们曾经指出,特征行列式在相似变换中保持不变. 于是展开方程(5.2.3)可得到特征多项式:

$$\begin{aligned}\det(\boldsymbol{A}-\lambda\boldsymbol{I}) &= (-1)^n(\lambda-\lambda_1)(\lambda-\lambda_2)\cdots(\lambda-\lambda_n)\\ &= (-1)^n(\lambda^n+c_1\lambda^{n-1}+\cdots+c_{n-1}\lambda+c_n)\end{aligned} \tag{5.2.21}$$

上面的叙述表明,在相似变换中系数 $c_1, c_2, \cdots, c_n$ 保持不变. 系数 $c_1, c_2, \cdots, c_n$ 中的两个系数 c_1 和 c_n 有特殊意义. 为说明这一点,我们首先定义矩阵 $\boldsymbol{A}$ 的对角线上各元素之和为 $\boldsymbol{A}$ 的迹,记作

$$\operatorname{tr}\boldsymbol{A} = \sum_{i=1}^{n} a_{ii} \tag{5.2.22}$$

然后,运用 $\det(\boldsymbol{A}-\lambda\boldsymbol{I})$ 的拉普拉斯展开,可以证明包含 λ^{n-1} 的项唯一存在于乘积 $(a_{11}-\lambda)(a_{22}-\lambda)\cdots(a_{nn}-\lambda)$ 之中,因此 λ^{n-1} 的系数 $c_1=-\sum_{i=1}^{n} a_{ii}=-\operatorname{tr}\boldsymbol{A}$. 另一方面,由方程(5.2.21),我们注意到 λ^{n-1} 的系数 $c_1=-\sum_{i=1}^{n}\lambda_i$. 因为两个表达式必须具有同一个系数 c_1,而且这个系数又是常数,故可以得出

$$\operatorname{tr}\boldsymbol{A} = \sum_{i=1}^{n}\lambda_i \tag{5.2.23}$$

即矩阵 $\boldsymbol{A}$ 中对角元素的和在相似变换中保持不变,并且等于 $\boldsymbol{A}$ 的特征值之和.

进而,我们设方程(5.2.21)中的 $\lambda=0$,则一方面有 $c_n=(-1)^n\det\boldsymbol{A}$,另一方面有 $c_n=\prod_{i=1}^{n}(-\lambda_i)$. 运用上述同样的论证,可得出

$$\det\boldsymbol{A} = \prod_{i=1}^{n}\lambda_i \tag{5.2.24}$$

即 $\boldsymbol{A}$ 的行列式在相似变换中保持不变且等于 $\boldsymbol{A}$ 的特征值的积.

$\operatorname{tr}\boldsymbol{A}$ 和 $\det\boldsymbol{A}$ 这两个不变量,有时可用来检查计算的准确性.

5.2.2 实对称矩阵的标准特征值问题

上面讨论的是特征值的一般性质,可适合任意方阵 $\boldsymbol{A}$. 从 4.3.6 节连续系统特征值变分式的一般性质可以看到,人们在研究结构振动时,对实对称矩阵特别感兴趣. 因为实对称矩阵标准特征值问题的解比非对称矩阵的解更加简单,这只要从实对称矩阵可以对角化这一点就足以证明,而且实对称矩阵的特征值和特征向量还具有许多有用的性质.

下面研究一个 n 阶实对称矩阵 $\boldsymbol{A}$. 该类矩阵有其特有的基本定理,其中最重要的一个定理为:任一实对称矩阵的特征值都是实数. 为证明该定理,我们考虑一个特征值 λ 并假定它是复数,即 $\lambda=\alpha+\mathrm{i}\beta$. 因为 $\boldsymbol{A}$ 的所有元素均为实数,由方程(5.2.23) 得出其复共轭 $\lambda^*=$

$\alpha - \mathrm{i}\beta$ 必然也是它的特征值.因此,设 $\boldsymbol{\psi}$ 为对应于λ 的特征向量,则复共轭 $\boldsymbol{\psi}^*$ 必然也是对应 λ^* 的特征向量.所以,必定有

$$\boldsymbol{A\psi} = \lambda\boldsymbol{\psi}, \quad \boldsymbol{A\psi}^* = \lambda^*\boldsymbol{\psi}^* \tag{5.2.25}$$

接着,用 $\boldsymbol{\psi}^{*\mathrm{T}}$左乘方程(5.2.25)的第一式,用 $\boldsymbol{\psi}$ 右乘方程(5.2.25)的第二式的转置,两个结果相减,可得下式:

$$\boldsymbol{\psi}^{*\mathrm{T}}\boldsymbol{A\psi} - (\boldsymbol{A\psi}^*)^{\mathrm{T}}\boldsymbol{\psi} = 0 = (\lambda - \lambda^*)\boldsymbol{\psi}^{*\mathrm{T}}\boldsymbol{\psi} = 2\mathrm{i}\beta\boldsymbol{\psi}^{*\mathrm{T}}\boldsymbol{\psi} \tag{5.2.26}$$

式中,已利用 $\boldsymbol{A}$ 是对称矩阵这个事实.而且积 $\boldsymbol{\psi}^{*\mathrm{T}}\boldsymbol{\psi}$ 为一个正值,因此 β 必须为零,这就证明了定理.推广之,还可得出实对称矩阵 $\boldsymbol{A}$ 的特征向量也是实向量.

另一个基本定理为:实对称矩阵 $\boldsymbol{A}$ 对应于不同特征值的两个特征向量是正交的.我们假定对应于不同特征值 λ_i 和λ_j 的两个特征向量为$\boldsymbol{\psi}_i$ 和$\boldsymbol{\psi}_j$,因

$$\boldsymbol{A\psi}_i = \lambda_i\boldsymbol{\psi}_i, \quad \boldsymbol{A\psi}_j = \lambda_j\boldsymbol{\psi}_j \tag{5.2.27}$$

用 $\boldsymbol{\psi}_j^{\mathrm{T}}$ 左乘方程(5.2.27)第一式的两边,用 $\boldsymbol{\psi}_i$ 右乘方程(5.2.27)第二式的转置,两个结果相减,利用 $\boldsymbol{A}^{\mathrm{T}} = \boldsymbol{A}$,可写成下式:

$$0 = (\lambda_i - \lambda_j)\boldsymbol{\psi}_j^{\mathrm{T}}\boldsymbol{\psi}_i \tag{5.2.28}$$

由于特征值不同,即 $\lambda_i \neq \lambda_j$,因此仅当

$$\boldsymbol{\psi}_j^{\mathrm{T}}\boldsymbol{\psi}_i = 0 \tag{5.2.29}$$

时方程(5.2.28)才满足.

实际上,实对称矩阵的特征向量不管其对应的特征值是否不同均可认为是正交的.我们研究如下定理:设实对称矩阵 $\boldsymbol{A}$ 的特征值λ_i 具有重数m_i,则严格存在 m_i 个线性无关的特征向量.因为 m_i 个线性无关的特征向量的任一线性组合也是对应于λ_i 的特征向量,所以总可以选择这样的线性组合,使得对应于同一个特征值 λ_i 的m_i 个特征向量相互正交.当然,这样的特征向量明显地正交于其余特征值所对应的特征向量.

我们假定实对称矩阵 $\boldsymbol{A}$ 的特征向量为$\boldsymbol{\psi}_1, \boldsymbol{\psi}_2, \cdots, \boldsymbol{\psi}_n$,并归一化以满足 $\boldsymbol{\psi}_i^{\mathrm{T}}\boldsymbol{\psi}_i = 1\ (i = 1, 2, \cdots, n)$,于是把方程(5.2.29)改写成

$$\boldsymbol{\psi}_i^{\mathrm{T}}\boldsymbol{\psi}_j = \delta_{ij}, \quad i, j = 1, 2, \cdots, n \tag{5.2.30}$$

显然,方程(5.2.30)定义的特征向量集合为归一化正交向量集合.

接着,我们把特征值 $\lambda_1, \lambda_2, \cdots, \lambda_n$ 排列成对角矩阵$\boldsymbol{\Lambda} = \mathrm{diag}[\lambda_i]$,而把特征向量 $\boldsymbol{\psi}_1, \boldsymbol{\psi}_2, \cdots, \boldsymbol{\psi}_n$ 排列成归一化正交矩阵 $\boldsymbol{\psi} = [\boldsymbol{\psi}_1 \quad \boldsymbol{\psi}_2 \quad \cdots \quad \boldsymbol{\psi}_n]$.运用这种表示法,则方程式(5.2.27)和式(5.2.30)可合并成简洁形式:

$$\boldsymbol{A\psi} = \boldsymbol{\psi\Lambda}, \quad \boldsymbol{\psi}^{\mathrm{T}}\boldsymbol{\psi} = \boldsymbol{I} \tag{5.2.31}$$

用 $\boldsymbol{\psi}^{\mathrm{T}}$ 左乘方程(5.2.31)第一式的两边,并考虑到方程(5.2.31)的第二式,得到简单形式

$$\boldsymbol{\psi}^{\mathrm{T}}\boldsymbol{A\psi} = \boldsymbol{\Lambda} \tag{5.2.32}$$

式中,$\boldsymbol{\Lambda}$ 为特征值的对角矩阵.

由此得出，实对称矩阵 $\boldsymbol{A}$ 可由其特征向量的归一化正交矩阵作为变换矩阵，利用 $\boldsymbol{P} = \boldsymbol{\psi}$ 和 $\boldsymbol{P}^{-1} = \boldsymbol{\psi}^{\mathrm{T}}$ 的相似变换使之对角化，而对角矩阵的对角元素就是 $\boldsymbol{A}$ 的特征值，$\boldsymbol{D} = \boldsymbol{\Lambda}$. 利用相似变换简化矩阵成对角矩阵来解实对称矩阵 $\boldsymbol{A}$ 的特征值问题有许多计算方法.

前面讨论的实对称矩阵 $\boldsymbol{A}$，是不考虑 $\boldsymbol{A}$ 是正定还是非正定的. 以下我们要引入一些仅限于正定矩阵和半正定矩阵的定理和结论. 在讨论中，我们运用与矩阵 $\boldsymbol{A}$ 有关的二次型，或是运用矩阵 $\boldsymbol{A}$ 本身的二次型.

我们假定 n 阶对角矩阵 $\boldsymbol{\Lambda}$ 的对角元素为 $\lambda_1, \lambda_2, \cdots, \lambda_n$. 只有当所有的 $\lambda_i (i = 1, 2, \cdots, n)$ 都为正值时，对角矩阵 $\boldsymbol{\Lambda}$ 才是正定的. 为了证明它，我们研究任一个具有 n 个元素的实向量 $\boldsymbol{x}$，并写成二次型：

$$\boldsymbol{x}^{\mathrm{T}} \boldsymbol{\Lambda} \boldsymbol{x} = \sum_{i=1}^{n} \lambda_i x_i^2 \tag{5.2.33}$$

对于所有非平凡实向量 $\boldsymbol{x}$ 来说，只有当 $\lambda_i > 0 \ (i = 1, 2, \cdots, n)$ 时二次型 $\sum_{i=1}^{n} \lambda_i x_i^2$ 才是正的. 另一方面，如果某些 λ_i 为零而其余 λ_i 为正的，则二次型 $\sum_{i=1}^{n} \lambda_i x_i^2$ 通常是正的. 但对于某些 x_i 可以选择二次型为零. 例如，若 $1 \leqslant i \leqslant r$ 时 $\lambda_i > 0$，$r < i \leqslant n$ 时 $\lambda_i = 0$，则在 $1 \leqslant i \leqslant r$，$x_i = 0$ 及 $r < i \leqslant n$，$x_i \neq 0$ 时二次型为零. 由此得出，只有当所有的 $\lambda_i (i = 1, 2, \cdots, n)$ 为非负数时，对角矩阵 $\boldsymbol{\Lambda}$ 才是半正定的.

实对称矩阵 $\boldsymbol{A}$ 是正定的，则只有当所有 $\boldsymbol{A}$ 的同阶矩阵 $\boldsymbol{P}$ 为实非奇异时，矩阵 $\boldsymbol{P}^{\mathrm{T}} \boldsymbol{A} \boldsymbol{P}$ 才是正定的. 由定义可知，若对于所有实非平凡向量 $\boldsymbol{x}$，二次型 $\boldsymbol{x}^{\mathrm{T}} \boldsymbol{A} \boldsymbol{x}$ 为正定的，则矩阵 $\boldsymbol{A}$ 是正定的. 接着我们讨论线性变换 $\boldsymbol{x} = \boldsymbol{P}\boldsymbol{y}$ 的情况，其中，$\boldsymbol{y} \neq \boldsymbol{0}$，这表明 $\boldsymbol{P}$ 为非奇异的. 因而对所有 $\boldsymbol{y} \neq \boldsymbol{0}$ 有 $\boldsymbol{x}^{\mathrm{T}} \boldsymbol{A} \boldsymbol{x} = (\boldsymbol{P}\boldsymbol{y})^{\mathrm{T}} \boldsymbol{A} (\boldsymbol{P}\boldsymbol{y}) = \boldsymbol{y}^{\mathrm{T}} \boldsymbol{P}^{\mathrm{T}} \boldsymbol{A} \boldsymbol{P} \boldsymbol{y} > 0$，则 $\boldsymbol{P}^{\mathrm{T}} \boldsymbol{A} \boldsymbol{P}$ 也是正定的.

进而，我们分析方程(5.2.32). 由前面的讨论和方程(5.2.32)可以得出，如果实对称矩阵 $\boldsymbol{A}$ 是正定的，则 $\boldsymbol{\Lambda}$ 必然也是正定的. 因此所有 $\lambda_i > 0 \ (i = 1, 2, \cdots, n)$. 反之，当其特征值都为正值时，实对称矩阵 $\boldsymbol{A}$ 才是正定的. 考虑到归一化正交矩阵 $\boldsymbol{\psi}$，有 $\boldsymbol{\psi}\boldsymbol{\psi}^{\mathrm{T}} = \boldsymbol{I}$，$\boldsymbol{\psi}^{\mathrm{T}} = \boldsymbol{\psi}^{-1}$，方程(5.2.32) 左乘 $\boldsymbol{\psi}$，其结果再右乘 $\boldsymbol{\psi}^{\mathrm{T}}$，得到下式：

$$\boldsymbol{A} = \boldsymbol{\psi} \boldsymbol{\Lambda} \boldsymbol{\psi}^{\mathrm{T}} \tag{5.2.34}$$

因此，如果 $\boldsymbol{\Lambda}$ 为正定的，则 $\boldsymbol{A}$ 亦为正定的. 上述定理可以推广到 $\boldsymbol{A}$ 仅是半正定的情况.

从方程(5.2.34)可以导出一些有趣的结果. 令 p 为整数并写成

$$\boldsymbol{A}^p = (\boldsymbol{\psi} \boldsymbol{\Lambda} \boldsymbol{\psi}^{\mathrm{T}})^p = \overbrace{(\boldsymbol{\psi} \boldsymbol{\Lambda} \boldsymbol{\psi}^{\mathrm{T}})(\boldsymbol{\psi} \boldsymbol{\Lambda} \boldsymbol{\psi}^{\mathrm{T}}) \cdots (\boldsymbol{\psi} \boldsymbol{\Lambda} \boldsymbol{\psi}^{\mathrm{T}})}^{p\text{个}} = \boldsymbol{\psi} \boldsymbol{\Lambda}^p \boldsymbol{\psi}^{\mathrm{T}} \tag{5.2.35}$$

因此，如果实对称矩阵 $\boldsymbol{A}$ 为正定的，则 $\boldsymbol{A}^p$ 也是正定的，而 $\boldsymbol{A}^p$ 的特征值为 $\lambda_1^p, \lambda_2^p, \cdots, \lambda_n^p$. 以上提供了求正定矩阵整数幂的方法. 实际上，$p$ 可以是任何有理数. 于是，当

$$\boldsymbol{A} = (\boldsymbol{A}^{1/p})^p = \boldsymbol{\psi} \boldsymbol{\Lambda} \boldsymbol{\psi}^{\mathrm{T}} = \overbrace{(\boldsymbol{\psi} \boldsymbol{\Lambda}^{1/p} \boldsymbol{\psi}^{\mathrm{T}})(\boldsymbol{\psi} \boldsymbol{\Lambda}^{1/p} \boldsymbol{\psi}^{\mathrm{T}}) \cdots (\boldsymbol{\psi} \boldsymbol{\Lambda}^{1/p} \boldsymbol{\psi}^{\mathrm{T}})}^{p\text{个}} \tag{5.2.36}$$

时，可得到

$$\boldsymbol{A}^{1/p} = \boldsymbol{\psi}\boldsymbol{\Lambda}^{1/p}\boldsymbol{\psi}^{\mathrm{T}} \tag{5.2.37}$$

最后，介绍一个在计算上有重要意义的定理：只有存在一个非奇异矩阵 $\boldsymbol{Q}$，使得 $\boldsymbol{A} = \boldsymbol{Q}^{\mathrm{T}}\boldsymbol{Q}$ 时，实对称矩阵 $\boldsymbol{A}$ 才是正定的. 如果 $\boldsymbol{A}$ 为对称、正定的，则存在一个非奇异矩阵 $\boldsymbol{P}$，使得

$$\boldsymbol{P}^{-1}\boldsymbol{A}\boldsymbol{P} = \boldsymbol{P}^{\mathrm{T}}\boldsymbol{A}\boldsymbol{P} = \boldsymbol{D} \tag{5.2.38}$$

式中，$\boldsymbol{D}$ 为具有正的实对角元素的对角矩阵.

因为 $\boldsymbol{D} = \boldsymbol{D}^{1/2}\boldsymbol{D}^{1/2}$，由方程(5.2.38)得到

$$\boldsymbol{A} = \boldsymbol{P}\boldsymbol{D}\boldsymbol{P}^{-1} = \boldsymbol{P}\boldsymbol{D}^{1/2}\boldsymbol{D}^{1/2}\boldsymbol{P}^{\mathrm{T}} = (\boldsymbol{P}\boldsymbol{D}^{1/2})(\boldsymbol{P}\boldsymbol{D}^{1/2})^{\mathrm{T}} = \boldsymbol{Q}\boldsymbol{Q}^{\mathrm{T}} \tag{5.2.39}$$

式中

$$\boldsymbol{Q} = \boldsymbol{P}\boldsymbol{D}^{1/2} \tag{5.2.40}$$

因为 $\boldsymbol{P}$ 和 $\boldsymbol{D}^{1/2}$ 为非奇异矩阵，所以 $\boldsymbol{Q}$ 也为非奇异矩阵. 我们还记得，在5.1节此定理用于把两个实对称矩阵表示的特征值问题，简化成用一个简单的对称矩阵表示的特征值问题.

因为实对称矩阵 $\boldsymbol{A}$ 的特征向量 $\boldsymbol{\psi}_1, \boldsymbol{\psi}_2, \cdots, \boldsymbol{\psi}_n$ 构成归一化正交 n 维向量的一个集合，所以它们可以用作线性空间 L^n 的一个基底，这就意味着在该空间的任何非零向量 $\boldsymbol{u}$ 可以写成线性组合

$$\boldsymbol{u} = \alpha_1\boldsymbol{\psi}_1 + \alpha_2\boldsymbol{\psi}_2 + \cdots + \alpha_n\boldsymbol{\psi}_n = \boldsymbol{\psi}\boldsymbol{\alpha} \tag{5.2.41}$$

式中，$\boldsymbol{\psi}$ 为特征向量的归一化正交矩阵；$\boldsymbol{\alpha} = [\alpha_1 \quad \alpha_2 \quad \cdots \quad \alpha_n]^{\mathrm{T}}$ 为系数组成的 n 维向量.

用 $\boldsymbol{\psi}^{\mathrm{T}}$ 左乘方程(5.2.41)并考虑该矩阵的正交关系，于是

$$\boldsymbol{\alpha} = \boldsymbol{\psi}^{\mathrm{T}}\boldsymbol{u} \tag{5.2.42}$$

式(5.2.41)和式(5.2.42)称为展开定理.

5.2.3 广义特征值问题

上述讨论局限于单个实对称矩阵的标准特征值问题. 但是，如5.1节所述，多自由度无阻尼系统的特征值问题都可以用两个实对称矩阵表示. 由5.1节可写出广义特征值问题：

$$\boldsymbol{K}\boldsymbol{\phi} = \lambda\boldsymbol{M}\boldsymbol{\phi}, \quad \lambda = \omega^2 \tag{5.2.43}$$

正如方程(5.2.30)所表明的矩阵 $\boldsymbol{A}$ 的特征向量 $\boldsymbol{\psi}_i (i = 1, 2, \cdots, n)$ 是相互正交的，实际上，方程(5.2.30)所表明的特征向量 $\boldsymbol{\psi}_i$ 不仅仅是正交的而且还是归一化正交的. 这里自然会提出一个问题，即与特征值问题式(5.2.43)有关的特征向量 $\boldsymbol{\phi}_i (i = 1, 2, \cdots, n)$ 是否也具有同样的性质？从方程(5.1.9)可得出

$$\boldsymbol{\psi}_i = \boldsymbol{Q}^{\mathrm{T}}\boldsymbol{\phi}_i, \quad \boldsymbol{\psi}_j = \boldsymbol{Q}^{\mathrm{T}}\boldsymbol{\phi}_j \tag{5.2.44}$$

因此，将方程(5.2.44)代入方程(5.2.30)，得

$$\boldsymbol{\phi}_j^{\mathrm{T}}\boldsymbol{Q}\boldsymbol{Q}^{\mathrm{T}}\boldsymbol{\phi}_i = \delta_{ij}, \quad i, j = 1, 2, \cdots, n \tag{5.2.45}$$

从方程(5.1.7)得到下式：

$$\boldsymbol{\phi}_j^{\mathrm{T}}\boldsymbol{M}\boldsymbol{\phi}_i = \delta_{ij}, \quad i,j = 1, 2, \cdots, n \tag{5.2.46}$$

即特征向量 $\boldsymbol{\phi}_i$ 是与质量矩阵正交而不是一般意义的正交. 方程(5.2.46)不仅表示正交关系而且表示归一化关系.

引入模态矩阵 $\boldsymbol{\phi} = [\boldsymbol{\phi}_1 \quad \boldsymbol{\phi}_2 \quad \cdots \quad \boldsymbol{\phi}_n]$,并用 $\boldsymbol{\Lambda} = \mathrm{diag}[\lambda]$ 表示特征值的对角矩阵,特征值问题式(5.2.43) 解的完全集合可以写成简化形式:

$$\boldsymbol{K}\boldsymbol{\phi} = \boldsymbol{M}\boldsymbol{\phi}\boldsymbol{\Lambda} \tag{5.2.47}$$

而正交关系式(5.2.46)有矩阵对应式:

$$\boldsymbol{\phi}^{\mathrm{T}}\boldsymbol{M}\boldsymbol{\phi} = \boldsymbol{I} \tag{5.2.48}$$

因此,用 $\boldsymbol{\phi}^{\mathrm{T}}$ 左乘方程(5.2.47)两边,得

$$\boldsymbol{\phi}^{\mathrm{T}}\boldsymbol{K}\boldsymbol{\phi} = \boldsymbol{\Lambda} \tag{5.2.49}$$

同样,展开定理也可用向量 $\boldsymbol{\phi}_i$ 表示. 于是,该向量构成 n 维线性空间的一个基底. 因此,在该空间内的任何向量 $\boldsymbol{u}$ 可表示为

$$\boldsymbol{u} = \alpha_1\boldsymbol{\phi}_1 + \alpha_2\boldsymbol{\phi}_2 + \cdots + \alpha_n\boldsymbol{\phi}_n = \boldsymbol{\phi}\boldsymbol{\alpha} \tag{5.2.50}$$

式中,$\boldsymbol{\alpha} = [\alpha_1 \quad \alpha_2 \quad \cdots \quad \alpha_n]^{\mathrm{T}}$ 为系数的 n 维向量.

用 $\boldsymbol{\phi}^{\mathrm{T}}\boldsymbol{M}$ 左乘方程(5.2.50)两边并考虑到方程(5.2.48),得

$$\boldsymbol{\alpha} = \boldsymbol{\phi}^{\mathrm{T}}\boldsymbol{M}\boldsymbol{u} \tag{5.2.51}$$

式(5.2.50)和式(5.2.51)是以满足方程(5.2.43)的特征向量构成展开定理的,而方程(5.2.43)是由两个实对称矩阵所确定的. 这个定理在模态分析法求解线性系统振动响应中起决定性作用,我们将在以后几章中广泛使用它. 然而因为刚才提到的展开定理是用实向量表示的,它的应用只限于5.1节所讨论的无阻尼系统和某些特殊阻尼系统,如具有比例关系的阻尼系统.

5.3 主模态(主振型)的正交性

5.3.1 主模态(主振型)

将任何一个特征值 $\omega_{\mathrm{n}r}^2$ 代回方程(5.1.3),都可求得一个相应的非零向量 $\boldsymbol{\phi}_r$,即特征向量. 对于振动系统,一个特征向量描绘了系统振动位移的一种形态,称为主振型(主模态). 主振型只与系统本身固有的物理性质(惯性、弹性)有关,而与其他条件无关,所以又称为固有振型. n 个自由度的系统有 n 个固有频率和 n 个相应的主振型;与 r 阶固有圆频率 $\omega_{\mathrm{n}r}$ 相应的主振型 $\boldsymbol{\phi}_r$ 称为第 r 阶主振型,它们总是成对地在一起,并描述系统的一个单独的特性. 这里应该注意,将特征值 $\omega_{\mathrm{n}r}^2$ 代回方程(5.1.3a)后,得到未知量为 $\phi_{ri}(i = 1, 2, \cdots, n)$ 的 n 个齐次代数方程 $(\boldsymbol{K} - \omega_{\mathrm{n}r}\boldsymbol{M})\boldsymbol{\phi} = \boldsymbol{0}$,只能求得 n 个未知量 ϕ_{ri} 之间的比值. 如果 $\boldsymbol{\phi}_r$ 是方程组的一个解,

乘上任何一个常数 α 后，$\alpha\boldsymbol{\phi}_r$ 也是方程组的解. 因此，主振型的形态是确定的，但其振幅则是不定的. 以自由振动为例，主振型只确定了系统按某阶固有频率自由振动时各坐标振动位移的比值，而某阶固有频率自由振动振幅的数值大小取决于系统的初始条件.

计算主振型，我们可以不必局限于求出具体初始条件下系统作某阶主振时，各坐标幅值组成的主振型的具体绝对数值，而可以一般地描述系统某阶主振型的形式，任意规定其中某一坐标的幅值. 常令 $\boldsymbol{\phi}_{ri}$ 中的某个未知量等于1，例如令 $\phi_{r1}=1$，解方程组(5.1.3a)中的任意 $n-1$ 个方程，求出用 ϕ_{r1} 表示的其余 $n-1$ 个未知量. 将这 n 个幅值 $\phi_{r1}, \phi_{r2}, \cdots, \phi_{rn}$ 作为元素组成一个列阵 $\boldsymbol{\phi}_r$，即为某阶主振型. 当自由度数目较多时，用此法计算较繁，此时常采用伴随矩阵法来求主振型.

令

$$\boldsymbol{H}=\boldsymbol{K}-\omega_{\mathrm{n}}^{2}\boldsymbol{M} \tag{5.3.1}$$

则方程(5.1.3a)可写为

$$\boldsymbol{H}\boldsymbol{\phi}=\boldsymbol{0} \tag{5.3.2}$$

根据逆矩阵的定义，$\boldsymbol{H}$ 的逆矩阵为

$$\boldsymbol{H}^{-1}=\boldsymbol{H}^{\mathrm{a}}/|\boldsymbol{H}| \tag{5.3.3}$$

式中，$\boldsymbol{H}^{\mathrm{a}}$ 是 $\boldsymbol{H}$ 的伴随矩阵，定义为 $\boldsymbol{H}$ 的余因子矩阵 $\boldsymbol{H}^{\mathrm{c}}$ 的转置，即 $\boldsymbol{H}^{\mathrm{a}}=(\boldsymbol{H}^{\mathrm{c}})^{\mathrm{T}}$. 因为 $|\boldsymbol{H}|=0$，$\boldsymbol{H}$ 的逆矩阵实际上并不存在，但应用这个定义，式(5.3.3)的两端左乘 $|\boldsymbol{H}|\boldsymbol{H}$ 后，可将它改写为

$$\boldsymbol{H}\boldsymbol{H}^{\mathrm{a}}=|\boldsymbol{H}|\boldsymbol{H}\boldsymbol{H}^{-1}=0 \tag{5.3.4}$$

比较式(5.3.4)和式(5.3.2)，可以得出这样的结论：特征向量 $\boldsymbol{\phi}$ 与伴随矩阵 $\boldsymbol{H}^{\mathrm{a}}$ 中任何不等于零的列成正比，因此可取这样的列或再乘上某个常数作为主振型.

例5.1 图5.2(a)是三自由度的弹簧质量系统，求它的固有圆频率与主振型.

解 系统的质量矩阵和刚度矩阵分别为

$$\boldsymbol{M}=\begin{bmatrix} m_1 & 0 & 0 \\ 0 & m_2 & 0 \\ 0 & 0 & m_3 \end{bmatrix}=m\begin{bmatrix} 1 & 0 & 0 \\ 0 & 1 & 0 \\ 0 & 0 & 1 \end{bmatrix} \tag{1}$$

$$\boldsymbol{K}=\begin{bmatrix} k_1+k_2 & -k_2 & 0 \\ -k_2 & k_2+k_3 & -k_3 \\ 0 & -k_3 & k_3+k_4 \end{bmatrix}=k\begin{bmatrix} 3 & -1 & 0 \\ -1 & 2 & -1 \\ 0 & -1 & 3 \end{bmatrix} \tag{2}$$

按式(5.1.3a)得到系统的特征值为

$$\left(\begin{bmatrix} 3k & -k & 0 \\ -k & 2k & -k \\ 0 & -k & 3k \end{bmatrix}-\omega_{\mathrm{n}}^{2}\begin{bmatrix} m & 0 & 0 \\ 0 & m & 0 \\ 0 & 0 & m \end{bmatrix}\right)\boldsymbol{A}=\boldsymbol{0}$$

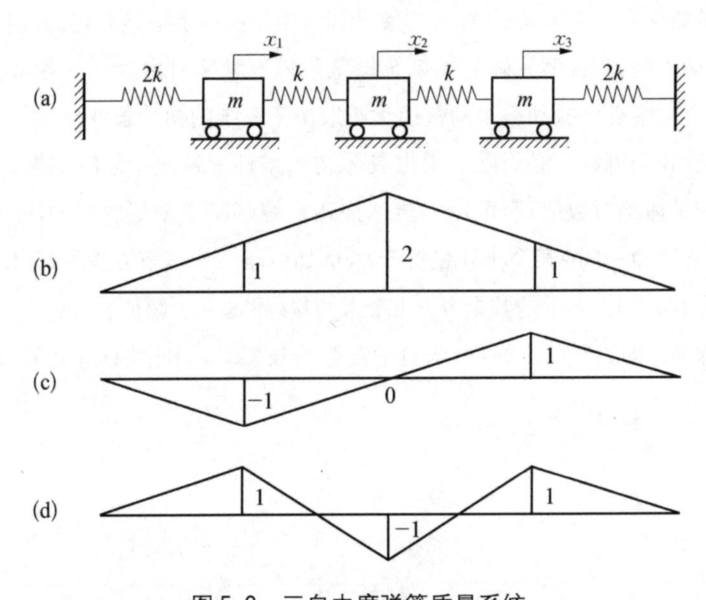

图 5.2　三自由度弹簧质量系统

或

$$\begin{bmatrix} 3h-\omega_n^2 & -h & 0 \\ -h & 2h-\omega_n^2 & -h \\ 0 & -h & 3h-\omega_n^2 \end{bmatrix} \begin{Bmatrix} \boldsymbol{\phi}_1 \\ \boldsymbol{\phi}_2 \\ \boldsymbol{\phi}_3 \end{Bmatrix} = \begin{Bmatrix} 0 \\ 0 \\ 0 \end{Bmatrix} \tag{3}$$

式中，$h=k/m$. 令式(3)的系数行列式等于零，展开后得特征方程

$$(\omega_n^2)^3 - 8h(\omega_n^2)^2 + 19h^2\omega_n^2 - 12h^3 = 0 \tag{4}$$

求解式(4)，得系统的固有圆频率为

$$\omega_{n1} = \sqrt{\frac{k}{m}}, \quad \omega_{n2} = \sqrt{\frac{3k}{m}}, \quad \omega_{n3} = 2\sqrt{\frac{k}{m}}$$

按式(5.2.23)和式(5.2.24)校核，得

$$\boldsymbol{A} = \boldsymbol{M}^{-1}\boldsymbol{K} = \frac{k}{m}\begin{bmatrix} 3 & -1 & 0 \\ -1 & 2 & -1 \\ 0 & -1 & 3 \end{bmatrix} = h\begin{bmatrix} 3 & -1 & 0 \\ -1 & 2 & -1 \\ 0 & -1 & 3 \end{bmatrix} \tag{5}$$

$$\omega_{n1}^2 + \omega_{n2}^2 + \omega_{n3}^2 = h + 3h + 4h = 8h = \operatorname{tr}\boldsymbol{A}$$

$$\omega_{n1}^2 \cdot \omega_{n2}^2 \cdot \omega_{n3}^2 = h \cdot 3h \cdot 4h = 12h^3 = \det\boldsymbol{A}$$

将 $\omega_{n1}^2 = k/m = h$ 代入式(3)并展开，得

$$\begin{aligned} 2h\phi_{11} - h\phi_{12} &= 0 \\ -h\phi_{11} + h\phi_{12} - h\phi_{13} &= 0 \\ -h\phi_{12} + 2h\phi_{13} &= 0 \end{aligned} \tag{6}$$

令 $\phi_{11}=1$，求解式(6)中的任意两式得第一阶主振型：$\phi_{11}=1$，$\phi_{12}=2$，$\phi_{13}=1$.

同样，将 ω_{n2}^2 及 ω_{n3}^2 代入式(3)，分别令 $\phi_{21}=1$ 及 $\phi_{31}=1$，计算得到：

$$\text{第二阶主振型}\quad \phi_{21}=1,\ \phi_{22}=0,\ \phi_{23}=-1$$

$$\text{第三阶主振型}\quad \phi_{31}=1,\ \phi_{32}=-1,\ \phi_{33}=1$$

按伴随矩阵法也算得相同的结果，$\boldsymbol{H}=\boldsymbol{K}-\omega_n^2\boldsymbol{M}$ 的伴随矩阵为

$$\boldsymbol{H}^{a}=(\boldsymbol{H}^{c})^{T}=\begin{bmatrix}(2h-\omega_n^2)(3h-\omega_n^2)-h^2 & h(3h-\omega_n^2) & h^2\\ h(3h-\omega_n^2) & (3h-\omega_n^2)^2 & h(3h-\omega_n^2)\\ h^2 & h(3h-\omega_n^2) & (2h-\omega_n^2)(3h-\omega_n^2)-h\end{bmatrix}\tag{7}$$

取第3列并除以 h^2 作为主振型，分别将 $\omega_{n1}^2,\omega_{n2}^2,\omega_{n3}^2$ 代入式(7)，便得到如下三个主振型：

$$\boldsymbol{\phi}_1=\begin{bmatrix}1\\2\\1\end{bmatrix},\quad \boldsymbol{\phi}_2=\begin{bmatrix}-1\\0\\1\end{bmatrix},\quad \boldsymbol{\phi}_3=\begin{bmatrix}1\\-1\\1\end{bmatrix}\tag{8}$$

根据上面三个主振型画出的振型图如图5.2(b)，(c)及(d)所示.由图看到第二阶主振型中有一个节点，而第三阶主振型中有两个节点，这由主振型内元素符号变号的次数也可以判断出来.

对于非零的特征值 ω_r^2，其开方有两个根：

$$\omega_{r1}=\omega_{nr},\quad \omega_{r2}=-\omega_{nr}\tag{5.3.5}$$

它们相应于振型 $\boldsymbol{\phi}_r$.将 ω_r 与 $\boldsymbol{\phi}_r$ 代入式(5.1.2)，得

$$\boldsymbol{x}_r=\boldsymbol{\phi}_r(A_1\mathrm{e}^{\mathrm{i}\omega_{nr}t}+A_2\mathrm{e}^{-\mathrm{i}\omega_{nr}t})\tag{5.3.6}$$

考虑到

$$\mathrm{e}^{\pm\mathrm{i}\omega_{nr}t}=\cos\omega_{nr}t\pm\mathrm{i}\sin\omega_{nr}t$$

可将式(5.3.6)改写为

$$\boldsymbol{x}_r=\boldsymbol{\phi}_r(A\sin\omega_{nr}t+B\cos\omega_{nr}t)\tag{5.3.7}$$

或者

$$\boldsymbol{x}_r=\boldsymbol{\phi}_r\sin(\omega_{nr}t+\varphi)\tag{5.3.8}$$

对于等于零的特征值，将 $\omega_r^2=0$ 代入式(5.1.1)，得

$$\boldsymbol{M}\ddot{\boldsymbol{x}}=\boldsymbol{0}$$

有

$$\boldsymbol{x}=\boldsymbol{\phi}_R(1+\varphi t)\tag{5.3.9}$$

这里，$\boldsymbol{\phi}_r$ 为弹性振型，$\boldsymbol{\phi}_R$ 为刚体振型，φ 为待定的常数.

5.3.2 主模态的正交性

由上一节已知道，一个 n 自由度的无阻尼系统，通过求解矩阵特征值问题，可以得到它的

n 个固有频率和相应的 n 个主振型.下面讨论主模态之间关于质量矩阵和刚度矩阵的正交性质.

设 $\boldsymbol{\phi}_i,\boldsymbol{\phi}_j$ 分别是相应于特征值 ω_i 及 ω_j 的主模态,由式(5.1.3b)得到下列两式:

$$\boldsymbol{K\phi}_i = \omega_{\mathrm{n}i}^2\boldsymbol{M\phi}_i \tag{5.3.10}$$

$$\boldsymbol{K\phi}_j = \omega_{\mathrm{n}j}^2\boldsymbol{M\phi}_j \tag{5.3.11}$$

将式(5.3.10)两边转置,然后右乘 $\boldsymbol{\phi}_j$,由于 $\boldsymbol{K}$ 与 $\boldsymbol{M}$ 都是对称阵,得到

$$\boldsymbol{\phi}_i^{\mathrm{T}}\boldsymbol{K\phi}_j = \omega_{\mathrm{n}i}^2\boldsymbol{\phi}_i^{\mathrm{T}}\boldsymbol{M\phi}_j \tag{5.3.12}$$

对式(5.3.11)两边左乘 $\boldsymbol{\phi}_i^{\mathrm{T}}$,得

$$\boldsymbol{\phi}_i^{\mathrm{T}}\boldsymbol{K\phi}_j = \omega_{\mathrm{n}j}^2\boldsymbol{\phi}_i^{\mathrm{T}}\boldsymbol{M\phi}_j \tag{5.3.13}$$

式(5.3.12)与式(5.3.13)相减,得

$$(\omega_{\mathrm{n}i}^2 - \omega_{\mathrm{n}j}^2)\boldsymbol{\phi}_i^{\mathrm{T}}\boldsymbol{M\phi}_j = 0 \tag{5.3.14}$$

如果 $i \neq j$ 时有 $\omega_{\mathrm{n}i}^2 \neq \omega_{\mathrm{n}j}^2$,则由上式必有

$$\boldsymbol{\phi}_i^{\mathrm{T}}\boldsymbol{M\phi}_j = 0,\quad i \neq j \tag{5.3.15}$$

再由式(5.3.12)可得

$$\boldsymbol{\phi}_i^{\mathrm{T}}\boldsymbol{K\phi}_j = 0,\quad i \neq j \tag{5.3.16}$$

上面两式表明,对应于不同特征值的主模态,既关于质量矩阵相互正交,又关于刚度矩阵相互正交,这就是主模态的正交性.

当 $i=j$ 时,式(5.3.14)总能成立,令

$$\boldsymbol{\phi}_i^{\mathrm{T}}\boldsymbol{M\phi}_i = m_i \tag{5.3.17}$$

$$\boldsymbol{\phi}_i^{\mathrm{T}}\boldsymbol{K\phi}_i = k_i \tag{5.3.18}$$

常数 m_i,k_i 分别称为第 i 阶模态质量及第 i 阶模态刚度,它们的值取决于第 i 阶主模态是如何归一化的.在式(5.3.12)中令 $j=i$,可得到如下的关系式:

$$\omega_{\mathrm{n}i}^2 = \frac{k_i}{m_i} \tag{5.3.19}$$

由于 $\boldsymbol{M}$ 是正定的,模态质量 m_i 总是正实数,而模态刚度 k_i 在正定系统中是正实数,在半正定系统中 k_i 除正实数外还可以是零.

若记 $\boldsymbol{\phi}$ 是由主模态 $\boldsymbol{\phi}_i,\boldsymbol{\phi}_j$ 作为列组成的矩阵(高阵),即

$$\boldsymbol{\phi} = [\boldsymbol{\phi}_i \quad \boldsymbol{\phi}_j] \tag{5.3.20}$$

式(5.3.15)、式(5.3.17)可合写为下列矩阵形式:

$$\boldsymbol{\phi}^{\mathrm{T}}\boldsymbol{M\phi} = \begin{bmatrix}\boldsymbol{\phi}_i^{\mathrm{T}}\\ \boldsymbol{\phi}_j^{\mathrm{T}}\end{bmatrix}\boldsymbol{M}[\boldsymbol{\phi}_i \quad \boldsymbol{\phi}_j] = \begin{bmatrix}\boldsymbol{\phi}_i^{\mathrm{T}}\boldsymbol{M\phi}_i & \boldsymbol{\phi}_i^{\mathrm{T}}\boldsymbol{M\phi}_j\\ \boldsymbol{\phi}_j^{\mathrm{T}}\boldsymbol{M\phi}_i & \boldsymbol{\phi}_j^{\mathrm{T}}\boldsymbol{M\phi}_j\end{bmatrix} = \begin{bmatrix}m_i & 0\\ 0 & m_j\end{bmatrix} \tag{5.3.21}$$

根据同样的推导,由式(5.3.16)、式(5.3.18)可得

$$\boldsymbol{\phi}^{\mathrm{T}}\boldsymbol{K}\boldsymbol{\phi} = \begin{bmatrix} k_i & 0 \\ 0 & k_j \end{bmatrix} \tag{5.3.22}$$

作为推论,如果 $\boldsymbol{\phi}$ 是以$S(1 \leqslant S \leqslant n)$ 个主模态作为列组成的矩阵,那么 $\boldsymbol{\phi}^{\mathrm{T}}\boldsymbol{M}\boldsymbol{\phi}$ 将是以S 个主质量作为元素的对角矩阵,$\boldsymbol{\phi}^{\mathrm{T}}\boldsymbol{K}\boldsymbol{\phi}$ 将是以S 个主刚度为元素的对角矩阵.

当 $\boldsymbol{M}$ 是对角矩阵时,将式(5.3.15)展开为

$$m_1 \phi_{i1} \phi_{j1} + m_2 \phi_{i2} \phi_{j2} + \cdots + m_n \phi_{in} \phi_{jn} = 0 \tag{5.3.23}$$

从式(5.3.23)可以看出,不同主模态的振幅不会有完全相同的符号(位移方向).设一阶主模态的振幅全部为正的,则其他主模态必定有负的振幅,因而出现振幅为零的点(或线),称为节点(或节线).各主模态的节点数都不相同,例如梁的 i 阶主模态的节点数等于$i-1$.测试时,可根据测得的节点数确定主模态的阶数.

从虚功原理来分析,主模态对于质量(刚度)矩阵的正交性的物理意义可解释为:i 阶主模态的惯性力(弹性力),在另一 j 阶主模态上所做的虚功之和等于零,即任一阶主模态不对另一阶主模态做功.从能量观点来分析,主模态对于质量和刚度矩阵的正交性的物理意义可解释为:系统的动能(势能)是等于各主模态单独存在时动能(势能)之和,即各阶主模态之间不会发生能量的传递.

5.3.3 模态矩阵与谱矩阵

假设 n 自由度系统的n 个固有频率都是特征方程(5.1.4)的单根,即它们两两互异,那么对应的 n 个主模态必是关于质量矩阵或刚度矩阵两两正交的.引入模态矩阵 $\boldsymbol{\phi}$,它定义为

$$\boldsymbol{\phi} = [\boldsymbol{\phi}_1 \quad \boldsymbol{\phi}_2 \quad \cdots \quad \boldsymbol{\phi}_n] \tag{5.3.24}$$

由推广的式(5.3.21)、式(5.3.22)得到

$$\boldsymbol{\phi}^{\mathrm{T}}\boldsymbol{M}\boldsymbol{\phi} = \boldsymbol{m} \tag{5.3.25}$$

$$\boldsymbol{\phi}^{\mathrm{T}}\boldsymbol{K}\boldsymbol{\phi} = \boldsymbol{k} \tag{5.3.26}$$

其中

$$\boldsymbol{m} = \begin{bmatrix} m_1 & & & \\ & m_2 & & \\ & & \ddots & \\ & & & m_n \end{bmatrix}, \quad \boldsymbol{k} = \begin{bmatrix} k_1 & & & \\ & k_2 & & \\ & & \ddots & \\ & & & k_n \end{bmatrix} \tag{5.3.27}$$

n 阶对角矩阵$\boldsymbol{m}$,$\boldsymbol{k}$ 分别称为模态质量矩阵及模态刚度矩阵.

在式(5.3.10)中依次取 $i=1, 2, \cdots, n$,得到的 n 个方程(5.3.10)可合写为下列矩阵形式:

$$\boldsymbol{K}\boldsymbol{\phi} = \boldsymbol{M}\boldsymbol{\phi}\boldsymbol{\Lambda} \tag{5.3.28}$$

其中,对角矩阵 $\boldsymbol{\Lambda}$ 称为谱矩阵,它的对角元素是各阶固有圆频率的平方,即

$$\boldsymbol{\Lambda} = \begin{bmatrix} \omega_{n1}^2 & & & \\ & \omega_{n2}^2 & & \\ & & \ddots & \\ & & & \omega_{nn}^2 \end{bmatrix} \tag{5.3.29}$$

式(5.3.28)两边左乘 $\boldsymbol{\phi}^{\mathrm{T}}$,由式(5.3.25)及式(5.3.26)有

$$\boldsymbol{k} = \boldsymbol{m}\boldsymbol{\Lambda} \tag{5.3.30}$$

由上式解出谱矩阵

$$\boldsymbol{\Lambda} = \boldsymbol{m}^{-1}\boldsymbol{k} \tag{5.3.31}$$

在上一节中对第 i 阶主振型$\boldsymbol{\phi}_i$ 归一化时,是将 $\boldsymbol{\phi}_i$ 的第一个元素设定为1,这是较为典型的归一化.使相应于主模态的模态质量等于1,这种特定的归一化称为正则化,所得到的主模态称为正则模态.记 $\boldsymbol{\psi}_i$ 为第i阶正则模态,可以用下列方法从 $\boldsymbol{\phi}_i$ 得到

$$\boldsymbol{\psi}_i = c_i\boldsymbol{\phi}_i \tag{5.3.32}$$

由正则模态的定义有

$$\boldsymbol{\psi}_i^{\mathrm{T}}\boldsymbol{M}\boldsymbol{\psi}_i = 1 \tag{5.3.33}$$

将式(5.3.32)代入式(5.3.33),得

$$\boldsymbol{\psi}_i^{\mathrm{T}}\boldsymbol{M}\boldsymbol{\psi}_i = c_i^2\boldsymbol{\phi}_i^{\mathrm{T}}\boldsymbol{M}\boldsymbol{\phi}_i = c_i^2 m_i = 1$$

由上式解出 c_i 并代入式(5.3.32),得

$$\boldsymbol{\psi}_i = \frac{1}{\sqrt{m_i}}\boldsymbol{\phi}_i \tag{5.3.34}$$

相应于 $\boldsymbol{\psi}_i$ 的模态刚度则为

$$\boldsymbol{\psi}_i^{\mathrm{T}}\boldsymbol{K}\boldsymbol{\psi}_i = \frac{1}{m_i}\boldsymbol{\phi}_i^{\mathrm{T}}\boldsymbol{K}\boldsymbol{\phi}_i = \frac{k_i}{m_i} = \omega_{ni}^2 \tag{5.3.35}$$

显然,正则模态也满足主模态的正交性,以正则模态作为列的模态矩阵称为正则模态矩阵,记为 $\boldsymbol{\psi}$,把它写为

$$\boldsymbol{\psi} = [\boldsymbol{\psi}_1 \quad \boldsymbol{\psi}_2 \quad \cdots \quad \boldsymbol{\psi}_n] \tag{5.3.36}$$

由式(5.3.34)可知,$\boldsymbol{\psi}$ 与 $\boldsymbol{\phi}$ 的关系为

$$\boldsymbol{\psi} = \boldsymbol{\phi}(\boldsymbol{m}^{\frac{1}{2}})^{-1} \tag{5.3.37}$$

对于正则模态矩阵 $\boldsymbol{\psi}$,式(5.3.25)、式(5.3.26)分别成为

$$\boldsymbol{\psi}^{\mathrm{T}}\boldsymbol{M}\boldsymbol{\psi} = \boldsymbol{I} \tag{5.3.38}$$

$$\boldsymbol{\psi}^{\mathrm{T}}\boldsymbol{K}\boldsymbol{\psi} = \boldsymbol{\Lambda} \tag{5.3.39}$$

对于式(5.1.10)及式(5.1.13)的标准的对称矩阵特征值问题,所导出的模态矩阵有着特殊的性质.设 $\boldsymbol{\phi}_{ui}$是矩阵$\boldsymbol{A}_k$ 的第i 阶特征向量,由式(5.1.9),它与第 i 阶主模态$\boldsymbol{\phi}_i$ 的关系为

$$\boldsymbol{\phi}_i = \boldsymbol{Q}^{-\mathrm{T}}\boldsymbol{\phi}_{ui} \tag{5.3.40}$$

上式两边除以 $\sqrt{m_i}$,得到

$$\boldsymbol{\psi}_i = \boldsymbol{Q}^{-\mathrm{T}}\boldsymbol{\psi}_{ui} \tag{5.3.41}$$

其中

$$\boldsymbol{\psi}_{ui} = \frac{1}{\sqrt{m_i}}\boldsymbol{\phi}_{ui} \tag{5.3.42}$$

是正则化的特征向量.记 $\boldsymbol{\psi}_u$ 为以 $\boldsymbol{\psi}_{u1},\cdots,\boldsymbol{\psi}_{un}$ 为列构成的正则化的模态矩阵.由式(5.3.41)得知 $\boldsymbol{\psi}_u$ 与正则模态矩阵 $\boldsymbol{\psi}$ 有如下关系:

$$\boldsymbol{\psi} = \boldsymbol{Q}^{-\mathrm{T}}\boldsymbol{\psi}_u, \quad \boldsymbol{\psi}_u = \boldsymbol{Q}^{\mathrm{T}}\boldsymbol{\psi} \tag{5.3.43}$$

不难验证 $\boldsymbol{\psi}_u$ 有下列性质:

$$\boldsymbol{\psi}_u^{\mathrm{T}}\boldsymbol{\psi}_u = \boldsymbol{I} \tag{5.3.44}$$

$$\boldsymbol{\psi}_u^{\mathrm{T}}\boldsymbol{A}_k\boldsymbol{\psi}_u = \boldsymbol{\Lambda} \tag{5.3.45}$$

式(5.3.44)也可写为

$$\boldsymbol{\psi}_u^{-1} = \boldsymbol{\psi}_u^{\mathrm{T}} \tag{5.3.46}$$

由式(5.3.44)或式(5.3.45)得知,$\boldsymbol{\psi}_u$ 是正交矩阵.

由式(5.3.25)得

$$\boldsymbol{M}^{-1} = \boldsymbol{\phi}\boldsymbol{m}^{-1}\boldsymbol{\phi}^{\mathrm{T}} = \sum_{r=1}^{n}\boldsymbol{m}_{er}^{-1} \tag{5.3.47}$$

$$\boldsymbol{m}_{er}^{-1} = \boldsymbol{\phi}_r\boldsymbol{m}_r^{-1}\boldsymbol{\phi}_r^{\mathrm{T}} \tag{5.3.48}$$

如果 $\boldsymbol{K}$ 为正定的,由式(5.3.26)得

$$\boldsymbol{K}^{-1} = \boldsymbol{\phi}\boldsymbol{k}^{-1}\boldsymbol{\phi}^{\mathrm{T}} = \sum_{r=1}^{n}\boldsymbol{k}_{er}^{-1} \tag{5.3.49}$$

$$\boldsymbol{k}_{er}^{-1} = \boldsymbol{\phi}_r\boldsymbol{k}_r^{-1}\boldsymbol{\phi}_r^{\mathrm{T}} \tag{5.3.50}$$

式(5.3.47)、式(5.3.49)是两个重要的谱展开式,是正交关系式(5.3.25)、式(5.3.26)的另一种表示形式,称之为正交性补充关系式.$\boldsymbol{m}_{er}$ 为模态等效质量,$\boldsymbol{k}_{er}$ 为模态等效刚度.将式(5.3.30)代入式(5.3.47),得

$$\boldsymbol{m}_{er}^{-1} = \boldsymbol{k}_{er}^{-1}\omega_r^2 \tag{5.3.51}$$

例 5.2 对例 5.1 的系统,求出模态矩阵 $\boldsymbol{\phi}$、模态刚度矩阵 $\boldsymbol{k}$、模态质量矩阵 $\boldsymbol{m}$ 及正则振型矩阵 $\boldsymbol{\psi}$.

解 在例 5.1 中已得到三个主模态 $\boldsymbol{\phi}_1$,$\boldsymbol{\phi}_2$ 及 $\boldsymbol{\phi}_3$,将它们作为列按顺序排列,得到如下的模态矩阵:

$$\boldsymbol{\phi} = [\boldsymbol{\phi}_1 \quad \boldsymbol{\phi}_2 \quad \boldsymbol{\phi}_3] = \begin{bmatrix} 1 & -1 & 1 \\ 2 & 0 & -1 \\ 1 & 1 & 1 \end{bmatrix}$$

各个模态刚度可按式(5.3.18)计算,或直接由式(5.3.26)得到下面的主刚度矩阵：

$$\boldsymbol{k}=\boldsymbol{\phi}^{\mathrm{T}}\boldsymbol{K}\boldsymbol{\phi}=\begin{bmatrix}1 & 2 & 1\\ -1 & 0 & 1\\ 1 & -1 & 1\end{bmatrix}\begin{bmatrix}3k & -k & 0\\ -k & 2k & -k\\ 0 & -k & 3k\end{bmatrix}\begin{bmatrix}1 & -1 & 1\\ 2 & 0 & -1\\ 1 & 1 & 1\end{bmatrix}$$

$$=\begin{bmatrix}6k & 0 & 0\\ 0 & 6k & 0\\ 0 & 0 & 12k\end{bmatrix}$$

同样可得到模态质量矩阵为

$$\boldsymbol{m}=\boldsymbol{\phi}^{\mathrm{T}}\boldsymbol{M}\boldsymbol{\phi}=\begin{bmatrix}6m & 0 & 0\\ 0 & 2m & 0\\ 0 & 0 & 3m\end{bmatrix}$$

上面 $\boldsymbol{k},\boldsymbol{m}$ 的非对角项等于零说明主模态是关于刚度矩阵及质量矩阵相互正交的.作为验证,可由式(5.3.31)算出谱矩阵为

$$\boldsymbol{\Lambda}=\boldsymbol{m}^{-1}\boldsymbol{k}=\begin{bmatrix}\dfrac{1}{6m} & 0 & 0\\ 0 & \dfrac{1}{2m} & 0\\ 0 & 0 & \dfrac{1}{3m}\end{bmatrix}\begin{bmatrix}6k & 0 & 0\\ 0 & 6k & 0\\ 0 & 0 & 12k\end{bmatrix}=\begin{bmatrix}\dfrac{k}{m} & 0 & 0\\ 0 & 3\dfrac{k}{m} & 0\\ 0 & 0 & 4\dfrac{k}{m}\end{bmatrix}$$

其中,$\omega_{n1}^2=\dfrac{k}{m}$, $\omega_{n2}^2=3\dfrac{k}{m}$, $\omega_{n3}^2=4\dfrac{k}{m}$,与例 5.1 的结果相同.

由式(5.3.34)得到正则模态矩阵为

$$\boldsymbol{\psi}=\begin{bmatrix}\dfrac{\boldsymbol{\phi}_1}{\sqrt{m_1}} & \dfrac{\boldsymbol{\phi}_2}{\sqrt{m_2}} & \dfrac{\boldsymbol{\phi}_3}{\sqrt{m_3}}\end{bmatrix}=\begin{bmatrix}\dfrac{1}{\sqrt{6m}} & -\dfrac{1}{\sqrt{2m}} & \dfrac{1}{\sqrt{3m}}\\ \dfrac{2}{\sqrt{6m}} & 0 & -\dfrac{1}{\sqrt{3m}}\\ \dfrac{1}{\sqrt{6m}} & \dfrac{1}{\sqrt{2m}} & \dfrac{1}{\sqrt{3m}}\end{bmatrix}$$

$$=\frac{1}{\sqrt{6m}}\begin{bmatrix}1 & -\sqrt{3} & \sqrt{2}\\ 2 & 0 & -\sqrt{2}\\ 1 & \sqrt{3} & \sqrt{2}\end{bmatrix}$$

不难验证,对应于 $\boldsymbol{\psi}$ 的模态刚度矩阵及模态质量矩阵分别为

$$\boldsymbol{\psi}^{\mathrm{T}}K\boldsymbol{\psi}=\boldsymbol{\Lambda},\quad \boldsymbol{\psi}^{\mathrm{T}}M\boldsymbol{\psi}=\boldsymbol{I}$$

5.3.4 固有频率相等时的主模态

上一节引入模态矩阵的概念时,曾假设所有的特征值都是特征方程的单根,但复杂的系统中会出现某些特征值彼此很接近甚至相等的情况,假设 ω_{n1}^2 是 r 重根,即有

$$\omega_{n1}^2 = \omega_{n2}^2 = \cdots = \omega_{nr}^2$$

而其他的 $\omega_{n,r+1}^2$,$\omega_{n,r+2}^2$,…,ω_{nn}^2 都是单根.下面讨论如何求出对应于 r 重根 ω_1^2 的 r 个相互正交的主振型.将 $\omega^2 = \omega_{n1}^2$ 代入式(5.1.3),得

$$(\boldsymbol{K} - \omega_{n1}^2\boldsymbol{M})\boldsymbol{\phi} = \boldsymbol{0} \tag{5.3.52}$$

由线性代数理论得知,对应于上述矩阵特征值问题的 r 重特征值,存在着 r 个线性独立的特征向量.这样,特征矩阵 $\boldsymbol{K} - \omega_{n1}^2\boldsymbol{M}$ 的秩为 $n - r$,也就是说,式(5.3.52)的 n 个方程中只有 $n - r$ 个是独立的.当 ω_{n1}^2 是单根,即 $r = 1$ 时,有 $n - 1$ 个方程是独立的.

假设 $\boldsymbol{K} - \omega_{n1}^2\boldsymbol{M}$ 的 $n - r$ 阶主子式不等于零,则式(5.3.52)的后 r 个方程是不独立的,将它们划去,并把前 $n - r$ 个独立方程写成下列分块矩阵形式:

$$\begin{bmatrix} \boldsymbol{B}_a & \boldsymbol{B}_b \end{bmatrix} \begin{bmatrix} \boldsymbol{\phi}_a \\ \boldsymbol{\phi}_b \end{bmatrix} = \boldsymbol{0} \tag{5.3.53}$$

其中

$$\boldsymbol{B}_a = \begin{bmatrix} k_{11} - \omega_1^2 m_{11} & \cdots & k_{1,n-r} - \omega_1^2 m_{1,n-r} \\ \vdots & & \vdots \\ k_{n-r,1} - \omega_1^2 m_{n-r,1} & \cdots & k_{n-r,n-r} - \omega_1^2 m_{n-r,n-r} \end{bmatrix}$$

$$\boldsymbol{B}_b = \begin{bmatrix} k_{1,n-r+1} - \omega_1^2 m_{1,n-r+1} & \cdots & k_{1n} - \omega_1^2 m_{1n} \\ \vdots & & \vdots \\ k_{n-r,n-r+1} - \omega_1^2 m_{n-r,n-r+r} & \cdots & k_{n-r,n} - \omega_1^2 m_{n-r,n} \end{bmatrix}$$

$$\boldsymbol{\phi}_a = \begin{bmatrix} \boldsymbol{\phi}_{e1} \\ \vdots \\ \boldsymbol{\phi}_{en-r} \end{bmatrix}, \quad \boldsymbol{\phi}_b = \begin{bmatrix} \boldsymbol{\phi}_{e,n-r+1} \\ \vdots \\ \boldsymbol{\phi}_{en} \end{bmatrix}$$

$\boldsymbol{B}_a$ 是 $(n - r) \times (n - r)$ 矩阵,$\boldsymbol{B}_b$ 是 $(n - r) \times r$ 矩阵.如果 $\boldsymbol{B}_a$ 是非奇异的,则可从式(5.3.53)解出

$$\boldsymbol{\phi}_a = -\boldsymbol{B}_a^{-1}\boldsymbol{B}_b\boldsymbol{\phi}_b \tag{5.3.54}$$

若记 $\bar{\boldsymbol{\phi}}$ 为对应于 r 重特征值 ω_1^2 的主振型,则

$$\bar{\boldsymbol{\phi}} = \begin{bmatrix} \boldsymbol{\phi}_a \\ \boldsymbol{\phi}_b \end{bmatrix} = \begin{bmatrix} -\boldsymbol{B}_a^{-1}\boldsymbol{B}_b \\ \boldsymbol{I}_r \end{bmatrix} \boldsymbol{\phi}_b \tag{5.3.55}$$

其中,$\boldsymbol{I}_r$ 是 r 阶单位矩阵,只要给出 r 个线性独立的 r 维向量 $\boldsymbol{\phi}_{b1}$,$\boldsymbol{\phi}_{b2}$,…,$\boldsymbol{\phi}_{br}$,就能从上式

得到 r 个主振型：$\bar{\boldsymbol{\phi}}_1$，$\bar{\boldsymbol{\phi}}_2$，…，$\bar{\boldsymbol{\phi}}_r$，把它们合写为矩阵形式，得

$$[\bar{\boldsymbol{\phi}}_1 \quad \bar{\boldsymbol{\phi}}_2 \quad \cdots \quad \bar{\boldsymbol{\phi}}_r] = \begin{bmatrix} -\boldsymbol{B}_a^{-1}\boldsymbol{B}_b \\ \boldsymbol{I}_r \end{bmatrix} [\boldsymbol{\phi}_{b1} \quad \boldsymbol{\phi}_{b2} \quad \cdots \quad \boldsymbol{\phi}_{br}] \tag{5.3.56}$$

上式右端第一个 $n \times r$ 矩阵的秩显然是 r，第二个 r 阶方阵因各列线性独立，故是非奇异的. 这样，作为它们的乘积，等号左端的 $n \times r$ 矩阵的秩也是 r，于是得知 $\bar{\boldsymbol{\phi}}_1$，$\bar{\boldsymbol{\phi}}_2$，…，$\bar{\boldsymbol{\phi}}_r$ 是线性独立的. 从上述过程还看出，对应于 r 重特征值的 r 个线性独立的主模态并不是唯一的. 为便于计算，可以取

$$\boldsymbol{\phi}_{b1} = \begin{bmatrix} 1 \\ 0 \\ 0 \\ \vdots \\ 0 \end{bmatrix}, \quad \boldsymbol{\phi}_{b2} = \begin{bmatrix} 0 \\ 1 \\ 0 \\ \vdots \\ 0 \end{bmatrix}, \quad \cdots, \quad \boldsymbol{\phi}_{br} = \begin{bmatrix} 0 \\ 0 \\ 0 \\ \vdots \\ 1 \end{bmatrix} \tag{5.3.57}$$

这时，式(5.3.56)右端第一个矩阵的 r 个列就是要求的主模态.

相应于 $\bar{\boldsymbol{\phi}}_i (i = 1, 2, \cdots, r)$ 的特征值都是 ω_i^2. $\bar{\boldsymbol{\phi}}_i$ 与相应于其他特征值的主模态，因特征值不同，显然是关于质量矩阵及刚度矩阵相互正交的，但 $\bar{\boldsymbol{\phi}}_1$，$\bar{\boldsymbol{\phi}}_2$，…，$\bar{\boldsymbol{\phi}}_r$ 之间并不一定正交，因为式(5.3.15) 中 $\omega_i^2 = \omega_j^2$ 时，得不出正交的结论. 可以用下列正交化过程把仅是线性独立的 $\bar{\boldsymbol{\phi}}_1$，$\bar{\boldsymbol{\phi}}_2$，…，$\bar{\boldsymbol{\phi}}_r$ 变为相互正交的.

设 $\boldsymbol{\phi}_1$，$\boldsymbol{\phi}_2$，…，$\boldsymbol{\phi}_r$ 是对应 r 重特征值 ω_1^2 的相互正交的主模态，它们可以这样来得到：

(a) 选取 $\boldsymbol{\phi}_1 = \bar{\boldsymbol{\phi}}_1$；

(b) 选取 $\boldsymbol{\phi}_2 = c_1\boldsymbol{\phi}_1 + \bar{\boldsymbol{\phi}}_2$，其中，$c_1$ 为待定常数，对上式两边左乘 $\boldsymbol{\phi}_1^{\mathrm{T}}\boldsymbol{M}$，得

$$\boldsymbol{\phi}_1^{\mathrm{T}}\boldsymbol{M}\boldsymbol{\phi}_2 = c_1\boldsymbol{\phi}_1^{\mathrm{T}}\boldsymbol{M}\boldsymbol{\phi}_1 + \boldsymbol{\phi}_1^{\mathrm{T}}\boldsymbol{M}\bar{\boldsymbol{\phi}}_2$$

因为 $\boldsymbol{\phi}_1^{\mathrm{T}}\boldsymbol{M}\boldsymbol{\phi}_2 = 0$，由上式解出

$$c_1 = -\frac{\boldsymbol{\phi}_1^{\mathrm{T}}\boldsymbol{M}\bar{\boldsymbol{\phi}}_2}{\boldsymbol{\phi}_1^{\mathrm{T}}\boldsymbol{M}\boldsymbol{\phi}_1}$$

(c) 选取 $\boldsymbol{\phi}_3 = d_1\boldsymbol{\phi}_1 + d_2\boldsymbol{\phi}_2 + \bar{\boldsymbol{\phi}}_3$.

为确定 d_1 及 d_2，对上式分别左乘 $\boldsymbol{\phi}_1^{\mathrm{T}}\boldsymbol{M}$ 及 $\boldsymbol{\phi}_2^{\mathrm{T}}\boldsymbol{M}$，利用 $\boldsymbol{\phi}_1^{\mathrm{T}}\boldsymbol{M}\boldsymbol{\phi}_3 = \boldsymbol{\phi}_1^{\mathrm{T}}\boldsymbol{M}\boldsymbol{\phi}_2 = \boldsymbol{\phi}_2^{\mathrm{T}}\boldsymbol{M}\boldsymbol{\phi}_3 = 0$ 得下列两式：

$$\begin{aligned} \boldsymbol{\phi}_1^{\mathrm{T}}\boldsymbol{M}\boldsymbol{\phi}_3 &= d_1\boldsymbol{\phi}_1^{\mathrm{T}}\boldsymbol{M}\boldsymbol{\phi}_1 + d_2\boldsymbol{\phi}_1^{\mathrm{T}}\boldsymbol{M}\boldsymbol{\phi}_2 + \boldsymbol{\phi}_1^{\mathrm{T}}\boldsymbol{M}\bar{\boldsymbol{\phi}}_3 \\ &= d_1\boldsymbol{\phi}_1^{\mathrm{T}}\boldsymbol{M}\boldsymbol{\phi}_1 + \boldsymbol{\phi}_1^{\mathrm{T}}\boldsymbol{M}\bar{\boldsymbol{\phi}}_3 = 0 \\ \boldsymbol{\phi}_2^{\mathrm{T}}\boldsymbol{M}\boldsymbol{\phi}_3 &= d_1\boldsymbol{\phi}_2^{\mathrm{T}}\boldsymbol{M}\boldsymbol{\phi}_1 + d_2\boldsymbol{\phi}_2^{\mathrm{T}}\boldsymbol{M}\boldsymbol{\phi}_2 + \boldsymbol{\phi}_2^{\mathrm{T}}\boldsymbol{M}\bar{\boldsymbol{\phi}}_3 \\ &= d_2\boldsymbol{\phi}_2^{\mathrm{T}}\boldsymbol{M}\boldsymbol{\phi}_2 + \boldsymbol{\phi}_2^{\mathrm{T}}\boldsymbol{M}\bar{\boldsymbol{\phi}}_3 = 0 \end{aligned}$$

于是解出

$$d_1 = -\frac{\boldsymbol{\phi}_1^{\mathrm{T}} \boldsymbol{M} \bar{\boldsymbol{\phi}}_3}{\boldsymbol{\phi}_1^{\mathrm{T}} \boldsymbol{M} \boldsymbol{\phi}_1}, \quad d_2 = -\frac{\boldsymbol{\phi}_2^{\mathrm{T}} \boldsymbol{M} \bar{\boldsymbol{\phi}}_3}{\boldsymbol{\phi}_2^{\mathrm{T}} \boldsymbol{M} \boldsymbol{\phi}_2}$$

继续上述过程,可以得到 r 个相互正交的主模态 $\bar{\boldsymbol{\phi}}_1, \bar{\boldsymbol{\phi}}_2, \cdots, \bar{\boldsymbol{\phi}}_r$.

到现在为止,可以得到如下结论:对应于 r 重特征值,存在着 r 个相互正交的主模态.相应于重特征值的主模态与相应于其他特征值的主模态也相互正交,因此 n 自由度无阻尼系统总有 n 个相互正交的主模态,由它们组成的模态矩阵能使质量矩阵及刚度矩阵同时对角化.

例 5.3 图 5.3 是四自由度弹簧质量系统,各个质量只能沿铅垂方向运动,求系统的振型矩阵.

解 由影响系数法不难得到下列直接写出复杂弹簧质量系统的刚度矩阵的规则:对角元素 k_{ii} 为连接在质量 m_i 上的所有弹簧刚度的和;非对角元素 k_{ij} 都是负值,大小等于直接连接质量 m_i 与 m_j 的弹簧刚度.

按图中的坐标系,得系统的运动微分方程为

$$\boldsymbol{M}\ddot{\boldsymbol{x}} + \boldsymbol{K}\boldsymbol{x} = \boldsymbol{0}$$

其中

$$\boldsymbol{M} = \begin{bmatrix} m & 0 & 0 & 0 \\ 0 & m & 0 & 0 \\ 0 & 0 & m & 0 \\ 0 & 0 & 0 & m \end{bmatrix}$$

$$\boldsymbol{K} = \begin{bmatrix} 4k & -k & -k & -k \\ -k & 3k & -k & 0 \\ -k & -k & 4k & -k \\ -k & 0 & -k & 3k \end{bmatrix}, \quad \boldsymbol{x} = \begin{bmatrix} x_1 \\ x_2 \\ x_3 \\ x_4 \end{bmatrix}$$

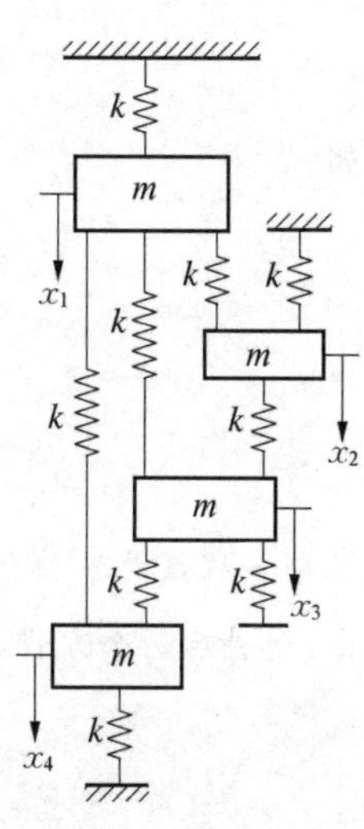

图 5.3 四自由度弹簧质量系统

记 $\alpha = \dfrac{m}{k}\omega^2$, $\Delta = |\boldsymbol{K} - \omega^2 \boldsymbol{M}|$.用初等变换可将特征多项式化为

$$\Delta / k^4 = \begin{vmatrix} 4-\alpha & -1 & -1 & -1 \\ -1 & 3-\alpha & -1 & 0 \\ -1 & -1 & 4-\alpha & -1 \\ -1 & 0 & -1 & 3-\alpha \end{vmatrix}$$

$$= \begin{vmatrix} 1-\alpha & -1 & -1 & -1 \\ 1-\alpha & 3-\alpha & -1 & 0 \\ 1-\alpha & -1 & 4-\alpha & -1 \\ 1-\alpha & 0 & -1 & 3-\alpha \end{vmatrix}$$

$$
= (1-\alpha)\begin{vmatrix} 4-\alpha & 0 & 1 \\ 0 & 5-\alpha & 0 \\ 1 & 0 & 4-\alpha \end{vmatrix}
$$

$$
= (1-\alpha)(3-\alpha)(5-\alpha)^2
$$

因而特征值为

$$
\omega_{n1}^2 = \frac{k}{m}, \quad \omega_{n2}^2 = \frac{3k}{m}, \quad \omega_{n3}^2 = \omega_{n4}^2 = \frac{5k}{m}
$$

容易确定对应于ω_{n1}及ω_{n2}的主振型为

$$
\boldsymbol{\phi}_1 = [1 \quad 1 \quad 1 \quad 1]^{\mathrm{T}}, \quad \boldsymbol{\phi}_2 = [0 \quad -1 \quad 0 \quad 1]^{\mathrm{T}}
$$

对于$\omega_{n3}^2 = \omega_{n4}^2 = \dfrac{5k}{m}$,将$\alpha = 5$代入下面的方程:

$$
(\boldsymbol{K} - \omega^2 \boldsymbol{M})\boldsymbol{\phi} = \boldsymbol{0}
$$

得到

$$
\begin{bmatrix} -1 & -1 & -1 & -1 \\ -1 & -2 & -1 & 0 \\ -1 & -1 & -1 & -1 \\ -1 & 0 & -1 & -2 \end{bmatrix}
\begin{bmatrix} \phi_{e1} \\ \phi_{e2} \\ \phi_{e3} \\ \phi_{e4} \end{bmatrix} =
\begin{bmatrix} 0 \\ 0 \\ 0 \\ 0 \end{bmatrix}
$$

第三个方程显然不独立,第四个方程可由第一个方程乘以2再减去第二个方程得到,故也不独立.划去后两个方程,并将前两个方程写为

$$
\begin{bmatrix} -1 & -1 \\ -1 & -2 \end{bmatrix}\begin{bmatrix} \phi_{e1} \\ \phi_{e2} \end{bmatrix} + \begin{bmatrix} -1 & -1 \\ -1 & 0 \end{bmatrix}\begin{bmatrix} \phi_{e3} \\ \phi_{e4} \end{bmatrix} = \begin{bmatrix} 0 \\ 0 \end{bmatrix}
$$

解出

$$
\begin{bmatrix} \phi_{e1} \\ \phi_{e2} \end{bmatrix} = -\begin{bmatrix} -1 & -1 \\ -1 & -2 \end{bmatrix}^{-1}\begin{bmatrix} -1 & -1 \\ -1 & 0 \end{bmatrix}\begin{bmatrix} \phi_{e3} \\ \phi_{e4} \end{bmatrix} = \begin{bmatrix} -1 & -2 \\ 0 & 1 \end{bmatrix}\begin{bmatrix} \phi_{e3} \\ \phi_{e4} \end{bmatrix}
$$

于是

$$
\begin{bmatrix} \phi_{e1} \\ \phi_{e2} \\ \phi_{e3} \\ \phi_{e4} \end{bmatrix} = \begin{bmatrix} -1 & -2 \\ 0 & 1 \\ 1 & 0 \\ 0 & 1 \end{bmatrix}\begin{bmatrix} \phi_{e3} \\ \phi_{e4} \end{bmatrix}
$$

记$\bar{\boldsymbol{\phi}}_3$,$\bar{\boldsymbol{\phi}}_4$为对应二重特征值$\omega_{n3}^2 = \dfrac{5k}{m}$的两个主模态,它们就等于上式右端矩阵内的两个列,即

$$
\bar{\boldsymbol{\phi}}_3 = [-1 \quad 0 \quad 1 \quad 0]^{\mathrm{T}}, \quad \bar{\boldsymbol{\phi}}_4 = [-2 \quad 1 \quad 0 \quad 1]^{\mathrm{T}}
$$

不难验证，$\bar{\boldsymbol{\phi}}_3$ 及 $\bar{\boldsymbol{\phi}}_4$ 与 $\bar{\boldsymbol{\phi}}_1$ 及 $\bar{\boldsymbol{\phi}}_2$ 都关于 $\boldsymbol{M}$ 和 $\boldsymbol{K}$ 相互正交，但 $\bar{\boldsymbol{\phi}}_3$ 与 $\bar{\boldsymbol{\phi}}_4$ 并不正交，因为

$$\bar{\boldsymbol{\phi}}_3^{\mathrm{T}}\boldsymbol{M}\bar{\boldsymbol{\phi}}_4 = 2m \neq 0$$

为从 $\bar{\boldsymbol{\phi}}_3$，$\bar{\boldsymbol{\phi}}_4$ 得到相互正交的 $\boldsymbol{\phi}_3$，$\boldsymbol{\phi}_4$，选取 $\boldsymbol{\phi}_3 = \bar{\boldsymbol{\phi}}_3$，并令

$$\boldsymbol{\phi}_4 = c_1\boldsymbol{\phi}_3 + \bar{\boldsymbol{\phi}}_4$$

对上式左乘 $\boldsymbol{\phi}_3^{\mathrm{T}}\boldsymbol{M}$，解得

$$c_1 = -\frac{\boldsymbol{\phi}_3^{\mathrm{T}}\boldsymbol{M}\bar{\boldsymbol{\phi}}_4}{\boldsymbol{\phi}_3^{\mathrm{T}}\boldsymbol{M}\boldsymbol{\phi}_3} = -1$$

于是得

$$\boldsymbol{\phi}_4 = -\boldsymbol{\phi}_3 + \bar{\boldsymbol{\phi}}_4 = [-1 \quad 1 \quad -1 \quad 1]^{\mathrm{T}}$$

最后，得到模态矩阵为

$$\boldsymbol{\phi} = [\boldsymbol{\phi}_1 \quad \boldsymbol{\phi}_2 \quad \boldsymbol{\phi}_3 \quad \boldsymbol{\phi}_4] = \begin{bmatrix} 1 & 0 & -1 & -1 \\ 1 & -1 & 0 & 1 \\ 1 & 0 & 1 & -1 \\ 1 & 1 & 0 & 1 \end{bmatrix}$$

5.3.5 固有频率为零的主模态

1. 半正定系统的刚度矩阵与刚体振型

由3.2节已知半正定系统除了具有大于零的固有频率之外，还具有零固有频率，并且对应于零固有频率的主振动为式(5.3.9)，其中主模态 $\boldsymbol{\phi}_R$ 称为刚体模态，它描述了系统作刚体运动时所具有的运动形态.图4.5给出了两个半正定系统的例子.半正定系统的刚度矩阵必然是奇异的，实际上，将式(5.3.9)代入式(5.1.1)，得

$$\boldsymbol{K}\boldsymbol{\phi}_R = \boldsymbol{0} \tag{5.3.58}$$

上式存在非零 $\boldsymbol{\phi}_R$ 的充要条件是

$$|\boldsymbol{K}| = 0 \tag{5.3.59}$$

因而 $\boldsymbol{K}$ 是奇异的，反之，由刚度矩阵奇异可判断系统是半正定的.

半正定系统按刚体振型运动时不发生弹性变形，因此也就不产生弹性恢复力，这就是式(5.3.58)的物理意义.实际求解系统的固有振动时，不必事先判断系统是正定的还是半正定的，而总是设主振动为式(5.1.2)的形式，在得到的矩阵特征值问题式(5.1.3)中，若解出有零特征值，将 $\omega^2=0$ 代入式(5.1.3)即得式(5.3.58).

刚体模态可以由式(5.3.58)解方程组求得，也可以用下列方法来求：对半正定系统人为定义刚体的位移坐标，若系统有 r 个零固有频率(通常，$0 \leqslant r \leqslant 6$)，则这样定义 r 个刚体位移，即将刚体位移向量分块为

$$\boldsymbol{x} = \begin{bmatrix} \boldsymbol{I}_R \\ \boldsymbol{\phi}_{Re} \end{bmatrix}$$

其中，$\boldsymbol{I}_R$ 为 $r \times r$ 单位方阵，$\boldsymbol{\phi}_{Re}$ 为 $(n-r) \times r$ 矩阵.由式(5.3.58)得到

$$\begin{bmatrix} \boldsymbol{K}_{rr} & \boldsymbol{K}_{re} \\ \boldsymbol{K}_{er} & \boldsymbol{K}_{ee} \end{bmatrix} \begin{bmatrix} \boldsymbol{I}_R \\ \boldsymbol{\phi}_{Re} \end{bmatrix} = \begin{bmatrix} \boldsymbol{0} \\ \boldsymbol{0} \end{bmatrix} \tag{5.3.60}$$

式中，$\boldsymbol{K}_{rr}$ 为 $r \times r$ 子矩阵，$\boldsymbol{K}_{ee}$ 为 $(n-r) \times (n-r)$ 子矩阵，从上式的第二行得

$$\boldsymbol{K}_{er} + \boldsymbol{K}_{ee}\boldsymbol{\phi}_{Re} = \boldsymbol{0}$$

解出

$$\boldsymbol{\phi}_{Re} = -\boldsymbol{K}_{ee}^{-1}\boldsymbol{K}_{er} \tag{5.3.61}$$

从而刚体模态矩阵为

$$\boldsymbol{\phi}_R = \begin{bmatrix} \boldsymbol{I}_R \\ \boldsymbol{\phi}_{Re} \end{bmatrix} = \begin{bmatrix} \boldsymbol{I} \\ -\boldsymbol{K}_{ee}^{-1}\boldsymbol{K}_{er} \end{bmatrix} \tag{5.3.62}$$

式中，$n \times r$ 矩阵 $\boldsymbol{\phi}_R$ 的秩显然为 r，因此作为其列的 r 个刚体振型相互线性独立.利用上一节介绍的方法可进一步得到相互正交的刚体模态 $\boldsymbol{\phi}_R = [\boldsymbol{\phi}_{R1} \quad \boldsymbol{\phi}_{R2} \quad \cdots \quad \boldsymbol{\phi}_{Rr}]$，如果其他的特征值都是单根，那么半正定系统的振动位移响应 $\boldsymbol{x}$ 为

$$\begin{aligned} \boldsymbol{x} = {} & q_{R1}\boldsymbol{\phi}_{R1}(\alpha_1 t + 1) + q_{R2}\boldsymbol{\phi}_{R2}(\alpha_2 t + 1) + \cdots + q_{Rr}\boldsymbol{\phi}_{Rr}(\alpha_r t + 1) \\ & + q_{r+1}\boldsymbol{\phi}_{r+1}\sin(\omega_{r+1} t + \varphi_{r+1}) + \cdots + q_n\boldsymbol{\phi}_n\sin(\omega_n t + \varphi_n) \end{aligned} \tag{5.3.63}$$

2. 刚体自由度的消除方法(Ⅰ)

有些求解特征值和特征向量的数值计算方法要求矩阵特征值问题具有式(5.1.6)或式(5.1.13)的形式，而半正定系统的刚度矩阵是奇异的，其逆矩阵 $\boldsymbol{K}^{-1}$ 不再存在，因此这时有必要消除刚体自由度.消除刚体自由度的过程可以表示成坐标变换的形式，以减缩系统的自由度数，下面介绍一种方法.

假设已知系统有 r 个零固有频率，相应的 r 个线性独立的刚体模态为 $\boldsymbol{\phi}_R = [\boldsymbol{\phi}_{R1} \quad \boldsymbol{\phi}_{R2} \quad \cdots \quad \boldsymbol{\phi}_{Rr}]$，它们可通过式(5.3.62)或其他方法得到.对系统施加下列 r 个约束：

$$\begin{gathered} \boldsymbol{\phi}_{R1}^{\mathrm{T}}\boldsymbol{M}\boldsymbol{x} = 0 \\ \boldsymbol{\phi}_{R2}^{\mathrm{T}}\boldsymbol{M}\boldsymbol{x} = 0 \\ \cdots \\ \boldsymbol{\phi}_{Rr}^{\mathrm{T}}\boldsymbol{M}\boldsymbol{x} = 0 \end{gathered} \tag{5.3.64a}$$

即令系统的弹性位移与 r 个刚体模态都正交，这时系统的自由度数由 n 减缩为 $n-r$.施加约束会使系统的固有频率增大或者保持不变，上述 r 个约束的实质是限制了 r 个刚体运动，即限制了前 r 阶主振动，使位移 $\boldsymbol{x}$ 内不再含有刚体运动的成分，而并不影响其他各阶主振动.因此，原半正定系统的刚体自由度不复存在，而原来的非零固有频率则保持不变，自由度数为 $n-r$ 的新系统称为等效减缩系统.

为了把式(5.3.64a)的约束关系表示成坐标变换的形式,将 $\boldsymbol{\phi}_R = [\boldsymbol{\phi}_{R1} \quad \boldsymbol{\phi}_{R2} \quad \cdots \quad \boldsymbol{\phi}_{Rr}]$作为列组成刚体模态矩阵 $\boldsymbol{\phi}_R$,式(5.3.64a) 可写为

$$\boldsymbol{\phi}_R^{\mathrm{T}}\boldsymbol{M}\boldsymbol{x} = 0 \tag{5.3.64b}$$

定义 $\boldsymbol{x}$ 的前 r 个元素为刚体位移坐标向量,记为 $\boldsymbol{x}_R$,并将 $\boldsymbol{\phi}_R\boldsymbol{M}$ 作相应分块,上式可写成

$$\begin{bmatrix} \boldsymbol{\phi}_{RR} \\ \boldsymbol{\phi}_{Re} \end{bmatrix}^{\mathrm{T}} \begin{bmatrix} \boldsymbol{M}_{rr} & \boldsymbol{M}_{re} \\ \boldsymbol{M}_{er} & \boldsymbol{M}_{ee} \end{bmatrix} \begin{bmatrix} \boldsymbol{x}_R \\ \boldsymbol{x}_e \end{bmatrix} = 0 \tag{5.3.65}$$

其中,$\boldsymbol{\phi}_{RR}$,$\boldsymbol{M}_{rr}$为 $r \times r$ 子矩阵.按矩阵乘法,由上式得到

$$(\boldsymbol{\phi}_{RR}^{\mathrm{T}}\boldsymbol{M}_{rr} + \boldsymbol{\phi}_{Re}^{\mathrm{T}}\boldsymbol{M}_{er})\boldsymbol{x}_R + (\boldsymbol{\phi}_{RR}^{\mathrm{T}}\boldsymbol{M}_{re} + \boldsymbol{\phi}_{Re}^{\mathrm{T}}\boldsymbol{M}_{ee})\boldsymbol{x}_e = 0 \tag{5.3.66}$$

如果 $r \times r$ 方阵 $\boldsymbol{\phi}_{RR}^{\mathrm{T}}\boldsymbol{M}_{rr} + \boldsymbol{\phi}_{Re}^{\mathrm{T}}\boldsymbol{M}_{er}$ 是非奇异的,由上式可解出

$$\boldsymbol{x}_R = \boldsymbol{E}\boldsymbol{x}_e \tag{5.3.67}$$

其中,$r \times (n-r)$矩阵

$$\boldsymbol{E} = -(\boldsymbol{\phi}_{RR}^{\mathrm{T}}\boldsymbol{M}_{rr} + \boldsymbol{\phi}_{Re}^{\mathrm{T}}\boldsymbol{M}_{er})^{-1}(\boldsymbol{\phi}_{RR}^{\mathrm{T}}\boldsymbol{M}_{re} + \boldsymbol{\phi}_{Re}^{\mathrm{T}}\boldsymbol{M}_{ee}) \tag{5.3.68}$$

若式(5.3.66)中 $\boldsymbol{x}_R$ 的系数矩阵是奇异的,可以在矩阵 $\boldsymbol{\phi}_R$ 中调换若干列的位置来满足非奇异的要求.如果刚体振型矩阵 $\boldsymbol{\phi}_R$ 是由式(5.3.62)得到的,则相应的矩阵

$$\boldsymbol{E} = -(\boldsymbol{M}_{rr} + \boldsymbol{\phi}_{Re}^{\mathrm{T}}\boldsymbol{M}_{er})^{-1}(\boldsymbol{M}_{re} + \boldsymbol{\phi}_{Re}^{\mathrm{T}}\boldsymbol{M}_{ee}) \tag{5.3.69}$$

其中,$\boldsymbol{\phi}_{Re}$见式(5.3.61).由式(5.3.67)进一步得出

$$\boldsymbol{x} = \begin{bmatrix} \boldsymbol{x}_R \\ \boldsymbol{x}_e \end{bmatrix} = \begin{bmatrix} \boldsymbol{E} \\ \boldsymbol{I}_{n-r} \end{bmatrix}\boldsymbol{x}_e \tag{5.3.70}$$

其中,$\boldsymbol{I}_{n-r}$是$n-r$ 阶单位矩阵.若记

$$\boldsymbol{D} = \begin{bmatrix} \boldsymbol{E} \\ \boldsymbol{I}_{n-r} \end{bmatrix}, \quad \boldsymbol{y} = \boldsymbol{x}_e \tag{5.3.71}$$

则式(5.3.70)可写成坐标变换形式

$$\boldsymbol{x} = \boldsymbol{D}\boldsymbol{y} \tag{5.3.72}$$

以新坐标 $\boldsymbol{y}$ 描述的自由振动方程为

$$\overline{\boldsymbol{M}}\,\ddot{\boldsymbol{y}} + \overline{\boldsymbol{K}}\boldsymbol{y} = \boldsymbol{0} \tag{5.3.73}$$

其中,$n-r$ 阶方阵$\overline{\boldsymbol{M}}$与$\overline{\boldsymbol{K}}$即等效减缩系统的质量矩阵及刚度矩阵,它们等于

$$\overline{\boldsymbol{M}} = \boldsymbol{D}^{\mathrm{T}}\boldsymbol{M}\boldsymbol{D}, \quad \overline{\boldsymbol{K}} = \boldsymbol{D}^{\mathrm{T}}\boldsymbol{K}\boldsymbol{D} \tag{5.3.74}$$

设主振动为

$$\boldsymbol{y} = \bar{\boldsymbol{\phi}}\sin(\bar{\omega}t + \varphi) \tag{5.3.75}$$

代入式(5.3.73),得到矩阵特征值问题

$$(\overline{\boldsymbol{K}} - \bar{\omega}^2\,\overline{\boldsymbol{M}})\,\bar{\boldsymbol{\phi}} = \boldsymbol{0} \tag{5.3.76}$$

由上式可解出 $n-r$ 个固有圆频率,按升序排列为

$$\bar{\omega}_1 \leqslant \bar{\omega}_2 \leqslant \cdots \leqslant \bar{\omega}_{n-r}$$

并得到相应的主模态 $\bar{\boldsymbol{\phi}}_1, \bar{\boldsymbol{\phi}}_2, \cdots, \bar{\boldsymbol{\phi}}_{n-r}$,原半正定系统的 $n-r$ 个非零固有圆频率为

$$\omega_{r+i} = \bar{\omega}_i, \quad i = 1, 2, \cdots, n-r \tag{5.3.77}$$

相应的主模态由式(5.3.72)得知为

$$\boldsymbol{\phi}_{r+i} = \boldsymbol{D}\bar{\boldsymbol{\phi}}_i, \quad i = 1, 2, \cdots, n-r \tag{5.3.78}$$

3. 刚体自由度的消除方法(Ⅱ)

上面介绍的刚体自由度消除方法,必须将刚体模态和质量矩阵分块后才能导出坐标变换矩阵 $\boldsymbol{D}$,不便于编成程序运算.下面介绍另一种刚体自由度的消除方法.

无阻尼系统的运动方程为

$$\boldsymbol{M}\ddot{\boldsymbol{x}} + \boldsymbol{K}\boldsymbol{x} = \boldsymbol{f} \tag{5.3.79}$$

将响应位移表示为刚体位移和弹性位移之和:

$$\boldsymbol{x} = \boldsymbol{x}_R + \boldsymbol{x}_e = \boldsymbol{\phi}_R\boldsymbol{q}_R + \boldsymbol{x}_e \tag{5.3.80}$$

其中,$\boldsymbol{x}_R$ 为刚体位移,$\boldsymbol{x}_e$ 为弹性位移;$\boldsymbol{\phi}_R$ 为刚体模态矩阵,$\boldsymbol{q}_R$ 为刚体模态坐标矩阵.

$$\boldsymbol{\phi}_R = [\boldsymbol{\phi}_{R1} \quad \boldsymbol{\phi}_{R2} \quad \cdots \quad \boldsymbol{\phi}_{Rr}], \quad \boldsymbol{q}_R = [\boldsymbol{q}_{R1} \quad \boldsymbol{q}_{R2} \quad \cdots \quad \boldsymbol{q}_{Rr}] \tag{5.3.81}$$

将式(5.3.80)代入式(5.3.79),得弹性位移的方程为

$$\boldsymbol{M}\ddot{\boldsymbol{x}}_e + \boldsymbol{K}\boldsymbol{x}_e = \boldsymbol{f} - \boldsymbol{M}\boldsymbol{\phi}_R\ddot{\boldsymbol{q}}_R \tag{5.3.82}$$

两边左乘 $\boldsymbol{\phi}_R^{\mathrm{T}}$,由弹性位移与刚体模态的正交性得

$$\boldsymbol{\phi}_R^{\mathrm{T}}\boldsymbol{f} - \boldsymbol{\phi}_R^{\mathrm{T}}\boldsymbol{M}\boldsymbol{\phi}_R\ddot{\boldsymbol{q}}_R = \boldsymbol{0} \tag{5.3.83}$$

当选取的刚体模态满足归一化条件

$$\boldsymbol{\phi}_R^{\mathrm{T}}\boldsymbol{M}\boldsymbol{\phi}_R = \boldsymbol{I}_R$$

时,由式(5.3.83)得

$$\ddot{\boldsymbol{q}}_R = \boldsymbol{\phi}_R^{\mathrm{T}}\boldsymbol{f} \tag{5.3.84}$$

将式(5.3.84)代入式(5.3.82),得

$$\boldsymbol{M}\ddot{\boldsymbol{x}}_e + \boldsymbol{K}\boldsymbol{x}_e = \boldsymbol{f} - \boldsymbol{M}\boldsymbol{\phi}_R\boldsymbol{\phi}_R^{\mathrm{T}}\boldsymbol{f} = \boldsymbol{B}\boldsymbol{f} \tag{5.3.85}$$

其中

$$\boldsymbol{B} = \boldsymbol{I} - \boldsymbol{M}\boldsymbol{\phi}_R\boldsymbol{\phi}_R^{\mathrm{T}} \tag{5.3.86}$$

为了确定弹性运动,假想在结构上施加一组 r 个约束,形成附加的静定约束矩阵 $\boldsymbol{Q}$,要求它的秩为 $n-r$,n 为总自由度数,r 为刚体模态自由度数.这里施加静定约束的 r 个自由度可以任意选取,不会影响最后的结果.但一般选取头 r 个自由度加以约束,则有

$$\boldsymbol{Q} = \begin{bmatrix} \boldsymbol{0} \\ \boldsymbol{I} \end{bmatrix}_{n(n-r)} \tag{5.3.87}$$

用 $\boldsymbol{x}_c$ 表示约束后的位移,有

$$\boldsymbol{Q}\boldsymbol{x}_c = \boldsymbol{x}_e + \boldsymbol{x}'_R = \boldsymbol{x}_e + \boldsymbol{\phi}_R\boldsymbol{q}'_R \tag{5.3.88}$$

两边左乘 $\boldsymbol{\phi}_R^{\mathrm{T}}\boldsymbol{M}$,利用正交性条件,得

$$\boldsymbol{\phi}_R^{\mathrm{T}}\boldsymbol{M}\boldsymbol{Q}\boldsymbol{x}_c = \boldsymbol{\phi}_R^{\mathrm{T}}\boldsymbol{M}\boldsymbol{x}_e + \boldsymbol{\phi}_R^{\mathrm{T}}\boldsymbol{M}\boldsymbol{\phi}_R\boldsymbol{q}'_R = \boldsymbol{q}'_R \tag{5.3.89}$$

将式(5.3.89)代入式(5.3.88),得到弹性位移与约束位移的关系为

$$\boldsymbol{x}_e = \boldsymbol{Q}\boldsymbol{x}_c - \boldsymbol{\phi}_R\boldsymbol{q}'_R = \boldsymbol{Q}\boldsymbol{x}_c - \boldsymbol{\phi}_R\boldsymbol{\phi}_R^{\mathrm{T}}\boldsymbol{M}\boldsymbol{Q}\boldsymbol{x}_c = \boldsymbol{B}^{\mathrm{T}}\boldsymbol{Q}\boldsymbol{x}_c \tag{5.3.90}$$

将式(5.3.90)代入式(5.3.85),有

$$\boldsymbol{M}\boldsymbol{B}^{\mathrm{T}}\boldsymbol{Q}\ddot{\boldsymbol{x}}_c + \boldsymbol{K}\boldsymbol{B}^{\mathrm{T}}\boldsymbol{Q}\boldsymbol{x}_c = \boldsymbol{B}\boldsymbol{f} \tag{5.3.91}$$

上式两边左乘 $\boldsymbol{Q}^{\mathrm{T}}\boldsymbol{B}$,得到约束位移的运动方程

$$\overline{\boldsymbol{M}}\ddot{\boldsymbol{x}}_c + \overline{\boldsymbol{K}}\boldsymbol{x}_c = \boldsymbol{Q}^{\mathrm{T}}\boldsymbol{B}\boldsymbol{B}\boldsymbol{f} = \boldsymbol{Q}^{\mathrm{T}}\boldsymbol{B}\boldsymbol{f} \tag{5.3.92}$$

其中

$$\overline{\boldsymbol{M}} = \boldsymbol{Q}^{\mathrm{T}}\boldsymbol{B}\boldsymbol{M}\boldsymbol{B}^{\mathrm{T}}\boldsymbol{Q}, \quad \overline{\boldsymbol{K}} = \boldsymbol{Q}^{\mathrm{T}}\boldsymbol{B}\boldsymbol{K}\boldsymbol{B}^{\mathrm{T}}\boldsymbol{Q} \tag{5.3.93}$$

$$\begin{aligned}\boldsymbol{B}\boldsymbol{B} &= (\boldsymbol{I} - \boldsymbol{M}\boldsymbol{\phi}_R\boldsymbol{\phi}_R^{\mathrm{T}})(\boldsymbol{I} - \boldsymbol{M}\boldsymbol{\phi}_R\boldsymbol{\phi}_R^{\mathrm{T}}) \\ &= \boldsymbol{I} - \boldsymbol{M}\boldsymbol{\phi}_R\boldsymbol{\phi}_R^{\mathrm{T}} - \boldsymbol{M}\boldsymbol{\phi}_R\boldsymbol{\phi}_R^{\mathrm{T}} + \boldsymbol{M}\boldsymbol{\phi}_R\boldsymbol{\phi}_R^{\mathrm{T}}\boldsymbol{M}\boldsymbol{\phi}_R\boldsymbol{\phi}_R^{\mathrm{T}} \\ &= \boldsymbol{I} - \boldsymbol{M}\boldsymbol{\phi}_R\boldsymbol{\phi}_R^{\mathrm{T}} = \boldsymbol{B}\end{aligned} \tag{5.3.94}$$

相应于式(5.3.92)的特征值问题为

$$\overline{\boldsymbol{M}}\ddot{\boldsymbol{x}}_c + \overline{\boldsymbol{K}}\boldsymbol{x}_c = \boldsymbol{0} \tag{5.3.95}$$

它的特征值 $\boldsymbol{\Lambda}_e$ 和特征向量 $\boldsymbol{\phi}_c$ 满足正交归一化条件:

$$\boldsymbol{\phi}_c^{\mathrm{T}}\overline{\boldsymbol{K}}\boldsymbol{\phi}_c = \boldsymbol{\Lambda}_e, \quad \boldsymbol{\phi}_c^{\mathrm{T}}\overline{\boldsymbol{M}}\boldsymbol{\phi}_c = \boldsymbol{I} \tag{5.3.96}$$

将 $\boldsymbol{\phi}_R$ 代入式(5.3.90),得弹性模态

$$\boldsymbol{\phi}_e = \boldsymbol{B}^{\mathrm{T}}\boldsymbol{Q}\boldsymbol{\phi}_c \tag{5.3.97}$$

将式(5.3.93)代入式(5.3.96),得

$$\begin{aligned}\boldsymbol{\phi}_c^{\mathrm{T}}\boldsymbol{Q}^{\mathrm{T}}\boldsymbol{B}\boldsymbol{K}\boldsymbol{B}^{\mathrm{T}}\boldsymbol{Q}\boldsymbol{\phi}_c &= \boldsymbol{\phi}_e^{\mathrm{T}}\boldsymbol{K}\boldsymbol{\phi}_e = \boldsymbol{\Lambda}_e \\ \boldsymbol{\phi}_c^{\mathrm{T}}\boldsymbol{Q}^{\mathrm{T}}\boldsymbol{B}\boldsymbol{M}\boldsymbol{B}^{\mathrm{T}}\boldsymbol{Q}\boldsymbol{\phi}_c &= \boldsymbol{\phi}_e^{\mathrm{T}}\boldsymbol{M}\boldsymbol{\phi}_e = \boldsymbol{I}\end{aligned} \tag{5.3.98}$$

这就是弹性模态 $\boldsymbol{\phi}_e$ 的正交归一化条件.

例 5.4 图 5.4 的盘轴扭转振动系统中,三个圆盘绕轴的转动惯量都是 I,两根轴段的扭转刚度都为 k_θ,试用消除刚体自由度的方法求系统的非零固有频率及相应的主模态.

图 5.4 盘轴扭转振动系统

方法 1 系统的自由振动方程为

$$\boldsymbol{M}\ddot{\boldsymbol{\theta}} + \boldsymbol{K}\boldsymbol{\theta} = \boldsymbol{0} \tag{1}$$

其中

$$\boldsymbol{\theta} = [\theta_1 \quad \theta_2 \quad \theta_3]^{\mathrm{T}}$$

$$\boldsymbol{M} = \begin{bmatrix} I & 0 & 0 \\ 0 & I & 0 \\ 0 & 0 & I \end{bmatrix} = I\begin{bmatrix} 1 & 0 & 0 \\ 0 & 1 & 0 \\ 0 & 0 & 1 \end{bmatrix}$$

$$\boldsymbol{K}=\begin{bmatrix}k_{rr} & k_{re}\\ k_{er} & k_{ee}\end{bmatrix}=\begin{bmatrix}k_\theta & -k_\theta & 0\\ -k_\theta & 2k_\theta & -k_\theta\\ 0 & -k_\theta & k_\theta\end{bmatrix}=k_\theta\begin{bmatrix}1 & -1 & 0\\ -1 & 2 & -1\\ 0 & -1 & 1\end{bmatrix}$$

容易判断这个系统是半正定系统，有一个刚体模态，$\omega_1=0$. 由式(5.3.62)得刚体模态

$$\boldsymbol{\phi}_R=\begin{bmatrix}1\\ -\begin{bmatrix}2 & -1\\ -1 & 1\end{bmatrix}^{-1}\begin{bmatrix}-1\\ 0\end{bmatrix}\end{bmatrix}=[1\quad 1\quad 1]^{\mathrm{T}} \tag{2}$$

对系统施加如下约束：

$$\boldsymbol{\phi}_R^{\mathrm{T}}\boldsymbol{M\theta}=[1\quad 1\quad 1]\begin{bmatrix}1 & 0 & 0\\ 0 & 1 & 0\\ 0 & 0 & 1\end{bmatrix}\begin{bmatrix}\theta_1\\ \theta_2\\ \theta_3\end{bmatrix}=0 \tag{3}$$

由上式得到

$$\theta_1=[-1\quad -1]\begin{bmatrix}\theta_2\\ \theta_3\end{bmatrix}$$

于是有

$$\boldsymbol{\theta}=\begin{bmatrix}\theta_1\\ \theta_2\\ \theta_3\end{bmatrix}=\begin{bmatrix}-1 & -1\\ 1 & 0\\ 0 & 1\end{bmatrix}\begin{bmatrix}\theta_2\\ \theta_3\end{bmatrix}=\boldsymbol{D}\begin{bmatrix}\theta_2\\ \theta_1\end{bmatrix} \tag{4}$$

这样便得到式(5.3.22)中的坐标变换矩阵为

$$\boldsymbol{D}=\begin{bmatrix}-1 & -1\\ 1 & 0\\ 0 & 1\end{bmatrix} \tag{5}$$

等效减缩系统的自由度数为 $3-1=2$，其质量矩阵及刚度矩阵分别为

$$\overline{\boldsymbol{M}}=\boldsymbol{D}^{\mathrm{T}}\boldsymbol{MD}=\begin{bmatrix}2I & I\\ I & 2I\end{bmatrix}$$

$$\overline{\boldsymbol{K}}=\boldsymbol{D}^{\mathrm{T}}\boldsymbol{KD}=\begin{bmatrix}5k_\theta & k_\theta\\ k_\theta & 2k_\theta\end{bmatrix}$$

相应的矩阵特征值问题是

$$(\overline{\boldsymbol{K}}-\bar{\omega}^2\,\overline{\boldsymbol{M}})\,\bar{\boldsymbol{\phi}}=\boldsymbol{0} \tag{6}$$

由式(6)解出固有圆频率

$$\bar{\omega}_1=\sqrt{\frac{k_\theta}{I}},\quad \bar{\omega}_2=\sqrt{\frac{3k_\theta}{I}}$$

相应的主模态

$$\bar{\boldsymbol{\phi}}_1 = \begin{bmatrix} 0 \\ 1 \end{bmatrix}, \quad \bar{\boldsymbol{\phi}}_2 = \begin{bmatrix} -2 \\ 1 \end{bmatrix}$$

于是原系统的两个非零固有圆频率为

$$\omega_2 = \bar{\omega}_1 = \sqrt{\frac{k_\theta}{I}}, \quad \omega_3 = \bar{\omega}_2 = \sqrt{\frac{3k_\theta}{I}}$$

相应的主模态为

$$\boldsymbol{\phi}_2 = \boldsymbol{D}\bar{\boldsymbol{\phi}}_1 = \begin{bmatrix} -1 \\ 0 \\ 1 \end{bmatrix}, \quad \boldsymbol{\phi}_3 = \boldsymbol{D}\bar{\boldsymbol{\phi}}_2 = \begin{bmatrix} 1 \\ -2 \\ 1 \end{bmatrix}$$

不难验证它们满足下列原系统的矩阵特征值问题：

$$(\boldsymbol{K} - \omega_1^2 \boldsymbol{M})\boldsymbol{\phi}_i = \boldsymbol{0} \tag{7}$$

并且可验证刚体模态 $\boldsymbol{\phi}_1$ 与另外两个主模态 $\boldsymbol{\phi}_2$，$\boldsymbol{\phi}_3$ 是正交的.这一性质具有一定的物理意义，不计刚体运动时，原半正定系统的自由振动为

$$\boldsymbol{\theta} = \boldsymbol{\phi}_2 \sin(\omega_2 t + \varphi_2) + \boldsymbol{\phi}_3 \sin(\omega_3 t + \varphi_3) \tag{8}$$

方法2 将刚体模态(2)归一化后，得

$$\boldsymbol{\phi}_R = \sqrt{\frac{1}{3I}}[1 \quad 1 \quad 1]^{\mathrm{T}}$$

选取约束矩阵 $\boldsymbol{Q}$，这里有一个刚体模态 $\boldsymbol{\phi}_R$，可以约束三个自由度中的任意一个自由度.为了说明约束自由度的选取不影响计算结果，下面选取约束矩阵 $\boldsymbol{Q}_1$，$\boldsymbol{Q}_2$，$\boldsymbol{Q}_3$ 分别计算进行比较：

$$\boldsymbol{Q}_1 = \begin{bmatrix} 0 & 0 \\ 1 & 0 \\ 0 & 1 \end{bmatrix}, \quad \boldsymbol{Q}_2 = \begin{bmatrix} 1 & 0 \\ 0 & 0 \\ 0 & 1 \end{bmatrix}, \quad \boldsymbol{Q}_3 = \begin{bmatrix} 1 & 0 \\ 0 & 1 \\ 0 & 0 \end{bmatrix}$$

(1) 当选定约束第一个自由度时，取

$$\boldsymbol{Q} = \boldsymbol{Q}_1 = \begin{bmatrix} 0 & 0 \\ 1 & 0 \\ 0 & 1 \end{bmatrix}$$

由式(5.3.86)有

$$\boldsymbol{B} = \begin{bmatrix} 1 & 0 & 0 \\ 0 & 1 & 0 \\ 0 & 0 & 1 \end{bmatrix} - \boldsymbol{I}\begin{bmatrix} 1 & 0 & 0 \\ 0 & 1 & 0 \\ 0 & 0 & 1 \end{bmatrix}\sqrt{\frac{1}{3I}}\begin{bmatrix} 1 \\ 1 \\ 1 \end{bmatrix}\sqrt{\frac{1}{3I}}[1 \quad 1 \quad 1] = \frac{1}{3}\begin{bmatrix} 2 & -1 & -1 \\ -1 & 2 & -1 \\ -1 & -1 & 2 \end{bmatrix}$$

由式(5.3.93)给出

$$\bar{\boldsymbol{M}} = \frac{I}{3}\begin{bmatrix} 2 & -1 \\ -1 & 2 \end{bmatrix}, \quad \bar{\boldsymbol{K}} = k_\theta \begin{bmatrix} 2 & -1 \\ -1 & 1 \end{bmatrix}$$

由式(5.3.95)得特征值方程

$$|\bar{\boldsymbol{K}} - \lambda\bar{\boldsymbol{M}}| = \begin{vmatrix} 6-2\bar{\lambda} & -3+\bar{\lambda} \\ -3+\bar{\lambda} & 3-2\bar{\lambda} \end{vmatrix} = 0$$

其中

$$\bar{\lambda} = \lambda \boldsymbol{I}/k_\theta$$

解得特征值

$$\lambda_1 = k_\theta/\boldsymbol{I}, \quad \lambda_2 = 3k_\theta/\boldsymbol{I}$$

则有固有圆频率

$$\omega_2 = \sqrt{\lambda_1} = \sqrt{\frac{k_\theta}{I}}, \quad \omega_3 = \sqrt{\lambda_2} = \sqrt{\frac{3k_\theta}{I}}$$

约束模态

$$\boldsymbol{\Phi}_{c1} = \begin{bmatrix} 1 \\ 2 \end{bmatrix}, \quad \boldsymbol{\Phi}_{c2} = \begin{bmatrix} 1 \\ 0 \end{bmatrix}$$

弹性模态

$$\boldsymbol{\Phi}_2 = \boldsymbol{\Phi}_{e1} = \begin{bmatrix} -1 \\ 0 \\ 1 \end{bmatrix}, \quad \boldsymbol{\Phi}_3 = \boldsymbol{\Phi}_{e2} = \begin{bmatrix} 1 \\ -2 \\ 1 \end{bmatrix}$$

(2) 当选定约束第二个自由度时,取

$$\boldsymbol{Q} = \boldsymbol{Q}_2 = \begin{bmatrix} 1 & 0 \\ 0 & 0 \\ 0 & 1 \end{bmatrix}$$

由式(5.3.93)给出

$$\bar{\boldsymbol{M}} = \frac{1}{3}\begin{bmatrix} 2 & -1 \\ -1 & 2 \end{bmatrix}, \quad \bar{\boldsymbol{K}} = k_\theta \begin{bmatrix} -1 & 0 \\ 0 & 1 \end{bmatrix}$$

解得

$$\lambda_1 = \boldsymbol{I}/k_\theta, \quad \lambda_2 = 3\boldsymbol{I}/k_\theta$$

固有圆频率

$$\omega_2 = \sqrt{\lambda_1} = \sqrt{\frac{k_\theta}{I}}, \quad \omega_3 = \sqrt{\lambda_2} = \sqrt{\frac{3k_\theta}{I}}$$

约束模态

$$\boldsymbol{\Phi}_{c1} = \begin{bmatrix} 1 \\ -1 \end{bmatrix}, \quad \boldsymbol{\Phi}_{c2} = \begin{bmatrix} 1 \\ 1 \end{bmatrix}$$

弹性模态

$$\boldsymbol{\Phi}_2 = \boldsymbol{\Phi}_{e1} = \begin{bmatrix} 1 \\ 0 \\ -1 \end{bmatrix}, \quad \boldsymbol{\Phi}_3 = \boldsymbol{\Phi}_{e2} = \begin{bmatrix} 1 \\ -2 \\ 1 \end{bmatrix}$$

(3) 当选取约束第三个自由度时,取

$$Q = Q_3 = \begin{bmatrix} 1 & 0 \\ 0 & 1 \\ 0 & 0 \end{bmatrix}$$

其结果与(1)相同.

由上述可见,当选取不同的约束自由度时,给出的 $\bar{K}$ 与 $\bar{M}$ 可能不同,所求得的约束模态也可能不同,但给出的固有圆频率 ω_i 和弹性模态 $\boldsymbol{\phi}_{ei}$ 完全相同,而且两种方法的结果完全一致.

5.3.6 纯静态位移

对许多结构,当质量矩阵 $\boldsymbol{M}$ 正定时,有了振动必然会有动能,即对于任意非零位移 $\boldsymbol{x}$ 都有

$$\boldsymbol{x}^{\mathrm{T}}\boldsymbol{M}\boldsymbol{x} > 0$$

不过,有些结构的有些广义坐标可能没有质量.在有限元法中,用分项插入法求得一致质量矩阵,常常存在无质量的广义位移;采用集中质量矩阵时也常常有无质量的广义位移.这些无质量的广义位移称为纯静态位移.这时存在非零的位移 $\boldsymbol{x} = \boldsymbol{\psi}_{\infty}$,能使

$$\boldsymbol{M}\boldsymbol{\psi}_{\infty} = \boldsymbol{0}, \quad \boldsymbol{K}\boldsymbol{\psi}_{\infty} \neq \boldsymbol{0}$$

这种情况可以按应变能归一化,于是对归一化纯静态位移 $\boldsymbol{\psi}_{\infty}$,有

$$\boldsymbol{\psi}_{\infty}^{\mathrm{T}}\boldsymbol{K}\boldsymbol{\psi}_{\infty} = \boldsymbol{I}, \qquad \boldsymbol{\psi}_{\infty}^{\mathrm{T}}\boldsymbol{M}\boldsymbol{\psi}_{\infty} = \boldsymbol{0}$$

归结上述介绍,一般情况可能有三种模态:

① 纯静态位移 $\boldsymbol{\psi}_{\infty}$,有归一化条件:

$$\boldsymbol{M}\boldsymbol{\psi}_{\infty} = \boldsymbol{0}, \quad \boldsymbol{\psi}_{\infty}^{\mathrm{T}}\boldsymbol{K}\boldsymbol{\psi}_{\infty} = \boldsymbol{I}, \quad \boldsymbol{\psi}_{\infty}^{\mathrm{T}}\boldsymbol{M}\boldsymbol{\psi}_{\infty} = \boldsymbol{0} \tag{5.3.99}$$

② 刚体模态 $\boldsymbol{\psi}_R$:

$$\boldsymbol{K}\boldsymbol{\psi}_R = \boldsymbol{0}, \quad \boldsymbol{\psi}_R^{\mathrm{T}}\boldsymbol{K}\boldsymbol{\psi}_R = \boldsymbol{0}, \quad \boldsymbol{\psi}_R^{\mathrm{T}}\boldsymbol{M}\boldsymbol{\psi}_R = \boldsymbol{I} \tag{5.3.100}$$

③ 弹性模态 $\boldsymbol{\psi}_e$:

$$\boldsymbol{\psi}_e^{\mathrm{T}}\boldsymbol{K}\boldsymbol{\psi}_e = \boldsymbol{\Lambda}_e, \quad \boldsymbol{\psi}_e^{\mathrm{T}}\boldsymbol{M}\boldsymbol{\psi}_R = \boldsymbol{I} \tag{5.3.101}$$

这样 $\boldsymbol{\psi}_{\infty}$,$\boldsymbol{\psi}_R$ 和 $\boldsymbol{\psi}_e$ 便构成一组完备的双正交归一化基.$\boldsymbol{\psi}_R$ 与 $\boldsymbol{\psi}_e$ 按动能归一化,$\boldsymbol{\psi}_{\infty}$ 按应变能归一化,由这些基构成的矩阵

$$\boldsymbol{\psi} = [\boldsymbol{\psi}_R \quad \boldsymbol{\psi}_e \quad \boldsymbol{\psi}_{\infty}] \tag{5.3.102}$$

称为振型矩阵,又称正则模态矩阵,它能同时使 $\boldsymbol{K}$ 和 $\boldsymbol{M}$ 对角化,即

$$\boldsymbol{\psi}^{\mathrm{T}}\boldsymbol{K}\boldsymbol{\psi} = \lceil \underbrace{0, 0, \cdots, 0}_{r}, \underbrace{\lambda_{r+1}, \lambda_{r+3}, \cdots, \lambda_{n-u}}_{n-r-u}, \underbrace{1, 1, \cdots, 1}_{u} \rfloor \tag{5.3.103}$$

$$\boldsymbol{\psi}^{\mathrm{T}}\boldsymbol{M}\boldsymbol{\psi} = \lceil \underbrace{1, 1, \cdots, 1}_{r}, \underbrace{1, 1, \cdots, 1}_{n-r-u}, \underbrace{0, 0, \cdots, 0}_{u} \rfloor \tag{5.3.104}$$

例 5.5 一根弹簧取 $\boldsymbol{x}_1,\boldsymbol{x}_2,\boldsymbol{x}_3$ 三个位移为变量，它的刚度矩阵 $\boldsymbol{K}$ 和质量矩 $\boldsymbol{M}$ 分别为

$$\boldsymbol{K} = k\begin{bmatrix} 1 & -1 & 0 \\ -1 & 2 & -1 \\ 0 & -1 & 1 \end{bmatrix},\quad \boldsymbol{M} = m\begin{bmatrix} 1 & 0 & 0 \\ 0 & 0 & 0 \\ 0 & 0 & 1 \end{bmatrix}$$

求其特征值与特征向量.

解 特征值方程为

$$\begin{vmatrix} 1-\lambda & -1 & 0 \\ -1 & 2 & -1 \\ 0 & -1 & 1-\lambda \end{vmatrix} = -2(1-\lambda)\lambda = 0$$

得

$$\lambda_1 = 0,\quad \lambda_2 = 1$$

$$\boldsymbol{\psi}_R = \sqrt{\frac{1}{3m}}\begin{bmatrix} 1 \\ 1 \\ 1 \end{bmatrix},\quad \boldsymbol{\psi}_e = \sqrt{\frac{1}{2m}}\begin{bmatrix} 1 \\ 0 \\ -1 \end{bmatrix}$$

还有一个纯静态位移

$$\boldsymbol{\psi}_\infty = \sqrt{\frac{1}{2k}}\begin{bmatrix} 0 \\ 1 \\ 0 \end{bmatrix}$$

则有

$$\boldsymbol{\psi} = [\boldsymbol{\psi}_R \quad \boldsymbol{\psi}_e \quad \boldsymbol{\psi}_\infty] = \begin{bmatrix} \alpha_1 & \alpha_2 & 0 \\ \alpha_1 & 0 & \alpha_3 \\ \alpha_1 & -\alpha_2 & 0 \end{bmatrix}$$

$$\alpha_1 = \sqrt{\frac{1}{3m}},\quad \alpha_2 = \sqrt{\frac{1}{2m}},\quad \alpha_3 = \sqrt{\frac{1}{2k}}$$

5.4 无阻尼系统模态坐标解耦方程

5.4.1 惯性耦合与弹性耦合

刚度矩阵与质量矩阵中非零的非对角元素称为耦合项，若质量矩阵中出现耦合项，则称为惯性耦合，若刚度矩阵或柔度矩阵中出现耦合项，则称为弹性耦合. 值得注意的是，耦合的形式取决于坐标的选择.

现用一个简单的例子来说明有关“耦合”的概念.

图5.5(a)是一个由刚性杆和弹簧组成的二自由度系统，质量为 m 的刚杆在点 A 和点 D 支承于弹簧 k_1 和 k_2 上. 点 C 为刚杆的质量中心，J_C 代表通过点 C 绕 z 轴的转动惯量，点 B 是刚杆的转动中心，则

$$k_1 l_4 = k_2 l_5 \tag{5.4.1}$$

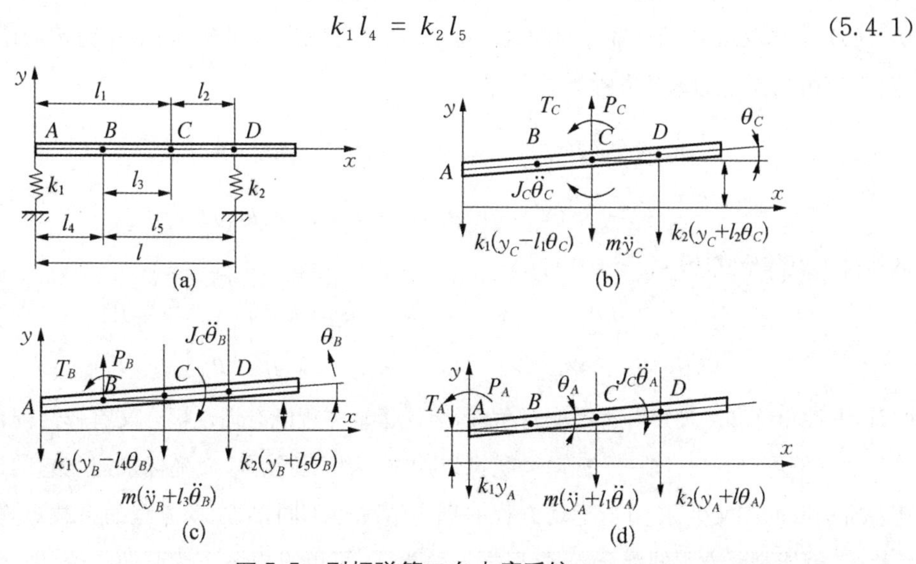

图5.5　刚杆弹簧二自由度系统

先取三种不同的坐标来分析：

(1) 当选取点 C 沿 y 轴方向的直线位移 y_C 和刚杆绕点 C 的转角 θ_C 作为运动位移坐标时(图5.5(b))，系统的运动方程为

$$m\ddot{y}_C + k_1(y_C - l_1\theta_C) + k_2(y_C + l_2\theta_C) = P_C$$

$$J_C\ddot{\theta}_C - k_1(y_C - l_1\theta_C)l_1 + k_2(y_C + l_2\theta_C)l_2 = T_C$$

将其写成矩阵形式为

$$\begin{bmatrix} m & 0 \\ 0 & J_C \end{bmatrix}\begin{Bmatrix} \ddot{y}_C \\ \ddot{\theta}_C \end{Bmatrix} + \begin{bmatrix} k_1 + k_2 & k_2 l_2 - k_1 l_1 \\ k_2 l_2 - k_1 l_1 & k_1 l_1^2 + k_2 l_2^2 \end{bmatrix}\begin{Bmatrix} y_C \\ \theta_C \end{Bmatrix} = \begin{Bmatrix} P_C \\ T_C \end{Bmatrix} \tag{5.4.2}$$

此时，刚度矩阵是非对角矩阵，运动方程通过弹性恢复力项耦联起来. 这种耦合，就是弹性耦合.

(2) 当选取点 B 沿 y 轴方向的线位移 y_B 和刚杆绕点 B 的转角 θ_B 作为运动位移坐标时(图5.5(c))，系统的运动方程为

$$m(\ddot{y}_B + l_3\ddot{\theta}_B) + k_1(y_B - l_4\theta_B) + k_2(y_B + l_5\theta_B) = P_B$$

$$J_C\ddot{\theta}_B + m(\ddot{y}_B + l_3\ddot{\theta}_B)l_3 - k_1(y_B - l_4\theta_B)l_4 + k_2(y_B + l_5\theta_B)l_5 = T_B$$

将其写成矩阵形式并应用式(5.4.1)，得到

$$\begin{bmatrix} m & ml_3 \\ ml_3 & J_C + ml_3^2 \end{bmatrix} \begin{Bmatrix} \ddot{y}_B \\ \ddot{\theta}_B \end{Bmatrix} + \begin{bmatrix} k_1 + k_2 & 0 \\ 0 & k_1 l_4^2 + k_2 l_5^2 \end{bmatrix} \begin{Bmatrix} y_B \\ \theta_B \end{Bmatrix} = \begin{Bmatrix} P_B \\ T_B \end{Bmatrix} \tag{5.4.3}$$

此时,惯性矩阵是非对角矩阵,运动方程通过惯性力项耦联,即惯性耦合.

(3) 当选取点 A 沿 y 轴方向的线位移 y_A 和刚杆绕点 A 的转角 θ_A 作为运动位移坐标时(图 5.5(d)),系统的运动方程为

$$m(\ddot{y}_A + l_1 \ddot{\theta}_A) + k_1 y_A + k_2(y_A + l\theta_A) = P_A$$

$$J_C \ddot{\theta}_A + m(\ddot{y}_A + l_1 \ddot{\theta}_A) l_1 + k_2(y_A + l\theta_A) l = T_A$$

将其写成矩阵形式为

$$\begin{bmatrix} m & ml_1 \\ ml_1 & J_C + ml_1^2 \end{bmatrix} \begin{Bmatrix} \ddot{y}_A \\ \ddot{\theta}_A \end{Bmatrix} + \begin{bmatrix} k_1 + k_2 & k_2 l \\ k_2 l & k_2 l^2 \end{bmatrix} \begin{Bmatrix} y_A \\ \theta_A \end{Bmatrix} = \begin{Bmatrix} P_A \\ T_A \end{Bmatrix} \tag{5.4.4}$$

此时,惯性矩阵和刚度矩阵都是非对角阵,因此运动方程既有惯性耦合又有弹性耦合.

从上例可以看出,同一个振动系统可以用许多组不同的广义坐标来建立它的运动方程,随着所选取的广义坐标不同,运动方程的耦合情况也不同,从运动方程的系数矩阵是否为对角矩阵,就能判断方程的耦合情况.根据这个事实,可以得出一个重要的结论,即运动方程的耦合并不是振动系统所固有的性质,而只是广义坐标选用的结果.不难设想,如果我们能找到这样的一组广义坐标,它使运动方程组的各方程之间没有任何耦合,那么运动方程的求解必将大大简化,这样一组特殊的广义坐标可以通过坐标变换求得.

5.4.2 坐标变换

若有一组同维向量 $\boldsymbol{\varphi}_1, \boldsymbol{\varphi}_2, \cdots, \boldsymbol{\varphi}_n$ 线性无关,那么我们就可以把它们当作一个坐标系统的一组基向量组成一个基向量空间

$$\boldsymbol{\varphi} = [\boldsymbol{\varphi}_1 \quad \boldsymbol{\varphi}_2 \quad \cdots \quad \boldsymbol{\varphi}_n]$$

凡是在这一空间(或坐标系)中的任意向量 $\boldsymbol{x}$,都可以分解到这个坐标系中的各个基向量上去.或者换句话说,这一空间中的任一向量都可以用基向量的线性组合(即各基向量上的相应的分量相加)来表达,即

$$\boldsymbol{x} = q_1\boldsymbol{\varphi}_1 + q_2\boldsymbol{\varphi}_2 + \cdots + q_i\boldsymbol{\varphi}_i + \cdots + q_n\boldsymbol{\varphi}_n = \boldsymbol{\varphi q} \tag{5.4.5}$$

式中,q_i 表示 $\boldsymbol{x}$ 在基向量 $\boldsymbol{\varphi}_i$ 上分量的大小,也就是坐标;$\boldsymbol{\varphi}$ 是一个非奇异的 n 阶常系数方阵,从向量分解的角度来讲,它可解释为由 n 个基向量组成的 n 维基向量空间,故可称其为基向量矩阵,此时,方程(5.4.5)可解释为向量的分解原理.从变量(或坐标)变换的角度来讲,它可解释为一个使变量(或坐标)x_i($i=1, 2, \cdots, n$)变换为变量(或坐标)q_j($j=1, 2, \cdots, n$)的变换因子,故可称其为变换矩阵.在此情况下,方程(5.4.5)可解释为变量的线性变换.对于线性振动系统,如以 $\boldsymbol{x}$ 和 $\boldsymbol{q}$ 表示广义坐标,则线性变换式(5.4.5)就是坐标变换.如已知无阻尼

多自由度系统，按广义坐标 $\boldsymbol{x}$ 建立的运动方程为

$$\boldsymbol{M}\ddot{\boldsymbol{x}} + \boldsymbol{K}\boldsymbol{x} = \boldsymbol{f}(t) \tag{5.4.6}$$

对方程(5.4.6)作线性变换式(5.4.5).因为 $\boldsymbol{\varphi}$ 是常数方阵，式(5.4.5)对时间求导，得

$$\dot{\boldsymbol{x}} = \boldsymbol{\varphi}\dot{\boldsymbol{q}}, \quad \ddot{\boldsymbol{x}} = \boldsymbol{\varphi}\ddot{\boldsymbol{q}} \tag{5.4.7}$$

将式(5.4.5)和式(5.4.7)代入方程(5.4.6)，有

$$\boldsymbol{M}\boldsymbol{\varphi}\ddot{\boldsymbol{q}} + \boldsymbol{K}\boldsymbol{\varphi}\boldsymbol{q} = \boldsymbol{f}(t) \tag{5.4.8}$$

式(5.4.8)两端同时左乘 $\boldsymbol{\varphi}^{\mathrm{T}}$，并令

$$\boldsymbol{m} = \boldsymbol{\varphi}^{\mathrm{T}}\boldsymbol{M}\boldsymbol{\varphi}, \quad \boldsymbol{k} = \boldsymbol{\varphi}^{\mathrm{T}}\boldsymbol{K}\boldsymbol{\varphi}, \quad \boldsymbol{F} = \boldsymbol{\varphi}^{\mathrm{T}}\boldsymbol{f}(t) \tag{5.4.9}$$

得到

$$\boldsymbol{m}\ddot{\boldsymbol{q}} + \boldsymbol{k}\boldsymbol{q} = \boldsymbol{F} \tag{5.4.10}$$

式(5.4.10)是用广义坐标 $\boldsymbol{q}$ 表达的一个系统的运动方程.式中，$\boldsymbol{F}$ 为广义坐标 $\boldsymbol{q}$ 上的广义激振力列阵，而 $\boldsymbol{m}$ 和 $\boldsymbol{k}$ 是系统在广义坐标 $\boldsymbol{q}$ 中的惯性矩阵和刚度矩阵，与 $\boldsymbol{M}$ 和 $\boldsymbol{K}$ 不同.因此方程组(5.4.10)各方程之间的耦合情况也与式(5.4.6)不同.

可见，通过线性变换能将原来用广义坐标 $\boldsymbol{x}$ 表达的运动方程，变换为用另外的广义坐标 $\boldsymbol{q}$ 来表达.变换之后，并没有改变系统的性质，但却改变了运动方程的耦合情况，这和图5.5所示例子中选用不同的广义坐标建立系统的运动方程是等效的.

综上所述，问题归结为如何选择线性变换矩阵.如果有一个特殊的变换矩阵 $\boldsymbol{\varphi}$，它能使运动方程的所有系数矩阵 $\boldsymbol{m}$，$\boldsymbol{k}$ 等都同时对角化，那么经线性变换后的运动方程(5.4.10)就由 n 个互不耦合的、独立的方程组成，每一个方程的结构都和一个单自由度系统的运动方程完全相同，从而可以应用处理单自由度系统的方法，分别加以处理后求得解答.

5.4.3 模态坐标变换

使 $\boldsymbol{m}$ 和 $\boldsymbol{k}$ 都同时对角化的线性变换矩阵是确实存在的，这个特殊的变换矩阵就是由系统的全部主振型(主模态)所组成的矩阵.

系统的 n 个主振型 $\boldsymbol{\phi}_i(i=1, 2, \cdots, n)$ 关于质量矩阵及刚度矩阵相互正交，它们必然是线性独立的，即有下列关系：

$$\alpha_1\boldsymbol{\phi}_1 + \alpha_2\boldsymbol{\phi}_2 + \cdots + \alpha_n\boldsymbol{\phi}_n \neq \boldsymbol{0}$$

其中，$\alpha_1, \alpha_2, \cdots, \alpha_n$ 是不同时为零的常数.由主振型的这一性质得知，n 个主振型构成了 n 维空间的基底，任意一个 n 维向量 $\boldsymbol{x}$ 都能唯一地表示成 n 个主振型的线性组合，即

$$\boldsymbol{x} = q_1\boldsymbol{\phi}_1 + q_2\boldsymbol{\phi}_2 + \cdots + q_n\boldsymbol{\phi}_n \tag{5.4.11}$$

上式的意义是，系统任何一种可能的运动都可以用主振型(或主模态)的线性组合来描述，式中的系数 q_i，由正交性条件得出为

$$q_i = \frac{\boldsymbol{\phi}_i^{\mathrm{T}}\boldsymbol{M}\boldsymbol{x}}{m_i} \tag{5.4.12}$$

它是第 i 阶主振型$\boldsymbol{\phi}_i$ 对系统运动$\boldsymbol{x}$ 的贡献的度量.式(5.4.11)及式(5.4.12)称为展开定理.

应用模态矩阵 $\boldsymbol{\phi}$ 作为变换矩阵,对系统以广义坐标 $\boldsymbol{x}$ 表达的运动方程

$$\boldsymbol{M}\ddot{\boldsymbol{x}} + \boldsymbol{K}\boldsymbol{x} = \boldsymbol{f}(t) \tag{5.4.13}$$

作坐标变换,将式(5.4.11)写成矩阵型:

$$\boldsymbol{x} = \boldsymbol{\phi}\boldsymbol{q} \tag{5.4.14}$$

并在等式(5.4.13)两边左乘 $\boldsymbol{\phi}^{\mathrm{T}}$,得到的运动方程为

$$\boldsymbol{\phi}^{\mathrm{T}}\boldsymbol{M}\boldsymbol{\phi}\ddot{\boldsymbol{q}} + \boldsymbol{\phi}^{\mathrm{T}}\boldsymbol{K}\boldsymbol{\phi}\boldsymbol{q} = \boldsymbol{\phi}^{\mathrm{T}}\boldsymbol{f}(t)$$

或

$$\boldsymbol{m}\ddot{\boldsymbol{q}} + \boldsymbol{k}\boldsymbol{q} = \boldsymbol{F} \tag{5.4.15}$$

式(5.4.15)写成展开形式:

$$m_r\ddot{q}_r + k_r q_r = F_r, \quad r = 1, 2, \cdots, n \tag{5.4.16}$$

式中,新的广义坐标 $\boldsymbol{q}$ 称为模态坐标(主坐标).对应于模态坐标的广义质量矩阵 $\boldsymbol{m}$ 和广义刚度矩阵 $\boldsymbol{k}$,分别简称为模态质量矩阵和模态刚度矩阵,即

$$\begin{aligned}\boldsymbol{m} = \boldsymbol{\phi}^{\mathrm{T}}\boldsymbol{M}\boldsymbol{\phi} &= [\boldsymbol{\phi}_1 \quad \boldsymbol{\phi}_2 \quad \cdots \quad \boldsymbol{\phi}_n]^{\mathrm{T}}\boldsymbol{M}[\boldsymbol{\phi}_1 \quad \boldsymbol{\phi}_2 \quad \cdots \quad \boldsymbol{\phi}_n] \\ &= \begin{bmatrix} \boldsymbol{\phi}_1^{\mathrm{T}}\boldsymbol{M}\boldsymbol{\phi}_1 & \boldsymbol{\phi}_1^{\mathrm{T}}\boldsymbol{M}\boldsymbol{\phi}_2 & \cdots & \boldsymbol{\phi}_1^{\mathrm{T}}\boldsymbol{M}\boldsymbol{\phi}_n \\ \boldsymbol{\phi}_2^{\mathrm{T}}\boldsymbol{M}\boldsymbol{\phi}_1 & \boldsymbol{\phi}_2^{\mathrm{T}}\boldsymbol{M}\boldsymbol{\phi}_2 & \cdots & \boldsymbol{\phi}_2^{\mathrm{T}}\boldsymbol{M}\boldsymbol{\phi}_n \\ \vdots & \vdots & & \vdots \\ \boldsymbol{\phi}_n^{\mathrm{T}}\boldsymbol{M}\boldsymbol{\phi}_1 & \boldsymbol{\phi}_n^{\mathrm{T}}\boldsymbol{M}\boldsymbol{\phi}_2 & \cdots & \boldsymbol{\phi}_n^{\mathrm{T}}\boldsymbol{M}\boldsymbol{\phi}_n \end{bmatrix}\end{aligned} \tag{5.4.17}$$

矩阵中的所有非对角元素都符合主模态对于质量矩阵的正交性式(5.3.15)且等于零,故模态质量矩阵可写为

$$\boldsymbol{m} = \begin{bmatrix} m_1 & & & \\ & m_2 & & \\ & & \ddots & \\ & & & m_n \end{bmatrix} = \lceil m_r \rfloor \tag{5.4.18}$$

式中,m_r 为第 r 阶模态质量,

$$m_r = \boldsymbol{\phi}_r^{\mathrm{T}}\boldsymbol{M}\boldsymbol{\phi}_r = \sum_{j=1}^{n}\sum_{k=1}^{n} M_{jk}\phi_{rj}\phi_{rk}, \quad r = 1, 2, \cdots, n \tag{5.4.19}$$

当 $\boldsymbol{M}$ 是对角阵时,有

$$m_r = \sum_{j=1}^{n} M_{jj}\phi_{rj}^2, \quad r = 1, 2, \cdots, n \tag{5.4.20}$$

同样,由于主模态对刚度矩阵的正交性,模态刚度矩阵为

$$\boldsymbol{k} = \boldsymbol{\phi}^{\mathrm{T}}\boldsymbol{K}\boldsymbol{\phi} = \begin{bmatrix} k_1 & & & \\ & k_2 & & \\ & & \ddots & \\ & & & k_n \end{bmatrix} = \lceil k_r \rfloor \tag{5.4.21}$$

式中，k_r 为第 r 阶模态刚度，

$$k_r = \boldsymbol{\phi}_r^{\mathrm{T}} \boldsymbol{K} \boldsymbol{\phi}_r = \sum_{j=1}^{n} \sum_{k=1}^{n} K_{jk} \phi_{rj} \phi_{rk}, \quad r = 1, 2, \cdots, n \tag{5.4.22}$$

$\boldsymbol{F}$ 为模态坐标 $\boldsymbol{q}$ 上的广义激振力列阵，即

$$\boldsymbol{F} = \boldsymbol{\phi}^{\mathrm{T}} \boldsymbol{f}(t) = [\boldsymbol{\phi}_1 \quad \boldsymbol{\phi}_2 \quad \cdots \quad \boldsymbol{\phi}_n]^{\mathrm{T}} \boldsymbol{f}(t) = \begin{bmatrix} \boldsymbol{\phi}_1^{\mathrm{T}} \boldsymbol{f}(t) \\ \boldsymbol{\phi}_2^{\mathrm{T}} \boldsymbol{f}(t) \\ \vdots \\ \boldsymbol{\phi}_n^{\mathrm{T}} \boldsymbol{f}(t) \end{bmatrix} = \begin{bmatrix} F_1 \\ F_2 \\ \vdots \\ F_n \end{bmatrix} \tag{5.4.23}$$

$$F_r = \boldsymbol{\phi}_r^{\mathrm{T}} \boldsymbol{f}(t), \quad r = 1, 2, \cdots, n \tag{5.4.24}$$

方程式(5.4.15)是以模态坐标 $\boldsymbol{q}$ 表达的，故称其为模态坐标方程.它是一组互不耦合的方程，其中每一个方程的结构都和一个单自由度系统的运动方程相同，可以应用解单自由度系统的方法分别求解，从而可求得系统在模态坐标下的响应 $\boldsymbol{q}$.

再将求得的 $\boldsymbol{q}$ 代回坐标变换式(5.4.14)，则可求得系统在原广义物理坐标下的响应，即

$$\boldsymbol{x} = \boldsymbol{\phi} \boldsymbol{q} = \sum_{r=1}^{n} q_r \boldsymbol{\phi}_r = q_1 \boldsymbol{\phi}_1 + q_2 \boldsymbol{\phi}_2 + \cdots + q_n \boldsymbol{\phi}_n \tag{5.4.25}$$

坐标变换式(5.4.11)的物理意义为，广义物理坐标向量 $\boldsymbol{x}$ 是系统各阶主振型 $\boldsymbol{\phi}_1$，$\boldsymbol{\phi}_2$，…，$\boldsymbol{\phi}_n$ 的线性组合，即振动系统任何可能的运动都是各阶主振型按一定比例的叠加，这 n 个比例因子就构成了新坐标系 $\boldsymbol{q}$，其中，q_r 就代表了 r 阶主模态对运动的贡献，见式(5.4.12).

在具体应用模态分析法时，使模态矩阵正则化，将会带来更大的方便.

如果用正则振型矩阵 $\boldsymbol{\psi}$ 作坐标变换矩阵，式(5.4.14)成为

$$\boldsymbol{x} = \boldsymbol{\psi} \bar{\boldsymbol{q}} \tag{5.4.26}$$

其中，$\bar{\boldsymbol{q}}$ 称为正则模态坐标，正则坐标下的振动方程为

$$\boldsymbol{\psi}^{\mathrm{T}} \boldsymbol{M} \boldsymbol{\psi} \ddot{\bar{\boldsymbol{q}}} + \boldsymbol{\psi}^{\mathrm{T}} \boldsymbol{K} \boldsymbol{\psi} \bar{\boldsymbol{q}} = \boldsymbol{R} \tag{5.4.27}$$

或写为

$$\boldsymbol{I} \ddot{\bar{\boldsymbol{q}}} + \boldsymbol{\Lambda} \bar{\boldsymbol{q}} = \boldsymbol{R} \tag{5.4.28}$$

将上式展开，得

$$\ddot{\bar{q}}_i + \omega_{ni}^2 \bar{q}_i = R_i, \quad i = 1, 2, \cdots, n \tag{5.4.29}$$

可见采用正则坐标描述系统的运动，能得到形式最简单的运动方程.其中

$$\boldsymbol{R} = \boldsymbol{\psi}^{\mathrm{T}} \boldsymbol{f}(t) \tag{5.4.30}$$

或

$$\boldsymbol{R}_r = \boldsymbol{\psi}_r^{\mathrm{T}} \boldsymbol{f}(t), \quad r = 1, 2, \cdots, n \tag{5.4.31}$$

5.4.4 一般情况的模态坐标变换

一般情况下系统的模态包括刚体模态、弹性模态和纯静态位移，系统的正则模态矩阵为式(5.3.102)，$\boldsymbol{\psi}$ 为正交双归一基，正交双归一关系式为式(5.3.103)、式(5.3.104). 这样，任何一个列阵 $\boldsymbol{x}$ 都可以按正交双归一基 $\boldsymbol{\psi}$ 展开为

$$\boldsymbol{x} = \boldsymbol{\psi q} = \boldsymbol{\psi}_R \boldsymbol{q}_R + \boldsymbol{\psi}_e \boldsymbol{q}_e + \boldsymbol{\psi}_\infty \boldsymbol{q}_\infty \tag{5.4.32}$$

其中

$$\begin{aligned} &\boldsymbol{\psi}_R = [\boldsymbol{\psi}_1 \quad \boldsymbol{\psi}_2 \quad \cdots \quad \boldsymbol{\psi}_r], \quad \boldsymbol{q}_R = [q_1 \quad q_2 \quad \cdots \quad q_r]^{\mathrm{T}} \\ &\boldsymbol{\psi}_e = [\boldsymbol{\psi}_{r+1} \quad \boldsymbol{\psi}_{r+2} \quad \cdots \quad \boldsymbol{\psi}_{n-u}], \quad \boldsymbol{q}_e = [q_{r+1} \quad q_{r+2} \quad \cdots \quad q_{n-u}]^{\mathrm{T}} \\ &\boldsymbol{\psi}_\infty = [\boldsymbol{\psi}_{n-u+1} \quad \boldsymbol{\psi}_{n-u+2} \quad \cdots \quad \boldsymbol{\psi}_n], \quad \boldsymbol{q}_\infty = [q_{n-u+1} \quad q_{n-u+2} \quad \cdots \quad q_n]^{\mathrm{T}} \end{aligned} \tag{5.4.33}$$

式(5.4.32)中的系数 q_i 由下式决定：

$$q_i = \begin{cases} \boldsymbol{\psi}_i^{\mathrm{T}} \boldsymbol{M x}, & i = 1, 2, \cdots, n-u \\ \boldsymbol{\psi}_i^{\mathrm{T}} \boldsymbol{K x}, & i = n-u+1, \cdots, n \end{cases} \tag{5.4.34}$$

由于 $\boldsymbol{\psi}$ 是正交双归一基，$\boldsymbol{x}$ 按 $\boldsymbol{\psi}$ 展开成线性关系式(5.4.32)，那么它的应变能和动能便可以叠加，即

$$\boldsymbol{x}^{\mathrm{T}} \boldsymbol{K x} = \sum_{i=r+1}^{n-u} \lambda_i q_i^2 + \sum_{i=n-u+1}^{n} q_i^2, \quad \boldsymbol{x}^{\mathrm{T}} \boldsymbol{M x} = \sum_{i=1}^{n-u} q_i^2 \tag{5.4.35}$$

如果以正交双归一基 $\boldsymbol{\psi}$ 作响应位移 $\boldsymbol{x}$ 的模态坐标变换矩阵，则运动方程(5.4.13)化为

$$\boldsymbol{M\psi} \ddot{\boldsymbol{q}} + \boldsymbol{K\psi q} = \boldsymbol{f} \tag{5.4.36}$$

方程两边左乘 $\boldsymbol{\psi}^{\mathrm{T}}$，有

$$\boldsymbol{\psi}^{\mathrm{T}} \boldsymbol{M\psi} \ddot{\boldsymbol{q}} + \boldsymbol{\psi}^{\mathrm{T}} \boldsymbol{K\psi q} = \boldsymbol{\psi}^{\mathrm{T}} \boldsymbol{f}$$

利用正交双归一条件式(5.3.103)、式(5.3.104)得解耦方程

$$\ddot{\boldsymbol{q}}_R = \boldsymbol{\psi}_R^{\mathrm{T}} \boldsymbol{f}, \quad \ddot{\boldsymbol{q}}_e + \boldsymbol{\Lambda}_e \boldsymbol{q}_e = \boldsymbol{\psi}_e^{\mathrm{T}} \boldsymbol{f}, \quad \boldsymbol{q}_\infty = \boldsymbol{\psi}_\infty^{\mathrm{T}} \boldsymbol{f} \tag{5.4.37}$$

5.5 无阻尼系统对初始条件的响应

如令方程(5.4.13)中的 $\boldsymbol{f}(t) = \boldsymbol{0}$，可得 n 自由度无阻尼系统的自由振动方程如下：

$$\boldsymbol{M} \ddot{\boldsymbol{x}} + \boldsymbol{K x} = \boldsymbol{0} \tag{5.5.1}$$

并假定时刻 $t = 0$ 时，系统的初始位移与初始速度分别为

$$\boldsymbol{x}(0) = \boldsymbol{x}_0, \quad \dot{\boldsymbol{x}}(0) = \dot{\boldsymbol{x}}_0 \tag{5.5.2}$$

其中

$$\begin{aligned} \boldsymbol{x}_0 &= [x_1(0) \quad x_2(0) \quad \cdots \quad x_n(0)]^{\mathrm{T}} \\ \dot{\boldsymbol{x}}_0 &= [\dot{x}_1(0) \quad \dot{x}_2(0) \quad \cdots \quad \dot{x}_n(0)]^{\mathrm{T}} \end{aligned} \tag{5.5.3}$$

系统的自由振动即系统对初始激振的响应.

如令方程(5.4.15)中的 $\boldsymbol{f}(t)=\boldsymbol{0}$,可得到用模态坐标 $\boldsymbol{q}$ 表示的系统自由振动的模态坐标方程为

$$\boldsymbol{m}\ddot{\boldsymbol{q}}+\boldsymbol{k}\boldsymbol{q}=\boldsymbol{0} \tag{5.5.4}$$

或

$$m_r\ddot{q}_r+k_rq_r=0,\quad r=1,2,\cdots,n \tag{5.5.5}$$

这就是全部解耦的模态坐标自由振动方程.

仿照求解单自由度系统的自由振动解,很容易求出各模态坐标的通解为

$$q_r=q_{0r}\cos\omega_{\mathrm{n}r}t+\frac{\dot{q}_{0r}}{\omega_{\mathrm{n}r}}\sin\omega_{\mathrm{n}r}t=B_r\sin(\omega_{\mathrm{n}r}t+\varphi_r),\quad r=1,2,\cdots,n \tag{5.5.6}$$

式中

$$B_r=\sqrt{q_{0r}^2+\left(\frac{\dot{q}_{0r}}{\omega_{\mathrm{n}r}}\right)^2},\quad r=1,2,\cdots,n \tag{5.5.7}$$

$$\varphi_r=\arctan\frac{q_{0r}\omega_{\mathrm{n}r}}{\dot{q}_{0r}},\quad r=1,2,\cdots,n \tag{5.5.8}$$

式中,q_r 表示系统在模态坐标下 r 阶纯模态自由振动;B_r,φ_r 分别为系统在模态坐标下 r 阶纯模态自由振动的振幅及初相位,它们仅取决于系统的初始条件.$\boldsymbol{q}_0$ 和 $\dot{\boldsymbol{q}}_0$ 为系统在模态坐标下的初始条件,即 $t=0$ 时的初始位移和初始速度列阵.需将它们用已知的原广义坐标的初始条件,即 $t=0$ 时的初始位移列阵 $\boldsymbol{x}_0$ 和初始速度列阵 $\dot{\boldsymbol{x}}_0$ 来表示,为此,由式(5.4.25)得

$$\boldsymbol{q}_0=\boldsymbol{\phi}^{-1}\boldsymbol{x}_0=[q_{01}\quad q_{02}\quad\cdots\quad q_{0r}\quad\cdots\quad q_{0n}]^{\mathrm{T}} \tag{5.5.9}$$

$$\dot{\boldsymbol{q}}_0=\boldsymbol{\phi}^{-1}\dot{\boldsymbol{x}}_0=[\dot{q}_{01}\quad \dot{q}_{02}\quad\cdots\quad \dot{q}_{0r}\quad\cdots\quad \dot{q}_{0n}]^{\mathrm{T}} \tag{5.5.10}$$

高阶矩阵的求逆计算很繁琐,但对于式(5.5.9)、式(5.5.10)中用到的模态矩阵的逆矩阵,存在一种简单算法.因为

$$\boldsymbol{m}=\boldsymbol{\phi}^{\mathrm{T}}\boldsymbol{M}\boldsymbol{\phi} \tag{5.5.11}$$

式(5.5.11)等号两边右乘 $\boldsymbol{\phi}^{-1}$,得

$$\boldsymbol{m}\boldsymbol{\phi}^{-1}=\boldsymbol{\phi}^{\mathrm{T}}\boldsymbol{M}\boldsymbol{\phi}\boldsymbol{\phi}^{-1}=\boldsymbol{\phi}^{\mathrm{T}}\boldsymbol{M} \tag{5.5.12}$$

式(5.5.12)等号两边左乘 $\boldsymbol{m}^{-1}$,得

$$\boldsymbol{\phi}^{-1}=\boldsymbol{m}^{-1}\boldsymbol{\phi}^{\mathrm{T}}\boldsymbol{M} \tag{5.5.13}$$

因为对角矩阵 $\boldsymbol{m}$ 的求逆很简单,其逆矩阵的诸元素为 $\boldsymbol{m}$ 中诸元素的倒数,所以运用式(5.5.13),只作多次矩阵乘法,便可求出模态矩阵的逆矩阵.

将式(5.5.7)~式(5.5.10)代入式(5.5.6)算出 $\boldsymbol{q}$,然后再将 $\boldsymbol{q}$ 代入式(5.4.25)即可求得系统对于给定初始条件 $\boldsymbol{x}_0$ 及 $\dot{\boldsymbol{x}}_0$ 的响应

$$\boldsymbol{x}=\boldsymbol{\phi}\boldsymbol{q}=\sum_{r=1}^{n}q_r\boldsymbol{\phi}_r=\sum_{r=1}^{n}B_r\sin(\omega_{\mathrm{n}r}t+\varphi_r)\boldsymbol{\phi}_r=\sum_{r=1}^{n}\boldsymbol{x}_r \tag{5.5.14}$$

系统在某一特殊初始条件下，r 阶纯模态自由振动的位移向量(主振动)为

$$\boldsymbol{x}_r = B_r \boldsymbol{\phi}_r \sin(\omega_{nr} t + \varphi_r), \quad r = 1, 2, \cdots, n \tag{5.5.15}$$

其中，第 j 坐标的自由振动为

$$x_{rj} = B_r \phi_{rj} \sin(\omega_{nr} t + \varphi_r), \quad j = 1, 2, \cdots, n \tag{5.5.16}$$

由式(5.5.14)～式(5.5.16)可以得出如下结论：

(1) 当系统作某 r 阶纯模态自由振动时，系统中各坐标均以同一圆频率 ω_{nr} 及同一初相位 φ_r 作简谐振动.在振动过程中，各坐标的振幅值各不相等，但其相位差是恒定的，要么同相位，要么反相位.因此，各坐标点同时经过平衡位置(即各 $x_{rj}=0, j=1, 2, \cdots, n$)，也同时(当 $\sin(\omega_{nr} t+\varphi_r)= \pm 1$ 时)达到最大的偏离值，各坐标值在任何瞬时都保持固定不变的比值，即系统有某 r 阶固定的主振型.

(2) 系统的自由振动 $\boldsymbol{x}$ 为各阶纯模态自由振动 $\boldsymbol{x}_r$ 的线性组合.不同的初始条件就决定了不同的各阶纯模态自由振动，从而也就决定了系统具有不同的自由振动.

若模态矩阵为正则模态矩阵 $\boldsymbol{\psi}$，则在正则模态矩阵 $\boldsymbol{\psi}$ 变换下，质量矩阵为单位矩阵 $\boldsymbol{I}$，其逆矩阵仍为单位矩阵，刚度矩阵为谱矩阵 $\boldsymbol{\Lambda}$.由方程(5.4.28)，可得到用模态坐标 $\bar{\boldsymbol{q}}$ 表示的自由振动方程为

$$\boldsymbol{I} \ddot{\bar{\boldsymbol{q}}} + \boldsymbol{\Lambda} \bar{\boldsymbol{q}} = \boldsymbol{0}$$

这时方程已全部解耦.

它的通解仍为式(5.5.6)的形式，即

$$\bar{q}_r = \bar{q}_{0r} \cos \omega_{nr} t + \frac{\dot{\bar{q}}_{0r}}{\omega_{nr}} \sin \omega_{nr} t = \bar{B}_r \sin(\omega_{nr} t + \bar{\varphi}_r), \quad r = 1, 2, \cdots, n \tag{5.5.17}$$

式中

$$\bar{B}_r = \sqrt{\bar{q}_{0r}^2 + \left(\frac{\dot{\bar{q}}_{0r}}{\omega_{nr}}\right)^2} \tag{5.5.18}$$

$$\bar{\varphi}_r = \arctan \frac{\bar{q}_{0r} \omega_{nr}}{\dot{\bar{q}}_{0r}} \tag{5.5.19}$$

式中，$\bar{q}_r$ 表示系统在正则模态坐标下作 r 阶纯模态自由振动.同样，由式(5.4.26)得

$$\begin{aligned} \bar{\boldsymbol{q}}_0 &= \boldsymbol{\psi}^{-1} \boldsymbol{x}_0 = [\bar{q}_{01} \quad \bar{q}_{02} \quad \cdots \quad \bar{q}_{0r} \quad \cdots \quad \bar{q}_{0n}]^{\mathrm{T}} \\ \dot{\bar{\boldsymbol{q}}}_0 &= \boldsymbol{\psi}^{-1} \dot{\boldsymbol{x}}_0 = [\dot{\bar{q}}_{01} \quad \dot{\bar{q}}_{02} \quad \cdots \quad \dot{\bar{q}}_{0r} \quad \cdots \quad \dot{\bar{q}}_{0n}]^{\mathrm{T}} \end{aligned} \tag{5.5.20}$$

因为

$$\boldsymbol{I} = \boldsymbol{\psi}^{\mathrm{T}} \boldsymbol{M} \boldsymbol{\psi} \tag{5.5.21}$$

式(5.5.21)右乘 $\boldsymbol{\psi}^{-1}$，得

$$\boldsymbol{\psi}^{-1} = \boldsymbol{\psi}^{\mathrm{T}} \boldsymbol{M} \tag{5.5.22}$$

使用式(5.5.22)、式(5.5.20)可以顺利计算出来.

将式(5.5.18)～式(5.5.20)代入式(5.5.17)算出$\bar{\boldsymbol{q}}$,然后将$\bar{\boldsymbol{q}}$代入式(5.4.26),即可求得系统对给定初始条件 $\boldsymbol{x}_0$ 及$\dot{\boldsymbol{x}}_0$ 的响应

$$\boldsymbol{x}=\boldsymbol{\psi}\bar{\boldsymbol{q}}=\sum_{r=1}^{n}\bar{q}_r\boldsymbol{\psi}_r=\sum_{r=1}^{n}\bar{B}_r\sin(\omega_{nr}t+\bar{\varphi}_r)\boldsymbol{\psi}_r \tag{5.5.23}$$

可以证明式(5.5.23)与式(5.5.14)是一致的.同时,可以看到,当 $m=I$ 时,式(5.5.14)化为式(5.5.23).

例 5.6 已知例 5.1 中系统的初始位移及初始速度为 $\boldsymbol{x}_0=[2\quad 2\quad 0]^{\mathrm{T}}$, $\dot{\boldsymbol{x}}_0=[0\quad 0\quad 0]^{\mathrm{T}}$,试求系统对初始条件的响应.

解 由例 5.1 及例 5.2 已求得系统的谱矩阵及正则振型矩阵分别为

$$\boldsymbol{\Lambda}=\begin{bmatrix}\frac{k}{m} & 0 & 0\\ 0 & \frac{3k}{m} & 0\\ 0 & 0 & \frac{4k}{m}\end{bmatrix},\quad \boldsymbol{\psi}=\frac{1}{\sqrt{6m}}\begin{bmatrix}1 & -\sqrt{3} & \sqrt{2}\\ 2 & 0 & -\sqrt{2}\\ 1 & \sqrt{3} & \sqrt{2}\end{bmatrix}$$

由式(5.5.20)、式(5.5.22)算出正则坐标$\bar{\boldsymbol{q}}$下的初始条件为

$$\bar{\boldsymbol{q}}(0)=\boldsymbol{\psi}^{\mathrm{T}}\boldsymbol{M}\boldsymbol{x}_0=\frac{m}{\sqrt{6m}}[6\quad -2\sqrt{3}\quad 0]^{\mathrm{T}}$$

$$\dot{\bar{\boldsymbol{q}}}(0)=\boldsymbol{\psi}^{\mathrm{T}}\boldsymbol{M}\dot{\boldsymbol{x}}_0=[0\quad 0\quad 0]^{\mathrm{T}}$$

根据式(5.5.17)求出正则坐标下的自由振动为

$$\bar{\boldsymbol{q}}(t)=\begin{bmatrix}\bar{q}_1(t)\\ \bar{q}_2(t)\\ \bar{q}_3(t)\end{bmatrix}=\begin{bmatrix}\bar{q}_{01}\cos\omega_{n1}t\\ \bar{q}_{02}\cos\omega_{n2}t\\ \bar{q}_{03}\cos\omega_{n3}t\end{bmatrix}=\frac{m}{\sqrt{6m}}\begin{bmatrix}6\cos\omega_{n1}t\\ -2\sqrt{3}\cos\omega_{n2}t\\ 0\end{bmatrix}$$

将上式及 $\boldsymbol{\psi}$ 代入式(5.5.23),得到系统对初始条件的响应为

$$\boldsymbol{x}(t)=\begin{bmatrix}x_1(t)\\ x_2(t)\\ x_3(t)\end{bmatrix}=[\boldsymbol{\psi}_1\quad \boldsymbol{\psi}_2\quad \boldsymbol{\psi}_3]\begin{bmatrix}\bar{q}_1(t)\\ \bar{q}_2(t)\\ \bar{q}_3(t)\end{bmatrix}=\begin{bmatrix}\cos\omega_{n1}t+\cos\omega_{n2}t\\ 2\cos\omega_{n1}t\\ \cos\omega_{n1}t-\cos\omega_{n2}t\end{bmatrix}$$

图 5.6 画出了系统三个质量块振动的响应曲线,其中,$x_1(t)$与 $x_3(t)$都是非简谐周期振动.系统的自由振动只包含第一阶及第二阶主振动,而不包含第三阶主振动.

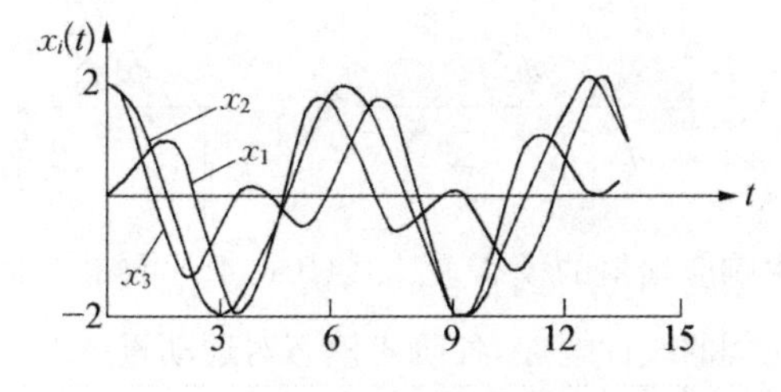

图 5.6 响应曲线

5.6 无阻尼系统对简谐激振的稳态响应

当系统受到简谐激振力 $\boldsymbol{f}(t)=\boldsymbol{f}_0\mathrm{e}^{\mathrm{i}\omega t}$ 作用时,稳态响应解为 $\boldsymbol{q}(t)=\bar{\boldsymbol{q}}\mathrm{e}^{\mathrm{i}\omega t}$.将其代入方程(5.4.15),可得系统受迫振动的模态坐标方程

$$(\boldsymbol{k}-\omega^2\boldsymbol{m})\bar{\boldsymbol{q}}=\bar{\boldsymbol{F}}=\boldsymbol{\phi}^{\mathrm{T}}\boldsymbol{f}_0 \tag{5.6.1a}$$

写成展开形式为

$$\begin{aligned}&q_r(t)=\bar{q}_r\mathrm{e}^{\mathrm{i}\omega t}\\&(k_r-\omega^2m_r)\bar{q}_r=(\omega_{\mathrm{n}r}^2-\omega^2)m_r\bar{q}_r=\bar{F}_r=\boldsymbol{\phi}_r^{\mathrm{T}}\boldsymbol{f}_0,\quad r=1,2,\cdots,n\end{aligned} \tag{5.6.1b}$$

求得方程(5.6.1)的解为

$$\left.\begin{aligned}\bar{q}_r&=\frac{\boldsymbol{\phi}_r^{\mathrm{T}}\boldsymbol{f}_0}{m_r(\omega_{\mathrm{n}r}^2-\omega^2)}\\q_r(t)&=\frac{\boldsymbol{\phi}_r^{\mathrm{T}}\boldsymbol{f}_0}{m_r(\omega_{\mathrm{n}r}^2-\omega^2)}\mathrm{e}^{\mathrm{i}\omega t}\end{aligned}\right\},\quad r=1,2,\cdots,n \tag{5.6.2}$$

式中,$q_r(t)$表示模态坐标下的单自由度系统对广义激振力 F_r 的响应,称其为纯模态响应.

设系统在原广义坐标下的稳态响应为

$$\boldsymbol{x}=\boldsymbol{X}\mathrm{e}^{\mathrm{i}\omega t} \tag{5.6.3}$$

将式(5.6.2)代入式(5.4.25),得稳态响应的列阵为

$$\boldsymbol{x}=\boldsymbol{X}\mathrm{e}^{\mathrm{i}\omega t}=\sum_{r=1}^{n}q_r\boldsymbol{\phi}_r=\sum_{r=1}^{n}\frac{\boldsymbol{\phi}_r^{\mathrm{T}}\boldsymbol{f}_0\boldsymbol{\phi}_r}{m_r(\omega_{\mathrm{n}r}^2-\omega^2)}\mathrm{e}^{\mathrm{i}\omega t}=\boldsymbol{H}(\mathrm{i}\omega)\boldsymbol{f}(t) \tag{5.6.4a}$$

则频响函数矩阵 $\boldsymbol{H}(\mathrm{i}\omega)$和振幅列阵 $\boldsymbol{x}$ 分别为

$$\boldsymbol{H}(\mathrm{i}\omega)=\frac{\boldsymbol{x}}{\boldsymbol{f}(t)}=\sum_{r=1}^{n}\frac{\boldsymbol{\phi}_r\boldsymbol{\phi}_r^{\mathrm{T}}}{m_r(\omega_{\mathrm{n}r}^2-\omega^2)}=\sum_{r=1}^{n}\frac{\boldsymbol{\phi}_r\boldsymbol{\phi}_r^{\mathrm{T}}}{k_r\left[1-\left(\dfrac{\omega}{\omega_{\mathrm{n}r}}\right)^2\right]} \tag{5.6.4b}$$

$$\begin{aligned}\boldsymbol{X}&=\sum_{r=1}^{n}\bar{q}_r\boldsymbol{\phi}_r=\boldsymbol{H}(\mathrm{i}\omega)\boldsymbol{f}_0\\&=\sum_{r=1}^{n}\frac{\boldsymbol{\phi}_r^{\mathrm{T}}\boldsymbol{f}_0}{m_r(\omega_{\mathrm{n}r}^2-\omega^2)}\boldsymbol{\phi}_r=\sum_{r=1}^{n}\frac{\boldsymbol{\phi}_r^{\mathrm{T}}\boldsymbol{f}_0}{k_r\left[1-\left(\dfrac{\omega}{\omega_{\mathrm{n}r}}\right)^2\right]}\boldsymbol{\phi}_r\\&=\frac{\boldsymbol{\phi}_1^{\mathrm{T}}\boldsymbol{f}_0}{k_1\left[1-\left(\dfrac{\omega}{\omega_{\mathrm{n}1}}\right)^2\right]}\boldsymbol{\phi}_1+\frac{\boldsymbol{\phi}_2^{\mathrm{T}}\boldsymbol{f}_0}{k_2\left[1-\left(\dfrac{\omega}{\omega_{\mathrm{n}2}}\right)^2\right]}\boldsymbol{\phi}_2+\cdots+\frac{\boldsymbol{\phi}_n^{\mathrm{T}}\boldsymbol{f}_0}{k_n\left[1-\left(\dfrac{\omega}{\omega_{\mathrm{n}n}}\right)^2\right]}\boldsymbol{\phi}_n\end{aligned} \tag{5.6.4c}$$

由响应幅值的模态表达式(5.6.4c)可知,系统的响应是各阶主模态 $\boldsymbol{\phi}_1,\boldsymbol{\phi}_2,\cdots,\boldsymbol{\phi}_n$ 按一定比例的线性叠加,各阶主模态对运动贡献的大小取决于各阶模态坐标幅值$\bar{q}_r$ 的大小,即取决于各阶模态前面的系数项的大小,它与参与因子 $\bar{F}_r=\boldsymbol{\phi}_r^{\mathrm{T}}\boldsymbol{f}_0$成正比.将各个模态坐标纯模

态响应 $q_r(t)$ 代入式(5.4.25)进行叠加，便得到物理坐标下系统对简谐激励的稳态响应.通常，将这种求解方法称为模态叠加法(振型叠加法).

设系统仅在第 j 个坐标点受到力 $\boldsymbol{f}_0=[0 \quad \cdots \quad f_{0j} \quad \cdots \quad 0]^{\mathrm{T}}$ 的作用.由式(5.6.4)得系统的位移响应幅值为

$$\boldsymbol{X}=\sum_{r=1}^{n}\frac{\phi_{rj}f_{0j}\boldsymbol{\phi}_r}{k_r\left[1-\left(\dfrac{\omega}{\omega_{\mathrm{n}r}}\right)^2\right]}=\sum_{r=1}^{n}\frac{\phi_{rj}f_{0j}\boldsymbol{\phi}_r}{m_r(\omega_{\mathrm{n}r}^2-\omega^2)} \tag{5.6.5}$$

其中，第 l 与第 j 个坐标点的位移响应幅值为

$$\begin{aligned}X_l&=\sum_{r=1}^{n}\frac{\phi_{rj}f_{0j}\phi_{rl}}{k_r\left[1-\left(\dfrac{\omega}{\omega_{\mathrm{n}r}}\right)^2\right]}=\sum_{r=1}^{n}\frac{\phi_{rj}f_{0j}\phi_{rl}}{m_r(\omega_{\mathrm{n}r}^2-\omega^2)}\\X_j&=\sum_{r=1}^{n}\frac{\phi_{rj}f_{0j}\phi_{rj}}{k_r\left[1-\left(\dfrac{\omega}{\omega_{\mathrm{n}r}}\right)^2\right]}=\sum_{r=1}^{n}\frac{\phi_{rj}f_{0j}\phi_{rj}}{m_r(\omega_{\mathrm{n}r}^2-\omega^2)}\end{aligned} \tag{5.6.6}$$

根据频响函数的定义可知，第 l 与第 j 个坐标点之间的频响函数为

$$H_{lj}(\mathrm{i}\omega)=\frac{X_l}{f_{0j}}=\sum_{r=1}^{n}\frac{\phi_{rj}\phi_{rl}}{k_r\left[1-\left(\dfrac{\omega}{\omega_{\mathrm{n}r}}\right)^2\right]}=\sum_{r=1}^{n}\frac{\phi_{rj}\phi_{rl}}{m_r(\omega_{\mathrm{n}r}^2-\omega^2)} \tag{5.6.7}$$

第 j 个坐标点的频响函数为

$$H_{jj}(\mathrm{i}\omega)=\frac{X_j}{f_{0j}}=\sum_{r=1}^{n}\frac{\phi_{rj}^2}{k_r\left[1-\left(\dfrac{\omega}{\omega_{\mathrm{n}r}}\right)^2\right]}=\sum_{r=1}^{n}\frac{\phi_{rj}^2}{m_r(\omega_{\mathrm{n}r}^2-\omega^2)} \tag{5.6.8}$$

由式(5.6.5)得第 j 个坐标点激励的频响函数列阵为

$$\boldsymbol{H}_j(\mathrm{i}\omega)=\frac{\boldsymbol{X}}{f_{0j}}=\sum_{r=1}^{n}\frac{\phi_{rj}\boldsymbol{\phi}_r}{k_r\left[1-\left(\dfrac{\omega}{\omega_{\mathrm{n}r}}\right)^2\right]}=\sum_{r=1}^{n}\frac{\phi_{rj}\boldsymbol{\phi}_r}{m_r(\omega_{\mathrm{n}r}^2-\omega^2)} \tag{5.6.9}$$

式(5.6.7)～式(5.6.9)即为频响函数的模态表达式，它们在频域上描述了振动系统的动态特性.

将式(5.6.7)中的 $\mathrm{i}\omega$ 用拉普拉斯算子 s 代替，可得第 l 与第 j 个坐标点之间的传递函数为

$$H_{lj}(s)=\sum_{r=1}^{n}\frac{\phi_{rj}\phi_{rl}\omega_{\mathrm{n}r}^2}{k_r(s^2+\omega_{\mathrm{n}r}^2)}=\sum_{r=1}^{n}\frac{\phi_{rj}\phi_{rl}}{m_r(s^2+\omega_{\mathrm{n}r}^2)} \tag{5.6.10}$$

同理有

$$H_{jj}(s)=\sum_{r=1}^{n}\frac{\phi_{rj}^2\omega_{\mathrm{n}r}^2}{k_r(s^2+\omega_{\mathrm{n}r}^2)}=\sum_{r=1}^{n}\frac{\phi_{rj}^2}{m_r(s^2+\omega_{\mathrm{n}r}^2)} \tag{5.6.11}$$

$$H_j(s) = \sum_{r=1}^{n} \frac{\phi_{rj}\boldsymbol{\phi}_r\omega_{nr}^2}{k_r(s^2+\omega_{nr}^2)} = \sum_{r=1}^{n} \frac{\phi_{rj}\boldsymbol{\phi}_r}{m_r(s^2+\omega_{nr}^2)} \tag{5.6.12}$$

对于非简谐周期激振,和单自由度系统一样,也是先将 $f(t)$ 展开为傅里叶级数,分别按简谐激振计算各谐波的响应,然后叠加.

系统对简谐激励的稳态响应除了可用上述振型叠加法得到之外,还可以用下面的直接解法求得.设稳态响应仍为式(5.6.3),其中,$\boldsymbol{X}$ 是表示响应振幅的列向量,将式(5.6.3)代入式(5.4.13),得到

$$(\boldsymbol{K}-\omega^2\boldsymbol{M})\boldsymbol{X} = \boldsymbol{f}_0 \tag{5.6.13}$$

根据无阻尼系统的复频响应函数矩阵的定义,有

$$\boldsymbol{H}(\mathrm{i}\omega) = (\boldsymbol{K}-\omega^2\boldsymbol{M})^{-1} = \begin{bmatrix} H_{11} & H_{12} & \cdots & H_{1n} \\ H_{21} & H_{22} & \cdots & H_{2n} \\ \vdots & \vdots & & \vdots \\ H_{n1} & H_{n2} & \cdots & H_{nn} \end{bmatrix} \tag{5.6.14}$$

由式(5.6.13)解出

$$\boldsymbol{X} = \boldsymbol{H}\boldsymbol{f}_0 \tag{5.6.15}$$

于是系统的稳态响应为

$$\boldsymbol{x}(t) = \boldsymbol{H}\boldsymbol{f}_0\mathrm{e}^{\mathrm{i}\omega t} = \boldsymbol{H}\boldsymbol{f} \tag{5.6.16}$$

比较式(5.6.16)与式(5.6.4a)得知

$$\boldsymbol{H}(\mathrm{i}\omega) = \sum_{i=1}^{n} \frac{\boldsymbol{\phi}_i\boldsymbol{\phi}_i^{\mathrm{T}}}{k_i\left[1-\left(\dfrac{\omega}{\omega_{ni}}\right)^2\right]} \tag{5.6.17}$$

很显然,$\boldsymbol{H}(\mathrm{i}\omega)$ 为实数.

由于 $\boldsymbol{\phi}$ 是非奇异矩阵,故 $\boldsymbol{\phi}^{-1}$ 存在.上式也可以直接推导如下:

$$\begin{aligned} \boldsymbol{H}(\mathrm{i}\omega) &= (\boldsymbol{K}-\omega^2\boldsymbol{M})^{-1} = \boldsymbol{\phi}\boldsymbol{\phi}^{-1}(\boldsymbol{K}-\omega^2\boldsymbol{M})^{-1}(\boldsymbol{\phi}^{\mathrm{T}})^{-1}\boldsymbol{\phi}^{\mathrm{T}} \\ &= \boldsymbol{\phi}[\boldsymbol{\phi}^{\mathrm{T}}(\boldsymbol{K}-\omega^2\boldsymbol{M})\boldsymbol{\phi}]^{-1}\boldsymbol{\phi}^{\mathrm{T}} = \boldsymbol{\phi}(\boldsymbol{k}-\omega^2\boldsymbol{m})^{-1}\boldsymbol{\phi}^{\mathrm{T}} \end{aligned} \tag{5.6.18a}$$

将式(5.6.18a)展开为级数形式即式(5.6.17).式(5.6.17)或式(5.6.18a)称为复频响应函数矩阵的模态展开式,若用正则模态取代主模态,则上面两式可表示为

$$\boldsymbol{H}(\mathrm{i}\omega) = \boldsymbol{\psi}(\boldsymbol{\Lambda}-\omega^2\boldsymbol{I})^{-1}\boldsymbol{\psi}^{\mathrm{T}} = \sum_{i=1}^{n} \frac{\boldsymbol{\psi}_i\boldsymbol{\psi}_i^{\mathrm{T}}}{\omega_{ni}^2-\omega^2} \tag{5.6.18b}$$

为了解矩阵 $\boldsymbol{H}(\mathrm{i}\omega)$ 中元素的意义,令

$$\boldsymbol{f}(t) = \boldsymbol{f}_0\sin\omega t = [0 \quad \cdots \quad 0 \quad f_{0j}\sin\omega t \quad 0 \quad \cdots \quad 0]^{\mathrm{T}}$$

代入式(5.6.16),由于 $\boldsymbol{H}(\mathrm{i}\omega)$ 为实矩阵,很容易得到

$$\begin{bmatrix} x_1(t) \\ x_2(t) \\ \vdots \\ x_n(t) \end{bmatrix} = \begin{bmatrix} H_{11} & H_{12} & \cdots & H_{1n} \\ H_{21} & H_{22} & \cdots & H_{2n} \\ \vdots & \vdots & & \vdots \\ H_{n1} & H_{n2} & \cdots & H_{nn} \end{bmatrix} \begin{bmatrix} 0 \\ \vdots \\ 0 \\ f_{0j}\sin\omega t \\ 0 \\ \vdots \\ 0 \end{bmatrix} = \begin{bmatrix} H_{1j}f_{0j}\sin\omega t \\ H_{2j}f_{0j}\sin\omega t \\ \vdots \\ H_{nj}f_{0j}\sin\omega t \end{bmatrix}$$

由 $\boldsymbol{x}$ 的第 i 个元素得出

$$H_{ij}(\mathrm{i}\omega) = \frac{x_i(t)}{f_{0j}\sin\omega t} = \frac{x_i(t)}{f_j(t)} \tag{5.6.19}$$

可见元素 $H_{ij}(\mathrm{i}\omega)$的意义是仅在系统第 j 个坐标上有简谐激励时在第 i 个坐标上的复频响应.当系统有阻尼时,上式右端的分子、分母应是复数形式的输出与输入.

假定作用力 $\boldsymbol{f}(t) = \boldsymbol{f}_0\sin\omega t$ 以准静态方式施加于系统,则式(5.4.13)成为

$$\boldsymbol{Kx} = \boldsymbol{f}_0\sin\omega t$$

由上式解出

$$\boldsymbol{x} = \boldsymbol{K}^{-1}\boldsymbol{f}_0\sin\omega t = \boldsymbol{\alpha}\boldsymbol{f}_0\sin\omega t$$

其中,柔度矩阵 $\boldsymbol{\alpha}$ 可按模态展开为

$$\begin{aligned} \boldsymbol{\alpha} &= \boldsymbol{K}^{-1} = \boldsymbol{\phi}\boldsymbol{\phi}^{-1}\boldsymbol{K}^{-1}(\boldsymbol{\phi}^{\mathrm{T}})^{-1}\boldsymbol{\phi}^{\mathrm{T}} = \boldsymbol{\phi}(\boldsymbol{\phi}^{\mathrm{T}}\boldsymbol{K}\boldsymbol{\phi})^{-1}\boldsymbol{\phi}^{\mathrm{T}} \\ &= \boldsymbol{\phi}\boldsymbol{K}^{-1}\boldsymbol{\phi}^{\mathrm{T}} = \sum_{i=1}^{n}\frac{\boldsymbol{\phi}_i\boldsymbol{\phi}_i^{\mathrm{T}}}{k_i} \end{aligned} \tag{5.6.20}$$

于是有

$$\boldsymbol{x}(t) = \sum_{i=1}^{n}\frac{\boldsymbol{\phi}_i\boldsymbol{\phi}_i^{\mathrm{T}}}{k_i}\boldsymbol{f}_0\sin\omega t \tag{5.6.21}$$

比较式(5.6.21)与式(5.6.4),可见矩阵 $\boldsymbol{H}(\mathrm{i}\omega)$起着与 $\boldsymbol{\alpha}$ 类似的作用,因此又把 $\boldsymbol{H}(\mathrm{i}\omega)$称为动柔度矩阵,$H_{ij}$ 称为动柔度系数.

上面的分析方法适用于没有纯静态位移的情况,也就是说,适用于刚体模态和弹性模态的情况,刚体模态的情况可以看作特征值 λ_i 为零的特殊情况.现在考虑一般情况,系统包含刚体模态、弹性模态和纯静态位移.对于简谐激振力 $\boldsymbol{f}=\boldsymbol{f}_0\mathrm{e}^{\mathrm{i}\omega t}$,解耦方程(5.4.37)化为

$$\ddot{q}_i = \boldsymbol{\psi}_i^{\mathrm{T}}\boldsymbol{f}_0\mathrm{e}^{\mathrm{i}\omega t}, \quad i = 1, 2, \cdots, r \tag{5.6.22}$$

$$\ddot{q}_i + \lambda q_i = \boldsymbol{\psi}_i^{\mathrm{T}}\boldsymbol{f}_0\mathrm{e}^{\mathrm{i}\omega t}, \quad i = r+1, r+2, \cdots, n-u \tag{5.6.23}$$

$$q_i = \boldsymbol{\psi}_i^{\mathrm{T}}\boldsymbol{f}_0\mathrm{e}^{\mathrm{i}\omega t}, \quad i = n-u+1, \cdots, n \tag{5.6.24}$$

设其稳态响应解为

$$q_i = \bar{q}_i\mathrm{e}^{\mathrm{i}\omega t} \tag{5.6.25}$$

则由方程(5.6.22)～(5.6.24)求得

$$
\begin{aligned}
q_i &= -\omega^{-2}\boldsymbol{\psi}_i^{\mathrm{T}}\boldsymbol{f}_0\mathrm{e}^{\mathrm{i}\omega t}, \quad i = 1, 2, \cdots, r \\
q_i &= (\omega_{\mathrm{n}i}^2 - \omega^2)^{-1}\boldsymbol{\psi}_i^{\mathrm{T}}\boldsymbol{f}_0\mathrm{e}^{\mathrm{i}\omega t}, \quad i = r+1, r+2, \cdots, n-u \\
q_i &= \boldsymbol{\psi}_i^{\mathrm{T}}\boldsymbol{f}_0\mathrm{e}^{\mathrm{i}\omega t}, \quad i = n-u+1, \cdots, n
\end{aligned}
\tag{5.6.26}
$$

将式(5.6.26)代入式(5.4.32),得稳态响应为

$$
\begin{aligned}
\boldsymbol{x} = \boldsymbol{\psi}\boldsymbol{q} &= [-\omega^{-2}\boldsymbol{\psi}_R\boldsymbol{\psi}_R^{\mathrm{T}} + \boldsymbol{\psi}_e(\boldsymbol{\Lambda}_e - \omega^2\boldsymbol{I})^{-1}\boldsymbol{\psi}_e^{\mathrm{T}} + \boldsymbol{\psi}_\infty\boldsymbol{\psi}_\infty^{\mathrm{T}}]\boldsymbol{f}_0\mathrm{e}^{\mathrm{i}\omega t} \\
&= \boldsymbol{H}(\mathrm{i}\omega)\boldsymbol{f}_0\mathrm{e}^{\mathrm{i}\omega t}
\end{aligned}
\tag{5.6.27}
$$

由此可见,动柔度矩阵 $\boldsymbol{H}(\mathrm{i}\omega)$ 为

$$
\boldsymbol{H}(\mathrm{i}\omega) = -\omega^{-2}\boldsymbol{\psi}_R\boldsymbol{\psi}_R^{\mathrm{T}} + \boldsymbol{\psi}_e(\boldsymbol{\Lambda}_e - \omega^2\boldsymbol{I})^{-1}\boldsymbol{\psi}_e^{\mathrm{T}} + \boldsymbol{\psi}_\infty\boldsymbol{\psi}_\infty^{\mathrm{T}} \tag{5.6.28}
$$

例 5.7 假设例 5.1 中的系统左边第一个质量上作用有激振力 $f_1(t) = f_{10}\sin\omega t$,其中,$\omega = 1.7\sqrt{\dfrac{k}{m}}$,试求系统的稳态响应.

解 已知系统的固有圆频率为

$$
\omega_{\mathrm{n1}} = \sqrt{\frac{k}{m}}, \quad \omega_{\mathrm{n2}} = \sqrt{\frac{3k}{m}}, \quad \omega_{\mathrm{n3}} = 2\sqrt{\frac{k}{m}}
$$

正则振型矩阵为

$$
\boldsymbol{\psi} = \frac{1}{\sqrt{6m}}\begin{bmatrix} 1 & -\sqrt{3} & \sqrt{2} \\ 2 & 0 & -\sqrt{2} \\ 1 & \sqrt{3} & \sqrt{2} \end{bmatrix}
$$

激振力向量可表示为

$$
\boldsymbol{f}(t) = \begin{bmatrix} f_0\sin\omega t \\ 0 \\ 0 \end{bmatrix}
$$

由式(5.4.30)得知正则坐标下的激振力为

$$
\boldsymbol{R}(t) = \boldsymbol{\psi}^{\mathrm{T}}\boldsymbol{f}(t) = \frac{f_0\sin\omega t}{\sqrt{6m}}[1 \quad -\sqrt{3} \quad \sqrt{2}]^{\mathrm{T}}
$$

对应于式(5.6.1b)的第一个正则方程是

$$
(\omega_{\mathrm{n1}}^2 - \omega^2)\,\bar{q}_1 = \frac{f_0}{\sqrt{6m}}\sin\omega t
$$

不难解出正则坐标 $\bar{q}_1$ 的稳态响应为

$$
\bar{q}_1 = \frac{1}{\omega_{\mathrm{n1}}^2 - \omega^2}\,\frac{f_0}{\sqrt{6m}}\sin\omega t = -0.216\,\frac{\sqrt{m}}{k}f_0\sin\omega t
$$

同样,可解出其他正则坐标的稳态响应为

$$
\bar{q}_2 = -6.43\,\frac{\sqrt{m}}{k}f_0\sin\omega t, \quad \bar{q}_3 = 0.520\,\frac{\sqrt{m}}{k}f_0\sin\omega t
$$

将各个正则坐标的稳态响应代入式(5.4.26),得到系统的稳态响应为

$$\boldsymbol{x}(t)=\begin{bmatrix}x_1(t)\\x_2(t)\\x_3(t)\end{bmatrix}=-0.088\begin{bmatrix}1\\2\\1\end{bmatrix}\frac{f_0}{k}\sin\omega t-2.63\begin{bmatrix}-\sqrt{3}\\0\\\sqrt{3}\end{bmatrix}\frac{f_0}{k}\sin\omega t+0.21\begin{bmatrix}\sqrt{2}\\-\sqrt{2}\\\sqrt{2}\end{bmatrix}\frac{f_0}{k}\sin\omega t$$

可以看出,由于激振圆频率接近二阶固有圆频率,在稳态响应中第二阶振型占主要成分.

5.7 无阻尼系统对任意激振的响应

5.7.1 时域分析与系统的单位脉冲响应函数

当系统受到随时间任意变化的激振力 $f(t)$ 作用时,由方程(5.4.16)可得系统受迫振动的模态坐标方程为

$$m_r\ddot{q}_r+k_rq_r=F_r=\boldsymbol{\phi}_r^{\mathrm{T}}\boldsymbol{f}(t),\quad r=1,2,\cdots,n \tag{5.7.1}$$

根据事先给定的广义坐标 $\boldsymbol{x}$ 的初始条件 $\boldsymbol{x}_0$ 及 $\dot{\boldsymbol{x}}_0$ 的值,可由式(5.5.9)、式(5.5.10) 确定模态坐标 $\boldsymbol{q}$ 的初始条件 $\boldsymbol{q}_0$ 及 $\dot{\boldsymbol{q}}_0$ 的值,再运用杜阿梅尔积分,可求得方程(5.7.1) 的解为

$$q_r(t)=\left(\frac{\dot{q}_{0r}}{\omega_{\mathrm{n}r}}\sin\omega_{\mathrm{n}r}t+q_{0r}\cos\omega_{\mathrm{n}r}t\right)+\frac{1}{m_r\omega_{\mathrm{n}r}}\int_0^t\boldsymbol{\phi}_r^{\mathrm{T}}\boldsymbol{f}(\tau)\sin\omega_{\mathrm{n}r}(t-\tau)\mathrm{d}\tau,\quad r=1,2,\cdots,n \tag{5.7.2}$$

式中,第一项表示由初始条件 q_{0r} 及 $\dot{q}_{0r}$ 所引起的系统自由振动;第二项表示在激振力 $F_r=\boldsymbol{\phi}_r^{\mathrm{T}}\boldsymbol{f}(t)(r=1,2,\cdots,n)$ 作用下系统的响应.如果系统的初始条件为零,即 $\boldsymbol{x}_0=\dot{\boldsymbol{x}}_0=\boldsymbol{0}$, $\boldsymbol{q}_0=\dot{\boldsymbol{q}}_0=\boldsymbol{0}$,则式(5.7.2)可简化为

$$\begin{aligned}q_r(t)&=F_r(t)*h_{0r}(t)=\int_0^tF_r(\tau)h_{0r}(t-\tau)\mathrm{d}\tau\\&=\frac{\boldsymbol{\phi}_r^{\mathrm{T}}}{m_r\omega_{\mathrm{n}r}}\int_0^t\boldsymbol{f}(\tau)\sin\omega_{\mathrm{n}r}(t-\tau)\mathrm{d}\tau,\quad r=1,2,\cdots,n\end{aligned} \tag{5.7.3}$$

式中

$$h_{0r}(t-\tau)=\begin{cases}\dfrac{1}{m_r\omega_{\mathrm{n}r}}\sin\omega_{\mathrm{n}r}(t-\tau), & t>\tau\\0, & t<\tau\end{cases},\quad r=1,2,\cdots,n \tag{5.7.4}$$

它表示在模态坐标下第 r 个单自由度系统对单位脉冲 $\delta(t-\tau)$ 的响应,简称为单自由度系统单位脉冲响应函数 $h_{0r}(t-\tau)$.

将式(5.7.3)代回式(5.4.25),可求出系统在初始条件为零时原广义坐标的响应 $\boldsymbol{x}$,

$$\boldsymbol{x}=\sum_{r=1}^nq_r(t)\boldsymbol{\phi}_r=\sum_{r=1}^n\frac{\boldsymbol{\phi}_r\boldsymbol{\phi}_r^{\mathrm{T}}}{m_r\omega_{\mathrm{n}r}}\int_0^t\boldsymbol{f}(\tau)\sin\omega_{\mathrm{n}r}(t-\tau)\mathrm{d}\tau \tag{5.7.5}$$

引入无阻尼系统多自由度模态 r 的单位脉冲响应函数 $h_r(t)$，上式化为

$$\begin{aligned} \boldsymbol{x} &= \sum_{r=1}^{n} \boldsymbol{\phi}_r \boldsymbol{\phi}_r^{\mathrm{T}} \int_0^t f(\tau) h_{0r}(t-\tau) \mathrm{d}\tau \\ &= \sum_{r=1}^{n} \int_0^t \boldsymbol{h}_r(t-\tau) \boldsymbol{f}(\tau) \mathrm{d}\tau \\ &= \sum_{r=1}^{n} \boldsymbol{h}_r(t) * \boldsymbol{f}(t) \end{aligned} \tag{5.7.6}$$

式中，模态 r 的单位脉冲响应函数 $\boldsymbol{h}_r(t)$ 定义为

$$\boldsymbol{h}_r(t-\tau) = \begin{cases} \dfrac{\boldsymbol{\phi}_r \boldsymbol{\phi}_r^{\mathrm{T}}}{m_r \omega_{\mathrm{n}r}} \sin \omega_{\mathrm{n}r}(t-\tau) = \boldsymbol{\phi}_r \boldsymbol{\phi}_r^{\mathrm{T}} h_{0r}(t-\tau), & t > \tau \\ \boldsymbol{0}, & t < \tau \end{cases}, \quad r = 1, 2, \cdots, n \tag{5.7.7}$$

引入无阻尼多自由度系统单位脉冲响应函数矩阵 $\boldsymbol{h}(t)$，则系统在任意激振力向量 $\boldsymbol{f}(t)$ 作用下的响应式(5.7.6)可以表示为

$$\boldsymbol{x} = \int_0^t \boldsymbol{f}(\tau) \boldsymbol{h}(t-\tau) \mathrm{d}\tau = \boldsymbol{h}(t) * \boldsymbol{f}(t) \tag{5.7.8}$$

式中

$$\boldsymbol{h}(t) = \sum_{r=1}^{n} \boldsymbol{h}_r(t) = \sum_{r=1}^{n} \frac{\boldsymbol{\phi}_r \boldsymbol{\phi}_r^{\mathrm{T}}}{m_r \omega_{\mathrm{n}r}} \sin \omega_{\mathrm{n}r} t \tag{5.7.9}$$

由此可见，系统的单位脉冲响应函数矩阵 $\boldsymbol{h}(t)$ 等于各阶模态单位脉冲响应 $\boldsymbol{h}_r(t)$ 的叠加.

其中，第 l 个坐标点的位移响应为

$$\boldsymbol{x}_l(t) = \sum_{r=1}^{n} \frac{\phi_{rl} \boldsymbol{\phi}_r^{\mathrm{T}}}{m_r \omega_{\mathrm{n}r}} \int_0^t \boldsymbol{f}(\tau) \sin \omega_{\mathrm{n}r}(t-\tau) \mathrm{d}\tau \tag{5.7.10}$$

设系统仅在第 j 个坐标点受到任意激振力

$$\boldsymbol{f}(t) = [0 \ \cdots \ 0 \ \ f_j(t) \ \ 0 \ \cdots \ 0]^{\mathrm{T}}$$

的作用，则由式(5.7.10)，可得第 l 个坐标点的位移响应为

$$x_{lj}(t) = \sum_{r=1}^{n} \frac{\phi_{rj} \phi_{rl}}{m_r \omega_{\mathrm{n}r}} \int_0^t f_j(\tau) \sin \omega_{\mathrm{n}r}(t-\tau) \mathrm{d}\tau \tag{5.7.11}$$

此时，第 j 个坐标点的位移响应为

$$x_{jj}(t) = \sum_{r=1}^{n} \frac{\phi_{rj}^2}{m_r \omega_{\mathrm{n}r}} \int_0^t f_j(\tau) \sin \omega_{\mathrm{n}r}(t-\tau) \mathrm{d}\tau \tag{5.7.12}$$

如系统仅在第 j 个坐标点受到单位脉冲的作用，则系统在第 l 及第 j 个坐标点的单位脉冲响应函数 $h_{lj}(t)$ 及 $h_{jj}(t)$ 可分别定义为

$$h_{lj}(t) = \sum_{r=1}^{n} \frac{\phi_{rj} \phi_{rl}}{m_r \omega_{\mathrm{n}r}} \sin \omega_{\mathrm{n}r} t \tag{5.7.13}$$

$$h_{jj}(t)=\sum_{r=1}^{n}\frac{\phi_{rj}^{2}}{m_r\omega_{nr}}\sin\omega_{nr}t \tag{5.7.14}$$

从式(5.7.13)中可以看出,第 j 个坐标点施加单位脉冲力在第 l 个坐标点引起的响应,是各阶纯模态在第 l 个坐标点响应的叠加,而 r 阶纯模态在第 l 个坐标点的单位脉冲响应为

$$h_{rlj}(t)=\frac{\phi_{rj}\phi_{rl}}{m_r\omega_{nr}}\sin\omega_{nr}t,\quad r=1,2,\cdots,n \tag{5.7.15}$$

故 r 阶纯模态的单位脉冲响应在第 j 个坐标点的单位脉冲响应为

$$h_{rjj}=\frac{\phi_{rj}^{2}}{m_r\omega_{nr}}\sin\omega_{nr}t,\quad r=1,2,\cdots,n \tag{5.7.16}$$

5.7.2 频域分析

系统的单位脉冲响应函数和其传递函数及频响函数间存在着拉氏及傅里叶正变换和逆变换的对偶关系,即

$$\begin{aligned}&\mathcal{L}\boldsymbol{h}(t)=\boldsymbol{H}(s),\quad \mathcal{L}^{-1}\boldsymbol{H}(s)=\boldsymbol{h}(t)\\&\mathcal{L}h_{ij}(t)=H_{ij}(s),\quad \mathcal{L}^{-1}H_{ij}(s)=h_{ij}(t)\end{aligned} \tag{5.7.17}$$

$$\begin{aligned}&\mathcal{F}\boldsymbol{h}(t)=\boldsymbol{H}(\mathrm{i}\omega),\quad \mathcal{F}^{-1}\boldsymbol{H}(\mathrm{i}\omega)=\boldsymbol{h}(t)\\&\mathcal{F}h_{ij}(t)=H_{ij}(\mathrm{i}\omega),\quad \mathcal{F}^{-1}H_{ij}(\mathrm{i}\omega)=h_{ij}(t)\end{aligned} \tag{5.7.18}$$

基于式(5.7.18)的关系,可以用傅里叶变换的方法求系统对任意激振的响应,其步骤为:

(1) 按傅里叶变换的定义,求出作用于系统的任意激振力向量 $\boldsymbol{f}(t)$的傅里叶变换$\boldsymbol{F}(\mathrm{i}\omega)$为

$$\mathcal{F}\boldsymbol{f}(t)=\boldsymbol{F}(\mathrm{i}\omega)=\int_{-\infty}^{\infty}\boldsymbol{f}(t)\mathrm{e}^{-\mathrm{i}\omega t}\mathrm{d}t \tag{5.7.19}$$

其对应的傅里叶逆变换为

$$\mathcal{F}^{-1}F(\mathrm{i}\omega)=f(t)=\frac{1}{2\pi}\int_{-\infty}^{\infty}\mathcal{F}(\mathrm{i}\omega)\mathrm{e}^{\mathrm{i}\omega t}\mathrm{d}\omega \tag{5.7.20}$$

(2) 通过试验或理论分析的方法,求得系统的频响函数矩阵 $\boldsymbol{H}(\mathrm{i}\omega)$.

如已知系统的单位脉冲响应函数矩阵 $\boldsymbol{h}(t)$,可求其傅里叶变换,得系统的频响函数矩阵 $\boldsymbol{H}(\mathrm{i}\omega)$.

由式(5.7.9)知

$$\boldsymbol{h}(t)=\sum_{r=1}^{n}\frac{\boldsymbol{\phi}_r\boldsymbol{\phi}_r^{\mathrm{T}}}{m_r\omega_{nr}}\sin\omega_{nr}t$$

故

$$\begin{aligned}\boldsymbol{H}(s)&=\mathcal{L}\boldsymbol{h}(t)=\mathcal{L}\left(\sum_{r=1}^{n}\frac{\boldsymbol{\phi}_r\boldsymbol{\phi}_r^{\mathrm{T}}}{m_r\omega_{nr}}\sin\omega_{nr}t\right)\\&=\sum_{r=1}^{n}\frac{\boldsymbol{\phi}_r\boldsymbol{\phi}_r^{\mathrm{T}}}{m_r(\omega_{nr}^2+s^2)}=\sum_{r=1}^{n}\frac{\boldsymbol{\phi}_r\boldsymbol{\phi}_r^{\mathrm{T}}\omega_{nr}^2}{k_r(\omega_{nr}^2+s^2)}\end{aligned} \tag{5.7.21}$$

式中,令 $s=\mathrm{i}\omega$,得

$$\boldsymbol{H}(\mathrm{i}\omega)=\sum_{r=1}^{n}\frac{\boldsymbol{\phi}_r\boldsymbol{\phi}_r^{\mathrm{T}}}{m_r(\omega_{\mathrm{n}r}^2-\omega^2)}=\sum_{r=1}^{n}\frac{\boldsymbol{\phi}_r\boldsymbol{\phi}_r^{\mathrm{T}}}{k_r\left[1-\left(\frac{\omega}{\omega_{\mathrm{n}r}}\right)^2\right]}\tag{5.7.22}$$

(3) 将 $\boldsymbol{F}(\mathrm{i}\omega)$和系统的频响函数矩阵 $\boldsymbol{H}(\mathrm{i}\omega)$代入式(5.7.23),求得系统响应列阵 $\boldsymbol{x}(t)$的傅里叶变换

$$\boldsymbol{X}(\mathrm{i}\omega)=\boldsymbol{H}(\mathrm{i}\omega)\boldsymbol{F}(\mathrm{i}\omega)\tag{5.7.23}$$

(4) 最后由 $\boldsymbol{X}(\mathrm{i}\omega)$的傅里叶逆变换求得系统的响应 $\boldsymbol{x}(t)$,即

$$\boldsymbol{x}(t)=\mathscr{F}^{-1}\boldsymbol{X}(\mathrm{i}\omega)=\frac{1}{2\pi}\int_{-\infty}^{\infty}\boldsymbol{X}(\mathrm{i}\omega)\mathrm{e}^{\mathrm{i}\omega t}\mathrm{d}\omega\tag{5.7.24}$$

其对应的傅里叶变换为

$$\boldsymbol{X}(\mathrm{i}\omega)=\mathscr{F}\boldsymbol{x}(t)=\int_{-\infty}^{\infty}\boldsymbol{x}(t)\mathrm{e}^{-\mathrm{i}\omega t}\mathrm{d}t\tag{5.7.25}$$

比较时域及频域两种求系统响应的方法,可以看出:

第一种方法是在时间域内求系统的响应,因而系统的输入、输出以及其动态特性均用相应的时域函数 $\boldsymbol{f}(t)$,$\boldsymbol{x}(t)$,$\boldsymbol{h}(t)$ 加以描述,并用式(5.7.8) 建立起三者之间的联系;

第二种方法主要是在频域内求系统的响应,因而系统的输入、输出以及其动态特性均用相应的频域函数 $\boldsymbol{F}(\mathrm{i}\omega)$,$\boldsymbol{X}(\mathrm{i}\omega)$,$\boldsymbol{H}(\mathrm{i}\omega)$加以描述,并用式(5.7.23)建立起三者之间的联系.

对于同一系统,由于时域和频域内的各对应函数 $\boldsymbol{f}(t)\leftrightarrow\boldsymbol{F}(\mathrm{i}\omega)$, $\boldsymbol{x}(t)\leftrightarrow\boldsymbol{X}(\mathrm{i}\omega)$, $\boldsymbol{h}(t)\leftrightarrow\boldsymbol{H}(\mathrm{i}\omega)$ 可以通过傅里叶正、逆变换而相互转换,所以求得系统响应的上述两种方法也必然可以通过傅里叶正、逆变换而相互转换.图 5.7 中的框图综合说明了这种转换关系,同时也说明了上述两种方法求系统响应的简单过程.

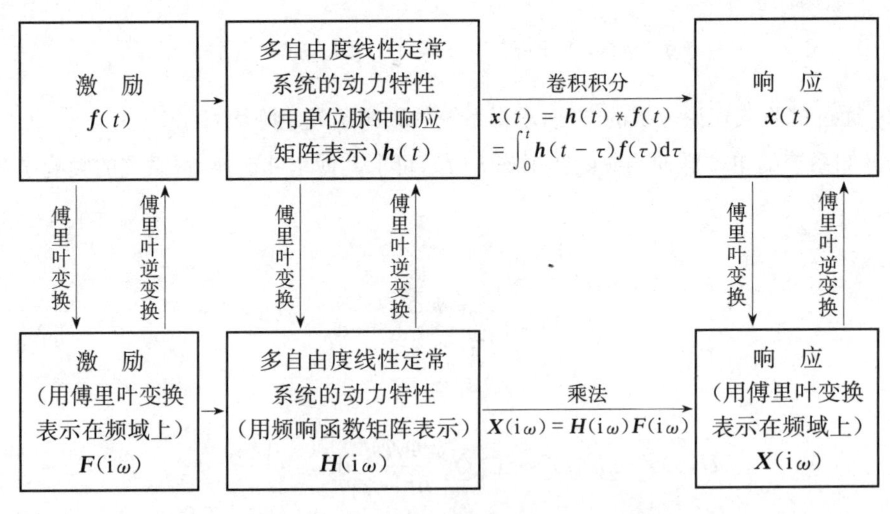

图 5.7　求系统响应的卷积积分和傅里叶变换的关系

例 5.8 计算无阻尼多自由度系统在各坐标点均受到矩形脉冲

$$f(t)=\begin{cases}\boldsymbol{f}_0, & 0\leqslant t\leqslant t_0\\ \boldsymbol{0}, & t>t_0\end{cases}$$

作用时的响应.

解 (1) 用卷积积分(杜阿梅尔积分)的方法求解.

在 $0\leqslant t\leqslant t_0$ 阶段,由式(5.7.6)或式(5.7.8)得系统的响应为

$$\begin{aligned}\boldsymbol{x}(t)&=\sum_{r=1}^{n}\frac{\boldsymbol{\phi}_r\boldsymbol{\phi}_r^{\mathrm{T}}}{m_r\omega_{\mathrm{n}r}}\int_0^t \boldsymbol{f}(\tau)\sin\omega_{\mathrm{n}r}(t-\tau)\mathrm{d}\tau\\&=\sum_{r=1}^{n}\frac{\boldsymbol{\phi}_r\boldsymbol{\phi}_r^{\mathrm{T}}}{m_r\omega_{\mathrm{n}r}}\boldsymbol{f}_0\int_0^t\sin\omega_{\mathrm{n}r}(t-\tau)\mathrm{d}\tau\\&=\sum_{r=1}^{n}\frac{\boldsymbol{\phi}_r\boldsymbol{\phi}_r^{\mathrm{T}}\boldsymbol{f}_0}{k_r}(1-\cos\omega_{\mathrm{n}r}t)\end{aligned}\tag{1}$$

在 $t=t_0$ 时,系统的响应为

$$\begin{aligned}\boldsymbol{x}(t_0)&=\sum_{r=1}^{n}\frac{\boldsymbol{\phi}_r\boldsymbol{\phi}_r^{\mathrm{T}}\boldsymbol{f}_0}{k_r}(1-\cos\omega_{\mathrm{n}r}t_0)\\\dot{\boldsymbol{x}}(t_0)&=\sum_{r=1}^{n}\frac{\boldsymbol{\phi}_r\boldsymbol{\phi}_r^{\mathrm{T}}\boldsymbol{f}_0}{k_r}\omega_{\mathrm{n}r}\sin\omega_{\mathrm{n}r}t_0\end{aligned}\tag{2}$$

在 $t\geqslant t_0$ 时,由于这个阶段激振力已经去除,系统以 $t=t_0$ 时的位移 $\boldsymbol{x}_0$ 和速度 $\dot{\boldsymbol{x}}_0$ 为初始条件,按固有圆频率 $\omega_{\mathrm{n}r}$ 进行自由振动.

(2) 用傅里叶变换求解.

由式(5.7.19)得 $\boldsymbol{f}(t)$ 的傅里叶变换为

$$\boldsymbol{F}(\mathrm{i}\omega)=\int_{-\infty}^{\infty}\boldsymbol{f}(t)\mathrm{e}^{-\mathrm{i}\omega t}\mathrm{d}t=\boldsymbol{f}_0\int_0^{t_0}\mathrm{e}^{-\mathrm{i}\omega t}\mathrm{d}t=\frac{\boldsymbol{f}_0}{\mathrm{i}\omega}(1-\mathrm{e}^{-\mathrm{i}\omega t_0})\tag{3}$$

由式(5.6.4b)得系统的频响函数矩阵

$$\boldsymbol{H}(\mathrm{i}\omega)=\sum_{r=1}^{n}\frac{\boldsymbol{\phi}_r\boldsymbol{\phi}_r^{\mathrm{T}}}{k_r\left[1-\left(\dfrac{\omega}{\omega_{\mathrm{n}r}}\right)^2\right]}\tag{4}$$

将式(3)、式(4)代入式(5.7.23),得

$$\boldsymbol{X}(\mathrm{i}\omega)=\boldsymbol{H}(\mathrm{i}\omega)\boldsymbol{F}(\mathrm{i}\omega)=\sum_{r=1}^{n}\frac{\boldsymbol{\phi}_r\boldsymbol{\phi}_r^{\mathrm{T}}\boldsymbol{f}_0}{k_r}\frac{1-\mathrm{e}^{-\mathrm{i}\omega t_0}}{\mathrm{i}\omega\left[1-\left(\dfrac{\omega}{\omega_{\mathrm{n}r}}\right)^2\right]}\tag{5}$$

由 $\boldsymbol{X}(\mathrm{i}\omega)$ 的傅里叶逆变换式(5.7.24)求得系统的响应为

$$\boldsymbol{x}(t)=\frac{1}{2\pi}\int_{-\infty}^{\infty}\boldsymbol{X}(\mathrm{i}\omega)\mathrm{e}^{\mathrm{i}\omega t}\mathrm{d}\omega=\sum_{r=1}^{n}\frac{\boldsymbol{\phi}_r\boldsymbol{\phi}_r^{\mathrm{T}}\boldsymbol{f}_0}{k_r}\frac{1}{2\pi\mathrm{i}}\int_{-\infty}^{\infty}\frac{1-\mathrm{e}^{-\mathrm{i}\omega t_0}}{\omega\left[1-\left(\dfrac{\omega}{\omega_{\mathrm{n}r}}\right)^2\right]}\mathrm{e}^{\mathrm{i}\omega t}\mathrm{d}\omega\tag{6}$$

当 $0\leqslant t\leqslant t_0$ 时，由式(6)得

$$\boldsymbol{x}(t) = \sum_{r=1}^{n} \frac{\boldsymbol{\phi}_r \boldsymbol{\phi}_r^{\mathrm{T}} \boldsymbol{f}_0}{k_r}(1 - \cos \omega_{\mathrm{n}r} t) \tag{7}$$

由例 5.8 可见，应用傅里叶变换计算 $\boldsymbol{x}(t)$时，需要进行复杂的积分运算，显然没有按杜阿梅尔积分直接计算响应 $\boldsymbol{x}(t)$简单. 但是，通过傅里叶变换，可以使一个时间的函数变换为频率的函数，也就是说，可以把一个信号的描述从时域转变到频域. 对于瞬态的或复杂的振动来说，频域的描述往往比时域的描述能给出更多有用的信息.

5.7.3 模态分析的一般步骤

(1) 求出系统的各阶固有频率和相应的主模态，组成模态矩阵 $\boldsymbol{\phi}$，或对质量矩阵正则化，组成正则模态矩阵 $\boldsymbol{\psi}$；

(2) 对以广义物理坐标表达的系统的运动方程作坐标变换 $\boldsymbol{x} = \boldsymbol{\phi}\boldsymbol{q}$，使原方程解耦，得以模态坐标 $\boldsymbol{q}$ 表达的系统的模态坐标方程；

(3) 求解模态坐标方程，得到系统以模态坐标表达的响应 $\boldsymbol{q}$ 及各种模态参数；

(4) 将所求得的系统在模态坐标上的响应 $\boldsymbol{q}$ 代回坐标变换式，求出系统在原广义物理坐标上的响应 $\boldsymbol{x}$.

5.8 经典黏性阻尼系统振动

实际系统都存在着阻尼，像在单自由度系统的作用那样，通常采用黏性阻尼的假设，因此，有黏性阻尼的多自由度系统的运动微分方程为

$$\boldsymbol{M}\ddot{\boldsymbol{x}} + \boldsymbol{C}\dot{\boldsymbol{x}} + \boldsymbol{K}\boldsymbol{x} = \boldsymbol{f}(t) \tag{5.8.1}$$

其中，n 阶方阵 $\boldsymbol{C}$ 称为阻尼矩阵，一般是正定或半正定的对称矩阵.

5.8.1 经典模态方法

当式(5.8.1)中 $\boldsymbol{C}=\boldsymbol{0}$ 时，系统称为相应的无阻尼系统. 假设已经得到相应无阻尼系统的谱矩阵 $\boldsymbol{\Lambda}$ 和模态矩阵 $\boldsymbol{\phi}$. 取无阻尼模态矩阵 $\boldsymbol{\phi}$ 按式(5.4.14)作坐标变换，则式(5.8.1)化为

$$\boldsymbol{\phi}^{\mathrm{T}}\boldsymbol{M}\boldsymbol{\phi}\ddot{\boldsymbol{q}} + \boldsymbol{\phi}^{\mathrm{T}}\boldsymbol{C}\boldsymbol{\phi}\dot{\boldsymbol{q}} + \boldsymbol{\phi}^{\mathrm{T}}\boldsymbol{K}\boldsymbol{\phi}\boldsymbol{q} = \boldsymbol{\phi}^{\mathrm{T}}\boldsymbol{f}(t) \tag{5.8.2}$$

或

$$\boldsymbol{m}\ddot{\boldsymbol{q}} + \boldsymbol{c}\dot{\boldsymbol{q}} + \boldsymbol{k}\boldsymbol{q} = \boldsymbol{F} \tag{5.8.3}$$

其中，模态质量矩阵 $\boldsymbol{m}$ 与模态刚度矩阵 $\boldsymbol{k}$ 为对角矩阵，$\boldsymbol{F} = \boldsymbol{\phi}^{\mathrm{T}}\boldsymbol{f}(t)$为参与的激励，模态阻尼矩阵 $\boldsymbol{c}$ 为

$$\boldsymbol{c} = \boldsymbol{\phi}^{\mathrm{T}}\boldsymbol{C}\boldsymbol{\phi} \tag{5.8.4}$$

一般情况下，模态阻尼矩阵 $\boldsymbol{c}$ 并非对角矩阵，因而在模态坐标 $\boldsymbol{q}$ 下的振动方程(5.8.3)仍然存在耦合，无法简化计算．只有当模态阻尼矩阵 $\boldsymbol{c}$ 为对角矩阵时，振动方程(5.8.3)可以解耦为 n 个模态坐标单自由度方程，从而可以大大简化计算．采用无阻尼模态的坐标变换能使模态阻尼矩阵对角化的黏性阻尼系统称为经典黏性阻尼系统，不能使模态阻尼矩阵对角化的黏性阻尼系统称为非经典黏性阻尼系统．对于经典黏性阻尼系统，这种采用无阻尼模态矩阵进行模态坐标变换，将系统化为模态坐标单自由度解耦方程求解的方法称为经典模态方法．对用均质材料制造的小阻尼结构，通常可作此假定．由不同材料构成的系统一般应该按非经典阻尼系统处理，例如流固耦合系统、土壤-混凝土组合系统等．

这时模态阻尼矩阵 $\boldsymbol{c}$ 为

$$\boldsymbol{c} = \lceil c_1 \quad c_2 \quad \cdots \quad c_n \rfloor \tag{5.8.5}$$

其中，c_r 称为 r 阶模态的阻尼系数，简称为 r 阶模态阻尼或模态阻尼，即

$$c_r = \boldsymbol{\phi}_r^{\mathrm{T}} \boldsymbol{C} \boldsymbol{\phi}_r = \sum_{j=1}^{n} \sum_{k=1}^{n} C_{jk} \phi_{rj} \phi_{rk} \tag{5.8.6}$$

以阻尼比表示时，r 阶模态阻尼比 ξ_r 为

$$\xi_r = \frac{c_r}{2 m_r \omega_{\mathrm{n}r}} = \frac{c_r}{2\sqrt{m_r k_r}}, \quad \omega_{\mathrm{n}r}^2 = \frac{k_r}{m_r} \tag{5.8.7}$$

将式(5.8.3)写成展开形式，有

$$m_r \ddot{q}_r + c_r \dot{q}_r + k_r q_r = F_r, \quad r = 1, 2, \cdots, n \tag{5.8.8}$$

考虑式(5.8.7)，有

$$m_r \ddot{q}_r + 2\xi_r m_r \omega_{\mathrm{n}r} \dot{q}_r + k_r q_r = F_r, \quad r = 1, 2, \cdots, n \tag{5.8.9}$$

或

$$\ddot{q}_r + 2\xi_r \omega_{\mathrm{n}r} \dot{q}_r + \omega_{\mathrm{n}r}^2 q_r = m_r^{-1} F_r, \quad r = 1, 2, \cdots, n \tag{5.8.10}$$

式(5.8.8)或式(5.8.9)或式(5.8.10)是以模态坐标 $\boldsymbol{q}$ 表达的模态坐标方程，它们是一组互不耦合的模态坐标单自由度系统的方程，可以应用解带阻尼单自由度系统的方法分别求解，从而得到系统在模态坐标下的响应，再将其代回模态坐标变换式(5.4.25)，即可求得系统在原广义物理坐标下的响应 $\boldsymbol{x}$．

可以证明，采用无阻尼模态矩阵可以使模态阻尼矩阵对角化的条件有：

(1) $\boldsymbol{m}^{-1}\boldsymbol{C}$ 与 $\boldsymbol{m}^{-1}\boldsymbol{k}$ 乘法可交换[11]，即阻尼矩阵 $\boldsymbol{C}$ 应满足如下条件：

$$(\boldsymbol{m}^{-1}\boldsymbol{C})(\boldsymbol{m}^{-1}\boldsymbol{k}) = (\boldsymbol{m}^{-1}\boldsymbol{k})(\boldsymbol{m}^{-1}\boldsymbol{C}) \tag{5.8.11}$$

(2) 比例阻尼，也称为瑞利阻尼，有如下形式的阻尼矩阵 $\boldsymbol{C}$：

$$\boldsymbol{C} = a_0 \boldsymbol{M} + a_1 \boldsymbol{K} \tag{5.8.12}$$

将式(5.8.12)代入式(5.8.4)，得

$$\boldsymbol{c} = \boldsymbol{\phi}^{\mathrm{T}} \boldsymbol{C} \boldsymbol{\phi} = \boldsymbol{\phi}^{\mathrm{T}} (a_0 \boldsymbol{M} + a_1 \boldsymbol{K}) \boldsymbol{\phi} = a_0 \boldsymbol{m} + a_1 \boldsymbol{k}$$

可见，这时 $\boldsymbol{c}$ 为对角矩阵，由式(5.8.7)给出

$$\xi_r = \frac{a_0 m_r + a_1 k_r}{2\omega_{nr} m_r} = \frac{1}{2}\left(\frac{a_0}{\omega_{nr}} + a_1 \omega_{nr}\right) \tag{5.8.13}$$

(3) 一般形式的比例阻尼系统[65-66]，即

$$\boldsymbol{C} = \sum_{l=0}^{n-1} a_l \boldsymbol{M}(\boldsymbol{M}^{-1}\boldsymbol{K})^l \tag{5.8.14}$$

将式(5.8.14)代入式(5.8.4)，得

$$\begin{aligned}\boldsymbol{c} &= \boldsymbol{\phi}^{\mathrm{T}}\left[\sum_{l=0}^{n-1} a_l \boldsymbol{M}(\boldsymbol{M}^{-1}\boldsymbol{K})^l\right]\boldsymbol{\phi} \\ &= \sum_{l=0}^{n-1} a_l \boldsymbol{\phi}^{\mathrm{T}}\boldsymbol{M}\boldsymbol{\phi}[(\boldsymbol{\phi}^{-1}\boldsymbol{M}^{-1}\boldsymbol{\phi}^{-\mathrm{T}})(\boldsymbol{\phi}^{\mathrm{T}}\boldsymbol{K}\boldsymbol{\phi})]^l \\ &= \sum_{l=0}^{n-1} a_l \boldsymbol{m}(\boldsymbol{m}^{-1}\boldsymbol{k})^l \end{aligned} \tag{5.8.15}$$

由于 $\boldsymbol{m}$ 与 $\boldsymbol{k}$ 为对角矩阵，可以得出 $\boldsymbol{c}$ 为对角矩阵，代入式(5.8.7)，给出

$$\xi_r = \frac{1}{2\omega_{nr} m_r}\sum_{l=0}^{n-1} a_l m_r (m_r^{-1} k_r)^l = \frac{1}{2\omega_{nr}}\sum_{l=0}^{n-1} a_l (m_r^{-1} k_r)^l = \frac{1}{2\omega_{nr}}\sum_{l=0}^{n-1} a_l \omega_{nr}^{2l} \tag{5.8.16}$$

当 $l=1$ 时，即是式(5.8.13).

尽管非经典阻尼系统无法用经典模态方法使模态阻尼矩阵 $\boldsymbol{c}$ 对角化，但为了充分利用经典模态方法的优点，在动力分析中仍然用无阻尼模态矩阵进行模态坐标变换，由式(5.8.4)给出非对角化的模态阻尼矩阵 $\boldsymbol{c}$. 当 $\boldsymbol{c}$ 的所有非主对角线元素比主对角线元素小得多时，可以采用简单地忽略非主对角线元素项，而将 $\boldsymbol{c}$ 近似地作为对角线矩阵，导出模态坐标解耦的方程进行近似计算.

由于各种阻尼的机理至今尚不完全清楚，实际的阻尼矩阵 $\boldsymbol{C}$ 不容易精确测定或按理论计算出来. 当阻尼比较小时，工程上常通过试验直接测定各阶模态的阻尼比 ξ_r，这样就可确定式(5.8.10)中的各个参数，则可由式(5.8.7)得到 $c_r = 2m_r\omega_{nr}\xi_r$. 这种做法避免了首先确定阻尼矩阵 $\boldsymbol{C}$，有较大的实用价值，但只适用于各阶 $\xi_r \leqslant 0.2$ 的情况.

如果需要知道阻尼矩阵 $\boldsymbol{C}$(例如用直接积分法对式(5.8.1)求解)，可以先由试验给出模态阻尼，然后由式(5.8.4)得

$$\boldsymbol{C} = \boldsymbol{\phi}^{-\mathrm{T}}\boldsymbol{c}\boldsymbol{\phi}^{-1}$$

将 $\boldsymbol{\phi}^{-1}$ 的表达式(5.5.13)代入上式，便得出

$$\boldsymbol{C} = (\boldsymbol{M}\boldsymbol{\phi}\boldsymbol{m}^{-1})\boldsymbol{c}(\boldsymbol{m}^{-1}\boldsymbol{\phi}^{\mathrm{T}}\boldsymbol{M}) = \sum_{r=1}^{n}\frac{2\xi_r\omega_{nr}}{m_r}(\boldsymbol{M}\boldsymbol{\phi}_r)(\boldsymbol{M}\boldsymbol{\phi}_r)^{\mathrm{T}} \tag{5.8.17}$$

5.8.2 系统的自由衰减振动

系统的自由衰减振动，即系统对初始激振的响应.

如令式(5.8.3)或式(5.8.9)中的 $\boldsymbol{f}(t)=\boldsymbol{0}$，可得到比例黏性阻尼系统自由振动的模态坐

标方程为

$$\boldsymbol{m}\ddot{\boldsymbol{q}} + \boldsymbol{c}\dot{\boldsymbol{q}} + \boldsymbol{k}\boldsymbol{q} = \boldsymbol{0} \tag{5.8.18}$$

或

$$m_r\ddot{q}_r + 2\xi_r m_r \omega_{nr}\dot{q}_r + k_r q_r = 0, \quad r = 1, 2, \cdots, n \tag{5.8.19}$$

仿照求解欠阻尼单自由度系统的自由振动解，很容易求出各模态坐标的通解为

$$q_r = B_r e^{-\xi_r\omega_{nr}t}\sin(\omega_{dr}t + \varphi_r) = B_r e^{-\alpha_r t}\sin(\omega_{dr}t + \varphi_r), \quad r = 1, 2, \cdots, n \tag{5.8.20}$$

式中

$$B_r = \sqrt{q_{0r}^2 + \left(\frac{\dot{q}_{0r} + \alpha_r q_{0r}}{\omega_{dr}}\right)^2}, \quad r = 1, 2, \cdots, n \tag{5.8.21}$$

$$\varphi_r = \arctan\frac{q_{0r}\omega_{dr}}{q_{0r} + \alpha_r q_{0r}}, \quad r = 1, 2, \cdots, n \tag{5.8.22}$$

$$\omega_{dr} = \sqrt{\omega_{nr}^2 - \alpha_r^2} = \omega_{nr}\sqrt{1 - \xi_r^2}, \quad r = 1, 2, \cdots, n \tag{5.8.23}$$

$$\alpha_r = \xi_r\omega_{nr}, \quad r = 1, 2, \cdots, n \tag{5.8.24}$$

其中，q_r 表示系统在模态坐标下 r 阶纯模态自由振动；B_r，φ_r 为待定常数，仅取决于系统的初始条件；ω_{dr}为 r 阶纯模态有阻尼固有圆频率；α_r 为 r 阶纯模态衰减系数；$\boldsymbol{q}_0$ 和 $\dot{\boldsymbol{q}}_0$ 为系统在模态坐标下的初始条件，即 $t = 0$ 时的初始位移和初始速度列阵，需将它们用已知的原广义坐标的初始条件，即 $t = 0$ 时的初始位移列阵 $\boldsymbol{x}_0$ 和初始速度列阵 $\dot{\boldsymbol{x}}_0$ 来表示，其表达式与式(5.5.9)、式(5.5.10)相同.

将式(5.8.21)、式(5.8.22)及式(5.5.9)、式(5.5.10)代入式(5.8.20)，算出 $\boldsymbol{q}$，然后再将 $\boldsymbol{q}$ 代入式(5.4.25)，即可求得系统对于给定初始条件 $\boldsymbol{x}_0$ 及 $\dot{\boldsymbol{x}}_0$ 的响应 $\boldsymbol{x}$，即系统在给定初始条件下的自由振动为

$$\boldsymbol{x} = \boldsymbol{\phi}\boldsymbol{q} = \sum_{r=1}^{n} q_r\boldsymbol{\phi}_r = \sum_{r=1}^{n} B_r\boldsymbol{\phi}_r e^{-\alpha_r t}\sin(\omega_{dr}t + \varphi_r) = \sum_{r=1}^{n}\boldsymbol{x}_r \tag{5.8.25}$$

系统在某一特殊初始条件下，r 阶纯模态自由衰减振动的位移向量为

$$\boldsymbol{x}_r = B_r\boldsymbol{\phi}_r e^{-\alpha_r t}\sin(\omega_{dr}t + \varphi_r), \quad r = 1, 2, \cdots, n \tag{5.8.26}$$

其中，第 j 坐标的自由衰减振动为

$$x_{rj} = B_r\phi_{rj}e^{-\alpha_r t}\sin(\omega_{dr}t + \varphi_r), \quad j = 1, 2, \cdots, n \tag{5.8.27}$$

由式(5.8.25)～式(5.8.27)可以得出如下结论：

(1) 当系统作某 r 阶纯模态自由振动时，系统中各坐标均以同一圆频率 $\omega_{dr} = \sqrt{1-\xi_r^2}\,\omega_{nr}$、同一初相位 φ_r 及同一衰减率 $\alpha_r = \xi_r\omega_{nr}$ 作振幅随时间不断衰减$\boldsymbol{\phi}_r e^{-\alpha_r t}$ 的减幅振动，但其相位差是恒定的，要么同相位，要么反相位. 因此，各坐标点同时经过平衡位置(即各 $x_{rj} = 0$, $j = 1, 2, \cdots, n$)，也同时(当 $\sin(\omega_{dr}t + \varphi_r) = \pm 1$ 时) 达到最大的偏离值，各坐

标值在任何瞬时，都保持固定不变的比值，即系统有某 r 阶固定的振型.

(2) 系统的自由振动 $\boldsymbol{x}$ 为各阶纯模态自由振动 $\boldsymbol{x}_r$ 的线性组合.不同的初始条件就决定了不同的各阶纯模态自由振动，从而也就决定了系统具有不同的自由振动.

5.8.3 系统对简谐激振的响应

当系统受到简谐激振力 $\boldsymbol{f}(t)=\boldsymbol{f}_0\mathrm{e}^{\mathrm{i}\omega t}$ 作用时，稳态响应解为 $\boldsymbol{q}(t)=\bar{\boldsymbol{q}}\mathrm{e}^{\mathrm{i}\omega t}$，将其代入方程(5.8.3)，可得系统受迫振动的模态坐标方程为

$$(\boldsymbol{k}+\mathrm{i}\omega\boldsymbol{c}-\omega^2\boldsymbol{m})\bar{\boldsymbol{q}}=\bar{\boldsymbol{F}}=\boldsymbol{\phi}^{\mathrm{T}}\boldsymbol{f}_0 \tag{5.8.28}$$

写成展开形式为

$$q_r(t)=\bar{q}_r\mathrm{e}^{\mathrm{i}\omega t} \tag{5.8.29}$$

$$\begin{aligned}(k_r+\mathrm{i}\omega c_r-\omega^2 m_r)\bar{q}_r&=(k_r-\omega^2 m_r+\mathrm{i}2\xi_r m_r\omega_{\mathrm{n}r}\omega)\bar{q}_r\\&=(\omega_{\mathrm{n}r}^2-\omega^2+\mathrm{i}2\xi_r\omega_{\mathrm{n}r}\omega)m_r\bar{q}_r\\&=\bar{F}_r=\boldsymbol{\phi}_r^{\mathrm{T}}\boldsymbol{f}_0,\quad r=1,2,\cdots,n\end{aligned} \tag{5.8.30}$$

求得方程(5.8.28)的解为

$$\left.\begin{aligned}\bar{q}_r&=\frac{\boldsymbol{\phi}_r^{\mathrm{T}}\boldsymbol{f}_0}{m_r(\omega_{\mathrm{n}r}^2-\omega^2+\mathrm{i}2\xi_r\omega_{\mathrm{n}r}\omega)}\\q_r(t)&=\frac{\boldsymbol{\phi}_r^{\mathrm{T}}\boldsymbol{f}_0\mathrm{e}^{\mathrm{i}\omega t}}{m_r(\omega_{\mathrm{n}r}^2-\omega^2+\mathrm{i}2\xi_r\omega_{\mathrm{n}r}\omega)}\end{aligned}\right\},\quad r=1,2,\cdots,n \tag{5.8.31}$$

式中，$q_r(t)$表示模态坐标下的单自由度系统对广义激振力 F_r 的响应，称其为纯模态响应.

设系统在原广义坐标下的稳态响应为

$$\boldsymbol{x}=\boldsymbol{X}\mathrm{e}^{\mathrm{i}\omega t} \tag{5.8.32}$$

将式(5.8.31)代入式(5.4.25)，得简谐激振的响应 $\boldsymbol{x}$ 为

$$\begin{aligned}\boldsymbol{x}=\boldsymbol{X}\mathrm{e}^{\mathrm{i}\omega t}=\boldsymbol{\phi}\boldsymbol{q}&=\sum_{r=1}^{n}\boldsymbol{\phi}_r q_r=\sum_{r=1}^{n}\frac{\boldsymbol{\phi}_r\boldsymbol{\phi}_r^{\mathrm{T}}}{m_r(\omega_{\mathrm{n}r}^2-\omega^2+\mathrm{i}2\xi_r\omega_{\mathrm{n}r}\omega)}\boldsymbol{f}_0\mathrm{e}^{\mathrm{i}\omega t}\\&=\sum_{r=1}^{n}\frac{\boldsymbol{\phi}_r\boldsymbol{\phi}_r^{\mathrm{T}}}{k_r(1-\bar{\omega}_r^2+\mathrm{i}2\xi_r\bar{\omega}_r)}\boldsymbol{f}_0\mathrm{e}^{\mathrm{i}\omega t}=\boldsymbol{H}(\mathrm{i}\omega)\boldsymbol{f}_0\mathrm{e}^{\mathrm{i}\omega t}\end{aligned} \tag{5.8.33}$$

其中

$$\bar{\omega}_r=\frac{\omega}{\omega_{\mathrm{n}r}}$$

由式(5.8.32)得受简谐激振的响应振幅列阵为

$$\boldsymbol{X}=\sum_{r=1}^{n}\frac{\boldsymbol{\phi}_r^{\mathrm{T}}\boldsymbol{f}_0}{k_r(1-\bar{\omega}_r^2+\mathrm{i}2\xi_r\bar{\omega}_r)}\boldsymbol{\phi}_r \tag{5.8.34}$$

由式(5.8.34)可知，系统的响应是各阶模态 $\boldsymbol{\phi}_1,\boldsymbol{\phi}_2,\cdots,\boldsymbol{\phi}_n$ 按一定比例的线性叠加，各阶主

模态贡献的大小由各阶模态坐标 q_r(见式(5.8.31))的大小决定.

根据频响函数的定义,由式(5.8.33)给出简谐激振的频响函数矩阵$\boldsymbol{H}(\mathrm{i}\omega)$为

$$\boldsymbol{H}(\mathrm{i}\omega)=\sum_{r=1}^{n}\frac{\boldsymbol{\phi}_r\boldsymbol{\phi}_r^{\mathrm{T}}}{k_r(1-\bar{\omega}_r^2+\mathrm{i}2\xi_r\bar{\omega}_r)}=\sum_{r=1}^{n}\boldsymbol{H}_r(\mathrm{i}\omega)\tag{5.8.35}$$

复频响函数 $\boldsymbol{H}(\mathrm{i}\omega)$矩阵为各个模态的复频响函数 $\boldsymbol{H}_r(\mathrm{i}\omega)$的叠加,$\boldsymbol{H}_r(\mathrm{i}\omega)$为

$$\begin{aligned}\boldsymbol{H}_r(\mathrm{i}\omega)&=\frac{\boldsymbol{\phi}_r\boldsymbol{\phi}_r^{\mathrm{T}}}{k_r(1-\bar{\omega}_r^2+\mathrm{i}2\xi_r\bar{\omega}_r)}=\frac{1}{\boldsymbol{k}_{er}(1-\bar{\omega}_r^2+\mathrm{i}2\xi_r\bar{\omega}_r)}\\&=\boldsymbol{H}_r^{\mathrm{R}}(\mathrm{i}\omega)+\mathrm{i}\boldsymbol{H}_r^{\mathrm{I}}(\mathrm{i}\omega)\end{aligned}\tag{5.8.36}$$

其中,$\boldsymbol{k}_{er}$为模态等效质量,

$$\boldsymbol{k}_{er}^{-1}=\frac{\boldsymbol{\phi}_r\boldsymbol{\phi}_r^{\mathrm{T}}}{k_r}\tag{5.8.37}$$

$\boldsymbol{H}_r^{\mathrm{R}}(\mathrm{i}\omega)$ 与 $\boldsymbol{H}_r^{\mathrm{I}}(\mathrm{i}\omega)$ 分别为 $\boldsymbol{H}_r(\mathrm{i}\omega)$ 的实部与虚部,

$$\boldsymbol{H}_r^{\mathrm{R}}(\mathrm{i}\omega)=\frac{1-\bar{\omega}_r^2}{\boldsymbol{k}_{er}[(1-\bar{\omega}_r^2)^2+(2\xi_r\bar{\omega}_r)^2]}\tag{5.8.38}$$

$$\boldsymbol{H}_r^{\mathrm{I}}(\mathrm{i}\omega)=\frac{-2\xi_r\bar{\omega}_r}{\boldsymbol{k}_{er}[(1-\bar{\omega}_r^2)^2+(2\xi_r\bar{\omega}_r)^2]}\tag{5.8.39}$$

将复频响函数矩阵 $\boldsymbol{H}(\mathrm{i}\omega)$按物理坐标展开为

$$\boldsymbol{H}(\mathrm{i}\omega)=\begin{bmatrix}H_{11}(\mathrm{i}\omega)&H_{12}(\mathrm{i}\omega)&\cdots&H_{1j}(\mathrm{i}\omega)&\cdots&H_{1n}(\mathrm{i}\omega)\\H_{21}(\mathrm{i}\omega)&H_{22}(\mathrm{i}\omega)&\cdots&H_{2j}(\mathrm{i}\omega)&\cdots&H_{2n}(\mathrm{i}\omega)\\\vdots&\vdots&&\vdots&&\vdots\\H_{l1}(\mathrm{i}\omega)&H_{l2}(\mathrm{i}\omega)&\cdots&H_{lj}(\mathrm{i}\omega)&\cdots&H_{ln}(\mathrm{i}\omega)\\\vdots&\vdots&&\vdots&&\vdots\\H_{n1}(\mathrm{i}\omega)&H_{n2}(\mathrm{i}\omega)&\cdots&H_{nj}(\mathrm{i}\omega)&\cdots&H_{nn}(\mathrm{i}\omega)\end{bmatrix}\tag{5.8.40}$$

式中,对角线上的元素 H_{jj}为物理坐标原点复频响函数,非对角线元素为物理坐标跨点复频响函数.由式(5.8.35),物理坐标跨点复频响函数 $H_{lj}(\mathrm{i}\omega)$为

$$H_{lj}(\mathrm{i}\omega)=\sum_{r=1}^{n}\frac{\phi_{rl}\phi_{rj}}{k_r(1-\bar{\omega}_r^2+\mathrm{i}2\xi_r\bar{\omega}_r)}=\sum_{r=1}^{n}H_{rlj}(\mathrm{i}\omega)\tag{5.8.41}$$

物理坐标原点复频响函数 $H_{jj}(\mathrm{i}\omega)$为

$$H_{jj}(\mathrm{i}\omega)=\sum_{r=1}^{n}\frac{\phi_{rj}^2}{k_r(1-\bar{\omega}_r^2+\mathrm{i}2\xi_r\bar{\omega}_r)}=\sum_{r=1}^{n}H_{rjj}(\mathrm{i}\omega)\tag{5.8.42}$$

它的物理意义说明如下:

当系统仅在第 j 个坐标点上受到简谐激振力的作用时,有

$$f_0=[0\ \cdots\ 0\ \ f_{0j}\ \ 0\ \cdots\ 0]^{\mathrm{T}}\tag{5.8.43}$$

将式(5.8.43)代入式(5.8.33),得响应 $\boldsymbol{x}$ 为

$$\boldsymbol{x} = \sum_{r=1}^{n} \frac{\boldsymbol{\phi}_r \phi_{rj}}{k_r(1 - \bar{\omega}_r^2 + \mathrm{i}2\xi_r \bar{\omega}_r)} f_{0j} \mathrm{e}^{\mathrm{i}\omega t}$$

$$= \begin{bmatrix} H_{1j}(\mathrm{i}\omega) \\ H_{2j}(\mathrm{i}\omega) \\ \vdots \\ H_{jj}(\mathrm{i}\omega) \\ \vdots \\ H_{lj}(\mathrm{i}\omega) \\ \vdots \\ H_{nj}(\mathrm{i}\omega) \end{bmatrix} f_{0j} \mathrm{e}^{\mathrm{i}\omega t} = \sum_{r=1}^{n} \begin{bmatrix} H_{r1j}(\mathrm{i}\omega) \\ H_{r2j}(\mathrm{i}\omega) \\ \vdots \\ H_{rjj}(\mathrm{i}\omega) \\ \vdots \\ H_{rlj}(\mathrm{i}\omega) \\ \vdots \\ H_{rnj}(\mathrm{i}\omega) \end{bmatrix} f_{0j} \mathrm{e}^{\mathrm{i}\omega t} \tag{5.8.44}$$

展开后,可得跨点响应 x_l 和原点响应 x_j 分别为

$$x_l = H_{lj} f_{0j} \mathrm{e}^{\mathrm{i}\omega t} \tag{5.8.45}$$

$$x_j = H_{jj} f_{0j} \mathrm{e}^{\mathrm{i}\omega t} \tag{5.8.46}$$

这就是说,在物理坐标中,在第 j 个坐标点加单位激振力,在第 l 个坐标点响应的幅值为跨点复频响函数 $H_{lj}(\mathrm{i}\omega)$,在第 j 个坐标点响应的幅值为原点复频响函数 $H_{jj}(\mathrm{i}\omega)$.

这里,$H_{rlj}(\mathrm{i}\omega)$ 为跨点 r 模态复频响函数,$H_{rjj}(\mathrm{i}\omega)$ 为原点 r 模态复频响函数. 由式(5.8.36)、式(5.8.38)、式(5.8.39)有

$$H_{rlj}(\mathrm{i}\omega) = R(H_{rlj}) + \mathrm{i}I(H_{rlj}) \tag{5.8.47}$$

$R(H_{rlj})$ 与 $I(H_{rlj})$ 分别为跨点 r 模态复频响函数的实部和虚部,

$$R(H_{rlj}) = \frac{1 - \bar{\omega}_r^2}{k_{lj}^{er}[(1 - \bar{\omega}_r^2)^2 + (2\xi_r \bar{\omega}_r)^2]} \tag{5.8.48}$$

$$I(H_{rlj}) = \frac{-2\xi_r \bar{\omega}_r}{k_{lj}^{er}[(1 - \bar{\omega}_r^2)^2 + (2\xi_r \bar{\omega}_r)^2]} \tag{5.8.49}$$

其中跨点等效刚度 k_{lj}^{er} 为

$$k_{lj}^{er} = \frac{k_r}{\phi_{rj} \phi_{rl}} \tag{5.8.50}$$

$|H_{rlj}(\mathrm{i}\omega)|$ 与 φ_{rlj} 分别为跨点模态复频响函数 $H_{rlj}(\mathrm{i}\omega)$ 的模与相位角,即

$$|H_{rlj}(\mathrm{i}\omega)| = \sqrt{[R(H_{rlj})]^2 + [I(H_{rlj})]^2}$$
$$= \frac{1}{k_{lj}^{er}\sqrt{[(1 - \bar{\omega}_r^2)^2 + (2\xi_r \bar{\omega}_r)^2]}} \tag{5.8.51}$$

$$\varphi_{rlj} = \arctan \frac{I(H_{rlj})}{R(H_{rlj})} = -\frac{2\xi_r \bar{\omega}_r}{1 - \bar{\omega}_r^2} \tag{5.8.52}$$

由式(5.8.52)可知,对于第 r 个模态,其频响函数的相位角 φ_{rlj} 与第 l、第 j 个物理坐标无关,仅由该模态参数 ξ_r 与 ω_{nr} 所确定,即各个物理坐标点上相应该模态的相位角 φ_{rlj} 相同.也就是说,各个物理坐标上的响应模态将同时经过平衡点同时达到峰值.当 $\bar{\omega}_r^2=1$ 时,由式(5.8.51)可知,各个物理坐标点上模态频响函数模态 $|H_{rlj}(\mathrm{i}\omega)|$ 将同时达到峰值,其峰值为

$$|H_{rlj}(\mathrm{i}\omega)|_{\max} = \frac{1}{k_{lj}^{er} 2\xi_r \bar{\omega}_r} \tag{5.8.53a}$$

相应峰值的相位角为

$$\phi_{rlj} = \arctan(-\infty) = 90^\circ \tag{5.8.53b}$$

式(5.8.48)与式(5.8.49)中消去 $1-\bar{\omega}_r^2$ 后,可得

$$[R(H_{rlj})]^2 + \left[I(H_{rlj}) + \frac{1}{4k_{lj}^{er}\xi_r\bar{\omega}_r}\right]^2 = \left(\frac{1}{4k_{lj}^{er}\xi_r\bar{\omega}_r}\right)^2 \tag{5.8.54}$$

上式与单自由度奈奎斯特图方程一样,可以给出跨点模态复频响函数 $H_{rlj}(\mathrm{i}\omega)$ 的奈奎斯特图.对于原点模态复频响函数 $H_{rjj}(\mathrm{i}\omega)$ 同样可以作如上的分析.与无阻尼系统一样,复频响函数矩阵(5.8.35) 可以由式(5.8.1) 直接导出.将简谐激振力 $\boldsymbol{f}=\boldsymbol{f}_0\mathrm{e}^{\mathrm{i}\omega t}$ 代入式(5.8.1),得式(5.8.33),即

$$\boldsymbol{x} = \boldsymbol{H}(\mathrm{i}\omega)\boldsymbol{f}_0\mathrm{e}^{\mathrm{i}\omega t}$$

给出复频响函数矩阵 $\boldsymbol{H}(\mathrm{i}\omega)$ 为

$$\boldsymbol{H}(\mathrm{i}\omega) = (-\boldsymbol{M}\omega^2 + \mathrm{i}\omega\boldsymbol{C} + \boldsymbol{K})^{-1} \tag{5.8.55}$$

由于 $\boldsymbol{\phi}$ 为非奇异矩阵,故 $\boldsymbol{\phi}^{-1}$ 存在,上式可以化为

$$\begin{aligned}
\boldsymbol{H}(\mathrm{i}\omega) &= \boldsymbol{\phi}\boldsymbol{\phi}^{-1}(-\boldsymbol{M}\omega^2 + \mathrm{i}\omega\boldsymbol{C} + \boldsymbol{K})^{-1}\boldsymbol{\phi}^{-\mathrm{T}}\boldsymbol{\phi}^{\mathrm{T}} \\
&= \boldsymbol{\phi}(-\boldsymbol{m}\omega^2 + \mathrm{i}\omega\boldsymbol{c} + \boldsymbol{k})^{-1}\boldsymbol{\phi}^{\mathrm{T}} \\
&= \sum_{r=1}^{n} \frac{\boldsymbol{\phi}_r\boldsymbol{\phi}_r^{\mathrm{T}}}{m_r(\omega_{nr}^2 - \omega^2 + \mathrm{i}2\xi_r\omega_{nr}\omega)} \\
&= \sum_{r=1}^{n} \frac{\boldsymbol{\phi}_r\boldsymbol{\phi}_r^{\mathrm{T}}}{k_r(1-\bar{\omega}_r^2 + \mathrm{i}2\xi_r\bar{\omega}_r)} \\
&= \sum_{r=1}^{n} \frac{1}{\boldsymbol{k}_{er}(1-\bar{\omega}_r^2 + \mathrm{i}2\xi_r\bar{\omega}_r)}
\end{aligned} \tag{5.8.56}$$

将上式中的 $\mathrm{i}\omega$ 用拉氏算子 s 代替,可得传递函数矩阵 $\boldsymbol{H}(s)$ 为

$$\begin{aligned}
\boldsymbol{H}(s) &= \sum_{r=1}^{n} \frac{\boldsymbol{\phi}_r\boldsymbol{\phi}_r^{\mathrm{T}}}{m_r(\omega_{nr}^2 + s^2 + 2\xi_r\omega_{nr}s)} \\
&= \sum_{r=1}^{n} \frac{\boldsymbol{\phi}_r\boldsymbol{\phi}_r^{\mathrm{T}}\omega_{nr}^2}{k_r(\omega_{nr}^2 + s^2 + 2\xi_r\omega_{nr}s)} \\
&= \sum_{r=1}^{n} \frac{\omega_{nr}^2}{\boldsymbol{k}_{er}(\omega_{nr}^2 + s^2 + 2\xi_r\omega_{nr}s)}
\end{aligned} \tag{5.8.57}$$

同理,可得跨点传递函数 $H_{jl}(s)$ 为

$$H_{jl}(s) = \sum_{r=1}^{n} \frac{\phi_{rl}\phi_{rj}}{m_r(\omega_{nr}^2 + s^2 + i2\xi_r\omega_{nr}s)} \tag{5.8.58}$$

原点传递函数 $H_{jj}(s)$为

$$H_{jj}(s) = \sum_{r=1}^{n} \frac{\phi_{rl}^2}{m_r(\omega_{nr}^2 + s^2 + i2\xi_r\omega_{nr}s)} \tag{5.8.59}$$

对于非简谐周期性激振，和单自由度一样，也是先将 $f(t)$展开成傅里叶级数，分别按简谐激振计算各谐波的响应，然后叠加算出系统的响应.

例 5.9 图 5.8 是二自由度的有阻尼系统，已知 $m = 1\ \text{kg}$，$k = 987\ \text{N/m}$，$k' = 217\ \text{N/m}$，$c = 0.6284\ \text{N}\cdot\text{s/m}$，$c' = 0.0628\ \text{N}\cdot\text{s/m}$，$f_1(t) = f_{01}e^{i\omega t}$，$f_2(t) = 0$.

(1) 求出系统的谱矩阵、振型矩阵、主质量阵、主阻尼阵及主刚度阵；

(2) 利用复频响应函数 $\boldsymbol{H}(i\omega)$的模态展开式，写出系统稳态响应的表达式；

(3) 设激振频率 f 由 4 Hz 改变到 7 Hz，在复平面上画出 $\boldsymbol{H}(i\omega)$的元素 $H_{11}(i\omega)$及 $H_{21}(i\omega)$，并画出 $R(H_{11})$，$I(H_{11})$随频率 f 变化的关系曲线.

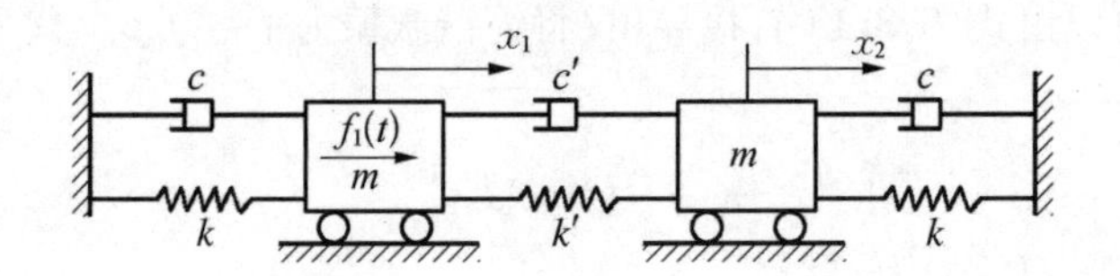

图 5.8　二自由度的有阻尼系统

解　(1) 系统的运动微分方程为

$$\boldsymbol{M}\ddot{\boldsymbol{x}} + \boldsymbol{C}\dot{\boldsymbol{x}} + \boldsymbol{K}\boldsymbol{x} = \boldsymbol{f}_0 e^{i\omega t} \tag{1}$$

其中

$$\boldsymbol{M} = \begin{bmatrix} m & 0 \\ 0 & m \end{bmatrix}, \quad \boldsymbol{C} = \begin{bmatrix} c + c' & -c' \\ -c' & c + c' \end{bmatrix}$$

$$\boldsymbol{K} = \begin{bmatrix} k + k' & -k' \\ -k' & k + k' \end{bmatrix}, \quad \boldsymbol{f}_0 = \begin{bmatrix} f_{01} \\ 0 \end{bmatrix}$$

相应的无阻尼系统的矩阵特征值问题为

$$(\boldsymbol{K} - \omega^2\boldsymbol{M})\boldsymbol{\phi} = \boldsymbol{0} \tag{2}$$

由式(2)解出固有圆频率为

$$\omega_1^2 = \frac{k}{m}, \quad \omega_2^2 = \frac{k + 2k'}{m} \tag{3}$$

相应的主振型为

$$\boldsymbol{\phi}_1 = \begin{bmatrix} 1 \\ 1 \end{bmatrix}, \quad \boldsymbol{\phi}_2 = \begin{bmatrix} 1 \\ -1 \end{bmatrix} \tag{4}$$

将 k，k'及 m 的值代入式(3)，得

$$\omega_1^2 = 987, \quad \omega_2^2 = 1\,421$$

进一步解出

$$\begin{gathered} \omega_1 = 31.42\ \mathrm{rad/s}, \quad \omega_2 = 37.70\ \mathrm{rad/s} \\ f_1 = \frac{\omega_1}{2\pi} = 5.00\ \mathrm{Hz}, \quad f_2 = \frac{\omega_2}{2\pi} = 6.00\ \mathrm{Hz} \end{gathered} \tag{5}$$

由式(3)及式(4)得知系统的谱矩阵及振型矩阵分别为

$$\boldsymbol{\Lambda} = \begin{bmatrix} \omega_1^2 & 0 \\ 0 & \omega_2^2 \end{bmatrix} = \begin{bmatrix} 987 & 0 \\ 0 & 1\,421 \end{bmatrix}$$

$$\boldsymbol{\phi} = [\boldsymbol{\phi}_1 \quad \boldsymbol{\phi}_2] = \begin{bmatrix} 1 & 1 \\ 1 & -1 \end{bmatrix}$$

于是算出主质量阵、主刚度阵及主阻尼阵：

$$\boldsymbol{m} = \boldsymbol{\phi}^{\mathrm{T}} \boldsymbol{M} \boldsymbol{\phi} = \begin{bmatrix} 2 & 0 \\ 0 & 2 \end{bmatrix}$$

$$\boldsymbol{k} = \boldsymbol{m} \boldsymbol{\Lambda} = \begin{bmatrix} 1\,974 & 0 \\ 0 & 2\,842 \end{bmatrix}$$

$$\boldsymbol{c} = \boldsymbol{\phi}^{\mathrm{T}} \boldsymbol{C} \boldsymbol{\phi} = \begin{bmatrix} 1.256\,8 & 0 \\ 0 & 1.508\,0 \end{bmatrix}$$

从主阻尼阵 $\boldsymbol{c}$ 得知振型阻尼比为

$$\xi_1 = \frac{c_1}{2\omega_1 m_1} = 0.010\,0, \quad \xi_2 = \frac{c_2}{2\omega_2 m_2} = 0.010\,0$$

(2) 设系统的稳态响应的复数形式为

$$\boldsymbol{x} = \boldsymbol{X} \mathrm{e}^{\mathrm{i}\omega t} \tag{6}$$

将式(6)代入式(1)，得

$$\boldsymbol{X} = (\boldsymbol{K} - \omega^2 \boldsymbol{M} + \mathrm{i}\omega \boldsymbol{C})^{-1} \boldsymbol{f}_0 = \boldsymbol{H}(\mathrm{i}\omega) \boldsymbol{f}_0 \tag{7}$$

(3) 将 $\boldsymbol{f}_0$ 的表达式代入式(7)，得

$$\boldsymbol{X} = \begin{bmatrix} X_1 \\ X_2 \end{bmatrix} = \begin{bmatrix} H_{11}(\mathrm{i}\omega) & H_{12}(\mathrm{i}\omega) \\ H_{21}(\mathrm{i}\omega) & H_{22}(\mathrm{i}\omega) \end{bmatrix} \begin{bmatrix} f_{01} \\ 0 \end{bmatrix} = \begin{bmatrix} H_{11}(\omega) f_{01} \\ H_{21}(\omega) f_{01} \end{bmatrix}$$

可见 $H_{11}(\mathrm{i}\omega)$是仅在坐标 x_1上有激励而相应于坐标 x_1的复频响应函数，$H_{21}(\mathrm{i}\omega)$是仅在坐标 x_1上有激励而相应于坐标 x_2的复频响应函数. 由式(5.8.41)及式(5.8.42)的数值结果得到

$$H_{11}(\mathrm{i}\omega) = \frac{5.066 \times 10^{-4}}{1 - \left(\dfrac{\omega}{31.42}\right)^2 + \mathrm{i}\dfrac{0.02\omega}{31.42}} + \frac{3.519 \times 10^{-4}}{1 - \left(\dfrac{\omega}{37.70}\right)^2 + \mathrm{i}\dfrac{0.02\omega}{37.70}} \tag{8}$$

$$H_{21}(\mathrm{i}\omega) = \frac{5.066 \times 10^{-4}}{1 - \left(\dfrac{\omega}{31.42}\right)^2 + \mathrm{i}\dfrac{0.02\omega}{31.42}} - \frac{3.519 \times 10^{-4}}{1 - \left(\dfrac{\omega}{37.70}\right)^2 + \mathrm{i}\dfrac{0.02\omega}{37.70}} \tag{9}$$

激励频率 f 由 4 Hz 改变到 7 Hz 时，由上面两式画出的奈奎斯特图见图 5.9.

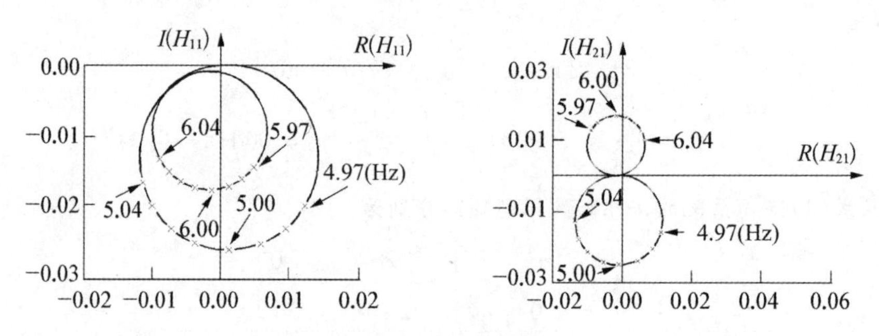

图 5.9　奈奎斯特图

由 $H_{11}(\omega)$ 的表达式得知它的实部及虚部分别为

$$R(H_{11}) = \sum_{i=1}^{2} \frac{\phi_{i1}\phi_{i1}}{k_i} \frac{1-\left(\dfrac{\omega}{\omega_i}\right)^2}{\left[1-\left(\dfrac{\omega}{\omega_i}\right)^2\right]^2+\left(\dfrac{2\xi_i\,\omega}{\omega_i}\right)^2} \tag{10}$$

$$I(H_{11}) = \sum_{i=1}^{2} \frac{\phi_{i1}\phi_{i1}}{k_i} \frac{-\dfrac{2\xi_i\,\omega}{\omega_i}}{\left[1-\left(\dfrac{\omega}{\omega_i}\right)^2\right]^2+\left(\dfrac{2\xi_i\,\omega}{\omega_i}\right)^2} \tag{11}$$

图 5.10 是由上面两式画出的 $H_{11}(\omega)$ 的实频特性曲线及虚频特性曲线.

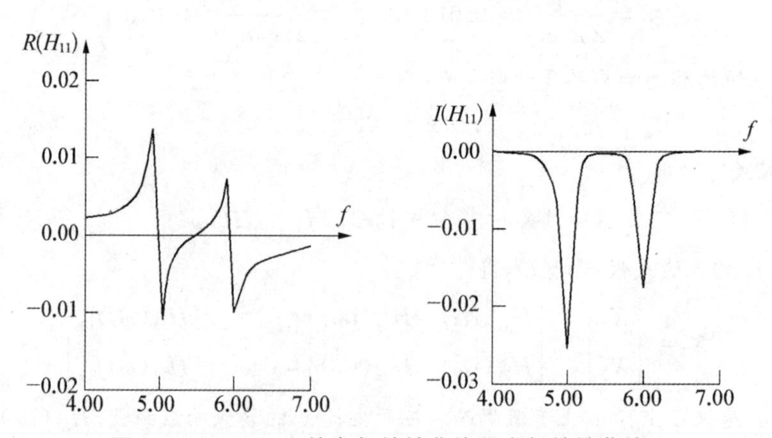

图 5.10　$H_{11}(\omega)$ 的实频特性曲线及虚频特性曲线

由 $H_{11}(\omega)$ 的奈奎斯特图看到：曲线弧长随频率 f 的变化率在无阻尼固有频率 f_1 及 f_2 两点的附近达到极大值；在 f_1 及 f_2 附近近似有 $R(H_{11})=0$，并且 $I(H_{11})$ 取得极大值.

由 $H_{21}(\omega)$ 的奈奎斯特图得到与上面类似的结论，它同时还反映出由于主振型 $\boldsymbol{\phi}_1$ 与 $\boldsymbol{\phi}_2$ 在符号上的差别所导致的相位改变.

例 5.10　在例 5.9 中将两个质量之间的弹簧刚度及阻尼系数改变为：$k' = 10$ N/m,

$c' = 0.0031\ \mathrm{N \cdot s/m}$,其他参数不变,试画出激振频率由4 Hz改变到7 Hz时,$H_{11}(\omega)$与$H_{21}(\omega)$的奈奎斯特图以及$H_{11}(\omega)$的实频特性曲线和虚频特性曲线.

解 这时无阻尼固有圆频率的表达式及主振型仍分别为上例中的式(3)与式(4),将k,k'及m的值代入式(3),算出

$$\omega_1^2 = 987, \quad \omega_2^2 = 1\,007$$

$$\omega_1 = 31.42\ \mathrm{rad/s}, \quad \omega_2 = 31.73\ \mathrm{rad/s}$$

$$f_1 = \frac{\omega_1}{2\pi} = 5.00\ \mathrm{Hz}, \quad f_2 = \frac{\omega_2}{2\pi} = 5.05\ \mathrm{Hz}$$

在上例中,f_1与f_2相差20%,而本例的f_1与f_2仅相差1%,相当接近.主质量阵$\boldsymbol{M}$仍是原来的,算出主刚度阵$\boldsymbol{k}$、主阻尼阵$\boldsymbol{c}$及振型阻尼比:

$$\boldsymbol{k} = \boldsymbol{m\Lambda} = \begin{bmatrix} 1\,974 & 0 \\ 0 & 2\,014 \end{bmatrix}, \quad \boldsymbol{c} = \boldsymbol{\phi}^{\mathrm{T}}\boldsymbol{C\phi} = \begin{bmatrix} 1.256\,8 & 0 \\ 0 & 1.269\,2 \end{bmatrix}$$

$$\xi_1 = \frac{c_1}{2\omega_1 m_1} = 0.010\,0, \quad \xi_2 = \frac{c_2}{2\omega_2 m_2} = 0.010\,0$$

于是得到

$$H_{11}(\omega) = \frac{5.066 \times 10^{-4}}{1 - \left(\dfrac{\omega}{31.42}\right)^2 + \mathrm{i}\,\dfrac{0.02\omega}{31.42}} + \frac{4.965 \times 10^{-4}}{1 - \left(\dfrac{\omega}{31.73}\right)^2 + \mathrm{i}\,\dfrac{0.02\omega}{31.73}}$$

$$H_{21}(\omega) = \frac{5.066 \times 10^{-4}}{\left(1 - \dfrac{\omega}{31.42}\right)^2 + \mathrm{i}\,\dfrac{0.02\omega}{31.42}} - \frac{4.965 \times 10^{-4}}{\left(1 - \dfrac{\omega}{37.73}\right)^2 + \mathrm{i}\,\dfrac{0.02\omega}{31.73}}$$

图5.11是频率f由4 Hz改变到7 Hz时由上面两式得到的奈奎斯特图,图5.12是$H_{11}(\omega)$的实频特性曲线和虚频特性曲线.

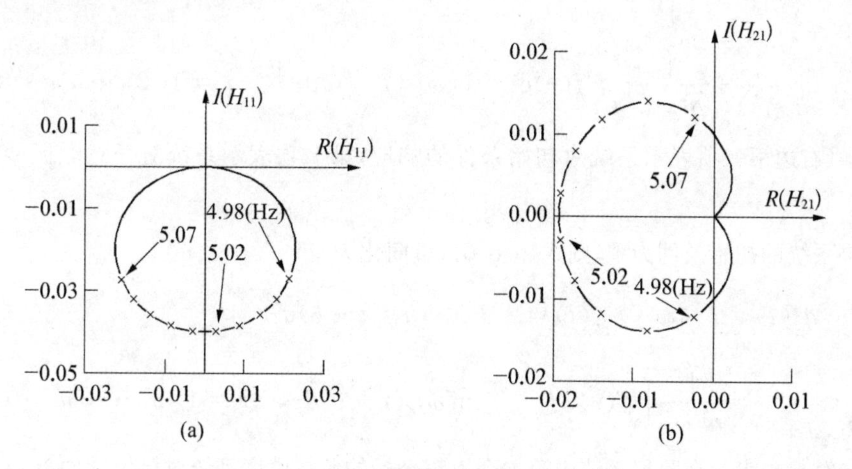

图5.11 奈奎斯特图

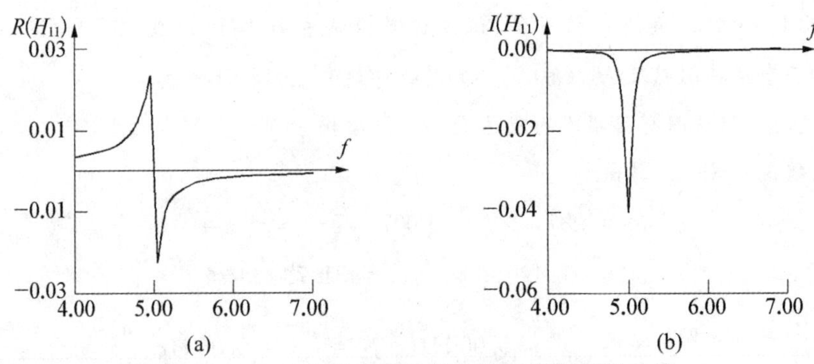

图 5.12　$H_{11}(\omega)$ 的实频特性曲线和虚频特性曲线

由于本例中固有频率 f_1 与 f_2 很接近，从 $H_{11}(\omega)$ 的奈奎斯特图或者从 $H_{11}(\omega)$ 的实频特性曲线及虚频特性曲线几乎看不出存在着两个主振型，从 $H_{21}(\omega)$ 的奈奎斯特图上看到相位有迅速改变，这表示有两个主振型，它们所对应的两个主振动在坐标 x_2 上有相反的运动方向. 像本例这样，当系统有比较接近的固有频率或有较大的阻尼时，在试验中分离各个模态将遇到很大困难.

5.8.4　系统对任意激振的响应

当系统受到随时间任意变化的激振力 $\boldsymbol{f}(t)$ 作用时，由方程(5.7.9)可得系统受迫振动的模态坐标方程为

$$m_r\ddot{q}_r + 2\xi_r m_r\omega_{nr}\dot{q}_r + k_r q_r = F_r = \boldsymbol{\phi}_r^{\mathrm{T}}\boldsymbol{f}(t),\quad r = 1, 2, \cdots, n \tag{5.8.60}$$

根据事先给定的广义坐标 $\boldsymbol{x}$ 的初始条件 $\boldsymbol{x}_0$ 及 $\dot{\boldsymbol{x}}_0$ 的值，可由式(5.5.9)、式(5.5.10)确定模态坐标 $\boldsymbol{q}$ 的初始条件 $\boldsymbol{q}_0$ 与 $\dot{\boldsymbol{q}}_0$ 的值，再运用杜阿梅尔积分，可求得

$$\begin{aligned} q_r(t) = \mathrm{e}^{-\xi_r\omega_{nr}t}\Bigg[&\left(\frac{\dot{q}_{0r} + \xi_r\omega_{nr}q_{0r}}{\omega_{dr}}\sin\omega_{dr}t + q_{0r}\cos\omega_{dr}t\right) \\ &+ \frac{1}{m_r\omega_{dr}}\int_0^t \boldsymbol{\phi}_r^{\mathrm{T}}\boldsymbol{f}(\tau)\mathrm{e}^{\xi_r\omega_{nr}\tau}\sin\omega_{dr}(t-\tau)\mathrm{d}\tau\Bigg],\quad r = 1, 2, \cdots, n \end{aligned} \tag{5.8.61}$$

式中，等号右边第一项表示系统对初始条件的响应，第二项表示系统对任意激振 $\boldsymbol{\phi}_r^{\mathrm{T}}\boldsymbol{f}(\tau)$ 的响应.

如果系统的初始条件为零，则式(5.8.61)可简化为

$$\begin{aligned} q_r(t) &= F_r(t) * h_{0r}(t) = \int_0^t F_r(\tau)h_{0r}(t-\tau)\mathrm{d}\tau \\ &= \frac{\boldsymbol{\phi}_r^{\mathrm{T}}}{m_r\omega_{dr}}\int_0^t \boldsymbol{f}(\tau)\mathrm{e}^{-\xi_r\omega_{nr}(t-\tau)}\sin\omega_{dr}(t-\tau)\mathrm{d}\tau,\quad r = 1, 2, \cdots, n \end{aligned} \tag{5.8.62}$$

式中，$h_{0r}(t-\tau)$ 表示在阻尼系统中第 r 个模态坐标的单自由度系统对单位脉冲 $\delta(t-\tau)$ 的响应，即

$$h_{0r}(t-\tau)=\begin{cases}\dfrac{1}{m_r\omega_{dr}}e^{-\xi_r\omega_{nr}(t-\tau)}\sin\omega_{dr}(t-\tau), & t>\tau\\ 0, & t<\tau\end{cases},\quad r=1,2,\cdots,n \tag{5.8.63}$$

系统在初始条件为零时,原广义坐标的响应 $\boldsymbol{x}$ 为

$$\begin{aligned}\boldsymbol{x}&=\sum_{r=1}^{n}\boldsymbol{\phi}_r q_r=\sum_{r=1}^{n}\frac{\boldsymbol{\phi}_r\boldsymbol{\phi}_r^{\mathrm{T}}}{m_r\omega_{dr}}\int_0^t\boldsymbol{f}(\tau)e^{-\xi_r\omega_{nr}(t-\tau)}\sin\omega_{dr}(t-\tau)d\tau\\&=\sum_{r=1}^{n}\boldsymbol{\phi}_r\boldsymbol{\phi}_r^{\mathrm{T}}\int_0^t\boldsymbol{f}(\tau)h_{0r}(t-\tau)d\tau\end{aligned}\tag{5.8.64}$$

引入阻尼系统模态 r 的单位脉冲 $\delta(t-\tau)$,响应矩阵 $\boldsymbol{h}_r(t)$为

$$\boldsymbol{h}_r(t-\tau)=\begin{cases}\dfrac{\boldsymbol{\phi}_r\boldsymbol{\phi}_r^{\mathrm{T}}}{m_r\omega_{dr}}e^{-\xi_r\omega_{nr}(t-\tau)}\sin\omega_{dr}(t-\tau)=\boldsymbol{\phi}_r\boldsymbol{\phi}_r^{\mathrm{T}}h_{0r}(t-\tau), & t>\tau\\ \boldsymbol{0}, & t<\tau\end{cases}\tag{5.8.65}$$

则式(5.8.64)化为

$$\boldsymbol{x}=\sum_{r=1}^{n}\int_0^t\boldsymbol{h}_r(t-\tau)\boldsymbol{f}(\tau)d\tau=\sum_{r=1}^{n}\boldsymbol{h}_r(t)*\boldsymbol{f}(t)\tag{5.8.66}$$

引入阻尼系统单位脉冲,响应矩阵 $\boldsymbol{h}(t)$为

$$\boldsymbol{h}(t)=\sum_{r=1}^{n}\boldsymbol{h}_r(t)=\sum_{r=1}^{n}\frac{\boldsymbol{\phi}_r\boldsymbol{\phi}_r^{\mathrm{T}}}{m_r\omega_{dr}}e^{-\xi_r\omega_{nr}(t-\tau)}\sin\omega_{dr}t\tag{5.8.67}$$

则初始条件为零的任意激振的响应 $\boldsymbol{x}$,即式(5.8.66)化为

$$\boldsymbol{x}=\int_0^t\boldsymbol{h}(t-\tau)\boldsymbol{f}(\tau)d\tau=\boldsymbol{h}(t)*\boldsymbol{f}(t)\tag{5.8.68}$$

式(5.8.67)说明,阻尼系统单位脉冲响应矩阵 $\boldsymbol{h}(t)$等于各阶模态单位脉冲响应矩阵 $\boldsymbol{h}_r(t)$的叠加.将阻尼系统单位脉冲响应矩阵 $\boldsymbol{h}(t)$按物理坐标展开为

$$\boldsymbol{h}(t)=\begin{bmatrix}h_{11}(t) & h_{12}(t) & \cdots & h_{1j}(t) & \cdots & h_{1n}(t)\\ h_{21}(t) & h_{22}(t) & \cdots & h_{2j}(t) & \cdots & h_{2n}(t)\\ \vdots & \vdots & & \vdots & & \vdots\\ h_{l1}(t) & h_{l2}(t) & \cdots & h_{lj}(t) & \cdots & h_{ln}(t)\\ \vdots & \vdots & & \vdots & & \vdots\\ h_{n1}(t) & h_{n2}(t) & \cdots & h_{nj}(t) & \cdots & h_{nn}(t)\end{bmatrix}\tag{5.8.69}$$

式中,对角线上的元素 h_{jj} 为物理坐标原点单位脉冲响应函数,非对角线元素为物理坐标跨点单位脉冲响应函数.由式(5.8.67),物理坐标跨点单位脉冲响应函数 $h_{lj}(t)$为

$$h_{lj}(t)=\sum_{r=1}^{n}h_{rlj}(t)=\sum_{r=1}^{n}\frac{\phi_{rl}\phi_{rj}}{m_r\omega_{dr}}e^{-\xi_r\omega_{nr}t}\sin\omega_{dr}t\tag{5.8.70}$$

物理坐标原点单位脉冲响应函数 $h_{jj}(t)$为

$$h_{jj}(t) = \sum_{r=1}^{n} h_{rjj}(t) = \sum_{r=1}^{n} \frac{\phi_{rj}^2}{m_r\omega_{dr}} e^{-\xi_r\omega_{nr}t}\sin\omega_{dr}t \tag{5.8.71}$$

它的物理意义说明如下：

当阻尼系统仅在第 j 个坐标点上受到任意激振力 $f_{0j}(t)$ 的作用时，这里

$$\boldsymbol{f}_0(t) = [0 \ \cdots \ 0 \ \ f_{0j}(t) \ \ 0 \ \cdots \ 0]^{\mathrm{T}} \tag{5.8.72}$$

将式(5.8.72)与式(5.8.69)代入式(5.8.64)与式(5.8.68)，得响应 $\boldsymbol{x}$ 列阵为

$$\begin{aligned}\boldsymbol{x} &= \sum_{r=1}^{n} \frac{\boldsymbol{\phi}_r\phi_{rj}}{m_r\omega_{dr}}\int_0^t f_{0j}(\tau)e^{-\xi_r\omega_{nr}(t-\tau)}\sin\omega_{dr}(t-\tau)d\tau \\ &= \int_0^t \begin{bmatrix} h_{1j}(t-\tau) \\ h_{2j}(t-\tau) \\ \vdots \\ h_{jj}(t-\tau) \\ \vdots \\ h_{lj}(t-\tau) \\ \vdots \\ h_{nj}(t-\tau) \end{bmatrix} f_{0j}(\tau)d\tau\end{aligned} \tag{5.8.73}$$

展开后，原点响应 x_j 和跨点响应 x_l 分别为

$$x_j = \int_0^t h_{jj}(t-\tau)f_{0j}(\tau)d\tau \tag{5.8.74}$$

$$x_l = \int_0^t h_{lj}(t-\tau)f_{0j}(\tau)d\tau \tag{5.8.75}$$

这就是说，在物理坐标中，在第 j 个坐标点加单位脉冲 $\delta(\tau)$，在第 l 个坐标点的响应为跨点单位脉冲响应 $h_{lj}(t-\tau)$，在第 j 个坐标点的响应为原点单位脉冲响应 $h_{jj}(t-\tau)$. 由式(5.8.70)、式(5.8.71)可以看出，无论是跨点还是原点单位脉冲响应都是各阶模态单位脉冲响应在跨点或原点的叠加.

例 5.11 求经典阻尼多自由度系统，在各坐标点均受到阶跃激振

$$\boldsymbol{f}(t) = \begin{cases} \boldsymbol{f}_0, & t \geqslant 0 \\ \boldsymbol{0}, & t < 0 \end{cases} \tag{1}$$

时的响应. 阶跃激振力 $\boldsymbol{f}(t)$ 的 j 分量 $f_j(t)$ 见图 5.13(a).

解 用卷积积分方法求解. 由式(5.8.64)得系统的响应为

$$\begin{aligned}\boldsymbol{x} &= \sum_{r=1}^{n} \frac{\boldsymbol{\phi}_r\boldsymbol{\phi}_r^{\mathrm{T}}}{m_r\omega_{dr}}\int_0^t \boldsymbol{f}(\tau)e^{-\xi_r\omega_{nr}(t-\tau)}\sin\omega_{dr}(t-\tau)d\tau \\ &= \sum_{r=1}^{n} \frac{\boldsymbol{\phi}_r\boldsymbol{\phi}_r^{\mathrm{T}}\boldsymbol{f}_0}{m_r\omega_{dr}}\int_0^t e^{-\xi_r\omega_{nr}(t-\tau)}\sin\omega_{dr}(t-\tau)d\tau = \boldsymbol{g}(t)\boldsymbol{f}_0\end{aligned} \tag{2}$$

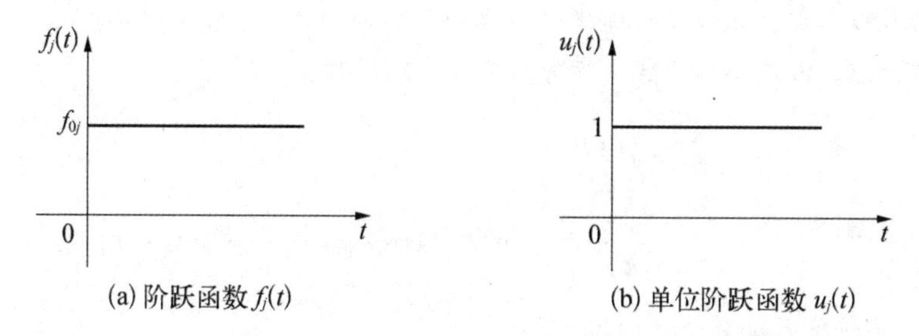

(a) 阶跃函数 $f_j(t)$　　(b) 单位阶跃函数 $u_j(t)$

图 5.13　阶跃函数

式中

$$\begin{aligned}\boldsymbol{g}(t) &= \sum_{r=1}^{n}\frac{\boldsymbol{\phi}_r\boldsymbol{\phi}_r^{\mathrm{T}}}{m_r\omega_{\mathrm{d}r}}\int_0^t \mathrm{e}^{-\xi_r\omega_{\mathrm{n}r}(t-\tau)}\sin\omega_{\mathrm{d}r}(t-\tau)\mathrm{d}\tau \\ &= \sum_{r=1}^{n}\frac{\boldsymbol{\phi}_r\boldsymbol{\phi}_r^{\mathrm{T}}}{k_r}\left[1-\mathrm{e}^{-\xi_r\omega_{\mathrm{n}r}t}\left(\cos\omega_{\mathrm{d}r}t+\frac{\xi_r\omega_{\mathrm{n}r}}{\omega_{\mathrm{d}r}}\sin\omega_{\mathrm{d}r}t\right)\right] \\ &= \sum_{r=1}^{n}\boldsymbol{g}_r(t)\end{aligned} \tag{3}$$

$$\boldsymbol{g}_r(t) = \frac{\boldsymbol{\phi}_r\boldsymbol{\phi}_r^{\mathrm{T}}}{k_r}\left[1-\mathrm{e}^{-\xi_r\omega_{\mathrm{n}r}t}\left(\cos\omega_{\mathrm{d}r}t+\frac{\xi_r\omega_{\mathrm{n}r}}{\omega_{\mathrm{d}r}}\sin\omega_{\mathrm{d}r}t\right)\right] \tag{4}$$

显然，$\boldsymbol{g}(t)$为 $\boldsymbol{f}_0=\boldsymbol{1}$ 的阶跃激振时系统的响应矩阵，$\boldsymbol{g}_r(t)$为模态 r 的响应矩阵. $\boldsymbol{f}_0=\boldsymbol{1}$ 的阶跃函数列阵称为单位阶跃函数列阵，它的分量 $u_j(t)$见图 5.13(b)，

$$\boldsymbol{u}(t) = \begin{cases}\boldsymbol{1}, & t\geqslant 0\\ \boldsymbol{0}, & t<0\end{cases} \tag{5}$$

即系统对 $\boldsymbol{u}(t)$的响应为 $\boldsymbol{g}(t)$，有时用它们来代替 $\boldsymbol{\delta}(t)$和 $\boldsymbol{h}(t)$使用，会带来一些方便.

比较式(5.8.67)与式(3)、式(5.8.65)与式(4)，得系统的单位阶跃矩阵 $\boldsymbol{g}(t)$的微分等于系统的单位脉冲响应 $\boldsymbol{h}(t)$，即

$$\boldsymbol{h}(t) = \frac{\mathrm{d}}{\mathrm{d}t}\boldsymbol{g}(t) \tag{6}$$

$$\boldsymbol{h}_r(t) = \frac{\mathrm{d}}{\mathrm{d}t}\boldsymbol{g}_r(t) \tag{7}$$

同样，单位阶跃矩阵 $\boldsymbol{g}(t)$按物理坐标展开得

$$\boldsymbol{g}(t) = \begin{bmatrix} g_{11}(t) & g_{12}(t) & \cdots & g_{1j}(t) & \cdots & g_{1n}(t)\\ g_{21}(t) & g_{22}(t) & \cdots & g_{2j}(t) & \cdots & g_{2n}(t)\\ \vdots & \vdots & & \vdots & & \vdots\\ g_{l1}(t) & g_{l2}(t) & \cdots & g_{lj}(t) & \cdots & g_{ln}(t)\\ \vdots & \vdots & & \vdots & & \vdots\\ g_{n1}(t) & g_{n2}(t) & \cdots & g_{nj}(t) & \cdots & g_{nn}(t)\end{bmatrix} \tag{8}$$

式中，对角线上的元素 $g_{jj}(t)$ 为物理坐标原点单位阶跃响应，非对角线上的元素为物理坐标跨点单位阶跃响应. 由式(3)，物理坐标跨点单位阶跃函数 $g_{lj}(t)$ 为

$$\begin{aligned} g_{lj}(t) &= \sum_{r=1}^{n} g_{rlj}(t) \\ &= \sum_{r=1}^{n} \frac{\phi_{rl}\phi_{rj}}{k_r}\left[1 - e^{-\xi_r\omega_{nr}t}\left(\cos\omega_{dr}t + \frac{\xi_r\omega_{nr}}{\omega_{dr}}\sin\omega_{dr}t\right)\right] \end{aligned} \tag{9}$$

物理坐标原点单位阶跃函数 $g_{jj}(t)$ 为

$$\begin{aligned} g_{jj}(t) &= \sum_{r=1}^{n} g_{rjj}(t) \\ &= \sum_{r=1}^{n} \frac{\phi_{rj}^2}{k_r}\left[1 - e^{-\xi_r\omega_{nr}t}\left(\cos\omega_{dr}t + \frac{\xi_r\omega_{nr}}{\omega_{dr}}\sin\omega_{dr}t\right)\right] \end{aligned} \tag{10}$$

它们的物理意义如下：

当阻尼系统在第 j 个坐标点上受到单位阶跃力 $u_j(t)$，即 $\boldsymbol{f}(t)$ 为

$$\boldsymbol{f}(t) = [0 \cdots 0 \quad u_j(t) \quad 0 \cdots 0]^{\mathrm{T}} \tag{11}$$

时，将式(11)代入式(2)，得响应 $\boldsymbol{x}$ 的列阵为

$$\begin{aligned} \boldsymbol{x} &= \sum_{r=1}^{n} \frac{\boldsymbol{\phi}_r\phi_{rj}}{m_r\omega_{dr}}\int_0^t e^{-\xi_r\omega_{nr}(t-\tau)}\sin\omega_{dr}(t-\tau)d\tau \\ &= \sum_{r=1}^{n} \frac{\boldsymbol{\phi}_r\phi_{rj}}{k_r}\left[1 - e^{-\xi_r\omega_{nr}}\left(\cos\omega_{dr}t + \frac{\xi_r\omega_{nr}}{\omega_{dr}}\sin\omega_{dr}t\right)\right] \end{aligned} \tag{12}$$

展开后，有

$$\begin{bmatrix} x_1 \\ x_2 \\ \vdots \\ x_j \\ \vdots \\ x_l \\ \vdots \\ x_n \end{bmatrix} = \begin{bmatrix} g_{1j}(t) \\ g_{2j}(t) \\ \vdots \\ g_{jj}(t) \\ \vdots \\ g_{lj}(t) \\ \vdots \\ g_{nj}(t) \end{bmatrix} \tag{13}$$

即得原点响应 x_j 和跨点响应 x_l 分别为

$$x_j = g_{jj}(t), \quad x_l = g_{lj}(t) \tag{14}$$

这就是说，在物理坐标中，第 j 个坐标点加单位阶跃激励，在第 j 个坐标点的响应 $g_{jj}(t)$ 为原点单位阶跃响应函数，在第 l 个坐标点的响应为跨点单位阶跃响应函数.

5.8.5 频域分析

与无阻尼系统一样，经典阻尼系统的单位脉冲响应函数矩阵 $\boldsymbol{h}(t)$ 和频响函数矩阵 $\boldsymbol{H}(\mathrm{i}\omega)$

之间，仍存在着傅里叶变换与逆变换的关系式(5.7.18)，经典阻尼系统的单位脉冲响应函数矩阵 $\boldsymbol{h}(t)$和传递函数矩阵 $\boldsymbol{H}(s)$之间，仍存在着拉氏变换和逆变换的关系式(5.7.17).

基于式(5.7.18)的关系，还可以用傅里叶变换的方法来求系统对任意激振的响应，其步骤与无阻尼系统相同.

(1) 按傅里叶变换的定义，求出作用于系统任意激振力向量 $\boldsymbol{f}(t)$的傅里叶变换 $\boldsymbol{F}(\mathrm{i}\omega)$为式(5.7.19)及其对应的傅里叶逆变换 $\boldsymbol{f}(t)$为式(5.7.20);

(2) 已知系统的单位脉冲响应函数矩阵 $\boldsymbol{h}(t)$为式(5.8.67)，将其代入式(5.7.17)，得传递函数 $\boldsymbol{H}(s)$为

$$\boldsymbol{H}(s)=\mathcal{L}\boldsymbol{h}(t)=\sum_{r=1}^{n}\frac{\boldsymbol{\phi}_r\boldsymbol{\phi}_r^{\mathrm{T}}}{m_r(\omega_{\mathrm{n}r}^2+s^2+2\xi_r\omega_{\mathrm{n}r}s)}=\sum_{r=1}^{n}\frac{\boldsymbol{\phi}_r\boldsymbol{\phi}_r^{\mathrm{T}}\omega_{\mathrm{n}r}^2}{k_r(\omega_{\mathrm{n}r}^2+s^2+2\xi_r\omega_{\mathrm{n}r}s)} \tag{5.8.76}$$

式中，令 $s=\mathrm{i}\omega$，得响应函数 $\boldsymbol{H}(\mathrm{i}\omega)$为

$$\boldsymbol{H}(\mathrm{i}\omega)=\frac{\boldsymbol{\phi}_r\boldsymbol{\phi}_r^{\mathrm{T}}\omega_{\mathrm{n}r}^2}{m_r(\omega_{\mathrm{n}r}^2-\omega^2+\mathrm{i}2\xi_r\omega_{\mathrm{n}r}\omega)}=\frac{\boldsymbol{\phi}_r\boldsymbol{\phi}_r^{\mathrm{T}}}{k_r(1-\bar{\omega}_r^2+\mathrm{i}2\xi_r\bar{\omega}_r)} \tag{5.8.77}$$

(3) 将 $\boldsymbol{F}(\mathrm{i}\omega)$和系统的频响函数矩阵 $\boldsymbol{H}(\mathrm{i}\omega)$代入式(5.8.78)，可以求得系统响应 $\boldsymbol{x}(t)$的傅里叶变换 $\boldsymbol{X}(\mathrm{i}\omega)$为

$$\boldsymbol{X}(\mathrm{i}\omega)=\boldsymbol{H}(\mathrm{i}\omega)\boldsymbol{F}(\mathrm{i}\omega) \tag{5.8.78}$$

(4) 最后，由 $\boldsymbol{x}(\mathrm{i}\omega)$的傅里叶逆变换求得系统的响应 $\boldsymbol{x}(t)$，即

$$\begin{aligned}\boldsymbol{x}(t)&=\frac{1}{2\pi}\int_{-\infty}^{\infty}\boldsymbol{X}(\mathrm{i}\omega)\mathrm{e}^{\mathrm{i}\omega t}\mathrm{d}\omega\\&=\frac{1}{2\pi}\int_{-\infty}^{\infty}\boldsymbol{H}(\mathrm{i}\omega)\boldsymbol{F}(\mathrm{i}\omega)\mathrm{e}^{\mathrm{i}\omega t}\mathrm{d}\omega\end{aligned} \tag{5.8.79}$$

对式(5.8.78)积分由于涉及广义积分，精确计算是十分麻烦的，远不如时域分析简便.但近年来发展起来的快速傅里叶变换方法大大提高了用数字计算机计算离散傅里叶变换的效率，式(5.8.79)可以化为离散傅里叶变换(DFT)，离散傅里叶变换及其快速算法的快速傅里叶变换(FFT)有许多专著给予了详细介绍，并有许多现成的程序可供使用，同时许多数字分析设备都具有 FFT 的功能，并将其软件固化了.

5.9 一般黏性阻尼系统振动——状态空间法

当结构的黏性阻尼不满足经典黏性阻尼的条件，无阻尼模态矩阵不能使运动方程解除耦合时，需要对结构进行以复模态为基础的模态分析.

设一般黏性阻尼多自由度系统的运动方程为

$$\boldsymbol{M}\ddot{\boldsymbol{x}}+\boldsymbol{C}\dot{\boldsymbol{x}}+\boldsymbol{K}\boldsymbol{x}=\boldsymbol{f}(t) \tag{5.9.1}$$

此时，无阻尼模态矩阵不能使一般黏性阻尼矩阵对角化而解除运动方程的耦合，但经过某些变换，仍有可能进行模态分析，求得它的模态表达式. 进行复模态响应分析常用的有两种方法：① 将一个 n 自由度二阶系统化为 $2n$ 个一阶系统来处理，即所谓的状态空间法；② 利用拉氏变换，先建立系统传递函数的展开式，再求系统的响应，即所谓的拉氏变换法. 用两种方法都可以得到一致的结果，只是模态表达式建立的途径不同而已. 这些方法的被积函数都是复数，必须进行一系列复数运算才能给出实的位移响应，如此繁杂的复运算不仅大大增加了计算工作量，而且还不容易让工程师直观理解.

首先介绍 $\boldsymbol{M}, \boldsymbol{C}, \boldsymbol{K}$ 为对称矩阵的状态空间法[67]. 在状态空间内，式(5.9.1)可表示为如下等价的状态方程：

$$\begin{bmatrix} \boldsymbol{C} & \boldsymbol{M} \\ \boldsymbol{M} & \boldsymbol{0} \end{bmatrix} \begin{Bmatrix} \dot{\boldsymbol{x}} \\ \ddot{\boldsymbol{x}} \end{Bmatrix} + \begin{bmatrix} \boldsymbol{k} & \boldsymbol{0} \\ \boldsymbol{0} & -\boldsymbol{M} \end{bmatrix} \begin{Bmatrix} \boldsymbol{x} \\ \dot{\boldsymbol{x}} \end{Bmatrix} = \begin{Bmatrix} \boldsymbol{f}(t) \\ \boldsymbol{0} \end{Bmatrix} \tag{5.9.2a}$$

简记为

$$\boldsymbol{A}\dot{\boldsymbol{y}} + \boldsymbol{B}\boldsymbol{y} = \boldsymbol{F} \tag{5.9.2b}$$

式中，$\boldsymbol{y} = \begin{Bmatrix} \boldsymbol{x} \\ \dot{\boldsymbol{x}} \end{Bmatrix}$为状态向量，

$$\boldsymbol{A} = \begin{bmatrix} \boldsymbol{C} & \boldsymbol{M} \\ \boldsymbol{M} & \boldsymbol{0} \end{bmatrix}, \quad \boldsymbol{B} = \begin{bmatrix} \boldsymbol{K} & \boldsymbol{0} \\ \boldsymbol{0} & -\boldsymbol{M} \end{bmatrix}, \quad \boldsymbol{F} = \begin{Bmatrix} \boldsymbol{f}(t) \\ \boldsymbol{0} \end{Bmatrix} \tag{5.9.2c}$$

系数方阵 $\boldsymbol{A}$ 和 $\boldsymbol{B}$ 由系统的参数组成，它们都是实对称 $2n$ 阶方阵.

为用模态分析法求解方程(5.9.2b)，需分析、讨论如下有关问题.

5.9.1 复特征值、复特征向量及复模态矩阵

在式(5.9.2b)中，令 $\boldsymbol{F} = \boldsymbol{0}$，得系统自由振动的运动方程为

$$\boldsymbol{A}\dot{\boldsymbol{y}} + \boldsymbol{B}\boldsymbol{y} = \boldsymbol{0} \tag{5.9.3}$$

设方程(5.9.3)的解为

$$\boldsymbol{x} = \boldsymbol{\phi}\mathrm{e}^{st}, \quad \dot{\boldsymbol{x}} = \boldsymbol{\phi}s\mathrm{e}^{st} \tag{5.9.4a}$$

则

$$\boldsymbol{y} = \begin{Bmatrix} \boldsymbol{x} \\ \dot{\boldsymbol{x}} \end{Bmatrix} = \begin{Bmatrix} \boldsymbol{\phi} \\ \boldsymbol{\phi}s \end{Bmatrix} \mathrm{e}^{st} = \boldsymbol{\Phi}\mathrm{e}^{st} \tag{5.9.4b}$$

其中

$$\boldsymbol{\Phi} = \begin{Bmatrix} \boldsymbol{\phi} \\ \boldsymbol{\phi}s \end{Bmatrix} \tag{5.9.4c}$$

将式(5.9.4b)代入式(5.9.3)，得

$$(s\boldsymbol{A} + \boldsymbol{B})\boldsymbol{\Phi} = \boldsymbol{0} \tag{5.9.5}$$

这是矩阵 $\boldsymbol{A},\boldsymbol{B}$ 的广义特征值问题.如果系统阻尼是小于临界阻尼的一般情况,解式(5.9.5),假设可得到 n 对($2n$ 个)不同的具有负实部的共轭复根,即

$$\left.\begin{aligned} s_r &= -\alpha_r + \mathrm{i}\omega_{\mathrm{d}r} = -\xi_r\omega_{0r} + \mathrm{i}\omega_{\mathrm{d}r} \\ s_r^* &= -\alpha_r - \mathrm{i}\omega_{\mathrm{d}r} = -\xi_r\omega_{0r} - \mathrm{i}\omega_{\mathrm{d}r} \end{aligned}\right., \quad r = 1, 2, \cdots, n \tag{5.9.6}$$

$$\alpha_r = \xi_r\omega_{0r}, \quad \omega_{\mathrm{d}r}^2 = \omega_{0r}^2 - \alpha_r^2 = \omega_{0r}^2(1 - \xi_r^2)$$

$$s_r - s_r^* = \mathrm{i}2\omega_{\mathrm{d}r}, \quad s_r s_r^* = \alpha_r^2 + \omega_{\mathrm{d}r}^2 = |s_r|^2$$

定义由 n 对特征值 s_r,s_r^*($r=1, 2, \cdots, n$)组成的对角矩阵为特征值矩阵,即

$$\left\{\begin{aligned} &\boldsymbol{\Lambda} = \begin{bmatrix} s_1 & & & \\ & s_2 & & \\ & & \ddots & \\ & & & s_{2n} \end{bmatrix} = \begin{bmatrix} \boldsymbol{\Lambda}_n & \boldsymbol{0} \\ \boldsymbol{0} & \boldsymbol{\Lambda}_n^* \end{bmatrix} = \begin{bmatrix} s_1 & & & & & \\ & \ddots & & & & \\ & & s_N & & & \\ & & & s_1^* & & \\ & & & & \ddots & \\ & & & & & s_N^* \end{bmatrix} \\ &\boldsymbol{\Lambda}_n = \begin{bmatrix} s_1 & & & \\ & s_2 & & \\ & & \ddots & \\ & & & s_N \end{bmatrix} = \lceil s_r \rfloor, \quad \boldsymbol{\Lambda}_n^* = \begin{bmatrix} s_1^* & & & \\ & s_2^* & & \\ & & \ddots & \\ & & & s_N^* \end{bmatrix} = \lceil s_r^* \rfloor \end{aligned}\right. \tag{5.9.7}$$

$$s_r = \begin{cases} s_r, & r \leqslant N \\ s_{r-n}^*, & r > N \end{cases}$$

式中,$\boldsymbol{\Lambda}_n$ 为 N 个特征值 s_r($r=1, 2, \cdots, N$)组成的对角阵,$\boldsymbol{\Lambda}_n^*$ 为 N 个共轭特征值 s_r^*($r=1, 2, \cdots, N$)组成的对角矩阵.

将 s 的每一对共轭复特征值代入方程(5.9.5),则可得到对应的一对共轭状态空间复特征向量以及特征值 s_r,s_r^* 对应的特征向量为 $\boldsymbol{\Phi}_r,\boldsymbol{\Phi}_r^*$,它们都是 $2N$ 维的复向量,按式(5.9.4)可分割为两个 N 维的复向量,即

$$\left.\begin{aligned} \boldsymbol{\Phi}_r &= \begin{Bmatrix} \boldsymbol{\phi}_r \\ \boldsymbol{\phi}_r s_r \end{Bmatrix} \\ \boldsymbol{\Phi}_r^* &= \begin{Bmatrix} \boldsymbol{\phi}_r^* \\ \boldsymbol{\phi}_r^* s_r^* \end{Bmatrix} \end{aligned}\right\}, \quad r = 1, 2, \cdots, N \tag{5.9.8a}$$

将系统的 $2N$ 个特征向量的每一个作为一列,按阶次同时排列在一个矩阵中,组成一个 $2N$ 阶方阵 $\boldsymbol{\Phi}$,称其为状态空间复模态矩阵,即

$$\boldsymbol{\Phi} = [\boldsymbol{\Phi}_1 \quad \boldsymbol{\Phi}_2 \quad \cdots \quad \boldsymbol{\Phi}_{2N}]$$

$$= [\boldsymbol{\Phi}_1 \quad \boldsymbol{\Phi}_2 \quad \cdots \quad \boldsymbol{\Phi}_N \quad \boldsymbol{\Phi}_1^* \quad \boldsymbol{\Phi}_2^* \quad \cdots \quad \boldsymbol{\Phi}_N^*]$$

$$= [\boldsymbol{\Phi}_N \quad \boldsymbol{\Phi}_N^*]$$

$$\boldsymbol{\Phi}_r = \begin{cases} \boldsymbol{\Phi}_r, & r \leqslant N \\ \boldsymbol{\Phi}_{r-n}^*, & r > N \end{cases} \tag{5.9.8b}$$

式中,$\boldsymbol{\Phi}_N$ 为特征向量$\boldsymbol{\Phi}_r$($r=1, 2, \cdots, N$)组成的 $2N\times N$ 矩阵,$\boldsymbol{\Phi}_N^*$ 为相应的共轭特征向量 $\boldsymbol{\Phi}_r^*$($r=1, 2, \cdots, N$)组成的 $2N\times N$ 矩阵.

将式(5.9.8a)代入式(5.9.8b),得

$$\boldsymbol{\Phi} = \begin{bmatrix} \boldsymbol{\phi}_N & \boldsymbol{\phi}_N^* \\ \boldsymbol{\phi}_N\boldsymbol{\Lambda}_N & \boldsymbol{\phi}_N^*\boldsymbol{\Lambda}_N^* \end{bmatrix} = \begin{bmatrix} \boldsymbol{\phi} \\ \boldsymbol{\phi}\boldsymbol{\Lambda} \end{bmatrix} \tag{5.9.8c}$$

$$\boldsymbol{\phi} = [\boldsymbol{\phi}_1 \quad \boldsymbol{\phi}_2 \quad \cdots \quad \boldsymbol{\phi}_{2N}]$$

$$= [\boldsymbol{\phi}_1 \quad \boldsymbol{\phi}_2 \quad \cdots \quad \boldsymbol{\phi}_N \quad \boldsymbol{\phi}_1^* \quad \boldsymbol{\phi}_2^* \quad \cdots \quad \boldsymbol{\phi}_N^*]$$

$$= [\boldsymbol{\phi}_N \quad \boldsymbol{\phi}_N^*]$$

$$\boldsymbol{\phi}_r = \begin{cases} \boldsymbol{\phi}_r, & r \leqslant N \\ \boldsymbol{\phi}_{r-N}^*, & r > N \end{cases} \tag{5.9.8d}$$

5.9.2 复特征向量对于矩阵 $\boldsymbol{A}$ 和 $\boldsymbol{B}$ 的正交性

设系统无重根.由于 $\boldsymbol{A}$ 及 $\boldsymbol{B}$ 为实对称矩阵,故容易证明 $\boldsymbol{\Phi}_r$,$\boldsymbol{\Phi}_r^*$ 对于 $\boldsymbol{A}$ 及 $\boldsymbol{B}$ 都具有正交性.任选两个不同的特征值 s_r,s_s 及其相应的特征向量 $\boldsymbol{\Phi}_r$,$\boldsymbol{\Phi}_s$ 代入式(5.9.5),有

$$s_r\boldsymbol{A}\boldsymbol{\Phi}_r = -\boldsymbol{B}\boldsymbol{\Phi}_r \tag{5.9.9a}$$

$$s_s\boldsymbol{A}\boldsymbol{\Phi}_s = -\boldsymbol{B}\boldsymbol{\Phi}_s \tag{5.9.9b}$$

式(5.9.9a)两端左乘 $\boldsymbol{\Phi}_S^{\mathrm{T}}$,式(5.9.9b)两端左乘 $\boldsymbol{\Phi}_r^{\mathrm{T}}$,得

$$s_r\boldsymbol{\Phi}_s^{\mathrm{T}}\boldsymbol{A}\boldsymbol{\Phi}_r = -\boldsymbol{\Phi}_s^{\mathrm{T}}\boldsymbol{B}\boldsymbol{\Phi}_r \tag{5.9.9c}$$

$$s_s\boldsymbol{\Phi}_r^{\mathrm{T}}\boldsymbol{A}\boldsymbol{\Phi}_s = -\boldsymbol{\Phi}_r^{\mathrm{T}}\boldsymbol{B}\boldsymbol{\Phi}_s \tag{5.9.9d}$$

考虑到 $\boldsymbol{A} = \boldsymbol{A}^{\mathrm{T}}$, $\boldsymbol{B} = \boldsymbol{B}^{\mathrm{T}}$,将式(5.9.9c)两端同时转置,有

$$s_r\boldsymbol{\Phi}_r^{\mathrm{T}}\boldsymbol{A}\boldsymbol{\Phi}_s = -\boldsymbol{\Phi}_r^{\mathrm{T}}\boldsymbol{B}\boldsymbol{\Phi}_s \tag{5.9.9e}$$

式(5.9.9e)减去式(5.9.9d),得

$$(s_r - s_s)\boldsymbol{\Phi}_r^{\mathrm{T}}\boldsymbol{A}\boldsymbol{\Phi}_s = 0 \tag{5.9.9f}$$

于是,得到正交性关系式为

$$\boldsymbol{\Phi}_r^{\mathrm{T}}\boldsymbol{A}\boldsymbol{\Phi}_s = \begin{cases} 0, & r \neq s \\ a_r, & r = s \end{cases}$$

$$\boldsymbol{\Phi}_r^{\mathrm{T}}\boldsymbol{B}\boldsymbol{\Phi}_s = \begin{cases} 0, & r \neq s \\ b_r, & r = s \end{cases} \tag{5.9.9g}$$

同样也有

$$
\boldsymbol{\Phi}_r^{*\mathrm{T}} \boldsymbol{A} \boldsymbol{\Phi}_s^* = \begin{cases} 0, & r \neq s \\ a_r^*, & r = s \end{cases}
$$

$$
\boldsymbol{\Phi}_r^{*\mathrm{T}} \boldsymbol{B} \boldsymbol{\Phi}_s^* = \begin{cases} 0, & r \neq s \\ b_r^*, & r = s \end{cases} \tag{5.9.10}
$$

同理可得

$$
\boldsymbol{\Phi}^{\mathrm{T}} \boldsymbol{A} \boldsymbol{\Phi} = \begin{bmatrix} a_1 & & & \\ & a_2 & & \\ & & \ddots & \\ & & & a_{2n} \end{bmatrix} = \begin{bmatrix} a_1 & & & & & \\ & \ddots & & & & \\ & & a_n & & & \\ & & & a_1^* & & \\ & & & & \ddots & \\ & & & & & a_n^* \end{bmatrix}
$$

$$
= \begin{bmatrix} \boldsymbol{a}_N & \boldsymbol{0} \\ \boldsymbol{0} & \boldsymbol{a}_N^* \end{bmatrix} = \boldsymbol{a} = \boldsymbol{\Lambda} \boldsymbol{m} + \boldsymbol{m} \boldsymbol{\Lambda} + \boldsymbol{c} \tag{5.9.11}
$$

$$
\boldsymbol{\Phi}^{\mathrm{T}} \boldsymbol{B} \boldsymbol{\Phi} = \begin{bmatrix} b_1 & & & \\ & b_2 & & \\ & & \ddots & \\ & & & b_{2n} \end{bmatrix} = \begin{bmatrix} b_1 & & & & & \\ & \ddots & & & & \\ & & b_n & & & \\ & & & b_1^* & & \\ & & & & \ddots & \\ & & & & & b_n^* \end{bmatrix}
$$

$$
= \begin{bmatrix} \boldsymbol{b}_N & \boldsymbol{0} \\ \boldsymbol{0} & \boldsymbol{b}_N^* \end{bmatrix} = \boldsymbol{b} = \boldsymbol{k} - \boldsymbol{\Lambda} \boldsymbol{m} \boldsymbol{\Lambda} \tag{5.9.12}
$$

式(5.9.11)与式(5.9.12)就是状态空间的正交关系式.将式(5.9.9g)代入式(5.9.9c),得

$$
s_r a_r = - b_r, \quad s_r^* a_r^* = - b_r^*
$$

同理可得

$$
\boldsymbol{\Lambda}_N \boldsymbol{a}_N = - \boldsymbol{b}_N, \quad \boldsymbol{\Lambda}_N^* \boldsymbol{a}_N^* = - \boldsymbol{b}_N^*, \quad \boldsymbol{\Lambda} \boldsymbol{a} = - \boldsymbol{b} \tag{5.9.13}
$$

将复特征向量对矩阵 $\boldsymbol{A}$,$\boldsymbol{B}$ 的正交性矩阵表达式(5.9.11)、式(5.9.12)展开,可得

$$
\begin{aligned}
\boldsymbol{\Phi}_N^{\mathrm{T}} \boldsymbol{A} \boldsymbol{\Phi}_N &= \boldsymbol{\phi}_N^{\mathrm{T}} \boldsymbol{C} \boldsymbol{\phi}_N + \boldsymbol{\Lambda}_N \boldsymbol{\phi}_N^{\mathrm{T}} \boldsymbol{M} \boldsymbol{\phi}_N + \boldsymbol{\phi}_N^{\mathrm{T}} \boldsymbol{M} \boldsymbol{\phi}_N \boldsymbol{\Lambda}_N \\
&= \boldsymbol{c}_N + \boldsymbol{\Lambda}_N \boldsymbol{m}_N + \boldsymbol{m}_N \boldsymbol{\Lambda}_N
\end{aligned}
$$

$$= \boldsymbol{a}_N = \begin{bmatrix} a_1 & & & \\ & a_2 & & \\ & & \ddots & \\ & & & a_n \end{bmatrix}$$

$$a_r = 2s_r\boldsymbol{\phi}_r^{\mathrm{T}}\boldsymbol{M}\boldsymbol{\phi}_r + \boldsymbol{\phi}_r^{\mathrm{T}}\boldsymbol{C}\boldsymbol{\phi}_r = 2s_r m_{rr} + c_{rr} \tag{5.9.14}$$

$$\begin{aligned}\boldsymbol{\Phi}_N^{*\mathrm{T}}\boldsymbol{A}\boldsymbol{\Phi}_N^* &= \boldsymbol{\phi}_N^{*\mathrm{T}}\boldsymbol{C}\boldsymbol{\phi}_N^* + \boldsymbol{\Lambda}_N^*\boldsymbol{\phi}_N^*\boldsymbol{M}\boldsymbol{\phi}_N^* + \boldsymbol{\phi}_N^{*\mathrm{T}}\boldsymbol{M}\boldsymbol{\phi}_N^*\boldsymbol{\Lambda}_N^* \\ &= \boldsymbol{c}_N^* + \boldsymbol{\Lambda}_N^*\boldsymbol{m}_N^* + \boldsymbol{m}_N^*\boldsymbol{\Lambda}_N^* \\ &= \boldsymbol{a}_N^* = \begin{bmatrix} a_1^* & & & \\ & a_2^* & & \\ & & \ddots & \\ & & & a_n^* \end{bmatrix}\end{aligned}$$

$$a_r^* = 2s_r^*\boldsymbol{\phi}_r^{*\mathrm{T}}\boldsymbol{M}\boldsymbol{\phi}_r^* + \boldsymbol{\phi}_r^{*\mathrm{T}}\boldsymbol{C}\boldsymbol{\phi}_r^* = 2s_r^* m_{rr}^* + c_{rr}^* \tag{5.9.15}$$

$$\begin{aligned}\boldsymbol{\Phi}_N^{\mathrm{T}}\boldsymbol{A}\boldsymbol{\Phi}_N^* &= \boldsymbol{\phi}_N^{\mathrm{T}}\boldsymbol{C}\boldsymbol{\phi}_N^* + \boldsymbol{\Lambda}_N\boldsymbol{\phi}_N\boldsymbol{M}\boldsymbol{\phi}_N^* + \boldsymbol{\phi}_N^{\mathrm{T}}\boldsymbol{M}\boldsymbol{\phi}_N^*\boldsymbol{\Lambda}_N^* = \boldsymbol{0} \\ \boldsymbol{\Phi}_N^{*\mathrm{T}}\boldsymbol{A}\boldsymbol{\Phi}_N &= \boldsymbol{\phi}_N^{*\mathrm{T}}\boldsymbol{C}\boldsymbol{\phi}_N + \boldsymbol{\Lambda}_N^*\boldsymbol{\phi}_N^*\boldsymbol{M}\boldsymbol{\phi}_N + \boldsymbol{\phi}_N^{*\mathrm{T}}\boldsymbol{M}\boldsymbol{\phi}_N\boldsymbol{\Lambda}_N = \boldsymbol{0}\end{aligned} \tag{5.9.16}$$

$$\begin{aligned}\boldsymbol{\Phi}_N^{\mathrm{T}}\boldsymbol{B}\boldsymbol{\Phi}_N &= \boldsymbol{\phi}_N^{\mathrm{T}}\boldsymbol{K}\boldsymbol{\phi}_N - \boldsymbol{\Lambda}_N\boldsymbol{\phi}_N^{\mathrm{T}}\boldsymbol{M}\boldsymbol{\phi}_N\boldsymbol{\Lambda}_N \\ &= \boldsymbol{b}_N = \begin{bmatrix} b_1 & & & \\ & b_2 & & \\ & & \ddots & \\ & & & b_n \end{bmatrix}\end{aligned}$$

$$b_r = \boldsymbol{\phi}_r^{\mathrm{T}}\boldsymbol{K}\boldsymbol{\phi}_r - \boldsymbol{\phi}_r^{\mathrm{T}}\boldsymbol{M}\boldsymbol{\phi}_r s_r^2 = k_{rr} - m_{rr}s_r^2 \tag{5.9.17}$$

$$\begin{aligned}\boldsymbol{\Phi}_N^{*\mathrm{T}}\boldsymbol{B}\boldsymbol{\Phi}_N^* &= \boldsymbol{\phi}_N^{*\mathrm{T}}\boldsymbol{K}\boldsymbol{\phi}_N^* - \boldsymbol{\Lambda}_N^*\boldsymbol{\phi}_N^{*\mathrm{T}}\boldsymbol{M}\boldsymbol{\phi}_N^*\boldsymbol{\Lambda}_N^* \\ &= \boldsymbol{b}_N^* = \begin{bmatrix} b_1^* & & & \\ & b_2^* & & \\ & & \ddots & \\ & & & b_n^* \end{bmatrix}\end{aligned}$$

$$b_r^* = \boldsymbol{\phi}_r^{*\mathrm{T}}\boldsymbol{K}\boldsymbol{\phi}_r^* - \boldsymbol{\phi}_r^{*\mathrm{T}}\boldsymbol{M}\boldsymbol{\phi}_r^* s_r^{*2} = k_{rr}^* - m_{rr}^* s_r^{*2} \tag{5.9.18}$$

$$\begin{aligned}\boldsymbol{\Phi}_N^{\mathrm{T}}\boldsymbol{B}\boldsymbol{\Phi}_N^* &= \boldsymbol{\phi}_N^{\mathrm{T}}\boldsymbol{K}\boldsymbol{\phi}_N^* - \boldsymbol{\Lambda}_N\boldsymbol{\phi}_N^{\mathrm{T}}\boldsymbol{M}\boldsymbol{\phi}_N^*\boldsymbol{\Lambda}_N^* = \boldsymbol{0} \\ \boldsymbol{\Phi}_N^{*\mathrm{T}}\boldsymbol{B}\boldsymbol{\Phi}_N &= \boldsymbol{\phi}_N^{*\mathrm{T}}\boldsymbol{K}\boldsymbol{\phi}_N - \boldsymbol{\Lambda}_N^*\boldsymbol{\phi}_N^{*\mathrm{T}}\boldsymbol{M}\boldsymbol{\phi}_N\boldsymbol{\Lambda}_N = \boldsymbol{0}\end{aligned} \tag{5.9.19}$$

由上列展开式可以看出，复特征向量对于矩阵 $\boldsymbol{A}$，$\boldsymbol{B}$ 的正交性可以分为三类情况：

(1) 复特征向量的加权正交性. 当 $s = r$ 时，由式(5.9.14)、式(5.9.15)、式(5.9.17)、式

(5.9.18)得复特征向量的加权正交性为

$$\begin{aligned}
\boldsymbol{\Phi}_r^{\mathrm{T}}\boldsymbol{A}\boldsymbol{\Phi}_r &= \boldsymbol{\phi}_r^{\mathrm{T}}\boldsymbol{C}\boldsymbol{\phi}_r + 2s_r\boldsymbol{\phi}_r^{\mathrm{T}}\boldsymbol{M}\boldsymbol{\phi}_r = c_{rr} + 2s_r m_{rr} \\
&= \boldsymbol{\phi}_r^{\mathrm{T}}(2s_r\boldsymbol{M} + \boldsymbol{C})\boldsymbol{\phi}_r = a_r \\
\boldsymbol{\Phi}_r^{\mathrm{T}}\boldsymbol{B}\boldsymbol{\Phi}_r &= \boldsymbol{\phi}_r^{\mathrm{T}}\boldsymbol{K}\boldsymbol{\phi}_r - s_r^2\boldsymbol{\phi}_r^{\mathrm{T}}\boldsymbol{M}\boldsymbol{\phi}_r = k_{rr} - s_r^2 m_{rr} \\
&= \boldsymbol{\phi}_r^{\mathrm{T}}(\boldsymbol{K} - s_r^2\boldsymbol{M})\boldsymbol{\phi}_r = b_r \\
\boldsymbol{\Phi}_r^{*\mathrm{T}}\boldsymbol{A}\boldsymbol{\Phi}_r^* &= \boldsymbol{\phi}_r^{*\mathrm{T}}\boldsymbol{C}\boldsymbol{\phi}_r^* + 2s_r^*\boldsymbol{\phi}_r^{*\mathrm{T}}\boldsymbol{M}\boldsymbol{\phi}_r^* = c_{rr}^* + 2s_r^* m_{rr}^* \\
&= \boldsymbol{\phi}_r^{*\mathrm{T}}(2s_r^*\boldsymbol{M} + \boldsymbol{C})\boldsymbol{\phi}_r^* = a_r^* \\
\boldsymbol{\Phi}_r^{*\mathrm{T}}\boldsymbol{B}\boldsymbol{\Phi}_r^* &= \boldsymbol{\phi}_r^{*\mathrm{T}}\boldsymbol{K}\boldsymbol{\phi}_r^* - s_r^{*2}\boldsymbol{\phi}_r^{*\mathrm{T}}\boldsymbol{M}\boldsymbol{\phi}_r^* = k_{rr}^* - s_r^{*2}m_{rr}^* \\
&= \boldsymbol{\phi}_r^{*\mathrm{T}}(\boldsymbol{K} - s_r^{*2}\boldsymbol{M})\boldsymbol{\phi}_r^* = b_r^*
\end{aligned} \tag{5.9.20}$$

将式(5.9.20)代入式(5.9.13),得

$$\begin{aligned}
\boldsymbol{\phi}_r^{\mathrm{T}}\boldsymbol{M}\boldsymbol{\phi}_r s_r^2 + \boldsymbol{\phi}_r^{\mathrm{T}}\boldsymbol{C}\boldsymbol{\phi}_r s_r + \boldsymbol{\phi}_r^{\mathrm{T}}\boldsymbol{K}\boldsymbol{\phi}_r &= m_{rr}s_r^2 + c_{rr}s_r + k_{rr} = 0 \\
\boldsymbol{\phi}_r^{*\mathrm{T}}\boldsymbol{M}\boldsymbol{\phi}_r^* s_r^{*2} + \boldsymbol{\phi}_r^{*\mathrm{T}}\boldsymbol{C}\boldsymbol{\phi}_r^* s_r^* + \boldsymbol{\phi}_r^{*\mathrm{T}}\boldsymbol{K}\boldsymbol{\phi}_r^* &= m_{rr}^* s_r^{*2} + c_{rr}^* s_r^* + k_{rr}^* = 0
\end{aligned} \tag{5.9.21}$$

(2) 任意一对复特征向量的正交性. 当 $s \neq r$ 时,由式(5.9.14)、式(5.9.15)、式(5.9.17)、式(5.9.18)得任意一对复特征向量的正交性为

$$\begin{aligned}
\boldsymbol{\Phi}_s^{\mathrm{T}}\boldsymbol{A}\boldsymbol{\Phi}_r &= \boldsymbol{\phi}_s^{\mathrm{T}}\boldsymbol{C}\boldsymbol{\phi}_r + (s_r + s_s)\boldsymbol{\phi}_s^{\mathrm{T}}\boldsymbol{M}\boldsymbol{\phi}_r = c_{sr} + (s_r + s_s)m_{sr} \\
&= \boldsymbol{\phi}_s^{\mathrm{T}}(\boldsymbol{C} + s_r\boldsymbol{M} + s_s\boldsymbol{M})\boldsymbol{\phi}_r = 0 \\
\boldsymbol{\Phi}_s^{\mathrm{T}}\boldsymbol{B}\boldsymbol{\Phi}_r &= \boldsymbol{\phi}_s^{\mathrm{T}}\boldsymbol{K}\boldsymbol{\phi}_r - s_r s_s\boldsymbol{\phi}_s^{\mathrm{T}}\boldsymbol{M}\boldsymbol{\phi}_r = k_{sr} - s_r s_s m_{sr} \\
&= \boldsymbol{\phi}_s^{\mathrm{T}}(\boldsymbol{K} - s_r s_s\boldsymbol{M})\boldsymbol{\phi}_r = 0 \\
\boldsymbol{\Phi}_s^{*\mathrm{T}}\boldsymbol{A}\boldsymbol{\Phi}_r^* &= \boldsymbol{\phi}_s^{*\mathrm{T}}\boldsymbol{C}\boldsymbol{\phi}_r^* + (s_r^* + s_s^*)\boldsymbol{\phi}_s^{*\mathrm{T}}\boldsymbol{M}\boldsymbol{\phi}_r^* = c_{sr}^* + (s_r^* + s_s^*)m_{sr} \\
&= \boldsymbol{\phi}_s^{*\mathrm{T}}(\boldsymbol{C} + s_r^*\boldsymbol{M} + s_s^*\boldsymbol{M})\boldsymbol{\phi}_r^* = 0 \\
\boldsymbol{\Phi}_s^{*\mathrm{T}}\boldsymbol{B}\boldsymbol{\Phi}_r^* &= \boldsymbol{\phi}_s^{*\mathrm{T}}\boldsymbol{K}\boldsymbol{\phi}_r^* - s_r^* s_s^*\boldsymbol{\phi}_s^{*\mathrm{T}}\boldsymbol{M}\boldsymbol{\phi}_r^* = k_{sr}^* - s_r^* s_s^* m_{sr}^* \\
&= \boldsymbol{\phi}_s^{*\mathrm{T}}(\boldsymbol{K} - s_r^* s_s^*\boldsymbol{M})\boldsymbol{\phi}_r^* = 0
\end{aligned} \tag{5.9.22}$$

同理可得

$$\begin{aligned}
\boldsymbol{\phi}_s^{\mathrm{T}}\boldsymbol{M}\boldsymbol{\phi}_r s_r^2 + \boldsymbol{\phi}_s^{\mathrm{T}}\boldsymbol{C}\boldsymbol{\phi}_r s_r + \boldsymbol{\phi}_s^{\mathrm{T}}\boldsymbol{K}\boldsymbol{\phi}_r &= m_{sr}s_r^2 + c_{sr}s_r + k_{sr} = 0 \\
\boldsymbol{\phi}_s^{*\mathrm{T}}\boldsymbol{M}\boldsymbol{\phi}_r^* s_r^{*2} + \boldsymbol{\phi}_s^{*\mathrm{T}}\boldsymbol{C}\boldsymbol{\phi}_r^* s_r^* + \boldsymbol{\phi}_s^{*\mathrm{T}}\boldsymbol{K}\boldsymbol{\phi}_r^* &= m_{sr}^* s_r^{*2} + c_{sr}^* s_r^* + k_{sr}^* = 0
\end{aligned} \tag{5.9.23}$$

(3) 共轭成对复特征向量的正交性. 由式(5.9.16)、式(5.9.19)得共轭成对复特征向量的正交性为

$$\begin{aligned}
\boldsymbol{\Phi}_r^{\mathrm{T}}\boldsymbol{A}\boldsymbol{\Phi}_r^* &= \boldsymbol{\phi}_r^{\mathrm{T}}\boldsymbol{C}\boldsymbol{\phi}_r^* + (s_r + s_r^*)\boldsymbol{\phi}_r^{\mathrm{T}}\boldsymbol{M}\boldsymbol{\phi}_r^* = \bar{c}_{rr} + (s_r + s_r^*)\overline{m}_{rr} = 0 \\
\boldsymbol{\Phi}_r^{\mathrm{T}}\boldsymbol{B}\boldsymbol{\Phi}_r^* &= \boldsymbol{\phi}_r^{\mathrm{T}}\boldsymbol{K}\boldsymbol{\phi}_r^* - s_r s_r^*\boldsymbol{\phi}_r^{\mathrm{T}}\boldsymbol{M}\boldsymbol{\phi}_r^* = \bar{k}_{rr} - s_r s_r^*\overline{m}_{rr} = 0
\end{aligned} \tag{5.9.24}$$

将式(5.9.24)的第一式分别乘以 s_r,s_r^* 再与第二式合并,得

$$\begin{aligned}
\boldsymbol{\phi}_r^{\mathrm{T}}\boldsymbol{M}\boldsymbol{\phi}_r^* s_r^2 + \boldsymbol{\phi}_r^{\mathrm{T}}\boldsymbol{C}\boldsymbol{\phi}_r^* s_r + \boldsymbol{\phi}_r^{\mathrm{T}}\boldsymbol{K}\boldsymbol{\phi}_r^* &= \overline{m}_{rr}s_r^2 + \bar{c}_{rr}s_r + \bar{k}_{rr} = 0 \\
\boldsymbol{\phi}_r^{\mathrm{T}}\boldsymbol{M}\boldsymbol{\phi}_r^* s_r^{*2} + \boldsymbol{\phi}_r^{\mathrm{T}}\boldsymbol{C}\boldsymbol{\phi}_r^* s_r^* + \boldsymbol{\phi}_r^{\mathrm{T}}\boldsymbol{K}\boldsymbol{\phi}_r^* &= \overline{m}_{rr}s_r^{*2} + \bar{c}_{rr}s_r^* + \bar{k}_{rr} = 0
\end{aligned} \tag{5.9.25}$$

再将式(5.9.25)的两式合并,写为

$$\boldsymbol{\phi}_r^{\mathrm{T}}\boldsymbol{M}\boldsymbol{\phi}_r^* s^2 + \boldsymbol{\phi}_r^{\mathrm{T}}\boldsymbol{C}\boldsymbol{\phi}_r^* s + \boldsymbol{\phi}_r^{\mathrm{T}}\boldsymbol{K}\boldsymbol{\phi}_r^* = \overline{m}_{rr}s^2 + \bar{c}_{rr}s + \bar{k}_{rr} = 0, \quad s = s_r,\ s_r^* \tag{5.9.26}$$

式(5.9.26)即是一般黏性阻尼系统 r 阶纯模态自由振动的特征值方程.这里

$$m_{rr} = \boldsymbol{\phi}_r^{\mathrm{T}}\boldsymbol{M}\boldsymbol{\phi}_r, \qquad c_{rr} = \boldsymbol{\phi}_r^{\mathrm{T}}\boldsymbol{C}\boldsymbol{\phi}_r, \qquad k_{rr} = \boldsymbol{\phi}_r^{\mathrm{T}}\boldsymbol{K}\boldsymbol{\phi}_r$$

$$m_{rr}^* = \boldsymbol{\phi}_r^{*\mathrm{T}}\boldsymbol{M}\boldsymbol{\phi}_r^*, \qquad c_{rr}^* = \boldsymbol{\phi}_r^{*\mathrm{T}}\boldsymbol{C}\boldsymbol{\phi}_r^*, \qquad k_{rr}^* = \boldsymbol{\phi}_r^{*\mathrm{T}}\boldsymbol{K}\boldsymbol{\phi}_r^*$$

$$\overline{m}_{rr} = \boldsymbol{\phi}_r^{\mathrm{T}}\boldsymbol{M}\boldsymbol{\phi}_r^*, \qquad \bar{c}_{rr} = \boldsymbol{\phi}_r^{\mathrm{T}}\boldsymbol{C}\boldsymbol{\phi}_r^*, \qquad \bar{k}_{rr} = \boldsymbol{\phi}_r^{\mathrm{T}}\boldsymbol{K}\boldsymbol{\phi}_r^*$$

5.9.3 复模态坐标变换

由于复特征向量 $\boldsymbol{\Phi}_r(r=1, 2, \cdots, 2n)$对矩阵 $\boldsymbol{A}$ 及$\boldsymbol{B}$ 都具有正交性,所以以全部复特征向量组成的 $2n$ 阶复模态矩阵$\boldsymbol{\Phi}$ 作为变换矩阵,对原方程(5.9.2b)进行坐标变换,将使原方程(5.9.2b)解除耦合.由复特征向量的正交性得知,系统的各阶复特征向量之间是线性无关的,因此,我们就可以各阶复特征向量 $\boldsymbol{\Phi}_r(r=1, 2, \cdots, 2n)$为基底,张成一个向量空间 $\boldsymbol{\Phi}=[\boldsymbol{\Phi}_1 \quad \boldsymbol{\Phi}_2 \quad \cdots \quad \boldsymbol{\Phi}_{2n}]$,称其为复特征向量空间,这是一个 $2n$ 维的复向量空间.属于这一空间的任意向量都可以分解到这个复向量空间中的各个基向量上去,因此,该空间中的任一状态向量 $\boldsymbol{y}$ 均可用基向量$\boldsymbol{\Phi}_r(r=1, 2, \cdots, 2n)$的线性组合来表达,即

$$\boldsymbol{y}_{2n\times 1} = \boldsymbol{\Phi}_{2n\times 2n} \times \boldsymbol{q}_{2n\times 1} \tag{5.9.27}$$

式中,$\boldsymbol{q}$ 称为复模态坐标向量,是 $2n$ 维向量,它的元素 q_r 表示$\boldsymbol{y}$ 在相应复特征向量$\boldsymbol{\Phi}_r$ 上的广义坐标,也可理解为 r 阶复特征基向量$\boldsymbol{\Phi}_r$ 对状态向量$\boldsymbol{y}$ 的贡献量.

因状态向量 $\boldsymbol{y}$ 是实数向量,如共轭特征值 s_r, s_r^* 的复特征向量也取共轭成对$\boldsymbol{\Phi}_r, \boldsymbol{\Phi}_r^*$,则相应的复模态坐标 q_r 也是共轭成对(q_r, q_r^*)的.故 $\boldsymbol{y}$ 可以写成

$$\begin{aligned}\boldsymbol{y} = \begin{Bmatrix}\boldsymbol{x}\\ \dot{\boldsymbol{x}}\end{Bmatrix} &= \boldsymbol{\Phi}\boldsymbol{q} = \sum_{r=1}^{2n}\boldsymbol{\Phi}_r q_r = \boldsymbol{\Phi}_N q_N + \boldsymbol{\Phi}_N^* q_N^* \\ &= \sum_{r=1}^{n}[\boldsymbol{\Phi}_r \quad \boldsymbol{\Phi}_r^*]\begin{Bmatrix}q_r\\ q_r^*\end{Bmatrix} = \sum_{r=1}^{n}(\boldsymbol{\Phi}_r q_r + \boldsymbol{\Phi}_r^* q_r^*) \\ &= \sum_{r=1}^{n}\left[\begin{Bmatrix}\boldsymbol{\phi}_r\\ \boldsymbol{\phi}_r s_r\end{Bmatrix}q_r + \begin{Bmatrix}\boldsymbol{\phi}_r^*\\ \boldsymbol{\phi}_r^* s_r^*\end{Bmatrix}q_r^*\right]\end{aligned} \tag{5.9.28}$$

这两部分相互共轭的解分别都满足状态方程(5.9.3).

将式(5.9.27)代入式(5.9.2b),进行坐标变换,并在方程两边左乘矩阵 $\boldsymbol{\Phi}^{\mathrm{T}}$,得

$$\boldsymbol{\Phi}^{\mathrm{T}}\boldsymbol{A}\boldsymbol{\Phi}\dot{\boldsymbol{q}} + \boldsymbol{\Phi}^{\mathrm{T}}\boldsymbol{B}\boldsymbol{\Phi}\boldsymbol{q} = \boldsymbol{\Phi}^{\mathrm{T}}\boldsymbol{F} = \boldsymbol{\Phi}^{\mathrm{T}}\begin{Bmatrix}\boldsymbol{f}(t)\\ \boldsymbol{0}\end{Bmatrix}$$

利用式(5.9.11)、式(5.9.12)所表达的复特征向量的正交性,代入上式就可得到

$$\boldsymbol{a}\dot{\boldsymbol{q}} + \boldsymbol{b}\boldsymbol{q} = \boldsymbol{\phi}^{\mathrm{T}}\boldsymbol{f}(t) \quad 或 \quad \dot{\boldsymbol{q}} - \boldsymbol{\Lambda}\boldsymbol{q} = \boldsymbol{a}^{-1}\boldsymbol{\phi}^{\mathrm{T}}\boldsymbol{f}(t) \tag{5.9.29a}$$

即

$$\dot{\boldsymbol{q}}_N - \boldsymbol{\Lambda}_N\boldsymbol{q}_N = \boldsymbol{a}_N^{-1}\boldsymbol{\phi}_N^{\mathrm{T}}\boldsymbol{f}(t), \quad \dot{\boldsymbol{q}}_N^* - \boldsymbol{\Lambda}_N^*\boldsymbol{q}_N^* = \boldsymbol{a}_N^{*-1}\boldsymbol{\phi}_N^{*\mathrm{T}}\boldsymbol{f}(t) \tag{5.9.29b}$$

将式(5.9.29b)表示为分量形式,得

$$\left.\begin{aligned}\dot{q}_r - s_r q_r &= a_r^{-1}\boldsymbol{\phi}_r^{\mathrm{T}}\boldsymbol{f}(t)\\ \dot{q}_r^* - s_r^* q_r^* &= a_r^{*-1}\boldsymbol{\phi}_r^{*\mathrm{T}}\boldsymbol{f}(t)\end{aligned}\right., \quad r = 1, 2, \cdots, n \tag{5.9.29c}$$

式(5.9.29c)是由 $2n$ 个互不耦合的一阶线性微分方程所组成的方程组,因此,可对其每一个方程分别求解,从而求得系统在激振力向量 $\boldsymbol{f}(t)$ 作用下的响应,在复特征向量空间中各广义坐标(复模态坐标)下的分量.然后,代入式(5.9.28),取其上半部,就可求得系统在原物理坐标下的位移向量 $\boldsymbol{x}$.

由此可见,复特征向量能够使具有一般黏性阻尼的系统,在以复特征向量为基向量的 $2n$ 维复特征向量空间内解除耦合.由于真实系统只能有实数解,实际上只有 n 个独立的运动解.

5.9.4 系统的自由衰减振动

系统的自由衰减振动,即系统对初始激振的响应.

如令方程(5.9.29)中的 $\boldsymbol{f}(t)=\boldsymbol{0}$,可得到一般黏性阻尼系统自由振动的模态坐标方程为

$$\dot{\boldsymbol{q}} - \boldsymbol{\Lambda}\boldsymbol{q} = \boldsymbol{0}$$

或

$$\left.\begin{aligned}\dot{q}_r - s_r q_r &= 0\\ \dot{q}_r^* - s_r^* q_r^* &= 0\end{aligned}\right., \quad r = 1, 2, \cdots, n$$

由上面的方程得

$$\dot{\boldsymbol{q}} = \boldsymbol{\Lambda}\boldsymbol{q} \tag{5.9.30a}$$

方程(5.9.30a)满足初始条件的解为

$$\boldsymbol{q}(t) = \mathrm{e}^{\boldsymbol{\Lambda}t}\boldsymbol{q}_0 \tag{5.9.30b}$$

式中,$\boldsymbol{q}_0$ 为待定的积分常数,由初始条件决定.将式(5.9.30b)代入式(5.9.28),即可求得系统在给定初始条件下的自由振动状态向量 $\boldsymbol{y}$ 为

$$\boldsymbol{y} = \begin{Bmatrix}\boldsymbol{x}\\ \dot{\boldsymbol{x}}\end{Bmatrix} = \boldsymbol{\Phi}\boldsymbol{q} = \boldsymbol{\Phi}\mathrm{e}^{\boldsymbol{\Lambda}t}\boldsymbol{q}_0 \tag{5.9.30c}$$

当 $t=0$ 时,由上式可得

$$\boldsymbol{y}\big|_{t=0} = \begin{Bmatrix}\boldsymbol{x}\\ \dot{\boldsymbol{x}}\end{Bmatrix}_{t=0} = \begin{Bmatrix}\boldsymbol{x}_0\\ \dot{\boldsymbol{x}}_0\end{Bmatrix} = \boldsymbol{\Phi}\boldsymbol{q}_0 \tag{5.9.30d}$$

其中

$$\boldsymbol{x}_0 = \boldsymbol{x}\big|_{t=0}, \quad \dot{\boldsymbol{x}}_0 = \dot{\boldsymbol{x}}\big|_{t=0}$$

将方程(5.9.30d)两边同时左乘 $\boldsymbol{\Phi}^{\mathrm{T}}\boldsymbol{A}$,应用正交性条件式(5.9.9),有

$$\boldsymbol{\Phi}^{\mathrm{T}}\boldsymbol{A}\begin{Bmatrix}\boldsymbol{x}_0\\ \dot{\boldsymbol{x}}_0\end{Bmatrix}=\boldsymbol{\Phi}^{\mathrm{T}}\boldsymbol{A}\boldsymbol{\Phi}\boldsymbol{q}_0=\boldsymbol{a}\boldsymbol{q}_0 \tag{5.9.30e}$$

则得

$$\boldsymbol{q}_0=\boldsymbol{a}^{-1}\boldsymbol{\Phi}^{\mathrm{T}}\boldsymbol{A}\begin{Bmatrix}\boldsymbol{x}_0\\ \dot{\boldsymbol{x}}_0\end{Bmatrix} \tag{5.9.30f}$$

将式(5.9.30f)代回方程(5.9.30c)得由初始条件 $\boldsymbol{x}_0,\dot{\boldsymbol{x}}_0$ 引起的自由振动状态向量为

$$\boldsymbol{y}=\begin{Bmatrix}\boldsymbol{x}\\ \dot{\boldsymbol{x}}\end{Bmatrix}=\boldsymbol{\Phi}\mathrm{e}^{\boldsymbol{\Lambda}t}\boldsymbol{a}^{-1}\boldsymbol{\Phi}^{\mathrm{T}}\boldsymbol{A}\begin{Bmatrix}\boldsymbol{x}_0\\ \dot{\boldsymbol{x}}_0\end{Bmatrix}=\boldsymbol{\Phi}\mathrm{e}^{\boldsymbol{\Lambda}t}\boldsymbol{q}_0 \tag{5.9.31}$$

取式(5.9.31)上半部得系统对给定初始条件 $\boldsymbol{x}_0$ 与 $\dot{\boldsymbol{x}}_0$ 的响应 $\boldsymbol{x}$ 为

$$\begin{aligned}\boldsymbol{x}&=\boldsymbol{\phi}\mathrm{e}^{\boldsymbol{\Lambda}t}\boldsymbol{a}^{-1}\boldsymbol{\Phi}^{\mathrm{T}}\boldsymbol{A}\begin{Bmatrix}\boldsymbol{x}_0\\ \dot{\boldsymbol{x}}_0\end{Bmatrix}=\boldsymbol{\phi}\mathrm{e}^{\boldsymbol{\Lambda}t}\boldsymbol{q}_0=\sum_{r=1}^{2n}\boldsymbol{\phi}_r\mathrm{e}^{s_rt}q_{0r}\\&=\sum_{r=1}^{n}(\boldsymbol{\phi}_r\mathrm{e}^{s_rt}q_{0r}+\boldsymbol{\phi}_r^*\mathrm{e}^{s_r^*t}q_{0r}^*)=\sum_{r=1}^{n}\boldsymbol{x}_r\end{aligned} \tag{5.9.32}$$

从式(5.9.32)可以看出,系统自由振动的位移向量是各阶纯模态对自由振动的位移向量 $\boldsymbol{x}_r$ $(r=1,\ 2,\ \cdots,n)$的叠加.

系统某阶纯模态对自由振动的位移向量 $\boldsymbol{x}_r$ 是由它的特征解所决定的,即

$$\boldsymbol{x}_r=\boldsymbol{\phi}_r\mathrm{e}^{s_rt}q_{0r}+\boldsymbol{\phi}_r^*\mathrm{e}^{s_r^*t}q_{0r}^*=2\mathrm{Re}\,(\boldsymbol{\phi}_r\mathrm{e}^{s_rt}q_{0r}) \tag{5.9.33}$$

由式(5.9.33)可以看出,决定每阶模态对自由振动影响的参数是复频率 s_r、复振型 $\boldsymbol{\phi}_r$ 和相应初始条件的变换模态坐标 q_{0r},它们都是复数,可用它们的实部和虚部给出.则式(5.9.33)给出的纯模态 r 对自由振动位移向量中的第 l 个分量(即物理第 l 个坐标点的位移)为

$$\begin{aligned}x_{rl}&=2\mathrm{Re}(\phi_{rl}\mathrm{e}^{s_rt}q_{0r})=2\mathrm{Re}[\,|\phi_{rl}|\,|q_{0r}|\,\mathrm{e}^{(s_rt+\mathrm{i}\theta_{rl}+\mathrm{i}\theta_{0rl})}\,]\\&=2|\phi_{rl}|\,|q_{0r}|\,\mathrm{e}^{-\alpha_rt}\cos(\omega_{\mathrm{d}r}t+\theta_{rl}+\theta_{0rl})\end{aligned} \tag{5.9.34}$$

式中,$s_r=-\alpha_r+\mathrm{i}\omega_{\mathrm{d}r}$,$\theta_{rl}$ 为复振幅所引起的相角,θ_{0rl} 为初始条件所引起的相角.

它给出了相当于单自由度阻尼系统的振动特性.

综合考虑式(5.9.32)～式(5.9.34),可以得到复模态系统自由振动的特性为:

(1) 当系统作纯模态自由振动时,系统内各点(自由度)都以同一衰减率 α_r 和同一"自然圆频率"$\omega_{\mathrm{d}r}$ 作等时性的衰减振动,这也就是复频率 s_r 的物理意义.复频率 s_r 与坐标点无关,因而是一种"非局部"参数.

(2) 由于复模态中的振型是复振型 $\boldsymbol{\phi}_r$,所以系统在作纯模态自由振动时,系统内各坐标点的振动幅值 $|\phi_{rl}|$ 和相位 θ_{rl} 各不相同(因为振幅和相位因点 l 而异),各点之间不刚好是同相或反相,因而各点的位移不同时达到最大值,也不同时为零.系统不再具有像实模态理论中的固有形态,系统的瞬时形态是随时间而变化的.任意瞬时的振动形态由式(5.9.33)给出(即由复振型 $\boldsymbol{\phi}_r$ 乘复常数 $\mathrm{e}^{s_rt}q_{0r}$ 所得实数部分的两倍给出).由此可见,当确定了一个复常数因子

的复振型，也就确定了系统纯模态自由振动的全部瞬时振动形态.

(3) 系统在作纯模态自由振动时，虽然各点的幅值和相位不相同，但是，系统内各坐标点之间的幅值比和相位差是恒定的，是不随时间改变的，并且其差值是由系统本身决定的，与初始值无关.

(4) 系统各阶纯模态对自由振动所引起的位移向量的叠加构成了系统自由振动的位移向量.系统不同的初始状态决定了不同的复模态分量因子，从而决定了各阶模态对系统自由振动的贡献大小，产生了系统在各种初始状态下的自由振动.

找出复模态系统中各阶纯模态自由振动的复模态质量、复模态刚度、复模态阻尼比和复模态固有频率等，与实模态系统中各阶纯模态自由振动的对应参数之间的区别和联系，是十分重要的.

复模态系统的自由振动，是与自由度数相等的 n 个相互独立的纯模态对自由振动叠加而成的，它的位移向量，可由式(5.9.28)的上半部即式(5.9.32)表示为

$$\boldsymbol{x} = \sum_{r=1}^{n}(\boldsymbol{\phi}_r q_r + \boldsymbol{\phi}_r^* q_r^*) = \sum_{r=1}^{n}(\boldsymbol{\phi}_r \mathrm{e}^{s_r t} q_{0r} + \boldsymbol{\phi}_r^* \mathrm{e}^{s_r^* t} q_{0r}^*) \tag{5.9.35}$$

如令方程(5.9.1)中的 $\boldsymbol{f}(t)=\boldsymbol{0}$，可得系统自由振动的运动方程为

$$\boldsymbol{M}\ddot{\boldsymbol{x}} + \boldsymbol{C}\dot{\boldsymbol{x}} + \boldsymbol{K}\boldsymbol{x} = \boldsymbol{0} \tag{5.9.36a}$$

方程(5.9.35)中的各阶纯模态自由振动中相互共轭的每一个解，都满足方程(5.9.36a).分别将 $\boldsymbol{x}_r^{(1)} = \boldsymbol{\phi}_r q_r \mathrm{e}^{st}$ 及 $\boldsymbol{x}_r^{(2)} = \boldsymbol{\phi}_r^* q_r^* \mathrm{e}^{s^* t}$ 代入上式，可得

$$\left.\begin{aligned}(\boldsymbol{M}\boldsymbol{\phi}_r s_r^2 + \boldsymbol{C}\boldsymbol{\phi}_r s_r + \boldsymbol{K}\boldsymbol{\phi}_r) q_r = \boldsymbol{0}\\ (\boldsymbol{M}\boldsymbol{\phi}_r^* s_r^{*2} + \boldsymbol{C}\boldsymbol{\phi}_r^* s_r^* + \boldsymbol{K}\boldsymbol{\phi}_r^*) q_r^* = \boldsymbol{0}\end{aligned}\right., \quad r = 1, 2, \cdots, n$$

将上式分别左乘 $\boldsymbol{\phi}_r^{*\mathrm{T}}$ 和 $\boldsymbol{\phi}_r^{\mathrm{T}}$，并将第一式转置，然后与第二式比较，得一般黏性阻尼系统 r 阶纯模态自由振动的特征方程为

$$\boldsymbol{\phi}_r^{\mathrm{T}}\boldsymbol{M}\boldsymbol{\phi}_r^* s^2 + \boldsymbol{\phi}_r^{\mathrm{T}}\boldsymbol{C}\boldsymbol{\phi}_r^* s + \boldsymbol{\phi}_r^{\mathrm{T}}\boldsymbol{K}\boldsymbol{\phi}_r^* = 0, \quad s = s_r, s_r^*, \quad r = 1, 2, \cdots, n \tag{5.9.36b}$$

这就是式(5.9.29b).由此可知，由共轭成对复特征向量的正交性，也可推得式(5.9.36b)的相同结果.式(5.9.36b)简记为

$$\overline{m}_r s_r^2 + \bar{c}_r s_r + \bar{k}_r = 0, \quad r = 1, 2, \cdots, n \tag{5.9.36c}$$

式中

$$\overline{m}_r = \boldsymbol{\phi}_r^{\mathrm{T}}\boldsymbol{M}\boldsymbol{\phi}_r^*, \quad \bar{c}_r = \boldsymbol{\phi}_r^{\mathrm{T}}\boldsymbol{C}\boldsymbol{\phi}_r^*, \quad \bar{k}_r = \boldsymbol{\phi}_r^{\mathrm{T}}\boldsymbol{K}\boldsymbol{\phi}_r^* \tag{5.9.37}$$

$\overline{m}_r$ 为 r 阶纯模态自由振动的“复模态质量”或“当量质量”，$\bar{c}_r$ 为 r 阶纯模态自由振动的“复模态阻尼”或“当量阻尼”，$\bar{k}_r$ 为 r 阶纯模态自由振动的“复模态刚度”或“当量刚度”.

方程(5.9.36c)在形式上与单自由度阻尼系统的特征方程完全相同，因而，也就说明了当量的含义，同时也说明了系统自由振动的解耦特性.

定义 r 阶纯模态自由振动的模态固有圆频率

$$\omega_{0r}=\sqrt{\frac{\bar{k}_r}{\bar{m}_r}} \tag{5.9.38}$$

它是纯模态自由振动方程(5.9.36c)中,略去自由振动当量阻尼$\bar{c}_r$后所得的模态固有圆频率,它不同于方程(5.9.36a)中略去阻尼矩阵 $\boldsymbol{C}$ 后所得的系统固有圆频率ω_{nr}.

对于欠阻尼系统,从式(5.9.36c)可以解得特征值为

$$s_r=-\frac{\bar{c}_r}{2\bar{m}_r}\pm \mathrm{i}\sqrt{\frac{\bar{k}_r}{\bar{m}_r}-\left(\frac{\bar{c}_r}{2\bar{m}_r}\right)^2} \tag{5.9.39}$$

比较式(5.9.39)与式(5.9.6),可得

$$\alpha_r=\frac{\bar{c}_r}{2\bar{m}_r},\quad \omega_{dr}=\sqrt{\frac{\bar{k}_r}{\bar{m}_r}-\left(\frac{\bar{c}}{2\bar{m}_r}\right)^2}$$

定义"复模态阻尼比"为

$$\xi_r=\frac{\alpha_r}{\omega_{0r}}=\frac{\bar{c}_r}{2\bar{m}_r\omega_{0r}}=\frac{\bar{c}_r}{2\sqrt{\bar{m}_r\bar{k}_r}} \tag{5.9.40}$$

则

$$\alpha_r=\xi_r\omega_{0r},\quad \omega_{dr}=\sqrt{1-\xi_r^2}\omega_{0r} \tag{5.9.41}$$

故

$$\omega_{dr}^2=(1-\xi_r^2)\omega_{0r}^2=\omega_{0r}^2-\xi_r^2\omega_{0r}^2=\omega_{0r}^2-\alpha_r^2$$

复频率 s_r 可用模态固有圆频率ω_{0r}和复模态阻尼比ξ_r表示为

$$\begin{aligned}
&s_r=-\xi_r\omega_{0r}+\mathrm{i}\omega_{dr},\quad s_r^*=-\xi_r\omega_{0r}-\mathrm{i}\omega_{dr}\\
&s_r+s_r^*=-2\alpha_r=-2\xi_r\omega_{0r}\\
&s_r-s_r^*=\mathrm{i}2\omega_{dr}\\
&s_rs_r^*=\omega_{0r}^2=\alpha_r^2+\omega_{dr}^2=|s_r|^2
\end{aligned} \tag{5.9.42}$$

$\omega_{0r}=|s_r|$即复频率的模等于模态固有圆频率.

由式(5.9.22a)和式(5.9.22b)所示的关系,可得

$$\begin{aligned}
&\bar{c}_r+\bar{m}_r(s_r+s_r^*)=\bar{c}_r-2\alpha_r\bar{m}_r=0\\
&\bar{k}_r-\bar{m}_rs_rs_r^*=\bar{k}_r-\bar{m}_r|s_r|^2=0
\end{aligned} \tag{5.9.43}$$

从式(5.9.37)、式(5.9.38)、式(5.9.40)所表示的关系式中可以看出,它们与实模态理论中的对应关系只是形式和表达上的相似,而不存在直接等同的关系.只有当式(5.9.37)、式(5.9.38)、式(5.9.40)中的复特征向量退化为实特征向量时,这些关系式才直接等同于实模态理论中的对应关系式.如同复模态理论中的模态固有圆频率 ω_{0r}不同于实模态理论中的固有圆频率ω_{nr},只有当复振型退化为实振型时,才有 $\omega_{0r}=\omega_{nr}$,如果系统的振型为复振型,则$\omega_{0r}\neq\omega_{nr}$.可见,系统的固有圆频率与模态固有圆频率是完全不相同的两个概念.

5.9.5 系统对简谐激振的响应及频响函数

当系统受到简谐激振力 $f(t)=f_0\mathrm{e}^{\mathrm{i}\omega t}$ 作用时,由方程(5.9.29c)可得系统受迫振动的复模态坐标方程为

$$\begin{aligned}\dot{q}_r - s_r q_r &= a_r^{-1}\boldsymbol{\phi}_r^{\mathrm{T}}\boldsymbol{f}_0\mathrm{e}^{\mathrm{i}\omega t}\\ \dot{q}_r^* - s_r^* q_r^* &= a_r^{*-1}\boldsymbol{\phi}_r^{*\mathrm{T}}\boldsymbol{f}_0\mathrm{e}^{\mathrm{i}\omega t}\end{aligned},\quad r=1,2,\cdots,n \tag{5.9.44}$$

求解方程(5.9.44),得

$$\begin{aligned}q_r &= \frac{\boldsymbol{\phi}_r^{\mathrm{T}}\boldsymbol{f}_0\mathrm{e}^{\mathrm{i}\omega t}}{a_r(\mathrm{i}\omega - s_r)}\\ q_r^* &= \frac{\boldsymbol{\phi}_r^{*\mathrm{T}}\boldsymbol{f}_0\mathrm{e}^{\mathrm{i}\omega t}}{a_r^*(\mathrm{i}\omega - s_r^*)}\end{aligned},\quad r=1,2,\cdots,n \tag{5.9.45}$$

式中,q_r,q_r^* 表示复模态坐标下的单自由度系统对广义激振力 $\boldsymbol{\phi}_r^{\mathrm{T}}\boldsymbol{f}_0\mathrm{e}^{\mathrm{i}\omega t}$ 的响应,称为纯模态响应.

将式(5.9.45)代入式(5.9.28),得

$$\begin{aligned}\boldsymbol{y} &= \sum_{r=1}^{n}(\boldsymbol{\Phi}_r q_r + \boldsymbol{\Phi}_r^* q_r^*)\\ &= \sum_{r=1}^{n}[\boldsymbol{\Phi}_r a_r^{-1}(\mathrm{i}\omega - s_r)^{-1}\boldsymbol{\phi}_r^{\mathrm{T}} + \boldsymbol{\Phi}_r^* a_r^{*-1}(\mathrm{i}\omega - s_r^*)^{-1}\boldsymbol{\phi}_r^{*\mathrm{T}}]\boldsymbol{f}_0\mathrm{e}^{\mathrm{i}\omega t}\end{aligned} \tag{5.9.46}$$

展开得简谐振动的位移响应 $\boldsymbol{x}$ 和速度响应 $\dot{\boldsymbol{x}}$:

$$\boldsymbol{x} = \sum_{r=1}^{n}[\boldsymbol{\phi}_r a_r^{-1}(\mathrm{i}\omega - s_r)^{-1}\boldsymbol{\phi}_r^{\mathrm{T}} + \boldsymbol{\phi}_r^* a_r^{*-1}(\mathrm{i}\omega - s_r^*)^{-1}\boldsymbol{\phi}_r^{*\mathrm{T}}]\boldsymbol{f}_0\mathrm{e}^{\mathrm{i}\omega t} \tag{5.9.47a}$$

$$\dot{\boldsymbol{x}} = \sum_{r=1}^{n}[\boldsymbol{\phi}_r s_r a_r^{-1}(\mathrm{i}\omega - s_r)^{-1}\boldsymbol{\phi}_r^{\mathrm{T}} + \boldsymbol{\phi}_r^* s_r^* a_r^{*-1}(\mathrm{i}\omega - s_r^*)^{-1}\boldsymbol{\phi}_r^{*\mathrm{T}}]\boldsymbol{f}_0\mathrm{e}^{\mathrm{i}\omega t} \tag{5.9.47b}$$

由式(5.9.47a)得系统的频响函数矩阵 $\boldsymbol{H}(\mathrm{i}\omega)$ 为

$$\begin{aligned}\boldsymbol{H}(\mathrm{i}\omega) &= \frac{\boldsymbol{x}}{\boldsymbol{f}} = \sum_{r=1}^{n}[\boldsymbol{\phi}_r a_r^{-1}(\mathrm{i}\omega - s_r)^{-1}\boldsymbol{\phi}_r^{\mathrm{T}} + \boldsymbol{\phi}_r^* a_r^{*-1}(\mathrm{i}\omega - s_r^*)^{-1}\boldsymbol{\phi}_r^{*\mathrm{T}}]\\ &= \sum_{r=1}^{n}\frac{\mathrm{i}\omega\boldsymbol{Q}_r + \boldsymbol{R}_r}{\omega_{0r}^2(1-\bar{\omega}_r^2 + \mathrm{i}2\xi_r\bar{\omega}_r)} = \sum_{r=1}^{n}\boldsymbol{H}_r(\mathrm{i}\omega)\end{aligned} \tag{5.9.48}$$

其中

$$\bar{\omega}_r = \frac{\omega}{\omega_{0r}} \tag{5.9.49}$$

$$\boldsymbol{Q}_r = \boldsymbol{\phi}_r a_r^{-1}\boldsymbol{\phi}_r^{\mathrm{T}} + \boldsymbol{\phi}_r^* a_r^{*-1}\boldsymbol{\phi}_r^{*\mathrm{T}} = 2\boldsymbol{A}_r^{\mathrm{R}} \tag{5.9.50}$$

$$\boldsymbol{R}_r = -(\boldsymbol{\phi}_r a_r^{-1}\boldsymbol{\phi}_r^{\mathrm{T}} s_r^* + \boldsymbol{\phi}_r^* a_r^{*-1}\boldsymbol{\phi}_r^{*\mathrm{T}} s_r) = 2\omega_{0r}(\xi_r\boldsymbol{A}_r^{\mathrm{R}} - \sqrt{1-\xi_r^2}\boldsymbol{A}_r^{\mathrm{I}}) \tag{5.9.51}$$

$$\boldsymbol{\phi}_r a_r^{-1}\boldsymbol{\phi}_r^{\mathrm{T}} = \boldsymbol{A}_r^{\mathrm{R}} + \mathrm{i}\boldsymbol{A}_r^{\mathrm{I}},\quad \boldsymbol{\phi}_r^* a_r^{*-1}\boldsymbol{\phi}_r^{*\mathrm{T}} = \boldsymbol{A}_r^{\mathrm{R}} - \mathrm{i}\boldsymbol{A}_r^{\mathrm{I}}$$

式(5.9.48)说明频响函数 $\boldsymbol{H}(\mathrm{i}\omega)$ 是模态频响函数 $\boldsymbol{H}_r(\mathrm{i}\omega)$ 的叠加,$\boldsymbol{H}_r(\mathrm{i}\omega)$ 为

$$H_r(\mathrm{i}\omega)=\frac{\mathrm{i}\bar{\omega}_r\omega_{0r}\boldsymbol{Q}_r+\boldsymbol{R}_r}{\omega_{0r}^2(1-\bar{\omega}_r^2+\mathrm{i}2\xi_r\bar{\omega}_r)} \tag{5.9.52}$$

频响函数矩阵 $\boldsymbol{H}(\mathrm{i}\omega)$的元素 $H_{lj}(\mathrm{i}\omega)$可表示为

$$\begin{aligned}H_{lj}(\mathrm{i}\omega)&=\sum_{r=1}^{n}[\phi_{rl}a_r^{-1}(\mathrm{i}\omega-s_r)^{-1}\phi_{rj}+\phi_{rl}^*a_r^{*-1}(\mathrm{i}\omega-s_r^*)\phi_{rj}^*]\\&=\sum_{r=1}^{n}\left[\frac{\mathrm{i}\bar{\omega}_r\omega_{0r}Q_{rlj}+R_{rlj}}{\omega_{0r}^2(1-\bar{\omega}_r^2+2\mathrm{i}\xi_r\bar{\omega}_r)}\right]\end{aligned} \tag{5.9.53}$$

它的物理意义是当系统仅在第 j 个坐标点受到简谐激振动力的作用,则第 l、第 j 个坐标点之间的频响函数为$H_{lj}(\mathrm{i}\omega)$.式中,ϕ_{rl},ϕ_{rj}为 r 阶复模态$\boldsymbol{\phi}_r$ 的第 l 和第j 个元素,ϕ_{rl}^*,ϕ_{rj}^*为共轭复模态$\boldsymbol{\phi}_r^*$ 的第l 和j 个元素,它们都是复数,而且 ϕ_{rl}和 ϕ_{rl}^* 共轭, ϕ_{rj}和 ϕ_{rj}^* 共轭.式(5.9.53)中的分母与式(5.8.41)中的分母相似,是熟悉的动力放大因子.分子则是由复模态参数确定的复数.也就是说,和比例阻尼情况不同,此时的模态柔度为“复柔度”,这意味着在 $\omega=\omega_{0r}$ 时,位移与激振力的相位差将不是 90°而是 $90^\circ-\theta_r$,而 θ_r 可表示为

$$\theta_r=\arctan\frac{\omega_{0r}Q_{rlj}}{R_{rlj}} \tag{5.9.54}$$

将式(5.9.48)、式(5.9.53)中的 $\mathrm{i}\omega$ 用拉氏算子的 s 代替,可得系统的传递函数$\boldsymbol{H}(s)$为

$$\boldsymbol{H}(s)=\sum_{r=1}^{n}\left[\frac{\boldsymbol{\phi}_r\boldsymbol{\phi}_r^{\mathrm{T}}}{a_r(s-s_r)}+\frac{\boldsymbol{\phi}_r^*\boldsymbol{\phi}_r^{*\mathrm{T}}}{a_r^*(s-s_r^*)}\right]=\sum_{r=1}^{n}\frac{s\boldsymbol{Q}_r+\boldsymbol{R}_r}{s^2+2\xi_r\omega_{0r}s+\omega_{0r}^2} \tag{5.9.55}$$

$$H_{lj}(s)=\sum_{r=1}^{n}\left[\frac{\phi_{rl}^r\phi_{rj}^r}{a_r(s-s_r)}+\frac{\phi_{rl}^{r*}\phi_{rj}^{r*}}{a_r^*(s-s_r^*)}\right]=\sum_{r=1}^{n}\frac{sQ_{rlj}+R_{rlj}}{s^2+2\xi_r\omega_{0r}s+\omega_{0r}^2} \tag{5.9.56a}$$

从式(5.9.56a)还可得到传递函数的另一表达式为

$$H_{lj}(s)=\frac{a_0+a_1s+a_2s^2+\cdots+a_ms^m}{b_0+b_1s+b_2s^2+\cdots+b_{2n}s^{2n}}=\frac{N_{ij}(s)}{D(s)},\quad m\leqslant 2n-1 \tag{5.9.56b}$$

其中,系数 a_r,b_r 都是有理数.

对于非简谐周期激振,和单自由度系统一样,也是先将 $f(t)$展开为傅里叶级数,分别按简谐波振计算各谐波的响应,然后叠加.

5.9.6 系统对任意激振的响应

当系统受到随时间变化的任意激振力 $f(t)$作用时,由方程(5.9.29)可得系统受迫振动的复模态解方程为

$$\left.\begin{aligned}\dot{q}_r-s_rq_r&=a_r^{-1}\boldsymbol{\phi}_r^{\mathrm{T}}f(t)\\\dot{q}_r^*-s_r^*q_r^*&=a_r^{*-1}\boldsymbol{\phi}_r^{*\mathrm{T}}f(t)\end{aligned}\right\},\quad r=1,2,\cdots,n \tag{5.9.57}$$

求解方程(5.9.57),得

$$\left.\begin{aligned} q_r &= q_r(0)e^{s_r t} + a_r^{-1}\int_0^t e^{s_r(t-\tau)}\boldsymbol{\phi}_r^{\mathrm{T}}\boldsymbol{f}(\tau)\mathrm{d}\tau \\ q_r^* &= q_r^*(0)e^{s_r^* t} + a_r^{*-1}\int_0^t e^{s_r^*(t-\tau)}\boldsymbol{\phi}_r^{*\mathrm{T}}\boldsymbol{f}(\tau)\mathrm{d}\tau \end{aligned}\right\}, \quad r = 1, 2, \cdots, n \tag{5.9.58}$$

将式(5.9.58)代入式(5.9.28)，当系统初始状态为零时，就得到系统在任意激振力 $\boldsymbol{f}(\tau)$作用下状态变量的响应 $\boldsymbol{y}$ 为

$$\begin{aligned} \boldsymbol{y} &= \sum_{r=1}^{n}(\boldsymbol{\Phi}_r q_r + \boldsymbol{\Phi}_r^* q_r^*) \\ &= \sum_{r=1}^{n}\left[\boldsymbol{\Phi}_r a_r^{-1}\boldsymbol{\phi}_r^{\mathrm{T}}\int_0^t e^{s_r(t-\tau)}\boldsymbol{f}(\tau)\mathrm{d}\tau + \boldsymbol{\Phi}_r^* a_r^{*-1}\boldsymbol{\phi}_r^{*\mathrm{T}}\int_0^t e^{s_r^*(t-\tau)}\boldsymbol{f}(\tau)\mathrm{d}\tau\right] \end{aligned} \tag{5.9.59a}$$

展开得位移响应 $\boldsymbol{x}$ 和速度响应 $\dot{\boldsymbol{x}}$ 分别为

$$\boldsymbol{x} = \sum_{r=1}^{n}\left[\boldsymbol{\phi}_r a_r^{-1}\boldsymbol{\phi}_r^{\mathrm{T}}\int_0^t e^{s_r(t-\tau)}\boldsymbol{f}(\tau)\mathrm{d}\tau + \boldsymbol{\phi}_r^* a_r^{*-1}\boldsymbol{\phi}_r^{*\mathrm{T}}\int_0^t e^{s_r^*(t-\tau)}\boldsymbol{f}(\tau)\mathrm{d}\tau\right] \tag{5.9.59b}$$

$$\dot{\boldsymbol{x}} = \sum_{r=1}^{n}\left[\boldsymbol{\phi}_r s_r a_r^{-1}\boldsymbol{\phi}_r^{\mathrm{T}}\int_0^t e^{s_r(t-\tau)}\boldsymbol{f}(\tau)\mathrm{d}\tau + \boldsymbol{\phi}_r^* s_r^* a_r^{*-1}\boldsymbol{\phi}_r^{*\mathrm{T}}\int_0^t e^{s_r^*(t-\tau)}\boldsymbol{f}(\tau)\mathrm{d}\tau\right] \tag{5.9.59c}$$

由系统对任意激振力 $\boldsymbol{f}(t)$作用下的位移响应式(5.9.59b)，就可以得到系统对单位脉冲激励的响应，从而得到系统的单位脉冲响应函数 $\boldsymbol{h}(t)$. 如果 $\boldsymbol{f}(t)$为单位脉冲向量，则从式(5.9.59b)可得

$$\boldsymbol{x} = \sum_{r=1}^{n}(\boldsymbol{\phi}_r a_r^{-1}\boldsymbol{\phi}_r^{\mathrm{T}}e^{s_r t} + \boldsymbol{\phi}_r^* a_r^{*-1}\boldsymbol{\phi}_r^{*\mathrm{T}}e^{s_r^* t})\cdot\boldsymbol{1} \tag{5.9.60}$$

定义矩阵 $\boldsymbol{h}(t)$为系统的单位脉冲响应矩阵，即

$$\boldsymbol{h}(t) = \sum_{r=1}^{n}(\boldsymbol{\phi}_r a_r^{-1}\boldsymbol{\phi}_r^{\mathrm{T}}e^{s_r t} + \boldsymbol{\phi}_r^* a_r^{*-1}\boldsymbol{\phi}_r^{*\mathrm{T}}e^{s_r^* t}) = \sum_{r=1}^{n}\boldsymbol{h}_r(t) \tag{5.9.61}$$

其中，$\boldsymbol{h}(t)$的任一元素 $h_{lj}(t)$为

$$h_{lj}(t) = \sum_{r=1}^{n}(\phi_{rl}a_r^{-1}\phi_{rj}e^{s_r t} + \phi_{rl}^* a_r^{*-1}\phi_{rj}^* e^{s_r^* t}) = \sum_{r=1}^{n}h_{rlj}(t) \tag{5.9.62}$$

其意义是，系统仅在第 j 个坐标点受到单位脉冲力的作用下，在其第 l 个坐标点所引起的响应，称为系统在第 l、第 j 个坐标点的单位脉冲响应函数.

如果系统为线性定常系统，根据互易原理可知

$$h_{lj}(t) = h_{jl}(t)$$

因此，单位脉冲响应矩阵 $\boldsymbol{h}(t)$是对称矩阵.

从式(5.9.62)可以看出，第 j 个坐标点施加单位脉冲力在第 l 个坐标点引起的响应 $h_{lj}(t)$是各阶纯模态在第 l 个坐标点响应 $h_{rlj}(t)$的叠加. 各阶纯模态在第 l 个坐标点的单位脉冲响应 $h_{rlj}(t)$为

$$h_{rlj}(t) = \phi_{rl}a_r^{-1}\phi_{rj}e^{s_r t} + \phi_{rl}^* a_r^{*-1}\phi_{rj}^{*\mathrm{T}}e^{s_r^* t}, \quad r = 1, 2, \cdots, n \tag{5.9.63}$$

故 r 阶纯模态的单位脉冲响应矩阵 $\boldsymbol{h}_r(t)$为

$$\boldsymbol{h}_r(t) = \boldsymbol{\phi}_r a_r^{-1}\boldsymbol{\phi}_r^{\mathrm{T}}e^{s_r t} + \boldsymbol{\phi}_r^* a_r^{*-1}\boldsymbol{\phi}_r^{*\mathrm{T}}e^{s_r^* t}, \quad r = 1, 2, \cdots, n \tag{5.9.64}$$

由式(5.9.61)可见,系统的单位脉冲响应矩阵 $\boldsymbol{h}(t)$等于各阶纯模态单位脉冲响应矩阵 $\boldsymbol{h}_r(t)$的叠加.它在时域内描述了系统的动态特性.

如果令

$$\begin{aligned}\boldsymbol{\phi}_r a_r^{-1}\boldsymbol{\phi}_r^{\mathrm{T}} &= \boldsymbol{A}_r^{\mathrm{R}} + \mathrm{i}\boldsymbol{A}_r^{\mathrm{I}} = \sqrt{(\boldsymbol{A}_r^{\mathrm{R}})^2 + (\boldsymbol{A}_r^{\mathrm{I}})^2}\,\mathrm{e}^{\mathrm{i}\theta_r} \\ \boldsymbol{\phi}_r^* a_r^{*-1}\boldsymbol{\phi}_r^{*\mathrm{T}} &= \boldsymbol{A}_r^{\mathrm{R}} - \mathrm{i}\boldsymbol{A}_r^{\mathrm{I}} = \sqrt{(\boldsymbol{A}_r^{\mathrm{R}})^2 + (\boldsymbol{A}_r^{\mathrm{I}})^2}\,\mathrm{e}^{-\mathrm{i}\theta_r}\end{aligned} \tag{5.9.65}$$

$$\boldsymbol{\theta}_r = \arctan(\boldsymbol{A}_r^{\mathrm{I}}/\boldsymbol{A}_r^{\mathrm{R}}) \tag{5.9.66}$$

将式(5.9.65)、式(5.9.66)代入式(5.9.62),得

$$\begin{aligned}h_{lj}(t) &= \sum_{r=1}^{n}\left[(A_{rlj}^{\mathrm{R}} + \mathrm{i}A_{rlj}^{\mathrm{I}})\mathrm{e}^{(-\alpha_r+\mathrm{i}\omega_{\mathrm{d}r})t} + (A_{rlj}^{\mathrm{R}} - \mathrm{i}A_{rlj}^{\mathrm{I}})\mathrm{e}^{(-\alpha_r-\mathrm{i}\omega_{\mathrm{d}r})t}\right] \\ &= \sum_{r=1}^{n}\left[2A_{rlj}^{\mathrm{R}}\mathrm{e}^{-\alpha_r t}\cos\omega_{\mathrm{d}r}t - 2A_{rlj}^{\mathrm{I}}\mathrm{e}^{-\alpha_r t}\sin\omega_{\mathrm{d}r}t\right] \\ &= \sum_{r=1}^{n}2\sqrt{(A_{rlj}^{\mathrm{R}})^2 + (A_{rlj}^{\mathrm{I}})^2}\,\mathrm{e}^{-\alpha_r t}\cos(\omega_{\mathrm{d}r}t + \theta_{rlj}) \\ &= \sum_{r=1}^{n}h_{rlj}(t)\end{aligned} \tag{5.9.67}$$

式中

$$\begin{aligned}h_{rlj}(t) &= (A_{rlj}^{\mathrm{R}} + \mathrm{i}A_{rlj}^{\mathrm{I}})\mathrm{e}^{(-\alpha_r+\mathrm{i}\omega_{\mathrm{d}r})t} + (A_{rlj}^{\mathrm{R}} - \mathrm{i}A_{rlj}^{\mathrm{I}})\mathrm{e}^{(-\alpha_r-\mathrm{i}\omega_{\mathrm{d}r})t} \\ &= 2A_{rlj}^{\mathrm{R}}\mathrm{e}^{-\alpha_r t}\cos\omega_{\mathrm{d}r}t - 2A_{rlj}^{\mathrm{I}}\mathrm{e}^{-\alpha_r t}\sin\omega_{\mathrm{d}r}t \\ &= 2\sqrt{(A_{rlj}^{\mathrm{R}})^2 + (A_{rlj}^{\mathrm{I}})^2}\,\mathrm{e}^{-\alpha_r t}\cos(\omega_{\mathrm{d}r}t + \theta_{rlj})\end{aligned} \tag{5.9.68}$$

$$\theta_{rlj} = \arctan(A_{rlj}^{\mathrm{I}}/A_{rlj}^{\mathrm{R}}) \tag{5.9.69}$$

从式(5.9.67)～式(5.9.69)可以得出如下结论:

(1) 系统的 r 阶纯模态单位脉冲响应 $h_{rlj}(t)$是衰减率为 α_r、振动圆频率为 $\omega_{\mathrm{d}r}$的衰减振动,其振动的衰减率和圆频率决定于系统的复频率 s_r,振动的幅值和初相位决定于 $\boldsymbol{\phi}_r a_r^{-1}\boldsymbol{\phi}_r^{\mathrm{T}}$.

(2) 各阶纯模态的单位脉冲响应的叠加就构成了系统的脉冲响应,即

$$h_{lj}(t) = \sum_{r=1}^{n}h_{rlj}(t)$$

若已知系统的单位脉冲响应矩阵,就可求得系统在任意激励作用下任意坐标点的响应,即

$$\boldsymbol{x} = \boldsymbol{h}(t) * \boldsymbol{f}(t) = \int_0^t \boldsymbol{h}(t-\tau)\boldsymbol{f}(\tau)\mathrm{d}\tau = \sum_{r=1}^{n}\int_0^t \boldsymbol{h}_r(t-\tau)\boldsymbol{f}(\tau)\mathrm{d}\tau \tag{5.9.70}$$

如对式(5.9.61)作拉氏变换,即可求得系统的位移传递函数矩阵为

$$\begin{aligned}\boldsymbol{H}(s) &= \mathcal{L}[\boldsymbol{h}(t)] = \sum_{r=1}^{n}\left[\frac{\boldsymbol{\phi}_r\boldsymbol{\phi}_r^{\mathrm{T}}}{a_r(s-s_r)} + \frac{\boldsymbol{\phi}_r^*\boldsymbol{\phi}_r^{*\mathrm{T}}}{a_r^*(s-s_r^*)}\right] \\ &= \sum_{r=1}^{n}\left(\frac{\boldsymbol{A}}{s-s_r} + \frac{\boldsymbol{A}^*}{s-s_r^*}\right) = \sum_{r=1}^{2n}\frac{\boldsymbol{A}_r}{s-s^r}\end{aligned} \tag{5.9.71}$$

式中，s_r 为传递函数的极点，即

$$s_r = \xi_r\omega_{0r} \pm \mathrm{i}\omega_{0r}\sqrt{1-\xi_r^2} = -\alpha_r \pm \mathrm{i}\omega_{\mathrm{d}r}$$

$\boldsymbol{A}_r$ 为 r 阶留数矩阵，即

$$\begin{aligned}\boldsymbol{A}_r &= \boldsymbol{\phi}_r a_r^{-1}\boldsymbol{\phi}_r^{\mathrm{T}} = \boldsymbol{A}_r^{\mathrm{R}} + \mathrm{i}\boldsymbol{A}_r^{\mathrm{I}} \\ \boldsymbol{A}_r^* &= \boldsymbol{\phi}_r^* a_r^{*-1}\boldsymbol{\phi}_r^{*\mathrm{T}} = \boldsymbol{A}_r^{\mathrm{R}} - \mathrm{i}\boldsymbol{A}_r^{\mathrm{I}}\end{aligned} \tag{5.9.72}$$

式(5.9.71)中的某一元素为

$$H_{lj}(s) = \sum_{r=1}^{n}\left(\frac{\phi_{rl}a_r^{-1}\phi_{rj}}{s-s_r} + \frac{\phi_{rl}^* a_r^{*-1}\phi_{rj}^*}{s-s_r^*}\right) = \sum_{r=1}^{n}\left(\frac{A_{rlj}}{s-s_r} + \frac{A_{rlj}^*}{s-s_r^*}\right) \tag{5.9.73}$$

式中，A_{rlj}，A_{rlj}^* 为 r 阶第 l、第 j 个坐标点的留数.

如令式(5.9.71)中的 $s=\mathrm{i}\omega$，则各系统的位移频响函数矩阵为

$$\begin{aligned}\boldsymbol{H}(\mathrm{i}\omega) &= \sum_{r=1}^{n}\left[\frac{\boldsymbol{\phi}_r a_r^{-1}\boldsymbol{\phi}_r^{\mathrm{T}}}{\mathrm{i}\omega - s_r} + \frac{\boldsymbol{\phi}_r^* a_r^{*-1}\boldsymbol{\phi}_r^{*\mathrm{T}}}{\mathrm{i}\omega - s_r^*}\right] \\ &= \sum_{r=1}^{n}\left(\frac{\boldsymbol{A}_r}{\mathrm{i}\omega - s_r} + \frac{\boldsymbol{A}_r^*}{\mathrm{i}\omega - s_r^*}\right) = \sum_{r=1}^{2n}\frac{\boldsymbol{A}_r}{\mathrm{i}\omega - s_r}\end{aligned} \tag{5.9.74}$$

$$\begin{aligned}H_{lj}(\mathrm{i}\omega) &= \sum_{r=1}^{n}\left[\frac{\phi_{rl}a_r^{-1}\phi_{rj}}{\mathrm{i}\omega - s_r} + \frac{\phi_r^* a_r^{*-1}\phi_{rj}^*}{\mathrm{i}\omega - s_r^*}\right] \\ &= \sum_{r=1}^{n}\left(\frac{A_{rlj}}{\mathrm{i}\omega - s_r} + \frac{A_{rlj}^*}{\mathrm{i}\omega - s_r^*}\right)\end{aligned} \tag{5.9.75}$$

基于式(5.7.18)及式(5.9.70)的关系，同样也可用傅里叶变换的方法来求一般黏性阻尼系统对任意激振的响应.

5.9.7　非对称的 $\boldsymbol{M}$，$\boldsymbol{C}$，$\boldsymbol{K}$ 矩阵情况

对于非对称的 $\boldsymbol{M}$，$\boldsymbol{C}$，$\boldsymbol{K}$ 实矩阵情况，系数方阵 $\boldsymbol{A}$ 和 $\boldsymbol{B}$ 也是非对称实矩阵.系统的自由振动运动方程仍为式(5.9.3)，对于小于临界阻尼情况，假设有 n 对($2n$ 个)不同的具有负实部的共轭复根(5.9.6)，形成特征值矩阵(5.9.7).相应于特征值矩阵 $\boldsymbol{\Lambda}$，有状态空间右特征向量矩阵 $\boldsymbol{\Phi}$ 和状态空间左特征向量矩阵 $\boldsymbol{\Psi}$.

对于状态空间右特征向量，有状态变量式(5.9.4)和右特征值问题式(5.9.5)，求得右特征向量矩阵(5.9.8).

对于状态空间左特征向量，有特征值问题

$$(\boldsymbol{A}^{\mathrm{T}}s + \boldsymbol{B}^{\mathrm{T}})\boldsymbol{\Psi} = \boldsymbol{0} \tag{5.9.76}$$

相应的特征值矩阵仍为式(5.9.7)，将 s 的每对共轭复特征值式(5.9.6)代入式(5.9.76)，则可得到一对共轭的左特征向量 $\boldsymbol{\Psi}_r$，$\boldsymbol{\Psi}_r^*$，它们与右特征向量一样，也是 $2n$ 维复向量，有

$$\boldsymbol{\Psi}_r = \begin{Bmatrix} \boldsymbol{\psi}_r \\ \boldsymbol{\psi}_r s_r \end{Bmatrix}, \quad \boldsymbol{\Psi}_r^* = \begin{Bmatrix} \boldsymbol{\psi}_r^* \\ \boldsymbol{\psi}_r^* s_r^* \end{Bmatrix} \tag{5.9.77}$$

并形成左特征向量矩阵

$$\boldsymbol{\Psi} = [\boldsymbol{\Psi}_1 \quad \boldsymbol{\Psi}_2 \quad \cdots \quad \boldsymbol{\Psi}_{2n}] = [\boldsymbol{\Psi}_1 \quad \boldsymbol{\Psi}_2 \quad \cdots \quad \boldsymbol{\Psi}_n \quad \boldsymbol{\Psi}_1^* \quad \boldsymbol{\Psi}_2^* \quad \cdots \quad \boldsymbol{\Psi}_n^*]$$

$$= [\boldsymbol{\Psi}_N \quad \boldsymbol{\Psi}_N^*] = \begin{bmatrix} \boldsymbol{\psi}_N & \boldsymbol{\psi}_N^* \\ \boldsymbol{\psi}_N \boldsymbol{\Lambda}_N & \boldsymbol{\psi}_N^* \boldsymbol{\Lambda}_N^* \end{bmatrix} = \begin{bmatrix} \boldsymbol{\psi} \\ \boldsymbol{\psi\Lambda} \end{bmatrix} \tag{5.9.78a}$$

式中，$\boldsymbol{\Psi}_N$ 为左特征向量 $\boldsymbol{\Psi}_r$（$r=1, 2, \cdots, n$）组成的 $2n\times n$ 矩阵，$\boldsymbol{\Psi}_N^*$ 为左特征向量 $\boldsymbol{\Psi}_r^*$（$r=1, 2, \cdots, n$）组成的 $2n\times n$ 矩阵.

$$\boldsymbol{\psi} = [\boldsymbol{\psi}_1 \quad \boldsymbol{\psi}_2 \quad \cdots \quad \boldsymbol{\psi}_{2n}] = [\boldsymbol{\psi}_N \quad \boldsymbol{\psi}_N^*]$$

$$\boldsymbol{\psi}_r = \begin{cases} \boldsymbol{\psi}_r, & r \leqslant n \\ \boldsymbol{\psi}_{r-n}^*, & r > n \end{cases} \tag{5.9.78b}$$

对于任一右特征向量 $\boldsymbol{\Phi}_r$，代入式(5.9.5)，有

$$\boldsymbol{A\Phi}_r s_r + \boldsymbol{B\Phi}_r = \boldsymbol{0}, \quad r = 1, 2, \cdots, n \tag{5.9.79a}$$

写成矩阵形式为

$$\boldsymbol{A\Phi\Lambda} + \boldsymbol{B\Phi} = \boldsymbol{0} \tag{5.9.79b}$$

上式两边左乘 $\boldsymbol{\Psi}^{\mathrm{T}}$，得

$$\boldsymbol{\Psi}^{\mathrm{T}}\boldsymbol{A\Phi\Lambda} + \boldsymbol{\Psi}^{\mathrm{T}}\boldsymbol{B\Phi} = \boldsymbol{a\Lambda} + \boldsymbol{b} = \boldsymbol{0} \tag{5.9.80}$$

其中

$$\boldsymbol{a} = \boldsymbol{\Psi}^{\mathrm{T}}\boldsymbol{A\Phi}, \quad \boldsymbol{b} = \boldsymbol{\Psi}^{\mathrm{T}}\boldsymbol{B\Phi} \tag{5.9.81}$$

同样，对于任一左特征向量 $\boldsymbol{\Psi}_r$，代入式(5.9.76)，得

$$\boldsymbol{A}^{\mathrm{T}}\boldsymbol{\Psi}_r s_r + \boldsymbol{B}^{\mathrm{T}}\boldsymbol{\Psi}_r = \boldsymbol{0} \tag{5.9.82a}$$

上式写成矩阵形式转置后，得

$$\boldsymbol{\Lambda}^{\mathrm{T}}\boldsymbol{\Psi}^{\mathrm{T}}\boldsymbol{A} + \boldsymbol{\Psi}^{\mathrm{T}}\boldsymbol{B} = \boldsymbol{0} \tag{5.9.82b}$$

这里，利用特征值矩阵（式(5.9.7)）为对角矩阵的性质，因而有 $\boldsymbol{\Lambda}^{\mathrm{T}} = \boldsymbol{\Lambda}$. 将上式右乘 $\boldsymbol{\Phi}$，得

$$\boldsymbol{\Lambda\Psi}^{\mathrm{T}}\boldsymbol{A\Phi} + \boldsymbol{\Psi}^{\mathrm{T}}\boldsymbol{B\Phi} = \boldsymbol{\Lambda a} + \boldsymbol{b} = \boldsymbol{0} \tag{5.9.83}$$

将式(5.9.80)减去式(5.9.83)，得

$$\boldsymbol{a\Lambda} - \boldsymbol{\Lambda a} = \boldsymbol{0}$$

由 $\boldsymbol{\Lambda}$ 为对角矩阵的性质，知 $\boldsymbol{a}$ 必为对角矩阵，则有

$$\boldsymbol{a} = \boldsymbol{\Psi}^{\mathrm{T}}\boldsymbol{A\Phi} = \begin{bmatrix} a_1 & & & \\ & a_2 & & \\ & & \ddots & \\ & & & a_{2n} \end{bmatrix} = \begin{bmatrix} \boldsymbol{a}_n & \boldsymbol{0} \\ \boldsymbol{0} & \boldsymbol{a}_n^* \end{bmatrix}$$

$$= \begin{bmatrix} a_1 & & & & & & & \\ & a_2 & & & & & & \\ & & \ddots & & & & & \\ & & & a_n & & & & \\ & & & & a_1^* & & & \\ & & & & & a_2^* & & \\ & & & & & & \ddots & \\ & & & & & & & a_n^* \end{bmatrix} \tag{5.9.84}$$

将式(5.9.84)代入式(5.9.80)或式(5.9.83),得 $\boldsymbol{b}$ 为对角矩阵:

$$\boldsymbol{b} = \boldsymbol{\Psi}^{\mathrm{T}}\boldsymbol{B}\boldsymbol{\Phi} = -\boldsymbol{\Lambda a} = -\boldsymbol{a\Lambda} = \begin{bmatrix} b_1 & & & \\ & b_2 & & \\ & & \ddots & \\ & & & b_{2n} \end{bmatrix} = \begin{bmatrix} \boldsymbol{b}_n & \boldsymbol{0} \\ \boldsymbol{0} & \boldsymbol{b}_n^* \end{bmatrix}$$

$$= \begin{bmatrix} b_1 & & & & & & & \\ & b_2 & & & & & & \\ & & \ddots & & & & & \\ & & & b_n & & & & \\ & & & & b_1^* & & & \\ & & & & & b_2^* & & \\ & & & & & & \ddots & \\ & & & & & & & b_n^* \end{bmatrix} \tag{5.9.85}$$

式(5.9.84)与式(5.9.85)为矩阵形式的正交性关系式,展开后得正交性关系式为

$$\begin{aligned} a_{rs} &= \boldsymbol{\Psi}_r^{\mathrm{T}}\boldsymbol{A}\boldsymbol{\Phi}_s = \begin{cases} 0, & r \neq s \\ a_r, & r = s \end{cases} \\ b_{rs} &= \boldsymbol{\Psi}_r^{\mathrm{T}}\boldsymbol{B}\boldsymbol{\Phi}_s = \begin{cases} 0, & r \neq s \\ b_r, & r = s \end{cases} \end{aligned} \tag{5.9.86}$$

同样也有

$$\begin{aligned} \boldsymbol{\Psi}_r^{*\mathrm{T}}\boldsymbol{A}\boldsymbol{\Phi}_s^* &= \begin{cases} 0, & r \neq s \\ a_r^*, & r = s \end{cases} \\ \boldsymbol{\Psi}_r^{*\mathrm{T}}\boldsymbol{B}\boldsymbol{\Phi}_s^* &= \begin{cases} 0, & r \neq s \\ b_r^*, & r = s \end{cases} \end{aligned} \tag{5.9.87}$$

仍取式(5.9.27)为状态变量 $\boldsymbol{y}$ 的复模态坐标变换,则有式(5.9.28).将式(5.9.27)代入状态

方程(5.9.2b),得

$$\boldsymbol{A\Phi}\dot{\boldsymbol{q}} + \boldsymbol{B\Phi q} = \boldsymbol{F} \tag{5.9.88a}$$

上式两边左乘 $\boldsymbol{\Psi}^{\mathrm{T}}$,得

$$\boldsymbol{\Psi}^{\mathrm{T}}\boldsymbol{A\Phi}\dot{\boldsymbol{q}} + \boldsymbol{\Psi}^{\mathrm{T}}\boldsymbol{B\Phi q} = \boldsymbol{\Psi}^{\mathrm{T}}\boldsymbol{F} \tag{5.9.88b}$$

利用正交性关系式(5.9.84)与式(5.9.85)得,模态坐标解耦的方程为

$$\boldsymbol{a}\dot{\boldsymbol{q}} + \boldsymbol{bq} = \boldsymbol{\Psi}^{\mathrm{T}}\boldsymbol{f}, \quad \dot{\boldsymbol{q}} - \boldsymbol{\Lambda q} = \boldsymbol{a}^{-1}\boldsymbol{\Psi}^{\mathrm{T}}\boldsymbol{f} \tag{5.9.89a}$$

或者

$$\begin{aligned} \dot{\boldsymbol{q}}_n - \boldsymbol{\Lambda}_N\boldsymbol{q}_n &= \boldsymbol{a}_n^{-1}\boldsymbol{\psi}_n^{\mathrm{T}}\boldsymbol{f} \\ \dot{\boldsymbol{q}}_n^* - \boldsymbol{\Lambda}_N^*\boldsymbol{q}_n^* &= \boldsymbol{a}_n^{*-1}\boldsymbol{\psi}_n^{*\mathrm{T}}\boldsymbol{f} \end{aligned} \tag{5.9.89b}$$

写成分量形式为

$$\left.\begin{aligned} \dot{q}_r - s_r q_r &= a_r^{-1}\boldsymbol{\psi}_r^{\mathrm{T}}\boldsymbol{f} \\ \dot{q}_r^* - s_r^* q_r^* &= a_r^{*-1}\boldsymbol{\psi}_r^{*\mathrm{T}}\boldsymbol{f} \end{aligned}\right., \quad r = 1, 2, \cdots, n \tag{5.9.89c}$$

由此可见,状态空间的左右复特征向量能够使具有一般非对称性的阻尼系统,在以右特征向量为基向量的 $2n$ 维复特征向量空间内解除耦合.

如果令方程(5.9.89)中的 $\boldsymbol{f}=\boldsymbol{0}$,可得到自由振动的模态坐标方程为

$$\dot{\boldsymbol{q}} - \boldsymbol{\Lambda q} = \boldsymbol{0} \tag{5.9.90}$$

从而得满足初始条件的解为

$$\boldsymbol{q}(t) = \mathrm{e}^{\boldsymbol{\Lambda}t}\boldsymbol{q}_0 \tag{5.9.91}$$

式中,$\boldsymbol{q}_0$ 为由初始条件确定的待定积分常数矩阵.将式(5.9.91)代入式(5.9.28),得

$$\boldsymbol{y} = \begin{Bmatrix} \boldsymbol{x} \\ \dot{\boldsymbol{x}} \end{Bmatrix} = \boldsymbol{\Phi q} = \boldsymbol{\Phi}\mathrm{e}^{\boldsymbol{\Lambda}t}\boldsymbol{q}_0 \tag{5.9.92}$$

当 $t=0$ 时,由式(5.9.92)可得

$$\boldsymbol{y}|_{t=0} = \begin{Bmatrix} \boldsymbol{x} \\ \dot{\boldsymbol{x}} \end{Bmatrix}_{t=0} = \begin{Bmatrix} \boldsymbol{x}_0 \\ \dot{\boldsymbol{x}}_0 \end{Bmatrix} = \boldsymbol{\Phi q}_0 \tag{5.9.93}$$

将方程两边同时左乘 $\boldsymbol{\Psi}^{\mathrm{T}}\boldsymbol{A}$,应用正交性条件式(5.9.84),得

$$\boldsymbol{\Psi}^{\mathrm{T}}\boldsymbol{A}\begin{Bmatrix} \boldsymbol{x}_0 \\ \dot{\boldsymbol{x}}_0 \end{Bmatrix} = \boldsymbol{a q}_0 \tag{5.9.94}$$

则有

$$\boldsymbol{q}_0 = \boldsymbol{a}^{-1}\boldsymbol{\Psi}^{\mathrm{T}}\boldsymbol{A}\begin{Bmatrix} \boldsymbol{x}_0 \\ \dot{\boldsymbol{x}}_0 \end{Bmatrix} \tag{5.9.95}$$

将式(5.9.95)代入式(5.9.92),得由初始条件 $\boldsymbol{x}_0$ 与 $\dot{\boldsymbol{x}}_0$ 引起的自由振动状态向量为

$$\boldsymbol{y} = \begin{Bmatrix} \boldsymbol{x} \\ \dot{\boldsymbol{x}} \end{Bmatrix} = \boldsymbol{\Phi}\mathrm{e}^{\boldsymbol{\Lambda}t}\boldsymbol{a}^{-1}\boldsymbol{\Psi}^{\mathrm{T}}\boldsymbol{A}\begin{Bmatrix} \boldsymbol{x}_0 \\ \dot{\boldsymbol{x}}_0 \end{Bmatrix} = \boldsymbol{\Phi}\mathrm{e}^{\boldsymbol{\Lambda}t}\boldsymbol{q}_0 \tag{5.9.96}$$

取式(5.9.96)的上半部分,得系统对给定初始条件 $\boldsymbol{x}_0$ 与 $\dot{\boldsymbol{x}}_0$ 的位移响应 $\boldsymbol{x}$ 为

$$\boldsymbol{x} = \boldsymbol{\phi} \mathrm{e}^{\boldsymbol{\Lambda} t} \boldsymbol{a}^{-1} \boldsymbol{\Psi}^{\mathrm{T}} \boldsymbol{A} \begin{Bmatrix} \boldsymbol{x}_0 \\ \dot{\boldsymbol{x}}_0 \end{Bmatrix} = \boldsymbol{\phi} \mathrm{e}^{\boldsymbol{\Lambda} t} \boldsymbol{q}_0 = \sum_{r=1}^{2n} \boldsymbol{\phi}_r \mathrm{e}^{s_r t} q_{0r}$$

$$= \sum_{r=1}^{n} (\boldsymbol{\phi}_r \mathrm{e}^{s_r t} q_{0r} + \boldsymbol{\phi}_r^* \mathrm{e}^{s_r^* t} q_{0r}^*) = \sum_{r=1}^{n} \boldsymbol{x}_r \tag{5.9.97}$$

其中

$$\boldsymbol{x}_r = \boldsymbol{\phi}_r \mathrm{e}^{s_r t} q_{0r} + \boldsymbol{\phi}_r^* \mathrm{e}^{s_r^* t} q_{0r}^* \tag{5.9.98}$$

由此可见,系统的自由振动是与自由度数相等的 n 个相互独立的纯模态对自由振动的响应 $\boldsymbol{x}_r$ 的叠加.

当系统受到简谐激振力 $\boldsymbol{f}(t) = \boldsymbol{f}_0 \mathrm{e}^{\mathrm{i}\omega t}$ 作用时,由方程(5.9.89c)有

$$\left.\begin{aligned} \dot{q}_r - s_r q_r &= a_r^{-1} \boldsymbol{\psi}_r^{\mathrm{T}} \boldsymbol{f}_0 \mathrm{e}^{\mathrm{i}\omega t} \\ \dot{q}_r^* - s_r^* q_r^* &= a_r^{*-1} \boldsymbol{\psi}_r^{*\mathrm{T}} \boldsymbol{f}_0 \mathrm{e}^{\mathrm{i}\omega t} \end{aligned}\right\}, \quad r = 1, 2, \cdots, n \tag{5.9.99}$$

求解方程(5.9.99),得

$$\left.\begin{aligned} q_r &= (\mathrm{i}\omega - s_r)^{-1} a_r^{-1} \boldsymbol{\psi}_r^{\mathrm{T}} \boldsymbol{f}_0 \mathrm{e}^{\mathrm{i}\omega t} \\ q_r^* &= (\mathrm{i}\omega - s_r^*)^{-1} a_r^{*-1} \boldsymbol{\psi}_r^{*\mathrm{T}} \boldsymbol{f}_0 \mathrm{e}^{\mathrm{i}\omega t} \end{aligned}\right\}, \quad r = 1, 2, \cdots, n \tag{5.9.100}$$

将式(5.9.100)代入式(5.9.28),得

$$\boldsymbol{y} = \sum_{r=1}^{n} (\boldsymbol{\Phi}_r q_r + \boldsymbol{\Phi}_r^* q_r^*)$$

$$= \sum_{r=1}^{n} [\boldsymbol{\Phi}_r (\mathrm{i}\omega - s_r)^{-1} a_r^{-1} \boldsymbol{\psi}_r^{\mathrm{T}} + \boldsymbol{\Phi}_r^* (\mathrm{i}\omega - s_r^*)^{-1} a_r^{*-1} \boldsymbol{\psi}_r^{*\mathrm{T}}] \boldsymbol{f}_0 \mathrm{e}^{\mathrm{i}\omega t} \tag{5.9.101}$$

展开后得简谐振动的位移响应 $\boldsymbol{x}$ 和速度响应 $\dot{\boldsymbol{x}}$ 分别为

$$\boldsymbol{x} = \sum_{r=1}^{n} [\boldsymbol{\phi}_r (\mathrm{i}\omega - s_r)^{-1} a_r^{-1} \boldsymbol{\psi}_r^{\mathrm{T}} + \boldsymbol{\phi}_r^* (\mathrm{i}\omega - s_r^*)^{-1} a_r^{*-1} \boldsymbol{\psi}_r^{*\mathrm{T}}] \boldsymbol{f}_0 \mathrm{e}^{\mathrm{i}\omega t} \tag{5.9.102a}$$

$$\dot{\boldsymbol{x}} = \sum_{r=1}^{n} [\boldsymbol{\phi}_r s_r (\mathrm{i}\omega - s_r)^{-1} a_r^{-1} \boldsymbol{\psi}_r^{\mathrm{T}} + \boldsymbol{\phi}_r^* s_r^* (\mathrm{i}\omega - s_r^*)^{-1} a_r^{*-1} \boldsymbol{\psi}_r^{*\mathrm{T}}] \boldsymbol{f}_0 \mathrm{e}^{\mathrm{i}\omega t} \tag{5.9.102b}$$

由式(5.9.102a)得系统的频响函数矩阵为

$$\boldsymbol{H}(\mathrm{i}\omega) = \sum_{r=1}^{n} [\boldsymbol{\phi}_r (\mathrm{i}\omega - s_r)^{-1} a_r^{-1} \boldsymbol{\psi}_r^{\mathrm{T}} + \boldsymbol{\phi}_r^* (\mathrm{i}\omega - s_r^*)^{-1} a_r^{*-1} \boldsymbol{\psi}_r^{*\mathrm{T}}]$$

$$= \sum_{r=1}^{n} \frac{\mathrm{i}\omega \boldsymbol{Q}_r + \boldsymbol{R}_r}{\omega_{0r}^2 (1 - \bar{\omega}_r^2 + \mathrm{i}2\xi_r \bar{\omega}_r)}$$

$$= \sum_{r=1}^{n} \boldsymbol{H}_r(\mathrm{i}\omega) \tag{5.9.103}$$

其中

$$\bar{\omega}_r = \frac{\omega}{\omega_{0r}}$$

$$\boldsymbol{Q}_r = \boldsymbol{\phi}_r a_r^{-1}\boldsymbol{\psi}_r^{\mathrm{T}} + \boldsymbol{\phi}_r^* a_r^{*-1}\boldsymbol{\psi}_r^{*\mathrm{T}} = 2\boldsymbol{A}_r^{\mathrm{R}} \tag{5.9.104}$$

$$\boldsymbol{R}_r = -(\boldsymbol{\phi}_r a_r^{-1}\boldsymbol{\psi}_r^{\mathrm{T}} s_r^* + \boldsymbol{\phi}_r^* a_r^{*-1}\boldsymbol{\psi}_r^{*\mathrm{T}} s_r) = 2\omega_{0r}(\zeta_r \boldsymbol{A}_r^{\mathrm{R}} - \sqrt{1-\xi_r^2}\boldsymbol{A}_r^{\mathrm{I}})$$

$$\boldsymbol{\phi}_r a_r^{-1}\boldsymbol{\psi}_r^{\mathrm{T}} = \boldsymbol{A}_r^{\mathrm{R}} + \mathrm{i}\boldsymbol{A}_r^{\mathrm{I}}, \quad \boldsymbol{\phi}_r^* a_r^{*-1}\boldsymbol{\psi}_r^{*\mathrm{T}} = \boldsymbol{A}_r^{\mathrm{R}} - \mathrm{i}\boldsymbol{A}_r^{\mathrm{I}}$$

当系统受到随时间变化的任意激振力 $\boldsymbol{f}(t)$ 作用时，由方程(5.9.89c)可得系统受迫振动的复模态解耦方程为

$$\left.\begin{aligned} \dot{q}_r - s_r q_r &= a_r^{-1}\boldsymbol{\psi}_r^{\mathrm{T}}\boldsymbol{f}(t) \\ \dot{q}_r^* - s_r^* q_r^* &= a_r^{*-1}\boldsymbol{\psi}_r^{*\mathrm{T}}\boldsymbol{f}(t) \end{aligned}\right\}, \quad r = 1, 2, \cdots, n \tag{5.9.105}$$

求解方程(5.9.105)，得

$$\left.\begin{aligned} q_r &= q_r(0)\mathrm{e}^{s_r t} + a_r^{-1}\boldsymbol{\psi}_r^{\mathrm{T}}\int_0^t \mathrm{e}^{s_r(t-\tau)}\boldsymbol{f}(\tau)\mathrm{d}\tau \\ q_r^* &= q_r^*(0)\mathrm{e}^{s_r^* t} + a_r^{*-1}\boldsymbol{\psi}_r^{*\mathrm{T}}\int_0^t \mathrm{e}^{s_r^*(t-\tau)}\boldsymbol{f}(\tau)\mathrm{d}\tau \end{aligned}\right\}, \quad r = 1, 2, \cdots, n \tag{5.9.106}$$

将式(5.9.106)代入式(5.9.28)，当系统初始状态为零时，就得到系统在任意激振力 $\boldsymbol{f}(t)$ 作用下状态变量的响应 $\boldsymbol{y}$ 为

$$\begin{aligned} \boldsymbol{y} &= \sum_{r=1}^{n}(\boldsymbol{\Phi}_r q_r + \boldsymbol{\Phi}_r^* q_r^*) \\ &= \sum_{r=1}^{n}\left[\boldsymbol{\Phi}_r a_r^{-1}\boldsymbol{\psi}_r^{\mathrm{T}}\int_0^t \mathrm{e}^{s_r(t-\tau)}\boldsymbol{f}(\tau)\mathrm{d}\tau + \boldsymbol{\Phi}_r^* a_r^{*-1}\boldsymbol{\psi}_r^{*\mathrm{T}}\int_0^t \mathrm{e}^{s_r^*(t-\tau)}\boldsymbol{f}(\tau)\mathrm{d}\tau\right] \end{aligned} \tag{5.9.107}$$

展开后得位移响应 $\boldsymbol{x}$ 和速度响应 $\dot{\boldsymbol{x}}$ 分别为

$$\boldsymbol{x} = \sum_{r=1}^{n}\left[\boldsymbol{\phi}_r a_r^{-1}\boldsymbol{\psi}_r^{\mathrm{T}}\int_0^t \mathrm{e}^{s_r(t-\tau)}\boldsymbol{f}(\tau)\mathrm{d}\tau + \boldsymbol{\phi}_r^* a_r^{*-1}\boldsymbol{\psi}_r^{*\mathrm{T}}\int_0^t \mathrm{e}^{s_r^*(t-\tau)}\boldsymbol{f}(\tau)\mathrm{d}\tau\right] \tag{5.9.108a}$$

$$\dot{\boldsymbol{x}} = \sum_{r=1}^{n}\left[\boldsymbol{\phi}_r s_r a_r^{-1}\boldsymbol{\psi}_r^{\mathrm{T}}\int_0^t \mathrm{e}^{s_r(t-\tau)}\boldsymbol{f}(\tau)\mathrm{d}\tau + \boldsymbol{\phi}_r^* s_r^* a_r^{*-1}\boldsymbol{\psi}_r^{*\mathrm{T}}\int_0^t \mathrm{e}^{s_r^*(t-\tau)}\boldsymbol{f}(\tau)\mathrm{d}\tau\right] \tag{5.9.108b}$$

如果 $\boldsymbol{f}(t)$ 为单位脉冲响应，则可由式(5.9.108a)导出系统单位脉冲响应矩阵 $\boldsymbol{h}(t)$ 为

$$\boldsymbol{h}(t) = \sum_{r=1}^{n}(\boldsymbol{\phi}_r a_r^{-1}\boldsymbol{\psi}_r^{\mathrm{T}}\mathrm{e}^{s_r t} + \boldsymbol{\phi}_r^* a_r^{*-1}\boldsymbol{\psi}_r^{*\mathrm{T}}\mathrm{e}^{s_r^* t}) \tag{5.9.109}$$

从而系统的位移响应 $\boldsymbol{x}$(式(5.9.108a))可化为

$$\boldsymbol{x} = \boldsymbol{h}(t) * \boldsymbol{f}(\tau) = \int_0^t \boldsymbol{h}(t-\tau)\boldsymbol{f}(\tau)\mathrm{d}\tau \tag{5.9.110}$$

5.10 一般黏性阻尼系统振动——物理空间法

5.10.1 状态空间法存在的问题

状态空间法虽然解决了一般黏性阻尼系统振动的复模态坐标解耦问题，但是很容易发现这种方法存在如下几个重要问题：

(1) 只能在状态空间内才能解决复模态坐标的解耦问题，使一般黏性阻尼系统的振动问题求解缺乏直观性，使一般黏性阻尼系统的振动问题求解的状态空间法与经典黏性阻尼系统求解的经典模态法有很大的区别.

(2) 我们把分量满足 $\dot{\boldsymbol{x}}=\dfrac{\mathrm{d}\boldsymbol{x}}{\mathrm{d}t}$ 的微分协调关系的状态向量 $\boldsymbol{y}$ 的解称为协调解. 力学系统的实际解必然满足这个条件，因而状态向量解都应是协调解. 但由状态空间法求得的位移响应 $\boldsymbol{x}$ 与速度响应 $\dot{\boldsymbol{x}}$ 不能直接满足 $\dot{\boldsymbol{x}}=\dfrac{\mathrm{d}\boldsymbol{x}}{\mathrm{d}t}$ 的微分协调关系式. 也就是说，由状态空间法求得状态变量响应解是否是协调解的问题还有待证明.

首先分析简谐激励的位移响应式(5.9.47a)，由于速度是位移微分的状态变量协调关系，$\dot{\boldsymbol{x}}$ 应为

$$\dot{\boldsymbol{x}}=\frac{\mathrm{d}\boldsymbol{x}}{\mathrm{d}t}=\mathrm{i}\omega\sum_{r=1}^{n}[\boldsymbol{\phi}_r a_r^{-1}(\mathrm{i}\omega-s_r)^{-1}\boldsymbol{\phi}_r^{\mathrm{T}}+\boldsymbol{\phi}_r^{*}a_r^{*-1}(\mathrm{i}\omega-s_r^{*})^{-1}\boldsymbol{\phi}_r^{*\mathrm{T}}]\boldsymbol{f}_0\mathrm{e}^{\mathrm{i}\omega t}\tag{5.10.1}$$

很显然，从公式的表达形式上看，上式不同于由状态变量展开给出的速度响应式(5.9.47b). 如果状态空间法给出的速度响应和位移响应都是正确的，则式(5.9.47b)必须等同于式(5.10.1)，也就是说，式(5.10.1)减去式(5.9.47b)应等于零，即有

$$\begin{aligned}&\Big\{\mathrm{i}\omega\sum_{r=1}^{n}[\boldsymbol{\phi}_r a_r^{-1}(\mathrm{i}\omega-s_r)^{-1}\boldsymbol{\phi}_r^{\mathrm{T}}+\boldsymbol{\phi}_r^{*}a_r^{*-1}(\mathrm{i}\omega-s_r^{*})^{-1}\boldsymbol{\phi}_r^{*\mathrm{T}}]\\&-\sum_{r=1}^{n}[\boldsymbol{\phi}_r a_r^{-1}s_r(\mathrm{i}\omega-s_r)^{-1}\boldsymbol{\phi}_r^{\mathrm{T}}+\boldsymbol{\phi}_r^{*}a_r^{*-1}s_r^{*}(\mathrm{i}\omega-s_r^{*})^{-1}\boldsymbol{\phi}_r^{*\mathrm{T}}]\Big\}\boldsymbol{f}_0\mathrm{e}^{\mathrm{i}\omega t}\\&=\sum_{r=1}^{n}(\boldsymbol{\phi}_r a_r^{-1}\boldsymbol{\phi}_r^{\mathrm{T}}+\boldsymbol{\phi}_r^{*}a_r^{*-1}\boldsymbol{\phi}_r^{*\mathrm{T}})\boldsymbol{f}_0\mathrm{e}^{\mathrm{i}\omega t}=\sum_{r=1}^{2n}\boldsymbol{\phi}_r a_r^{-1}\boldsymbol{\phi}_r^{\mathrm{T}}\boldsymbol{f}_0\mathrm{e}^{\mathrm{i}\omega t}=\mathbf{0}\end{aligned}\tag{5.10.2}$$

外力激励 $\boldsymbol{f}_0\mathrm{e}^{\mathrm{i}\omega t}$ 不等于零，因而由上式可知，必须有如下的关系式成立：

$$\sum_{r=1}^{n}(\boldsymbol{\phi}_r a_r^{-1}\boldsymbol{\phi}_r^{\mathrm{T}}+\boldsymbol{\phi}_r^{*}a_r^{*-1}\boldsymbol{\phi}_r^{*\mathrm{T}})=\sum_{r=1}^{2n}\boldsymbol{\phi}_r a_r^{-1}\boldsymbol{\phi}_r^{\mathrm{T}}=\mathbf{0}\tag{5.10.3}$$

对于任意激励的位移响应式(5.9.59b)，由于速度响应是位移响应微分的状态变量协调关系，$\dot{\boldsymbol{x}}$ 应为

$$\dot{\boldsymbol{x}}=\frac{\mathrm{d}\boldsymbol{x}}{\mathrm{d}t}=\sum_{r=1}^{n}\left[\boldsymbol{\phi}_r a_r^{-1}\boldsymbol{\phi}_r^{\mathrm{T}}s_r\int_0^t\mathrm{e}^{s_r(t-\tau)}\boldsymbol{f}(\tau)\mathrm{d}\tau+\boldsymbol{\phi}_r^{*}a_r^{*-1}\boldsymbol{\phi}_r^{*\mathrm{T}}s_r^{*}\int_0^t\mathrm{e}^{s_r^{*}(t-\tau)}\boldsymbol{f}(\tau)\mathrm{d}\tau\right]$$

$$+\sum_{r=1}^{n}[\boldsymbol{\phi}_r a_r^{-1}\boldsymbol{\phi}_r^{\mathrm{T}}+\boldsymbol{\phi}_r^* a_r^{*-1}\boldsymbol{\phi}_r^{*\mathrm{T}}]\boldsymbol{f}(t) \tag{5.10.4}$$

很显然,从公式的表达形式上看,式(5.10.4)不同于由状态变量展开给出的速度响应式(5.9.59c).如果状态空间法给出的速度响应和位移响应都是正确的,即满足状态变量的协调关系,则式(5.9.59c)必须等同于上式,也就是说,式(5.10.4)减去式(5.9.59c)应等于零,即有

$$\begin{aligned}&\sum_{r=1}^{n}\left[\boldsymbol{\phi}_r a_r^{-1}\boldsymbol{\phi}_r^{\mathrm{T}}s_r\int_0^t \mathrm{e}^{s_r(t-\tau)}\boldsymbol{f}(\tau)\mathrm{d}\tau+\boldsymbol{\phi}_r^* a_r^{*-1}\boldsymbol{\phi}_r^{*\mathrm{T}}s_r^*\int_0^t \mathrm{e}^{s_r^*(t-\tau)}\boldsymbol{f}(\tau)\mathrm{d}\tau\right]\\&+\sum_{r=1}^{n}(\boldsymbol{\phi}_r a_r^{-1}\boldsymbol{\phi}_r^{\mathrm{T}}+\boldsymbol{\phi}_r^* a_r^{*-1}\boldsymbol{\phi}_r^{*\mathrm{T}})\boldsymbol{f}(t)\\&-\sum_{r=1}^{n}\left[\boldsymbol{\phi}_r a_r^{-1}\boldsymbol{\phi}_r^{\mathrm{T}}s_r\int_0^t \mathrm{e}^{s_r(t-\tau)}\boldsymbol{f}(\tau)\mathrm{d}\tau+\boldsymbol{\phi}_r^* a_r^{*-1}\boldsymbol{\phi}_r^{*\mathrm{T}}s_r^*\int_0^t \mathrm{e}^{s_r^*(t-\tau)}\boldsymbol{f}(\tau)\mathrm{d}\tau\right]\\&=\sum_{r=1}^{n}(\boldsymbol{\phi}_r a_r^{-1}\boldsymbol{\phi}_r^{\mathrm{T}}+\boldsymbol{\phi}_r^* a_r^{*-1}\boldsymbol{\phi}_r^{*\mathrm{T}})\boldsymbol{f}(t)=\sum_{r=1}^{2n}\boldsymbol{\phi}_r a_r^{-1}\boldsymbol{\phi}_r \boldsymbol{f}(t)=\mathbf{0}\end{aligned} \tag{5.10.5}$$

任意激励 $\boldsymbol{f}(t)$是不等于零的,因而由上式可知,必须有式(5.10.3)的关系成立.

如上所述,式(5.10.3)的成立是状态空间法给出协调解的基本条件.但状态空间法并没有给出式(5.10.3)的证明.

(3) 状态空间法给出的一般黏性阻尼系统对任意激励 $\boldsymbol{f}(t)$的位移响应 $\boldsymbol{x}$(式(5.9.59b))可以写为

$$\boldsymbol{x}=\sum_{r=1}^{n}\boldsymbol{x}_r \tag{5.10.6}$$

其中,$\boldsymbol{x}_r$ 为

$$\begin{aligned}\boldsymbol{x}_r&=\boldsymbol{\phi}_r a_r^{-1}\boldsymbol{\phi}_r^{\mathrm{T}}\int_0^t \mathrm{e}^{s_r(t-\tau)}\boldsymbol{f}(\tau)\mathrm{d}\tau+\boldsymbol{\phi}_r^* a_r^{*-1}\boldsymbol{\phi}_r^{*\mathrm{T}}\int_0^t \mathrm{e}^{s_r^*(t-\tau)}\boldsymbol{f}(\tau)\mathrm{d}\tau\\&=2\mathrm{Re}\left[\boldsymbol{\phi}_r a_r^{-1}\boldsymbol{\phi}_r^{\mathrm{T}}\int_0^t \mathrm{e}^{s_r(t-\tau)}\boldsymbol{f}(\tau)\mathrm{d}\tau\right]\end{aligned} \tag{5.10.7}$$

式(5.10.6)表示 n 个复模态对位移响应的叠加原理.

而经典模态法给出的比例阻尼系统对任意激励 $\boldsymbol{f}(t)$的位移响应 $\boldsymbol{x}$ 仍可以写成式(5.10.6)的形式,但其中的 $\boldsymbol{x}_r$ 为

$$\boldsymbol{x}_r=\frac{\boldsymbol{\phi}_r\boldsymbol{\phi}_r^{\mathrm{T}}}{m_r\omega_{\mathrm{d}r}}\int_0^t \boldsymbol{f}(\tau)\mathrm{e}^{-\xi_r\omega_{\mathrm{n}r}(t-\tau)}\sin\omega_{\mathrm{d}r}(t-\tau)\mathrm{d}\tau \tag{5.10.8}$$

这时,式(5.10.6)表示 n 个实模态位移响应的叠加原理.比较式(5.10.7)与式(5.10.8),可以看到 $\boldsymbol{x}_r$ 虽然都是实的位移向量,但它们的含义不一样,计算内容也不一样.式(5.10.8)为 r 阶实模态的位移响应,右端项包含的函数向量和积分号下的被积函数都是实的,只要进行一系列实的运算即可.而式(5.10.7)为 r 阶复共轭模态的位移响应,其右端项包含 $\boldsymbol{\phi}_r$ 与 $\boldsymbol{\phi}_r^*$ 的复共轭模态向量,s_r 与 s_r^*、a_r 与 a_r^* 也是共轭复数,积分号下的被积函数也是复数,必须进行

一系列复数运算才能给出实的位移响应 $\boldsymbol{x}_r$，如此繁杂的复数运算不仅大大增加了计算工作量，而且还不容易让工程师直观理解.

正是由于上述存在的这些问题，很多工程师仍然不愿意应用状态空间法去解决问题，而是选择将一般黏性阻尼系统近似为经典阻尼系统，也就是用忽略矩阵 $\boldsymbol{c}=\boldsymbol{\phi}_N^{\mathrm{T}}\boldsymbol{C}\boldsymbol{\phi}_N$ 的非对角项的办法处理一般黏性阻尼系统振动问题.因而，我们必须说明这种近似处理方法会带来多大的误差，以及能不能找到一个与经典模态方法比较一致的求解一般黏性阻尼系统位移响应的办法.

胡海昌教授提出预解式法，即借助求得的系统特征矩阵预解式对特征向量的展开式，将系统的响应按特征向量展开求得响应解.预解式法便于人们直观了解，但与经典模态法却有很大的不同之处.本书作者将预解式法和经典模态法统一起来，从而形成在物理空间中对一般模态求解的方法，称之为物理空间法.这种方法，首先采用胡海昌教授提出的预解式方法，导出四个重要的谱展开式，然后又用严格的矩阵分析方法证明这四个重要的谱展开式是状态空间正交关系的补充关系式.应用这些谱展开式，状态空间解法速度与位移的协调关系式得到证明，使状态空间解法得以完善.同时，在物理空间中采用复模态坐标变换时，应用这些协调关系式，同样可以使原来的二阶微分方程组解耦，化为同样的复模态坐标解耦方程求解[69]，从而证明了物理空间与状态空间解耦方程的一致性.将状态空间解耦方程回归到物理空间，使物理空间解法与状态空间解法得以统一.此外，又引入模态对位移的概念，将 $2n$ 个复系数单自由度一阶微分解耦方程化为 n 个实参数二阶微分解耦方程[70]，方程中的各种参数，包括模态对位移、激励力和所有的系数都是实数，其微分算子与经典模态方法解耦方程的微分算子一样.于是把复杂的复模态复数运算化为简单的实数运算，把复杂的复模态响应计算过程化为类似于实模态响应计算过程，把复模态响应计算与实模态响应计算统一起来，使计算过程既简便、统一，又便于直观理解，由此形成一般模态求解的方法.

5.10.2　动力学方程的三种形式

设一般黏性阻尼多自由度系统的运动方程为

$$\boldsymbol{M}\ddot{\boldsymbol{x}}+\boldsymbol{C}\dot{\boldsymbol{x}}+\boldsymbol{K}\boldsymbol{x}=\boldsymbol{f}(t) \tag{5.10.9}$$

这是物理空间中单变量 $\boldsymbol{x}$ 的运动方程，也是动力学运动方程的第一种形式.

引入辅助变量速度 $\boldsymbol{v}$，式(5.10.9)可表示为等价的位移 $\boldsymbol{x}$ 和速度 $\boldsymbol{v}$ 的二变量方程，即

$$\boldsymbol{M}\dot{\boldsymbol{v}}+\boldsymbol{C}\dot{\boldsymbol{x}}+\boldsymbol{K}\boldsymbol{x}=\boldsymbol{f}(t) \tag{5.10.10a}$$

$$\boldsymbol{M}\dot{\boldsymbol{x}}-\boldsymbol{M}\boldsymbol{v}=\boldsymbol{0} \tag{5.10.10b}$$

这里，方程(5.10.10a)为运动方程，方程(5.10.10b)为二变量协调方程，表示速度 $\boldsymbol{v}$ 是位移 $\boldsymbol{x}$ 的微分，这是动力学运动方程的第二种形式.

引入状态变量 $\boldsymbol{y}$，方程(5.10.10)可以矩阵方程简洁表示，给出动力学运动方程的第三种

形式，即状态方程

$$\boldsymbol{A}\dot{\boldsymbol{y}} + \boldsymbol{B}\boldsymbol{y} = \boldsymbol{F} \tag{5.10.11}$$

式中

$$\boldsymbol{y} = \begin{Bmatrix} \boldsymbol{x} \\ \boldsymbol{v} \end{Bmatrix}, \quad \boldsymbol{A} = \begin{bmatrix} \boldsymbol{C} & \boldsymbol{M} \\ \boldsymbol{M} & \boldsymbol{0} \end{bmatrix}, \quad \boldsymbol{B} = \begin{bmatrix} \boldsymbol{K} & \boldsymbol{0} \\ \boldsymbol{0} & -\boldsymbol{M} \end{bmatrix}, \quad \boldsymbol{F} = \begin{Bmatrix} \boldsymbol{f}(t) \\ \boldsymbol{0} \end{Bmatrix} \tag{5.10.12}$$

系数方阵 $\boldsymbol{A}$ 和 $\boldsymbol{B}$ 由系统的参数组成，当 $\boldsymbol{M},\boldsymbol{C},\boldsymbol{K}$ 为实对称矩阵时，它们都是实对称 $2n$ 阶方阵. 因而状态方程(5.10.11)与二变量方程(5.10.10)实际上是完全相同的，它包含运动方程(5.10.10a)和状态变量协调方程(5.10.10b). 单变量方程(5.10.9)、二变量方程(5.10.10)和状态方程(5.10.11)是多自由度系统动力学方程的三种形式. 这里的状态方程(5.10.11)与式(5.9.2)相同，不过这里引入速度 $\boldsymbol{v}$ 作为变量，以表示与$\dot{\boldsymbol{x}}$的区别，方程(5.10.10b)表示 $\boldsymbol{v}$ 与 $\boldsymbol{x}$ 之间的微分协调关系. 而状态方程(5.9.2)展开后的第二个方程为 $\boldsymbol{M}\dot{\boldsymbol{x}} - \boldsymbol{M}\dot{\boldsymbol{x}} = \boldsymbol{0}$，是恒等式.

5.10.3 复特征值和特征向量

令

$$\boldsymbol{x} = \boldsymbol{\phi}\mathrm{e}^{st}, \quad \boldsymbol{v} = \boldsymbol{\phi}_v\mathrm{e}^{st} \tag{5.10.13}$$

将式(5.10.13)代入式(5.10.12a)，有

$$\boldsymbol{y} = \boldsymbol{\Phi}\mathrm{e}^{st}, \quad \boldsymbol{\Phi} = \begin{bmatrix} \boldsymbol{\phi} \\ \boldsymbol{\phi}_v \end{bmatrix} \tag{5.10.14}$$

则相应于单变量方程(5.10.9)的特征值问题为

$$(s\boldsymbol{M}^2 + s\boldsymbol{C} + \boldsymbol{K})\boldsymbol{\phi} = \boldsymbol{0} \tag{5.10.15}$$

相应于二变量方程(5.10.10)的特征值问题为

$$s\boldsymbol{M}\boldsymbol{\phi}_v + (s\boldsymbol{C} + \boldsymbol{K})\boldsymbol{\phi} = \boldsymbol{0} \tag{5.10.16a}$$

$$\boldsymbol{M}(s\boldsymbol{\phi} - \boldsymbol{\phi}_v) = \boldsymbol{0} \tag{5.10.16b}$$

相应状态空间方程(5.10.11)的特征值问题为

$$(s\boldsymbol{A} + \boldsymbol{B})\boldsymbol{\Phi} = \boldsymbol{0} \tag{5.10.17}$$

很显然，式(5.10.17)是式(5.10.16)的矩阵表示，式(5.10.16)与式(5.10.17)完全相同. 由式(5.10.16b)得

$$\boldsymbol{\phi}_v = s\boldsymbol{\phi} \tag{5.10.18}$$

将式(5.10.18)代入式(5.10.16a)，即得式(5.10.15). 因而对应于三种形式的动力学方程，相应的特征值问题都归结为式(5.10.15)，三种形式的动力学方程具有统一的复特征值 s_r 和物理空间特征向量$\boldsymbol{\phi}_r$.

对于二变量方程，由式(5.10.18)，速度特征向量 $\boldsymbol{\phi}_{vr}$ 为

$$\boldsymbol{\phi}_{vr} = s_r \boldsymbol{\phi}_r \tag{5.10.19a}$$

对于状态方程,将式(5.10.19a)代入式(5.10.14)的第二个式子,状态空间特征向量 $\boldsymbol{\Phi}_r$ 为

$$\boldsymbol{\Phi}_r = \begin{bmatrix} \boldsymbol{\phi}_r \\ s_r \boldsymbol{\phi}_r \end{bmatrix} \tag{5.10.19b}$$

如果系统阻尼小于临界阻尼,假设由式(5.10.15)可得到 n 对($2n$ 个)不同的具有负实部的共轭复根,即

$$\begin{aligned} s_r &= -\xi_r \omega_{0r} + \mathrm{i}\,\omega_{\mathrm{d}r} \\ s_r^* &= -\xi_r \omega_{0r} - \mathrm{i}\,\omega_{\mathrm{d}r} \end{aligned}, \quad r = 1, 2, \cdots, n \tag{5.10.20}$$

定义由 n 对特征值 s_r, s_r^* ($r=1, 2, \cdots, n$)组成的对角阵为特征值矩阵,即

$$\begin{aligned} \boldsymbol{\Lambda} &= \lceil s_1 \quad s_2 \quad \cdots \quad s_{2n} \rfloor = \lceil \boldsymbol{\Lambda}_N \quad \boldsymbol{\Lambda}_N^* \rfloor \\ \boldsymbol{\Lambda}_N &= \lceil s_1 \quad s_2 \quad \cdots \quad s_n \rfloor, \quad \boldsymbol{\Lambda}_N^* = \lceil s_1^* \quad s_2^* \quad \cdots \quad s_n^* \rfloor \\ s_r &= \begin{cases} s_r, & r \leqslant n \\ s_{r-n}^*, & r > n \end{cases} \end{aligned} \tag{5.10.21a}$$

相应的状态空间复模态矩阵为

$$\begin{aligned} \boldsymbol{\Phi} &= [\boldsymbol{\Phi}_1 \quad \boldsymbol{\Phi}_2 \quad \cdots \quad \boldsymbol{\Phi}_{2n}] = [\boldsymbol{\Phi}_N \quad \boldsymbol{\Phi}_N^*] \\ &= \begin{bmatrix} \boldsymbol{\phi}_N & \boldsymbol{\phi}_N^* \\ \boldsymbol{\phi}_N \boldsymbol{\Lambda}_N & \boldsymbol{\phi}_N^* \boldsymbol{\Lambda}_N^* \end{bmatrix} = \begin{bmatrix} \boldsymbol{\phi} \\ \boldsymbol{\phi}\boldsymbol{\Lambda} \end{bmatrix} \\ \boldsymbol{\Phi}_r &= \begin{cases} \boldsymbol{\Phi}_r, & r \leqslant n \\ \boldsymbol{\Phi}_{r-n}^*, & r > n \end{cases} \end{aligned} \tag{5.10.21b}$$

相应的物理空间复模态矩阵为

$$\boldsymbol{\phi} = [\boldsymbol{\phi}_1 \quad \boldsymbol{\phi}_2 \quad \cdots \quad \boldsymbol{\phi}_{2n}] = [\boldsymbol{\phi}_N \quad \boldsymbol{\phi}_N^*], \quad \boldsymbol{\phi}_r = \begin{cases} \boldsymbol{\phi}_r, & r \leqslant n \\ \boldsymbol{\phi}_{r-n}^*, & r > n \end{cases} \tag{5.10.21c}$$

可以证明物理空间模态正交关系式为

$$\boldsymbol{\Lambda m} + \boldsymbol{m\Lambda} + \boldsymbol{c} = \boldsymbol{a}, \quad \boldsymbol{k} - \boldsymbol{\Lambda m \Lambda} = \boldsymbol{b} \tag{5.10.22}$$

其中

$$\boldsymbol{m} = \boldsymbol{\phi}^{\mathrm{T}} \boldsymbol{M} \boldsymbol{\phi}, \quad \boldsymbol{c} = \boldsymbol{\phi}^{\mathrm{T}} \boldsymbol{C} \boldsymbol{\phi}, \quad \boldsymbol{k} = \boldsymbol{\phi}^{\mathrm{T}} \boldsymbol{K} \boldsymbol{\phi}$$

状态空间模态正交关系式为

$$\boldsymbol{\Phi}^{\mathrm{T}} \boldsymbol{A} \boldsymbol{\Phi} = \boldsymbol{a}, \quad \boldsymbol{\Phi}^{\mathrm{T}} \boldsymbol{B} \boldsymbol{\Phi} = \boldsymbol{b}, \quad \boldsymbol{\Lambda a} = -\boldsymbol{b} \tag{5.10.23}$$

其中,$\boldsymbol{a}$ 与 $\boldsymbol{b}$ 为对角矩阵,$\boldsymbol{a}$ 可以由振型归一化条件确定.

每一个特征值 s_r 和物理空间特征向量 $\boldsymbol{\phi}_r$ 都满足特征值方程(5.10.15),相应于 $2n$ 个 s_r 和 $\boldsymbol{\phi}_r$ 的 $2n$ 个方程可以写成矩阵形式:

$$\boldsymbol{M\phi\Lambda}^2 + \boldsymbol{C\phi\Lambda} + \boldsymbol{K\phi} = \boldsymbol{0} \tag{5.10.24a}$$

同样，每一个特征值 s_r 和状态空间特征值向量 $\boldsymbol{\Phi}_r$ 都满足特征值方程(5.10.17)，相应于 $2n$ 个 s_r 和 $\boldsymbol{\Phi}_r$ 的 $2n$ 个方程也可以写成矩阵形式：

$$\boldsymbol{A\Phi\Lambda} + \boldsymbol{B\Phi} = \boldsymbol{0} \tag{5.10.24b}$$

5.10.4 预解式法

考虑特征值问题式(5.10.15)，它的特征矩阵 $\boldsymbol{Z}(s)$ 和它的逆矩阵 $\boldsymbol{H}(s)$ 分别为

$$\boldsymbol{Z}(s) = s^2\boldsymbol{M} + s\boldsymbol{C} + \boldsymbol{K} \tag{5.10.25a}$$

$$\boldsymbol{H}(s) = (s^2\boldsymbol{M} + s\boldsymbol{C} + \boldsymbol{K})^{-1} \tag{5.10.25b}$$

$\boldsymbol{H}(s)$ 称为预解式，可以表示为分部分式的形式．对于 n 个自由度系统，行列式 $|s^2\boldsymbol{M} + s\boldsymbol{C} + \boldsymbol{K}|$ 为 $2n$ 次多项式．假定特征值问题式(5.10.15)的 $2n$ 个根 s_r 各不相同，那么可以得到

$$|s^2\boldsymbol{M} + s\boldsymbol{C} + \boldsymbol{K}| = |\boldsymbol{M}| \prod_{r=1}^{2n}(s - s_r) \tag{5.10.25c}$$

还要计算行列式 $|s^2\boldsymbol{M} + s\boldsymbol{C} + \boldsymbol{K}|$ 各个元的余行列式，它显然也是 s 的多项式，并且其次数都不大于 $2(n-1)$ 次．由此可见，$\boldsymbol{H}(s)$ 的每个元都是 s 的分式，它的分母是式(5.10.25b)，而每个分子的次数都不大于 $2(n-1)$，因而 $\boldsymbol{H}(s)$ 可以展成分部分式：

$$\boldsymbol{H}(s) = \sum_{r=1}^{2n} \frac{\boldsymbol{A}_r}{s - s_r} \tag{5.10.26}$$

式中，$\boldsymbol{A}_r$ 是与 s 无关的矩阵．为了确定 $\boldsymbol{A}_r$，先把 $\boldsymbol{H}(s)$ 展成 $s - s_r$ 的幂级数，令

$$\varepsilon_r = s - s_r, \quad s = s_r + \varepsilon_r \tag{5.10.27}$$

当 ε_r 很小时，$\boldsymbol{H}(s)$ 可以展成 ε_r 的级数：

$$\boldsymbol{H}(s) = \frac{\boldsymbol{A}_r}{\varepsilon_r} + \boldsymbol{\varphi}_r + \boldsymbol{x}_r\varepsilon_r + \cdots \tag{5.10.28}$$

很显然，式(5.10.26)与式(5.10.28)中的 $\boldsymbol{A}_r$ 代表同一矩阵．从定义式(5.10.25b)有

$$(s^2\boldsymbol{M} + s\boldsymbol{C} + \boldsymbol{K})\boldsymbol{H}(s) = \boldsymbol{I} \tag{5.10.29}$$

这里，$\boldsymbol{I}$ 是 n 阶单位矩阵．将式(5.10.27)代入式(5.10.25a)，得

$$\begin{aligned}\boldsymbol{Z}(s) &= s^2\boldsymbol{M} + s\boldsymbol{C} + \boldsymbol{K} = (s_r + \varepsilon_r)^2\boldsymbol{M} + (s_r + \varepsilon_r)\boldsymbol{C} + \boldsymbol{K} \\ &= \varepsilon_r^2\boldsymbol{M} + \varepsilon_r(2s_r\boldsymbol{M} + \boldsymbol{C}) + (s_r^2\boldsymbol{M} + s_r\boldsymbol{C} + \boldsymbol{K})\end{aligned} \tag{5.10.30}$$

将式(5.10.28)、式(5.10.30)代入式(5.10.29)，得

$$[\varepsilon_r^2\boldsymbol{M} + \varepsilon_r(2s_r\boldsymbol{M} + C) + (s_r^2\boldsymbol{M} + s_r\boldsymbol{C} + \boldsymbol{K})]\left(\frac{\boldsymbol{A}_r}{\varepsilon_r} + \boldsymbol{\varphi}_r + \boldsymbol{x}_r\varepsilon_r + \cdots\right) = \boldsymbol{I}$$

算出乘积，然后再排成 ε_r 的幂级数，得

$$\begin{aligned}&\frac{1}{\varepsilon_r}(s_r^2\boldsymbol{M} + s_r\boldsymbol{C} + \boldsymbol{K})\boldsymbol{A}_r + (2s_r\boldsymbol{M} + \boldsymbol{C})\boldsymbol{A}_r + (s_r^2\boldsymbol{M} + s_r\boldsymbol{C} + \boldsymbol{K})\boldsymbol{\varphi}_r \\ &+ \varepsilon_r[\boldsymbol{MA}_r + (2s_r\boldsymbol{M} + \boldsymbol{C})\boldsymbol{\varphi}_r + (s_r^2\boldsymbol{M} + s_r\boldsymbol{C} + \boldsymbol{K})\boldsymbol{x}_r] + \cdots = \boldsymbol{I}\end{aligned} \tag{5.10.31}$$

让等式两边 ε_r 同幂次的系数相等.对于 ε_r^{-1} 的系数得到方程

$$(s_r^2\boldsymbol{M} + s_r\boldsymbol{C} + \boldsymbol{K})\boldsymbol{A}_r = \boldsymbol{0} \tag{5.10.32}$$

由式(5.10.15),$\boldsymbol{A}_r$ 的每一列必是 $\boldsymbol{\phi}_r$ 的倍数,即 $\boldsymbol{A}_r$ 可表示为

$$\boldsymbol{A}_r = \boldsymbol{\phi}_r\boldsymbol{q}_r^{\mathrm{T}} \tag{5.10.33}$$

式中,$\boldsymbol{q}_r^{\mathrm{T}}$ 是待定的列向量.

取式(5.10.31)的零次幂系数方程为

$$(s_r^2\boldsymbol{M} + s_r\boldsymbol{C} + \boldsymbol{K})\boldsymbol{\varphi}_r + (2s_r\boldsymbol{M} + \boldsymbol{C})\boldsymbol{A}_r = \boldsymbol{I}$$

即

$$(s_r^2\boldsymbol{M} + s_r\boldsymbol{C} + \boldsymbol{K})\boldsymbol{\varphi}_r = \boldsymbol{I} - (2s_r\boldsymbol{M} + \boldsymbol{C})\boldsymbol{A}_r \tag{5.10.34}$$

上式两边左乘 $\boldsymbol{\phi}_r^{\mathrm{T}}$,有

$$\boldsymbol{\phi}_r^{\mathrm{T}}(s_r^2\boldsymbol{M} + s_r\boldsymbol{C} + \boldsymbol{K})\boldsymbol{\varphi}_r = \boldsymbol{\phi}_r^{\mathrm{T}}[\boldsymbol{I} - (2s_r\boldsymbol{M} + \boldsymbol{C})\boldsymbol{A}_r]$$

由式(5.10.15),上式化为

$$\boldsymbol{\phi}_r^{\mathrm{T}}[\boldsymbol{I} - (2s_r\boldsymbol{M} + \boldsymbol{C})\boldsymbol{A}_r] = \boldsymbol{0}$$

即

$$\boldsymbol{\phi}_r^{\mathrm{T}} - \boldsymbol{\phi}_r^{\mathrm{T}}(2s_r\boldsymbol{M} + \boldsymbol{C})\boldsymbol{\phi}_r\boldsymbol{q}_r^{\mathrm{T}} = \boldsymbol{\phi}_r^{\mathrm{T}} - a_r\boldsymbol{q}_r^{\mathrm{T}} = \boldsymbol{0} \tag{5.10.35}$$

由此得

$$\boldsymbol{q}_r^{\mathrm{T}} = a_r^{-1}\boldsymbol{\phi}_r^{\mathrm{T}} \tag{5.10.36}$$

代入式(5.10.33),得

$$\boldsymbol{A}_r = \boldsymbol{\phi}_r a_r^{-1}\boldsymbol{\phi}_r^{\mathrm{T}} \tag{5.10.37}$$

将式(5.10.37)代入式(5.10.26),得

$$\boldsymbol{H}(s) = \sum_{r=1}^{2n}\frac{\boldsymbol{\phi}_r a_r^{-1}\boldsymbol{\phi}_r^{\mathrm{T}}}{s - s_r} \tag{5.10.38}$$

胡海昌教授给出上述推导后选取归一化条件为

$$a_r = 2s_r \tag{5.10.39}$$

代入式(5.10.38),得预解式按特征向量 $\boldsymbol{\phi}_r$ 的展开式:

$$\boldsymbol{H}(s) = \sum_{r=1}^{2n}\frac{\boldsymbol{\phi}_r\boldsymbol{\phi}_r^{\mathrm{T}}}{2s_r(s - s_r)} \tag{5.10.40}$$

对于简谐激振力

$$\boldsymbol{f} = \boldsymbol{f}_0\mathrm{e}^{\mathrm{i}\omega t} \tag{5.10.41}$$

响应 $\boldsymbol{x}$ 有相同形式,即

$$\boldsymbol{x} = \boldsymbol{X}\mathrm{e}^{\mathrm{i}\omega t} \tag{5.10.42}$$

将式(5.10.41)、式(5.10.42)代入运动方程(5.9.1),消去公因子 $\mathrm{e}^{\mathrm{i}\omega t}$ 后可得

$$(-\omega^2\boldsymbol{M} + \mathrm{i}\omega\boldsymbol{C} + \boldsymbol{K})\boldsymbol{X} = \boldsymbol{f}_0 \tag{5.10.43}$$

利用展开式(5.10.40),上式的解是

$$\boldsymbol{X}=\sum_{r=1}^{2n}\frac{\boldsymbol{\phi}_r\boldsymbol{\phi}_r^{\mathrm{T}}\boldsymbol{f}_0}{2s_r(\mathrm{i}\omega-s_r)} \tag{5.10.44}$$

代入式(5.10.42),得简谐激励的响应 $\boldsymbol{x}$ 为

$$\boldsymbol{x}=\left[\sum_{r=1}^{2n}\frac{\boldsymbol{\phi}_r\boldsymbol{\phi}_r^{\mathrm{T}}\boldsymbol{f}_0}{2s_r(\mathrm{i}\omega-s_r)}\right]\mathrm{e}^{\mathrm{i}\omega t} \tag{5.10.45}$$

上述求解方法称为预解式法.

5.10.5 重要的谱展开式

式(5.10.38)与式(5.10.40)是预解式的两种表达式.选取不同的归一化条件,还可以导出其他形式的表达式.

当 s 的模很大时,式(5.10.40)可以改写为

$$\boldsymbol{H}(s)=\sum_{r=1}^{2n}\frac{\boldsymbol{\phi}_r\boldsymbol{\phi}_r^{\mathrm{T}}}{2s_r s}+\sum_{r=1}^{2n}\frac{\boldsymbol{\phi}_r\boldsymbol{\phi}_r^{\mathrm{T}}}{2s^2}+O\left(\frac{1}{s^3}\right) \tag{5.10.46}$$

由式(5.10.25b)可得

$$\boldsymbol{H}(s)=\frac{2}{s\boldsymbol{M}^2}+O\left(\frac{1}{s^3}\right) \tag{5.10.47}$$

比较式(5.10.46)与式(5.10.47),得

$$\sum_{r=1}^{2n}\frac{\boldsymbol{\phi}_r\boldsymbol{\phi}_r^{\mathrm{T}}}{2s_r}=\boldsymbol{0} \tag{5.10.48a}$$

$$\sum_{r=1}^{2n}\frac{\boldsymbol{\phi}_r\boldsymbol{\phi}_r^{\mathrm{T}}}{2}=\boldsymbol{M}^{-1} \tag{5.10.48b}$$

式(5.10.48)是胡海昌教授经严格推导给出的两个谱展开式.上述推导可以推广到一般情况.

我们考虑一般情况,令

$$\boldsymbol{A}_r=\boldsymbol{\phi}_r a_r^{-1}\boldsymbol{\phi}_r^{\mathrm{T}},\quad \boldsymbol{A}_r^*=\boldsymbol{\phi}_r^* a_r^{*-1}\boldsymbol{\phi}_r^{*\mathrm{T}} \tag{5.10.49a}$$

则有

$$\boldsymbol{H}(s)=\sum_{r=1}^{n}\left(\frac{\boldsymbol{A}_r}{s-s_r}+\frac{\boldsymbol{A}_r^*}{s-s_r^*}\right)=\sum_{r=1}^{n}\left[\frac{(\boldsymbol{A}_r+\boldsymbol{A}_r^*)s-(\boldsymbol{A}_r s_r^*+\boldsymbol{A}_r^* s_r)}{s^2-(s_r+s_r^*)s+s_r s_r^*}\right] \tag{5.10.49b}$$

将上式 $\boldsymbol{H}(s)$ 按 $\frac{1}{s}$ 幂级数展开,得

$$\boldsymbol{H}(s)=\sum_{r=1}^{n}\left\{\frac{\boldsymbol{A}_r+\boldsymbol{A}_r^*}{s}+\frac{\boldsymbol{A}_r s_r+\boldsymbol{A}_r^* s_r^*}{s^2}+\frac{\boldsymbol{A}_r s_r^2+\boldsymbol{A}_r^* s_r^{*2}}{s^3}\right.$$
$$\left.+\frac{\boldsymbol{A}_r s_r^3+\boldsymbol{A}_r^* s_r^{*3}-(\boldsymbol{A}_r s_r^2+\boldsymbol{A}_r^* s_r^{*2})s_r s_r^* s^{-1}}{s^2[s^2-(s_r-s_r^*)s+s_r s_r^*]}\right\}$$

当 s 值很大时，有

$$\boldsymbol{H}(s)=\sum_{r=1}^{n}\left[\frac{\boldsymbol{A}_r+\boldsymbol{A}_r^*}{s}+\frac{\boldsymbol{A}_r s_r+\boldsymbol{A}_r^* s_r^*}{s^2}+\frac{\boldsymbol{A}_r s_r^2+\boldsymbol{A}_r^* s_r^{*2}}{s^3}+O\left(\frac{1}{s^4}\right)\right] \tag{5.10.50}$$

同样，将方程(5.10.25b)按$\dfrac{1}{s}$幂级数展开，得

$$\boldsymbol{H}(s)=\frac{1}{s^2\boldsymbol{M}+s\boldsymbol{C}+\boldsymbol{K}}=\frac{1}{s^2\boldsymbol{M}}-\frac{\boldsymbol{C}}{s^3\boldsymbol{M}_2}+\frac{s(\boldsymbol{C}^2-\boldsymbol{MK})+\boldsymbol{KC}}{s^3\boldsymbol{M}(s^2\boldsymbol{M}+s\boldsymbol{C}+\boldsymbol{K})}$$

当 s 值很大时，有

$$\boldsymbol{H}(s)=\frac{1}{s^2\boldsymbol{M}}-\frac{\boldsymbol{C}}{s^3\boldsymbol{M}^2}+O\left(\frac{1}{s^4}\right) \tag{5.10.51}$$

比较式(5.10.50)与式(5.10.51)，使 s 的同次幂项系数相等，得

$$\sum_{r=1}^{n}(\boldsymbol{A}_r+\boldsymbol{A}_r^*)=\boldsymbol{0} \tag{5.10.52}$$

$$\sum_{r=1}^{n}(\boldsymbol{A}_r s_r+\boldsymbol{A}_r^* s_r^*)=\boldsymbol{M}^{-1} \tag{5.10.53}$$

$$\sum_{r=1}^{n}(\boldsymbol{A}_r s_r^2+\boldsymbol{A}_r^* s_r^{*2})=-\boldsymbol{M}^{-1}\boldsymbol{C}\boldsymbol{M}^{-1} \tag{5.10.54}$$

同样，将式(5.10.49b)按 s 幂级数展开，得

$$\boldsymbol{H}(s)=\sum_{r=1}^{n}\left[-\left(\frac{\boldsymbol{A}_r}{s_r}+\frac{\boldsymbol{A}_r^*}{s_r^*}\right)-\left(\frac{\boldsymbol{A}_r}{s_r^2}+\frac{\boldsymbol{A}_r^*}{s_r^{*2}}\right)s-\frac{\left(\dfrac{\boldsymbol{A}_r s_r^*}{s_r^2}+\dfrac{\boldsymbol{A}_r^* s_r}{s_r^{*2}}\right)s^2-\left(\dfrac{\boldsymbol{A}_r}{s_r^2}+\dfrac{\boldsymbol{A}_r^*}{s_r^{*2}}\right)s^3}{s^2-(s_r+s_r^*)s+s_r s_r^*}\right]$$

当 s 值很小时，有

$$\boldsymbol{H}(s)=\sum_{r=1}^{n}\left[-\left(\frac{\boldsymbol{A}_r}{s_r}+\frac{\boldsymbol{A}_r^*}{s_r^*}\right)-\left(\frac{\boldsymbol{A}_r}{s_r^2}+\frac{\boldsymbol{A}_r^*}{s_r^{*2}}\right)s-O(s^2)\right] \tag{5.10.55}$$

当 $\boldsymbol{K}$ 为正定时，方程(5.10.25b)按 s 幂级数展开，得

$$\boldsymbol{H}(s)=\frac{1}{\boldsymbol{K}}-\frac{s^2\boldsymbol{M}+s\boldsymbol{C}}{\boldsymbol{K}(s^2\boldsymbol{M}+s\boldsymbol{C}+\boldsymbol{K})}$$

当 s 值很小时，有

$$\boldsymbol{H}(s)=\boldsymbol{K}^{-1}-O(s) \tag{5.10.56}$$

比较式(5.10.55)与式(5.10.56)，使 s 的同次幂项系数相等，得

$$\sum_{r=1}^{n}\left(\frac{\boldsymbol{A}_r}{s_r}+\frac{\boldsymbol{A}_r^*}{s_r^*}\right)=-\boldsymbol{K}^{-1} \tag{5.10.57}$$

将式(5.10.49a)代入式(5.10.52)～式(5.10.54)、式(5.10.57)，得

$$\sum_{r=1}^{n}(\boldsymbol{\phi}_r a_r^{-1}\boldsymbol{\phi}_r^{\mathrm{T}}+\boldsymbol{\phi}_r^* a_r^{*-1}\boldsymbol{\phi}_r^{*\mathrm{T}})=\sum_{r=1}^{n}\boldsymbol{\phi}_r a_r^{-1}\boldsymbol{\phi}_r^{\mathrm{T}}=\boldsymbol{0} \tag{5.10.58}$$

$$\sum_{r=1}^{n}(\boldsymbol{\phi}_r a_r^{-1}\boldsymbol{\phi}_r^{\mathrm{T}} s_r + \boldsymbol{\phi}_r^* a_r^{*-1}\boldsymbol{\phi}_r^{*\mathrm{T}} s_r^*) = \sum_{r=1}^{2n}\boldsymbol{\phi}_r a_r^{-1}\boldsymbol{\phi}_r^{\mathrm{T}} s_r = \boldsymbol{M}^{-1} \tag{5.10.59}$$

$$\sum_{r=1}^{n}(\boldsymbol{\phi}_r a_r^{-1}\boldsymbol{\phi}_r^{\mathrm{T}} s_r^2 + \boldsymbol{\phi}_r^* a_r^{*-1}\boldsymbol{\phi}_r^{*\mathrm{T}} s_r^{*2}) = \sum_{r=1}^{2n}\boldsymbol{\phi}_r a_r^{-1}\boldsymbol{\phi}_r^{\mathrm{T}} s_r^2 = -\boldsymbol{M}^{-1}\boldsymbol{C}\boldsymbol{M}^{-1} \tag{5.10.60}$$

$$\sum_{r=1}^{n}(\boldsymbol{\phi}_r a_r^{-1}\boldsymbol{\phi}_r^{\mathrm{T}} s_r^{-1} + \boldsymbol{\phi}_r^* a_r^{*-1}\boldsymbol{\phi}_r^{*\mathrm{T}} s_r^{*-1}) = \sum_{r=1}^{2n}\boldsymbol{\phi}_r a_r^{-1}\boldsymbol{\phi}_r^{\mathrm{T}} s_r^{-1} = -\boldsymbol{K}^{-1} \tag{5.10.61}$$

方程(5.10.58)～(5.10.61)是四个重要的谱展开式，它们由结构的质量矩阵 $\boldsymbol{M}$、阻尼矩阵 $\boldsymbol{C}$ 和刚度矩阵 $\boldsymbol{K}$ 确定的特征参数所确定，因而是结构本身的固有性质.

将式(5.10.39)代入式(5.10.58)、式(5.10.59)即得式(5.10.48).

方程(5.10.58)是一个关于 $\boldsymbol{\phi}_r$ 与 a_r 的谱展开式，它正是式(5.10.3)，因而式(5.10.3)得到证明，从而解决了状态空间解法中存在的一个问题，即状态变量解是否是协调状态变量的问题.当状态变量展开为状态空间模态 $\boldsymbol{\Phi}_r$ 的级数时，它的位移和速度分量表达式虽然不能直观地满足微分关系，但由于谱展开式(5.10.58)的存在，可以证明它们满足微分关系，则用状态空间法求得的状态变量解是协调的.

5.10.6 正交性补充关系式

上面由物理空间导出四个重要的谱关系式，这四个关系式是物理空间正交性关系式(5.10.22)的另一种表示形式.

由状态空间正交关系式(5.10.23a)得

$$\boldsymbol{A}^{-1} = \boldsymbol{\Phi}\boldsymbol{a}^{-1}\boldsymbol{\Phi}^{\mathrm{T}} \tag{5.10.62}$$

由式(5.10.12b)有

$$\boldsymbol{A}^{-1} = \begin{bmatrix} \boldsymbol{0} & \boldsymbol{M}^{-1} \\ \boldsymbol{M}^{-1} & -\boldsymbol{M}^{-1}\boldsymbol{C}\boldsymbol{M}^{-1} \end{bmatrix} \tag{5.10.63}$$

将式(5.10.21b)和式(5.10.63)代入式(5.10.62)，有

$$\begin{bmatrix} \boldsymbol{0} & \boldsymbol{M}^{-1} \\ \boldsymbol{M}^{-1} & -\boldsymbol{M}^{-1}\boldsymbol{C}\boldsymbol{M}^{-1} \end{bmatrix} = \begin{bmatrix} \boldsymbol{\phi} \\ \boldsymbol{\phi}\boldsymbol{\Lambda} \end{bmatrix}\boldsymbol{a}^{-1}[\boldsymbol{\phi}^{\mathrm{T}} \quad \boldsymbol{\Lambda}\boldsymbol{\phi}^{\mathrm{T}}] = \begin{bmatrix} \boldsymbol{\phi}\boldsymbol{a}^{-1}\boldsymbol{\phi}^{\mathrm{T}} & \boldsymbol{\phi}\boldsymbol{a}^{-1}\boldsymbol{\Lambda}\boldsymbol{\phi}^{\mathrm{T}} \\ \boldsymbol{\phi}\boldsymbol{\Lambda}\boldsymbol{a}^{-1}\boldsymbol{\phi}^{\mathrm{T}} & \boldsymbol{\phi}\boldsymbol{\Lambda}\boldsymbol{a}^{-1}\boldsymbol{\Lambda}\boldsymbol{\phi}^{\mathrm{T}} \end{bmatrix} \tag{5.10.64}$$

得

$$\boldsymbol{\phi}\boldsymbol{a}^{-1}\boldsymbol{\phi}^{\mathrm{T}} = \boldsymbol{0} \tag{5.10.65}$$

$$\boldsymbol{\phi}\boldsymbol{a}^{-1}\boldsymbol{\Lambda}\boldsymbol{\phi}^{\mathrm{T}} = \boldsymbol{\phi}\boldsymbol{\Lambda}\boldsymbol{a}^{-1}\boldsymbol{\phi}^{\mathrm{T}} = \boldsymbol{M}^{-1} \tag{5.10.66}$$

$$\boldsymbol{\phi}\boldsymbol{\Lambda}\boldsymbol{a}^{-1}\boldsymbol{\Lambda}\boldsymbol{\phi}^{\mathrm{T}} = \boldsymbol{\phi}\boldsymbol{a}^{-1}\boldsymbol{\Lambda}^2\boldsymbol{\phi}^{\mathrm{T}} = -\boldsymbol{M}^{-1}\boldsymbol{C}\boldsymbol{M}^{-1} \tag{5.10.67}$$

当 $\boldsymbol{K}$ 正定时，由状态空间的另一正交关系式(5.10.23b)得

$$\boldsymbol{B}^{-1} = \boldsymbol{\Phi}\boldsymbol{b}^{-1}\boldsymbol{\Phi}^{\mathrm{T}} = -\boldsymbol{\Phi}\boldsymbol{a}^{-1}\boldsymbol{\Lambda}^{-1}\boldsymbol{\Phi}^{\mathrm{T}} \tag{5.10.68}$$

由式(5.10.12c)有

$$\boldsymbol{B}^{-1} = \begin{bmatrix} \boldsymbol{K}^{-1} & \boldsymbol{0} \\ \boldsymbol{0} & -\boldsymbol{M}^{-1} \end{bmatrix} \tag{5.10.69}$$

将式(5.10.19b)和式(5.10.69)代入式(5.10.68),有

$$\begin{bmatrix} \boldsymbol{K}^{-1} & \boldsymbol{0} \\ \boldsymbol{0} & -\boldsymbol{M}^{-1} \end{bmatrix} = -\begin{bmatrix} \boldsymbol{\phi} \\ \boldsymbol{\phi\Lambda} \end{bmatrix} \boldsymbol{a}^{-1}\boldsymbol{\Lambda}^{-1}[\boldsymbol{\phi}^{\mathrm{T}} \ \boldsymbol{\Lambda\phi}^{\mathrm{T}}] = \begin{bmatrix} -\boldsymbol{\phi a}^{-1}\boldsymbol{\Lambda}^{-1}\boldsymbol{\phi}^{\mathrm{T}} & -\boldsymbol{\phi a}^{-1}\boldsymbol{\phi}^{\mathrm{T}} \\ -\boldsymbol{\phi a}^{-1}\boldsymbol{\phi}^{\mathrm{T}} & -\boldsymbol{\phi a}^{-1}\boldsymbol{\Lambda\phi}^{\mathrm{T}} \end{bmatrix} \tag{5.10.70}$$

从而得式(5.10.65)、式(5.10.66)和

$$\boldsymbol{\phi a}^{-1}\boldsymbol{\Lambda}^{-1}\boldsymbol{\phi}^{\mathrm{T}} = -\boldsymbol{K}^{-1} \tag{5.10.71}$$

则式(5.10.62)、式(5.10.68)是状态空间正交关系式(5.9.11)、式(5.9.12)的补充关系式.由上述推导说明式(5.10.65)~式(5.10.67)、式(5.10.71)是状态空间正交性补充关系式(5.10.62)、式(5.10.68)的展开,可以称之为物理空间正交关系式(5.10.22)的补充关系式.很显然,式(5.10.65)~式(5.10.67)、式(5.10.71)即是式(5.10.58)~式(5.10.61)的矩阵表达式.这些正交性补充关系式和正交关系式一样,都是系统的固有特性.

5.10.7 状态空间解耦方程的补充证明

考虑任意激振力 $\boldsymbol{f}(t)$的情况.由于正交关系式(5.10.23),以状态空间的复模态向量 $\boldsymbol{\Phi}_r$ $(r=1,2,\cdots,2n)$张成的一个向量空间 $\boldsymbol{\Phi}=[\boldsymbol{\Phi}_1 \ \ \boldsymbol{\Phi}_2 \ \ \cdots \ \ \boldsymbol{\Phi}_{2n}]$是一个完备的线性空间,任何状态变量 $\boldsymbol{y}$ 均可用基向量$\boldsymbol{\Phi}_r$ 表示.令

$$\boldsymbol{y} = \boldsymbol{\Phi q} \tag{5.10.72}$$

式中,$\boldsymbol{q}$ 称为复模态坐标向量,它的元素 q_r 表示 $\boldsymbol{y}$ 在相应复特征向量$\boldsymbol{\Phi}_r$ 上的广义坐标.将式(5.10.72)代入式(5.10.11)进行坐标变换,并在方程两边左乘矩阵 $\boldsymbol{\Phi}^{\mathrm{T}}$,利用正交关系式(5.10.23),得到解耦方程为

$$\boldsymbol{a\dot{q}} + \boldsymbol{bq} = \boldsymbol{\phi}^{\mathrm{T}}\boldsymbol{f}(t)$$

即

$$\dot{\boldsymbol{q}} - \boldsymbol{\Lambda q} = \boldsymbol{a}^{-1}\boldsymbol{\phi}^{\mathrm{T}}\boldsymbol{f}(t) \tag{5.10.73}$$

这就是状态空间解耦方程(5.9.29).因此,可对其每一个解耦方程分别求解,从而求得系统在激振力向量 $\boldsymbol{f}(t)$作用下在复特征向量空间中各广义坐标(复模态坐标)下的响应分量,然后就可求得系统在原物理坐标下的位移向量 $\boldsymbol{x}$.

将式(5.10.19b)代入式(5.10.72),有

$$\boldsymbol{y} = \begin{bmatrix} \boldsymbol{\phi} \\ \boldsymbol{\phi\Lambda} \end{bmatrix} \boldsymbol{q} \tag{5.10.74}$$

展开后有

$$\boldsymbol{x} = \boldsymbol{\phi q} \tag{5.10.75a}$$

$$\boldsymbol{v} = \boldsymbol{\phi}\boldsymbol{\Lambda}\boldsymbol{q} \tag{5.10.75b}$$

按速度 $\boldsymbol{v}$ 是位移 $\boldsymbol{x}$ 对时间的导数的定义,有 $\boldsymbol{v}=\dot{\boldsymbol{x}}=\boldsymbol{\phi}\dot{\boldsymbol{q}}$,代入式(5.10.75b),而速度 $\boldsymbol{v}$ 与位移 $\boldsymbol{x}$ 的协调方程为

$$\boldsymbol{v} = \boldsymbol{\phi}\boldsymbol{\Lambda}\boldsymbol{q} = \boldsymbol{\phi}\dot{\boldsymbol{q}} \tag{5.10.75c}$$

状态空间法求解的结果必须满足这个协调方程,法史对此问题没有给出必要的说明.下面将对协调方程(5.10.75c)给予证明.

由式(5.10.73)得

$$\dot{\boldsymbol{q}} = \boldsymbol{\Lambda}\boldsymbol{q} + \boldsymbol{a}^{-1}\boldsymbol{\phi}^{\mathrm{T}}\boldsymbol{f}(t)$$

则有

$$\boldsymbol{v} = \dot{\boldsymbol{x}} = \boldsymbol{\phi}\dot{\boldsymbol{q}} = \boldsymbol{\phi}\boldsymbol{\Lambda}\boldsymbol{q} + \boldsymbol{\phi}\boldsymbol{a}^{-1}\boldsymbol{\phi}^{\mathrm{T}}\boldsymbol{f}(t) \tag{5.10.75d}$$

将正交补充关系式(5.10.65)代入上式,即得式(5.10.75c).由此,协调方程(5.10.75c)得以证明.

将式(5.10.75a)与式(5.10.75b)代入二变量方程(5.10.10),得

$$\boldsymbol{M}\boldsymbol{\phi}\boldsymbol{\Lambda}\dot{\boldsymbol{q}} + \boldsymbol{C}\boldsymbol{\phi}\dot{\boldsymbol{q}} + \boldsymbol{K}\boldsymbol{\phi}\boldsymbol{q} = \boldsymbol{f}(t) \tag{5.10.76}$$

$$\boldsymbol{M}(\boldsymbol{\phi}\dot{\boldsymbol{q}} - \boldsymbol{\phi}\boldsymbol{\Lambda}\boldsymbol{q}) = \boldsymbol{0} \tag{5.10.77}$$

式(5.10.77) 就是由速度 $\boldsymbol{v}$ 与位移 $\boldsymbol{x}$ 协调方程(5.10.75c)导出的协调关系式.

将式(5.10.76)左乘 $\boldsymbol{\phi}^{\mathrm{T}}$,得

$$\boldsymbol{m}\boldsymbol{\Lambda}\dot{\boldsymbol{q}} + \boldsymbol{c}\dot{\boldsymbol{q}} + \boldsymbol{k}\boldsymbol{q} = \boldsymbol{\phi}^{\mathrm{T}}\boldsymbol{f}(t) \tag{5.10.78}$$

将式(5.10.77)左乘 $\boldsymbol{\phi}^{\mathrm{T}}$,得协调关系式的另一种形式为

$$\boldsymbol{m}(\dot{\boldsymbol{q}} - \boldsymbol{\Lambda}\boldsymbol{q}) = \boldsymbol{0} \tag{5.10.79}$$

将式(5.10.79)左乘 $\boldsymbol{\Lambda}$ 再加上式(5.10.78),得

$$(\boldsymbol{\Lambda}\boldsymbol{m} + \boldsymbol{m}\boldsymbol{\Lambda} + \boldsymbol{c})\dot{\boldsymbol{q}} + (\boldsymbol{k} - \boldsymbol{\Lambda}\boldsymbol{m}\boldsymbol{\Lambda})\boldsymbol{q} = \boldsymbol{\phi}^{\mathrm{T}}\boldsymbol{f}$$

将式(5.10.22)代入上式,得

$$\boldsymbol{a}\dot{\boldsymbol{q}} + \boldsymbol{b}\boldsymbol{q} = \boldsymbol{\phi}^{\mathrm{T}}\boldsymbol{f}$$

这样就给出了相同的解耦方程(5.10.73).上述推导解耦方程的过程,实际上就是状态空间法解耦方程推导过程.由此可以看到状态空间法解耦时,不仅导出解耦方程(5.10.73),同时还导出速度 $\boldsymbol{v}$ 与位移 $\boldsymbol{x}$ 的协调关系式 (5.10.77).因此,应用状态空间法求得的解不仅要满足解耦方程(5.10.73),还要满足协调关系式(5.10.77).

将式(5.10.73)代入式(5.10.77),得

$$\boldsymbol{M}(\boldsymbol{\phi}\dot{\boldsymbol{q}} - \boldsymbol{\phi}\boldsymbol{\Lambda}\boldsymbol{q}) = \boldsymbol{M}\boldsymbol{\phi}\boldsymbol{a}^{-1}\boldsymbol{\phi}^{\mathrm{T}}\boldsymbol{f}(t) = \boldsymbol{0} \tag{5.10.80}$$

这就是式(5.10.5),应用正交性补充关系式(5.10.65),可以证明式(5.10.80)对任意的激励力都成立,这表明状态变量解耦方程(5.10.73) 的解满足协调方程(5.10.77).

因而,上一节导出正交性补充关系式(5.10.65),证明协调方程(5.10.77)成立后,状态空

间解耦方程的推导才得以完成.

5.10.8 物理空间解耦方程

1. 二变量运动方程的解耦

由物理空间正交性关系式(5.10.22)得

$$\boldsymbol{c}=\boldsymbol{a}-\boldsymbol{\Lambda m}-\boldsymbol{m\Lambda},\quad \boldsymbol{k}=\boldsymbol{b}+\boldsymbol{\Lambda m\Lambda} \tag{5.10.81}$$

将上面两式代入式(5.10.78),得

$$\boldsymbol{m\Lambda}\dot{\boldsymbol{q}}+(\boldsymbol{a}-\boldsymbol{\Lambda m}-\boldsymbol{m\Lambda})\dot{\boldsymbol{q}}+(\boldsymbol{b}+\boldsymbol{\Lambda m\Lambda})\boldsymbol{q}=\boldsymbol{\phi}^{\mathrm{T}}\boldsymbol{f}(t)$$

即

$$-\boldsymbol{\Lambda m}(\dot{\boldsymbol{q}}-\boldsymbol{\Lambda q})+\boldsymbol{a}(\dot{\boldsymbol{q}}-\boldsymbol{\Lambda q})=\boldsymbol{\phi}^{\mathrm{T}}\boldsymbol{f}(t) \tag{5.10.82}$$

将协调关系式(5.10.79)代入式(5.10.82),得解耦方程(5.10.73).很显然,这里只有应用协调方程(5.10.77)才能导出解耦方程.

2. 单变量运动方程的解耦

将系统的响应 $\boldsymbol{x}$ 按物理空间复模态 $\boldsymbol{\phi}_r$ 展为模态 $\boldsymbol{\phi}_r$ 的级数,即

$$\boldsymbol{x}=\boldsymbol{\phi q} \tag{5.10.83}$$

由展开式(5.10.72) 的完备性可以说明上式的完备性.

将式(5.10.83)代入单变量方程(5.10.9),有

$$\boldsymbol{M\phi}\ddot{\boldsymbol{q}}+\boldsymbol{C\phi}\dot{\boldsymbol{q}}+\boldsymbol{K\phi q}=\boldsymbol{f}(t) \tag{5.10.84}$$

两边左乘 $\boldsymbol{\phi}^{\mathrm{T}}$,得

$$\boldsymbol{m}\ddot{\boldsymbol{q}}+\boldsymbol{c}\dot{\boldsymbol{q}}+\boldsymbol{kq}=\boldsymbol{\phi}^{\mathrm{T}}\boldsymbol{f}(t) \tag{5.10.85}$$

将式(5.10.81)代入,得

$$\boldsymbol{m}(\ddot{\boldsymbol{q}}-\boldsymbol{\Lambda}\dot{\boldsymbol{q}})-\boldsymbol{\Lambda m}(\dot{\boldsymbol{q}}-\boldsymbol{\Lambda q})+\boldsymbol{a}(\dot{\boldsymbol{q}}-\boldsymbol{\Lambda q})=\boldsymbol{\phi}^{\mathrm{T}}\boldsymbol{f}(t) \tag{5.10.86}$$

将协调关系式(5.10.79)代入上式,得到同样的解耦方程(5.10.73).

综上所述,可以看到:

(1) 无论状态方程、二变量方程还是单变量方程都可以用复模态坐标解耦,而且都得到相同的解耦方程(5.10.73).因而解耦方程(5.10.73)并不仅是状态空间特有的方程,也是物理空间的解耦方程.这样,状态空间法可以回归到物理空间.

(2) 无论状态方程、二变量方程还是单变量方程,在推导解耦方程的过程中都必须应用协调方程(5.10.77),因而协调方程(5.10.77)在上述三种形式的方程解耦过程中都起了重要作用.但状态空间法不仅对此没有给予说明,而且它给出的解还不能直接地满足基本方程之一的协调方程 (5.10.77).只有应用物理空间正交性补充关系式(5.10.65)才能证明协调方程(5.10.77)成立,从而解耦方程的推导才得以完善.

式(5.10.73)两边左乘 $\mathrm{e}^{-\boldsymbol{\Lambda}t}$,有

$$\frac{\mathrm{d}(\mathrm{e}^{-\boldsymbol{\Lambda}t}\boldsymbol{q})}{\mathrm{d}t} = \mathrm{e}^{-\boldsymbol{\Lambda}t}\dot{\boldsymbol{q}} - \boldsymbol{\Lambda}\mathrm{e}^{-\boldsymbol{\Lambda}t}\boldsymbol{q} = \mathrm{e}^{-\boldsymbol{\Lambda}t}\boldsymbol{a}^{-1}\boldsymbol{\phi}^{\mathrm{T}}\boldsymbol{f}(t)$$

积分后得

$$\boldsymbol{q} = \mathrm{e}^{\boldsymbol{\Lambda}t}\left[\int_0^t \mathrm{e}^{-\boldsymbol{\Lambda}\tau}\boldsymbol{a}^{-1}\boldsymbol{\phi}^{\mathrm{T}}f(\tau)\mathrm{d}\tau + \boldsymbol{q}_0\right] \tag{5.10.87a}$$

代入式(5.10.83),得任意激励的位移响应 $\boldsymbol{x}$ 为

$$\boldsymbol{x} = \boldsymbol{\phi}\mathrm{e}^{\boldsymbol{\Lambda}t}\left[\int_0^t \mathrm{e}^{-\boldsymbol{\Lambda}\tau}\boldsymbol{a}^{-1}\boldsymbol{\phi}^{\mathrm{T}}\boldsymbol{f}(\tau)\mathrm{d}\tau + \boldsymbol{q}_0\right] \tag{5.10.87b}$$

这和状态空间法给出的结果式(5.9.59b)完全相同.

将式(5.10.83)改写为

$$\boldsymbol{x} = \sum_{r=1}^{2n}\boldsymbol{\phi}_r q_r = \sum_{r=1}^{n}(\boldsymbol{\phi}_r q_r + \boldsymbol{\phi}_r^* q_r^*) = \sum_{r=1}^{n}\boldsymbol{x}_r \tag{5.10.88a}$$

其中,$\boldsymbol{x}_r$ 为共轭复模态对位移(Paired Complex Modal Displacement),简称模态对位移,表示复模态及共轭复模态的配对位移,

$$\boldsymbol{x}_r = \boldsymbol{\phi}_r q_r + \boldsymbol{\phi}_r^* q_r^* \tag{5.10.88b}$$

将式(5.10.87a)代入式(5.10.88b),得

$$\begin{aligned}\boldsymbol{x}_r &= \boldsymbol{\phi}_r a_r^{-1}\boldsymbol{\phi}_r^{\mathrm{T}}\int_0^t \mathrm{e}^{s_r(t-\tau)}\boldsymbol{f}(\tau)\mathrm{d}\tau + \boldsymbol{\phi}_r^* a_r^{*-1}\boldsymbol{\phi}_r^{*\mathrm{T}}\int_0^t \mathrm{e}^{s_r^*(t-\tau)}\boldsymbol{f}(\tau)\mathrm{d}\tau + \boldsymbol{\phi}_r\mathrm{e}^{s_r t}q_{0r} + \boldsymbol{\phi}_r^*\mathrm{e}^{s_r^* t}q_{0r}^* \\ &= 2\mathrm{Re}\left[\boldsymbol{\phi}_r a_r^{-1}\boldsymbol{\phi}_r^{\mathrm{T}}\int_0^t \mathrm{e}^{s_r(t-\tau)}\boldsymbol{f}(\tau)\mathrm{d}\tau + \boldsymbol{\phi}_r\mathrm{e}^{s_r t}q_{0r}\right]\end{aligned} \tag{5.10.89}$$

上式包含复共轭模态向量 $\boldsymbol{\phi}_r$ 与 $\boldsymbol{\phi}_r^*$,s_r 与 s_r^*、a_r 与 a_r^* 是共轭复数,尤其是被积函数为复数,因而繁杂的复数运算不仅大大增加了计算工作量,而且与实模态计算过程完全不同,因而不容易让工程师直观理解.

5.10.9 实参数二阶微分解耦方程

为了解决应用上一节复模态、复参数解耦方程带来的各种问题,现在研究其模态对位移的计算方法,以进行一些变换,导出实参数二阶解耦方程.

将模态坐标解耦方程(5.10.73)改写为

$$\dot{q}_r - s_r q_r = a_r^{-1}\boldsymbol{\phi}_r^{\mathrm{T}}\boldsymbol{f} \tag{5.10.90a}$$

$$\dot{q}_r^* - s_r^* q_r^* = a_r^{*-1}\boldsymbol{\phi}_r^{*\mathrm{T}}\boldsymbol{f} \tag{5.10.90b}$$

式(5.10.90a)左乘 $-s_r^*$,有

$$-s_r^*\dot{q}_r + s_r^* s_r q_r = -s_r^* a_r^{-1}\boldsymbol{\phi}_r^{\mathrm{T}}\boldsymbol{f}$$

式(5.10.90a)对时间 t 微分,得

$$\ddot{q}_r - s_r\dot{q}_r = a_r^{-1}\boldsymbol{\phi}_r^{\mathrm{T}}\dot{\boldsymbol{f}}$$

上面两式相加得

$$\ddot{q}_r - (s_r + s_r^*)\dot{q}_r + s_r^* s_r q_r = -s_r^* a_r^{-1}\boldsymbol{\phi}_r^{\mathrm{T}}\boldsymbol{f} + a_r^{-1}\boldsymbol{\phi}_r^{\mathrm{T}}\dot{\boldsymbol{f}}$$

上式两边左乘 $\boldsymbol{\phi}_r$，得

$$\boldsymbol{\phi}_r\ddot{q}_r - (s_r + s_r^*)\boldsymbol{\phi}_r\dot{q}_r + s_r^* s_r\boldsymbol{\phi}_r q_r = -s_r^*\boldsymbol{\phi}_r a_r^{-1}\boldsymbol{\phi}_r^{\mathrm{T}}\boldsymbol{f} + \boldsymbol{\phi}_r a_r^{-1}\boldsymbol{\phi}_r^{\mathrm{T}}\dot{\boldsymbol{f}} \tag{5.10.91a}$$

同样，由式(5.10.90b)导出方程(5.10.91a)的共轭方程为

$$\boldsymbol{\phi}_r^*\ddot{q}_r^* - (s_r + s_r^*)\boldsymbol{\phi}_r^*\dot{q}_r^* + s_r^* s_r\boldsymbol{\phi}_r^* q_r^* = -s_r\boldsymbol{\phi}_r^* a_r^{*-1}\boldsymbol{\phi}_r^{*\mathrm{T}}\boldsymbol{f} + \boldsymbol{\phi}_r^* a_r^{*-1}\boldsymbol{\phi}_r^{*\mathrm{T}}\dot{\boldsymbol{f}} \tag{5.10.91b}$$

将式(5.10.91a)与式(5.10.91b)相加得到求解模态对位移 $\boldsymbol{x}_r = \boldsymbol{\phi}_r q_r + \boldsymbol{\phi}_r^* q_r^*$ 的方程为

$$\ddot{\boldsymbol{x}}_r - (s_r + s_r^*)\dot{\boldsymbol{x}}_r + s_r s_r^*\boldsymbol{x}_r = (-s_r^*\boldsymbol{\phi}_r a_r^{-1}\boldsymbol{\phi}_r^{\mathrm{T}} - s_r\boldsymbol{\phi}_r^* a_r^{*-1}\boldsymbol{\phi}_r^{*\mathrm{T}})\boldsymbol{f} + (\boldsymbol{\phi}_r a_r^{-1}\boldsymbol{\phi}_r^{\mathrm{T}} + \boldsymbol{\phi}_r^* a_r^{*-1}\boldsymbol{\phi}_r^{*\mathrm{T}})\dot{\boldsymbol{f}}$$

引入等效的模态对质量矩阵 $\boldsymbol{m}_{er}$ 和复成分影响系数矩阵 $\boldsymbol{E}_r$，令

$$\begin{aligned}\boldsymbol{m}_{er}^{-1} &= -s_r^*\boldsymbol{\phi}_r a_r^{-1}\boldsymbol{\phi}_r^{\mathrm{T}} - s_r\boldsymbol{\phi}_r^* a_r^{*-1}\boldsymbol{\phi}_r^{*\mathrm{T}} = -s_r^*\boldsymbol{A}_r - s_r\boldsymbol{A}_r^* \\ &= 2\omega_{0r}(\xi_r\omega_{0r}\boldsymbol{A}_r^{\mathrm{R}} - \sqrt{1-\xi_r^2}\boldsymbol{A}_r^{\mathrm{I}})\end{aligned} \tag{5.10.92}$$

$$\boldsymbol{m}_{er}^{-1}\boldsymbol{E}_r = \boldsymbol{\phi}_r a_r^{-1}\boldsymbol{\phi}_r^{\mathrm{T}} + \boldsymbol{\phi}_r^* a_r^{*-1}\boldsymbol{\phi}_r^{*\mathrm{T}} = \boldsymbol{A}_r + \boldsymbol{A}_r^* = 2\boldsymbol{A}_r^{\mathrm{R}} \tag{5.10.93}$$

其中，$\boldsymbol{A}_r^{\mathrm{R}}$，$\boldsymbol{A}_r^{\mathrm{I}}$，$\boldsymbol{A}_r^{\mathrm{R}*}$，$\boldsymbol{A}_r^{\mathrm{I}*}$ 见式(5.9.51).并将式(5.10.92)与式(5.10.93)代入，得模态对位移 $\boldsymbol{x}_r$ 的解耦方程为

$$\ddot{\boldsymbol{x}}_r + 2\xi_r\omega_{0r}\dot{\boldsymbol{x}}_r + \omega_{0r}^2\boldsymbol{x}_r = \boldsymbol{m}_{er}^{-1}[\boldsymbol{f}(t) + \boldsymbol{E}_r\dot{\boldsymbol{f}}(t)], \quad r = 1, 2, \cdots, n \tag{5.10.94}$$

这个方程就是模态对位移的解耦方程，是实参数二阶微分方程，方程中的各种参数，包括模态对位移 $\boldsymbol{x}_r$、激励力($\boldsymbol{f}(t)$，$\dot{\boldsymbol{f}}(t)$)和所有的系数(ω_{0r}，ξ_r，$\boldsymbol{m}_{er}$，$\boldsymbol{E}_r$)都是实数.这个方程把复杂的复模态复数运算化为简单的实数运算，把复杂的复模态响应计算过程化为类似于实模态响应计算过程，把复模态响应计算与实模态响应计算统一起来，使计算过程既简便、统一，又便于直观了解.下面说明模态对位移 $\boldsymbol{x}_r$ 的解耦方程(5.10.94)与经典阻尼系统解耦方程的关系.

对于经典阻尼系统，采用经典模态方法导出的模态坐标解耦方程(5.8.60)可化为

$$\ddot{q}_r + 2\xi_r\omega_{\mathrm{n}r}\dot{q}_r + \omega_{\mathrm{n}r}^2 q_r = m_r^{-1}\boldsymbol{\phi}_r^{\mathrm{T}}\boldsymbol{f}(t) \tag{5.10.95}$$

将经典模态法中的位移展开式(5.4.14)改写为

$$\boldsymbol{x} = \sum_{r=1}^{n}\boldsymbol{\phi}_r q_r = \sum_{r=1}^{n}\boldsymbol{x}_r, \quad \boldsymbol{x}_r = \boldsymbol{\phi}_r q_r \tag{5.10.96}$$

其中，$\boldsymbol{x}_r$ 为相应于模态 $\boldsymbol{\phi}_r$ 的位移.由式(5.10.95)得 $\boldsymbol{x}_r$ 的解耦方程为

$$\ddot{\boldsymbol{x}}_r + 2\xi\omega_{\mathrm{n}r}\dot{\boldsymbol{x}}_r + \omega_{\mathrm{n}r}^2\boldsymbol{x}_r = \boldsymbol{m}_{er}^{-1}\boldsymbol{f}(t) \tag{5.10.97}$$

其中，模态 r 的等效质量 $\boldsymbol{m}_{er}$ 为

$$\boldsymbol{m}_{er}^{-1} = \boldsymbol{\phi}_r m_r^{-1}\boldsymbol{\phi}_r^{\mathrm{T}} \tag{5.10.98}$$

比较式(5.10.97)与式(5.10.94)，可以看到：

(1) 式(5.10.94)左端的二阶微分方程将 ω_{0r} 改为 $\omega_{\mathrm{n}r}$ 就是式(5.10.97)左端的二阶微分方程，如式(5.9.42d)所示. ω_{0r} 为复模态特征值的模，当复模态退化为实模态时，ω_{0r} 就退化为 $\omega_{\mathrm{n}r}$.

(2) 式(5.10.94)右端的载荷项比式(5.10.97)右端载荷项增加一项复模态影响项 $\boldsymbol{m}_{er}^{-1}\boldsymbol{E}_r\dot{\boldsymbol{f}}(t)$. 当复模态退化为实模态时,复影响系数 $\boldsymbol{E}_r$ 就退化为零. 式(5.10.94)中 $\boldsymbol{m}_{er}$ 见式(5.10.92),式(5.10.97)中 $\boldsymbol{m}_{er}$ 见式(5.10.98). 当复模态退化为实模态时,式(5.10.92)化为式(5.10.98). 因而实模态解耦方程(5.10.97)是复模态对位移解耦方程(5.10.94)的特殊情况.

对式(5.10.97),可以应用杜阿梅尔积分公式求得,经典阻尼系统的模态 $\boldsymbol{\phi}_r$ 位移的响应 $\boldsymbol{x}_r$ 为

$$\begin{aligned}\boldsymbol{x}_r &= \mathrm{e}^{-\xi_r\omega_{nr}t}\{\omega_{dr}^{-1}[\dot{\boldsymbol{x}}_r(0)+\xi_r\omega_{nr}\boldsymbol{x}_r(0)]\sin\omega_{dr}t+\boldsymbol{x}_r(0)\cos\omega_{dr}t\}\\ &\quad+\omega_{dr}^{-1}\boldsymbol{m}_{er}^{-1}\int_0^t\boldsymbol{f}(\tau)\mathrm{e}^{-\xi_r\omega_{nr}(t-\tau)}\sin\omega_{dr}(t-\tau)\mathrm{d}\tau\\ &=\mathrm{e}^{-\xi_r\omega_{nr}t}\{\omega_{dr}^{-1}[\dot{\boldsymbol{x}}_r(0)+\xi_r\omega_{nr}\boldsymbol{x}_r(0)]\sin\omega_{dr}t+\boldsymbol{x}_r(0)\cos\omega_{dr}t\}+\int_0^t\boldsymbol{f}(\tau)\boldsymbol{h}_r(t-\tau)\mathrm{d}\tau\end{aligned}\tag{5.10.99}$$

其中

$$\boldsymbol{h}_r(t-\tau)=\begin{cases}\omega_{dr}^{-1}\boldsymbol{m}_{er}^{-1}\mathrm{e}^{-\xi_r\omega_{nr}(t-\tau)}\sin\omega_{dr}(t-\tau), & t>\tau\\ \boldsymbol{0}, & t<\tau\end{cases}\tag{5.10.100}$$

$\boldsymbol{h}_r(t-\tau)$为经典黏性阻尼系统对单位脉冲的响应矩阵. 式(5.10.99)的解就是式(5.8.64)、式(5.8.66)的解. 式(5.10.100)就是式(5.8.65).

对式(5.10.94),同样可以用杜阿梅尔积分公式求得复模态对位移 $\boldsymbol{x}_r$ 为

$$\begin{aligned}\boldsymbol{x}_r &= \mathrm{e}^{-\xi_r\omega_{0r}t}\{\omega_{dr}^{-1}[\dot{\boldsymbol{x}}_r(0)+\xi_r\omega_{0r}\boldsymbol{x}_r(0)]\sin\omega_{dr}t+\boldsymbol{x}_r(0)\cos\omega_{dr}t\}\\ &\quad+\omega_{dr}^{-1}\boldsymbol{m}_{er}^{-1}\int_0^t[\boldsymbol{f}(\tau)+\boldsymbol{E}_r\dot{\boldsymbol{f}}(t)]\mathrm{e}^{-\xi_r\omega_{0r}(t-\tau)}\sin\omega_{dr}(t-\tau)\mathrm{d}\tau\\ &=\mathrm{e}^{-\xi_r\omega_{0r}t}\{\omega_{dr}^{-1}[\dot{\boldsymbol{x}}_r(0)+\xi_r\omega_{0r}\boldsymbol{x}_r(0)]\sin\omega_{dr}t+\boldsymbol{x}_r(0)\cos\omega_{dr}t\}\\ &\quad+\int_0^t[\boldsymbol{f}(\tau)+\boldsymbol{E}_r\dot{\boldsymbol{f}}(\tau)]\boldsymbol{h}_r(t-\tau)\mathrm{d}\tau\end{aligned}\tag{5.10.101}$$

式(5.10.101)实际上就是式(5.10.99)中将 ω_{nr} 改为 ω_{0r}, $\boldsymbol{f}(\tau)$改为$\boldsymbol{f}(\tau)+\boldsymbol{E}_r\dot{\boldsymbol{f}}(\tau)$得到的. 从而把复模态对位移解式(5.10.89)化为式(5.10.101),将式(5.10.89)中的复数运算化为式(5.10.101)的实数计算过程,因为式(5.10.101)中积分号下的被积函数为实函数,式中

$$\boldsymbol{h}_r(t-\tau)=\begin{cases}\omega_{dr}^{-1}\boldsymbol{m}_{er}^{-1}\mathrm{e}^{-\xi_r\omega_{0r}(t-\tau)}\sin\omega_{dr}(t-\tau)\mathrm{d}r, & t>\tau\\ \boldsymbol{0}, & t<\tau\end{cases}\tag{5.10.102}$$

式(5.10.102)实际上就是式(5.10.100)中将 ω_{nr} 改为 ω_{0r} 得到的,它是非经典黏性阻尼系统单位脉冲响应矩阵,是实函数.

这样的计算公式将复模态对位移响应计算和经典阻尼系统模态位移响应计算统一起来,从而不仅用实数运算代替了复数运算,简化了计算过程,而且将其计算过程和经典模态方法

统一起来,使经典模态方法的响应计算成为现在一般模态的特殊情况,便于直观理解和工程应用.对于大型复杂结构,经典模态方法已经编入大型结构分析程序中,上述方法只要对经典模态方法作一些修改,就可以用来计算一般黏性阻尼系统的结构.

由式(5.10.88b)有

$$\begin{aligned} \boldsymbol{x}_r(0) &= \boldsymbol{\phi}_r q_r(0) + \boldsymbol{\phi}_r^* q_r^*(0) \\ \dot{\boldsymbol{x}}_r(0) &= \boldsymbol{\phi}_r \dot{q}_r(0) + \boldsymbol{\phi}_r^* \dot{q}_r^*(0) \end{aligned} \tag{5.10.103a}$$

由式(5.10.87a)有

$$q_r(0) = q_{0r}, \quad q_r^*(0) = q_{0r}^* \tag{5.10.103b}$$

由式(5.10.73)有

$$\begin{aligned} \dot{q}_r(0) &= s_r q_{0r} + a_r^{-1}\boldsymbol{\phi}_r^{\mathrm{T}}\boldsymbol{f}(0) \\ \dot{q}_r^*(0) &= s_r^* q_{0r}^* + a_r^{*-1}\boldsymbol{\phi}_r^{*\mathrm{T}}\boldsymbol{f}(0) \end{aligned} \tag{5.10.104}$$

将式(5.10.103b)、式(5.10.104)代入式(5.10.103a),得

$$\begin{aligned} \boldsymbol{x}_r(0) &= \boldsymbol{\phi}_r q_{0r} + \boldsymbol{\phi}_r^* q_{0r}^* \\ \dot{\boldsymbol{x}}_r(0) &= \boldsymbol{\phi}_r s_r q_{0r} + \boldsymbol{\phi}_r^* s_r^* q_{0r}^* + (\boldsymbol{\phi}_r a_r^{-1}\boldsymbol{\phi}_r^{\mathrm{T}} + \boldsymbol{\phi}_r^* a_r^{*-1}\boldsymbol{\phi}_r^{*\mathrm{T}})\boldsymbol{f}(0) \\ &= \boldsymbol{\phi}_r s_r q_{0r} + \boldsymbol{\phi}_r^* s_r^* q_{0r}^* + \boldsymbol{m}_{er}^{-1}\boldsymbol{E}_r\boldsymbol{f}(0) \end{aligned} \tag{5.10.105}$$

将式(5.10.105)代入式(5.10.101),得

$$\boldsymbol{x}_r = \boldsymbol{x}_{rp} + \boldsymbol{x}_{rf} \tag{5.10.106}$$

$$\boldsymbol{x}_{rp} = \mathrm{e}^{-\xi_r\omega_{0r}t}(\boldsymbol{\alpha}_r\cos\omega_{\mathrm{d}r}t + \boldsymbol{\beta}_r\sin\omega_{\mathrm{d}r}t) = \sqrt{\boldsymbol{\alpha}_r^2 + \boldsymbol{\beta}_r^2}\,\mathrm{e}^{-\xi_r\omega_{0r}t}\cos(\omega_{\mathrm{d}r}t + \theta_r) \tag{5.10.107}$$

$$\begin{aligned} \boldsymbol{x}_{rf} &= \omega_{\mathrm{d}r}^{-1}\boldsymbol{m}_{er}^{-1}\left[\int_0^t[\boldsymbol{f}(\tau) + \boldsymbol{E}_r\dot{\boldsymbol{f}}(\tau)]\mathrm{e}^{-\xi_r\omega_{0r}(t-\tau)}\sin\omega_{\mathrm{d}r}(t-\tau)\mathrm{d}\tau + \boldsymbol{E}_r\boldsymbol{f}(0)\mathrm{e}^{-\xi_r\omega_{0r}t}\sin\omega_{\mathrm{d}r}t\right] \\ &= \int_0^t[\boldsymbol{f}(\tau) + \boldsymbol{E}_r\dot{\boldsymbol{f}}(\tau)]\boldsymbol{h}_r(t-\tau)\mathrm{d}\tau + \omega_{\mathrm{d}r}^{-1}\boldsymbol{m}_{er}^{-1}\boldsymbol{E}_r\boldsymbol{f}(0)\mathrm{e}^{-\xi_r\omega_{0r}t}\sin\omega_{\mathrm{d}r}t \end{aligned} \tag{5.10.108}$$

其中,$\boldsymbol{x}_{rp}$为初始条件引起的模态对位移自由振动,$\boldsymbol{x}_{rf}$为零初始条件下任意激励力引起的模态对位移响应.

$$\begin{aligned} \boldsymbol{\alpha}_r &= \boldsymbol{\phi}_r q_{0r} + \boldsymbol{\phi}_r^* q_{0r}^* \\ \boldsymbol{\beta}_r &= \omega_{\mathrm{d}r}^{-1}[\boldsymbol{\phi}_r s_r q_{0r} + \boldsymbol{\phi}_r^* s_r^* q_{0r}^* + \xi_r\omega_{0r}(\boldsymbol{\phi}_r q_{0r} + \boldsymbol{\phi}_r^* q_{0r}^*)] \\ &= \mathrm{i}(\boldsymbol{\phi}_r q_{0r} - \boldsymbol{\phi}_r^* q_{0r}^*) \\ \boldsymbol{\theta}_r &= \arctan(\boldsymbol{\beta}_r/\boldsymbol{\alpha}_r) \end{aligned} \tag{5.10.109}$$

将式(5.10.106)代入式(5.10.88a),得

$$\boldsymbol{x} = \sum_{r=1}^{n}\boldsymbol{x}_r = \sum_{r=1}^{n}(\boldsymbol{x}_{rp} + \boldsymbol{x}_{rf}) = \boldsymbol{x}_p + \boldsymbol{x}_f \tag{5.10.110}$$

其中

$$\boldsymbol{x}_p = \sum_{r=1}^{n}\boldsymbol{x}_{rp} \tag{5.10.111}$$

$$\boldsymbol{x}_f = \sum_{r=1}^{n} \boldsymbol{x}_{rf} \tag{5.10.112}$$

$\boldsymbol{x}_p$ 为初始条件引起的自由振动，$\boldsymbol{x}_f$ 为零初始条件下任意激振力引起的位移响应.下面分别加以讨论.

5.10.10 系统的自由衰减振动

系统作自由衰减振动时，有 $\boldsymbol{f}(t) = \boldsymbol{0}$, $\boldsymbol{x}_f = \boldsymbol{0}$. 由式(5.10.110)得

$$\boldsymbol{x} = \boldsymbol{x}_p = \sum_{r=1}^{n} \boldsymbol{x}_{rp} \tag{5.10.113}$$

这里，$\boldsymbol{x}_{rp}$见式(5.10.107).将式(5.10.109)代入式(5.10.107)，有

$$\begin{aligned}\boldsymbol{x}_r &= \mathrm{e}^{-\xi_r\omega_{0r}t}[(\boldsymbol{\phi}_r q_{0r} + \boldsymbol{\phi}_r^* q_{0r}^*)\cos\omega_{dr}t + (\boldsymbol{\phi}_r q_{0r} - \boldsymbol{\phi}_r^* q_{0r}^*)\mathrm{i}\sin\omega_{dr}t] \\ &= \boldsymbol{\phi}_r q_{0r}\mathrm{e}^{s_r t} + \boldsymbol{\phi}_r^* q_{0r}^*\mathrm{e}^{s_r^* t}\end{aligned}$$

上式即是式(5.9.33).由式(5.9.30)得

$$\boldsymbol{q}_0 = \boldsymbol{a}^{-1}[\boldsymbol{\phi}^{\mathrm{T}} \quad \boldsymbol{\Lambda}\boldsymbol{\phi}^{\mathrm{T}}]\begin{bmatrix}\boldsymbol{C} & \boldsymbol{M} \\ \boldsymbol{M} & \boldsymbol{0}\end{bmatrix}\begin{bmatrix}\boldsymbol{x}_0 \\ \dot{\boldsymbol{x}}_0\end{bmatrix} = \boldsymbol{a}^{-1}[\boldsymbol{\phi}^{\mathrm{T}}(\boldsymbol{C}\boldsymbol{x}_0 + \boldsymbol{M}\dot{\boldsymbol{x}}_0) + \boldsymbol{\Lambda}\boldsymbol{\phi}^{\mathrm{T}}\boldsymbol{M}\boldsymbol{x}_0] \tag{5.10.114}$$

将上式代入式(5.10.109)，得

$$\begin{aligned}\boldsymbol{\alpha}_r &= \boldsymbol{\phi}_r q_{0r} + \boldsymbol{\phi}_r^* q_{0r}^* \\ &= (\boldsymbol{A}_r + \boldsymbol{A}_r^*)(\boldsymbol{C}\boldsymbol{x}_0 + \boldsymbol{M}\dot{\boldsymbol{x}}_0) + (s_r\boldsymbol{A}_r + s_r^*\boldsymbol{A}_r^*)\boldsymbol{M}\boldsymbol{x}_0 \\ &= 2\boldsymbol{A}_r^{\mathrm{R}}(\boldsymbol{C}\boldsymbol{x}_0 + \boldsymbol{M}\dot{\boldsymbol{x}}_0) - 2(\xi_r\omega_{0r}\boldsymbol{A}_r^{\mathrm{R}} + \omega_{dr}\boldsymbol{A}_r^{\mathrm{I}})\boldsymbol{M}\boldsymbol{x}_0 \\ \boldsymbol{\beta}_r &= \mathrm{i}(\boldsymbol{\phi}_r q_{0r} - \boldsymbol{\phi}_r^* q_{0r}^*) \\ &= \mathrm{i}(\boldsymbol{A}_r - \boldsymbol{A}_r^*)(\boldsymbol{C}\boldsymbol{x}_0 + \boldsymbol{M}\dot{\boldsymbol{x}}_0) + \mathrm{i}(s_r\boldsymbol{A}_r - s_r^*\boldsymbol{A}_r^*)\boldsymbol{M}\boldsymbol{x}_0 \\ &= -2[\boldsymbol{A}_r^{\mathrm{I}}(\boldsymbol{C}\boldsymbol{x}_0 + \boldsymbol{M}\dot{\boldsymbol{x}}_0) + (\omega_{dr}\boldsymbol{A}_r^{\mathrm{R}} - \xi_r\omega_{0r}\boldsymbol{A}_r^{\mathrm{I}})\boldsymbol{M}\boldsymbol{x}_0] \\ \boldsymbol{\theta}_r &= \arctan(\boldsymbol{\beta}_r/\boldsymbol{\alpha}_r)\end{aligned} \tag{5.10.115}$$

5.10.11 系统对任意激励的响应

当初始条件为零时，系统对任意激励的响应为

$$\boldsymbol{x} = \boldsymbol{x}_f = \sum_{r=1}^{n} \boldsymbol{x}_{rf} \tag{5.10.116}$$

其中，$\boldsymbol{x}_{rf}$见式(5.10.108)，可以将 $\boldsymbol{x}_{rf}$分为两个部分：

$$\boldsymbol{x}_{rf} = \boldsymbol{x}_{rf1} + \boldsymbol{x}_{rf2} \tag{5.10.117}$$

$$\boldsymbol{x}_{rf1} = \omega_{dr}^{-1}\boldsymbol{m}_{er}^{-1}\int_0^t \boldsymbol{f}(\tau)\mathrm{e}^{-\xi_r\omega_{0r}(t-\tau)}\sin\omega_{dr}(t-\tau)\mathrm{d}\tau = \int_0^t \boldsymbol{f}(\tau)h_{0r}(t-\tau)\mathrm{d}\tau \tag{5.10.118}$$

$$\boldsymbol{x}_{rf2} = \boldsymbol{E}_r \omega_{\mathrm{d}r}^{-1} \boldsymbol{m}_{er}^{-1} \left[\int_0^t \dot{\boldsymbol{f}}(\tau) \mathrm{e}^{-\xi_r \omega_{0r}(t-\tau)} \sin \omega_{\mathrm{d}r}(t-\tau) \mathrm{d}\tau + \boldsymbol{f}(0) \mathrm{e}^{-\xi_r \omega_{0r} t} \sin \omega_{\mathrm{d}r} t \right]$$

$$= \boldsymbol{E}_r \left[\int_0^t \dot{\boldsymbol{f}}(\tau) h_{0r}(t-\tau) \mathrm{d}\tau + \omega_{\mathrm{d}r}^{-1} \boldsymbol{m}_{er}^{-1} \boldsymbol{f}(0) \mathrm{e}^{-\xi_r \omega_{0r} t} \sin \omega_{\mathrm{d}r} t \right] \tag{5.10.119}$$

$\boldsymbol{x}_{rf1}$为将一般阻尼系统近似为经典阻尼系统,按经典模态方法求得的模态位移响应的近似解. $\boldsymbol{x}_{rf2}$可以看作 $\boldsymbol{x}_{rf1}$的近似解所产生的误差,它表示复成分影响系数 $\boldsymbol{E}_r$ 产生的响应.由式(5.10.119)可以看到 $\boldsymbol{x}_{rf2}$的大小依赖于两个因素:① 复成分影响系数 $\boldsymbol{E}_r$,这是由结构本身的属性所确定的;② $\dot{\boldsymbol{f}}(\tau)$与 $\boldsymbol{f}(0)$的值,这是由外加激励的属性所确定的.因而对于同一个结构,可能对某一种外加激励所产生的 $\boldsymbol{x}_{rf2}$很大,而对另一种外加激励所产生的 $\boldsymbol{x}_{rf2}$很小,因而 $\boldsymbol{x}_{rf2}$是一个影响响应结果非常重要的量,如果忽略这部分的响应,将有可能在一定程度上改变系统响应的结果.

有时不希望外加激振力的导数$\dot{\boldsymbol{f}}(t)$出现在响应表达式中,我们可以进行分部积分把$\dot{\boldsymbol{f}}(t)$化为$\boldsymbol{f}(t)$:

$$\int_0^t \dot{\boldsymbol{f}}(\tau) \mathrm{e}^{-\xi_r \omega_{0r}(t-\tau)} \sin \omega_{\mathrm{d}r}(t-\tau) \mathrm{d}\tau$$

$$= \int_0^t \frac{\mathrm{d}}{\mathrm{d}\tau} [\boldsymbol{f}(\tau) \mathrm{e}^{-\xi_r \omega_{0r}(t-\tau)} \sin \omega_{\mathrm{d}r}(t-\tau)] \mathrm{d}\tau$$

$$- \int_0^t \boldsymbol{f}(\tau) \mathrm{e}^{-\xi_r \omega_{0r}(t-\tau)} [\xi_r \omega_{0r} \sin \omega_{\mathrm{d}r}(t-\tau) - \omega_{\mathrm{d}r} \cos \omega_{\mathrm{d}r}(t-\tau)] \mathrm{d}\tau$$

$$= -\boldsymbol{f}(0) \mathrm{e}^{-\xi_r \omega_{0r} t} \sin \omega_{\mathrm{d}r} t - \int_0^t \boldsymbol{f}(\tau) \mathrm{e}^{-\xi_r \omega_{0r}(t-\tau)} [\xi_r \omega_{0r} \sin \omega_{\mathrm{d}r}(t-\tau) - \omega_{\mathrm{d}r} \cos \omega_{\mathrm{d}r}(t-\tau)] \mathrm{d}\tau$$

将上式代入式(5.10.119),得

$$\boldsymbol{x}_{rf2} = \boldsymbol{E}_r \omega_{\mathrm{d}r}^{-1} \boldsymbol{m}_{er}^{-1} \int_0^t \boldsymbol{f}(\tau) \mathrm{e}^{-\xi_r \omega_{0r}(t-\tau)} [-\xi_r \omega_{0r} \sin \omega_{\mathrm{d}r}(t-\tau) + \omega_{\mathrm{d}r} \cos \omega_{\mathrm{d}r}(t-\tau)] \mathrm{d}\tau \tag{5.10.120}$$

将式(5.10.118)、式(5.10.120)代入式(5.10.117),得模态对位移 $\boldsymbol{x}_{rf}$的另一个表达式为

$$\boldsymbol{x}_{rf} = \omega_{\mathrm{d}r}^{-1} \boldsymbol{m}_{er}^{-1} \int_0^t \boldsymbol{f}(\tau) \mathrm{e}^{-\xi_r \omega_{0r}(t-\tau)} [(\boldsymbol{I} - \boldsymbol{E}_r \xi_r \omega_{0r}) \sin \omega_{\mathrm{d}r}(t-\tau) + \boldsymbol{E}_r \omega_{\mathrm{d}r} \cos \omega_{\mathrm{d}r}(t-\tau)] \mathrm{d}\tau \tag{5.10.121}$$

5.10.12 系统对简谐激励的响应与复频响函数

考虑简谐激振力 $\boldsymbol{f} = \boldsymbol{f}_0 \mathrm{e}^{\mathrm{i}\omega t}$的情况.将简谐激振力 $\boldsymbol{f}$ 代入式(5.10.121),有

$$\boldsymbol{x}_{rf} = \omega_{\mathrm{d}r}^{-1} \boldsymbol{m}_{er}^{-1} \int_0^t \boldsymbol{f}_0 \mathrm{e}^{\mathrm{i}\omega\tau - \xi_r \omega_{0r}(t-\tau)} [(\boldsymbol{I} - \boldsymbol{E}_r \xi_r \omega_{0r}) \sin \omega_{\mathrm{d}r}(t-\tau) + \boldsymbol{E}_r \omega_{\mathrm{d}r} \cos \omega_{\mathrm{d}r}(t-\tau)] \mathrm{d}\tau$$

$$= \frac{1}{\boldsymbol{m}_{er}(\omega_{0r}^2 - \omega^2 + \mathrm{i}2\xi_r \omega_{0r} \omega)} \Big\{ (\boldsymbol{I} + \mathrm{i}\omega \boldsymbol{E}_r) \boldsymbol{f}_0 \mathrm{e}^{\mathrm{i}\omega t}$$

$$- f_0 e^{-\xi_r\omega_{0r}t}\left[\frac{I(i\omega+\xi_r\omega_{0r})-E_r(i\omega\xi_r\omega_{0r}+\omega_{0r}^2)}{\omega_{dr}}\sin\omega_{dr}t+(I+i\omega E_r)\cos\omega_{dr}t\right]\Bigg\}$$

$$= \frac{1}{k_{er}(1-\bar{\omega}_r^2+i2\xi_r\bar{\omega}_r)}\Bigg\{(I+i\omega E_r)f_0e^{i\omega t}$$

$$- f_0 e^{-\xi_r\omega_{0r}t}\left[\frac{I(i\omega+\xi_r\omega_{0r})-E_r(i\omega\xi_r\omega_{0r}+\omega_{0r}^2)}{\omega_{dr}}\sin\omega_{dr}t+(I+i\omega E_r)\cos\omega_{dr}t\right]\Bigg\}$$

$$= x_{r\omega}+x_{rs} \tag{5.10.122}$$

其中

$$x_{r\omega}=\frac{I+i\omega E_r}{k_{er}(1-\bar{\omega}_r^2+i2\xi_r\bar{\omega}_r)}f_0e^{i\omega t} \tag{5.10.123}$$

$$x_{rs}=-\frac{f_0e^{-\xi_r\omega_{0r}t}}{k_{er}(1-\omega_r^2+i2\zeta_r\omega_r)}f_0e^{-\xi_r\omega_{0r}t}$$

$$\cdot\left[\frac{I(i\omega+\xi_r\omega_{0r})-E_r(i\omega\xi_r\omega_{0r}+\omega_{0r}^2)}{\omega_{dr}}\sin\omega_{dr}t+(I+i\omega E_r)\cos\omega_{dr}t\right] \tag{5.10.124}$$

$$\bar{\omega}=\frac{\omega}{\omega_{0r}},\quad k_{er}=m_{er}\omega_{0r}^2 \tag{5.10.125}$$

将简谐激振力 f 代入式(5.10.108)，也得到式(5.10.122).其中，x_{rs} 为瞬态响应，包含衰减函数 $e^{-\xi_r\omega_{0r}t}$，这一项衰减得很快. $x_{r\omega}$ 为稳态响应，当 x_{rs} 很快衰减至零时，模态对位移的响应就是稳态响应 $x_{r\omega}$. 将式(5.10.122)代入式(5.10.116)，得

$$x=x_f=\sum_{r=1}^{n}x_{rf}=\sum_{r=1}^{n}(x_{r\omega}+x_{rs})=x_\omega+x_s \tag{5.10.126}$$

$$x_\omega=\sum_{r=1}^{n}x_{r\omega},\quad x_s=\sum_{r=1}^{n}x_{rs} \tag{5.10.127}$$

其中，x_s 为结构位移瞬态响应，x_ω 为结构位移稳态响应. 当瞬态响应衰减至零时，结构的位移响应就是稳态响应，即

$$x=x_\omega=\sum_{r=1}^{n}x_{r\omega} \tag{5.10.128}$$

将式(5.10.123)代入式(5.10.128)，有

$$x=\sum_{r=1}^{n}\frac{I+i\omega E_r}{k_{er}(1-\bar{\omega}_r^2+i2\xi_r\bar{\omega}_r)}f_0e^{i\omega t}=H(i\omega)f_0e^{i\omega t} \tag{5.10.129}$$

则得频响函数 $H(i\omega)$ 为

$$H(i\omega)=\sum_{r=1}^{n}\frac{I+i\omega E_r}{k_{er}(1-\bar{\omega}_r^2+i2\xi_r\bar{\omega}_r)}=\sum_{r=1}^{n}H_r(i\omega) \tag{5.10.130}$$

模态对频响函数 $H_r(i\omega)$ 为

$$\begin{aligned} \boldsymbol{H}_r(\mathrm{i}\omega) &= \frac{\boldsymbol{I} + \mathrm{i}\omega\boldsymbol{E}_r}{\boldsymbol{k}_{er}(1 - \bar{\omega}_r^2 + \mathrm{i}2\xi_r\bar{\omega}_r)} = \frac{\boldsymbol{I} + \mathrm{i}\bar{\omega}_r\omega_{0r}\boldsymbol{E}_r}{\boldsymbol{k}_{er}(1 - \bar{\omega}_r^2 + \mathrm{i}2\xi_r\bar{\omega}_r)} \\ &= \boldsymbol{H}_r^{\mathrm{R}}(\mathrm{i}\omega) + \mathrm{i}\boldsymbol{H}_r^{\mathrm{I}}(\mathrm{i}\omega) \end{aligned} \tag{5.10.131}$$

$\boldsymbol{H}_r^{\mathrm{R}}(\mathrm{i}\omega)$与 $\boldsymbol{H}_r^{\mathrm{I}}(\mathrm{i}\omega)$分别为 $\boldsymbol{H}_r(\mathrm{i}\omega)$的实部与虚部:

$$\begin{aligned} \boldsymbol{H}_r^{\mathrm{R}}(\mathrm{i}\omega) &= \frac{\boldsymbol{I}(1 - \bar{\omega}_r^2) + 2\xi_r\omega_{0r}\bar{\omega}_r^2\boldsymbol{E}_r}{\boldsymbol{k}_{er}[(1 - \bar{\omega}_r^2)^2 + (2\xi_r\bar{\omega}_r)^2]} \\ \boldsymbol{H}_r^{\mathrm{I}}(\mathrm{i}\omega) &= \frac{(1 - \bar{\omega}_r^2)\boldsymbol{E}_r\bar{\omega}_r\omega_{0r} - 2\xi_r\bar{\omega}_r\boldsymbol{I}}{\boldsymbol{k}_{er}[(1 - \bar{\omega}_r^2)^2 + (2\xi_r\bar{\omega}_r)^2]} \end{aligned} \tag{5.10.132}$$

比较式(5.10.131)与式(5.8.36),可以看到两种频响函数的分母完全相同,而分子不同.对于经典黏性阻尼系统,其频响函数的分子为“$\boldsymbol{I}$”,而一般黏性阻尼系统的分子为 $\boldsymbol{I}+\mathrm{i}\omega\boldsymbol{E}_r$.当复成分影响系数 $\boldsymbol{E}_r$ 为零时,式(5.10.131)就退化为式(5.8.36).

模态对频响函数 $\boldsymbol{H}_r(\mathrm{i}\omega)$的元素 $H_{rlj}(\mathrm{i}\omega)$为

$$\begin{aligned} H_{rlj}(\mathrm{i}\omega) &= \frac{1 + \mathrm{i}\omega E_{rlj}}{k_{lj}^{er}(1 - \bar{\omega}_r^2 + \mathrm{i}2\xi_r\bar{\omega}_r)} = \frac{1 + \mathrm{i}\bar{\omega}_r\omega_{0r}E_{rlj}}{k_{lj}^{er}(1 - \bar{\omega}_r^2 + \mathrm{i}2\xi_r\bar{\omega}_r)} \\ &= H_{rlj}^{\mathrm{R}} + \mathrm{i}H_{rlj}^{\mathrm{I}} \end{aligned} \tag{5.10.133}$$

它的物理意义是跨点模态频响函数.其实部 $H_{rlj}^{\mathrm{R}}(\mathrm{i}\omega)$与虚部 $H_{rlj}^{\mathrm{I}}(\mathrm{i}\omega)$分别为

$$\begin{aligned} H_{rlj}^{\mathrm{R}}(\mathrm{i}\omega) &= \frac{(1 - \bar{\omega}_r^2) + 2\xi_r\omega_{0r}\bar{\omega}_r^2E_{rlj}}{k_{lj}^{er}[(1 - \bar{\omega}_r^2)^2 + (2\xi_r\bar{\omega}_r)^2]} \\ H_{rlj}^{\mathrm{I}}(\mathrm{i}\omega) &= \frac{(1 - \bar{\omega}_r^2)E_{rlj}\bar{\omega}_r\omega_{0r} - 2\xi_r\bar{\omega}_r}{k_{lj}^{er}[(1 - \bar{\omega}_r^2)^2 + (2\xi_r\bar{\omega}_r)^2]} \end{aligned} \tag{5.10.134}$$

其中,跨点等效刚度 k_{lj}^{er}为等效刚度矩阵$\boldsymbol{k}_{er}$的元素,跨点复成分影响系数 E_{rlj} 为复成分影响系数矩阵$\boldsymbol{E}_r$ 的元素.$|H_{rlj}(\mathrm{i}\omega)|$与 θ_{rlj} 分别为跨点模态频响函数$H_{rlj}(\mathrm{i}\omega)$的模和相位角,即

$$|H_{rlj}(\mathrm{i}\omega)| = \sqrt{(H_{rlj}^{\mathrm{R}})^2 + (H_{rlj}^{\mathrm{I}})^2} = \frac{\sqrt{1 + (E_{rlj}\bar{\omega}_r\omega_{0r})^2}}{k_{lj}^{er}\sqrt{(1 - \bar{\omega}_r^2)^2 + (2\xi_r\bar{\omega}_r)^2}} \tag{5.10.135a}$$

$$\theta_{rlj} = \arctan\frac{H_{rlj}^{\mathrm{I}}}{H_{rlj}^{\mathrm{R}}} = \frac{(1 - \bar{\omega}_r^2)E_{rlj}\bar{\omega}_r\omega_{0r} - 2\xi_r\bar{\omega}_r}{1 - \bar{\omega}_r^2 + 2\xi_r\omega_{0r}\bar{\omega}_r^2E_{rlj}} \tag{5.10.135b}$$

由式(5.10.135b)可知,对于 r 阶模态对位移,其频响函数的相位角与 E_{rlj} 有关,E_{rlj} 是坐标的函数,因而各个坐标点的相位角各不相同,也就是说,各个坐标点上响应模态将不是同时经过平衡点,不是同时达到峰值.

将式(5.10.134a)和式(5.10.134b)中消去 $1-\bar{\omega}^2$,可得

$$\left(H_{rlj}^{\mathrm{R}} - \frac{\omega_{0r}E_{rlj}}{4\xi_rk_{lj}^{er}}\right)^2 + \left(H_{rlj}^{\mathrm{I}} + \frac{1}{4\xi_r\bar{\omega}_rk_{lj}^{er}}\right)^2 = \left(\frac{\omega_{0r}E_{rlj}}{4\xi_rk_{lj}^{er}}\right)^2 + \left(\frac{1}{4\xi_r\bar{\omega}_rk_{lj}^{er}}\right)^2 \tag{5.10.136}$$

此式为奈奎斯特方程.

5.10.13 采用一般模态法分析经典黏性阻尼系统

前面用物理空间法分析一般黏性阻尼系统，下面介绍这种模态分析方法也适用于经典黏性阻尼系统和无阻尼系统，而且形成的解耦方程和求解过程与经典模态法一致，从而说明这种方法的通用性，因而称之为一般模态法.

现在用这种方法分析经典黏性阻尼系统.首先分析自由振动问题，有 $\boldsymbol{f}(t)=\boldsymbol{0}$，则由经典阻尼系统运动方程(5.8.1)得自由振动方程为

$$\boldsymbol{M}\ddot{\boldsymbol{x}}+\boldsymbol{C}\dot{\boldsymbol{x}}+\boldsymbol{K}\boldsymbol{x}=\boldsymbol{0} \tag{5.10.137}$$

将相应的无阻尼系统的模态矩阵表为 $\boldsymbol{\phi}_n$，则无阻尼系统的正交性条件为

$$m_{nrs}=\boldsymbol{\phi}_{nr}^{\mathrm{T}}\boldsymbol{M}\boldsymbol{\phi}_{ns}=\begin{cases}0, & s\neq r\\ m_{nr}=\boldsymbol{\phi}_{nr}^{\mathrm{T}}\boldsymbol{M}\boldsymbol{\phi}_{nr}, & s=r\end{cases} \tag{5.10.138a}$$

$$k_{nrs}=\boldsymbol{\phi}_{nr}^{\mathrm{T}}\boldsymbol{K}\boldsymbol{\phi}_{ns}=\begin{cases}0, & s\neq r\\ k_{nr}=\boldsymbol{\phi}_{nr}^{\mathrm{T}}\boldsymbol{K}\boldsymbol{\phi}_{nr}, & s=r\end{cases} \tag{5.10.138b}$$

式(5.10.137)中的阻尼矩阵 $\boldsymbol{C}$ 应满足经典阻尼条件，即

$$c_{nrs}=\boldsymbol{\phi}_{nr}^{\mathrm{T}}\boldsymbol{C}\boldsymbol{\phi}_{ns}=\begin{cases}0, & s\neq r\\ c_{nr}=\boldsymbol{\phi}_{nr}^{\mathrm{T}}\boldsymbol{C}\boldsymbol{\phi}_{nr}, & s=r\end{cases} \tag{5.10.138c}$$

设方程(5.10.137)的解为

$$\boldsymbol{x}=\boldsymbol{\phi}\mathrm{e}^{st}$$

代入式(5.10.137)，得特征值问题

$$(s\boldsymbol{M}^2+s\boldsymbol{C}+\boldsymbol{K})\boldsymbol{\phi}=\boldsymbol{0} \tag{5.10.139}$$

用相应的无阻尼系统的模态矩阵作坐标变换：

$$\boldsymbol{\phi}=\sum_{r=1}^{n}\boldsymbol{\phi}_{nr}q_{nr}=\boldsymbol{\phi}_n\boldsymbol{q}_n \tag{5.10.140}$$

代入式(5.10.139)并左乘 $\boldsymbol{\phi}_{nr}^{\mathrm{T}}$，利用正交性条件式(5.10.138a)、式(5.10.138b)和经典阻尼条件式(5.10.138c)，得解耦方程为

$$(m_{nr}s^2+c_{nr}s+k_{nr})q_{nr}=0,\quad r=1,2,\cdots,n$$

或

$$(s^2+2\xi_r\omega_{\mathrm{n}r}s+\omega_{\mathrm{n}r}^2)q_{nr}=0,\quad r=1,2,\cdots,n \tag{5.10.141}$$

由式(5.10.141)得 n 对共轭复特征值 s_r 与 s_r^*，式(5.9.42)化为

$$s_r=-\xi_r\omega_{\mathrm{n}r}+\mathrm{i}\omega_{\mathrm{d}r},\quad s_r^*=-\xi_r\omega_{\mathrm{n}r}-\mathrm{i}\omega_{\mathrm{d}r} \tag{5.10.142}$$

$$s_rs_r^*=\omega_{\mathrm{n}r}^2=\frac{k_{nr}}{m_{nr}},\quad -(s_r+s_r^*)=2\xi_r\omega_{\mathrm{n}r}=\frac{c_{nr}}{m_{nr}} \tag{5.10.143}$$

$$\omega_{0r}=\omega_{\mathrm{n}r},\quad \omega_{\mathrm{d}r}=\sqrt{1-\xi_r^2}\omega_{\mathrm{n}r} \tag{5.10.144}$$

将特征值 s_r 代入式(5.10.141)，得到关于 n 个 q_{nr} 的齐次代数方程组，求得 $\boldsymbol{q}_{nr}$ 为

$$\boldsymbol{q}_{nr} = [\underbrace{0 \quad 0 \quad \cdots \quad 0}_{r-1\text{个}} \quad \underset{r}{1} \quad \underbrace{0 \quad 0 \quad \cdots \quad 0}_{n-r\text{个}}] \tag{5.10.145}$$

将式(5.10.145)代入式(5.10.140)，得相应于特征值 s_r 的特征向量

$$\boldsymbol{\phi}_r = \boldsymbol{\phi}_{nr} \tag{5.10.146a}$$

用同样的方法，将 s_r^* 代入式(5.10.141)，求得 $\boldsymbol{q}_{nr}^* = \boldsymbol{q}_{n_r}$，将 $\boldsymbol{q}_{nr}^*$ 代入式(5.10.140)，得相应于特征值 s_r^* 的特征向量

$$\boldsymbol{\phi}_r^* = \boldsymbol{\phi}_{nr} \tag{5.10.146b}$$

形成特征值矩阵(5.9.8d)，物理空间特征向量矩阵

$$\boldsymbol{\phi} = [\boldsymbol{\phi}_N \quad \boldsymbol{\phi}_N^*] = [\boldsymbol{\phi}_n \quad \boldsymbol{\phi}_n] \tag{5.10.147}$$

从而有

$$\boldsymbol{m} = \boldsymbol{\phi}^{\mathrm{T}}\boldsymbol{M}\boldsymbol{\phi} = \begin{bmatrix} \boldsymbol{\phi}_n^{\mathrm{T}} \\ \boldsymbol{\phi}_n^{\mathrm{T}} \end{bmatrix} \boldsymbol{M}[\boldsymbol{\phi}_n \quad \boldsymbol{\phi}_n] = \begin{bmatrix} \boldsymbol{m}_n & \boldsymbol{m}_n \\ \boldsymbol{m}_n & \boldsymbol{m}_n \end{bmatrix} \tag{5.10.148a}$$

$$\boldsymbol{c} = \boldsymbol{\phi}^{\mathrm{T}}\boldsymbol{C}\boldsymbol{\phi} = \begin{bmatrix} \boldsymbol{c}_n & \boldsymbol{c}_n \\ & \boldsymbol{c}_n \end{bmatrix}, \quad \boldsymbol{k} = \boldsymbol{\phi}^{\mathrm{T}}\boldsymbol{K}\boldsymbol{\phi} = \begin{bmatrix} \boldsymbol{k}_n & \boldsymbol{k}_n \\ \boldsymbol{k}_n & \boldsymbol{k}_n \end{bmatrix} \tag{5.10.148b}$$

将式(5.10.138)与式(5.10.143)写成矩阵形式，有

$$\boldsymbol{m}_n = \boldsymbol{\phi}_n^{\mathrm{T}}\boldsymbol{M}\boldsymbol{\phi}_n, \quad \boldsymbol{c}_n = \boldsymbol{\phi}_n^{\mathrm{T}}\boldsymbol{C}\boldsymbol{\phi}_n, \quad \boldsymbol{k}_n = \boldsymbol{\phi}_n^{\mathrm{T}}\boldsymbol{K}\boldsymbol{\phi}_n \tag{5.10.149a}$$

$$\boldsymbol{\Lambda}_N\boldsymbol{m}_n\boldsymbol{\Lambda}_N^* = \boldsymbol{k}_n, \quad -\boldsymbol{m}_n(\boldsymbol{\Lambda}_N + \boldsymbol{\Lambda}_N^*) = \boldsymbol{c}_n \tag{5.10.149b}$$

将式(5.9.7)、式(5.10.148a)、式(5.10.148b)代入式(5.9.11)，得

$$\begin{aligned} \boldsymbol{a} &= \boldsymbol{m}\boldsymbol{\Lambda} + \boldsymbol{\Lambda}\boldsymbol{m} + \boldsymbol{c} \\ &= \begin{bmatrix} \boldsymbol{m}_n & \boldsymbol{m}_n \\ \boldsymbol{m}_n & \boldsymbol{m}_n \end{bmatrix} \begin{bmatrix} \boldsymbol{\Lambda}_N & \boldsymbol{0} \\ \boldsymbol{0} & \boldsymbol{\Lambda}_N^* \end{bmatrix} + \begin{bmatrix} \boldsymbol{\Lambda}_N & \boldsymbol{0} \\ \boldsymbol{0} & \boldsymbol{\Lambda}_N^* \end{bmatrix} \begin{bmatrix} \boldsymbol{m}_n & \boldsymbol{m}_n \\ \boldsymbol{m}_n & \boldsymbol{m}_n \end{bmatrix} + \begin{bmatrix} \boldsymbol{c}_n & \boldsymbol{c}_n \\ \boldsymbol{c}_n & \boldsymbol{c}_n \end{bmatrix} \\ &= \begin{bmatrix} 2\boldsymbol{m}_n\boldsymbol{\Lambda}_N + \boldsymbol{c}_n & \boldsymbol{m}_n(\boldsymbol{\Lambda}_n + \boldsymbol{\Lambda}_N^*) + \boldsymbol{c}_n \\ \boldsymbol{m}_n(\boldsymbol{\Lambda}_n + \boldsymbol{\Lambda}_N^*) + \boldsymbol{c}_n & 2\boldsymbol{m}_n\boldsymbol{\Lambda}_N^* + \boldsymbol{c}_n \end{bmatrix} \end{aligned}$$

将式(5.10.149b)代入上式，得

$$\boldsymbol{a} = \begin{bmatrix} \boldsymbol{a}_n & \boldsymbol{0} \\ \boldsymbol{0} & \boldsymbol{a}_n^* \end{bmatrix}$$

$$\begin{aligned} \boldsymbol{a}_n &= 2\boldsymbol{m}_n\boldsymbol{\Lambda}_N + \boldsymbol{c}_n = \boldsymbol{m}_n(\boldsymbol{\Lambda}_N - \boldsymbol{\Lambda}_N^*) \\ \boldsymbol{a}_n^* &= 2\boldsymbol{m}_n\boldsymbol{\Lambda}_N^* + \boldsymbol{c}_n = \boldsymbol{m}_n(\boldsymbol{\Lambda}_N^* - \boldsymbol{\Lambda}_N) \end{aligned} \tag{5.10.150a}$$

$\boldsymbol{a}$，$\boldsymbol{a}_n$ 与 $\boldsymbol{a}_n^*$ 都是对角矩阵，写成分量形式为

$$a_{rs} = m_{rs}(s_r + s_s) + c_{rs} = \begin{cases} 0, & s \neq r \\ a_r = (s_r - s_r^*)m_{nr}, & s = r \end{cases} \tag{5.10.150b}$$

将式(5.9.7)、式(5.10.148a)、式(5.10.148b)的第二个式子代入式(5.9.12),得

$$\begin{aligned}\boldsymbol{b} &= \boldsymbol{k} - \boldsymbol{\Lambda m \Lambda} \\ &= \begin{bmatrix} \boldsymbol{k}_n & \boldsymbol{k}_n \\ \boldsymbol{k}_n & \boldsymbol{k}_n \end{bmatrix} - \begin{bmatrix} \boldsymbol{\Lambda}_N & \boldsymbol{0} \\ \boldsymbol{0} & \boldsymbol{\Lambda}_N^* \end{bmatrix} \begin{bmatrix} \boldsymbol{m}_n & \boldsymbol{m}_n \\ \boldsymbol{m}_n & \boldsymbol{m}_n \end{bmatrix} \begin{bmatrix} \boldsymbol{\Lambda}_N & \boldsymbol{0} \\ \boldsymbol{0} & \boldsymbol{\Lambda}_N^* \end{bmatrix} \\ &= \begin{bmatrix} \boldsymbol{k}_n - \boldsymbol{\Lambda}_N \boldsymbol{m}_n \boldsymbol{\Lambda}_n & \boldsymbol{k}_n - \boldsymbol{\Lambda}_N \boldsymbol{m}_n \boldsymbol{\Lambda}_N^* \\ \boldsymbol{k}_n - \boldsymbol{\Lambda}_n^* \boldsymbol{m}_n \boldsymbol{\Lambda}_n & \boldsymbol{k}_n - \boldsymbol{\Lambda}_N^* \boldsymbol{m}_n \boldsymbol{\Lambda}_N^* \end{bmatrix}\end{aligned}$$

将式(5.10.149b)代入上式,得

$$\boldsymbol{b} = \begin{bmatrix} \boldsymbol{b}_n & \boldsymbol{0} \\ \boldsymbol{0} & \boldsymbol{b}_n^* \end{bmatrix}$$

$$\begin{aligned}\boldsymbol{b}_n &= \boldsymbol{k}_n - \boldsymbol{\Lambda}_N \boldsymbol{m}_n \boldsymbol{\Lambda}_n = \boldsymbol{\Lambda}_N \boldsymbol{m}_n (\boldsymbol{\Lambda}_N^* - \boldsymbol{\Lambda}_N) \\ \boldsymbol{b}_n^* &= \boldsymbol{k}_n - \boldsymbol{\Lambda}_N^* \boldsymbol{m}_n \boldsymbol{\Lambda}_N^* = \boldsymbol{\Lambda}_N^* \boldsymbol{m}_n (\boldsymbol{\Lambda}_N - \boldsymbol{\Lambda}_N^*)\end{aligned} \tag{5.10.151a}$$

$\boldsymbol{b}$, $\boldsymbol{b}_n$ 与 $\boldsymbol{b}_n^*$ 都是对角矩阵,写成分量形式为

$$b_{rs} = k_{rs} - m_{rs} s_r s_s = \begin{cases} 0, & s \neq r \\ b_r = -(s_r - s_r^*) s_r m_{nr}, & s = r \end{cases} \tag{5.10.151b}$$

式(5.10.150)与式(5.10.151)为两个一般模态分析的正交性关系式.它不同于经典模态法的正交性关系式(5.10.138).将式(5.9.7)、式(5.10.147)、式(5.10.150a)代入式(5.10.58)~式(5.10.61)四个谱关系式,得

$$\begin{aligned}&\boldsymbol{\phi a}^{-1} \boldsymbol{\phi}^* = \boldsymbol{0} \\ &\boldsymbol{\phi \Lambda a}^{-1} \boldsymbol{\phi}^{\mathrm{T}} = \boldsymbol{\phi}_n \boldsymbol{m}_n^{-1} \boldsymbol{\phi}_n^{\mathrm{T}} = \boldsymbol{M}^{-1} \\ &\boldsymbol{\phi \Lambda}^{-1} \boldsymbol{a}^{-1} \boldsymbol{\phi}^{\mathrm{T}} = \boldsymbol{\phi}_n \boldsymbol{k}_n^{-1} \boldsymbol{\phi}_n^{\mathrm{T}} = -\boldsymbol{K}^{-1} \\ &\boldsymbol{\phi \Lambda}^2 \boldsymbol{a}^{-1} \boldsymbol{\phi}^{\mathrm{T}} = \boldsymbol{\phi}_n \boldsymbol{m}_n^{-1} \boldsymbol{c}_n \boldsymbol{m}_n^{-1} \boldsymbol{\phi}_n^{\mathrm{T}} = \boldsymbol{M}^{-1} \boldsymbol{C M}^{-1}\end{aligned} \tag{5.10.152}$$

这四个谱展开式实际上就是由经典模态分析的正交关系式(5.10.138)直接导出的经典模态谱展开式.

由式(5.10.150b)给出

$$a_r = 2\mathrm{i}\omega_{\mathrm{d}r} m_{nr}, \quad a_r^* = -2\mathrm{i}\omega_{\mathrm{d}r} m_{nr} \tag{5.10.153}$$

将式(5.10.146)、式(5.10.153)代入物理空间解耦方程(5.10.90),得到一般模态法导出的经典黏性阻尼系统的模态坐标解耦方程为

$$\begin{aligned}\dot{q}_r - s_r q_r &= (2\mathrm{i}\omega_{\mathrm{d}r} m_{nr})^{-1} \boldsymbol{\phi}_{nr}^{\mathrm{T}} \boldsymbol{f}(t) \\ \dot{q}_r^* - s_r^* q_r^* &= -(2\mathrm{i}\omega_{\mathrm{d}r} m_{nr})^{-1} \boldsymbol{\phi}_{nr}^{\mathrm{T}} \boldsymbol{f}(t)\end{aligned} \tag{5.10.154}$$

假设初始条件为零,得

$$q_r = (2\mathrm{i}\,\omega_{\mathrm{d}r} m_{nr})^{-1}\boldsymbol{\phi}_{nr}^{\mathrm{T}}\int_0^t \boldsymbol{f}(\tau)\mathrm{e}^{s_r(t-\tau)}\mathrm{d}\tau$$

$$q_r^* = -(2\mathrm{i}\,\omega_{\mathrm{d}r} m_{nr})^{-1}\boldsymbol{\phi}_{nr}^{\mathrm{T}}\int_0^t \boldsymbol{f}(\tau)\mathrm{e}^{s_r^*(t-\tau)}\mathrm{d}\tau \tag{5.10.155}$$

将式(5.10.146)、式(5.10.155)代入模态对位移 $\boldsymbol{x}_r$(式(5.10.86b)),得

$$\begin{aligned}\boldsymbol{x}_r &= \boldsymbol{\phi}_r q_r + \boldsymbol{\phi}_r^* q_r^* \\ &= \boldsymbol{\phi}_{nr}(2\mathrm{i}\,\omega_{\mathrm{d}r} m_{nr})^{-1}\boldsymbol{\phi}_{nr}^{\mathrm{T}}\int_0^t \boldsymbol{f}(\tau)[\mathrm{e}^{s_r(t-\tau)} - \mathrm{e}^{s_r^*(t-\tau)}]\mathrm{d}\tau \\ &= \boldsymbol{\phi}_{nr}\omega_{\mathrm{d}r}^{-1} m_{nr}^{-1}\boldsymbol{\phi}_{nr}^{\mathrm{T}}\int_0^t \boldsymbol{f}(\tau)\mathrm{e}^{-\xi_r\omega_{nr}(t-\tau)}\frac{1}{2\mathrm{i}}[\mathrm{e}^{\mathrm{i}\omega_{\mathrm{d}r}(t-\tau)} - \mathrm{e}^{-\mathrm{i}\omega_{\mathrm{d}r}(t-\tau)}]\mathrm{d}\tau \\ &= \boldsymbol{\phi}_{nr}\omega_{\mathrm{d}r}^{-1} m_{nr}^{-1}\boldsymbol{\phi}_{nr}^{\mathrm{T}}\int_0^t \boldsymbol{f}(\tau)\mathrm{e}^{-\xi_r\omega_{nr}(t-\tau)}\sin\omega_{\mathrm{d}r}(t-\tau)\mathrm{d}\tau\end{aligned} \tag{5.10.156}$$

将式(5.10.156)代入式(5.10.88a),得经典黏性阻尼系统的位移响应 $\boldsymbol{x}$ 为

$$\boldsymbol{x} = \sum_{r=1}^{n}\boldsymbol{\phi}_{nr}\omega_{\mathrm{d}r}^{-1} m_{nr}^{-1}\boldsymbol{\phi}_{nr}^{\mathrm{T}}\int_0^t \boldsymbol{f}(\tau)\mathrm{e}^{-\xi_r\omega_{nr}(t-\tau)}\sin\omega_{\mathrm{d}r}(t-\tau)\mathrm{d}\tau \tag{5.10.157}$$

此式与由经典模态法给出的结果(式(5.8.64))完全相同,但求解过程与经典模态法有很大差别.

将式(5.10.146)、式(5.10.153)、式(5.10.142)代入式(5.10.92)与式(5.10.93),得

$$\begin{aligned}\boldsymbol{m}_{er}^{-1} &= -s_r^*\boldsymbol{\phi}_r a_r^{-1}\boldsymbol{\phi}_r^{\mathrm{T}} - s_r\boldsymbol{\phi}_r^* a_r^{*-1}\boldsymbol{\phi}_r^{*\mathrm{T}} \\ &= -(s_r^* - s_r)\boldsymbol{\phi}_{nr}(2\mathrm{i}\,\omega_{\mathrm{d}r} m_{nr})^{-1}\boldsymbol{\phi}_{nr}^{\mathrm{T}} \\ &= 2\mathrm{i}\,\omega_{\mathrm{d}r}\boldsymbol{\phi}_{nr}(2\mathrm{i}\,\omega_{\mathrm{d}r} m_{nr})^{-1}\boldsymbol{\phi}_{nr}^{\mathrm{T}} \\ &= \boldsymbol{\phi}_{nr} m_{nr}^{-1}\boldsymbol{\phi}_{nr}^{\mathrm{T}}\end{aligned} \tag{5.10.158a}$$

此式即是式(5.10.98).

$$\begin{aligned}\boldsymbol{m}_{er}^{-1}\boldsymbol{E}_r &= \boldsymbol{\phi}_r a_r^{-1}\boldsymbol{\phi}_r^{\mathrm{T}} + \boldsymbol{\phi}_r^* a_r^{*-1}\boldsymbol{\phi}_r^{*\mathrm{T}} \\ &= \boldsymbol{\phi}_{nr}(2\mathrm{i}\,\omega_{\mathrm{d}r} m_{nr})^{-1}\boldsymbol{\phi}_{nr}^{\mathrm{T}} + \boldsymbol{\phi}_{nr}(-2\mathrm{i}\,\omega_{\mathrm{d}r} m_{nr})^{-1}\boldsymbol{\phi}_{nr}^{\mathrm{T}} \\ &= \boldsymbol{0}\end{aligned} \tag{5.10.158b}$$

将上面两式代入模态对位移解耦方程(5.10.94),得

$$\ddot{\boldsymbol{x}}_r + 2\xi_r\omega_{\mathrm{n}r}\dot{\boldsymbol{x}}_r + \omega_{\mathrm{n}r}^2\boldsymbol{x}_r = \boldsymbol{\phi}_{nr} m_{nr}^{-1}\boldsymbol{\phi}_{nr}^{\mathrm{T}}\boldsymbol{f}(t) \tag{5.10.159}$$

式(5.10.159)与由经典模态方法导出的经典阻尼系统模态位移解耦方程(式(5.10.97))完全相同,因而模态位移响应 $\boldsymbol{x}_r$ 的求解过程也与经典模态方法相同.

由式(5.10.158)得 $\boldsymbol{E}_r = \boldsymbol{0}$.将式(5.10.158)代入式(5.10.131),得模态频响函数

$$\boldsymbol{H}_r(\mathrm{i}\omega) = \frac{1}{\boldsymbol{k}_{er}(1 - \bar{\omega}_r^2 - \mathrm{i}2\xi_r\bar{\omega}_r)} \tag{5.10.160}$$

这是由一般模态法求得经典黏性阻尼系统的模态频响函数,它和用经典阻尼系统求得的模态频响函数式(5.8.36)完全相同.

通过上述分析，用一般模态法分析经典阻尼系统所得的结果不仅与用经典模态法分析经典阻尼系统所得的结果完全一致，而且模态对位移解耦方程的形成和求解过程都与经典模态法完全一致，因而一般模态法不仅可以用于一般黏性阻尼系统，而且可以用于经典阻尼系统，两种方法所导出的模态位移解耦方程和计算的响应结果完全一致，从而将经典模态法与一般模态法统一起来.

上述分析中，当阻尼矩阵 $\boldsymbol{C}$ 为零时的全部分析都可化为用一般模态法分析无阻尼系统的方法.当 $\boldsymbol{C}=\boldsymbol{0}$ 时，由式(5.10.137)得无阻尼自由振动方程为

$$\boldsymbol{M}\ddot{\boldsymbol{x}}+\boldsymbol{kx}=\boldsymbol{0} \tag{5.10.161}$$

特征值问题(5.10.139)化为

$$(s\boldsymbol{M}^2+\boldsymbol{K})\boldsymbol{\phi}=\boldsymbol{0} \tag{5.10.162}$$

仍用式(5.10.140)的经典模态 $\boldsymbol{\phi}_n$ 的坐标变换得解耦方程

$$(s^2+\omega_{\mathrm{n}r}^2)q_{nr}=0,\quad r=1,2,\cdots,n \tag{5.10.163}$$

由式(5.10.163)得 n 对共轭特征值 s_r 与 s_r^* 分别为

$$s_r=\mathrm{i}\omega_{\mathrm{n}r},\quad s_r^*=-\mathrm{i}\omega_{\mathrm{n}r} \tag{5.10.164}$$

分别将 s_r 与 s_r^* 代入式(5.10.163)，得 $\boldsymbol{q}_{nr}=\boldsymbol{q}_{nr}^*$，

$$\boldsymbol{q}_{nr}=[\underbrace{0\ \ 0\ \ \cdots\ \ 0}_{r-1个}\ \ \underset{r}{1}\ \ \underbrace{0\ \ 0\ \ \cdots\ \ 0}_{n-r个}] \tag{5.10.165}$$

将式(5.10.165)代入式(5.10.140)，得相应于 s_r 与 s_r^* 的特征向量 $\boldsymbol{\phi}_r$ 与 $\boldsymbol{\phi}_r^*$ 仍为式(5.10.146)，特征向量矩阵仍为式(5.10.147).

用同样的方法可以导出无阻尼系统的一般模态法的正交性关系式为

$$a_{rs}=m_{rs}(s_r+s_s)=\begin{cases}0, & s\neq r\\ a_r=2s_rm_{nr}, & s=r\end{cases} \tag{5.10.166a}$$

$$b_{rs}=k_{rs}-m_{rs}s_rs_s=\begin{cases}0, & s\neq r\\ b_r=2\omega_{\mathrm{n}r}^2m_{nr}, & s=r\end{cases} \tag{5.10.166b}$$

正交关系式(5.10.166)不同于经典模态正交关系式(5.10.138a)、式(5.10.138b).由式(5.10.166a)有

$$\begin{aligned}s_r&=\mathrm{i}\omega_{\mathrm{n}r},\quad a_r=2\mathrm{i}\omega_{\mathrm{n}r}m_{nr}\\ s_r^*&=-\mathrm{i}\omega_{\mathrm{n}r},\quad a_r^*=-2\mathrm{i}\omega_{\mathrm{n}r}m_{nr}\end{aligned} \tag{5.10.167}$$

物理空间模态坐标解耦方程为

$$\begin{aligned}\dot{q}_r-\mathrm{i}\omega_{\mathrm{n}r}q_r&=(2\mathrm{i}\omega_{\mathrm{n}r}m_{nr})^{-1}\boldsymbol{\phi}_{nr}^{\mathrm{T}}\boldsymbol{f}(t)\\ \dot{q}_r^*+\mathrm{i}\omega_{\mathrm{n}r}q_r^*&=-(2\mathrm{i}\omega_{\mathrm{n}r}m_{nr})^{-1}\boldsymbol{\phi}_{nr}^{\mathrm{T}}\boldsymbol{f}(t)\end{aligned} \tag{5.10.168}$$

假设初始条件为零，得

$$q_r = (2\mathrm{i}\,\omega_{\mathrm{n}r} m_{nr})^{-1} \boldsymbol{\phi}_{nr}^{\mathrm{T}} \int_0^t \boldsymbol{f}(\tau) \mathrm{e}^{\mathrm{i}\omega_{\mathrm{n}r}(t-\tau)} \mathrm{d}\tau$$
$$q_r^* = -(2\mathrm{i}\,\omega_{\mathrm{n}r} m_{nr})^{-1} \boldsymbol{\phi}_{nr}^{\mathrm{T}} \int_0^t \boldsymbol{f}(\tau) \mathrm{e}^{-\mathrm{i}\omega_{\mathrm{n}r}(t-\tau)} \mathrm{d}\tau \tag{5.10.169}$$

将式(5.10.146)、式(5.10.169)代入模态对位移 $\boldsymbol{x}_r$(式(5.10.88b)),得

$$\begin{aligned}
\boldsymbol{x}_r &= \boldsymbol{\phi}_r q_r + \boldsymbol{\phi}_r^* q_r^* \\
&= \boldsymbol{\phi}_{nr} (2\mathrm{i}\,\omega_{\mathrm{n}r} m_{nr})^{-1} \boldsymbol{\phi}_{nr}^{\mathrm{T}} \int_0^t \boldsymbol{f}(\tau) [\mathrm{e}^{\mathrm{i}\omega_{\mathrm{n}r}(t-\tau)} - \mathrm{e}^{-\mathrm{i}\omega_{\mathrm{n}r}(t-\tau)} \mathrm{d}\tau] \\
&= \boldsymbol{\phi}_{nr} \omega_{\mathrm{n}r}^{-1} m_{nr}^{-1} \boldsymbol{\phi}_{nr}^{\mathrm{T}} \int_0^t \boldsymbol{f}(\tau) \sin \omega_{\mathrm{n}r}(t-\tau) \mathrm{d}\tau
\end{aligned} \tag{5.10.170}$$

将式(5.10.170)代入式(5.10.88a),得无阻尼系统的位移响应 $\boldsymbol{x}$ 为

$$\boldsymbol{x} = \sum_{r=1}^{n} \boldsymbol{\phi}_{nr} \omega_{\mathrm{n}r}^{-1} m_{nr}^{-1} \boldsymbol{\phi}_{nr}^{\mathrm{T}} \int_0^t \boldsymbol{f}(\tau) \sin \omega_{\mathrm{n}r}(t-\tau) \mathrm{d}\tau \tag{5.10.171}$$

此式与经典模态法给出的无阻尼系统位移响应式(5.7.5)完全相同,但求解过程有很大的差别.

将式(5.10.146)、式(5.10.167)代入式(5.10.92)、式(5.10.93),得

$$\boldsymbol{m}_{er}^{-1} = -s_r^* \boldsymbol{\phi}_r a_r^{-1} \boldsymbol{\phi}_r^{\mathrm{T}} - s_r \boldsymbol{\phi}_r^* a_r^{*-1} \boldsymbol{\phi}_r^{*\mathrm{T}} = 2\mathrm{i}\,\omega_{\mathrm{n}r} \boldsymbol{\phi}_{nr} (2\mathrm{i}\,\omega_{\mathrm{n}r} m_{nr})^{-1} \boldsymbol{\phi}_{nr}^{\mathrm{T}} = \boldsymbol{\phi}_{nr} m_{nr}^{-1} \boldsymbol{\phi}_{nr}^{\mathrm{T}} \tag{5.10.172a}$$

$$\boldsymbol{m}_{er}^{-1} \boldsymbol{E}_r = \boldsymbol{\phi}_r a_r^{-1} \boldsymbol{\phi}_r^{\mathrm{T}} + \boldsymbol{\phi}_r^* a_r^{*-1} \boldsymbol{\phi}_r^{*\mathrm{T}} = \boldsymbol{0} \tag{5.10.172b}$$

将上面两式代入模态对位移解耦方程(5.10.94),得

$$\ddot{\boldsymbol{x}}_r + \omega_{\mathrm{n}r}^2 \boldsymbol{x}_r = \boldsymbol{\phi}_{nr} m_{nr}^{-1} \boldsymbol{\phi}_{nr}^{\mathrm{T}} \boldsymbol{f}(t)$$

将 $\boldsymbol{x}_r = \boldsymbol{\phi}_{nr} q_r$ 代入上式,然后两边左乘 $\boldsymbol{\phi}_{nr}^{-1}$,得

$$m_{nr} \ddot{q}_r + k_{nr} q_r = \boldsymbol{\phi}_{nr}^{\mathrm{T}} \boldsymbol{f}(t), \quad r = 1, 2, \cdots, n \tag{5.10.173}$$

很显然,式(5.10.173)即是无阻尼系统的解耦方程(5.7.1),因而求解过程与经典模态法完全相同.

通过上述分析,用一般模态法分析经典阻尼系统和无阻尼系统,所得的结果不仅与用经典模态法分析经典阻尼系统所得的结果完全一致,也与用无阻尼系统模态法分析无阻尼系统所得的结果完全一致.而且用模态对位移解耦方程的解法时,其方程和求解过程都与经典模态法完全一致,因而一般模态法不仅可以用于一般黏性阻尼系统,而且可以用于经典阻尼系统,两种方法所导出的模态位移解耦方程和计算的响应结果完全一致,从而将经典模态法与一般模态法统一起来.实际上,上述推导仅具有理论意义,实际应用时仍然按无阻尼系统和经典阻尼系统用原来的模态分解方法进行就可以.

5.10.14 非对称的 $\boldsymbol{M},\boldsymbol{C},\boldsymbol{K}$ 矩阵情况

对于非对称的 $\boldsymbol{M},\boldsymbol{C},\boldsymbol{K}$ 矩阵情况,系统的自由振动方程为式(5.10.9).对小于临界阻尼情况,假设有 n 对($2n$ 个)不同的具有负实部的共轭复根式(5.10.20),形成特征值矩阵式

(5.10.21a).相应于特征值矩阵 $\boldsymbol{\Lambda}$,有物理空间右特征向量矩阵 $\boldsymbol{\phi}$ 和左特征向量$\boldsymbol{\psi}$.

对于物理空间右特征向量 $\boldsymbol{\phi}$,有特征值问题式(5.10.15),可求得右特征向量式(5.10.21c).

对于物理空间左特征向量 $\boldsymbol{\psi}$,有特征值问题

$$(s^2\boldsymbol{M}^{\mathrm{T}} + s\boldsymbol{C}^{\mathrm{T}} + \boldsymbol{K}^{\mathrm{T}})\boldsymbol{\psi} = \boldsymbol{0} \tag{5.10.174}$$

相应的特征值矩阵仍为式(5.10.21a).将 s 的每一对共轭复特征值式(5.10.20)代入式(5.10.174),可得到一对共轭的左特征向量 $\boldsymbol{\psi}_r$ 与 $\boldsymbol{\psi}_r^*$,并形成物理空间左特征向量矩阵式(5.9.78b),它们与状态空间左特征向量 $\boldsymbol{\Psi}_r$ 和左特征向量矩阵 $\boldsymbol{\Psi}_r^*$ 的关系见式(5.9.77)和式(5.9.78a).

任选一个右特征向量 $\boldsymbol{\phi}_r$ 代入式(5.10.15),有

$$(s_r^2\boldsymbol{M} + s_r\boldsymbol{C} + \boldsymbol{K})\boldsymbol{\phi}_r = \boldsymbol{0} \tag{5.10.175a}$$

写成矩阵形式为

$$\boldsymbol{M\phi\Lambda}^2 + \boldsymbol{C\phi\Lambda} + \boldsymbol{K\phi} = \boldsymbol{0} \tag{5.10.175b}$$

左乘左特征矩阵 $\boldsymbol{\psi}^{\mathrm{T}}$,得

$$\begin{aligned}\boldsymbol{\psi}^{\mathrm{T}}\boldsymbol{M\phi\Lambda}^2 + \boldsymbol{\psi}^{\mathrm{T}}\boldsymbol{C\phi\Lambda} + \boldsymbol{\psi}^{\mathrm{T}}\boldsymbol{K\phi} &= \boldsymbol{m\Lambda}^2 + \boldsymbol{c\Lambda} + \boldsymbol{k}\\ &= (\boldsymbol{m\Lambda} + \boldsymbol{\Lambda m} + \boldsymbol{c})\boldsymbol{\Lambda} + \boldsymbol{k} - \boldsymbol{\Lambda m\Lambda}\\ &= \boldsymbol{a\Lambda} + \boldsymbol{b} = \boldsymbol{0}\end{aligned} \tag{5.10.176}$$

这里

$$\boldsymbol{m} = \boldsymbol{\psi}^{\mathrm{T}}\boldsymbol{M\phi},\quad \boldsymbol{c} = \boldsymbol{\psi}^{\mathrm{T}}\boldsymbol{C\phi},\quad \boldsymbol{k} = \boldsymbol{\psi}^{\mathrm{T}}\boldsymbol{K\phi} \tag{5.10.177}$$

任选一个左特征向量 $\boldsymbol{\psi}_r$ 代入式(5.10.174),有

$$(s_r^2\boldsymbol{M}^{\mathrm{T}} + s_r\boldsymbol{C}^{\mathrm{T}} + \boldsymbol{K}^{\mathrm{T}})\boldsymbol{\psi}_r = \boldsymbol{0} \tag{5.10.178}$$

写成矩阵形式为

$$\boldsymbol{M}^{\mathrm{T}}\boldsymbol{\psi\Lambda}^2 + \boldsymbol{C}^{\mathrm{T}}\boldsymbol{\psi\Lambda} + \boldsymbol{K}^{\mathrm{T}}\boldsymbol{\psi} = \boldsymbol{0} \tag{5.10.179}$$

上式转置后,再右乘 $\boldsymbol{\phi}$,得

$$\begin{aligned}\boldsymbol{\Lambda}^2\boldsymbol{\psi}^{\mathrm{T}}\boldsymbol{M\phi} + \boldsymbol{\Lambda\psi}^{\mathrm{T}}\boldsymbol{C\phi} + \boldsymbol{\psi}^{\mathrm{T}}\boldsymbol{K\phi} = \boldsymbol{\Lambda}^2\boldsymbol{m} + \boldsymbol{\Lambda c} + \boldsymbol{k} &= \boldsymbol{\Lambda}(\boldsymbol{\Lambda m} + \boldsymbol{m\Lambda} + \boldsymbol{c}) + \boldsymbol{k} - \boldsymbol{\Lambda m\Lambda}\\ &= \boldsymbol{\Lambda a} + \boldsymbol{b} = \boldsymbol{0}\end{aligned} \tag{5.10.180}$$

这里,利用特征值矩阵 $\boldsymbol{\Lambda}$ 为对角矩阵的性质,可知它的转置仍为原矩阵.将式(5.10.176)减去式(5.10.180),得

$$\boldsymbol{a\Lambda} - \boldsymbol{\Lambda a} = \boldsymbol{0} \tag{5.10.181}$$

由于 $\boldsymbol{\Lambda}$ 为对角矩阵,故 $\boldsymbol{a}$ 亦必为对角矩阵,即

$$\boldsymbol{a} = \boldsymbol{m\Lambda} + \boldsymbol{\Lambda m} + \boldsymbol{c} = \begin{bmatrix} a_1 & & & \\ & a_2 & & \\ & & \ddots & \\ & & & a_{2n}\end{bmatrix} = \begin{bmatrix}\boldsymbol{a}_N & \boldsymbol{0}\\ \boldsymbol{0} & \boldsymbol{a}_N^*\end{bmatrix}$$

$$
= \begin{bmatrix} a_1 & & & & & & & \\ & a_2 & & & & & & \\ & & \ddots & & & & & \\ & & & a_n & & & & \\ & & & & a_1^* & & & \\ & & & & & a_2^* & & \\ & & & & & & \ddots & \\ & & & & & & & a_n^* \end{bmatrix} \tag{5.10.182}
$$

将式(5.10.182)代入式(5.10.176)或式(5.10.180),亦得 $\boldsymbol{b}$ 为对角矩阵：

$$
\boldsymbol{b} = \boldsymbol{k} - \boldsymbol{\Lambda m \Lambda} = -\boldsymbol{\Lambda a} = -\boldsymbol{a\Lambda} = \begin{bmatrix} b_1 & & & \\ & b_2 & & \\ & & \ddots & \\ & & & b_{2n} \end{bmatrix} = \begin{bmatrix} \boldsymbol{b}_N & \boldsymbol{0} \\ \boldsymbol{0} & \boldsymbol{b}_N^* \end{bmatrix}
$$

$$
= \begin{bmatrix} b_1 & & & & & & & \\ & b_2 & & & & & & \\ & & \ddots & & & & & \\ & & & b_n & & & & \\ & & & & b_1^* & & & \\ & & & & & b_2^* & & \\ & & & & & & \ddots & \\ & & & & & & & b_n^* \end{bmatrix} \tag{5.10.183}
$$

式(5.10.182)、式(5.10.183)为矩阵形式的正交性关系式,展开后得正交性关系式：

$$
a_{rs} = c_{rs} + (s_r + s_s)m_{rs} = \begin{cases} 0, & s \neq r \\ a_r, & s = r \end{cases} \tag{5.10.184}
$$

$$
b_{rs} = k_{rs} - s_r s_s m_{rs} = \begin{cases} 0, & s \neq r \\ b_r, & s = r \end{cases}
$$

$$
a_r = a_{rr} = c_{rr} + 2s_r m_{rr}, \quad b_r = b_{rr} = k_{rr} - s_r^2 m_{rr}
$$

$$
m_{rs} = \boldsymbol{\psi}_r^{\mathrm{T}} \boldsymbol{M} \boldsymbol{\phi}_s, \quad c_{rs} = \boldsymbol{\psi}_r^{\mathrm{T}} \boldsymbol{C} \boldsymbol{\phi}_s, \quad k_{rs} = \boldsymbol{\psi}_r^{\mathrm{T}} \boldsymbol{K} \boldsymbol{\phi}_s \tag{5.10.185}
$$

正交性关系式(5.10.184)即是式(5.9.86)的展开形式,将式(5.9.86)写成矩阵形式：

$$
\boldsymbol{a} = \boldsymbol{\Psi}^{\mathrm{T}} \boldsymbol{A} \boldsymbol{\Phi}, \quad \boldsymbol{b} = \boldsymbol{\Psi}^{\mathrm{T}} \boldsymbol{B} \boldsymbol{\Phi} \tag{5.10.186a}
$$

式(5.10.185)展开后即是式(5.10.182)、式(5.10.183).

由式(5.10.186a)有

$$\boldsymbol{A}^{-1} = \boldsymbol{\Phi} \boldsymbol{a}^{-1} \boldsymbol{\Psi}^{\mathrm{T}} \tag{5.10.186b}$$

将式(5.10.63)、式(5.9.4c)、式(5.9.78)代入上式,得

$$\begin{bmatrix} \boldsymbol{0} & \boldsymbol{M}^{-1} \\ \boldsymbol{M}^{-1} & -\boldsymbol{M}^{-1}\boldsymbol{C}\boldsymbol{M}^{-1} \end{bmatrix} = \begin{bmatrix} \boldsymbol{\phi} \\ \boldsymbol{\phi}\boldsymbol{\Lambda} \end{bmatrix} \boldsymbol{a}^{-1} [\boldsymbol{\psi}^{\mathrm{T}} \quad \boldsymbol{\Lambda}\boldsymbol{\psi}^{\mathrm{T}}] = \begin{bmatrix} \boldsymbol{\phi}\boldsymbol{a}^{-1}\boldsymbol{\psi}^{\mathrm{T}} & \boldsymbol{\phi}\boldsymbol{a}^{-1}\boldsymbol{\Lambda}\boldsymbol{\psi}^{\mathrm{T}} \\ \boldsymbol{\phi}\boldsymbol{\Lambda}\boldsymbol{a}^{-1}\boldsymbol{\psi}^{\mathrm{T}} & \boldsymbol{\phi}\boldsymbol{\Lambda}\boldsymbol{a}^{-1}\boldsymbol{\Lambda}\boldsymbol{\psi}^{\mathrm{T}} \end{bmatrix}$$

令等式两边各元素相等,得

$$\boldsymbol{\phi}\boldsymbol{a}^{-1}\boldsymbol{\psi}^{\mathrm{T}} = \boldsymbol{0} \tag{5.10.187}$$

$$\boldsymbol{\phi}\boldsymbol{a}^{-1}\boldsymbol{\Lambda}\boldsymbol{\psi}^{\mathrm{T}} = \boldsymbol{M}^{-1} \tag{5.10.188}$$

$$\boldsymbol{\phi}\boldsymbol{a}^{-1}\boldsymbol{\Lambda}^{2}\boldsymbol{\psi}^{\mathrm{T}} = -\boldsymbol{M}^{-1}\boldsymbol{C}\boldsymbol{M}^{-1} \tag{5.10.189}$$

当 $\boldsymbol{K}$ 正定时,由式(5.10.186a)得

$$\boldsymbol{B}^{-1} = \boldsymbol{\Phi} \boldsymbol{b}^{-1} \boldsymbol{\Psi}^{\mathrm{T}} \tag{5.10.190}$$

将式(5.10.69)、式(5.9.4c)、式(5.10.78a)代入上式,得

$$\begin{bmatrix} \boldsymbol{K}^{-1} & \boldsymbol{0} \\ \boldsymbol{0} & -\boldsymbol{M}^{-1} \end{bmatrix} = -\begin{bmatrix} \boldsymbol{\phi} \\ \boldsymbol{\phi}\boldsymbol{\Lambda} \end{bmatrix} \boldsymbol{a}^{-1}\boldsymbol{\Lambda}^{-1} [\boldsymbol{\psi}^{\mathrm{T}} \quad \boldsymbol{\Lambda}\boldsymbol{\psi}^{\mathrm{T}}] = \begin{bmatrix} -\boldsymbol{\phi}\boldsymbol{a}^{-1}\boldsymbol{\Lambda}^{-1}\boldsymbol{\psi}^{\mathrm{T}} & \boldsymbol{\phi}\boldsymbol{a}^{-1}\boldsymbol{\psi}^{\mathrm{T}} \\ -\boldsymbol{\phi}\boldsymbol{a}^{-1}\boldsymbol{\psi}^{\mathrm{T}} & -\boldsymbol{\phi}\boldsymbol{a}^{-1}\boldsymbol{\Lambda}\boldsymbol{\psi}^{\mathrm{T}} \end{bmatrix}$$

令等式两边各元素相等,得式(5.10.187)、式(5.10.188)和

$$\boldsymbol{\phi}\boldsymbol{a}^{-1}\boldsymbol{\Lambda}^{-1}\boldsymbol{\psi}^{\mathrm{T}} = -\boldsymbol{K}^{-1} \tag{5.10.191}$$

则式(5.10.187)~式(5.10.189) 及式(5.10.191)为四个重要的谱展开式,称为正交补充关系.

由于状态空间模态向量 $\boldsymbol{\Phi}_r$ $(r = 1, 2, \cdots, n)$ 张成的向量空间 $\boldsymbol{\Phi} = [\boldsymbol{\Phi}_1 \quad \boldsymbol{\Phi}_2 \quad \cdots \quad \boldsymbol{\Phi}_{2n}]$ 是一个完备的线性空间,任何状态变量均可用其基向量 $\boldsymbol{\Phi}_r$ 表示,从而有式(5.9.27),将其展开后得位移和速度分别为式(5.10.75a)、式(5.10.75b). 利用谱展开式(5.10.187),可以证明式(5.10.75b) 所确定的位移与速度满足微分关系式(5.10.77). 因而在物理空间中可以将位移 $\boldsymbol{x}$ 用式(5.10.75a) 表示. 将式(5.10.75b) 代入一般黏性阻尼系统运动方程(5.9.1),有

$$\boldsymbol{M}\boldsymbol{\phi}\ddot{\boldsymbol{q}} + \boldsymbol{C}\boldsymbol{\phi}\dot{\boldsymbol{q}} + \boldsymbol{K}\boldsymbol{\phi}\boldsymbol{q} = \boldsymbol{f}(t) \tag{5.10.192}$$

上式左乘左特征向量矩阵 $\boldsymbol{\psi}^{\mathrm{T}}$,得

$$\boldsymbol{m}\ddot{\boldsymbol{q}} + \boldsymbol{c}\dot{\boldsymbol{q}} + \boldsymbol{k}\boldsymbol{q} = \boldsymbol{\psi}^{\mathrm{T}}\boldsymbol{f}(t) \tag{5.10.193}$$

其中,$\boldsymbol{m}$,$\boldsymbol{c}$ 与 $\boldsymbol{k}$ 见式(5.10.177). 将正交性关系式(5.10.182)、式(5.10.183)分别改写为

$$\boldsymbol{c} = \boldsymbol{a} - \boldsymbol{m}\boldsymbol{\Lambda} - \boldsymbol{\Lambda}\boldsymbol{m}, \quad \boldsymbol{k} = \boldsymbol{b} + \boldsymbol{\Lambda}\boldsymbol{m}\boldsymbol{\Lambda} \tag{5.10.194}$$

将式(5.10.194)代入式(5.10.193),有

$$\begin{aligned} \boldsymbol{m}\ddot{\boldsymbol{q}} + (\boldsymbol{a} - \boldsymbol{m}\boldsymbol{\Lambda} - \boldsymbol{\Lambda}\boldsymbol{m})\dot{\boldsymbol{q}} + (\boldsymbol{b} + \boldsymbol{\Lambda}\boldsymbol{m}\boldsymbol{\Lambda})\boldsymbol{q} &= \boldsymbol{m}(\ddot{\boldsymbol{q}} - \boldsymbol{\Lambda}\dot{\boldsymbol{q}}) - \boldsymbol{\Lambda}\boldsymbol{m}(\dot{\boldsymbol{q}} - \boldsymbol{\Lambda}\boldsymbol{q}) + \boldsymbol{a}(\dot{\boldsymbol{q}} - \boldsymbol{\Lambda}\boldsymbol{q}) \\ &= \boldsymbol{\psi}^{\mathrm{T}}\boldsymbol{f}(t) \end{aligned} \tag{5.10.195}$$

根据速度 $\boldsymbol{v}$ 与位移 $\boldsymbol{x}$ 的协调微分方程(5.10.77)导出的式(5.10.79),有

$$\boldsymbol{m}(\dot{\boldsymbol{q}} - \boldsymbol{\Lambda}\boldsymbol{q}) = \boldsymbol{0} \tag{5.10.196}$$

将式(5.10.196)代入式(5.10.195),得模态坐标解耦方程为

$$\boldsymbol{a}(\dot{\boldsymbol{q}}-\boldsymbol{\Lambda q})=\boldsymbol{\psi}^{\mathrm{T}}\boldsymbol{f}(t) \tag{5.10.197}$$

即

$$\dot{\boldsymbol{q}}-\boldsymbol{\Lambda q}=\boldsymbol{a}^{-1}\boldsymbol{\psi}^{\mathrm{T}}\boldsymbol{f} \tag{5.10.198}$$

很显然,此式与状态空间法解耦方程(5.9.89a)是一致的.由式(5.10.198)得

$$\dot{\boldsymbol{q}}=\boldsymbol{\Lambda q}+\boldsymbol{a}^{-1}\boldsymbol{\Psi}^{\mathrm{T}}\boldsymbol{f}$$

从而有

$$\boldsymbol{v}=\dot{\boldsymbol{x}}=\boldsymbol{\phi}\dot{\boldsymbol{q}}=\boldsymbol{\phi\Lambda q}+\boldsymbol{\phi a}^{-1}\boldsymbol{\Psi}^{\mathrm{T}}\boldsymbol{f}$$

将正交补充关系式(5.10.187)代入上式,即得式(5.10.75c),从而协调方程(5.10.77)得以证明.由式(5.10.198)得解为

$$\boldsymbol{q}=\mathrm{e}^{\boldsymbol{\Lambda}t}\left[\int_0^t\mathrm{e}^{-\boldsymbol{\Lambda}\tau}\boldsymbol{a}^{-1}\boldsymbol{\psi}^{\mathrm{T}}\boldsymbol{f}(\tau)\mathrm{d}\tau+\boldsymbol{q}_0\right] \tag{5.10.199}$$

将式(5.10.199)代入式(5.10.75a),得任意激励的位移响应为

$$\boldsymbol{x}=\boldsymbol{\phi}\mathrm{e}^{\boldsymbol{\Lambda}t}\left[\int_0^t\mathrm{e}^{-\boldsymbol{\Lambda}\tau}\boldsymbol{a}^{-1}\boldsymbol{\psi}^{\mathrm{T}}\boldsymbol{f}(\tau)\mathrm{d}\tau+\boldsymbol{q}_0\right] \tag{5.10.200}$$

这和状态空间法给出的结果(式(5.9.101a))是一致的.

将式(5.10.75a)改写为式(5.10.88a),就是模态对位移 $\boldsymbol{x}_r$ 的叠加原理.将式(5.10.200)代入模态对位移 $\boldsymbol{x}_r$ 的表达式(5.10.88b),得

$$\begin{aligned}\boldsymbol{x}_r&=\boldsymbol{\phi}_r a_r^{-1}\boldsymbol{\psi}_r^{\mathrm{T}}\int_0^t\mathrm{e}^{s_r(t-\tau)}\boldsymbol{f}(\tau)\mathrm{d}\tau+\boldsymbol{\phi}_r^* a_r^{*-1}\boldsymbol{\psi}_r^{*\mathrm{T}}\int_0^t\mathrm{e}^{s_r^*(t-\tau)}\boldsymbol{f}(\tau)\mathrm{d}\tau+\boldsymbol{\phi}_r\mathrm{e}^{s_rt}q_{0r}+\boldsymbol{\phi}_r^*\mathrm{e}^{s_r^*t}q_{0r}^*\\&=\mathrm{Re}\left[\boldsymbol{\phi}_r a_r^{-1}\boldsymbol{\psi}_r^{\mathrm{T}}\int_0^t\mathrm{e}^{s_r(t-\tau)}\boldsymbol{f}(\tau)\mathrm{d}\tau+\boldsymbol{\phi}_r\mathrm{e}^{s_rt}q_{0r}\right]\end{aligned} \tag{5.10.201}$$

上式必须进行一系列复数运算,才能给出实的模态对位移响应 $\boldsymbol{x}_r$ 的表达式.为了简化计算,下面推导出模态对位移解耦方程.

将模态坐标解耦方程(5.10.198)改写为

$$\dot{q}_r-s_rq_r=a_r^{-1}\boldsymbol{\psi}_r^{\mathrm{T}}\boldsymbol{f} \tag{5.10.202}$$

$$\dot{q}_r^*-s_r^*q_r^*=a_r^{*-1}\boldsymbol{\psi}_r^{*\mathrm{T}}\boldsymbol{f} \tag{5.10.203}$$

式(5.10.202)左乘 $-s_r^*$,有

$$-s_r^*\dot{q}_r+s_r^*s_rq_r=-s_r^*a_r^{-1}\boldsymbol{\psi}_r^{\mathrm{T}}\boldsymbol{f}$$

式(5.10.202)对 t 求导,得

$$\ddot{q}_r-s_r\dot{q}_r=a_r^{-1}\boldsymbol{\psi}_r^{\mathrm{T}}\dot{\boldsymbol{f}}$$

上面两式相加,得

$$\ddot{q}_r-(s_r+s_r^*)\dot{q}_r+s_r^*s_rq_r=-s_r^*a_r^{-1}\boldsymbol{\psi}_r^{\mathrm{T}}\boldsymbol{f}+a_r^{-1}\boldsymbol{\psi}_r^{\mathrm{T}}\dot{\boldsymbol{f}} \tag{5.10.204}$$

上式两边左乘 $\boldsymbol{\phi}_r$,得

$$\boldsymbol{\phi}_r\ddot{q}_r-(s_r+s_r^*)\boldsymbol{\phi}_r\ddot{q}+s_r^*s_r\boldsymbol{\phi}_rq_r=-s_r^*\boldsymbol{\phi}_ra_r^{-1}\boldsymbol{\psi}_r^{\mathrm{T}}\boldsymbol{f}+\boldsymbol{\phi}_ra_r^{-1}\boldsymbol{\psi}_r^{\mathrm{T}}\dot{\boldsymbol{f}} \tag{5.10.205}$$

同样,由式(5.10.203)导出方程(5.10.205)的共轭方程为

$$\boldsymbol{\phi}_r^* \ddot{q}_r^* - (s_r + s_r^*)\boldsymbol{\phi}_r^* \dot{q}_r^* + s_r^* s_r \boldsymbol{\phi}_r^* q_r^* = -s_r \boldsymbol{\phi}_r^* a_r^{*-1} \boldsymbol{\psi}_r^{*\mathrm{T}} \boldsymbol{f} + \boldsymbol{\phi}_r^* a_r^{*-1} \boldsymbol{\psi}_r^{*\mathrm{T}} \dot{\boldsymbol{f}} \tag{5.10.206}$$

将式(5.10.205)、式(5.10.206)相加,利用模态对位移 $\boldsymbol{x}_r$ 的定义式(5.10.88b),得

$$\ddot{\boldsymbol{x}}_r - (s_r + s_r^*)\dot{\boldsymbol{x}}_r + s_r s_r^* \boldsymbol{x}_r = (-s_r^* \boldsymbol{\phi}_r a_r^{-1} \boldsymbol{\psi}_r^{\mathrm{T}} - s_r \boldsymbol{\phi}_r^* a_r^{*-1} \boldsymbol{\psi}_r^{*\mathrm{T}}) \boldsymbol{f} + (\boldsymbol{\phi}_r a_r^{-1} \boldsymbol{\psi}_r^{\mathrm{T}} + \boldsymbol{\phi}_r^* a_r^{*-1} \boldsymbol{\psi}_r^{*\mathrm{T}}) \dot{\boldsymbol{f}} \tag{5.10.207}$$

引入等效的模态对质量矩阵 $\boldsymbol{m}_{er}$ 和复成分影响系数矩阵 $\boldsymbol{E}_r$:

$$\begin{aligned} \boldsymbol{m}_{er}^{-1} &= -s_r^* \boldsymbol{\phi}_r a_r^{-1} \boldsymbol{\psi}_r^{\mathrm{T}} - s_r \boldsymbol{\phi}_r^* a_r^{*-1} \boldsymbol{\psi}_r^{*\mathrm{T}} = -s_r^* \boldsymbol{A}_r - s_r \boldsymbol{A}_r^* \\ &= 2(\xi_r \omega_{0r} \boldsymbol{A}_r^{\mathrm{R}} - \omega_{\mathrm{d}r} \boldsymbol{A}_r^{\mathrm{I}}) \end{aligned} \tag{5.10.208a}$$

$$\boldsymbol{m}_{er}^{-1} \boldsymbol{E}_r = \boldsymbol{\phi}_r a_r^{-1} \boldsymbol{\psi}_r^{\mathrm{T}} + \boldsymbol{\phi}_r^* a_r^{*-1} \boldsymbol{\psi}_r^{*\mathrm{T}} = \boldsymbol{A}_r + \boldsymbol{A}_r^* = 2\boldsymbol{A}_r^{\mathrm{R}} \tag{5.10.208b}$$

$$\boldsymbol{A}_r = \boldsymbol{\phi}_r a_r^{-1} \boldsymbol{\psi}_r^{\mathrm{T}} = \boldsymbol{A}_r^{\mathrm{R}} + \mathrm{i}\boldsymbol{A}_r^{\mathrm{I}}, \quad \boldsymbol{A}_r^* = \boldsymbol{\phi}_r^* a_r^{*-1} \boldsymbol{\psi}_r^{*\mathrm{T}} = \boldsymbol{A}_r^{\mathrm{R}} - \mathrm{i}\boldsymbol{A}_r^{\mathrm{I}} \tag{5.10.208c}$$

将式(5.10.208a)、式(5.10.208b)、式(5.9.42)代入式(5.10.207),得模态对位移解耦方程

$$\ddot{\boldsymbol{x}}_r + 2\xi_r \omega_{0r} \dot{\boldsymbol{x}}_r + \omega_{0r}^2 \boldsymbol{x}_r = \boldsymbol{m}_{er}^{-1} [\boldsymbol{f}(t) + \boldsymbol{E}_r \dot{\boldsymbol{f}}(t)] \tag{5.10.209}$$

可以用杜阿梅尔积分公式给出复模态位移

$$\begin{aligned} \boldsymbol{x}_r &= \mathrm{e}^{-\xi_r \omega_{0r} t} \{ \omega_{\mathrm{d}r}^{-1} [\dot{\boldsymbol{x}}_r(0) + \xi_r \omega_{0r} \boldsymbol{x}_r(0)] \sin \omega_{\mathrm{d}r} t + \boldsymbol{x}_r(0) \cos \omega_{\mathrm{d}r} t \} \\ &\quad + \omega_{\mathrm{d}r}^{-1} \boldsymbol{m}_{er}^{-1} \int_0^t [\boldsymbol{f}(\tau) + \boldsymbol{E}_r \dot{\boldsymbol{f}}(\tau)] \mathrm{e}^{-\xi_r \omega_{0r}(t-\tau)} \sin \omega_{\mathrm{d}r}(t-\tau) \mathrm{d}\tau \end{aligned} \tag{5.10.210}$$

上式中包含的全是实数量,只要进行实数运算即可,这样将式(5.10.201)的复运算过程化为式(5.10.210)中的实数运算,从而大大简化了计算过程.

将式(5.10.105)的 $\boldsymbol{x}_r(0)$ 与 $\dot{\boldsymbol{x}}_r(0)$ 代入式(5.10.210),得

$$\boldsymbol{x}_r = \boldsymbol{x}_{rp} + \boldsymbol{x}_{rf} \tag{5.10.211}$$

其中

$$\boldsymbol{x}_{rp} = \mathrm{e}^{-\xi_r \omega_{0r} t} (\boldsymbol{\alpha}_r \cos \omega_{\mathrm{d}r} t + \boldsymbol{\beta}_r \sin \omega_{\mathrm{d}r} t) = \sqrt{\boldsymbol{\alpha}_r^2 + \boldsymbol{\beta}_r^2}\, \mathrm{e}^{-\xi_r \omega_{0r} t} \cos(\omega_{\mathrm{d}r} t + \boldsymbol{\theta}_r) \tag{5.10.212a}$$

$$\boldsymbol{x}_{rf} = \omega_{\mathrm{d}r}^{-1} \boldsymbol{m}_{er}^{-1} \left[\int_0^t [\boldsymbol{f}(\tau) + \boldsymbol{E}_r \dot{\boldsymbol{f}}(\tau)] \mathrm{e}^{-\xi_r \omega_{0r}(t-\tau)} \sin \omega_{\mathrm{d}r}(t-\tau) \mathrm{d}\tau + \boldsymbol{E}_r \boldsymbol{f}(0) \mathrm{e}^{-\xi_r \omega_{0r} t} \sin \omega_{\mathrm{d}r} t \right] \tag{5.10.212b}$$

其中,$\boldsymbol{x}_{rp}$ 为初始条件引起的模态对位移自由振动,$\boldsymbol{x}_{rf}$ 为零初始条件下任意激励力引起的模态对位移响应.

$$\begin{aligned} \boldsymbol{\alpha}_r &= \boldsymbol{\phi}_r q_{0r} + \boldsymbol{\phi}_r^* q_{0r}^* \\ \boldsymbol{\beta}_r &= \mathrm{i}(\boldsymbol{\phi}_r q_{0r} - \boldsymbol{\phi}_r^* q_{0r}^*) \\ \boldsymbol{\theta}_r &= \arctan(\boldsymbol{\beta}_r / \boldsymbol{\alpha}_r) \end{aligned} \tag{5.10.213}$$

将式(5.10.211)代入式(5.10.97a),得

$$\boldsymbol{x} = \sum_{r=1}^{n} \boldsymbol{x}_r = \sum_{r=1}^{n} (\boldsymbol{x}_{rp} + \boldsymbol{x}_{rf}) = \boldsymbol{x}_p + \boldsymbol{x}_f \tag{5.10.214}$$

$$\boldsymbol{x}_p = \sum_{r=1}^{n} \boldsymbol{x}_{rp} \tag{5.10.215}$$

$$\boldsymbol{x}_f = \sum_{r=1}^{n} \boldsymbol{x}_{rf} \tag{5.10.216}$$

其中，$\boldsymbol{x}_p$ 为初始条件引起的自由振动，$\boldsymbol{x}_f$ 为零初始条件下任意激振力引起的位移响应.

5.11 一般黏性阻尼系统振动拉普拉斯变换法

我们曾用状态空间法和一般模态法阐述了复模态分析的全过程.现在采用拉氏变换的方法来进行系统的复模态分析.

对方程(5.9.1)进行拉氏变换，并令其初始条件为零，得

$$(s\boldsymbol{M}^2 + s\boldsymbol{C} + \boldsymbol{K})\boldsymbol{X}(s) = \boldsymbol{f}(s) \tag{5.11.1a}$$

简记为

$$\boldsymbol{Z}(s)\boldsymbol{X}(s) = \boldsymbol{f}(s) \tag{5.11.1b}$$

式中，$\boldsymbol{Z}(s)$称为系统在 s 域的阻抗矩阵.对于约束系统，它是一个非奇异的对称矩阵，它的任一元素 $Z_{lj}(s)$可表示为

$$Z_{lj}(s) = s^2 M_{lj} + sC_{lj} + K_{lj} \tag{5.11.2}$$

由于 $\boldsymbol{Z}(s)$是非奇异的，故其逆矩阵存在.由式(5.11.1b)可得

$$\boldsymbol{X}(s) = \boldsymbol{Z}(s)^{-1}\boldsymbol{f}(s) = \boldsymbol{H}(s)\boldsymbol{f}(s) \tag{5.11.3}$$

式中，$\boldsymbol{H}$ 为$\boldsymbol{Z}(s)$的逆矩阵，

$$\boldsymbol{H}(s) = \boldsymbol{Z}(s)^{-1} = \frac{\mathrm{adj}\,\boldsymbol{Z}(s)}{\det \boldsymbol{Z}(s)} = \frac{\boldsymbol{N}(s)}{D(s)} \tag{5.11.4}$$

这里，adj $\boldsymbol{Z}(s)$是 $\boldsymbol{Z}(s)$的伴随矩阵，是 $\boldsymbol{Z}(s)$的余因子矩阵 cof $\boldsymbol{Z}(s)$的转置，即 adj $\boldsymbol{Z}(s)$ = $[\mathrm{cof}\,\boldsymbol{Z}(s)]^{\mathrm{T}}$.

式(5.11.4)的分母是一多项式，其最高阶数为 $2n$，即为系统自由度数的两倍.因此它可以写成

$$D(s) = \sum_{r=0}^{2n} b_r s^r = b_0 + b_1 s + b_2 s^2 + \cdots + b_{2n} s^{2n}$$

式(5.11.4)的分子 $\boldsymbol{N}(s)$ 是一对称矩阵，它有 n 行、n 列，但只有$\dfrac{n(n+1)}{2}$个独立元素.它的任一元素 $N_{lj}(s)$ 也可表示为一个多项式，其最高阶数 $m \leqslant 2n-2$，因此可以写成

$$N_{lj}(s) = \sum_{r=0}^{m} a_r s^r = a_0 + a_1 s + a_2 s^2 + \cdots + a_{2m} s^{2m}$$

于是，$\boldsymbol{H}(s)$的任一元素 $H_{lj}(s)$可用下式来表示：

$$N_{lj}(s) = \sum_{r=0}^{m} a_r s^r = a_0 + a_1 s + a_2 s^2 + \cdots + a_{2m} s^{2m} \tag{5.11.5a}$$

我们把 $\boldsymbol{H}(s)$称为 s 域的传递函数矩阵，$H_{lj}(s)$称为 s 域的传递函数.

值得指出的是，虽然 $\boldsymbol{H}(s)$和 $\boldsymbol{Z}(s)$互为逆矩阵，但 $H_{lj}(s)$与 $\boldsymbol{Z}(s)$中的对应元素之间并不存在互逆关系.

在式(5.11.4)中，若 $D(s)$有 $2n$ 个相异的复根，则因 $D(s)$为实系数多项式，其根一定共轭出现，将有 n 对共轭根. 设 s_r 与 s_r^* $(r=1, 2, \cdots, n)$为一对共轭复根，将式(5.11.5a)这一有理分式进行如下分解：

$$H_{lj}(s) = \sum_{r=1}^{n}\left(\frac{A_{rlj}}{s-s_r}+\frac{A_{rlj}^*}{s-s_r^*}\right) \tag{5.11.5b}$$

式中，s_r 和 s_r^* 称为传递函数的 r 阶极点，则 A_{rlj} 和 A_{rlj}^* 为对应点的留数，它们也是共轭成对出现的. 留数可由下式确定：

$$A_{rlj} = A_{rlj}^{\mathrm{R}} + \mathrm{i}A_{rlj}^{\mathrm{I}} = H_{lj}(s)(s-s_r)\Big|_{s=s_r} = \frac{N_{lj}(s)}{D(s)}(s-s_r)\Big|_{s=s_r}$$

或

$$A_{rlj} = \lim_{s\to s_r}\frac{\mathrm{d}[N_{lj}(s)(s-s_r)]/\mathrm{d}s}{\mathrm{d}D(s)/\mathrm{d}s} = \frac{N_{lj}(s)}{D'(s)}\Big|_{s=s_r}$$

$$A_{rlj}^* = A_{rlj}^{\mathrm{R}} - \mathrm{i}A_{rlj}^{\mathrm{I}} = H_{lj}(s)(s-s_r^*)\Big|_{s=s_r^*} = \frac{N_{lj}(s)}{D(s)}(s-s_r^*)\Big|_{s=s_r^*} \tag{5.11.6a}$$

或

$$A_{rlj}^* = \frac{N_{lj}(s)}{D'(s)}\Big|_{s=s_r^*} \tag{5.11.6b}$$

于是，式(5.11.4)可写成

$$\boldsymbol{H}(s) = \sum_{r=1}^{n}\left(\frac{\boldsymbol{A}_r}{s-s_r}+\frac{\boldsymbol{A}_r^*}{s-s_r^*}\right) = \sum_{r=1}^{2n}\frac{\boldsymbol{A}_r}{s-s_r} \tag{5.11.7}$$

式中，$\boldsymbol{A}_r$ 及 $\boldsymbol{A}_r^*$ 称为 r 阶留数矩阵.

1. 复特征值、复特征向量及复模态矩阵

对于自由振动问题，方程(5.11.1b)变为

$$\boldsymbol{Z}(s)\boldsymbol{X}(s) = \boldsymbol{0} \tag{5.11.8}$$

复域传递函数的极点由特征方程

$$D(s) = \det[\boldsymbol{Z}(s)] = 0 \tag{5.11.9}$$

来确定. 若 $s_r(r=1, 2, \cdots, n)$是式(5.11.9)的特征根，则必有

$$\boldsymbol{Z}(s_r)\boldsymbol{\phi}(s_r) = \boldsymbol{0}, \quad r=1, 2, \cdots, n \tag{5.11.10}$$

式中，$s_r(r=1, 2, \cdots, n)$是式(5.11.9)的特征根(特征值)，$\boldsymbol{\phi}(s_r)$ $(r=1, 2, \cdots, n)$则是与 $s_r(r=1, 2, \cdots, n)$对应的特征向量. $\boldsymbol{\phi}(s_r)$是复量，它的共轭量是 $\boldsymbol{\phi}(s_r^*)$ $(r=1, 2,$

$\cdots, n$),是共轭特征根 s_r^* ($r=1, 2, \cdots, n$) 对应的特征向量.在今后的讨论中,为了书写方便,将 $\boldsymbol{\phi}(s_r)$ 及 $\boldsymbol{\phi}(s_r^*)$ 分别简记为 $\boldsymbol{\phi}_r, \boldsymbol{\phi}_r^*$ ($r=1, 2, \cdots, n$).

将系统的 $2n$ 个特征值s_r, s_r^* ($r=1, 2, \cdots, n$) 所对应的 $2n$ 个特征向量 $\boldsymbol{\phi}_r, \boldsymbol{\phi}_r^*$ ($r=1, 2, \cdots, n$) 的每一个作为一列,按阶次同时排列在一个矩阵中,组成一个 $n\times 2n$ 矩阵 $\boldsymbol{\phi}$,称其为复模态矩阵,即

$$\boldsymbol{\phi}=[\boldsymbol{\phi}_N \quad \boldsymbol{\phi}_N]=[\boldsymbol{\phi}_1 \quad \boldsymbol{\phi}_2 \quad \cdots \quad \boldsymbol{\phi}_n \quad \boldsymbol{\phi}_1^* \quad \boldsymbol{\phi}_2^* \quad \cdots \quad \boldsymbol{\phi}_n^*] \tag{5.11.11}$$

2. 复特征向量的正交性

设系统无重根,任选两个不同的特征值 $s=s_r, s=s_s$ 及其相应的特征向量 $\boldsymbol{\phi}_r, \boldsymbol{\phi}_s$ 代入式(5.11.10),有

$$(s_r^2\boldsymbol{M}+s_r\boldsymbol{C}+\boldsymbol{K})\boldsymbol{\phi}_r=\boldsymbol{0} \tag{5.11.12}$$

$$(s_s^2\boldsymbol{M}+s_s\boldsymbol{C}+\boldsymbol{K})\boldsymbol{\phi}_s=\boldsymbol{0} \tag{5.11.13}$$

考虑到 $\boldsymbol{M}, \boldsymbol{C}, \boldsymbol{K}$ 均为对称矩阵,将式(5.11.13)转置后,再乘以 $\boldsymbol{\phi}_r$,将式(5.11.12)左乘 $\boldsymbol{\phi}_s^{\mathrm{T}}$,得

$$\boldsymbol{\phi}_s^{\mathrm{T}}(s_s^2\boldsymbol{M}+s_s\boldsymbol{C}+\boldsymbol{K})\boldsymbol{\phi}_r=0 \tag{5.11.14}$$

$$\boldsymbol{\phi}_s^{\mathrm{T}}(s_r^2\boldsymbol{M}+s_r\boldsymbol{C}+\boldsymbol{K})\boldsymbol{\phi}_r=0 \tag{5.11.15}$$

式(5.11.14)减去式(5.11.15),得

$$(s_s-s_r)\boldsymbol{\phi}_s^{\mathrm{T}}[(s_s+s_r)\boldsymbol{M}+\boldsymbol{C}]\boldsymbol{\phi}_r=0 \tag{5.11.16}$$

于是,由上式可得,复特征向量的正交性关系为

$$\left.\begin{array}{ll}\boldsymbol{\phi}_s^{\mathrm{T}}[(s_s+s_r)\boldsymbol{M}+\boldsymbol{C}]\boldsymbol{\phi}_r=0, & s\neq r\\ \boldsymbol{\phi}_r^{\mathrm{T}}(2s_r\boldsymbol{M}+\boldsymbol{C})\boldsymbol{\phi}_r=a_r, & s=r\end{array}\right. \tag{5.11.17}$$

将式(5.11.17)乘以 s_r,得

$$\boldsymbol{\phi}_s^{\mathrm{T}}[(s_ss_r+s_r^2)\boldsymbol{M}+s_r\boldsymbol{C}]\boldsymbol{\phi}_r=0 \tag{5.11.18}$$

$$\boldsymbol{\phi}_r^{\mathrm{T}}(2s_r^2\boldsymbol{M}+s_r\boldsymbol{C})\boldsymbol{\phi}_r=a_rs_r \tag{5.11.19}$$

将式(5.11.12)左乘 $\boldsymbol{\phi}_r^{\mathrm{T}}$,得

$$\boldsymbol{\phi}_r^{\mathrm{T}}(s_r^2\boldsymbol{M}+s_r\boldsymbol{C}+\boldsymbol{K})\boldsymbol{\phi}_r=0 \tag{5.11.20}$$

将式(5.11.15)减式(5.11.18),式(5.11.20)减式(5.11.19),分别得

$$\left.\begin{array}{ll}\boldsymbol{\phi}_s^{\mathrm{T}}(\boldsymbol{K}-s_ss_r\boldsymbol{M})\boldsymbol{\phi}_r=0, & s\neq r\\ \boldsymbol{\phi}_r^{\mathrm{T}}(\boldsymbol{K}-s_r^2\boldsymbol{M})\boldsymbol{\phi}_r=-a_rs_r=b_r, & s=r\end{array}\right. \tag{5.11.21}$$

式(5.11.17)、式(5.11.21)即为复特征向量的正交性.这就是物理空间正交性关系式(5.10.22).

3. 传递函数的复模态表达式

为将系统的传递函数表示为系统各阶复模态向量的线性组合问题,需首先推导出留数矩阵与复模态向量的关系.我们仍从方程(5.11.7)出发,来推证它们间的关系.

将式(5.11.7)右乘上因子 $s-s_l$ 后，再左乘以 $\boldsymbol{Z}(s)$，并注意到 $\boldsymbol{Z}(s)\boldsymbol{H}(s)=\boldsymbol{I}$，可得

$$\boldsymbol{Z}(s)\boldsymbol{H}(s)(s-s_l)=\boldsymbol{Z}(s)\left(\sum_{\substack{r=1\\r\neq l}}^{2n}\frac{\boldsymbol{A}_r}{s-s_r}\right)(s-s_l)+\boldsymbol{Z}(s)\boldsymbol{A}_l$$

令 $s=s_l$，得

$$\boldsymbol{Z}(s_l)\boldsymbol{A}_l=\boldsymbol{0}\tag{5.11.22}$$

类似地，用 $\boldsymbol{Z}(s)$ 右乘式(5.11.7)，再乘上因子 $s-s_l$，然后再令 $s=s_l$，得

$$\boldsymbol{A}_l\boldsymbol{Z}(s_l)=\boldsymbol{0}\tag{5.11.23}$$

将式(5.11.23)转置，并注意到 $\boldsymbol{Z}(s)$ 的对称性，应有

$$\boldsymbol{Z}(s_l)\boldsymbol{A}_l^{\mathrm{T}}=\boldsymbol{0}\tag{5.11.24}$$

式(5.11.22)和式(5.11.24)要同时成立，只有当 $\boldsymbol{A}_l$ 的任一行或任一列都正比于由式(5.11.10)定义的模态向量 $\boldsymbol{\phi}_l$ 时. 我们仅考虑对应于每一个模态频率 s_l(极点)只有一个对应的模态向量的情况，矩阵 $\boldsymbol{A}_l$ 可表示为

$$\boldsymbol{A}_l=\beta_l\boldsymbol{\phi}_l\boldsymbol{\phi}_l^{\mathrm{T}}\tag{5.11.25}$$

式中，β_l 为比例因子. 式(5.11.25)即为留数矩阵与模态向量之间的关系.

于是，方程(5.11.7)可写成

$$\boldsymbol{H}(s)=\sum_{r=1}^{2n}\left(\frac{\beta_r}{s-s_r}\right)\boldsymbol{\phi}_r\boldsymbol{\phi}_r^{\mathrm{T}}=\sum_{r=1}^{n}\left(\frac{\beta_r\boldsymbol{\phi}_r\boldsymbol{\phi}_r^{\mathrm{T}}}{s-s_r}+\frac{\beta_r^*\boldsymbol{\phi}_r^*\boldsymbol{\phi}_r^{*\mathrm{T}}}{s-s_r^*}\right)\tag{5.11.26}$$

在式(5.11.26)中，$\boldsymbol{\phi}_r\boldsymbol{\phi}_r^{\mathrm{T}}$ 可展开为

$$\boldsymbol{\phi}_r\boldsymbol{\phi}_r^{\mathrm{T}}=\begin{bmatrix}\phi_{r1}\\\phi_{r2}\\\vdots\\\phi_{m}\end{bmatrix}\begin{bmatrix}\phi_{r1}^{\mathrm{T}} & \phi_{r2}^{\mathrm{T}} & \cdots & \phi_{m}^{\mathrm{T}}\end{bmatrix}=\begin{bmatrix}\phi_{r1}\phi_{r1}^{\mathrm{T}} & \phi_{r1}\phi_{r2}^{\mathrm{T}} & \cdots & \phi_{r1}\phi_{m}^{\mathrm{T}}\\\phi_{r2}\phi_{r1}^{\mathrm{T}} & \phi_{r2}\phi_{r2}^{\mathrm{T}} & \cdots & \phi_{r2}\phi_{m}^{\mathrm{T}}\\\vdots & \vdots & & \vdots\\\phi_{m}\phi_{r1}^{\mathrm{T}} & \phi_{m}\phi_{r2}^{\mathrm{T}} & \cdots & \phi_{m}\phi_{m}^{\mathrm{T}}\end{bmatrix}$$

$$=\begin{bmatrix}\boldsymbol{\phi}_r\phi_{r1}^{\mathrm{T}} & \boldsymbol{\phi}_r\phi_{r2}^{\mathrm{T}} & \cdots & \boldsymbol{\phi}_r\phi_{m}^{\mathrm{T}}\end{bmatrix}=\begin{bmatrix}\phi_{r1}\boldsymbol{\phi}_r^{\mathrm{T}}\\\phi_{r2}\boldsymbol{\phi}_r^{\mathrm{T}}\\\vdots\\\phi_{m}\boldsymbol{\phi}_r^{\mathrm{T}}\end{bmatrix}\tag{5.11.27}$$

可见，该矩阵的任一行或任一列都是一个模态向量，所差仅是一个常量因子，这个因子是其自身的某个分量.

由以上的分析可得到留数列阵与模态向量之间的关系为

$$\boldsymbol{A}_{rj}=\beta_r\boldsymbol{\phi}_r\phi_{rj}^{\mathrm{T}}\tag{5.11.28a}$$

式中，$\boldsymbol{A}_{rj}$ 表示 $\boldsymbol{A}_r$ 的第 j 列. 将式(5.11.28a)转置，可得

$$\boldsymbol{A}_{rj}^{\mathrm{T}}=\beta_r\phi_{rj}\boldsymbol{\phi}_r^{\mathrm{T}}\tag{5.11.28b}$$

由以上关系可得

$$\boldsymbol{\phi}_r = \frac{\boldsymbol{A}_{rj}}{\beta_r \phi_{rj}^{\mathrm{T}}}, \quad \boldsymbol{\phi}_r^{\mathrm{T}} = \frac{\boldsymbol{A}_{rj}^{\mathrm{T}}}{\beta_r \phi_{rj}} \tag{5.11.29}$$

于是

$$\boldsymbol{\phi}_r \boldsymbol{\phi}_r^{\mathrm{T}} = \frac{\boldsymbol{A}_{rj}\boldsymbol{A}_{rj}^{\mathrm{T}}}{\beta_r^2 \phi_{rj}^2} \tag{5.11.30}$$

由式(5.11.28)可见，$\beta_r \phi_{rj}^2 = A_{rjj}$ 是$\boldsymbol{A}_{rj}$ 的第j个元素.将式(5.11.30)代入式(5.11.26)，得

$$\boldsymbol{H}(s) = \sum_{r=1}^{n}\left[\frac{\boldsymbol{A}_{rj}\boldsymbol{A}_{rj}^{\mathrm{T}}}{A_{rjj}(s - s_r)} + \frac{\boldsymbol{A}_{rj}^{*}\boldsymbol{A}_{rj}^{*\mathrm{T}}}{A_{rjj}^{*}(s - s_r^{*})}\right] \tag{5.11.31}$$

式(5.11.31)表明，在传递函数矩阵的表达式中，除了各极点 s_r 及s_r^* 外，只用到留数矩阵中一列(例如第 j 列)的信息.

为了得到方程(5.11.26)的确切表达式，还需求比例因子 β_r.

将 $\boldsymbol{\phi}_j^{\mathrm{T}}\boldsymbol{Z}(s)$左乘式(5.11.26)并转置，得

$$\boldsymbol{\phi}_j = \sum_{r=1}^{2n}\frac{\boldsymbol{\beta}_r\boldsymbol{\phi}_r\boldsymbol{\phi}_r^{\mathrm{T}}\boldsymbol{Z}(s)\boldsymbol{\phi}_j}{(s - s_r)} \tag{5.11.32}$$

令 $s = s_r$，由于 $\boldsymbol{Z}(s)\boldsymbol{\phi}_j = \boldsymbol{0}$，所以式(5.11.32) 右端凡是 $r \neq j$ 的各项均为零，剩下的一项应等于 $\boldsymbol{\phi}_j$，即

$$\boldsymbol{\phi}_j = \boldsymbol{\phi}_j\beta_j\left.\frac{\boldsymbol{\phi}_j^{\mathrm{T}}\boldsymbol{Z}(s)\boldsymbol{\phi}_j}{(s - s_j)}\right|_{s=s_j}$$

可见

$$\frac{1}{\beta_j} = \left.\frac{\boldsymbol{\phi}_j^{\mathrm{T}}\boldsymbol{Z}(s)\boldsymbol{\phi}_j}{s - s_j}\right|_{s=s_j} = \left.\frac{\dfrac{\mathrm{d}}{\mathrm{d}s}[\boldsymbol{\phi}_j^{\mathrm{T}}\boldsymbol{Z}(s)\boldsymbol{\phi}_j]}{\dfrac{\mathrm{d}}{\mathrm{d}s}(s - s_j)}\right|_{s=s_j} = \boldsymbol{\phi}_j^{\mathrm{T}}(2s_j\boldsymbol{M} + \boldsymbol{C})\boldsymbol{\phi}_j = a_j \tag{5.11.33}$$

代入式(5.11.25)，有

$$\boldsymbol{A}_r = \frac{1}{a_r}\boldsymbol{\phi}_r\boldsymbol{\phi}_r^{\mathrm{T}}, \quad \boldsymbol{A}_r^{*} = \frac{1}{a_r^{*}}\boldsymbol{\phi}_r^{*}\boldsymbol{\phi}_r^{*\mathrm{T}} \tag{5.11.34a}$$

于是，式(5.11.7)可写为

$$\boldsymbol{H}(s) = \sum_{r=1}^{2n}\frac{\boldsymbol{\phi}_r\boldsymbol{\phi}_r^{\mathrm{T}}}{a_r(s - s_r)} = \sum_{r=1}^{n}\left[\frac{\boldsymbol{\phi}_r\boldsymbol{\phi}_r^{\mathrm{T}}}{a_r(s - s_r)} + \frac{\boldsymbol{\phi}_r^{*}\boldsymbol{\phi}_r^{*\mathrm{T}}}{a_r^{*}(s - s_r^{*})}\right] \tag{5.11.34b}$$

式(5.11.34)即为系统传递函数矩阵的复模态表达式，其中的任一元素$H_{lj}(s)$可表示为

$$\begin{aligned}H_{lj}(s) &= \sum_{r=1}^{2n}\left(\frac{A_{rlj}}{s - s_r} + \frac{A_{rlj}^{*}}{s - s_r^{*}}\right) = \sum_{r=1}^{n}\left[\frac{\phi_{rl}\phi_{rj}}{a_r(s - s_r)} + \frac{\phi_{rl}^{*}\phi_{rj}^{*}}{a_r^{*}(s - s_r^{*})}\right] \\ &= \sum_{r=1}^{n}H_{rlj}(s)\end{aligned} \tag{5.11.35}$$

令式(5.11.34)及式(5.11.35)中的 $s=\mathrm{i}\omega$,即可求得系统的频响函数矩阵及频响函数分别为

$$\boldsymbol{H}(\mathrm{i}\omega)=\sum_{r=1}^{n}\left[\frac{\boldsymbol{\phi}_r\boldsymbol{\phi}_r^{\mathrm{T}}}{a_r(\mathrm{i}\omega-s_r)}+\frac{\boldsymbol{\phi}_r^*\boldsymbol{\phi}_r^{*\mathrm{T}}}{a_r^*(\mathrm{i}\omega-s_r^*)}\right] \tag{5.11.36}$$

$$H_{lj}(\mathrm{i}\omega)=\sum_{r=1}^{n}\left[\frac{\phi_{rl}\phi_{rj}}{a_r(\mathrm{i}\omega-s_r)}+\frac{\phi_{rl}^*\phi_{rj}^*}{a_r^*(\mathrm{i}\omega-s_r^*)}\right] \tag{5.11.37}$$

式(5.11.34)～式(5.11.37)与用状态空间法导入的式(5.9.55)、式(5.9.56a)、式(5.9.48)及式(5.9.53)完全相同.

由式(5.11.35)及式(5.11.6)得 r 阶纯模态的传递函数 $H_{rlj}(s)$ 为

$$H_{rlj}(s)=\frac{A_{rlj}}{s-s_r}+\frac{A_{rlj}^*}{s-s_r^*}=\frac{A_{rlj}^{\mathrm{R}}+\mathrm{i}A_{rlj}^{\mathrm{I}}}{s-s_r}+\frac{A_{rlj}^{\mathrm{R}}-\mathrm{i}A_{rlj}^{\mathrm{I}}}{s-s_r^*} \tag{5.11.38}$$

对式(5.11.38)作拉氏逆变换,得 r 阶纯模态的单位脉冲响应函数 $h_{rlj}(t)$ 为

$$\begin{aligned}h_{rlj}(t)&=\mathcal{L}^{-1}[H_{rlj}(s)]=A_{rlj}\mathrm{e}^{s_rt}+A_{rlj}\mathrm{e}^{s_r^*t}\\&=(A_{rlj}^{\mathrm{R}}+\mathrm{i}A_{rlj}^{\mathrm{I}})\mathrm{e}^{(-\alpha_r+\mathrm{i}\omega_{dr})t}+(A_{rlj}^{\mathrm{R}}+\mathrm{i}A_{rlj}^{\mathrm{I}})\mathrm{e}^{(-\alpha_r+\mathrm{i}\omega_{dr})t}\\&=2\mathrm{e}^{-\alpha_rt}(A_{rlj}^{\mathrm{R}}\cos\omega_{\mathrm{d}r}t-A_{rlj}^{\mathrm{I}}\sin\omega_{\mathrm{d}r}t)\\&=2\sqrt{(A_{rlj}^{\mathrm{R}})^2+(A_{rlj}^{\mathrm{I}})^2}\,\mathrm{e}^{-\alpha_rt}\cos(\omega_{\mathrm{d}r}t+\theta_r)\end{aligned}$$

式中

$$\theta_r=\arctan\frac{A_{rlj}^{\mathrm{I}}}{A_{rlj}^{\mathrm{R}}} \tag{5.11.39}$$

由此可见,r 阶纯模态的传递函数 $H_{rlj}(s)$ 代表了 r 阶纯模态的频响信息;其时域信息是 r 阶纯模态的单位脉冲响应函数 $h_{rlj}(t)$,它表示振动幅值为 $2\sqrt{(A_{rlj}^{\mathrm{R}})^2+(A_{rlj}^{\mathrm{I}})^2}$、衰减率为 α_r、振动圆频率为 $\omega_{\mathrm{d}r}$ 的衰减振动.其复频率 s_r 的模等于该阶纯模态的固有频率,可表示为

$$|s_r|=\omega_{0r}=\sqrt{\alpha_r^2+\omega_{\mathrm{d}r}^2}$$

$$\omega_{\mathrm{d}r}=\sqrt{\omega_{0r}^2-\alpha_r^2}=\sqrt{1-\xi_r^2}\,\omega_{0r}$$

$$\xi_r=\frac{\alpha_r}{\omega_{0r}}$$

值得注意的是,θ_r 由留数 A_{rlj} 来确定,在结构上不同点的值是各不相同的,各点之间的相位差一般不等于0°或180°,即结构上各点的振动量并不同时达到极大值或极小值,而是有先有后.这一点是和实模态显著不同的.

同样,对式(5.11.7)作拉氏逆变换,得单位脉冲响应函数矩阵 $\boldsymbol{h}(t)$ 为

$$\boldsymbol{h}(t)=\sum_{r=1}^{n}(\boldsymbol{A}_r\mathrm{e}^{s_rt}+\boldsymbol{A}_r^*\mathrm{e}^{s_r^*t}) \tag{5.11.40}$$

将式(5.9.104)代入式(5.11.40)即得式(5.9.109),与状态空间法导出的方程一致.因而可以用式(5.9.110)计算任意激励 $\boldsymbol{f}(t)$ 的位移响应 $\boldsymbol{x}$.

5.12 具有结构阻尼的多自由度系统振动

结构阻尼又称滞变阻尼，一般认为它是由于构成结构的材料内部分子在承受交变应变时互相摩擦所引起的能量耗散而表现出来的一种阻尼力.关于这种阻尼力的假定是：它与速度同相而与位移的大小成正比，即

$$F_D = h \mid x \mid \cdot \frac{\dot{x}}{\mid \dot{x} \mid} \tag{5.12.1}$$

式中，h 为比例常数，是一个有量纲的量，称为结构阻尼系数.

在计算和测量中，采用无量纲的阻尼参数比较方便.为此，令

$$g = \frac{h}{K} \tag{5.12.2}$$

式中，g 称为相对滞变阻尼系数，也称为结构阻尼因子.

并令

$$K^* = K + \mathrm{i}h = K(1 + \mathrm{i}g) \tag{5.12.3}$$

式中，K^* 称为复刚度.

由于将结构阻尼作为一种刚度影响来考虑，引入了复刚度的概念.将这一概念推广到多自由度系统，可引入复刚度矩阵的概念，即

$$\boldsymbol{K}^* = \boldsymbol{K} + \mathrm{i}\boldsymbol{h} \tag{5.12.4}$$

相应地，系统的运动方程可以写成

$$\boldsymbol{M}\ddot{\boldsymbol{x}} + \mathrm{i}\boldsymbol{h}\boldsymbol{x} + \boldsymbol{K}\boldsymbol{x} = \boldsymbol{f}(t) \tag{5.12.5a}$$

或

$$\boldsymbol{M}\ddot{\boldsymbol{x}} + \boldsymbol{K}^*\boldsymbol{x} = \boldsymbol{f}(t) \tag{5.12.5b}$$

对于简谐激励力 $\boldsymbol{f}(t) = \boldsymbol{f}_0\mathrm{e}^{\mathrm{i}\omega t}$，有简谐响应 $\boldsymbol{x} = \boldsymbol{X}\mathrm{e}^{\mathrm{i}\omega t}$，$\boldsymbol{X}$ 为响应幅值.将其代入式(5.12.5)后，可得

$$[-\omega^2\boldsymbol{M} + (\boldsymbol{K} + \mathrm{i}\boldsymbol{h})]\boldsymbol{X} = \boldsymbol{f}_0 \tag{5.12.6}$$

当外力 $\boldsymbol{f}_0 = \boldsymbol{0}$ 时，式(5.12.6)变为

$$[-\omega^2\boldsymbol{M} + (\boldsymbol{K} + \mathrm{i}\boldsymbol{h})]\boldsymbol{X} = \boldsymbol{0} \tag{5.12.7}$$

当 $\boldsymbol{h}$ 是对称矩阵，既不与 $\boldsymbol{M}$ 成比例，也不与 $\boldsymbol{K}$ 成比例时，不能用系统的无阻尼固有模态的正交特性使方程(5.12.6)解耦，而应根据方程(5.12.7)求取有阻尼状态下的振型，这时求得的振型列阵的各元素之间存在相位差，称为复振型.利用复振型之间的正交特性，方能使方程(5.12.6)解耦.

由方程(5.12.7)的特征方程

$$\det[-\omega^2\boldsymbol{M} + (\boldsymbol{K} + \mathrm{i}\boldsymbol{h})] = 0 \tag{5.12.8}$$

可求得 n 个复特征值 $\omega_1^2,\omega_2^2,\cdots,\omega_n^2$ 和 n 个复振型 $\boldsymbol{\phi}_1,\boldsymbol{\phi}_2,\cdots,\boldsymbol{\phi}_n$. 同样,可以证明其正交性成立,其正交性公式为

$$\boldsymbol{\phi}_r^{\mathrm{T}}\boldsymbol{M}\boldsymbol{\phi}_r=\begin{cases}0, & s\neq r\\ m_r, & s=r\end{cases}$$
$$\boldsymbol{\phi}_s^{\mathrm{T}}(\boldsymbol{K}+\mathrm{i}\boldsymbol{h})\boldsymbol{\phi}_r=\begin{cases}0, & s\neq r\\ k_r(1+\mathrm{i}g_r), & s=r\end{cases}\tag{5.12.9}$$

并且有

$$\boldsymbol{\phi}_r^{\mathrm{T}}[-\omega_{\mathrm{n}r}^2\boldsymbol{M}+(\boldsymbol{K}+\mathrm{i}\boldsymbol{h})]\boldsymbol{\phi}_r=0\tag{5.12.10}$$

将式(5.12.9)代入式(5.12.10),得

$$-\omega_{\mathrm{n}r}^2 m_r+k_r(1+\mathrm{i}g_r)=0$$

即

$$\omega_{\mathrm{n}r}^2=\frac{k_r}{m_r}(1+\mathrm{i}g_r)=\omega_r^2(1+\mathrm{i}g_r),\quad \omega_r^2=\frac{k_r}{m_r}\tag{5.12.11}$$

对式(5.12.6)中的响应幅值 $\boldsymbol{X}$ 作坐标变换,即

$$\boldsymbol{X}=\boldsymbol{\phi}\boldsymbol{q}=q_1\boldsymbol{\phi}_1+q_2\boldsymbol{\phi}_2+\cdots+q_n\boldsymbol{\phi}_n=\sum_{r=1}^{n}q_r\boldsymbol{\phi}_r\tag{5.12.12}$$

将式(5.12.12)代入式(5.12.6),并左乘 $\boldsymbol{\phi}_r^{\mathrm{T}}$,可得

$$\boldsymbol{\phi}_r^{\mathrm{T}}[-\omega^2\boldsymbol{M}+(\boldsymbol{K}+\mathrm{i}\boldsymbol{h})]\sum_{r=1}^{n}q_r\boldsymbol{\phi}_r=\boldsymbol{\phi}_r^{\mathrm{T}}\boldsymbol{f}_0\tag{5.12.13}$$

将正交性关系式(5.12.9)代入式(5.12.13),可得解耦方程为

$$[k_r(1+\mathrm{i}g_r)-\omega^2 m_r]q_r=\boldsymbol{\phi}_r^{\mathrm{T}}\boldsymbol{f}_0\tag{5.12.14}$$

解式(5.12.14),可得模态坐标为

$$q_r=\frac{\boldsymbol{\phi}_r^{\mathrm{T}}\boldsymbol{f}_0}{k_r(1+\mathrm{i}g_r)-\omega^2 m_r}\tag{5.12.15}$$

将式(5.12.15)代回式(5.12.12),可得响应幅值

$$\boldsymbol{X}=\sum_{r=1}^{n}\frac{\boldsymbol{\phi}_r\boldsymbol{\phi}_r^{\mathrm{T}}\boldsymbol{f}_0}{k_r(1+\mathrm{i}g_r)-\omega^2 m_r}=\sum_{r=1}^{n}\frac{\boldsymbol{\phi}_r\boldsymbol{\phi}_r^{\mathrm{T}}\boldsymbol{f}_0}{k_r\left[1-\left(\dfrac{\omega}{\omega_r}\right)^2\right]+\mathrm{i}g_r}$$
$$=\sum_{r=1}^{n}\frac{\boldsymbol{\phi}_r\boldsymbol{\phi}_r^{\mathrm{T}}\boldsymbol{f}_0}{m_r(-\omega^2+\omega_r^2+\mathrm{i}g_r\omega_r^2)}\tag{5.12.16}$$

可认为系统有以下 n 组模态参数:$m_r,k_r,\omega_r,q_r,\boldsymbol{\phi}_r(r=1,2,\cdots,n)$. 若以 m_r 为振型参考基准,以上参量中 $\boldsymbol{\phi}_r$ 是复数列阵,其他均为实数.

假如结构阻尼矩阵与刚度矩阵成正比,即

$$\boldsymbol{h}=a\boldsymbol{K}\tag{5.12.17}$$

则可直接利用系统的无阻尼自由振动的固有振型(实模态)使方程(5.12.6)解耦,也就是说,在式(5.12.17)的条件下,系统化为实模态问题,式(5.12.16)形式不变,但 $\boldsymbol{\phi}_r$ 为实振型.

5.13 直接积分法

多自由度系统的动力响应问题可以归结为求解二阶常微分方程组的初值问题,即

$$\boldsymbol{M}\ddot{\boldsymbol{q}} + \boldsymbol{C}\dot{\boldsymbol{q}} + \boldsymbol{K}\boldsymbol{q} = \boldsymbol{F} \tag{5.13.1}$$

$$\boldsymbol{q}(0) = \boldsymbol{q}_0, \quad \dot{\boldsymbol{q}}(0) = \dot{\boldsymbol{q}}_0 \tag{5.13.2}$$

直接积分法是求解多自由度系统的重要方法.

5.13.1 中心差分法

图5.14为任一段位移-时间曲线.假设在时间区间 Δt 的中点的速度为

$$\dot{q}_{i+\frac{1}{2}} = \frac{q_{i+1} - q_i}{\Delta t} \tag{5.13.3}$$

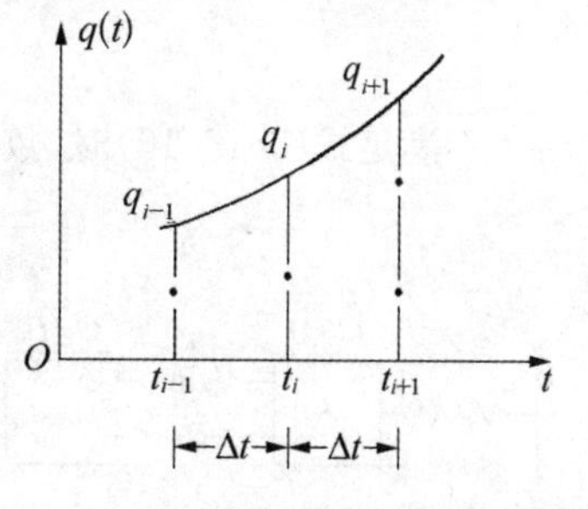

图5.14

在 $t = t_i$ 时的加速度取为

$$\ddot{q}_i = \frac{\dot{q}_{i+\frac{1}{2}} - \dot{q}_{i-\frac{1}{2}}}{\Delta t} \tag{5.13.4}$$

由式(5.13.3)可得 $\dot{q}_{i+\frac{1}{2}}$ 和$\dot{q}_{i-\frac{1}{2}}$,代入式(5.13.4),得

$$\ddot{q}_i = \frac{1}{(\Delta t)^2}(q_{i+1} - 2q_i + q_{i-1}) \tag{5.13.5}$$

而在 $t = t_i$ 时的速度为

$$\dot{q}_i = \frac{1}{2\Delta t}(q_{i+1} - q_{i-1}) \tag{5.13.6}$$

将式(5.13.5)和式(5.13.6)改写为矩阵形式,即差分公式:

$$\dot{\boldsymbol{q}}_i = \frac{1}{2\Delta t}(\boldsymbol{q}_{i+1} - \boldsymbol{q}_{i-1}) \tag{5.13.7}$$

$$\ddot{\boldsymbol{q}}_i = \frac{1}{(\Delta t)^2}(\boldsymbol{q}_{i+1} - 2\boldsymbol{q}_i + \boldsymbol{q}_{i-1}) \tag{5.13.8}$$

将式(5.13.7)和式(5.13.8)代入方程(5.13.1),得

$$\overline{\boldsymbol{m}}\boldsymbol{q}_{i+1} = \overline{\boldsymbol{F}}_i \tag{5.13.9}$$

其中

$$\overline{\boldsymbol{m}} = \frac{1}{(\Delta t)^2}\boldsymbol{M} + \frac{1}{2\Delta t}\boldsymbol{C} \tag{5.13.10}$$

$$\overline{\boldsymbol{F}}_i = \boldsymbol{F}_i - \left[\boldsymbol{K} - \frac{2}{(\Delta t)^2}\boldsymbol{M}\right]\boldsymbol{q}_i - \left[\frac{1}{(\Delta t)^2}\boldsymbol{M} - \frac{1}{2\Delta t}\boldsymbol{C}\right]\boldsymbol{q}_{i-1} \tag{5.13.11}$$

式中

$$F_i = F(t = t_i) \tag{5.13.12}$$

由方程(5.13.9)可求出在时刻 $t_{i+1} = t_i + \Delta t$ 的位移 $\boldsymbol{q}_{i+1}$. 由式(5.13.11)可以看出,为求 $\boldsymbol{q}_{i+1}$,必须预先计算 $\boldsymbol{q}_i$ 和 $\boldsymbol{q}_{i-1}$. 因此,计算在时刻 $t_1 = \Delta t$ 的解时,就必须有起始过程. 若给定在 $t_0 = 0$ 时的位移 $\boldsymbol{q}_0$ 和速度 $\dot{\boldsymbol{q}}_0$,则由方程(5.13.1)求出加速度为

$$\ddot{\boldsymbol{q}}_0 = \boldsymbol{M}^{-1}(\boldsymbol{F}_0 - \boldsymbol{C}\dot{\boldsymbol{q}}_0 - \boldsymbol{K}\boldsymbol{q}_0) \tag{5.13.13}$$

其中

$$\boldsymbol{F}_0 = \boldsymbol{F}(t = t_0) \tag{5.13.14}$$

由式(5.13.7)、式(5.13.8)求出

$$\boldsymbol{q}_{-1} = \boldsymbol{q}_0 - \Delta t\dot{\boldsymbol{q}}_0 + \frac{(\Delta t)^2}{2}\ddot{\boldsymbol{q}}_0 \tag{5.13.15}$$

需要说明一点,对于中心差分法,时间步长 Δt 是受系统的最高频率限制的,即

$$\Delta t \leqslant \frac{2}{\omega_{\max}} = \frac{T_{\max}}{\pi} \tag{5.13.16}$$

当 Δt 不满足式(5.13.16)时,数值解将发散,表明这时数值解是不稳定的.

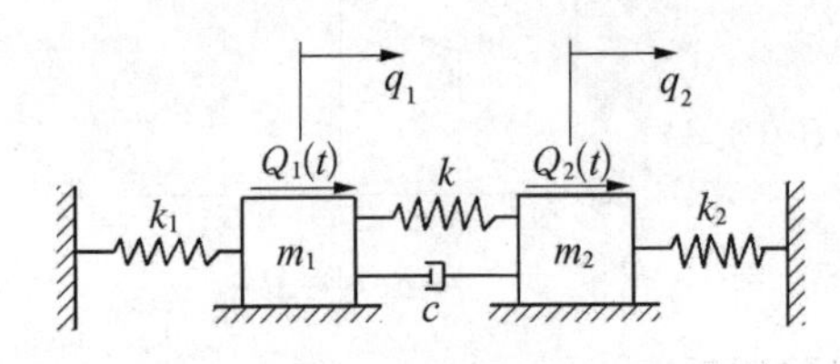

图 5.15　双自由度系统

例 5.12　已知如图 5.15 所示的二自由度系统. 设初始条件为 $\boldsymbol{q}_0 = \dot{\boldsymbol{q}}_0 = \boldsymbol{0}$,力向量为 $\boldsymbol{F}^{\mathrm{T}} = \{0\quad 10\}$, $k_1 = 4$, $k = 2$, $k_2 = 6$, $m_1 = 1$, $m_2 = 2$,求系统的响应.

解　运动微分方程为

$$\boldsymbol{M}\ddot{\boldsymbol{q}} + \boldsymbol{C}\dot{\boldsymbol{q}} + \boldsymbol{K}\boldsymbol{q} = \boldsymbol{F} \tag{1}$$

其中

$$\boldsymbol{M} = \begin{bmatrix} 1 & 0 \\ 0 & 2 \end{bmatrix}, \quad \boldsymbol{K} = \begin{bmatrix} 6 & -2 \\ -2 & 8 \end{bmatrix}$$
$$\boldsymbol{C} = \begin{bmatrix} 0 & 0 \\ 0 & 0 \end{bmatrix}, \quad \boldsymbol{F} = \begin{Bmatrix} 0 \\ 10 \end{Bmatrix}, \quad \boldsymbol{q} = \begin{Bmatrix} q_1 \\ q_2 \end{Bmatrix} \tag{2}$$

$$\left(-\omega^2\begin{bmatrix} 1 & 0 \\ 0 & 2 \end{bmatrix} + \begin{bmatrix} 6 & -2 \\ -2 & 8 \end{bmatrix}\right)\begin{Bmatrix} u_1 \\ u_2 \end{Bmatrix} = \begin{Bmatrix} 0 \\ 0 \end{Bmatrix} \tag{3}$$

解得两个固有圆频率和固有振型为

$$\omega_1 = 1.807\,747, \quad \boldsymbol{\phi}^{(1)} = \begin{Bmatrix} 1.000\,0 \\ 1.366\,1 \end{Bmatrix}$$
$$\omega_2 = 2.594\,620, \quad \boldsymbol{\phi}^{(2)} = \begin{Bmatrix} 1.000\,0 \\ -0.366\,1 \end{Bmatrix} \tag{4}$$

则

$$\frac{2}{\omega_{\max}} = \frac{2}{\omega_2} = 0.770\,826$$

此处取时间步长为

$$\Delta t = \frac{T_2}{10} = \frac{2\pi}{10\omega_2} = \frac{\pi}{5\omega_2} = 0.242\,16$$

由下式计算$\ddot{\boldsymbol{q}}$的初值$\ddot{\boldsymbol{q}}_0$：

$$\ddot{\boldsymbol{q}}_0 = \boldsymbol{M}^{-1}(\boldsymbol{F} - \boldsymbol{K}\boldsymbol{q}_0) = \begin{bmatrix}1 & 0\\0 & 2\end{bmatrix}^{-1}\begin{Bmatrix}0\\10\end{Bmatrix}$$

$$= \frac{1}{2}\begin{bmatrix}2 & 0\\0 & 1\end{bmatrix}\begin{Bmatrix}0\\10\end{Bmatrix} = \begin{Bmatrix}0\\5\end{Bmatrix} \tag{5}$$

而 $\boldsymbol{q}_{-1}$ 为

$$\boldsymbol{q}_{-1} = \boldsymbol{q}_0 - \Delta t\dot{\boldsymbol{q}}_0 + \frac{(\Delta t)^2}{2}\ddot{\boldsymbol{q}}_0 = \begin{Bmatrix}0\\0.146\,6\end{Bmatrix} \tag{6}$$

由式(5.13.9)～式(5.13.11)可求得 $\boldsymbol{q}_1, \boldsymbol{q}_2, \cdots$，其结果列于表5.1.

表5.1 例5.12的计算结果

时间 $(t_i = i\Delta t)$	$\boldsymbol{q}_i = \boldsymbol{q}$ $(t = t_i)$	时间 $(t_i = i\Delta t)$	$\boldsymbol{q}_i = \boldsymbol{q}$ $(t = t_i)$
t_1	$\begin{Bmatrix}0\\0.146\,6\end{Bmatrix}$	t_7	$\begin{Bmatrix}1.235\,4\\2.605\,7\end{Bmatrix}$
t_2	$\begin{Bmatrix}0.017\,2\\0.552\,0\end{Bmatrix}$	t_8	$\begin{Bmatrix}1.439\,1\\2.418\,9\end{Bmatrix}$
t_3	$\begin{Bmatrix}0.093\,1\\1.122\,2\end{Bmatrix}$	t_9	$\begin{Bmatrix}1.420\,2\\2.042\,2\end{Bmatrix}$
t_4	$\begin{Bmatrix}0.267\,8\\1.727\,8\end{Bmatrix}$	t_{10}	$\begin{Bmatrix}1.141\,0\\1.563\,0\end{Bmatrix}$
t_5	$\begin{Bmatrix}0.551\,0\\2.237\,0\end{Bmatrix}$	t_{11}	$\begin{Bmatrix}0.643\,7\\1.077\,3\end{Bmatrix}$
t_6	$\begin{Bmatrix}0.902\,7\\2.547\,0\end{Bmatrix}$	t_{12}	$\begin{Bmatrix}0.046\,3\\0.669\,8\end{Bmatrix}$

5.13.2 用逐步积分法求解动力响应

用逐步积分法求解运动微分方程(5.13.1)的基本思想是：

(1) 把连续的时间过程离散为 t_1，t_2，…，t_n 有限个点，对于式(5.13.1)中的运动方程只要求它在上述每个时间离散点上得到满足，也就是说，最后求解得到的是位移、速度和加速度在有限个时间离散点上的值.

(2) 在每个时间间隔 Δt 内，假定位移、速度和加速度符合某一简单的关系.对 Δt 的选择则要求能保证计算的稳定性和精确度.

根据对加速度、速度等所作的不同假设，形成了多种逐步积分的方法，如线性加速度法、威尔逊(Wilson)- θ 法、纽马克(Newmark)方法等.下面将分别介绍这三种方法的原理和基本公式.

1. *线性加速度法*

假定在某时刻 t，系统的运动状态 $\ddot{\boldsymbol{q}}_t$，$\dot{\boldsymbol{q}}_t$，$\boldsymbol{q}_t$ 是已知的，并满足微分方程

$$\boldsymbol{M}\ddot{\boldsymbol{q}}_t + \boldsymbol{C}\dot{\boldsymbol{q}}_t + \boldsymbol{K}\boldsymbol{q}_t = \boldsymbol{F}_t \tag{5.13.17}$$

现求经过时间间隔 Δt 后(即 $t+\Delta t$ 时刻)系统的运动状态.线性加速度法作了这样的假设：假定在 Δt 时间步长内，系统各点的加速度分量是随时间 τ 呈线性变化的，如图 5.16(a)所示，即成立

$$\ddot{\boldsymbol{q}}_{t+\tau} = \ddot{\boldsymbol{q}}_t + \frac{\tau}{\Delta t}(\ddot{\boldsymbol{q}}_{t+\Delta t} - \ddot{\boldsymbol{q}}_t) \tag{5.13.18}$$

将上式关于 τ 积分，可得 $t+\tau$ 时刻的速度为

$$\dot{\boldsymbol{q}}_{t+\tau} = \dot{\boldsymbol{q}}_t + \ddot{\boldsymbol{q}}_t\tau + \frac{\tau^2}{2\Delta t}(\ddot{\boldsymbol{q}}_{t+\Delta t} - \ddot{\boldsymbol{q}}_t) \tag{5.13.19}$$

再积分一次，即得 $t+\tau$ 时刻的位移为

$$\boldsymbol{q}_{i+\tau} = \boldsymbol{q}_t + \dot{\boldsymbol{q}}_i\tau + \frac{\tau^2}{2}\ddot{\boldsymbol{q}}_t + \frac{\tau^3}{6\Delta t}(\ddot{\boldsymbol{q}}_{t+\Delta t} - \ddot{\boldsymbol{q}}_t) \tag{5.13.20}$$

可见当假定加速度在 Δt 时间内线性变化时，相应的速度和位移分别为二次曲线和三次抛物线，如图 5.16(b)和图 5.16(c)所示.

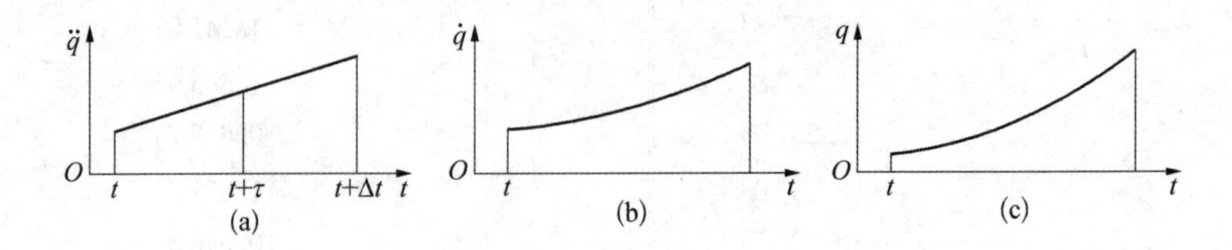

图 5.16　线性加速度法

令 $\tau=\Delta t$，代入式(5.13.19) 和式(5.13.20)，可得到 $t+\Delta t$ 时刻系统的速度和位移：

$$\dot{\boldsymbol{q}}_{t+\Delta t} = \dot{\boldsymbol{q}}_i + \frac{\Delta t}{2}(\ddot{\boldsymbol{q}}_{t+\Delta t} + \ddot{\boldsymbol{q}}_t) \tag{5.13.21}$$

$$\boldsymbol{q}_{t+\Delta t} = \boldsymbol{q}_t + \dot{\boldsymbol{q}}_t \Delta t + \frac{\Delta t^2}{6}(\ddot{\boldsymbol{q}}_{t+\Delta t} + 2\ddot{\boldsymbol{q}}_t) \tag{5.13.22}$$

由式(5.13.22)可以解出

$$\ddot{\boldsymbol{q}}_{t+\Delta t} = \frac{6}{\Delta t^2}\boldsymbol{q}_{t+\Delta t} - \frac{6}{\Delta t^2}\boldsymbol{q}_t - \frac{6}{\Delta t}\dot{\boldsymbol{q}}_t - 2\ddot{\boldsymbol{q}}_t \tag{5.13.23}$$

将上式代入式(5.13.21)，得到

$$\dot{\boldsymbol{q}}_{t+\Delta t} = \frac{3}{\Delta t}\boldsymbol{q}_{t+\Delta t} - \frac{3}{\Delta t}\boldsymbol{q}_t - 2\dot{\boldsymbol{q}}_t - \frac{\Delta t}{2}\ddot{\boldsymbol{q}}_t \tag{5.13.24}$$

由上述两式可见，$t+\Delta t$ 时刻的速度和加速度都可以用该时刻的位移 $\boldsymbol{q}_{t+\Delta t}$ 以及上一时刻 t 的物理量来表示. 在 $t+\Delta t$ 时刻，系统满足的运动方程为

$$\boldsymbol{M}\ddot{\boldsymbol{q}}_{t+\Delta t} + \boldsymbol{C}\dot{\boldsymbol{q}}_{t+\Delta t} + \boldsymbol{K}\boldsymbol{q}_{t+\Delta t} = \boldsymbol{F}_{t+\Delta t} \tag{5.13.25}$$

将式(5.13.23)和式(5.13.24)代入，得到仅含一个未知量 $\boldsymbol{q}_{t+\Delta t}$ 的方程

$$\boldsymbol{M}\left(\frac{6}{\Delta t^2}\boldsymbol{q}_{t+\Delta t} - \frac{6}{\Delta t^2}\boldsymbol{q}_t - \frac{6}{\Delta t}\dot{\boldsymbol{q}}_t - 2\ddot{\boldsymbol{q}}_t\right) + \boldsymbol{C}\left(\frac{3}{\Delta t}\boldsymbol{q}_{t+\Delta t} - \frac{3}{\Delta t}\boldsymbol{q}_t - 2\dot{\boldsymbol{q}}_t - \frac{\Delta t}{2}\ddot{\boldsymbol{q}}_t\right) + \boldsymbol{K}\boldsymbol{q}_{t+\Delta t} = \boldsymbol{F}_{t+\Delta t}$$

对上式进行整理，把 $\boldsymbol{q}_{t+\Delta t}$ 作为基本未知量，其他已知项（t 时刻的位移、速度和加速度）都移到等号右边作为等效载荷，得到基本方程

$$\widetilde{\boldsymbol{K}}\boldsymbol{q}_{t+\Delta t} = \widetilde{\boldsymbol{F}}_{t+\Delta t} \tag{5.13.26}$$

其中

$$\begin{aligned}\widetilde{\boldsymbol{K}} &= \boldsymbol{K} + a_0\boldsymbol{M} + a_1\boldsymbol{C}\\ \widetilde{\boldsymbol{F}}_{t+\Delta t} &= \boldsymbol{F}_{t+\Delta t} + \boldsymbol{M}(a_0\boldsymbol{q}_t + a_2\dot{\boldsymbol{q}}_t + 2\ddot{\boldsymbol{q}}_t) + \boldsymbol{C}(a_1\boldsymbol{q}_t + 2\dot{\boldsymbol{q}}_t + a_3\ddot{\boldsymbol{q}}_t)\end{aligned} \tag{5.13.27}$$

以及

$$a_0 = \frac{6}{\Delta t^2},\quad a_1 = \frac{3}{\Delta t},\quad a_2 = \frac{6}{\Delta t},\quad a_3 = \frac{\Delta t}{2} \tag{5.13.28}$$

式(5.13.26)是一个静力平衡方程式，其中，$\widetilde{\boldsymbol{K}}$ 称为有效刚度矩阵，$\boldsymbol{F}$ 称为有效载荷向量. 它表明，由 t 时刻的运动状态求解 $t+\Delta t$ 时刻的位移 $\boldsymbol{q}_{t+\Delta t}$ 这样一个动力响应的问题，可以转换为等效的静力方程进行求解. 求得 $\boldsymbol{q}_{t+\Delta t}$ 后，再利用式(5.13.23)和式(5.13.24)，即可求得该时刻的速度和加速度，这样就完成了一个时间步长的计算，即将 t 时刻的运动状态推移得到了 $t+\Delta t$ 时刻的运动状态. 同样，再以 $t+\Delta t$ 时刻的运动状态作为已知的起始条件，又可得到下一时刻的运动状态. 以此类推，即可由初始条件求得动力响应的全过程. 在计算过程中，若采用同样的时间步长，则 a_0 和 a_1 是常数，式(5.13.26)中的矩阵 $\widetilde{\boldsymbol{K}}$ 将保持不变，这将使计算得以简化.

现在，简单说明一下关于稳定性的问题. 所谓稳定性问题，就是指积分格式在取任意步长时所得到的解，是否会由于初始条件或计算过程中的舍入误差的扩散而导致无限增长或振

荡.如果取任意的时间步长 Δt,所得的解都不会无限增长或振荡,则这种积分格式是无条件稳定的;反之,只有在 Δt 小于某一值时才不会产生解的无限增长或振荡,则这种积分格式是条件稳定的.线性加速度法也是条件稳定的积分格式.可以证明,只有当

$$\Delta t \leqslant T/1.8 \tag{5.13.29}$$

时,才能得到稳定的解.这里,T 是结构的自由振动的最小周期.显然,若结构的自由度数很大,其高阶自振频率将很高,最小周期是很小的数.为了满足稳定性条件式(5.13.29),必须将时间间隔 Δt 取得很小,从而使计算工作量大大增加.所以通常只有在结构自由度数不大时,特别是对单自由度系统或网格很粗的有限元模型,才采用线性加速度法或中心差分法.一般情况下,可以采用无条件稳定的威尔逊-θ 法或纽马克方法.

2. 威尔逊-θ 法

威尔逊-θ 法是对线性加速度法的一种改进,它假定在一个延伸的时间区间$(t,\ t+\theta\Delta t)$内,加速度保持线性变化,见图 5.17(a).经证明,当 $\theta\geqslant 1.37$ 时,这一方法是无条件稳定的,它的分析步骤是:

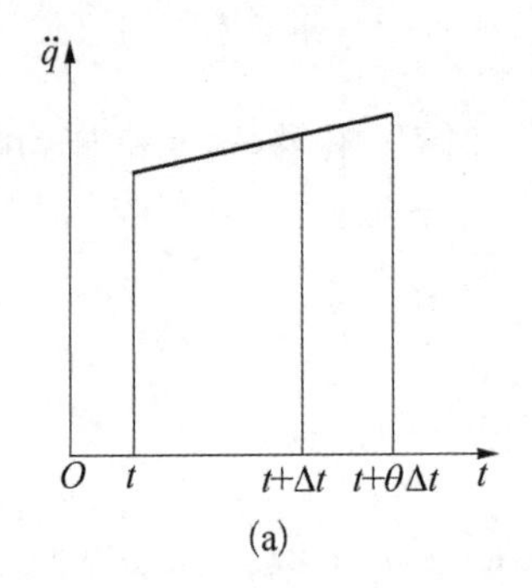

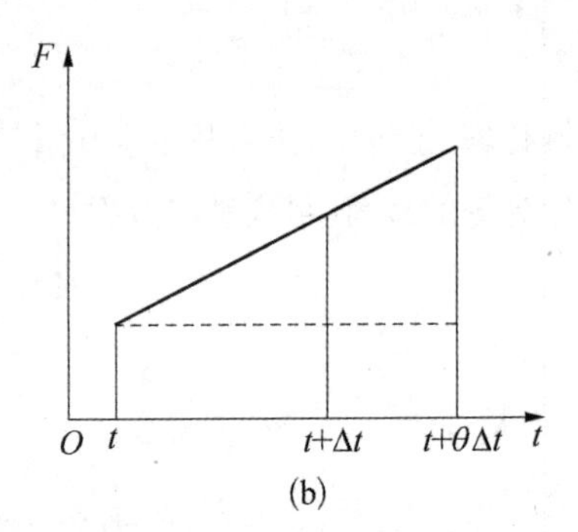

图 5.17 威尔逊-θ 法

(1) 先在延伸的时间步长 $\tau=\theta\Delta t$ 内,用常规的线性加速度法计算出 $t+\theta\Delta t$ 时刻的位移、速度和加速度.具体地说,就是在式(5.13.23)和式(5.13.24)中,将其时段 Δt 换为 $\theta\Delta t$,即得

$$\ddot{\boldsymbol{q}}_{t+\theta\Delta t}=\frac{6}{\theta^2\Delta t^2}(\boldsymbol{q}_{t+\theta\Delta t}-\boldsymbol{q}_t)-\frac{6}{\theta\Delta t}\dot{\boldsymbol{q}}_t-2\ddot{\boldsymbol{q}}_t \tag{5.13.30}$$

$$\dot{\boldsymbol{q}}_{t+\theta\Delta t}=\frac{3}{\theta\Delta t}\boldsymbol{q}_{t+\theta\Delta t}-\frac{3}{\theta\Delta t}\boldsymbol{q}_t-2\dot{\boldsymbol{q}}_t-\frac{\theta\Delta t}{2}\ddot{\boldsymbol{q}}_t \tag{5.13.31}$$

在计算过程中,对于动力载荷向量 $\boldsymbol{F}$,也假定它在$[t,\ t+\theta\Delta t]$时间区间内是线性变化的,如图 5.17(b)所示,即成立

$$\boldsymbol{F}_{t+\theta\Delta t}=\boldsymbol{F}_t+\theta(\boldsymbol{F}_{t+\Delta t}-\boldsymbol{F}_t) \tag{5.13.32}$$

将式(5.13.30)~式(5.13.32)代入 $t+\theta\Delta t$ 时刻结构的运动平衡方程,即得

$$\boldsymbol{M}\ddot{\boldsymbol{q}}_{t+\theta\Delta t}+\boldsymbol{C}\dot{\boldsymbol{q}}_{t+\theta\Delta t}+\boldsymbol{K}\boldsymbol{q}_{t+\theta\Delta t}=\boldsymbol{F}_{t+\theta\Delta t}$$

以 $\boldsymbol{q}_{t+\theta\Delta t}$ 为基本未知量,整理后得到等效的静力平衡方程为

$$\widetilde{\boldsymbol{K}}\boldsymbol{q}_{t+\theta\Delta t} = \widetilde{\boldsymbol{F}}_{t+\theta\Delta t} \tag{5.13.33}$$

其中

$$\begin{aligned}
&\widetilde{\boldsymbol{K}} = \boldsymbol{K} + a_0\boldsymbol{M} + a_1\boldsymbol{C} \\
&\widetilde{\boldsymbol{F}}_{t+\theta\Delta t} = \boldsymbol{F}_{t+\theta\Delta t} + \boldsymbol{M}(a_0\boldsymbol{q}_t + a_2\dot{\boldsymbol{q}}_t + 2\ddot{\boldsymbol{q}}_t) + \boldsymbol{C}(a_1\boldsymbol{q}_t + 2\dot{\boldsymbol{q}}_t + a_3\ddot{\boldsymbol{q}}_t) \\
&a_0 = \frac{6}{\theta^2\Delta t^2},\quad a_1 = \frac{3}{\theta\Delta t},\quad a_2 = \frac{6}{\theta\Delta t},\quad a_3 = \frac{\theta\Delta t}{2}
\end{aligned} \tag{5.13.34}$$

求解方程(5.13.33)可得到 $t+\theta\Delta t$ 时刻的位移 $\boldsymbol{q}_{t+\theta\Delta t}$. 由式(5.13.30)和式(5.13.31)还可得到该时刻的速度和加速度.

(2) 由内插法求常规时间步长 $t+\Delta t$ 时刻的位移、速度和加速度.

将图5.17(a)与图5.16(a)相比较,可以看出,只要将线性加速度法中的 τ 改为 Δt, Δt 改写为 $\theta\Delta t$,则式(5.13.18)就成为所需的内插法公式

$$\ddot{\boldsymbol{q}}_{t+\Delta t} = \ddot{\boldsymbol{q}}_t + \frac{1}{\theta}(\ddot{\boldsymbol{q}}_{t+\theta\Delta t} - \ddot{\boldsymbol{q}}_t) \tag{5.13.35}$$

将式(5.13.30)代入上式,经整理后即得

$$\ddot{\boldsymbol{q}}_{t+\Delta t} = \left(1 - \frac{3}{\theta}\right)\ddot{\boldsymbol{q}}_t + \frac{6}{\theta^3\Delta t^2}(\boldsymbol{q}_{t+\theta\Delta t} - \boldsymbol{q}_t) - \frac{6}{\theta^2\Delta t}\dot{\boldsymbol{q}}_t$$

求得 $t+\Delta t$ 时刻的加速度 $\ddot{\boldsymbol{q}}_{t+\Delta t}$ 后,即可直接套用线性加速度法中的式(5.13.21)和式(5.13.22)求得 $t+\Delta t$ 时刻的速度和位移.

综上所述,由 $\boldsymbol{q}_{t+\theta\Delta t}$ 反算出 $t+\Delta t$ 时刻物理量的计算公式为

$$\begin{aligned}
\ddot{\boldsymbol{q}}_{t+\Delta t} &= a_4(\boldsymbol{q}_{t+\theta\Delta t} - \boldsymbol{q}_t) - a_5\dot{\boldsymbol{q}}_t + a_6\ddot{\boldsymbol{q}}_t \\
\dot{\boldsymbol{q}}_{t+\Delta t} &= \dot{\boldsymbol{q}}_t + a_7(\ddot{\boldsymbol{q}}_{t+\Delta t} + \ddot{\boldsymbol{q}}_t) \\
\boldsymbol{q}_{t+\Delta t} &= \boldsymbol{q}_t + 2a_7\dot{\boldsymbol{q}}_t + a_8(\ddot{\boldsymbol{q}}_{t+\Delta t} + 2\ddot{\boldsymbol{q}}_t)
\end{aligned} \tag{5.13.36}$$

其中

$$\begin{aligned}
&a_4 = \frac{6}{\theta^3\Delta t^2},\quad a_5 = -\frac{6}{\theta^2\Delta t} \\
&a_6 = \left(1 - \frac{3}{\theta}\right),\quad a_7 = \frac{\Delta t}{2},\quad a_8 = \frac{\Delta t^2}{6}
\end{aligned} \tag{5.13.37}$$

在求得了 $t+\Delta t$ 时刻的运动状态后,就可以以此为初始条件,按同样方法求得下一个时间步长的运动状态,以此类推,直到求得动力响应的全过程.

3. 纽马克方法

纽马克方法是纽马克教授提出来的,在计算中他作了如下假定:

$$\dot{\boldsymbol{q}}_{t+\Delta t} = \dot{\boldsymbol{q}}_t + [(1-\delta)\ddot{\boldsymbol{q}}_t + \delta\ddot{\boldsymbol{q}}_{t+\Delta t}]\Delta t \tag{5.13.38}$$

$$\boldsymbol{q}_{t+\Delta t} = \boldsymbol{q}_t + \dot{\boldsymbol{q}}_t\Delta t + \left[\left(\frac{1}{2} - \alpha\right)\ddot{\boldsymbol{q}}_t + \alpha\ddot{\boldsymbol{q}}_{t+\Delta t}\right]\Delta t^2 \tag{5.13.39}$$

这里引入了两个参数 α 和 δ，通常要求

$$\delta \geqslant \frac{1}{2}, \quad \alpha \geqslant \frac{1}{4}\left(\frac{1}{2}+\delta\right)^2 \tag{5.13.40}$$

以保证计算是无条件稳定的．下面进一步推导其计算公式．

由式(5.13.38)和式(5.13.39)可以消去加速度 $\ddot{\boldsymbol{q}}_{t+\Delta t}$，得到 $t+\Delta t$ 时刻的速度表示式(用 $\dot{\boldsymbol{q}}_{t+\Delta t}$ 表示)

$$\dot{\boldsymbol{q}}_{t+\Delta t} = \left(1-\frac{\delta}{2\alpha}\right)\Delta t\ddot{\boldsymbol{q}}_t + \frac{\delta}{\alpha\Delta t}(\boldsymbol{q}_{t+\Delta t} - \boldsymbol{q}_t - \dot{\boldsymbol{q}}_t\Delta t) + \dot{\boldsymbol{q}}_t \tag{5.13.41}$$

由式(5.13.39)解出 $\ddot{\boldsymbol{q}}_{t+\Delta t}$，得到 $t+\Delta t$ 时刻的加速度表示式(用 $\ddot{\boldsymbol{q}}_{t+\Delta t}$ 表示)

$$\ddot{\boldsymbol{q}}_{t+\Delta t} = \frac{1}{\alpha\Delta t^2}(\boldsymbol{q}_{t+\Delta t} - \boldsymbol{q}_t) - \frac{1}{\alpha\Delta t}\dot{\boldsymbol{q}}_t - \left(\frac{1}{2\alpha}-1\right)\ddot{\boldsymbol{q}}_t \tag{5.13.42}$$

将式(5.13.41)和式(5.13.42)代入 $t+\Delta t$ 时刻的运动方程

$$\boldsymbol{M}\ddot{\boldsymbol{q}}_{t+\Delta t} + \boldsymbol{C}\dot{\boldsymbol{q}}_{t+\Delta t} + \boldsymbol{K}\boldsymbol{q}_{t+\Delta t} = \boldsymbol{F}_{t+\Delta t} \tag{5.13.43}$$

并以 $\boldsymbol{q}_{t+\Delta t}$ 作为未知量，对方程进行整理，得

$$\widetilde{\boldsymbol{K}}\boldsymbol{q}_{t+\Delta t} = \widetilde{\boldsymbol{F}}_{t+\Delta t} \tag{5.13.44}$$

其中

$$\widetilde{\boldsymbol{K}} = \boldsymbol{K} + a_0\boldsymbol{M} + a_1\boldsymbol{C} \tag{5.13.45}$$

$$\widetilde{\boldsymbol{F}}_{t+\Delta t} = \boldsymbol{F}_{t+\Delta t} + \boldsymbol{M}(a_0\boldsymbol{q}_t + a_2\dot{\boldsymbol{q}}_t + a_3\ddot{\boldsymbol{q}}_t) + \boldsymbol{C}(a_1\boldsymbol{q}_t + a_4\dot{\boldsymbol{q}}_t + a_5\ddot{\boldsymbol{q}}_t) \tag{5.13.46}$$

$$\begin{gathered} a_0 = \frac{1}{\alpha\Delta t^2}, \quad a_1 = \frac{\delta}{\alpha\Delta t}, \quad a_2 = \frac{1}{\alpha\Delta t} \\ a_3 = \frac{1}{2\alpha}-1, \quad a_4 = \frac{\delta}{\alpha}-1, \quad a_5 = \frac{\Delta t}{2}\left(\frac{\delta}{\alpha}-2\right) \end{gathered} \tag{5.13.47}$$

由式(5.13.44)解出位移 $\boldsymbol{q}_{t+\Delta t}$ 后，把所得结果代入式(5.13.42)，即得到 $t+\Delta t$ 时刻的加速度，然后再利用式(5.13.38)即可求得该时刻的速度．它们的计算公式为

$$\begin{gathered} \ddot{\boldsymbol{q}}_{t+\Delta t} = a_0(\boldsymbol{q}_{t+\Delta t} - \boldsymbol{q}_t) - a_2\dot{\boldsymbol{q}}_t - a_3\ddot{\boldsymbol{q}}_t \\ \dot{\boldsymbol{q}}_{t+\Delta t} = \dot{\boldsymbol{q}}_t + a_6\ddot{\boldsymbol{q}}_t + a_7\ddot{\boldsymbol{q}}_{t+\Delta t} \end{gathered} \tag{5.13.48}$$

其中，$a_0 \sim a_5$ 由式(5.13.47)给出，

$$a_6 = \Delta t(1-\delta), \quad a_7 = \delta\Delta t \tag{5.13.49}$$

至此，$t+\Delta t$ 时刻的运动状态已全部求得，可以它们作为起始值求出下一时刻的运动状态，以此类推．

4. 逐步积分法的求解过程

综上所述，可以看到上面介绍的三种方法都有类似的计算格式，它们的求解过程可以归结如下：

(1) 进行初始计算：

① 形成刚度矩阵 $\boldsymbol{K}$、阻尼矩阵 $\boldsymbol{C}$ 和质量矩阵 $\boldsymbol{M}$；

② 给出初值 $\boldsymbol{q}_0$，$\dot{\boldsymbol{q}}_0$ 和 $\ddot{\boldsymbol{q}}_0$；

③ 选择时间步长 Δt 和各种参数(δ, α, θ)，并计算积分常数(由式(5.13.28)、式(5.13.34)、式(5.13.37)、式(5.13.47)、式(5.13.49)等给出)；

④ 形成有效刚度矩阵 $\widetilde{\boldsymbol{K}}$.

(2) 对每时间步长计算：

① 计算 $t+\Delta t$ 时刻的有效荷载 $\widetilde{\boldsymbol{F}}_{t+\Delta t}$；

② 求解静力方程 $\widetilde{\boldsymbol{K}}\boldsymbol{q}_{t+\Delta t}=\widetilde{\boldsymbol{F}}_{t+\Delta t}$，得到 $\boldsymbol{q}_{t+\Delta t}$；

③ 计算 $t+\Delta t$ 时刻的速度和加速度.

我们还可以看出，以上介绍的三种方法的基本思路和求解步骤不仅是一致的，而且它们之间还有一定的内在联系.对于威尔逊-θ 方法，当取 $\theta=1$ 时，就是线性加速度法，由无条件稳定变为条件稳定.对于纽马克方法，由式(5.13.38)可以看出，当取 $\delta=1/2$，$\alpha=1/4$ 时，相当于假定加速度在 Δt 时段内保持常量，该常量等于时间段起点和终点的平均值，故此法也称纽马克平均加速度法；当取 $\delta=1/2$，$\alpha=1/6$ 时，就成为线性加速度法，同样也由无条件稳定变为条件稳定.因此，如果适当选择 α，δ，θ 等系数，就有可能编制一个适用于多种方法的统一的计算机子程序，它可根据用户对 δ，α，θ 的赋值不同，而执行某一种方法，具体选择参数的值如表5.2所示.

表5.2 不同方法的参数选择

计算方法名称	δ	α	θ
纽马克平均加速度法	$\frac{1}{2}$	$\frac{1}{4}$	1.0
线性加速度法	$\frac{1}{2}$	$\frac{1}{6}$	1.0
威尔逊-θ 法(低阻尼)	$\frac{1}{2}$	$\frac{1}{6}$	1.42
威尔逊-θ 法(高阻尼)	$\frac{1}{2}$	$\frac{1}{6}$	2.0

5.13.3 化为一阶方程组求解动力响应——龙格-库塔方法和基尔方法

在5.9节中，我们介绍了状态空间的概念，就是说，引入 $2n$ 维的状态变量可以将多自由度系统的振动问题化为一阶常微分方程组的初值问题进行计算.龙格(Runge)-库塔(Kutta)方法以及在其基础上作改进的基尔(Gill)方法是求解一阶常微分方程组初值问题的最常用和最有效的算法之一.下面对此作简单介绍.

1. 龙格-库塔方法的基本思想

为了阐述简明,考虑最简单的一阶方程的初值问题:

$$\begin{cases}\dfrac{\mathrm{d}y}{\mathrm{d}t} = f(t,\ y) \\ y(t_0) = y_0\end{cases} \tag{5.13.50}$$

所谓数值计算,就是寻求解 $y(t)$ 在一系列离散节点 $t_1 < t_2 < \cdots < t_i < t_{i+1} < \cdots$ 上的近似值 $y_1,\ y_2,\ \cdots,\ y_i,\ y_{i+1},\cdots$.相邻两个节点的间距 $h = t_{i+1} - t_i$ 称为步长.通常假定 h 为定数(定步长),这时节点为 $t_i = t_0 + ih,\ i = 0,\ 1,\ 2,\cdots$.

考虑在一个区间$[t_i,\ t_{i+1}]$上的情况.根据微分中值定理,存在$0<\theta<1$,使下式成立:

$$y(t_{i+1}) = y(t_i) + hf(t_i + \theta h,\ y(t_i + \theta h)) \tag{5.13.51}$$

记 $K^* = f(t_i + \theta h,\ y(t_i + \theta h))$,称为区间$[t_i,\ t_{i+1}]$上的平均斜率.由此可见,只要对平均斜率提供一种算法,那么用式(5.13.51)便能相应导出一种计算公式.

如果简单地取点 t_i 处的斜率值 $K_1 = f(t_i,\ y_i)$ 作为平均斜率 K^*,就得到所谓的欧拉(Euler)公式:

$$y_{i+1} = y_i + hf(t_i,\ y_i)$$

显然,这种做法的精度是很低的.

龙格-库塔方法是在区间$[t_i,\ t_{i+1}]$内多预测几个点的斜率值,然后将它们加权平均作为平均斜率 K^*,这样能构造出具有更高精度的计算公式.经典四阶龙格-库塔方法取四个不同点处的斜率作加权平均,其计算公式为

$$\begin{aligned}
y_{i+1} &= y_i + \frac{h}{6}(K_1 + 2K_2 + 2K_3 + K_4) \\
K_1 &= f(t_i,\ y_i) \\
K_2 &= f\left(t_i + \frac{h}{2},\ y_i + \frac{h}{2}K_1\right) \\
K_3 &= f\left(t_i + \frac{h}{2},\ y_i + \frac{h}{2}K_2\right) \\
K_4 &= f(t_i + h,\ y_i + hK_3)
\end{aligned} \tag{5.13.52}$$

例如,若有一阶方程 $\dfrac{\mathrm{d}y}{\mathrm{d}t} = y - \dfrac{2t}{y}$,则公式(5.13.52)具有形式

$$\begin{aligned}
y_{i+1} &= y_i + \frac{h}{6}(K_1 + 2K_2 + 2K_3 + K_4) \\
K_1 &= y_i - \frac{2t}{y_i} \\
K_2 &= y_i + \frac{h}{2}K_1 - \frac{2t_i + h}{y_i + \dfrac{h}{2}K_1}
\end{aligned}$$

$$K_3 = y_i + \frac{h}{2}K_2 - \frac{2t_i + h}{y_i + \frac{h}{2}K_2}$$

$$K_4 = y_i + hK_2 - \frac{2(t_i + h)}{y_i + hK_3}$$

四阶龙格-库塔方法的每一步(从 y_i 得出 y_{i+1})需要计算四次函数值 f,可以证明,其截断误差为 $O(h^5)$,因而是一种高精度的方法.

2. 一阶方程组的龙格-库塔方法

前面介绍的单个方程 $\frac{\mathrm{d}y}{\mathrm{d}t} = f(t, y)$ 的解法,可以方便地推广到一阶方程组的情形.

考察由 N 个一阶方程构成的方程组的初值问题:

$$\begin{cases} \dfrac{\mathrm{d}y_j}{\mathrm{d}t} = f_j(t, y_1, y_2, \cdots, y_N) \\ y_j(t_0) = y_{0j}, \quad j = 1, 2, \cdots, N \end{cases} \tag{5.13.53}$$

若采用向量的记号,记

$$\boldsymbol{y} = [y_1 \quad y_2 \quad \cdots \quad y_N]^{\mathrm{T}}$$
$$\boldsymbol{y}_0 = [y_{01} \quad y_{02} \quad \cdots \quad y_{0N}]^{\mathrm{T}}$$
$$\boldsymbol{f} = [f_1 \quad f_2 \quad \cdots \quad f_N]^{\mathrm{T}}$$

则上述方程组的初值问题可表为

$$\dot{\boldsymbol{y}} = \boldsymbol{f}(t, \boldsymbol{y}), \quad \boldsymbol{y}(t_0) = \boldsymbol{y}_0 \tag{5.13.54}$$

求解这一初值问题的四阶龙格-库塔公式(在区间$[t_i, t_{i+1}]$内)为

$$\begin{aligned} &y_{i+1} = y_i + \frac{h}{6}(K_1 + 2K_2 + 2K_3 + K_4) \\ &K_1 = f(t_i, y_i), \quad K_2 = f\left(t_i + \frac{h}{2}, y_i + \frac{h}{2}K_1\right) \\ &K_3 = f\left(t_i + \frac{h}{2}, y_i + \frac{h}{2}K_2\right), \quad K_4 = f(t_i + h, y_i + hK_3) \end{aligned} \tag{5.13.55}$$

3. 基尔方法及其应用举例

基尔方法是经典四阶龙格-库塔方法的一种改进,它在计算方法上具有节省存储单元和控制舍入误差的优点.对于它的推导和证明过程可参考有关文献,这里仅列出其计算公式.

对于一阶方程,在自变量区间$[t_i, t_{i+1}]$上的计算公式为

$$
\begin{aligned}
y_{i+1} &= y_i + \frac{h}{6}\left[K_1 + (2-\sqrt{2})K_2 + (2+\sqrt{2})K_3 + K_4\right] \\
K_1 &= f(t_i,\ y_i),\quad K_2 = f\left(t_i + \frac{h}{2},\ y_i + \frac{h}{2}K_1\right) \\
K_3 &= f\left(t_i + \frac{h}{2},\ y_i + \frac{\sqrt{2}-1}{2}hK_1 + \frac{2-\sqrt{2}}{2}hK_2\right) \\
K_4 &= f\left(t_i + h,\ y_i - \frac{\sqrt{2}}{2}hK_2 + \frac{2+\sqrt{2}}{2}hK_3\right)
\end{aligned}
\tag{5.13.56}
$$

将上式与经典四阶龙格-库塔公式(5.13.52)相比较,可见两者的计算格式是完全一致的,只是有关的系数不同而已,因此上述方程也可以方便地推广到一阶方程组的情形.

在实际应用时,为了编制程序方便,常将自变量 t 也写成与因变量相同的符号,即记 $y_1 \equiv t$,故成立 $\mathrm{d}y_1/\mathrm{d}t \equiv 1$.若记初始时刻为 $y_{01} \equiv t_0(y_1^0 \equiv t_0)$,则一阶方程组的初值问题的提法为

$$
\begin{cases}
\dfrac{\mathrm{d}y_j}{\mathrm{d}t} = f_j(y_1,\ y_2,\ \cdots,\ y_{N+1}) \\
y_j(y_{01} = t_0) = y_{0j},\quad j = 1,\ 2,\ \cdots,\ N+1
\end{cases}
\tag{5.13.57}
$$

其中,函数 $f_1 \equiv 1$.

我们仿照前面的做法,引入向量

$$
\boldsymbol{y} = [y_1\quad y_2\quad \cdots\quad y_{N+1}]^{\mathrm{T}},\quad \boldsymbol{f} = [f_1\quad f_2\quad \cdots\quad f_{N+1}]^{\mathrm{T}} \tag{5.13.58}
$$

则式(5.13.57)的向量形式为

$$
\begin{cases}
\dfrac{\mathrm{d}\boldsymbol{y}}{\mathrm{d}y_1} = \boldsymbol{f}(\boldsymbol{y}),\quad f_1 \equiv 1 \\
\boldsymbol{y}(y_{01} = t_0) = \boldsymbol{y}_0
\end{cases}
\tag{5.13.59}
$$

对于多(单)自由度系统,引入广义速度 $\dot{\boldsymbol{q}}$ 作为另一组变量,就可以将式(5.13.1)所示的动力响应问题化为一阶方程组的初值问题进行计算.

例 5.13 如图 5.18 所示的三质量系统在静止状态下,第一个质量块受到幅值为 P 的阶跃激励,试用基尔方法求系统动力响应.

解 取三质量块的绝对位移为广义坐标 $\boldsymbol{q} = [q_1\quad q_2\quad q_3]^{\mathrm{T}}$,可知系统的运动微分方程为

$$
m\begin{bmatrix} 1 & & \\ & 1 & \\ & & 1 \end{bmatrix}\ddot{\boldsymbol{q}} + k\begin{bmatrix} 2 & -1 & 0 \\ -1 & 2 & -1 \\ 0 & -1 & 2 \end{bmatrix}\boldsymbol{q} = \begin{bmatrix} Pu(t) \\ 0 \\ 0 \end{bmatrix} \tag{1}
$$

其中,$u(t)$ 表示单位阶跃函数.

设 $m=1$, $k=1$,方程(1)可以改写为

$$
\begin{aligned}
\ddot{q}_1 &= -2q_1 + q_2 + P \\
\ddot{q}_2 &= q_1 - 2q_2 + q_3 \\
\ddot{q}_3 &= q_2 - 2q_3
\end{aligned}
\tag{2}
$$

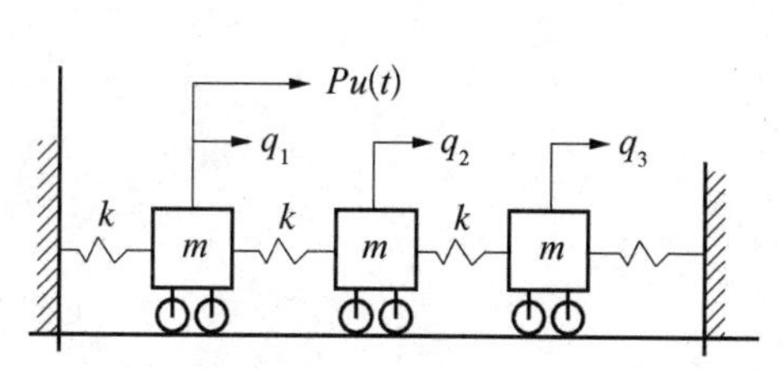

图 5.18 三质量系统

设

$$y_1 = t,\ y_2 = q_1,\ y_3 = \dot{q}_1,\ y_4 = q_2$$

$$y_5 = \dot{q}_2,\ y_6 = q_3,\ y_7 = \dot{q}_3$$

$$\boldsymbol{y} = [y_1 \quad y_2 \quad y_3 \quad y_4 \quad y_5 \quad y_6 \quad y_7]^{\mathrm{T}}$$

则方程组(1)、方程组(2) 可以改写为

$$\frac{\mathrm{d}y_1}{\mathrm{d}t} = 1,\quad \frac{\mathrm{d}y_2}{\mathrm{d}t} = y_3,\quad \frac{\mathrm{d}y_3}{\mathrm{d}t} = -2y_2 + y_4 + P$$

$$\frac{\mathrm{d}y_4}{\mathrm{d}t} = y_5,\quad \frac{\mathrm{d}y_5}{\mathrm{d}t} = y_2 + 2y_4 + y_6$$

$$\frac{\mathrm{d}y_6}{\mathrm{d}t} = y_7,\quad \frac{\mathrm{d}y_7}{\mathrm{d}t} = y_4 - 2y_6$$

初始条件为

$$\boldsymbol{y}(y_1 = 0) = \boldsymbol{0}$$

根据程序设计的要求,将上面所示的一阶方程组编成子程序,输入有关时间起始值、初步长等参数,并输入初始条件即可调用龙格-库塔方法或基尔方法的子程序,得到如图 5.19 所示的动力响应曲线.

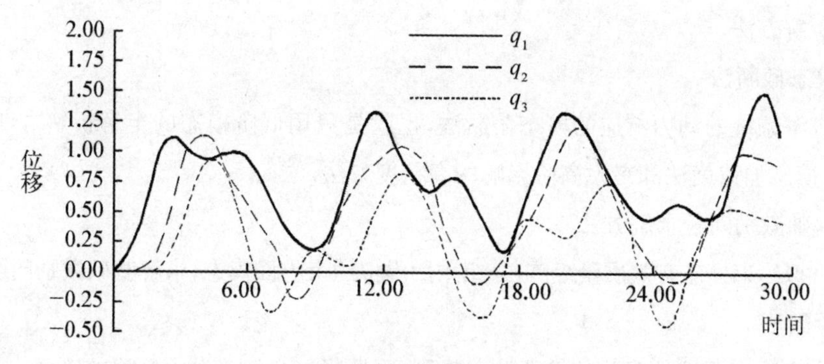

图 5.19 位移响应

第6章
实用的结构动力学分析方法

用第4章的各种理论与方法把复杂结构离散化为多自由度系统，第5章给出无阻尼系统、经典阻尼系统和一般阻尼系统的模态分析与动态响应分析方法，本章将这些方法用于解决工程结构动力学问题，给出各种解析解方法、半解析解方法和近似解方法，包括如下各种实用方法：

(1) 结构动力学问题解析求解方法

介绍采用选定边界模态、采用虚拟约束界面模态、采用混合模态的三种结构动力学问题求解的解析解方法.

(2) 模态截断法

介绍求解系统的动力响应的模态截断法，也就是只用低阶模态的半解析解方法，包括模态位移法、模态加速度法和考虑高阶影响的高精度方法.

(3) 基础激励问题求解方法

引入虚拟约束模态有效质量矩阵，介绍采用虚拟约束界面模态，求解基础激励问题的响应.

(4) 凝聚法

介绍多自由度系统的降阶技术的静态凝聚、质量凝聚和精确动力凝聚方法.

(5) 瑞利法与里茨法

介绍多自由度系统的假设模态的近似计算方法，即瑞利法与里茨法.

(6) 矩阵迭代法

介绍矩阵迭代法，为模态截断法提供系统较低的前几阶固有频率及相应的主振型.

(7) 子空间迭代法

将矩阵迭代法与里茨法结合起来，可以得到一种新的计算方法，即子空间迭代法，它对求解自由度数较大的系统较低的前若干阶固有频率及主振型非常有效.

6.1 结构动力学问题求解方法

结构可能有刚体模态,也可能没有刚体模态;结构的某一自然边界可能是自由边界,也可能是约束边界或者弹性边界.为了说明结构动力学问题的各种求解方法,首先在结构边界上选定某个自然边界作为选定边界,把这个选定边界的自由度集合定义为 m 集,结构内部和其余边界自由度称为非选定边界自由度,简称为内部自由度,该集合定义为 s 集,如图 6.1 所示.总自由度为 $N = s + m$. 实际结构的这个选定边界所有自由度都是自由的就是自由边界,都是弹性约束的就是弹性约束边界,部分自由度是自由的、部分自由度是约束的就是混合边界,所有自由度都是约束的就是约束边界.我们考虑选定边界为自由边界、弹性约束边界和混合边界的情况,如果把自由度加以约束,选定边界就化为虚拟约束边界,因而只要侧重研究选定边界与虚拟约束边界两种情况,就可以解决各种情况的问题.下面分别介绍采用选定边界的模态、采用虚拟约束边界的模态、采用选定边界与虚拟约束混合的模态的三种结构动力学问题求解方法.对于选定边界为约束边界的情况,只是按选定边界方法求解的一种方法.

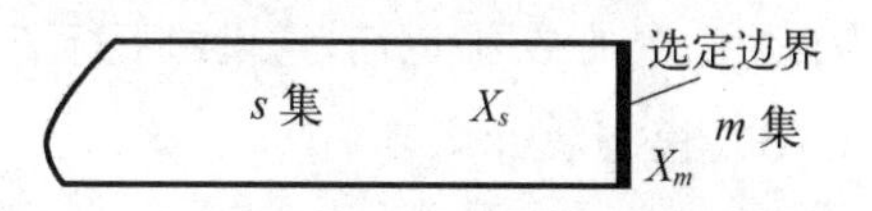

图 6.1 虚拟边界 m 集位置示意图

6.1.1 采用选定边界模态的结构动力学问题求解方法

对于选定边界的实际结构,它的求解方法在上一章已经详细介绍.现在对实际结构动力学问题的求解方法作如下简要回顾.这种方法适用于选定边界为自由边界、弹性约束边界、混合边界和约束边界等各种情况的结构.

选定边界的无阻尼结构系统运动方程为

$$\boldsymbol{M}\ddot{\boldsymbol{x}} + \boldsymbol{K}\boldsymbol{x} = \boldsymbol{f} \tag{6.1.1}$$

这里,$\boldsymbol{M}$,$\boldsymbol{K}$, $\boldsymbol{x}$ 与 $\boldsymbol{f}$ 分别为质量、刚度、位移与外力向量矩阵.对应选定边界,方程的分块形式为

$$\begin{bmatrix} \boldsymbol{M}_{ss} & \boldsymbol{M}_{sm} \\ \boldsymbol{M}_{ms} & \boldsymbol{M}_{mm} \end{bmatrix} \begin{Bmatrix} \ddot{\boldsymbol{x}}_s \\ \ddot{\boldsymbol{x}}_m \end{Bmatrix} + \begin{bmatrix} \boldsymbol{K}_{ss} & \boldsymbol{K}_{sm} \\ \boldsymbol{K}_{ms} & \boldsymbol{K}_{mm} \end{bmatrix} \begin{Bmatrix} \boldsymbol{x}_s \\ \boldsymbol{x}_m \end{Bmatrix} = \begin{Bmatrix} \boldsymbol{f}_s \\ \boldsymbol{f}_m \end{Bmatrix} \tag{6.1.2}$$

下标 m 表示选定边界自由度,下标 s 表示结构内部和其余边界自由度.

若外力向量为零,即 $\boldsymbol{f} = \boldsymbol{0}$, 则式(6.1.1)化为相应于自由振动的方程

$$\boldsymbol{M}\ddot{\boldsymbol{x}} + \boldsymbol{K}\boldsymbol{x} = \boldsymbol{0} \tag{6.1.3}$$

有特征值矩阵 $\boldsymbol{\Lambda}_E$, 特征向量矩阵即模态矩阵 $\boldsymbol{\phi}_E$,它们满足正交归一化关系式(3.3.45)、式(3.3.46),即

$$\boldsymbol{\phi}_E^{\mathrm{T}}\boldsymbol{M}\boldsymbol{\phi}_E = \boldsymbol{I}, \quad \boldsymbol{\phi}_E^{\mathrm{T}}\boldsymbol{K}\boldsymbol{\phi}_E = \boldsymbol{\Lambda}_E \tag{6.1.4}$$

其中

$$\begin{aligned}
\boldsymbol{\Lambda}_E &= \lceil \boldsymbol{0} \quad \boldsymbol{\Lambda}_{EK} \quad \boldsymbol{\Lambda}_{EH} \rfloor \\
\boldsymbol{\phi}_E &= [\boldsymbol{\phi}_{ER} \quad \boldsymbol{\phi}_{EK} \quad \boldsymbol{\phi}_{EH}] = [\boldsymbol{\phi}_{EL} \quad \boldsymbol{\phi}_{EH}] \\
\boldsymbol{\Lambda}_{EK} &= \lceil \omega_{E(R+1)}^2 \quad \omega_{E(R+2)}^2 \quad \cdots \quad \omega_{EL}^2 \rfloor \\
\boldsymbol{\Lambda}_{EH} &= \lceil \omega_{E(L+1)}^2 \quad \omega_{E(L+2)}^2 \quad \cdots \quad \omega_{EN}^2 \rfloor
\end{aligned} \tag{6.1.5}$$

这里,$\boldsymbol{\phi}_{ER}$是刚体模态,相应于 R 个零特征值; $\boldsymbol{\Lambda}_{EK}$是$L-R$ 个非零低阶特征值ω_{EK}^2的对角矩阵,$\boldsymbol{\Lambda}_{EH}$是$H$ 个剩余的高阶非零特征值ω_{EH}^2的对角矩阵;系统的总自由度数为 $N=L+H=R+K+H$; 弹性模态 $\boldsymbol{\phi}_{EK}$与$\boldsymbol{\phi}_{EH}$相应于特征值$\boldsymbol{\Lambda}_{EK}$与$\boldsymbol{\Lambda}_{EH}$.上述模态分析同样适用于选定边界为自由边界的结构.因而,这里的下标 E 表示与选定边界状态有关的量.

1. 模态展开定理(Ⅰ)

对于简谐激励 $\boldsymbol{f}=\boldsymbol{f}_0\mathrm{e}^{\mathrm{i}\omega t}$,结构位移 $\boldsymbol{x}$ 可以表示$\boldsymbol{x}=\boldsymbol{X}\mathrm{e}^{\mathrm{i}\omega t}$,将其代入式(6.1.1),位移幅值 $\boldsymbol{X}$ 的控制方程为

$$(\boldsymbol{K}-\omega^2\boldsymbol{M})\boldsymbol{X}=\boldsymbol{f}_0 \tag{6.1.6a}$$

分块形式为

$$\left(\begin{bmatrix}\boldsymbol{K}_{ss} & \boldsymbol{K}_{sm}\\ \boldsymbol{K}_{ms} & \boldsymbol{K}_{mm}\end{bmatrix}-\omega^2\begin{bmatrix}\boldsymbol{M}_{ss} & \boldsymbol{M}_{sm}\\ \boldsymbol{M}_{ms} & \boldsymbol{M}_{mm}\end{bmatrix}\right)\begin{Bmatrix}\boldsymbol{X}_s\\ \boldsymbol{X}_m\end{Bmatrix}=\begin{Bmatrix}\boldsymbol{f}_{0s}\\ \boldsymbol{f}_{0m}\end{Bmatrix} \tag{6.1.6b}$$

位移幅值 $\boldsymbol{X}$ 可以表示为

$$\boldsymbol{X}=(\boldsymbol{K}-\boldsymbol{M}\omega^2)^{-1}\boldsymbol{f}_0 \tag{6.1.7a}$$

由式(5.6.4a)有

$$\boldsymbol{X}=\boldsymbol{H}(\mathrm{i}\omega)\boldsymbol{f}_0=\boldsymbol{H}_E(\lambda)\boldsymbol{f}_0 \tag{6.1.7b}$$

其中,$\boldsymbol{H}_E(\lambda)$为系统的动柔度矩阵,

$$\boldsymbol{H}_E(\lambda)=\boldsymbol{H}(\mathrm{i}\omega)=(\boldsymbol{K}-\lambda\boldsymbol{M})^{-1}, \quad \lambda=\omega^2 \tag{6.1.8}$$

模态集 $\boldsymbol{\phi}_E$是完备的,因而它有逆矩阵 $\boldsymbol{\phi}_E^{-1}$.由式(6.1.4)有

$$\boldsymbol{M}=\boldsymbol{\phi}_E^{-\mathrm{T}}\boldsymbol{\phi}_E^{-1}, \quad \boldsymbol{K}=\boldsymbol{\phi}_E^{-\mathrm{T}}\boldsymbol{\Lambda}_E\boldsymbol{\phi}_E^{-1} \tag{6.1.9}$$

将式(6.1.9)代入式(6.1.8),可得

$$\boldsymbol{H}_E(\lambda)=\boldsymbol{\phi}_E(\boldsymbol{\Lambda}_E-\lambda\boldsymbol{I}_E)^{-1}\boldsymbol{\phi}_E^{\mathrm{T}} \tag{6.1.10a}$$

将式(6.1.5)代入上式,可把刚体模态、低阶模态与高阶模态分解为

$$\begin{aligned}
\boldsymbol{H}_E(\lambda) &= -\boldsymbol{\phi}_{ER}\lambda^{-1}\boldsymbol{\phi}_{ER}^{\mathrm{T}}+\boldsymbol{\phi}_{EK}(\boldsymbol{\Lambda}_{EK}-\lambda\boldsymbol{I}_{EK})^{-1}\boldsymbol{\phi}_{EK}^{\mathrm{T}}+\boldsymbol{\phi}_{EH}(\boldsymbol{\Lambda}_{EH}-\lambda\boldsymbol{I}_{EH})^{-1}\boldsymbol{\phi}_{EH}^{\mathrm{T}}\\
&= \boldsymbol{H}_R+\boldsymbol{H}_{EK}+\boldsymbol{H}_{EH}
\end{aligned} \tag{6.1.10b}$$

$$\begin{aligned}
\boldsymbol{H}_R &= -\boldsymbol{\phi}_{ER}\lambda^{-1}\boldsymbol{\phi}_{ER}^{\mathrm{T}}\\
\boldsymbol{H}_{EK} &= \boldsymbol{\phi}_{EK}(\boldsymbol{\Lambda}_{EK}-\lambda\boldsymbol{I}_{EK})^{-1}\boldsymbol{\phi}_{EK}^{\mathrm{T}}\\
\boldsymbol{H}_{EH} &= \boldsymbol{\phi}_{EH}(\boldsymbol{\Lambda}_{EH}-\lambda\boldsymbol{I}_{EH})^{-1}\boldsymbol{\phi}_{EH}^{\mathrm{T}}
\end{aligned} \tag{6.1.11}$$

令

$$
\begin{aligned}
\bar{q}_E &= (\boldsymbol{\Lambda}_E - \lambda \boldsymbol{I}_E)^{-1}\boldsymbol{\phi}_E^{\mathrm{T}}\boldsymbol{f}_0 = [\boldsymbol{q}_{ER}^{\mathrm{T}} \quad \boldsymbol{q}_{EK}^{\mathrm{T}} \quad \boldsymbol{q}_{EH}^{\mathrm{T}}]^{\mathrm{T}} \\
\boldsymbol{q}_{ER} &= -\lambda^{-1}\boldsymbol{\phi}_{ER}^{\mathrm{T}}\boldsymbol{f}_0 \\
\boldsymbol{q}_{EK} &= (\boldsymbol{\Lambda}_{EK} - \lambda \boldsymbol{I}_{EK})^{-1}\boldsymbol{\phi}_{EK}^{\mathrm{T}}\boldsymbol{f}_0 \\
\boldsymbol{q}_{EH} &= (\boldsymbol{\Lambda}_{EH} - \lambda \boldsymbol{I}_{EH})^{-1}\boldsymbol{\phi}_{EH}^{\mathrm{T}}\boldsymbol{f}_0
\end{aligned} \tag{6.1.12}
$$

将式(6.1.10a)、式(6.1.12)代入式(6.1.7a),得

$$
\boldsymbol{X} = \boldsymbol{\phi}_E(\boldsymbol{\Lambda}_E - \omega^2\boldsymbol{I}_E)^{-1}\boldsymbol{\phi}_E^{\mathrm{T}}\boldsymbol{f}_0 = \boldsymbol{\phi}_E\bar{\boldsymbol{q}}_E \tag{6.1.13}
$$

取

$$
\begin{aligned}
&\boldsymbol{X}_{ER} = \boldsymbol{\phi}_{ER}\boldsymbol{q}_{ER}, \quad \boldsymbol{X}_{EK} = \boldsymbol{\phi}_{EK}\boldsymbol{q}_{EK} \\
&\boldsymbol{X}_{EH} = \boldsymbol{\phi}_{EH}\boldsymbol{q}_{EH}, \quad \boldsymbol{\phi}_{EL} = [\boldsymbol{\phi}_{ER} \quad \boldsymbol{\phi}_{EK}] \\
&\boldsymbol{X}_{EL} = \boldsymbol{\phi}_{EL}\boldsymbol{q}_{EL} = \boldsymbol{X}_{ER} + \boldsymbol{X}_{EK} = \boldsymbol{\phi}_{ER}\boldsymbol{q}_{ER} + \boldsymbol{\phi}_{EK}\boldsymbol{q}_{EK}
\end{aligned} \tag{6.1.14}
$$

式(6.1.13)可化为

$$
\begin{aligned}
\boldsymbol{X} &= \boldsymbol{X}_{ER} + \boldsymbol{X}_{EK} + \boldsymbol{X}_{EH} = \boldsymbol{X}_{EL} + \boldsymbol{X}_{EH} \\
&= \boldsymbol{\phi}_{ER}\boldsymbol{q}_{ER} + \boldsymbol{\phi}_{EK}\boldsymbol{q}_{EK} + \boldsymbol{\phi}_{EH}\boldsymbol{q}_{EH} = \boldsymbol{X}_{EL} + \boldsymbol{X}_{EH} \\
&= \boldsymbol{\phi}_{EL}\boldsymbol{q}_{EL} + \boldsymbol{\phi}_{EH}\boldsymbol{q}_{EH} = \boldsymbol{\phi}_E\bar{\boldsymbol{q}}_E
\end{aligned} \tag{6.1.15}
$$

这样,可以把位移幅值 $\boldsymbol{X}$ 分解为刚体位移分量 $\boldsymbol{X}_{ER}$、低阶弹性模态位移分量 $\boldsymbol{X}_{EK}$ 和高阶模态位移分量 $\boldsymbol{X}_{EH}$.方程(6.1.15)说明用特征模态矩阵 $\boldsymbol{\phi}_E$ 将物理坐标 $\boldsymbol{X}$ 转换到模态坐标 $\bar{\boldsymbol{q}}_E$ 上.特征模态矩阵 $\boldsymbol{\phi}_E$ 构成 n 维空间的一组完备正交基.方程(6.1.15)就是模态展开式(5.4.11),这里采用正交归一化模态 $\boldsymbol{\phi}_E$ 用解析方法导出来.由上面的推导证明:当前结构位移空间的完备集就是特征模态空间的完备集 $\boldsymbol{\phi}_E$.我们称之为模态展开定理(Ⅰ).上述模态展开定理也适用于各种边界的情况.

2. 模态坐标解耦方程与精确剩余模态

将方程(6.1.15)代入方程(6.1.6a)并左乘 $\boldsymbol{\phi}_E^{\mathrm{T}}$,得模态坐标解耦方程为

$$
(\boldsymbol{K}_E - \lambda\boldsymbol{M}_E)\bar{\boldsymbol{q}}_E = \boldsymbol{F}_E \tag{6.1.16}
$$

其中

$$
\boldsymbol{K}_E = \begin{bmatrix} 0 & 0 & 0 \\ 0 & \boldsymbol{\Lambda}_{EK} & 0 \\ 0 & 0 & \boldsymbol{\Lambda}_{EH} \end{bmatrix}, \quad \boldsymbol{M}_E = \begin{bmatrix} \boldsymbol{I}_{ER} & 0 & 0 \\ 0 & \boldsymbol{I}_{EK} & 0 \\ 0 & 0 & \boldsymbol{I}_{EH} \end{bmatrix}, \quad \boldsymbol{F}_E = \begin{Bmatrix} \boldsymbol{\phi}_{ER}^{\mathrm{T}}\boldsymbol{f}_0 \\ \boldsymbol{\phi}_{EK}^{\mathrm{T}}\boldsymbol{f}_0 \\ \boldsymbol{\phi}_{EH}^{\mathrm{T}}\boldsymbol{f}_0 \end{Bmatrix} \tag{6.1.17a}
$$

由上述解耦方程求得模态坐标即是式(6.1.12),即

$$
\begin{aligned}
\boldsymbol{q}_{ER} &= -\lambda^{-1}\boldsymbol{\phi}_{ER}^{\mathrm{T}}\boldsymbol{f}_0 \\
\boldsymbol{q}_{EK} &= (\boldsymbol{\Lambda}_{EK} - \lambda\boldsymbol{I}_{EK})^{-1}\boldsymbol{\phi}_{EK}^{\mathrm{T}}\boldsymbol{f}_0
\end{aligned}
$$

$$\boldsymbol{q}_{EH} = (\boldsymbol{\Lambda}_{EH} - \lambda \boldsymbol{I}_{EH})^{-1} \boldsymbol{\phi}_{EH}^{\mathrm{T}} \boldsymbol{f}_0$$

也即

$$\bar{\boldsymbol{q}}_E = (\boldsymbol{\Lambda}_E - \lambda \boldsymbol{I}_E)^{-1} \boldsymbol{\phi}_E^{\mathrm{T}} \boldsymbol{f}_0$$

代入式(6.1.15),得位移幅值响应为

$$\boldsymbol{X} = \boldsymbol{\phi}_E (\boldsymbol{\Lambda}_E - \lambda \boldsymbol{I}_E)^{-1} \boldsymbol{\phi}_E^{\mathrm{T}} \boldsymbol{f}_0 = \sum_{j=1}^{N} \boldsymbol{\phi}_{Ek} \boldsymbol{\phi}_{Ej}^{\mathrm{T}} (\boldsymbol{\Lambda}_{Ej} - \lambda \boldsymbol{I}_{Ej})^{-1} \boldsymbol{f}_0 \tag{6.1.17b}$$

式中,每个模态的响应与 $(\boldsymbol{\Lambda}_{Ek} - \lambda \boldsymbol{I}_{Ek})^{-1}$ 成正比,此项随着模态固有频率增大而逐渐减小,但是它的收敛是很慢的.同时,每个模态的响应还和激励有很大的关系,如果激励包含与某个模态的固有频率相近的激励频率,它就会与 $(\boldsymbol{\Lambda}_{Ek} - \lambda \boldsymbol{I}_{Ek})^{-1}$ 形成共振或接近共振的响应.

无论是理论分析还是试验测试,高阶模态都是很难求得的,因而要想办法用低阶模态来表示高阶模态的影响,为此要引入精确剩余模态.

由式(6.1.12)的第四个式子和式(6.1.14)的第三个式子,得高阶模态响应 $\boldsymbol{X}_{EH}$ 为

$$\begin{aligned} \boldsymbol{X}_{EH} &= \boldsymbol{\phi}_{EH} (\boldsymbol{\Lambda}_{EH} - \lambda \boldsymbol{I}_{EH})^{-1} \boldsymbol{\phi}_{EH}^{\mathrm{T}} \boldsymbol{f}_0 = \boldsymbol{H}_{EH}(\lambda) \boldsymbol{f}_0 = \boldsymbol{\Psi}_H \boldsymbol{f}_0 \\ \boldsymbol{\Psi}_H &= \boldsymbol{\phi}_{EH} (\boldsymbol{\Lambda}_{EH} - \lambda \boldsymbol{I}_{EH})^{-1} \boldsymbol{\phi}_{EH}^{\mathrm{T}} = \boldsymbol{H}_{EH}(\lambda) \end{aligned} \tag{6.1.18}$$

其中,$\boldsymbol{\Psi}_H$ 表示高阶模态的影响,称之为精确的剩余模态,$\boldsymbol{H}_{EH}(\lambda)$ 见式(6.1.11)的第三个式子.由式(6.1.11)可知,精确的剩余模态 $\boldsymbol{\Psi}_H$ 是动柔度矩阵 $\boldsymbol{H}(\lambda)$ 的高阶部分.

将方程(6.1.18)代入方程(6.1.15),得

$$\boldsymbol{X} = \boldsymbol{\phi}_{ER} \boldsymbol{q}_{ER} + \boldsymbol{\phi}_{EK} \boldsymbol{q}_{EK} + \boldsymbol{\Psi}_H \boldsymbol{f}_0 = \boldsymbol{\Phi}_{E\Psi} \bar{\boldsymbol{q}}_{E\Psi} \tag{6.1.19}$$

$$\boldsymbol{\Phi}_{E\Psi} = [\boldsymbol{\phi}_{ER} \quad \boldsymbol{\phi}_{EK} \quad \boldsymbol{\Psi}_H], \quad \bar{\boldsymbol{q}}_{E\Psi} = [\boldsymbol{q}_{ER}^{\mathrm{T}} \quad \boldsymbol{q}_{EK}^{\mathrm{T}} \quad \boldsymbol{f}_0^{\mathrm{T}}]^{\mathrm{T}} \tag{6.1.20}$$

将方程(6.1.19)代入方程(6.1.6a)并左乘 $\boldsymbol{\Phi}_{E\Psi}^{\mathrm{T}}$,得模态坐标解耦方程为

$$(\boldsymbol{K}_{E\Psi} - \lambda \boldsymbol{M}_{E\Psi}) \bar{\boldsymbol{q}}_{E\Psi} = \boldsymbol{F}_{E\Psi} \tag{6.1.21}$$

其中

$$\begin{aligned} \boldsymbol{K}_{E\Psi} &= \begin{bmatrix} 0 & 0 & 0 \\ 0 & \boldsymbol{\Lambda}_{EK} & 0 \\ 0 & 0 & \boldsymbol{k}_{\Psi} \end{bmatrix} \\ \boldsymbol{M}_{E\Psi} &= \begin{bmatrix} \boldsymbol{I}_{ER} & 0 & 0 \\ 0 & \boldsymbol{I}_{EK} & 0 \\ 0 & 0 & \boldsymbol{m}_{\Psi} \end{bmatrix}, \quad \boldsymbol{F}_{E\Psi} = \begin{Bmatrix} \boldsymbol{\phi}_{ER}^{\mathrm{T}} \boldsymbol{f}_0 \\ \boldsymbol{\phi}_{EK}^{\mathrm{T}} \boldsymbol{f}_0 \\ \boldsymbol{\Psi}_H^{\mathrm{T}} \boldsymbol{f}_0 \end{Bmatrix} \\ \boldsymbol{m}_{\Psi} &= \boldsymbol{\Psi}_H^{\mathrm{T}} \boldsymbol{M} \boldsymbol{\Psi}_H, \quad \boldsymbol{k}_{\Psi} = \boldsymbol{\Psi}_H^{\mathrm{T}} \boldsymbol{K} \boldsymbol{\Psi}_H \end{aligned} \tag{6.1.22}$$

可以求得模态坐标为

$$\begin{aligned} \boldsymbol{q}_{ER} &= -\lambda^{-1} \boldsymbol{\phi}_{ER}^{\mathrm{T}} \boldsymbol{f}_0 \\ \boldsymbol{q}_{EK} &= (\boldsymbol{\Lambda}_{EK} - \lambda \boldsymbol{I}_{EK})^{-1} \boldsymbol{\phi}_{EK}^{\mathrm{T}} \boldsymbol{f}_0 \\ \boldsymbol{f}_0 &= (\boldsymbol{k}_{E\Psi} - \lambda \boldsymbol{m}_{E\Psi})^{-1} \boldsymbol{\Psi}_H^{\mathrm{T}} \boldsymbol{f}_0 = \boldsymbol{f}_0 \end{aligned} \tag{6.1.23}$$

方程(6.1.23)是恒等式.

6.1.2 采用虚拟约束边界模态的结构动力学问题求解方法

1. 虚拟约束边界模态分析

本节与下一节的方法不适用于选定边界为约束边界的情况,因为在这种情况下,本来就是约束的边界不可能再虚拟为约束边界.对于选定边界为自由边界、弹性约束和混合边界,可以将自由度加以虚拟约束,变为虚拟约束边界.对于虚拟约束边界的结构,有 $\boldsymbol{X}_{bm}=\boldsymbol{0}$,则位移幅值 $\boldsymbol{X}_b$ 的表达式为

$$\boldsymbol{X}_b=\begin{Bmatrix}\boldsymbol{X}_{bs}\\ \boldsymbol{X}_{bm}\end{Bmatrix}=\begin{Bmatrix}\boldsymbol{X}_{bs}\\ \boldsymbol{0}\end{Bmatrix}\tag{6.1.24}$$

将式(6.1.24)代入方程(6.1.6b),得

$$\begin{aligned}(\boldsymbol{K}_{ss}-\omega^2\boldsymbol{M}_{ss})\boldsymbol{X}_{bs}&=\boldsymbol{f}_{0s}\\ (\boldsymbol{K}_{ms}-\omega^2\boldsymbol{M}_{ms})\boldsymbol{X}_{bs}&=\boldsymbol{f}_{0m}\end{aligned}\tag{6.1.25}$$

下标 b 表示与虚拟约束边界有关的量,$\boldsymbol{f}_{0s}$ 表示作用于内部自由度的作用力,$\boldsymbol{f}_{0m}$ 表示作用于虚拟约束边界的支反力.当作用于内部自由度的作用力等于零,即 $\boldsymbol{f}_{0s}=\boldsymbol{0}$ 时,式(6.1.25)的第一个式子化为特征值方程 $(\boldsymbol{K}_{ss}-\omega^2\boldsymbol{M}_{ss})\boldsymbol{X}_{bs}=\boldsymbol{0}$,由此可给出虚拟约束界面的特征值矩阵 $\boldsymbol{\Lambda}_b$ 和相应的虚拟约束边界特征向量 $\boldsymbol{\phi}_b$.虚拟约束界面模态的正交关系为

$$\begin{aligned}\boldsymbol{\phi}_b^{\mathrm{T}}K\boldsymbol{\phi}_b&=\boldsymbol{\phi}_{bs}^{\mathrm{T}}K_{ss}\boldsymbol{\phi}_{bs}=\boldsymbol{\Lambda}_b\\ \boldsymbol{\phi}_b^{\mathrm{T}}\boldsymbol{M}\boldsymbol{\phi}_b&=\boldsymbol{\phi}_{bs}^{\mathrm{T}}\boldsymbol{M}_{ss}\boldsymbol{\phi}_{bs}=\boldsymbol{I}_b\end{aligned}\tag{6.1.26}$$

其中

$$\begin{aligned}\boldsymbol{\Lambda}_b&=\lceil\boldsymbol{\Lambda}_{bL}\quad\boldsymbol{\Lambda}_{bH}\rfloor\\ \boldsymbol{\phi}_b&=\begin{bmatrix}\boldsymbol{\phi}_{bs}\\ \boldsymbol{0}\end{bmatrix}=\begin{bmatrix}\boldsymbol{\phi}_{bsL}&\boldsymbol{\phi}_{bsH}\\ \boldsymbol{0}&\boldsymbol{0}\end{bmatrix}=[\boldsymbol{\phi}_{bL}\quad\boldsymbol{\phi}_{bH}]\\ \boldsymbol{\Lambda}_{bL}&=\lceil\omega_{b1}^2\quad\omega_{b2}^2\quad\cdots\quad\omega_{bL}^2\rfloor\\ \boldsymbol{\Lambda}_{bH}&=\lceil\omega_{b(L+1)}^2\quad\omega_{b(L+2)}^2\quad\cdots\quad\omega_{bN}^2\rfloor\end{aligned}\tag{6.1.27}$$

$\boldsymbol{\Lambda}_{bL}$ 和 $\boldsymbol{\Lambda}_{bH}$ 分别表示 L 个低阶特征值和剩余的 H 个高阶特征值矩阵,$\boldsymbol{\phi}_{bL}$ 和 $\boldsymbol{\phi}_{bH}$ 是分别与 $\boldsymbol{\Lambda}_{bL}$ 和 $\boldsymbol{\Lambda}_{bH}$ 相应的模态矩阵.

2. 模态展开定理(Ⅱ)

现在仍然考虑选定边界实际结构状态,即选定边界没有被虚拟约束的状态,研究实际结构状态的另一种位移表达式.分块方程(6.1.6b)的第一个方程为

$$(\boldsymbol{K}_{ss}-\lambda\boldsymbol{M}_{ss})\boldsymbol{X}_s+(\boldsymbol{K}_{sm}-\lambda\boldsymbol{M}_{sm})\boldsymbol{X}_m=\boldsymbol{f}_{0s},\quad\lambda=\omega^2\tag{6.1.28}$$

因而,s 集位移幅值 $\boldsymbol{X}_s$ 和整体位移幅值 $\boldsymbol{X}$ 都可以借助于边界 m 集位移幅值 $\boldsymbol{X}_m$ 和力向量 $\boldsymbol{f}_{0s}$ 表示如下:

$$X_s = t_{cs}X_m + H_s(\lambda)f_{0s}$$
$$X = \begin{bmatrix} X_s \\ X_m \end{bmatrix} = T_c X_m + \begin{bmatrix} H_s(\lambda)f_{0s} \\ 0 \end{bmatrix} = T_c X_m + H_b f_0 \tag{6.1.29}$$

其中

$$t_{cs} = - H_s(\lambda)(K_{sm} - \lambda M_{sm})$$
$$H_s(\lambda) = (K_{ss} - \lambda M_{ss})^{-1} \tag{6.1.30}$$
$$T_c = \begin{bmatrix} t_{cs} \\ I_c \end{bmatrix}, \quad H_b = \phi_b(\Lambda_b - \lambda I_b)^{-1}\phi_b^{\mathrm{T}} = \begin{bmatrix} H_s & 0 \\ 0 & 0 \end{bmatrix}$$

这里,T_c与$H_s(\lambda)$分别为精确的虚拟约束模态和 s 集动柔度矩阵.

模态集 ϕ_{bs}是完备的,因而它有逆矩阵 ϕ_{bs}^{-1}.由式(6.1.26)有

$$M_{ss} = \phi_{bs}^{-\mathrm{T}}\phi_{bs}, \quad K_{ss} = \phi_{bs}^{-\mathrm{T}}\Lambda_b\phi_{bs}^{-1} \tag{6.1.31}$$

将式(6.1.31)代入式(6.1.30)的第二个式子,s 集动柔度矩阵$H_s(\lambda)$可用低阶模态与高阶模态分解为

$$H_s(\lambda) = \phi_{bs}(\Lambda_b - \lambda I_b)^{-1}\phi_{bs}^{\mathrm{T}} = H_{sL} + H_{sH} \tag{6.1.32a}$$
$$H_{sL} = \phi_{bsL}(\Lambda_{bL} - \lambda I_{bL})^{-1}\phi_{bsL}^{\mathrm{T}}$$
$$H_{sH} = \phi_{bsH}(\Lambda_{bH} - \lambda I_{bH})^{-1}\phi_{bsH}^{\mathrm{T}} \tag{6.1.32b}$$

同时

$$H_s(\lambda) = (K_{ss} - \lambda M_{ss})^{-1} = K_{ss}^{-1} + \lambda H_s(\lambda)M_{ss}K_{ss}^{-1} \tag{6.1.33}$$

将式(6.1.33)代入方程(6.1.30)的第一个式子,得

$$\begin{aligned} t_{cs} &= - H_s(\lambda)K_{sm} + \lambda H_s(\lambda)M_{sm} \\ &= -[K_{ss}^{-1} + \lambda H_s(\lambda)M_{ss}K_{ss}^{-1}]K_{sm} + \lambda H_s(\lambda)M_{sm} \\ &= - K_{ss}^{-1}K_{sm} + \lambda H_s(\lambda)(M_{sm} - M_{ss}K_{ss}^{-1}K_{sm}) \\ &= - K_{ss}^{-1}K_{sm} + \lambda H_s(\lambda)\mu_s \end{aligned} \tag{6.1.34}$$

其中

$$\mu_s = M_{sm} - M_{ss}K_{ss}^{-1}K_{sm} = [M_{ss} \quad M_{sm}]\Phi_{c0} \tag{6.1.35}$$

将式(6.1.34)代入式(6.1.30)的第三个式子,得

$$T_c = \begin{bmatrix} - K_{ss}^{-1}K_{sm} \\ I_c \end{bmatrix} + \begin{bmatrix} \lambda H_s(\lambda)\mu_s \\ 0 \end{bmatrix} = \Phi_{c0} + \lambda H_b\mu_b \tag{6.1.36}$$

其中

$$\Phi_{c0} = \begin{bmatrix} t_{c0} \\ I_c \end{bmatrix}, \quad t_{c0} = - K_{ss}^{-1}K_{sm}, \quad \mu_b = M\Phi_{c0} \tag{6.1.37}$$

Φ_{c0}称为静虚拟约束模态,T_c称为虚拟约束模态.

将式(6.1.36)代入式(6.1.29)的第二个式子,得

$$
\begin{aligned}
\boldsymbol{X} &= \boldsymbol{\Phi}_{c0}\boldsymbol{X}_m + \lambda \boldsymbol{H}_b\boldsymbol{\mu}_b\boldsymbol{X}_m + \boldsymbol{H}_b\boldsymbol{f}_0 \\
&= \boldsymbol{\Phi}_{c0}\boldsymbol{X}_m + \boldsymbol{H}_b(\lambda\boldsymbol{\mu}_b\boldsymbol{X}_m + \boldsymbol{f}_0) \\
&= \boldsymbol{\Phi}_{c0}\boldsymbol{X}_m + \boldsymbol{\phi}_b(\boldsymbol{\Lambda}_b - \lambda\boldsymbol{I}_b)_b^{-1}\boldsymbol{\phi}_b^{\mathrm{T}}(\lambda\boldsymbol{\mu}_b\boldsymbol{X}_m + \boldsymbol{f}_0)
\end{aligned} \tag{6.1.38}
$$

借助于虚拟约束边界完备模态集 $\boldsymbol{\phi}_b$，用解析方法可以将上式位移幅值 $\boldsymbol{X}$ 表示为

$$
\begin{aligned}
\boldsymbol{X} &= \begin{bmatrix} \boldsymbol{X}_s \\ \boldsymbol{X}_m \end{bmatrix} = \begin{bmatrix} \boldsymbol{X}_{bs} \\ \boldsymbol{0} \end{bmatrix} + \begin{bmatrix} \boldsymbol{t}_{c0} \\ \boldsymbol{I} \end{bmatrix}\boldsymbol{X}_m \\
&= \boldsymbol{\phi}_{bH}\boldsymbol{q}_{bH} + \boldsymbol{\phi}_{bL}\boldsymbol{q}_{bL} + \boldsymbol{\Phi}_{c0}\boldsymbol{X}_m = \bar{\boldsymbol{\Phi}}_c\bar{\boldsymbol{q}}_c
\end{aligned} \tag{6.1.39}
$$

其中

$$
\begin{aligned}
&\boldsymbol{X}_{bH} = \boldsymbol{\phi}_{bH}\boldsymbol{q}_{bH}, \quad \boldsymbol{X}_{bL} = \boldsymbol{\phi}_{bL}\boldsymbol{q}_{bL} \\
&\boldsymbol{X}_{c0} = \boldsymbol{\Phi}_{c0}\boldsymbol{X}_m, \quad \boldsymbol{X}_{bs} = \boldsymbol{\phi}_{bsL}\boldsymbol{q}_{bL} + \boldsymbol{\phi}_{bsH}\boldsymbol{q}_{bH} \\
&\bar{\boldsymbol{\Phi}}_c = [\boldsymbol{\phi}_{bH} \quad \boldsymbol{\phi}_{bL} \quad \boldsymbol{\Phi}_{c0}], \quad \bar{\boldsymbol{q}}_c = [\boldsymbol{q}_{bH}^{\mathrm{T}} \quad \boldsymbol{q}_{bL}^{\mathrm{T}} \quad \boldsymbol{X}_m^{\mathrm{T}}]^{\mathrm{T}} \\
&\boldsymbol{q}_{bH} = (\boldsymbol{\Lambda}_{bH} - \lambda\boldsymbol{I}_{bH})^{-1}\boldsymbol{\phi}_{bH}^{\mathrm{T}}(\lambda\boldsymbol{\mu}_b\boldsymbol{X}_m + \boldsymbol{f}_0) \\
&\boldsymbol{q}_{bL} = (\boldsymbol{\Lambda}_{bL} - \lambda\boldsymbol{I}_{bL})^{-1}\boldsymbol{\phi}_{bL}^{\mathrm{T}}(\lambda\boldsymbol{\mu}_b\boldsymbol{X}_m + \boldsymbol{f}_0)
\end{aligned} \tag{6.1.40}
$$

式(6.1.39)表明，当前边界状态实际结构位移 $\boldsymbol{X}$ 的完备集是虚拟约束边界模态集 $\boldsymbol{\phi}_b$ 加上静虚拟约束模态 $\boldsymbol{\Phi}_{c0}$. 这就是展开定理(Ⅱ). 依据展开定理(Ⅱ)，实际结构的另一个位移表达式为式(6.1.39)，它不同于式(6.1.15).

3. 模态坐标半解耦方程与精确的剩余虚拟约束模态

将方程(6.1.39)代入方程(6.1.6a)并左乘 $\bar{\boldsymbol{\Phi}}_c^{\mathrm{T}}$，得模态坐标半解耦方程为

$$
(\boldsymbol{K}_c - \lambda\boldsymbol{M}_c)\bar{\boldsymbol{q}}_c = \boldsymbol{F}_c \tag{6.1.41}
$$

$$
\boldsymbol{K}_c = \begin{bmatrix} \boldsymbol{\Lambda}_{bH} & \boldsymbol{0} & \boldsymbol{0} \\ \boldsymbol{0} & \boldsymbol{\Lambda}_{bL} & \boldsymbol{0} \\ \boldsymbol{0} & \boldsymbol{0} & \boldsymbol{k}_{1cc} \end{bmatrix}, \quad \boldsymbol{M}_c = \begin{bmatrix} \boldsymbol{I}_{bH} & \boldsymbol{0} & \boldsymbol{m}_{1Hc} \\ \boldsymbol{0} & \boldsymbol{I}_{bL} & \boldsymbol{m}_{1Lc} \\ \boldsymbol{m}_{1cH} & \boldsymbol{m}_{1cL} & \boldsymbol{m}_{1cc} \end{bmatrix}, \quad \boldsymbol{F}_c = \begin{Bmatrix} \boldsymbol{\phi}_{bH}^{\mathrm{T}}\boldsymbol{f}_0 \\ \boldsymbol{\phi}_{bL}^{\mathrm{T}}\boldsymbol{f}_0 \\ \boldsymbol{\Phi}_{c0}^{\mathrm{T}}\boldsymbol{f}_0 \end{Bmatrix} \tag{6.1.42}
$$

这里

$$
\begin{aligned}
&\boldsymbol{k}_{1cc} = \boldsymbol{\Phi}_{c0}^{\mathrm{T}}\boldsymbol{K}\boldsymbol{\Phi}_{c0}, \quad \boldsymbol{m}_{1cc} = \boldsymbol{\Phi}_{c0}^{\mathrm{T}}\boldsymbol{M}\boldsymbol{\Phi}_{c0} \\
&\boldsymbol{m}_{1Lc} = \boldsymbol{m}_{1cL}^{\mathrm{T}} = \boldsymbol{\phi}_{bL}^{\mathrm{T}}\boldsymbol{M}\boldsymbol{\Phi}_{c0} \\
&\boldsymbol{m}_{1Hc} = \boldsymbol{m}_{1cH}^{\mathrm{T}} = \boldsymbol{\phi}_{bH}^{\mathrm{T}}\boldsymbol{M}\boldsymbol{\Phi}_{c0}
\end{aligned} \tag{6.1.43}
$$

式(6.1.41)是半解耦方程，其中，刚度矩阵为对角矩阵，而质量矩阵为非对角矩阵. 由上述半解耦方程求得模态坐标为

$$
\begin{aligned}
\boldsymbol{q}_{bL} &= (\boldsymbol{\Lambda}_{bL} - \lambda\boldsymbol{I}_{bL})^{-1}(\lambda\boldsymbol{\phi}_{bL}^{\mathrm{T}}\boldsymbol{M}\boldsymbol{\Phi}_{c0}\boldsymbol{X}_m + \boldsymbol{\phi}_{bL}^{\mathrm{T}}\boldsymbol{f}_0) \\
&= (\boldsymbol{\Lambda}_{bL} - \lambda\boldsymbol{I}_{bL})^{-1}\boldsymbol{\phi}_{bL}^{\mathrm{T}}(\lambda\boldsymbol{\mu}_b\boldsymbol{X}_m + \boldsymbol{f}_0) \\
\boldsymbol{q}_{bH} &= (\boldsymbol{\Lambda}_{bH} - \lambda\boldsymbol{I}_{bH})^{-1}(\lambda\boldsymbol{\phi}_{bH}^{\mathrm{T}}\boldsymbol{M}\boldsymbol{\Phi}_{c0}\boldsymbol{X}_m + \boldsymbol{\phi}_{bH}^{\mathrm{T}}\boldsymbol{f}_0) \\
&= (\boldsymbol{\Lambda}_{bH} - \lambda\boldsymbol{I}_{bH})^{-1}\boldsymbol{\phi}_{bH}^{\mathrm{T}}(\lambda\boldsymbol{\mu}_b\boldsymbol{X}_m + \boldsymbol{f}_0)
\end{aligned} \tag{6.1.44}
$$

式(6.1.44)即是式(6.1.40)的后两式.

无论是理论分析还是试验测试,高阶模态都是很难求得的,因而要想办法用低阶模态来表示高阶模态的影响,为此要引入精确剩余虚拟约束模态.

由式(6.1.44)的第二式,高阶模态响应 $\boldsymbol{X}_{bH}$ 为

$$\begin{aligned}\boldsymbol{X}_{bH} &= \boldsymbol{\phi}_{bH}\boldsymbol{q}_{bH} = \boldsymbol{\phi}_{bH}(\boldsymbol{\Lambda}_{bH} - \lambda\boldsymbol{I}_{bH})^{-1}\boldsymbol{\phi}_{bH}^{\mathrm{T}}(\lambda\boldsymbol{\mu}_b\boldsymbol{X}_m + \boldsymbol{f}_0) \\ &= \boldsymbol{H}_{bH}(\lambda\boldsymbol{\mu}_b\boldsymbol{X}_m + \boldsymbol{f}_0) = \lambda\boldsymbol{\Phi}_{ch}\boldsymbol{X}_m + \boldsymbol{H}_{bH}\boldsymbol{f}_0\end{aligned} \tag{6.1.45}$$

高阶项化为两项.其中,$\boldsymbol{\Phi}_{ch}$ 为精确剩余虚拟约束模态,$\boldsymbol{H}_{bH}$ 为精确剩余力模态,由式(6.1.30)的第四个式子可以看到它是 s 集动柔度矩阵 $\boldsymbol{H}_b(\lambda)$ 的高阶模态部分.

$$\boldsymbol{\Phi}_{ch} = \boldsymbol{H}_{bH}\boldsymbol{\mu}_b$$

$$\boldsymbol{H}_{bH} = \boldsymbol{\phi}_{bH}(\boldsymbol{\Lambda}_{bH} - \omega^2\boldsymbol{I}_{bH})^{-1}\boldsymbol{\phi}_{bH}^{\mathrm{T}} = \begin{bmatrix}\boldsymbol{H}_{sH} & \boldsymbol{0}\\ \boldsymbol{0} & \boldsymbol{0}\end{bmatrix} \tag{6.1.46}$$

$$\boldsymbol{H}_{sH} = \boldsymbol{H}_{sH}^{\mathrm{T}} = \boldsymbol{\phi}_{bsH}(\boldsymbol{\Lambda}_{bH} - \omega^2\boldsymbol{I}_{bH})^{-1}\boldsymbol{\phi}_{bsH}^{\mathrm{T}} \tag{6.1.47}$$

将方程(6.1.45)代入式(6.1.39),得

$$\begin{aligned}\boldsymbol{X} &= (\boldsymbol{\Phi}_{c0} + \lambda\boldsymbol{\Phi}_{ch})\boldsymbol{X}_m + \boldsymbol{\phi}_{bL}\boldsymbol{q}_{bL} + \boldsymbol{H}_{bH}\boldsymbol{f}_0 \\ &= \boldsymbol{\Phi}_c\boldsymbol{X}_m + \boldsymbol{\phi}_{bL}\boldsymbol{q}_{bL} + \boldsymbol{H}_{bH}\boldsymbol{f}_0 = \boldsymbol{\Phi}_{b\Psi}\boldsymbol{q}_{b\Psi}\end{aligned} \tag{6.1.48}$$

其中

$$\begin{aligned}&\boldsymbol{\Phi}_{b\Psi} = [\boldsymbol{\phi}_{bL} \quad \boldsymbol{\Phi}_c \quad \boldsymbol{H}_{bH}], \quad \boldsymbol{q}_{b\Psi} = [\boldsymbol{q}_{bL}^{\mathrm{T}} \quad \boldsymbol{X}_m^{\mathrm{T}} \quad \boldsymbol{f}_0^{\mathrm{T}}]^{\mathrm{T}} \\ &\boldsymbol{\Phi}_c = \boldsymbol{\Phi}_{c0} + \lambda\boldsymbol{\Phi}_{ch}\end{aligned} \tag{6.1.49}$$

$\boldsymbol{\Phi}_c$ 为精确广义虚拟约束模态.

将式(6.1.48)代入方程(6.1.6a),得

$$(\boldsymbol{K}_{b\Psi} - \omega^2\boldsymbol{M}_{b\Psi})\boldsymbol{q}_{b\Psi} = \boldsymbol{F}_{b\Psi} \tag{6.1.50}$$

$$\boldsymbol{K}_{b\Psi} = \begin{bmatrix}\boldsymbol{\Lambda}_{bL} & \boldsymbol{0} & \boldsymbol{0}\\ \boldsymbol{0} & \boldsymbol{k}_{cc} & \boldsymbol{0}\\ \boldsymbol{0} & \boldsymbol{0} & \boldsymbol{k}_{\Psi}\end{bmatrix}, \quad \boldsymbol{M}_{b\Psi} = \begin{bmatrix}\boldsymbol{I} & \boldsymbol{0} & \boldsymbol{m}_{L\Psi}\\ \boldsymbol{0} & \boldsymbol{m}_{cc} & \boldsymbol{m}_{c\Psi}\\ \boldsymbol{m}_{\Psi L} & \boldsymbol{m}_{\Psi c} & \boldsymbol{m}_{\Psi}\end{bmatrix}$$

$$\boldsymbol{F}_{b\Psi} = \begin{Bmatrix}\boldsymbol{\phi}_{bL}^{\mathrm{T}}\boldsymbol{f}_0\\ \boldsymbol{\Phi}_c^{\mathrm{T}}\boldsymbol{f}_0\\ \boldsymbol{H}_{bH}^{\mathrm{T}}\boldsymbol{f}_0\end{Bmatrix} \tag{6.1.51}$$

$$\begin{aligned}&\boldsymbol{k}_{cc} = \boldsymbol{\Phi}_c^{\mathrm{T}}\boldsymbol{K}\boldsymbol{\Phi}_c, \quad \boldsymbol{m}_{cc} = \boldsymbol{\Phi}_c^{\mathrm{T}}\boldsymbol{M}\boldsymbol{\Phi}_c, \quad \boldsymbol{k}_{\Psi} = \boldsymbol{H}_{bH}^{\mathrm{T}}\boldsymbol{K}\boldsymbol{H}_{bH} \\ &\boldsymbol{m}_{\Psi} = \boldsymbol{H}_{bH}^{\mathrm{T}}\boldsymbol{M}\boldsymbol{H}_{bH}, \quad \boldsymbol{m}_{Lc} = \boldsymbol{m}_{cL}^{\mathrm{T}} = \boldsymbol{\phi}_{bL}^{\mathrm{T}}\boldsymbol{M}\boldsymbol{\Phi}_c \\ &\boldsymbol{m}_{\Psi c} = \boldsymbol{m}_{c\Psi}^{\mathrm{T}} = \boldsymbol{H}_{bH}^{\mathrm{T}}\boldsymbol{M}\boldsymbol{\Phi}_c\end{aligned} \tag{6.1.52}$$

4. 刚体模态与静定虚拟约束模态的关系

如上所述,$\boldsymbol{\Phi}_{c0}$ 是称为静虚拟约束模态的模态矩阵,而 $\boldsymbol{t}_{c0}$ 是自由度 s 集的静位移矩阵.将

静虚拟约束模态式(6.1.37)的第一个式子代入式(6.1.6b)的第二个方程,加速度项消失,则边界虚拟约束力 $\boldsymbol{f}_{c0m}$ 可表示为

$$\boldsymbol{f}_{c0m} = \boldsymbol{K}_{mm} - \boldsymbol{K}_{ms}\boldsymbol{K}_{ss}^{-1}\boldsymbol{K}_{sm} \tag{6.1.53}$$

则有

$$\boldsymbol{K\Phi}_{c0} = \begin{bmatrix} \boldsymbol{0} \\ \boldsymbol{f}_{c0m} \end{bmatrix} \tag{6.1.54}$$

选定边界自由度数 m 不会小于选定边界的刚体模态数 R.静虚拟约束模态 $\boldsymbol{\Phi}_{c0}$ 可以分为静定虚拟约束模态 $\boldsymbol{\Phi}_{cR}$ 和静不定虚拟约束模态 $\boldsymbol{\Phi}_{cc}$,即

$$\boldsymbol{\Phi}_{c0} = [\boldsymbol{\Phi}_{cR} \quad \boldsymbol{\Phi}_{cc}] \tag{6.1.55}$$

则相应于静定虚拟约束模态 $\boldsymbol{\Phi}_{cR}$,有静定边界虚拟约束力 $\boldsymbol{f}_{0R}$,

$$\boldsymbol{K\Phi}_{cR} = \begin{bmatrix} \boldsymbol{0} \\ \boldsymbol{f}_{0R} \end{bmatrix} \tag{6.1.56}$$

$\boldsymbol{f}_{0R}$ 为静定边界虚拟约束力,它们必须满足 R 个静力平衡方程,即有

$$\boldsymbol{f}_{0R}\boldsymbol{L}_R = \boldsymbol{0} \tag{6.1.57}$$

方程(6.1.56)两边同时右乘 $\boldsymbol{L}_R$,得

$$\boldsymbol{K\Phi}_{cR}\boldsymbol{L}_R = \begin{bmatrix} \boldsymbol{0} \\ \boldsymbol{f}_{0R} \end{bmatrix}\boldsymbol{L}_R = \begin{bmatrix} \boldsymbol{0} \\ \boldsymbol{f}_{0R}\boldsymbol{L}_R \end{bmatrix} = \boldsymbol{0} \tag{6.1.58}$$

依据刚体模态 $\boldsymbol{\phi}_{ER}$ 的定义 $\boldsymbol{K\phi}_{ER} = \boldsymbol{0}$,由上式得刚体模态 $\boldsymbol{\phi}_{ER}$ 为

$$\boldsymbol{\phi}_{ER} = \boldsymbol{\Phi}_{cR}\boldsymbol{L}_R \tag{6.1.59}$$

由此证明刚体模态 $\boldsymbol{\phi}_{ER}$ 是静定虚拟约束模态 $\boldsymbol{\Phi}_{cR}$ 的线性组合.同时,可以由上式得

$$\boldsymbol{\Phi}_{cR} = \boldsymbol{\phi}_{ER}\boldsymbol{L}_R^{-1} = \boldsymbol{\phi}_{ER}\boldsymbol{q}_R \tag{6.1.60}$$

同样,方程(6.1.60)也表明静定虚拟约束模态 $\boldsymbol{\Phi}_{cR}$ 可表示为刚体模态 $\boldsymbol{\phi}_{ER}$ 的线性组合.

将式(6.1.55)与式(6.1.60)代入方程(6.1.39),给出位移的另一个精确表达式:

$$\begin{aligned} \boldsymbol{X} &= \boldsymbol{\Phi}_{cR}\boldsymbol{X}_{mR} + \boldsymbol{\Phi}_{cc}\boldsymbol{X}_{mc} + \boldsymbol{\phi}_{bH}\boldsymbol{q}_{bH} + \boldsymbol{\phi}_{bL}\boldsymbol{q}_{bL} \\ &= \boldsymbol{\phi}_{ER}\boldsymbol{q}_{ER} + \boldsymbol{\Phi}_{cc}\boldsymbol{X}_{mc} + \boldsymbol{\phi}_{bH}\boldsymbol{q}_{bH} + \boldsymbol{\phi}_{bL}\boldsymbol{q}_{bL} \\ &= \boldsymbol{\phi}_{ER}\boldsymbol{q}_{ER} + \boldsymbol{\Phi}_{cc}\boldsymbol{X}_{mc} + \boldsymbol{\phi}_{bH}\boldsymbol{q}_{bH} + \boldsymbol{\phi}_{bL}\boldsymbol{q}_{bL} \\ &= \boldsymbol{\Phi}_{BE}\boldsymbol{q}_{BE} \end{aligned} \tag{6.1.61}$$

其中

$$\begin{aligned} \boldsymbol{\Phi}_{BE} &= [\boldsymbol{\phi}_{ER} \quad \boldsymbol{\Phi}_{cc} \quad \boldsymbol{\phi}_{bL} \quad \boldsymbol{\phi}_{bH}] \\ \boldsymbol{q}_{BE} &= [\boldsymbol{q}_{ER}^{\mathrm{T}} \quad \boldsymbol{X}_{mc}^{\mathrm{T}} \quad \boldsymbol{q}_{bL}^{\mathrm{T}} \quad \boldsymbol{q}_{bH}^{\mathrm{T}}]^{\mathrm{T}} \\ \boldsymbol{q}_{ER} &= \boldsymbol{q}_R\boldsymbol{X}_{mR} \end{aligned} \tag{6.1.62}$$

方程(6.1.61)表明,当前自由边界状态结构位移幅度 $\boldsymbol{X}$ 的完备集为虚拟约束边界模态完备集$\boldsymbol{\Phi}_b$加上刚体模态集$\boldsymbol{\phi}_{ER}$和静不定虚拟约束模态集$\boldsymbol{\Phi}_{cc}$.这就是展开定理(Ⅱ)的另一种形式,它是方程(6.1.39)的另一种表达式.

6.1.3 采用混合模态的结构动力学问题求解方法

对于选定边界实际结构,6.1.1 节采用模态展开定理(Ⅰ)导出结构精确位移表达式(6.1.15),它的完全模态集就是选定边界的完全主模态集;在 6.1.2 节采用模态展开定理(Ⅱ)也导出结构精确位移的表达式(6.1.39),它的完全模态集是由静力虚拟约束模态和虚拟约束界面完全主模态集组成的.

很显然,这两个结构精确位移表达式(6.1.15)与式(6.1.39)都是描述同一个结构的位移,因而它们是相等的表达式.

现在仍然考虑选定边界实际结构.应用模态展开定理(Ⅰ),可以将任何结构位移精确地表示为选定边界模态展开式(6.1.15).因而也可以应用式(6.1.15),将静不定虚拟约束模态$\boldsymbol{\Phi}_{cc}$和低阶虚拟约束边界模态$\boldsymbol{\phi}_{bL}$表示为选定边界模态的线性组合,即

$$[\boldsymbol{\Phi}_{cc} \quad \boldsymbol{\phi}_{bL}] = \boldsymbol{\phi}_{ER}\boldsymbol{q}_{bER} + \boldsymbol{\phi}_{EK}\boldsymbol{q}_{bEK} + \boldsymbol{\phi}_{EH}\boldsymbol{q}_{bEH} \tag{6.1.63}$$

对于任何结构,无论是理论分析还是试验测试,低阶模态总是比高阶模态容易得到,静不定虚拟约束模态 $\boldsymbol{\Phi}_{cc}$与低阶虚拟约束边界模态$\boldsymbol{\phi}_{EK}$总是比选定边界高阶模态$\boldsymbol{\phi}_{EH}$容易得到.因而要想办法用低阶模态来表示高阶模态的影响.令选定边界高阶模态数为 H_E,选定边界低阶弹性模态 $\boldsymbol{\phi}_{EK}$的模态数为L_{EK},刚体模态 $\boldsymbol{\phi}_{ER}$的模态数为L_{ER},静不定虚拟约束模态 $\boldsymbol{\Phi}_{cc}$的模态数为 L_{cc},虚拟约束界面低阶模态 $\boldsymbol{\phi}_{bL}$的模态数为 L_{bL},让 $L_{cc} + L_{bL} = H_E$,则由方程(6.1.63)得

$$\begin{aligned}
\boldsymbol{\phi}_{EH} &= ([\boldsymbol{\Phi}_{cc} \quad \boldsymbol{\phi}_{bL}] - \boldsymbol{\phi}_{ER}\boldsymbol{q}_{bER} - \boldsymbol{\phi}_{EK}\boldsymbol{q}_{bEK})\boldsymbol{q}_{cH} \\
&= \boldsymbol{\Phi}_{cc}\boldsymbol{q}_{cHc} + \boldsymbol{\phi}_{bL}\boldsymbol{q}_{cHL} - \boldsymbol{\phi}_{ER}\boldsymbol{q}_{bER}\boldsymbol{q}_{cH} - \boldsymbol{\phi}_{EK}\boldsymbol{q}_{bEK}\boldsymbol{q}_{cH} \\
\boldsymbol{q}_{cH} &= \boldsymbol{q}_{bEH}^{\mathrm{T}}(\boldsymbol{q}_{bEH}\boldsymbol{q}_{bEH}^{\mathrm{T}})^{-1}, \quad \boldsymbol{q}_{cH} = \begin{bmatrix} \boldsymbol{q}_{cHc} \\ \boldsymbol{q}_{cHL} \end{bmatrix}
\end{aligned} \tag{6.1.64}$$

也就是说,选定边界的高阶模态可以用虚拟约束边界的静不定虚拟约束模态、约束边界的低阶模态与选定边界的低阶模态线性组合来表示.将式(6.1.64)的第一式代入式(6.1.15),得

$$\begin{aligned}
\boldsymbol{X} &= \boldsymbol{\phi}_{ER}\boldsymbol{q}_R + \boldsymbol{\phi}_{EK}\boldsymbol{q}_K + (\boldsymbol{\Phi}_{cc}\boldsymbol{q}_{cHc} + \boldsymbol{\phi}_{bL}\boldsymbol{q}_{cHL} - \boldsymbol{\phi}_{ER}\boldsymbol{q}_{bER}\boldsymbol{q}_{cH} - \boldsymbol{\phi}_{EK}\boldsymbol{q}_{bEK}\boldsymbol{q}_{cH})\boldsymbol{q}_{EH} \\
&= \boldsymbol{\phi}_{ER}\boldsymbol{q}_{ER} + \boldsymbol{\phi}_{EK}\boldsymbol{q}_{EK} + \boldsymbol{\Phi}_c\boldsymbol{q}_{cc} + \boldsymbol{\phi}_{bL}\boldsymbol{q}_{bL} = \boldsymbol{\Phi}_x\boldsymbol{q}_x
\end{aligned} \tag{6.1.65}$$

其中

$$\boldsymbol{\Phi}_x = [\boldsymbol{\phi}_{ER} \quad \boldsymbol{\Phi}_{cc} \quad \boldsymbol{\phi}_{bL} \quad \boldsymbol{\phi}_{EK}]$$

$$\boldsymbol{q}_x = [\boldsymbol{q}_{ER}^{\mathrm{T}} \quad \boldsymbol{q}_{cc}^{\mathrm{T}} \quad \boldsymbol{q}_{bL}^{\mathrm{T}} \quad \boldsymbol{q}_{EK}^{\mathrm{T}}]^{\mathrm{T}}$$

$$\boldsymbol{q}_{ER} = \boldsymbol{q}_R - \boldsymbol{q}_{bER}\boldsymbol{q}_{cH}\boldsymbol{q}_{EH}$$

$$q_{EK} = q_K - q_{bEK} q_{cH} q_{EH}$$

$$q_{cc} = q_{cHc} q_{EH}, \quad q_{bL} = q_{cHL} q_{EH}$$

将式(6.1.59)、式(6.1.55)代入式(6.1.65),得

$$X = \boldsymbol{\Phi}_{c0} q_{c0} + \boldsymbol{\phi}_{EK} q_{EK} + \boldsymbol{\phi}_{bL} q_{bL} = \boldsymbol{\Phi}_{xc} q_{xc} \tag{6.1.66}$$

其中

$$q_{c0} = \begin{bmatrix} L_R q_{ER} \\ q_{cc} \end{bmatrix}, \quad \boldsymbol{\Phi}_{xc} = [\boldsymbol{\Phi}_{c0} \quad \boldsymbol{\phi}_{EK} \quad \boldsymbol{\phi}_{bL}], \quad q_{xc} = [q_{c0}^{\mathrm{T}} \quad q_{EK}^{\mathrm{T}} \quad q_{bL}^{\mathrm{T}}]^{\mathrm{T}} \tag{6.1.67}$$

因此,选定边界的结构位移可以用混合模态 $\boldsymbol{\Phi}_x$ 或 $\boldsymbol{\Phi}_{xc}$ 来表示.混合模态 $\boldsymbol{\Phi}_x$ 为刚体模态 $\boldsymbol{\phi}_{ER}$、静不定虚拟约束模态 $\boldsymbol{\Phi}_{cc}$、虚拟约束边界低阶模态 $\boldsymbol{\phi}_{bL}$ 和选定边界低阶弹性模态 $\boldsymbol{\phi}_{EK}$ 的线性组合;混合模态 $\boldsymbol{\Phi}_{xc}$ 为虚拟约束模态 $\boldsymbol{\Phi}_{c0}$、虚拟约束边界低阶模态 $\boldsymbol{\phi}_{bL}$ 和选定边界低阶弹性模态 $\boldsymbol{\phi}_{EK}$ 的线性组合.当静不定虚拟约束模态与虚拟约束边界低阶模态数之和 $L_{cc} + L_{bL}$ 等于选定边界高阶模态数 H_E 时,也就是当各种低阶模态的模态数总和等于子自由度总数 n 时,即 $L_{ER} + L_{cc} + L_{bL} + L_{EK} = n$ 时,上述两种展开表达式是完备的,这就是模态展开定理(Ⅲ).依据展开定理(Ⅲ),实际结构第三个位移的表达式为式(6.1.65)或式(6.1.66).它不同于式(6.1.15),也不同于式(6.1.39).

将方程(6.1.66)代入方程(6.1.6a),并左乘 $\boldsymbol{\Phi}_{xc}^{\mathrm{T}}$,得

$$(K_x - \lambda M_x) q_{xc} = F_x \tag{6.1.68}$$

$$K_x = \begin{bmatrix} k_0 & k_{0E} & 0 \\ k_{E0} & \Lambda_{EK} & k_{Eb} \\ 0 & k_{bE} & \Lambda_{bL} \end{bmatrix}$$

$$M_x = \begin{bmatrix} m_0 & m_{0E} & m_{0b} \\ m_{E0} & I_{EK} & m_{Eb} \\ m_{b0} & m_{bE} & I_{bL} \end{bmatrix}, \quad F_x = \begin{bmatrix} \boldsymbol{\Phi}_{c0}^{\mathrm{T}} f \\ \boldsymbol{\phi}_{EK}^{\mathrm{T}} f \\ \boldsymbol{\phi}_{bL}^{\mathrm{T}} f \end{bmatrix} \tag{6.1.69}$$

$$\begin{gathered} k_0 = \boldsymbol{\Phi}_{c0}^{\mathrm{T}} K \boldsymbol{\Phi}_{c0}, \quad k_{Eb} = k_{bE}^{\mathrm{T}} = \boldsymbol{\phi}_{EK}^{\mathrm{T}} K \boldsymbol{\phi}_{bL} \\ k_{E0} = k_{0E}^{\mathrm{T}} = \boldsymbol{\Phi}_{c0}^{\mathrm{T}} K \boldsymbol{\phi}_{EK}, \quad m_0 = \boldsymbol{\Phi}_{c0}^{\mathrm{T}} M \boldsymbol{\Phi}_{c0} \\ m_{0E} = m_{E0}^{\mathrm{T}} = \boldsymbol{\Phi}_{c0}^{\mathrm{T}} M \boldsymbol{\phi}_{EK}, \quad m_{Eb} = m_{bE}^{\mathrm{T}} = \boldsymbol{\phi}_{EK}^{\mathrm{T}} M \boldsymbol{\phi}_{bL} \\ m_{0b} = m_{b0}^{\mathrm{T}} = \boldsymbol{\Phi}_{c0}^{\mathrm{T}} M \boldsymbol{\phi}_{bL} \end{gathered} \tag{6.1.70}$$

考虑一个静定边界特殊情况:当 $R \neq 0$ 并且 $m = R$ 时,也就是刚体模态数等于边界自由度数时,式(6.1.65)化为

$$X = \boldsymbol{\phi}_{ER} q_{ER} + \boldsymbol{\phi}_{EK} q_{EK} + \boldsymbol{\phi}_{bL} q_{bL} \tag{6.1.71}$$

$$\begin{gathered} \boldsymbol{\Phi}_{xR} = [\boldsymbol{\phi}_{ER} \quad \boldsymbol{\phi}_{EK} \quad \boldsymbol{\phi}_{bL}] \\ q_{xR} = [q_{ER}^{\mathrm{T}} \quad q_{EK}^{\mathrm{T}} \quad q_{bL}^{\mathrm{T}}]^{\mathrm{T}} \end{gathered} \tag{6.1.72}$$

将方程(6.1.71)代入方程(6.1.6a),并左乘 $\boldsymbol{\Phi}_{xR}^{\mathrm{T}}$,得

$$(\boldsymbol{K}_{xR}-\lambda\boldsymbol{M}_{xR})\boldsymbol{q}_{xR}=\boldsymbol{F}_{xR} \tag{6.1.73}$$

$$\boldsymbol{K}_{xR}=\begin{bmatrix}\boldsymbol{0}&\boldsymbol{0}&\boldsymbol{0}\\\boldsymbol{0}&\boldsymbol{\Lambda}_{EK}&\boldsymbol{k}_{Eb}\\\boldsymbol{0}&\boldsymbol{k}_{bE}&\boldsymbol{\Lambda}_{bL}\end{bmatrix}$$

$$\boldsymbol{M}_{xR}=\begin{bmatrix}\boldsymbol{I}_{ER}&\boldsymbol{0}&\boldsymbol{m}_{0b}\\\boldsymbol{0}&\boldsymbol{I}_{EK}&\boldsymbol{m}_{Eb}\\\boldsymbol{m}_{b0}&\boldsymbol{m}_{bE}&\boldsymbol{I}_{bL}\end{bmatrix},\quad \boldsymbol{F}_{xR}=\begin{Bmatrix}\boldsymbol{\phi}_{ER}^{\mathrm{T}}\boldsymbol{f}_0\\\boldsymbol{\phi}_{EK}^{\mathrm{T}}\boldsymbol{f}_0\\\boldsymbol{\phi}_{bL}^{\mathrm{T}}\boldsymbol{f}_0\end{Bmatrix} \tag{6.1.74}$$

$$\begin{aligned}\boldsymbol{k}_{Eb}&=\boldsymbol{k}_{bE}^{\mathrm{T}}=\boldsymbol{\phi}_{EK}^{\mathrm{T}}\boldsymbol{K}\boldsymbol{\phi}_{bL}\\\boldsymbol{m}_{Eb}&=\boldsymbol{m}_{bE}^{\mathrm{T}}=\boldsymbol{\phi}_{EK}^{\mathrm{T}}\boldsymbol{M}\boldsymbol{\phi}_{bL}\\\boldsymbol{m}_{0b}&=\boldsymbol{m}_{b0}^{\mathrm{T}}=\boldsymbol{\phi}_{ER}^{\mathrm{T}}\boldsymbol{M}\boldsymbol{\phi}_{bL}\end{aligned} \tag{6.1.75}$$

6.2 模态截断法

上一节分别论述三个模态展开定理,介绍采用选定边界模态完备集、采用虚拟约束界面模态完备集、采用混合模态完备集的三种结构动力学问题求解方法,这是解析解方法,解决工程问题都是采用部分低阶模态的半解析法.

经典黏性阻尼的多自由度系统运动微分方程为

$$\boldsymbol{M}\ddot{\boldsymbol{x}}+\boldsymbol{C}\dot{\boldsymbol{x}}+\boldsymbol{K}\boldsymbol{x}=\boldsymbol{f}(t) \tag{6.2.1}$$

现在采用第一模态展开定理,取无阻尼模态矩阵 $\boldsymbol{\phi}_E$,按式(6.1.15)作坐标变换

$$\boldsymbol{X}=\boldsymbol{\phi}_E\boldsymbol{q}_E=\boldsymbol{\phi}_L\boldsymbol{q}_L+\boldsymbol{\phi}_H\boldsymbol{q}_H \tag{6.2.2}$$

$\boldsymbol{\phi}_E$为正交归一化的自然边界模态,满足式(6.1.4)正交归一化条件.将式(6.2.2)代入式(6.2.1),把经典黏性阻尼多自由度系统化为 n 个解耦的单自由度方程:

$$m_r\ddot{q}_r+2\xi_r m_r\omega_{\mathrm{n}r}\dot{q}_r+k_r q_r=F_r=\boldsymbol{\phi}_r^{\mathrm{T}}\boldsymbol{f}(t),\quad r=1,2,\cdots,n \tag{6.2.3a}$$

或

$$\ddot{q}_r+2\xi_r\omega_{\mathrm{n}r}\dot{q}_r+\omega_{\mathrm{n}r}^2 q_r=m_r^{-1}F_r,\quad r=1,2,\cdots,n \tag{6.2.3b}$$

当经典黏性阻尼系统受到随时间任意变化的激振力 $\boldsymbol{f}(t)$作用时,第 r 个模态坐标的响应为

$$\begin{aligned}q_r=\mathrm{e}^{-\xi_r\omega_{\mathrm{n}r}t}\Big[&q_{0r}\cos\omega_{\mathrm{d}r}t+\frac{\dot{q}_{0r}+\xi_r\omega_{\mathrm{n}r}q_{0r}}{\omega_{\mathrm{d}r}}\sin\omega_{\mathrm{d}r}t\\&+\frac{1}{m_r\omega_{\mathrm{d}r}}\int_0^t\boldsymbol{\phi}_r^{\mathrm{T}}\boldsymbol{f}(\tau)\mathrm{e}^{-\xi_r\omega_{\mathrm{n}r}\tau}\sin\omega_{\mathrm{d}r}(t-\tau)\mathrm{d}\tau\Big],\quad r=1,2,\cdots,n\end{aligned} \tag{6.2.4}$$

响应式(6.2.4)是模态展开式，都是所有模态的叠加；同时，对于自由度数大的复杂结构振动系统，不可能求得全部的模态，无法进行所有模态的叠加.因而，对于复杂结构而言，上述解析解仅具有理论意义.工程上常用的是半解析法，仅取低阶模态参与模态叠加，也就是采用模态截断方法求解.同时，实际工程问题的激励力频谱主要包含低频成分，因而考虑较低频率若干模态的响应叠加就已经满足工程需要的计算精度.模态截断法又分为：模态位移法、加速度法和考虑高阶影响的高精度方法，下面一一介绍.

6.2.1 模态位移法

忽略高阶响应 $\boldsymbol{\phi}_H\boldsymbol{q}_H$ 部分，就得到近似的系统响应为

$$\bar{\boldsymbol{x}} = \boldsymbol{\phi}_{EL}\boldsymbol{q}_{EL} = \sum_{r=1}^{L}\boldsymbol{\phi}_{Er}q_{Er} \tag{6.2.5}$$

在式(6.2.5)中，系统响应是由每个低阶模态坐标位移 $\boldsymbol{\phi}_r q_r$ 叠加而成的，因而这种模态截断法称为模态位移法.

对于无阻尼系统，由式(3.7.2)知道第 r 个模态坐标响应为

$$q_r = q_{0r}\cos\omega_{nr}t + \frac{\dot{q}_{0r}}{\omega_{nr}}\sin\omega_{nr}t + \frac{1}{m_r\omega_{nr}}\int_0^t\boldsymbol{\phi}_r^{\mathrm{T}}\boldsymbol{f}(\tau)\sin\omega_{nr}(t-\tau)\mathrm{d}\tau,\quad r = 1,2,\cdots,L \tag{6.2.6a}$$

对于经典黏性阻尼系统，由式(5.8.61)知道第 r 个模态坐标的响应为

$$q_r = \mathrm{e}^{-\xi_r\omega_{nr}t}\left[q_{0r}\cos\omega_{dr}t + \frac{\dot{q}_{0r}+\xi_r\omega_{nr}q_{0r}}{\omega_{dr}}\sin\omega_{dr}t + \frac{1}{m_r\omega_{dr}}\int_0^t\boldsymbol{\phi}_r^{\mathrm{T}}\boldsymbol{f}(\tau)\mathrm{e}^{-\xi_r\omega_{nr}\tau}\sin\omega_{dr}(t-\tau)\mathrm{d}\tau\right],\quad r = 1,2,\cdots,L \tag{6.2.6b}$$

对于一般的黏性阻尼系统，忽略高阶复模态对位移，可由式(5.10.88a)得近似的系统响应为

$$\bar{\boldsymbol{x}} = \sum_{r=1}^{L}\boldsymbol{x}_r \tag{6.2.7}$$

式中，系统响应是由每对低阶复模态对位移 $\boldsymbol{x}_r$ 叠加而成的，因而这种方法称为复模态对位移法，低阶复模态对位移 $\boldsymbol{x}_r$（式(5.10.101)）为

$$\boldsymbol{x}_r = \mathrm{e}^{-\xi_r\omega_{nr}t}\left\{\boldsymbol{x}_r(0)\cos\omega_{dr}t + \frac{\dot{\boldsymbol{x}}_r(0)+\xi_r\omega_{nr}\boldsymbol{x}_r(0)}{\omega_{dr}}\sin\omega_{dr}t + \frac{1}{\omega_{dr}\boldsymbol{m}_{er}}\int_0^t[\boldsymbol{f}(\tau)+\boldsymbol{E}_r\dot{\boldsymbol{f}}(\tau)]\mathrm{e}^{-\xi_r\omega_{nr}\tau}\sin\omega_{dr}(t-\tau)\mathrm{d}\tau\right\},\quad r = 1,2,\cdots,L \tag{6.2.8}$$

令

$$\boldsymbol{x}_r = \boldsymbol{\phi}_{Er}q_{Er} \tag{6.2.9}$$

则可以将式(6.2.5)改写为式(6.2.7).这样，无论是无阻尼系统、经典黏性阻尼系统还是非经

典阻尼系统,都可以采用式(6.2.7)的统一公式与统一的过程计算系统的响应.

例 6.1 图 6.2 是简化为刚性楼板和弹性支柱组成的四层楼建筑及其主振型图,顶层楼板上作用有简谐激振力 $f_1\cos\omega t$,试用振型位移法计算激振频率 $\omega=0$,$\omega=0.5\omega_1$ 及 $\omega=1.3\omega_3$ 时,顶层楼板的响应 $x_1(t)$. 已知系统的刚度矩阵、质量矩阵、固有频率及振型矩阵分别为

$$\boldsymbol{K}=800\begin{bmatrix}1&-1&0&0\\-1&3&-2&0\\0&-2&5&-3\\0&0&-3&7\end{bmatrix},\quad \boldsymbol{M}=\begin{bmatrix}1&0&0&0\\0&2&0&0\\0&0&2&0\\0&0&0&3\end{bmatrix}$$

$$\omega_1^2=176.72,\quad \omega_1=13.294$$

$$\omega_2^2=879.70,\quad \omega_2=29.660$$

$$\omega_3^2=1\,687.46,\quad \omega_3=41.079$$

$$\omega_4^2=3\,122.79,\quad \omega_4=55.882$$

$$\boldsymbol{\phi}=\begin{bmatrix}1.000\,00&1.000\,00&-0.901\,45&0.154\,36\\0.779\,10&-0.099\,63&1.000\,00&-0.448\,17\\0.496\,55&-0.539\,89&-0.158\,59&1.000\,00\\0.235\,06&-0.437\,61&-0.707\,97&-0.636\,88\end{bmatrix}$$

其中,各主振型的归一化是使最大的元素为 1.

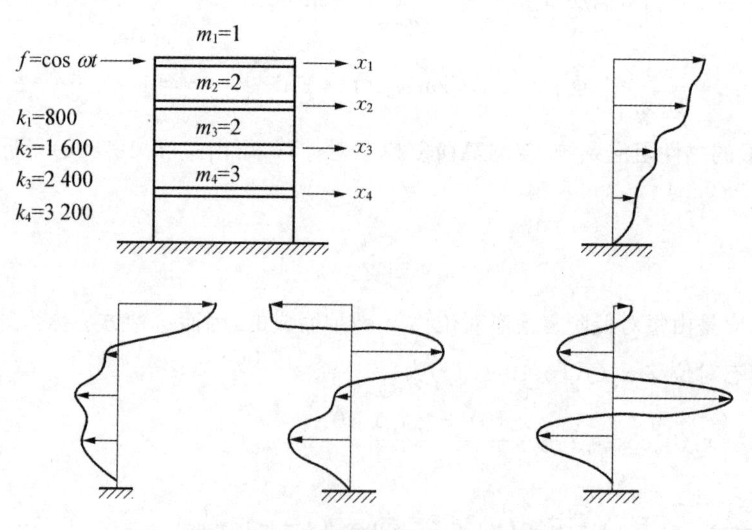

图 6.2 四层楼建筑及其主振型图

解 由公式 $m_r=\boldsymbol{\phi}_r^{\mathrm{T}}\boldsymbol{M}\boldsymbol{\phi}_r$ 及 $k_r=\omega_r^2m_r$ 算出各阶主质量及主刚度为

$$m_1=2.872\,88,\quad k_1=507.695$$

$$m_2=2.177\,32,\quad k_2=1\,915.39$$

$$m_3 = 4.366\,58, \quad k_3 = 7\,368.43$$

$$m_4 = 3.642\,39, \quad k_4 = 11\,374.4$$

激振力向量为

$$f(t) = [f_1 \quad 0 \quad 0 \quad 0]^{\mathrm{T}} \cos \omega t$$

得到主坐标下的激振力幅为

$$F_{01} = f_1, \quad F_{02} = f_1, \quad F_{03} = -0.901\,45 f_1, \quad F_{04} = 0.154\,36 f_1$$

由式(3.6.2)得出主坐标的稳态响应为

$$q_r = \frac{F_{0r} \cos \omega t}{k_r (1 - \lambda_r^2)}$$

其中,$\lambda_r = \dfrac{\omega}{\omega_r}$.当采用振型位移法时,系统的响应近似为

$$\boldsymbol{x} = \sum_{r=1}^{L} \boldsymbol{\phi}_{Er} q_{Er}, \quad L < 4 \tag{1}$$

其中,顶层楼板的响应为

$$x_1(t) = \sum_{r=1}^{L} \phi_{r1} q_r(t), \quad L < 4 \tag{2}$$

式中,ϕ_{r1}是第 r 阶振型$\boldsymbol{\phi}_r$的第一个元素.下面将采用振型截断的 $x_1(t)$写出并指出当所取振型个数为 $L = 1$, $L = 2$ 及 $L = 3$ 时的响应部分,即

$$\begin{aligned} x_1(t) = {} & \left.\left.\left.\frac{1.0 f_1 \cos \omega t}{507.695(1 - \omega^2/176.72)}\right\} L = 1 \right. \\ & + \frac{1.0 f_1 \cos \omega t}{1\,915.39(1 - \omega^2/879.70)} \right\} L = 2 \\ & + \frac{-0.901\,45 \times (-0.901\,45 f_1 \cos \omega t)}{7\,368.43(1 - \omega^2/1\,687.46)} \right\} L = 3 \\ & + \frac{0.154\,36 \times (0.154\,36 f_1 \cos \omega t)}{11\,374.4(1 - \omega^2/3\,122.79)} \end{aligned} \tag{3}$$

其中,激振频率 ω 的取值情况为

$$\omega = 0, \quad \omega = 0.5\omega_1 = 6.646\,8, \quad \omega = 1.3\omega_3 = 53.402$$

将上述顶层楼板的响应表示为 $x_1(t) = A f_1 \cos \omega t$,表 6.1 列出了不同情况下系数 A 的值.由表 6.1 看出,当振型个数取 $L = 1$ 时,振型位移法得到的响应对三种激振频率的任何一种都存在较大的误差,而取 $L = 3$ 时,响应 $x_1(t)$在 $\omega = 0$ 或 $\omega = 0.5\omega_1$ 时是相当精确的,但在 $\omega = 1.3\omega_3$ 时,响应的误差仍较大,这是因为 $1.3\omega_3$ 接近于 ω_4,第四阶主坐标的响应在 $x_1(t)$ 中占重要成分,而振型截断法却没有包括它.

表 6.1 在 $x_1(t) = Af_1\cos\omega t$ 中系数 A 的值

	$L=1$	$L=2$	$L=3$	$L=4=n$
$\omega = 0$	1.970×10^{-3}	2.492×10^{-3}	2.602×10^{-3}	2.604×10^{-3}
$\omega = 0.5\omega_1$	2.626×10^{-3}	3.176×10^{-3}	3.289×10^{-3}	3.291×10^{-3}
$\omega = 1.3\omega_3$	-1.301×10^{-4}	-3.630×10^{-4}	-5.228×10^{-4}	-4.987×10^{-4}

6.2.2 模态加速度法

从上面的例子可以看到模态位移法计算给出的响应计算结果的精度不高，这主要由于每个模态对响应的贡献包含 ω_{nr}^{-1}，贡献的大小与模态频率 ω_{nr}^{-1} 成正比，因而收敛速度很慢，即使是在准静载荷（$\omega = 0$）的情况下，也不能得到精确解. 因此，要得到精度较高的响应解，就需要选取较多的模态进行计算. 采用模态加速度法，可以大大提高收敛速度，解决模态位移法的问题.

对于无刚体运动的无阻尼多自由度系统，由运动方程(5.4.13)可以将系统的响应 $\boldsymbol{x}$ 表示为

$$\boldsymbol{x} = \boldsymbol{K}^{-1}\boldsymbol{f}(t) - \boldsymbol{K}^{-1}\boldsymbol{M}\ddot{\boldsymbol{x}} \tag{6.2.10}$$

将式(6.2.5)代入式(6.2.10)，得

$$\bar{\boldsymbol{x}} = \boldsymbol{K}^{-1}\boldsymbol{f}(t) - \boldsymbol{K}^{-1}\boldsymbol{M}\boldsymbol{\phi}_{EL}\ddot{\boldsymbol{q}}_{EL} \tag{6.2.11}$$

将谱矩阵 $\boldsymbol{\Lambda}$（式(6.1.5)）按低阶特征值矩阵 $\boldsymbol{\Lambda}_L$ 和高阶特征值矩阵 $\boldsymbol{\Lambda}_H$ 分块为

$$\begin{gathered}\boldsymbol{\Lambda}_E = \lceil \boldsymbol{\Lambda}_{EL} \quad \boldsymbol{\Lambda}_{EH} \rfloor, \quad \boldsymbol{\Lambda}_{EL} = \lceil \omega_{n1}^2 \quad \omega_{n2}^2 \quad \cdots \quad \omega_{nL}^2 \rfloor \\ \boldsymbol{\Lambda}_{EH} = \lceil \omega_{n(L+1)}^2 \quad \omega_{n(L+2)} \quad \cdots \quad \omega_{nn}^2 \rfloor\end{gathered} \tag{6.2.12}$$

则由式(5.3.28)有

$$\boldsymbol{K}^{-1}\boldsymbol{M}\boldsymbol{\phi}_{EL} = \boldsymbol{\phi}_{EL}\boldsymbol{\Lambda}_{EL}^{-1} \tag{6.2.13}$$

将上式代入式(6.2.11)，得

$$\bar{\boldsymbol{x}} = \boldsymbol{K}^{-1}\boldsymbol{f}(t) - \boldsymbol{\phi}_{EL}\boldsymbol{\Lambda}_{EL}^{-1}\ddot{\boldsymbol{q}}_{EL} = \boldsymbol{K}^{-1}\boldsymbol{f}(t) - \sum_{r=1}^{L}\boldsymbol{\phi}_{Er}\omega_{nr}^{-2}\ddot{q}_{Er} \tag{6.2.14}$$

上式右端第一项是伪静态响应，第二项是由前 L 阶模态与模态坐标加速度叠加组成的，因而这种方法称为模态加速度法. 由于第二项有因子 ω_{nr}^{-2} 存在，与模态位移法公式(6.2.4)相比较，模态加速度法收敛性有了很大改善，也就是说，可以用更少的模态叠加以求得同样精度的响应，式(6.2.14)中 $\ddot{\boldsymbol{q}}_{Er}$ 可以用积分号下微分法由式(6.2.6a)算出，即

$$\ddot{q}_r = -\omega_{nr}^2 q_{0r}\cos\omega_{nr}t - \omega_{nr}\dot{q}_{0r}\sin\omega_{nr}t + \frac{1}{m_r}\boldsymbol{\phi}_{Er}^{\mathrm{T}}\boldsymbol{f}(t) - \frac{\omega_{nr}}{m_r}\int_0^t \boldsymbol{\phi}_{Er}^{\mathrm{T}}\boldsymbol{f}(\tau)\sin\omega_{nr}(t-\tau)\mathrm{d}\tau \tag{6.2.15}$$

很显然,将上式改写为

$$\ddot{q}_{Er} = \frac{1}{m_r}\boldsymbol{\phi}_{Er}^{\mathrm{T}}\boldsymbol{f}(t) - \omega_{nr}^2 q_{Er} \tag{6.2.16}$$

代入式(6.2.14),得

$$\bar{\boldsymbol{x}} = \boldsymbol{K}^{-1}\boldsymbol{f}(t) - \sum_{r=1}^{L}\boldsymbol{\phi}_{Er}\omega_{nr}^{-2}m_r^{-1}\boldsymbol{\phi}_{Er}^{\mathrm{T}}\boldsymbol{f}(t) + \sum_{r=1}^{L}\boldsymbol{\phi}_{Er}q_{Er}$$

将式(5.3.49)代入上式,得

$$\bar{\boldsymbol{x}} = \sum_{r=1}^{L}\boldsymbol{\phi}_{Er}q_{Er} + \sum_{r=L+1}^{n}\boldsymbol{\phi}_r\omega_{nr}^{-2}m_r^{-1}\boldsymbol{\phi}_r^{\mathrm{T}}\boldsymbol{f}(t) = \sum_{r=1}^{L}\boldsymbol{\phi}_{Er}q_{Er} + \boldsymbol{H}_1\boldsymbol{f}(t) \tag{6.2.17}$$

其中

$$\boldsymbol{H}_1 = \sum_{r=L+1}^{n}\boldsymbol{\phi}_{Er}\omega_{nr}^{-2}m_r^{-1}\boldsymbol{\phi}_{Er}^{\mathrm{T}} \tag{6.2.18}$$

式(6.2.17)的第一项为模态位移法的公式,第二项为考虑高阶模态的伪静力响应部分.正因为模态加速度法考虑了高阶模态的部分响应,故它的计算精度比模态位移法高.当取 $L = n$ 时,第二项为零,则模态位移法和模态加速度法的公式给出同样的结果.

对于经典黏性阻尼系统,由运动方程(5.8.1)可以将系统的响应 $\boldsymbol{x}$ 表示为

$$\boldsymbol{x} = \boldsymbol{K}^{-1}\boldsymbol{f}(t) - \boldsymbol{K}^{-1}\boldsymbol{C}\dot{\boldsymbol{x}} - \boldsymbol{K}^{-1}\boldsymbol{M}\ddot{\boldsymbol{x}} \tag{6.2.19}$$

将式(6.2.5)代入上式,得

$$\bar{\boldsymbol{x}} = \boldsymbol{K}^{-1}\boldsymbol{f}(t) - \boldsymbol{K}^{-1}\boldsymbol{C}\boldsymbol{\phi}_{EL}\dot{\boldsymbol{q}}_{EL} - \boldsymbol{K}^{-1}\boldsymbol{M}\boldsymbol{\phi}_{EL}\ddot{\boldsymbol{q}}_{EL} \tag{6.2.20}$$

由式(5.3.28)有

$$\boldsymbol{K}^{-1}\boldsymbol{M}\boldsymbol{\phi}_{EL} = \boldsymbol{\phi}_{EL}\boldsymbol{\Lambda}_{EL}^{-1} \tag{6.2.21}$$

由式(5.8.17)有

$$\begin{aligned}\boldsymbol{K}^{-1}\boldsymbol{C}\boldsymbol{\phi}_{EL} &= \boldsymbol{K}^{-1}(\boldsymbol{M}\boldsymbol{\phi}\boldsymbol{m}^{-1}\boldsymbol{c}\boldsymbol{m}^{-1}\boldsymbol{\phi}^{\mathrm{T}}\boldsymbol{M})\boldsymbol{\phi}_{EL}\\ &= \boldsymbol{\phi}\boldsymbol{\Lambda}^{-1}\boldsymbol{m}^{-1}\boldsymbol{c}\boldsymbol{m}^{-1}\begin{bmatrix}\boldsymbol{m}_L\\ \boldsymbol{0}\end{bmatrix}\\ &= \boldsymbol{\phi}_{EL}\boldsymbol{\Lambda}_{EL}^{-1}\boldsymbol{m}_L^{-1}\boldsymbol{c}_L\end{aligned} \tag{6.2.22}$$

将式(6.2.13)、式(6.2.22)代入式(6.2.20),得

$$\begin{aligned}\bar{\boldsymbol{x}} &= \boldsymbol{K}^{-1}\boldsymbol{f}(t) - \boldsymbol{\phi}\boldsymbol{\Lambda}_{EL}^{-1}\boldsymbol{m}_L^{-1}\boldsymbol{c}_L\dot{\boldsymbol{q}}_{EL} - \boldsymbol{\phi}_{EL}\boldsymbol{\Lambda}_{EL}^{-1}\ddot{\boldsymbol{q}}_{EL}\\ &= \boldsymbol{K}^{-1}\boldsymbol{f}(t) - \sum_{r=1}^{L}(2\xi_r\omega_{nr}^{-1}\boldsymbol{\phi}_{Er}\dot{q}_{Er} + \omega_{nr}^{-2}\boldsymbol{\phi}_{Er}\ddot{q}_{Er})\end{aligned} \tag{6.2.23}$$

同样,上式第一项为伪静态响应,第二项为模态速度与加速度线性函数,当略去阻尼时,就是模态加速度函数,因而上述方法仍称为模态加速度法.由于第二项有了 ω_{nr}^{-2} 与 ω_{nr}^{-1} 存在,这种方法的收敛性得到改善.式(6.2.23)中的 $\ddot{q}_r$ 与 $\dot{q}_r$ 可以用积分号下微分法由式(6.2.6b)算出.

由模态坐标解耦方程(6.2.3b)有

$$2\xi_r\omega_{nr}^{-1}\dot{q}_{Er} + \omega_{nr}^{-2}\ddot{q}_{Er} = -q_{Er} + \omega_{nr}^{-2}m_r^{-1}\boldsymbol{\phi}_{Er}^{\mathrm{T}}\boldsymbol{f}(t) \tag{6.2.24}$$

将式(6.2.24)代入式(6.2.23),得

$$\bar{\boldsymbol{x}} = \boldsymbol{K}^{-1}\boldsymbol{f}(t) - \sum_{r=1}^{L}\boldsymbol{\phi}_{Er}\omega_{nr}^{-2}m_r^{-1}\boldsymbol{\phi}_{Er}^{\mathrm{T}}\boldsymbol{f}(t) + \sum_{r=1}^{L}\boldsymbol{\phi}_{Er}q_{Er} \tag{6.2.25}$$

将式(5.3.49)代入式(6.2.25),同样得到

$$\begin{aligned}\bar{\boldsymbol{x}} &= \sum_{r=1}^{L}\boldsymbol{\phi}_{Er}q_{Er} + \sum_{r=L+1}^{n}\boldsymbol{\phi}_{Er}\omega_{nr}^{-2}m_r^{-1}\boldsymbol{\phi}_{Er}^{\mathrm{T}}\boldsymbol{f}(t)\\ &= \sum_{r=1}^{L}\boldsymbol{\phi}_{Er}q_{Er} + \boldsymbol{H}_1\boldsymbol{f}(t)\end{aligned} \tag{6.2.26}$$

其中,$\boldsymbol{H}_1$见式(6.2.18).

式(6.2.26)的第一项为模态位移法的公式,第二项为考虑了高阶模态的部分响应,因而它的计算精度比模态位移法高.当取$L = n$时,第二项为零,则模态加速度公式与模态位移法所得出的结果相同.

对于非经典黏性阻尼系统,由运动方程(5.9.1),同样可以将系统的响应$\boldsymbol{x}$表示为

$$\boldsymbol{x} = \boldsymbol{K}^{-1}\boldsymbol{f}(t) - \boldsymbol{K}^{-1}\boldsymbol{C}\dot{\boldsymbol{x}} - \boldsymbol{K}^{-1}\boldsymbol{M}\ddot{\boldsymbol{x}} \tag{6.2.27}$$

上式中包含复模态位移的速度与加速度项,因而称之为复模态对加速度法.

引入符号

$$\bar{\boldsymbol{q}}_L = \begin{bmatrix}\boldsymbol{q}_L\\ \boldsymbol{0}\\ \boldsymbol{q}_L^*\\ \boldsymbol{0}\end{bmatrix},\quad \bar{\boldsymbol{\phi}}_L = \begin{bmatrix}\boldsymbol{\phi}_L & \boldsymbol{0} & \boldsymbol{\phi}_L^* & \boldsymbol{0}\end{bmatrix} \tag{6.2.28}$$

$$\bar{\boldsymbol{\phi}}_H = \begin{bmatrix}\boldsymbol{0} & \boldsymbol{\phi}_H & \boldsymbol{0} & \boldsymbol{\phi}_H^*\end{bmatrix},\quad \boldsymbol{\phi} = \bar{\boldsymbol{\phi}}_L + \bar{\boldsymbol{\phi}}_H$$

则复模态对位移法的公式可以表示为

$$\begin{aligned}\bar{\boldsymbol{x}} &= \sum_{r=1}^{L}\boldsymbol{x}_r = \sum_{r=1}^{L}(\boldsymbol{\phi}_r\boldsymbol{q}_r + \boldsymbol{\phi}_r^*\boldsymbol{q}_r^*) = \boldsymbol{\phi}_L\boldsymbol{q}_L + \boldsymbol{\phi}_L^*\boldsymbol{q}_L^*\\ &= \begin{bmatrix}\boldsymbol{\phi}_L & \boldsymbol{\phi}_H & \boldsymbol{\phi}_L^* & \boldsymbol{\phi}_H^*\end{bmatrix}\begin{bmatrix}\boldsymbol{q}_L\\ \boldsymbol{0}\\ \boldsymbol{q}_L^*\\ \boldsymbol{0}\end{bmatrix} = \boldsymbol{\phi}\bar{\boldsymbol{q}}_L\end{aligned} \tag{6.2.29}$$

将式(5.10.15)写成矩阵方程

$$\boldsymbol{M\phi\Lambda}^2 + \boldsymbol{C\phi\Lambda} + \boldsymbol{K\phi} = \boldsymbol{0} \tag{6.2.30a}$$

右乘$\boldsymbol{\Lambda}^{-2}\boldsymbol{a}^{-1}\boldsymbol{\phi}^{\mathrm{T}}$,利用正交性补充关系式(5.10.65)、式(5.10.71),有

$$\boldsymbol{M\phi a}^{-1}\boldsymbol{\phi}^{\mathrm{T}} + \boldsymbol{C\phi\Lambda}^{-1}\boldsymbol{a}^{-1}\boldsymbol{\phi}^{\mathrm{T}} + \boldsymbol{K\phi\Lambda}^{-2}\boldsymbol{a}^{-1}\boldsymbol{\phi}^{\mathrm{T}} = -\boldsymbol{CK}^{-1} + \boldsymbol{K\phi\Lambda}^{-2}\boldsymbol{a}^{-1}\boldsymbol{\phi}^{\mathrm{T}} = \boldsymbol{0}$$

得

$$\boldsymbol{K}^{-1}\boldsymbol{C} = \boldsymbol{\phi a}^{-1}\boldsymbol{\Lambda}^{-2}\boldsymbol{\phi}^{\mathrm{T}}\boldsymbol{K} \tag{6.2.30b}$$

由正交性补充关系式(5.10.71)有

$$\boldsymbol{K}^{-1}\boldsymbol{M} = -\boldsymbol{\phi a}^{-1}\boldsymbol{\Lambda}^{-1}\boldsymbol{\phi}^{\mathrm{T}}\boldsymbol{M} \tag{6.2.30c}$$

将式(6.2.29)与式(6.2.30)代入式(6.2.27),得

$$\begin{aligned}\bar{\boldsymbol{x}} &= \boldsymbol{K}^{-1}\boldsymbol{f}(t) - \boldsymbol{\phi a}^{-1}\boldsymbol{\Lambda}^{-2}\boldsymbol{\phi}^{\mathrm{T}}\boldsymbol{K\phi}\dot{\bar{\boldsymbol{q}}}_{EL} + \boldsymbol{\phi a}^{-1}\boldsymbol{\Lambda}^{-1}\boldsymbol{\phi}^{\mathrm{T}}\boldsymbol{M\phi}\ddot{\bar{\boldsymbol{q}}}_{EL} \\ &= \boldsymbol{K}^{-1}\boldsymbol{f}(t) - \boldsymbol{\phi a}^{-1}\boldsymbol{\Lambda}^{-2}\boldsymbol{k}\dot{\bar{\boldsymbol{q}}}_{EL} + \boldsymbol{\phi a}^{-1}\boldsymbol{\Lambda}^{-1}\boldsymbol{m}\ddot{\bar{\boldsymbol{q}}}_{EL}\end{aligned} \tag{6.2.31}$$

由正交性条件式(5.9.12)有

$$\boldsymbol{k} = \boldsymbol{b} + \boldsymbol{\Lambda m\Lambda} = -\boldsymbol{\Lambda a} + \boldsymbol{\Lambda m\Lambda} \tag{6.2.32}$$

将低阶复模态坐标解耦方程改写为

$$\dot{\bar{\boldsymbol{q}}}_{EL} - \boldsymbol{\Lambda}\bar{\boldsymbol{q}}_{EL} = \boldsymbol{a}^{-1}\bar{\boldsymbol{\phi}}_{EL}^{\mathrm{T}}\boldsymbol{f}(t) \tag{6.2.33}$$

则有

$$\ddot{\bar{\boldsymbol{q}}}_{EL} - \boldsymbol{\Lambda}\dot{\bar{\boldsymbol{q}}}_{EL} = \boldsymbol{a}^{-1}\bar{\boldsymbol{\phi}}_{EL}^{\mathrm{T}}\dot{\boldsymbol{f}}(t) \tag{6.2.34}$$

应用式(6.2.32)、式(6.2.34)的关系,式(6.2.31)化为

$$\begin{aligned}\bar{\boldsymbol{x}} &= \boldsymbol{K}^{-1}\boldsymbol{f}(t) - \boldsymbol{\phi a}^{-1}\boldsymbol{\Lambda}^{-2}(-\boldsymbol{\Lambda a} + \boldsymbol{\Lambda m\Lambda})\dot{\bar{\boldsymbol{q}}}_{EL} + \boldsymbol{\phi a}^{-1}\boldsymbol{\Lambda}^{-1}\boldsymbol{m}\ddot{\bar{\boldsymbol{q}}}_{EL} \\ &= \boldsymbol{K}^{-1}\boldsymbol{f}(t) + \boldsymbol{\phi\Lambda}^{-1}\dot{\bar{\boldsymbol{q}}}_{L} + \boldsymbol{\phi a}^{-1}\boldsymbol{\Lambda}^{-1}\boldsymbol{m}(\ddot{\bar{\boldsymbol{q}}}_{EL} - \boldsymbol{\Lambda}\dot{\bar{\boldsymbol{q}}}_{EL}) \\ &= \boldsymbol{K}^{-1}\boldsymbol{f}(t) + \boldsymbol{\phi\Lambda}^{-1}[\boldsymbol{\Lambda}\bar{\boldsymbol{q}}_{EL} + \boldsymbol{a}^{-1}\bar{\boldsymbol{\phi}}_{EL}^{\mathrm{T}}\boldsymbol{f}(t)] + \boldsymbol{\phi a}^{-1}\boldsymbol{\Lambda}^{-1}\boldsymbol{m a}^{-1}\bar{\boldsymbol{\phi}}_{EL}^{\mathrm{T}}\dot{\boldsymbol{f}}(t) \\ &= \boldsymbol{K}^{-1}\boldsymbol{f}(t) + \boldsymbol{\phi}\bar{\boldsymbol{q}}_{EL} + \boldsymbol{\phi\Lambda}^{-1}\boldsymbol{a}^{-1}\bar{\boldsymbol{\phi}}_{EL}^{\mathrm{T}}\boldsymbol{f}(t) + \boldsymbol{\phi a}^{-1}\boldsymbol{\Lambda}^{-1}\boldsymbol{m a}_{L}^{-1}\bar{\boldsymbol{\phi}}_{EL}^{\mathrm{T}}\dot{\boldsymbol{f}}(t)\end{aligned} \tag{6.2.35}$$

利用正交性补充关系式(5.10.65)、式(5.10.71)和式(6.2.28d),上式化为

$$\begin{aligned}\bar{\boldsymbol{x}} &= \boldsymbol{\phi}\bar{\boldsymbol{q}}_{L} + [(\boldsymbol{\phi\Lambda}^{-1}\boldsymbol{a}_{EL}^{-1}\bar{\boldsymbol{\phi}}_{EL}^{\mathrm{T}} - \boldsymbol{\phi\Lambda}^{-1}\boldsymbol{a}^{-1}\boldsymbol{\phi}^{\mathrm{T}})]\boldsymbol{f}(t) \\ &\quad + \boldsymbol{\phi a}^{-1}\boldsymbol{\Lambda}^{-1}\boldsymbol{\phi}^{\mathrm{T}}\boldsymbol{M\phi a}_{L}^{-1}\boldsymbol{\phi}_{EL}^{\mathrm{T}}\dot{\boldsymbol{f}}(t) - \boldsymbol{\phi a}^{-1}\boldsymbol{\Lambda}^{-1}\boldsymbol{\phi}^{\mathrm{T}}\boldsymbol{M\phi a}^{-1}\boldsymbol{\phi}^{\mathrm{T}}\dot{\boldsymbol{f}}(t) \\ &= \boldsymbol{\phi}\bar{\boldsymbol{q}}_{L} - [\boldsymbol{\phi\Lambda}^{-1}\boldsymbol{a}_{H}^{-1}\bar{\boldsymbol{\phi}}_{H}^{\mathrm{T}}\boldsymbol{f}(t) + \boldsymbol{\phi a}^{-1}\boldsymbol{\Lambda}^{-1}\boldsymbol{\phi}^{\mathrm{T}}\boldsymbol{M\phi}_{EH}\boldsymbol{a}_{H}^{-1}\boldsymbol{\phi}_{EH}^{\mathrm{T}}\dot{\boldsymbol{f}}(t)] \\ &= \boldsymbol{\phi}\bar{\boldsymbol{q}}_{L} - [\boldsymbol{\phi\Lambda}^{-1}\boldsymbol{a}_{H}^{-1}\bar{\boldsymbol{\phi}}_{H}^{\mathrm{T}}\boldsymbol{f}(t) + \boldsymbol{\phi a}^{-1}\boldsymbol{\Lambda}^{-1}\boldsymbol{m}_{H}\boldsymbol{a}_{H}^{-1}\bar{\boldsymbol{\phi}}_{H}^{\mathrm{T}}\dot{\boldsymbol{f}}(t)]\end{aligned} \tag{6.2.36}$$

式(6.2.36)的第一项为复模态位移法的公式,第二项为考虑了高阶复模态的部分响应,因而它的计算精度比复模态位移法高.当取 $L = n$ 时,第二项为零,则复模态加速度法与复模态位移法所得出的结果相同.

例 6.2 用模态加速度法计算例 6.1 的问题.

解 当采用模态加速度法计算响应时,先算出柔度矩阵为

$$\boldsymbol{\alpha} = \boldsymbol{K}^{-1} = 10^{-3}\begin{bmatrix} 2.604\,17 & 1.354\,17 & 0.729\,17 & 0.312\,50 \\ 1.354\,17 & 1.354\,17 & 0.729\,17 & 0.312\,50 \\ 0.729\,17 & 0.729\,17 & 0.729\,17 & 0.312\,50 \\ 0.312\,50 & 0.312\,50 & 0.312\,50 & 0.312\,50 \end{bmatrix}$$

由式(6.2.11),顶层楼板的响应近似为

$$x_1(t) = \alpha_{11}f_1\cos\omega_t - \sum_{r=1}^{L}\frac{1}{\omega_r^2}\phi_{r1}\ddot{q}_r, \quad L = 4$$

将例 6.1 的式(1)代入上式,得

$$x_1(t) = \alpha_{11} f_1 \cos\omega_t + \sum_{r=1}^{L} \frac{\omega^2}{\omega_r^2}\phi_{r1} q_r, \quad L = 4 \tag{1}$$

为与精确解比较,仍将 $x_1(t)$ 按例 6.1 的式(3)的形式写为

$$\begin{aligned}
x_1(t) = {} & 2.604\,17 \times 10^{-3} f_1 \cos\omega t \\
& + \frac{\omega^2}{176.72}\,\frac{1.0 f_1 \cos\omega t}{507.695(1 - \omega^2/176.72)} \quad (L = 1) \\
& + \frac{\omega^2}{879.70}\,\frac{1.0 f_1 \cos\omega t}{1\,915.39(1 - \omega^2/879.70)} \quad (L = 2) \\
& + \frac{\omega^2}{1\,687.46}\,\frac{-0.901\,45 \times (-0.901\,45 f_1 \cos\omega t)}{7\,368.43(1 - \omega^2/1\,687.46)} \quad (L = 3) \\
& + \frac{\omega^2}{3\,122.79}\,\frac{0.154\,36 \times (0.154\,36 f_1 \cos\omega t)}{11\,374(1 - \omega^2/3\,122.79)}
\end{aligned} \tag{2}$$

将上式表示为 $x_1(t) = A f_1 \cos\omega t$,表 6.2 列出了不同情况下系数 A 的值.从表 6.2 看到,对于 $\omega = 0$ 的静态载荷,振型加速度法得到精确解.实际上,由式(1)得知,这个精确解是由伪静态响应给出的.对 $\omega = 0.5\omega_1$ 的低频情况,振型个数取 $L = 1$ 时已得到相当好的近似解,取 $L = 2$ 时,响应的精度相当于振型位移法中取 $L = 3$ 时的精度.然而当 $\omega = 1.3\omega_3$ 时,出于与振型位移法相同的原因,振型加速度法同样得不到精度较好的解.

表 6.2 在 $x_1(t) = A f_1 \cos\omega t$ 中系数 A 的值

	$L = 1$	$L = 2$	$L = 3$	$L = 4 = n$
$\omega = 0$	2.604×10^{-3}	2.604×10^{-3}	2.604×10^{-3}	2.604×10^{-3}
$\omega = 0.5\omega_1$	3.261×10^{-3}	3.288×10^{-3}	3.291×10^{-3}	3.291×10^{-3}
$\omega = 1.3\omega_3$	5.044×10^{-4}	-2.506×10^{-4}	-5.207×10^{-4}	-4.987×10^{-4}

6.2.3 无阻尼系统的高精度方法

采用自然边界模态的结构动力学问题求解方法,对于简谐激励 $\boldsymbol{f} = \boldsymbol{f}_0 e^{i\omega t}$,结构位移幅值 $\boldsymbol{X}$ 可以表示为式(6.1.7),即

$$\begin{aligned}
\boldsymbol{X} &= (\boldsymbol{K} - \lambda\boldsymbol{M})^{-1}\boldsymbol{f}_0 = \boldsymbol{H}_E(\lambda)\boldsymbol{f}_0 \\
\boldsymbol{H}_E(\lambda) &= (\boldsymbol{K} - \lambda\boldsymbol{M})^{-1}
\end{aligned} \tag{6.2.37}$$

其中,$\boldsymbol{H}_E(\lambda)$为自然边界的结构系统的动柔度矩阵.

方程(6.1.18)引入精确剩余模态

$$\boldsymbol{H}_{EH} = \boldsymbol{\phi}_{EH}(\boldsymbol{\Lambda}_{EH} - \lambda \boldsymbol{I}_{EH})^{-1}\boldsymbol{\phi}_{EH}^{\mathrm{T}} \tag{6.2.38}$$

由式(6.1.10b)可知,精确的剩余模态 $\boldsymbol{H}_{EH}$ 是动柔度矩阵 $\boldsymbol{H}_E(\lambda)$ 的高阶部分.

采用虚拟约束边界模态的结构动力学问题求解方法,方程(6.1.32) 引入 s 集动柔度矩阵

$$\boldsymbol{H}_s(\lambda) = (\boldsymbol{K}_{ss} - \lambda \boldsymbol{M}_{ss})^{-1} = \bar{\boldsymbol{\phi}}_b(\boldsymbol{\Lambda}_b - \lambda \boldsymbol{I}_b)^{-1}\bar{\boldsymbol{\phi}}_b^{\mathrm{T}} \tag{6.2.39}$$

由此可见,动柔度矩阵是求得响应解的主要部分,因而,有必要讨论动柔度矩阵几种展开式.应用动柔度矩阵的几种展开形式,可以给出几种简谐激励响应的模态截断法的公式.

1. 无阻尼系统的动柔度矩阵展开式

对于无刚体模态的无阻尼系统的动柔度矩阵有四种展开形式.

(1) 按固有振型展开

式(6.2.37)可以采用固有振型展开:

$$\boldsymbol{H}_E(\lambda) = (\boldsymbol{K} - \lambda \boldsymbol{M})^{-1} = \boldsymbol{\phi}_E(\boldsymbol{\Lambda}_E - \lambda \boldsymbol{I}_E)^{-1}\boldsymbol{\phi}_E^{\mathrm{T}} \tag{6.2.40}$$

按低阶模态和高阶模态分块之后,有

$$\boldsymbol{H}_E(\lambda) = \boldsymbol{\phi}_{EL}(\boldsymbol{\Lambda}_{EL} - \lambda \boldsymbol{I}_{EL})^{-1}\boldsymbol{\phi}_{EL}^{\mathrm{T}} + \boldsymbol{\phi}_{EH}(\boldsymbol{\Lambda}_{EH} - \lambda \boldsymbol{I}_{EH})^{-1}\boldsymbol{\phi}_{EH}^{\mathrm{T}} \tag{6.2.41}$$

(2) 按 λ 展开

当结构没有刚体模态时,动柔度矩阵可以化为

$$\boldsymbol{H}_E(\lambda) = (\boldsymbol{K} - \lambda \boldsymbol{M})^{-1} = (\boldsymbol{I} - \lambda \boldsymbol{K}^{-1}\boldsymbol{M})^{-1}\boldsymbol{K}^{-1} \tag{6.2.42}$$

当 $\lambda \boldsymbol{K}^{-1}\boldsymbol{M} < \boldsymbol{I}$ 时,有

$$(\boldsymbol{I} - \lambda \boldsymbol{K}^{-1}\boldsymbol{M})^{-1} = \boldsymbol{I} + \lambda \boldsymbol{K}^{-1}\boldsymbol{M} + (\lambda \boldsymbol{K}^{-1}\boldsymbol{M})^2 + \cdots \tag{6.2.43}$$

则动柔度矩阵对 λ 的展开式为

$$\boldsymbol{H}_E(\lambda) = \boldsymbol{H}_0 + \lambda \boldsymbol{H}_1 + \lambda^2 \boldsymbol{H}_2 + \cdots = \sum_{i=0}^{n} \lambda^i \boldsymbol{H}_i \tag{6.2.44}$$

其中

$$\begin{aligned} \boldsymbol{H}_0 &= \boldsymbol{K}^{-1} \\ \boldsymbol{H}_i &= \boldsymbol{K}^{-1}\boldsymbol{M}\boldsymbol{H}_{i-1} = (\boldsymbol{K}^{-1}\boldsymbol{M})^i \boldsymbol{K}^{-1}, \quad i \geqslant 1 \end{aligned} \tag{6.2.45}$$

(3) 按固有振型和 λ 展开

动柔度矩阵按振型展开式可化为

$$\boldsymbol{H}_E(\lambda) = \boldsymbol{\phi}_E(\boldsymbol{I}_E - \lambda \boldsymbol{\Lambda}_E^{-1})^{-1}\boldsymbol{\Lambda}_E^{-1}\boldsymbol{\phi}_E^{\mathrm{T}} \tag{6.2.46}$$

当 $\lambda \boldsymbol{\Lambda}^{-1} < \boldsymbol{I}$ 时,有

$$(\boldsymbol{I} - \lambda \boldsymbol{\Lambda}^{-1})^{-1} = \boldsymbol{I} + \lambda \boldsymbol{\Lambda}^{-1} + \lambda^2 \boldsymbol{\Lambda}^{-2} + \cdots = \sum_{i=0}^{n} \lambda^i \boldsymbol{\Lambda}^{-i} \tag{6.2.47}$$

则动柔度矩阵对 λ 的展开式为

$$\boldsymbol{H}_E(\lambda) = \boldsymbol{H}_0 + \lambda \boldsymbol{H}_1 + \lambda^2 \boldsymbol{H}_2 + \cdots = \sum_{i=0}^{n} \lambda^i \boldsymbol{H}_i \tag{6.2.48}$$

$$\begin{aligned} \boldsymbol{H}_0 &= \boldsymbol{K}^{-1} = \boldsymbol{\phi}_E \boldsymbol{\Lambda}^{-1}\boldsymbol{\phi}_E^{\mathrm{T}} \\ \boldsymbol{H}_i &= (\boldsymbol{K}^{-1}\boldsymbol{M})^i \boldsymbol{K}^{-1} = \boldsymbol{\phi}_E \boldsymbol{\Lambda}^{-(i+1)}\boldsymbol{\phi}_E^{\mathrm{T}}, \quad i \geqslant 1 \end{aligned} \tag{6.2.49}$$

(4) 混合展开

按低阶模态和高阶模态分块的动柔度矩阵中对高阶模态贡献部分按 λ 展开,有

$$\begin{aligned} \boldsymbol{H}_E(\lambda) &= \boldsymbol{H}_{EL}(\lambda) + \boldsymbol{H}_{EH}(\lambda) \\ &= \boldsymbol{\phi}_{EL}(\boldsymbol{\Lambda}_{EL} - \lambda \boldsymbol{I}_{EL})^{-1}\boldsymbol{\phi}_{EL}^{\mathrm{T}} + \boldsymbol{\phi}_{EH}(\boldsymbol{\Lambda}_{EH} - \lambda \boldsymbol{I}_{EH})^{-1}\boldsymbol{\phi}_{EH}^{\mathrm{T}} \\ &= \boldsymbol{\phi}_{EL}(\boldsymbol{\Lambda}_{EL} - \lambda \boldsymbol{I}_{EL})^{-1}\boldsymbol{\phi}_{EL}^{\mathrm{T}} + \sum_{i=0}^{n} \lambda^i H_{Hi} \end{aligned} \tag{6.2.50}$$

其中

$$\begin{aligned} \boldsymbol{H}_{H0} &= \boldsymbol{\phi}_{EH}\boldsymbol{\Lambda}_{EH}^{-1}\boldsymbol{\phi}_{EH}^{\mathrm{T}} \\ \boldsymbol{H}_{Hi} &= \boldsymbol{\phi}_{EH}\boldsymbol{\Lambda}_{EH}^{-(i-1)}\boldsymbol{\phi}_{EH}^{\mathrm{T}}, \quad i \geqslant 1 \end{aligned} \tag{6.2.51}$$

将式(6.2.49)写成低阶模态与高阶模态分块形式,有

$$\begin{aligned} \boldsymbol{H}_0 &= \boldsymbol{\phi}_E\boldsymbol{\Lambda}_E^{-1}\boldsymbol{\phi}_E^{\mathrm{T}} = \boldsymbol{\phi}_{EL}\boldsymbol{\Lambda}_{EL}^{-1}\boldsymbol{\phi}_{EL}^{\mathrm{T}} + \boldsymbol{\phi}_{EH}\boldsymbol{\Lambda}_{EH}^{-1}\boldsymbol{\phi}_{EH}^{\mathrm{T}} \\ \boldsymbol{H}_i &= \boldsymbol{\phi}_E\boldsymbol{\Lambda}_E^{-(i+1)}\boldsymbol{\phi}_E^{\mathrm{T}} = \boldsymbol{\phi}_{EL}\boldsymbol{\Lambda}_{EL}^{(i+1)}\boldsymbol{\phi}_{EL}^{\mathrm{T}} + \boldsymbol{\phi}_{EH}\boldsymbol{\Lambda}_{EH}^{(i+1)}\boldsymbol{\phi}_{EH}^{\mathrm{T}} \end{aligned} \tag{6.2.52}$$

则可以把 $\boldsymbol{H}_{Hi}$ 用低阶模态 $\boldsymbol{\phi}_{EL}$ 表示为

$$\begin{aligned} \boldsymbol{H}_{H0} &= \boldsymbol{H}_0 - \boldsymbol{\phi}_{EL}\boldsymbol{\Lambda}_{EL}^{-1}\boldsymbol{\phi}_{EL}^{\mathrm{T}} = \boldsymbol{K}^{-1} - \boldsymbol{\phi}_{EL}\boldsymbol{\Lambda}_{EL}^{-1}\boldsymbol{\phi}_{EL}^{\mathrm{T}} \\ \boldsymbol{H}_{Hi} &= \boldsymbol{H}_i - \boldsymbol{\phi}_{EL}\boldsymbol{\Lambda}_{EL}^{(i+1)}\boldsymbol{\phi}_{EL}^{\mathrm{T}} - (\boldsymbol{K}^{-1}\boldsymbol{M})^i\boldsymbol{K}^{-1} - \boldsymbol{\phi}_{EL}\boldsymbol{\Lambda}_{EL}^{(i+1)}\boldsymbol{\phi}_{EL}^{\mathrm{T}}, \quad i \geqslant 1 \end{aligned} \tag{6.2.53}$$

2. 模态截断公式

应用上述动柔度矩阵的几种展开形式,可以给出几种简谐激励响应的模态截断法的公式.

(1) 模态位移法的公式

将式(6.2.40)和式(6.2.41)代入式(6.2.37)的第一个式子,得响应幅值 $\boldsymbol{X}$ 的表达式为

$$\begin{aligned} \boldsymbol{X} &= \boldsymbol{\phi}_E(\boldsymbol{\Lambda}_E - \lambda \boldsymbol{I}_E)^{-1}\boldsymbol{\phi}_E^{\mathrm{T}}\boldsymbol{f}_0 \\ &= \boldsymbol{\phi}_{EL}(\boldsymbol{\Lambda}_{EL} - \lambda \boldsymbol{I}_{EL})^{-1}\boldsymbol{\phi}_{EL}^{\mathrm{T}}\boldsymbol{f}_0 + \boldsymbol{\phi}_{EH}(\boldsymbol{\Lambda}_{EH} - \lambda \boldsymbol{I}_{EH})^{-1}\boldsymbol{\phi}_{EH}^{\mathrm{T}}\boldsymbol{f}_0 \end{aligned} \tag{6.2.54}$$

忽略高阶模态的贡献,给出模态位移法的公式为

$$\bar{\boldsymbol{X}} = \boldsymbol{\phi}_{EL}(\boldsymbol{\Lambda}_{EL} - \lambda \boldsymbol{I}_{EL})^{-1}\boldsymbol{\phi}_{EL}^{\mathrm{T}}\boldsymbol{f}_0 = \sum_{i=1}^{L} \boldsymbol{\phi}_{ELi}(\lambda_{ELi} - \lambda)^{-1}\boldsymbol{\phi}_{ELi}^{\mathrm{T}}\boldsymbol{f}_0 \tag{6.2.55}$$

(2) 模态加速度法的公式

由式(6.1.1)有

$$\boldsymbol{x} = \boldsymbol{K}^{-1}\boldsymbol{f} - \boldsymbol{K}^{-1}\boldsymbol{M}\ddot{\boldsymbol{x}} \tag{6.2.56}$$

对于简谐激励,位移响应幅值为

$$\boldsymbol{X} = \boldsymbol{K}^{-1}\boldsymbol{f}_0 - \lambda\boldsymbol{K}^{-1}\boldsymbol{M}\boldsymbol{X} = \boldsymbol{K}^{-1}\boldsymbol{f}_0 - \lambda\boldsymbol{K}^{-1}\boldsymbol{M}\boldsymbol{\phi}(\boldsymbol{\Lambda} - \lambda\boldsymbol{I})^{-1}\boldsymbol{\phi}^{\mathrm{T}}\boldsymbol{f}_0$$

考虑式(6.2.21),有

$$\begin{aligned} \boldsymbol{X} &= \boldsymbol{K}^{-1}\boldsymbol{f}_0 + \lambda\boldsymbol{\phi}\boldsymbol{\Lambda}^{-1}(\boldsymbol{\Lambda} - \lambda\boldsymbol{I})^{-1}\boldsymbol{\phi}^{\mathrm{T}}\boldsymbol{f}_0 \\ &= \boldsymbol{K}^{-1}\boldsymbol{f}_0 + \lambda\boldsymbol{\phi}_L\boldsymbol{\Lambda}_L^{-1}(\boldsymbol{\Lambda}_L - \lambda\boldsymbol{I}_L)^{-1}\boldsymbol{\phi}_L^{\mathrm{T}}\boldsymbol{f}_0 + \lambda\boldsymbol{\phi}_H\boldsymbol{\Lambda}_H^{-1}(\boldsymbol{\Lambda}_H - \lambda\boldsymbol{I}_H)^{-1}\boldsymbol{\phi}_H^{\mathrm{T}}\boldsymbol{f}_0 \end{aligned} \tag{6.2.57}$$

忽略高阶模态的贡献,给出模态加速度法的公式为

$$\begin{aligned}\bar{\boldsymbol{X}} &= \boldsymbol{K}^{-1}\boldsymbol{f}_0 - \lambda\boldsymbol{\phi}_L\boldsymbol{\Lambda}_L^{-1}(\boldsymbol{\Lambda}_L - \lambda\boldsymbol{I}_L)^{-1}\boldsymbol{\phi}_L\boldsymbol{f}_0 \\ &= \boldsymbol{K}^{-1}\boldsymbol{f}_0 - \lambda\sum_{i=1}^{l}\boldsymbol{\phi}_i\lambda_i^{-1}(\lambda_i - \lambda\boldsymbol{I}_i)^{-1}\boldsymbol{\phi}_i\boldsymbol{f}_0\end{aligned} \tag{6.2.58}$$

其中,$\lambda_i = \omega_{ni}^2$.

(3) 高精度法的公式

应用式(6.2.50)给出精确考虑高阶模态贡献的高精度法的公式为

$$\bar{\boldsymbol{X}} = \sum_{j=1}^{L}\boldsymbol{\phi}_{Ej}(\lambda_{Ej} - \lambda)^{-1}\boldsymbol{\phi}_{Ej}^{\mathrm{T}}\boldsymbol{f}_0 \tag{6.2.59}$$

在实用上一般仅取 λ 级数的前几项即可,可以根据精度要求确定选取的项数.这样,就可以用低阶模态给出高精度的响应结果.

6.2.4 一般情况无阻尼系统的高精度方法

1. 动柔度矩阵的展开式

现在考虑一般情况,系统不仅有弹性模态 $\boldsymbol{\phi}_E$,而且还有刚体模态 $\boldsymbol{\phi}_R$ 和纯静态位移$\boldsymbol{\phi}_\infty$.在这种情况下,动柔度矩阵 $\boldsymbol{H}_E(\lambda)$同样有四种展开形式.

(1) 按固有振型展开

由式(5.6.28)有

$$\begin{aligned}\boldsymbol{H}_E(\lambda) &= \boldsymbol{\phi}_E(\boldsymbol{\Lambda}_E - \lambda\boldsymbol{I}_E)^{-1}\boldsymbol{\phi}_E^{\mathrm{T}} + \boldsymbol{\phi}_\infty\boldsymbol{\phi}_\infty^{\mathrm{T}} \\ &= -\lambda^{-1}\boldsymbol{\phi}_{ER}\boldsymbol{\phi}_{ER}^{\mathrm{T}} + \boldsymbol{\phi}_e(\boldsymbol{\Lambda}_e - \lambda\boldsymbol{I}_e)^{-1}\boldsymbol{\phi}_e^{\mathrm{T}} + \boldsymbol{\phi}_\infty\boldsymbol{\phi}_\infty^{\mathrm{T}}\end{aligned} \tag{6.2.60}$$

$$\boldsymbol{\phi}_E = [\boldsymbol{\phi}_{ER} \quad \boldsymbol{\phi}_e]$$

按低阶模态和高阶模态分块之后,有

$$\boldsymbol{H}_E(\lambda) = -\lambda^{-1}\boldsymbol{\phi}_{ER}\boldsymbol{\phi}_{ER}^{\mathrm{T}} + \boldsymbol{\phi}_{EK}(\boldsymbol{\Lambda}_{EK} - \lambda\boldsymbol{I}_{EK})^{-1}\boldsymbol{\phi}_{EK}^{\mathrm{T}} + \boldsymbol{\phi}_{EH}(\boldsymbol{\Lambda}_{EH} - \lambda\boldsymbol{I}_{EH})^{-1}\boldsymbol{\phi}_{EH}^{\mathrm{T}} + \boldsymbol{\phi}_\infty\boldsymbol{\phi}_\infty^{\mathrm{T}} \tag{6.2.61}$$

(2) 按 λ 展开

在有刚体模态的情况下,由于 $\boldsymbol{K}^{-1}$不存在,不能展成式(6.2.44)那样的 λ 的幂级数形式,但可以展开成多一项的广义幂级数形式

$$\boldsymbol{H}_E(\lambda) = \frac{\boldsymbol{H}_{-1}}{\lambda} + \boldsymbol{H}_0 + \lambda\boldsymbol{H}_1 + \lambda^2\boldsymbol{H}_2 + \cdots = \sum_{i=-1}^{n}\lambda^i\boldsymbol{H}_i = \frac{\boldsymbol{H}_{-1}}{\lambda} + \boldsymbol{H}_e \tag{6.2.62}$$

$$\boldsymbol{H}_e = \sum_{i=0}^{n}\lambda^i\boldsymbol{H}_i \tag{6.2.63}$$

从式(6.2.61)知道

$$\boldsymbol{H}_{-1} = -\boldsymbol{\phi}_{ER}\boldsymbol{\phi}_{ER}^{\mathrm{T}} \tag{6.2.64}$$

同时,由刚体模态与弹性模态的正交性有

$$\boldsymbol{\phi}_{ER}^{\mathrm{T}} \boldsymbol{M} \boldsymbol{H}_i = 0, \quad i \geqslant 0 \tag{6.2.65}$$

为了决定 $\boldsymbol{H}_0$，$\boldsymbol{H}_1$，…或 $\boldsymbol{H}_e$，可以利用动柔度矩阵的定义

$$\boldsymbol{H}_E(\lambda) = (\boldsymbol{K} - \lambda \boldsymbol{M})^{-1} \tag{6.2.66}$$

即

$$(\boldsymbol{K} - \lambda \boldsymbol{M}) \boldsymbol{H}_E(\lambda) = (\boldsymbol{K} - \lambda \boldsymbol{M}) \left(\frac{\boldsymbol{H}_{-1}}{\lambda} + \boldsymbol{H}_e \right) = \boldsymbol{I} \tag{6.2.67}$$

得

$$\begin{aligned}(\boldsymbol{K} - \lambda \boldsymbol{M}) \boldsymbol{H}_e &= \boldsymbol{I} - (\boldsymbol{K} - \lambda \boldsymbol{M}) \frac{\boldsymbol{H}_{-1}}{\lambda} = \boldsymbol{I} - \boldsymbol{K} \frac{\boldsymbol{H}_{-1}}{\lambda} + \lambda \boldsymbol{M} \frac{\boldsymbol{H}_{-1}}{\lambda} \\ &= \boldsymbol{I} + \boldsymbol{M} \boldsymbol{H}_{-1}\end{aligned} \tag{6.2.68}$$

将式(6.2.64)代入上式，得

$$(\boldsymbol{K} - \lambda \boldsymbol{M}) \boldsymbol{H}_e = \boldsymbol{I} - \boldsymbol{M} \boldsymbol{\phi}_{ER} \boldsymbol{\phi}_{ER}^{\mathrm{T}} = \boldsymbol{B} \tag{6.2.69}$$

式中，$\boldsymbol{B}$ 见式(5.3.86). 上式两边右乘 $\boldsymbol{f}_0$，得

$$(\boldsymbol{K} - \lambda \boldsymbol{M}) \boldsymbol{H}_e \boldsymbol{f}_0 = \boldsymbol{B} \boldsymbol{f}_0 \tag{6.2.70}$$

对于简谐激振力 $\boldsymbol{f} = \boldsymbol{f}_0 \mathrm{e}^{\mathrm{i}\omega t}$，式(5.3.93)化为

$$(\boldsymbol{K} - \lambda \boldsymbol{M}) \boldsymbol{X}_e = \boldsymbol{B} \boldsymbol{f}_0 \tag{6.2.71}$$

其中，$\boldsymbol{X}_e$ 为稳态响应的幅值.

比较式(6.2.70)、式(6.2.71)，有

$$\boldsymbol{X}_e = \boldsymbol{H}_e \boldsymbol{f}_0 \tag{6.2.72}$$

将变换式(5.3.90)（$\boldsymbol{X}_e = \boldsymbol{B}^{\mathrm{T}} \boldsymbol{Q} \boldsymbol{X}_c$）代入式(6.2.71)并在两边左乘 $\boldsymbol{Q}^{\mathrm{T}} \boldsymbol{B}$，得

$$(\overline{\boldsymbol{K}} - \lambda \overline{\boldsymbol{M}}) \boldsymbol{X}_c = \boldsymbol{Q}^{\mathrm{T}} \boldsymbol{B} \boldsymbol{f}_0, \quad \overline{\boldsymbol{K}} = \boldsymbol{B}^{\mathrm{T}} \boldsymbol{Q} \boldsymbol{K} \boldsymbol{Q}^{\mathrm{T}} \boldsymbol{B}, \quad \overline{\boldsymbol{M}} = \boldsymbol{B}^{\mathrm{T}} \boldsymbol{Q} \boldsymbol{M} \boldsymbol{Q}^{\mathrm{T}} \boldsymbol{B} \tag{6.2.73}$$

当考虑有纯静态位移时，响应幅值 $\boldsymbol{X}_c$ 为

$$\begin{aligned}\boldsymbol{X}_c &= (\overline{\boldsymbol{K}} - \lambda \overline{\boldsymbol{M}})^{-1} \boldsymbol{Q}^{\mathrm{T}} \boldsymbol{B} \boldsymbol{f}_0 \\ &= \boldsymbol{\phi}_c (\boldsymbol{\Lambda} - \lambda \boldsymbol{I})^{-1} \boldsymbol{\phi}_c^{\mathrm{T}} \boldsymbol{Q}^{\mathrm{T}} \boldsymbol{B} \boldsymbol{f}_0 + \boldsymbol{\phi}_{c\infty} \boldsymbol{\phi}_{c\infty}^{\mathrm{T}} \boldsymbol{Q}^{\mathrm{T}} \boldsymbol{B} \boldsymbol{f}_0 \\ &= \boldsymbol{H}_c \boldsymbol{f}_0\end{aligned} \tag{6.2.74}$$

其中

$$\begin{aligned}\boldsymbol{H}_c &= (\overline{\boldsymbol{K}} - \lambda \overline{\boldsymbol{M}})^{-1} \boldsymbol{Q}^{\mathrm{T}} \boldsymbol{B} \\ &= \boldsymbol{\phi}_c (\boldsymbol{\Lambda}_c - \lambda \boldsymbol{I})^{-1} \boldsymbol{\phi}_c^{\mathrm{T}} \boldsymbol{Q}^{\mathrm{T}} \boldsymbol{B} + \boldsymbol{\phi}_{c\infty} \boldsymbol{\phi}_{c\infty}^{\mathrm{T}} \boldsymbol{Q}^{\mathrm{T}} \boldsymbol{B}\end{aligned} \tag{6.2.75}$$

根据式(5.3.98)，有

$$\boldsymbol{X}_e = \boldsymbol{B}^{\mathrm{T}} \boldsymbol{Q} \boldsymbol{X}_c = \boldsymbol{B}^{\mathrm{T}} \boldsymbol{Q} \boldsymbol{H}_c \boldsymbol{f}_0 = \boldsymbol{H}_e \boldsymbol{f}_0 \tag{6.2.76}$$

由式(6.2.72)和式(6.2.76)，得

$$\boldsymbol{H}_e = \boldsymbol{B}^{\mathrm{T}} \boldsymbol{Q} \boldsymbol{H}_c = \boldsymbol{B}^{\mathrm{T}} \boldsymbol{Q} (\overline{\boldsymbol{K}} - \lambda \overline{\boldsymbol{M}})^{-1} \boldsymbol{Q}^{\mathrm{T}} \boldsymbol{B} \tag{6.2.77}$$

或

$$\boldsymbol{H}_e = \boldsymbol{B}^{\mathrm{T}}\boldsymbol{Q}\boldsymbol{\phi}_c(\boldsymbol{\Lambda}_e - \lambda\boldsymbol{I})^{-1}\boldsymbol{\phi}_c^{\mathrm{T}}\boldsymbol{Q}^{\mathrm{T}}\boldsymbol{B} + \boldsymbol{B}^{\mathrm{T}}\boldsymbol{Q}\boldsymbol{\phi}_{c\infty}\boldsymbol{\phi}_{c\infty}^{\mathrm{T}}\boldsymbol{Q}^{\mathrm{T}}\boldsymbol{B} \tag{6.2.78}$$

将式(5.3.97)代入上式,有

$$\boldsymbol{H}_e = \boldsymbol{\phi}_e(\boldsymbol{\Lambda}_e - \lambda\boldsymbol{I})^{-1}\boldsymbol{\phi}_e^{\mathrm{T}} + \boldsymbol{\phi}_\infty\boldsymbol{\phi}_\infty^{\mathrm{T}} \tag{6.2.79}$$

将式(6.2.64)与式(6.2.79)代入式(6.2.62),则得式(6.2.60).

由于 $\overline{\boldsymbol{K}}$ 为非奇异矩阵,$\overline{\boldsymbol{K}}^{-1}$存在,可以将$(\overline{\boldsymbol{K}} - \lambda\overline{\boldsymbol{M}})^{-1}$ 展成 λ 幂级数:

$$\begin{aligned}(\overline{\boldsymbol{K}} - \lambda\overline{\boldsymbol{M}})^{-1} &= \overline{\boldsymbol{K}}^{-1} + \lambda\overline{\boldsymbol{K}}^{-1}\overline{\boldsymbol{M}}\overline{\boldsymbol{K}}^{-1} + \lambda^2(\overline{\boldsymbol{K}}^{-1}\overline{\boldsymbol{M}})^2\overline{\boldsymbol{K}}^{-1} + \cdots \\ &= \sum_{i=0}^{\infty}\lambda^i(\overline{\boldsymbol{K}}^{-1}\overline{\boldsymbol{M}})^i\overline{\boldsymbol{K}}^{-1}\end{aligned} \tag{6.2.80}$$

将上式代入式(6.2.77),得

$$\boldsymbol{H}_e = \sum_{i=0}^{\infty}\lambda^i\boldsymbol{B}^{\mathrm{T}}\boldsymbol{Q}(\overline{\boldsymbol{K}}^{-1}\overline{\boldsymbol{M}})^i\overline{\boldsymbol{K}}^{-1}\boldsymbol{Q}^{\mathrm{T}}\boldsymbol{B} = \sum_{i=0}^{\infty}\lambda^i\boldsymbol{H}_i \tag{6.2.81}$$

$$\boldsymbol{H}_i = \boldsymbol{B}^{\mathrm{T}}\boldsymbol{Q}(\overline{\boldsymbol{K}}^{-1}\overline{\boldsymbol{M}})^i\overline{\boldsymbol{K}}^{-1}\boldsymbol{Q}^{\mathrm{T}}\boldsymbol{B} \tag{6.2.82}$$

将式(6.2.64)与式(6.2.81)代入式(6.2.62),得到动柔度矩阵的广义 λ 幂级数的表达式为

$$\boldsymbol{H}(\lambda) = -\frac{\boldsymbol{\phi}_{ER}\boldsymbol{\phi}_{ER}^{\mathrm{T}}}{\lambda} + \sum_{i=0}^{\infty}\lambda^i\boldsymbol{H}_i \tag{6.2.83}$$

(3) 按固有振型和 λ 展开

利用式(6.2.47),有

$$\boldsymbol{\phi}_e(\boldsymbol{\Lambda}_e - \lambda\boldsymbol{I})^{-1}\boldsymbol{\phi}_e^{\mathrm{T}} = \sum_{i=0}^{\infty}\lambda^i\boldsymbol{\phi}_e\boldsymbol{\Lambda}_e^{-(i+1)}\boldsymbol{\phi}_e^{\mathrm{T}} \tag{6.2.84}$$

将上式代入式(6.2.60),得

$$\begin{aligned}\boldsymbol{H}(\lambda) &= \lambda^{-1}\boldsymbol{\phi}_{ER}\boldsymbol{\phi}_{ER}^{\mathrm{T}} + \boldsymbol{\phi}_e\boldsymbol{\Lambda}_e^{-1}\boldsymbol{\phi}_e^{\mathrm{T}} + \boldsymbol{\phi}_\infty\boldsymbol{\phi}_\infty^{\mathrm{T}} + \sum_{i=1}^{\infty}\lambda^i\boldsymbol{\phi}_e\boldsymbol{\Lambda}_e^{-(i+1)}\boldsymbol{\phi}_e^{\mathrm{T}} \\ &= \sum_{i=-1}^{\infty}\lambda^i\boldsymbol{H}_i\end{aligned} \tag{6.2.85}$$

其中

$$\begin{aligned}\boldsymbol{H}_{-1} &= -\boldsymbol{\phi}_{ER}\boldsymbol{\phi}_{ER}^{\mathrm{T}} \\ \boldsymbol{H}_0 &= \boldsymbol{\phi}_e\boldsymbol{\Lambda}_e^{-1}\boldsymbol{\phi}_e^{\mathrm{T}} + \boldsymbol{\phi}_\infty\boldsymbol{\phi}_\infty^{\mathrm{T}} \\ \boldsymbol{H}_i &= \boldsymbol{\phi}_e\boldsymbol{\Lambda}_e^{-(i+1)}\boldsymbol{\phi}_e^{\mathrm{T}}, \quad i \geqslant 1\end{aligned} \tag{6.2.86}$$

(4) 混合展开

按低阶弹性模态与高阶弹性模态分块后,式(6.2.60)表示的动柔度矩阵 $\boldsymbol{H}_E(\lambda)$为

$$\boldsymbol{H}_E(\lambda) = -\lambda^{-1}\boldsymbol{\phi}_{ER}\boldsymbol{\phi}_{ER}^{\mathrm{T}} + \boldsymbol{\phi}_\infty\boldsymbol{\phi}_\infty^{\mathrm{T}} + \boldsymbol{\phi}_{EK}(\boldsymbol{\Lambda}_{EK} - \lambda\boldsymbol{I})^{-1}\boldsymbol{\phi}_{EK}^{\mathrm{T}} + \boldsymbol{\phi}_{EH}(\boldsymbol{\Lambda}_{EH} - \lambda\boldsymbol{I})^{-1}\boldsymbol{\phi}_{EH}^{\mathrm{T}} \tag{6.2.87}$$

将高阶模态影响项 $\boldsymbol{\phi}_{EH}(\boldsymbol{\Lambda}_{EH} - \lambda\boldsymbol{I})\boldsymbol{\phi}_{EH}^{\mathrm{T}}$ 展开为 λ 幂级数,有

$$\boldsymbol{H}_E(\lambda) = -\lambda^{-1}\boldsymbol{\phi}_{ER}\boldsymbol{\phi}_{ER}^{\mathrm{T}} + \boldsymbol{\phi}_\infty\boldsymbol{\phi}_\infty^{\mathrm{T}} + \boldsymbol{\phi}_{EK}(\boldsymbol{\Lambda}_{EK} - \lambda\boldsymbol{I})^{-1}\boldsymbol{\phi}_{EK}^{\mathrm{T}} + \sum_{i=1}^{\infty}\lambda^i\boldsymbol{H}_{Hi} \tag{6.2.88}$$

其中

$$H_{H0} = \boldsymbol{\phi}_{EH}\boldsymbol{\Lambda}_{EH}^{-1}\boldsymbol{\phi}_{EH}^{\mathrm{T}}$$
$$H_{Hi} = \boldsymbol{\phi}_{EH}\boldsymbol{\Lambda}_{EH}^{-(i+1)}\boldsymbol{\phi}_{EH}^{\mathrm{T}}, \quad i \geqslant 1 \tag{6.2.89}$$

由式(6.2.82)与式(6.2.86),按低阶模态与高阶模态分块,有

$$\begin{aligned} \boldsymbol{H}_0 &= \boldsymbol{B}^{\mathrm{T}}\boldsymbol{Q}\overline{\boldsymbol{K}}^{-1}\boldsymbol{Q}^{\mathrm{T}}\boldsymbol{B} = \boldsymbol{\phi}_e\boldsymbol{\Lambda}_e^{-1}\boldsymbol{\phi}_e^{\mathrm{T}} + \boldsymbol{\phi}_\infty\boldsymbol{\phi}_\infty^{\mathrm{T}} \\ &= \boldsymbol{\phi}_{EK}\boldsymbol{\Lambda}_{EK}^{-1}\boldsymbol{\phi}_{EK}^{\mathrm{T}} + \boldsymbol{\phi}_{EH}\boldsymbol{\Lambda}_{EH}^{-1}\boldsymbol{\phi}_{EH}^{\mathrm{T}} + \boldsymbol{\phi}_\infty\boldsymbol{\phi}_\infty^{\mathrm{T}} \end{aligned} \tag{6.2.90}$$

$$\begin{aligned} \boldsymbol{H}_i &= \boldsymbol{B}^{\mathrm{T}}\boldsymbol{Q}(\overline{\boldsymbol{K}}^{-1}\boldsymbol{M})^i\overline{\boldsymbol{K}}^{-1}\boldsymbol{Q}^{\mathrm{T}}\boldsymbol{B} = \boldsymbol{\phi}_e\boldsymbol{\Lambda}_e^{-(i+1)}\boldsymbol{\phi}_e^{\mathrm{T}} \\ &= \boldsymbol{\phi}_{EK}\boldsymbol{\Lambda}_{EK}^{-(i+1)}\boldsymbol{\phi}_{EK}^{\mathrm{T}} + \boldsymbol{\phi}_{EH}\boldsymbol{\Lambda}_{EH}^{-(i+1)}\boldsymbol{\phi}_{EH}^{\mathrm{T}}, \quad i \geqslant 1 \end{aligned} \tag{6.2.91}$$

则可以用低阶模态 $\boldsymbol{\phi}_{eL}$ 表示高阶影响项 $\boldsymbol{H}_{Hi}$:

$$\begin{aligned} \boldsymbol{H}_{H0} &= \boldsymbol{H}_0 - \boldsymbol{\phi}_{EK}\boldsymbol{\Lambda}_{EK}^{-1}\boldsymbol{\phi}_{EK}^{\mathrm{T}} - \boldsymbol{\phi}_\infty\boldsymbol{\phi}_\infty^{\mathrm{T}} \\ &= \boldsymbol{B}^{\mathrm{T}}\boldsymbol{Q}\overline{\boldsymbol{K}}^{-1}\boldsymbol{Q}^{\mathrm{T}}\boldsymbol{B} - \boldsymbol{\phi}_{EK}\boldsymbol{\Lambda}_{EK}^{-1}\boldsymbol{\phi}_{EK}^{\mathrm{T}} - \boldsymbol{\phi}_\infty\boldsymbol{\phi}_\infty^{\mathrm{T}} \end{aligned} \tag{6.2.92}$$

$$\begin{aligned} \boldsymbol{H}_{Hi} &= \boldsymbol{H}_i - \boldsymbol{\phi}_{el}\boldsymbol{\Lambda}_{el}^{-(i+1)}\boldsymbol{\phi}_{el}^{\mathrm{T}} \\ &= \boldsymbol{B}^{\mathrm{T}}\boldsymbol{Q}(\overline{\boldsymbol{K}}^{-1}\overline{\boldsymbol{M}})^i\overline{\boldsymbol{K}}^{-1}\boldsymbol{Q}^{\mathrm{T}}\boldsymbol{B} - \boldsymbol{\phi}_{el}\boldsymbol{\Lambda}_{el}^{-(i+1)}\boldsymbol{\phi}_{el}^{\mathrm{T}} \end{aligned} \tag{6.2.93}$$

其中,$\overline{\boldsymbol{K}}$ 与 $\overline{\boldsymbol{M}}$ 见式(6.2.73).

2. *高精度方法*

应用上述动柔度矩阵的几种展开形式,可以给出具有刚体模态的无阻尼系统承受简谐激励时的响应计算的几种模态截断法的公式.

(1) 模态位移法的公式

将式(6.2.61)代入式(6.2.37)的第一个式子,有

$$\boldsymbol{X} = (-\lambda^{-1}\boldsymbol{\phi}_{ER}\boldsymbol{\phi}_{ER}^{\mathrm{T}} + \boldsymbol{\phi}_{EK}\boldsymbol{\Lambda}_{EK}^{-1}\boldsymbol{\phi}_{EK}^{\mathrm{T}} + \boldsymbol{\phi}_\infty\boldsymbol{\phi}_\infty^{\mathrm{T}})\boldsymbol{f}_0 + \boldsymbol{\phi}_{EH}\boldsymbol{\Lambda}_{EH}^{-1}\boldsymbol{\phi}_{EH}^{\mathrm{T}}\boldsymbol{f}_0$$

忽略高阶模态的贡献,给出模态位移法的公式为

$$\overline{\boldsymbol{X}} = [-\lambda\boldsymbol{\phi}_{ER}\boldsymbol{\phi}_{ER}^{\mathrm{T}} + \boldsymbol{\phi}_{EK}(\boldsymbol{\Lambda}_{EK} - \lambda\boldsymbol{I})^{-1}\boldsymbol{\phi}_{EK}^{\mathrm{T}} + \boldsymbol{\phi}_\infty\boldsymbol{\phi}_\infty^{\mathrm{T}}]\boldsymbol{f}_0 \tag{6.2.94}$$

(2) 模态加速度法的公式

同样,利用式(6.2.73),有

$$\boldsymbol{X}_c = \overline{\boldsymbol{K}}^{-1}\boldsymbol{Q}^{\mathrm{T}}\boldsymbol{B}\boldsymbol{f}_0 + \lambda\overline{\boldsymbol{K}}^{-1}\overline{\boldsymbol{M}}\boldsymbol{X}_c$$

由式(6.2.76)有

$$\boldsymbol{X}_e = \boldsymbol{B}^{\mathrm{T}}\boldsymbol{Q}\boldsymbol{X}_c = \boldsymbol{B}^{\mathrm{T}}\boldsymbol{Q}(\overline{\boldsymbol{K}}^{-1}\boldsymbol{Q}^{\mathrm{T}}\boldsymbol{B}\boldsymbol{f}_0 + \lambda\overline{\boldsymbol{K}}^{-1}\overline{\boldsymbol{M}}\boldsymbol{X}_c)$$

将式(6.2.74)中的 $\boldsymbol{X}_c$ 代入上式,得

$$\begin{aligned} \boldsymbol{X}_e &= \boldsymbol{B}^{\mathrm{T}}\boldsymbol{Q}\overline{\boldsymbol{K}}^{-1}\boldsymbol{Q}^{\mathrm{T}}\boldsymbol{B}\boldsymbol{f}_0 + \lambda\boldsymbol{B}^{\mathrm{T}}\boldsymbol{Q}\overline{\boldsymbol{K}}^{-1}\overline{\boldsymbol{M}}[\boldsymbol{\phi}_c(\boldsymbol{\Lambda}_e - \lambda\boldsymbol{I}_e)^{-1}\boldsymbol{\phi}_c^{\mathrm{T}}\boldsymbol{Q}^{\mathrm{T}}\boldsymbol{B}\boldsymbol{f}_0 + \boldsymbol{\phi}_{c\infty}\boldsymbol{\phi}_{c\infty}^{\mathrm{T}}\boldsymbol{Q}^{\mathrm{T}}\boldsymbol{B}\boldsymbol{f}_0] \\ &= \boldsymbol{B}^{\mathrm{T}}\boldsymbol{Q}\overline{\boldsymbol{K}}^{-1}\boldsymbol{Q}^{\mathrm{T}}\boldsymbol{B}\boldsymbol{f}_0 + \lambda\boldsymbol{B}^{\mathrm{T}}\boldsymbol{Q}\boldsymbol{\phi}_c\boldsymbol{\phi}_c^{-1}\overline{\boldsymbol{K}}^{-1}\boldsymbol{\phi}_c^{-\mathrm{T}}\boldsymbol{\phi}_c^{\mathrm{T}}\overline{\boldsymbol{M}}[\boldsymbol{\phi}_c(\boldsymbol{\Lambda}_e - \lambda\boldsymbol{I}_e)^{-1}\boldsymbol{\phi}_c^{\mathrm{T}}\boldsymbol{Q}^{\mathrm{T}}\boldsymbol{B}\boldsymbol{f}_0 + \boldsymbol{\phi}_{c\infty}\boldsymbol{\phi}_{c\infty}^{\mathrm{T}}\boldsymbol{Q}^{\mathrm{T}}\boldsymbol{B}\boldsymbol{f}_0] \\ &= \boldsymbol{B}^{\mathrm{T}}\boldsymbol{Q}\overline{\boldsymbol{K}}^{-1}\boldsymbol{Q}^{\mathrm{T}}\boldsymbol{B}\boldsymbol{f}_0 + \lambda\boldsymbol{\phi}_e\boldsymbol{\Lambda}_e^{-1}(\boldsymbol{\Lambda}_e - \lambda\boldsymbol{I}_e)^{-1}\boldsymbol{\phi}_e^{\mathrm{T}}\boldsymbol{f}_0 + \boldsymbol{\phi}_\infty\boldsymbol{\phi}_\infty^{\mathrm{T}} \end{aligned}$$

$$X = \boldsymbol{X}_R + \boldsymbol{X}_e$$

$$= -\frac{\boldsymbol{\phi}_R\boldsymbol{\phi}_R^{\mathrm{T}}}{\lambda}\boldsymbol{f}_0 + \boldsymbol{B}^{\mathrm{T}}\boldsymbol{Q}\overline{\boldsymbol{K}}^{-1}\boldsymbol{Q}^{\mathrm{T}}\boldsymbol{B}\boldsymbol{f}_0 + \lambda\boldsymbol{\phi}_e\boldsymbol{\Lambda}_e^{-1}(\boldsymbol{\Lambda}_e - \lambda\boldsymbol{I})^{-1}\boldsymbol{\phi}_e^{\mathrm{T}}\boldsymbol{f}_0 + \boldsymbol{\phi}_\infty\boldsymbol{\phi}_\infty^{\mathrm{T}}$$

按低阶模态和高阶模态分块之后，有

$$\boldsymbol{X} = -\frac{\boldsymbol{\phi}_{ER}\boldsymbol{\phi}_{ER}^{\mathrm{T}}}{\lambda}\boldsymbol{f}_0 + \boldsymbol{\phi}_\infty\boldsymbol{\phi}_\infty^{\mathrm{T}} + \boldsymbol{B}^{\mathrm{T}}\boldsymbol{Q}\overline{\boldsymbol{K}}^{-1}\boldsymbol{Q}^{\mathrm{T}}\boldsymbol{B}\boldsymbol{f}_0 + \lambda\boldsymbol{\phi}_{EK}\boldsymbol{\Lambda}_{EK}^{-1}(\boldsymbol{\Lambda}_{EK} - \lambda\boldsymbol{I})^{-1}\boldsymbol{\phi}_{EK}^{\mathrm{T}}\boldsymbol{f}_0$$
$$+ \lambda\boldsymbol{\phi}_{EH}\boldsymbol{\Lambda}_{EH}^{-1}(\boldsymbol{\Lambda}_{EH} - \lambda\boldsymbol{I})^{-1}\boldsymbol{\phi}_{EH}^{\mathrm{T}}\boldsymbol{f}_0 \tag{6.2.95}$$

忽略高阶模态的贡献，给出模态加速度法的公式为

$$\overline{\boldsymbol{X}} = -\frac{\boldsymbol{\phi}_{ER}\boldsymbol{\phi}_{ER}^{\mathrm{T}}}{\lambda}\boldsymbol{f}_0 + \boldsymbol{\phi}_\infty\boldsymbol{\phi}_\infty^{\mathrm{T}} + \boldsymbol{B}^{\mathrm{T}}\boldsymbol{Q}\overline{\boldsymbol{K}}^{-1}\boldsymbol{Q}^{\mathrm{T}}\boldsymbol{B}\boldsymbol{f}_0 + \lambda\boldsymbol{\phi}_{EK}\boldsymbol{\Lambda}_{EK}^{-1}(\boldsymbol{\Lambda}_{EK} - \lambda\boldsymbol{I})^{-1}\boldsymbol{\phi}_{EK}^{\mathrm{T}}\boldsymbol{f}_0 \tag{6.2.96}$$

(3) 高精度法的公式

应用式(6.2.88)给出精确考虑高阶模态贡献的高精度法的公式为

$$\boldsymbol{X} = -\lambda^{-1}\boldsymbol{\phi}_{ER}\boldsymbol{\phi}_{ER}^{\mathrm{T}}\boldsymbol{f}_0 + \boldsymbol{\phi}_\infty\boldsymbol{\phi}_\infty^{\mathrm{T}}\boldsymbol{f}_0 + \boldsymbol{\phi}_{EK}(\boldsymbol{\Lambda}_{EK} - \lambda\boldsymbol{I})^{-1}\boldsymbol{\phi}_{EK}^{\mathrm{T}}\boldsymbol{f}_0 + \sum_{i=1}^{\infty}\lambda_i\boldsymbol{H}_{Hi}\boldsymbol{f}_0 \tag{6.2.97}$$

其中，$\boldsymbol{H}_{Hi}$ 见式(6.2.93). 在实用上，一般仅取级数的前几项即可. 可以根据精度要求确定选取的项数，这样就可以用低阶模态给出高精度的响应结果.

6.3 基础激励结构动力学问题求解新方法

地震引起建筑结构响应，结构基底处的地面运动可以受到各种因素的影响，其中包括受到结构自身运动的影响. 在研究结构基底处承受地震激励引起建筑结构简化模型的响应时，克拉夫[3]首先提出模态有效质量的概念. 采用 Craig-Bampton 子结构综合法[83]的假设位移表达式，Kammer 和 Triller[71-72]推广了模态有效质量的概念，发展了表示动力学重要性的虚拟约束界面模态排序方法. Jaap Wijker[73]介绍采用 Craig-Bampton 子结构综合法的假设位移表达式引入模态有效质量求解动力学问题的方法. 这些研究存在一些局限性：他们都是采用 Craig-Bampton 子结构综合法中所假设的位移表达式，与 Craig-Bampton 子结构综合法一样，这种假设依赖于人的经验，精度如何没有给予说明；其次，虚拟约束界面模态都是相对于刚体模态定义模态参与因子和模态有效质量，能不能相对于一般的静不定虚拟约束模态定义模态参与因子和模态有效质量没有说明.

为了说明这些问题，本节利用 6.1.2 节介绍的采用虚拟约束边界模态展开定理进行结构动力学分析的新方法，通过严格的理论推导解析方法，导出模态有效质量的完整理论，介绍基础激励结构动力学问题求解方法[265]. 应用这种方法将整个结构 N 自由度方程减缩为仅含基础界面 m 自由度的方程，内部自由度的影响化为虚拟约束界面模态有效质量的贡献，它们的贡献累加在 m 个界面自由度方程之上，使问题大大简化. 同时，虚拟约束界面模态有效质量是该模态的重要性的度量，大的有效质量将导致对基础的大的反作用力，小的有效质量将导

致对基础的小的反作用力,这就发展了排列虚拟约束界面主模态动力学重要性的方法,并帮助确定在 m 个自由度基础界面方程中哪些虚拟约束界面主模态要保留,哪些虚拟约束模态可以忽略,把问题进一步简化,提高了计算效率.

6.3.1 模态坐标半解耦方程与模态有效质量

首先将图 6.1 中的选定边界称为基础边界,如图 6.3 所示.它可以是自由边界,也可以是混合界面或弹性界面,但是它不是约束界面,这个基础边界不是固定不动的基础边界,而是像地震时承受地动力的建筑物基础边界.

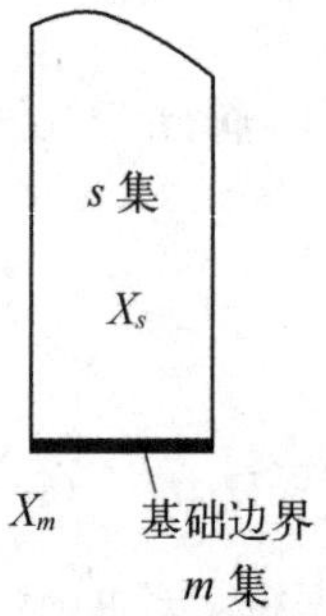

s 集

X_s

X_m 基础边界

m 集

图 6.3 基础边界示意图

6.1.2 节借助于虚拟约束边界完备模态集 $\boldsymbol{\phi}_b$,用解析方法将位移幅值 $\boldsymbol{X}$ 表示为式(6.1.39),即

$$\boldsymbol{X} = \boldsymbol{X}_b + \boldsymbol{X}_{c0} = \boldsymbol{\phi}_b \boldsymbol{q}_b + \boldsymbol{\Phi}_{c0} \boldsymbol{X}_m = \bar{\boldsymbol{\Phi}}_c \bar{\boldsymbol{q}}_c \tag{6.3.1}$$

将方程(6.3.1)代入方程(6.1.6a)并左乘 $\bar{\boldsymbol{\Phi}}_c^{\mathrm{T}}$,得模态坐标半解耦方程为

$$(\boldsymbol{K}_c - \lambda \boldsymbol{M}_c)\, \bar{\boldsymbol{q}}_c = \boldsymbol{F}_c \tag{6.3.2}$$

$$\boldsymbol{K}_c = \begin{bmatrix} \boldsymbol{\Lambda}_b & \boldsymbol{0} \\ \boldsymbol{0} & \boldsymbol{k}_{cc} \end{bmatrix}, \quad \boldsymbol{M}_c = \begin{bmatrix} \boldsymbol{I}_b & \boldsymbol{L}_{bc} \\ \boldsymbol{L}_{cb} & \boldsymbol{m}_{cc} \end{bmatrix}, \quad \boldsymbol{F}_c = \begin{Bmatrix} \boldsymbol{\phi}_b^{\mathrm{T}} \boldsymbol{f}_0 \\ \boldsymbol{\Phi}_{c0}^{\mathrm{T}} \boldsymbol{f}_0 \end{Bmatrix} \tag{6.3.3}$$

其中

$$\boldsymbol{k}_{cc} = \boldsymbol{\Phi}_{c0}^{\mathrm{T}} \boldsymbol{K} \boldsymbol{\Phi}_{c0} = \boldsymbol{K}_{mm} - \boldsymbol{K}_{ms} \boldsymbol{K}_{ss}^{-1} \boldsymbol{K}_{sm} = \boldsymbol{f}_{0m} \tag{6.3.4a}$$

$$\boldsymbol{k}_{bc} = \boldsymbol{k}_{cb}^{\mathrm{T}} = \boldsymbol{\phi}_b^{\mathrm{T}} \boldsymbol{K} \boldsymbol{\Phi}_{c0} = \begin{bmatrix} \boldsymbol{\phi}_{bs}^{\mathrm{T}} & \boldsymbol{0} \end{bmatrix} \begin{bmatrix} \boldsymbol{0} \\ \boldsymbol{K}_{mm} - \boldsymbol{K}_{ms} \boldsymbol{K}_{ss}^{-1} \boldsymbol{K}_{sm} \end{bmatrix} = \boldsymbol{0} \tag{6.3.4b}$$

$$\boldsymbol{m}_{cc} = \boldsymbol{\Phi}_{c0}^{\mathrm{T}} \boldsymbol{M} \boldsymbol{\Phi}_{c0} = \boldsymbol{t}_{c0}^{\mathrm{T}} \boldsymbol{M}_{ss} \boldsymbol{t}_{c0} + \boldsymbol{M}_{ms} \boldsymbol{t}_{c0} + \boldsymbol{t}_{c0}^{\mathrm{T}} \boldsymbol{M}_{sm} + \boldsymbol{M}_{mm} \tag{6.3.5a}$$

$$\begin{aligned} \boldsymbol{L}_{bc} = \boldsymbol{L}_{cb}^{\mathrm{T}} = \boldsymbol{\phi}_b^{\mathrm{T}} \boldsymbol{M} \boldsymbol{\Phi}_{c0} &= \begin{bmatrix} \boldsymbol{\phi}_{bs}^{\mathrm{T}} & \boldsymbol{0} \end{bmatrix} \begin{bmatrix} \boldsymbol{M}_{sm} - \boldsymbol{M}_{ss} \boldsymbol{K}_{ss}^{-1} \boldsymbol{K}_{sm} \\ \boldsymbol{M}_{mm} - \boldsymbol{M}_{ms} \boldsymbol{K}_{ss}^{-1} \boldsymbol{K}_{sm} \end{bmatrix} \\ &= \boldsymbol{\phi}_{bs}^{\mathrm{T}} (\boldsymbol{M}_{sm} - \boldsymbol{M}_{ss} \boldsymbol{K}_{ss}^{-1} \boldsymbol{K}_{sm}) \end{aligned} \tag{6.3.5b}$$

地震激励、振动台激励等许多工程问题都属于基础激励的情况,针对这些工程问题把虚拟约束界面看作结构的基础,考虑基础激励的情况,有 $\boldsymbol{f}_{0s} = \boldsymbol{0}$,则

$$\boldsymbol{F}_c = \begin{Bmatrix} \boldsymbol{\phi}_b^{\mathrm{T}} \boldsymbol{f}_0 \\ \boldsymbol{\Phi}_{c0}^{\mathrm{T}} \boldsymbol{f}_0 \end{Bmatrix} = \begin{Bmatrix} \boldsymbol{0} \\ \boldsymbol{f}_{0m} \end{Bmatrix} \tag{6.3.6}$$

方程(6.3.2)是半解耦方程,其中刚度矩阵为对角矩阵,而质量矩阵为非对角矩阵.

式(6.3.2)的第一个方程为

$$(\boldsymbol{\Lambda}_b - \lambda \boldsymbol{I}_b)\, \boldsymbol{q}_b = \lambda \boldsymbol{L}_{bc} \boldsymbol{X}_m$$

求得模态坐标 $\boldsymbol{q}_b$ 为

$$\boldsymbol{q}_b = (\boldsymbol{\Lambda}_b - \lambda \boldsymbol{I}_b)^{-1} \lambda \boldsymbol{L}_{bc} \boldsymbol{X}_m \tag{6.3.7}$$

其中，$\boldsymbol{L}_{bc}$ 见式(6.3.5b)，称为模态参与因子，可以改写为

$$\boldsymbol{L}_{bc} = \begin{bmatrix} \boldsymbol{L}_{bc1} \\ \boldsymbol{L}_{bc2} \\ \boldsymbol{L}_{bc3} \\ \vdots \\ \boldsymbol{L}_{bcs} \end{bmatrix} \tag{6.3.8}$$

$$\boldsymbol{L}_{bck} = \boldsymbol{\phi}_{bk}^{\mathrm{T}} (\boldsymbol{M}_{mm} - \boldsymbol{M}_{ms} \boldsymbol{K}_{ss}^{-1} \boldsymbol{K}_{sm}), \quad k = 1, 2, \cdots, s$$

式(6.3.2)的第二个方程为

$$(\boldsymbol{k}_{cc} - \lambda \boldsymbol{m}_{cc}) \boldsymbol{X}_m - \lambda \boldsymbol{L}_{cb} \boldsymbol{q}_b = \boldsymbol{f}_{0m}$$

这个方程可以改写为

$$(\boldsymbol{k}_{cc} - \lambda \boldsymbol{m}_{cc}) \boldsymbol{X}_m = \boldsymbol{f}_c + \boldsymbol{f}_{0m} \tag{6.3.9}$$

s 个内部自由度的总贡献 $\boldsymbol{f}_c$ 为

$$\begin{aligned} \boldsymbol{f}_c &= \lambda \boldsymbol{L}_{cb} \boldsymbol{q}_b = \lambda \boldsymbol{L}_{bc}^{\mathrm{T}} (\boldsymbol{\Lambda}_b - \lambda \boldsymbol{I}_b)^{-1} \lambda \boldsymbol{L}_{bc} \boldsymbol{X}_m = \sum_{k=1}^{s} \boldsymbol{f}_{ck} \\ &= \lambda^2 \sum_{k=1}^{s} \boldsymbol{L}_{bck}^{\mathrm{T}} \boldsymbol{L}_{cbk} (\boldsymbol{\Lambda}_{bk} - \lambda \boldsymbol{I}_{bk})^{-1} \boldsymbol{X}_m \\ &= \lambda^2 \sum_{k=1}^{s} \boldsymbol{g}_{ck} \boldsymbol{X}_m \end{aligned} \tag{6.3.10}$$

其中

$$\boldsymbol{f}_{ck} = \lambda^2 \boldsymbol{L}_{bck}^{\mathrm{T}} \boldsymbol{L}_{cbk} (\boldsymbol{\Lambda}_{bk} - \lambda \boldsymbol{I}_{bk})^{-1} \boldsymbol{X}_m = \lambda^2 \boldsymbol{g}_{ck} \boldsymbol{X}_m \tag{6.3.11}$$

$$\boldsymbol{g}_{ck} = \boldsymbol{M}_{efk} (\boldsymbol{\Lambda}_{bk} - \lambda \boldsymbol{I}_{bk})^{-1} \tag{6.3.12}$$

$$\boldsymbol{M}_{efk} = \boldsymbol{L}_{bck}^{\mathrm{T}} \boldsymbol{L}_{bck} \tag{6.3.13}$$

$$\Delta \boldsymbol{M} = \boldsymbol{L}_{cb} (\boldsymbol{\Lambda}_b - \lambda \boldsymbol{I}_b)^{-1} \boldsymbol{L}_{bc} = \sum_{k=1}^{s} \boldsymbol{M}_{efk} (\boldsymbol{\Lambda}_{bk} - \lambda \boldsymbol{I}_{bk})^{-1} = \sum_{k=1}^{s} \boldsymbol{g}_{ck} \tag{6.3.14}$$

$\boldsymbol{f}_{ck}$ 为每个虚拟约束界面模态 k 的贡献，$\boldsymbol{g}_{ck}$ 为每个虚拟约束界面模态 k 的贡献因子，$\boldsymbol{M}_{efk}$ 称为第 k 个模态有效质量矩阵，$\boldsymbol{M}_{ef}$ 称为总的模态有效质量矩阵，有

$$\boldsymbol{M}_{ef} = \boldsymbol{L}_{bc}^{\mathrm{T}} \boldsymbol{L}_{bc} = \sum_{k=1}^{s} \boldsymbol{M}_{efk} = \sum_{k=1}^{s} \boldsymbol{L}_{bck}^{\mathrm{T}} \boldsymbol{L}_{bck} \tag{6.3.15}$$

将 $\boldsymbol{L}_{bc}$ 模态参与因子式(6.3.5)代入上式，得

$$\begin{aligned} \boldsymbol{M}_{ef} &= \boldsymbol{\Phi}_{c0}^{\mathrm{T}} \boldsymbol{M} \boldsymbol{\phi}_b \boldsymbol{I}_s^{-1} \boldsymbol{\phi}_b^{\mathrm{T}} \boldsymbol{M} \boldsymbol{\Phi}_{c0} = \boldsymbol{\Phi}_{c0}^{\mathrm{T}} \boldsymbol{M} \boldsymbol{\phi}_b (\boldsymbol{\phi}_{bs}^{\mathrm{T}} \boldsymbol{M}_{ss} \boldsymbol{\phi}_{bs})^{-1} \boldsymbol{\phi}_b^{\mathrm{T}} \boldsymbol{M} \boldsymbol{\Phi}_{c0} \\ &= \begin{bmatrix} \boldsymbol{t}_{c0} \\ \boldsymbol{I} \end{bmatrix}^{\mathrm{T}} \boldsymbol{M} \begin{bmatrix} \boldsymbol{I}_s \\ \boldsymbol{0} \end{bmatrix} \boldsymbol{M}_{ss}^{-1} [\boldsymbol{I}_s \quad \boldsymbol{0}] \boldsymbol{M} \begin{bmatrix} \boldsymbol{t}_{c0} \\ \boldsymbol{I} \end{bmatrix} \\ &= \boldsymbol{t}_{c0}^{\mathrm{T}} \boldsymbol{M}_{ss} \boldsymbol{t}_{c0} + \boldsymbol{M}_{ms} \boldsymbol{t}_{c0} + \boldsymbol{t}_{c0}^{\mathrm{T}} \boldsymbol{M}_{sm} + \boldsymbol{M}_{ms} \boldsymbol{M}_{ss}^{-1} \boldsymbol{M}_{sm} \end{aligned} \tag{6.3.16a}$$

注意，这里模态集 $\boldsymbol{\phi}_b$ 是不完备的，因而它没有逆矩阵 $\boldsymbol{\phi}_b^{-1}$. 但模态集 $\boldsymbol{\phi}_{bs}$ 是完备的，因而它有逆矩阵 $\boldsymbol{\phi}_{bs}^{-1}$. 由式(6.3.16a)可以看到，虚拟约束边界模态在计算过程中消去了，总的模态有效质量矩阵 $\boldsymbol{M}_{ef}$ 与虚拟约束边界模态无关，是结构的固有特性的参数. 比较式(6.3.5a)与式(6.3.16a)，可以看到 $\boldsymbol{M}_{ef}$ 不等于虚拟约束模态质量矩阵 $\boldsymbol{m}_{cc}$. 虚拟约束模态质量矩阵 $\boldsymbol{m}_{cc}$ 与总的模态有效质量矩阵 $\boldsymbol{M}_{ef}$ 之差为 $\bar{\boldsymbol{M}}_{mm}$，

$$\bar{\boldsymbol{M}}_{mm} = \boldsymbol{m}_{cc} - \boldsymbol{M}_{ef} = \boldsymbol{M}_{mm} - \boldsymbol{M}_{ms}\boldsymbol{M}_{ss}^{-1}\boldsymbol{M}_{sm} \tag{6.3.16b}$$

将式(6.3.10)代入式(6.3.9)，得

$$(\boldsymbol{k}_{cc} - \lambda \boldsymbol{m}_{cc})\boldsymbol{X}_m = \lambda^2 \sum_{k=1}^{s} \boldsymbol{g}_{ck}\boldsymbol{X}_m + \boldsymbol{f}_{0m}$$

由上式得

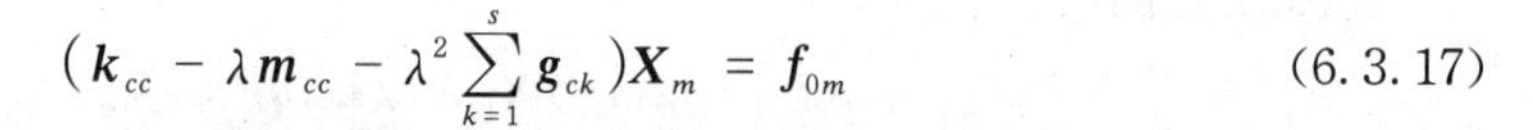

$$\left(\boldsymbol{k}_{cc} - \lambda \boldsymbol{m}_{cc} - \lambda^2 \sum_{k=1}^{s} \boldsymbol{g}_{ck}\right)\boldsymbol{X}_m = \boldsymbol{f}_{0m} \tag{6.3.17}$$

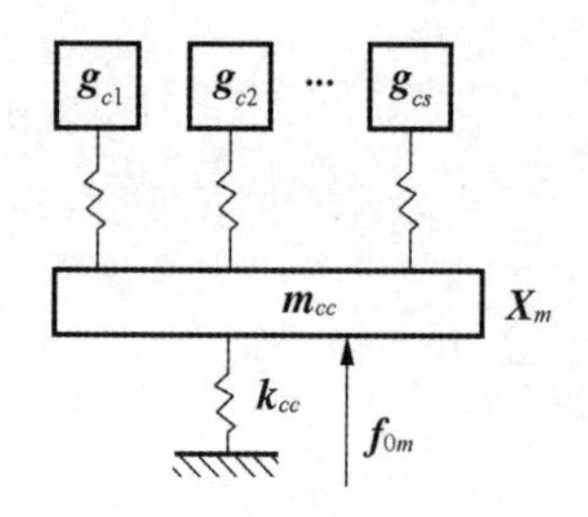

图 6.4　基础激励示意图

方程(6.3.17)中仅含参变量：基础位移幅值 $\boldsymbol{X}_m$ 与基础激励力 $\boldsymbol{f}_{0m}$，这是基础激励的动力学方程. 该方程说明可以将 N 个自由度系统方程(6.3.2)减缩为基础边界 m 个自由度的基础激励系统，如图 6.4 所示. 对于大型结构而言，这种方法大大减缩了求解的自由度数，大大提高了计算效率.

式(6.3.17)的另一种形式为

$$[(\boldsymbol{k}_{cc} - \lambda \boldsymbol{m}_{cc}) - \lambda^2 \Delta \boldsymbol{M}]\boldsymbol{X}_m = \boldsymbol{f}_{0m} \tag{6.3.18}$$

其中

$$\begin{aligned}
\Delta \boldsymbol{M} &= \boldsymbol{L}_{cb}(\boldsymbol{\Lambda}_b - \lambda \boldsymbol{I}_b)^{-1}\boldsymbol{L}_{bc} = \boldsymbol{\Phi}_{c0}^{\mathrm{T}}\boldsymbol{M}\boldsymbol{\phi}_b(\boldsymbol{\Lambda}_b - \lambda \boldsymbol{I}_b)^{-1}\boldsymbol{\phi}_b^{\mathrm{T}}\boldsymbol{M}\boldsymbol{\Phi}_{c0} \\
&= \boldsymbol{\Phi}_{c0}^{\mathrm{T}}\boldsymbol{M}\boldsymbol{\phi}_b\bar{\boldsymbol{\phi}}_b^{-1}(\boldsymbol{M}_{ss} - \lambda \boldsymbol{K}_{ss})^{-1}\bar{\boldsymbol{\phi}}_b^{-\mathrm{T}}\boldsymbol{\phi}_b^{\mathrm{T}}\boldsymbol{M}\boldsymbol{\Phi}_{c0} \\
&= \boldsymbol{\Phi}_{c0}^{\mathrm{T}}\boldsymbol{M}[\boldsymbol{I}\quad \boldsymbol{0}]^{\mathrm{T}}(\boldsymbol{M}_{ss} - \lambda \boldsymbol{K}_{ss})^{-1}[\boldsymbol{I}\quad \boldsymbol{0}]\boldsymbol{M}\boldsymbol{\Phi}_{c0} \\
&= (\boldsymbol{M}_{sm} - \boldsymbol{K}_{sm}\boldsymbol{K}_{ss}^{-1}\boldsymbol{M}_{ss})(\boldsymbol{M}_{ss} - \lambda \boldsymbol{K}_{ss})^{-1}(\boldsymbol{M}_{sm} - \boldsymbol{M}_{ss}\boldsymbol{K}_{ss}^{-1}\boldsymbol{K}_{ms})
\end{aligned} \tag{6.3.19}$$

这就是下一节精确动力凝聚法导出的公式.

由式(6.3.17)、式(6.3.18)得基础激励的基础响应为

$$\begin{aligned}
\boldsymbol{X}_m &= \left(\boldsymbol{k}_{cc} - \lambda \boldsymbol{m}_{cc} - \lambda^2 \sum_{k=1}^{s} \boldsymbol{g}_{ck}\right)^{-1}\boldsymbol{f}_{0m} \\
&= [(\boldsymbol{k}_{cc} - \lambda \boldsymbol{m}_{cc}) - \lambda^2 \Delta \boldsymbol{M}]^{-1}\boldsymbol{f}_{0m} \\
&= \left[\boldsymbol{k}_{cc} - \lambda \boldsymbol{m}_{cc} - \lambda^2 \sum_{k=1}^{s} \boldsymbol{M}_{efk}(\boldsymbol{\Lambda}_{bk} - \lambda \boldsymbol{I}_{bk})^{-1}\right]^{-1}\boldsymbol{f}_{0m}
\end{aligned} \tag{6.3.20}$$

内部自由度 s 集变换为 s 个虚拟约束界面模态集，第 k 个模态对基础的贡献 $\boldsymbol{f}_{ck}$ 为 $\lambda^2\boldsymbol{g}_{ck}\boldsymbol{X}_m$，其贡献因子 $\boldsymbol{g}_{ck} = \boldsymbol{M}_{efk}(\boldsymbol{\Lambda}_{bk} - \lambda \boldsymbol{I}_{bk})^{-1}$ 与 k 阶模态有效质量矩阵 $\boldsymbol{M}_{efk}$ 成正比，与 k 阶模态的 $(\boldsymbol{\Lambda}_{bk} - \lambda \boldsymbol{I}_{bk})^{-1}$ 成正比. 式(6.3.20)中界面位移幅值 $\boldsymbol{X}_m$ 包含一个固定界面模态展

开级数 $\sum_{k=1}^{s} \boldsymbol{M}_{efk}(\boldsymbol{\Lambda}_{bk} - \lambda \boldsymbol{I}_{bk})^{-1}$. 其中每一项 $\boldsymbol{M}_{efk}(\boldsymbol{\Lambda}_{bk} - \lambda \boldsymbol{I}_{bk})^{-1}$ 也与 k 阶模态的 $(\boldsymbol{\Lambda}_{bk} - \lambda \boldsymbol{I}_{bk})^{-1}$ 成正比,这与由自由界面模态展开式(6.1.17)一样收敛得很慢.但是,每一项 $\boldsymbol{M}_{efk}(\boldsymbol{\Lambda}_{bk} - \lambda \boldsymbol{I}_{bk})^{-1}$ 又与 k 阶模态有效质量矩阵 $\boldsymbol{M}_{efk}$ 成正比.由于 $\boldsymbol{M}_{efk}$ 随着模态固有频率增大而很快减小,故它的收敛是非常快的.由于模态有效质量 $\boldsymbol{M}_{efk}$ 随 k 的增大很快收敛于零,则边界位移响应幅值 $\boldsymbol{X}_m$ 也很快收敛,只要选取很少几个固定界面模态,就可以计算出精度很好的结果.从试验的角度上看,可以对测到的模态按模态有效质量 $\boldsymbol{M}_{efk}$ 由大到小排列,以验证测到的模态的可信度.

将式(6.3.7)的 $\boldsymbol{q}_b$ 代入式(6.3.1),即得位移响应幅值 $\boldsymbol{X}$ 为

$$\begin{aligned}\boldsymbol{X} &= \boldsymbol{\phi}_b \boldsymbol{q}_b + \boldsymbol{\Phi}_{c0} \boldsymbol{X}_m \\ &= [\boldsymbol{\phi}_b(\boldsymbol{\Lambda}_b - \lambda \boldsymbol{I}_b)^{-1} \lambda \boldsymbol{L}_{bc} + \boldsymbol{\Phi}_{c0}] \boldsymbol{X}_m \\ &= [\lambda \boldsymbol{\phi}_b(\boldsymbol{\Lambda}_b - \lambda \boldsymbol{I}_b)^{-1} \boldsymbol{\phi}_b^{\mathrm{T}} \boldsymbol{M} + \boldsymbol{I}] \boldsymbol{\Phi}_{c0} \boldsymbol{X}_m \\ &= (\lambda \boldsymbol{H}_b \boldsymbol{M} + \boldsymbol{I}) \boldsymbol{\Phi}_{c0} \boldsymbol{X}_m \end{aligned} \tag{6.3.21}$$

其中,$\boldsymbol{H}_b = \boldsymbol{\phi}_b(\boldsymbol{\Lambda}_b - \lambda \boldsymbol{\Lambda}_b)^{-1} \boldsymbol{\Phi}_b^{\mathrm{T}}$,将由式(6.3.20)求得的边界位移 $\boldsymbol{X}_m$ 代入上式,即得系统位移 $\boldsymbol{X}$.

考虑一般的激励情况,由同样的推导可以给出如下的结果.这时有 $\boldsymbol{f}_{0s} \neq \boldsymbol{0}$,则

$$\boldsymbol{F}_c = \begin{Bmatrix} \boldsymbol{\phi}_b^{\mathrm{T}} \boldsymbol{f}_0 \\ \boldsymbol{\Phi}_{c0}^{\mathrm{T}} \boldsymbol{f}_0 \end{Bmatrix} = \begin{Bmatrix} \boldsymbol{\phi}_{bs} \boldsymbol{f}_{0s} \\ \boldsymbol{t}_{c0} \boldsymbol{f}_{0s} + \boldsymbol{f}_{0m} \end{Bmatrix} \tag{6.3.22}$$

由式(6.3.2)的第一个方程有

$$(\boldsymbol{\Lambda}_b - \lambda \boldsymbol{I}_b) \boldsymbol{q}_b = \lambda \boldsymbol{L}_{bc} \boldsymbol{X}_m + \boldsymbol{\phi}_{bs}^{\mathrm{T}} \boldsymbol{f}_{0s}$$

求得模态坐标 $\boldsymbol{q}_b$ 为

$$\boldsymbol{q}_b = (\boldsymbol{\Lambda}_b - \lambda \boldsymbol{I}_b)^{-1} (\lambda \boldsymbol{L}_{bc} \boldsymbol{X}_m + \boldsymbol{\phi}_{bs}^{\mathrm{T}} \boldsymbol{f}_{0s}) \tag{6.3.23}$$

由式(6.3.2)的第二个方程有

$$(\boldsymbol{k}_{cc} - \lambda \boldsymbol{m}_{cc}) \boldsymbol{X}_m - \lambda \boldsymbol{L}_{cb} \boldsymbol{q}_b = \boldsymbol{t}_{c0} \boldsymbol{f}_{0s} + \boldsymbol{f}_{0m}$$

可以将其改写为

$$(\boldsymbol{k}_{cc} - \lambda \boldsymbol{m}_{cc}) \boldsymbol{X}_m - \lambda \boldsymbol{L}_{cb} (\boldsymbol{\Lambda}_b - \lambda \boldsymbol{I}_b)^{-1} (\lambda \boldsymbol{L}_{bc} \boldsymbol{X}_m + \boldsymbol{\phi}_{bs}^{\mathrm{T}} \boldsymbol{f}_{0s}) = \boldsymbol{t}_{c0} \boldsymbol{f}_{0s} + \boldsymbol{f}_{0m} \tag{6.3.24}$$

求得

$$\boldsymbol{X}_m = \frac{[\lambda \boldsymbol{L}_{cb} (\boldsymbol{\Lambda}_b - \lambda \boldsymbol{I}_b)^{-1} \boldsymbol{\phi}_{bs}^{\mathrm{T}} + \boldsymbol{t}_{c0}] \boldsymbol{f}_{0s} + \boldsymbol{f}_{0m}}{(\boldsymbol{k}_{cc} - \lambda \boldsymbol{m}_{cc}) \boldsymbol{X}_m - \lambda^2 \boldsymbol{L}_{cb} (\boldsymbol{\Lambda}_b - \lambda \boldsymbol{I}_b)^{-1} \boldsymbol{L}_{bc}} \tag{6.3.25}$$

则有

$$\begin{aligned}\boldsymbol{X} &= \boldsymbol{\phi}_b (\boldsymbol{\Lambda}_b - \lambda \boldsymbol{I}_b)^{-1} (\lambda \boldsymbol{L}_{bc} \boldsymbol{X}_m + \boldsymbol{\phi}_b^{\mathrm{T}} \boldsymbol{f}_0) + \boldsymbol{\Phi}_{c0} \boldsymbol{X}_m \\ &= [\boldsymbol{\phi}_b (\boldsymbol{\Lambda}_b - \lambda \boldsymbol{I}_b)^{-1} \lambda \boldsymbol{L}_{bc} + \boldsymbol{\Phi}_{c0}] \boldsymbol{X}_m + \boldsymbol{\phi}_b (\boldsymbol{\Lambda}_b - \lambda \boldsymbol{I}_b)^{-1} \boldsymbol{\phi}_b^{\mathrm{T}} \boldsymbol{f}_0 \\ &= (\lambda \boldsymbol{H}_b \boldsymbol{M} + \boldsymbol{I}) \boldsymbol{\Phi}_{c0} \boldsymbol{X}_m + \boldsymbol{H}_b \boldsymbol{f}_0 \end{aligned} \tag{6.3.26}$$

6.3.2 主要模态的选取

模态有效质量 $\boldsymbol{M}_{efk}$ 大小标记每个模态对系统的响应贡献大小.由于每个模态有效质量 $\boldsymbol{M}_{efk}$ 随 k 的增大很快收敛于零,故边界位移 $\boldsymbol{X}_m$ 也很快收敛.用参数 $\alpha_k = \boldsymbol{M}_{efk}/\boldsymbol{M}_{ef}$ 的大小表示 k 模态的重要程度,α_k 是 0 到 1 之间的数.α_k 越接近于 1,说明该模态越重要;α_k 越接近于零,说明该模态越不重要,可以忽略不计.因而,可以按模态有效质量 $\boldsymbol{M}_{efk}$ 大小标记每个模态对系统的响应贡献大小,依据参数 α_k 的大小,将固定边界模态 $\boldsymbol{\phi}_b$ 分为主要模态 $\boldsymbol{\phi}_{bL}$ 与非主要模态 $\boldsymbol{\phi}_{bH}$,有

$$\boldsymbol{\phi}_b = [\boldsymbol{\phi}_{bL} \quad \boldsymbol{\phi}_{bH}], \quad \boldsymbol{\Lambda}_b = \lceil \boldsymbol{\Lambda}_{bL} \quad \boldsymbol{\Lambda}_{bH} \rfloor \tag{6.3.27}$$

通常要忽略非主要模态 $\boldsymbol{\phi}_{bH}$,只考虑主要模态 $\boldsymbol{\phi}_{bL}$ 进行计算分析.则位移表达式为

$$\boldsymbol{X} = \boldsymbol{\phi}_{bL}\boldsymbol{q}_{bL} + \boldsymbol{\Phi}_{c0}\boldsymbol{X}_m \tag{6.3.28}$$

由式(6.3.20)与式(6.3.21),忽略非主要模态后,得位移近似解 $\bar{\boldsymbol{X}}$ 与边界位移近似解 $\bar{\boldsymbol{X}}_m$ 分别为

$$\bar{\boldsymbol{X}} = (\lambda \boldsymbol{H}_{sL}\boldsymbol{M} + \boldsymbol{I})\boldsymbol{\Phi}_{c0}\bar{\boldsymbol{X}}_m \tag{6.3.29}$$

$$\bar{\boldsymbol{X}}_m = \left(\boldsymbol{k}_{cc} - \lambda \boldsymbol{m}_{cc} - \lambda^2 \sum_{k=1}^{L} \boldsymbol{g}_{ck}\right)^{-1} \boldsymbol{f}_{0m} \tag{6.3.30}$$

如果要进一步考虑非主要模态 $\boldsymbol{\phi}_{bH}$ 的影响,就要想办法用低阶模态 $\boldsymbol{\phi}_{bL}$ 来表示高阶模态的影响.

由式(6.3.14)有

$$\begin{aligned}
\Delta \boldsymbol{M} &= \sum_{k=1}^{s} \boldsymbol{M}_{efk}(\boldsymbol{\Lambda}_{bk} - \lambda \boldsymbol{I}_{bk})^{-1} = \sum_{k=1}^{s} \boldsymbol{g}_{qk} \\
&= \sum_{k=1}^{L} \boldsymbol{g}_{ck} + \sum_{k=L+1}^{s} \boldsymbol{g}_{ck} = \sum_{k=1}^{L} \boldsymbol{g}_{ck} + \boldsymbol{\Delta}
\end{aligned}$$

$$\boldsymbol{\Delta} = \sum_{k=L+1}^{s} \boldsymbol{g}_{ck} = \Delta \boldsymbol{M} - \sum_{k=1}^{L} \boldsymbol{g}_{ck} \tag{6.3.31}$$

$$\begin{aligned}
\boldsymbol{H}_{bH} &= \boldsymbol{\phi}_{bH}(\boldsymbol{\Lambda}_{bH} - \lambda \boldsymbol{I}_{bH})^{-1}\boldsymbol{\phi}_{bH}^{\mathrm{T}} = \boldsymbol{H}_b - \boldsymbol{\phi}_{bL}(\boldsymbol{\Lambda}_{bL} - \lambda \boldsymbol{I}_{bL})^{-1}\boldsymbol{\phi}_{bL}^{\mathrm{T}} \\
&= \boldsymbol{H}_b - \boldsymbol{H}_{bL}
\end{aligned} \tag{6.3.32}$$

分别将式(6.3.31)、式(6.3.32)代入式(6.3.20)与式(6.3.21),得到考虑非主要模态影响的解为

$$\begin{aligned}
\boldsymbol{X}_m &= \left(\boldsymbol{k}_{cc} - \lambda \boldsymbol{m}_{cc} - \lambda^2 \sum_{k=1}^{L} \boldsymbol{g}_{ck} - \lambda^2 \boldsymbol{\Delta}\right)^{-1} \boldsymbol{f}_{0m} \\
\boldsymbol{X} &= [\lambda(\boldsymbol{H}_{bL} + \boldsymbol{H}_{bH})\boldsymbol{M} + \boldsymbol{I}]\boldsymbol{\Phi}_{c0}\boldsymbol{X}_m
\end{aligned} \tag{6.3.33}$$

6.3.3 静定边界的模态有效质量矩阵

静虚拟约束模态 $\boldsymbol{\Phi}_{c0}$ 可以分为静定虚拟约束模态 $\boldsymbol{\Phi}_{cR}$ 和静不定虚拟约束模态 $\boldsymbol{\Phi}_{cc}$,即

$$\boldsymbol{\Phi}_{c0} = [\boldsymbol{\Phi}_{cR} \quad \boldsymbol{\Phi}_{cc}], \quad \boldsymbol{X}_m = [\boldsymbol{X}_{mR}^{\mathrm{T}} \quad \boldsymbol{X}_{mc}^{\mathrm{T}}]^{\mathrm{T}} \tag{6.3.34}$$

式(6.1.59)表明,刚体模态 $\boldsymbol{\phi}_{ER}$ 是静定虚拟约束模态 $\boldsymbol{\Phi}_{cR}$ 的线性组合.同时,式(6.1.60)也表明静定虚拟约束模态 $\boldsymbol{\Phi}_{cR}$ 可表示为刚体模态 $\boldsymbol{\phi}_{ER}$ 的线性组合.

考虑静定边界的情况,静不定虚拟约束模态集 $\boldsymbol{\Phi}_{cc} = \boldsymbol{0}$. 这时,虚拟约束边界自由度 m 等于刚体模态自由度数 R,即 $m = R \leqslant 6$. 式(6.3.1)化为

$$\boldsymbol{X} = \boldsymbol{\phi}_b \boldsymbol{q}_b + \boldsymbol{\Phi}_{cR} \boldsymbol{X}_{mR} = \bar{\boldsymbol{\Phi}}_R \bar{\boldsymbol{q}}_R \tag{6.3.35}$$

其中

$$\boldsymbol{X}_{cR} = \boldsymbol{\Phi}_{cR} \boldsymbol{X}_{mR}, \quad \bar{\boldsymbol{\Phi}}_R = [\boldsymbol{\phi}_b \quad \boldsymbol{\Phi}_{cR}]$$

$$\bar{\boldsymbol{q}}_R = [\boldsymbol{q}_b^{\mathrm{T}} \quad \boldsymbol{X}_{mR}^{\mathrm{T}}], \quad \boldsymbol{\Phi}_{cR} = \begin{bmatrix} \boldsymbol{t}_{c0} \\ \boldsymbol{I}_R \end{bmatrix}$$

式(6.3.35)表明,当前自由边界状态结构位移 $\boldsymbol{X}$ 的完备集是虚拟约束边界模态集 $\boldsymbol{\phi}_b$ 加上刚体模态 $\boldsymbol{\Phi}_{cR}$.

将方程(6.3.35)代入方程(6.1.6a)并左乘 $\bar{\boldsymbol{\Phi}}_R^{\mathrm{T}}$,得模态坐标半解耦方程为

$$(\boldsymbol{K}_R - \lambda \boldsymbol{M}_R) \bar{\boldsymbol{q}}_R = \boldsymbol{F}_R \tag{6.3.36}$$

$$\boldsymbol{K}_R = \begin{bmatrix} \boldsymbol{\Lambda}_b & \boldsymbol{0} \\ \boldsymbol{0} & \boldsymbol{0} \end{bmatrix}, \quad \boldsymbol{M}_R = \begin{bmatrix} \boldsymbol{I}_b & \boldsymbol{L}_{bR} \\ \boldsymbol{L}_{bR}^{\mathrm{T}} & \boldsymbol{m}_{RR} \end{bmatrix}, \quad \boldsymbol{F}_R = \begin{Bmatrix} \boldsymbol{\phi}_b^{\mathrm{T}} \boldsymbol{f}_0 \\ \boldsymbol{\Phi}_{cR}^{\mathrm{T}} \boldsymbol{f}_0 \end{Bmatrix} \tag{6.3.37}$$

这里

$$\boldsymbol{k}_{RR} = \boldsymbol{\Phi}_{cR}^{\mathrm{T}} \boldsymbol{K} \boldsymbol{\Phi}_{cR} = \boldsymbol{K}_{mm} - \boldsymbol{K}_{ms} \boldsymbol{K}_{ss}^{-1} \boldsymbol{K}_{sm} = \boldsymbol{0}$$

$$\boldsymbol{m}_{RR} = \boldsymbol{\Phi}_{cR}^{\mathrm{T}} \boldsymbol{M} \boldsymbol{\Phi}_{cR} = \boldsymbol{t}_{c0}^{\mathrm{T}} \boldsymbol{M}_{ss} \boldsymbol{t}_{c0} + \boldsymbol{M}_{ms} \boldsymbol{t}_{c0} + \boldsymbol{t}_{c0}^{\mathrm{T}} \boldsymbol{M}_{sm} + \boldsymbol{M}_{mm} \tag{6.3.38}$$

$$\boldsymbol{L}_{bR} = \boldsymbol{L}_{Rb}^{\mathrm{T}} = \boldsymbol{\phi}_b^{\mathrm{T}} \boldsymbol{M} \boldsymbol{\Phi}_{cR}, \quad \boldsymbol{M}_{efk} = \boldsymbol{L}_{bRk}^{\mathrm{T}} \boldsymbol{L}_{bRk}$$

$$\boldsymbol{M}_{ef} = \sum_{k=1}^{N} \boldsymbol{L}_{bRk}^{\mathrm{T}} \boldsymbol{L}_{bRk} \tag{6.3.39}$$

把约束界面看作结构的基础,仅考虑基础激励的情况,有 $\boldsymbol{f}_{0s} = \boldsymbol{0}$, 则有式(6.3.6).式(6.3.36)、式(6.3.37)分别与式(6.3.2)、式(6.3.3)相比较,可以看到差别在于式(6.3.37)中的 $\boldsymbol{k}_{RR} = \boldsymbol{0}$.

方程(6.3.36)是半解耦方程,其中,刚度矩阵为对角矩阵,而质量矩阵为非对角矩阵.式(6.3.36)的第一个方程为

$$(\boldsymbol{\Lambda}_b - \lambda \boldsymbol{I}_b) \boldsymbol{q}_b = \lambda \boldsymbol{L}_{bc} \boldsymbol{X}_{mR}$$

求得模态坐标 $\boldsymbol{q}_b$ 为

$$\boldsymbol{q}_b = (\boldsymbol{\Lambda}_b - \lambda \boldsymbol{I}_b)^{-1} \lambda \boldsymbol{L}_{bc} \boldsymbol{X}_{mR} \tag{6.3.40}$$

式(6.3.36)的第二个方程为

$$-\lambda \boldsymbol{m}_{cc} \boldsymbol{X}_{mR} = \boldsymbol{f}_c + \boldsymbol{f}_{0m} \tag{6.3.41}$$

s 个内部自由度的贡献$\boldsymbol{f}_c$ 为

$$\begin{aligned}\boldsymbol{f}_c &= \lambda \boldsymbol{L}_{cb}\boldsymbol{q}_b = \lambda^2 \sum_{k=1}^{s} \boldsymbol{L}_{bck}^{\mathrm{T}}\boldsymbol{L}_{cbk}(\boldsymbol{\Lambda}_{bk} - \lambda \boldsymbol{I}_{bk})^{-1}\boldsymbol{X}_{mR} \\ &= \sum_{k=1}^{s} \boldsymbol{f}_{ck} = \lambda^2 \sum_{k=1}^{s} \boldsymbol{g}_{ck}\boldsymbol{X}_{mR}\end{aligned} \tag{6.3.42}$$

$$\begin{aligned}\boldsymbol{f}_{ck} &= \lambda^2 \boldsymbol{L}_{bck}^{\mathrm{T}}\boldsymbol{L}_{cbk}(\boldsymbol{\Lambda}_{bk} - \lambda \boldsymbol{I}_{bk})^{-1}\boldsymbol{X}_{mR} \\ &= \lambda^2 \boldsymbol{M}_{efk}(\boldsymbol{\Lambda}_{bk} - \lambda \boldsymbol{I}_{bk})^{-1}\boldsymbol{X}_{mR} \\ &= \lambda^2 \boldsymbol{g}_{ck}\boldsymbol{X}_{mR}\end{aligned} \tag{6.3.43}$$

其中

$$\boldsymbol{g}_{ck} = \boldsymbol{M}_{efk}(\boldsymbol{\Lambda}_{bk} - \lambda \boldsymbol{I}_{bk})^{-1}, \quad \boldsymbol{M}_{efk} = \boldsymbol{L}_{bck}^{\mathrm{T}}\boldsymbol{L}_{bck} \tag{6.3.44}$$

$$\begin{aligned}\boldsymbol{M}_{ef} &= \boldsymbol{L}_{bc}^{\mathrm{T}}\boldsymbol{L}_{bc} = \sum_{k=1}^{s} \boldsymbol{M}_{efk} = \sum_{k=1}^{s} \boldsymbol{L}_{bck}^{\mathrm{T}}\boldsymbol{L}_{bck} \\ &= \boldsymbol{t}_{c0}^{\mathrm{T}}\boldsymbol{M}_{ss}\boldsymbol{t}_{c0} + \boldsymbol{M}_{ms}\boldsymbol{t}_{c0} + \boldsymbol{t}_{c0}^{\mathrm{T}}\boldsymbol{M}_{sm} + \boldsymbol{M}_{ms}\boldsymbol{M}_{ss}^{-1}\boldsymbol{M}_{sm}\end{aligned} \tag{6.3.45}$$

比较式(6.3.45)与式(6.3.38),总模态有效质量矩阵 $\boldsymbol{M}_{ef}$不等于刚体模态质量阵$\boldsymbol{m}_{RR}$,有

$$\overline{\boldsymbol{M}}_{mm} = \boldsymbol{m}_{RR} - \boldsymbol{M}_{ef} = \boldsymbol{M}_{mm} - \boldsymbol{M}_{ms}\boldsymbol{M}_{ss}^{-1}\boldsymbol{M}_{sm}$$

将式(6.3.42)代入式(6.3.41),得

$$\left(-\lambda \boldsymbol{m}_{cc} - \lambda^2 \sum_{k=1}^{s} \boldsymbol{g}_{ck}\right)\boldsymbol{X}_{mR} = \boldsymbol{f}_{0m} \tag{6.3.46}$$

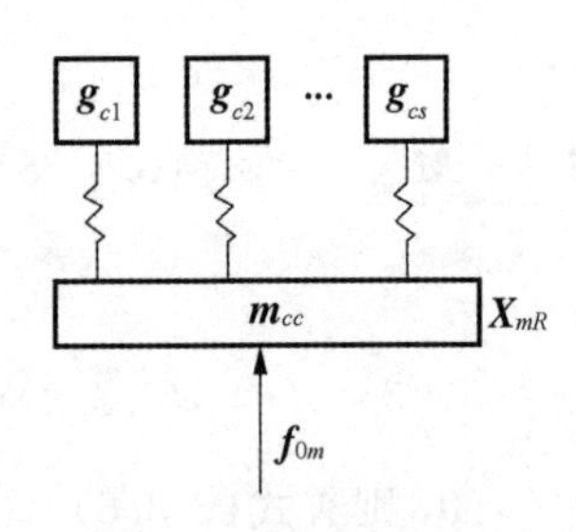

图 6.5　基础激励示意图

式(6.3.46)中仅含基础位移幅值 $\boldsymbol{X}_m$ 与基础激励力 $\boldsymbol{f}_{0m}$ 变量,这是基础激励的动力学方程.该方程说明可以将 N 个自由度系统方程(6.3.2)减缩为边界 m 个自由度的基础激励系统,如图 6.5 所示,从而大大减缩了求解的自由度数,大大提高了计算效率.图 6.4 与图 6.5 相比较,这里基础上少了一个刚度,即 $\boldsymbol{k}_{RR} = \boldsymbol{0}$.

式(6.3.46)说明式(6.3.36)的半解耦方程可以将 n 个自由度系统减缩为边界m 个自由度系统,如图 6.4 所示.将图 6.4 与图 6.3相比较,这里基础上少了刚度,即 $\boldsymbol{k}_{RR} = \boldsymbol{0}$.

由式(6.3.46)得基础激励的基础响应为

$$\begin{aligned}\boldsymbol{X}_{mR} &= \left(-\lambda \boldsymbol{m}_{RR} - \lambda^2 \sum_{k=1}^{s} \boldsymbol{g}_{ck}\right)^{-1}\boldsymbol{f}_{0m} \\ &= (-\lambda \boldsymbol{m}_{cc} - \lambda^2 \Delta \boldsymbol{M})^{-1}\boldsymbol{f}_{0m} \\ &= \left[-\lambda \boldsymbol{m}_{RR} - \lambda^2 \sum_{k=1}^{s} \boldsymbol{M}_{efk}(\boldsymbol{\Lambda}_{bk} - \lambda \boldsymbol{I}_{bk})^{-1}\right]^{-1}\boldsymbol{f}_{0m}\end{aligned} \tag{6.3.47}$$

将式(6.3.40)代入式(6.3.35),即得位移幅值 $\boldsymbol{X}$ 为

$$\boldsymbol{X}=\boldsymbol{\phi}_b\boldsymbol{q}_b+\boldsymbol{\Phi}_{cR}\boldsymbol{X}_{mR}=[\boldsymbol{\phi}_b(\boldsymbol{\Lambda}_b-\lambda\boldsymbol{I}_b)^{-1}\lambda\boldsymbol{L}_{bc}+\boldsymbol{\Phi}_{cR}]\boldsymbol{X}_{mR}$$
$$=[\lambda\boldsymbol{\phi}_b(\boldsymbol{\Lambda}_b-\lambda\boldsymbol{I}_b)^{-1}\boldsymbol{\phi}_b^{\mathrm{T}}\boldsymbol{M}+\boldsymbol{I}]\boldsymbol{\Phi}_{cR}\boldsymbol{X}_{mR}$$
$$=(\lambda\boldsymbol{H}_b\boldsymbol{M}+\boldsymbol{I})\boldsymbol{\Phi}_{cR}\boldsymbol{X}_{mR} \tag{6.3.48}$$

将式(6.3.47)的边界位移 $\boldsymbol{X}_{mR}$ 代入上式,即得系统位移 $\boldsymbol{X}$.

可以按模态有效质量 $\boldsymbol{M}_{efk}$ 大小标记每个模态对系统的响应贡献大小,依据参数 α_k 的大小,将固定边界模态 $\boldsymbol{\phi}_b$ 分为主要模态 $\boldsymbol{\phi}_{bL}$ 与非主要模态 $\boldsymbol{\phi}_{bH}$,有

$$\boldsymbol{\phi}_b=[\boldsymbol{\phi}_{bL}\quad\boldsymbol{\phi}_{bH}],\quad\boldsymbol{\Lambda}_b=\lceil\boldsymbol{\Lambda}_{bL}\quad\boldsymbol{\Lambda}_{bH}\rfloor \tag{6.3.49}$$

通常要忽略非主要模态 $\boldsymbol{\phi}_{bH}$,只考虑主要模态 $\boldsymbol{\phi}_{bL}$ 进行计算分析,则位移表达式为

$$\boldsymbol{X}=\boldsymbol{\phi}_{bL}\boldsymbol{q}_{bL}+\boldsymbol{\Phi}_{c0}\boldsymbol{X}_{mR} \tag{6.3.50}$$

这就是 Craig-Bampton 子结构位移表达式.克拉夫、Kammer 与 Triller 以及 Jaap Wijker 介绍的方法所采用的假设位移表达式,是位移表达式(6.3.35)的一阶近似.

由式(6.3.47)与式(6.3.48),忽略非主要模态后,得位移近似解 $\bar{\boldsymbol{X}}$ 与边界位移近似解 $\bar{\boldsymbol{X}}_{mR}$ 分别为

$$\bar{\boldsymbol{X}}=(\lambda\boldsymbol{H}_{sL}\boldsymbol{M}+\boldsymbol{I})\boldsymbol{\Phi}_{c0}\bar{\boldsymbol{X}}_{mR} \tag{6.3.51}$$

$$\boldsymbol{X}_{mR}=\left(-\lambda\boldsymbol{m}_{RR}-\lambda^2\sum_{k=1}^{L}\boldsymbol{g}_{ck}\right)^{-1}\boldsymbol{f}_{0m}$$
$$=\left[-\lambda\boldsymbol{m}_{RR}-\lambda^2\sum_{k=1}^{L}\boldsymbol{M}_{efk}(\boldsymbol{\Lambda}_{bk}-\lambda\boldsymbol{I}_{bk})^{-1}\right]^{-1}\boldsymbol{f}_{0m} \tag{6.3.52}$$

这就是 Jaap Wijker 采用假设位移表达式(6.3.50)导出的结果.

例 6.3 如图 6.6 所示,结构均匀分为三个杆单元,用上面介绍的方法,由虚拟约束边界模态计算给出自由边界的模态.

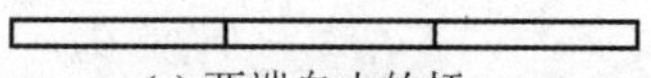

(a) 两端自由的杆

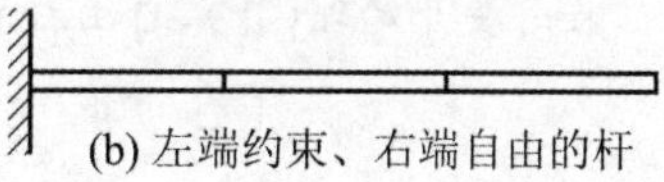

(b) 左端约束、右端自由的杆

图 6.6 自由杆纵向振动

解 图 6.6(a)中的自由杆有刚度矩阵与质量矩阵,分别为

$$\boldsymbol{K}_E=k\begin{bmatrix}1&-1&&\\-1&2&-1&\\&-1&2&-1\\&&-1&1\end{bmatrix},\quad\boldsymbol{M}_E=m\begin{bmatrix}1&&&\\&2&&\\&&2&\\&&&1\end{bmatrix} \tag{1}$$

左端虚拟约束、右端自由的杆有刚度矩阵与质量矩阵,分别为

$$\boldsymbol{K}=k\begin{bmatrix}1&-1&0\\-1&2&-1\\0&-1&2\end{bmatrix},\quad\boldsymbol{M}=m\begin{bmatrix}1&&\\&2&\\&&2\end{bmatrix} \tag{2}$$

求得虚拟约束边界杆的特征值 ω^2 和主模态 $\bar{\boldsymbol{\phi}}_b$ 分别为

$$\boldsymbol{\Lambda}_{bk} = \omega_{bk}^2 = \frac{2-\sqrt{3}}{2}\frac{k}{m},\ \frac{k}{m},\ \frac{2+\sqrt{3}}{2}\frac{k}{m} \tag{3}$$

$$\boldsymbol{\phi}_{bs} = \begin{bmatrix} \boldsymbol{\phi}_{bs1} & \boldsymbol{\phi}_{bs2} & \boldsymbol{\phi}_{bs3} \end{bmatrix} = \frac{1}{\sqrt{3m}}\begin{bmatrix} 1 & 1 & 1 \\ \frac{\sqrt{3}}{2} & 0 & -\frac{\sqrt{3}}{2} \\ \frac{1}{2} & -1 & \frac{1}{2} \end{bmatrix} \tag{4}$$

静虚拟约束模态为

$$\boldsymbol{\Phi}_{c0} = \begin{bmatrix} t_{c0m} \\ 1 \end{bmatrix} = \begin{bmatrix} -k_{ss}^{-1}k_{sm} \\ 1 \end{bmatrix} = \begin{bmatrix} 1 \\ 1 \\ 1 \\ 1 \end{bmatrix} \tag{5}$$

则用虚拟约束边界模态表示的完全集 $\bar{\boldsymbol{\Phi}}_c$ 为

$$\bar{\boldsymbol{\Phi}}_c = \begin{bmatrix} \boldsymbol{\phi}_{b1} & \boldsymbol{\phi}_{b2} & \boldsymbol{\phi}_{b3} & \boldsymbol{\Phi}_{c0} \end{bmatrix} = \frac{1}{\sqrt{3m}}\begin{bmatrix} 1 & 1 & 1 & \sqrt{3m} \\ \frac{\sqrt{3}}{2} & 0 & -\frac{\sqrt{3}}{2} & \sqrt{3m} \\ \frac{1}{2} & -1 & \frac{1}{2} & \sqrt{3m} \\ 0 & 0 & 0 & \sqrt{3m} \end{bmatrix} \tag{6}$$

$$\bar{\boldsymbol{q}}_c = \begin{bmatrix} \boldsymbol{q}_{b1} & \boldsymbol{q}_{b2} & \boldsymbol{q}_{b3} & \boldsymbol{X}_1 \end{bmatrix}^{\mathrm{T}} \tag{7}$$

采用展开定理(Ⅱ),自由杆的纵向振动位移表示为

$$\boldsymbol{X} = \bar{\boldsymbol{\Phi}}_c\,\bar{\boldsymbol{q}}_c \tag{8}$$

当界面力 $\boldsymbol{f}_{0m}$ 为零时,由式(6.3.46)得特征值方程为

$$\left(-\lambda \boldsymbol{m}_{cc} - \lambda^2\sum_{k=1}^{3}\boldsymbol{g}_{ck}\right)\boldsymbol{X}_{m1} = \boldsymbol{0} \tag{9}$$

总的模态有效质量矩阵 $\boldsymbol{M}_{ef}$(式(6.3.45))为

$$\begin{aligned} M_{ef} = L_{bc}^{\mathrm{T}}L_{bc} &= \left(\frac{7+4\sqrt{3}}{3} + \frac{1}{3} + \frac{7-4\sqrt{3}}{3}\right)m \\ &= (0.928\,546\,882 + 0.066\,666\,7 + 0.004\,786\,451)5m \\ &= 5m \end{aligned}$$

即

$$M_{ef1} = 0.928\,546\,882 \times M_{ef}$$
$$M_{ef2} = 0.066\,666\,7 \times M_{ef}$$

$$M_{ef3} = 0.004\,786\,451 \times M_{ef}$$

由此可见,模态有效质量收敛得很快.

$$m_{cc} = m[1\quad 1\quad 1\quad 1]\begin{bmatrix}1 & & & \\ & 2 & & \\ & & 2 & \\ & & & 1\end{bmatrix}\begin{bmatrix}1\\1\\1\\1\end{bmatrix} = 6m \tag{10}$$

很显然,有 $M_{ef} \neq m_{cc}$.

每个内自由度 k 的贡献因子为

$$g_{c1} = M_{ef1}(\Lambda_{b1} - \lambda I)^{-1} = \frac{7+4\sqrt{3}}{3}m\left(\frac{2-\sqrt{3}}{2}\frac{k}{m} - \omega^2\right)^{-1}$$

$$g_{c2} = M_{ef2}(\Lambda_{b2} - \lambda I)^{-1} = \frac{1}{3}m\left(\frac{k}{m} - \omega^2\right)^{-1}$$

$$g_{c3} = M_{ef3}(\Lambda_{b3} - \lambda I)^{-1} = \frac{7-4\sqrt{3}}{3}m\left(\frac{2+\sqrt{3}}{2}\frac{k}{m} - \omega^2\right)^{-1} \tag{11}$$

当界面力 f_{0m} 为零时,由式(6.3.46)得特征值方程为

$$\left(-\lambda m_{cc} - \lambda^2\sum_{k=1}^{3}g_{ck}\right)X_{m1} = 0 \tag{12}$$

$$-\omega^2\left\{6m + \omega^2\left[\frac{7+4\sqrt{3}}{3}m\left(\frac{2-\sqrt{3}}{2}\frac{k}{m} - \omega^2\right)^{-1} + \frac{1}{3}m\left(\frac{k}{m} - \omega^2\right)^{-1}\right.\right.$$
$$\left.\left. + \frac{7-4\sqrt{3}}{3}m\left(\frac{2+\sqrt{3}}{2}\frac{k}{m} - \omega^2\right)^{-1}\right]\right\} = 0$$

求得自由界面模态特征值为

$$\lambda_k = \omega_{Ek}^2 = 0,\ \frac{k}{2m},\ \frac{3k}{2m},\ \frac{2k}{m}$$

则自由界面模态固有圆频率为

$$\omega_{Ek} = 0,\ 0.707\,1\frac{k}{m},\ 1.224\,7\frac{k}{m},\ 1.414\,2\frac{k}{m} \tag{13}$$

这时,有 $X_{mR} = X_1$. 取界面位移为 1,由式(6.3.40)知模态坐标 q_b 为

$$q_b = (\Lambda_b - \lambda I_b)^{-1}\lambda L_{bc}X_1 = (\Lambda_b - \lambda I_b)^{-1}\lambda L_{bc} \tag{14}$$

将 Λ_{bk}(式(3)),λ_k(式(13))和 L_{bck} 代入上式,即可求得

$$q_{bk} = (\Lambda_{bk} - \lambda_k I_b)^{-1}\lambda_k L_{bck}$$

则相应的模态坐标特征向量为

$$\bar{\boldsymbol{q}}_c = [\boldsymbol{q}_{b1} \quad \boldsymbol{q}_{b2} \quad \boldsymbol{q}_{b3} \quad \boldsymbol{X}_1]^{\mathrm{T}} = \begin{bmatrix} 0 & -\dfrac{5+3\sqrt{3}}{6}\sqrt{3m} & -\dfrac{1+\sqrt{3}}{2}\sqrt{3m} & -\dfrac{4}{3}\sqrt{3m} \\ 0 & -\dfrac{1}{3}\sqrt{3m} & \sqrt{3m} & \dfrac{2}{3}\sqrt{3m} \\ 0 & -\dfrac{5-3\sqrt{3}}{6}\sqrt{3m} & -\dfrac{1-\sqrt{3}}{2}\sqrt{3m} & -\dfrac{4}{3}\sqrt{3m} \\ 1 & 1 & 1 & 1 \end{bmatrix} \tag{15}$$

自由界面特征向量为

$$\boldsymbol{\phi}_E = [\boldsymbol{\Phi}_{cR} \quad \boldsymbol{\phi}_{b1} \quad \boldsymbol{\phi}_{b1} \quad \boldsymbol{\phi}_{b3}] = \bar{\boldsymbol{\Phi}}_c \bar{\boldsymbol{q}}$$

$$= \frac{1}{\sqrt{3m}} \begin{bmatrix} 1 & 1 & 1 & \sqrt{3m} \\ \dfrac{\sqrt{3}}{2} & 0 & -\dfrac{\sqrt{3}}{2} & \sqrt{3m} \\ \dfrac{1}{2} & -1 & \dfrac{1}{2} & \sqrt{3m} \\ 0 & 0 & 0 & \sqrt{3m} \end{bmatrix} \begin{bmatrix} 0 & -\dfrac{5+3\sqrt{3}}{6}\sqrt{3m} & -\dfrac{1+\sqrt{3}}{2}\sqrt{3m} & -\dfrac{4}{3}\sqrt{3m} \\ 0 & -\dfrac{1}{3}\sqrt{3m} & \sqrt{3m} & \dfrac{2}{3}\sqrt{3m} \\ 0 & -\dfrac{5-3\sqrt{3}}{6}\sqrt{3m} & -\dfrac{1-\sqrt{3}}{2}\sqrt{3m} & -\dfrac{4}{3}\sqrt{3m} \\ 1 & 1 & 1 & 1 \end{bmatrix}$$

$$= \begin{bmatrix} 1 & -1 & 1 & -1 \\ 1 & -\dfrac{1}{2} & -\dfrac{1}{2} & 1 \\ 1 & \dfrac{1}{2} & -\dfrac{1}{2} & -1 \\ 1 & 1 & 1 & 1 \end{bmatrix} \tag{16}$$

直接从方程求得的特征值与特征向量分别与式(13)、式(16)比较,可以看到结果完全一致,从而证明了方法的正确性.

当式(12)仅取一项时,即 $s = 1$,特征值方程为

$$\omega^2 \left\{ 6m + \omega^2 \left[\frac{7+4\sqrt{3}}{3} m \left(\frac{2-\sqrt{3}}{2} \frac{k}{m} - \omega^2 \right)^{-1} \right] \right\} = 0$$

求得 $\omega^2 = 0,\ 0.592\,255\,2\dfrac{k}{m}$,则固有圆频率 $\omega_1 = 0$,$\omega_2 = 0.769\,581\,2\sqrt{\dfrac{k}{m}}$,与式(13)的 ω_2 相比较,其误差为 $\delta = 8.8\%$.

当式(12)仅取两项时,即 $s = 2$,特征值方程为

$$\omega^2 \left\{ 6m + \omega^2 \left[\frac{7+4\sqrt{3}}{3} m \left(\frac{2-\sqrt{3}}{2} \frac{k}{m} - \omega^2 \right)^{-1} + \frac{1}{3} m \left(\frac{k}{m} - \omega^2 \right)^{-1} \right] \right\} = 0$$

求得特征值 $\omega_1=0$，$\omega_2^2 = 0.501\,469\,414\,\dfrac{k}{m}$，$\omega_3^2 = 1.565\,517\,885\,\dfrac{k}{m}$，则固有圆频率 $\omega_1=0$，固有圆频率 $\omega_2=0.708\,145\sqrt{\dfrac{k}{m}}$，与式(13)的 ω_2 相比较，其误差为 $\delta = 0.15\%$. 固有圆频率 $\omega_3 = 1.251\,21\sqrt{\dfrac{k}{m}}$，与式(13)的 ω_3 相比较，其误差为 $\delta = 2.16\%$. 表6.3给出了取不同 s 数时固有圆频率计算结果误差比较，由此可见，固有圆频率收敛得很快.

表6.3　取不同 s 数时固有圆频率计算结果误差比较

s	3	2		1	
	圆频率$\left(\sqrt{\dfrac{k}{m}}\right)$	圆频率$\left(\sqrt{\dfrac{k}{m}}\right)$	误差(%)	圆频率$\left(\sqrt{\dfrac{k}{m}}\right)$	误差(%)
ω_1	0	0	0	0	0
ω_2	0.707 1	0.501 469 414	0.15	0.769 581 2	8.8
ω_3	1.224 7	1.565 517 885	2.16	—	—
ω_4	1.414 2	—	—	—	—

6.4 凝聚法

6.4.1 静态凝聚

在有限元法中，一种习惯做法是采用集中质量矩阵，即非一致质量矩阵进行运算，它是以集中质量的对角矩阵来表示的. 这里的问题是节点位移会包含有旋转位移，如同在弯曲振动中一样，质量矩阵的元素中会有惯性矩，但除非有充分的理由确信旋转惯性效应很大以外，一般集中质量矩阵仅包含点质量而很少包含惯性矩，所以相应旋转位移的对角项一般为零. 实际上，在集中质量矩阵中，某些对角项为零，就是象征着相应的位移对求解不重要，并可以从特征值问题的表达式中消去，这种消去过程称为静态凝聚，它的最终结果是减小特征值问题的阶数. 值得指出的是，在数学上静态凝聚没有包含任何近似概念. 当我们只需求少数几个特征值时，凝聚计算变得十分容易.

下面考虑特征值问题：

$$\boldsymbol{K}\boldsymbol{X} = \lambda \boldsymbol{M}\boldsymbol{X} \tag{6.4.1}$$

式中，$\boldsymbol{K}$ 为对称刚度矩阵，$\boldsymbol{M}$ 为对角集中质量矩阵，$\boldsymbol{X}$ 为节点位移向量.

然后，假定有某些零对角项，我们可以重新排列 $\boldsymbol{M}$ 矩阵使得所有的零对角项形成一个零子矩阵. 这样，我们可以分割特征值问题(6.4.1)，即

$$\begin{bmatrix} \boldsymbol{K}_{ss} & \boldsymbol{K}_{sm} \\ \boldsymbol{K}_{ms} & \boldsymbol{K}_{mm} \end{bmatrix} \begin{Bmatrix} \boldsymbol{X}_s \\ \boldsymbol{X}_m \end{Bmatrix} = \lambda \begin{bmatrix} \boldsymbol{0} & \boldsymbol{0} \\ \boldsymbol{0} & \boldsymbol{M}_{mm} \end{bmatrix} \begin{Bmatrix} \boldsymbol{X}_s \\ \boldsymbol{X}_m \end{Bmatrix} \tag{6.4.2}$$

式中，$\boldsymbol{K}_{mm}$，$\boldsymbol{K}_{ss}$分别为对应于主、从自由度描述的刚度矩阵；$\boldsymbol{K}_{ms}$，$\boldsymbol{K}_{sm}$分别为主、从自由度耦合的刚度矩阵；$\boldsymbol{X}_m$，$\boldsymbol{X}_s$分别为主、从自由度描述的广义位移.

方程(6.3.2)可分割成两个方程：

$$\boldsymbol{K}_{ss}\boldsymbol{X}_s + \boldsymbol{K}_{sm}\boldsymbol{X}_m = \boldsymbol{0} \tag{6.4.3a}$$

$$\boldsymbol{K}_{ms}\boldsymbol{X}_s + \boldsymbol{K}_{mm}\boldsymbol{X}_m = \lambda \boldsymbol{M}_{mm}\boldsymbol{X}_m \tag{6.4.3b}$$

对 $\boldsymbol{X}_s$解方程(6.4.3a)，得

$$\boldsymbol{X}_s = -\boldsymbol{K}_{ss}^{-1}\boldsymbol{K}_{sm}\boldsymbol{X}_m$$

则有

$$\begin{gathered} \boldsymbol{X} = \begin{Bmatrix} \boldsymbol{X}_s \\ \boldsymbol{X}_m \end{Bmatrix} = \begin{bmatrix} -\boldsymbol{K}_{ss}^{-1}\boldsymbol{K}_{sm} \\ \boldsymbol{I}_m \end{bmatrix} \boldsymbol{X}_m = \boldsymbol{T}_0\boldsymbol{X}_m \\ \boldsymbol{T}_0 = \begin{bmatrix} -\boldsymbol{K}_{ss}^{-1}\boldsymbol{K}_{sm} \\ \boldsymbol{I}_m \end{bmatrix} \boldsymbol{X}_m \end{gathered} \tag{6.4.4}$$

因此，把方程(6.4.4)代入方程(6.4.3a)，得到凝聚的特征值问题

$$\boldsymbol{K}_0\boldsymbol{X}_m = \lambda \boldsymbol{M}_0\boldsymbol{X}_m \tag{6.4.5}$$

式中

$$\begin{gathered} \boldsymbol{M}_0 = \boldsymbol{T}_0^{\mathrm{T}}\boldsymbol{M}\boldsymbol{T}_0 = \boldsymbol{M}_{mm} \\ \boldsymbol{K}_0 = \boldsymbol{T}_0^{\mathrm{T}}\boldsymbol{K}\boldsymbol{T}_0 = \boldsymbol{K}_{mm} - \boldsymbol{K}_{ms}\boldsymbol{K}_{ss}^{-1}\boldsymbol{K}_{sm} \end{gathered} \tag{6.4.6}$$

是静凝聚后的低阶对称矩阵.

由方程(6.4.5)的解可得出一组特征值 λ_i 和相应的特征向量$\boldsymbol{\phi}_{im}$.然后，节点位移向量 $\boldsymbol{\phi}_i$ 的剩下的分量，即分量 $\boldsymbol{\phi}_{is}$可从方程(6.4.4)得到.

6.4.2　质量凝聚

通常，我们已知对应某些位移的惯性力比对应其余位移的惯性力要小得多.因此，可以认为在整个解中，这一类位移相对来说是不重要的.可是在特征值问题的计算机求解过程中，所有的位移都起同样的作用.所以人们会提出问题，是否可能从特征值问题的公式中消除不重要的位移而又对最终结果影响不太大？实际上，这相当于为了减少计算机的工作量而牺牲其解的精度.这就是质量凝聚方法的本质，有时称为特征值节省.在一个非常高阶系统的情况下，如果消除足够的自由度，则可用计算机内存代替外存求解问题.

早期提出这个方法的艾恩斯(Irons)称重要的位移为“主”位移，而称不重要的位移为“从属”位移.他建议，悬臂结构长度方向的位移、靠近固支端的位移和旋转位移(后者是基于它们很少用于描述模态向量)均可当作从属位移.

我们将全位移向量 $\boldsymbol{u}$ 划分为主(正)位移向量 $\boldsymbol{u}_1$ 和从属(副)位移向量 $\boldsymbol{u}_2$，相应式(6.4.1)的分块方程为

$$\begin{bmatrix} \boldsymbol{K}_{11} & \boldsymbol{K}_{12} \\ \boldsymbol{K}_{21} & \boldsymbol{K}_{22} \end{bmatrix} \begin{bmatrix} \boldsymbol{u}_1 \\ \boldsymbol{u}_2 \end{bmatrix} = \lambda \begin{bmatrix} \boldsymbol{M}_{11} & \boldsymbol{M}_{12} \\ \boldsymbol{M}_{21} & \boldsymbol{M}_{22} \end{bmatrix} \begin{bmatrix} \boldsymbol{u}_1 \\ \boldsymbol{u}_2 \end{bmatrix} \tag{6.4.7}$$

将上式中的分块矩阵展开后，得

$$\boldsymbol{K}_{11}\boldsymbol{u}_1 + \boldsymbol{K}_{12}\boldsymbol{u}_2 = \lambda(\boldsymbol{M}_{11}\boldsymbol{u}_1 + \boldsymbol{M}_{12}\boldsymbol{u}_2) \tag{6.4.8a}$$

$$\boldsymbol{K}_{21}\boldsymbol{u}_1 + \boldsymbol{K}_{22}\boldsymbol{u}_2 = \lambda(\boldsymbol{M}_{21}\boldsymbol{u}_1 + \boldsymbol{M}_{22}\boldsymbol{u}_2) \tag{6.4.8b}$$

我们假设方程(6.4.8b)中的惯性力对从属位移 $\boldsymbol{u}_2$ 的影响比静力效应小很多，因而可以忽略惯性力项，式(6.4.8b)化为

$$\boldsymbol{K}_{21}\boldsymbol{u}_1 + \boldsymbol{K}_{22}\boldsymbol{u}_2 = \boldsymbol{0} \tag{6.4.9}$$

给出用主位移 $\boldsymbol{u}_1$ 表示的从属位移 $\boldsymbol{u}_2$ 的表达式

$$\begin{aligned} \boldsymbol{u}_2 &= -\boldsymbol{K}_{22}^{-1}\boldsymbol{K}_{21}\boldsymbol{u}_1 = \boldsymbol{t}_0\boldsymbol{u}_1 \\ \boldsymbol{t}_0 &= -\boldsymbol{K}_{22}^{-1}\boldsymbol{K}_{21} \end{aligned} \tag{6.4.10}$$

式(6.4.10)与式(6.4.4)相同，但含义不同，式(6.4.10)是近似关系式，而式(6.4.4)是不作任何近似的静力凝聚关系式.

式(6.4.10)也可看作一个约束方程或变换矩阵.全位移 $\boldsymbol{u}$ 向量也可以用主位移向量 $\boldsymbol{u}_1$ 表示，即

$$\boldsymbol{u} = \begin{bmatrix} \boldsymbol{u}_1 \\ \boldsymbol{u}_2 \end{bmatrix} = \begin{bmatrix} \boldsymbol{I} \\ -\boldsymbol{K}_{22}^{-1}\boldsymbol{K}_{21} \end{bmatrix} \boldsymbol{u}_1 = \boldsymbol{T}_0\boldsymbol{u}_1 \tag{6.4.11}$$

式中，$\boldsymbol{T}_0$ 为变换矩阵，

$$\boldsymbol{T}_0 = \begin{bmatrix} \boldsymbol{I} \\ -\boldsymbol{K}_{22}^{-1}\boldsymbol{K}_{21} \end{bmatrix} = \begin{bmatrix} \boldsymbol{I} \\ \boldsymbol{t}_0 \end{bmatrix} \tag{6.4.12}$$

将式(6.4.11)代入式(6.4.1)，得到质量凝聚的特征值问题为

$$\boldsymbol{K}_0\boldsymbol{u}_1 = \lambda\boldsymbol{M}_0\boldsymbol{u}_1 \tag{6.4.13}$$

式中，减缩的刚度矩阵 $\boldsymbol{K}_0$ 与质量矩阵 $\boldsymbol{M}_0$ 分别为

$$\boldsymbol{K}_0 = \boldsymbol{T}_0^{\mathrm{T}}\boldsymbol{K}\boldsymbol{T}_0 = \boldsymbol{K}_{11} - \boldsymbol{K}_{12}\boldsymbol{K}_{22}^{-1}\boldsymbol{K}_{21} \tag{6.4.14}$$

$$\boldsymbol{M}_0 = \boldsymbol{T}_0^{\mathrm{T}}\boldsymbol{M}\boldsymbol{T}_0 = \boldsymbol{M}_{11} - \boldsymbol{K}_{21}^{\mathrm{T}}\boldsymbol{K}_{22}^{-1}\boldsymbol{M}_{21} - \boldsymbol{M}_{12}\boldsymbol{K}_{22}^{-1}\boldsymbol{K}_{21} + \boldsymbol{K}_{21}^{\mathrm{T}}\boldsymbol{K}_{22}^{-1}\boldsymbol{M}_{22}\boldsymbol{K}_{22}^{-1}\boldsymbol{K}_{21} \tag{6.4.15}$$

这样，质量凝聚法将问题的自由度数减缩到主位移向量的自由度数.

考虑一般的动力学方程

$$\boldsymbol{M}\ddot{\boldsymbol{u}} + \boldsymbol{C}\ddot{\boldsymbol{u}} + \boldsymbol{K}\boldsymbol{u} = \boldsymbol{f} \tag{6.4.16}$$

采用变换矩阵式(6.4.12)，可得

$$\boldsymbol{M}_0\ddot{\boldsymbol{u}}_1 + \boldsymbol{C}_0\ddot{\boldsymbol{u}}_1 + \boldsymbol{K}_0\boldsymbol{u}_1 = \boldsymbol{F}_0 \tag{6.4.17}$$

其中，$\boldsymbol{M}_0$ 与 $\boldsymbol{K}_0$ 分别为式(6.4.14)与式(6.4.15)，$\boldsymbol{C}_0$ 与 $\boldsymbol{F}_0$ 分别为

$$C_0 = T_0^{\mathrm{T}} C T_0, \quad F_0 = T_0^{\mathrm{T}} f \tag{6.4.18}$$

6.4.3 精确动力凝聚

将式(6.4.8b)改写为

$$(K_{21} - \lambda M_{21}) u_1 + (K_{22} - \lambda M_{22}) u_2 = 0 \tag{6.4.19}$$

可以给出用主位移向量 u_1 表示的从属位移向量 u_2 的精确表达式为

$$u_2 = -(K_{22} - \lambda M_{22})^{-1}(K_{21} - \lambda M_{21}) u_1 = t u_1 \tag{6.4.20}$$

$$t = -(K_{22} - \lambda M_{22})^{-1}(K_{21} - \lambda M_{21}) \tag{6.4.21}$$

式(6.4.20)可以看作一个精确的约束方程或变换矩阵,这样全位移向量 u 可以用主位移向量 u_1 精确地表示为

$$u = T u_1 \tag{6.4.22}$$

式中,T 为精确变换矩阵,或称为精确约束模态矩阵,

$$T = \begin{bmatrix} I \\ t \end{bmatrix} = \begin{bmatrix} I \\ -(K_{22} - \lambda M_{22})^{-1}(K_{21} - \lambda M_{21}) \end{bmatrix} \tag{6.4.23}$$

将柔度矩阵 H 改写为

$$H = (K_{22} - \lambda M_{22})^{-1} = K_{22}^{-1} + \lambda (K_{22} - \lambda M_{22})^{-1} M_{22} K_{22}^{-1} \tag{6.4.24}$$

将其代入式(6.4.21),得

$$\begin{aligned} t &= -(K_{22} - \lambda M_{22})^{-1} K_{21} + \lambda (K_{22} - \lambda M_{22})^{-1} M_{21} \\ &= -K_{22}^{-1} K_{21} + \lambda (K_{22} - \lambda M_{22})^{-1} (M_{21} - M_{22} K_{22}^{-1} K_{21}) \\ &= t_0 + \lambda \Delta t \end{aligned} \tag{6.4.25}$$

其中,t_0 见式(6.4.10)的第二个式子,

$$\Delta t = (K_{22} - \lambda M_{22})^{-1}(M_{21} - M_{22} K_{22}^{-1} K_{21}) \tag{6.4.26}$$

将式(6.4.25)代入式(6.4.23),得精确约束模态矩阵为

$$T = T_0 + \lambda \Delta T, \quad \Delta T = \begin{bmatrix} 0 \\ \Delta t \end{bmatrix} \tag{6.4.27}$$

其中,T_0 为质量凝聚变换矩阵,见式(6.4.12),Δt 见式(6.4.26).将式(6.4.22)和式(6.4.27)代入式(6.4.1),得精确动力凝聚的特征值问题为

$$K_1 u_1 = \lambda M_1 u_1 \tag{6.4.28}$$

其中

$$K_1 = T^{\mathrm{T}} K T = T_0^{\mathrm{T}} K T_0 + \lambda (T_0^{\mathrm{T}} K \Delta T + \Delta T^{\mathrm{T}} K T_0) + \lambda^2 \Delta T^{\mathrm{T}} K \Delta T \tag{6.4.29}$$

$$M_1 = T^{\mathrm{T}} M T = T_0^{\mathrm{T}} M T_0 + \lambda (T_0^{\mathrm{T}} M \Delta T + \Delta T^{\mathrm{T}} M T_0) + \lambda^2 \Delta T^{\mathrm{T}} M \Delta T \tag{6.4.30}$$

注意以下关系:

$$\Delta \boldsymbol{T}^{\mathrm{T}} \boldsymbol{K} \boldsymbol{T}_0 = [\boldsymbol{0} \quad \Delta \boldsymbol{t}^{\mathrm{T}}] \begin{bmatrix} \boldsymbol{K}_{11} & \boldsymbol{K}_{12} \\ \boldsymbol{K}_{21} & \boldsymbol{K}_{22} \end{bmatrix} \begin{bmatrix} \boldsymbol{I} \\ -\boldsymbol{K}_{22}^{-1} \boldsymbol{K}_{21} \end{bmatrix}$$

$$= \Delta \boldsymbol{t}^{\mathrm{T}} [\boldsymbol{K}_{21} \quad \boldsymbol{K}_{22}] \begin{bmatrix} \boldsymbol{I} \\ -\boldsymbol{K}_{22}^{-1} \boldsymbol{K}_{21} \end{bmatrix} = \boldsymbol{0}$$

$$\boldsymbol{T}_0^{\mathrm{T}} \boldsymbol{K}^{\mathrm{T}} \Delta \boldsymbol{T} = [\boldsymbol{I} \quad -\boldsymbol{K}_{21}^{\mathrm{T}} \boldsymbol{K}_{22}^{-\mathrm{T}}] \begin{bmatrix} \boldsymbol{K}_{11}^{\mathrm{T}} & \boldsymbol{K}_{21}^{\mathrm{T}} \\ \boldsymbol{K}_{12}^{\mathrm{T}} & \boldsymbol{K}_{22}^{\mathrm{T}} \end{bmatrix} \begin{bmatrix} \boldsymbol{0} \\ \Delta \boldsymbol{t} \end{bmatrix}$$

$$= [\boldsymbol{I} \quad -\boldsymbol{K}_{21}^{\mathrm{T}} \boldsymbol{K}_{22}^{-\mathrm{T}}] \begin{bmatrix} \boldsymbol{K}_{21}^{\mathrm{T}} \\ \boldsymbol{K}_{22}^{\mathrm{T}} \end{bmatrix} \Delta \boldsymbol{t} = \boldsymbol{0}$$

$$\begin{aligned} &\Delta \boldsymbol{T}^{\mathrm{T}} \boldsymbol{K} \Delta \boldsymbol{T} - \lambda \Delta \boldsymbol{T}^{\mathrm{T}} \boldsymbol{M} \Delta \boldsymbol{T} \\ &\quad = \Delta \boldsymbol{T}^{\mathrm{T}} (\boldsymbol{K} - \lambda \boldsymbol{M}) \Delta \boldsymbol{T} = \Delta \boldsymbol{t}^{\mathrm{T}} (\boldsymbol{K}_{22} - \lambda \boldsymbol{M}_{22}) \Delta \boldsymbol{t} \\ &\quad = \Delta \boldsymbol{t}^{\mathrm{T}} (\boldsymbol{K}_{22} - \lambda \boldsymbol{M}_{22}) (\boldsymbol{K}_{22} - \lambda \boldsymbol{M}_{22})^{-1} (\boldsymbol{M}_{21} - \boldsymbol{M}_{22} \boldsymbol{K}_{22}^{-1} \boldsymbol{K}_{21}) \\ &\quad = \Delta \boldsymbol{t}^{\mathrm{T}} (\boldsymbol{M}_{21} - \boldsymbol{M}_{22} \boldsymbol{K}_{22}^{-1} \boldsymbol{K}_{21}) = (\boldsymbol{M}_{21}^{\mathrm{T}} - \boldsymbol{K}_{21}^{\mathrm{T}} \boldsymbol{K}_{22}^{-1} \boldsymbol{M}_{22}) \Delta \boldsymbol{t} \end{aligned}$$

$$\begin{aligned} \Delta \boldsymbol{T}^{\mathrm{T}} \boldsymbol{M} \boldsymbol{T}_0 &= [\boldsymbol{0} \quad \Delta \boldsymbol{t}^{\mathrm{T}}] \begin{bmatrix} \boldsymbol{M}_{11} & \boldsymbol{M}_{12} \\ \boldsymbol{M}_{21} & \boldsymbol{M}_{22} \end{bmatrix} \begin{bmatrix} \boldsymbol{I} \\ -\boldsymbol{K}_{22}^{-1} \boldsymbol{K}_{21} \end{bmatrix} \\ &= \Delta \boldsymbol{t}^{\mathrm{T}} (\boldsymbol{M}_{21} - \boldsymbol{M}_{22} \boldsymbol{K}_{22}^{-1} \boldsymbol{K}_{21}) \\ &= (\boldsymbol{M}_{21}^{\mathrm{T}} - \boldsymbol{K}_{21}^{\mathrm{T}} \boldsymbol{K}_{22}^{-\mathrm{T}} \boldsymbol{M}_{22}^{\mathrm{T}}) \Delta \boldsymbol{t} \\ &= \boldsymbol{T}_0^{\mathrm{T}} \boldsymbol{M} \Delta \boldsymbol{T} \end{aligned} \tag{6.4.31}$$

将式(6.4.31)代入式(6.4.29),得

$$\begin{aligned} \boldsymbol{K}_1 &= \boldsymbol{K}_0 + \lambda^2 \Delta \boldsymbol{T}^{\mathrm{T}} \boldsymbol{K} \Delta \boldsymbol{T} \\ \boldsymbol{M}_1 &= \boldsymbol{M}_0 + \lambda \Delta \boldsymbol{t}^{\mathrm{T}} (\boldsymbol{M}_{21} - \boldsymbol{M}_{22} \boldsymbol{K}_{22}^{-1} \boldsymbol{K}_{21}) + \lambda \Delta \boldsymbol{T}^{\mathrm{T}} \boldsymbol{K} \Delta \boldsymbol{T} \\ &= \boldsymbol{M}_0 + \lambda \Delta \boldsymbol{M} + \lambda \Delta \boldsymbol{T}^{\mathrm{T}} \boldsymbol{K} \Delta \boldsymbol{T} \\ \Delta \boldsymbol{M} &= \Delta \boldsymbol{t}^{\mathrm{T}} (\boldsymbol{M}_{21} - \boldsymbol{M}_{22} \boldsymbol{K}_{22}^{-1} \boldsymbol{K}_{21}) = (\boldsymbol{M}_{21}^{\mathrm{T}} - \boldsymbol{K}_{21}^{\mathrm{T}} \boldsymbol{K}_{22}^{-1} \boldsymbol{M}_{22}) \Delta \boldsymbol{t} \end{aligned} \tag{6.4.32}$$

其中,$\boldsymbol{K}_0$与$\boldsymbol{M}_0$分别为式(6.4.14)与式(6.4.15).将式(6.4.32)代入式(6.4.28),最后得到精确动力凝聚的特征值问题为

$$\boldsymbol{K}_0 \boldsymbol{u}_1 = \lambda (\boldsymbol{M}_0 + \lambda \Delta \boldsymbol{M}) \boldsymbol{u}_1 \tag{6.4.33}$$

如果忽略$\Delta \boldsymbol{M}$项,上式就化为方程(6.4.13).方程(6.4.33)等价于方程(6.4.1),精确动力凝聚把全位移向量的自由度数减缩为主位移向量$\boldsymbol{u}_1$的自由度数.但是由于$\Delta \boldsymbol{M}$项,原来线性特征值问题式(6.4.1)化为非线性特征值问题式(6.4.33).将式(6.4.33)改写为

$$\boldsymbol{K}_0 \boldsymbol{u}_1 = \lambda_{i+1} [\boldsymbol{M}_0 + \lambda_i \Delta \boldsymbol{M}(\lambda_i)] \boldsymbol{u}_1 \tag{6.4.34}$$

可以按照式(6.4.34)采用迭代法求解.

如何选取主自由度和从属自由度是应用凝聚法的头等重要问题.从式(6.4.33)可以看

到，选取主自由度的原则是尽可能使 $\Delta\boldsymbol{M}$ 变得很小，等于零更好. 为此，我们必须对 $\Delta\boldsymbol{M}$ 项进行分析. 将式(6.4.26)代入式(6.4.32)，得

$$\Delta\boldsymbol{M}=(\boldsymbol{M}_{21}^{\mathrm{T}}-\boldsymbol{K}_{21}^{\mathrm{T}}\boldsymbol{K}_{22}^{-1}\boldsymbol{M}_{22})(\boldsymbol{K}_{22}-\lambda\boldsymbol{M}_{22})^{-1}(\boldsymbol{M}_{21}-\boldsymbol{M}_{22}\boldsymbol{K}_{22}^{-1}\boldsymbol{K}_{21})\qquad(6.4.35)$$

由上式可以看到：

(1) 如果关于从属自由度没有动能，则 $\boldsymbol{M}_{22}$ 和 $\boldsymbol{M}_{21}$ 都等于零，将其代入式(6.4.35)，则有 $\Delta\boldsymbol{M}=\boldsymbol{0}$；

(2) 如果使 $\boldsymbol{M}_{21}-\boldsymbol{M}_{22}\boldsymbol{K}_{22}^{-1}\boldsymbol{K}_{21}$ 等于零，将其代入式(6.4.35)，则有 $\Delta\boldsymbol{M}=\boldsymbol{0}$.

因此，在上述两种情况下的凝聚算法都是精确的，属于静力凝聚法.

如果 $\Delta\boldsymbol{M}$ 不等于零，采用精确凝聚法的公式，导出式(6.4.33)的非线性特征值问题. 如果选取的主自由度比较理想，使 $\Delta\boldsymbol{M}$ 比较小，在式(6.4.33)中可以忽略 $\Delta\boldsymbol{M}$ 的影响，把式(6.4.33)近似为式(6.4.13)的线性特征值问题，这就是质量凝聚法. 当然还可以将动柔度矩阵按 λ 展开为 λ 的级数形式，即

$$\begin{aligned}\boldsymbol{H}=(\boldsymbol{K}_{22}-\lambda\boldsymbol{M}_{22})^{-1}&=\boldsymbol{K}_{22}^{-1}+\lambda\boldsymbol{H}\boldsymbol{M}_{22}\boldsymbol{K}_{22}^{-1}\\&=\boldsymbol{K}_{22}^{-1}+\lambda\boldsymbol{K}_{22}^{-1}\boldsymbol{M}_{22}\boldsymbol{K}_{22}^{-1}+\lambda^{2}\boldsymbol{H}(\boldsymbol{M}_{22}\boldsymbol{K}_{22}^{-1})^{2}\\&=\boldsymbol{K}_{22}^{-1}+\lambda\boldsymbol{K}_{22}^{-1}\boldsymbol{M}_{22}\boldsymbol{K}_{22}^{-1}+\lambda^{2}\boldsymbol{K}_{22}^{-1}(\boldsymbol{M}_{22}\boldsymbol{K}_{22}^{-1})^{2}+\cdots\end{aligned}\qquad(6.4.36)$$

选取不同阶 λ 的级数近似表达式代替式(6.4.24)，可以导出相应阶近似的特征值问题以进行近似求解.

例 6.4 利用梁单元去描述两端约束均匀梁. 试确定其前两阶固有频率，利用：(a) 2，3 和 4 个单元并无减缩；(b) 4 个单元，减缩掉旋转自由度；(c) 4 个单元并略去旋转动能.

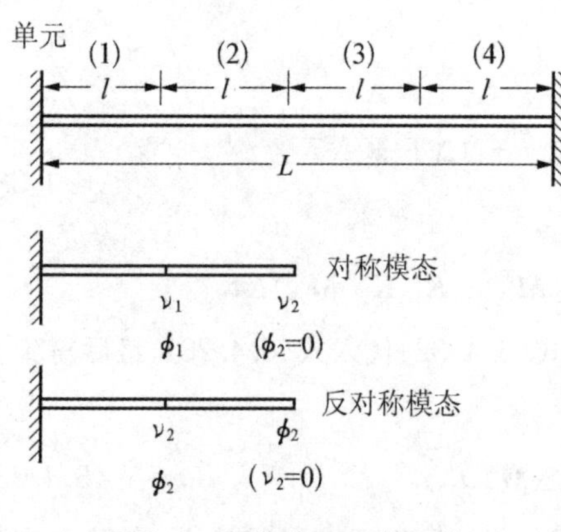

图 6.7 划分为四个单元的两端固支梁

对于 2，3 和 4 个单元，无减缩的频率行列式分别是 2×2，4×4 和 6×6 的. 采纳 4 个单元，减缩旋转自由度或略去旋转动能，行列式都是 3×3 的.

解 对于 4 个单元的模型，比较简单的是利用对称性，并分开考虑梁的一半，以获得对称和反对称模态. 图 6.7 表明被分划成 4 个等同单元的固支-固支梁. 考察梁的左半部分，对于对称模态，非零自由度是 ν_1，ϕ_1 和 ν_2，而对于反对称模态，非零自由度是 ν_1，ϕ_1 和 ϕ_2.

对称模态

利用单元的刚度和质量矩阵，进行两个单元的装配并施加边界条件(在单元 1 的左端 ν 和 ϕ 为零，而在单元 2 的右端 ϕ 为零)，自由振动的方程是

$$\left(\begin{bmatrix} 24 & 0 & -12 \\ (\text{对称}) & 8l^2 & -6l \\ & & 12 \end{bmatrix}\frac{EI}{l^3} - \begin{bmatrix} 312 & 0 & 54 \\ (\text{对称}) & 8l^2 & 13l \\ & & 156 \end{bmatrix}\frac{\rho Al}{420}\omega^2\right)\begin{Bmatrix} \nu_1 \\ \phi_1 \\ \nu_2 \end{Bmatrix} = 0 \tag{1}$$

从方程(1)取得的最低阶固有频率为$[\rho A/(EI)]^{1/2}L^2\omega_1 = 22.403$(梁的长度$L = 4l$),这比精确值高0.13%.在3个和2个单元离散下相应的误差分别是0.41%和1.62%.按质量凝聚法把方程(1)重新排列为分块形式,使ϕ_1可作为副自由度消去.

$$\left(\begin{bmatrix} 24 & -12 & 0 \\ -12 & 12 & -6l \\ 0 & -6l & 8l^2 \end{bmatrix}\frac{EI}{l^3} - \begin{bmatrix} 312 & 54 & 0 \\ 54 & 156 & 13l \\ 0 & 13l & 8l^2 \end{bmatrix}\frac{\rho Al}{420}\omega^2\right)\begin{Bmatrix} \nu_1 \\ \nu_2 \\ \phi_1 \end{Bmatrix} = 0$$

利用方程(6.4.14),减缩刚度矩阵

$$\begin{aligned} \boldsymbol{K}_0 &= \frac{EI}{l^2}\left(\begin{bmatrix} 24 & -12 \\ -12 & 12 \end{bmatrix} - \begin{bmatrix} 0 \\ -6l \end{bmatrix}\frac{1}{8l^2}[0 \quad -6l]\right) \\ &= \begin{bmatrix} 24 & -12 \\ -12 & 15/2 \end{bmatrix}\frac{EI}{l^3} \end{aligned} \tag{2}$$

根据方程(6.4.15),减缩质量矩阵

$$\begin{aligned} \boldsymbol{M}_0 = \frac{\rho Al}{420}\Bigg(&\begin{bmatrix} 312 & 54 \\ 54 & 156 \end{bmatrix} - \begin{bmatrix} 0 \\ 13l \end{bmatrix}\frac{1}{8l^2}[0 \quad -6l] - \begin{bmatrix} 0 \\ -6l \end{bmatrix}\frac{1}{8l^2}[0 \quad 13l] \\ &- \begin{bmatrix} 0 \\ 13l \end{bmatrix}\frac{1}{8l^2}[0 \quad -6l] + \begin{bmatrix} 0 \\ -6l \end{bmatrix}\left(\frac{1}{8l^2}\right)(8l^2)\frac{1}{8l^2}[0 \quad -6l]\Bigg) \\ = &\begin{bmatrix} 312 & 54 \\ 54 & 180 \end{bmatrix}\frac{\rho Al}{420} \end{aligned} \tag{3}$$

由$\det(\boldsymbol{K}_0 - \boldsymbol{M}_0\omega^2) = 0$,最低阶固有频率为

$$[\rho A/(EI)]^{1/2}L^2\omega_1 = 22.410$$

它比从梁方程得到的数值高0.17%.

一致质量矩阵静力凝聚法

当完全略去关于旋转坐标自由度ϕ_1的质量项时,由式(6.4.6)的第二个式子给出

$$\boldsymbol{M}_0 = \frac{\rho Al}{420}\begin{bmatrix} 312 & 54 \\ 54 & 156 \end{bmatrix}$$

$\boldsymbol{K}_0$由方程(2)给出.由$\det(\boldsymbol{K}_0 - \omega^2\boldsymbol{M}_0) = 0$,最低阶固有频率为

$$[\rho A/(EI)]^{1/2}L^2\omega_1 = 23.278$$

它比精确解高出4.04%.

集中质量矩阵静力凝聚法

把每个单元的分布质量 ρAl 用集中在它端点的 $\frac{1}{2}\rho Al$ 替代,略去与 $\boldsymbol{\phi}_1$ 有关的质量.用集中质量矩阵代替式(1)中的一致质量矩阵,则自由振动方程为

$$\left(\begin{bmatrix} 24 & 0 & -12 \\ (\text{对称}) & 8l^2 & -6l \\ & & 12 \end{bmatrix}\frac{EI}{l^3} - \begin{bmatrix} 1 & 0 & 0 \\ (\text{对称}) & 0 & 0 \\ & & 1/2 \end{bmatrix}\rho Al\omega^2\right)\begin{Bmatrix} u_1 \\ \phi_1 \\ u_2 \end{Bmatrix} = 0 \tag{4}$$

消去 ϕ_1 得频率行列式

$$\det(\boldsymbol{K}_0 - \omega^2\boldsymbol{M}_0) = 0$$

这里,$\boldsymbol{K}_0$ 由式(2)给定,而 $\boldsymbol{M}_0$ 由式(6.4.6)的第二个式子得到,

$$\boldsymbol{M}_0 = \begin{bmatrix} 1 & 0 \\ 0 & 1/2 \end{bmatrix}\rho At$$

最低阶固有频率是

$$[\rho A/(EI)]^{1/2} l^2 \omega_1 = 22.302$$

它比梁方程的解低 0.32%.

反对称模态

注意到 $u_2 = 0$,但 $\phi_2 \neq 0$,自由振动的矩阵方程是

$$\left(\left[\begin{array}{c:cc} 24 & 0 & 6l \\ \hdashline 0 & 8l^2 & 2l^2 \\ 6l & 2l^2 & 4l^2 \end{array}\right]\frac{EI}{l^3} - \left[\begin{array}{c:cc} 312 & 0 & -13l \\ \hdashline 0 & 8l^2 & -3l^2 \\ -13l^2 & -3l^2 & 4l^2 \end{array}\right]\frac{\rho Al}{420}\omega^2\right)\begin{Bmatrix} \nu_1 \\ \hdashline \phi_1 \\ \phi_2 \end{Bmatrix} = 0 \tag{5}$$

从方程(5)提取的反对称模态的最低阶固有频率为 $[\rho A/(EI)]^{1/2} l^2 \omega_2 = 62.243$,它比精确解高出 0.92%.采用 2 个和 3 个单元时,相应的误差分别是 32.9%和 2.0%.

利用方程(5)中所示的分块和方程(6.4.14),消去 ϕ_1 和 ϕ_2,减缩刚度矩阵

$$\boldsymbol{K}_0 = \frac{EI}{l^3}\left([24] - [0 \quad 6l]\begin{bmatrix} 1/7l^2 & -1/14l^2 \\ -1/14l^2 & 2/7l^2 \end{bmatrix}\begin{bmatrix} 0 \\ 6l \end{bmatrix}\right)$$

这里,因为

$$\begin{bmatrix} 8l^2 & 2l^2 \\ 2l^2 & 4l^2 \end{bmatrix}^{-1} = \begin{bmatrix} 1/7l^2 & -1/14l^2 \\ -1/14l^2 & 2/7l^2 \end{bmatrix}$$

所以

$$\boldsymbol{K}_0 = \frac{96}{7}\frac{EI}{l^3} \tag{6}$$

按照方程(6.4.15),有

$$\boldsymbol{M}_0 = \frac{\rho Al}{420}\left([312] - [0 \quad -13l]\begin{bmatrix} 1/7l^2 & -1/14l^2 \\ -1/14l^2 & 2/7l^2 \end{bmatrix}\begin{bmatrix} 0 \\ 6l \end{bmatrix}\right.$$

$$
-[0\quad 6l]\begin{bmatrix}1/7l^2 & -1/14l^2\\ -1/14l^2 & 2/7l^2\end{bmatrix}\begin{bmatrix}0\\ -13l\end{bmatrix}-[0\quad -13l]\begin{bmatrix}1/7l^2 & -1/14l^2\\ -1/14l^2 & 2/7l^2\end{bmatrix}\begin{bmatrix}0\\ 6l\end{bmatrix}
$$

$$
+[0\quad 6l]\begin{bmatrix}1/7l^2 & -1/14l^2\\ -1/14l^2 & 2/7l^2\end{bmatrix}\begin{bmatrix}8l^2 & -3l^2\\ -3l^2 & 4l^2\end{bmatrix}\begin{bmatrix}1/7l^2 & -1/14l^2\\ -1/14l^2 & 2/7l^2\end{bmatrix}\begin{bmatrix}0\\ 6l\end{bmatrix}
$$

$$
=374.20\rho Al
$$

于是可确定固有频率 $\omega_2=[\rho A/(EI)]^{1/2}L^2\omega_2=62.77$，它比精确解高出1.8%.

略去 ϕ_1 和 ϕ_2 的相关质量项，采用一致质量矩阵静力凝聚法，由式(6.4.6b)给出 $\boldsymbol{M}_0=312\rho Al/4.20$，而 $\boldsymbol{K}_0$ 由方程(6)给定.这样，$[\rho A/(EI)]^{1/2}l^2\omega_2=68.75$，它比精确解高11.5%.采用集中质量矩阵静力凝聚法，由式(6.4.6)的第二个式子给出 $\boldsymbol{M}_0=\rho Al$，利用方程(6)确定的 $\boldsymbol{K}_0$，有 $[\rho A/(EI)]^{1/2}l^2\omega_2=59.52$，它比梁方程解低3.9%.

在表6.4中收集了所有数值结果.它说明了先前指出的一般特点:4个单元模型的固有频率，利用凝聚法计算的结果要比无缩聚的精度差，但比在无缩聚条件下从2个或3个单元取得的结果更精确.对于旋转坐标自由度完全略去相关质量项，采用静力凝聚法时采用集中质量矩阵的误差比采用一致质量矩阵小，但所得的固有频率都比准确值小.

表6.4　利用简单的有限元离散，固支-固支梁固有频率的误差

单元数	减缩后的自由度数	方　法	误　差(%)	
(整体梁)			ω_1	ω_2
2	2	无减缩	1.62	32.9
3	4	无减缩	0.41	2.0
4	6	无减缩	0.13	0.92
4	3	质量凝聚法	0.17	1.8
4	3	一致质量矩阵静力凝聚法	4.0	11.5
4	3	集中质量矩阵静力凝聚法	−0.32	−3.9

6.5　瑞利法与里茨法

6.5.1　瑞利法

在4.3节中介绍的能量法也适用于多自由度系统，这里同样地引入瑞利商的概念.设系统的某一阶主振动可近似地表示为

$$
\boldsymbol{x}=\boldsymbol{X}\sin(\bar{\omega}t+\phi) \tag{6.5.1}
$$

其中，$\boldsymbol{X}$ 与 $\bar{\omega}$ 是假设的振型及固有频率，这时相应的动能与势能分别为

$$T = \frac{1}{2}\dot{\boldsymbol{x}}^{\mathrm{T}}\boldsymbol{M}\dot{\boldsymbol{x}}, \quad U = \frac{1}{2}\boldsymbol{x}^{\mathrm{T}}\boldsymbol{K}\boldsymbol{x}$$

将式(6.5.1)代入上面两式，得到动能与势能的最大值分别为

$$T_{\max} = \frac{1}{2}\bar{\omega}^2\boldsymbol{X}^{\mathrm{T}}\boldsymbol{M}\boldsymbol{X}, \quad U_{\max} = \frac{1}{2}\boldsymbol{X}^{\mathrm{T}}\boldsymbol{K}\boldsymbol{X}$$

对于保守系统有 $T_{\max} = U_{\max}$，从而得到

$$R(\boldsymbol{X}) = \bar{\omega}^2 = \frac{\boldsymbol{X}^{\mathrm{T}}\boldsymbol{K}\boldsymbol{X}}{\boldsymbol{X}^{\mathrm{T}}\boldsymbol{M}\boldsymbol{X}} \tag{6.5.2}$$

其中，$R(\boldsymbol{X})$称为瑞利商.瑞利商有一些有趣的性质.如果假设的振型 $\boldsymbol{X}$ 就是第 r 阶主振型 $\boldsymbol{\phi}_r$，则瑞利商为

$$R(\boldsymbol{\phi}_r) = \frac{\boldsymbol{\phi}_r\boldsymbol{K}\boldsymbol{\phi}_r}{\boldsymbol{\phi}_r^{\mathrm{T}}\boldsymbol{M}\boldsymbol{\phi}_r} = \frac{\boldsymbol{k}_{pr}}{\boldsymbol{m}_{pr}} = \omega_r^2 \tag{6.5.3}$$

上式正是第 r 阶主振动中机械能守恒的反映.

当 $\boldsymbol{X}$ 为一般向量时，由展开定理(Ⅰ)，$\boldsymbol{X}$ 可以展开为 n 个正则振型的线性组合，即

$$\boldsymbol{X} = q_1\boldsymbol{\phi}_1 + q_2\boldsymbol{\phi}_2 + \cdots + q_n\boldsymbol{\phi}_n = \boldsymbol{\phi}\boldsymbol{q} \tag{6.5.4}$$

其中，$\boldsymbol{q}$ 是由 $q_1, q_2, \cdots, q_n$ 作为元素的列向量.将式(6.5.4)代入式(6.5.2)，得

$$R(\boldsymbol{X}) = \frac{\boldsymbol{q}^{\mathrm{T}}\boldsymbol{\phi}^{\mathrm{T}}\boldsymbol{K}\boldsymbol{\phi}\boldsymbol{q}}{\boldsymbol{q}^{\mathrm{T}}\boldsymbol{\phi}^{\mathrm{T}}\boldsymbol{M}\boldsymbol{\phi}\boldsymbol{q}} = \frac{\boldsymbol{q}^{\mathrm{T}}\boldsymbol{\Lambda}\boldsymbol{q}}{\boldsymbol{q}^{\mathrm{T}}\boldsymbol{I}\boldsymbol{q}} = \frac{\sum_{r=1}^{n}\omega_r^2 q_r^2}{\sum_{r=1}^{n} q_r^2} \tag{6.5.5}$$

由式(6.5.5)可以证明，ω_1^2 及 ω_n^2 分别是瑞利商的极小值和极大值，即有

$$\omega_1^2 \leqslant R(\boldsymbol{X}) \leqslant \omega_n^2 \tag{6.5.6}$$

事实上，若将式(6.5.5)右端分子内所有的 ω_r 换为 ω_1，则由于 ω_1 是最低一阶固有频率，得

$$R(\boldsymbol{X}) \geqslant \frac{\sum_{r=1}^{n}\omega_1^2 q_r^2}{\sum_{r=1}^{n} q_r^2} = \omega_1^2$$

又由式(6.5.3)，当 $\boldsymbol{X} = \boldsymbol{\phi}_1$ 时，确有 $R(\boldsymbol{X}) = \omega_1^2$，所以 $R(\boldsymbol{X})$的极小值为 ω_1^2.同样，可证明 $R(\boldsymbol{X})$的极大值为 ω_n^2.

如果假设的振型 $\boldsymbol{X}$ 比较接近于第 r 阶主振型 $\boldsymbol{\phi}_r$，即在式(6.5.4)中，比起 q_r，其他系数小得多，它们可表示为

$$q_i = \varepsilon_i q_r, \quad i = 1, 2, \cdots, n, \quad i \neq r$$

其中，$\varepsilon_r = 1$.将式(6.5.5)的分子与分母同除以 a_r^2，则得

$$R(\boldsymbol{X})=\frac{\omega_r^2+\sum_{r=1}^{n}(1-\delta_{ir})\omega_i^2\varepsilon_i^2}{1+\sum_{r=1}^{n}(1-\delta_{ir})\varepsilon_i^2}=\omega_r^2+\frac{\sum_{r=1}^{n}(1-\delta_{ir})(\omega_i^2-\omega_r^2)\varepsilon_i^2}{1+\sum_{r=1}^{n}(1-\delta_{ir})\varepsilon_i^2}$$

$$=\omega_r^2+\sum_{r=1}^{n}(\omega_i^2-\omega_r^2)\varepsilon_i^2+\frac{\sum_{r=1}^{n}(\omega_i^2-\omega_r^2)\varepsilon_i^2\left[\delta_{ir}\varepsilon_i^2-\delta_{ir}-\varepsilon_i^2-\sum_{r=2}^{n}(1-\delta_{ir})\varepsilon_i^2\right]}{1+\sum_{r=1}^{n}(1-\delta_{ir})\varepsilon_i^2}$$

$$\approx\omega_r^2+\sum_{r=1}^{n}(\omega_i^2-\omega_r^2)\varepsilon_i^2 \tag{6.5.7}$$

其中，δ_{ir}是 Kronecker 符号，其意义是

$$\delta_{ir}=\begin{cases}1, & i=r\\0, & i\neq r\end{cases} \tag{6.5.8}$$

由式(6.5.7)看出，如果假设的振型 $\boldsymbol{X}$ 与第 r 阶主振型相差一阶小量，那么瑞利商 $R(\boldsymbol{X})$与 r 阶固有频率的平方 ω_r^2就相差二阶小量，这说明瑞利商在系统的各个主振型 $\boldsymbol{\phi}_r$ 处取驻值，这些驻值即相应的各阶固有频率的平方 ω_r^2.

根据瑞利商的上述性质，原则上可用瑞利商计算任意一阶固有频率，但由于高阶主振型很难合理假设，所以瑞利商一般用于求一阶固有频率.由式(6.5.7)知道，由瑞利商算出的基频是真实值的上限，这是因为假设的第一阶主振型与真实振型的偏差相当于对系统附加了某些约束，从而提高了系统的刚度，使基频有所提高.

对于通过柔度矩阵 $\boldsymbol{\alpha}$ 所建立的位移方程，也有相应的瑞利商.系统的势能 U 可表示为外力 $\boldsymbol{f}$ 所做的功，即

$$U=\frac{1}{2}\boldsymbol{f}^{\mathrm{T}}\boldsymbol{x} \tag{6.5.9}$$

系统作自由振动时，作用于系统的只有惯性力，即

$$\boldsymbol{f}=-\boldsymbol{M}\ddot{\boldsymbol{x}}$$

而系统的位移为

$$\boldsymbol{x}=\boldsymbol{\alpha f}=-\boldsymbol{\alpha M}\ddot{\boldsymbol{x}} \tag{6.5.10}$$

将式(6.5.1)代入式(6.5.10)，得到势能和功能的最大值分别为

$$U_{\max}=\frac{1}{2}\bar{\omega}^4\boldsymbol{X}^{\mathrm{T}}\boldsymbol{M\alpha MX},\quad T_{\max}=\frac{1}{2}\bar{\omega}^2\boldsymbol{X}^{\mathrm{T}}\boldsymbol{MX}$$

由 $T_{\max}=U_{\max}$ 得到

$$R_{\alpha}(\boldsymbol{X})=\bar{\omega}^2=\frac{\boldsymbol{X}^{\mathrm{T}}\boldsymbol{MX}}{\boldsymbol{X}^{\mathrm{T}}\boldsymbol{M\alpha MX}} \tag{6.5.11}$$

其中，$R_{\alpha}(\boldsymbol{X})$为对应于位移方程的瑞利商.如果假设的振型 $\boldsymbol{X}$ 就是第 r 阶主振型$\boldsymbol{\phi}_r$，则因

$\boldsymbol{\alpha}=\boldsymbol{K}^{-1}$，代入式(5.1.6)，得

$$\boldsymbol{\alpha M\phi}_r = \frac{1}{\omega_r^2}\boldsymbol{\phi}_r \tag{6.5.12}$$

将式(6.5.12)代入式(6.5.11)，得

$$R_\alpha(\boldsymbol{X}) = \frac{\boldsymbol{\phi}_r^{\mathrm{T}}\boldsymbol{M\phi}_r}{\dfrac{1}{\omega_r^2}\boldsymbol{\phi}_r^{\mathrm{T}}\boldsymbol{M\phi}_r} = \omega_r^2 \tag{6.5.13}$$

当 $\boldsymbol{X}$ 为一般向量时，仍将它按式(6.5.4)展开.另外，在式(6.5.12)中将 $\boldsymbol{\phi}_r$ 换成正则振型 $\boldsymbol{\psi}_r$，当取 $r=1, 2, \cdots, n$ 时，n 个这样的方程可合写为

$$\boldsymbol{\alpha M\psi} = \boldsymbol{\psi\Lambda}^{-1} \tag{6.5.14}$$

将式(6.5.4)与式(6.5.14)代入式(6.5.11)，可以得到

$$R_\alpha(\boldsymbol{X}) = \frac{\boldsymbol{q}^{\mathrm{T}}\boldsymbol{\psi}^{\mathrm{T}}\boldsymbol{M\psi q}}{\boldsymbol{q}^{\mathrm{T}}\boldsymbol{\psi}^{\mathrm{T}}\boldsymbol{M\alpha M\psi q}} = \frac{\boldsymbol{q}^{\mathrm{T}}\boldsymbol{\psi}^{\mathrm{T}}\boldsymbol{M\psi q}}{\boldsymbol{q}^{\mathrm{T}}\boldsymbol{\psi}^{\mathrm{T}}\boldsymbol{M\psi\Lambda}^{-1}\boldsymbol{q}} = \frac{\boldsymbol{q}^{\mathrm{T}}\boldsymbol{Iq}}{\boldsymbol{q}^{\mathrm{T}}\boldsymbol{\Lambda}^{-1}\boldsymbol{q}} = \frac{\sum_{r=1}^{n} q_r^2}{\sum_{r=1}^{n}\dfrac{q_r^2}{\omega_r^2}} \tag{6.5.15}$$

根据式(6.5.15)，可用与前面相同的方法证明瑞利商 $R_\alpha(\boldsymbol{X})$ 有式(6.5.6)的极值性质及与式(6.5.7)类似的驻值性质，即有

$$\omega_1^2 \leqslant R_\alpha(\boldsymbol{X}) \leqslant \omega_n^2 \tag{6.5.16}$$

$$R_\alpha(\boldsymbol{X}) = \omega_r^2 + \sum_{r=1}^{n}(\omega_i^2 - \omega_r^2)\varepsilon_i^2\frac{\omega_r^2}{\omega_i^2} \tag{6.5.17}$$

式(6.5.11)定义的瑞利商 $R_\alpha(\boldsymbol{X})$ 也可用于计算系统的基频，而且对于同一个近似振型 $\boldsymbol{X}$，$R_\alpha(\boldsymbol{X})$ 比 $R(\boldsymbol{X})$ 更接近于基频的实际值，即有

$$R_\alpha(\boldsymbol{X}) \leqslant R(\boldsymbol{X}) \tag{6.5.18}$$

例 6.5 用瑞利法计算图 6.8 的三自由度系统的基频.

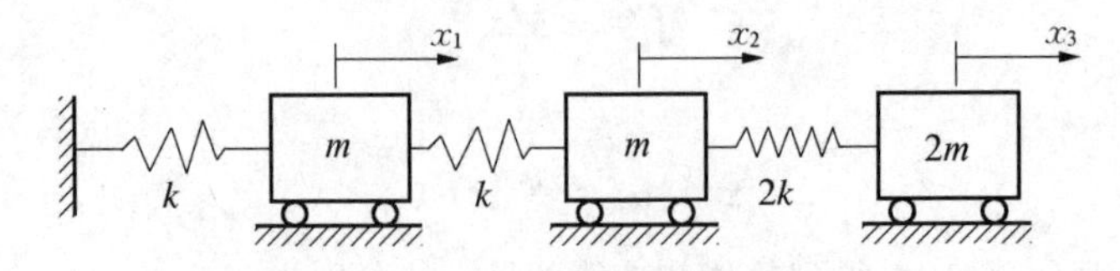

图 6.8 三自由度系统

解 用影响系数法求得系统的质量矩阵与刚度矩阵分别为

$$\boldsymbol{M} = \begin{bmatrix} m & 0 & 0 \\ 0 & m & 0 \\ 0 & 0 & 2m \end{bmatrix}, \quad \boldsymbol{K} = \begin{bmatrix} 2k & -k & 0 \\ -k & 3k & -2k \\ 0 & -2k & 2k \end{bmatrix}$$

$$K^{-1} = k^{-1}\begin{bmatrix}1 & 1 & 1\\ 1 & 2 & 2\\ 1 & 2 & 2.5\end{bmatrix}$$

取在质量 $2m$ 上施加力 f_0 所产生的静变形曲线作为近似第一阶主振型，即取

$$\boldsymbol{X} = [1 \quad 2 \quad 2.5]^{\mathrm{T}},\quad \boldsymbol{MX} = m[1 \quad 2 \quad 5]^{\mathrm{T}},\quad \boldsymbol{KX} = k[0 \quad 0 \quad 1]^{\mathrm{T}}$$

$$\boldsymbol{Y} = \boldsymbol{\alpha}(\boldsymbol{MX}) = \frac{m}{k}[8 \quad 15 \quad 17.5]^{\mathrm{T}},\quad \boldsymbol{MY} = \frac{m^2}{k}[8 \quad 15 \quad 35]^{\mathrm{T}}$$

于是得到

$$R(\boldsymbol{X}) = \frac{\boldsymbol{X}^{\mathrm{T}}\boldsymbol{KX}}{\boldsymbol{X}^{\mathrm{T}}\boldsymbol{MX}} = \frac{2.5k}{17.5m} = 0.142\,857\,\frac{k}{m}$$

$$R_{\alpha}(\boldsymbol{X}) = \frac{\boldsymbol{X}^{\mathrm{T}}\boldsymbol{MX}}{\boldsymbol{X}^{\mathrm{T}}\boldsymbol{M\alpha MX}} = \frac{17.5k}{125.5\,\dfrac{m^2}{k}} = 0.139\,442\,\frac{k}{m}$$

由 $R(\boldsymbol{X})$ 与 $R_{\alpha}(\boldsymbol{X})$ 得到的基频分别为 $0.377\,965\sqrt{\dfrac{k}{m}}$ 与 $0.373\,420\sqrt{\dfrac{k}{m}}$，比 ω_1 的精确值 $0.373\,087\,318\sqrt{\dfrac{k}{m}}$ 分别高出1.3%与0.09%.

如果假设的振型选取得较粗糙，例如取

$$\boldsymbol{X} = [1 \quad 2 \quad 3]^{\mathrm{T}}$$

则算出的两种瑞利商为

$$R(\boldsymbol{X}) = 0.173\,913\,\frac{k}{m},\quad R_{\alpha}(\boldsymbol{X}) = 0.141\,104\,\frac{k}{m}$$

由它们算得的基频分别为 $0.417\,029\sqrt{\dfrac{k}{m}}$ 与 $0.375\,639\sqrt{\dfrac{k}{m}}$，比精确值 $0.373\,087\,318\sqrt{\dfrac{k}{m}}$ 分别高出11.8%与0.7%，可见瑞利商仍然较接近精确值.

6.5.2 里茨法

从上一节看到，瑞利法算出的基频的精度取决于假设的振型对第一阶主振型的近似程度，而且得到的基频总是精确值的上限，这一节讨论的里茨法，将对近似振型给出更合理的假设，从而使算出的基频值进一步下降，并且还可得到系统较低的前几阶固有频率及相应的主振型.

在里茨法中，系统的近似主振型假设为

$$\boldsymbol{X} = q_1\hat{\boldsymbol{\phi}}_1 + q_1\hat{\boldsymbol{\phi}}_2 + \cdots + q_l\hat{\boldsymbol{\phi}}_l \tag{6.5.19}$$

其中，$\hat{\boldsymbol{\phi}}_1, \hat{\boldsymbol{\phi}}_2, \cdots, \hat{\boldsymbol{\phi}}_l$ 是事先选取的 l 个线性独立的假设振型. 如果记 $n \times l$ 矩阵 $\boldsymbol{D}$ 及 l 维列向

量 $\boldsymbol{q}$ 分别为

$$\boldsymbol{D} = [\hat{\boldsymbol{\phi}}_1 \quad \hat{\boldsymbol{\phi}}_2 \quad \cdots \quad \hat{\boldsymbol{\phi}}_l], \quad \boldsymbol{q} = [q_1 \quad q_2 \quad \cdots \quad q_l]^{\mathrm{T}} \tag{6.5.20}$$

那么式(6.5.19)又可写为

$$\boldsymbol{X} = \boldsymbol{D}\boldsymbol{q} \tag{6.5.21}$$

其中,向量 $\boldsymbol{q}$ 的各个元素待定.将式(6.5.21)代入瑞利商式(6.5.2),得

$$R(\boldsymbol{X}) = \frac{\boldsymbol{q}^{\mathrm{T}}\boldsymbol{D}^{\mathrm{T}}\boldsymbol{K}\boldsymbol{D}\boldsymbol{q}}{\boldsymbol{q}^{\mathrm{T}}\boldsymbol{D}^{\mathrm{T}}\boldsymbol{M}\boldsymbol{D}\boldsymbol{q}} = \frac{\boldsymbol{q}^{\mathrm{T}}\overline{\boldsymbol{K}}\boldsymbol{q}}{\boldsymbol{q}^{\mathrm{T}}\overline{\boldsymbol{M}}\boldsymbol{q}} = \omega^2 \tag{6.5.22}$$

其中,$\overline{\boldsymbol{K}}$,$\overline{\boldsymbol{M}}$ 为 l 阶方阵,它们是

$$\overline{\boldsymbol{K}} = \boldsymbol{D}^{\mathrm{T}}\boldsymbol{K}\boldsymbol{D}, \quad \overline{\boldsymbol{M}} = \boldsymbol{D}^{\mathrm{T}}\boldsymbol{M}\boldsymbol{D} \tag{6.5.23}$$

由于 $R(\boldsymbol{X})$在系统的真实主振型处取驻值,所以 $\boldsymbol{q}$ 的各元素应当由下列方程确定:

$$\frac{\partial R(\boldsymbol{X})}{\partial q_i} = 0, \quad i = 1, 2, \cdots, l \tag{6.5.24}$$

于是有

$$\frac{1}{(\boldsymbol{q}^{\mathrm{T}}\boldsymbol{M}\boldsymbol{q})^2}\left[(\boldsymbol{q}^{\mathrm{T}}\overline{\boldsymbol{M}}\boldsymbol{q})\frac{\partial}{\partial q_i}(\boldsymbol{q}^{\mathrm{T}}\overline{\boldsymbol{K}}\boldsymbol{q}) - (\boldsymbol{q}^{\mathrm{T}}\overline{\boldsymbol{K}}\boldsymbol{q})\frac{\partial}{\partial q_i}(\boldsymbol{q}^{\mathrm{T}}\overline{\boldsymbol{M}}\boldsymbol{q})\right] = 0, \quad i = 1, 2, \cdots, l$$

由式(6.5.22),上式又可写为

$$\frac{\partial}{\partial q_i}(\boldsymbol{q}^{\mathrm{T}}\overline{\boldsymbol{K}}\boldsymbol{q}) - \bar{\omega}^2\frac{\partial}{\partial q_i}(\boldsymbol{q}^{\mathrm{T}}\overline{\boldsymbol{M}}\boldsymbol{q}) = 0, \quad i = 1, 2, \cdots, l \tag{6.5.25}$$

算出

$$\frac{\partial}{\partial q_i}(\boldsymbol{q}^{\mathrm{T}}\overline{\boldsymbol{K}}\boldsymbol{q}) = \left(\frac{\partial}{\partial q_i}\boldsymbol{q}\right)^{\mathrm{T}}\overline{\boldsymbol{K}}\boldsymbol{q} + \boldsymbol{q}^{\mathrm{T}}\overline{\boldsymbol{K}}\left(\frac{\partial}{\partial q_i}\boldsymbol{q}\right) = 2\left(\frac{\partial}{\partial q_i}\boldsymbol{q}\right)^{\mathrm{T}}\overline{\boldsymbol{K}}\boldsymbol{q} = 2\boldsymbol{e}_i^{\mathrm{T}}\overline{\boldsymbol{K}}\boldsymbol{q}$$

其中,$\boldsymbol{e}_i$是 L 阶单位矩阵 $\boldsymbol{I}_L$的第 i 列.上面 l 个方程可合写为

$$\frac{\partial}{\partial \boldsymbol{q}}(\boldsymbol{q}^{\mathrm{T}}\overline{\boldsymbol{K}}\boldsymbol{q}) = 2\overline{\boldsymbol{K}}\boldsymbol{q} \tag{6.5.26}$$

其中,$\partial/\partial\boldsymbol{q}$ 表示将函数分别对 $\boldsymbol{q}$ 的各个元素依次求偏导数,然后排成列向量,同样可得到

$$\frac{\partial}{\partial \boldsymbol{q}}(\boldsymbol{q}^{\mathrm{T}}\overline{\boldsymbol{M}}\boldsymbol{q}) = 2\overline{\boldsymbol{M}}\boldsymbol{q} \tag{6.5.27}$$

相应地,式(6.5.25)也可表示为

$$\frac{\partial}{\partial \boldsymbol{q}}(\boldsymbol{q}^{\mathrm{T}}\overline{\boldsymbol{K}}\boldsymbol{q}) - \bar{\omega}^2\frac{\partial}{\partial \boldsymbol{q}}(\boldsymbol{q}^{\mathrm{T}}\overline{\boldsymbol{M}}\boldsymbol{q}) = \boldsymbol{0} \tag{6.5.28}$$

将式(6.5.26)与式(6.5.27)代入式(6.5.28),得到

$$(\overline{\boldsymbol{K}} - \bar{\omega}^2\overline{\boldsymbol{M}})\boldsymbol{q} = \boldsymbol{0} \tag{6.5.29}$$

由于矩阵 $\overline{\boldsymbol{K}}$ 及 $\overline{\boldsymbol{M}}$ 的阶数 l 一般远小于系统自由度数 n,式(6.5.29)所示的矩阵特征值问题比原来系统的矩阵特征值问题求解起来容易得多.因此,里茨法实际是一种减缩系统自由度数求固有振动的近似方法,$\overline{\boldsymbol{K}}$ 及 $\overline{\boldsymbol{M}}$ 就是自由度数减缩为 l 的新系统的刚度矩阵及质量矩

阵.由式(6.5.29)求出 l 个特征值 $\bar{\omega}_1^2, \bar{\omega}_2^2, \cdots, \bar{\omega}_l^2$ 及相应的特征向量 $\boldsymbol{q}_1, \boldsymbol{q}_2, \cdots, \boldsymbol{q}_l$,原来系统的前 l 阶固有频率就近似取为

$$\omega_i^2 = \bar{\omega}_i^2, \quad i = 1, 2, \cdots, l \tag{6.5.30}$$

由式(6.5.21),相应的前 l 阶主振型近似取为

$$\boldsymbol{X}_i = \boldsymbol{D}\boldsymbol{q}_i, \quad i = 1, 2, \cdots, l \tag{6.5.31}$$

不难得知,由式(6.5.31)算出的近似主振型关于矩阵 $\boldsymbol{M}$ 及 $\boldsymbol{K}$ 是相互正交的.事实上,由式(6.5.29)算出的特征向量有下列正交性:

$$\boldsymbol{q}_i^{\mathrm{T}}\overline{\boldsymbol{M}}\boldsymbol{q}_j = 0, \quad \boldsymbol{q}_i^{\mathrm{T}}\overline{\boldsymbol{K}}\boldsymbol{q}_j = 0, \quad i \neq j \tag{6.5.32}$$

因而得到下列结论:

$$\boldsymbol{X}_i^{\mathrm{T}}\boldsymbol{M}\boldsymbol{X}_j = \boldsymbol{q}_i^{\mathrm{T}}\boldsymbol{D}^{\mathrm{T}}\boldsymbol{M}\boldsymbol{D}\boldsymbol{q}_j = \boldsymbol{q}_i^{\mathrm{T}}\overline{\boldsymbol{M}}\boldsymbol{q}_j = 0, \quad i \neq j \tag{6.5.33}$$

同样有

$$\boldsymbol{X}_i^{\mathrm{T}}\boldsymbol{K}\boldsymbol{X}_j = \boldsymbol{q}_i^{\mathrm{T}}\overline{\boldsymbol{K}}\boldsymbol{q}_j = 0, \quad i \neq j \tag{6.5.34}$$

如果事先选取的 l 个假设振型恰好是系统的前 l 个主振型,即有

$$\boldsymbol{D} = [\hat{\boldsymbol{\phi}}_1 \quad \hat{\boldsymbol{\phi}}_2 \quad \cdots \quad \hat{\boldsymbol{\phi}}_l] = [\boldsymbol{\phi}_1 \quad \boldsymbol{\phi}_2 \quad \cdots \quad \boldsymbol{\phi}_l] = \boldsymbol{\phi}_L \tag{6.5.35}$$

则由式(6.5.23)得到的矩阵 $\overline{\boldsymbol{K}}$ 及 $\overline{\boldsymbol{M}}$ 分别为

$$\overline{\boldsymbol{K}} = \boldsymbol{\phi}_L^{\mathrm{T}}\boldsymbol{K}\boldsymbol{\phi}_L = \boldsymbol{k}_L \tag{6.5.36}$$

$$\overline{\boldsymbol{M}} = \boldsymbol{\phi}_L^{\mathrm{T}}\boldsymbol{M}\boldsymbol{\phi}_L = \boldsymbol{m}_L \tag{6.5.37}$$

其中

$$\begin{aligned} \boldsymbol{k}_L &= \lceil k_1 \quad k_2 \quad \cdots \quad k_l \rfloor \\ \boldsymbol{m}_L &= \lceil m_1 \quad m_2 \quad \cdots \quad m_l \rfloor \end{aligned} \tag{6.5.38}$$

在式(6.5.34)中依次取 $i = 1, 2, \cdots, l$,得到的 L 个方程可以合写为

$$\boldsymbol{K}\boldsymbol{\phi}_L = \boldsymbol{M}\boldsymbol{\phi}_L\boldsymbol{\Lambda}_L \tag{6.5.39}$$

对式(6.5.39)左乘 $\boldsymbol{\phi}_L^{\mathrm{T}}$,得到

$$\boldsymbol{k}_L = \boldsymbol{m}_L\boldsymbol{\Lambda}_L \tag{6.5.40}$$

式中

$$\boldsymbol{\Lambda}_L = \lceil \omega_1^2 \quad \omega_2^2 \quad \cdots \quad \omega_l^2 \rfloor \tag{6.5.41}$$

于是由式(6.5.29)得到的特征多项式成为

$$|\overline{\boldsymbol{K}} - \bar{\omega}^2\overline{\boldsymbol{M}}| = |\boldsymbol{k}_L - \bar{\omega}^2\boldsymbol{m}_L| = |\boldsymbol{m}_L||\boldsymbol{\Lambda}_L - \bar{\omega}^2\boldsymbol{I}_L| \tag{6.5.42}$$

可见,这时由里茨法算出的 $\bar{\omega}_1, \bar{\omega}_2, \cdots, \bar{\omega}_l$ 就是系统的前 l 阶固有频率的精确值.

凭经验选取的假设振型 $[\hat{\boldsymbol{\phi}}_1 \quad \hat{\boldsymbol{\phi}}_2 \quad \cdots \quad \hat{\boldsymbol{\phi}}_l]$ 当然不会恰好是系统的前 l 阶主振型,但应当在理论上指出,如果它们线性独立,并且每一个都能够表示成系统的前 l 阶主振型的线性组合,那么用里茨法算出的前 l 阶固有频率及相应的主振型仍是精确的.下面来证明这一

结论.

设假设的振型可以表示为

$$[\hat{\boldsymbol{\phi}}_1 \quad \hat{\boldsymbol{\phi}}_2 \quad \cdots \quad \hat{\boldsymbol{\phi}}_l] = [\boldsymbol{\phi}_1 \quad \boldsymbol{\phi}_2 \quad \cdots \quad \boldsymbol{\phi}_l]\begin{bmatrix} a_{11} & a_{12} & \cdots & a_{1l} \\ a_{21} & a_{22} & \cdots & a_{2l} \\ \vdots & \vdots & & \vdots \\ a_{l1} & a_{l2} & \cdots & a_{ll} \end{bmatrix}$$

或简洁地写为

$$\boldsymbol{D} = \boldsymbol{\phi}_L \boldsymbol{A} \tag{6.5.43}$$

$n \times l$ 矩阵$\boldsymbol{D}$与$\boldsymbol{\phi}_L$的秩都是l,因为矩阵乘积的秩不大于各矩阵的秩,故 l 阶方阵$\boldsymbol{A}$ 的秩必然为 l,即 $\boldsymbol{A}^{-1}$存在.于是,由上式有

$$\boldsymbol{\phi}_L = \boldsymbol{D}\boldsymbol{A}^{-1} \tag{6.5.44}$$

由式(6.5.23)、式(6.5.43)、式(6.5.39)及式(6.5.44)得

$$\begin{aligned} \overline{\boldsymbol{K}} &= \boldsymbol{D}^{\mathrm{T}}\boldsymbol{K}\boldsymbol{D} = \boldsymbol{D}^{\mathrm{T}}\boldsymbol{K}\boldsymbol{\phi}_L\boldsymbol{A} = \boldsymbol{D}^{\mathrm{T}}\boldsymbol{M}\boldsymbol{\phi}_L\boldsymbol{\Lambda}_L\boldsymbol{A} \\ &= \boldsymbol{D}^{\mathrm{T}}\boldsymbol{M}\boldsymbol{D}\boldsymbol{A}^{-1}\boldsymbol{\Lambda}_L\boldsymbol{A} = \overline{\boldsymbol{M}}\boldsymbol{A}^{-1}\boldsymbol{\Lambda}_L\boldsymbol{A} \end{aligned}$$

对上式右乘 $\boldsymbol{A}^{-1}$,得到

$$\overline{\boldsymbol{K}}\boldsymbol{A}^{-1} = \overline{\boldsymbol{M}}\boldsymbol{A}^{-1}\boldsymbol{\Lambda}_L \tag{6.5.45}$$

另一方面,记

$$\boldsymbol{q} = [\boldsymbol{q}_1 \quad \boldsymbol{q}_2 \quad \cdots \quad \boldsymbol{q}_l], \quad \overline{\boldsymbol{\Lambda}} = \lceil \bar{\omega}_1^2 \quad \bar{\omega}_2^2 \quad \cdots \quad \bar{\omega}_l^2 \rfloor \tag{6.5.46}$$

由式(6.5.29)又得到

$$\overline{\boldsymbol{K}}\boldsymbol{q} = \overline{\boldsymbol{M}}\boldsymbol{q}\overline{\boldsymbol{\Lambda}} \tag{6.5.47}$$

式(6.5.47)与式(6.5.45)表示同一个矩阵特征值问题,所以有

$$\boldsymbol{\Lambda}_L = \overline{\boldsymbol{\Lambda}} \tag{6.5.48}$$

$$\boldsymbol{A}^{-1} = \bar{\boldsymbol{\phi}} \tag{6.5.49}$$

由式(6.5.44)及式(6.5.49),进一步有

$$\boldsymbol{\phi}_L = \boldsymbol{D}\boldsymbol{A}^{-1} = \boldsymbol{D}\boldsymbol{q} \tag{6.5.50}$$

这就证明了前面的结论.

实际上,系统的前 l 阶主振型$\boldsymbol{\phi}_L$($i = 1, 2, \cdots, l$)构成一个 l 维子空间U_L的基底,记 T 是由 l 个线性独立的假设振型$\hat{\boldsymbol{\phi}}_L$($i = 1, 2, \cdots, l$)作为基底的子空间,式(6.5.43)的含义即子空间 T 与U_L是等同的,这时用里茨法一次便能求得系统的前 L 阶固有频率及相应主振型的精确解.基于这个认识,只要选取假设振型 $\hat{\boldsymbol{\phi}}_L$($i = 1, 2, \cdots, l$)使子空间 T 接近于子空间 U_L,用里茨法就能得到较好的近似解,而这样的选取比分别选取接近于真实主振型 $\boldsymbol{\phi}_L$ 的$\hat{\boldsymbol{\phi}}_L$($i = 1, 2, \cdots, l$)要容易.后面的子空间迭代法将利用这个特点.

通常,所算出的固有频率中前面一半的精度较高,若要求系统的前 p 阶固有频率及主振型,假设的振型个数应取 $l = 2p$.

例 6.6 用里茨法计算例 6.5 中系统的前两阶固有频率及主振型.

解 将假设的振型选为

$$\boldsymbol{D} = [\hat{\boldsymbol{\phi}}_1 \quad \hat{\boldsymbol{\phi}}_2] = \begin{bmatrix} 1 & 1 \\ 2 & 2 \\ 3 & -1 \end{bmatrix}$$

由式(6.5.23)求出

$$\overline{\boldsymbol{K}} = \boldsymbol{D}^{\mathrm{T}}\boldsymbol{K}\boldsymbol{D} = \begin{bmatrix} 4k & -4k \\ -4k & 20k \end{bmatrix}$$

$$\overline{\boldsymbol{M}} = \boldsymbol{D}^{\mathrm{T}}\boldsymbol{M}\boldsymbol{D} = \begin{bmatrix} 23m & -m \\ -m & 7m \end{bmatrix}$$

于是得到矩阵特征值问题:

$$\begin{bmatrix} 4-23\alpha & -4+\alpha \\ -4+\alpha & 20-7\alpha \end{bmatrix}\begin{bmatrix} a_1 \\ a_2 \end{bmatrix} = \begin{bmatrix} 0 \\ 0 \end{bmatrix}$$

其中,$\alpha = \dfrac{m\bar{\omega}^2}{k}$. 由上式解出

$$\alpha_1 = 0.139\,853, \quad \alpha_2 = 2.860\,147$$

$$\boldsymbol{a}_1 = [4.927\,547 \quad 1.000\,000]^{\mathrm{T}}$$

$$\boldsymbol{a}_2 = [-0.018\,449 \quad 1.000\,000]^{\mathrm{T}}$$

由式(6.5.30)得到系统的前两阶固有频率为

$$\omega_1 = \bar{\omega}_1 = \sqrt{\alpha_1\frac{k}{m}} = 0.373\,969\sqrt{\frac{k}{m}}$$

$$\omega_2 = \bar{\omega}_2 = \sqrt{\alpha_2\frac{k}{m}} = 1.691\,197\sqrt{\frac{k}{m}}$$

由式(6.5.31)得到前两阶主振型为

$$\boldsymbol{\phi}_1 = \boldsymbol{X}_1 = \boldsymbol{D}\boldsymbol{a}_1 = \beta_1[0.430\,073 \quad 0.860\,147 \quad 1.000\,000]^{\mathrm{T}}$$

$$\boldsymbol{\phi}_2 = \boldsymbol{X}_2 = \boldsymbol{D}\boldsymbol{a}_2 = \beta_2[-0.930\,074 \quad -1.860\,148 \quad 1.000\,000]^{\mathrm{T}}$$

其中

$$\beta_1 = 13.782\,641, \quad \beta_2 = -1.055\,347$$

它们是主振型归一化时得到的常数,不必考虑.与例 7.7 相比较,这里用里茨法得到的基频

$$\omega_1 = 0.373\,969\sqrt{\frac{k}{m}}$$

比根据同一假设振型的瑞利商 $R(\boldsymbol{X}),R_{\alpha}(\boldsymbol{X})$算出的 $0.417\,029\sqrt{\dfrac{k}{m}}$及 $0.375\,639\sqrt{\dfrac{k}{m}}$更低，比精确值 0.373 087 318 高出 0.24%，可见更接近精确值.但算出的二阶固有频率

$$\omega_2 = 1.691\,197\sqrt{\frac{k}{m}}$$

比精确值 1.321 324 445 4 高出 28%，可见精度还欠佳.

6.6 矩阵迭代法

在求解系统的动力响应的模态截断法中，系统较低的前几阶固有频率及相应的主振型占有较重要的地位.为计算它们而采用的下面的矩阵迭代法是比较简单又实用的.

记 n 阶方阵 $\boldsymbol{A}$ 为系统的动力矩阵，定义为

$$\boldsymbol{A} = \boldsymbol{K}^{-1}\boldsymbol{M} \quad 或 \quad \boldsymbol{A} = \alpha\boldsymbol{M} \tag{6.6.1}$$

借助动力矩阵 $\boldsymbol{A}$，式(5.1.6)或式(5.1.12b)所示的特征值问题可写为

$$\boldsymbol{A\phi} = \lambda\boldsymbol{\phi} \tag{6.6.2}$$

其中

$$\lambda = \frac{1}{\omega^2} \tag{6.6.3}$$

1. 一阶固有频率及主振型

将 $\lambda = \lambda_i$ 和 $\boldsymbol{\phi} = \boldsymbol{\phi}_i$ 代入式(6.6.2)，得

$$\boldsymbol{A\phi}_i = \lambda_i\boldsymbol{\phi}_i \tag{6.6.4}$$

若将式(6.6.4)左端看作新向量，则说明：对于精确的主振型，新向量 $\boldsymbol{A\phi}_i$ 与原来向量 $\boldsymbol{\phi}_i$ 的各个对应元素之间都相差同一常倍数，这个常倍数即特征值 λ_i.

记 $\boldsymbol{X}_1$ 为初始迭代向量.由展开定理，$\boldsymbol{X}_1$ 可以表示为

$$\boldsymbol{X}_1 = a_1\boldsymbol{\phi}_1 + a_2\boldsymbol{\phi}_2 + \cdots + a_n\boldsymbol{\phi}_n \tag{6.6.5}$$

对式(6.6.5)左乘矩阵 $\boldsymbol{A}$，由式(6.6.4)得知第一次迭代后所得的向量为

$$\begin{aligned}\boldsymbol{X}_2 &= \boldsymbol{AX} = a_1\lambda_1\boldsymbol{\phi}_1 + a_2\lambda_2\boldsymbol{\phi}_2 + \cdots + a_n\lambda_n\boldsymbol{\phi}_n \\ &= \lambda_1\left(a_1\boldsymbol{\phi}_1 + a_2\frac{\lambda_2}{\lambda_1}\boldsymbol{\phi}_2 + \cdots + a_n\frac{\lambda_n}{\lambda_1}\boldsymbol{\phi}_n\right)\end{aligned}$$

如果特征值 λ_1 不是特征方程的重根，那么上式中的 $\dfrac{\lambda_2}{\lambda_1}, \dfrac{\lambda_3}{\lambda_1}, \cdots, \dfrac{\lambda_n}{\lambda_1}$ 都小于 1，因此与其他主振型相比，第一阶主振型 $\boldsymbol{\phi}_1$ 在 $\boldsymbol{X}_2$ 内占的比重相对地比在 $\boldsymbol{X}_1$ 中占的比重大，换句话说，用矩阵 $\boldsymbol{A}$ 迭代计算一次后，扩大了迭代向量中第一阶主振型的优势.经第二次迭代后，得

$$\boldsymbol{X}_3 = \boldsymbol{A}\boldsymbol{X}_2 = \lambda_1^2\left[a_1\boldsymbol{\phi}_1 + a_2\left(\frac{\lambda_2}{\lambda_1}\right)^2\boldsymbol{\phi}_2 + \cdots + a_n\left(\frac{\lambda_n}{\lambda_1}\right)^2\boldsymbol{\phi}_n\right]$$

同理,第 $r-1$ 次迭代后的结果为

$$\boldsymbol{X}_r = \boldsymbol{A}\boldsymbol{X}_{r-1} = \lambda_1^{r-1}\left[a_1\boldsymbol{\phi}_1 + a_2\left(\frac{\lambda_2}{\lambda_1}\right)^{r-1}\boldsymbol{\phi}_2 + \cdots + a_n\left(\frac{\lambda_n}{\lambda_1}\right)^{r-1}\boldsymbol{\phi}_n\right] \tag{6.6.6}$$

可见随着迭代次数的增加,第一阶主振型的优势越来越扩大.当迭代次数充分大时,由式(6.6.6)近似地得

$$\boldsymbol{X}_r = \lambda_1^{r-1}a_1\boldsymbol{\phi}_1$$

这时再迭代一次,就得出

$$\boldsymbol{X}_{r+1} = \boldsymbol{A}\boldsymbol{X}_r = \lambda_1\boldsymbol{X}_r$$

由此式看到,迭代后的新向量 $\boldsymbol{X}_{r+1}$ 与原来向量 $\boldsymbol{X}_r$ 的各个对应元素之间都仅相差一常倍数 λ_1,所以 $\boldsymbol{X}_r$ 或 $\boldsymbol{X}_{r+1}$ 就是对应于 λ_1 的第一阶主振型,而特征值 λ_1 可由式(6.6.7)算出:

$$\lambda_1 = \frac{(\boldsymbol{X}_{r+1})_l}{(\boldsymbol{X}_r)_l}, \quad l = 1, 2, \cdots, u \tag{6.6.7}$$

其中,$(\boldsymbol{X}_r)_l$ 表示向量 $\boldsymbol{X}_r$ 的第 l 个元素.为防止迭代过程中迭代向量的元素变得过大或过小,每次迭代后需要使向量归一化,例如,使其最后一个元素为1.下面是实用的矩阵迭代法的计算步骤:

(1) 选取初始迭代向量 $\boldsymbol{X}_1$,使其最后一个元素为1;

(2) 对 $\boldsymbol{X}_1$ 作矩阵迭代,并使新向量 $\boldsymbol{Y}_1$ 归一化,即

$$\boldsymbol{Y}_1 = \boldsymbol{A}\boldsymbol{X}_1, \quad \boldsymbol{X}_2 = \frac{1}{(\boldsymbol{Y}_1)_n}\boldsymbol{Y}_1$$

(3) 重复步骤(2),第 r 次的迭代结果为

$$\boldsymbol{Y}_r = \boldsymbol{A}\boldsymbol{X}_r, \quad \boldsymbol{X}_{r+1} = \frac{1}{(\boldsymbol{Y}_r)_n}\boldsymbol{Y}_r$$

(4) 若在允许的误差范围内有 $\boldsymbol{X}_{r+1} = \boldsymbol{X}_r$,则将 $\boldsymbol{X}_{r+1}$ 或 $\boldsymbol{X}_r$ 取作第一阶主振型 $\boldsymbol{\phi}_1$,由式(6.6.7)得

$$\lambda_1 = \frac{(\boldsymbol{Y}_r)_n}{(\boldsymbol{X}_r)_n} = \frac{(\boldsymbol{Y}_r)_n}{1}$$

因而一阶固有频率取为

$$\omega_1 = \frac{1}{\sqrt{(\boldsymbol{Y}_r)_n}}$$

由式(6.6.6)看出,矩阵迭代法计算 $\boldsymbol{\phi}_1$ 及 ω_1 的收敛速度取决于比值 $\lambda_2/\lambda_1 = (\omega_1/\omega_2)^2$, ω_1/ω_2 越小,收敛得越快.上述的矩阵迭代法又称为逆迭代法.

例 6.7 用矩阵迭代法计算例 6.5 中系统的基频和主振型.

解 用影响系数法求得系统的质量矩阵和刚度矩阵分别为

$$\boldsymbol{M}=\begin{bmatrix} m & 0 & 0 \\ 0 & m & 0 \\ 0 & 0 & 2m \end{bmatrix},\quad \boldsymbol{K}=\begin{bmatrix} 2k & -k & 0 \\ -k & 3k & -2k \\ 0 & -2k & 2k \end{bmatrix}$$

算出 $\boldsymbol{K}$ 的逆矩阵及系统的动力矩阵分别为

$$\boldsymbol{K}^{-1}=\frac{1}{k}\begin{bmatrix} 1 & 1 & 1 \\ 1 & 2 & 2 \\ 1 & 2 & 2.5 \end{bmatrix},\quad \boldsymbol{A}=\boldsymbol{K}^{-1}\boldsymbol{M}=\frac{m}{k}\begin{bmatrix} 1 & 1 & 2 \\ 1 & 2 & 4 \\ 1 & 2 & 5 \end{bmatrix}$$

若选取 $\boldsymbol{X}_1=[1\quad 1\quad 1]^{\mathrm{T}}$，则第一次迭代后得到

$$\boldsymbol{Y}_1=\boldsymbol{A}\boldsymbol{X}_1=\frac{m}{k}\begin{bmatrix} 4 \\ 7 \\ 8 \end{bmatrix},\quad \boldsymbol{X}_2=\frac{1}{(\boldsymbol{Y}_1)_3}\boldsymbol{Y}_1\begin{bmatrix} 0.500\,000 \\ 0.875\,000 \\ 1.000\,000 \end{bmatrix}$$

重复上述步骤，各次的迭代结果列于表 6.5. 由表可见，经过 6 次迭代后，已有 $\boldsymbol{X}_7=\boldsymbol{X}_6$，所以一阶主振型及基频分别取为

$$\boldsymbol{\phi}_1=\boldsymbol{X}_7=\begin{bmatrix} 0.462\,598 \\ 0.860\,806 \\ 1.000\,000 \end{bmatrix}$$

$$\omega_1=\frac{1}{\sqrt{\lambda_1}}=\frac{1}{\sqrt{7.184\,210\,\dfrac{m}{k}}}=0.373\,087\,32\sqrt{\frac{k}{m}}$$

$\omega_1=0.373\,087\,32\sqrt{\dfrac{k}{m}}$ 与精确值 $0.373\,087\,318\sqrt{\dfrac{k}{m}}$ 相比，它们的误差在数字计算误差之内，可见矩阵迭代法收敛很快.

表 6.5 第一主振型的迭代

r	1	2	3	4	5	6	7
$\boldsymbol{X}_r$	1	0.500 000	0.465 517	0.462 830	0.462 617	0.462 598	0.462 598
	1	0.875 000	0.862 069	0.860 911	0.860 814	0.860 806	0.860 806
	1	1.000 000	1.000 000	1.000 000	1.000 000	1.000 000	1.000 000
$\dfrac{k}{m}\lambda_1$	8	7.250 000	7.189 655	7.184 652	7.184 245	7.184 210	
$\omega_1\left(\sqrt{\dfrac{k}{m}}\right)$	0.353 553 39	0.371 390 68	0.372 946 02	0.373 075 85	0.373 086 41	0.373 087 318	
误差(%)	5.2	0.45	0.038	0.003	0.000 24	0.000 001	

2. 较高阶的固有频率及主振型

如前所述,每一次矩阵迭代总是扩大迭代向量 $\boldsymbol{X}_r$ 内第一阶主振型 $\boldsymbol{\phi}_1$ 的比重,如果在每次试用的 $\boldsymbol{X}_r$ 中剔除掉 $\boldsymbol{\phi}_1$ 的成分,那么迭代就会收敛到第二阶主振型 $\boldsymbol{\phi}_2$ 及固有频率 ω_2. 式(6.6.5)左乘 $\boldsymbol{\phi}_1^{\mathrm{T}}\boldsymbol{M}$,由正交性得知 $\boldsymbol{\phi}_1$ 的系数为

$$a_1 = \frac{1}{m_1}\boldsymbol{\phi}_1^{\mathrm{T}}\boldsymbol{M}\boldsymbol{X}_1$$

由于

$$\boldsymbol{A}\boldsymbol{X}_1 = a_1\lambda_1\boldsymbol{\phi}_1 + a_2\lambda_2\boldsymbol{\phi}_2 + \cdots + a_n\lambda_n\boldsymbol{\phi}_n$$

如果取

$$\boldsymbol{X}_2 = \boldsymbol{A}\boldsymbol{X}_1 - a_1\lambda_1\boldsymbol{\phi}_1$$

那么 $\boldsymbol{X}_2$ 内就不包含 $\boldsymbol{\phi}_1$ 的成分了,上式还可以写为

$$\boldsymbol{X}_2 = \boldsymbol{A}\boldsymbol{X}_1 - \lambda_1\boldsymbol{\phi}_1 a_1 = \left(\boldsymbol{A} - \frac{\lambda_1}{m_1}\boldsymbol{\phi}_1\boldsymbol{\phi}_1^{\mathrm{T}}\boldsymbol{M}\right)\boldsymbol{X}_1$$

但由于计算中的舍入误差,$\boldsymbol{X}_2$ 内仍可能有 $\boldsymbol{\phi}_1$ 的残余成分. 假设 $\boldsymbol{X}_2$ 展开后为

$$\boldsymbol{X}_2 = b_1\boldsymbol{\phi}_1 + b_2\boldsymbol{\phi}_2 + \cdots + b_n\boldsymbol{\phi}_n$$

其中,$\boldsymbol{\phi}_1$ 的系数可用上面的方法算出为

$$b_1 = \frac{1}{m_1}\boldsymbol{\phi}_1^{\mathrm{T}}\boldsymbol{M}\boldsymbol{X}_2$$

尽管 b_1 很小,但若用矩阵 $\boldsymbol{A}$ 迭代,则又会扩大 $\boldsymbol{\phi}_1$ 的比重,因此必须在迭代的同时继续剔除 $\boldsymbol{\phi}_1$ 的成分,即取

$$\boldsymbol{X}_3 = \boldsymbol{A}\boldsymbol{X}_2 - \lambda_1\boldsymbol{\phi}_1 b_1 = \left(\boldsymbol{A} - \frac{\lambda_1}{m_1}\boldsymbol{\phi}_1\boldsymbol{\phi}_1^{\mathrm{T}}\boldsymbol{M}\right)\boldsymbol{X}_2$$

如果记矩阵 $\boldsymbol{A}_1$ 为

$$\boldsymbol{A}_1 = \boldsymbol{A} - \frac{\lambda_1}{m_1}\boldsymbol{\phi}_1\boldsymbol{\phi}_1^{\mathrm{T}}\boldsymbol{M} \tag{6.6.8}$$

则上面的 $\boldsymbol{X}_2$,$\boldsymbol{X}_3$ 可以表示为

$$\boldsymbol{X}_2 = \boldsymbol{A}_1\boldsymbol{X}_1,\quad \boldsymbol{X}_3 = \boldsymbol{A}_1\boldsymbol{X}_2$$

可见只要在前面的计算步骤中用矩阵 $\boldsymbol{A}_1$ 取代 $\boldsymbol{A}$,矩阵迭代就会收敛到 $\boldsymbol{\phi}_2$ 及 ω_2. 利用式(6.6.8)不难证明矩阵 $\boldsymbol{A}_1$ 的最大特征值为 λ_2,相应的特征向量为 $\boldsymbol{\phi}_2$,而相应于 $\boldsymbol{\phi}_1$ 的特征值变为零,即有

$$\boldsymbol{A}_1\boldsymbol{\phi}_i = \begin{cases}\boldsymbol{0}, & i = 1\\ \lambda_i\boldsymbol{\phi}_i, & i = 2,\ 3,\ \cdots,\ n\end{cases} \tag{6.6.9}$$

同理,如果已求出前 l 阶特征值 $\lambda_1,\ \lambda_2,\ \cdots,\ \lambda_l$ 及相应的特征向量 $\boldsymbol{\phi}_1,\ \boldsymbol{\phi}_2,\ \cdots,\ \boldsymbol{\phi}_l$,构造下列矩阵:

$$\boldsymbol{A}_1 = \boldsymbol{A} - \sum_{i=1}^{l} \frac{\lambda_i}{m_i} \boldsymbol{\phi}_i \boldsymbol{\phi}_i^{\mathrm{T}} \boldsymbol{M} \tag{6.6.10}$$

用矩阵 $\boldsymbol{A}_l$ 迭代，则可得到第 $l+1$ 阶主振型 $\boldsymbol{\phi}_{l+1}$ 及固有频率 ω_{l+1}. 利用式(6.6.10)可以得知矩阵 $\boldsymbol{A}_l$ 有下列性质：

$$\boldsymbol{A}_l \boldsymbol{\phi}_i = \begin{cases} \boldsymbol{0}, & i = 1, 2, \cdots, l \\ \lambda_i \boldsymbol{\phi}_i, & i = l+1, l+2, \cdots, n \end{cases} \tag{6.6.11}$$

由于每次构造矩阵 $\boldsymbol{A}_l$ 时要用到前面算出的固有频率及主振型，考虑到计算中误差的累积，矩阵迭代法较适于求系统的前几阶固有频率和主振型.

上述方法同样适用于具有重特征值的系统. 假设 λ_1 是二重特征值，即有 $\lambda_1 = \lambda_2$，则式(6.6.6)化为

$$\begin{aligned} \boldsymbol{X}_r &= \lambda_1^{r-1} \left[a_1 \boldsymbol{\phi}_1 + a_2 \boldsymbol{\phi}_2 + a_3 \left(\frac{\lambda_3}{\lambda_1} \right)^{r-1} \boldsymbol{\phi}_3 + \cdots + a_n \left(\frac{\lambda_n}{\lambda_1} \right)^{r-1} \boldsymbol{\phi}_n \right] \\ &\approx \lambda_1^{r-1} (a_1 \boldsymbol{\phi}_1 + a_2 \boldsymbol{\phi}_2) \end{aligned} \tag{6.6.12}$$

取 $\boldsymbol{X}_r$ 作为第一阶主振型，记为 $\boldsymbol{\phi}_1'$. 由式(6.6.12)可见，$\boldsymbol{\phi}_1'$ 是原来假定的 $\boldsymbol{\phi}_1$ 及 $\boldsymbol{\phi}_2$ 的线性组合，因此若选取不同的 $\boldsymbol{X}_1$ 作初始迭代向量，会得出不同数值的第一阶主振型. 但是若以 $\boldsymbol{\phi}_1'$ 按式(6.6.8)构造矩阵 $\boldsymbol{A}_1$，用 $\boldsymbol{A}_1$ 去迭代，则仍能得出与 $\boldsymbol{\phi}_1'$ 正交的主振型，记为 $\boldsymbol{\phi}_2'$，它是对应于 λ_1 的另一个主振型. 这样，$\boldsymbol{\phi}_1$ 及 $\boldsymbol{\phi}_2$ 对应于 λ_1，$\boldsymbol{\phi}_1'$ 及 $\boldsymbol{\phi}_2'$ 也对应于 λ_1，而由 5.3.4 节知道，对应于重特征值的正交的主振型组本来就是不唯一的.

对于半正定系统，由于刚度矩阵是奇异矩阵，式(6.6.2)的动力矩阵 $\boldsymbol{A}$ 将不存在，这时可按 5.3.5 节的方法先求出消除了刚体振型的等效紧缩系统，然后使用矩阵迭代法，或者直接采用下面的移频方法.

已知

$$(\boldsymbol{K} + \alpha \boldsymbol{M}) \boldsymbol{\phi} = (\omega^2 + \alpha) \boldsymbol{M} \boldsymbol{\phi} \tag{6.6.13}$$

其中，α 是一较小的正数. 因为 $\omega^2 + \alpha$ 总大于零，矩阵 $\boldsymbol{K} + \alpha \boldsymbol{M}$ 是正定的，于是得到动力矩阵为

$$\boldsymbol{A} = (\boldsymbol{K} + \alpha \boldsymbol{M})^{-1} \boldsymbol{M}$$

用 $\boldsymbol{A}$ 作矩阵迭代时，主振型仍是原来的，但由 $\boldsymbol{A}$ 的特征值 λ 计算固有频率时应当扣去 α 值，即

$$\omega^2 = \frac{1}{\lambda} - \alpha$$

由式(6.6.6)可看出，逆迭代过程收敛的主振型实际是绝对值最大的特征值所对应的主振型，所以如果在式(6.6.13)中将 α 取为负数，并且使 $-\alpha$ 接近某一阶固有频率的平方，例如 ω_2^2，则 $1/(\omega_2^2 \alpha)$ 成为绝对值最大的特征值，这时逆迭代过程将收敛于主振型 $\boldsymbol{\phi}_2$. 若已利用其他方法求出了系统的若干阶固有频率，则运用带移频的逆迭代法可以方便地求得相应的主振型.

例 6.9 求例 6.5 中系统的高阶固有频率及主振型.

解 利用例 6.7 得到的结果,算得一阶主质量为

$$m_1 = \boldsymbol{\phi}_1^{\mathrm{T}} \boldsymbol{M} \boldsymbol{\phi}_1 = 2.954\,984m$$

按式(6.6.8)求出

$$\boldsymbol{A}_1 = \boldsymbol{A} - \frac{\lambda_1}{m_1}\boldsymbol{\phi}_1\boldsymbol{\phi}_1^{\mathrm{T}}\boldsymbol{M} = \frac{m}{k}\begin{bmatrix} 0.479\,727 & 0.031\,870 & -0.249\,355 \\ 0.031\,870 & 0.198\,495 & -0.185\,614 \\ -0.124\,674 & -0.092\,803 & 0.137\,569 \end{bmatrix}$$

选取初始迭代向量为

$$\boldsymbol{X}_1 = [1 \quad 1 \quad -1]^{\mathrm{T}}$$

由表 6.6 看到,用矩阵 $\boldsymbol{A}_1$ 迭代 16 次后得到

$$\lambda_2 = 0.572\,770\,\frac{m}{k}$$

$$\omega_2 = \frac{1}{\sqrt{\lambda_2}} = 1.321\,325\sqrt{\frac{k}{m}}$$

$$\boldsymbol{\phi}_2 = [-2.935\,491 \quad -0.745\,891 \quad 1.000\,000]^{\mathrm{T}}$$

表 6.6 第二阶主振型的迭代

r	1	2	3	…	15	16	17
$\boldsymbol{X}_r$	1	−2.143 249	−2.560 572		−2.935 48	−2.935 492	−2.935 491
	1	−1.171 620	−0.947 370		−0.745 893	−0.745 892	−0.745 891
	−1	1.000 000	1.000 000		1.000 000	1.000 000	1.000 000
$\frac{k}{m}\lambda_2$	−0.355 046	0.513 506	0.544 724	…	0.572 769	0.572 770	
$\omega_1\left(\sqrt{\frac{k}{m}}\right)$	—	1.395 492	1.354 914		1.321 327	1.321 326	
误差(%)		5.6	2.5		0.000 18	0.000 09	

为求三阶固有频率及主振型,按式(6.6.10)构造

$$\boldsymbol{A}_2 = \boldsymbol{A}_1 - \frac{\lambda_2}{m_2}\boldsymbol{\phi}_2\boldsymbol{\phi}_2^{\mathrm{T}}\boldsymbol{M} = \frac{m}{k}\begin{bmatrix} 0.037\,997 & -0.080\,371 & 0.051\,603 \\ -0.080\,371 & 0.169\,975 & -0.109\,142 \\ 0.025\,805 & -0.054\,567 & 0.035\,045 \end{bmatrix}$$

初始迭代向量可选为

$$\boldsymbol{X}_1 = [1 \quad -1 \quad 1]^{\mathrm{T}}$$

由表 6.7 看到,用矩阵 $\boldsymbol{A}_2$ 迭代 4 次后得到

$$\lambda_3 = 0.243\,016\,\frac{m}{k}, \quad \omega_3 = \frac{1}{\sqrt{\lambda_3}} = 2.028\,535\sqrt{\frac{k}{m}}$$

$$\boldsymbol{\phi}_3 = [1,472\,763 \quad -3.114\,824 \quad 1.000\,000]^{\mathrm{T}}$$

表 6.7　第三阶主振型的迭代

r	1	2	3	4	5
$\boldsymbol{X}_r$	1	1.472 669	1.472 766	1.472 763	1.474 763
	1	−3.114 688	−3.114 824	−3.114 924	−3.114 824
	−1	1.000 000	1.000 000	1.000 00	1.000 000
$\frac{k}{m}\lambda_2$	0.115 417	0.243 006	0.243 013	0.243 016	
$\omega_1\left(\sqrt{\frac{k}{m}}\right)$	2.943 507 2	2.028 577	2.028 548	2.028 535	
误差(%)	4.51	0.002 6	0.001 2	0.000 58	

6.7　子空间迭代法

将前面的矩阵迭代法与里茨法结合起来，可以得到一种新的计算方法，即子空间迭代法，它对求解自由度数较大的系统较低的前若干阶固有频率及主振型非常有效. 子空间迭代法的计算步骤概括如下：

(1) 选取初始迭代矩阵：

$$\boldsymbol{D}_0 = \left[\hat{\boldsymbol{\phi}}_1 \quad \hat{\boldsymbol{\phi}}_2 \quad \cdots \quad \hat{\boldsymbol{\phi}}_l\right]$$

(2) 作下列矩阵迭代，求 $n \times l$ 矩阵 $\boldsymbol{P}$：

$$\boldsymbol{P} = \boldsymbol{M}\boldsymbol{D}_0$$

(3) 从下列代数方程组解出 $n \times l$ 矩阵 $\boldsymbol{D}_1$(此过程称为矩阵逆迭代)：

$$\boldsymbol{K}\boldsymbol{D}_1 = \boldsymbol{P}$$

即

$$\boldsymbol{D}_1 = \boldsymbol{K}^{-1}\boldsymbol{P}$$

(4) 由下式计算 $n \times l$ 矩阵 $\boldsymbol{Q}$：

$$\boldsymbol{Q} = \boldsymbol{M}\boldsymbol{D}_1$$

(5) 计算自由度数减缩后的刚度矩阵 $\overline{\boldsymbol{K}}$ 与质量矩阵 $\overline{\boldsymbol{M}}$：

$$\overline{\boldsymbol{K}} = \boldsymbol{D}_1^{\mathrm{T}}\boldsymbol{P}, \quad \overline{\boldsymbol{M}} = \boldsymbol{D}_1^{\mathrm{T}}\boldsymbol{Q}$$

即

$$\overline{K} = D_1^{\mathrm{T}} K D_1 = D_1^{\mathrm{T}} P, \quad \overline{M} = D_1^{\mathrm{T}} M D_1 = D_1^{\mathrm{T}} Q$$

(6) 求解下列矩阵特征值问题：

$$\overline{K} a = \overline{\omega}^2 \overline{M} a$$

得到全部 l 个特征值 $\overline{\omega}_i^2$（$i = 1, 2, \cdots, l$）和相应的特征向量 a_i（$i = 1, 2, \cdots, l$），记为

$$\overline{\Lambda} = \lceil \overline{\omega}_1^2 \quad \overline{\omega}_2^2 \quad \cdots \quad \overline{\omega}_l^2 \rfloor, \quad \overline{\phi} = [a_1 \quad a_2 \quad \cdots \quad a_l]$$

(7) 如果各个特征值 $\overline{\omega}_i^2$ 已满足精度要求，则取

$$\Lambda_L = \overline{\Lambda}, \quad \phi_L = D_1 \overline{\phi}$$

其中

$$\Lambda_L = \lceil \omega_1^2 \quad \omega_2^2 \quad \cdots \quad \omega_l^2 \rfloor, \quad \phi_L = [\phi_1 \quad \phi_2 \quad \cdots \quad \phi_l]$$

否则，计算

$$P = Q \overline{\phi}$$

并返回步骤(3)，继续计算下去.

实际上，上述计算步骤可分为两部分，步骤(2)与(3)是6.6节的矩阵迭代法，步骤(4)～(6)是6.5.2节的里茨法，不过，这里的矩阵迭代法不是先形成动力矩阵 $K^{-1}M$，然后作矩阵迭代

$$D_1 = (K^{-1} M) D_0$$

这是因为结构动力分析中得到的 K 与 M 一般是对称、稀疏及带状的矩阵，而通过矩阵相乘得到的动力矩阵将丧失这些有利于计算的特点，所以上式的矩阵迭代分成了(2)与(3)两步. 另外，在步骤(7)中，并不按下式计算新的迭代矩阵 D_0 再返回步骤(2)：

$$D_0 = D_1 \overline{\phi}$$

而是按下式计算新的矩阵 P 再返回步骤(3)：

$$P = Q \overline{\phi}$$

实际上，上式可写为

$$P = Q \overline{\phi} = M D_1 \overline{\phi} = M (D_1 \overline{\phi})$$

这样就省去了后续计算中的步骤(2)而直接进入步骤(3).

为说明子空间迭代法的原理，先考察矩阵 D_0 在经过实质是矩阵迭代法的步骤(2)及(3)后，得到的矩阵 D_1 发生些什么变化. 式(6.5.39)重写如下：

$$K \phi_L = M \phi_L \Lambda_L$$

上式左乘 K^{-1} 并右乘 Λ_L^{-1}，可得

$$K^{-1} M \phi_L = \phi_L \Lambda_L^{-1} \tag{6.7.1}$$

类似式(6.5.39)，有

$$K \phi_H = M \phi_H \Lambda_H \tag{6.7.2}$$

其中，$\boldsymbol{\phi}_H$是高阶主振型组成的振型矩阵，$\boldsymbol{\Lambda}_H$是高阶谱矩阵，即

$$\begin{aligned}\boldsymbol{\phi}_H &= [\boldsymbol{\phi}_{l+1} \quad \boldsymbol{\phi}_{l+2} \quad \cdots \quad \boldsymbol{\phi}_n] \\ \boldsymbol{\Lambda}_H &= \lceil \omega_{l+1}^2 \quad \omega_{l+2}^2 \quad \cdots \quad \omega_n^2 \rfloor\end{aligned} \tag{6.7.3}$$

式(6.7.2)左乘 $\boldsymbol{K}^{-1}$并右乘 $\boldsymbol{\Lambda}_H^{-1}$，同样可得

$$\boldsymbol{K}^{-1}\boldsymbol{M}\boldsymbol{\phi}_H = \boldsymbol{\phi}_H\boldsymbol{\Lambda}_H^{-1} \tag{6.7.4}$$

由展开定理(Ⅰ)，$n \times l$ 矩阵$\boldsymbol{D}_0$的每列都可展开为系统 n 个主振型的线性组合，这个关系可简洁地写为

$$\boldsymbol{D}_0 = \boldsymbol{\phi}\boldsymbol{B} \tag{6.7.5}$$

其中，$\boldsymbol{\phi}$ 是$n \times n$ 振型矩阵，$\boldsymbol{B}$ 是$n \times l$ 矩阵.若将 $\boldsymbol{\phi}$ 与$\boldsymbol{B}$ 分块为

$$\boldsymbol{\phi} = [\boldsymbol{\phi}_L \quad \boldsymbol{\phi}_H], \quad \boldsymbol{B} = \begin{bmatrix}\boldsymbol{B}_L \\ \boldsymbol{B}_H\end{bmatrix} \tag{6.7.6}$$

则式(6.7.5)可写成

$$\boldsymbol{D}_0 = \boldsymbol{\phi}_L\boldsymbol{B}_L + \boldsymbol{\phi}_H\boldsymbol{B}_H \tag{6.7.7}$$

这样，由式(6.7.1)及式(6.7.4)，经过步骤(2)及式(3)得到的矩阵 $\boldsymbol{D}_1$为

$$\begin{aligned}\boldsymbol{D}_1 &= \boldsymbol{K}^{-1}\boldsymbol{M}\boldsymbol{D}_0 = \boldsymbol{K}^{-1}\boldsymbol{M}\boldsymbol{\phi}_L\boldsymbol{B}_L + \boldsymbol{K}^{-1}\boldsymbol{M}\boldsymbol{\phi}_H\boldsymbol{B}_H = \boldsymbol{\phi}_L\boldsymbol{\Lambda}_L^{-1}\boldsymbol{B}_L + \boldsymbol{\phi}_H\boldsymbol{\Lambda}_H^{-1}\boldsymbol{B}_H \\ &= \left[\frac{1}{\omega_1^2}\boldsymbol{\phi}_1 \quad \cdots \quad \frac{1}{\omega_l^2}\boldsymbol{\phi}_l\right]\boldsymbol{B}_L + \left[\frac{1}{\omega_{l+1}^2}\boldsymbol{\phi}_{l+1} \quad \cdots \quad \frac{1}{\omega_n^2}\boldsymbol{\phi}_n\right]\boldsymbol{B}_H\end{aligned} \tag{6.7.8}$$

比较式(6.7.8)与式(6.7.7)，由于 $\omega_1^2 \leqslant \omega_2^2 \leqslant \cdots \leqslant \omega_n^2$，$\boldsymbol{D}_1$内低阶振型矩阵 $\boldsymbol{\phi}_L$ 的比重增加了，其中，$\boldsymbol{\phi}_1$的比重增加得最多.如果仅是重复步骤(2)与(3)，由于有 6.6 节矩阵迭代法的分析，矩阵 $\boldsymbol{D}_1$的各个列将全部收敛于第一阶主振型 $\boldsymbol{\phi}_1$.从几何关系看，$\boldsymbol{D}_1$的各个列向量逐渐趋于平行，最后都平行于 $\boldsymbol{\phi}_1$.但在每次矩阵迭代后再补充以里茨法，情况就不同了.若将矩阵 $\boldsymbol{D}_1\bar{\boldsymbol{\phi}}$ 看作新的 $\boldsymbol{D}_0$，由式(6.5.33)及式(6.5.34)知道，新 $\boldsymbol{D}_0$内各个列是关于质量矩阵 $\boldsymbol{M}$ 及刚度矩阵$\boldsymbol{K}$ 相互正交的，因此每一次使用里茨法后，新 $\boldsymbol{D}_0$的 l 个列向量就像伞一样被“撑”开了，而不会趋于平行.随着迭代次数的增加，$\boldsymbol{D}_1$内 $\boldsymbol{\phi}_L$ 的比重将越来越大，最后使式(6.7.8)近似为

$$\boldsymbol{D}_1 = \boldsymbol{\phi}_L\boldsymbol{\Lambda}_L^{-1}\boldsymbol{B}_L = \boldsymbol{\phi}_L\boldsymbol{A} \tag{6.7.9}$$

其中，$\boldsymbol{A} = \boldsymbol{\Lambda}_L^{-1}\boldsymbol{B}_L$ 是$L \times L$ 矩阵，比较式(6.7.9)与式(6.5.43)，得知以 $\boldsymbol{D}_1$内 L 个列作为基底的子空间 T 已近似等同于以系统前L 阶主振型作为基底的子空间 V_L，因此再用一次里茨法就能得到精度相当高的固有频率及主振型.由此可见，子空间迭代法的迭代过程，实际是初始选取的矩阵 $\boldsymbol{D}_0$内 L 个列张成的子空间$\boldsymbol{T}$ 逐渐向子空间 V_L收敛的过程，这就是子空间迭代法这个名字的由来.显然，若一开始选取的 $\boldsymbol{D}_0$阵内 L 个列就张成了子空间 V_L，则经一次子空间迭代就求出精确解.

在步骤(6)中，虽然矩阵 $\bar{\boldsymbol{K}}$ 及$\bar{\boldsymbol{M}}$ 已失去了原来$\boldsymbol{K}$ 及$\boldsymbol{M}$ 的特点，并且要求解出全部 L 个特征值及特征向量，但是$\bar{\boldsymbol{K}}$ 与$\bar{\boldsymbol{M}}$ 的阶数L 远小于n，而且随着式(6.7.9)中矩阵 $\boldsymbol{D}_1$向 $\boldsymbol{\phi}_L\boldsymbol{A}$ 接

近，由式(6.5.49)得知特征向量矩阵 $\bar{\boldsymbol{\phi}}$ 向 $\boldsymbol{A}^{-1}$ 接近，这导致新的 $\boldsymbol{D}_0$（$\boldsymbol{D}_0 = \boldsymbol{D}_1\bar{\boldsymbol{\phi}}$）及继后的 $\boldsymbol{D}_1$ 向 $\bar{\boldsymbol{\phi}}_L$ 接近，从而矩阵 $\overline{\boldsymbol{K}}$ 及 $\overline{\boldsymbol{M}}$ 都趋向于对角矩阵. 这些都使得步骤(6)中矩阵特征值问题的求解变得相对容易.

由于子空间迭代法包含里茨法的全部特点，故式(6.5.50)仍然成立，即迭代过程中算出的固有频率都由上限一侧向精确值收敛，越是低阶的固有频率，收敛得越快. 通常若要求系统前 p 阶固有频率及主振型，初始迭代矩阵 $\boldsymbol{D}_0$ 中的列数应取 $2p$ 及 $p+8$ 中较小的一个数.

例 6.9 用子空间迭法计算例 6.5 中系统的前两阶固有频率及主振型.

解 设初始迭代矩阵 $\boldsymbol{D}_0$ 选为

$$\boldsymbol{D}_0 = \begin{bmatrix} 1 & 1 \\ 2 & 2 \\ 3 & -1 \end{bmatrix}$$

上式中的两列与例 6.6 采用里茨法时所选的一样. 若采用的归一化是使每个列向量的最后一个成为 1，则 $\boldsymbol{D}_0$ 可写为

$$\boldsymbol{D}_0 = \begin{bmatrix} 0.333\,333 & -1 \\ 0.666\,667 & -2 \\ 1.000\,000 & 1 \end{bmatrix}$$

为简便起见，计算步骤的(2)与(3)仍用原来的矩阵迭代法. 由例 6.7，已知动力矩阵为

$$\boldsymbol{K}^{-1}\boldsymbol{M} = \frac{m}{k}\begin{bmatrix} 1 & 1 & 2 \\ 1 & 2 & 4 \\ 1 & 2 & 5 \end{bmatrix}$$

于是得到

$$\boldsymbol{D}_1 = (\boldsymbol{K}^{-1}\boldsymbol{M})\boldsymbol{D}_0 = \frac{m}{k}\begin{bmatrix} 3.000\,000 & -1 \\ 5.666\,667 & -1 \\ 6.666\,667 & 0 \end{bmatrix}$$

各列归一化(第二列不作)后，$\boldsymbol{D}_1$ 成为

$$\boldsymbol{D}_1 = \begin{bmatrix} 0.450\,000 & -1 \\ 0.850\,000 & -1 \\ 1.000\,000 & 0 \end{bmatrix}$$

由 $\boldsymbol{D}_1$ 计算出

$$\overline{\boldsymbol{K}} = \boldsymbol{D}_1^{\mathrm{T}}\boldsymbol{K}\boldsymbol{D}_1 = k\begin{bmatrix} 0.407\,500 & -0.150\,000 \\ -0.150\,000 & 3.000\,000 \end{bmatrix}$$

$$\overline{\boldsymbol{M}} = \boldsymbol{D}_1^{\mathrm{T}}\boldsymbol{M}\boldsymbol{D}_1 = m\begin{bmatrix} 2.925\,000 & -1.300\,000 \\ -1.300\,000 & 2.000\,000 \end{bmatrix}$$

解矩阵特征值问题$(\overline{\boldsymbol{K}}-\bar{\omega}^2\overline{\boldsymbol{M}})\boldsymbol{a}=\boldsymbol{0}$，得到

$$\bar{\boldsymbol{\phi}}=[\boldsymbol{a}_1\quad\boldsymbol{a}_2]=\begin{bmatrix}2.721\,608 & -1.144\,686\\ -0.030\,955 & -2.544\,046\end{bmatrix}$$

$$\bar{\boldsymbol{\Lambda}}=\begin{bmatrix}\bar{\omega}_1^2 & 0\\ 0 & \bar{\omega}_2^2\end{bmatrix}=\frac{k}{m}\begin{bmatrix}0.139\,196 & 0\\ 0 & 2.072\,343\end{bmatrix}$$

新的迭代矩阵$\boldsymbol{D}_0$为

$$\boldsymbol{D}_0=\boldsymbol{D}_1\bar{\boldsymbol{\phi}}=\begin{bmatrix}1.255\,679 & 2.028\,937\\ 2.344\,322 & 1.571\,063\\ 2.721\,608 & -1.144\,686\end{bmatrix}$$

各列归一化后，$\boldsymbol{D}_0$成为

$$\boldsymbol{D}_0=\begin{bmatrix}0.461\,374 & -1.772\,483\\ 0.861\,374 & -1.372\,484\\ 1.000\,000 & 1.000\,000\end{bmatrix}$$

上式$\boldsymbol{D}_0$中的两列即近似的系统前两阶主振型.由$\bar{\boldsymbol{\Lambda}}$得到

$$\omega_1=\sqrt{\bar{\omega}_1^2}=0.373\,090\sqrt{\frac{k}{m}}$$

$$\omega_2=\sqrt{\bar{\omega}_2^2}=1.439\,563\sqrt{\frac{k}{m}}$$

比较例6.7中得到的解，可见一次子空间迭代后，已得到精度较好的基频及主振型，其中ω_1的值比例6.6用里茨法求出的$\omega_1=0.373\,969\sqrt{\frac{k}{m}}$又下降了一些.若继续作第二次子空间迭代，由$\boldsymbol{D}_0$得到

$$\boldsymbol{D}_1=(\boldsymbol{K}^{-1}\boldsymbol{M})\boldsymbol{D}_0=\frac{m}{k}\begin{bmatrix}3.322\,748 & -1.144\,967\\ 6.184\,122 & -0.517\,451\\ 7.184\,122 & 0.482\,549\end{bmatrix}$$

各列归一化后，$\boldsymbol{D}_1$成为

$$\boldsymbol{D}_1=\begin{bmatrix}0.462\,513 & -2.372\,748\\ 0.860\,804 & -1.072\,328\\ 1.000\,000 & 1.000\,000\end{bmatrix}$$

由$\boldsymbol{D}_1$算出

$$\overline{\boldsymbol{K}}=\boldsymbol{D}_1^{\mathrm{T}}\boldsymbol{K}\boldsymbol{D}_1=k\begin{bmatrix}0.411\,305 & -0.002\,562\\ -0.002\,562 & 15.910\,112\end{bmatrix}$$

$$\overline{\boldsymbol{M}}=\boldsymbol{D}_1^{\mathrm{T}}\boldsymbol{M}\boldsymbol{D}_1=m\begin{bmatrix}2.954\,902 & -0.020\,491\\ -0.020\,491 & 8.779\,820\end{bmatrix}$$

解矩阵特征值问题$(\overline{\boldsymbol{K}} - \overline{\omega}^2 \overline{\boldsymbol{M}})\boldsymbol{a} = \boldsymbol{0}$，得出

$$\overline{\boldsymbol{\phi}} = [\boldsymbol{a}_1 \quad \boldsymbol{a}_2] = \begin{bmatrix} 14.688\,014 & -0.000\,239 \\ -0.000\,290 & -0.034\,571 \end{bmatrix}$$

$$\overline{\boldsymbol{\Lambda}} = \begin{bmatrix} \overline{\omega}_1^2 & 0 \\ 0 & \overline{\omega}_2^2 \end{bmatrix} = \frac{k}{m}\begin{bmatrix} 0.139\,194 & 0 \\ 0 & 1.812\,150 \end{bmatrix}$$

新的矩阵$\boldsymbol{D}_0$为

$$\boldsymbol{D}_0 = \boldsymbol{D}_1 \overline{\boldsymbol{\phi}} = \begin{bmatrix} 6.794\,086 & 0.081\,789 \\ 12.643\,812 & 0.036\,866 \\ 14.687\,724 & -0.034\,810 \end{bmatrix}$$

各列归一化后，得到

$$\boldsymbol{\phi}_L = \begin{bmatrix} 0.462\,569 & -2.349\,584 \\ 0.860\,842 & -1.059\,064 \\ 1.000\,000 & 1.000\,000 \end{bmatrix}$$

上式即经两次子空间迭代后得到的系统前两阶主振型，前两阶固有频率取为

$$\omega_1 = \sqrt{\overline{\omega}_1^2} = 0.373\,087\sqrt{\frac{k}{m}}$$

$$\omega_2 = \sqrt{\overline{\omega}_2^2} = 1.346\,161\sqrt{\frac{k}{m}}$$

与精确解相比，基频的精度更进一步提高，二阶固有频率也有较大改善.

第7章 动态子结构法

7.1 引　　言

第6章介绍用于解决多自由度系统动力学问题的各种解析解方法、半解析解方法和近似解方法.然而,将复杂结构离散化为多自由度系统时,它的自由度大到几千、几万是很平常的.对于这样自由度很大的系统的动力学分析,采用第6章的求解方法,不但在方法上会遇到许多困难,而且因计算机的容量不足而引入的误差和计算机耗时太大都带来许多问题.很自然地提出这样的问题:怎样才能在保证必要的计算精度的前提下,较方便地求解大型复杂结构的动力学问题,即如何进行大型复杂结构动力学分析?

在结构静力分析中,对于大型复杂结构往往采用子结构方法.人们为了解决大型复杂结构动力学问题,从20世纪60年代以来,不断提出了各种动态子结构法.动态子结构法是计算大型复杂结构动态特性十分有效的方法,已被广泛应用于航空、航天、舰船、建筑、海洋工程、核工程以及复杂机械结构的设计与分析.动态子结构法是近代复杂工程发展的产物,动态子结构法不仅能够大幅度降低动力学方程的阶数,而且能够保证结构动力学分析的精度.

归纳起来,动态子结构法有如下几个方面的优点:

(1) 把原系统的高阶特征值问题化为低阶特征值问题,然后加以综合,得到原系统的主要模态特性.在保持原系统主要模态特性计算精度的同时,大大减少计算机时,从而提高了计算效率.

(2) 在系统结构设计要修改结构中的某一部件参数时,可保留其余部件的计算资料,仅对修改的部件作重新计算,然后与其余部件综合,即得到修改后的系统动态特性,大大减少结构修改的工作量.

(3) 对于由若干部门设计制造的大型复杂结构的系统动态特性,可通过各部门分别计算或测试各自设计制造的部件的动态特性,然后由总体部门将各部件的动态特性数据加以综合,就可以得到系统的动态特性.

(4) 对于复杂结构中有些部件不易建立数学模型的问题,可以采用模态试验的方法得到试验模态参数,同其他部件用计算方法得到的动态特性加以系统综合,用计算方法得到准确的系统动态特性.如果所有部件的动态特性都采用试验给出的数据加以综合,这就是完全的试验模态综合.这种理论方法与试验方法相结合的技术可以提高综合结果的可靠性.

我国学者胡海昌在《多自由度结构固有振动理论》[1]一书中对动态子结构法作了系统的论述.他提出分析复杂结构的指导思想是"先修改后复原".这就是说,先对给定结构作一些适当的修改,使它变得便于分析,然后设法复原到原先给定的结构.修改的办法可分两大类:

(1) 原结构经修改后能求得解析解.但这种希望并非总能如愿以偿.但如能做到,就比只能得到数值解的办法有用得多.

(2) 原结构经修改后变为彼此独立无关的若干子结构.这种方法可以叫作"化整为零"法,把整体结构划分为若干子结构.化整为零的力学措施基本上有下列四类:

① 割断结构某些部位的联系,使它解体为若干个子结构.这种做法是先增加自由度而后去掉多余的自由度.在静力分析中,这种方法叫作力法.在动力分析中,这类方法常叫作自由子结构法.

② 约束结构的某些位移使原结构被隔离成若干子结构.这些子结构虽然在空间上仍然连接在一起,但它们已被隔离,从力学上看已是彼此独立无关的了.这种做法是先减少自由度而后恢复失去的自由度.隔离法在静力分析中叫作位移法.在动力分析中,隔离法叫作约束子结构法.

③ 在子结构交界部分部位上割断其联系,而其余部位加以约束,形成混合界面将结构化为若干子结构,这是介于①与②两种方法之间的方法.在动力分析中,这类方法称为混合界面子结构法.如果子结构交界部位全部割断其联系,就化为自由子结构法;如果交界部位全部加以约束,就化为约束子结构法.

④ 把结构中的某些部件修改为刚体.因此这种方法可以叫作局部刚化法.结构局部刚化后并未被解体或隔离,它仍是一个完整的统一体,各部件间仍有一定的联系,只不过修改后的结构变得便于分析了.从数学上看,局部刚化法也是一种先减少自由度而后恢复失去的自由度的办法.在静力问题分析空腹桁架时,钱令希和胡海昌[42]首先提出了局部刚化的方法,建立了三项方程,后来发展成无剪力分配法.在动力分析中,格拉特惠尔(Gladwell)[75]的分支模态法便属于局部刚化的类型.

当着手计算一个大型复杂结构系统时,首先遇到的问题是如何划分子结构.为此,给出供参照的以下几个动态子结构划分的基本原则：

(1) 按照实际复杂结构的几何形状和装配部件来划分，如图 7.1 所示.

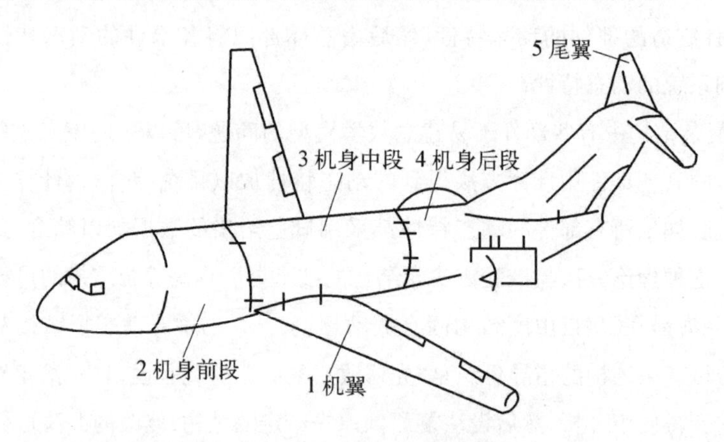

图 7.1 子结构划分图

尤其是由几个单位分头设计制造部件然后装配而成的大型复杂结构更应该尽量按分工划分子结构.这样能在子结构的层次上保持各协作单位的相对独立性，以利于工作的开展.

(2) 尽量割断较少的联系，使原结构肢解成较多的子结构，即“化整为零”.被割断部位的力学模型尽可能简单，以便于复原模型的建立.

(3) 根据计算机的容量、经济性和可靠性，按大致相同的自由度数来确定这些子结构的特征值问题能否在小型和微型计算机上进行计算，从而提高计算效率.

(4) 按同样的几何形状和边界条件构成相同的子结构，从而大大提高计算效率.如图 7.2 所示中的结构，可划分成五个相同子结构，只需对其中一个子结构解一次特征值，其他四个子结构利用同样的性质，仅需再计算一次装配后的特征方程.这就可充分发挥子结构的计算优势.

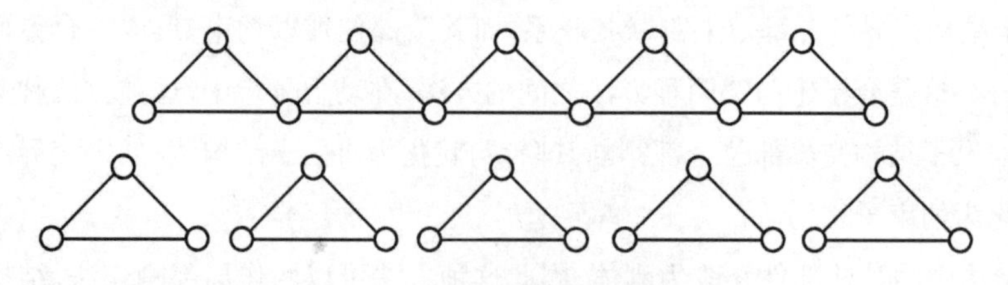

图 7.2 相同子结构的划分

(5) 如果原结构不同部位的刚度或质量相差较大，那么在划分子结构时应尽量使每个子结构内的刚度或质量比较均匀.这样能使子结构的刚度矩阵和质量矩阵的数值特性较好，便于子结构分析.

(6) 按理论模态与试验模态对接技术划分，当一部分结构无法用理论计算时，就必须按这两类模态的不同处理方法进行划分.

自赫铁(Hurty)[74]和格拉特惠尔[75]正式引入动态子结构模态综合法概念以来，动态子结构法不断地得到发展和完善.

按界面性质，可以把动态子结构法分为约束子结构法、自由子结构法和混合子结构法.根据界面复原的方法，每类动态子结构又分为超单元法、(假设)模态综合法和高精度模态综合法.约束子结构超单元法又称为界面位移综合法；自由子结构超单元法又称为界面力综合法，或者称为频响函数直接综合法.

自由子结构和约束子结构是两种常用的子结构法.它们各有特点.从计算量来看，约束子结构较方便一些，因为其中的子结构的自由度较少，没有零频率，频率较高，所以近似计算中的收敛性较好.又由于其他的结构分析程序大多用位移法，约束子结构法在程序编制上较易于和其他程序衔接.但是子结构特性未必都能计算.假如需要通过试验测定子结构的特性，那么自由子结构法的优点便相当突出了.首先，试验室中自由界面远比约束界面易于实现，可以通过模态试验获得自由界面主模态，其次，从试验数据所含有的信息量来看，由于在自由子结构法中修改后的结构自由度增加了，故它的信息量一般大于原结构所需要的，因而可以通过静力试验方法就得到一阶、二阶剩余模态，或由界面自由度频响函数处理给出剩余模态参与综合.同时，还可以用界面自由度的频响函数直接综合.但是由于试验条件的限制，由试验数据处理给出的剩余模态的误差较大，限制了自由界面试验模态综合法的工程应用.在约束子结构法中修改后结构的自由度减少了，所以这些被约束掉的自由度的特性无论如何也不能从子结构的试验数据中得到，还应补充某种试验，例如静约束模态测试，以便得到必要的补充试验数据，这也限制了约束试验模态综合法的应用.

在结构静力分析中还有混合子结构法.这就是把前述策略思想在同一问题作联合应用.在结构动力分析中当然也可以用混合子结构法.

按求解的方法，可以分为假设模态近似解方法和半解析解方法两大类：

(1) 假设模态近似解方法

在子结构方法中各种近似解方法实际上都是假设模态法，它们的不同之处在于选取了不同的子结构位移近似表达式.根据子结构界面约束条件的不同，可以把子结构位移近似表达式分为三类：

① 约束界面模态集加静约束模态集；

② 自由界面模态集加剩余影响模态集；

③ 自由与约束混合界面模态集加剩余影响模态集.

选定位移表达式后，可以用直接代入法或者里茨法建立综合方程进行求解，里茨法的计算精度要比直接代入法高一些.在这里，不同的研究者按各自力学原理的分析，选取不同的假设模态位移表达式，完成综合分析研究，用实例证明其方法的优越性.位移表达式选取的好坏决定了综合结果的精度的高低，然而还没有一种可用的办法可以用来评价所设定的位移表达式的好坏,只能依赖人的经验来假设位移.

(2) 半解析解方法

不同于假设模态近似解方法，梁以德(Y. T. Leung)[76-77]使用减缩自由度的解析分析办法推导出约束界面的位移表达式,建立界面位移综合法.胡海昌在文献[78]中进一步使用模态分析方法解析推导出采用约束界面模态表示的约束界面的位移表达式,进而构造了约束界面模态综合法.邱吉宝等[79-81]发展了胡海昌解析的模态分析推导方法,采用上一章介绍的三个模态展开定理,给出三类解析解位移展开式,分别导出三类精确子结构方法.这里把没有减缩自由度的方法称为精确子结构方法,以区别于减缩自由度的子结构模态综合法.进一步可以说明:各种子结构模态综合法都是精确子结构方法的某种近似与变化形式.因而,各种子结构模态综合法实际上都是半解析法,半解析的近似程度就是一种可以用来评价各种模态综合技术好坏的准则,从而形成动态子结构方法的系统理论.

文献[81]由约束界面模态展开定理导出采用约束界面模态的精确动态子结构方法,进一步给出高精度的约束界面模态综合技术,它的一阶近似的半解析法是赫铁[74]和克雷格(Craig)-班普顿(Bampton)[83]介绍的约束界面模态综合法,它的一些高阶近似半解析法也由Suarez与Singh[84]以及Kubomura[85]介绍,因而,它对各种约束界面模态综合法所设定的位移表达式的精度给予明确的评价,并从理论上证明这些方法的正确性.

文献[79, 91]由自由界面模态展开定理导出采用自由界面模态的精确动态子结构方法,进一步给出高精度的自由界面模态综合技术,它的零阶近似的半解析法是霍(Hou)[86]给出的自由界面模态综合法,它的一阶近似的半解析法是麦克尼尔(MacNeal)[87]提出的自由界面模态综合法,它的二阶近似的半解析法是罗宾(Rubin)[88]、克雷格-陈(Craig-Chang)[89]和王文亮等[90]介绍的自由界面模态综合法,由此对各种自由界面近似方法所设定的位移表达式的精度给予明确的评价,并从理论上证明这些方法的正确性.

上述各种模态综合法中都是采用一种子结构主模态集参与综合的半解析法:约束子结构模态综合法采用约束界面主模态集;自由子结构模态综合法采用自由界面主模态集;混合子结构模态综合法采用混合界面主模态集.上述各种方法都是里茨法的一种应用.采用单一模态集应用里茨法近似求解,当模态集的维数不断增加时,与一般里茨法一样,主模态集的完备性保证了所求得的综合结果的近似解收敛于精确解.里茨法虽然保证了近似解的收敛性,但带来了很大的缺点,这就是必须选取足够多的主模态才能取得较高精度的近似解.这是因为里茨法是在仅满足界面位移协调条件的单一"允许函数"空间中选取试探函数,在这里就是从单一主模态集中选取模态,这样必须选取相当多的主模态才构成满足子结构界面之间全部边界条件(包括自然边界条件)的试探函数.因而,从单一允许函数空间构造的试探函数要完全满足全部边界条件(包括自然边界条件)是相当困难的,必须使选取的模态的待求模态坐标很多,才能达到足够的精度.这使得经典里茨法的收敛速度很慢,也就是说,经典里茨法虽然保证近似解的收敛，但它的收敛性较差.数值分析的目的不仅仅是得到收敛的近似解，而更主要的在于以较少的计算工作量来获得满足精度要求的近似解.为此，米罗维奇(L. Meirovitch)[103-104]引入“准比较函数”的概念，它是不同类“允许函数”的线性组合，它与“比较函数”起同样的作用.这样，用比较少的允许函数的线性组合就可以满足所有界面条件(包括自然边界条件)，从而可以用较少的计算工作量得到满足要求精度的近似解.按照上述改进的里茨法思想，模态综合法也可以选取“准比较函数”作为假设模态的位移，进而米罗维奇构造了“准比较函数”综合法.文献[80]由采用混合模态的位移展开定理导出采用混合模态的精确动态子结构方法，给出高精度的混合模态综合技术，它的低价近似是 Qiu，Ying 和 Yam[105]介绍的混合模态综合法.

动态子结构分析过程基本上分为三步：

一是子结构划分.将整体系统划分为若干子结构.

二是子结构分析.主要工作是确定子结构的广义坐标和相应于广义坐标向量的变换矩阵，将物理坐标的子结构运动方程变换为广义坐标的运动方程.

三是系统综合.根据子结构的交界面的位移和(或)力的协调条件建立子结构广义坐标与系统整体结构广义坐标之间的变换矩阵，将离散的子结构广义坐标运动方程组装成整体结构广义坐标运动方程.

本章分别介绍如下方法：

(1) 约束子结构超单元法；

(2) 约束子结构模态综合法；

(3) 采用约束界面模态的精确动态子结构方法及其近似；

(4) 自由子结构模态综合法；

(5) 采用自由界面模态的精确动态子结构方法及其近似；

(6) 频响函数矩阵直接综合法；

(7) 混合界面子结构模态综合法；

(8) 采用子结构混合模态的精确动态子结构方法及其近似.

并以实例介绍各种综合方法计算结果的误差比较.

7.2 约束子结构超单元法

约束子结构法可以分为约束子结构超单元法、近似约束子结构模态综合法和采用约束界面模态的精确动态子结构方法及其近似，下面三节分别进行介绍.

约束子结构超单元法与静力问题的位移法是相对应的，属于界面位移法，也称之为超单元法.最简单的是忽略次自由度动能的静力变换超单元法，它是盖扬(Guyan)提出的.库哈

(Kuhar)考虑部分次自由度动能影响，提出定频动力超单元法.梁以德[76-77]采用解析方法，用精确动力凝聚建立了高精确的超单元法的计算公式.

在20世纪60年代初，赫铁首先提出约束子结构模态综合法，1968年克雷格-班普顿对此方法作了修改，形成现在的约束子结构模态综合法.约束子结构模态综合法属于假设模态法，最主要的工作是选好假设模态矩阵.

1980年胡海昌[78]首先采用解析方法，提出高精度约束子结构模态综合法.1997年，邱吉宝、应祖光和威廉姆斯[81](F. W. Williams)进行了改进，由上一章介绍的展开定理(Ⅱ)导出采用约束界面模态的精确动态子结构方法.进一步导出精确约束广义模态与精确剩余力模态，给出高精度的约束界面模态综合技术，它的一阶近似半解析法是赫铁和克雷格-班普顿介绍的约束界面模态综合法，它的一些高阶近似半解析法是Suarez和Singh以及Kubomura所介绍的模态综合法，因而，它对各种约束界面近似方法所设定的位移表达式的精度给予明确的评价，从理论上证明这些方法的正确性.当不选取任何低阶模态时，高精度方法就退化为梁以德方法.所有上述介绍的方法形成了完整的约束子结构法的系统理论.

7.2.1 静力变换超单元法

超单元法是指在装配各子结构时采用与常规有限元相同的对接方法，特征向量坐标仅为物理坐标下的位移量描述而命名的，尽管在约束界面模态综合技术中也采用了与有限元相同的技术，但在特征向量坐标中包含模态坐标，因此不列在超单元法中.

超单元法把各子结构的对接边界节点的位移自由度定义为主自由度，把非边界节点的自由度定义为从属自由度.在结构动态特性分析凝聚法中，本来是以居于主要影响的自由度为主自由度，居于次要影响的自由度为从属自由度.

例如，一块板在振动时，究竟怎样确定哪些是主自由度，哪些是从自由度，可由下式判别：

$$\frac{K_{ij}}{M_{ij}} < \tilde{\omega}^2 \tag{7.2.1}$$

式中，K_{ij}为刚度矩阵中第i行、第j列元素，M_{ij}为质量矩阵中第i行、第j列元素，$\tilde{\omega}$为指定的频率.

如果满足上式，则对应的自由度即为主自由度.由于$\tilde{\omega}$是人为指定的，随计算要求而变化，若$\tilde{\omega}$值愈大则主自由度愈多；反之，则主自由度愈少.因而为了满足主从自由度的原来定义，应尽可能把主自由度集中的边界作为动态子结构的对接边界，以提高超单元法的效率.

1. *静力变换超单元法的力学原理*

静力变换超单元法认为一个系统在作低阶振动时，其中有相当多的节点自由度仍处在未振状态，仅一部分节点自由度对振动有贡献.像有限元法一样，把那些对振动贡献小的节点自由度，用静力位移插值函数描述(在此用约束模态描述)，而一些主自由度仍用特征方程求解，可保持其低阶的特征值具有相当的精度.在动态子结构法中，强制地把子结构的对接节点自由度，不管其对振动的贡献大小均作为主自由度处理，这就必然会导致相当大的数值误差.

2. 静力变换矩阵

设用主、从自由度描述的结构静力方程如下：

$$\begin{bmatrix} \boldsymbol{K}_{ss} & \boldsymbol{K}_{sm} \\ \boldsymbol{K}_{ms} & \boldsymbol{K}_{mm} \end{bmatrix} \begin{Bmatrix} \boldsymbol{X}_s \\ \boldsymbol{X}_m \end{Bmatrix} = \boldsymbol{0} \tag{7.2.2}$$

式中，$\boldsymbol{K}_{mm}$，$\boldsymbol{K}_{ss}$分别为对应于主、从自由度描述的刚度矩阵；$\boldsymbol{K}_{ms}$，$\boldsymbol{K}_{sm}$分别为主、从自由度耦合的刚度矩阵；$\boldsymbol{X}_m$，$\boldsymbol{X}_s$分别为主、从自由度描述的广义位移幅值.

由式(7.2.2)的第一式，得

$$\boldsymbol{X}_s = -\boldsymbol{K}_{ss}^{-1}\boldsymbol{K}_{sm}\boldsymbol{X}_m \tag{7.2.3}$$

$$\begin{gathered} \boldsymbol{X} = \begin{Bmatrix} \boldsymbol{X}_s \\ \boldsymbol{X}_m \end{Bmatrix} = \begin{bmatrix} -\boldsymbol{K}_{ss}^{-1}\boldsymbol{K}_{sm} \\ \boldsymbol{I}_m \end{bmatrix} \boldsymbol{X}_m = \boldsymbol{T}_0\boldsymbol{X}_m \\ \boldsymbol{T}_0 = \begin{bmatrix} -\boldsymbol{K}_{ss}^{-1}\boldsymbol{K}_{sm} \\ \boldsymbol{I}_m \end{bmatrix} \end{gathered} \tag{7.2.4}$$

式中，$\boldsymbol{T}_0$为静力变换矩阵，即静力约束模态.

3. 静力变换下主坐标描述的刚度矩阵和质量矩阵

将式(7.2.4)的第一个式子代入子结构动力学方程，得

$$(\boldsymbol{K}_{c0} - \omega^2\boldsymbol{M}_{c0})\boldsymbol{X}_m = \boldsymbol{0} \tag{7.2.5}$$

其中

$$\begin{aligned} \boldsymbol{M}_{c0} &= \boldsymbol{T}_0^{\mathrm{T}}\boldsymbol{M}\boldsymbol{T}_0 \\ &= \boldsymbol{M}_{mm} - \boldsymbol{M}_{ms}\boldsymbol{K}_{ss}^{-1}\boldsymbol{K}_{sm} - \boldsymbol{K}_{ms}\boldsymbol{K}_{ss}^{-1}\boldsymbol{M}_{sm} + \boldsymbol{K}_{ms}\boldsymbol{K}_{ss}^{-1}\boldsymbol{M}_{ss}\boldsymbol{K}_{ss}^{-1}\boldsymbol{K}_{sm} \end{aligned} \tag{7.2.6}$$

$$\boldsymbol{K}_{c0} = \boldsymbol{T}_0^{\mathrm{T}}\boldsymbol{K}\boldsymbol{T}_0 = \boldsymbol{K}_{mm} - \boldsymbol{K}_{ms}\boldsymbol{K}_{ss}^{-1}\boldsymbol{K}_{sm}, \quad \boldsymbol{F}_0 = \boldsymbol{T}_0^{\mathrm{T}}\boldsymbol{F} \tag{7.2.7}$$

4. 解主坐标描述的总体系统的特征值问题

考虑系统分为 Q 个子结构，则有

$$\overline{\boldsymbol{M}}_0 = \sum_{i=1}^{Q}\boldsymbol{\beta}_i^{\mathrm{T}}\boldsymbol{M}_{c0}^i\boldsymbol{\beta}_i, \quad \overline{\boldsymbol{K}}_0 = \sum_{i=1}^{Q}\boldsymbol{\beta}_i^{\mathrm{T}}\boldsymbol{K}_{c0}^i\boldsymbol{\beta}_i \tag{7.2.8}$$

$$\boldsymbol{X}_m^i = \boldsymbol{\beta}_i\overline{\boldsymbol{X}}_m \tag{7.2.9}$$

式中，$\boldsymbol{K}_{c0}^i$，$\boldsymbol{M}_{c0}^i$分别为第 i 个子结构的刚度矩阵及质量矩阵；$\boldsymbol{X}_m^i$为第 i 个子结构的广义位移幅值；$\boldsymbol{\beta}_i$为布尔装配矩阵，$\overline{\boldsymbol{X}}_m$为系统主坐标；$\overline{\boldsymbol{K}}_0$和 $\overline{\boldsymbol{M}}_0$分别为系统的刚度矩阵及质量矩阵.

由特征方程

$$(\overline{\boldsymbol{K}}_0 - \omega^2\overline{\boldsymbol{M}}_0)\boldsymbol{X}_m = \boldsymbol{0} \tag{7.2.10}$$

求得整体系统的特征值 ω_i 与振型$\overline{\boldsymbol{\phi}}_m$.

由式(7.2.10)求得每个子结构的主自由度描述的模态振型为 $\boldsymbol{\phi}_m^i = \boldsymbol{\beta}_i \bar{\boldsymbol{\phi}}_m$，则子结构 i 的振型 $\boldsymbol{\phi}_i$ 为

$$\boldsymbol{\phi}_i = \begin{bmatrix} -(\boldsymbol{K}_{ss}^i)^{-1}\boldsymbol{K}_{sm}^i \\ \boldsymbol{I}_m \end{bmatrix} \boldsymbol{\phi}_m^i \tag{7.2.11}$$

由每个子结构的振型 $\boldsymbol{\phi}_i$ 组成整体系统的振型 $\boldsymbol{\phi}$.

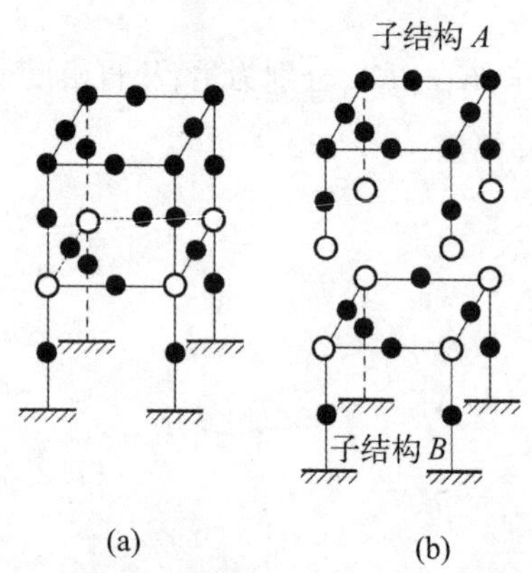

图 7.3　空间双层框架及其子结构

● 内节点；○ 对接点

(a) 框架整体模型；(b) 框架子结构模型

例 7.1　用静力变换超单元法计算图 7.3 的双层框架，组成框架的每一根钢杆长度为 30 cm，直径为 8 mm，框架材料 $E = 2.1 \times 10^6$ kg/cm²，$\rho = 7.96 \times 10^{-6}$ kg·s/cm⁴，框架的总自由度数为 144，分两个子结构：子结构 A 有 72 个次自由度、24 个主自由度；子结构 B 有 48 个次自由度、24 个主自由度.

解　从表 7.1 中的数据可看到：对于双层框架结构形式，静力变换超单元法在低阶振动计算时尚具有一定精度，但随着待求的模态阶数的增加，求解误差也显著增加，因此在工程中往往用此方法来求解一阶振动模态.

表 7.1　静力变换超单元法计算精度的比较

阶数	静力变换超单元法	有限元总体解	阶数	静力变换超单元法	有限元总体解
1	24.639 47	22.456 51	6	136.550	80.091 16
2①	24.639 47	22.456 51	7	178.97	89.642
3	32.149 48	29.334 52	8	229.178	116.083
4	90.107	72.264 0	9	397.65	186.655 7
5①	90.107	72.264 0	10	484.706	197.594

① 重频模态的频率.

7.2.2　定频动力变换超单元法

定频动力变换超单元法是由库哈提出的.该方法改进了静力变换方法中忽略次自由度惯性效应的问题.

1. 力学原理

由于静力变换用静力位移插值函数描述次自由度的振动效应，即只考虑次自由度的变形能，而不计及其动能，这就使得在计算高阶振动时其值偏高.库哈提出当次自由度缩聚时，自

身以某一选定频率在作振动，即计及了一部分动能，这在一定程度上克服了静力变换不考虑次自由度振动影响的问题.

2. 定频动力变换矩阵

当用主、从自由度描述子结构的运动方程时，可分块表示如下：

$$\begin{bmatrix} \boldsymbol{M}_{ss} & \boldsymbol{M}_{sm} \\ \boldsymbol{M}_{ms} & \boldsymbol{M}_{mm} \end{bmatrix} \begin{Bmatrix} \ddot{\boldsymbol{x}}_s \\ \ddot{\boldsymbol{x}}_m \end{Bmatrix} + \begin{bmatrix} \boldsymbol{K}_{ss} & \boldsymbol{K}_{sm} \\ \boldsymbol{K}_{ms} & \boldsymbol{K}_{mm} \end{bmatrix} \begin{Bmatrix} \boldsymbol{x}_s \\ \boldsymbol{x}_m \end{Bmatrix} = \begin{Bmatrix} \boldsymbol{0} \\ \boldsymbol{f}_m \end{Bmatrix} \tag{7.2.12}$$

式中，$\boldsymbol{f}_m$为对接力，其余符号意义同式(7.2.2).

当 $\boldsymbol{f}_m = \boldsymbol{f}_{0m}\mathrm{e}^{\mathrm{i}\omega t}$ 时，有响应位移 $\boldsymbol{x} = \boldsymbol{X}\mathrm{e}^{\mathrm{i}\omega t}$，则式(7.2.12)可改写成

$$\begin{bmatrix} \boldsymbol{D}_{ss} & \boldsymbol{D}_{sm} \\ \boldsymbol{D}_{ms} & \boldsymbol{D}_{mm} \end{bmatrix} \begin{Bmatrix} \boldsymbol{X}_s \\ \boldsymbol{X}_m \end{Bmatrix} = \begin{Bmatrix} \boldsymbol{0} \\ \boldsymbol{f}_{0m} \end{Bmatrix} \tag{7.2.13}$$

式中

$$\begin{gathered} \boldsymbol{D}_{ss} = \boldsymbol{K}_{ss} - \omega^2 \boldsymbol{M}_{ss}, \quad \boldsymbol{D}_{sm} = \boldsymbol{K}_{sm} - \omega^2 \boldsymbol{M}_{sm} \\ \boldsymbol{D}_{ms} = \boldsymbol{K}_{ms} - \omega^2 \boldsymbol{M}_{ms}, \quad \boldsymbol{D}_{mm} = \boldsymbol{K}_{mm} - \omega^2 \boldsymbol{M}_{mm} \end{gathered} \tag{7.2.14}$$

当选定一频率值 $\omega = \bar{\omega}$ 时，动刚度矩阵 $\boldsymbol{D}_{ss}, \boldsymbol{D}_{sm}, \boldsymbol{D}_{ms}, \boldsymbol{D}_{mm}$ 分别为定值$\overline{\boldsymbol{D}}_{ss}, \overline{\boldsymbol{D}}_{sm}, \overline{\boldsymbol{D}}_{ms}, \overline{\boldsymbol{D}}_{mm}$：

$$\begin{gathered} \overline{\boldsymbol{D}}_{ss} = \boldsymbol{K}_{ss} - \bar{\omega}^2 \boldsymbol{M}_{ss}, \quad \overline{\boldsymbol{D}}_{sm} = \boldsymbol{K}_{sm} - \bar{\omega}^2 \boldsymbol{M}_{sm} \\ \overline{\boldsymbol{D}}_{ms} = \boldsymbol{K}_{ms} - \bar{\omega}^2 \boldsymbol{M}_{ms}, \quad \overline{\boldsymbol{D}}_{mm} = \boldsymbol{K}_{mm} - \bar{\omega}^2 \boldsymbol{M}_{mm} \end{gathered} \tag{7.2.15a}$$

与静力变换矩阵推导的步骤一样，

$$\overline{\boldsymbol{T}}_d = \begin{bmatrix} -\overline{\boldsymbol{D}}_{ss}^{-1}\overline{\boldsymbol{D}}_{sm} \\ \boldsymbol{I} \end{bmatrix} \tag{7.2.15b}$$

3. 定频动力变换下主坐标描述的刚度矩阵及质量矩阵

刚度矩阵为

$$\boldsymbol{K}_d = \overline{\boldsymbol{T}}_d^{\mathrm{T}} \boldsymbol{K} \overline{\boldsymbol{T}}_d \tag{7.2.16}$$

质量矩阵为

$$\boldsymbol{M}_d = \overline{\boldsymbol{T}}_d^{\mathrm{T}} \boldsymbol{M} \overline{\boldsymbol{T}}_d \tag{7.2.17}$$

4. 解主坐标描述的总体系统特征值问题

$$\overline{\boldsymbol{K}}_d = \sum_{i=1}^{Q} \boldsymbol{\beta}_i^{\mathrm{T}} \boldsymbol{K}_d^i \boldsymbol{\beta}_i, \quad \overline{\boldsymbol{M}}_d = \sum_{i=1}^{Q} \boldsymbol{\beta}_i^{\mathrm{T}} \boldsymbol{M}_d^i \boldsymbol{\beta}_i \tag{7.2.18}$$

式中，$\boldsymbol{K}_d^i, \boldsymbol{M}_d^i$分别为第 i 个子结构的刚度矩阵和质量矩阵；$\boldsymbol{\beta}_i$ 为布尔装配矩阵（$i = 1, 2, \cdots, n$）.

由方程

$$(\overline{\boldsymbol{K}}_d - \omega^2 \overline{\boldsymbol{M}}_d)\overline{\boldsymbol{X}}_m = \boldsymbol{0} \tag{7.2.19}$$

求得 ω_{i1} 和 $\bar{\boldsymbol{\phi}}_{m1}$，将 ω_{i1} 代入式(7.2.15)，循环上述过程求得 ω_{i2} 和 $\bar{\boldsymbol{\phi}}_{m2}$. 同样，有 $\boldsymbol{\phi}_{m2}^i = \beta_i \bar{\boldsymbol{\phi}}_{m2}$，则子结构 i 的振型$\boldsymbol{\phi}_i$为

$$\boldsymbol{\phi}_i = \begin{bmatrix} -\overline{\boldsymbol{D}}_{ss}^{-1}\overline{\boldsymbol{D}}_{sm} \\ \boldsymbol{I} \end{bmatrix} \boldsymbol{\phi}_{m2}^i \tag{7.2.20}$$

便可获得整个系统的振型.

5. 一般讨论

定频动力变换超单元法在一定程度上考虑了从属自由度的动力影响,其精度显然比静力变换超单元法高.但由于这样的修正是假设频率为$\bar{\omega}$时的惯性效应,因此求解的精度往往取决于假设的$\bar{\omega}$值与实际ω值之间的误差.另外,基于假设$\bar{\omega}$值只能与真实的某一阶频率值接近,因此计算高阶频率时误差仍较大.

7.2.3 精确动力变换超单元法

精确动力变换超单元法与上述两种方法不同,变换矩阵是基于精确的动力缩聚.

1. 精确动力变换超单元法的力学原理

库哈的定频变换矩阵超单元法改进了静力变换超单元法中丢掉次自由度惯性影响的不足之处,但他所设的频率只能近似地考虑动态影响.若假设的ω和真实的ω是一致的,则就能精确地反映次自由度的真正惯性效应,问题在于ω是待求的频率,在解题之前是不知道的.为此梁以德应用解析法导出精确的动力缩聚矩阵,也就是让$\boldsymbol{D} = \boldsymbol{K} - \omega^2\boldsymbol{M}$的动刚度矩阵中包含待求的$\omega$值,这并不影响整个解题,只是在求特征值时,要考虑的$\boldsymbol{D}$本身随ω的变化而变化,需要求解非线性特征值问题.

2. 精确动力变换矩阵

精确动力变换矩阵为

$$\boldsymbol{T}_c = \begin{bmatrix} -\boldsymbol{D}_{ss}^{-1}\boldsymbol{D}_{sm} \\ \boldsymbol{I} \end{bmatrix} = \begin{bmatrix} \boldsymbol{t} \\ \boldsymbol{I} \end{bmatrix} \tag{7.2.21}$$

$$\begin{aligned} \boldsymbol{D}_{ss} &= \boldsymbol{K}_{ss} - \omega^2\boldsymbol{M}_{ss} = \boldsymbol{K}_{ss} - \lambda\boldsymbol{M}_{ss} \\ \boldsymbol{D}_{sm} &= \boldsymbol{K}_{sm} - \omega^2\boldsymbol{M}_{sm} = \boldsymbol{K}_{sm} - \lambda\boldsymbol{M}_{sm} \end{aligned} \tag{7.2.22}$$

$\lambda = \omega^2$ 为待求的特征值,

$$\boldsymbol{t} = -\boldsymbol{D}_{ss}^{-1}\boldsymbol{D}_{sm} = -(\boldsymbol{K}_{ss} - \lambda\boldsymbol{M}_{ss})^{-1}(\boldsymbol{K}_{sm} - \lambda\boldsymbol{M}_{sm}) \tag{7.2.23}$$

为了简化式(7.2.22),我们应用动柔度矩阵公式(6.4.24),$\boldsymbol{t}$的另一表达式(6.4.25)为

$$\boldsymbol{t} = \boldsymbol{t}_0 + \lambda\Delta\boldsymbol{t} \tag{7.2.24}$$

$$\boldsymbol{t}_0 = -\boldsymbol{K}_{ss}^{-1}\boldsymbol{K}_{sm} \tag{7.2.25}$$

$$\Delta\boldsymbol{t} = (\boldsymbol{K}_{ss} - \lambda\boldsymbol{M}_{ss})^{-1}(\boldsymbol{M}_{sm} - \boldsymbol{M}_{ss}\boldsymbol{K}_{ss}^{-1}\boldsymbol{K}_{sm}) \tag{7.2.26}$$

将式(7.2.24)代入式(7.2.21),得精确动力变换矩阵的另一表达式为

$$\boldsymbol{T}_c = \boldsymbol{T}_0 + \lambda\Delta\boldsymbol{T}, \quad \Delta\boldsymbol{T} = \begin{bmatrix} \Delta\boldsymbol{t} \\ \boldsymbol{0} \end{bmatrix} \tag{7.2.27}$$

3. 子结构分析

采用精确动力变换矩阵 $\boldsymbol{T}_c$,子结构位移幅值 $\boldsymbol{X}$ 可表示为

$$\boldsymbol{X} = \boldsymbol{T}_c\boldsymbol{X}_m \tag{7.2.28}$$

将式(7.2.28)代入式(7.2.13)并且两边左乘 $\boldsymbol{T}_c^{\mathrm{T}}$,得子结构运动方程为

$$\boldsymbol{D}_\lambda\boldsymbol{X}_m = \boldsymbol{F}_\lambda \tag{7.2.29a}$$

梁以德采用式(7.2.21)的精确动力变换矩阵,有

$$\begin{aligned}\boldsymbol{D}_\lambda &= \boldsymbol{T}_c^{\mathrm{T}}\boldsymbol{D}\boldsymbol{T}_c = [-\boldsymbol{D}_{ms}\boldsymbol{D}_{ss}^{-1} \quad \boldsymbol{I}]\begin{bmatrix}\boldsymbol{D}_{ss} & \boldsymbol{D}_{sm}\\ \boldsymbol{D}_{ms} & \boldsymbol{D}_{mm}\end{bmatrix}\begin{bmatrix}-\boldsymbol{D}_{ss}^{-1}\boldsymbol{D}_{sm}\\ \boldsymbol{I}\end{bmatrix}\\ &= [\boldsymbol{0} \quad \boldsymbol{D}_{mm} - \boldsymbol{D}_{ms}\boldsymbol{D}_{ss}^{-1}\boldsymbol{D}_{sm}]\begin{bmatrix}-\boldsymbol{D}_{ss}^{-1}\boldsymbol{D}_{sm}\\ \boldsymbol{I}\end{bmatrix} = \boldsymbol{D}_{mm} - \boldsymbol{D}_{ms}\boldsymbol{D}_{ss}^{-1}\boldsymbol{D}_{sm}\\ &= (\boldsymbol{K}_{mm} - \lambda\boldsymbol{M}_{mm}) - (\boldsymbol{K}_{ms} - \lambda\boldsymbol{M}_{ms})(\boldsymbol{K}_{ss} - \lambda\boldsymbol{M}_{ss})^{-1}(\boldsymbol{K}_{sm} - \lambda\boldsymbol{M}_{sm})\end{aligned} \tag{7.2.29b}$$

$$\boldsymbol{F}_\lambda = \boldsymbol{T}_c^{\mathrm{T}}\boldsymbol{F} = [-\boldsymbol{D}_{ms}\boldsymbol{D}_{ss}^{-1} \quad \boldsymbol{I}]\begin{bmatrix}\boldsymbol{0}\\ \boldsymbol{f}_{0m}\end{bmatrix} = \boldsymbol{f}_{0m} \tag{7.2.30}$$

为了简化式(7.2.29b),采用式(7.2.27)的精确动力变换矩阵表达式,有

$$\begin{aligned}\boldsymbol{K}_\lambda &= \boldsymbol{T}_c^{\mathrm{T}}\boldsymbol{K}\boldsymbol{T}_c = \boldsymbol{T}_0^{\mathrm{T}}\boldsymbol{K}\boldsymbol{T}_0 + \lambda(\boldsymbol{T}_0^{\mathrm{T}}\boldsymbol{K}\Delta\boldsymbol{T} + \Delta\boldsymbol{T}^{\mathrm{T}}\boldsymbol{K}\boldsymbol{T}_0) + \lambda^2\Delta\boldsymbol{T}^{\mathrm{T}}\boldsymbol{K}\Delta\boldsymbol{T}\\ \boldsymbol{M}_\lambda &= \boldsymbol{T}_c^{\mathrm{T}}\boldsymbol{M}\boldsymbol{T}_c = \boldsymbol{T}_0^{\mathrm{T}}\boldsymbol{M}\boldsymbol{T}_0 + \lambda(\boldsymbol{T}_0^{\mathrm{T}}\boldsymbol{M}\Delta\boldsymbol{T} + \Delta\boldsymbol{T}^{\mathrm{T}}\boldsymbol{M}\boldsymbol{T}_0) + \lambda^2\Delta\boldsymbol{T}^{\mathrm{T}}\boldsymbol{M}\Delta\boldsymbol{T}\end{aligned} \tag{7.2.31}$$

利用式(6.4.31)的关系,上面的方程化为

$$\begin{aligned}\boldsymbol{K}_\lambda &= \boldsymbol{K}_{c0} + \lambda^2\Delta\boldsymbol{T}^{\mathrm{T}}\boldsymbol{K}\Delta\boldsymbol{T} = \boldsymbol{K}_{c0} + \lambda^2\Delta\boldsymbol{K}\\ \boldsymbol{M}_\lambda &= \boldsymbol{M}_{c0} + \lambda\Delta\boldsymbol{t}^{\mathrm{T}}(\boldsymbol{M}_{sm} - \boldsymbol{M}_{ss}\boldsymbol{K}_{ss}^{-1}\boldsymbol{K}_{sm}) + \lambda\Delta\boldsymbol{T}^{\mathrm{T}}\boldsymbol{K}\Delta\boldsymbol{T}\\ &= \boldsymbol{M}_{c0} + \lambda\boldsymbol{M}_{c1} + \lambda\Delta\boldsymbol{K}\\ \Delta\boldsymbol{K} &= \Delta\boldsymbol{T}^{\mathrm{T}}\boldsymbol{K}\Delta\boldsymbol{T}\\ \boldsymbol{M}_{c1} &= \Delta\boldsymbol{t}^{\mathrm{T}}(\boldsymbol{M}_{sm} - \boldsymbol{M}_{ss}\boldsymbol{K}_{ss}^{-1}\boldsymbol{K}_{sm})\\ &= (\boldsymbol{M}_{ms} - \boldsymbol{K}_{ms}\boldsymbol{K}_{ss}^{-1}\boldsymbol{M}_{ss})(\boldsymbol{K}_{ss} - \lambda\boldsymbol{M}_{ss})^{-1}(\boldsymbol{M}_{sm} - \boldsymbol{M}_{ss}\boldsymbol{K}_{ss}^{-1}\boldsymbol{K}_{sm})\end{aligned} \tag{7.2.32}$$

从而

$$\begin{aligned}\boldsymbol{D}_\lambda &= \boldsymbol{K}_\lambda - \lambda\boldsymbol{M}_\lambda = \boldsymbol{K}_{c0} + \lambda^2\Delta\boldsymbol{K} - \lambda(\boldsymbol{M}_{c0} + \lambda\boldsymbol{M}_{c1} + \lambda\Delta\boldsymbol{K})\\ &= \boldsymbol{K}_{c0} - \lambda\boldsymbol{M}_{c0} - \lambda^2\boldsymbol{M}_{c1}\end{aligned} \tag{7.2.33a}$$

则子结构运动方程(7.2.29)化为

$$(\boldsymbol{K}_{c0} - \lambda\boldsymbol{M}_{c0} - \lambda^2\boldsymbol{M}_{c1})\boldsymbol{X}_m = \boldsymbol{F}_\lambda \tag{7.2.33b}$$

其中,$\boldsymbol{K}_{c0}$ 与 $\boldsymbol{M}_{c0}$ 见式(7.2.6)与式(7.2.7),分别是静力变换刚度矩阵与质量矩阵.

利用关系式

$$\begin{aligned}(\boldsymbol{K}_{ss} - \lambda\boldsymbol{M}_{ss})^{-1} &= \boldsymbol{K}_{ss}^{-1} + \lambda(\boldsymbol{K}_{ss} - \lambda\boldsymbol{M}_{ss})^{-1}\boldsymbol{M}_{ss}\boldsymbol{K}_{ss}^{-1}\\ &= \boldsymbol{K}_{ss}^{-1} + \lambda\boldsymbol{K}_{ss}^{-1}\boldsymbol{M}_{ss}(\boldsymbol{K}_{ss} - \lambda\boldsymbol{M}_{ss})^{-1}\end{aligned} \tag{7.2.34}$$

也可以把式(7.2.29)直接化为式(7.2.33).

4. 解主坐标描述的总体系统特征值问题

$$\begin{aligned}\overline{\boldsymbol{D}}_\lambda &= \sum_{i=1}^{Q}\boldsymbol{\beta}_i^{\mathrm{T}}\boldsymbol{D}_\lambda^i\boldsymbol{\beta}_i \\ &= \sum_{i=1}^{Q}\boldsymbol{\beta}_i^{\mathrm{T}}\boldsymbol{K}_{c0}^i\boldsymbol{\beta}_i - \lambda\sum_{i=1}^{Q}\boldsymbol{\beta}_i^{\mathrm{T}}\boldsymbol{M}_{c0}^i\boldsymbol{\beta}_i - \lambda^2\sum_{i=1}^{Q}\boldsymbol{\beta}_i^{\mathrm{T}}\boldsymbol{M}_{c1}^i\boldsymbol{\beta}_i \\ &= \overline{\boldsymbol{K}}_0 - \lambda\overline{\boldsymbol{M}}_0 - \lambda^2\overline{\boldsymbol{M}}_1 = \boldsymbol{0}\end{aligned} \tag{7.2.35}$$

$$\overline{\boldsymbol{K}}_0 = \sum_{i=1}^{Q}\boldsymbol{\beta}_i^{\mathrm{T}}\boldsymbol{K}_{c0}^i\boldsymbol{\beta}_i,\quad \overline{\boldsymbol{M}}_0 = \sum_{i=1}^{Q}\boldsymbol{\beta}_i^{\mathrm{T}}\boldsymbol{M}_{c0}^i\boldsymbol{\beta}_i,\quad \overline{\boldsymbol{M}}_1 = \sum_{i=1}^{Q}\boldsymbol{\beta}_i^{\mathrm{T}}\boldsymbol{M}_{c1}^i\boldsymbol{\beta}_i \tag{7.2.36}$$

其中,$\overline{\boldsymbol{K}}_0$与$\overline{\boldsymbol{M}}_0$分别为静力变换的总体刚度矩阵与质量矩阵,$\overline{\boldsymbol{M}}_1$为精确变换增加项,上标"$i$"表示第 i 个子结构量,$\boldsymbol{\beta}_i$为布尔装配矩阵.

则总体系统的特征值问题为

$$[\overline{\boldsymbol{K}}_0 - \lambda\overline{\boldsymbol{M}}_0 - \lambda^2\overline{\boldsymbol{M}}_1(\lambda)]\overline{\boldsymbol{X}}_m = \boldsymbol{0} \tag{7.2.37}$$

这是非线性特征值问题.从而让动力学方程的自由度得到很大的减缩,但把线性特征值问题变为非线性特征值问题,大大增加了求解的难度.

非线性特征值问题式(7.2.37)可以化为

$$\{\overline{\boldsymbol{K}}_0 - \lambda_i[\overline{\boldsymbol{M}}_0 + \lambda_{i-1}\overline{\boldsymbol{M}}_1(\lambda_{i-1})]\}\overline{\boldsymbol{X}}_m = \boldsymbol{0} \tag{7.2.38}$$

用迭代法求解.当 $\lambda_0 = 0$ 时,有

$$(\overline{\boldsymbol{K}}_0 - \lambda_1\overline{\boldsymbol{M}}_0)\overline{\boldsymbol{X}}_m = \boldsymbol{0} \tag{7.2.39}$$

这就是静力变换的总体系统特征值问题式(7.2.10),也就是说,可以取静力变换超单元解作为式(7.2.38)非线性特征值迭代过程的初值.

7.3 约束子结构模态综合法

7.3.1 赫铁方法

1. 描述部件位移的三种模态

赫铁方法是基于运动学的观点,即将结构的运动分解为牵连运动和相对运动.对于子结构内部任一点 P 的位移,可以用如下三种类型的运动来描述,这些运动对应着三种模态:

(1) 刚体模态

第一种运动是结构作无变形移动时的刚体位移,它是交界面静定约束释放后的刚体模态 $\boldsymbol{\phi}_R$引起的牵连运动.其中模态列数为 R,且 $0\leqslant R\leqslant 6$.

(2) 约束模态

第二种运动是子结构交界面超静定约束释放后产生的约束模态 $\boldsymbol{\phi}_{cc}$引起的牵连运动.其

中约束模态的列数等于交界面多余约束数，即 $c = m - R$，m 是交界面的自由度数.

(3) 约束界面主模态

第三种运动是在子结构交界面上全部自由度约束后子结构内部节点相对于约束交界面的运动，即相对运动，它由约束界面主模态 $\boldsymbol{\phi}_b$ 来描述.

对于每个子结构，所有这三种模态确定了一组表达拉格朗日方程的广义坐标.

图7.4表示一个典型的板状结构，借此说明上述介绍的三种模态所表达的位移及结构中任一点 P 的位移.

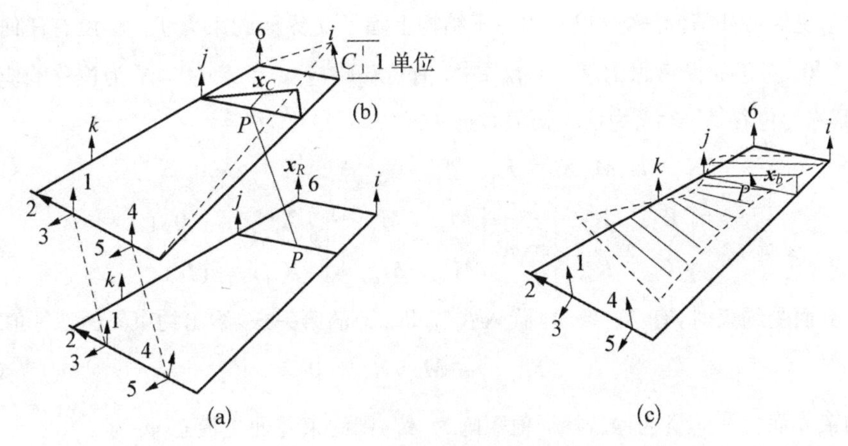

图7.4　典型的板状部件

(a) 移动之前；(b) 移动之后；(c) 主模态之一

图7.4(a)表示未发生变形与位移的子结构，其上用9个箭头表示一组约束界面的自由度，即1, 2, …, 6, i, j, k. 这些约束自由度分为两部分：第一部分为静定约束，包括1, 2, …, 6数字表示的六个自由度约束；第二部分为超静定约束，包括 i, j, k 三个静不定(多余)约束.

图7.4(b)中实线表示发生了一个刚体位移之后的结构，它可以是六个静定约束中的任一个发生任意位移之后的结构，在这个位移下，点 P 有一个刚体位移 $\boldsymbol{x}_R$，同时多余约束自由度 i, j, k 也由于刚体运动而移动到图7.4(b)中实线相应位置上. 一般情况下存在六个刚体位移模态，对应于三维直角坐标系有三个转动位移和三个平动位移，它们与静定约束组对应. 图7.4(b)中虚线表示第 i 个多余约束模态，它是在其他约束坐标(包含静定约束和其他多余约束)保持在发生刚体位移之后的位置上不动的情况下，令第 i 个多余约束产生单位位移而产生的子结构静态变形. 这个约束模态定义一个挠曲面，并且点 P 在此挠曲面上获得一个附加位移 $\boldsymbol{x}_C$. 由此可见，刚体模态与约束模态包含了全部约束可能发生的位移. 此外，子结构上其他的点可能发生的运动就是在全部约束坐标约束情况下，相对这些约束的位移. 这些位移可通过引入约束界面主模态来描述. 图7.4(c)是一个约束界面主模态，由此模态，点 P 获得相对位移 $\boldsymbol{x}_b$. 由上述三种位移的叠加，使点 P 获得的位移向量 $\boldsymbol{x}_P$ 为

$$\boldsymbol{x}_P = \boldsymbol{x}_R + \boldsymbol{x}_C + \boldsymbol{x}_b$$

2. 子结构分析

子结构无阻尼运动方程为

$$\boldsymbol{M}\ddot{\boldsymbol{x}} + \boldsymbol{K}\boldsymbol{x} = \boldsymbol{f} \tag{7.3.1a}$$

按交界面(m)自由度与非交界面(s)自由度分块形式又可写为

$$\begin{bmatrix} \boldsymbol{M}_{ss} & \boldsymbol{M}_{sm} \\ \boldsymbol{M}_{ms} & \boldsymbol{M}_{mm} \end{bmatrix}\begin{Bmatrix} \ddot{\boldsymbol{x}}_s \\ \ddot{\boldsymbol{x}}_m \end{Bmatrix}+\begin{bmatrix} \boldsymbol{K}_{ss} & \boldsymbol{K}_{sm} \\ \boldsymbol{K}_{ms} & \boldsymbol{K}_{mm} \end{bmatrix}\begin{Bmatrix} \boldsymbol{x}_s \\ \boldsymbol{x}_m \end{Bmatrix}=\begin{Bmatrix} \boldsymbol{0} \\ \boldsymbol{f}_m \end{Bmatrix} \tag{7.3.1b}$$

对于求解系统的特征值问题,这里作用在子结构上除了交界面约束力 $\boldsymbol{f}_m$ 外,没有任何其他的力,即 $\boldsymbol{f}_s = \boldsymbol{0}$. 对于简谐激振力 $\boldsymbol{f}_m = \boldsymbol{f}_{0m}\mathrm{e}^{\mathrm{i}\omega t}$,有位移响应 $\boldsymbol{x} = \boldsymbol{X}\mathrm{e}^{\mathrm{i}\omega t}$,$\boldsymbol{X}$ 为位移响应的幅值(后面仍简称为位移 $\boldsymbol{X}$,含义为位移幅值). 这样式(7.3.1)化为

$$(\boldsymbol{K} - \omega^2\boldsymbol{M})\boldsymbol{X} = \boldsymbol{F}_0 \tag{7.3.2a}$$

$$\left(\begin{bmatrix} \boldsymbol{K}_{ss} & \boldsymbol{K}_{sm} \\ \boldsymbol{K}_{ms} & \boldsymbol{K}_{mm} \end{bmatrix} - \omega^2\begin{bmatrix} \boldsymbol{M}_{ss} & \boldsymbol{M}_{sm} \\ \boldsymbol{M}_{ms} & \boldsymbol{M}_{mm} \end{bmatrix}\right)\begin{Bmatrix} \boldsymbol{X}_s \\ \boldsymbol{X}_m \end{Bmatrix}=\begin{Bmatrix} \boldsymbol{0} \\ \boldsymbol{f}_{0m} \end{Bmatrix} \tag{7.3.2b}$$

当交界面受约束时,有 $\boldsymbol{X}_m = \boldsymbol{0}$,代入式(7.3.2b)的第一式,给出约束界面特征值方程为

$$(\boldsymbol{K}_{ss} - \omega^2\boldsymbol{M}_{ss})\boldsymbol{X}_s = \boldsymbol{0} \tag{7.3.3}$$

相应的约束界面特征向量为 $\bar{\boldsymbol{\phi}}_b$,特征值矩阵为 $\boldsymbol{\Lambda}_b$,则约束界面主模态 $\boldsymbol{\phi}_b$ 为

$$\boldsymbol{\phi}_b = \begin{Bmatrix} \bar{\boldsymbol{\phi}}_b \\ \boldsymbol{0} \end{Bmatrix} \tag{7.3.4}$$

归一化正交性条件为

$$\begin{aligned} \boldsymbol{\phi}_b^{\mathrm{T}}\boldsymbol{M}\boldsymbol{\phi}_b &= \bar{\boldsymbol{\phi}}_b^{\mathrm{T}}\boldsymbol{M}_{ss}\bar{\boldsymbol{\phi}}_b = \boldsymbol{I} \\ \boldsymbol{\phi}_b^{\mathrm{T}}\boldsymbol{K}\boldsymbol{\phi}_b &= \bar{\boldsymbol{\phi}}_b^{\mathrm{T}}\boldsymbol{K}_{ss}\bar{\boldsymbol{\phi}}_b = \boldsymbol{\Lambda}_b \end{aligned} \tag{7.3.5}$$

将主模态矩阵分为保留主模态矩阵 $\boldsymbol{\phi}_L$ 和非保留主模态矩阵 $\boldsymbol{\phi}_H$,即

$$\boldsymbol{\Lambda}_b = \begin{bmatrix} \boldsymbol{\Lambda}_{bL} & \boldsymbol{0} \\ \boldsymbol{0} & \boldsymbol{\Lambda}_{bH} \end{bmatrix}, \quad \boldsymbol{\phi}_b = [\boldsymbol{\phi}_{bL} \quad \boldsymbol{\phi}_{bH}] \tag{7.3.6}$$

$\boldsymbol{\phi}_{bL}$ 为低阶主模态矩阵. 则根据前一部分的分析,将子结构位移响应 $\boldsymbol{X}_d$ 表示为

$$\boldsymbol{X}_d = \boldsymbol{X}_R + \boldsymbol{X}_C + \boldsymbol{X}_b = \boldsymbol{\phi}_R\boldsymbol{q}_R + \boldsymbol{\Phi}_{cc}\boldsymbol{q}_c + \boldsymbol{\phi}_{bL}\boldsymbol{q}_{bL} = \boldsymbol{\Phi}_{d0}\boldsymbol{q}_d \tag{7.3.7}$$

$$\boldsymbol{\Phi}_{d0} = [\boldsymbol{\phi}_R \quad \boldsymbol{\Phi}_{cc} \quad \boldsymbol{\phi}_{bL}], \quad \boldsymbol{q}_d = [\boldsymbol{q}_R^{\mathrm{T}} \quad \boldsymbol{q}_c^{\mathrm{T}} \quad \boldsymbol{q}_{bL}^{\mathrm{T}}]^{\mathrm{T}} \tag{7.3.8}$$

其中,$\boldsymbol{\Phi}_{d0}$ 为子结构假设模态集矩阵,$\boldsymbol{q}_d$ 为相应的模态坐标;$\boldsymbol{\phi}_R$ 为子结构刚体模态矩阵,$\boldsymbol{q}_R$ 为相应的刚体模态坐标;$\boldsymbol{\Phi}_{cc}$ 为子结构多余约束模态矩阵,$\boldsymbol{q}_c$ 为相应的约束模态坐标;$\boldsymbol{\phi}_{bL}$ 为子结构约束界面保留主模态矩阵,$\boldsymbol{q}_{bL}$ 为相应的保留主模态坐标.

因此赫铁方法所选择的假设模态集 $\boldsymbol{\Phi}_{d0}$ 是由子结构约束界面保留主模态 $\boldsymbol{\phi}_{bL}$、子结构刚体模态 $\boldsymbol{\phi}_R$ 和子结构多余约束模态 $\boldsymbol{\Phi}_{cc}$ 组成的.

可以将 $\boldsymbol{\Phi}_{d0}$ 按内部自由度 s 集、多余约束自由度 c 集和刚体运动自由度 R 集分块表示为

$$\boldsymbol{\Phi}_{d0}=\begin{bmatrix}\boldsymbol{\phi}_{Rs} & \boldsymbol{t}_{cc} & \bar{\boldsymbol{\phi}}_{bL}\\ \boldsymbol{\phi}_{Rc} & \boldsymbol{I}_{c} & \mathbf{0}\\ \boldsymbol{I}_{R} & \mathbf{0} & \mathbf{0}\end{bmatrix}\tag{7.3.9}$$

对式(7.3.7)作坐标变换,得到以变换模态坐标描述的刚度矩阵和质量矩阵分别为

$$\boldsymbol{K}_{d0}=\boldsymbol{\Phi}_{d0}^{\mathrm{T}}\boldsymbol{K}\boldsymbol{\Phi}_{d0}=\begin{bmatrix}\boldsymbol{\phi}_{R}^{\mathrm{T}}\boldsymbol{K}\boldsymbol{\phi}_{R} & \boldsymbol{\phi}_{R}^{\mathrm{T}}\boldsymbol{K}\boldsymbol{\Phi}_{cc} & \boldsymbol{\phi}_{R}^{\mathrm{T}}\boldsymbol{K}\boldsymbol{\phi}_{bL}\\ \boldsymbol{\Phi}_{cc}^{\mathrm{T}}\boldsymbol{K}\boldsymbol{\phi}_{R} & \boldsymbol{\Phi}_{cc}^{\mathrm{T}}\boldsymbol{K}\boldsymbol{\Phi}_{cc} & \boldsymbol{\Phi}_{cc}^{\mathrm{T}}\boldsymbol{K}\boldsymbol{\phi}_{bL}\\ \boldsymbol{\phi}_{bL}^{\mathrm{T}}\boldsymbol{K}\boldsymbol{\phi}_{R} & \boldsymbol{\phi}_{bL}^{\mathrm{T}}\boldsymbol{K}\boldsymbol{\Phi}_{cc} & \boldsymbol{\phi}_{bL}^{\mathrm{T}}\boldsymbol{K}\boldsymbol{\phi}_{bL}\end{bmatrix}=\begin{bmatrix}\boldsymbol{K}_{RR} & \boldsymbol{K}_{Rc} & \boldsymbol{K}_{RL}\\ \boldsymbol{K}_{cR} & \boldsymbol{K}_{cc} & \boldsymbol{K}_{cL}\\ \boldsymbol{K}_{LR} & \boldsymbol{K}_{Lc} & \boldsymbol{K}_{LL}\end{bmatrix}$$

$$\boldsymbol{M}_{d0}=\boldsymbol{\Phi}_{d0}^{\mathrm{T}}\boldsymbol{M}\boldsymbol{\Phi}_{d0}=\begin{bmatrix}\boldsymbol{\phi}_{R}^{\mathrm{T}}\boldsymbol{M}\boldsymbol{\phi}_{R} & \boldsymbol{\phi}_{R}^{\mathrm{T}}\boldsymbol{M}\boldsymbol{\Phi}_{cc} & \boldsymbol{\phi}_{R}^{\mathrm{T}}\boldsymbol{M}\boldsymbol{\phi}_{bL}\\ \boldsymbol{\Phi}_{cc}^{\mathrm{T}}\boldsymbol{M}\boldsymbol{\phi}_{R} & \boldsymbol{\Phi}_{cc}^{\mathrm{T}}\boldsymbol{M}\boldsymbol{\Phi}_{cc} & \boldsymbol{\Phi}_{cc}^{\mathrm{T}}\boldsymbol{M}\boldsymbol{\phi}_{bL}\\ \boldsymbol{\phi}_{bL}^{\mathrm{T}}\boldsymbol{M}\boldsymbol{\phi}_{R} & \boldsymbol{\phi}_{bL}^{\mathrm{T}}\boldsymbol{M}\boldsymbol{\Phi}_{cc} & \boldsymbol{\phi}_{bL}^{\mathrm{T}}\boldsymbol{M}\boldsymbol{\phi}_{bL}\end{bmatrix}=\begin{bmatrix}\boldsymbol{M}_{RR} & \boldsymbol{M}_{Rc} & \boldsymbol{M}_{RL}\\ \boldsymbol{M}_{cR} & \boldsymbol{M}_{cc} & \boldsymbol{M}_{cL}\\ \boldsymbol{M}_{LR} & \boldsymbol{M}_{Lc} & \boldsymbol{M}_{LL}\end{bmatrix}\tag{7.3.10}$$

$$\boldsymbol{F}_{d0}=\boldsymbol{\Phi}_{d0}^{\mathrm{T}}\boldsymbol{F}_{0}=\begin{bmatrix}\boldsymbol{\Phi}_{Rs}^{\mathrm{T}} & \boldsymbol{\Phi}_{Rc}^{\mathrm{T}} & \boldsymbol{I}_{R}\\ \boldsymbol{t}_{cc}^{\mathrm{T}} & \boldsymbol{I}_{c} & \mathbf{0}\\ \bar{\boldsymbol{\phi}}_{bL}^{\mathrm{T}} & \mathbf{0} & \mathbf{0}\end{bmatrix}\begin{bmatrix}\mathbf{0}\\ \boldsymbol{f}_{0c}\\ \boldsymbol{f}_{0R}\end{bmatrix}=\begin{bmatrix}\boldsymbol{\Phi}_{Rc}^{\mathrm{T}}\boldsymbol{f}_{0c}+\boldsymbol{f}_{0R}\\ \boldsymbol{f}_{0c}\\ \mathbf{0}\end{bmatrix}$$

对于刚体模态有

$$\boldsymbol{K}\boldsymbol{\phi}_{R}=\mathbf{0}\tag{7.3.11}$$

则

$$\boldsymbol{\phi}_{R}^{\mathrm{T}}\boldsymbol{K}\boldsymbol{\phi}_{R}=\boldsymbol{\Phi}_{cc}^{\mathrm{T}}\boldsymbol{K}\boldsymbol{\phi}_{R}=\boldsymbol{\phi}_{bL}^{\mathrm{T}}\boldsymbol{K}\boldsymbol{\phi}_{R}=\mathbf{0}\tag{7.3.12}$$

对于约束模态有

$$\boldsymbol{K}\boldsymbol{\Phi}_{cc}=\begin{bmatrix}\mathbf{0}\\ \boldsymbol{f}_{c}\\ \mathbf{0}\end{bmatrix}\tag{7.3.13}$$

因而

$$\boldsymbol{\phi}_{bL}^{\mathrm{T}}\boldsymbol{K}\boldsymbol{\Phi}_{cc}=[\bar{\boldsymbol{\phi}}_{bL}^{\mathrm{T}}\quad \mathbf{0}\quad \mathbf{0}]\begin{bmatrix}\mathbf{0}\\ \boldsymbol{f}_{c}\\ \mathbf{0}\end{bmatrix}=0\tag{7.3.14}$$

并令

$$\boldsymbol{K}_{cc}=\boldsymbol{\Phi}_{cc}^{\mathrm{T}}\boldsymbol{K}\boldsymbol{\Phi}_{cc}\tag{7.3.15}$$

则得

$$\boldsymbol{K}_{d0}=\begin{bmatrix}\mathbf{0} & \mathbf{0} & \mathbf{0}\\ \mathbf{0} & \boldsymbol{K}_{cc} & \mathbf{0}\\ \mathbf{0} & \mathbf{0} & \boldsymbol{\Lambda}_{bL}\end{bmatrix}\tag{7.3.16}$$

由式(7.3.2)得到以广义坐标 $\boldsymbol{q}$ 描述的子结构运动方程

$$(\boldsymbol{K}_{d0} - \omega^2 \boldsymbol{M}_{d0}) \boldsymbol{q}_d = \boldsymbol{F}_{d0} \tag{7.3.17}$$

由式(7.3.7)与式(7.3.9)得交界面位移

$$\boldsymbol{X}_m = \begin{bmatrix} \boldsymbol{X}_{mc} \\ \boldsymbol{X}_{mR} \end{bmatrix} = \begin{bmatrix} \boldsymbol{\phi}_{Rc} \boldsymbol{q}_R + \boldsymbol{q}_c \\ \boldsymbol{q}_R \end{bmatrix}, \quad \boldsymbol{f}_{0m} = \begin{bmatrix} \boldsymbol{f}_{0mc} \\ \boldsymbol{f}_{0mR} \end{bmatrix} \tag{7.3.18}$$

3. 综合

设系统有 A 和 B 两个子结构.由式(7.3.18)得交界面位移

$$\begin{aligned} \boldsymbol{X}_{mc}^A &= \boldsymbol{\phi}_{Rc}^A \boldsymbol{q}_R^A + \boldsymbol{q}_c^A, \quad \boldsymbol{X}_{mR}^A = \boldsymbol{q}_R^A \\ \boldsymbol{X}_{mc}^B &= \boldsymbol{\phi}_{Rc}^B \boldsymbol{q}_R^B + \boldsymbol{q}_c^B, \quad \boldsymbol{X}_{mR}^B = \boldsymbol{q}_R^B \end{aligned} \tag{7.3.19}$$

交界面力与位移协调条件为

$$\boldsymbol{f}_{mc}^A + \boldsymbol{f}_{mc}^B = \boldsymbol{0}, \quad \boldsymbol{f}_{mR}^A + \boldsymbol{f}_{mR}^B = \boldsymbol{0} \tag{7.3.20}$$

$$\boldsymbol{X}_{mc}^A = \boldsymbol{X}_{mc}^B, \quad \boldsymbol{X}_{mR}^A = \boldsymbol{X}_{mR}^B \tag{7.3.21}$$

将式(7.3.19)代入式(7.3.21),得

$$\begin{aligned} &\boldsymbol{q}_R^A = \boldsymbol{q}_R^B = \boldsymbol{q}_R \\ &\boldsymbol{q}_c^A = (\boldsymbol{\phi}_{Rc}^B - \boldsymbol{\phi}_{Rc}^A) \boldsymbol{q}_R + \boldsymbol{q}_c^B = \boldsymbol{D} \boldsymbol{q}_R + \boldsymbol{q}_c^B \\ &\boldsymbol{D} = \boldsymbol{\phi}_{Rc}^B - \boldsymbol{\phi}_{Rc}^A \end{aligned} \tag{7.3.22}$$

将 A 与 B 子结构的运动方程排在一起,形成系统的运动方程

$$(\boldsymbol{K}_{AB} - \omega^2 \boldsymbol{M}_{AB}) \boldsymbol{q}_{AB} = \boldsymbol{F}_{AB} \tag{7.3.23}$$

其中

$$\boldsymbol{K}_{AB} = \begin{bmatrix} \boldsymbol{K}_{d0}^A & \boldsymbol{0} \\ \boldsymbol{0} & \boldsymbol{K}_{d0}^B \end{bmatrix}, \quad \boldsymbol{M}_{AB} = \begin{bmatrix} \boldsymbol{M}_{d0}^A & \boldsymbol{0} \\ \boldsymbol{0} & \boldsymbol{M}_{d0}^B \end{bmatrix}, \quad \boldsymbol{F}_{AB} = \begin{Bmatrix} \boldsymbol{F}_{d0}^A \\ \boldsymbol{F}_{d0}^B \end{Bmatrix} \tag{7.3.24}$$

$$\boldsymbol{q}_{AB} = \begin{bmatrix} \boldsymbol{q}_d^A \\ \boldsymbol{q}_d^B \end{bmatrix} = [(\boldsymbol{q}_R^A)^{\mathrm{T}} \quad (\boldsymbol{q}_c^A)^{\mathrm{T}} \quad (\boldsymbol{q}_{bL}^A)^{\mathrm{T}} \quad (\boldsymbol{q}_R^B)^{\mathrm{T}} \quad (\boldsymbol{q}_c^B)^{\mathrm{T}} \quad (\boldsymbol{q}_{bL}^B)^{\mathrm{T}}]^{\mathrm{T}} \tag{7.3.25}$$

将式(7.3.22)代入式(7.3.25),得

$$\boldsymbol{q}_{AB} = \boldsymbol{N} \boldsymbol{q} \tag{7.3.26}$$

$$\boldsymbol{N} = \begin{bmatrix} \boldsymbol{I} & \boldsymbol{0} & \boldsymbol{0} & \boldsymbol{0} \\ \boldsymbol{D} & \boldsymbol{I} & \boldsymbol{0} & \boldsymbol{0} \\ \boldsymbol{0} & \boldsymbol{0} & \boldsymbol{I} & \boldsymbol{0} \\ \boldsymbol{I} & \boldsymbol{0} & \boldsymbol{0} & \boldsymbol{0} \\ \boldsymbol{0} & \boldsymbol{I} & \boldsymbol{0} & \boldsymbol{0} \\ \boldsymbol{0} & \boldsymbol{0} & \boldsymbol{0} & \boldsymbol{I} \end{bmatrix}, \quad \boldsymbol{q} = \begin{bmatrix} \boldsymbol{q}_R^A \\ \boldsymbol{q}_c^B \\ \boldsymbol{q}_{bL}^A \\ \boldsymbol{q}_{bL}^B \end{bmatrix} \tag{7.3.27}$$

将式(7.3.26)代入式(7.3.23)并且两边左乘 $\boldsymbol{N}^{\mathrm{T}}$,得系统综合的刚度矩阵、质量矩阵和载荷

向量：

$$\overline{\boldsymbol{M}}_0 = \boldsymbol{N}^{\mathrm{T}}\boldsymbol{M}_{AB}\boldsymbol{N},\quad \overline{\boldsymbol{K}}_0 = \boldsymbol{N}^{\mathrm{T}}\boldsymbol{K}_{AB}\boldsymbol{N} \tag{7.3.28}$$

$$\overline{\boldsymbol{F}} = \boldsymbol{N}^{\mathrm{T}}\boldsymbol{F}_{AB} = \begin{bmatrix} 1 & \boldsymbol{D}^{\mathrm{T}} & \boldsymbol{0} & 1 & 0 & \boldsymbol{0} \\ \boldsymbol{0} & 1 & \boldsymbol{0} & \boldsymbol{0} & 1 & \boldsymbol{0} \\ \boldsymbol{0} & \boldsymbol{0} & 1 & \boldsymbol{0} & \boldsymbol{0} & \boldsymbol{0} \\ \boldsymbol{0} & \boldsymbol{0} & \boldsymbol{0} & \boldsymbol{0} & \boldsymbol{0} & 1 \end{bmatrix} \begin{bmatrix} (\boldsymbol{\phi}_{Rc}^{A})^{\mathrm{T}}\boldsymbol{f}_{0c}^{A} + \boldsymbol{f}_{0R}^{A} \\ \boldsymbol{f}_{0c}^{A} \\ \boldsymbol{0} \\ (\boldsymbol{\phi}_{Rc}^{B})^{\mathrm{T}}\boldsymbol{f}_{0c}^{B} + \boldsymbol{f}_{0R}^{B} \\ \boldsymbol{f}_{0c}^{B} \\ \boldsymbol{0} \end{bmatrix}$$

$$= \begin{bmatrix} (\boldsymbol{\phi}_{Rc}^{B})^{\mathrm{T}}(\boldsymbol{f}_{0c}^{A} + \boldsymbol{f}_{0c}^{B}) + \boldsymbol{f}_{0R}^{A} + \boldsymbol{f}_{0R}^{B} \\ \boldsymbol{f}_{0c}^{A} + \boldsymbol{f}_{0c}^{B} \\ \boldsymbol{0} \\ \boldsymbol{0} \end{bmatrix} \tag{7.3.29}$$

将式(7.3.20)代入式(7.3.29)，得

$$\overline{\boldsymbol{F}} = \boldsymbol{0}$$

最后得到无阻尼系统综合方程为

$$(\overline{\boldsymbol{K}}_0 - \omega^2\overline{\boldsymbol{M}}_0)\boldsymbol{q} = \boldsymbol{0} \tag{7.3.30}$$

7.3.2 克雷格-班普顿方法

1. 子结构分析

克雷格-班普顿法改进了赫铁法，认为在子结构的交界面自由度中，不必把它们区分为静定约束和多余约束，因为对于一个多余对接的界面，哪些界面自由度应作为静定约束处理，哪些界面自由度应作为多余约束处理，这是完全不明确的，不作这样的区分对使用者将更方便.因此克雷格-班普顿法所选择的假设模态集 $\overline{\boldsymbol{\Phi}}_{d0}$ 由子结构约束界面保留主模态 $\boldsymbol{\phi}_{bL}$ 和全部界面自由度的约束模态 $\boldsymbol{\Phi}_{c0}$ 组成，即有

$$\overline{\boldsymbol{\Phi}}_{d0} = [\boldsymbol{\Phi}_{c0} \quad \boldsymbol{\phi}_{bL}] = \begin{bmatrix} \boldsymbol{t}_{c0} & \overline{\boldsymbol{\phi}}_{bL} \\ \boldsymbol{I}_m & \boldsymbol{0} \end{bmatrix} \tag{7.3.31}$$

子结构约束界面保留主模态 $\boldsymbol{\phi}_{bL}$ 由约束界面特征值方程(7.3.3)给出.由式(7.3.2)忽略惯性力项，给出静力方程为

$$\begin{bmatrix} \boldsymbol{K}_{ss} & \boldsymbol{K}_{sm} \\ \boldsymbol{K}_{ms} & \boldsymbol{K}_{mm} \end{bmatrix} \begin{bmatrix} \boldsymbol{X}_s \\ \boldsymbol{X}_m \end{bmatrix} = \begin{bmatrix} \boldsymbol{0} \\ \boldsymbol{f}_{0m} \end{bmatrix} \tag{7.3.32}$$

解式(7.3.32)的第一个方程，得

$$\boldsymbol{X}_s = -\boldsymbol{K}_{ss}^{-1}\boldsymbol{K}_{sm}\boldsymbol{X}_m = \boldsymbol{t}_{c0}\boldsymbol{X}_m,\quad \boldsymbol{t}_{c0} = -\boldsymbol{K}_{ss}^{-1}\boldsymbol{K}_{sm} \tag{7.3.33}$$

则静力位移 $\boldsymbol{X}_c$ 为

$$\boldsymbol{X}_c = \begin{Bmatrix} \boldsymbol{X}_s \\ \boldsymbol{X}_m \end{Bmatrix} = \begin{Bmatrix} \boldsymbol{t}_{c0} \\ \boldsymbol{I}_m \end{Bmatrix} \boldsymbol{X}_m = \boldsymbol{\Phi}_{c0} \boldsymbol{X}_m, \quad \boldsymbol{\Phi}_{c0} = \begin{bmatrix} \boldsymbol{t}_{c0} \\ \boldsymbol{I}_m \end{bmatrix} \tag{7.3.34}$$

其中，$\boldsymbol{\Phi}_{c0}$ 为子结构界面约束模态矩阵，也称之为静力约束模态.

将子结构位移 X_{d0} 表示为

$$\boldsymbol{X}_{d0} = \begin{bmatrix} \boldsymbol{t}_{c0} \\ \boldsymbol{I}_m \end{bmatrix} \boldsymbol{X}_m + \begin{bmatrix} \boldsymbol{\phi}_b L \\ \boldsymbol{0} \end{bmatrix} \boldsymbol{q}_{bL} = \boldsymbol{\Phi}_{c0} \boldsymbol{X}_m + \boldsymbol{\phi}_{bL} \boldsymbol{q}_{bL} = \bar{\boldsymbol{\Phi}}_{d0} \bar{\boldsymbol{q}}_d \tag{7.3.35}$$

子结构假设模态矩阵 $\bar{\boldsymbol{\Phi}}_{d0}$ 见式(7.3.31)，相应的模态坐标 $\bar{\boldsymbol{q}}_d$ 为

$$\bar{\boldsymbol{q}}_d = \begin{bmatrix} \boldsymbol{X}_m \\ \boldsymbol{q}_{bL} \end{bmatrix} \tag{7.3.36}$$

式(7.3.35)就是克雷格-班普顿假设位移表达式.对式(7.3.35)作坐标变换得到以变换模态坐标描述的刚度矩阵、质量矩阵和模态力向量分别为

$$\bar{\boldsymbol{K}}_{d0} = \bar{\boldsymbol{\Phi}}_{d0}^{\mathrm{T}} \boldsymbol{K} \bar{\boldsymbol{\Phi}}_{d0} = \begin{bmatrix} \boldsymbol{K}_{c0} & \boldsymbol{0} \\ \boldsymbol{0} & \boldsymbol{\Lambda}_{bL} \end{bmatrix} \tag{7.3.37}$$

$$\bar{\boldsymbol{M}}_{d0} = \bar{\boldsymbol{\Phi}}_{d0}^{\mathrm{T}} \boldsymbol{M} \bar{\boldsymbol{\Phi}}_{d0} = \begin{bmatrix} \boldsymbol{M}_{c0} & \boldsymbol{M}_{cL} \\ \boldsymbol{M}_{Lc} & \boldsymbol{I} \end{bmatrix} \tag{7.3.38}$$

$$\bar{\boldsymbol{F}}_{d0} = \bar{\boldsymbol{\Phi}}_{d0}^{\mathrm{T}} \boldsymbol{F}_0 = \begin{bmatrix} \boldsymbol{t}_{c0}^{\mathrm{T}} & \boldsymbol{I}_m \\ \bar{\boldsymbol{\phi}}_{bL}^{\mathrm{T}} & \boldsymbol{0} \end{bmatrix} \begin{bmatrix} \boldsymbol{0} \\ \boldsymbol{f}_{0m} \end{bmatrix} = \begin{bmatrix} \boldsymbol{f}_{0m} \\ \boldsymbol{0} \end{bmatrix} \tag{7.3.39}$$

其中

$$\begin{aligned} \boldsymbol{K}_{c0} &= \boldsymbol{\Phi}_{c0}^{\mathrm{T}} \boldsymbol{K} \boldsymbol{\Phi}_{c0} = \boldsymbol{K}_{mm} - \boldsymbol{K}_{ms} \boldsymbol{K}_{ss}^{-1} \boldsymbol{K}_{sm} \\ \boldsymbol{M}_{c0} &= \boldsymbol{\Phi}_{c0}^{\mathrm{T}} \boldsymbol{M} \boldsymbol{\Phi}_{c0} \\ &= \boldsymbol{M}_{mm} - \boldsymbol{M}_{ms} \boldsymbol{K}_{ss}^{-1} \boldsymbol{K}_{sm} - \boldsymbol{K}_{ms} \boldsymbol{K}_{ss}^{-1} \boldsymbol{M}_{sm} + \boldsymbol{K}_{ms} \boldsymbol{K}_{ss}^{-1} \boldsymbol{M}_{ss} \boldsymbol{K}_{ss}^{-1} \boldsymbol{K}_{sm} \\ \boldsymbol{M}_{cL} &= \boldsymbol{\Phi}_{c0}^{\mathrm{T}} \boldsymbol{M} \boldsymbol{\phi}_{bL} = (\boldsymbol{M}_{ms} - \boldsymbol{K}_{ms} \boldsymbol{K}_{ss}^{-1} \boldsymbol{M}_{ss}) \bar{\boldsymbol{\phi}}_{bL} \end{aligned} \tag{7.3.40}$$

由式(7.3.2)得到的以广义坐标 $\bar{\boldsymbol{q}}_d$ 描述的子结构运动方程为

$$(\bar{\boldsymbol{K}}_{d0} - \omega^2 \bar{\boldsymbol{M}}_{d0}) \bar{\boldsymbol{q}}_d = \bar{\boldsymbol{F}}_{d0} \tag{7.3.41}$$

由式(7.3.35)得界面位移 $\boldsymbol{X}_m$ 为

$$\boldsymbol{X}_m = \boldsymbol{X}_s \tag{7.3.42}$$

2. 系统综合

设系统有 A 和 B 两个子结构.交界面位移和力的协调条件为

$$\boldsymbol{f}_{0m}^A + \boldsymbol{f}_{0m}^B = \boldsymbol{0}, \quad \boldsymbol{X}_m^A = \boldsymbol{X}_m^B \tag{7.3.43}$$

将 A 与 B 子结构运动方程排在一起，形成未耦合系统的运动方程

$$(\boldsymbol{K}_{AB}-\omega^2\boldsymbol{M}_{AB})\boldsymbol{q}_{AB}=\boldsymbol{F}_{AB} \tag{7.3.44}$$

其中

$$\boldsymbol{M}_{AB}=\begin{bmatrix}\overline{\boldsymbol{M}}_{d0}^{A} & \boldsymbol{0}\\ \boldsymbol{0} & \overline{\boldsymbol{M}}_{d0}^{B}\end{bmatrix},\quad \boldsymbol{K}_{AB}=\begin{bmatrix}\overline{\boldsymbol{K}}_{d0}^{A} & \boldsymbol{0}\\ \boldsymbol{0} & \overline{\boldsymbol{K}}_{d0}^{B}\end{bmatrix},\quad \boldsymbol{F}_{AB}=\begin{bmatrix}\overline{\boldsymbol{F}}_{d0}^{A}\\ \overline{\boldsymbol{F}}_{d0}^{B}\end{bmatrix} \tag{7.3.45}$$

$$\boldsymbol{q}_{AB}=\begin{bmatrix}\overline{\boldsymbol{q}}^{A}\\ \overline{\boldsymbol{q}}^{B}\end{bmatrix}=[(\boldsymbol{X}_m^A)^{\mathrm{T}}\quad (\boldsymbol{q}_{bL}^A)^{\mathrm{T}}\quad (\boldsymbol{X}_m^B)^{\mathrm{T}}\quad (\boldsymbol{q}_{bL}^B)^{\mathrm{T}}]^{\mathrm{T}} \tag{7.3.46}$$

由式(7.3.42)与式(7.3.43)的第二个式子得

$$\boldsymbol{X}_m^A=\boldsymbol{X}_m^B=\boldsymbol{X}_m \tag{7.3.47}$$

将式(7.3.47)代入式(7.3.46)的第四个式子,得

$$\boldsymbol{q}_{AB}=\boldsymbol{N}\boldsymbol{q} \tag{7.3.48}$$

其中

$$\boldsymbol{N}=\begin{bmatrix}\boldsymbol{0} & \boldsymbol{0} & \boldsymbol{I}\\ \boldsymbol{I} & \boldsymbol{0} & \boldsymbol{0}\\ \boldsymbol{0} & \boldsymbol{0} & \boldsymbol{I}\\ \boldsymbol{0} & \boldsymbol{I} & \boldsymbol{0}\end{bmatrix},\quad \boldsymbol{q}=\begin{bmatrix}\boldsymbol{q}_{bL}^{A}\\ \boldsymbol{q}_{bL}^{B}\\ \boldsymbol{X}_m\end{bmatrix} \tag{7.3.49}$$

将式(7.3.48)代入式(7.3.44)并且两边左乘 $\boldsymbol{N}^{\mathrm{T}}$,得综合后的刚度矩阵、质量矩阵和载荷向量:

$$\overline{\boldsymbol{M}}_0=\boldsymbol{N}^{\mathrm{T}}\boldsymbol{M}_{AB}\boldsymbol{N}=\begin{bmatrix}\boldsymbol{I}^A & \boldsymbol{0} & \boldsymbol{M}_{Lc}^A\\ \boldsymbol{0} & \boldsymbol{I}^B & \boldsymbol{M}_{Lc}^B\\ \boldsymbol{M}_{cL}^A & \boldsymbol{M}_{cL}^B & \boldsymbol{M}_{0c}\end{bmatrix} \tag{7.3.50}$$

$$\boldsymbol{M}_{0c}=\boldsymbol{M}_{c0}^A+\boldsymbol{M}_{c0}^B$$

$$\overline{\boldsymbol{K}}_0=\boldsymbol{N}^{\mathrm{T}}\boldsymbol{K}_{AB}\boldsymbol{N}=\begin{bmatrix}\boldsymbol{\Lambda}_L^A & \boldsymbol{0} & \boldsymbol{0}\\ \boldsymbol{0} & \boldsymbol{\Lambda}_L^B & \boldsymbol{0}\\ \boldsymbol{0} & \boldsymbol{0} & \boldsymbol{K}_{0c}\end{bmatrix} \tag{7.3.51}$$

$$\boldsymbol{K}_{0c}=\boldsymbol{K}_{c0}^A+\boldsymbol{K}_{c0}^B$$

$$\overline{\boldsymbol{F}}=\boldsymbol{N}^{\mathrm{T}}\begin{bmatrix}\boldsymbol{F}_{d0}^A\\ \boldsymbol{F}_{d0}^B\end{bmatrix}=\begin{bmatrix}\boldsymbol{0}\\ \boldsymbol{0}\\ \boldsymbol{f}_{0m}^A+\boldsymbol{f}_{0m}^B\end{bmatrix} \tag{7.3.52}$$

将力协调条件式(7.3.43)的第一个式子代入式(7.3.52),得

$$\overline{\boldsymbol{F}}=\boldsymbol{0}$$

最后综合给出的无阻尼系统方程为

$$(\overline{\boldsymbol{K}}_0 - \omega^2 \overline{\boldsymbol{M}}_0)\boldsymbol{q} = \boldsymbol{0} \tag{7.3.53}$$

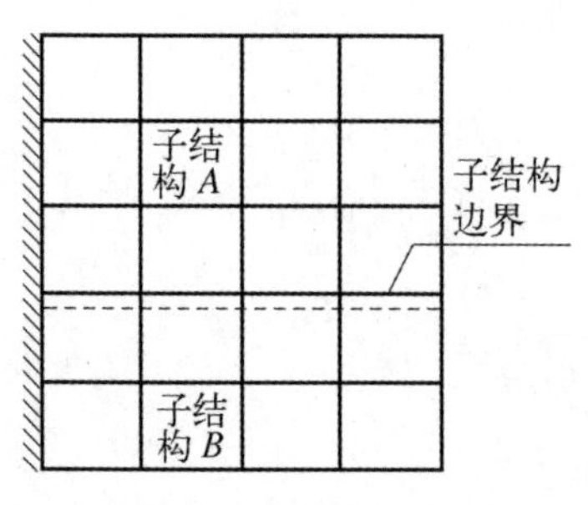

图 7.5　78 节点的悬臂中形板

例 7.2　如图 7.5 所示，板材料为 2024-T3 铝，密度 $\rho = 0.002\,796\ \text{kg/cm}^3$，泊松比 $\mu = 0.33$，板边长 $a = 40.64\ \text{cm}$，$b = a/2$，$c = 5.08\ \text{cm}$，板宽 $h = 30.48\ \text{cm}$，板厚 $t = 0.317\ \text{cm}$，弹性模量 $E = 0.778 \times 10^7\ \text{N/cm}^2$.

解　本例用全板有限元解法与分划为 A，B 两子结构的克雷格-班普顿法两种解法，其结果如表 7.2 和表 7.3 所示.

表 7.2　悬臂板频率计算结果的误差

频率(Hz) \ 阶数	1	2	3	4	5	6	7	8	9	10
有限元法(标准)	29.11	44.14	83.22	152.3	174.6	198.0	247.3	272.3	343.4	400.4
CH 法	29.13	44.17	83.31	152.8	175.1	198.3	249.1	272.6	352.8	427.9
误差(%)	0.06	0.05	0.10	0.28	0.27	0.16	0.69	0.45	2.15	6.87

注：CH 法为克雷格-班普顿法的简称.

表 7.3　悬臂板的 6 阶模态振型计算结果的误差

节点	有限元法(标准)	CH 法	节点	有限元法(标准)	CH 法
1	−0.164 8	−0.164 5	40β	−0.000 0	−0.005 7
2	−0.470 8	−0.468 1	41β	−0.000 0	−0.000 4
3	−0.540 0	−0.532 2	42β	−0.000 0	−0.008 0
4	−0.238 5	−0.226 9	73α③	0.164 8	0.166 1
5	0.345 0	0.354 6	74α	0.470 8	0.472 6
6γ①	1.000 0	1.000 0	75α	0.539 9	0.541 1
7	−0.152 2	−0.150 5	76α	0.238 5	0.238 1
8	−0.396 7	−0.391 5	77α	−0.345 0	−0.349 5
9	−0.461 5	−0.454 0	78α	−1.000 0	−1.012 5
10	−0.230 5	−0.225 2	67α	0.152 2	0.155 0
11	0.241 6	0.238 2	68α	0.396 7	0.402 8
12	0.820 2	0.803 2	69α	0.461 5	0.468 1
37β②	−0.000 0	−0.002 6	70α	0.230 5	0.234 5
38β	−0.000 0	−0.006 9	71α	−0.241 6	−0.242 8
39β	−0.000 0	−0.004 8	72α	−0.820 2	−0.829 2

① γ：全部位形与此节点标准化；② β：在板的对称线上的节点；③ α：与其左列中的相应点对称.

7.3.3 几种改进的方法

1. 部件主模态的减缩

赫铁、本菲尔德等学者在这方面研究得比较早.如果考虑采用完全主模态集 $\boldsymbol{\phi}_b = [\boldsymbol{\phi}_{bL} \quad \boldsymbol{\phi}_{bH}]$,则式(7.3.53)可改写为

$$\begin{bmatrix} \overline{\boldsymbol{K}}_{bb} & \boldsymbol{0} \\ \boldsymbol{0} & \overline{\boldsymbol{K}}_{mm} \end{bmatrix} \begin{bmatrix} \overline{\boldsymbol{q}}_b \\ \overline{\boldsymbol{q}}_m \end{bmatrix} - \omega^2 \begin{bmatrix} \overline{\boldsymbol{M}}_{bb} & \overline{\boldsymbol{M}}_{bm} \\ \overline{\boldsymbol{M}}_{mb} & \overline{\boldsymbol{M}}_{mm} \end{bmatrix} \begin{Bmatrix} \overline{\boldsymbol{q}}_b \\ \overline{\boldsymbol{q}}_m \end{Bmatrix} = \begin{Bmatrix} \boldsymbol{0} \\ \boldsymbol{0} \end{Bmatrix} \tag{7.3.54}$$

$$\begin{aligned}
&\overline{\boldsymbol{K}}_{mm} = \boldsymbol{K}_{c0}^{A} + \boldsymbol{K}_{c0}^{B}, \quad \overline{\boldsymbol{K}}_{bb} = \begin{bmatrix} \boldsymbol{\Lambda}_b^A & \boldsymbol{0} \\ \boldsymbol{0} & \boldsymbol{\Lambda}_b^B \end{bmatrix} = \boldsymbol{\Lambda}_{AB} \\
&\overline{\boldsymbol{M}}_{mm} = \boldsymbol{M}_{c0}^{A} + \boldsymbol{M}_{c0}^{B} \\
&\overline{\boldsymbol{M}}_{bb} = \begin{bmatrix} \boldsymbol{I}^A & \boldsymbol{0} \\ \boldsymbol{0} & \boldsymbol{I}^B \end{bmatrix} = \boldsymbol{I}_{AB} \\
&\overline{\boldsymbol{M}}_{bm} = [\boldsymbol{M}_{bm}^{A} \quad \boldsymbol{M}_{bm}^{B}], \quad \overline{\boldsymbol{M}}_{mb} = \boldsymbol{M}_{bm}^{\mathrm{T}}
\end{aligned} \tag{7.3.55}$$

将式(7.3.54)中按保留的低阶项 $\overline{\boldsymbol{q}}_l$ 和减缩的高阶项 $\overline{\boldsymbol{q}}_h$ 重新写成

$$\left(\begin{bmatrix} \overline{\boldsymbol{K}}_{ll} & & \\ & \overline{\boldsymbol{K}}_{hh} & \\ & & \overline{\boldsymbol{K}}_{mm} \end{bmatrix} - \omega^2 \begin{bmatrix} \overline{\boldsymbol{M}}_{ll} & \boldsymbol{0} & \overline{\boldsymbol{M}}_{lm} \\ \boldsymbol{0} & \overline{\boldsymbol{M}}_{hh} & \overline{\boldsymbol{M}}_{hm} \\ \overline{\boldsymbol{M}}_{ml} & \overline{\boldsymbol{M}}_{mh} & \overline{\boldsymbol{M}}_{mm} \end{bmatrix} \right) \begin{Bmatrix} \overline{\boldsymbol{q}}_l \\ \overline{\boldsymbol{q}}_h \\ \overline{\boldsymbol{q}}_m \end{Bmatrix} = \begin{Bmatrix} \boldsymbol{0} \\ \boldsymbol{0} \\ \boldsymbol{0} \end{Bmatrix} \tag{7.3.56}$$

式(7.3.56)的第二个方程为

$$(\overline{\boldsymbol{K}}_{hh} - \omega^2 \overline{\boldsymbol{M}}_{hh})\, \overline{\boldsymbol{q}}_h = \omega^2 \overline{\boldsymbol{M}}_{hm}\, \overline{\boldsymbol{q}}_m$$

则有

$$\begin{aligned}
\overline{\boldsymbol{q}}_h &= \omega^2 (\overline{\boldsymbol{K}}_{hh} - \omega^2 \boldsymbol{M}_{hh})^{-1} \boldsymbol{M}_{hm}\, \overline{\boldsymbol{q}}_m \\
&= \omega^2 (\boldsymbol{\Lambda}_h - \omega^2 \boldsymbol{I})^{-1} \boldsymbol{M}_{hm}\, \overline{\boldsymbol{q}}_m \\
&= (\boldsymbol{I} - \omega^2 \boldsymbol{\Lambda}_h^{-1})^{-1} \omega^2 \boldsymbol{\Lambda}_h^{-1} \overline{\boldsymbol{M}}_{hm}\, \overline{\boldsymbol{q}}_m
\end{aligned} \tag{7.3.57}$$

设 $\boldsymbol{\Lambda}_h$ 中的最低频率为 ω_{h1}^2,则当 $\omega/\omega_{h1} \leqslant 1$ 时,有 $\overline{\boldsymbol{q}}_h \approx \boldsymbol{0}$,此即 $\boldsymbol{\Lambda}_h$ 对应的模态坐标,其参与综合的贡献几乎为零.

因而自该模态开始起所有高阶模态均可减缩.而 7.3.1 节与 7.3.2 节都是按任取保留主模态推导的公式.

例 7.3 用如图 7.6 所示的悬臂板格结构的弯曲振动阐明主模态减缩对耦合振动计算的影响.

解 该结构没有刚体自由度,总计有 12 个对接坐标,即 $\overline{\boldsymbol{q}}_m$ 的模态数 $L_m = 12$,分别取部件 A,B 的不同约束对接主模态 $\overline{\boldsymbol{q}}_A$,$\overline{\boldsymbol{q}}_B$,它们的模态数为 L_A,L_B.与整体 72 个自由度的精确

解比较,结果如表 7.4 所示.

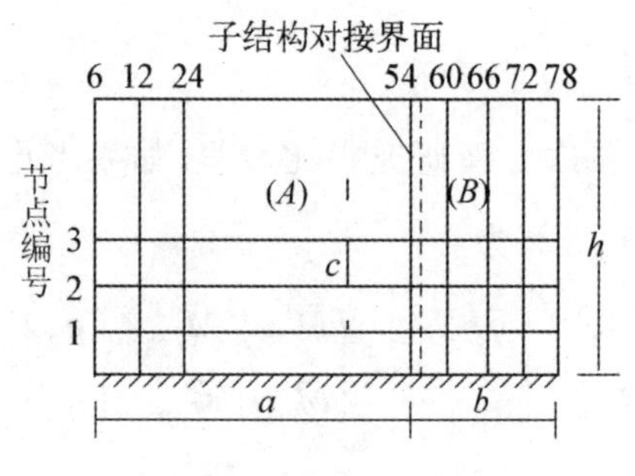

图 7.6　悬臂板格结构

2. 交界面上模态的减缩

在克雷格-班普顿法中,以交界面上的物理坐标作为广义坐标,并直接保留在最后的耦合方程之中.因此方程(7.3.54)中$\bar{\boldsymbol{q}}_m$的个数为交界面上的节点自由度数.而后,克雷格提出改用交界面上的位移模态作广义坐标,使这部分自由度得以降阶.同时,还研究了由此类模态截尾所导致的误差.

式(7.3.54)中,若假设约束子结构的主模态坐标$\bar{\boldsymbol{q}}_b$固定不变,仅允许交界面上的自由度运动(相当于盖扬的静态缩聚),则有

$$(\overline{\boldsymbol{K}}_{mm} - \omega_c^2 \overline{\boldsymbol{M}}_{mm})\,\bar{\boldsymbol{q}}_m = \boldsymbol{0}$$

ω_c表示频率,区别于总体耦合振动下的频率ω^2. ω_c^2对应的特征向量为

$$\boldsymbol{\phi}_m = [\boldsymbol{\phi}_{mc} \quad \boldsymbol{\phi}_{md}] \tag{7.3.58}$$

式中,$\boldsymbol{\phi}_{mc}$为需要保留的模态,$\boldsymbol{\phi}_{md}$为可减缩的模态.则$\bar{\boldsymbol{q}}_m$在广义坐标下的展开式为

$$\bar{\boldsymbol{q}}_m = [\boldsymbol{\phi}_{mc} \quad \boldsymbol{\phi}_{md}]\begin{Bmatrix} \bar{\boldsymbol{q}}_c \\ \bar{\boldsymbol{q}}_d \end{Bmatrix}$$

故有

$$\bar{\boldsymbol{q}} = \begin{Bmatrix} \bar{\boldsymbol{q}}_L \\ \bar{\boldsymbol{q}}_m \end{Bmatrix} = \begin{bmatrix} \boldsymbol{I} & 0 & 0 \\ 0 & \boldsymbol{\phi}_{mc} & \boldsymbol{\phi}_{md} \end{bmatrix}\begin{Bmatrix} \bar{\boldsymbol{q}}_L \\ \bar{\boldsymbol{q}}_c \\ \bar{\boldsymbol{q}}_d \end{Bmatrix} = \hat{\boldsymbol{\phi}}\hat{\boldsymbol{q}} \tag{7.3.59}$$

用式(7.3.59)对系统的耦合运动方程(7.3.54)作变换:

$$\left(\hat{\boldsymbol{\phi}}^{\mathrm{T}}\begin{bmatrix} \overline{\boldsymbol{K}}_{LL} & 0 \\ 0 & \overline{\boldsymbol{K}}_{mm} \end{bmatrix}\hat{\boldsymbol{\phi}} - \omega^2\,\hat{\boldsymbol{\phi}}^{\mathrm{T}}\begin{bmatrix} \overline{\boldsymbol{M}}_{LL} & \overline{\boldsymbol{M}}_{Lm} \\ \overline{\boldsymbol{M}}_{mL} & \overline{\boldsymbol{M}}_{mm} \end{bmatrix}\hat{\boldsymbol{\phi}}\right)\hat{\boldsymbol{q}} = \boldsymbol{0}$$

$$\begin{bmatrix} \overline{\boldsymbol{K}}_{LL} & 0 & 0 \\ 0 & \overline{\boldsymbol{K}}_{cc} & 0 \\ 0 & 0 & \overline{\boldsymbol{K}}_{dd} \end{bmatrix}\begin{Bmatrix} \bar{\boldsymbol{q}}_L \\ \bar{\boldsymbol{q}}_c \\ \bar{\boldsymbol{q}}_d \end{Bmatrix} - \omega^2\begin{bmatrix} \overline{\boldsymbol{M}}_{LL} & \overline{\boldsymbol{M}}_{Lc} & \overline{\boldsymbol{M}}_{Ld} \\ \overline{\boldsymbol{M}}_{cL} & \overline{\boldsymbol{M}}_{cc} & 0 \\ \overline{\boldsymbol{M}}_{dL} & 0 & \overline{\boldsymbol{M}}_{dd} \end{bmatrix}\begin{Bmatrix} \bar{\boldsymbol{q}}_L \\ \bar{\boldsymbol{q}}_c \\ \bar{\boldsymbol{q}}_d \end{Bmatrix} = \begin{Bmatrix} 0 \\ 0 \\ 0 \end{Bmatrix} \tag{7.3.60}$$

表 7.4　各种主模态缩聚下的频率值比较

阶数	标准解(72DOF)	$L_A = 12$, $L_B = 8$, $L_m = 12$		$L_A = 10$, $L_B = 6$, $L_m = 12$		$L_A = 7$, $L_B = 5$, $L_m = 12$		$L_A = 5$, $L_B = 7$, $L_m = 12$	
	$\omega^2 \times 10^8$	$\omega^2 \times 10^8$	误差(%)	$\omega^2 \times 10^8$	误差(%)	$\omega^2 \times 10^8$	误差(%)	$\omega^2 \times 10^8$	误差(%)
1	0.000 062 10	0.000 062 10	0.00	0.000 062 10	0.00	0.000 062 10	0.00	0.000 062 11	0.01
2	0.000 251 09	0.000 251 09	0.00	0.000 251 09	0.00	0.000 251 09	0.00	0.000 251 15	0.02
3	0.001 639 79	0.001 639 89	0.00	0.001 639 96	0.01	0.001 640 19	0.02	0.001 646 60	0.41
4	0.002 387 97	0.002 388 14	0.00	0.002 388 79	0.03	0.002 390 12	0.09	0.002 397 88	0.41
5	0.003 943 72	0.003 943 81	0.00	0.003 944 29	0.01	0.003 944 33	0.01	0.003 953 06	0.23
6	0.008 191 27	0.008 193 36	0.02	0.008 194 81	0.04	0.008 194 96	0.04	0.008 712 73	6.36
7	0.008 628 21	0.008 630 58	0.02	0.008 636 17	0.09	0.008 678 73	0.58	0.008 818 59	2.20
8	0.018 060 06	0.018 069 36	0.05	0.018 224 69	0.91	0.018 258 31	1.09	0.018 573 90	2.84
9	0.019 914 94	0.019 926 09	0.01	0.022 671 61	0.54	0.022 672 90	0.54	0.022 710 96	9.91
10	0.022 549 16	0.225 526	0.01	0.022 671 61	0.54	0.022 672 90	0.54	0.022 710 96	0.71
11	0.027 443 31	0.027 465 86	0.08	0.027 483 44	0.14	0.027 508 74	0.23	0.038 657 89	40.82
12	0.032 628 71	0.032 653 85	0.07	0.033 135 60	1.55	0.033 201 31	1.75	0.062 189 32	—
13	0.044 939 68	0.014 985 99	0.10	0.045 051 85	0.24	0.052 760 10	17.40	0.081 209 24	—
14	0.051 508 64	0.051 577 14	0.13	0.056 729 62	10.14	0.056 865 02	10.39	0.126 134 76	—
15	0.061 743 04	0.061 866 79	0.18	0.062 728 67	1.58	0.066 969 88	8.44	0.207 284 53	—
16	0.066 641 90	0.066 943 78	0.45	0.066 952 81	0.16	0.081 382 76	22.11	0.362 643 43	—
17	0.069 634 43	0.069 679 30	0.06	0.070 236 30	0.86	0.276 367 44	—	0.530 330 12	—
18	0.085 310 59	0.085 479 08	0.16	0.087 925 38	3.02	0.351 253 16	—	1.051 810 24	—
19	0.086 807 64	0.086 947 33	0.16	0.898 772 7	3.53	0.399 797 78	—	2.452 462 30	—
20	0.089 149 32	0.089 620 24	0.52	0.125 682 51	40.97	0.536 018 05	—	5.239 132 99	—

式中

$$
\begin{aligned}
&\overline{\boldsymbol{K}}_{LL}=\boldsymbol{\Lambda}_{AB},\quad \overline{\boldsymbol{K}}_{cc}=\boldsymbol{\Lambda}_{c}=\boldsymbol{\phi}_{mc}^{\mathrm{T}}\overline{\boldsymbol{K}}_{mm}\boldsymbol{\phi}_{mc}\\
&\overline{\boldsymbol{K}}_{dd}=\boldsymbol{\Lambda}_{d}=\boldsymbol{\phi}_{md}^{\mathrm{T}}\overline{\boldsymbol{K}}_{mm}\boldsymbol{\phi}_{md},\quad \overline{\boldsymbol{M}}_{LL}=\boldsymbol{I}_{AB}\\
&\overline{\boldsymbol{M}}_{Lc}=\overline{\boldsymbol{M}}_{cL}^{\mathrm{T}}=\overline{\boldsymbol{M}}_{Lm}\boldsymbol{\phi}_{mc},\quad \overline{\boldsymbol{M}}_{Ld}=\overline{\boldsymbol{M}}_{dL}^{\mathrm{T}}=\overline{\boldsymbol{M}}_{Lm}\boldsymbol{\phi}_{md}\\
&\overline{\boldsymbol{M}}_{cc}=\boldsymbol{I}_{c},\quad \overline{\boldsymbol{M}}_{dd}=\boldsymbol{I}_{d}
\end{aligned}
\tag{7.3.61}
$$

3. 误差分析

式(7.3.60)可写为两个等式：

$$
\begin{bmatrix}\overline{\boldsymbol{K}}_{LL} & \boldsymbol{0}\\ \boldsymbol{0} & \overline{\boldsymbol{K}}_{cc}\end{bmatrix}\begin{Bmatrix}\bar{\boldsymbol{q}}_{L}\\ \bar{\boldsymbol{q}}_{c}\end{Bmatrix}-\omega^{2}\begin{bmatrix}\overline{\boldsymbol{M}}_{LL} & \overline{\boldsymbol{M}}_{Lc}\\ \overline{\boldsymbol{M}}_{cL} & \overline{\boldsymbol{M}}_{cc}\end{bmatrix}\begin{Bmatrix}\bar{\boldsymbol{q}}_{L}\\ \bar{\boldsymbol{q}}_{c}\end{Bmatrix}-\omega^{2}\begin{bmatrix}\overline{\boldsymbol{M}}_{Ld}\\ \boldsymbol{0}\end{bmatrix}\bar{\boldsymbol{q}}_{d}=\boldsymbol{0}
\tag{7.3.62}
$$

以及

$$
(\overline{\boldsymbol{K}}_{dd}-\omega^{2}\overline{\boldsymbol{M}}_{dd})\,\bar{\boldsymbol{q}}_{d}=\omega^{2}\overline{\boldsymbol{M}}_{dL}\,\bar{\boldsymbol{q}}_{L}
\tag{7.3.63}
$$

由式(7.3.63)可导出

$$
\bar{\boldsymbol{q}}_{d}=\boldsymbol{W}_{dd}\overline{\boldsymbol{M}}_{dL}\,\bar{\boldsymbol{q}}_{L}
\tag{7.3.64}
$$

式中，$\boldsymbol{W}_{dd}=\left\lceil\dfrac{\omega^{2}}{\omega_{d}^{2}-\omega^{2}}\right\rfloor=\lceil\boldsymbol{W}_{d}\rfloor$.

把式(7.3.64)代入式(7.3.62)，得

$$
\begin{bmatrix}\overline{\boldsymbol{K}}_{LL} & \boldsymbol{0}\\ \boldsymbol{0} & \boldsymbol{K}_{cc}\end{bmatrix}\begin{Bmatrix}\bar{\boldsymbol{q}}_{L}\\ \bar{\boldsymbol{q}}_{c}\end{Bmatrix}-\omega^{2}\begin{bmatrix}(\overline{\boldsymbol{M}}_{LL}+\Delta\overline{\boldsymbol{M}}_{LL}) & \overline{\boldsymbol{M}}_{Lc}\\ \overline{\boldsymbol{M}}_{cL} & \overline{\boldsymbol{M}}_{cc}\end{bmatrix}\begin{Bmatrix}\boldsymbol{q}_{L}\\ \bar{\boldsymbol{q}}_{c}\end{Bmatrix}=\begin{Bmatrix}0\\ 0\end{Bmatrix}
\tag{7.3.65}
$$

式中，$\Delta\overline{\boldsymbol{M}}_{LL}=\overline{\boldsymbol{M}}_{Ld}\boldsymbol{W}_{dd}\overline{\boldsymbol{M}}_{dL}$，$\Delta\overline{\boldsymbol{M}}_{LL}$ 的元素可表达为 $\sum_{d}\boldsymbol{W}_{dd}\overline{\boldsymbol{M}}_{Lm}\boldsymbol{\phi}_{md}\boldsymbol{\phi}_{md}^{\mathrm{T}}\overline{\boldsymbol{M}}_{mL}$. 当 $\omega/\omega_{d}\leqslant 1$ 时，有 $\boldsymbol{W}_{dd}\approx 0$，即 $\Delta\overline{\boldsymbol{M}}_{LL}\approx 0$，则系统的基本解定义成为

$$
\begin{bmatrix}\overline{\boldsymbol{K}}_{LL} & \boldsymbol{0}\\ \boldsymbol{0} & \overline{\boldsymbol{K}}_{cc}\end{bmatrix}\begin{Bmatrix}\bar{\boldsymbol{q}}_{L}\\ \bar{\boldsymbol{q}}_{c}\end{Bmatrix}-\omega^{2}\begin{bmatrix}\overline{\boldsymbol{M}}_{LL} & \overline{\boldsymbol{M}}_{Lc}\\ \overline{\boldsymbol{M}}_{cL} & \overline{\boldsymbol{M}}_{cc}\end{bmatrix}\begin{Bmatrix}\bar{\boldsymbol{q}}_{L}\\ \bar{\boldsymbol{q}}_{c}\end{Bmatrix}=\begin{Bmatrix}0\\ 0\end{Bmatrix}
\tag{7.3.66}
$$

例 7.4 如图 7.7 所示的自由桁架结构分为 A,B 两部件，考察主模态减缩对其耦合振动计算的影响.

解 设该结构的每节点在平面上有 2 个自由度，对接界面上共计 6 个自由度. 表 7.5 为界面模态数在不同截尾下的频率值.

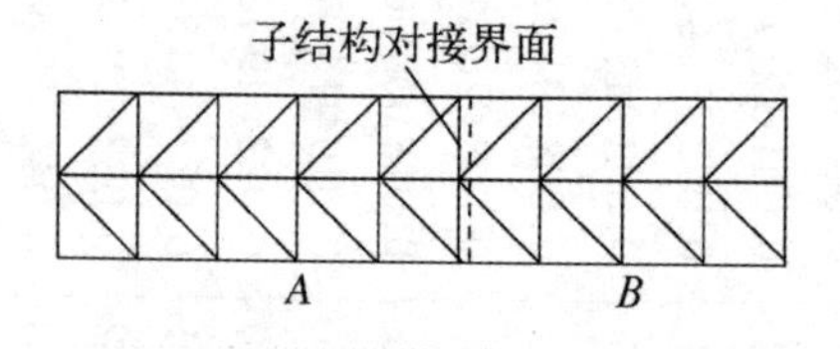

图 7.7 自由桁架结构

表7.5　界面位移模态缩减下的频率值比较

阶数	$L_m=6$, $L_A=L_B=5$		$L_m=5$, $L_A=L_B=5$		$L_m=4$, $L_A=L_B=5$		$L_m=3$, $L_A=L_B=5$		精确解 ω^2
	ω^2	误差(%)	ω^2	误差(%)	ω^2	误差(%)	ω^2	误差(%)	
1	0.000 439 1	0.00	0.000 439 1	0.00	0.000 439 5	0.09	0.000 439 5	0.09	0.000 439 1
2	0.001 833 1	0.01	0.001 833 1	0.01	0.001 870 4	2.05	0.001 870 4	2.05	0.001 832 9
3	0.003 052 7	0.06	0.003 056 8	0.20	0.003 056 8	0.20	0.003 369 2	10.44	0.003 050 6
4	0.004 166 4	0.18	0.004 166 4	0.18	0.004 210 4	1.24	0.004 210 4	1.24	0.004 158 9
5	0.006 873 4	0.22	0.006 873 4	0.22	0.006 885 8	0.40	0.006 885 8	0.40	0.006 858 5
6	0.009 893 8	0.17	0.009 893 8	0.17	0.010 014 0	1.39	0.010 014 0	1.39	0.009 877 0
7	0.012 605 1	10.61	0.012 605 1	10.61	0.012 652 2	11.02	0.012 652 2	11.02	0.011 395 9
8	0.014 441 2	18.02	0.014 447 5	18.07	0.014 447 5	18.07	0.014 450 0	18.09	0.012 236 2
9	0.016 132 7	7.05	0.016 132 7	7.05	0.016 368 2	8.22	0.016 368 2	8.22	0.015 070 1
10	0.024 641 1	58.82	0.024 641 1	58.82	0.025 759 9	66.04	0.025 759 9	66.04	0.015 514 6
11	0.036 100 8	—	0.040 758 2	—	0.004 075 82	—	—	—	0.017 405 2
12	0.050 616 2	—	0.103 050 3	—	—	—	—	—	0.020 097 9
13	0.103 050 3	—	—	—	—	—	—	—	0.021 510 5

表7.6为 A,B 两部件的约束子结构频率、对接频率和系统综合频率间的关系.

表7.6 子结构频率、对接频率和综合频率

模态	A 部件频率 ω_A^2	B 部件频率 ω_B^2	对接频率 ω_c^2	系统综合频率 ω^2
1	0.000 164 3	0.000 187 5	0.0	0.0
2	0.002 804 2	0.004 109 3	0.0	0.0
3	0.002 804 2	0.004 109 3	0.0	0.0
4	0.007 012 5	0.009 263 3	0.018 224 8	0.000 439 1
5	0.010 641 6	0.015 031 1	0.034 066 8	0.001 832 9
6	0.015 518 2	0.021 637 6	0.042 744 1	0.003 050 8
7	0.019 197 7	0.022 648 2	—	0.004 158 9
8	0.020 573 2	0.033 826 5	—	0.006 858 5
9	0.027 265 7	0.040 318 4	—	0.008 977 0
10	0.035 068 9	0.045 900 2	—	0.011 395 9

7.4 采用约束界面模态的精确动态子结构方法及其近似

上一节介绍的约束界面模态综合法都是采用假设模态法,但上一节没有说明各种方法之间的内在联系.

本节主要介绍用解析的方法推导模态综合法.胡海昌首先用解析法导出一种高精度的约束模态综合法.与梁以德精确动力变换超单元法相同之处是,他们都选取了精确位移表达式,但不同之处在于梁以德方法仅是选取交界面位移 $\boldsymbol{X}_m$ 为广义坐标,而胡海昌方法则选取模态参数作广义坐标.胡海昌方法无疑是对梁以德精确动力凝聚法的重要改进.

邱吉宝等应用模态展开定理(Ⅱ)导出采用约束界面模态的精确动态子结构方法,同时采用精确的剩余约束模态建立高精度的约束界面模态综合技术;并且指出约束界面模态的精确动态子结构方法的一阶近似是克雷格-班普顿和赫铁的约束界面模态综合法,它的高阶近似是Suarez与Singh以及Kubomura约束界面模态综合法和邱吉宝等高精度模态综合法.于是,克雷格-班普顿、赫铁、Suarez与Singh、Kubomura、邱吉宝等高精度模态综合法和约束界面模态的精确动态子结构方法形成系统的方法.由此,对各种约束界面近似方法所设定的位移表达式的精度和相应的综合方法精度给予明确的评价.

7.4.1 胡海昌方法

1. 子结构分析

由精确动态凝聚公式(6.3.21)~(6.3.23),对于约束子结构有

$$\boldsymbol{X}_d = \boldsymbol{T}_c \boldsymbol{X}_m, \quad \boldsymbol{T}_c = \begin{Bmatrix} \boldsymbol{t} \\ \boldsymbol{I} \end{Bmatrix} \tag{7.4.1}$$

$$\begin{aligned} \boldsymbol{t} &= -(\boldsymbol{K}_{ss} - \omega^2 \boldsymbol{M}_{ss})^{-1}(\boldsymbol{K}_{sm} - \omega^2 \boldsymbol{M}_{sm}) \\ &= -\boldsymbol{H}_s(\omega^2)(\boldsymbol{K}_{sm} - \omega^2 \boldsymbol{M}_{sm}) \end{aligned} \tag{7.4.2}$$

其中，$\boldsymbol{T}_c$为精确动态变换矩阵，$\boldsymbol{H}_s(\omega^2)$为约束子结构动柔度矩阵，

$$\boldsymbol{H}_s(\omega^2) = (\boldsymbol{K}_{ss} - \omega^2 \boldsymbol{M}_{ss})^{-1} \tag{7.4.3}$$

用约束界面主模态矩阵 $\bar{\boldsymbol{\phi}}_b$ 表示，有

$$\boldsymbol{H}_s(\omega^2) = \bar{\boldsymbol{\phi}}_b(\boldsymbol{\Lambda}_b - \omega^2 \boldsymbol{I})^{-1} \bar{\boldsymbol{\phi}}_b^{\mathrm{T}} \tag{7.4.4}$$

将主模态矩阵 $\bar{\boldsymbol{\phi}}_b$ 按低阶模态 $\bar{\boldsymbol{\phi}}_{bL}$ 和高阶模态 $\bar{\boldsymbol{\phi}}_{bH}$ 分块，有

$$\bar{\boldsymbol{\phi}}_b = [\bar{\boldsymbol{\phi}}_{bL} \quad \bar{\boldsymbol{\phi}}_{bH}] \tag{7.4.5}$$

而

$$\boldsymbol{H}_s(\omega^2) = \boldsymbol{H}_{sL}(\omega^2) + \boldsymbol{H}_{sH}(\omega^2) \tag{7.4.6a}$$

根据动柔度矩阵混合展开式(6.2.50)，有

$$\begin{aligned} \boldsymbol{H}_s(\omega^2) &= \bar{\boldsymbol{\phi}}_{bL}(\boldsymbol{\Lambda}_{bL} - \omega^2 \boldsymbol{I}_{bL})^{-1} \bar{\boldsymbol{\phi}}_{bL}^{\mathrm{T}} + \boldsymbol{H}_{H0} + \omega^2 \boldsymbol{H}_{H1} + \omega^4 \boldsymbol{H}_{H2} + \cdots \\ &= \bar{\boldsymbol{\phi}}_{bL}(\boldsymbol{\Lambda}_{bL} - \omega^2 \boldsymbol{I}_{bL})^{-1} \bar{\boldsymbol{\phi}}_{bL}^{\mathrm{T}} + \sum_{i=0}^{\infty} \omega^{2i} \boldsymbol{H}_{Hi} \end{aligned} \tag{7.4.6b}$$

其中，低阶模态动柔度矩阵 $\boldsymbol{H}_{sL}(\omega^2)$为

$$\boldsymbol{H}_{sL}(\omega^2) = \bar{\boldsymbol{\phi}}_{bL}(\boldsymbol{\Lambda}_{bL} - \omega^2 \boldsymbol{I}_{bL})^{-1} \bar{\boldsymbol{\phi}}_{bL}^{\mathrm{T}} \tag{7.4.7}$$

高阶模态动柔度矩阵 $\boldsymbol{H}_{sH}(\omega^2)$为

$$\begin{aligned} \boldsymbol{H}_{sH}(\omega^2) &= \bar{\boldsymbol{\phi}}_{bH}(\boldsymbol{\Lambda}_{bH} - \omega^2 \boldsymbol{I}_{bH})^{-1} \bar{\boldsymbol{\phi}}_{bH}^{\mathrm{T}} \\ &= \boldsymbol{H}_{H0} + \omega^2 \boldsymbol{H}_{H1} + \omega^4 \boldsymbol{H}_{H2} + \cdots = \sum_{i=0}^{\infty} \omega^{2i} \boldsymbol{H}_{Hi} \end{aligned} \tag{7.4.8}$$

$$\boldsymbol{H}_{Hi} = \bar{\boldsymbol{\phi}}_{bH} \boldsymbol{\Lambda}_{bH}^{-(i+1)} \bar{\boldsymbol{\phi}}_{bH}^{\mathrm{T}}, \quad i = 0, 1, 2, \cdots, n \tag{7.4.9}$$

将式(7.4.6)代入式(7.4.1)，得

$$\begin{aligned} \boldsymbol{X}_d &= \begin{bmatrix} \boldsymbol{t}_H \\ \boldsymbol{I} \end{bmatrix} \boldsymbol{X}_m + \begin{bmatrix} \bar{\boldsymbol{\phi}}_{bL} \\ \boldsymbol{0} \end{bmatrix} \boldsymbol{q}_{bL} = \boldsymbol{\Phi}_c \boldsymbol{X}_m + \boldsymbol{\phi}_{bL} \boldsymbol{q}_{bL} \\ &= [\boldsymbol{\Phi}_c \quad \boldsymbol{\phi}_{bL}] \begin{bmatrix} \boldsymbol{X}_m \\ \boldsymbol{q}_{bL} \end{bmatrix} = \boldsymbol{\phi}_d \boldsymbol{q}_d \end{aligned} \tag{7.4.10}$$

其中

$$\begin{aligned} \boldsymbol{t}_H &= -\boldsymbol{H}_{sH}(\omega^2)(\boldsymbol{K}_{sm} - \omega^2 \boldsymbol{M}_{sm}) \\ &= -\sum_{i=0}^{\infty} \omega^{2i} \boldsymbol{H}_{Hi}(\boldsymbol{K}_{sm} - \omega^2 \boldsymbol{M}_{sm}) \end{aligned}$$

$$\boldsymbol{q}_{bL} = -(\boldsymbol{\Lambda}_{bL} - \omega^2 \boldsymbol{I}_{bl})^{-1} \bar{\boldsymbol{\phi}}_{bL}^{\mathrm{T}} (\boldsymbol{K}_{sm} - \omega^2 \boldsymbol{M}_{sm}) \boldsymbol{X}_m \tag{7.4.11}$$

$$\begin{aligned} \boldsymbol{\phi}_{bL} &= \begin{bmatrix} \bar{\boldsymbol{\phi}}_{bL} \\ 0 \end{bmatrix}, \quad \bar{\boldsymbol{\Phi}} = \begin{bmatrix} \boldsymbol{t}_H \\ \boldsymbol{I} \end{bmatrix} \\ \boldsymbol{\phi}_d &= [\boldsymbol{\Phi}_c, \quad \boldsymbol{\phi}_{bL}], \quad \boldsymbol{q}_d = \begin{bmatrix} \boldsymbol{X}_m \\ \boldsymbol{q}_{bL} \end{bmatrix} \end{aligned} \tag{7.4.12}$$

$\bar{\boldsymbol{\Phi}}$ 称为约束模态，表示高阶模态的影响. 显然，$\bar{\boldsymbol{\Phi}}$ 是 ω^2 的幂级数. 可见式(7.4.10)虽然是精确的位移表达式，但当把 $\boldsymbol{q}_{bL}$ 看作广义坐标时，式(7.4.10)可以看作一种假设线性变换. 于是按里茨法，可以把子结构运动方程(7.3.2)化为

$$\begin{aligned} \boldsymbol{D}_d \boldsymbol{q}_d &= \begin{Bmatrix} \boldsymbol{f}_{0m} \\ \boldsymbol{0} \end{Bmatrix} \\ \boldsymbol{D}_d &= \begin{bmatrix} \boldsymbol{t}_H^{\mathrm{T}} & \boldsymbol{I} \\ \bar{\boldsymbol{\phi}}_{bL}^{\mathrm{T}} & \boldsymbol{0} \end{bmatrix} \left(\begin{bmatrix} \boldsymbol{K}_{ss} & \boldsymbol{K}_{sm} \\ \boldsymbol{K}_{ms} & \boldsymbol{K}_{mm} \end{bmatrix} - \omega^2 \begin{bmatrix} \boldsymbol{M}_{ss} & \boldsymbol{M}_{sm} \\ \boldsymbol{M}_{ms} & \boldsymbol{M}_{mm} \end{bmatrix} \right) \begin{bmatrix} \boldsymbol{t}_H & \bar{\boldsymbol{\phi}}_{bL} \\ \boldsymbol{I} & \boldsymbol{0} \end{bmatrix} \end{aligned} \tag{7.4.13}$$

2. 系统综合

考虑 A 与 B 两个子结构情况，得到系统未耦合的运动方程为

$$\begin{bmatrix} \boldsymbol{D}_d^A & \boldsymbol{0} \\ \boldsymbol{0} & \boldsymbol{D}_d^B \end{bmatrix} \begin{Bmatrix} \boldsymbol{q}_d^A \\ \boldsymbol{q}_d^B \end{Bmatrix} = \begin{Bmatrix} \boldsymbol{F}_d^A \\ \boldsymbol{F}_d^B \end{Bmatrix} \tag{7.4.14}$$

考虑界面位移连续条件 $\boldsymbol{X}_m^A = \boldsymbol{X}_m^B = \boldsymbol{X}_m$，力协调条件 $\boldsymbol{f}_{0m}^A + \boldsymbol{f}_{0m}^B = \boldsymbol{0}$，则有

$$\boldsymbol{q}_{AB} = \begin{Bmatrix} \boldsymbol{q}_d^A \\ \boldsymbol{q}_d^B \end{Bmatrix} = \boldsymbol{N}\boldsymbol{q} \tag{7.4.15}$$

其中

$$\begin{aligned} \boldsymbol{N} &= \begin{bmatrix} \boldsymbol{0} & \boldsymbol{0} & \boldsymbol{I} \\ \boldsymbol{I} & \boldsymbol{0} & \boldsymbol{0} \\ \boldsymbol{0} & \boldsymbol{0} & \boldsymbol{I} \\ \boldsymbol{0} & \boldsymbol{I} & \boldsymbol{0} \end{bmatrix}, \quad \boldsymbol{q} = \begin{Bmatrix} \boldsymbol{q}_{bL}^A \\ \boldsymbol{q}_{bL}^B \\ \boldsymbol{X}_m \end{Bmatrix} \\ \boldsymbol{N}^{\mathrm{T}} \begin{Bmatrix} \boldsymbol{F}_d^A \\ \boldsymbol{F}_d^B \end{Bmatrix} &= \begin{Bmatrix} \boldsymbol{0} \\ \boldsymbol{0} \\ \boldsymbol{f}_{0m}^A + \boldsymbol{f}_{0m}^B \end{Bmatrix} = \begin{Bmatrix} \boldsymbol{0} \\ \boldsymbol{0} \\ \boldsymbol{0} \end{Bmatrix} \end{aligned} \tag{7.4.16}$$

由式(7.4.14)得到总体系统的特征值问题为

$$\boldsymbol{N}^{\mathrm{T}} \begin{bmatrix} \boldsymbol{D}_d^A & \boldsymbol{0} \\ \boldsymbol{0} & \boldsymbol{D}_d^B \end{bmatrix} \boldsymbol{N}\boldsymbol{q} = \boldsymbol{0} \tag{7.4.17}$$

由于 t_H 是 ω^2 的多项式，故式(7.4.17)的特征值问题属于下列类型的代数方程：

$$(\boldsymbol{B}_0+\omega^2\boldsymbol{B}_1+\omega^4\boldsymbol{B}_2+\cdots+\omega^{2s}\boldsymbol{B}_s)\boldsymbol{r}=\boldsymbol{0} \tag{7.4.18}$$

方程(7.4.18)是非线性特征值问题，称为广义本征值问题.

上述介绍的胡海昌方法是一种高精度的约束模态综合法.这种方法与7.3节的约束模态综合法一样都是选取约束界面模态坐标和交界面位移作为模态坐标.但模态坐标变换的位移表达式(7.4.10)是精确的位移表达式.这也是这种方法与梁以德精确动力变换超单元法相同之处，他们都选取了精确位移表达式，但不同点在于胡海昌方法选取模态参数作广义坐标，而梁以德方法仅选取交界面位移 $\boldsymbol{X}_m$ 为广义坐标.

胡海昌方法引入模态参数作为广义坐标，无疑是对梁以德精确动力凝聚法的重要改进，但胡海昌方法还有两个重要问题需要进一步改进：

(1) 胡海昌方法与一般约束模态综合法之间的关系需进一步研究，约束模态 $\bar{\boldsymbol{\Phi}}$ 与静力约束模态 $\boldsymbol{\Phi}_{c0}$ 之间的关系也需要进一步研究；

(2) 胡海昌方法的综合方程式(7.4.17)类型的广义特征值问题与精确动力缩聚超单元法一样都是非线性综合方程，求解比较困难，需要进一步简化.

邱吉宝、应祖光和威林蒙作了一些重要改进，基本上解决了上面两个问题，将在下一节予以详细介绍.

7.4.2 采用约束界面模态的精确动态子结构方法

1. 采用约束子结构的完全模态集建立模态展开定理(Ⅱ)

通常，约束子结构不存在刚体运动，即 $\boldsymbol{K}_{ss}$ 可以求逆.根据式(6.1.33)，将式(7.4.3)改写为

$$\begin{aligned}\boldsymbol{H}_s(\omega^2)&=(\boldsymbol{K}_{ss}-\omega^2\boldsymbol{M}_{ss})^{-1}\\&=\boldsymbol{K}_{ss}^{-1}+\omega^2(\boldsymbol{K}_{ss}-\omega^2\boldsymbol{M}_{ss})^{-1}\boldsymbol{M}_{ss}\boldsymbol{K}_{ss}^{-1}\end{aligned} \tag{7.4.19}$$

将式(7.4.19)代入式(7.4.2)，得

$$\begin{aligned}\boldsymbol{t}&=-\boldsymbol{K}_{ss}^{-1}\boldsymbol{K}_{sm}-\omega^2(\boldsymbol{K}_{ss}-\omega^2\boldsymbol{M}_{ss})^{-1}(\boldsymbol{M}_{ss}\boldsymbol{K}_{ss}^{-1}\boldsymbol{K}_{sm}-\boldsymbol{M}_{sm})\\&=\boldsymbol{t}_{c0}+\omega^2\boldsymbol{H}_s(\omega^2)\boldsymbol{\mu}_s\\&=\boldsymbol{t}_{c0}+\omega^2\bar{\boldsymbol{\phi}}_b(\boldsymbol{\Lambda}_b-\omega^2\boldsymbol{I}_b)^{-1}\bar{\boldsymbol{\phi}}_b^{\mathrm{T}}\boldsymbol{\mu}_s\end{aligned} \tag{7.4.20}$$

即是式(6.1.34)，其中

$$\boldsymbol{t}_{c0}=-\boldsymbol{K}_{ss}^{-1}\boldsymbol{K}_{sm},\quad \boldsymbol{\mu}_s=\boldsymbol{M}_{sm}-\boldsymbol{M}_{ss}\boldsymbol{K}_{ss}^{-1}\boldsymbol{K}_{sm} \tag{7.4.21}$$

式(7.4.21)的第一式即是式(7.3.33)的第二个式子.

将式(7.4.20)代入式(7.4.1)，得

$$\begin{aligned}\boldsymbol{T}_c&=\begin{bmatrix}-\boldsymbol{K}_{ss}^{-1}\boldsymbol{K}_{sm}\\ \boldsymbol{I}_m\end{bmatrix}+\begin{bmatrix}\omega^2\bar{\boldsymbol{\phi}}_b(\boldsymbol{\Lambda}_b-\omega^2\boldsymbol{I}_b)^{-1}\bar{\boldsymbol{\phi}}_b^{\mathrm{T}}\boldsymbol{\mu}_s\\ \boldsymbol{0}\end{bmatrix}\\&=\boldsymbol{\Phi}_{c0}+\omega^2\boldsymbol{H}_b\boldsymbol{\mu}_b\end{aligned}$$

$$X_d = \begin{bmatrix} t_{c0} \\ I \end{bmatrix} X_m + \begin{bmatrix} \phi_{bL} \\ 0 \end{bmatrix} q_{bL} + \begin{bmatrix} \phi_{bH} \\ 0 \end{bmatrix} q_{bH}$$

$$= [\Phi_{c0} \quad \phi_{bL} \quad \phi_{bH}] \begin{Bmatrix} X_m \\ q_{bL} \\ q_{bH} \end{Bmatrix} = \phi_d q_d \tag{7.4.22}$$

其中

$$\phi_d = [\Phi_{c0} \quad \phi_{bL} \quad \phi_{bH}], \quad q_d = [X_m^{\mathrm{T}} \quad q_{bL}^{\mathrm{T}} \quad q_{bH}^{\mathrm{T}}]^{\mathrm{T}}$$

$$q_{bL} = \omega^2 (\Lambda_{bL} - \lambda I_{bL})^{-1} \bar{\phi}_{bL}^{\mathrm{T}} \mu_s X_m \tag{7.4.23a}$$

$$q_{bH} = \omega^2 (\Lambda_{bH} - \lambda I_{bH})^{-1} \bar{\phi}_{bH}^{\mathrm{T}} \mu_s X_m$$

$$\Phi_{c0} = \begin{bmatrix} t_{c0} \\ I_m \end{bmatrix}, \quad H_b = \phi_b (\Lambda_b - \omega^2 I_b)^{-1} \phi_b^{\mathrm{T}} = \begin{bmatrix} H_s & 0 \\ 0 & 0 \end{bmatrix}$$

$$H_b(\omega^2) = H_{bL}(\omega^2) + H_{bH}(\omega^2)$$

$$H_{bL} = \phi_{bL} (\Lambda_b - \omega^2 I_b)^{-1} \phi_{bL}^{\mathrm{T}} = \begin{bmatrix} H_{sL} & 0 \\ 0 & 0 \end{bmatrix} \tag{7.4.23b}$$

$$H_{bH} = \phi_{bH} (\Lambda_b - \omega^2 I_b)^{-1} \phi_{bH}^{\mathrm{T}} = \begin{bmatrix} H_{sH} & 0 \\ 0 & 0 \end{bmatrix}$$

$$\mu_b = M \Phi_{c0}$$

其中，H_s，H_{sL}，H_{sH}分别见式(7.4.6)～式(7.4.8)．这里 Φ_{c0}与式(7.3.34b)相同，称为静力约束模态．它与约束界面主模态完全集 ϕ_b 构成约束子结构的完全模态集 ϕ_d．由式(7.4.22)借助于约束边界完备模态集 ϕ_b，用解析方法可以将位移幅值精确地表示为完全模态集 ϕ_d 的线性叠加，也就是约束边界模态集 ϕ_b 加上静力约束模态 Φ_{c0}．这就是 6.1.2 节介绍的展开定理(Ⅱ)．

很显然，当忽略高阶主模态 ϕ_{bH}时，式(7.4.22)化为克雷格-班普顿法的子结构假设位移式(7.3.35)．

由于约束边界的自由度数 m 不会小于刚体模态数 R，故静力约束模态 Φ_{c0} 可以分为静定约束模态 Φ_{cR} 和静不定约束模态 Φ_{cc}，即

$$\Phi_{c0} = [\Phi_{cR} \quad \Phi_{cc}] \tag{7.4.24a}$$

则相应于静定约束模态 Φ_{cR}，有静定边界约束力 f_{0R}，表示为

$$K \Phi_{cR} = \begin{bmatrix} 0 \\ f_{0R} \end{bmatrix} \tag{7.4.24b}$$

f_{0R} 为静定边界约束力，它们必须满足 R 个静力平衡方程，即有

$$f_{0R} L_R = 0 \tag{7.4.24c}$$

方程(7.4.24b)两边同时右乘 $\boldsymbol{L}_R$，得

$$\boldsymbol{K}\boldsymbol{\Phi}_{c0}\boldsymbol{L}_R = \begin{bmatrix} \boldsymbol{0} \\ \boldsymbol{f}_{c0m} \end{bmatrix}\boldsymbol{L}_R = \boldsymbol{0} \tag{7.4.24d}$$

依据刚体模态 $\boldsymbol{\phi}_{ER}$ 的定义 $\boldsymbol{K}\boldsymbol{\phi}_{ER} = \boldsymbol{0}$，由上式得刚体模态 $\boldsymbol{\phi}_{ER}$ 为

$$\boldsymbol{\phi}_{ER} = \boldsymbol{\Phi}_{cR}\boldsymbol{L}_R, \quad \boldsymbol{\Phi}_{cR} = \boldsymbol{L}_R^{-1}\boldsymbol{\phi}_{ER} = \boldsymbol{\phi}_{ER}\boldsymbol{q}'_R \tag{7.4.24e}$$

也就是说，静定约束模态是刚体模态的线性变换.将式(7.4.24e)代入式(7.4.22)，得

$$\boldsymbol{X}_d = [\boldsymbol{\phi}_{ER} \quad \boldsymbol{\Phi}_{cc} \quad \boldsymbol{\phi}_{bL} \quad \boldsymbol{\phi}_{bH}]\begin{Bmatrix} \boldsymbol{q}_R \\ \boldsymbol{X}_c \\ \boldsymbol{q}_{bL} \\ \boldsymbol{q}_{bH} \end{Bmatrix} = \boldsymbol{\phi}_D\boldsymbol{q}_D \tag{7.4.25}$$

其中

$$\boldsymbol{\phi}_D = [\boldsymbol{\phi}_{ER} \quad \Phi_{cc} \quad \boldsymbol{\phi}_{bL} \quad \boldsymbol{\phi}_{bH}], \quad \boldsymbol{q}_D = \begin{Bmatrix} \boldsymbol{q}_R \\ \boldsymbol{X}_c \\ \boldsymbol{q}_{bL} \\ \boldsymbol{q}_{bH} \end{Bmatrix} \tag{7.4.26}$$

由式(7.4.25)借助于约束边界完备模态集 $\boldsymbol{\phi}_b$，用解析方法可以将位移幅值精确地表示为完全模态集 $\boldsymbol{\phi}_D$ 的线性叠加，也就是约束边界模态集 $\boldsymbol{\phi}_b$ 加上刚体模态 $\boldsymbol{\phi}_{ER}$ 和静不定约束模态 $\boldsymbol{\Phi}_{cc}$.这是展开定理(Ⅱ)的另一表达式.

很显然，当忽略高阶主模态 $\boldsymbol{\phi}_{bH}$ 时，式(7.4.25)化为赫铁方法的子结构假设位移式(7.3.7).

2. 精确的子结构运动方程

用式(7.4.22)作变换矩阵，子结构运动方程(7.3.2)化为

$$(\boldsymbol{K}_d - \omega^2\boldsymbol{M}_d)\boldsymbol{q}_d = \boldsymbol{F}_d \tag{7.4.27}$$

其中

$$\begin{gathered} \boldsymbol{K}_d = \boldsymbol{\phi}_d^{\mathrm{T}}\boldsymbol{K}\boldsymbol{\phi}_d = \begin{bmatrix} \boldsymbol{K}_{c0} & \boldsymbol{0} & \boldsymbol{0} \\ \boldsymbol{0} & \boldsymbol{\Lambda}_{bL} & \boldsymbol{0} \\ \boldsymbol{0} & \boldsymbol{0} & \boldsymbol{\Lambda}_{bH} \end{bmatrix} \\ \boldsymbol{M}_d = \boldsymbol{\phi}_d^{\mathrm{T}}\boldsymbol{M}\boldsymbol{\phi}_d = \begin{bmatrix} \boldsymbol{M}_{c0} & \boldsymbol{M}_{cL} & \boldsymbol{M}_{cH} \\ \boldsymbol{M}_{Lc} & \boldsymbol{I}_{bL} & \boldsymbol{0} \\ \boldsymbol{M}_{Hc} & \boldsymbol{0} & \boldsymbol{I}_{bH} \end{bmatrix}, \quad \boldsymbol{F}_d = \boldsymbol{\phi}_d^{\mathrm{T}}\boldsymbol{F}_0 = \begin{bmatrix} \boldsymbol{f}_{0m} \\ \boldsymbol{0} \\ \boldsymbol{0} \end{bmatrix} \end{gathered} \tag{7.4.28}$$

$$\begin{aligned}
\boldsymbol{K}_{c0} &= \boldsymbol{\Phi}_{c0}^{\mathrm{T}}\boldsymbol{K}\boldsymbol{\Phi}_{c0} = \boldsymbol{K}_{mm} - \boldsymbol{K}_{ms}\boldsymbol{K}_{ss}^{-1}\boldsymbol{K}_{sm} \\
\boldsymbol{M}_{c0} &= \boldsymbol{\Phi}_{c0}^{\mathrm{T}}\boldsymbol{M}\boldsymbol{\Phi}_{c0} \\
&= \boldsymbol{M}_{mm} - \boldsymbol{M}_{ms}\boldsymbol{K}_{ss}^{-1}\boldsymbol{K}_{sm} - \boldsymbol{K}_{ms}\boldsymbol{K}_{ss}^{-1}\boldsymbol{M}_{sm} + \boldsymbol{K}_{ms}\boldsymbol{K}_{ss}^{-1}\boldsymbol{M}_{ss}\boldsymbol{K}_{ss}^{-1}\boldsymbol{K}_{sm} \\
\boldsymbol{M}_{Lc} &= \boldsymbol{\phi}_{bL}^{\mathrm{T}}\boldsymbol{M}\boldsymbol{\Phi}_{c0} = \bar{\boldsymbol{\phi}}_{bL}(\boldsymbol{M}_{sm} - \boldsymbol{M}_{ss}\boldsymbol{K}_{ss}^{-1}\boldsymbol{K}_{sm}) = \bar{\boldsymbol{\phi}}_{bL}\boldsymbol{\mu}_{s} \\
\boldsymbol{M}_{Hc} &= \boldsymbol{\phi}_{bH}^{\mathrm{T}}\boldsymbol{M}\boldsymbol{\Phi}_{c0} = \bar{\boldsymbol{\phi}}_{bH}(\boldsymbol{M}_{sm} - \boldsymbol{M}_{ss}\boldsymbol{K}_{ss}^{-1}\boldsymbol{K}_{sm}) = \bar{\boldsymbol{\phi}}_{bH}\boldsymbol{\mu}_{s}
\end{aligned} \tag{7.4.29}$$

3. 综合

为叙述方便,仅考虑 A 与 B 两个子结构的简单情况.但其综合方法不难推广到多个子结构情况.将子结构 A,B 的运动方程(7.4.27)简单地合列在一起,得到未耦合系统的运动方程为

$$\left(\begin{bmatrix}\boldsymbol{K}_d^A & \boldsymbol{0}\\ \boldsymbol{0} & \boldsymbol{K}_d^B\end{bmatrix} - \omega^2\begin{bmatrix}\boldsymbol{M}_d^A & \boldsymbol{0}\\ \boldsymbol{0} & \boldsymbol{M}_d^B\end{bmatrix}\right)\begin{Bmatrix}\boldsymbol{q}_d^A\\ \boldsymbol{q}_d^B\end{Bmatrix} = \begin{Bmatrix}\boldsymbol{F}_d^A\\ \boldsymbol{F}_d^B\end{Bmatrix} \tag{7.4.30}$$

这时界面位移与力的协调条件分别为

$$\boldsymbol{X}_m^A = \boldsymbol{X}_m^B \tag{7.4.31a}$$

$$\boldsymbol{f}_{0m}^A + \boldsymbol{f}_{0m}^B = \boldsymbol{0} \tag{7.4.31b}$$

利用界面位移连续条件式(7.4.31a),有

$$\boldsymbol{X}_m^A = \boldsymbol{X}_m^B = \boldsymbol{X}_m \tag{7.4.31c}$$

利用此约束条件来组装系统,建立单协调的缩聚变换

$$\boldsymbol{q}_{AB} = \begin{bmatrix}\boldsymbol{q}_d^A\\ \boldsymbol{q}_d^B\end{bmatrix} = \boldsymbol{N}\boldsymbol{q} \tag{7.4.32a}$$

其中

$$\boldsymbol{N} = \begin{bmatrix}\boldsymbol{0} & \boldsymbol{0} & \boldsymbol{0} & \boldsymbol{0} & \boldsymbol{I}\\ \boldsymbol{I} & \boldsymbol{0} & \boldsymbol{0} & \boldsymbol{0} & \boldsymbol{0}\\ \boldsymbol{0} & \boldsymbol{I} & \boldsymbol{0} & \boldsymbol{0} & \boldsymbol{0}\\ \boldsymbol{0} & \boldsymbol{0} & \boldsymbol{0} & \boldsymbol{0} & \boldsymbol{I}\\ \boldsymbol{0} & \boldsymbol{0} & \boldsymbol{I} & \boldsymbol{0} & \boldsymbol{0}\\ \boldsymbol{0} & \boldsymbol{0} & \boldsymbol{0} & \boldsymbol{I} & \boldsymbol{0}\end{bmatrix}, \quad \boldsymbol{q} = \begin{Bmatrix}\boldsymbol{q}_{bL}^A\\ \boldsymbol{q}_{bH}^A\\ \boldsymbol{q}_{bL}^B\\ \boldsymbol{q}_{bH}^B\\ \boldsymbol{X}_m\end{Bmatrix} \tag{7.4.32b}$$

按照里茨法,将变换式(7.4.32a)代入式(7.4.30)并左乘 $\boldsymbol{N}^{\mathrm{T}}$,得到总体系统的综合方程

$$(\overline{\boldsymbol{K}} - \omega^2\overline{\boldsymbol{M}})\boldsymbol{q} = \overline{\boldsymbol{F}} \tag{7.4.33}$$

其中

$$\overline{\boldsymbol{K}} = \boldsymbol{N}^{\mathrm{T}}\begin{bmatrix}\boldsymbol{K}_d^A & \boldsymbol{0}\\ \boldsymbol{0} & \boldsymbol{K}_d^B\end{bmatrix}\boldsymbol{N} = \begin{bmatrix}\boldsymbol{\Lambda}_{bL}^A & \boldsymbol{0} & \boldsymbol{0} & \boldsymbol{0} & \boldsymbol{0}\\ \boldsymbol{0} & \boldsymbol{\Lambda}_{bH}^A & \boldsymbol{0} & \boldsymbol{0} & \boldsymbol{0}\\ \boldsymbol{0} & \boldsymbol{0} & \boldsymbol{\Lambda}_{bL}^B & \boldsymbol{0} & \boldsymbol{0}\\ \boldsymbol{0} & \boldsymbol{0} & \boldsymbol{0} & \boldsymbol{\Lambda}_{bH}^B & \boldsymbol{0}\\ \boldsymbol{0} & \boldsymbol{0} & \boldsymbol{0} & \boldsymbol{0} & \boldsymbol{K}_{c0}^A + \boldsymbol{K}_{c0}^B\end{bmatrix} \tag{7.4.34a}$$

$$\overline{\boldsymbol{M}} = \boldsymbol{N}^{\mathrm{T}}\begin{bmatrix}\boldsymbol{M}_d^A & \boldsymbol{0}\\ \boldsymbol{0} & \boldsymbol{M}_d^B\end{bmatrix}\boldsymbol{N} = \begin{bmatrix}\boldsymbol{I}_{bL}^A & \boldsymbol{0} & \boldsymbol{0} & \boldsymbol{0} & \boldsymbol{M}_{Lc}^A\\ \boldsymbol{0} & \boldsymbol{I}_{bH}^A & \boldsymbol{0} & \boldsymbol{0} & \boldsymbol{M}_{Hc}^A\\ \boldsymbol{0} & \boldsymbol{0} & \boldsymbol{I}_{bL}^B & \boldsymbol{0} & \boldsymbol{M}_{Lc}^B\\ \boldsymbol{0} & \boldsymbol{0} & \boldsymbol{0} & \boldsymbol{I}_{bH}^B & \boldsymbol{M}_{Hc}^B\\ \boldsymbol{M}_{cL}^A & \boldsymbol{M}_{cH}^A & \boldsymbol{M}_{cL}^B & \boldsymbol{M}_{cH}^B & \boldsymbol{M}_{c0}^A + \boldsymbol{M}_{c0}^B\end{bmatrix} \tag{7.4.34b}$$

$$\overline{\boldsymbol{F}} = \boldsymbol{N}^{\mathrm{T}}\begin{Bmatrix}\boldsymbol{F}_0^A\\ \boldsymbol{F}_0^B\end{Bmatrix} = \begin{bmatrix}\boldsymbol{0}\\ \boldsymbol{0}\\ \boldsymbol{0}\\ \boldsymbol{0}\\ \boldsymbol{f}_{0m}^A + \boldsymbol{f}_{0m}^B\end{bmatrix} = \boldsymbol{0} \tag{7.4.34c}$$

由综合结果可以给出系统的全部模态,这就是采用约束界面模态的精确动态子结构方法(Exact Substructure Method)求解方程.这里把没有减缩自由度的方法称为精确子结构方法,以区别减缩自由度的子结构方法——子结构模态综合法.

7.4.3 采用约束界面模态的高精度模态综合法

1. 采用精确动态广义剩余模态的完全模态集

子结构方程(7.4.27)的第三个方程为

$$(\boldsymbol{\Lambda}_{bH} - \omega^2 \boldsymbol{I}_{bH})\boldsymbol{q}_{bH} - \omega^2 \boldsymbol{M}_{Hc}\boldsymbol{X}_m = \boldsymbol{0} \tag{7.4.35}$$

解得

$$\boldsymbol{q}_{bH} = \omega^2(\boldsymbol{\Lambda}_{bH} - \omega^2 \boldsymbol{I}_{bH})^{-1}\boldsymbol{M}_{Hc}\boldsymbol{X}_m \tag{7.4.36}$$

将 $\boldsymbol{q}_{bH}$ 代入式(7.4.22),得

$$\begin{aligned}\boldsymbol{X}_d &= \boldsymbol{\Phi}_{c0}\boldsymbol{X}_m + \boldsymbol{\phi}_{bL}\boldsymbol{q}_{bL} + \omega^2\boldsymbol{\phi}_{bH}(\boldsymbol{\Lambda}_{bH} - \omega^2\boldsymbol{I}_{bH})^{-1}\boldsymbol{M}_{Hc}\boldsymbol{X}_m\\ &= (\boldsymbol{\Phi}_{c0} + \omega^2\boldsymbol{\Phi}_{cH})\boldsymbol{X}_m + \boldsymbol{\phi}_{bL}\boldsymbol{q}_{bL} = \boldsymbol{\Phi}_c\boldsymbol{X}_m + \boldsymbol{\phi}_{bL}\boldsymbol{q}_{bL}\\ &= [\boldsymbol{\Phi}_c \quad \boldsymbol{\phi}_{bL}]\begin{Bmatrix}\boldsymbol{X}_m\\ \boldsymbol{q}_{bL}\end{Bmatrix} = \boldsymbol{\phi}_d\boldsymbol{q}_d\end{aligned} \tag{7.4.37}$$

其中

$$\boldsymbol{\phi}_d = [\boldsymbol{\Phi}_c \quad \boldsymbol{\phi}_{bL}], \quad \boldsymbol{q}_d = \begin{Bmatrix} \boldsymbol{X}_m \\ \boldsymbol{q}_{bL} \end{Bmatrix} \tag{7.4.38}$$

$$\boldsymbol{\Phi}_c = \boldsymbol{\Phi}_{c0} + \omega^2 \boldsymbol{\Phi}_{cH} \tag{7.4.39}$$

$$\begin{aligned} \boldsymbol{\Phi}_{cH} &= \boldsymbol{\phi}_{bH}(\boldsymbol{\Lambda}_{bH} - \omega^2 \boldsymbol{I}_{bH})^{-1}\boldsymbol{M}_{Hc} = \boldsymbol{\phi}_{bH}(\boldsymbol{\Lambda}_{bH} - \omega^2 \boldsymbol{I}_{bH})^{-1}\boldsymbol{\phi}_{bH}^{\mathrm{T}}\boldsymbol{M}\boldsymbol{\Phi}_{c0} \\ &= \boldsymbol{H}_{bH}\boldsymbol{M}\boldsymbol{\Phi}_{c0} = \begin{bmatrix} \bar{\boldsymbol{\Phi}}_{cH} \\ \boldsymbol{0} \end{bmatrix} \end{aligned} \tag{7.4.40}$$

$$\begin{aligned} \bar{\boldsymbol{\Phi}}_{cH} &= \bar{\boldsymbol{\phi}}_{bH}(\boldsymbol{\Lambda}_{bH} - \omega^2 \boldsymbol{I}_{bH})^{-1}\bar{\boldsymbol{\phi}}_{bH}^{\mathrm{T}}(\boldsymbol{M}_{sm} - \boldsymbol{M}_{ss}\boldsymbol{K}_{ss}^{-1}\boldsymbol{K}_{sm}) \\ &= \boldsymbol{H}_{sH}(\boldsymbol{M}_{sm} - \boldsymbol{M}_{ss}\boldsymbol{K}_{ss}^{-1}\boldsymbol{K}_{sm}) \end{aligned} \tag{7.4.41}$$

$$\begin{aligned} \boldsymbol{H}_b &= \boldsymbol{\phi}_b(\boldsymbol{\Lambda}_b - \omega^2 \boldsymbol{I}_b)^{-1}\boldsymbol{\phi}_b^{\mathrm{T}} = \begin{bmatrix} \boldsymbol{H}_s & \boldsymbol{0} \\ \boldsymbol{0} & \boldsymbol{0} \end{bmatrix} \\ &= \boldsymbol{H}_{bL}(\omega^2) + \boldsymbol{H}_{bH}(\omega^2) \\ \boldsymbol{H}_{bL} &= \boldsymbol{\phi}_{bL}(\boldsymbol{\Lambda}_b - \omega^2 \boldsymbol{I}_b)^{-1}\boldsymbol{\phi}_{bL}^{\mathrm{T}} = \begin{bmatrix} \boldsymbol{H}_{sL} & \boldsymbol{0} \\ \boldsymbol{0} & \boldsymbol{0} \end{bmatrix} \\ \boldsymbol{H}_{bH} &= \boldsymbol{\phi}_{bH}(\boldsymbol{\Lambda}_b - \omega^2 \boldsymbol{I}_b)^{-1}\boldsymbol{\phi}_{bH}^{\mathrm{T}} = \begin{bmatrix} \boldsymbol{H}_{sH} & \boldsymbol{0} \\ \boldsymbol{0} & \boldsymbol{0} \end{bmatrix} \end{aligned} \tag{7.4.42}$$

其中，$\boldsymbol{\Phi}_{c0}$为静约束模态，$\boldsymbol{\Phi}_{cH}$为高阶模态产生的约束模态的高阶部分，$\boldsymbol{\Phi}_{c0}$与$\boldsymbol{\Phi}_{cH}$构成约束模态$\boldsymbol{\Phi}_c$. 很显然，$\boldsymbol{\Phi}_c$不仅是坐标的函数，而且是ω^2的函数，它与低阶约束模态$\boldsymbol{\phi}_{bL}$构成子结构的完模态集$\boldsymbol{\phi}_d$. 因此把$\boldsymbol{\Phi}_c$看作一种随ω变化的广义模态.

这里，变换式(7.4.36)将高阶模态坐标$\boldsymbol{q}_{bH}$变换为m个界面位移$\boldsymbol{X}_m$，达到减缩自由度的目的. 同时，变换式(7.4.36)是解析表达式，是没有引入任何误差的高精度变换，因而式(7.4.37)是高精度位移表达式.

式(7.4.20)可化为

$$\boldsymbol{t} = \boldsymbol{t}_{c0} + \omega^2 \bar{\boldsymbol{\Phi}}_{cL} + \omega^2 \bar{\boldsymbol{\Phi}}_{cH} \tag{7.4.43}$$

$\boldsymbol{t}_{c0}$见式(7.4.21)，$\bar{\boldsymbol{\Phi}}_{cH}$见式(7.4.41)，

$$\bar{\boldsymbol{\Phi}}_{cL} = \boldsymbol{H}_{sL}(\boldsymbol{M}_{sm} - \boldsymbol{M}_{ss}\boldsymbol{K}_{ss}^{-1}\boldsymbol{K}_{sm}) \tag{7.4.44}$$

将式(7.4.43)代入式(7.4.1)的第二个式子，得精确的动力变换矩阵$\boldsymbol{T}_c$为

$$\begin{aligned} \boldsymbol{T}_c &= \begin{bmatrix} \boldsymbol{t}_{c0} + \omega^2 \bar{\boldsymbol{\Phi}}_{cL} + \omega^2 \bar{\boldsymbol{\Phi}}_{cH} \\ \boldsymbol{0} \end{bmatrix} = \begin{bmatrix} \boldsymbol{t}_{c0} \\ \boldsymbol{I} \end{bmatrix} + \omega^2 \begin{bmatrix} \bar{\boldsymbol{\Phi}}_{cL} \\ \boldsymbol{0} \end{bmatrix} + \omega^2 \begin{bmatrix} \bar{\boldsymbol{\Phi}}_{cH} \\ \boldsymbol{0} \end{bmatrix} \\ &= \boldsymbol{\Phi}_{c0} + \omega^2 \boldsymbol{\Phi}_{cL} + \omega^2 \boldsymbol{\Phi}_{cH} = \boldsymbol{\Phi}_c + \omega^2 \boldsymbol{\Phi}_{cL} \end{aligned} \tag{7.4.45}$$

其中，$\boldsymbol{\Phi}_{c0}$为静约束模态；$\boldsymbol{\Phi}_{cL}$为反映低阶模态影响的广义模态，随ω变化而变化；$\boldsymbol{\Phi}_{cH}$为反映高阶模态影响的广义模态，随ω变化而变化.

按照上面广义模态的定义，也可以将精确动力变换矩阵$\boldsymbol{T}_c$称为随ω变化的精确动态约

束广义模态.于是,有

$$\boldsymbol{\Phi}_c = \boldsymbol{\Phi}_{c0} + \omega^2\boldsymbol{\Phi}_{cH} = \boldsymbol{T}_c - \omega^2\boldsymbol{\Phi}_{cL} \tag{7.4.46}$$

也就是说,$\boldsymbol{\Phi}_c$为精确动态约束广义模态$\boldsymbol{T}_c$减去低阶保留主模态影响部分$\omega^2\boldsymbol{\Phi}_{cL}$的剩余部分,故可称之为精确剩余约束广义模态.由式(7.4.39)也可以看到,精确剩余约束广义模态是由静约束模态$\boldsymbol{\Phi}_{c0}$和表示高阶主模态的影响$\boldsymbol{\Phi}_{cH}$组成的.因而静约束模态式(7.4.23b)可以看作是精确剩余约束广义模态的一阶近似,$\omega^2\boldsymbol{\Phi}_{cH}$则是一阶近似的余项.

由式(7.4.8)有

$$\begin{aligned}\boldsymbol{H}_{sH} &= \bar{\boldsymbol{\phi}}_{bH}(\boldsymbol{\Lambda}_{bH} - \omega^2\boldsymbol{I}_{bH})^{-1}\bar{\boldsymbol{\phi}}_{bH}^{\mathrm{T}} \\ &= \boldsymbol{H}_s(\omega^2) - \bar{\boldsymbol{\phi}}_{bL}(\boldsymbol{\Lambda}_{bL} - \omega^2\boldsymbol{I})^{-1}\bar{\boldsymbol{\phi}}_{bL}^{\mathrm{T}} \\ &= (\boldsymbol{K}_{ss} - \omega^2\boldsymbol{M}_{ss})^{-1} - \boldsymbol{H}_{sL}(\omega^2)\end{aligned} \tag{7.4.47}$$

将式(7.4.47)代入式(7.4.41),得

$$\bar{\boldsymbol{\Phi}}_{cH} = [(\boldsymbol{K}_{ss} - \omega^2\boldsymbol{M}_{ss})^{-1} - \boldsymbol{H}_{sL}(\omega^2)](\boldsymbol{M}_{sm} - \boldsymbol{M}_{ss}\boldsymbol{K}_{ss}^{-1}\boldsymbol{K}_{sm}) \tag{7.4.48}$$

由式(7.4.48)可知,当不知道高阶主模态$\bar{\boldsymbol{\phi}}_{bH}$,从而不能用式(7.4.41)计算高阶主模态影响时,只要知道低阶主模态$\bar{\boldsymbol{\phi}}_{bL}$、$\omega$和子结构质量矩阵$\boldsymbol{M}$与刚度矩阵$\boldsymbol{K}$,就仍可以用式(7.4.48)来计算高阶主模态影响$\bar{\boldsymbol{\Phi}}_{cH}$.

根据上述分析,子结构运动可以通过精确剩余约束广义模态$\boldsymbol{\Phi}_c$与约束界面低阶主模态$\boldsymbol{\phi}_{bL}$描述,把精确位移表达式表示为式(7.4.37).同样,可以把式(7.4.37)看作一种假设线性变换,于是按里茨法可以把子结构运动方程(7.3.2)化为

$$(\bar{\boldsymbol{K}}_d - \omega^2\bar{\boldsymbol{M}}_d)\boldsymbol{q}_d = \boldsymbol{F}_d \tag{7.4.49}$$

其中

$$\begin{aligned}\bar{\boldsymbol{K}}_d &= \boldsymbol{\phi}_d^{\mathrm{T}}\boldsymbol{K}\boldsymbol{\phi}_d = \begin{bmatrix}\boldsymbol{K}_{cc} & \boldsymbol{K}_{cL} \\ \boldsymbol{K}_{Lc} & \boldsymbol{K}_{LL}\end{bmatrix} \\ \bar{\boldsymbol{M}}_d &= \boldsymbol{\phi}_d^{\mathrm{T}}\boldsymbol{M}\boldsymbol{\phi}_d = \begin{bmatrix}\boldsymbol{M}_{cc} & \boldsymbol{M}_{cL} \\ \boldsymbol{M}_{Lc} & \boldsymbol{M}_{LL}\end{bmatrix} \\ \boldsymbol{F}_d &= \boldsymbol{\phi}_d^{\mathrm{T}}\boldsymbol{F} = \begin{Bmatrix}\boldsymbol{f}_{0m} \\ \boldsymbol{0}\end{Bmatrix}\end{aligned} \tag{7.4.50}$$

$$\begin{aligned}&\boldsymbol{K}_{LL} = \boldsymbol{\phi}_{bL}^{\mathrm{T}}\boldsymbol{K}\boldsymbol{\phi}_{bL} = \boldsymbol{\Lambda}_{bL}, \quad \boldsymbol{M}_{LL} = \boldsymbol{\phi}_{bL}^{\mathrm{T}}\boldsymbol{M}\boldsymbol{\phi}_{bL} = \boldsymbol{I}_{bL} \\ &\boldsymbol{K}_{cL} = \boldsymbol{\Phi}_c^{\mathrm{T}}\boldsymbol{K}\boldsymbol{\phi}_{bL} = \boldsymbol{0}, \quad \boldsymbol{M}_{cL} = \boldsymbol{\Phi}_c^{\mathrm{T}}\boldsymbol{M}\boldsymbol{\phi}_{bL} = \boldsymbol{\Phi}_{c0}^{\mathrm{T}}\boldsymbol{M}\boldsymbol{\phi}_{bL}\end{aligned} \tag{7.4.51}$$

$$\begin{aligned}\boldsymbol{K}_{cc} &= \boldsymbol{\Phi}_c^{\mathrm{T}}\boldsymbol{K}\boldsymbol{\Phi}_c = (\boldsymbol{\Phi}_{c0}^{\mathrm{T}} + \omega^2\boldsymbol{\Phi}_{cH}^{\mathrm{T}})\boldsymbol{K}(\boldsymbol{\Phi}_{c0} + \omega^2\boldsymbol{\Phi}_{cH}) \\ &= \boldsymbol{K}_{c0} + 2\omega^2\boldsymbol{K}_{c1} + \omega^4\boldsymbol{K}_{c2}\end{aligned} \tag{7.4.52}$$

$$\boldsymbol{K}_{c0} = \boldsymbol{\Phi}_{c0}^{\mathrm{T}}\boldsymbol{K}\boldsymbol{\Phi}_{c0}, \quad \boldsymbol{K}_{c2} = \boldsymbol{\Phi}_{cH}^{\mathrm{T}}\boldsymbol{K}\boldsymbol{\Phi}_{cH}$$

$$\begin{aligned} \boldsymbol{K}_{c1} &= \boldsymbol{\Phi}_{c0}^{\mathrm{T}}\boldsymbol{K}\boldsymbol{\Phi}_{cH} = \boldsymbol{\Phi}_{cH}^{\mathrm{T}}\boldsymbol{K}\boldsymbol{\Phi}_{c0} = \boldsymbol{\Phi}_{c0}^{\mathrm{T}}\boldsymbol{M}\boldsymbol{\phi}_{bH}(\boldsymbol{\Lambda}_{bH} - \omega^2\boldsymbol{I})\boldsymbol{\phi}_{bH}^{\mathrm{T}}\boldsymbol{K}\boldsymbol{\Phi}_{c0} \\ &= \boldsymbol{\Phi}_{c0}^{\mathrm{T}}\boldsymbol{M}\boldsymbol{\phi}_{bH}(\boldsymbol{\Lambda}_{bH} - \omega^2\boldsymbol{I})^{-1}[\bar{\boldsymbol{\phi}}_{bH}^{\mathrm{T}} \quad \boldsymbol{0}]\begin{bmatrix} \boldsymbol{0} \\ \boldsymbol{K}_{mm} - \boldsymbol{K}_{ms}\boldsymbol{K}_{ss}^{-1}\boldsymbol{K}_{sm} \end{bmatrix} \\ &= \boldsymbol{0} \end{aligned} \tag{7.4.53}$$

将式(7.4.53)代入式(7.4.52),得

$$\boldsymbol{K}_{cc} = \boldsymbol{K}_{c0} + \omega^4\boldsymbol{K}_{c2} \tag{7.4.54}$$

$$\begin{aligned} \boldsymbol{M}_{cc} &= \boldsymbol{\Phi}_{c}^{\mathrm{T}}\boldsymbol{M}\boldsymbol{\Phi}_{c} = (\boldsymbol{\Phi}_{c0}^{\mathrm{T}} + \omega^2\boldsymbol{\Phi}_{cH}^{\mathrm{T}})\boldsymbol{M}(\boldsymbol{\Phi}_{c0} + \omega^2\boldsymbol{\Phi}_{cH}) \\ &= \boldsymbol{M}_{c0} + 2\omega^2\boldsymbol{M}_{c1} + \omega^4\boldsymbol{M}_{c2} \end{aligned} \tag{7.4.55}$$

$$\begin{aligned} \boldsymbol{M}_{c0} &= \boldsymbol{\Phi}_{c0}^{\mathrm{T}}\boldsymbol{M}\boldsymbol{\Phi}_{c0} \\ \boldsymbol{M}_{c1} &= \boldsymbol{\Phi}_{c0}^{\mathrm{T}}\boldsymbol{M}\boldsymbol{\Phi}_{cH} = \boldsymbol{\Phi}_{cH}^{\mathrm{T}}\boldsymbol{M}\boldsymbol{\Phi}_{c0} = \boldsymbol{\Phi}_{c0}^{\mathrm{T}}\boldsymbol{M}\boldsymbol{\phi}_{bH}(\boldsymbol{\Lambda}_{bH} - \omega^2\boldsymbol{I})^{-1}\boldsymbol{\phi}_{bH}^{\mathrm{T}}\boldsymbol{M}\boldsymbol{\Phi}_{c0} \\ \boldsymbol{M}_{c2} &= \boldsymbol{\Phi}_{cH}^{\mathrm{T}}\boldsymbol{M}\boldsymbol{\Phi}_{cH} = \boldsymbol{\Phi}_{cH}^{\mathrm{T}}\boldsymbol{M}\boldsymbol{\Phi}_{cH} - \omega^{-2}\boldsymbol{\Phi}_{cH}^{\mathrm{T}}\boldsymbol{K}\boldsymbol{\Phi}_{cH} + \omega^{-2}\boldsymbol{\Phi}_{cH}^{\mathrm{T}}\boldsymbol{K}\boldsymbol{\Phi}_{cH} \\ &= -\omega^{-2}\boldsymbol{\Phi}_{cH}^{\mathrm{T}}(\boldsymbol{K} - \omega^2\boldsymbol{M})\boldsymbol{\Phi}_{cH} + \omega^{-2}\boldsymbol{K}_{c2} \\ &= -\omega^{-2}\boldsymbol{\Phi}_{c0}^{\mathrm{T}}\boldsymbol{M}\boldsymbol{\phi}_{bH}(\boldsymbol{\Lambda}_{bH} - \omega^2\boldsymbol{I}_{bH})^{-1}\boldsymbol{\phi}_{bH}^{\mathrm{T}}\boldsymbol{M}\boldsymbol{\Phi}_{c0} + \omega^{-2}\boldsymbol{K}_{c2} \\ &= -\omega^{-2}\boldsymbol{M}_{c1} + \omega^{-2}\boldsymbol{K}_{c2} \end{aligned} \tag{7.4.56}$$

将式(7.4.56)代入式(7.4.55),得

$$\begin{aligned} \boldsymbol{M}_{cc} &= \boldsymbol{M}_{c0} + 2\omega^2\boldsymbol{M}_{c1} + \omega^2\boldsymbol{K}_{c2} - \omega^2\boldsymbol{M}_{c1} \\ &= \boldsymbol{M}_{c0} + \omega^2\boldsymbol{M}_{c1} + \omega^2\boldsymbol{K}_{c2} \end{aligned} \tag{7.4.57}$$

将式(7.4.50)~式(7.4.57)代入式(7.4.49),得

$$\left(\begin{bmatrix} \boldsymbol{K}_{c0} + \omega^4\boldsymbol{K}_{c2} & \boldsymbol{0} \\ \boldsymbol{0} & \boldsymbol{\Lambda}_{bL} \end{bmatrix} - \omega^2\begin{bmatrix} \boldsymbol{M}_{c0} + \omega^2\boldsymbol{M}_{c1} + \omega^2\boldsymbol{K}_{c2} & \boldsymbol{M}_{cL} \\ \boldsymbol{M}_{Lc} & \boldsymbol{I}_{bL} \end{bmatrix}\right)\boldsymbol{q}_d = \begin{bmatrix} \boldsymbol{f}_m \\ \boldsymbol{0} \end{bmatrix} \tag{7.4.58}$$

消去 $\boldsymbol{K}_{c2}$ 项后,得

$$(\boldsymbol{K}_d - \omega^2\boldsymbol{M}_d)\boldsymbol{q}_d = \boldsymbol{F}_d \tag{7.4.59}$$

$$\boldsymbol{K}_d = \boldsymbol{K}_{d0} = \begin{bmatrix} \boldsymbol{K}_{c0} & \boldsymbol{0} \\ \boldsymbol{0} & \boldsymbol{\Lambda}_{bL} \end{bmatrix}, \quad \boldsymbol{M}_d = \boldsymbol{M}_{d0} + \omega^2\boldsymbol{M}_{d1} \tag{7.4.60}$$

$$\begin{aligned} &\boldsymbol{M}_{d0} = \begin{bmatrix} \boldsymbol{M}_{c0} & \boldsymbol{M}_{cL} \\ \boldsymbol{M}_{Lc} & \boldsymbol{I} \end{bmatrix}, \quad \boldsymbol{M}_{d1} = \begin{bmatrix} \boldsymbol{M}_{c1} & \boldsymbol{0} \\ \boldsymbol{0} & \boldsymbol{0} \end{bmatrix} \\ &\boldsymbol{F}_d = \begin{Bmatrix} \boldsymbol{f}_{0m} \\ \boldsymbol{0} \end{Bmatrix} \end{aligned} \tag{7.4.61}$$

2. 综合

为叙述方便,考虑 A 与 B 两个子结构的简单情况,其综合方法不难推广到多个子结构情况.这时界面位移与力的协调条件分别为

$$\boldsymbol{X}_m^A = \boldsymbol{X}_m^B, \quad \boldsymbol{f}_{0m}^A + \boldsymbol{f}_{0m}^B = \mathbf{0} \tag{7.4.62}$$

这里,位移与力都是相对于统一坐标而言.如果子结构局部坐标不一致,须进行坐标转换后应用式(7.4.62).

将子结构 A,B 的运动方程(7.4.59)简单地合列在一起,得到未耦合系统的运动方程为

$$\left(\begin{bmatrix} \boldsymbol{K}_d^A & \mathbf{0} \\ \mathbf{0} & \boldsymbol{K}_d^B \end{bmatrix} - \omega^2 \begin{bmatrix} \boldsymbol{M}_d^A & \mathbf{0} \\ \mathbf{0} & \boldsymbol{M}_d^B \end{bmatrix}\right)\begin{Bmatrix} \boldsymbol{q}_d^A \\ \boldsymbol{q}_d^B \end{Bmatrix} = \begin{Bmatrix} \boldsymbol{F}_d^A \\ \boldsymbol{F}_d^B \end{Bmatrix} \tag{7.4.63}$$

利用界面位移连续条件式(7.4.62)的第一式,有

$$\boldsymbol{X}_m^A = \boldsymbol{X}_m^B = \boldsymbol{X}_m \tag{7.4.64}$$

利用此约束条件来组装系统,建立缩聚变换

$$\boldsymbol{q}_{AB} = \begin{bmatrix} \boldsymbol{q}_d^A \\ \boldsymbol{q}_d^B \end{bmatrix} = \boldsymbol{N}\boldsymbol{q} \tag{7.4.65}$$

其中

$$\boldsymbol{N} = \begin{bmatrix} \mathbf{0} & \mathbf{0} & \boldsymbol{I} \\ \boldsymbol{I} & \mathbf{0} & \mathbf{0} \\ \mathbf{0} & \mathbf{0} & \boldsymbol{I} \\ \mathbf{0} & \boldsymbol{I} & \mathbf{0} \end{bmatrix}, \quad \boldsymbol{q} = \begin{Bmatrix} \boldsymbol{q}_{bL}^A \\ \boldsymbol{q}_{bL}^B \\ \boldsymbol{X}_m \end{Bmatrix} \tag{7.4.66}$$

按照里茨法,将变换式(7.4.65)代入式(7.4.63)并左乘 $\boldsymbol{N}^{\mathrm{T}}$,得到总体系统的综合方程

$$(\overline{\boldsymbol{K}} - \omega^2 \overline{\boldsymbol{M}})\boldsymbol{q} = \overline{\boldsymbol{F}} \tag{7.4.67}$$

其中

$$\overline{\boldsymbol{K}} = \overline{\boldsymbol{K}}_0 = \boldsymbol{N}^{\mathrm{T}} \begin{bmatrix} \boldsymbol{K}_d^A & \mathbf{0} \\ \mathbf{0} & \boldsymbol{K}_d^B \end{bmatrix} \boldsymbol{N} = \begin{bmatrix} \boldsymbol{\Lambda}_{bL}^A & \mathbf{0} & \mathbf{0} \\ \mathbf{0} & \boldsymbol{\Lambda}_{bL}^B & \mathbf{0} \\ \mathbf{0} & \mathbf{0} & \boldsymbol{K}_{0c} \end{bmatrix} \tag{7.4.68}$$

$$\overline{\boldsymbol{M}} = \boldsymbol{N}^{\mathrm{T}} \begin{bmatrix} \boldsymbol{M}_d^A & \mathbf{0} \\ \mathbf{0} & \boldsymbol{M}_d^B \end{bmatrix} \boldsymbol{N} = \overline{\boldsymbol{M}}_0 + \omega^2 \overline{\boldsymbol{M}}_1 \tag{7.4.69}$$

$$\overline{\boldsymbol{M}}_0 = \begin{bmatrix} \boldsymbol{I}_{bL}^A & \mathbf{0} & \boldsymbol{M}_{Lc}^A \\ \mathbf{0} & \boldsymbol{I}_{bL}^B & \boldsymbol{M}_{Lc}^B \\ \boldsymbol{M}_{cL}^A & \boldsymbol{M}_{cL}^B & \boldsymbol{M}_{0c} \end{bmatrix}, \quad \overline{\boldsymbol{M}}_1 = \begin{bmatrix} \mathbf{0} & \mathbf{0} & \mathbf{0} \\ \mathbf{0} & \mathbf{0} & \mathbf{0} \\ \mathbf{0} & \mathbf{0} & \boldsymbol{M}_{1c} \end{bmatrix} \tag{7.4.70}$$

$$\overline{\boldsymbol{F}} = \boldsymbol{N}^{\mathrm{T}} \begin{bmatrix} \boldsymbol{F}^A \\ \boldsymbol{F}^B \end{bmatrix} = \begin{bmatrix} \mathbf{0} \\ \mathbf{0} \\ \boldsymbol{f}_{0m}^A + \boldsymbol{f}_{0m}^B \end{bmatrix} = \mathbf{0} \tag{7.4.71}$$

$$\boldsymbol{K}_{0c} = \boldsymbol{K}_{c0}^{A} + \boldsymbol{K}_{c0}^{B},\quad \boldsymbol{M}_{0c} = \boldsymbol{M}_{c0}^{A} + \boldsymbol{M}_{c0}^{B},\quad \boldsymbol{M}_{1c} = \boldsymbol{M}_{c1}^{A} + \boldsymbol{M}_{c1}^{B} \tag{7.4.72}$$

则式(7.4.67)化为

$$(\overline{\boldsymbol{K}}_{0} - \omega^{2}\overline{\boldsymbol{M}}_{0} - \omega^{4}\overline{\boldsymbol{M}}_{1})\boldsymbol{q} = \boldsymbol{0} \tag{7.4.73}$$

由式(7.4.73)可构造迭代求解方程

$$\{\overline{\boldsymbol{K}}_{0} - \omega_{i}^{2}[\overline{\boldsymbol{M}}_{0} + \omega_{i-1}^{2}\overline{\boldsymbol{M}}_{1}(\omega_{i-1}^{2})]\}\boldsymbol{q} = \boldsymbol{0} \tag{7.4.74}$$

对每个需要求解的频率进行迭代,如果取初值 $\omega_0 = 0$,则一阶近似的特征方程为

$$(\overline{\boldsymbol{K}}_{0} - \omega_{1}^{2}\overline{\boldsymbol{M}}_{0})\boldsymbol{q} = \boldsymbol{0} \tag{7.4.75}$$

这个方程是采用静约束模态的克雷格-班普顿模态综合法的综合方程(7.3.53),是线性特征值方程.因而可以采用克雷格-班普顿模态综合法方程(7.3.53)的解作为方程(7.4.74)的一阶近似解.由于克雷格-班普顿模态综合法具有很好的计算精度,所以该迭代过程能够迅速收敛.

3. 高精度法的一种特殊情况

在子结构高精度位移表达式(7.4.37)中不选取任何主模态坐标 $\boldsymbol{q}_{bL}$ 为参变量,即有 $\boldsymbol{\phi}_{bL} = \boldsymbol{0}$,$\boldsymbol{q}_{bL} = \boldsymbol{0}$,则子结构位移式(7.4.37)化为

$$\boldsymbol{X}_{d} = \boldsymbol{\Phi}_{c}\boldsymbol{X}_{m} = \boldsymbol{T}_{c}\boldsymbol{X}_{m} \tag{7.4.76}$$

由式(7.4.41)、式(7.4.48)得精确约束模态为

$$\begin{aligned}\boldsymbol{T}_{c} &= \boldsymbol{\Phi}_{c} = \boldsymbol{\Phi}_{c0} + \omega^{2}\boldsymbol{\Phi}_{cH}\\ &= \begin{bmatrix} -\boldsymbol{K}_{ss}^{-1}\boldsymbol{K}_{sm} + \omega^{2}(\boldsymbol{K}_{ss} - \omega^{2}\boldsymbol{M}_{ss})^{-1}(\boldsymbol{M}_{sm} - \boldsymbol{M}_{ss}\boldsymbol{K}_{ss}^{-1}\boldsymbol{K}_{sm}) \\ \boldsymbol{I} \end{bmatrix}\\ &= \begin{bmatrix} -(\boldsymbol{K}_{ss} - \omega^{2}\boldsymbol{M}_{ss})^{-1}(\boldsymbol{K}_{sm} - \omega^{2}\boldsymbol{M}_{sm}) \\ \boldsymbol{I} \end{bmatrix}\\ &= \begin{bmatrix} -\boldsymbol{D}_{ss}^{-1}\boldsymbol{D}_{sm} \\ \boldsymbol{I} \end{bmatrix}\end{aligned} \tag{7.4.77}$$

由式(7.4.73)得子结构的运动方程为

$$(\boldsymbol{K}_{c0} - \omega^{2}\boldsymbol{M}_{c0} - \omega^{4}\boldsymbol{M}_{c1})\boldsymbol{X}_{m} = \boldsymbol{F} \tag{7.4.78}$$

很显然,式(7.4.76)~式(7.4.78)分别与式(7.2.28)、式(7.2.21)、式(7.2.37)完全相同,也就是说,当采用式(7.4.76)时,高精度方法就退化为梁以德的精确动力缩聚超单元法,因而精确动力缩聚法是高精度法的一种特殊情况.

7.4.4 约束界面模态综合法

当忽略高阶主模态 $\boldsymbol{\phi}_{bH}$ 时,式(7.4.25)化为赫铁方法的子结构假设位移式(7.3.7).赫铁方法所选择的假设模态集 $\boldsymbol{\Phi}_{d0}$ 是由子结构约束界面保留主模态 $\boldsymbol{\phi}_{bL}$、子结构刚体模态 $\boldsymbol{\phi}_{R}$ 和子结构多余约束模态 $\boldsymbol{\Phi}_{cc}$ 组成的,它们形成假设位移表达式(7.3.7),即

$$X_d = \phi_R q_R + \Phi_{cc} q_c + \phi_{bL} q_{bL}$$

当忽略高阶主模态 ϕ_{bH} 时，式(7.4.22)化为克雷格-班普顿法的子结构假设位移式(7.3.35). 克雷格-班普顿法所选择的假设模态集 $\bar{\Phi}_{d0}$ 是由子结构约束界面保留主模态 ϕ_{bL} 和全部界面自由度的约束模态 Φ_{c0} 组成的，它们形成假设位移表达式(7.3.35)，即

$$X_d = \Phi_{c0} q_c + \phi_{bL} q_{bL}$$

由于约束边界的自由度数 m 不会小于刚体模态数 R，故静力约束模态 Φ_{c0} 可以分为静定约束模态 Φ_{cR} 和静不定约束模态 Φ_{cc}，即 $\Phi_{c0} = [\Phi_{cR} \quad \Phi_{cc}]$. 则式(7.3.35)可以化为

$$X_d = \Phi_{cR} q_{cR} + \Phi_{cc} q_{cc} + \phi_{bL} q_{bL} \tag{7.4.79}$$

而且刚体模态 ϕ_{ER} 是静定约束模态 Φ_{cR} 的线性组合，即 $\phi_{ER} = \Phi_{cR} L_R$，则式(7.4.79) 可以化为式(7.3.7). 由此可以看到，克雷格-班普顿法和赫铁方法所选的假设模态式(7.3.7)与式(7.3.35)是完全相同的，但克雷格-班普顿法不必区分某个模态是静定约束模态还是多余约束模态，更容易使用. 因而可以把它们称为克雷格-班普顿/赫铁法(简称 CBH 法).

取初值 $\omega_0 = 0$，代入迭代方程(7.4.74)得第一次迭代近似方程式(7.4.75)，这就是采用静力约束模态的克雷格-班普顿模态综合法的综合方程(7.3.53). 由此说明克雷格-班普顿/赫铁法是采用约束界面模态的精确动态子结构方法的一阶近似方法.

在精确剩余约束模态 Φ_c (式(7.4.39))中忽略高阶主模态的影响部分 $\omega^2 \Phi_{cH}$，即取 $\Phi_{cH} = \mathbf{0}$，有

$$\Phi_c \approx \Phi_{c0} \tag{7.4.80}$$

则子结构位移式(7.4.37)化为

$$X_d = \phi_{d0} q_{d0}, \quad \phi_{d0} = [\Phi_{c0} \quad \phi_{bL}] \tag{7.4.81}$$

子结构运动方程(7.4.49)化为

$$(K_{d0} - \omega^2 M_{d0}) q_{d0} = F_{d0} \tag{7.4.82}$$

系统综合方程(7.4.67)化为

$$(\bar{K}_0 - \omega^2 \bar{M}_0) q = \mathbf{0} \tag{7.4.83}$$

很显然式(7.4.81)～式(7.4.83)分别与式(7.3.35)、式(7.3.41)、式(7.3.53)相同，也就是说，当采用式(7.4.80)时，上述高精度方法就退化为克雷格-班普顿模态综合法. 因而克雷格-班普顿模态综合法是高精度方法的一种特殊情况.

例 7.5 火箭常常被简化为自由-自由梁. 通过施加约束将自由-自由梁分割成两段，分别作为子结构 1 和子结构 2(图 7.8、图 7.9). 用有限元法计算两子结构的模态，然后分别运用克雷格-班普顿法(以“CH 法”表示)和高精度约束子结构模态综合法(以“邱法”表示)进行综合得到整梁的模态，并与直接使用有限元法计算整梁的模态(以“标准解”表示)进行比较. 选取弹性模量 $E = 2\,\text{Gpa}$，质量密度 $\rho = 4\,\text{Mg/m}^3$，截面惯性矩 $I = 2\times10^{-8}\,\text{m}^4$，横截面积 $A = 1\times10^{-3}\,\text{m}^2$.

(1) 将长 $l = 1\,\text{m}$ 的梁分成两段等长梁，每段均匀划分为 10 个单元(图 7.8).

(2) 将长 $l=1.3\,\mathrm{m}$ 的梁分成两段长 $l=0.5\,\mathrm{m}$ 和 $l=0.8\,\mathrm{m}$ 的梁,并分别均匀划分为10个和16个单元(图7.9).

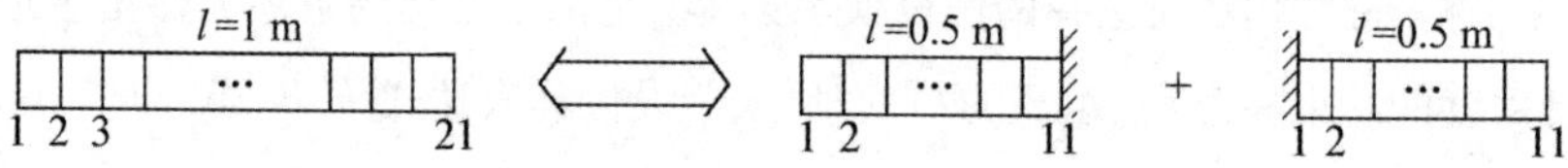

l=1 m ··· 1 2 3 21 ⟺ l=0.5 m ··· 1 2 11 + l=0.5 m ··· 1 2 11

图7.8 等长梁的综合

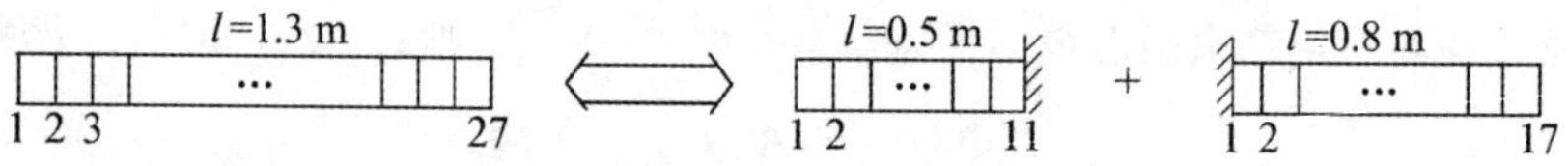

l=1.3 m ··· 1 2 3 27 ⟺ l=0.5 m ··· 1 2 11 + l=0.8 m ··· 1 2 17

图7.9 不等长梁的综合

解 表7.7～表7.11分别给出两种综合法的结果(保留相同的低阶模态数)及其相对标准解的误差,进一步验证了基于精确剩余约束模态高精度综合法的综合能力、精度.其中频率与方程迭代的精度分别控制在 10^{-5},10^{-4},因此末两位数字仅供参考,也可借以说明综合频率随着阶次的升高而不易收敛的变化趋势.最后一个频率因较大地超过子结构保留频率,而逆转迭代格式的数值性态导致发散,对此可另行设计迭代程序.c_j 表示 j 子结构的约束模态自由度数,l_j 表示 j 子结构保留模态数.

表7.7 等长子结构的综合频率 ω_i(Hz) ($c_1=c_2=2$, $l_1=l_2=3$)

i	CH法	相对误差(%)	邱法	相对误差(%)	标准解
1,2	0	—	0	—	0
3	11.2329	0.0068	11.2321	0.0003	11.2321
4	30.8733	0.0080	30.8707	0.0003	30.8708
5	60.4705	0.2997	60.2895	0.0006	60.2898
6	99.5323	0.3382	99.1964	0.0005	99.1969
7	151.944	3.1029	147.371	0.0001	147.371
8	317.181	55.062	发散	—	204.551

表7.8 等长子结构的综合频率 ω_i(Hz) ($c_1=c_2=2$, $l_1=l_2=4$)

i	CH法	相对误差(%)	邱法	相对误差(%)	标准解
1,2	0	—	0	—	0
3	11.2323	0.0015	11.2321	0.0003	11.2321
4	30.8711	0.0010	30.8707	0.0003	30.8708
5	60.3332	0.0719	60.2895	0.0005	60.2898
6	99.2425	0.0460	99.1964	0.0005	99.1969

续表

i	CH法	相对误差(%)	邱法	相对误差(%)	标准解
7	148.079	0.480 6	147.371	0.000 3	147.371
8	205.578	0.501 8	204.550	0.000 3	204.551
9	278.920	3.130 6	270.453	0.000 0	270.453
10	547.047	58.665	发散	—	344.782

表7.9　等长子结构的综合频率 ω_i(Hz) ($c_1 = c_2 = 2, l_1 = l_2 = 5$)

i	CH法	相对误差(%)	本文精确法	相对误差(%)	标准解
1,2	0	—	0	—	0
3	11.232 1	0.000 3	11.232 1	0.000 3	11.232 1
4	30.870 8	0.000 0	30.870 7	0.000 3	30.870 8
5	60.304 1	0.023 7	60.289 5	0.000 4	60.289 8
6	99.206 9	0.010 1	99.196 5	0.000 4	99.196 9
7	147.588	0.147 5	147.371	0.000 3	147.371
8	204.753	0.098 8	204.55	0.000 4	204.551
9	272.038	0.586 1	270.452	0.000 3	270.453
10	346.871	0.605 8	344.78	0.000 6	344.782
11	440.061	3.001 3	427.237	0.000 2	427.238
12	829.119	60.207	发散	—	517.529

表7.10　不等长子结构的综合频率 ω_i(Hz) ($c_1 = c_2 = 2, l_1 = l_2 = 4$)

i	CH法	相对误差(%)	本文精确法	相对误差(%)	标准解
1,2	0	—	0	—	0
3	6.653 12	0.002 5	6.652 94	0.000 2	6.652 95
4	18.310 1	0.016 3	18.307 0	0.000 5	18.307 1
5	35.827 4	0.054 7	35.807 6	0.000 4	35.807 8
6	59.280 9	0.432 4	59.025 4	0.000 4	59.025 7
7	88.122 7	0.275 4	87.880 1	0.000 6	87.880 6
8	130.520	6.744 7	122.271	0.001 7	122.273
9	268.146	65.430	发散	—	162.091

表7.11 不等长子结构的综合频率 ω_i(Hz) ($c_1 = c_2 = 2$, $l_1 = l_2 = 6$)

i	CH法	相对误差(%)	本文精确法	相对误差(%)	标准解
1,2	0	—	0	—	0
3	6.652 97	0.000 3	6.652 94	0.000 1	6.652 95
4	18.307 6	0.002 8	18.307 0	0.000 6	18.307 1
5	35.809 5	0.004 7	35.807 7	0.000 3	35.807 8
6	59.063 8	0.064 6	59.025 4	0.000 5	59.025 7
7	87.915 9	0.040 2	87.880 1	0.000 5	87.880 6
8	122.560	0.234 9	122.272	0.000 7	122.273
9	162.838	0.460 5	162.090	0.000 4	162.091
10	208.502	0.621 9	207.212	0.000 6	207.213
11	267.306	3.803 5	257.509	0.001 2	257.512
12	514.196	64.356 7	发散	—	312.854

7.5 自由子结构模态综合法

霍首先提出自由子结构模态综合法，他全部忽略了高阶自由界面主模态，只取低阶主模态作为位移的模态集，因而计算精度较低.麦克尼尔引入一阶近似剩余柔度的概念，同时罗宾考虑了二阶近似剩余柔度的概念去修正截去高阶模态的影响，以改善自由界面模态综合法的计算精度，但他们未能认识到与剩余柔度相应的广义坐标是界面力这一物理本质，随后克雷格-陈和王文亮对此作了研究，指出剩余柔度可以看作里茨向量，界面力可作为广义坐标，并在最终方程中引入位移协调条件，以消去界面力这组广义坐标，从而对有大量界面自由度的结构，可以大大地提高综合效率，形成一种常用的自由界面模态综合法.上述模态综合法属于假设模态法，主要的工作是如何选取假设模态，也就是说，选好作为位移表达式的模态集和相应的广义坐标.

7.5.1 霍方法

霍方法完全略去高阶主模态的影响，仅用低阶自由界面主模态参与综合，并用一种简单的误差分析技术来保证计算结果的收敛性.

1. 子结构分析

对于子结构无阻尼运动方程(7.3.1a)，有自由振动方程

$$\boldsymbol{M}\ddot{\boldsymbol{X}} + \boldsymbol{K}\boldsymbol{X} = \boldsymbol{0} \tag{7.5.1}$$

相应的特征值矩阵 $\boldsymbol{\Lambda}$ 及特征向量矩阵 $\boldsymbol{\phi}_E$ 满足归一化正交关系

$$\boldsymbol{\phi}_E^{\mathrm{T}}\boldsymbol{K}\boldsymbol{\phi}_E = \boldsymbol{\Lambda}_E, \quad \boldsymbol{\phi}_E^{\mathrm{T}}\boldsymbol{M}\boldsymbol{\phi}_E = \boldsymbol{I} \tag{7.5.2}$$

特征向量矩阵分为低阶主模态矩阵 $\boldsymbol{\phi}_{EL}$ 和高阶主模态矩阵 $\boldsymbol{\phi}_{EH}$，

$$\boldsymbol{\phi}_E = [\boldsymbol{\phi}_{EL} \quad \boldsymbol{\phi}_{EH}], \quad \boldsymbol{\Lambda}_E = \begin{bmatrix} \boldsymbol{\Lambda}_{EL} & \boldsymbol{0} \\ \boldsymbol{0} & \boldsymbol{\Lambda}_{EH} \end{bmatrix} \tag{7.5.3}$$

模态的低阶与高阶是相对而言的，通常低阶模态是指已知的参与综合的保留模态，而高阶模态则是指未知的未保留模态.

对于简谐振动有简谐振动方程(7.3.2)，即

$$(\boldsymbol{K} - \omega^2\boldsymbol{M})\boldsymbol{X}_d = \boldsymbol{F}_0 \tag{7.5.4}$$

子结构位移幅值表达式应为

$$\boldsymbol{X}_d = \boldsymbol{\phi}_{EL}\boldsymbol{q}_{EL} + \boldsymbol{\phi}_{EH}\boldsymbol{q}_{EH} \tag{7.5.5}$$

霍完全忽略高阶主模态项 $\boldsymbol{\phi}_{EH}\boldsymbol{q}_{EH}$，取 $\boldsymbol{X}_d$ 为

$$\boldsymbol{X}_d = \boldsymbol{\phi}_{EL}\boldsymbol{q}_{EL} \tag{7.5.6}$$

将式(7.5.6)代入式(7.5.4)并在两边左乘 $\boldsymbol{\phi}_{EL}^{\mathrm{T}}$，得

$$(\boldsymbol{\Lambda}_{EL} - \omega^2\boldsymbol{I}_{EL})\boldsymbol{q}_{EL} = \boldsymbol{\phi}_{EL}^{\mathrm{T}}\boldsymbol{F}_0 = \boldsymbol{F}_d \tag{7.5.7}$$

令 $\boldsymbol{X}_m$，$\boldsymbol{X}_s$ 分别代表交界面处位移幅值和非交界处位移幅值，有式(7.5.6)的分块形式：

$$\boldsymbol{X}_d = \begin{bmatrix} \boldsymbol{X}_s \\ \boldsymbol{X}_m \end{bmatrix} = \begin{bmatrix} \boldsymbol{\phi}_{Ls} \\ \boldsymbol{\phi}_{Lm} \end{bmatrix}\boldsymbol{q}_{EL} \tag{7.5.8}$$

则界面位移 $\boldsymbol{X}_m$ 为

$$\boldsymbol{X}_m = \boldsymbol{\phi}_{Lm}\boldsymbol{q}_{EL} \tag{7.5.9}$$

2. 系统综合

考虑两个子结构 A 与 B 的简单情况，交界面位移与力的协调条件为

$$\boldsymbol{X}_m^A = \boldsymbol{X}_m^B, \quad \boldsymbol{f}_{0m}^A + \boldsymbol{f}_{0m}^B = \boldsymbol{0} \tag{7.5.10}$$

由式(7.5.9)与式(7.5.10)有

$$\boldsymbol{\phi}_{Lm}^A\boldsymbol{q}_{EL}^A = \boldsymbol{\phi}_{Lm}^B\boldsymbol{q}_{EL}^B \tag{7.5.11}$$

若 A 子结构的低阶模态数 L^A 大于交界面自由度数 m，令 $Q = L^A - m$，故 $\boldsymbol{\phi}_{Lm}^A$ 可划分为

$$\boldsymbol{\phi}_{Lm}^A = [\boldsymbol{\phi}_{mm}^A \quad \boldsymbol{\phi}_{Qm}^A] \tag{7.5.12}$$

式中，$\boldsymbol{\phi}_{mm}^A$ 是非奇异的.式(7.5.11)化为

$$[\boldsymbol{\phi}_{mm}^A \quad \boldsymbol{\phi}_{Qm}^A]\begin{bmatrix} \boldsymbol{q}_{Lm}^A \\ \boldsymbol{q}_{LQ}^A \end{bmatrix} = \boldsymbol{\phi}_{Lm}^B\boldsymbol{q}_{EL}^B \tag{7.5.13}$$

则有

$$\boldsymbol{q}_{Lm}^A = (\boldsymbol{\phi}_{mm}^A)^{-1}\boldsymbol{\phi}_{Lm}^B\boldsymbol{q}_{EL}^B - (\boldsymbol{\phi}_{mm}^A)^{-1}\boldsymbol{\phi}_{Qm}^A\boldsymbol{q}_{LQ}^A \tag{7.5.14}$$

由此知

$$\boldsymbol{q}_{AB}=\begin{Bmatrix}\boldsymbol{q}_{EL}^{A}\\ \boldsymbol{q}_{EL}^{B}\end{Bmatrix}=\begin{Bmatrix}\boldsymbol{q}_{Lm}^{A}\\ \boldsymbol{q}_{LQ}^{A}\\ \boldsymbol{q}_{EL}^{B}\end{Bmatrix}=\boldsymbol{N}\boldsymbol{q}_{d} \tag{7.5.15}$$

$$\boldsymbol{N}=\begin{bmatrix}-(\boldsymbol{\phi}_{mm}^{A})^{-1}\boldsymbol{\phi}_{Qm}^{A} & (\boldsymbol{\phi}_{mm}^{A})^{-1}\boldsymbol{\phi}_{Lm}^{B}\\ \boldsymbol{I} & \boldsymbol{0}\\ \boldsymbol{0} & \boldsymbol{I}\end{bmatrix},\quad \boldsymbol{q}_{d}=\begin{bmatrix}\boldsymbol{q}_{LQ}^{A}\\ \boldsymbol{q}_{EL}^{B}\end{bmatrix} \tag{7.5.16}$$

将两个子结构的运动方程排列在一起形成未耦合的系统方程

$$\left(\begin{bmatrix}\boldsymbol{\Lambda}_{EL}^{A} & \\ & \boldsymbol{\Lambda}_{EL}^{B}\end{bmatrix}-\omega^{2}\begin{bmatrix}\boldsymbol{I}^{A} & \\ & \boldsymbol{I}^{B}\end{bmatrix}\right)\boldsymbol{q}_{AB}=\begin{bmatrix}\boldsymbol{F}_{d}^{A}\\ \boldsymbol{F}_{d}^{B}\end{bmatrix} \tag{7.5.17}$$

将式(7.5.15)代入式(7.5.17),并在两边左乘 $\boldsymbol{N}^{\mathrm{T}}$,得

$$(\overline{\boldsymbol{K}}_{0}-\omega^{2}\overline{\boldsymbol{M}}_{0})\boldsymbol{q}_{d}=\overline{\boldsymbol{F}}_{0} \tag{7.5.18}$$

其中

$$\overline{\boldsymbol{K}}_{0}=\boldsymbol{N}^{\mathrm{T}}\begin{bmatrix}\boldsymbol{\Lambda}_{EL}^{A} & \boldsymbol{0}\\ \boldsymbol{0} & \boldsymbol{\Lambda}_{EL}^{B}\end{bmatrix}\boldsymbol{N}$$

$$\overline{\boldsymbol{M}}_{0}=\boldsymbol{N}^{\mathrm{T}}\begin{bmatrix}\boldsymbol{I}^{A} & \boldsymbol{0}\\ \boldsymbol{0} & \boldsymbol{I}^{B}\end{bmatrix}\boldsymbol{N}=\boldsymbol{N}^{\mathrm{T}}\boldsymbol{N}$$

$$\overline{\boldsymbol{F}}_{0}=\boldsymbol{N}^{\mathrm{T}}\begin{bmatrix}\boldsymbol{F}_{d}^{A}\\ \boldsymbol{F}_{d}^{B}\end{bmatrix}=\begin{bmatrix}-(\boldsymbol{\phi}_{Qm}^{A})^{\mathrm{T}}(\boldsymbol{\phi}_{mm}^{A})^{-\mathrm{T}} & \boldsymbol{I} & \boldsymbol{0}\\ (\boldsymbol{\phi}_{Lm}^{B})^{\mathrm{T}}(\boldsymbol{\phi}_{mm}^{A})^{-\mathrm{T}} & \boldsymbol{0} & \boldsymbol{I}\end{bmatrix}\begin{bmatrix}(\boldsymbol{\phi}_{mm}^{A})^{\mathrm{T}}\boldsymbol{f}_{0m}^{A}\\ (\boldsymbol{\phi}_{Qm}^{A})^{\mathrm{T}}\boldsymbol{f}_{0m}^{A}\\ (\boldsymbol{\phi}_{Lm}^{B})^{\mathrm{T}}\boldsymbol{f}_{0m}^{B}\end{bmatrix} \tag{7.5.19}$$

$$=\begin{bmatrix}\boldsymbol{0}\\ (\boldsymbol{\phi}_{Lm}^{B})^{\mathrm{T}}(\boldsymbol{f}_{0m}^{A}+\boldsymbol{f}_{0m}^{B})\end{bmatrix}$$

考虑式(7.5.10)的第二个式子,有

$$\overline{\boldsymbol{F}}_{0}=\boldsymbol{0} \tag{7.5.20}$$

最后导出系统的综合方程为

$$(\overline{\boldsymbol{K}}_{0}-\omega^{2}\overline{\boldsymbol{M}}_{0})\boldsymbol{q}_{d}=\boldsymbol{0} \tag{7.5.21}$$

解上面的方程,即得总体系统的特征值和相应特征向量矩阵 $\widetilde{\boldsymbol{\phi}}$,经回代得到总体系统的主模态矩阵为

$$\boldsymbol{\phi}=\begin{bmatrix}\boldsymbol{\phi}_{EL}^{A} & \boldsymbol{0}\\ \boldsymbol{0} & \boldsymbol{\phi}_{EL}^{B}\end{bmatrix}\boldsymbol{q}_{AB}=\begin{bmatrix}\boldsymbol{\phi}_{EL}^{A} & \boldsymbol{0}\\ \boldsymbol{0} & \boldsymbol{\phi}_{EL}^{B}\end{bmatrix}\boldsymbol{N}\widetilde{\boldsymbol{\phi}} \tag{7.5.22}$$

3. 利用误差指标选择子系统模态

系统全部的特征值之和是常数.据此可作如下的选择:

每一子结构的频率和模态按升序排列,并将它们分成数目相等的群.用所有子结构第一群模态开始综合,把综合得到的头几个特征值 ω_{1i}^2($i = 1, 2, \cdots, n$)加起来,即

$$C_1 = \sum_{i=1}^{n} \omega_{1i}^2$$

然后,使用各子结构的后继各群,循环计算 k 次,即有

$$C_k = \sum_{i=1}^{n} \omega_{ki}^2$$

直至"收敛性指标"

$$E_k = \left| \frac{C_{k+1} - C_k}{C_{k+1}} \right|$$

满足预定的容差水准为止.

例 7.6 用霍方法进行自由界面模态综合计算,计算自由-自由梁的综合频率(图 7.10).

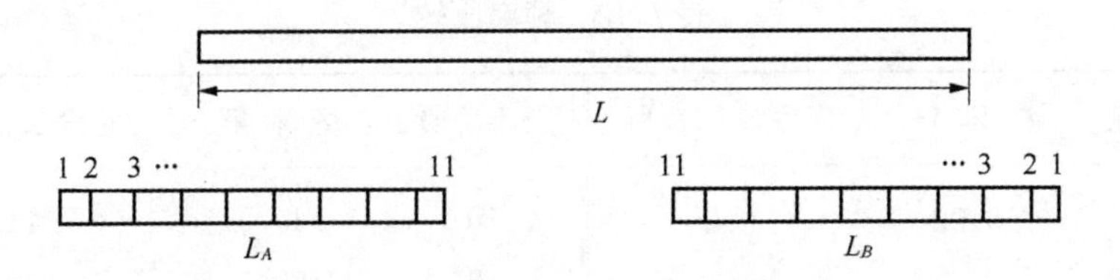

图 7.10 等截面的均匀自由弹性梁

L(梁长):	101.60 cm	E(弹性模量):	6 894.7 N/cm^2
r(横截面半径):	2.54 cm	μ(泊松比):	0.3
A(横截面积):	20.260 cm^2	ρ(质量密度):	0.055 36 kg/cm^3
I(剖面惯性矩):	32.690 cm^4		

解 计算 A,B 两部分的频率和模态形状(每个节点被认为是两个自由度的).

$$\boldsymbol{\Lambda}_L^A = \boldsymbol{\Lambda}_L^B = \begin{bmatrix} 0 & 0 & 0 & 0 & 0 & 0 & 0 \\ 0 & 0 & 0 & 0 & 0 & 0 & 0 \\ 0 & 0 & 1\,380 & 0 & 0 & 0 & 0 \\ 0 & 0 & 0 & 9\,765 & 0 & 0 & 0 \\ 0 & 0 & 0 & 0 & \ddots & 0 & 0 \\ 0 & 0 & 0 & 0 & 0 & 6\,154 & 535 \end{bmatrix}$$

$$\boldsymbol{\phi}_L^A = \boldsymbol{\phi}_L^A = \begin{bmatrix} 0.299\,5 & -2.994\,7 & 3.343\,2 & \cdots & 1.623\,9 & -1.614\,0 \\ 0 & 0.299\,5 & -0.793\,4 & \cdots & 6.623\,9 & -6.725\,5 \\ 0.299\,5 & -2.399\,4 & 1.770\,3 & \cdots & 0.384\,2 & 0.379\,5 \\ \vdots & \vdots & \vdots & & \vdots & \vdots \\ 0.299\,5 & 2.994\,7 & 3.343\,2 & \cdots & 1.624\,5 & 1.614\,2 \\ 0 & 0.299\,5 & 0.793\,4 & \cdots & 6.770\,9 & -6.726\,6 \end{bmatrix}$$

$$\boldsymbol{\phi}_{Lm}^{A} = \begin{bmatrix} 0.2995 & 0.29947 & 3.3432 & \cdots & 1.6145 & 1.6142 \\ 0 & 0.2995 & 0.7934 & \cdots & 6.7709 & -6.7266 \end{bmatrix} = \begin{bmatrix} \boldsymbol{\phi}_{mm}^{A} & \boldsymbol{\phi}_{Qm}^{A} \end{bmatrix}$$

$$\boldsymbol{N} = \begin{bmatrix} -(\boldsymbol{\phi}_{mm}^{A})^{-1}\boldsymbol{\phi}_{Qm}^{A} & (\boldsymbol{\phi}_{mm}^{A})^{-1}\boldsymbol{\phi}_{Lm}^{B} \\ \boldsymbol{I} & \boldsymbol{0} \\ \boldsymbol{0} & \boldsymbol{I} \end{bmatrix}$$

子结构 A 选取全部 22 个模态，子结构 B 也选取全部 22 个模态进行综合. 由式(7.5.19)计算耦合后的主质量和主刚度矩阵，由式(7.5.21)求解.

综合频率与整体解的频率比较见表 7.12. 可以看到，综合结果与整体有限元模型的计算结果非常一致，从理论上讲两个结果应该相同，存在的很小误差应是计算误差造成的.

表 7.12　频率比较

频率阶数	整体解	霍方法综合解	频率阶数	整体解	霍方法综合解
1	0.00	0.00	10	44.51	44.52
2	0.00	0.00	15	103.0	103.0
3	1.53	1.54	20	172.8	172.8
4	4.17	4.18	25	252.6	252.6
5	8.09	8.09	30	315.5	315.6
6	13.21	13.22	35	361.1	361.1
7	19.48	19.48	40	382.3	382.3
8	26.83	26.84	42	394.8	394.8
9	35.20	35.20			

7.5.2　麦克尼尔、罗宾、克雷格-陈和王文亮的改进方法

1. 一阶近似剩余模态

为了考虑非保留的高阶主模态影响，麦克尼尔引入一阶近似剩余柔度模态，假设子结构位移为

$$\boldsymbol{X}_{d}^{(1)} = \boldsymbol{\phi}_{EL}\boldsymbol{q}_{EL} + \boldsymbol{G}_{Hm}\boldsymbol{f}_{0m} \tag{7.5.23}$$

其中

$$\boldsymbol{G}_{Hm} = \boldsymbol{G}_{H}\begin{bmatrix} \boldsymbol{0} \\ \boldsymbol{I} \end{bmatrix}, \quad \boldsymbol{G}_{H} = \boldsymbol{G}_{E} - \boldsymbol{G}_{L}$$

$$G_E = K^{-1}, \quad G_L = \boldsymbol{\phi}_{EL}\boldsymbol{\Lambda}_{EL}^{-1}\boldsymbol{\phi}_{EL}^{\mathrm{T}} \tag{7.5.24}$$

其中,G_E为柔度矩阵,式(7.5.23)等号右边第二项的物理意义是高阶非保留模态的准静态响应,这可以从以下推导中看到.

将式(7.5.4)中的惯性项完全忽略,准静态位移$\bar{X}_d$的方程及其解分别为

$$K\bar{X}_d = F_0, \quad \bar{X}_d = K^{-1}F_0 = G_E F_0 \tag{7.5.25}$$

式中,$\bar{X}_d$为准静态位移.仍按式(7.5.5)将$\bar{X}_d$表示为

$$\bar{X}_d = \bar{X}_L + \bar{X}_H = \boldsymbol{\phi}_{EL}\bar{q}_{EL} + \boldsymbol{\phi}_{EH}\bar{q}_{EH} \tag{7.5.26}$$

将式(7.5.26)代入式(7.5.25a),并在两边左乘$\boldsymbol{\phi}_{EL}^{\mathrm{T}}$,考虑正交性关系,得

$$\bar{q}_{EL} = \boldsymbol{\Lambda}_{EL}^{-1}\boldsymbol{\phi}_{EL}^{\mathrm{T}}F_0, \quad \bar{X}_L = \boldsymbol{\phi}_{EL}\boldsymbol{\Lambda}_{EL}^{-1}\boldsymbol{\phi}_{EL}^{\mathrm{T}}F_0 = G_L F_0 \tag{7.5.27}$$

由式(7.5.25)～式(7.5.27)得高阶模态准静态响应为

$$\begin{aligned}\bar{X}_H &= \bar{X}_d - \bar{X}_L = G_E F_0 - G_L F_0 = G_H F_0 \\ &= G_H \begin{bmatrix} \mathbf{0} \\ I \end{bmatrix} f_{0m} = G_{Hm} f_{0m}\end{aligned} \tag{7.5.28}$$

$$G_H = G_E - G_L, \quad G_{Hm} = G_H \begin{bmatrix} \mathbf{0} \\ I \end{bmatrix} \tag{7.5.29}$$

式中,G_{Hm}为剩余附着模态.用高阶模态准静态响应$\bar{X}_H$(式(7.5.28))表示式(7.5.5)中的高阶模态项$\boldsymbol{\phi}_{EH}q_{EH}$,即得麦克尼尔假设位移式(7.5.23).

2. 二阶近似剩余模态

在麦克尼尔一阶近似剩余模态基础上,罗宾进一步考虑高阶非保留主模态影响的二阶近似项,给出二阶近似剩余模态,但罗宾未能认识到与剩余模态相应的广义坐标是界面力这一物理本质,也未给出分析表达式.后来克雷格-陈和王文亮一致指出剩余模态可以看作里茨模态基,相应的界面力可作为广义坐标,假设子结构位移为

$$X_d^{(2)} = \boldsymbol{\phi}_{EL}q_{EL} + (G_{Hm} + \omega^2 G_H M G_{Hm})f_{0m} \tag{7.5.30}$$

等号右边第二项的物理意义为他们引入的高阶非保留模态的二阶近似,即二阶近似剩余模态,其物理意义由以下推导可以看到.

由式(7.5.4)有

$$KX_d = F_0 + \omega^2 M X_d \tag{7.5.31}$$

令上式右端惯性项中的X_d用式(7.5.26)的准静态坐标$\bar{X}_d$表示,则考虑位移$\bar{X}_d$的惯性力的准静态位移$\bar{X}_d^{(2)}$的方程为

$$K\bar{X} = F_0 + \omega^2 M(\bar{X}_L + \bar{X}_H)$$

将式(7.5.27)与式(7.5.28)代入上式,得

$$K\bar{X} = F_0 + \omega^2 M(G_L + G_H)F_0 \tag{7.5.32}$$

式(7.5.32)的考虑惯性力的准静态响应$\bar{X}_d^{(2)}$仍按式(7.5.5)表示为

$$\overline{X}_d^{(2)} = \overline{X}_L^{(2)} + \overline{X}_H^{(2)} = \boldsymbol{\phi}_{EL}\,\overline{q}_{EL} + \boldsymbol{\phi}_{EH}\,\overline{q}_{EH} \tag{7.5.33}$$

代入式(7.5.32),得

$$K(\boldsymbol{\phi}_{EL}\,\overline{q}_{EL} + \boldsymbol{\phi}_{EH}\,\overline{q}_{EH}) = [I + \omega^2 M(G_L + G_H)]F_0 \tag{7.5.34}$$

两边同时左乘 $\boldsymbol{\phi}_{EH}^{\mathrm{T}}$,考虑正交性关系,得

$$\boldsymbol{\Lambda}_{EH}\,\overline{q}_{EH} = (\boldsymbol{\phi}_{EH}^{\mathrm{T}} + \omega^2\boldsymbol{\phi}_{EH}^{\mathrm{T}}MG_H)F_0 \tag{7.5.35}$$

$$\begin{aligned}\overline{X}_H^{(2)} &= \boldsymbol{\phi}_{EH}\,\overline{q}_{EH} = (\boldsymbol{\phi}_{EH}\boldsymbol{\Lambda}_{EH}^{-1}\boldsymbol{\phi}_{EH}^{\mathrm{T}} + \omega^2\boldsymbol{\phi}_{EH}\boldsymbol{\Lambda}_{EH}^{-1}\boldsymbol{\phi}_{EH}^{\mathrm{T}}MG_H)F_0\\ &= (G_H + \omega^2 G_H M G_H)F_0 = (G_{Hm} + \omega^2 G_H M G_{Hm})f_{0m}\end{aligned} \tag{7.5.36}$$

将式(7.5.5)中的高阶模态项 $\boldsymbol{\phi}_{EH}q_{EH}$ 用考虑惯性力的高阶模态准静态响应 $\overline{X}_H^{(2)}$ 表示,即得罗宾的假设位移式(7.5.30).

3. 存在刚体模态自由子结构的一阶、二阶近似剩余模态

当自由子结构存在刚体模态时,K 是奇异矩阵,即 K^{-1} 不存在.因而不能用式(7.5.24a)计算柔度矩阵 G_E.

当 K 是奇异矩阵时,由式(5.3.92),简谐振动的方程式(7.5.4)化为

$$(\overline{K} - \omega^2\overline{M})X_c = Q^{\mathrm{T}}BF_0 \tag{7.5.37}$$

$$\overline{K} = Q^{\mathrm{T}}BKB^{\mathrm{T}}Q,\quad \overline{M} = Q^{\mathrm{T}}BMB^{\mathrm{T}}Q \tag{7.5.38}$$

式(5.3.90)、式(5.3.94)化为

$$\begin{gathered}X_e = B^{\mathrm{T}}QX_c,\quad B = I - M\boldsymbol{\phi}_{ER}\boldsymbol{\phi}_{ER}^{\mathrm{T}}\\ Q = \begin{bmatrix}0\\ I\end{bmatrix}_{n(n-r)},\quad I\text{ 为 }n-r\text{ 阶单位矩阵}\end{gathered} \tag{7.5.39}$$

完全忽略式(7.5.37)中的惯性项,得准静态方程

$$\overline{K}X_c = Q^{\mathrm{T}}BF_0$$

从而有

$$X_c = \overline{K}^{-1}Q^{\mathrm{T}}BF_0$$

则子结构准静态弹性位移 X_e 为

$$X_e = B^{\mathrm{T}}QX_c = B^{\mathrm{T}}Q\overline{K}^{-1}Q^{\mathrm{T}}BF_0 = G_EF_0 \tag{7.5.40}$$

即柔度矩阵 G_E 为

$$G_E = B^{\mathrm{T}}Q\overline{K}^{-1}Q^{\mathrm{T}}B \tag{7.5.41}$$

有了柔度矩阵 G_E,仍然可以用式(7.5.24)计算 G_H 与 G_{Hm},考虑一阶近似剩余模态和二阶近似剩余模态的假设位移分别为

$$\begin{aligned}X_d^{(1)} &= \boldsymbol{\phi}_{ER}q_{ER} + \boldsymbol{\phi}_{EK}q_{EK} + G_{Hm}f_{0m} = \boldsymbol{\phi}_{EL}q_{EL} + G_{Hm}f_{0m}\\ X_d^{(2)} &= \boldsymbol{\phi}_{ER}q_{ER} + \boldsymbol{\phi}_{EK}q_{EK} + (G_{Hm} + \omega^2 G_H M G_{Hm})f_{0m}\\ &= \boldsymbol{\phi}_{EL}q_{EL} + (G_{Hm} + \omega^2 G_H M G_{Hm})f_{0m}\end{aligned} \tag{7.5.42}$$

对于存在刚体模态的自由子结构综合，还可以采用移频法来解决.这个方法令

$$\omega^2 = \bar{\omega}^2 - \omega_0^2 \tag{7.5.43}$$

将特征值 ω^2 移轴 ω_0^2，将式(7.5.43)代入式(7.5.4)，得

$$(\boldsymbol{K} - \omega^2 \boldsymbol{M})\boldsymbol{X}_d = (\boldsymbol{K} + \omega_0^2 \boldsymbol{M} - \bar{\omega}^2 \boldsymbol{M})\boldsymbol{X}_d = \boldsymbol{F}_0$$

即

$$(\boldsymbol{K}_{\omega_0} - \bar{\omega}^2 \boldsymbol{M})\boldsymbol{X}_d = \boldsymbol{F}_0 \tag{7.5.44}$$

$$\boldsymbol{K}_{\omega_0} = \boldsymbol{K} + \omega_0^2 \boldsymbol{M} \tag{7.5.45}$$

虽然 $\boldsymbol{K}$ 是奇异矩阵，但 $\boldsymbol{K}_{\omega_0}$ 是非奇异矩阵，可以求逆，有

$$\boldsymbol{G}_{E\omega_0} = \boldsymbol{K}_{\omega_0}^{-1}$$

因而可以用无刚体模态的假设位移式(7.5.23)或式(7.5.30)进行综合，求得特征值 $\bar{\omega}^2$ 之后，代入式(7.5.43)即得总体系统的特征值.

4. 直接代入法综合

根据上述分析，可以把各种情况的子结构假设位移统一表示为

$$\begin{aligned} \boldsymbol{X}_d &= \boldsymbol{\phi}_{ER}\boldsymbol{q}_{ER} + \boldsymbol{\phi}_{EK}\boldsymbol{q}_{EK} + \overline{\boldsymbol{\Psi}}_m \boldsymbol{f}_{0m} = \boldsymbol{\phi}_{EL}\boldsymbol{q}_{EL} + \overline{\boldsymbol{\Psi}}_m \boldsymbol{f}_{0m} \\ &= [\boldsymbol{\phi}_{EL} \quad \overline{\boldsymbol{\Psi}}_m] \begin{Bmatrix} \boldsymbol{q}_{EL} \\ \boldsymbol{f}_{0m} \end{Bmatrix} = \boldsymbol{\phi}_d \boldsymbol{q}_d \end{aligned} \tag{7.5.46}$$

其中

$$\begin{aligned} &\boldsymbol{\phi}_d = [\boldsymbol{\phi}_{EL} \quad \overline{\boldsymbol{\Psi}}_m], \quad \boldsymbol{\phi}_{EL} = [\boldsymbol{\phi}_{ER} \quad \boldsymbol{\phi}_{EK}] \\ &\boldsymbol{q}_{EL} = \begin{bmatrix} \boldsymbol{q}_{ER} \\ \boldsymbol{q}_{EK} \end{bmatrix}, \quad \boldsymbol{q}_d = \begin{bmatrix} \boldsymbol{q}_{EL} \\ \boldsymbol{f}_{0m} \end{bmatrix} \end{aligned} \tag{7.5.47}$$

界面位移 $\boldsymbol{X}_m$ 为

$$\boldsymbol{X}_m = \boldsymbol{\phi}_{ELm}\boldsymbol{q}_{EL} + \overline{\boldsymbol{\Psi}}_{mm}\boldsymbol{f}_{0m} \tag{7.5.48}$$

其中

$$\overline{\boldsymbol{\Psi}}_{mm} = [\boldsymbol{0} \quad \boldsymbol{I}]\overline{\boldsymbol{\Psi}}_m \tag{7.5.49}$$

界面剩余模态 $\overline{\boldsymbol{\Psi}}_m$ 为

$$\overline{\boldsymbol{\Psi}}_m = \begin{cases} \boldsymbol{G}_{Hm}, & \text{一阶近似} \\ \boldsymbol{G}_{Hm} + \omega^2 \boldsymbol{G}_H \boldsymbol{M} \boldsymbol{G}_{Hm}, & \text{二阶近似} \end{cases} \tag{7.5.50}$$

$$\boldsymbol{G}_H = \boldsymbol{G}_E - \boldsymbol{G}_L \tag{7.5.51}$$

$$\boldsymbol{G}_E = \begin{cases} \boldsymbol{K}^{-1}, & \text{无刚体模态} \\ \boldsymbol{B}^{\mathrm{T}}\boldsymbol{Q}\overline{\boldsymbol{K}}^{-1}\boldsymbol{Q}^{\mathrm{T}}\boldsymbol{B}, & \text{有刚体模态} \end{cases} \tag{7.5.52}$$

$$\boldsymbol{G}_L = \boldsymbol{\phi}_{EL}\boldsymbol{\Lambda}_{EL}^{-1}\boldsymbol{\phi}_{EL}^{\mathrm{T}} \tag{7.5.53}$$

当无刚体模态时，由式(7.5.24)的第一个式子有

$$G_E = K^{-1} = \phi_E \Lambda_E^{-1} \phi_E^{\mathrm{T}} = \phi_{EL} \Lambda_{EL}^{-1} \phi_{EL}^{\mathrm{T}} + \phi_{EH} \Lambda_{EH}^{-1} \phi_{EH}^{\mathrm{T}} \tag{7.5.54a}$$

当有刚体模态无纯静态模态时,由式(7.5.41)有

$$G_E = B^{\mathrm{T}} Q \bar{K}^{-1} Q^{\mathrm{T}} B = \phi_E \Lambda_E^{-1} \phi_E^{\mathrm{T}} = \phi_{EL} \Lambda_{EL}^{-1} \phi_{EL}^{\mathrm{T}} + \phi_{EH} \Lambda_{EH}^{-1} \phi_{EH}^{\mathrm{T}} \tag{7.5.54b}$$

将式(7.5.54a)、式(7.5.54b)、式(7.5.53)代入式(7.5.51),并令

$$\Psi_1 = G_H = \phi_{EH} \Lambda_{EH}^{-1} \phi_{EH}^{\mathrm{T}} \tag{7.5.55a}$$

有

$$\Psi_2 = G_H M G_H = \phi_{EH} \Lambda_{EH}^{-1} \phi_{EH}^{\mathrm{T}} M \phi_{EH} \Lambda_{EH}^{-1} \phi_{EH}^{\mathrm{T}} = \phi_{EH} \Lambda_{EH}^{-2} \phi_{EH}^{\mathrm{T}} \tag{7.5.55b}$$

将式(7.5.55)代入式(7.5.50),有

$$\bar{\Psi} = \begin{cases} \Psi_1, & \text{一阶近似} \\ \Psi_1 + \omega^2 \Psi_2, & \text{二阶近似} \end{cases} \tag{7.5.56a}$$

则界面剩余模态 $\bar{\Psi}_m$ 为

$$\bar{\Psi}_m = \begin{cases} \Psi_{1m}, & \text{一阶近似} \\ \Psi_{1m} + \omega^2 \Psi_{2m}, & \text{二阶近似} \end{cases} \tag{7.5.56b}$$

$$\bar{\Psi}_{mm} = \begin{cases} \Psi_{1mm}, & \text{一阶近似} \\ \Psi_{1mm} + \omega^2 \Psi_{2mm}, & \text{二阶近似} \end{cases} \tag{7.5.57a}$$

$$\begin{aligned} \Psi_{1m} &= \phi_{EH} \Lambda_{EH}^{-1} \phi_{EHm}^{\mathrm{T}}, \quad \Psi_{2m} = \phi_{EH} \Lambda_{EH}^{-2} \phi_{EHm}^{\mathrm{T}} \\ \Psi_{1mm} &= \phi_{EHm} \Lambda_{EH}^{-1} \phi_{EHm}^{\mathrm{T}}, \quad \Psi_{2mm} = \phi_{EHm} \Lambda_{EH}^{-2} \phi_{EHm}^{\mathrm{T}} \end{aligned} \tag{7.5.57b}$$

现在考虑两个子结构 A 与 B 的综合.

对于子结构 A 有

$$(\Lambda_{EL}^A - \omega^2 I_{EL}) q_{EL}^A = (\phi_{ELm}^A)^{\mathrm{T}} f_{0m}^A \tag{7.5.58a}$$

$$X_m^A = \phi_{ELm}^A q_{EL}^A + \bar{\Psi}_{mm}^A f_{0m}^A \tag{7.5.58b}$$

对于子结构 B 有

$$(\Lambda_{EL}^B - \omega^2 I_{EL}) q_{EL}^B = (\phi_{ELm}^B)^{\mathrm{T}} f_{0m}^B \tag{7.5.59a}$$

$$X_m^B = \phi_{ELm}^B q_{EL}^B + \bar{\Psi}_{mm}^B f_{0m}^B \tag{7.5.59b}$$

交界面位移和力的协调条件为

$$X_m^A = X_m^B \tag{7.5.60a}$$

$$f_{0m}^A = -f_{0m}^B = f_{0m} \tag{7.5.60b}$$

将式(7.5.58b)、式(7.5.59b)代入式(7.5.60a),得

$$\begin{aligned} f_{0m}^A &= -f_{0m}^B = \bar{K}_m (\phi_{ELm}^B q_{EL}^B - \phi_{ELm}^A q_{EL}^A) \\ \bar{K}_m &= (\bar{\Psi}_{mm}^A + \bar{\Psi}_{mm}^B)^{-1} \end{aligned} \tag{7.5.61}$$

将式(7.5.61)直接代入式(7.5.58a)、式(7.5.59a),得系统综合方程为

$$[\mathcal{K}_1(\overline{\boldsymbol{K}}_m) - \omega^2 \boldsymbol{M}_0]\boldsymbol{q} = \boldsymbol{0} \tag{7.5.62}$$

其中

$$\boldsymbol{q} = \begin{bmatrix} \boldsymbol{q}_{EL}^A \\ \boldsymbol{q}_{EL}^B \end{bmatrix}, \quad \boldsymbol{M}_0 = \begin{bmatrix} \boldsymbol{I}_{EL}^A & \boldsymbol{0} \\ \boldsymbol{0} & \boldsymbol{I}_{EL}^B \end{bmatrix}$$

$$\mathcal{K}_1(\overline{\boldsymbol{K}}_m) = \mathcal{K}_1(\boldsymbol{E})\Big|_{\boldsymbol{E}=\overline{\boldsymbol{K}}_m} \tag{7.5.63}$$

$$\overline{\boldsymbol{K}}_m = (\overline{\boldsymbol{\Psi}}_{mm}^A + \overline{\boldsymbol{\Psi}}_{mm}^B)^{-1}$$

$\overline{\boldsymbol{\Psi}}_{mm}$见式(7.5.57a),取二阶近似,有

$$\begin{aligned} \overline{\boldsymbol{K}}_m &= [(\boldsymbol{\Psi}_{1mm}^A + \boldsymbol{\Psi}_{1mm}^B) + \omega^2(\boldsymbol{\Psi}_{2mm}^A + \boldsymbol{\Psi}_{2mm}^B)]^{-1} \\ &= (\boldsymbol{K}_{m1} + \omega^2 \boldsymbol{K}_{m2})^{-1} \\ &= \boldsymbol{K}_{m1}^{-1} - \omega^2 \boldsymbol{K}_{m1}^{-1}\boldsymbol{K}_{m2}\boldsymbol{K}_{m1}^{-1} + \omega^4 \overline{\boldsymbol{K}}_m \boldsymbol{K}_{m2}\boldsymbol{K}_{m1}^{-1}\boldsymbol{K}_{m2}\boldsymbol{K}_{m1}^{-1} \\ &= \boldsymbol{K}_{m1}^{-1} - \omega^2 \boldsymbol{N}_{m1} + \omega^4 \overline{\boldsymbol{K}}_m \boldsymbol{K}_{m2}\boldsymbol{N}_{m1} \\ &= \boldsymbol{K}_{m1}^{-1} - \omega^2 \boldsymbol{N}_{m1} + \omega^4 \boldsymbol{N}_{m2} \end{aligned} \tag{7.5.64}$$

$$\begin{aligned} &\boldsymbol{K}_{m1} = \boldsymbol{\Psi}_{1mm}^A + \boldsymbol{\Psi}_{1mm}^B, \quad \boldsymbol{K}_{m2} = \boldsymbol{\Psi}_{2mm}^A + \boldsymbol{\Psi}_{2mm}^B \\ &\boldsymbol{N}_{m1} = \boldsymbol{K}_{m1}^{-1}\boldsymbol{K}_{m2}\boldsymbol{K}_{m1}^{-1}, \quad \boldsymbol{N}_{m2} = \overline{\boldsymbol{K}}_m \boldsymbol{K}_{m2}\boldsymbol{N}_{m1} \end{aligned} \tag{7.5.65}$$

将式(7.5.64)代入式(7.5.62),得罗宾的二阶近似剩余模态综合方程为

$$\{\mathcal{K}_1(\boldsymbol{K}_{m1}^{-1}) - \omega^2[\boldsymbol{M}_0 + \mathcal{M}_1(\boldsymbol{N}_{m1}) - \omega^2 \mathcal{M}_1(\boldsymbol{N}_{m2})]\}\boldsymbol{q} = \boldsymbol{0} \tag{7.5.66}$$

其中

$$\begin{aligned} \mathcal{K}_1(\boldsymbol{K}_{m1}^{-1}) &= \mathcal{K}_1(\boldsymbol{E})\Big|_{\boldsymbol{E}=\boldsymbol{K}_{m1}^{-1}} \\ \mathcal{M}_1(\boldsymbol{N}_{m1}) &= \mathcal{M}_1(\boldsymbol{E})\Big|_{\boldsymbol{E}=\boldsymbol{N}_{m1}} \\ \mathcal{M}_1(\boldsymbol{N}_{m2}) &= \mathcal{M}_1(\boldsymbol{E})\Big|_{\boldsymbol{E}=\boldsymbol{N}_{m2}} \end{aligned} \tag{7.5.67}$$

这里,引入的符号 $\mathcal{K}_1(\boldsymbol{E})$与 $\mathcal{M}_1(\boldsymbol{E})$分别为

$$\mathcal{K}_1(\boldsymbol{E}) = \begin{bmatrix} \boldsymbol{\Lambda}_{EL}^A + \overline{\mathcal{M}}_{AA}(\boldsymbol{E}) & -\overline{\mathcal{M}}_{AB}(\boldsymbol{E}) \\ -\overline{\mathcal{M}}_{BA}(\boldsymbol{E}) & \boldsymbol{\Lambda}_{EL}^B + \overline{\mathcal{M}}_{BB}(\boldsymbol{E}) \end{bmatrix} \tag{7.5.68}$$

$$\mathcal{M}_1(\boldsymbol{E}) = \begin{bmatrix} \overline{\mathcal{M}}_{AA}(\boldsymbol{E}) & -\overline{\mathcal{M}}_{AB}(\boldsymbol{E}) \\ -\overline{\mathcal{M}}_{BA}(\boldsymbol{E}) & \overline{\mathcal{M}}_{BB}(\boldsymbol{E}) \end{bmatrix} \tag{7.5.69}$$

$$\overline{\mathcal{M}}_{rs}(\boldsymbol{E}) = (\boldsymbol{\phi}_{ELm}^r)^{\mathrm{T}} \boldsymbol{E} \boldsymbol{\phi}_{ELm}^s, \quad r, s = A, B \tag{7.5.70}$$

对于一阶近似剩余模态，有 $\boldsymbol{\Psi}_{2m}=\mathbf{0}$，$\boldsymbol{K}_{m2}=\mathbf{0}$，代入式(7.5.66)，知一阶近似剩余模态综合方程为线性方程，即

$$[\mathscr{K}_1(\boldsymbol{K}_{m1}^{-1})-\omega^2\boldsymbol{M}_0]\boldsymbol{q}=\mathbf{0} \tag{7.5.71}$$

对于二阶近似剩余模态，综合方程(7.5.66)为非线性方程.这有两种方法求解：

(1) 忽略高阶项 $\boldsymbol{N}_{m2}=\overline{\boldsymbol{K}}_m\boldsymbol{K}_{m2}\boldsymbol{N}_{m1}$，给出近似的线性方程

$$\{\mathscr{K}_1(\boldsymbol{K}_{m1}^{-1})-\omega^2[\boldsymbol{M}_0+\mathscr{M}_1(\boldsymbol{N}_{m1})]\}\boldsymbol{q}=\mathbf{0} \tag{7.5.72}$$

(2) 用迭代法求解，式(7.5.66)改写为

$$\{\boldsymbol{K}_1(\boldsymbol{K}_{m1}^{-1})-\omega_{i+1}^2[\boldsymbol{M}_0+\boldsymbol{M}_1(\boldsymbol{N}_{m1})-\omega_i^2\boldsymbol{M}_1(\boldsymbol{N}_{m2})]\}\boldsymbol{q}=\mathbf{0}$$

当取初值 $\omega_i=0$ 时，一阶近似方程为

$$\{\mathscr{K}_1(\boldsymbol{K}_{m1}^{-1})-\omega^2[\boldsymbol{M}_0+\mathscr{M}_1(\boldsymbol{N}_{m1})]\}\boldsymbol{q}=\mathbf{0} \tag{7.5.73}$$

式(7.5.73)即是式(7.5.72).

5. 里茨法综合

克雷格-陈和王文亮都建议采用里茨法给出综合方程.将子结构假设位移式(7.5.46)代入子结构运动方程(7.5.4)，并且两边左乘 $\boldsymbol{\phi}_d^{\mathrm{T}}$，得

$$\left(\begin{bmatrix}\boldsymbol{\Lambda}_{EL} & \mathbf{0}\\ \mathbf{0} & \overline{\boldsymbol{\kappa}}_m\end{bmatrix}-\omega^2\begin{bmatrix}\boldsymbol{I}_{EL} & \mathbf{0}\\ \mathbf{0} & \overline{\boldsymbol{\mu}}_m\end{bmatrix}\right)\begin{Bmatrix}\boldsymbol{q}_l\\ \boldsymbol{f}_{0m}\end{Bmatrix}=\begin{Bmatrix}\boldsymbol{\phi}_{ELm}^{\mathrm{T}}\boldsymbol{f}_{0m}\\ \overline{\boldsymbol{\Psi}}_m^{\mathrm{T}}\boldsymbol{f}_{0m}\end{Bmatrix} \tag{7.5.74}$$

$$\overline{\boldsymbol{\kappa}}_m=(\boldsymbol{\Psi}_{1m}+\omega^2\boldsymbol{\Psi}_{2m})^{\mathrm{T}}\boldsymbol{K}(\boldsymbol{\Psi}_{1m}+\omega^2\boldsymbol{\Psi}_{2m}) \tag{7.5.75}$$

$$\overline{\boldsymbol{\mu}}_m=(\boldsymbol{\Psi}_{1m}+\omega^2\boldsymbol{\Psi}_{2m})^{\mathrm{T}}\boldsymbol{M}(\boldsymbol{\Psi}_{1m}+\omega^2\boldsymbol{\Psi}_{2m}) \tag{7.5.76}$$

将子结构 A 与 B 的运动方程(7.5.74)排列在一起，得系统运动方程

$$\left(\begin{bmatrix}\boldsymbol{\Lambda}_{EL}^A & \mathbf{0} & \mathbf{0} & \mathbf{0}\\ \mathbf{0} & \overline{\boldsymbol{\kappa}}_m^A & \mathbf{0} & \mathbf{0}\\ \mathbf{0} & \mathbf{0} & \boldsymbol{\Lambda}_{EL}^B & \mathbf{0}\\ \mathbf{0} & \mathbf{0} & \mathbf{0} & \overline{\boldsymbol{\kappa}}_m^B\end{bmatrix}-\omega^2\begin{bmatrix}\boldsymbol{I}_{EL}^A & \mathbf{0} & \mathbf{0} & \mathbf{0}\\ \mathbf{0} & \overline{\boldsymbol{\mu}}_m^A & \mathbf{0} & \mathbf{0}\\ \mathbf{0} & \mathbf{0} & \boldsymbol{I}_{EL}^B & \mathbf{0}\\ \mathbf{0} & \mathbf{0} & \mathbf{0} & \overline{\boldsymbol{\mu}}_m^B\end{bmatrix}\right)\begin{Bmatrix}\boldsymbol{q}_L^A\\ \boldsymbol{f}_{0m}^A\\ \boldsymbol{q}_L^B\\ \boldsymbol{f}_{0m}^B\end{Bmatrix}=\begin{Bmatrix}(\boldsymbol{\phi}_{ELm}^A)^{\mathrm{T}}\boldsymbol{f}_{0m}^A\\ (\overline{\boldsymbol{\Psi}}_m^A)^{\mathrm{T}}\boldsymbol{f}_{0m}^A\\ (\boldsymbol{\phi}_{ELm}^B)^{\mathrm{T}}\boldsymbol{f}_{0m}^B\\ (\overline{\boldsymbol{\Psi}}_m^B)^{\mathrm{T}}\boldsymbol{f}_{0m}^B\end{Bmatrix} \tag{7.5.77}$$

利用方程(7.5.60)，有

$$\boldsymbol{q}_{AB}=\boldsymbol{N}\boldsymbol{q} \tag{7.5.78}$$

$$\boldsymbol{q}_{AB}=\begin{Bmatrix}\boldsymbol{q}_{EL}^A\\ \boldsymbol{f}_{0m}^A\\ \boldsymbol{q}_{EL}^B\\ \boldsymbol{f}_{0m}^B\end{Bmatrix},\quad \boldsymbol{q}=\begin{Bmatrix}\boldsymbol{q}_{EL}^A\\ \boldsymbol{q}_{EL}^B\end{Bmatrix} \tag{7.5.79}$$

$$
N = \begin{bmatrix} I & 0 \\ -\overline{K}_m \phi^A_{ELm} & \overline{K}_m \phi^B_{ELm} \\ 0 & I \\ \overline{K}_m \phi^A_{ELm} & -\overline{K}_m \phi^B_{ELm} \end{bmatrix} \tag{7.5.80}
$$

变换矩阵 N 是频率 ω^2 的函数，仍将式(7.5.78)看作一组变换.按里茨法，将式(7.5.78)代入式(7.5.77)并左乘 N^{T}，得综合方程

$$
\{\mathscr{K}_1(\mathscr{k}_m) - \omega^2[M_0 + \mathscr{M}_1(\mathscr{m}_m)]\}q = 0 \tag{7.5.81}
$$

其中

$$
\mathscr{k}_m = \overline{K}_m^{\mathrm{T}}(\overline{\kappa}_m^A + \overline{\kappa}_m^B)\overline{K}_m, \quad \mathscr{m}_m = \overline{K}_m^{\mathrm{T}}(\overline{\mu}_m^A + \overline{\mu}_m^B)\overline{K}_m \tag{7.5.82}
$$

对于一阶近似有

$$
\begin{aligned}
&\overline{\kappa}_m = \Psi_{1m}^{\mathrm{T}} K \Psi_{1m} = \Psi_{1mm}, \quad \overline{\mu}_m = \Psi_{1m}^{\mathrm{T}} M \Psi_{1m} = \Psi_{2mm} \\
&\overline{K}_m = (\Psi_{1mm}^A + \Psi_{1mm}^B)^{-1} = K_{m1} \\
&\overline{\mathscr{k}}_m = K_{m1}^{\mathrm{T}}(\overline{\kappa}_m^A + \overline{\kappa}_m^B)K_{m1} = K_{m1}^{\mathrm{T}}(\Psi_{1mm}^A + \Psi_{1mm}^B)K_{m1} \\
&\quad = K_{m1} \\
&\overline{\mathscr{m}}_m = K_{m1}^{\mathrm{T}}(\overline{\mu}_m^A + \overline{\mu}_m^B)K_{m1} = K_{m1}^{\mathrm{T}}(\Psi_{2mm}^A + \Psi_{2mm}^B)K_{m1} \\
&\quad = K_{m1}K_{m2}K_{m1} = N_{m1}
\end{aligned} \tag{7.5.83}
$$

将式(7.5.83)代入式(7.5.81)，得一阶近似剩余模态综合方程为

$$
\{\mathscr{K}_1(K_{m1}^{-1}) - \omega^2[M_0 + \mathscr{M}_1(N_{m1})]\}q = 0 \tag{7.5.84}
$$

此式与式(7.5.72)完全相同.由此可见，采用一阶近似剩余模态的里茨法综合方程(7.5.84)与采用二阶近似剩余模态的直接代入法综合方程(7.5.72)基本一致.因此，采用里茨法进行综合可以提高综合方程的精度.

例 7.7 分析如图 7.3 所示的空间双层框架的模态特性.

解 组成框架的每一钢杆均长 30 cm，直径为 8 mm.图 7.3(a)为 144 个自由度的整体模型；图7.3(b)为分成底层框与上层框的子结构模型，上层框为具有 6 个刚体自由度的悬浮子结构，底层框是受外约束的.表 7.13 为用里茨法综合(取不同综合自由度)与有限元整体解以及测试值的对比.

表 7.13　计算结果和比较

	l[①]	sd[②]	频　率(Hz)							
			1[③]	2	3[③]	4	5	6	7	8
里茨法综合	1=0 2=0	6	22.438 47	29.323 26	78.584 28					
	3 6	15	22.409 69	29.205 95	72.310 71	83.203 72	89.355 86	202.132 40	207.736 88	227.604 67
	12 18	36	22.409 28	29.205 94	72.118 28	79.920 18	89.355 86	115.408 41	185.030	197.853 12
	23 19	48	22.400 28	29.205 94	72.118 28	79.920 18	89.355 86	115.408 41	185.030	197.063 91
	25 30	61	22.409 28	29.205 94	72.112 83	79.920 09	89.344 60	115.384 40	185.030	197.063 76
有限元素整体解			22.409 28	29.205 94	72.112 83	79.920 10	89.344 59	115.384 35	185.030 20	197.063 73
测试值			22.6	29.6	73.3	81.6	90.8	118.5	184.5	195.8

① l 表示子结构保留的自由界面主模态数；
② sd 表示综合自由度数，$sd = R + l_1 + l_2$；
③ 二重根特征值频率.

7.6　采用自由界面模态的精确动态子结构方法及其近似

邱吉宝、谭志勇和应祖光用解析法采用模态展开定理(Ⅰ)导出自由界面模态精确动态子结构方法,并证明精确的剩余柔度表达式是由二阶近似剩余柔度和高阶余项组成的.当取一阶近似时,就是麦克尼尔的剩余柔度;当取二阶近似时,就是罗宾的剩余柔度.采用精确的剩余柔度就可以建立高精度的自由界面模态综合技术,它的零阶近似是霍给出的自由界面模态综合法,它的一阶近似是麦克尼尔提出的一阶近似自由界面模态综合法,它的二阶近似是罗宾、克雷格-陈和王文亮等介绍的自由界面模态综合法,由此为上一节介绍的各种自由界面近似方法所假设的位移表达式的精度给予明确的评价.因而采用自由界面模态的精确动态子结构方法从解析法的角度说明了各种近似方法的近似处理的合理性,是霍、麦克尼尔、罗宾、克雷格-陈和王文亮方法的自然发展与完善,从而形成自由子结构法的系统理论.

7.6.1　自由界面精确动态子结构方法

1. 模态展开定理(Ⅰ)

6.1.1节介绍模态展开定理(Ⅰ),用解析方法导出每个子结构的位移幅值 $\boldsymbol{X}$ 的模态展开式(6.1.13)为

$$\boldsymbol{X}_d = \boldsymbol{\phi}_E(\boldsymbol{\Lambda}_E - \omega^2\boldsymbol{I}_E)^{-1}\boldsymbol{\phi}_E^{\mathrm{T}}\boldsymbol{f}_0 = \boldsymbol{\phi}_E\bar{\boldsymbol{q}}_E \tag{7.6.1}$$

其中

$$\begin{aligned}
\boldsymbol{\phi}_E &= [\boldsymbol{\phi}_{ER}\quad \boldsymbol{\phi}_{EK}\quad \boldsymbol{\phi}_{EH}] = [\boldsymbol{\phi}_{EL}\quad \boldsymbol{\phi}_{EH}]\\
\boldsymbol{\phi}_{EL} &= [\boldsymbol{\phi}_{ER}\quad \boldsymbol{\phi}_{EK}]\\
\bar{\boldsymbol{q}}_E &= [\boldsymbol{q}_{ER}^{\mathrm{T}}\quad \boldsymbol{q}_{EK}^{\mathrm{T}}\quad \boldsymbol{q}_{EH}^{\mathrm{T}}]^{\mathrm{T}} = [\boldsymbol{q}_{EL}^{\mathrm{T}}\quad \boldsymbol{q}_{EH}^{\mathrm{T}}]^{\mathrm{T}}\\
\boldsymbol{q}_{EL} &= [\boldsymbol{q}_{ER}^{\mathrm{T}}\quad \boldsymbol{q}_{EK}^{\mathrm{T}}]^{\mathrm{T}}
\end{aligned} \tag{7.6.2}$$

从而得模态坐标解耦每个子结构运动方程为

$$(\boldsymbol{K}_E - \lambda\boldsymbol{M}_E)\bar{\boldsymbol{q}}_E = \boldsymbol{F}_E \tag{7.6.3}$$

其中

$$\boldsymbol{K}_E = \begin{bmatrix}\boldsymbol{\Lambda}_{EL} & \boldsymbol{0}\\ \boldsymbol{0} & \boldsymbol{\Lambda}_{EH}\end{bmatrix},\quad \boldsymbol{M}_E = \begin{bmatrix}\boldsymbol{I}_{EL} & \boldsymbol{0}\\ \boldsymbol{0} & \boldsymbol{I}_{EH}\end{bmatrix},\quad \boldsymbol{F}_E = \begin{Bmatrix}\boldsymbol{\phi}_{ELm}^{\mathrm{T}}\boldsymbol{f}_{0m}\\ \boldsymbol{\phi}_{EHm}^{\mathrm{T}}\boldsymbol{f}_{0m}\end{Bmatrix} \tag{7.6.4}$$

相应的界面位移为

$$\boldsymbol{X}_m = \boldsymbol{\phi}_{ELm}\boldsymbol{q}_{EL} + \boldsymbol{\phi}_{EHm}\boldsymbol{q}_{EH} \tag{7.6.5}$$

2. 系统综合

考虑两个子结构 A 与 B 的简单情况,交界面位移与力的协调条件为

$$\boldsymbol{X}_m^A = \boldsymbol{X}_m^B, \quad \boldsymbol{f}_{0m}^A + \boldsymbol{f}_{0m}^B = \boldsymbol{0} \tag{7.6.6}$$

由式(7.6.5)、式(7.6.6)的第一个式子有

$$\boldsymbol{\phi}_{ELm}^A \boldsymbol{q}_{EL}^A + \boldsymbol{\phi}_{EHm}^A \boldsymbol{q}_{EH}^A = \boldsymbol{\phi}_{ELm}^B \boldsymbol{q}_{EL}^B + \boldsymbol{\phi}_{EHm}^B \boldsymbol{q}_{EH}^B \tag{7.6.7}$$

通常,A 子结构的低阶模态数 L^A 大于交界面自由度数 m.令

$$Q = L^A - m$$

$\boldsymbol{\phi}_{ELm}^A$ 可分划为

$$\boldsymbol{\phi}_{ELm}^A = [\boldsymbol{\phi}_{mm}^A \quad \boldsymbol{\phi}_{Qm}^A] \tag{7.6.8}$$

式中,$\boldsymbol{\phi}_{mm}^A$ 是非奇异的.式(7.6.7)化为

$$\boldsymbol{\phi}_{mm}^A \boldsymbol{q}_{ELm}^A + \boldsymbol{\phi}_{Qm}^A \boldsymbol{q}_{ELQ}^A + \boldsymbol{\phi}_{EHm}^A \boldsymbol{q}_{EH}^A = \boldsymbol{\phi}_{ELm}^B \boldsymbol{q}_{EL}^B + \boldsymbol{\phi}_{EHm}^B \boldsymbol{q}_{EH}^B \tag{7.6.9}$$

则有

$$\boldsymbol{q}_{ELm}^A = (\boldsymbol{\phi}_{mm}^A)^{-1} \boldsymbol{\phi}_{ELm}^B \boldsymbol{q}_{EL}^B + (\boldsymbol{\phi}_{mm}^A)^{-1} \boldsymbol{\phi}_{EHm}^B \boldsymbol{q}_{EH}^B - (\boldsymbol{\phi}_{mm}^A)^{-1} \boldsymbol{\phi}_{Qm}^A \boldsymbol{q}_{ELQ}^A - (\boldsymbol{\phi}_{mm}^A)^{-1} \boldsymbol{\phi}_{EHm}^A \boldsymbol{q}_{EH}^A \tag{7.6.10}$$

由此得

$$\boldsymbol{q}_{AB} = \begin{Bmatrix} \boldsymbol{q}_{ELm}^A \\ \boldsymbol{q}_{ELQ}^A \\ \boldsymbol{q}_{EH}^A \\ \boldsymbol{q}_{EL}^B \\ \boldsymbol{q}_{EH}^B \end{Bmatrix} = \boldsymbol{N} \begin{Bmatrix} \boldsymbol{q}_{ELQ}^A \\ \boldsymbol{q}_{EH}^A \\ \boldsymbol{q}_{EL}^B \\ \boldsymbol{q}_{EH}^B \end{Bmatrix} = \boldsymbol{N}\boldsymbol{q}_d \tag{7.6.11a}$$

$$\boldsymbol{N} = \begin{bmatrix} -(\boldsymbol{\phi}_{mm}^A)^{-1}\boldsymbol{\phi}_{Qm}^A & -(\boldsymbol{\phi}_{mm}^A)^{-1}\boldsymbol{\phi}_{EHm}^A & (\boldsymbol{\phi}_{mm}^A)^{-1}\boldsymbol{\phi}_{ELm}^B & (\boldsymbol{\phi}_{mm}^A)^{-1}\boldsymbol{\phi}_{EHm}^B \\ 1 & 0 & 0 & 0 \\ 0 & 1 & 0 & 0 \\ 0 & 0 & 1 & 0 \\ 0 & 0 & 0 & 1 \end{bmatrix}$$

$$\boldsymbol{q}_d = \begin{Bmatrix} \boldsymbol{q}_{ELQ}^A \\ \boldsymbol{q}_{EH}^A \\ \boldsymbol{q}_{EL}^B \\ \boldsymbol{q}_{EH}^B \end{Bmatrix} \tag{7.6.11b}$$

将子结构 A,B 的运动方程(7.6.3)简单地合列在一起,得到未耦合系统的运动方程为

$$\left(\begin{bmatrix} \boldsymbol{K}_E^A & \boldsymbol{0} \\ \boldsymbol{0} & \boldsymbol{K}_E^B \end{bmatrix} - \omega^2 \begin{bmatrix} \boldsymbol{M}_E^A & \boldsymbol{0} \\ \boldsymbol{0} & \boldsymbol{M}_E^B \end{bmatrix}\right) \begin{Bmatrix} \bar{\boldsymbol{q}}_E^A \\ \bar{\boldsymbol{q}}_E^B \end{Bmatrix} = \begin{Bmatrix} \boldsymbol{F}_E^A \\ \boldsymbol{F}_E^B \end{Bmatrix} \tag{7.6.12}$$

将式(7.6.11a)代入式(7.6.12),并在两边左乘 $\boldsymbol{N}^{\mathrm{T}}$,得

$$(\overline{\boldsymbol{K}}_d-\omega^2\overline{\boldsymbol{M}}_d)\boldsymbol{q}_d=\overline{\boldsymbol{F}}_d \tag{7.6.13}$$

其中

$$\overline{\boldsymbol{K}}_d=\boldsymbol{N}^{\mathrm{T}}\begin{bmatrix}\boldsymbol{K}_E^A & \boldsymbol{0}\\ \boldsymbol{0} & \boldsymbol{K}_E^B\end{bmatrix}\boldsymbol{N},\quad \overline{\boldsymbol{M}}_d=\boldsymbol{N}^{\mathrm{T}}\begin{bmatrix}\boldsymbol{M}_E^A & \boldsymbol{0}\\ \boldsymbol{0} & \boldsymbol{M}_E^B\end{bmatrix}\boldsymbol{N} \tag{7.6.14}$$

$$\overline{\boldsymbol{F}}_d=\boldsymbol{N}^{\mathrm{T}}\begin{bmatrix}\boldsymbol{F}_E^A\\ \boldsymbol{F}_E^B\end{bmatrix}=\begin{bmatrix}-(\boldsymbol{\phi}_{Qm}^A)^{\mathrm{T}}(\boldsymbol{\phi}_{mm}^A)^{-\mathrm{T}} & \boldsymbol{I} & \boldsymbol{0} & \boldsymbol{0} & \boldsymbol{0}\\ -(\boldsymbol{\phi}_{EHm}^A)^{\mathrm{T}}(\boldsymbol{\phi}_{mm}^A)^{-\mathrm{T}} & \boldsymbol{0} & \boldsymbol{I} & \boldsymbol{0} & \boldsymbol{0}\\ (\boldsymbol{\phi}_{ELm}^B)^{\mathrm{T}}(\boldsymbol{\phi}_{mm}^A)^{-\mathrm{T}} & \boldsymbol{0} & \boldsymbol{0} & \boldsymbol{I} & \boldsymbol{0}\\ (\boldsymbol{\phi}_{EHm}^B)^{\mathrm{T}}(\boldsymbol{\phi}_{mm}^A)^{-\mathrm{T}} & \boldsymbol{0} & \boldsymbol{0} & \boldsymbol{0} & \boldsymbol{I}\end{bmatrix}\begin{Bmatrix}(\boldsymbol{\phi}_{mm}^A)^{\mathrm{T}}\boldsymbol{f}_{0m}^A\\ (\boldsymbol{\phi}_{Qm}^A)^{\mathrm{T}}\boldsymbol{f}_{0m}^A\\ (\boldsymbol{\phi}_{EHm}^A)^{\mathrm{T}}\boldsymbol{f}_{0m}^A\\ (\boldsymbol{\phi}_{ELm}^B)^{\mathrm{T}}\boldsymbol{f}_{0m}^B\\ (\boldsymbol{\phi}_{EHm}^B)^{\mathrm{T}}\boldsymbol{f}_{0m}^B\end{Bmatrix}$$

$$=\begin{Bmatrix}\boldsymbol{0}\\ \boldsymbol{0}\\ (\boldsymbol{\phi}_{ELm}^B)^{\mathrm{T}}(\boldsymbol{f}_{0m}^A+\boldsymbol{f}_{0m}^B)\\ (\boldsymbol{\phi}_{EHm}^B)^{\mathrm{T}}(\boldsymbol{f}_{0m}^A+\boldsymbol{f}_{0m}^B)\end{Bmatrix}$$

考虑式(7.6.6)的第二个式子,有

$$\overline{\boldsymbol{F}}_d=\boldsymbol{0} \tag{7.6.15}$$

最后导出系统的综合方程为

$$(\overline{\boldsymbol{K}}_d-\omega^2\overline{\boldsymbol{M}}_d)\boldsymbol{q}_d=\boldsymbol{0} \tag{7.6.16}$$

它给出系统的全部模态,这就是精确的自由子结构法.

7.6.2 采用自由界面模态的高精度模态综合法

1. 精确剩余模态

子结构方程(7.6.3)的第二个方程为

$$(\boldsymbol{\Lambda}_{EH}-\omega^2\boldsymbol{I}_{EH})\boldsymbol{q}_{EH}=\boldsymbol{\phi}_{EH}^{\mathrm{T}}\boldsymbol{f}_0 \tag{7.6.17}$$

由此得

$$\begin{aligned}\boldsymbol{q}_{EH}&=(\boldsymbol{\Lambda}_{EH}-\omega^2\boldsymbol{I}_{EH})^{-1}\boldsymbol{\phi}_{EH}^{\mathrm{T}}\boldsymbol{f}_0\\ &=(\boldsymbol{\Lambda}_{EH}-\omega^2\boldsymbol{I}_{EH})^{-1}\boldsymbol{\phi}_{EHm}^{\mathrm{T}}\boldsymbol{f}_{0m}\end{aligned} \tag{7.6.18}$$

于是当子结构只保留低阶主模态时,高阶主模态的剩余影响 $\boldsymbol{X}_H$ 为

$$\boldsymbol{X}_H=\boldsymbol{\phi}_{EH}\boldsymbol{q}_{EH}=\boldsymbol{\phi}_{EH}(\boldsymbol{\Lambda}_{EH}-\omega^2\boldsymbol{I}_{EH})^{-1}\boldsymbol{\phi}_{EHm}^{\mathrm{T}}\boldsymbol{f}_{0m}=\boldsymbol{\Psi}_m\boldsymbol{f}_{0m} \tag{7.6.19}$$

式中

$$\boldsymbol{\Psi}_m=\boldsymbol{\Psi}\begin{bmatrix}\boldsymbol{0}\\ \boldsymbol{I}\end{bmatrix}=\boldsymbol{\phi}_{EH}(\boldsymbol{\Lambda}_{EH}-\omega^2\boldsymbol{I}_{EH})^{-1}\boldsymbol{\phi}_{EHm}^{\mathrm{T}}$$

$$\begin{aligned}\Psi &= \boldsymbol{\phi}_{EH}(\boldsymbol{\Lambda}_{EH} - \omega^2 \boldsymbol{I}_{EH})^{-1}\boldsymbol{\phi}_{EH}^{\mathrm{T}} \\ &= (\boldsymbol{K} - \omega^2 \boldsymbol{M})^{-1} - \boldsymbol{\phi}_{EL}(\boldsymbol{\Lambda}_{EL} - \omega^2 \boldsymbol{I}_{EL})^{-1}\boldsymbol{\phi}_{EL}^{\mathrm{T}}\end{aligned} \tag{7.6.20}$$

将界面力 $\boldsymbol{f}_{0m}$ 作为广义坐标，则相应的 $\boldsymbol{\Psi}_m$ 称为精确剩余柔度广义模态或精确剩余广义模态，表示未保留的高阶主模态的影响. 这样将高阶主模态精确地缩聚为精确剩余模态. 显然，$\boldsymbol{\Psi}_m$ 随着频率 ω 而变化.

将式(7.6.19)代入式(7.6.1)，得

$$\boldsymbol{X}_d = \boldsymbol{\phi}_{EL}\boldsymbol{q}_{EL} + \boldsymbol{\Psi}_m \boldsymbol{f}_{0m} = \boldsymbol{\phi}_d \boldsymbol{q}_d \tag{7.6.21}$$

$$\boldsymbol{\phi}_d = [\boldsymbol{\phi}_{EL} \quad \boldsymbol{\Psi}_m], \quad \boldsymbol{q}_d = \begin{Bmatrix} \boldsymbol{q}_{EL} \\ \boldsymbol{f}_{0m} \end{Bmatrix} \tag{7.6.22}$$

相应的界面位移为

$$\boldsymbol{X}_m = \boldsymbol{\phi}_{ELm}\boldsymbol{q}_{EL} + \boldsymbol{\Psi}_{mm}\boldsymbol{f}_{0m} \tag{7.6.23}$$

可以将精确剩余模态 $\boldsymbol{\Psi}$ 化为三项的和：

$$\boldsymbol{\Psi} = \boldsymbol{\Psi}_1 + \omega^2 \boldsymbol{\Psi}_2 + \omega^4 \overline{\boldsymbol{\Psi}}_3 = \overline{\boldsymbol{\Psi}}_2 + \omega^4 \overline{\boldsymbol{\Psi}}_3 \tag{7.6.24}$$

其中

$$\begin{aligned}&\boldsymbol{\Psi}_1 = \boldsymbol{\phi}_{EH}\boldsymbol{\Lambda}_{EH}^{-1}\boldsymbol{\phi}_{EH}^{\mathrm{T}}, \quad \boldsymbol{\Psi}_2 = \boldsymbol{\phi}_{EH}\boldsymbol{\Lambda}_{EH}^{-2}\boldsymbol{\phi}_{EH}^{\mathrm{T}} \\ &\overline{\boldsymbol{\Psi}}_3 = \boldsymbol{\phi}_{EH}(\boldsymbol{\Lambda}_{EH} - \omega^2 \boldsymbol{I}_{EH})^{-1}\boldsymbol{\Lambda}_{EH}^{-2}\boldsymbol{\phi}_{EH}^{\mathrm{T}} \\ &\overline{\boldsymbol{\Psi}}_2 = \boldsymbol{\Psi}_1 + \omega^2 \boldsymbol{\Psi}_2\end{aligned} \tag{7.6.25}$$

相应地有

$$\boldsymbol{\Psi}_m = \boldsymbol{\Psi}_{1m} + \omega^2 \boldsymbol{\Psi}_{2m} + \omega^4 \overline{\boldsymbol{\Psi}}_{3m} = \overline{\boldsymbol{\Psi}}_{2m} + \omega^4 \overline{\boldsymbol{\Psi}}_{3m} \tag{7.6.26}$$

其中

$$\begin{aligned}&\boldsymbol{\Psi}_{1m} = \boldsymbol{\phi}_{EH}\boldsymbol{\Lambda}_{EH}^{-1}\boldsymbol{\phi}_{EHm}^{\mathrm{T}}, \quad \boldsymbol{\Psi}_{2m} = \boldsymbol{\phi}_{EH}\boldsymbol{\Lambda}_{EH}^{-2}\boldsymbol{\phi}_{EHm}^{\mathrm{T}} \\ &\overline{\boldsymbol{\Psi}}_{3m} = \boldsymbol{\phi}_{EH}(\boldsymbol{\Lambda}_{EH} - \omega^2 \boldsymbol{I}_{EH})^{-1}\boldsymbol{\Lambda}_{EH}^{-2}\boldsymbol{\phi}_{EHm}^{\mathrm{T}} \\ &\overline{\boldsymbol{\Psi}}_{2m} = \boldsymbol{\Psi}_{1m} + \omega^2 \boldsymbol{\Psi}_{2m}\end{aligned} \tag{7.6.27}$$

与式(7.5.57b)比较，$\boldsymbol{\Psi}_{1m}$ 为麦克尼尔一阶近似剩余模态，

$$\overline{\boldsymbol{\Psi}}_m = \boldsymbol{\Psi}_{1m} + \omega^2 \boldsymbol{\Psi}_{2m}$$

为罗宾二阶近似剩余模态，$\omega^4 \overline{\boldsymbol{\Psi}}_{3m}$ 为二阶近似的精确余项. 由此可见，通过严格的解析方法证明了麦克尼尔一阶近似和罗宾二阶近似公式的正确性，同时也说明精确剩余模态的一阶近似和二阶近似的物理含义分别就是麦克尼尔剩余柔度和罗宾剩余柔度. 并且，可以用 $\boldsymbol{G}_E$（式(7.5.54b)）和 $\boldsymbol{G}_L$（式(7.5.53)）表示为

$$\boldsymbol{\Psi}_1 = \boldsymbol{G}_H = \boldsymbol{G}_E - \boldsymbol{G}_L, \quad \boldsymbol{\Psi}_2 = \boldsymbol{G}_H \boldsymbol{M} \boldsymbol{G}_H, \quad \overline{\boldsymbol{\Psi}}_3 = \boldsymbol{\Psi} \boldsymbol{M} \boldsymbol{G}_H \tag{7.6.28}$$

自由子结构模态综合法的一个重要优点是，不仅自由子结构低阶主模态 $\boldsymbol{\phi}_L$ 很容易通过模态试验获得，而且可以通过模态试验获得界面的频响函数，然后处理给出剩余模态 $\boldsymbol{\Psi}_m$. 这

样可以很容易实现试验模态综合.

2. 直接代入法综合

考虑两个子结构 A 与 B 的综合.对于子结构 A 有

$$(\boldsymbol{\Lambda}_{EL}^{A} - \omega^2 \boldsymbol{I}_{EL}^{A})\boldsymbol{q}_{EL}^{A} = (\boldsymbol{\phi}_{ELm}^{A})^{\mathrm{T}}\boldsymbol{f}_{0m}^{A} \tag{7.6.29a}$$

$$\boldsymbol{X}_{m}^{A} = \boldsymbol{\phi}_{ELm}^{A}\boldsymbol{q}_{EL}^{A} + \boldsymbol{\Psi}_{mm}^{A}\boldsymbol{f}_{0m}^{A} \tag{7.6.29b}$$

对于子结构 B 有

$$(\boldsymbol{\Lambda}_{EL}^{B} - \omega^2 \boldsymbol{I}_{EL}^{B})\boldsymbol{q}_{EL}^{B} = (\boldsymbol{\phi}_{ELm}^{B})^{\mathrm{T}}\boldsymbol{f}_{0m}^{B} \tag{7.6.30a}$$

$$\boldsymbol{X}_{m}^{B} = \boldsymbol{\phi}_{ELm}^{B}\boldsymbol{q}_{EL}^{B} + \boldsymbol{\Psi}_{mm}^{B}\boldsymbol{f}_{0m}^{B} \tag{7.6.30b}$$

交界面位移和力的协调条件仍为式(7.5.60),将式(7.6.29b)与式(7.6.30b)代入式(7.5.60a),得

$$\boldsymbol{f}_{0m}^{A} = -\boldsymbol{f}_{0m}^{B} = \boldsymbol{K}_{m}(\boldsymbol{\phi}_{ELm}^{B}\boldsymbol{q}_{EL}^{B} - \boldsymbol{\phi}_{ELm}^{A}\boldsymbol{q}_{EL}^{A}) \tag{7.6.31a}$$

$$\boldsymbol{K}_{m} = (\boldsymbol{\Psi}_{mm}^{A} + \boldsymbol{\Psi}_{mm}^{B})^{-1} \tag{7.6.31b}$$

将式(7.6.31)代入式(7.6.29a)、式(7.6.30a),得系统综合方程为

$$[\mathcal{K}_{1}(\boldsymbol{K}_{m}) - \omega^2 \boldsymbol{M}_{0}]\boldsymbol{q} = \boldsymbol{0} \tag{7.6.32}$$

$$\mathcal{K}_{1}(\boldsymbol{K}_{m}) = \mathcal{K}_{1}(\boldsymbol{E})\Big|_{\boldsymbol{E}=\boldsymbol{K}_{m}}, \quad \boldsymbol{M}_{0} = \begin{bmatrix} \boldsymbol{I}_{EL}^{A} & \boldsymbol{0} \\ \boldsymbol{0} & \boldsymbol{I}_{EL}^{B} \end{bmatrix}, \quad \boldsymbol{q} = \begin{Bmatrix} \boldsymbol{q}_{EL}^{A} \\ \boldsymbol{q}_{EL}^{B} \end{Bmatrix} \tag{7.6.33}$$

3. 里茨法综合

将子结构位移式(7.6.21)代入子结构运动方程(7.5.4)并且左乘 $\boldsymbol{\phi}_{d}^{\mathrm{T}}$,得

$$\left(\begin{bmatrix} \boldsymbol{\Lambda}_{EL} & \boldsymbol{0} \\ \boldsymbol{0} & \boldsymbol{\kappa}_{m} \end{bmatrix} - \boldsymbol{\omega}^2 \begin{bmatrix} \boldsymbol{I}_{EL} & \boldsymbol{0} \\ \boldsymbol{0} & \boldsymbol{\mu}_{m} \end{bmatrix}\right)\begin{Bmatrix} \boldsymbol{q}_{EL} \\ \boldsymbol{f}_{0m} \end{Bmatrix} = \begin{Bmatrix} \boldsymbol{\phi}_{ELm}^{\mathrm{T}}\boldsymbol{f}_{0m} \\ \boldsymbol{\Psi}_{mm}^{\mathrm{T}}\boldsymbol{f}_{0m} \end{Bmatrix} \tag{7.6.34}$$

$$\boldsymbol{\kappa}_{m} = \boldsymbol{\Psi}_{m}^{\mathrm{T}}\boldsymbol{K}\boldsymbol{\Psi}_{m}, \quad \boldsymbol{\mu}_{m} = \boldsymbol{\Psi}_{m}^{\mathrm{T}}\boldsymbol{M}\boldsymbol{\Psi}_{m} \tag{7.6.35}$$

对于精确剩余模态有

$$\begin{aligned} \boldsymbol{\kappa}_{m} - \omega^2\boldsymbol{\mu}_{m} &= \boldsymbol{\Psi}_{m}^{\mathrm{T}}(\boldsymbol{K} - \omega^2\boldsymbol{M})\boldsymbol{\Psi}_{m} \\ &= \boldsymbol{\phi}_{EHm}(\boldsymbol{\Lambda}_{EH} - \omega^2\boldsymbol{I}_{EH})^{-1}\boldsymbol{\phi}_{EH}^{\mathrm{T}}(\boldsymbol{K} - \omega^2\boldsymbol{M})\boldsymbol{\phi}_{EH}(\boldsymbol{\Lambda}_{EH} - \omega^2\boldsymbol{I}_{EH})^{-1}\boldsymbol{\phi}_{EHm}^{\mathrm{T}} \\ &= \boldsymbol{\phi}_{EHm}(\boldsymbol{\Lambda}_{EH} - \omega^2\boldsymbol{I}_{EH})^{-1}\boldsymbol{\phi}_{EHm}^{\mathrm{T}} \\ &= \boldsymbol{\Psi}_{mm} \end{aligned} \tag{7.6.36}$$

将式(7.6.36)代入式(7.6.34),得子结构运动方程为

$$\left(\begin{bmatrix} \boldsymbol{\Lambda}_{EL} & \boldsymbol{0} \\ \boldsymbol{0} & \boldsymbol{\Psi}_{mm} \end{bmatrix} - \omega^2 \begin{bmatrix} \boldsymbol{I}_{EL} & \boldsymbol{0} \\ \boldsymbol{0} & \boldsymbol{0} \end{bmatrix}\right)\begin{Bmatrix} \boldsymbol{q}_{EL} \\ \boldsymbol{f}_{0m} \end{Bmatrix} = \begin{Bmatrix} \boldsymbol{\phi}_{ELm}^{\mathrm{T}}\boldsymbol{f}_{0m} \\ \boldsymbol{\Psi}_{mm}^{\mathrm{T}}\boldsymbol{f}_{0m} \end{Bmatrix} \tag{7.6.37}$$

很显然,式(7.6.37)的第二个方程是一个恒等式.

考虑两个子结构 A,B 组成的系统的综合,将子结构 A 与 B 的运动方程式(7.6.37)排列

在一起,得系统的运动方程为

$$(\boldsymbol{K}_{AB} - \omega^2 \boldsymbol{M}_{AB})\boldsymbol{q}_{AB} = \boldsymbol{F}_{AB} \tag{7.6.38}$$

其中

$$\boldsymbol{K}_{AB} = \begin{bmatrix} \boldsymbol{\Lambda}_{EL}^{A} & & & \\ & \boldsymbol{\Psi}_{mm}^{A} & & \\ & & \boldsymbol{\Lambda}_{EL}^{B} & \\ & & & \boldsymbol{\Psi}_{mm}^{B} \end{bmatrix}$$

$$\boldsymbol{M}_{AB} = \begin{bmatrix} \boldsymbol{I}_{EL}^{A} & & & \\ & \boldsymbol{0} & & \\ & & \boldsymbol{I}_{EL}^{B} & \\ & & & \boldsymbol{0} \end{bmatrix}, \quad \boldsymbol{F}_{AB} = \begin{Bmatrix} (\boldsymbol{\phi}_{ELm}^{A})^{\mathrm{T}} \boldsymbol{f}_{0m}^{A} \\ \boldsymbol{\Psi}_{mm}^{A} \boldsymbol{f}_{0m}^{A} \\ (\boldsymbol{\phi}_{ELm}^{B})^{\mathrm{T}} \boldsymbol{f}_{0m}^{B} \\ \boldsymbol{\Psi}_{mm}^{B} \boldsymbol{f}_{0m}^{B} \end{Bmatrix} \tag{7.6.39}$$

由式(7.6.31) 有

$$\boldsymbol{q}_{AB} = \boldsymbol{N}\boldsymbol{q} \tag{7.6.40}$$

$$\boldsymbol{q}_{AB} = [(\boldsymbol{q}_{EL}^{A})^{\mathrm{T}} \quad (\boldsymbol{f}_{0m}^{A})^{\mathrm{T}} \quad (\boldsymbol{q}_{EL}^{B})^{\mathrm{T}} \quad (\boldsymbol{f}_{0m}^{B})^{\mathrm{T}}]^{\mathrm{T}}, \quad \boldsymbol{q} = \begin{Bmatrix} \boldsymbol{q}_{EL}^{A} \\ \boldsymbol{q}_{EL}^{B} \end{Bmatrix} \tag{7.6.41}$$

$$\boldsymbol{N} = \begin{bmatrix} \boldsymbol{I} & \boldsymbol{0} \\ -\boldsymbol{K}_m \boldsymbol{\phi}_{ELm}^{A} & \boldsymbol{K}_m \boldsymbol{\phi}_{ELm}^{B} \\ \boldsymbol{0} & \boldsymbol{I} \\ \boldsymbol{K}_m \boldsymbol{\phi}_{ELm}^{A} & -\boldsymbol{K}_m \boldsymbol{\phi}_{ELm}^{B} \end{bmatrix} \tag{7.6.42}$$

变换矩阵 $\boldsymbol{N}$ 是频率 ω^2 的函数.仍将式(7.6.40)看作一组变换,按里茨法,将式(7.6.40)代入式(7.6.38)并左乘 $\boldsymbol{N}^{\mathrm{T}}$,得综合方程

$$[\mathcal{K}_1(\mathcal{k}_m) - \omega^2 \boldsymbol{M}_0]\boldsymbol{q} = \boldsymbol{0} \tag{7.6.43}$$

其中

$$\mathcal{k}_m = \boldsymbol{K}_m^{\mathrm{T}}(\boldsymbol{\Psi}_{mm}^{A} + \boldsymbol{\Psi}_{mm}^{B})\boldsymbol{K}_m = \boldsymbol{K}_m \tag{7.6.44}$$

式(7.6.44)代入式(7.6.43),则式(7.6.43)化为

$$[\mathcal{K}_1(\boldsymbol{K}_m) - \omega^2 \boldsymbol{M}_0]\boldsymbol{q} = \boldsymbol{0} \tag{7.6.45}$$

对于精确剩余模态来说,里茨法导出的综合方程(7.6.45)等同于直接代入法导出的综合方程(7.6.32).由此可见,对于精确剩余模态来说,采用直接代入法和里茨法导出同样的综合方程(7.6.45).

由式(7.6.26)有

$$\boldsymbol{\Psi}_{mm} = \boldsymbol{\Psi}_{1mm} + \omega^2 \boldsymbol{\Psi}_{2mm} + \omega^4 \overline{\boldsymbol{\Psi}}_{3mm} = \overline{\boldsymbol{\Psi}}_{2mm} + \omega^4 \overline{\boldsymbol{\Psi}}_{3mm} \tag{7.6.46}$$

则式(7.6.31b)可化为

$$
\begin{aligned}
\boldsymbol{K}_m &= (\boldsymbol{\Psi}_{mm}^A + \boldsymbol{\Psi}_{mm}^B)^{-1} = (\boldsymbol{K}_{m1} + \omega^2\boldsymbol{K}_{m2} + \omega^4\overline{\boldsymbol{K}}_{m3})^{-1} \\
&= \boldsymbol{K}_{m1}^{-1} - \omega^2\boldsymbol{K}_{m1}^{-1}\boldsymbol{K}_{m2}\boldsymbol{K}_{m1}^{-1} + \omega^4\boldsymbol{K}_m(\boldsymbol{K}_{m2}\boldsymbol{K}_{m1}^{-1}\boldsymbol{K}_{m2}\boldsymbol{K}_{m1}^{-1} + \omega^2\overline{\boldsymbol{K}}_{m3}\boldsymbol{K}_{m1}^{-1}\boldsymbol{K}_{m2}\boldsymbol{K}_{m1}^{-1} - \overline{\boldsymbol{K}}_{m3}\boldsymbol{K}_{m1}^{-1}) \\
&= \boldsymbol{K}_{m1}^{-1} - \omega^2\boldsymbol{N}_{m1} + \omega^4\boldsymbol{K}_m(\boldsymbol{K}_{m2}\boldsymbol{N}_{m1} - \overline{\boldsymbol{K}}_{m3}\boldsymbol{K}_{m1}^{-1} + \omega^2\overline{\boldsymbol{K}}_{m3}\boldsymbol{N}_{m1}) \\
&= \boldsymbol{K}_{m1}^{-1} - \omega^2\boldsymbol{N}_{m1} + \omega^4\boldsymbol{N}_{m2}
\end{aligned}
\tag{7.6.47}
$$

其中

$$
\begin{aligned}
\boldsymbol{N}_{m1} &= \boldsymbol{K}_{m1}^{-1}\boldsymbol{K}_{m2}\boldsymbol{K}_{m1}^{-1} \\
\boldsymbol{N}_{m2} &= \boldsymbol{K}_m(\boldsymbol{K}_{m2}\boldsymbol{N}_{m1} - \boldsymbol{K}_{m3}\boldsymbol{K}_{m1} + \omega^2\boldsymbol{K}_{m3}\boldsymbol{N}_{m1}) \\
\boldsymbol{K}_{m1} &= \boldsymbol{\Psi}_{1mm}^A + \boldsymbol{\Psi}_{1mm}^B \\
\boldsymbol{K}_{m2} &= \boldsymbol{\Psi}_{2mm}^A + \boldsymbol{\Psi}_{2mm}^B \\
\overline{\boldsymbol{K}}_{m3} &= \overline{\boldsymbol{\Psi}}_{3mm}^A + \overline{\boldsymbol{\Psi}}_{3mm}^B
\end{aligned}
\tag{7.6.48}
$$

将式(7.6.47)代入式(7.6.45),得非线性特征值方程

$$
\{\mathcal{K}_1(\boldsymbol{K}_{m1}^{-1}) - \omega^2[\boldsymbol{M}_0 + \mathcal{M}_1(\boldsymbol{N}_{m1}) - \omega^2\mathcal{M}_1(\boldsymbol{N}_{m2})]\}\boldsymbol{q} = \boldsymbol{0} \tag{7.6.49}
$$

其中

$$
\begin{aligned}
\mathcal{K}_1(\boldsymbol{K}_{m1}) &= \boldsymbol{K}_1(\boldsymbol{E})\big|_{\boldsymbol{E}=\boldsymbol{K}_{m1}} \\
\mathcal{M}_1(\boldsymbol{N}_{m1}) &= \boldsymbol{M}_1(\boldsymbol{E})\big|_{\boldsymbol{E}=\boldsymbol{N}_{m1}} \\
\mathcal{M}_1(\boldsymbol{N}_{m2}) &= \boldsymbol{M}_1(\boldsymbol{E})\big|_{\boldsymbol{E}=\boldsymbol{N}_{m2}}
\end{aligned}
\tag{7.6.50}
$$

$\mathcal{K}_1(\boldsymbol{E})$见式(7.5.68),$\mathcal{M}_1(\boldsymbol{E})$见式(7.5.69).

当式(7.6.46)中的$\omega^4\boldsymbol{\Psi}_{3mm}$为零时,有

$$
\begin{aligned}
\boldsymbol{\Psi}_{mm} &\approx \overline{\boldsymbol{\Psi}}_{2mm} \\
\boldsymbol{N}_{m2} &\approx \overline{\boldsymbol{N}}_{m2} = \overline{\boldsymbol{K}}_m\boldsymbol{K}_{m2}\boldsymbol{N}_{m1} \\
\boldsymbol{K}_m &\approx \overline{\boldsymbol{K}}_m = (\overline{\boldsymbol{\Psi}}_{2mm}^A + \overline{\boldsymbol{\Psi}}_{2mm}^B)^{-1} = (\boldsymbol{K}_{m1} + \omega^2\boldsymbol{K}_{m2})^{-1} \\
&= \boldsymbol{K}_{m1}^{-1} - \omega^2\boldsymbol{N}_{m1} + \omega^4\overline{\boldsymbol{N}}_{m2}
\end{aligned}
\tag{7.6.51}
$$

就化为罗宾的二阶近似剩余模态(7.5.57a),则综合方程(7.6.45)化为

$$
\{\mathcal{K}_1(\boldsymbol{K}_{m1}^{-1}) - \omega^2[\boldsymbol{M}_0 + \mathcal{M}_1(\boldsymbol{N}_{m1}) - \omega^2\mathcal{M}_1(\overline{\boldsymbol{N}}_{m2})]\}\boldsymbol{q} = \boldsymbol{0} \tag{7.6.52}
$$

与罗宾的二阶近似综合方程(7.5.66)相同.

当式(7.6.46)中的$\boldsymbol{\Psi}_{3mm} = \boldsymbol{0}$,$\boldsymbol{\Psi}_{2mm} = \boldsymbol{0}$时,有

$$
\boldsymbol{K}_m \approx (\boldsymbol{\Psi}_{1mm}^A + \boldsymbol{\Psi}_{1mm}^B)^{-1} = \boldsymbol{K}_{m1}^{-1}
$$

$$
\boldsymbol{\Psi}_{mm} \approx \boldsymbol{\Psi}_{1mm},\quad \boldsymbol{N}_{m1} = \boldsymbol{N}_{m2} = \boldsymbol{0}
$$

就化为麦克尼尔引入的一阶近似剩余模态(7.5.57a),则综合方程(7.6.45)化为

$$
[\mathcal{K}_1(\boldsymbol{K}_{m1}^{-1}) - \omega^2\boldsymbol{M}_0]\boldsymbol{q} = \boldsymbol{0} \tag{7.6.53}
$$

与麦克尼尔引入的一阶近似里茨法综合方程(7.5.86)相同.

由式(7.6.49)可构造迭代求解方程

$$\{\mathcal{K}_1(\boldsymbol{K}_{m1}^{-1}) - \omega_i^2[\boldsymbol{M}_0 + \mathcal{M}_1(\boldsymbol{N}_{m1}) - \omega_{i-1}^2 \mathcal{M}_1(\boldsymbol{N}_{m2}(\omega_{i-1}^2))]\}\boldsymbol{q} = \boldsymbol{0} \tag{7.6.54}$$

该迭代过程能够迅速收敛,如果取初值 $\omega_0 = 0$,则第一次近似的特征值方程为

$$\{\mathcal{K}_1(\boldsymbol{K}_{m1}^{-1}) - \omega_1^2[\boldsymbol{M}_0 + \mathcal{M}_1(\boldsymbol{N}_{m1})]\}\boldsymbol{q} = \boldsymbol{0} \tag{7.6.55}$$

此式为采用一阶近似剩余模态的里茨法综合方程.

例 7.8 火箭常常被简化为变截面圆柱壳形成的自由梁,故以此为例,研究均匀截面自由梁综合.现将自由-自由梁分割成两段,分别作为子结构 1 和子结构 2(图 7.11、图 7.12).用有限元法计算两子结构的模态,然后分别运用一阶近似剩余模态里茨法(简称"近似法")和精确剩余模态里茨法(简称"精确法")进行综合得到整梁的模态,并与直接使用有限元法计算整梁的模态(标准解)进行比较.选取弹性模量 $E = 2\,\text{GPa}$,质量密度 $\rho = 4\,\text{Mg/m}^3$,截面惯性矩 $I = 2 \times 10^{-8}\,\text{m}^4$,横截面积 $A = 1 \times 10^{-3}\,\text{m}^2$.

(1) 将长 $l = 1\,\text{m}$ 的梁分成两段等长梁,每段均匀划分为 10 个单元(图 7.11).

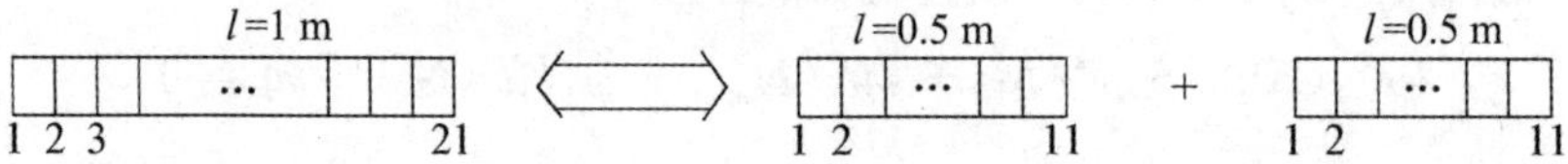

图 7.11 等长梁的综合

(2) 将长 $l = 1.3\,\text{m}$ 的梁分成两段长 $l = 0.5\,\text{m}$ 和 $l = 0.8\,\text{m}$ 的梁,并分别均匀划分为 10 个和 16 个单元(图 7.12).

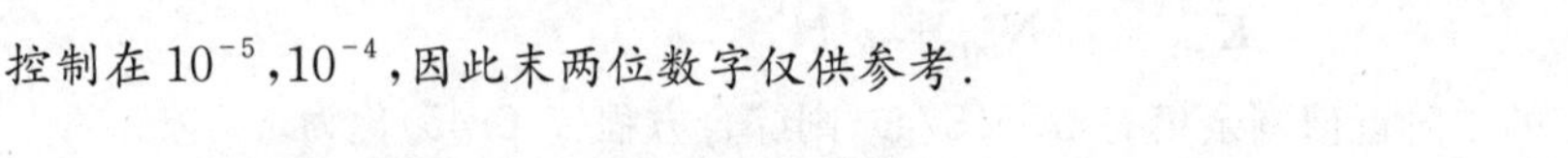

图 7.12 不等长梁的综合

解 表 7.14~表 7.18 分别给出两种综合法的结果(保留相同的低阶模态数)及其相对标准解的误差,进一步验证了精确剩余模态综合技术的综合能力、精度.其中频率与方程迭代的精度分别控制在 10^{-5},10^{-4},因此末两位数字仅供参考.

表 7.14 等长梁的综合频率 ω_i(Hz) ($l_1 = l_2 = 3$)

i	近似法	相对误差(%)	精确法	相对误差(%)	标准解
1,2	0	—	0	—	0
3	11.232 3	0.001 9	11.232 2	0.000 9	11.232 1
4	30.891 2	0.001 3	30.870 6	0.000 6	30.870 8
5	60.496 7	0.343 2	60.289 7	0.000 2	60.289 8
6	103.626	4.465 0	99.198 8	0.001 9	99.196 9

表7.15　等长梁的综合频率 ω_i(Hz) ($l_1 = l_2 = 4$)

i	近似法	相对误差(%)	精确法	相对误差(%)	标准解
1,2	0	—	0	—	0
3	11.232 2	0.000 9	11.232 2	0.000 9	11.232 1
4	30.870 6	0.000 6	30.870 6	0.000 6	30.870 8
5	60.295 7	0.009 8	60.289 7	0.000 2	60.289 8
6	99.210 4	0.013 6	99.196 1	0.000 8	99.196 9
7	148.380	0.684 7	147.372	0.000 7	147.371
8	218.934	7.031 5	204.547	0.001 9	204.551

表7.16　等长梁的综合频率 ω_i(Hz) ($l_1 = l_2 = 5$)

i	近似法	相对误差(%)	精确法	相对误差(%)	标准解
1,2	0	—	0	—	0
3	11.232 2	0.000 9	11.232 2	0.000 9	11.232 1
4	30.870 6	0.000 6	30.870 6	0.000 6	30.870 8
5	50.290 2	0.000 7	60.289 7	0.000 2	60.289 8
6	99.196 8	0.000 1	99.196 1	0.000 8	99.196 9
7	147.429	0.039 4	147.372	0.000 7	147.371
8	204.625	0.036 2	204.549	0.001 0	204.551
9	273.037	0.955 4	270.451	0.000 7	270.453
10	375.516	8.914 0	344.787	0.001 4	344.782

表7.17　不等长梁的综合频率 ω_i(Hz) ($l_1 = l_2 = 4$)

i	近似法	相对误差(%)	精确法	相对误差(%)	标准解
1,2	0	—	0	—	0
3	6.652 97	0.000 3	6.652 97	0.000 3	6.652 95
4	18.307 4	0.001 6	18.307 2	0.000 5	18.307 1
5	35.813 6	0.016 2	35.807 7	0.000 3	35.807 8
6	59.345 9	0.542 5	59.025 8	0.000 2	59.025 7
7	94.566 7	7.608 2	87.879 6	0.001 1	87.880 6

表 7.18 不等长梁的综合频率 ω_i(Hz) ($l_1 = l_2 = 5$)

i	近似法	相对误差(%)	精确法	相对误差(%)	标准解
1,2	0	—	0	—	0
3	6.652 97	0.000 3	6.652 97	0.000 3	6.652 95
4	18.307 2	0.000 5	18.307 2	0.000 5	18.307 1
5	35.807 8	0.000 1	35.807 8	0.000 1	35.807 8
6	59.029 6	0.006 6	59.025 8	0.000 2	59.025 7
7	87.890 3	0.011 0	87.880 5	0.000 1	87.880 6
8	122.399	0.103 1	122.273	0.000 2	122.273
9	163.411	0.814 4	162.091	0.000 1	162.091
10	225.466	8.799 2	207.216	0.001 4	207.213

7.7 频响函数矩阵直接综合法

另一种自由子结构法是自由子结构超单元法,又称为界面力综合法,也就是毅(E. K. L. Yee)与特思成(Y. G. Tsuei)[278]介绍的频响函数矩阵直接综合法,他们的基本思想是将子结构界面位移用频响函数矩阵表示,应用子结构界面自由度位移协调和界面力平衡方程直接导出系统的模态力综合方程.

1. 子结构分析

对于简谐激振的子结构运动方程(7.3.2),有位移响应 $\boldsymbol{X}$ 的解析解(式(7.6.4)的第三式),即

$$\boldsymbol{X} = \boldsymbol{\phi}(\boldsymbol{\Lambda} - \omega^2 \boldsymbol{I})^{-1}\boldsymbol{\phi}_m^{\mathrm{T}}\boldsymbol{f}_{0m} = \boldsymbol{H}_m(\mathrm{i}\omega)\boldsymbol{f}_{0m} \tag{7.7.1}$$

其中,自由界面主模态 $\boldsymbol{\phi}$ 满足归一化正交关系式(7.5.2),$\boldsymbol{H}(\mathrm{i}\omega)$ 为频响函数矩阵. 如果子结构 $\boldsymbol{I}$ 与 n 个子结构($J\cdots K$)连接,可以把界面力写成分块形式:

$$\boldsymbol{f}_{0m} = [\boldsymbol{f}_{IJ}^{\mathrm{T}} \quad \cdots \quad \boldsymbol{f}_{IK}^{\mathrm{T}}]^{\mathrm{T}} \tag{7.7.2}$$

同样,可以把式(7.7.1)写成如下分块形式的频响函数矩阵表达式:

$$\begin{Bmatrix} \boldsymbol{X}_{II} \\ \boldsymbol{X}_{IJ} \\ \vdots \\ \boldsymbol{X}_{IK} \end{Bmatrix} = \begin{bmatrix} \boldsymbol{H}_{II}^{(I)}(\mathrm{i}\omega) & \boldsymbol{H}_{IJ}^{(I)}(\mathrm{i}\omega) & \cdots & \boldsymbol{H}_{IK}^{(I)}(\mathrm{i}\omega) \\ \boldsymbol{H}_{JI}^{(I)}(\mathrm{i}\omega) & \boldsymbol{H}_{JJ}^{(I)}(\mathrm{i}\omega) & \cdots & \boldsymbol{H}_{JK}^{(I)}(\mathrm{i}\omega) \\ \vdots & \vdots & & \vdots \\ \boldsymbol{H}_{KI}^{(I)}(\mathrm{i}\omega) & \boldsymbol{H}_{KJ}^{(I)}(\mathrm{i}\omega) & \cdots & \boldsymbol{H}_{KK}^{(I)}(\mathrm{i}\omega) \end{bmatrix} \begin{Bmatrix} \boldsymbol{0} \\ \boldsymbol{f}_{IJ} \\ \vdots \\ \boldsymbol{f}_{IK} \end{Bmatrix} \tag{7.7.3}$$

则界面位移为

$$X_{IJ} = H_{JJ}^{(I)}(\mathrm{i}\omega)f_{IJ} + \cdots + H_{JK}^{(I)}(\mathrm{i}\omega)f_{IK}$$

$$\cdots \tag{7.7.4}$$

$$X_{IK} = H_{KJ}^{(I)}(\mathrm{i}\omega)f_{IJ} + \cdots + H_{KK}^{(I)}(\mathrm{i}\omega)f_{IK}$$

2. 模态力综合方程

考虑如图7.13所示的三个子结构的系统整体结构综合.按方程(7.7.3),有

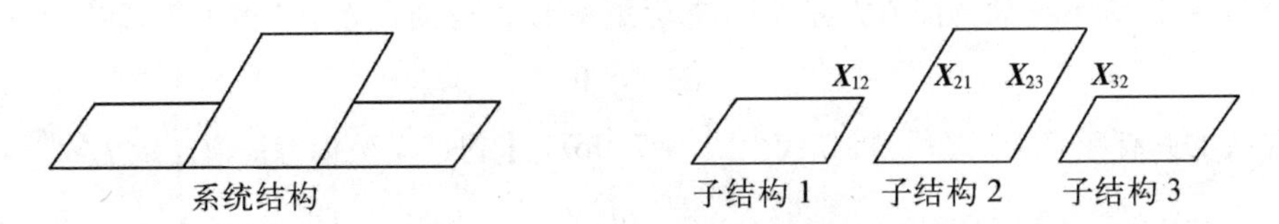

图7.13　系统结构与三个子结构

$$X^{(1)} = \begin{bmatrix} X_{11} \\ X_{12} \end{bmatrix} = \begin{bmatrix} H_{11}^{(1)}(\mathrm{i}\omega) & H_{12}^{(1)}(\mathrm{i}\omega) \\ H_{21}^{(1)}(\mathrm{i}\omega) & H_{22}^{(1)}(\mathrm{i}\omega) \end{bmatrix} \begin{Bmatrix} 0 \\ f_{12} \end{Bmatrix} \tag{7.7.5a}$$

$$X^{(2)} = \begin{bmatrix} X_{21} \\ X_{22} \\ X_{23} \end{bmatrix} = \begin{bmatrix} H_{11}^{(2)}(\mathrm{i}\omega) & H_{12}^{(2)}(\mathrm{i}\omega) & H_{13}^{(2)}(\mathrm{i}\omega) \\ H_{21}^{(2)}(\mathrm{i}\omega) & H_{22}^{(2)}(\mathrm{i}\omega) & H_{23}^{(2)}(\mathrm{i}\omega) \\ H_{31}^{(2)}(\mathrm{i}\omega) & H_{32}^{(2)}(\mathrm{i}\omega) & H_{33}^{(2)}(\mathrm{i}\omega) \end{bmatrix} \begin{Bmatrix} f_{21} \\ 0 \\ f_{23} \end{Bmatrix} \tag{7.7.5b}$$

$$X^{(3)} = \begin{bmatrix} X_{32} \\ X_{33} \end{bmatrix} = \begin{bmatrix} H_{22}^{(3)}(\mathrm{i}\omega) & H_{23}^{(3)}(\mathrm{i}\omega) \\ H_{32}^{(3)}(\mathrm{i}\omega) & H_{33}^{(3)}(\mathrm{i}\omega) \end{bmatrix} \begin{Bmatrix} f_{32} \\ 0 \end{Bmatrix} \tag{7.7.5c}$$

界面的位移协调条件为

$$X_{12} = X_{21}, \quad X_{23} = X_{32} \tag{7.7.6}$$

界面力的平衡方程为

$$f_{12} = -f_{21} = f_2, \quad f_{23} = -f_{32} = f_3 \tag{7.7.7}$$

由式(7.7.5)与式(7.7.7)有

$$\begin{aligned} X_{12} &= H_{22}^{(1)}(\mathrm{i}\omega)f_{12} = H_{22}^{(1)}(\mathrm{i}\omega)f_2 \\ X_{21} &= H_{11}^{(2)}(\mathrm{i}\omega)f_{21} + H_{13}^{(2)}(\mathrm{i}\omega)f_{23} = -H_{11}^{(2)}(\mathrm{i}\omega)f_2 + H_{13}^{(2)}(\mathrm{i}\omega)f_3 \\ X_{23} &= H_{31}^{(2)}(\mathrm{i}\omega)f_{21} + H_{33}^{(2)}(\mathrm{i}\omega)f_{23} = -H_{31}^{(2)}(\mathrm{i}\omega)f_2 + H_{33}^{(2)}(\mathrm{i}\omega)f_3 \\ X_{32} &= H_{22}^{(3)}(\mathrm{i}\omega)f_{32} = -H_{22}^{(3)}(\mathrm{i}\omega)f_3 \end{aligned} \tag{7.7.8}$$

将式(7.7.8)代入协调条件式(7.7.6),得模态力综合方程为

$$\begin{bmatrix} H_{22}^{(1)}(\mathrm{i}\omega) + H_{11}^{(2)}(\mathrm{i}\omega) & -H_{13}^{(2)}(\mathrm{i}\omega) \\ -H_{31}^{(2)}(\mathrm{i}\omega) & H_{33}^{(2)}(\mathrm{i}\omega) + H_{22}^{(3)}(\mathrm{i}\omega) \end{bmatrix} \begin{Bmatrix} f_2 \\ f_3 \end{Bmatrix} = \begin{Bmatrix} 0 \\ 0 \end{Bmatrix} \tag{7.7.9a}$$

简写为

$$\overline{\boldsymbol{H}}\overline{\boldsymbol{f}} = \boldsymbol{0} \tag{7.7.9b}$$

其中

$$\overline{\boldsymbol{H}} = \begin{bmatrix} \boldsymbol{H}_{22}^{(1)}(\mathrm{i}\omega) + \boldsymbol{H}_{11}^{(2)}(\mathrm{i}\omega) & -\boldsymbol{H}_{13}^{(2)}(\mathrm{i}\omega) \\ -\boldsymbol{H}_{31}^{(2)}(\mathrm{i}\omega) & \boldsymbol{H}_{33}^{(2)}(\mathrm{i}\omega) + \boldsymbol{H}_{22}^{(3)}(\mathrm{i}\omega) \end{bmatrix}, \quad \overline{\boldsymbol{f}} = \begin{Bmatrix} \boldsymbol{f}_2 \\ \boldsymbol{f}_3 \end{Bmatrix} \tag{7.7.10}$$

这里，$\overline{\boldsymbol{H}}$ 称为模态力矩阵，$\overline{\boldsymbol{f}}$ 为相应的广义坐标.

式(7.7.9)为系统的特征值方程.由模态力矩阵 $\overline{\boldsymbol{H}}$ 的行列式等于零的方程，即

$$|\overline{\boldsymbol{H}}| = 0 \tag{7.7.11}$$

求得系统的固有频率 ω_{nr}之后，将其代入式(7.7.9b)，求得广义坐标特征值向量 $\overline{\boldsymbol{f}}_r$：

$$\overline{\boldsymbol{f}}_r = \begin{Bmatrix} \boldsymbol{f}_{2r} \\ \boldsymbol{f}_{3r} \end{Bmatrix} \tag{7.7.12}$$

将式(7.7.12)代入式(7.7.5)，求得系统的 r 阶主模态$\boldsymbol{\phi}_r$.

3. 方法的作图解释

为了便于说明，假设式(7.7.5)中的 X_{12}，X_{21}，X_{32}，X_{23}都是一维向量.在这种情况下，它们都是频率的函数，在图 7.14 中分别用曲线 1,2,3 与 4 表示.如果 X_{12}与 X_{21}曲线的交点和 X_{23}与 X_{32}曲线的交点有相同频率坐标 ω_c，则这个特定的频率 ω_c就是系统的固有频率，如图 7.14 所示.而曲线 1 和 2 虽然在 ω_a 处相交，但曲线 3 与 4 在 ω_a 处不相交，ω_a 就不是系统的固有频率，同理，ω_b也不是系统的固有频率.

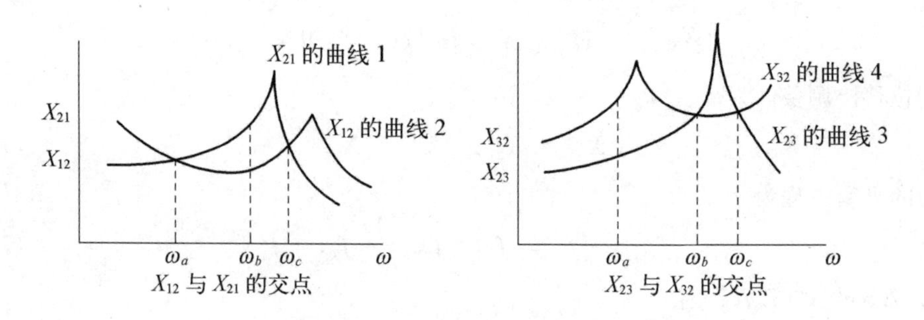

图 7.14　系统的固有频率

例 7.9　研究如图 7.15 所示的约束-约束梁的横向振动，用频响函数矩阵直接综合法求系统的固有频率.

解　子结构 1 的响应为

$$\begin{Bmatrix} y^{(1)}(X) \\ \theta^{(1)}(X) \end{Bmatrix} = \begin{bmatrix} H_{11}^{(1)}(XL_1) & H_{12}^{(1)}(XL_1) \\ H_{21}^{(1)}(XL_1) & H_{22}^{(1)}(XL_1) \end{bmatrix} \begin{Bmatrix} \tilde{f}_1 \\ \tilde{m}_1 \end{Bmatrix} \tag{1}$$

子结构 2 的响应为

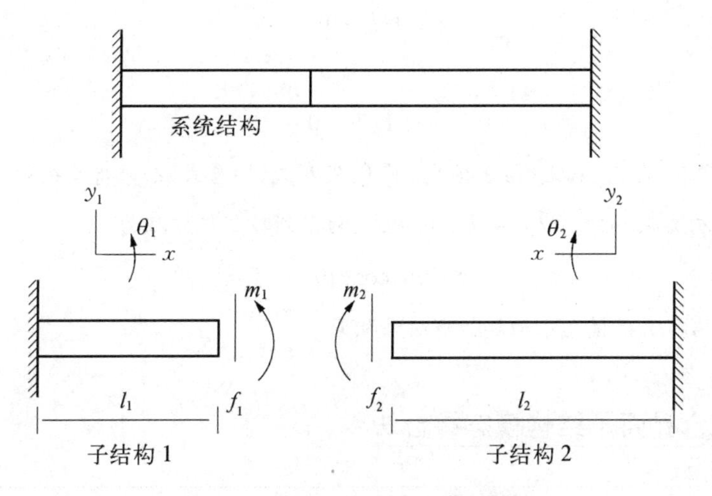

图 7.15　约束-约束梁的横向振动

$$\begin{Bmatrix} y^{(2)}(X) \\ \theta^{(2)}(X) \end{Bmatrix} = \begin{bmatrix} H_{11}^{(2)}(XL_2) & H_{12}^{(2)}(XL_2) \\ H_{21}^{(2)}(XL_2) & H_{22}^{(2)}(XL_2) \end{bmatrix} \begin{Bmatrix} \tilde{f}_2 \\ \tilde{m}_2 \end{Bmatrix} \tag{2}$$

其中

$$\begin{aligned} H_{11}(XL) &= (\operatorname{sh}\beta x - \sin\beta x)(\cos\beta L + \operatorname{ch}\beta L) d_L \\ &\quad + (\cos\beta x - \operatorname{ch}\beta x)(\sin\beta L - \operatorname{sh}\beta L) d_L \\ H_{12}(XL) &= (\operatorname{sh}\beta x - \sin\beta x)(\sin\beta L + \operatorname{sh}\beta L) d_L \\ &\quad + (\cos\beta x - \operatorname{ch}\beta x)(\cos\beta L - \operatorname{ch}\beta L) d_L \\ H_{21}(XL) &= (\operatorname{ch}\beta x - \cos\beta x)(\cos\beta L + \operatorname{ch}\beta L)\beta d_L \\ &\quad - (\sin\beta x + \operatorname{sh}\beta x)(\operatorname{sh}\beta L + \sin\beta L)\beta d_L \\ H_{22}(XL) &= (\cos\beta x - \operatorname{ch}\beta x)(\operatorname{sh}\beta L - \sin\beta L)\beta d_L \\ &\quad + (\sin\beta x + \operatorname{sh}\beta x)(\cos\beta L + \operatorname{ch}\beta L)\beta d_L \end{aligned} \tag{3}$$

$$\begin{aligned} & d_L = (2 + 2\cos\beta L \operatorname{ch}\beta L)^{-1}, \quad \tilde{f}_J = f_J/(\beta^3 EI) \\ & \tilde{m}_J = m_J/(\beta^3 EI), \quad \beta^4 = \omega^2 \rho A/(EI), \quad J = 1, 2 \end{aligned} \tag{4}$$

位移协调条件和界面力的平衡方程分别为

$$\begin{aligned} & y^{(1)}(L_1) = y^{(2)}(L_2), \quad \tilde{m}_1 = \tilde{m}_2 \\ & \theta^{(1)}(L_1) = \theta^{(2)}(L_2), \quad \tilde{f}_1 = \tilde{f}_2 \end{aligned} \tag{5}$$

最后导出模态力方程为

$$\begin{bmatrix} H_{11}^{(1)}(L_1L_1) + H_{11}^{(2)}(L_2L_2) & H_{12}^{(1)}(L_1L_1) + H_{12}^{(2)}(L_2L_2) \\ H_{21}^{(1)}(L_1L_1) + H_{21}^{(2)}(L_2L_2) & H_{22}^{(1)}(L_1L_1) + H_{22}^{(2)}(L_2L_2) \end{bmatrix} \begin{Bmatrix} \tilde{f}_1 \\ \tilde{m}_1 \end{Bmatrix} = \begin{Bmatrix} 0 \\ 0 \end{Bmatrix} \tag{6}$$

简写为

$$\overline{\boldsymbol{H}}\tilde{\boldsymbol{f}} = \boldsymbol{0} \tag{7}$$

由特征值方程

$$|\ \overline{\boldsymbol{H}}\ | = 0 \tag{8}$$

求得系统的特征值 β_n，代入式(7)求得 $\tilde{f}_n$，将 $\tilde{f}_n$ 代入式(1)与式(2)求得系统的主模态 $\boldsymbol{\phi}_n$.

为了比较方便，令 $L_1 = L_2 = L$，则由式(8)得到特征值方程为

$$\operatorname{ch} 2\beta L \cos 2\beta L = 1$$

这个方程与两端约束梁横向振动解析解结果相同.

7.8 混合界面子结构模态综合法

把整体结构划分为若干子结构，根据交界面简化的性质，把界面分为约束界面、自由界面和混合界面.混合界面是指交界面上部分自由度子集为自由的、其余自由度子集为约束的交界面，是介于自由界面和约束界面之间的一种界面.把交界面上的自由度集合 m 分为约束自由度子集 j 和自由自由度子集 k，可以把子结构运动方程(7.5.4)分块表示为

$$\left(\begin{bmatrix}\boldsymbol{K}_{ss} & \boldsymbol{K}_{sk} & \boldsymbol{K}_{sj}\\ \boldsymbol{K}_{ks} & \boldsymbol{K}_{kk} & \boldsymbol{K}_{kj}\\ \boldsymbol{K}_{js} & \boldsymbol{K}_{jk} & \boldsymbol{K}_{jj}\end{bmatrix} - \omega^2\begin{bmatrix}\boldsymbol{M}_{ss} & \boldsymbol{M}_{sk} & \boldsymbol{M}_{sj}\\ \boldsymbol{M}_{ks} & \boldsymbol{M}_{kk} & \boldsymbol{M}_{kj}\\ \boldsymbol{M}_{js} & \boldsymbol{M}_{jk} & \boldsymbol{M}_{jj}\end{bmatrix}\right)\begin{Bmatrix}\boldsymbol{X}_s\\ \boldsymbol{X}_k\\ \boldsymbol{X}_j\end{Bmatrix} = \begin{Bmatrix}\boldsymbol{0}\\ \boldsymbol{f}_k\\ \boldsymbol{f}_j\end{Bmatrix} \tag{7.8.1}$$

很显然，当界面自由自由度数 $k = 0$ 时，有 $j = m$，则子结构交界面化为约束界面；当界面约束自由度数 $j = 0$ 时，有 $k = m$，则子结构交界面化为自由界面.把内部自由度 s 和自由自由度 k 合并表示为 i，则上式又可改写为

$$\left(\begin{bmatrix}\boldsymbol{K}_{ii} & \boldsymbol{K}_{ij}\\ \boldsymbol{K}_{ji} & \boldsymbol{K}_{jj}\end{bmatrix} - \omega^2\begin{bmatrix}\boldsymbol{M}_{ii} & \boldsymbol{M}_{ij}\\ \boldsymbol{M}_{ji} & \boldsymbol{M}_{jj}\end{bmatrix}\right)\begin{Bmatrix}\boldsymbol{X}_i\\ \boldsymbol{X}_j\end{Bmatrix} = \begin{Bmatrix}\boldsymbol{f}_i\\ \boldsymbol{f}_j\end{Bmatrix} \tag{7.8.2}$$

这里

$$\boldsymbol{X} = \begin{Bmatrix}\boldsymbol{X}_s\\ \boldsymbol{X}_m\end{Bmatrix} = \begin{Bmatrix}\boldsymbol{X}_s\\ \boldsymbol{X}_k\\ \boldsymbol{X}_j\end{Bmatrix} = \begin{Bmatrix}\boldsymbol{X}_i\\ \boldsymbol{X}_j\end{Bmatrix},\quad \boldsymbol{F} = \begin{Bmatrix}\boldsymbol{0}\\ \boldsymbol{f}_{0m}\end{Bmatrix} = \begin{Bmatrix}\boldsymbol{0}\\ \boldsymbol{f}_{0k}\\ \boldsymbol{f}_{0j}\end{Bmatrix} = \begin{Bmatrix}\boldsymbol{f}_{0i}\\ \boldsymbol{f}_{0j}\end{Bmatrix} \tag{7.8.3}$$

$$\boldsymbol{X}_m = \begin{Bmatrix}\boldsymbol{X}_k\\ \boldsymbol{X}_j\end{Bmatrix},\quad \boldsymbol{X}_i = \begin{Bmatrix}\boldsymbol{X}_s\\ \boldsymbol{X}_k\end{Bmatrix},\quad \boldsymbol{f}_{0m} = \begin{Bmatrix}\boldsymbol{f}_{0k}\\ \boldsymbol{f}_{0j}\end{Bmatrix},\quad \boldsymbol{f}_{0i} = \begin{Bmatrix}\boldsymbol{0}\\ \boldsymbol{f}_{0k}\end{Bmatrix} \tag{7.8.4}$$

7.8.1 子结构分析

1. j 子集约束的主模态

对于 j 子集约束，$\boldsymbol{X}_j = \boldsymbol{0}$. 这时，由式(7.8.2)可得

$$(\boldsymbol{K}_{ii} - \omega^2 \boldsymbol{M}_{ii})\boldsymbol{X}_i = \boldsymbol{f}_i \tag{7.8.5}$$

取 $\boldsymbol{f}_i = \boldsymbol{0}$，有特征值方程

$$(\boldsymbol{K}_{ii} - \omega^2 \boldsymbol{M}_{ii})\boldsymbol{X}_i = \boldsymbol{0} \tag{7.8.6}$$

相应的特征值矩阵为 $\boldsymbol{\Lambda}_b$，特征向量矩阵为 $\bar{\boldsymbol{\phi}}_b$，则 j 子集约束主模态 $\boldsymbol{\phi}_b$ 为

$$\boldsymbol{\phi}_b = \begin{Bmatrix} \bar{\boldsymbol{\phi}}_b \\ \boldsymbol{0} \end{Bmatrix} \tag{7.8.7}$$

其正交性关系为

$$\boldsymbol{\phi}_b^{\mathrm{T}}\boldsymbol{K}\boldsymbol{\phi}_b = \bar{\boldsymbol{\phi}}_b^{\mathrm{T}}\boldsymbol{K}_{ii}\bar{\boldsymbol{\phi}}_b = \boldsymbol{\Lambda}_b, \quad \boldsymbol{\phi}_b^{\mathrm{T}}\boldsymbol{M}\boldsymbol{\phi}_b = \bar{\boldsymbol{\phi}}_b^{\mathrm{T}}\boldsymbol{M}_{ii}\bar{\boldsymbol{\phi}}_b = \boldsymbol{I}_b \tag{7.8.8}$$

按低阶主模态 $\boldsymbol{\phi}_{bL}$ 和高阶主模态 $\boldsymbol{\phi}_{bH}$ 分块：

$$\boldsymbol{\Lambda}_b = \begin{bmatrix} \boldsymbol{\Lambda}_{bL} & \boldsymbol{0} \\ \boldsymbol{0} & \boldsymbol{\Lambda}_{bH} \end{bmatrix}, \quad \boldsymbol{\phi}_b = [\boldsymbol{\phi}_{bL} \quad \boldsymbol{\phi}_{bH}] \tag{7.8.9}$$

2. 完全主模态集的子结构分析

由式(7.8.2)可给出

$$\begin{aligned} \boldsymbol{X}_i &= -\boldsymbol{H}_i(\omega^2)(\boldsymbol{K}_{ij} - \omega^2 \boldsymbol{M}_{ij})\boldsymbol{X}_j + \boldsymbol{H}_i(\omega^2)\boldsymbol{f}_i \\ \boldsymbol{H}_i(\omega^2) &= (\boldsymbol{K}_{ii} - \omega^2 \boldsymbol{M}_{ii})^{-1} \end{aligned} \tag{7.8.10}$$

从而有

$$\begin{aligned} \boldsymbol{X}_i &= -\boldsymbol{K}_{ii}^{-1}\boldsymbol{K}_{ij}\boldsymbol{X}_j + \omega^2 \boldsymbol{H}_i(\omega^2)(\boldsymbol{M}_{ij} - \boldsymbol{M}_{ii}\boldsymbol{K}_{ii}^{-1}\boldsymbol{K}_{ij})\boldsymbol{X}_j + \boldsymbol{H}_i(\omega^2)\boldsymbol{f}_i \\ &= \bar{\boldsymbol{t}}_{c0}\boldsymbol{X}_j + \omega^2 \bar{\boldsymbol{\phi}}_b(\boldsymbol{\Lambda}_b - \omega^2 \boldsymbol{I}_b)^{-1}\boldsymbol{\phi}_b^{\mathrm{T}}\boldsymbol{M}\bar{\boldsymbol{\Phi}}_{c0}\boldsymbol{X}_j + \bar{\boldsymbol{\phi}}_b(\boldsymbol{\Lambda}_b - \omega^2 \boldsymbol{I}_b)^{-1}\bar{\boldsymbol{\phi}}_b^{\mathrm{T}}\boldsymbol{f}_i \\ &= \bar{\boldsymbol{t}}_{c0}\boldsymbol{X}_j + \bar{\boldsymbol{\phi}}_b\boldsymbol{q}_b \end{aligned} \tag{7.8.11}$$

$$\begin{aligned} \boldsymbol{X} = \begin{Bmatrix} \boldsymbol{X}_i \\ \boldsymbol{X}_j \end{Bmatrix} &= \begin{bmatrix} \bar{\boldsymbol{t}}_{c0} \\ \boldsymbol{I} \end{bmatrix}\boldsymbol{X}_j + \begin{Bmatrix} \bar{\boldsymbol{\phi}}_b \\ \boldsymbol{0} \end{Bmatrix}\boldsymbol{q}_b = \bar{\boldsymbol{\Phi}}_{c0}\boldsymbol{X}_j + \boldsymbol{\phi}_b\boldsymbol{q}_b \\ &= \bar{\boldsymbol{\Phi}}_{c0}\boldsymbol{X}_j + \boldsymbol{\phi}_{bL}\boldsymbol{q}_{bL} + \boldsymbol{\phi}_{bH}\boldsymbol{q}_{bH} = \boldsymbol{\phi}_D\boldsymbol{q}_D \end{aligned} \tag{7.8.12}$$

其中

$$\boldsymbol{\phi}_D = [\bar{\boldsymbol{\Phi}}_{c0} \quad \boldsymbol{\phi}_b] = [\bar{\boldsymbol{\Phi}}_{c0} \quad \boldsymbol{\phi}_{bL} \quad \boldsymbol{\phi}_{bH}] \tag{7.8.13}$$

$$\boldsymbol{q}_D = [\boldsymbol{X}_j^{\mathrm{T}} \quad \boldsymbol{q}_b^{\mathrm{T}}]^{\mathrm{T}} = [\boldsymbol{X}_j^{\mathrm{T}} \quad \boldsymbol{q}_{bL}^{\mathrm{T}} \quad \boldsymbol{q}_{bH}^{\mathrm{T}}]^{\mathrm{T}} \tag{7.8.14}$$

$$\bar{\boldsymbol{\Phi}}_{c0} = \begin{bmatrix} \bar{\boldsymbol{t}}_{c0} \\ \boldsymbol{I} \end{bmatrix} \tag{7.8.15}$$

$$\boldsymbol{q}_b = \omega^2(\boldsymbol{\Lambda}_b - \omega^2 \boldsymbol{I}_b)^{-1}\boldsymbol{\phi}_b^{\mathrm{T}}\boldsymbol{M}\bar{\boldsymbol{\Phi}}_{c0}\boldsymbol{X}_j + (\boldsymbol{\Lambda}_b - \omega^2 \boldsymbol{I}_b)^{-1}\bar{\boldsymbol{\phi}}_b^{\mathrm{T}}\boldsymbol{f}_i \tag{7.8.16}$$

这里，$\bar{\boldsymbol{\Phi}}_{c0}$ 为 j 子集静力约束模态，$\boldsymbol{\phi}_b$ 为 j 子集约束的主模态式(7.8.7)．式(7.8.13)说明子结构位移完全集 $\boldsymbol{\phi}_D$ 由 j 子集静力约束模态和 j 子集约束的主模态组成．由此得到模态坐标 $\boldsymbol{q}_D$ 下的子结构运动方程为

$$(\boldsymbol{K}_D - \omega^2 \boldsymbol{M}_D)\boldsymbol{q}_D = \boldsymbol{F}_D \tag{7.8.17}$$

其中

$$\boldsymbol{K}_D = \begin{bmatrix} \boldsymbol{K}_{c0} & \boldsymbol{0} & \boldsymbol{0} \\ \boldsymbol{0} & \boldsymbol{\Lambda}_{bL} & \boldsymbol{0} \\ \boldsymbol{0} & \boldsymbol{0} & \boldsymbol{\Lambda}_{bH} \end{bmatrix}, \quad \boldsymbol{M}_D = \begin{bmatrix} \boldsymbol{M}_{c0} & \boldsymbol{M}_{cL} & \boldsymbol{M}_{cH} \\ \boldsymbol{M}_{Lc} & \boldsymbol{I}_{bL} & \boldsymbol{0} \\ \boldsymbol{M}_{Hc} & \boldsymbol{0} & \boldsymbol{I}_{bH} \end{bmatrix} \tag{7.8.18}$$

$$F_D = \boldsymbol{\phi}_D^{\mathrm{T}} F = \begin{bmatrix} \bar{\boldsymbol{\Phi}}_{c0s}^{\mathrm{T}} & \bar{\boldsymbol{\Phi}}_{c0k}^{\mathrm{T}} & \boldsymbol{I} \\ \boldsymbol{\phi}_{bLs}^{\mathrm{T}} & \boldsymbol{\phi}_{bLk}^{\mathrm{T}} & \boldsymbol{0} \\ \boldsymbol{\phi}_{bHs}^{\mathrm{T}} & \boldsymbol{\phi}_{bHk}^{\mathrm{T}} & \boldsymbol{0} \end{bmatrix} \begin{bmatrix} \boldsymbol{0} \\ \boldsymbol{f}_{0k} \\ \boldsymbol{f}_{0j} \end{bmatrix} = \begin{bmatrix} \boldsymbol{f}_{0j} + \bar{\boldsymbol{\Phi}}_{c0k}^{\mathrm{T}} \boldsymbol{f}_{0k} \\ \boldsymbol{\phi}_{bLk}^{\mathrm{T}} \boldsymbol{f}_{0k} \\ \boldsymbol{\phi}_{bHk}^{\mathrm{T}} \boldsymbol{f}_{0k} \end{bmatrix}$$

$$\boldsymbol{K}_{c0} = \bar{\boldsymbol{\Phi}}_{c0}^{\mathrm{T}} \boldsymbol{K} \bar{\boldsymbol{\Phi}}_{c0}, \quad \boldsymbol{M}_{c0} = \bar{\boldsymbol{\Phi}}_{c0} \boldsymbol{M} \bar{\boldsymbol{\Phi}}_{c0}$$

$$\boldsymbol{M}_{Lc} = \boldsymbol{\phi}_{bL}^{\mathrm{T}} \boldsymbol{M} \bar{\boldsymbol{\Phi}}_{c0}, \quad \boldsymbol{M}_{Hc} = \boldsymbol{\phi}_{bH}^{\mathrm{T}} \boldsymbol{M} \bar{\boldsymbol{\Phi}}_{c0} \tag{7.8.19}$$

3. 不完全主模态集子结构分析

由于高阶主模态 $\boldsymbol{\phi}_{bH}$ 通常是未知的，故式(7.8.17)不适于直接用于模态综合. 由式(7.8.17)的第三个方程

$$(\boldsymbol{\Lambda}_{bH} - \omega^2 \boldsymbol{I}_{bH})\boldsymbol{q}_{bH} - \omega^2 \boldsymbol{M}_{Hc} \boldsymbol{X}_j = \bar{\boldsymbol{\phi}}_{bHk}^{\mathrm{T}} \boldsymbol{f}_{0k} \tag{7.8.20}$$

得

$$\boldsymbol{q}_{bH} = (\boldsymbol{\Lambda}_{bH} - \omega^2 \boldsymbol{I}_{bH})^{-1} \boldsymbol{\phi}_{bHk}^{\mathrm{T}} \boldsymbol{f}_{0k} + \omega^2 (\boldsymbol{\Lambda}_{bH} - \omega^2 \boldsymbol{I}_{bH})^{-1} \boldsymbol{M}_{Hc} \boldsymbol{X}_j \tag{7.8.21}$$

因而高阶主模态响应为

$$\begin{aligned} \boldsymbol{X}_H &= \boldsymbol{\phi}_{bH} \boldsymbol{q}_{bH} \\ &= \boldsymbol{\phi}_{bH} (\boldsymbol{\Lambda}_{bH} - \omega^2 \boldsymbol{I}_{bH})^{-1} \boldsymbol{\phi}_{bHk}^{\mathrm{T}} \boldsymbol{f}_{0k} + \omega^2 \boldsymbol{\phi}_{bH} (\boldsymbol{\Lambda}_{bH} - \omega^2 \boldsymbol{I}_{bH})^{-1} \boldsymbol{\phi}_{bH}^{\mathrm{T}} \boldsymbol{M} \bar{\boldsymbol{\Phi}}_{c0} \boldsymbol{X}_j \\ &= \boldsymbol{\Psi}_k \boldsymbol{f}_{0k} + \omega^2 \boldsymbol{\Phi}_{cH} \boldsymbol{X}_j \end{aligned} \tag{7.8.22}$$

其中

$$\boldsymbol{\Psi}_k = \boldsymbol{\Psi} \begin{bmatrix} \boldsymbol{0} \\ \boldsymbol{I} \\ \boldsymbol{0} \end{bmatrix} = \boldsymbol{\phi}_{bH} (\boldsymbol{\Lambda}_{bH} - \omega^2 \boldsymbol{I}_{bH})^{-1} \boldsymbol{\phi}_{bHk}^{\mathrm{T}} \tag{7.8.23}$$

$$\begin{aligned} \boldsymbol{\Phi}_{cH} &= \boldsymbol{\phi}_{bH} (\boldsymbol{\Lambda}_{bH} - \omega^2 \boldsymbol{I}_{bH})^{-1} \boldsymbol{\phi}_{bH}^{\mathrm{T}} \boldsymbol{M} \bar{\boldsymbol{\Phi}}_{c0} = \boldsymbol{H}_{bH} \boldsymbol{M} \bar{\boldsymbol{\Phi}}_{c0} \\ \boldsymbol{\Psi} &= \boldsymbol{\phi}_{bH} (\boldsymbol{\Lambda}_{bH} - \omega^2 \boldsymbol{I}_{bH})^{-1} \boldsymbol{\phi}_{bH}^{\mathrm{T}} = \boldsymbol{H}_{bH} \end{aligned} \tag{7.8.24}$$

$$\boldsymbol{H}_{bH} = \boldsymbol{\phi}_{bH} (\boldsymbol{\Lambda}_{bH} - \omega^2 \boldsymbol{I}_{bH})^{-1} \boldsymbol{\phi}_{bH}^{\mathrm{T}} \tag{7.8.25}$$

这里，$\boldsymbol{\Psi}_k$ 为对应于自由自由度子集上的精确剩余模态，$\boldsymbol{\Phi}_{cH}$ 为高阶模态剩余约束广义模态. 将式(7.8.22)代入式(7.8.12)，得

$$\begin{aligned} \boldsymbol{X}_d &= \bar{\boldsymbol{\Phi}}_{c0} \boldsymbol{X}_j + \boldsymbol{\phi}_{bL} \boldsymbol{q}_{bL} + \boldsymbol{\Psi}_k \boldsymbol{f}_{0k} + \omega^2 \boldsymbol{\Phi}_{ch} \boldsymbol{X}_j \\ &= \boldsymbol{\Phi}_c \boldsymbol{X}_j + \boldsymbol{\phi}_{bL} \boldsymbol{q}_{bL} + \boldsymbol{\Psi}_k \boldsymbol{f}_{0k} \\ &= \boldsymbol{\phi}_G \boldsymbol{q}_G \end{aligned} \tag{7.8.26}$$

其中

$$\boldsymbol{\Phi}_c = \bar{\boldsymbol{\Phi}}_{c0} + \omega^2 \boldsymbol{\Phi}_{cH} = \bar{\boldsymbol{\Phi}}_{c0} + \omega^2 \boldsymbol{\Psi} \boldsymbol{M} \bar{\boldsymbol{\Phi}}_{c0} \tag{7.8.27}$$

$$\boldsymbol{\phi}_G = [\boldsymbol{\Phi}_c \quad \boldsymbol{\phi}_{bL} \quad \boldsymbol{\Psi}_k], \quad \boldsymbol{q}_G = [\boldsymbol{X}_j^{\mathrm{T}} \quad \boldsymbol{q}_{bL}^{\mathrm{T}} \quad \boldsymbol{f}_{0k}^{\mathrm{T}}]^{\mathrm{T}} \tag{7.8.28}$$

式(7.8.26)对应于不完全主模态集 $\boldsymbol{\phi}_{bL}$ 的混合界面子结构精确位移表达式,$\boldsymbol{\Phi}_c$ 为约束自由度子集上的精确剩余约束广义模态,它的一阶项为静力约束模态 $\bar{\boldsymbol{\Phi}}_{c0}$,它的高阶项 $\omega^2 \boldsymbol{\Phi}_{cH}$ 表示高阶模态影响的剩余约束广义模态.这样由 $\boldsymbol{\Phi}_c$,$\boldsymbol{\phi}_{bL}$,$\boldsymbol{\Psi}_k$ 组成混合界面子结构的完全模态集.

将式(7.8.26)代入子结构运动方程,并在两边左乘 $\boldsymbol{\phi}_G^{\mathrm{T}}$,得关于 $\boldsymbol{q}_G$ 的子结构运动方程为

$$(\boldsymbol{K}_G - \omega^2 \boldsymbol{M}_G) \boldsymbol{q}_G = \boldsymbol{F}_G \tag{7.8.29}$$

其中

$$\boldsymbol{K}_G = \boldsymbol{\phi}_G^{\mathrm{T}} \boldsymbol{K} \boldsymbol{\phi}_G = \begin{bmatrix} \boldsymbol{K}_c & 0 & 0 \\ 0 & \boldsymbol{\Lambda}_{bL} & 0 \\ 0 & 0 & \boldsymbol{\kappa}_k \end{bmatrix}$$

$$\boldsymbol{M}_G = \boldsymbol{\phi}_G^{\mathrm{T}} \boldsymbol{M} \boldsymbol{\phi}_G = \begin{bmatrix} \boldsymbol{M}_c & \boldsymbol{M}_{cL} & 0 \\ \boldsymbol{M}_{Lc} & \boldsymbol{I}_{bL} & 0 \\ 0 & 0 & \boldsymbol{\mu}_k \end{bmatrix}$$

$$\boldsymbol{F}_G = \begin{bmatrix} \boldsymbol{\Phi}_{cs}^{\mathrm{T}} & \boldsymbol{\Phi}_{ck}^{\mathrm{T}} & \boldsymbol{I} \\ \boldsymbol{\phi}_{bLs}^{\mathrm{T}} & \boldsymbol{\phi}_{bLk}^{\mathrm{T}} & 0 \\ \boldsymbol{\Psi}_{ks}^{\mathrm{T}} & \boldsymbol{\Psi}_{kk}^{\mathrm{T}} & 0 \end{bmatrix} \begin{Bmatrix} 0 \\ \boldsymbol{f}_{0k} \\ \boldsymbol{f}_{0j} \end{Bmatrix} = \begin{Bmatrix} \boldsymbol{f}_{0j} + \boldsymbol{\Phi}_{ck}^{\mathrm{T}} \boldsymbol{f}_{0k} \\ \boldsymbol{\phi}_{bLk}^{\mathrm{T}} \boldsymbol{f}_{0k} \\ \boldsymbol{\psi}_{kk}^{\mathrm{T}} \boldsymbol{f}_{0k} \end{Bmatrix} \tag{7.8.30}$$

$$\boldsymbol{K}_c = \boldsymbol{\Phi}_c^{\mathrm{T}} \boldsymbol{K} \boldsymbol{\Phi}_c = \boldsymbol{K}_{c0} + \omega^4 \boldsymbol{K}_{c2}$$

$$\boldsymbol{M}_c = \boldsymbol{\Phi}_c^{\mathrm{T}} \boldsymbol{M} \boldsymbol{\Phi}_c = \boldsymbol{M}_{c0} + \omega^2 \boldsymbol{M}_{c1} - \omega^2 \boldsymbol{K}_{c2}$$

$$\boldsymbol{M}_{c1} = \boldsymbol{\Phi}_{c0}^{\mathrm{T}} \boldsymbol{M} \boldsymbol{\Phi}_{cH}$$

$$\boldsymbol{\kappa}_k = \boldsymbol{\Psi}_k^{\mathrm{T}} \boldsymbol{K} \boldsymbol{\Psi}_k, \quad \boldsymbol{\mu}_k = \boldsymbol{\Psi}_k^{\mathrm{T}} \boldsymbol{M} \boldsymbol{\Psi}_k, \quad \boldsymbol{M}_{Lc} = \boldsymbol{M}_{Lc}^{\mathrm{T}} = \boldsymbol{\phi}_{bL}^{\mathrm{T}} \boldsymbol{M} \boldsymbol{\Phi}_c$$

$$\begin{aligned} \boldsymbol{\kappa}_k - \omega^2 \boldsymbol{\mu}_k &= \boldsymbol{\Psi}_k^{\mathrm{T}} (\boldsymbol{K} - \omega^2 \boldsymbol{M}) \boldsymbol{\Psi}_k \\ &= \boldsymbol{\phi}_{bHk} (\boldsymbol{\Lambda}_{bH} - \omega^2 \boldsymbol{I}_{bH})^{-1} \boldsymbol{\phi}_{bH}^{\mathrm{T}} (\boldsymbol{K} - \omega^2 \boldsymbol{M}) \boldsymbol{\phi}_{bH} (\boldsymbol{\Lambda}_{bH} - \omega^2 \boldsymbol{I}_{bH})^{-1} \boldsymbol{\phi}_{bHk}^{\mathrm{T}} \\ &= \boldsymbol{\phi}_{bHk} (\boldsymbol{\Lambda}_{bH} - \omega^2 \boldsymbol{I}_{bH})^{-1} \boldsymbol{\phi}_{bHk}^{\mathrm{T}} = \boldsymbol{\Psi}_{kk} \end{aligned} \tag{7.8.31}$$

应用式(7.6.31),式(7.8.29)简化后,得

$$(\boldsymbol{K}_{G1} - \omega^2 \boldsymbol{M}_{G1} - \omega^4 \boldsymbol{M}_{G2}) \boldsymbol{q}_G = \boldsymbol{F}_G \tag{7.8.32}$$

其中

$$\boldsymbol{K}_{G1} = \begin{bmatrix} \boldsymbol{K}_{c0} & 0 & 0 \\ 0 & \boldsymbol{\Lambda}_{bL} & 0 \\ 0 & 0 & \boldsymbol{\psi}_{kk} \end{bmatrix}, \quad \boldsymbol{M}_{G1} = \begin{bmatrix} \boldsymbol{M}_{c0} & \boldsymbol{M}_{cL} & 0 \\ \boldsymbol{M}_{Lc} & \boldsymbol{I}_{bL} & 0 \\ 0 & 0 & 0 \end{bmatrix}, \quad \boldsymbol{M}_{G2} = \begin{Bmatrix} \boldsymbol{M}_{c1} & 0 & 0 \\ 0 & 0 & 0 \\ 0 & 0 & 0 \end{Bmatrix} \tag{7.8.33}$$

界面位移 $\boldsymbol{X}_m$ 为

$$\boldsymbol{X}_m = \begin{Bmatrix} \boldsymbol{X}_k \\ \boldsymbol{X}_j \end{Bmatrix}$$

其中

$$\boldsymbol{X}_k = \boldsymbol{\Phi}_{ck}\boldsymbol{X}_j + \boldsymbol{\phi}_{bLk}\boldsymbol{q}_{bL} + \boldsymbol{\psi}_{kk}\boldsymbol{f}_{0k} \tag{7.8.34a}$$

$$\begin{aligned} &\boldsymbol{\psi}_{kk} = \boldsymbol{\phi}_{bHk}(\boldsymbol{\Lambda}_{bH} - \omega^2\boldsymbol{I}_{bH})^{-1}\boldsymbol{\phi}_{bHk}^{\mathrm{T}} = \boldsymbol{\psi}_{kk1} + \omega^2\boldsymbol{\psi}_{kk2} + \omega^4\boldsymbol{\psi}_{kk3} \\ &\boldsymbol{\psi}_{kk1} = \boldsymbol{\phi}_{bHk}\boldsymbol{\Lambda}_{bH}^{-1}\boldsymbol{\phi}_{bHk}^{\mathrm{T}}, \quad \boldsymbol{\psi}_{kk2} = \boldsymbol{\phi}_{bHk}\boldsymbol{\Lambda}_{bH}^{-2}\boldsymbol{\phi}_{bHk}^{\mathrm{T}} \\ &\boldsymbol{\psi}_{kk3} = \boldsymbol{\phi}_{bHk}(\boldsymbol{\Lambda}_{bH} - \omega^2\boldsymbol{I}_{bH})^{-1}\boldsymbol{\Lambda}_{bH}^{-2}\boldsymbol{\phi}_{bHk}^{\mathrm{T}} \end{aligned} \tag{7.8.34b}$$

$$\begin{aligned} &\boldsymbol{\psi} = \boldsymbol{\psi}_1 + \omega^2\boldsymbol{\psi}_2 + \omega^4\boldsymbol{\psi}_3, \quad \boldsymbol{\psi}_1 = \boldsymbol{\phi}_{bH}\boldsymbol{\Lambda}_{bH}^{-1}\boldsymbol{\phi}_{bH}^{\mathrm{T}}, \quad \boldsymbol{\psi}_2 = \boldsymbol{\phi}_{bH}\boldsymbol{\Lambda}_{bH}^{-2}\boldsymbol{\phi}_{bH}^{\mathrm{T}} \\ &\boldsymbol{\psi}_3 = \boldsymbol{\phi}_{bH}(\boldsymbol{\Lambda}_{bH} - \omega^2\boldsymbol{I}_{bH})^{-1}\boldsymbol{\Lambda}_{bH}^{-2}\boldsymbol{\phi}_{bH}^{\mathrm{T}} \end{aligned} \tag{7.8.34c}$$

7.8.2 系统综合

为了叙述简便,考虑有 A 与 B 两个子结构系统的综合,将 A 与 B 两个子结构的运动方程(7.8.32)写在一起:

$$\left(\begin{bmatrix} \boldsymbol{K}_{G1}^A & \boldsymbol{0} \\ \boldsymbol{0} & \boldsymbol{K}_{G1}^B \end{bmatrix} - \omega^2\begin{bmatrix} \boldsymbol{M}_{G1}^A & \boldsymbol{0} \\ \boldsymbol{0} & \boldsymbol{M}_{G1}^B \end{bmatrix} - \omega^4\begin{bmatrix} \boldsymbol{M}_{G2}^A & \boldsymbol{0} \\ \boldsymbol{0} & \boldsymbol{M}_{G2}^B \end{bmatrix}\right)\begin{bmatrix} \boldsymbol{q}_G^A \\ \boldsymbol{q}_G^B \end{bmatrix} = \begin{bmatrix} \boldsymbol{F}_G^A \\ \boldsymbol{F}_G^B \end{bmatrix} \tag{7.8.35}$$

A, B 两个子结构的交界位移与力的协调方程如下：

约束自由度子集上,有

$$\boldsymbol{X}_j^A = \boldsymbol{X}_j^B = \boldsymbol{X}_j, \quad \boldsymbol{f}_{0j}^A + \boldsymbol{f}_{0j}^B = \boldsymbol{0} \tag{7.8.36}$$

自由自由度子集上,有

$$\boldsymbol{X}_k^A = \boldsymbol{X}_k^B = \boldsymbol{X}_k, \quad \boldsymbol{f}_{0k}^A + \boldsymbol{f}_{0k}^B = \boldsymbol{0} \tag{7.8.37}$$

将式(7.8.34a)代入式(7.8.37),得

$$\boldsymbol{X}_k = \boldsymbol{\Phi}_{ck}^A\boldsymbol{X}_j^A + \boldsymbol{\phi}_{bLk}^A\boldsymbol{q}_{bL}^A + \boldsymbol{\psi}_{kk}^A\boldsymbol{f}_{0k}^A = \boldsymbol{\Phi}_{ck}^B\boldsymbol{X}_j^B + \boldsymbol{\phi}_{bLk}^B\boldsymbol{q}_{bL}^B + \boldsymbol{\psi}_{kk}^B\boldsymbol{f}_{0k}^B \tag{7.8.38}$$

将式(7.8.36)、式(7.8.37)代入式(7.8.38),得

$$\boldsymbol{f}_{0k}^A = -\boldsymbol{f}_{0k}^B = \boldsymbol{K}_k(-\boldsymbol{\phi}_{bLk}^A\boldsymbol{q}_{bL}^A + \boldsymbol{\phi}_{bLk}^B\boldsymbol{q}_{bL}^B - \boldsymbol{C}_c\boldsymbol{X}_j) \tag{7.8.39}$$

其中

$$\begin{aligned} &\boldsymbol{K}_k = (\boldsymbol{\psi}_{kk}^A + \boldsymbol{\psi}_{kk}^B)^{-1} = \boldsymbol{K}_{k1}^{-1} - \omega^2\boldsymbol{N}_{k1} + \omega^4\boldsymbol{N}_{k2} \\ &\boldsymbol{N}_{k1} = \boldsymbol{K}_{k1}^{-1}\boldsymbol{K}_{k2}\boldsymbol{K}_{k1}^{-1} \\ &\boldsymbol{N}_{k2} = \boldsymbol{K}_k(\boldsymbol{K}_{k2}\boldsymbol{N}_{k1} - \boldsymbol{K}_{k3}\boldsymbol{K}_{k1} + \omega^2\boldsymbol{K}_{k3}\boldsymbol{N}_{k1}) \\ &\boldsymbol{K}_{k1} = (\boldsymbol{\Psi}_{kk1}^A + \boldsymbol{\Psi}_{kk1}^B), \quad \boldsymbol{K}_{k2} = \boldsymbol{\Psi}_{kk2}^A + \boldsymbol{\Psi}_{kk2}^B, \quad \overline{\boldsymbol{K}}_{k3} = \overline{\boldsymbol{\Psi}}_{kk3}^A + \overline{\boldsymbol{\Psi}}_{kk3}^B \end{aligned} \tag{7.8.40a}$$

$$\begin{aligned} &\boldsymbol{C}_c = (\boldsymbol{\Phi}_{ck}^A - \boldsymbol{\Phi}_{ck}^B) = \boldsymbol{C}_{c0} + \omega^2\overline{\boldsymbol{C}}_c \\ &\boldsymbol{C}_{c0} = \overline{\boldsymbol{\Phi}}_{c0k}^A - \overline{\boldsymbol{\Phi}}_{c0k}^B, \quad \overline{\boldsymbol{C}}_c = \boldsymbol{\Phi}_{cHk}^A - \boldsymbol{\Phi}_{cHk}^B = \boldsymbol{C}_{c1} + \omega^2\boldsymbol{C}_{c2} \end{aligned} \tag{7.8.40b}$$

$$\boldsymbol{\psi}_{kk} = \boldsymbol{\phi}_{bHk}(\boldsymbol{\Lambda}_{bH} - \omega^2 \boldsymbol{I}_{bH})^{-1}\boldsymbol{\phi}_{bHk}^{\mathrm{T}} = \boldsymbol{\psi}_{kk1} + \omega^2 \boldsymbol{\psi}_{kk2} + \omega^4 \bar{\boldsymbol{\psi}}_{kk3}$$

$$\boldsymbol{\psi}_{kk1} = \boldsymbol{\phi}_{bHk}\boldsymbol{\Lambda}_{bH}^{-1}\boldsymbol{\phi}_{bHk}^{\mathrm{T}}, \quad \boldsymbol{\psi}_{kk2} = \boldsymbol{\phi}_{bHk}\boldsymbol{\Lambda}_{bH}^{-2}\boldsymbol{\phi}_{bHk}^{\mathrm{T}} \tag{7.8.40c}$$

$$\bar{\boldsymbol{\psi}}_{kk3} = \boldsymbol{\phi}_{bHk}(\boldsymbol{\Lambda}_{bH} - \omega^2 \boldsymbol{I}_{bH})^{-1}\boldsymbol{\Lambda}_{bH}^{-2}\boldsymbol{\phi}_{bHk}^{\mathrm{T}}$$

因而有

$$\boldsymbol{q}_{AB} = \boldsymbol{N}\boldsymbol{q}$$

$$= [(\boldsymbol{X}_j^A)^{\mathrm{T}} \quad (\boldsymbol{q}_{bL}^A)^{\mathrm{T}} \quad (\boldsymbol{f}_{0k}^A)^{\mathrm{T}} \quad (\boldsymbol{X}_j^B)^{\mathrm{T}} \quad (\boldsymbol{q}_{bL}^B)^{\mathrm{T}} \quad (\boldsymbol{f}_{0k}^B)^{\mathrm{T}}]^{\mathrm{T}} \tag{7.8.41}$$

$$\boldsymbol{q} = [(\boldsymbol{q}_{bL}^A)^{\mathrm{T}} \quad (\boldsymbol{q}_{bL}^B)^{\mathrm{T}} \quad \boldsymbol{X}_j^{\mathrm{T}}]^{\mathrm{T}} \tag{7.8.42}$$

$$\boldsymbol{N} = \begin{bmatrix} \boldsymbol{0} & \boldsymbol{0} & \boldsymbol{I} \\ \boldsymbol{I} & \boldsymbol{0} & \boldsymbol{0} \\ -\boldsymbol{K}_k\boldsymbol{\phi}_{bLk}^A & \boldsymbol{K}_k\boldsymbol{\phi}_{bLk}^B & -\boldsymbol{K}_k\boldsymbol{C}_c \\ \boldsymbol{0} & \boldsymbol{0} & \boldsymbol{I} \\ \boldsymbol{0} & \boldsymbol{I} & \boldsymbol{0} \\ \boldsymbol{K}_k\boldsymbol{\phi}_{bLk}^A & -\boldsymbol{K}_k\boldsymbol{\phi}_{bLk}^B & \boldsymbol{K}_k\boldsymbol{C}_c \end{bmatrix} \tag{7.8.43}$$

将式(7.8.41)代入式(7.8.35),并在两边左乘 $\boldsymbol{N}^{\mathrm{T}}$,得

$$[\bar{\boldsymbol{K}}_G - \omega^2(\bar{\boldsymbol{M}}_{G0} + \omega^2\bar{\boldsymbol{M}}_{G1})]\boldsymbol{q} = \boldsymbol{0} \tag{7.8.44}$$

其中

$$\bar{\boldsymbol{M}}_{G0} = \boldsymbol{N}^{\mathrm{T}}\begin{bmatrix} \boldsymbol{M}_{G1}^A & \boldsymbol{0} \\ \boldsymbol{0} & \boldsymbol{M}_{G1}^B \end{bmatrix}\boldsymbol{N} = \begin{bmatrix} \boldsymbol{I} & \boldsymbol{0} & \boldsymbol{M}_{Lc}^A \\ \boldsymbol{0} & \boldsymbol{I} & \boldsymbol{M}_{Lc}^b \\ \boldsymbol{M}_{cL}^A & \boldsymbol{M}_{cL}^b & \boldsymbol{M}_{0c} \end{bmatrix}$$

$$\bar{\boldsymbol{M}}_{G1} = \boldsymbol{N}^{\mathrm{T}}\begin{bmatrix} \boldsymbol{M}_{G2}^A & \boldsymbol{0} \\ \boldsymbol{0} & \boldsymbol{M}_{G2}^B \end{bmatrix}\boldsymbol{N} = \begin{bmatrix} \boldsymbol{0} & \boldsymbol{0} & \boldsymbol{0} \\ \boldsymbol{0} & \boldsymbol{0} & \boldsymbol{0} \\ \boldsymbol{0} & \boldsymbol{0} & \boldsymbol{M}_{1c} \end{bmatrix} \tag{7.8.45}$$

$$\bar{\boldsymbol{K}}_G = \boldsymbol{N}^{\mathrm{T}}\begin{bmatrix} \boldsymbol{K}_{G1}^A & \boldsymbol{0} \\ \boldsymbol{0} & \boldsymbol{K}_{G1}^B \end{bmatrix}\boldsymbol{N} = \bar{\boldsymbol{K}}_{G0} + \bar{\boldsymbol{K}}_{G1} \tag{7.8.46}$$

其中

$$\bar{\boldsymbol{K}}_{G0} = \begin{bmatrix} \boldsymbol{\Lambda}_{bL}^A & \boldsymbol{0} & \boldsymbol{0} \\ \boldsymbol{0} & \boldsymbol{\Lambda}_{bL}^B & \boldsymbol{0} \\ \boldsymbol{0} & \boldsymbol{0} & \boldsymbol{K}_{0c} \end{bmatrix} \tag{7.8.47a}$$

$$\overline{\boldsymbol{K}}_{G1}=\begin{bmatrix}(\boldsymbol{\phi}_{bLk}^{A})^{\mathrm{T}}\boldsymbol{K}_{k}\boldsymbol{\phi}_{bLk}^{A} & -(\boldsymbol{\phi}_{bLk}^{A})^{\mathrm{T}}\boldsymbol{K}_{k}\boldsymbol{\phi}_{bLk}^{B} & (\boldsymbol{\phi}_{bLk}^{A})^{\mathrm{T}}\boldsymbol{K}_{k}\boldsymbol{C}_{c}\\ -(\boldsymbol{\phi}_{bLk}^{B})^{\mathrm{T}}\boldsymbol{K}_{k}\boldsymbol{\phi}_{bLk}^{A} & (\boldsymbol{\phi}_{bLk}^{B})^{\mathrm{T}}\boldsymbol{K}_{k}\boldsymbol{\phi}_{bLk}^{B} & -(\boldsymbol{\phi}_{bLk}^{B})^{\mathrm{T}}\boldsymbol{K}_{k}\boldsymbol{C}_{c}\\ \boldsymbol{C}_{c}^{\mathrm{T}}\boldsymbol{K}_{k}\boldsymbol{\phi}_{bLk}^{A} & -\boldsymbol{C}_{c}^{\mathrm{T}}\boldsymbol{K}_{k}\boldsymbol{\phi}_{bLk}^{B} & \boldsymbol{C}_{c}^{\mathrm{T}}\boldsymbol{K}_{k}\boldsymbol{C}_{c}\end{bmatrix}$$

$$=\overline{\boldsymbol{K}}_{1}-\omega^{2}\overline{\boldsymbol{M}}_{11}+\omega^{4}\overline{\boldsymbol{M}}_{12} \tag{7.8.47b}$$

$$\boldsymbol{K}_{0c}=\boldsymbol{K}_{c0}^{A}+\boldsymbol{K}_{c0}^{B},\quad \boldsymbol{M}_{0c}=\boldsymbol{M}_{c0}^{A}+\boldsymbol{M}_{c0}^{B},\quad \boldsymbol{M}_{1c}=\boldsymbol{M}_{c1}^{A}+\boldsymbol{M}_{c1}^{B} \tag{7.8.48}$$

式(7.8.47)中的参数 $\boldsymbol{K}_k$ 与 $\boldsymbol{C}_c$ 按式(7.8.40)展开,则有

$$\begin{aligned}\boldsymbol{B}=\boldsymbol{K}_{k}\boldsymbol{C}_{c}&=(\boldsymbol{K}_{k1}^{-1}-\omega^{2}\boldsymbol{N}_{k1}+\omega^{4}\boldsymbol{N}_{k2})(\boldsymbol{C}_{0}+\omega^{2}\boldsymbol{C}_{1}+\omega^{4}\boldsymbol{C}_{2})\\&=\boldsymbol{K}_{k1}^{-1}\boldsymbol{C}_{0}-\omega^{2}(\boldsymbol{B}_{1}+\omega^{2}\boldsymbol{B}_{2})\end{aligned}$$

其中

$$\begin{aligned}\boldsymbol{B}_{1}&=\boldsymbol{N}_{k1}\boldsymbol{C}_{0}-\boldsymbol{K}_{k1}^{-1}\boldsymbol{C}_{1}\\ \boldsymbol{B}_{2}&=-\boldsymbol{N}_{k1}\boldsymbol{C}_{1}+\boldsymbol{N}_{k2}\boldsymbol{C}_{0}+\boldsymbol{K}_{k1}^{-1}\boldsymbol{C}_{2}+\omega^{2}(\boldsymbol{N}_{k2}\boldsymbol{C}_{1}-\boldsymbol{N}_{k1}\boldsymbol{C}_{2})+\omega^{4}\boldsymbol{N}_{k2}\boldsymbol{C}_{2}\end{aligned} \tag{7.8.49}$$

$$\begin{aligned}\boldsymbol{B}^{\mathrm{T}}=\boldsymbol{C}_{c}^{\mathrm{T}}\boldsymbol{K}_{k}&=(\boldsymbol{C}_{0}^{\mathrm{T}}+\omega^{2}\boldsymbol{C}_{1}^{\mathrm{T}}+\omega^{4}\boldsymbol{C}_{2}^{\mathrm{T}})^{\mathrm{T}}(\boldsymbol{K}_{k1}^{-1}-\omega^{2}\boldsymbol{N}_{k1}+\omega^{4}\boldsymbol{N}_{k2})\\&=\boldsymbol{C}_{c}^{\mathrm{T}}\boldsymbol{K}_{k1}^{-1}-\omega^{2}(\boldsymbol{B}_{1}^{\mathrm{T}}+\omega^{2}\boldsymbol{B}_{2}^{\mathrm{T}})\\ \boldsymbol{B}_{1}^{\mathrm{T}}&=\boldsymbol{C}_{0}^{\mathrm{T}}\boldsymbol{N}_{k1}-\boldsymbol{C}_{1}^{\mathrm{T}}\boldsymbol{K}_{k1}^{-1}\\ \boldsymbol{B}_{2}^{\mathrm{T}}&=-\boldsymbol{C}_{1}^{\mathrm{T}}\boldsymbol{N}_{k1}+\boldsymbol{C}_{0}^{\mathrm{T}}\boldsymbol{N}_{k2}+\boldsymbol{C}_{2}^{\mathrm{T}}\boldsymbol{K}_{k1}^{-1}+\omega^{2}(\boldsymbol{C}_{1}^{\mathrm{T}}\boldsymbol{N}_{k2}-\boldsymbol{C}_{2}^{\mathrm{T}}\boldsymbol{N}_{k1})+\omega^{4}\boldsymbol{C}_{2}^{\mathrm{T}}\boldsymbol{N}_{k2}\end{aligned} \tag{7.8.50}$$

$$\begin{aligned}\boldsymbol{A}=\boldsymbol{C}_{c}^{\mathrm{T}}\boldsymbol{K}_{k}\boldsymbol{C}_{c}&=(\boldsymbol{C}_{0}^{\mathrm{T}}+\omega^{2}\boldsymbol{C}_{1}^{\mathrm{T}}+\omega^{4}\boldsymbol{C}_{2}^{\mathrm{T}})(\boldsymbol{K}_{k1}^{-1}\boldsymbol{C}_{0}-\omega^{2}\boldsymbol{B}_{1}+\omega^{4}\boldsymbol{B}_{2})\\&=\boldsymbol{C}_{0}^{\mathrm{T}}\boldsymbol{K}_{k1}^{-1}\boldsymbol{C}_{0}-\omega^{2}\boldsymbol{A}_{1}-\omega^{4}\boldsymbol{A}_{2}\\ \boldsymbol{A}_{1}&=-\boldsymbol{C}_{1}^{\mathrm{T}}\boldsymbol{K}_{k1}^{-1}\boldsymbol{C}_{0}+\boldsymbol{C}_{0}^{\mathrm{T}}\boldsymbol{B}_{1}\\ \boldsymbol{A}_{2}&=(\boldsymbol{C}_{0}^{\mathrm{T}}\boldsymbol{B}_{2}-\boldsymbol{C}_{1}^{\mathrm{T}}\boldsymbol{B}_{1}+\boldsymbol{C}_{2}^{\mathrm{T}}\boldsymbol{K}_{k1}^{-1}\boldsymbol{C}_{0})+\omega^{4}(\boldsymbol{C}_{1}^{\mathrm{T}}\boldsymbol{B}_{2}-\boldsymbol{C}_{2}^{\mathrm{T}}\boldsymbol{B}_{1})+\omega^{6}\boldsymbol{C}_{2}^{\mathrm{T}}\boldsymbol{B}_{2}\end{aligned} \tag{7.8.51}$$

$$\begin{aligned}\overline{\boldsymbol{K}}_{1}&=\begin{bmatrix}(\boldsymbol{\phi}_{bLk}^{A})^{\mathrm{T}}\boldsymbol{K}_{k1}\boldsymbol{\phi}_{bLk}^{A} & -(\boldsymbol{\phi}_{bLk}^{A})^{\mathrm{T}}\boldsymbol{K}_{k1}\boldsymbol{\phi}_{bLk}^{B} & (\boldsymbol{\phi}_{bLk}^{A})^{\mathrm{T}}\boldsymbol{K}_{k1}\boldsymbol{C}_{0}\\ -(\boldsymbol{\phi}_{bLk}^{B})^{\mathrm{T}}\boldsymbol{K}_{k1}\boldsymbol{\phi}_{bLk}^{A} & (\boldsymbol{\phi}_{bLk}^{B})^{\mathrm{T}}\boldsymbol{K}_{k1}\boldsymbol{\phi}_{bLk}^{B} & -(\boldsymbol{\phi}_{bLk}^{B})^{\mathrm{T}}\boldsymbol{K}_{k1}\boldsymbol{C}_{0}\\ \boldsymbol{C}_{0}^{\mathrm{T}}\boldsymbol{K}_{k1}\boldsymbol{\phi}_{bLk}^{A} & -\boldsymbol{C}_{0}^{\mathrm{T}}\boldsymbol{K}_{k}\boldsymbol{\phi}_{bLk}^{B} & \boldsymbol{C}_{0}^{\mathrm{T}}\boldsymbol{K}_{k1}\boldsymbol{C}_{0}\end{bmatrix}\\ \overline{\boldsymbol{M}}_{1r}&=\begin{bmatrix}(\boldsymbol{\phi}_{bLk}^{A})^{\mathrm{T}}\boldsymbol{N}_{kr}\boldsymbol{\phi}_{bLk}^{A} & -(\boldsymbol{\phi}_{bLk}^{A})^{\mathrm{T}}\boldsymbol{N}_{kr}\boldsymbol{\phi}_{bLk}^{B} & (\boldsymbol{\phi}_{bLk}^{A})^{\mathrm{T}}\boldsymbol{B}_{r}\\ -(\boldsymbol{\phi}_{bLk}^{B})^{\mathrm{T}}\boldsymbol{N}_{k1}\boldsymbol{\phi}_{bLk}^{A} & (\boldsymbol{\phi}_{bLk}^{B})^{\mathrm{T}}\boldsymbol{N}_{kr}\boldsymbol{\phi}_{bLk}^{B} & -(\boldsymbol{\phi}_{bLk}^{B})^{\mathrm{T}}\boldsymbol{B}_{r}\\ \boldsymbol{B}_{r}^{\mathrm{T}}\boldsymbol{\phi}_{bLk}^{A} & -\boldsymbol{B}_{r}^{\mathrm{T}}\boldsymbol{\phi}_{bLk}^{B} & \boldsymbol{A}_{r}\end{bmatrix},\quad r=1,2\end{aligned} \tag{7.8.52}$$

将式(7.8.45)～式(7.8.47)、式(7.8.52)代入式(7.8.44),得系统综合方程为

$$\{\overline{\boldsymbol{K}}_{G0}+\overline{\boldsymbol{K}}_{1}-\omega^{2}[\overline{\boldsymbol{M}}_{G0}+\overline{\boldsymbol{M}}_{11}+\omega^{2}(\overline{\boldsymbol{M}}_{G1}+\overline{\boldsymbol{M}}_{12})]\}\boldsymbol{q}=\boldsymbol{0} \tag{7.8.53}$$

可以构造显式迭代格式的方程

$$\{\bar{\boldsymbol{K}}_{G0} + \bar{\boldsymbol{K}}_1 - \omega_i^2[\bar{\boldsymbol{M}}_{G0} + \bar{\boldsymbol{M}}_{11} + \omega_i^2(\bar{\boldsymbol{M}}_{G1} + \bar{\boldsymbol{M}}_{12})]\}\boldsymbol{q} = \boldsymbol{0} \tag{7.8.54}$$

取 $\omega_0 = 0$，得一阶近似方程

$$[\bar{\boldsymbol{K}}_{G0} + \bar{\boldsymbol{K}}_1 - \omega_i^2(\bar{\boldsymbol{M}}_{G0} + \bar{\boldsymbol{M}}_{11})]\boldsymbol{q} = \boldsymbol{0} \tag{7.8.55}$$

7.8.3 一阶近似混合界面模态综合法

当忽略精确剩余约束广义模态式(7.8.27)高阶项时，有一阶近似：

$$\boldsymbol{\Phi}_c \approx \bar{\boldsymbol{\Phi}}_{c0} \tag{7.8.56}$$

当忽略精确剩余柔度模态式(7.8.23)的高阶项时，有一阶近似：

$$\boldsymbol{\Psi}_k \approx \boldsymbol{\psi}_{k1} = \boldsymbol{\phi}_{bH}\boldsymbol{\Lambda}_{bH}^{-1}\boldsymbol{\phi}_{bHk}^{\mathrm{T}} \tag{7.8.57}$$

则有一阶近似的子结构位移为

$$\bar{\boldsymbol{X}} = \bar{\boldsymbol{\Phi}}_{c0}\boldsymbol{X}_j + \boldsymbol{\phi}_{bL}\boldsymbol{q}_{bL} + \boldsymbol{\psi}_{k1}\boldsymbol{f}_k = \boldsymbol{\phi}_{G1}\boldsymbol{q}_G \tag{7.8.58}$$

$$\boldsymbol{\phi}_{G1} = [\bar{\boldsymbol{\Phi}}_{c0} \quad \boldsymbol{\phi}_{bL} \quad \boldsymbol{\psi}_{k1}] \tag{7.8.59}$$

这就是麦克尼尔和王文亮的混合界面子结构假设模态集.采用里茨法，可以导出它的综合方程为

$$[\bar{\boldsymbol{K}}_{G0} + \bar{\boldsymbol{K}}_1 - \omega^2(\bar{\boldsymbol{M}}_{G0} + \bar{\boldsymbol{M}}_{11})]\boldsymbol{q} = \boldsymbol{0} \tag{7.8.60}$$

比较式(7.8.55)与式(7.8.60)，说明方程(7.8.54)的一阶近似解方程(7.8.55)就是一阶近似的综合方程(7.8.60).由此可以说明式(7.8.54)迭代格式收敛会很快.

7.8.4 混合界面子结构精确综合法与约束子结构和自由子结构综合法的关系

混合界面子结构精确综合法有两种极限情况，即精确约束子结构综合法和精确自由子结构综合法.

1. 约束子结构

当自由自由度子集 k 为空集时，j 集等于交界面 m 集，混合界面子结构退化为约束子结构.这时式(7.8.26)化为式(7.4.37)，即

$$\boldsymbol{X}_d = \boldsymbol{\Phi}_c\boldsymbol{X}_m + \boldsymbol{\phi}_{bL}\boldsymbol{q}_{bL} = \boldsymbol{\phi}_d\boldsymbol{q}_d$$

$$\boldsymbol{\phi}_d = [\boldsymbol{\Phi}_c \quad \boldsymbol{\phi}_{bL}], \quad \boldsymbol{q}_d = \begin{Bmatrix} \boldsymbol{X}_m \\ \boldsymbol{q}_{bL} \end{Bmatrix}$$

此时的综合方程(7.8.53)化为

$$[\boldsymbol{K}_0 - \omega^2(\boldsymbol{M}_0 + \omega^2\boldsymbol{M}_1)]\boldsymbol{q} = \boldsymbol{0}$$

其中

$$\boldsymbol{K}_0 = \begin{bmatrix} \boldsymbol{\Lambda}_{bL}^A & \boldsymbol{0} & \boldsymbol{0} \\ \boldsymbol{0} & \boldsymbol{\Lambda}_{bL}^B & \boldsymbol{0} \\ \boldsymbol{0} & \boldsymbol{0} & \boldsymbol{K}_{0c} \end{bmatrix}, \quad \boldsymbol{M}_0 = \begin{bmatrix} \boldsymbol{I}_{bL}^A & \boldsymbol{0} & \boldsymbol{M}_{Lc}^A \\ \boldsymbol{0} & \boldsymbol{I}_{bL}^B & \boldsymbol{M}_{Lc}^B \\ \boldsymbol{M}_{cL}^A & \boldsymbol{M}_{cL}^B & \boldsymbol{M}_{0c} \end{bmatrix}, \quad \boldsymbol{M}_1 = \begin{bmatrix} \boldsymbol{0} & \boldsymbol{0} & \boldsymbol{0} \\ \boldsymbol{0} & \boldsymbol{0} & \boldsymbol{0} \\ \boldsymbol{0} & \boldsymbol{0} & \boldsymbol{M}_{1c} \end{bmatrix}$$

这就是式(7.4.67).

2. 自由子结构

当约束自由度子集 j 为空集时,k 子集等于交界面 m 集,则混合界面子结构退化为自由子结构.这时式(7.8.26)化为式(7.6.21),即

$$\boldsymbol{X}_d = \boldsymbol{\phi}_L\boldsymbol{q}_L + \boldsymbol{\psi}_m\boldsymbol{f}_m = \boldsymbol{\phi}_d\boldsymbol{q}_d$$

$$\boldsymbol{\phi}_d = [\boldsymbol{\phi}_L \quad \boldsymbol{\psi}_m], \quad \boldsymbol{q}_d = \begin{bmatrix}\boldsymbol{q}_L \\ \boldsymbol{f}_m\end{bmatrix}$$

此时的综合方程(7.8.44)化为

$$[\mathcal{K}_1(\boldsymbol{K}_m) - \omega^2\boldsymbol{M}_0]\boldsymbol{q} = \boldsymbol{0}$$

这就是式(7.6.45).

例 7.10 考虑如图 7.16 所示的自由-自由板横向弯曲,用混合界面子结构综合法求其固有频率.

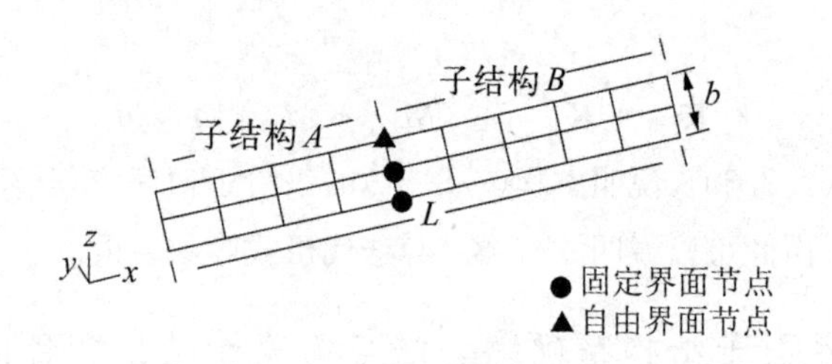

图 7.16 自由-自由平板混合界面模态综合示意图

弹性模量 $E = 10.50 \times 10^9$ Pa,泊松比 $\mu = 0.3$,质量密度 $\rho = 10.0 \times 10^2$ kg/m^3,板长 $L = 4.5$ m,板宽 $b = 1.0$ m,板厚 $H = 0.2$ m. 整体板划分为 18 个单元(见图 7.16),用有限元法求得的结果作为综合结果与标准解比较.

解 如图 7.16 所示,把整板划分为两个子结构,交界面上有三个节点,一个为自由界面节点,两个为约束界面节点.采用精确混合界面子结构综合法和麦克尼尔-王文亮一阶近似法两种方法综合计算.综合时,分别进行三种工况计算:① $n_A = 5$, $n_B = 6$;② $n_A = 7$, $n_B = 7$;③ $n_A = n_B = 10$. 采用精确混合界面子结构综合法综合结果见表 7.19,采用一阶近似麦克尼尔-王文亮方法综合结果见表 7.20.表中还列出与有限元整体分析标准解比较的误差.

表7.19 精确混合界面法综合结果

阶次	整体计算	综合① (Hz)	相对误差 (%)	综合② (Hz)	相对误差 (%)	综合③ (Hz)	相对误差 (%)	迭代次数
1～6	0.0	0.0	—	0.0	—	0.0	—	—
7	3.287 3	3.287 3	0.000	3.287 1	0.006	3.287 5	0.006	1
8	9.000 5	8.999 7	0.009	9.000 2	0.003	9.000 5	0.000	1
9	9.120 8	9.121 0	0.002	9.120 0	0.009	9.121 0	0.002	2
10	17.959 6	17.953 7	0.034	17.951 3	0.046	17.958 8	0.005	2
11	18.426 5	18.429 6	0.017	18.428 4	0.010	18.426 8	0.002	2
12	28.703 4	28.687 9	0.054	28.696 7	0.023	28.701 1	0.008	2
13	29.807 0	29.948 4	0.474	29.782 0	0.084	29.815 5	0.029	3
14	40.299 3	40.915 2	1.528	40.685 5	0.958	40.297 3	0.005	3
15	44.674 2	46.417 4	3.902	45.328 4	1.464	44.658 6	0.035	3
16	3.752 0	—		60.395 3	12.359	53.753 9	0.004	4
17	2.277 1	—		—		62.603 6	0.524	5
18	69.309 8	—		—		69.560 2	0.361	5
19	69.663 8	—		—		70.670 2	1.445	6

注：综合结果①,②,③分别对应 $n_A = 5$，$n_B = 6$；$n_A = 6, n_B = 7$；$n_A = n_B = 10$ 的子结构参与综合模态数工况.

表 7.20　一阶近似混合界面法综合结果

阶次	整体计算	综合[①] (Hz)	相对误差 (%)	综合[②] (Hz)	相对误差 (%)	综合[③] (Hz)	相对误差 (%)
1～6	0.0	—	0.0	—	0.0	—	
7	3.287 3	3.287 6	0.009	3.287 6	0.009	3.287 5	0.006
8	9.000 5	9.000 7	0.002	9.000 7	0.002	9.000 5	0.000
9	9.120 8	9.121 8	0.011	9.121 4	0.007	9.120 9	0.001
10	17.959 6	17.992 0	0.180	17.989 9	0.169	17.964 7	0.028
11	18.426 5	18.510 2	0.454	18.508 3	0.444	18.439 2	0.068
12	28.603 4	28.767 0	0.222	28.765 4	0.216	28.715 0	0.040
13	29.807 0	30.132 4	1.092	29.891 9	0.285	29.826 1	0.064
14	40.299 3	42.809 9	6.230	42.093 3	4.452	40.422 7	0.306
15	44.674 2	48.893 5	9.445	47.981 0	7.402	44.751 0	0.172

注:综合结果①,②,③分别对应 $n_A = 5, n_B = 6$; $n_A = 6, n_B = 7$; $n_A = n_B = 10$ 的子结构参与综合模态数工况.

7.9 采用混合模态的精确动态子结构方法及其近似

本节采用混合模态的位移展开定理(Ⅲ)导出采用混合模态的精确动态子结构方法,给出高精度的混合模态综合技术,它的低阶近似是邱吉宝等[80]介绍的混合模态综合法.

对于复杂结构而言,无论是高阶的自由界面主模态还是高阶的约束界面主模态都无法从理论计算和试验测试中得到,因而只能用低阶主模态参与综合,这样采用纯低阶主模态综合的赫铁法、克雷格法和霍法虽然可以减少综合分析的计算工作量,但所得的综合结果精度有限,常常不能满足要求.特别是采用试验模态进行综合时,这个问题更为突出,这是因为现有的模态试验的技术从试验数据分析中所能得到的低阶主模态数比计算得到的主模态数更少.为此,人们总是想办法补充高阶主模态的影响,形成各种改进的方法.特别是在7.4节和7.6节完全考虑高阶主模态的影响,分别导出精确的约束子结构模态综合法和精确自由子结构模态综合法,这些方法虽然大大提高了综合频率的精度,但都将综合后的特征值方程化为非线性的,从而增加了计算工作量.本节采用混合模态的精确动态子结构方法及其近似方法,它的优点在于既提高综合频率的精度,同时导出的综合后的特征值方程仍为线性的,从而减少了计算工作量.

在采用混合模态的精确动态子结构方法的基础上可以导出近似的子结构混合模态综合法,这就是当子结构的刚体模态、低阶自由界面主模态和低阶约束界面主模态之和比较小,小于子结构的总自由度时,虽然不能精确给出系统全部的综合结果(频率),但综合给出的低阶频率仍然非常精确,并且综合结果精确到哪一阶有可靠的判断准则.

7.9.1 采用混合模态的精确动态子结构方法

1. 子结构完全混合模态集

对于自由界面子结构,在7.6节采用模态展开定理(Ⅰ)导出子结构精确位移表达式(7.6.1),它的完全模态集就是自由界面子结构的完全主模态集.

在自由界面子结构中,选定虚拟约束界面,在7.4节采用模态展开定理(Ⅱ)导出子结构精确位移表达式(7.4.22),它的完全模态集是由静力约束模态和约束界面子结构完全主模态集组成的.

很显然,这两个子结构精确位移表达式(7.6.1)与式(7.4.22)都是描述同一个子结构的位移,因而它们是相等的表达式.

现在考虑自由界面的子结构.应用模态展开定理(Ⅰ),可以将任何结构位移精确地表示为自由边界模态展开式(7.6.1).因而也可以应用式(7.6.1),将静不定约束模态 $\boldsymbol{\Phi}_{cc}$ 和低阶约束界面模态 $\boldsymbol{\phi}_{bL}$ 表示为自由边界模态的线性组合,即

$$[\boldsymbol{\Phi}_{cc} \quad \boldsymbol{\phi}_{bL}] = \boldsymbol{\phi}_{ER}\boldsymbol{q}_{bER} + \boldsymbol{\phi}_{EK}\boldsymbol{q}_{bEK} + \boldsymbol{\phi}_{EH}\boldsymbol{q}_{bEH} \tag{7.9.1}$$

令自由界面高阶模态数为 H_E，自由界面低阶弹性模态 $\boldsymbol{\phi}_{EK}$ 的模态数为 L_{EK}，刚体模态 $\boldsymbol{\phi}_{ER}$ 的模态数为 L_{ER}，静不定约束模态 $\boldsymbol{\Phi}_{cc}$ 的模态数为 L_{cc}，约束界面低阶模态 $\boldsymbol{\phi}_{bL}$ 的模态数为 L_{bL}，让

$$L_{cc} + L_{bL} = H_E$$

则由方程(7.9.1)得

$$\begin{aligned} \boldsymbol{\phi}_{EH} &= ([\boldsymbol{\Phi}_{cc} \quad \boldsymbol{\phi}_{bL}] - \boldsymbol{\phi}_{ER}\boldsymbol{q}_{bER} - \boldsymbol{\phi}_{EK}\boldsymbol{q}_{bEK})\boldsymbol{q}_{cH} \\ \boldsymbol{q}_{cH} &= \boldsymbol{q}_{bEH}^{\mathrm{T}}(\boldsymbol{q}_{bEH}\boldsymbol{q}_{bEH}^{\mathrm{T}})^{-1} \end{aligned} \tag{7.9.2}$$

也就是说，自由界面的高阶模态可以用约束界面的静不定约束模态、约束界面的低阶模态与自由界面的低阶模态线性组合来表示. 将式(7.9.2)代入式(7.6.1)，得混合模态展开式为

$$\boldsymbol{X} = \boldsymbol{\phi}_{ER}\boldsymbol{q}_{ER} + \boldsymbol{\Phi}_{cc}\boldsymbol{q}_{cc} + \boldsymbol{\phi}_{bL}\boldsymbol{q}_{bL} + \boldsymbol{\phi}_{EK}\boldsymbol{q}_{EK} = \boldsymbol{\Phi}_x\boldsymbol{q}_x \tag{7.9.3}$$

其中

$$\begin{aligned} \boldsymbol{\Phi}_x &= [\boldsymbol{\phi}_{ER} \quad \boldsymbol{\Phi}_{cc} \quad \boldsymbol{\phi}_{bL} \quad \boldsymbol{\phi}_{EK}] \\ \boldsymbol{q}_x &= [\boldsymbol{q}_{ER}^{\mathrm{T}} \quad \boldsymbol{q}_{cc}^{\mathrm{T}} \quad \boldsymbol{q}_{bL}^{\mathrm{T}} \quad \boldsymbol{q}_{EK}^{\mathrm{T}}]^{\mathrm{T}} \end{aligned} \tag{7.9.4}$$

因此，子结构位移可以用混合模态 $\boldsymbol{\Phi}_x$ 来表示. 混合模态 $\boldsymbol{\Phi}_x$ 为刚体模态 $\boldsymbol{\phi}_{ER}$、静不定约束模态 $\boldsymbol{\Phi}_{cc}$、约束界面低阶模态 $\boldsymbol{\phi}_{bL}$ 和自由界面低阶弹性模态 $\boldsymbol{\phi}_{EK}$ 的线性组合. 当各种模态的模态数总和等于子结构自由度总数 n 时，即

$$L_{ER} + L_{cc} + L_{bL} + L_{EK} = n$$

时，混合模态 $\boldsymbol{\Phi}_x$ 是完备的，相应混合模态 $\boldsymbol{\Phi}_x$ 展开表达式(7.9.3)是完备的，这就是模态展开定理(Ⅲ).

将式(6.1.59)、式(6.1.55)代入式(7.9.3)，得另一个混合模态展开式为

$$\boldsymbol{X} = \boldsymbol{\Phi}_{c0}\boldsymbol{q}_{c0} + \boldsymbol{\phi}_{EK}\boldsymbol{q}_{EK} + \boldsymbol{\phi}_{bL}\boldsymbol{q}_{bL} = \boldsymbol{\Phi}_{xc}\boldsymbol{q}_{xc} \tag{7.9.5}$$

其中

$$\begin{aligned} \boldsymbol{\Phi}_{xc} &= [\boldsymbol{\Phi}_{c0} \quad \boldsymbol{\phi}_{EK} \quad \boldsymbol{\phi}_{bL}] \\ \boldsymbol{q}_{xc} &= [\boldsymbol{q}_{c0}^{\mathrm{T}} \quad \boldsymbol{q}_{EK}^{\mathrm{T}} \quad \boldsymbol{q}_{bL}^{\mathrm{T}}]^{\mathrm{T}} \end{aligned} \tag{7.9.6}$$

因此，子结构位移也可以用混合模态 $\boldsymbol{\Phi}_{xc}$ 来表示. 混合模态 $\boldsymbol{\Phi}_{xc}$ 为静力约束模态 $\boldsymbol{\Phi}_{c0}$、约束边界低阶模态 $\boldsymbol{\phi}_{bL}$ 和自由边界低阶弹性模态 $\boldsymbol{\phi}_{EK}$ 的线性组合. 令静力约束模态 $\boldsymbol{\Phi}_{c0}$ 的模态数为 L_{c0}，当各种模态的模态数总和等于子自由度数 n 时，即 $L_{c0} + L_{bL} + L_{EK} = n$ 时，混合模态 $\boldsymbol{\Phi}_{xc}$ 是完备的. 相应地，混合模态 $\boldsymbol{\Phi}_{xc}$ 展开表达式也是完备的，这就是模态展开定理(Ⅲ)的另一种形式.

2. 子结构分析

采用混合模态完全集 $\boldsymbol{\Phi}_{xc}$，子结构位移可精确表示为式(7.9.5)，将式(7.9.5)代入子结构运动方程(7.3.2)，并且两边同时左乘 $\boldsymbol{\Phi}_{xc}^{\mathrm{T}}$，得

$$(\boldsymbol{K}_d - \omega^2 \boldsymbol{M}_d)\boldsymbol{q}_d = \boldsymbol{F}_d \tag{7.9.7}$$

其中

$$\boldsymbol{K}_d = \boldsymbol{\Phi}_{xc}^{\mathrm{T}} \boldsymbol{K} \boldsymbol{\Phi}_{xc} = \begin{bmatrix} \boldsymbol{K}_0 & \boldsymbol{K}_{0E} & \boldsymbol{0} \\ \boldsymbol{K}_{E0} & \boldsymbol{\Lambda}_{EK} & \boldsymbol{K}_{Eb} \\ \boldsymbol{0} & \boldsymbol{K}_{bE} & \boldsymbol{\Lambda}_{bL} \end{bmatrix}$$

$$\boldsymbol{M}_d = \boldsymbol{\Phi}_{xc}^{\mathrm{T}} \boldsymbol{M} \boldsymbol{\Phi}_{xc} = \begin{bmatrix} \boldsymbol{M}_0 & \boldsymbol{M}_{0E} & \boldsymbol{M}_{0b} \\ \boldsymbol{M}_{E0} & \boldsymbol{I}_{EK} & \boldsymbol{M}_{Eb} \\ \boldsymbol{M}_{b0} & \boldsymbol{M}_{bE} & \boldsymbol{I}_{bL} \end{bmatrix} \tag{7.9.8}$$

$$\boldsymbol{F}_d = \boldsymbol{\Phi}_{xc}^{\mathrm{T}} \boldsymbol{F}_0 = \begin{bmatrix} \boldsymbol{f}_{0m} \\ \boldsymbol{\phi}_{EKm}^{\mathrm{T}} \boldsymbol{f}_{0m} \\ \boldsymbol{0} \end{bmatrix}$$

$$\begin{aligned} &\boldsymbol{K}_{Eb} = \boldsymbol{K}_{Eb}^{\mathrm{T}} = \boldsymbol{\phi}_{EK}^{\mathrm{T}} \boldsymbol{K} \boldsymbol{\phi}_{bL}, \quad \boldsymbol{K}_{0E} = \boldsymbol{K}_{E0}^{\mathrm{T}} = \boldsymbol{\Phi}_{c0}^{\mathrm{T}} \boldsymbol{K} \boldsymbol{\phi}_{EK} \\ &\boldsymbol{M}_{0E} = \boldsymbol{M}_{E0}^{\mathrm{T}} = \boldsymbol{\Phi}_{c0}^{\mathrm{T}} \boldsymbol{M} \boldsymbol{\phi}_{EK}, \quad \boldsymbol{M}_{Eb} = \boldsymbol{M}_{bE}^{\mathrm{T}} = \boldsymbol{\phi}_{EK}^{\mathrm{T}} \boldsymbol{M} \boldsymbol{\phi}_{bL} \\ &\boldsymbol{M}_{0b} = \boldsymbol{M}_{b0}^{\mathrm{T}} = \boldsymbol{\Phi}_{c0}^{\mathrm{T}} \boldsymbol{M} \boldsymbol{\phi}_{bL} \end{aligned} \tag{7.9.9}$$

相应的界面位移为

$$\boldsymbol{X}_m = \boldsymbol{q}_{c0} + \boldsymbol{\phi}_{EKm} \boldsymbol{q}_{EK} \tag{7.9.10}$$

3. 综合方程

考虑两个子结构 A 与 B 的简单情况.

将 A 与 B 两个子结构的运动方程(7.9.7)排列在一起形成系统的方程

$$\left(\begin{bmatrix} \boldsymbol{K}_d^A & \boldsymbol{0} \\ \boldsymbol{0} & \boldsymbol{K}_d^B \end{bmatrix} - \omega^2 \begin{bmatrix} \boldsymbol{M}_d^A & \boldsymbol{0} \\ \boldsymbol{0} & \boldsymbol{M}_d^B \end{bmatrix} \right) \begin{Bmatrix} \boldsymbol{q}_d^A \\ \boldsymbol{q}_d^B \end{Bmatrix} = \begin{Bmatrix} \boldsymbol{F}_d^A \\ \boldsymbol{F}_d^B \end{Bmatrix} \tag{7.9.11}$$

两个子结构的位移与力的协调方程分别为

$$\boldsymbol{X}_m^A = \boldsymbol{X}_m^B \tag{7.9.12a}$$

$$\boldsymbol{f}_{0m}^A + \boldsymbol{f}_{0m}^B = \boldsymbol{0} \tag{7.9.12b}$$

由式(7.9.10)、式(7.9.12a)得

$$\boldsymbol{q}_{c0}^A = -\boldsymbol{\phi}_{EKm}^A \boldsymbol{q}_{EK}^A + \boldsymbol{q}_{c0}^B + \boldsymbol{\phi}_{EKm}^B \boldsymbol{q}_{EK}^B \tag{7.9.13}$$

则有

$$\boldsymbol{q}_{AB} = \boldsymbol{N} \boldsymbol{q} \tag{7.9.14}$$

其中

$$q_{AB} = [(q_d^A)^T \quad (q_d^B)^T]^T$$
$$= [(q_{c0}^A)^T \quad (q_{EK}^A)^T \quad (q_{bL}^A)^T \quad (q_{c0}^B)^T \quad (q_{EK}^B)^T \quad (q_{bL}^B)^T]^T \tag{7.9.15}$$

$$N = \begin{bmatrix} -\phi_{EKm}^A & 0 & I_m & \phi_{EKm}^B & 0 \\ I & 0 & 0 & 0 & 0 \\ 0 & I & 0 & 0 & 0 \\ 0 & 0 & I & 0 & 0 \\ 0 & 0 & 0 & I & 0 \\ 0 & 0 & 0 & 0 & I \end{bmatrix} \tag{7.9.16}$$

$$q = [(q_{EK}^A)^T \quad (q_{bL}^A)^T \quad (q_{c0}^B)^T \quad (q_{EK}^B)^T \quad (q_{bL}^B)^T]^T$$

将式(7.9.14)代入式(7.9.11)并且两边同时左乘 N^T,考虑式(7.9.12b),得系统综合方程为

$$(\overline{K} - \omega^2 \overline{M})q = 0 \tag{7.9.17}$$

其中

$$\overline{K} = N^T \begin{bmatrix} K_d^A & 0 \\ 0 & K_d^B \end{bmatrix} N, \quad \overline{M} = N^T \begin{bmatrix} M_d^A & 0 \\ 0 & M_d^B \end{bmatrix} N \tag{7.9.18}$$

4. 静定交界面的子结构综合

当交界面自由度数 m 等于自由子结构刚体模态数 R 时,这个交界面为静定交界面,且有 $L_{cc} = 0$,混合模态完全集为

$$\Phi_x = [\phi_{ER} \quad \phi_{bL} \quad \phi_{EK}], \quad q_x = [q_{ER}^T \quad q_{bL}^T \quad q_{EK}^T]^T \tag{7.9.19}$$

混合模态位移表达式为

$$X = \phi_{ER} q_R + \phi_{bL} q_{bL} + \phi_{EK} q_{EK} = \Phi_x q_x \tag{7.9.20}$$

相应的精确位移表达式(7.9.20)的子结构方程为

$$(\overline{K}_D - \omega^2 \overline{M}_D) q_D = \overline{F}_D \tag{7.9.21}$$

其中

$$\overline{K}_D = \Phi_x^T K \Phi_x = \begin{bmatrix} 0 & 0 & 0 \\ 0 & \Lambda_{EK} & K_{Eb} \\ 0 & K_{bE} & \Lambda_{bL} \end{bmatrix}$$
$$\overline{M}_D = \Phi_x^T M \Phi_x = \begin{bmatrix} I_R & M_{RE} & M_{Rb} \\ M_{ER} & I_{EK} & M_{Eb} \\ M_{bR} & M_{bE} & I_{bL} \end{bmatrix} \tag{7.9.22a}$$

$$F_D = \begin{Bmatrix} \phi_{ERm}^T f_{0m} \\ \phi_{EKm}^T f_{0m} \end{Bmatrix} \tag{7.9.22b}$$

$$K_{Eb} = K_{bE}^T = \phi_{EK}^T K \phi_{bL}, \quad M_{RE} = M_{ER}^T = \phi_{ER}^T M \phi_{EK}$$
$$M_{Rb} = M_{bR}^T = \phi_{ER}^T M \phi_{bL}, \quad M_{Eb} = M_{bE}^T = \phi_{EK}^T M \phi_{bL} \tag{7.9.22c}$$

相应的界面位移为

$$\boldsymbol{X}_m = \boldsymbol{\phi}_{ERm}\boldsymbol{q}_{ER} + \boldsymbol{\phi}_{EKm}\boldsymbol{q}_{EK} \tag{7.9.23}$$

用完全相同的推导,由式(7.9.23)、式(7.9.12a)得

$$\boldsymbol{q}_{ER}^{A} = (\boldsymbol{\phi}_{ERm}^{A})^{-1}(-\boldsymbol{\phi}_{EKm}^{A}\boldsymbol{q}_{EK}^{A} + \boldsymbol{\phi}_{ERm}^{B}\boldsymbol{q}_{ER}^{B} + \boldsymbol{\phi}_{EKm}^{B}\boldsymbol{q}_{EK}^{B}) \tag{7.9.24}$$

$$\boldsymbol{q}_{AB} = \boldsymbol{N}\boldsymbol{q} = [(\boldsymbol{q}_{x}^{A})^{\mathrm{T}} \quad (\boldsymbol{q}_{x}^{B})^{\mathrm{T}}]^{\mathrm{T}} \tag{7.9.25}$$

$$\boldsymbol{q} = [(\boldsymbol{q}_{EK}^{A})^{\mathrm{T}} \quad (\boldsymbol{q}_{bL}^{A})^{\mathrm{T}} \quad (\boldsymbol{q}_{R}^{B})^{\mathrm{T}} \quad (\boldsymbol{q}_{EK}^{B})^{\mathrm{T}} \quad (\boldsymbol{q}_{bL}^{B})^{\mathrm{T}}]^{\mathrm{T}} \tag{7.9.26}$$

$$\boldsymbol{N} = \begin{bmatrix} -(\boldsymbol{\phi}_{ERm}^{A})^{-1}\boldsymbol{\phi}_{EKm}^{A} & \boldsymbol{0} & (\boldsymbol{\phi}_{ERm}^{A})^{-1}\boldsymbol{\phi}_{ERm}^{B} & (\boldsymbol{\phi}_{ERm}^{A})^{-1}\boldsymbol{\phi}_{EKm}^{B} & \boldsymbol{0} \\ \boldsymbol{I} & \boldsymbol{0} & \boldsymbol{0} & \boldsymbol{0} & \boldsymbol{0} \\ \boldsymbol{0} & \boldsymbol{I} & \boldsymbol{0} & \boldsymbol{0} & \boldsymbol{0} \\ \boldsymbol{0} & \boldsymbol{0} & \boldsymbol{I} & \boldsymbol{0} & \boldsymbol{0} \\ \boldsymbol{0} & \boldsymbol{0} & \boldsymbol{0} & \boldsymbol{I} & \boldsymbol{0} \\ \boldsymbol{0} & \boldsymbol{0} & \boldsymbol{0} & \boldsymbol{0} & \boldsymbol{I} \end{bmatrix} \tag{7.9.27}$$

则综合方程为

$$(\overline{\boldsymbol{K}} - \omega^2\overline{\boldsymbol{M}})\boldsymbol{q} = \boldsymbol{0} \tag{7.9.28}$$

其中

$$\overline{\boldsymbol{K}} = \boldsymbol{N}^{\mathrm{T}}\begin{bmatrix} \boldsymbol{K}_{D}^{A} & \boldsymbol{0} \\ \boldsymbol{0} & \boldsymbol{K}_{D}^{B} \end{bmatrix}\boldsymbol{N}, \quad \overline{\boldsymbol{M}} = \boldsymbol{N}^{\mathrm{T}}\begin{bmatrix} \boldsymbol{M}_{D}^{A} & \boldsymbol{0} \\ \boldsymbol{0} & \boldsymbol{M}_{D}^{B} \end{bmatrix}\boldsymbol{N} \tag{7.9.29}$$

例 7.11 考虑如图7.17所示的自由-自由杆,将其分为两个子结构,每个子结构均匀分为两个杆单元,用精确混合模态综合法给出系统的全部主模态.

解 对于子结构 A,有

$$\boldsymbol{K} = k\begin{bmatrix} 1 & -1 & 0 \\ -1 & 2 & -1 \\ 0 & -1 & 1 \end{bmatrix}$$

$$\boldsymbol{M} = m\begin{bmatrix} 1 & 0 & 0 \\ 0 & 2 & 0 \\ 0 & 0 & 1 \end{bmatrix}$$

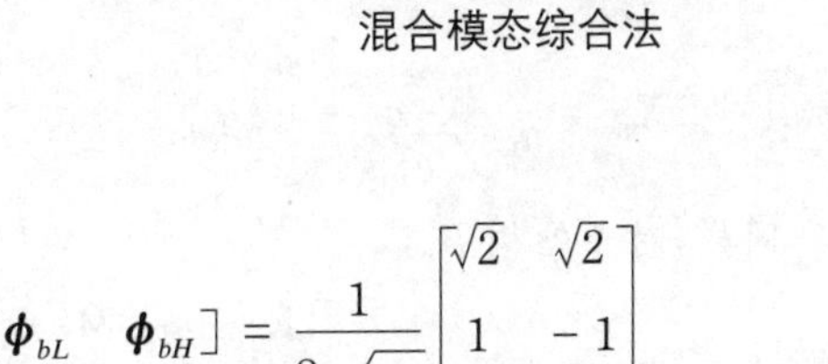

自由-自由杆
子结构 A
子结构 B

图7.17 自由-自由杆精确混合模态综合法

约束界面特征值和主模态分别为

$$\omega^2 = \frac{2-\sqrt{2}}{2}\frac{k}{m}, \frac{2+\sqrt{2}}{2}\frac{k}{m}, \quad \boldsymbol{\phi}_b = [\boldsymbol{\phi}_{bL} \quad \boldsymbol{\phi}_{bH}] = \frac{1}{2\sqrt{m}}\begin{bmatrix} \sqrt{2} & \sqrt{2} \\ 1 & -1 \\ 0 & 0 \end{bmatrix}$$

自由界面特征值和主模态分别为

$$\omega^2 = 0, \frac{k}{m}, \frac{2k}{m}$$

$$\boldsymbol{\phi}_E = [\boldsymbol{\phi}_{ER} \quad \boldsymbol{\phi}_{EL} \quad \boldsymbol{\phi}_{eH}] = \frac{1}{2\sqrt{m}}\begin{bmatrix} 1 & \sqrt{2} & 1 \\ 1 & 0 & -1 \\ 1 & -\sqrt{2} & 1 \end{bmatrix}$$

则子结构 A 的混合模态完全集

$$\boldsymbol{\Phi}_{fR}^A = [\boldsymbol{\phi}_{ER} \quad \boldsymbol{\phi}_{EK} \quad \boldsymbol{\phi}_{bL}] = \frac{1}{2\sqrt{m}}\begin{bmatrix} 1 & \sqrt{2} & \sqrt{2} \\ 1 & 0 & 1 \\ 1 & -\sqrt{2} & 0 \end{bmatrix}$$

$$\boldsymbol{q}_{fR}^A = [\boldsymbol{q}_{ER}^A \quad \boldsymbol{q}_{EK}^A \quad \boldsymbol{q}_{bL}^A]^{\mathrm{T}}$$

子结构 A 的精确位移表示为

$$\boldsymbol{X}_d^A = \boldsymbol{\Phi}_{fR}^A \boldsymbol{q}_{fR}^A$$

相应的子结构方程为

$$(\boldsymbol{K}^A - \omega^2 \boldsymbol{M}^A)\boldsymbol{q}_{fR}^A = \boldsymbol{F}^A$$

其中

$$\boldsymbol{K}^A = (\boldsymbol{\Phi}_{fR}^A)^{\mathrm{T}}\boldsymbol{K}\boldsymbol{\Phi}_{fR}^A = \frac{k}{4m}\begin{bmatrix} 0 & 0 & 0 \\ 0 & 4 & 2 \\ 0 & 2 & 4-2\sqrt{2} \end{bmatrix} = \begin{bmatrix} 0 & 0 & 0 \\ 0 & 1 & \frac{1}{2} \\ 0 & \frac{1}{2} & a \end{bmatrix}$$

$$\boldsymbol{M}^A = (\boldsymbol{\Phi}_{fR}^A)^{\mathrm{T}}\boldsymbol{M}\boldsymbol{\Phi}_{fR}^A = \frac{1}{4}\begin{bmatrix} 4 & 0 & 2+\sqrt{2} \\ 0 & 4 & 2 \\ 2+\sqrt{2} & 2 & 4 \end{bmatrix} = \begin{bmatrix} 1 & 0 & \frac{2-a}{2} \\ 0 & 1 & \frac{1}{2} \\ \frac{2-a}{2} & \frac{1}{2} & 1 \end{bmatrix}$$

$$\boldsymbol{F}^A = \boldsymbol{\Phi}_{fR}^{\mathrm{T}}\boldsymbol{F} = \begin{bmatrix} \boldsymbol{f}_3^A \\ -\sqrt{2}\boldsymbol{f}_3^A \\ \boldsymbol{0} \end{bmatrix}, \quad a = 2 - \frac{\sqrt{2}}{2}$$

$$\boldsymbol{X}_3^A = \frac{1}{2\sqrt{m}}\boldsymbol{q}_R^A - \sqrt{2}\boldsymbol{q}_{eL}^A$$

同样,对子结构 B 有

$$(\boldsymbol{K}^B - \omega^2 \boldsymbol{M}^B)\boldsymbol{q}_{fR}^B = \boldsymbol{F}^B$$

$$\boldsymbol{K}^B = \boldsymbol{K}^A, \quad \boldsymbol{M}^B = \boldsymbol{M}^A, \quad \boldsymbol{F}^B = \boldsymbol{F}^A$$

$$\boldsymbol{X}_3^B = \frac{1}{2\sqrt{m}}(\boldsymbol{q}_R^B - \sqrt{2}\boldsymbol{q}_{eL}^B)$$

两个子结构系统的未耦合方程为

$$(\boldsymbol{K}_{AB}^{B} - \omega^2 \boldsymbol{M}_{AB})\boldsymbol{q}_{AB} = \boldsymbol{F}_{AB}$$

$$\boldsymbol{K}_{AB} = \begin{bmatrix} \boldsymbol{K}^A & \boldsymbol{0} \\ \boldsymbol{0} & \boldsymbol{K}^B \end{bmatrix}, \quad \boldsymbol{M}_{AB} = \begin{bmatrix} \boldsymbol{M}^A & \boldsymbol{0} \\ \boldsymbol{0} & \boldsymbol{M}^B \end{bmatrix}, \quad \boldsymbol{F}_{AB} = \begin{bmatrix} \boldsymbol{F}^A \\ \boldsymbol{F}^B \end{bmatrix}$$

交界面协调条件为

$$\boldsymbol{X}_3^A = \boldsymbol{X}_3^B, \quad \boldsymbol{f}_3^A + \boldsymbol{f}_3^B = \boldsymbol{0}$$

则有变换矩阵 $\boldsymbol{N}$,使得

$$\boldsymbol{q}_{AB} = \boldsymbol{N}\boldsymbol{q}, \quad \boldsymbol{q}_{AB} = [\boldsymbol{q}_R^A \quad \boldsymbol{q}_{eL}^A \quad \boldsymbol{q}_{bL}^A \quad \boldsymbol{q}_R^B \quad \boldsymbol{q}_{eL}^B \quad \boldsymbol{q}_{bL}^B]^{\mathrm{T}}$$

$$\boldsymbol{N} = \begin{bmatrix} \sqrt{2} & 0 & 1 & -\sqrt{2} & 0 \\ 1 & 0 & 0 & 0 & 0 \\ 0 & 1 & 0 & 0 & 0 \\ 0 & 0 & 1 & 0 & 0 \\ 0 & 0 & 0 & 1 & 0 \\ 0 & 0 & 0 & 0 & 1 \end{bmatrix}$$

$$\boldsymbol{q} = [\boldsymbol{q}_{eL}^A \quad \boldsymbol{q}_{bL}^A \quad \boldsymbol{q}_R^B \quad \boldsymbol{q}_{eL}^B \quad \boldsymbol{q}_{bL}^B]^{\mathrm{T}}$$

从而有

$$\overline{\boldsymbol{K}} = \boldsymbol{N}^{\mathrm{T}}\boldsymbol{K}_{AB}\boldsymbol{N} = \begin{bmatrix} 1 & \frac{1}{2} & 0 & 0 & 0 \\ \frac{1}{2} & a & 0 & 0 & 0 \\ 0 & 0 & 0 & 0 & 0 \\ 0 & 0 & 0 & 1 & \frac{1}{2} \\ 0 & 0 & 0 & \frac{1}{2} & a \end{bmatrix}$$

$$\overline{\boldsymbol{M}} = \boldsymbol{N}^{\mathrm{T}}\boldsymbol{M}_{AB}\boldsymbol{N}$$

$$= \begin{bmatrix} 3 & \frac{\sqrt{2}}{2}(2-a) + \frac{1}{2} & \sqrt{2} & -2 & 0 \\ \frac{\sqrt{2}}{2}(2-a) + \frac{1}{2} & 1 & \frac{1}{2}(2-a) & -\frac{\sqrt{2}}{2}(2-a) & 0 \\ \sqrt{2} & \frac{1}{2}(2-a) & 2 & -\sqrt{2} & \frac{1}{2}(2-a) \\ -2 & -\frac{\sqrt{2}}{2}(2-a) & -\sqrt{2} & 3 & \frac{1}{2} \\ 0 & 0 & \frac{1}{2}(2-a) & \frac{1}{2} & 1 \end{bmatrix}$$

$$\bar{\boldsymbol{F}} = \boldsymbol{N}^{\mathrm{T}}\boldsymbol{F}_{AB} = \boldsymbol{0}$$

系统综合的特征值问题为

$$(\bar{\boldsymbol{K}} - \omega^2\boldsymbol{M})\boldsymbol{q} = \boldsymbol{0}$$

则特征值方程可化为

$$\omega^2\left(\omega^2 - 2\omega^2\frac{k}{m} + 0.5\frac{k^2}{m^2}\right)\left(\omega^2 - \frac{k}{m}\right)\left(\omega^2 - 2\frac{k}{m}\right) = 0$$

由此得

$$\omega^2 = 0,\ \frac{2-\sqrt{2}}{2}\frac{k}{m},\ \frac{k}{m},\ \frac{2+\sqrt{2}}{2}\frac{k}{m},\ 2\frac{k}{m}$$

为了验证上述综合结果的正确性,可以列出自由-自由杆总体的刚度矩阵和质量矩阵:

$$\boldsymbol{K}_U = k\begin{bmatrix} 1 & -1 & 0 & 0 & 0 \\ -1 & 2 & -1 & 0 & 0 \\ 0 & -1 & 2 & -1 & 0 \\ 0 & -1 & 2 & -1 & 0 \\ 0 & 0 & -1 & 2 & -1 \\ 0 & 0 & 0 & -1 & 1 \end{bmatrix}$$

$$\boldsymbol{M}_U = \begin{bmatrix} 1 & 0 & 0 & 0 & 0 \\ 0 & 2 & 0 & 0 & 0 \\ 0 & 0 & 2 & 0 & 0 \\ 0 & 0 & 0 & 2 & 0 \\ 0 & 0 & 0 & 0 & 1 \end{bmatrix}$$

则系统的特征值问题为

$$(\boldsymbol{K}_U - \omega^2\boldsymbol{M}_U)\boldsymbol{q}_U = \boldsymbol{0}$$

可以求得系统的特征值为

$$\omega^2 = 0,\ \frac{2-\sqrt{2}}{2}\frac{k}{m},\ \frac{k}{m},\ \frac{2+\sqrt{2}}{2}\frac{k}{m},\ 2\frac{k}{m}$$

此结果与上面用两个子结构的混合模态完全集综合结果完全相同.

例 7.12 以均匀的自由-自由梁(图 7.18(a))和约束－自由梁(图 7.18(b))为例用精确混合模态综合法,给出系统的固有频率.杨氏模量 $E = 2\times10^{11}$ Pa,质量密度 $\rho = 4\times10\ \mathrm{kg/m^3}$,横截面矩 $J = 2\times10^{-8}\ \mathrm{m^4}$,面积 $A = 1\times10^{-3}\ \mathrm{m^2}$.

解 将自由-自由整梁和约束-自由整梁分为两个相同子结构,整梁长 $L = 0.5$ m,每个子结构 $L = 0.25$ m,均为 5 个梁单元,用有限元法计算每个子结构的自由界面主模态和约束界面主模态,用精确混合模态综合法求得综合频率.整梁用 10 个均匀单元的有限元解作为标准解.综合频率和标准解比较见表 7.21 与表 7.22.表中每个频率都表示一对重根.对于自由-

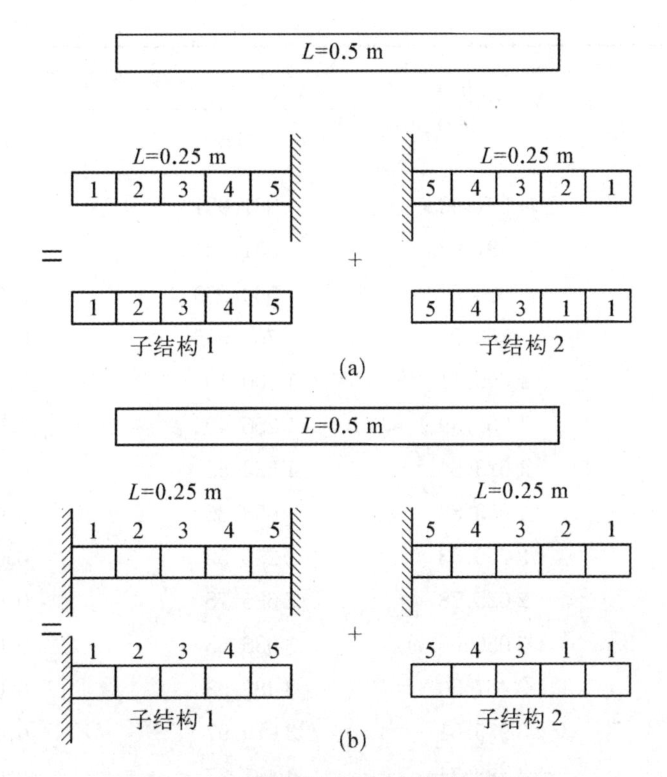

图 7.18　用精确混合模态子结构综合法计算梁的固有频率

(a) 自由-自由梁;(b) 约束-自由梁

自由整梁,每个子结构都是自由-自由梁.每个子结构参与综合的模态集由2个刚体模态、5个自由界面模态和5个约束界面模态组成,综合结果见表7.21,最大误差为0.124 8%.对于约束-自由整梁,子结构1参与综合的模态集由5个自由界面模态和5个约束界面模态组成,子结构2参与综合的模态集由2个刚体模态、5个自由界面模态和5个约束界面模态组成,综合结果见表7.22,最大误差为0.144 8%.理论上讲,综合结果误差都应为零,但由于有限元数值计算的误差和特征值计算的数值误差造成计算结果误差.如果提高数值计算的精度,计算结果的误差将会减小.

表 7.21　用精确子结构混合模态综合法给出综合频率和标准解比较 ($\omega = 2\pi f$)

i	标准解 f(Hz)	综合结果	
		f(Hz)	误差(%)
1,2	0	0	
3	44.599 1	44.598 9	0.000 5
4	121.549	121.548	0.000 6

续表

i	标准解 f(Hz)	综合结果	
		f(Hz)	误差(%)
5	381.933	381.931	0.000 6
6	381.933	381.931	0.000 6
7	560.072	560.069	0.000 5
8	766.920	766.015	0.000 7
9	1 000.11	1 000.10	0.000 7
10	1 256.39	1 256.40	0.000 9
11	1 523.54	1 523.53	0.000 9
12	1 953.86	1 953.86	0.000 2
13	2 256.53	2 256.52	0.000 3
14	2 625.78	2 625.75	0.001 2
15	3 036.66	3 036.58	0.002 8
16	3 487.30	3 488.08	0.022 3
17	3 975.01	3 979.97	0.124 8
18	4 488.74	4 491.27	0.056 4
19	5 000.77	4 997.20	0.071 5
20	5 458.91	5 460.06	0.021 0
21	5 809.25	5 804.15	0.087 8
22	5 875.65	5 876.72	0.018 3

表 7.22　用精确子结构混合模态综合法给出综合频率和标准解比较 ($\omega = 2\pi f$)

i	标准解 f(Hz)	综合结果	
		f(Hz)	误差(%)
1	7.071 50	7.071 47	0.000 4
2	44.073 4	44.073 6	0.000 4
3	122.353	122.354	0.000 5
4	236.918	236.917	0.000 3
5	386.007	386.005	0.000 4
6	567.239	567.236	0.000 5
7	778.347	778.342	0.005 3

续表

i	标准解 f(Hz)	综合结果	
		f(Hz)	误差(%)
8	1 017.08	1 017.08	0.000 0
9	1 279.89	1 279.89	0.000 3
10	1 549.51	1 549.50	0.000 5
11	1 989.31	1 989.42	0.005 3
12	2 319.08	2 321.01	0.083 7
13	2 709.32	2 713.24	0.144 8
14	3 143.28	3 147.85	0.081 8
15	3 618.76	3 621.27	0.069 3
16	4 129.92	4 130.24	0.007 9
17	4 658.69	4 666.62	0.170 2
18	5 164.92	1 573.39	0.164 0
19	5 579.87	5 560.26	0.351 5
20	5 850.29	5 842.08	0.140 4

7.9.2 近似的混合模态综合法

上一节介绍精确的混合模态综合法,这种方法具有重要的理论意义,实用中往往做不到.因为无法得到那么多的子结构低阶约束界面主模态和低阶自由界面主模态,使刚体模态数 L_{ER}、低阶约束界面主模态数 L_{bL} 和低阶自由界面主模态数 L_{EK} 之和等于子结构自由度数 n.实际上,我们只能得到很少的子结构低阶约束界面主模态和低阶自由界面主模态,在这种情况下,邱吉宝、应祖光和任礼行等人提出了实用的混合模态近似综合法.

采用精确剩余模态的自由子结构完全模态集,将界面力 f_{0m} 作为广义坐标,则相应的 $\boldsymbol{\Psi}_m$ 称为精确剩余柔度广义模态或精确剩余广义模态,表示未保留的高阶主模态的影响.这样将高阶主模态精确地缩聚为精确剩余模态.显然,$\boldsymbol{\Psi}_m$ 随着频率 ω 而变化.

式(7.6.21)给出采用精确剩余模态 $\boldsymbol{\Psi}_m$ 的自由子结构高精度位移表达式为

$$\boldsymbol{X}_d = \boldsymbol{\phi}_{ER}\boldsymbol{q}_{ER} + \boldsymbol{\phi}_{EK}\boldsymbol{q}_{EK} + \boldsymbol{\Psi}_m\boldsymbol{f}_{0m} = \boldsymbol{\phi}_d\boldsymbol{q}_d \tag{7.9.30}$$

应用模态展开式(7.9.30),可以将任何结构位移高精度地表示为自由边界模态展开式.因而也可以将静不定约束模态 $\boldsymbol{\Phi}_{cc}$ 和低阶约束边界模态 $\boldsymbol{\phi}_{bL}$ 表示为低阶自由边界模态 $\boldsymbol{\phi}_{EL}$ 和精确剩余模态 $\boldsymbol{\Psi}_m$ 的线性组合,即

$$[\boldsymbol{\Phi}_{cc} \quad \boldsymbol{\phi}_{bL}] = \boldsymbol{\phi}_{ER}\,\boldsymbol{q}_{bER} + \boldsymbol{\phi}_{EK}\,\boldsymbol{q}_{bEK} + \boldsymbol{\Psi}_m\boldsymbol{f}_{0mb} \tag{7.9.31}$$

假设静不定约束模态数 L_{cc} 和低阶约束界面主模态数 L_{bL} 之和等于或大于界面自由度数 m,

即 $L_{cc}+L_{bL}\geqslant m$，并且 $(\boldsymbol{f}_{0mb}\boldsymbol{f}_{0mb}^{\mathrm{T}})^{-1}$ 存在，则可用最小二乘法近似求得 $\boldsymbol{\Psi}_m$ 的近似值 $\boldsymbol{\Psi}_{mc}$ 为

$$\begin{aligned}\boldsymbol{\Psi}_m &\approx \boldsymbol{\Psi}_{mc} = ([\boldsymbol{\Phi}_{cc}\quad \boldsymbol{\phi}_{bL}] - \boldsymbol{\phi}_{ER}\boldsymbol{q}_{bER} - \boldsymbol{\phi}_{EK}\boldsymbol{q}_{bEK})\boldsymbol{q}_{cH}\\ \boldsymbol{q}_{cH} &= \boldsymbol{f}_{0mb}^{\mathrm{T}}(\boldsymbol{f}_{0mb}\boldsymbol{f}_{0mb}^{\mathrm{T}})^{-1}\end{aligned}\tag{7.9.32}$$

也就是说，自由边界的精确剩余模态 $\boldsymbol{\Psi}_m$ 可以用刚体模态 $\boldsymbol{\phi}_{ER}$、静不定约束模态 $\boldsymbol{\Phi}_{cc}$、约束边界低阶模态 $\boldsymbol{\phi}_{bL}$ 和自由边界低阶弹性模态 $\boldsymbol{\phi}_{EK}$ 的线性组合来表示. 将式(7.9.32)代入式(7.9.30)，得采用混合模态的位移近似展开式为

$$\bar{\boldsymbol{X}} = \boldsymbol{\phi}_{ER}\boldsymbol{q}_{ER} + \boldsymbol{\Phi}_{cc}\boldsymbol{q}_{cc} + \boldsymbol{\phi}_{bL}\boldsymbol{q}_{bL} + \boldsymbol{\phi}_{EK}\boldsymbol{q}_{EK} = \boldsymbol{\Phi}_x\boldsymbol{q}_x \tag{7.9.33}$$

其中

$$\begin{aligned}\boldsymbol{\Phi}_x &= [\boldsymbol{\phi}_{ER}\quad \boldsymbol{\Phi}_{cc}\quad \boldsymbol{\phi}_{bL}\quad \boldsymbol{\phi}_{EK}]\\ \boldsymbol{q}_x &= [\boldsymbol{q}_{ER}^{\mathrm{T}}\quad \boldsymbol{q}_{cc}^{\mathrm{T}}\quad \boldsymbol{q}_{bL}^{\mathrm{T}}\quad \boldsymbol{q}_{EK}^{\mathrm{T}}]^{\mathrm{T}}\end{aligned}\tag{7.9.34}$$

由此可见，子结构的近似位移仍是由刚体模态 $\boldsymbol{\phi}_{ER}$、静不定约束模态 $\boldsymbol{\Phi}_{cc}$、约束边界低阶模态 $\boldsymbol{\phi}_{bL}$ 和自由边界低阶弹性模态 $\boldsymbol{\phi}_{EK}$ 表示的. 比较式(7.9.3)与式(7.9.33)，两个位移展开式的表示形式是相同的，模态集 $\boldsymbol{\phi}_x$ 的表示形式也是相同的. 两个位移展开式不同之处在于：式(7.9.3)有

$$L_{ER} + L_{cc} + L_{bL} + L_{EK} = n$$

的要求，因而式(7.9.3)是精确展开式；式(7.9.33)有

$$L_{cc} + L_{bL} \geqslant m$$

的要求，但

$$L_{ER} + L_{cc} + L_{bL} + L_{EK} < n$$

或者

$$L_{ER} + L_{cc} + L_{bL} + L_{EK} \ll n$$

因而式(7.9.33)是近似展开式.

将式(6.1.59)、式(6.1.55)代入式(7.9.33)，得另一个混合模态展开式为

$$\bar{\boldsymbol{X}} = \boldsymbol{\Phi}_{c0}\boldsymbol{q}_{c0} + \boldsymbol{\phi}_{EK}\boldsymbol{q}_{EK} + \boldsymbol{\phi}_{bL}\boldsymbol{q}_{bL} = \boldsymbol{\Phi}_{xc}\boldsymbol{q}_{xc} \tag{7.9.35}$$

其中

$$\boldsymbol{\Phi}_{xc} = [\boldsymbol{\Phi}_{c0}\quad \boldsymbol{\phi}_{EK}\quad \boldsymbol{\phi}_{bL}],\quad \boldsymbol{q}_{xc} = [\boldsymbol{q}_{c0}^{\mathrm{T}}\quad \boldsymbol{q}_{EK}^{\mathrm{T}}\quad \boldsymbol{q}_{bL}^{\mathrm{T}}]^{\mathrm{T}} \tag{7.9.36}$$

由此可见，子结构的近似位移仍是由静约束模态 $\boldsymbol{\Phi}_{c0}$、约束边界低阶模态 $\boldsymbol{\phi}_{bL}$ 和自由边界低阶弹性模态 $\boldsymbol{\phi}_{EK}$ 表示的.

在式(7.9.33)与式(7.9.35)中都有两个模态级数 $\boldsymbol{\phi}_{bL}\boldsymbol{q}_{bL}$ 和 $\boldsymbol{\phi}_{EK}\boldsymbol{q}_{EK}$，这里有两个重要的参数，一个是低阶约束界面模态截断圆频率 ω_{bN}(或者截断频率 $f_{bN}=\omega_{bN}/(2\pi)$)，另一个是低阶自由界面弹性主模态截断圆频率 ω_{EN}(或者截断频率 $f_{EN}=\omega_{EN}/(2\pi)$). 相应地，有两个精度收敛性准则：

(1) ω_{EN} 是子结构位移表达式精度的一个可靠准则，也就是说，当 $\omega<\omega_{EN}$ 时，子结构位

移可以用式(7.9.33)比较精确地表示.这时,子结构位移表达式(7.9.33)的精度显然比当 $\omega > \omega_{EN}$ 时的精度高.

(2) 当 $L_{cc} + L_{bL} \geqslant m$ 时,ω_{bN} 是子结构位移表达式精度的另一个可靠准则,也就是说,当 $\omega < \omega_{bN}$ 时,子结构位移可以用式(7.9.33)比较精确地表示.这时,子结构位移表达式(7.9.33)的精度显然比当 $\omega > \omega_{bN}$ 时的精度高.

由于采用混合模态的子结构近似位移表达式(7.9.33)与式(7.9.35),与采用精确混合模态集的子结构精确位移表达式(7.9.3)与式(7.9.5)形式上完全一样,所以导出同样的综合方程(7.9.17)与式(7.9.28).

让每个子结构的截断圆频率 ω_{EN} 与 ω_{bN} 相同,并且有 $\omega_{EN} \geqslant \omega_{bN}$,那么对系统综合结果的截断圆频率 ω^* 也有两个可靠的准则:ω_{EN}(或 f_{EN})与 ω_{bN}(或 f_{bN})准则.这就是,当 $L_{cc} + L_{bL} \geqslant m$,$\omega^* \leqslant \omega_{bN} \leqslant \omega_{EN}$ 时,子结构位移可以用式(7.9.33)比较精确地表示.因此对于系统综合圆频率 ω^*,当 $\omega^* \leqslant \omega_{bN}$ 时,综合给出的圆频率 ω^* 的计算精度是非常高的;当 $\omega_{bN} < \omega^* < \omega_{EN}$ 时,综合给出的圆频率 ω^* 的计算精度也是很好的;当 $\omega^* > \omega_{EN}$ 时,综合给出的圆频率 ω^* 的计算精度将随着 ω^* 的增加而迅速地下降.

有这样两个可靠性准则可以可靠地说明系统综合结果的精度,对于实际工程应用而言是非常重要的,也是非常有用的.因为可以根据对系统综合结果的精度要求,来确定系统综合的截断圆频率,进一步可以确定每个子结构低阶约束界面主模态的截断圆频率 ω_{bN} 和低阶自由界面弹性主模态的截断圆频率 ω_{EN}.根据这两个截断圆频率,可以用相当少的混合模态数以提供一个比较精确的子结构位移表达式和比较精确的综合方程.因此采用上面介绍的低阶混合模态综合方法不仅具有方法简单、综合结果精度高的特点,而且具有高效、可靠的特点.我们知道无论是精确自由子结构综合法还是精确约束子结构综合法,为了导出高精度综合结果都导出了非线性的综合方程,大大增加计算工作量.而混合模态综合法导出的综合方程仍然是线性特征值方程,减少了计算量,只要综合结果频率 ω^* 小于两个截断频率 ω_{bN} 与 ω_{EN},就能保证综合结果 ω^* 的精度非常高.这是混合模态综合法的一个突出的特点.下面的例题可以说明这些特点.

例 7.13 如图 7.19 所示,将一个运载火箭简化为一个均匀截面自由-自由边界的圆柱壳梁.弹性模量 $E = 2 \times 10^9$ Pa,质量密度 $\rho = 4 \times 10^3$ kg/m^3,惯性矩 $I = 2 \times 10^{-8}$ m^4,截面积

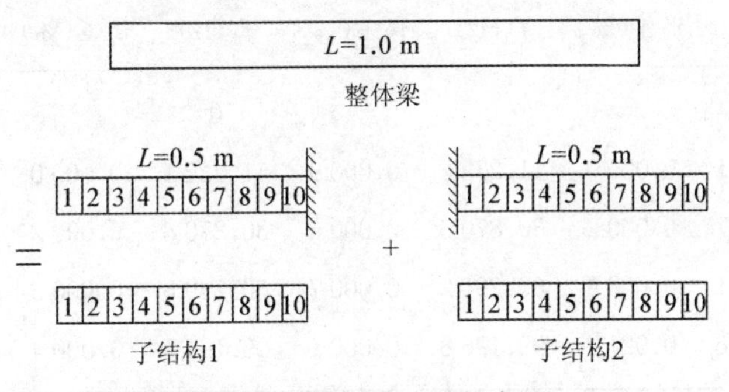

图 7.19 自由-自由圆柱壳梁

$A = 1 \times 10^{-3}\ \mathrm{m}^2$.

解 在表 7.23 中给出横向弯曲振动综合结果,每个频率表示一对重特征值.整体梁用有限元法计算的结果作为综合结果误差比较的标准.整体自由-自由梁长 1.0 m,分为两个等长子结构,每个子结构分为 10 个等长的有限单元,每个子结构用有限元法计算给出混合模态集,它有 R 个刚体模态、L_{ER} 个自由界面低阶主模态和 L_{bL} 个约束界面低阶主模态.计算结果见表 7.23～表 7.26.

表 7.23 的子结构截断频率 $f_{EN} = f_{bN} = 123\ \mathrm{Hz}$ ($L_{E1} = L_{E2} = 2$, $L_{b1} = L_{b2} = 3$).

表 7.23　自由-自由梁综合结果 ($\omega = 2\pi f$)

i	CB		Craig		Mixed		Standard f(Hz)
	f(Hz)	误差(%)	f(Hz)	误差(%)	f(Hz)	误差(%)	
1,2	0		0		0		0
3	11.232 1	0.000 0	11.232 2	0.000 9	11.232 1	0.000 0	11.232 1
4	30.870 8	0.023 7	60.295 7	0.009 8	60.289 7	0.000 2	30.870 8
5	60.304 1	0.023 7	60.295 7	0.009 8	60.289 7	0.000 2	60.289 8
6[a]	99.207 0	0.010 2	99.210 4	0.013 6	99.197 8	0.000 9	99.196 9
7	147.588	0.147 5	148.380	0.684 7	147.394	0.015 3	147.371
8	204.754	0.099 1	218.934	7.031 5	206.011	0.713 7	204.551
9	272.038	0.586 1			286.194	5.820 3	270.453

注:上标"a"表示综合模态截断频率(混合模态法的最大误差小于 0.001%).

表 7.24 的子结构截断频率 $f_{EN} = f_{bN} = 237\ \mathrm{Hz}$ ($L_{E1} = L_{E2} = 3$, $L_{b1} = L_{b2} = 4$).

表 7.24　自由-自由梁综合结果 ($\omega = 2\pi f$)

i	CB		Craig		Mixed		Standard f(Hz)
	f(Hz)	误差(%)	f(Hz)	误差(%)	f(Hz)	误差(%)	
1,2	0		0		0		0
3	11.232 1	0.000 0	11.232 2	0.000 9	11.232 1	0.000 0	11.232 1
4	30.870 7	0.000 2	30.870 6	0.000 6	30.870 8	0.000 2	30.870 8
5	60.292 1	0.003 9	60.290 2	0.000 7	60.289 6	0.000 3	60.298 9
6	99.197 6	0.021 2	99.196 8	0.000 1	99.196 5	0.000 4	99.196 9

续表

i	CB		Craig		Mixed		Standard f(Hz)
	f(Hz)	误差(%)	f(Hz)	误差(%)	f(Hz)	误差(%)	
7	147.408	0.025 2	147.429	0.039 4	147.370	0.000 4	147.371
8[a]	204.571	0.009 6	204.625	0.036 2	204.551	0.000 1	204.551
9	270.691	0.087 8	273.037	0.955 4	270.482	0.010 7	270.453
10	344.954	0.049 9	375.516	8.914 0	346.865	0.604 2	344.782
11	428.259	0.239 0			499.562	5.225 2	427.238

注:上标"a"表示综合模态截断频率(混合模态法的最大误差小于0.001%).

表7.25　自由-自由梁综合结果($\omega = 2\pi f$)

i	Mixed		Standard f(Hz)
	f(Hz)	误差(%)	
1,2	0		0
3	11.232 1	0.000 2	11.232 1
4[a]	30.870 7	0.000 2	30.870 8
5	60.289 6	0.000 3	60.289 8
6	99.197 2	0.000 3	99.196 9
7	147.382	0.007 5	147.371
8[b]	204.607	0.027 6	204.551
9	271.253	0.295 8	270.453
10	367.590	6.615 3	344.782

注:上标"a"表示综合模态截断频率1(混合模态法的最大误差小于0.000 3%);
上标"b"表示综合模态截断频率2(混合模态法的最大误差小于0.03%).

表7.26　自由-自由梁综合结果($\omega = 2\pi f$)

i	Mixed		Standard f(Hz)
	f(Hz)	误差(%)	
1,2	0		0
3	11.232 1	0.000 2	11.232 1

续表

i	Mixed		Standard f(Hz)
	f(Hz)	误差(%)	
4[a]	30.870 7	0.000 2	30.870 8
5	60.289 6	0.000 3	60.289 8
6	99.196 7	0.000 2	99.196 9
7	147.372	0.000 5	147.371
8	204.554	0.001 6	204.551
9	270.494	0.015 0	270.453
10[b]	344.924	0.041 2	344.782
11	428.827	0.372 5	427.238
12	555.739	7.383 1	517.529

注:上标"a"表示综合模态截断频率 1(混合模态法的最大误差小于 0.000 3%);
上标"b"表示综合模态截断频率 2(混合模态法的最大误差小于 0.042%).

表 7.23 与表 7.24 给出混合模态综合法(以"Mixed"表示)与克雷格-班普顿法(以"CB"表示)克雷格-陈和王文亮法(以"Craig"表示)计算结果的比较,参考标准解(以"Standard"表示)是整体梁有限元计算结果.

表 7.23 和表 7.24 的计算结果表明混合模态综合法给出的结果误差很小,并且有一个确定系统综合模态截断频率的可靠准则.当系统综合频率 f 小于 $f_{EN} = f_{bN}$ 时,最大误差很小(小于 0.001%);当 $f > f_{EN} = f_{bN}$ 时,误差随着 f 的增加而很快地增加.

表 7.25 的子结构截断频率为 $f_{EN} = 237\,\text{Hz}$, $f_{bN} = 44\,\text{Hz}$ ($L_{E1} = L_{E2} = 3$, $L_{b1} = L_{b2} = 2$).表 7.26 的子结构截断频率为 $f_{EN} = 381\,\text{Hz}$, $f_{bN} = 44\,\text{Hz}$ ($L_{E1} = L_{E2} = 4$, $L_{b1} = L_{b2} = 2$).

表 7.25 与表 7.26 的计算结果表明混合模态综合法给出结果的误差有两个判断准则.当 $f \leqslant f_{bN}$ 时,误差很小(小于 0.000 3%);当 $f_{bN} < f < f_{EN}$ 时,误差比较小(小于 0.05%);当 $f > f_{EN}$ 时,误差随频率 f 增加而很快地增加.

例 7.14 考虑矩形板横向振动,板的一对边固支,另一对边自由,见图 7.20.矩形长 $2a = 4\,\text{m}$,宽 $2b = 1\,\text{m}$,厚 $h = 0.04\,\text{m}$.弹性模量 $E = 200 \times 10^9\,\text{Pa}$, $\nu = 0.3$,质量密度 $\rho = 7.8 \times 10^3\,\text{kg/m}^3$.

解 整板分为两个子结构 ($a = 2\,\text{m}$, $2b = 1\,\text{m}$).每个子结构分为 4×2 相等的矩形板元,用有限元法计算子结构的混合模态:L_b 个低阶约束界面主模态和 L_E 个低阶自由界面主模态.子结构截断频率 $f_{EN} = f_{bN} = 299\,\text{Hz}$ ($L_{E1} = L_{E2} = 9$, $L_{b1} = L_{b2} = 6$),表 7.27 给出采用混合模态综合法("Mixed")和克雷格-班普顿法("CB")综合结果与误差的比较,这里参考标准解是整体板用有限元计算的结果.

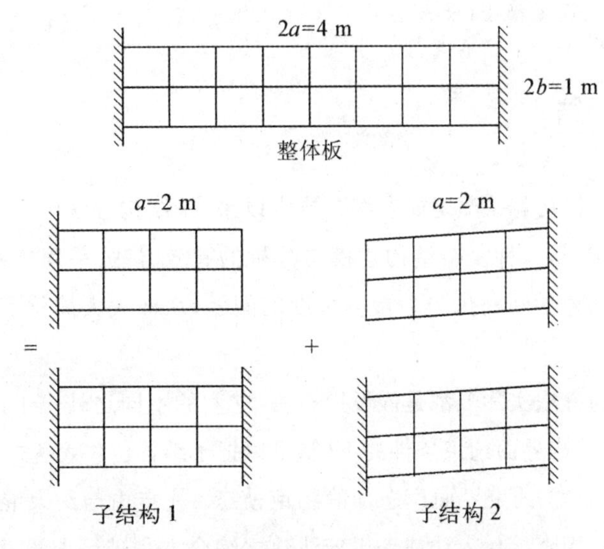

图7.20 一对边固支、一对边自由矩形板

表7.27 一对边固支、一对边自由矩形板综合结果 ($\omega = 2\pi f$)

i	CB		Mixed		Standard
	f(Hz)	误差(%)	f(Hz)	误差(%)	f(Hz)
1	13.436	0.000	13.436	0.000	13.436
2	36.306	0.003	36.305	0.000	36.305
3	37.911	0.003	37.910	0.000	37.910
4	71.961	0.003	71.959	0.000	71.959
5	79.201	0.000	79.201	0.000	79.201
6	117.18	0.009	117.17	0.000	117.17
7	128.80	0.016	128.78	0.000	128.78
8	170.79	0.018	170.76	0.000	170.76
9	187.66	0.011	187.64	0.000	187.64
10	229.01	0.052	228.90	0.004	228.89
11	231.67	0.035	231.60	0.004	231.59
12	252.12	0.024	252.07	0.004	252.06
13	262.05	0.015	262.02	0.004	262.01
14[a]	298.09	0.034	298.00	0.003	297.99

注:上标“a”表示综合模态截断频率(混合模态法的最大误差小于0.005%).

计算结果表明,采用混合模态综合法有一个判断综合结果误差的截断频率准则,这就是,当 $f \leqslant f_{EN} = f_{bN}$ 时,误差很小(最大误差不超过0.005%).

7.10 小　结

自20世纪60年代初赫铁奠定模态综合技术以来,子结构方法已广泛应用于航天航空和各种大型工程领域,是一种复杂结构建模与分析的有效方法.采用这种方法通过模态坐标变换可以把结构动力学问题化为缩聚自由度的问题,从而大大简化了计算,提高了分析效率.

各种经典子结构方法实际上都是假设模态法,它们的不同之处在于选取了不同近似的位移表达式.根据子结构界面约束条件的不同,可以把子结构位移表达式分为三类:① 自由界面模态加剩余影响;② 约束界面模态加静约束模态;③ 自由与约束混合的界面模态.选定位移表达式后可以用直接代入法或者里茨法建立综合方程进行求解,里茨法的计算精度要比直接代入法高一些.在这里,位移表达式选取的好坏决定了综合结果的精度的高低,然而当没有一种可用的办法可以用来评价所设定的位移表达式的好坏时,只能依赖人的经验来假设位移.

不同于上述的假设模态法,胡海昌首先使用解析的模态分析办法推导出约束界面的位移表达式,进而构造了约束界面模态综合法.但是,这个方法存在一些缺点:与经典约束界面模态综合法之间没有联系,它引入的约束模态与经典静约束模态之间也没有关系,导出非线性综合方程等.邱吉宝等发展了胡海昌解析的模态分析推导方法,导出了高精度的自由界面模态综合技术、高精度的约束界面模态综合技术和高精度的混合界面模态综合技术.与经典假设模态法不同,文献[80]采用半解析法,首先给出三个位移展开定理,然后采用解析推导的方法构造出相应的三类精确动态子结构方法,说明各种子结构模态综合法实质上都是它们的某种近似与变化形式.相应精确动态子结构方法的半解析程度,也就是近似阶次,给出一种可以用来评价经典模态综合技术好坏的准则,从而形成动态子结构方法的系统理论.文献[79,91]由自由界面模态展开定理导出采用自由界面模态的精确动态子结构方法,给出高精度的自由界面模态综合技术,它的零阶近似是霍给出的自由界面模式综合法,它的一阶近似是麦克尼尔提出的一阶近似自由界面模态综合法,它的二阶近似是罗宾、克雷格-陈和王文亮等介绍的自由界面模态综合法,由此为各种近似方法的所设定的位移表达式的精度给予明确的评价;文献[81]由约束界面模态展开定理导出采用约束界面模态的精确动态子结构方法,给出高精度的约束界面模态综合技术,它的一阶近似是赫铁和克雷格-班普顿介绍的一阶近似约束界面模态综合法,它的高阶近似是Suarez与Kubomura介绍的高阶近似约束界面模态综合法,为近似方法所设定的位移表达式的精度给予明确的评价;文献[80]由采用混合模态的位移展开定理导出采用混合模态的精确动态子结构方法，给出高精度的混合模态综合技术，它的低价近似是 Qiu，Ying 和 Yam 介绍的混合模态综合法.上述介绍的结构动力学分析技术新进展与经典结构动力学分析技术一起形成结构动力学分析技术的系统理论，相应精确动态子结构方法的半解析程度，也就是近似阶次，给出一种可以用来评价经典模态综合技术好坏的准则，从而形成动态子结构方法的系统理论.

这里介绍一个实例：将运载火箭简化为自由-自由边界等截面空间圆筒梁，如图 7.21 所示.E 为杨氏模量，ρ 为质量密度，I 为截面惯性矩，A 为横截面积，$EI/(\rho A) = 100\ \mathrm{PAm^4/kg}$.将梁分为两个等长的子结构，每个子结构划分为 10 个单元，如图 7.21 所示.用有限元法计算子结构 1 的自由-自由界面模态和自由-固定界面模态，子结构 2 的自由-自由界面模态和固定-自由界面模态，采用如下五种方法进行模态综合：

(1) 克雷格-班普顿和赫铁法(CBH 法)；

(2) 高精度约束界面模态综合法(精确法 1)；

(3) 克雷格-陈和王文亮法(CW 法)；

(4) 高精度自由界面模态综合法(精确法 2)；

(5) 高精度的混合模态综合法(混合法).

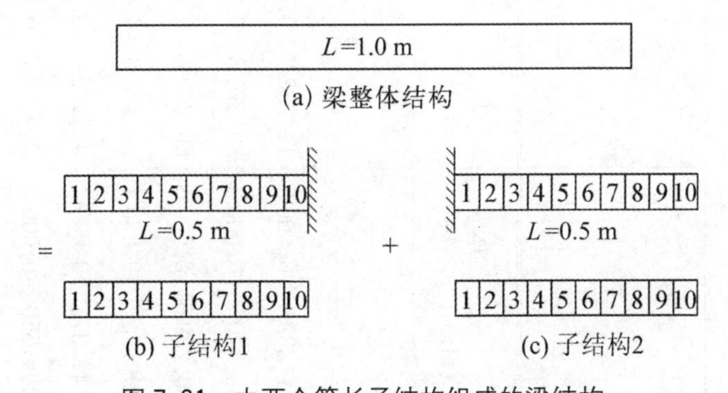

图 7.21　由两个等长子结构组成的梁结构

表 7.28 给出各种模态综合法综合频率误差的对比.高精度的自由界面模态综合法和高精度的约束界面模态综合法计算结果误差比 CBH 法与 CW 法都小，但都导出非线性综合方程，计算时间稍长；高精度的混合模态综合法导出的方程是线性的，不仅计算精度高，计算效率高，而且还提供综合结果频率精度评判的截断准则，这就是小于截断频率 237 Hz 的综合结果，频率最大误差小于 0.000 4%，大于截断频率 237 Hz 的综合结果频率误差随频率增加而增加很快.因而这种方法有很好的工程实用价值，而且具有综合过程容易、综合方程是线性的、计算精度高、综合结果可靠、计算效率高的优点.

表 7.28 各种模态综合法综合频率误差的比较 ($\omega = 2\pi f$)

方法	固定界面法				自由界面法				混合法		标准
	CBH 法		精确法 1		CW 法		精确法 2				
参数 L_{E1}	0		0		7		7		3		
L_{c1}	7		7		0		0		4		
f_{EN}	—		—		—		—		237 Hz*		
	f (Hz)	误差 (%)	f (Hz)	误差 (%)	f (Hz)	误差 (%)	f (Hz)	误差 (%)	f (Hz)	误差 (%)	f (Hz)
1	0		0		0				0		0
2	0		0		0				0		0
3	11.232 1	0.000 0	11.232 1	0.000 3	11.232 2	0.000 9	11.232 2	0.000 9	11.232 1	0.000 0	11.232 1
4	30.870 8	0.000 0	30.870 7	0.000 3	30.870 6	0.000 6	30.870 6	0.000 6	30.870 7	0.000 2	30.870 8
5	60.304 1	0.023 7	60.289 5	0.000 5	60.290 2	0.000 7	60.289 7	0.000 2	60.289 6	0.000 3	60.289 8
6	99.206 9	0.010 1	99.196 5	0.000 4	99.196 8	0.000 1	99.196 1	0.000 8	99.196 5	0.000 4	99.196 9
7	147.588	0.147 5	147.371	0.000 3	147.429	0.039 4	147.372	0.000 7	147.370	0.000 4	147.371
8	204.753	0.098 8	204.550	0.000 3	204.625	0.036 2	204.549	0.001 9	204.551*	0.000 1	204.551
9	272.038	0.586 1	270.452	0.000 3	273.037	0.955 4	270.451	0.000 7	270.482	0.010 7	270.453
10	346.871	0.605 8	344.780	0.000 6	375.516	8.914 0	344.787	0.001 4	346.865	0.604 2	344.782

* 综合频率小于截断频率 237 Hz 时,其最大误差小于 0.000 5%.综合频率大于截断频率时,其误差很快增大.

第 8 章 随 机 振 动

下面在线性振动的基础上来讨论随机振动.当系统的振动情况不可能用一个明确的函数表达式来描述,并且根据以往的记录资料也无法确切地预计将来的振动情况时,这种振动称为随机振动.数学上把这种性质的振动过程称为随机过程.由于振动的不确定性,一般只能运用统计平均的观点来研究其规律性.这是随机振动的一个特点.

近 30 年来,随机振动在航空航天工程、交通运输及机械工程、土建工程、核工程及海洋工程等部门受到广泛的重视,这是由于在这些部门中设计建造的许多结构系统主要受随机载荷的作用,如风载、地震及海浪等等.以往在工程设计中对于载荷大多这样来处理:当随机的不确定性成分小时,作为一种干扰,可忽略不计;当随机成分较大,甚至完全随机时,为了结构的安全,常常挑选出一些最严重情况作为设计工况,而不考虑可能性的大小,即把随机载荷当成确定性载荷对待.对于确定性载荷,不管是稳态的还是瞬态的,都可以应用本书前面讨论过的各种解析的或数值的计算方法,求出结构系统的响应,由此预计出结构在每个时刻的振动情况,以作为设计依据.在上述处理方法中,前者还合理,而后者就可能不经济合理.显然最好的办法是按照随机的实际情况进行振动分析.尤其当系统的主要频率落在随机载荷的频率范围内时,必须考虑动力放大作用.以随机振动理论的分析结果作为设计依据,就能使结构设计在保证足够的安全可靠性的条件下更加经济合理.这种要求推动了随机振动研究的不断发展.

系统发生随机振动的原因可归结为两类:一类是系统在确定性激励作用下,由于自身特性的随机变化造成的;另一类是一个确定结构系统受到随机的激励作用造成的.在大多数工程结构中,后者是主要的,因此本书只讨论后者.随机振动理论所处理的微分方程是随机微分方程,它在数学形式上同一般微分方程并没有什么区别,但是它的含义和性质却不一样.

本章主要重点研究线性系统在平稳随机激励下的响应.可参考《随机振动》[117]、《随机振动的虚拟激励法》[118]等专著,它们阐述确定的线性结构系统在随机激励作用下随机响应的分析方法,包括响应的有关信息,如矩函数、谱密度函数等.首先,简要介绍学习随机振动所需要的有关概率论及随机过程的知识.然后,介绍单自由度线性系统在随机激励下的响应分析方法,并讨论一些响应特点.进一步,介绍线性离散系统的随机响应分析方法,包括一般的直接方法、经典黏性阻尼模态叠加法、推广确定性振动分析的非经典黏性阻尼的模态对位移叠加法.最后,介绍线性连续系统的随机响应分析方法,包括一般的直接方法、经典黏性阻尼模态叠加法、新的非经典黏性阻尼的模态对位移叠加法.

8.1 随机变量与随机过程

8.1.1 随机变量

1. 随机变量的概念

在随机振动这门学科中,无论是载荷(输入)还是响应(输出),有时候还包括结构参数,都要用概率统计方法来描述和分析.

随机变量是随机现象的数量化描述.它的取值随偶然因素而变化,但是又遵从一定的概率分布规律.随机变量按其取值的不同,可分为离散型和连续型两大类.

离散型随机变量是指可能的取值能够一一列举出来的(有限或可列无限个)随机变量.如掷一枚骰子,所得到的点数 X 就是一个离散型的随机变量,X 的可能取值为:1,2,3,4,5,6.

连续型随机变量是指取值范围不能一一列举,而是连续取值的.如从一批灯泡中任取一个,在指定的条件下做寿命试验,则灯泡的寿命 X 就是一个连续型的随机变量.X 可取区间 $[0,\ T]$ 中的一切值,其中 T 是某个正数.

2. 概率密度函数和概率分布函数

设 X 为离散型随机变量,可能的取值是 $x_1,x_2,\cdots,x_i,\cdots$,取各可能值的**概率**为

$$p_i(x_i) = P(X = x_i),\quad i = 1,2,\cdots \tag{8.1.1}$$

则称 $p_i(x_i)(i=1,2,\cdots)$ 为 X 的**分布列**或**概率分布**.

对于连续型随机变量,应研究 X 落在某一区间上的概率,而不是某一可能值的概率.称连续型随机变量 X 落在区间 $[x,x+\Delta x]$ 内的概率与区间长度 Δx 之比

$$\frac{P(x \leqslant X < x + \Delta x)}{\Delta x}$$

为**平均概率密度**.如果极限

$$\lim_{\Delta x \to 0} \frac{P(x \leqslant X < x + \Delta x)}{\Delta x} = p(x) \tag{8.1.2}$$

存在，则函数 $p(x)$ 就描述了 X 在点 x 的概率分布的密集程度，故称 $p(x)$ 为随机变量 X 的概率密度函数.随机变量 X 落在某一区间 $[a,b)$ 内的概率为

$$P(a \leqslant X < b) = \int_a^b p(x)\mathrm{d}x \tag{8.1.3}$$

给定随机变量 X（无论是离散型的还是连续型的），其取值不超过 x（为任一实数）的事件的概率 $P(X\leqslant x)$ 是 x 的函数，称为 X 的概率分布函数，记作 $F(x)$，

$$F(x) = P(X \leqslant x), \quad -\infty < x < +\infty \tag{8.1.4}$$

显然，离散型随机变量的分布函数是阶梯形函数.对于连续型随机变量，其分布函数可以表达为

$$F(x) = \int_{-\infty}^{x} p(\xi)\mathrm{d}\xi \tag{8.1.5}$$

概率分布函数有如下性质：

(1) $0\leqslant F(x)\leqslant 1$；

(2) 概率分布函数是单调上升的；

(3) 其左极限（$x\to-\infty$ 时）为 0，而右极限（$x\to+\infty$ 时）为 1；

(4) 对于连续型随机变量，有

$$p(x) = \frac{\mathrm{d}}{\mathrm{d}x}F(x) \tag{8.1.6}$$

图 8.1(a)和(b)是概率密度函数 $p(x)$ 和概率分布函数 $F(x)$ 的典型的形状.

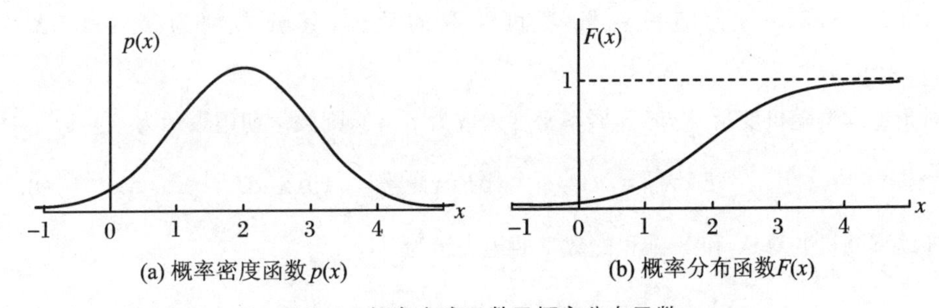

(a) 概率密度函数 $p(x)$　　(b) 概率分布函数 $F(x)$

图 8.1　概率密度函数及概率分布函数

3. 多个随机变量

在实际问题中，常常遇到必须同时考虑两个或两个以上随机变量的情况.例如炮弹在地面上命中点的位置，要由平面上的坐标，即一对随机变量 X,Y 来描述.又如，在下面将要介绍的随机过程就是一个随机变量族.多维随机变量需要用联合概率函数描述.

首先考虑两个随机变量 X,Y 的联合性质.X,Y 的**联合概率分布函数**定义为

$$F(x,y) = P(X \leqslant x, Y \leqslant y) \tag{8.1.7}$$

对于连续型随机变量 X,Y，**联合概率密度函数**定义为

$$p(x,y) = \frac{\partial^2}{\partial x \partial y}F(x,y) \tag{8.1.8}$$

则

$$F(x,y)=\int_{-\infty}^{x}\int_{-\infty}^{y}p(\xi,\eta)\mathrm{d}\xi\mathrm{d}\eta \tag{8.1.9}$$

若 X,Y 是独立的,则有

$$p(x,y)=p(x)p(y) \tag{8.1.10}$$

两个随机变量的联合分布可直接推广到多个随机变量. n 个随机变量的联合概率密度函数为

$$p(x_1,x_2,\cdots,x_n)=\frac{\partial^n}{\partial x_1\partial x_2\cdots\partial x_n}F(x_1,x_2,\cdots,x_n) \tag{8.1.11}$$

8.1.2 随机变量的数字特征

随机变量的分布函数能完整地描述随机变量的概率分布.然而在实际问题中,求随机变量的分布函数往往不是一件容易的事情.因此,去寻求能够表征随机变量的某些非随机性的数字特征有着重要的实用意义.随机变量的这些数字特征包括均值、方差及相关系数等.

1. 数学期望(均值)

数学期望或**均值**描述了随机变量取值的平均值.

对于离散型随机变量 X,数学期望表示为

$$E[X]=\mu=\sum_i x_i p_i \tag{8.1.12}$$

其中 $x_i(i=1,2,\cdots)$ 为随机变量 X 可能取的数值,其分布列为 $p_i=P(X=x_i)$ $(i=1,2,\cdots)$.

对于连续型随机变量 X,若其概率密度函数为 $p(x)$,则数学期望表示为

$$E[X]=\mu=\int_{-\infty}^{\infty}x\mathrm{d}F(x)=\int_{-\infty}^{\infty}xp(x)\mathrm{d}x \tag{8.1.13}$$

两个连续型随机变量 X 和 Y 乘积的数学期望表示为

$$E[XY]=\int_{-\infty}^{\infty}xy\mathrm{d}F(x,y)=\int_{-\infty}^{\infty}\int_{-\infty}^{\infty}xyp(x,y)\mathrm{d}x\mathrm{d}y \tag{8.1.14}$$

式中 $F(x,y)$,$p(x,y)$分别为随机变量 X 和 Y 的联合概率分布函数和联合概率密度函数.

2. 方差

方差描述了随机变量取值与其均值的偏离程度.

对于离散型随机变量 X,方差表示为

$$D[X]=\sigma^2=E[(X-\mu)^2] \tag{8.1.15}$$

对于连续型随机变量 X,若其概率密度函数为 $p(x)$,则其方差表示为

$$D[X]=\sigma^2=E[(X-\mu)^2]=\int_{-\infty}^{\infty}(x-\mu)^2p(x)\mathrm{d}x \tag{8.1.16}$$

σ 称为标准差、标准离差或均方差.

3. 变异系数

变异系数

$$\xi = \sigma / \mu \tag{8.1.17}$$

是一个无量纲量，在工程中常用以表示随机变量偏离平均值的程度. 一般要求 $\sigma \ll \mu$.

4. n 阶原点矩

对于离散型随机变量 X，n 阶原点矩（n-th Moment）表示为

$$m_n = E[X^n] = \sum_i x_i^n p_i \tag{8.1.18}$$

对于连续型随机变量 X，若其概率密度函数为 $p(x)$，则 n 阶原点矩表示为

$$m_n = E[X^n] = \int_{-\infty}^{\infty} x^n p(x) \mathrm{d}x \tag{8.1.19}$$

当 $n=2$ 时，$m_2 = E[X^2]$ 称为均方值或二阶原点矩，其平方根称为均方根值.

5. n 阶中心矩

对于离散型随机变量 X，n 阶中心矩（n-th Central Moment）表示为

$$K_n = E[(X-\mu)^n] = \sum_i (x_i - \mu)^n p_i \tag{8.1.20}$$

对于连续型随机变量 X，若其概率密度函数为 $p(x)$，则 n 阶中心矩表示为

$$K_n = E[(X-\mu)^n] = \int_{-\infty}^{\infty} (x-\mu)^n p(x) \mathrm{d}x \tag{8.1.21}$$

当 $n=2$ 时，$K_2 = E[(X-\mu)^2] = \sigma^2$，因此方差又称为二阶中心矩.

6. 协方差与相关系数

设随机变量 X 与 Y 的平均值 μ_X, μ_Y 和方差 σ_X^2, σ_Y^2 都存在，则 X 与 Y 的协方差 $\mathrm{cov}(X,Y)$ 为

$$\mathrm{cov}(X,Y) = E[(X-\mu_X)(Y-\mu_Y)] \tag{8.1.22}$$

而 X 与 Y 的规格化协方差或相关系数为

$$\rho = \frac{\mathrm{cov}(X,Y)}{\sigma_X \sigma_Y} \tag{8.1.23}$$

相关系数为协方差的无量纲化表达. 协方差与相关系数是 X 与 Y 之间关系“密切程度”的表征.

平均值与方差有如下重要性质：

$$D[X] = E[X^2] - (E[X])^2 \tag{8.1.24}$$

$$E[a] = a, D[a] = 0, \quad a \text{ 为常数} \tag{8.1.25}$$

$$E[cX] = cE[X], \quad c \text{ 为常数} \tag{8.1.26}$$

$$E[XY] = E[X]E[Y] + E[(X-\mu_X)(Y-\mu_Y)] \tag{8.1.27}$$

若 $X_1, X_2, \cdots, X_n$ 为 n 个随机变量，则

$$E[X_1 + X_2 + \cdots + X_n] = E[X_1] + E[X_2] + \cdots + E[X_n] \tag{8.1.28}$$

$$D[X_1 + X_2 + \cdots + X_n] = \sum_{i,j=1}^{n} E[(X_i - \mu_{X_i})(X_j - \mu_{X_j})] \tag{8.1.29}$$

设 $Y = g(X)$是随机变量 X 的连续函数,则:

(1) 如果 X 是离散型随机变量,其分布列是 $p_k = P(X = x_k)(k = 1,2,\cdots)$,且 $\sum_{k=1}^{\infty} |g(x_k)| p_k$ 收敛,则 Y 的数学期望为

$$E[Y] = E[g(X)] = \sum_{k=1}^{\infty} g(x_k) p_k \tag{8.1.30}$$

(2) 如果 X 是连续型随机变量,其概率密度为 $p(x)$,且$\int_{-\infty}^{\infty} |g(x)| p(x) \mathrm{d}x$ 收敛,则 Y 的数学期望为

$$E[Y] = E[g(X)] = \int_{-\infty}^{\infty} g(x) p(x) \mathrm{d}x \tag{8.1.31}$$

8.1.3 几种重要的分布函数

1. 正态分布

客观世界存在的大量现象都是许多随机因素叠加的结果.高斯和拉普拉斯首先观察到并提出了正态分布或高斯分布在自然界中大量存在的现象,而李亚普诺夫则首先通过中心极限定理从数学上解释了为什么会存在这种现象.该定理表明:互相独立的均匀微小的随机变量的总和近似地服从正态分布律.正态分布的概率密度函数为

$$p(x) = \frac{1}{\sigma\sqrt{2\pi}} \mathrm{e}^{-\frac{(x-\mu)^2}{2\sigma^2}} \tag{8.1.32}$$

概率分布函数为

$$F(x) = \frac{1}{\sigma\sqrt{2\pi}} \int_{-\infty}^{x} \mathrm{e}^{-\frac{(\xi-\mu)^2}{2\sigma^2}} \mathrm{d}\xi \tag{8.1.33}$$

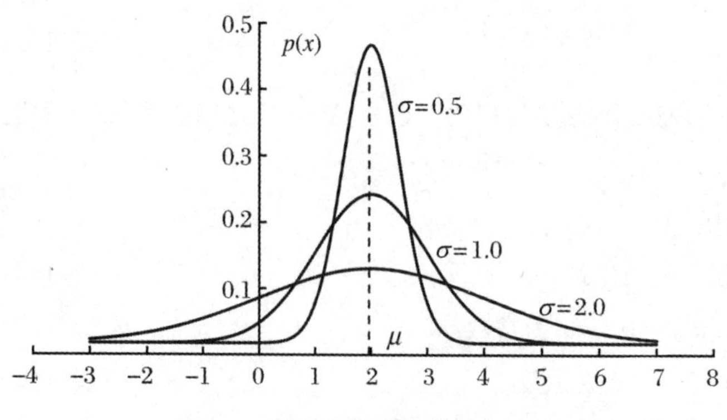

图 8.2　正态分布的概率密度函数

正态分布的概率密度函数 $p(x)$ 的形状如一倒钟形(图 8.2),μ 为曲线顶点的横坐标值,代表随机变量的平均值.σ 代表随机变量的标准差,较小的 σ 对应较窄的曲线,表示随机变量大多数集中于平均值附近.

正态分布的 n 阶中心矩为

$$K_n = \frac{1}{\sigma\sqrt{2\pi}}\int_{-\infty}^{\infty}(x-\mu)^n e^{-\frac{(x-\mu)^2}{2\sigma^2}}dx \tag{8.1.34}$$

不难验证:① $K_0=1$;② 当 n 为奇数时,该积分的值为0;③ 当 n 为其他偶数时,

$$K_2 = \sigma^2,\quad K_4 = 3\sigma^4,\quad K_6 = 15\sigma^6 \tag{8.1.35}$$

其递推公式为

$$K_n = 1\cdot 3\cdot 5\cdot \cdots \cdot (n-1)\sigma^n \tag{8.1.36}$$

计算服从正态分布律的随机变量 X 落在区间(α,β)内的概率是经常遇到的:

$$P(\alpha < X < \beta) = \frac{1}{\sigma\sqrt{2\pi}}\int_{\alpha}^{\beta} e^{-\frac{(x-\mu)^2}{2\sigma^2}}dx \tag{8.1.37}$$

作代数变换

$$t = \frac{x-\mu}{\sigma\sqrt{2}}$$

得

$$P(\alpha < X < \beta) = \frac{1}{\sqrt{\pi}}\int_{\frac{\alpha-\mu}{\sigma\sqrt{2}}}^{\frac{\beta-\mu}{\sigma\sqrt{2}}} e^{-t^2}dt \tag{8.1.38}$$

这里的概率积分是不能够解析地积出的,通常借助于拉普拉斯函数 Φ(预先制成表格)来计算:

$$\Phi(x) = \frac{2}{\sqrt{\pi}}\int_0^x e^{-t^2}dt \tag{8.1.39}$$

因此

$$P(\alpha < X < \beta) = \frac{1}{2}\left[\Phi\left(\frac{\beta-\mu}{\sigma\sqrt{2}}\right) - \Phi\left(\frac{\alpha-\mu}{\sigma\sqrt{2}}\right)\right] \tag{8.1.40}$$

拉普拉斯函数 $\Phi(x)$是 x 的奇函数,且 $\Phi(0)=0$, $\Phi(\infty)=1$.

若 Z 为若干个互相独立、正态随机变量的线性组合,

$$Z = \sum_{i=1}^{n} a_i X_i$$

式中,a_i 为常数,则 Z 亦服从正态分布.均值 μ_Z 和方差 σ_Z^2 分别为

$$\mu_Z = \sum_{i=1}^{n} a_i \mu_{X_i},\quad \sigma_Z^2 = \sum_{i=1}^{n} a_i^2 \sigma_{X_i}^2 \tag{8.1.41}$$

其中,μ_{X_i} 和 $\sigma_{X_i}^2$ 分别是 X_i 的均值和方差.

如果式(8.1.37)中 $\alpha=\mu-3\sigma$,$\beta=\mu+3\sigma$,则 $P(\alpha<X<\beta)=0.9973$.这就是 3σ 法则,表明随机变量的值落在平均值两侧 $\pm 3\sigma$ 范围内的概率是99.73%.

若两个随机变量 X 与 Y 服从二元正态分布或二元联合正态分布,则其分布密度为

$$p(x,y) = \frac{1}{2\pi\sigma_X\sigma_Y\sqrt{1-\rho^2}} e^{-\frac{1}{2(1-\rho^2)}\left[\frac{(x-\mu_X)^2}{\sigma_X^2} - \frac{2\rho(x-\mu_X)(y-\mu_Y)}{\sigma_X\sigma_Y} + \frac{(y-\mu_Y)^2}{\sigma_Y^2}\right]} \tag{8.1.42}$$

式中,ρ 为 X 与 Y 的相关系数.射击命中点的位置一般是服从二元正态分布的.以上概念可以推广到更多随机变量的情况.

2. 瑞利分布

如果射击命中点的位置服从二元正态分布，则命中点离靶心的距离服从瑞利分布. 其概率密度函数为

$$p(x)=\begin{cases}\dfrac{x}{\sigma^2}\mathrm{e}^{-\frac{x^2}{2\sigma^2}}, & x>0\\ 0, & x\leqslant 0\end{cases} \tag{8.1.43}$$

瑞利分布在研究随机振动的振幅值以及在噪声理论中都很有用.

3. 泊松分布

泊松分布是离散型随机变量的一种重要的分布. 其概率分布为

$$P(X=k)=\frac{\lambda^k}{k!}\mathrm{e}^{-\lambda},\quad k=0,1,2,\cdots \tag{8.1.44}$$

其中，$\lambda>0$. 泊松分布的均值和方差均为 λ.

4. 韦布尔分布

若随机变量的概率密度函数为

$$p(x)=\begin{cases}\dfrac{\beta}{\eta}\left(\dfrac{x}{\eta}\right)^{\beta-1}\mathrm{e}^{\left(\frac{x}{\eta}\right)^{\beta}}, & x>0\\ 0, & x\leqslant 0\end{cases} \tag{8.1.45}$$

则称该随机变量是服从参数为 β,η（β,η 均为正数）的韦布尔（Weibull）分布. 大量的试验表明，许多产品的寿命，如滚动轴承的疲劳寿命等都服从韦布尔分布.

5. 平均分布

若随机变量 X 在 $[a,b)$ 内服从平均分布，则其概率密度函数为

$$p(x)=\begin{cases}\dfrac{1}{b-a}, & a\leqslant x<b\\ 0, & x<a\ 或\ x\geqslant b\end{cases} \tag{8.1.46}$$

其平均值为 $(a+b)/2$，方差为 $(b-a)^3/12$.

平均分布的典型例子是随机初相位角. 它一般被假定为在 $[0,2\pi)$ 区间内是均匀分布的.

8.1.4 随机过程

1. 随机过程的概念

对于每个时间 $t\in T$（T 是某个固定的时间域），$X(t)$ 是一随机变量，则这样的随机变量族 $\{X(t),t\in T\}$ 称为随机过程. 如果 T 是离散时间域，则 $X(t)$ 是一随机时间序列. 对振动过程离散采样时，得到的就是时间序列.

如图 8.3 所示，$x_1(t_0),x_2(t_0),\cdots,x_n(t_0)$ 即为随机变量 $X(t_0)$ 的 n 个“样本点”.

2. 随机过程的统计特征

随机过程的各个样本在固定时刻 t 取值进行集合平均，得到随机过程的数学期望，可表

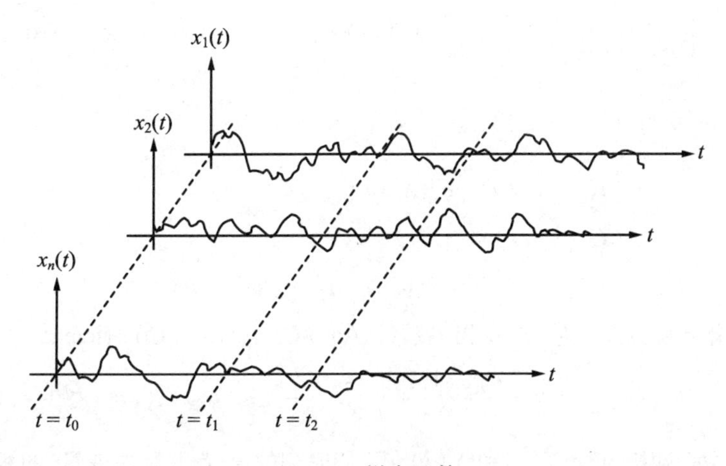

图 8.3　样本函数

示为

$$E[X(t)]=\mu(t)=\int_{-\infty}^{\infty}x(t)\mathrm{d}F(x,t)=\int_{-\infty}^{\infty}x(t)p(x,t)\mathrm{d}x \tag{8.1.47}$$

式中,$F(x,t)$和 $p(x,t)$分别是 $X(t)$的概率分布函数和概率密度函数(如果存在).同样,均方值可表示为

$$E[X^2(t)]=\int_{-\infty}^{\infty}x^2(t)\mathrm{d}F(x,t)=\int_{-\infty}^{\infty}x^2(t)p(x,t)\mathrm{d}x \tag{8.1.48}$$

方差为

$$\begin{aligned}D[X(t)]&=\sigma^2(t)=E[(X(t)-\mu(t))^2]\\&=\int_{-\infty}^{\infty}[x(t)-\mu(t)]^2\mathrm{d}F(x,t)\\&=\int_{-\infty}^{\infty}[x(t)-\mu(t)]^2p(x,t)\mathrm{d}x\end{aligned} \tag{8.1.49}$$

为了研究一个随机过程 $X(t)$在两个不同时刻的值,即随机变量 $X(t_1)$,$X(t_2)$的相互依赖关系,定义它的自相关函数

$$\begin{aligned}R_{XX}(t_1,t_2)&=E[X(t_1)X(t_2)]\\&=\int_{-\infty}^{\infty}\int_{-\infty}^{\infty}x_1(t_1)x_2(t_2)\mathrm{d}F(x_1,t_1;x_2,t_2)\\&=\int_{-\infty}^{\infty}\int_{-\infty}^{\infty}x_1(t_1)x_2(t_2)p(x_1,t_1;x_2,t_2)\mathrm{d}x_1\mathrm{d}x_2\end{aligned} \tag{8.1.50}$$

式中,$F(x_1,t_1;x_2,t_2)$和 $p(x_1,t_1;x_2,t_2)$分别为随机变量 $X(t_1)$,$X(t_2)$的联合概率分布函数和联合概率密度函数(如果存在).

相应地,有自协方差函数

$$\begin{aligned}C_{XX}(t_1,t_2)&=E[(X(t_1)-\mu(t_1))(X(t_2)-\mu(t_2))]\\&=\int_{-\infty}^{\infty}\int_{-\infty}^{\infty}(x_1(t_1)-\mu(t_1))(x_2(t_2)-\mu(t_2))\mathrm{d}F(x_1,t_1;x_2,t_2)\end{aligned}$$

$$= \int_{-\infty}^{\infty}\int_{-\infty}^{\infty}(x_1(t_1)-\mu(t_1))(x_2(t_2)-\mu(t_2))p(x_1,t_1;x_2,t_2)\mathrm{d}x_1\mathrm{d}x_2 \tag{8.1.51}$$

显然

$$R_{XX}(t,t)=E[X^2(t)] \tag{8.1.52}$$

$$C_{XX}(t,t)=\sigma^2(t) \tag{8.1.53}$$

$$C_{XX}(t_1,t_2)=R_{XX}(t_1,t_2)-\mu(t_1)\mu(t_2) \tag{8.1.54}$$

定义规格化自协方差函数,即自相关系数(Auto-Correlation Coefficient)

$$\rho_{XX}(t_1,t_2)=\frac{C_{XX}(t_1,t_2)}{\sigma_X(t_1)\sigma_X(t_2)},\quad -1\leqslant\rho_{XX}(t_1,t_2)\leqslant 1 \tag{8.1.55}$$

为了研究两个随机过程 $X(t)$和 $Y(t)$在不同时刻的值(都是随机变量)的相互关系,定义互相关函数为

$$\begin{aligned} R_{XY}(t_1,t_2) &= E[X(t_1)Y(t_2)] \\ &= \int_{-\infty}^{\infty}\int_{-\infty}^{\infty}x(t_1)y(t_2)\mathrm{d}F(x,t_1;y,t_2) \\ &= \int_{-\infty}^{\infty}\int_{-\infty}^{\infty}x(t_1)y(t_2)p(x,t_1;y,t_2)\mathrm{d}x\mathrm{d}y \end{aligned} \tag{8.1.56}$$

相应地,有互协方差函数(Cross-Covariance Function)

$$\begin{aligned} C_{XY}(t_1,t_2) &= E[(X(t_1)-\mu_X(t_1))(Y(t_2)-\mu_Y(t_2))] \\ &= \int_{-\infty}^{\infty}\int_{-\infty}^{\infty}[x(t_1)-\mu_X(t_1)][y(t_2)-\mu_Y(t_2)]\mathrm{d}F(x,t_1;y,t_2) \\ &= \int_{-\infty}^{\infty}\int_{-\infty}^{\infty}[x(t_1)-\mu_X(t_1)][y(t_2)-\mu_Y(t_2)]p(x,t_1;y,t_2)\mathrm{d}x\mathrm{d}y \end{aligned} \tag{8.1.57}$$

互相关函数和互协方差函数有如下性质:

$$\begin{aligned} R_{XY}(t_1,t_2) &= R_{YX}(t_2,t_1)\neq R_{XY}(t_2,t_1) \\ C_{XY}(t_1,t_2) &= C_{YX}(t_2,t_1)\neq C_{XY}(t_2,t_1) \end{aligned} \tag{8.1.58}$$

$$\begin{aligned} C_{XY}(t_1,t_2) &= R_{XY}(t_1,t_2)-\mu_X(t_1)\mu_Y(t_2) \\ C_{YX}(t_2,t_1) &= R_{YX}(t_2,t_1)-\mu_X(t_1)\mu_Y(t_2) \end{aligned} \tag{8.1.59}$$

定义规格化互协方差函数,即互相关系数(Cross-Correlation Coefficient)为

$$\rho_{XY}(t_1,t_2)=\frac{C_{XY}(t_1,t_2)}{\sigma_X(t_1)\sigma_Y(t_2)},\quad -1\leqslant\rho_{XY}(t_1,t_2)\leqslant 1 \tag{8.1.60}$$

3. 平稳随机过程

随机过程中由于比较容易计算而已经在工程中得到最广泛应用的是平稳随机过程.它的特点是其概率特性不随时间变化.严格平稳在随机过程理论中有着严格的定义,它要求概率密度函数不随时间变化,在工程中通常很难满足这样严格的条件.因此又引入了广义平稳(又

称弱平稳或宽平稳)的概念,只要平均值与相关函数保持平稳,就认为是平稳随机过程.如果仅要求协方差函数具有平稳性,对平均值的平稳性也不作要求,则称之为协方差平稳随机过程.

对随机过程 $X(t)$,如果其任意 n 个时刻的值 $X(t_1)$, $X(t_2)$, $\cdots$, $X(t_n)$ 的联合分布都是正态的,则称 $X(t)$ 为正态随机过程.由于这 n 个值的联合密度函数只与这 n 个值的均值和协方差矩阵有关,所以对于正态随机过程而言,其严格平稳和广义平稳是等价的.

在平稳随机过程中最为重要的一类是具有各态历经性(Ergotic)的平稳随机过程.为了计算平稳随机过程的各种统计量,严格地说,应该先得到大量的测量曲线.随机过程各函数的期望值是对所有样本函数的总体作平均得到的,称为集合平均(Ensemble Average).对于平稳随机过程一个给定的样本函数 $\hat{x}(t)$(符号“^”表示随机过程的样本函数),可定义它在给定时间域上的平均,称为时间平均,

$$E[X(t)] = \lim_{T\to\infty}\frac{1}{T}\int_{-\frac{T}{2}}^{\frac{T}{2}}\hat{x}(t)\mathrm{d}t \tag{8.1.61}$$

$$E[X(t)X(t+\tau)] = \lim_{T\to\infty}\frac{1}{T}\int_{-\frac{T}{2}}^{\frac{T}{2}}\hat{x}(t)\hat{x}(t+\tau)\mathrm{d}t \tag{8.1.62}$$

如果一个平稳随机过程由集合平均和时间平均得到的所有概率特性都相等,那么这类平稳随机过程就被认为具有各态历经性.也就是说,其中任意一条样本曲线基本上包含了该随机过程所具有的所有统计特性.因此,对于这类随机过程,只需测量到一条实测曲线,就可以由它得到所需的各种统计参数.根据所选取的统计参数的不同,如选取平均值、相关函数、概率密度函数等,各态历经性有不同的数学定义.读者可以参考有关的专著[117-120].尽管各态历经性在数学上有相当严格的描述和限制,其限制要比平稳性严格得多,但是在工程应用上有时对这些限制的认定却往往是极其粗糙的.根据工程所在地点的一条地震记录曲线,尽管实际上连其平稳性也只能勉强予以认定,却不得不将其看作是具有各态历经性的,从中提取大量的统计资料供计算分析使用.事实上,在同一地点获得两条以上地震记录往往并不容易.

4. 非平稳随机过程

平稳随机过程假定在时间 $t\in(-\infty,\infty)$ 范围内该过程的统计特性是不变的.实际上这是很难达到的.许多随机现象,例如地震刚发生的阶段,短暂阵风对结构物的吹袭过程,汽车启动阶段路面不平度对它的随机干扰等,都应该看作是非平稳随机过程来进行分析.

8.2 平稳随机过程的相关函数与功率谱函数

如上一节所述,广义平稳(弱平稳或宽平稳)随机过程只需平均值与相关函数保持平稳就可以了.下面进一步讨论平稳随机过程的平均值和相关函数.

对任意时刻 t，平稳随机过程 $X(t)$ 的均值不变，即

$$\mu(t)=E[X(t)]=\int_{-\infty}^{\infty}xp(x)\mathrm{d}x=\mu=\text{常数} \tag{8.2.1}$$

8.2.1 自相关函数与自协方差函数

对任意时刻 t，平稳随机过程 $X(t)$ 的自相关函数为

$$\begin{aligned}R_{XX}(\tau)&=E[X(t)X(t+\tau)]\\&=\int_{-\infty}^{\infty}\int_{-\infty}^{\infty}x_1(t)x_2(t+\tau)\mathrm{d}F(x_1,t;x_2,t+\tau)\\&=\int_{-\infty}^{\infty}\int_{-\infty}^{\infty}x_1(t)x_2(t+\tau)p(x_1,t;x_2,t+\tau)\mathrm{d}x_1\mathrm{d}x_2\end{aligned} \tag{8.2.2}$$

其中，x_1 与 x_2 是取自同一随机过程的两个随机变量．若 $X(t)$ 满足各态历经假设，$\hat{x}(t)$ 是一个样本函数，则自相关函数可表示为

$$R_{XX}(\tau)=\lim_{T\to\infty}\frac{1}{T}\int_{-\frac{T}{2}}^{\frac{T}{2}}\hat{x}(t)\hat{x}(t+\tau)\mathrm{d}t \tag{8.2.3}$$

记 $\xi(t)$ 是 $X(t)$ 的零均值随机分量，

$$\xi(t)=X(t)-\mu$$

则由式(8.1.54)可知，$X(t)$ 的自协方差函数为

$$C_{XX}(\tau)=R_{\xi\xi}(\tau)=E[\xi(t)\xi(t+\tau)] \tag{8.2.4}$$

因此，不论平均值 μ 为多大，$X(t)$ 的自协方差函数都是相同的．

例 8.1 设 $X(t)=A\sin(\omega t+\varphi)$，其中 φ 为在 $[0,2\pi)$ 内均匀分布的随机数，A 与 ω 为常数．计算 $X(t)$ 的自相关函数．

解 按式(8.2.2)和式(8.1.46)知

$$\begin{aligned}R_{XX}(\tau)&=E[X(t)X(t+\tau)]=E[A^2\sin(\omega t+\varphi)\sin(\omega t+\omega\tau+\varphi)]\\&=\frac{1}{2\pi}\int_0^{2\pi}A^2\sin(\omega t+\varphi)\sin(\omega t+\omega\tau+\varphi)\mathrm{d}\varphi=\frac{A^2}{2}\cos\omega\tau\end{aligned}$$

可见，$R_{XX}(\tau)$ 保留了 $X(t)$ 的幅值(A)特性与频率(ω)特性，但不保留其相位角(φ)特性．一般的平稳随机过程可以认为是由大量此类简谐波组成的．由于各谐波分量的相位角随机分布，所以各样本函数之间显得各不相同．但是按每一样本计算得到的相关函数却十分接近，这是由于各样本中幅值 A 随频率 ω 的分布都十分近似．

图 8.4 是零均值平稳随机过程 $\xi(t)$ 和将它沿时间轴移动一个小量 τ 所产生的 $\xi(t+\tau)$ 两条曲线．由此图可以对 $R_{\xi\xi}(\tau)$ 的变化规律作出一些直观的判断：

当 $\tau=0$ 时，$\xi(t)\xi(t+\tau)\mathrm{d}t$ 全为正值，$R_{\xi\xi}(\tau)$ 达最大；

当 $\tau\approx0$ 时，$\xi(t)\xi(t+\tau)\mathrm{d}t$ 多数为正值，少数为负值，$R_{\xi\xi}(\tau)$ 仍比较大；

当 $\tau\to\infty$ 时，$\xi(t)\xi(t+\tau)\mathrm{d}t$ 正负值大致平均地分布在时间轴两侧，$R_{\xi\xi}(\tau)\to0$.

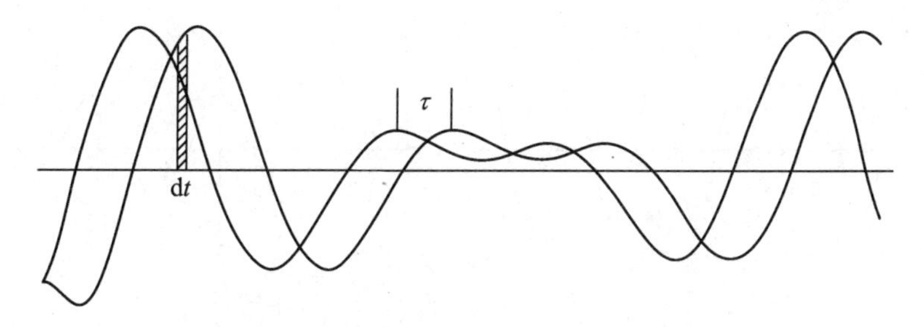

图 8.4　平稳随机过程自相关函数示意图

图 8.5 给出了四种典型平稳随机过程的时间历程曲线样本(左边四图)和相应的相关函数曲线(右边四图). 自上而下,表示随机过程中所含谐波分量逐渐增多. 简谐波仅含有单一的谐波分量;窄带随机过程的谐波分量分布在一个狭窄的频带上;宽带随机过程的谐波分量则分布在相当宽的频带上,时间历程曲线上的“毛刺”表明其高频分量,是宽带过程的明显特征;而白噪声过程则在$(-\infty,\infty)$频率区间都有相同强度的谐波分量,从能量角度看这是不可能的,但是引入白噪声过程可以在随机振动的理论推演上带来很多方便. 从图中的四种相关函数曲线也可以看到,在 $\tau=0$ 处 $R_{XX}(\tau)$取极大值.

平稳随机过程 $X(t)$的自相关函数 $R_{XX}(\tau)$有如下主要特性:

(1) $R_{XX}(\tau)$是τ 的偶函数,

$$\begin{aligned}R_{XX}(-\tau) &= E[X(t)X(t-\tau)] = E[X(t-\tau)X(t)]\\&\overset{t'=t-\tau}{=\!=} E[X(t')X(t'+\tau)] = R_{XX}(\tau)\end{aligned}\tag{8.2.5}$$

(2) 当 $\tau=0$ 时,$R_{XX}(\tau)$取极大值,$R_{XX}(0)=E[X^2(t)]$.

这可以证明如下. 对任意实数 a,构造函数

$$\begin{aligned}f(a) &= E[(aX(t)+X(t+\tau))^2]\\&= a^2E[X^2(t)]+2aE[X(t)X(t+\tau)]+E[X^2(t+\tau)]\\&= a^2R_{XX}(0)+2aR_{XX}(\tau)+R_{XX}(0)\geqslant 0\end{aligned}$$

因为 a 是任意的,且 $R_{XX}(0)>0$,取 $a=-1$,有 $2R_{XX}(0)-2R_{XX}(\tau)\geqslant 0$,即 $R_{XX}(0)\geqslant R_{XX}(\tau)$.

根据式(8.1.54)可知 $R_{XX}(0)=\mu^2+\sigma_X^2$,其中 μ 和σ_X^2 分别为该平稳随机过程的平均值和方差. 因此

$$R_{XX}(\tau)\leqslant R_{XX}(0)=\mu^2+\sigma_X^2\tag{8.2.6}$$

(3) 若将平稳随机过程 $X(t)$表示为

$$X(t)=\mu+\xi(t)$$

其中,μ 和$\xi(t)$分别是 $X(t)$的平均值和零均值平稳随机分量. 则

$$R_{XX}(\tau)=\mu^2+R_{\xi\xi}(\tau)\tag{8.2.7}$$

证明过程十分简单. 事实上,因为

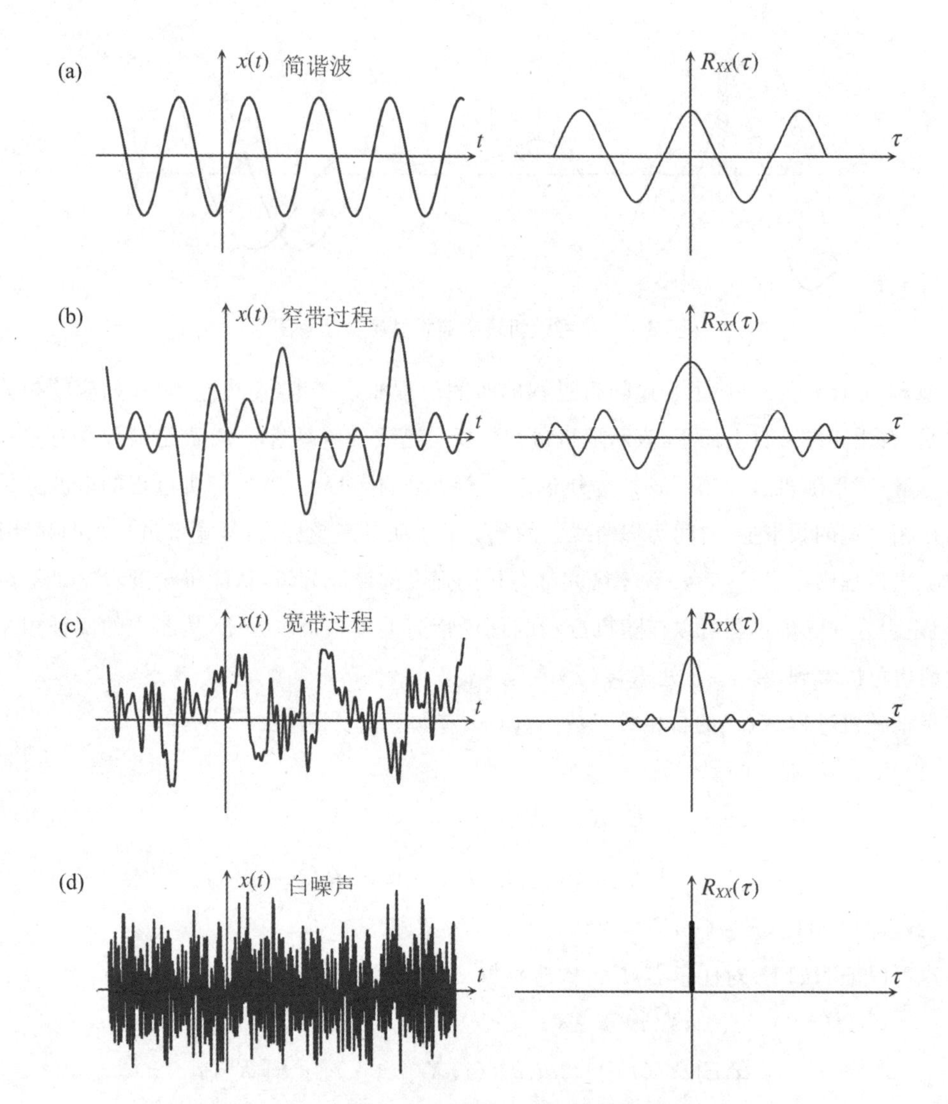

图 8.5　四种典型平稳随机过程的相关函数曲线

$$
\begin{aligned}
R_{XX}(\tau) &= E[X(t)X(t+\tau)] = E[(\mu+\xi(t))(\mu+\xi(t+\tau))] \\
&= E[\mu^2+\xi(t)\mu+\mu\xi(t+\tau)+\xi(t)\xi(t+\tau)]
\end{aligned}
$$

再注意 μ^2 是常数,而 $\xi(t)$及 $\xi(t+\tau)$的平均值都是零,所以

$$
R_{XX}(\tau) = \mu^2+0+0+E[\xi(t)\xi(t+\tau)] = \mu^2+R_{\xi\xi}(\tau)
$$

(4) $R_{XX}(\tau)$的下界为$\mu^2-\sigma_X^2$.

自相关函数的规格化无量纲形式是按下式定义的自相关系数:

$$
\rho_{XX}(\tau) = \frac{C_{XX}(\tau)}{\sigma_X^2}, \quad -1 \leqslant \rho_{XX} \leqslant 1 \tag{8.2.8}
$$

由式(8.2.4)和式(8.2.7)得到$-\sigma_X^2 \leqslant R_{XX}(\tau)-\mu^2 \leqslant \sigma_X^2$,即

$$
\mu^2-\sigma_X^2 \leqslant R_{XX}(\tau) \leqslant \mu^2+\sigma_X^2 \tag{8.2.9}
$$

(5)

$$R_{\dot{X}\dot{X}}(\tau)=-\frac{\mathrm{d}^2}{\mathrm{d}\tau^2}R_{XX}(\tau) \tag{8.2.10}$$

证明如下:因为

$$\frac{\mathrm{d}}{\mathrm{d}\tau}R_{XX}(\tau)=E\left[X(t)\frac{\mathrm{d}}{\mathrm{d}\tau}X(t+\tau)\right]=E[X(t)\dot{X}(t+\tau)]=E[X(t-\tau)\dot{X}(t)]$$

故

$$\frac{\mathrm{d}^2}{\mathrm{d}\tau^2}R_{XX}(\tau)=E[-\dot{X}(t-\tau)\dot{X}(t)]=-E[\dot{X}(t)\dot{X}(t+\tau)]=-R_{\dot{X}\dot{X}}(\tau)$$

(6)

$$E[\dot{X}(t)]=\frac{\mathrm{d}}{\mathrm{d}t}E[X(t)]=0 \tag{8.2.11}$$

由式(8.2.10)及式(8.2.11)知平稳随机过程的导函数也是平稳的.

8.2.2 互相关函数与互协方差函数

平稳随机过程 $X(t)$和 $Y(t)$的互相关函数 $R_{XY}(\tau)$和$R_{YX}(\tau)$分别为

$$\begin{aligned}R_{XY}(\tau)&=E[X(t)Y(t+\tau)]\\&=\int_{-\infty}^{\infty}\int_{-\infty}^{\infty}x(t)y(t+\tau)\mathrm{d}F(x,t;y,t+\tau)\\&=\int_{-\infty}^{\infty}\int_{-\infty}^{\infty}x(t)y(t+\tau)p(x,t;y,t+\tau)\mathrm{d}x\mathrm{d}y\end{aligned} \tag{8.2.12}$$

$$\begin{aligned}R_{YX}(\tau)&=E[Y(t)X(t+\tau)]\\&=\int_{-\infty}^{\infty}\int_{-\infty}^{\infty}y(t)x(t+\tau)\mathrm{d}F(y,t;x,t+\tau)\\&=\int_{-\infty}^{\infty}\int_{-\infty}^{\infty}y(t)x(t+\tau)p(y,t;x,t+\tau)\mathrm{d}x\mathrm{d}y\end{aligned} \tag{8.2.13}$$

若 $X(t)$和 $Y(t)$满足各态历经假设,$\hat{x}(t)$和 $\hat{y}(t)$是其两个样本,则式(8.2.12)和式(8.2.13)可分别表示为

$$R_{XY}(\tau)=\lim_{T\to\infty}\frac{1}{T}\int_{-\frac{T}{2}}^{\frac{T}{2}}\hat{x}(t)\hat{y}(t+\tau)\mathrm{d}t \tag{8.2.14}$$

$$R_{YX}(\tau)=\lim_{T\to\infty}\frac{1}{T}\int_{-\frac{T}{2}}^{\frac{T}{2}}\hat{y}(t)\hat{x}(t+\tau)\mathrm{d}t \tag{8.2.15}$$

记μ_X 和μ_Y 分别为$X(t)$和 $Y(t)$的平均值,而 $\xi(t)$和 $\eta(t)$分别是 $X(t)$和 $Y(t)$的零均值随机分量,

$$\xi(t)=x(t)-\mu_X,\quad \eta(t)=y(t)-\mu_Y$$

则 $X(t)$和 $Y(t)$之间的互协方差函数为

$$C_{XY}(\tau)=R_{\xi\eta}(\tau)=E[\xi(t)\eta(t+\tau)] \tag{8.2.16}$$

$$C_{YX}(\tau) = R_{\eta\xi}(\tau) = E[\eta(t)\xi(t+\tau)] \tag{8.2.17}$$

平稳随机过程 $X(t)$和 $Y(t)$的互相关函数 $R_{XY}(\tau)$和$R_{YX}(\tau)$有如下主要特性：

(1) $R_{XY}(\tau)$和$R_{YX}(\tau)$都不是τ 的偶函数，但是它们有下列性质：

$$R_{XY}(\tau) = R_{YX}(-\tau) \tag{8.2.18}$$

这可由 $X(t)$和 $Y(t)$的平稳性来证明：

$$R_{XY}(\tau) = E[X(t)Y(t+\tau)] = E[X(t-\tau)Y(t)] = R_{YX}(-\tau)$$

(2) 当 $\tau=0$ 时，$R_{XY}(\tau)$和$R_{YX}(\tau)$都不取极大值，但是

$$|R_{XY}(\tau)| \leqslant [R_{XY}(0)R_{YX}(0)]^{0.5}, \quad |R_{XY}(\tau)| \leqslant 0.5[R_{XY}(0)+R_{YX}(0)] \tag{8.2.19}$$

这表明 $R_{XY}(\tau)$必小于$R_{XY}(0)$和 $R_{YX}(0)$的几何平均值，也小于它们的算术平均值.将以上两式的下标 X 和 Y 互换位置就得到$R_{YX}(\tau)$所满足的两个相应不等式.

(3) 由 $\xi(t)$和 $\eta(t)$的互相关函数可以按下式求出 $X(t)$和 $Y(t)$的互相关函数：

$$R_{XY}(\tau) = \mu_X\mu_Y + R_{\xi\eta}(\tau) \tag{8.2.20}$$

$$R_{YX}(\tau) = \mu_X\mu_Y + R_{\eta\xi}(\tau) \tag{8.2.21}$$

互协方差函数的规格化无量纲形式是按下式定义的互相关系数：

$$\rho_{XY}(\tau) = \frac{C_{XY}(\tau)}{\sigma_X\sigma_Y}, \quad -1 \leqslant \rho_{XY} \leqslant 1 \tag{8.2.22}$$

$$\rho_{YX}(\tau) = \frac{C_{YX}(\tau)}{\sigma_Y\sigma_X}, \quad -1 \leqslant \rho_{YX} \leqslant 1 \tag{8.2.23}$$

例 8.2 设 $X(t)=x_0\sin(\omega t+\theta)$，$Y(t)=y_0\sin(\omega t+\theta+\varphi)$，其中 θ 是在$[0,2\pi)$区间均匀分布的随机变量，x_0，y_0，ω 及φ 是常量.计算 $X(t)$和 $Y(t)$的互相关函数.

解 依据互相关函数的定义式(8.2.12)，可得到

$$\begin{aligned}R_{XY}(\tau) &= E[X(t)Y(t+\tau)] = E[x_0y_0\sin(\omega t+\theta)\sin(\omega t+\omega\tau+\theta+\varphi)] \\ &= \frac{1}{2\pi}\int_0^{2\pi} x_0y_0\sin(\omega t+\theta)\sin(\omega t+\omega\tau+\theta+\varphi)\mathrm{d}\theta \\ &= \frac{1}{2}x_0y_0\cos(\omega\tau+\varphi)\end{aligned}$$

同理算得

$$R_{YX}(\tau) = \frac{1}{2}x_0y_0\cos(\omega\tau-\varphi)$$

例 8.3 设 $Z(t)$是平稳随机过程 $X(t)$和 $Y(t)$之和：

$$Z(t) = X(t) + Y(t)$$

用关于 $X(t)$和 $Y(t)$的相关函数来表达 $Z(t)$的自相关函数.

解 因

$$R_{ZZ}(\tau) = E[Z(t)Z(t+\tau)] = E[(X(t)+Y(t))(X(t+\tau)+Y(t+\tau))]$$

$$= E[X(t)X(t+\tau) + Y(t)Y(t+\tau) + X(t)Y(t+\tau) + Y(t)X(t+\tau)]$$

根据自相关函数和互相关函数的定义可知

$$R_{ZZ}(\tau) = R_{XX}(\tau) + R_{YY}(\tau) + R_{XY}(\tau) + R_{YX}(\tau) \tag{8.2.24}$$

8.2.3 自功率谱密度函数

在确定性的线性振动理论中，常对复杂的激励或响应作频谱（域）分析，见5.7.2节，这是因为线性系统允许应用叠加原理，系统对任意激励的各谐波分量的响应之和，就等于系统对激励的总响应，而且系统对任一谐波分量的响应可通过简单的运算得到，这样可以大大地简化线性系统对复杂激励的响应求值问题.

在线性随机振动理论中，谱分析仍然十分重要.只是这里用的是功率谱密度（简称谱密度），而不是确定性情形的频谱.本节将较详细地讨论随机过程的谱密度以及由此派生出来的统计量.

相关函数体现了随机过程的时域特征，而功率谱密度函数则反映了随机过程的频域特征.

设 $\hat{x}(t)$是各态历经平稳随机过程 $X(t)$的一个样本函数（符号“ˆ”表示随机过程的样本函数）.它在区间 $t\in(-\infty,\infty)$内一般不是绝对可积的，即不满足

$$\int_{-\infty}^{\infty} |X(t)|\,\mathrm{d}t < \infty$$

为此可以定义一个辅助函数

$$\hat{x}_T(t) = \begin{cases} \hat{x}(t), & -T/2 \leqslant t \leqslant T/2 \\ 0, & \text{其他} \end{cases} \tag{8.2.25}$$

显然，$\hat{x}_T(t)$在区间 $t\in(-\infty,\infty)$内是绝对可积的，因此可以对它进行傅氏变换：

$$\hat{x}_T(t) = \int_{-\infty}^{\infty} \hat{X}_T(f)\mathrm{e}^{2\pi \mathrm{i} f t}\,\mathrm{d}f, \quad \text{逆变换} \tag{8.2.26}$$

$$\hat{X}_T(f) = \int_{-\infty}^{\infty} \hat{x}_T(t)\mathrm{e}^{-2\pi \mathrm{i} f t}\,\mathrm{d}t, \quad \text{正变换} \tag{8.2.27}$$

这里，用频率 f 作为傅氏正逆变换的积分变量，从而避免了在积分号之前出现因子 $1/(2\pi)$.如果用圆频率 $\omega=2\pi f$ 作为积分变量，则以上两个积分号之一的前面需加上一个因子 $1/(2\pi)$.加在哪一个积分号之前均可，但是在认定之后就不可中途更改，以免在计算中某些数量相差 2π 倍.这是需要注意的.

$\hat{x}_T(t)$在区间 $t\in\left(-\dfrac{T}{2},\dfrac{T}{2}\right)$内的均方值为

$$E[\hat{x}_T^2(t)] = \frac{1}{T}\int_{-\frac{T}{2}}^{\frac{T}{2}} \hat{x}_T^2(t)\,\mathrm{d}t \tag{8.2.28}$$

根据能量积分(Parseval)定理[117]

$$\int_{-\infty}^{\infty} \hat{x}_T^2(t)\,\mathrm{d}t = \int_{-\infty}^{\infty} |\hat{X}_T(f)|^2\,\mathrm{d}f \tag{8.2.29}$$

可知 $E[\hat{x}^2(t)] = \lim\limits_{T\to\infty} E[\hat{x}_T^2(t)] = \lim\limits_{T\to\infty}\frac{1}{T}\int_{-\frac{T}{2}}^{\frac{T}{2}}\hat{x}_T^2(t)\mathrm{d}t = \lim\limits_{T\to\infty}\frac{1}{T}\int_{-\frac{T}{2}}^{\frac{T}{2}}|\hat{X}_T(f)|^2\mathrm{d}f$. 定义

$$S_{XX}(f) = \lim_{T\to\infty}\frac{1}{T}|\hat{X}_T(f)|^2 \tag{8.2.30}$$

为 $X(t)$的自功率谱密度函数(Auto-PSD Function,或称为自谱密度或自谱),则

$$E[X^2(t)] = \int_{-\infty}^{\infty} S_{XX}(f)\mathrm{d}f \tag{8.2.31}$$

当 $X(t)$为零均值平稳随机过程时,按式(8.2.6)可知

$$\sigma_X^2 = \int_{-\infty}^{\infty} S_{XX}(f)\mathrm{d}f \tag{8.2.32}$$

所以只要求出了自功率谱密度函数 $S_{XX}(f)$,就可以求得其方差.对于正态随机过程而言,就等于得到了其概率分布(或密度)函数,其概率特性就完全确定了.

维纳-辛钦关系 维纳(Wiener)和辛钦(Khintchine)证明了平稳随机过程 $X(t)$的自功率谱密度函数$S_{XX}(f)$和自相关函数 $R_{XX}(\tau)$构成傅氏变换对,即

$$S_{XX}(f) = \int_{-\infty}^{\infty} R_{XX}(\tau)\mathrm{e}^{-2\pi\mathrm{i}f\tau}\mathrm{d}\tau \tag{8.2.33}$$

$$R_{XX}(\tau) = \int_{-\infty}^{\infty} S_{XX}(f)\mathrm{e}^{2\pi\mathrm{i}f\tau}\mathrm{d}f \tag{8.2.34}$$

只需要证明其中任意一式就可以了.我们来证明第一个式子:

$$\begin{aligned}
\int_{-\infty}^{\infty} R_{XX}(\tau)\mathrm{e}^{-2\pi\mathrm{i}f\tau}\mathrm{d}\tau &= \lim_{T\to\infty}\int_{-\frac{T}{2}}^{\frac{T}{2}} R_{\hat{x}_T\hat{x}_T}(\tau)\mathrm{e}^{-2\pi\mathrm{i}f\tau}\mathrm{d}\tau \\
&= \lim_{T\to\infty}\int_{-\frac{T}{2}}^{\frac{T}{2}}\frac{1}{T}\int_{-\frac{T}{2}}^{\frac{T}{2}}\hat{x}_T(t)\hat{x}_T(t+\tau)\mathrm{d}t\,\mathrm{e}^{-2\pi\mathrm{i}f\tau}\mathrm{d}\tau \\
&= \lim_{T\to\infty}\frac{1}{T}\int_{-\frac{T}{2}}^{\frac{T}{2}}\int_{-\frac{T}{2}}^{\frac{T}{2}}\hat{x}_T(t)\hat{x}_T(t+\tau)\mathrm{d}t\,\mathrm{e}^{2\pi\mathrm{i}ft}\mathrm{e}^{-2\pi\mathrm{i}f(t+\tau)}\mathrm{d}\tau \\
&= \lim_{T\to\infty}\frac{1}{T}\int_{-\frac{T}{2}}^{\frac{T}{2}}\hat{x}_T(t)\mathrm{e}^{2\pi\mathrm{i}ft}\mathrm{d}t\int_{-\frac{T}{2}}^{\frac{T}{2}}\hat{x}_T(t+\tau)\mathrm{e}^{-2\pi\mathrm{i}f(t+\tau)}\mathrm{d}\tau \\
&= \lim_{T\to\infty}\frac{1}{T}\hat{X}_T^*(f)\hat{X}_T(f) = \lim_{T\to\infty}\frac{1}{T}|\hat{X}_T(f)^2| = S_{XX}(f)
\end{aligned}$$

这就证明了维纳-辛钦关系.

根据维纳-辛钦关系,在自功率谱密度函数 $S_{XX}(f)$和自相关函数$R_{XX}(\tau)$之中,只需任意求出其一,另一个也就可以立即求得.

若用圆频率 $\omega=2\pi f$ 作为积分变量,则维纳-辛钦关系可以写为

$$S_{XX}(\omega) = \frac{1}{2\pi}\int_{-\infty}^{\infty} R_{XX}(\tau)\mathrm{e}^{-\mathrm{i}\omega\tau}\mathrm{d}\tau \tag{8.2.35}$$

$$R_{XX}(\tau) = \int_{-\infty}^{\infty} S_{XX}(\omega)\mathrm{e}^{\mathrm{i}\omega\tau}\mathrm{d}\omega \tag{8.2.36}$$

图 8.5 中所示的四种随机过程的自功率谱密度曲线如图 8.6 所示.这些曲线反映了随机

过程中所含谐波分量的能量分布情况.由这四种情况可见,窄带随机过程的功率谱曲线(或能量分布)仅在一个狭窄的频带内有较大的值,而宽带过程则在相当大的频带内都有能量分布.白噪声的能量在$(-\infty,\infty)$频率区间内是均匀分布的,因此也是不可积分的.而单谐波分量则只在一个孤立频率处有非零的功率谱值.

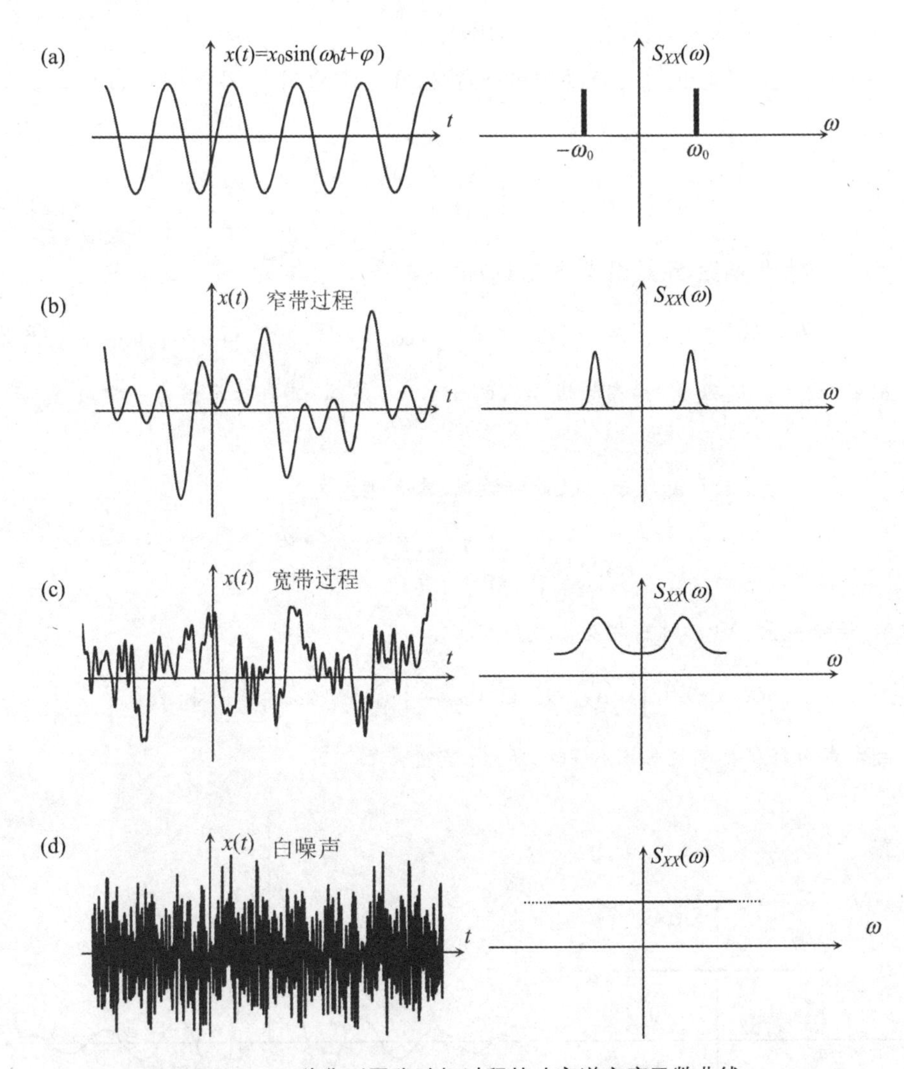

图 8.6 四种典型平稳随机过程的功率谱密度函数曲线

平稳随机过程的自功率谱密度函数 $S_{XX}(\omega)$ 的主要性质有:

(1) $S_{XX}(\omega)$是非负实数,即

$$S_{XX}(\omega)\geqslant 0 \tag{8.2.37}$$

这由自功率谱密度的定义式(8.2.6)就可以断定.

(2) $S_{XX}(\omega)$是偶函数,即

$$S_{XX}(\omega)=S_{XX}(-\omega) \tag{8.2.38}$$

由于自相关函数是偶函数,见式(8.2.5),利用维纳-辛钦关系,对该式的两边进行傅氏变换,可知自功率谱密度函数也是偶函数.由图 8.6 也可观察到.

(3)

$$S_{\dot{X}\dot{X}}(\omega)=\omega^2 S_{XX}(\omega),\quad S_{\ddot{X}\ddot{X}}(\omega)=\omega^4 S_{XX}(\omega) \tag{8.2.39}$$

上式可利用维纳-辛钦关系,进而由式(8.2.10)导出.

在负频率处的功率谱值并无直观的物理意义.在工程应用中,往往引入如下单边功率谱密度函数:

$$G_{XX}(\omega)=\begin{cases}2S_{XX}(\omega), & \omega\geqslant 0\\ 0, & \omega<0\end{cases} \tag{8.2.40}$$

考虑到 $S_{XX}(\omega)$是偶函数,于是由式(8.2.12)得

$$R_{XX}(0)=\int_{-\infty}^{\infty}S_{XX}(\omega)\mathrm{d}\omega=2\int_0^{\infty}S_{XX}(\omega)\mathrm{d}\omega=\int_0^{\infty}G_{XX}(\omega)\mathrm{d}\omega \tag{8.2.41}$$

例 8.4 白噪声过程 $X(t)$在频域 $\omega\in(-\infty,\infty)$范围,其自功率谱为一常数 S_0,研究其自相关函数.

解 先来研究图 8.7(a)所示的限带白噪声,其表达式为

$$S_{XX}(\omega)=\begin{cases}S_0, & -a\leqslant\omega\leqslant a\\ 0, & 其他\end{cases}$$

按照维纳-辛钦关系,$X(t)$的自相关函数为

$$R_{XX}(\tau)=\int_{-\infty}^{\infty}S_{XX}(\omega)\mathrm{e}^{\mathrm{i}\omega\tau}\mathrm{d}\omega=\int_{-a}^{a}S_0\mathrm{e}^{\mathrm{i}\omega\tau}\mathrm{d}\omega=\frac{2S_0}{\tau}\sin a\tau$$

该限带白噪声的自相关函数如图 8.7(b)所示.显然

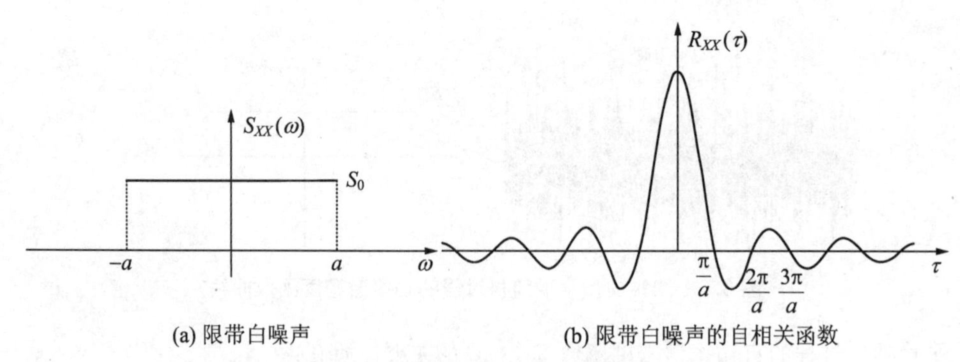

图 8.7 限带白噪声及其自相关函数

当 $\tau\to 0$ 时,$R_{XX}(\tau)\to 2aS_0$;

当 $\tau\to\infty$ 时,$R_{XX}(\tau)\to 0$;

当 $a\to\infty$ 时,

$$R_{XX}(\tau)\to 2\pi S_0\delta(\tau) \tag{1}$$

其中 $\delta(\tau)$ 是狄拉克(Dirac)函数，它有如下性质：

$$\delta(\tau)=\begin{cases}\infty, & \tau=0\\ 0, & \tau\neq 0\end{cases}$$

$$\int_{-\infty}^{\infty}\delta(\tau)\mathrm{d}\tau=1 \tag{2}$$

$$\int_{-\infty}^{\infty}\delta(\tau-T)f(\tau)\mathrm{d}\tau=f(T)$$

为了验证式(1)，只需验证 $2\pi S_0\delta(\tau)$ 的傅氏变换为 S_0. 事实上，利用式(2)的选择特性可知，$2\pi S_0\delta(\tau)$ 的傅氏变换为

$$\frac{1}{2\pi}\int_{-\infty}^{\infty}2\pi S_0\delta(\tau)\mathrm{e}^{-\mathrm{i}\omega\tau}\mathrm{d}\tau=S_0\mathrm{e}^0=S_0$$

8.2.4 互功率谱密度函数

与自功率谱密度函数的定义方式不同，互功率谱密度函数是由互相关函数的傅氏变换来定义的，即

$$S_{XY}(\omega)=\frac{1}{2\pi}\int_{-\infty}^{\infty}R_{XY}(\tau)\mathrm{e}^{-\mathrm{i}\omega\tau}\mathrm{d}\tau \tag{8.2.42}$$

$$S_{YX}(\omega)=\frac{1}{2\pi}\int_{-\infty}^{\infty}R_{YX}(\tau)\mathrm{e}^{-\mathrm{i}\omega\tau}\mathrm{d}\tau \tag{8.2.43}$$

平稳随机过程 $X(t)$ 和 $Y(t)$ 的互功率谱密度函数有如下主要性质：

(1) 它们一般不是实数；

(2) 它们一般也不是偶函数，但是满足以下关系式：

$$S_{XY}(\omega)=S_{YX}(-\omega)=S_{YX}^{*}(\omega) \tag{8.2.44}$$

其中，上标“*”代表取复共轭，这一关系式不难由互相关函数的相应关系式(8.2.18)通过傅氏变换而推出；

(3) 它们的模满足以下关系式：

$$|S_{XY}(\omega)|\leqslant[S_{XX}(\omega)S_{YY}(\omega)]^{\frac{1}{2}} \tag{8.2.45}$$

$$|S_{XY}(\omega)|\leqslant\frac{1}{2}[S_{XX}(\omega)+S_{YY}(\omega)] \tag{8.2.46}$$

以上两式表明，互功率谱密度函数 $S_{XY}(\omega)$ 的模既小于其相应自功率谱密度函数的几何平均值，也小于它们的算术平均值. 互功率谱密度函数 $S_{YX}(\omega)$ 也有同样的性质，其相应的两个关系式在此不再列出.

互功率谱密度函数没有明显的物理意义，但是在随机振动的计算中经常要涉及它们.

互功率谱密度函数的规格化形式是按下式定义的无量纲相关函数：

$$\gamma_{XY}^2(\omega)=\frac{|S_{XY}(\omega)|^2}{S_{XX}(\omega)S_{YY}(\omega)},\quad 0\leqslant\gamma_{XY}^2\leqslant 1 \tag{8.2.47}$$

$$\gamma_{YX}^2(\omega)=\frac{|S_{YX}(\omega)|^2}{S_{XX}(\omega)S_{YY}(\omega)},\quad 0\leqslant\gamma_{YX}^2\leqslant 1 \tag{8.2.48}$$

例 8.5 设 $Z(t)$是平稳随机过程 $X(t)$和 $Y(t)$之和：

$$Z(t)=X(t)+Y(t)$$

用关于 $X(t)$和 $Y(t)$的功率谱密度函数来表达 $Z(t)$的自功率谱密度函数.

解 事实上,只要对式(8.2.24)两端同时进行傅氏变换,即得到

$$S_{ZZ}(\omega)=S_{XX}(\omega)+S_{YY}(\omega)+S_{XY}(\omega)+S_{YX}(\omega) \tag{1}$$

8.3 单自由度系统平稳随机响应

第 2 章介绍的单自由度运动方程(2.1.21a),即

$$m\ddot{x}+c\dot{x}+kx=F(t) \tag{8.3.1}$$

所受的激励 $F(t)$是确定的.现在考虑随机激励 $F(t)$,则系统所产生的运动不再是确定的,而是随机响应 $x(t)$.但是,描述系统的运动方程仍然是方程(8.3.1).然而,在性质上式(8.3.1)已经是随机的运动方程.

8.3.1 脉冲响应函数

脉冲响应指系统对单位脉冲作用的响应,它表征系统在时域的动态特性;频率响应是指系统对单位复简谐激励的响应,它表征系统在频域的动态特性.两者有确定的关系,即傅氏变换对的关系.

考虑图 8.8(a)所示的初始静止单自由度系统.设在初始时刻作用一个单位脉冲 $\delta(t)$,见图 8.8(b).$\delta(t)$可看作是在一个非常短暂的时间间隔 Δt 内作用以一个常量力 $1/\Delta t$,即看作一个狄拉克函数.于是该系统的运动方程为

$$\begin{cases}m\ddot{x}+c\dot{x}+kx=\delta(t)\\ x(0)=0,\quad \dot{x}(0)=0\end{cases} \tag{8.3.2a}$$

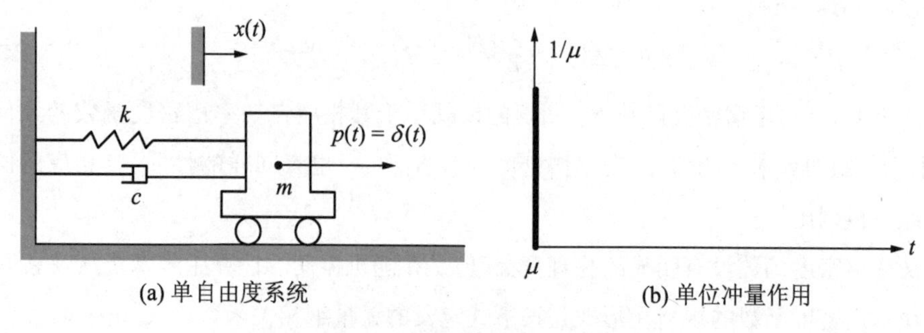

(a) 单自由度系统　　(b) 单位冲量作用

图 8.8 单自由度系统及单位冲量作用

应用2.4节冲量定理 $\delta(t)\mathrm{d}t = m\mathrm{d}\dot{x} = m\ddot{x}\mathrm{d}t$,可以将初始时刻的单位脉冲转化为在 $t=\Delta t$ 时刻的速度,即 $\dot{x}(\Delta t)=1/m$.因为 Δt 非常微小,所以系统可以视为仍处于初始时刻,于是运动方程(8.3.2a)转化为式(2.4.4)的形式,即

$$\begin{cases} \ddot{x} + \dfrac{c}{m}\dot{x} + \dfrac{k}{m}x = \ddot{x} + 2\xi\omega_0\dot{x} + \omega_0^2 x = 0 \\ x(0) = 0, \quad \dot{x}(0) = 1/m \end{cases} \tag{8.3.2b}$$

将式(8.3.2b)中的初始条件代入式(2.1.30)、式(2.1.41),得解 $x(t)$ 并记作 $h_0(t)$,即

$$h_0(t) = \begin{cases} \dfrac{1}{m\omega_\mathrm{d}}\mathrm{e}^{-\xi\omega_0 t}\sin\omega_\mathrm{d} t, & \xi < 1 \\ \dfrac{1}{m}\mathrm{e}^{-\xi\omega_0 t}, & \xi = 1 \\ \dfrac{1}{m\omega_0\sqrt{\xi^2-1}}\mathrm{e}^{-\xi\omega_0 t}\mathrm{sh}\left[\sqrt{\xi^2-1}\,\omega_0 t\right], & \xi > 1 \end{cases} \tag{8.3.3}$$

对应于单自由度圆频率 $\omega_0=\sqrt{\dfrac{k}{m}}$.式中,$\xi=\dfrac{c}{2\sqrt{mk}}$为系统的系数,$\omega_\mathrm{d}=\omega_0\sqrt{1-\xi^2}$是系统考虑阻尼的自振圆频率.

$h_0(t)$是在初始时刻作用以单位脉冲而使单自由度系统产生的响应,所以称为脉冲响应函数.

在处于零初始条件的任意激励力作用下,黏性阻尼系统的运动微分方程为

$$\ddot{x} + 2\xi\omega_0\dot{x} + \omega_0^2 x = F(t)/m \tag{8.3.4}$$

在时间间隔$[0,t]$内作用的任意外载荷$F(t)$,如图2.11所示,可以看作是在该时间间隔内的大量脉冲 $F(\tau)\mathrm{d}\tau$ 的叠加.由每一个这种冲量而使系统产生的响应是 $F(\tau)\mathrm{d}\tau h_0(t-\tau)$,它仅在时刻 τ 之后才起作用.所以力 $F(t)$在时刻 t 的总响应为式(2.4.11),即

$$x(t) = \int_0^t F(\tau)h_0(t-\tau)\mathrm{d}\tau \tag{8.3.5}$$

由于在 τ 小于0的时间没有力作用,在 τ 大于 t 的时间力还没有作用上去,所以以上积分的上下限可以改为∞和$-\infty$,即

$$x(t) = \int_{-\infty}^{\infty} F(\tau)h_0(t-\tau)\mathrm{d}\tau \tag{8.3.6}$$

作变量代换 $\theta=t-\tau$,可得

$$x(t) = \int_{-\infty}^{\infty} F(t-\theta)h_0(\theta)\mathrm{d}\theta \tag{8.3.7}$$

式(8.3.5)~式(8.3.7)称为杜阿梅尔积分,它们都是计算结构瞬态响应时十分有用的工具.

事实上,如果在 $x=H(\omega)\mathrm{e}^{\mathrm{i}\omega t}$ 时就已经有力作用,式(8.3.6)或式(8.3.7)仍然是成立的,而式(8.3.5)却不能用了.

8.3.2 脉冲响应函数和频率响应函数之间的转换

外载荷 $F(t)$也可以通过傅氏变换而化成大量简谐分量的叠加.将这些简谐载荷作用到结构上去,分别求出相应的简谐响应,然后应用叠加原理,就可以得到结构的总的响应.现在来看单自由度系统受到简谐载荷 $e^{i\omega t}$ 作用时的响应,即

$$m\ddot{x} + c\dot{x} + kx = e^{i\omega t} \tag{8.3.8}$$

令

$$x = H(\omega)e^{i\omega t} \tag{8.3.9}$$

则有 $\dot{x} = H(\omega)i\omega e^{i\omega t}$,$\ddot{x} = -H(\omega)\omega^2 e^{i\omega t}$.

将 x 及其一、二阶导数代入式(8.3.8),可得频率响应函数式(2.5.9),即

$$H(\omega) = \frac{1}{k - \omega^2 m + i\omega c} = \frac{1}{m(\omega_0^2 - \omega^2 + i2\xi\omega\omega_0)} \tag{8.3.10}$$

它的幅值$|H(\omega)|$与相位φ分别为

$$\begin{aligned} |H(\omega)| &= \frac{1}{m\sqrt{(\omega_0^2 - \omega^2)^2 + 4\xi^2\omega_0^2\omega^2}} \\ \varphi &= \arctan\frac{2\xi\omega_0\omega}{\omega_0^2 - \omega^2} \end{aligned} \tag{8.3.11}$$

$H(\omega)$是圆频率为 ω 的单位简谐激励所引起的结构稳态简谐响应的振幅,称为频率响应函数,或频响函数.作为输入的简谐激励 $e^{i\omega t}$作用在结构上之后,就产生简谐响应 $H(\omega)e^{i\omega t}$,所以 $H(\omega)$也称为转换函数.

任何外载荷 $F(t)$ 都可以通过划分为微小的短时间脉冲,借助于 $h_0(t)$ 在时间域的积分(即运用叠加原理)而获得结构的总的响应$\int_{-\infty}^{\infty} F(t-\theta)h_0(\theta)d\theta$.

$F(t)$也可以在频率域进行分解,即式(2.3.1)的傅氏分解或式(2.5.4)的傅氏积分,对于每一个谐波分量利用 $H(\omega)$求出结构的响应,然后使用叠加原理而得到总的响应 $H(\omega)e^{i\omega t}$.

显然,通过以上两种途径计算出的结果是一样的.这就暗示了在脉冲响应函数$h_0(t)$和频率响应函数 $H(\omega)$之间肯定存在某种内在的联系.下面来证明 $h_0(t)$和 $H(\omega)$构成傅氏变换对.

将方程(8.3.8)的右端项 $e^{i\omega t}$记为$F(t)$,即 $F(t) = e^{i\omega t}$.这是一个稳态简谐激励.它激励起的结构响应也可借助式(8.3.7)通过时间域的积分来计算,即

$$x = \int_{-\infty}^{\infty} F(t-\theta)h_0(\theta)d\theta = \int_{-\infty}^{\infty} e^{i\omega(t-\theta)}h_0(\theta)d\theta \tag{8.3.12}$$

比较式(8.3.12)与式(8.3.9),可知

$$H(\omega)e^{i\omega t} = \int_{-\infty}^{\infty} e^{i\omega(t-\theta)}h_0(\theta)d\theta \tag{8.3.13}$$

将两边的公共因子 $e^{i\omega t}$ 消去,得

$$H(\omega) = \mathscr{F} h_0(t) = \int_{-\infty}^{\infty} h_0(\theta) \mathrm{e}^{-\mathrm{i}\omega\theta} \mathrm{d}\theta \tag{8.3.14}$$

即得到式(8.3.14)所示的频率响应函数 $H(\omega)$ 的傅氏变换式. 与它对偶的傅氏逆变换为

$$h_0(t) = \mathscr{F}^{-1} H(\omega) = \frac{1}{2\pi} \int_{-\infty}^{\infty} H(\omega) \mathrm{e}^{\mathrm{i}\omega t} \mathrm{d}\omega \tag{8.3.15}$$

式(8.3.15)即脉冲响应函数 $h_0(t)$.

以上通过一个典型单自由度系统建立了脉冲响应函数和频率响应函数的基本概念和内在联系. 其实,这一单自由度系统可以看作是对多自由度系统应用振型分解法而产生的某一个广义自由度. 实际结构所受的外载荷 $F(t)$ 可以是集中力、分布力、地面加速度、温度载荷等等;需要计算的响应可以是位移、内力、支座反力等等. 所有这些"外载荷"和"响应"之间通过线性结构的变换之后仍必须保持线性关系. 利用结构的振型(或"模态")作了坐标变换之后,所生成的广义刚度 k、广义质量 m、广义阻尼 c、广义外载荷 $F(t)$ 和广义未知量 x 仍符合方程(8.3.1)的形式,所以其脉冲响应函数和频率响应函数仍然满足本节所推导出的各种公式. 当然,脉冲响应函数和频率响应函数的具体表达式需要按照具体情况来确定.

8.3.3 系统在时域内的响应

在任意随机激励力 $F(t)$ 作用下,黏性阻尼系统的随机运动微分方程(8.3.4)为

$$\ddot{x} + 2\xi\omega_0 \dot{x} + \omega_0^2 x = F(t)/m$$

对于稳态振动,初值条件引起自由振动部分的运动由于阻尼的作用而逐渐消失,所以通常只注意激励引起的稳态强迫响应. 假定载荷 $F(t)$ 是平稳随机的,且是时间的函数,已知其均值 μ_F、相关函数 $R_{FF}(\tau)$ 和谱密度 $S_{FF}(\omega)$ 分别为

$$\mu_F = E[F(t)] \tag{8.3.16a}$$

$$R_{FF}(\tau) = E[F(t)F(t+\tau)] \tag{8.3.16b}$$

$$S_{FF}(\omega) = \int_{-\infty}^{\infty} R_{FF}(\tau) \mathrm{e}^{-\mathrm{i}\omega\tau} \mathrm{d}\tau \tag{8.3.16c}$$

线性系统的随机响应分析是在随机微分方程均方解的意义下,求解系统随机运动方程的解过程和分析解过程的概率特征. 根据线性随机常微分方程研究的结论,在线性情况下,当确定解存在时,均方解与确定解有相同的表达形式. 因此,随机运动方程的均方解与确定性运动方程的确定解有相同的表达形式. 对于解过程的概率特性,在随机振动的响应分析中人们最易求得也最感兴趣的是它的前两阶矩,主要是均值与相关函数. 因为大多数随机激励一般都可假定是正态型的,而由随机微分方程的理论知,线性系统在随机激励下的响应(即线性随机常微分方程的解过程)也将是正态型的,所以响应的概率特征由它的前两阶矩完全确定. 下面将按时域分析法和频域分析法分别讨论随机响应的概率特征.

对于单自由度系统,输入函数(例如载荷)$F(t)$ 和输出(响应)函数 $x(t)$ 之间存在卷积积分计算公式(8.3.5),即

$$x(t) = \int_0^t F(\tau)h_0(t-\tau)\mathrm{d}\tau$$

其中，$h_0(t-\tau)$为振动的脉冲响应函数.对于随机响应，我们最关心的是它的概率特征，尤其是前两阶矩.

1. 响应的均值

对式(8.3.5)两边求期望，得随机响应的均值为

$$\mu_x = E[x(t)] = E\left[\int_{-\infty}^{t} F(t-\theta)h_0(\theta)\mathrm{d}\theta\right]$$

$$= \int_{-\infty}^{\infty} h_0(\theta)E[F(t-\theta)]\mathrm{d}\theta = \int_{-\infty}^{\infty} h_0(\theta)\mathrm{d}\theta E[F(t)] \tag{8.3.17a}$$

根据式(8.3.10)、式(8.3.14)有

$$H(0) = \frac{1}{k} = \int_{-\infty}^{\infty} h_0(\theta)\mathrm{d}\theta \tag{8.3.17b}$$

代入上式，得

$$\mu_x = H(0)\mu_F = \frac{\mu_F}{k} \tag{8.3.17c}$$

其中，稳态载荷的均值是常数，即 $E[F(t)] = \mu_F$. $H(0) = \dfrac{1}{k}$是 $\omega = 0$ 时的频响函数.式(8.3.17c)表明系统的响应均值 μ_x 也是常数，并说明系统响应均值可以方便地由激励均值按静力方式计算.

为了简化分析过程，假定载荷均值为0，这并不过于简化问题，非零响应均值可通过零均值移动一个非零常数得到.对于零均值载荷 $\mu_F = 0$，响应均值 μ_x 也为零.

2. 自相关函数

仍然用杜阿梅尔积分将时刻 t_1 到 t_2 的响应表示为

$$x(t_1) = \int_{-\infty}^{t} h_0(\theta_1)F(t_1-\theta_1)\mathrm{d}\theta_1$$

$$x(t_2) = \int_{-\infty}^{t} h_0(\theta_2)F(t_2-\theta_2)\mathrm{d}\theta_2$$

将自相关函数与载荷联系起来，即

$$R_{xx}(t_2-t_1) = E[x(t_1)x(t_2)]$$

$$= E\left[\int_{-\infty}^{\infty}\int_{-\infty}^{\infty} h_0(\theta_1)F(t_1-\theta_1)F(t_2-\theta_2)h_0(\theta_2)\mathrm{d}\theta_1\mathrm{d}\theta_2\right]$$

$$= \int_{-\infty}^{\infty} h_0(\theta_1)\int_{-\infty}^{\infty} R_{FF}(t_2-t_1+\theta_1-\theta_2)h_0(\theta_2)\mathrm{d}\theta_1\mathrm{d}\theta_2 \tag{8.3.18a}$$

令 $\tau = t_2 - t_1$，得

$$R_{xx}(\tau) = \int_{-\infty}^{\infty} h_0(\theta_1)\int_{-\infty}^{\infty} R_{FF}(\tau+\theta_1-\theta_2)h_0(\theta_2)\mathrm{d}\theta_1\mathrm{d}\theta_2 \tag{8.3.18b}$$

其中平稳激励的自相关函数为

$$R_{FF}(\tau+\theta_1-\theta_2)=E[F(t_1-\theta_1)F(t_2-\theta_2)]$$

式(8.3.18)表明响应过程自相关函数 $R_{xx}(\tau)$ 与时间的具体值无关,仅仅是时间差 $\tau=t_2-t_1$ 的函数.

3. 互相关函数

仿照以上的推导,可知

$$\begin{aligned}R_{Fx}(\tau)&=E[F(t_1)x(t_2)]=E\left[\int_{-\infty}^{\infty}F(t_1)F(t_2-\theta_2)h_0^{\mathrm{T}}(\theta_2)\mathrm{d}\theta_2\right]\\&=\int_{-\infty}^{\infty}E[F(t_1)F(t_2-\theta_2)]h_0^{\mathrm{T}}(\theta_2)\mathrm{d}\theta_2\\&=\int_{-\infty}^{\infty}R_{FF}(\tau-\theta_2)h_0^{\mathrm{T}}(\theta_2)\mathrm{d}\theta_2\end{aligned}\tag{8.3.19a}$$

相似地,可得互相关矩阵的另一表达式为

$$\begin{aligned}R_{xF}(\tau)&=E[x(t_1)F(t_2)]=E\left[\int_{-\infty}^{\infty}h_0(\theta_1)F(t_1-\theta_1)F(t_2)\mathrm{d}\theta_1\right]\\&=\int_{-\infty}^{\infty}h_0(\theta_1)E[F(t_1-\theta_1)F(t_2)]\mathrm{d}\theta_1\\&=\int_{-\infty}^{\infty}h_0(\theta_1)R_{FF}(\tau+\theta_1)\mathrm{d}\theta_1\end{aligned}\tag{8.3.19b}$$

可见响应与激励间两种互相关函数矩阵均可由激励的相关函数 $R_{FF}(\tau)$ 通过单重积分来计算.

8.3.4 系统在频域内的响应

平稳激励响应的功率谱密度 $S_{xx}(\omega)$ 可利用式(8.3.18)中 $R_{xx}(\tau)$ 的傅里叶变换给出:

$$\begin{aligned}S_{xx}(\omega)&=\int_{-\infty}^{\infty}R_{xx}(\tau)\mathrm{e}^{-\mathrm{i}\omega\tau}\mathrm{d}\tau\\&=\int_{-\infty}^{\infty}\left[\int_{-\infty}^{\infty}h_0(\theta_1)\int_{-\infty}^{\infty}R_{FF}(\tau+\theta_1-\theta_2)h_0(\theta_2)\mathrm{d}\theta_1\mathrm{d}\theta_2\right]\mathrm{e}^{-\mathrm{i}\omega\tau}\mathrm{d}\tau\\&=\int_{-\infty}^{\infty}h_0(\theta_1)\mathrm{e}^{-\mathrm{i}\theta_1\omega}\mathrm{d}\theta_1\int_{-\infty}^{\infty}h_0(\theta_2)\mathrm{e}^{\mathrm{i}\theta_2\omega}\mathrm{d}\theta_2\\&\quad\cdot\int_{-\infty}^{\infty}R_{FF}(\tau+\theta_1-\theta_2)\mathrm{e}^{-\mathrm{i}\omega(\tau+\theta_1-\theta_2)}\mathrm{d}(\tau+\theta_1-\theta_2)\\&=H(\omega)H^*(\omega)S_{FF}(\omega)=|H(\omega)|^2S_{FF}(\omega)\end{aligned}\tag{8.3.20a}$$

其中,平稳激励的功率谱密度为

$$\begin{aligned}S_{FF}(\omega)&=\int_{-\infty}^{\infty}R_{FF}(\tau+\theta_1-\theta_2)\mathrm{e}^{-\mathrm{i}\omega(\tau+\theta_1-\theta_2)}\mathrm{d}(\tau+\theta_1-\theta_2)\\&=\int_{-\infty}^{\infty}R_{FF}(\bar{\tau})\mathrm{e}^{-\mathrm{i}\omega\bar{\tau}}\mathrm{d}\bar{\tau}\end{aligned}\tag{8.3.20b}$$

利用式(8.3.19a),输入与输出之间的互谱为

$$S_{Fx}(\omega)=\int_{-\infty}^{\infty}R_{Fx}(\tau)\mathrm{e}^{-\mathrm{i}\omega\tau}\mathrm{d}\tau=\int_{-\infty}^{\infty}\int_{-\infty}^{\infty}R_{FF}(\tau-\theta_2)h_0^{\mathrm{T}}(\theta_2)\mathrm{d}\theta_2\mathrm{e}^{-\mathrm{i}\omega\tau}\mathrm{d}\tau$$

$$=\int_{-\infty}^{\infty}h_0^{\mathrm{T}}(\theta_2)\mathrm{e}^{-\mathrm{i}\theta_2\omega}\mathrm{d}\theta_2\int_{-\infty}^{\infty}R_{FF}(\tau-\theta_2)\mathrm{e}^{-\mathrm{i}\omega(\tau-\theta_2)}\mathrm{d}(\tau-\theta_2)$$

$$=H^{\mathrm{T}}(\omega)S_{FF}(\omega)\tag{8.3.21a}$$

相似地,可得

$$S_{xF}(\omega)=H^*(\omega)S_{FF}(\omega)\tag{8.3.21b}$$

记 $\xi(t)$是 $x(t)$的零均值随机分量,

$$\xi(t)=x(t)-\mu$$

则由式(8.1.54)知,$x(t)$的自协方差函数为

$$C_{xx}(t_1,t_2)=E[(x(t_1)-\mu_x(t_1))(x(t_2)-\mu_x(t_2))]$$

$$=R_{xx}(t_1,t_2)-\mu_x(t_1)\mu_x(t_2)\tag{8.3.22a}$$

显然,当激励的均值为零时,响应的均值也为零,所以这时的协方差函数将与相关函数一致.响应的方差为

$$\sigma^2(t)=E[(x(t)-\mu_x(t))^2]=C_{xx}(t,t)=R_{xx}(0)\tag{8.3.22b}$$

有了响应的功率谱密度 $S_{xx}(\omega)$,就能很容易计算出均方响应

$$\sigma^2=R_{xx}(0)=E[x^2(t)]=\int_{-\infty}^{\infty}S_{xx}(\omega)\mathrm{d}\omega$$

$$=\int_{-\infty}^{\infty}|H(\omega)|^2S_{FF}(\omega)\mathrm{d}\omega$$

把式(8.3.11)代入上式,得

$$\sigma^2=\int_{-\infty}^{\infty}\frac{S_{FF}(\omega)}{m^2[(\omega_0^2-\omega^2)^2+4\xi^2\omega_0^2\omega^2]}\mathrm{d}\omega\tag{8.3.23}$$

当给定了 $S_{FF}(\omega)$后,一般利用复变函数中的留数定理来计算式(8.3.23)中的积分,求得均方响应.

8.3.5 平稳随机响应的特性

式(8.3.20a) 表示平稳响应的功率谱密度 $S_{xx}(\omega)$与平稳激励的功率谱密度$S_{FF}(\omega)$之间的关系,这在随机振动理论中具有极其重要的意义.现在来研究式(8.3.20a),并得到一些对结构线性随机分析有用的结论.

由式(8.3.11)得

$$|H(\omega)|^2=\frac{1}{m^2[(\omega_0^2-\omega^2)^2+4\xi^2\omega_0^2\omega^2]}\tag{8.3.24}$$

图 8.9(a)示出了当阻尼比 ξ 很小时,$|H(\omega)|^2$ 作为频率函数的图形.由此图可以看出,$|H(\omega)|^2$ 是一个具有陡峭尖峰的函数,其分布集中在系统的固有圆频率 ω_0 处附近.在离 ω_0 每侧一小段 $\xi\omega_0$ 处,函数的幅值减小到峰值的一半,称为半功率高度.在半功率高度处的频率宽度 $\Delta\omega=2\xi\omega_0$ 称为系统的带宽.可以证明,在带宽 $\Delta\omega$ 范围内,$|H(\omega)|^2$ 下方的面积为总

面积的$\frac{2}{\pi}\approx 0.636$.

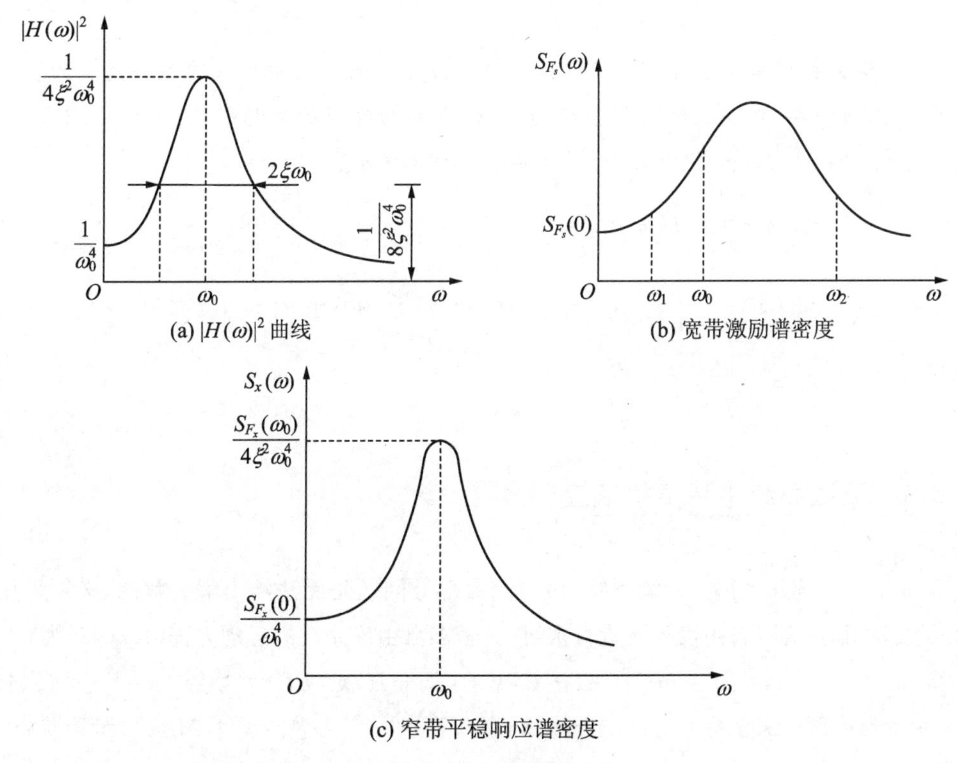

(a) $|H(\omega)|^2$ 曲线

(b) 宽带激励谱密度

(c) 窄带平稳响应谱密度

图 8.9　$|H(\omega)|^2$ 作为频率函数的图形

对于大多数结构.阻尼比 ξ 都很小,一般 $\xi\leqslant 0.05$.因此,对于一般的结构系统,由式(8.3.20a)我们可以得出如下几点结论:

(1) 当激励 $F(t)$是一宽带过程时,即激励的谱密度 $S_F(\omega)$具有如图 8.9(b)所示的宽带形式,由于$|H(\omega)|^2$ 的尖峰,它将放大 $S_F(\omega)$在频率ω_0 附近的谱密度,从而使响应的谱密度具有窄带的形式,如图 8.9(c)所示.即在平稳宽频带的随机激励下,单自由度线性系统的平稳响应是一窄带过程.从这一结论可知,小阻尼单自由度线性系统相当于一个窄带滤波器.

(2) 如果系统的固有频率 ω_0 位于激励谱密度具有较大值的频率范围内,则系统的响应将很大,这时的结构将产生严重的振动;反之,如果固有频率 ω_0 位于激励谱密度具有较小值的频率范围内,则系统的响应较小.因此,这一结论为结构设计选择固有频率所处的范围提供了依据.例如,为了减小结构的振动响应,我们可以在频率约束 $\omega_l\leqslant\omega_0\leqslant\omega_g$ 下设计结构.

(3) 当激励 $F_s(t)$是宽频带过程,且激励的谱密度 $S_{F_s}(\omega)$是频率ω 的慢变光滑函数时,由于$|H(\omega)|^2$ 尖峰窄带放大特性,激励谱密度函数 $S_{F_s}(\omega)$在ω_0 附近的那些谱密度对系统的响应起主导作用,其结果与谱强度 $S_0=S_{F_s}(\omega)$的白噪声作用下的响应近似相同.因此,在计算响应的二阶矩时,可近似地取 $S_{F_s}(\omega_0)=S_{F_s}(\omega)$,即把宽带平稳激励近似为具有谱强度

$S_{F_s}(\omega_0)$的白噪声.

例 8.6 考虑时不变单自由度系统,其运动方程(8.3.4)为

$$\ddot{x}+2\xi\omega_0\dot{x}+\omega_0^2 x=F(t)/m$$

其中,m,c和k分别是质量、阻尼和刚度,$\xi=c/(2m\omega_0)$和$\omega_0=\sqrt{k/m}$分别是结构的临界阻尼比和自振圆频率.考虑系统对谱密度为S_0的理想白噪声的平稳响应.由式(8.3.18)、式(8.3.20a)、式(8.3.23)和式(8.3.24)可求得如下响应统计量:

$$S_{xx}(\omega)=|H(\omega)|^2 S_{FF}(\omega)=\frac{1}{m^2}\frac{S_0}{(\omega_0^2-\omega^2)^2+4\xi^2\omega_0^2\omega^2} \tag{1}$$

$$R_{xx}(\tau)=\frac{\pi S_0}{2m^2\xi\omega_0^3}\mathrm{e}^{-\xi\omega_0|\tau|}\left(\cos p\tau+\frac{\xi\omega_0}{p}\sin\cos p|\tau|\right) \tag{2}$$

$$\sigma_x^2=\frac{\pi S_0}{2m^2\xi\omega_0^3}=\frac{\pi S_0}{ck} \tag{3}$$

8.4 离散系统平稳随机响应

实际结构系统几乎都是连续系统,对于绝大部分问题是无法给出解析解的,必须采用离散化方法,将其化为多自由度系统进行求解.一个多自由度系统的运动方程(4.2.49)为

$$\boldsymbol{M}\ddot{\boldsymbol{x}}+(\boldsymbol{G}+\boldsymbol{C})\dot{\boldsymbol{x}}+(\boldsymbol{K}+\boldsymbol{H})\boldsymbol{x}=\boldsymbol{f} \tag{8.4.1}$$

这里,n个自由度广义坐标x_i表示成向量$\boldsymbol{x}$,引入相应的广义力向量$\boldsymbol{f}$,$\boldsymbol{M}$为质量矩阵,$\boldsymbol{C}$为阻尼矩阵,$\boldsymbol{K}$为刚度矩阵,$\boldsymbol{G}$为陀螺矩阵,$\boldsymbol{H}$为循环矩阵.初始条件为$\boldsymbol{x}(t_0)=\boldsymbol{x}_0$,$\dot{\boldsymbol{x}}(t_0)=\dot{\boldsymbol{x}}_0$.一般结构有$\boldsymbol{G}=\boldsymbol{0}$,$\boldsymbol{H}=\boldsymbol{0}$,式(8.4.1)化为

$$\boldsymbol{M}\ddot{\boldsymbol{x}}+\boldsymbol{C}\dot{\boldsymbol{x}}+\boldsymbol{K}\boldsymbol{x}=\boldsymbol{f} \tag{8.4.2}$$

考虑任意激振力$\boldsymbol{f}(t)$的情况.

在很多情况下,系统的特性参数及初始条件已知,且是确定性的,则系统的随机振动就是由于随机激励而产生的,由随机激励的概率特性来确定系统的响应概率特性,就成为随机振动分析中的主要问题.

8.4.1 平稳随机响应一般的直接分析方法

对于稳态振动,初值条件引起自由振动部分的运动由于阻尼的作用而逐渐消失,所以通常只注意激励引起的稳态强迫响应.

确定性振动响应分析方法可以分为直接积分方法、经典黏性阻尼系统模态叠加法与非经典黏性阻尼系统模态叠加法.随机响应分析也分为一般的直接方法、经典黏性阻尼系统模态叠加法与非经典黏性阻尼系统模态叠加法.下面分别介绍.

1. 脉冲响应矩阵

把单自由度系统随机响应一系列公式中的标量替换成相应的矩阵,就可以得到多自由度

系统对平稳随机激励的响应的一系列公式.假定一个 n 自由度系统受到 m 个平稳随机激励：

$$\boldsymbol{x}(t)=\begin{Bmatrix} x_1 \\ x_2 \\ \vdots \\ x_n \end{Bmatrix},\quad \boldsymbol{f}(t)=\begin{Bmatrix} f_1 \\ f_2 \\ \vdots \\ f_m \end{Bmatrix} \tag{8.4.3}$$

对于稳态振动,自由振动部分的运动由于阻尼的作用而逐渐消失,所以通常只注意激励引起的平稳的强迫响应.假定载荷 $\boldsymbol{f}(t)$是平稳随机过程,已知激励均值向量 $\boldsymbol{\mu}_f$ 和激励相关矩阵 $\boldsymbol{R}_{ff}(\tau)$分别为

$$\boldsymbol{\mu}_f=E[\boldsymbol{f}(\tau)]=E[\boldsymbol{f}(t-\tau)] \tag{8.4.4}$$

$$\boldsymbol{R}_{ff}(\tau)=E[\boldsymbol{f}(t)\boldsymbol{f}(t+\tau)] \tag{8.4.5}$$

平稳随机激励向量 $\boldsymbol{f}(t)$和平稳随机响应向量 $\boldsymbol{x}(t)$之间存在卷积积分计算公式

$$\boldsymbol{x}(t)=\int_0^t \boldsymbol{f}(\tau)\boldsymbol{h}(t-\tau)\mathrm{d}\tau=\int_{-\infty}^{\infty}\boldsymbol{f}(t-\theta)\boldsymbol{h}(\theta)\mathrm{d}\theta \tag{8.4.6}$$

这就是多(m)输入、多(n)输出稳态响应矩阵公式.其中,$\boldsymbol{h}(t-\tau)$为 $n\times m$ 脉冲响应矩阵.

将阻尼系统单位脉冲响应矩阵 $\boldsymbol{h}(t-\tau)$按物理坐标展开

$$\boldsymbol{h}(t-\tau)=\begin{bmatrix} h_{11}(t-\tau) & h_{12}(t-\tau) & \cdots & h_{1j}(t-\tau) & \cdots & h_{1m}(t-\tau) \\ h_{21}(t-\tau) & h_{22}(t-\tau) & \cdots & h_{2j}(t-\tau) & \cdots & h_{2m}(t-\tau) \\ \vdots & \vdots & & \vdots & & \vdots \\ h_{k1}(t-\tau) & h_{k2}(t-\tau) & \cdots & h_{kj}(t-\tau) & \cdots & h_{km}(t-\tau) \\ \vdots & \vdots & & \vdots & & \vdots \\ h_{n1}(t-\tau) & h_{n2}(t-\tau) & \cdots & h_{nj}(t-\tau) & \cdots & h_{nm}(t-\tau) \end{bmatrix} \tag{8.4.7}$$

式中,在物理第 j 个坐标点作用单位脉冲函数 $f_j(t,\tau)=\delta(t-\tau)$,在物理坐标点 k 所产生的单位脉冲响应函数为 $h_{kj}(t-\tau)$.设多自由度系统如图 8.10 所示,对应第 j 个坐标作用一个单位脉冲$f_j(t,\tau)=\delta(t-\tau)$,沿第 k 个坐标所引起的运动称为脉冲响应函数,即 $x(t,\tau)=h_{kj}(t-\tau)$.对 m 个坐标的每一个都作用一个单位脉冲,就会在系统 n 个坐标的每一个都引起脉冲响应函数 $h_{kj}(t)(k=1,2,\cdots,n;j=1,2,\cdots,m)$.这样形成式(8.4.7) 的单位脉冲响应函数矩阵 $\boldsymbol{h}(t-\tau)$.

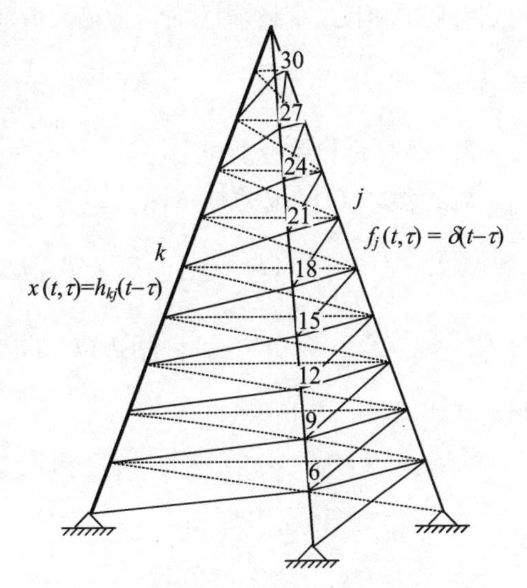

图 8.10　多自由度系统

2. 频率响应矩阵

一个多自由度系统的动态特性也可以用频

响函数矩阵描述.一个 n 自由度系统受到 m 个平稳随机激励,有 n 个响应,形成频响函数矩阵

$$\boldsymbol{H}(\omega)=\begin{bmatrix} H_{11}(\omega) & H_{12}(\omega) & \cdots & H_{1j}(\omega) & \cdots & H_{1m}(\omega) \\ H_{21}(\omega) & H_{22}(\omega) & \cdots & H_{2j}(\omega) & \cdots & H_{2m}(\omega) \\ \vdots & \vdots & & \vdots & & \vdots \\ H_{k1}(\omega) & H_{k2}(\omega) & \cdots & H_{kj}(\omega) & \cdots & H_{km}(\omega) \\ \vdots & \vdots & & \vdots & & \vdots \\ H_{n1}(\omega) & H_{n2}(\omega) & \cdots & H_{nj}(\omega) & \cdots & H_{nm}(\omega) \end{bmatrix} \tag{8.4.8}$$

在物理第 j 个坐标点作用单位激励 $f_j(t)=\mathrm{e}^{\mathrm{i}\omega t}$,在物理第 k 个坐标点所产生的稳态响应 $x_k=H_{kj}(\omega)\mathrm{e}^{\mathrm{i}\omega t}$,它与单位激励 $f_j(t)=\mathrm{e}^{\mathrm{i}\omega t}$ 之比为 $H_{kj}(\omega)$.

$\boldsymbol{H}(\omega)\mathrm{e}^{\mathrm{i}\omega t}$ 是微分方程 $\boldsymbol{M}\ddot{\boldsymbol{x}}+\boldsymbol{C}\dot{\boldsymbol{x}}+\boldsymbol{K}\boldsymbol{x}=\mathrm{e}^{\mathrm{i}\omega t}$ 的特解,为

$$\boldsymbol{x}=\boldsymbol{H}(\omega)\mathrm{e}^{\mathrm{i}\omega t}=\frac{1}{\boldsymbol{K}+\mathrm{i}\omega\boldsymbol{C}-\omega^2\boldsymbol{M}}\mathrm{e}^{\mathrm{i}\omega t}$$

将两边的公共因子 $\mathrm{e}^{\mathrm{i}\omega t}$ 消去,即得频率响应矩阵

$$\boldsymbol{H}(\omega)=\frac{1}{\boldsymbol{K}+\mathrm{i}\omega\boldsymbol{C}-\omega^2\boldsymbol{M}} \tag{8.4.9}$$

将 $\boldsymbol{f}(t)=\mathrm{e}^{\mathrm{i}\omega t}$ 代入式(8.4.6),也得特解为

$$\begin{aligned}\boldsymbol{x}(t)&=\boldsymbol{H}(\omega)\mathrm{e}^{\mathrm{i}\omega t}\\&=\int_{-\infty}^{\infty}\boldsymbol{f}(t-\theta)\boldsymbol{h}(\theta)\mathrm{d}\theta=\int_{-\infty}^{\infty}\mathrm{e}^{\mathrm{i}\omega(t-\theta)}\boldsymbol{h}(\theta)\mathrm{d}\theta\end{aligned} \tag{8.4.10}$$

将两边的公共因子 $\mathrm{e}^{\mathrm{i}\omega t}$ 消去,即得频率响应矩阵 $\boldsymbol{H}(\omega)$ 的傅氏变换式

$$\boldsymbol{H}(\omega)=\int_{-\infty}^{\infty}\mathrm{e}^{-\mathrm{i}\omega\theta}\boldsymbol{h}(\theta)\mathrm{d}\theta \tag{8.4.11}$$

与它对偶的傅氏逆变换,即脉冲响应函数 $\boldsymbol{h}(t)$ 为

$$\boldsymbol{h}(t)=\frac{1}{2\pi}\int_{-\infty}^{\infty}\boldsymbol{H}(\omega)\mathrm{e}^{\mathrm{i}\omega t}\mathrm{d}\omega \tag{8.4.12}$$

3. 响应的相关分析

对式(8.4.10)两边求期望,得

$$\begin{aligned}E[\boldsymbol{x}(t)]&=\int_{-\infty}^{\infty}E[\boldsymbol{f}(\theta)]\boldsymbol{h}(t-\theta)\mathrm{d}\theta=\int_{-\infty}^{\infty}\boldsymbol{\mu}_f\boldsymbol{h}(t-\theta)\mathrm{d}\theta\\&=\int_{-\infty}^{\infty}\boldsymbol{\mu}_f\boldsymbol{h}(\theta)\mathrm{d}\theta=\boldsymbol{\mu}_f\int_{-\infty}^{\infty}\boldsymbol{h}(\theta)\mathrm{d}\theta\end{aligned} \tag{8.4.13}$$

根据式(8.3.9)、式(8.3.11)有

$$\boldsymbol{H}(\omega=0)=\frac{1}{\boldsymbol{K}}=\int_{-\infty}^{\infty}\boldsymbol{h}(\theta)\mathrm{d}\theta$$

即

$$\boldsymbol{\mu}_x=\boldsymbol{H}(0)\boldsymbol{\mu}_f=\frac{\boldsymbol{\mu}_f}{\boldsymbol{K}} \tag{8.4.14}$$

这表明系统响应的均值 $\boldsymbol{\mu}_x$ 也是一个常数,它与激励均值 $\boldsymbol{\mu}_f$ 的比值等于 $\boldsymbol{H}(0)=\dfrac{1}{\boldsymbol{K}}$.

响应的自相关矩阵 $\boldsymbol{R}_{xx}(\tau)$ 仍然用杜阿梅尔积分将时刻 t_1 到 t_2 的响应表示为

$$\boldsymbol{x}(t_1)=\int_{-\infty}^{\infty}\boldsymbol{h}(\theta_1)\boldsymbol{f}(t_1-\theta_1)\mathrm{d}\theta_1$$

$$\boldsymbol{x}(t_2)=\int_{-\infty}^{\infty}\boldsymbol{h}(\theta_2)\boldsymbol{f}(t_2-\theta_2)\mathrm{d}\theta_2$$

则响应自相关矩阵 $\boldsymbol{R}_{xx}(t_2-t_1)$ 为

$$\begin{aligned}\boldsymbol{R}_{xx}(t_2-t_1)&=E[\boldsymbol{x}(t_1)\boldsymbol{x}^{\mathrm{T}}(t_2)]\\&=E\left[\int_{-\infty}^{\infty}\int_{-\infty}^{\infty}\boldsymbol{h}(\theta_1)\boldsymbol{f}(t_1-\theta_1)\boldsymbol{f}^{\mathrm{T}}(t_2-\theta_2)\boldsymbol{h}^{\mathrm{T}}(\theta_2)\mathrm{d}\theta_1\mathrm{d}\theta_2\right]\\&=\int_{-\infty}^{\infty}\int_{-\infty}^{\infty}\boldsymbol{h}(\theta_1)\boldsymbol{R}_{ff}(t_2-t_1+\theta_1-\theta_2)\boldsymbol{h}^{\mathrm{T}}(\theta_2)\mathrm{d}\theta_1\mathrm{d}\theta_2\end{aligned}\tag{8.4.15a}$$

令 $\tau=t_2-t_1$,得

$$\boldsymbol{R}_{xx}(\tau)=\int_{-\infty}^{\infty}\boldsymbol{h}(\theta_1)\int_{-\infty}^{\infty}\boldsymbol{R}_{ff}(\tau+\theta_1-\theta_2)\boldsymbol{h}^{\mathrm{T}}(\theta_2)\mathrm{d}\theta_1\mathrm{d}\theta_2\tag{8.4.15b}$$

式(8.4.15b)表明响应过程自相关函数 $\boldsymbol{R}_{xx}(\tau)$ 与时间的具体值无关,仅仅是时间差 $\tau=t_2-t_1$ 的函数.其中平稳激励的自相关函数为

$$\boldsymbol{R}_{ff}(\tau+\theta_1-\theta_2)=E[\boldsymbol{f}(t_1-\theta_1)\boldsymbol{f}^{\mathrm{T}}(t_2-\theta_2)]\tag{8.4.15c}$$

可见响应相关矩阵 $\boldsymbol{R}_{xx}(\tau)$ 可由激励的相关矩阵 $\boldsymbol{R}_{ff}(\tau+\theta_1-\theta_2)$ 通过双重积分来计算.

响应与激励间互相关矩阵 仿照以上的推导,可知

$$\begin{aligned}\boldsymbol{R}_{fx}(\tau)=\boldsymbol{R}_{fx}(t_2-t_1)&=E[\boldsymbol{f}(t_1)\boldsymbol{x}^{\mathrm{T}}(t_2)]\\&=\int_{-\infty}^{\infty}E[\boldsymbol{f}(t_1)\boldsymbol{f}^{\mathrm{T}}(t_2-\theta_2)]\boldsymbol{h}^{\mathrm{T}}(\theta_2)\mathrm{d}\theta_2\\&=\int_{-\infty}^{\infty}\boldsymbol{R}_{ff}(\tau-\theta_2)\boldsymbol{h}^{\mathrm{T}}(\theta_2)\mathrm{d}\theta_2\end{aligned}\tag{8.4.16a}$$

相似地,可得互相关矩阵的另一表达式为

$$\begin{aligned}\boldsymbol{R}_{xf}(\tau)=\boldsymbol{R}_{xf}(t_2-t_1)&=E[\boldsymbol{x}(t_1)\boldsymbol{f}^{\mathrm{T}}(t_2)]\\&=\int_{-\infty}^{\infty}\boldsymbol{h}(\theta_1)\boldsymbol{R}_{ff}(\tau+\theta_1)\mathrm{d}\theta_1\end{aligned}\tag{8.4.16b}$$

可见响应与激励间两种互相关矩阵均可由激励的相关矩阵通过单重积分来计算.

4. 频率响应谱分析

用式(8.4.15b)中 $\boldsymbol{R}_{xx}(\tau)$ 的傅里叶变换,给出平稳激励响应的功率谱密度 $\boldsymbol{S}_{xx}(\omega)$ 为

$$\begin{aligned}\boldsymbol{S}_{xx}(\omega)&=\int_{-\infty}^{\infty}\boldsymbol{R}_{xx}(\tau)\mathrm{e}^{-\mathrm{i}\omega\tau}\mathrm{d}\tau\\&=\int_{-\infty}^{\infty}\int_{-\infty}^{\infty}\boldsymbol{h}(\theta_1)\int_{-\infty}^{\infty}\boldsymbol{R}_{ff}(\tau+\theta_1-\theta_2)\boldsymbol{h}^{\mathrm{T}}(\theta_2)\mathrm{e}^{-\mathrm{i}\omega\tau}\mathrm{d}\theta_1\mathrm{d}\theta_2\mathrm{d}\tau\\&=\int_{-\infty}^{\infty}\boldsymbol{h}(\theta_1)\mathrm{e}^{\mathrm{i}\omega\theta_1}\mathrm{d}\theta_1\int_{-\infty}^{\infty}\boldsymbol{h}^{\mathrm{T}}(\theta_2)\mathrm{e}^{-\mathrm{i}\omega\theta_2}\mathrm{d}\theta_2\end{aligned}$$

$$\cdot \int_{-\infty}^{\infty} \boldsymbol{R}_{ff}(\tau+\theta_1-\theta_2) e^{-i\omega(\tau+\theta_1-\theta_2)} d(\tau+\theta_1-\theta_2)$$

$$= \boldsymbol{H}^*(\omega)\boldsymbol{S}_{ff}(\omega)\boldsymbol{H}^{T}(\omega) = |\boldsymbol{H}(\omega)|^2 \boldsymbol{S}_{ff}(\omega) \tag{8.4.17a}$$

其中

$$\boldsymbol{S}_{ff}(\omega) = \int_{-\infty}^{\infty} \boldsymbol{R}_{ff}(\tau-\theta_1+\theta_2) e^{-i\omega(\tau-\theta_1+\theta_2)} d(\tau-\theta_1+\theta_2)$$

$$\boldsymbol{H}^*(\omega) = \int_{-\infty}^{\infty} \boldsymbol{h}(\theta) e^{i\omega\theta_1} d\theta = \frac{1}{\boldsymbol{K}+i\omega\boldsymbol{C}-\omega^2\boldsymbol{M}}$$

$$\boldsymbol{H}^{T}(\omega) = \int_{-\infty}^{\infty} \boldsymbol{h}^{T}(\theta) e^{-i\omega\theta_2} d\theta = \frac{1}{\boldsymbol{K}-i\omega\boldsymbol{C}-\omega^2\boldsymbol{M}} \tag{8.4.17b}$$

矩阵 $\boldsymbol{S}_{xx}(\omega)$中在第$k$ 行、第 j 列上的元素$S_{x_kx_j}(\omega)$，就是系统的第 k 个位移和第j 个位移响应之间的互谱密度函数，具体计算公式为

$$S_{x_kx_j}(\omega) = \sum_{r=1}^{n}\sum_{q=1}^{n} H_{kr}^*(\omega) S_{f_rf_q}(\omega) H_{jq}^{T}(\omega) \tag{8.4.18a}$$

当 $k=j$ 时，就得到系统的第 k 个位移响应的自谱密度函数的计算公式，也就是矩阵 $\boldsymbol{S}_{xx}(\omega)$中的对角元素 $S_{x_kx_k}(\omega)$为

$$S_{x_kx_k}(\omega) = \sum_{r=1}^{m}\sum_{q=1}^{m} H_{kq}(\omega) S_{f_rf_q}(\omega) H_{kr}^*(\omega) \tag{8.4.18b}$$

而利用式(8.4.16)，输入与输出之间的互谱密度函数则为

$$\boldsymbol{S}_{fx}(\omega) = \int_{-\infty}^{\infty} \boldsymbol{R}_{fx}(\tau) e^{-i\omega\tau} d\tau = \int_{-\infty}^{\infty}\int_{-\infty}^{\infty} \boldsymbol{R}_{ff}(t_2-t_1-\theta_2)\boldsymbol{h}^{T}(\theta_2) d\theta_2 e^{-i\omega\tau} d\tau$$

$$= \int_{-\infty}^{\infty} \boldsymbol{h}^{T}(\theta_2) e^{-i\omega\theta_2} d\theta_2 \int_{-\infty}^{\infty} \boldsymbol{R}_{ff}(\tau-\theta_2) e^{-2\pi i f(\tau-\theta_2)} d(\tau-\theta_2)$$

$$= \boldsymbol{H}^{T}(\omega)\boldsymbol{S}_{ff}(\omega) \tag{8.4.19a}$$

相似地，可得

$$\boldsymbol{S}_{xf}(\omega) = \boldsymbol{H}^*(\omega)\boldsymbol{S}_{ff}(\omega) \tag{8.4.19b}$$

涉及响应的功率谱矩阵 $\boldsymbol{S}_{xx}$，$\boldsymbol{S}_{xf}$及$\boldsymbol{S}_{fx}$都可由激励功率谱矩阵$\boldsymbol{S}_{ff}$与频响函数矩阵$\boldsymbol{H}$ 通过简单的矩阵乘法来得到，而无须进行积分计算. 由于计算上的方便，这些公式在工程中得到十分广泛的应用. 在一些专著中将式(8.4.17a)称为随机振动的核心公式. 但是对于大型问题来说，除了生成矩阵 $\boldsymbol{H}$ 之外，还要取许多离散频点直接按式(8.4.17a)进行矩阵连乘，效率很低. 应该通过振型叠加法、虚拟激励法等方法来实际计算所需的功率谱密度函数.

8.4.2 经典黏性阻尼系统模态叠加法

1. 随机响应分析

对于一个大自由度系统，按上节直接分析公式计算随机响应时往往会遇到由于 n 自由度矩阵阶数很高引起的计算量太大、运算时间过长等问题. 然而，考虑到实际的激励功率谱密度函数并不是在整个频域上都存在的，大多集中在某些频率范围内，显然，它所激起的响应也主

要是由与这些频率范围相应的主模态分量所构成的.基于这种认识,随机响应分析中采用确定性振动分析那样的模态分析方法,以便于作模态截断处理,将 n 自由度减缩为较小的 N 自由度,达到既简化计算又保证足够精度的目的.

考虑平稳随机激励的响应.设广义力向量 $\boldsymbol{f}$ 为一平稳随机过程,已知其均值 $\boldsymbol{\mu}_f$、相关函数 $\boldsymbol{R}_{ff}(\tau)$ 或者谱密度 $\boldsymbol{S}_{ff}(\omega)$.

当式(8.4.2)中 $\boldsymbol{C}=\boldsymbol{0}$ 时,系统称为相应的无阻尼系统.假设已经得到相应无阻尼系统的谱矩阵 $\boldsymbol{\Lambda}^2$ 和模态矩阵 $\boldsymbol{\phi}$ 分别为

$$\begin{aligned}\boldsymbol{\Lambda}^2 &= \lceil \omega_{n1}^2 \quad \omega_{n2}^2 \quad \cdots \quad \omega_{nn}^2 \rfloor \\ \boldsymbol{\phi} &= [\boldsymbol{\phi}_1 \quad \boldsymbol{\phi}_2 \quad \cdots \quad \boldsymbol{\phi}_n]\end{aligned} \tag{8.4.20}$$

$\boldsymbol{M}$ 与 $\boldsymbol{K}$ 的正定性保证了 $\boldsymbol{\Lambda}^2$ 为实值,而 $\boldsymbol{M}$ 与 $\boldsymbol{K}$ 的对称性使 $\boldsymbol{\phi}$ 具有如下的正交性:

$$\boldsymbol{\phi}_r^{\mathrm{T}}\boldsymbol{M}\boldsymbol{\phi}_k = \begin{cases} m_r, & r = k \\ 0, & r \neq k \end{cases} \tag{8.4.21a}$$

$$\boldsymbol{\phi}_r^{\mathrm{T}}\boldsymbol{K}\boldsymbol{\phi}_k = \begin{cases} m\omega_k^2, & r = k \\ 0, & r \neq k \end{cases} \tag{8.4.22b}$$

通常可用振型叠加法求解,系统的响应 $\boldsymbol{x}$ 可以用主模态线性组合来描述,为

$$\boldsymbol{x} = \boldsymbol{q}\boldsymbol{\phi} = \sum_{r=1}^{n} q_r\boldsymbol{\phi}_r \quad r = 1,2,\cdots,n \tag{8.4.23}$$

其中,$\boldsymbol{q}$ 为模态坐标向量,$q_r\ (r=1,2,\cdots,n)$ 为模态坐标.按式(8.4.23)作坐标变换,将式(8.4.23)代入式(8.4.2),并左乘 $\boldsymbol{\phi}^{\mathrm{T}}$,则式(8.4.2)化为

$$\boldsymbol{\phi}^{\mathrm{T}}\boldsymbol{M}\boldsymbol{\phi}\ddot{\boldsymbol{q}} + \boldsymbol{\phi}^{\mathrm{T}}\boldsymbol{C}\boldsymbol{\phi}\dot{\boldsymbol{q}} + \boldsymbol{\phi}^{\mathrm{T}}\boldsymbol{K}\boldsymbol{\phi}\boldsymbol{q} = \boldsymbol{\phi}^{\mathrm{T}}\boldsymbol{f}(t) = \boldsymbol{p} \tag{8.4.24}$$

即

$$\boldsymbol{m}\ddot{\boldsymbol{q}} + \boldsymbol{c}\dot{\boldsymbol{q}} + \boldsymbol{k}\boldsymbol{q} = \boldsymbol{p} \tag{8.4.25}$$

其中,模态激励向量 $\boldsymbol{p}$ 和模态阻尼矩阵 $\boldsymbol{c}$ 分别为

$$\boldsymbol{p}(t) = \begin{Bmatrix} p_1 \\ p_2 \\ \vdots \\ p_j \\ \vdots \\ p_n \end{Bmatrix} = \boldsymbol{\phi}^{\mathrm{T}}\boldsymbol{f}(t), \quad p_r = \boldsymbol{\phi}_r^{\mathrm{T}}\boldsymbol{f}(t) \tag{8.4.26}$$

$$\boldsymbol{c} = \boldsymbol{\phi}^{\mathrm{T}}\boldsymbol{C}\boldsymbol{\phi}$$

一般情况下,模态阻尼矩阵 $\boldsymbol{c}$ 并非对角矩阵,因而在模态坐标 $\boldsymbol{q}$ 下的振动方程(8.4.25)仍然存在耦合,无法简化计算.只有当模态阻尼矩阵 $\boldsymbol{c}$ 为对角矩阵时,振动方程(8.4.25)才可以解耦为 n 个模态坐标单自由度方程,从而可以大大简化计算.能够采用无阻尼模态的坐标

变换，使模态阻尼矩阵化为对角矩阵的黏性阻尼系统称为经典黏性阻尼系统，或正交阻尼系统；不能使模态阻尼矩阵对角化的黏性阻尼系统称为非经典黏性阻尼系统，或非正交阻尼系统.对于经典黏性阻尼系统，这种采用无阻尼模态矩阵进行模态坐标变换，将系统化为模态坐标单自由度解耦方程求解的方法称为经典模态方法.本节叙述经典黏性阻尼系统模态叠加法随机分析，下一节将叙述非经典黏性阻尼系统模态叠加法随机分析.

对于经典黏性阻尼系统，采用经典模态方法导出的模态坐标解耦方程(8.4.25)，展开后可化为 n 个互相独立的方程，每个方程在形式上都同单自由度系统方程完全一样，是二阶常微分方程，为

$$\ddot{q}_r + 2\xi_r\omega_{\mathrm{n}r}\dot{q}_r + \omega_{\mathrm{n}r}^2 q_r = \frac{\boldsymbol{\phi}_r^{\mathrm{T}}\boldsymbol{f}(t)}{m_r} = \frac{p_r}{m_r}, \quad r = 1,2,\cdots,n \tag{8.4.27}$$

其中

$$\xi_r = \frac{c_r}{2m_r\omega_{\mathrm{n}r}} = \frac{c_r}{2\sqrt{m_r k_r}}, \quad \omega_{\mathrm{n}r}^2 = \frac{k_r}{m_r}, \quad \omega_{\mathrm{d}r} = \omega_{\mathrm{n}r}\sqrt{1-\xi_r^2} \tag{8.4.28}$$

ξ_r 为 r 阶振型阻尼比.方程(8.4.27)的解可在时域内表示为

$$\begin{aligned} q_r(t) &= p_r(t) * h_{nr}(t) = \boldsymbol{\phi}_r^{\mathrm{T}}\int_0^t \boldsymbol{f}(\tau)h_{nr}(t-\tau)\mathrm{d}\tau \\ &= \frac{\boldsymbol{\phi}_r^{\mathrm{T}}}{m_r\omega_{\mathrm{d}r}}\int_0^t \boldsymbol{f}(\tau)\mathrm{e}^{-\xi_r\omega_{\mathrm{n}r}(t-\tau)}\sin\omega_{\mathrm{d}r}(t-\tau)\mathrm{d}\tau, \quad r = 1,2,\cdots,n \end{aligned} \tag{8.4.29}$$

写成矩阵形式为

$$\boldsymbol{q}(t) = \boldsymbol{\phi}^{\mathrm{T}}\boldsymbol{h}(t) * \boldsymbol{f}(t) = \boldsymbol{\phi}^{\mathrm{T}}\int_0^t \boldsymbol{f}(t-\tau)\boldsymbol{h}(\tau)\mathrm{d}\tau \tag{8.4.30}$$

式中，$h_{nr}(\tau)$表示在经典黏性阻尼系统中第 r 个模态坐标的单自由度系统对单位脉冲力$\delta(t)$的冲击响应，$\boldsymbol{h}(t)$为冲击响应矩阵，

$$\boldsymbol{h}(t) = \lceil h_{nr}(t) \rfloor \tag{8.4.31a}$$

其中

$$h_{nr}(t-\tau) = \begin{cases} \dfrac{1}{m_r\omega_{\mathrm{d}r}}\mathrm{e}^{-\xi_r\omega_{\mathrm{n}r}(t-\tau)}\sin\omega_{\mathrm{d}r}(t-\tau), & t > \tau \\ 0, & t < \tau \end{cases}, \quad r = 1,2,\cdots,n \tag{8.4.31b}$$

对应于圆频率 $\omega_{\mathrm{n}r}$.稳态频率响应矩阵 $\boldsymbol{H}(\omega)$为

$$\boldsymbol{H}(\omega) = \lceil H_r(\omega) \rfloor \tag{8.4.32}$$

其中

$$H_r(\omega) = \int_{-\infty}^{\infty} h_{nr}(\theta)\mathrm{e}^{-\mathrm{i}\omega\theta}\mathrm{d}\theta = \frac{1}{m_r(\omega_{\mathrm{n}r}^2 - \omega^2 + 2\mathrm{i}\xi_r\omega_{\mathrm{n}r}\omega)} \tag{8.4.33}$$

将式(8.4.30)代入式(8.4.23)，得

$$\boldsymbol{x} = \boldsymbol{\phi}\boldsymbol{\phi}^{\mathrm{T}}\int_{-\infty}^{\infty}\boldsymbol{h}(\tau)\boldsymbol{f}(t-\tau)\mathrm{d}\tau = \sum_{r=1}^{n}\boldsymbol{\phi}_r\boldsymbol{\phi}_r^{\mathrm{T}}\int_{-\infty}^{\infty}h_{nr}(\tau)\boldsymbol{f}(t-\tau)\mathrm{d}\tau \tag{8.4.34}$$

2. 响应统计量

对式(8.4.34)两边求期望，得

$$E[\boldsymbol{x}(t)]=\boldsymbol{\phi\phi}^{\mathrm{T}}\int_{-\infty}^{\infty}\boldsymbol{h}(\tau)\boldsymbol{E}[\boldsymbol{f}(t-\tau)]\mathrm{d}\tau=\sum_{r=1}^{n}\boldsymbol{\phi}_r\boldsymbol{\phi}_r^{\mathrm{T}}\int_{-\infty}^{\infty}h_{nr}(\tau)\mathrm{d}\tau\boldsymbol{E}[\boldsymbol{f}(t-\tau)]$$

$$=\sum_{r=1}^{n}\boldsymbol{\phi}_r\boldsymbol{\phi}_r^{\mathrm{T}}\boldsymbol{\mu}_f\int_{-\infty}^{\infty}h_{nr}(\tau)\mathrm{d}\tau=\Big[\sum_{r=1}^{n}\boldsymbol{\phi}_r\boldsymbol{\phi}_r^{\mathrm{T}}H_r(0)\Big]\boldsymbol{\mu}_f \tag{8.4.35}$$

$$\boldsymbol{\mu}_x=E[\boldsymbol{x}(t)]=\Big[\sum_{r=1}^{n}\boldsymbol{\phi}_r\boldsymbol{\phi}_r^{\mathrm{T}}H_r(0)\Big]\boldsymbol{\mu}_f \tag{8.4.36}$$

于是,$\boldsymbol{x}$ 的相关函数矩阵为

$$\boldsymbol{R}_{xx}(t_2-t_1)=E[\boldsymbol{x}(t_1)\boldsymbol{x}^{\mathrm{T}}(t_2)]$$

$$=\boldsymbol{\phi\phi}^{\mathrm{T}}E\Big[\int_0^t\boldsymbol{h}(\theta_1)\boldsymbol{f}(t_1-\theta_1)\mathrm{d}\theta_1\int_0^t\boldsymbol{f}^{\mathrm{T}}(t_2-\theta_2)\boldsymbol{h}^{\mathrm{T}}(\theta_2)\mathrm{d}\theta_2\Big]\boldsymbol{\phi}^{\mathrm{T}}\boldsymbol{\phi}$$

$$=\boldsymbol{\phi\phi}^{\mathrm{T}}\int_0^t\boldsymbol{h}(\theta_1)\mathrm{d}\theta_1\boldsymbol{R}_{ff}(t_2-t_1+\theta_1-\theta_2)\int_0^t\boldsymbol{h}^{\mathrm{T}}(\theta_2)\mathrm{d}\theta_2\boldsymbol{\phi}^{\mathrm{T}}\boldsymbol{\phi} \tag{8.4.37a}$$

令 $\tau=t_2-t_1$,得

$$\boldsymbol{R}_{xx}(\tau)=\boldsymbol{\phi\phi}^{\mathrm{T}}\Big[\int_0^t\boldsymbol{h}(\theta_1)\boldsymbol{R}_{ff}(\tau+\theta_1-\theta_2)\mathrm{d}\theta_1\int_0^t\boldsymbol{h}^{\mathrm{T}}(\theta_2)\mathrm{d}\theta_2\Big]\boldsymbol{\phi}^{\mathrm{T}}\boldsymbol{\phi}$$

$$=\sum_{r=1}^{n}\sum_{k=1}^{n}\boldsymbol{\phi}_r\boldsymbol{\phi}_r^{\mathrm{T}}\Big[\int_{-\infty}^{\infty}h_{nr}(\theta_1)\mathrm{d}\theta_1R_{f_rf_k}(\tau+\theta_1-\theta_2)\int_{-\infty}^{\infty}h_{nk}^{\mathrm{T}}(\theta_2)\mathrm{d}\theta_2\Big]\boldsymbol{\phi}_k^{\mathrm{T}}\boldsymbol{\phi}_k \tag{8.4.37b}$$

应用维纳-辛钦关系,对上式进行傅氏变换,可得功率谱矩阵为

$$\boldsymbol{S}_{xx}(\omega)=\boldsymbol{\phi\phi}^{\mathrm{T}}\boldsymbol{H}^*(\omega)\boldsymbol{S}_{ff}(\omega)\boldsymbol{H}^{\mathrm{T}}(\omega)\boldsymbol{\phi}^{\mathrm{T}}\boldsymbol{\phi}$$

$$=\sum_{r=1}^{n}\sum_{k=1}^{n}\boldsymbol{\phi}_r\boldsymbol{\phi}_r^{\mathrm{T}}\boldsymbol{H}_r^*(\omega)\boldsymbol{S}_{f_rf_k}(\omega)\boldsymbol{H}_k^{\mathrm{T}}(\omega)\boldsymbol{\phi}_k^{\mathrm{T}}\boldsymbol{\phi}_k \tag{8.4.38}$$

其中,$\boldsymbol{H}_r^*$,$\boldsymbol{H}_k$ 见式(8.4.33),上标“$*$”代表取复共轭.式(8.4.38)计入了所有的振型耦合项,故称为CQC(Complete Quadratic Combination,完全二次结合)方法.$\boldsymbol{S}_{xx}(\omega)$的计算尽管比$\boldsymbol{R}_{xx}(\tau)$的计算简单得多,但对于大型复杂结构而言,即使按振型叠加法,用 k 个振型进行了降阶,式(8.4.38)的计算量还是很大的.为了节省计算量,在工程上(也几乎在所有相关的参考书中)都推荐使用一个简化近似方法,即将式(8.4.38)中的交叉项全部忽略掉,得到

$$\boldsymbol{S}_{xx}(\omega)=\sum_{r=1}^{n}\boldsymbol{\phi}_r\boldsymbol{\phi}_r^{\mathrm{T}}\boldsymbol{H}_r^*(\omega)\boldsymbol{S}_{f_rf_r}(\omega)\boldsymbol{H}_r^{\mathrm{T}}(\omega)\boldsymbol{\phi}_r\boldsymbol{\phi}_r^{\mathrm{T}} \tag{8.4.39}$$

如此将振型耦合项忽略掉的方法称为SRSS方法.上述简化仅对于参振频率全部为稀疏分布,且各阶阻尼比都很小的均质材料结构才是可用的.而对于大部分结构(尤其是三维结构)模型来说,参振频率很难是稀疏分布的.因此仍只能用效率很低的式(8.4.38).在下一节将可以看到,若采用虚拟激励法,则可用远比式(8.4.38)少的计算量得到与该式等价的计算结果.

SRSS法长期以来作为一个重要的近似方法而被广泛地推荐.其近似程度也引起了广泛的关注和研究.文献[147]对此作了详细的分析,得到的结论是:对于阻尼比为0.05的情形,当自振频率相差3倍时,振型之间的互相关(或互谱)就可以忽略不计(造成的误差约为1%).对于一般的空间结构有限元模型来说,自振频率经常是成群出现的.要使参振频率全都分离

20%往往很难达到,更不用说300%了.所以SRSS法对于三维有限元分析其实是不适用的.

例 8.7 梁有限元模型随机振动响应分析.

将梁分为10个梁元,有11个节点,如图8.11所示.节点1被固支约束,节点11自由作用如图8.12所示的随机激励谱,求梁的随机响应谱.

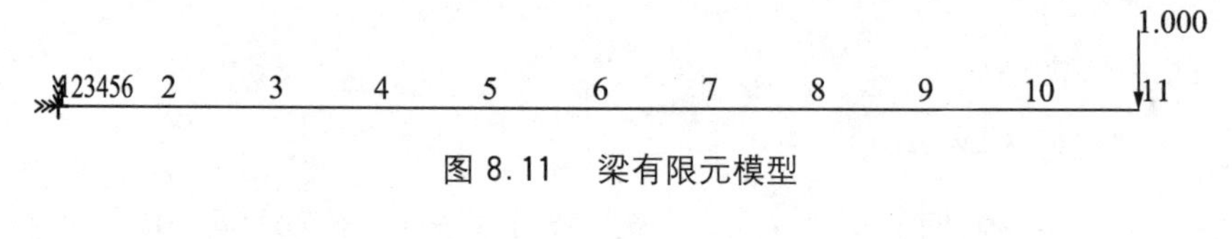

图 8.11 梁有限元模型

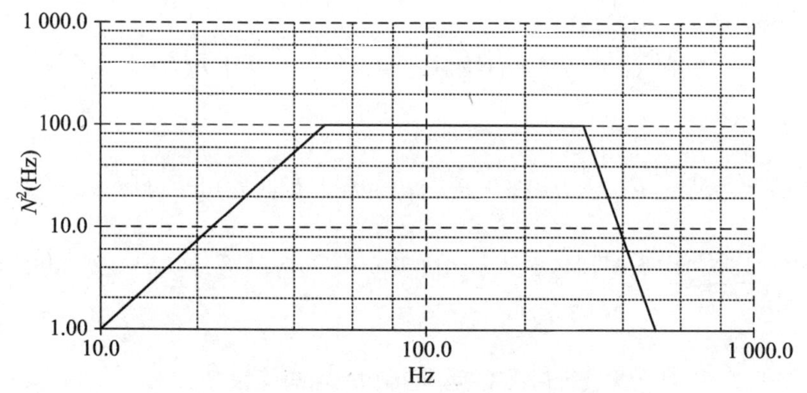

图 8.12 在梁的节点11作用的随机激励谱

解 采用NATRAN程序计算得到梁节点3,5,7,11的随机响应谱如图8.13所示.

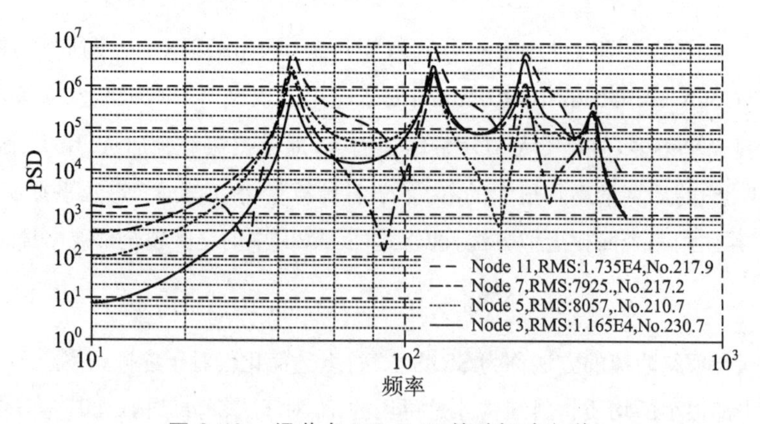

图 8.13 梁节点3,5,7,11的随机响应谱

8.4.3 非经典黏性阻尼系统模态对位移叠加法

1. 响应分析的模态对位移叠加法

由不同材料构成的系统一般应该按非经典黏性阻尼系统处理,阻尼矩阵 $\boldsymbol{C}$ 不是对角矩阵,不能使运动方程解除耦合.状态空间法将一个 n 自由度二阶系统化为 $2n$ 个一阶系统来

处理，这时需要对结构进行以复模态为基础的模态分析，必须进行一系列复数运算才能给出实的位移响应，如此繁杂的复数运算不仅大大增加了计算工作量，而且还不容易让工程师直观理解.

第5章介绍如何将式(8.4.2)变为状态方程(5.10.11)，即

$$\boldsymbol{A}\dot{\boldsymbol{y}} + \boldsymbol{B}\boldsymbol{y} = \boldsymbol{F} \tag{8.4.40a}$$

式中

$$\boldsymbol{y} = \begin{bmatrix} \boldsymbol{x} \\ \dot{\boldsymbol{x}} \end{bmatrix}, \quad \boldsymbol{A} = \begin{bmatrix} \boldsymbol{C} & \boldsymbol{M} \\ \boldsymbol{M} & \boldsymbol{0} \end{bmatrix}, \quad \boldsymbol{B} = \begin{bmatrix} \boldsymbol{K} & \boldsymbol{0} \\ \boldsymbol{0} & -\boldsymbol{M} \end{bmatrix}, \quad \boldsymbol{F}(\boldsymbol{x},t) = \begin{bmatrix} \boldsymbol{f}(\boldsymbol{x},t) \\ \boldsymbol{0} \end{bmatrix} \tag{8.4.40b}$$

与状态方程(8.4.40a)相应的状态空间方程的特征值问题式(5.10.17)为

$$(s\boldsymbol{A} + \boldsymbol{B})\boldsymbol{\Phi} = \boldsymbol{0}$$

对于小于临界阻尼的系统，一般情况下可得到 n 对($2n$ 个)不同的具有负实部的共轭复根，即

$$s_r = -\xi_r\omega_{0r} + \mathrm{i}\omega_{\mathrm{d}r}, \quad s_r^* = -\xi_r\omega_{0r} - \mathrm{i}\omega_{\mathrm{d}r} \tag{8.4.40c}$$

$$\omega_{\mathrm{d}r} = \omega_{0r}\sqrt{1-\xi_r^2}, \quad \omega_{0r}^2 = s_r s_r^*, \quad r = 1,2,\cdots,n \tag{8.4.40d}$$

定义由 n 对特征值 s_r, s_r^* ($r = 1,2,\cdots,n$)组成的对角矩阵为特征值矩阵，

$$\boldsymbol{\Lambda} = \lceil s_1 \quad s_2 \quad \cdots \quad s_{2n} \rfloor = \lceil \boldsymbol{\Lambda}_N \quad \boldsymbol{\Lambda}_N^* \rfloor$$

相应的状态空间复模态矩阵为

$$\boldsymbol{\Phi} = [\boldsymbol{\Phi}_1 \quad \boldsymbol{\Phi}_2 \quad \cdots \quad \boldsymbol{\Phi}_{2n}] = [\boldsymbol{\Phi}_N \quad \boldsymbol{\Phi}_N^*] = \begin{bmatrix} \boldsymbol{\phi} \\ \vdots \\ \boldsymbol{\phi}\boldsymbol{\Lambda} \end{bmatrix}$$

状态空间模态正交关系式为

$$\boldsymbol{\Phi}^{\mathrm{T}}\boldsymbol{A}\boldsymbol{\Phi} = \boldsymbol{a}, \quad \boldsymbol{\Phi}^{\mathrm{T}}\boldsymbol{B}\boldsymbol{\Phi} = \boldsymbol{b}, \quad \boldsymbol{\Lambda}\boldsymbol{a} = -\boldsymbol{b} \tag{8.4.40e}$$

其中，$\boldsymbol{a}$ 与 $\boldsymbol{b}$ 为对角矩阵，$\boldsymbol{a}$ 可以由振型归一化条件确定.使相应于主模态的模态质量等于1，这种特定的归一化称为正则化，所得到的主模态称为正则模态.

以状态空间的复模态向量 $\boldsymbol{\Phi}_r$ ($r = 1,2,\cdots,2n$)张成的一个向量空间 $\boldsymbol{\Phi} = [\boldsymbol{\Phi}_1 \quad \boldsymbol{\Phi}_2 \quad \cdots \quad \boldsymbol{\Phi}_{2n}]$ 是一个完备的线性空间，任何状态变量 $\boldsymbol{y}$ 均可用基向量 $\boldsymbol{\Phi}_r$ 表示，令

$$\boldsymbol{y} = \begin{bmatrix} \boldsymbol{x} \\ \dot{\boldsymbol{x}} \end{bmatrix} = \boldsymbol{\Phi}\boldsymbol{q} = \begin{bmatrix} \boldsymbol{\phi} \\ \boldsymbol{\phi}\boldsymbol{\Lambda} \end{bmatrix}\boldsymbol{q} \tag{8.4.41a}$$

即

$$\boldsymbol{x} = \boldsymbol{\phi}\boldsymbol{q}, \quad \dot{\boldsymbol{x}} = \boldsymbol{\phi}\boldsymbol{\Lambda}\boldsymbol{q} \tag{8.4.41b}$$

式中，$\boldsymbol{q}$ 称为复模态坐标向量，它的元素 q_r 表示 $\boldsymbol{x}$ 在相应复特征向量 $\boldsymbol{\Phi}_r$ 上的广义坐标.将式(8.4.41a)代入式(8.4.40a)进行坐标变换，并在方程两边左乘矩阵 $\boldsymbol{\Phi}^{\mathrm{T}}$，利用正交性关系式，得到状态空间解耦方程为

$$\dot{\boldsymbol{q}} - \boldsymbol{\Lambda q} = \boldsymbol{a}^{-1}\boldsymbol{\phi}^{\mathrm{T}}\boldsymbol{f}(t) = \boldsymbol{a}^{-1}\boldsymbol{p}$$

展开得 $2n$ 个模态坐标 q_r, q_r^* 的解耦方程为

$$\dot{q}_r - s_r q_r = a_r^{-1}\boldsymbol{\phi}_r^{\mathrm{T}}\boldsymbol{f}, \quad r = 1,2,\cdots,n$$

$$\dot{q}_r^* - s_r^* q_r^* = a_r^{*-1}\boldsymbol{\phi}_r^{*\mathrm{T}}\boldsymbol{f}, \quad r = 1,2,\cdots,n$$

状态空间法给出的位移响应为

$$\boldsymbol{x} = \boldsymbol{x}_1 + \boldsymbol{x}_2$$

其中

$$\boldsymbol{x}_1 = \sum_{r=1}^{n}\boldsymbol{\phi}_r q_r = \sum_{r=1}^{n}\boldsymbol{\phi}_r a_r^{-1}\boldsymbol{\phi}_r^{\mathrm{T}}\int_0^t \mathrm{e}^{s_r(t-\tau)}\boldsymbol{f}(\tau)\mathrm{d}\tau$$

$$\boldsymbol{x}_2 = \sum_{r=1}^{n}\boldsymbol{\phi}_r^* q_r^* = \sum_{r=1}^{n}\boldsymbol{\phi}_r^* a_r^{*-1}\boldsymbol{\phi}_r^{*\mathrm{T}}\int_0^t \mathrm{e}^{s_r^*(t-\tau)}\boldsymbol{f}(\tau)\mathrm{d}\tau$$

上式包含 $\boldsymbol{\phi}_r$ 与 $\boldsymbol{\phi}_r^*$ 复共轭模态向量，以及 s_r 与 s_r^*、a_r 与 a_r^* 为共轭复数，尤其是被积函数为复数，因而繁杂的复数运算不仅大大增加了计算工作量，而且与实模态计算过程完全不同，所以不容易让工程师直观理解.

很明显，$\boldsymbol{\phi}_r q_r$ 与 $\boldsymbol{\phi}_r^* q_r^*$ 为一对共轭复数，它们的和为实数. 为了简化计算，文献[68-70]引入复模态对位移(Paired Complex Modal Displacement，简称为 PCMD)的概念，表示复模态及共轭复模态的配对位移. 将这一对共轭复模态对位移响应简称为模态对位移 $\boldsymbol{x}_r$，为

$$\boldsymbol{x}_r = \boldsymbol{\phi}_r q_r + \boldsymbol{\phi}_r^* q_r^* \tag{8.4.42a}$$

给出的位移响应为

$$\boldsymbol{x} = \sum_{r=1}^{n}\boldsymbol{x}_r \tag{8.4.42b}$$

将状态空间的 $2n$ 个复系数单自由度一阶微分解耦方程化为物理空间的 n 个模态对位移 $\boldsymbol{x}_r$ 的解耦方程(5.10.94)，即

$$\ddot{\boldsymbol{x}}_r + 2\xi_r\omega_{0r}\dot{\boldsymbol{x}}_r + \omega_{0r}^2\boldsymbol{x}_r = \boldsymbol{m}_{er}^{-1}[\boldsymbol{f}(t) + \boldsymbol{E}_r\dot{\boldsymbol{f}}(t)] = \boldsymbol{m}_{er}^{-1}\boldsymbol{z}_r, \quad r = 1,2,\cdots,n \tag{8.4.43a}$$

其中，等效模态激励向量 $\boldsymbol{z}_r$、等效的模态对质量矩阵 $\boldsymbol{m}_{er}$、复成分影响系数矩阵 $\boldsymbol{E}_r$ 分别为

$$\begin{aligned}
\boldsymbol{z}_r &= \boldsymbol{f}(t) + \boldsymbol{E}_r\dot{\boldsymbol{f}}(t)\\
\boldsymbol{m}_{er}^{-1} &= -s_r^*\boldsymbol{\phi}_r a_r^{-1}\boldsymbol{\phi}_r^{\mathrm{T}} - s_r\boldsymbol{\phi}_r^* a_r^{*-1}\boldsymbol{\phi}_r^{*\mathrm{T}}\\
\boldsymbol{E}_r &= \boldsymbol{m}_{er}(\boldsymbol{\phi}_r a_r^{-1}\boldsymbol{\phi}_r^{\mathrm{T}} + \boldsymbol{\phi}_r^* a_r^{*-1}\boldsymbol{\phi}_r^{*T})
\end{aligned} \tag{8.4.43b}$$

$s_r^*\boldsymbol{\phi}_r a_r^{-1}\boldsymbol{\phi}_r^{\mathrm{T}}$ 与 $s_r\boldsymbol{\phi}_r^* a_r^{*-1}\boldsymbol{\phi}_r^{*\mathrm{T}}$ 为一对共轭复数，它们的和为实数. $\boldsymbol{\phi}_r a_r^{-1}\boldsymbol{\phi}_r^{\mathrm{T}}$ 与 $\boldsymbol{\phi}_r^* a_r^{*-1}\boldsymbol{\phi}_r^{*\mathrm{T}}$ 也是一对共轭复数，它们的和也是实数. 这样，式(8.4.42)是实参数二阶微分方程，方程中的各种参数，包括模态对位移 $\boldsymbol{x}_r$、激励力 $\boldsymbol{z}_r = \boldsymbol{f}(t) + \boldsymbol{E}_r\dot{\boldsymbol{f}}(t)$ 和所有的系数($\omega_{0r}, \xi_r, \boldsymbol{m}_{er}, \boldsymbol{E}_r$)都是实数. 方程左边的微分算子与经典模态方法解耦方程(8.4.27)的微分算子一样. 于是把复杂的复模态复数运算化为简单的实数运算，把复杂的复模态响应计算过程化为类似于实模态响

应计算过程，把复模态响应计算与实模态响应计算统一起来，使计算过程既简便、统一，又便于直观理解，由此形成一般模态求解的方法.

对式(8.4.43a)，可以用杜阿梅尔积分公式求得复模态对位移

$$\boldsymbol{x}_r = \int_0^t \boldsymbol{z}_r(\tau)\boldsymbol{h}_{0r}(t-\tau)\mathrm{d}\tau$$

$$= \boldsymbol{m}_{er}^{-1}\omega_{\mathrm{d}r}^{-1}\int_0^t [\boldsymbol{f}(\tau) + \boldsymbol{E}_r\dot{\boldsymbol{f}}(\tau)]\mathrm{e}^{-\xi_r\omega_{0r}(t-\tau)}\sin\omega_{\mathrm{d}r}(t-\tau)\mathrm{d}\tau \tag{8.4.44}$$

其中

$$\boldsymbol{h}_{0r}(t-\tau) = \begin{cases} \boldsymbol{m}_{er}^{-1}\omega_{\mathrm{d}r}^{-1}\mathrm{e}^{-\xi_r\omega_{0r}(t-\tau)}\sin\omega_{\mathrm{d}r}(t-\tau)\mathrm{d}r, & t > \tau \\ \boldsymbol{0}, & t < \tau \end{cases} \tag{8.4.45}$$

下面说明模态对位移 $\boldsymbol{x}_r$ 解耦方程(8.4.43a)与经典阻尼系统解耦方程的关系.

令相应模态 $\boldsymbol{\phi}_r$ 的位移为

$$\boldsymbol{x}_r = \boldsymbol{\phi}_r q_r \tag{8.4.46a}$$

将经典模态法中的位移展开式(8.4.23)改写为

$$\boldsymbol{x} = \sum_{r=1}^{n}\boldsymbol{\phi}_r q_r = \sum_{r=1}^{n}\boldsymbol{x}_r \tag{8.4.46b}$$

$\boldsymbol{x}_r$ 为相应于模态 $\boldsymbol{\phi}_r$ 的位移.由式(8.4.27)得 $\boldsymbol{x}_r$ 的解耦方程为

$$\ddot{\boldsymbol{x}}_r + 2\xi\omega_{\mathrm{n}r}\dot{\boldsymbol{x}}_r + \omega_{\mathrm{n}r}^2\boldsymbol{x}_r = \boldsymbol{m}_{er}^{-1}\boldsymbol{f}(t) \tag{8.4.47}$$

其中，$\boldsymbol{m}_{er}$ 为等效的模态对质量矩阵

$$\boldsymbol{m}_{er}^{-1} = \boldsymbol{\phi}_r m_r^{-1}\boldsymbol{\phi}_r^{\mathrm{T}} \tag{8.4.48}$$

比较式(8.4.43a)与式(8.4.47)，可以看到：

(1) 式(8.4.43a)左端的二阶微分算子将 ω_{0r} 改为 $\omega_{\mathrm{n}r}$ 就是式(8.4.47)左端的二阶微分算子，式(8.4.40d)中 ω_{0r} 为复模态特征值的模，当复模态退化为实模态时，ω_{0r} 就退化为 $\omega_{\mathrm{n}r}$；

(2) 式(8.4.43a)右端的载荷项 $\boldsymbol{m}_{er}^{-1}\boldsymbol{z}_r = \boldsymbol{m}_{er}^{-1}[\boldsymbol{f}(t) + \boldsymbol{E}_r\dot{\boldsymbol{f}}(t)]$ 比式(8.4.47)右端载荷项增加一项复模态影响项 $\boldsymbol{m}_{er}^{-1}\boldsymbol{E}_r\dot{\boldsymbol{f}}(t)$，当复模态退化为实模态时，复影响系数 $\boldsymbol{E}_r$ 就退化为零.式(8.4.43a)中 $\boldsymbol{m}_{er}$ 见式(8.4.43b)，式(8.4.47)中 $\boldsymbol{m}_{er}$ 见式(8.4.48)，当复模态退化为实模态时，式(8.4.43a)化为式(8.4.47).

对式(8.4.47)，可以应用杜阿梅尔积分公式求得经典黏性阻尼系统的模态 $\boldsymbol{\phi}_r$ 位移响应 $\boldsymbol{x}_r$ 为

$$\boldsymbol{x}_r = \int_0^t \boldsymbol{f}(\tau)\boldsymbol{h}_{nr}(t-\tau)\mathrm{d}\tau$$

$$= \boldsymbol{m}_{er}^{-1}\omega_{\mathrm{d}r}^{-1}\int_0^t \boldsymbol{f}(\tau)\mathrm{e}^{-\xi_r\omega_{nr}(t-\tau)}\sin\omega_{\mathrm{d}r}(t-\tau)\mathrm{d}\tau \tag{8.4.49}$$

其中，$\boldsymbol{h}_{nr}(t-\tau)$ 见式 (8.4.31)，为经典黏性阻尼系统对单位脉冲响应矩阵.

实际上，式(8.4.44)就是将式(8.4.49)中 $\omega_{\mathrm{n}r}$ 改为 ω_{0r}，$\boldsymbol{f}(\tau)$ 改为 $\boldsymbol{z}_r = \boldsymbol{f}(\tau) + \boldsymbol{E}_r\dot{\boldsymbol{f}}(\tau)$，$\boldsymbol{h}_{nr}(t-\tau)$ 改为 $\boldsymbol{h}_{0r}(t-\tau)$ 得到的.

综上所述,实模态解耦方程(8.4.47)是复模态对位移解耦方程(8.4.43a)的特殊情况.由此可以证明,用一般模态法分析经典阻尼系统所得的结果不仅与用经典模态法分析经典阻尼系统所得的结果完全一致,而且用模态对位移解耦方程求解的方程和求解过程都与经典模态法完全一致,因而一般模态法不仅可以用于一般的非经典黏性阻尼系统,而且可以用于经典阻尼系统,两种方法所导出的模态位移解耦方程和计算的响应结果完全一致.从而,经典模态法与一般模态法不仅在计算方法与公式上统一起来,而且还可以在现有结构分析程序上稍加改进编成统一的程序.

2. 相关函数矩阵与功率谱矩阵

一般方法是将式(8.4.44)代入式(8.4.42b),给出位移响应

$$\boldsymbol{x} = \sum_{r=1}^{n} \boldsymbol{x}_r = \sum_{r=1}^{n} \int_0^t \boldsymbol{z}_r(\tau) \boldsymbol{h}_{0r}(t-\tau) \mathrm{d}\tau \tag{8.4.50}$$

于是 $\boldsymbol{x}$ 的相关函数矩阵为

$$\begin{aligned} \boldsymbol{R}_{xx}(t_1, t_2) &= \boldsymbol{R}_{xx}(t_2 - t_1) = E[\boldsymbol{x}(t_1) \boldsymbol{x}^{\mathrm{T}}(t_2)] \\ &= \sum_{r=1}^{n} \sum_{k=1}^{n} \int_{-\infty}^{\infty} \int_{-\infty}^{\infty} E[\boldsymbol{z}_r(t_1 - \tau_1) \boldsymbol{z}_k(t_2 - \tau_2) \boldsymbol{h}_{0r}(\tau_1) \boldsymbol{h}_{0k}(\tau_2)] \mathrm{d}\tau_1 \mathrm{d}\tau_2 \\ &= \sum_{r=1}^{n} \sum_{k=1}^{n} \int_{-\infty}^{\infty} \int_{-\infty}^{\infty} R_{z_r z_k}(t_2 - t_1 + \tau_1 - \tau_2) \boldsymbol{h}_{0r}(\tau_1) \boldsymbol{h}_{0k}(\tau_2) \mathrm{d}\tau_1 \mathrm{d}\tau_2 \end{aligned} \tag{8.4.51a}$$

令 $t_2 - t_1 = \tau$,得

$$\boldsymbol{R}_{xx}(\tau) = \sum_{r=1}^{n} \sum_{k=1}^{n} \int_{-\infty}^{\infty} \int_{-\infty}^{\infty} R_{z_r z_k}(\tau + \tau_1 - \tau_2) \boldsymbol{h}_r(\tau_1) \boldsymbol{h}_k(\tau_2) \mathrm{d}\tau_1 \mathrm{d}\tau_2 \tag{8.4.51b}$$

其中

$$\begin{aligned} \boldsymbol{R}_{z_r z_k}(\tau + \tau_1 - \tau_2) = {} & R_{f_r f_k}(\tau - \tau_1 + \tau_2) + \boldsymbol{E}_r R_{\dot{f}_r f_k}(\tau - \tau_1 + \tau_2) \\ & + \boldsymbol{E}_k R_{f_r \dot{f}_k}(\tau - \tau_1 + \tau_2) + \boldsymbol{E}_r \boldsymbol{E}_k \boldsymbol{R}_{\dot{f}_r \dot{f}_k}(\tau - \tau_1 + \tau_2) \end{aligned} \tag{8.4.51c}$$

应用维纳-辛钦关系,对上式进行傅氏变换,可得功率谱矩阵为

$$\boldsymbol{S}_{xx}(\omega) = \sum_{r=1}^{n} \sum_{k=1}^{n} \boldsymbol{H}_r^*(\omega) \boldsymbol{H}_k(\omega) \boldsymbol{S}_{z_r z_k}(\omega) = \boldsymbol{H}^*(\omega) \boldsymbol{H}^{\mathrm{T}}(\omega) \boldsymbol{S}(\omega) \tag{8.4.52a}$$

其中

$$\begin{aligned} & \boldsymbol{H}_r^* = \frac{1}{\boldsymbol{m}_{er}(\omega_{0r}^2 - \omega^2 - 2\mathrm{i}\xi_r \omega_{0r} \omega)}, \quad \boldsymbol{H}_k = \frac{1}{\boldsymbol{m}_{er}(\omega_{0k}^2 - \omega^2 + 2\mathrm{i}\xi_k \omega_{0k} \omega)} \\ & \boldsymbol{S}_{z_r z_k}(\omega) = \boldsymbol{S}_{ff}(\omega) + \boldsymbol{E}_r \boldsymbol{S}_{ff}(\omega) + \boldsymbol{E}_r \boldsymbol{S}_{ff}(\omega) + \boldsymbol{E}_r \boldsymbol{E}_k \boldsymbol{S}_{ff}(\omega) \end{aligned} \tag{8.4.52b}$$

进一步,应用虚拟激励法可以导出更简化的公式.

例 8.8 非经典黏性阻尼二自由度系统响应功率谱密度分析.

图 8.14 是二自由度的有阻尼系统,已知 $m = 1$ kg, $k = 987$ N/m, $k' = 217$ N/m, $c = 0.6284$ N·s/m, $c'' = 0.0628$ N·s/m, $c' = 0.0628$ N·s/m.

$$s_1 = -0.377 + 37.694\mathrm{i}, \quad s_2 = -0.314 + 31.415\mathrm{i}$$

$$s_1^* = -0.377 - 37.694\mathrm{i}, \quad s_2^* = -0.314 - 31.415\mathrm{i}$$

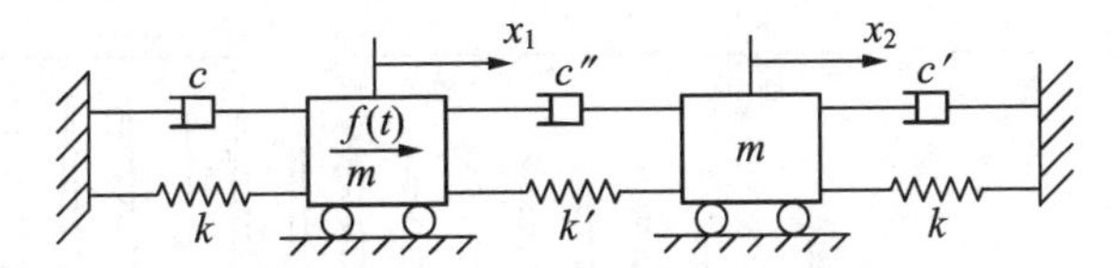

图 8.14 二自由度有阻尼系统

解 特性向量如下：

$$\boldsymbol{\Phi}_1 = \begin{bmatrix} \boldsymbol{\phi}_1 \\ \vdots \\ \boldsymbol{\phi}_1 s_1 \end{bmatrix} = \begin{bmatrix} 0.0012 - 0.0252\mathrm{i} \\ 0.0252\mathrm{i} \\ 0.9478 + 0.0522\mathrm{i} \\ -0.9490 - 0.0056\mathrm{i} \end{bmatrix}, \quad \boldsymbol{\Phi}_1^* = \begin{bmatrix} \boldsymbol{\phi}_1^* \\ \vdots \\ \boldsymbol{\phi}_1^* s_1^* \end{bmatrix} = \begin{bmatrix} 0.0012 + 0.0252\mathrm{i} \\ -0.0252\mathrm{i} \\ 0.9478 - 0.0522\mathrm{i} \\ -0.9490 + 0.0056\mathrm{i} \end{bmatrix}$$

$$\boldsymbol{\Phi}_2 = \begin{bmatrix} \boldsymbol{\phi}_2 \\ \vdots \\ \boldsymbol{\phi}_2 s_2 \end{bmatrix} = \begin{bmatrix} -0.0001 + 0.0303\mathrm{i} \\ -0.0014 + 0.0303\mathrm{i} \\ -0.9521 - 0.0099\mathrm{i} \\ -0.9511 - 0.0489\mathrm{i} \end{bmatrix}, \quad \boldsymbol{\Phi}_2^* = \begin{bmatrix} \boldsymbol{\phi}_2^* \\ \vdots \\ \boldsymbol{\phi}_2^* s_2^* \end{bmatrix} = \begin{bmatrix} -0.0001 - 0.0303\mathrm{i} \\ -0.0014 - 0.0303\mathrm{i} \\ -0.9521 + 0.0099\mathrm{i} \\ -0.9511 + 0.0489\mathrm{i} \end{bmatrix}$$

$$\boldsymbol{\phi}_1 = \begin{bmatrix} 0.0012 - 0.0252\mathrm{i} \\ 0.0252\mathrm{i} \end{bmatrix}, \quad \boldsymbol{\phi}_1^* = \begin{bmatrix} 0.0012 + 0.0252\mathrm{i} \\ -0.0252\mathrm{i} \end{bmatrix}$$

$$\boldsymbol{\phi}_2 = \begin{bmatrix} -0.0001 + 0.0303\mathrm{i} \\ -0.0014 + 0.0303\mathrm{i} \end{bmatrix}, \quad \boldsymbol{\phi}_2^* = \begin{bmatrix} -0.0001 - 0.0303\mathrm{i} \\ -0.0014 - 0.0303\mathrm{i} \end{bmatrix}$$

在质量块 1 上作用 $f_1(t) = \sin(4.9 \times 2\pi t)(0 \leqslant t \leqslant 5)$ 的载荷，用状态空间法求质量块 1 的瞬态位移响应，见图 8.15. 计算步长为 0.01 s，共 500 步.

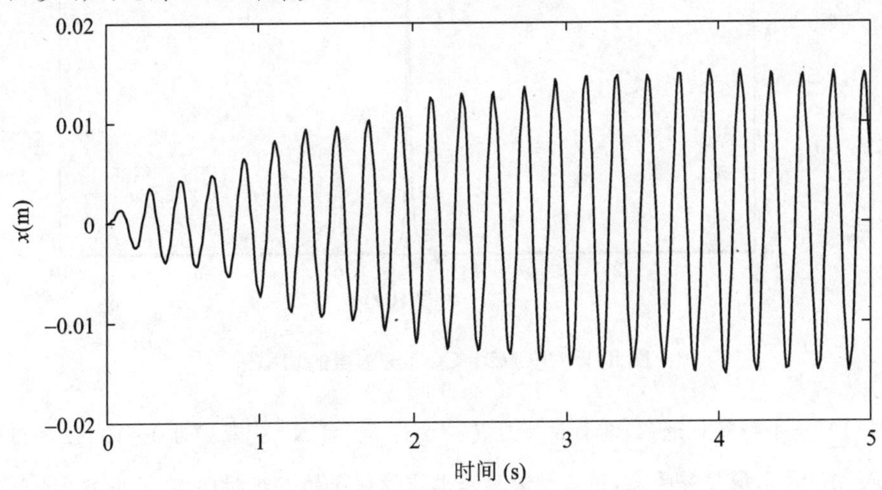

图 8.15 状态空间法求瞬态响应(工况 1)

在质量块 1 上作用 $f_1(t)=\sin(4.9\times 2\pi t)(0\leqslant t\leqslant 5)$的载荷，用 PCMD 法求质量块 1 的瞬态位移响应，见图 8.16．计算步长为 0.01 s，共 500 步．

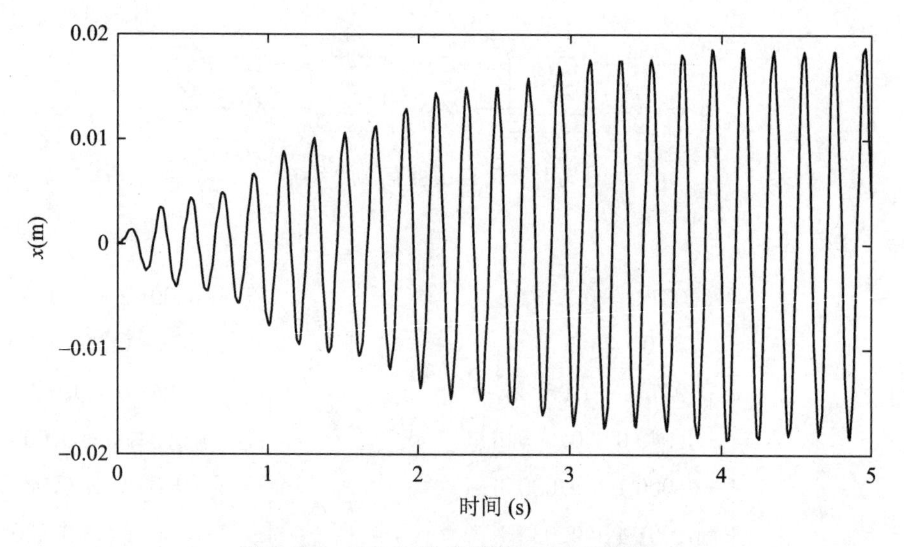

图 8.16　PCMD 法求瞬态响应(工况 2)

$f_1(t)$为一平稳随机过程，其自谱密度是强度为 $S_0=1\ \mathrm{N}^2/s$、带宽为 0～10 Hz 的限带白噪声．用 PCMD 法求解位移响应，用传统方法求质量块 1 的响应相关函数和功率谱，见图 8.17．频率步长为 0.01 Hz，共 1 001 步．

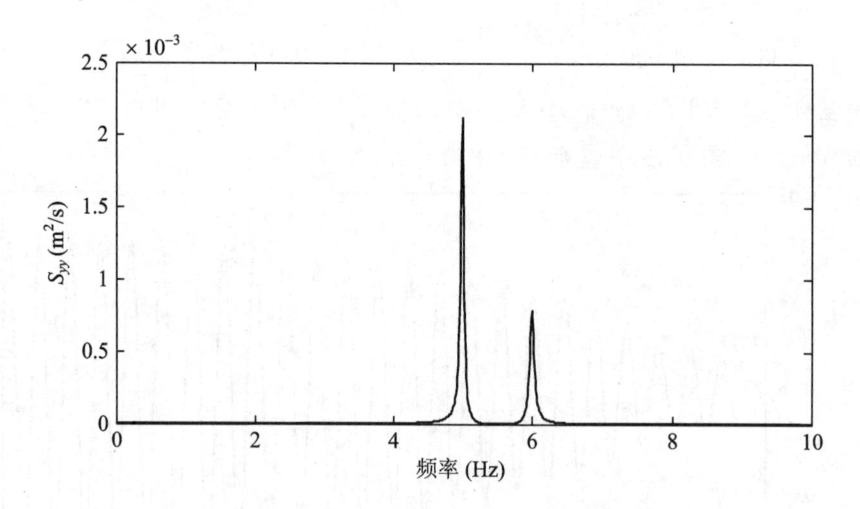

图 8.17　PCMD＋CQC 法求得的功率谱

$f_1(t)$为一平稳随机过程，其自谱密度是强度为 $S_0=1\ \mathrm{N}^2/\mathrm{s}$、带宽为 0～10 Hz 的限带白噪声．用 PCMD 法求解位移响应，用虚拟激励法求质量块 1 的响应功率谱，见图 8.18．频率步长为 0.01 Hz，共 1 001 步．

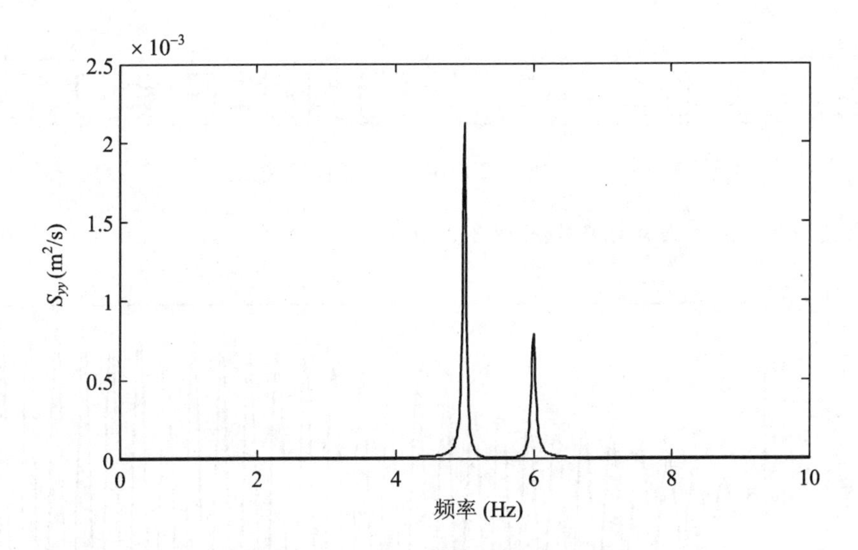

图 8.18　PCMD＋PEM 法求得的功率谱

比较上述两种方法得到的结果.两种方法求得的功率谱结果对比见表 8.1.两种方法求功率谱计算时间对比见表 8.2.

表 8.1　两种方法求得的功率谱结果对比

方法	频率(Hz)	
	$f=5.00$	$f=6.00$
PCMD + CQC	$2.126\,0\times10^{3}$	$7.972\,8\times10^{4}$
PCMD + PEM	$2.126\,1\times10^{3}$	$7.973\,0\times10^{4}$

表 8.2　两种方法求功率谱计算时间对比

方法	计算时间(s)
PCMD + CQC	0.254 785
PCMD + PEM	0.120 402

例 8.9　非经典黏性阻尼 10 自由度系统响应功率谱密度分析.

图 8.19 是 10 自由度的有阻尼系统,已知 $m = 1$ kg, $k = 987$ N/m, $k' = 217$ N/m, $c = 0.628\,4$ N·s/m, $c'' = 0.062\,8$ N·s/m.无阻尼模态无法将此系统的阻尼解耦,所以这也是个非经典阻尼系统.

解　在 1 号自由度上作用载荷 $f_1(t) = \sin(5.5\times2\pi t)(0\leqslant t\leqslant5)$,时间步长为 0.01 s,计算 501 步,求 1 号自由度的瞬态位移响应.

由于状态空间法和 PCMD 法两种方法的瞬态响应结果非常接近,在图上看不出差异,故

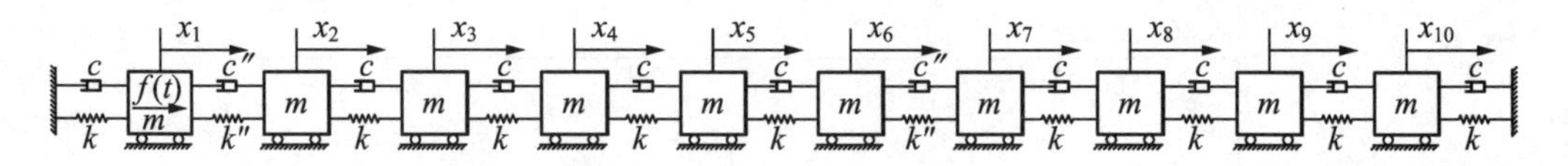

图 8.19　10 自由度的有阻尼系统

只给出任意一种方法的频率响应图(如图 8.20 所示).

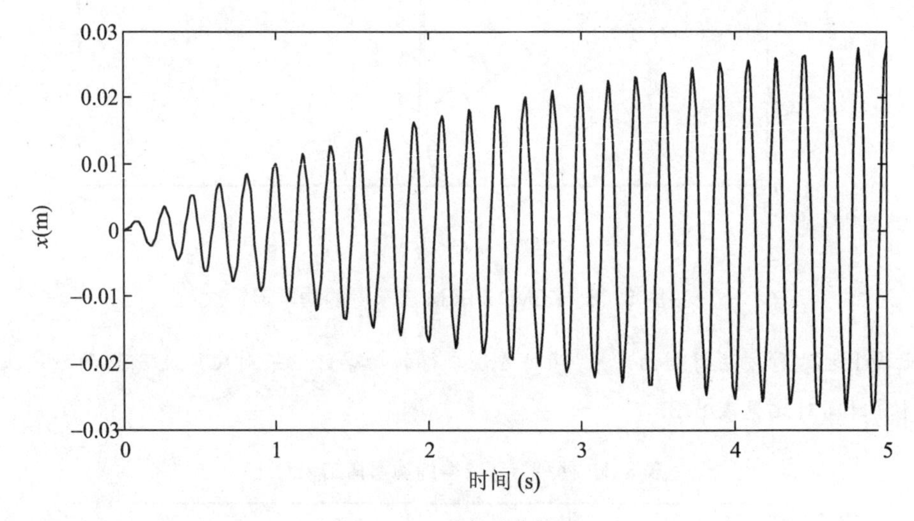

图 8.20　瞬态响应结果

$f_1(t)$为一平稳随机过程,其自谱密度是强度为 $S_0=1\ \mathrm{N}^2/\mathrm{s}$、带宽为 0～10 Hz 的限带白噪声.求 1 号自由度的响应功率谱.频率步长为 0.01 Hz,共 1 001 步.

由于 PCMD+CQC 法和 PCMD+PEM 法两种方法得到的功率谱密度结果非常接近,在图上不能直接看出差异,故只给出任意一种方法的结果图(如图 8.21 所示),但是将两种方法在一些关键点(自振频率附近)处的结果用表格来对比(见表 8.3、表 8.4).

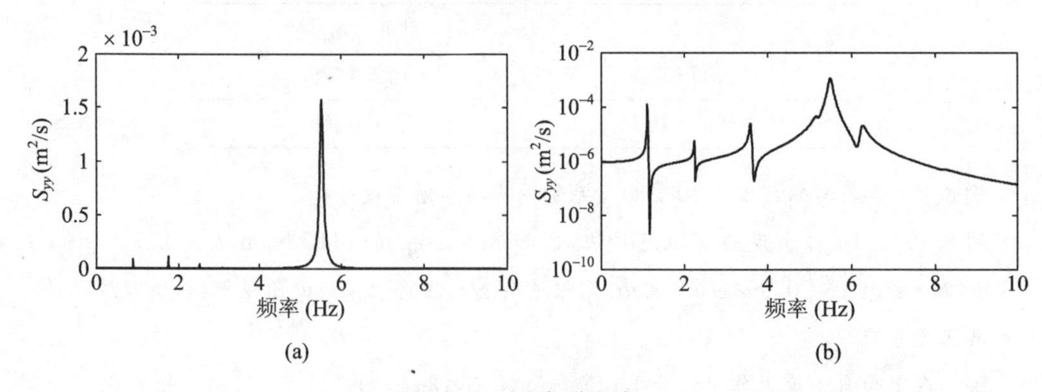

图 8.21　功率谱密度

表8.3 功率谱计算结果对比

方法	频率(Hz)					
	$f=1.11$	$f=2.25$	$f=3.6$	$f=5.18$	$f=5.5$	$f=6.24$
PCMD+CQC	1.260×10^4	5.612×10^6	2.227×10^5	4.340×10^5	1.127×10^3	1.801×10^5
PCMD+PEM	1.260×10^4	5.615×10^6	2.227×10^5	4.340×10^5	1.127×10^3	1.800×10^5

表8.4 功率谱计算时间比较

方法	计算时间(s)
PCMD+CQC	5.667 859
PCMD+PEM	0.661 103

8.5 连续系统平稳随机响应

对于稳态振动,初值条件引起自由振动部分的运动由于阻尼的作用而逐渐消失,所以通常只注意激励引起的稳态强迫响应.

确定性振动响应分析方法可以分为直接积分方法、经典黏性阻尼系统模态叠加法与非经典黏性阻尼系统模态叠加法.随机响应分析也分为一般的直接方法、经典黏性阻尼系统模态叠加法与非经典黏性阻尼系统模态叠加法.下面分别介绍连续系统平稳随机响应分析的直接方法、经典黏性阻尼系统模态叠加法与非经典黏性阻尼系统模态叠加法.

8.5.1 平稳随机响应直接分析方法

1. 运动方程

用连续模型来处理系统的振动问题,更能逼近系统的物理真实性.许多复杂的工程结构,例如各种航天器、飞机、舰船、高层建筑与桥梁等等,它们的动力学物理模型基本上是杆梁板壳组合的壳体、板梁组合结构.这样的连续体组合结构的单个部件可以是一个块体、壳体、板、梁与杆等构件.对于这样的连续系统,第3章导出了偏微分型运动方程

$$\left[\boldsymbol{m}(s)\frac{\partial^2}{\partial t^2}+\boldsymbol{c}(s)\frac{\partial}{\partial t}+\boldsymbol{L}(s)\right]\boldsymbol{x}(s,t)=\boldsymbol{f}(s,t),\quad s\in\Omega \tag{8.5.1}$$

边界条件为

$$B_i\boldsymbol{h}(s,t)=0,\quad i=1,2,\cdots,j,\quad s\in s_\Omega \tag{8.5.2}$$

初始条件为

$$\boldsymbol{h}(s,t)\big|_{t=0}=\frac{\partial}{\partial t}\boldsymbol{h}(s,t)\big|_{t=0}=0,\quad s\in\Omega \tag{8.5.3}$$

这里,s 为坐标,$s\in\Omega$,Ω 为求解区域,s_Ω 为求解区域Ω 的边界,B_i 为边界条件算子,$i=1,2$,

$\cdots, j$ 为边界条件数，t 为时间，$\boldsymbol{m}(s)$为质量矩阵，$\boldsymbol{c}(s)$为阻尼矩阵. $L(s)$为线性偏微分算子.

式(3.2.2) 给出杆的纵向振动偏微分算子 $L(s)$为

$$L(s) = \frac{\partial}{\partial x}\left(EA\frac{\partial}{\partial x}\right) \tag{8.5.4}$$

式(3.3.3)给出梁的横向振动偏微分算子 $L(s)$为

$$L(s) = \frac{\partial^2}{\partial x^2}\left(EJ\frac{\partial^2}{\partial x^2}\right) \tag{8.5.5}$$

式(3.4.1)给出板的振动偏微分算子 $L(s)$为

$$L(s) = \frac{\partial^4}{\partial x^4} + 2\frac{\partial^4}{\partial x^2 \partial y^2} + \frac{\partial^4}{\partial y^4} \tag{8.5.6}$$

2. 应用脉冲响应矩阵的相关分析

连续线性系统的动态特性可用脉冲响应函数(动态格林函数)描述. 脉冲响应函数 $\boldsymbol{h}(s,\zeta,t,\tau)$表示在时刻$\tau$ 在点ζ 上作用单位脉冲载荷，而在点 s 上在时刻 $t\geqslant\tau$ 的位移响应. 对变量 s 与ζ，它也具有普通格林函数的意义. 对变量 t 与τ，它也具有与离散线性系统的脉冲响应函数同样的意义.

对应于式(8.5.1)为运动方程的一维、二维连续线性系统，脉冲响应函数 $\boldsymbol{h}(s,\zeta,t,\tau)$是下列方程的解：

$$\begin{aligned}&\left[\boldsymbol{m}(s)\frac{\partial^2}{\partial t^2} + \boldsymbol{c}(s)\frac{\partial}{\partial t} + L(s)\right]\boldsymbol{h}(s,\zeta,t,\tau) = \delta(s-\zeta)\delta(t-\tau), \quad \zeta\in\Omega, t>\tau\\ &B_i\boldsymbol{h}(s_V,\zeta_V,t,\tau) = \boldsymbol{0}, \quad i = 1,2,\cdots,j\\ &\boldsymbol{h}(s,\zeta,t,\tau)\big|_{t=0} = \frac{\partial}{\partial t}\boldsymbol{h}(s,\zeta,t,\tau)\big|_{t=0} = \boldsymbol{0}\end{aligned} \tag{8.5.7}$$

对于线性连续系统，这是偏微分方程初值边值问题. 由于偏微分方程初值边值问题(式(8.5.7)) 的复杂性，通常很难找到解析解 $\boldsymbol{h}(s,\zeta,t,\tau)$，仅能对简单的算子 $L(s)$与边界条件 B_i 才能找到脉冲响应函数$\boldsymbol{h}(s,\zeta,t,\tau)$.

有了脉冲响应函数 $\boldsymbol{h}(s,\zeta,t,\tau)$，根据叠加原理，线性系统对稳态随机激励(例如载荷) $\boldsymbol{f}(s,t)$的响应 $\boldsymbol{x}(s,t)$为

$$\begin{aligned}\boldsymbol{x}(s,t) &= \int_0^\infty\int_\Omega \boldsymbol{h}(s,\zeta,t-\tau)\boldsymbol{f}(\zeta,\tau)\mathrm{d}\zeta\mathrm{d}\tau\\ &= \int_0^\infty\int_\Omega \boldsymbol{h}(s,\zeta,\theta)\boldsymbol{f}(\zeta,t-\theta)\mathrm{d}\zeta\mathrm{d}\theta\end{aligned} \tag{8.5.8}$$

对式(8.5.8)两边求期望，得平稳激励响应均值为

$$\begin{aligned}E[\boldsymbol{x}(s,t)] &= \int_0^\infty\int_\Omega \boldsymbol{h}(s,\zeta,t-\tau)E[\boldsymbol{f}(\zeta,\tau)]\mathrm{d}\zeta\mathrm{d}\tau\\ &= \int_0^\infty\int_\Omega \boldsymbol{h}(s,\zeta,\theta)E[\boldsymbol{f}(\zeta,t-\theta)]\mathrm{d}\zeta\mathrm{d}\theta\end{aligned} \tag{8.5.9}$$

仍然用杜阿梅尔积分式(8.5.8)将时刻 t 到 $t+\tau$ 的响应表示为

$$\boldsymbol{x}(s,t)=\int_0^t\int_\Omega \boldsymbol{h}(s,\zeta,\theta_1)\boldsymbol{f}(\zeta,t-\theta_1)\mathrm{d}\zeta\mathrm{d}\theta_1 \tag{8.5.10}$$

$$\boldsymbol{x}(s',t+\tau)=\int_0^t\int_\Omega \boldsymbol{h}(s',\zeta',\theta_2)\boldsymbol{f}(\zeta',t-\theta_2+\tau)\mathrm{d}\zeta'\mathrm{d}\theta_2 \tag{8.5.11}$$

可得平稳激励与平稳响应的空间-时间相关矩阵

$$\begin{aligned}\boldsymbol{R}_{xx}(s,s';\tau)&=E[\boldsymbol{x}(s,t)\boldsymbol{x}(s',t+\tau)]\\&=E\Big[\int_0^\infty\int_\Omega\int_0^\infty\int_\Omega \boldsymbol{h}(s,\zeta,\theta_1)\boldsymbol{f}(\zeta,t-\theta_1)\boldsymbol{f}^{\mathrm{T}}(\zeta',t-\theta_2+\tau)\\&\quad\cdot\boldsymbol{h}^{\mathrm{T}}(s',\zeta',\theta_2)\mathrm{d}\zeta\mathrm{d}\zeta'\mathrm{d}\theta_1\mathrm{d}\theta_2\Big]\\&=\int_0^\infty\int_\Omega\int_0^\infty\int_\Omega \boldsymbol{h}(s,\zeta,\theta_1)E[\boldsymbol{f}(\zeta,t-\theta_1)\boldsymbol{f}^{\mathrm{T}}(\zeta',t-\theta_2+\tau)]\\&\quad\cdot\boldsymbol{h}^{\mathrm{T}}(s',\zeta',\theta_2)\mathrm{d}\zeta\mathrm{d}\zeta'\mathrm{d}\theta_1\mathrm{d}\theta_2\\&=\int_0^\infty\int_\Omega\int_0^\infty\int_\Omega \boldsymbol{h}(s,\zeta,\theta_1)\boldsymbol{R}_{ff}(\zeta,\zeta',\tau+\theta_1-\theta_2)\boldsymbol{h}^{\mathrm{T}}(s',\zeta',\theta_2)\mathrm{d}\zeta\mathrm{d}\zeta'\mathrm{d}\theta_1\mathrm{d}\theta_2\end{aligned} \tag{8.5.12a}$$

$$\boldsymbol{R}_{ff}(\zeta,\zeta';\tau+\theta_1-\theta_2)=E[\boldsymbol{f}(\zeta,t-\theta_1)\boldsymbol{f}^{\mathrm{T}}(\zeta',t-\theta_2+\tau)] \tag{8.5.12b}$$

同理,可得平稳激励与平稳响应的空间-时间互相关函数为

$$\begin{aligned}\boldsymbol{R}_{fx}(s,s';\tau)&=E[\boldsymbol{f}(s,t)\boldsymbol{x}(s',t+\tau)]\\&=\int_\Omega E\Big[\boldsymbol{f}(\zeta,t)\int_0^\infty\int_\Omega \boldsymbol{f}^{\mathrm{T}}(\zeta',t-\theta_2+\tau)\boldsymbol{h}^{\mathrm{T}}(s',\zeta',\theta_2)\mathrm{d}\zeta\mathrm{d}\zeta'\mathrm{d}\theta_2\Big]\\&=\int_\Omega\int_\Omega\int_0^\infty E[\boldsymbol{f}(\zeta,t)\boldsymbol{f}^{\mathrm{T}}(\zeta,t-\theta_2+\tau)]\boldsymbol{h}^{\mathrm{T}}(s',\zeta',\theta_2)\mathrm{d}\zeta\mathrm{d}\zeta'\mathrm{d}\theta_2\\&=\int_\Omega\int_\Omega\int_0^\infty \boldsymbol{R}_{ff}(\zeta;\tau-\theta_2)\boldsymbol{h}^{\mathrm{T}}(s',\zeta',\theta_2)\mathrm{d}\zeta\mathrm{d}\zeta'\mathrm{d}\theta_2\end{aligned} \tag{8.5.13}$$

类似地,有

$$\boldsymbol{R}_{xf}(s,s';\tau)=\int_0^\infty\int_\Omega\int_0^\infty \boldsymbol{h}(s',\zeta',\theta_1)\boldsymbol{R}_{ff}(\zeta;\tau+\theta_1)\mathrm{d}\zeta\mathrm{d}\zeta'\mathrm{d}\theta_1 \tag{8.5.14}$$

式(8.5.12a)中令 $s=s'$,$\tau=0$,即得平稳激励响应的均方函数为

$$E[\boldsymbol{x}^2(s)]=\int_0^\infty\int_\Omega\int_0^\infty\int_\Omega \boldsymbol{h}(s,\zeta,\theta_1)\boldsymbol{R}_{ff}(\zeta,\zeta';\theta_1-\theta_2)\boldsymbol{h}^{\mathrm{T}}(s,\zeta',\theta_2)\mathrm{d}\zeta\mathrm{d}\zeta'\mathrm{d}\theta_1\mathrm{d}\theta_2 \tag{8.5.15}$$

3. *应用频率响应函数的谱分析*

连续线性系统的动态特性还可用频率响应函数描述.频率响应函数 $\boldsymbol{H}(s,\zeta;\omega,t)$表示在时刻 t_0 开始在 ζ 处作用 $\mathrm{e}^{\mathrm{i}\omega t}$激励,而在点 s 处在时刻$t\geqslant t_0$ 的位移响应与 $\mathrm{e}^{\mathrm{i}\omega t}$之比.对于变量 s 与 ζ,它也具有普通格林函数的意义.对应于式(8.5.1)为运动方程的连续线性系统,频率响应函数 $\boldsymbol{H}(s,\zeta;\omega,t)\mathrm{e}^{\mathrm{i}\omega t}$是下列方程的解:

$$\left[\boldsymbol{m}(s)\frac{\partial^2}{\partial t^2}+\boldsymbol{c}(s)\frac{\partial}{\partial t}+L(s)\right]\boldsymbol{H}(s,\zeta;\omega,t)\mathrm{e}^{\mathrm{i}\omega t}=\delta(s-\zeta)\mathbf{e}^{\mathrm{i}\omega t},\quad \zeta\in V,t>\tau$$

$$B_i\boldsymbol{H}(s_V,\zeta_V;\omega,t)\mathrm{e}^{\mathrm{i}\omega t}=\mathbf{0},\quad i=1,2,\cdots,j \tag{8.5.16}$$

$$\boldsymbol{H}(s,\zeta;\omega,t)\big|_{t=0}=\frac{\partial}{\partial t}\boldsymbol{H}(s,\zeta;\omega,t)\big|_{t=0}=\mathbf{0}$$

对于线性连续系统,这是偏微分方程初值边值问题,由于偏微分方程初值边值问题(式(8.5.16))的复杂性,通常很难找到解析解 $\boldsymbol{H}(s,\zeta;\omega,t)$,仅能对简单的算子 $L(s)$与边界条件才能找到频率响应函数 $\boldsymbol{H}(s,\zeta;\omega,t)$.

将输入函数(例如载荷)$\boldsymbol{f}(s,\zeta,t)=\delta(s-\zeta)\mathrm{e}^{\mathrm{i}\omega t}$ 激励和输出(响应)函数 $\boldsymbol{x}(s,t)=\boldsymbol{H}(s,\zeta;\omega,t)\mathrm{e}^{\mathrm{i}\omega t}$ 代入式(8.5.8),得连续线性系统响应为

$$\begin{aligned}\boldsymbol{x}(s,t)&=\boldsymbol{H}(s,\zeta;\omega,t)\mathrm{e}^{\mathrm{i}\omega t}=\int_0^t\int_\Omega\boldsymbol{h}(s,\zeta,\theta)\boldsymbol{f}(s,\zeta,\theta)\mathrm{d}\zeta\mathrm{d}\theta\\&=\int_0^t\int_\Omega\boldsymbol{h}(s,\zeta,\theta)\delta(s-\zeta)\mathrm{e}^{\mathrm{i}\omega\theta}\mathrm{d}\zeta\mathrm{d}\theta=\int_0^t\boldsymbol{h}(s,\zeta,\theta)\mathrm{e}^{\mathrm{i}\omega\theta}\mathrm{d}\theta\end{aligned}\tag{8.5.17}$$

两边消去 $\mathrm{e}^{\mathrm{i}\omega t}$,得时不变连续线性系统频率响应函数

$$\boldsymbol{H}(s,\zeta;\omega,t)=\int_0^t\boldsymbol{h}(s,\zeta,\theta)\mathrm{e}^{-\mathrm{i}\omega(t-\theta)}\mathrm{d}\theta \tag{8.5.18}$$

对于平稳随机线性系统

$$\boldsymbol{H}(s,\zeta;\omega)=\int_{-\infty}^{\infty}\boldsymbol{h}(s,\zeta,\theta)\mathrm{e}^{-\mathrm{i}\omega\theta}\mathrm{d}\theta \tag{8.5.19}$$

它是脉冲响应函数 $\boldsymbol{h}(s,\zeta,\theta)$的傅里叶变换.其逆变换为

$$\boldsymbol{h}(s,\zeta,\omega)=\frac{1}{2\pi}\int_0^t\boldsymbol{H}(s,\zeta;\theta)\mathrm{e}^{\mathrm{i}\omega\theta}\mathrm{d}\theta \tag{8.5.20}$$

用式(8.5.12)的平稳响应的空间-时间相关矩阵 $\boldsymbol{R}_{xx}(s,s';\tau)$作傅里叶变换,给出响应的谱密度矩阵 $\boldsymbol{S}_{xx}(\omega)$为

$$\begin{aligned}\boldsymbol{S}_{xx}(\omega)&=\int_{-\infty}^{\infty}\boldsymbol{R}_{xx}(s,s';\tau)\mathrm{e}^{-\mathrm{i}\omega\tau}\mathrm{d}\tau\\&=\int_{-\infty}^{\infty}\int_0^{\infty}\int_\Omega\int_0^{\infty}\int_{\Omega'}\boldsymbol{h}(s,\zeta,\theta_1)\boldsymbol{R}_{ff}(\zeta,\zeta';\tau+\theta_1-\theta_2)\boldsymbol{h}^{\mathrm{T}}(s',\zeta',\theta_2)\mathrm{d}\zeta\mathrm{d}\zeta'\mathrm{d}\theta_1\mathrm{d}\theta_2\mathrm{e}^{-\mathrm{i}\omega\tau}\mathrm{d}\tau\\&=\int_\Omega\int_\Omega\boldsymbol{H}^*(s,\zeta,\omega)\boldsymbol{S}_{ff}(\omega)\boldsymbol{H}^{\mathrm{T}}(s',\zeta',\omega)\mathrm{d}\zeta\mathrm{d}\zeta'=\int_\Omega\int_\Omega|\boldsymbol{H}(\omega)|^2\boldsymbol{S}_{ff}(\omega)\mathrm{d}\zeta\mathrm{d}\zeta'\end{aligned}\tag{8.5.21}$$

其中

$$\begin{aligned}\boldsymbol{H}^*(s',\zeta',\omega)&=\int_{-\infty}^{\infty}\boldsymbol{h}(s,\zeta,\theta_1)\mathrm{e}^{\mathrm{i}\theta_1\omega}\mathrm{d}\theta_1\\\boldsymbol{H}^{\mathrm{T}}(s,\zeta,\omega)&=\int_{-\infty}^{\infty}\boldsymbol{h}^{\mathrm{T}}(s',\zeta',\theta_2)\mathrm{e}^{-\mathrm{i}\theta_2\omega}\mathrm{d}\theta_2\\\boldsymbol{S}_{ff}(\omega)&=\int_{-\infty}^{\infty}\boldsymbol{R}_{ff}(\zeta,\zeta';\tau+\theta_1-\theta_2)\mathrm{e}^{-\mathrm{i}\omega(\tau-\theta_1+\theta_2)}\mathrm{d}(\tau-\theta_1+\theta_2)\end{aligned}\tag{8.5.22}$$

同理可得平稳激励与平稳响应的空间-时间互谱密度矩阵为

$$
\begin{aligned}
\boldsymbol{S}_{fx}(\omega) &= \int_{-\infty}^{\infty}\left[\iint_{\Omega}\int_{0}^{\infty}\boldsymbol{R}_{ff}(\zeta';\tau-\theta_2)\boldsymbol{h}^{\mathrm{T}}(s',\zeta',\theta_2)\mathrm{d}\zeta'\mathrm{d}\theta_2\right]\mathrm{e}^{-\mathrm{i}\omega\tau}\mathrm{d}\tau \\
&= \int_{\Omega}\boldsymbol{H}^{\mathrm{T}}(s',\zeta',\omega)\boldsymbol{S}_{ff}(\omega)\mathrm{d}\zeta' \\
\boldsymbol{S}_{xf}(\omega) &= \int_{-\infty}^{\infty}\left[\iint_{\Omega}\int_{0}^{\infty}\boldsymbol{h}(s,\zeta,\theta_1)\boldsymbol{R}_{ff}(\zeta;\tau+\theta_1)\mathrm{d}\zeta\mathrm{d}\theta_2\right]\mathrm{e}^{-\mathrm{i}\omega\tau}\mathrm{d}\tau \\
&= \int_{\Omega}\boldsymbol{H}^{*}(s,\zeta,\omega)\boldsymbol{S}_{ff}(\omega)\mathrm{d}\zeta
\end{aligned}
\tag{8.5.23}
$$

8.5.2 经典黏性阻尼系统梁的横向振动模态叠加法

1. 模态分析

由式(3.3.4),均匀简支等截面梁的振动方程为

$$
EJ\frac{\partial^4 y}{\partial x^4} + C\frac{\partial^2 y}{\partial x^2} + \rho A\frac{\partial^2 y}{\partial t^2} = P(x,t) - \frac{\partial}{\partial x}m(x,t) = f(x,t) \tag{8.5.24}
$$

设 $y(x,t)$是梁上距原点 x 处的截面在时刻 t 的横向位移,$P(x,t)$是单位长度梁上分布的外力,$f(x,t)$是单位长度梁上分布的合力,$m(x,t)$是单位长度梁上分布的外力矩,记单位体积梁的质量为 r,梁的横截面积为 A,材料弹性模量为 E,截面对中性轴的惯性矩为 J.

它的无阻尼自由振动方程为 $EJ\frac{\partial^4 y}{\partial x^4} + \rho A\frac{\partial^2 y}{\partial t^2} = 0$,由此导出系统的特征值方程为

$$
EJ\frac{\mathrm{d}^4\boldsymbol{\phi}}{\mathrm{d}x^4} = \rho A\boldsymbol{\Lambda}^2\boldsymbol{\phi} \tag{8.5.25}
$$

求得系统的谱矩阵 $\boldsymbol{\Lambda}$ 和模态矩阵$\boldsymbol{\phi}$ 分别为

$$
\begin{aligned}
\boldsymbol{\Lambda}^2 &= \lceil \omega_{\mathrm{n1}} \quad \omega_{\mathrm{n2}} \quad \cdots \quad \omega_{\mathrm{n}n} \quad \cdots \rfloor \\
\boldsymbol{\phi} &= [\boldsymbol{\phi}_1 \quad \boldsymbol{\phi}_2 \quad \cdots \quad \boldsymbol{\phi}_n \quad \cdots]
\end{aligned}
\tag{8.5.26}
$$

振型的正交性条件为

$$
\int_0^L \boldsymbol{\phi}_j^{\mathrm{T}}\rho A\boldsymbol{\phi}_k\mathrm{d}x = \begin{cases} m, & j = k \\ 0, & j \neq k \end{cases} \tag{8.5.27a}
$$

$$
\int_0^L \boldsymbol{\phi}_j^{\mathrm{T}}EJ\boldsymbol{\phi}_k^{(4)}\mathrm{d}x = \begin{cases} m\omega_{\mathrm{n}k}^2, & j = k \\ 0, & j \neq k \end{cases} \tag{8.5.27b}
$$

通常可用振型叠加法求解,系统的响应 $\boldsymbol{y}$ 可以用主模态$\boldsymbol{\phi}_r(r=1,2,\cdots,n)$的线性组合来描述:

$$
\boldsymbol{y} = \boldsymbol{\phi}\boldsymbol{q} = \sum_{r=1}^{n}\boldsymbol{\phi}_r q_r \tag{8.5.28}
$$

其中，$\boldsymbol{q}$ 为模态坐标向量，$q_r(r=1,2,\cdots,n)$为模态坐标.按式(8.4.28)作坐标变换，将式(8.5.28)代入式(8.5.24)，并左乘 $\boldsymbol{\phi}^{\mathrm{T}}$，在$[0,L]$上积分，应用正交性关系，则式(8.5.24)化为

$$\boldsymbol{m}\ddot{\boldsymbol{q}} + \boldsymbol{c}\dot{\boldsymbol{q}} + \boldsymbol{k}\boldsymbol{q} = \boldsymbol{p} \tag{8.5.29a}$$

其中，模态激励向量 $\boldsymbol{p}$ 和模态阻尼矩阵 $\boldsymbol{c}$ 分别为

$$\boldsymbol{p}(t) = \begin{Bmatrix} p_1 \\ p_2 \\ \vdots \\ p_r \\ \vdots \\ p_n \\ \vdots \end{Bmatrix} = \int_0^L \boldsymbol{\phi}^{\mathrm{T}} \boldsymbol{f}(x,t)\mathrm{d}x \tag{8.5.29b}$$

$$\boldsymbol{c} = \int_0^L \boldsymbol{\phi}^{\mathrm{T}} \boldsymbol{C}\boldsymbol{\phi}\mathrm{d}x$$

令

$$\boldsymbol{f}(x,t) = Q(x)\boldsymbol{f}_0(t) \tag{8.5.30a}$$

则

$$p_r = \int_0^L \boldsymbol{\phi}_r^{\mathrm{T}} Q(x)\mathrm{d}x\boldsymbol{f}_0(t) = \bar{Q}_r\boldsymbol{f}_0(t) \tag{8.5.30b}$$

其中，模态载荷参与系数

$$\bar{Q}_r = \int_0^L \boldsymbol{\phi}_r^{\mathrm{T}} Q(x)\mathrm{d}x \tag{8.5.30c}$$

对于连续系统，上面采用梁的模态坐标变换式(8.5.28)将梁的偏微分方程 (8.5.24)变换成常微分方程(8.5.29)，与离散系统模态坐标变换式(8.4.25)一样，对这个方程可以采用类似离散系统的方法求解.对离散系统是 n 自由度，对连续系统是无限多自由度，但一般采用截断高阶模态将其近似为 n 自由度来处理.但是，n 自由度矩阵阶数很高，仍然会引起计算量太大、运算时间过长等问题.然而，考虑到实际的激励功率谱密度函数并不是在整个频域上都存在的，大多集中在某些频率范围上，显然，它所激起的响应也主要是由与这些频率范围相应的主模态分量所构成的.基于这种认识，随机响应分析中采用确定性振动分析那样的模态分析方法，以便于作模态截断处理，将 n 自由度减缩为较小的N 自由度，达到既简化计算又保证足够精度的目的.

与离散系统一样，一般情况下，模态阻尼矩阵 $\boldsymbol{c}$ 并非对角矩阵，因而在模态坐标 $\boldsymbol{q}$ 下的振动方程(8.5.29)仍然存在耦合，无法简化计算.只有当模态阻尼矩阵 $\boldsymbol{c}$ 为对角矩阵时，振动方程(8.5.29)可以解耦为 n 个模态坐标单自由度方程，从而可以大大简化计算.

对于经典黏性阻尼系统，采用经典模态方法导出的模态坐标解耦方程(8.5.29)，展开后可化为 n 个互相独立的方程，每个方程在形式上都同单自由度系统方程完全一样，是二阶常

微分方程：

$$m_r(\ddot{q}_r + 2\xi_r\omega_{nr}\dot{q}_r + \omega_{nr}^2 q_r) = \bar{Q}_r f_0(t), \quad r = 1,2,\cdots,n \tag{8.5.31}$$

其中

$$\xi_r = \frac{c_r}{2m_r\omega_{nr}} = \frac{c_r}{2\sqrt{m_r k_r}}, \quad \omega_{nr}^2 = \frac{k_r}{m_r}, \quad \omega_{dr} = \omega_{nr}\sqrt{1-\xi_r^2} \tag{8.5.32}$$

下面用两种方法进行梁的横向振动随机响应分析.

2. 随机响应分析方法（Ⅰ）

第一种方法先求得脉冲响应矩阵.用正则振型 $\boldsymbol{\phi}$ 构成完备基,则连续系统梁的脉冲响应矩阵为

$$\boldsymbol{h}(x,\zeta,\theta) = \sum_{r=1}^{n}\boldsymbol{\phi}_r(x)\boldsymbol{g}_j(\zeta,\theta) \tag{8.5.33}$$

式中,$\boldsymbol{g}_j(\zeta,\theta)$为待求函数.将式(8.5.33)代入式(8.5.24),两边同乘以 $\boldsymbol{\phi}_j^{\mathrm{T}}(x)$并在梁$[0,L]$上积分,利用振型正交性关系(8.5.27),可得

$$\begin{aligned}
&m_r\left(\frac{\partial^2\boldsymbol{g}_r}{\partial\tau^2} + 2\xi_r\omega_{nr}\frac{\partial\boldsymbol{g}_r}{\partial\tau} + \omega_r^2\boldsymbol{g}_r\right) = \boldsymbol{\phi}_r^{\mathrm{T}}(\zeta)\delta(\theta), \quad \zeta\in[0,L], t>\theta\\
&B_i\boldsymbol{g}_r(\zeta,\theta) = 0, \quad i = 1,2,\cdots,j\\
&\boldsymbol{g}_r(\zeta,0) = \frac{\partial}{\partial t}\boldsymbol{g}_r(\zeta,0) = \boldsymbol{0}
\end{aligned} \tag{8.5.34}$$

显然,这个方程的解为

$$\boldsymbol{g}_r(\zeta,\theta) = \boldsymbol{\phi}_r^{\mathrm{T}}(\zeta)h_{nr}(\theta) \tag{8.5.35}$$

其中,$h_{nr}(\theta)$是在初始时刻作用以单位脉冲而使 j 自由度系统产生的响应的脉冲响应函数,见式(8.4.31b).于是,连续系统梁的脉冲响应矩阵为

$$\boldsymbol{h}(x,\zeta,\theta) = \sum_{r=1}^{n}\boldsymbol{\phi}_r(x)\boldsymbol{\phi}_r^{\mathrm{T}}(\zeta)h_{nr}(\theta) \tag{8.5.36}$$

有了脉冲响应矩阵 $\boldsymbol{h}(x,\zeta,\theta)$,根据叠加原理,线性系统对稳态随机激励(例如载荷)$\boldsymbol{f}(x,t)$的响应 $\boldsymbol{y}(x,t)$为

$$\begin{aligned}
\boldsymbol{y}(x,t) &= \int_0^{\infty}\int_0^{L}\boldsymbol{h}(x,\zeta,t-\tau)\boldsymbol{f}(\zeta,\tau)\mathrm{d}\zeta\mathrm{d}\tau\\
&= \int_0^{\infty}\int_0^{L}\boldsymbol{h}(x,\zeta,\theta)\boldsymbol{f}(\zeta,t-\theta)\mathrm{d}\zeta\mathrm{d}\theta
\end{aligned}$$

将式(8.5.36)代入上式,得

$$\begin{aligned}
\boldsymbol{y}(x,t) &= \sum_{r=1}^{n}\int_0^{\infty}\int_0^{L}\boldsymbol{\phi}_r(x)\boldsymbol{\phi}_r^{\mathrm{T}}(\zeta)h_{nr}(\theta)\boldsymbol{f}(\zeta,t-\theta)\mathrm{d}\zeta\mathrm{d}\theta\\
&= \sum_{r=1}^{n}\boldsymbol{\phi}_r(x)\int_0^{\infty}h_{nr}(\theta)\int_0^{L}\boldsymbol{\phi}_r^{\mathrm{T}}(\zeta)\boldsymbol{f}(\zeta,t-\theta)\mathrm{d}\zeta\mathrm{d}\theta
\end{aligned} \tag{8.5.37a}$$

将激励的坐标分布与时间分布分开,令

$$\boldsymbol{f}(x,t) = Q(x)f_0(t) \tag{8.5.37b}$$

将上式代入式(8.5.37a),得

$$\begin{aligned}
\boldsymbol{y}(x,t) &= \sum_{r=1}^{n}\int_0^{\infty}\int_0^{L}\boldsymbol{\phi}_r(x)\boldsymbol{\phi}_r^{\mathrm{T}}(\zeta)h_{nr}(\theta)Q(\zeta)\boldsymbol{f}_0(t-\theta)\mathrm{d}\zeta\mathrm{d}\theta \\
&= \sum_{r=1}^{n}\boldsymbol{\phi}_r(x)\int_0^{\infty}h_{nr}(\theta)\boldsymbol{f}_0(t-\theta)\int_0^{L}\boldsymbol{\phi}_r^{\mathrm{T}}(\zeta)Q(\zeta)\mathrm{d}\zeta\mathrm{d}\theta \\
&= \sum_{r=1}^{n}\boldsymbol{\phi}_r(x)\bar{\boldsymbol{Q}}_r\int_0^{\infty}\boldsymbol{f}_0(\theta)h_{nr}(t-\theta)\mathrm{d}\theta
\end{aligned} \tag{8.5.37c}$$

其中

$$\bar{\boldsymbol{Q}}_r = \int_0^{L}\boldsymbol{\phi}_r^{\mathrm{T}}(\zeta)Q(\zeta)\mathrm{d}\zeta \tag{8.5.37d}$$

对式(8.5.37c)两边求期望,得平稳激励的响应均值为

$$\begin{aligned}
E[\boldsymbol{y}(x,t)] &= \sum_{r=1}^{n}\boldsymbol{\phi}_r(x)\bar{\boldsymbol{Q}}_r\int_0^{\infty}E[\boldsymbol{f}_0(\theta)]h_{nr}(t-\theta)\mathrm{d}\theta \\
&= \sum_{r=1}^{n}\boldsymbol{\phi}_r(x)\bar{\boldsymbol{Q}}_r\boldsymbol{\mu}_f\int_0^{\infty}h_{nr}(t-\theta)\mathrm{d}\theta = \sum_{r=1}^{n}\boldsymbol{\phi}_r(x)\bar{\boldsymbol{Q}}_r\boldsymbol{\mu}_f H(0)
\end{aligned} \tag{8.5.38}$$

将脉冲响应矩阵(8.5.36)代入式(8.5.19),得

$$\begin{aligned}
\boldsymbol{H}^*(x,\zeta,\omega) &= \int_{-\infty}^{\infty}\boldsymbol{h}(x,\zeta,\theta)\mathrm{e}^{\mathrm{i}\omega\theta}\mathrm{d}\theta \\
&= \int_{-\infty}^{\infty}\sum_{r=1}^{n}\boldsymbol{\phi}_r(x)\boldsymbol{\phi}_r^{\mathrm{T}}(\zeta)h_{nr}^*(\theta)\mathrm{e}^{\mathrm{i}\omega\theta}\mathrm{d}\theta = \sum_{r=1}^{n}\boldsymbol{\phi}_r(x)\boldsymbol{\phi}_r^{\mathrm{T}}(\zeta)\int_{-\infty}^{\infty}h_{nr}^*(\theta)\mathrm{e}^{\mathrm{i}\omega\theta}\mathrm{d}\theta \\
&= \sum_{r=1}^{n}\boldsymbol{\phi}_r(x)\boldsymbol{\phi}_r^{\mathrm{T}}(\zeta)H_{nr}^*(\omega) = \sum_{r=1}^{n}\frac{\boldsymbol{\phi}_r(x)\boldsymbol{\phi}_r^{\mathrm{T}}(\zeta)}{m_r(\omega_{\mathrm{n}r}^2-\omega^2-\mathrm{i}2\xi_r\omega_{\mathrm{n}r}\omega)}
\end{aligned} \tag{8.5.39}$$

$$\begin{aligned}
\boldsymbol{H}^{\mathrm{T}}(x,\zeta,\omega) &= \int_{-\infty}^{\infty}\boldsymbol{h}^{\mathrm{T}}(x,\zeta,\theta)\mathrm{e}^{-\mathrm{i}\omega\theta}\mathrm{d}\theta \\
&= \int_{-\infty}^{\infty}\sum_{r=1}^{n}h_{nr}(\theta)\mathrm{e}^{-\mathrm{i}\omega\theta}\mathrm{d}\theta\boldsymbol{\phi}_r^{\mathrm{T}}(\zeta)\boldsymbol{\phi}_r(x) = \sum_{r=1}^{n}\int_{-\infty}^{\infty}h_{nr}(\theta)\mathrm{e}^{-\mathrm{i}\omega\theta}\mathrm{d}\theta\boldsymbol{\phi}_r^{\mathrm{T}}(\zeta)\boldsymbol{\phi}_r(x) \\
&= \sum_{r=1}^{n}\boldsymbol{H}_{nr}(\omega)\boldsymbol{\phi}_r^{\mathrm{T}}(\zeta)\boldsymbol{\phi}_r(x) = \sum_{r=1}^{n}\frac{\boldsymbol{\phi}_r^{\mathrm{T}}(\zeta)\boldsymbol{\phi}_r(x)}{m_r(\omega_{\mathrm{n}r}^2-\omega^2+2\mathrm{i}\xi_r\omega_{\mathrm{n}r}\omega)}
\end{aligned} \tag{8.5.40}$$

将式(8.5.30a)代入式(8.5.12b),得

$$\begin{aligned}
\boldsymbol{R}_{ff}(\zeta,\zeta';\tau+\theta_1-\theta_2) &= E[\boldsymbol{f}(\zeta,t-\theta_1)\boldsymbol{f}^{\mathrm{T}}(\zeta',t-\theta_2+\tau)] \\
&= Q(\zeta)Q(\zeta')\boldsymbol{R}_{f_0f_0}(\zeta,\zeta';\tau+\theta_1-\theta_2)
\end{aligned} \tag{8.5.41a}$$

其中

$$\boldsymbol{R}_{f_0f_0}(\zeta,\zeta';\tau+\theta_1-\theta_2) = E[\boldsymbol{f}_0(\zeta,t-\theta_1)\boldsymbol{f}_0^{\mathrm{T}}(\zeta',t-\theta_2+\tau)] \tag{8.5.41b}$$

将式(8.5.39)、式(8.5.40)代入式(8.5.21),得响应的谱密度矩阵 $\boldsymbol{S}_{yy}(\omega)$ 为

$$\begin{aligned}
\boldsymbol{S}_{yy}(\omega) &= \int_0^{L}\int_0^{L}\boldsymbol{H}^*(x,\zeta,\omega)\boldsymbol{S}_{ff}(\omega)\boldsymbol{H}^{\mathrm{T}}(x',\zeta',\omega)\mathrm{d}\zeta\mathrm{d}\zeta' \\
&= \sum_{r=1}^{n}\sum_{r=1}^{n}\int_0^{L}\int_0^{L}\boldsymbol{\phi}_r(x)\boldsymbol{\phi}_r^{\mathrm{T}}(\zeta)\boldsymbol{H}_{nr}^*(\omega)\boldsymbol{S}_{ff}(\omega)H_{nr}(\omega)\boldsymbol{\phi}_r^{\mathrm{T}}(\zeta')\boldsymbol{\phi}_r(x')\mathrm{d}\zeta\mathrm{d}\zeta'
\end{aligned} \tag{8.5.42a}$$

其中

$$\boldsymbol{S}_{ff}(\omega)=\int_{-\infty}^{\infty}\boldsymbol{R}_{ff}(\zeta,\zeta';\tau+\theta_1-\theta_2)\mathrm{e}^{-\mathrm{i}\omega(\tau-\theta_1+\theta_2)}\mathrm{d}(\tau-\theta_1+\theta_2)$$

$$=Q(\zeta)\int_{-\infty}^{\infty}\boldsymbol{R}_{f_0f_0}(\tau+\theta_1-\theta_2)\mathrm{e}^{-\mathrm{i}\omega(\tau-\theta_1+\theta_2)}\mathrm{d}(\tau-\theta_1+\theta_2)Q(\zeta')$$

$$=Q(\zeta)\boldsymbol{S}_{f_0f_0}(\omega)Q(\zeta') \tag{8.5.42b}$$

$$\boldsymbol{S}_{f_0f_0}(\omega)=\int_{-\infty}^{\infty}\boldsymbol{R}_{f_0f_0}(\tau+\theta_1-\theta_2)\mathrm{e}^{-\mathrm{i}\omega(\tau-\theta_1+\theta_2)}\mathrm{d}(\tau-\theta_1+\theta_2) \tag{8.5.42c}$$

将式(8.5.42b)代入式(8.5.42a),得

$$\boldsymbol{S}_{yy}(\omega)=\int_0^L\int_0^L\boldsymbol{H}^*(x,\zeta,\omega)Q(\zeta)\boldsymbol{S}_{ff}(\omega)Q(\zeta')\boldsymbol{H}^{\mathrm{T}}(x',\zeta',\omega)\mathrm{d}\zeta\mathrm{d}\zeta'$$

$$=\sum_{r=1}^{n}\int_0^L\int_0^L\boldsymbol{\phi}_r(x)\boldsymbol{\phi}_r^{\mathrm{T}}(\zeta)Q(\zeta)H_{nr}^*(\omega)\boldsymbol{S}_{ff}(\omega)$$

$$\cdot H_{nr}(\omega)Q(\zeta')\boldsymbol{\phi}_r^{\mathrm{T}}(\zeta)\boldsymbol{\phi}_r(x')\mathrm{d}\zeta\mathrm{d}\zeta'$$

$$=\sum_{r=1}^{n}\sum_{j=1}^{n}\boldsymbol{\phi}_r\bar{Q}_rH_{nr}^*(\omega)\boldsymbol{S}_{f_0f_0}(\omega)H_{nj}(\omega)\bar{Q}_j\boldsymbol{\phi}_j \tag{8.5.43}$$

3. 随机响应分析方法(Ⅱ)

将梁的响应 $\boldsymbol{y}(x,t)$ 按正则振型 $\boldsymbol{\phi}_r(x)$ 展开为如下的无穷级数:

$$\boldsymbol{y}(x,t)=\boldsymbol{\phi q}=\sum_{r=1}^{n}\boldsymbol{\phi}_r(x)q_r(t) \tag{8.5.44}$$

将方程(8.5.44)代入式(8.5.24),两边同乘以 $\boldsymbol{\phi}_r^{\mathrm{T}}(x)$ 并在整根梁[0,L]上积分,利用正则振型正交性关系(8.5.27),可化为 n 个互相独立的方程

$$\int_0^L(\boldsymbol{\phi}_r^{\mathrm{T}}EJ\boldsymbol{\phi}_r^{(4)}q_r+\boldsymbol{\phi}_r^{\mathrm{T}}C\boldsymbol{\phi}_r\dot{q}_r+\boldsymbol{\phi}_r^{\mathrm{T}}\rho A\boldsymbol{\phi}_r\ddot{q}_r)\mathrm{d}\zeta$$

$$=\int_0^L\boldsymbol{\phi}_r^{\mathrm{T}}f(x,t)\mathrm{d}\zeta=\int_0^L\boldsymbol{\phi}_r^{\mathrm{T}}Q(x)f_0(t)\mathrm{d}\zeta=\bar{Q}_rf_0(t),\quad r=1,2,\cdots,n \tag{8.5.45}$$

即

$$m_r(\omega_{\mathrm{n}r}^2q_r+2\xi_r\omega_{\mathrm{n}r}\dot{q}_r+\ddot{q}_r)=p_r=\bar{Q}_rf_0(t),\quad r=1,2,\cdots,n \tag{8.5.46}$$

注意,虽然式(8.5.46)是非耦合的,但由于各模态激励过程一般是相关的,所以各模态响应一般也是相关的.

应用卷积积分计算公式

$$q_r(t)=\bar{Q}_rf_0(t)*h_{nr}(t)=\bar{Q}_r\int_0^{\infty}f_0(\tau)h_{nr}(t-\tau)\mathrm{d}\tau$$

$$=\frac{\bar{Q}_r}{m_r\omega_{\mathrm{d}r}}\int_0^{\infty}f_0(\tau)\mathrm{e}^{-\xi_r\omega_{nr}(t-\tau)}\sin\omega_{\mathrm{d}r}(t-\tau)\mathrm{d}\tau,\quad r=1,2,\cdots,n \tag{8.5.47}$$

其中,$h_{nr}(t-\tau)$ 见式(8.4.31b),将式(8.5.47)代入式(8.5.44),得位移响应为

$$\boldsymbol{y}(x,t)=\sum_{r=1}^{n}\boldsymbol{\phi}_rq_r(t)=\sum_{r=1}^{n}\boldsymbol{\phi}_r\bar{Q}_r\int_0^{\infty}f_0(\tau)h_{nr}(t-\tau)\mathrm{d}\tau$$

$$= \sum_{r=1}^{n} \boldsymbol{\phi}_r m_r^{-1} \omega_{dr}^{-1} \bar{\boldsymbol{Q}}_r \int_0^{\infty} f_0(\tau) e^{-\xi_r \omega_{nr}(t-\tau)} \sin \omega_{dr}(t-\tau) d\tau \tag{8.5.48}$$

此式与式(8.5.37c) 完全相同，说明两种方法结果一样.

对于稳态振动，我们假定载荷是平稳的. 两边求期望

$$E[\boldsymbol{y}(x,t)] = \sum_{r=1}^{n} \boldsymbol{\phi}_r \bar{\boldsymbol{Q}}_r \int_0^{\infty} E[\boldsymbol{f}_0(\theta)] h_{nr}(t-\theta) d\theta$$

$$= \sum_{r=1}^{n} \boldsymbol{\phi}_r \bar{\boldsymbol{Q}}_r \boldsymbol{\mu}_f \int_0^{\infty} h_{nr}(t-\theta) d\theta = \sum_{r=1}^{n} \boldsymbol{\phi}_r \bar{\boldsymbol{Q}}_r \boldsymbol{\mu}_f H(0) \tag{8.5.49}$$

用杜阿梅尔积分将时刻 t_1 到 t_2 的响应表示为

$$\boldsymbol{y}(x,t_1) = \sum_{r=1}^{n} \boldsymbol{\phi}_r \bar{\boldsymbol{Q}}_r \int_0^{\infty} f_0(t_1-\theta_1) h_{nr}(\theta_1) d\theta_1 \tag{8.5.50}$$

$$\boldsymbol{y}(x,t_2) = \sum_{r=1}^{n} \boldsymbol{\phi}_r \bar{\boldsymbol{Q}}_r \int_0^{\infty} f_0(t_2-\theta_2) h_{nr}(\theta_2) d\theta_2 \tag{8.5.51}$$

于是 $\boldsymbol{y}$ 的相关函数矩阵为

$$\boldsymbol{R}_{yy}(t_2-t_1) = E[\boldsymbol{y}(t_1)\boldsymbol{y}^{\mathrm{T}}(t_2)]$$

$$= E\left[\sum_{r=1}^{n} \boldsymbol{\phi}_r \bar{\boldsymbol{Q}}_r \int_0^{\infty} f_0(t_1-\theta_1) h_{nr}(\theta_1) d\theta_1 \sum_{j=1}^{n} \bar{\boldsymbol{Q}}_j \boldsymbol{\phi}_j \int_0^{\infty} f_0(t_2-\theta_2) h_{nj}(\theta_2) d\theta_2\right]$$

$$= \sum_{r=1}^{n} \boldsymbol{\phi}_r \bar{\boldsymbol{Q}}_r \int_0^{\infty} h_{nr}(\theta_1) d\theta_1 \boldsymbol{R}_{f_0 f_0}(t_2-t_1+\theta_1-\theta_2) \sum_{j=1}^{n} \bar{\boldsymbol{Q}}_j \boldsymbol{\phi}_j \int_0^{\infty} h_{nj}(\theta_2) d\theta_2 \tag{8.5.52}$$

令 $\tau = t_2 - t_1$，得

$$\boldsymbol{R}_{yy}(\tau) = \sum_{r=1}^{n} \boldsymbol{\phi}_r \bar{\boldsymbol{Q}}_r \int_0^{\infty} h_{nr}(\theta_1) d\theta_1 \boldsymbol{R}_{f_0 f_0}(\tau+\theta_1-\theta_2) \sum_{j=1}^{n} \int_0^{\infty} h_{nj}(\theta_2) d\theta_2 \bar{\boldsymbol{Q}}_j \boldsymbol{\phi}_j \tag{8.5.53}$$

应用维纳-辛钦关系，对上式进行傅氏变换，可得功率谱矩阵为

$$\boldsymbol{S}_{yy}(\omega) = \int_{-\infty}^{\infty} \boldsymbol{R}_{yy}(\tau) e^{-i\omega\tau} d\tau$$

$$= \int_{-\infty}^{\infty} \left[\sum_{r=1}^{n} \boldsymbol{\phi}_r \bar{\boldsymbol{Q}}_r \int_0^{\infty} h_{nr}(\theta_1) d\theta_1 \boldsymbol{R}_{f_0 f_0}(\tau+\theta_1-\theta_2) \sum_{j=1}^{n} \bar{\boldsymbol{Q}}_j \boldsymbol{\phi}_j \int_0^{\infty} h_{nj}(\theta_2) d\theta_2\right] e^{-i\omega\tau} d\tau$$

$$= \sum_{r=1}^{n} \sum_{j=1}^{n} \boldsymbol{\phi}_r \bar{\boldsymbol{Q}}_r H_{nr}^*(\omega) \boldsymbol{S}_{f_0 f_0}(\omega) H_{nj}(\omega) \bar{\boldsymbol{Q}}_j \boldsymbol{\phi}_j \tag{8.5.54}$$

此式与式(8.5.43)完全相同，说明两种方法结果一样. 其中

$$\boldsymbol{S}_{f_0 f_0}(\omega) = \int_{-\infty}^{\infty} \boldsymbol{R}_{f_0 f_0}(\tau+\theta_1-\theta_2) e^{-i\omega(\tau+\theta_1-\theta_2)} d(\tau+\theta_1-\theta_2) \tag{8.5.55}$$

8.5.3 非经典黏性阻尼系统模态对位移叠加法

1. 响应分析模态对位移叠加法

由不同材料构成的系统，一般应该按非经典黏性阻尼系统处理，阻尼矩阵 $\boldsymbol{c}$ 不是对角矩

阵,不能使运动方程解除耦合.状态空间法将一个 n 自由度二阶系统化为 $2n$ 个一阶系统来处理,这时需要对结构进行以复模态为基础的模态分析,必须进行一系列复数运算才能给出实的位移响应,如此繁杂的复数运算不仅大大增加了计算工作量,而且还不容易让工程师直观理解.

将方程(8.5.29a)化为状态方程,得

$$\boldsymbol{A}\dot{\boldsymbol{Y}} + \boldsymbol{B}\boldsymbol{Y} = \boldsymbol{F} \tag{8.5.56a}$$

式中

$$\boldsymbol{Y} = \begin{bmatrix} \boldsymbol{y} \\ \dot{\boldsymbol{y}} \end{bmatrix}, \quad \boldsymbol{A} = \begin{bmatrix} \boldsymbol{c} & \boldsymbol{m} \\ \boldsymbol{m} & \boldsymbol{0} \end{bmatrix}, \quad \boldsymbol{B} = \begin{bmatrix} \boldsymbol{k} & \boldsymbol{0} \\ \boldsymbol{0} & -\boldsymbol{m} \end{bmatrix}, \quad \boldsymbol{F}(t) = \begin{bmatrix} \boldsymbol{p}(t) \\ \boldsymbol{0} \end{bmatrix} \tag{8.5.56b}$$

与状态方程(8.5.56a)相应状态空间方程的特征值问题(式(5.10.17))为

$$(s\boldsymbol{A} + \boldsymbol{B})\boldsymbol{\Phi} = \boldsymbol{0} \tag{8.5.57}$$

对于小于临界阻尼的系统,一般情况下可得到无限对具有不同负实部的共轭复根,即

$$s_r = -\xi_r\omega_{0r} + \mathrm{i}\omega_{\mathrm{d}r}, \quad s_r^* = -\xi_r\omega_{0r} - \mathrm{i}\omega_{\mathrm{d}r}, \quad r = 1,2,\cdots,n \tag{8.5.58a}$$

$$\omega_{\mathrm{d}r} = \omega_{0r}\sqrt{1-\xi_r^2}, \quad \omega_{0r}^2 = s_r s_r^* \tag{8.5.58b}$$

一般情况下进行模态截断,选择 n 对低阶模态,由 n 对特征值 s_r, s_r^* ($r = 1,2,\cdots,n$)组成的对角矩阵为特征值矩阵

$$\boldsymbol{\Lambda} = \lceil s_1 \quad s_2 \quad \cdots \quad s_{2n} \rfloor = \lceil \boldsymbol{\Lambda}_N \quad \boldsymbol{\Lambda}_N^* \rfloor \tag{8.5.59a}$$

相应的状态空间复模态矩阵为

$$\boldsymbol{\Phi} = [\boldsymbol{\Phi}_1 \quad \boldsymbol{\Phi}_2 \quad \cdots \quad \boldsymbol{\Phi}_{2n}] = [\boldsymbol{\Phi}_N \quad \boldsymbol{\Phi}_N^*] = \begin{bmatrix} \boldsymbol{\phi} \\ \boldsymbol{\phi\Lambda} \end{bmatrix} \tag{8.5.59b}$$

任何状态变量 $\boldsymbol{Y}$ 均可用基向量$\boldsymbol{\Phi}_r$ 表示,令

$$\boldsymbol{Y} = \begin{bmatrix} \boldsymbol{y} \\ \dot{\boldsymbol{y}} \end{bmatrix} = \boldsymbol{\Phi q} = \begin{bmatrix} \boldsymbol{\phi} \\ \boldsymbol{\phi\Lambda} \end{bmatrix}\boldsymbol{q} \tag{8.5.60a}$$

即

$$\boldsymbol{y} = \boldsymbol{\phi q}, \quad \dot{\boldsymbol{y}} = \boldsymbol{\phi\Lambda q} \tag{8.5.60b}$$

式中,$\boldsymbol{q}$ 称为复模态坐标向量,它的元素 q_r 表示 $\boldsymbol{y}$ 在相应复特征向量$\boldsymbol{\Phi}_r$ 上的广义坐标.利用正交关系式,得到状态空间解耦方程为

$$\dot{\boldsymbol{q}} - \boldsymbol{\Lambda q} = \boldsymbol{a}^{-1}\boldsymbol{p} \tag{8.5.61}$$

由式(8.5.30b)有

$$p_r(t) = \bar{Q}_r f_0(t)$$

展开式(8.5.56a)得 $2n$ 个模态坐标 q_r, q_r^* 解耦方程为

$$\dot{q}_r - s_r q_r = a_r^{-1}\bar{Q}_r f_0(t), \quad r = 1,2,\cdots,n \tag{8.5.62a}$$

$$\dot{q}_r^* - s_r^* q_r^* = a_r^{*-1}\bar{Q}_r^* f_0(t), \quad r = 1,2,\cdots,n \tag{8.5.62b}$$

其中,载荷模态参与系数分别为

$$\bar{Q}_r = \int_0^L \boldsymbol{\phi}_r^{\mathrm{T}} Q(x)\mathrm{d}x, \quad \bar{Q}_r^* = \int_0^L \boldsymbol{\phi}_r^{*\mathrm{T}} Q(x)\mathrm{d}x \tag{8.5.63}$$

状态空间法给出的位移响应为

$$\boldsymbol{y} = \boldsymbol{y}_1 + \boldsymbol{y}_2 \tag{8.5.64}$$

其中

$$\boldsymbol{y}_1 = \sum_{r=1}^n \boldsymbol{\phi}_r q_r = \sum_{r=1}^n \boldsymbol{\phi}_r a_r^{-1}\bar{Q}_r \int_0^t \mathrm{e}^{s_r(t-\tau)} f_0(\tau)\mathrm{d}\tau, \quad r = 1,2,\cdots,n \tag{8.5.65a}$$

$$\boldsymbol{y}_2 = \sum_{r=1}^n \boldsymbol{\phi}_r^* q_r^* = \sum_{r=1}^n \boldsymbol{\phi}_r^* a_r^{*-1}\bar{Q}_r^* \int_0^t \mathrm{e}^{s_r^*(t-\tau)} f_0(\tau)\mathrm{d}\tau, \quad r = 1,2,\cdots,n \tag{8.5.65b}$$

上式包含 $\boldsymbol{\phi}_r$ 与 $\boldsymbol{\phi}_r^*$ 复共轭模态向量,s_r 与 s_r^*、a_r 与 a_r^* 为共轭复数,尤其是被积函数为复数,因而繁杂的复数运算不仅大大增加了计算工作量,而且与实模态计算过程完全不同,不容易让工程师直观理解.

很明显,$\boldsymbol{\phi}_r q_r$ 与 $\boldsymbol{\phi}_r^* q_r^*$ 为一对共轭复数,它们的和为实数.为了简化计算,将这一对共轭复模态对位移响应简称为模态对位移

$$\boldsymbol{y}_r = \boldsymbol{\phi}_r q_r + \boldsymbol{\phi}_r^* q_r^* \tag{8.5.66}$$

给出的位移响应为

$$\boldsymbol{y} = \sum_{r=1}^n \boldsymbol{y}_r \tag{8.5.67}$$

式(8.5.62a)左乘 $-s_r^*$,有

$$-s_r^*\dot{q}_r + s_r^* s_r q_r = -s_r^* a_r^{-1}\bar{Q}_r f_0(t)$$

式(8.5.62a)对时间 t 微分,得

$$\ddot{q}_r - s_r\dot{q}_r = a_r^{-1}\bar{Q}_r\dot{f}_0(t)$$

上面两式相加,得

$$\ddot{q}_r - (s_r + s_r^*)\dot{q}_r + s_r^* s_r q_r = -s_r^* a_r^{-1}\bar{Q}_r f_0(t) + a_r^{-1}\bar{Q}_r\dot{f}_0(t)$$

上式两边左乘 $\boldsymbol{\phi}_r$,得

$$\boldsymbol{\phi}_r\ddot{q}_r - (s_r + s_r^*)\boldsymbol{\phi}_r\dot{q}_r + s_r^* s_r\boldsymbol{\phi}_r q_r = -\boldsymbol{\phi}_r s_r^* a_r^{-1}\bar{Q}_r f_0(t) + \boldsymbol{\phi}_r a_r^{-1}\bar{Q}_r\dot{f}_0(t) \tag{8.5.68a}$$

同样,由式(8.5.62b)导出方程(8.5.68a)的共轭方程为

$$\boldsymbol{\phi}_r^*\ddot{q}_r^* - (s_r + s_r^*)\boldsymbol{\phi}_r^*\dot{q}_r^* + s_r^* s_r\boldsymbol{\phi}_r^* q_r^* = -s_r\boldsymbol{\phi}_r^* a_r^{*-1}\bar{Q}_r^* f_0(t) + \boldsymbol{\phi}_r^* a_r^{*-1}\bar{Q}_r^*\dot{f}_0(t) \tag{8.5.68b}$$

引入等效质量载荷参与系数矩阵 $\boldsymbol{m}_{er}$、复成分影响系数矩阵 $\boldsymbol{E}_r$ 和等效载荷向量 $\boldsymbol{z}(t)$:

$$\boldsymbol{m}_{er}^{-1} = -\boldsymbol{\phi}_r s_r^* a_r^{-1}\bar{Q}_r - s_r\boldsymbol{\phi}_r^* a_r^{*-1}\bar{Q}_r^* \tag{8.5.69a}$$

$$m_{er}^{-1}\boldsymbol{E}_r = \boldsymbol{\phi}_r a_r^{-1}\bar{\boldsymbol{Q}}_r + \boldsymbol{\phi}_r^* a_r^{-1}\bar{\boldsymbol{Q}}_r^* \tag{8.5.69b}$$

$$\boldsymbol{z}(t) = \boldsymbol{f}_0(t) + \boldsymbol{E}_r\dot{\boldsymbol{f}}_0(t) \tag{8.5.69c}$$

将式(8.5.68a)与式(8.5.68b)相加,得到求解模态对位移 $\boldsymbol{y}_r = \boldsymbol{\phi}_r q_r + \boldsymbol{\phi}_r^* q_r^*$ 的方程为

$$\ddot{\boldsymbol{y}}_r + 2\xi_r\omega_{0r}\dot{\boldsymbol{y}}_r + \omega_{0r}^2\boldsymbol{y}_r = \boldsymbol{m}_{er}^{-1}[\boldsymbol{f}_0(t) + \boldsymbol{E}_r\dot{\boldsymbol{f}}_0(t)] = \boldsymbol{m}_{er}^{-1}\boldsymbol{z}(t), \quad r = 1,2,\cdots,n \tag{8.5.70}$$

这样,与离散系统相似,将状态空间的 $2n$ 个复系数单自由度一阶微分解耦方程(8.5.62a)、方程(8.5.62b)化为物理空间的 n 个模态对位移 $\boldsymbol{y}_r$ 的解耦方程(8.5.70).

$s_r^*\boldsymbol{\phi}_r a_r^{-1}\boldsymbol{\phi}_r^{\mathrm{T}}$ 与 $s_r\boldsymbol{\phi}_r^* a_r^{*-1}\boldsymbol{\phi}_r^{*\mathrm{T}}$ 为一对共轭复数,它们的和为实数. $\boldsymbol{\phi}_r a_r^{-1}\boldsymbol{\phi}_r^{\mathrm{T}}$ 与 $\boldsymbol{\phi}_r^* a_r^{*-1}\boldsymbol{\phi}_r^{*\mathrm{T}}$ 也是一对共轭复数,它们的和也是实数.这样,式(8.5.70)是实参数二阶微分方程,方程中的各种参数,包括模态对位移 $\boldsymbol{y}_r$、激励力($\boldsymbol{f}_0(t)$,$\dot{\boldsymbol{f}}_0(t)$)和所有的系数($\omega_{0r}$,$\xi_r$,$\boldsymbol{m}_{er}$,$\boldsymbol{E}_r$)都是实数.方程左边的微分算子与经典模态方法解耦方程(8.5.46)的微分算子一样.于是把复杂的复模态复数运算化为简单的实数运算,把复杂的复模态响应计算过程化为类似于实模态响应计算过程,把复模态响应计算与实模态响应计算统一起来,使计算过程既简便、统一,又便于直观理解,由此形成一般模态求解的方法.

对式(8.5.70)可以用杜阿梅尔积分公式求得复模态对位移

$$\begin{aligned}\boldsymbol{y}_r &= \int_0^t \boldsymbol{z}_r(\tau)\bar{\boldsymbol{h}}_{0r}(t-\tau)\mathrm{d}\tau \\ &= \boldsymbol{m}_{er}^{-1}\omega_{\mathrm{d}r}^{-1}\int_0^t [\boldsymbol{f}_0(\tau) + \boldsymbol{E}_r\dot{\boldsymbol{f}}_0(\tau)]\mathrm{e}^{-\xi_r\omega_{0r}(t-\tau)}\sin\omega_{\mathrm{d}r}(t-\tau)\mathrm{d}\tau\end{aligned} \tag{8.5.71}$$

其中

$$\bar{\boldsymbol{h}}_{0r}(t-\tau) = \begin{cases}\boldsymbol{m}_{er}^{-1}\omega_{\mathrm{d}r}^{-1}\mathrm{e}^{-\xi_r\omega_{0r}(t-\tau)}\sin\omega_{\mathrm{d}r}(t-\tau)\mathrm{d}r, & t > \tau \\ \boldsymbol{0}, & t < \tau\end{cases} \tag{8.5.72}$$

下面说明模态对位移 $\boldsymbol{y}_r$ 解耦方程(8.5.70)与经典阻尼系统解耦方程的关系.

令相应模态 $\boldsymbol{\phi}_r$ 的位移为

$$\boldsymbol{y}_r = \boldsymbol{\phi}_r q_r \tag{8.5.73a}$$

将经典模态法中的位移展开式(8.5.44)改写为

$$\boldsymbol{y} = \sum_{r=1}^n \boldsymbol{\phi}_r q_r = \sum_{r=1}^n \boldsymbol{y}_r, \quad \boldsymbol{y}_r = \boldsymbol{\phi}_r q_r \tag{8.5.73b}$$

由式(8.5.46)得 $\boldsymbol{y}_r$ 的解耦方程为

$$\ddot{\boldsymbol{y}}_r + 2\xi_r\omega_{\mathrm{n}r}\dot{\boldsymbol{y}}_r + \omega_{\mathrm{n}r}^2\boldsymbol{y}_r = \boldsymbol{\phi}_r m_r^{-1}\bar{\boldsymbol{Q}}_r\boldsymbol{f}_0(t) = \boldsymbol{m}_{er}^{-1}\boldsymbol{f}_0(t), \quad r = 1,2,\cdots,n \tag{8.5.74}$$

其中,$\boldsymbol{m}_{er}$ 为等效的模态对质量矩阵,且

$$\boldsymbol{m}_{er}^{-1} = \boldsymbol{\phi}_r m_r^{-1}\bar{\boldsymbol{Q}}_r \tag{8.5.75}$$

比较式(8.5.70)与式(8.5.74),可以看到:

(1) 将式(8.5.70)左端的二阶微分算子 ω_{0r} 改为 $\omega_{\mathrm{n}r}$ 就是式(8.5.74)左端的二阶微分算

子,如式(8.5.58b)所示,ω_{0r} 为复模态特征值的模,当复模态退化为实模态时,ω_{0r} 就退化为 ω_{nr}.

(2) 式(8.5.70)右端的载荷项比式(8.5.74)右端的载荷项增加一项复模态影响项 $\boldsymbol{m}_{er}^{-1}\boldsymbol{E}_r\dot{\boldsymbol{f}}(t)$,当复模态退化为实模态时,复影响系数 $\boldsymbol{E}_r$ 就退化为零.式(8.5.70)中 $\boldsymbol{m}_{er}$ 见式(8.5.69a),式(8.5.74)中 $\boldsymbol{m}_{er}$ 见式(8.5.75),当复模态退化为实模态时,式(8.5.69a)化为式(8.5.75).因而实模态解耦方程(8.5.74)是复模态对位移解耦方程(8.5.70)的特殊情况.

对式(8.5.74),可以应用杜阿梅尔积分公式求得经典黏性阻尼系统的模态 $\boldsymbol{\phi}_r$ 位移响应为

$$\begin{aligned}
\boldsymbol{y}_r &= \int_0^t \boldsymbol{f}_0(\tau)\bar{\boldsymbol{h}}_{nr}(t-\tau)\mathrm{d}\tau \\
&= \boldsymbol{m}_{er}^{-1}\omega_{\mathrm{d}r}^{-1}\int_0^{\infty}\boldsymbol{f}_0(\tau)\mathrm{e}^{-\xi_r\omega_{nr}(t-\tau)}\sin\omega_{\mathrm{d}r}(t-\tau)\mathrm{d}\tau \\
&= \boldsymbol{\phi}_r m_r^{-1}\bar{\boldsymbol{Q}}_r\omega_{\mathrm{d}r}^{-1}\int_0^{\infty}\boldsymbol{f}_0(\tau)\mathrm{e}^{-\xi_r\omega_{nr}(t-\tau)}\sin\omega_{\mathrm{d}r}(t-\tau)\mathrm{d}\tau
\end{aligned} \tag{8.5.76}$$

实际上,上式就是式(8.5.48),也就是将式(8.5.71)中 ω_{0r} 改为 ω_{nr},$\boldsymbol{m}_{er}^{-1}$ 改为 $\boldsymbol{\phi}_r m_r^{-1}\bar{\boldsymbol{Q}}_r$,$\boldsymbol{f}_0(\tau)+\boldsymbol{E}_r\dot{\boldsymbol{f}}_0(\tau)$ 改为 $\boldsymbol{f}_0(\tau)$,$\boldsymbol{h}_{0r}(t-\tau)$ 改为 $\boldsymbol{h}_{nr}(t-\tau)$ 得到的.

综上所述,实模态解耦方程(8.5.74)是复模态对位移解耦方程(8.5.70)的特殊情况.由此可以证明,用一般模态法分析经典阻尼系统所得的结果不仅与用经典模态法分析经典阻尼系统所得的结果完全一致,而且用模态对位移解耦方程的解法的方程和求解过程都与经典模态法完全一致,因而一般模态法不仅可以用于一般的非经典黏性阻尼系统,而且可以用于经典阻尼系统,两种方法所导出的模态位移解耦方程和计算的响应结果完全一致.从而,经典模态法与一般模态法不仅在计算方法与公式上统一起来,而且还可以在现有结构分析程序上稍加改进编成统一的程序.

2. 响应的统计量分析

将式(8.5.71)代入式(8.5.67) 给出的位移响应,得

$$\begin{aligned}
\boldsymbol{y} &= \sum_{r=1}^{n}\boldsymbol{y}_r = \sum_{r=1}^{n}\int_0^t \boldsymbol{z}_r(\tau)\bar{h}_{0r}(t-\tau)\mathrm{d}\tau \\
&= \sum_{r=1}^{n}\boldsymbol{m}_{er}^{-1}\omega_{\mathrm{d}r}^{-1}\int_0^t[\boldsymbol{f}_0(\tau)+\boldsymbol{E}_r\dot{\boldsymbol{f}}_0(\tau)]\mathrm{e}^{-\xi_r\omega_{0r}(t-\tau)}\sin\omega_{\mathrm{d}r}(t-\tau)\mathrm{d}\tau
\end{aligned} \tag{8.5.77}$$

于是 $\boldsymbol{y}$ 的相关函数矩阵为

$$\begin{aligned}
\boldsymbol{R}_{yy}(\tau) &= \boldsymbol{R}_{yy}(t_2-t_1) = E[\boldsymbol{y}(t_1)\boldsymbol{y}^{\mathrm{T}}(t_2)] \\
&= \sum_{r=1}^{n}\sum_{k=1}^{n}\int_{-\infty}^{\infty}\int_{-\infty}^{\infty}E[\boldsymbol{z}_r(\tau)\boldsymbol{z}_k(\tau)]\bar{\boldsymbol{h}}_{0r}(\tau_1)\bar{\boldsymbol{h}}_{0k}(\tau_2)\mathrm{d}\tau_1\mathrm{d}\tau_2 \\
&= \sum_{r=1}^{n}\sum_{k=1}^{n}\int_{-\infty}^{\infty}\int_{-\infty}^{\infty}\boldsymbol{R}_{z_r z_k}(t_2-t_1+\tau_1-\tau_2)\bar{\boldsymbol{h}}_{0r}(\tau_1)\bar{\boldsymbol{h}}_{0k}(\tau_2)\mathrm{d}\tau_1\mathrm{d}\tau_2
\end{aligned} \tag{8.5.78a}$$

令 $t_1-t_2=\tau$,得

$$\boldsymbol{R}_{yy}(\tau)=\sum_{r=1}^{n}\sum_{k=1}^{n}\gamma_r\gamma_k\int_{-\infty}^{\infty}\int_{-\infty}^{\infty}\boldsymbol{R}_{z_rz_k}(\tau-\tau_1+\tau_2)\boldsymbol{h}_r(\tau_1)\boldsymbol{h}_k(\tau_2)\mathrm{d}\tau_1\mathrm{d}\tau_2 \tag{8.5.78b}$$

其中

$$\begin{aligned}\boldsymbol{R}_{z_rz_k}(\tau+\tau_1-\tau_2)=&\boldsymbol{R}_{f_{0r}f_{0k}}(\tau-\tau_1+\tau_2)+\boldsymbol{E}_r\boldsymbol{R}_{\dot{f}_{0r}f_{0k}}(\tau-\tau_1+\tau_2)\\&+\boldsymbol{E}_k\boldsymbol{R}_{f_{0r}\dot{f}_{0k}}(\tau-\tau_1+\tau_2)+\boldsymbol{E}_r\boldsymbol{E}_k\boldsymbol{R}_{\dot{f}_{0r}\dot{f}_{0k}}(\tau-\tau_1+\tau_2)\end{aligned} \tag{8.5.78c}$$

应用维纳-辛钦关系,对上式进行傅氏变换,可得

$$\boldsymbol{S}_{yy}(\omega)=\sum_{r=1}^{n}\sum_{k=1}^{n}\boldsymbol{H}_r^*(\omega)\boldsymbol{S}_{z_rz_k}(\omega)\boldsymbol{H}_k^{*\mathrm{T}}(\omega) \tag{8.5.79}$$

其中

$$\boldsymbol{S}_{z_rz_k}(\omega)=\boldsymbol{S}_{f_0f_0}(\omega)+\boldsymbol{E}_r\boldsymbol{S}_{f_0\dot{f}_0}(\omega)+\boldsymbol{E}_k\boldsymbol{S}_{\dot{f}_0f_0}(\omega)+\boldsymbol{E}_r\boldsymbol{E}_k\boldsymbol{S}_{\dot{f}_0\dot{f}_0}(\omega) \tag{8.5.80}$$

8.6 结构平稳随机响应的虚拟激励法

8.6.1 结构受单点平稳激励的随机响应

在讨论线性随机振动的工程应用时,若假定外部激励是一个平稳随机过程(通常还假定是服从正态分布的),则一般给出它的自功率谱密度函数 $S_{FF}(\omega)$(对于多点激励问题则给出激励功率谱矩阵 $\boldsymbol{S}_{FF}(\omega)$).结构分析的主要计算量用于计算重要的位移、内力等响应量的功率谱密度.然后计算出相应的谱矩(特别是方差、二阶矩).根据这些功率谱和谱矩,就可以计算各种直接应用于工程设计的统计量,例如导致结构首次超越破坏的概率或疲劳寿命,评价汽车行驶平顺性的指标等.显然,改进结构响应功率谱密度的计算方法,使其方便、高效、精确,对于推进随机振动研究成果的实用性具有重要意义.为此,林家浩[118]发展了**虚拟激励法**(Pseudo Excitation Method).下面先按单激励问题来阐述其基本原理.

线性系统受到自功率谱密度函数为 $S_{FF}(\omega)$的单点平稳随机激励 $F(t)$时,其响应 x 的自功率谱密度函数$S_{xx}(\omega)$按式(8.3.20a)应为

$$S_{xx}=|H|^2S_{FF} \tag{8.6.1}$$

此关系如图 8.22(a)所示,其中频率响应函数 H 的意义如图 8.22(b)所示.即当随机激励被单位简谐激励 $\mathrm{e}^{\mathrm{i}\omega t}$代替时,相应的简谐响应为 $x=H\mathrm{e}^{\mathrm{i}\omega t}$.显然,若在激励 $\mathrm{e}^{\mathrm{i}\omega t}$之前乘以常数$\sqrt{S_{FF}}$,即构造一个虚拟激励,则

$$\tilde{x}(t)=\sqrt{S_{FF}}H\mathrm{e}^{\mathrm{i}\omega t} \tag{8.6.2}$$

则其响应量亦应乘以同一常数,如图 8.22(c)所示.仍用$\tilde{\#}$代表变量#的相应虚拟量,由

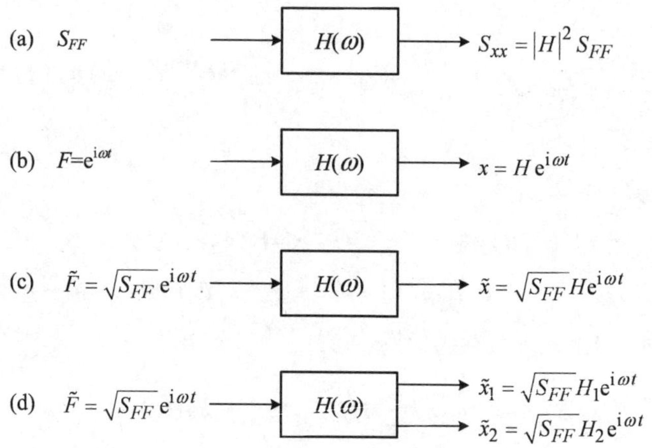

(a) S_{FF} → $H(\omega)$ → $S_{xx}=|H|^2 S_{FF}$

(b) $F=\mathrm{e}^{\mathrm{i}\omega t}$ → $H(\omega)$ → $x=H\,\mathrm{e}^{\mathrm{i}\omega t}$

(c) $\tilde{F}=\sqrt{S_{FF}}\,\mathrm{e}^{\mathrm{i}\omega t}$ → $H(\omega)$ → $\tilde{x}=\sqrt{S_{FF}}\,H\mathrm{e}^{\mathrm{i}\omega t}$

(d) $\tilde{F}=\sqrt{S_{FF}}\,\mathrm{e}^{\mathrm{i}\omega t}$ → $H(\omega)$ → $\tilde{x}_1=\sqrt{S_{FF}}\,H_1\mathrm{e}^{\mathrm{i}\omega t}$，$\tilde{x}_2=\sqrt{S_{FF}}\,H_2\mathrm{e}^{\mathrm{i}\omega t}$

图 8.22　虚拟激励法的基本原理

图 8.22(c)可知

$$\tilde{x}^*\tilde{x}=|\tilde{x}|^2=|H|^2S_{FF}=S_{xx} \tag{8.6.3}$$

$$\tilde{F}^*\tilde{x}=\sqrt{S_{FF}}\mathrm{e}^{-\mathrm{i}\omega t}\cdot\sqrt{S_{FF}}H\mathrm{e}^{\mathrm{i}\omega t}=S_{FF}H=S_{Fx} \tag{8.6.4}$$

$$\tilde{x}^*\tilde{F}=\sqrt{S_{FF}}H^*\mathrm{e}^{-\mathrm{i}\omega t}\cdot\sqrt{S_{FF}}\mathrm{e}^{\mathrm{i}\omega t}=H^*S_{FF}=S_{xF} \tag{8.6.5}$$

以上三式中的最后一个等号是自谱密度或互谱密度的习用表达式，即式(8.3.20a)、式(8.3.21a)、式(8.3.21b).

如果在上述系统中考虑两个虚拟响应量 $\tilde{x}_1$ 与 $\tilde{x}_2$，见图 8.14(d)，亦不难验证

$$\tilde{x}_1^*\tilde{x}_2=H_1^*\sqrt{S_{FF}}\mathrm{e}^{-\mathrm{i}\omega t}\cdot H_2\sqrt{S_{FF}}\mathrm{e}^{\mathrm{i}\omega t}=H_1^*S_{FF}H_2=S_{x_1x_2} \tag{8.6.6a}$$

$$\tilde{x}_2^*\tilde{x}_1=H_2^*S_{FF}H_1=S_{x_2x_1} \tag{8.6.6b}$$

利用以上诸式可得关于功率谱矩阵的下列算式：

$$\boldsymbol{S}_{xx}=\tilde{\boldsymbol{x}}^*\cdot\tilde{\boldsymbol{x}}^{\mathrm{T}} \tag{8.6.7}$$

$$\boldsymbol{S}_{Fx}=\tilde{\boldsymbol{F}}^*\cdot\tilde{\boldsymbol{x}}^{\mathrm{T}} \tag{8.6.8}$$

$$\boldsymbol{S}_{xF}=\tilde{\boldsymbol{x}}^*\cdot\tilde{\boldsymbol{F}}^{\mathrm{T}} \tag{8.6.9}$$

如果只对某一内力 f、应力 σ、应变 ε 感兴趣，则按虚拟激励(式(8.6.2))求得上述各量的虚拟简谐响应 $\tilde{f}$，$\tilde{\sigma}$ 和 $\tilde{\varepsilon}$ 后，即可直接得到它们的自谱密度

$$S_{ff}=|\tilde{f}|^2,\quad S_{\sigma\sigma}=|\tilde{\sigma}|^2,\quad S_{\varepsilon\varepsilon}=|\tilde{\varepsilon}|^2 \tag{8.6.10}$$

或任意的互谱密度，例如

$$S_{\sigma\varepsilon}=\tilde{\sigma}^*\tilde{\varepsilon},\quad S_{yf}=\tilde{y}^*\tilde{f} \tag{8.6.11}$$

等等. 显然，上述虚拟激励法用起来十分方便. 计算自谱、互谱都有简单而统一的公式. 只要响应与激励之间的关系是线性的，虚拟激励法就能应用. 不论是在自谱还是在互谱计算中，虚拟简谐激励因子 $\mathrm{e}^{\mathrm{i}\omega t}$ 与其复共轭 $\mathrm{e}^{-\mathrm{i}\omega t}$ 总是成对出现并最终相乘而抵消的，这也正反映了平稳问

题的自谱互谱非时变性.

例 8.10 用虚拟激励法计算平稳随机过程各阶导数的自谱及其相互之间的互谱.设平稳随机激励过程 $F(t)$ 的自谱密度 S_{FF} 为已知的.

解 构造虚拟激励

$$\tilde{F}(t) = \sqrt{S_{FF}}\mathrm{e}^{\mathrm{i}\omega t} \tag{1}$$

其各阶导数为

$$\dot{\tilde{F}}(t) = \mathrm{i}\omega \sqrt{S_{FF}}\mathrm{e}^{\mathrm{i}\omega t}, \quad \ddot{\tilde{F}}(t) = -\omega^2 \sqrt{S_{FF}}\mathrm{e}^{\mathrm{i}\omega t}, \quad \cdots$$

所以

$$S_{\dot{F}\dot{F}} = |\dot{\tilde{F}}(t)|^2 = \omega^2 S_{FF} \tag{2a}$$

$$S_{\ddot{F}\ddot{F}} = |\ddot{\tilde{F}}(t)|^2 = \omega^4 S_{FF} \tag{2b}$$

$$S_{F\dot{F}} = \tilde{F}(t)^* \dot{\tilde{F}}(t) = \sqrt{S_{FF}}\mathrm{e}^{-\mathrm{i}\omega t} \cdot \mathrm{i}\omega \sqrt{S_{FF}}\mathrm{e}^{\mathrm{i}\omega t} = \mathrm{i}\omega S_{FF} \tag{2c}$$

$$S_{F\ddot{F}} = \tilde{F}^* \ddot{\tilde{F}} = \sqrt{S_{FF}}\mathrm{e}^{-\mathrm{i}\omega t} \cdot (-\omega^2 \sqrt{S_{FF}}\mathrm{e}^{\mathrm{i}\omega t}) = -\omega^2 S_{FF} \tag{2d}$$

$$S_{\dot{F}\ddot{F}} = \dot{\tilde{F}}^* \ddot{\tilde{F}} = -\mathrm{i}\omega \sqrt{S_{FF}}\mathrm{e}^{-\mathrm{i}\omega t} \cdot (-\omega^2 \sqrt{S_{FF}}\mathrm{e}^{\mathrm{i}\omega t}) = \mathrm{i}\omega^3 S_{FF} \tag{2e}$$

$$\cdots$$

利用以上简单的运算,可以避免许多记忆或查阅书籍的麻烦.

例 8.11 用虚拟激励法推导 Kanai-Tajimi 过滤白谱表达式.

解 图 8.23(a)所示场地土与上部结构的组合系统在用于建立 Kanai-Tajimi 过滤白谱表达式时,可转化为如图 8.23(b)所示的系统进行动力分析.设基岩的水平加速度 $\ddot{x}_g$ 为平稳随机过程,其自谱为白谱.地面相对于基岩的位移为 y,上部结构(不妨设为单自由度结构)相对于地面的位移为 x.又设土层的等效水平抗剪刚度为 k_g,而与其相应的阻尼系数为 c_g,则地面的运动方程为

$$m_g\ddot{y} + c_g\dot{y} + k_g y = -m_g\ddot{x}_0 \tag{1}$$

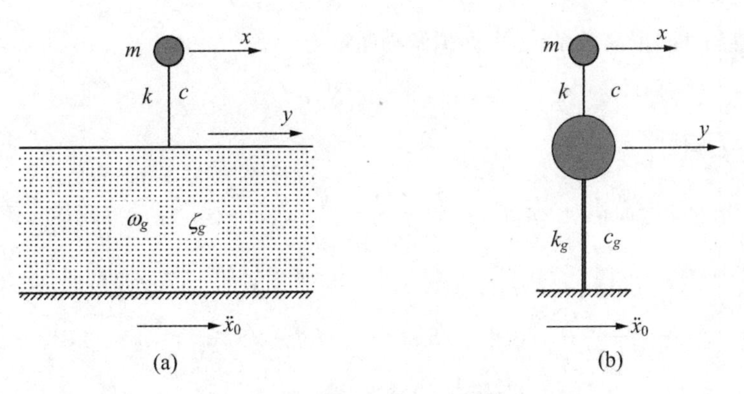

图 8.23 场地土等价计算模型

或

$$\ddot{y}+2\zeta_g\omega_g\dot{y}+\omega_g^2y=-\ddot{x}_0 \tag{2}$$

其中 $\omega_g^2=k_g/m_g, 2\zeta_g\omega_g=c_g/m_g$.

构造虚拟基岩水平加速度

$$\ddot{\tilde{x}}_0=\sqrt{S_0}\mathrm{e}^{\mathrm{i}\omega t} \tag{3}$$

并将其代入式(8.3.46)右端,得

$$\ddot{\tilde{y}}+2\zeta_g\omega_g\dot{\tilde{y}}+\omega_g^2\tilde{y}=-\sqrt{S_0}\mathrm{e}^{\mathrm{i}\omega t} \tag{4}$$

此式右端为简谐载荷,易知其解为

$$\tilde{y}=\frac{-\sqrt{S_0}}{\omega_g^2-\omega^2+2\mathrm{i}\zeta_g\omega_g\omega}\mathrm{e}^{\mathrm{i}\omega t} \tag{5}$$

于是虚拟地面绝对位移为

$$\tilde{x}_g=\tilde{x}_0+\tilde{y} \tag{6}$$

虚拟地面绝对加速度为

$$\begin{aligned}\ddot{\tilde{x}}_g=\ddot{\tilde{x}}_0+\ddot{\tilde{y}}&=\sqrt{S_0}\mathrm{e}^{\mathrm{i}\omega t}\left(1+\frac{\omega^2}{\omega_g^2-\omega^2+2\mathrm{i}\zeta_g\omega_g\omega}\right)\\&=\sqrt{S_0}\mathrm{e}^{\mathrm{i}\omega t}\frac{\omega_g^2+2\mathrm{i}\zeta_g\omega_g\omega}{\omega_g^2-\omega^2+2\mathrm{i}\zeta_g\omega_g\omega}\end{aligned} \tag{7}$$

于是由虚拟激励法推导出地面加速度的自功率谱表达式为

$$S_{\ddot{x}_g}(\omega)=\ddot{\tilde{x}}_g^*\ \ddot{\tilde{x}}_g=S_0\frac{\omega_g^4+4\zeta_g^2\omega_g^2\omega^2}{(\omega_g^2-\omega^2)^2+4\zeta_g^2\omega_g^2\omega^2} \tag{8}$$

这正是 Kanai-Tajimi 过滤白谱表达式.

8.6.2 经典黏性阻尼离散系统模态叠加法

8.4.2 节介绍用模态位移叠加法分析经典黏性阻尼系统随机响应,本节用虚拟激励法分析同一问题进行比较.

对于经典黏性阻尼离散系统,令虚拟激励向量为

$$\tilde{\boldsymbol{f}}(t)=\sqrt{\boldsymbol{S}_{ff}}\mathrm{e}^{\mathrm{i}\omega t} \tag{8.6.12}$$

代入式(8.4.27),得

$$\ddot{q}_r+2\xi_r\omega_{\mathrm{n}r}\dot{q}_r+\omega_{\mathrm{n}r}^2q_r=\frac{\boldsymbol{\phi}_r^{\mathrm{T}}\boldsymbol{f}(t)}{m_r}=\frac{\boldsymbol{\phi}_r^{\mathrm{T}}\sqrt{\boldsymbol{S}_{ff}}\mathrm{e}^{\mathrm{i}\omega t}}{m_r},\quad r=1,2,\cdots,n \tag{8.6.13}$$

得模态坐标响应为

$$q_r=\frac{1}{m_r(\omega_{\mathrm{n}r}^2-\omega^2+\mathrm{i}2\xi_r\omega_{\mathrm{n}r}\omega)}\boldsymbol{\phi}_r^{\mathrm{T}}\sqrt{\boldsymbol{S}_{ff}}\mathrm{e}^{\mathrm{i}\omega t}=H_r\boldsymbol{\phi}_r^{\mathrm{T}}\sqrt{\boldsymbol{S}_{ff}}\mathrm{e}^{\mathrm{i}\omega t},\quad r=1,2,\cdots,n \tag{8.6.14}$$

其中,模态频响函数 H_r 见式(8.4.33).

将式(8.6.14)代入式(8.4.13),得虚拟响应矩阵为

$$\tilde{\boldsymbol{x}} = \sum_{r=1}^{n} \boldsymbol{\phi}_r q_r = \sum_{r=1}^{n} \boldsymbol{\phi}_r \boldsymbol{\phi}_r^{\mathrm{T}} H_r \sqrt{\boldsymbol{S}_{ff}} \mathrm{e}^{\mathrm{i}\omega t} \tag{8.6.15}$$

由虚拟激励法可得功率谱矩阵(快速CQC法)为

$$\begin{aligned} \boldsymbol{S}_{xx} &= \tilde{\boldsymbol{x}}^* \tilde{\boldsymbol{x}}^{\mathrm{T}} = \left(\sum_{r=1}^{n} \boldsymbol{\phi}_r \boldsymbol{\phi}_r^{\mathrm{T}} H_r \sqrt{\boldsymbol{S}_{ff}} \mathrm{e}^{\mathrm{i}\omega t}\right)^* \left(\sum_{k=1}^{n} \boldsymbol{\phi}_k \boldsymbol{\phi}_k^{\mathrm{T}} H_k \sqrt{\boldsymbol{S}_{ff}} \mathrm{e}^{\mathrm{i}\omega t}\right)^{\mathrm{T}} \\ &= \left(\sum_{r=1}^{n} \boldsymbol{\phi}_r \boldsymbol{\phi}_r^{\mathrm{T}} H_r^* \sqrt{\boldsymbol{S}_{ff}} \mathrm{e}^{-\mathrm{i}\omega t}\right)\left(\sum_{k=1}^{n} \mathrm{e}^{\mathrm{i}\omega t} \sqrt{\boldsymbol{S}_{ff}} H_k \boldsymbol{\phi}_k^{\mathrm{T}} \boldsymbol{\phi}_k\right) \\ &= \left(\sum_{r=1}^{n} \boldsymbol{\phi}_r \boldsymbol{\phi}_r^{\mathrm{T}} H_r^*\right) \boldsymbol{S}_{ff} \left(\sum_{k=1}^{n} H_k \boldsymbol{\phi}_k^{\mathrm{T}} \boldsymbol{\phi}_k\right) \end{aligned} \tag{8.6.16}$$

将求和展开后得

$$\boldsymbol{S}_{xx} = \sum_{r=1}^{n} \sum_{k=1}^{n} \boldsymbol{\phi}_r \boldsymbol{\phi}_r^{\mathrm{T}} H_r^* \boldsymbol{S}_{ff} H_k \boldsymbol{\phi}_k^{\mathrm{T}} \boldsymbol{\phi}_k \tag{8.6.17}$$

此式与式(8.4.38)完全相同.这说明虚拟激励法能方便地获得随机响应精确解.

8.6.3 非经典黏性阻尼离散系统模态对位移叠加法

8.4.3节介绍用模态对位移叠加法分析非经典黏性阻尼系统随机响应,本节用虚拟激励法分析同一问题并进行比较.

首先,构造虚拟激励向量为

$$\tilde{\boldsymbol{f}}(t) = \sqrt{\boldsymbol{S}_{ff}(\omega)} \mathrm{e}^{\mathrm{i}\omega t} \tag{8.6.18}$$

其导数为

$$\dot{\tilde{\boldsymbol{f}}}(t) = \mathrm{i}\omega \sqrt{\boldsymbol{S}_{ff}} \mathrm{e}^{\mathrm{i}\omega t} \tag{8.6.19}$$

将式(8.6.18)与式(8.6.19)代入式(8.4.43a),得

$$\begin{aligned} \ddot{\tilde{\boldsymbol{x}}}_r + 2\xi_r \omega_{0r} \dot{\tilde{\boldsymbol{x}}}_r + \omega_{0r}^2 \tilde{\boldsymbol{x}}_r &= \boldsymbol{m}_{er}^{-1} [\tilde{\boldsymbol{f}}(t) + \boldsymbol{E}_r \dot{\tilde{\boldsymbol{f}}}(t)] \\ &= \boldsymbol{m}_{er}^{-1} (1 + \mathrm{i}\omega \boldsymbol{E}_r) \sqrt{\boldsymbol{S}_{ff}(\omega)} \mathrm{e}^{\mathrm{i}\omega t}, \quad r = 1,2,\cdots,n \end{aligned} \tag{8.6.20}$$

则模态对位移响应为

$$\begin{aligned} \tilde{\boldsymbol{x}}_r &= \frac{1 + \mathrm{i}\omega \boldsymbol{E}_r}{\boldsymbol{m}_{er}(\omega_{0r}^2 - \omega^2 + \mathrm{i}2\xi_r \omega_{0r}\omega)} \sqrt{\boldsymbol{S}_{ff}(\omega)} \mathrm{e}^{\mathrm{i}\omega t} \\ &= \boldsymbol{H}_r(\omega)(1 + \mathrm{i}\omega \boldsymbol{E}_r) \sqrt{\boldsymbol{S}_{ff}(\omega)} \mathrm{e}^{\mathrm{i}\omega t} \end{aligned} \tag{8.6.21}$$

其中,模态频响函数

$$\boldsymbol{H}_r = \frac{1}{\boldsymbol{m}_{er}(\omega_{0r}^2 - \omega^2 + 2\mathrm{i}\xi_r \omega_{0r}\omega)}, \quad r = 1,2,\cdots,n \tag{8.6.22}$$

将式(8.6.21)代入式(8.4.42b),得虚拟响应矩阵为

$$\tilde{\boldsymbol{x}} = \sum_{r=1}^{q} \boldsymbol{x}_r = \sum_{r=1}^{q} H_r(\omega)(1 + \mathrm{i}\omega \boldsymbol{E}_r) \sqrt{\boldsymbol{S}_{ff}(\omega)} \mathrm{e}^{\mathrm{i}\omega t} \tag{8.6.23}$$

而虚拟激励法可得功率谱矩阵为

$$S_{xx} = \tilde{x}^* \tilde{x}^{\mathrm{T}} = \left(\sum_{r=1}^{q} x_r^*\right)\left(\sum_{k=1}^{q} x_k^{\mathrm{T}}\right) \tag{8.6.24}$$

将式(8.6.24)代入式(8.6.23),得

$$\begin{aligned}
S_{xx} &= \tilde{x}^* \tilde{x}^{\mathrm{T}} = \left[\sum_{r=1}^{n} H_r(1 + \mathrm{i}\omega E_r)\sqrt{S_{ff}(\omega)}\mathrm{e}^{\mathrm{i}\omega t}\right]^* \left[\sum_{k=1}^{n} H_k(1 + \mathrm{i}\omega E_k)\sqrt{S_{ff}(\omega)}\mathrm{e}^{\mathrm{i}\omega t}\right]^{\mathrm{T}} \\
&= \left[\sum_{r=1}^{n} H_r^*(1 + \mathrm{i}\omega E_r)\sqrt{S_{ff}(\omega)}\mathrm{e}^{-\mathrm{i}\omega t}\right]\left[\sum_{k=1}^{n} \mathrm{e}^{\mathrm{i}\omega t}(1 + \mathrm{i}\omega E_k)\sqrt{S_{ff}(\omega)} H_k\right] \\
&= \left[\sum_{r=1}^{n} H_r^*(1 + \mathrm{i}\omega E_r)\right] S_{ff}(\omega)\left[\sum_{k=1}^{n}(1 + \mathrm{i}\omega E_k) H_k\right] \\
&= \left[\sum_{r=1}^{n} H_r^*(1 + \mathrm{i}\omega E_r)\right] S_{ff}(\omega)\left[\sum_{k=1}^{n}(1 + \mathrm{i}\omega E_k) H_k\right]
\end{aligned} \tag{8.6.25}$$

这是虚拟激励法推导的结果.

考虑式(8.4.52b),有

$$\begin{aligned}
S_{z_r z_k} &= S_{ff}(\omega) + E_r S_{ff}(\omega) + E_k S_{ff}(\omega) + E_r E_k S_{ff}(\omega) \\
&= (1 + \mathrm{i}\omega E_r + \mathrm{i}\omega E_k - \omega^2 E_r E_k) S_{ff}(\omega) \\
&= (1 + \mathrm{i}\omega E_r)(1 + \mathrm{i}\omega E_k) S_{ff}(\omega)
\end{aligned} \tag{8.6.26}$$

将式(8.6.25)求和展开后得

$$\begin{aligned}
S_{xx} &= \sum_{r=1}^{n} H_r^*(1 + \mathrm{i}\omega E_r) S_{ff}(\omega) \sum_{k=1}^{n}(1 + \mathrm{i}\omega E_k) H_k \\
&= \sum_{r=1}^{n}\sum_{k=1}^{n} H_r^*(1 + \mathrm{i}\omega E_r) S_{ff}(\omega)(1 + \mathrm{i}\omega E_k) H_k \\
&= \sum_{r=1}^{n}\sum_{k=1}^{n} H_r^* S_{z_r z_k}(\omega) H_k
\end{aligned} \tag{8.6.27}$$

这与传统方程推导结果式(8.4.52a)完全相同,这说明虚拟激励法能方便地获得随机响应精确解.

8.6.4 经典黏性阻尼连续系统模态叠加法

8.5.2 节介绍用模态位移叠加法分析经典黏性阻尼连续系统随机响应,本节用虚拟激励法分析同一问题进行比较.

对于经典黏性阻尼连续系统,构造虚拟激励向量为

$$\tilde{f}_0(t) = \sqrt{S_{f_0 f_0}(\omega)}\mathrm{e}^{\mathrm{i}\omega t} \tag{8.6.28}$$

代入式(8.5.46),即

$$m_r(\omega_{\mathrm{n}r}^2 q_r + 2\xi_r \omega_{\mathrm{n}r}\dot{q}_r + \ddot{q}_r) = \bar{Q}_r f_0(t) \tag{8.6.29}$$

得模态坐标响应为

$$q_r = H_{nr}\bar{Q}_r\sqrt{S_{f_0 f_0}(\omega)}\mathrm{e}^{\mathrm{i}\omega t}, \quad H_{nr} = \frac{1}{m_r(\omega_{\mathrm{n}r}^2 - \omega^2 + 2\xi_r \omega_{\mathrm{n}r}\omega)}, \quad r = 1,2,\cdots,n \tag{8.6.30}$$

将上式代入式(8.5.28),得虚拟响应矩阵为

$$\tilde{\boldsymbol{y}} = \sum_{r=1}^{n} \boldsymbol{y}_r = \sum_{r=1}^{n} \boldsymbol{\phi}_r q_r = \sum_{r=1}^{n} \boldsymbol{\phi}_r H_{nr}(\omega) \bar{\boldsymbol{Q}}_r \sqrt{\boldsymbol{S}_{f_0 f_0}(\omega)} \mathrm{e}^{\mathrm{i}\omega t} \tag{8.6.31}$$

而虚拟激励法可得功率谱矩阵为

$$\boldsymbol{S}_{yy} = \tilde{\boldsymbol{y}}^* \tilde{\boldsymbol{y}}^{\mathrm{T}} = \left(\sum_{r=1}^{q} \boldsymbol{y}_r^*\right)\left(\sum_{k=1}^{q} \boldsymbol{y}_k^{\mathrm{T}}\right) \tag{8.6.32}$$

将式(8.6.32)代入式(8.6.31),得

$$\boldsymbol{S}_{yy}(\omega) = \tilde{\boldsymbol{y}}^* \tilde{\boldsymbol{y}}^{\mathrm{T}} = \left[\sum_{r=1}^{n} H_{nr}^*(\omega) \boldsymbol{\phi}_r \bar{\boldsymbol{Q}}_r \sqrt{\boldsymbol{S}_{f_0 f_0}(\omega)} \mathrm{e}^{-\mathrm{i}\omega t}\right]\left[\sum_{r=1}^{n} H_{nr}^*(\omega) \boldsymbol{\phi}_r \bar{\boldsymbol{Q}}_r \sqrt{\boldsymbol{S}_{f_0 f_0}(\omega)} \mathrm{e}^{\mathrm{i}\omega t}\right]^{\mathrm{T}}$$

$$= \left[\sum_{r=1}^{n} H_{nr}^*(\omega) \boldsymbol{\phi}_r \bar{\boldsymbol{Q}}_r\right] \boldsymbol{S}_{f_0 f_0}(\omega) \left[\sum_{r=1}^{n} \bar{\boldsymbol{Q}}_r^{\mathrm{T}} \boldsymbol{\phi}_r^{\mathrm{T}} H_{nr}(\omega)\right] \tag{8.6.33}$$

将求和展开后得

$$\boldsymbol{S}_{yy}(\omega) = \sum_{r=1}^{n} \sum_{j=1}^{n} \boldsymbol{\phi}_r \bar{\boldsymbol{Q}}_r H_{nr}^*(\omega) \boldsymbol{S}_{f_0 f_0}(\omega) H_{nj}(\omega) \bar{\boldsymbol{Q}}_j \boldsymbol{\phi}_j \tag{8.6.34}$$

这与式(8.5.54)完全相同.由此可见,虚拟激励法推导比较方便,可以用来验证前面推导的正确性.

8.6.5 非经典黏性阻尼连续系统模态对位移叠加法

8.5.3节介绍用模态对位移叠加法分析非经典黏性阻尼连续系统随机响应,本节用虚拟激励法分析同一问题进行比较.

对于非经典黏性阻尼连续系统,构造虚拟激励向量为

$$\tilde{\boldsymbol{f}}_0(t) = \sqrt{\boldsymbol{S}_{f_0 f_0}(\omega)} \mathrm{e}^{\mathrm{i}\omega t} \tag{8.6.35}$$

$$\dot{\tilde{\boldsymbol{f}}}_0(t) = \mathrm{i}\omega \sqrt{\boldsymbol{S}_{f_0 f_0}(\omega)} \mathrm{e}^{\mathrm{i}\omega t} \tag{8.6.36}$$

代入式(8.5.70),得

$$\ddot{\boldsymbol{y}}_r + 2\xi_r \omega_{0r} \dot{\boldsymbol{y}}_r + \omega_{0r}^2 \boldsymbol{y}_r = \boldsymbol{m}_{er}^{-1}\left[\boldsymbol{f}_0(t) + \boldsymbol{E}_r \dot{\boldsymbol{f}}_0(t)\right]$$

$$= \boldsymbol{m}_{er}^{-1}(1 + \mathrm{i}\omega \boldsymbol{E}_r) \sqrt{\boldsymbol{S}_{f_0 f_0}(\omega)} \mathrm{e}^{\mathrm{i}\omega t}, \quad r = 1,2,\cdots,n \tag{8.6.37}$$

则得模态对位移响应为

$$\boldsymbol{y}_r = \frac{1 + \mathrm{i}\omega \boldsymbol{E}_r}{\boldsymbol{m}_{er}(\omega_{0r}^2 - \omega^2 + \mathrm{i}2\xi_r \omega_{0r}\omega)} \sqrt{\boldsymbol{S}_{f_0 f_0}(\omega)} \mathrm{e}^{\mathrm{i}\omega t}$$

$$= \boldsymbol{H}_r(\omega)(1 + \mathrm{i}\omega \boldsymbol{E}_r) \sqrt{\boldsymbol{S}_{f_0 f_0}(\omega)} \mathrm{e}^{\mathrm{i}\omega t}, \quad r = 1,2,\cdots,n \tag{8.6.38}$$

其中,模态频响函数

$$\boldsymbol{H}_r = \frac{1}{\boldsymbol{m}_{er}(\omega_{0r}^2 - \omega^2 + 2\mathrm{i}\xi_r \omega_{0r}\omega)}, \quad r = 1,2,\cdots,n \tag{8.6.39}$$

将式(8.6.38)代入式(8.5.60b),得虚拟响应矩阵为

$$\tilde{\boldsymbol{y}} = \sum_{r=1}^{q} \boldsymbol{y}_r = \sum_{r=1}^{q} \boldsymbol{H}_r(\omega)(1 + \mathrm{i}\omega \boldsymbol{E}_r)\sqrt{\boldsymbol{S}_{f_0 f_0}(\omega)}\mathrm{e}^{\mathrm{i}\omega t} \tag{8.6.40}$$

而由虚拟激励法可得功率谱矩阵为

$$\boldsymbol{S}_{yy} = \tilde{\boldsymbol{y}}^* \tilde{\boldsymbol{y}}^{\mathrm{T}} = \left(\sum_{r=1}^{q} \boldsymbol{y}_r^*\right)\left(\sum_{k=1}^{q} \boldsymbol{y}_k^{\mathrm{T}}\right) \tag{8.6.41}$$

将式(8.6.40)代入式(8.6.41),得

$$\begin{aligned} \boldsymbol{S}_{yy} &= \left[\sum_{r=1}^{q} \boldsymbol{H}_r(1 + \mathrm{i}\omega \boldsymbol{E}_r)\sqrt{\boldsymbol{S}_{f_0 f_0}(\omega)}\mathrm{e}^{-\mathrm{i}\omega t}\right]\left[\sum_{k=1}^{q} \mathrm{e}^{\mathrm{i}\omega t}\sqrt{\boldsymbol{S}_{f_0 f_0}(\omega)}(1 + \mathrm{i}\omega \boldsymbol{E}_k)\boldsymbol{H}_k\right] \\ &= \left[\sum_{r=1}^{q} \boldsymbol{H}_r(1 + \mathrm{i}\omega \boldsymbol{E}_r)\sqrt{\boldsymbol{S}_{f_0 f_0}(\omega)}\right]\left[\sum_{k=1}^{q} \sqrt{\boldsymbol{S}_{f_0 f_0}(\omega)}(1 + \mathrm{i}\omega \boldsymbol{E}_k)\boldsymbol{H}_k\right] \\ &= \left[\sum_{r=1}^{q} \boldsymbol{H}_r(1 + \mathrm{i}\omega \boldsymbol{E}_r)\right]\boldsymbol{S}_{f_0 f_0}(\omega)\left[\sum_{r=1}^{q}(1 + \mathrm{i}\omega \boldsymbol{E}_k)\boldsymbol{H}_k\right] \end{aligned} \tag{8.6.42}$$

这是虚拟激励法推导的结果.

考虑式(8.5.80),有

$$\begin{aligned} \boldsymbol{S}_{z_r z_k}(\omega) &= \boldsymbol{S}_{f_0 f_0}(\omega) + \boldsymbol{E}_r \boldsymbol{S}_{f_0 \dot{f}_0}(\omega) + \boldsymbol{E}_k \boldsymbol{S}_{\dot{f}_0 f_0}(\omega) + \boldsymbol{E}_r \boldsymbol{E}_k \boldsymbol{S}_{\dot{f}_0 \dot{f}_0}(\omega) \\ &= (1 + \mathrm{i}\omega \boldsymbol{E}_r + \mathrm{i}\omega \boldsymbol{E}_k - \omega^2 \boldsymbol{E}_r \boldsymbol{E}_k)\boldsymbol{S}_{f_0 f_0}(\omega) \\ &= (1 + \mathrm{i}\omega \boldsymbol{E}_r)(1 + \mathrm{i}\omega \boldsymbol{E}_k)\boldsymbol{S}_{f_0 f_0}(\omega) \end{aligned} \tag{8.6.43}$$

代入式(8.5.79),得

$$\begin{aligned} \boldsymbol{S}_{yy} &= \left[\sum_{r=1}^{q} \boldsymbol{H}_r(1 + \mathrm{i}\omega \boldsymbol{E}_r)\right]\boldsymbol{S}_{f_0 f_0}(\omega)\left[\sum_{k=1}^{q}(1 + \mathrm{i}\omega \boldsymbol{E}_k)\boldsymbol{H}_k\right] \\ &= \sum_{r=1}^{q} \boldsymbol{H}_r(1 + \mathrm{i}\omega \boldsymbol{E}_r)\boldsymbol{S}_{f_0 f_0}(\omega)\sum_{k=1}^{q}(1 + \mathrm{i}\omega \boldsymbol{E}_k)\boldsymbol{H}_k \\ &= \sum_{r=1}^{q}\sum_{k=1}^{q} \boldsymbol{H}_r \boldsymbol{S}_{z_r z_k}(\omega)\boldsymbol{H}_k \end{aligned} \tag{8.6.44}$$

这与传统方程推导结果(式(8.4.52a))完全相同.由此可见,虚拟激励法推导比较方便,可以用来验证 8.5.3 节推导的正确性.

8.6.6 虚拟激励法与传统算法计算效率的比较

对比例阻尼情况进行比较.记

$$\{z_j\} = \gamma_j H_j \sqrt{S_{\ddot{x}_g}(\omega)}\{\boldsymbol{\phi}_j\} \tag{8.6.45}$$

$$\tilde{x}_r = \boldsymbol{\phi}_r \boldsymbol{\phi}_r^{\mathrm{T}} H_r \sqrt{\boldsymbol{S}_{ff}}\mathrm{e}^{\mathrm{i}\omega t} \tag{8.6.46}$$

则 8.4.2 节所给出的 CQC 及 SRSS 算法可表达如下:

由式(8.4.38)所给出的传统 CQC 算法为

$$\boldsymbol{S}_{xx} = \sum_{j=1}^{q}\sum_{k=1}^{q} \tilde{\boldsymbol{x}}_j^* \tilde{\boldsymbol{x}}_k^{\mathrm{T}} \tag{8.6.47}$$

将式(8.4.38)中的交叉项全部忽略掉,所给出的传统 SRSS 算法可表达如下:

$$\boldsymbol{S}_{xx} = \sum_{j=1}^{q} \tilde{\boldsymbol{x}}_j^* \tilde{\boldsymbol{x}}_j^{\mathrm{T}} \tag{8.6.48}$$

而虚拟激励法(式(8.6.16))(快速CQC法)可表达为

$$\boldsymbol{S}_{xx} = \left(\sum_{r=1}^{q} \boldsymbol{x}_r^*\right)\left(\sum_{k=1}^{q} \boldsymbol{x}_k^{\mathrm{T}}\right) \tag{8.6.49}$$

为了计算功率谱曲线及方差,需要对大量离散频点(ω_i,通常是几十至几百点)反复地计算式(8.6.47)、式(8.6.48)或式(8.6.49).但是对于结构振型的计算则总共只需做一次便可以了.因此用于振型计算的附加计算工作量是很小的,可假定不计入比较.则计算式(8.6.47)、式(8.6.48)或式(8.6.49)三式所需的向量乘法数分别为q^2,q及1次,每次向量乘法包含n^2次实数乘法.对于三维抗震分析而言,q一般取10~100,大跨度悬索桥抗震分析中有时候取200~300阶参振振型.当结构自由度为$n=10\,000$,总刚度矩阵的平均带宽$b=200$时,对它作三角化(LDLT)分解所需的乘法次数$nb^2/2\approx 2\times 10^8$,相当于2次上述向量乘法.如果取200个频点、200阶振型,执行式(8.4.40)就大致相当于做400万次三角化.这样庞大的计算量确实是一般工程难以接受的.这个问题如按式(8.6.21)计算,将快q^2即约10^4倍,而所得计算结果是完全相同的.这说明虚拟激励法不仅能方便地获得随机响应精确解,而且能提高计算速度约10^4倍.按SRSS法计算既不精确,又比按虚拟激励法计算多用q倍时间,显然是最不值得选择的.

在一些文献中亦将虚拟激励法称为快速CQC算法[142].它不可能略去交叉项,所以没有SRSS形式.

用模态对位移叠加法分析非经典黏性阻尼系统随机响应功率谱矩阵(8.6.24)、用模态位移叠加法分析经典黏性阻尼连续系统随机响应功率谱矩阵(8.6.16)、用模态对位移叠加法分析非经典黏性阻尼连续系统随机响应功率谱矩阵(8.6.41),这些公式都与式(8.6.49)相似,它们都是两项相乘,计算效率很高.因而上面对式(8.6.49)讨论的结论为:由虚拟激励法不仅能获得随机响应精确解,而且能提高计算速度约10^4倍.同时,虚拟激励法推导比较方便,可以用来验证传统方法推导的正确性.

上面介绍的虚拟激励法不但适用于经典黏性阻尼离散结构,适用于非经典黏性阻尼离散结构或一般连续参数结构,也适用于多点激励问题.它们除了虚拟载荷形式不同,其他方面是非常相似的.在虚拟激励法出现以前,计算非平稳随机振动是极其困难的,它比平稳随机振动多了一维(时间),计算量之大更难忍受.现在应用虚拟激励法已经可以在微机上轻易完成几万自由度工程规模的非平稳随机振动计算了.

8.7 随机振动计算结果的应用

随机振动的计算结果有广泛的应用领域,例如可用于评价各种结构系统在地震、风、海浪等随机激励作用下的安全性，车辆、飞机等的驾驶人员对随机振动环境的耐受性和乘客的舒适性.一些国家[124,153]已经就人对振动的耐受能力制定了标准.国际标准化组织也制定了人体耐受振动的相关标准 ISO2631(1978)，这一标准得到了广泛应用.

与随机振动相关的结构破坏准则主要有**首次穿越破坏**(First Excursion Failure)准则与**疲劳破坏**(Fatigue Damage)准则[119]两种.与此相关的动力可靠性的精确分析难度很大.但已有一些近似方法，可方便地将随机振动计算的结果(响应的功率谱、方差等等)应用于工程设计之中.本节对此作一简单介绍.

8.7.1 首次穿越破坏问题

结构受地震作用的动力可靠度分析是典型的基于首次穿越破坏的分析.该问题可转化为在某一时间间隔内随机过程的绝对最大值问题.

假定高斯随机过程是平稳的.在一个固定的时间间隔内随机过程的最大值也是一个随机变量.为了方便表达，假定随机激励与响应都是零均值的.对于零均值平稳随机过程 $y(t)$，记 y_e 和 σ_y 分别为 $y(t)$ 的极值(绝对最大值)和标准差，并定义无量纲参数

$$\eta = \frac{y_e}{\sigma_y} \tag{8.7.1}$$

Davenport[155]根据水平跨越次数是泊松过程的假定，求得极值的概率分布为

$$P(\eta) = \exp[-\nu T\exp(-\eta^2/2)], \quad \eta > 0 \tag{8.7.2}$$

其中

$$\nu = \frac{1}{2\pi}(\lambda_2/\lambda_0)^{\frac{1}{2}}, \quad 对于单边跨越 \tag{8.7.3a}$$

$$\nu = \frac{1}{\pi}(\lambda_2/\lambda_0)^{\frac{1}{2}}, \quad 对于双边跨越 \tag{8.7.3b}$$

$y(t)$ 的 i 阶谱矩

$$\lambda_i = 2\int_0^\infty \omega^i S_y(\omega)\mathrm{d}\omega \tag{8.7.4}$$

在实际计算结构损坏时，一般应考虑双边跨越情形. η 极值的期望值近似为[154]

$$E(\eta) \approx (2\ln\nu T)^{1/2} + \frac{\gamma}{(2\ln\nu T)^{1/2}} \tag{8.7.5}$$

标准差为

$$\sigma_\eta \approx \frac{\pi}{\sqrt{6}}\frac{1}{(2\ln\nu T)^{1/2}} \tag{8.7.6}$$

式中，T 为地震持续时间，$\gamma = 0.5772$ 为欧拉常数.而 $y(t)$ 的极值的期望值则为 $E(\eta)\sigma_y$.

对于大的 η 值，由式(8.7.2)～式(8.7.6)得到的结果是渐近精确的.因为大的 η 值相应于大的峰值，出现的概率很低，可以认为这些峰值的出现互不影响，从而泊松假定能较好地满足.一般认为，泊松假定对宽带过程和低阈值水平可能导致不安全的结果，而对窄带过程则得

到偏于保守的值.据此,Vanmarcke[156]基于穿越次数记数过程为两态马尔可夫过程的假定,求得极值的概率分布为

$$P(\eta)=\left[1-\exp\left(-\frac{\eta^2}{2}\right)\right]\cdot\exp\left[-\nu_0 T\frac{1-\exp(-\sqrt{\pi/2}q^{1.2}\eta)}{\exp(\eta^2/2)-1}\right] \tag{8.7.7}$$

其中,ν 的表达式同式(8.7.3),T 为地震持续时间;而

$$q=[1-\lambda_1^2/(\lambda_0\lambda_2)]^{\frac{1}{2}} \tag{8.7.8}$$

q 为带宽参数,介于0和1之间.对于窄带过程 q 接近于0.根据式(8.7.7)给出的概率分布函数,Kiureghian给出了最大峰值的期望值和标准差表达式[157]

$$E(\eta)=(2\ln\nu_e T)^{1/2}+\frac{\gamma}{(2\ln\nu_e T)^{1/2}} \tag{8.7.9}$$

$$\sigma_\eta=\begin{cases}\dfrac{1.2}{(2\ln\nu_e T)^{1/2}}-\dfrac{5.4}{13+(2\ln\nu_e T)^{3.2}}, & \nu_e T>2.1\\ 0.65, & \nu_e T\leqslant 2.1\end{cases} \tag{8.7.10}$$

其中

$$\nu_e=\begin{cases}(1.63q^{0.45}-0.38)\nu_0, & q<0.69\\ \nu_0, & q\geqslant 0.69\end{cases} \tag{8.7.11}$$

I.D.Gupta等[158]用1 000个各种类型的时间历程样本进行数值模拟,对以上两种模型作了比较.他们的研究表明,对所有类型的稳态随机过程来说,Davenport所作的泊松独立性假设看来是合适的.对于地震工程研究中大多数的实用目的来说,水平跨越间相互关系的影响并不重要.

8.7.2 随机疲劳累积损伤问题

有些结构长期承受随机外载荷的作用,例如海洋平台受随机波浪的作用,火车轮轴运行时所受的随机动压力等等,在某些高应力部位就可能造成疲劳累积损伤.

疲劳损伤曲线多半是根据等幅激励试验而得到的.当前,在工程上应用得比较广泛的线性疲劳累积损伤准则是由Palmgren-Miner提出的.在应力平均值为0的情况下,若应力幅值为 S_i,试件破坏的平均激励周数为 N_i,则认为 n_i 周这样强度的激励造成试件的损伤度为 $D_i=n_i/N_i$.即如果试件按任意次序受到强度为 $S_i(i=1,2,\cdots,r)$ 的激励 n_i 次,则总的损伤度为

$$D=\sum_{i=1}^{r}\frac{n_i}{N_i} \tag{8.7.12}$$

一旦 D 值累积到1,试件就发生破坏.

如果试件危险部位所产生的应力是一窄带平稳随机过程,并设应力峰值 S 的概率密度函数为 $p(S)$,则在带宽 $\mathrm{d}S$ 内应力峰值达到 S 的循环周数为 $\nu Tp(S)\mathrm{d}S$.其中 ν 是双边跨越概率,可按式(8.7.3b)计算,T 是试件承受该随机过程的持续时间.从而总的期望损伤度为

$$E[D(T)] = \nu T\int_0^{\infty}\frac{p(S)\mathrm{d}S}{N(S)} \tag{8.7.13}$$

当 S 作为时间随机变量服从正态分布,而 S-N 疲劳限曲线可以用 Basquin 公式

$$NS^b = C \tag{8.7.14}$$

来拟合时,由式(8.7.13)可进一步得到

$$E[D(T)] = \frac{\nu T}{C}(\sqrt{2}\sigma_s)^b\Gamma\left(1+\frac{b}{2}\right) \tag{8.7.15}$$

其中,σ_s 是 S 的均方根.这就可以通过结构响应的功率谱分析算得 σ_s,进而估计出疲劳破坏寿命.

这个疲劳破坏假设(有时简称为 P-M 准则)因其简单易用,且在不少情况下可以得到满足工程要求的对产品疲劳寿命的近似估计,所以在工程中得到比较广泛的应用.但必须指出,该假设还是比较粗略的,尤其是没有考虑加载顺序,试验表明有时候可能造成较大的误差.虽然已发表了一批旨在改进的研究工作[159],P-M 准则迄今仍然在工程中被较为广泛地应用.

8.7.3 人体对随机振动的承受能力

对于在高层建筑顶层工作、居住或在高速行驶车辆内的人来说,剧烈的风激振动或由于路面不平引起的车辆随机振动往往令其不舒服甚至难以忍受[153].将振动水平控制在一定限度以下是设计人员的重要目标.ISO2631 是国际标准化组织(ISO)针对以上需求而制定的控制振动水平的标准,在汽车、火车设计中尤其成为重要的质量控制依据.

ISO2631 标准是将人体所受到的在一定频率范围内于前后、左右、上下方向的加速度均方根按承受时间长短控制在一定的限度.频率范围的上限一般取为 80 Hz,一般情况下 80 Hz 以上的振动不会对人产生明显影响,可以忽略不计.对人体危害最大的振动频率范围为 0.1～0.63 Hz(对于水平振动)或 4～8 Hz(对于竖向振动).如果振动强度很大,则结构很快就会进入弹塑性状态,产生低周疲劳效应.在这方面也已经有了一些研究成果[128].

对于载人航天,低频振动环境对宇航员的影响是必须考虑的问题.由于 10 Hz 以下的低频振动环境很难通过结构传递衰减,而且结构存在 10 Hz 以下的模态时,往往会将低频振动放大,因此载人航天发射中的低频振动环境是设计中必须考虑的.

第9章 运载火箭结构动力学建模技术

运载火箭全箭动力学特性是火箭姿态控制系统设计的重要参数,是火箭载荷设计的基础,也是结构振动与推进系统相互耦合产生的自激振动(俗称 POGO)分析和设计的基础.因此在运载火箭工程中对全箭动力学特性十分关注,将之列为关键技术加以研究[160-165].获取全箭动力学特性需要采用计算和试验相结合的途径,首先建立运载火箭全箭动力学模型(以下简称建模),然后开展部分飞行状态的全箭动力学特性试验,用试验结果修正动力学模型,最后利用修正后的动力学模型给出所有飞行状态的动力学特性参数.因此运载火箭全箭动力学特性建模在运载火箭工程中十分重要.尤其随着未来火箭尺寸的增大,全箭试验越来越困难,国外已经成功地走通了用部段试验替代全箭试验的途径,大大减轻了试验难度,但需要较高的建模水平.本章在对国外主要运载火箭结构动力学建模、试验验证技术进行回顾的基础上,系统地综述国内运载火箭动力学建模技术研究现状,特别介绍基于梁模型的火箭纵横扭一体化建模技术和运载火箭全箭动特性三维建模技术.

9.1 国外动力学建模技术研究现状

国外 20 世纪 80 年代前,限于当时计算能力的限制,运载火箭动力学建模都以梁 + 集中质量模型为主,即使建立三维壳模型,也是作了大量的简化,如采用 1/4 对称,或梁单元再加上部分三维壳模型,如土星Ⅴ火箭就建立了梁和不同程度的三维模型(如图 9.1 所示).随着计算机技术的快速发展,计算能力已经不再成为运载火箭建模的瓶颈,因此,国外运载火箭按照研制阶段的不同会建立不同复杂度的动力学模型.在火箭研制的初期,没有结构的详细图纸，只好建立简单的梁+集中质量模型，随着结构设计的不断细化，模型也会逐步复杂，最终会建立比较详细的三维有限元模型.各国分析能力和试验能力有差异，运载火箭结构动力学特性获取途径也不尽相同，文献[165]对国外主要运载火箭结构动力学建模、试验验证技术进行了如下系统回顾.

9.1.1 土星Ⅰ火箭

土星Ⅰ(Saturn Ⅰ)火箭是美国为阿波罗计划而研制的第一种大型液体运载火箭，土星Ⅰ火箭一级采用集簇结构，并联9个推进剂贮箱，全长57.3 m，最大直径6.53 m，起飞质量508 t. 土星Ⅰ是第一个采用缩比模型(1962年)来研究全箭横向弯曲和扭转的运载火箭[166]，在该缩比模型试验中，采用8根钢丝绳构成悬吊系统.在地面试验模拟飞行状态自由边界条件下[167]，试验结果表明大型复杂运载火箭的动力学特性可以通过适当比例缩比模型的地面振动试验确定.

Lucas等[167]、Catherines[168]分别研究土星Ⅰ的1/5缩比模型的弯曲、扭转特性，Mixson等[169]将缩比模型的研究结果与后来进行的土星Ⅰ全尺寸动力学试验比较，表9.1给出了缩比模型的研究结果与后来进行的全尺寸动力学试验比较.从表9.1中的数据可以看出，对于低阶频率和模态，缩比模型的试验结果与全尺寸试验结果具有很好的一致性，但试验结果和计算值之间存在着很大的差别，分析认为主要原因是所采用的梁模型理论不能正确反映土星Ⅰ一级含有多个贮箱并联的集簇结构形式.

表9.1 土星Ⅰ的实尺试验、模型试验及理论计算结果比较

飞行时间	振型	全尺寸试验	1/5缩比模型试验	梁模型计算结果
起　飞	一阶弯曲	2.20	2.16	1.44
	二阶弯曲	6.74	6.10	5.32
最大动压	一阶弯曲	2.83	2.66	2.15
	二阶弯曲	7.83	7.72	6.82
助推关机	一阶弯曲	2.95	2.66	2.52
	二阶弯曲	9.79	8.90	9.45

9.1.2 土星Ⅴ火箭

土星Ⅴ(Saturn Ⅴ)是大型三级液体火箭，全长110.64 m，最大直径10.6 m，起飞质量2 945.95 t，其主要任务是将阿波罗载人飞船送入月球过渡轨道.在实施阿波罗登月计划中，为土星Ⅴ火箭设计了1/40和1/10两个动力学缩比模型[170-181].对于1/40的动力学缩比模型，仅与实尺结构动力相似，Catherines[171]，Adelman等[172]的研究结果表明，这种模型只适用于最低两三阶的振型问题.对于1/10的缩比模型，Leadbetter等[175]，Pinson等[178]，Peele

等[179]进一步完善了复制缩比模型的理论,不仅实现了动力相似,还复制了各级的全部主要结构,但是有效载荷的结构没来得及复制,仅仅是外部几何相似和缩比的刚度质量模型.土星Ⅴ最后在马歇尔宇宙飞行中心进行了全尺寸的全箭动力学特性试验[181],试验和理论分析取得了较好的一致[174].

为了研究土星Ⅴ火箭结构动力学特性,建立了四个不同的数学模型:梁－杆模型、梁－杆/1/4壳模型、1/4壳模型、三维模型[181],如图9.1所示.

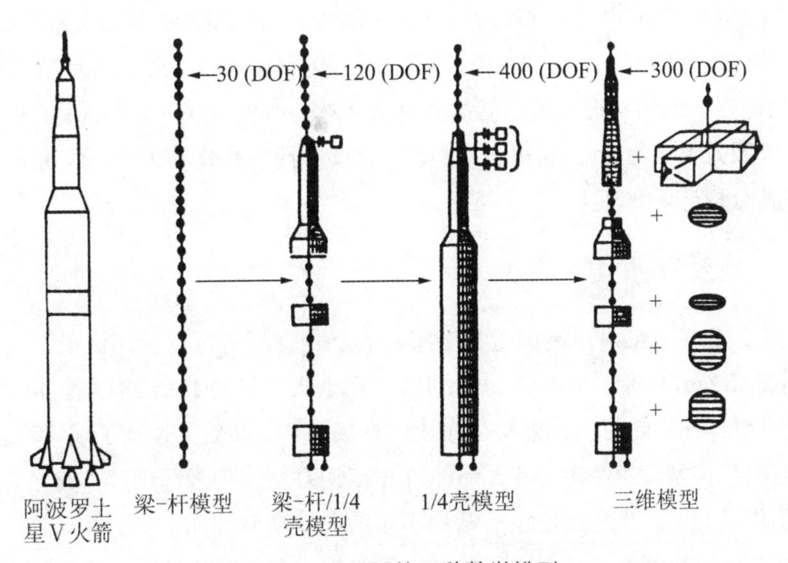

图9.1　土星Ⅴ的四种数学模型

对1/10缩比模型,Pinson等[178]的纵向振动采用由壳元、液体元和弹簧-质量单元所构成的组合模型进行计算,其中液体元忽略了液体可压缩性,只构成质量矩阵,并给出了仿真结果与试验结果的对比,在振型和频率上取得了很好的一致.

9.1.3　大力神Ⅲ火箭

大力神Ⅲ(Titan Ⅲ)是三级火箭,全长39.2 m,最大直径3.05 m,起飞质量169 t.大力神Ⅲ运载火箭是不对称的,由液体推进的芯级和两个固体捆绑助推器组成.根据此前土星Ⅰ的1/5动力学缩比模型的研究成果,证明通过动力缩比模型试验代替实尺火箭动力学特性试验是成功的,促使NASA Langley研究中心取消了大力神Ⅲ火箭研制计划的实尺全箭动力学特性试验,并且完全依靠1/5缩比模型来获得全箭动力学特性参数.通过缩比试验的结果修正理论分析模型,使得理论分析结果与试验结果取得了很好的一致,最后利用该理论模型进行了火箭的动力学特性分析[182].

9.1.4　宇宙神Ⅱ火箭

宇宙神Ⅱ(Atlas Ⅱ)的整流罩采用蒙皮加筋,直径为3.4 m、长度为10.4 m,质量约

1 210 kg.对宇宙神整流罩进行了两组模态试验：一是半罩支撑在弹性振动簧片上，近似模拟为自由-自由边界条件；二是两个半罩组合成全罩，进行根部固支边界条件试验.试验前，采用NASTRAN软件建立了有限元模型，在固支状态下为20 000个自由度，并在建模时考虑了试验件与飞行状态真实结构之间的差异.从11 Hz到65 Hz计算得到了21阶模态.

在试前模态试验分析中，要把有限元模型减缩为有代表性的动力学模型，以便用它与模态试验结果相关.对此，采用了静态缩聚、模态减缩技术等方法结合将有限元模型减缩到211个自由度的TAM模型，以优化模态试验中要求的加速度计数量和有效的激振力位置.通过计算得到在预计位置上加力引起的频响函数，用这些频响函数来计算振型指示函数和多变量指示函数，以便确定实际结构能够被激起的所有感兴趣的振型.在试后相关研究中，采用TAM模型检验了有限元模型的精度，获得了精确表示试验特性的有效FEM模型，用改进的模型再作响应或载荷分析.

9.1.5 航天飞机

航天飞机是美国NASA研制的世界上第一种天地往返可重复使用的航天运载器，全长56.14 m，高23.34 m，起飞质量30 802.7 t.1971年，航天飞机的1/15缩比模型本质上是由通过两个弹簧装置连在一起的管状梁构建而成的杆模型[183].此后又设计了航天飞机的1/8缩比动力学模型，该模型虽然保持了各大部件的重要刚度特性，但局部细节不得不进行简化.为了谨慎起见，以及为了尽早地鉴定预示结构模态的数学模型，提出了航天飞机的1/4缩比模型试验，选定1/4缩比模型的主要原因是可以近似复制全部实际结构和接头，具有实际结构的缩比质量和缩比刚度特性[184-194].

对1/8缩比模型，Bernstein等[184]采用NASTRAN有限元软件进行了理论分析工作，结果表明单个部件和组合模型试验结果与理论分析的频率相关性都在10%以内.Emero[193]对1/4缩比模型设计、制造和试验工作进行了总结，结果表明1/4缩比模型的单个大部件的试验频率总的说来与理论预示结果十分一致，偏差通常在5%以内，外贮箱的试验值比预示值要高，这说明必须改进数学模型中内压影响的表达式.

为了充分利用航天飞机1/8缩比[185]、1/4缩比[193]以及实尺的动力学模态试验数据，NASTRAN有限元软件建立了航天飞机三维复杂有限元模型.对1/4缩比模型，建立了各大部件相应的有限元模型.采用Craig-Bampton固定界面模态综合法将各大部件的数学模型组合在一起，从而形成了航天飞机发射和助推飞行阶段的整体数学模型.

为了进一步验证分析结果的有效性，航天飞机在马歇尔航天中心进行了全尺寸试验，采用油气弹簧支撑模拟自由-自由边界条件（运载器首次采用油气弹簧支撑代替悬吊系统模拟自由-自由边界条件），整个航天飞机划分为若干个子结构进行试验.

9.1.6 阿瑞斯火箭

阿瑞斯是美国在研的新一代运载火箭，包括阿瑞斯Ⅰ(Ares Ⅰ)载人和阿瑞斯Ⅴ(Ares Ⅴ)载货两种型号,用于执行重返月球、登陆火星甚至更远星球的探索任务.按照“星座”计划的构想,阿瑞斯Ⅰ不仅能将搭载6名宇航员或货物的“猎户座”载人探测飞行器送入国际空间站(ISS)执行物资运输和建造任务,还能将搭载4名宇航员的“猎户座”送入近地轨道执行重返月球任务.阿瑞斯Ⅴ将作为NASA未来主要的航天运输工具,为月球基地的建立以及人类在地球轨道外生存运送物资.阿瑞斯Ⅰ验证箭2009年10月8日首飞.与土星Ⅰ、土星Ⅴ航天飞机等采用缩比模型不同,阿瑞斯Ⅰ进行了模块5(逃逸飞行器)、模块1(级间段、固体发动机前裙及第五段)、全箭三个状态(如图9.2所示),以及自由、固支两种边界条件的实尺寸试验[194-195].为了提高分析精度,阿瑞斯Ⅰ还进行了上面级支撑结构连接刚度分析及验证试验[196].试验前首先进行三维有限元建模及模态分析,起飞和竖立状态模态分析结果如图9.3所示.试验后进行试验结果和分析结果的相关性分析,竖立状态分析与试验结果相关性分析如图9.4所示[194].

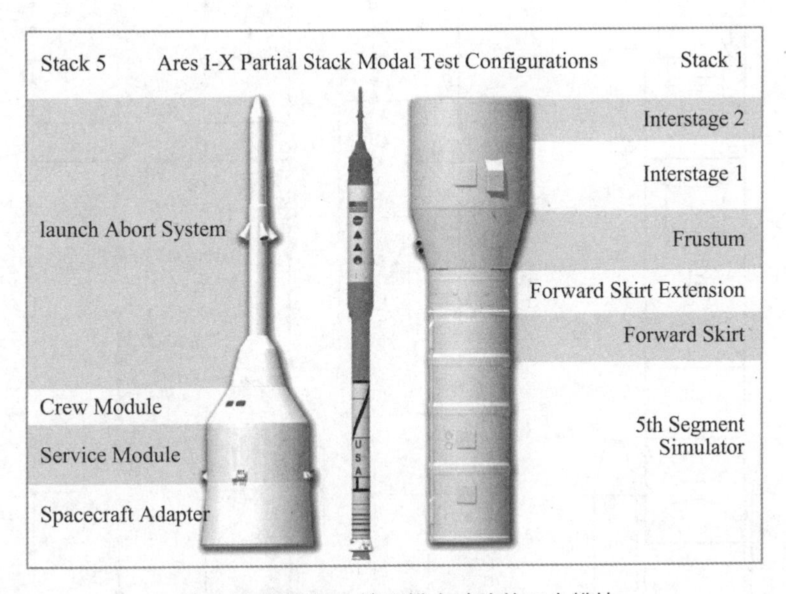

图9.2 阿瑞斯Ⅰ地面模态试验的三个模块

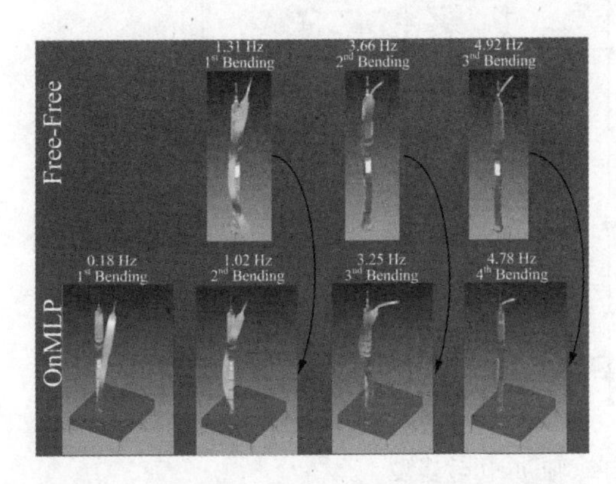

图9.3 阿瑞斯Ⅰ飞行和竖立状态模态分析结果

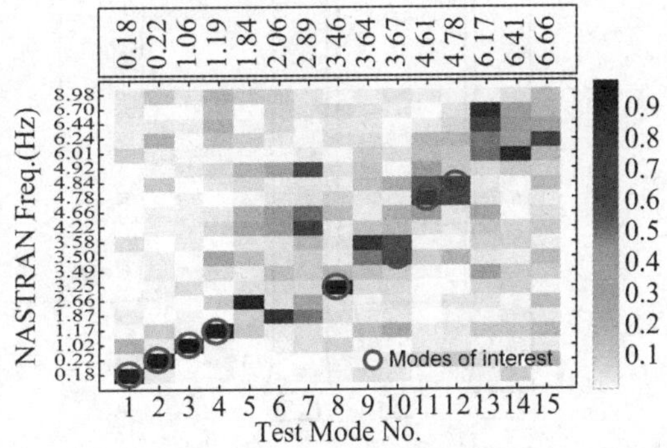

图9.4 阿瑞斯Ⅰ竖立状态分析与测量结果相关性分析

9.1.7 H-Ⅱ火箭

H-Ⅱ火箭是日本研制的二级液氢/液氧火箭，捆绑两个固体助推器，全长 50 m，最大直径7.6 m，起飞质量 260 t. H-Ⅱ火箭轴向、横向、扭转采用了不同的模型进行分析[197]（如图 9.5 所示）. 为研究 H-Ⅱ火箭的全箭动特性，建立了火箭的三维分析模型，在此模型中，火箭分为若干子结构，通过约束主模态技术对子结构的自由度数减缩，得到用于各类动态问题的总体火箭动力模型.

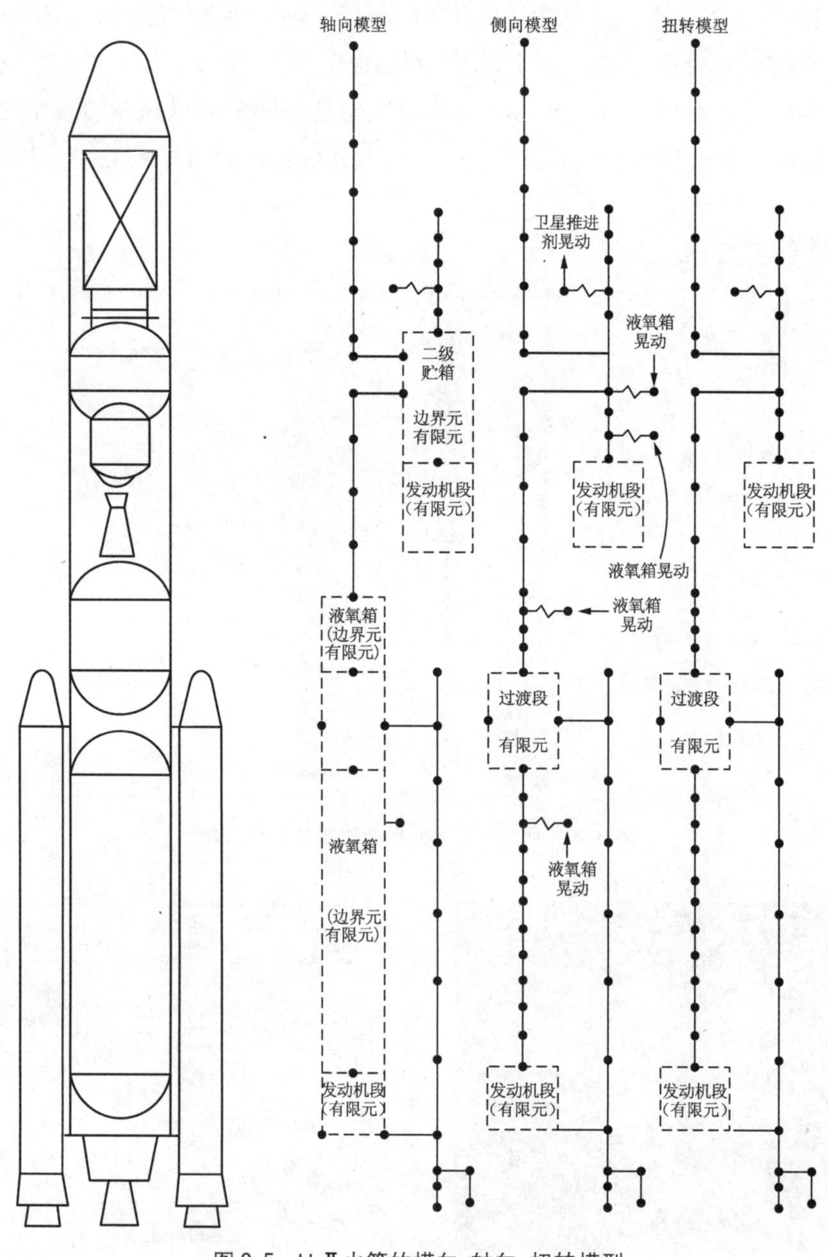

图 9.5　H-Ⅱ火箭的横向、轴向、扭转模型

为了检验分析方法和计算模型的正确性，对 H-Ⅱ火箭进行了 1/5 缩比模型试验．缩比模型的材料与原火箭基本相同，对整体火箭振动响应可能有着重大影响的主要结构部段还进行了详细的结构模拟．试验时液氧用水模拟，液氢箱始终空着，固体推进剂用具有相似黏度和弹性的物质模拟，用弹簧支撑实现自由支撑条件，支撑系统频率要求为结构最低弹性频率的 1/10．试验结果与理论分析结果除了发射前竖立空箱状态俯仰方向偏差加大外，其他状态一致性较好，尤其在低频范围内两者具有较好的一致性[198]，详细数据见表 9.2．

表 9.2　H-Ⅱ火箭的 1/5 缩比模型试验结果与分析结果对比

状　态		试验(Hz)	分析(Hz)	相对偏差
发射前（箱空状态）	俯仰	3.32 10.90 15.80	2.23 12.20 22.70	32.83% -11.93% -43.67%
	偏航	5.58 14.40 23.60	6.15 14.40 26.30	-10.22% 0.00% -11.44%
发射前（液氧箱满）	俯仰	2.03 10.60 14.80	1.98 11.80 20.30	2.46% -11.32% -37.16%
	偏航	3.83 13.10 20.30	4.13 12.40 19.20	-7.83% 5.34% 5.42%
起飞	俯仰	14.00 16.80 33.80	13.90 19.50 32.20	0.71% -16.07% 4.73%
	偏航	13.80 15.00 20.80	13.70 17.60 26.60	0.72% -17.33% -27.88%

9.1.8　阿里安系列火箭

阿里安Ⅳ火箭为三级火箭，全长 57～59.8 m，起飞质量约 470 t，可以捆绑不同的助推器形成六种一子级与助推的组合以适应发射不同的有效载荷．阿里安Ⅳ系列运载火箭建立了一个较高精度的三维数学模型，可以通过模态综合预示火箭的总体特性．但由于阻尼数据和斜率数据难以确定，进行了必需的部段试验以鉴定并完善描述火箭总体动力学特性的数学模型．由于厂房高度的限制，试验只能按子结构形式进行[199]．

阿里安Ⅴ火箭是欧洲空间局研制的二级捆绑式大型运载火箭，全长 52～54 m，芯级直径 5.0 m，最大起飞质量约 713 t．法国宇航公司是在其开发的 PERMAS 有限元程序包上完成动力学建模工作的，在工程项目刚刚启动时就建立了两个动力学模型：一个是由梁和弹簧元组成的横向模型（如图 9.6 所示），用于火箭的弯曲/扭转特性分析[200]；另一个是带有液体网格

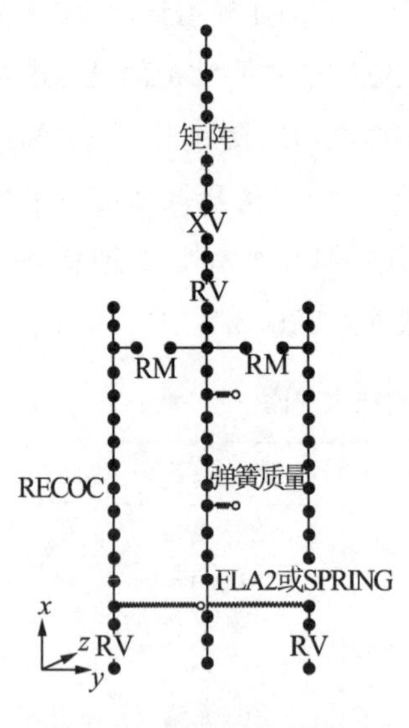

图 9.6　阿里安Ⅴ梁模型

的轴对称纵向模型(如图 9.7 所示),用于贮箱和推进剂纵向动力学特性分析.为了很好地掌握火箭构型在设计过程中可能的演变,建模中大量采用了子结构.研制末期,考虑到专门的边界条件,将火箭某些结构件的局部三维减缩模型加入到全箭振动模型.该模型可以用于控制稳定性分析,以及竖立在发射台上和起飞时的运载火箭动力学特性预示.由于阿里安Ⅴ火箭的尺寸大,结构复杂,要把整个运载火箭按标准的飞行状态组装起来进行全箭试验是不实际的,采用的替代方法是把运载火箭分解成几个主要部件进行试验,并且要求严格选择边界条件、贮箱加注量和试验载荷,以尽可能地代表飞行条件,尽量保持每个结构的自身动力学特性.为了更准确地确定整体动力学特性,还补充进行了一些静力试验来确定部段的刚度.对于所有的动力试验都进行了理论预示,试验后利用测量数据对理论模型进行局部的修正和改进.试验数据分析表明,试验数学模型可以很好地预示运载火箭的动力学特性[201].

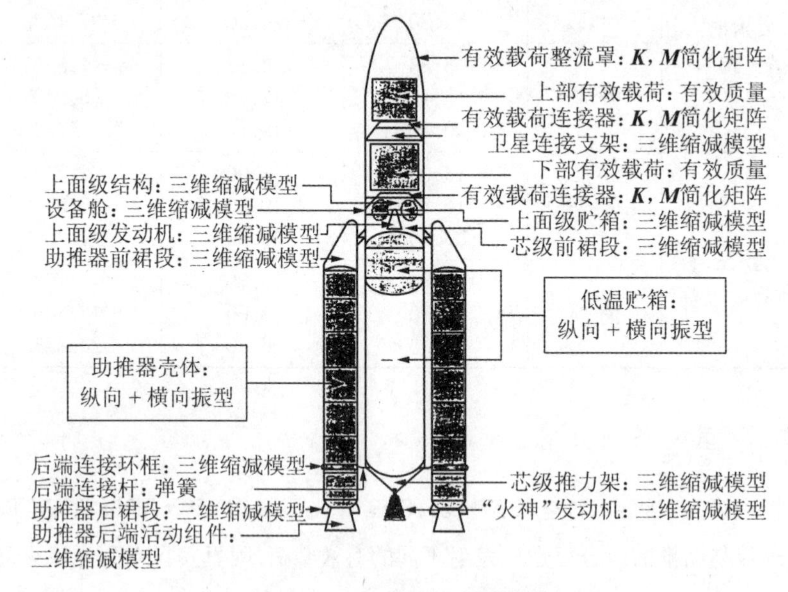

图 9.7　阿里安Ⅴ的三维模型

9.2　国内动力学建模技术研究现状

以往的大量试验和分析表明,对于串联火箭,可以将全箭近似表示为一个梁结构,并将发动机或者整流罩等结构作为分支梁进行考虑,结构的模态可以分离为横向、纵向、扭转独立的模态.国内运载火箭全箭动力学建模仍以梁模型为主.

从1990年首次发射澳星到后来的载人火箭，都使用了捆绑火箭.长征二号捆绑火箭是我国研制的第一种捆绑式二级液体火箭，全长49.7 m，起飞质量462 t.由于缺乏捆绑火箭模态分析和试验经验，设计制造了一个1/10缩比模型，以确定捆绑火箭试验方案、检验试验方法以及探索捆绑火箭动力学建模方法.在新建的振动塔进行了实尺的全箭振动特性试验.在长征二号E火箭的研制过程中，朱礼文开发了捆绑火箭有限元分析程序，并应用于多个火箭结构动力学建模、模态分析、星箭载荷耦合分析.于海昌、朱礼文[202]建立以梁+集中质量模型为主的六个子结构的固定界面模态综合模型，用于计算火箭的横向弯曲和扭转模态，如图9.8所示.纵向特性分析仍然采用弹簧质量模型.邱吉宝、王建民[203]建立以梁+集中质量模型为主的多分支梁模型，如图9.9所示的长征二号E火箭分支梁模型，用试验数据修改后的各子结构模型组装形成运载火箭的整体模型，给出模态参数预示，与之后的实尺全箭模态试验结果相比，低频的三对横向弯曲模态频率的偏差都小于3%，振型都比较一致，进行了很好的模态试验仿真.

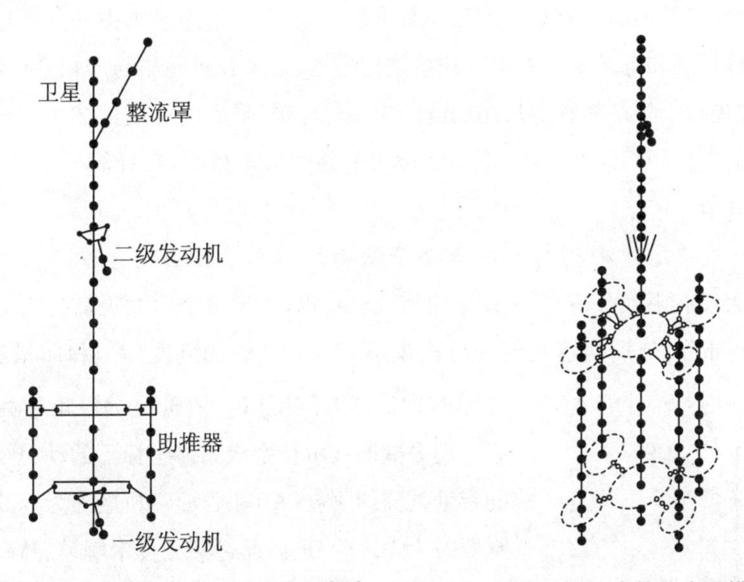

图9.8　长征二号E火箭分支梁模型示意图[202]　　图9.9　长征二号E火箭分支梁模型示意图[203]

用于载人发射的长征二号F火箭，是在长征二号捆绑火箭基础上发展起来的二级捆绑火箭.在研制过程中进行了模拟竖立空箭、模拟竖立加注和飞行典型秒状态的全箭横向和扭转模态试验.试验解决了火箭高度超出振动塔可容纳高度问题、整流罩支撑机构与飞船连接刚度问题、宇航员座椅传递特性问题[246].在该型号首飞前的合练状态，进行竖立空箭模态试验及垂直运输动响应测量.在长征二号F火箭的研制过程中，为了更好地反映飞船与运载火箭的连接结构关系，王毅、邱吉宝[68,204]在多分支梁模型基础上增加了飞船与整流罩三维有限元模型.王建民等[205]建立了纵横扭一体化三维模型，采用试验与分析相结合的技术途径，进行了详细的论述，对捆绑火箭模态结果进行了分析，给出了捆绑火箭的模态族和纵、横、扭耦合模态特征，提出了必须基于空间模态对捆绑火箭的POGO和姿态稳定进行设计的思想，并对设计中应关注的模态进行了讨论.潘忠文等[206,211]系统总结了基于梁模型的火箭纵横扭一体化建模技术,王建民等[207]系统总结了火箭三维建模技术.下面介绍几个运载火箭模型建模实例.

9.2.1 基于梁模型的火箭建模方法

1. CZ-2E 运载火箭全箭模态分析与试验

文献[68,203-204]采用子结构试验模型综合技术进行大型捆绑式 CZ-2E 运载火箭全箭模态试验仿真预示.CZ-2E 运载火箭结构分为芯二级、芯一子级、4 个捆绑助推器和上下连接结构等子结构.首先分别对每个子结构进行试验建模,对芯二级与芯一子级子结构建立两种数学模型——工程梁元简单数学模型和壳体数学模型,分别进行几个秒状态模态试验,给出相应的模态参数,每个秒状态相应于一种质量分布.采用子结构试验建模综合技术,将所有的秒状态模态试验获得的模态参数用于修改验证芯级、助推器和上下连接结构等子结构数学模型.特别是上下连接结构弱连接数学模型非常难以建立,在上下连接结构处分别建立壳、梁与杆组合连接结构模型和等效梁与杆组合连接结构模型,采用有限元法与加权残值法分别进行静动力分析,并进行模型结构和实尺结构静动力试验验证,最后确定连接结构的数学模型.将各子结构修改后的模型组装在一起,形成运载火箭整体数学模型,在计算机上进行模态试验仿真.详见 12.3 节.

2. 以梁+集中质量模型为主的六个子结构的模态综合法

大型捆绑火箭有限元分析[202]采用了模态综合技术,先把整个运载火箭分为卫星、芯级和 4 个助推器六大部分,分别构造它们的分析模型.例如,芯级的刚度($\boldsymbol{K}$)和质量($\boldsymbol{M}$)矩阵为 756 阶,助推器的刚度($\boldsymbol{K}$)和质量($\boldsymbol{M}$)矩阵为 228 阶.然后用动力减缩技术转换成总体坐标下的动力矩阵,减缩后的带助推器的刚度($\boldsymbol{K}$)和质量($\boldsymbol{M}$)矩阵为 350 阶,不带助推器时为 122 阶.最后通过移频技术解模态综合方程得到所需的模态参数.图 9.10 为模态综合计算的简化模型,表 9.3 列有各子部件的动力自由度的编排.

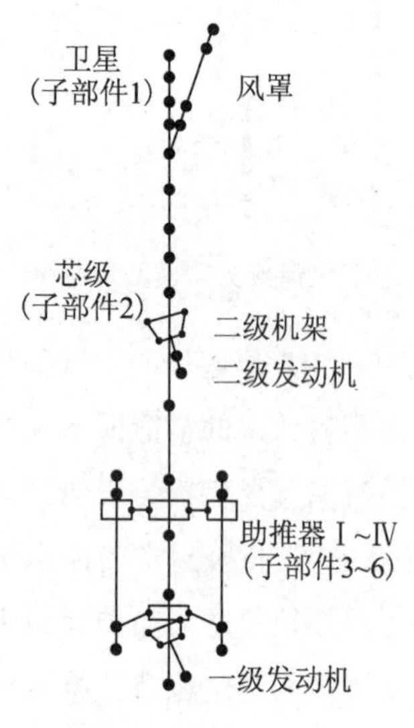

图 9.10 模态综合计算的简化模型

表 9.3 子部件模态自由度编排

部件名	主模态	结束模态	物理坐标
卫 星	1~71	—	—
助推器Ⅰ	72~101	102~116	—
助推器Ⅱ	117~146	147~161	—
芯 级	162~206	207~248	—
助推器Ⅲ	261~290	291~305	—
助推器Ⅳ	306~335	336~350	—
梁元(转角)	—	—	249~260

9.2.2 局部三维建模方法

1. CZ-2F运载火箭全箭模态分析与试验

如图9.11所示,CZ-2F运载火箭结构分为芯二级、芯一子级、4个捆绑助推器和上下连接结构等子结构,神舟飞船由3个舱体组成.分别对每个子结构进行试验建模,神舟飞船与整流罩建立三维有限元模型,芯二级、芯一子级、4个捆绑助推器按工程梁建模,载人运载火箭整体模型详见12.3节.

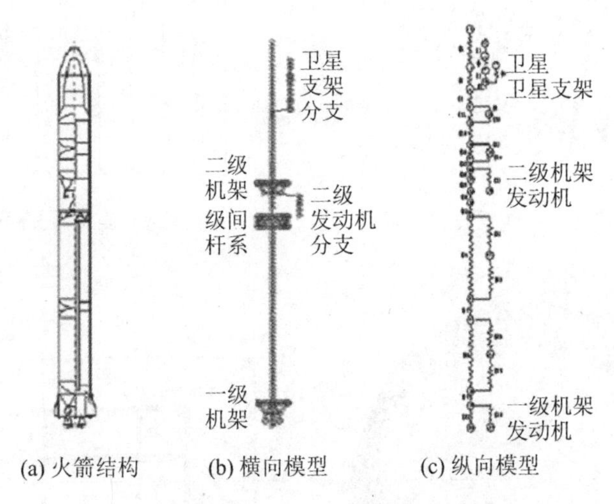

图9.11 火箭结构及其动力学分析模型

2. 某运载火箭速率陀螺安装位置附近结构的局部三维建模

为了简化贮箱推进剂处理,文献[209]重点研究速率陀螺安装位置局部振型斜率问题,在某火箭有限元模型中贮箱仍然采用梁单元,推进剂以耦合质量形式分布在梁单元的相应节点上,且不考虑转动惯量.模拟卫星、井字梁、上面级结构载荷支架、仪器舱、二级箱间段、级间壳段、级间杆系、一级箱间段、后过渡段、尾段均采用三维有限元模型.全箭有限元模型如图9.12所示,速率陀螺所在部段、安装位置有限元模型如图9.13~图9.16所示.

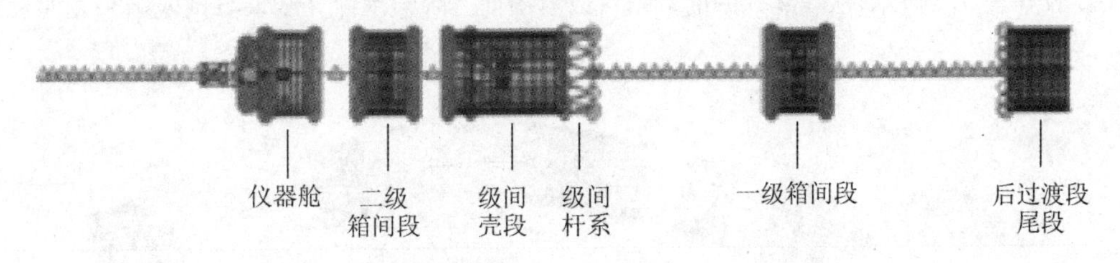

图9.12 火箭局部结构采用三维建模的有限元模型

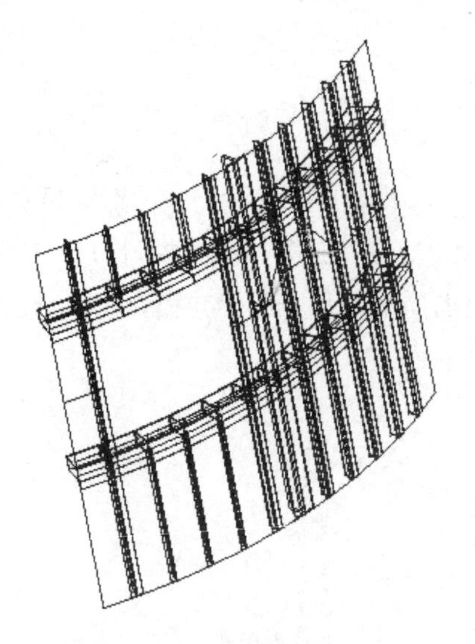

图 9.13　俯仰速率陀螺安装位置

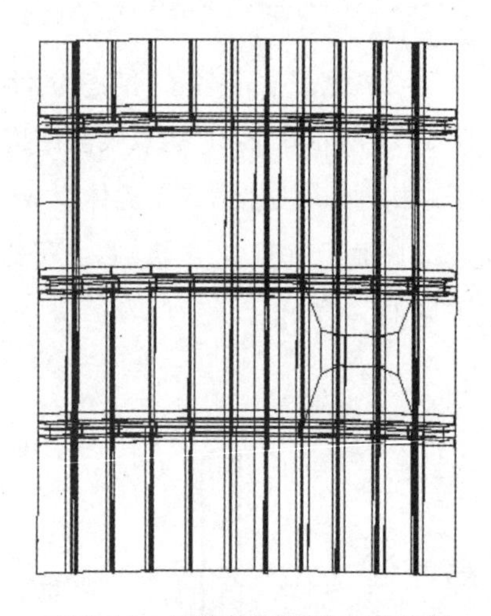

图 9.14　偏航速率陀螺安装位置

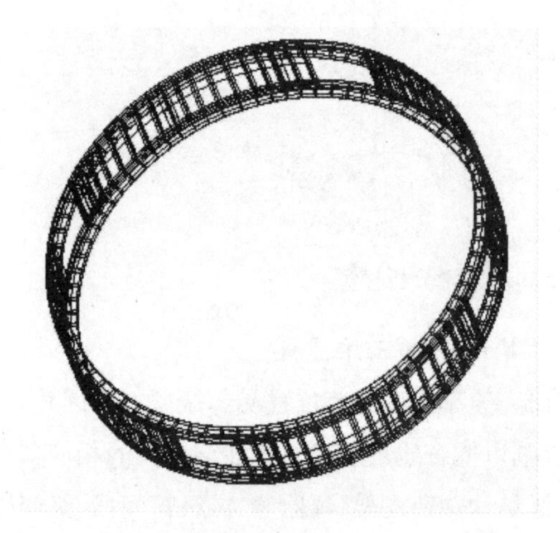

图 9.15　速率陀螺所在部段开口位置

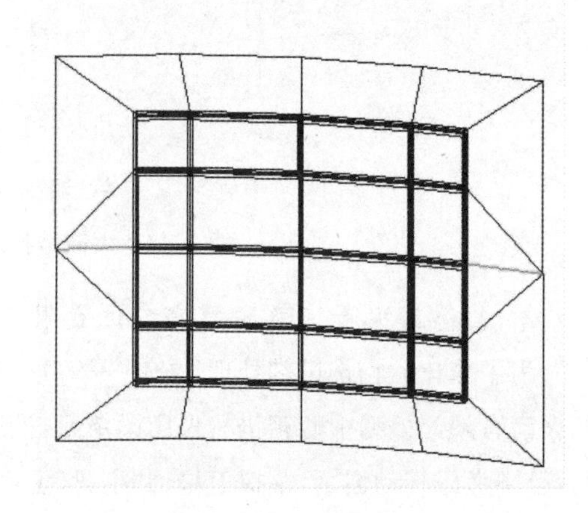

图 9.16　级间壳段口盖

全箭前三阶横向动力学特性计算结果如图 9.17～图 9.19 所示，频率计算结果与试验结果比较如表 9.4 所示，从表 9.5 中的数据可以看出前三阶频率计算结果与试验结果相对偏差小于±10%.

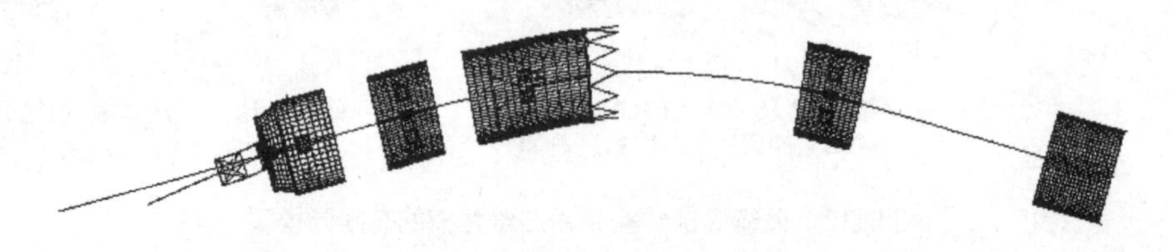

图 9.17　火箭局部结构采用三维建模的横向一阶模态

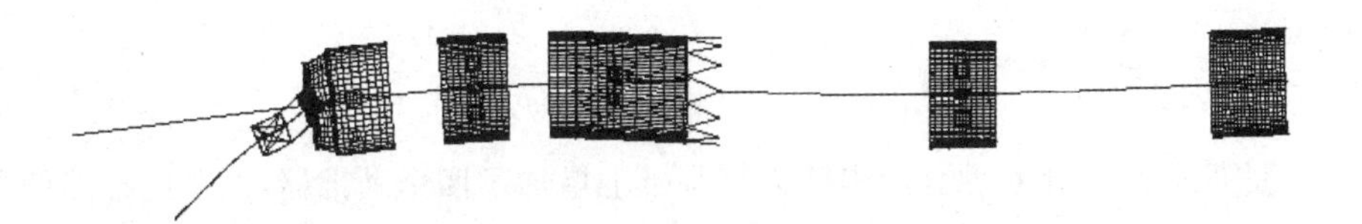

图9.18　火箭局部结构采用三维建模的横向二阶模态

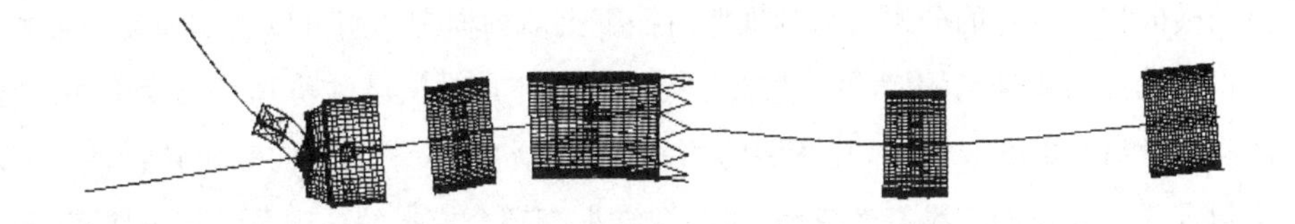

图9.19　火箭局部结构采用三维建模的横向三阶模态

表9.4　横向频率与试验结果比较

试验状态	阶次	方向	计算结果(Hz)	试验结果(Hz)	相对偏差(%)
状态1	横向一阶	俯仰	2.83	2.96	-4.4
		偏航	2.82	2.96	-4.7
	横向二阶	俯仰	6.76	6.42	5.3
		偏航	6.66	6.04	10.3
	横向三阶	俯仰	9.26	9.76	-5.1
		偏航	9.17	9.66	-5.1
状态2	横向一阶	俯仰	3.5	3.74	-6.4
		偏航	3.5	3.71	-5.7
	横向二阶	俯仰	6.8	6.54	4.0
		偏航	6.7	6.13	9.3
	横向三阶	俯仰	9.65	9.87	-2.2
		偏航	9.51	9.77	-2.7
状态3	横向一阶	俯仰	5.11	5.13	-0.4
		偏航	5.08	5.16	-1.6
	横向二阶	俯仰	8.43	8.27	1.9
		偏航	8.26	7.82	5.6
	横向三阶	俯仰	13.59	12.5	8.7
		偏航	13.59	12.54	8.4

9.2.3 三维建模实例

对于捆绑火箭，由于在原来的串联火箭基础上增加了四个助推器，每个助推器的质量占全箭质量相当大的比例，助推器的横向和纵向运动会参与芯级的弹性变形，使得全箭的横向振动、纵向振动、扭转振动以及助推器的局部振动相互耦合，构成一个复杂的模态族．针对捆绑火箭的横向特性进行的分析认为助推器对捆绑火箭的模态作用可以当作随动质量看待，但没有认识到助推器所带来的横、纵、扭耦合特性．文献[163]从试验仿真的角度论述了运载火箭全箭动力学特性的获取途径，其开展的仿真工作仅包括火箭的横向和扭转特性，并没有建立一个包含横、纵、扭的三维特性模型．对于捆绑火箭耦合模态的认识及采用三维模态进行火箭 POGO 设计和姿态稳定设计的思想尚没有得到足够的重视．

如在我国首次载人航天飞行当中，宇航员感到了一个较大的低频振动，从遥测数据分析，该振动为一个短时放大的单频振动，经分析认为引起振动的原因是推进系统和结构振动相互耦合产生自激振动．为了解决该问题，需要准确了解全箭结构动力学特性，尤其是与发动机纵向振动有关的动力学特性，因此研究火箭的全箭动力学特性是十分必要的．

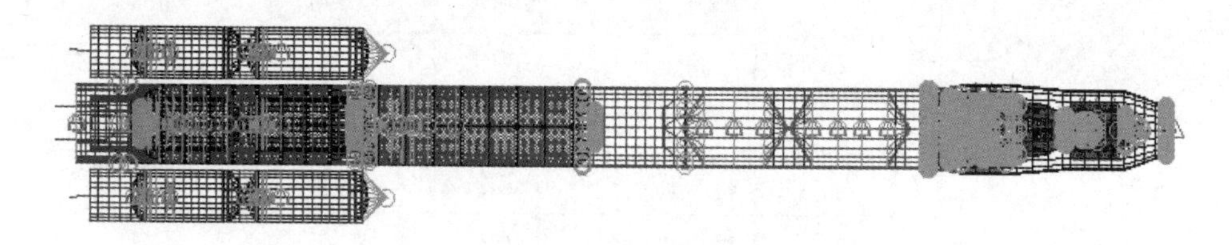

图 9.20　全箭状态的有限元模型

利用三维建模方法，文献[205]对我国某运载火箭进行了三维建模．建模软件采用 MSC/PATRAN 和 MSC/NASTRAN．模型使用了板单元（QUAD4，TRIA3）、梁单元．图 9.20 示出了全箭有限元模型．利用该模型同时对火箭结构的横向、纵向、扭转模态进行计算，并与试验进行了对比[205]，振型对比如图 9.21～图 9.28 所示．图 9.21 和图 9.22 为横向为主的试验模态与计算模态，图 9.23 和图 9.24 分别为纵向为主的试验模态与计算模态，图 9.25 和图 9.26 分别为助推器横向为主的试验模态与计算模态，图 9.27 和图 9.28 分别为扭转为主的试验模态与计算模态．从这些模态振型中可以看出，从计算模态和试验模态能够找到相互的对应关系，说明计算模型从模态分布上基本反映了实际的情况．

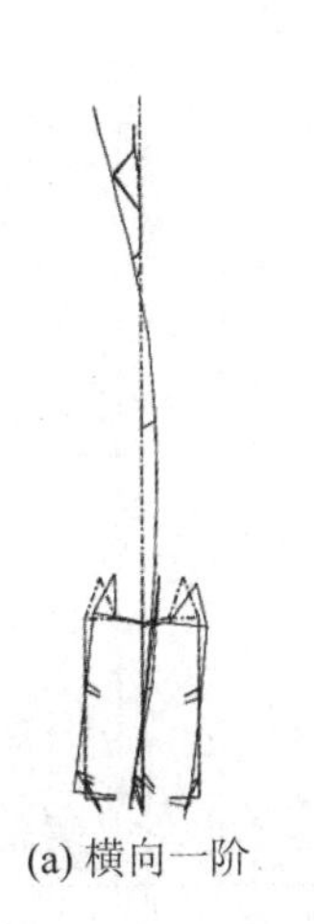
(a) 横向一阶

(b) 横向二阶

(c) 横向三阶，助推器随动

(d) 横向三阶，助推器反向

图9.21 横向为主的试验模态

(a) 横向一阶

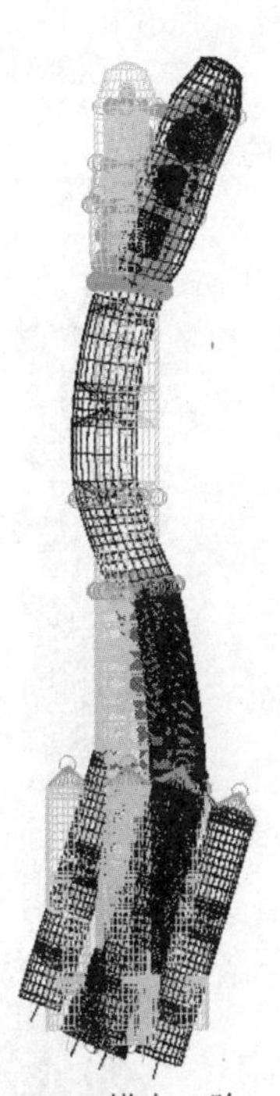
(b) 横向二阶

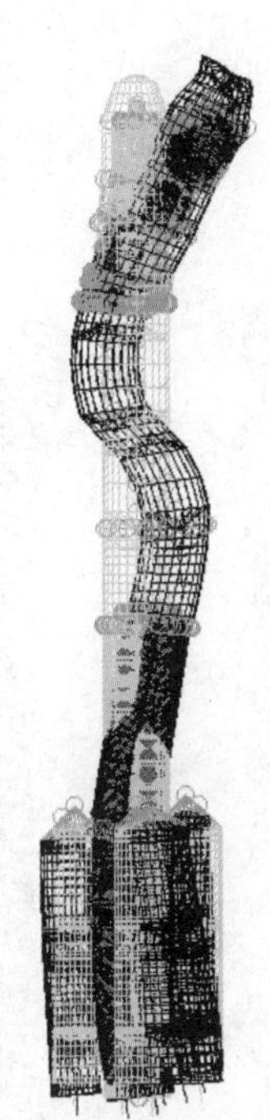
(c) 横向三阶，助推器随动

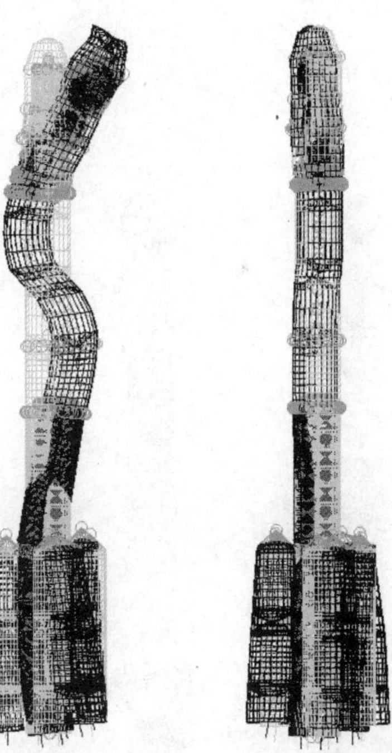
(d) 横向三阶，助推器反向

图9.22 横向为主的计算模态

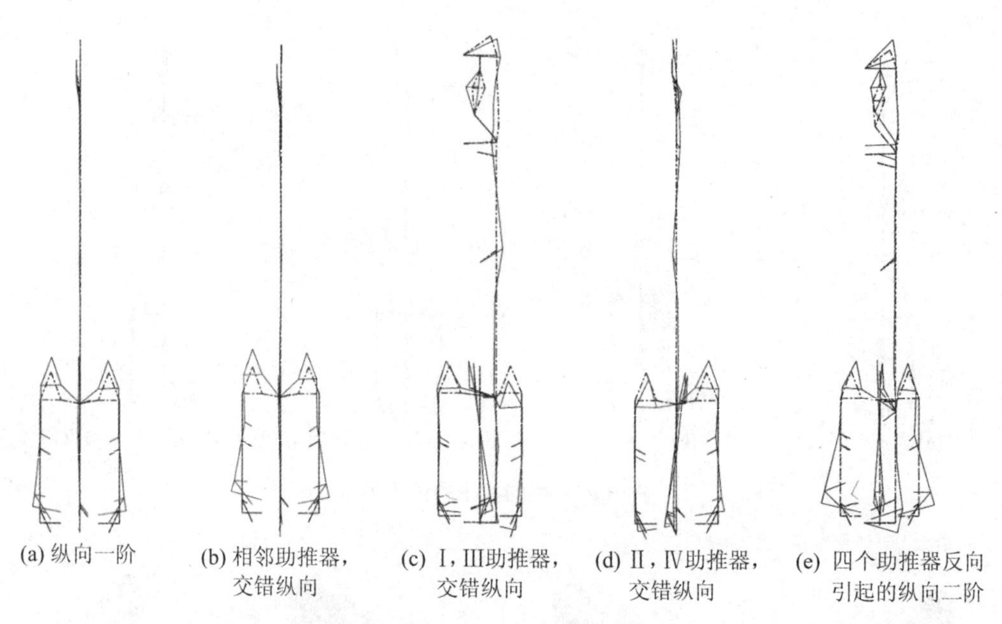

(a) 纵向一阶　(b) 相邻助推器，交错纵向　(c) Ⅰ，Ⅲ助推器，交错纵向　(d) Ⅱ，Ⅳ助推器，交错纵向　(e) 四个助推器反向引起的纵向二阶

图 9.23　纵向为主的试验模态

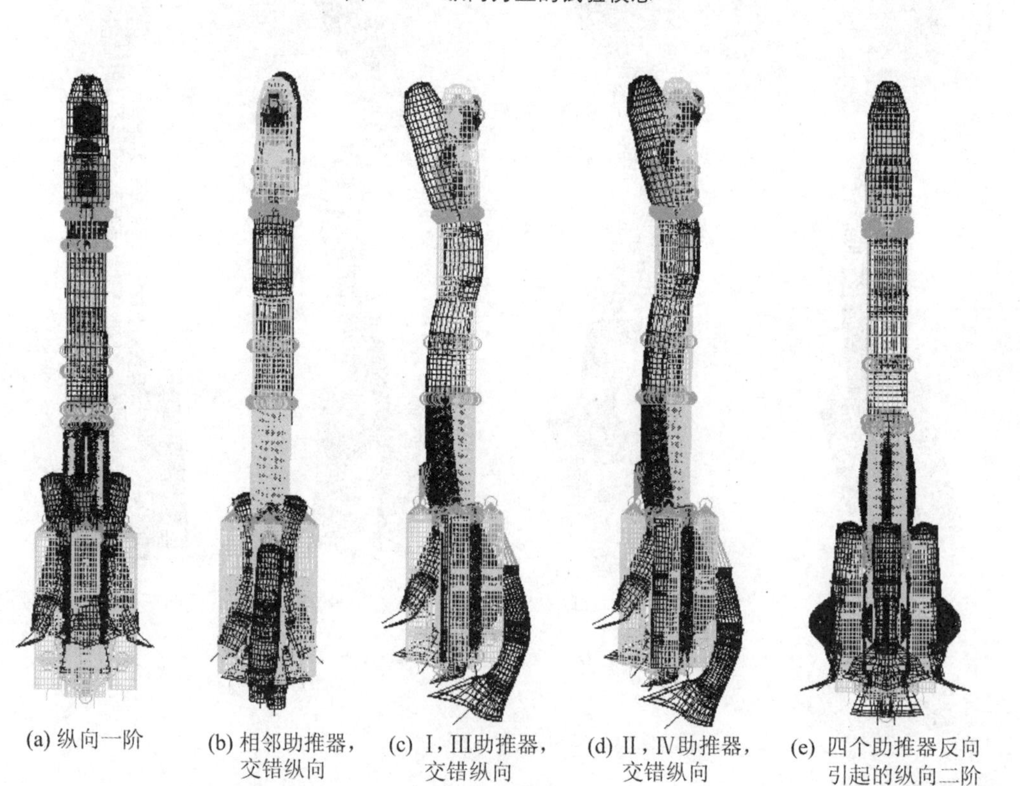

(a) 纵向一阶　(b) 相邻助推器，交错纵向　(c) Ⅰ，Ⅲ助推器，交错纵向　(d) Ⅱ，Ⅳ助推器，交错纵向　(e) 四个助推器反向引起的纵向二阶

图 9.24　纵向为主的计算模态

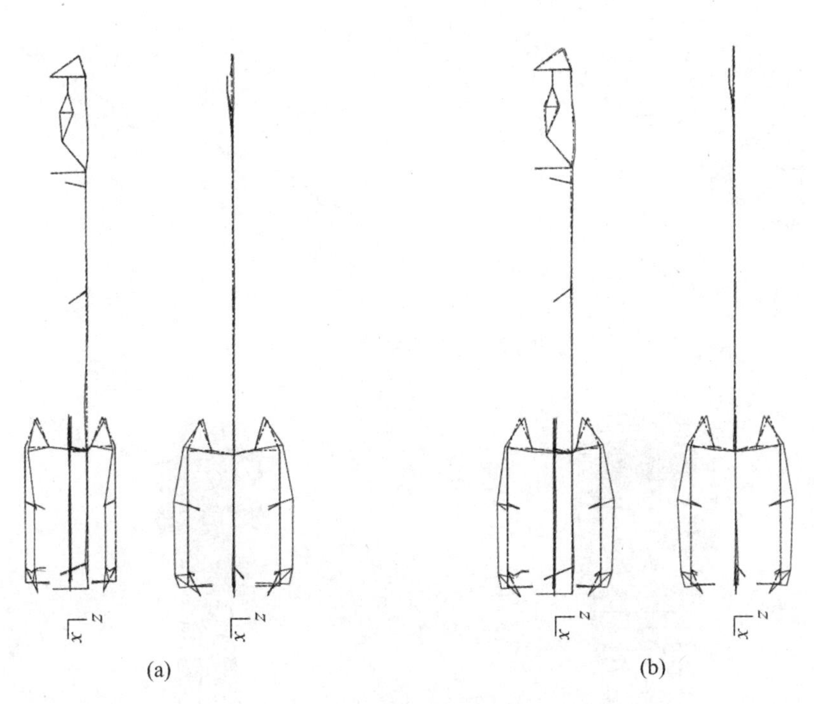

图9.25　助推器横向为主的试验模态

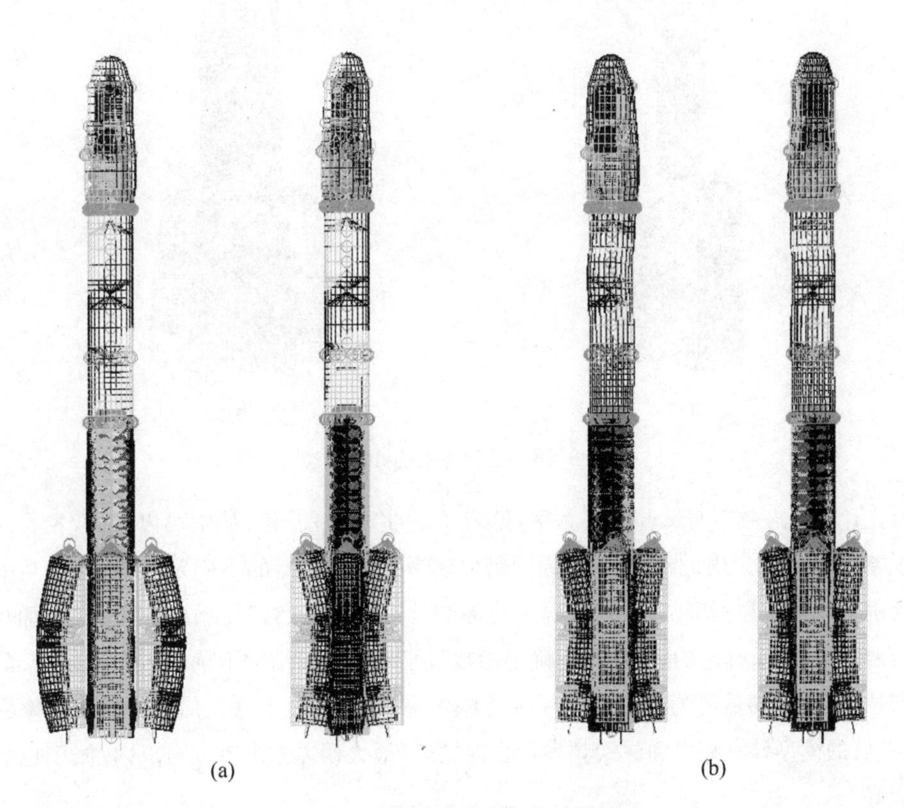

图9.26　助推器横向为主的计算模态

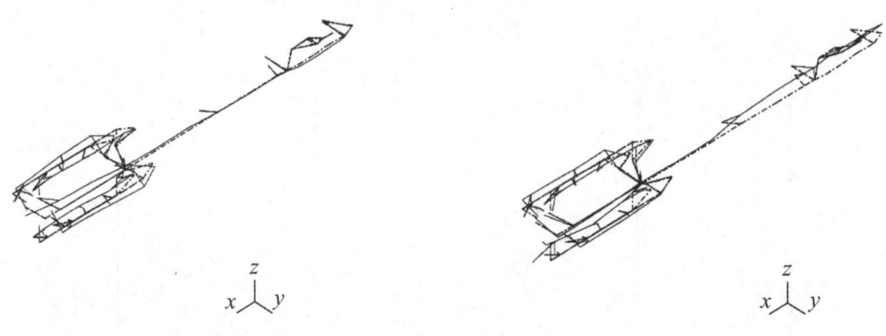

图 9.27　扭转为主的试验模态

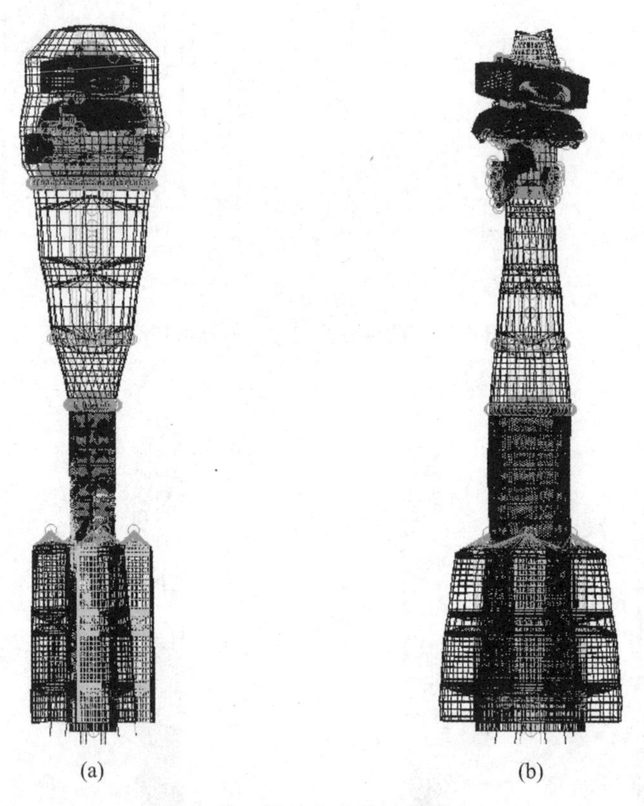

图 9.28　扭转为主的计算模态

对比计算模态频率与试验模态频率，见表 9.5 的“修改前”栏. 从中可以看出，主要的模态频率误差均在 25%以内. 造成误差的原因是建模当中某些连接的不确定性. 将建模当中的参数分为确定化参数和不确定化参数. 确定化参数就是在模型的建立当中比较有把握的参数，如确定的蒙皮厚度、确定的梁截面；不确定参数就是那些实际结构不确定因素较多的部分，如连接部位. 不确定参数可通过试验结果进行修正. 表 9.5 列出了修正前后的模态频率变化情况，修正后的模型计算频率和试验频率符合得较好，最大误差控制在 7%以内，振型也能够符合得较好.

表 9.5　修改前后计算模态频率与试验模态频率对比

模态说明	试验频率(Hz)	修改前		修改后	
		计算频率(Hz)	相对误差(%)	计算频率(Hz)	相对误差(%)
Ⅱ-Ⅳ向一阶	2.27	2.14	−5.73	2.27	0.00
Ⅱ-Ⅳ向二阶	5.21	4.52	−13.24	4.85	−6.91
Ⅱ-Ⅳ向三阶	8.46	8.60	1.65	8.58	1.42
整体纵向一阶	8.93	9.63	7.84	9.20	3.02
助Ⅰ、Ⅲ与助Ⅱ、Ⅳ交错纵向	11.69	14.55	24.47	11.93	2.05
助Ⅰ与助Ⅲ交错纵向,伴有横向	12.51	14.14	13.03	12.04	−3.76
助Ⅱ与助Ⅳ交错纵向,伴有横向	12.59	14.15	12.39	11.98	−4.85
助Ⅰ、Ⅱ、Ⅲ、Ⅳ横向弯曲相对运动	19.05	20.70	8.66	19.49	2.31
助Ⅱ、Ⅳ横向弯曲同向运动	19.90	21.96	10.35	21.09	5.98

9.2.4　整星有限元三维建模实例

文献[45]介绍中国为巴基斯坦研制的商业通信卫星，它由通信舱、服务舱和推进舱等多个子结构组成，卫星上安装了多副通信天线，结构系统十分复杂.采用 NASTRAN 软件进行初始建模，主结构由中心承力筒以及通信舱和服务舱的外板组成，有限元建模中采用复合材料板、壳单元模拟，不考虑预埋热管的影响；贮箱中的模拟工质简化为中心集中质量，通过多点约束连接到贮箱单元上，不考虑液固耦合的影响；星上其他部件(太阳翼和天线)的模型则由各分系统研制单位提供，并根据结构星的实际状态和模型修正的需要进行了简化.整星有限元模型共包含 19 038 个节点、21 364 个单元，总质量约为 4 500 kg.图 9.29 为其构型及有限元模型示意.

结构星建造完成后，根据结构星实际状态调整有限元模型，得到试验分析模型(TAM)，它将为试验模态正交性检验以及试验模态有效质量的计算提供缩聚的质量矩阵，同时也可作为模型修正的初始分析模型.

结构星模态试验采用固定支承边界，使用成熟的夹具将结构星固定在试验区地轨上.在整星模态试验中，不同激励方向上，分别采用了单点随机激励、多点(两点)随机激励和正弦扫描的方法，测得 5 阶主模态，结果见表 9.6.

根据初始有限元建模的经验，结合灵敏度分析，选择了 80 个参数作为修正参数，其中包括复合材料铺层的厚度、复合材料的弹性模量、主要连接部件的几何尺寸等.修正参数的上下限根据工程经验确定.经过 24 步迭代，模型修正问题收敛，修正前后分析预示与试验实测模态参数的比较见表 9.6.由表 9.6 可知，参与修正的 4 阶模态中，修正后的模型在 x，y，z 三个方向上一阶模态频率预测的最大误差为 −2.5%，与初始模型最大误差−4.4%相比，频率预测精度有所提高.对于模态振型，除了初始模型预示精度较高的 x，y 向一阶弯曲模态（MAC 大于 0.9）外，纵向一阶模态修正后模型的 MAC 也达到了 0.74，振型的预示精度达到了工程上要求 MAC 值大于 0.7 的指标.初始模型对 x 向二阶弯曲模态频率和振型的预示精度都较差，而修正后的模型能够准确预示该阶模态频率（误差为 3.8%），同时振型的预示精度也大幅提高，MAC 值从 0.43 提高到 0.62.综上所述，经过参数修正，有限元模型能够准确预示参与修正的试验实测模态的频率，振型的预示精度也得到了相应提高.

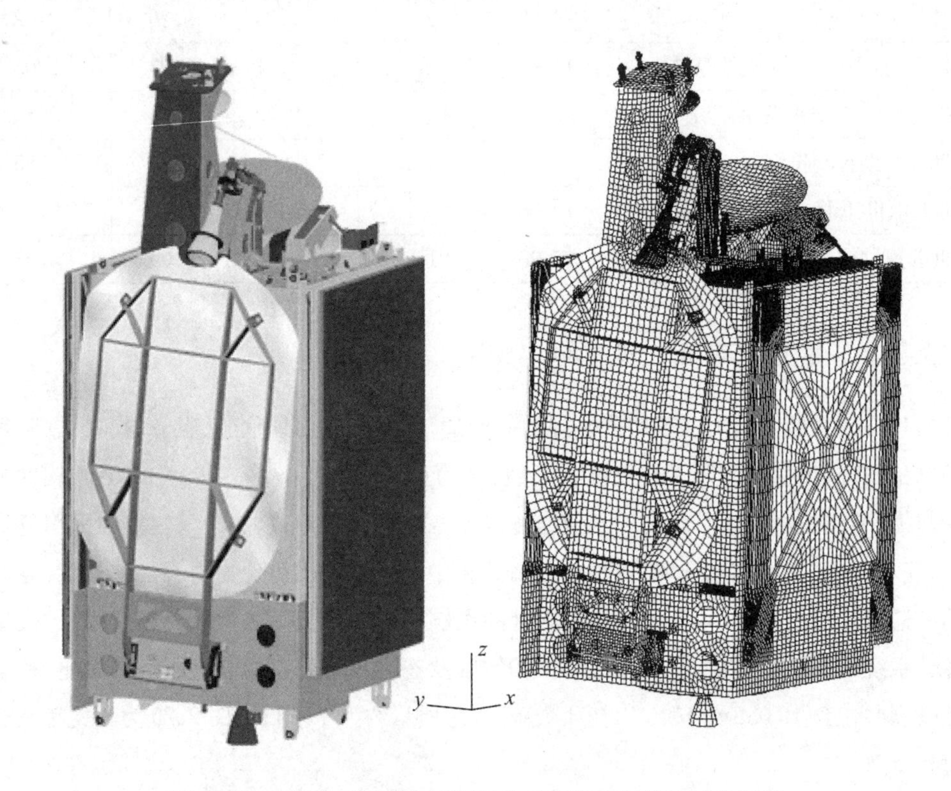

图 9.29　中国为巴基斯坦研制的商业通信卫星构型及有限元

表 9.6　模型修正前后试验/分析结果的比较

模态试验		初始有限元模型				修正后模型				振型描述
阶次	实测频率(Hz)	阶次	频率(Hz)	频率预测误差(%)	MAC	阶次	频率(Hz)	频率预测误差(%)	MAC	
1	13.51	1	13.19	2.4	0.94	1	13.24	2.0	0.94	y 向一阶弯曲
2	14.13	2	13.70	3.0	0.96	2	14.03	0.7	0.96	x 向一阶弯曲
3	33.32	22	32.20	3.4	—	25	32.91	1.2	—	y 向二阶弯曲
4	34.55	24	32.61	5.6	0.43	26	33.25	3.8	0.62	x 向二阶弯曲
5	45.50	46	47.52	−4.4	0.42	50	46.62	−2.5	0.74	纵向(z)一阶

9.3 基于梁模型的火箭纵横扭一体化建模技术[165,206,211]

9.3.1 运载火箭动力学模型

如果不考虑液体的可压性和液面晃动的影响,含有充液贮箱的结构动力学问题可以简化为含有附加质量的结构动力学问题,其动力学方程[210]为

$$(\boldsymbol{M}_s + \boldsymbol{M}'_s)\ddot{\boldsymbol{u}} + \boldsymbol{K}_s\boldsymbol{u} = \boldsymbol{F}_s \tag{9.3.1}$$

其中,$\boldsymbol{M}_s$ 和 $\boldsymbol{K}_s$ 分别为固体质量矩阵和固体刚度矩阵,$\boldsymbol{M}'_s$表示流体对固体的作用,称为附加质量矩阵,$\boldsymbol{u}$ 为固体节点位移向量,$\boldsymbol{F}_s$ 为固体外载荷向量.

在结构动力学特性分析时,由式(9.3.1)可以得到如下自由振动方程:

$$(\boldsymbol{M}_s + \boldsymbol{M}'_s)\ddot{\boldsymbol{u}} + \boldsymbol{K}_s\boldsymbol{u} = \boldsymbol{0} \tag{9.3.2}$$

式(9.3.2)与固体结构的动力学特性方程的差别在于流体引起附加质量效应.因此,运载火箭液体推进剂模拟问题的关键在于附加质量矩阵的处理问题.式(9.3.2)对应的特征值和特征向量如下所示:

$$\omega^2 = \frac{\boldsymbol{\Phi}^{\mathrm{T}}\boldsymbol{K}_s\boldsymbol{\Phi}}{\boldsymbol{\Phi}^{\mathrm{T}}(\boldsymbol{M}_s + \boldsymbol{M}'_s)\boldsymbol{\Phi}} \tag{9.3.3}$$

其中,ω 为特征值,$\boldsymbol{\Phi}$ 为特征值对应的特征向量.

运载火箭多采用两级、三级串联或捆绑助推器状态,火箭全长与芯级直径之比一般在10以上,可简化成多分支等效梁模型.火箭动力学模型采用如图9.30所示的右手坐标系,坐标系的原点为火箭的理论尖点,箭体的纵轴为 x 轴,从理论尖点指向火箭尾段为正,y 轴指向火箭的Ⅲ象限(法向)为正,z 轴按右手坐标系确定.

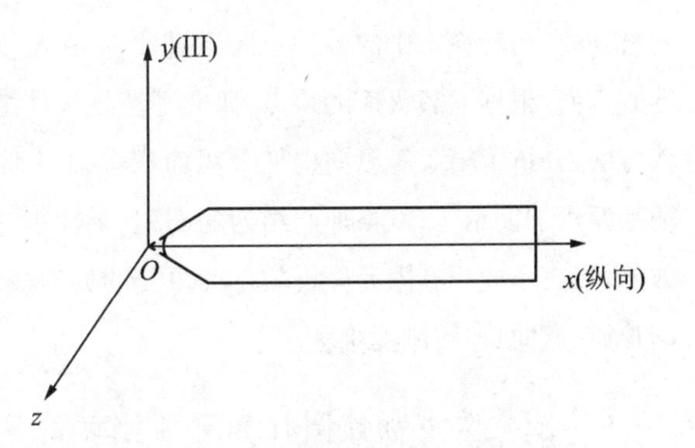

图9.30 火箭动力学特性分析坐标

根据火箭整体载荷计算和姿态稳定性分析需要,箭体结构动力学分析主要采用梁模型,对一些特殊结构,如发动机机架、捆绑连接结构等采用局部空间建模技术.在有限元模型中,前捆绑连杆与芯级和助推器连接的节点释放三个转动自由度,模拟其二力杆特性;后捆绑连杆连接球头释放三个转动自由度,使其只传递力而不传递力矩,典型捆绑火箭结构及其梁模型如图9.31所示.

运载火箭长径比(火箭长度与直径之比)较大,满足梁模型的要求.对于运载火箭姿态控

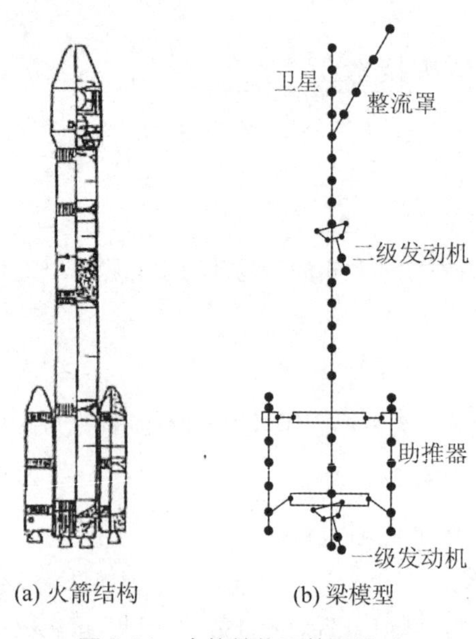

(a) 火箭结构　　(b) 梁模型

图 9.31　火箭结构及其梁模型

制、POGO(火箭推进系统与箭体纵向特性耦合)稳定性分析,只关心全箭低阶横向(弯曲)、扭转和纵向模态,传统上采用梁模型模拟运载火箭的弯曲、扭转特性,采用杆(弹簧质量模型)模拟运载火箭的纵向特性.只有在研究速率陀螺等惯性敏感元件安装位置的局部振型和振型斜率问题时,才需要对其安装位置附近的局部结构建立三维有限元模型.因蒙皮加筋结构中弯曲和扭转刚度作用效果不同,在等效为薄壁圆柱壳模型时表现为弯曲和扭转模型等效厚度不同.即使采用相同节点数量和位置的梁模型,由于梁单元的属性不同,弯曲和扭转特性分析仍需两个不同模型,因此传统建模方法无法反映火箭纵向、横向、扭转耦合问题.捆绑火箭纵向、横向、扭转模态耦合严重,运载火箭纵横扭一体化动力学建模对姿态控制、POGO抑制及结构-推进系统-控制回路分析具有重要意义.

制约基于梁模型的运载火箭纵横扭一体化动力学建模的关键因素在于贮箱内液体推进剂模拟和蒙皮加筋等复杂结构的拉压、弯曲和扭转刚度等效两个方面.在梁模型中液体推进剂方面,文献[206]从理论和软件实现方面进行了研究,提出了耦合质量模型模拟推进剂在纵向、横向和扭转模态中的各种不同质量效应.在蒙皮加筋等复杂结构的拉压、弯曲和扭转刚度等效方面,根据运载火箭的特点,研究了蒙皮加筋结构等效梁模型的拉压、弯曲和扭转刚度等效方法,分析了桁条等纵向构件采用面积等效对惯性矩即弯曲刚度的影响,提出了采用直接输入蒙皮加筋结构、网格加筋结构的面积、惯性矩、极惯性矩构建复杂结构梁单元刚度特性的方法,解决了通用有限元分析软件梁单元的典型横截面形式无法同时准确模拟蒙皮加筋结构的拉压、弯曲、扭转刚度难题.

9.3.2　蒙皮加筋圆柱壳弯曲刚度的等效方法

在现役长征系列运载火箭采用的蒙皮加筋结构中,桁条的数量 N 通常为80左右,并且可以认为是均匀分布的,如图9.32所示.在火箭结构动力学建模过程中,为了获取火箭的纵向、弯曲、扭转整体模态,采用梁模型建模.对于蒙皮加筋结构、网格加筋结构的梁单元简化薄壁圆柱壳结构[209],其横截面如图9.33所示.由于薄壁圆柱壳结构横截面特性参数由直径(或半径)和厚度两个参数决定,且运载火箭的直径基本不变,因此蒙皮加筋结构的等效问题实质上是薄壁壳结构的桁条等纵向构件的厚度等效问题.

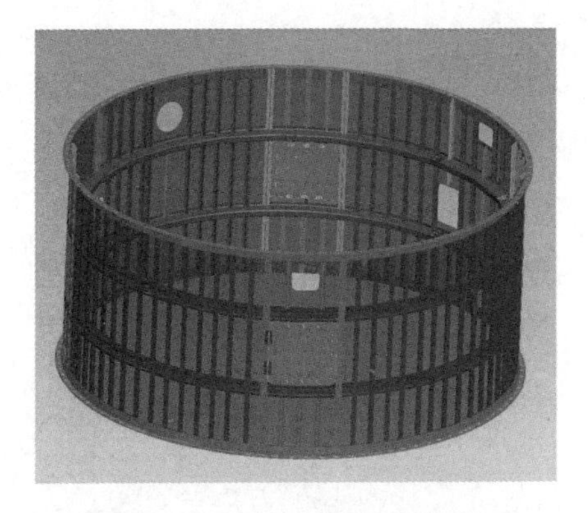
图 9.32　蒙皮加筋圆柱壳横截面

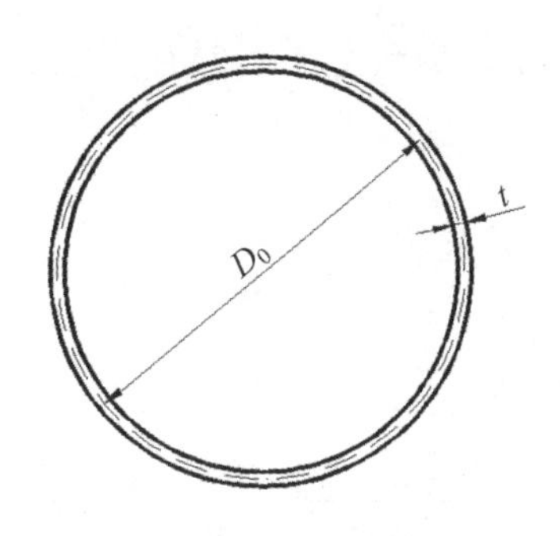

图 9.33　截面等效模型

1. 仅考虑桁条的等效惯性矩

考虑一个薄壁壳，壳上分布若干轴向桁条，如图 9.34 所示. 火箭结构桁条的截面形状主要是T型、L型，为了公式推导方便，假设桁条的截面为圆形，并且形心位于壳体的中面. 圆形桁条截面惯性矩和横截面积分别为 $I_0=\pi r_0^4/4$ 和 $A_0=\pi r_0^2$，其中，r_0 为桁条的半径，用 R_0 表示薄壁壳的半径(中径)，如图 9.34 所示.

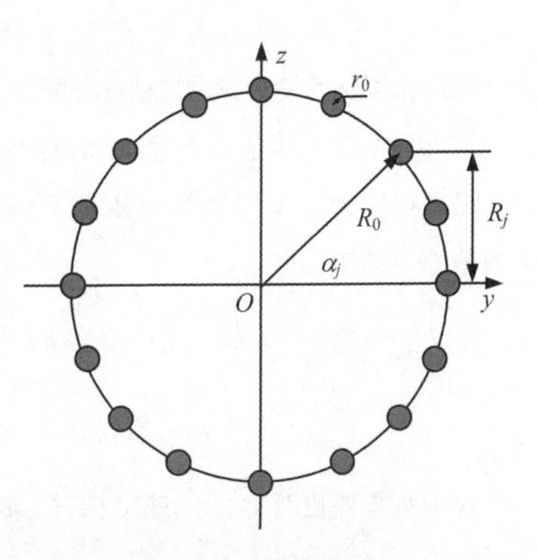

图 9.34　截面简化模型

梁单元的弯曲刚度由材料弹性模量和截面惯性矩确定. 考虑结构的对称性，只研究对 y 轴的弯曲情况. 所有桁条对 y 轴的截面惯性矩为

$$I_y^b = NI_0 + A_0\sum_{j=1}^{N} R_j^2 = NI_0 + A_0 R_0^2 \sum_{j=1}^{N} \sin^2\alpha_j \tag{9.3.4}$$

当 $N\geqslant 3$ 时，上式可简化为

$$I_y^b = NI_0 + \frac{1}{2}NA_0R_0^2 = N\frac{\pi}{4}r_0^2(r_0^2+2R_0^2) \tag{9.3.5}$$

为了分析桁条面积等效对截面惯性矩模拟精度的影响，把所有桁条的横截面积均分在壳体(即蒙皮)截面上，N 个桁条的面积等效厚度 t_b 为

$$t_b = \frac{NA_0}{2\pi R_0} = \frac{Nr_0^2}{2R_0} \tag{9.3.6}$$

厚度为 t_b 的等效壳对 y 轴的截面惯性矩为

$$I_{sy}^b = \frac{\pi}{4}R_0t_b(4R_0^2+t_b^2) \tag{9.3.7}$$

根据式(9.3.5)和式(9.3.7)，可以得到桁条截面惯性矩 I_y^b 与其截面积等效壳的惯性矩 I_{sy}^b 之间的关系：

$$\frac{I_y^b}{I_{sy}^b} = \frac{Nr_0^2(r_0^2 + 2R_0^2)}{R_0 t_b(t_b^2 + 4R_0^2)} \tag{9.3.8}$$

根据式(9.3.6)和式(9.3.8)有

$$\frac{I_y^b}{I_{sy}^b} = \frac{2r_0^2 + 4R_0^2}{t_b^2 + 4R_0^2}$$

令

$$k_1 = \frac{t_b^2}{4R_0^2}, \quad k_2 = \frac{r_0^2}{2R_0^2} \tag{9.3.9}$$

则有

$$\frac{I_y^b}{I_{sy}^b} = \frac{1 + k_2}{1 + k_1} \tag{9.3.10}$$

现役火箭 R_0 一般为 1 125 mm 或 1 675 mm,蒙皮加筋结构所用的桁条多选用 XC241-3, XC-141-12,XC212-34 等型材,其等效 r_0 均小于 10 mm,等效厚度 t_b 小于 5 mm,通常 $r_0/R_0 < 1/100$, $t_b/R_0 < 1/100$, k_1 和 k_2 均小于 10^{-4}. 从式(9.3.7)可以看出,桁条按面积等效为光壳结构的截面惯性矩比真实惯性矩略很小,其差异小于 10^{-4},属高阶小量,可以忽略不计.

2. *考虑蒙皮厚度后的等效惯性矩*

蒙皮厚度为 δ,设截面惯性矩 I_y^t 为蒙皮加筋结构的总惯性矩(蒙皮的惯性矩加上所有桁条的截面惯性矩),即

$$\begin{aligned} I_y^t &= \frac{\pi}{4} R_0 \delta(4R_0^2 + \delta^2) + I_y^b \\ &= \frac{\pi}{4} R_0 \delta(4R_0^2 + \delta^2) + N\frac{\pi}{4} r_0^2(r_0^2 + 2R_0^2) \end{aligned} \tag{9.3.11}$$

考虑蒙皮厚度为 δ 的加筋结构,桁条按面积等效为光壳结构,其总厚度为

$$t = \delta + t_b = \delta + \frac{Nr_0^2}{2R_0} \tag{9.3.12}$$

厚度为 t 的等效壳的惯性矩为

$$I_{sy}^t = \frac{\pi}{4} R_0 t(4R_0^2 + t^2) \tag{9.3.13}$$

式中,右端项略去了高阶项 $O(t^2)$.

比较式(9.3.11)和式(9.3.13),可得

$$\frac{I_y^t}{I_{sy}^t} = \frac{R_0 \delta(4R_0^2 + \delta^2) + Nr_0^2(r_0^2 + 2R_0^2)}{R_0 t(4R_0^2 + t^2)} \tag{9.3.14}$$

将式(9.3.6)代入式(9.3.14),有

$$\frac{I_y^t}{I_{sy}^t} = \frac{\delta(4R_0^2 + \delta^2) + t_b(4R_0^2 + 2r_0^2)}{t(4R_0^2 + t^2)} \tag{9.3.15}$$

$$k_3 = \frac{\delta^2}{4R_0^2}, \quad k_4 = \frac{t^2}{4R_0^2} \tag{9.3.16}$$

$$\frac{I_y^t}{I_{sy}^t}=\frac{\delta(1+k_3)+t_b(1+k_2)}{t(1+k_4)}=\frac{\delta(1+k_3)+t_b(1+k_2)}{(\delta+t_b)(1+k_4)} \tag{9.3.17}$$

对于火箭蒙皮加筋圆柱壳结构，δ 和 t_b 通常在一个量级内．与 k_1 和 k_2 相同，k_3 和 k_4 均小于 10^{-4}．由式(9.3.14)可以看出，蒙皮加筋结构按面积等效为光壳结构的截面惯性矩与真实惯性矩的差异小于10^{-4}，属高阶小量，可以忽略不计．

9.3.3 蒙皮加筋圆柱壳扭转刚度的等效方法

1．仅考虑桁条的等效极惯性矩

在蒙皮加筋圆柱壳产生扭转变形时，桁条横截面内的微剪应力形成微力偶，力偶臂的长度为桁条的几何特征厚度，桁条不满足移轴定理，桁条的等效极惯性矩 J_x^b（x 为桁条的纵轴方向）为

$$J_x^b=2NI_0=\frac{\pi}{2}Nr_0^4 \tag{9.3.18}$$

若把所有桁条的横截面积均分在壳体（即蒙皮）截面上，则极惯性矩为

$$J_{sx}^b=\frac{\pi}{2}R_0t_b(4R_0^2+t_b^2) \tag{9.3.19}$$

桁条截面惯性矩 J_x^b 与其截面积等效壳的惯性矩J_{sx}^b之间的关系为

$$\frac{J_x^b}{J_{sx}^b}=\frac{2r_0^2}{t_b^2+4R_0^2}=\frac{k_2}{1+4k_1} \tag{9.3.20}$$

由上式可以看出，面积等效严重放大了桁条对蒙皮加筋结构极惯性矩的贡献，桁条对蒙皮加筋结构扭转刚度的贡献远小于其对弯曲刚度的贡献．

2．考虑蒙皮厚度后的等效极惯性矩

若考虑桁条自身扭转刚度对总扭转刚度的贡献，加筋圆柱壳的极惯性矩 J_x^t（x 轴为火箭纵轴、梁单元的纵轴方向）为

$$J_x^t=\frac{\pi}{2}R_0\delta(4R_0^2+\delta^2)+2NI_0=\frac{\pi}{2}R_0\delta(4R_0^2+\delta^2)+\frac{\pi}{2}Nr_0^4 \tag{9.3.21}$$

桁条按面积等效为光壳结构的截面等效极惯性矩，考虑蒙皮后等效厚度 t 仍按式(9.3.12)计算，等效壳的极惯性矩 J_{sx}^t 为

$$J_{sx}^t=\frac{\pi}{2}R_0t(4R_0^2+t^2) \tag{9.3.22}$$

由式(9.3.21)和式(9.3.22)，蒙皮加筋结构的真实极惯性矩和等效极惯性矩的比值为

$$\frac{J_x^t}{J_{sx}^t}=\frac{R_0\delta(4R_0^2+\delta^2)+Nr_0^4}{R_0t(4R_0^2+t^2)} \tag{9.3.23}$$

由式(9.3.6)和式(9.3.23)有

$$\frac{J_x^t}{J_{sx}^t}=\frac{\delta(4R_0^2+\delta^2)+t_br_0^2}{t(4R_0^2+t^2)}=\frac{\delta(1+k_3)+\frac{1}{2}t_bk_2}{t(1+k_4)} \tag{9.3.24}$$

$$\frac{J_x^t}{J_{sx}^t} \approx \frac{\delta}{t} = \frac{\delta}{\delta + t_b} \tag{9.3.25}$$

与薄壁壳本身的扭转刚度相比，桁条对扭转刚度的贡献是可以忽略不计的，对应的扭转等效厚度 t_t 为

$$t_t = \delta \tag{9.3.26}$$

对应的极惯性矩为

$$J_x = \frac{\pi}{2} R_0 t (4R_0^2 + \delta^2) \tag{9.3.27}$$

对于火箭蒙皮加筋圆柱壳结构，δ 和 t_b 通常在一个量级内，因此桁条按面积等效（桁条按面积等效为光壳结构）方式计算的扭转刚度将大于真实扭转刚度，二者的差别不再是小量. 这正是蒙皮加筋结构采用面积等效得到的扭转刚度需要乘以修正系数的原因. 此方法也适用于正置正交网格结构.

9.3.4 蒙皮加筋圆柱壳拉压刚度的等效方法

蒙皮加筋圆柱结构的拉压刚度决定了蒙皮和桁条等纵向构件的材料性能和截面积. 在材料性能相近的情况下，拉压刚度取决于梁截面，而与结构形式无关，对图 9.32 所示的结构、图 9.33 所示的等效结构形式，其等效厚度按式(9.3.9)计算，对应的截面积为

$$A = \pi D_0 t = 2\pi R_0 t \tag{9.3.28}$$

9.3.5 火箭结构一体化建模

1. 蒙皮加筋结构一体化方法

由式(9.3.17)、式(9.3.25)、式(9.3.28)，通过以上分析可以看出，基于面积等效的光壳结构不能同时正确模拟蒙皮加筋结构的拉压、弯曲、扭转特性，严重放大了桁条对扭转刚度的作用. 通用有限元分析软件 NASTRAN，ANSYS 等所提供的典型截面形式（如图 9.35 所示）无法模拟拉压、弯曲、扭转刚度. 对蒙皮加筋结构，为了准确反映扭转模态应单独建模，无法正确反映纵向与扭转、横向与扭转模态耦合现象.

为了避免上述问题的发生，可直接赋予拉压、弯曲、扭转刚度对应的截面面积、惯性矩和极惯性矩，实现火箭纵横扭一体化建模. 对具体结构可以按式(9.3.9)确定拉压和弯曲等效厚度，按式(9.3.23)确定扭转等效厚度，分别按式(9.3.25)、式(9.3.10)、式(9.3.24)计算梁单元的截面面积、惯性矩和极惯性矩，该模型可以正确反映火箭结构的纵向、横向、扭转模态耦合现象，为姿态稳定性、POGO 稳定性分析提供依据. 按此方法，对某二级捆绑火箭一级、二级和助推器，其箭体结构各部段的截面面积、惯性矩和极惯性矩如表 9.7 所示.

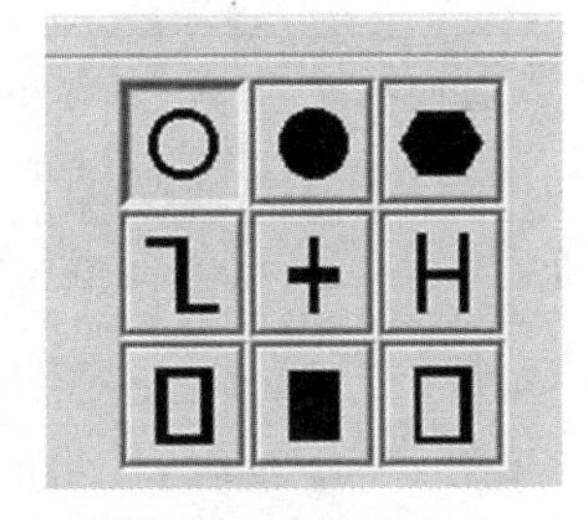

图9.35 NASTRAN等有限元软件提供的典型截面形式

表9.7 梁模型横截面属性

截面参数 / 部段	面积 A (mm^2)	主惯性矩 (mm^4)	极惯性矩 (mm^4)
仪器舱	3.157E+04	4.429E+10	4.430E+10
二级氧化剂箱1	3.336E+04	4.680E+10	4.724E+10
二级氧化剂箱2	4.072E+04	5.712E+10	1.063E+11
二级氧化剂箱3	4.452E+04	6.245E+10	5.020E+10
二级箱间段	3.652E+04	5.123E+10	7.382E+10
二级燃烧剂箱1	4.589E+04	6.437E+10	5.020E+10
二级燃烧剂箱2	3.515E+04	4.931E+10	6.792E+10
二级燃烧剂箱3	6.704E+04	9.404E+10	4.430E+10
级间段1	3.305E+04	4.636E+10	3.544E+10
级间段2	3.305E+04	4.636E+10	8.858E+08
一级氧化剂箱1	6.325E+04	8.873E+10	7.382E+10
一级氧化剂箱2	6.209E+04	8.711E+10	8.858E+10
一级氧化剂箱3	7.293E+04	1.023E+11	1.033E+11
一级箱间段	6.125E+04	8.592E+10	8.858E+10
一级燃烧剂箱1	6.209E+04	8.711E+10	7.382E+10
一级燃烧剂箱2	5.936E+04	8.327E+10	8.858E+10
一级燃烧剂箱3	6.315E+04	8.858E+10	8.858E+10
一级后过渡段	6.757E+04	9.478E+10	5.168E+10
一级尾段	5.399E+04	7.574E+10	5.640E+10

续表

部段 \ 截面参数	面积 A (mm^2)	主惯性矩 (mm^4)	极惯性矩 (mm^4)
助推器氧化剂箱 1	2.085E+04	1.320E+10	1.789E+10
助推器氧化剂箱 2	2.121E+04	1.342E+10	2.684E+10
助推器氧化剂箱 3	2.000E+04	1.266E+10	1.342E+10
助推器箱间段	1.887E+04	1.194E+10	1.610E+10
助推器燃烧剂箱 1	2.050E+04	1.297E+10	1.342E+10
助推器燃烧剂箱 2	2.121E+04	1.342E+10	2.684E+10
助推器燃烧剂箱 3	3.520E+04	2.228E+10	2.236E+10
助推器后过渡段	2.425E+04	1.534E+10	2.236E+10
助推器尾段	1.576E+04	9.975E+09	1.342E+10

NASTRAN 的前处理 PATRAN 软件除了给定梁单元的典型截面形状外，还提供了一种直接输入梁单元的横截面积、主惯性矩、极惯性矩等参数的方式，如图 9.36 所示，图中 Area 代表面积 A，Inertia 1.1 代表梁单元主轴 1 的主惯性矩即 I_y，Inertia 2.2 代表梁单元主轴 2 的主惯性矩即 I_z，Torsional Constant 代表梁单元纵轴的极惯性矩即 J_x. 在有限元建模时，用 PATRAN 提供的场(Field)输入方式，在外部按规定格式输入梁单元截面属性场，通过 Field 直接导入数据，既可提高效率又可避免手工输入错误. 此外，对于火箭中的锥壳结构和连接结构，为了正确反映其拉压、弯曲和扭转刚度，一般采用壳、梁混合有限元模型，如图 9.37 所示.

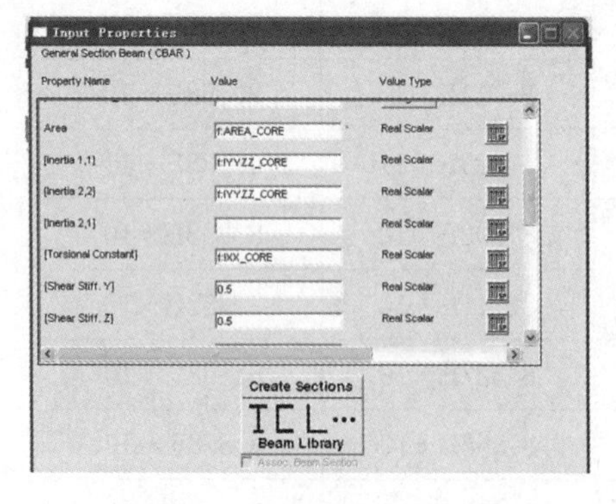

图 9.36　梁单元属性赋值方法

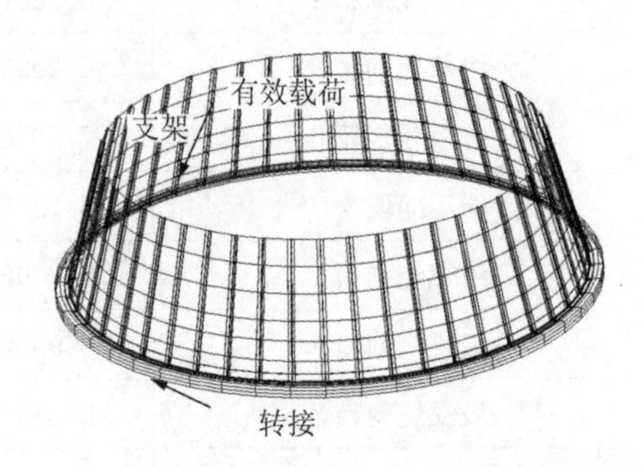

图 9.37　锥壳及连接结构有限元模型

结构质量以集中质量形式分布在单元节点上，转动惯量按梁单元所在部段的结构质量分布到圆柱壳上计算. 液体推进剂以耦合质量方法处理，分布在相应贮箱的柱段上.

2. 试验验证

为了模拟火箭飞行时的自由边界条件,试验时产品采用竖立悬吊状态,四组弹簧钢索悬吊和托架构成悬吊系统,一级尾段坐在方形托架上,悬吊系统和火箭组合频率小于火箭最低频率的1/7.同时,为防止箭体倾倒,在二级氧箱前部设置四根横向辅助支撑(弹簧钢丝绳),全箭悬吊状态如图9.38所示.试验时纵向、横向、扭转激励位置如图9.39所示.

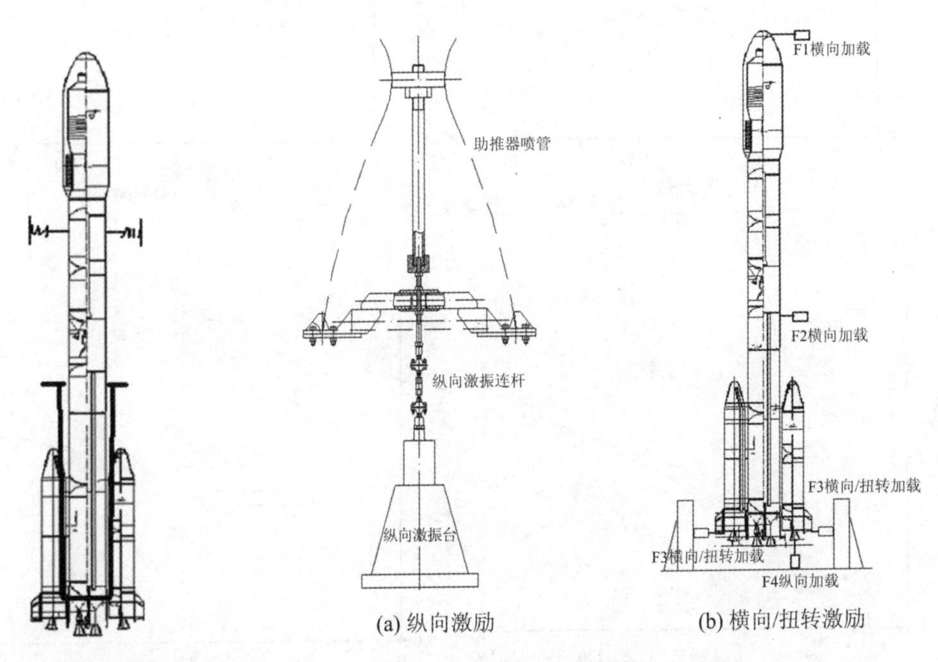

图9.38　全箭悬吊状态

图9.39　试验状态示意图

本次试验共进行了5个试验工况(火箭构型)11个典型状态的纵向、横向、扭转模态试验.由于篇幅限制,本书只给出了助推飞行段(即火箭结构最复杂)5个状态的纵向、横向、扭转前两阶频率计算结果与试验结果比较,见表9.8～表9.10,频率计算结果和试验结果随飞行时间的变化见图9.40.从表中数据可以得到如下结论:

(1) 纵向一阶相对偏差为－3.2%/－9.6%,二阶相对偏差为－2.0%/＋6.7%;

(2) 横向一阶相对偏差为－6.4%/＋5.3%,二阶相对偏差为－4.2%/＋10.4%;

(3) 扭转一阶相对偏差为－0.6%/－3.3%,二阶相对偏差为－5.6%/＋14.2%;

(4) 计算结果与试验结果的一致性较好,模型分析结果满足一阶最大偏差小于±10%、二阶最大偏差小于±15%的要求.

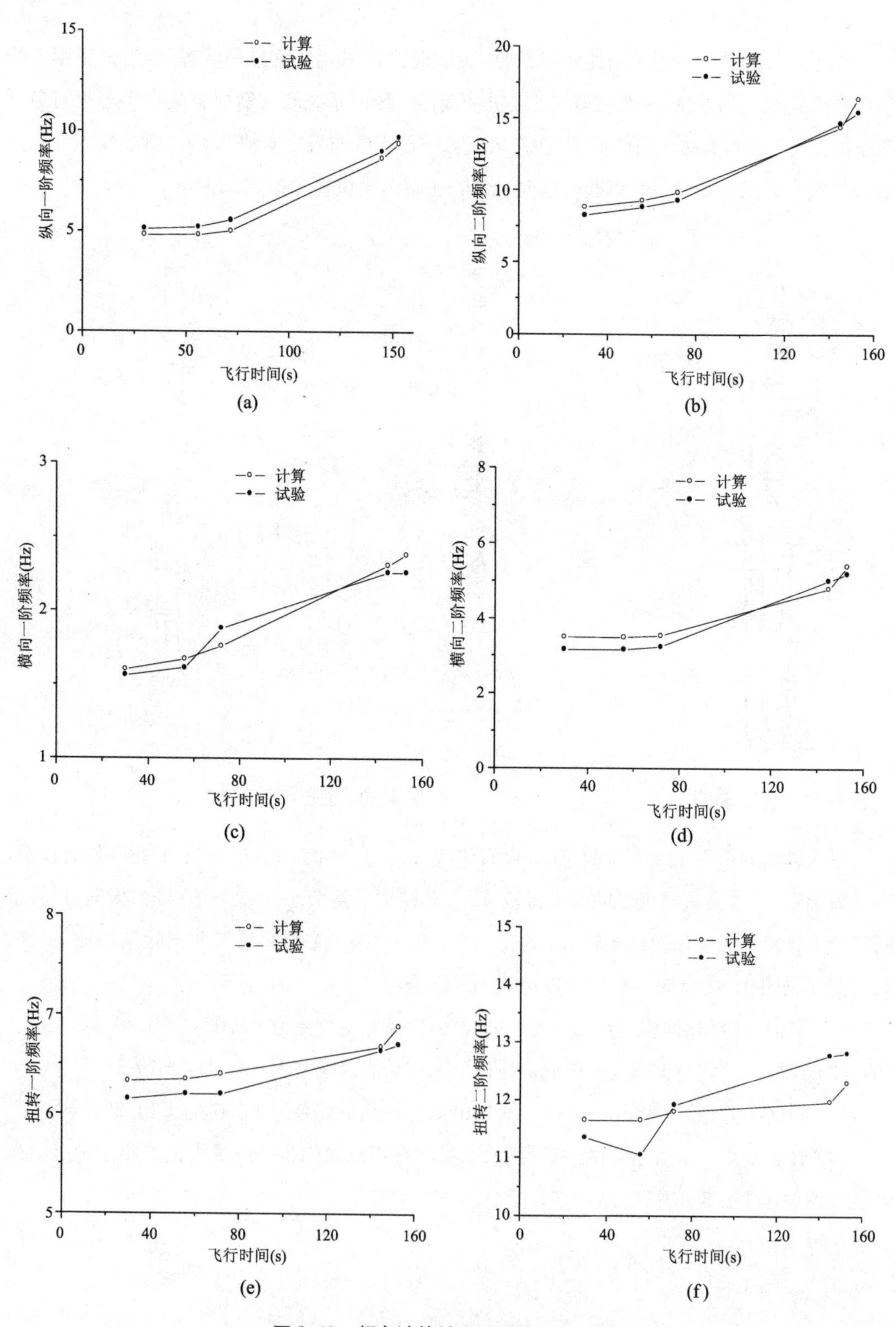

图 9.40　频率计算结果和试验结果比较

表9.8 纵向频率计算结果与试验结果对比

状态	纵向一阶			纵向二阶		
	计算(Hz)	试验(Hz)	相对偏差(%)	计算(Hz)	试验(Hz)	相对偏差(%)
状态1	4.80	5.10	−5.9	8.80	8.25	6.7
状态2	4.82	5.20	−7.3	9.28	8.84	5.0
状态3	5.00	5.53	9.6	9.84	9.30	5.8
状态4	8.63	9.00	−4.1	14.36	14.65	−2.0
状态5	9.39	9.70	−3.2	16.37	15.40	6.3

表9.9 横向频率计算结果与试验结果对比

状态	横向一阶			横向二阶		
	计算(Hz)	试验(Hz)	相对偏差(%)	计算(Hz)	试验(Hz)	相对偏差(%)
状态1	1.60	1.56	2.6	3.49	3.16	10.4
状态2	1.67	1.61	−2.9	3.48	3.16	10.1
状态3	1.76	1.88	−6.4	3.53	3.24	9.0
状态4	2.31	2.26	2.2	4.79	5.00	−4.2
状态5	2.38	2.26	5.3	5.38	5.18	3.9

表9.10 扭转频率计算结果与试验结果对比

状态	横向一阶			横向二阶		
	计算(Hz)	试验(Hz)	相对偏差(%)	计算(Hz)	试验(Hz)	相对偏差(%)
状态1	6.33	6.15	2.9	11.65	11.35	2.6
状态2	6.35	6.20	2.4	11.65	11.05	5.4
状态3	6.40	6.20	3.2	11.80	11.92	−1.0
状态4	6.68	6.64	0.6	11.97	12.78	−6.3
状态5	6.88	6.70	2.7	12.3	12.82	−4.1

3. 小结

上述系统研究了蒙皮加筋圆柱壳结构的拉压、弯曲和扭转刚度等效方法，主要结论如下：

(1) 分析了蒙皮加筋结构桁条采用面积等效对弯曲刚度计算精度的影响，验证了桁条采用面积等效计算拉压刚度和弯曲刚度的合理性；

(2) 揭示了蒙皮加筋结构将桁条按面积等效为光壳结构导致扭转频率计算结果大于试验结果的机理，分析了按面积等效扭转刚度需要乘以修正系数的原因；

(3) 给出了用 NASTRAN 软件可实现的蒙皮加筋结构拉压刚度、弯曲刚度和扭转刚度建模方法,从而实现基于梁模型的火箭结构纵横扭一体化建模;

(4) 试验结果表明,本节提出了火箭纵横扭一体化建模方法,模态分析精度满足工程要求,为捆绑火箭纵横扭耦合模态分析以及相关动力学研究提供了依据.

9.3.6 推进剂耦合质量矩阵

1. 适于横向和扭转分析耦合质量矩阵

在横向和扭转特性分析和载荷分析时,假设液体推进剂跟随相应节点一起作横向运动而不绕自身轴转动,即只考虑质量效应不考虑转动惯量效应,其液体单元质量矩阵为

$$\boldsymbol{M}_f^e = \begin{bmatrix} m_f^e & & & & & \\ & m_f^e & & & & \\ & & m_f^e & & & \\ & & & 0 & & \\ & & & & 0 & \\ & & & & & 0 \end{bmatrix} \tag{9.3.29}$$

其中,$m_f^e = \int_{V_f^e} \rho_f \mathrm{d}V$,$\rho_f$ 为推进剂密度,V_f^e 为单元推进剂体积.

用式(9.3.29)模拟推进剂载火箭横向和扭转特性中的作用效果,其正确性已经过多个型号全箭模态试验证明.如对发射铱星状态的 CZ-2C 火箭,采用梁模型和式(9.3.29)推进剂模拟方法,其一级飞行不同时刻横向和扭转频率计算结果与试验结果比较见表 9.11,频率随飞行时间变化如图 9.41 所示,从表 9.11 和图 9.41 可以看出:

(1) 分析模型具有较高的精度,其前三阶横向和一阶扭转频率与试验结果相对偏差小于 9%,满足工程研制要求;

(2) 由于推进剂无黏性而不参与扭转变形,推进剂变化对扭转频率没有影响;

(3) 随着飞行时间增加,一级贮箱推进剂消耗,横向频率随飞行时间逐渐提高.

表 9.11 串联火箭一级飞行不同状态频率比较

状　态	模态特征	计算结果(Hz)	试验结果(Hz)	相对偏差(%)
起飞(2 s)	横向一阶	2.83	2.96	−4.4
	横向二阶	6.76	6.42	5.3
	横向三阶	9.26	9.76	−5.1
	扭转一阶	19.76	20.34	−2.9

续表

状　态	模态特征	计算结果(Hz)	试验结果(Hz)	相对偏差(%)
跨音速(61 s)	横向一阶	3.5	3.74	-6.4
	横向二阶	6.8	6.54	4.0
	横向三阶	9.65	9.87	-2.2
	扭转一阶	19.76	20.34	-2.9
一级发动机关机(121 s)	横向一阶	5.11	5.13	-0.4
	横向二阶	8.43	8.27	1.9
	横向三阶	13.59	12.5	8.7
	扭转一阶	19.76	20.34	-2.9

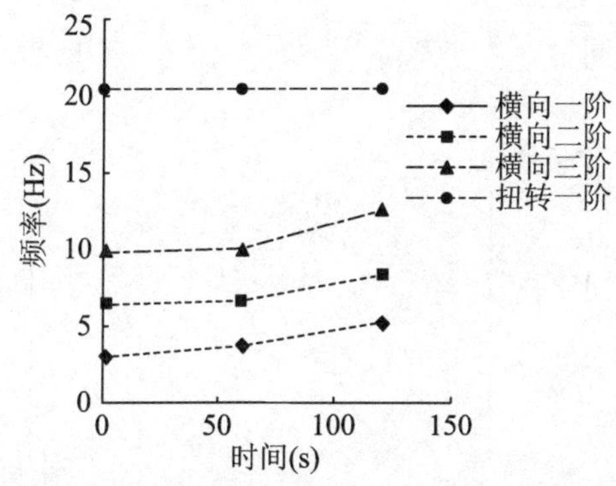

图 9.41　串联火箭一级飞行频率随时间的变化

2. 适于纵横扭分析耦合质量矩阵

在竖立状态地球引力和飞行状态发动机推力作用下，火箭纵向过载远大于由地面风、高空风和气动力等引起的横向过载，贮箱内液体推进剂始终沉于贮箱底部，如图 9.42 所示.

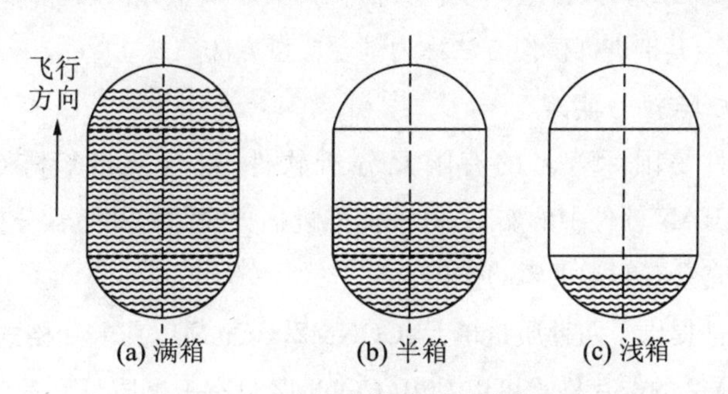

图 9.42　贮箱内推进剂剩余状态

在贮箱横向弯曲变形时，除自由液面附近的推进剂外，其余推进剂跟随箭体结构一起平动；在贮箱扭转变形时，若贮箱无纵向隔板(沿贮箱母线方向的防晃装置)，因液体推进剂无黏性，推进剂不会跟随贮箱壁面一起转动；在贮箱纵向变形时，因液体推进剂无黏性，推进剂同样不会跟随贮箱壁面一起纵向运动，只跟随箱底结构一起运动.

对火箭纵向、横向、扭转各阶弹性模态，其特征向量 $\boldsymbol{\Phi}$ 中对应贮箱柱段各节点的元素不能全部为零.为了反映纵向变形推进剂只跟随箱底运动、横向变形推进剂跟随箱体一起平动、扭转变形推进剂不动的特点，由式(9.3.29)可知，只能是反映液体推进剂附加质量矩阵中的对应元素为零，贮箱柱段、贮箱后底推进剂单元质量矩阵可分别为式(9.3.30)和式(9.3.31)：

$$\boldsymbol{M}_f^e=\begin{bmatrix}0&&&&&\\&m_f^e&&&&\\&&m_f^e&&&\\&&&0&&\\&&&&0&\\&&&&&0\end{bmatrix}\tag{9.3.30}$$

其中，m_f^e 与式(9.3.29)相同，

$$\boldsymbol{M}_f^e=\begin{bmatrix}\sum m_f^e&&&&&\\&m_f^e&&&&\\&&m_f^e&&&\\&&&0&&\\&&&&0&\\&&&&&0\end{bmatrix}\tag{9.3.31}$$

其中，$\sum m_f^e$ 为贮箱内推进剂总质量.

式(9.3.30)和式(9.3.31)表示推进剂在纵横扭转特性中的不同作用效果，适于贮箱梁模型的纵横扭转动特性分析.为区分适于横向和扭转动特性分析耦合质量矩阵，通常称式(9.3.29)为推进剂集中矩阵，其推进剂模拟方法称为集中质量方法，式(9.3.30)和式(9.3.31)简称为耦合质量矩阵，其推进剂模拟方法称为耦合质量方法.

3. 耦合质量矩阵软件实现

NASTRAN 软件是国际著名的有限元分析软件.耦合质量矩阵(式(9.3.30)和式(9.3.31))在 NASTRAN 软件中的实现，对液体推进剂火箭结构动力学分析，特别是捆绑火箭纵横扭耦合模态研究具有非常重要的作用.

NASTRAN 软件提供了两种质量单元：CONM2，CONM1，其卡片格式分别如图 9.43、图 9.44 所示.从 CONM2 的卡片格式可以看出，CONM2 只有 1 个质量元素(第一行、第五列)和 6 个转动惯量元素，适于描述各个平动方向的质量效应相同的集中质量矩阵，式(9.3.7)是 CONM2 的特殊形式，只有 1 个质量元素.CONM1 是质量矩阵的一般形式，是 6×6 对称方阵，有 21 个互相独立的质量和转动惯量元素，适于描述质量各平动和转动方向的不同质量效

应,可以根据质量对各坐标轴的平动和转动效应确定各个元素的数值,式(9.3.30)和式(9.3.31)是 CONM1 的特殊形式.

1	2	3	4	5	6	7	8	9	10
CONM2	EID	G	CID	M	X1	X2	X3		
	I11	I21	I22	I31	I32	I33			

图 9.43　CONM2 命令卡片

1	2	3	4	5	6	7	8	9	10
CONM1	EID	G	CID	M11	M21	M22	M31	M32	
	M33	M41	M42	M43	M44	M51	M52	M53	
	M54	M55	M61	M62	M63	M64	M65	M66	

图 9.44　CONM1 命令卡片

火箭中使用的带椭球底的圆柱贮箱如图 9.45 所示,其柱段等分为 10 个梁单元,共 11 个节点和推进剂集中质量单元(不含结构质量).对表 9.12 所示的贮箱内推进剂质量单元号、质量及其对应节点,以及图 9.43 所示的火箭总体坐标系,其对应的 CONM1 自由格式表示的推进剂耦合质量如图 9.46 所示.

表 9.12　推进剂单元号、质量和对应节点

单元号	11	12	13	14	15	16	17	18	19	20	21
推进剂质量(kg)	500	1 000	1 000	1 000	1 000	1 000	1 000	1 000	1 000	1 000	2 500
对应节点号	1	2	3	4	5	6	7	8	9	10	11

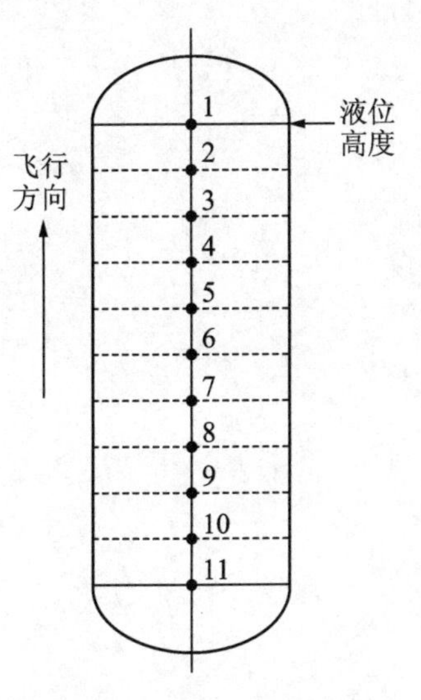

图 9.45　充液贮箱和梁单元

```
CONM1,11,1,0,,,500.,
,  500.
CONM1,12,2,0,,,  1000.,
,  1000.
CONM1,13,3,0,,,  1000.,
,  1000.
CONM1,14,4,0,,,  1000.,
,  1000.
CONM1,15,5,0,,,  1000.,
,  1000.
CONM1,16,6,0,,,  1000.,
,  1000.
CONM1,17,7,0,,,  1000.,
,  1000.
CONM1,18,8,0,,,  1000.,
,  1000.
CONM1,19,9,0,,,  1000.,
,  1000.
CONM1,20,10,0,,,  1000.,
,  1000.
CONM1,17,7,7,,,  1000.,
,  1000.
CONM1,21,11,0,,  12000., 2500.,
,  2500.
```

贮箱柱段

箱底

图 9.46　CONM1 自由格式表示的推进剂耦合质量

9.3.7 算例分析

某火箭全长 52 m,芯级直径 3.35 m,捆绑四个直径为 2.25 m 的助推器.根据火箭各部段的结构等效厚度,建立芯级和助推器的梁模型.捆绑连接结构采用 PATRAN 软件建摸,为模拟捆绑连接结构与箭体结构之间铰链连接关系,采用多点约束(MPC)的 RBE2 单元,放松捆绑连杆两端和主捆绑传力点的三个转动自由度,使其只传递轴力而不传递力矩,全箭梁模型如图 9.47 所示.

分别采用集中质量方法和耦合质量方法模拟推进剂质量特性,研究不同推进剂不同模拟方法对全箭模态的影响.其典型状态的频率比较见表 9.13,从表 9.13 中的数据可以看出:

(1) 由于横向和纵向模态耦合,推进剂不同模拟方法对捆绑火箭横向频率有 2%以内的微弱影响;

(2) 推进剂不同模拟方法对捆绑火箭纵向频率影响较大,在起飞状态一阶纵向频率差异为 8.39%,随着贮箱内推进剂的减少,对频率影响越来越小,其差异为 2.72%;

(3) 由于火箭扭转和纵向模态不耦合,不同推进剂模拟方法计算得到的前两阶扭转频率相同.

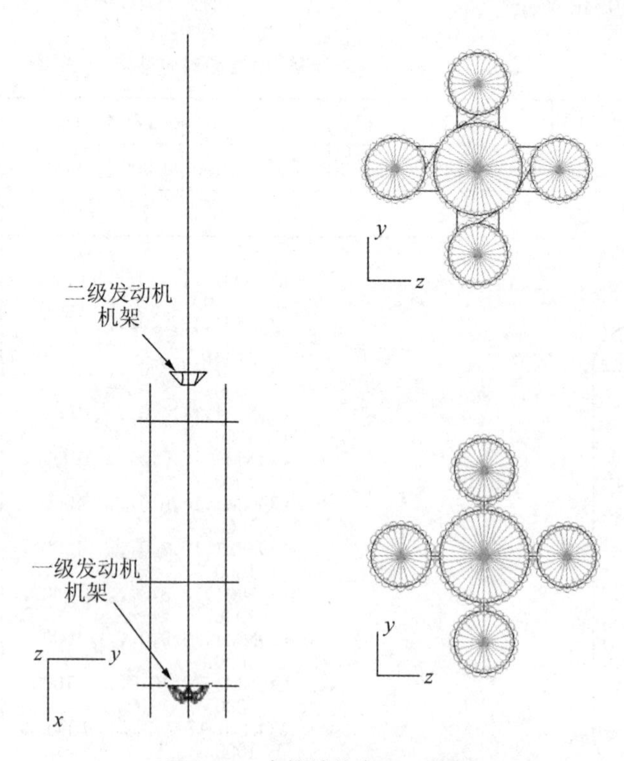

图 9.47 火箭结构有限元模型

表9.13 不同方法模态频率比较

状态	模态特征	集中质量方法频率(Hz)	耦合质量方法频率(Hz)	相对变化(%)
起飞	横向一阶	1.01	1.01	0.00
	横向二阶	2.40	2.41	-0.37
	横向三阶	3.36	3.40	-1.34
	扭转一阶	3.70	3.70	0.00
	扭转二阶	6.09	6.09	0.00
	纵向一阶	3.75	4.07	-8.39
	纵向二阶	4.37	4.39	-0.41
跨音速	横向一阶	1.14	1.15	-0.79
	横向二阶	2.53	2.53	0.00
	横向三阶	4.13	4.18	-1.09
	扭转一阶	4.35	4.35	0.00
	扭转二阶	6.39	6.39	0.00
	纵向一阶	4.22	4.41	-4.48
	纵向二阶	5.01	5.01	0.00
助推器发动机关机	横向一阶	1.56	1.56	0.00
	横向二阶	3.80	3.80	0.00
	横向三阶	6.32	6.32	0.00
	扭转一阶	5.93	5.93	0.00
	扭转二阶	8.88	8.88	0.00
	纵向一阶	6.94	7.13	-2.72
	纵向二阶	8.23	8.24	-0.22

该火箭助推器长度已经达到全箭长度的50%，与现役捆绑火箭(图9.31)相比，助推器长度增加了近一倍，其横向刚度显著下降.为提高助推器的横向刚度，在前后捆绑点之间增加了中间支撑，采用三捆绑点的超静定连接方式.尽管如此，火箭的纵向模态仍然存在芯级以纵向为主、助推器以横向为主的纵横耦合问题，如图9.48、图9.49所示.若仍然采用弹簧质量模型进行纵向特性分析，则因弹簧只有纵向自由度，无法反映火箭的纵横耦合现象.

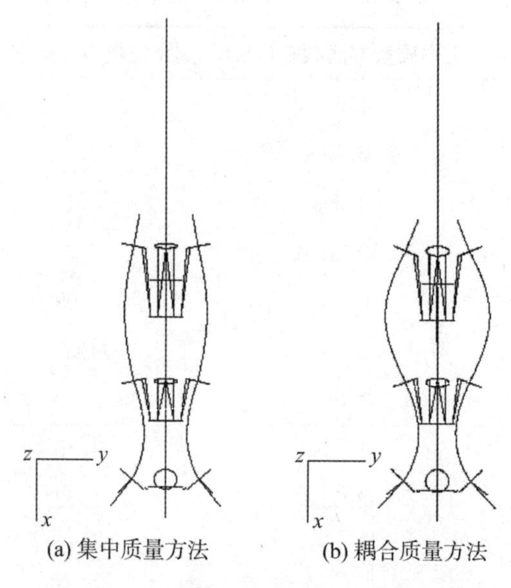

(a) 集中质量方法　　(b) 耦合质量方法

图 9.48　不同分析方法的纵向一阶模态比较

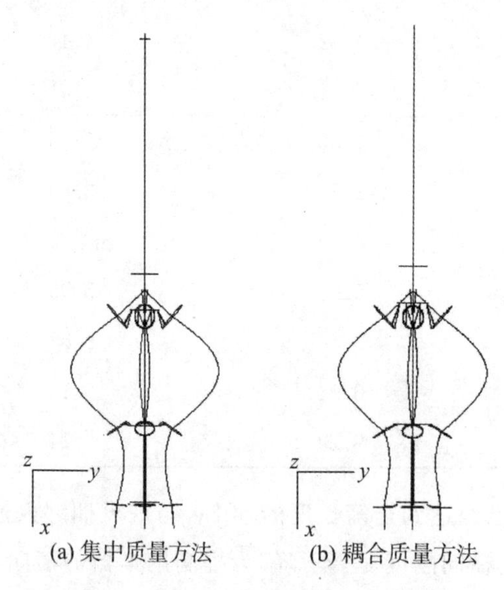

(a) 集中质量方法　　(b) 耦合质量方法

图 9.49　不同分析方法的纵向二阶模态比较

9.4　运载火箭三维建模方法

运载火箭全箭动力学模型要求真实地反映其低频动力学特性(低频模态),因此,总的建模原则是所建立的模型能够准确地反映所关心模态变形下的变形能和动能.为了模拟变形能,需要准确模拟火箭传力结构的刚度;为了模拟动能,需要尽量模拟火箭结构的质量分布.

运载火箭在飞行状态时由火箭和卫星两部分组成，卫星作为运载火箭的有效载荷，安装于火箭的上面以及整流罩的内部.火箭和卫星需要分别建立动力学模型，将建立好的火箭模型和卫星模型进行组装，才能获得全箭飞行状态的动力学模型.

运载火箭由有效载荷、箭体结构、动力系统、控制系统、初始对准系统、安全系统、遥测系统等组成，在进行动力学建模时，主要应考虑箭体结构和动力系统.图9.50为典型运载火箭结构系统组成示意图.箭体结构一般由有效载荷整流罩、推进剂贮箱、输送系统元件、仪器舱、级间段、发动机架和尾段组成，这些结构在建模时除输送系统元件外均应考虑.对于捆绑火箭，还有助推器和将助推器与芯级连接的捆绑连接件，动力系统包括燃料和发动机，也是建模时需要考虑的对象.其他系统如非承力结构、仪器、电缆等建模时作为非结构质量处理.运载火箭全箭动力学特性三维建模采用有限元法，以下分别叙述运载火箭组成结构建模方法.

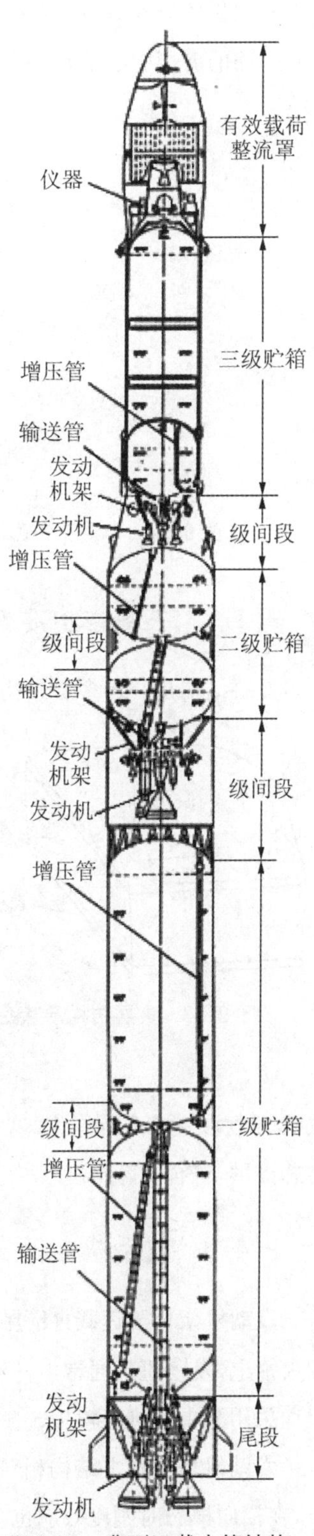

图9.50 典型运载火箭结构

9.4.1 硬壳或半硬壳结构建模

硬壳就是薄壁结构，半硬壳是薄壁和加筋组成的结构.薄壁加筋结构又可以分为梁式加筋结构、桁式加筋结构、网格式加筋结构.目前火箭的推进剂贮箱、整流罩的部分结构、级间段、尾段均采用半硬壳结构形式.图9.51给出了典型贮箱半硬壳结构.对于这种结构采用梁模型建模时，将薄壳部分转换为梁的等效拉压、弯曲、扭转刚度相对容易，而加筋的扭转刚度确定相对复杂，与加筋的截面形状有很大关系.当筋的截面形状比较复杂，或者筋的方向不平行于火箭纵向时，无法获得准确的等效扭转刚度.但采用三维建模，薄壳用板单元建模，加筋采用梁单元建模，建模时可以完全考虑加筋的实际分布情况和筋的截面形状.因此三维模型较梁模型更能反映实际情况.尤其当壳体存在大开口时，梁模型无法考虑开口对刚度的削弱，而三维模型可以完全按照开口的实际情况进行建模.

薄壳划分单元时应考虑加筋部位，使代表筋的梁单元与代表壳的板单元共节点.图 9.52 给出推进剂贮箱用加筋板建立的有限元模型.由于薄壁的中面和加筋的剪切中心不在一个平面上,因此在建模时需要对板单元和梁单元采取适当的偏置处理.

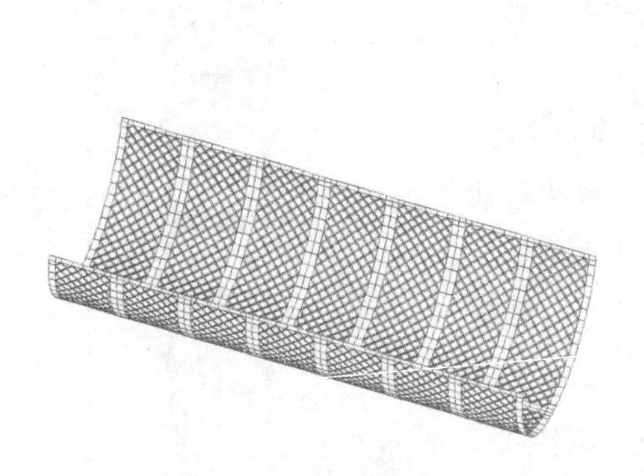

图 9.51 半硬壳式贮箱模型

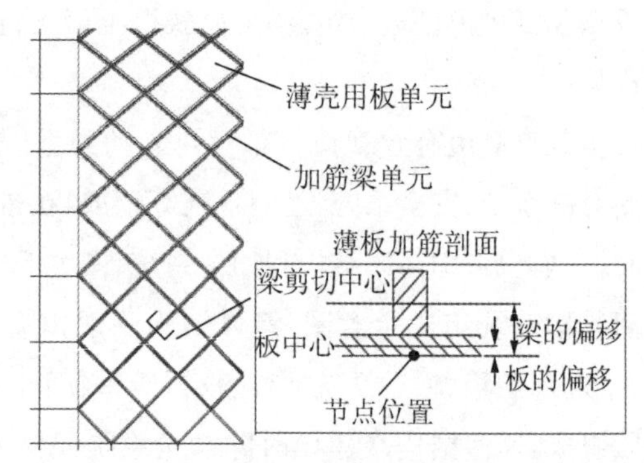

图 9.52 推进剂贮箱局部模型

9.4.2 夹层结构建模

夹层结构是一种多层结构,最简单的是三层结构,如图 9.53 所示.两表层板较薄,由高强度、高刚度材料制成,中间层称为夹芯,由超薄的铝箔或其他材料制成波纹状或蜂窝状.这种结构的特点是表层板提供弯曲刚度,夹芯提供剪切刚度.因此建模时可将夹芯结构简化为板单元,其属性可以使用复合板属性.表层面板材料采用各向同性材料,取实际的弹性模量和厚度.夹芯的材料属性采用正交各向异性材料,材料参数只使用垂直于板方向(z 方向)的剪切刚度 G_{xz},G_{yz} 和拉压刚度E_z,面内拉压刚度 E_x,E_y 和面内剪切刚度 G_{xy} 取 0,厚度取夹芯实际厚度.这种建模方法使得复合板弯曲刚度由面板提供,剪切刚度主要由夹芯提供,符合实际情况.

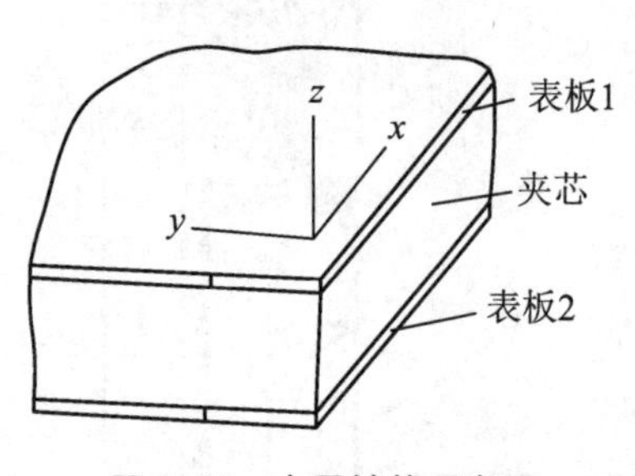

图 9.53 夹层结构示意图

9.4.3 发动机架及发动机建模

发动机架位于运载火箭尾段和发动机之间,如图 9.50 所示,作用是将发动机的推力传递到火箭上.发动机架通常由杆架和梁架焊接而成,结构形式如图 9.54 所示.建模时杆架和梁架均采用梁单元进行模拟.

发动机是火箭上结构相对复杂的装置.但发动机对火箭的整体模态影响只是其质量效应,在横向模态时刚度效应也会影响部分模态.因此在进行发动机建模时,可以将发动机简化为数个梁单元串联的模型,并在单元相连的节点上赋予集中质量.集中质量的大小和分布应按照总质量、质心位置、总转动惯量与真实发动机相等的原则选取，梁的纵向和扭转刚度取较大的值，横向刚度适当选取，使得发动机根部固支的横向一阶模态与实际发动机一致. 需要注意的是，在进行飞行状态的火箭动力学特性建模时，发动机质量除了考虑发动机本身质量外，还要考虑其燃料在发动机当中的灌注量. 图 9.55 示出了一个发动机架及发动机的有限元模型.

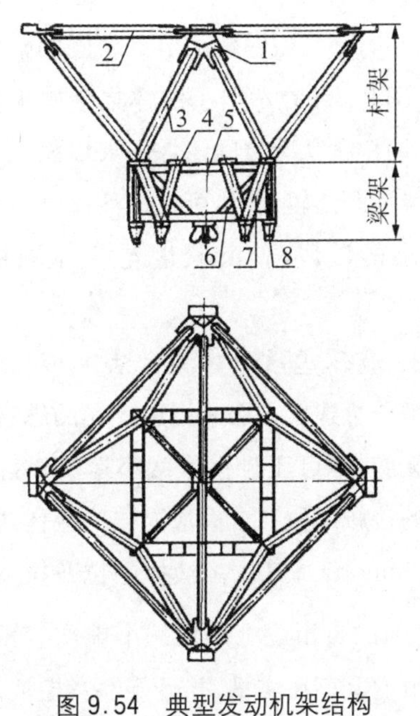

图 9.54 典型发动机架结构

1. 接头；2. 拉杆；3. 主杆；4. 泵安装面；
5. 横梁；6. 弓杆；7. 三脚架；8. 杯套

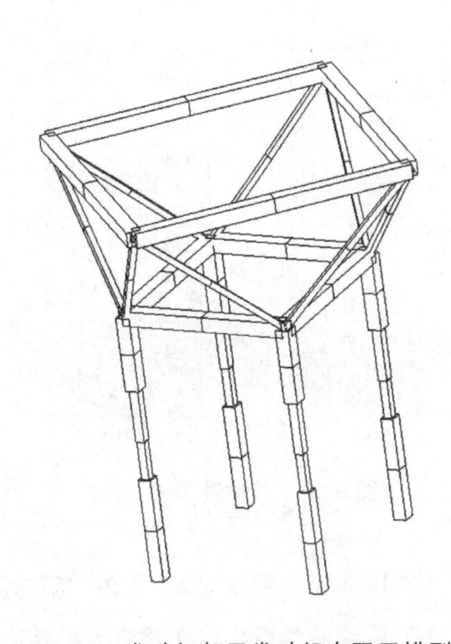

图 9.55 发动机架及发动机有限元模型

9.4.4 燃料液体建模

燃料质量在火箭飞行当中约占火箭总质量的 80%，以往的试验和分析工作表明，燃料仅对结构的质量产生贡献，而对结构的刚度基本没有贡献. 因此在建模当中，将燃料质量直接附加到相应的站点是合适的. 燃料质量分为箱体部分和发动机管路的灌注部分，发动机灌注量直接按照集中质量施加到发动机模型上，箱体部分的燃料质量建模可以分为集中质量法、虚质量法，以及本节提出的杆单元法.

1. 液体集中质量建模方法

液体在火箭的低频模态表现为质量效应，因此可以将液体按照某种质量方式进行建模. 液体集中质量建模法是将燃料液体当作集中质量处理. 首先按液面高度将液体划分为许多小段，因为火箭飞行时燃料液体是不断消耗的，在分析时需要按照不同的飞行秒状态进行分析. 因此在进行液体小段划分时，需考虑所要分析的秒状态，选取分析的秒状态所处的液面高度位置作为节点，并在节点上建立集中质量单元. 其次按照两个秒状态之间消耗的液体作为一个液段，将该液段的液体质量平均分配到液段两端节点上，分配时只考虑质量，忽略转动惯量；最后将该集中质量用 NASTRAN 的 RBE3 方式约束到同高度的箱体节点上. RBE3 约束方式相当于将集中质量平均分配到箱体的节点上，同时不产生箱体上节点之间的附加约束刚度. 图 9.56(a)示出了液体集中质量建模方法. 当两个秒状态之间消耗的液段相对于箱体网格尺寸距离较大时，可将该液段进一步划分为更小的液段，使其长度与箱体网格尺寸相当.

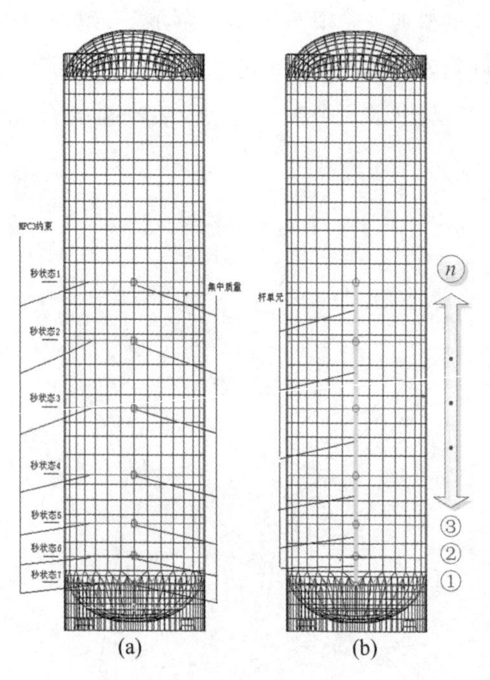

图 9.56　液体建模方法

2. 液体虚质量建模方法

虚质量建模方法采用边界元的思想. 假定液体无旋、不可压且仅作微小运动，将液体与贮箱的接触部位和自由液面作为液体边界，采用 Helmholtz 方法求解液体的拉普拉斯方程，将液体的作用变成质量效应，最终在贮箱与液体接触面的自由度上形成一个虚质量矩阵. 虚质量方法形成的质量矩阵仅在垂直于贮箱方向的自由度上存在质量，并且能够考虑液面晃动对液体质量的“消减”作用，较集中质量法更贴近液体的实际动力学行为，精度较高. 但虚质量建模方法会形成一个贮箱与液体接触面自由度规模的满秩质量矩阵，大大降低求解效率，这成为其应用的最大障碍.

3. 液体杆单元建模方法

工程应用上，权衡精度与效率，液体建模更多会选择集中质量建模方法. 但集中质量建模法首先需要将液体分段，而后离散为集中质量，需要人工进行离散，不仅带来大的工作量，而且容易产生错误. 另外，每个液体集中质量采用三个平动方式约束到对应箱体的节点上，这样做的效果是将液体的集中质量(横向和纵向)平均分配到对应高度的箱体节点上，而实际上液体的质量惯性力只能垂直于贮箱壁，或者说横向质量惯性力作用到对应高度箱体节点上，纵向质量惯性力仅作用在箱底，因此上述液体集中质量建模方法在纵向质量力处理上存在问题. 为此，文献[206]针对该问题提出了耦合质量建模方法，将横向质量和纵向质量分开表达. 但这种建模方法相对复杂，而且 NASTRAN 的前处理也不支持这种做法，只能手工修改模型文件，容易发生错误. 本节提出一种杆单元液体建模方法，既可以避免液段人工离散为集中质量的步骤，又可以解决液体横向质量力和纵向质量力作用点不一致的问题.

液体杆单元建模方法将液体简化为杆单元，如图9.56(b)所示．首先按照分析需要的不同秒状态，确定若干对应的燃料液体液面；其次从液面到箱底，按照液柱的中心线建立杆单元，并按照箱体节点进行杆单元划分，使杆单元节点与箱体节点纵向高度一致，杆单元的面积取液柱的面积，材料密度取燃料液体的实际密度，弹性模量取一个较大的值；最后杆单元的节点仍然采用NASTRAN的RBE3约束到对应箱体的节点上，箱底上最后一个节点用RBE3三个平移自由度约束，其他节点用RBE3横向两个自由度约束，纵向不约束．这样的建模方法能够使杆代表的液体横向惯性力作用到对应高度的箱体上，而纵向惯性力通过杆的纵向传递作用到箱底，其效果与文献[206]相同，但其实施过程大为简化．

下面证明这种建模方法等同于文献[206]的耦合质量建模方法．当采用上述杆单元建模时，杆单元的质量与对应液段的液体质量相同，相当于将液段的质量均匀分配到杆单元的节点上，因此液体质量自动离散为杆节点的集中质量．将杆的节点从箱底到液面分别记为1，2，…，n，如图9.56(b)所示，这些集中质量分别记为$m_1,m_2,\cdots,m_n$，杆节点$i(i=1,2,\cdots,n)$的位移分别记为u_i,v_i,w_i，其中u_i,v_i表示两个横向位移，w_i表示纵向位移，则液体质量的动能可以表示为

$$T=\frac{1}{2}\sum_{i=1}^{n}(m_i\dot{u}_i^2+m_i\dot{v}_i^2+m_i\dot{w}_i^2) \tag{9.4.1}$$

其中，$\dot{u}$表示u对时间的一阶导数．设对于节点i，箱体上有n_i个节点与之有RBE3约束关系，节点号用上下标记为“${}_i^{(j)}$”，其横向位移记为$u_i^{(j)},v_i^{(j)}(j=1,2,\cdots,n_i)$，纵向位移记为$w_i^{(j)}(j=1,2,\cdots,n_i)$，则节点2～$n$的RBE3约束关系可以表示为

$$u_i=\sum_{j=1}^{n_i}r_{ij}u_i^{(j)},\quad v_i=\sum_{j=1}^{n_i}r_{ij}v_i^{(j)},\quad i=2,3,\cdots,n \tag{9.4.2}$$

其中，r_{ij}表示权系数，且满足

$$\sum_{j=1}^{n_i}r_{ij}=1 \tag{9.4.3}$$

一般取$r_{ij}=\dfrac{1}{n_i}$．注意节点2～n的RBE3约束只有横向约束，没有纵向约束．因此没有关于w的约束关系．对于节点1，RBE3约束有三个方向，因此可以表示为

$$u_1=\sum_{j=1}^{n_1}r_{1j}u_1^{(j)},\quad v_1=\sum_{j=1}^{n_1}r_{1j}v_1^{(j)},\quad w_1=\sum_{j=1}^{n_1}r_{1j}w_1^{(j)} \tag{9.4.4}$$

因为杆单元弹性模量取较大的数，故可以近似地认为杆单元长度方向不产生伸缩变形，或近似存在约束

$$w_n=w_{n-1}=\cdots=w_1 \tag{9.4.5}$$

将式(9.4.2)～式(9.4.4)代入式(9.4.1)，得

$$T=\frac{1}{2}\sum_{i=1}^{n}\left[m_i\Big(\sum_{j=1}^{n_i}r_{ij}\dot{u}_i^{(j)}\Big)^2+m_i\Big(\sum_{j=1}^{n_i}r_{ij}\dot{v}_i^{(j)}\Big)^2+m_i\Big(\sum_{j=1}^{n_1}r_{1j}\dot{w}_1^{(j)}\Big)^2\right] \tag{9.4.6}$$

对应节点${}_i^{(j)}$的质量矩阵为

$$
\boldsymbol{m}_i^{(j)} = \begin{bmatrix} \dfrac{\partial^2 T}{\partial(\dot{u}_i^{(j)})^2} & \dfrac{\partial^2 T}{\partial(\dot{u}_i^{(j)})\partial(\dot{v}_i^{(j)})} & \dfrac{\partial^2 T}{\partial(\dot{u}_i^{(j)})\partial(\dot{w}_i^{(j)})} \\ & \dfrac{\partial^2 T}{\partial(\dot{v}_i^{(j)})^2} & \dfrac{\partial^2 T}{\partial(\dot{v}_i^{(j)})\partial(\dot{w}_i^{(j)})} \\ \text{(对称)} & & \dfrac{\partial^2 T}{\partial(\dot{w}_i^{(j)})^2} \end{bmatrix}, \quad i = 1,2,\cdots,n \tag{9.4.7}
$$

将式(9.4.6)代入式(9.4.7),得到

$$
\boldsymbol{m}_i^{(j)} = \begin{bmatrix} r_{ij}m_i & & \\ & r_{ij}m_i & \\ & & 0 \end{bmatrix}, \quad i = 2,3,\cdots,n \tag{9.4.8}
$$

$$
\boldsymbol{m}_1^{(j)} = \begin{bmatrix} r_{1j}m_1 & & \\ & r_{1j}m_1 & \\ & & r_{1j}\sum_{i=1}^{n} m_i \end{bmatrix}, \quad i = 1 \tag{9.4.9}
$$

从式(9.4.8)与式(9.4.9)可以看出,节点 i 的液体质量的横向部分按照 r_{ij} 分配到相同高度的箱体节点 $_i^{(j)}$ 上,纵向质量分配到箱底上(节点 1).与耦合质量建模具有相同的效果.

9.4.5 非结构质量建模

在运载火箭全箭三维建模当中,非结构质量建模至关重要.如果不计燃料质量,对于运载火箭关心的低阶主模态,能提供有效刚度的结构质量占 50%,另外 50%称为非结构质量,其组成为仪器、电缆、电源、气瓶、管路、支架、分离装置等.这些非结构质量在运载火箭低阶模态当中提供质量效应,因此建模时,采用非结构质量的方式,将这些质量附着到对应的结构单元中.非结构质量建模原则是使火箭各个部段的模型总质量与实际的部段质量相等.

9.4.6 连接结构建模

连接结构建模在运载火箭三维建模当中是极其重要的.火箭上的连接结构建模可以概括为如下几类:紧密连接、松散连接、捆绑连接.紧密连接包括非分离面舱段间的连接、级间分离面的连接等,连接面两端位移可以认为是协调的,建模时采用共节点连接.松散连接包括整流罩两个半罩之间的连接、舱壁上的开口与口盖之间的连接、星箭连接、包带分离面的连接,连接面两侧位移是部分协调的,建模时应采用部分连接的方式,或者用等效弹簧连接代替.部分连接的多少或等效弹簧连接的刚度一般依靠试验获得或经验给出.捆绑连接是捆绑火箭当中的重要连接.捆绑火箭由芯级和助推级火箭构成,两者用捆绑结构连接.捆绑结构分为上捆绑结构和下捆绑结构.以长征二号捆绑火箭为例,图 9.57 给出捆绑火箭及其连接结构示意图.

上捆绑结构如图 9.58 所示,由三个连杆组成,连杆的两端分别连到助推火箭和芯级火

箭,连杆与火箭均采用耳环连接.建模时首先确定连杆与火箭芯级和助推级连接耳环的连接中心位置,在每个连接中心位置分别建立一个节点,连接中心的节点用多点约束分别连接到芯级或助推级上.注意多点约束需要连接到芯级或助推级捆绑结构附近的多个节点上,避免连接到单个节点上.每个连杆用一个杆单元模拟,杆单元连于芯级连接中心节点和助推级连接中心节点之间.

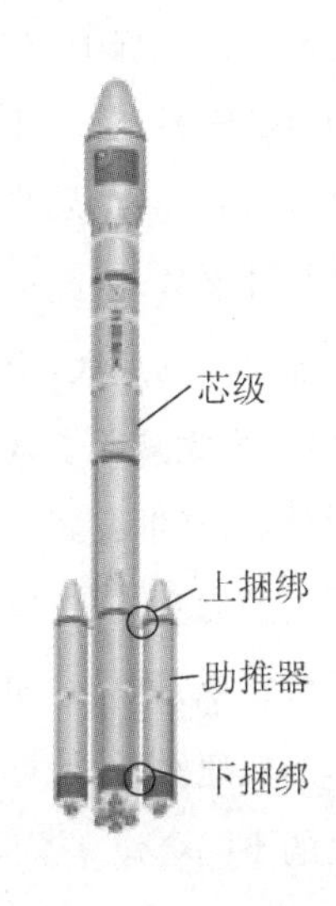

图 9.57　捆绑火箭及其连接结构示意图

下捆绑结构如图 9.59 所示,由固连于芯级的球窝和固连于助推级的球头构成,捆绑时将球头放置在球窝当中连接起来.在建模时需要考虑球头与球窝之间几乎没有转动约束的特点.因此建模时,可以在球头中心与球窝中心分别建立一个节点(两个节点位置重叠),球窝中心的节点用多点约束的方式连接到芯级,球头中心的节点用多点约束的形式连接到助推级上.多点约束时仍然要连接到芯级或助推级捆绑结构附近的多个节点上,避免连接到一个节点上.两个节点之间用位移约束、转角不约束的方式连接.

图 9.58　上捆绑连接结构模型

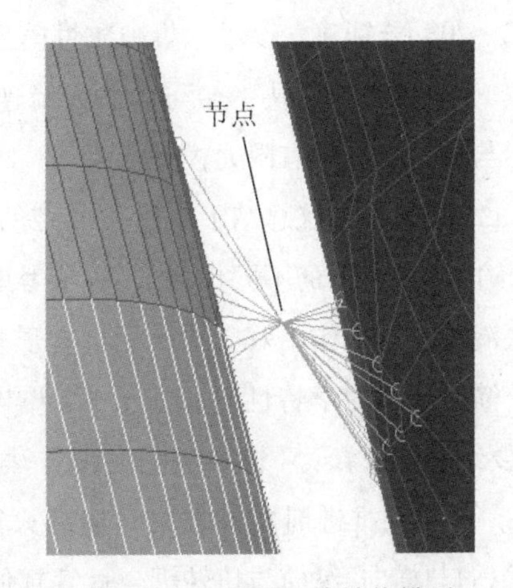

图 9.59　下捆绑连接结构模型

因为捆绑连接刚度不仅取决于连杆,还取决于芯级和助推级在捆绑附近的变形情况,所以捆绑连接建模时更重要的是要将芯级和助推级捆绑结构附近的结构进行细化建模.必要时可以采用块体模型进行细化.

9.5　小　　结

运载火箭全箭动力学特性是火箭姿态控制系统设计的重要参数,是火箭载荷设计的基础,也是结构振动与推进系统相互耦合产生的自激振动(俗称 POGO)分析和设计的基础.因此在运载火箭工程中,对全箭动力学特性十分关注.获取全箭动力学特性需要采用计算和试验相结合的途径,首先建立运载火箭全箭动力学模型,然后开展部分飞行状态的全箭动力学特性试验,用试验结果修正动力学模型,最后利用修正后的动力学模型给出所有飞行状态的动力学特性参数.因此运载火箭全箭动力学特性建模在运载火箭工程中十分重要.尤其随着未来火箭尺寸的加大,全箭试验越来越困难,国外已经成功地走通了用部段试验替代全箭试验的途径,大大减轻了试验难度,但需要较高的建模水平.

国外在 20 世纪 80 年代前,由于当时计算能力的限制,运载火箭动力学建模都以梁 + 集中质量模型为主,即使建立三维壳模型,也是作了大量的简化,如采用 1/4 对称,或梁单元再加上部分三维壳模型,如土星Ⅴ火箭就建立了梁和不同程度的三维模型(见图 9.1).随着计算机技术的快速发展,计算能力已经不再成为运载火箭建模的瓶颈,因此,国外运载火箭按照研制阶段的不同会建立不同复杂度的动力学模型.在火箭研制的初期,没有结构的详细图纸,只好建立简单的梁 + 集中质量模型,随着结构设计的不断细化,模型也会逐步复杂,最终会建立比较详细的三维有限元模型[237](见图 9.7).

目前,国内运载火箭全箭动力学建模仍以梁模型为主.在长征二号 E 火箭的研制过程中,文献[202 - 203]分别建立以梁 + 集中质量模型为主的多分支梁模型.在长征二号 F 火箭的研制过程中,为了更好地反映飞船与运载火箭连接关系,文献[68,204]在多分支梁模型基础上增加飞船与整流罩三维有限元模型.

文献[206,211]系统总结了基于梁模型的火箭纵横扭一体化建模技术.根据液体推进剂在纵向、横向和扭转下的不同作用效果,从考虑液体附加质量的火箭动力学基本方程出发,导出了反映液体推进剂作用效应的单元耦合质量矩阵,并给出了软件实现方法.采用此方法对某捆绑火箭结构动力学特性进行了分析,并与原方法(集中质量方法)的计算结果进行了比较,其主要结论如下:① 不同推进剂模拟方法对捆绑火箭纵向频率影响较大,最大频率差异为8.39%;② 不同推进剂模拟方法对捆绑火箭横向和扭转频率影响很小,最大频率差异为 1.34%,纵向与横向、纵向与扭转耦合程度越低,两种方法计算的频率差异越低;③ 液体推进剂耦合质量方法及其软件实现,拓宽了梁模型的适应范围,实现了基于梁模型的火箭纵横扭一体化建模及分析,为研究模态密集、纵横扭耦合模态的捆绑火箭动力学问题提供了有效手段.

文献[207]系统总结了运载火箭全箭动力学特性三维建模技术,指出梁模型建模虽然简单,但存在无法克服的缺点.首先,运载火箭是三维结构,其模态也是三维空间模态,其横、纵、扭运动相互耦合.梁模型的节点选在运载火箭的理论轴心线上,火箭横截面上的所有位移都被认为等于理论轴心线上的位移.但实际上火箭是空间结构,截面上各点位移并不等于理论轴心线上的位移.横向位移伴随着横截面转角位移,转角位移在非轴心线上(如箱体壁上)会带来纵向位移,且各点位移随位置变化.或者说,横向模态会伴随箱体壁上的纵向运动.同样扭转模态也会伴随着箱体壁上的横向运动.但用梁模型无法反映这一特征.在进行试验预示时,由于试验传感器只能安装在运载火箭的箱体壁上而不能安装在理论轴线上,因此用梁模型预示的振型与试验传感器测量获得的振型存在差异.用三维模型则不存在上述问题.其次,在运载火箭精细化建模方面,梁模型建模存在如下缺点:① 运载火箭主体结构为半硬壳结构,用梁模型建模时,通常将半硬壳等效为均匀厚度圆柱壳,再计算梁模型的拉压、弯曲、扭转刚度,研究表明这种处理方法会使扭转刚度偏大[165],文献[165]虽然给出了一定的修正措施,但对于复杂加筋壳的情况,其修正方法受到局限,建模精度无法与三维模型媲美,且处理起来较为复杂;② 运载火箭某些舱段存在大的开口,这些开口必然会削弱火箭整体刚度,但用梁模型建模时无法考虑开口对整体刚度的削弱作用;③ 对于像仪器舱等椎段结构,其弯曲变形与剪切变形相互耦合,用梁模型无法描述其耦合刚度特征;④ 对于捆绑火箭而言,梁模型无法准确模拟捆绑连接的刚度;⑤ 在进行火箭液体燃料建模时,梁模型无法使用虚质量、液体杆单元等三维液体建模方法.而三维建模不存在上述缺点.随着运载火箭研制对动力学建模要求的不断提高,采用三维建模技术是必然趋势.

总之:(1) 基于梁模型的火箭纵横扭一体化建模方法拓宽了梁模型的适应范围,实现了基于梁模型的火箭纵横扭一体化建模及分析,为研究模态密集、纵横扭耦合模态的捆绑火箭动力学问题提供了有效手段;

(2) 运载火箭三维建模方法与传统的梁模型建模方法比较,能更为准确地反映火箭结构的加筋、开口、椎壳等刚度特征,因而更能准确反映运载火箭动力学特性,但要避免出现大量局部模态;

(3) 在运载火箭研制的不同阶段应采用不同的模型;

(4) 运载火箭燃料液体建模当中,无论是集中质量建模还是杆单元建模,尚无法达到虚质量的建模精度,但虚质量建模计算量过大,工程应用困难,提高虚质量建模计算效率使其工程适用化仍然是一个需要研究的问题;

(5) 连接建模是建模当中最大的不确定因素,目前还需要靠试验来确定连接参数,其建模方法尚需进一步的研究.

第10章
航天飞行器动态响应分析

10.1 引　言

第1章介绍航天器动态设计方法,本章以载荷分析为主要内容,概述动态子结构法在航天器动态设计中的应用,包括:

(1) 介绍将航天器模型耦合到相应的运载器模型的三种类型综合方程,进行全箭级航天器和运载火箭的耦合载荷分析;

(2) 介绍NASA喷气推进试验室(JPL)发展的"刚体界面加速度的航天器载荷估计方法";

(3) 介绍中国航天器组织发展的简便的载荷二次分析方法.

胡海昌在《加快从静态设计到动态设计的过渡》[35]中指出:从本质上来说,卫星结构设计应是一种动态设计.航天飞行器的器箭耦合载荷分析是研究航天飞行器结构(低频)动态响应的一种理论计算方法.它不是计算火箭所受的气动力、推力等外载荷,而是计算在这些外载荷作用下火箭各部段的内力,航天工程中习惯把内力计算称为载荷计算.这里的载荷计算应该称为内力计算.

对于每个全箭级的器箭载荷循环,运载器组织开发的模型对应发射升空事件的各个阶段.对于每个事件,航天器模型耦合到相应的运载器模型,形成独特的器箭耦合模型,进行器箭耦合载荷分析.当获得运载火箭准确的外加力函数时,将其作为器箭耦合载荷分析的外载荷条件,施加在验证好的器箭耦合数学模型上,应用器箭耦合载荷分析方法,进行载荷分析.在运载火箭和航天器建模与模型修正的基础上,进行器箭耦合载荷分析以及航天器力学环境条件设计研究是本章的主要内容.

当运载器组织着手采用动态子结构法计算一个大型复杂结构系统时,首先将整体系统划分为若干子结构.如图 10.1 所示,可以将航天飞行器划分为两个子结构:航天器子结构 A,运载火箭子结构 B.但其综合方法不难推广到多个子结构情况.

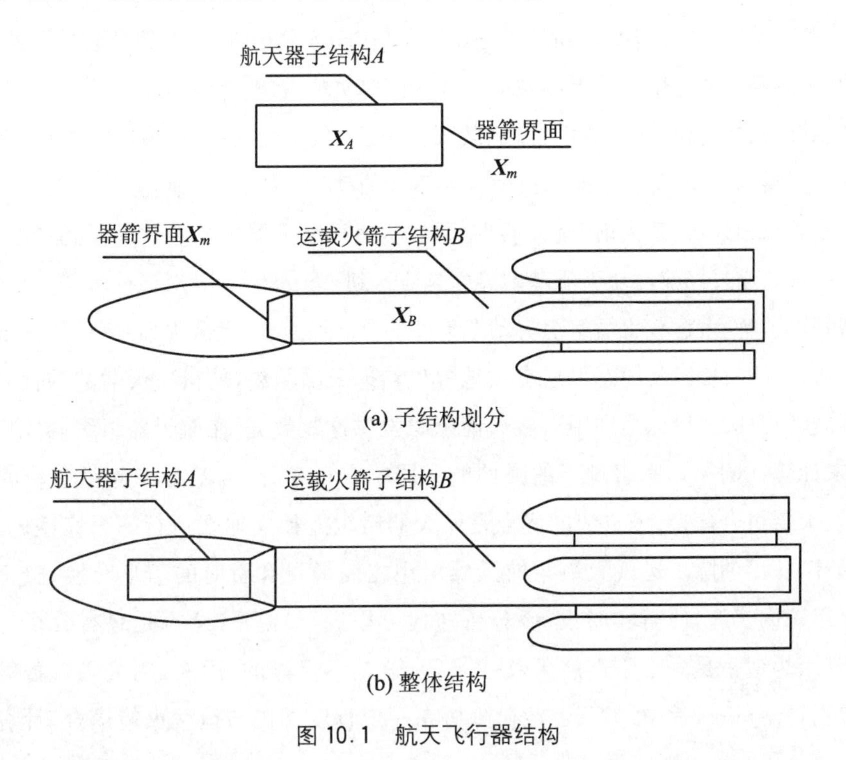

图 10.1　航天飞行器结构

将航天器模型耦合到相应的运载器模型的方法可以导出三种类型综合方程:

一是采用超单元法,导出完全物理模型的器箭耦合第一类综合方程,当航天器组织提供航天器物理模型时应用这种方法.

二是采用分支混合综合法.分支混合综合法[75,213-214]是有限元法和假设模态法的一种杂交技术.把运载火箭子结构 B 作为主结构,把航天器子结构 A 作为具有模态模型的分支结构,进行综合,导出运载器为物理模型、航天器为模态模型的器箭耦合的第二类综合方程,当航天器组织提供航天器模态模型时应用这种方法.

三是模态综合法.把运载器作为子结构 B,把航天器作为子结构 A,进行模态综合[74,80-81,83],导出完全模态模型的器箭耦合第三类综合方程,当航天器组织要求得到综合模态时应用这种方法.

结构载荷是整个运载和航天器系统的动态特性函数,因为它的规模和复杂性,集成的系统无法在飞行前事先进行测试.此外,每个子结构模型组装成整体系统模型,因此,一个元素设计的变更将导致所有元素的载荷变化,并且在一个地方建模的误差也会导致其他地方载荷预测产生误差.因而,全箭级器箭耦合载荷分析是大循环,虽然分析结果可靠,但涉及系统各个部门,工作量大,成本高,进度慢.因而航天器组织总是努力在尽可能大的程度上从运载火箭解耦航天器,进行载荷分析,寻求航天器载荷分析新方法,目标是降低载荷分析成本和加快进度.

文献[216-217]总结NASA喷气推进试验室(JPL)发展的方法,介绍节省航天器设计/分析循环的"刚体界面加速度的航天器载荷估计方法",文献[218]详细介绍了这种方法.由于运载火箭和航天器之间存在显著的耦合,运载火箭组织为了检验运载火箭的完整性,首先进行通常的带航天器刚性模型的运载火箭/航天器耦合的动态分析;同时制定一个方法,以计算航天器的弹性效果,修改运载火箭/航天器界面响应,使得航天器的弹性效果得到考虑,航天器响应和载荷可以通过修改对航天器基础界面响应得到.重要的是,针对运载火箭-刚体航天器组合模型获得了解答,运载火箭组织将动态事件的界面加速度、运载火箭-刚体航天器组合系统的特征值、特征向量以及模态阻尼有效地提供给航天器组织,使得航天器的弹性效果得到补充计算.这种方法的目标是利用运载火箭组织提供这些数据,在航天器组织内完成器箭耦合分析,来计算在同一动态事件下的弹性航天器响应和载荷,而无需求解一个新的运载火箭/弹性航天器组合模型.该方法的优点是航天器组织能独立地来执行一个完整的设计/载荷分析循环,从而消除了运载火箭与航天器组织之间昂贵和费时的信息交换,整个过程可在航天器组织内实施,使得实时设计/分析迭代可以进行.但是,缺点是只有分析界面响应可以使用,因为似乎是一个刚性航天器在飞行,这是不可能的.因而,测量飞行数据不能直接应用在设计/分析过程中.航天器载荷分析在一定程度上仍与运载火箭耦合,计算还比较复杂.

为了在尽可能大的程度上让航天器载荷分析与运载火箭完全解耦,文献[45,219-220]总结中国航天器组织的经验,提出一种更简便的航天器载荷二次分析方法,指出航天器的力学环境条件包括器箭界面环境条件和航天器上部件/分系统的环境条件.器箭界面的环境条件(加速度条件)通常由器箭耦合载荷分析获得,而航天器上细化的环境条件则由航天器组织根据器箭界面的条件进行载荷二次分析获得.这里强调器箭界面环境条件(称为器箭界面加速度条件)作为运载器向航天器的传递力.在完成载人运载火箭/神舟飞船耦合系统模态分析的同时,发现运载火箭与神舟飞船之间存在严重的船/箭耦合振动模态,进行了船/箭耦合结构动力学研究.文献[221]作了详细总结,介绍了这种载荷二次分析方法;将器箭耦合系统分为航天器子结构和运载火箭子结构,在完善了约束子结构模态综合法与超单元法进行全箭级器箭耦合载荷分析的同时,也完善了采用航天器基础激励方法与超单元法,依据全箭级器箭耦合载荷分析给出的器箭界面加速度条件,进行航天器级的载荷二次分析.首先采用约束子结构模态综合法或超单元法进行全箭级器箭耦合载荷分析,给出两部分结果:一部分是器箭界面加速度条件解析解,作为航天器基础激励方法或超单元法分析的基础激励;一部分是运载器和航天器的内部加速度(载荷)解析解,航天器的内部加速度(载荷)解析解用于验证载荷二次分析所得航天器的内部加速度(载荷)解析解结果是否可靠.然后介绍采用航天器基础激励方法或超单元法,依据全箭级器箭耦合载荷分析给出器箭界面加速度条件,也就是保证运载火箭向航天器的力传递的正确性,进行航天器级的载荷二次分析,给出航天器的内部加速度(载荷)解析解,与全箭级器箭耦合载荷分析给出的加速度(载荷)解析解结果比较,从理论上严格证明了载荷二次分析所得的航天器内部加速度(载荷)解析解结果与全箭级器箭耦合载荷分析给出的加速度(载荷)解析解结果相同.由此说明航天器级载荷二次分析获得结果的可靠性,不存在"过计算""欠计算"问题.这种方法的优点是,整个载荷二次分析过程只涉及航天器结构,可在航天器内实施,只在航天器组织内进行航天器结构载荷分析,就能得到全箭级器箭耦合分析时的航天器内部加速度(载荷)解析解,计算简单,使得实时设计/分析迭代可以实施.也就是说,用航天器级载荷二次分析循环可以替代全箭级器箭耦合载荷分析循环,小循环能代替大循环,从而清除了运载火箭和航天器组织之间昂贵和费时的信息交换.

10.2 器箭耦合综合方程

将航天器模型耦合到相应的运载器模型可以用如下三种方法导出器箭耦合综合方程.

10.2.1 超单元法

采用超单元法,导出完全物理模型的器箭耦合第一类综合方程.当航天器组织提供航天器物理模型时应用这种方法.航天器/运载器耦合分析采用超单元法,首先把航天器子结构 A 的航箭连接界面作为基础界面,可以采用基础激励方法进行分析.航天器组织提供航天器子结构 A 的无阻尼物理的运动方程如下:

$$\boldsymbol{M}^A\ddot{\boldsymbol{x}}^A + \boldsymbol{K}^A\boldsymbol{x}^A = \begin{bmatrix} \boldsymbol{M}_{ss}^A & \boldsymbol{0} \\ \boldsymbol{0} & \boldsymbol{M}_{mm}^A \end{bmatrix}\begin{Bmatrix} \ddot{\boldsymbol{x}}_s^A \\ \ddot{\boldsymbol{x}}_m^A \end{Bmatrix} + \begin{bmatrix} \boldsymbol{K}_{ss}^A & \boldsymbol{K}_{sm}^A \\ \boldsymbol{K}_{ms}^A & \boldsymbol{K}_{mm}^A \end{bmatrix}\begin{Bmatrix} \boldsymbol{x}_s^A \\ \boldsymbol{x}_m^A \end{Bmatrix} = \begin{Bmatrix} \boldsymbol{0} \\ \boldsymbol{f}_m^A \end{Bmatrix} \tag{10.2.1}$$

给出航天器子结构 A 的位移表达式为

$$\boldsymbol{x}^A = \begin{Bmatrix} \boldsymbol{x}_s^A \\ \boldsymbol{x}_m^A \end{Bmatrix} = \boldsymbol{\Phi}_{c0}^A\boldsymbol{X}_m^A + \begin{Bmatrix} \boldsymbol{x}_e^A \\ \boldsymbol{0} \end{Bmatrix} = \begin{Bmatrix} \boldsymbol{t}_{c0}^A \\ \boldsymbol{I} \end{Bmatrix}\boldsymbol{x}_m^A + \begin{Bmatrix} \boldsymbol{x}_e^A \\ \boldsymbol{0} \end{Bmatrix} = \begin{bmatrix} \boldsymbol{t}_{c0}^A & \boldsymbol{I} \\ \boldsymbol{I} & \boldsymbol{0} \end{bmatrix}\begin{Bmatrix} \boldsymbol{x}_m^A \\ \boldsymbol{x}_e^A \end{Bmatrix} \tag{10.2.2}$$

其中,$\boldsymbol{x}_s^A$ 为内部位移,$\boldsymbol{x}_e^A$ 为弹性位移,$\boldsymbol{x}_m^A$ 为界面位移,$\boldsymbol{\Phi}_{c0}^A$ 为界面约束模态,$\boldsymbol{t}_{c0}^A = -\boldsymbol{K}_{ss}^{-A}\boldsymbol{K}_{sm}^A$.由于约束边界的自由度数 m 不会小于约束模态数 R,所以界面约束模态 $\boldsymbol{\Phi}_{c0}^A = [\boldsymbol{\Phi}_{cR}^A \quad \boldsymbol{\Phi}_{cc}^A]$ 可分为约束模态 $\boldsymbol{\Phi}_{cR}$ 和静不定约束模态 $\boldsymbol{\Phi}_{cc}$.将式(10.2.2)代入式(10.2.1),并左乘变换矩阵 $\begin{bmatrix} \boldsymbol{t}_{c0}^A & \boldsymbol{I} \\ \boldsymbol{I} & \boldsymbol{0} \end{bmatrix}$ 的转置,得

$$\begin{bmatrix} \boldsymbol{M}_{c0}^{A} & \boldsymbol{t}_{c0}^{AT}\boldsymbol{M}_{ss}^{A} \\ \boldsymbol{M}_{ss}^{A}\boldsymbol{t}_{c0}^{A} & \boldsymbol{M}_{ss}^{A} \end{bmatrix} \begin{Bmatrix} \ddot{\boldsymbol{x}}_{m}^{A} \\ \ddot{\boldsymbol{x}}_{e}^{A} \end{Bmatrix} + \begin{bmatrix} \boldsymbol{K}_{c0}^{A} & \boldsymbol{0} \\ \boldsymbol{0} & \boldsymbol{K}_{ss}^{A} \end{bmatrix} \begin{Bmatrix} \boldsymbol{x}_{m}^{A} \\ \boldsymbol{x}_{e}^{A} \end{Bmatrix} = \begin{Bmatrix} \boldsymbol{f}_{m}^{A} \\ \boldsymbol{0} \end{Bmatrix} \tag{10.2.3}$$

这里,$\boldsymbol{M}_{c0}^{A}$为航天器的界面约束模态质量矩阵,

$$\boldsymbol{M}_{c0}^{A} = \boldsymbol{\Phi}_{c0}^{\mathrm{T}}\boldsymbol{M}^{A}\boldsymbol{\Phi}_{c0} = \boldsymbol{t}_{c0}^{\mathrm{T}}\boldsymbol{M}_{ss}^{A}\boldsymbol{t}_{c0} + \boldsymbol{M}_{mm}^{A} \tag{10.2.4a}$$

对于运载子结构按界面(m)自由度与非界面(1)自由度,运载子结构的位移表达式为

$$\boldsymbol{x}^{B} = \begin{Bmatrix} \boldsymbol{x}_{1}^{B} \\ \boldsymbol{x}_{m}^{B} \end{Bmatrix} \tag{10.2.4b}$$

分块形式物理的运动方程可写为

$$\begin{bmatrix} \boldsymbol{M}_{11}^{B} & \boldsymbol{0} \\ \boldsymbol{0} & \boldsymbol{M}_{mm}^{B} \end{bmatrix} \begin{Bmatrix} \ddot{\boldsymbol{x}}_{1}^{B} \\ \ddot{\boldsymbol{x}}_{m}^{B} \end{Bmatrix} + \begin{bmatrix} \boldsymbol{K}_{11}^{B} & \boldsymbol{K}_{1m}^{B} \\ \boldsymbol{K}_{m1}^{B} & \boldsymbol{K}_{mm}^{B} \end{bmatrix} \begin{Bmatrix} \boldsymbol{x}_{1}^{B} \\ \boldsymbol{x}_{m}^{B} \end{Bmatrix} = \begin{Bmatrix} \boldsymbol{f}_{1}^{B} \\ \boldsymbol{f}_{m}^{B} \end{Bmatrix} \tag{10.2.5}$$

利用界面位移连续与力的平衡条件

$$\boldsymbol{x}_{m}^{A} = \boldsymbol{x}_{m}^{B} = \boldsymbol{x}_{m}, \quad \boldsymbol{f}_{m}^{A} + \boldsymbol{f}_{m}^{B} = \boldsymbol{0} \tag{10.2.6}$$

将式(10.2.3)与式(10.2.5)合并,由超单元法导出综合方程为

$$\begin{bmatrix} \boldsymbol{M}_{11}^{B} & \boldsymbol{0} & \boldsymbol{0} \\ \boldsymbol{0} & \boldsymbol{M}_{c0}^{A} + \boldsymbol{M}_{mm}^{B} & \boldsymbol{t}_{c0}^{AT}\boldsymbol{M}_{ss}^{A} \\ \boldsymbol{0} & \boldsymbol{M}_{ss}^{A}\boldsymbol{t}_{c0}^{A} & \boldsymbol{M}_{ss}^{A} \end{bmatrix} \begin{Bmatrix} \ddot{\boldsymbol{x}}_{1}^{B} \\ \ddot{\boldsymbol{x}}_{m} \\ \ddot{\boldsymbol{x}}_{e}^{A} \end{Bmatrix} + \begin{bmatrix} \boldsymbol{K}_{11}^{B} & \boldsymbol{K}_{1m}^{B} & \boldsymbol{0} \\ \boldsymbol{K}_{m1}^{B} & \boldsymbol{K}_{mm}^{B} + \boldsymbol{K}_{c0}^{A} & \boldsymbol{0} \\ \boldsymbol{0} & \boldsymbol{0} & \boldsymbol{K}_{ss}^{A} \end{bmatrix} \begin{Bmatrix} \boldsymbol{x}_{1}^{B} \\ \boldsymbol{x}_{m} \\ \boldsymbol{x}_{e}^{A} \end{Bmatrix} = \begin{Bmatrix} \boldsymbol{f}_{1}^{B} \\ \boldsymbol{f}_{m}^{A} + \boldsymbol{f}_{m}^{B} \\ \boldsymbol{0} \end{Bmatrix} \tag{10.2.7}$$

这是超单元法的半解耦方程,参变量为物理的位移量,刚度项解耦,质量项耦合.这是完全物理模型的综合方程,是第一类综合方程.当航天器组织提供航天器物理模型时可以应用这个综合方程,由此可以求得航天器/运载器耦合系统的响应和内力.

10.2.2 分支混合综合法

分支混合综合法[75,213-214]是有限元法和假设模态法的一种杂交技术.把运载火箭子结构 B 作为主结构,把航天器子结构 A 作为具有模态模型的分支结构,进行综合,导出运载器为物理模型、航天器为模态模型的器箭耦合的第二类综合方程,当航天器组织提供航天器模态模型时应用这种方法.

如果令界面位移 $\boldsymbol{x}_{m}^{A}$ 为零,代入式(10.2.3),导出界面约束航天器弹性位移 $\boldsymbol{x}_{e}^{A}$ 的特征方程为

$$\boldsymbol{M}_{ss}^{A}\ddot{\boldsymbol{x}}_{e}^{A} + \boldsymbol{K}_{ss}^{A}\boldsymbol{x}_{e}^{A} = \boldsymbol{0} \tag{10.2.8}$$

这个方程的特征值矩阵为 $\boldsymbol{\Lambda}_{2}^{A2}$,特征向量矩阵为 $\boldsymbol{\phi}_{2}^{A}$.

航天器子结构 A 的位移表达式为

$$x^A=\begin{Bmatrix}x_m^A\\x_e^A\end{Bmatrix}=\begin{bmatrix}I&0\\0&\phi_2^A\end{bmatrix}\begin{Bmatrix}x_m^A\\U_e^A\end{Bmatrix}\tag{10.2.9}$$

将其代入式(10.2.3),并左乘它的转置,得航天器子结构 A 的模态坐标运动方程为

$$\begin{bmatrix}M_{c0}^A&M_{re}^A\\M_{er}^A&I\end{bmatrix}\begin{Bmatrix}\ddot{x}_m^A\\\ddot{U}_e^A\end{Bmatrix}+\begin{bmatrix}K_{c0}^A&0\\0&\Lambda_2^{A2}\end{bmatrix}\begin{Bmatrix}x_m^A\\U_e^A\end{Bmatrix}=\begin{Bmatrix}f_m^A\\0\end{Bmatrix}\tag{10.2.10}$$

这是航天器子结构 A 的模态坐标运动方程(10.2.10).将航天器子结构 A 作为运载火箭子结构B 的分支,用界面位移连续与力的平衡条件式(10.2.6),运载组织将式(10.2.3)与式(10.2.10)合并,导出器箭耦合系统的位移表达式为

$$x=\begin{Bmatrix}x_1^B\\x_m\\\phi_2^A U_e^A\end{Bmatrix}$$

其中,x_m 为器箭界面位移,导出运载物理模型与航天器模态模型的器箭综合运动方程为

$$\begin{bmatrix}M_{11}^A&0&0\\0&M_{c0}^B+M_{mm}^A&M_{re}^B\\0&M_{er}^B&I\end{bmatrix}\begin{Bmatrix}\ddot{x}_1^A\\\ddot{x}_m\\\ddot{U}_e^B\end{Bmatrix}+\begin{bmatrix}K_{11}^A&K_{1m}^A&0\\K_{m1}^A&K_{c0}^B+K_{mm}^A&0\\0&0&\Lambda_2^{B2}\end{bmatrix}\begin{Bmatrix}x_1^A\\x_m\\U_e^B\end{Bmatrix}=\begin{Bmatrix}f_1^A\\0\\0\end{Bmatrix}\tag{10.2.11}$$

这是第二类综合方程.当航天器组织仅提供航天器模态模型时可以应用这个综合方程.

10.2.3 模态综合法

把运载器作为子结构 B,把航天器作为子结构 A,进行模态综合[74,80-81,83],导出完全模态模型的器箭耦合的第三类综合方程,当航天器组织要求得到综合模态时应用这种方法.

如果令完全物理模型的综合方程(10.2.7)中的耦合质量项 $M_{ss}^B t_{c0}^B$ 为零,则导出如下两组完全解耦的运动方程:

一是与运载模型不耦合的航天器弹性位移 x_e^A 的特征方程式(10.2.8).这个方程的特征值矩阵为 Λ_2^{A2},特征向量矩阵为 ϕ_2^A.基础界面约束的航天器模态试验可以进行模型修改与验证.

二是航天器不产生弹性运动时的运载器/航天器界面约束模态质量 M_{c0}^B 的组合位移 $y_1^A=\begin{Bmatrix}y_1\\y_m\end{Bmatrix}$的运动方程,也就是刚性航天器(称为结构星,其弹性模态频率很大)与运载火箭组合时,带界面约束航天器刚性模态质量M_{c0}^B的运载运动方程为

$$\begin{bmatrix}M_{11}^B&0\\0&M_{c0}^A+M_{mm}^B\end{bmatrix}\begin{Bmatrix}\ddot{y}_1\\\ddot{y}_m\end{Bmatrix}+\begin{bmatrix}K_{11}^B&K_{1m}^B\\K_{m1}^B&K_{c0}^A+K_{mm}^B\end{bmatrix}\begin{Bmatrix}y_1\\y_m\end{Bmatrix}=\begin{Bmatrix}f_1^B\\0\end{Bmatrix}\tag{10.2.12}$$

这个方程的特征值矩阵为 $\boldsymbol{\Lambda}_1^{B2}$，特征向量矩阵为 $\boldsymbol{\Phi}_1^B = \begin{Bmatrix} \boldsymbol{\phi}_1^B \\ \boldsymbol{\phi}_m \end{Bmatrix}$. 带刚性航天器的运载火箭模态试验可以进行模型修改与验证.

利用特征值 $\boldsymbol{\Lambda}_2^{A2}$、特征向量 $\boldsymbol{\phi}_2^A$、特征值 $\boldsymbol{\Lambda}_1^{B2}$ 和特征向量 $\boldsymbol{\Phi}_1^B = \begin{Bmatrix} \boldsymbol{\phi}_1^B \\ \boldsymbol{\phi}_m \end{Bmatrix}$，作如下模态坐标变换：

$$\boldsymbol{x} = \begin{Bmatrix} \boldsymbol{x}_1^B \\ \boldsymbol{x}_m \\ \boldsymbol{x}_e^A \end{Bmatrix} = \begin{bmatrix} \boldsymbol{\phi}_1^B & \boldsymbol{0} \\ \boldsymbol{\phi}_m & \boldsymbol{0} \\ \boldsymbol{0} & \boldsymbol{\phi}_2^A \end{bmatrix} \begin{Bmatrix} \boldsymbol{U}_1^B \\ \boldsymbol{U}_e^A \end{Bmatrix} \tag{10.2.13}$$

代入式(10.2.7)，并左乘坐标变换矩阵的转置，再加上阻尼项，得系统的器箭模态综合方程为

$$\begin{bmatrix} \boldsymbol{I} & \boldsymbol{\phi}_m^{\mathrm{T}} \boldsymbol{M}_{re}^A \\ \boldsymbol{M}_{er}^A \boldsymbol{\phi}_m & \boldsymbol{I} \end{bmatrix} \begin{Bmatrix} \ddot{\boldsymbol{U}}_1^B \\ \ddot{\boldsymbol{U}}_e^A \end{Bmatrix} + \begin{bmatrix} 2\boldsymbol{\rho}_1^B \boldsymbol{\Lambda}_1^B & \boldsymbol{0} \\ \boldsymbol{0} & 2\boldsymbol{\rho}_2^A \boldsymbol{\Lambda}_2^A \end{bmatrix} \begin{Bmatrix} \dot{\boldsymbol{U}}_1^B \\ \dot{\boldsymbol{U}}_e^A \end{Bmatrix} + \begin{bmatrix} \boldsymbol{\Lambda}_1^{B2} & \boldsymbol{0} \\ \boldsymbol{0} & \boldsymbol{\Lambda}_2^{A2} \end{bmatrix} \begin{Bmatrix} \boldsymbol{U}_1^B \\ \boldsymbol{U}_e^A \end{Bmatrix} = \begin{bmatrix} \boldsymbol{G} \\ \boldsymbol{0} \end{bmatrix} \tag{10.2.14}$$

其中

$$\boldsymbol{G} = \boldsymbol{\phi}_1^{B\mathrm{T}} \boldsymbol{f}_1^B, \quad \boldsymbol{M}_{er}^A = \boldsymbol{\phi}_2^{A\mathrm{T}} \boldsymbol{M}_{ss}^A \boldsymbol{t}_{c0}^A \tag{10.2.15}$$

这是第三类综合方程，是完全的模态综合方程.

只有运载组织才有载荷参与因子 $\boldsymbol{G}$，因而方程(10.2.14)只能在运载组织内求解.

上述三类综合方程的求解完善了全箭级航天器和运载火箭的耦合载荷分析. 下面介绍几个工程应用实例：

(1) 整流罩和卫星约束子结构模态综合法应用实例；

(2) CZ-2F 运载火箭模态综合法响应分析应用实例；

(3) Ariane-5 运载火箭约束子结构模态综合法简介；

(4) CZ-3B 运载火箭星箭耦合载荷分析.

10.2.4 整流罩和卫星约束子结构模态综合法应用实例

文献[222]介绍整流罩和卫星约束子结构模态综合法应用实例. 对于整流罩和卫星组成的系统级整体结构，通过施加固定界面约束将该系统分成两部分，分别作为整流罩子结构和卫星子结构，计算模型如图 10.2、图 10.3 所示. 所建立的模型蒙皮和翻边采用壳单元，加筋采用梁单元，卫星上的质量块采用质量单元并通过 MPC 与卫星相应结构进行连接. 分别保留子结构的低阶模态，运用上述固定界面模态综合法进行综合，得到整体结构的计算结果，并与精确解进行比较，验证其精度.

对三类情况进行了计算：① 卫星和整流罩分别采用前 50 Hz 的低阶模态进行综合；② 整流罩采用前 100 Hz、卫星采用前 50 Hz 的低阶模态进行综合；③ 整流罩采用前 50 Hz、卫星采用前 100 Hz 的低阶模态进行综合. 将计算结果与整体结构的计算结果进行对比并列入表 10.1. 为了表述方便，下面分别用“工况 1”“工况 2”“工况 3”来进行三种工况的描述. 同时为了比较振型的差异，引入模态置信准则如下：

$$MAC = \frac{|\boldsymbol{\Psi}_e^{\mathrm{T}}\boldsymbol{\Psi}_a|^2}{(\boldsymbol{\Psi}_e^{\mathrm{T}}\boldsymbol{\Psi}_e)(\boldsymbol{\Psi}_a^{\mathrm{T}}\boldsymbol{\Psi}_a)} \tag{10.2.16}$$

其中，$\boldsymbol{\Psi}_a$ 为计算振型，$\boldsymbol{\Psi}_e$ 为试验振型. MAC 值在区间 $[0,1]$ 内. 当 $MAC=0$ 时，表示两个振型完全不相关；当 $MAC=1$ 时，表示两个振型完全相关.

图 10.2 整流罩模型

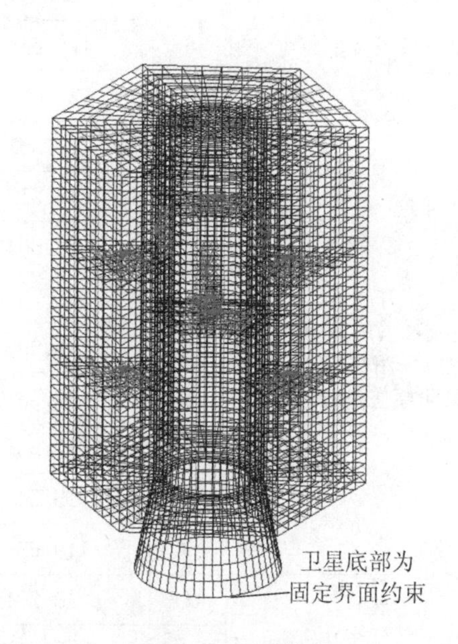

图 10.3 卫星模型

三个计算工况有一个共同的特点，即各子结构进行模态综合时的最低截止频率为50 Hz. 从表 10.1 中可以看出，三个工况的计算结果在 50 Hz 以内都具有很高的精度，最大计算误差不超过 1%，MAC 值均高于 96%. 工况 3 的计算精度要大于其他两个工况，并且频率为 81.842 Hz 的模态也有较高的计算精度. 相比而言，工况 2 虽然整流罩采用了前 100 Hz 的低阶模态进行综合，但是其计算精度与工况 1 相比并没有得到提高. 为了进一步分析原因，下面将各子结构参与模态综合的各阶模态列入表 10.2.

表 10.1 计算结果对比

<table>
<tr><th></th><th>序号</th><th>模态综合法(Hz)</th><th>整体计算结果(Hz)</th><th>误差(%)</th><th>MAC(%)</th></tr>
<tr><td rowspan="9">工况 1
(卫星和整流罩分别采用前 50 Hz 的低阶模态进行综合)</td><td>1</td><td>13.201</td><td>13.188</td><td>0.09</td><td>98.6</td></tr>
<tr><td>2</td><td>15.512</td><td>15.502</td><td>0.06</td><td>98</td></tr>
<tr><td>3</td><td>18.564</td><td>18.549</td><td>0.08</td><td>98</td></tr>
<tr><td>4</td><td>21.7</td><td>21.697</td><td>0.01</td><td>97.8</td></tr>
<tr><td>5</td><td>25.909</td><td>25.89</td><td>0.07</td><td>97.6</td></tr>
<tr><td>6</td><td>52.53</td><td>52.753</td><td>−0.42</td><td>96.4</td></tr>
<tr><td>7</td><td>52.931</td><td>53.243</td><td>−0.59</td><td>96.7</td></tr>
<tr><td>8</td><td>118.64</td><td>81.848</td><td>44.95</td><td>63</td></tr>
<tr><td>9</td><td>125.07</td><td>82.498</td><td>51.6</td><td>0.4</td></tr>
<tr><td rowspan="9">工况 2
(整流罩采用前 100 Hz、卫星采用前 50 Hz 的低阶模态进行综合)</td><td>1</td><td>13.201</td><td>13.188</td><td>0.09</td><td>98.6</td></tr>
<tr><td>2</td><td>15.512</td><td>15.502</td><td>0.06</td><td>98</td></tr>
<tr><td>3</td><td>18.564</td><td>18.549</td><td>0.08</td><td>98</td></tr>
<tr><td>4</td><td>21.7</td><td>2.17E+01</td><td>0.01</td><td>97.8</td></tr>
<tr><td>5</td><td>25.909</td><td>2.59E+01</td><td>0.07</td><td>97.6</td></tr>
<tr><td>6</td><td>52.53</td><td>52.753</td><td>−0.42</td><td>96.4</td></tr>
<tr><td>7</td><td>52.931</td><td>53.243</td><td>−0.59</td><td>96.7</td></tr>
<tr><td>8</td><td>115.34</td><td>81.848</td><td>40.92</td><td>28.1</td></tr>
<tr><td>9</td><td>119.63</td><td>82.498</td><td>45.02</td><td>9</td></tr>
<tr><td rowspan="10">工况 3
(整流罩采用前 50 Hz、卫星采用前 100 Hz 的低阶模态进行综合)</td><td>1</td><td>13.201</td><td>13.188</td><td>0.09</td><td>98.6</td></tr>
<tr><td>2</td><td>15.512</td><td>15.502</td><td>0.06</td><td>98</td></tr>
<tr><td>3</td><td>18.564</td><td>18.549</td><td>0.08</td><td>98</td></tr>
<tr><td>4</td><td>21.7</td><td>21.697</td><td>0.01</td><td>97.8</td></tr>
<tr><td>5</td><td>25.909</td><td>25.89</td><td>0.07</td><td>97.6</td></tr>
<tr><td>6</td><td>52.401</td><td>52.753</td><td>−0.67</td><td>96.2</td></tr>
<tr><td>7</td><td>52.853</td><td>53.243</td><td>−0.73</td><td>96.4</td></tr>
<tr><td>8</td><td>81.842</td><td>81.848</td><td>−0.01</td><td>99.3</td></tr>
<tr><td>9</td><td>86.308</td><td>82.498</td><td>4.62</td><td>0.1</td></tr>
<tr><td>10</td><td>132.77</td><td>86.336</td><td>53.78</td><td>0</td></tr>
</table>

表10.2　子结构参与模态综合的低阶模态

工况	子结构	模态阶数	频率(Hz)
工况1	卫星	1	20.536
	整流罩	1	1.24E+01
		2	1.43E+01
		3	1.75E+01
		4	2.46E+01
		5	4.51E+01
		6	4.53E+01
工况2	卫星	1	20.536
	整流罩	1	1.24E+01
		2	1.43E+01
		3	1.75E+01
		4	2.46E+01
		5	4.51E+01
		6	4.53E+01
		7	9.71E+01
工况3	卫星	1	2.05E+01
		2	5.88E+01
		3	6.00E+01
		4	8.56E+01
		5	8.89E+01
	整流罩	1	1.24E+01
		2	1.43E+01
		3	1.75E+01
		4	2.46E+01
		5	4.51E+01
		6	4.53E+01

从表10.2中可以看出,工况1卫星参与的模态数为1,整流罩参与的模态数为6.而工况2中虽然整流罩的模态截止频率为100 Hz,但在参与模态综合的模态数仅比工况1增加了1个,因此其计算精度并没有显著提高.在工况3中有更多的低阶模态参与到模态综合中,卫星的模态数为5,比工况1增加了4个,其计算精度要高于工况1.通过表10.1、表10.2的对比我们可以得知:各子结构参与模态数越多,计算结果越精确,频率范围也越宽.

10.2.5　CZ-2F运载火箭模态综合法响应分析应用实例

1. 全箭结构有限元建模

文献[222]介绍了CZ-2F运载火箭模态综合法响应分析应用实例.考虑CZ-2F运载火箭中的飞船与整流罩连接松开的状况,运载火箭和飞船组成系统级模型,可以通过在船箭界面施加固定界面约束将该系统分成两个子结构,图10.4(a)和(b)分别为运载火箭子结构和飞船

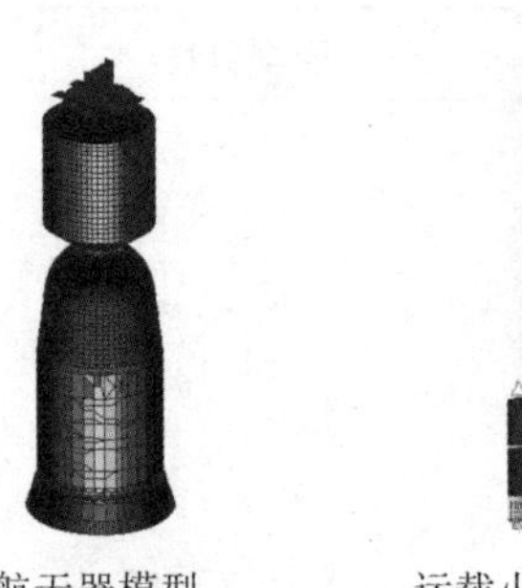

图 10.4　子结构模型

子结构模型.有限元模型主体结构采用梁-壳三维模型,推进剂采用集中质量进行模拟,只计质量,不计转动惯量,并通过 RBE3 与贮箱壳单元连接;助推与芯级连接采用梁(杆)单元进行模拟,并释放旋转自由度模拟铰接;发动机采用等效梁单元模拟.

2. 全箭模态计算

当采用模态综合法对模型进行全箭模态计算时,保留航天器和运载火箭子结构的低阶模态,运用上述约束子结构模态综合法进行综合,得到整体结构的计算结果,并与整体有限元解进行比较,验证其计算精度.同时为了比较振型的差异,采用式(10.2.16)所示的模态置信准则.计算模态振型如图 10.5 所示,模态综合计算结果与整体有限元模型计算结果对比列入表 10.3.从表 10.3 中可以看出,在低频范围内,具有较高的计算精度.除了计算精度外,计算效率也是工程广泛关注的一个问题.对于本算例,整体有限元模型具有 30 多万个自由度,而经过一系列缩聚后其模态综合模型的自由度不足 1 000 个,计算效率的提升是不可言喻的.另外,在设计过程中,需要不断对子结构进行修改.此时,若采用整体有限元模型,则需将整个有限元模型重新进行提交计算.而采用子结构模态综合方法时,只要将需修改的子结构进行提交计算,而未经修改的子结构不需重新提交计算,然后采用子结构的模态参数进行整体组合即可.在这个过程中,大大地减少了计算量.

表 10.3　不同算法得到的主模态对比

序号	有限元整体模型	模态综合法	频率误差(%)	*MAC*	备注
1	2.568	2.568	0.00	100	航天器与运载火箭均保留前 30 Hz 的低阶模态
2	5.015	5.019	0.26	99.5	
3	6.715	6.724	−0.14	100	
4	10.204	10.204	0.00	98.5	
5	11.113	11.112	0.01	95.4	
6	12.062	12.066	−0.03	94.1	
7	13.368	13.380	−0.09	93.2	
8	14.451	14.458	−0.05	94	
9	15.075	15.059	0.11	92.1	
10	18.175	18.270	−0.52	92.8	
11	20.062	20.057	0.02	99.9	

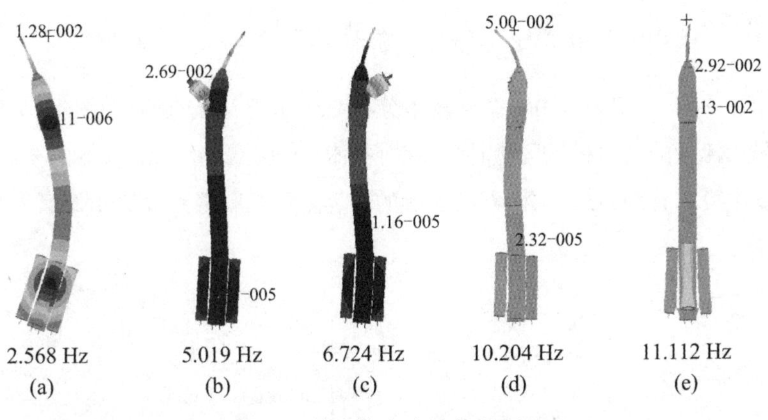

图 10.5　模态综合法计算振型图

3. 全箭响应分析

如上所述,采用模态综合法时在低频范围内会有较高的计算精度,但是由于其忽略了高阶剩余模态,当计算结果超出一定频率范围时,全箭响应计算精度就会下降.助推器和芯级发动机施加单位推力载荷,对三种模态综合工况进行全箭频率响应计算,三种工况分别为:① 运载火箭和飞船的模态截止频率均取前 50 Hz;② 运载火箭模态截止频率取 50 Hz,飞船模态截止频率取 100 Hz;③ 运载火箭和飞船的模态截止频率均取前 100 Hz.并将这三种工况与有限元整体模型进行对比,所计算的频率响应曲线如图 10.6 所示.

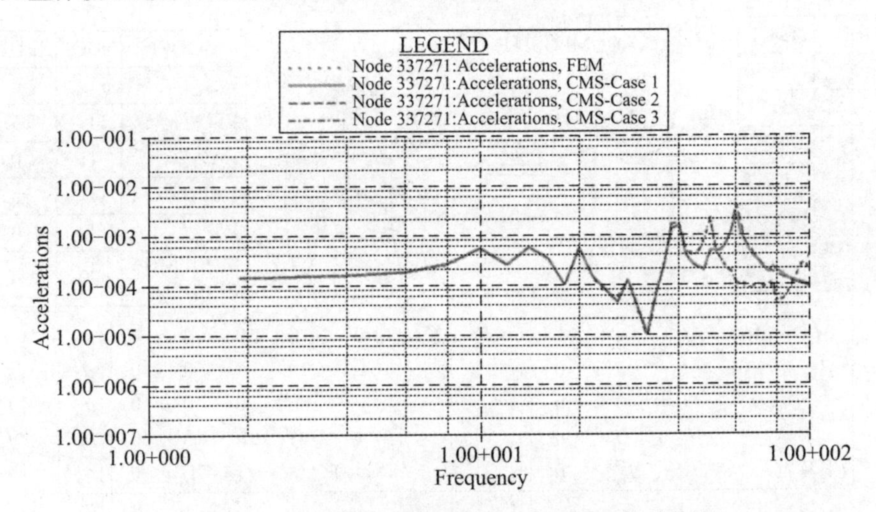

图 10.6　不同计算模型航箭界面点的频响函数对比图

从图 10.6 中可以看出,模态综合法在低频段具有较高的精度,与整体有限元模型基本吻合,在 40 Hz 以后与整体计算模型有较大差异,计算精度急剧下降,就算仅提高一个子结构的模态截断频率,计算精度仍无法得到提高,如模态综合工况 2 所示.此时,为了提高计算精度需提高运载火箭和飞船两个子结构的模态截止频率,如模态综合工况 3 所示,或者采用高精度模态综合法,补充高阶剩余模态.

10.2.6 Ariane-5 运载火箭约束子结构模态综合法简介

文献[223－224]介绍了采用子结构技术分析 Ariane-5 运载火箭(如图 10.7 所示)的动态响应,文中采用流行的克雷格-班普顿模态综合技术[83]进行分析. Ariane-5 的子结构减缩的过程在图 10.8 中可以看到,且子结构方法求解的计算量仅是有限元解的 0.5%.

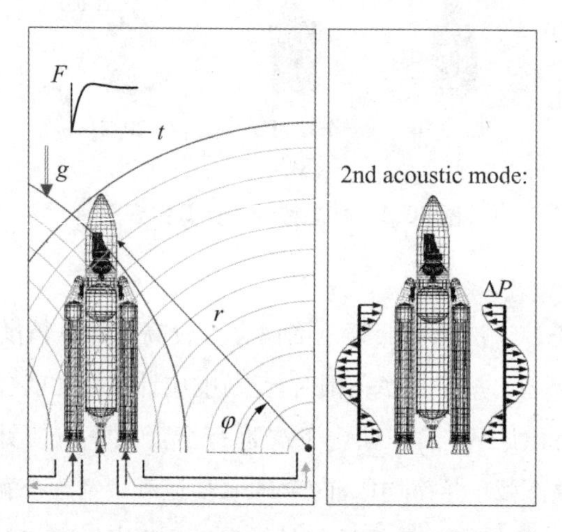

图 10.7　Ariane-5 运载火箭载荷

MODEL	NDOF
UC	13068
EPC	6571
EAP	6657
EAP+	6657
P/L	119067
SYSIEM(I/F merged)	151666

UPPER COMPOSITE　P/L　EAP−　EAP+　EPC　$\Psi^{(s)}$　$x_j^{(s)}$　$q_p^{(s)}$　P/L　uc　EAP−　EPC　EAP+

MODEL	NDOF	REDUCION
UC	533	4.1%
EPC	207	3.1%
EAP	41	0.6%
EAP+	41	0.6%
P/L	326	0.3%
SYSIEM(I/F merged)	690	0.5%

$$
\begin{bmatrix}
\overline{M}_{bb} & M_{bp}^{(1)} & M_{bp}^{(2)} & M_{bp}^{(3)} & M_{bp}^{(4)} & M_{bp}^{(5)} \\
 & I_{pp}^{(1)} & 0 & 0 & 0 & 0 \\
 & & I_{pp}^{(2)} & 0 & 0 & 0 \\
 & & & I_{pp}^{(3)} & 0 & 0 \\
 & \text{(对称)} & & & I_{pp}^{(4)} & 0 \\
 & & & & & I_{pp}^{(5)}
\end{bmatrix}
\begin{Bmatrix} x_b \\ \ddot{q}_p^{(1)} \\ \ddot{q}_p^{(2)} \\ \ddot{q}_p^{(3)} \\ \ddot{q}_p^{(4)} \\ \ddot{q}_p^{(5)} \end{Bmatrix}
+
\begin{bmatrix}
K_{bb} & 0 & 0 & 0 & 0 & 0 \\
 & \Lambda_{pp}^{(1)} & 0 & 0 & 0 & 0 \\
 & & \Lambda_{pp}^{(2)} & 0 & 0 & 0 \\
 & & & \Lambda_{pp}^{(3)} & 0 & 0 \\
 & \text{(对称)} & & & \Lambda_{pp}^{(4)} & 0 \\
 & & & & & \Lambda_{pp}^{(5)}
\end{bmatrix}
\begin{Bmatrix} x_b \\ q_p^{(1)} \\ q_p^{(2)} \\ q_p^{(3)} \\ q_p^{(4)} \\ q_p^{(5)} \end{Bmatrix}
=
\begin{Bmatrix} F_b \\ f_p^{(1)} \\ f_p^{(2)} \\ f_p^{(3)} \\ f_p^{(4)} \\ f_p^{(5)} \end{Bmatrix}
$$

图 10.8　子结构减缩与组装

由于采用克雷格-班普顿法进行模态综合,忽略了高阶模态. 在动态响应分析过程中,一般采用模态位移法(MD)恢复结构的物理响应与内力,但是计算结果误差较大. 为了提高精度,文中采用模态加速度法(MA)[225-228]和模态截段增幅法(MTA)[229-231]恢复物理响应与内力,但是计算结果的精度提高得很有限. 因为这种方法在模态综合时就已经抛弃高阶模态,综合后再想弥补是很困难的.解决问题的办法只有采用文献[81]的高精度约束子结构模态综合法,或者采用文献[80]的混合模态综合法,进行综合以提高计算精度.

10.2.7 CZ-3B运载火箭星箭耦合载荷分析

文献[45]介绍了CZ-3B运载火箭星箭耦合载荷分析,通常需要根据运载火箭的实际情况来确定星箭耦合载荷分析工况,分析工况至少应包括火箭飞行纵向静载荷最大状态、纵向动载荷最大状态、横向静载荷最大状态和横向动载荷最大状态.

对于CZ-3B运载火箭,耦合载荷分析通常包括以下几种工况:

工况1:最大动压状态(横向静载荷、动载荷最大状态);

工况2:助推器分离前状态(纵向静载荷最大状态);

工况3:助推器分离后状态(对级间冷分离状态、纵向静载荷最大状态);

工况4:一、二级分离前状态;

工况5:一、二级分离后状态(对级间热分离状态、纵向静载荷最大状态).

在每种工况中,首先确定对应载荷计算状态的外力函数,将其作为外载荷条件施加在星箭耦合模型上,采用模态综合法进行星箭耦合载荷分析,得到星箭组合体各位置的力、位移和加速度结果.在所有工况中,这些数据的包络是制定卫星设计载荷和卫星等效正弦试验量级的主要依据之一.

图10.9～图10.11为DFH-4平台四颗卫星的星箭耦合载荷分析得到的星箭(分离)界面处加速度经冲击谱变换得到的频率-加速度曲线.卫星正弦振动试验主要是模拟由重要的飞行瞬态事件(如运载器起飞、发动机点火和关机、跨声速和最大动压飞行、风载荷、飞行器分离等)引起的,或是旋转机械的周期激励,或是POGO(结构和推进动力学相互作用)、颤振(结构

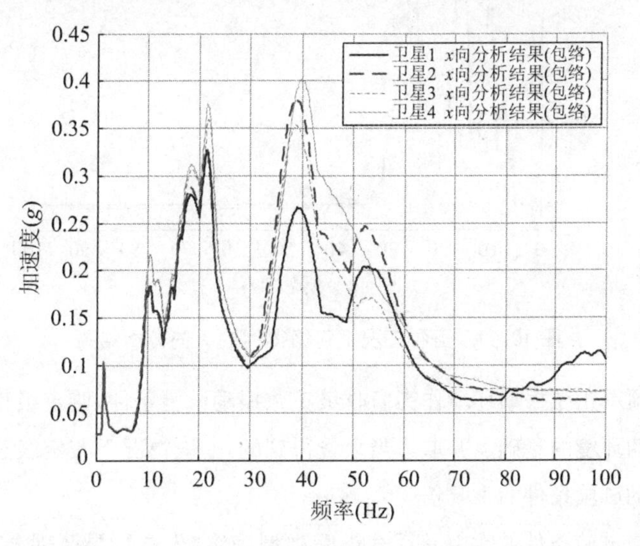

图10.9　五种工况中包络得到的x向分析结果

动力学和空气动力学相互作用)和燃烧的不稳定引起的飞行器组件的正弦振动环境.鉴定试验用的极限预示环境值是指用90%置信度估计在至少99%的飞行次数中不会被超过(P99/90值).验收试验用的最高预示环境值是指用50%置信度估计在至少95%的飞行次数中不会被超过(P95/50值).

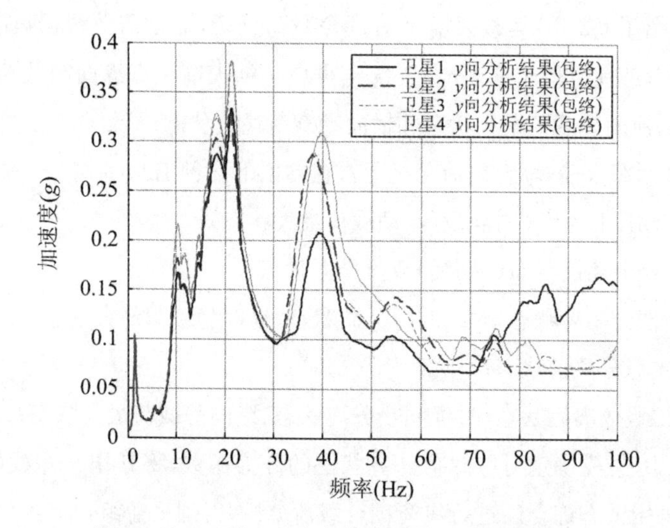

图10.10　五种工况中包络得到的 y 向分析结果

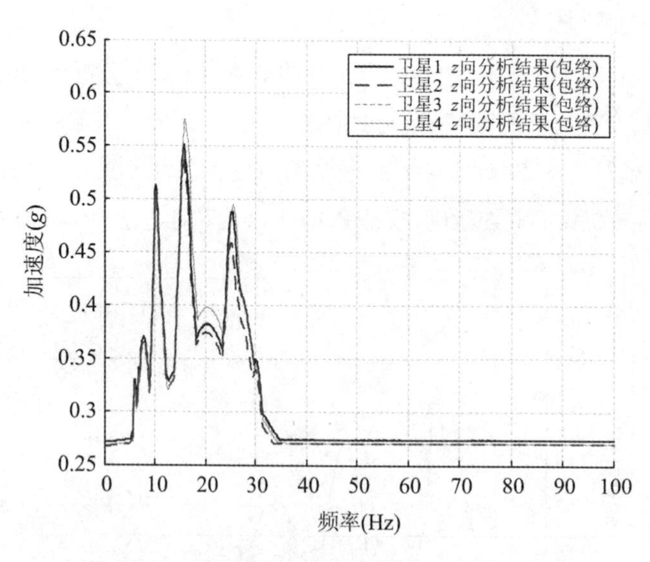

图10.11　五种工况下包络得到的 z 向分析结果

一般以最高预示正弦振动环境作为验收级正弦振动试验条件,鉴定级正弦试验条件是在最高预示正弦振动环境的基础上并取适当余量得到的,一般情况下鉴定级正弦振动试验条件为验收级正弦振动试验条件的1.5倍.

整星力学环境试验条件通常由其运载火箭类型确定,先进行星箭耦合载荷分析,对分析结果进行包络并取适当余量得到其力学环境试验条件,并在实际飞行后对飞行遥测数据进行统计分析,进而对卫星正弦试验条件进行合理修正.

图10.12为由CZ-3B系列运载火箭发射的DFH-4平台卫星的星箭界面 y 向飞行测量数据.表10.4为CZ-3B系列运载火箭用户手册中规定的正弦振动试验条件.

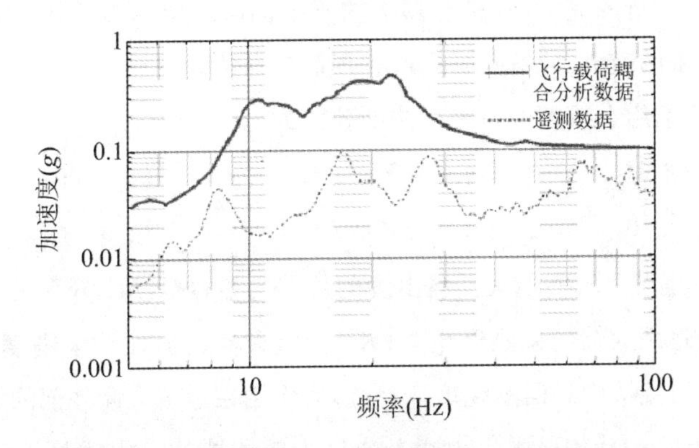

图10.12　CZ-3B/DFH-4星箭界面 y 向飞行测量数据

表10.4　CZ-3B系列运载火箭正弦振动试验条件

方向	频率范围(Hz)	鉴定条件	验收条件
纵向	5～8	4.66 mm	3.11 mm
	8～100	$1.2g$	$0.8g$
横向	5～8	3.5 mm	2.33 mm
	8～100	$0.9g$	$0.6g$
试验扫频速率		2 oct/min	4 oct/min

注:oct为倍频程.

可以看出,表10.4的试验条件较好地包络了遥测数据和耦合载荷分析结果.

10.3　采用刚体界面加速度的航天器载荷估计方法

文献[216-217]总结NASA喷气推进试验室(JPL)发展的方法,介绍节省航天器设计/分析循环所需时间和经费的"刚体界面加速度的航天器载荷估计方法",文献[218]详细介绍了这种方法.由于运载火箭和航天器之间存在显著的耦合,运载火箭组织为了检验运载火箭的完整性,首先进行通常的带航天器刚体模型的运载火箭/航天器耦合的动态分析.同时制定一种方法,以计算航天器的弹性效果,修改运载火箭/航天器界面响应,使得航天器的弹性效果得到考虑.航天器响应和载荷可以通过应用修改对航天器基础的界面响应得到.下面介绍两个内容:

(1) 用有限元法导出的刚体界面加速度的航天器载荷估计方法；

(2) 用模态综合法导出的刚体界面加速度的航天器载荷估计方法.

10.3.1 用有限元法导出的刚体界面加速度的航天器载荷估计方法

文献[218]采用流行的克雷格-班普顿法的子结构假设位移表达式,用有限元方法,导出采用刚体界面加速度的航天器载荷估计方法.现简单介绍如下.

航天器/运载火箭组合模型的有限元法的公式为

$$\begin{bmatrix} \boldsymbol{M}_1 & \boldsymbol{0} \\ \boldsymbol{0} & \boldsymbol{M}_2 \end{bmatrix} \begin{Bmatrix} \ddot{\boldsymbol{x}}_1 \\ \ddot{\boldsymbol{x}}_2 \end{Bmatrix} + \begin{bmatrix} \boldsymbol{K}_{11} & \boldsymbol{K}_{12} \\ \boldsymbol{K}_{21} & \boldsymbol{K}_{22} \end{bmatrix} \begin{Bmatrix} \boldsymbol{x}_1 \\ \boldsymbol{x}_2 \end{Bmatrix} = \begin{Bmatrix} \boldsymbol{F}(t) \\ \boldsymbol{0} \end{Bmatrix} \tag{10.3.1}$$

其中,$\boldsymbol{x}_1$,$\boldsymbol{x}_2$ 分别为运载火箭和航天器自由度的位移向量;$\boldsymbol{M}_1$,$\boldsymbol{M}_2$ 分别为运载火箭和航天器的质量矩阵;$\boldsymbol{K}_{11}$ 为运载火箭约束刚度矩阵;$\boldsymbol{K}_{22}$ 为航天器在界面约束刚度矩阵;$\boldsymbol{K}_{21}=\boldsymbol{K}_{12}^{\mathrm{T}}$ 为运载火箭与航天器连接结构界面刚度矩阵;$\boldsymbol{f}(t)$为作用在运载火箭外部的力函数.

运载火箭的自由度 $\boldsymbol{x}_1$ 中,那些物理上连接于航天器的自由度将被定义为界面自由度 $\boldsymbol{x}_{1m}$,这个界面自由度 $\boldsymbol{x}_{1m}$ 为运载火箭自由度 $\boldsymbol{x}_1$ 的一个子集.这样,运载火箭的自由度 $\boldsymbol{x}_1$ 与界面自由度 $\boldsymbol{x}_{1m}$ 两者都用同一个 $\boldsymbol{x}_1$ 表示,注意不要混淆.刚度矩阵 $\boldsymbol{K}_{21}$ 或 $\boldsymbol{K}_{12}^{\mathrm{T}}$ 表示界面自由度 $\boldsymbol{x}_1=\boldsymbol{x}_{1m}$ 与航天器自由度 $\boldsymbol{x}_2$ 之间的刚度,有

$$\boldsymbol{K}_{21}\boldsymbol{x}_1 = \boldsymbol{K}_{12}^{\mathrm{T}}\boldsymbol{x}_1 \tag{10.3.2}$$

航天器的动态位移 $\boldsymbol{X}$ 将被分解为两个部分,即弹性动态位移 $\boldsymbol{x}_e$ 和刚体位移 $\boldsymbol{\Phi}_R\boldsymbol{x}_1$,

$$\boldsymbol{X} = \boldsymbol{\Phi}_R\boldsymbol{x}_1 + \boldsymbol{x}_e \tag{10.3.3}$$

上式右边的第一项为刚体运动,矩阵 $\boldsymbol{\Phi}_R$ 定义为由于该界面自由度 $\boldsymbol{x}_1$ 单位位移而引起的航天器运动.由于采用式(10.3.3)的位移表达式,这仅限于在梁有限元模型中应用.因此,严格地说 $\boldsymbol{\Phi}_R$ 是几何变换矩阵.第二项 $\boldsymbol{x}_e$ 是弹性运动,是航天器参照界面的相对运动.应当指出,只有弹性运动 $\boldsymbol{x}_e$ 才会在结构上产生内部载荷.基于方程 (10.3.3),给出以下变换:

$$\begin{Bmatrix} \boldsymbol{x}_1 \\ \boldsymbol{x}_2 \end{Bmatrix} = \begin{bmatrix} \boldsymbol{I} & \boldsymbol{0} \\ \boldsymbol{\Phi}_R & \boldsymbol{I} \end{bmatrix} \begin{Bmatrix} \boldsymbol{x}_1 \\ \boldsymbol{x}_e \end{Bmatrix} \tag{10.3.4}$$

式(10.3.4)右边的系数矩阵称为转换矩阵,$\boldsymbol{\Phi}_R$ 称为刚体转换矩阵.将式(10.3.2)～式(10.3.4)代入式(10.3.1)并左乘转换矩阵的转置,可以得到

$$\begin{bmatrix} \boldsymbol{M}_1 + \boldsymbol{\phi}_R^{\mathrm{T}}\boldsymbol{M}_2\boldsymbol{\phi}_R & \boldsymbol{\phi}_R^{\mathrm{T}}\boldsymbol{M}_2 \\ \boldsymbol{M}_2\boldsymbol{\phi}_R & \boldsymbol{M}_2 \end{bmatrix} \begin{Bmatrix} \ddot{\boldsymbol{x}}_1 \\ \ddot{\boldsymbol{x}}_e \end{Bmatrix} + \begin{bmatrix} \boldsymbol{K}_{11} + \boldsymbol{\phi}_R^{\mathrm{T}}\boldsymbol{K}_{21} + \boldsymbol{K}_{12}\boldsymbol{\phi}_R + \boldsymbol{\phi}_R^{\mathrm{T}}\boldsymbol{K}_{22}\boldsymbol{\phi}_R & \boldsymbol{K}_{12} + \boldsymbol{\phi}_R^{\mathrm{T}}\boldsymbol{K}_{22} \\ \boldsymbol{K}_{21} + \boldsymbol{K}_{22}\boldsymbol{\phi}_R & \boldsymbol{K}_{22} \end{bmatrix} \begin{Bmatrix} \boldsymbol{x}_1 \\ \boldsymbol{x}_e \end{Bmatrix}$$

$$= \begin{Bmatrix} \boldsymbol{f}(t) \\ \boldsymbol{0} \end{Bmatrix} \tag{10.3.5}$$

文献[218]认为,在许多情况下,航天器支撑在运载火箭上没有内力生成,如果航天器正在发生相对于界面的刚体运动,在这样的运动之中耦合系统的刚度等于无约束运载火箭的刚

度，航天器以静定的方式支持在运载火箭上.这个假设使这个方法仅能用于航天器/运载火箭静定界面连接的情况，是将界面表示为一个节点、至多有六个自由度静定界面连接的模型.数学上，这意味着在航天器刚度和界面结构刚度之间存在一定的关系.这可以从界面没有内力生成的静态平衡条件导出：

$$\begin{bmatrix} \boldsymbol{K}_{11} & \boldsymbol{K}_{12} \\ \boldsymbol{K}_{21} & \boldsymbol{K}_{22} \end{bmatrix} \begin{Bmatrix} \boldsymbol{x}_1 \\ \boldsymbol{x}_2 \end{Bmatrix} = \begin{Bmatrix} \boldsymbol{0} \\ \boldsymbol{0} \end{Bmatrix} \tag{10.3.6a}$$

这时航天器正在发生相对于界面的刚体运动.式(10.3.6a)的分块形式为

$$\boldsymbol{K}_{21}\boldsymbol{x}_1 + \boldsymbol{K}_{22}\boldsymbol{x}_2 = \boldsymbol{0}, \quad \boldsymbol{K}_{11}\boldsymbol{x}_1 + \boldsymbol{K}_{12}\boldsymbol{x}_2 = \boldsymbol{0} \tag{10.3.6b}$$

得

$$\boldsymbol{x}_2 = -\boldsymbol{K}_{22}^{-1}\boldsymbol{K}_{21}\boldsymbol{x}_1 = \boldsymbol{\Phi}_R\boldsymbol{x}_1, \quad \boldsymbol{\Phi}_R = -\boldsymbol{K}_{22}^{-1}\boldsymbol{K}_{21}, \quad (\boldsymbol{K}_{11} + \boldsymbol{K}_{12}\boldsymbol{\Phi}_R)\boldsymbol{x}_1 = \boldsymbol{0} \tag{10.3.7}$$

将式(10.3.7)代入式(10.3.5)，考虑 $\boldsymbol{x}_{1m}$是$\boldsymbol{x}_1$ 的子集，得

$$\begin{bmatrix} \boldsymbol{M}_1 + \boldsymbol{M}_{rr} & \boldsymbol{\phi}_R^{\mathrm{T}}\boldsymbol{M}_2 \\ \boldsymbol{M}_2\boldsymbol{\phi}_R & \boldsymbol{M}_2 \end{bmatrix} \begin{Bmatrix} \ddot{\boldsymbol{x}}_1 \\ \ddot{\boldsymbol{x}}_e \end{Bmatrix} + \begin{bmatrix} \boldsymbol{k}_1 & \boldsymbol{0} \\ \boldsymbol{0} & \boldsymbol{K}_{22} \end{bmatrix} \begin{Bmatrix} \boldsymbol{x}_1 \\ \boldsymbol{x}_e \end{Bmatrix} = \begin{Bmatrix} \boldsymbol{f}(t) \\ \boldsymbol{0} \end{Bmatrix} \tag{10.3.8}$$

其中，航天器刚体质量为

$$\boldsymbol{M}_{rr} = \boldsymbol{\Phi}_R^{\mathrm{T}}\boldsymbol{M}_2\boldsymbol{\Phi}_R \tag{10.3.9}$$

在物理上，$\boldsymbol{M}_{rr}$代表航天器界面上刚性约束模态质量.一般而言，对于一个典型的航天器，仪器仪表、推进剂等非结构质量构成总航天器质量的主要部分，而承载结构的质量只是总航天器质量的一小部分.因此，在该项目早期实际设计时，可以事先估计航天器刚体约束模态质量 $\boldsymbol{M}_{rr}$，因为计算 $\boldsymbol{M}_{rr}$只要求知道质量分布和几何构型.这是常见的做法，航天器组织将航天器 $\boldsymbol{M}_{rr}$的估计提供给运载火箭组织，在项目早期可以构造运载火箭/刚体航天器组合模型的方程(10.3.8).构造这种模型的主要目的是分析器箭耦合载荷.同时，可以得到器箭界面加速度估计.

对于刚体航天器，弹性位移 $\boldsymbol{x}_e = \boldsymbol{0}$.带有刚体航天器的运载火箭位移向量表示为 $\boldsymbol{y}$，则运动方程(10.3.8)可改写为

$$(\boldsymbol{M}_1 + \boldsymbol{M}_{rr})\ddot{\boldsymbol{y}} + \boldsymbol{K}_1\boldsymbol{y} = \boldsymbol{f}(t) \tag{10.3.10}$$

运载火箭/刚性航天器组合模型运动方程(10.3.10)，可加入模态阻尼项，化为广义坐标公式

$$\ddot{\boldsymbol{V}}_1 + 2\boldsymbol{\rho}_1\boldsymbol{\Lambda}_1\dot{\boldsymbol{V}}_1 + \boldsymbol{\Lambda}_1^2\boldsymbol{V}_1 = \boldsymbol{G} \tag{10.3.11}$$

其中

$$\begin{gathered} \boldsymbol{\Lambda}_1^2 = \lceil \omega_1^2 \quad \omega_2^2 \quad \cdots \quad \omega_s^2 \rfloor, \quad \boldsymbol{\Lambda}_1 = \lceil \omega_1 \quad \omega_2 \quad \cdots \quad \omega_s \rfloor, \quad \boldsymbol{y} = \boldsymbol{\phi}_1\boldsymbol{V}_1 \\ \boldsymbol{G} = \boldsymbol{\phi}_1^{\mathrm{T}}\boldsymbol{f}(t), \quad \boldsymbol{\phi}_1^{\mathrm{T}}(\boldsymbol{M}_1 + \boldsymbol{M}_{rr})\boldsymbol{\phi}_1 = \boldsymbol{I}, \quad \boldsymbol{\phi}_1^{\mathrm{T}}\boldsymbol{K}_1\boldsymbol{\phi}_1 = \boldsymbol{\Lambda}_1^2 \end{gathered} \tag{10.3.12}$$

显然，$\boldsymbol{\phi}_1$ 和 $\boldsymbol{\Lambda}_1^2$ 分别是运载火箭/刚性航天器组合模型的特征向量和特征值.式(10.3.11)中

的 $\boldsymbol{\rho}_1$ 代表每个模态的阻尼.

界面约束的弹性航天器运动方程(10.3.8)为

$$\boldsymbol{M}_2\ddot{\boldsymbol{x}}_e + \boldsymbol{K}_{22}\boldsymbol{x}_e = \boldsymbol{0} \tag{10.3.13}$$

$\boldsymbol{\phi}_2$ 和 $\boldsymbol{\Lambda}_2^2$ 分别是弹性航天器模型的特征向量和特征值,满足如下的正交性条件:

$$\boldsymbol{\phi}_2^{\mathrm{T}}\boldsymbol{M}_2\boldsymbol{\phi}_2 = 1,\quad \boldsymbol{\phi}_2^{\mathrm{T}}\boldsymbol{K}_{22}\boldsymbol{\phi}_2 = \boldsymbol{\Lambda}_2^2 \tag{10.3.14}$$

定义一个变换为

$$\begin{Bmatrix}\boldsymbol{x}_1\\ \boldsymbol{x}_e\end{Bmatrix}=\begin{bmatrix}\boldsymbol{\phi}_1 & \boldsymbol{0}\\ \boldsymbol{0} & \boldsymbol{\phi}_2\end{bmatrix}\begin{Bmatrix}\boldsymbol{U}_2\\ \boldsymbol{U}_1\end{Bmatrix} \tag{10.3.15}$$

将式(10.3.15)代入式(10.3.8),并左乘它的转置矩阵,可得

$$\begin{bmatrix}\boldsymbol{I} & \boldsymbol{\phi}_1^{\mathrm{T}}\boldsymbol{M}_{rc}\\ \boldsymbol{M}_{er}\boldsymbol{\phi}_1 & \boldsymbol{I}\end{bmatrix}\begin{Bmatrix}\ddot{\boldsymbol{U}}_1\\ \ddot{\boldsymbol{U}}_2\end{Bmatrix}+\begin{bmatrix}2\boldsymbol{\rho}_1\boldsymbol{\Lambda}_1 & \boldsymbol{0}\\ \boldsymbol{0} & 2\boldsymbol{\rho}_2\boldsymbol{\Lambda}_2\end{bmatrix}\begin{Bmatrix}\dot{\boldsymbol{U}}_1\\ \dot{\boldsymbol{U}}_2\end{Bmatrix}+\begin{bmatrix}\boldsymbol{\Lambda}_1^2 & \boldsymbol{0}\\ \boldsymbol{0} & \boldsymbol{\Lambda}_2^2\end{bmatrix}\begin{Bmatrix}\boldsymbol{U}_1\\ \boldsymbol{U}_2\end{Bmatrix}=\begin{Bmatrix}\boldsymbol{G}(t)\\ \boldsymbol{0}\end{Bmatrix} \tag{10.3.16}$$

其中

$$\boldsymbol{M}_{er} = \boldsymbol{\phi}_2^{\mathrm{T}}\boldsymbol{M}_2\boldsymbol{\Phi}_R \tag{10.3.17}$$

$\boldsymbol{\rho}_2$ 代表航天器每个模态的阻尼,列入方程(10.3.16).此外,已使用关系:

$$\boldsymbol{K}_{21}\boldsymbol{\phi}_1 = \boldsymbol{K}_{12}^{\mathrm{T}}\boldsymbol{\phi}_1$$

使用由运载火箭组织提供的资料,即 $\boldsymbol{\phi}_1,\boldsymbol{\Lambda}_1^2$ 和 $\boldsymbol{\rho}_1$,以及航天器的特性 $\boldsymbol{M}_{er},\boldsymbol{\phi}_2,\boldsymbol{\Lambda}_2^2,\boldsymbol{\rho}_2,\boldsymbol{\Phi}_R$,除广义外力函数 $\boldsymbol{G}(t)$外,航天器组织可以构造式(10.3.16).但是,由于航天器组织不知道广义外力函数 $\boldsymbol{G}(t)$,式(10.3.16)还只能由运载组织来计算.

现在定义由运载火箭/刚性航天器界面加速度 $\ddot{\boldsymbol{y}}_1$ 引起的航天器弹性模态响应 $\boldsymbol{V}_2$ 如下:

$$\ddot{\boldsymbol{V}}_2 + 2\boldsymbol{\rho}_2\boldsymbol{\Lambda}_2\dot{\boldsymbol{V}}_2 + \boldsymbol{\Lambda}_2^2\boldsymbol{V}_2 = -\boldsymbol{M}_{er}\boldsymbol{\phi}_1\ddot{\boldsymbol{V}}_1 = -\boldsymbol{M}_{er}\ddot{\boldsymbol{y}}_1 \tag{10.3.18}$$

这是由基础界面激励 $\ddot{\boldsymbol{y}}_1=\boldsymbol{\phi}_1\ddot{\boldsymbol{V}}_1$ 引起的响应的计算公式.应该指出的是,一旦界面加速度 $\ddot{\boldsymbol{y}}_1$ 可用,$\boldsymbol{V}_2$ 可以由式(10.3.18)获得.将式(10.3.11)和式(10.3.18)组合成为

$$\begin{bmatrix}\boldsymbol{I} & \boldsymbol{0}\\ \boldsymbol{M}_{er}\boldsymbol{\phi}_1 & \boldsymbol{I}\end{bmatrix}\begin{Bmatrix}\ddot{\boldsymbol{V}}_1\\ \ddot{\boldsymbol{V}}_2\end{Bmatrix}+\begin{bmatrix}2\boldsymbol{\rho}_1\boldsymbol{\Lambda}_1 & \boldsymbol{0}\\ \boldsymbol{0} & 2\boldsymbol{\rho}_2\boldsymbol{\Lambda}_2\end{bmatrix}\begin{Bmatrix}\dot{\boldsymbol{V}}_1\\ \dot{\boldsymbol{V}}_2\end{Bmatrix}+\begin{bmatrix}\boldsymbol{\Lambda}_1^2 & \boldsymbol{0}\\ \boldsymbol{0} & \boldsymbol{\Lambda}_2^2\end{bmatrix}\begin{Bmatrix}\boldsymbol{V}_1\\ \boldsymbol{V}_2\end{Bmatrix}=\begin{Bmatrix}\boldsymbol{G}(t)\\ \boldsymbol{0}\end{Bmatrix} \tag{10.3.19}$$

引入$\begin{Bmatrix}\boldsymbol{V}_1\\ \boldsymbol{V}_2\end{Bmatrix}$的附加项$\begin{Bmatrix}\boldsymbol{W}_1\\ \boldsymbol{W}_2\end{Bmatrix}$,将式(10.3.16)的解分解为

$$\begin{Bmatrix}\boldsymbol{U}_1\\ \boldsymbol{U}_2\end{Bmatrix}=\begin{Bmatrix}\boldsymbol{V}_1\\ \boldsymbol{V}_2\end{Bmatrix}+\begin{Bmatrix}\boldsymbol{W}_1\\ \boldsymbol{W}_2\end{Bmatrix} \tag{10.3.20}$$

从式(10.3.16)减去式(10.3.19),并利用式(10.3.20),得

$$\begin{bmatrix}\boldsymbol{I} & \boldsymbol{\phi}_1^{\mathrm{T}}\boldsymbol{M}_{re}\\ \boldsymbol{M}_{er}\boldsymbol{\phi}_1 & \boldsymbol{I}\end{bmatrix}\begin{Bmatrix}\boldsymbol{W}_1\\ \boldsymbol{W}_2\end{Bmatrix}+\begin{bmatrix}2\boldsymbol{\rho}_1\boldsymbol{\Lambda}_1 & \boldsymbol{0}\\ \boldsymbol{0} & 2\boldsymbol{\rho}_2\boldsymbol{\Lambda}_2\end{bmatrix}\begin{Bmatrix}\boldsymbol{W}_1\\ \boldsymbol{W}_2\end{Bmatrix}+\begin{bmatrix}\boldsymbol{\Lambda}_1^2 & \boldsymbol{0}\\ \boldsymbol{0} & \boldsymbol{\Lambda}_2^2\end{bmatrix}\begin{Bmatrix}\boldsymbol{W}_1\\ \boldsymbol{W}_2\end{Bmatrix}=-\begin{Bmatrix}\boldsymbol{\phi}_1^{\mathrm{T}}\boldsymbol{M}_{re}\boldsymbol{V}_2\\ \boldsymbol{0}\end{Bmatrix} \tag{10.3.21}$$

比较式(10.3.21)和式(10.3.16)可以看到:方程(10.3.21)右边现在是航天器的弹性响应 $\boldsymbol{V}_2$ 代替方程(10.3.16)右边的广义力函数 $\boldsymbol{G}(t)$. 因此,在航天器组织内部就可以求解方程(10.3.21).

式(10.3.21)的右端项中已经消去广义力函数 $\boldsymbol{G}$,仅是 $-\boldsymbol{\phi}_1^{\mathrm{T}}\boldsymbol{M}_{re}\ddot{\boldsymbol{V}}_2^A$,$\boldsymbol{V}_2^B$ 已经可以由式(10.3.18)求得,因而由式(10.3.21)可以求得航天器弹性响应的附加项 $\boldsymbol{W}_2$ 和运载火箭响应的附加项 $\boldsymbol{W}_1$. 航天器弹性响应的附加项 $\boldsymbol{W}_2$ 实际上就是由基础界面激励($\ddot{\boldsymbol{y}}_1=\boldsymbol{\phi}_1\ddot{\boldsymbol{V}}_1$)和方程(10.3.18)求得的航天器弹性振动的近似响应 $\boldsymbol{V}_2^B$ 的误差.

可以从弹性变形计算出结构载荷 $\boldsymbol{P}(t)$,

$$\boldsymbol{P}(t)=\boldsymbol{S}\boldsymbol{x}_e=\boldsymbol{S}\boldsymbol{\phi}_2(\boldsymbol{V}_2+\boldsymbol{W}_2) \tag{10.3.22}$$

其中,$\boldsymbol{S}$ 是力系数矩阵.

如果将附加项 $\boldsymbol{W}_1$ 提供给运载组织,则运载火箭的响应为

$$\ddot{\boldsymbol{x}}_1=\boldsymbol{\phi}_1^A\ddot{\boldsymbol{U}}_1=\boldsymbol{\phi}_1^A(\ddot{\boldsymbol{V}}_1^A+\ddot{\boldsymbol{W}}_1) \tag{10.3.23}$$

新的界面加速度为

$$\ddot{\boldsymbol{x}}_m=\boldsymbol{\phi}_m^B\ddot{\boldsymbol{U}}_1=\boldsymbol{\phi}_m^B(\ddot{\boldsymbol{V}}_1^B+\ddot{\boldsymbol{W}}_1)=\ddot{\boldsymbol{y}}_m+\boldsymbol{\phi}_m^B\ddot{\boldsymbol{W}}_1 \tag{10.3.24}$$

10.3.2 用模态综合法导出的刚体界面加速度的航天器载荷估计方法

文献[218]的方法仅能用于航天器/运载火箭静定界面连接的情况,它将界面表示为一个节点,涉及六维向量,这就是“梁模型”. 在多数情况下,航天器与运载火箭是通过适配器连接,不是一个点连接,是多点连接,是静不定的界面.

文献[213-215]用模态综合法导出采用刚体模态质量界面加速度的航天器载荷估计方法.

对于无弹性变形的航天器,有 $\boldsymbol{x}_e^A=\boldsymbol{0}$,将其代入模态综合方程(10.2.14),导出带航天器界面刚体模态质量 $\boldsymbol{M}_{c0}^B$ 的运载位移响应 $\boldsymbol{V}_1^A$ 的运动方程为

$$\ddot{\boldsymbol{V}}_1^A+2\boldsymbol{\rho}_1^A\boldsymbol{\Lambda}_1^A\dot{\boldsymbol{V}}_1^A+\boldsymbol{\Lambda}_1^{A2}\boldsymbol{V}_1^A=\boldsymbol{G} \tag{10.3.25}$$

运载火箭组织可以对应于模态载荷参与因子 $\boldsymbol{G}$ 求解运动方程(10.3.25),求得带航天器界面刚体模态质量 $\boldsymbol{M}_{c0}^B$ 的运载火箭的位移响应 $\boldsymbol{V}_1^A$,给出界面加速度激励 $\boldsymbol{\phi}_m\ddot{\boldsymbol{V}}_1^A=\ddot{\boldsymbol{y}}_m$,将界面加速度 $\ddot{\boldsymbol{y}}_m$ 提供给航天器组织.

根据式(10.2.14),我们可以定义 $\boldsymbol{V}_2^A$ 满足与运载模型不耦合的航天器弹性模态坐标 $\boldsymbol{V}_2^A$ 的运动方程为

$$\ddot{\boldsymbol{V}}_2^A+2\boldsymbol{\rho}_2^A\boldsymbol{\Lambda}_2^A\dot{\boldsymbol{V}}_2^A+\boldsymbol{\Lambda}_2^{A2}\boldsymbol{V}_2^A=-\boldsymbol{M}_{er}^A\boldsymbol{\phi}_m\ddot{\boldsymbol{V}}_1^B=-\boldsymbol{M}_{er}^A\ddot{\boldsymbol{y}}_m \tag{10.3.26}$$

这个方程实际上就是基础界面加速度激励 $\boldsymbol{\phi}_m\ddot{\boldsymbol{V}}_1^B=\ddot{\boldsymbol{y}}_m$ 的求响应的方程,可在航天器响应分析中应用. 对于航天器组织,已经知道航天器的 $\boldsymbol{M}_{er}^A=\boldsymbol{\phi}_2^{A\mathrm{T}}\boldsymbol{M}_{ss}^A\boldsymbol{t}_{c0}^A$,$\boldsymbol{\Lambda}_2^{A2}$,$\boldsymbol{\phi}_2^A$. 方程(10.3.26)表明:只要由运载组织提供界面加速度 $\ddot{\boldsymbol{y}}_m$,航天器组织就可以由方程(10.3.26)求得界面加速

度 $\ddot{\boldsymbol{y}}_m$ 产生的航天器弹性振动的近似响应 $\boldsymbol{V}_2^A$.

将式(10.3.25)与式(10.3.26)联合,可以写为

$$\begin{bmatrix} \boldsymbol{I} & \boldsymbol{0} \\ \boldsymbol{M}_{er}^A\boldsymbol{\phi}_m & \boldsymbol{I} \end{bmatrix}\begin{Bmatrix} \ddot{\boldsymbol{V}}_1^B \\ \ddot{\boldsymbol{V}}_2^A \end{Bmatrix}+\begin{bmatrix} 2\boldsymbol{\rho}_1^B\boldsymbol{\Lambda}_1^B & \boldsymbol{0} \\ \boldsymbol{0} & 2\boldsymbol{\rho}_2^A\boldsymbol{\Lambda}_2^A \end{bmatrix}\begin{Bmatrix} \dot{\boldsymbol{V}}_1^B \\ \dot{\boldsymbol{V}}_2^A \end{Bmatrix}+\begin{bmatrix} \boldsymbol{\Lambda}_1^{B2} & \boldsymbol{0} \\ \boldsymbol{0} & \boldsymbol{\Lambda}_2^{A2} \end{bmatrix}\begin{Bmatrix} \boldsymbol{V}_1^B \\ \boldsymbol{V}_2^A \end{Bmatrix}=\begin{bmatrix} \boldsymbol{G} \\ \boldsymbol{0} \end{bmatrix} \quad (10.3.27)$$

由式(10.3.25)与式(10.3.26),已经知道式(10.3.27)的解,因而可以引入附加项为$\begin{Bmatrix} \boldsymbol{W}_1 \\ \boldsymbol{W}_2 \end{Bmatrix}$,将式(10.2.14)的解分解为

$$\begin{Bmatrix} \boldsymbol{U}_1^B \\ \boldsymbol{U}_e^A \end{Bmatrix}=\begin{Bmatrix} \boldsymbol{V}_1^B \\ \boldsymbol{V}_2^A \end{Bmatrix}+\begin{Bmatrix} \boldsymbol{W}_1 \\ \boldsymbol{W}_2 \end{Bmatrix} \quad (10.3.28)$$

将式(10.2.14)减去式(10.3.27),有

$$\begin{bmatrix} \boldsymbol{I} & \boldsymbol{\phi}_m^{\mathrm{T}}\boldsymbol{M}_{re}^A \\ \boldsymbol{M}_{er}^A\boldsymbol{\phi}_m & \boldsymbol{I} \end{bmatrix}\begin{Bmatrix} \ddot{\boldsymbol{U}}_1^B \\ \ddot{\boldsymbol{U}}_e^A \end{Bmatrix}+\begin{bmatrix} 2\boldsymbol{\rho}_1^B\boldsymbol{\Lambda}_1^B & \boldsymbol{0} \\ \boldsymbol{0} & 2\boldsymbol{\rho}_2^A\boldsymbol{\Lambda}_2^A \end{bmatrix}\begin{Bmatrix} \dot{\boldsymbol{U}}_1^B \\ \dot{\boldsymbol{U}}_e^A \end{Bmatrix}+\begin{bmatrix} \boldsymbol{\Lambda}_1^{B2} & \boldsymbol{0} \\ \boldsymbol{0} & \boldsymbol{\Lambda}_2^{A2} \end{bmatrix}\begin{Bmatrix} \boldsymbol{U}_1^B \\ \boldsymbol{U}_e^A \end{Bmatrix}-\begin{bmatrix} \boldsymbol{G} \\ \boldsymbol{0} \end{bmatrix}$$

$$=\begin{bmatrix} \boldsymbol{I} & \boldsymbol{0} \\ \boldsymbol{M}_{er}^A\boldsymbol{\phi}_m & \boldsymbol{I} \end{bmatrix}\begin{Bmatrix} \ddot{\boldsymbol{V}}_1^B \\ \ddot{\boldsymbol{V}}_2^A \end{Bmatrix}+\begin{bmatrix} 2\boldsymbol{\rho}_1^B\boldsymbol{\Lambda}_1^B & \boldsymbol{0} \\ \boldsymbol{0} & 2\boldsymbol{\rho}_2^A\boldsymbol{\Lambda}_2^A \end{bmatrix}\begin{Bmatrix} \dot{\boldsymbol{V}}_1^B \\ \dot{\boldsymbol{V}}_2^A \end{Bmatrix}+\begin{bmatrix} \boldsymbol{\Lambda}_1^{B2} & \boldsymbol{0} \\ \boldsymbol{0} & \boldsymbol{\Lambda}_2^{A2} \end{bmatrix}\begin{Bmatrix} \boldsymbol{V}_1^B \\ \boldsymbol{V}_2^A \end{Bmatrix}-\begin{bmatrix} \boldsymbol{G} \\ \boldsymbol{0} \end{bmatrix}$$

得

$$\begin{bmatrix} \boldsymbol{I} & \boldsymbol{\phi}_m^{\mathrm{T}}\boldsymbol{M}_{re}^A \\ \boldsymbol{M}_{er}^A\boldsymbol{\phi}_m & \boldsymbol{I} \end{bmatrix}\begin{Bmatrix} \ddot{\boldsymbol{W}}_1 \\ \ddot{\boldsymbol{W}}_2 \end{Bmatrix}+\begin{bmatrix} 2\boldsymbol{\rho}_1^B\boldsymbol{\Lambda}_1^B & \boldsymbol{0} \\ \boldsymbol{0} & 2\boldsymbol{\rho}_2^A\boldsymbol{\Lambda}_2^A \end{bmatrix}\begin{Bmatrix} \dot{\boldsymbol{W}}_1 \\ \dot{\boldsymbol{W}}_2 \end{Bmatrix}+\begin{bmatrix} \boldsymbol{\Lambda}_1^{B2} & \boldsymbol{0} \\ \boldsymbol{0} & \boldsymbol{\Lambda}_2^{A2} \end{bmatrix}\begin{Bmatrix} \boldsymbol{W}_1 \\ \boldsymbol{W}_2 \end{Bmatrix}=-\begin{Bmatrix} \boldsymbol{\phi}_m^{\mathrm{T}}\boldsymbol{M}_{re}^A\boldsymbol{V}_2^A \\ \boldsymbol{0} \end{Bmatrix}$$

$$(10.3.29)$$

式(10.3.29)右端中的 $\boldsymbol{V}_2^A$ 是由式(10.3.26)求得的航天器弹性振动的近似响应.因而由式(10.3.29)可以求得航天器弹性响应的附加项 $\boldsymbol{W}_2$ 和运载火箭响应的附加项 $\boldsymbol{W}_1$.航天器弹性响应的附加项 $\boldsymbol{W}_2$ 实际上就是由基础界面加速度激励($\boldsymbol{\phi}_m\ddot{V}_1^A=\ddot{\boldsymbol{y}}_m$)方程(10.3.26)求得的航天器弹性振动的近似响应 $\boldsymbol{V}_2^A$ 的误差.

通常是这样做的:在项目早期,根据质量分布与几何构形估计给出航天器界面刚体模态质量 $\boldsymbol{M}_{c0}^A$,航天器组织向运载组织提供界面刚体模态质量 $\boldsymbol{M}_{c0}^A$ 估计.运载组织可以建立式(10.3.25),施加历经各种事件的外力函数模态参与因子 $\boldsymbol{G}$,就可以进行带航天器界面刚体模态质量 $\boldsymbol{M}_{c0}^A$的运载火箭模态分析与响应分析,向航天器组织提供带航天器界面刚体模态质量的运载火箭的频率 $\boldsymbol{\Lambda}_1^{B2}$、振型 $\boldsymbol{\phi}_1^B$、阻尼 $\boldsymbol{\rho}_1^B$ 和历经各种事件产生的界面加速度 $\ddot{\boldsymbol{y}}_m$.则航天器组织就可以由方程(10.3.26)求得由界面加速度 $\ddot{\boldsymbol{y}}_m$ 产生的航天器弹性振动的近似响应 $\boldsymbol{V}_2^A$.在航天器组织内就可以按式(10.3.29)进行附加项计算,按式(10.3.29)完成瞬态载荷分析,给出附加项 $\boldsymbol{W}_1$ 与 $\boldsymbol{W}_2$.这种方法的优点是比基础激励方法更准确,因为考虑了弹性振动对系统的影响.在航天器组织内就可以完成载荷分析的循环,减少与运载组织的交换,减少费用与周

期.但是,按式(10.3.29)进行航天器载荷分析附加项计算,在一定程度上仍与运载火箭耦合,计算还比较复杂.

在10.3.1节中介绍文献[218]的方法时,选定的航天器与运载器连接界面为静定界面,仅有刚体模态,没有静不定约束.在这种静定界面连接的情况下,将界面表示为一个节点,至多有六个自由度刚体模态.这时,航天器的界面约束模态质量矩阵 $\boldsymbol{M}_{c0}^{A}$ 退化为界面刚体模态质量矩阵,即

$$\boldsymbol{M}_{c0}^{A} = \boldsymbol{M}_{cR}^{A} + \boldsymbol{M}_{mm}^{A} = \boldsymbol{M}_{rr}^{A} + \boldsymbol{M}_{mm}^{A}$$

航天器的界面约束模态刚度矩阵 $\boldsymbol{K}_{c0}^{B}$ 也退化为

$$\boldsymbol{K}_{c0}^{A} = \boldsymbol{K}_{mm}^{A}$$

代入式(10.2.12),得带有约束航天器的运载火箭的运动方程为

$$\begin{bmatrix} \boldsymbol{M}_{11}^{B} & \boldsymbol{0} \\ \boldsymbol{0} & \boldsymbol{M}_{rr}^{A} + \boldsymbol{M}_{mm}^{A} + \boldsymbol{M}_{mm}^{B} \end{bmatrix} \begin{Bmatrix} \ddot{\boldsymbol{y}}_1 \\ \ddot{\boldsymbol{y}}_m \end{Bmatrix} + \begin{bmatrix} \boldsymbol{K}_{11}^{B} & \boldsymbol{K}_{lm}^{B} \\ \boldsymbol{K}_{ml}^{B} & \boldsymbol{K}_{mm}^{A} + \boldsymbol{K}_{mm}^{B} \end{bmatrix} \begin{Bmatrix} \boldsymbol{y}_1^{A} \\ \boldsymbol{y}_m \end{Bmatrix} = \begin{Bmatrix} \boldsymbol{f}_1^{B} \\ \boldsymbol{0} \end{Bmatrix} \tag{10.3.30}$$

式中,用 $\boldsymbol{y}_1^A$ 表示运载火箭内部的自由度,用 $\boldsymbol{y}_m$ 表示那些物理上连接于航天器的自由度.$\boldsymbol{y}_m$ 与 $\boldsymbol{y}_1^A$ 的意义非常明确,不会产生混淆,则式(10.2.14)、式(10.3.27)、式(10.3.29)分别与上一节采用有限元法导出的式(10.3.16)、式(10.3.19)、式(10.3.21)完全相同.

10.4 采用基础激励方法对无阻尼系统进行载荷二次分析

总结中国航天器组织的经验,文献[45,219-220]介绍简便的载荷二次分析方法,指出:"航天器的力学环境条件包括器箭界面环境条件和航天器上部件/分系统的环境条件.器箭界面的环境条件通常由器箭耦合载荷分析获得,而航天器上细化的环境条件则是由航天器组织根据器箭界面的条件进行载荷二次分析获得,并参考器箭耦合载荷分析的结果对主要部件制定的."这里强调器箭界面环境条件(也称为器箭界面加速度条件)作为运载火箭向航天器的传递力的描述.文献[221]详细介绍航天器载荷二次分析方法.在完善了约束子结构模态综合法与超单元法进行全箭级器箭耦合载荷分析的同时,也完善了采用航天器基础激励方法与超单元法,依据全箭级器箭耦合载荷分析给出的器箭界面加速度条件,进行航天器级的载荷二次分析;并给出载荷二次分析方法详细的证明:采用约束子结构模态综合法与超单元法进行全箭级器箭耦合载荷分析,建立运载器和航天器的内部载荷,最重要的是给出器箭界面环境条件,将该器箭界面环境条件与航天器载荷发回给航天器组织,航天器组织将根据器箭界面环境条件,采用基础激励方法或超单元法进行载荷二次分析,获得航天器的内部响应,让航天器载荷分析与运载火箭完全解耦;从理论上严格证明载荷二次分析所得航天器的内部加速度(载荷)解析解结果与全箭级器箭耦合载荷分析给出的加速度(载荷)解析解结果一样.由此

说明航天器级载荷二次分析获得的结果是可靠的，不存在“过计算”“欠计算”问题.这种方法的优点是，整个过程只涉及航天器结构，可在航天器内实施，计算简单，使得实时设计/分析迭代可以实施.也就是说，用航天器级载荷二次分析循环可以替代全箭级器箭耦合载荷分析循环，小循环能代替大循环，从而消除了运载火箭和航天器组织之间昂贵和费时的信息交换.

10.4.1 约束子结构模态综合法

自20世纪60年代初Hurty[74]和Gladwell[75]奠定模态综合技术以来，子结构方法已广泛应用于航天航空和各种大型工程领域，是一种复杂结构建模与分析的有效方法.采用这种方法通过模态坐标变换可以把结构动力学问题化为缩聚自由度问题，从而大大简化计算，提高分析效率.第7章详细介绍了动态子结构法，这里首先采用约束子结构模态综合法进行无阻尼系统全箭级器箭耦合载荷分析，下一节介绍采用超单元方法进行阻尼系统全箭级器箭耦合载荷分析.

1. 航天器子结构分析

航天器子结构如图10.1(a)所示.航天器与运载火箭对接界面(m)称为器箭界面，可以将运载火箭对航天器的作用简化为器箭界面加速度传递，进行航天器子结构分析.考虑如图10.1(a)所示的具有约束界面的航天器子结构，运动方程为

$$\boldsymbol{M}^A \ddot{\boldsymbol{x}}^A + \boldsymbol{K}^A \boldsymbol{x}^A = \boldsymbol{f}^A \tag{10.4.1}$$

这里，$\boldsymbol{M}^A$ 和 $\boldsymbol{K}^A$ 分别为质量矩阵、刚矩阵度，$\boldsymbol{x}^A$ 与 $\boldsymbol{f}^A$ 分别为多维向量位移与外力向量矩阵，对于简谐激励 $\boldsymbol{f}^A = \boldsymbol{f}_0^A \mathrm{e}^{\mathrm{i}\omega t}$，结构位移 $\boldsymbol{x}^A$ 可以表示为 $\boldsymbol{x}^A = \boldsymbol{X}^A \mathrm{e}^{\mathrm{i}\omega t}$，将其代入式(10.4.1)，导出位移幅值 $\boldsymbol{X}^A$ 的控制方程为

$$(\boldsymbol{K}^A - \omega^2 \boldsymbol{M}^A)\boldsymbol{X}^A = \boldsymbol{f}_0^A \tag{10.4.2}$$

按界面(m)自由度与内部(s)非界面自由度分块形式，运动方程又可写为

$$\left(\begin{bmatrix} \boldsymbol{K}_{ss}^A & \boldsymbol{K}_{sm}^A \\ \boldsymbol{K}_{ms}^A & \boldsymbol{K}_{mm}^A \end{bmatrix} - \omega^2 \begin{bmatrix} \boldsymbol{M}_{ss}^A & \boldsymbol{M}_{sm}^A \\ \boldsymbol{M}_{ms}^A & \boldsymbol{M}_{mm}^A \end{bmatrix}\right)\begin{Bmatrix} \boldsymbol{X}_s^A \\ \boldsymbol{X}_m^A \end{Bmatrix} = \begin{Bmatrix} \boldsymbol{f}_{0s}^A \\ \boldsymbol{f}_{0m}^A \end{Bmatrix} \tag{10.4.3}$$

其中，$\boldsymbol{X}^A$ 表示航天器自由度位移响应，$\boldsymbol{X}_s^A$ 表示航天器内部自由度位移响应，$\boldsymbol{X}_m^A$ 表示器箭界面自由度位移响应.

人们从外场振动测量数据的分析中已发现火箭在飞行过程中的振动环境本质上是多维振动.但以往振动试验技术和设备的限制使得难以在试验室中模拟飞行环境的多维振动特性，因此在振动环境试验中，常基于单轴振动试验技术和设备，假定各方向振动互相独立，按三个正交方向的振动响应分别包络给出试验条件，以三个正交轴依次进行的单轴振动试验近似等效飞行过程中的多轴振动环境，试验和飞行环境的差异通过加大试验量级和时间予以适当补偿.尽管这种振动环境考核方式在航天工程中得到了广泛应用，但在应用过程中也暴露

出一些严重的缺陷,主要表现为:单轴试验无法暴露某些对振动方向较敏感的故障模式,使得外场故障难以完全复现,并导致一些按标准通过了振动试验考核的结构与设备在飞行过程中出现故障;同时,加大量级的补偿措施也会造成一些不应有的故障模式,导致产品过试验和过设计;对于大型试验件无法实现不同方向振动载荷的正确叠加,使复杂试验件过试验、欠试验程度加剧且难以定量估计,影响了受试产品的可靠性评估.因此,在试验室中再现产品的真实多维振动环境是提高环境试验效果的一个重要目标.多维振动试验技术的发展与应用,证明了许多无法用一维振动试验复现的飞行试验故障用简单的多维振动试验即可复现,因而开展多维振动机理研究非常必要.运载火箭施加给卫星、飞船和航天飞机的载荷是非对称的,结构承受多维振动恶劣环境无法在试验室再现,为了进一步减轻结构质量,很需要真实地模拟这些多维振动载荷.因而我们考虑的振动自由度位移响应 $\boldsymbol{X}^A$ 是多维向量.

用解析方法推导,可以将位移幅值向量 $\boldsymbol{X}^A$ 表示为

$$\boldsymbol{X}^A = \begin{bmatrix} \boldsymbol{X}_s^A \\ \boldsymbol{X}_m^A \end{bmatrix} = \boldsymbol{\Phi}_{c0}^A \boldsymbol{X}_m^A + \boldsymbol{\phi}_b^A \boldsymbol{q}_b^A = \bar{\boldsymbol{\Phi}}_d^A \bar{\boldsymbol{q}}_d^A \tag{10.4.4}$$

其中

$$\bar{\boldsymbol{\Phi}}_d^A = [\boldsymbol{\Phi}_{c0}^A \quad \boldsymbol{\phi}_{bL}^A \quad \boldsymbol{\phi}_{bH}^A] = [\boldsymbol{\Phi}_{c0}^A \quad \boldsymbol{\phi}_b^A] = \begin{bmatrix} \boldsymbol{t}_{c0}^A & \boldsymbol{\phi}_{bs}^A \\ \boldsymbol{I} & \boldsymbol{0} \end{bmatrix}$$

$$\bar{\boldsymbol{q}}_d^A = [\boldsymbol{X}_m^{A\mathrm{T}} \quad \boldsymbol{q}_{bL}^{A\mathrm{T}} \quad \boldsymbol{q}_{bH}^{A\mathrm{T}}]^{\mathrm{T}} = [\boldsymbol{X}_m^{A\mathrm{T}} \quad \boldsymbol{q}_b^{A\mathrm{T}}]^{\mathrm{T}}$$

$$\boldsymbol{\Phi}_{c0}^A = \begin{bmatrix} \boldsymbol{t}_{c0}^A \\ \boldsymbol{I}_c \end{bmatrix}, \qquad \boldsymbol{t}_{c0}^A = -\boldsymbol{K}_{ss}^{A-1}\boldsymbol{K}_{sm}^A, \quad \boldsymbol{\phi}_b^A = \begin{bmatrix} \boldsymbol{\phi}_{bs}^A \\ \boldsymbol{0} \end{bmatrix}$$

$\boldsymbol{\Phi}_{c0}^A$称为静约束模态.式(10.4.4)表明当前自由边界状态结构位移 X^A 的完备集是约束边界主模态集$\boldsymbol{\phi}_b$ 加上静约束模态$\boldsymbol{\Phi}_{c0}^A$.这就是模态展开定理(Ⅱ)[81].很显然,作一些简化之后可以化为克雷格-班普顿法[83]的子结构假设位移表达式、邱吉宝等[79-81]的高精度位移表达式等等.下面按精确位移表达式(10.4.4)进行解析分析.

2. 运载火箭约束子结构模态综合法

采用同样的方法对运载火箭子结构 B 可以导出位移解析表达式为

$$\boldsymbol{X}^B = = \boldsymbol{\Phi}_{c0}^B \boldsymbol{X}_m^B + \boldsymbol{\phi}_b^B \boldsymbol{q}_b^B = \bar{\boldsymbol{\Phi}}_d^B \bar{\boldsymbol{q}}_d^B \tag{10.4.5}$$

将子结构 A,B 的位移表达式(10.4.4)与式(10.4.5)简单地合列在一起,形成未耦合系统的位移表达式

$$\boldsymbol{X} = \begin{bmatrix} \boldsymbol{X}_d^A \\ \boldsymbol{X}_d^B \end{bmatrix} = \begin{bmatrix} \bar{\boldsymbol{\Phi}}^A & \bar{q}^A \\ \bar{\boldsymbol{\Phi}}^B & \bar{q}^B \end{bmatrix} = \begin{bmatrix} \bar{\boldsymbol{\Phi}}_d^A & 0 \\ 0 & \bar{\boldsymbol{\Phi}}_d^B \end{bmatrix} \begin{bmatrix} \bar{q}_d^A \\ \bar{q}_d^B \end{bmatrix} = \boldsymbol{\Phi}_{AB}\, \boldsymbol{q}_{AB} \tag{10:4.6}$$

其中

$$\boldsymbol{\Phi}_{AB}=\begin{bmatrix}\bar{\boldsymbol{\Phi}}_d^A & \mathbf{0}\\ \mathbf{0} & \bar{\boldsymbol{\Phi}}_d^B\end{bmatrix},\quad \boldsymbol{q}_{AB}=\begin{bmatrix}\bar{\boldsymbol{q}}_d^A\\ \bar{\boldsymbol{q}}_d^B\end{bmatrix}=\begin{bmatrix}\boldsymbol{q}_c^{A\mathrm{T}} & \boldsymbol{q}_{bs}^{A\mathrm{T}} & \boldsymbol{q}_c^{B\mathrm{T}} & \boldsymbol{q}_{bs}^{B\mathrm{T}}\end{bmatrix}^{\mathrm{T}}$$

则航天器子结构 A 和运载火箭子结构 B 运动学方程简单地合列在一起,得到未耦合系统的运动方程为

$$\left(\begin{bmatrix}\bar{\boldsymbol{K}}_d^A & \mathbf{0}\\ \mathbf{0} & \bar{\boldsymbol{K}}_d^B\end{bmatrix}-\omega^2\begin{bmatrix}\bar{\boldsymbol{M}}_d^A & \mathbf{0}\\ \mathbf{0} & \bar{\boldsymbol{M}}_d^B\end{bmatrix}\right)\begin{Bmatrix}\bar{\boldsymbol{q}}_d^A\\ \bar{\boldsymbol{q}}_d^B\end{Bmatrix}=\begin{Bmatrix}\boldsymbol{f}_d^A\\ \boldsymbol{f}_d^B\end{Bmatrix}\tag{10.4.7}$$

界面位移和力的协调条件为

$$\boldsymbol{f}_{0m}^A+\boldsymbol{f}_{0m}^B=\mathbf{0},\quad \boldsymbol{X}_m^A=\boldsymbol{X}_m^B\tag{10.4.8}$$

由式(10.4.8)的第二式得

$$\boldsymbol{X}_m^A=\boldsymbol{X}_m^B=\boldsymbol{X}_m\tag{10.4.9}$$

利用此约束条件来组装系统,建立协调的缩聚变换:

$$\boldsymbol{q}_{AB}=\begin{bmatrix}\bar{\boldsymbol{q}}_d^A\\ \bar{\boldsymbol{q}}_d^B\end{bmatrix}=\boldsymbol{N}\boldsymbol{q}\tag{10.4.10}$$

其中

$$\boldsymbol{N}=\begin{bmatrix}\mathbf{0} & \mathbf{0} & \boldsymbol{I}\\ \boldsymbol{I} & \mathbf{0} & \mathbf{0}\\ \mathbf{0} & \mathbf{0} & \boldsymbol{I}\\ \mathbf{0} & \boldsymbol{I} & \mathbf{0}\end{bmatrix},\quad \boldsymbol{q}=\begin{bmatrix}\boldsymbol{q}_b^A\\ \boldsymbol{q}_b^B\\ \boldsymbol{X}_m\end{bmatrix}$$

将式(10.4.11)代入式(10.4.8)并且两边左乘 $\boldsymbol{N}^{\mathrm{T}}$ 得综合后的刚度矩阵、质量矩阵和载荷向量分别为

$$\bar{\boldsymbol{M}}=\boldsymbol{N}^{\mathrm{T}}\boldsymbol{M}_{AB}\boldsymbol{N}=\begin{bmatrix}\boldsymbol{I}^A & \mathbf{0} & \boldsymbol{L}_{sc}^A\\ \mathbf{0} & \boldsymbol{I}^B & \boldsymbol{L}_{sc}^B\\ \boldsymbol{L}_{cs}^A & \boldsymbol{L}_{cs}^B & \boldsymbol{M}_{0c}\end{bmatrix},\quad \bar{\boldsymbol{K}}=\boldsymbol{N}^{\mathrm{T}}\boldsymbol{K}_{AB}\boldsymbol{N}=\begin{bmatrix}\boldsymbol{\Lambda}_{bs}^A & \mathbf{0} & \mathbf{0}\\ \mathbf{0} & \boldsymbol{\Lambda}_{bs}^B & \mathbf{0}\\ \mathbf{0} & \mathbf{0} & \boldsymbol{K}_{0c}\end{bmatrix}$$

$$\bar{\boldsymbol{F}}=\boldsymbol{N}^{\mathrm{T}}\begin{bmatrix}\boldsymbol{F}_d^A\\ \boldsymbol{F}_d^B\end{bmatrix}=\begin{bmatrix}\bar{\boldsymbol{\phi}}_{bs}^{A\mathrm{T}}\boldsymbol{f}_s^A\\ \bar{\boldsymbol{\phi}}_{bs}^{B\mathrm{T}}\boldsymbol{f}_s^B\\ \boldsymbol{t}_{c0}^{A\mathrm{T}}\boldsymbol{f}_s^A+\boldsymbol{t}_{c0}^{B\mathrm{T}}\boldsymbol{f}_s^B+\boldsymbol{f}_m^A+\boldsymbol{f}_m^B\end{bmatrix}$$

$$\boldsymbol{M}_{0c}=\boldsymbol{M}_{c0}^A+\boldsymbol{M}_{c0}^B,\qquad \boldsymbol{K}_{0c}=\boldsymbol{K}_{c0}^A+\boldsymbol{K}_{c0}^B$$

最后得无阻尼系统的综合方程为

$$\begin{bmatrix}\boldsymbol{\Lambda}_{bs}^A-\omega^2\boldsymbol{I}^A & \mathbf{0} & -\omega^2\boldsymbol{L}_{sc}^A\\ \mathbf{0} & \boldsymbol{\Lambda}_{bs}^B-\omega^2\boldsymbol{I}^B & -\omega^2\boldsymbol{L}_{sc}^B\\ -\omega^2\boldsymbol{L}_{cs}^A & -\omega^2\boldsymbol{L}_{cs}^B & \boldsymbol{K}_{0c}-\omega^2\boldsymbol{M}_{0c}\end{bmatrix}\begin{bmatrix}\boldsymbol{q}_b^A\\ \boldsymbol{q}_b^B\\ \boldsymbol{X}_m\end{bmatrix}=\begin{bmatrix}\bar{\boldsymbol{\phi}}_{bs}^{A\mathrm{T}}\boldsymbol{f}_{0s}^A\\ \bar{\boldsymbol{\phi}}_{bs}^{B\mathrm{T}}\boldsymbol{f}_{0s}^B\\ \boldsymbol{t}_{c0}^{A\mathrm{T}}\boldsymbol{f}_{0s}^A+\boldsymbol{t}_{c0}^{B\mathrm{T}}\boldsymbol{f}_{0s}^B+\boldsymbol{f}_{0m}^A+\boldsymbol{f}_{0m}^B\end{bmatrix}\tag{10.4.11}$$

3. 响应分析

式(10.4.11)的无阻尼特征值方程为

$$\begin{bmatrix} \boldsymbol{\Lambda}_{bs}^{A}-\omega^{2}\boldsymbol{I}^{A} & \boldsymbol{0} & -\omega^{2}\boldsymbol{L}_{sc}^{A} \\ \boldsymbol{0} & \boldsymbol{\Lambda}_{bs}^{B}-\omega^{2}\boldsymbol{I}^{B} & -\omega^{2}\boldsymbol{L}_{sc}^{B} \\ -\omega^{2}\boldsymbol{L}_{cs}^{A} & -\omega^{2}\boldsymbol{L}_{cs}^{B} & \boldsymbol{K}_{0c}-\omega^{2}\boldsymbol{M}_{0c} \end{bmatrix}\begin{bmatrix} \boldsymbol{q}_{b}^{A} \\ \boldsymbol{q}_{b}^{B} \\ \boldsymbol{X}_{m} \end{bmatrix}=\boldsymbol{0} \tag{10.4.12}$$

由特征值行列式

$$\begin{vmatrix} \boldsymbol{\Lambda}_{bs}^{A}-\omega^{2}\boldsymbol{I}^{A} & \boldsymbol{0} & -\omega^{2}\boldsymbol{L}_{sc}^{A} \\ \boldsymbol{0} & \boldsymbol{\Lambda}_{bs}^{B}-\omega^{2}\boldsymbol{I}^{B} & -\omega^{2}\boldsymbol{L}_{sc}^{B} \\ -\omega^{2}\boldsymbol{L}_{cs}^{A} & -\omega^{2}\boldsymbol{L}_{cs}^{B} & \boldsymbol{K}_{0c}-\omega^{2}\boldsymbol{M}_{0c} \end{vmatrix}=0$$

求得特征值为 ω_i^2,由

$$\begin{bmatrix} \boldsymbol{\Lambda}_{bs}^{A}-\omega_i^{2}\boldsymbol{I}^{A} & \boldsymbol{0} & -\omega_i^{2}\boldsymbol{L}_{sc}^{A} \\ \boldsymbol{0} & \boldsymbol{\Lambda}_{bs}^{B}-\omega_i^{2}\boldsymbol{I}^{B} & -\omega_i^{2}\boldsymbol{L}_{sc}^{B} \\ -\omega_i^{2}\boldsymbol{L}_{cs}^{A} & -\omega_i^{2}\boldsymbol{L}_{cs}^{B} & \boldsymbol{K}_{0c}-\omega_i^{2}\boldsymbol{M}_{0c} \end{bmatrix}\begin{bmatrix} \boldsymbol{\Phi}_{i}^{A} \\ \boldsymbol{\Phi}_{i}^{B} \\ \boldsymbol{\Phi}_{i}^{c} \end{bmatrix}=\boldsymbol{0}$$

求得特征向量 $\boldsymbol{\Phi}_i=\begin{bmatrix} \boldsymbol{\Phi}_{i}^{A} \\ \boldsymbol{\Phi}_{i}^{B} \\ \boldsymbol{\Phi}_{i}^{c} \end{bmatrix}$.

采用上述模态综合法求得系统的特征值 ω_i^2 和特征值向量 $\boldsymbol{\Phi}_i$,然后,采用模态叠加法进行响应的叠加,这个过程要进行繁杂冗长的计算.

10.4.2 器箭界面综合方程

文献[215,232]为了验证航天器/运载系统模态综合响应分析结果的正确性,介绍一种新方法.采用器箭界面综合法,由方程(10.4.11)的第一个方程,求得模态坐标$\boldsymbol{q}_b^A$ 为

$$\boldsymbol{q}_{b}^{A}=(\boldsymbol{\Lambda}_{bs}^{A}-\omega^{2}\boldsymbol{I}^{A})^{-1}\omega^{2}\boldsymbol{L}_{bc}\boldsymbol{X}+(\boldsymbol{\Lambda}_{bs}^{A}-\omega^{2}\boldsymbol{I}^{A})^{-1}\bar{\boldsymbol{\phi}}_{bs}^{A\mathrm{T}}\boldsymbol{f}_{0s}^{A} \tag{10.4.13}$$

由方程(10.4.11)的第二个方程,求得模态坐标$\boldsymbol{q}_b^B$ 为

$$\boldsymbol{q}_{b}^{B}=(\boldsymbol{\Lambda}_{bs}^{B}-\omega^{2}\boldsymbol{I}^{B})^{-1}\omega^{2}\boldsymbol{L}_{bc}\boldsymbol{X}+(\boldsymbol{\Lambda}_{bs}^{B}-\omega^{2}\boldsymbol{I}^{B})^{-1}\bar{\boldsymbol{\phi}}_{bs}^{B\mathrm{T}}\boldsymbol{f}_{0s}^{B} \tag{10.4.14}$$

将式(10.4.13)、式(10.4.14)代入方程(10.4.11)的第三式,整理后得

$$\boldsymbol{M}^{AB}(\omega)\boldsymbol{A}_{m}=\boldsymbol{F}^{AB} \tag{10.4.15}$$

其中

$$\boldsymbol{M}^{AB}(\omega)=\boldsymbol{M}^{A}(\omega)+\boldsymbol{M}^{B}(\omega) \tag{10.4.16}$$

$$\boldsymbol{F}^{AB}=\boldsymbol{F}^{A}+\boldsymbol{F}^{B} \tag{10.4.17}$$

$$\begin{aligned}\boldsymbol{M}^{A}(\omega)&=\boldsymbol{m}^{A}(\omega)+\boldsymbol{M}_{c0}^{A}=\boldsymbol{M}_{ef}^{A}\bar{\boldsymbol{H}}^{A}(\bar{\boldsymbol{\Lambda}}_{s})-\Delta\boldsymbol{M}^{A}\\&=\sum_{k=1}^{s}\boldsymbol{M}_{efk}^{A}\bar{\boldsymbol{H}}_{k}^{A}(\bar{\omega}_{sk}^{-2})-\Delta\boldsymbol{M}^{A}\end{aligned} \tag{10.4.18}$$

$$\boldsymbol{M}^B(\omega) = \boldsymbol{m}^B(\omega) + \boldsymbol{M}_{c0}^B = \boldsymbol{M}_{ef}^B \bar{\boldsymbol{H}}^B(\bar{\boldsymbol{\Lambda}}_s) - \Delta \boldsymbol{M}^B$$
$$= \sum_{k=1}^{s} \boldsymbol{M}_{efk}^B \bar{\boldsymbol{H}}_k^B(\bar{\omega}_{sk}^2) - \Delta \boldsymbol{M}^B \tag{10.4.19}$$

$$\boldsymbol{F}^A = -\omega^2 [\omega^2 \boldsymbol{L}_{cs}^A (\boldsymbol{\Lambda}_{bs}^A - \omega^2 \boldsymbol{I})^{-1} \bar{\boldsymbol{\phi}}_{bs}^{AT} \boldsymbol{f}_{0s}^A + \boldsymbol{t}_{c0}^{AT} \boldsymbol{f}_{0s}^A + \boldsymbol{f}_{0m}^A] \tag{10.4.20}$$

$$\boldsymbol{F}^B = -\omega^2 [\omega^2 \boldsymbol{L}_{cs}^B (\boldsymbol{\Lambda}_{bs}^B - \omega^2 \boldsymbol{I})^{-1} \bar{\boldsymbol{\phi}}_{bs}^{BT} \boldsymbol{f}_{0s}^B + \boldsymbol{t}_{c0}^{BT} \boldsymbol{f}_{0s}^B + \boldsymbol{f}_{0m}^B] \tag{10.4.21}$$

$\boldsymbol{A}_m$ 为全箭振动器箭界面加速度，方程(10.4.15)就是缩聚在器箭连接界面处的全箭动力学方程. $\boldsymbol{M}^{AB}(\omega)$称为器箭连接界面处结构的视在质量. $\boldsymbol{F}^{AB}$称为器箭连接界面处缩聚力向量. 方程(10.4.15)是器箭界面综合法导出的器箭界面动力学方程，或者称为广义牛顿方程. 将航天器子结构自由度 n^A+m 与运载火箭子结构自由度 n^B+m 的方程减缩为器箭界面上 m 个自由度的器箭界面综合方程(10.4.15). $\boldsymbol{M}^A(\omega)$称为航天器子结构器箭界面视在质量，$\boldsymbol{M}^B(\omega)$称为运载火箭子结构器箭界面视在质量. $\boldsymbol{F}^A$ 称为航天器子结构器箭界面处缩聚力向量，$\boldsymbol{F}^B$ 称为运载子结构器箭界面处缩聚力向量.

已知外载荷$\boldsymbol{f}_0^A = \begin{Bmatrix} \boldsymbol{f}_{0s}^A \\ \boldsymbol{f}_{0m}^A \end{Bmatrix}$，$\boldsymbol{f}_0^B = \begin{Bmatrix} \boldsymbol{f}_{0s}^B \\ \boldsymbol{f}_{0m}^B \end{Bmatrix}$，就可以由式(10.4.20)求得 $\boldsymbol{F}^A$，由式(10.4.21)求得 $\boldsymbol{F}^B$，由式(10.4.17)求得 $\boldsymbol{F}^{AB}$. 然后由式(10.4.15)求得器箭连接界面处的界面加速度响应 $\boldsymbol{A}_m$ 为

$$\boldsymbol{A}_m = \boldsymbol{H}^{AB}(\omega) \boldsymbol{F}^{AB}, \quad \boldsymbol{H}^{AB}(\omega) = \boldsymbol{M}^{AB}(\omega)^{-1} \tag{10.4.22}$$

$\boldsymbol{A}_m = -\omega^2 \boldsymbol{X}_m$，$\boldsymbol{H}^{AB}(\omega)$为器箭连接界面处频响函数.

可以将式(10.4.22)求得的界面加速度响应 $\boldsymbol{A}_m$ 代入式(10.4.4)，得全箭振动航天器响应 $\boldsymbol{X}^A$ 为

$$\boldsymbol{X}^A = \begin{bmatrix} \boldsymbol{X}_s^A \\ \boldsymbol{X}_m^A \end{bmatrix}$$
$$= \boldsymbol{\Phi}_{c0}^A \boldsymbol{X}_m^A + \boldsymbol{\phi}_b^A \boldsymbol{q}_b^A = \boldsymbol{\Phi}_{x0}^A \boldsymbol{X}_m^A + \boldsymbol{\phi}_b^A (\boldsymbol{\Lambda}_{x0}^A - \omega^2 \boldsymbol{I}_b)^{-1} \omega^2 \boldsymbol{L}_{bc}^A \boldsymbol{X}_m^A + \boldsymbol{\phi}_b^A (\boldsymbol{\Lambda}_b^{A2} - \omega^2 \boldsymbol{I}_b)^{-1} \boldsymbol{\phi}_{bs}^{AT} \boldsymbol{f}_{0s}^A$$
$$= [\boldsymbol{\Phi}_{x0}^A + \boldsymbol{\phi}_b^A (\boldsymbol{\Lambda}_s^2 - \omega^2 \boldsymbol{I})^{-1} \omega^2 \boldsymbol{L}_{bc}^A] \boldsymbol{X}_m^A + \boldsymbol{\phi}_b^A (\boldsymbol{\Lambda}_s^2 - \omega^2 \boldsymbol{I})^{-1} \boldsymbol{\phi}_{bs}^{AT} \boldsymbol{f}_{0s}^A \tag{10.4.23}$$

这就是全箭振动时航天器响应 $\boldsymbol{X}^A$ 的复现内力方程. 又 $\boldsymbol{A}^A = -\omega^2 \boldsymbol{X}^A$，得全箭振动航天器加速度响应

$$\boldsymbol{A}^A = \begin{bmatrix} \boldsymbol{A}_s^A \\ \boldsymbol{A}_m^A \end{bmatrix} = [\boldsymbol{\Phi}_{x0}^A + \boldsymbol{\phi}_b^A (\boldsymbol{\Lambda}_s^2 - \omega^2 \boldsymbol{I})^{-1} \omega^2 \boldsymbol{L}_{bc}^A] \boldsymbol{A}_m^A - \boldsymbol{\phi}_b^A (\boldsymbol{\Lambda}_s^2 - \omega^2 \boldsymbol{I})^{-1} \omega^2 \boldsymbol{\phi}_{bs}^{AT} \boldsymbol{f}_{0s}^A \tag{10.4.24}$$

全箭振动航天器内部加速度响应

$$\boldsymbol{A}_s^A = [\boldsymbol{t}_{x0}^A + \boldsymbol{\phi}_{bs}^A (\boldsymbol{\Lambda}_s^2 - \omega^2 \boldsymbol{I})^{-1} \omega^2 \boldsymbol{L}_{bc}^A] \boldsymbol{A}_m^A - \boldsymbol{\phi}_{bs}^A (\boldsymbol{\Lambda}_s^2 - \omega^2 \boldsymbol{I})^{-1} \omega^2 \boldsymbol{\phi}_{bs}^{AT} \boldsymbol{f}_{0s}^A \tag{10.4.25}$$

按动力学方程(10.4.15)进行响应分析不需要进行器箭系统模态综合，而是直接导出器箭界面加速度的动力学方程(10.4.15)，求得器箭界面处的加速度响应式(10.4.22)，然后由式(10.4.24)或式(10.4.25)计算全箭振动时航天器响应，与航天器/运载耦合系统模态综合

法计算过程不同，但两种方法的计算结果应该一样，可以互相验证.

由全箭振动时器箭耦合载荷分析，给出器箭界面加速度条件 Q 为

$$\boldsymbol{A}_m = \boldsymbol{H}^{AB}(\omega)\boldsymbol{f}^{AB} = \boldsymbol{Q} \tag{10.4.26}$$

由式(10.4.25)计算给出全箭振动时航天器内部响应

$$\begin{aligned}\boldsymbol{A}_s^A &= [\boldsymbol{t}_{x0}^A + \boldsymbol{\phi}_{bs}^A(\boldsymbol{\Lambda}_s^2 - \omega^2\boldsymbol{I})^{-1}\omega^2\boldsymbol{L}_{bc}^A]\boldsymbol{A}_m^A - \boldsymbol{\phi}_{bs}^A(\boldsymbol{\Lambda}_s^2 - \omega^2\boldsymbol{I})^{-1}\omega^2\boldsymbol{\phi}_{bs}^{A\mathrm{T}}\boldsymbol{f}_{0s}^A \\ &= [\boldsymbol{t}_{x0}^A + \boldsymbol{\phi}_{bs}^A(\boldsymbol{\Lambda}_s^2 - \omega^2\boldsymbol{I})^{-1}\omega^2\boldsymbol{L}_{bc}^A]\boldsymbol{Q} - \boldsymbol{\phi}_{bs}^A(\boldsymbol{\Lambda}_s^2 - \omega^2\boldsymbol{I})^{-1}\omega^2\boldsymbol{\phi}_{bs}^{A\mathrm{T}}\boldsymbol{f}_{0s}^A\end{aligned} \tag{10.4.27}$$

现在的问题是在给出器箭界面加速度条件 Q 之后，航天器级如何进行载荷二次简化分析才能给出单独航天器内部加速度 $\boldsymbol{A}_s'^A$ 等于全箭振动时航天器内部响应 $\boldsymbol{A}_s^A$？

10.4.3 航天器载荷二次分析

单独航天器结构如图10.1(a)所示，具有虚拟基础界面的结构. 用第6章无阻尼系统基础激励的方法[265]求解单独航天器部件的动态响应，进行航天器级载荷分析. 航天器结构运动方程为

$$\boldsymbol{M}^A\ddot{\boldsymbol{x}}'^A + \boldsymbol{K}^A\boldsymbol{x}'^A = \boldsymbol{f}^A \tag{10.4.28}$$

这里，$\boldsymbol{M}^A$，$\boldsymbol{K}^A$，$\boldsymbol{x}'^A$ 与 $\boldsymbol{f}^A$ 分别为质量矩阵、刚度矩阵、位移与外力向量矩阵，对于简谐激励 $\boldsymbol{f}^A = \boldsymbol{f}_0^A e^{\mathrm{i}\omega t}$，结构位移 $\boldsymbol{x}'^A$ 可以表示为 $\boldsymbol{x}'^A = \boldsymbol{X}'^A e^{\mathrm{i}\omega t}$，将其代入式(10.4.28)，导出位移幅值 $\boldsymbol{X}'^A$ 的控制方程为

$$(\boldsymbol{K}^A - \omega^2\boldsymbol{M}^A)\boldsymbol{X}'^A = \boldsymbol{f}_0^A \tag{10.4.29}$$

按基础界面(m)自由度与内部(s)非基础界面自由度分块形式，运动方程又可写为

$$\left(\begin{bmatrix}\boldsymbol{K}_{ss}^A & \boldsymbol{K}_{sm}^A \\ \boldsymbol{K}_{ms}^A & \boldsymbol{K}_{mm}^A\end{bmatrix} - \omega^2\begin{bmatrix}\boldsymbol{M}_{ss}^A & \boldsymbol{M}_{sm}^A \\ \boldsymbol{M}_{ms}^A & \boldsymbol{M}_{mm}^A\end{bmatrix}\right)\begin{Bmatrix}\boldsymbol{X}_s'^A \\ \boldsymbol{X}_m'^A\end{Bmatrix} = \begin{Bmatrix}\boldsymbol{f}_{0s}^A \\ \boldsymbol{f}_{0m}^A\end{Bmatrix} \tag{10.4.30}$$

其中，上标"$'A$"表示单独航天器分析结果. $\boldsymbol{X}'^A$ 表示航天器自由度位移响应，$\boldsymbol{X}_s'^A$ 表示航天器内部自由度位移响应，$\boldsymbol{X}_m'^A$ 表示器箭界面自由度位移响应.

我们考虑的振动自由度位移响应 $\boldsymbol{X}'^A$ 是多维向量. 用解析方法推导，可以将位移幅值向量 $\boldsymbol{X}'^A$ 表示为

$$\boldsymbol{X}'^A = \begin{bmatrix}\boldsymbol{X}_s'^A \\ \boldsymbol{X}_m'^A\end{bmatrix} = \boldsymbol{\Phi}_{c0}^A\boldsymbol{X}_m'^A + \boldsymbol{\phi}_b^A\boldsymbol{q}_b'^A = \bar{\boldsymbol{\Phi}}_d^A\bar{\boldsymbol{q}}_d'^A \tag{10.4.31}$$

其中

$$\bar{\boldsymbol{\Phi}}_d^A = [\boldsymbol{\Phi}_{c0}^A \quad \boldsymbol{\phi}_{bL}^A \quad \boldsymbol{\phi}_{bH}^A] = [\boldsymbol{\Phi}_{c0}^A \quad \boldsymbol{\phi}_b^A] = \begin{bmatrix}\boldsymbol{t}_{c0}^A & \boldsymbol{\phi}_{bs}^A \\ \boldsymbol{I} & \boldsymbol{0}\end{bmatrix}$$

$$\bar{\boldsymbol{q}}_d'^A = [\boldsymbol{X}_m'^{A\mathrm{T}} \quad \boldsymbol{q}_{bL}'^{A\mathrm{T}} \quad \boldsymbol{q}_{bH}'^{A\mathrm{T}}]^{\mathrm{T}} = [\boldsymbol{X}_m'^{A\mathrm{T}} \quad \boldsymbol{q}_b'^{A\mathrm{T}}]^{\mathrm{T}}$$

$$\boldsymbol{\Phi}_{c0}^A = \begin{bmatrix}\boldsymbol{t}_{c0}^A \\ \boldsymbol{I}_c\end{bmatrix}, \quad \boldsymbol{t}_{c0}^A = -\boldsymbol{K}_{ss}^{A-1}\boldsymbol{K}_{sm}^A, \quad \boldsymbol{\phi}_b^A = \begin{bmatrix}\boldsymbol{\phi}_{bs}^A \\ \boldsymbol{0}\end{bmatrix}$$

$\boldsymbol{\Phi}_{c0}^{A}$称为静约束模态.式(10.4.31)表明当前自由边界状态结构位移 $\boldsymbol{X}'^{A}$ 的完备集是约束边界主模态集 $\boldsymbol{\phi}_{b}$ 加上静约束模态 $\boldsymbol{\Phi}_{c0}^{A}$.下面按精确位移表达式(10.4.31)进行解析分析.将式(10.4.31)代入式(10.4.30)并左乘 $\bar{\boldsymbol{\Phi}}_{d}^{\mathrm{T}}$,得模态坐标 $\bar{q}_{d}$ 的半解耦方程为

$$\left(\begin{bmatrix}\boldsymbol{K}_{c0}^{A} & \boldsymbol{0}\\ \boldsymbol{0} & \boldsymbol{\Lambda}_{b}^{A2}\end{bmatrix}-\omega^{2}\begin{bmatrix}\boldsymbol{M}_{c0}^{A} & \boldsymbol{L}_{cb}^{A}\\ \boldsymbol{L}_{bc}^{A} & \boldsymbol{I}\end{bmatrix}\right)\begin{bmatrix}\boldsymbol{X}'^{A}_{m}\\ \boldsymbol{q}'^{A}_{b}\end{bmatrix}=\begin{bmatrix}\boldsymbol{t}_{c0}^{A\mathrm{T}}\boldsymbol{f}_{0s}^{A}+\boldsymbol{f}_{0m}^{A}\\ \bar{\boldsymbol{\phi}}_{bs}^{A\mathrm{T}}\boldsymbol{f}_{0s}^{A}\end{bmatrix} \tag{10.4.32}$$

其中,$\boldsymbol{L}_{bc}^{A}$称为模态参与因子,

$$\begin{aligned}
\boldsymbol{K}_{c0}^{A} &= \boldsymbol{\Phi}_{c0}^{\mathrm{T}}\boldsymbol{K}\boldsymbol{\Phi}_{c0} == \boldsymbol{K}_{mm}-\boldsymbol{K}_{ms}\boldsymbol{K}_{ss}^{-1}\boldsymbol{K}_{sm}\\
\boldsymbol{M}_{c0}^{A} &= \boldsymbol{\Phi}_{c0}^{\mathrm{T}}\boldsymbol{M}\boldsymbol{\Phi}_{c0} = \boldsymbol{t}_{c0}^{\mathrm{T}}\boldsymbol{M}_{ss}\boldsymbol{t}_{c0}+\boldsymbol{t}_{c0}^{\mathrm{T}}\boldsymbol{M}_{sm}+\boldsymbol{M}_{ms}\boldsymbol{t}_{c0}+\boldsymbol{M}_{mm}\\
\boldsymbol{L}_{cb}^{A} &= \boldsymbol{\Phi}_{c0}^{\mathrm{T}}\boldsymbol{M}\boldsymbol{\phi}_{b} = \boldsymbol{t}_{c0}^{\mathrm{T}}\boldsymbol{M}_{ss}\boldsymbol{\phi}_{bs}+\boldsymbol{M}_{ms}\boldsymbol{\phi}_{bs}\\
\boldsymbol{M}_{bb}^{A} &= \boldsymbol{\phi}_{b}^{\mathrm{T}}\boldsymbol{M}\boldsymbol{\phi}_{b} = \boldsymbol{I}\\
\boldsymbol{K}_{bb}^{A} &= \boldsymbol{\phi}_{b}^{\mathrm{T}}\boldsymbol{K}\boldsymbol{\phi}_{b} = \boldsymbol{\Lambda}_{b}^{2}
\end{aligned}$$

由方程(10.4.32)的第二个方程求得模态坐标 $\boldsymbol{q}'^{A}_{b}$为

$$\boldsymbol{q}'^{A}_{b}=(\boldsymbol{\Lambda}_{b}^{A2}-\omega^{2}\boldsymbol{I}_{b})^{-1}\omega^{2}\boldsymbol{L}_{bc}^{A}\boldsymbol{X}'^{A}_{m}+(\boldsymbol{\Lambda}_{b}^{A2}-\omega^{2}\boldsymbol{I}_{b})^{-1}\bar{\boldsymbol{\phi}}_{bs}^{A\mathrm{T}}\boldsymbol{f}'^{A}_{0s} \tag{10.4.33}$$

由式(10.4.32)的第一个方程得结构的基础界面上的动力学方程为

$$\boldsymbol{M}^{A}(\omega)\boldsymbol{A}'^{A}_{m}=\boldsymbol{F}'^{A} \tag{10.4.34}$$

$$\boldsymbol{F}'^{A}=-\omega^{2}[\omega^{2}\boldsymbol{L}_{cs}^{A}(\boldsymbol{\Lambda}_{bs}^{A}-\omega^{2}\boldsymbol{I})^{-1}\bar{\boldsymbol{\phi}}_{bs}^{A\mathrm{T}}\boldsymbol{f}_{0s}^{A}+\boldsymbol{t}_{c0}^{A\mathrm{T}}\boldsymbol{f}_{0s}^{A}+\boldsymbol{f}_{0m}^{A}] \tag{10.4.35}$$

$$\boldsymbol{M}^{A}(\omega)=\boldsymbol{m}^{A}(\omega)+\boldsymbol{M}_{c0}^{A}=\boldsymbol{M}_{ef}^{A}\bar{\boldsymbol{H}}^{A}(\bar{\boldsymbol{\Lambda}}_{s})-\Delta\boldsymbol{M}^{A}=\sum_{k=1}^{s}\boldsymbol{M}_{efk}^{A}\bar{\boldsymbol{H}}_{k}^{A}(\bar{\omega}_{sk}^{2})-\Delta\boldsymbol{M}^{A} \tag{10.4.36}$$

$\boldsymbol{A}'^{A}_{m}$为界面加速度,$\boldsymbol{A}'^{A}_{m}=-\omega^{2}\boldsymbol{X}'^{A}_{m}$,$\boldsymbol{H}'^{A}_{m}(\omega)$为频响函数.由此得

$$\boldsymbol{A}'^{A}_{m}=\boldsymbol{H}'^{A}_{m}(\omega)\boldsymbol{F}'^{A},\quad \boldsymbol{H}'^{A}_{m}(\omega)=\boldsymbol{M}^{A-1}(\omega) \tag{10.4.37}$$

方程(10.4.34)中含有界面加速度幅值 $\boldsymbol{A}'^{A}_{m}$、结构的视在质量 $\boldsymbol{M}^{A}(\omega)$与界面等效激励力 $\boldsymbol{F}'^{A}$,这是基础激励的动力学方程,或者称为广义牛顿方程.这表明可以将 n 个自由度系统的半解耦方程 (10.4.32)减缩为基础界面上 m 个自由度基础激励方程(10.4.34).

可以将式(10.4.34)代入式(10.4.31),得位移幅值向量

$$\begin{aligned}
\boldsymbol{X}'^{A} &= \begin{bmatrix}\boldsymbol{X}'^{A}_{s}\\ \boldsymbol{X}'^{A}_{m}\end{bmatrix}=\boldsymbol{\Phi}_{c0}^{A}\boldsymbol{X}'^{A}_{m}+\boldsymbol{\phi}_{b}^{A}\boldsymbol{q}'^{A}_{b}\\
&= \boldsymbol{\Phi}_{x0}^{A}\boldsymbol{X}'^{A}_{m}+\boldsymbol{\phi}_{b}^{A}(\boldsymbol{\Lambda}_{s}^{2}-\omega^{2}\boldsymbol{I}_{b})^{-1}\omega^{2}\boldsymbol{L}_{bc}^{A}\boldsymbol{X}'^{A}_{m}+\boldsymbol{\phi}_{b}^{A}(\boldsymbol{\Lambda}_{s}^{2}-\omega^{2}\boldsymbol{I}_{b})^{-1}\boldsymbol{\phi}_{bs}^{A\mathrm{T}}\boldsymbol{f}_{0s}^{A}\\
&= [\boldsymbol{\Phi}_{x0}^{A}+\boldsymbol{\phi}_{b}^{A}(\boldsymbol{\Lambda}_{s}^{2}-\omega^{2}\boldsymbol{I})^{-1}\omega^{2}\boldsymbol{L}_{bc}^{A}]\boldsymbol{X}_{m}^{A}+\boldsymbol{\phi}_{b}^{A}(\boldsymbol{\Lambda}_{s}^{2}-\omega^{2}\boldsymbol{I})^{-1}\boldsymbol{\phi}_{bs}^{A\mathrm{T}}\boldsymbol{f}_{0s}^{A}
\end{aligned} \tag{10.4.38}$$

航天器加速度

$$\boldsymbol{A}'^{A}=\begin{bmatrix}\boldsymbol{A}'^{A}_{s}\\ \boldsymbol{A}'^{A}_{m}\end{bmatrix}=[\boldsymbol{\Phi}_{x0}^{A}+\boldsymbol{\phi}_{b}^{A}(\boldsymbol{\Lambda}_{s}^{2}-\omega^{2}\boldsymbol{I})^{-1}\omega^{2}\boldsymbol{L}_{bc}^{A}]\boldsymbol{A}'^{A}_{m}-\boldsymbol{\phi}_{b}^{A}(\boldsymbol{\Lambda}_{s}^{2}-\omega^{2}\boldsymbol{I})^{-1}\omega^{2}\boldsymbol{\phi}_{bs}^{A\mathrm{T}}\boldsymbol{f}_{0s}^{A} \tag{10.4.39}$$

航天器内部加速度

$$\boldsymbol{A}'^{A}_{s}=[\boldsymbol{t}_{x0}^{A}+\boldsymbol{\phi}_{bs}^{A}(\boldsymbol{\Lambda}_{s}^{2}-\omega^{2}\boldsymbol{I})^{-1}\omega^{2}\boldsymbol{L}_{bc}^{A}]\boldsymbol{A}'^{A}_{m}-\boldsymbol{\phi}_{bs}^{A}(\boldsymbol{\Lambda}_{s}^{2}-\omega^{2}\boldsymbol{I})^{-1}\omega^{2}\boldsymbol{\phi}_{bs}^{A\mathrm{T}}\boldsymbol{f}_{0s}^{A} \tag{10.4.40}$$

航天器二次载荷分析给出的航天器内部加速度 $\boldsymbol{A}'^A_s$ 为式(10.4.40),航天器基础界面加速度 $\boldsymbol{A}'^A_m$ 为式(10.4.37).让航天器基础界面加速度 $\boldsymbol{A}'^A_m$ 等于器箭界面加速度条件 $\boldsymbol{Q}$,则由式(10.4.37),航天器基础界面加速度

$$\boldsymbol{A}'^A_m = \boldsymbol{H}^A_m(\omega)\boldsymbol{F}'^A = \boldsymbol{Q} \tag{10.4.41}$$

将式(10.4.41)代入式(10.4.40),得载荷二次分析给出的航天器内部加速度

$$\begin{aligned}\boldsymbol{A}'^A_s &= [\boldsymbol{t}^A_{x0} + \boldsymbol{\phi}^A_{bs}(\boldsymbol{\Lambda}^2_s - \omega^2\boldsymbol{I})^{-1}\omega^2\boldsymbol{L}^A_{bc}]\boldsymbol{A}'^A_m - \boldsymbol{\phi}^A_{bs}(\boldsymbol{\Lambda}^2_s - \omega^2\boldsymbol{I})^{-1}\omega^2\boldsymbol{\phi}^{AT}_{bs}\boldsymbol{f}^A_{0s} \\ &= \boldsymbol{A}^A_s = [\boldsymbol{t}^A_{x0} + \boldsymbol{\phi}^A_{bs}(\boldsymbol{\Lambda}^2_s - \omega^2\boldsymbol{I})^{-1}\omega^2\boldsymbol{L}^A_{bc}]\boldsymbol{Q} - \boldsymbol{\phi}^A_{bs}(\boldsymbol{\Lambda}^2_s - \omega^2\boldsymbol{I})^{-1}\omega^2\boldsymbol{\phi}^{AT}_{bs}\boldsymbol{f}^A_{0s}\end{aligned} \tag{10.4.42}$$

比较式(10.4.42)与式(10.4.27),可以看到

$$\boldsymbol{A}'^A_s = [\boldsymbol{t}^A_{x0} + \boldsymbol{\phi}^A_{bs}(\boldsymbol{\Lambda}^2_s - \omega^2\boldsymbol{I})^{-1}\omega^2\boldsymbol{L}^A_{bc}]\boldsymbol{Q} - \boldsymbol{\phi}^A_{bs}(\boldsymbol{\Lambda}^2_s - \omega^2\boldsymbol{I})^{-1}\omega^2\boldsymbol{\phi}^{AT}_{bs}\boldsymbol{f}^A_{0s} = \boldsymbol{A}^A_s \tag{10.4.43}$$

这就是说,让航天器基础界面加速度 $\boldsymbol{A}'^A_m$ 等于器箭界面加速度条件 $\boldsymbol{Q}$,则航天器基础界面激励给出的航天器内部响应 $\boldsymbol{A}'^A_s$ 等于全箭振动时航天器内部响应 $\boldsymbol{A}^A_s$.这样,基础激励航天器响应式(10.4.41)、式(10.4.43)再现全箭振动时航天器响应 $\boldsymbol{A}^A$.因而,航天器基础界面激励的载荷二次分析在航天器组织内部就可以进行,只需要器箭界面加速度条件 $\boldsymbol{Q}$,航天器载荷二次分析只涉及航天器数学模型,非常简便;而全箭振动响应分析在运载组织内进行,涉及很多组织,需要全箭外载荷与全箭模型.航天器载荷二次分析方法比全箭振动时航天器内部响应分析方法简化很多,因而大大缩短了载荷分析的周期.

由式(10.4.41)所示的界面加速度控制方程,求得航天器基础界面处缩聚力向量

$$\boldsymbol{F}'^A = \boldsymbol{Q}/\boldsymbol{H}^A_m(\omega) \tag{10.4.44}$$

这是基础界面缩聚力控制方程.由此可见,界面加速度控制与界面缩聚力控制本质上是相同的.式(10.4.41)是界面加速度控制,在程序上用界面加速度约束来实现,注意不能采用置大数算法.式(10.4.44)是界面缩聚力 $\boldsymbol{F}'^A$ 控制,在程序上用界面缩聚力加载来实现.

由于界面缩聚力向量 $\boldsymbol{F}'^A = \boldsymbol{Q}/\boldsymbol{H}^A_m(\omega)$ 中已经除去航天器基础激励的频函数 $\boldsymbol{H}^A_m(\omega)$,这与下凹做法是一样的效果.将式(10.4.44)代入基础激励的动力学方程(10.4.37),得

$$\boldsymbol{A}'^A_m = \boldsymbol{H}^A_m(\omega)\boldsymbol{F}'^A = \boldsymbol{H}^A_m(\omega)\boldsymbol{H}^A_m(\omega)^{-1}\boldsymbol{Q} = \boldsymbol{Q}$$

$\boldsymbol{H}^A_m(\omega)$ 为频响函数,它表示航天器的基础安装边界条件对航天器基础界面加速度 $\boldsymbol{A}'^A_m$ 的影响.此式将分子与分母中的航天器基础界面处频响函数 $\boldsymbol{H}^A_m(\omega)$ 相互消除,这就消去了基础激励边界条件的影响.这就是说,让航天器基础界面加速度 $\boldsymbol{A}'^A_m$ 等于器箭界面加速度条件 $\boldsymbol{Q}$,就能消去基础界面处频响函数的影响,也就消去了基础激励边界条件的影响,则由航天器基础界面激励给出式(10.4.43),即航天器内部响应 $\boldsymbol{A}'^A_s$ 等于全箭振动时航天器内部响应 $\boldsymbol{A}^A_s$,再现了全箭振动时航天器内部加速度响应 $\boldsymbol{A}^A_s$ 与界面加速度条件 $\boldsymbol{Q}$.

10.5 采用超单元法对无阻尼系统进行载荷二次分析

10.5.1 器箭耦合全箭振动时的航天器振动状态

考虑如图 10.13 所示的运载火箭，一般情况为非比例阻尼系统，如果采用非比例阻尼系统约束模态综合法计算，会导致复杂的复数运算.为避开非比例阻尼带来的计算复杂性，采用超单元方法分析，运动方程为

$$(\boldsymbol{K} + \mathrm{i}\omega \boldsymbol{C} - \omega^2 \boldsymbol{M})\boldsymbol{X} = \boldsymbol{D}\boldsymbol{X} = \boldsymbol{f} \tag{10.5.1}$$

其中，动刚度 $\boldsymbol{D} = \boldsymbol{K} + \mathrm{i}\omega\boldsymbol{C} - \omega^2\boldsymbol{M}$.当采用超单元方法计算一个大型复杂航天器系统时，首先将运载火箭整体系统划分为若干超单元.如图 10.13 所示，可以将运载火箭划分为两个超单元:航天器为超单元 A，运载火箭为超单元 B.

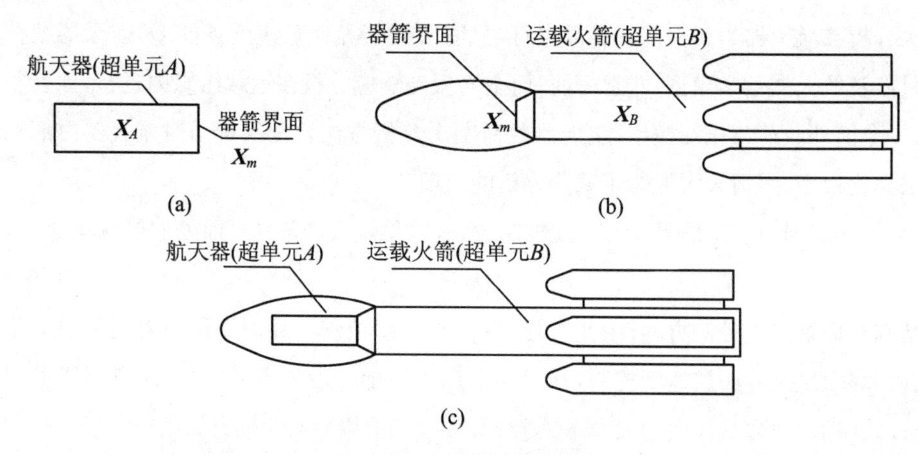

图 10.13 运载火箭结构

航天器超单元运动方程为

$$\begin{bmatrix} \boldsymbol{D}_{ss} & \boldsymbol{D}_{sm} \\ \boldsymbol{D}_{ms} & \boldsymbol{D}_{mm1} \end{bmatrix} \begin{Bmatrix} \boldsymbol{X}_s \\ \boldsymbol{X}_m \end{Bmatrix} = \begin{Bmatrix} \boldsymbol{f}_s \\ \boldsymbol{f}_{m1} \end{Bmatrix} \tag{10.5.2}$$

运载火箭超单元的运动方程为

$$\begin{bmatrix} \boldsymbol{D}_{mm2} & \boldsymbol{D}_{mB} \\ \boldsymbol{D}_{Bm} & \boldsymbol{D}_{BB} \end{bmatrix} \begin{Bmatrix} \boldsymbol{X}_m \\ \boldsymbol{X}_B \end{Bmatrix} = \begin{Bmatrix} \boldsymbol{f}_{m2} \\ \boldsymbol{f}_B \end{Bmatrix} \tag{10.5.3}$$

其中，$\boldsymbol{f}_B$ 表示运载火箭承受的各种载荷，$\boldsymbol{X}_s$ 表示全箭振动中航天器内部自由度位移响应，$\boldsymbol{X}_m$ 表示全箭振动中运载火箭与航天器的界面自由度位移响应，$\boldsymbol{X}_B$ 表示运载火箭内部自由度位移响应.则全箭振动过程中的器箭耦合模型运动方程为

$$\begin{bmatrix} \boldsymbol{D}_{ss} & \boldsymbol{D}_{sm} & \boldsymbol{0} \\ \boldsymbol{D}_{ms} & \boldsymbol{D}_{mm} & \boldsymbol{D}_{mB} \\ \boldsymbol{0} & \boldsymbol{D}_{Bm} & \boldsymbol{D}_{BB} \end{bmatrix} \begin{Bmatrix} \boldsymbol{X}_s \\ \boldsymbol{X}_m \\ \boldsymbol{X}_B \end{Bmatrix} = \begin{Bmatrix} \boldsymbol{f}_s \\ \boldsymbol{f}_m \\ \boldsymbol{f}_B \end{Bmatrix} \tag{10.5.4}$$

其中

$$\boldsymbol{D}_{mm} = \boldsymbol{D}_{mm1} + \boldsymbol{D}_{mm2}$$

$$\boldsymbol{f}_m = \boldsymbol{f}_{m1} + \boldsymbol{f}_{m2}$$

由方程(10.5.4)的第一个方程 $\boldsymbol{D}_{ss}\boldsymbol{X}_s + \boldsymbol{D}_{sm}\boldsymbol{X}_m = \boldsymbol{f}_s$ 得

$$\boldsymbol{X}_s = \boldsymbol{D}_{ss}^{-1}(\boldsymbol{f}_s - \boldsymbol{D}_{sm}\boldsymbol{X}_m) \tag{10.5.5}$$

由方程(10.5.4)的第三个方程 $\boldsymbol{D}_{Bm}\boldsymbol{X}_m + \boldsymbol{D}_{BB}\boldsymbol{X}_B = \boldsymbol{f}_B$ 得

$$\boldsymbol{X}_B = \boldsymbol{D}_{BB}^{-1}(\boldsymbol{f}_B - \boldsymbol{D}_{Bm}\boldsymbol{X}_m) \tag{10.5.6}$$

将上面两式代入方程(10.5.4)的第二方程 $\boldsymbol{D}_{ms}\boldsymbol{X}_s + \boldsymbol{D}_{mm}\boldsymbol{X}_m + \boldsymbol{D}_{mB}\boldsymbol{X}_B = \boldsymbol{f}_m$,得全箭振动时器箭界面处加速度响应 $\boldsymbol{A}_m$ 的解析解为

$$(\boldsymbol{D}_{mm} - \boldsymbol{D}_{ms}\boldsymbol{D}_{ss}^{-1}\boldsymbol{D}_{sm} - \boldsymbol{D}_{mB}\boldsymbol{D}_{BB}^{-1}\boldsymbol{D}_{Bm})\boldsymbol{X}_m = \boldsymbol{f}_m - \boldsymbol{D}_{ms}\boldsymbol{D}_{ss}^{-1}\boldsymbol{f}_s - \boldsymbol{D}_{mB}\boldsymbol{D}_{BB}^{-1}\boldsymbol{f}_B$$

即

$$\boldsymbol{M}(\omega)\boldsymbol{A}_m = \boldsymbol{F} \tag{10.5.7}$$

$$\boldsymbol{A}_m = \boldsymbol{H}(\omega)\boldsymbol{F} \tag{10.5.8}$$

其中,$\boldsymbol{A}_m$ 为全箭振动器箭界面加速度,$\boldsymbol{A}_m = -\omega^2\boldsymbol{X}_m$,$\boldsymbol{H}(\omega)$为频响函数,方程(10.5.7)就是缩聚在器箭界面处的全箭动力学方程.$\boldsymbol{M}(\omega)$称为器箭连接界面处器箭系统结构的视在质量.$\boldsymbol{F}$ 称为器箭界面处缩聚力向量.方程(10.5.7)是全箭振动超单元方法导出的器箭界面处动力学方程,或者称为广义牛顿方程.

$$\begin{aligned} \boldsymbol{M}(\omega) &= \boldsymbol{D}_{mm} - \boldsymbol{D}_{ms}\boldsymbol{D}_{ss}^{-1}\boldsymbol{D}_{sm} - \boldsymbol{D}_{mB}\boldsymbol{D}_{BB}^{-1}\boldsymbol{D}_{Bm} \\ \boldsymbol{H}(\omega) &= (\boldsymbol{D}_{mm} - \boldsymbol{D}_{ms}\boldsymbol{D}_{ss}^{-1}\boldsymbol{D}_{sm} - \boldsymbol{D}_{mB}\boldsymbol{D}_{BB}^{-1}\boldsymbol{D}_{Bm})^{-1} \end{aligned} \tag{10.5.9}$$

$$\boldsymbol{F} = -\omega^2(\boldsymbol{f}_m - \boldsymbol{D}_{ms}\boldsymbol{D}_{ss}^{-1}\boldsymbol{f}_s - \boldsymbol{D}_{mB}\boldsymbol{D}_{BB}^{-1}\boldsymbol{f}_B) \tag{10.5.10}$$

由式(10.5.5)得全箭振动时航天内部加速度响应 $\boldsymbol{A}_s$ 的解析解为

$$\boldsymbol{A}_s = -\omega^2\boldsymbol{X}_s = -\omega^2\boldsymbol{D}_{ss}^{-1}(\boldsymbol{f}_s - \boldsymbol{D}_{sm}\boldsymbol{X}_m) = -\omega^2\boldsymbol{D}_{ss}^{-1}\boldsymbol{f}_s - \boldsymbol{D}_{ss}^{-1}\boldsymbol{D}_{sm}\boldsymbol{A}_m \tag{10.5.11}$$

全箭振动时器箭耦合载荷分析给出器箭界面处加速度条件 Q 为

$$\boldsymbol{A}_m = \boldsymbol{H}(\omega)\boldsymbol{F} = Q \tag{10.5.12a}$$

全箭振动时航天器内部响应 $\boldsymbol{A}_s$ 化为

$$\boldsymbol{A}_s = -\omega^2\boldsymbol{D}_{ss}^{-1}\boldsymbol{f}_s - \boldsymbol{D}_{ss}^{-1}\boldsymbol{D}_{sm}Q \tag{10.5.12b}$$

现在的问题是在给出的全箭振动时器箭界面加速度条件 Q 下,如何进行航天器级的载荷二次分析才能给出航天器内部加速度 $\boldsymbol{A}_s'$ 等于全箭振动时航天器内部响应 $\boldsymbol{A}_s$.

10.5.2 航天器基础激励振动状态

考虑如图 10.13(a)所示的单独航天器结构,进行航天器级载荷分析.按基础界面(m)自

由度与非基础界面(s)自由度分块形式的超单元方法运动方程可写为

$$\left(\begin{bmatrix} K_{ss} & K_{sm} \\ K_{ms} & K_{mm} \end{bmatrix} + \mathrm{i}\omega \begin{bmatrix} C_{ss} & C_{sm} \\ C_{ms} & C_{mm} \end{bmatrix} - \omega^2 \begin{bmatrix} M_{ss} & M_{sm} \\ M_{ms} & M_{mm} \end{bmatrix}\right) \begin{Bmatrix} X'_s \\ X'_m \end{Bmatrix} = \begin{Bmatrix} f_s \\ f_m \end{Bmatrix} \tag{10.5.13}$$

其中,X'_s表示单独航天器内部自由度位移响应,X'_m表示航天器基础界面自由度位移响应,上标"′"表示单独航天器的响应,X'_A和X'_m都是多维振动向量.令 $D = K + \mathrm{i}\omega C - \omega^2 M$ 为动刚度矩阵,则航天器运动方程(10.5.13)化为

$$\begin{bmatrix} D_{ss} & D_{sm} \\ D_{ms} & D_{mm1} \end{bmatrix} \begin{Bmatrix} X'_s \\ X'_m \end{Bmatrix} = \begin{Bmatrix} f_s \\ f_{m1} \end{Bmatrix} \tag{10.5.14}$$

由方程(10.5.14)的第一个方程 $D_{ss}X'_s + D_{sm}X'_m = f_s$,得航天器基础界面激励的航天器内部响应为

$$X'_s = -D_{ss}^{-1}D_{sm}X'_m + D_{ss}^{-1}f_s \tag{10.5.15}$$

由方程(10.5.14)的第二个方程 $D_{ms}X'_s + D_{mm1}X'_m = f_{m1}$,得

$$M'(\omega)A'_m = F' \tag{10.5.16}$$

$$A'_m = H'(\omega)F' \tag{10.5.17}$$

其中,A'_m为航天器基础界面加速度,$A'_m = -\omega^2 X'_m$,$H'(\omega)$为频响函数,方程(10.5.16)就是缩聚在航天器基础界面处的动力学方程.$M'(\omega)$称为航天器基础界面处结构的视在质量.F'称为航天器基础界面处缩聚力向量.方程(10.5.16)是单独航天器超单元法导出的基础界面处动力学方程,或者称为广义牛顿方程.

$$\begin{aligned} M'(\omega) &= D_{mm1} - D_{ms}D_m^{-1}D_{sm} \\ H'(\omega) &= M'^{-1}(\omega) = (D_{mm1} - D_{ms}D_m^{-1}D_{sm})^{-1} \\ F' &= -\omega^2(f_{m1} - D_{ms}D_m^{-1}f_s) \end{aligned} \tag{10.5.18}$$

由式(10.5.15)给出的航天器内部加速度响应 A'_s为

$$A'_s = -D_{ss}^{-1}D_{sm}A'_m - \omega^2 D_{ss}^{-1}f_s \tag{10.5.19}$$

则由式(10.5.15)给出的航天器内部加速度 A'_s为式(10.5.19),航天器基础界面加速度 A'_m为式(10.5.17).

航天器载荷二次分析就是要让航天器基础界面加速度 A'_m等于器箭界面加速度条件 Q,则航天器基础界面加速度 A'_m为

$$A'_m = H'(\omega)F' = Q \tag{10.5.20}$$

基础激励航天器内部加速度 A'_s为

$$A'_s = -D_{ss}^{-1}D_{sm}Q - \omega^2 D_{ss}^{-1}f_s \tag{10.5.21}$$

比较式(10.5.21)与式(10.4.13),可以看到

$$A'_s = -D_{ss}^{-1}D_{sm}Q - \omega^2 D_{ss}^{-1}f_s = A_s \tag{10.5.22}$$

由此可以看到,若航天器基础界面加速度 A'_m等于全箭振动时器箭界面加速度条件 Q,则航天

器基础界面激励给出的航天器内部加速度响应 $\boldsymbol{A}'_s$ 等于全箭振动时航天器内部加速度响应 $\boldsymbol{A}_s$，再现了全箭振动时航天器内部加速度响应 $\boldsymbol{A}_s$．这样，基础激励航天器响应式(10.5.20)、式(10.5.22)再现了全箭振动过程航天器响应．因而，航天器基础界面激励的二次载荷分析方法可以大大减少全箭级器箭耦合载荷分析次数，大大缩短载荷分析的周期．

式(10.5.20)是界面加速度控制．由此求得航天器基础界面处缩聚力向量 $\boldsymbol{F}'$ 应为

$$\boldsymbol{F}' = \boldsymbol{Q}/\boldsymbol{H}'(\omega) = \boldsymbol{Q}\boldsymbol{M}'(\omega) \tag{10.5.23}$$

这是基础界面缩聚力控制．由此可见，界面加速度控制与界面缩聚力控制本质上是相同的．式(10.5.20)是界面加速度控制，在程序上用界面加速度约束来实现，注意不能采用置大数算法；式(10.5.23)是界面缩聚力 $\boldsymbol{F}'$ 控制，在程序上用界面缩聚力加载来实现．

由于界面缩聚力 $\boldsymbol{F}' = \boldsymbol{Q}/\boldsymbol{H}'(\omega)$ 中已经除去航天器基础激励的频响函数 $\boldsymbol{H}'(\omega)$，这与下凹做法是一样的效果．将式(10.5.23)代入式(10.5.17)，得

$$\boldsymbol{A}'_m = \boldsymbol{H}'(\omega)\boldsymbol{F}' = \boldsymbol{H}'(\omega)\boldsymbol{H}'^{-1}(\omega)\boldsymbol{Q} = \boldsymbol{Q}$$

$\boldsymbol{H}'(\omega)$ 为频响函数，它表示航天器的基础安装边界条件对航天器基础界面加速度 $\boldsymbol{A}'_m$ 的影响．此式将分子与分母中的航天器基础界面处频响函数 $\boldsymbol{H}'(\omega)$ 相互消除，从而消去了基础激励边界条件的影响．

也就是说，让航天器基础界面加速度 $\boldsymbol{A}'_m$ 等于器箭界面加速度条件 $\boldsymbol{Q}$，就能消去基础界面处频响函数的影响，也就消去了基础激励边界条件的影响，则由航天器基础界面激励给出式(10.5.22)，即航天器内部响应 $\boldsymbol{A}'_s$ 等于全箭振动时航天器内部响应 $\boldsymbol{A}_s$，再现了全箭振动时航天器内部加速度响应 $\boldsymbol{A}_s$ 与界面加速度条件 $\boldsymbol{Q}$．

在器箭连接界面处的响应 $\boldsymbol{Q} = \boldsymbol{A}_m$ 表示在器箭连接界面上的 m 个连接点响应向量．运载火箭与航天器结构采用纵横扭耦合一体化建模技术，建立的有限元数学模型具有纵横扭耦合模态，结构中每个点的响应都是多维向量，三维立体有限元的每个节点是三维向量，梁、板、壳有限元的每个节点是六维向量．以最简化的运载火箭工程梁模型为例，在器箭连接界面处是一点连接，连接点处有三个位移加速度与三个转角加速度，界面响应是六维向量，可以简化分解为：纵向振动位移(x)、扭转振动位移(R_x)、俯仰横向振动位移(y,R_y)和偏航横向振动位移(z,R_z)．但是，现在遥测数据仅测到三个位移加速度，没有遥测三个转角加速度，界面响应遥测数据不全．仅依据三个位移响应数据，应用内力恢复方程计算出航天器与运载火箭内部的响应与内力，它的误差很大，界面响应数据不全是造成误差很大的一个主要原因．

10.6 纵向振动响应分析杆模型数值仿真实例

10.6.1 再现全箭振动频响函数的航天器基础激励载荷二次分析

考虑纵向振动情况，每个节点主要考虑纵向振动位移 x．用杆有限元模拟运载火箭与航

天器，采用 NASTRAN 程序数值仿真研究，进行全箭振动器箭耦合载荷分析和航天器基础激励载荷二次分析.

全箭有限元模型如图 10.14 所示，纵向划分为 20 个单元，单元长 1 m，刚度相同，节点 16～21 为模拟航天器子结构，节点 1～16 为模拟运载火箭子结构. 考虑基础激励情况的模拟单独航天器模型如图 10.15 所示.

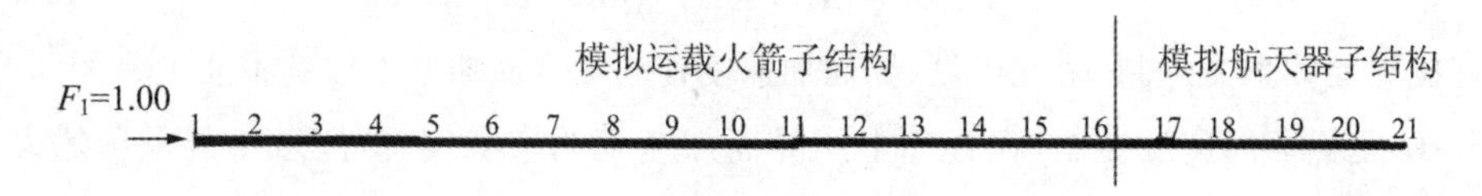

图 10.14　全箭纵向振动模型

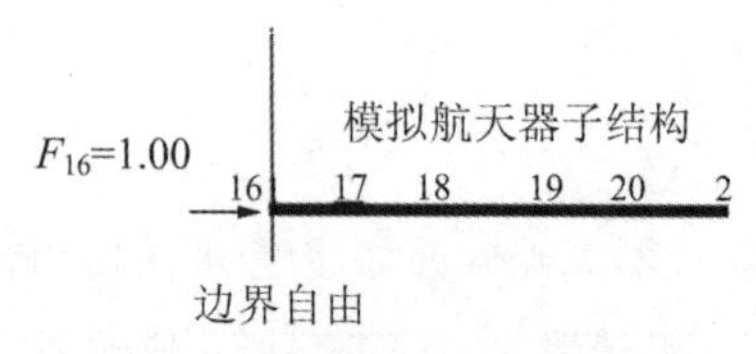

图 10.15　考虑基础激励情况的模拟航天器结构模型

1. 全箭纵向振动航天器频率响应加速度曲线

考虑纵向振动情况，每个节点主要考虑纵向振动位移 x. 当节点 1 承受 $F_1=1$ 时，有限元数值计算给出在航天器 16～21 六个节点的频率响应加速度曲线 A_{16}，A_{17}，A_{18}，A_{19}，A_{20}，A_{21}，见图 10.16. 由图 10.16 看到，响应曲线 A_{16} 的第一个峰为 13 Hz，第二个峰为 38 Hz.

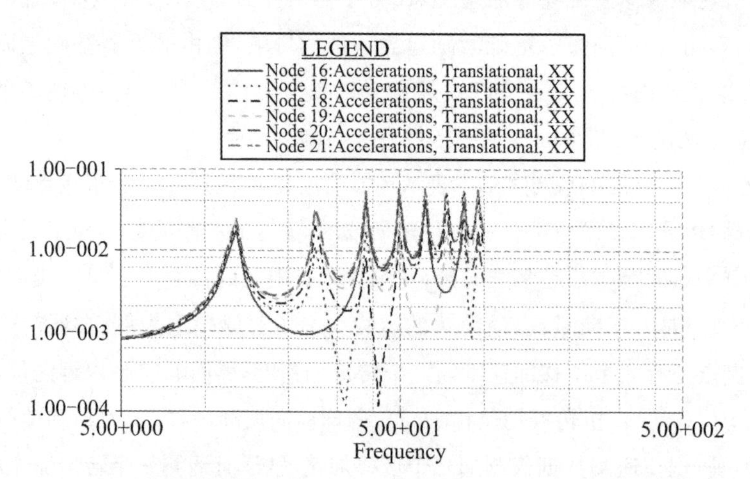

图 10.16　$F_1=1$ 时全箭响应分析给出的航天器六节点的频率响应加速度曲线

2. 单独航天器纵向振动航天器频率响应加速度曲线

图 10.15 为考虑基础激励情况的模拟航天器结构模型，当节点 16 承受激励力 $F_{16}=1.00$ 时，模拟基础界面节点 16 的响应加速度为 a_{16}，如图 10.17 所示. 由图 10.17 看到响应曲线 a_{16} 的第一个峰为 50 Hz，第二个峰为 95 Hz.

图 10.18 为考虑激励力为 F_{16} 时基础激励情况的航天器结构模型，当节点 16 承受激励力 F_{16} 时，基础界面节点 16 的响应加速度为全箭振动时器箭界面节点 16 的响应加速度 A_{16}（如图 10.16 所示）. 对于线性结构，结构频响函数不变，有如下比例关系：$F_{16}:F'_{16}=F_{16}:1=$

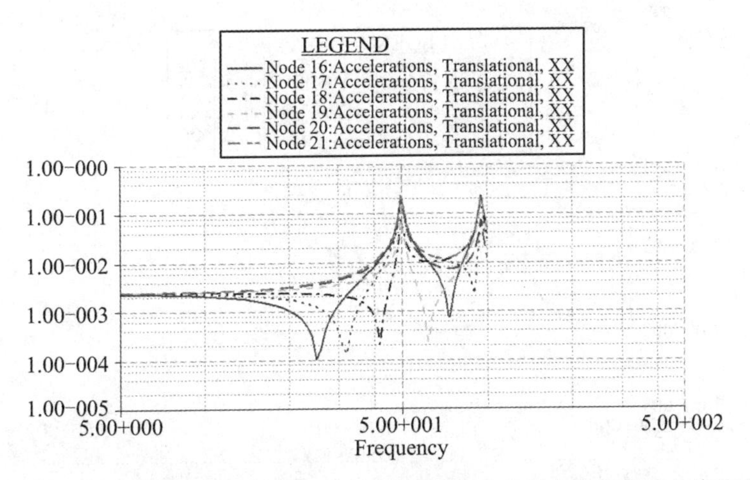

图 10.17　考虑基础激励情况响应分析给出航天器六节点的频率响应加速度

$A_{16}：a_{16}$，由此给出激励力为 $F_{16}=\dfrac{A_{16}}{a_{16}}$，如图 10.19 所示，第一个大凹为 50 Hz，第二个大凹为 95 Hz，对应图 10.17 中响应曲线的两个峰. 将其施加在基础界面节点 16 上，获得 $F_{16}=\dfrac{A_{16}}{a_{16}}$基础激励. 有限元数值计算给出在航天器 16～21 六个节点仿真计算得到模拟航天器加速度曲线 $\bar{a}_{16}=A_{16}，\bar{a}_{17}，\bar{a}_{18}，\bar{a}_{19}，\bar{a}_{20}，\bar{a}_{21}$，也就是频响函数曲线，如图 10.20 所示.

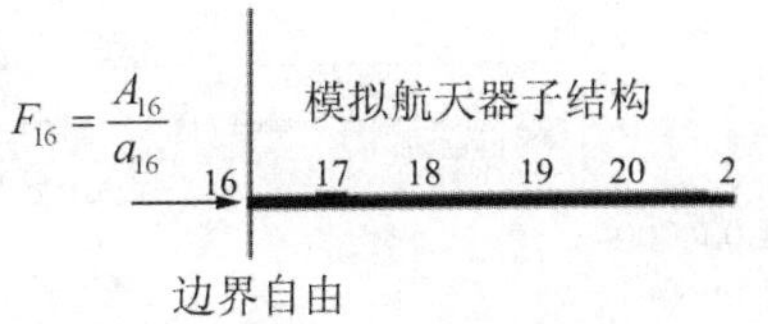

$F_{16}=\dfrac{A_{16}}{a_{16}}$　模拟航天器子结构
16　17　18　19　20　2
边界自由

图 10.18　$F_{16}=\dfrac{A_{16}}{a_{16}}$基础激励航天器结构

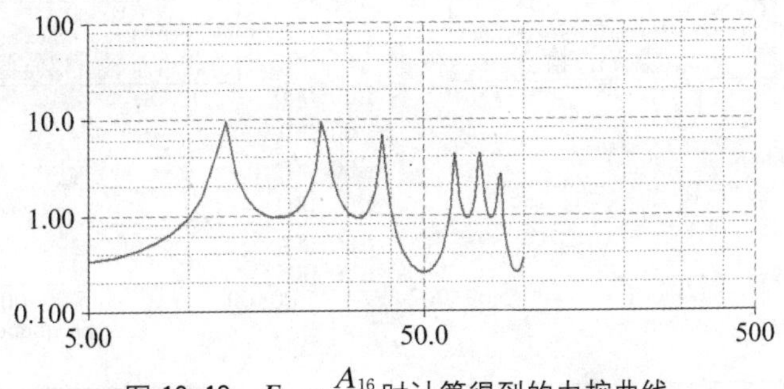

图 10.19　$F_{16}=\dfrac{A_{16}}{a_{16}}$时计算得到的力控曲线

3. 频响函数曲线比较

比较图 10.16 中的 $A_{16}，A_{17}，A_{18}，A_{19}，A_{20}，A_{21}$ 曲线与图 10.20 中的 $\bar{a}_{16}，\bar{a}_{17}，\bar{a}_{18}，\bar{a}_{19}，\bar{a}_{20}，\bar{a}_{21}$ 曲线，图 10.21 分别在节点 16～21 六点处给出全箭振动与 $F_{16}=\dfrac{A_{16}}{a_{16}}$激励力施加于基础节点 16 的响应，它们的两条曲线完全重合. 由此说明这种激励力控制方法，使单独航天器基础激励振动再现了全箭状态下航天器响应.

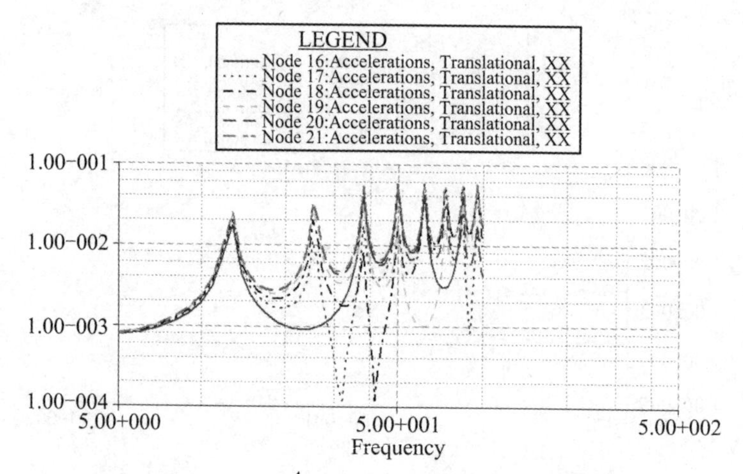

图 10.20　$F_{16}=\dfrac{A_{16}}{a_{16}}$时计算得到航天器各点加速度

$\bar{a}_{16}=A_{16}$, $\bar{a}_{17}$, $\bar{a}_{18}$, $\bar{a}_{19}$, $\bar{a}_{20}$, $\bar{a}_{21}$的频率响应曲线

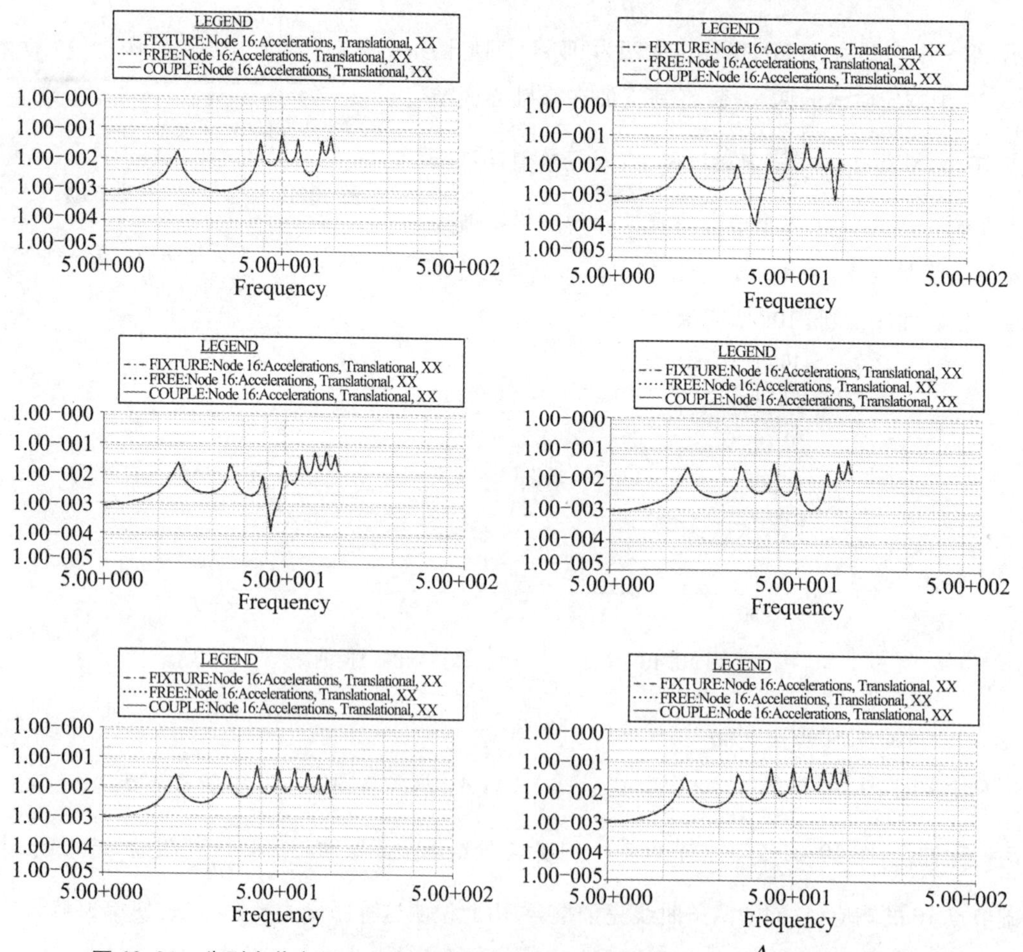

图 10.21　分别在节点 16～21 处全箭振动 $A_{16}\sim A_{21}$ 曲线与 $F_{16}=\dfrac{A_{16}}{a_{16}}$激励力施加于基础节点 16 时响应的 $\bar{a}_{16}\sim\bar{a}_{21}$ 两条曲线完全重合

10.6.2　再现全箭振动响应的航天器基础激励载荷二次分析

1. 给定器箭界面加速度条件 $\bar{A}_{16}=Q$ 的全箭纵向振动航天器响应加速度曲线

当节点1的纵向力 $F_1=1$ 时,全箭纵向振动界面节点16的响应加速度为 A_{16},见图10.16.

当节点1的纵向激励力为 $\bar{F}_1$ 时,让器箭界面加速度 $\bar{A}_{16}=Q$,见图10.22.对于线性结构,结构频响函数不变,有如下比例关系:

$$\bar{F}_1 : F_1 = \bar{F}_1 : 1 = Q : A_{16}$$

求得纵向激励力 $\bar{F}_1=\dfrac{Q}{A_{16}}$,如图10.23所示,将其施加在节点1上,如图10.24所示.则在纵向激励力为 $\bar{F}_1=\dfrac{Q}{A_{16}}$ 时全箭纵向振动仿真计算得到全箭纵向振动时的航天器各点加速度曲线 $\bar{A}_{16}=Q,\bar{A}_{17},\bar{A}_{18},\bar{A}_{19},\bar{A}_{20},\bar{A}_{21}$,如图10.25所示,其中器箭界面加速度为 $A_m=\bar{A}_{16}=Q$,全箭纵向振动时航天器内部各点的加速度为 $A_s=\bar{A}_{17},\bar{A}_{18},\bar{A}_{19},\bar{A}_{20},\bar{A}_{21}$,这些作为基础激励振动能否再现全箭振动响应的标准.

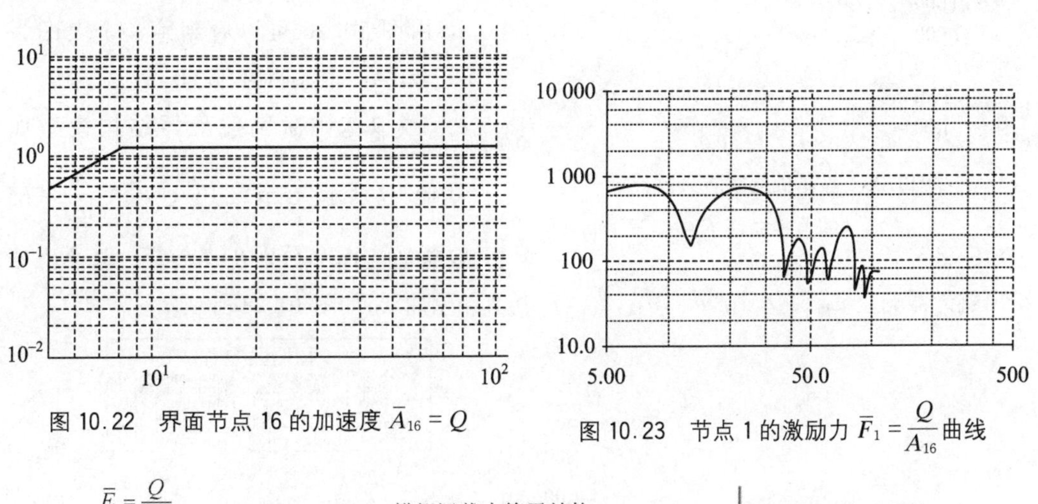

图10.22　界面节点16的加速度 $\bar{A}_{16}=Q$

图10.23　节点1的激励力 $\bar{F}_1=\dfrac{Q}{A_{16}}$ 曲线

图10.24　全箭纵向振动模型

2. 单独航天器纵向振动航天器响应加速度曲线

考虑基础激励情况的航天器结构杆模型如图10.15所示.当用单位界面力 $\boldsymbol{F}'_{16}=1$ 作为基础界面激励力时,航天器响应计算给出航天器六点频率响应 $a_{16},a_{17},a_{18},a_{19},a_{20},a_{21}$ 曲线,如图10.16所示,得基础激励航天器基础界面加速度 a_{16}.

当航天器基础激励情况单位界面力 $\boldsymbol{F}'_{16}=1$ 时,基础界面响应为 a_{16},如图10.17所示.由图10.17看到响应曲线 a_{16} 的第一个峰为50 Hz,第二个峰为95 Hz.

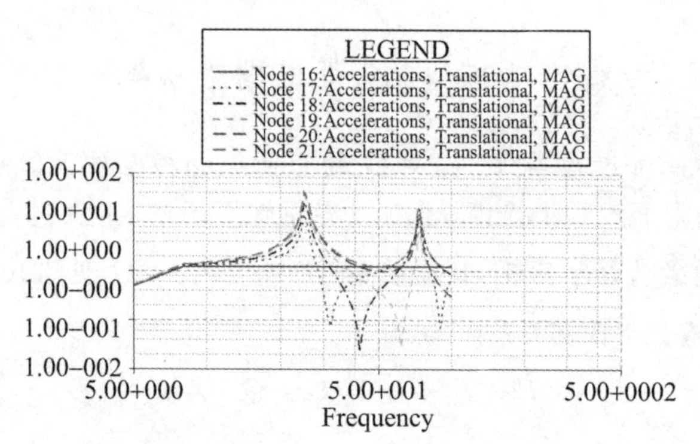

图 10.25 $\overline{F}_1=\dfrac{Q}{A_{16}}$作用于节点 1 时全箭振动航天器各点加速度曲线 $\overline{A}_{16}=Q,\overline{A}_{17},\overline{A}_{18},\overline{A}_{19},\overline{A}_{20},\overline{A}_{21}$

按要求基础界面加速度条件为 Q,如图 10.22 所示.让基础界面力 $\overline{F}_{16}$作用时,航天器基础界面加速度为 Q,则有如下比例关系

$$\overline{F}_{16}:F'_{16}=\overline{F}_{16}:1=Q:a_{16}$$

导出基础界面力 $\overline{F}_{16}=\dfrac{Q}{a_{16}}$,如图 10.26 所示.由图 10.26 可以看到第一个大凹为 50 Hz,第二个大凹为 95 Hz.

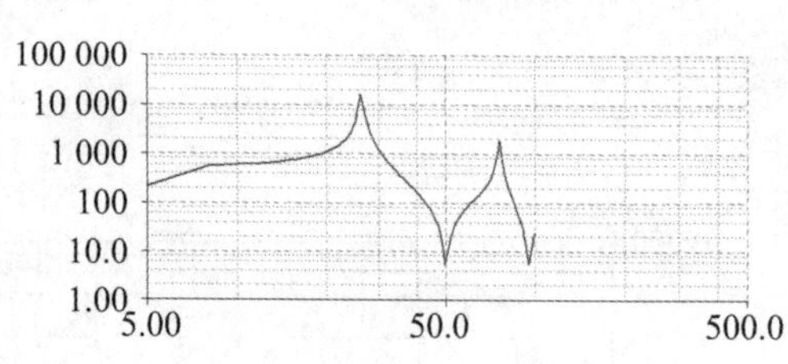

图 10.26 按基础激励航天器计算得到的力控曲线 $\overline{F}_{16}=\dfrac{A_{16}}{a_{16}}$

模拟基础激励航天器结构模型如图 10.27 所示.在节点 16 上 $\overline{F}_{16}=\dfrac{Q}{a_{16}}$基础激励力作用下,分别在节点 16～21 六点处给出航天器响应 $\bar{\bar{a}}_{16}=Q,\bar{\bar{a}}_{17},\bar{\bar{a}}_{18},\bar{\bar{a}}_{19},\bar{\bar{a}}_{20},\bar{\bar{a}}_{21}$仿真结果曲线,如图 10.28 所示.

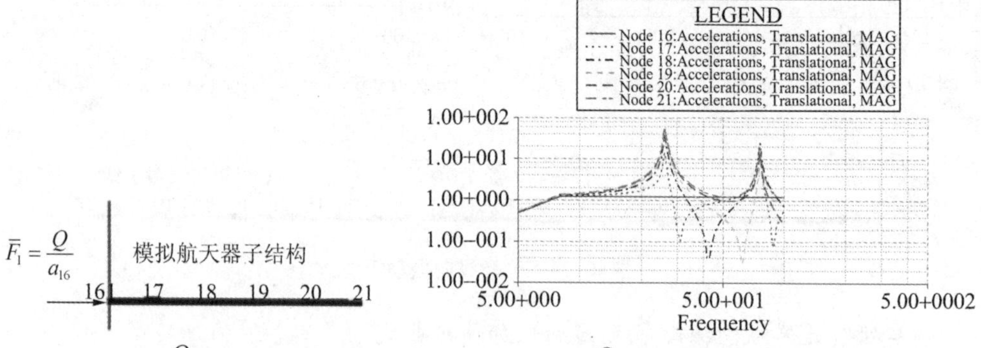

图 10.27 $\overline{F}_{16}=\dfrac{Q}{a_{16}}$基础激励情况模拟航天器结构模型

图 10.28 $\overline{F}_{16}=\dfrac{Q}{a_{16}}$作用于节点 16 时得到航天器各节点加速度曲线$\bar{\bar{a}}_{16}=Q,\bar{\bar{a}}_{17},\bar{\bar{a}}_{18},\bar{\bar{a}}_{19},\bar{\bar{a}}_{20},\bar{\bar{a}}_{21}$

图 10.29 将施加在节点 16 上 $\overline{F}_{16}=\dfrac{Q}{a_{16}}$激励力下基础激励航天器响应 $\bar{\bar{a}}_{16}=Q,\bar{\bar{a}}_{17},\bar{\bar{a}}_{18},\bar{\bar{a}}_{19},\bar{\bar{a}}_{20},\bar{\bar{a}}_{21}$仿真结果曲线与施加在节点 1 上激励力 $\overline{F}_1=\dfrac{Q}{A_{16}}$作用下全箭振动响应 $\overline{A}_{16}=Q$,

$\bar{A}_{17}$，$\bar{A}_{18}$，$\bar{A}_{19}$，$\bar{A}_{20}$，$\bar{A}_{21}$ 仿真结果曲线进行比较. 从六张比较图看到两组曲线完全重合，这说明施加在节点 16 上 $\bar{F}_{16}=\dfrac{Q}{a_{16}}$ 激励力下基础激励航天器响应再现了在节点 1 上激励力 $\bar{F}_1=\dfrac{Q}{A_{16}}$ 作用下全箭振动时航天器上的响应结果，不存在“过计算”“欠计算”问题.

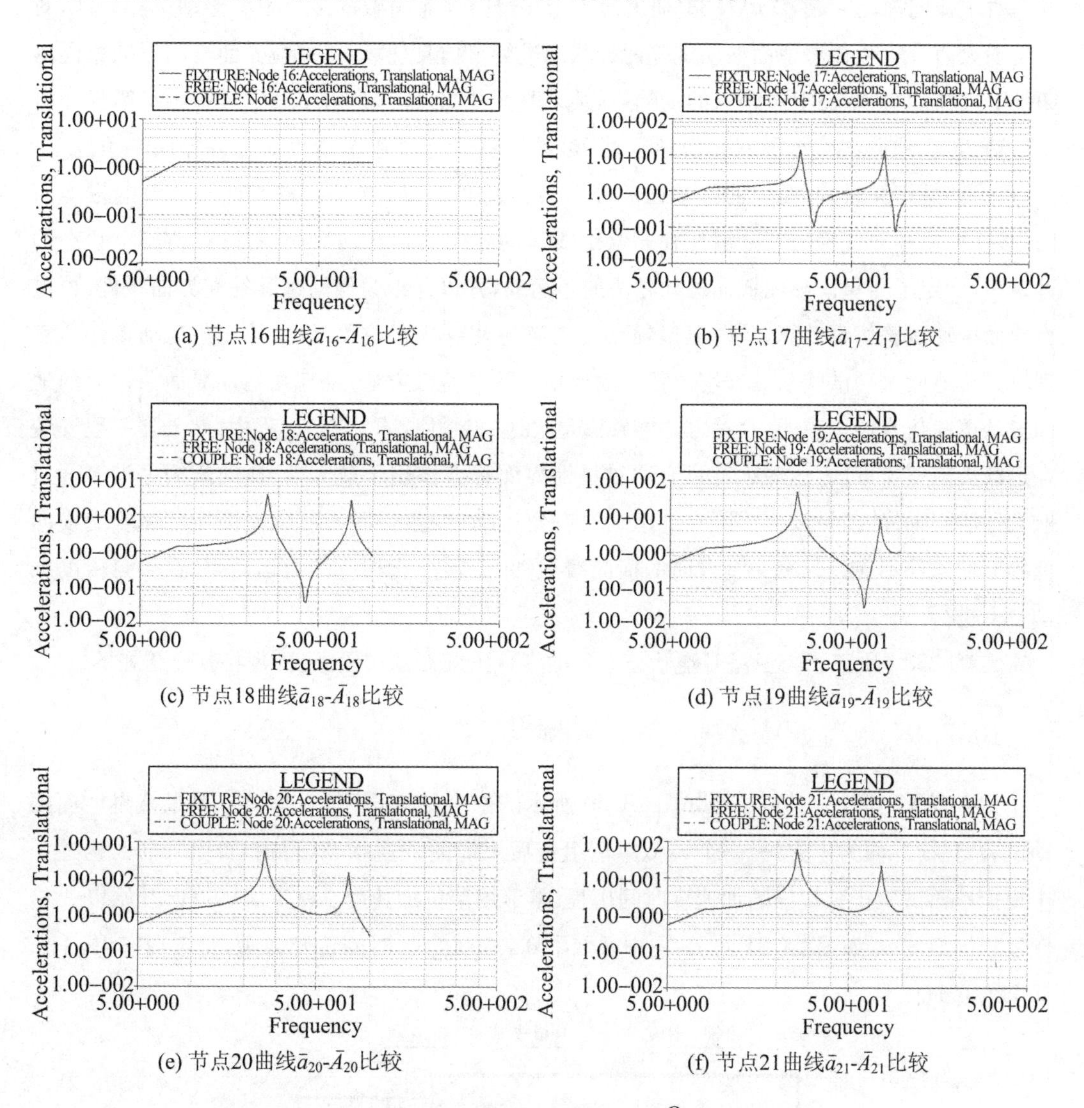

(a) 节点16曲线$\bar{a}_{16}$-$\bar{A}_{16}$比较

(b) 节点17曲线$\bar{a}_{17}$-$\bar{A}_{17}$比较

(c) 节点18曲线$\bar{a}_{18}$-$\bar{A}_{18}$比较

(d) 节点19曲线$\bar{a}_{19}$-$\bar{A}_{19}$比较

(e) 节点20曲线$\bar{a}_{20}$-$\bar{A}_{20}$比较

(f) 节点21曲线$\bar{a}_{21}$-$\bar{A}_{21}$比较

图 10.29　分别在节点 16～21 处施加在节点 16 上 $\bar{F}_{16}=\dfrac{Q}{a_{16}}$ 激励力下振动台振动响应曲线与施加在节点 1 上激励力 $\bar{F}_1=\dfrac{Q}{A_{16}}$ 作用下全箭振动响应曲线比较

10.7 横向振动响应分析数值仿真实例

对于横向振动问题，文献[233]研究了与卫星升空状态一致的多自由度振动试验条件，对卫星随火箭升空和整星地面振动试验两种状态进行了仿真计算，在星箭界面横向振动相同的条件下，比较两种状态卫星顶点的动响应，结果毫无共同点. 这是由于升空过程中星箭界面有角运动 R，而地面试验却限制界面角运动 R. 航天器升空过程星箭界面允许界面有角运动，线/角运动是相关联的，而地面振动试验限制界面的角运动，这是造成天地不一致的根本原因. 必须根据升空过程的实际情况补充给定线运动相应的角运动界面条件. 在仿升空状态的计算中，确定了与星箭界面横向振动相关的角运动，并以此作为振动试验补充界面条件，再进行地面振动试验仿真计算，此时卫星顶点动响应与升空状态一致. 可见补充角运动条件是实现航天器地面振动试验与其升空过程振动环境一致的有效方法. 补充角运动界面条件后的地面振动试验仿真计算表明，这种方式能够满足天地一致性要求. 升空过程中，航天器一般安装在运载火箭整流罩内，运载火箭只有通过星箭界面有力作用于航天器. 横向激振力没有通过航天器质心，必然使星箭界面既有线运动又有角运动(线角交联). 所以地面振动试验的横向低频振动条件不应当只有一个方向的横向线运动，必须补充相应的角运动，并在多自由度振动台上进行.

文献[233] 研究了与卫星升空状态一致的多自由度振动试验条件. 现将其介绍如下.

10.7.1 地面振动试验仿真计算模型

为实现天地间的比较，构造如图 10.30 所示的两个结构模型：一个模拟卫星整星地面振动试验，星箭界面为固支；另一个模拟星箭组装后火箭的升空状态(自由-自由). 同时构造一个模拟地面试验正弦扫描的加速度时间历程，本节用单位加速度 1 m/s^2，从 5 Hz 开始以 2^2 倍频程扫描至 80 s，如图 10.31 所示，图中截取了 0 s、60 s、79 s 时的正弦激励，对应频率为5 Hz、20 Hz、32 Hz.

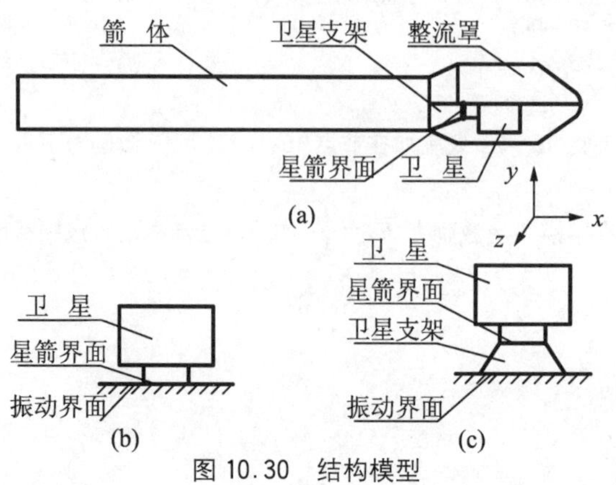

图 10.30 结构模型

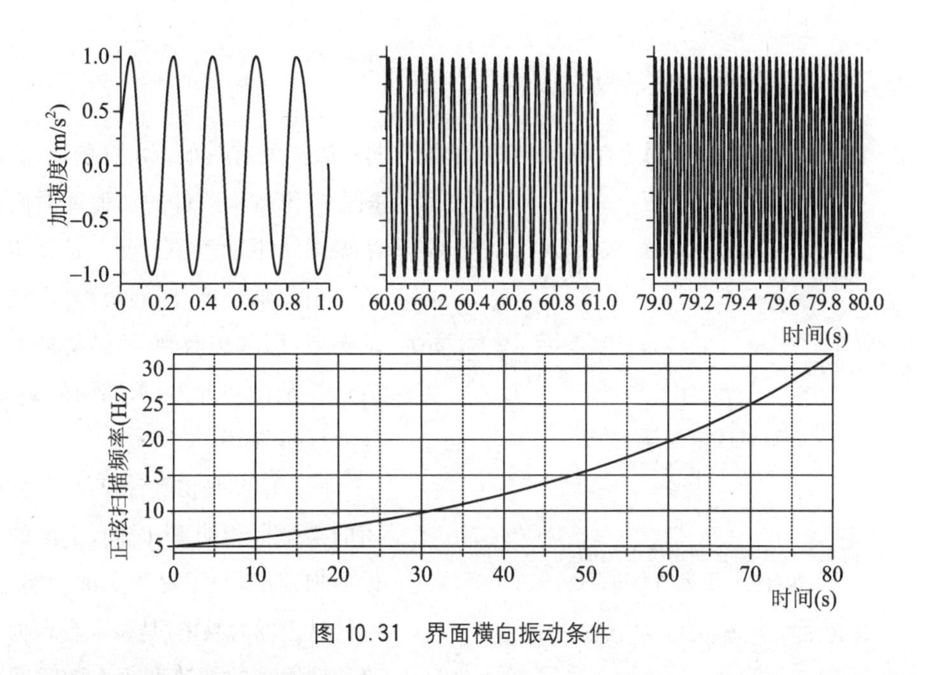

图 10.31　界面横向振动条件

除卫星支架外，卫星、整流罩、箭体计算模型均采用承剪梁单元，长度都定为 0.5 m. 卫星支架采用平面应力板构造的壳模型. 采用集中质量，同一部件各节点质量相同，卫星支架质量集中于上下端面. 为避免质量矩阵奇异，相应转动惯量任取一小值，这对特性计算、动响应计算的影响都可忽略不计. 模型的主要参数及前两阶弯曲频率见表 10.5，还试算了整流罩壁厚不同情况的两种状态.

表 10.5　计算结构模型主要参数

部件	卫星	卫星＋支架*	整流罩	箭体	量箭总体（固支）	星箭总体（自由-自由）
单元数	14	48*	20	80	114	114
节点数	15	36*	21	81	116	116
自由度数	90	48*	126	486	696	696
节点质量(kg)	350	100*	50	4 000		
总质量(kg)	5 250	200*	1 050	324 000	330 500	330 500
直径(m)	3	1.5～3.35*	4	355		
壁厚(mm)	1.26	0.8*	0.1	6		
弹性模量(GPa)	70	70*	70	70		
一阶弯曲频率(Hz)	9.98	5.92	5.85	0.30	0.28	1.68
二阶弯曲频率(Hz)	36.7	33.9	22.0	1.79	1.61	4.13

*：卫星＋支架结构模型如图 10.30 所示，卫星支架根部固支，表中结构、质量等参数为支架参数，不含卫星结构.

10.7.2 地面振动试验仿真计算

整星地面试验是将卫星固定在振动台,除激振方向外限制所有其他自由度的运动,在激振方向按试验条件的加速度时间历程激振试件.因此仿真计算是已知卫星基础界面的加速度-时间历程,求结构的动响应,即基础激励.而结构动力学响应计算是已知外力,求结构的响应.计算流程如图10.32所示.

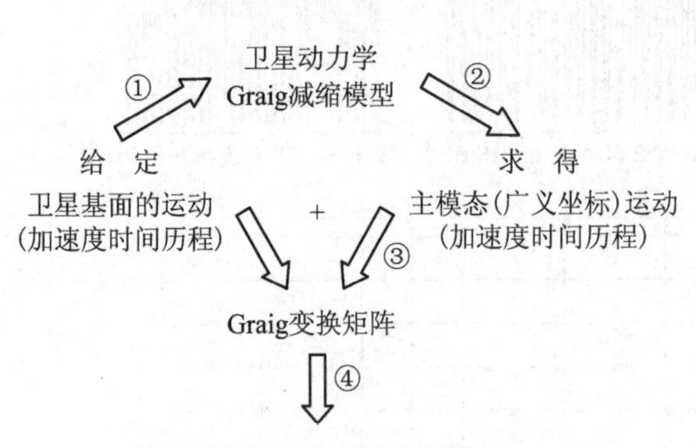

图10.32 地面振动试验仿真计算流程

图10.33是仿真计算结果,两幅小图的横坐标相同,为时间.下图的纵坐标为加速度,是卫星顶点的动响应,上图的纵坐标为频率,是振动台台面按试验条件振动的加速度频率随时间变化曲线.对照上下两图可以确定,卫星共振时顶点动响应峰对应的频率就是卫星根部固支状态的一阶弯曲频率.

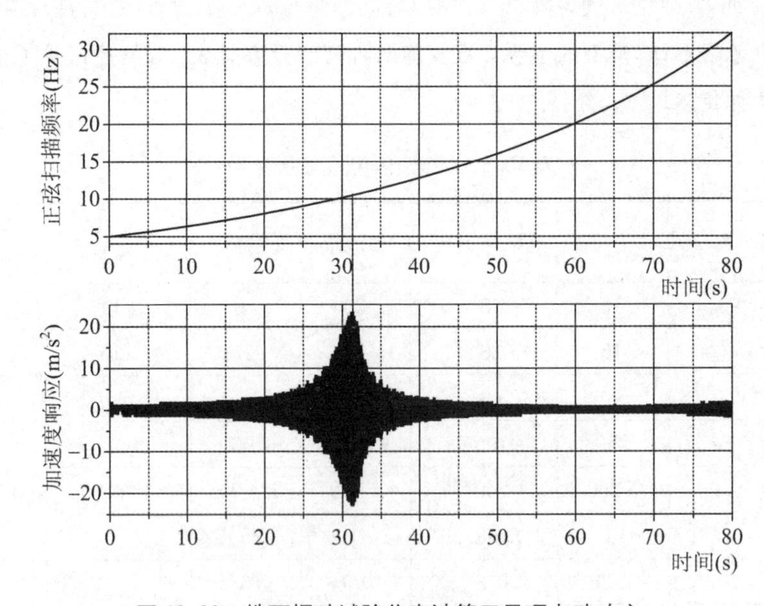

图10.33 地面振动试验仿真计算卫星顶点动响应

10.7.3 星箭升空过程仿真计算

为与地面振动试验状态比较,要求星箭升空状态卫星界面相应自由度上有与地面振动试验条件一致的加速度时间历程.通常运载火箭升空段出现最大横向振动,是跨音速前、后各25

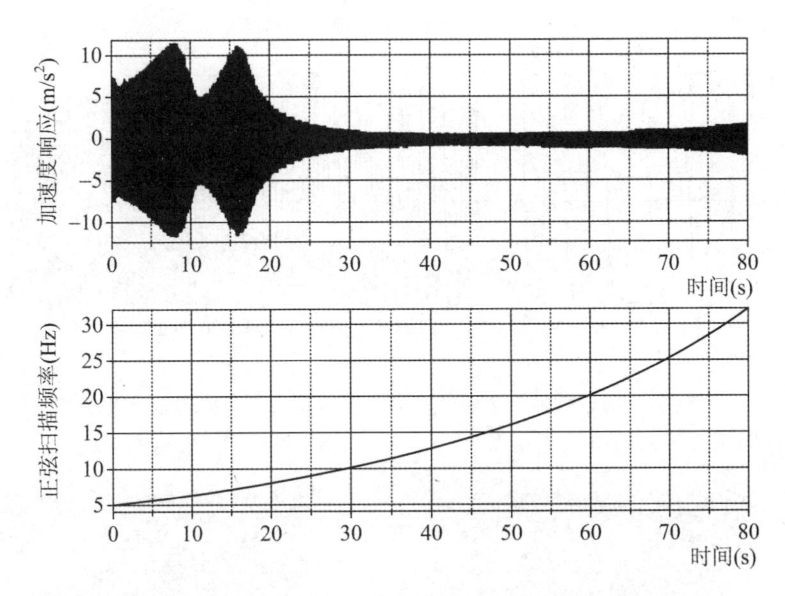

图 10.34　卫星升空过程仿真计算卫星顶点动响应

到30秒的时间段，由作用在整流罩上的气动力激起，是横向低频振动环境试验条件制定中必须予以考虑的时段，也是星箭耦合载荷分析(S/LV CLA)中以横向动载荷为主的时段.在星箭耦合载荷计算中，先根据星箭界面的遥测确定作用于整流罩上的气动力(外力函数)，随后按动力学响应计算方式计算全箭包括卫星的动响应.星箭升空过程仿真计算也采用同样方式，以星箭界面相应自由度具有与地面试验条件相同的振动作为载荷识别依据，确定作用在整流罩上的外力函数，接着用该外力函数作激振力计算星箭总体的动响应.给出界面横向自由度和相关角自由度响应，这个界面横向自由度响应还可用来验证载荷识别的正确性.最后用卫星顶点的动响应与地面试验状态进行天地一致性的比较.

图10.34是升空过程仿真计算结果，其中卫星顶点的响应峰对应的是全箭升空状态横向弯曲频率(全箭横向频率依次为1.68 Hz、4.13 Hz、6.13 Hz、8.46 Hz……).显然全箭结构动力学特性与载荷识别中外力作用位置无关，而外力大小又要以满足星箭界面沿激振方向的运动与试验条件一致来确定，因此力作用点的变化对卫星顶点动响应影响不大.计算表明只要力作用点在整流罩范围，卫星顶点的动响应变化就不大.

用载荷识别得到的外力函数激振升空状态火箭时，星箭界面的动响应与地面试验条件的比较如图10.35所示.从算例看两者只是最初有些差别.图10.36、图10.37为升空状态仿真计算星箭界面各自由度响应的比较.包括三个平动 T_x，T_y，T_z 和三个转动 R_x，R_y，R_z(坐标定义如图10.30所示).图10.36(a)，(b)表明横纵和横扭间不相关，但两个横向(图10.36(c))，以及横向与其相应角运动间(图10.36(d))存在小幅的相关.这是由于卫星支架用平面应力板组成锥壳结构造成的.图10.37是相关联的一组线运动和角运动响应，其中线运动就是地面振动试验条件.

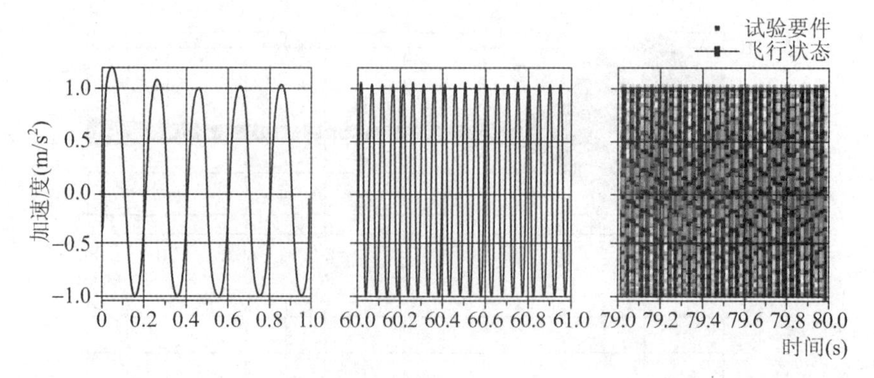

图 10.35　识别外力激振的全箭界面响应与地面振动条件比较

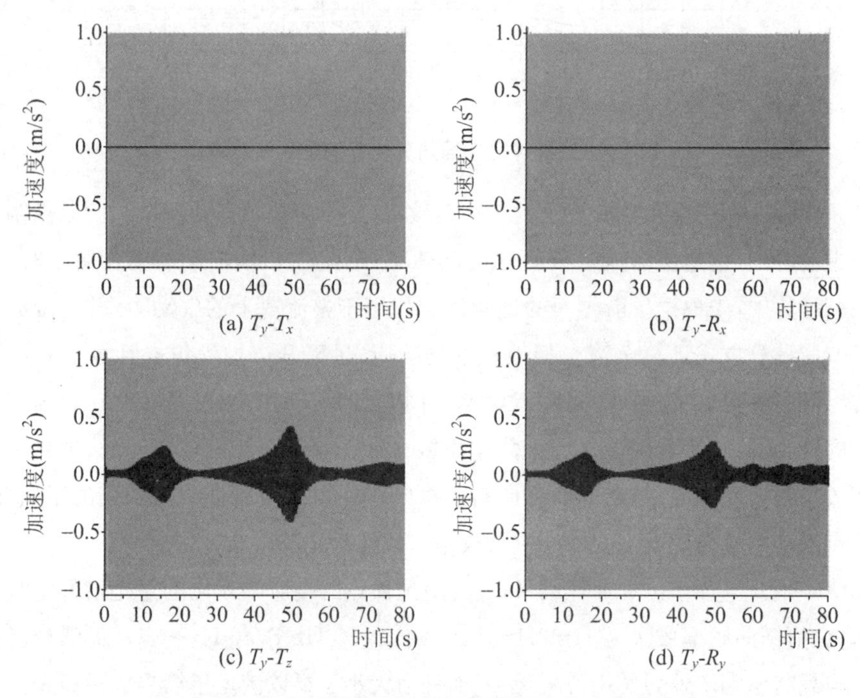

图 10.36　升空过程仿真计算星箭界面各自由度响应比较

10.7.4　补充角运动条件的地面振动仿真计算

在升空状态仿真计算中，确定了地面试验需补充的角运动条件．再次进行的地面试验仿真计算中既包含原星箭界面的平动加速度时间历程，还加进与其相关联的角运动加速度时间历程(图 10.37(a)，(b)中的曲线)．计算结果的卫星顶点动响应见图 10.38．

图 10.39 为全箭升空状态、地面振动试验状态以及补充角运动条件的地面振动试验的三次仿真计算中卫星顶点动响应比较．可以看出升空状态与原振动试验状态有明显不同，补充角运动后地面振动试验与全箭升空状态基本一致．差异发生在卫星根部固支的一阶弯曲频率

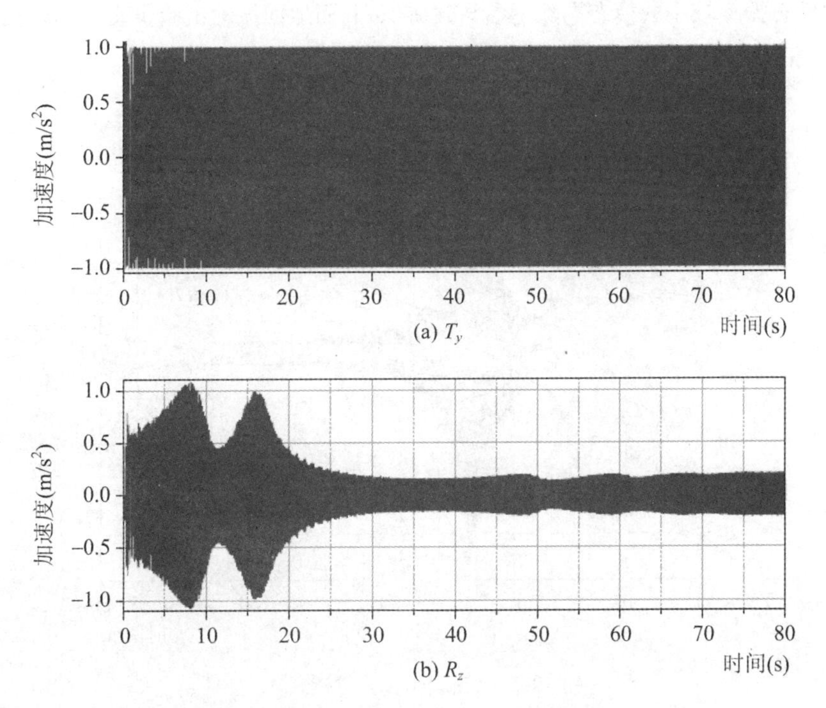

图 10.37　升空过程仿真计算星箭界面动响应(T_x,R_z)

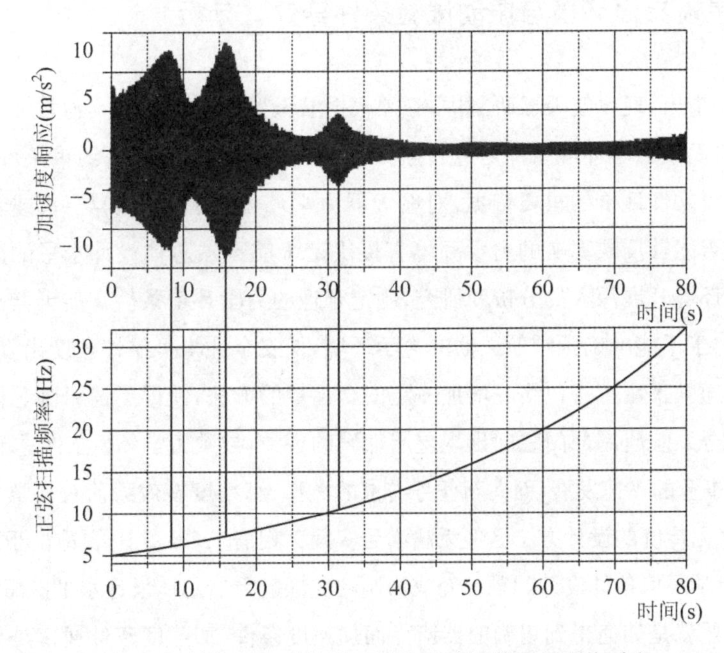

图 10.38　补充角运动的地面试验仿真计算卫星顶点动向

处,分析认为这是由于升空状态仿真计算的外力来自载荷识别,载荷识别的结构模型是由最主要的低阶模态构造的,其中为防止载荷识别矩阵病态,需从低阶模态中把加力自由度和测速自由度的模态振型较小的模态剔除不参与载荷识别.而地面振动试验仿真计算的结构模型则是卫星的 Craig 减缩模型.

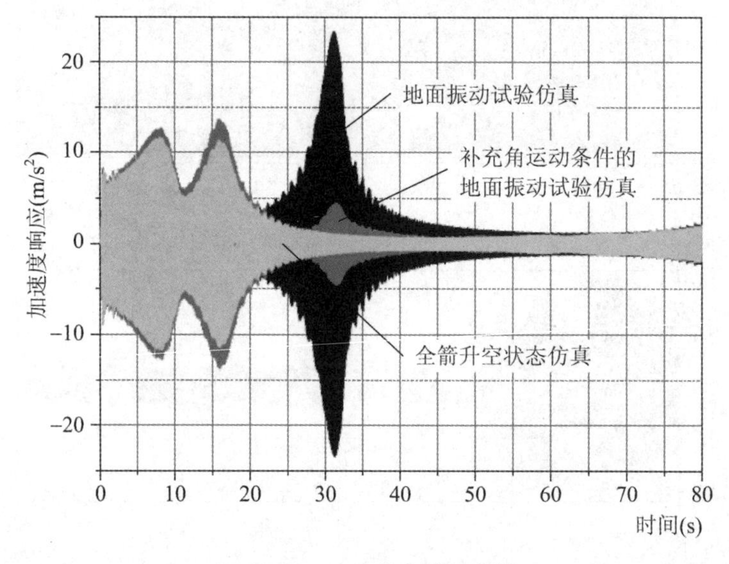

图 10.39　三次仿真计算比较

10.8　星箭界面环境与振动试验条件等效性分析

文献[219]指出:现代航天器研制中,必须根据航天器所经历的真实力学环境制定合理的力学环境条件,而该力学环境条件是进行航天器及部组件结构设计的约束条件,同时也是地面验证试验和可靠性评价的重要依据.对航天器力学环境把握得准确与否,或者说航天器力学环境条件是否能够反映真实的力学环境直接决定了航天器总体设计水平的高低.因此,针对航天器力学环境开展深入的分析和研究,制定合理的力学环境条件在航天器总体设计中具有重要意义.由于不能准确预示航天器的力学环境,从安全性与可靠性角度出发,传统工程型号研制过程中通常采用直接包络并增加一定安全余量的方法,使得星箭研制总体部门之间以及卫星总体和分系统研制部门之间出现层层加码的现象,导致力学环境条件过于保守.特别是随着我国航天事业的飞速发展,面向新任务需求的大型、高精度有效载荷对力学环境的适应能力逐步降低,采用传统的设计方法已经无法满足实际工程需求.事实上,目前由于对力学环境把握得不准确,力学环境条件设计问题已经成为制约我国航天器总体设计水平提高的瓶颈技术.

现在的问题就是如何得到正确的器箭界面加速度条件.加速度条件通常是根据多次实际测量的数据或者动力学分析数据,采用统计包络的方法制定的,这导致在共振频率处由包络制定的加速度条件通常远高于真实的加速度环境,产生加速度条件的误差,文献[234]为了研究飞船地面试验与随机振动环境条件是否等效,采用有限元仿真分析手段,以 CZ-2F 全箭为对象,建立全箭三维有限元模型,对全箭振动状态时船箭界面环境条件、船上响应及飞船振动试验时的船上响应等进行分析与比较,详细介绍由不同包络方法产生的误差.

10.8.1 CZ-2F 船箭界面环境与振动试验条件分析

建立 CZ-2F 全箭三维有限元模型如图 10.40 所示,输入载荷为发动机脉动推力,由经验公式,脉动推力为静推力的 3%,如图 10.41 所示,根据全不相关原则对每个喷管进行载荷施加,计算其低频段(60 Hz 之前)的振动响应,船箭界面上的计算点分别位于四个象限,如图 10.42 所示.

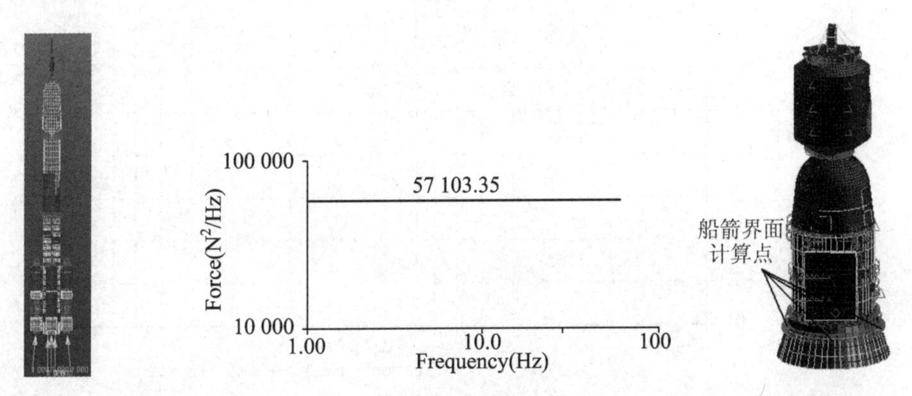

图 10.40 CZ-2F 船箭耦合分析有限元模型　　图 10.41 施加的脉动推力载荷曲线　　图 10.42 船箭界面计算点

船箭界面上四个计算点的响应结果功率谱密度曲线如图 10.43 所示,总均方根值分别为 $0.54g$,$0.36g$,$0.34g$,$0.34g$.

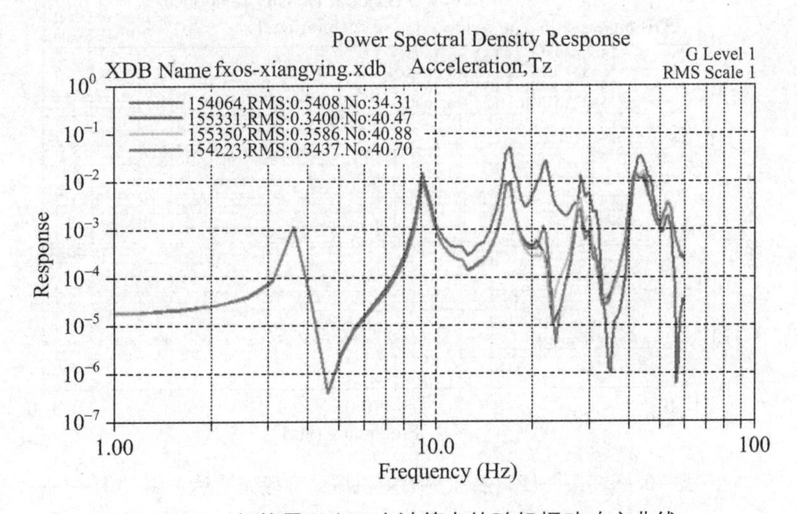

图 10.43 船箭界面上四个计算点的随机振动响应曲线

目前地面振动试验通常以发射有效载荷或部组件为对象，将安装界面环境包络并进行光滑处理作为试验条件进行试验.

根据船箭界面上随机振动环境预示结果(见图 10.43)，给出针对飞船的三种振动试验条件：

条件(1)：船箭界面随机振动环境最大包络谱，取船箭界面上四个计算点的响应各频率下的最大值得到，总均方根值为 0.56g，如图 10.44 所示；

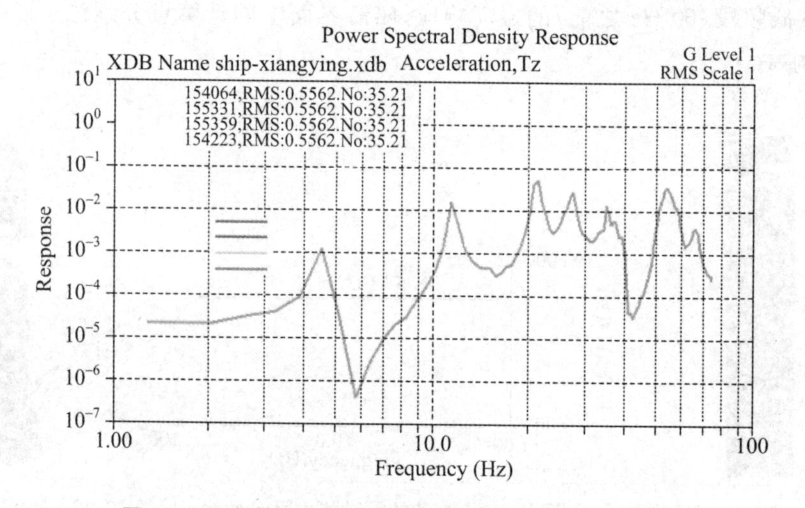

图 10.44 条件(1)：船箭界面随机振动环境最大包络谱

条件(2)：船箭界面随机振动环境光滑后包络谱 1，将条件(1)用多条直线段进行光滑后得到，总均方根值为 1.15g，如图 10.45 所示；

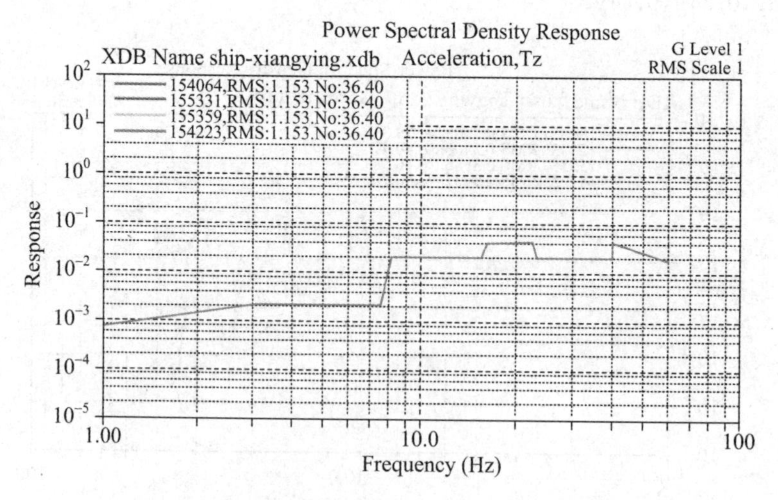

图 10.45 条件(2)：船箭界面随机振动环境光滑后包络谱 1

条件(3)：船箭界面随机振动环境光滑后包络谱 2，将条件(2)用梯形谱进行光滑得到，总均方根值为 1.62g，如图 10.46 所示.

其中条件(3)为目前振动试验多采用的传统试验条件.

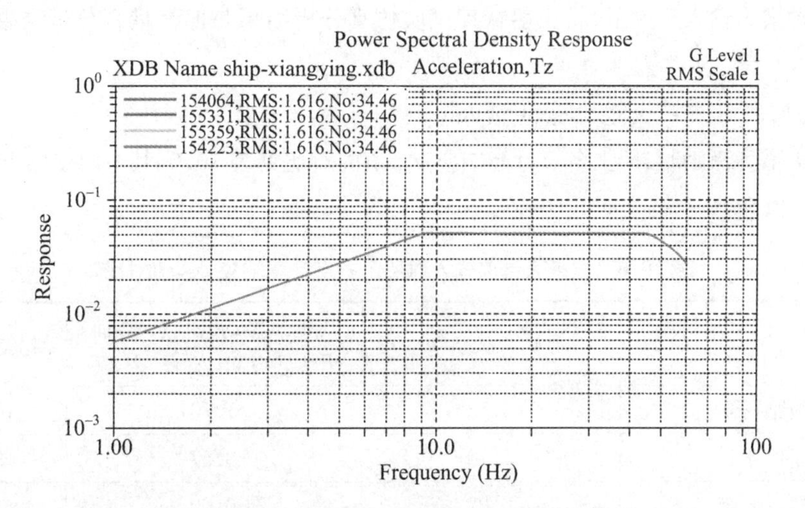

图 10.46　条件(3)：船箭界面随机振动环境光滑后包络谱 2

10.8.2　飞船在振动台上振动试验响应分析

飞船振动台试验系统有限元模型如图 10.47 所示.航天器地面振动试验一般用四个加速度计平均控制输入激励，进行飞船振动试验仿真分析时采用同样的控制方式，四个控制点为图 10.42 所示的船箭界面上的四个计算点.将三种振动试验条件(见图 10.44～图 10.46)分别作为输入计算船上响应并与脉动推力作用下船箭耦合分析的结果进行对比，选取的船上响应点如图 10.48 所示，包括飞船顶部、轨道舱中部、返回舱上部、返回舱底部及仪器舱上部共计五个计算点.

图 10.47　飞船地面振动试验有限元模型

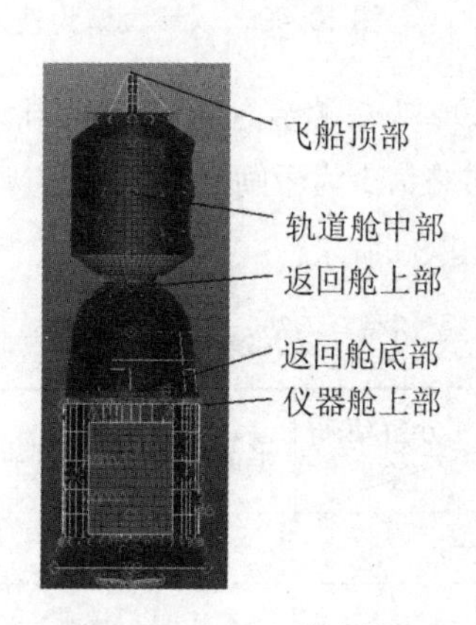

图 10.48　船上的计算点

10.8.3　结果对比分析

在三种谱为输入条件下，将飞船振动试验仿真分析结果与船箭耦合分析结果进行对比分析.

1. 条件(1)：以最大包络谱为输入

以最大谱为激励时，船上各点计算响应 g_{rms} 值的对比见表 10.6，其中两点的 PSD 曲线对比如图 10.49 所示.

表 10.6　以最大谱为输入时船上各点计算响应 g_{rms} 值对比

计算点位置 \ 分析结果	星箭耦合状态(g_{rms})	飞船＋振动台状态(界面响应最大谱为输入)(g)	相差(dB)
返回舱底部	0.52	1.70	10.3
飞船顶部	1.19	3.57	9.5
仪器舱上部	0.38	0.60	4.0
轨道舱中部	0.57	2.56	13.0
返回舱上部	0.42	2.08	13.9

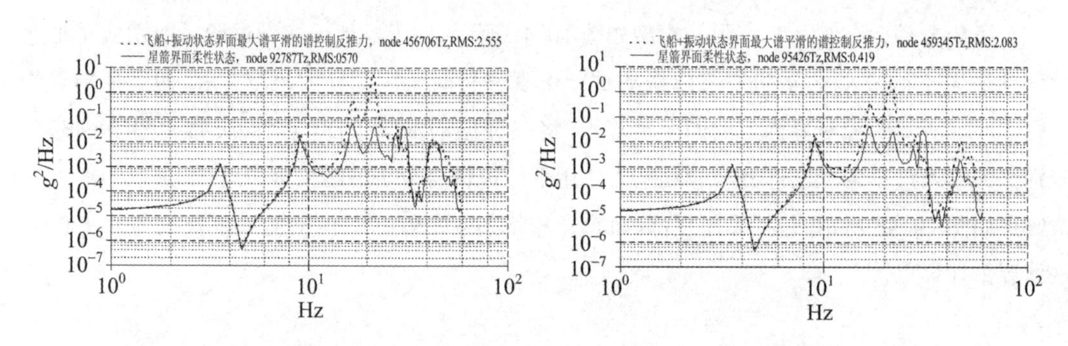

图 10.49　以最大谱为输入时船上响应的 PSD 曲线对比

2. 条件(2)：以光滑后包络谱 1 为输入

以光滑后包络谱 1 为激励时，船上各点计算响应 g_{rms} 值对比见表 10.7，其中两点的 PSD 曲线对比如图 10.50 所示.

表 10.7　以光滑后包络谱 1 为输入时船上各点计算响应 g_{rms} 值对比

计算点位置 \ 分析结果	星箭耦合状态(g_{rms})	飞船＋振动台状态(界面响应光滑后包络谱 1 为输入)(g)	相差(dB)
返回舱底部	0.52	2.98	15.2
飞船顶部	1.19	6.54	14.8

续表

计算点位置 \ 分析结果	星箭耦合状态(g_{rms})	飞船+振动台状态(界面响应光滑后包络谱 1 为输入)(g)	相差(dB)
仪器舱上部	0.38	1.18	9.8
轨道舱中部	0.57	4.55	18.0
返回舱上部	0.42	3.71	18.9

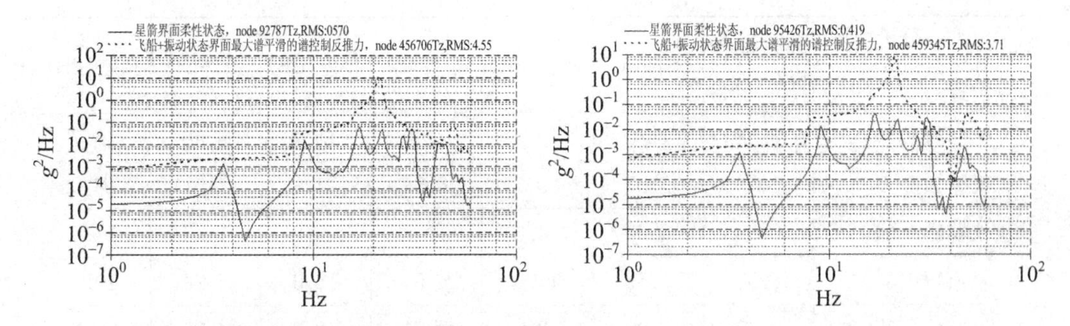

图 10.50　以光滑后包络谱 1 为输入时船上响应的 PSD 曲线对比

3. 条件(3):以光滑后包络谱 2 为输入

以光滑后包络谱 2 为激励时,船上各点计算响应 g_{rms} 值对比见表 10.8,其中两点的 PSD 曲线对比如图 10.51 所示.

表 10.8　以光滑后包络谱 2 为输入时船上各点计算响应 g_{rms} 值对比

计算点位置 \ 分析结果	星箭耦合状态(g_{rms})	飞船+振动台状态(界面响应光滑后包络谱 2 为输入)(g)	相差(dB)
返回舱底部	0.52	3.56	16.7
飞船顶部	1.19	7.51	16.0
仪器舱上部	0.38	1.43	11.5
轨道舱中部	0.57	5.20	19.2
返回舱上部	0.42	4.35	20.3

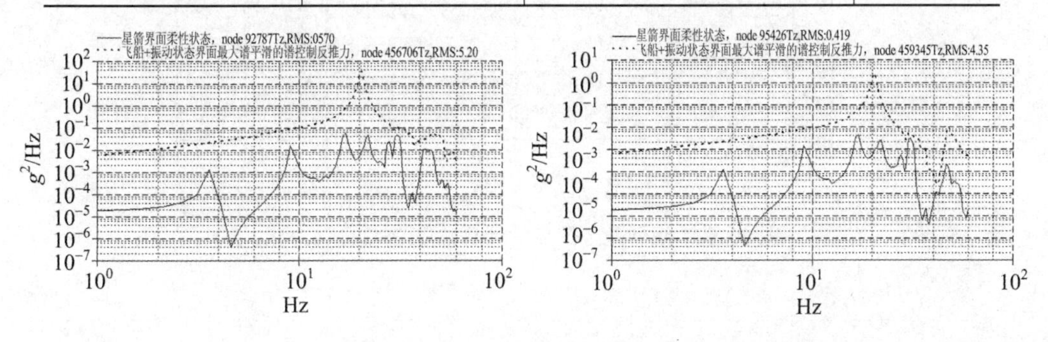

图 10.51　以光滑后包络谱 2 为输入时船上响应的 PSD 曲线对比

由表 10.9 及图 10.49～图 10.51 可以看到,以单飞船+振动台状态为对象,采用条件(3)船箭界面随机振动环境光滑后包络谱 2(即传统振动试验条件)进行振动试验时过试验严重,在 12～20 dB 范围;采用条件(2)光滑后包络谱 1 进行基础激励试验时过试验严重,在 10～19 dB 范围;采用条件(1)更真实的最大值包络谱为输入,过试验现象虽然有所减轻,但过试验仍然很严重,在 4～14 dB 范围.

表 10.9 条件(1)～(3)为输入时船上各点计算响应 g_{rms} 值对比

计算点位置 \ 分析结果	星箭耦合状态(g_{rms})	条件(1)	相差(dB)	条件(2)	相差(dB)	条件(3)	相差(dB)
返回舱底部	0.52	1.70	10.3	2.98	15.2	3.56	16.7
飞船顶部	1.19	3.57	9.5	6.54	14.8	7.51	16.0
仪器舱上部	0.38	0.60	4.0	1.18	9.8	1.43	11.5
轨道舱中部	0.57	2.56	13.0	4.55	18.0	5.20	19.2
返回舱上部	0.42	2.08	13.9	3.71	18.9	4.35	20.3

其中飞船返回舱上部点的振动试验计算响应与星箭耦合计算响应 PSD 曲线对比如图 10.52 所示,其他三个计算点与该点类似.由图 10.52,振动试验三种输入条件下的飞船计算响应与星箭耦合时的计算响应差别较大,其中最大谱控制下的飞船计算响应在低频段(10 Hz 以前)与星箭耦合计算响应吻合,在 10 Hz 之后,出现的峰值频率与星箭耦合时接近,但峰值放大.光滑后包络谱 1 与谱 2 为输入激励下的飞船振动试验响应与星箭耦合计算响应相比,仅捕捉到一个峰值,但频率前移,且峰值放大.具体的峰值频率与大小对比见表 10.10.

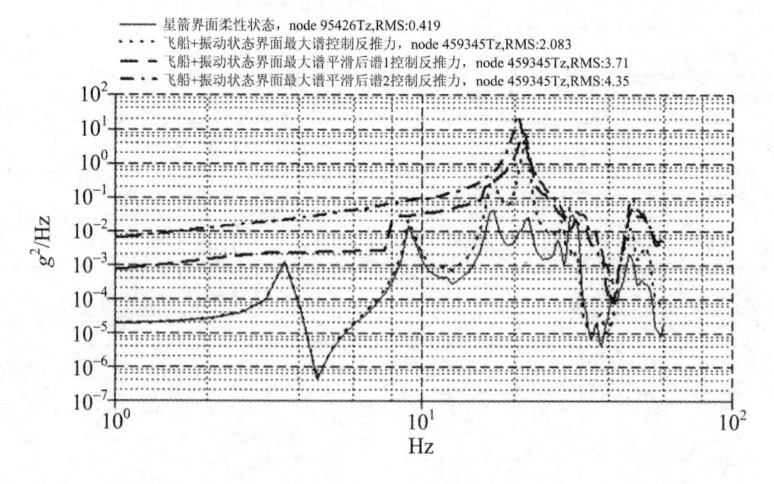

图 10.52 返回舱上部点的计算响应 PSD 曲线对比

表10.10 飞船返回舱上部点的振动试验计算响应与星箭耦合计算响应的共振峰频率及大小

共振峰频率及大小 / 分析状态	频率 (Hz)	大小 (g^2/Hz)	频率 (Hz)	大小 (g^2/Hz)	频率 (Hz)	大小 (g^2/Hz)	频率 (Hz)	大小 (g^2/Hz)
星箭耦合	3.6	1.20E-3	9.6	4.25E-3	17.1	4.20E-2	22.1	2.50E-2
最大包络谱	3.6	1.20E-3	9.6	5.74E-3	17.1	3.51E-1	21.6	3.46
光滑后包络谱1	—	—	—	—	—	—	21.1	7.76
光滑后包络谱2	—	—	—	—	—	—	20.6	22.64

10.9 小 结

本章以载荷分析为主要内容，介绍有效的器箭耦合载荷分析方法，概述动态子结构法在航天工程中的应用.

全箭级器箭耦合载荷分析是大循环，虽然分析结果可靠，但涉及系统的各个部门，工作量大，成本高，进度慢.因而航天器组织都努力在尽可能大的程度上从运载火箭解耦航天器进行载荷分析，寻求航天器载荷分析新方法，目标是降低载荷分析成本和加快进度.

NASA喷气推进(JPL)试验室介绍节省航天器设计/分析循环所需时间和经费的“刚体界面加速度的航天器载荷估计方法”.由于运载火箭和航天器之间存在显著的耦合，运载火箭组织为了检验运载火箭的完整性，进行通常的带航天器刚体模型的运载火箭/航天器耦合的动态分析.同时制定一个方法，计算航天器的弹性效果，修改运载火箭/航天器界面响应，使得航天器的弹性效果得到考虑.航天器响应和载荷可以通过应用修改对航天器基础的界面响应得到.这种方法的目标是利用运载火箭组织提供的数据，在航天器组织内完成器箭耦合分析，来计算在同一动态事件下的弹性航天器响应和载荷，而无需解决一个新的运载火箭/弹性航天器组合模型.该方法的优点是航天器的组织能独立地来执行一个完整的设计/载荷分析循环，从而消除了运载火箭和航天器组织之间昂贵和费时的信息交换.但是，这种航天器载荷分析方法在一定程度上仍然与运载火箭耦合，计算还比较复杂.

总结经验，中国航天器组织提出一种航天器载荷二次分析的新方法，指出：“航天器的力学环境条件包括器箭界面环境条件和航天器上部件/分系统的环境条件.器箭界面的环境条件(加速度条件)通常由器箭耦合载荷分析获得，而航天器上细化的环境条件则由航天器组织根据器箭界面的条件进行载荷二次分析获得.”这里强调器箭界面环境条件(称为器箭界面加速度条件)，作为运载火箭向航天器的传递力.文献[221]完善了载荷二次分析方法.首先采用约束子结构模态综合法或超单元法进行全箭级器箭耦合载荷分析，给出器箭界面加速度条件解析解以及运载器和航天器的内部加速度(载荷)解析解；然后介绍采用航天器基础激励方法或超单元法,依据全箭级器箭耦合载荷分析给出器箭界面加速度条件,也就是保证运载火箭向航天器的力传递的正确性,进行航天器级的载荷二次分析，给出航天器的内部加速度(载荷)解析解,并从理论上严格证明了载荷二次分析所得的航天器内部加速度(载荷)解析解结果与全箭级器箭耦合载荷分析给出的加速度(载荷)解析解结果一样.由此说明航天器级载荷二次分析获得的结果是可靠的,不存在“过计算”“欠计算”问题.这种方法的优点是,整个载荷二次分析过程只涉及航天器结构,可在航天器内实施,只在航天器组织内进行航天器结构载荷分析,就能得到器箭耦合分析时的航天器内部加速度(载荷)解析解,计算简单,使得实时设计/分析迭代可以实施.也就是说,用航天器级载荷二次分析循环可以替代全箭级器箭耦合载荷分析循环，小循环能代替大循环,从而消除了运载火箭和航天器组织之间昂贵和费时的信息交换.

还以航天器杆模型基础激励纵向振动的NASTRAN程序仿真实例数值解进一步加以说明:让航天器基础激励界面输入的纵向加速度等于全箭振动中器箭界面的纵向加速度条件,进行航天器基础激励纵向振动仿真分析,仿真数值解结果表明,航天器基础激励响应的数值解等于在全箭振动中航天器响应的数值解,也就是航天器基础激励纵向振动再现了全箭振动过程中航天器纵向振动力学环境,不存在“过设计”“欠设计”问题.

对于横向振动问题,本章介绍了文献[233]的工作,研究与卫星升空状态一致的多自由度振动试验条件,实现对卫星随火箭升空和整星地面振动试验两种状态进行了仿真计算,在星箭界面横向振动相同的条件下,比较两种状态卫星顶点的动响应,结果毫无共同点.根据升空过程的实际情况补充给定线运动相应的角运动界面条件.在仿升空状态的计算中,确定了与星箭界面横向振动相关的角运动,并以此作为振动试验补充界面条件,再进行地面振动试验仿真计算,此时卫星顶点动响应与升空状态一致.可见补充角运动条件是实现航天器地面振动试验与其升空过程振动环境一致的有效方法.

文献[234]为了研究飞船地面试验与随机振动环境条件是否等效,采用有限元仿真分析手段,以CZ-2F全箭为对象,建立全箭三维有限元模型,对全箭振动状态时船箭界面环境条件、船上响应及飞船振动试验时的船上响应等进行分析与比较.本章对以上工作作了详细介绍,并讲述了由不同包络方法产生的误差.

由此得到如下结论：

(1) 有了准确的器箭有限元分析模型和航天器有限元模型,通常由运载火箭组织根据器箭耦合载荷分析获得器箭界面的环境条件,而航天器组织则根据器箭界面的加速度条件对航天器模型采用基础激励方法进行二次分析获得航天器内部加速度(载荷)解.只要让基础激励航天器界面的输入加速度为全箭振动器箭界面加速度条件,航天器基础激励仿真就会再现全箭振动过程中航天器内部加速度(载荷)解,不存在“过设计”“欠设计”问题.这样,航天器级二次载荷分析获得的结果是可信的,也就是说用航天器级二次载荷分析循环替代全箭级器箭耦合载荷分析循环的流程是合理的、可靠的.因此,全箭级器箭耦合载荷分析与航天器级二次载荷分析的循环流程是合理的、可靠的,在设计航天器过程中,根据运载火箭组织在器箭耦合载荷分析中获得器箭界面的环境条件,航天器组织不断修改结构、进行二次载荷分析循环,加快了设计周期.

(2) 航天器的力学环境条件包括器箭界面环境条件和航天器上部件/分系统的环境条件,器箭界面的环境条件通常由运载火箭组织根据器箭耦合载荷分析获得;航天器上细化的环境条件则由航天器组织根据器箭界面的加速度条件对航天器模型采用基础激励方法进行二次分析获得.这里自然提出两个问题:一是由运载火箭组织给出的器箭界面的加速度环境条件对不对? 二是由航天器模型采用基础激励方法进行二次分析获得的结果可信不可信? 上述介绍已经说明航天器级二次载荷分析获得的结果是可信的,现在的问题归结为由运载火箭组织给出的器箭界面的加速度环境条件对不对.如何得到正确的器箭界面加速度条件,是需要认真加以解决的重大问题.器箭界面加速度条件通常是根据多次实际测量的遥测数据或者动力学分析的响应数据,采用统计包络的方法制定的,这导致在共振频率处由包络制定的加速度条件通常远高于真实的加速度环境,产生器箭界面加速度条件的误差.从安全性与可靠性角度出发,传统工程型号研制过程中通常采用直接包络并增加一定安全余量的方法,使得星箭研制总体部门之间以及卫星总体和分系统研制部门之间出现层层加码的现象,导致力学环境条件过于保守.文献[234]为了研究飞船地面试验与随机振动环境条件是否等效,作过详细分析.这种误差必须经过细化包络技术认真加以解决.

(3) 根据上面的分析,必须进行多维振动分析和多维振动试验.运载火箭与航天器结构采用纵横扭耦合一体化建模技术,建立的有限元数学模型具有纵横扭耦合模态,结构中每个点的响应都是多维向量.三维立体有限元每个节点是三维向量,梁、板、壳有限元每个节点是六维向量.以最简化的运载火箭工程梁模型为例,在器箭连接界面处是一点连接,连接点处有三个位移加速度与三个转角加速度,界面响应是六维向量,可以简化分解为:纵向振动位移(x)、扭转振动位移(R_x)、俯仰横向振动位移与转角(y,R_y)和偏航横向振动位移与转角(z,R_z).现在振动台振动试验都假定各方向振动互相独立,遥测数据仅测到三个位移加速度,没有遥测到三个转角加速度,界面响应遥测数据不全.仅依据三个位移响应数据,应用动力学方程计算出航天器与运载火箭内部的响应与内力,它的误差很大.因而,界面响应数据不全是造成航天器内力计算误差很大的一个主要原因,这一问题应引起运载火箭与航天器设计者的高度重视.

(4) 三个正交方向的振动响应分别包络给出三个正交试验条件,以三个正交轴依次进行的单轴振动试验近似等效飞行过程中的多维振动环境，这样试验和飞行环境的差异很大，需要通过加大试验量级和时间予以适当补偿.尽管这种振动环境考核方式在航天工程中得到了广泛应用，但在应用过程中也暴露出严重的缺陷，可以说明现有器箭环境条件的局限性.仅用三个位移响应数据作为控制条件进行振动试验，是造成“过试验”与“欠试验”的主要原因.解决这个问题的办法是建立多维振动设备，按实际多维振动环境进行多维振动试验.

第11章
动态试验技术

航天飞行器结构的随机振动环境来自声与气动的直接和间接激励、燃烧过程的不稳定以及机械诱发的随机干扰;正弦振动环境来自旋转机械的周期激振以及POGO、颤振(结构动力学和空气动力学相互作用)或不稳定燃烧.上述力学环境会对航天飞行器造成结构变形或损坏,这些故障的发生可能影响飞行任务的完成,甚至导致整个飞行任务失败.振动试验是航天飞行器研制过程中的重要试验项目.其目的一方面是对航天飞行器的结构设计进行验证,使航天飞行器在整个寿命期能够经受各种动力学环境而正常工作,另一方面就是对航天飞行器的制造质量进行环境检验,发现材料、元器件、制造工艺等方面的潜在缺陷,从而保证航天飞行器在轨运行的可靠性.本章论述了动态试验方法,详述了全箭模态试验、振动试验、多维振动试验技术,主要从试验目的、试验原理与方法、试验模拟、试验系统与试验技术等方面进行了论述.

11.1 全箭模态试验技术

全箭模态试验状态通常按照实际的飞行状态和自由边界条件模拟,因此在试验时要将运载火箭和卫星组装成飞行状态进行试验.运载火箭的全箭振动试验是为了测量运载火箭的全箭模态参数.这些参数在火箭设计当中有如下作用:一是星箭载荷设计;二是火箭的姿态控制系统设计;三是火箭的POGO设计;四是修正并验证全箭的有限元模型.

11.1.1 试验原理

火箭结构为细长结构,结构的细长程度比较大,对其主要的低阶模态进行分析时,可以将其简化为梁结构.又由于火箭带有一些如发动机、卫星之类的分支结构,因此其模态呈现分支梁结构特征.本节首先对一般梁的模态特点进行分析,然后对带有分支的梁的模态特点进行分析,最后对运载火箭模态特点进行总结.

1. 简单梁结构模态

对于简单梁结构,其位移方向垂直于轴线方向,称为横向位移,主要是由弯曲变形引起的.在工程实际中,由于梁的弯曲振动的固有频率通常比它们作为杆的纵向振动或扭转振动的固有频率低,因此梁的横向振动具有更大的实际意义.

考虑如图 11.1 所示的变截面梁.假设梁各截面的中心主轴在同一平面内,且只考虑此平面的横向位移或弯曲变形,这样可以简化为一个平面上的梁.假定此梁的抗弯刚度为 $EI(x)$,单位长度的质量为 $m(x)$,它们沿跨度 L 随位置 x 而任意变化.假定横向载荷 $p(x,t)$ 随位置和时间任意变化,横向位移响应 $v(x,t)$ 也是时间和位置的函数.两端的边界支撑可以是任意的,图中的简支条件只是某种特殊情况.

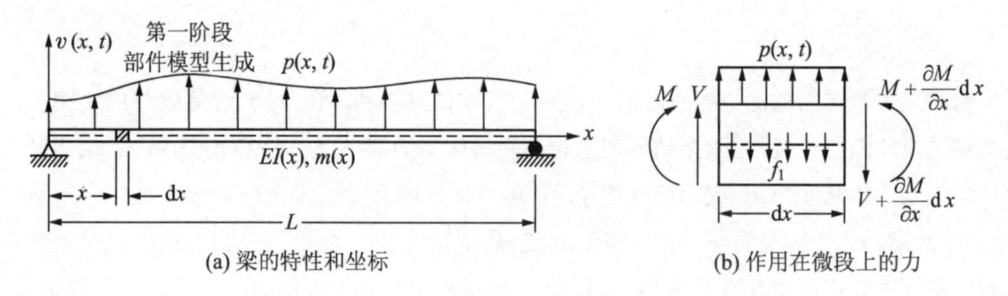

(a) 梁的特性和坐标　　(b) 作用在微段上的力

图 11.1　承受动力载荷的平面梁

用作用在微段上的力的平衡条件可以导出动力方程.图 11.1(b)示出了作用在微段上的力.把全部竖向力加起来可得到第一个动力平衡方程

$$V + p\mathrm{d}x - \left(V + \frac{\partial V}{\partial x}\mathrm{d}x\right) - f_i\mathrm{d}x = 0 \tag{11.1.1}$$

式中,$f_i\mathrm{d}x$ 表示微段上的横向惯性力,它等于微段质量和该微段加速度的乘积,

$$f_i\mathrm{d}x = m\mathrm{d}x\frac{\partial^2 v}{\partial t^2} \tag{11.1.2}$$

将式(11.1.1)代入式(11.1.2),简化后得到

$$\frac{\partial V}{\partial x} = p - m\frac{\partial^2 v}{\partial t^2} \tag{11.1.3}$$

此式可以看作是剪力和横向载荷之间的标准关系式,但现在的横向载荷应包含由梁的加速度引起的惯性力.应当注意的是,由于梁截面转角惯性力影响很小,在此忽略,在图 11.1(b)所示的微段上,没有画出梁截面的转角加速度带来的惯性力.

对微段右截面和梁中心轴交点处求力矩和,得到第二个平衡关系式

$$M + V\mathrm{d}x - \left(M + \frac{\partial M}{\partial x}\mathrm{d}x\right) = 0 \tag{11.1.4}$$

式(11.1.4)进一步简化成剪力和弯矩的标准关系式

$$V = \frac{\partial M}{\partial x} \tag{11.1.5}$$

将式(11.1.4)对 x 求导,并代入式(11.1.5),整理后得

$$\frac{\partial^2 M}{\partial x^2} + m\frac{\partial^2 v}{\partial t^2} = p \tag{11.1.6}$$

最后引入材料力学中梁的弯矩和曲率的关系 $M = EI\dfrac{\partial^2 v}{\partial x^2}$,可以导出梁横向运动的最基本的偏微分方程

$$\frac{\partial^2}{\partial x^2}\left(EI\frac{\partial^2 v}{\partial x^2}\right) + m\frac{\partial^2 v}{\partial t^2} = p \tag{11.1.7}$$

式中,E 和 I 可以随 x 任意变化.对于截面沿长度方向均匀的梁,EI 不随 x 变化,式(11.1.7)可简化为

$$EI\frac{\partial^4 v}{\partial x^4} + m\frac{\partial^2 v}{\partial t^2} = p \tag{11.1.8}$$

当外力 p 为零时,即得梁的横向自由振动方程

$$EI\frac{\partial^4 v}{\partial x^4} + m\frac{\partial^2 v}{\partial t^2} = 0 \tag{11.1.9}$$

经过类似的推导,可以得到梁的纵向自由振动方程

$$EA\frac{\partial^2 v}{\partial x^2} + m\frac{\partial^2 v}{\partial t^2} = 0 \tag{11.1.10}$$

式中,v 为 x 截面处的纵向位移,E 为弹性模量,A 为截面面积,M 为单位长度质量.

扭转振动具有与纵向振动同样的形式,不同之处是将弹性模量换为剪切模量,将面积换为转动惯性矩,将单位长度质量换为转动惯量.

假定均匀截面梁的长度为 l,考虑梁在自由边界条件下作横向振动.根据式(11.1.9),当梁的两端边界条件为自由的,即满足如下条件时:

$$当\ x = 0\ 时,\quad v''(0) = 0,\quad v'''(0) = 0$$

$$当\ x = l\ 时,\quad v''(l) = 0,\quad v'''(l) = 0$$

可以推导出梁的无阻尼横向自由振动的第 i 阶频率为

$$\omega_i = \frac{(k_i l)^2}{l^2}\sqrt{\frac{EI}{m}} \tag{11.1.11}$$

第 i 阶振型函数为

$$v(x) = c_2[(\cos k_i x + \operatorname{ch} k_i x) - r(\sin k_i x + \operatorname{sh} k_i x)] \tag{11.1.12}$$

$$r = (\cos k_i l - \operatorname{ch} k_i l)/(\sin k_i l - \operatorname{sh} k_i l)$$

这里,$k_1 l = 4.730$,$k_2 l = 7.853$,$k_3 l = 10.996$,$k_4 l = 14.137$,振型图如图 11.2 所示.

当梁作纵向振动时,自由边界条件表示为

$$当\ x=0\ 时，\quad v'(0)=0$$

$$当\ x=l\ 时，\quad v'(l)=0$$

根据式(11.1.10)，可以推导出梁的无阻尼纵向自由振动的第 i 阶频率为

$$\omega_i=\frac{i\pi}{l}\sqrt{\frac{EA}{m}} \tag{11.1.13}$$

第 i 阶振型函数为

$$v(x)=\cos\frac{i\pi x}{l} \tag{11.1.14}$$

振型图如图 11.3 所示.

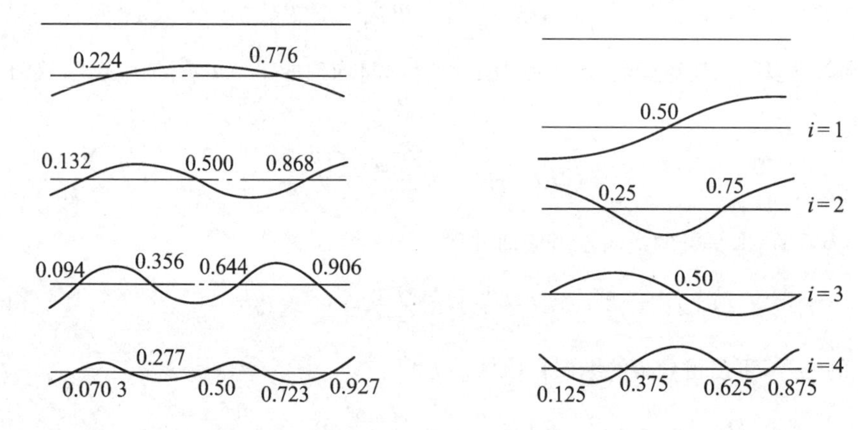

图 11.2　等截面梁横向振动振型图

图 11.3　等截面梁纵向振动振型图

梁的扭转自由振动频率和振型与纵向类似，这里不再赘述.

2. 分支梁结构模态

分支梁结构可以认为在简单梁结构的基础上加上分支梁，如图 11.4 所示. 当简单梁上的某些质量块与简单梁的连接刚度不足够大时，可以将质量块当作分支梁结构.

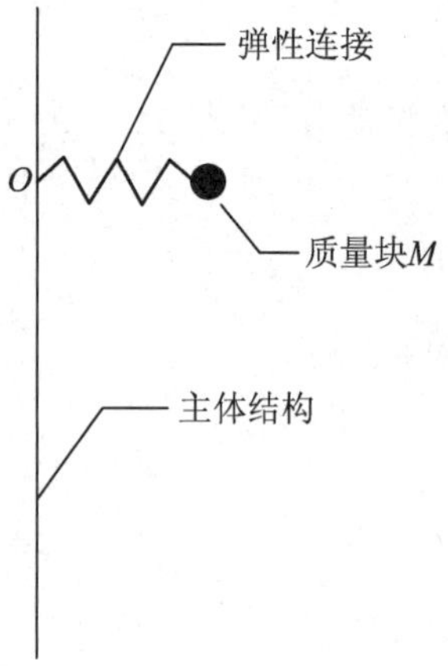

弹性连接

O

质量块M

主体结构

图 11.4　带有分支梁的结构

假定主体梁上连接一质量块 M，其连接刚度为 K，我们分析分支梁的存在会对主体梁的模态有多大的影响. 当质量 M 远远小于主体梁时，这个结构的模态特性可以认为以主体梁为主，分支结构的影响很小. 当分支质量逐渐增大时，其影响逐渐变大. 假设主体梁固定不动，此时分支结构的模态频率取决于其质量 M 和连接刚度 K. 设分支结构模态频率为 ω，则

$$\omega^2=\frac{K}{M} \tag{11.1.15}$$

当主体梁固定时，分支结构的模态叫作分支结构的局部模态，ω 为分支结构的局部模态频率. 分支结构对整体结构模态的影响取决于整体模态与分支结构的局部模态之间的关

系.在整体结构当中,对于某阶模态,分支结构的运动可以认为在分支连接到主体结构的点作强迫运动时的响应.设分支质量块的位移为 $u(t)$,分支质量连在主体结构上点的位移为 $u_1(t)$,不考虑阻尼的影响,有

$$[u_1(t) - u(t)]K = - M\ddot{u}(t) \tag{11.1.16}$$

整理上式,并考虑式(11.1.15),有

$$\ddot{u}(t) + \omega^2 u(t) = \omega^2 u_1(t) \tag{11.1.17}$$

考虑整体结构共振情况,所有点的运动为简谐运动,设

$$u_1(t) = U_1 \sin \omega_1 t \tag{11.1.18}$$

式中,U_1可以表示质量块与主体结构连接点的振幅,也可以表示该点的振型位移;ω_1表示整体结构的共振频率.设

$$u(t) = U\sin \omega_1 t \tag{11.1.19}$$

同理,U 可以表示分支质量块的振幅,也可表示分支质量块的振型位移.将式(11.1.18)和式(11.1.19)代入式(11.1.17)后整理,得

$$U = \frac{\omega^2}{\omega^2 - \omega_1^2} U_1 \tag{11.1.20}$$

从式(11.1.20)可得:当整体结构模态频率 ω_1 远远低于分支结构的局部模态频率 ω 时,$U \approx U_1$,分支质量块随主体结构的连接点一起运动,两者的振型位移基本一致,好像分支质量块固定在主体结构上一样;随着整体结构模态频率逐渐接近局部模态频率,分支质量块的振型位移逐渐大于主体结构上的连接点振型位移,但当整体结构模态频率不大于分支质量局部模态频率时,两者的振型位移保持同向(同号);当整体结构模态频率大于分支质量局部模态频率时,分支质量块的振型位移与主体结构上的连接点振型位移反向(反号);当整体结构模态频率远远大于分支质量局部模态频率时,分支质量块振型位移逐渐趋于0,即分支质量块不动.

11.1.2 试验系统

为了获得全箭飞行状态的模态参数,目前的主要途径有缩比模型试验、子结构试验综合、实尺寸全箭试验.目前,我国主要采用实尺寸全箭试验途径,因此全箭振动试验塔成为必不可少的试验设施.全箭振动试验塔的试验系统主要包括试验塔建筑及一系列配套的试验设备,包括模拟推进剂加注与排泄系统、悬吊系统、激振系统、测量与数据采集分析处理系统.

1. 全箭振动试验塔

全箭振动试验塔是开展全箭模态试验的试验场所.图11.5和图11.6给出了全箭振动塔的外观和内部示意图.

2. 模拟推进剂加注与排泄系统

液体火箭的燃料占火箭质量的绝大部分,因此燃料的模拟在试验产品状态模拟中是十分

重要的.燃料模拟利用振动塔内的加注系统,通过向振动火箭贮箱中加注模拟液以模拟不同秒状态下的燃料质量.由于加注液密度与真实燃料密度稍有不同,因此在加注模拟时有两种模拟方式:等质量模拟方式和等体积模拟方式.等质量模拟指的是模拟液的质量与真实燃料的质量相等;等体积模拟指的是模拟液的体积与真实燃料的体积相等.两种模拟方式可以结合使用,如二级采用等体积模拟,而一级采用等质量模拟.

图 11.5　全箭振动塔的外观

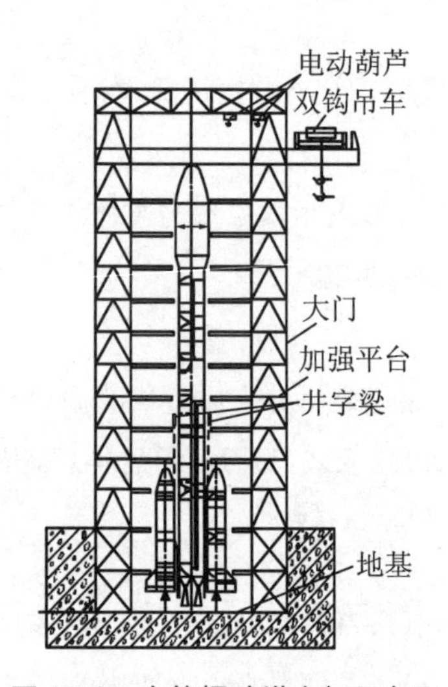

图 11.6　全箭振动塔内部示意图

3. 悬吊系统

试验件在进行全箭模态试验时的边界条件应模拟真实火箭的飞行边界条件,实际飞行时火箭处于无约束的自由状态,因此试验件边界条件模拟自由-自由边界条件.自由边界条件的模拟有几种不同的方式,我国采用的是悬吊模拟方式.

悬吊支承系统的设计应考虑以下技术要求:

(1) 强度要求:保证支承系统各部分的强度要求.

(2) 稳定性要求:在试验支承状态下,支承系统应保证产品恢复力矩/产品倾倒力矩大于1.5.

(3) 刚度要求:使产品在试验状态下刚体频率在其一阶弹性模态频率1/10以下.

(4) 附加质量要求:在满足以上要求的情况下,应使支承系统带来的附加质量尽可能小.

(5) 几何位置要求:使产品在支承后处于有利于试验的几何位置.

4. 激振系统

激振系统是用来完成对产品激振的,全箭振动试验多采用激振器系统和锤击系统.

激振系统主要包括功率放大器、激振器、滤波器.由计算机发出的激振信号经滤波器滤波,送到功率放大器,再由功率放大器放大,送到激振器,以实现对产品的激励.功率放大器需注意与激振器配套,要求在试验频率范围内,波形失真度小,线性度好,搬运与安装方便;激振器与试验件相连接的激振杆需满足在激振方向上足够刚硬、在其他方向上是柔性的要求.

锤击系统主要由锤头、力传感器组成,其中锤头可根据试验频率范围更换,不同材料的锤头具有不同的刚度,从而具有不同的上限截止频率.锤头材料一般有钢、铝、橡皮、尼龙(或塑料)等,锤头还有不同的大小.

5. 测量与数据采集分析处理系统

测量与数据采集分析处理系统负责对激振试验件所产生的振动信息进行测试、采集与分析,保证所得信息的完整性和可靠性.由于全箭结构复杂,测点多,试验秒状态多,因此测量与数据采集处理系统应能实现全面自动化,具有大容量的采集通道与存储处理能力,数据采集与处理相匹配,符合试验精度要求等.测量与数据采集处理系统主要包括加速度测量系统、斜率测量系统、中央计算机及安装于其上的模态试验软件等,如图 11.7 所示.

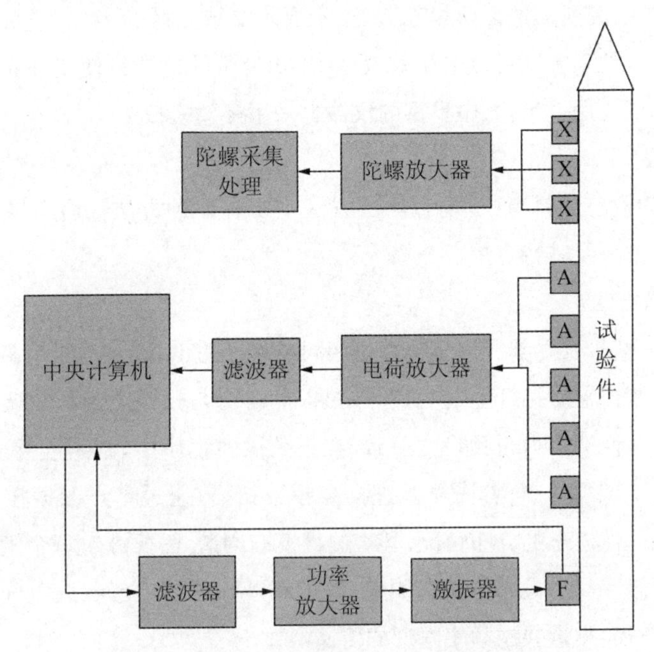

图 11.7 测量与数据采集分析处理系统的组成

F:力传感器;A:加速度传感器;X:陀螺

(1) 加速度测量系统

加速度测量系统用来测量试验件的加速度响应,包括加速度传感器和电荷放大器或信号调节器,加速度传感器直接感应产品振动的加速度,将加速度信号变为电信号,电信号经电荷放大器放大后,由计算机进行信号采集.

(2) 斜率测量系统

斜率测量系统是用来测量试验件振型斜率的,主要包括速率陀螺、陀螺放大器、陀螺电源、磁带机以及软件等.

(3) 中央计算机及模态试验软件

中央计算机及模态试验软件在试验系统中用于激振控制、数据采集和模态参数识别等，是试验系统的中心.首先，由计算机产生激振信号，经激振系统实现对产品的激振.其次，产品的振动经加速度测量系统返回并由计算机进行采集，同时激振力通过力传感器返回计算机并由计算机进行采集.计算机将采集到的力和加速度信号进行分析、处理，计算出模态参数.还可以根据采集的激振力对产品的激振进行控制.

11.1.3 试验技术

1. 试验产品状态

试验产品采用单独生产的振动试验箭.振动试验箭要求模拟真实火箭的质量和刚度特性，一般地，只模拟研究所需的低阶模态.从模拟要求和成本综合考虑，一般振动试验火箭结构系统是真实的，其他系统则可以采用等效模拟，如贵重的仪器只使用外壳并用等效配重模拟.卫星采用振动试验用卫星，其中贵重的仪器也采用等效模拟.

2. 试验方法

在运载火箭的模态试验当中，模态测试方法主要有四种方法，其中，以正弦调谐方法为主.以下对这四种方法及其特点进行介绍.

(1) 正弦调谐方法

由试验软件或信号发生器产生多个相位相同或相反的正弦信号，驱动多个激振器同时激振，并测量连接在激振器激振杆上的力信号，根据测得力与预设力的比较调整输出正弦信号的大小与相位，直至使测得力与预设力一致.在正弦试验程序中，分别进行全频域扫描、模态调谐、模态测量三个试验步骤.首先需要进行全频域扫描，通过单点激振在宽频带上进行扫描，目的是找出试验件模态的分布情况；其次进行模态调谐，需要针对每个模态采用多激振力调出所谓的“纯模态”响应；最后是模态测量，利用调谐好的纯模态激振力分布在每个模态共振频率附近进行扫描，测量共振频率附近的传递函数.

在正弦调谐模态测试当中，使用指示函数判断模态纯度，指示函数表示为

$$IF(w)=1-\frac{\sum_{i}\mathrm{Re}H_i(w)M_i\left|H_i(w)\right|}{\sum_{i}M_i\left|H_i(w)\right|^2}\tag{11.1.21}$$

式中，$|H_i(w)|$为第i点加速度的响应幅值，$\mathrm{Re}H_i(w)$为第i点加速度响应的实部，M_i为第i点的权.

当$IF=1$时，为纯共振；当$IF=0$时，为反共振.正弦调谐方法能够提供精度较高的模态参数.

(2) 多点随机方法

由试验软件或信号发生器产生多个不相关的随机信号，每个信号驱动不同的激振器同时

激振,用测量到的响应谱计算出响应分别对应每个激振点的传递函数,并用这些传递函数拟合出模态参数.用传递函数拟合模态参数所用的主要方法有:峰值法(SDOFPEAK)、模态圆法(SDOF)、多自由法(MDOF).多点随机方法可以对模态进行快速普查,试验时间较短,不容易遗漏模态.

(3) 锤击试验方法

该方法是通过力锤人工敲击实现对产品的激振.该方法和随机方法类似,区别只在于:在激振时不是用随机信号发生器发出随机信号驱动激振器进行激振.

力锤敲击方法设备需求简单,试验实现容易,但试验精度较低.

(4) 斜率测试方法和陀螺选位方法

局部点的振型斜率测量通过陀螺传感器进行,陀螺传感器感应转角速率,使用正弦调谐模态测试方法,当试验件的振动达到纯模态或较纯的模态时,对陀螺信号进行采集,同时对标准点的陀螺信号和加速度信号进行采集,斜率符号通过测点的陀螺输出信号相位与标准点的陀螺输出信号相位对比给出.如两个相位相差在 $\pm 90^\circ$ 以内,则测点斜率与标准点斜率同号,否则反号.斜率值则通过测点角速率和标准点的加速度值计算得出,即

$$斜率值 = 角速率幅值 \times 共振圆频率 / 标准点加速度幅值$$

陀螺选位就是在火箭上找到一些位置,这些位置在一阶或二阶的斜率值符合一定范围的要求.在选位时一般先通过理论计算或经验给出选位点的大致范围,然后在这些给定范围通过不断更换陀螺的位置,测量不同位置的斜率,直到找到合适的位置.

11.1.4 试验仿真分析技术

目前,我国的长征系列火箭均进行了全箭模态试验.全箭模态试验通常规模庞大,风险高.试验的激振、测量点需要科学配置,在保证需要获取的全部模态信息的基础上尽量降低试验规模.为此,试验前的仿真预示是全箭模态试验必不可少的环节.一般试验前需要开展两项仿真工作:第一项是试验预示,第二项是试验流程仿真.

模态试验预示通过试验件的设计建立其动力学有限元模型,通过有限元模型预示所关心的模态参数.根据模态参数的预示结果,合理布置振型测点和激振测点.某火箭模态试验结果与预示结果如图 11.8～图 11.10 所示[205].

试验流程仿真主要是采用试验系统、试验工装、试验件的 CAD 模型对火箭的进出塔、试验件安装过程进行仿真,以便通过仿真验证试验安装流程的正确性,通过仿真能够在试验前发现火箭进出塔和安装过程是否有尺寸不协调的问题,以及是否存在安装过程理论上可行但实际安装无法实现的问题等.全箭进出塔流程仿真如图 11.11 所示.

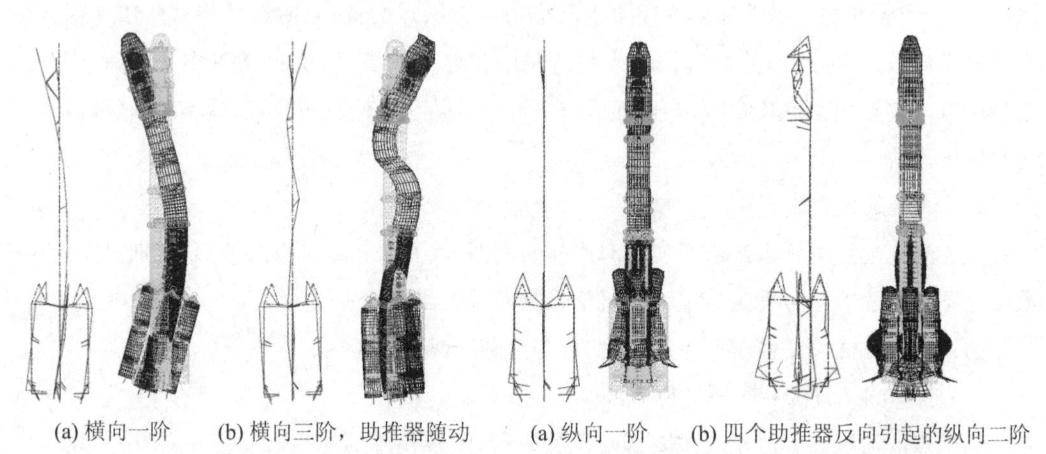

图 11.8 横向为主的试验与计算模态

图 11.9 纵向为主的试验与计算模态

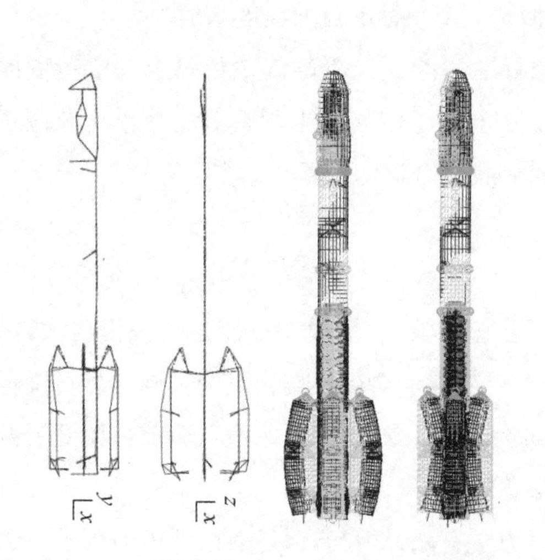

图 11.10 助推器横向为主的试验与计算模态

图 11.11 全箭进出塔流程仿真

11.2 振动试验技术

从环境模拟的观点来看,振动环境模拟试验的目的是要在试验室内复现实际工况下产品所受的振动环境和环境效应,鉴定产品的环境适应性,验证产品的性能是否符合设计要求.但是从模型试验验证的角度来看,振动试验获得的响应数据包含了丰富的动力学信息,采用这些数据可以验证和修正相应的数学模型.

11.2.1 振动环境

振动环境由于作用的持久性、环境效应的严重性以及环境本身的复杂性,已成为星箭产品最重要的动力学环境之一.基于振动环境对星箭结构及仪器设备的影响,为了确保卫星发射成功并能正常工作,必须在地面上进行振动试验,再现星箭在地面运输和发射飞行过程中所经受的振动环境,以考验星箭结构及仪器设备承受振动环境的能力.星箭从地面运输到发射及飞行过程中所经受的振动环境可分为:准周期振动、随机振动和瞬态振动.

1. 准周期振动

NASA-HDBK-7005中指出,大多数准周期振动是由液体火箭POGO和固体发动机谐振燃烧引起的.POGO振动在液体发动机火箭发射过程中比较突出,实质上它是一种不稳定的动力学现象,由火箭结构径向模态引起的结构振动与发动机的推力振荡相互耦合产生.结构振动使得推进剂进入燃烧室的过程产生扰动而造成推力振荡,当这种振荡与结构振动发生耦合时就诱发了POGO振动.此外,运输工具和自身携带旋转设备的不平衡转动也会引起准周期振动.准周期激励主要引起低频正弦振动,其频率范围为5～100 Hz.

2. 随机振动

星箭所经受的随机振动环境可分为低频随机振动和高频随机振动.低频随机振动主要是由地面运输、竖立在发射台上的风和紊流等引起的,其频率范围为0.5～100 Hz.此外主要是声致振动,声致振动主要来自两方面:一是起飞噪声,二是气动噪声.起飞噪声是运载火箭发动机排气涡流产生的噪声;气动噪声是运载火箭跨声速飞行及高速飞行时的一些气动效应产生的,它引起的随机振动环境频率可高达10 kHz.除了上述喷气噪声以外,火箭发动机本身工作也会产生一种振动环境,它是由火箭发动机燃烧产生的.这类振动通过箭体结构传递火箭的各个部位,其特征也有一定的随机性(不含周期性振荡部分),通常采用随机功率谱表示,频率范围一般是20～2 000 Hz,并且只要发动机工作,它就一直存在.

3. 瞬态振动

瞬态振动主要来自飞行过程中的阵风、发动机点火和关机、爆炸分离等.阵风、发动机点火和关机引起的瞬态振动主要在低频范围,目前国内外均大量利用快速正弦扫描试验来模拟此类瞬态环境.爆炸分离引起的瞬态振动主要引起高频瞬态环境.

11.2.2 振动环境模拟

1. 准则

(1) 振动破坏和失效的宏观分析

产品在振动环境作用下,在产品各结构元件上产生动态响应(位移、加速度、应变和机械应力),从而可能导致有害的环境效应(结构完整性破坏、性能失效或工艺故障).

材料的疲劳破坏是最普遍的振动破坏形式.结构和材料在振动环境作用下,可能在应力集中区、表面滑移带、晶粒边界或交界上形成微裂缝,这些裂缝不断扩展和传播,最终造成疲劳断裂,大量的试验数据提供了各种材料在单频的正弦交变载荷作用下的疲劳曲线(应力-循环次数曲线或 S-N 曲线).图 11.12 中 S-N 曲线为对数坐标上的S-N 曲线.大多数疲劳试验数据表明,在 $N=10\sim107$ 时,S-N 曲线可近似用斜率为 $-1/b$ 的直线表示:

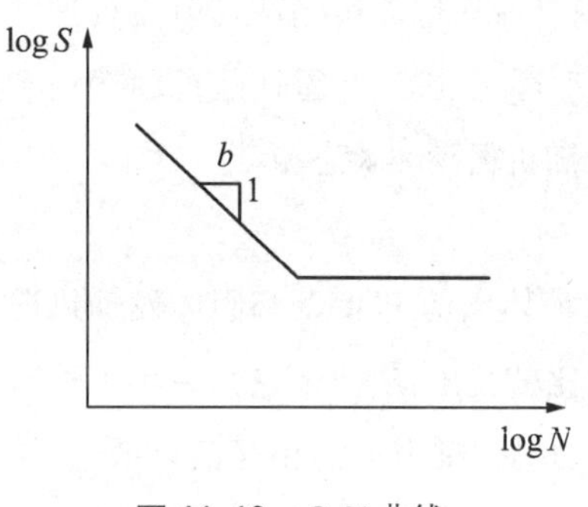

图 11.12　S-N 曲线

$$\log S = -\frac{1}{b}\log N + \frac{1}{b}\log C \quad 或 \quad S^b N = C \tag{11.2.1}$$

式中,S 为交变应力幅度,N 为出现疲劳断裂时的应力循环次数,C 为由试验确定的常数.

疲劳曲线的形状和位置受许多因素的影响.这些影响因素可分为物理因素、几何因素、外界环境因素三类.

影响因素的复杂性导致材料疲劳强度的分散性.需要用故障树分析方法,分析和判断材料疲劳破坏的类型和主要影响因素.

随机载荷作用下材料的疲劳试验数据相当少,随机载荷下的疲劳破坏分析一般借助于单频正弦的疲劳曲线外推.

结构完整性破坏的另一种形式是磨损.磨损是指运动机构的配合面在相对运动时摩擦副表面层微切割、塑性和弹塑性变形、表面疲劳、局部过热、氧化以及冷焊,造成运动表面损伤.虽然磨损也具有累积性质,但与疲劳破坏的机理不同.在振动环境作用下,磨损增量一般随时间而减小.开始时磨损增量可能较大,但随着时间的推移而逐渐减小,达到一定时间后,总磨损量不再增加.至于允许磨损量和磨损破坏的定义,要根据产品的精度、关键程度和安全要求确定.

产品功能失效主要是指误动作、工作不连续和性能异常等故障.这些故障往往是在振动的振级超过某一阈值时发生的,然而,当振动减小到阈值以下或停止激励时,产品的功能又可能恢复到原有正常工作状态.因此,功能失效可看作一种可逆性的功能破坏,它与时间无关,而与振动的峰值有关.

工艺故障属于工艺设计和装配质量问题,难以与振动环境联系起来作出定量分析.当振动的振级大于某一量值时,可能由于紧固力或摩擦力不足造成紧固件松动或连接件错位,这种故障是不可逆的、累积的.

从产品可靠性角度看,无论是结构完整性破坏还是功能失效和工艺故障,都将导致产品丧失其规定的功能,统称为失效.产品的失效规律一般用失效率函数描述,大多数产品的失效率函数呈现“浴盆”形状,如图 11.13 所示.失效率 $\lambda(t)$ 定义为已工作到时间 t 的产品在 t 时刻以后的单位时间内发生失效的概率.

失效率函数大致可划分为早期失效阶段、随机失效阶段、耗损失效阶段等三个阶段.

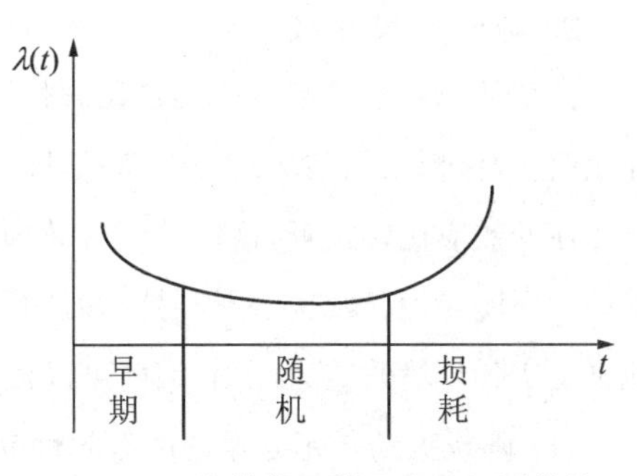

图 11.13　失效率函数呈现“浴盆”曲线

(2) 振动破坏的模型

从以上振动破坏和失效的宏观分析中可以看出,产品的可靠性分析不仅要建立振动破坏(如疲劳)的力学模型,而且要考虑影响破坏的每个因素的统计变化规律.振动破坏的模型应根据破坏机理,建立平均寿命与载荷之间的函数关系,其中载荷表示在失效破坏部位的应力或应变,这些应力是由振动环境和其他非力学环境因素以及材料本构关系所决定的,而平均寿命是材料疲劳和断裂性质的数值表征.

振动破坏的形式大致可分为可逆的和不可逆的两类,还可分为累积型和即发型两种破坏模式.常见的振动破坏模型有以下几种:

① **疲劳破坏模型**　这种模型的基本概念是在交变载荷每一次循环作用下,材料产生不可逆的损伤,当损伤累积到某一损伤量时,材料发生疲劳破坏.这种模型也称为累积损伤模型.

工程上最常采用的累积损伤模型是基于 Miner 线性累积损伤假设的.设材料在 p 级幅值分别为 $s_1, s_2, \cdots, s_p$ 的交变应力作用下,各应力的实际循环次数分别为 $n_1, n_2, \cdots, n_p$,根据 Miner 线性累积损伤假设,材料总的累积损伤量 D 可用下式定义:

$$D = \sum_{i=1}^{p} \frac{n_i}{N_i} \tag{11.2.2}$$

式中,N_i 为第 i 级交变应力 s_i 作用下材料发生疲劳破坏时的循环次数.

根据 Miner 假设,当 $D = 1$ 时,材料发生疲劳破坏.

式(11.2.2)所描述的疲劳破坏模型将应力 s_i 每一次循环所造成的损伤都取为 $1/N_i$,不考虑各次应力循环作用之前材料已有损伤历史的影响、多级应力作用的序列影响以及其他物理、几何尺寸和环境因素的影响.试验结果表明,发生疲劳破坏时的 D 值有较大的分散性,约在 0.3～30 范围.虽然 Miner 线性累积损伤假设相当粗糙,但从工程应用观点看,仍可用于疲劳寿命估算或作不同类型振动所造成损伤的等效准则.

② **一次通过破坏模型**　当激励或响应的振动幅值首次达到某一阈值后,立即发生破坏,又称为即发性破坏模型.

③ **振动峰值破坏模型**　假设在振动环境激励下,产品存在一个破坏阈值.只有当振动载荷的幅值超过阈值时,才可能造成产品损伤,并且超过阈值的振动峰值次数累计达到一定次数时,产品才出现破坏或故障.这种模型与疲劳破坏模型的不同之处是属可逆的、连续损伤累

积型破坏,适用于描述产品功能失效.

2. 振动环境等效

振动环境模拟的基本准则是在试验条件下复现产品在使用、运输和储存期间可能经受的环境效应,模拟产品破坏或失效模式,即在产品试验件中产生的振动效应与实际振动环境可能存在的效应比较接近,这样才能有效地检验产品的环境适应性.环境模拟的逼真程度取决于振动环境应力(振级、谱形和持续时间)的模拟和边界条件的模拟.试验方法以如何更有效地再现实际环境效应为准则,因此可以根据实际情况选择试验方法.

(1) 随机振动与正弦振动的等效性问题

正弦振动和随机振动的表示方法是两种截然不同的数学理论.经常试图比较正弦振动的峰值和随机振动的 rms 值,两者之间唯一相同的地方是使用同一个物理量纲单位 g.正弦加速度峰值是一个频率上的最大加速度值,随机振动的 rms 值是谱密度曲线的面积均方根.它们是不等价的,正弦振动与随机振动不存在一般的等效关系.只是在振动强度中正弦振动和随机振动按疲劳损伤原理存在某种等效,但那是建立在单自由度系统共振假设基础上的,且局限于疲劳强度等效,对于考核产品性能的试验不适用.

而实际产品的结构是无限自由度的分布系统,在宽带随机振动环境激励下,结构的响应包含了频带内所有阶模态的贡献.而正弦扫描振动环境激励是依次激起各阶模态共振,不能模拟各阶模态同时被激发所造成的疲劳损伤效应.因此,随机振动环境一般仍采用随机振动试验模拟.

(2) 随机振动的等价条件

随机振动是一种不确定的振动,随机过程的每一个样本函数都是不重复的.因此需考量若干次地面随机振动试验之间的等价性及其与实际飞行随机振动的等价性.

随机振动等价是指两个随机振动的全部统计特性都相同,对单点输入的随机振动模拟,用以下特性来比较:① 幅值域,如均值、方差和均方值;② 时域,如自相关函数;③ 频域,如自功率谱密度函数.

一般相同的功率谱对结构材料有相同的损伤,对仪器设备有相同的影响.因此,对于平稳的、各态历经的和高斯分布的随机振动,由功率谱完全相同就保证了等价条件.

对于多点输入的随机振动,除了需模拟各点的自功率谱外,对各点的互功率谱或互相关函数也需模拟.

(3) 快速正弦扫描与波形再现

目前国内外均大量利用快速正弦扫描试验模拟瞬态环境.但应用正弦扫描激励模拟瞬态激励会产生以下特殊情形:对试件考核的同时存在欠试验与过试验.欠试验是因为正弦扫描试验中在一个时刻只能激起设备的某一阶谐振,而瞬态激励能同时激起设备的多阶谐振.过试验是正弦扫描试验比瞬态激励事件要使设备经历更多次的应力循环.

(4) 边界条件的动态特性等效问题

产品在振动环境激励下,结构响应的分布与产品试验件和平台所组成系统的固有动态特性有关,它们是作为一个系统来振动的,因此,在试验室条件进行振动环境模拟试验,只有在产品试验件、试验安装夹具和试验设备所形成系统的动态传递特性与实际状态相一致时,才能复现振动环境效应.边界条件等效的目的是复现结构实际的动态传递特性,改善模拟试验的失真性.

11.2.3 振动试验系统

用于飞行器或其主要分系统振动试验的设备主要为两类:① 液压振动试验系统;② 电动振动试验系统.其中,低频振动试验(频率通常不超过100 Hz)采用液压振动试验系统、电动振动试验系统频率均可,频率下限通常由设备的低频能力决定;高频振动试验(频率范围通常为20～2 000 Hz)采用电动振动试验系统.

1. 液压振动试验系统

液压振动试验系统由液压振动台、高压油源、电信号源(放大器)、电动控制的双向阀、控制仪、一个或几个加速度监测装置(控制用加速度传感器)构成,如图11.14所示.振动台的固定台面可将试件刚性连接到活塞杆上,活塞杆被约束而只能作直线运动.活塞杆油源回路的双向阀所产生的液压驱动作上下运动,双向阀由更小的电动阀所驱动.放大器为阀的电动驱动器提供励磁电流,就如同动圈驱动信号一样控制双向阀调节所需的流量以使台面产生期望的运动.控制仪生成台面所期望运动的激励信号,反复比对控制加速度传感器的谱与指定的参考谱并不断消除两者的差异而得出新的驱动谱,如此反复进行,使控制谱达到并满足试验控制精度要求.

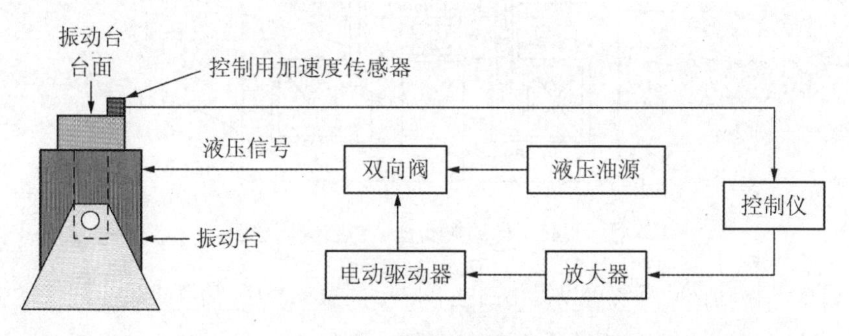

图11.14 液压振动试验系统示意图

由于液路中液柱产生谐振,大多数液压振动试验系统提供的振动激励不超过100 Hz.液压振动试验系统与电动振动试验系统相比,其主要优势是在20 Hz以下可提供更佳的性能,因为液压台可产生较大位移,从而在甚低频率获得更大的加速度.这使得液压振动试验系统适用于低频振动试验.

2. 电动振动试验系统

电动振动试验系统包括电动振动台、功放(包括励磁线圈电源)、控制仪、加速度传感器，如图 11.15 所示.振动台的固定台面可将试件刚性连接到动圈上，而动圈由轴承和曲轴约束，只能作直线运动.动圈由振动台台体内励磁线圈所包围(图 11.16).励磁线圈电源将产生电磁力的驱动电流(励磁电流)传输到励磁线圈上，控制仪生成的驱动信号通过功率放大器逐级放大，然后驱动振动台工作，同时控制点的响应信号反馈回控制仪，将其与设定好的参考谱进行比较、修正，不断消除两者的差异，得出新的驱动谱，如此反复进行，使控制谱达到并满足试验控制精度要求.

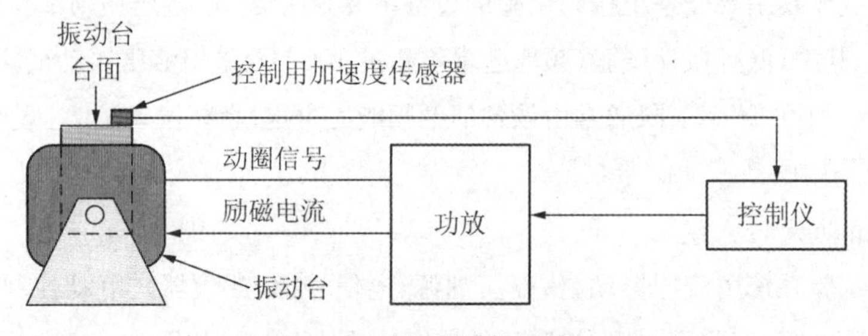

图 11.15　电动振动试验系统示意图

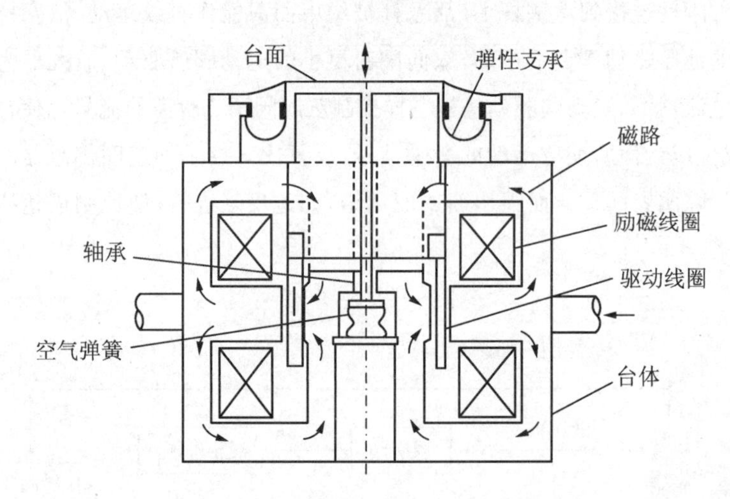

图 11.16　电动振动台台体结构原理图

大多数电动振动试验系统可以提供高达 2 kHz 的振动激励，而不会发生较大的振动台面谐振.20 世纪 50 年代中期以来，电动振动台已发展成为航空、航天和电子电工产品振动环境模拟试验的主要设备.

悬挂在直流磁场中的同心圆形螺旋线圈在交变电流驱动下，根据左手定则，产生与直流磁场磁力线正交的振动激励力，将电能转换成机械能.激励力 $F(F=BlI)$的大小取决于动框线圈的总长度 l、磁感应强度 B 和线圈电流 I.

电动振动台机电耦合分析的简化模型可用图 11.17 表示.振动台台面加速度的频响函数

可以写成

$$H(\omega) = \frac{\ddot{X}_2(\omega)}{E}$$

$$= i\omega^3 Bl(k_1 + i\omega c_1)/\{(R + i\omega L)(k_1 - \omega^2 m_1 + i\omega c_1)[k_1 + k_2 - \omega^2 m_2 + i\omega(c_1 + c_2)]$$
$$- (R + i\omega L)(k_1 + i\omega c_1)^2 + i\omega B^2 l^2[k_1 + k_2 - \omega^2 m_2 + i\omega(c_1 + c_2)]\} \quad (11.2.3)$$

式中，m_1，m_2为振动台动框下部和上部质量；k_1，k_2为动框悬挂刚度系数和动框等效刚度系数；c_1，c_2为动框悬挂支承阻尼系数和动框等效阻尼系数；L，R 为动框线圈的电感系数和电阻(包括信号源内阻)；E 为激励电压振幅.

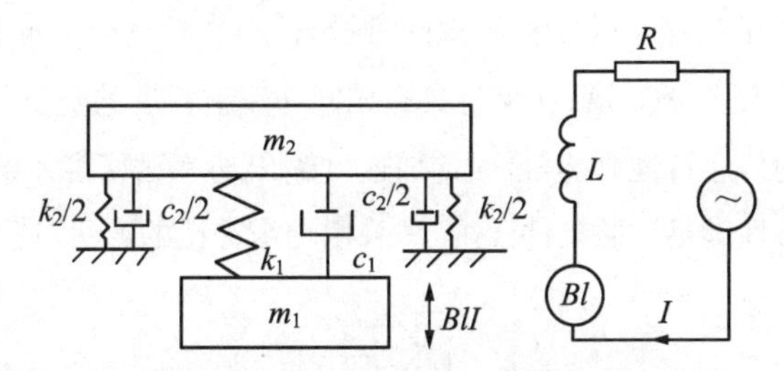

图 11.17　电动振动台机电耦合分析模型

电动振动台台面的最大输出参数(最大激振力、最大位移、速度和加速度)可按下列公式估算.

(1) 最大激振力

$$F_{max} = BlI_d \quad (11.2.4)$$

式中，I_d 为动框线圈允许电流.

$$E_0 \leqslant \sqrt{WZ_f}$$

Z_f 为动框线圈阻抗，W 为功率放大器最大输出功率.

(2) 最大位移

最大位移由振动台机械设计允许振幅或下式确定：

$$X_{max} = \frac{BlE_0}{Z_f k_2} \quad (11.2.5)$$

(3) 最大速度

最大速度主要取决于功率放大器的功率，可按下式进行估算：

$$V_{max} = \frac{E_0}{Bl} \quad (11.2.6)$$

(4) 最大加速度

$$\ddot{X}_{max} = \frac{F}{m_1 + m_2} \quad (11.2.7)$$

(5) 试验件最大重量

$$G = k_2(X_{max} - X_d) \quad (11.2.8)$$

式中，X_d 为试验条件规定的振幅.

3. 控制仪

在振动试验中，振动控制仪用来产生振动信号和控制振动量级的大小.

随着计算机技术的飞速发展，振动控制技术得到了长足的进步，振动控制仪从只有单一控制功能发展到现在一台控制仪有各种振动控制方式供选择，包括定频正弦控制、正弦扫描控制、随机振动控制、冲击试验控制等.星箭系统较为常用的振动试验包括:正弦扫描振动试验和随机振动试验.

(1) 随机振动控制系统

图 11.18 为典型的随机振动数字控制框图.试验件要求振动台台面在 20～2 000 Hz 试验频带内加速度功率谱密度是平直谱.如果将具有相同功率谱密度的随机信号输入功率放大器，由于振动台和试验件的传递特性影响，台面的加速度输出功率谱密度不满足试验要求.为了保证振动台面的输出谱特性满足试验条件要求，需采用均衡补偿的方法对输入信号进行修正.

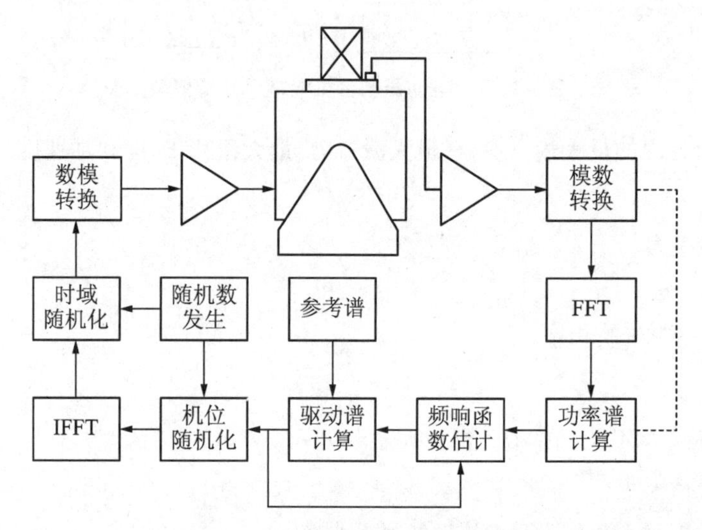

图 11.18　随机振动数字控制框图

数字均衡是根据试验要求的功率谱密度 $S_y(f)$ 和传递特性 $H(f)$，估计输入功率放大器信号的功率谱密度 $S_x(f)$，

$$S_x(f) = \frac{1}{|H(f)|^2} S_y(f) \tag{11.2.9}$$

由于传递特性的非线性，式(11.2.9)中的 $H(f)$ 实际上是 $S_x(f)$ 的函数.为了达到控制目标，要求在闭环控制过程中，根据输入与输出数据实时辨识传递特性 $H(f)$.

(2) 正弦振动控制系统

数字式扫描正弦振动控制是按照试验要求的扫描率步进正激励，控制框图与随机振动控制(图 11.18)类似，但其中随机信号的发生用正弦信号合成代替，检测控制点的功率谱密度估计改为时域上正弦波峰值、均方值或数字跟踪滤波后的正弦波峰值. 每一步频率间隔的时间内,要完成检测控制点响应数据的采集和处理、比较和调节控制决策以及正弦激励信号合成. 为了解决频率步进之间不连续瞬态过滤过程的影响,在频率步进的时间间隔内再进一步细化分档,这种措施对高频端的谱控制尤为重要.

多数扫描振动试验条件,在低频端是等位移控制,而在高频端是等加速度控制. 为了提高振动台的振动控制精度,可在交越频率以下用位移计检测的信号进行反馈,而在交越频率以上用加速度计检测的信号进行反馈.

4. 辅助装置

当试验件的尺寸和重量较大时,需要采用专用的试验辅助装置安装和支承试验件.

(1) 水平滑台

用于水平振动试验的水平滑台主要由试验件安装台面、与电动振动台或电液振动台运动部件连接的接头和滑台水平运动的导向系统等组成(图 11.19). 导向系统的形式有摇摆式、板簧式、动轴承式、磁轴承式以及静压轴承式等,其中静压轴承式导向系统应用最广泛,它适用于甚低频到高频的宽带振动试验.

水平滑台的选择除了考虑承载能力外,还必须从结构上考虑抑制横向、倾覆、滚转和偏航振动的能力以及安装台面传递特性影响. T 型、V 型和小孔节流型之类静压轴承具有保持油膜厚度不变、抑制非主振方向运动的自动调节功能. 由于试验件的质心不在振动台激振力作用线上,要求动态倾覆力矩值小于水平滑台允许的倾覆力矩值,同时必须考虑静压轴承的油膜刚度和支承台面刚度对试验件振动环境试验结果的影响. 水平滑台安装台面的基本固有频率一般比振动台轴向共振频率低,当激励的频率接近或超过安装台面的基本固有频率时,台面上各点的传递特性各不相同,不能将连接接头处的振动均匀传递到台面的另一端,因而水平滑台的使用频带的上限取安装台面的基本固有频率,以保证水平滑台的动态传递性能.

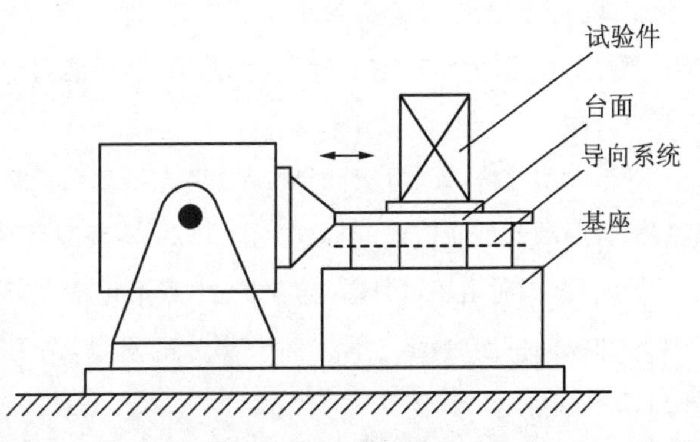

图 11.19　水平滑台

(2) 垂直支承装置

对于电动振动台,可采用空气弹簧或弹性悬挂系统将装上试验件(包括夹具)的振动台动框调整到空载时动框的平衡位置上以保持振动台原有最大位移特点. 空气弹簧主要有单段或多段囊式和自由或约束隔膜式两类. 调节充气压力可以获得与试验件重量相一致的弹簧支承能力. 悬挂系统的弹性元件可采用多股橡皮绳、螺旋弹簧或液压弹簧,它的选择由试验件的重量确定.

为了减小支承装置与试验件结构之间的耦合影响,支承系统的固有频率应为试验件结构基本固有频率的1/5以下.

(3) 夹具

几乎所有的振动试验都需要一个在振动台和试件之间过渡的夹具,因为振动台是通用设备,台面上有固定的连接螺孔,而试件千差万别,一般情况下试件的固定螺孔位置与大小和振动台台面几乎不可能匹配,因此需要一个过渡件即夹具将试件和振动台或滑台连接起来.

夹具的功能主要是:① 连接或固定试件;② 传递力或振动参数;③ 保持或改变振动方向;④ 某些试验中需模拟试件的真实边界.

试验时,总是希望夹具能不失真地将运动传递给试件,而且需要夹具上各点运动都能一致.这就要求夹具在试验频段内最好不出现共振峰,即有足够的刚度.但希望夹具是刚体的想法是不切实际的,为了保证振动试验的质量,规定夹具的一阶共振频率不能低于某个频率值,高于这个频率值时允许有共振,但要限定放大倍数和3 dB带宽;限定允许的正交运动,即规定在非试验方向的振动值必须小于某个值,即限定各种横向运动;规定试件和夹具相连接的若干个固定点之间允许的振动输入偏差值,即不能因试件的模态引起试件各固定连接点的振动不均匀性.

对于大型结构,夹具设计时要综合考虑振动台承载能力、夹具谐振频率等的要求,避免大型结构对振动台可能造成的损伤.图11.20为某型号双星整流罩/仪器舱正弦振动试验时所采用的夹具,同时由于试件总质量约6.8 t(不包括夹具),而振动台台面最大承载不超过5 t,需要增加纵向扩展台面支承试件大部分的重量,余下的少部分重量由动圈承受.扩展台如图11.21所示.

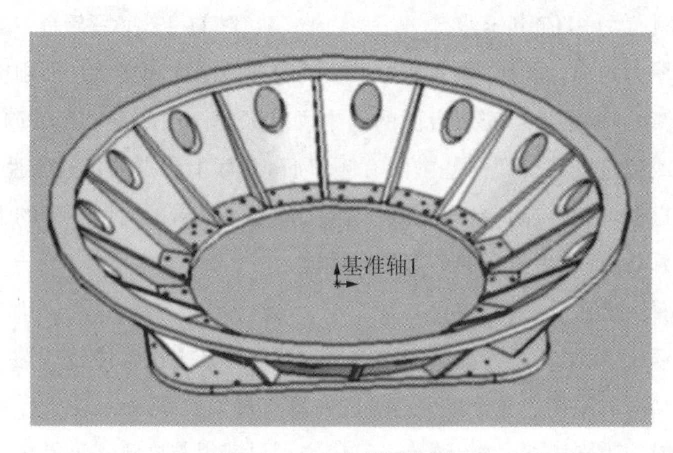

图11.20 夹具示意图

此外,如上节所述,边界条件对振动响应分布的影响在有些情况下不可忽略,因此根据试验目的及试件实际边界等要求,有些地面振动试验夹具需模拟试件的真实边界.

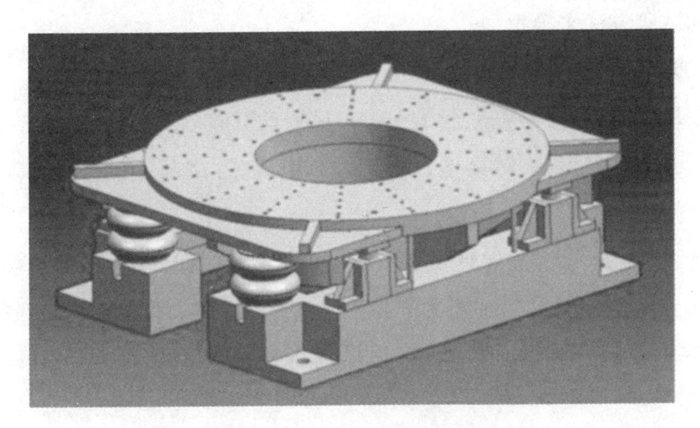

图 11.21　30 t 振动台扩展头示意图

11.2.4　试验技术

根据所经受环境的特点及地面振动试验设备的适用范围,星箭系统一般开展的振动试验包括:正弦扫描振动试验和随机振动试验.

1. 正弦扫描振动试验

正弦扫描振动试验是振幅按规定的量级而频率随时间线性或对数变化的试验.正弦扫描振动试验的频率上限因具体环境或试验目的而不同,但通常不超过 200 Hz.

星箭系统开展正弦扫描振动试验的目的:① 确定试件的关键结构响应特征,然后利用分析手段检验试件对期望的低频瞬态环境的承受能力;② 利用正弦扫描振动试验获得结构响应数据,以验证结构的整体特性计算分析结果;③ 用于模拟有潜在损坏的瞬态载荷以代替实际的低频瞬态试验.

正弦扫描激励用电动振动台或液压振动台实现,振荡频率以线性或对数方式增大.振动幅值和扫描率按设备的响应模拟所预示的瞬态事件的响应来确定.

2. 随机振动试验

作用在星箭上的低频随机振动环境的主要诱因有运输、竖立在发射台上的风载、大气湍流、上升时穿越大气层的冲击,它们通常表现出随机特征,此类环境一般选用随机激励.低频振动的频率上限因具体环境而不同,但通常不超过 100 Hz.

作用在星箭上的高频随机振动环境的主要诱因有起飞和跨音速飞行及最大飞行动压(q_{max})时由气动噪声导致的振动,频率范围为 10～2 000 Hz.

此类试验的频率下限通常由设备的低频能力决定.低频随机振动试验采用电动振动台或液压振动台均可,高频(高至 2 kHz)随机振动试验通常采用电动振动试验系统.

由于液体运载火箭的固有特性,有时会出现 POGO 振动,或出现一些瞬态振动,此时在宽频随机振动背景上会叠加一些突出频率的振动,此时可以采用上述试验方法的复合,即宽带随机 + 正弦振动试验方法来模拟.

3. 振动试验实例

对某型号双星整流罩、仪器舱进行了正弦扫描振动试验,该试验是为考核双星整流罩、卫星支架、过渡支架、两颗模拟星、转接框、仪器舱段、电缆、管路及各单机等在振动环境下的安装是否存在相互间的动态干扰.

由于产品高度高、质量大,为保证试验安全,需搭建龙门架保护,根据现场吊高及可操作高度,搭建的龙门架高度为 10.6 m,超过产品质心高度.试验时产品与龙门架之间加装保护用钢丝绳和木板并将其固定到四个铸块上,试验时保护装置不受力,如图 11.22 和图 11.23 所示.

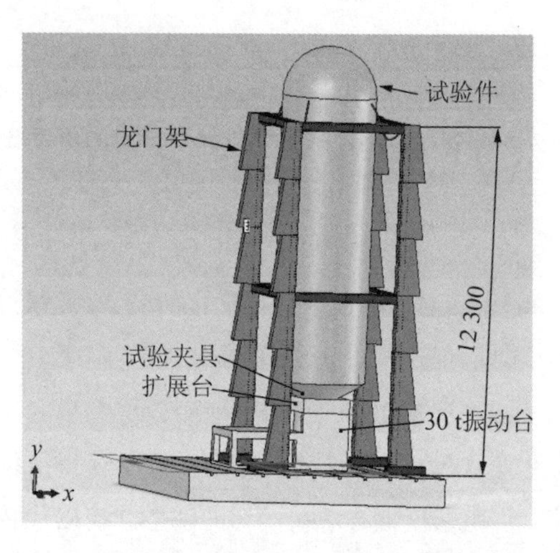

图 11.22　试验件保护装置示意图

图 11.23　某型号双星整流罩振动试验

通过小量级预试验各测点响应情况,对各级正弦扫描条件进行了响应限值控制,有效避免了局部过试验.正式试验时发现加速度响应放大明显,据此提出了改进措施,为型号研制提供了有效的试验支撑.

11.3　多维振动试验技术

近年来,随着振动台技术和控制软件技术的发展,多振动台激振试验技术逐步得到发展.在国外的文献中,对多振动台激振表述的名称较多,如 Multi-Exciter, Multi-Shaker, Multi-DOF Shaker, Multi-Dimensional 和 Multi-Axial Testing 等,考虑到汉语习惯,在本节中我们称之为多维振动试验.

多维振动环境试验是指用几个振动台同时激励一个试件，并按试验条件控制试件与激励系统界面的运动响应，使试件作多维空间运动，以考核试件结构的动强度和仪器设备的可靠性.多维振动环境模拟的主要目的是在室内再现试件的真实外场使用环境.根据振动台相对于试件的激励方向，多维振动环境试验可分为两类：一类是单方向激励，即几个振动台的激励方向是平行的，当各个激励同相时形成多台同步振动，否则形成空间运动；另一类是三向激励，即几个振动台的激励方向是互相垂直的，形成三轴振动或者形成六自由度的空间运动.最早的多维激励振动试验可能是车辆的道路模拟和地震运动模拟，在这些场合激励源是多维的或多轴的.试验的主要目的是以开环形式复现实测响应.近年来，多维激励振动试验被引入武器系统和航天产品，有关多个振动台激励一个试件的试验方法、振动系统硬件和控制软件都有长足的进步，试验目的也从提高振动系统的推力和避免细长体试件的过试验，发展到真实模拟使用环境.卫星、惯性测量组合、导引头和引信等设备的单维振动和多维振动的试验结果比较表明，多维同时激振确实比传统的单维顺序激振更能找出产品的薄弱环节，达到考核宇航产品的目的.促进多轴振动环境试验技术发展的主要原因是一些已经按标准通过了单轴试验的军用设备（如车载电源、通信设备和导弹引信等）在外场（运输）或者使用（飞行）环境中不能承受多维振动环境，而简易的多轴振动环境试验揭示了单轴试验未能发现的潜在故障.另一个原因是一些运载火箭施加给卫星、飞船和航天飞机的载荷是非对称的，为了进一步减轻结构重量，特别需要真实地模拟这些多维载荷.惯性测量组合的成功应用很可能需要借助于多维振动试验.惯性侧身组合直接与载体相连，载体的线振动和角振动将直接传递到惯性仪表上，影响组合的测量精度，在带减震器时尤其如此.

随着宇航产品的日益复杂，传统的单维顺序激振已经不能满足研制需求，有必要对复杂系统级产品，如导弹、运载火箭仪器舱、卫星等，开展多维振动试验考核.

11.3.1 试验原理

多维振动试验的基本原理与单振动台试验大致相同，都是将要求的振动条件控制在误差范围内，实现包括时间波形再现、正弦、冲击和随机等形式的振动控制.但是多维振动的控制方法和单振动台试验相比还是要复杂得多，时域描述多维振动试验情况时，需要多个时间历程，频域描述多维振动试验情况时，试验输入除了规定控制点的自谱密度以外还需要互谱密度，多维振动试验系统的传递函数识别结果都是矩阵的形式，而不是单台单轴试验那种简单除法运算.多维振动控制实际上是多输入、多输出的控制，在实际工程中，有时也会遇到数学上有解但工程上无法控制的情况，这时还需要对一些控制算法进行优化.

1. 多输入、多输出系统在随机激励下的动力学方程

多维振动试验系统是一个多通道激励输入、多通道振动输出的系统，系统由试件、工装、

振动台、功率放大器等构成.由于系统的输入输出均为多个变量,因此具有多变量系统的特点:变量之间存在耦合效应.一个输入量的变化会导致多个输出量发生变化,每一个输出响应不只受到一个输入激励的影响,而是多个激励共同作用产生响应的叠加.

对于一个多输入、多输出振动系统,系统的运动方程可以表达为

$$\boldsymbol{m}\ddot{\boldsymbol{x}}(t)+\boldsymbol{c}\dot{\boldsymbol{x}}(t)+\boldsymbol{k}\boldsymbol{x}(t)=\boldsymbol{F}(t) \tag{11.3.1}$$

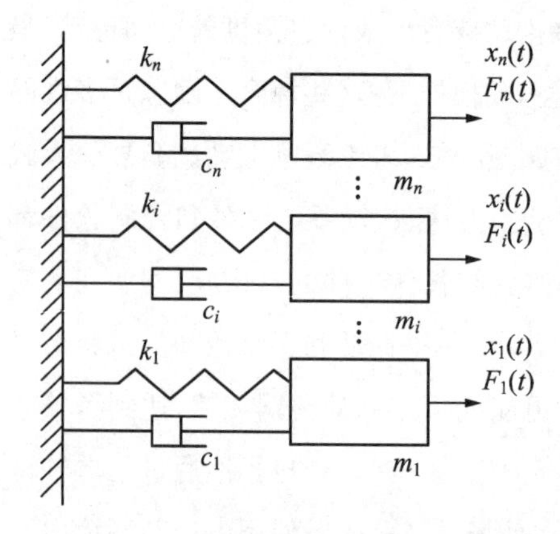

图 11.24　无耦合多轴向振动系统模型

其中,$\boldsymbol{x}(t)=\{x_1(t)\ \ \cdots\ \ x_n(t)\}^{\mathrm{T}}$ 是系统的振动响应,$\boldsymbol{F}(t)=\{F_1(t)\ \ \cdots\ \ F_n(t)\}^{\mathrm{T}}$ 是系统的激励输入,$\boldsymbol{m},\boldsymbol{c},\boldsymbol{k}$ 是系统的质量矩阵、阻尼矩阵和刚度矩阵.

当系统各轴向不存在振动耦合时,各轴向的振动响应信号只由对应轴向的激励信号所决定.这时系统可以转化为多个单自由度系统,如图 11.24 所示.

对于单自由度系统的振动模型,可以采用下述运动方程来表达:

$$m_i\ddot{x}_i(t)+c_i\dot{x}_i(t)+k_ix_i(t)=F_i(t),\quad i=1,2,\cdots,n \tag{11.3.2}$$

其中,m_i,c_i,k_i 分别为对应轴向相应的质量、阻尼和刚度系数.

此时参数矩阵 $\boldsymbol{m},\boldsymbol{c},\boldsymbol{k}$ 为对角矩阵,分别为

$$\boldsymbol{m}=\begin{bmatrix} m_1 & \cdots & 0\\ \vdots & & \vdots\\ 0 & \cdots & m_N\end{bmatrix},\quad \boldsymbol{c}=\begin{bmatrix} c_1 & \cdots & 0\\ \vdots & & \vdots\\ 0 & \cdots & c_N\end{bmatrix},\quad \boldsymbol{k}=\begin{bmatrix} k_1 & \cdots & 0\\ \vdots & & \vdots\\ 0 & \cdots & k_N\end{bmatrix} \tag{11.3.3}$$

令 $\omega_i=\sqrt{\dfrac{k_i}{m_i}},\xi_i=\dfrac{c_i}{2\sqrt{m_ik_i}}$,则式(11.3.1)可以表示为

$$\ddot{\boldsymbol{x}}(t)+2\boldsymbol{\xi}\boldsymbol{\omega}\dot{\boldsymbol{x}}(t)+\boldsymbol{\omega}^2\boldsymbol{x}(t)=\boldsymbol{\omega}^2\boldsymbol{F}(t) \tag{11.3.4}$$

式中,参数 $\boldsymbol{\xi},\boldsymbol{\omega},\boldsymbol{\omega}^2$ 分别为

$$\boldsymbol{\xi}=\begin{bmatrix} \xi_1 & \cdots & 0\\ \vdots & & \vdots\\ 0 & \cdots & \xi_N\end{bmatrix},\quad \boldsymbol{\omega}=\begin{bmatrix} \omega_1 & \cdots & 0\\ \vdots & & \vdots\\ 0 & \cdots & \omega_N\end{bmatrix},\quad \boldsymbol{\omega}^2=\begin{bmatrix} \omega_1^2 & \cdots & 0\\ \vdots & & \vdots\\ 0 & \cdots & \omega_N^2\end{bmatrix}$$

当系统存在振动耦合时,任意轴向的响应除了与对应轴向的激励有关外,还和其他方向的激励有关,此时系统可以简化为一个多自由度系统模型,如图 11.25 所示.

根据式(11.3.3),此时系统的参数矩阵不再是对角矩阵,而是

$$m=\begin{bmatrix} m_1 & \cdots & 0 \\ \vdots & & \vdots \\ 0 & \cdots & m_N \end{bmatrix},\quad c=\begin{bmatrix} c_{11} & \cdots & c_{1N} \\ \vdots & & \vdots \\ c_{1N} & \cdots & c_{NN} \end{bmatrix},\quad k=\begin{bmatrix} k_{11} & \cdots & k_{1N} \\ \vdots & & \vdots \\ k_{1N} & \cdots & k_{NN} \end{bmatrix}$$

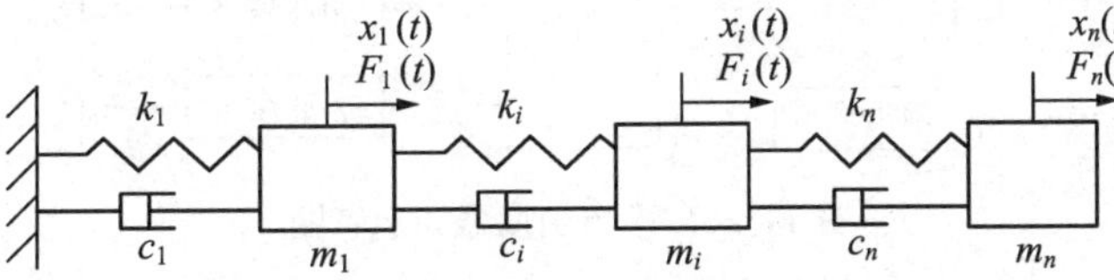

图 11.25　耦合的多轴向振动系统模型

对于大多数多输入、多输出振动系统而言，各轴向之间是存在耦合问题的，很难用单自由度模型来描述.

如果已知各自由度振动的模态向量，通过正则化模态向量可以获得

$$\boldsymbol{\mu}=[\boldsymbol{\mu}^{(1)}\quad \boldsymbol{\mu}^{(2)}\quad \cdots\quad \boldsymbol{\mu}^{(n)}] \tag{11.3.5}$$

通过行变换，将物理坐标 $\boldsymbol{x}(t)$变换到广义坐标 $\boldsymbol{q}(t)$，有

$$\boldsymbol{x}(t)=\boldsymbol{\mu q}(t) \tag{11.3.6}$$

这样就可以将参数 $\boldsymbol{m},\boldsymbol{c},\boldsymbol{k}$ 分别对角化为

$$\boldsymbol{m}=\boldsymbol{I} \tag{11.3.7}$$

$$\boldsymbol{k}=\begin{bmatrix} \omega_1^2 & \cdots & 0 \\ \vdots & & \vdots \\ 0 & \cdots & \omega_N^2 \end{bmatrix} \tag{11.3.8}$$

$$\boldsymbol{c}=\begin{bmatrix} 2\xi_1\omega_1 & \cdots & 0 \\ \vdots & & \vdots \\ 0 & \cdots & 2\xi_N\omega_N \end{bmatrix} \tag{11.3.9}$$

这样就可以实现多自由度振动系统的解耦，并且将多自由度振动系统的传递函数表示为

$$H_r(\omega)=\frac{1}{1-\left(\dfrac{\omega}{\omega_r}\right)^2+2\xi_r\dfrac{\omega}{\omega_r}},\quad r=1,2,\cdots,N \tag{11.3.10}$$

2. 多维振动控制方法

多维振动试验用多个振动台实现，如图 11.26 所示.

控制仪、功放、振动台、试件和运动测量已构成一个多输入、多输出振动系统. 系统的响应在时域可用微分方程表示，在频域则用代数方程表示，

$$\boldsymbol{R}(f)=\boldsymbol{H}(f)\boldsymbol{E}(f) \tag{11.3.11}$$

其中，$\boldsymbol{R}(f)$是系统响应列阵$(m\times1)$，$\boldsymbol{H}(f)$是表征系统特性的频响函数矩阵$(m\times n)$，$\boldsymbol{E}(f)$是系统驱动列阵$(n\times1)$.

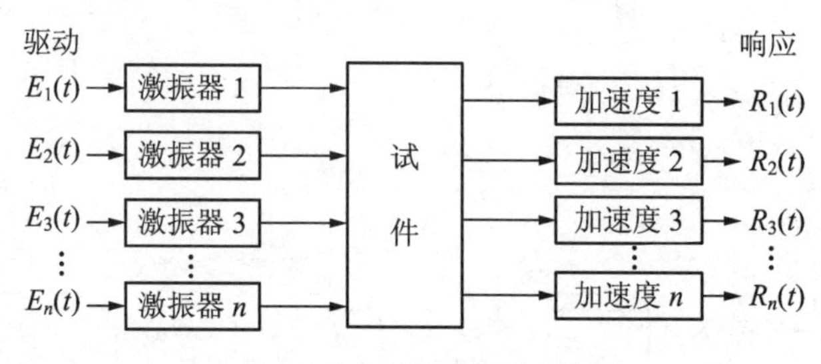

图 11.26　多自由度振动示意图

驱动和响应的功率谱关系表示为

$$\boldsymbol{G}_{rr}(f) = \boldsymbol{H}(f) \cdot \boldsymbol{G}_{ee}(f) \cdot \boldsymbol{H}^{\mathrm{H}}(f) \tag{11.3.12}$$

其中，$\boldsymbol{G}_{rr}(f)$是响应谱矩阵$(m \times m)$，$\boldsymbol{G}_{ee}(f)$是驱动谱矩阵$(n \times n)$，上标“H”表示矩阵的复共轭转置.

当振动台的个数与所要控制的响应点数匹配，也就是所要控制的响应点数等于激励数时，频响函数矩阵为方阵，频响函数矩阵 $\boldsymbol{H}(f)$只要是满秩的，就有唯一解：

$$\boldsymbol{G}_{ee}(f) = \boldsymbol{H}^{-1}(f) \cdot \boldsymbol{G}_{rr}(f) \cdot [\boldsymbol{H}^{\mathrm{H}}(f)]^{-1} \tag{11.3.13}$$

当振动试验中所要控制的响应点数不等于激励点数时，频响函数矩阵为非方阵.用伪逆代替式(11.3.13)中的求逆运算，得到驱动谱.用这样的驱动谱去生成时间历程作为激励所造成的控制点响应一般是不能达到规定精度要求的，控制算法也是研究的方向，可以考虑优化算法.一般的多维振动控制流程如图 11.27 所示.

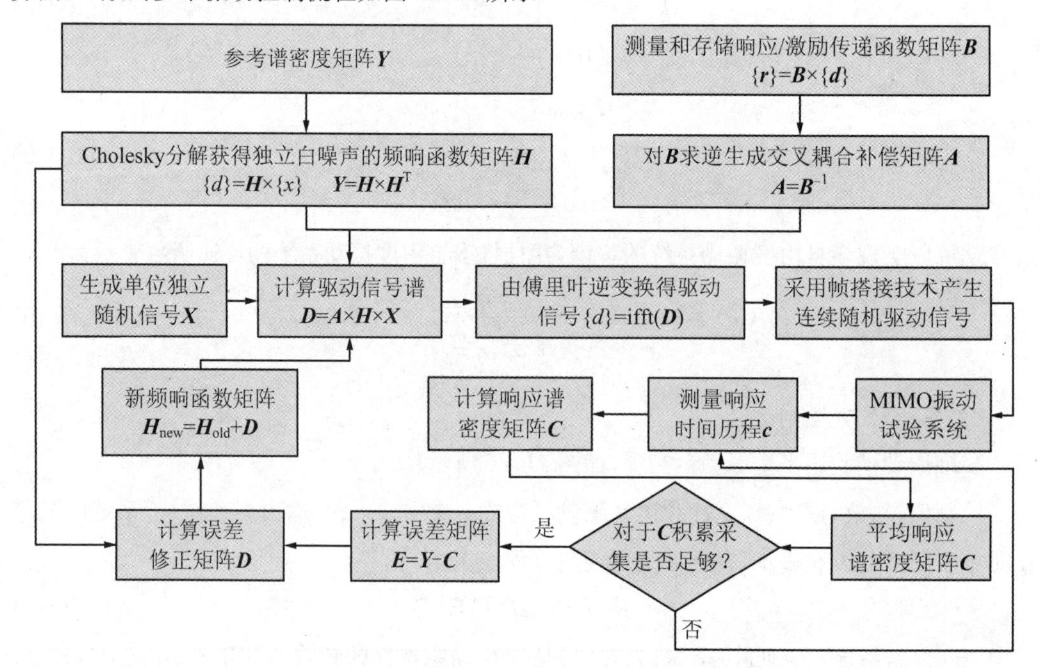

图 11.27　多维振动试验控制算法的一般流程

3. 多维振动控制参考点的解耦方法

多维振动试验一般是以界面运动激励为基础的，并且假定界面为刚性平面，要完整描述一个刚体运动需要六个自由度：三个平动（线振动）和三个转动（角振动）．通常用空间布置的六个线加速度传感器通过解耦获得线角振动数据．

假设一个刚体的六自由度微幅振动 $\boldsymbol{D}=(x,y,z,\gamma,\varphi,\psi)$，那么在质心惯性坐标系中，刚体上位置为$(r_x,r_y,r_z)$的任一点振动位移$(\mathrm{d}x,\mathrm{d}y,\mathrm{d}z)$可表示为

$$\begin{Bmatrix} \mathrm{d}x \\ \mathrm{d}y \\ \mathrm{d}z \end{Bmatrix} = \begin{bmatrix} 1 & 0 & 0 & 0 & r_z & -r_y \\ 0 & 1 & 0 & -r_z & 0 & r_x \\ 0 & 0 & 1 & r_y & -r_x & 0 \end{bmatrix} \begin{Bmatrix} x \\ y \\ z \\ \gamma \\ \varphi \\ \psi \end{Bmatrix} \tag{11.3.14}$$

假设测量方向的方向矢量为 $\boldsymbol{m}=\{\cos\theta_x,\cos\theta_y,\cos\theta_z\}$，则所得到的位移是 $m_d=\boldsymbol{m}\cdot\boldsymbol{d}$：

$$m_d = \begin{Bmatrix} \cos\theta_x \\ \cos\theta_y \\ \cos\theta_z \end{Bmatrix}^{\mathrm{T}} \begin{bmatrix} 1 & 0 & 0 & 0 & r_z & -r_y \\ 0 & 1 & 0 & -r_z & 0 & r_x \\ 0 & 0 & 1 & r_y & -r_x & 0 \end{bmatrix} \begin{Bmatrix} x \\ y \\ z \\ \gamma \\ \varphi \\ \psi \end{Bmatrix} \tag{11.3.15}$$

采用六点测量可以得到线位移矢量为 $\boldsymbol{m}=\boldsymbol{TD}$，$\boldsymbol{T}$ 为 6×6 矩阵，与测点的位置、方向有关．如果矩阵 $\boldsymbol{T}$ 可逆，就可以得到刚体运动的位移

$$\boldsymbol{D}=\boldsymbol{T}^{-1}\boldsymbol{m} \tag{11.3.16}$$

11.3.2 试验系统

多维振动试验可分为三类：一类是单方向多台并激，即几个振动台的激励方向是平行的．这种振动形式主要针对单个振动台单轴振动试验不能实施的三类试件：要求大支架的笨重试件，单个振动台推力不够；结构界面局部薄弱易损试件，无法加载；容易弯曲破坏的高长细比试件等．它们都需要多个振动台激励．当各个激励同相时形成多台同步振动，否则形成空间运动．对于这种振动形式的系统，在欧洲 ESTEC 公司有一套四个 16 t 振动台构成的大推力垂直振动试验系统（如图 11.28 所示），德国的 IABG 试验室有一套四个振动台构成大推力水平振动试验系统（如图 11.29 所示），等等．

第二类是三轴振动，即几个振动台的激励方向是互相垂直的，形成三轴振动，这种振动形式存在角振动，是不控制的．主要针对产品在使用时主振方向变化、不与三个正交轴重合、多

轴分开试验不能发现潜在故障的情况.其表现为欠试验,需要三个方向同时试验.如美国空军试验室的三轴试验系统(如图 11.30 所示)、国内研发的三轴试验系统(如图 11.31 所示)等.

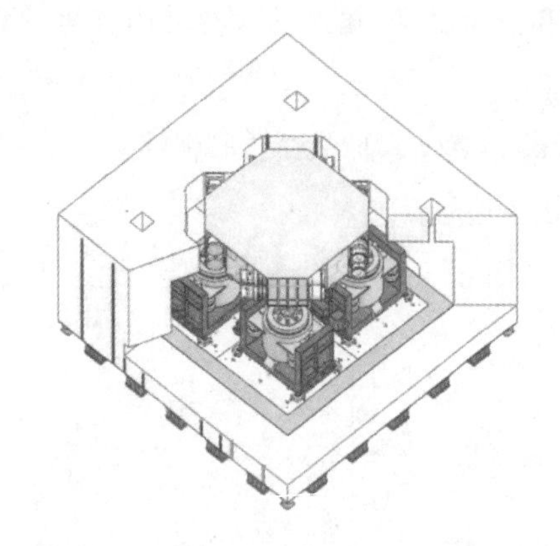

图 11.28　欧洲 ESTEC 垂直振动试验系统

图 11.29　德国 IABG 水平振动试验系统

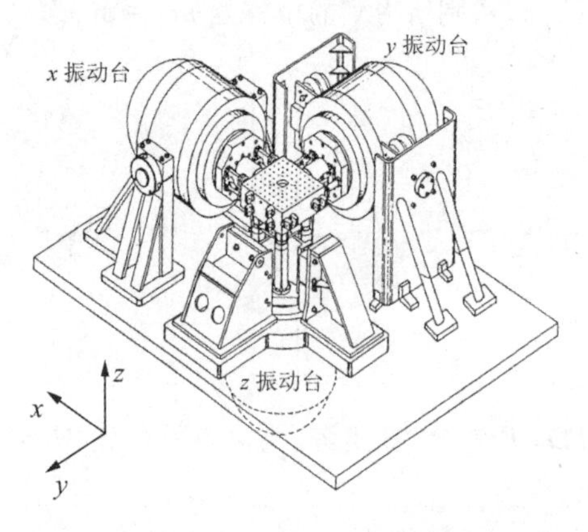

图 11.30　美国空军试验室三轴振动试验系统

图 11.31　国内研发的三轴振动系统

第三类是六自由度振动,真实模拟刚性平面假设的界面六自由度运动,即三个正交轴的平动(线振动)和围绕它们的转动(角振动).为激起反相模态和解决刚度非线性工作点改变导致系统特性改变的问题,可以进行角振动的控制.目前这样的系统有:美国空军试验室的高频六自由度系统(如图 11.32 所示),用于仪器舱的振动试验;日本的 NSADA 用 10 个振动台组成的多维振动试验系统(如图 11.33 所示),用于卫星的振动试验.最新的是美国 NASA 为了提高环境试验能力,在 Glenn Plum Brook Station 建立了一套新的多维低频试验系统,用于 Ares 的低频振动试验,该振动试验系统是目前世界上最大的振动试验系统,如图 11.34 所示.该设备能够对高 75 英尺(22.86 m)、重 75 000 磅(34.02 t)、重心为 23.67 英尺(7.21 m)、直径为 18 英尺(5.49 m)的产品进行正弦振动试验,试验量级为垂直方向 1.25g,水平方向 1g,频率范围为 5～150 Hz.这套系统是美国 TEAM 公司在欧洲 ESTEC 公司 HYDRA 系统基础上改进的.目前日本 NSADA 的多维振动系统和 NASA 的多维振动系统都是实施单向振动试验,产品试验时不需要变换方向,但在从试验能力上具备多维振动试验的能力,可以用于研制中的有关多维振动试验,只不过宇航产品的试验标准还未明确要求多维振动试验,武器装备的环境试验标准则已经有明确要求.

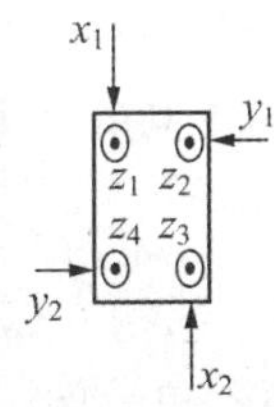

图 11.32　美国空军试验室多轴试验系统

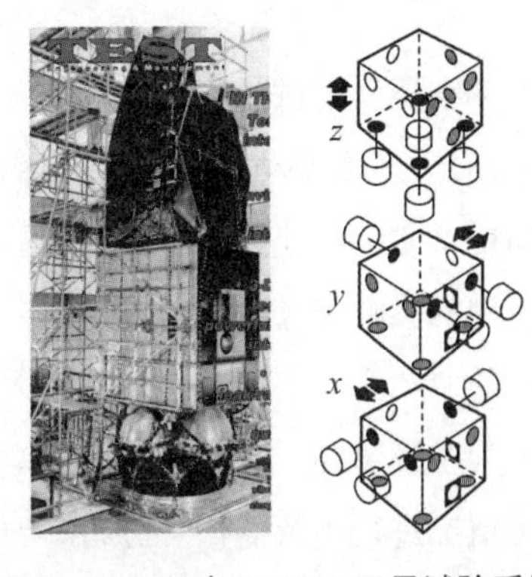

图 11.33　日本 NASDA 卫星试验系统

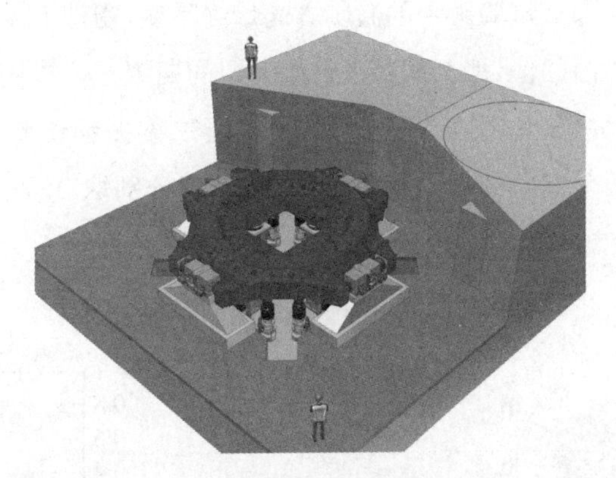

图 11.34　美国 NASA 的在建多维振动试验系统

11.3.3　试验技术

火箭在发射飞行过程中的振动力学环境目前是按单个方向的振动环境条件给出的,实际飞行过程中在火箭的某个截面上的振动环境不仅存在线振动环境,还存在角振动环境,并且线振动环境和角振动环境是同时存在并作用在星箭结构上的,单向振动环境试验考核还不能全面覆盖天上飞行过程中的力学环境.下面从试验条件的制定、模型仿真、结构响应、结构损伤分析等方面说明多维振动试验技术的一些研究进展.

1. 控制点试验条件的确定

多维振动试验条件一般通过外场或飞行试验测试包络后获得,通常用控制谱矩阵来描述,其对角线项为实数,是该自由度的自谱密度,描述该自由度的振动环境在各个频带内的能量分布情况,非对角线项为自由度间的互谱密度为复数,描述自由度间的独立关系.用矩阵形

式表示为

$$
\boldsymbol{G}_{xyz} = \begin{bmatrix} G_{xx} & G_{xy} & G_{xz} \\ G_{yx} & G_{yy} & G_{yz} \\ G_{zx} & G_{zy} & G_{zz} \end{bmatrix} \tag{11.3.17}
$$

单维振动的试验条件的制定比较简单，一般对实测信号进行谱包络来获取控制点的自谱密度.对于多维振动，由于多个自由度振动之间存在相互运动耦合影响，单纯的自谱密度已不能满足试验的需要，还要明确不同控制点之间的相干、相位信息，这些控制参数对多维振动试验控制的影响很大.从分析和试验结果可以看到，不同的相干控制参数状态下，结构的响应是不同的.

为了说明相干和相位对结构响应的影响，对两路输入振动信号的相干值分别为 0,0.5,1 三种情况进行了数值仿真分析，两向振动的合成结果如图 11.35 所示，如果输入信号之间的相干值为 0，那么试验平台不存在确切的激励方向；如果输入信号之间的相干值为 1 即两个振动台用同一个信号驱动，那么试验平台的激励方向始终不变，物理上变成一维的；如果输入信号之间的相干值取 0～1 内的值，那么试验平台按一定的期望方位以椭圆方式振荡.这个期望方位与外场激励的方向关联.另外，对某宇航产品进行二维振动试验.试验为横向两个方向(y,z 向)的联合振动，两个方向的振动谱型一致，相干值分别取 0,0.5,0.95 进行控制，相位为 0.图 11.36 为相干控制情况.

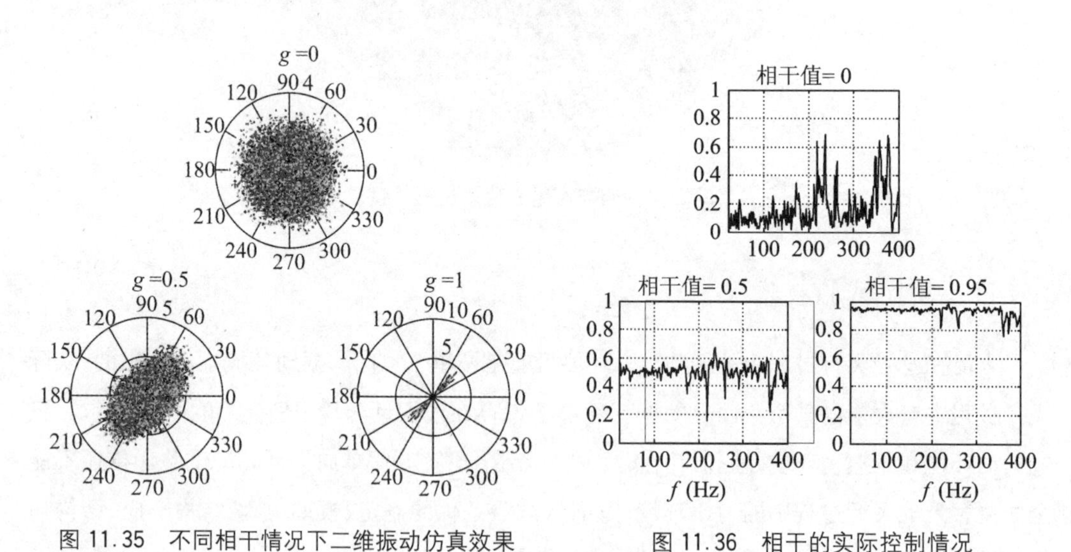

图 11.35　不同相干情况下二维振动仿真效果　　　图 11.36　相干的实际控制情况

多维振动试验的模拟依赖于相干函数的定义，图 11.37 为试验平台上一个点在给定时间的合成激励运动.如图 11.37 所示，如果输入信号是不相关的(相干值为 0)，那么试验平台不存在确切的激励方向.如果两个输入轴之间的相干值为 0～1 内的某个值(试验为 0.5)，那么试验平台按照一定的方位以椭圆方式振荡.如果两个输入轴之间的相干值为 1，表明两个轴向的运动全相关,两个振动台以同一个随机信号驱动,那么试验平台的运动应该是一条直线,试验在物理上变成了一维振动.在相干值为0.95的实际控制中,由于某些频率受到平台和试件的谐振频率的影响,相干并没有达到期望值,因此平台的运动没有达到一条直线的理想值.

图11.38为结构上某一点在给定时间的合成激励运动.从图11.38中可以看到,结构响应的运动规律并不完全与试验平台一致.在相干值为0的情况下,结构响应同样是没有确切的运动方向.当相干值为0.5时,结构响应的运动也是按照一定的方位以椭圆方式振荡,但是椭圆形状与试验平台有所不同,趋于分散化.当相干值为0.95时,结构响应的运动仍然是按照一定的方位以椭圆方式振荡.这是由于结构自身的模态特性的影响,试验平台在单项激励时,结构上某一点的响应并不是完全在激励方向有响应,在非激励方向同样存在振动响应.

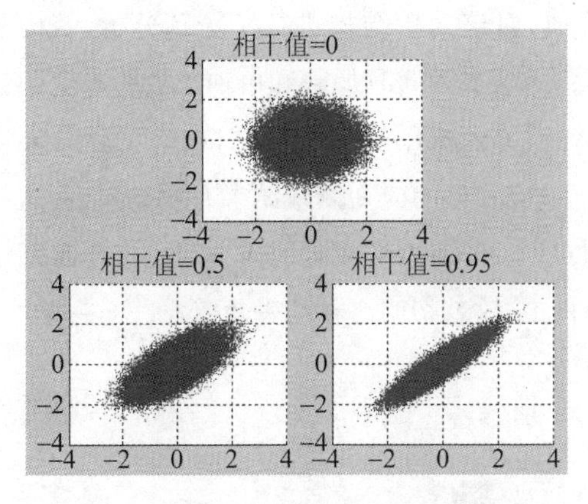

图11.37　试验平台上的二维合成运动

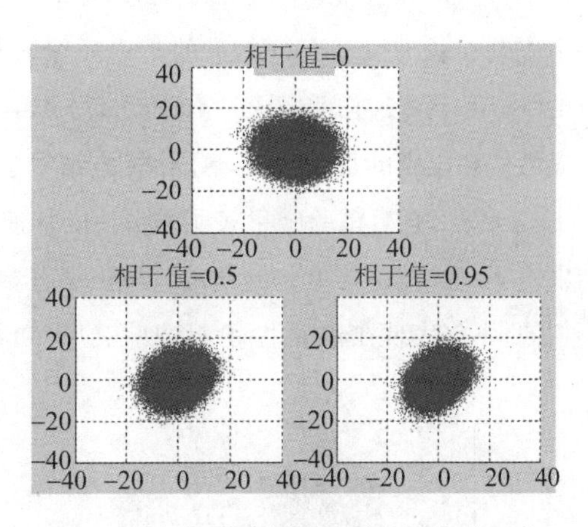

图11.38　加速度测点1的二维合成运动

由以上分析可知,全相干同相位振动时,两个振动台同步振动,相当于一个振动台在试件的两个位置施加振动.全相干反相位振动时,两个振动台反向振动,相当于对试件施加一个角振动激励.不相干振动情况下,两个振动台施加互不相干的激振作用.多维振动试验控制参数的获取需要对产品的使用振源环境进行合理分析,对结构传递进行深入研究,并且有充分的实测数据进行试验条件的迭代分析,才能最终得到有效的控制参数.

2. *模型仿真*

传统的振动试验都是基于单台单向振动的,而单向振动在某些情况下并不能激发出结构所有的动特性,这也是单维和多维振动的根本区别[240].为了说明单维和多维的区别,对如图11.39所示的一个二自由度集中质量模型作定性分析,在基础线振动的情况下,是激发不出以下简单系统的全部模态的.

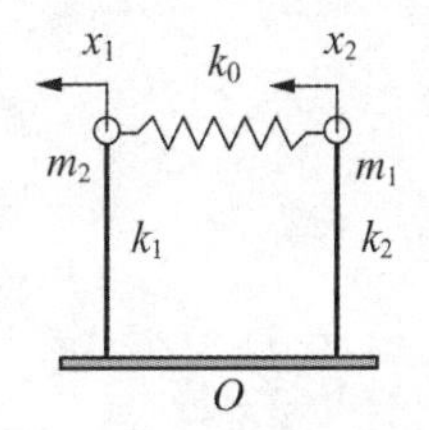

图11.39　二自由度模型

当基础作线位移 x_0 运动时,此时只能激出频率为 ω_1 的同相模态.在基础以角位移 θ_0 振动情况下,就可以激出频率为 ω_2 的反相模态.基础运动受力情况如图11.40和图11.41所示.

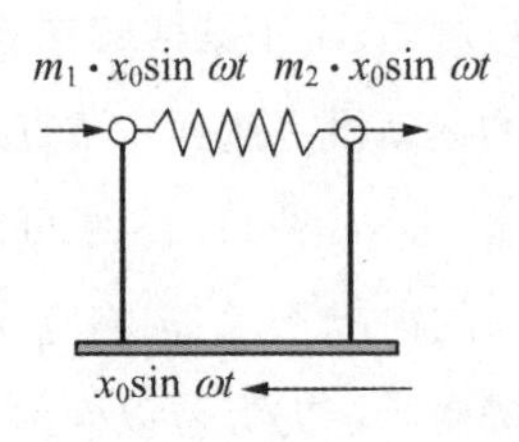

图 11.40　基础线振动

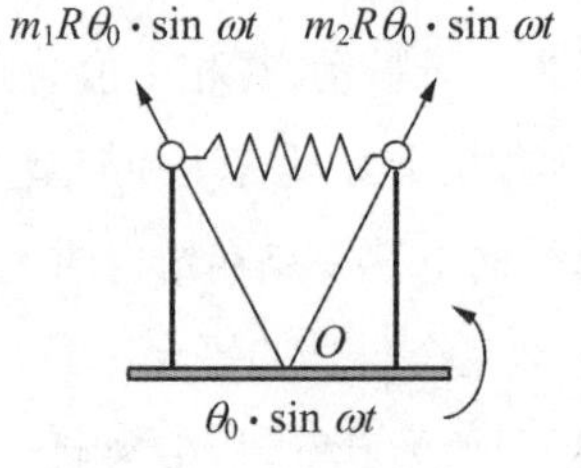

图 11.41　基础角振动

3. 多维振动结构响应

单台振动和多维振动的结构振动响应是不一样的.针对简单结构如图 11.42 所示,它由一个安装在长方形截面短梁上的集中质量块构成.对该简单结构进行了仿真分析,结构响应的结果如图 11.43 和图 11.44 所示,分析结果表明,多轴同时加载和单轴加载所产生的最大应力值和出现的部位都不相同.对该结构进行了单台振动和多维振动试验,试验结果见表 11.1～表 11.4,试验结果表明质量块的加速度响应和梁的应变测量结果有明显差别.这些结果表明多维试验与单台振动试验相比模态参与是不相同的,合成瞬时应力与加速度状态也不相同,不仅表现在幅值上而且表现在位置和方向上,这就指明潜在的失效模式也不一样.

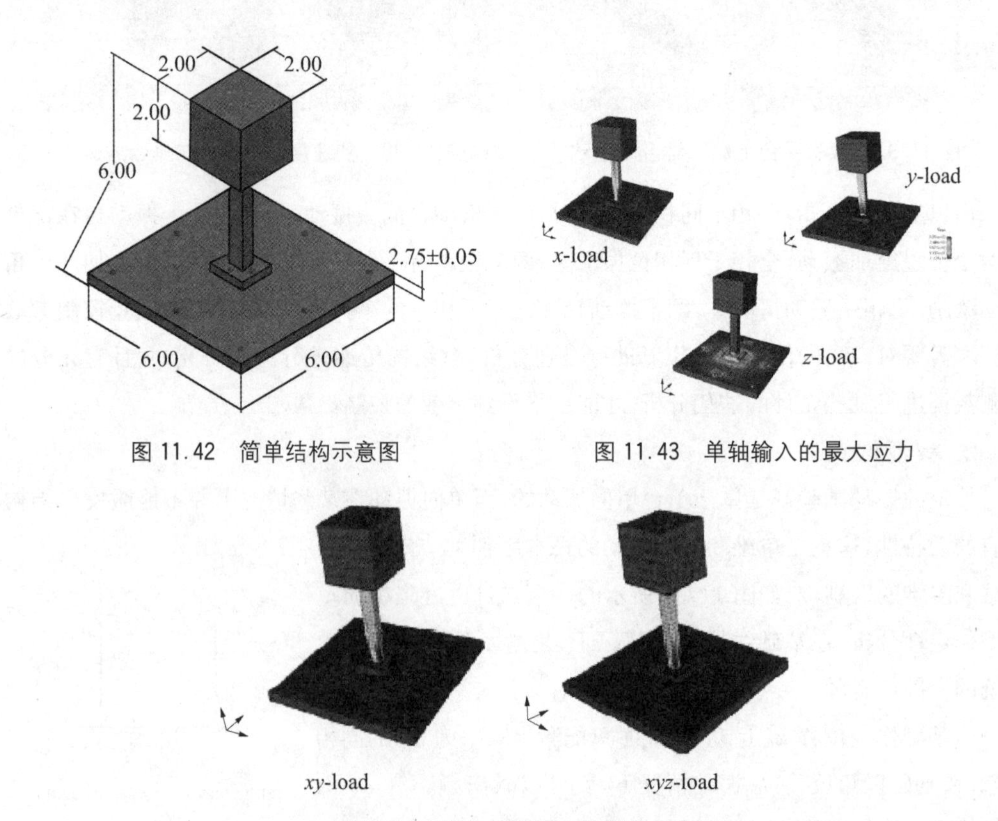

图 11.42　简单结构示意图

图 11.43　单轴输入的最大应力

图 11.44　组合单轴输入的最大应力

表 11.1　最大应力

输入载荷	最大 Von Mises 应力(PSI)
x 输入	345
y 输入	325
z 输入	42
组合 xy 输入	474
组合 xyz 输入	476

表 11.2　质量块的平动加速度

输入	A_x rms x 轴(g)	A_y rms y 轴(g)	A_z rms z 轴(g)	$\sqrt{A_x^2+A_y^2+A_z^2}$(g)
x	6.22	0.77	0.85	6.33
y	0.63	9.46	0.63	9.50
z	1.02	0.70	16.54	16.58
xyz	6.67	11.28	15.48	20.28
6(DOF)	8.51	11.07	16.21	21.40

表 11.3　质量块的角加速度

输入	R_x rms x 轴(rad/s^2)	R_y rms y 轴(rad/s^2)	R_z rms z 轴(rad/s^2)	$\sqrt{R_x^2+R_y^2+R_z^2}$ (rad/s^2)
x	6.22	0.77	0.85	6.33
y	0.63	9.46	0.63	9.50
z	1.02	0.70	16.54	16.58
xyz	6.67	11.28	15.48	20.28
6(DOF)	8.51	11.07	16.21	21.40

表 11.4　梁的应变测量结果

输入	S_1 rms x 轴(μ 应变)	S_2 rms y 轴(μ 应变)	S_3 rms z 轴(μ 应变)	S_4 (μ 应变)
x	6.22	0.77	0.85	6.33
y	0.63	9.46	0.63	9.50
z	1.02	0.70	16.54	16.58
xyz	6.67	11.28	15.48	20.28
6(DOF)	8.51	11.07	16.21	21.40

4. 多维振动结构损伤效应

单台振动和多维振动对结构的损伤效应不一样，针对某宇航产品结构件分别进行了 x，y，z 三正交方向的顺序随机振动试验和六自由度随机振动试验，如图 11.45 所示. 试验条件为环境应力筛选谱，如图 11.46 所示. 表 11.5 为产品上同一截面不同象限上的三个测量点的试验比较.

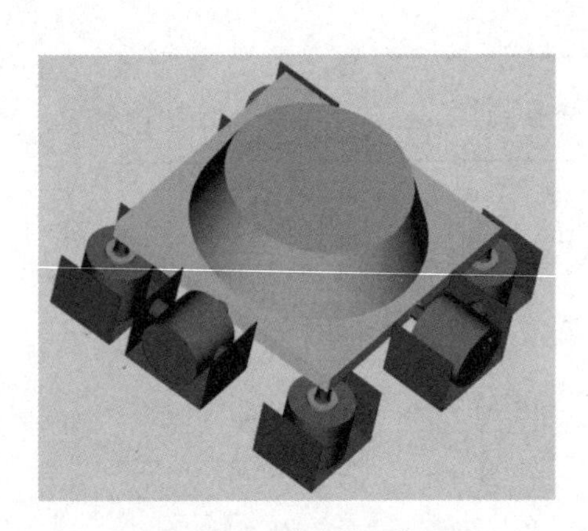

图 11.45 试验件示意图

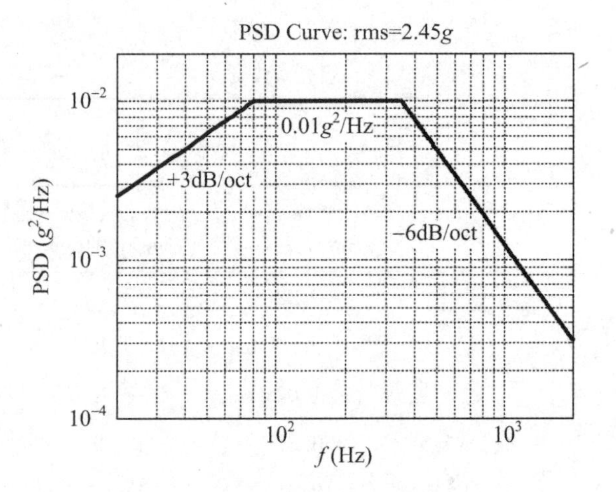

图 11.46 随机振动试验条件

表 11.5 试验典型测点不同振动试验的差异

测点编号	测点方向	x 向振动		y 向振动		z 向振动		六自由度振动	
		rms	主轨迹	rms	主轨迹	rms	主轨迹	rms	主轨迹
1	R	5.00	Rx 方向	5.74	Rx 方向	4.97	T 方向	7.94	Rx 方向
	T	1.38		1.13		2.99		3.59	
	x	3.49		2.35		1.60		3.93	
2	R	3.28	Rx 方向	4.15	RT 方向	3.97	RT 方向	6.19	Rx 方向
	T	1.89		2.06		2.91		4.00	
	x	3.34		1.46		1.43		3.66	
3	R	4.35	Rx 方向	2.82	T 方向	5.55	Rx 方向	7.79	Rx 方向
	T	0.94		2.85		1.36		2.96	
	x	3.25		1.30		2.14		3.87	

根据表 11.5 中的数据，对单轴和多维振动激励所造成的疲劳积累损伤进行初步的定量分析，按各测点的空间主运动轨迹合成等效加速度功率谱密度和均方根值 σ_{ae}，将各测点的等效加速度谱转化为速度谱，并求出等效速度均方根值 σ_{ve} 和等效频率 f_e，按照结构动态应力正

比于速度响应的关系推出各状态应力水平的关系.文献[241]推荐的不同应力水平等效试验时间的关系为

$$T_2 = T_1\left(\frac{\sigma_1}{\sigma_2}\right)^b \tag{11.3.18}$$

一般取 $b=4$,考虑到等效频率的影响,得到单轴与多维的等效试验时间关系为

$$n_{ei} = \frac{T_{ei}}{T_{e6\text{-DOF}}} = \frac{f_{e6\text{-DOF}}}{f_{ei}} \cdot \left(\frac{\sigma_{e6\text{-DOF}}}{\sigma_{ei}}\right)^4, \quad i = x, y, z \tag{11.3.19}$$

将单轴顺序试验的等效试验时间求和即可得到单轴与多维振动试验的累积疲劳损伤关系

$$N = \sum_{i=x,y,z} \frac{1}{n_{ei}} \tag{11.3.20}$$

表 11.6 为单轴和多维振动试验的典型测点等效加速度和等效速度以及等效频率的计算结果,表 11.7 给出了单轴相对于多维振动试验的等效试验时间.

表 11.6　各试验状态等效加速度、等效速度和等效频率

试验状态		A6	A9	A12
x 向振动	等效加速度 σ_{ae}	$5.63g$	$4.2g$	$4.85g$
	等效速度 σ_{ve}	0.052 m/s	0.041 m/s	0.049 m/s
	等效频率 f_e	167.6 Hz	163.2 Hz	159.1 Hz
y 向振动	等效加速度 σ_{ae}	$5.97g$	$4.31g$	$2.87g$
	等效速度 σ_{ve}	0.055 m/s	0.043 m/s	0.039 m/s
	等效频率 f_e	166.7 Hz	162.6 Hz	150.7 Hz
z 向振动	等效加速度 σ_{ae}	$2.87g$	$4.42g$	$5.56g$
	等效速度 σ_{ve}	0.035 m/s	0.044 m/s	0.053 m/s
	等效频率 f_e	128.3 Hz	145.2 Hz	153.7 Hz
六自由度振动	等效加速度 σ_{ae}	$8.35g$	$6.53g$	$8.15g$
	等效速度 σ_{ve}	0.08 m/s	0.063 m/s	0.074 m/s
	等效频率 f_e	163.2 Hz	163.2 Hz	166.5 Hz

表 11.7　单轴相对六自由度振动的等效试验时间

测点	x 向	y 向	z 向	累积
1	0.183	0.228	0.029	0.440
2	0.179	0.216	0.212	0.607
3	0.184	0.070	0.243	0.497

从试验件的结构特点和以上各表数据分析可知,单轴相对于多维振动试验的等效试验时

间分别为 0.44,0.607 和 0.497,即多维振动试验造成的疲劳损伤为单轴顺序三向试验的 1.6 倍以上.

国外同样也开展了基于典型的宇航产品 Ku 频段转发器的振动试验,进行了三轴试验和单轴振动试验,三轴试验时间与单轴试验时间一样,在使用同一试验程序的情况下,三轴随机激励引起的疲劳损伤大约是顺序施加单轴激励所引起的疲劳损伤的 2 倍.

宇航产品的多维振动试验中,产品边界条件(或称为产品的状态)和真实的飞行状态不一致时,也一样会引起结构响应的不一致.如仪器舱振动试验时,没有带有效载荷参加试验,也就出现了试件的界面连接条件和使用中的实际状况不一致的问题.连接界面的变化一方面造成结构质量特性的变化,另一方面造成界面阻抗特性的变化,这种不一致会引起结构响应不一致,从而会导致结构的破坏模式不一致.

在特定的试验目的要求下,如星箭系统的基础激励模态测试、环境试验考核、导航精度试验、力限条件的获取等,有条件的情况下,建议进行星箭的多维振动试验考核.在我国载人飞船的研制过程中就实施了仪器舱飞船联合状态的振动试验考核.

11.3.4 多维振动试验技术的应用

国内虽然在多维振动领域研究得比较晚,但也取得了很大的进展,多维振动试验技术在各种型号中得到了比较广泛的应用.

随着我国新型战术导弹多采用捷联式惯组结构,为了降低惯组的振动环境增加了减震器结构.减震器的采用改变了弹体到惯组的传递特性,使得惯组所得到的弹体参数并不能完全反映弹体的真实姿态.而惯组陀螺弹体的摆动环境是比较敏感的,提出了角振动试验系统和试验方法,并制定了角振动试验规范.角振动试验对于考核惯组对角振动环境的适应性,判定其是否满足控制系统设计的要求,起到定量考核的作用.试验证明,在传统的单台振动试验下惯组的导航精度相对比较高,而在多维振动环境下,惯组的导航精度则会出现大幅降低,惯组对多维振动环境比较敏感.某型号空空导弹在飞行试验中激光引信出现误动作触发故障,该故障隐患对飞机的安全造成严重威胁.为了在地面复现这一现象,引信设计单位进行了大量的单维振动试验,而且加大振动量级,均没有复现问题.但在三维振动试验中,复现了飞行故障现象.

多维振动试验方法是环境试验技术的一大进步.由于它具有真实模拟外场环境、避免严重过试验和节省推力等优点,因此有着广泛的应用前景,如机动导弹的全弹和舱段的运输与飞行振动模拟试验、惯测组合与减震器的三维振动试验、弹头和引信的多维振动试验等.进一步工作的重点在于试验方式的规范化和试验条件的标准化、单维振动和多维振动效果的比较以及期望主振方向与破坏的关系等.

第12章
动态试验仿真技术

本章首先指出：随着航天器结构越来越复杂，仅仅用数值分析方法或者仅仅用实尺动态试验方法都不能解决现代航天器结构动力学问题，为了解决这一问题必须采用航天器结构动态试验仿真技术，说明航天器结构动态试验仿真技术研究已成为航天器结构动力学研究当前发展趋势.本章主要介绍航天器结构动态试验仿真技术的三个方面：模态试验仿真技术、卫星振动台试验仿真技术和整星振动试验的天地一致性研究.

(1) 对模态试验仿真技术，提出了适用于航天器复杂结构模型修改的子结构试验建模综合技术；介绍了两个实例证明本章介绍的模态试验仿真技术应用的可靠性：一个是CZ-2E运载火箭模态试验仿真技术，另一个是CZ-2F运载火箭模态试验仿真技术.

(2) 对卫星振动台试验仿真技术，介绍了振动台振动试验系统仿真和一个卫星振动台振动试验仿真实例.

(3) 介绍航天器整星多维振动台振动试验的天地一致性研究.

12.1 动态试验仿真技术研究的必要性

12.1.1 复杂结构动力学分析结果精度不能完全满足设计要求

对复杂工程结构进行适当的处理与简化，形成动力学物理模型之后，正确地建立系统的数学模型就成为首要的任务.物理模型反映动力学分析物理特性，它可以是连续系统，也可以是离散系统.第4章详细介绍了各种数学建模方法，用来建立复杂结构离散化的数学模型；第

5 章介绍振动分析基本概念与动力学方程的求解方法;第 6 章介绍结构动力学方程的实用解法;第 7 章介绍很大自由度动力学方程的求解方法.当今,已经有了一些标准化的通用程序,例如 MSC/NASTRAN,ANSYS,JIFEX 和 HAJIF 程序等等,可以作为工具帮助我们去建立数学模型,求解复杂结构的动力学问题.我们的主要任务是进行复杂结构的动态特性与动态响应预测.也就是在已经知道系统的结构动力学方程和输入的激励载荷条件下,求解结构的动态特性(包括固有频率、振型和阻尼)和动态响应(包括时域响应与频域响应).将一个实际结构动力学物理模型等效地转化为理想化的动力学数学模型,从表面上看,只要懂得动力学计算程序,任何人都可以建立数学模型,这种计算机建模技术变得比较简单.对于简单结构的问题,结构动力学数学模型的求解可以给出可靠的结果,结构振动与结构动力学分析的教科书、专著以及许许多多有关的论文,让读者形成了一个非常理想化的结论,以为理论分析的结果就是准确的.必须指出,只有在满足导出理论的假设条件下,理论分析的结果才是准确的.但是,千万不要由此而推论出所有问题的理论分析结果都是准确的.本章的内容希望给读者建立一些结构动力学工程应用的常识,对于工程的问题,计算结构动力学数学模型的求解结果常常不太可靠,特别是进行复杂结构的动态响应预测更是一件很困难的事.

举一个圆柱壳的动态特性分析问题的例子.设计一个圆柱壳试件,取圆柱壳的厚度名义尺寸 $t=1$ mm,圆柱壳外径 $\phi_1=370$ mm,内径 $\phi_2=368$ mm,圆柱壳长度 $h=370$ mm,材料为 Q235 号钢,密度 $\rho=7\,850$ kg/m^3,弹性模量 $E=210$ GPa,泊松比 $\nu=0.3$,圆柱壳质量 $m=3.293$ kg. 划分圆柱壳网格密度为 30×100,这表示母线方向划分 30 个单元,周向划分 100 个单元,建立的有限元数学模型如图 12.1 所示.计算结果见表 12.1.很显然,这是一个非常简单的问题,计算结果应该很准确.然而,用按尺寸加工好的圆柱壳试件进行模态试验,试验结果的频率见表 12.1.由表 12.1 可以看到,名义尺寸计算结果与试验结果的误差中,一阶模态频率误差达 7.8%,前七阶模态频率误差最大达 14.2%.查找原因后,发现试件的质量是 $m=3.552$ kg,而不是 $m=3.293$ kg,说明圆柱壳实际加工的尺寸与图纸上的尺寸有误差.经详细检查,各个尺寸都有误差.例如,圆柱壳上每点的厚度不是均匀的.将圆柱壳厚度按试件的实测质量 $m=3.552$ kg 计算,平均厚度尺寸应是 1.085 mm,而不是 1 mm.按这一修改尺寸计算结果见表 12.1,再与试验结果比较,则误差大大减小了,一阶模态频率误差仅 0.23%,前七阶模态频率最大误差为 6.97%.一个复杂结构是由很多这样的简单部件与元件组成的,复杂结构的系统误差是由每个元件与部件误差组成的,由结构尺寸的误差引起的计算结果误差仅仅占系统误差的一小部分.由此可见,模型修改非常必要.

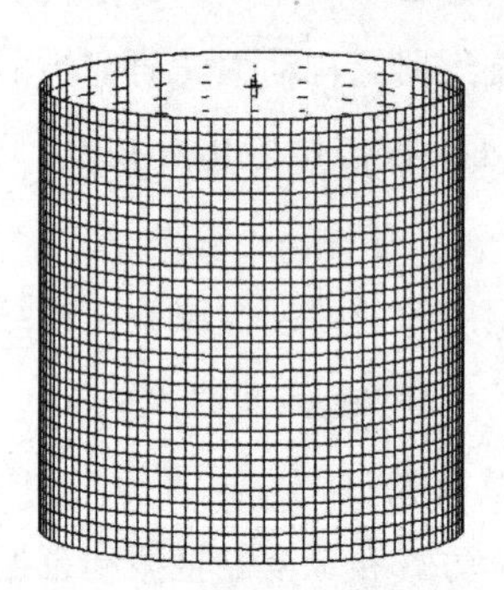
图 12.1　圆柱壳有限元数学模型

对于复杂结构,振动响应计算结果的精度不能完全满足设计要求,单纯靠数值计算给出

结构分析结果的可靠性与可信度存在着严重问题.这是因为:

表 12.1　圆柱壳计算频率与试验结果比较

n	试验结果 (Hz)	名义尺寸计算结果		修改尺寸计算结果	
		固有频率 (Hz)	误　差 (%)	固有频率 (Hz)	误　差 (%)
1	22.21	20.48	7.8	22.22	0.23
2	30.69	27.02	11.9	29.31	4.48
3	62.87	57.93	7.9	62.85	0.10
4	78.19	68.28	12.7	74.07	5.27
5	117.66	111.08	5.6	120.51	2.42
6	143.42	123.00	14.2	133.43	6.96
7	187.96	179.64	4.4	194.88	3.68

(1) 振动响应的计算比静力计算、振动特性计算等问题都要复杂得多.

从力学原理上看,静力计算只考虑结构的刚度矩阵,求解的是一个平衡方程的问题,方程的求解也非常简单和成熟.

动态特性计算是求解特征值方程,在数值技术上要较平衡方程的求解困难一些,主要原因是特征值对于结构参数的敏感性比较大,尤其是高阶特征值.一般情况下,它只考虑结构的若干个低阶模态频率,这样可以忽略实际结构中许多次要因素,并且对于大部分工程结构,不考虑阻尼对自振特性的影响,因此计算模型的构造相对比较简单,计算结果比较容易符合实际情况.对于中频模态,计算结果的误差还是很大,这是因为中高阶模态对结构参数高度敏感.用有限元方法无法准确解决高频响应计算的问题.

振动响应问题不仅需要考虑结构的刚度、质量矩阵性质,同时需要考虑结构的阻尼矩阵性质,有时候还必须考虑连接结构的非线性和外载荷条件.对于工程结构,其阻尼的描述是非常难做到精确的,而且在试验实测时离散度就表现得很大,因此在计算模型中误差往往较大.同时,阻尼对振动响应的计算结果影响很大.对于比例阻尼结构的振动响应计算,在理论上已经构造出了比较完善的解法,而且有有限元软件可用,困难少一些;对于非经典阻尼结构,第 5 章介绍的计算过程与经典阻尼结构相似,但目前尚没有编好的通用程序可用.采用现有的通用程序可以用逐步积分法积分耦合的方程,仍可以对给定的阻尼算得很好.另一方面,振动响应的物理本质是一种能量发散和能量传递的过程,结构的低阶特性和高阶特性往往都起着明显的作用.从模态叠加的角度看,它需要得到从低阶到高阶很大频域范围内的特征值及其对响应的贡献.这样,就不是仅仅将低阶模态计算准确就可以解决问题,还需计算较高频率的模态,这是很困难的.就目前模态试验技术而言,从测量数据中只能识别出有限几阶低频模态,对于大量的高频模态无法从试验中测得.因而数学模型修改时,只能用几阶低频模态数据,修改后的数学模型只能反映低阶模态信息.而对反映高频模态信息的参数却无法测到,更无法参与修改,因而修改后的数学模型频响函数曲线的高频段与试验频响函数曲线不一致是很自然的.此外,实际振动试验对某扫描频率激励时激发出“起作用”的模态频率范围是未知的,而它对最终的数据也会有很大的影响,这表现在计算中,就是对选择的模态叠加频率范围难以把握.同时,有些对局部参数非常敏感的振动模态将可能对响应结果有很大的影响,在响应计算中也很难把握.由于数学模型和计算参数很难做精准,所以数学模型计算本身的“精确性”往往是有很大局限性的.总之,采用有限元法进行振动响应分析,无论是在理论上还是在工程实际上都还有相当的难度.特别是对于中、高频段响应计算,还无法用有限元法来解决.因而,动态响应计算结果的误差很大,能让计算结果在试验结果的同一量级内,就可以说这个计算结果已是很好的了.正因为如此,航天器结构的动态响应计算分析还没有能够很好地应用于工程实际.如何提高动态响应计算精度,给设计提供可靠的动态响应参数,是复杂结构设计迫切需要解决的问题.

(2) 对于大型工程结构,要建立复杂结构正确的数学模型本身就是非常困难的问题,其原因可以列举如下:

① 在工程问题中结构是由各种构件组成的,自由度数大,几万、几十万自由度的有限元模型是平常的事;

② 数学模型与实际结构状态不完全一致;

③ 存在结构尺寸的误差、材料性能的误差、物理常数的误差;

④ 存在边界条件的误差;

⑤ 有些构件之间存在一定的间隙与相对运动,还有非线性因素,建模比较困难;

⑥ 结构中有些构件的局部零件的尺寸与材料性能不明确,存在一些不能确定的参数,这些参数有待试验数据识别;

⑦ 软件本身存在问题,结构分析通用程序中没有我们需要的用于计算特定问题相应功能的模块,也就是与所计算的问题不匹配,为了进行计算不得不将问题简化,不得不凑合使用现有的软件,还有建模简化过程处理不合适,单元选取与划分不合理,等等;

⑧ 结构是由许多部件组装而成的,组装过程引入的连接与装配力有一些不确定的因素,这些因素也有待试验数据识别.

很显然,这些原因增加了数学建模的难度,使所建立的模型存在较大的误差.由此可见,复杂结构建模与简单结构建模之间存在很大的区别.

(3) 航天器研制过程对结构动力学研究提出极为苛刻的要求.第1章已经说明航天器(包括运载火箭、卫星、飞船、空间站与航天飞机)结构动力学分析是研制过程中必不可少的重要流程.结构动力学动态响应分析的精度直接影响到动态载荷分析结果,关系到整个结构在飞行过程中的安全可靠.同时结构的模态参数又是航天器控制系统设计极为关键的数据,因为这些参数的精确性和可靠性决定了航天器控制系统是否正常工作.这些参数的错误会造成控制的错误,使航天器因无法正常飞行而失败.为了进行发射澳星的大型捆绑CZ-2E运载火箭的全箭模态试验,我国不得不投入大量资金抢建进行全箭振动试验的振动塔(见图1.8).为了验证理论建立的在轨结构数学模型,美国用航天飞机进行大型太阳帆板的模态试验.花这么大的代价做这些模态试验的目的,就是要准确地得到这些模态参数,以提供给控制系统设计使用,这足以说明这些参数对航天器研制成功与否有至关重要的影响.由此说明航天器研制过程对结构动力学研究提出极为苛刻的要求.

综上所述,复杂结构动力学计算分析结果的精度还不能完全满足航天器结构设计要求,单纯靠数值分析计算给出结构分析结果的可靠性与可信度存在着严重问题.因此,在多数情况下为了可靠性,国内外航天器设计师仍然采用全尺寸的实尺地面动态试验来获得结构动态参数的可靠数据.

12.1.2 航天器全尺寸地面动态试验不能完全满足设计技术的要求

然而,随着航天器的发展,结构或者尺寸越来越大,或者越来越轻巧,柔性变形越来越大,使得全尺寸地面动态试验越来越难以进行,不能完全满足设计技术的要求.特别对于在轨零g环境下的空间结构,它的动态试验在地面无法模拟.同时,即使在有条件进行实尺寸全系统试验的情况下,仍然还有很多因素无法在地面真实模拟.这种情况很多,下面举几个例子加以说明:

例12.1 振动台上的舱体结构振动边界条件无法完全模拟飞行时舱体结构弹性边界条件.

图12.2表示舱体的两种状态:(a)为飞行过程中舱体的实际状态;(b)为振动台上舱体的试验状态.比较两种状态的舱体运动方程,它们显然是不同的.实际上我们想进行(a)状态的振动试验,但地面上只能在振动台上做(b)状态的试验,无法做(a)状态的试验.而(a)状态的振动试验只能在计算机上做仿真.这是因为在振动台上无法模拟舱体与箭体连接的弹性边界条件,无法模拟飞行时的结构动态特性.

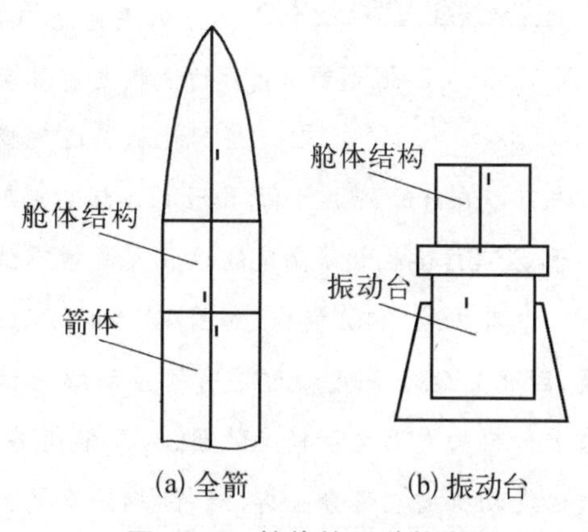

图12.2 舱体的两种状态

因为(a)状态与(b)状态系统的动态特性不同,有可能出现如下两种情况:

(1) 欠试验问题.舱体结构虽然已经通过振动台试验,但上天飞行时有时还可能出问题.例如,当舱体结构的固有频率与舱体结构振动台试验系统固有频率不耦合时,振动台试验时舱体结构的动态响应很小,振动台试验很容易通过.但是有时可能出现舱体结构的固有频率与箭体固有频率耦合的情况,这时舱体结构的动态响应很大,上天飞行时安装在箭体上的舱体结构就有可能因为响应太大而出问题.

(2) 过试验问题.舱体结构虽然没有通过振动台试验,但上天飞行时还是有可能不出现问题.例如,当舱体结构的固有频率与舱体结构振动台试验系统固有频率耦合时,振动台试验的舱体结构动态响应很大,振动台试验不能通过.但是可能出现上天飞行时舱体结构固有频率与箭体固有频率不耦合的情况,这时舱体结构的动态响应很小,上天飞行时安装在箭体上的舱体结构就有可能因为响应很小而不会出问题.

综上所述,说明有些情况振动台试验的可信度也是不够高的,因而不能仅仅以振动台试验结果作为设计的唯一依据,而应以飞行过程动态仿真结果为依据.

例 12.2 实尺寸振动试验因全结构的尺寸太大,在现有试验设备上无法进行.

在进行航天器结构实尺结构动态试验时,有些结构不得不用模型来代替,例如发动机与其他推力结构、贵重的仪器、载人飞船的宇航员、弹性约束变状态参数结构,有些实尺结构的重量与尺寸太大,在现有试验设备上无法进行,等等.以运载火箭为例可以具体加以说明.

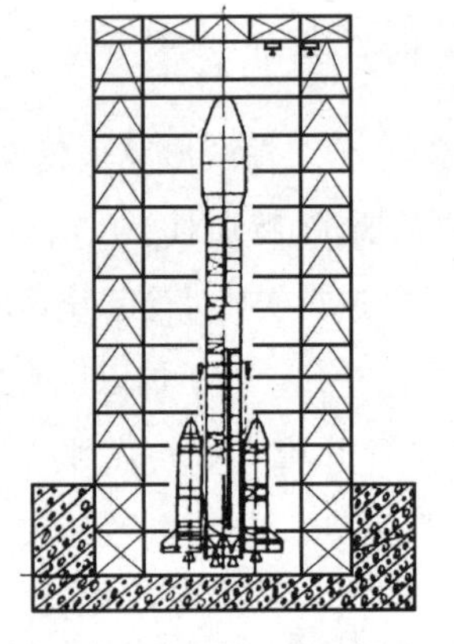

图 12.3 CZ-2E 运载火箭在塔内悬挂

大型运载火箭实尺全箭模态试验在现有的振动塔(见图 1.8)上进行,为了进行 CZ-2E 运载火箭全箭模态试验,建立了这个振动塔.图 12.3 是 CZ-2E 运载火箭在塔内悬挂的示意图.即使已经可以在振动塔内进行 CZ-2E 运载火箭全箭模态试验,但全箭地面模态试验状态仍然无法完全按飞行状态条件进行.这是因为:① 做飞行状态自由边界条件地面试验时仅能模拟实现;② 飞行时的运载火箭真实燃料与氧化剂,做地面试验时仅能用相近密度的其他材料近似模拟.用试验数据修改数学模型后,飞行状态的振动模态可以在计算机上仿真.由于振动塔内受可试验高度所限,这个振动塔只能进行高度等于或小于 CZ-2E 运载火箭高度的运载火箭模态试验,无法进行更高更大的运载火箭模态试验.

参考文献[246]指出,如图 12.4 所示,CZ-2F 载人运载火箭高度超过 CZ-2E 运载火箭高度,因此 CZ-2F 高度超过现有的振动塔可试验高度 2 m,全箭无法在现有的振动塔内悬挂起来进行自由界面全箭模态试验.为了能够在现有振动塔内进行全箭模态试验,不得不把低空逃逸发动机尖端部分去掉.这样,缩短全箭高度,使 CZ-2F 运载火箭能在塔内悬挂起来.而未安装的低空逃逸发动机部件用配重代替,这样采用代替配重办法之后,载人运载火箭就可以在振动塔内进行模态试验.图 12.5 是 CZ-2F 运载火箭在塔内悬挂的示意图.显然,替代配重的刚度与转动惯量跟被替代的部件不一致,还必须用数值仿真的方法修正全箭模态试验结果,以补偿配重带来的影响.

图 12.4　CZ-2E 与 CZ-2F 运载火箭

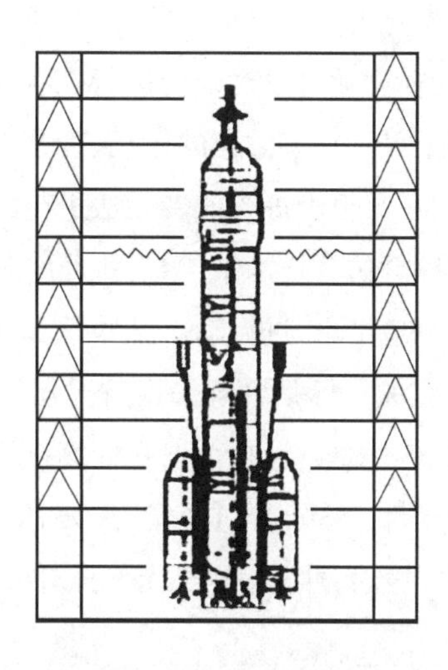

图 12.5　CZ-2F 运载火箭在塔内悬挂

12.1.3　航天器结构动态试验仿真技术

总而言之,仅仅用数值分析方法或者仅仅用实尺振动试验方法都不能解决越来越复杂的大型航天器结构动力学问题,必须寻找试验与理论密切相结合的可靠方法——结构动态试验仿真技术,在计算机上进行结构动态试验仿真.

结构动态试验仿真技术就是在计算机上进行结构动态试验仿真的技术,采用部件试验、缩尺模型试验和总体综合分析相结合的方法,在计算机上模拟总体结构真实状态进行各种激励下的动力学分析,在计算机图形终端活化显示结构准确的运动、变形、响应与应力,以指导或部分代替复杂的实尺结构动态试验.也就是把一个很难进行或者无法进行的复杂动态试验用一系列局部的小型的动态试验和计算机总体综合仿真技术来代替.

动态特性分析计算给出固有频率与振型,模态试验可以测到几个低阶模态的频率与振型.将计算与试验两者结合在一起,就必须用模态试验数据去修改系统的数学模型,验证计算结果的可靠性;最后,使修改后的系统数学模型给出与试验结果一致的固有频率与振型,形成模态试验仿真技术.

动态响应分析计算给出时域与频域响应结果,结构的振动台振动试验测到动态响应的时域与频域响应结果.将计算与试验两者结合在一起,就必须用振动响应的时域与频域试验结果数据去修改系统的数学模型,验证计算结果的可靠性;最后,使修改后的系统数学模型给出与试验结果一致的振动响应时域与频域结果,形成振动台振动试验仿真技术.

动态试验给出的结果虽然可靠,但是仅仅能在典型的边界条件与典型的激励载荷下进行动态试验,局限性很大.充分利用有限的动态试验数据,采用上述两种试验仿真技术,就将有限的试验数据化为数学模型中的参数,所给出的结构数学模型就比较真实地反映了结构的特性.用这样的模型就可以对结构进行在各种边界条件和各种激励载荷条件下的响应分析,进而在计算机上显示动态响应的运动、变形与应力,以指导或部分代替复杂的实尺结构动态试验.也就是把一个很难进行或者无法进行的复杂动态试验用一系列局部的小型的动态试验和计算机总体综合仿真技术来代替,进行各种状况的计算机仿真,可以更加可靠地与准确地预示结构动态响应结果,进行动态试验仿真,使得在型号方案阶段进行初步验证成为可能.

我们研究的目标是希望采用航天器结构动态试验仿真技术能够尽可能地进行飞行状态动态试验仿真,使总设计师可以在计算机终端直观地看到航天器在各种动态外载荷作用下结构各部位的运动、变形、响应、应力.要达到这样的目标是很困难的,必须针对各种载荷状态—— 静力、振动、冲击、噪声、活动部件展开、对接、碰撞,逐一进行研究,一步一步做,一步一步实施.

本书的主要任务是进行复杂结构的动态特性与动态响应预测.与此相应,本章着重介绍模态试验仿真技术与振动台振动试验仿真技术,并介绍两个运载火箭模态试验仿真技术应用实例和D卫星振动台振动试验仿真技术应用实例.毫无疑问,结构动态试验仿真技术是计算结构动力学的重要工程应用.

12.2 复杂结构模型修改技术

12.2.1 数学模型修改技术研究的重要性

结构动态试验计算机仿真的三个要素是:结构动态试验系统、结构数学模型和计算机.联系着它们的基本活动是:数学模型建立、数学模型修改、动态试验仿真软件建立和动态试验仿真,如图12.6所示.通过结构的动态试验与分析建立正确的系统结构数学模型.在计算机上安装动态试验仿真软件后,只有建立高精度结构数学模型,才能进行动态试验仿真.结构数学模型的精度决定了仿真结果的精度,动态试验仿真技术最关键的是数学模型的修改.

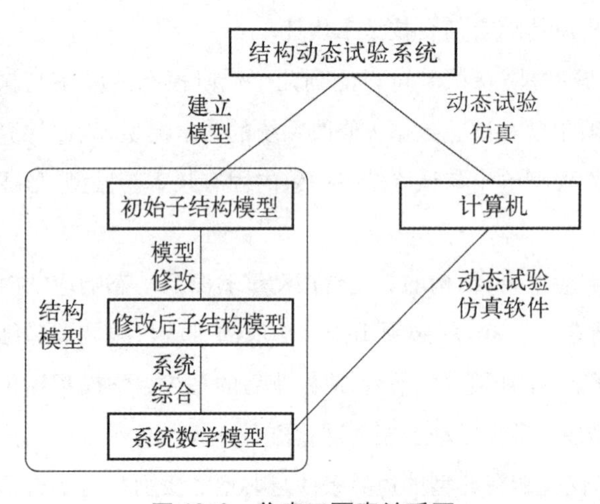

图12.6 仿真三要素关系图

在工业上有大量的复杂结构需要建立正确的数学模型.有了正确的数学模型,就可以在计算机上再现复杂结构

静、动态分析过程,实现复杂结构静、动态试验仿真.在此基础上可以进一步进行如下的研究:

① 所以在计算机上预示复杂结构的静、动态响应;

② 可以在计算机上修改结构部件,优化结构性能,改进结构设计;

③ 可以检测复杂结构的损伤,提供修复损伤结构的修改;

④ 可以长期监控复杂结构(大型桥梁、高层建筑等等)的性能,预测结构的寿命.

12.2.2 试验与分析数据相关性研究

1. 试验与分析数据的自由度的相关性

进行试验与分析数据相关性研究之前,必须对试验与分析数据的对应情况的一致性进行考察,这主要包括两个方面:① 测量点与计算点在结构上的几何位置是否一致;② 测量与计算给出的振型或响应向量的幅值归一化方法和单位是否一致.通常航天器数学模型的自由度(几千到几万)远大于模态试验与动态试验测点自由度总和.

进行计算结果与测试结果的自由度的相关性分析,可采用如下两种方法中的一种.

第一种方法是将计算模型的自由度减缩到试验测量自由度上.从分析计算用的数学模型采用减缩物理参数的方法形成一个"试验分析模型"(TAM),我们将全位移向量 $\boldsymbol{u}$ 划分为主(正)位移向量 $\boldsymbol{u}_1$ 和从属(副)位移向量 $\boldsymbol{u}_2$,主位移向量 $\boldsymbol{u}_1$ 为测量点一致的计算自由度位移,从属位移向量为减缩自由度的位移 $\boldsymbol{u}_2$.则全位移向量 $\boldsymbol{u}$ 为

$$\boldsymbol{u} = \begin{bmatrix} \boldsymbol{u}_1 \\ \boldsymbol{u}_2 \end{bmatrix} = \boldsymbol{T}_0 \boldsymbol{u}_1 \tag{12.2.1}$$

可以按6.4.2节的质量减缩方法导出变换矩阵 $\boldsymbol{T}_0$,见式(6.4.12),进而导出变换的运动方程,见式(6.4.13),形成近似的"试验分析模型".

也可以按6.4.3节的精确动力减缩方法导出变换矩阵 $\boldsymbol{T}$,见式(6.4.23),进而导出变换的运动方程,见式(6.4.28),形成高精度的"试验分析模型".

所形成的"试验分析模型"能严格预示感兴趣频段内的重要动力学特性,它的计算坐标位置在试验时可以方便地安装测量传感器,使TAM的计算点与结构的测量点坐标位置一致并一一对应,在处理数据时采用统一的归一化条件和单位,这样对试验与分析的数据才能进行相关性研究.

第二种方法是将试验振型扩展到计算模型的自由度上.因为测量设备的限制,试验测点远远小于计算模型的自由度,试验测得的振型矩阵为

$$\boldsymbol{\Phi}_t = \boldsymbol{\Phi}_{t\,n'\times l} = [\boldsymbol{\Phi}_{t1} \quad \boldsymbol{\Phi}_{t2} \quad \cdots \quad \boldsymbol{\Phi}_{tl}]$$

n' 为测点数,l 为试验测量的模态数.为了进一步将试验结果与计算结果进行相关分析,需要将试验振型扩展到有限元模型的全部自由度上,则有

$$\boldsymbol{\Phi}_{tn} = \boldsymbol{\Phi}_{t\,n\times l} = \boldsymbol{T}_{n\times n'} \boldsymbol{\Phi}_{t\,n'\times l} \tag{12.2.2}$$

其中

$$\boldsymbol{\phi}_{tn}=[\boldsymbol{\phi}_{tn1}\quad \boldsymbol{\phi}_{tn2}\quad \cdots\quad \boldsymbol{\phi}_{tnl}]$$

$\boldsymbol{T}_{n\times n'}$ 为扩展矩阵.对于同一问题,其计算振型矩阵为

$$\boldsymbol{\phi}_{a}=[\boldsymbol{\phi}_{a1}\quad \boldsymbol{\phi}_{a2}\quad \cdots\quad \boldsymbol{\phi}_{al}]$$

假设计算与试验的扩展矩阵相同,即同样也有方程

$$\boldsymbol{\phi}_{a}=\boldsymbol{\phi}_{an\times l}=\boldsymbol{T}_{n\times n'}\boldsymbol{\phi}_{an'\times l}\tag{12.2.3}$$

由此可求得扩展矩阵 $\boldsymbol{T}_{n\times n'}$ 为

$$\boldsymbol{T}_{n\times n'}=\boldsymbol{\phi}_{an\times l}\boldsymbol{\phi}_{an'\times l}^{-1}\tag{12.2.4}$$

式中, $\boldsymbol{\phi}_{an'\times l}^{-1}$ 是 $\boldsymbol{\phi}_{an'\times l}$ 的广义逆,

$$\boldsymbol{\phi}_{an'\times l}^{-1}=\left(\boldsymbol{\phi}_{an'\times l}^{\mathrm{T}}\boldsymbol{\phi}_{an'\times l}\right)^{-1}\boldsymbol{\phi}_{an'\times l}\tag{12.2.5}$$

式中, $\boldsymbol{\phi}_{an'\times l}$ 是计算振型矩阵 $\boldsymbol{\phi}_{a}$ 在 n' 个测点自由度上的值.

2. 试验模态与计算模态的动力相关性

对于复杂结构动力学分析,必须进行试验与计算的固有振型的比较.首先用简单的观察法.对试验与分析数据的对应情况的一致性处理之后,将试验数据和计算的结果绘制在一起,进行振型幅值和固有频率等内容的相关性比较.把固有振型列向量的每个元素都画在 Oxy 平面上, x 轴表示理论计算值, y 轴表示试验值,称之为振型相关图.如果按质量归一化,则从理论上讲这些点应位于斜率为 ± 1 的直线上.如果这些点围绕该直线散布着,那么两个振型中的一个或两个数据有误差.为了定量度量这些点在振型相关图上的分布情况,定义如下评估相关性的参数:

(1) 模态置信因子 MAC

计算公式为

$$MAC_{r}=\frac{\left(\boldsymbol{\phi}_{tr}^{\mathrm{T}}\boldsymbol{\phi}_{ar}^{*}\right)^{2}}{\boldsymbol{\phi}_{tr}^{\mathrm{T}}\boldsymbol{\phi}_{tr}^{*}\boldsymbol{\phi}_{ar}^{\mathrm{T}}\boldsymbol{\phi}_{ar}^{*}}\tag{12.2.6}$$

它表示振型相关图中的最小二乘偏差的度量.其中,下标 a 表示计算模态,下标 t 表示试验模态,下标 r 表示 r 阶振型矩阵,上标“ * ”表示共轭.当 $\boldsymbol{\phi}_{ar}=\boldsymbol{\phi}_{tr}$ 时, $MAC=1$;当 MAC 大于0.7时,相关性较好;当 MAC 小于0.5时,相关性较差.

(2) 坐标模态置信因子

$$MAC(k)=\frac{\left(\sum_{r=1}^{l}\boldsymbol{\phi}_{trk}^{\mathrm{T}}\boldsymbol{\phi}_{ark}^{*}\right)^{2}}{\sum_{r=1}^{l}(\boldsymbol{\phi}_{trk}^{\mathrm{T}}\boldsymbol{\phi}_{trk}^{*})\sum_{r=1}^{l}(\boldsymbol{\phi}_{ark}^{\mathrm{T}}\boldsymbol{\phi}_{ark}^{*})}\tag{12.2.7}$$

其中, $\boldsymbol{\phi}_{ark}$ 为 r 阶计算振型矩阵坐标 k 上的幅值, $\boldsymbol{\phi}_{trk}$ 为 r 阶试验振型矩阵坐标 k 上的幅值, l 为试验测得的模态数. $MAC(k)$ 的值域为[0,1],小的值表明相关性差.

(3) 正交性

它的计算公式为

$$O_r(i,\ j) = \boldsymbol{\phi}_{ai}^{\mathrm{T}}\boldsymbol{A}\boldsymbol{\phi}_{tj} \tag{12.2.8}$$

这里符号的意义为：$\boldsymbol{A}$ 为质量或刚度矩阵，它可以是缩聚矩阵、满秩阵或带状矩阵. $\boldsymbol{\phi}_{tj}$ 与 $\boldsymbol{\phi}_{ai}$ 分别为测试与计算数据，可以是原始的，也可以是扩展的. 只有非对角线上的项小于对角线上项的 10%，才可以保证试验和理论计算模态之间达到比较可靠的正交关系，而非对角线上的大数值可以反映出模态不是正交关系.

(4) 不平衡力

它的计算公式为

$$\{\boldsymbol{F}_r\} = (\boldsymbol{K} - \omega_{tr}^2\boldsymbol{M})\boldsymbol{\phi}_{tr} \tag{12.2.9}$$

该值越大的部位，表明其相关性越差. 这里，$\boldsymbol{K}$ 与 $\boldsymbol{M}$ 是满秩的或缩聚的矩阵.

(5) 频率响应函数置信因子 *FRAC*

它的计算公式为

$$FRAC(j) = \frac{|\boldsymbol{H}_{arj}^{\mathrm{T}}(\omega_i)\boldsymbol{H}_{trj}^{*}|^2}{[\boldsymbol{H}_{arj}^{\mathrm{T}}(\omega_i)\boldsymbol{H}_{arj}^{*}(\omega_i)][\boldsymbol{H}_{trj}^{\mathrm{T}}(\omega_i)\boldsymbol{H}_{trj}^{*}(\omega_i)]} \tag{12.2.10}$$

式中，$\boldsymbol{H}_{arj}(\omega_i)$ 和 $\boldsymbol{H}_{trj}(\omega_i)$ 分别为计算和测试的频率响应函数的第 j 列在频率 ω_i 上的值. *FRAC* 的值接近 1，表明相关性越好，*FRAC* 的值接近零，表明相关性越差.

(6) 频率响应函数差

它的计算公式为

$$\boldsymbol{Diff}(\omega) = \boldsymbol{H}_a(\omega) - \boldsymbol{H}_t(\omega) \tag{12.2.11}$$

所有相关性研究只能回答试验与分析数据之间的相关性好与不好，不能回答到底是由于计算数学模型存在缺陷还是由于试验测量识别存在缺陷而出现相关性不好的问题. 如果假设试验数据是可信的，相关性分析可以帮助分析工程师进行数学模型的修改；如果假设计算分析数据是可信的，相关性分析可以帮助试验工程师进行试验数据的“空间滤波”识别，这是因为对于复合或受污染的试验数据，可望通过特性预示增强了解，对改善高密模态区的模态的正确识别是一个有希望的技术. 总之，试验数据的正确识别与数学模型的正确修改，是互为条件双向识别逐渐收敛的过程，只有分析工程师和试验工程师在试验现场密切合作，才能得到试验与分析数据相关性很好的结果.

12.2.3 数学模型误差定位

动态试验数据及其可信度是数学模型修改的主要依据. 数学模型修改技术一般都是采用一个状态的试验模态数据或频率响应数据. 由于试验技术的限制，一个状态模态试验仅仅能得到很少 l 阶可靠的低阶试验模态参数，包括 l 阶试验模态频率 ω_{tr} 与振型 $\boldsymbol{\phi}_{tr}$ ($r=1,\ 2,\ \cdots,\ l$)，它们是不完备的模态参数. 数学模型修改技术就是要求依据 l 阶可靠的试验模态频率 ω_{tr} 与

振型 $\boldsymbol{\phi}_{tr}(r=1, 2, \cdots, l)$,下标"$t$"表示试验有关的量,$n'$为测点数,识别出结构的真实的刚度矩阵 $\boldsymbol{K}_t$ 和质量矩阵 $\boldsymbol{M}_t$.即由下面方程求得 $n\times n$ 刚度矩阵 $\boldsymbol{K}_t$ 和 $n\times n$ 质量矩阵 $\boldsymbol{M}_t$:

$$\boldsymbol{K}_t\boldsymbol{\phi}_t = \boldsymbol{M}_t\boldsymbol{\phi}_t\boldsymbol{\Lambda}_t \tag{12.2.12}$$

$$\boldsymbol{\phi}_t^{\mathrm{T}}\boldsymbol{M}_t\boldsymbol{\phi}_t = \boldsymbol{1} \tag{12.2.13}$$

$$\boldsymbol{\phi}_t^{\mathrm{T}}\boldsymbol{K}_t\boldsymbol{\phi}_t = \boldsymbol{\Lambda}_t \tag{12.2.14}$$

其中,$\boldsymbol{\phi}_t$ 为振型矩阵,$\boldsymbol{\Lambda}_t$ 为频率矩阵,

$$\boldsymbol{\phi}_t = [\boldsymbol{\phi}_{t1} \quad \boldsymbol{\phi}_{t2} \quad \cdots \quad \boldsymbol{\phi}_{tl}], \quad \boldsymbol{\Lambda}_t = \lceil \omega_{t1}^2 \quad \omega_{t2}^2 \quad \cdots \quad \omega_{tl}^2 \rfloor \tag{12.2.15}$$

由于自由度数 n 大于试验测到的模态数 l,这在数学上是一个亚定问题,这样便有无限个 $\boldsymbol{M}_t$ 和 $\boldsymbol{K}_t$ 满足式(12.2.12)~式(12.2.14).对于复杂的工程结构,系统的自由度数 n 为几万甚至几十万是平常的事,这样的系统成为超亚定的系统,要识别这样大系统的 $n\times n$ 刚度矩阵 $\boldsymbol{K}_t$ 和 $n\times n$ 质量矩阵 $\boldsymbol{M}_t$ 困难更大.

由亚定的代数方程组(12.2.12)~(12.2.14)识别刚度矩阵 $\boldsymbol{K}_t$ 和质量矩阵 $\boldsymbol{M}_t$ 的元素有无穷多解,为了求得数学上的确定解,就要研究如下两个方面的问题:

(1) 将数学模型存在误差的位置确定下来,以减少待求的未知参数的个数,这就是进行模型误差定位;

(2) 补充各种合理的约束条件,以增加方程个数.由于"补充"的方式不同,便产生出各种各样的数学模型修改方法.

选择要修改的参数,进行数学模型误差定位,这是非常困难的事情.通常是不知道哪些参数产生数学模型的误差.选取太多的待修改的参数,会增加修改计算的计算机 CPU 时间,引起病态条件的数值计算;选取太少的待修改的参数,可能无法找到正确的修改结果.下面介绍一些误差定位方法.

(1) 力平衡法:按式(12.2.9)计算残差力向量,这里 $\boldsymbol{K}$ 与 $\boldsymbol{M}$ 为满秩的或缩聚的矩阵,该值越大的部位,表明其相关性越差;

(2) 对每个自由度按式(12.2.7)计算坐标模态置信因子,找到坐标模态置信因子大的自由度;

(3) 将计算固有振型 $\boldsymbol{\phi}_{ar}$ 与试验固有振型 $\boldsymbol{\phi}_{tr}$ 进行比较,找出两者振型误差大的区域;

(4) 按频率响应函数置信因子 *FRAC*(式(12.2.10))找到误差最大的区域;

(5) 按频率响应函数差(式(12.2.11))找到误差最大的区域;

(6) 找到固有频率、固有振型和频率响应函数差的灵敏度最大的位置.

12.2.4 数学模型修改方法

关于模型修改方法的论文很多[31,247-250],可以参阅有关的论文与专著.

按修改对象分类,模型修改方法可以进行如下分类:

(1) 矩阵型法.指校正模型的整个刚度、质量矩阵的方法.矩阵型法是发展最早、最成熟的一类方法.这方面的代表应属 Berman 和 Baruch[273-274]的最优法,这类方法都是基于拉格朗日乘子技术进行推演的.矩阵变换法也属于此种方法.由于这种方法将建模误差分散到了整个矩阵内,带状矩阵被修改成满秩矩阵,因此无法保持原模型的物理意义.

(2) 元素型法[275].元素型法可根据用户的判断或由建模错误定位技术所得结果,指定有误差的非零元素作为待修元素,而让原零元素始终保持为零.当然,也可指定所有非零元素为待修元素.当矩阵对称时,待修元素仅限于上(下)三角内的非零元素.该种方法主要分为两大类:最优元素型法和排列方程法.其中排列方程法又包括元素因子辨识法如 Kabe 法和改进的 Kabe 法.元素型法克服了矩阵型法带来满秩阵的缺陷,但修改的参数的物理意义仍不明确.

(3) 子矩阵型法.将总矩阵表达成各单元或各子结构的扩阶矩阵的线性组合,组合因子为未知数,所以有时又称之为误差因子修改法.这些方法都基于能量的观点.子矩阵型法主要是由 H. G. Natke[276]倡导的,该方法实质上是将 C. W. White[277]的单元能量表达式扩展成结构能量的修改因子,然后与各种物理量(如响应、输入、模态)相对于子结构能量修改因子的一阶泰勒展开相结合的方法.子矩阵型法的主要思想是将总能量(动能、势能、散逸能)表达成各个子结构能量的叠加.该种模型修改方法可以看成是一种特殊的元素型法,较矩阵型法和元素型法具有更明确的物理意义,但它只能修改那些与单元刚度矩阵或单元质量矩阵成线性比例的参数,如材料弹性模量、材料质量密度等.

(4) 设计参数型法.一般利用泰勒级数展开和摄动法将特征对或物理矩阵(刚度和/或质量矩阵)与设计参数(E, I, A, ρ, …)联系起来,其中待辨识的是设计参数.其数学基础主要依赖泰勒展开式和摄动原理.可以选取如下物理量的计算结果与试验结果之差作为残差向量 $\boldsymbol{\varepsilon}(\boldsymbol{u})$:计算与试验的固有频率之差;计算与试验的振型之差;计算与试验的振型混合正交性非对角项;特定频率平衡力;计算与试验的频响函数之差;计算与试验的总质量之差.让这些残差向量 $\boldsymbol{\varepsilon}(\boldsymbol{u})$ 的模取极小作为优化目标.这些残差向量 $\boldsymbol{\varepsilon}(\boldsymbol{u})$ 为修改参数 $\boldsymbol{u}$ 的函数,将残差向量按修改参数 $\boldsymbol{u}$ 展开为泰勒级数,取其一阶近似,有

$$\boldsymbol{\varepsilon}(\boldsymbol{u}) = \boldsymbol{\varepsilon}(\boldsymbol{u}_0) + \sum_{i=1}^{N_u}\left(\frac{\partial \boldsymbol{\varepsilon}}{\partial \boldsymbol{u}_i}\Delta \boldsymbol{u}_i\right) \tag{12.2.16}$$

其中,N_u 为待修改参数的总数.一阶偏导数 $\frac{\partial \boldsymbol{\varepsilon}}{\partial \boldsymbol{u}_i}$ 称为灵敏度.由于线性化,残差向量 $\boldsymbol{\varepsilon}(\boldsymbol{u})$ 极小化随着迭代过程达到很小的值.

以上第(1)～(3)类修改的对象都与矩阵有关,故有人将它们统称为矩阵型法.基于灵敏度迭代的设计参数型法现在比矩阵型法应用更多.设计参数型法最为结构设计者和分析工程

师所采用,因为它的结果便于解释,便于工程判断,便于在模型优化过程中引入设计准则(如最小重量要求),便于指导建模与优化设计,便于与 NASTRAN 等大型软件联机,等等.合理选择修改参数,基于灵敏度的迭代的设计参数型法可以导出可靠的数学模型.但这类方法的支配方程往往处于无解或病态,而且计算效率较低,从而限制了它的应用.

目前已经发展了一些相应于上述修改方法的模型修正软件,其中尤以美国 SDRC 公司的模型修正软件和比利时 LMS 公司的基于 NASTRAN 的模型修正软件 LMS LINK 为代表.

12.2.5 数学模型修改方法的局限性

现有的各种修改方法都有一些局限性,例如:

(1) 各种模型修改方法都不言而喻地引入一个前提假设条件,这就是建立的初始数学模型基本正确,按它计算结果的模态与试验给出的模态排序基本一致,它的计算振型与试验振型差别不大,只有在这些条件下才能使用上述各种修改方法.

(2) 都是采用一个状态的试验模态数据或频率响应曲线数据进行数学模型修改.由于一次模态试验所得的试验数据有限,模态试验能识别的仅仅是几个低频的模态.

(3) 由于试验数据有限,仅按一个状态试验数据修改的方法给出的方程数较少,而需修改的参数比可用的方程数多得多,这样的方程组本应有无穷多解.为了求得数学上的确定解,不得不补充各种合理的约束条件.不同的作者引入的约束条件不完全相同,导出的计算公式也就不同.因而,现在发表的论文已提出大量的修改模型方法,对典型的简单例题的应用都很好.若对同样的实际试验例题和同样的试验数据,对同样的初始数学模型进行修改将得到不完全相同的结果.各种模型修改方法都有自己的弱点,实际上各种修改方法都是把建模错误按某种方式平均优化之后的结果,对简单结构或者数学模型计算结果比较接近试验结果的情况,修改效果较好,但要将这些方法应用于复杂结构,修改效果不能令人满意.

(4) 在应用修改方法的时候,主要采用固有频率的数据,对振型的数据考虑较少.

《结构动力学有限元模型修改》一书[249]中介绍应用 LMS LINK 软件修改汽车(1991 GM Saturn)车体模型(见图 12.7)的工程实例,其有限元模型有 46 830 个自由度.初始模型计算结果与试验结果比较见表 12.2.五个带 * 号模态置信因子的 *MAC* 高于 0.65,表示振型相关性较好,但是其中有一个模态的频率误差却高达 12.3%.六个不带 * 号模态置信因子的 *MAC* 小于 0.56,表示振型相关性不好.选择 202 个质量与刚度参数为修改变量,修改后模型分析结果与试验结果比较见表 12.3.修改后各阶模态的频率误差虽然很小,都不大于 2.6%,但是,模态振型的误差却没有改善.这可以由表 12.2 与表 12.3 中 *MAC* 值的比较看到这一点,修改后仍然有六个不带 * 号模态置信因子的 *MAC* 小于 0.56,表示振型相关性不好.实际上模态的频率是很容易修改的,而模态的振型是很难修改的.由此可见,书中介绍的这个例题修改的效果不佳.

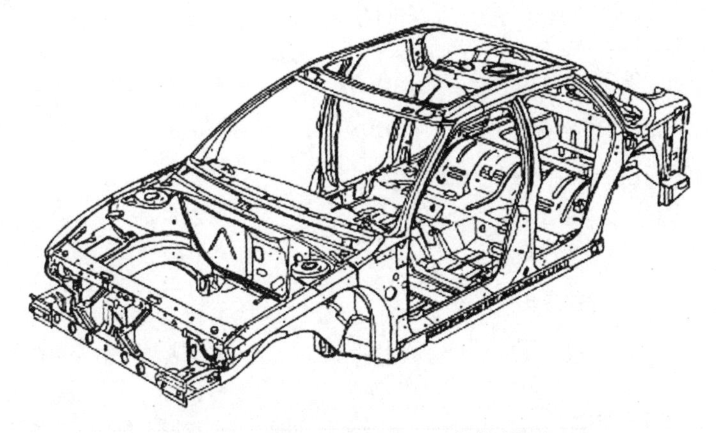

图 12.7　1991 GM Saturn 车体模型

大型复杂结构的有限元动力学模型修改问题仍然没有解决.正如文献[248]中指出的:"介绍的许多方法都有成功的结果报告,但至关重要的是这些方法处理工业问题的能力.报告结果都是由试验室数据去修改不超过几百个自由度的模型.在工业问题中几千、几万个自由度的有限元模型是平常的事,修改这样大的模型现在仍然是对研究者显示智力的挑战."

表 12.2　测量与初始分析结果比较

初始结果频率 (Hz)	测量结果 (Hz)	频率差 (Hz)	频率误差 (%)	*MAC*
27.277	25.419	−1.858	−6.8	0.867*
28.513	28.631	0.118	0.4	0.905*
42.051	42.025	−0.026	−0.1	0.810*
49.408	43.318	−6.090	−12.3	0.661*
51.833	52.376	0.543	1.0	0.556
55.998	57.340	1.342	2.4	0.446
61.631	59.797	−1.834	−3.0	0.239
62.054	61.221	−0.833	−1.3	0.412
64.424	61.421	−3.003	−4.7	0.399
68.959	66.742	−2.217	−3.2	0.503
71.373	69.249	−2.124	−3.0	0.797*

表 12.3 测量与修改后分析结果比较

修改结果频率 (Hz)	测量结果 (Hz)	频 率 差 (Hz)	频率误差 (%)	*MAC*
25.388	25.419	0.031	0.1	0.915*
28.545	28.631	0.086	0.3	0.880*
41.377	42.025	0.648	1.6	0.805*
44.495	43.318	-1.177	-2.6	0.673*
51.587	52.376	0.789	1.5	0.460
56.805	57.340	0.535	0.9	0.552
59.727	59.797	0.070	0.1	0.373
60.421	61.221	0.800	1.3	0.351
62.174	61.421	-0.753	-1.2	0.369
66.833	66.742	-0.091	-0.1	0.518
69.257	69.249	-0.008	-0.0	0.796*

12.2.6 复杂结构模型修改技术

用动态试验给出的可靠数据进行数学模型修改的技术越来越受到人们的重视.很显然,复杂结构建模与简单结构建模之间存在很大的差别,用试验数据修改这种复杂结构数学模型有更大的难度.特别是航天器结构的动态试验仿真分析已是研制过程中必须进行的一项工作.因而,我们必须面对这些困难,寻找适合大型复杂结构模型修改技术是当前研究的一项重要任务.

我们在文献[251-253]中提出多质量多边界状态修改数学模型的方法,并在此基础上形成一整套复杂结构模型修改技术,也就是解决复杂结构建模的子结构试验建模综合技术[163].文献[245]针对全箭有限元模型修正特点,对多状态模型修正的基本理论进行了研究,开发了相应的多状态模型修正计算软件,将手工多状态模型修正方法变为计算机多状态模型修正方法.以航天器为例,航天器结构是一个很复杂的系统,它由几个子结构组成,每个子结构分别由不同部门设计生产,它的数学模型具有几万、几十万个自由度,用地面试验数据修改和验证这么大的数学模型是很困难的,甚至有时几乎不可能.为此必须化整为零,采用子结构试验建模综合技术,这就是根据航天器结构的自然状态,将系统结构分为若干个子结构,对每个子结构进行建模和动态试验,用试验数据修改验证子结构数学模型.然后将它们组装成系统的数学模型对整个系统进行综合分析.

每个子结构试验建模工作可以分别在子结构设计生产部门进行.子结构试验建模工作基本上包括如下四个步骤:① 建立初步数学模型,进行结构动力学预示;② 制定试验方案,进行动态试验，给出试验数据可信度的评估；③ 进行试验与分析数据的相关性分析，进行数学模型误差定位；④ 用试验数据修改与验证数学模型.

通过多年研究应用，这一复杂结构模型修改技术有如下特色：

1．分两阶段进行数学模型误差定位

（1）数学模型建模错误诊断阶段

由于航天器的复杂性，所建立的初始数学模型难免存在一些错误，我们采用上面介绍的数学模型误差定位的方法，确定建模的错误，主要对数学模型给出的振型与试验给出的振型进行相关性研究之后，根据两者的振型曲线或曲面之差的分布与平衡力方程误差分布的比较，充分应用动力学分析的方法进行诊断，以确定建模错误的原因与待修改参数区域的定位.通过动力学分析，找到有限元网格划分的错误.例如，在振型有明显的折点或折线的位置，必须增加小型的弱刚度单元；结构连接、接触与存在间隙部位的数学模型必须依据计算结果的力学分析加以调整；等等.对建模错误的局部区域，将数学模型的节点与单元进行适当的变化与调整，形成新的数学模型，使其具备分析动态结构的能力.

（2）数学模型建模误差定位阶段

在已具备分析动态结构能力的数学模型基础上，按模型误差定位方法将数学模型的待修改的设计参数集（或局部区域）确定下来，以减少待修改的参数数量.如果对所有的待修改参数同等对待，仅仅依赖修改方法的数学方程求解，这类支配方程往往无解或呈病态，而且计算效率较低.具体解决问题的方法是人的动力学分析与计算机的计算密切结合，对待求的参数加以区别对待.这时，灵敏度分析最为重要.要注意，各个模态相应的最大的灵敏度参数互不相同，不同的频率段的频响函数相应的最大灵敏度参数也是互不相同的.

2．数学模型修改阶段

（1）按模态试验结果的数据修改数学模型

按模型误差定位方法已经把待修改的数学模型的参数的数量减少.同时，我们必须尽可能增加模态试验测到的数据.为此，我们将根据一个状态模态试验数据修改数学模型的方法加以推广，采用多质量多边界状态的模态试验修改方法.每个状态模态试验都得到一组试验数据，多状态模态试验大大增加了试验得到的数据，也就是大大增加了可用于模型修改的方程数.试验状态越多，试验给出的模态参数越多，所能提供用于修改模型的方程数就越多，使方程组所确定的解越趋近唯一解.这样可以给出一个比较确定的或超定的收敛解.例如，液体火箭对不同秒状态进行试验，其加注的燃料与氧化剂模拟液体重量不同，它们的结构刚度分布不变，而只有质量分布有变化，其变化量（即液体加注量）是给定的，而且知道其质量的变化.同样，固体火箭零秒状态试验（即发动机装满药的情况）和燃烧完的状态试验（即发动机不装药的情况）的质量变化也是给定的.因为结构的模态参数随质量变化的关系是非线性的，所以可以将不同秒状态进行的模态试验获得的模态参数用来修改火箭结构的同一个初始数学模型.同时还可以对同一个状态进行不同边界条件情况的模态试验,获得不同边界条件的模态参数.这样就大大增加了用于模型修改的动力学方程数,试验状态越多,试验给出的模态参数越多,所能提供用于修改模型的方程数越多,使方程组所确定的解越趋近唯一准确解.上述模型修改技术已用于运载火箭建模过程中.美国NASAJPC试验室Wada[254-255]也提出了多种边界条件试验(MBCT)修改数学模型方法.这种MBCT方法对一个结构进行多种不同边界条件的模态试验,用获得的多种边界条件模态参数对数学模型进行修改.我们不仅进行多种边界条件试验,还进行多种质量分布状态试验.通过上述两个方面的工作,减少了待修改的设计参数总数,增加了可用于模型修改的方程数,这样可以采用类似一般的各种模型修改技术给出一个比较确定的收敛解.

用修改后的模型计算模态频率、振型曲线,将计算结果与试验结果进行对比,根据对比结果再一次修改有限元模型.此过程循环往复,最终使模态参数计算结果与试验结果达到一致.这个阶段的数学模型修改主要进行刚度矩阵和质量矩阵的修改.

(2) 按振动台振动试验结果的频响函数试验数据修改数学模型

振动台振动试验的计算机仿真流程包括两次数学模型修正过程:

① 按模态试验结果的数据修改数学模型.这个阶段的数学模型修改主要进行刚度矩阵和质量矩阵的修改.

② 将试验系统计算给出的结构频响函数曲线与试验测量频响函数曲线结果进行比较,进行数学模型修改.这次修改不仅要考虑曲线的几个峰值频率位置,而且要考虑整个曲线的形状是上升、下降还是平直走向,使关键测点主振动方向频响谱在低频段内均方根值误差达到要求.在这次修改中,侧重于对结构的阻尼参数、结构部件之间的连接条件、边界条件的参数和性质进行修改.试验测量频响函数曲线的每一个测点都包含一组动力学方程,整个频段的频响函数曲线包含有很多动力学方程.让试验系统计算给出的结构频响函数曲线与试验测量频响函数曲线进行对比,根据对比结果再一次修改有限元模型.此过程循环往复,最终达到整个频段的计算频响函数曲线与试验测量频响函数曲线基本上重叠.

在仿真技术研究中,结构模型修改工作有很大工作量,由于没有现成的模型修改程序可供使用,模型修改工作都是靠手工修改.虽然给出了修改结果,但是由于用手工进行模型修改的方法存在许多局限性,难度大,修改模型的误差还是较大,修改往往很难达到非常满意的结果,只能在低频段达到大体上响应差不多的水平,以进行振动试验计算机仿真技术可行性研究.因而,要得到更好的结果还要进一步采用计算机程序修改.

12.3 模态试验仿真技术

根据对模态试验仿真技术的认识[257],1994～1997年我们作为重点项目承担单位,得到国家自然科学基金资助，和中科院计算所、大连理工大学、清华大学和浙江大学一起完成国家自然科学基金重点项目“复杂结构动力学”研究.我们完成了“大型复杂结构模态试验仿真理论基础研究”子课题.随后，我们又进行了一系列研究和应用，现在可以说关于固有频率和固有振型模态参数的模态试验仿真技术已经成熟[257-267].

12.3.1 子结构试验建模综合技术

航天器结构是一个很复杂的系统，它的数学模型具有几千、几万个自由度，用地面试验数据修改和验证这么大的数学模型系统是很困难的，有时几乎是不可能的.为此要化整为零，采用子结构试验建模综合技术，这就是根据航天器结构的自然状态，将系统结构分为若干个子结构，对每个子结构进行建模和模态试验，用试验数据修改和验证数学模型.然后将修改后的每一个子结构数学模型组装成系统的数学模型，对整个系统进行综合分析.这就是子结构试验建模综合技术.已经应用这一套子结构试验建模综合技术完成了 CZ-2E，CZ-2F 等几个大型运载火箭数学模型修改的课题，取得了很好的结果.

12.3.2 CZ-2E 运载火箭全箭模态试验仿真预示

文献[257]中采用子结构试验模型综合技术进行大型捆绑式 CZ-2E 运载火箭全箭模态试验仿真预示.

CZ-2E 运载火箭结构如图 12.8 所示，分为芯二级、芯一子级、四个捆绑助推器和上下连接结构等子结构.首先分别对每个子结构进行试验建模，对芯二级与芯一子级子结构建立两种数学模型：工程梁元简单数学模型和壳体数学模型，分别进行几个秒状态模态试验，给出相应的模态参数，每个秒状态相应于一种质量分布.采用上面介绍的子结构试验建模综合技术，将所有的秒状态模态试验获得的模态参数用于修改验证芯级、助推器和上下连接结构等子结构数学模型.特别是上下连接结构弱连接数学模型非常难以建立，在上下连接结构处分别建立壳、梁与杆组合连接结构模型和等效梁与杆组合连接结构模型，采用有限元法与加权残值法分别进行静、动力分析，并进行模型结构和实尺结构静、动力试验验证，最后确定连接结构数学模型.将各子结构修改后的模型组装在一起，形成运载火箭整体数学模型，在计算机上进行模态试验仿真.为了便于与试验结果比较，又形成 CZ-2E 运载火箭试验分析简单模型 TAM，如图 12.9 所示.

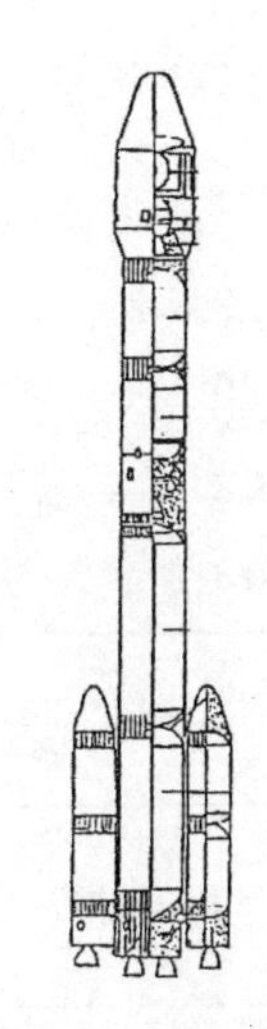

图 12.8 CZ-2E 运载火箭

大型捆绑式 CZ-2E 运载火箭实尺全箭模态试验在大型振动塔内进行，如图 12.3 所示.上述所作的综合分析在实尺全箭模态试验之前给出模态参数预示，可以供模态试验工作者参考，以便把模态试验做得更快更好.表 12.4 给出秒状态一的试前预示结果，并与随后进行的

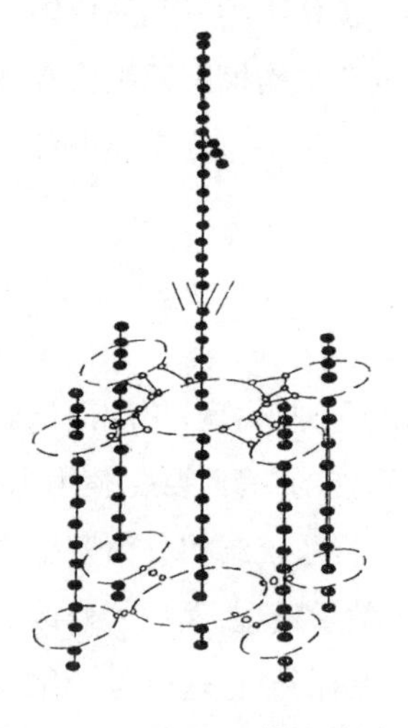

图 12.9　CZ-2E 运载火箭试验分析简单模型

实尺全箭模态试验结果作比较.从 7.5 Hz 以内的三对横向弯曲振动模态结果中可以看到,各阶自振频率的预示结果与试验结果的偏差都小于 3%,振型都比较一致.表 12.5 给出秒状态二的试前预示的结果与实尺全箭模态试验结果的比较,从 19 Hz 以内的五对横向弯曲振动结果中可以看到,除三阶外,其他各阶自振频率的预示结果与试验结果的偏差都小于 5%,三阶的偏差小于 7.3%,振型都比较一致.由上述比较说明,整体结构的数学模型分析结果是可靠的,但还有些局部偏差太大,有待进一步修改.由此表明实尺全箭模态试验结果真实地验证了上述试前预示结果,进而表明子结构试验综合技术所提供的整体结构的模态参数是可靠的.

对于秒状态二,又可以用全箭模态试验结果,对全箭数学模型进一步进行修改,试后修改的数学模型计算结果见表 12.5,除四阶偏航弯曲模态频率偏差为 4.18%外,其他各阶频率偏差均小于 2.56%.

表 12.4　秒状态一试前预示结果与试验结果比较

序号	模态特点	频率(Hz)		偏差(%)	振型比较
		预示结果	试验结果		
7	一阶俯仰弯曲	2.490	2.460	1.2	一致
8	一阶偏航弯曲	2.490	2.487	0.1	一致
9	二阶俯仰弯曲	5.795	5.762	0.57	一致
10	二阶偏航弯曲	5.762	5.834	0.57	一致
12	三阶俯仰弯曲	7.073	7.260	2.60	一致
13	三阶偏航弯曲	7.088	7.307	3.0	一致

表 12.5　秒状态二试前预示结果、试后修正结果与试验结果比较

序号	试前预示结果		试后修正结果	
	频　率	偏差(%)	频　率	偏差(%)
7	3.640 5	1.62	3.610 5	2.45
8	3.640 5	1.74	3.610 5	2.56
9	7.392	3.23	7.248	1.22
10	7.392	1.99	7.248	0.22
11	14.136	7.21	13.279 5	0.71

续表

序号	试前预示结果		试后修正结果	
	频　率	偏差(%)	频　率	偏差(%)
12	14.136	7.1	13.270 5	0.84
13	15.285	0.9	14.646	4.18
14	15.285	4.46	14.661	0.19
15	18.645	1.04	19.311	2.5
16	18.645	1.04	19.312 5	2.52

12.3.3　CZ-2F 运载火箭全箭模态试验仿真

文献[246]中指出 CZ-2F 载人运载火箭高度超过可试验高度 2 m,无法将其悬挂在振动塔内进行模态试验.为了能在现有振动塔内进行全箭振动试验,不得不把低空逃逸发动机尖端天线部分去掉,缩短全箭高度,而未安装的低空逃逸发动机部分用配重代替,这样采用代替配重之后,载人运载火箭就可以在振动塔内进行模态试验.然而,替代配重的刚度与转动惯量跟被替代的部件不一致.因此必须采用全箭模态试验仿真技术进行评估与修正,以弥补配重带来的影响.

CZ-2F 运载火箭结构如图 12.10 所示,分为芯二级、芯一子级、四个捆绑助推器和上下连接结构等子结构,神舟飞船由三个舱体组成.首先分别对每个子结构进行试验建模,对神舟飞船与整流罩建立三维有限元模型,如图 12.11 所示;对芯二级、芯一子级、四个捆绑助推器按工程梁建模,载人运载火箭整体模型如图 12.12 所示.

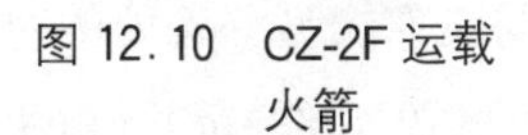

图 12.10　CZ-2F 运载火箭

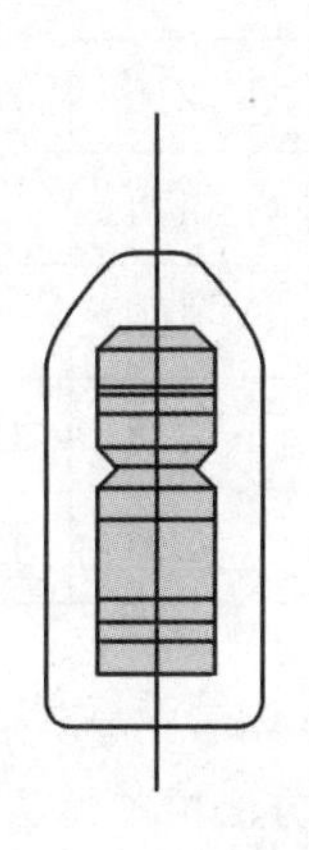

图 12.11　飞船与整流罩模型

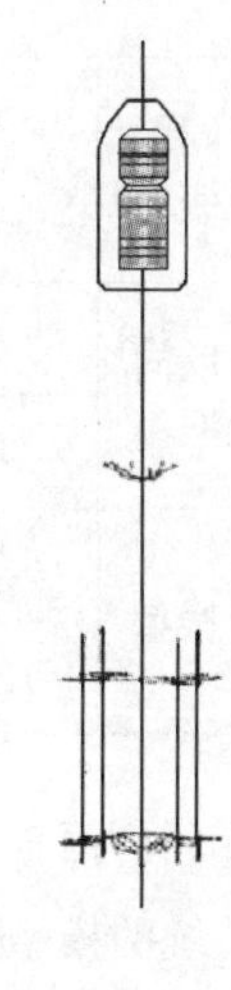

图 12.12　CZ-2F 运载火箭有限元模型

以往做运载火箭模态试验时，在运载火箭顶级上安装的是卫星，卫星的模态频率很高，与全箭的低阶整体模态耦合较弱，对全箭模态的影响较小.然而，神舟飞船由三个舱体组成，它的高度是一般卫星的几倍，长径比比较大，它本身的模态频率就比较低，而且它不仅按一般卫星那样安装在运载火箭顶级上，同时，安装在整流罩内侧面上的托架以九点接触方式支承着载人飞船，接触点具有15 mm间隙的弹性支撑.这样，飞船被十点以超静定方式支撑，在飞行过程中，这十个点的支撑力在不断变化.因而必须进行飞船支撑机构多种连接状态下的模态试验.在整流罩分离前的全箭模态试验状态进行简化时，对飞船九点接触方式支承的支承机构进行了两种极端状态的试验，即松状态和紧状态分别进行全箭模态试验.九点全部不接触，称之为松状态；反之则为紧状态.试验结果见表12.6.由表12.6可以看到对于第一阶振型、第二阶船罩同向振型和第三阶振型的振型曲线，飞船与整流罩耦合在一起形成同向耦合振型，松状态与紧状态的频率与振型基本上一致；但在松状态增加了一个船罩反向耦合振型模态，这就是松状态的影响，松状态使全箭动态特性增加一些低频模态.船罩反向的第二阶振型测量比较困难，必须在整流罩肩部加上激振器进行激振才能测得，如图12.13(c)所示，这时，芯级振型的头部出现了分叉振型，分叉的两个分支分别表示头部的整流罩与飞船，它们是反向振动，与图12.13(b)所示的船罩同向振型不同.

表12.6　一个典型秒状态频率参数

序号	模态振型	x 秒松状态			x 秒紧状态		
		计算结果(Hz)	试验结果(Hz)	偏差(%)	计算结果(Hz)	试验结果(Hz)	偏差(%)
1	一阶振型	3.728	3.765	1.0	3.738 0	3.780 0	1.1
2		3.729	3.780	1.4	3.739 5	3.780 0	1.1
3	船罩同向二阶振型	5.729	5.565	2.9	5.913 0	5.520 0	7.1
4		5.735	5.595	2.5	5.920 5	5.595 0	5.8
5	船罩反向二阶振型	7.455	7.350	1.4	—	—	
6		7.482	7.350	1.8	—	—	
7	三阶振型	12.150	11.280	7.8	12.042 0	11.955 0	0.7
8		12.177	11.790	3.3	12.069 0	12.060 0	0.0

对于有限元分析而言，耦合模态的分析也是难点.初始建模时没有计算出这个模态，在这种情况下采用传统的模型修改方法即数学方法根本无法修改出结果.只有采用上述介绍的子结构试验模型综合技术，充分应用力学分析方法找到在整流罩与飞船振型分叉处的建模错误，修改那里的网络划分，增加反映飞船与火箭前端包带连接特性的弱连接单元，才解决了模

型修改问题.修改后的有限元模型计算结果见表12.6,松状态频率误差小于7.9%,紧状态频率误差小于7.2%.

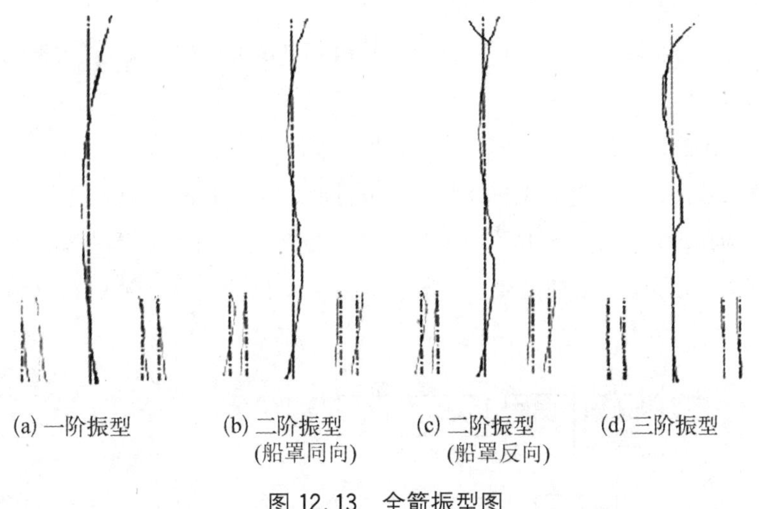

图 12.13　全箭振型图

12.4　振动台试验仿真技术

上一节介绍了动态特性分析,以模态试验仿真技术作为解决工程问题的手段.本节以卫星的动响应分析为例,介绍振动台试验仿真技术.

12.4.1　振动台振动试验仿真技术研究

工程结构设计技术迄今仍然以试验验证为主,对动态问题基本上进行振动台振动试验,以是否通过振动台振动试验为验收产品的准则.但例12.1说明,有些情况下振动台振动试验常常出现过试验与欠试验的问题,可信度也不高.因此不能仅仅以现在的振动台振动试验结果为结构、产品设计的唯一依据,必须对振动试验技术进行一些改进,使试验结果更加可信.振动台振动试验仿真技术就是为了弥补这些隐蔽问题可能带来的严重后果的一种有效措施.振动试验仿真技术可以指导大型复杂结构的振动试验方案设计,提高振动环境试验的水平.同时,由于试验设备的限制,某些振动试验无法成功地进行,那么振动试验仿真技术可以成为很好的代替方案.随着结构设计技术的发展,振动台振动试验仿真技术已逐渐成为新的应用研究前沿课题[271-272].

振动试验仿真技术研究的难度非常大,主要技术有:复杂结构建模技术、阻尼模型建模技术、非比例阻尼系统振动分析技术、随机振动试验仿真技术、带间隙结构分析技术、非线性结构分析技术等.

振动试验仿真技术有重要的工程应用价值:

(1) 通过仿真分析为设计好的振动台振动试验夹具设计提供参考数据；

(2) 通过仿真分析可以提供复杂结构的振动台试验预示，为振动台振动试验提供指导性的认识，提高振动台振动试验水平；

(3) 通过仿真分析可以给出振动台振动试验没有测试部位的响应，扩大振动台振动试验结果的应用范围；

(4) 可以为无法进行振动试验的结构进行振动试验仿真；

(5) 根据振动台试验结果实现按飞行环境进行动态试验仿真，提高动态试验的可信度.

图 12.14 为振动台振动试验仿真技术研究的主要流程，从中可看到振动试验仿真技术研究是一个非常复杂的过程，尤其是要获得与振动台振动试验实测一致的仿真结果有很大的困难.

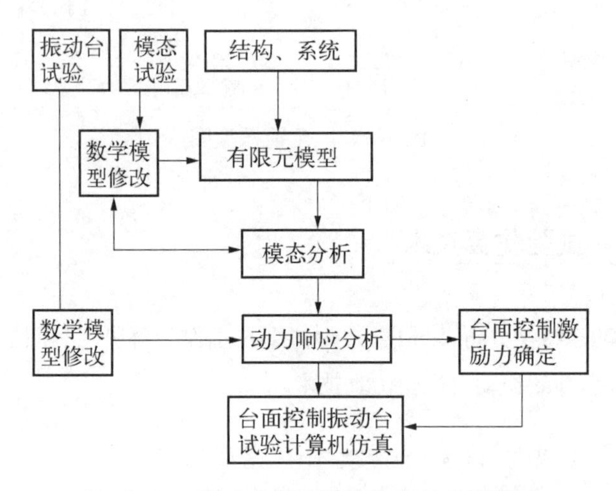

图 12.14　振动台振动试验仿真技术流程图

振动台振动试验仿真最关键的技术是建立正确的振动台试验系统的有限元数学模型.对于振动台系统，必须采用试验建模技术，即通过局部或部件的动态试验、整个系统的理论分析与综合建立仿真系统的数学模型.以卫星工程结构为例，卫星模型通常由几个子结构组成，每个子结构分别由不同部门设计生产.它的数学模型具有几万、几十万个自由度，用地面试验数据修改和验证这么大自由度的数学模型非常困难，要在计算机上仿真这么大自由度的系统的动态响应更加困难，甚至不可能实现.为此采用子结构试验建模技术，把整个系统试验建模的复杂问题化为较为简单的子结构试验建模的问题.根据航天器结构的自然状态，将系统结构分为若干个子结构，对每个子结构进行初始建模和动态试验，用试验数据修改验证数学模型.然后将验证好的数学模型组装成系统的数学模型，对整个系统进行综合，在计算机上仿真.从研究的过程上看，可以大体上划分为两个阶段：一是对结构进行简化和建立有限元模型，并保证模型本身数值特性的正确；二是根据实际试验数据对理论模型进行修正，使模型能够反映实际结构真实的动力学性质，从而得到正确的计算结果.

下面以 D 卫星的振动试验仿真技术为例进一步说明. 对 D 卫星振动台振动试验仿真系统,我们同样不能一开始就处理 D 卫星振动台振动试验系统的仿真,因为整个系统的自由度数太大,建立正确的有限元模型非常困难. 为此根据振动台振动试验系统的具体结构,将子结构试验建模技术变为逐级结构试验建模技术,并进一步形成逐级结构振动台试验仿真技术. 具体做法是把整个系统分为若干级结构,每一级结构都包含上一级结构,形成逐级结构的特点. 对每一级结构进行仿真技术研究时,都在保持上一级结构仿真模型不变的基础上,对本级增加结构的数学模型进行修改,并用试验数据进行验证,以形成本级结构的仿真模型,即把 D 卫星振动台试验的大系统仿真的复杂问题化为若干个小系统来研究. 具体实施过程分如下两个级进行:① 40 t 振动台振动试验仿真模型,这是振动台振动试验仿真的基础;② 带 D 卫星的 40 t 振动台振动试验仿真模型,这是在保持振动台仿真模型基础上,加上夹具和卫星的模型. 每个级又分若干个子级来研究. 实施方案的技术流程如图 12.14 所示.

1. 40 t 振动台振动试验仿真数学模型研究

40 t 振动台振动试验仿真数学模型研究的技术流程如图 12.15 所示.

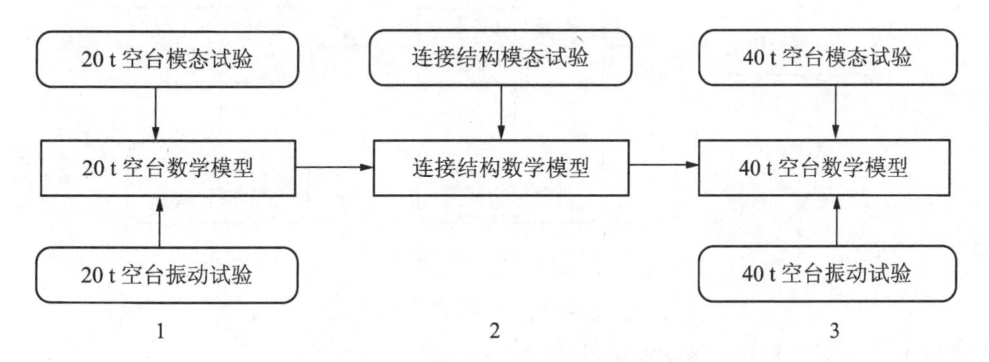

图 12.15　实施方案的技术流程图

(1) 建立 20 t 振动台的有限元数学模型,见图 12.16;

(2) 建立 40 t 振动台扩展台面的有限元模型,见图 12.17;

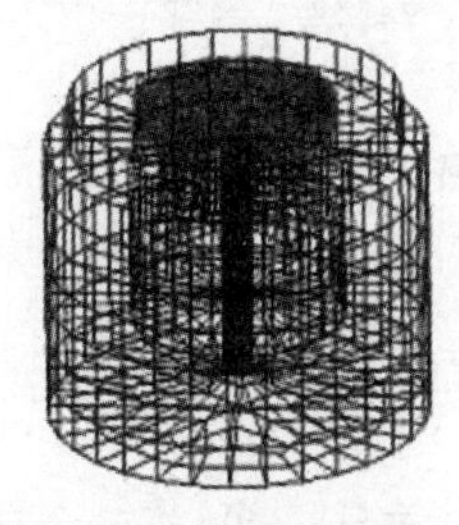

图 12.16　20 t 振动台有限元模型

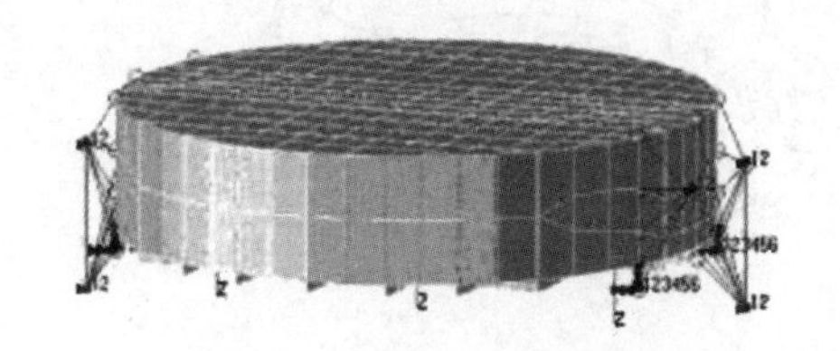

图 12.17　40 t 扩展台面有限元模型

(3) 建立 40 t 振动台数学模型,见图 12.18.

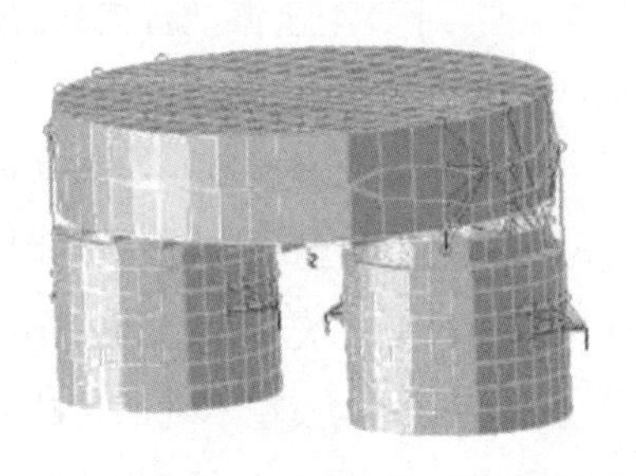
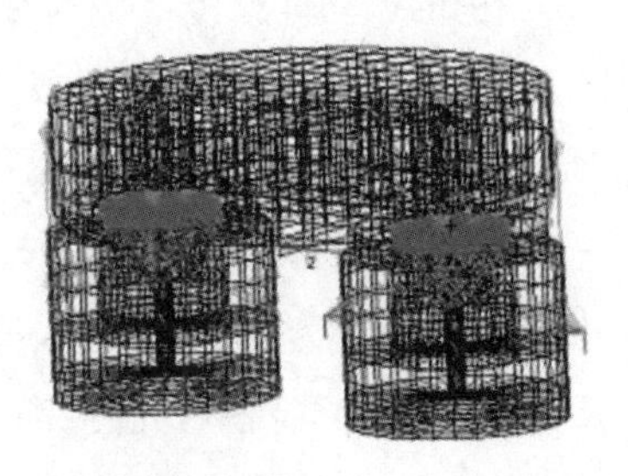

图 12.18　40 t 振动台有限元模型(垂直向)

2. 带 D 卫星的 40 t 振动台振动试验仿真数学模型研究

带 D 卫星的 40 t 振动台振动试验仿真数学模型研究的技术流程如图 12.19 所示.

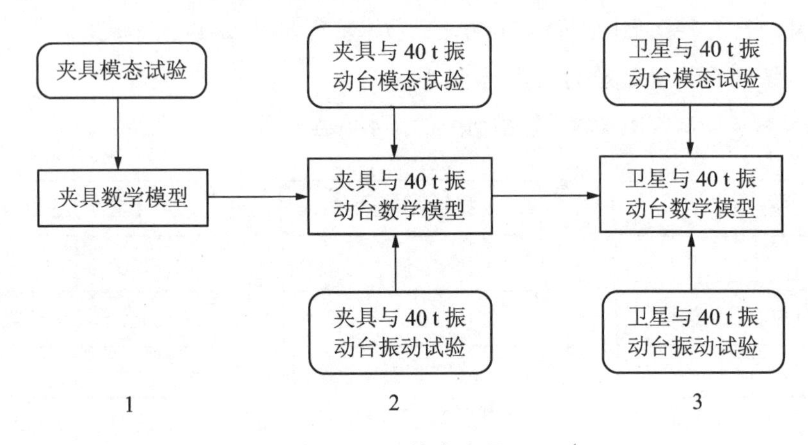

图 12.19　技术流程图

(1) 建立夹具结构初始数学模型,见图 12.20;

(2) 建立夹具与 40 t 振动台初始数学模型,见图 12.21;

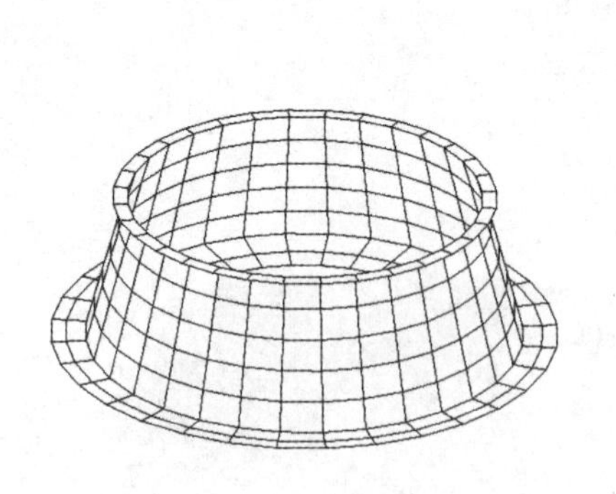
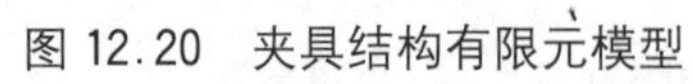

图 12.20　夹具结构有限元模型

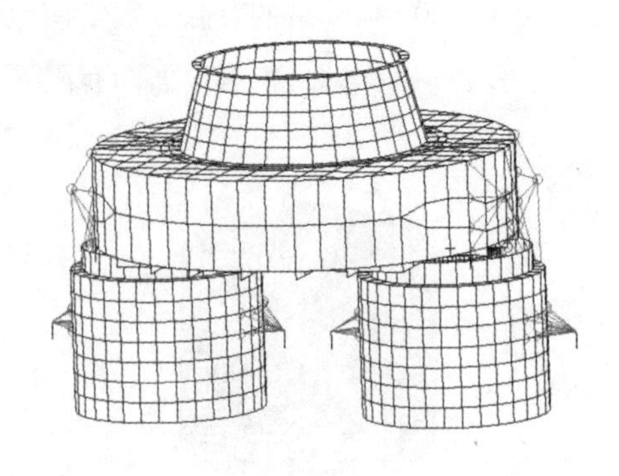

图 12.21　夹具与 40 t 振动台有限元模型

(3) 建立 D 卫星数学模型,见图 12.22,建立 D 卫星、夹具与 40 t 振动台初始数学模型,见图 12.23.

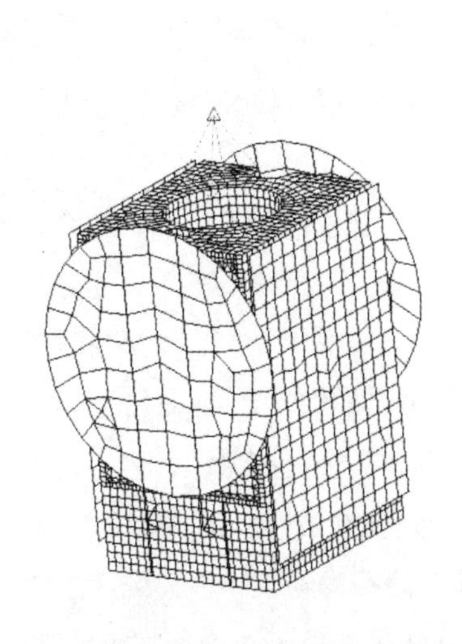
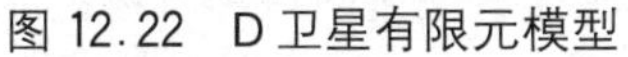

图 12.22　D 卫星有限元模型

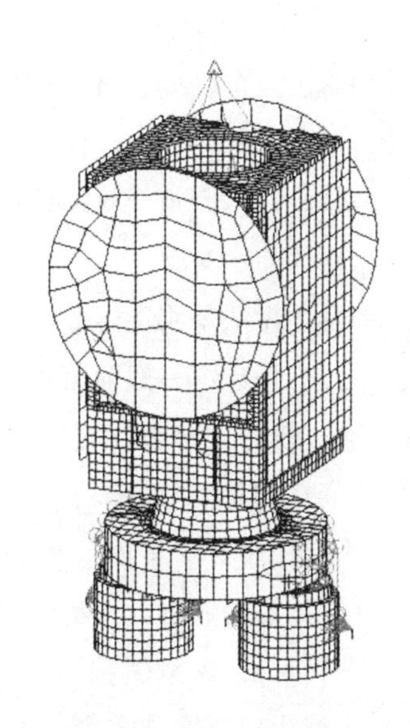

图 12.23　D 卫星、夹具与 40 t 振动台有限元模型

上述每级的振动台振动试验都是在振动台台面或其他位置上选取控制点，按单点控制或四点平均控制进行振动试验. 所有计算以振动台振动试验的响应仿真为最终目标. 上述每个级的台面控制振动台振动试验的计算机仿真具体流程如图 12.24 所示，包括如下流程：

(1) 结构有限元初始建模；

(2) 结构动态特性计算；

(3) 按模态试验数据进行第一次数学模型修改；

(4) 振动台试验系统的计算机仿真频率响应计算；

(5) 按振动台试验测得的动态响应数据第二次数学模型修改；

(6) 振动台激励点处施加的激励力频谱计算；

(7) 台面定点控制振动台振动试验的计算机仿真结果.

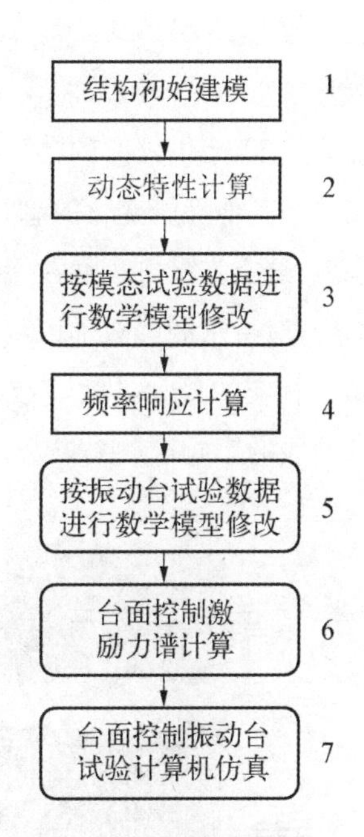

图 12.24　台面控制振动台试验的计算机仿真具体流程图

12.4.2　有限元数学模型修改

按台面控制振动台试验的计算机仿真流程图 12.24，包括两次数学模型修改过程：

(1) 用修改后的模型计算固有模态频率、振型曲线，最终使模态参数计算结果与试验结果达到一致. 这个阶段的数学模型修改主要进行刚度矩阵和质量矩阵的修改.

(2) 将试验系统计算给出的结构频响函数曲线与试验测量频响函数曲线结果进行比较，

以进行数学模型修改.这次修改不仅要考虑曲线的几个峰值频率位置,而且要考虑整个曲线的形状是上升、下降还是平直走向,使关键测点主振动方向频响谱在低频段内均方根值误差达到要求.在这次修改中,侧重于对结构的阻尼参数、结构部件之间的连接条件、边界条件的参数和性质进行修改.

手工修改的具体做法是将待修改的有限元模型分为若干组,在每组中选定一个待修改的参数,对这些参数进行修改.一般而言可以将材料常数、一些结构厚度、特征尺寸等选为待修改的参数,在修改过程中这些参数的变化只代表相应的刚度矩阵项的变化,是与刚度项变化有关的各物理量变化的总和,而不是所选的材料常数、一些结构厚度、特征尺寸等本身的变化.将选定的几个有代表性的参数作为修改参数,通过手工调整这些参数.

下面以 20 t 吨振动台有限元模型修改过程说明手工修改方法的应用.图 12.25 给出了振动台动圈的物理特性分区示意图,图 12.26 给出了振动台静圈的物理特性分区示意图.将 20 t 振动台划分为 11 组物理特性分区,图中的每个颜色的分区代表采用同一种材料性能的区域,每个材料性能的分区域可以选一个修改参数为代表,例如杨氏模量.相应 11 个分区有 11 个修改参数: $A1,A2,\cdots,A11$.改变 11 个修改参数就改变了整个振动台数学模型,也就是改变了振动台空台频响函数曲线.在修改过程中,11 个修改参数不再是 11 个杨氏模量的含义,而仅仅只是 11 个供修改的参数,它们的变化不仅仅是杨氏模量的变化,而是单元杨氏模量、单元尺寸与其他性能变化的总和.如果对 11 个修改参数同等对待,仅仅依赖修改方法的数学方程求解,这类支配方程往往无解或呈病态,而且计算效率较低.具体解决问题的方法是人机密切结合,对待求的参数加以区别对待.这时,灵敏度分析最为重要.要注意不同的频率段的频响函数相应的最大灵敏度参数也是互不相同的.由表 12.7 可以看到不同参数对加速度频响函数曲线的影响.其中,参数 $A1$ 可以改变静圈低频模态频率,由试验低频模态频率,可以确定

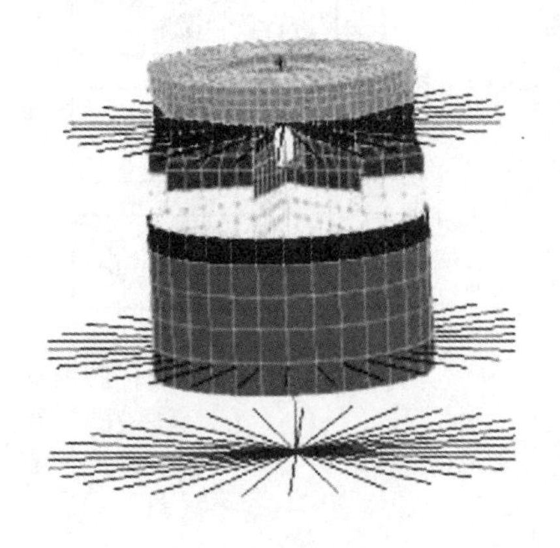

图 12.25　振动台动圈的物理特性图

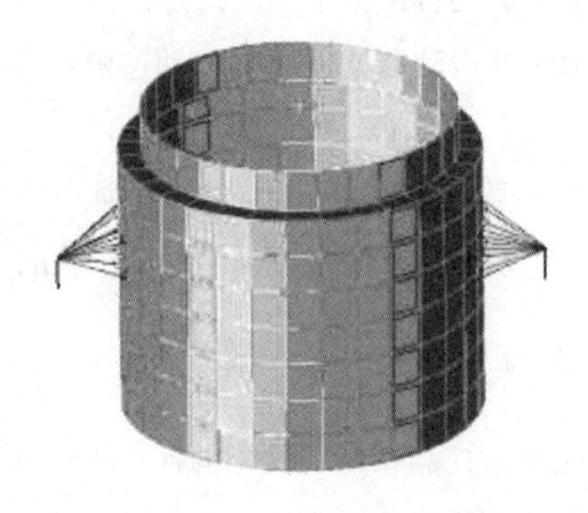

图 12.26　振动台静圈的物理特性图

表 12.7　不同参数对加速度频响函数曲线的影响

材料	参数	1	2	3	4	5	6	7	8	9
支座弹簧	$A1$	3E7	3E9	3E7	3E7	3E7	3E7	3E7	3E7	3E7
空气弹簧	$A2$	1E5	1E5	1E7	1E5	1E5	1E5	1E5	5E6	1E5
刚杆	$A3$	2.1E11	2.1E11	2.1E11	2.1E9	2.1E11	2.1E11	2.1E11	2.1E11	2.1E11
板簧	$A4$	10E10	10E10	10E10	10E10	8E10	10E10	10E10	1E7	10E10
静圈	$A5$	7.06E1	7.06E1	7.06E1	7.06E1	7.06E1	7.06E1	7.06E1	7.06E1	4E10
hxb	$A6$	9E10	9E10	9E10	9E10	9E10	7E10	9E10	9E10	9E10
立板	$A7$	9E10	9E10	9E10	9E10	9E10	7E10	9E10	9E10	9E10
tm	$A8$	9E10	9E10	9E10	9E10	9E10	7E10	9E10	9E10	9E10
立板 1	$A9$	9E10	9E10	9E10	9E10	9E10	7E10	9E10	9E10	9E10
立板 2	$A10$	9E10	9E10	9E10	9E10	9E10	7E10	9E10	9E10	9E10
线圈圆筒	$A11$	5.5E10	5.5E10	5.5E10	5.5E10	5.5E10	5.5E10	3E10	3E10	3E10
频响图		图 12.27	图 12.28	图 12.29	图 12.30	图 12.31	图 12.32	图 12.33	图 12.34	图 12.35

为 $A1=3E7$；$A2$ 与 $A4$ 改变动圈低频段，由低频段试验曲线可以确定 $A2$ 和 $A4$；$A6\sim A10$ 改变动圈高频段，由高频弹性模态试验值可以确定 $A6\sim A10$ 均为 9E10；$A2$ 与 $A4$ 改变动圈低频段，由低频段试验曲线可以确定 $A2$ 和 $A4$；$A11$ 改变动圈呼吸模态频率，由呼吸模态频率试验值可以确定 $A11$ 为 5.5E10.

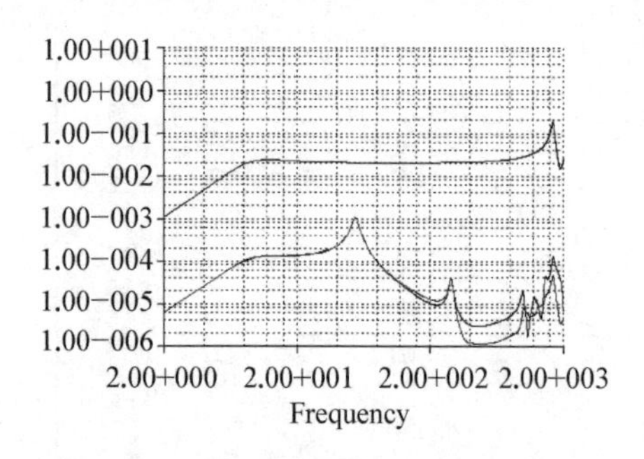

图 12.27　加速度频响函数曲线(1)

根据这些认识可以反复修改模型以达到模型修改目的.这些修改参数的变化所产生的曲线变化不是线性的.当修改参数稳定在某值时，这些修改参数的变化也可能与表 12.7 所示的不同.因而模型修改是反反复复的过程.

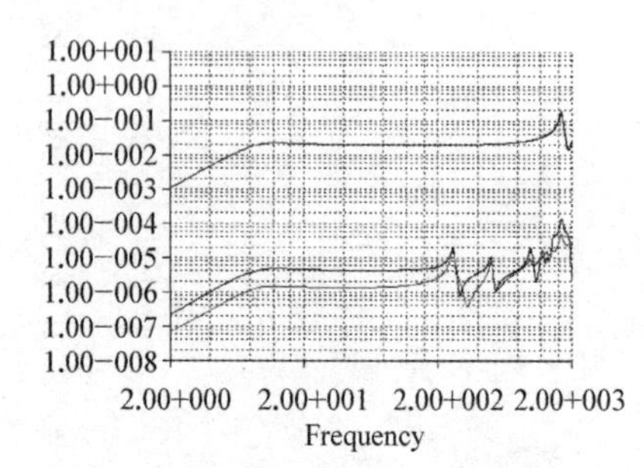

图 12.28　加速度频响函数曲线(2)

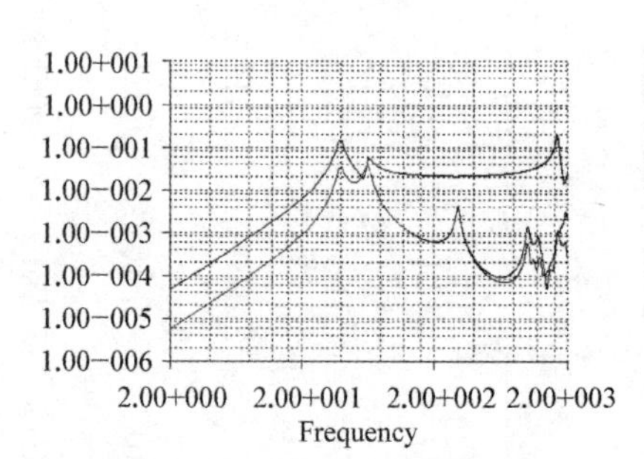

图 12.29　加速度频响函数曲线(3)

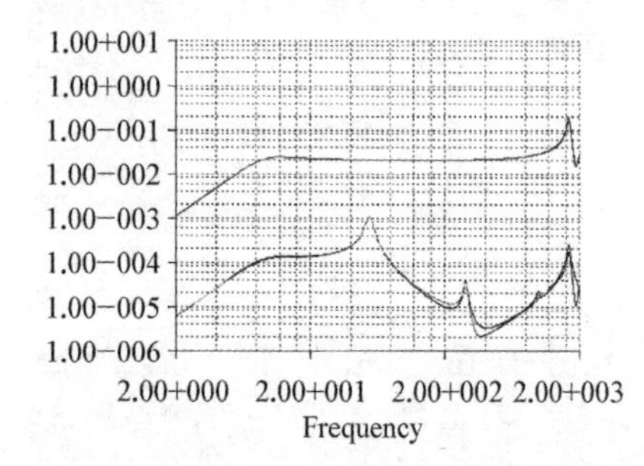

图 12.30　加速度频响函数曲线(4)

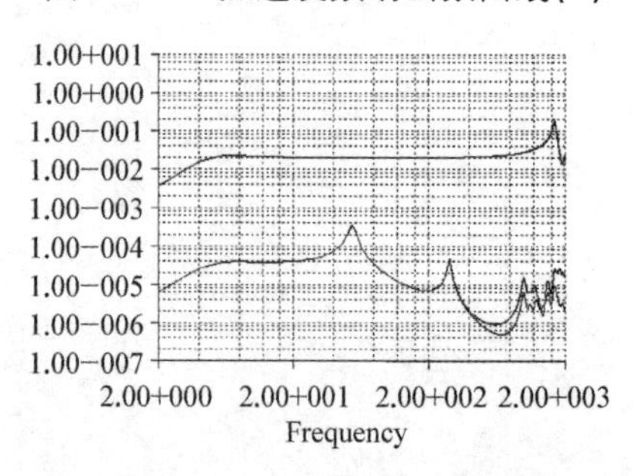

图 12.31　加速度频响函数曲线(5)

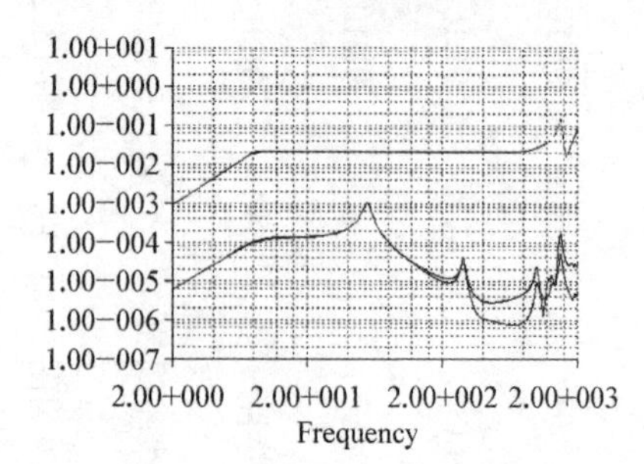

图 12.32　加速度频响函数曲线(6)

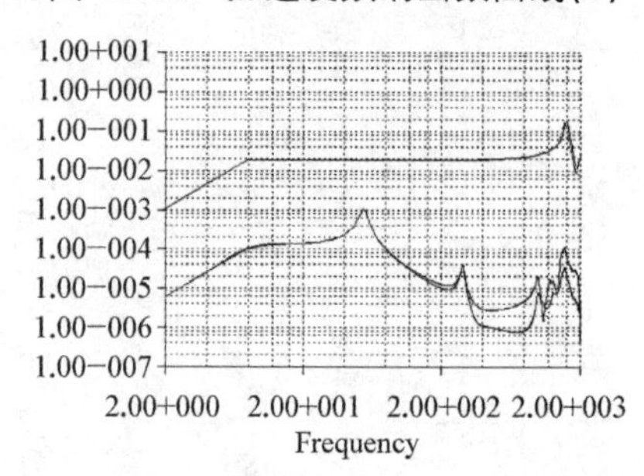

图 12.33　加速度频响函数曲线(7)

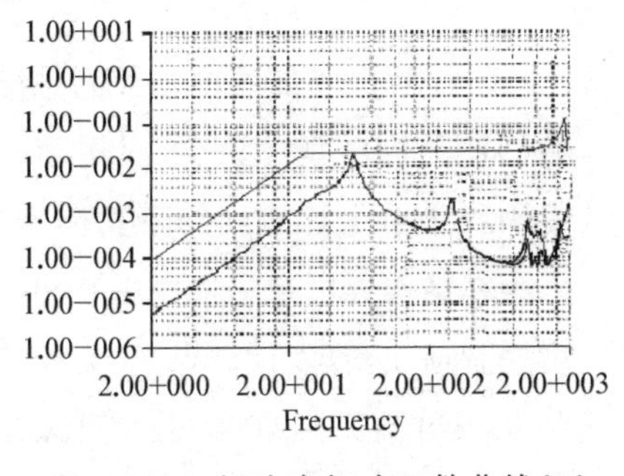

图 12.34 加速度频响函数曲线(8)

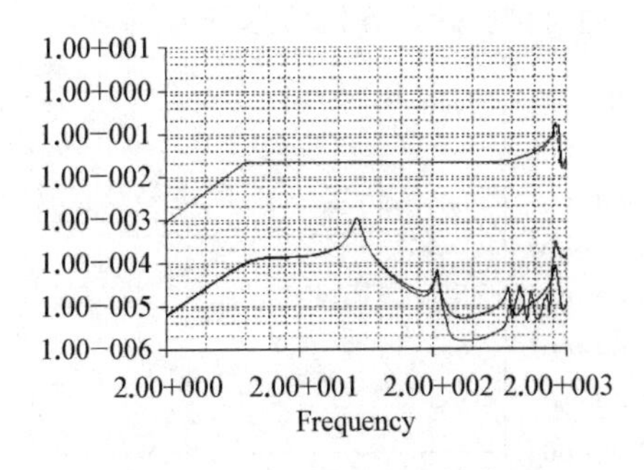

图 12.35 加速度频响函数曲线(9)

12.4.3 台面控制振动台试验的计算机仿真技术的实现

1. 结构分析专用程序给定加速度约束功能不能实现定点控制振动台激励仿真

按照实际试验工况进行振动台振动试验，一般在台面上选定单点控制或四点平均控制，通过控制点加速度的反馈信号计算控制振动台的驱动电压，使控制点的正弦扫描加速度谱 $a(f)$满足给定的控制条件，如图 12.36 所示.

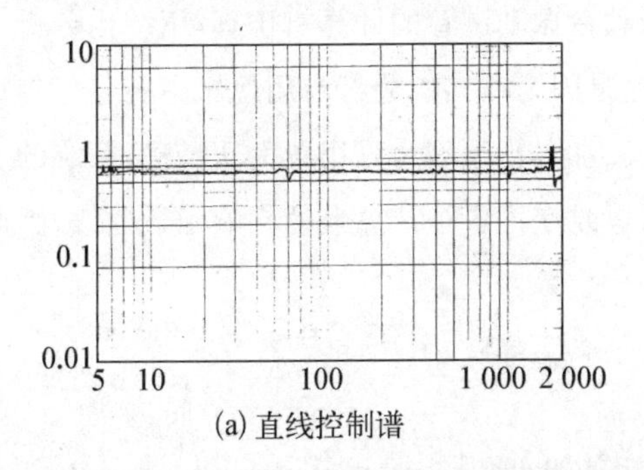

(a) 直线控制谱

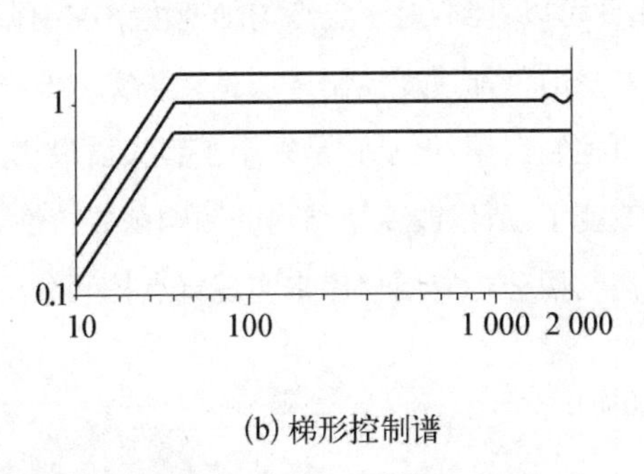

(b) 梯形控制谱

图 12.36 加速度谱控制条件 $a(f)$

在计算机仿真计算中，不能直接将正弦扫描加速度谱 $a(f)$作为边界约束条件引入计算，这是由于程序中采用置大数法改变了结构的固有特性，计算结果与实际试验结果不一致.

动圈线圈单元作用如图 12.37 所示的激励力谱 $F_{1A}(f)=1$，用结构分析专用程序计算求得振动台试验系统每个计算点的频响函数计算曲线 $H_A(f_i)$，台面上一个计算点 70 的匀加速度频响函数曲线如图 12.38 所示.

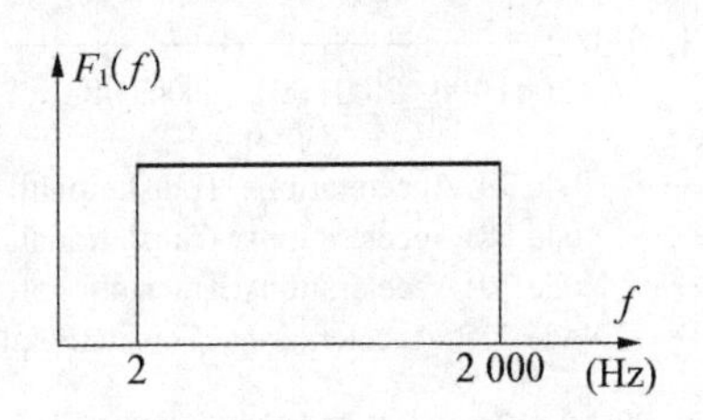

图 12.37 均匀的单位激励力谱 $F_1(f)$

对于这个振动台，在台面上的定点(控制点 70)作用如图 12.36(a)所示的加速度谱控制时，如何实现振动台各点的响应计算？也就是说，如何实现台面定点控制振动台试验的计算机仿真技术?

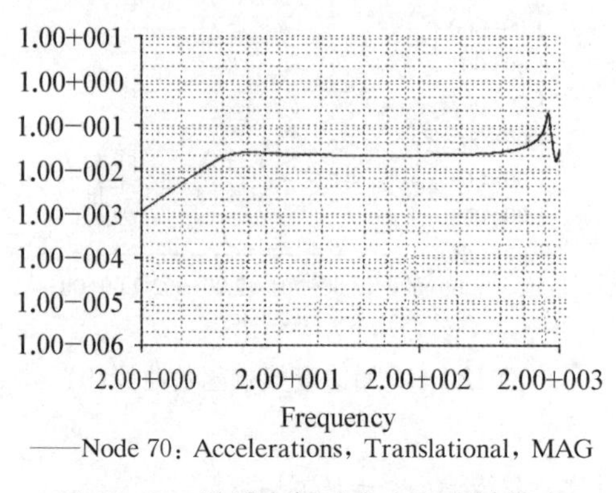

图 12.38　激励力振动台台面上计算点加速度频响函数曲线

对于定点匀加速度谱控制振动台试验的计算机仿真,似乎可以用结构分析专用程序给定加速度约束功能来实现.因为在结构分析专用程序中有建立加速度控制选项,若以计算点 70 为加速度控制点,要求在 2～2 000 Hz时可以建立如图 12.36(a)所示的加速度谱控制谱.用结构分析专用程序计算,可以给出定点加速度谱控制振动台台面上加速度频响函数曲线如图 12.39、图 12.40 所示,从图中可以看到振动台台面上计算点 70 的加速度频响函数曲线是一条匀加速度幅值的直线,说明已经实现了控制条件的要求.然而,其他计算点的加速度频响函数曲线都不是一条匀加速度幅值的直线,特别是在中、高频段的响应变化非常大,并且在 160～800 Hz 频段有三个峰值.由此可以看到,对于定点匀加速度谱控制振动台振动试验的计算机仿真,用结构分析专用程序本身的匀加速度控制选项是无法实现的.这是因为在结构分析专用程序中有建立匀加速度约束控制选项,但是它是采用了置大质量法实现的,正是因为采用置大质量法,系统的质量分布改变了,所以改变了结构的频响函数特性,也改变了各个计算点的频响函数曲线,因此不能采用结构分析专用程序来实现定点控制分析.

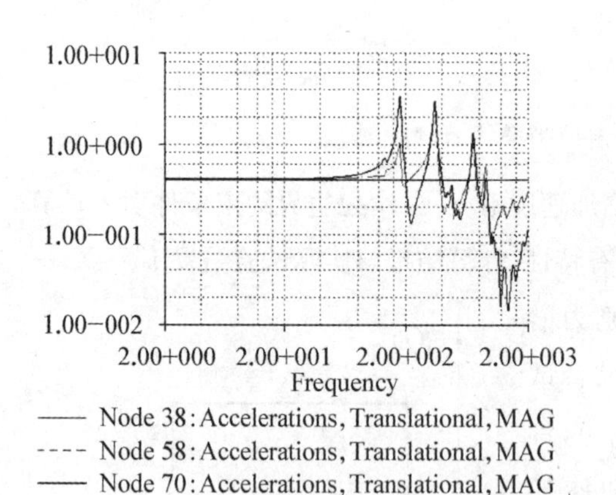

图 12.39　定点匀加速度谱控制振动台台面上加速度频响函数曲线

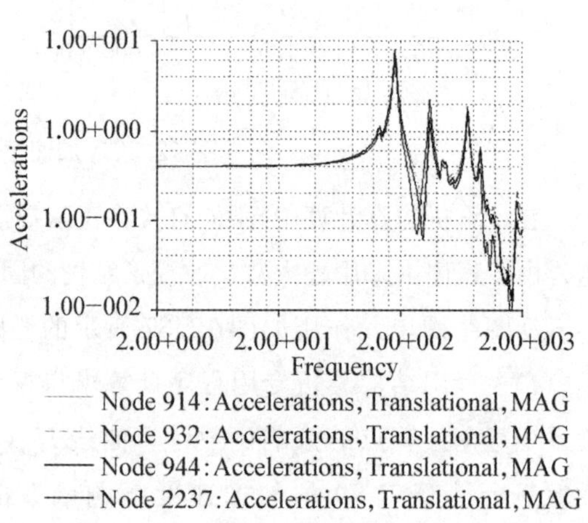

图 12.40　定点匀加速度谱控制振动台台面上加速度频响函数曲线

2. 台面控制振动试验计算机仿真的实现方法

按照实际试验工况进行振动台试验时,振动台控制仪上给出电流驱动谱 $I_T(f)$ 曲线,如

图12.41所示，在振动加速度传感器与测试仪器上给出每个测点的振动台振动试验加速度响应谱试验曲线 $a_T(f_i)$，振动台动圈上激励力为 $F_T(f)$，由下式确定：

$$F_T(f) = (QL)I_T(f) = G_T I_T(f) \quad (12.4.1)$$

其中，Q 为磁感应强度，L 为导线长度，$I_T(f)$ 为动圈驱动电流试验曲线，$G_T = QL$ 为力常数.将振动台每个测点的加速度响应谱 $a_{Ti}(f)$ 对电流驱动谱 $I_T(f)$ 作传递，可求得振动台试验系统每个测点的由动圈激振力激起的加速度结构频响函数试验曲线 $H_{Ti}(f_T)$ 为

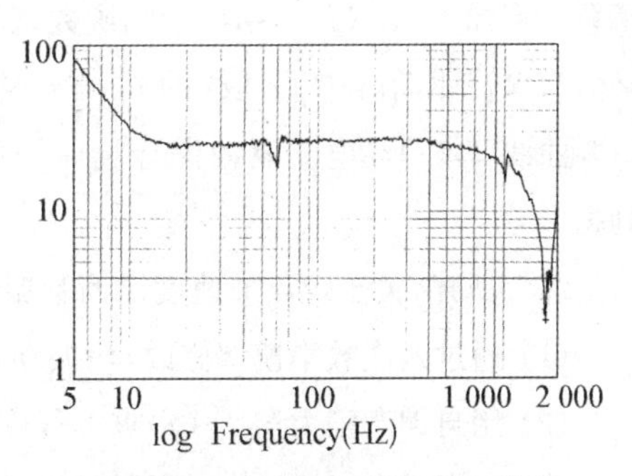

图12.41　电流驱动谱 $I_T(f)$ 曲线

$$H_{Ti}(f) = a_{Ti}(f)/F_T(f)$$
$$= (1/G) \cdot a_{Ti}(f)/I_T(f) \quad (12.4.2)$$

其中，下标 i 表示测试点号，下标 T 表示与试验有关的参数.可以相对于电流驱动曲线 $I_T(f)$ 作加速度响应谱试验曲线 $a_{Ti}(f)$ 的传递函数曲线 $a_{Ti}(f)/I_T(f)$，式(12.4.2)表示传递函数曲线 $a_{Ti}(f)/I_T(f)$ 的 $1/G$ 倍就是测点的结构频响函数试验曲线 $H_{Ti}(f)$，因此每个测点的结构频响函数试验曲线 $H_{Ti}(f)$ 可以作为数学模型第二次修改的依据.

对应实际试验工况进行振动台试验系统的频率响应曲线计算.边界条件为动圈下端作用如图12.37所示的均匀激励力谱 $F_1(f)$.用结构分析专用程序求解得到振动台试验系统每个计算点的结构频响函数 $a_A^{(1)}(f)$，求得振动台试验系统控制点 x(单点或四个点平均控制)的响应 $a_{Ax}^{(1)}(f)$，则控制点 x 的频响函数计算曲线 $H_{Ax}^{(1)}(f)$ 为

$$H_{Ax}^{(1)}(f) = a_{Ax}^{(1)}(f)/F_1(f) \quad (12.4.3)$$

其中，x 为控制点，上标"(1)"表示激励力 $F_1(f)$ 引起的响应，下标 A 表示有关计算的量.

同样，如果在振动台动圈下端作用激励力谱为 $F_2(f)$，用结构分析专用程序求得振动台试验系统每个计算点的结构响应函数 $a_{Ai}^{(2)}(f)$，求得振动台试验系统控制点 x(单点或四个点平均控制)的响应 $a_{Ax}^{(2)}(f)$.令 $a_{Ai}^{(2)}(f)$ 为给定的正弦扫描加速度谱控制条件 $a(f)$(如图12.36(a)或(b)所示)，即 $a_{Ax}^{(2)}(f) = a(f)$，上标"(2)"表示激励力 $F_2(f)$ 引起的响应.则结构频响函数计算曲线 $H_{Ax}^{(2)}(f)$ 为

$$H_{Ax}^{(2)}(f) = a_{Ax}^{(2)}(f)/F_2(f) = a(f)/F_2(f) \quad (12.4.4)$$

频响函数是结构的固有特性，假设结构线性化的条件下，有

$$H_{Ax}^{(1)}(f) = H_{Ax}^{(2)}(f)$$

则相应于给定的正弦扫描加速度谱控制条件 $a(f)$ 的激励力谱 $F_2(f)$ 为

$$F_2(f) = F_1(f) \cdot a(f)/a_{Ax}^{(1)}(f) \quad (12.4.5)$$

相应激励力谱 $F_1(f)$ 的振动台试验系统控制点的响应 $a_{Ax}^{(1)}(f)$、激励力谱 $F_1(f)$(见图12.37)和正弦扫描加速度谱控制条件 $a(f)$(见图12.36)均为已知的，则可用我们自己编制

的程序按式(12.4.5)计算给出激励力谱 $F_2(f)$.

以每个测点的结构频响试验曲线 $H_{Ti}(f)$作为数学模型第二次修改的依据,使结构频响函数计算曲线 $H_{Ai}(f)$与结构频响函数试验曲线 $H_{Ti}(f)$一致.这时计算给出的激励力谱$F_2(f)$必然为电流驱动谱 $I(f)$曲线的 G_A 倍,从而给出电流驱动谱计算曲线 $I_A(f)$.则电流驱动谱试验曲线 $I_T(f)$与电流驱动谱计算曲线 $I_A(f)$是否一致,可以作为有限元模型修改好坏的判据.

综上所述,关于定点加速度谱控制振动台试验的计算机仿真实现方法分如下三步:

(1) 通过两次数学模型修改,使振动台传递函数计算曲线与传递函数试验曲线一致;

(2) 用自编激励力谱 $F_2(f)$求解程序给出激励力时域场函数计算曲线;

(3) 将激励力时域场函数计算曲线作为激励力加在修改后的振动台试验系统模型上,用结构分析专用程序进行分析,给出的加速度响应谱曲线就是定点加速度谱控制振动台试验的计算机仿真结果.

12.4.4 20 t 振动台空台试验仿真

经过模型修改后 20 t 振动台空台有限元模型计算给出的电流驱动谱 $I(f)$计算曲线如图 12.42 所示,图 12.43 为电流驱动谱 $I(f)$试验曲线.比较图 12.42 与图 12.43 可以看到这两条曲线非常相似.

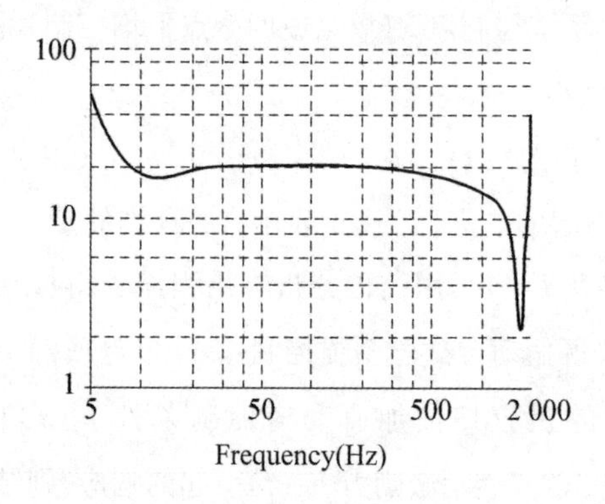

图 12.42 电流驱动谱 $I(f)$计算曲线

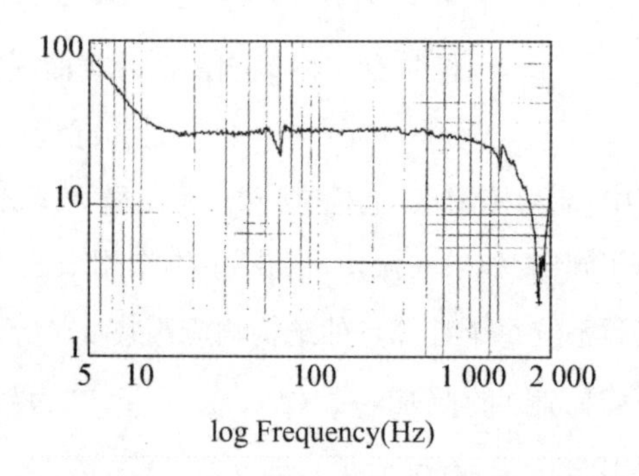

图 12.43 电流驱动谱 $I(f)$试验曲线

将图 12.42 所示的电流驱动谱 $I(f)$计算曲线作为激励力谱作用于修改后的数学模型上,由结构分析专用程序计算给出振动台空台试验的计算机仿真结果如图 12.44 所示.图 12.45 给出振动台空台试验测得的响应,比较图 12.44 与图 12.45,可以看到仿真结果与试验结果的一致性,从而达到振动试验仿真的目的.

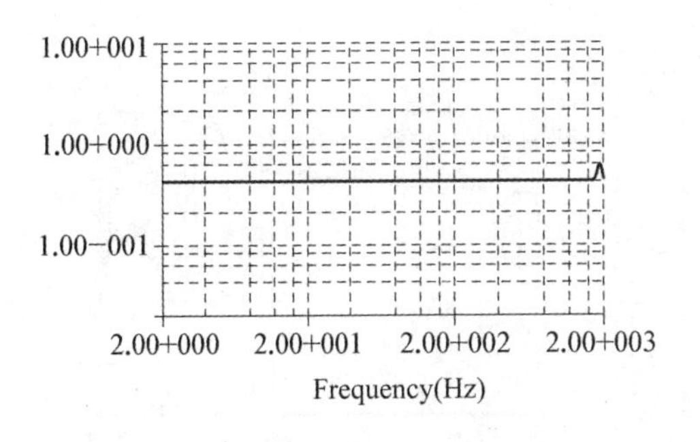

图 12.44　振动台试验的计算机仿真结果

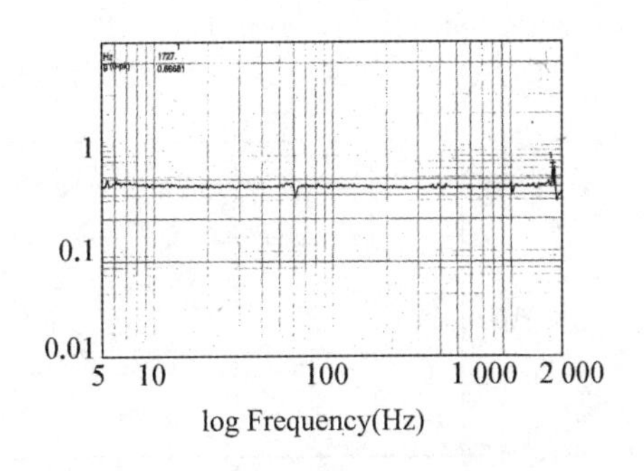

图 12.45　振动台空台试验频响曲线

12.4.5　40 t 振动台空台振动试验仿真系统

逐一完成 20 t 振动台(北台)有限元模型修改、20 t 振动台(南台)有限元模型修改和扩展台面有限元模型修改,形成 40 t 振动台有限元模型,加上电流驱动谱计算程序,形成 40 t 振动台振动试验仿真系统.在以后产品振动试验仿真过程中,虽然不同产品的数学模型不同,夹具数学模型也不同,但是 40 t 振动台有限元模型和电流驱动谱计算程序保持不变.

1. 40 t 振动台数学模型修改后的电流驱动谱计算曲线与试验曲线比较

对于 $a=0.6g$ 状态,用自编定点控制激励力谱求解程序计算给出 40 t 振动台空台南北台电流驱动谱计算曲线,如图 12.46(a)所示.图 12.46(b)给出 40 t 振动台空台的电流驱动谱试验曲线,图 12.46(c)给出 40 t 振动台空台电流驱动谱计算曲线与试验曲线比较图.从图中可以看到电流驱动谱计算曲线与试验曲线两个曲线在低频段非常一致,由此检验了上述模型修改结果的正确性.

2. 40 t 振动台空台振动试验仿真技术

将图 12.46(a)振动试验电流驱动谱计算曲线作为激励力加在 40 t 振动台模型上用专用程序进行分析,给出的结果就是振动台振动试验的计算机仿真结果,给出的各点加速度频响计算曲线见图 12.47(a).扩展台面中心测点频响函数试验曲线与频响函数计算曲线比较见图 12.47(b).从图中可以看到,在低频段试验曲线与计算曲线比较一致.

12.4.6　D 卫星振动台振动试验仿真技术

设计部门提供 D 卫星的有限元模型如图 12.22 所示.将所提供的 D 卫星模型安装在如图 12.21 所示的夹具、40 t 振动台有限元模型上,形成 D 卫星、夹具和 40 t 振动台试验系统有限元模型,如图 12.23 所示.图 12.21 所示的夹具、40 t 振动台有限元模型已验证过是正确的,图 12.22 所示的设计部门提供 D 卫星的有限元模型也是正确的,正确的连接就能确保图 12.23 的 D 卫星、夹具和 40 t 振动台试验系统有限元模型是正确的,在此条件下就可以进行D卫星振动台振动试验仿真.

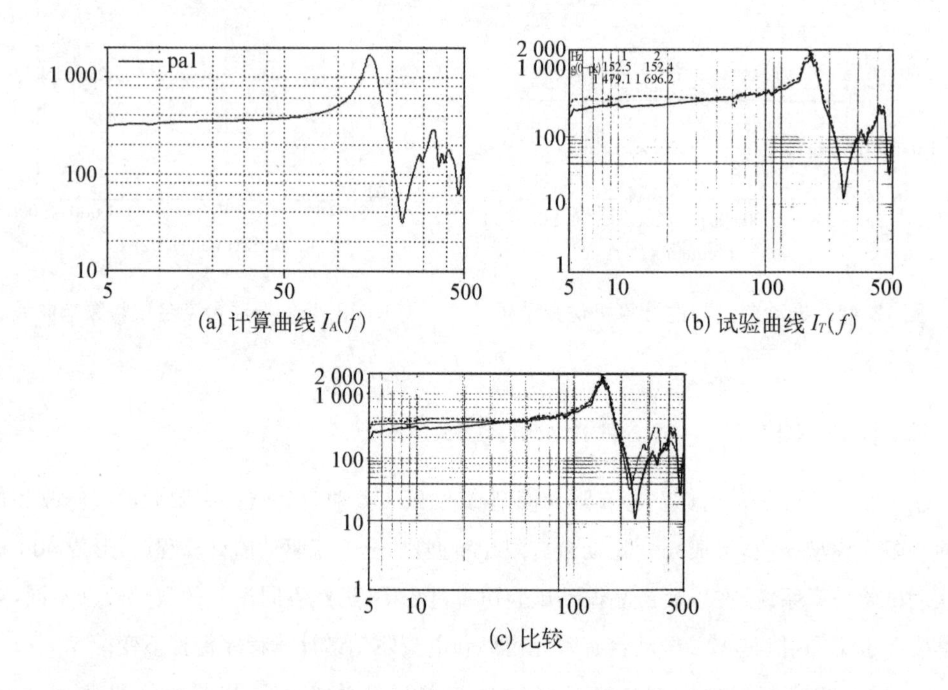

图 12.46　电流驱动谱计算曲线 $I_A(f)$与试验曲线 $I_T(f)$比较

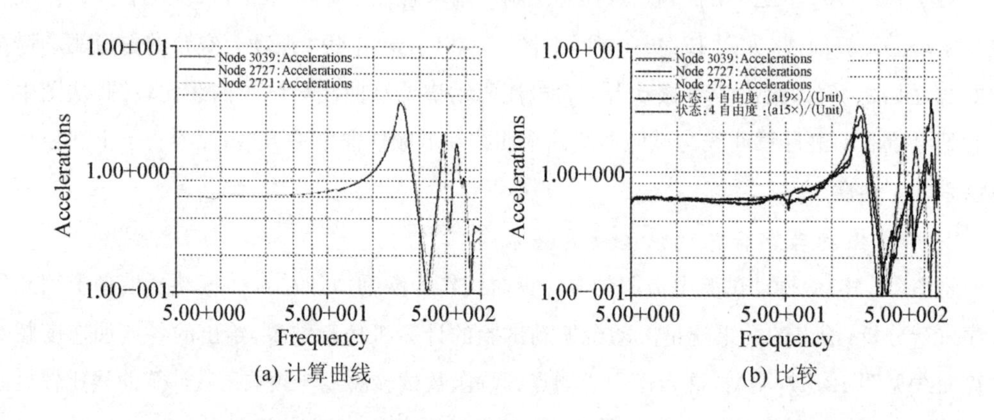

图 12.47　扩展台面中心测点频响函数试验曲线与频响函数计算曲线比较

给定图 12.48 所示的 0.8g 控制加速度谱,将其代入定点控制激励力谱求解程序,求得计算电流驱动曲线(见图 12.49).试验电流驱动曲线见图 12.50(a),计算电流驱动曲线与试验振动响应曲线的比较见图 12.50(b).由图可以看到在低频段两条曲线基本上重叠在一起,计算电流驱动曲线高频段有很大的峰值而与试验曲线不同.这是因为这个峰值将可能带来结构损坏,必须采用带谷试验技术,削去该峰值.为此,采用图 12.51 给出带谷的控制谱,将其代入定点控制激励力谱求解程序,可以给出计算电流驱动曲线如图 12.52(a)所示,这时计算电流驱动曲线与试验电流驱动曲线的比较见图 12.52(b),由图可以看到在低频段与高频段两条曲线基本上重叠在一起,说明图 12.51 给出带谷的控制谱是合适的.

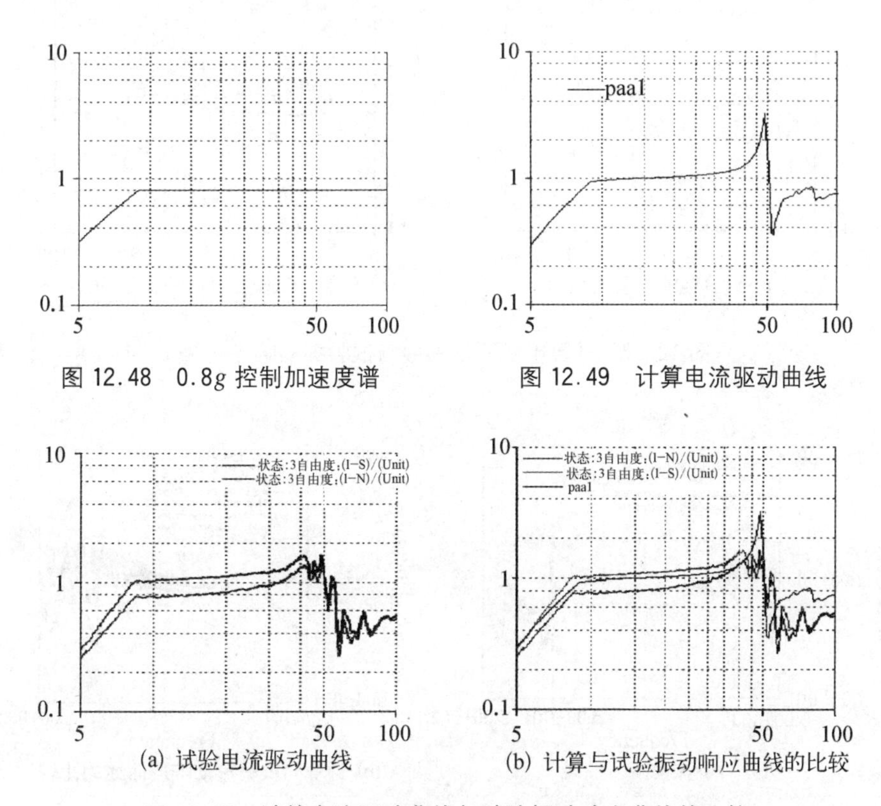

图 12.48　0.8g 控制加速度谱

图 12.49　计算电流驱动曲线

(a) 试验电流驱动曲线

(b) 计算与试验振动响应曲线的比较

图 12.50　计算电流驱动曲线与试验振动响应曲线的比较

将图 12.52(a)中计算电流驱动谱曲线作为施加在振动台动圈线圈单元处的激励力,用验证好的 D 卫星、振动台系统有限元模型,用结构分析专用程序进行振动响函计算,给出的计算结果就是振动试验仿真结果.这些频响函数结果见图 12.53～图 12.56 的(a)图,计算与试验频响函数曲线比较见图 12.53～图 12.56 的(b)图,可以看到两条曲线形状基本一致,特别是在 5～60 Hz 低频段这两条曲线基本上重叠,基本上把试验曲线呈现在计算机上,实现了振动试验仿真.表 12.8 给出振动试验仿真的测点计算响应谱在 5～50 Hz 低频段均方根值的误差 δ,测点计算响应谱 5～50 Hz 低频段均方根值的误差 δ 均小于 30%,满足对振动试验仿真结果的要求.

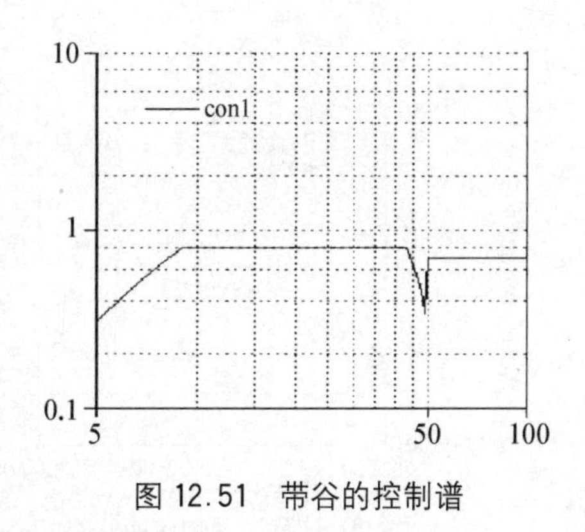

图 12.51　带谷的控制谱

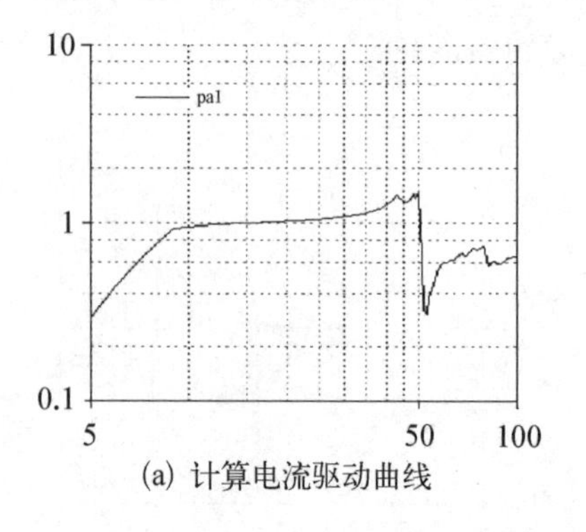

(a) 计算电流驱动曲线

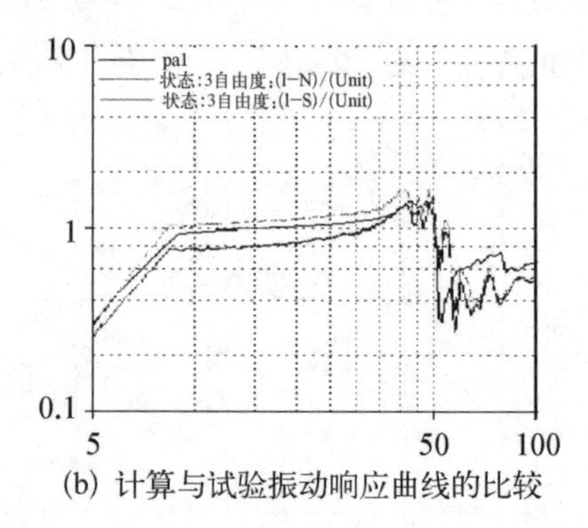

(b) 计算与试验振动响应曲线的比较

图 12.52　计算电流驱动曲线与试验振动响应曲线

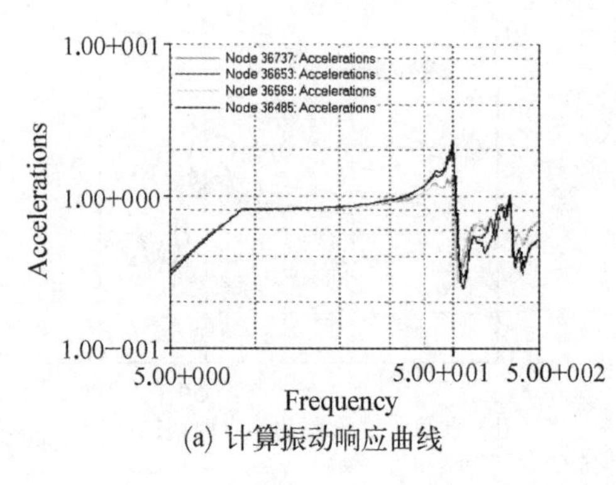

(a) 计算振动响应曲线

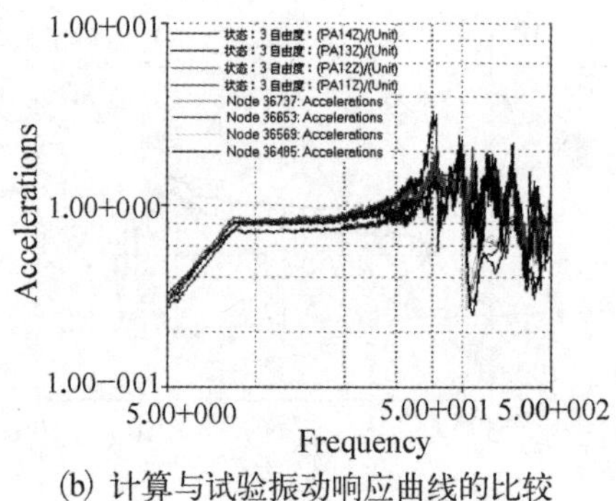

(b) 计算与试验振动响应曲线的比较

图 12.53　作动筒顶层计算点与测点振动响应曲线

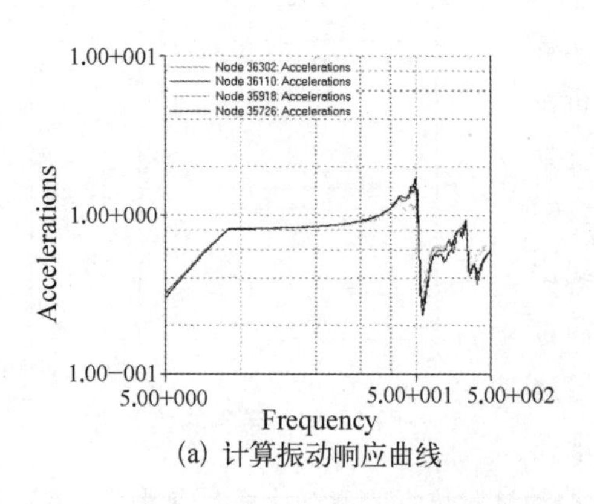

(a) 计算振动响应曲线

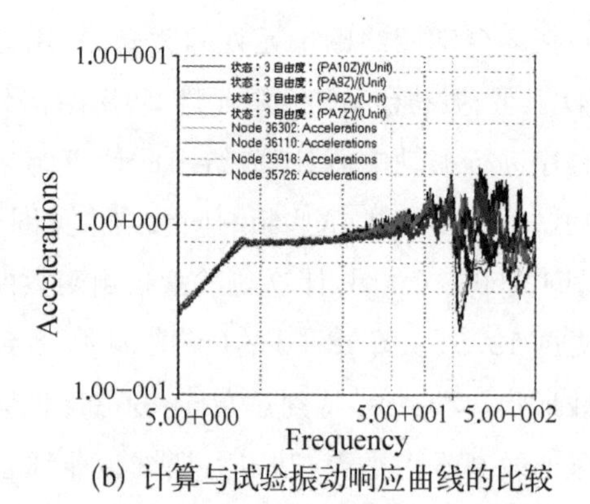

(b) 计算与试验振动响应曲线的比较

图 12.54　作动筒与上贮箱连接处计算点与测点振动响应曲线

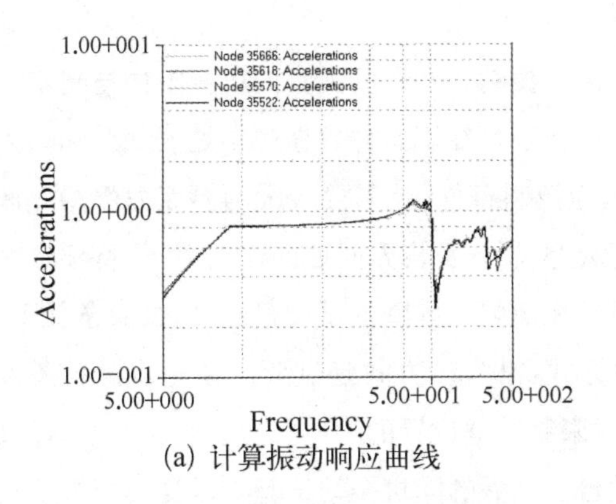

(a) 计算振动响应曲线

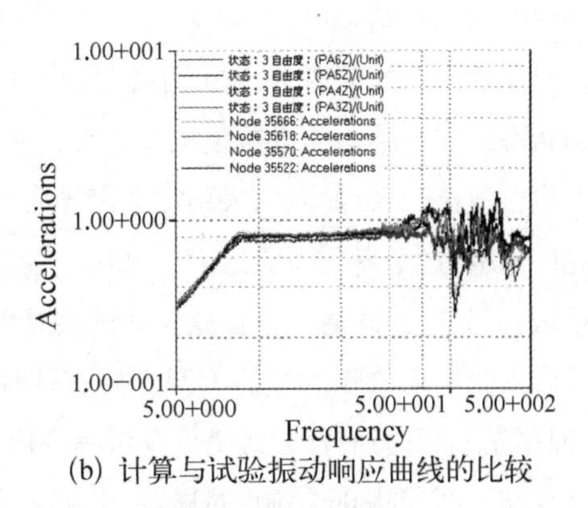

(b) 计算与试验振动响应曲线的比较

图 12.55　作动筒与下贮箱连接处计算点与测点振动响应曲线

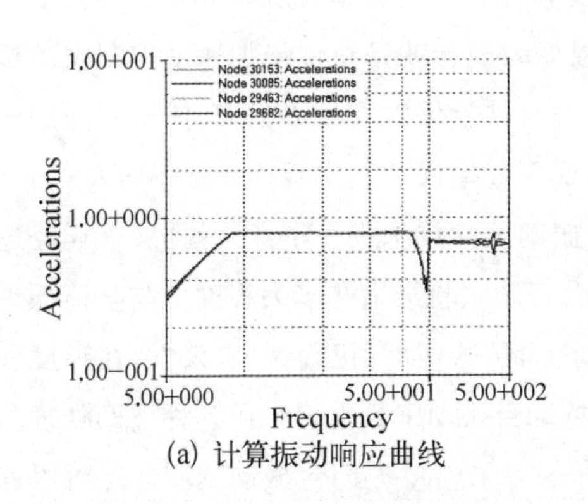

(a) 计算振动响应曲线

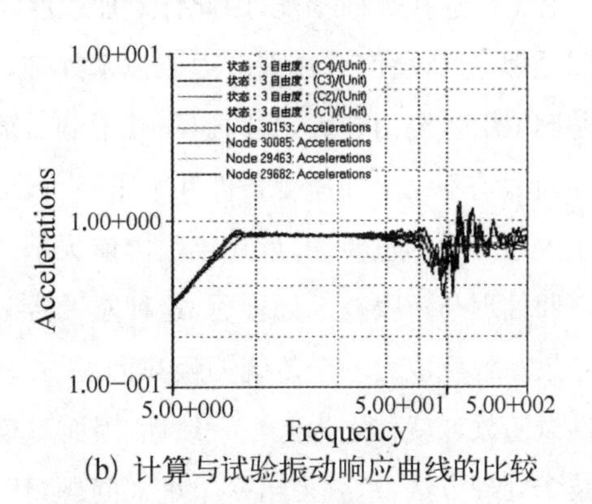

(b) 计算与试验振动响应曲线的比较

图 12.56　控制点处计算点与测点振动响应曲线

表 12.8　仿真结果测点计算响应谱在 5～50 Hz 低频段均方根值的误差 δ

测　点	C1	C2	C3	C4	F3	F4	F5	F6	I—N
计算点	29 463	29 682	30 085	30 153	35 522	35 570	35 618	35 666	PN
误差 δ	0.027	0.001 5	0.034	0.006 8	0.18	0.016	0.11	0.028	0.13
测　点	F7	F8	F9	F10	F11	F12	F13	F14	I—S
计算点	35 726	35 918	36 110	36 302	36 485	36 569	36 653	36 737	PS
误差 δ	0.097	0.084	0.025	0.047	0.13	0.15	0.19	0.19	0.088

12.5　全尺寸航天器振动台多维振动试验天地一致性研究[221]

全尺寸航天器振动台振动试验主要通过控制航天器试验件与振动台界面的输入加速度为器箭界面的环境条件来实现对真实全箭振动动力学环境的模拟.这里对全尺寸航天器振动台振动试验提出两个问题:一是给出的器箭界面的加速度环境条件对不对?二是航天器整星

振动台振动试验结果可信不可信?

对于后一个问题通常认为,在振动试验中由于振动台和试验夹具的机械阻抗与真实全箭振动状态中安装结构的机械阻抗存在很大差异,特别是在试验件共振频率处振动台和试验夹具的机械阻抗较大,如果仅采用加速度条件作为控制条件,就需要较大的界面力保持界面的加速度量级,这个界面力要远大于真实全箭振动状态中安装界面处的作用力,这将导致严重的过试验问题.因此通常在正弦振动试验时可在相应频段内降低试验量级,即试验条件下凹.航天器正弦振动试验条件的下凹主要有两种方式:第一种方式是试验前预先将试验条件下凹,即预先下凹;另一种方式是试验过程中通过限制关键位置的响应(加速度、应变等)使试验条件自动下凹,即响应控制.同样,由于在振动台上开展的随机振动试验难以真实模拟卫星飞行状态下的连接界面特征,因此针对加速度随机振动条件允许在谐振频率处进行谱密度值的下凹处理.过试验问题还采取力限技术处理,力限振动试验就是在传统加速度控制振动试验的基础上引入测力装置,实时监测并限制试验夹具与试验件之间的界面力,使得界面加速度和界面力均不大于加速度条件和力限条件,以达到更好地模拟真实界面动力学环境的目的.由于上述问题的重要性,近几年国内航天部门对振动试验技术进行了深入研究.这样经过各种下凹处理与力限技术处理后,这种航天器振动台振动试验结果在多大程度上与全箭振动试验结果一致就成为一个传统的经典问题.过去称之为试验精度、正确性、有效性,在环境和可靠性试验领域就称之为天地一致性.因而对整星振动台振动试验也得采用各种下凹处理与力限技术处理方法,这就提出一个重大问题:什么样的卫星整星振动台振动试验方法可以保证其天地一致性呢?

为了解决这一问题,在应用模态试验仿真技术和振动试验仿真技术获得准确全箭与航天器数学模型基础上,第 10 章已经给出在全箭振动中航天器响应的解析解仿真结果,包括器箭界面加速度条件和航天器内加速度条件.本节首先让航天器试验件与振动台界面的输入加速度为全箭振动导出的器箭界面加速度条件,对航天器整星振动台多维振动试验进行仿真,给出在振动台多维振动试验中航天器响应的解析解仿真结果.然后,将这个仿真结果与在全箭振动中航天器响应的解析解仿真结果进行比较,表明在振动台多维振动试验中航天器响应的解析解等于在全箭振动中航天器响应的解析解,也就是航天器整星振动台多维振动试验再现了在全箭振动中航天器多维振动力学环境,证明了卫星整星振动台振动试验方法可以保证其天地一致性,不存在“过试验”和“欠试验”问题.同时,还以航天器振动台纵向振动试验的仿真实例进一步加以说明.让航天器试验件与振动台界面的输入的纵向加速度等于器箭界面的纵向加速度条件,进行航天器振动台纵向振动试验仿真,仿真结果表明,航天器振动台纵向振动试验再现了飞行过程中航天器纵向振动力学环境,不存在“过试验”和“欠试验”问题[244].

12.5.1 全尺寸航天器多维振动台试验系统响应分析

当着手采用动态子结构法计算一个大型复杂结构系统时,首先将整体系统划分为若干子结构.如图 12.57 所示,可以将航天器整星多维振动台试验系统划分为两个子结构:航天器子结构 A 和振动台子结构 C.

用解析方法推导,可以将航天器子结构多维位移幅值向量 $\boldsymbol{X}'^A$ 表示为

$$\boldsymbol{X}'^A = \begin{bmatrix} \boldsymbol{X}'^A_s \\ \boldsymbol{X}'^A_m \end{bmatrix} = \boldsymbol{\Phi}^A_{c0}\boldsymbol{X}'^A_m + \boldsymbol{\phi}^A_b\boldsymbol{q}'^A_b = \bar{\boldsymbol{\Phi}}^A_d\bar{\boldsymbol{q}}'^A_d \tag{12.5.1}$$

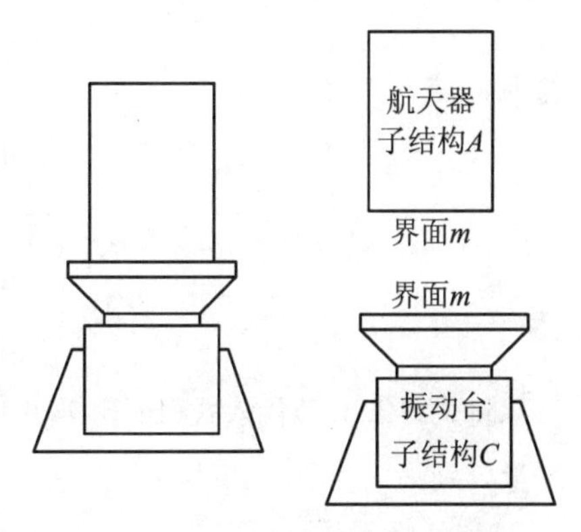

图 12.57 将航天器振动台试验系统划分为两个子结构:航天器子结构 A 与振动台子结构 C

其中

$$\bar{\boldsymbol{\Phi}}^A_d = [\boldsymbol{\Phi}^A_{c0} \quad \boldsymbol{\phi}^A_{bL} \quad \boldsymbol{\phi}^A_{bH}] = [\boldsymbol{\Phi}^A_{c0} \quad \boldsymbol{\phi}^A_b] = \begin{bmatrix} \boldsymbol{t}^A_{c0} & \boldsymbol{\phi}^A_{bs} \\ \boldsymbol{I} & \boldsymbol{0} \end{bmatrix}$$

$$\bar{\boldsymbol{q}}'^A_d = [\boldsymbol{X}'^{AT}_m \quad \boldsymbol{q}'^{AT}_{bL} \quad \boldsymbol{q}'^{AT}_{bH}]^T = [\boldsymbol{X}'^{AT}_m \quad \boldsymbol{q}'^{AT}_b]^T$$

$$\boldsymbol{\Phi}^A_{c0} = \begin{bmatrix} \boldsymbol{t}^A_{c0} \\ \boldsymbol{I}_c \end{bmatrix}, \quad \boldsymbol{t}^A_{C0} = -\boldsymbol{K}^{A-1}_{ss}\boldsymbol{K}^A_{sm}, \quad \boldsymbol{\phi}^A_b = \begin{bmatrix} \varphi^A_{bs} \\ \boldsymbol{0} \end{bmatrix}$$

$\boldsymbol{\Phi}^A_{c0}$称为静约束模态.式(12.5.1)表明当前自由边界状态结构位移 $\boldsymbol{X}'^A$ 的完备集是约束边界主模态集$\boldsymbol{\phi}_b$ 加上静约束模态$\boldsymbol{\Phi}^A_{c0}$.这就是模态展开定理(Ⅱ)[80-81].

采用同样的方法可以导出多维振动台子结构 C 的位移解析表达式为

$$\boldsymbol{X}'^C = = \boldsymbol{\Phi}^C_{c0}\boldsymbol{X}'^C_m + \boldsymbol{\phi}^C_b\boldsymbol{q}'^C_b = \bar{\boldsymbol{\Phi}}^C_d\bar{\boldsymbol{q}}'^C_d \tag{12.5.2}$$

将子结构 A,C 的位移表达式(12.5.1) 与(12.5.2)简单地合列在一起,形成未耦合系统的位移表达式

$$\boldsymbol{X}' = \begin{bmatrix} \boldsymbol{X}'^A_d \\ \boldsymbol{X}'^C_d \end{bmatrix} = \begin{bmatrix} \bar{\boldsymbol{\Phi}}^A\bar{\boldsymbol{q}}'^A \\ \bar{\boldsymbol{\Phi}}^C\bar{\boldsymbol{q}}'^C \end{bmatrix} = \begin{bmatrix} \bar{\boldsymbol{\Phi}}_d{}^A & 0 \\ 0 & \bar{\boldsymbol{\Phi}}_d{}^C \end{bmatrix} \begin{bmatrix} \bar{\boldsymbol{q}}'^A_d \\ \bar{\boldsymbol{q}}'^C_d \end{bmatrix} = \boldsymbol{\Phi}_{AC}\boldsymbol{q}'_{AC} \tag{12.5.3}$$

其中

$$\boldsymbol{\Phi}_{AC} = \begin{bmatrix} \bar{\boldsymbol{\Phi}}^A_d & 0 \\ 0 & \bar{\boldsymbol{\Phi}}^C_d \end{bmatrix}, \quad q_{AC} = \begin{bmatrix} \bar{\boldsymbol{q}}^A_d \\ \bar{\boldsymbol{q}}^C_d \end{bmatrix} = [\boldsymbol{q}^{AT}_c \quad \boldsymbol{q}^{AT}_{bs} \quad \boldsymbol{q}^{CT}_c \quad \boldsymbol{q}^{CT}_{bs}]^T$$

则将航天器子结构 A 和振动台子结构 C 为运动学方程简单地合列在一起,得到未耦合系统的运动方程为

$$\left(\begin{bmatrix} \bar{\boldsymbol{K}}^A_d & 0 \\ 0 & \bar{\boldsymbol{K}}^C_d \end{bmatrix} - \omega^2 \begin{bmatrix} \bar{\boldsymbol{M}}^A_d & 0 \\ 0 & \bar{\boldsymbol{M}}^C_d \end{bmatrix}\right) \begin{Bmatrix} \bar{\boldsymbol{q}}'^A_d \\ \bar{\boldsymbol{q}}'^C_d \end{Bmatrix} = \begin{Bmatrix} \boldsymbol{f}^A_d \\ \boldsymbol{f}^C_d \end{Bmatrix} \tag{12.5.4}$$

考虑界面位移和力的协调条件

$$f_{0m}^{A} + f_{0m}^{C} = \mathbf{0}, \quad X_{m}^{A} = X_{m}^{C} \tag{12.5.5}$$

由式(12.5.5)的第二个式子得

$$X'^{A}_{m} = X'^{C}_{m} = X'_{m} \tag{12.5.6}$$

利用此约束条件来组装系统,建立协调的缩聚变换

$$q'_{AC} = \begin{bmatrix} \bar{q}'^{A}_{d} \\ \bar{q}'^{C}_{d} \end{bmatrix} = Nq' \tag{12.5.7}$$

其中

$$N = \begin{bmatrix} 0 & 0 & I \\ I & 0 & 0 \\ 0 & 0 & I \\ 0 & I & 0 \end{bmatrix}, \quad q' = \begin{bmatrix} q'^{A}_{b} \\ q'^{C}_{b} \\ X'_{m} \end{bmatrix}$$

将式(12.5.7)代入式(12.5.4)并且两边左乘 N^{T},得综合后的刚度矩阵、质量矩阵和载荷向量分别为

$$\bar{M} = N^{\mathrm{T}} M_{AC} N = \begin{bmatrix} I^{A} & 0 & L_{sc}^{A} \\ 0 & I^{C} & L_{sc}^{C} \\ L_{cs}^{A} & L_{cs}^{C} & M_{0c} \end{bmatrix}, \quad \bar{K} = N^{\mathrm{T}} K_{AC} N = \begin{bmatrix} \Lambda_{bs}^{A} & 0 & 0 \\ 0 & \Lambda_{bs}^{C} & 0 \\ 0 & 0 & K_{0c} \end{bmatrix}$$

$$\bar{F} = N^{\mathrm{T}} \begin{bmatrix} F_{d}^{A} \\ F_{d}^{C} \end{bmatrix} = \begin{bmatrix} \bar{\Phi}_{bs}^{A\mathrm{T}} f_{s}^{A} \\ \bar{\Phi}_{bs}^{C\mathrm{T}} f_{s}^{C} \\ t_{c0}^{A\mathrm{T}} f_{s}^{A} + t_{c0}^{C\mathrm{T}} f_{s}^{C} + f_{m}^{A} + f_{m}^{C} \end{bmatrix}$$

$$M_{0c} = M_{c0}^{A} + M_{c0}^{C}, \quad K_{0c} = K_{c0}^{A} + K_{c0}^{C}$$

最后得综合后的无阻尼系统综合方程为

$$\begin{bmatrix} \Lambda_{bs}^{A} - \omega^{2} I^{A} & 0 & -\omega^{2} L_{sc}^{A} \\ 0 & \Lambda_{bs}^{C} - \omega^{2} I^{C} & -\omega^{2} L_{sc}^{C} \\ -\omega^{2} L_{cs}^{A} & -\omega^{2} L_{cs}^{C} & K_{0c} - \omega^{2} M_{0c} \end{bmatrix} \begin{bmatrix} q'^{A}_{b} \\ q'^{C}_{b} \\ X'_{m} \end{bmatrix} = \begin{bmatrix} \bar{\Phi}_{bs}^{A\mathrm{T}} f_{0s}^{A} \\ \bar{\Phi}_{bs}^{C\mathrm{T}} f_{0s}^{C} \\ t_{c0}^{A\mathrm{T}} f_{0s}^{A} + t_{c0}^{C\mathrm{T}} f_{0s}^{C} + f_{0m}^{A} + f_{0m}^{C} \end{bmatrix} \tag{12.5.8}$$

采用器台界面综合法,由方程(12.5.8)的第一个方程求得模态坐标 q_{b}^{A} 为

$$q_{b}^{A} = (\Lambda_{bs}^{A} - \omega^{2} I^{A})^{-1} \omega^{2} L_{bc} X' + (\Lambda_{bs}^{A} - \omega^{2} I^{A})^{-1} \bar{\Phi}_{bs}^{A\mathrm{T}} f_{0s}^{A} \tag{12.5.9}$$

由方程(12.5.8)的第二个方程求得模态坐标 q_{b}^{C} 为

$$q_{b}^{C} = (\Lambda_{bs}^{C} - \omega^{2} I^{C})^{-1} \omega^{2} L_{bc} X' + (\Lambda_{bs}^{C} - \omega^{2} I^{C})^{-1} \bar{\Phi}_{bs}^{C\mathrm{T}} f_{0s}^{C} \tag{12.5.10}$$

将式(12.5.9)、式(12.5.10)代入方程(12.5.8)的第三个方程,整理后得

$$M^{AC}(\omega) A'_{m} = F^{AC} \tag{12.5.11}$$

其中

$$M^{AC}(\omega) = M^{A}(\omega) + M^{C}(\omega) \tag{12.5.12}$$

$$\boldsymbol{F}^{AC} = \boldsymbol{F}^{A} + \boldsymbol{F}^{C} \tag{12.5.13}$$

$$\boldsymbol{M}^{A}(\omega) = \sum_{k=1}^{s} \boldsymbol{M}_{efk}^{A} \overline{\boldsymbol{H}}_{k}^{A}(\overline{\omega}_{sk}^{2}) - \Delta \boldsymbol{M}^{A} \tag{12.5.14}$$

$$\boldsymbol{M}^{C}(\omega) = \sum_{k=1}^{s} \boldsymbol{M}_{efk}^{C} \overline{\boldsymbol{H}}_{k}^{C}(\overline{\omega}_{sk}^{2}) - \Delta \boldsymbol{M}^{C} \tag{12.5.15}$$

$$\boldsymbol{F}^{A} = -\omega^{2}[\omega^{2}\boldsymbol{L}_{cs}^{A}(\boldsymbol{\Lambda}_{bs}^{A} - \omega^{2}\boldsymbol{I})^{-1}\overline{\boldsymbol{\phi}}_{bs}^{AT}\boldsymbol{f}_{0s}^{A} + \boldsymbol{t}_{c0}^{AT}\boldsymbol{f}_{0s}^{A} + \boldsymbol{f}_{0m}^{A}] \tag{12.5.16}$$

$$\boldsymbol{F}^{C} = -\omega^{2}[\omega^{2}\boldsymbol{L}_{cs}^{C}(\boldsymbol{\Lambda}_{bs}^{C} - \omega^{2}\boldsymbol{I})^{-1}\overline{\boldsymbol{\phi}}_{bs}^{CT}\boldsymbol{f}_{0s}^{C} + \boldsymbol{t}_{c0}^{CT}\boldsymbol{f}_{0s}^{C} + \boldsymbol{f}_{0m}^{C}] \tag{12.5.17}$$

$\boldsymbol{A}_m'$为振动台器台界面加速度，方程(12.5.11)就是缩聚在器台连接界面处的动力学方程. $\boldsymbol{M}^{AC}(\omega)$称为器台连接界面处结构的视在质量. $\boldsymbol{F}^{AC}$称为器台连接界面处的缩聚力向量.

在应用模态试验仿真技术和振动试验仿真技术获得准确的全箭与航天器数学模型基础上，由式(12.5.11) 给出准确的振动台器台界面加速度 $\boldsymbol{A}_m'$为

$$\boldsymbol{A}_m' = \boldsymbol{H}^{AC}(\omega)\boldsymbol{F}^{AC}, \quad \boldsymbol{H}^{AC}(\omega) = [\boldsymbol{M}^{AC}(\omega)]^{-1} \tag{12.5.18}$$

其中，$\boldsymbol{A}_m' = -\omega^2\boldsymbol{X}_m'$, $\boldsymbol{H}^{AC}(\omega)$为器台连接界面处的频响函数. 它表示航天器安装在振动台上器台界面的基础安装边界条件对航天器基础界面加速度 $\boldsymbol{A}_m'$的影响.

航天器振动台试验时，让器台界面加速度 $\boldsymbol{A}_m'$等于全箭振动时器箭界面加速度条件$\boldsymbol{Q}$，即

$$\boldsymbol{A}_m' = \boldsymbol{Q} \tag{12.5.19}$$

则式(12.5.19)就是航天器振动台试验器台界面加速度控制，在程序上用界面加速度约束来实现，注意不能采用置大数算法来约束.

同时，将式(12.5.18)代入式(12.5.19)，有

$$\boldsymbol{H}^{AC}(\omega)\boldsymbol{F}^{AC} = \boldsymbol{Q} \tag{12.5.20}$$

求得器台连接界面处的缩聚力向量 $\boldsymbol{F}^{AC}$应为

$$\boldsymbol{F}^{AC} = \boldsymbol{Q}/\boldsymbol{H}^{AC}(\omega) \tag{12.5.21}$$

这是航天器振动台试验器台界面处的缩聚力向量 $\boldsymbol{F}^{AC}$控制. 由此可见，界面加速度控制与界面缩聚力控制本质上是相同的. 式(12.5.21)的界面缩聚力 $\boldsymbol{F}^{AC}$控制，在试验程序上用界面缩聚力加载来实现. 由于界面缩聚力向量 $\boldsymbol{F}^{AC} = \boldsymbol{Q}/\boldsymbol{H}^{AC}(\omega)$中已经除去航天器器台界面的频函数$\boldsymbol{H}^{AC}(\omega)$，这与通常的振动试验下凹做法是一样的效果.

将航天器振动台试验器台界面处的缩聚力向量 $\boldsymbol{F}^{AC} = \boldsymbol{Q}/\boldsymbol{H}^{AC}(\omega)$(式(12.5.21))代入缩聚在器台连接界面处的动力学方程(12.5.18)，得

$$\boldsymbol{A}_m' = \boldsymbol{H}^{AC}(\omega)\boldsymbol{F}^{AC} = \boldsymbol{H}^{AC}(\omega)[\boldsymbol{H}^{AC}(\omega)]^{-1}\boldsymbol{Q} = \boldsymbol{Q} \tag{12.5.22}$$

其中，$\boldsymbol{H}^{AC}(\omega)$为频响函数，它表示航天器振动台试验时器台界面安装边界条件对航天器振动台试验时器台界面加速度 $\boldsymbol{A}_m'$的影响. 式(12.5.22)将分子与分母中的航天器界面处的频响函数 $\boldsymbol{H}^{AC}(\omega)$相互消除，这就消去了边界条件的影响 .

可以将由式(12.5.18)求得的界面加速度响应 $\boldsymbol{A}_m'$代入式(12.5.1)，得振动台航天器响应 $\boldsymbol{X}'^{A}$ 为

$$\boldsymbol{X}'^{A} = \begin{bmatrix} \boldsymbol{X}'^{A}_{s} \\ \boldsymbol{X}'^{A}_{m} \end{bmatrix} = \boldsymbol{\Phi}^{A}_{c0}\boldsymbol{X}'^{A}_{m} + \boldsymbol{\phi}^{A}_{b}\boldsymbol{q}'^{A}_{b}$$

$$= \boldsymbol{\Phi}^{A}_{x0}\boldsymbol{X}'^{A}_{m} + \boldsymbol{\phi}^{A}_{b}(\boldsymbol{\Lambda}^{A2}_{b} - \omega^{2}\boldsymbol{I}_{b})^{-1}\omega^{2}\boldsymbol{L}^{A}_{bc}\boldsymbol{X}'^{A}_{m} + \boldsymbol{\phi}^{A}_{b}(\boldsymbol{\Lambda}^{A2}_{b} - \omega^{2}\boldsymbol{I}_{b})^{-1}\boldsymbol{\phi}^{AT}_{bs}\boldsymbol{f}^{A}_{0s}$$

$$= [\boldsymbol{\Phi}^{A}_{x0} + \boldsymbol{\phi}^{A}_{b}(\boldsymbol{\Lambda}^{2}_{s} - \omega^{2}\boldsymbol{I})^{-1}\omega^{2}\boldsymbol{L}^{A}_{bc}]\boldsymbol{X}'^{A}_{m} + \boldsymbol{\phi}^{A}_{b}(\boldsymbol{\Lambda}^{A2}_{s} - \omega^{2}\boldsymbol{I})^{-1}\boldsymbol{\phi}^{AT}_{bs}\boldsymbol{f}^{A}_{0s} \quad (12.5.23)$$

振动台航天器加速度响应 $\boldsymbol{A}'^{A}$ 为

$$\boldsymbol{A}'^{A} = \begin{bmatrix} \boldsymbol{A}'^{A}_{s} \\ \boldsymbol{A}'^{A}_{m} \end{bmatrix} = [\boldsymbol{\Phi}^{A}_{x0} + \boldsymbol{\phi}^{A}_{b}(\boldsymbol{\Lambda}^{2}_{s} - \omega^{2}\boldsymbol{I})^{-1}\omega^{2}\boldsymbol{L}^{A}_{bc}]\boldsymbol{A}'^{A}_{m} - \boldsymbol{\phi}^{A}_{b}(\boldsymbol{\Lambda}^{2}_{s} - \omega^{2}\boldsymbol{I})^{-1}\omega^{2}\boldsymbol{\phi}^{AT}_{bs}\boldsymbol{f}^{A}_{0s} \quad (12.5.24)$$

振动台航天器内部加速度响应 $\boldsymbol{A}'^{A}_{s}$ 为

$$\boldsymbol{A}'^{A}_{s} = [\boldsymbol{t}^{A}_{x0} + \boldsymbol{\phi}^{A}_{bs}(\boldsymbol{\Lambda}^{2}_{s} - \omega^{2}\boldsymbol{I})^{-1}\omega^{2}\boldsymbol{L}^{A}_{bc}]\boldsymbol{A}'^{A}_{m} - \boldsymbol{\phi}^{A}_{bs}(\boldsymbol{\Lambda}^{2}_{s} - \omega^{2}\boldsymbol{I})^{-1}\omega^{2}\boldsymbol{\phi}^{AT}_{bs}\boldsymbol{f}^{A}_{0s} \quad (12.5.25)$$

进行全箭振动时器箭耦合载荷分析(第10章),由式(10.3.26)给出器箭界面加速度条件 $\boldsymbol{Q}$ 为

$$\boldsymbol{A}_{m} = \boldsymbol{H}^{AB}(\omega)\boldsymbol{f}^{AB} = \boldsymbol{Q}$$

由式(10.3.27)计算给出全箭振动时航天器内部响应 $\boldsymbol{A}^{A}_{s}$ 为

$$\boldsymbol{A}^{A}_{s} = [\boldsymbol{t}^{A}_{x0} + \boldsymbol{\phi}^{A}_{bs}(\boldsymbol{\Lambda}^{2}_{s} - \omega^{2}\boldsymbol{I})^{-1}\omega^{2}\boldsymbol{L}^{A}_{bc}]\boldsymbol{Q} - \boldsymbol{\phi}^{A}_{bs}(\boldsymbol{\Lambda}^{2}_{s} - \omega^{2}\boldsymbol{I})^{-1}\omega^{2}\boldsymbol{\phi}^{AT}_{bs}\boldsymbol{f}^{A}_{0s} \quad (12.5.26)$$

现在的问题是在给出的器箭界面加速度条件 $\boldsymbol{Q}$ 之后,航天器多维振动台试验给出航天器内部加速度响应 $\boldsymbol{A}'^{A}_{s}$(式(12.5.25))是否能等于全箭振动时航天器内部响应 $\boldsymbol{A}^{A}_{s}$(式(12.5.26)).

航天器振动台试验时,让器台界面加速度 $\boldsymbol{A}'^{A}_{m}$ 等于全箭振动时器箭界面加速度条件 $\boldsymbol{Q}$,则由式(12.5.18)有

$$\boldsymbol{A}'_{m} = \boldsymbol{H}^{AC}(\omega)\boldsymbol{F}^{AC} = \boldsymbol{Q} \quad (12.5.27)$$

由式(12.5.25)计算给出振动台航天器内部响应 $\boldsymbol{A}'^{A}_{s}$ 为

$$\boldsymbol{A}'^{A}_{s} = [\boldsymbol{t}^{A}_{x0} + \boldsymbol{\phi}^{A}_{bs}(\boldsymbol{\Lambda}^{2}_{s} - \omega^{2}\boldsymbol{I})^{-1}\omega^{2}\boldsymbol{L}^{A}_{bc}]\boldsymbol{A}'^{A}_{m} - \boldsymbol{\phi}^{A}_{bs}(\boldsymbol{\Lambda}^{2}_{s} - \omega^{2}\boldsymbol{I})^{-1}\omega^{2}\boldsymbol{\phi}^{AT}_{bs}\boldsymbol{f}^{A}_{0s}$$

$$= [\boldsymbol{t}^{A}_{x0} + \boldsymbol{\phi}^{A}_{bs}(\boldsymbol{\Lambda}^{2}_{s} - \omega^{2}\boldsymbol{I})^{-1}\omega^{2}\boldsymbol{L}^{A}_{bc}]\boldsymbol{Q} - \boldsymbol{\phi}^{A}_{bs}(\boldsymbol{\Lambda}^{2}_{s} - \omega^{2}\boldsymbol{I})^{-1}\omega^{2}\boldsymbol{\phi}^{AT}_{bs}\boldsymbol{f}^{A}_{0s} \quad (12.5.28)$$

比较式(12.5.28)与式(12.5.26),可以看到

$$\boldsymbol{A}'^{A}_{s} = [\boldsymbol{t}^{A}_{x0} + \boldsymbol{\phi}^{A}_{bs}(\boldsymbol{\Lambda}^{2}_{s} - \omega^{2}\boldsymbol{I})^{-1}\omega^{2}\boldsymbol{L}^{A}_{bc}]\boldsymbol{Q} - \boldsymbol{\phi}^{A}_{bs}(\boldsymbol{\Lambda}^{2}_{s} - \omega^{2}\boldsymbol{I})^{-1}\omega^{2}\boldsymbol{\phi}^{AT}_{bs}\boldsymbol{f}^{A}_{0s} = \boldsymbol{A}^{A}_{s} \quad (12.5.29)$$

这就是说,让航天器振动台试验时器台界面加速度 $\boldsymbol{A}'^{A}_{m}$ 等于全箭振动时器箭界面加速度条件 $\boldsymbol{Q}$,则航天器振动台试验给出的航天器内部响应 $\boldsymbol{A}'^{A}_{s}$ 等于全箭振动时航天器内部响应 $\boldsymbol{A}^{A}_{s}$,再现了全箭振动时航天器内部加速度响应 $\boldsymbol{A}^{A}_{s}$.这样,航天器振动台试验航天器响应 $\boldsymbol{A}'^{A}_{m}$(式(12.5.19))、$\boldsymbol{A}'^{A}_{s}$(式(12.5.25))再现了全箭振动时航天器响应 $\boldsymbol{A}^{A}_{m}$ 和 $\boldsymbol{A}^{A}_{s}$.也就是说,让航天器振动台试验时器台界面加速度 $\boldsymbol{A}'_{m}$ 等于全箭振动时器箭界面加速度条件 $\boldsymbol{Q}$,就能消去航天

器振动台试验时器台界面处频响函数的影响，从而给出式(12.5.29)，即航天器振动台试验给出的航天器内部响应 $\boldsymbol{A}'^{A}_{s}$ 等于全箭振动时航天器内部响应 $\boldsymbol{A}^{A}_{s}$，再现了全箭振动时航天器内部加速度响应 $\boldsymbol{A}^{A}_{s}$ 与界面加速度条件 $\boldsymbol{Q}$. 因而，全尺寸航天器振动台振动试验再现了在全箭振动中航天器多维振动力学环境，证明了全尺寸航天器振动台振动试验方法可以保证其天地一致性，不存在“过试验”和“欠试验”问题.

12.5.2 全尺寸航天器多维振动台试验一般系统响应的仿真分析

航天器振动台试验系统一般为非比例阻尼系统，如果采用非比例阻尼系统约束模态综合法计算，会导致复杂复数运算. 为避开非比例阻尼带来的计算复杂性，本节采用超单元方法分析. 当采用超单元方法计算一个航天器振动台试验系统时，首先将系统划分为若干超单元. 如图 12.58 所示，可以划分为两个超单元：航天器超单元 A、振动台超单元 C.

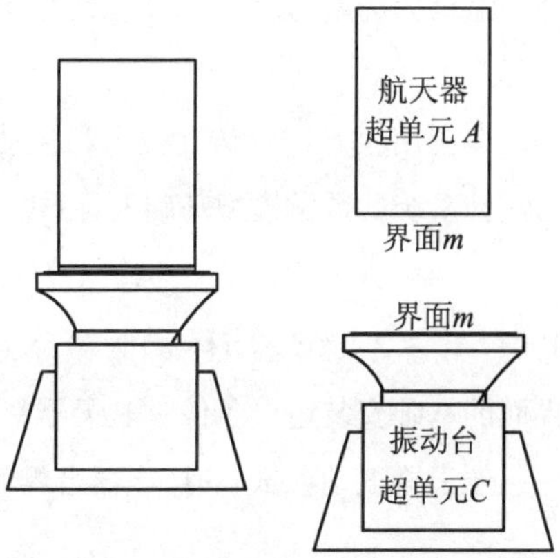

图 12.58 将航天器振动台试验系统划分为两个超单元：航天器超单元 A 和振动台超单元 C

航天器超单元 A 的运动方程为

$$\begin{bmatrix} \boldsymbol{D}_{ss} & \boldsymbol{D}_{sm} \\ \boldsymbol{D}_{ms} & \boldsymbol{D}_{mm1} \end{bmatrix} \begin{Bmatrix} \boldsymbol{X}'_{s} \\ \boldsymbol{X}'_{m} \end{Bmatrix} = \begin{Bmatrix} \boldsymbol{f}_{s} \\ \boldsymbol{f}_{m1} \end{Bmatrix} \tag{12.5.30}$$

振动台超单元 C 的运动方程为

$$\begin{bmatrix} \boldsymbol{D}_{mm2} & \boldsymbol{D}_{mC} \\ \boldsymbol{D}_{Cm} & \boldsymbol{D}_{CC} \end{bmatrix} \begin{Bmatrix} \boldsymbol{X}'_{m} \\ \boldsymbol{X}_{C} \end{Bmatrix} = \begin{Bmatrix} \boldsymbol{f}_{m2} \\ \boldsymbol{f}_{C} \end{Bmatrix} \tag{12.5.31}$$

其中，$\boldsymbol{f}_{C}$ 表示振动台超单元 C 承受的各种载荷，$\boldsymbol{X}'_{s}$ 表示航天器内部自由度位移响应，$\boldsymbol{X}'_{m}$ 表示箭台界面自由度位移响应，$\boldsymbol{X}'_{C}$ 表示振动台内部自由度位移响应. 则航天器振动台试验系统的运动方程为

$$\begin{bmatrix} \boldsymbol{D}_{ss} & \boldsymbol{D}_{sm} & \boldsymbol{0} \\ \boldsymbol{D}_{ms} & \boldsymbol{D}_{mm} & \boldsymbol{D}_{mC} \\ \boldsymbol{0} & \boldsymbol{D}_{Cm} & \boldsymbol{D}_{CC} \end{bmatrix} \begin{Bmatrix} \boldsymbol{X}'_{s} \\ \boldsymbol{X}'_{m} \\ \boldsymbol{X}'_{C} \end{Bmatrix} = \begin{Bmatrix} \boldsymbol{f}_{s} \\ \boldsymbol{f}_{m} \\ \boldsymbol{f}_{C} \end{Bmatrix} \tag{12.5.32}$$

$$\boldsymbol{D}_{mm} = \boldsymbol{D}_{mm1} + \boldsymbol{D}_{mm2}, \quad \boldsymbol{f}_{m} = \boldsymbol{f}_{m1} + \boldsymbol{f}_{m2}$$

由方程(12.5.32)的第一个方程 $\boldsymbol{D}_{ss}\boldsymbol{X}'_{s} + \boldsymbol{D}_{sm}\boldsymbol{X}'_{m} = \boldsymbol{f}_{s}$ 得

$$\boldsymbol{X}'_{s} = \boldsymbol{D}_{ss}^{-1}(\boldsymbol{f}_{s} - \boldsymbol{D}_{sm}\boldsymbol{X}'_{m}) \tag{12.5.33}$$

由方程(12.5.32)的第三个方程 $\boldsymbol{D}_{Cm}\boldsymbol{X}'_{m} + \boldsymbol{D}_{CC}\boldsymbol{X}'_{C} = \boldsymbol{f}_{C}$ 得

$$\boldsymbol{X}'_{C} = \boldsymbol{D}_{CC}^{-1}(\boldsymbol{f}_{C} - \boldsymbol{D}_{Cm}\boldsymbol{X}'_{m}) \tag{12.5.34}$$

将上面两式代入方程(12.5.32)的第二个方程 $\boldsymbol{D}_{ms}\boldsymbol{X}'_{s} + \boldsymbol{D}_{mm}\boldsymbol{X}'_{m} + \boldsymbol{D}_{mC}\boldsymbol{X}'_{C} = \boldsymbol{f}_{m}$，得全箭振动时器箭界面处加速度响应的解析解为

$$(\boldsymbol{D}_{mm} - \boldsymbol{D}_{ms}\boldsymbol{D}_{ss}^{-1}\boldsymbol{D}_{sm} - \boldsymbol{D}_{mC}\boldsymbol{D}_{CC}^{-1}\boldsymbol{D}_{Cm})\boldsymbol{X}'_m = \boldsymbol{f}_m - \boldsymbol{D}_{ms}\boldsymbol{D}_{ss}^{-1}\boldsymbol{f}_s - \boldsymbol{D}_{mC}\boldsymbol{D}_{CC}^{-1}\boldsymbol{f}_C$$

即

$$\boldsymbol{M}(\omega)\boldsymbol{A}'_m = \boldsymbol{F}' \tag{12.5.35}$$

其中

$$\begin{aligned}\boldsymbol{M}(\omega) &= (\boldsymbol{D}_{mm} - \boldsymbol{D}_{ms}\boldsymbol{D}_{ss}^{-1}\boldsymbol{D}_{sm} - \boldsymbol{D}_{mB}\boldsymbol{D}_{BB}^{-1}\boldsymbol{D}_{Bm})\boldsymbol{H}(\omega) \\ &= (\boldsymbol{D}_{mm} - \boldsymbol{D}_{ms}\boldsymbol{D}_{ss}^{-1}\boldsymbol{D}_{sm} - \boldsymbol{D}_{mB}\boldsymbol{D}_{BB}^{-1}\boldsymbol{D}_{Bm})^{-1}\end{aligned} \tag{12.5.36}$$

$$\boldsymbol{F}' = -\omega^2(\boldsymbol{f}_m - \boldsymbol{D}_{ms}\boldsymbol{D}_{ss}^{-1}\boldsymbol{f}_s - \boldsymbol{D}_{mC}\boldsymbol{D}_{CC}^{-1}\boldsymbol{f}_C) \tag{12.5.37}$$

其中，$\boldsymbol{A}'_m$ 为器台界面加速度，$\boldsymbol{M}(\omega)$称为器台连接界面处结构的视在质量，$\boldsymbol{F}'$称为器箭界面处的缩聚力向量．方程(12.5.35)就是用超单元方法导出缩聚在器台连接界面处的动力学方程．

在应用模态试验仿真技术和振动试验仿真技术获得准确的全尺寸航天器振动台多维振动试验系统的数学模型基础上，由式(12.5.35)给出准确的振动台器台界面加速度 $\boldsymbol{A}'_m$为

$$\boldsymbol{A}'_m = \boldsymbol{H}(\omega)\boldsymbol{F}', \quad \boldsymbol{H}(\omega) = \boldsymbol{M}(\omega)^{-1} \tag{12.5.38}$$

其中，$\boldsymbol{A}'_m = -\omega^2\boldsymbol{X}'_m$，$\boldsymbol{H}(\omega)$为器台连接界面处的频响函数，它表示航天器安装在振动台器台界面的基础安装边界条件对航天器基础界面加速度 $\boldsymbol{A}'_m$的影响．

航天器振动台试验时，让器台界面加速度 $\boldsymbol{A}'_m$等于全箭振动时器箭界面加速度条件$\boldsymbol{Q}$，即

$$\boldsymbol{A}'_m = \boldsymbol{Q} \tag{12.5.39}$$

则式(12.5.39)就是航天器振动台试验器台界面加速度控制约束条件，在程序上用界面加速度约束来实现，注意不能采用置大数算法来约束．

同时，将式(12.5.38)代入式(12.5.39)，有

$$\boldsymbol{H}(\omega)\boldsymbol{F}' = \boldsymbol{Q} \tag{12.5.40}$$

求得器台连接界面处的缩聚力向量 $\boldsymbol{F}'$应为

$$\boldsymbol{F}' = \boldsymbol{Q}/\boldsymbol{H}(\omega) \tag{12.5.41}$$

这是航天器振动台试验器台界面缩聚力向量 $\boldsymbol{F}'$控制．由此可见，界面加速度控制与界面缩聚力控制本质上是相同的．式(12.5.41)的界面缩聚力向量 $\boldsymbol{F}'$控制条件，在试验程序上用界面缩聚力加载控制来实现．由于界面缩聚力向量 $\boldsymbol{F}' = \boldsymbol{Q}/\boldsymbol{H}(\omega)$中已经除去航天器的器台界面的频函数$\boldsymbol{H}(\omega)$，这与通常的振动试验下凹做法是一样的效果．

将航天器振动台试验器台界面缩聚力向量 $\boldsymbol{F}' = \boldsymbol{Q}/\boldsymbol{H}(\omega)$(式(12.5.41))代入缩聚在器台连接界面处的动力学方程(12.5.38)，得

$$\boldsymbol{A}'_m = \boldsymbol{H}(\omega)\boldsymbol{F}' = \boldsymbol{H}(\omega)\boldsymbol{H}(\omega)^{-1}\boldsymbol{Q} = \boldsymbol{Q} \tag{12.5.42}$$

其中，$\boldsymbol{H}(\omega)$为频响函数，它表示航天器振动台试验时器台界面安装边界条件对航天器振动台试验的器台界面加速度 $\boldsymbol{A}'_m$的影响．式(12.5.42)将分子与分母中的航天器界面处频响函数$\boldsymbol{H}(\omega)$相互消除，这就消去了边界条件的影响．

现在的问题是：在给出的全箭振动时器箭界面加速度条件 Q 之后，如何进行航天器振动台试验才能使航天器振动台试验给出航天器内部加速度 A'_s 等于全箭振动时航天器内部响应 A_s？

将式(12.5.39)代入式(12.5.33)，得航天器振动台试验时航天器内部加速度响应为

$$A'_s = -\omega^2 X'_s = -\omega^2 D_{ss}^{-1} f_s - D_{ss}^{-1} D_{sm} A'_m = -\omega^2 D_{ss}^{-1} f_s - D_{ss}^{-1} D_{sm} Q \qquad (12.5.43)$$

全箭振动时航天器内部响应 A_s(式(10.4.12b))化为

$$A_s = -\omega^2 D_{ss}^{-1} f_s - D_{ss}^{-1} D_{sm} Q \qquad (12.5.44)$$

比较式(12.5.44)与式(12.5.43)，可以看到

$$A'_s = -\omega^2 D_{ss}^{-1} f_s - D_{ss}^{-1} D_{sm} A'_m = -\omega^2 D_{ss}^{-1} f_s - D_{ss}^{-1} D_{sm} Q = A_s \qquad (12.5.45)$$

这就是说，让航天器振动台试验时器台界面加速度 A'_m 等于全箭振动时器箭界面加速度条件 Q，则航天器振动台试验给出的航天器内部响应 A'_s 等于全箭振动时航天器内部响应 A_s^A，再现了全箭振动时航天器内部加速度响应 A_s. 这样，航天器振动台试验航天器响应式(12.5.39)、式(12.5.44)再现了全箭振动时航天器响应 A_m 和 A_s. 因而，航天器整星振动台振动试验再现了在全箭振动中航天器多维振动力学环境，证明了卫星整星振动台振动试验方法可以保证其天地一致性，不存在“过试验”和“欠试验”问题.

12.5.3 纵向振动航天器杆模型振动台振动试验的响应仿真分析实例

1. 再现全箭振动频响函数的航天器杆模型振动台纵向振动试验的仿真分析

考虑纵向振动情况，对每个节点主要考虑纵向振动位移 x.

模拟全箭纵向振动模型可以简化为最简单的均匀杆的纵向振动，有限元模型如图 12.59 所示，划分为 20 个单元，单元长 1 m，刚度相同，节点 16～21 为模拟航天器子结构，节点 1～16 为模拟运载火箭子结构. 考虑航天器模型振动台振动试验系统，如图 12.60 所示，其中单元 15～16 模拟振动台与夹具模型，它的刚度为其他单元的 9 倍.

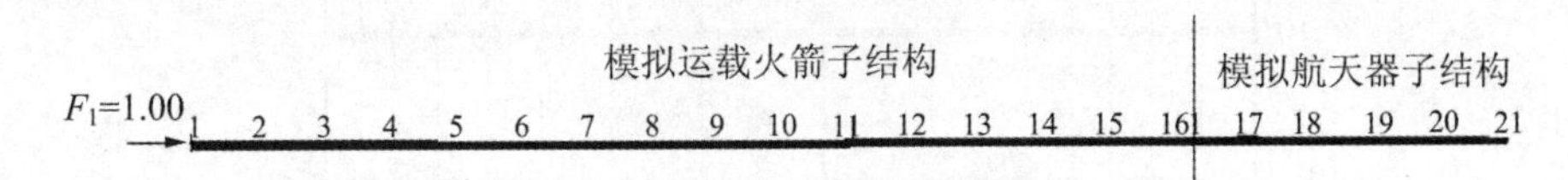

图 12.59 全箭纵向振动模型

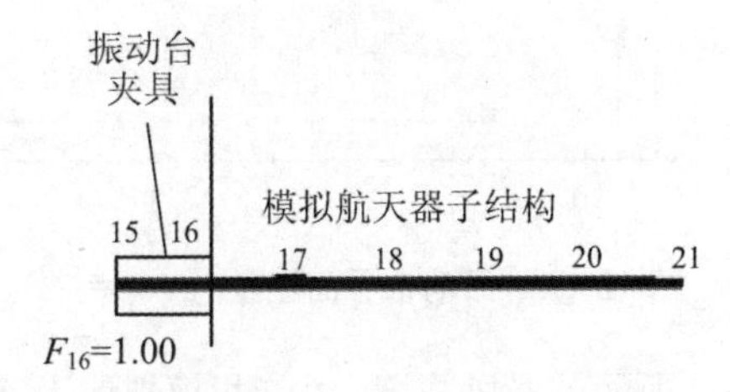

图 12.60 考虑振动台激励情况的模拟航天器结构模型

（1）全箭纵向振动航天器频率响应加速度曲线

全箭模型如图 12.59 所示.当节点 1 承受 $F_1=1$ 时,有限元数值计算给出航天器 16～21 六个节点的频率响应加速度曲线 A_{16},A_{17},A_{18},A_{19},A_{20},A_{21}，见图 12.61.由图 12.61 看到响应曲线第一个峰为 13 Hz,第二个峰为 38 Hz.

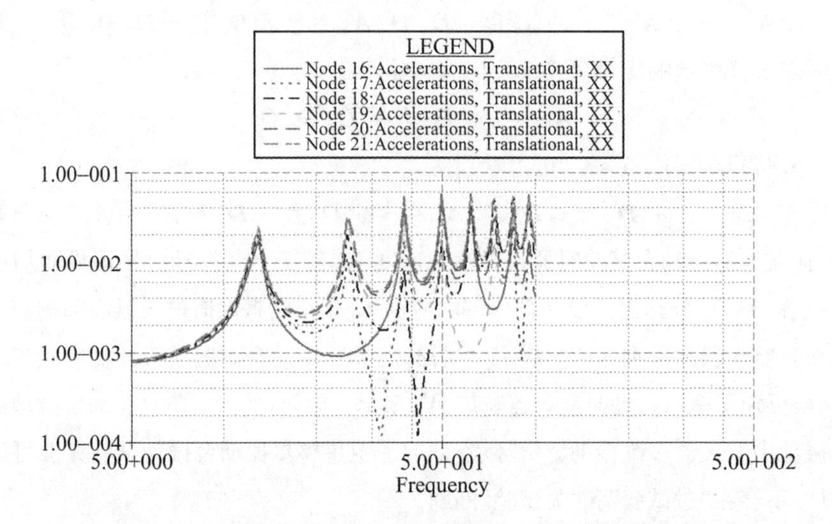

图 12.61　全箭模型响应分析给出的航天器六节点的频率响应加速度曲线 A_{16},A_{17},A_{18},A_{19},A_{20},A_{21}

（2）航天器振动台纵向振动试验的航天器频率响应曲线

考虑振动台激励情况杆模型,如图 12.60 所示.用单位界面力 $F_{16}=1$ 作为振动台界面激励力,如图 12.62 所示.

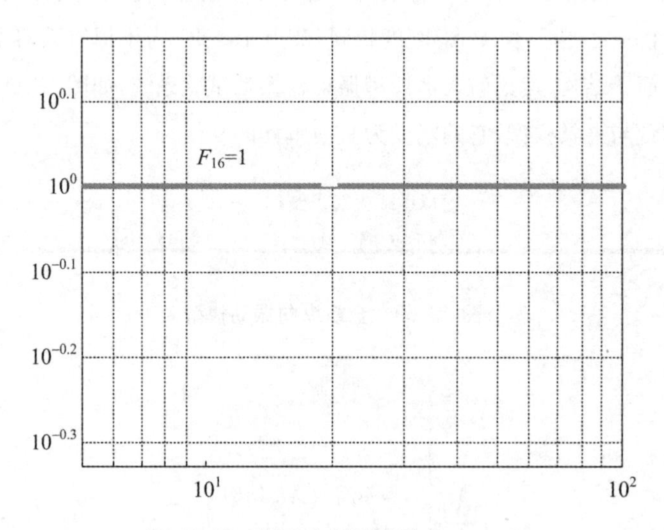

图 12.62　振动台界面激励力 $F_{16}=1$

当振动台承受如图 12.62 所示的激励力 $F_{16}=1$ 时,模拟航天器响应计算给出航天器六个

节点的频响曲线 $a_{16}, a_{17}, a_{18}, a_{19}, a_{20}, a_{21}$，如图 12.63 所示.由图 12.63 看到响应曲线的第一个峰为 42 Hz，第二个峰为 83 Hz.则得振动台与航天器界面加速度 a_{16} 就是振动台界面频响函数 $\boldsymbol{H}'_{mm}$.

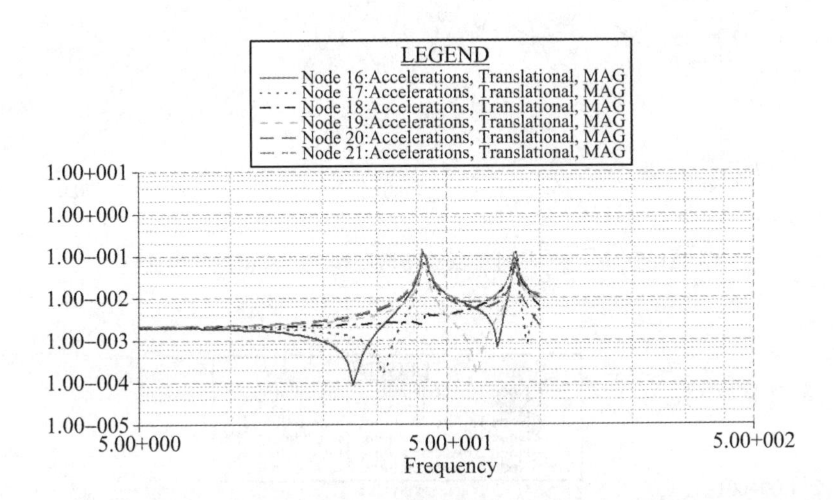

图 12.63 考虑振动台激励情况模拟航天器响应分析给出航天器六节点的频率响应曲线 $a_{16}, a_{17}, a_{18}, a_{19}, a_{20}, a_{21}$

考虑节点 16 承受激励力 $\bar{F}_{16}$ 的情况，如图 12.64 所示.此时节点 16 的响应加速度为 $\bar{a}_{16}$.让节点 16 的响应加速度 $\bar{a}_{16}$ 等于全箭模型振动的航天器节点 16 的加速度频响函数，即 $\bar{a}_{16} = A_{16}$（A_{16} 见图 12.61）.

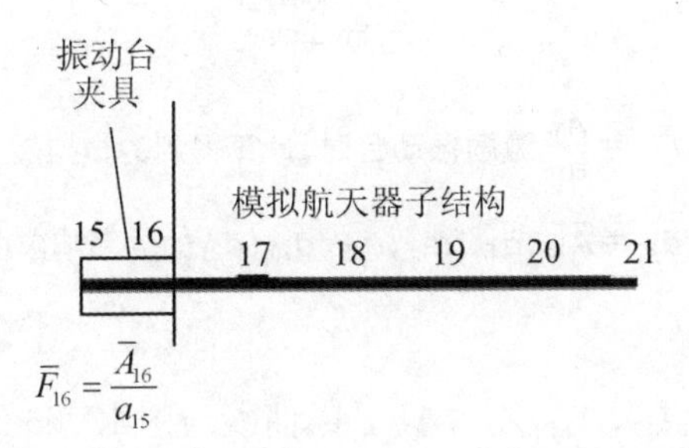

图 12.64 模拟航天器结构模型振动台激励情况

对于线性结构，结构频响函数不变，有如下比例关系：

$$\bar{F}_{16} : F_{16} = \bar{F}_{16} : 1 = \bar{a}_{16} : a_{16} = A_{16} : a_{16}$$

给出激励力为 $\bar{F}_{16} = \dfrac{A_{16}}{a_{16}}$，如图 12.65 所示，第一个大凹为 42 Hz，第二个大凹为 83 Hz.

$\bar{F}_{16} = \dfrac{A_{16}}{a_{16}}$ 激励振动台时，计算得到的模拟航天器加速度 $\bar{a}_{16} = A_{16}, \bar{a}_{17}, \bar{a}_{18}, \bar{a}_{19}, \bar{a}_{20}, \bar{a}_{21}$ 的频率响应曲线见图 12.66.

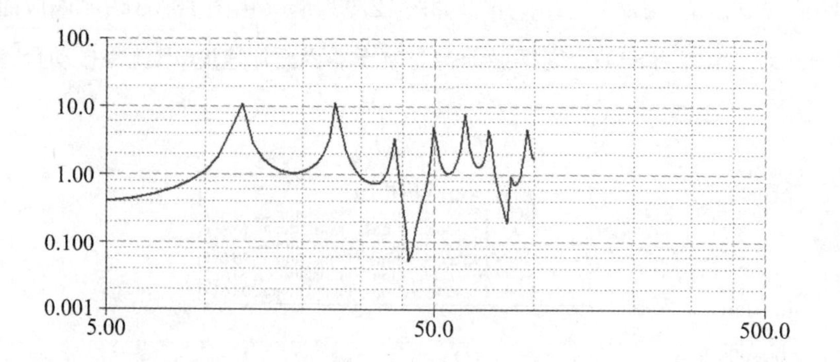

图 12.65　$\bar{F}_{16}=\dfrac{A_{16}}{a_{16}}$时按振动台激励情况计算得到的力曲线

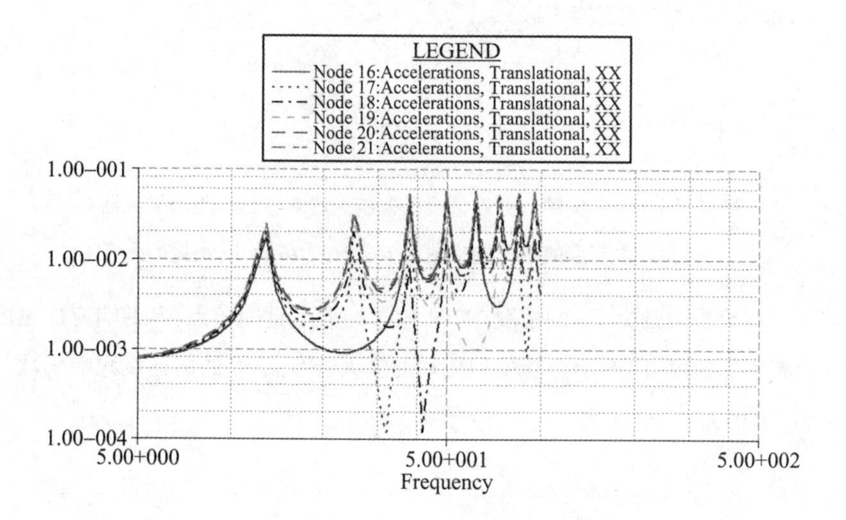

图 12.66　$\bar{F}_{16}=\dfrac{A_{16}}{a_{16}}$激励振动台时,计算得到的模拟航天器加速度

$\bar{a}_{16}=A_{16}$,$\bar{a}_{17}$,$\bar{a}_{18}$,$\bar{a}_{19}$,$\bar{a}_{20}$,$\bar{a}_{21}$的频率响应曲线

(3) 频响函数曲线比较

比较图 12.61 的 A_{16},A_{17},A_{18},A_{19},A_{20},A_{21}曲线与图 12.66 的 $\bar{a}_{16}$,$\bar{a}_{17}$,$\bar{a}_{18}$,$\bar{a}_{19}$,$\bar{a}_{20}$,$\bar{a}_{21}$曲线,图 12.67 分别在节点 16～21 处给出全箭振动响应 A_{16},A_{17},A_{18},A_{19},A_{20},A_{21}曲线(见图 12.61)与 $F_{16}=\dfrac{A_{16}}{a_{16}}$激励力施加于界面节点 16 时响应的 $\bar{a}_{16}$,$\bar{a}_{17}$,$\bar{a}_{18}$,$\bar{a}_{19}$,$\bar{a}_{20}$,$\bar{a}_{21}$曲线(见图 12.66),这两条曲线完全重合.也就是说,航天器振动台试验给出的航天器内部频响函数等于全箭振动时航天器内部频响函数,航天器振动台纵向振动试验再现了全箭振动时航天器内部加速度频响函数.

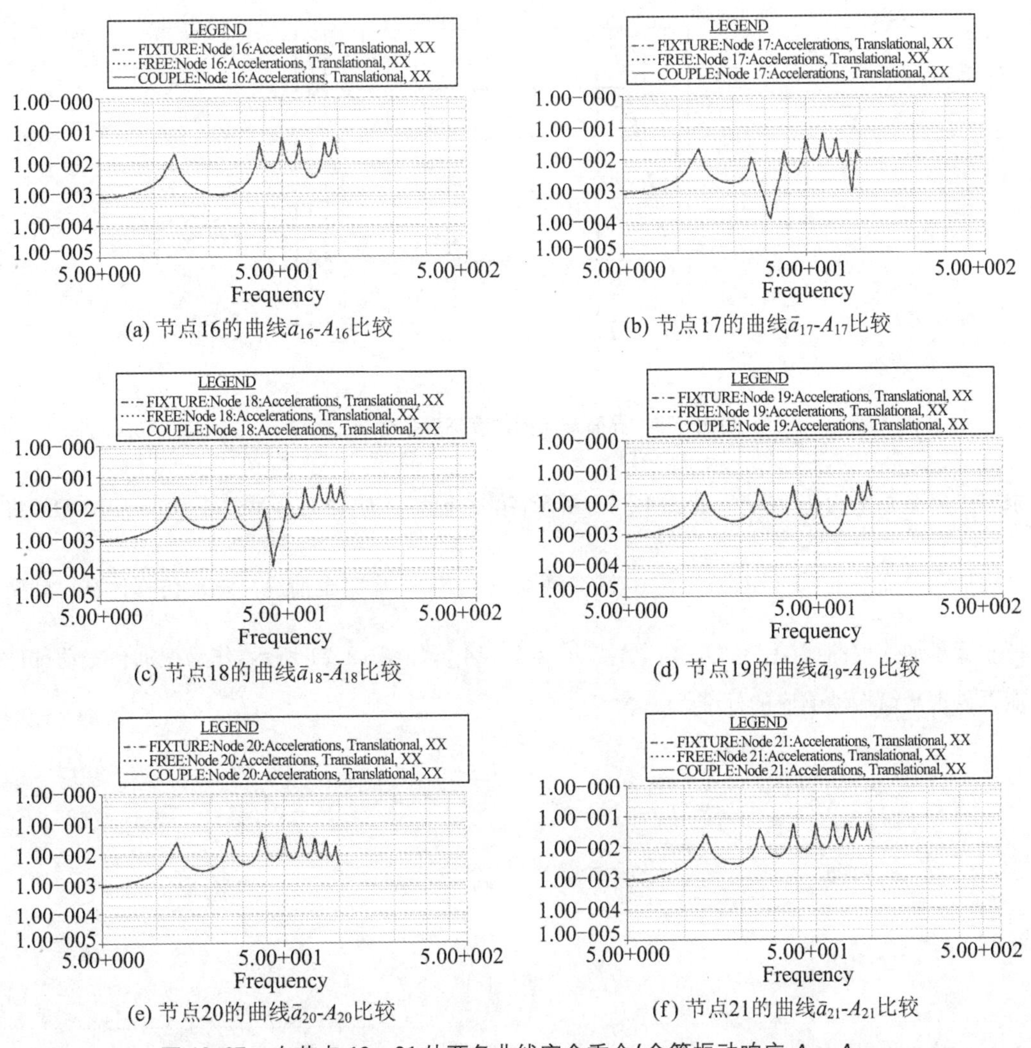

(a) 节点16的曲线$\bar{a}_{16}$-A_{16}比较

(b) 节点17的曲线$\bar{a}_{17}$-A_{17}比较

(c) 节点18的曲线$\bar{a}_{18}$-$\bar{A}_{18}$比较

(d) 节点19的曲线$\bar{a}_{19}$-A_{19}比较

(e) 节点20的曲线$\bar{a}_{20}$-A_{20}比较

(f) 节点21的曲线$\bar{a}_{21}$-A_{21}比较

图 12.67　在节点 16～21 处两条曲线完全重合(全箭振动响应 A_{16}，A_{17}，A_{18}，A_{19}，A_{20}，A_{21} 曲线与 $F_{16}=\dfrac{A_{16}}{a_{16}}$ 激励力施加于界面节点 16 时响应的 $\bar{a}_{16}$，$\bar{a}_{17}$，$\bar{a}_{18}$，$\bar{a}_{19}$，$\bar{a}_{20}$，$\bar{a}_{21}$ 曲线)

2. 再现全箭振动响应的航天器杆模型振动台纵向振动试验的仿真分析

(1) 给定器箭界面加速度条件 $\bar{A}_{16}=Q$ 时全箭纵向振动航天器响应加速度曲线

当节点 1 的纵向力 $F_1=1$ 时，全箭纵向振动界面节点 16 的响应加速度为 A_{16}，见图 12.61.

当节点 1 的纵向激励力为 $\bar{F}_1$ 时，让器箭界面加速度 $\bar{A}_{16}=Q$，见图 12.68.

对于线性结构，结构频响函数不变，有如下比例关系：

$$\bar{F}_1 : F_1 = \bar{F}_1 : 1 = Q : A_{16}$$

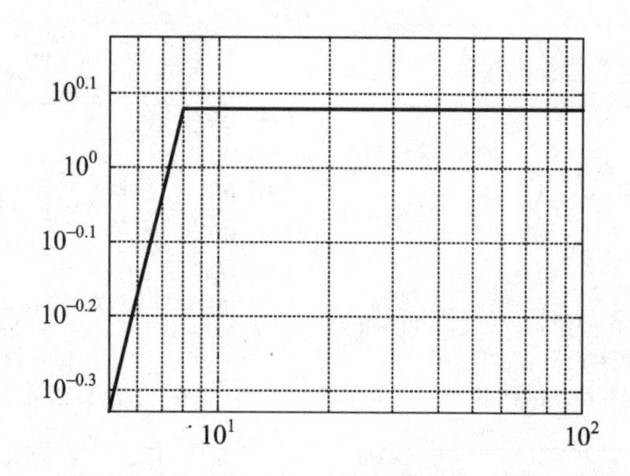

图 12.68　界面节点加速度环境条件 $\bar{A}_{16}=Q$

求得纵向激励力为 $\bar{F}_1=\dfrac{Q}{A_{16}}$,如图 12.69 所示,第一个大凹为 42 Hz,第二个大凹为 83 Hz.将其施加在节点 1 上,如图 12.70 所示,则在激励力为 $\bar{F}_1=\dfrac{Q}{A_{16}}$时全箭纵向振动仿真计算得到模拟航天器加速度曲线 $\bar{A}_{16}=Q,\bar{A}_{17},\bar{A}_{18},\bar{A}_{19},\bar{A}_{20},\bar{A}_{21}$,如图 12.71 所示,作为振动台振动试件能否再现全箭振动响应的标准.

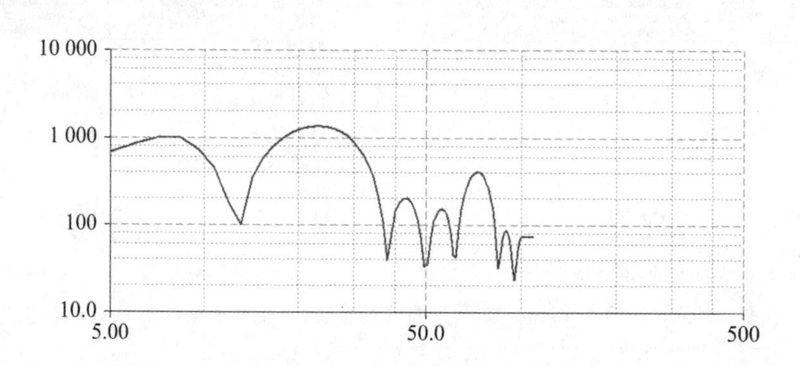

图 12.69　节点 1 的激励力 $\bar{F}_1=\dfrac{Q}{A_{16}}$曲线

图 12.70　全箭纵向振动模型

(2) 器台界面加速度等于全箭振动器箭界面加速度条件时航天器振动台纵向振动响应曲线

当振动台承受如图 12.62 所示的激励力 $F_{16}=1$ 时,模拟航天器响应计算给出振动台与航

天器界面加速度 a_{16}，如图12.63所示，a_{16}就是振动台界面频响函数 H'_{mm}.

考虑节点16承受激励力 $\bar{F}_{16}$的情况，如图12.64所示.此时节点16的响应加速度为 $\bar{a}_{16}$.让节点16的响应加速度 $\bar{\bar{a}}_{16}$等于全箭模型纵向振动的航天器节点16的加速度条件，即 $\bar{\bar{a}}_{16}=Q$(见图12.68).

对于线性结构，结构频响函数不变，有如下比例关系：

$$\bar{F}_{16}:F_{16}=\bar{F}_{16}:1=\bar{\bar{a}}_{16}:a_{16}=Q:a_{16}$$

求得纵向激励力为 $\bar{F}_{16}=\dfrac{Q}{a_{16}}$，如图12.71所示，第一个大凹为42 Hz，第二个大凹为83 Hz.将其施加在节点1上，如图12.72所示.

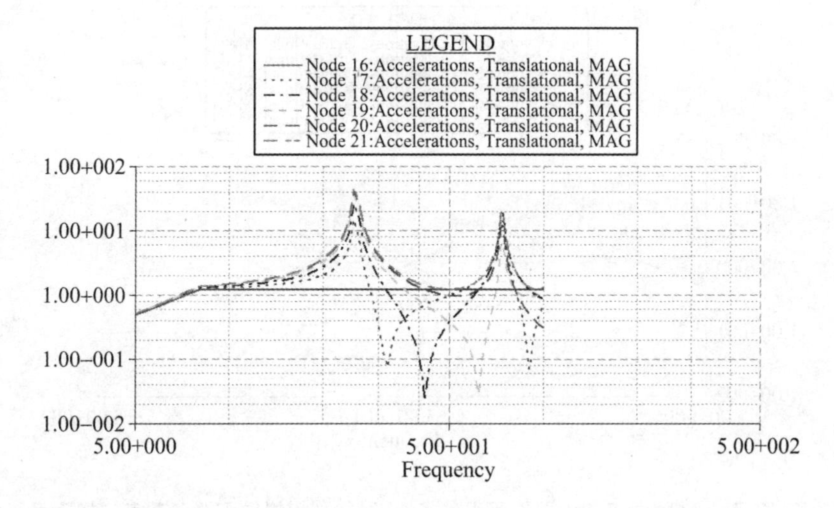

图12.71　激励力 $\bar{F}_1=\dfrac{Q}{A_{16}}$作用于节点1时全箭振动航天器各节点的加速度 $\bar{A}_{16}=Q,\bar{A}_{17},\bar{A}_{18},\bar{A}_{19},\bar{A}_{20},\bar{A}_{21}$曲线

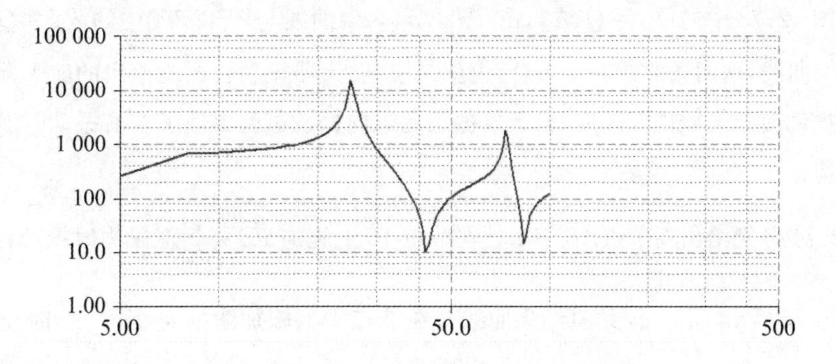

图12.72　节点16的激励力 $\bar{F}_{16}=\dfrac{Q}{a_{16}}$曲线

在激励力为 $\bar{F}_{16}=\dfrac{Q}{a_{16}}$ 时，全箭纵向振动仿真计算得到模拟航天器加速度曲线 $\bar{\bar{a}}_{16}=Q$，$\bar{\bar{a}}_{17},\bar{\bar{a}}_{18},\bar{\bar{a}}_{19},\bar{\bar{a}}_{20},\bar{\bar{a}}_{21}$，如图 12.73 所示. 比较图 12.73 中的 $\bar{\bar{a}}_{16}=Q,\bar{\bar{a}}_{17},\bar{\bar{a}}_{18},\bar{\bar{a}}_{19},\bar{\bar{a}}_{20},\bar{\bar{a}}_{21}$ 曲线与图 12.71 中的 $\bar{A}_{16}=Q,\bar{A}_{17},\bar{A}_{18},\bar{A}_{19},\bar{A}_{20},\bar{A}_{21}$ 曲线，图 12.74 分别在节点 16～21 处给出全箭振动响应 $\bar{A}_{16}=Q,\bar{A}_{17},\bar{A}_{18},\bar{A}_{19},\bar{A}_{20},\bar{A}_{21}$ 曲线(见图 12.71)与 $F_{16}=\dfrac{A_{16}}{a_{16}}$ 激励力施加于界面节点 16 时响应的 $\bar{\bar{a}}_{16}=Q,\bar{\bar{a}}_{17}$、$\bar{\bar{a}}_{18},\bar{\bar{a}}_{19},\bar{\bar{a}}_{20},\bar{\bar{a}}_{21}$ 曲线(见图 12.73)，这两条曲线完全重合. 也就是说，航天器振动台试验给出的航天器内部响应等于全箭振动时航天器内部响应，航天器振动台纵向振动试验再现了全箭振动时航天器内部加速度响应.

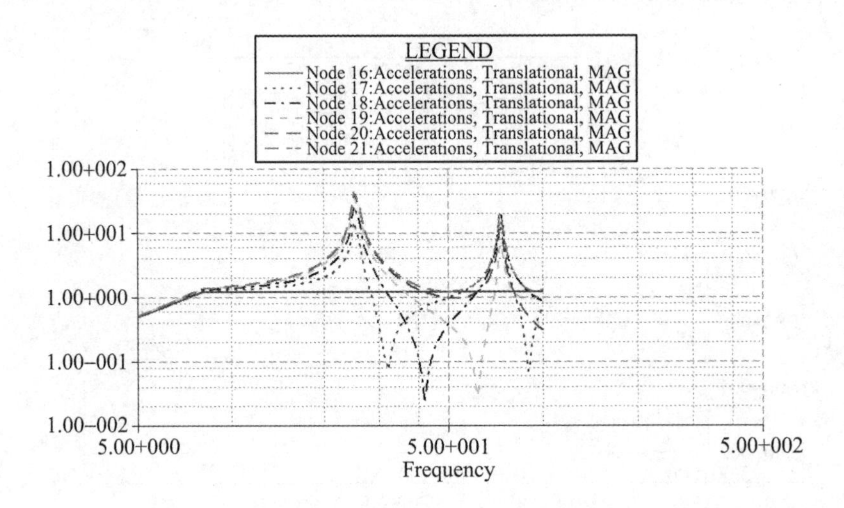

图 12.73　激励力 $\bar{F}_{16}=\dfrac{Q}{a_{16}}$ 作用于节点 16 时得到模拟航天器各节点的加速度 $\bar{\bar{a}}_{16}=Q,\bar{\bar{a}}_{17},\bar{\bar{a}}_{18},\bar{\bar{a}}_{19},\bar{\bar{a}}_{20},\bar{\bar{a}}_{21}$ 曲线

3. 响应加速度曲线比较

比较图 12.73 中的 $\bar{\bar{a}}_{16}=Q,\bar{\bar{a}}_{17},\bar{\bar{a}}_{18},\bar{\bar{a}}_{19},\bar{\bar{a}}_{20},\bar{\bar{a}}_{21}$ 曲线与图 12.71 中的 $\bar{\bar{a}}_{16}=Q,\bar{\bar{a}}_{17},\bar{\bar{a}}_{18},\bar{\bar{a}}_{19},\bar{\bar{a}}_{20},\bar{\bar{a}}_{21}$ 曲线，这两条曲线完全重合，也就是说，航天器振动台试验给出的航天器内部响应等于全箭振动时航天器内部响应，航天器振动台纵向振动试验再现了全箭振动时航天器内部加速度响应.

图 12.74 分别给出在节点 16～21 处在节点 16 上施加 $\bar{F}_{16}=\dfrac{Q}{a_{16}}$ 激励力时振动台振动响应 $\bar{\bar{a}}_{16}=Q,\bar{\bar{a}}_{17},\bar{\bar{a}}_{18},\bar{\bar{a}}_{19},\bar{\bar{a}}_{20},\bar{\bar{a}}_{21}$ 仿真结果曲线与在节点 1 上施加激励力 $\bar{F}_{1}=\dfrac{Q}{A_{16}}$ 时全箭振动响应 $\bar{A}_{16}=Q,\bar{A}_{17},\bar{A}_{18},\bar{A}_{19},\bar{A}_{20},\bar{A}_{21}$ 仿真结果曲线比较. 从图 12.74 看到两组曲线完全重合，这说明在节点 16 上施加 $\bar{F}_{16}=\dfrac{Q}{a_{16}}$ 激励力时振动台振动响应再现了在节点 1 上施加激励力

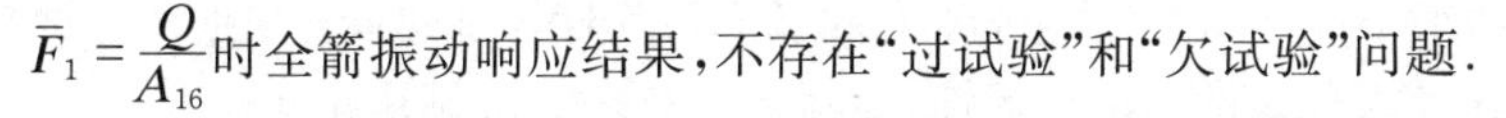

$\overline{F}_1=\dfrac{Q}{A_{16}}$时全箭振动响应结果，不存在“过试验”和“欠试验”问题.

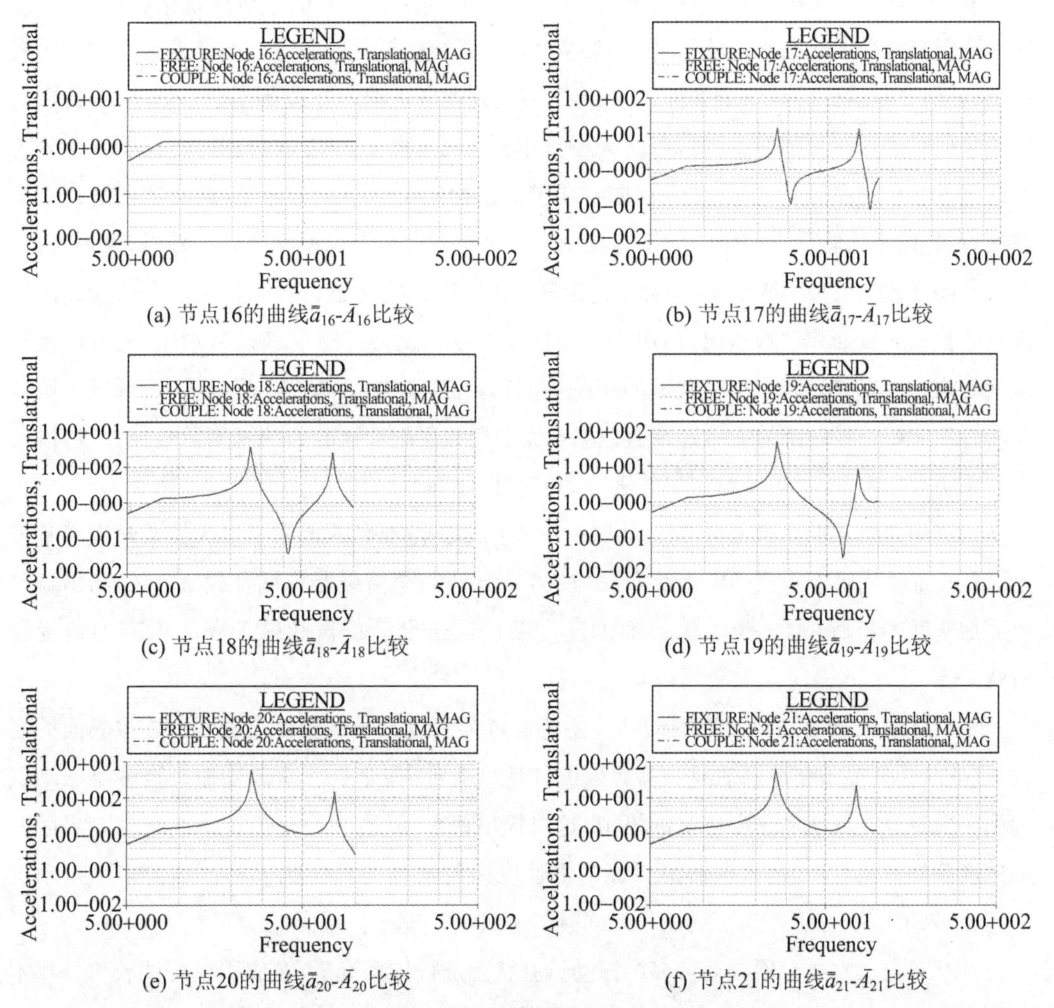

(a) 节点16的曲线$\bar{\bar{a}}_{16}$-$\bar{A}_{16}$比较

(b) 节点17的曲线$\bar{\bar{a}}_{17}$-$\bar{A}_{17}$比较

(c) 节点18的曲线$\bar{\bar{a}}_{18}$-$\bar{A}_{18}$比较

(d) 节点19的曲线$\bar{\bar{a}}_{19}$-$\bar{A}_{19}$比较

(e) 节点20的曲线$\bar{\bar{a}}_{20}$-$\bar{A}_{20}$比较

(f) 节点21的曲线$\bar{\bar{a}}_{21}$-$\bar{A}_{21}$比较

图 12.74　分别在节点 16～21 处在节点 16 上施加 $\overline{F}_{16}=\dfrac{Q}{a_{16}}$激励力时振动台振动响应曲线与在节点 1 上施加激励力 $\overline{F}_1=\dfrac{Q}{A_{16}}$时全箭振动响应曲线比较

12.6　小　　结

第 10 章介绍全箭级的器箭载荷循环，运载器组织开发的模型对应发射升空事件的各个阶段. 对于每个事件，将航天器模型耦合到相应的运载器模型，形成了独特的器箭耦合模型，进行器箭耦合载荷分析. 运载器组织制定不同的方法来解析器箭耦合模型，进行运动方程的数值求解，计算系统的响应，最重要的是给出器箭界面加速度条件，该力学环境条件是进行航天器及部组件结构设计的约束条件，同时也是地面验证试验和可靠性评价的重要依据.

最后一次用试验验证耦合载荷分析结果的循环，称为验证载荷分析或核实载荷循环，是航天器研制过程中的最重要环节之一，能够为航天器结构得到批准进行型号发射提供重要依据. 验证耦合载荷分析有四个条件：运载起飞和上升各事件中的外载荷函数必须准确；提供的试验数据必须完整与准确；运载器/航天器数学模型必须修改准确；运载器/航天器耦合分析的计算方法与程序必须可靠. 试验数据必须包括结构的模态频率与振型，这些数据来自于模态试验. 将模态试验得来的模态频率与振型和计算得来的频率与振型进行比较，修改运载器/航天器耦合数学模型的刚度矩阵与质量矩阵. 同时，试验数据还必须包括振动台试验提供的大量试验响应数据和频响曲线，利用这些数据就可以识别得到阻尼和连接刚度，还可以比较试验的响应数据和计算的响应数据的相关性，进行完整的验证耦合载荷分析. 还可以采用试验测得的大型运载系统的力传递函数数据与大型运载系统计算的力传递函数数据比较，修改运载系统数学模型，对历经典型事件进行动态仿真分析.

在应用模态试验仿真技术和振动试验仿真技术获得准确的全箭与航天器数学模型基础上，第 10 章采用约束子结构模态综合法与超单元法进行全箭级器箭耦合载荷分析，给出器箭界面加速度解析解(称之为器箭界面加速度条件)，给出运载器和航天器的内部加速度解析解.

全尺寸航天器振动台多维振动试验主要通过控制航天器试验件与振动台连接界面的输入加速度，让其等于全箭振动时器箭界面的加速度条件，在全尺寸航天器振动台多维振动试验中实现对全箭振动加速度环境的模拟. 这里提出两个问题：一是全箭振动给出器箭界面的加速度条件对不对；二是依据器箭界面的加速度条件进行全尺寸航天器振动台多维振动试验，其结果可信不可信，会不会引起“欠试验”“过试验”问题.

本章对全尺寸航天器振动台多维振动试验状态进行仿真分析，在应用模态试验仿真技术和振动试验仿真技术的基础上，通过模型修改与识别，获得准确的数学模型，进行振动响应分析. 给出航天器响应的解析解仿真结果. 同时，让航天器试验件与振动台界面的输入加速度等于第 10 章导出的天上全箭振动中器箭界面加速度条件，得到全尺寸航天器在振动台多维振动试验中响应的解析解仿真结果. 将这个全尺寸航天器振动台振动试验响应的解析解仿真结果与第 10 章全箭振动中的航天器响应解析解仿真结果进行比较，严格证明了在振动台多维振动试验中航天器响应的解析解等于全箭振动中航天器响应的解析解，也就是说，地上全尺寸航天器振动台多维振动试验再现了天上全箭振动中航天器多维振动力学环境，不存在“过试验”和“欠试验”问题，说明全尺寸航天器振动台多维振动试验的天地一致性条件就是地上航天器试验件与振动台界面的输入加速度等于天上全箭振动中的器箭界面加速度条件. 文中还以航天器振动台纵向振动试验的仿真实例进一步说明. 让航天器试验件与振动台界面的输入的纵向加速度等于器箭界面的纵向加速度条件，进行航天器振动台纵向振动试验仿真，仿真结果表明:航天器振动台纵向振动试验再现了全箭振动中航天器纵向振动力学环境,不存在“过试验”和“欠试验”问题.

综上所述,从理论上证明了全尺寸航天器振动台多维振动试验的天地一致性条件是地上航天器试验件与振动台界面的输入加速度等于天上全箭振动中的器箭界面加速度条件,这还有待试验验证,同时工程实践上这里还存在两个问题需要认真加以解决:

一是如何得到正确的器箭界面加速度条件.

运载火箭与航天器结构采用纵、横、扭耦合一体化建模技术,建立的有限元数学模型具有纵、横、扭耦合模态,结构中每个点的响应都是多维向量,三维立体有限元的每个节点都是三维向量,梁、板、壳有限元的每个节点都是六维向量.以最简化的运载火箭工程梁模型为例,在器箭连接界面处是一点连接,连接点处有三个位移加速度与三个转角加速度,界面响应是六维向量,可以简化分解为:纵向振动位移(x)、扭转振动转角(R_x)、俯仰横向振动位移与横向振动转角(y,R_y)、偏航横向振动位移与横向振动转角(z,R_z).根据上面的分析,必须进行多维振动分析和多维振动试验.然而,现在的振动台振动试验都假定各方向振动互相独立,现在遥测数据仅测到三个位移加速度,没有测到三个转角加速度,界面响应遥测数据不全,界面响应数据不全是造成误差很大的一个主要原因.应用动力学方程计算出航天器与运载火箭内部的响应与内力,它的误差自然也很大.而且加速度条件通常是根据多次实际测量的遥测数据或者动力学分析的响应数据,采用统计包络的方法制定的,这导致在共振频率处由包络制定的加速度条件通常远高于真实的加速度环境,产生加速度条件的误差.由于不能准确预示航天器的力学环境,从安全性与可靠性角度出发,传统工程型号研制过程中通常采用直接包络并增加一定安全余量的方法,使得星箭研制总体部门之间以及卫星总体和分系统研制部门之间出现层层加码的现象,导致力学环境条件过于保守.这种误差必须经过细化包络技术来解决.

二是在多维振动试验中如何实现正确的器箭界面多维加速度条件.

仅依据三个界面位移响应数据,按三个正交方向的振动响应分别包络给出三个正交试验条件,以三个正交轴依次进行的单轴振动试验近似等效飞行过程中的多维振动环境,这样试验和飞行环境的差异很大,需要通过加大试验量级和时间予以适当补偿.尽管这种振动环境考核方式在航天工程中已经得到了广泛应用,但在应用过程中也暴露出一些严重的缺陷,可以说明现有器箭界面环境条件有很大的局限性,仅用三个位移响应数据作为控制条件进行振动试验,是造成“过试验”与“欠试验”的主要原因.第 10 章还介绍用基础激励模型研究横向振动实例,说明在星箭界面横向振动相同的条件下,比较升空过程横向振动与振动台横向振动的两种振动状态卫星顶点的动响应,结果毫无共同点.这是由于升空过程星箭界面有角运动,而地面试验却限制界面角运动.在仿升空状态的计算中,确定了与星箭界面线运动相关的角运动,并以此作为振动试验补充条件,再进行地面振动试验仿真计算,此时卫星顶点动响应与升空状态一致.随着宇航产品的日益复杂,传统的单维顺序激振已经不能满足研制需求,有必要对复杂系统级产品,如导弹、运载火箭仪器舱、卫星等,开展多维振动试验考核.多维振动环境试验是指用几个振动台同时激励一个试件,并按多维振动界面加速度条件控制激励系统界面的运动响应,使试件作多维空间运动,以考核试件结构的动强度和仪器设备的可靠性.多维振动环境模拟的主要目的是在室内再现试件的真实外场使用环境.航天器振动台多维振动试验系统、原理和技术参见第 11 章的介绍.

参 考 文 献

[1] 胡海昌.多自由度结构固有振动理论[M].北京：科学出版社,1987.

[2] 米罗维奇 L.结构动力学计算方法[M].陈幼明,沈守正,译.北京：国防工业出版社,1987.

[3] 克拉夫 R W,彭津 J.结构动力学[M].王光远,等,译.北京：科学出版社,1981.

[4] 提摩盛科 S.机械振动学[M].翁心榈,徐华舫,译.北京：机械工业出版社,1963.

[5] Thomson W T. Theory of vibration with applications[M]. New Jersey: Prentice-Hall,1981.

[6] Craig R R, Jr. Structural dynamics: an introduction to computer methods[M]. New York: John Wiley and Sons,1981.

[7] Ewins D J. Model testing: theory and practice[M]. New York: John Wiley & Sons,1984.

[8] Meirovitch L. Elements of vibration analysis[M]. 2nd ed. New York: McGraw-Hill,1986.

[9] Newland D E. Mechanical vibration analysis and computation[M]. New York: Longman Scientific and Technical,1989.

[10] Argyris J, Mlejnek H P. Dynamics of structures[M]. New York: Elsevier Science Publishers,1991.

[11] 季文美,方同,陈松淇.机械振动[M].北京：科学出版社,1985.

[12] 屈维德.机械振动手册[M].北京：机械工业出版社,1992.

[13] 郑兆昌.机械振动:上册[M].北京：机械工业出版社,1980.

[14] 唐照千,黄文虎.振动与冲击手册:第一卷[M].北京：国防工业出版社,1988.

[15] 南京航空学院.飞行器结构振动[M].南京,1975.

[16] 倪振华.振动力学[M].西安：西安交通大学出版社,1989.

[17] 方同,薛璞.振动理论及应用[M].西安：西北工业大学出版社,1998.

[18] 林家浩,曲乃泗,孙焕纯.计算结构动力学[M].北京：高等教育出版社,1989.

[19] 张亚辉,林家浩.结构动力学基础[M].大连：大连理工大学出版社,2007.

[20] 张枬庭,王志培,黄本才.结构振动力学[M].上海：同济大学出版社,1994.

[21] 张汝清,殷学纲,董明.计算结构动力学[M].重庆：重庆大学出版社,1987.

[22] 王光选.建筑结构的振动[M].北京：科学出版社,1978.

[23] 吴淇泰.振动分析[M].杭州：浙江大学出版社,1989.

[24] 哈里斯 C M,克雷德 C E.冲击和振动手册[M].北京：科学出版社,1990.

[25] 王彬.振动分析及应用[M].北京：海潮出版社,1992.

[26] 王文亮,张文,罗惟德,等.结构动力学[M].上海：复旦大学出版社,1993.

[27] 钟万勰,欧阳华江,邓子辰.计算结构力学与最优控制[M].大连：大连理工大学出版社,1993.

[28] 胡海昌.弹性力学的变分原理及其应用[M].北京：科学出版社,1981.

[29] 王文亮,杜作润.结构振动与动态子结构方法[M].上海:复旦大学出版社,1985.

[30] 殷学纲,陈淮,蹇开林.结构振动分析的子结构方法[M].北京:中国铁道出版社,1991.

[31] 张景绘.动力学系统建模[M].北京：国防工业出版社,2000.

[32] 张德文,魏阜旋.模型修正与破损诊断[M].北京：科学出版社,1999.

[33] 黄怀德.振动工程:上册[M].北京:中国宇航出版社,2005.

[34] 邹经湘.结构动力学[M].哈尔滨：哈尔滨工业大学出版社,1996.

[35] 胡海昌.加快从静态设计到动态设计的过渡[J].宇航学报,1980(2)：103－106.

[36] Kabe A M, Kim M C, Spiekermann C E. Loads analysis for national security space missions [J]. Rocket Science,2004,5(1).

[37] Garba J A, Wada B K, Bamford R, et al. Evaluation of a cost-effective loads approach[C]// Proceedings AIAA/ASME/SAE 17th Structures, Structural Dynamics and Materiel Conference. King of Prussia, Pennsylvania, 1976:549－566.

[38] 曲广吉.航天器动力学工程[M].北京:中国科学技术出版社,2000.

[39] 邱吉宝.加权残值法的理论与应用[M].北京：中国宇航出版社,1991.

[40] Qiu Jibao, Li Shengyuan. On fundamental theory numerical analytical methods [J]. Computational Mechanics, 1992,2.

[41] Qiu Jibao, Yuan Zhijun, Fu Mingfu, et al. The theoretical basis of applying generalized Galerkin method into structural dynamic problems[C]// Proc. CD-ROM of the 6th World Congress on Computational Mechanics. Beijing: Tsinghua University Press.

[42] 钱令希,胡海昌.空腹桁架应力的精简[J].工程建设,1950(5):35.

[43] 胡海昌,钟万勰.考虑剪应变的弹性薄壁杆件的振动理论[J].力学学报,1957,1(2)：193－203.

[44] Hu Hai-chang. On a variational principle in the theory of dynamic stability of elastic systems [J]. Scientia Sinica,1980,23(9)：1－110.

[45] 马兴瑞,韩增尧,等.卫星与火箭力学环境分析方法及试验技术[M].北京:科学出版社,2014.

[46] 胡海昌.多自由线性阻尼系统的振动问题[J].固体力学学报,1980(1)：30－37.

[47] 胡海昌.参数小变化对本征值的影响[J].力学与实践,1981,3(2)：29－30.

[48] 胡海昌.论几种本征值包含定理的内在联系[J].固体力学学报,1983(1):1-10.

[49] 胡海昌.放大倍数和本征值的上下限[J].振动与冲击,1983(2):1-8.

[50] 胡海昌.代数本征值的 Collatz 包含定理的推广[J].力学学报,1983(5):429-433.

[51] 胡海昌.对称矩阵的非正本征值数及其在本征值计数上的应用[J].固体力学学报,1984(3):313-317.

[52] 胡海昌.用分解刚度法求固有频率和临界载荷的下限[J].固体力学学报,1985(2):141-150.

[53] 胡海昌.解结构本征值问题的主次质量降阶法[J].固体力学学报,1986(2):95-98.

[54] 胡海昌.结构凝聚动刚度的有效简化方案[J].振动工程学报,1988,1(3):1-7.

[55] 胡海昌,陈德成,贺向东.固有频率集聚时处理振型的一个方法[J].固体力学学报,1991,12(1):54-60.

[56] Hu Hai-chang, Chen Decheng, He Xiangdong. On the strategy for processing modal shapes with the clustered natural frequencies[J]. Acta Mechanica Solida Sinica,1991,4(2):127-137.

[57] 刘中生,胡海昌,王大钧.连续系统动柔度的混合展开[J].振动工程学报,1996,9(3):276-280.

[58] 胡海昌.结构凝聚动刚度的有效简化方案[G]//载人航天器动力学研究文集:第一集.1989:119-126.

[59] 王大钧,胡海昌.论弹性结构理论中两类算子的正定性和紧致性[J].中国科学:A 辑,1985(2):146-155.

[60] Wang Da-jun, Hu Hai-chang. Positive-definiteness and compactness of two kinds of operators in theories of elastic structures[J]. Scientia Sinica: Ser. A,1985,28(7):727-739.

[61] 王大钧,胡海昌.弹性结构理论中两类算子的正定性和紧致性的统一证明[J].力学学报,1982(2):111-121.

[62] 王大钧,胡海昌.弹性结构理论中线性振动普遍性质的统一论证[J].振动与冲击,1982(1):6-16.

[63] Wang Da-jun, Hu Hai-chang. A unified prove for the positive-definiteness and compactness of two kinds of operators in theories of elastic structures[C]// Proceedings of the China-France Symposium on Finite Element Methods, Beijing, 1982. Beijing: Science Press,1983:1014-1018.

[64] Wang Dajun, Zhou Chunyan, Rong Jie. Free and forced vibration of repetitive structures[J]. Int. J. of Solids and Structure,2003,40:5477-5494.

[65] Caughey T K. Classical normal modes in damped linear dynamic systems[J]. ASME Journal of Applied Mechanics,1960,27: 269-271.

[66] Caughey T K, O'kelly M E J. Classical normal modes in damped linear systems[J]. ASME Journal of Applied Mechanics,1965,32: 583-588.

[67] Foss K A. Co-ordinates which uncoupled the equations of motion of damped linear dynamic systems[J]. ASME Journal of Applied Mechanics,1958,25: 361-364.

[68] 邱吉宝,向树红,张正平.计算结构动力学[M].合肥:中国科学技术大学出版社,2009.

[69] 邱吉宝,王健.位形空间复模态坐标解耦方程[J].强度与环境,2000(增刊 1).

[70] 邱吉宝,王健.复模态对位移解耦方程[J].强度与环境,2000(增刊1).

[71] Kammer D C, Triller M J. Ranking the dynamic importance of fixed interface modes using a generalization of effective mass[J]. International Journal of Analytical and Experimental Modal Analysis,1994,9(2):77-98.

[72] Kammer D C, Triller M J. Selection of component modes for Craig-Bampton substructure representations[J]. Journal of Vibration and Acoustics,1996,18:264-270.

[73] Wijker J J. Mechanical vibrations in spacecraft design[M]. Berlin: Springer,2003.

[74] Hurty W C. Vibration of structure systems by component mode synthesis[J]. ASCE J. Engr. Div., 1960,86:51-59.

[75] Gladwell G M L. Branch mode analysis of vibrating systems[J]. Journal of Sound and Vibration,1964,1(1):41.

[76] Leung A Y T. An accurate method of dynamic condensation in structural analysis[J]. Int. J. Numer. Methods Eng.,1978,12:1705-1715.

[77] Leung A Y T. An accurate method of dynamic substructuring with simplified computation[J]. Int. J. Numer. Methods Eng.,1979,14:1241-1256.

[78] 胡海昌.很多自由度体系的有振动问题:约束模态法[J].航空学报,1980(2):28-36.

[79] Qiu J B, Tan Z Y, Zheng Z C. Residual modes substructure synthesis techniques[C]// Proceedings of the International Conference on Vibration Engineering, Beijing,1994:51-56.

[80] Qiu Jibao, Williams F W, Qiu Renxi. An exact substructure method using mixed modes[J]. Journal of Sound and Vibration,2003,266:737-757.

[81] Qiu J B, Ying Z G, Williams F W. Exact modal synthesis techniques using residual constraint modes[J]. International Journal for Numerical Methods in Engineering,1997,40:2475-2492.

[82] Hurty W C. Dynamic analysis of structural systems using component modes[J]. AIAA Journal, 1965,3:678-685.

[83] Craig R R, Bampton M C C. Coupling of substructures for dynamic analysis[J]. AIAA Journal,1968,6:1313-1319.

[84] Suarez L E, Singh M P. Improved fixed interface method for modal synthesis[J]. AIAA Journal,1992,30:2952-2958.

[85] Kuhomura K. A theory of substructure modal synthesis[J]. Journal of Applied Mechanics, 1982,49:903-909.

[86] Hou S N. Review of modal synthesis techniques and a new approach[J]. Shock and Vibration Bulletin,1969,40(4):25-39.

[87] MacNeal R H. A hybrid method of component mode synthesis[J]. Computers & Structures, 1971,1:581-601.

[88] Rubin S. Improved component-mode representation for structural dynamic analysis[J]. AIAA

Journal,1975,13：995－1006.

[89] Craig R R，Chang C J. Free-interface methods of substructure coupling for dynamic analysis [J]. AIAA Journal,1976,14：1633－1635.

[90] 王文亮,杜作润,陈康元.模态综合技术短评和一种新的改进[J].航空学报,1979(3)：32－51.

[91] 应祖光,邱吉宝,谭志勇.精确剩余模态及其综合技术[J].振动工程学报,1996,9(1)：38－46.

[92] 邱吉宝,谭志勇.精确的混合界面模态综合技术[J].计算力学学报,1997,14：859－864.

[93] 谭志勇,邱吉宝.自由界面法试验模态综合技术中的非线性研究[C]//第六届全国非线性振动会议,天津,1992.

[94] 谭志勇,邱吉宝.试验模态综合技术的工程应用[C]//全国振动理论与应用会议论文集,1993.

[95] 谭志勇,邱吉宝.大型复杂结构中试验模态综合的应用技术研究[J].强度与环境,1995(1)：1－8.

[96] 谭志勇,邱吉宝.试验模态综合技术的误差理论研究及工程实际应用[J].环模技术,1995(1)：48－57

[97] 谭志勇,邱吉宝.航天器结构模态试验中非线性的检测及参数辨识技术应用[J].非线性动力学学报,1995,2(2).

[98] 谭志勇,邱吉宝.试验模态综合理论及其在航天器型号中的应用[J].振动与冲击,1995,14(1)：56－59.

[99] 应祖光,邱吉宝.固定界面子结构模态精确综合之非线性问题的迭代解法[J].非线性动力学学报,1996,3(2):99－105.

[100] 谭志勇,邱吉宝.滞后阻尼条件下的自由界面模态综合技术以及最小二乘法在试验模态综合中的应用[J].西安公路交通大学学报,1997.

[101] 谭志勇,邱吉宝,应祖光.采用两类子结构模态综合理论的试验模态综合技术[J].强度与环境,1997(2):30－37.

[102] Tan Zhiyong，Qiu Jibao. The technique of complex component mode synthesis with free-interface for hysteric damping system[C]// The 2nd Asian-Pacific Conference on Aerospace Technology and Science,1997.

[103] Meirovitch L，Kwak M K. Convergence of the classical Rayleigh-Ritz method and finite element method[J]. AIAA Journal,1990,28：1509－1516.

[104] Meirovitch L，Kwak M K. Rayleigh-Ritz based substructure synthesis for flexible multi-body systems[J]. AIAA Journal，1991,29：1709－1719.

[105] Qiu Jibao，Ying Zuguang，Yam L H. New modal synthesis technique using mixed modes[J]. AIAA Journal,1997,35：1869－1875.

[106] 郑兆昌.复杂结构振动研究的模态综合技术[J].振动与冲击,1982(1)：28－36.

[107] Zhu Demao. Improved substructure method for structural dynamic analysis[C]// AIAA/ASME/ASCE/AHS 22nd Structures，Structural Dynamics and Materials Conference,1981,2：254－262.

[108] 王大钧，任钧国，陈平. 用模态综合法计算旋转壳的振动[J]. 固体力学学报，1981(3)：343-351.

[109] 王大钧，等. 用模态综合法计算旋转壳的振动和地震反应[C]//全国计算力学会议文集. 北京：北京大学出版社，1981：320-329.

[110] 黄志龙，王大钧，武际可，等. 用部件模态综合法计算冷却塔整体结构的动力响应[J]. 振动工程学报，1992，5(4)：306-314.

[111] 刘瑞岩. 结构振动中模态综合技术[J]. 国防科技大学学报，1979(2)：69-75.

[112] 恽伟军，颜新扬，高考龙. 船舶耦合振动部件模态综合法[J]. 中国造船，1981(2)：61-71.

[113] 朱礼文. 自由界面模态综合技术的改进[J]. 强度与环境，1980(3)：1-15.

[114] Zhu Demao. Improved substructure method for structural dynamic analysis[C]// AIAA/ASME/ASCE/AHS 22nd Structures，Structural Dynamics and Materials Conference，1981，2：254-262.

[115] Jezequel L，Seito H D. Component modal synthesis method based on hybrid models[J]. ASME J. Appl. Mech. Trans.，1994，61：100-108、

[116] 应祖光. 航天器结构的几种新模态综合技术[D]. 杭州：浙江大学，1995.

[117] 朱位秋. 随机振动[M]. 北京：科学出版社，1992.

[118] 林家浩，张亚辉. 随机振动的虚拟激励法[M]. 北京：科学出版社，2004.

[119] 复旦大学. 概率论[M]. 北京：人民教育出版社，1979.

[120] 高钟毓. 工程系统中的随机过程[M]. 北京：清华大学出版社，1989.

[121] 尼格姆. 随机振动概论[M]. 何成慧，等，译. 上海：上海交通大学出版社，1985.

[122] Lin Y K. Probabilistic theory of structural dynamics[M]. New York：McGraw-Hill，1967.

[123] 庄表中，王行新. 随机振动概论[M]. 北京：地震出版社，1982.

[124] 俞载道，曹国敖. 随机振动理论及应用[M]. 上海：同济大学出版社，1988.

[125] 徐昭鑫. 随机振动[M]. 北京：高等教育出版社，1990.

[126] Soong T T，Grigoriu M. Random vibration of mechanical and structural systems[M]. New Jersey：Prentice-Hall，1993.

[127] 陈英俊，甘幼琛，于希哲. 结构随机振动[M]. 北京：人民交通出版社，1993.

[128] 庄表中，梁以德，张佑启. 结构随机振动[M]. 北京：国防工业出版社，1995.

[129] 欧进萍，王光远. 结构随机振动[M]. 北京：高等教育出版社，1998.

[130] 林家浩. 随机地震响应的确定性算法[J]. 地震工程与工程振动，1985，5(1)：89-93.

[131] 林家浩. 随机地震响应功率谱快速算法[J]. 地震工程与工程振动，1990，10(4)：38-46.

[132] 刘元芳，林家浩. 考虑流体和土壤耦合效应的桩基平台非线性随机地震响应分析[J]. 计算结构力学及其应用，1991，8(1)：42-50.

[133] 林家浩. 多相位输入结构随机响应[J]. 振动工程学报，1992，5(1)：73-77.

[134] 林家浩. 非平稳随机地震响应的精确高效算法[J]. 地震工程与工程振动，1993，13(1)：24-29.

[135] 林家浩. 剪切梁随机地震响应的里茨法[J]. 应用力学学报，1994，11(3)：107-110.

[136] 林家浩，李建俊，张文首. 结构受多点非平稳随机地震激励的响应[J]. 力学学报，1995，27(5)：

567-576.

[137] 林家浩,张亚辉,孙东科,等.受非均匀调制演变随机激励结构响应快速精确计算[J].计算力学学报,1997,14(1):2-8.

[138] 林家浩,钟万勰.关于虚拟激励法与结构随机响应的注记[J].计算力学学报,1998,15(2):217-223.

[139] 孙东科,林家浩,张亚辉,等.复杂结构的风激随机振动分析[J].机械工程学报,2001,37(3):55-61.

[140] 张亚辉,林家浩.多点非均匀调制演变随机激励下结构地震响应[J].力学学报,2001,33(1):87-95.

[141] 林家浩,张亚辉,赵岩.大跨度结构抗震分析方法及近期进展[J].力学进展,2001,31(3):350-360.

[142] Lin J H. A Fast CQC algorithm of PSD matrices for random seismic responses[J]. Computers & Structures, 1992, 44(3): 683-687.

[143] Lin J H, Zhang W S, Williams F W. Pseudo-excitation algorithm for non-stationary random seismic responses[J]. Engineering Structures, 1994, 16: 270-276.

[144] Lin Jiahao, Sun Dongke, Sun Yong, et al. Structure response to non-uniformly modulated evolutionary random seismic excitations[J]. Communications in Numerical Methods in Engineering, 1997, 13: 605-616.

[145] Lin J H, Li J J, Zhang W S, et al. Random seismic responses of multi-support structures in evolutionary inhomogeneous random fields[J]. Earthquake Engineering and Structural Dynamics, 1997, 26: 135-145.

[146] Lin J H, Zhong W X, Zhang W S, et al. High efficiency computation of the variances of structural evolutionary random responses[J]. Shock & Vibration, 2000, 7(4): 209-216.

[147] Lin J H, Zhao Y, Zhang Y H. Accurate and highly efficient algorithms for structural stationary/non-stationary random responses[J]. Computer Method in Applied Mechanics and Engineering, 2001, 191: 103-111.

[148] 李国豪.工程结构抗震动力学[M].上海:上海科学技术出版社,1980.

[149] 邢誉峰,郭静.与结构动特性协同的自适应 Newmark 方法[J].力学学报, 2012,44(5):904-911.

[150] 邱吉宝,李榆银,张亚辉,等.非经典黏性阻尼离散系统随机振动响应分析[J].强度与环境,2014,40(5):3-13.

[151] Priestley M B. Power spectral analysis of non-stationary random processes[J], J. Sound and Vibration, 1967, 6: 86-97.

[152] Mark W D. Spectral analysis of the convolution and filtering of non-stationary stochastic processes[J]. J. Sound and Vibration, 1970, 11: 19-63.

[153] Mark W D. Characteristic of stochastic transients and transmission media: the method of power-moments spectra[J]. J. Sound and Vibration, 1972, 22: 249 - 295.

[154] 李桂青,李秋胜.工程结构时变可靠度理论及其应用[M].北京:科学出版社,2001.

[155] Davenport A G. Note on the distribution of the largest value of a random function with application to gust loading[J]. Proc. Inst. Civil Eng., 1961, 28: 187 - 196.

[156] Vanmarcke E H. Properties of spectral moments with applications to random vibration[J]. ASCE J. Eng. Mech. Div. Proc., 1972, 98:425 - 446.

[157] Kiureghian A D. Structural response to stationary random excitation[J]. J. Engineering Mechanics Div., 1980, 106(6): 1195 - 1213.

[158] Gupta I D, Trifunac M D. 稳态随机过程中水平超越和峰值幅值统计量的评述[J].世界地震工程,1999,15(2):117 - 123.

[159] 徐灏.疲劳强度[M].北京:高等教育出版社,1988.

[160] Alley V L, Jr., Leadbetter S A. Prediction and measurement of natural vibrations of multistage launch vehicles [J]. AIAA, 1(2):374 - 379.

[161] 王毅,朱礼文,王明宇,等.大型运载火箭动力学关键技术及其进展综述[J]. 导弹与航天运载技术,2000(1): 29 - 37.

[162] 邱吉宝.航天器计算结构动力学研究情况展望[J].导弹与航天运载技术,1993(4): 37 - 44.

[163] 邱吉宝,王建民.运载火箭模态试验仿真技术研究新进展[J].宇航学报,2007,28(3): 515 - 521.

[164] Leadbetter S A. Application of analysis and models to structural dynamic problems related to the Apollo-Saturn V launch vehicle [R]. NASA TN D-5831, 1970.

[165] 潘忠文.大型运载火箭结构动力学研究[D].博士学位论文.

[166] Mixson J S, Catherines J J, Arman A. Investigation of the lateral vibration characteristics of a 1/5-scale model of Saturn SA-1[R]. NASA TN D-1593, 1963.

[167] Lucas G H, Raymond G K. A historical perspective on dynamics testing at the langley research center[J]. AIAA, 2000:1739.

[168] Catherines J J. Torsional vibration characteristics of a 1/5-scale model of Saturn SA-1[R]. NASA TN D-2745, 1965.

[169] Mixson J S, Catherines J J. Comparison of experimental vibration characteristics obtained from a 1/5-scale model and from a full-scale Saturn SA-1[R]. NASA TN D-2215, 1964.

[170] Peele E L, Thompson W M, Jr., Pusey C G. A theoretical and experimental investigation of the three-dimensional vibration characteristics of a scaled model of an asymmetrical launch vehicle [R]. NASA TN D-4707, 1968.

[171] Catherines J J. Experimental vibration characteristics of a 1/40-scale dynamic model of the Saturn V-Launch-Umbilical-Tower configuration[R]. NASA TN D-4870, 1968.

[172] Adelman H M, Steeves E C. Vibration analysis of a 1/40-scale dynamic model of saturn V-

Launch-Platform-Umbilical-Tower configuration[R]. NASA TN D-4871, 1968.

[173] Steeves E C, Catherines J J. Lateral vibration characteristics of a 1/40-scale dynamic model of the Apollo-Saturn V launch vehicle[R]. NASA TN D-4872, 1968.

[174] Leadbetter S A, Raney J P. Model studies of the dynamics of launch vehicles[J]. Journal of Spacecraft and Rockets, 1966(3): 936-938.

[175] Leadbetter S A, Leonard H W, Brock E J, Jr. Design and fabrication considerations for a 1/10-scale replica model of the Apollo/Saturn V [R]. NASA TN D-4138, 1967.

[176] Leadbetter S A, Leonard H W, Peele E L. Lateral vibration characteristics of the 1/10-scale Apollo/Saturn V replica model[R]. NASA TN D-5778, 1970.

[177] Leadbetter S A. Application of analysis and models to structural dynamic problems related to the Apollo-Saturn V launch vehicle[R]. NASA TN D-5831, 1970.

[178] Pinson L D, Leonard H W. Longitudinal vibration characteristics of 1/10-scale Apollo/Saturn V replica model[R]. NASA TN D-5159, 1969.

[179] Peele E L, Leonard H W, Leadbetter S A. Lateral vibration characteristics of the 1/10-scale Apollo/Saturn V replica model [R]. NASA TN D-5778, 1970.

[180] Grimes P J, McTigue L D, Riley G F, et al. Advancements in structural dynamic technology resulting from Saturn V programs[R]. Vol. Ⅰ. NASA CR-1539, 1970.

[181] Grimes P J, McTigue L D, Riley G F, et al. Advancements in structural dynamic technology resulting from Saturn V programs[R]. Vol. Ⅱ, NASA CR-1540, 1970.

[182] Jaszlics I J, Morosow G. Dynamic testing of a 20% scale model of the Titan Ⅲ [C]// Proceedings of the AIAA Symposium on Structural Dynamics and Aeroelasticity. Boston, MA, 1965: 477-485.

[183] Thornton E A. Vibration analysis of a 1/15-scale dynamic model of a space shuttle configuration[R]. NASA CR-111984, 1972.

[184] Bernstein M, Mason P W, Zalesak J, et al. NASTRAN analysis of the 1/8-scale space shuttle dynamic model[R]// NASTRAN: Users' Experiences. NASA TM X-2893, 1973: 169-241.

[185] Mason P W, Harris H G, Zalesak J, et al. Analytical and experimental investigation of a 1/8-scale dynamic model of the shuttle orbiter[R]. Volume Ⅰ: Summary Report, NASA CR-132488, 1974; Volume Ⅱ: Technical Report, NASA CR-132489, 1974.

[186] Bernstein M, Coppolino R, Zalesak J, et al. Development of technology for fluid-structure interaction modeling of a 1/8-scale dynamic model of the shuttle external tank (ET)[R]. Volume Ⅰ: Technical Report, NASA CR-132549, 1974.

[187] Levy A, Zalesak J, Bernstein M, et al. Development of technology for modeling of a 1/8-scale dynamic model of the shuttle solid rocket booster (SRB)[R]. NASA CR-132492, 1974.

[188] Zalesak J. Modal coupling procedures adapted to NASTRAN analysis of the 1/8-scale shuttle

structural dynamics model[R]. NASA CR-132666,1975.

[189] Pinson L D. Coordinator: analytical and experimental vibration studies of a 1/8-scale shuttle orbiter [R]. NASA TN D-7964,1975.

[190] Leadbetter S A, Stephens W B, Sewall J L, et al. Vibration characteristics of 1/8-scale dynamic models of the space-shuttle solid-rocket boosters[R]. NASA TN D-8158,1976.

[191] Blanchard U J, Miserentino R, Leadbetter S A. Experimental investigation of the vibration characteristics of a model of an asymmetric multielement space shuttle[R]. NASA TN D-8448,1977.

[192] Pinson L D, Leadbetter S A. Some results from 1/8-scale shuttle model vibration studies[J]. Journal of Spacecraft and Rockets,1979,16(1):48-55.

[193] Emero D H. The quarter-scale space shuttle design, fabrication, and test[J]. AIAA,1979-0727, 1979.

[194] Ralph D B, Justin D, Mercedes C R. Ares Ⅰ-Ⅹ flight test vehicle: stack 5 modal test[R]. NASA/TM,2010-216183,2010.

[195] Ralph D B, Justin D, Mercedes C R. Ares Ⅰ-Ⅹ launch vehicle modal test overview [C]// Proceedings of IMAC ⅩⅩⅧ,2010.

[196] Knight N F, Jr., Phillips D R. Ares Ⅰ-Ⅹ upper stage simulator structural analyses supporting the NESC critical initial flaw size assessment[R]. NASA/TM-2008-215336, NESC-RP-08-09/06-081-E,2008.

[197] Morino Yoshiki. 1/5缩尺H-Ⅱ运载火箭的振动试验[J]. 于海昌,译. 导弹与航天运载技术, 1988(2): 64-73.

[198] Morino Yoshiki. Vibration test of 1/5 H-Ⅱ launch vehicle[J]. AIAA-87-0783,1987.

[199] Claramonte M.阿里安运载火箭的动态试验[J].ESA-Bulletin,1978(15).

[200] Bertram.用扩充的模态鉴定试验验证阿里安4有效载荷整流罩数学模型[R].ESA SP-238,1986.

[201] Barthe D, Romeuf T. 阿里安5运载火箭的动力学模型[R]//阿里安5结构与环境文集. 1996,12.

[202] 于海昌,朱礼文,贾文成,等. 大型捆绑火箭模态试验/分析的相关性研究[J]. 导弹与航天运载技术,1993(2): 42-52.

[203] Qiu Jibao, Wang Jianmin. Dynamic analysis of strap on launch vehicle[C]// Proc. of Asian-Pacific Conference on Aerospace Technology and Science, Hangzhou,1994.

[204] 邱吉宝,王建民.航天器结构动态试验仿真技术新进展[C]// 全国结构动力学学术研讨会,2005.

[205] 王建民,荣克林,冯颖川,等.捆绑火箭全箭动力学特性研究[J].宇航学报,2009(3): 821-826

[206] 潘忠文,王旭,邢誉峰,等.基于梁模型的火箭纵横扭一体化建模技术[J].宇航学报,2010,5:

1310－1316.

［207］ 王建民，吴艳红，张忠，等.运载火箭全箭动特性三维建模技术［J］.中国科学：技术科学，2014，44（1），50－61.

［208］ 潘忠文，邢誉峰，朱礼文，等.运载火箭动力学建模中液体推进剂模拟技术［J］.中国科学：技术科学，2010，40（8）：920－928.

［209］ 潘忠文.运载火箭动力学建模及振型斜率预示技术［J］.中国科学：技术科学，2009，39（3）：469－473.

［210］ 王勖成.有限单元法［M］.北京：清华大学出版社，2003：523－531.

［211］ 潘忠文，王小军，马兴瑞，等.基于梁模型的蒙皮加筋结构纵横扭一体化建模研究［J］.中国科学：技术科学，2014，44（5）：517－524.

［212］ 向树红.航天器力学环境试验技术［M］.北京：中国科学技术出版社，2010.

［213］ 邱吉宝.运载火箭/航天器耦合分支模态综合法：上［J］.强度与环境，2011，38（6）：24－33.

［214］ 邱吉宝.运载火箭/航天器耦合分支模态综合法：下［J］.强度与环境，2012，39（1）：3－13.

［215］ 邱吉宝，张正平，李海波.航天器与运载火箭耦合分析相关技术研究进展［J］.力学进展，2012，42（4）：416－436.

［216］ Chen J C，Garba J A，Salama M，et al. A Survey of load methodologies for shuttle orbiter payloads［J］. AIAA，810：0570.

［217］ Chen J C，Garba J A，Salama M，et al. A Survey of load methodologies for shuttle orbiter payloads［J］. Jet Propulsion Laboratory Publication，1980，80（37）.

［218］ Chen J C，Garba J A，Salama M，et al. Estimation of payload loads using rigid-body interface accelerations［J］. J. SPACECR，16（2）：78－519.

［219］ 马兴瑞，于登云，韩增尧，等.星箭力学环境分析与试验技术研究进展［J］.宇航学报，2006，27（3）：323－331.

［220］ 马兴瑞，韩增尧，邹元杰，等.航天器力学环境分析与条件设计研究进展［J］.宇航学报，2012，33（1）：1－12.

［221］ 邱吉宝，张正平，等.动态子结构法在航天工程中的应用研究［J］.振动工程学报，2015.

［222］ 张忠，韩丽，黄波，等.约束界面模态综合星箭耦合分析方法［C］//中国航天结构强度与环境工程专业信息网 2011 年度技术信息交流会，2011：450－456.

［223］ Fransen S H J A. Methodologies for launcher-payload coupled dynamic analysis［R］// ESA SP，2005.

［224］ Manuel F P，Pradlwarter H J. Stochastic launcher-satellite coupled dynamic analysis［J］. Journal of Spacecraft and Rockets，2006，43（6）：1308－1318.

［225］ Fransen S H J A. Data recovery methodologies for reduced dynamic substructure models with internal loads［J］. AIAA Journal，2004，42（10）：2130－2142.

［226］ Williams D E. Dynamic loads in aeroplanes under given impulsive loads with particular reference to landing and gust loads on a large flying boat [J]. Royal Aircraft Establishment，1945.

[227] Craig R R. Structural dynamics，an introduction to computer methods[M]. New York：John Wiley & Sons Inc.，1981：350－351；478－480.

[228] Fransen S H J A. An overview and comparison of OTM formulations on the basis of the mode displacement method and the mode acceleration Method[C]// Worldwide Aerospace Conf. & Technology Showcase，MSC. Software Corp.，2002：17.

[229] Dickens J M，Nakagawa J M，Wittbrodt M J. A critique of mode acceleration and modal truncation augmentation methods for modal response analysis[J]. Computers and Structures，1997，62(6)：985－998.

[230] Dickens J M，Stroeve A. Modal truncation vectors for reduced dynamic substructure models [J]. AIAA，2000-1578，2000.

[231] Rixen D J. Generalized mode acceleration methods and modal truncation augmentation[C]// Structures，Structural Dynamics，and Materials Conference，42nd IAA/ASMBASCE/AHS/ASC，AIAA 2001-1300，2001.

[232] 邱吉宝，张正平，李海波，等. 星箭耦合动态响应分析新方法研究[J]. 强度与环境，2011，38(3)：1－9.

[233] 朱礼文，朱斯岩. 与卫星升空状态一致的多自由度振动试验条件[C]//中国宇航学会 2011 年学术年会论文集，2011.

[234] 韩丽，任方，张正平，等. 星箭界面环境与振动试验条件等效性分析[C]//中国航天第十信息网 2013 年度学术交流会，北京，2013.

[235] Sarafin T P，Doukas P G. Simplifying the structural verification process to accommodate responsive launch[C]// 5th Responsive Space Conference April 23 － 26，Los Angeles，CA. AIAA-RS5 2007-5003，2007.

[236] Flanigan C C. 先进的耦合载荷分析：MSC/NASTRAN 分析[C]// MSC/NASTRAN World Users Conference，1991.

[237] Himelblau D H，Kern J L，Manning E，et al. NASA-HDBK-7005 Dynamic environmental criteria[S]. Washington D. C.：NASA，2001.

[238] 陈力奋，崔升，柳征勇，等. 基于传递函数的星箭耦合载荷分析[J]. 振动与冲击，2010，29(6)：84－87.

[239] Structural dynamics technology research in NASA：perspective on future needs[R]. NASA N79 21450，1979.

[240] 吴家驹，荣克林. 多维振动环境试验方法[J]. 导弹与航天运载技术，2003(4)：27－32.

[241] 美国航空航天局. 动力学环境准则[S]. NASA-STD-7005，2001.

[242] Oppenheim B W，Rubin S. Advanced POGO stability analysis for liquid rockets[J]. Journal of

Spacecraft and Rockets,1993,30(3).

[243] Crandall S H. Random vibration[M]. New York：The Technology Press of the MIT and John Wiley & Sons Inc.,1959.

[244] 邱吉宝,张正平,李海波,等.全尺寸航天器振动台多维振动试验的天地一致性研究[J].强度与环境,2015.

[245] 张忠,李海波,任方,等. 星箭耦合系统多状态模型修正技术[J].强度与环境，2012，39(6)：22-29.

[246] 吴素春,贾文成,邱吉宝.载人运载火箭全箭模态试验[J].宇航学报,2005,26(5):531-534.

[247] Imregun M，Visser W J. A review of model updating techniques[J]. The Shock and Vibration Digest，1991,23：141-162.

[248] Mottershead J E，Friswell M I. Model updating in structural dynamics：a survey[J]. Journal of Sound and Vibration,1993,167：347-375.

[249] Friswell M I，Mottershead J E. Finite element model updating in structural dynamics[M]. Dordrecht：Kluwer Academic Publishers,1995.

[250] Palmonella M，Friswell M I，Mottershead J E，et al. Finite element models of spot welds in structural dynamics：review and updating[J]. Computers and Structures，2005,83：648-661.

[251] 邱吉宝,杨永新,王建民.用试验识别模态修改数学模型方法与复杂结构建模技术[J].振动与冲击,1994,15(3):223-225.

[252] 邱吉宝,王建民.用测量模态参数修改数学模型和复杂结构动力学建模技术[C]//全国模态分析与试验会议论文集,1991.

[253] 王建民,邱吉宝.用测量模态参数修改数学模型的静力等效方法[C]//全国模态分析与试验会议论文集,1991.

[254] Wada B K，Kuo C P，Glaser R L. Multiply boundary condition test（MBCT）approach to update mathematical models of flexible structures[C]//SAE Aeropace Technology Conference Exposition，Long Beach，CA,1985:851-933.

[255] Wada B K，Kuo C P，Glaser R L. Multiple boundary condition tests（MBCT）for verification of large space structures[C]// AIAA 27th SDM,1986:336-341.

[256] 邱吉宝.航天器计算结构动力学展望[J].计算结构力学及其应用,1993,10(2):220-227.

[257] Qiu Jibao，Wang Jianmin. Dynamic analysis of strap-on launch vehicle[C]// Proc. of Asian-Pacific Conference on Aerospace Technology and Science，Hangzhou,1994:387-391.

[258] 邱吉宝,谭志勇.航天器结构动力学分析技术的一些进展[J].西安公路交通大学学报,17(增刊).

[259] 邱吉宝,谭志勇,王建民.运载火箭结构动力学分析的一些新技术:第一部分：模态综合技术[J].导弹与航天运载技术,2001(2).

[260] 邱吉宝,谭志勇,王建民.运载火箭结构动力学分析的一些新技术:第二部分：运载火箭结构动

力学分析[J].导弹与航天运载技术,2001(4):16-21.

[261] 邱吉宝,王建民,谭志勇.航天器结构动态试验仿真技术[C]//中国计算力学大会论文集,2001:162-168.

[262] 邱吉宝,王建民,谭志勇,等.航天器结构动态优化设计仿真技术[J].强度与环境,2003(2):6-16.

[263] Wang J M, Qiu J B. Simulation techniques for the modal test of a large strap-on launch vehicle [C]// Proc. CD-ROM of the 6th World Congress on Computational Mechanics. Beijing: Tsinghua University Press, 2004.

[264] Qiu J B, Fu M F, Xiang S H, et al. The research into virtual dynamic test techniques for space vehicles[C]// Proc. CD-ROM of the 6th World Congress on Computational Mechanics. Beijing: Tsinghua University Press, 2004.

[265] 邱吉宝,张正平,黄波,等.基础激励结构动力学问题求解新方法[C]//结构动力学专业委员会2007年研讨会,2007:46-60.

[266] 邱吉宝,王建民.航天器虚拟动态试验技术研究及展望[J].航天器环境工程,2007,24(1):1-14.

[267] 张正平,邱吉宝,王建民,等.航天器结构虚拟动态试验技术新进展[J].振动工程学报,2008,21(3).

[268] 向树红,邱吉宝,王大钧.模态分析与动态子结构方法新进展[J].力学进展,2004,34(3):289-302.

[269] 谭志勇,邱吉宝.大型复杂结构中试验模态综合的应用技术研究[J].强度与环境,1995(1):23-26.

[270] 谭志勇,邱吉宝.试验模态综合理论及其在航天器型号中的应用[J].振动与冲击,1995,14(1):56-59.

[271] 向树红,晏廷飞,邱吉宝,等.40吨振动台虚拟试验仿真技术研究[J].宇航学报,2004,25(4):375-381.

[272] Xiang S H, Yan T F, Qiu J B. The research on the virtual vibration test of 40T shaker[C]// Proc. CD-ROM of the 6th World Congress on Computational Mechanics. Beijing: Tsinghua University Press, 2004.

[273] Berman A, Wei F S, Rao K V. Improvement of analytical dynamic models using modal test data[C]// Proc. of the 21st SDM Conference, AIAA 80-0300, 1980: 809-814.

[274] Baruch M. Optimal correction of mass and stiffness matrices using measured modes[J]. AIAA Journal, 1982, 20(1).

[275] Zhang D W, Li J J. A new method for updating the dynamic mathematical model of a structure: Part 1: quasi-complete modified model and a concept of the guide-type method for re-creating a model[J]. DFVLR IB 232-87 J05, 1987.

[276] Natke H G, Sehulze G. Parameter adjustment concerning the model of an offshore platform

with estimated eigenfrequencies[J]. Curt-Risch Institute fur Schuingungs-und Messtechnik Universitat Hannover, 1980.

[277] White C W, Maytum B D. Eigensolution sensitivity to parametric model perturbation[J]. The Shock and Vibration Bull, 1976, 46(5).

[278] Yee E K L, Tsuei Y G. Diret component modal synthesis technique for system dynamic analysis[J]. AIAA Journal, 1989, 27(8): 1083 - 1088.

[279] Morosow G, Dublin M, Kordes E E. Needs and trends in structural dynamics[J]. Astronautics and Aeronatics, 1978, 16: 90 - 94.